KB083974

College Physics 4th Edition

Giambattista · Richardson · Richardson 원저

물리학 4판

대표역자 김용은

Mc
Graw
Hill
Education

 북스힐

College Physics, 4th Edition

Korean Language Edition Copyright © 2018 by McGraw-Hill Education Korea, Ltd. and Book's Hill. All rights reserved. No part of this publication may be reproduced or distributed in any form or by any means, or stored in a database or retrieval system, without prior written permission of the publisher.

1 2 3 4 5 6 7 8 9 10 BSH 20 18

Original: College Physics, 4th Edition © 2012
        By Alan Giambattista, Betty Richardson, Robert C. Richardson
        ISBN 978−0−07−351214−3

This authorized Korean translation edition is jointly published by McGraw−Hill Education Korea, Ltd. and Book's Hill. This edition is authorized for sale in the Republic of Korea.

This book is exclusively distributed by Book's Hill.

When ordering this title, please use ISBN 979-11-5971-109-1

Printed in Korea

역자 머리말

이 책은 코넬 대학교에서 다년간 물리학을 가르쳐온 잠바티스타(Alan Giambattista)와 리처드슨(Betty McCarthy Richardson & Robert C. Richardson) 교수 부부가 저술한 College Physics(4th. ed., 2013)의 한국어판이다.

실험물리학을 전공한 로버트는 초유체를 연구한 업적으로 1996년에 노벨 물리학상을 받았다. 그와 함께 시상식에 참가한 것을 영광으로 생각하고 있는 부인 베티는 중·고등학교 시절, 어떻게든 물리학을 공부하지 않으려고 애쓴 경험이 있는 물리 교수이다. 이들 부부는 동료 교수 앨런과 함께 그간의 교육 경험을 바탕으로 2004년에 대학 초년생들을 위한 College Physics를 집필했고 2007, 2010년에 이어 2013년에 네 번째 증보판을 발간하였다. 이 책의 초판과 두 번째 증보판의 한국어판에 이어 네 번째 증보판의 한국어판 《물리학》을 발간하게 되었다.

이번에 한국어판을 내게 된 것은 《물리학》을 교재로 사용했던 교수들이, 이 책의 저자 중 한 사람인 베티처럼 중·고등학교에서 물리학을 기피한 경험이 있는 우리나라 대학 신입생들의 물리 공부에 많은 도움이 되었다는 호평과 함께 다양한 수정 요구와 더 많은 연습문제를 수록해줄 것을 요구해왔기 때문이다.

이 책은 미적분학을 사용하지 않고 대수학과 삼각함수 수준의 수학을 사용하면서 광범위한 물리학을 새로운 관점에서 저술했다. 장의 도입 부분(여는 글)에, 학생들이 물리학에 접근하기 쉽도록 틀을 구성했으며 다양한 물리학 개념을 일상생활이나 자연과학, 공학, 생명과학, 농학, 의학, 약학 등을 전공하게 될 학생들의 전공 분야와 연계시키는 내용을 많이 삽입하여 개정판을 발행했다.

개정판의 저술 배경이 지금 우리나라 대학교 이공계에 입학한 학생들의 교육 환경과 너무나 유사하며, 대학의 일반물리 교육이 안고 있는 문제의 해결책을 제시하고 있음을 인지하고, 다년간 좋은 물리 교재 발행을 위해 노력하고 있는 도서출판 북스힐 관계자와 대학에서 물리학을 가르쳐온 교수들이 '물리학교재발간위원회'를 구성해 이 책을 번역하게 되었다. 한국어판은 《물리학용어집》(2016, 한국물리학회)의 전문 용어를 기준으로 했다. 각 대학의 발간위원 교수들이 초고를 작성한 후 충북대학교에서 수정 보완해, 번역의 일관성이 유지될 수 있도록 했다.

이 책은 학생들이 수학을 잘해야 물리학을 할 수 있다는 강박관념에서 벗어나서 물리학을 공부할 수 있도록, 미적분학의 개념을 도입해 거리와 변위, 속도, 가속도를 정의하고 그들을 1차원에서 3차원으로 확장한 후 물리학을 가르쳐온 전통적인 물리 교재의 틀에서 벗어나 새로운 체제를 갖추었다. 역학 부분을 보면 2장에서는 물체에 작용하는 힘의 합을 구하는 방법, 곧 자유물체도형(자물도)을 그리는 방법과 힘과 운동의 관계를 간단히 다루고, 작용한 힘의 종류와 개념은 각기 다른 장에서 다루었다. 또 1차원과 2차원이나 3차원에서 다르게 사용하였던 기호를 성분의 개념을 도입해 오류를 줄일 수 있도록 했다. 현대물리학의 중요 개념들을 기본 성격을 잃지 않으면서 쉽게 설명하려고 노력했다.

한국어판은 고등학교에서 물리학을 공부한 경험이 적은 대학 이공계 신입생을 대상으로 주당 3시간씩 두 학기에 강의하기에 적합한 분량이 되도록 원서의 일부를 축약했다. 필요한 경우, 내용을 적절히 첨삭하면 4시간 1학기나 3시간 3학기용 교재로도 충분히 활용할 수 있는 내용을 담고 있다. 이 과정에서 본문과 보기, 그리고 부록 등은 원서의 틀을 최대한 유지하려고 노력했다. 그러나 지면 관계상 학생들이 강의 내용과 기초 수학을 참고해 스스로 공부할 수 있도록 개발한 다양한 많은 문제들을, 홀수 번 문제만 발췌해 수록한 것은 아쉽게 생각한다. 발췌한 문제를 원서에서 참고할 수 있도록 원서의 문제 번호를 함께 수록하였으며 본문에 언급된 문제번호는 **원서의 문제번호**이니 착오없기 바란다.

원저자의 집필 의도를 살려 좋은 책으로 옮기려고 노력했으나, 방대한 원서를 번역하는 과정에서 오류나 개선할 점이 많이 남아 있으리라 생각한다. 이러한 것은 도서출판 북스힐 홈페이지 www.bookshill.com을 통해 알려주기 바란다. 지적 사항을 반영해 추후에 더욱 좋은 책을 만들 것을 약속한다.

끝으로, 좋은 책을 저술한 앨런, 베티, 밥 교수의 헌신적인 노력에 경의를 표하며 한국어판의 출간을 허락해준 맥그로힐사와 번역에 참가하셨던 여러 교수님 그리고 원본에 충실하게 내용을 수정 보완해주신 교수님, 그리고 발간을 위해 많은 지원을 해준 도서출판 북스힐의 조승식 사장님과 편집부 여러분의 노고에 감사드린다.

2018년 2월
역자대표 김 용 은

저자에 관하여

앨런 잠바티스타^{Alan Giambattista}는 뉴저지의 너틀리(Nutley)에서 성장했다. 그는 피아노 전공으로 대학에 입학했지만 브리검영 대학교에서 3학년 때 물리학을 전공하기로 마음을 정했다. 이후 코넬 대학교 대학원에서 공부하면서 경험이 없었지만 기초 대학 물리학을 가르쳤다. 대학 물리학을 공부하다가 막혀서 컴퓨터 자판 작업으로 문제를 해결할 수 없을 때에는 하프시코드나 피아노 건반을 치면서 힌트를 얻고는 했다. 그는 카유가 체임버 오케스트라(Cayuga Chamber Orchestra)의 독주자였으며 도시의 바흐 축제에서는 '바흐 하프시코드 협주곡'을 연주했다. 그는 합창 단원이었던 매리언(Marion)을 아내로 맞았다. 그들은, 노예제도 폐지론자였던 목사를 위해 1824년에 유기농 목장 한가운데에 지은 관저에서 살고 있다. 지금은 작곡도 하면서, 집과 고양이, 정원, 그리고 과일 나무를 돌보는 일 외에도, 아내와 함께 이탈리아를 여행하는 것을 즐기고 있다.

베티 매카시 리처드슨^{Betty Mccarthy Richardson}는 매사추세츠 주 마블헤드(Marblehead)에서 나서 성장했다. 8학년 이후에는 과학 과목을 하지 않으려고 마음 먹었다. 9학년 때에도 과학을 이수하지 않았다. 그러나 물리학이 만물이 작동하는 이치를 설명해준다는 것을 알고 물리학자가 되기로 결심했다. 그녀는 웨즐리 대학을 거쳐 듀크 대학교에서 대학원을 마쳤다. 그녀가 대학원생이었을 때 동료인 밥 리처드슨을 만나 결혼하여 제니퍼와 패멀라 두 딸을 낳았다. 1977년에 코넬에서 물리 강의를 시작해 대수학에 기초한 물리학 강좌(물리학 101/102)를 계속 맡아 가르치고 있다. 이 강좌는 학습센터에서 모든 학생들을 대상으로 일대일로 가르친다. 베티는 자신이 어렸을 때 수학과 과학 공부를 싫어했던 경험이 있어 물리학 공부를 걱정하는 학생들에게 다양한 격려를 해주면서 물리학에 흥미를 갖도록 해주고 있다. 그녀는 오래된 아동 도서 수집과 독서, 음악 감상, 여행, 왕족들과의 식사 등을 취미로 즐기고 있다. 1996년에 노벨상 축하연에서 베티에게 가장 하이라이트였던 것은 스웨덴의 왕 칼 구스타프 16세(Carl XVI Gustav)와 나란히 앉아 저녁을 먹은 것이다. 현재 그녀는 손자 재스퍼(1장에서 1 m의 자녀), 대실과 올리버(12장의 쌍둥이) 그리고 새로 태어난 퀸틴과 함께 여가 시간을 보내고 있다.

로버트 C. 리처드슨^{Robert C. Richardson}은 미국 워싱턴 DC에서 태어났다. 버지니아 공대를 졸업하고, 해군으로 복무한 후에 듀크 대학교 대학원 물리학과에서 고체 ^{3}He의 NMR 연구로 학위를 취득했다. 1966년 가을에 그는 코넬 대학교의 데이비드 리(David M. Lee) 실험실에서 고체 ^{3}He의 핵자기 상변화를 관측하는 연구를 했다. 이 연구 과제는 그가 듀크 대학교에서 메이어(Horst Meyer) 교수의 지도를 받으며 학위 논문 연구를 할 때 예측했던 것이었다. 그는 대학원생이었던 오셔로프

(Douglas D. Osheroff)와 함께 저온 액체 헬륨과 고체 헬륨 연구를 위한 냉각 기술과 NMR 실험 장치에 대해 연구했다. 1971년 가을에 그들은 우연히 초전도체에서 일어나는 쌍전이(pairing transition)와 유사하게 액체 He에서도 쌍전이 현상이 일어난다는 것을 발견했다. 이들 세 과학자는 이 업적으로 1996년에 노벨상을 수상했다. 현재 로버트는 퇴임하여 코넬의 첨단 물리연구소의 연구 부학장으로 근무하면서 여가 시간에는 손주들과 함께 정원 가꾸기와 사진 촬영을 즐기고 있다.

서문

이 책은 대수학 및 삼각함수를 사용해 대학에서 두 학기 과정으로 강의할 수 있는 기초 물리학 교재이다. 이 책을 집필한 중요한 목표는

- 학생들이 전공 과정에서는 물론 장차 사회에 진출했을 때 알아야 할 기본적인 물리 개념을 알려주고,
- 물리학이 자연 현상을 이해하기 위한 도구임을 강조하고,
- 더 나아가 일상생활에서 부딪히는 다양한 문제를 해결하는 능력을 함양하게 하는 것이다.

이 교재를 개발하고 세 번의 증보판을 발행하면서 우리는 초판에서 지향하던 목표를 명심하고 지속적으로 중요한 주제를 개발해 수록해왔다.

증보 4판에서 새로운 것

이번 증보 4판에서도 기본 철학은 바꾸지 않았다. 이전에 발행된 책을 교재로 사용했던 교수와 학생들로부터 세세한 많은 조언을 받아들여 그를 반영해 보완했다. 이번 증보판에서 고려한 사항 중 가장 중요한 것은 다음과 같다.

- 각 장 말미에 생명과학 응용 분야에서 발췌한 주제를 새로 추가했다. 또 이와 관련된 보기와 논의를 본문에 삽입해, 물리학이 우리가 살아가는 데 반드시 필요한 것임을 알 수 있도록 했다.
- 학생 스스로가 교재에 수록된 새로운 개념을 이해한 정도를 파악하고 그 개념을 확실히 알 수 있도록 본문에 **살펴보기**와 **실전문제**를 새로 삽입하고, 각 장의 **문제**를 보완했다.
- 각 장에 친구들과 모둠활동으로 해결해야 하는 **협동문제**도 삽입했다.
- **연결고리**는 학생들이 더 큰 구상을 할 수 있도록 강조한 것이다. 새로운 개념처럼 보일 수 있는 것도 있지만 실제로는 이미 소개된 개념을 확장했거나 응용한 것 또는 특수한 형태일 수도 있다. 이것들은 학생들에게 물리학과 별로 연관이 없어 보이는 사실들을 관련지어 보이거나 방정식을 모아놓은 것이 아니라 다양한 상황에 응용할 수 있는 간단한 기본 개념들을 모아놓은 것임을 깨닫도록 하는 것이다.
- 최근에 발행했던 교재의 여백에 삽입했던 노트는 산만하게 설명하지 않고 교재의 흐름에 적합하도록 본문에 통합했다.

특별히 새로운 내용이 삽입된 장은 다음과 같다.

- **1장**에서는 문제를 풀이하는 일반적인 방법을 설명했다.

"이 책은 내가 보았던 물리학 책 중에서 가장 완전하고 정보가 많은 교재 중 하나이다. 이 책은 학생들이 물리학을 배우고 나서 물리학과 실제 세계의 관련성을 설명할 수 있도록 도와주고 안내하기 위해 많은 노력을 기울였다. 내가 처음에 물리학을 배울 때 이 책으로 배웠다면 더 없이 좋았을 것이다."

Dr. Michael Pravica
The University of Nevada-Las Vegas

- **2장** 2.1절에 뉴턴의 제3 법칙을 예로 상호작용과 힘을 짝지어서 명백하게 설명했다. 힘을 더 부각시켜서 어떤 물체가 힘을 발휘하고 그 힘이 어떤 물체에 작용하는지를 학생들에게 설명했다. **연결고리**에서는 어떠한 힘이 작용하더라도 알짜힘을 구하기 위해서는 작용한 모든 힘을 벡터 덧셈법으로 더해야 한다는 것을 뉴턴 법칙의 중심 주제로 강조했다.
- **3장**에서는 도입 부분에 운동도해를 소개하고 그것을 활용하는 예를 다양하게 설명했다. **살펴보기, 보기, 실전문제, 연구문제**에 학생들이 운동도해를 어떻게 그려야 하고 어떻게 해석해야 하는지에 대한 질문도 넣었다.
- **4장**과 **5장**에서는 운동도해를 더욱 강조했다. 등가속도 운동을 그래프나 방정식으로 소개하기 전에 우선 운동도해로 설명했다. 4장의 새로운 연결고리에서 중력장의 세기 g를 약간 다른 방법으로 설명했다.
- **6장**에서는 뉴턴의 제2 법칙을 이용하지 않고 에너지를 이용해 문제를 풀이하는 새로운 문제풀이 전략을 강조했다. 또 어째서 중력퍼텐셜에너지가 중력이 한 일의 마이너스인지도 설명했다. 6장에서는 에너지 그래프를 자주 사용했다.
- **7장**에 심장탄도법(BCG, ballistocardiography)의 응용을 토론 주제에 포함시켰다.
- **11장**에서는 동물이 환경 변화를 감지하고 의사소통하는 데 지진파를 이용한다는 내용을 설명했다. 간섭과 위상차도 간단하게 설명했다.
- **12장**에서는 여러 동물의 가청 진동수 영역에 관한 설명을 확장했다. 파원과 관측자의 상대속도를 강조해 비상대론적 도플러 효과를 설명했다. 도플러 효과에 관한 문제풀이 전략도 새롭게 추가했다.
- **16장**과 **17장**에서는 물, DNA, 단백질의 수소 결합에 관한 설명을 추가했다. 수소 결합을 점전하 사이의 상호작용으로 단순화한 간단한 모형으로 학생들이 혼자서 수소 결합하는 분자들의 결합 에너지를 계산해볼 수 있도록 했다. 16장에 젤 전기영동법에 관한 논의도 추가했다.
- **18장**에서는 물의 저항력이 이온 농도와 얼마나 밀접한 관계에 있는지 설명했다.
- **19장**에서는 오른손 규칙을 그림으로 명확하게 묘사하고, "렌츠의 법칙"도 함께 소개했다. 사이클로트론의 작동 원리도 명확하게 설명했다.
- **20장**의 상호유도에 관한 내용은 대폭 줄였다.
- **22장**에서는 전기와 자기에 관한 법칙을 통합해 전자기파가 단순히 수학적인 잔재주가 아니라 실제로 존재하는 것임을 보임으로써 맥스웰의 업적을 쉽고 명확하게 설명했다. 또 편광자가 어떤 원리로 작동하는지, 동물들은 어떻게 적외선을 감지하는지, 그리고 자외선의 생물학적 효과는 어떠한지에 대해서도 설명했다.
- **25장**의 보강간섭과 상쇄간섭에서 위상차에 관한 논의를 간단하게 줄였다.
- **29장**에서는 양성자 방출과 이중베타 방출과 같은 방사성 붕괴도 논의했다. 또 2011년 동일본 대지진으로 인한 후쿠시마 원자력발전소 사고에 대한 내용도 다루었다.
- **30장**에서는 힉스장과 우주의 팽창을 간략히 설명했다.

주제를 광범위하게 다루었다

이전까지 발행했던 교재는 학생들이 책을 주 학습 자료로 사용해 자기 주도 학습을 할 수 있도록 구성했지만 이번에는 교재에서 전체 이야기를 알 수 있도록 했다. 그럼에도 불구하고, 교재를 완전하면서도 명료하게 표현했기 때문에 전통적인 방식의 수업에서 교재로 사용하더라도 문제가 없다. 물리학 강의에서 교수들이 모든 내용을 "커버"하는 것은 어렵기 때문에 학생들의 필요에 내용을 취사선택하여 수업 시간을 조정할 수 있다. 어려운 개념을 강조하기도 하고, 보기 문제를 풀이하기도 하고, 학생들에게 친구들을 가르쳐주게 하거나 모둠학습 활동에 참여시키기도 하고, 응용 분야를 설명해주고 때로는 직접 시범 실험을 시연해보일 수도 있다.

우선 개념에 접근하는 방법을 썼다

일부 학생들은 물리학을 방정식을 길게 나열해 숫자나 대입하면 정답을 정확히 얻을 수 있는 것으로 생각하고 기초 물리학을 수강한다. 저자들은, 다양한 상황에 비교적 적은 수의 기초적인 물리 개념이 적용된다는 것을 학생들이 이해하도록 돕고자 했다. 물리 교육 연구 결과에 따르면 학생들이 물리 개념을 스스로 습득하지 못하는 것으로 알려져 있다. 곧, 어떤 개념은 학생들이 그것을 가지고 장시간 씨름을 해야만 이해할 수 있도록 설명하고 있다. 수년 간 이 과목을 가르친 경험을 바탕으로 우리는 개념 이해와 분석 기술을 통합적으로 설명했다. "개념 우선" 접근법은, 물리학에서 "수식"과 문제풀이 기법은 학생들이 개념을 응용하는 기법에 불과하다는 것을 알 수 있도록 했다. 교재에 수록된 **개념형 보기**와 **개념형 실전문제**, 그리고 난이도가 다른 **단답형 질문**과 **선다형 질문**을 풀이하면 학생들이 스스로 개념을 이해하는 수준을 파악해보고 실력을 향상시킬 수 있다.

개념을 직관적으로 소개했다

왜 정량적으로 다루는 것이 필요한지, 또 왜 정확한 정의가 필요한지를 설명함으로써 공식을 사용하지 않고 주요 개념을 먼저 소개하고 정량적인 방법을 소개했다. 그 다음에 공식을 쓰지 않은 직관적인 아이디어를 공식적인 정의와 용어로 바꾸었다. 이러한 방식으로 학생들에게 동기 부여를 하면 학생들이 개념을 쉽게 이해하고, 공식적으로 정의해 도입한 개념보다 쉽게 받아들인다.

이러한 예가 8장에 있다. 회전관성의 개념은 회전운동에너지의 개념에서 자연스럽게 나온다. 강체가 회전하면 강체를 이루는 입자들이 움직임으로써 운동에너지를 가진다고 이해할 수 있다. 이때 강체의 운동에너지는 속력이 다른 여러 입자들의 운동에너지 합이 아니라 모든 입자가 동일한 하나의 양, 곧 각속도와 관련된 양을 다룸으로써 이것이 더 쓸모가 있다는 것을 이해할 수 있다. 이런 방법으로 학생들이 회전관성을 정의한 이유를 이해했다면, 이미 돌림힘이나 각운동량과 같이 어려운 개념을 공부할 준비가 된 것이다.

"잠바티스타와 리처드슨 부부가 함께 저술한 이 책은 간결한 언어로 체계적으로 구성이 잘된 교과서이다. 교수들이 학생들에게 강의노트와 함께 이 책을 꼭 읽기를 추천하면 유용할 것이라고 생각한다."

Dr. Bijaya Aryal
Lake Superior State University

우리는 동기 부여를 하지 않고 개념을 정의하고 공식을 제시하는 설명은 피했다. 본문에서 방정식을 유도하지 않았을 때는, 적어도 방정식의 출처를 제시하거나 그럴듯한 근거를 제시했다. 예를 들어서, 9.9절에서 직렬 연결된 두 관에서의 유체 흐름과 관련해 왜 부피흐름률이 단위 길이당 압력 강하에 비례해야 하는지를 설명하는 푸아죄유의 법칙을 소개하고 나서, $\Delta V/\Delta t$가 반지름의 4제곱에 비례하는 이유를 설명했다(이상적인 유체의 경우에는 r^2에 비례한다.).

이와 유사한 것이 또 있다. 아무런 동기도 없이 변위와 속도벡터의 정의를 학생들에게 소개한다면 이들은 학생들에게 완전히 임의적인 것으로 보이게 되며, 직관에도 반하는 것처럼 보인다는 것을 알 수 있다. 이러한 이유로 뉴턴의 법칙보다 먼저 다루고 속도와 가속도 등의 운동학적인 양을 다루었다. 이렇게 함으로써 힘이 어떻게 하여 물체의 운동 상태를 변화시키는지를 결정해준다는 것을 학생들이 알도록 했다. 그리고 나서 가속도를 정확히 정의하기 위해 운동학적인 양을 정의할 때, 뉴턴의 운동 제2 법칙을 적용해 힘이 운동에 어떠한 영향을 미치는지 정량적으로 알아보도록 했다. 용어가 속도나 일과 같이 일상적으로 쓰는 단어일 때는 그것을 명확히 설명하기 위해 특별히 주의를 기울였다.

내용의 구성을 대폭 바꾸었다

우리가 접근 방법을 혁신적으로 바꾼 것 중에서 첫 부분을 보면 이 교재가 다른 교재에서 다룬 것과 차이가 있다. 가장 주의를 기울여 재구성한 부분이 바로 힘과 운동 부분이다. 이 교재의 2~4장은 힘과 뉴턴의 법칙이 중심 주제이다. 운동학(Kinematics)은 3장과 4장에서 힘이 운동에 어떠한 영향을 미치는지를 이해할 수 있는 도구로서 다루었다.

2장에서는 힘을 개념의 골격으로 소개하고 나서 뉴턴의 법칙을 설명했다. 2.1절에서 뉴턴의 제3 법칙 뒤에 숨은 개념인 짝힘을 소개했다. 힘을 직관적인 벡터양의 원형으로 도입했다. 곧, 두 힘을 합할 때는 크기뿐만 아니라 방향도 영향을 미친다.

이전에는 힘을 소개할 때 학생들이 변화율을 구하거나 2차 방정식을 풀지 않고 오로지 평형 상태에 있는 물체의 자유물체도를 그리고 난 후에 알짜힘을 구하기 위해 힘을 분해하고 합성하는 핵심 기술을 익히는 데 많은 시간을 소비해야 했다.

이러한 접근법의 한 가지 장점은 2장에는 "수식"이 거의 없다는 것이다. 대신에 물리학적인 개념과 수학적으로 필요한 기량을 배울 수 있다. 시작 부분에서 기대치를 너무 크게 가지고 방정식을 다루지 않고 원리를 찾아내는 기법을 익히고 기본 개념을 익히기 바란다.

3장은 '대상 물체에 작용하는 알짜힘이 0이 아닐 때 그 물체가 어떻게 움직이는가?' 하는 문제를 다루면서 시작한다. 뉴턴의 제2 법칙을 가속도를 정의하기 위한 동기 유발 수단으로 소개한다. 그리고 나서 뉴턴의 법칙들을 운동학에 통합시켰다. 학생들은 이미 벡터에 대해 배웠으므로 운동학을 또다시 반복해서 다룰 필요가 없다(1차원에서 운동학을 한 번 다루고 3차원에서 다시 운동학을 다룰 필요가 없다).

"잠바티스타와 리처드슨 부부가 쓴 이 책은, 내가 본 물리학 책 중 가장 훌륭한 것에 속한다. 교재가 좋은 구성으로 잘 쓰였다. 설명이 명료하고 중복적으로 단계별로 문제는 따라가기 쉽게 되어 있다. 실제 상황에 응용한 보기와 실례가 교재를 더욱 생동감 있게 해준다."

Dr. Catalina Boudreaux
The University of Texas-San Antonio

"나는 저자 세 사람이 물리학에 접근한 방법에 매력을 느낀다. 앞으로 그들처럼 접근하는 게 좋다고 주장할 것이다. ⋯⋯ 나는 그것을 신선한 출발이라고 주장할 것이다."

Dr. Klaus Honscheild
Ohio State University

"나는 현재 통용되고 있는 물리학 교재들보다 이 책에 배열한 장의 순서가 더 좋다. 이 책의 장과 내용은 잘 준비하고 썼기 때문에, 난 이 책을 좋아한다."

Dr. Donald Whitney
Hampton University

물체가 직선을 따라 움직이는 경우에도 정확하고 일관되게 벡터 표기법을 사용했다. 예를 들면, "$v_x = -5$ m/s"와 "$v = 5$ m/s"로 쓰면서 크기와 성분을 구별하지 않았다. 심지어는 물체가 x-축을 따라서 운동하는 경우에도 구별하지 않았다.

3장에서 힘과 뉴턴의 법칙을 분리해 순수하게 운동학을 강조하지는 않았다. 3장의 보기 문제에서 운동학과 물체에 작용하는 힘을 관련지어 설명했다. 2장에서 배운 것과 같이 힘을 분석하고 자유물체도형을 그리는 수준의 연습을 계속하는 정도이다.

4장에서는 '물체에 작용한 알짜힘이 일정할 때 물체에 어떤 일이 일어나는가?' 하는 중요한 경우를 살펴본다. 이 경우에도 학생들은 계속해서 힘을 분석하고 뉴턴의 제2 법칙을 계속 적용하면 된다. 발사체의 이상적인 운동도 그 물체가 중력 이외의 힘을 무시할 수 있는 경우에 실제와 거의 같은 것을 이상화한 것이다. 우리는 물리학이 실세계에 어떻게 적용될 수 있는지를 설명하고, 물리학이 현실과는 관련이 없이 '문제로서만 존재하는 세계'라는 인상을 주지 않으려고 노력했다.

친밀하고 분명하게 구어체로 설명했다

현실적인 구어체로 쓰려고 노력했다. 곧, 선생님들이 학생들과 일대일로 책상에 마주 앉아 이야기할 때 사용하는 언어를 사용해 설명했다. 학생들이 크게 힘들이지 않고 이 책을 읽고 명확한 정보를 얻는 기쁨을 맛볼 수 있기를 바라며, 추상적인 개념도 쉽게 간파할 수 있도록 유사한 예를 많이 다루었다. 학생들이 스스로 공부해 배운 것에 확신을 갖기를 바란다.

올바른 물리 용어를 배우는 것이 필요하다고 하더라도 학생들이 혼자서 이해하고 받아들이기 힘든 용어는 피하려고 노력했다. 구심력을 사용하면 학생들이 자유물체도에 가상적인 "구심력"을 그려 넣기 때문에 그 단어를 사용하지 않았다. 뿐만 아니라 개념의 오류를 범하지 않게 하기 위해 구심가속도란 용어를 사용하지 않고 '가속도의 지름 방향 성분'이라는 용어를 사용했다.

교정 작업을 엄밀하게 수행했다

저자와 출판사는 정확하지 않은 것들이 교수와 학생들 모두를 좌절시키는 원인이 될 수 있다는 사실을 인정한다. 따라서 이번 증보판은 저술과 제작 전반에 걸쳐서 애매모호하거나 틀린 부분을 없애기 위해 부단히 노력했다. 문제들은 별도의 책임자를 두어 정확하게 점검하고 또 점검했기 때문에 어느 부분보다도 높은 정확성을 보장할 수 있다.

교재의 교정은 원고를 조판할 때 발생한 과오까지도 고치기 위해 원고와 대조해 읽으면서 수정했다.

학생들에게 필요한 도구를 제공했다

문제풀이 접근방법

문제풀이 능력은 물리학의 입문 과정에서 필수적이다. '보기'에서 이러한 기법을 설명했다. 때로는 '문제풀이 전략 목록'이 쓸모가 있다. 우리는 적절한 위치에다 그러한 전략을 제시했다. 그러나 가장 중요한 전략일 수도 있는 애매한 전략은 문제풀이 전략 목록에서 빠져 있을 수도 있다. 문제풀이 전문 지식을 개발하려면 학생들 스스로가 비판적이고 분석적으로 생각하는 습관을 익혀야 한다. 일반적으로 문제는 다차원적이고 복잡한 과정을 거쳐야 풀이를 구할 수 있다. 알고리즘적인 접근 방식은 실제 문제를 해결하는 기법을 배우는 데 충분하지 않다.

전략 부분은 보기 문제 다음의 시작 부분에 있다. 전략은 문제를 해결하는 데 필요한 것들을 학생들이 이해하기 쉽게 설명한 것이다. 전략에서는 문제풀이를 시도할 때 학생들이 어떠한 분석적 사고를 해야 하는지 설명해준다. 어떤 접근 방법을 사용해 어떻게 행하는지를 알려준다. 어떤 물리 법칙을 이 문제풀이에 적용해야 하며 이들 중 어느 것이 이 문제를 푸는 데 유용한지를 알려준다. '문제의 지문에 어떤 단서가 주어져 있는가?', '어떤 정보가 명백히 진술되어 있지 않고 암시되어 있는가?', '유용한 접근 방법이 여럿 있는 경우 어떤 것이 가장 효율적인가?' 등을 결정할 수 있도록 해준다. 또 어떤 가정을 할 수 있는지, 어떤 종류의 스케치나 그래프를 그려서 문제를 해결할 수 있는지, 단순화시키거나 근사를 취할 필요가 있는지, 만약 그렇다면 단순화시키는 게 유효한지를 어떻게 판단하는지, 또 답을 미리 추정해볼 수 있는지 등을 생각해본 후에 학생들이 문제를 효과적으로 해결할 수 있도록 했다.

풀이 부분에는 문제를 상세히 풀어놓았다. 설명한 부분에는 학생들이 문제를 풀 때 사용한 접근법을 이해하도록 돕기 위해 방정식과 단계별 계산 과정이 제시되어 있다. 우리는 학생이 "어떻게 나온 것일까?"라고 궁금해 하지 않고 수학을 따라갈 수 있도록 했다.

검토 부분은 숫자나 대수로 표시할 수 없는 해답만 설명을 덧붙여서 보기의 말미에 삽입했다. 학생들이 답의 자릿수를 확인하고, 예상했던 답안과 비교해보고, 단위를 확인해보아야 한다. 다른 방법으로 풀이가 가능할 때는 풀이했던 방법과 다른 방법으로 풀어보고 답이 합리적으로 일치하는지 판단하는 방법을 배워야 한다. 다른 방법으로 풀이가 가능할 때는 각 방법의 장점과 단점을 살펴보아야 한다. 우리는 또한 해답의 의미, 곧 "우리가 그것에서 배울 수 있는 것이 무엇인가?"에 대해서도 설명했다. 특별한 경우인지를 살펴보고, 또 "시나리오가 무엇인지?"를 설명했다. 때로는 또 풀이에 사용한 풀이 방법을 일반화시킬 수 있는지에 대해서도 언급했다.

실전문제는 각 보기 문제 다음에 제시했다. 이 문제는 학생들에게 같은 물리 원리와 문제풀이 방법을 적용해 문제를 풀이하는 경험을 쌓을 수 있는 기회를 제공한다. 각자가 얻은 답을 각 장의 끝부분에 있는 해답과 비교함으로써, 학생들 스스로 자기의 이해 수준을 측정해보고 다음 절로 넘어갈 것인지를 결정하도록 했다.

일대일 방식으로 대학 물리학을 가르쳐온 다년간의 경험으로, 우리는 학생들이 어려움을 겪을 것으로 예상되는 부분을 알 수 있었다. 일관된 문제풀이 능력 외에도 본문 전체에 걸쳐 다른 방법으로 학생들에게 도움이 되는 것을 제공했다. 둘레 선을 친 문제풀이 전략은 특정 유형의 문제를 해결하는 데 필요한 자세한 정보를 제공한다. 보기나 문제에 대한 힌트는 이것을 이용해 어떤 문제에 접근하거나 단순화할 수 있는 부분에 관한 단서를 제공해준다.

많은 학생에게 부족한 중요한 문제풀이 능력은 그래프에서 정보를 얻거나 모든 데이터 포인트를 표시하지 않고도 그래프를 스케치하는 능력이다. 그래프는 종종 학생들이 대수를 사용하는 것보다 더욱 더 실제적인 관계를 더 명확하게 보는 데 도움이 된다. 우리는 보기나 문제에서 그래프와 스케치하는 방법을 사용할 것을 강조한다.

근사, 추정, 비례 추론 사용

이 교재에서는 물리 문제를 풀이할 때 지속적으로 간단한 모형과 근사를 사용한다. 문제를 풀이할 때 맞닥뜨리는 어려운 것 중 하나가 점성을 무시하거나, 대전된 물체를 점전하로 다루고, 회절 등과 같이 어떤 것을 무시하는 것이다.

몇몇 보기 문제나 연습문제에서는 추정해보는 것이 필요하다. 추정은 물리학에서는 물론이고 다른 분야의 문제를 해결하는 데도 학생들에게 쓸모 있는 기법이다. 마찬가지로 우리는 비례 관계를 이용해 추정하는 것이 편리하고 경향을 이해하는 수단임을 알려준다. 종종 비율과 비례 관계를 사용해 학생들이 그것을 이해할 수 있도록 연습하는 기회를 제공했다.

다양한 시각자료 제공

모든 장에서 학생들이 적용해본 물리 개념과 복잡한 방법을 생활과 연결시켜주는 단순한 도해에서부터 정교하고 아름다운 삽화까지 다양한 삽화 시스템을 개발했다. 전기장 선의 3차원 그림에서부터 인체의 생체역학에 이르기까지, 그리고 가정에서의 파동의 표현에서부터 전기배선에 이르기까지, 다양한 주제로 학생들이 물리학의 영향력과 아름다움을 알아채는 데 큰 도움이 될 것이라고 믿는다.

장의 전체 내용을 대표하는 사진과 설명

각 장의 여는 글에는 학생들의 흥미를 유발하고 장 전체에서 내용을 유지하도록 선택한 사진과 간략한 설명문이 소개되어 있다. 설명문은 사진에 표시된 상황을 설명하고 학생에게 관련 물리학을 생각해보도록 한다. 장의 첫 쪽 사진을 축소한 그림과 관련 질문은 이 장에서 그 주제를 다루었음을 나타낸다.

개념 설명에 초점 맞춤

연결고리는 학생들이 중요한 개념이 설명된 부분을 확인함으로써 물리학의 기본 핵심 개념에 초점을 맞출 수 있게 하고, 모든 물리학 전체가 소수의 기본 개념에 기초를 두고 있음을 강조한다. 본문에 인접한 연결고리나 요약은 앞에서 설명한 개념이 현재의 설명에 적용되고 있음을 쉽게 알 수 있도록 한다.

종합복습(Review & Synthesis) 부분의 연습문제는 학생들이 이미 공부한 여러 장의 개념들이 서로 어떻게 연관되어 있는지를 알 수 있도록 한 것이다. 이 연습문제는 학생들이 단서로 주어진 절이나 장의 제목 없이 문제를 풀이할 수 있는 능력을 점검할 수 있도록 도와준다.

살펴보기는 학생들이 해당 절에서 공부한 개념을 얼마나 이해했는지를 점검해보도록 마련한 문제이다. 살펴보기의 답은 장의 마지막 부분에서 확인할 수 있다. 학생들이 너무 빨리 답을 확인하지 않고 자기의 지식을 확인해볼 수 있도록 했다.

응용은 본문에 소개되어 있으며, 응용 부분을 활용하면 일상생활에서 물리 개념을 어떻게 경험할 수 있는지를 알 수 있다.

참고할 수 있는 자료

McGraw-Hill ConnectPlus® Physics

Online Physics education reserch work book

Electronic media integrated with the ConnectPlus eBook.

Electronic Book Images ans Assets for Instructors.

Computerizes Test Bank Online

Electronics Books

Personal Response System

Instructor's Resource Guide.

ALEKS®

ALEKS Math Prep for College Physics

Solution Manual

차 례

❖ 개념정리와 연습문제(해답)는 별책으로 만들었습니다.

서론
Introduction

화성의 표면에서 화성 탐사선 로버 오퍼튜니티가 독수리분화구(Eagle crater)에 있는 착륙선을 돌아보고 있다.

2004년, 우주 탐사선 스피릿과 오퍼튜니티가 화성의 반대편에 착륙했다. 이들의 일차적 임무는 화성에도 과거에는 물이 있었다는 증거를 확보하고, 그 물이 어디로 갔는지 수수께끼를 풀기 위해 다양한 암석과 토양을 폭넓게 조사하는 것이었다. 그들은 수만 장의 사진과 풍부한 지질학 자료를 보내왔다. 이와는 대조적으로 먼저 탐사 임무를 띠고 간 화성 기후측정 궤도위성(Mars Climate Orbiter)은 단순한 실수가 원인이 되어 화성 주위 궤도에 진입하자마자 사라져버렸다. 이 장에서 그와 같은 실수를 범하지 않는 방법을 배울 수 있을 것이다. (10쪽에 답이 있다.)

되돌아가보기 • 대수학, 기하학, 삼각함수(부록 A)

1.1 왜 물리학을 배우는가?
WHY STUDY PHYSICS?

물리학은 물질, 에너지, 공간, 시간 등의 개념을 근본적인 차원에서 설명하는 과학이다. 때문에 생물학이나 화학 같은 기초과학은 물론 건축학, 의학, 음악, 예술 등과 같은 응용 분야를 전공한다고 하더라도 거기에는 물리학에 관련된 원리가 있다.

물리학자들은 우주에서 일어나는 물리 현상에서 일반적인 양상을 찾는다. 그들은 일어나는 현상들을 설명하고 그러한 설명이 정당한지 확인하기 위해 실험을 한다. 그 목적은 우주를 관장하는 가장 기본적인 법칙을 찾아내고 그것을 가장 정확하고 간단한 방법으로 기술하려는 것이다.

물리학을 공부하는 것은 여러 가지 이유로 가치 있는 일이다.

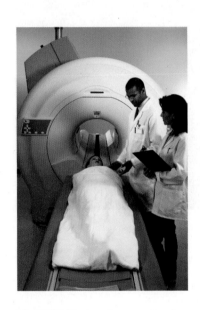

자기공명영상(magnetic resonance imaging, MRI)을 찍을 준비를 하고 있는 환자. MRI는 환자의 신체 내부 구조를 영상으로 자세하게 보여준다.

- 물리학은 물질과 물질 사이의 기본적인 상호작용을 다루기 때문에 모든 자연과학은 물리학 법칙을 기초로 세워진다. 화학을 깊이 이해하려면 원자의 물리학을 알아야 한다. 또한 생물학적 과정을 완전히 이해하기 위해서는 물리학과 화학의 원리를 이해해야 한다. 여러 세기 전에는 **자연 철학** 속에 지금은 생물학, 화학, 지질학, 천문학, 물리학 등으로 나뉜 분야들이 포함되어 있었다. 오늘날에도 생명물리학자, 화학물리학자, 천문학자, 지구물리학자라고 하는 과학자들이 있는 것을 보면 과학의 여러 분야가 얼마나 서로 연관되어 있는지 알 수 있다.

- 오늘날과 같은 기술 문명의 세계에서는 많은 중요한 기기들이 물리학적 지식을 통해서만 바르게 이해될 수 있다. 의료 분야에서만 레이저 수술, 자기공명 영상, 순간판독 온도계, 엑스레이 영상, 방사능 추적기, 심장박동 조절장치, 초음파 영상, 맥박조정기, 광섬유를 이용한 정밀 수술, 치과용 초음파 천공기, 방사선 치료 등 많은 예를 볼 수 있다.

- 물리학을 공부하면 다른 분야에서도 유용한 기술을 습득할 수 있다. 예를 들면, 논리적이고 분석적인 사고, 문제 해결 능력, 단순한 가정 구성 능력, 수학적 모형 만들기, 적절한 어림셈법 사용하기, 명확한 정의를 내릴 수 있는 능력 등이다.

- 사회의 자원은 유한하기 때문에 그 자원들을 효과적으로 이용해야 하며 과학적으로 불가능한 계획에 낭비해서는 안 된다. 종종 정치 지도자나 투표권을 가진 대중이 과학적 원리에 대한 무지로 인해 그릇된 판단을 내릴 때가 있다. 원자력 발전으로 에너지를 얻는 것은 안전한가? 온실 효과나 오존층의 구멍, 실내 라돈 가스의 위험성 등에 관한 진실은 무엇인가? 물리학을 배움으로써 여러분은 기본적 과학 원리를 이해하고, 앞에서와 같은 문제들에 대해 올바른 이해와 합리적인 여론을 형성시킬 수 있는 지적 능력을 가질 수 있다.

- 마지막으로 물리학을 공부하면서 우주를 관장하는 기본 법칙들의 아름다움을 느낄 수 있기를 바란다.

1.2 물리학에서 사용하는 용어
TALKING PHYSICS

물리학에서 사용되는 몇몇 용어들은 일상에서도 자주 쓰인다. 그러나 때로는 이 친숙함이 오해를 부를 수 있다. 정확한 과학적 정의는 일상적 의미와 매우 다를 수 있기 때문이다. 물리학에서 사용되는 모든 용어들은 정확하게 정의되어야 한다. 그래야 과학 논문을 읽거나 과학 강좌를 들을 때 정확한 의미를 파악할 수 있다. 일상에서 사용되는 단어 중에서 기본적으로 정확하게 정의되어야 하는 물리량에는 시간, 길이, 힘, 속도, 가속도, 질량, 온도 등이 있다.

일상에서는 **속도**와 **속력**을 동의어로 사용하지만 물리학에서는 중요한 차이가 있다. 물리학에서의 속도는 단위 시간당 운동한 거리뿐만 아니라 움직이는 **방향**도 내포한다. 운동하는 물체가 방향을 바꿀 때 속력은 변하지 않을 수도 있다. 속도의 일상적 의미를 과학적 정의와 혼동하면 일부 기본적인 물리 법칙을 올바로 이해하지 못하거나 오답을 이끌어낼 수도 있다.

일상생활에서 사용하는 **질량**도 몇 가지 다른 의미를 내포하고 있다. 때로는 **질량**과 **무게**를 바꾸어 사용한다. 그러나 물리학에서는 이 둘을 바꿔서 사용할 수 없다. 질량은 정지한 물체는 계속 정지해 있으려 하고 운동하는 물체는 같은 속도로 운동을 계속하려고 하는 성질인 관성의 척도이다. 그렇지만 무게는 물체를 당기는 중력의 척도이다(질량과 무게는 2장에서 더 자세히 설명한다).

물리량을 엄밀하게 정의하는 데에는 두 가지 중요한 이유가 있다. 첫째, 물리학은 실험 과학이기 때문이다. 실험 결과는 다른 과학자들이 비슷한 실험을 했을 때 그 결과를 비교할 수 있도록 명확히 서술해야 한다. 실험이 어디서 이루어지건 측정값이 일정하게 나오려면 양에 대한 정확한 정의가 필수이다. 둘째, 물리학은 수리 과학이기 때문이다. 물리량 사이의 관계를 정량적으로 기술하기 위하여 수학을 이용한다. 이런 관계는 물리량이 엄밀하게 정의될 때에만 수학적으로 표현이 가능하다.

1.3 수학의 사용 THE USE OF MATHEMATICS

초급 물리학을 공부하기 위해서는 대수, 삼각함수, 기하학을 적용할 수 있는 지식이 필요하다. 비교적 중요한 기초수학의 일부를 부록 A에 정리해놓았다. 수학 실력이 충분치 않다고 느끼면 수학 교과서의 문제를 풀어보면서 자신의 실력을 되돌아보기 바란다.

방정식은 말로 표현하기 어려운 관계를 수학 기호를 사용하여 간결하게 표현한 것이다. 방정식에 사용되는 대수 기호는 수와 **단위**로 구성된 물리량들을 의미한다. 수는 측정 결과를 뜻하며 측정은 주어진 기준에 따라 이루어진다. 단위는 어떤 기준이 사용되었는지를 나타낸다. 물리학에서 양은 수로 나타내며 단위를 함께 쓰지 않은 수는 무의미하다. 옷을 만들기 위해 비단을 살 때, 5 mm, 5 m, 5 km 중 어떤 것이 필요한가? 숙제의 마감 기한은 3분, 3일, 3주 중 어떤 것이 적합하겠는가? 단위 계에 대해서는 1.5절에서 살펴볼 것이다.

물리량 각각을 고유한 문자로 표시하기에는 알파벳 수가 충분하지 않다. 부피를 표현하는 문자 V가 전압을 나타낼 수도 있다. 올바른 문자를 포함한다고 해서 그 방정식을 선택해서 문제를 풀려고 해서는 안 된다. 문제 풀이를 잘하는 사람은 특정 방정식의 각 기호가 나타내는 물리량을 구체적으로 이해하고, 그 양을 표시하는 정확한 단위를 명기할 수 있으며, 방정식이 적용되는 상황을 이해한다.

비와 비례 물리학에서 사용하는 용어 중에 **인자**factor라는 용어가 자주 사용된다. 라디오 전파 송신 출력을 곱절로 하면 '출력이 2배 증가했다'고 말한다. 혈액 중 나트륨 이온의 농도가 전보다 반으로 줄었다면 농도가 '2배로 감소했다'고 말한다. 또는 다소 일관성은 없지만 '2분의 1로 감소했다'고 한다. 인자는 어떤 양의 값이 달라질 때 곱하거나 나누어야 하는 값이다. 달리 말하면 인자는 **비**ratio이다. 라디오 송신기의 경우, 초기 출력을 P_0로 표시하고 다른 장치가 설치된 후의 출력을 P로 표시하면

$$\frac{P}{P_0} = 2$$

이다.

자주 쓰는 말 중에 '5 % 증가한다' 또는 '20 % 감소한다'는 표현이 있다. 어떤 양이 n % 증가한다는 것은 $1 + (n/100)$의 인자를 곱한다는 말과 같다. n % 감소한다는 것은 $1 - (n/100)$의 인자를 곱한다는 말이다. 예를 들면, 5 % 증가는 원래 값의 1.05배라는 말이고, 4 % 감소는 원래 값의 0.96배를 의미한다.

물리학자들은 때로는 **비례**proportion를 생각하면 문제가 간단해지기 때문에 "몇 배만큼" 증가하는지에 관하여 이야기한다. A가 B에 비례한다($A \propto B$)는 말은 B가 증가하면 A도 같은 인자로 증가한다는 의미이다. B의 두 값의 비가 그에 대응하는 A의 두 값의 비와 같다는 의미이다($B_2/B_1 = A_2/A_1$). 예들 들어, 원둘레는 반지름에 2π를 곱한 값이다. 곧, $C = 2\pi r$이다. 그러므로 C는 r에 비례한다. 반지름이 두 배로 증가하면 원둘레도 2배로 증가한다. 원의 넓이는 반지름의 제곱에 비례한다. 따라서 넓이는 반지름의 제곱과 같은 비율로 증가해야 한다. 반지름이 2배가 되면 넓이는 $2^2 = 4$배 증가한다.

보기 1.1

골다공증

심한 골다공증으로 인해 뼈의 밀도가 40 %까지 감소할 수 있다. 건강한 뼈의 밀도가 1.5 g/cm^{3}인 경우에 퇴화된 뼈의 밀도는 얼마나 되는가?

전략 n %의 감소는 양에 $[1 - (n/100)]$이 곱해짐을 의미한다.

풀이 1.5 g/cm^3 × $[1 - (40/100)]$ = 1.5 g/cm^3 × 0.60 = 0.90 g/cm^3

검토 빠른 점검: 이 밀도는 40 %의 감소에서 예측한 대로 원래 밀도의 절반을 약간 넘는다.

실전문제 1.1 적혈구 수치

병원 환자의 적혈구 수치(red blood count, RBC)가 화요일에 $5.0 \times 10^6 \ \mu L^{-1}$였고, 수요일에 $4.8 \times 10^6 \ \mu L^{-1}$였다. RBC의 백분율은 얼마나 변했는가?

보기 1.2

반지름이 증가할 때 공의 부피 변화

공의 부피는 다음 식으로 주어진다.

$$V = \frac{4}{3} \pi r^3$$

여기서 V는 공의 부피이고 r는 공의 반지름이다. 만일 농구공의 반지름이 12.4 cm, 테니스공의 반지름이 3.20 cm라면 농구공의 부피는 테니스공의 부피의 몇 배가 되는가?

전략 이 문제에서는 두 공의 반지름이 주어져 있다. 어떤 공의 반지름과 부피를 말하는지 제대로 파악하기 위해서 농구공에 대해서는 "b", 테니스공에 대해서는 "t"의 아래 첨자를 쓰기로 한다. 농구공의 반지름은 r_b, 테니스공의 반지름은 r_t이다. $\frac{4}{3}$와 π는 상수이므로 비례관계로 해석할 수 있다.

풀이 테니스공의 반지름에 대한 농구공의 반지름의 비는

$$\frac{r_b}{r_t} = \frac{12.4 \ [cm]}{3.20 \ [cm]} = 3.875$$

공의 부피는 그 반지름의 세제곱에 비례한다.

$$V \propto r^3$$

농구공의 반지름이 3.875배 크고 부피는 반지름의 세제곱에 비례하기 때문에 농구공의 부피는 $3.875^3 \approx 58.2$배 크다.

검토 약간 다른 풀이는 부피에 관한 두 방정식의 변의 비를 구하는 것이다.

$$\frac{V_b}{V_t} = \frac{\frac{4}{3} \pi r_b^3}{\frac{4}{3} \pi r_t^3} = \left(\frac{r_b}{r_t} \right)^3$$

r_t에 대한 r_b의 비를 대입하면

$$\frac{V_b}{V_t} = 3.875^3 \approx 58.2$$

를 얻는다. 이는 농구공의 부피 V_b가 테니스공의 부피 V_t의 대략 58.2배임을 말한다.

실전문제 1.2 전구의 소모전력

저항이 R인 전구에서 소모되는 전력 P는 $P = V^2/R$으로 주어진다. 여기서 V는 입력 전압이다. 절전 시 입력 전압은 10 % 만큼 감소한다. 보통 때 전구에서 소모되는 전력이 100 W라면 절전 시 전구에서 소모되는 전력은 얼마인가? 저항은 달라지지 않는다고 가정한다.

✓ 살펴보기 1.3

공의 지름이 3배 변하면 공의 부피는 몇 배나 변하는가?

1.4 과학적 표기법과 유효숫자
SCIENTIFIC NOTATION AND SIGNIFICANT FIGURES

물리학에서는 아주 작은 수를 다루기도 하지만 매우 큰 수를 다루기도 한다. 이럴 때는 보통의 십진법으로 수를 표시하기 불편한 경우가 있다. **과학적 표기법**scientific notation에서는 1과 10 사이의 숫자와 10의 지수의 곱으로 수를 표현한다. 적도에서

계산기에 과학적 표기법으로 나타낸 숫자를 입력하는 방법을 익혀두어라. 1.2×10^8은 1.2, EE, 8을 차례로 누르면 된다.

지구 반지름은 대략 6,380,000 m인데, 과학적 표기법으로 쓰면 6.38×10^6 m로 표시할 수 있다. 수소 원자의 반지름 0.000 000 000 053 m는 5.3×10^{-11} m로 표시할 수 있다. 과학적 표기법을 사용하면 소수점의 위치를 바르게 표시하기 위해 0을 많이 사용할 필요가 없다.

과학에서 측정값이나 계산 값은 그 값의 **정밀도**precision를 나타내야 한다. 측정 기구의 정밀도는 최소 눈금의 크기에 제한을 받는다. 밀리미터까지 표시된 미터자로는 길이를 밀리미터 단위까지 측정할 수 있고, 두 눈금 사이에서는 밀리미터의 분수까지 알 수 있다. 미터자의 최소 눈금이 센티미터라면 센티미터까지는 정확히 알 수 있고 나머지 값에 대해서는 센티미터의 분수를 추정할 수 있다.

어떤 양의 정밀도를 표시하는 기본적인 방법은 올바른 **유효숫자**significant figures를 사용하는 것이다. 유효숫자는 정확하게 알려진 숫자에 추정된 숫자 하나를 더 표기한 것이다. 거리가 12 km라고 말할 때 거리가 정확히 12 km라는 의미는 아니다. 킬로미터 단위로 표시할 때 12 km가 가장 가까운 값이라는 의미이다. 만약 거리가 12.0 km라고 하면, 킬로미터의 10분의 1(소수점 아래 첫 자리)까지 고려할 때 거리가 어느 값에 가장 가까운지 말해준다는 의미이다. 유효숫자의 자릿수가 많을수록 그 값은 보다 정확해진다.

유효숫자 식별 규칙

1. 0이 아닌 숫자는 모두 유효숫자이다.
2. 소수점 오른쪽 끝부분의 0들은 유효숫자이다.
3. 소수점의 위치를 표시하기 위해 사용된 소수점 오른쪽에 있는 0은 유효숫자가 아니다.
4. 소수점 왼편의 0은 유효숫자이거나 단순히 소수점의 위치를 표시하기 위한 경우도 있다. 예를 들면 200 cm는 유효숫자가 한 개, 두 개, 세 개일 수 있다. 다시 말하면 이 경우는 가장 가까운 1 cm까지 측정했는지, 가장 가까운 10 cm까지 측정했는지, 아니면 가장 가까운 100 cm까지 측정했는지 알 수가 없다. 그렇지만 200.0 cm는 유효숫자가 네 자리이다. 과학적 표기법으로 숫자를 분명하게 쓰는 것이 모호함을 없애는 한 방법이다. 이 책에서는 소수점 왼편에 0이 있을 때 최소한 유효숫자가 두 자리라고 가정하면 된다.
5. 유효숫자 사이에 있는 0은 유효숫자이다.

보기 1.3

유효숫자의 자릿수 찾기

아래 숫자들의 유효숫자 자릿수를 말하고 과학적 표기법으로 고쳐서 써라.

(a) 409.8 s

(b) 0.058700 cm

(c) 9500 g

(d) 950.0×10^1 mL

전략 유효숫자를 나타내는 주어진 규칙을 적용해보아라. 과학적 표기법으로 숫자를 다시 쓰기 위하여 소수점 왼쪽의 숫자가 1과 10 사이의 숫자가 되도록 소수점을 옮기고 주어진 숫자와 일치하도록 10의 거듭제곱을 곱한다.

풀이 (a) 409.8의 숫자 4개는 모두 유효숫자이다. 0이 두 유효숫자 사이에 있으므로 유효숫자이다. 숫자를 과학적 표기법으로 쓰기 위해서는 소수점을 왼쪽으로 두 자리 옮기고 10^2을 곱한다. 곧, 4.098×10^2 s.

(b) 0.058700 cm에서 처음 2개의 0은 유효숫자가 아니다. 그것들은 소수점을 표시하기 위해서 사용한 것이다. 여기에서 5, 8, 7과 끝의 0 2개는 유효숫자이다. 답은 유효숫자가 5개인 5.8700×10^{-2} cm이다.

(c) 9500 g에서 9와 5는 유효숫자이지만 마지막의 0 2개는 모호하다. 이 숫자의 유효숫자의 자릿수는 2, 3, 4일 수 있다.

가장 신중하게 접근하면 0은 유효숫자가 아니라고 가정하면 답은 9.5×10^3 g이다.

(d) 950.0×10^1 mL에서 마지막 0은 소수점 다음에 나오므로 유효숫자이다. 마찬가지로 왼쪽의 0은 유효숫자 사이에 나오므로 유효숫자이다. 그러나 950.0은 소수점 왼편의 숫자가 1과 10 사이의 숫자가 아니므로 과학적 표기법은 따르지 않았다. 따라서 답은 9.500×10^3 mL이다.

검토 과학적 표기법으로 표시하면 모든 0은 분명히 유효숫자이다. 소수점을 표시하기 위해서 사용하는 0은 없다. (c)에서 0이 모두 유효숫자라면 9.500×10^3 g이다.

실전문제 1.3 유효숫자 찾기

아래 측정치에서 유효숫자의 자릿수를 말하고 과학적 표기법으로 다시 써라.

(a) 0.000 105 44 kg (b) 0.005 800 cm (c) 602 000 s

유효숫자로 계산하기

1. 두 양을 더하거나 뺄셈을 할 때는 그 양 중에서 정밀도가 가장 낮은 수에 맞춰야 한다(보기 1.4). 만일 주어진 숫자가 과학적 표기법으로 쓰여 있다면 우선 10의 거듭제곱이 같도록 숫자를 다시 써라. 그리고 둘을 더하거나 뺀 후에 결과를 더하거나 뺄셈을 한 모든 숫자의 정밀도가 가장 낮은 수에 맞춰서 반올림하여 재정리한다.

2. 숫자를 곱하거나 나눈 결과의 유효숫자의 자릿수는 원래 숫자의 유효숫자의 자릿수 중에서 가장 작은 값과 같다.

3. 연속적으로 계산할 때는 계산을 하는 매 단계마다 유효숫자를 고려하여 반올림하지 않고 마지막 단계에서만 반올림하고 올바른 유효숫자로 정리해야 한다. 매 단계마다 반올림을 하면 마지막 결과에 가서는 반올림 오차가 눈덩이처럼 불어난다. 적어도 두 자리를 더 계산하고 마지막에 가서 반올림하는 것이 좋다.

보기 1.4

덧셈에서의 유효숫자

44.56005 s + 0.0698 s + 1103.2 s를 계산하여라.

전략 덧셈 결과의 정밀도는 세 값 중 가장 정밀하지 않은 것과 같다. 44.56005 s는 가장 가까운 0.00001 s까지 표시되어 있고, 0.0698 s는 가장 가까운 0.0001 s까지 표시되어 있고,

1103.2 s는 가장 가까운 0.1까지 표시되어 있다. 따라서 가장 부정확한 값은 1103.2 s이다. 덧셈의 결과도 같은 정밀도를 가지므로 10분의 1초까지 표시할 수 있다.

풀이 계산기로 계산한 결과를 보면

$$44.56005 + 0.0698 + 1103.2 = 1147.82985$$

이다. 하지만 이 답의 모든 자리를 원하지는 않는다. 결과가 실제보다 더 정확한 값처럼 보이기 때문이다. 가장 가까운 10분의 1초 자리로 반올림하면 1147.8 s가 되며 유효숫자는 5개가 된다.

검토 가장 부정확한 값이 유효숫자가 가장 적은 값이 아님에 주의하여라. 가장 부정확한 값은 유효숫자 중 가장 오른쪽 숫자의 단위가 가장 큰 값이다. 1103.2 s에서 2는 10분의 1초 단위이다. 덧셈이나 뺄셈에서는 유효숫자의 개수가 중요한 것이 아니라 정확도가 중요하다. 덧셈에 있는 세 값은 원래 각각 7개, 3개, 5개의 유효숫자를 갖고 있으나 합은 5개의 유효숫자를 갖는다.

실전문제 1.4 뺄셈에서의 유효숫자

568.42 m − 3.924 m를 계산하고 답을 과학적 표기법으로 표현하여라. 결과에는 몇 개의 유효숫자가 있는가?

보기 1.5

곱셈에서의 유효숫자

45.26 m/s와 2.41 s의 곱을 구하여라. 결과의 유효숫자 자릿수는 얼마인가?

전략 곱셈에서는 가장 적은 유효숫자를 가진 인자와 동일한 개수의 유효숫자를 가져야 한다.

풀이 계산기를 사용하면

$$45.26 \times 2.41 = 109.0766$$

이 된다. 답은 3개의 유효숫자만 가지므로 결과를 반올림해서

$$45.26 \text{ m/s} \times 2.41 \text{s} = 109 \text{ m}$$

이다.

검토 답을 109.0766 m라고 쓰는 것은 약 0.0001 m의 정밀도로 답을 했다는 잘못된 인상을 줄 수 있는 반면에, 실제로는 정밀도가 약 1 m 정도이다.

두 숫자 모두 소수 둘째 자리까지만 알려졌지만 풀이에서는 소수점 이하는 나타내지 않았다. 곱셈 또는 나눗셈에서 중요한 것은 유효숫자의 자릿수이다. 과학적 표기법으로 1.09×10^2 m라고 쓰면 된다.

실전문제 1.5 나눗셈에서의 유효숫자

28.84 m를 6.2 s로 나눈 결과를 올바른 유효숫자의 개수를 써서 표현하여라.

정수나 정수의 분수가 식에 사용될 때 결과의 정밀도는 정수나 분수의 값에 영향받지 않는다. 유효숫자의 자릿수는 문제에 주어진 측정값에 의해서 결정된다. 분수 1/2이 식 중에 사용될 때 그 값은 정확한 값이며, 유효숫자가 한 자리라고 제한하는 것은 아니다. 반지름 r 인 원둘레를 나타내는 $C = 2\pi r$와 같은 식에서, 2나 π는 정확한 값이다. π의 값은 다른 값들의 정밀도를 유지하기 위해 얼마든지 자릿수를 늘려서 표현할 수 있다.

크기 어림셈 간혹 문제가 너무 복잡해서 정확하게 풀 수 없거나 정확한 계산을 위해 필요한 정보가 알려지지 않은 경우가 있다. 그런 경우 **규모**order of magnitude를 따져보는 것이 최선이다. 크기 어림셈이란 "대략적으로 10의 몇 제곱을 의미한다." 크기 어림셈을 할 때는 유효숫자가 많아야 하나밖에 되지 않는다. 정확한 계산으로 문제를 풀기 전에 결과가 대략 어느 정도가 될지 알 수 있다면 그런 어림셈을 미리 해 보는 것이 좋다. 만약 답이 그 정도의 크기로 나오지 않는다면 풀이한 것을 검토하

여 오류를 찾아낼 수 있다. 예를 들어, 꽃병이 4층 높이에서 떨어졌다고 하자. 꽃병이 땅까지 떨어지는 데 걸리는 시간을 우리는 경험으로 대략 짐작할 수 있다. 아마 1초나 2초 정도이지 1000초나 0.00001초는 분명히 아닐 것이다.

✓ 살펴보기 1.4

크기 어림셈을 해보는 이유가 무엇인가?

1.5 단위 UNITS

미터법metric system은 과학 연구와 서양에서 오랫동안 사용되어왔다. 미터법은 십진법에 기본을 두고 있다(그림 1.1). 1960년, 단위를 관장하는 국제기관인 '국제도량형 총회'에서 **SI 단위계**Systéme International d'Unités(국제표준단위계)라고 하는 개정 미터법을 제안했다. 이 단위계는 길이는 미터(m)로, 질량은 킬로그램(kg)으로, 시간은 초(s)로 나타낸다. 이들 기본 단위 외에도 네 개의 단위가 더 있다(표 1.1). **유도 단위**derived units는 기본 단위들을 조합한 것이다. 예를 들면, 힘의 SI 단위는 $kg \cdot m/s^2$이다. 이 유도 단위에는 아이작 뉴턴을 기념하여 뉴턴(N)이라는 특별한 명칭을 붙였다. N은 기본 단위를 조합하여 만들어진 것이므로 유도 단위이다. 유명한 과학자의 이름에서 따온 단위라고 하더라도 단어로 쓸 때는 시작을 소문자로 해야 한다. 그러나 줄여서 기호로 표시할 때는 대문자로 나타낸다. 이 책에서 사용한 유도 단위를 앞표지 안쪽에 정리해두었다.

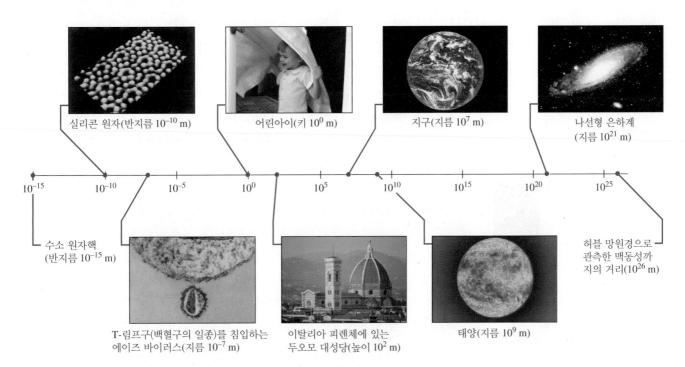

실리콘 원자(반지름 10^{-10} m)   어린아이(키 10^0 m)   지구(지름 10^7 m)   나선형 은하계 (지름 10^{21} m)

10^{-15} 10^{-10} 10^{-5} 10^0 10^5 10^{10} 10^{15} 10^{20} 10^{25}

수소 원자핵 (반지름 10^{-15} m)   T-림프구(백혈구의 일종)를 침입하는 에이즈 바이러스(지름 10^{-7} m)   이탈리아 피렌체에 있는 두오모 대성당(높이 10^2 m)   태양(지름 10^9 m)   허블 망원경으로 관측한 맥동성까지의 거리(10^{26} m)

그림 1.1 과학적 표기법에서는 10의 거듭제곱을 사용하여 광범위한 값을 가진 양을 나타낸다.

표 1.1 SI 기본 단위

양	단위명	기호	정의
길이	meter	m	진공 중에서 빛이 1/299 792 458s 동안에 진행하는 거리.
질량	kilogram	kg	국제 킬로그램 원기의 질량.
시간	second	s	Cs-133의 바닥상태의 두 초미세 에너지 준위 사이의 전이에서 방출되는 복사선의 9 192 631 770 주기에 해당하는 시간.
전류	ampere	A	진공 중에서 1 m 떨어진 가늘고 긴 평행한 두 도체에 단위 길이당 2×10^{-7} N의 힘을 작용하는, 도체에 흐르는 일정한 전류.
온도	Temperature	K	물의 삼중점의 열역학적 온도의 1/273.16
물질의 양	mole	mol	탄소-12 0.012 kg 중의 원자수와 같은 기본 입자를 포함하는 물질의 양.
조도	candela*	cd	진동수 540×10^{12} Hz인 복사선을 방출하고 주어진 방향으로 단위 입체각당 1/683 W 의 복사세기를 가진 광원의 조도.

* 이 책에서는 사용하지 않음.

표 1.2 SI 접두어

접두어(약어)	10의 거듭제곱
페타(peta-, P)	10^{15}
테라(tera-, T)	10^{12}
기가(giga-, G)	10^{9}
메가(mega-, M)	10^{6}
킬로(kilo-, k)	10^{3}
데시(deci-, d)	10^{-1}
센티(centi-, c)	10^{-2}
밀리(milli-, m)	10^{-3}
마이크로(micro-, μ)	10^{-6}
나노(nano-, n)	10^{-9}
피코(pico-, p)	10^{-12}
펨토(femto-, f)	10^{-15}

SI 단위계에서는 수를 10의 거듭제곱 그대로 나타내는 방법 외에 10의 거듭제곱을 나타내는 어떤 접두어를 대신 사용하기도 한다. 10의 거듭제곱과 그에 상응하는 접두어를 표 1.2에 정리했으며, 이 책의 표지 안쪽에도 있다. 접두어와 함께 나타낸 SI 단위를 거듭제곱으로 나타냈을 때 접두어도 함께 거듭제곱을 한다는 것에 유의하여라. 예를 들면 8 cm^3 = 2 cm × 2 cm × 2 cm이다.

물리학에서는 SI 단위를 선호하며, 이 책에서도 주로 이 단위를 사용한다. 다른 단위들도 종종 사용되므로 단위 변환하는 방법을 알아야 한다. 다양한 과학 분야에서 심지어는 물리학의 분야에서도 역사적 의미나 실제적 이유로 SI 단위가 아닌 단위들을 사용한다. 예를 들면, 원자물리학이나 핵물리학에서 에너지의 SI 단위인 줄(J)은 거의 사용되지 않고 J 대신에 전자볼트(eV)가 에너지의 단위로 사용된다. 생물학자나 화학자들은 물리학자에게는 낯선 단위를 사용한다. SI 단위가 많이 사용되는 이유는 대부분의 과학자가 SI 단위에 익숙하기 때문이다.

대부분의 나라에서 SI 단위는 일상생활이나 산업계에서도 두루 사용된다. 그러나 미국에서는 미국 관습 단위계(종종 영국 단위계라고도 한다.)가 여전히 사용된다. 이 단위계의 기본 단위는 ft(피트. 길이의 단위), s(초. 시간의 단위), lb(파운드. 무게의 단위)이다. 이 단위계에서 질량의 단위는 유도 단위이다.

1999년 가을, NASA에는 안된 일이지만 화성 주위를 선회하도록 설계되었던 1억 2,500만 달러짜리 우주선이 추락했다. 추진 로켓을 제작하는 회사가 로켓 추진력에 관한 정보를 미국 관습 단위계로 알려주었는데, 로켓을 조종하는 NASA의 과학자들은 그것을 미터 단위계로 생각한 것이다. 화성 기후측정 궤도위성 사고조사위원회의 스티븐슨은 "우주선 사고의 '근본적인 원인'이 지상의 운항 관제 소프트웨어의 일부에서 발생한 영국 단위계와 미터 단위계의 혼동" 때문이었다고 밝혔다. 1억 2,200만 마일을 날아간 후에 기후측정 궤도위성이 화성의 대기 속으로 15마일 더 들어가는 바람에 추진 장치가 과열되었던 것이다. 단위의 불일치가 비행 임무를 극적으로 실패하게 만든 원인이 되고 말았다.

화성 기후측정 궤도위성에 무슨 일이 일어났나?

단위 변환 문제에 여러 단위가 섞여 있으면 문제를 풀기 전에 단위를 일관성 있게 바꾸어야 한다. 더하거나 빼기를 위한 양들이라면 반드시 같은 단위로 표시해야 한다. 일반적으로는 모든 단위를 SI 단위로 변환하는 것이 최선책이다.

보기 1.6에서 단위를 변환하는 기법을 설명했다. 변환해야 할 물리량에 비가 1이 되도록 만든 변환 인자를 하나나 그 이상을 곱하여 변환한다. 단위는 대수적인 양처럼 곱하거나 나눈다.

몇몇의 변환 인자는 정확히 정의한 값이다. 1 m는 정확하게 100 cm이다. 모든 SI 접두어들은 정확히 10의 거듭제곱이다. 1 m = 100 cm나 1 h = 60 min와 같이 정확한 변환 인자를 사용하면 결과의 정밀도는 영향을 받지 않는다. 유효숫자의 자릿수는 문제에 주어진 다른 값들로 정해진다.

보기 1.6

허파꽈리의 넓이

사람의 허파에서 허파꽈리의 총넓이는 70 m² 이다. (a) cm² 단위와 (b) in² 단위로 변환하면 얼마인가?

전략 미터(m)와 센티미터(cm), 인치(in) 사이의 환산 인자를 살펴보자. 미터의 제곱은 변환해야 하므로 변환 인자를 제곱해야 한다.

풀이 (a) 1 m = 100 cm이므로

$$70 \text{ m}^2 \times \left(100 \frac{\text{cm}}{\text{m}}\right)^2 = 7.0 \times 10^5 \text{ cm}^2$$

이다.

(b) 1 in = 2.54 cm를 사용하면

$$7.0 \times 10^5 \text{ cm}^2 \times \left(\frac{1 \text{ in.}}{2.54 \text{ cm}}\right)^2 = 1.1 \times 10^5 \text{ in.}^2$$

이다.

검토 한 단위가 1이 아닌 거듭제곱이 될 때 주의해야 한다. 이때 변환 인자도 같이 거듭제곱이 된다. 단위에서 실수를 하지 말아야 한다. 양이 거듭제곱될 때 숫자와 단위를 모두 같이 거듭제곱해야 한다. (100 cm)³은 100³ cm³ = 10⁶ cm³이지 100 cm³이나 10⁶ cm가 아니다.

실전문제 1.6 지구의 겉넓이

지구의 반지름은 6.4×10^3 km이다. 지구의 겉넓이를 m²와 mi² 단위로 구하여라. (구의 겉넓이는 $4\pi r^2$이다.)

계산을 할 때 양은 항상 단위를 써서 표현하여라. 단위를 대수적으로 결합시키면 결과의 단위가 된다. 이 작은 노력을 하면 세 가지 이점이 있다.

1. 결과의 단위가 무엇인지 분명해진다. 종종 숫자는 올바르게 계산하고도 잘못된 단위를 써서 답이 틀리는 경우가 있다.

2. 단위 변환이 어느 부분에서 이루어져야 하는지 드러난다. 상쇄되어야 할 단위가 상쇄되지 않는다면 다시 되돌아가서 필요한 변환을 해야 한다. 거리를 계산할 때 결과의 단위가 m · s/h로 나왔다면 시간(h)을 초(s)로 변환해주어야 한다.

3. 오류를 찾아내는 데 도움이 된다. 거리를 계산했는데 단위가 m/s로 나왔다면

어딘가 실수가 있음이 분명하다.

✓ 살펴보기 1.5

만일 1액체 온스(fl oz)가 약 30 mL라면, 우유 반 갤론(64 fl oz)은 몇 L인가?

1.6 차원 해석 DIMENSIONAL ANALYSIS

차원dimensions이란 시간, 길이, 질량 등과 같은 단위의 기본적 형태이다. (주의: '3차원 공간'이라고 할 때 차원은 다른 의미로 쓰인다.) 길이를 나타내는 단위는 많다. 예들 들면, 미터, 인치, 마일, 해리, 패텀, 리그, 천문단위, 옹스트롬, 큐빗, 자, 리 등이다. 모두 길이의 차원을 가지며 서로 변환될 수 있다.

물리량을 더하거나 빼거나 또는 같다고 하려면 같은 차원을 가져야 한다(같은 단위로 표현되지 않았을 수도 있다). 3 m와 2 in는 단위를 환산한 후에 더할 수 있지만 3 m와 2 kg은 더할 수 없다. 차원을 분석하려면 1.5절에서 단위를 다룬 것처럼 차원을 대수적인 양으로 간주해야 한다. 보통은 [M], [L], [T]의 기호를 써서 질량, 길이, 시간의 차원을 표현한다. 이들 대신에 SI 단위계의 기본 단위, 곧 질량 대신 kg, 길이 대신 m, 시간 대신 s를 써도 상관없다.

보기 1.7

거리 방정식의 차원 해석

방정식 $d = vt$의 차원을 해석하여라. 이 식에서 d는 운동한 거리이며, v는 속력, t는 경과한 시간이다.

전략 각 물리량을 그것의 차원으로 바꿔 넣어라. 거리는 차원이 [L]이고, 속력은 단위 시간당의 거리, 곧 [L/T]의 차원을 가진다. 방정식 양변의 차원이 같다면 차원상에서 일관성을 가진다.

풀이 우변의 차원은

$$\frac{[L]}{[T]} \times [T] = [L]$$

이다. 방정식의 양변이 길이의 차원을 가지므로 이 방정식은 차원의 일관성을 가진다.

검토 만일 운동한 거리와 경과한 시간의 관계를 실수로 $d = v/t$라고 적었다면 차원을 살펴봄으로써 신속하게 오류를 찾을 수 있다. 우변의 v/t는 차원이 $[L/T^2]$이며 이는 좌변의 d의 차원과 같지 않다.

대수의 오류를 찾을 때 이러한 종류의 재빠른 차원 해석은 좋은 방법이다. 방정식의 옳고 그름이 불확실할 때에는 언제나 차원을 따져보는 것이 좋다.

실전문제 1.7 **다른 방정식의 차원 점검**

다음 방정식의 차원을 점검해보아라.

$$d = \frac{1}{2} at$$

이 식에서 d는 운동한 거리이며, a는 가속도(이것의 SI 단위는 m/s^2이다.), t는 경과한 시간이다. 식이 올바르지 않다면 무엇이 빠졌는지 말할 수 있는가?

차원 해석의 응용 차원 해석은 방정식을 점검하는 이상의 의미가 있다. 여러 경우에 차원 해석을 통하여 $1/(2\pi)$이나 $\sqrt{3}$과 같이 차원이 없는 상수를 제외하고는 문제를 완벽하게 풀이할 수 있다. 이렇게 하려면 우선 해답과 상관이 있는 모든 양들을 열거한다. 그리고 해답과 같은 차원을 얻으려면 이 양들의 차원을 어떻게 조합해야 하는지 살펴본다. 이때 조합하는 방법이 한 가지만 존재한다면, 차원이 없는 상수를 곱해야 할 가능성을 제외하면 그것이 바로 해답이다.

보기 1.8

바이올린 현의 진동수

 연주할 때 바이올린은 단위가 s^{-1}인 진동수 f의 음을 낸다. 진동수는 1초당 현의 진동 횟수이다. 현의 질량을 m, 현의 길이를 L, 현의 장력을 T로 표시하자. 장력이 5 % 증가한다면 진동수는 어떻게 달라지겠는가? 장력의 SI 단위는 $kg \cdot m/s^2$이다.

전략 바이올린 현을 연구해볼 수도 있지만 차원 해석만으로 무엇을 알 수 있는지 살펴보자. 우리는 진동수 f가 m, L, T와 어떤 관계인지 알고 싶어 한다. 차원이 없는 상수가 식에 포함되는지 알 수 없지만 비례만을 알고 싶다면 상수는 상쇄되므로 문제가 없다.

풀이 장력 T의 단위는 $kg \cdot m/s^2$이다. f의 단위는 kg이나 m는 포함하지 않으므로 장력 T를 길이 L과 질량 m으로 나누어 그것들을 제거할 수 있다. 곧,

$$\frac{T}{mL}$$의 SI 단위는 s^{-2}

이것이 거의 우리가 원하는 것이다. 여기서 제곱근을 취하면

$$\sqrt{\frac{T}{mL}}$$의 SI 단위는 s^{-1}

이다. 그러므로

$$f = C\sqrt{\frac{T}{mL}}$$

이며, C는 차원이 없는 상수이다. 질문의 답을 구하기 위해 원래 진동수와 장력을 f와 T라 하고 변화된 진동수와 장력을 f'과 T'이라 하면 $T' = 1.050T$이다. 진동수는 장력의 제곱근에 비례하므로

$$\frac{f'}{f} = \sqrt{\frac{T'}{T}} = \sqrt{1.050} = 1.025$$

이다. 진동수는 2.5 % 증가한다.

검토 11장에서 구한 C의 값은 1/2이다. 이 값은 차원 해석으로 알 수 없는 유일한 것이다. T, m, L을 결합시켜서 진동수와 같은 단위를 갖는 양을 얻는 유일한 방법이다.

실전문제 1.8 운동에너지의 증가

질량 m인 물체가 속력 v로 운동하면 물체는 운동과 관련된 운동에너지를 갖는다. 에너지는 $kg \cdot m^2 \cdot s^{-2}$의 단위로 측정한다. 질량은 변하지 않고 물체의 속력이 25 % 증가한다면 운동에너지는 몇 % 증가하는가?

✓ 살펴보기 1.6

두 양의 차원이 다르다면 (a) 곱셈, (b) 나눗셈, (c) 덧셈, (d) 뺄셈 중 어느 것이 가능한가?

1.7 문제풀이 기술 PROBLEM-SOLVING TECHNIQUES

단 한 가지 유일한 방법으로 모든 종류의 문제를 풀 수는 없다. 이 책의 각 장에 주어진 보기마다 문제를 푸는 데 도움이 되는 기술을 설명했다. 어떤 문제는 여러 가지 방법으로 해답을 구할 수 있다. 문제를 풀이하는 기술은 연습을 통해서 익혀야 하는 기술이다.

문제를 풀어야 할 수수께끼로 생각하여라. 아주 쉬운 문제만이 풀이 방법을 즉각적으로 알 수 있다. 해답에 이르는 과정을 알 수 없을 때에는 주어진 정보에서 무엇을 얻을 수 있는지 살펴보아라. 이렇게 해보면 생각하지 않았던 과정을 거쳐 해답을 얻을 수도 있다. 기회를 잘 포착해야 한다. 어쩌면 해답을 구하는 이런 탐색을 즐기게 될지도 모른다.

어려움이 있을 때는 친구들과 함께 생각해보는 것도 도움이 된다. 생각을 분명하게 정리하는 한 가지 방법은 말로 설명해보는 것이다. 문제를 푼 후에 친구에게 설명해보아라. 문제의 답을 설명할 수 있다면 문제를 정확하게 이해한 것이다. 여러분과 친구에게 모두 도움이 된다. 그러나 다른 사람에게서 너무 많은 도움을 기대하면 안 된다. 목표는 스스로 문제를 푸는 기술을 익히는 것이다.

문제풀이를 위한 일반적인 지침

1. 문제를 주의 깊게 끝까지 읽는다. 문제의 목표를 분명히 한다. 무엇을 구하려 하는가?

2. 문제를 다시 읽으면서 그림이나 도표를 그려서 문제가 어떠한 상황인지 볼 수 있게 한다. 만일 문제가 운동이나 변화에 관련된 것이라면, 서로 다른 시간에 대한 도표를 그려보아라(특히 처음과 나중 상황을).

3. 주어진 정보를 적어보고 정리한다. 일부 정보들은 도표 위에 기호로 표시한다. 모호한 표시는 하지 않도록 주의한다. 도표에서 물리량을 적용할 물체, 위치, 시각 혹은 시간을 찾아낸다. 어떤 정보는 도표 옆에 표로 정리하는 것이 도움이 된다. 문제에 사용된 용어를 조심스럽게 살펴서 내재된 정보나 간접적으로 표현된 정보를 찾아낸다. 각 물리량을 나타내는 대수 기호를 결정하고 결정한 기호가 분명한지 애매모호하지는 않은지 확인한다.

4. 가능하다면 답의 크기를 어림셈해 보아라. 이러한 어림셈은 최종 해답이 적절한지 알아보는 데 도움이 된다.

5. 주어진 정보에서, 마지막 요구하는 정보를 어떻게 얻을 수 있는지 생각해본다. 이 과정을 성급하게 처리하지 않는다. 어떤 물리학의 원리를 문제 풀이에 적용할 것인가? 어떤 원리가 문제를 해결하는 데 도움을 주는가? 알려진 양과 구해야 할 양은 어떠한 관계에 있는가? 주어진 모든 양들이 문제와 관련이 있는가 또는 어떤 것이 해답과 무관한가? 어떤 방정식이 적절하고 문제의 해답을 줄 수 있는가?

6. 많은 경우, 풀이 과정은 여러 단계를 거친다. 최종 답을 구하기 위해 중간 단계

에서 다른 물리량을 먼저 구해야 할 수도 있다. 주어진 정보에서 답을 구하는 전 과정을 계획해본다. 가능하다면 복잡한 문제를 여러 개의 간단한 문제로 쪼개는 것도 좋은 전략이다.

7. 대수적인 과정은 되도록이면 대수 기호(문자)를 써서 처리한다. 값을 너무 일찍 대입하면 오류를 발견하기 어려울 수 있다.

8. 최종적으로, 문제의 답을 수치로 구해야 한다면 알려진 값들을 단위와 함께 방정 식에 대입한다. 단위 누락으로 오류가 일어나는 일이 많다. 단위를 사용하면 단 위 변환을 해야 할 때를 알 수도 있고, 대수적 오류를 찾아내는 데도 도움이 된다.

9. 답을 구했다고 다음 문제로 바로 가지 말고 답이 합리적인지 검토해본다. 문제 를 다른 방법으로 풀 수는 없는지도 생각해본다. 많은 문제들은 몇 가지 다른 방 법으로 풀 수도 있다. 다른 풀이방법을 생각해보는 일은 답을 검산하는 것 외에 도 물리학의 원리를 깊이 이해할 수 있도록 한다. 다른 문제를 풀이할 때 도움이 되는 능력을 향상시켜준다. 특별한 경우에 적용하거나 극한을 취해도 그 답이 의미가 있는지도 확인해보며 얻은 해답을 검증한다.(예를 들어, 질량이 매우 크 면 어떻게 되는가? 질량이 0으로 접근하면 어떻게 되는가?)

1.8 **어림셈** APPROXIMATION

물리학은 개념적이며 수학적인 모형을 설정하고, 그 모형과 실제 세계에서 관측한 것을 비교해보는 학문이다. 단순화시킨 모형은 복잡한 상황을 이해하는 데 도움이 된다. 여러 상황에서 우리는 마찰이 없다거나, 공기 저항이 없다거나, 열 손실이 없 다거나, 바람이 없다는 등등의 가정을 한다. 만약 이런 가정이 없이 실제 조건을 다 고려해야 한다면 문제는 훨씬 복잡해져서 풀이하기 어려울 것이다. 그래서 모든 요 소를 고려할 수는 없고, 답의 정밀도가 우리의 목적에 일치하는 한도 내에서 복잡 한 문제를 쉬운 문제로 단순화할 수 있다면, 언제나 어림셈을 하게 된다.

가정이나 어림셈이 적절한지 판단할 수 있는 능력은 익혀두어야 할 중요한 기량 이다. 돌멩이를 떨어뜨릴 때 공기의 저항은 무시할 수 있지만 비치볼을 떨어뜨릴 때 는 무시할 수 없다. 왜 그럴까? 어림셈으로 얻어지는 답이 실제 답과 많이 다르지 않다는 것을 언제라도 보여줄 수 있어야 한다.

모형에서 간단한 어림셈을 할 수 있는 것과 마찬가지로 측정에서도 어림셈을 할 수 있다. 모든 측정값은 어느 정도 불확정성이 있으므로 무한히 많은 유효숫자로 표 현할 정도의 정밀도를 가진 측정은 불가능하다. 모든 측정장치의 정밀도와 정확성 에는 한계가 있다.

피부면적 어림셈 때때로 문제풀이에 필요한 값을 정확히 측정하는 것이 어렵거나 불가능한 경우가 있다. 이런 경우에는 합리적인 추정이 필요하다. 추운 방에서 피부 를 통한 열 손실을 계산하기 위해 사람의 피부 넓이가 필요하다고 생각해보자. 보통

그림 1.2 피부의 넓이를 추정하기 위해 한 개 또는 여러 개의 원통을 이용하여 어림셈하기.

(a)   (b)

사람의 키는 대략적으로 알 수 있다. 허리나 엉덩이 둘레도 대략 알 수 있다. 사람의 몸을 원통으로 어림하면 일정한 높이와 둘레를 가진 원통의 겉넓이를 계산하여 피부 면적, 곧 몸의 겉넓이를 추산할 수 있다(그림 1.2a).

더 정확한 값이 필요하다면 조금 더 정확한 모형을 사용한다. 예를 들면, 팔, 다리, 몸통 그리고 머리와 목 부분을 각각 다른 크기의 원통으로 생각하는 것이다(그림 1.2b). 이렇게 어림셈한 겉넓이는 이전 값과 얼마나 다른가? 이 차이가 앞에서 어림셈해본 값이 실제 값에 얼마나 가까운지 말해줄 것이다.

보기 1.9

인체의 세포 수

인체에 있는 세포의 평균 크기는 $10\,\mu\mathrm{m}$이다(그림 1.3). 인체에는 세포가 몇 개나 있겠는가? 어림셈으로 추정해보아라.

전략 이 문제를 세 개의 작은 문제로 나누어본다. 인체의 부피를 추정하고, 세포의 평균 부피를 추정하고, 마지막으로 세포의 수를 추정한다.

인체의 부피를 계산하기 위하여, 위에서 언급했듯이 인체를 원통이라고 보자. 그리고 세포의 부피를 구하기 위해 세포를 정육면체라고 보자. 그러면 두 부피의 비율(인체의 부피와 세포의 부피의 비)에서 인체의 세포 수를 구할 수 있다.

풀이 인체를 원통으로 생각하고, 키는 대략 2 m, 통상적으로 최대 둘레(엉덩이 치수)는 대략 1 m로 잡는다. 그러면 이에 대응되는 반지름은 $1/(2\pi)$ m로 약 1/6 m이다. 평균 반지름은 이보다 조금 작게 0.1 m 정도로 잡는다. 원통의 단면적과 높이를 곱한 것이 부피이다. 곧

$$V = Ah = \pi r^2 h \approx 3 \times (0.1\,\mathrm{m})^2 \times (2\,\mathrm{m}) = 0.06\,\mathrm{m}^3$$

이다. 정육면체의 부피는 $V = s^3$이므로 세포의 평균 부피는 약

$$V_{세포} \approx (1 \times 10^{-5}\,\mathrm{m})^3 = 1 \times 10^{-15}\,\mathrm{m}^3$$

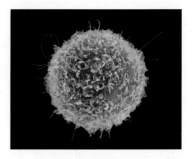

그림 1.3 인체의 백혈구 세포의 하나인 T 림프구 전구체의 주사전자현미경 사진. 세포의 지름은 대략 $12\,\mu\mathrm{m}$이다.

이다. 세포의 수는 이 두 부피의 비와 같으므로

$$N = \frac{인체의\ 부피}{세포의\ 평균\ 부피} \approx \frac{6 \times 10^{-2}\,\mathrm{m}^3}{1 \times 10^{-15}\,\mathrm{m}^3} \approx 6 \times 10^{13}$$

이다.

검토 이 대략적인 추산을 근거로 인체의 세포가 3×10^{13}개라는 것은 배제할 수 없으나 세포의 수가 1억 개일 가능성은 배제할 수 있다.

___

실전문제 1.9 **미국에서 소비되는 식수**

미국에 살고 있는 모든 사람들이 1년 동안 마시는 물은 몇 리

터나 되겠는가? 이런 유형의 문제는 물리학자 페르미(Enrico Fermi, 1901~1954)를 통해 널리 알려졌다. 그는 이런 종류의 어림셈에 능한 사람이었다. 그를 기념하여 이런 문제들을 종종 **페르미 문제**라 부른다. (주의: $1\,L = 10^{-3}\,m^3 \approx 1$쿼트).

1.9 그래프 GRAPHS

그래프는 우리가 두 변수 사이의 관계를 살펴보는 데 도움을 준다. 수치를 이용한 표보다 그래프에서 경향을 알아보는 것이 더 편리하다. 물리학에서는 실험을 할 때, 하나의 양(**독립 변수**independent variable)을 변화시키면서 다른 양(**종속 변수**dependent variable)이 어떻게 변하는지를 살펴본다. 우리가 원하는 것은 한 변수가 다른 변수에 따라서 어떻게 변하는지를 알아보는 것이다. 보통은 독립 변수의 값을 그래프의 수평축을 따라서 표시한다. q에 대한 p의 그래프라고 할 때 q를 수평축에, p를 수직축에 나타낸 것을 말하고, 보통 q는 독립 변수, p는 종속 변수이다.

자료를 기록하고 그래프를 그리는 일반적 요령은 다음과 같다.

자료 기록과 표 만들기

1. 측정하고 있는 자료의 이름으로 행이나 열을 표시하고 단위도 잊지 말고 기입한다. 자료에 오류가 있다고 생각되면 지우지 말고 한 줄을 그어서 표시만 해둔다. 때로는 나중에 어떤 자료가 옳은지 판단해야 할 때도 있기 때문이다.
2. 수치를 기록할 때 측정 자료의 정밀도에 대해 현실적인 추정을 하도록 노력한다. 예를 들면, 타이머에 2.3673초라고 측정되었다 해도 여러분의 반응 시간이 대략 0.1초 안팎이라는 것을 고려하여 시간을 2.4초라고 기록한다. 측정 자료로 계산을 할 때에는 최종 값의 유효숫자가 올바른 개수가 되도록 반올림한다.
3. 모든 자료를 다 모을 때까지 기다렸다가 그래프를 그리려 하지 말아라. 측정할 때마다 그 값 그대로 그래프에 기록하는 것이 더 낫다. 그렇게 하면 자료를 믿을 수 없게 하는 장비의 작동 오류나 측정 오류를 일찍 확인할 수 있다. 독립 변수와 종속 변수의 범위를 찾아낼 필요가 있으므로 그래프는 바로 그려보아야 한다.

그래프 그리기

1. 크고 깔끔한 그래프를 그린다. 작은 그래프는 별로 도움이 안 된다. 적어도 반 쪽 크기 이상을 사용한다. 부주의하게 그린 그래프는 두 변수 사이의 관계를 모호하게 만든다.
2. 좌표축에 변수의 이름과 단위를 분명히 표시하고 적절한 제목을 붙인다.
3. 선형 관계가 기대될 때는 직선 자를 이용해 최적의 직선을 그린다. 직선이 원점을 지날 것이라 가정하지 말고, 가능하다면 측정을 통해 확인해본다. 아마

x 대 y의 그래프가 직선인 방정식은 $y = mx + b$이다. 이때 m은 기울기이며, b는 y-축의 절편($x = 0$일 때 y값)이다.

도 자료 점의 일부는 직선 위쪽에 있을 것이고 일부는 아래쪽에 있을 것이다.

4. 되도록 넓은 범위를 이용하여 비 $\Delta y/\Delta x$를 측정하여 최적 직선의 기울기를 구한다. 기울기를 계산할 때 두 개의 자료 점을 선택해서 구하지 말고 최적 직선 위의 두 점을 이용하여 구한다. 계산 과정을 명시한다. 단위를 쓰는 일을 잊지 않는다. 물리학에서 그래프의 자료들은 단위가 있는 양이므로 그래프의 기울기에도 단위가 있다.

5. 두 변수 사이에 비선형 관계가 예상된다면 그것을 확인하는 가장 좋은 방법은 대수적으로 자료를 처리하여 선형 관계가 나오도록 하는 것이다. 우리의 눈은 자료 점들이 직선으로 어림셈할 수 있는지는 잘 판단하지만 곡선이 포물선인지, 세제곱 곡선인지, 아니면 지수 곡선인지 판단하는 데는 능숙하지 못하다. 관계식 $x = \frac{1}{2}at^2$를 확인하려면 t에 대한 x의 그래프 대신, t^2에 대한 x의 그래프를 그린다(여기서 x와 t는 측정값이다).

6. 한 자료 점이 다른 자료 점들을 연결하는 직선이나 곡선에서 많이 벗어나 있다면 그 자료 점의 측정에 오류가 없는지, 아니면 그 부분에서 흥미로운 현상이 나타난 것인지 조사해보아야 한다. 무언가 특이한 일이 일어난 것이라면 그 근처에 자료 점을 추가한다.

7. 그래프의 기울기로 계산할 양이 있다면 직선의 방정식과 좌표축의 단위에 주의해야 한다. 원하는 값이 기울기의 역수이거나 기울기의 2배 또는 절반 값일 수도 있다. 그 직선의 방정식은 기울기와 절편을 어떻게 해석해야 하는지 알려줄 것이다. 예를 들면, 만일 기대한 관계식이 $v^2 = v_0^2 + 2ax$이고 x에 대한 v^2의 그래프를 그린다면, 방정식을 $(v^2) = (2a)x + (v_0^2)$으로 고쳐 써라. 그러면 그 직선의 기울기는 $2a$이고 수직축의 절편은 v_0^2이 된다.

기호 Δ는 그리스 어 대문자 델타이며 두 측정값 사이의 차이를 나타낸다. Δy는 "델타 y"라고 읽으며 y 값의 변화량을 나타낸다.

보기 1.10

용수철의 길이

기초 물리 실험에서 학생들은 매달린 추의 무게에 따라 용수철의 길이가 어떻게 변하는지를 측정하는 실험을 한다. 6.00 N까지(정밀도 0.01 N) 여러 추를 용수철에 매달고 미터 자를 이용하여 용수철의 길이를 잰다(그림 1.4). 실험의 목적은 추의 무게 F와 길이 L이

$$F = kx$$

의 관계를 만족하는지 살펴보는 것이다. 여기서 $x = (L - L_0)$이고 L_0는 추가 매달리지 않았을 때의 길이이며, k는 용수철 상수이다. 표에 있는 측정값들의 그래프를 그리고 이 용수철 상수 k값을 구하여라.

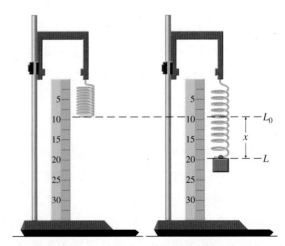

그림 1.4 추를 달면 용수철의 길이가 늘어난다. 이 실험에서 학생들은 다른 추를 달았을 때 늘어난 길이를 측정한다.

F (N):	0	0.50	1.00	2.50	3.00	3.50	4.00	5.00	6.00
L (cm):	9.4	10.2	12.5	17.9	19.7	22.5	23.0	28.8	29.5

전략 추의 무게는 독립 변수이므로 수평축에 그린다. 자료 점들을 좌표로 표시한 뒤에 가장 잘 맞는 직선을 그린다. 그러면 직선 위에서 거리가 멀고 눈금선과 만나는(읽기 쉽도록) 두 점을 선택해 기울기를 구한다. 그래프의 기울기가 k는 아니다. 길이가 수직축에 표시되어 있으므로 L에 대한 식을 구해야 한다.

풀이 그림 1.5에 자료 점들과 가장 잘 맞는 직선이 있는 그래프가 그려져 있다. 자료들이 흩어져 있긴 하지만 선형 관계가 있다고 볼 수 있다.

직선이 눈금선과 만나는 두 점으로 (0.80 N, 12.0 cm)와 (4.40 N, 25.0 cm)를 선정했다. 이 두 점에서 기울기를 계산하면

$$기울기 = \frac{\Delta L}{\Delta F} = \frac{25.0 \text{ cm} - 12.0 \text{ cm}}{4.40 \text{ N} - 0.80 \text{ N}} = 3.61 \frac{\text{cm}}{\text{N}}$$

이 된다.

식 $F = k(L - L_0)$의 단위를 살펴보면 기울기가 용수철상수 k가 될 수 없음이 분명하다. k는 무게를 길이로 나눈 단위(N/cm)를 갖는다. 그렇다면 기울기가 $1/k$과 같은가? 이 경우 단위는 일치한다. 이를 확인하기 위해 직선의 방정식을 L에 대한 식으로 변환하면

$$L = \frac{F}{k} + L_0$$

가 된다. 직선 방정식의 기울기가 $1/k$이 됨을 알 수 있다. 그러므로

$$k = \frac{1}{3.61 \text{ cm/N}} = 0.277 \text{ N/cm}$$

이다.

검토 그래프 그리기 지침에서 말했듯이 직선 그래프의 기울기는 가장 잘 맞는 직선을 따라 간격이 많이 벌어진 두 점으로부터 계산한다. 실제 자료 점의 값을 사용하지 않는다. 측정값에서 우리가 원하는 것은 평균값이다. 기울기의 계산을 위해 두 자료 점을 사용한다면 그래프를 그리고 여러 측정값을 얻는 목적이 무의미해진다. 그래프에서 얻은 값이 단위와 함께 그림 1.5에 표기되어 있다. 단위 N에 대한 cm의 그래프이므로 그래프 기울기의 단위는 cm/N이 된다. 이 문제에서는 기울기의 역수가 우리가 구하는 단위 N/cm의 용수철 상수이다.

실전문제 1.10   용수철에 다른 추 달기

보기 1.10의 용수철에 무게가 8.00 N인 추를 매단다면 용수철의 길이는 어떻게 되는가? 보기 1.10에서 구한 관계식이 이 무게에 대해서도 성립한다고 가정하여라.

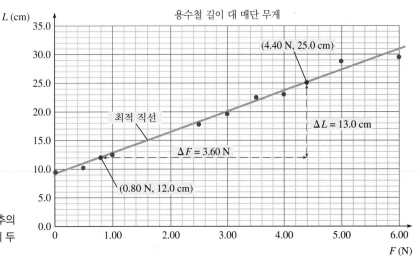

그림 1.5 학생이 그린 용수철 길이 대 추의 무게. 최적의 직선을 그린 후에 직선상의 두 점을 이용하여 기울기를 구했다.

✓ **살펴보기 1.9**

첫 번째와 마지막 자료 점만 이용하여 계산하면 k는 얼마인가? 가장 잘 맞는 직선에서 얻은 값을 사용하는 것이 더 좋은 이유는 무엇인가?

해답

실전문제

1.1 40 % 감소한다

1.2 81.0 W

1.3 (a) 5, 1.0544×10^{-4} kg, (b) 4, 5.800×10^{-3} cm, (c) 3~4 라서 모호함. 3이라면 6.02×10^5 s

1.4 가장 부정확한 값은 1/100 m이므로 가장 가까운 1/100 m로 반올림한다. 곧, 564.50 m 또는 과학적인 표기법을 써서 5개의 유효숫자를 가진 5.6450×10^2 m

1.5 4.7 m/s

1.6 (a) 35.6 m/s, (b) 79.5 mi/h

1.7 5.1×10^{14} m^2, 2.0×10^8 mi^2

1.8 방정식의 차원이 일치하지 않는다. 우변의 차원은 [L/T] 이다. 차원을 일치시키려면 우변에 [T]를 곱해야 한다. 방정식에 시간의 제곱이 포함되어야 한다. 곧 $d = \frac{1}{2}at^2$

1.9 운동에너지 $=$ (상수) $\times mv^2$. 운동에너지는 56 % 증가한다.

1.10 10^{11} L(대략적인 추정 인구는 약 3×10^8명이고, 각자 하루에 약 1.5 L의 물을 마신다.)

1.11 38.3 cm

살펴보기

1.3 부피는 27배 증가한다.

1.4 크기 어림셈은 한정된 정밀도로 문제의 해답을 얻는 빠른 방법이다. 더 높은 정확도가 요구되더라도, 크기 어림셈은 더 높은 정밀도로 얻은 답의 정확성을 확인하는 데 유용하다.

1.5 1.9 L

1.6 (a)와 (b) 다른 차원의 양을 곱하거나 나눌 수 있다. (c)와 (d) 더하거나 뺄 때는 같은 차원의 양이어야 한다.

1.9 0.299 N/cm. 가장 잘 맞는 직선은 모든 데이터를 고려해야 한다. 단지 두 개의 데이터 포인트를 사용하고 나머지 모든 데이터를 무시하면 두 데이터 점에서 측정된 오차의 영향을 확대하게 된다.

CHAPTER

2

힘
Forces

862,000 km에서 보이저 1호가 찍은 목성의 달 이오의 사진.

보이저 1호와 보이저 2호 우주탐사선은 1977년에 발사되었다. 이들 탐사선은 태양계의 목성, 토성, 천왕성, 해왕성 등 큰 외행성과 그들의 위성 48개를 탐사했다. 보이저 1호는 토성의 고리가 수천 개의 얼음과 바위 조각으로 이루어진 여러 개의 고리로 되어 있다는 것을 알려주었다. 보이저 2호는 크기가 몇백 킬로미터에 불과한 천왕성의 달인 미란다에 6 km의 낭떠러지가 있는 극한 지형을 촬영했다. 그리고 보이저 2호는 해왕성으로부터 단지 5000 km 지점을 지나면서 2000 km/h의 바람이 그 행성에 몰아치는 것을 발견했다.

보이저 1호는 발사 후 거의 30년이 지난 지금 태양에서 지구까지보다 100배 이상 먼 170억 km 떨어진 태양계 언저리를 탐사하고 있다. 그리고 보이저 2호는 태양에서 140억 km 이상 떨어진 곳에 있다. 두 탐사선 보이저 1호와 2호는 추진력을 제공하는 로켓이나 다른 엔진도 없이 각각 17 km/s, 16 km/s의 속력으로 태양계 바깥을 향해 나아가고 있다. 탐사선이 엔진도 없이 어떻게 여러 해 동안 그렇게 빠른 속력으로 계속 항진할 수 있는가? (33쪽에 답이 있다.)

되돌아가보기

- 과학적인 표기법과 유효숫자(1.4절)
- 단위 변환(1.5절)
- 기하(부록 A.6)
- 삼각함수: 사인, 코사인 탄젠트(부록 A.7)
- 문제풀이 기술(1.7절)
- 물리에서 속도와 질량의 의미(1.2절)

2.1 상호작용과 힘 INTERACTIONS AND FORCES

이 장에서는 물체 사이의 상호작용이 물체의 운동에 미치는 영향을 고찰하는 물리학의 한 가지인 **역학**^{mechanics}에 대한 연구를 시작한다. 사회적 상호작용이 없으면 인간의 삶이 따분해지듯이, 물리적 우주도 물리적 상호작용이 없으면 밋밋해질 것이다. 친구나 가족과의 사회적 상호작용은 우리의 행동을 변화시킨다. 그와 같이 물리적 상호작용은 물질의 "행태"(운동, 온도 등)를 변화시킨다.

두 물체 간의 **상호작용**은 상호작용하는 물체 각각에 가해지는 두 가지 힘으로 설명하고 측정할 수 있다. **힘**^{force}은 밀거나 당긴다. 축구를 할 때, 발과 공이 접촉하는 동안 발이 공에 힘을 가해 공의 속력과 방향을 변하게 한다. 동시에 공은 발에 여러분이 느낄 수 있는 힘을 가한다. 축구공이든 국제 우주 정거장이든, 물체의 운동을 이해하려면 물체에 작용하는 힘을 분석해야 한다.

힘을 정확하게 확인하려면, (어떤 물체)가 (어느 물체)에 (어떤 유형의 힘)을 작용하는지를 설명할 수 있어야 한다. 예를 들면, '여러분의 발이 공에 접촉력을 작용한다.'거나 '지구가 우주 정거장에 중력을 작용한다.' 등이다.

먼 거리 힘 거시적인 물체(장비 없이 관찰할 수 있을 정도로 충분히 큰 물체)에 작용하는 힘은 먼 거리 힘이거나 접촉력이다. **먼 거리 힘**^{long-range forces}은 두 물체가 접촉하지 않아도 작용한다. 두 물체가 멀리 떨어져 있거나 이들 물체 사이에 다른 물체가 있어도 먼 거리 힘이 존재할 수 있다. 예를 들어, 중력은 먼 거리 힘이다. 태양이 지구에 가한 중력으로 지구는 태양 주변의 궤도에서 운동한다. 또한 지구 표면이나 표면 가까이에 있는 물체에도 먼 거리 중력이 작용한다. 행성이나 달이 가까이 있는 물체에 작용하는 중력의 크기(힘의 **크기**^{magnitute}라고도 함)를 물체의 **무게**^{weight}라고 부른다.

이 책의 3부에서는 전자기력에 대해 자세히 다룬다. 그때까지 문제를 다룰 때 별다른 설명이 없으면 중력이 유일한 먼 거리 힘이라고 보아도 무방하다.

접촉력 먼 거리 중력 및 전자기력 이외의 거시적인 물체에 작용하는 모든 힘에는 접촉력이 포함된다. **접촉력**^{contact force}은 두 물체가 서로 접촉하는 동안에만 존재한다. 발이 축구공에 접촉하지 않으면, 발은 축구공의 운동에 별 영향을 줄 수 없으며, 힘은 그들이 접촉하는 동안에만 작용한다. 공이 발에서 떨어지면 발은 더 이상 공의 운동에 영향을 미치지 않는다.

연결고리

뉴턴의 제3 법칙(2.5절)은 힘이 상호작용 쌍으로 항상 존재할 뿐만 아니라 그 힘의 크기와 방향이 어떻게 관련되어 있는지 알려준다.

축구 선수의 발은 공에 접촉했을 때에만 공에 힘을 가한다. 공도 발에 접촉해 있는 동안에만 발에 힘을 가한다. 일단 공과 발이 떨어지면, 그들에 작용하는 힘은 지구가 작용하는 먼 거리 중력과 공기와의 접촉력뿐이다.

접촉은 거시적인 물체를 위해서만 쓸모가 있는 단순화된 개념이다. 우리가 단일의 접촉력이라 부르는 것이 실제로는 두 물체 표면에 있는 원자들 사이에 나타나는 엄청난 수의 전자기적 힘들의 알짜 효과이다. 원자 규모에서는 "접촉"이라는 개념은 사라진다. 두 원자 사이에 "접촉"을 정의할 수 있는 방법이 없기 때문이다. 다시 말해 원자들이 서로에게 작용하는 힘이 갑자기 0이 되는 원자들 사이의 유일무이한 거리가 존재하지 않기 때문이다.

✓ 살펴보기 2.1

사진에서 축구 선수에게 작용하는 힘을 설명하여라. 물체가 선수에게 어떤 힘(유형)을 작용하는지 설명하여라.

힘의 측정

힘의 개념이 물리학에서 유용하려면, 힘을 측정하는 방법이 있어야 한다. 단순한 용수철저울을 생각해보자(그림 2.1). 저울이 아래로 당겨지면 용수철이 늘어난다. 세게 당길수록 용수철이 더 많이 늘어난다. 용수철이 늘어나면 부착된 지시자가 움직인다. 늘어난 양으로 힘의 크기를 측정할 수 있도록 저울에 눈금을 매겨야 작용한 힘을 측정할 수 있다.

미국에서는 슈퍼마켓의 저울이 파운드(lb)를 측정하도록 눈금이 매겨져 있다. SI 단위계에서는 힘의 단위가 **뉴턴(N)**이다. 파운드를 뉴턴으로 변환하려면 근사적인 변환 인자를 사용하여라.

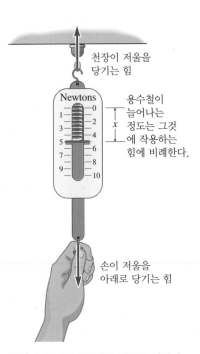

천장이 저울을 당기는 힘

용수철이 늘어나는 정도는 그것에 작용하는 힘에 비례한다.

손이 저울을 아래로 당기는 힘

그림 2.1 용수철저울이 아래로 당겨지면 용수철이 늘어난다. 우리는 용수철이 늘어나는 정도를 측정하여 힘을 잴 수 있다. 대부분 용수철의 경우, 늘어나는 길이는 힘에 비례한다. 용수철의 양쪽 끝이 당겨지고 있음에 주목하여라. 천장이 저울을 위로 당겨서 저울을 지탱한다. (체중계도 이와 유사하지만 이들은 용수철의 수축을 측정하는 것이다.)

$$1 \text{ lb} = 4.448 \text{ N} \quad \text{또는} \quad 1 \text{ N} = 0.2248 \text{ lb} \qquad (2\text{-}1)$$

슈퍼마켓의 저울보다 더 정교하게 힘을 측정하는 방법이 있다. 그럼에도 불구하고 대부분의 저울이 슈퍼마켓의 저울과 같은 원리로 작동한다. 물체에 따라서 나타나는 크기나 모양의 변화, 곧 물체의 변형을 이용하여 힘이 측정된다.

힘은 벡터양이다

힘의 크기는 힘을 완전하게 기술한 것이 아니다. 힘의 방향도 크기만큼이나 중요하다. 축구 선수가 발로 접촉하여 작용하는 힘의 방향은 골을 넣느냐 넣지 못하느냐 하는 차이를 만들 수 있다.

힘은 물리학에서 **벡터**^{vector}라고 부르는 여러 양 중 하나이다. 모든 벡터는 크기와 함께 방향도 갖는다. 1.2절에서 언급한 바와 같이, 물리에서 정의하는 속도는 크기와 방향을 갖는다. 속도는 또 하나의 벡터양이다. 속도 벡터의 크기는 물체가 지닌 운동 속력이고 속도 벡터의 방향은 운동 방향이 된다.

벡터 방향은 위쪽, 아래쪽, 북쪽, 남서쪽 35° 등과 같이 공간에서의 실제 **방향**이다. 만일 힘이나 속도 같은 벡터양을 계산하는 숙제가 있다면 답에 크기뿐만 아니라 방향을 적는 것을 잊지 말아야 한다. 어느 것 하나를 빠트리면 불완전한 답이 된다.

스칼라와 벡터 질량은 벡터가 아니라 **스칼라**^{scalar} 양의 한 예이다. 스칼라양은 크기, 대수 기호(양 또는 음) 및 단위를 가지지만 공간에서 방향을 가질 수 없다. 스칼라를 더하거나 **뺄** 때는 일상적인 방식으로 하면 된다. 물 3 kg에 물 2 kg을 더하면 항상 물 5 kg이 되는 것과 같다. 벡터를 더하는 것은 다르다. 모든 벡터는 벡터의 방향을 고려하여 덧셈하는 동일한 규칙을 따라야 한다. 300 N의 힘에 200 N의 힘을 더할 때는 두 힘의 방향에 따라 상이한 결과를 얻게 된다. 두 친구가 눈 더미에서 차를 밀어내려고 하는 경우, 두 힘의 합이 가능한 가장 크도록 같은 방향으로 힘을 작용해야 서로 도움이 된다. 그들이 서로 반대 방향으로 밀 경우, 두 힘의 알짜 효과는 훨씬 작다. 여러분은 더하거나 빼기를 할 때는 언제나 그 양이 벡터인지를 확인해야 한다. 그래서 2.2절과 2.3절에서 배울 방법에 따라 올바르게 덧셈이나 뺄셈을 해야 한다. 크기만을 더하지는 말아야 한다. 벡터양 사이의 (+) 기호는 일반적인 덧셈이 아니라 벡터의 덧셈을 나타낸다. 벡터양 사이의 등호(=)는 단순히 크기가 같음을 의미하는 것이 아니라 크기와 방향이 모두 같음을 의미한다.

이 책에서는 볼드체 기호 위에 화살표($\vec{\mathbf{F}}$)를 해서 벡터양을 나타낸다. (일부 책에서는 화살표 없이 볼드체, 또는 화살표와 일반 서체로 나타낸다.) 손으로 쓸 때는 항상 스칼라와 구별하기 위해 벡터에 화살표를 그려야 한다. 벡터 기호가 화살표 없이 볼드체가 아닌 이탤릭체 기호로 쓰여 있다면 그것은 벡터의 크기(스칼라)를 의미한다. 벡터의 크기를 나타내기 위해 $F = |\vec{\mathbf{F}}|$와 같이 절대치 기호를 사용하기도 한다. 벡터의 크기가 단위를 가질 수는 있지만 결코 음의 값이 될 수는 없다. 벡터의 크기는 양수이거나 영(0)이어야 한다.

연결고리

이 책에서 앞으로 배울 다른 벡터양으로는 위치, 변위, 가속도, 운동량, 각운동량, 토크 그리고 전기장과 자기장 등이 있다. 이들 모든 양은 크기와 방향 모두 가지고 있다. 이 장에서 배울 벡터 덧셈이나 성분 벡터를 구하는 수학은 모든 벡터에 동일하게 적용된다.

체온

정상 체온이 37 °C이다. 독감이 걸린 성인의 체온은 약 39 °C
일 수 있다. 체온은 벡터양인가, 스칼라양인가?

전략 어떤 양이 벡터라면, 크기는 물론이고 공간에서 실제
방향을 가지고 있어야 한다.

풀이와 검토 온도에 방향이 있는가? 0 이상이든가, 아니면
0 이하일 수 있는 화씨온도나 섭씨온도는 방향이 있는가? 아
니다. 공간에서 실제의 방향이 없는 벡터는 존재하지 않는다.
환자의 체온이 남서쪽으로 38.4 °C라고 하는 것은 말이 맞지
않다. "오늘 체온이 1.4 °C 올랐다."는 말은 온도가 증가했음
을 말하는 것이지 연직 방향으로 위를 가리키는 것은 아니

다. 온도는 스칼라이다. 만일 온도 변화를 알고 싶어서 온도
를 빼야 한다면 보통의 숫자처럼 빼면 된다. 환자의 체온이
38.4 °C에서 37.7 °C로 변했다면 온도 변화는

$$\Delta T = T_{나중} - T_{처음} = 37.7\,°C - 38.4\,°C = -0.7\,°C$$

이다.

월급이 은행 통장계좌로 입금되면 잔고가 "늘어나고", 대금을
결제하면 잔고가 "줄어든다". 은행 잔고는 벡터양인가?

2.2 그림으로 벡터 덧셈하기 GRAPHICAL VECTOR ADDITION

두 힘을 그림으로 그려서 더하려면, 먼저 둘 중 하나를 나타내는 화살표를 그려라
(그림 2.2a). (이때 벡터를 더하는 순서는 상관없다. 곧, $\vec{F}_1 + \vec{F}_2 = \vec{F}_2 + \vec{F}_1$이다.) 화
살표는 힘의 방향을 나타내고 길이는 힘의 크기를 나타낸다. 화살표는 어디서 그리
기 시작하든 상관없다. 벡터의 방향과 크기가 바뀌지 않으면 위치가 바뀌어도 벡터
는 변하지 않는다.

이제 처음 벡터의 끝에서 시작하여 두 번째 벡터를 그려라. 바꾸어 말하면 첫 번
째 벡터의 '머리'에 두 번째 벡터의 '꼬리'가 오도록 위치시켜라(그림 2.2b). 마지막으
로 첫 번째의 꼬리에서 두 번째의 머리를 잇는 화살표를 그려라. 이 화살표가 두 힘을 합
한 벡터를 나타낸다(그림 2.2c). 흔히 두 번째의 머리에서 첫 번째의 꼬리를 잇는 화살표
를 그리는 오류를 범하기 쉬우니 주의하여라(그림 2.2d). 자와 각도기로 축척에 따

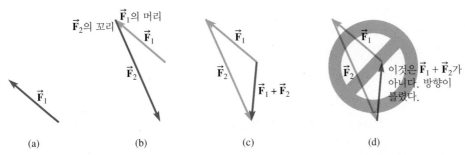

그림 2.2 그림으로 벡터 덧셈하기. (a) 벡터 하나를 화살표로 그려라. (b) 첫 번째 벡터의 머리에서 시작하
는 두 번째 벡터를 그려라. (c) 첫 번째 벡터의 꼬리에서 두 번째 벡터의 머리까지 화살표로 이은 것이 두 벡
터의 합이다. (d) 두 번째 벡터의 머리에서 첫 번째 벡터의 꼬리로 이으면 절대로 안 된다.

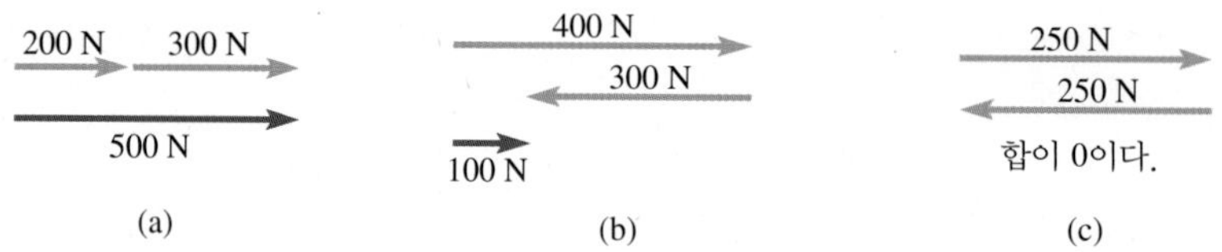

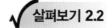

200 N 300 N

500 N

(a)

400 N

300 N

100 N

(b)

250 N

250 N

합이 0이다.

(c)

그림 2.3 (a) 같은 방향의 벡터 합과 (b) 반대 방향의 두 벡터 합. (c) 크기는 같고 방향이 반대인 벡터의 합은 0이다. (방향이 반대인 벡터를 더할 때 벡터와 벡터 합을 명확하게 볼 수 있도록 포개어 그리지 않고 서로의 옆에다 그려주는 것이 도움이 될 수 있다.)

라 벡터의 길이와 방향을 정확히 그렸다면 덧셈 결과도 자와 각도기로 결정할 수 있다. 두 개 이상의 힘을 더하려면 두 벡터의 '꼬리−머리 잇기'를 반복하면 된다.

같은 선상에 있는 벡터들을 더할 때는 다음과 같은 결론을 내릴 수 있다.

- 두 힘이 같은 방향이라면 합력도 같은 방향이고(그림 2.3a), 두 벡터의 크기를 더한 것이 합력의 크기이다. 어떤 사람이 친구와 함께, 같은 방향으로 큰 상자를 각각 200 N과 300 N의 힘으로 민다면 합력은 가해준 힘과 같은 방향으로 500 N이다.

- 두 힘이 서로 반대 방향이라면 큰 벡터의 크기에서 작은 벡터의 크기를 뺀 것이 합력의 크기가 되며, 합력의 방향은 큰 힘의 방향과 일치한다(그림 2.3b). 크기에는 방향이 없다는 것을 명심하여라. 만일 상자를 400 N으로 오른쪽으로 밀고 300 N으로 왼쪽으로 민다면 결국은 오른쪽으로 100 N의 힘이 작용한다.

- 두 힘의 방향이 반대일 때만 합력이 0이 될 수 있다. 곧, 두 벡터의 크기가 같고 방향이 반대인 경우에 이들의 합력은 0이다(그림 2.3c).

✓ 살펴보기 2.2

북쪽으로 20 N의 힘과 남쪽으로 50 N의 힘의 벡터 합은 얼마인가?

2.3 성분을 이용한 벡터 덧셈
VECTOR ADDITION USING COMPONENTS

벡터의 성분

모든 벡터는 x-, y-축, 필요한 경우라면 z-축에 평행한 벡터들의 합으로 표현할 수 있다. 벡터의 x-, y-, z-**성분**component은 각기 그 축을 따르는 세 벡터의 방향과 크기를 나타낸다. 성분은 크기, 단위, 대수기호 (+ 또는 −)를 갖는다. 성분의 부호는 그 축을 따라가는 방향을 나타낸다. 양(+)의 x-성분은 양(+)의 x-축 방향을 나타내고, 음(−)의 x-성분은 음(−)의 x-축 방향을 나타낸다. 벡터양은 그 크기와 방향 또는 성분으로 나타낼 수도 있다. 곧, 두 가지 방법 어느 것이라도 무방하다. $\vec{A}$의 x-, y-, z-방향 성분은 첨자를 붙여서 A_x, A_y, A_z로 나타낸다. 벡터 성분을 구하는 과정을 '벡터를 성분으로 **분해**resolving한다.'라고 말한다. 벡터를 성분으로 분해하기 전에 좌표계(x- 및 y-축 방향)를 선택해야 한다.

성분 구하기 그림 2.4와 같은 벡터 $\vec{F}$를 생각하자. 크기는 9.4 N이고, $+x$-축 아래로 58°를 향한다. $\vec{F}$를 x-축과 y-축에 나란한 두 벡터의 합으로 생각할 수 있다. 이들 두 벡터의 크기는 $\vec{F}$의 두 성분벡터의 크기이다. 그림 2.4의 직각삼각형과 그림 2.5의 삼각함수를 이용하여 성분의 크기를 구할 수 있다. 화살표의 길이가 벡터의 크기($F = 9.4$ N)를 나타내므로

$$\cos 58° = \frac{\text{접변}}{\text{빗변}} = \frac{|F_x|}{F} \text{이고} \quad \sin 58° = \frac{\text{대변}}{\text{빗변}} = \frac{|F_y|}{F}$$

이다.

이제 각 성분의 대수 부호를 결정해보자. 그림 2.4에서 x-축을 따라가는 벡터는 양(+)의 x-방향을 가리며, y-축을 따르는 벡터는 음(−)의 y-방향을 가리키므로 이 경우

$$F_x = +F \cos 58° = 5.0 \text{ N이고} \quad F_y = -F \sin 58° = -8.0 \text{ N}$$

이다. 그림 2.6의 직각삼각형을 이용하면 $\cos 32° = \sin 58°$이고 $\sin 32° = \cos 58°$이므로 $\vec{F}$의 x-성분과 y-성분은 같은 값이 된다.

> **문제풀이 전략: 벡터의 크기와 방향으로부터 x-성분과 y-성분 구하기**
>
> 1. 주어진 벡터를 빗변으로 하고 나머지 두 변은 x-축과 y-축에 나란히 놓인 직각삼각형을 그려라.
> 2. 직각삼각형의 한 꼭지각을 결정하여라.
> 3. 성분의 크기는 삼각함수를 써서 구하여라. 계산기가 각도 모드인지 라디안 모드인지 확인하고 계산하여라.
> 4. 각 성분의 부호가 올바른지 확인하여라.

때로는 벡터를 괄호 안에다 성분을 쉼표로 구분해서 나타내기도 한다. 예를 들면 그림 2.4의 힘 $\vec{F}$는 $\vec{F} = (5.0 \text{ N}, -8.0 \text{ N})$이라 쓸 수 있다.

크기와 방향 구하기 거꾸로 벡터의 성분에서 벡터의 크기와 방향을 구하는 과정을 알아두어야 한다.

그림 2.4에서 힘 벡터의 성분은 알고 있지만 크기와 방향은 모른다고 가정해보자. $\vec{F}$와 $+x$-축 사이의 각도 θ를 구해보자.

$$\theta = \tan^{-1} \frac{\text{대변}}{\text{접변}} = \tan^{-1} \frac{|F_y|}{|F_x|} = \tan^{-1} \frac{8.0 \text{ N}}{5.0 \text{ N}} = 58°$$

이다. 피타고라스의 정리를 이용하여 $\vec{F}$의 크기는

$$F = \sqrt{F_x^2 + F_y^2} = \sqrt{(+5.0 \text{ N})^2 + (-8.0 \text{ N})^2} = 9.4 \text{ N}$$

이다.

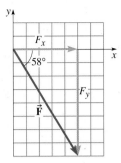

그림 2.4 벡터 화살표를 빗변으로 하고 x-축과 y-축에 평행한 두 변으로 직각삼각형을 그려서 힘 벡터 $\vec{F}$를 x-성분과 y-성분으로 분해하기.

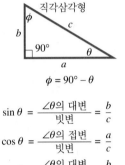

그림 2.5 삼각함수 복습(보다 많은 정보는 부록 A.7 참고)

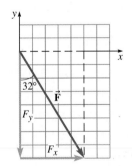

그림 2.6 다른 직각삼각형을 이용하여 힘 벡터를 성분으로 분해하기. 그래도 벡터 화살표는 빗변이고 대변과 접변은 각각 x-축과 y-축에 나란하다.

문제풀이 전략: 벡터의 x-성분과 y-성분으로부터 벡터의 방향과 크기 구하기

1. 성분들의 부호에 따라 바르게 결정된 사분면에서 x-축과 y-축 위에 성분 벡터들을 그려라.

2. 성분 벡터 중 한 개를 크기와 방향을 유지한 채 이동하여 다른 성분 벡터의 머리에서 시작하도록 한 다음, 두 벡터의 끝점을 연결하여 직각삼각형을 그린다.

3. 직각삼각형에서 결정하고자 하는 각을 선택하여라.

4. 각도를 구하려면 역탄젠트함수를 사용하여라. 삼각형의 양변의 길이는 $|F_x|$와 $|F_y|$로 나타낸다. 만일 θ가 x-축에 평행한 변과 마주 보는 대각이라면 $\tan \theta =$ 대변/접변$= |F_x/F_y|$이다. 만일 θ가 y-축에 평행한 변의 대각이라면 $\tan \theta =$ 대변/접변$= |F_y/F_x|$이다. 만일 계산기를 각도 모드로 설정했다면 역탄젠트 연산 결과는 도($°$)의 단위로 주어진다. [$\tan \alpha = \tan(\alpha + 180°)$이므로 일반적으로 역탄젠트는 $0°$와 $360°$ 사이에서 2개의 값을 갖는다.] 그러나 직각삼각형에서 각도의 역탄젠트를 구할 때에는 각도가 $90°$를 넘을 수 없으므로 구하는 값은 한 개밖에 없다.

5. 각도의 해석: 수평선 아래의 각인지, 남서쪽인지, 아니면 음($-$)의 y-축에서 시계 방향으로의 각도인지 등을 나타내야 한다.

6. 벡터의 크기를 구하기 위해서는 피타고라스의 정리를 사용하여라.

$$F = \sqrt{F_x^2 + F_y^2} \tag{2-2}$$

보기 2.2

운동은 유익하다

일과로 하는 운동을 하려고 마루 위에 섰다고 하자. 한 동작을 하기 위해 차렷 자세에서 팔을 옆으로 어깨선까지 수평이 되도록 들어 올린다. 이때 삼각근이 상박골에 $15°$의 각도로 270 N의 힘을 작용한다(그림 2.7). 이 힘의 x-성분과 y-성분을 구하여라.

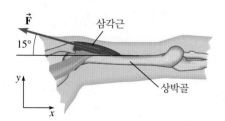

그림 2.7 상박골에 삼각근이 작용하는 힘.

전략 이 문제는 힘의 크기와 방향을 주고 힘의 성분을 구하라는 문제이다. 축의 방향은 그림 2.7에 주어져 있다. 성분을 구하기 위해 힘 벡터를 빗변으로 하고 x-축과 y-축에 나란한

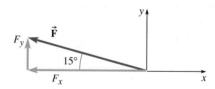

그림 2.8 힘의 성분을 구하기 위한 삼각형 그리기. 벡터 화살표는 빗변이고 두 변은 좌표축에 나란하다.

두 변을 가진 직각삼각형을 그린다.

풀이 그림 2.8은 성분을 구하는 데 사용할 수 있는 직각삼각형을 보여준다. x-축과 나란한 삼각형의 변은 $15°$를 이루는 변이므로 x-성분을 구하는 데 코사인 값을 사용한다.

$$\cos 15° = \frac{\text{접변}}{\text{빗변}} = \frac{|F_x|}{F}$$

이다. x-성분은 음수이다. $+x$-축은 오른쪽을 가리키지만 힘

의 x-성분은 왼쪽을 향한다. 따라서

$$F_x = -F \cos 15° = -270 \text{ N} \times 0.9659 = -260 \text{ N}$$

이다. F_y를 나타내는 변이 각도 15°의 대변이므로 사인 함수를 y-성분을 구하는 데 사용한다.

$$\sin 15° = \frac{\text{대변}}{\text{빗변}} = \frac{|F_y|}{F}$$

y-성분은 +y축과 나란한 위 방향이다. 그러므로

$$F_y = +F \sin 15° = 270 \text{ N} \times 0.2588 = 70 \text{ N}$$

이다.

검토 답을 확인하기 위해 성분들을 다시 크기와 방향으로 변환할 수 있다.

$$F = \sqrt{(260 \text{ N})^2 + (70 \text{ N})^2} = 270 \text{ N}$$

이고

$$\theta = \tan^{-1} \left| \frac{F_y}{F_x} \right| = \tan^{-1} \frac{70 \text{ N}}{260 \text{ N}} = 15°$$

이다.

실전문제 2.2 정원 가꾸기

정원을 가꿀 때 손은 정원용 경작기(tiller)의 손잡이에 성분이 $F_x = +85$ N과 $F_y = -132$ N인 힘이 작용하고 있다. x-축은 수평 방향이고 y-축은 위쪽을 가리킨다. 이 힘의 크기와 방향을 구하여라.

성분을 사용한 벡터의 덧셈

벡터의 성분을 구하는 방법을 알았으므로 벡터를 더하는 데 성분을 이용할 수 있다. 모든 벡터는 축과 나란한 벡터의 합으로 생각할 수 있다(그림 2.9a). 벡터를 더할 때 마음이 끌리는 대로 그들을 한 그룹으로 묶거나 순서를 바꾸어 계산할 수도 있다. 그러므로 x-성분들을 더해서 합 벡터의 x-성분을 구하고(그림 2.9b), y-성분도 같은 방법으로 구해도 된다(그림 2.9c).

$$C_x = A_x + B_x \text{이고 } C_y = A_y + B_y \text{일 때에만 } \vec{\mathbf{C}} = \vec{\mathbf{A}} + \vec{\mathbf{B}} \text{이다.} \qquad \text{(2-3)}$$

식 (2-3)에서 $A_x + B_x$는 보통의 덧셈이며 성분의 부호는 방향 정보를 준다.

> **문제풀이 전략: 성분을 사용한 벡터의 덧셈**
>
> 1. 더하려는 벡터의 x-성분과 y-성분을 구하여라.
> 2. 합의 x-성분을 구하려면 부호와 함께 x-방향 성분을 더하여라. (부호가 틀리면 구한 합도 틀린다.)
> 3. 합의 y-성분을 구하려면 부호와 함께 y-성분을 더하여라.
> 4. 필요하다면 합의 x-성분과 y-성분을 이용하여 합 벡터의 크기와 방향을 구하여라.

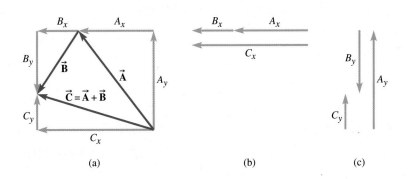

(a)   (b)   (c)

그림 2.9 (a) $\vec{\mathbf{C}} = \vec{\mathbf{A}} + \vec{\mathbf{B}}$를 보여주는 데 각 벡터를 x-성분과 y-성분으로 나누어 그렸다. (b) $C_x = A_x + B_x$와 (c) $C_y = A_y + B_y$. 그림은 성분의 합으로 벡터 덧셈을 할 수 있음을 보여준다.

단위 벡터의 기호 벡터 성분의 개념을 사용하여 벡터를 간결한 방식으로 나타낼 수도 있다. **단위 벡터**^{unit vectors} $\hat{\mathbf{x}}$ ("x hat"이라고 읽음), $\hat{\mathbf{y}}$, $\hat{\mathbf{z}}$를 각각 +x-, +y-, +z-축 방향을 가리키며 크기 1인 벡터로 정의한다. (어떤 책에서는 이들 단위 벡터를 $\hat{\mathbf{i}}$, $\hat{\mathbf{j}}$, $\hat{\mathbf{k}}$로 쓴 것을 볼 수 있다.) 이들을 단위 벡터라고 하는 것은 그 크기가 단위가 없이 단순한 숫자 1이기 때문이다. 단위 벡터는 킬로그램이나 미터와 같은 물리적인 단위가 없다. 모든 벡터 $\vec{\mathbf{F}}$는 좌표축을 따라 세 벡터의 합으로 쓸 수 있다. 곧,

$$\vec{\mathbf{F}} = F_x\hat{\mathbf{x}} + F_y\hat{\mathbf{y}} + F_z\hat{\mathbf{z}}$$

이다. 여기에서 F_x는 물리적인 단위도 가질 수 있고 음수나 양수일 수도 있다. $F_x\hat{\mathbf{x}}$는 $F_x > 0$이면 +x-방향으로 향하는 벡터의 크기이고 $F_x < 0$이면 −x-방향으로 향하는 벡터의 크기이다. 예를 들면 그림 2.6의 힘 벡터 $\vec{\mathbf{F}}$를 생각해보자. $\vec{\mathbf{F}}$의 x-성분은 $F_x = +5.0$ N이고 y-성분은 $F_y = -8.0$ N이므로 $\vec{\mathbf{F}} = (+5.0\text{ N})\hat{\mathbf{x}} + (-8.0\text{ N})\hat{\mathbf{y}}$이다.

단위 벡터 기호를 사용하면 벡터 덧셈이나 뺄셈에서 성분별로 별도의 방정식을 쓰지 않고 벡터 성분들을 한꺼번에 쓸 수 있다. xy-평면에서 두 벡터를 더하는 것은 다음과 같이 할 수 있다.

$$\vec{\mathbf{F}}_1 + \vec{\mathbf{F}}_2 = \left(F_{1x}\hat{\mathbf{x}} + F_{1y}\hat{\mathbf{y}}\right) + \left(F_{2x}\hat{\mathbf{x}} + F_{2y}\hat{\mathbf{y}}\right)$$

항을 다시 모아서 합 벡터의 x-성분은 각 벡터의 x-성분의 합이고, y-성분도 이와 같음을 보일 수 있다.

$$\vec{\mathbf{F}}_1 + \vec{\mathbf{F}}_2 = \left(F_{1x} + F_{2x}\right)\hat{\mathbf{x}} + \left(F_{1y} + F_{2y}\right)\hat{\mathbf{y}}$$

그림 덧셈법을 이용한 추정 성분을 이용하여 벡터의 합을 구할 때에도 그림을 이용하는 방법이 중요한 첫 단계이다. 길이나 각도를 정확하게 그리지 않더라도 벡터 덧셈을 위한 개략적인 그림은 중요한 이점이 있다. 벡터를 개략적으로 그리면 성분들의 부호를 아주 쉽고 바르게 찾을 수 있고 답을 점검할 수 있다. 이 그림으로 합의 크기와 방향을 어림셈할 수 있고 이를 이용해 대수 계산을 확인할 수도 있다. 그림을 그리면 지금 무엇을 하고 있는지를 알 수 있고 대수적 계산을 직관적으로 할 수 있다.

보기 2.3

발에 작용하는 견인력

그림 2.10과 같은 견인의료기에서, 세 개의 줄이 중앙의 도르래를 그림에 주어진 방향으로 각각 22 N의 힘으로 당기고 있다. 세 줄이 도르래에 작용하는 힘의 합력은 얼마인가? 합력의 크기와 방향을 구하여라.

전략 우선, 합의 크기와 방향을 추정하기 위하여 세 힘을 개략적으로 그린다. 그렇게 한 후에 정확한 답을 얻기 위하여 세 개의 힘 각각을 x-성분과 y-성분으로 분해한 다음, 각 성분

끼리 합하고, 합의 크기와 방향을 구한다.

풀이 그림 2.11은 모든 줄이 중앙 도르래에 작용하는 세 힘의 합을 구하기 위한 그림이다. 이 그림으로부터 세 힘의 합력은 수평보다 약간 위쪽(약 27°)을 향하며 크기는 44 N보다 약간 크다고 이야기할 수 있다.

대수적인 풀이를 하려면 x-축과 y-축을 따른 성분을 구하고 그들을 더한다(그림 2.12). 이들 힘의 x-성분의 합은

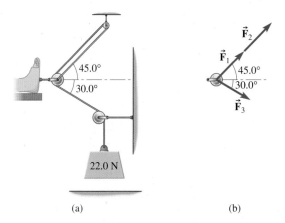

(a)   (b)

그림 2.10 견인 중인 발. (b) 줄을 통해 세 힘이 중앙 도르래에 작용한다.

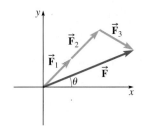

그림 2.11 세 줄이 도르래에 작용하는 힘의 합을 그린 그림. $\vec{F} = \vec{F}_1 + \vec{F}_2 + \vec{F}_3$.

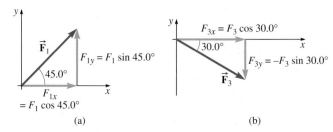

(a)   (b)

그림 2.12 직각삼각형을 이용하여 (a) $\vec{F}_1$과 (b) $\vec{F}_3$의 성분 구하기. 분명히 하기 위하여 벡터 화살표를 그림 2.11에 그렸던 것보다 두 배 길게 그렸다.

$$F_{1x} = F_{2x} = (22.0 \text{ N}) \cos 45.0°$$

$$F_{3x} = (22.0 \text{ N}) \cos 30.0°$$

이고, y-성분은

$$F_{1y} = F_{2y} = (22.0 \text{ N}) \sin 45.0°$$

$$F_{3y} = (-22.0 \text{ N}) \sin 30.0°$$

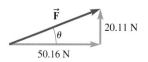

그림 2.13 성분에서 합 구하기. 크기는 피타고라스의 정리를 사용해 구한다. 각도 θ는 대변을 접변으로 나눈 값의 역탄젠트에서 구한다.

이다. x-성분의 합은

$$\begin{aligned} F_x &= F_{1x} + F_{2x} + F_{3x} \\ &= 2 \times (22.0 \text{ N}) \cos 45.0° + (22.0 \text{ N}) \cos 30.0° \\ &= 31.11 \text{ N} + 19.05 \text{ N} = 50.16 \text{ N} \end{aligned}$$

이다. 오차를 줄이기 위하여 소수점 이하를 한 자리 더 늘렸다. y-성분의 합은

$$\begin{aligned} F_y &= F_{1y} + F_{2y} + F_{3y} \\ &= 2 \times (22.0 \text{ N}) \sin 45.0° + (-22.0 \text{ N}) \sin 30.0° \\ &= 31.11 \text{ N} - 11.00 \text{ N} = 20.11 \text{ N} \end{aligned}$$

이다. 합의 크기(그림 2.13)는

$$F = \sqrt{F_x^2 + F_y^2} = \sqrt{(50.16 \text{ N})^2 + (20.11 \text{ N})^2} = 54.0 \text{ N}$$

이고 힘의 방향은

$$\theta = \tan^{-1} \frac{\text{대변}}{\text{접변}} = \tan^{-1} \frac{20.11 \text{ N}}{50.16 \text{ N}} = 21.8°$$

이다. 세 줄이 도르래에 작용하는 힘의 합은 +x-축 위쪽으로 21.8°의 각도에서 54 N이다.

검토 답을 점검하기 위해 그림을 이용하여 추정하는 과정을 다시 살펴보자. 합력의 크기(54 N)는 44 N보다 어느 정도 크고, 방향은 x-축 위쪽 45°의 절반에 아주 가까운 각도이다.

실전문제 2.3 각도가 바뀐 도르래

도르래를 움직여서, 힘 $\vec{F}_1$과 $\vec{F}_2$는 x-축 위쪽으로 30.0°, $\vec{F}_3$는 x-축 아래쪽으로 60.0°로 했다(그림 2.10 참조). (a) 이들 세 힘의 합을 성분으로 나타내어라. (b) 합력의 크기는 얼마인가? 그리고 (c) 합 벡터는 수평 방향과 몇 도를 이루는가?

✓ **살펴보기 2.3**

x-성분이 −6.0 N이고 y-성분이 +2.0 N인 힘을 나타내는 벡터 화살표를 개략적으로 그려라.

2.4 관성과 평형: 뉴턴의 제1 법칙
INERTIA AND EQUILIBRIUM: NEWTON'S FIRST LAW OF MOTION

뉴턴의 운동법칙 소개

1687년 뉴턴(Isaac Newton, 1643~1727)은 역사 이래 가장 위대한 과학 업적 중 하나인 《프린키피아(*Principia*)》를 발간했다. 원 제목은 라틴 어로 "*Philosophiae Naturalis Principia Mathematica*"(자연 철학의 수학적 원리, *The Mathematical Principles of Natural Philosophy*)이다. 이 책에서 뉴턴은 고전 역학의 기초를 이루는 운동에 관한 세 법칙을 설명했다. 이들 법칙은 물체에 작용한 한 힘 또는 여러 힘이 물체의 운동에 어떠한 영향을 미치고 상호작용하는 물체들 사이에 작용하는 힘이 어떻게 연관되어 있는지를 설명하고 있다.

뉴턴의 중력법칙과 함께 뉴턴의 운동법칙은 천체(태양, 행성, 행성의 위성)의 운동과 지구상의 물체 운동을 같은 물리학적 원리로 이해할 수 있다는 것을 처음으로 설명했다. 뉴턴 이전의 사상가들은 물리적 법칙이 두 가지는 있어야 한다고 보았다. 하나는 완벽하게 영구히 지속되는 것으로 생각되는 천체의 움직임을 설명하는 것이고, 다른 하나는 언젠가는 정지하고 마는 지상에 있는 물체의 운동을 설명하는 것이었다.

알짜힘

한 물체에 하나 이상의 힘이 작용할 때, 물체의 운동은 물체에 작용하는 알짜힘에 의하여 결정된다. **알짜힘**net force은 물체에 작용하는 모든 힘의 벡터 합이다.

> **알짜힘의 정의**
> 만일 힘 $\vec{F}_1, \vec{F}_2, \ldots, \vec{F}_n$이 한 물체에 작용하는 힘의 전부라면 물체에 작용하는 알짜힘 $\vec{F}_{알짜}$는 이들 힘의 벡터 합이다. 곧,
> $$\vec{F}_{알짜} = \sum\vec{F} = \vec{F}_1 + \vec{F}_2 + \cdots + \vec{F}_n \tag{2-4}$$
> 이다.

기호 $\sum$는 그리스 문자 중 '시그마'이며, '합한다'는 의미이다.

✓ 살펴보기 2.4

보기 2.3에서, 세 줄이 가한 힘의 합이 중앙의 도르래에 작용하는 알짜힘인가?

뉴턴의 제1 법칙

뉴턴의 제1 법칙은 작용하는 알짜힘이 0인 물체는 직선상에서 일정한 속력으로 움직이거나 만일 정지해 있다면 계속 정지해 있다고 설명한다. 물체의 운동 방향과 속력의 척도인 속도 벡터의 개념(1.2절과 2.1절)을 이용하면 제1 법칙을 다시 설명할 수 있다.

연결고리

이 장에서는 몇몇 종류의 힘에 대해 공부한다. 후에 다른 힘에 관해 배울 때는 항상 다음과 같은 동일한 방식으로 다룰 것이다. 알짜힘을 구하기 위해 물체에 작용한 모든 힘의 합을 구하는 것이다.

연결고리

2장에서는 알짜힘이 0인 상황을 분석하는 데 집중한다. 3장에서 알짜힘이 0이 아닌 경우를 분석할 수 있게 하는 뉴턴의 제2 법칙을 소개할 것이다.

뉴턴의 제1 법칙

물체에 작용하는 알짜힘이 0인 경우에만 물체의 속도가 변하지 않는다.

뉴턴의 제1 법칙에 대한 이 간결한 설명은 정지(속도가 0)한 물체와 운동(속도가 0이 아닌)하는 물체의 경우를 모두 포함한다. 분명히, 정지해 있는 물체에 힘이 작용하여 운동을 시작하게 하지 않는 한, 그 물체는 항상 정지해 있다는 것은 맞는 말이다. 반면에, 운동하는 물체가 운동을 계속하도록 작용하는 힘이 없이도 그 물체가 운동을 계속할지는 분명하지 않을 수도 있다. 우리 경험으로는 대부분의 운동하는 물체는 운동을 방해하는 마찰력과 저항력 때문에 정지하고 만다. 아이스하키 퍽은 얼음이 미끄럽기(마찰력이 작기) 때문에 속력이나 방향의 변화가 거의 없이 아이스하키장 끝까지 미끄러져 갈 수 있다. 마찰력과 공기 저항력을 포함하여 운동을 방해하는 모든 힘을 다 제거할 수 있다면 퍽은 속력이나 방향의 변화 없이 빙판 위를 미끄러질 것이다.

만일 운동을 방해하는 힘이 없다면 물체가 운동 상태를 유지하는 데 힘이 필요 없다. 하키 선수가 스틱으로 퍽을 칠 때 스틱이 짧은 시간 동안 퍽에 작용한 접촉력이 퍽의 속도를 변하게 한다. 하지만 퍽이 스틱과의 접촉에서 벗어나면 스틱이 퍽에 힘을 작용하지 않더라도 빙판을 따라 계속 미끄러진다.

보이저 우주탐사선은 태양에서 멀리 떨어져 있어서 태양에 의한 중력은 무시할 수 있을 정도로 작다. 탐사선에 가해지는 힘이 0이라고 말하는 것은 매우 훌륭한 근사이다. 따라서 탐사선은 직선을 따라 일정한 속도로 계속 운동한다. 운동을 방해하는 힘이 없으므로 운동을 계속하도록 하기 위해 엔진을 가동하여 힘을 계속 가하지 않아도 된다.

보이저 우주선이 어떻게 운동을 계속할 수 있는가?

관성 뉴턴의 제1 법칙은 **관성의 법칙**law of inertia이라 부른다. 물리에서 **관성**inertia은 속도의 변화에 대한 저항을 의미한다. 이것이 운동을 계속하는 것에 대한 저항(또는 정지하려는 경향)을 의미하지는 않는다. 뉴턴의 관성 법칙은 갈릴레이(Galileo Galilei, 1564~1642)와 데카르트(René Descartes, 1596~1650)를 포함한 선각자들의 생각에 기초를 두고 있다. 갈릴레이는 여러 가지 기울기의 경사면에 공을 굴려보는 기발한 실험으로, 만일 모든 저항력을 없앨 수 있다면 평면 위를 구르는 공은 결코 멈추지 않을 것이라고 추정했다(그림 2.14). 갈릴레이는 마찰력이 있는 현실 세계로부터 상상 속 마찰력이 없는 이상 세계로, 개념적으로 눈부신 도약을 이루었다. 관성의 법칙은 그리스의 철학자 아리스토텔레스(Aristotle, B.C. 384~322)의 생각과 대조되었다. 갈릴레이보다 거의 2000여 년 전에 아리스토텔레스는 물체의 자연스러운 상태는 정지해 있는 것이고, 그래서 물체가 운동을 계속하려면 힘이 계속해서 작용해야 한다고 관점을 정리했다. 갈릴레이는 마찰력이나 다른 저항력이 없으면 물체가 움직임을 지속하는 데 힘이 필요 없다고 추측했다.

그렇지만 갈릴레이는 지구 주위의 큰 궤도에서는 물체의 운동이 지속될 수 있다

그림 2.14 (a) 갈릴레이는 경사면을 굴러 내려온 공이 두 번째 경사면에서 거의 같은 높이에 도달했을 때 멈추는 것을 발견했다. 그는 저항력을 제거할 수 있다면 같은 높이에 도달할 것이라고 확신했다. (b) 두 번째 경사면의 기울기가 작아짐에 따라, 공은 멈추기 전까지 더 멀리 굴러간다. (c) 두 번째 경사면이 수평이고 저항력이 없는 경우에는 공이 결코 멈추지 않을 것이다.

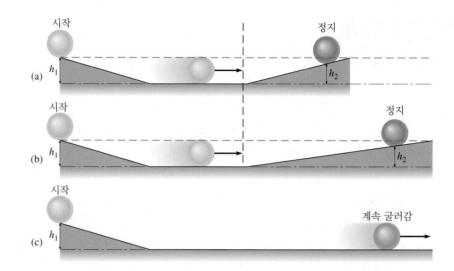

고 생각했다. 갈릴레이가 죽고 얼마 되지 않아 데카르트는 힘을 받지 않는 물체의 운동은 원주가 아니라 직선을 따라 있게 된다고 주장했다. 뉴턴은 "만일 내가 멀리 보았다면, 그건 내가 거인들의 어깨 위에 서 있었기 때문이다."라고 쓰며 갈릴레이, 데카르트 등 다른 과학자들에게 진 빚에 대해 감사를 표했다.

개념형 보기 2.4

눈 치우기

도로에 새로 내린 눈을 치우는 일은 눈의 관성을 거슬러서 해야 하는 일로 생각할 수 있다. 알짜힘이 없으면 눈은 땅에 남아 있다. 그렇지만 눈의 관성을 이용해 삽질을 쉽게 하는 방법이 있다. 설명해보아라.

전략 실제로 눈을 치울 때 하는 물리적 운동을 생각해보아라. (만일 눈이 내리지 않는 곳에 산다면 길에 쌓인 낙엽을 치우는 일을 생각하면 된다.) 눈의 관성을 이용해 삽질을 쉽게 하려면, 삽으로 눈을 밀어내지 않고 눈이 혼자 운동하는 시간이 있어야 한다.

풀이와 검토 삽 한가득 눈을 떠서 길가로 스윙하듯 삽질하는 모습을 상상해보아라. 눈과 삽이 모두 움직이고 있다. 그때 갑자기 삽을 멈추면, 눈은 관성 때문에 앞으로 계속 운동한다. 눈이 삽에서 미끄러져 앞으로 나가게 되며, 중력은 눈을 땅으로 잡아당긴다. 더 이상 삽이 눈에 힘을 작용하지 않아도 눈은 앞으로 나가는 것을 멈추지 않는다.

마른눈일 때 이 효과가 잘 나타난다. 녹은 눈은 삽에 잘 달라붙는다. 삽과의 마찰력이 눈이 떨어져 나가지 못하게 하여 일을 힘들게 한다. 이때 삽에 식용유를 바르면 삽과의 마찰력을 줄여주기 때문에 도움이 될 수도 있다.

개념형 실전문제 2.4 지하철에서의 관성

동철이가 지하철에 타서 천정의 손잡이를 잡고 서 있다고 하자. 지하철이 역에서 출발할 때, 누가 앞에서 뒤로 미는 힘을 느끼고, 다음 역에 정차할 때는 뒤에서 앞으로 미는 힘을 느낀다. 이 상황에서 관성이 하는 역할을 설명하여라.

자유물체도

물체에 작용하는 알짜힘을 찾아내는 아주 훌륭한 도구가 **자유물체도**free body dia-gram, FBD이다(이후로는 줄여서 **자물도**라 부른다). 자물도에는 힘 벡터와 함께 그 물체에 작용하는 모든 힘이 나타나도록 그려야 한다. 그러나 다른 물체에 작용하는 힘은 절대 그리면 안 된다. 자물도를 그리기 위해서는

- 간단한 방법으로 물체를 그려라. 물리 문제를 풀기 위해 미켈란젤로가 될 필요는 없다. 어떠한 물체이건 상자나 원 혹은 점으로 표현할 수 있다.
- 물체에 작용하는 모든 힘을 나타내어라. 물체에 작용하는 힘은 하나도 빠뜨리지 말아라. 물체에 접촉하는 모든 것은 하나 이상의 접촉력을 작용할 수 있다는 점을 고려하여라. 그리고 나서 먼 거리 힘(문제에 전기력이나 자기력이 나타나 있지 않다면 지금은 중력밖에 없다.)을 나타내어라.
- 나타낸 힘들이 모두 다른 물체가 관심의 대상인 물체에 작용하는 힘인지를 확인 점검하여라. 다른 물체에 작용하는 힘을 포함시키지 않았는지 확인하여라.
- 물체에 작용하는 모든 힘을 나타내는 벡터 화살표를 그려라. 보통은 물체에서 시작하여 밖으로 향하는 화살표로 벡터를 그린다. 그 화살표가 힘의 방향을 정확히 나타내도록 그려라. 충분한 정보가 있다면 화살표의 길이가 힘의 크기에 비례하도록 그려라.

등속도로 운동하는 평형인 물체

물체에 작용하는 알짜힘이 0일 때 물체가 **병진 평형**translational equilibrium에 있다고 말한다.

평형인 물체에 대해서는
$$\sum \vec{F} = 0 \qquad (2\text{-}5\text{a})$$
이다.

평형이란 힘이 평형 상태에 있다는 뜻이다. 곧, 위로 작용하는 만큼 아래로 작용하고, 왼쪽으로 작용하는 만큼 오른쪽으로 작용한다는 것을 뜻한다. 직선상에서 일정한 속력으로 운동하든지 정지해 있든지 일정한 속도를 가진 물체는 어느 것이나 병진 평형 상태에 있다. 벡터는 그것의 모든 성분이 0이라야만 크기가 0이 된다. 그러므로

평형인 물체에 대해서는
$$\sum F_x = 0 \text{이고} \quad \sum F_y = 0 \text{이고} \quad \sum F_z = 0 \qquad (2\text{-}5\text{b})$$
이다.

응용: 용수철저울 뉴턴의 제1 법칙을 사용하여, 용수철저울이 어떻게 무게(물체에 가해지는 중력의 크기)를 측정하는 데 사용될 수 있는지 알아보자. 멜론이 저울접시에 놓여 있으면 멜론에 작용하는 알짜힘은 0이어야 한다. 멜론에 작용하는 힘은 두 가지뿐이다. 아래로 잡아당기는 중력과 저울이 위로 미는 힘이다. 그러면 이 두 힘은 크기가 같고 방향이 반대가 되어야 한다. 저울은 자신이 멜론에 작용하는 힘을 측정하는데, 그 힘은 멜론의 무게와 같다.

보기 2.5

비행 중인 매

무게가 8 N인 붉은꼬리매가 일정한 속력으로 정북으로 활공하고 있다. 공기가 이 매에 작용하는 힘은 얼마인가? 매에 대한 자물도를 그려라.

전략 매가 일정한 속도(일정한 속력과 방향)로 활공하고 있으므로 그는 평형 상태, 곧 작용하는 알짜힘이 0이다. 매에 작용하는 힘을 찾아내고 알짜힘이 0이 되도록 공기가 작용하는 힘을 결정해야 한다.

풀이 매에 작용하는 힘은 단지 2개밖에 없다. 하나는 먼 거리 힘으로, 지구가 당기는 중력이며, 그 크기가 매의 무게이다. 다른 힘은 공기와 닿아 있는 접촉력이다. 매가 다른 것과 접촉하고 있지 않으므로 다른 접촉력은 없다. 새가 평형 상태에 있으므로 새에 작용하는 알짜힘은 0이어야 한다.

$$\sum \vec{F} = \vec{F}_{중력} + \vec{F}_{공기} = 0$$

만일 두 벡터를 더해서 0이 되게 하려면 크기는 같고 방향은 반대여야 한다. 그러므로 공기가 새에 작용하는 힘은 위로 8 N이 되어야 한다. 그림 2.15는 매의 자물도이다.

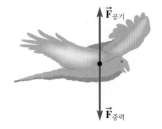

그림 2.15 일정한 속도로 활공하는 매에 대한 자물도. 매에게 두 힘이 작용한다. 중력과 공기로 인한 접촉력이다. 매의 속도가 일정하기 때문에 이 힘들을 더하면 0이 되어야 한다.

검토 매와 공기 사이의 상호작용은 미시적 수준에서 매우 복잡하지만 공기 분자들과 매 사이의 모든 상호작용의 알짜 효과는 위로 향하는 힘 8 N이다. (양력과 추진력, 항력 같이 공기에 의해 작용하는 다른 형태의 힘들을 생각해보는 것이 종종 편리하다. 이런 힘들의 벡터 합은 공기로 인해 발생하는 전체 접촉력이다.)

실전문제 2.5 **사과 상자**

80 N의 사과 상자가 정지한 화물트럭의 수평 적재판 위에 놓여 있다. 트럭의 적재판이 사과 상자에 미치는 힘 $\vec{C}$는 얼마인가? 상자의 자물도를 그려라.

간단하게 문제를 풀기 위한 x-축과 y-축의 선택

축을 잘 선택하면 문제를 쉽게 해결할 수 있다. 서로 수직이기만 하면 어떤 방향으로나 x-축과 y-축을 선택할 수 있다. 흔히 선택하는 세 가지는 다음과 같다.

- 벡터가 모두 수직면에 있을 때는 x-축은 수평으로, y-축은 수직으로 택하고,
- 벡터가 모두 수평면에 있을 때는 x-축은 동쪽으로, y-축은 북쪽으로 택하며,
- x-축은 경사면에 평행하게, y-축은 면에 수직으로 택한다.

평형 문제에서 가장 적은 수의 힘 벡터가 x-와 y-성분 모두를 가지도록 x-와 y-축을 선택한다. 항상 축을 현명하게 선택하고, 문제를 푸는 데 사용한 자물도 및 기타 스케치에 축을 그리는 것이 좋다.

비행기에 작용하는 알짜힘

동쪽으로 날아가는 비행기에 작용하는 힘은 중력이 16.0 kN (아래), 양력이 16.0 kN(위), 추진력이 1.8 kN(동쪽), 항력이 0.8 kN(서쪽)이다. (양력, 추진력, 항력은 비행기에 작용하는 세 힘이다.) 비행기에 작용하는 알짜힘은 얼마인가?

전략 비행기에 작용하는 모든 힘이 문제에 주어져 있다. 비행기의 자물도에 이러한 힘을 그린 후, 알짜힘을 구하기 위해 힘을 더 추가한다. 힘 벡터를 성분으로 분해하기 위해 각각 동쪽과 북쪽을 가리키는 x와 y-축을 선택한다. 그러면 네 힘이 모두 축으로 정렬되므로 그 축을 따르는 방향을 나타내는 부호를 가진 0이 아닌 힘의 성분은 단 하나뿐이다. 예를 들어 항력은 $-x$-방향을 가리키므로 x-성분이 음수이고 y-성분은 0이다.

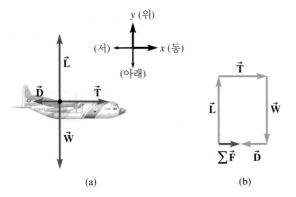

(a)

(b)

그림 2.16 (a) 비행기의 자물도. (b) 그림을 이용한 네 벡터의 합으로 알짜힘 $\Sigma\vec{F}$를 구한다.

풀이 그림 2.16a는 양력 $\vec{L}$, 추진력 $\vec{T}$, 항력 $\vec{D}$을 포함하는 비행기의 자물도이다. 여기서 $\vec{W}$는 비행기에 작용하는 중력이다. 중력의 크기는 비행기의 무게 W이다.

힘의 x-성분의 합은

$$\sum F_x = L_x + T_x + W_x + D_x$$
$$= 0 + (1.8 \text{ kN}) + 0 + (-0.8 \text{ kN}) = 1.0 \text{ kN}$$

이고, 힘의 y-성분의 합은

$$\sum F_y = L_y + T_y + W_y + D_y$$
$$= (16 \text{ kN}) + 0 + (-16 \text{ kN}) + 0 = 0$$

이다. 알짜힘은 동쪽으로 1.0 kN이다.

검토 벡터 덧셈을 그림으로 점검하는 것은 좋은 생각이다. 그림 2.16b는 힘의 합이 실제로 $+x$-방향(동쪽)임을 보여준다. 비행기의 알짜힘은 0이 아니므로 비행기의 속도는 일정하지 않다. 비행기의 속도가 어떻게 변하는지를 알기 위해서는 3장의 주된 주제인 뉴턴의 제2 법칙을 사용할 것이다. 뉴턴의 제2 법칙은 물체의 알짜힘과 속도 벡터의 변화율 사이의 관계를 말해준다.

실전문제 2.6 **비행기에 작용하는 새로운 힘**

비행기에 중력이 16.0 kN(아래 방향), 양력이 15.5 kN(위 방향), 추진력이 1.2 kN(북쪽), 항력이 1.2 kN(남쪽)으로 작용할 때 비행기에 작용하는 알짜힘을 구하라.

서랍장 밀기

무게가 750 N인 서랍장을 마루 위에서 일정한 속도로 밀기 위해서는 수평으로 450 N의 힘으로 밀어야 한다(그림 2.17). 마루가 서랍장에 작용하는 접촉력

그림 2.17 마루를 가로질러 서랍장 밀고 가기.

을 구하여라.

전략 서랍장이 일정한 속도로 움직이므로 평형 상태에 있다. 따라서 이 서랍장에 작용하는 알짜힘은 0이다. 서랍장에 작용하는 힘을 모두 확인한 다음 자물도를 그리고, 그림을 그려 힘을 구하고, x-축과 y-축을 선택하고, 힘들을 x-성분과 y-성분으로 분해하여 $\Sigma F_x = 0$, $\Sigma F_y = 0$이라고 둘 것이다.

풀이 서랍장에 작용하는 힘은 세 가지이다. 중력 $\vec{W}$는

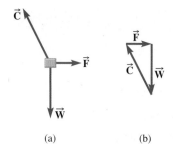

그림 2.18 (a) 서랍장의 자물도. (b) 세 힘의 합이 0임을 보여주는 그림상의 기법.

(a)　　　　　(b)

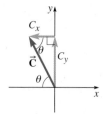

그림 2.19 접촉력의 크기와 방향 구하기.

750 N이고 아래로 향한다. 미는 힘 $\vec{F}$는 크기가 450 N이고 수평으로 작용한다. 마루와의 접촉력 $\vec{C}$는 크기와 방향이 알려져 있지 않다. 그러나 서랍장이 평형 상태에 있으므로 위 방향과 아래 방향의 힘의 성분은 균형이 맞아야 한다. 마찬가지로 수평 방향도 균형이 맞아야 한다. 따라서 $\vec{C}$는 대략 자물도(그림 2.18a)에 보인 방향이 되어야 한다. 이는 세 힘을 그림으로 더하여 얻은 것으로 확인할 수 있다(그림 2.18b). 처음 벡터의 꼬리에 세 번째 벡터의 머리가 있기 때문에 합은 0이 된다.

x-축을 오른쪽으로 택하고 y-축을 위로 택하면 세 힘 벡터 중 두 힘 벡터 $\vec{W}$와 $\vec{F}$의 한 성분은 0임을 의미한다. 곧

$$W_x = 0 \text{이고} \quad W_y = -750 \text{ N}$$
$$F_x = 450 \text{ N이고} \quad F_y = 0$$

이다. 서랍장이 평형 상태에 있기 때문에 알짜힘의 x-성분과 y-성분은 각각 0이다. 곧

$$\sum F_x = W_x + F_x + C_x = 0 + 450 \text{ N} + C_x = 0$$
$$\sum F_y = W_y + F_y + C_y = -750 \text{ N} + 0 + C_y = 0$$

이들 방정식이 $\vec{C}$의 성분을 알려준다. 곧 $C_x = -450 \text{ N}$,

$C_y = +750 \text{ N}$이다. 그러므로 접촉력의 크기는

$$C = \sqrt{C_x^2 + C_y^2} = \sqrt{(-450 \text{ N})^2 + (750 \text{ N})^2} = 870 \text{ N}$$

$$\theta = \tan^{-1}\frac{\text{대변}}{\text{접변}} = \tan^{-1}\frac{750 \text{ N}}{450 \text{ N}} = 59°$$

이다(그림 2.19).

마루에 의한 접촉력은 870 N이며 왼쪽 수평선($-x$-축) 위로 59° 방향이다.

검토 접촉력의 x-, y-성분과 크기, 방향 모두 그림을 이용한 덧셈과 비교해 보면 타당성 있게 보인다. 따라서 성분 중 부호 오류와 같은 실수를 범하지 않았음을 확신할 수 있다.

이 문제를 해결하기 위해 접촉력에 대한 세부 사항을 알 필요가 없었다. 접촉력은 2.7절에서 더 자세하게 살펴볼 것이다.

실전문제 2.7 정지해 있는 서랍장

같은 서랍장이 정지해 있다고 하자. 이를 110 N의 힘으로 수평으로 밀었다. 그러나 서랍장은 조금도 움직이지 않았다. 밀고 있는 동안 마루가 서랍장에 작용한 접촉력은 얼마인가?

2.5 상호작용 쌍: 뉴턴의 운동 제3 법칙
INTERACTION PAIRS: NEWTON'S THIRD LAW OF MOTION

2.1절에서 힘은 항상 쌍으로 존재한다는 것을 배웠다. 모든 힘은 두 물체 사이의 상호작용의 일부이다. 각 물체는 다른 물체에 힘을 작용한다. 이 두 힘을 **상호작용 쌍**interaction pair이라 부른다. 각 힘은 다른 힘의 **상호작용 짝**interaction partner이다. 여러분이 문을 열기 위해 밀면, 문은 여러분을 민다. 두 자동차가 충돌하면 각각은 상대 차에 힘을 작용한다. 상호작용 짝은 상호작용을 하고 있는 두 물체 사이에서 상대 물체에 작용한다는 것을 주목하여라.

뉴턴의 운동 제3 법칙 Newton's third law of motion은 상호작용 짝은 항상 크기가 같고 방향은 반대임을 설명하고 있다.

뉴턴의 운동 제3 법칙

두 물체 사이의 상호작용에서 각 물체는 상대 물체에 힘을 작용한다. 이들 두 힘은 크기가 같고 방향은 반대이다.

이것과 동등한 식은

$$\vec{F}\,(B가\ A에) = -\vec{F}\,(A가\ B에) \qquad\qquad (2\text{-}6)$$

이다.

크기가 같고 방향이 반대인 두 힘이 작용한다고 매번 뉴턴의 제3 법칙에 관련된다고 가정하지는 말아라. 반드시 그런 것은 아니다! 크기가 같고 방향이 반대인 두 힘이 한 물체에 작용하는 상황은 여러 곳에서 만날 수 있다. 이들 두 힘은 한 물체에 작용하기 때문에 상호작용 짝일 수가 없다. 상호작용 짝은 서로 다른 물체, 곧 상호 작용하는 두 개체 각각에 하나씩 작용한다. 또한 상호작용 짝은 항상 동일한 유형(둘 다 중력 또는 둘 다 자기 또는 둘 다 마찰 등)임에 주의하자.

✓ 살펴보기 2.5

사진에서, 두 어린이가 장난감을 당기고 있다. 장난감에 크기가 같고 방향이 반대인 힘을 작용한다면 이 두 힘은 상호작용 짝인가? 그렇거나 아닌 이유를 설명하여라.

외력과 내력

축구공이 지구(중력)와 선수의 발과 공기와 상호작용한다고 말할 때 우리는 공을 하나의 물체로 취급한다. 그러나 이 공은 엄청나게 많은 수의 양성자, 중성자, 전자로 구성되어 있으며 이들 모두는 상호작용하고 있다. 양성자와 중성자는 서로 상호작용하여 원자핵을 형성한다. 핵은 전자와 상호작용하여 원자를 형성한다. 원자 사이의 상호작용은 분자를 형성한다. 분자들이 상호작용하여 우리가 축구공이라고 부르는 것의 구조를 형성한다. 축구공의 운동을 예측하기 위해 이러한 모든 상호작용을 다루는 것은 어려울 것이다.

계의 정의 축구공을 구성하는 입자들의 집합을 **계**^system^라고 한다. 계를 정의하고 나면 계에 영향을 주는 모든 상호작용을 계의 **내부**^internal^ 또는 **외부**^external^로 분류할 수 있다. 내부 상호작용의 경우, 상호작용하는 물체는 둘 다 계의 일부이다. 알짜힘을 찾기 위해 계에 작용하는 모든 힘을 합산하면 모든 내부 상호작용은 상호작용 쌍인 두 개의 힘을 기여한다(이 둘의 합은 항상 0이다). 외부 상호작용의 경우, 상호작용 짝 둘 중 하나만 계에 적용된다. 다른 짝은 계 외부의 물체에 가해지며 계의 알짜힘에는 기여하지 않는다. 따라서 계에 작용하는 알짜힘을 구하려면 내부 힘은 모두 무시하고 외부 힘만 더하면 된다.

내력, 곧 내부 힘의 합은 항상 0이 된다는 통찰은 계를 구성하는 것을 마음대로 선택할 수 있다는 점에서 매우 강력한 힘을 갖는다. 임의의 물체들의 집합을 선택하고 계로 정의할 수 있다. 어떤 문제에서는 축구공을 계로 생각하는 것이 편리할 수 있다. 다른 문제에서는 축구공과 선수의 발로 구성된 계를 선택할 수도 있다. 후자의 선택은 발과 공 사이의 상호작용에 대한 자세한 정보가 없는 경우에 유용할 수 있다.

2.6 중력 GRAVITATIONAL FORCES

힘을 더하는 방법을 배웠으니, 이제 중력에서 시작하여 몇 가지 힘을 좀 더 자세히 공부해보자. **뉴턴의 만유인력 법칙**Newton's law of universal gravitation에 따르면 어떠한 물체이건 두 물체는 자신들의 질량(m_1과 m_2)의 곱에 비례하고 중심 사이의 거리(r)의 제곱에 반비례하는 중력을 서로에게 작용한다. 엄밀히 말하면 중력의 법칙은 구 대칭인 물체나 질점들에만 적용된다. (질점은 물체의 크기가 무시할 수 있을 정도로 작고 내부 구조에 별 의미가 없을 때 사용하는 물리학에서 매우 일반적인 모형이다.) 그럼에도 불구하고 중력의 법칙은 중심 사이의 거리가 물체의 크기보다 훨씬 클 때에는 어떠한 두 물체에 대해서나 훌륭하게 잘 맞는다.

중력의 크기를 수학적으로 표현하면 다음과 같다.

$$F = \frac{Gm_1m_2}{r^2} \tag{2-7}$$

여기에서 비례상수 $G = 6.674 \times 10^{-11}\,\mathrm{N \cdot m^2/kg^2}$로 **만유인력 상수**universal gravitational constant라 불린다. 식 (2-7)은 사실 만유인력의 법칙의 일부라고 할 수 있는데 그 이유는 두 물체가 서로에 작용하는 중력의 크기만을 나타내기 때문이다. 방향도 마찬가지로 중요하다. 곧, 각 물체는 다른 물체의 중심으로 끌린다(그림 2.20). 달리 말하면 중력은 인력이다. 일반적으로 두 물체가 서로 상대 물체에 작용하는 힘은 서로의 상호작용 짝이 되어야 하기 때문에 두 물체 사이에 작용하는 중력의 크기는 같고 방향은 반대이어야 한다.

보통의 물체들이 서로에게 작용하는 중력은 너무 작기 때문에 대부분의 경우에 무

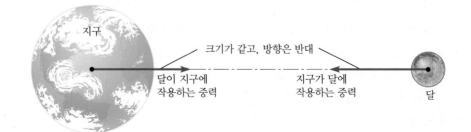

그림 2.20 중력은 항상 인력이다. 질량의 차이가 매우 크다고 하더라도 각 물체가 다른 물체에 작용하는 힘은 같다. 지구가 달에 작용하는 중력은 달이 지구에 작용하는 중력과 크기가 같다. 방향은 반대이다.

시를 한다(실전문제 2.9). 그렇지만 지구는 질량이 크기 때문에 지구가 물체에 미치는 중력은 매우 크다.

고위도에서의 무게

여러분이 여객기를 타고 6.4 km 상공에 있을 때의 몸무게를 지상에 있을 때와 비교하면 몸무게는 몇 %나 변하는가? 비행기의 무게는 어떻게 되는가?

전략 사람의 몸무게는 지구가 그 사람에게 작용하는 중력이다. 뉴턴의 만유인력 법칙은 지구 중심으로부터 r인 곳의 지구 중력의 크기를 알려준다. 지상에서의 몸무게 W_1은, 지구 중심에서 사람까지의 거리 평균 반지름 $r_1 = R_E = 6.37 \times 10^6$ m를 사용하여 계산할 수 있다(그림 2.21). 지표로부터 고도가 $h = 6.4 \times 10^3$ m인 곳에서 사람의 몸무게는 W_2이고 지구 중심에서부터의 사람까지의 거리는 $r_2 = R_E + h$이다. 사람의 질량은 m, 지구의 질량은 $M_E = 5.97 \times 10^{24}$ kg이고 G는 두 경우 모두 같다. 그러므로 무게의 비를 사용하여 이 인자들을 약분하는 것이 효율적이다.

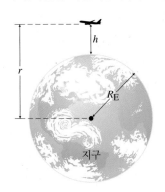

그림 2.21 중력은 지구의 중심에서부터의 거리 r에 따라서 변한다. 고도 h에서는 $r = R_E + h$이다.

풀이 지상에서의 몸무게에 대한 기내에서의 몸무게의 비는 다음과 같다.

$$\frac{W_2}{W_1} = \frac{\dfrac{GM_E m}{r_2^2}}{\dfrac{GM_E m}{r_1^2}} = \frac{r_1^2}{r_2^2} = \frac{R_E^2}{(R_E + h)^2}$$

$$= \left(\frac{6.37 \times 10^6 \text{ m}}{6.37 \times 10^6 \text{ m} + 6.4 \times 10^3 \text{ m}} \right)^2 = 0.998$$

$0.998 = 1 - 0.002$이고, $0.002 = 0.2/100$이므로 몸무게는 약 0.2 % 줄어든다.

검토 고도 6.4×10^3 m는 우리가 볼 때는 매우 높지만 지구 반지름에 비해서는 0.10 % 정도로 미미하므로 몸무게 변화는 작다. 어떤 양이 '크다' 또는 '작다'라고 판단할 때 항상 "무엇에 비하여 작다(또는 크다)"라는 것인지 물어보아야 한다.

실전문제 2.8 **기발한 변명**

자동차가 충돌한 후에, 한 운전사가 차들 간 중력이 충돌을 일으켰다고 주장하고 있다. 서로 평행한 바로 옆 차선에서 나란히 운전하고 있을 때 그들 사이의 중력 크기를 추산해보고 운전사의 주장에 대하여 조언을 해보아라.

중력장의 세기

지표 근처의 물체에 대해서는 지구 중심에서 물체까지의 거리가 지구의 평균 반지름($R_E = 6.37 \times 10^6$ m)과 거의 같다. 지구의 질량은 $M_E = 5.97 \times 10^{24}$ kg이고 지표에서 질량이 m인 물체의 무게는

$$W = \frac{GM_E m}{R_E^2} = m \left(\frac{GM_E}{R_E^2} \right) \tag{2-8}$$

이다.

지표 근처의 물체에 대해서는 괄호 안이 상수로 항상 같으며, 물체의 무게는 물체

연결고리

3장에서는 1 N/kg = 1 m/s²임을 보여준다. 하지만 g가 무게(뉴턴 단위의)와 질량(킬로그램 단위의)과 관련이 있다는 것을 강조하기 위해 당분간은 g의 단위를 N/kg으로 쓴다.

의 질량에 비례한다. 상수들의 조합을 몇 번이고 되풀이해 다시 계산하기보다는 이 조합을 지표 근처의 **중력장의 세기**gravitational field strength g라고 부른다. 곧,

$$g = \frac{GM_E}{R_E^2} = \frac{6.674 \times 10^{-11} \text{ N·m}^2 \cdot \text{kg}^{-2} \times (5.97 \times 10^{24} \text{ kg})}{(6.37 \times 10^6 \text{ m})^2} \approx 9.8 \text{ N/kg} \quad (2\text{-}9)$$

이다. 단위 N/kg은 무게가 질량에 비례한다는 결론을 강조한다. 곧, g는 물체의 매 kg 질량에 몇 뉴턴의 중력이 작용하는지를 말해준다. 지표 근처에서 1.0 kg 물체의 무게는 9.8 N이다. g를 사용하면 지표 근처에서 질량 m인 물체의 무게는 보통 다음과 같이 쓸 수 있다.

질량과 무게의 관계

$$W = mg \quad (2\text{-}10a)$$

식 (2-10a)를 벡터 형태로 쓸 수도 있다.

$$\vec{\mathbf{W}} = m\vec{\mathbf{g}} \quad (2\text{-}10b)$$

여기서 $\vec{\mathbf{W}}$는 중력을 나타내고 $\vec{\mathbf{g}}$는 중력장이라고 부른다. 둘의 방향은 모두 아래로 향한다. 이탤릭체로 쓴 g는 벡터의 크기이므로 결코 음수가 될 수는 없다.

지구의 중력장 변화 지구는 완전한 구가 아니다. 극지방이 약간 납작하다. 극지방의 지표에서 지구 중심까지의 거리가 조금 짧기 때문에, 해수면에서의 장의 크기는 극지방에서 가장 크고(9.832 N/kg), 적도 지방에서 가장 작다(9.814 N/kg). 고도도 문제가 된다. 해발 고도가 높아지면 지구 중심에서 거리는 점점 증가하고 장의 세기는 감소한다. 지층에 따라서도 장의 세기는 약간 변한다. 고밀도의 기반암 위에서는 밀도가 작은 암석 위에서 보다 g가 약간 크다. 지질학자와 지구물리학자들은 지구의 구조를 연구하고 광물, 지하수, 석유 등의 매장 위치를 파악하기 위해 이 변화를 측정한다. 그들이 사용하는 장치인 **중력계**(gravimeter)는 용수철에 매달린 추로 되어 있다. 중력계의 위치를 변화시키면 g가 큰 곳에서는 많이 늘어나고 작은 곳에서는 적게 늘어난다. 용수철에 매달린 추의 질량은 변하지 않지만 무게($W = mg$)는 변한다.

그 외에도 지구의 자전에 의하여 지표에 고정된 좌표계에서 측정한 g의 실효 값은 참값보다 약간 작다. 이 효과는 적도에서 가장 크다. 이곳에서 g의 실효 값은 9.784 N/kg으로 참값보다 약 0.3 % 정도 작다. 이 효과는 위도가 높아짐에 따라 조금씩 줄어들다가 극에서는 0이 된다. 5장에서 이 효과에 대하여 더 배울 것이다.

이러한 사실로부터 기억해야 할 중요한 사실은 G와는 달리 g는 보편상수가 아니라는 점이다. g는 위치의 함수이다. 지표 근처에서 이 변화는 매우 작기 때문에 어떤 평균값을 기본 값으로 택하고 있다.

지표 근처에서 g의 평균값

$$g = 9.80 \text{ N/kg}$$

문제에서 다른 값을 언급하지 않는 한, 지표 근처에서는 이 값을 사용하여라.

kg 단위로 과일 "무게" 재기

미국을 제외하고 대부분의 나라에서 과일을 사고팔 때 뉴턴(N)이나 파운드(lb) 등과 같이 무게의 단위로 팔지 않고 kg이나 g 등의 질량 단위로 팔고 있다. 이때 사용하는 저울은 힘을 측정하고 있지만 눈금은 무게가 아니라 질량을 가리키도록 환산되어 있다. 만일 여러분이 350 g의 신선한 무화과를 샀다면 그 무게는 얼마인가?

전략 무게는 질량에다 중력장의 세기를 곱한 것이다. $g = 9.80$ N/kg이다. 뉴턴(N) 단위의 무게는 변환 인자 1 N = 0.2248 lb를 사용하여 파운드 단위로 변환할 수 있다.

풀이 과일의 무게를 N 단위로 계산하면

$$W = mg = 0.35 \text{ kg} \times 9.80 \text{ N/kg} = 3.43 \text{ N}$$

이다. 파운드 단위로 바꾸면

$$W = 3.43 \text{ N} \times 0.2248 \text{ lb/N} = 0.771 \text{ lb}$$

이다. 무화과의 무게는 3.4 N 또는 0.771 lb이다.

검토 이것이 g가 9.80 N/kg인 곳에서 과일의 무게이다. g가 약간 큰 북쪽에 있는 러시아의 도시라면 무화과는 약간 더 무겁고, g가 약간 작은 적도 근방의 도시에서는 약간 더 가볍다.

실전문제 2.9 달에서의 과일 무게

중력장의 세기가 $g = 1.62$ N/kg인 달 표면에서는 무화과의 무게가 얼마나 되겠는가?

식 (2-10a)는 어떤 행성이나 달의 표면에서 물체의 무게를 구하는 데 사용할 수 있다. 그러나 g는 행성이나 달의 질량 M이 다르고 행성 중심에서의 거리 r가 다르기 때문에 지구 표면에서와는 다른 값을 갖는다.

$$g = \frac{GM}{r^2} \tag{2-11}$$

예를 들면 식 (2-11)에 화성의 질량과 반지름을 대입하면 화성 표면에서는 $g = 3.7$ N/kg이 된다.

✓ 살펴보기 2.6

알래스카에 있는 매킨리 산 정상에 올랐다면 가지고 간 등산장구의 무게는 얼마나 되겠는가? 또 질량은 어떻게 되는가?

2.7 접촉력 CONTACT FORCES

우리는 이미 접촉하고 있는 두 고형 물체 사이에 작용하는 힘과 관련된 문제를 다루었다. 이제 그 힘들을 더 자세히 살펴보자. 보기 2.7에서 미끄러져가는 서랍장에 작용하는 접촉력을 접촉면에 평행한 성분과 수직인 성분으로 분해했다. 때로는 이들 두 성분을 접촉력과 관계가 되지만 2개로 분리해 **마찰력**과 **수직항력**으로 생각하

연결고리

수직항력과 마찰력은 표면의 접촉력을 두 개의 수직한 성분으로 나누어 이름을 붙인 것일 뿐이다.

그림 2.22 (a) 수직항력은 책의 무게와 크기가 같다. 따라서 두 힘의 합은 0이다. (b) 경사면 위에서는 수직항력이 책의 무게보다 작고 연직 방향이 아니다. (c) 만일 책을 힘 $\vec{F}$로 누르면 책상이 책에 작용하는 수직항력은 책의 무게보다 커진다.

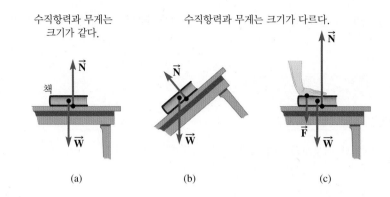

수직항력과 무게는 크기가 같다.

수직항력과 무게는 크기가 다르다.

(a)　　　　(b)　　　　(c)

는 것이 편리하다.

수직항력

접촉하고 있는 두 물체가 서로 다른 물체의 접촉면을 뚫고 지나가는 것을 방지하며 접촉면에 수직인 힘을 **수직항력**normal force이라고 부른다. (기하학에서 'normal'은 법선을 가리킨다.) 수평면에 놓인 책을 생각해보자. 책상이 책에 가하는 힘은 책이 책상을 뚫고 지나가지 못하도록 꼭 맞는 크기를 가져야 한다. 만일 다른 힘이 없다면 책이 평형 상태에 있기 때문에 수직항력은 책의 무게와 크기가 같다(그림 2.22a).

뉴턴의 제3 법칙에 따르면 책도 책상에 수직항력을 작용하고 있다. 이 수직항력은 밑으로 작용하며 크기는 책상이 책에 미치는 수직항력과 같다. 일상생활에서는 책상이 "책의 무게를 느낀다"고 말할지도 모른다. 이는 물리학적으로 정확한 서술이 아니다. 책상은 책에 작용하는 중력을 "느끼지" 못하고 책상은 **책상에 작용하는 힘**만 느끼는 것이다. 책상이 "느끼는" 것은 책이 책상에 작용하는 접촉력인 수직항력이다.

만일 책상이 수평이라면 책에 작용하는 수직항력은 연직 방향이며 크기는 책의 무게와 같다. 책상이 수평이 아니라면 수직항력은 연직 방향이 아니고 크기도 책의 무게와 다르다. 수직항력은 **접촉면에 수직인 힘**이라는 것을 꼭 기억해두어라(그림 2.22b). 책상이 수평이라 하더라도 책에 작용하는 다른 힘이 있다면 수직항력은 책의 무게와 같지 않다(그림 2.22c). 수직항력의 크기에 대하여 섣부른 가정은 하지 말아라. 일반적으로 다양한 상황에서 수직항력의 크기는 다른 힘에 관한 충분한 정보를 확보했을 때에만 구할 수 있다.

수직항력의 근원　책상이 얼마나 세게 책을 밀어야 하는지 어떻게 알 수 있는가? 책을 책상이 아닌 체중계 위에 올려놓았다고 생각해보자. 저울 안에 있는 용수철이 위 방향으로 힘을 작용한다. 용수철이 압축된 만큼 용수철이 물체에 작용하는 힘은 증가하기 때문에 용수철은 얼마나 세게 밀어야 하는지 "안다". 책이 평형 상태에 이르면 용수철은 꼭 맞는 양의 힘을 작용하므로 용수철을 더 이상 압축시키려고 하지 않는다. 용수철은 책의 무게와 같은 힘으로 위로 밀 때까지 압축된다. 용수철이 강하다면 적게 압축되고도 같은 크기의 힘을 위 방향으로 작용한다.

책상과 같은 강체(단단한 물체) 속에서 원자들을 서로 묶어주는 힘은, 보통은 인식할 수 없을 정도로 적게 압축되고도 큰 힘을 발휘할 수 있는 아주 딱딱한 용수철처럼 작용한다. 책은 책상 표면을 미세하게 함몰시킨다(그림 2.23). 무거운 책은 그만큼 함몰 정도를 더 심하게 만든다. 만일 책을 무른 스펀지에 놓았다면 함몰은 더욱 심해진다.

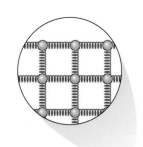

✓ 살펴보기 2.7

네 다리로 마루에 서 있는 책상 위에 노트북 컴퓨터가 놓여 있다. 책상에 작용하는 수직항력을 밝히고 그들이 어느 곳을 향하는지 방향도 설명하여라.

마찰력

접촉면에 평행하게 작용하는 접촉력을 **마찰력**friction force이라 부른다. 마찰은 **정지마찰**static friction과 **운동마찰**kinetic friction 둘로 구분한다. 운동마찰은 **미끄럼마찰**sliding friction 이라고도 부른다. 기와장이 지붕에서 미끄러지는 것처럼 두 물체가 상대 물체에 접촉하며 미끄러질 때의 마찰이 운동마찰이다. 언덕에 주차되어 있는 차의 타이어와 노면처럼 미끄러지지 않을 때의 마찰을 정지마찰이라 한다. 정지마찰은 물체가 미끄러지기 시작하는 것을 방해한다. 운동마찰은 미끄러지고 있는 물체가 미끄러지지 못하도록 작용한다. 서로 접촉한 채로 같은 속도로 운동하고 있는 두 물체는 두 물체 사이에 상대운동이 일어나지 않기 때문에 서로에게 정지마찰력을 작용한다. 예를 들면 비행기 화물을 싣기 위하여 컨베이어벨트에 실려 가고 있는 짐이 그것이다. 이들은 같은 속도로 움직이며 정지마찰력이 작용한다.

정지마찰 미시적인 관점에서 보면 마찰력은 매우 복잡하며 최근에도 활발히 연구되고 있는 분야이다. 복잡함에도 불구하고 건조한 고형 표면 사이의 마찰력을 근사적으로 표현할 수 있다. 간단한 모형으로, 특별한 상황에서 일어날 수 있는 가장 큰 정지마찰력 $f_{s, 최대}$은 두 물체면 사이에 작용하는 수직항력 N에 비례한다. 곧,

$$f_{s, 최대} \propto N$$

이다. 만일 후륜구동차의 타이어와 노면 사이에 보다 나은 접지력을 원한다면 뒤 트렁크에 무거운 물건을 넣어서 노면과 타이어 사이의 수직항력을 크게 하는 것이 도움이 된다.

비례상수를 **정지마찰계수**coefficient of static friction(μ_s)라 부른다. 따라서

최대정지마찰력

$$f_{s, 최대} = \mu_s N. \tag{2-12}$$

$f_{s, 최대}$와 N은 둘 다 힘의 크기이므로 μ_s는 차원이 없는 숫자이다. 이 값은 표면의 성질과 조건에 따라 변한다. 식 (2-12)는 특별한 상황에서 정지마찰력의 상한 값을 제

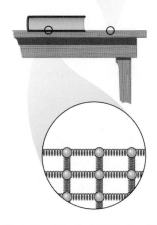

그림 2.23 책상 속의 "원자 용수철들"이 책을 들어서 그 자리에 있게 될 때까지 책은 용수철을 압축시킨다. 원자들 사이 거리의 아주 작은 감소를 크게 과장하여 그렸다.

공하고 있을 뿐이다. 주어진 상황에서 실제의 마찰력이 가능한 값 중에서 반드시 최대여야 할 필요는 없다. 이 식은 미끄러지지 않는다면 정지마찰력의 크기가 상한 값과 같거나 적다는 것을 말해줄 뿐이다. 곧,

$$f_s \leq \mu_s N. \tag{2-13}$$

운동마찰(미끄럼마찰) 운동마찰, 곧 미끄럼마찰에 대해서는 마찰력이 다소나마 속력에 관계되며 대략 수직항력에 비례한다. 간편하게 운동마찰력이 수직항력에만 비례하고 속력에는 무관하다고 생각한 모형을 사용할 것이다. 그러면

> **운동(미끄럼) 마찰력**
>
> $$f_k = \mu_k N. \tag{2-14}$$

여기에서 f_k는 운동마찰력의 크기이고 μ_k는 **운동마찰계수**coefficient of kinetic friction이다. 주어진 표면에서 물체에 대한 정지마찰계수는 항상 운동마찰계수보다 크다. 수평면상에서 물체를 일정한 속도로 운동하도록 하는 데 필요한 힘보다 움직이기 시작하도록 만드는 데 더 큰 힘이 필요하다.

마찰력의 방향 식 (2-12)부터 (2-14)까지는 모두 물체에 작용하는 마찰력과 수직항력의 크기에만 관계된다. 마찰력은 같은 두 표면 사이의 수직항력에 수직하다는 것을 기억해두어라. 마찰력은 항상 접촉면에 평행하지만 주어진 접촉면에 평행한 방향은 수없이 많다. 여기에 마찰력의 방향을 정하는 엄지손가락 규칙을 소개한다.

- 정지마찰력은 어떤 방향으로든지 물체가 미끄러지려고 하는 것을 방해하는 방향으로 작용한다.
- 운동마찰력은 미끄러지는 운동을 정지시키는 방향으로 작용한다. 만일 책이 표면을 따라 왼쪽으로 밀리면 책상은 책의 운동을 방해하는 오른쪽으로 정지마찰력을 책에다 작용한다.
- 뉴턴의 제3 법칙으로부터, 마찰력은 상호작용 짝으로 나타난다. 책상이 오른쪽으로 미끄러지는 책에 마찰력을 작용하면 책은 왼쪽으로 책상에 같은 크기의 마찰력을 작용한다.

보기 2.10

미끄러지는 서랍장의 운동마찰계수

보기 2.7은 450 N의 수평 힘으로 무게 750 N의 서랍장을 밀어 서랍장이 일정한 속력으로 오른쪽으로 미끄러지는 것과 관련된 문제였다. 마루가 서랍장에 작용하는 접촉력의 성분은 $C_x = -450$ N, $C_y = +750$ N임을 알아냈다. 여기에서 x-축은 오른쪽을 가리키고 y-축은 마루의 위쪽을 가리킨다(그림 2.19 참조). 서랍장과 마루 면 사이의 운동마찰계수는 얼마인가?

전략 마찰계수를 구하기 위해서는 수직항력과 마찰력이 얼

마인지를 알아야 한다. 이 힘들은 접촉력의 접촉면에 수직인 성분과 평행한 성분이다. 표면이 수평이므로(x-방향으로) 접촉력의 x-성분은 마찰력이고 y-성분은 수직항력이다.

풀이 미끄럼 마찰력에 의한 힘의 크기는 $f_k = |C_x| = 450\,\text{N}$이다. 수직항력의 크기는 $N = |C_y| = 750\,\text{N}$이다. 그러면 $f_k = \mu_k N$으로부터 운동마찰계수를 구할 수 있다. 곧,

$$\mu_k = \frac{f_k}{N} = \frac{450\,\text{N}}{750\,\text{N}} = 0.60$$

이다.

검토 만일 $f_k = C_x = -450\,\text{N}$이라고 썼다면, 음의 마찰계수를 얻었을 것이다. 마찰계수는 두 힘의 크기 사이의 관계이므로 음수가 될 수 없다.

실전문제 2.10 **정지해 있는 서랍장**

같은 서랍장이 정지해 있다고 가정해보자. 서랍장을 110 N으로 오른쪽으로 밀면 서랍장은 꼼짝도 않는다. 서랍장을 미는 동안 마루가 서랍장에 작용하는 수직항력과 마찰력은 얼마인가? 이 질문에 답을 하기 위해 왜 정지마찰계수를 알고 있을 필요가 없는지 설명하여라.

마찰력의 미시적 근원 맨눈으로 보기에 매끈하게 보이는 고체 표면을 미시적인 규모로 보면 매우 거칠다(그림 2.24). 마찰은 두 물체의 표면에서 "높은 점들" 사이의 원자 결합이나 분자 결합에 기인한다. 이들 결합은 원자나 분자들을 함께 묶어주는 미세 전자기력에 의하여 이루어진다. 만일 두 물체를 보다 세게 밀어주면 표면의 변형이 좀 더 일어나서 더 많은 "높은 점들"이 결합하게 된다. 이것이 운동마찰력과 최대 정지마찰력이 수직항력에 비례하는 이유이다. 소량의 윤활유가 마찰력을 크게 감소시키는 것은 많은 수의 "높은 점들"이 접촉하지 않고 떠서 서로를 지나치기 때문이다.

정지마찰에서 분자 결합이 길어지면 분자들은 서로를 더 세게 잡아당긴다. 미끄러지기 위해서는 결합이 끊어져야 한다. 미끄러지기 시작하면 무작위로 "높은 점들"이 합쳐지면서 분자 결합이 지속적으로 만들어졌다 끊어진다. 일반적으로 이들 결합은 미끄러짐이 없을 때 형성된 것만큼 강하지 못하다. 이것이 $\mu_s > \mu_k$인 이유이다.

건조한 고체 표면에서 마찰의 정도는 표면이 얼마나 매끄러운지 그리고 표면에 오염물질이 얼마나 있는지에 관계된다. 매끄럽게 다듬은 두 강판은 서로 미끄러질 때 마찰력이 감소하는가? 반드시 그렇지는 않다. 극단적인 경우로, 표면이 극도로 매끄럽고 표면의 오염물질이 제거되면 강철판은 냉 용접이 일어나 실질적으로 하나가 되어버린다. 원자들은 냉 용접이 일어나기 전에 이웃 원자들과 결합했던 세기만큼 새로운 이웃 원자들과 결합한다.

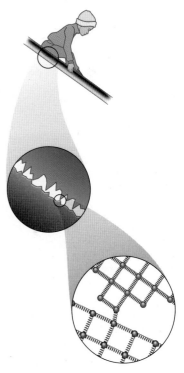

그림 2.24 마찰은 서로 접촉하고 있는 두 표면의 "높은 점" 사이에 형성되는 원자들의 결합에 기인한다.

응용: 경사면에서의 평형 대형 상자를 마찰이 없는 경사면에서 하역 플랫폼으로 끌어당기려 한다고 가정하자. 그림 2.25는 상자에 작용하는 세 힘을 보여준다. $\vec{F}_a$는 상자를 당기는 힘을 나타낸다. 힘은 경사면과 나란하다. x-축과 y-축을 각각 수평 및 수직으로 선택하면 세 힘 중 두 개가 x- 및 y-성분 둘 다 갖는다. 반면에, x-축을 경사면에 평행하게 하고 y-축을 수직 방향으로 선택하면, 세 힘 중 중력 하나만이 x-성분과 y-성분을 갖는다.

이렇게 선택한 축을 사용하여 상자의 무게를 두 개의 수직 성분으로 분해한다(그림 2.26a). 중력 $\vec{W}$의 x-와 y-성분을 구하려면 중력이 좌표축 중 어느 하나와 이루

그림 2.25 (a) 경사면 위쪽으로 당겨지는 질량 m인 상자에 작용하는 힘. (b) 상자의 자물도. (c) 상자가 일정한 속도로 움직일 때 알짜힘이 0임을 보여주는 그림을 이용한 덧셈.

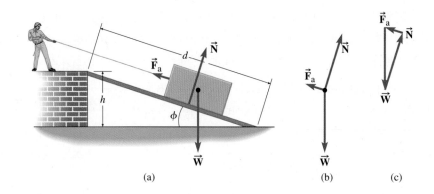

(a)   (b)   (c)

는 각을 알아야 한다. 그림 2.26b의 직각삼각형은 $\alpha + \phi = 90°$임을 보여준다. 삼각형의 내각의 합이 180°이고 x-축과 y-축이 서로 수직이므로 $\alpha + \beta = 90°$이다. 결국은 $\beta = \phi$이다.

$\vec{W}$의 y-성분은 경사면에 수직이다. 그림 2.26a에서 y-축에 평행한 변은 각 β의 옆변이다. 그러므로

$$\cos \beta = \frac{\text{접변}}{\text{빗변}} = \frac{|W_y|}{|W|}$$

이다. W_y는 음의 값을 가지며 $W = mg$이므로

$$W_y = -mg \cos \beta = -mg \cos \phi$$

이다.

무게의 x-성분은 상자를 경사면 아래로 미끄러지게 한다. 같은 삼각형을 사용하면

$$W_x = +mg \sin \phi$$

이다.

상자가 W_x와 같은 크기의 힘으로 경사면 위쪽으로 당겨질 때 등속도로 미끄러져 올라갈 것이다. 경사면에 수직인 무게 성분은 상자를 경사면 밖으로 밀어내려고 하는 수직항력 $\vec{N}$이 상쇄한다. 그림 2.26c는 이 상자에 대한 자물도이며 무게는 2개의 성분으로 분해했다.

상자가 정지해 있든 등속도로 움직이든 평형 상태에 있다면 각 축 방향의 힘의 합은 0이다. 곧,

$$\sum F_x = (-F_a) + mg \sin \phi = 0 \text{과} \quad \sum F_y = N + (-mg \cos \phi) = 0$$

이다.

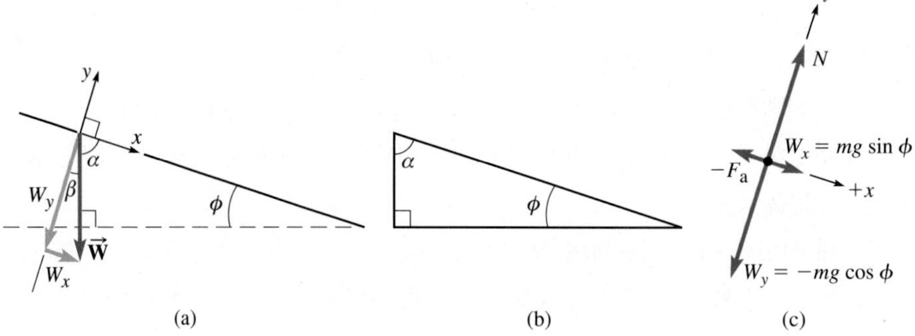

그림 2.26 (a) 무게를 경사면에 평행한 성분과 수직인 성분으로 분해하기. (b) 직각삼각형에서 $\alpha + \phi = 90°$임을 알 수 있다. (c) 경사면 위 상자의 자물도. 상자의 중력은 x-성분과 y-성분으로 분해했다.

(a)   (b)   (c)

수직항력은 크기에서 무게와 같지 않고 방향도 연직 방향이 아니다. 만일 가해준 힘의 크기가 $mg \sin \phi$이면 등속도로 경사면 위로 끌어올릴 수 있다. 상자에 마찰력이 작용한다면 상자를 경사면에서 위로 등속도로 미끄러지게 하려면 $mg \sin \phi$ 보다 큰 힘으로 끌어올려야 한다.

경사면에서 금고 밀어올리기

새 금고를 한 서점에 배달하는 중이다. 금고는 바닥에서 높이 1.5 m 위 벽장 안에 두려고 한다. 배달원은 휴대용 경사로를 가지고 있으며, 이 경사로를 이용하여 금고를 위로 밀어서 그 자리에 넣으려 한다. 금고의 질량은 510 kg이며, 경사로의 정지마찰계수는 $\mu_s = 0.42$, 운동마찰계수는 $\mu_k = 0.33$이다. 경사로는 수평선 위쪽으로 $\theta = 15°$의 각도로 놓여 있다. (a) 금고가 경사로에서 위쪽으로 움직이기 시작하려면 배달원이 힘을 얼마나 가해야 하는가? 배달원이 경사로에 평행한 방향으로 밀었다고 가정하여라. (b) 금고를 일정 속도로 밀기 위해서는 배달원이 가해야 하는 힘의 크기는 얼마인가?

전략 (a) 금고가 움직이기 시작하면 속도가 변하기 때문에 금고는 평형에 있지 않다. 그럼에도 불구하고, 금고의 이동을 시작하게 하는 최소의 힘을 구하기 위해 우리는 금고가 계속 정지해(평형 상태에) 있게 하는 최대 힘을 구할 수 있다. (b) 금고는 일정한 속도로 움직일 때도 평형을 이룬다. 자물도를 그리고, 축을 선택하고, 알짜힘의 x- 및 y-성분을 0이라고 놓음으로써 두 문제 모두를 풀 수 있다.

풀이 먼저 작용하는 힘을 나타내는 그림을 그린다(그림 2.27). 금고가 평형 상태에 있을 때 힘의 합은 0이 되어야 한다. 그림 2.28a는 금고의 자물도이다. 그림 2.28b는 그림으로 네 힘의 합을 구하고 알짜힘이 0임을 보여준다.

힘을 성분으로 분해하기 전에 x-축과 y-축을 선택해야 한다. 마찰계수를 사용하려면 경사면이 금고에 작용하는 접촉

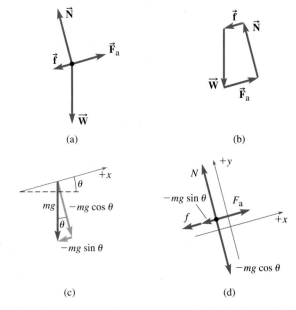

(a)   (b)

(c)   (d)

그림 2.28 (a) 금고의 자물도. (b) 금고가 평형 상태에 있다면 힘을 더해서 알짜힘이 0이 되어야 한다. (c) 무게를 x-성분과 y-성분으로 분리한다. (d) 무게를 x-성분과 y-성분으로 대치한 자물도.

력을 수평 및 연직 성분이 아니라 경사면과 평행한 성분(마찰력)과 수직 성분(수직항력)으로 분해해야 한다. 그러므로 x-와 y-축을 각각 경사면에 평행하고 수직하게 선택하여 마찰력은 x-축 방향, 수직항력은 y-축을 향하도록 한다.

중력 $\vec{W}$를 성분으로 분해할 수 있다. 곧 $W_x = -mg \sin \theta$, $W_y = -mg \cos \theta$이다(그림 2.28c). 이제 성분으로 대체한 $\vec{W}$로 자물도를 그린다(그림 2.28d).

(a) 금고가 처음에 정지해 있다고 가정해보자. 배달원이 밀기 시작하면 F_a가 커지고 정지마찰력 또한 커지면서 금고가 미끄러지지 않게 "하려 한다". 결국, F_a의 어떤 값에서 정지마찰은 가능한 최댓값인 $\mu_s N$에 도달한다. 배달원이 계속 더 세게 밀어 F_a를 더 늘리면 정지마찰력은 최댓값인 $\mu_s N$을 초과할 수 없으므로 금고가 미끄러지기 시작한다. 마찰력은 금고

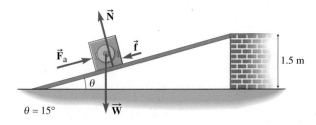

그림 2.27 금고가 경사로 위로 움직이기 시작할 때 금고에 가해지는 힘.

가 경사면 위로 미끄러져 올라가지 않게 하려 하기 때문에 방향은 경사를 따라 내려가는 방향이다.

수직항력의 크기는 금고 무게와 같지 않다. 수직항력을 구하려면 작용한 모든 힘의 y-성분의 합을 구한다.

$$\sum F_y = N + (-mg \cos \theta) = 0$$

그러므로 $N = mg \cos \theta$이다. $\cos \theta < 1$이므로 수직항력은 무게보다 작다.

배달원이 금고가 미끄러지지 않는 범위에서 최대 힘으로 밀 때

$$\sum F_x = F_{ax} + f_x + W_x + N_x = 0$$

이다. 가해준 힘은 $+x$-방향이므로, $F_{ax} = +F_a$이다. 마찰력의 크기는 최대이고 $-x$-방향이다. 그러므로 $f_x = -f_{s,최대} = -\mu_s N = -\mu_s mg \cos \theta$이다. 자물도로부터 $W_x = -mg \sin \theta$이고 $N_x = 0$이다. 그래서

$$\sum F_x = F_a - \mu_s mg \cos \theta - mg \sin \theta + 0 = 0$$

이고, 이를 F_a에 대하여 풀면

$$F_a = mg (\mu_s \cos \theta + \sin \theta)$$
$$= 510 \text{ kg} \times 9.80 \text{ m/s}^2 \times (0.42 \times \cos 15° + \sin 15°)$$
$$= 3300 \text{ N}$$

이다.

3300 N을 초과하여 가해준 힘은 금고가 경사로의 위쪽으로 움직이게 한다.

(b) 일단 금고가 미끄러지기 시작하고, 배달원이 금고가 일정한 속도로 밀기를 원한다면, 배달원은 금고에 작용한 알짜

힘이 0이 되게 힘을 쓰는 일만 남았다. 이제는 미끄럼마찰을 다룰 것이므로 마찰력은 $f_x = -\mu_k N = -\mu_k mg \cos \theta$이다.

$$\sum F_x = F_{ax} + f_x + W_x + N_x$$
$$= F_a - \mu_k mg \cos \theta - mg \sin \theta + 0$$
$$= 0$$
$$F_a = mg (\mu_k \cos \theta + \sin \theta)$$
$$= 510 \text{ kg} \times 9.80 \text{ m/s}^2 \times (0.33 \times \cos 15° + \sin 15°)$$
$$= 2900 \text{ N}$$

배달원은 경사로를 따라 위쪽으로 크기 2900 N인 힘 $\vec{F}_a$로 밀어 올린다. 금고의 운동을 방해하는 마찰력이 있음에도 불구하고 배달원이 가한 힘은 금고를 바로 위로 들어 올리는 데 필요한 힘(5000 N)보다 여전히 적다.

검토 (b)에서 표현식 $F_a = mg (\mu_k \cos \theta + \sin \theta)$는 경사면 위로 가해진 힘이 경사면 아래 방향의 두 힘의 합과 균형을 이루어야 한다는 것을 보여준다. 두 힘은 마찰력($\mu_k mg \cos \theta$)과 경사면 아래 방향의 중력의 성분($mg \sin \theta$)이다. 이 힘의 균형은 자물도에 그림으로 표시했다(그림 2.28d).

실전문제 2.11 내야의 흙 고르기

야구 경기의 세븐스이닝스트레치(휴식시간) 때 야구장 관리인이 매트를 끌고서 내야의 흙을 평탄하게 고르고 있다. 관리인이 수평 방향에 대해 위로 22°의 각도로 120 N의 힘을 가하여 일정한 속도로 매트를 잡아끌고 있다. 매트와 흙 사이의 운동마찰계수는 0.60이다. (a) 흙과 매트 사이의 마찰력의 크기와 (b) 매트의 무게를 구하여라.

2.8 장력 TENSION

무거운 샹들리에가 사슬로 천정에 매달려 있다고 하자(그림 2.29a). 샹들리에가 평형 상태에 있다면 사슬이 샹들리에를 위로 당기는 힘과 샹들리에 무게의 크기는 같다. 사슬이 얼마의 힘으로 천정을 당기고 있는가? 천정은 사슬과 샹들리에의 무게와 같은 크기의 힘으로 위로 당긴다. 이 힘은 상호작용 짝인 사슬이 천정을 당기는 힘과 크기가 같고 방향이 반대이다. 그러므로 만일 사슬의 무게가 샹들리에에 비해 무시할 수 있을 정도로 작다면 사슬 양 끝에 작용한 힘은 같다. 그렇지만 사슬의 중간을 잡아 위아래로 당기거나 아니면 사슬의 무게를 무시할 수 없다면 사슬 양 끝의 힘은 같지 않다. 이를 다음과 같이 일반화할 수 있다.

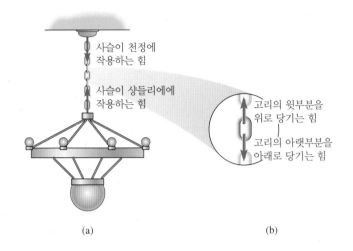

사슬이 천정에
작용하는 힘

사슬이 샹들리에에
작용하는 힘

고리의 윗부분을
위로 당기는 힘

고리의 아랫부분을
아래로 당기는 힘

(a)   (b)

그림 2.29 (a) 사슬은 샹들리에를 위로 당기고, 천정을 아래로 당긴다. 만일 사슬의 무게가 무시할 수 있을 정도로 작다면, 사슬에 작용하는 알짜힘이 0이기 때문에 이 힘들은 크기가 같다. (b) 사슬에 장력이 작용한다. 각 고리는 양옆의 고리에 의해 반대 방향으로 당겨진다.

외력이 줄의 양 끝 사이의 어느 점에도 작용하지 않으면 이상적인 줄(사슬, 밧줄, 현, 줄, 실, 케이블, 힘줄 등)은 줄의 길이 방향으로 그 끝에 연결된 물체의 무게와 같은 크기의 힘으로 물체를 당긴다. 이상적인 줄은 질량과 무게가 0이다.

사슬의 한 고리는 양옆에 연결된 고리에 의해 당겨진다(그림 2.29b). 이 힘의 크기를 줄의 **장력**tension이라 부른다. 마찬가지로 줄의 일부는 양옆의 이웃한 부분이 가하는 장력에 의해 양 끝이 당겨진다. 그 부분이 평형 상태에 있다면 작용하는 알짜힘은 0이다. 이 부분에 다른 힘이 작용하지 않는다면 이웃한 부분에 의해 작용하는 힘은 크기가 같고 방향이 반대여야 한다. 따라서 장력은 어디에서나 같은 값이며, 줄이 그 양 끝에 매인 물체에 작용하는 힘과 같다.

응용: 인체의 인장력 인장력은 동물의 행동 연구, 곧 생체역학의 핵심이다. 보통 근육의 양 끝에는 힘줄이 연결되어 있고, 두 힘줄은 두 개의 다른 뼈에 연결되어 있다(그림 2.30). 보통은 한쪽의 뼈가 다른 쪽 뼈보다 쉽게 움직일 수 있다. 근육이 수

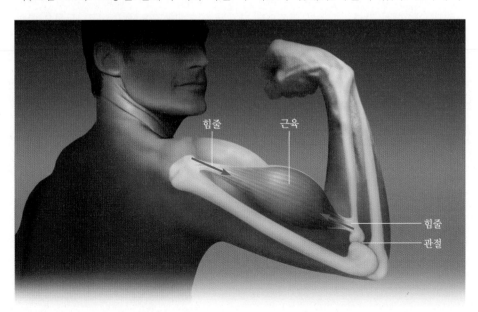

힘줄   근육

힘줄

관절

그림 2.30 근육이 수축하면 붙어 있는 힘줄의 장력이 증가한다. 힘줄은 두 개의 다른 뼈에 힘을 가한다.

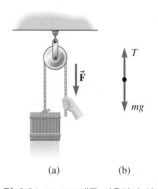

그림 2.31 (a) 도르래를 사용하여 상자를 들어 올리기 위해 힘 $\vec{F}$로 줄을 아래 방향으로 잡아당기고 있다. (b) 상자의 자물도. 상자가 평형 상태에 있다면 장력 T는 상자의 무게 mg와 같아야 한다.

축하면 힘줄의 장력이 증가하고 양쪽의 뼈를 당긴다.

응용: 이상적인 도르래   도르래는 장력이 있는 줄이 작용하는 힘의 방향을 바꾸어 줄 수 있다. 어떤 무거운 물체를 들기 위해서 물체를 줄로 매어 땅에서 들어 올리는 것보다는 그 줄을 아래로 끌어 내리는 것이 더 쉽다(그림 2.31).

이상적인 도르래는 질량이 없고 마찰도 없다. 이상적인 도르래는 줄의 접선 방향으로 힘을 작용하지 않는다. 도르래는 줄의 어느 방향으로도 당기지 않는다. 결과적으로 이상적인 도르래에 걸쳐 있는 이상적인 줄의 장력은 도르래의 양쪽에서 동일하다. (이 설명의 증명은 3장에 있다.) 이상적인 도르래는 줄이 작용하는 힘의 크기를 바꾸지 않고 힘의 방향만 바꾸어준다. 실제 도르래의 질량이 작고 마찰을 무시할 수 있으면 이상적인 도르래로 취급할 수 있다.

보기 2.3으로 돌아가 보아라. "3개의 줄"은 실제로 어떤 도르래를 감고 있는 하나의 줄이다. 이 도르래가 이상적이라면 줄의 장력이 모든 곳에서 동일해야 한다. 하단에서 줄은 22.0 N의 추를 달고 있다. 추는 평형에 있으므로 장력이 22.0 N이 되어야 함을 알 수 있다.

두 개의 도르래 계

무게가 1804 N인 엔진을 일정한 속력으로 위쪽으로 올리고 있다(그림 2.32). A, B, C라고 나타낸 세 줄의 장력은 얼마인가? 도르래 R와 L 그리고 줄은 이상적이라 가정하여라.

전략   엔진과 도르래 L이 일정한 속력으로 위로 움직이므로 이들 각각에 작용하는 알짜힘은 0이다. 도르래 R는 정지해 있으므로 알짜힘은 역시 0이다. 우리는 어느 하나 모든 물체의 자물도를 그린 다음, 평형 조건을 적용할 수 있다. 만일 도르래가 이상적이라면 줄의 장력은 도르래 양쪽에서 같다.

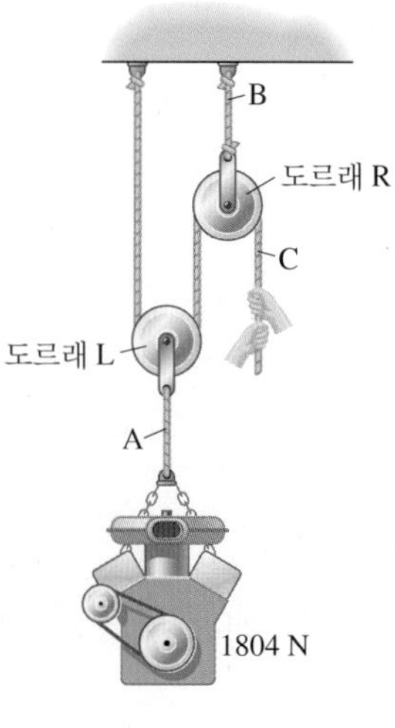

따라서 천장에 매달린 줄 C는 두 도르래를 모두 지나가며, 다른 끝에서 아래쪽으로 당겨지며, 장력은 어디서나 같다. 세 줄의 장력을 T_A, T_B, T_C라 하자. 도르래에 작용하는 힘을 분석하기 위해 도르래를 감고 있는 줄의 부분을 도르래의 일부가 되도록 계를 정의하자. 그렇게 하면 각 도르래는 2개의 줄로 당겨지며 각각의 장력은 같다.

풀이   엔진에 작용하는 힘은 중력(아래 방향 1804 N)과 줄 A가 위쪽으로 당기는 힘 2개만 작용한다. 이들 두 힘은 알짜힘이 0이 되어야 하므로 크기가 같고 방향이 반대라야 한다. 따라서 $T_A = 1804$ N이다.

도르래 L의 자물도(그림 2.33b)는 장력 T_A로 아래로 당기는 줄 A와, 양쪽에서 위로 당기는 줄 C를 보여준다. 줄은 어디에서나 장력이 같아야 하므로 그림 2.33b, c에 T_C라 나타낸 장력의 크기는 모두 같아야 한다. 알짜힘이 0이 되기 위해서는

$$2T_C = T_A$$
$$T_C = \frac{1}{2}T_A = 902.0 \text{ N}$$

이라야 한다. 그림 2.33c는 도르래 R의 자물도이다. 줄 B가 크기가 T_B인 힘으로 도르래를 위로 당긴다. 줄 C는 도르래

그림 2.32   무거운 엔진을 들어 올리는 데 사용하는 도르래의 계.

1804 N

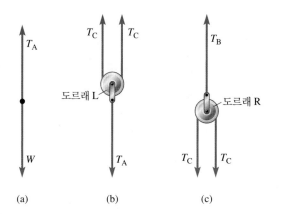

그림 2.33 (a) 엔진의 자물도, (b) 도르래 L의 자물도, (c) 도르래 R의 자물도.

양쪽에서 아래로 당긴다. 알짜힘이 0이 되기 위해서는

$$T_B = 2T_C = 1804 \text{ N}$$

이라야 한다.

검토 줄을 아래로 잡아당김으로써 엔진은 위로 올라간다. 곧, 도르래는 엔진을 옮기는 힘의 방향을 바꾼 것이다. 이 문제에서는 힘의 크기도 바뀌었다. 줄이 엔진을 2번 당김으로써 나타난 결과이므로 사람이 줄을 당기는 힘은 엔진 무게의 절반이면 된다.

실전문제 2.12 **줄, 도르래, 엔진으로 이루어진 계**

줄과 도르래, 엔진으로만 이루어진 단일 계를 생각해보자. 이 계의 자물도를 그리고 알짜힘이 0임을 보여라. (힌트: 계의 외부 물체가 계에 작용하는 힘만 자물도에 포함시켜야 함을 기억하여라.)

2.9 기본적인 힘 FUNDAMENTAL FORCES

물리학의 주요 목표 중 하나는 자연계의 다양한 힘들을 최소한의 기본 법칙으로 이해하는 것이었다. 물리학은 이러한 **통일**(unification)에 대한 요구에 따라 많은 발전을 이루었다. 오늘날 모든 힘들은 단 4개의 기본적인 상호작용으로 이해할 수 있다 (그림 2.34). 초기 우주의 고온 상태에서 전자기력과 약력 두 상호작용은 이제 단일 약전상호작용의 효과로 이해되고 있다. 궁극적인 목표는 모든 힘을 하나의 상호작용으로 기술하는 것이다.

그림 2.34 모든 힘은 단 네 가지의 기본적인 힘, 곧 중력, 전자기력, 약력, 강력에 의해 나타난다.

중력 4개의 기본 힘 중에서 중력이 단연 최고로 약하다는 것을 알면 놀랄 것이다. 어떠한 두 물체이건 간에 그 사이에는 중력이 작용하지만 한 물체의 질량이 매우 크지 않으면 그 힘은 미약하다. 우리는 이 책이 여러분에게 미치는 중력과 같이 작은 물체들 사이에 나타나는 연약한 중력은 제외하고, 행성이나 항성 사이에 나타나는 비교적 큰 중력에 대해 주목해보려고 한다.

중력이 미치는 범위는 무한하다. 중력은 두 물체 사이의 거리가 멀어지면 약해지지만 아무리 멀리 떨어져도 결코 0이 되지는 않는다.

뉴턴의 중력법칙이 통일을 한 초기의 예이다. 뉴턴 이전의 사람들은 사과가 나무에서 떨어지게 하는 힘과 행성이 태양 주위의 궤도를 돌게 하는 힘이 같은 종류의 힘이라는 것을 몰랐다. 이 두 가지가 뉴턴의 만유인력 법칙이라는 하나의 법칙으로 설명된다.

전자기력 전자기력이 미치는 범위도 중력처럼 무한대이다. 이 힘은 전기를 띤 물체 사이에 작용한다. 전기력과 자기력은 19세기에 하나의 이론으로 통일되었다. 이 책에서는 3부에서 이를 다룬다.

전자기력은 전자를 원자핵에 묶어 원자를 이루고, 분자들이나 고체에서 원자들을 묶어주는 기본 상호작용이다. 이것이 고체, 액체, 기체의 성질을 나타내고 화학과 생물학의 기초가 되고 있다. 이 힘 또한 표면 사이의 마찰력과 수직항력 그리고 용수철, 근육, 바람 등이 미치는 힘과 같은 모든 거시적인 접촉력 막후에 있는 기본적인 힘이다.

전자기력은 중력보다 훨씬 크다. 예를 들면 정지해 있는 두 전자 사이의 전기적 척력은 그들 사이의 중력보다 10^{43}배나 크다. 거시적인 물체는 양전하와 음전하들 사이의 척력과 인력이 거의 완전하게 균형을 이룰 수 있도록 양전하와 음전하가 균형을 이루고 있다. 따라서 기본적인 전자기력의 세기에도 불구하고 거시적인 두 물체 사이의 알짜 전자기력은 두 표면의 원자들이 매우 가까이 있는 경우를 제외하고는 거의 무시할 수 있을 정도로 작다. 미시적인 견지에서는 접촉력과 전자기력 사이에 본질적인 차이가 없다.

강력 강력은 양성자와 중성자를 원자핵 속에 함께 묶어준다. 같은 힘이 쿼크들이 중성자와 양성자와 여러 색다른 아원자를 형성할 수 있도록 묶어주고 있다. 강력은 그 명칭이 뜻하는 것처럼 네 가지 기본 힘 중에서 가장 강력하지만 미치는 범위는 좁다. 이들은 원자핵의 크기(10^{-15} m 정도)보다 훨씬 큰 곳에서는 무시할 수 있다.

약력 약력의 범위는 강력보다 훨씬 좁다(10^{-17} m). 이 힘은 여러 방사선 붕괴 과정에서 나타난다.

해답

실전문제

2.1 아니다. 은행 잔고는 증가하거나 감소할 수 있으나, 그와 관련된 공간상의 방향은 없다. 잔고가 "내려간다"라고 할 때, 그것이 지구 중심 방향으로 움직인다는 것을 의미하지는 않는다! 오히려, 그것이 실제로 감소하는 것을 의미한다. 잔고는 스칼라이다.

2.2 157 N, +x-축 아래로 57°

2.3 (a) $F_x = 49.1$ N, $F_y = 2.9$ N, (b) $F = 49.2$ N, (c) 수평 위 3.4°

2.4 첫 번째 경우를 관성의 원리로 설명하면, 지하철이 앞으로 나아가기 시작할 때, 동철이는 손잡이와 바닥이 작용하는 힘이 동철이를 앞으로 움직이게 하기 전까지는 바닥에 대해 정지해 있으려고 한다. 두 번째 경우, 지하철이 느려질 때 동철이에게 작용하는 힘이 그 또한 느려지게 할 때까지는 일정한 속력으로 지면에 대해 계속 앞으로 운동한다.

2.5 위쪽으로 80 N

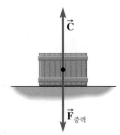

2.6 아래쪽으로 0.5 kN

2.7 760 N, −x-축 위 81.7° 또는 +y-축 왼쪽 8.3°

2.8 서랍장이 마루에 가하는 접촉력. 870 N, 수평선(+x-축) 오른쪽 아래 59°

2.9 $m_1 = m_2 = 1000$ kg, $r = 4$ m에 대해, $F \approx 4\,\mu$N, 이는 모기의 무게와 거의 같은 크기이다. 이 작은 힘이 충돌을 일으킨다고 주장하는 것은 우스꽝스럽다.

2.10 0.57 N 또는 0.13 lb

2.11 서랍장은 평형 상태에 있으므로, 그것에 작용하는 알짜힘은 0이다. 알짜힘을 수평 및 수직 성분에 대해 각각 0으로 설정하면 다음과 같은 답을 얻는다. 수직력은 750 N, 위쪽, 마찰력은 110 N이며, 왼쪽. $\mu_s N$는 표면에 대한 정지 마찰력의 최대 가능한 크기이다. 이 문제에서, 마찰력은 반드시 최대 가능한 크기는 아니다.

2.12 (a) 110 N, (b) 230 N

2.13

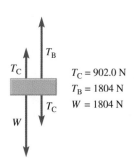

$T_C = 902.0$ N
$T_B = 1804$ N
$W = 1804$ N

살펴보기

2.1 공이 선수에게 가하는 접촉력. 지면이 선수에게 가하는 접촉력. 공기가 선수에게 가하는 접촉력. 지구가 선수에게 가하는 중력.

2.2 남쪽으로 30 N

2.3

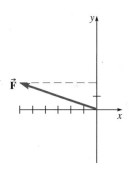

2.4 아니오. 알짜힘은 도르래에 작용하는 모든 힘의 합이다. 환자의 발 또한 도르래에 힘을 작용한다.

2.5 두 어린이가 장난감에 가한 두 가지 힘은 다른 두 물체가 아니라 같은 물체(장난감)에 작용하기 때문에, 상호작용 짝이 될 수 없다. 상호작용 짝은 서로 다른 물체에, 상호작용하는 두 물체가 상대에게 작용한다. 한 아이가 장난감에 가하는 힘의 상호작용 짝은 장난감이 그 아이에게 작용하는 힘이다.

2.6 등산장구의 무게는 g의 값이 감소함에 따라 감소한다. 등산장구의 질량은 변하지 않는다.

2.7 바닥이 각 다리에 작용하는 위 방향 수직항력과 노트북 컴퓨터가 책상에 작용하는 아래 방향 수직항력.

가속도와
뉴턴의 운동 제2 법칙
Acceleration and Newton's Second Law of Motion

남아프리카의 물소는 엄청난 질량(425~900 kg)에도 불구하고 최고 55 km/h의 속력으로 달릴 수 있다. 아프리카 암사자의 최고 속력도 이와 거의 같다. 사자가 물소로부터 20~30 m 떨어진 곳에서 달리기 시작하였음에도 불구하고 어떻게 물소를 따라 잡을 수 있는가? (78쪽에 답이 있다.)

3.1 위치와 변위
POSITION AND DISPLACEMENT

뉴턴의 운동 제2 법칙 소개

2장에서는 물체에 작용하는 알짜힘이 0인 상황을 다루었다. 뉴턴의 운동 제1 법칙은 알짜힘이 0일 때 물체의 속도는 변하지 않는다고 말한 것이다. 만일 물체가 계속 정지해 있다면 속도가 0으로 정지해 있다. 만일 물체가 움직이고 있다면 같은 속력과 방향을 유지하면서 운동을 계속한다.

물체에 작용하는 알짜힘이 0이 아니면 속도가 변한다. 뉴턴의 운동 제2 법칙은 (3.3절에서 설명) 알짜힘과 물체의 질량이 어떻게 물체의 속도 변화를 결정하는지를 말해준다. 뉴턴의 제2 법칙을 자세히 논하기 전에 속도를 물체의 위치 변화율로 엄밀히 정의하는 것을 소개하고 난 후 속도의 변화율을 어떻게 계산하는지 배우기로 하자.

위치

운동을 모호하지 않게 정의하기 위해서는 물체가 어디에 위치하는가를 말하는 방법을 알아야 한다. 오후 3시에 기차가 엔진 고장으로 동서선 선로 위에 멈추어 섰다고 하자. 기관사가 선로 사무실에 그 사고를 신고하려고 한다. 사무실에 열차가 어디에 있는지를 어떻게 알릴 수 있는가? "구 가교로부터 동쪽으로 3 km" 등으로 이야기했다면, 그는 구 가교라는 기준점, 곧 원점을 사용하였음을 주목하여라. 그 점으로부터 기차가 어느 방향으로부터 얼마나 멀리 있는가를 설명한 것이다. 만일 그가 이 셋 중 하나라도 생략하였다면 그가 말한 기차의 위치는 애매모호할 것이다.

같은 일이 물리에서도 일어난다. 우선 우리는 **원점**origin이라 부르는 기준점을 선택해야 한다. 그리고 나서 위치를 설명하기 위해 원점으로부터의 거리와 방향을 알려야 한다. 방향과 거리 이 두 개의 양을 물체의 **위치**positioin라 부르는 하나의 벡터양에 함축하여 나타낸다(그림 3.1에서 기호 $\vec{r}$). $\vec{r}$의 x-, y-, z-성분은 r_x, r_y, r_z로 나타내는 대신에 통상적으로 x, y, z라 나타낸다. 이들이 물체의 x-, y-, z-좌표이기 때문이다. 그래프로 그리면 원점을 화살표의 시작점으로 하여 물체의 위치에 화살표의 머리가 가도록 하면 된다. 한 개 이상의 벡터를 그릴 때에는 적절한 축척을 정하여 화살표의 길이가 원점과 물체 사이의 거리에 비례하도록 그려야 한다.

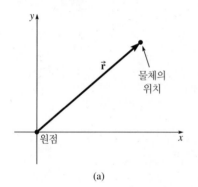

(a)

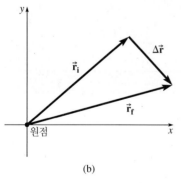

(b)

그림 3.1 (a) 위치 벡터 $\vec{r}$은 좌표계의 원점에서 시작하여 물체의 위치에서 끝나도록 그린다. (b) 움직이는 물체의 처음과 나중 위치 벡터. $\Delta\vec{r}$은 위치 벡터의 변화이다.

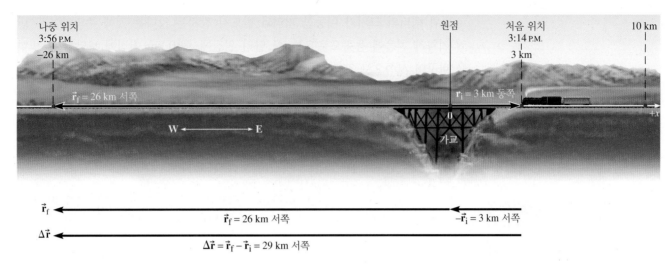

그림 3.2 기차의 처음 위치 벡터 $\vec{r}_i$와 나중 위치 벡터 $\vec{r}_f$, 변위 벡터 $\Delta\vec{r}$는 $\vec{r}_f$에 $-\vec{r}_i$를 더 한 것이다.

변위와 벡터 뺄셈

기차 수리가 끝나면 계속하여 달리는데, 우리가 이 기차의 운동을 기술해보자. 그림 3.2에서 볼 수 있듯이 가교 위에 있는 원점에서 동쪽으로 3 km에 있는 처음 위치에서 오후 3시 14분에 출발하여, 오후 3시 56분에는 원점에서 서쪽 26 km, 곧 처음 위치에서 서쪽 29 km에 있는 역에 도착했다고 하자. **변위**displacement는 나중 위치에서 처음 위치를 뺀 위치의 변화, 곧 변위로 정의한다. 변위를 $\Delta\vec{r}$이라 쓰며 Δ는 그리스 대문자로 '델타'라고 읽는데 그 다음에 따라 나오는 양의 변화를 의미한다. Q라는 양의 처음 값을 Q_i, 나중 값을 Q_f라고 하면, $\Delta Q = Q_f - Q_i$이며 "델타 Q"라고 읽는다. (Δ가 벡터양과 함께 사용되면, 벡터 뺄셈을 나타낸다.)

만일 처음 위치를 $\vec{r}_i$, 나중 위치를 $\vec{r}_f$라고 하면 변위의 정의는 다음과 같다.

변위의 정의

$$\Delta\vec{r} = \vec{r}_f - \vec{r}_i \qquad (3\text{-}1)$$

위치가 벡터양이므로 식 (3-1)의 연산은 **벡터 뺄셈**vector subtraction이다. 한 벡터를 빼는 것은 그 벡터의 반대 방향 벡터(크기는 같고 방향이 반대인 벡터)를 더하는 것이다. 곧, $\vec{r}_f - \vec{r}_i = \vec{r}_f + (-\vec{r}_i)$이다. 벡터에 -1을 곱하면 벡터의 크기는 변하지 않고 방향만 반대가 되므로 $-\vec{r}_i = -1 \times \vec{r}_i$은 $\vec{r}$과 비교하면 크기는 같고 방향은 반대이다. 그림 3.2는 서쪽을 가리키는 29 km인 변위 벡터 $\Delta\vec{r}$를 설명하기 위하여 위치 벡터 뺄셈을 그림으로 나타낸 것이다.

기차의 변위를 구하기 위하여 벡터 성분끼리 뺄 수도 있다. 만일 동쪽을 $+x$-축으로 택하면 $x_i = +3$ km이고 $x_f = -26$ km이다. 변위의 x-성분은

$$\Delta x = x_f - x_i = (-26 \text{ km}) - (+3 \text{ km}) = -29 \text{ km}$$

이고 $\Delta y = 0$이므로 $\Delta\vec{r}$은 $-x$-방향(서쪽)으로 29 km이다.

연결고리

힘 벡터의 더하기, 성분 찾기, 크기와 방향 구하기 등 2장에서 배웠던 벡터 방법은 모든 벡터양(예를 들어 위치, 속도)에도 적용된다. 마찬가지로 여기에 설명된 벡터 뺄셈의 방법도 다른 종류의 벡터들의 뺄셈에도 사용된다.

변위 벡터의 크기가 이동한 거리와 반드시 같지는 않다는 것에 주의하여라. 만일 기차가 처음에 동쪽으로 7 km를 달려 원점에서 10 km 지점에 도달한 후 방향을 바꾸어 서쪽으로 36 km를 달렸다고 하자. 그러면 기차가 이동한 거리는 (7 km + 36 km) = 43 km이지만, 도착 지점과 출발 지점 사이의 거리인 변위의 크기는 29 km이다. 변위는 물체가 움직인 경로에 따라 변하는 것이 아니고 출발점과 도착점의 위치에 따라서만 변한다.

보기 3.1

시장에 옥수수를 운반하는 노새

한 농부가 노새가 끄는 마차를 몰고 4.3 km 남쪽에 있는 이웃 농장까지 직선 도로를 따라 달려가서 옥수수 포대를 몇 개 실었다. 그런 후 되돌아서 같은 직선 도로를 따라 북쪽을 향해 시장까지 7.2 km를 달렸다. 출발점에서 시장까지 노새의 변위를 구하여라.

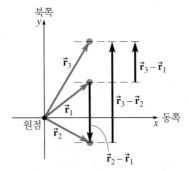

그림 3.3 총 변위 $\vec{r}_3 - \vec{r}_1$는 연속되는 두 변위의 합이다. $\vec{r}_3 - \vec{r}_1 = (\vec{r}_3 - \vec{r}_2) - (\vec{r}_2 - \vec{r}_1)$. 이 벡터 덧셈을 도표로 보여주고 있다.

전략 이 문제는 연속적으로 일어난 두 변위에 관한 것이다. 노새가 위치 $\vec{r}_1$에서 출발했다고 하자(그림 3.3). 노새는 남쪽으로 이동하여 위치 $\vec{r}_2$에 있는 이웃 농장에 도착했다. 이웃 농장까지의 변위는 $\vec{r}_2 - \vec{r}_1$ = 4.3 km 남쪽이다. 이후 노새는 위치 $\vec{r}_3$에 있는 시장에 가기 위해 북쪽으로 7.2 km를 이동했다. 이웃 농장에서 시장까지의 변위는 $\vec{r}_3 - \vec{r}_2$ = 7.2 km 북쪽이다. 문제는 $\vec{r}_1$에서 $\vec{r}_3$까지 변위를 구하는 것이다.

풀이 이 두 방정식을 더함으로써 중간 지점 $\vec{r}_2$를 제거할 수 있다. 곧,

$$(\vec{r}_3 - \vec{r}_2) + (\vec{r}_2 - \vec{r}_1) = (7.2 \text{ km 북쪽}) + (4.3 \text{ km 남쪽})$$

이 벡터 덧셈은 그림 3.3에 도표로 나타내었다.

$$\vec{r}_3 - \vec{r}_1 = (7.2 \text{ km} - 4.3 \text{ km}) \text{ 북쪽}$$

이 되어 변위는 북쪽 2.9 km이다.

검토 두 변위를 더하면 중간 위치 $\vec{r}_2$는 없어지는데 그것은

변위가 출발점과 도착점 사이의 경로와 무관하기 때문이다. 이 결과를 일반화하면, 여러 곳을 경유하는 이동에서 일어난 총 변위는 각 부분에서 이동한 변위들의 벡터합이다.

성분을 이용하여 결과를 확인할 수도 있다. 변위는 북쪽 또는 남쪽으로 향하기 때문에 3개의 변위 벡터는 y-성분만을 갖는다. 곧, x-성분은 0이다. 그림 3.3에서 볼 수 있듯이 각 위치 벡터들은 x-성분을 가지고 있지만, 크기가 모두 같아 $x_2 - x_1 = 0$, $x_3 - x_2 = 0$, $x_3 - x_1 = 0$이다. 북쪽을 직각좌표의 y-축으로 택하면, $y_2 - y_1 = -4.3$ km, $y_3 - y_2 = +7.2$ km이다. 전체 변위의 y-성분은 $y_3 - y_1 = (y_3 - y_2) + (y_2 - y_1) = (+7.2 \text{ km}) + (-4.3 \text{ km}) = +2.9$ km이다. 변위는 +y-축 방향으로 2.9 km이다.

개념형 실전문제 3.1 인사이드 파크 홈런

야구 선수가 투수가 던진 공을 야구방망이로 쳐서 외야수를 넘겼다. 그동안 그는 홈에서 1루까지 27.4 m를 달렸고, 이어 같은 거리에 있는 2루, 3루를 지나서 홈으로 들어왔다(인사드 더 파크 홈런). 야구 선수의 총 변위는 얼마인가?

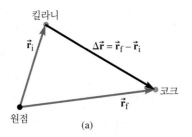
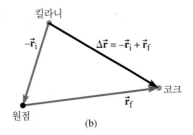

그림 3.4 (a) 두 위치 벡터 $\vec{r}_i$와 $\vec{r}_f$는 임의의 원점에서 여행 출발 지점(킬라니)까지와 도착 지점(코크)까지로 그려졌다. 도착 지점의 위치 벡터에서 출발 지점의 위치 벡터를 뺀 것이 변위 $\Delta\vec{r}$이다. (b) $-\vec{r}_i + \vec{r}_f$의 결과는 $\Delta\vec{r}$로 같다.

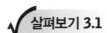 **살펴보기 3.1**

보기 3.1에서 변위의 크기와 이동한 거리가 같은가? 설명하여라.

다른 방법으로 벡터 뺄셈하기 샬럿과 쇼나는 코크에 있는 블라니 성을 관광하기 위해 아일랜드의 킬라니에서 코크까지 여행하기로 했다. 그림 3.4a에서 원점을 선택하고 원점에서부터 출발 지점과 도착 지점까지 위치 벡터를 그린다. $\vec{r}_i$의 머리에서 $\vec{r}_f$의 머리까지 그린 벡터가 $\vec{r}_f - \vec{r}_i$이다. 왜 그럴까? $\Delta\vec{r}$은 위치의 변화이므로, 처음 위치 $\vec{r}_i$로부터 나중 위치 $\vec{r}_f$까지 가도록 해주기 때문이다. 다시 확인하기 위해 처음 위치에 위치의 변화를 더한 것이 나중 위치임에 주목하라.

$$\vec{r}_i + \Delta\vec{r} = \vec{r}_f$$

$\vec{r}_i$와 $\Delta\vec{r}$을 더했을 때 $\vec{r}_f$가 되도록 $\Delta\vec{r}$을 그린다. 이 절차는 $-\vec{r}_i + \vec{r}_f$를 구하는 것과 같다(그림 3.4b).

$$\Delta\vec{r} = \vec{r}_f - \vec{r}_i = \vec{r}_f + (-\vec{r}_i) = -\vec{r}_i + \vec{r}_f$$

처음과 나중 위치 벡터들은 원점을 어디에 선택하느냐에 따라 달라지지만, 변위(위치 변화)는 원점의 선택과 무관하다. 이것은 다른 벡터양의 뺄셈에도 동일하게 적용할 수 있다.

연속적인 변위는 벡터로 더할 수 있다 보기 3.1에서 보인 바와 같이, 여러 구간을 여행한 총 변위는 각 구간의 변위를 더한 것이기 때문에

$$\vec{r}_3 - \vec{r}_1 = (\vec{r}_3 - \vec{r}_2) + (\vec{r}_2 - \vec{r}_1)$$

이다. 변위를 구하기 위해서는 위치 벡터들을 빼는 반면, 총 변위를 구하기 위해서는 연속적인 변위를 더한다는 것에 주목하여라. 보기 3.2에서 이를 더 살펴보자.

수평면상에서의 방향은 나침반의 기본 방향 중 하나에 대해 각도를 부여함으로써 나타낼 수 있다. 예를 들면 그림 3.5에서 벡터의 방향은 "동에서 북으로 20°"이다. 이는 이 벡터가 동에서 북으로 20°의 방향으로 놓여 있음을 의미한다. 관례적으로는 작은 각을 사용하지만 같은 방향을 "북에서 동으로 70°"라 기술해도 된다. 동에서 북으로 45°와 북에서 동으로 45°는 같다.

블라니 성

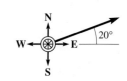

그림 3.5 이 벡터의 방향은 동에서 북으로 20°이다.(동북 20°)

아일랜드 인의 탐험

킬라니에서 코크까지 여행에서, 샬럿과 쇼나는 켄메어까지 나침반이 남에서 서쪽 27°를 가리키는 방향으로 18 km를 운전해 가서 정남쪽으로 17 km 지점 글렌가리프까지 간 다음, 나침반이 동에서 북쪽 13°를 가리키는 방향으로 48 km를 운전하여 코크까지 갔다. 전체 여행에 대한 변위 벡터의 방향과 크기를 구하여라.

전략 네 도시의 위치를 $\vec{r}_1$(킬라니), $\vec{r}_2$(켄메어), $\vec{r}_3$(글렌가리프), $\vec{r}_4$(코크)라 하자. 전체 여행에 대한 총 변위는 $\vec{r}_4 - \vec{r}_1$이다. 문제에서 전체 여행 중 각 구간의 변위는 주어져 있다. 간소하게 표기하기 위해 세 구간의 변위를 각각 $\vec{A}$, $\vec{B}$, $\vec{C}$라 하고, $\vec{A} = \vec{r}_2 - \vec{r}_1 =$ 남에서 서쪽 27°로 18 km, $\vec{B} = \vec{r}_3 - \vec{r}_2$ 정남쪽으로 17 km, $\vec{C} = \vec{r}_4 - \vec{r}_3 =$ 동에서 북쪽 13°로 48 km로 나타내자. 이 세 벡터의 합이 총 변위이다(그림 3.6). x-성분과 y-성분을 사용하여 더한다. 우선 x-축과 y-축의 방향을 선택하자. 그러고 나서 세 벡터의 성분을 구한다. 세 변위의 x-성분끼리, y-성분끼리 더한 것이 각각 총 변위의 x-성분과 y-성분이다. 마지막으로 성분으로부터 총 변위 벡터의 크기와 방향을 구한다.

풀이 관례적인 선택이 좋은 선택이다. 곧, x-축은 동쪽으로, y-축은 북쪽으로 택한다. 처음의 벡터 $\vec{A}$는 남서쪽 27°이므로 $-x$-성분과 $-y$-성분 모두 음($-$)의 값이다. 그림 3.7의 삼각형을 사용하여 27°의 대변은 x-축에 나란하다. 빗변에 대한 대변의 관계를 나타내는 사인함수는

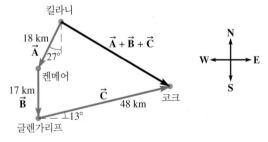

그림 3.6 킬라니에서 켄메어와 글렌가리프를 경유해서 코크까지 가는 여행의 변위를 기하학적으로 더하기.

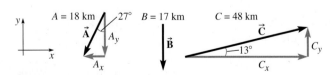

그림 3.7 $\vec{A}$, $\vec{B}$, $\vec{C}$의 x-성분과 y-성분 분해.

$$A_x = -A \sin 27° = -18 \text{ km} \times 0.454 = -8.17 \text{ km}$$

이다. 여기에서 A는 $\vec{A}$의 크기이다. 빗변에 대한 밑변의 관계를 나타내는 코사인 함수는

$$A_y = -A \cos 27° = -18 \text{ km} \times 0.891 = -16.0 \text{ km}$$

이다.

$\vec{B}$는 남쪽 방향이므로

$$B_x = 0, \quad B_y = -17 \text{ km}$$

이다. $\vec{C}$는 동에서 북쪽 13°로 48 km이므로 두 성분이 모두 양의 값을 갖는다. 그림 3.7로부터, 13°의 대변이 y-축과 나란하므로

$$C_x = +C \cos 13° = +48 \text{ km} \times 0.974 = +46.8 \text{ km}$$
$$C_y = +C \sin 13° = +48 \text{ km} \times 0.225 = +10.8 \text{ km}$$

이다.

총 변위 벡터의 x-성분과 y-성분을 모두 구하기 위하여 세 벡터를 성분끼리 더해보자.

$$\Delta x = A_x + B_x + C_x$$
$$= (-8.17 \text{ km}) + 0 + 46.8 \text{ km} = 38.6 \text{ km}$$

$$\Delta y = A_y + B_y + C_y$$
$$= (-16.0 \text{ km}) + (-17 \text{ km}) + 10.8 \text{ km} = -22.2 \text{ km}$$

그림 3.8의 삼각형에서 $\Delta \vec{r}$의 크기와 방향을 구할 수 있다.

$$\Delta r = \sqrt{(\Delta x)^2 + (\Delta y)^2} = \sqrt{(38.6 \text{ km})^2 + (-22.2 \text{ km})^2}$$
$$= 45 \text{ km}$$

이고, 각 θ는

$$\theta = \tan^{-1} \frac{\text{맞변}}{\text{빗변}} = \tan^{-1} \frac{22.2 \text{ km}}{38.6 \text{ km}} = 30°$$

이다. $+x$-방향이 동쪽이고 $-y$는 남쪽이므로, 변위의 방향은 동에서 남쪽 30°이다. 이렇게 성분으로 구한 것과 그림 3.6에서 그림으로 구한 것은 일치한다.

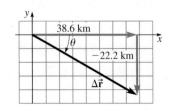

그림 3.8 $\Delta \vec{r}$의 크기와 방향 찾기. 크기는 피타고라스 정리를 사용하여 구할 수 있다. 각도 θ는 역탄젠트 함수로 계산할 수 있다.

검토 한 변위 벡터의 x-성분은 사인 함수로 구하고 y-성분은 코사인 함수로 구한다는 것에 주목하여라. 벡터의 x-성분(또는 y-성분)은 어느 각을 택하느냐에 따라 사인이나 코사인에 관계될 수 있다.

실전문제 3.2 좌표축 바꾸어보기

x-축을 남쪽으로, y-축을 동쪽으로 할 때 세 부분 여정에 대한 변위 벡터의 x-성분과 y-성분을 구하여라.

3.2 속도 VELOCITY

속도가 벡터양이라는 것은 이미 소개하였다(1.2, 2.1절 참조). 그 크기는 물체가 움직이는 속력이고 방향은 운동 방향이다. 속도를 설명하는 데 보다 적합한 격식있는 수학적인 정의를 해보자. 변위 벡터는 위치가 얼마나 변했고 어떤 방향으로 변했는지 나타내지만 한 점에서 다른 점으로 이동하는 데 얼마나 걸리는지는 나타내지 않는다. 속도는 변위와 시간 간격에 따라 변한다.

평균 속도

Δt 시간 동안에 $\Delta \vec{r}$만큼의 변위가 일어났을 때, 그 시간 동안에 **평균 속도**average velocity $\vec{v}_{평균}$을 다음과 같이 정의한다.

> **평균 속도의 정의**
>
> $$\vec{v}_{평균} = \frac{\Delta \vec{r}}{\Delta t} = \frac{\vec{r}_f - \vec{r}_i}{t_f - t_i} \tag{3-2}$$

평균 속도는 벡터인 변위($\Delta \vec{r}$)와 양(+)의 스칼라 값을 갖는 시간 간격의 역수($1/\Delta t$)의 곱이다. 벡터에 1이 아닌 양(+)의 스칼라 값을 곱하면 벡터의 크기가 변하지만 방향은 변하지 않는다. 이에 반하여 음(−)의 스칼라 값을 곱하면 방향은 반대가 되고, 스칼라양이 −1이 아닌 한 크기도 변한다. Δt는 항상 양(+)이므로 평균 속도 벡터의 방향은 변위 벡터의 방향과 같다. 평균 속도의 x-방향과 y-방향 성분은

$$v_{평균,x} = \frac{\Delta x}{\Delta t}, \qquad v_{평균,y} = \frac{\Delta y}{\Delta t} \tag{3-3}$$

이다. Δ는 뒤에 나오는 양을 수정하기 때문에 방정식에서 약분될 수 없으며 홀로 사용할 수 없다. 곧, $\frac{\Delta x}{\Delta t}$는 $\frac{x_f - x_i}{t_f - t_i}$를 나타내며 $\frac{x}{t}$과 같지 않다.

보기 3.3

기차의 평균 속도

그림 3.2에서 볼 수 있듯이 기차는 오후 3시 14분에는 원점에서 동쪽으로 3 km 지점에 있었으며, 오후 3시 56분에는 원점에서 서쪽으로 26 km에 있었다. 이 시간 간격 동안의 평균 속도를 구하여라. (기차가 처음에는 동쪽으로 7 km 이동한

후 서쪽으로 36 km를 이동했다.)

전략 이미 그림 3.2에서 변위 벡터 $\Delta\vec{r}$을 알고 있다. 평균 속도의 방향은 변위의 방향과 같다.

주어진 조건: 변위 $\Delta\vec{r}$ = 29 km 서쪽, 출발 시각 = 오후 3시 14분, 도착 시각 = 오후 3시 56분

구할 값: $\vec{v}_{평균}$

풀이 3.1절에서 변위는 서쪽 29 km이다. 곧

$$\Delta\vec{r} = 29 \text{ km 서쪽}$$

이다. 시간 간격은

$$\Delta t = 56\text{분} - 14\text{분} = 42\text{분}$$

이다. 시간 간격을 시간으로 환산하면

$$\Delta t = 42\text{분} \times \frac{1\text{시간}}{60\text{분}} = 0.70\text{시간}$$

이다. 오후 3시 14분과 오후 3시 56분 사이의 평균 속도는

$$\vec{v}_{평균} = \frac{\text{변위}}{\text{시간 간격}} = \frac{\Delta\vec{r}}{\Delta t}$$

$$\vec{v}_{평균} = \frac{\text{서쪽으로 29 km}}{0.70 \text{ h}} = 41 \text{ km/h 서쪽}$$

이다.

이 문제에 답을 성분을 사용하여 표현할 수도 있다. $+x$-축이 동쪽을 가리킨다고 하면 변위의 x-성분은 $\Delta x = -29$ km이다. 여기서 음(−)의 부호는 벡터가 서쪽을 가리킴을 의미한다. 그러면

$$v_{평균,x} = \frac{\Delta x}{\Delta t} = \frac{-29 \text{ km}}{0.70 \text{ h}} = -41 \text{ km/h}$$

이다. 여기서 음(−)의 부호는 평균 속도가 $-x$-축, 곧 서쪽을 가리킴을 의미한다.

검토 만일 기차가 오후 3시 14분에 떠나 일정한 속력 41 km/h로 곧바로 서쪽으로 간다면 오후 3시 56분에 같은 곳, 곧 가교 서쪽 26 km 지점에 도착할 것이다.

3시 14분이 아니고 기차가 정지해 있던 3시부터 시작하여 시간을 측정했다면 시간 간격이 다르므로 평균 속도가 달라진다. 평균 속도는 고려한 시간 간격에 따라 달라진다.

기차의 평균 속도의 크기는 여행을 끝낼 때까지 이동한 전체 거리를 이동에 걸린 시간으로 나눈 것이 아니다. 이것은 평균 속력이라 부른다. 곧

$$\text{평균 속력} = \frac{\text{이동한 거리}}{\text{총 시간}} = \frac{43 \text{ km}}{0.70 \text{ h}} = 61 \text{ km/h}$$

평균 속도와 평균 속력이 이렇게 다른 것은, 평균 속도가(주어진 시간 동안) 같은 변위 벡터를 만드는 일정한 벡터인 반면, 평균 속력은(주어진 시간 동안) 같은 이동 거리를 만드는 일정한 속력이기 때문이다.

실전문제 3.3 시간 간격이 다를 때 평균 속도

오후 3시 28분에 x = 10.0 km에 있던 기차가 오후 3시 56에 x = −26.0 km에 도착했을 때 이 기차의 평균 속도는 얼마인가?

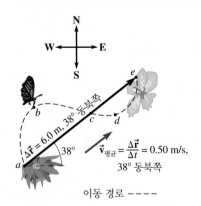

그림 3.9 한 꽃에서 다른 꽃으로 날아가는 나비의 경로. 나비의 변위는 $\Delta\vec{r}$ = 6.0 m, 동에서 북으로 38°이다. 나비가 a에서 e로 가는 데 걸린 시간이 Δt = 12.0 s라면, 나비의 평균 속도는 단위 시간당 변위인 $\Delta\vec{r}/\Delta t$ = 0.50 m/s, 동에서 북으로 38°이다.(이것은 비행 중 어느 시각에서의 순간 속도와 반드시 동일하지는 않다.)

평균 속력 vs 평균 속도 평균 속도는 해당 시간 간격 Δt 동안 일어난 운동의 세부적인 정보를 전달하지 못한다. 나비가 그림 3.9에 보인 점선을 따라 어떤 꽃 위의 한 지점 a에서 다른 꽃 위의 지점 e로 날아갔다고 하자(경로 $abcde$). 평균 속도의 방향은 변위 벡터 $\Delta\vec{r}$의 방향과 동일하다. 같은 시간 간격 Δt 동안 a에서 e로 가는 어떤 경로를 택하든 평균 속도는 같다. 왜냐하면 시간 간격과 변위가 같기 때문이다. 하지만 평균 속력은 전체 이동한 거리에 따라 달라질 것이다.

✓ 살펴보기 3.2A

평균 속력은 평균 속도의 크기보다 커질 수 있는가?

순간 속도

자동차의 속도계(speedometer)가 전체 이동하는 동안의 평균 속력을 나타내지는

않는다. 속도계가 88 km/h를 나타낸다고 해도 다음 한 시간 동안에 자동차는 반드시 88 km로 달리지 않는다. 자동차가 그 시간 동안에 속력이나 방향을 바꾸거나 멈출 수 있기 때문이다. 속도계가 가리키는 속력은 매우 짧은 시간 동안에 얼마나 멀리 갈 수 있는지를 계산할 수 있게 한다. 예를 들면 88 km/h(= 25 m/s)라면, 0.010 s 후에 차가 25 m/s × 0.010 s = 0.25 m만큼 운동할 것으로 계산할 수 있다. 이는 속력이 크게 바뀌지만 않으면 0.010 s 동안에는 의미가 있다.

마찬가지로 **순간 속도**instantaneous velocity $\vec{v}$는 크기가 속력이고 방향이 운동 방향인 벡터양이다. 순간 속도는 매우 짧은 시간 간격 동안 물체의 변위를 계산하는 데 사용할 수 있다. 자동차의 순간 속도가 서남쪽으로 39°25′ m/s라면 0.010 s 동안 자동차의 변위는 $\Delta\vec{r} = \vec{v}\Delta t = 0.25$ m, 서남쪽 39°이며, 이 시간 동안에 운동 방향이나 속력이 크게 변하지만 않는다면 의미 있는 양이다. (순간이라는 단어의 반복은 번거로울 수 있다. 그래서 간단히 속도라고 하면, 이는 순간 속도를 의미한다.)

따라서 어느 순간 t에 속도 $\vec{v}$는 매우 짧은 시간 간격 동안의 평균 속도이다.

순간 속도의 정의

$$\vec{v} = \lim_{\Delta t \to 0} \frac{\Delta\vec{r}}{\Delta t} \tag{3-4}$$

($\Delta\vec{r}$은 매우 짧은 시간 간격 Δt 동안의 변위이다.)

$\lim_{\Delta t \to 0}$ 라는 기호는 "델타 t가 0으로 접근할 때 …의 극한"이라고 읽는다. 달리 말하면 시간 간격을 점점 작게 하여 0은 아니지만 0에 가까이 가게 하라는 것이다. 식 (3-4)의 이 기호는 Δt가 매우 짧은 시간 간격이라야 한다는 것으로 기억해두길 바란다. 매우 짧은 시간 간격은 얼마나 짧은 시간이어야 하는가? 더 짧은 시간 간격으로 속도 $\vec{v}$를 계산해도 항상 같은 값을 얻는다면(측정 가능한 정밀도 이내), Δt는 이미 충분히 작다. 달리 말하면 어떤 시간 간격 동안 속도를 일정하게 취급할 수 있으려면 Δt가 충분히 작아야 한다. $\vec{v}$가 상수라면 Δt를 반으로 자르고 $\Delta\vec{r}$을 반으로 잘라도 $\Delta\vec{r}/\Delta t$은 같은 값이 된다.

벡터 방정식은 항상 각각의 성분에 대한 방정식의 집합과 동등하다. 식 (3-4)는

$$v_x = \lim_{\Delta t \to 0} \frac{\Delta x}{\Delta t}, \quad v_y = \lim_{\Delta t \to 0} \frac{\Delta y}{\Delta t} \tag{3-5}$$

와 동일하다.

점 b에서 나비의 속력을 알고 싶어 한다고 가정하자. 이동을 5개의 시간 간격 Δt로 나누어 생각하자. 그림 3.10a는 각 시간 간격에 대한 변위를 나타낸다. 나비가 점

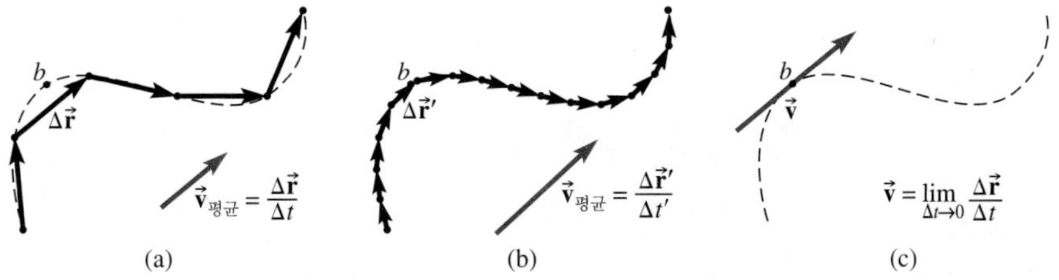

> **연결고리**
>
> 어떤 스칼라양 또는 벡터양 Q의 변화율은 $\lim_{\Delta t \to 0} \frac{\Delta Q}{\Delta t}$이다. 속도는 위치 벡터의 변화율이다.

(a) $\qquad$ (b) $\qquad$ (c)

그림 3.10 (a) 다섯 번의 같은 시간 간격 Δt 동안 나비의 변위. $\Delta\vec{r}$로 표지된 변위에 대한 평균 속도는 $\Delta\vec{r}/\Delta t$이다. (b) 더 짧은 시간 $\Delta t'$ 동안의 평균 속도. (c) 점 b에서 순간 속도는 나비의 굽은 경로에 접선 방향이다.

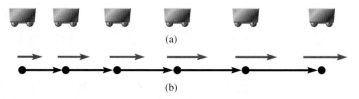

(a)

(b)

그림 3.11 (a) 오른쪽으로 속도가 증가하고 있는 수레의 운동도해. 같은 시간 간격으로 수레의 위치를 보여준다. 속력이 증가하고 있으므로, 연속 이미지 사이의 거리는 증가한다. (b) 수레의 단순화된 운동도해. 변위 벡터들은 한 프레임에서 다음 프레임까지의 위치 변화를 보여준다. 각 점(수레) 위의 속도 벡터들은 수레가 오른쪽으로 속력이 증가하면서 움직인다는 것을 보여준다.

b를 통과하여 지나간 시간 동안의 평균 속도도 주어져 있다. 이제 더 짧은 시간 간격 $\Delta t'$으로 이동 구간을 나누어보자(그림 3.10b). 이때도 점 b를 포함하는 시간 동안의 평균 속도를 계산해보자. 만일 이 과정을 반복하면 시간 구간이 점점 더 짧아지게 되고 점 b를 포함하는 시간 간격에 대하여 계산한 평균 속도는 마침내 점 b에서의 순간 속도에 접근하게 된다(그림 3.10c). 속도 벡터의 방향이 그 점에서의 나비의 굽은 경로의 접선을 따라 놓이는 것에 주목하여라. 여기서 이 접선이 위치 대 시간의 그래프상에 있는 접선이 아니라 공간상의 실제 경로에 대한 접선임을 주의하자.

운동도해

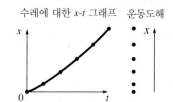

수레에 대한 *x-t* 그래프   운동도해

그림 3.12 *x*-축을 *x(t)* 그래프상에서 수직축과 평행이 되도록 회전시킨 수레의 운동도해. 운동도해에서 각 점은 그래프상에서 어떤 수직 위치를 보여준다. 운동도해는 동일한 시간 간격으로 수레의 위치를 보여주므로, 그래프상의 점들은 시간 축을 따라 등간격이다.

수레의 속력이 증가하면서 오른쪽으로 운동하는 것을 비디오로 수레를 촬영한다고 가정하자. 비디오 영상의 각 프레임은 동일한 시간 간격으로 수레의 위치를 보여준다. 연속 프레임 사진을 단일 이미지로 편집하여 만든 **운동도해**motion diagram(그림 3.11a)는 같은 시간 간격으로 수레의 위치를 보여준다. 운동도해를 일련의 점으로 그리는 것이 쉽고 유용하다. 이런 운동도해는 변위가 커지고 있으므로 속력이 증가하고 있다는 것을 보여준다. 그림 3.11b는 변위와 속도 벡터를 겹쳐서 그린 단순화된 운동도해이다.

운동도해는 *x-t* 그래프와 밀접한 관계에 있다. 그림 3.11에서 오른쪽을 *x*-축 방향으로 선택하자. *x(t)* 그래프에서 *x*-축은 수직 방향이므로, 운동도해를 회전하여 각 점들을 위로 올라가도록 하자(그림 3.12). 운동도해의 각 점은 그래프상에서 수직 위치를 보여준다. 곧 Δt가 일정하므로 이 점들은 시간 축을 따라 동일 간격에 놓여진다.

✓ 살펴보기 3.2B

운동도해(그림 3.13)는 오른쪽으로 운동하는 수레를 보여준다. 운동을 말로 표현하고, 각 점에서 속도 벡터들을 그리고, *x(t)* 그래프를 스케치하여라.

그림 3.13 오른쪽으로 운동하고 있는 수레의 운동도해.

그래프상에서 위치와 속도의 관계

x-축을 따라가는 운동에서 변위는 Δx이다. 평균 속도는 그래프에서 두 점을 잇는 직선(현이라 부른다)의 기울기로 $x(t)$ 그래프에 나타낼 수 있다. 그림 3.14a에서 변위 $\Delta x = x_3 - x_1$은 그래프상에서 수직 방향의 거리를 나타내고 $\Delta t = t_3 - t_1$은 수평 방향의 거리이다. 현의 기울기는 수평 방향의 거리에 대한 수직 방향의 거리이다. 곧,

$$\text{현의 기울기} = \frac{\text{수직 거리}}{\text{수평 거리}} = \frac{\Delta x}{\Delta t} = v_{\text{평균},x} \qquad (3\text{-}6)$$

이다. 현의 기울기는 이 시간 간격에서 평균 속도이다.

위치–시간 그래프에서 순간 속도 구하기   어떤 시간 $t = t_2$에서 순간 속도를 구하기 위하여 점점 작아지는 시간 간격에 대한 평균 속도를 나타내는 선을 그린다. 시간 간격이 줄어듦에 따라(그림 3.14b) 평균 속도가 변한다. Δt가 작아질수록, 현은 점 t_2에서 그래프의 접선에 접근한다. 따라서 v_x는 어떤 시각 t에서 $x(t)$ 그래프에 접하는 직선의 기울기이다.

그림 3.15는 3.1절에서 고려한 기차의 위치를, 오후 3시를 $t = 0$으로 택하여 시간의 함수로 그린 것이다. 위치 대 시간 그래프가 곡선이라고 해서 기차가 곡선 경로를 따라 이동하는 것을 의미하지 않는다. 선로가 동서 방향으로 뻗어 있기 때문에 기차의 운동은 직선을 따라 일어난다.

그래프의 수평 부분은 위치가 그 시간 간격 동안 변하지 않기 때문에 기차가 정지해(기차의 속도가 0이다.) 있음을 나타낸다. 그래프가 기울어진 부분은 기차가 움

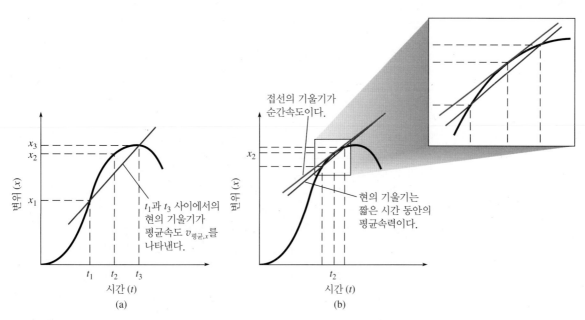

그림 3.14 x-축을 따라 운동하는 물체의 $x(t)$ 그래프. (*a*) t_1과 t_3 사이의 평균 속도 $v_{x,\text{평균}}$는 그래프상에서 두 점을 연결한 현의 기울기이다. (b) 더 짧은 시간 간격에 대하여 측정한 평균 속도. 시간 간격이 짧아질수록 평균 속도는 t_2 시각의 순간 속도 v_x에 가까이 간다. 그래프의 접선의 기울기가 그 순간의 v_x이다.

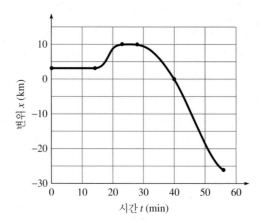

x (km)	t (min)
+3	0
+3	14
+10	23
+10	28
0	40
−26	56

그림 3.15 기차가 운동한 시간 t와 위치 x의 그래프. 다양한 시간에서 기차의 위치를 점으로 표시했다. 그 래프의 모양을 정확히 따라가기 위해서는 기차의 위치를 보다 짧은 시간 간격으로 측정해야 한다.

직이고 있음을 나타낸다. 그래프가 가파를수록 기차의 속력은 더 크다. 기울기의 부 호는 운동 방향을 나타낸다. 기울기가 양(+)인 구간은 +x-방향으로 운동하는 반면 에, 기울기가 음(−)인 구간은 −x-방향으로 운동함을 나타낸다. 그림 3.15에서 기차 는 $t = 0$에서 $t = 14$분까지 정지해 있다. 이후 기차는 가속하면서 동쪽으로 운동을 하다가 점점 속도를 줄여 $t = 23$분에 정지한다. 기차는 $t = 28$분까지 정지해 있다가 서쪽으로 움직인다. 속력은 $t = 45$분까지 증가하다가 이후 천천히 감속하면서 서쪽 으로 운동을 계속한다.

✓ 살펴보기 3.2C

그래프(그림 3.16)는 $t = 14$분과 $t = 23$분 사이 기차의 위치를 나타낸다. 그래프상의 점들 은 1.5분의 일정한 시간 간격으로 기차의 위치를 나타낸다. 운동도해를 그리고, $v_x(t)$의 그 래프를 정성적으로 스케치하여라. (수치는 신경 쓰지 말고, 그래프의 모양만 스케치하여라.)

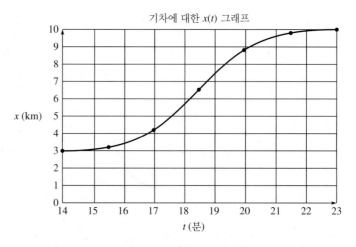

그림 3.16 $t = 14$분에서 $t = 23$분까지 기차의 위치에 대한 상세한 그래프. 그래프상의 점들은 1.5 분의 일정한 시간 간격으로 기차의 위치를 나타낸다.

기차의 속도

그림 3.15를 이용하여 $t = 40$분일 때 기차의 속도를 km/h로 추정하여라.

전략 그림 3.15는 $x(t)$의 그래프이다. $t = 40$분에서 그래프에 접하는 직선의 기울기는 그 시각에서 v_x이다. 그래프에다 접선을 그린 후에 수직 방향의 증가를 수평 방향의 증가로 나누어 선의 기울기를 구한다.

풀이 그림 3.17은 그래프에 그린 접선을 보여주고 있다. 접선의 끝 점들을 사용하면 수직 방향의 증가 $(-25 \text{ km}) - (15 \text{ km}) = -40 \text{ km}$, 수평 방향의 증분 $(57\text{분}) - (30\text{분}) = 27\text{분} = 0.45 \text{ h}$이다. 따라서

$$v_x \approx -40 \text{ km}/(0.45\text{h}) = -89 \text{ km/h}$$

이다. 속도는 $-x$-방향(서쪽)으로 약 89 km/h이다.

검토 직선의 기울기는 원래 일정하므로 접선상의 어느 두 점을 선택해도 같은 기울기를 갖는다. 간격이 넓은 두 점을 사용하면 기울기를 더 정확히 나타낼 수 있다.

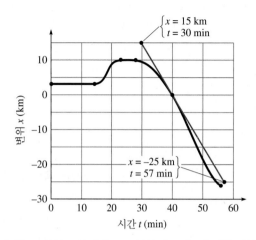

그림 3.17 $x(t)$의 그래프에서 $t = 40$분일 때 그래프에 접한 직선의 기울기가 $t = 40$분일 때 v_x이다.

실전문제 3.4 동쪽으로의 최대 속도

기차가 동쪽으로 운동하는 동안($t = 14$분에서 $t = 23$분까지) 기차의 최고 속도를 km/h 단위로 구하여라.

일정한 속도로 운동하는 물체의 변위 구하기 다른 방법은 어떤 것이 있는가? $v_x(t)$의 그래프가 주어졌을 때 변위(위치의 변화)는 어떻게 구하는가? 어느 시간 간격 동안에 v_x가 일정하다면 평균 속도는 순간 속도와 같다.

$$v_x = v_{평균, x} = \frac{\Delta x}{\Delta t} \qquad (3\text{-}3)$$

이고, 그러므로

$$\Delta x = v_x \Delta t \quad (v_x\text{가 일정할 때}) \qquad (3\text{-}7)$$

이다.

그림 3.18의 그래프는 t_1에서 t_2까지 일정한 속도 v_1으로 x-축을 따라 움직이는 물체에 대한 $v_x - t$ 그래프이다. $\Delta t = t_2 - t_1$ 동안 변위 $\Delta x = v_1 \Delta t$이다. 색을 칠한 직사각형은 높이가 v_1이고 너비가 Δt이다. 직사각형의 넓이는 높이와 너비의 곱이므로 변위 Δx는 고려 중인 시간 간격 동안 속도 그래프 $v_x(t)$와 시간 축 사이의 직사각형의 넓이로 표시된다.

그래프 아래의 넓이라고 말할 때 문자 그대로 종이나 컴퓨터 스크린의 넓이처럼 몇 cm^2 등으로 표현하는 것은 아니다. 그래프 아래의 표시한 넓이는 보통 일반적인 넓이의 차원을 가지지 않는다. $v_x(t)$ 그래프에서 v_x는 [L/T]의 차원이고 시간은 [T]이므로 이 그래프에서 넓이는 차원이 [L/T] × [T] = [L]이므로 정확히 변위의 차원

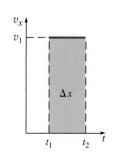

그림 3.18 t_1과 t_2 사이의 변위 벡터 Δx는 붉은 선의 $v_x(t)$ 그래프 아래 색칠한 부분의 넓이로 나타낼 수 있다.

그림 3.19 (a) 짧은 시간 동안의 변위 Δx는 대략 높이 v_x와 너비 Δt의 사각형의 넓이이다. (b) 좀 더 긴 시간 간격 동안의 변위는 대략 직사각형들의 넓이의 합이다. (c) 어떤 시간 동안 v_x–t 그래프 아래의 넓이는 그 시간 동안의 변위를 나타낸다.

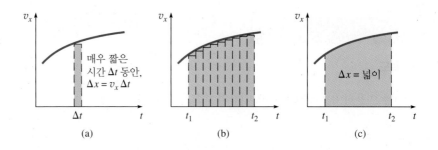

이다. Δx의 단위는 그래프의 좌표축에 사용한 단위에 따라 결정된다. v_x가 m/s이고 t가 초 단위이면 변위의 단위는 m이다.

변하는 속도로 운동하는 물체의 변위 구하기 만일 속도가 일정하지 않다면 어떻게 되는가? 충분히 짧은 시간이라 속도가 그리 심하게 변하지 않기 때문에 매우 짧은 시간 Δt 동안의 변위 Δx는 일정한 속도일 때와 마찬가지로 구할 수 있다. v_x와 Δt는 좁은 사각형의 높이와 너비(그림 3.19a)이며 짧은 시간 동안 변위는 이 사각형의 넓이이다. 임의의 시간 동안 총 변위를 계산하기 위해서는 좁은 사각형들의 넓이를 모두 더해야 한다(그림 3.19b). 어림셈의 정확도를 개선하기 위해 시간 간격 Δt를 0에 접근시키면 어떤 시간 동안의 변위 Δx는 $v_x(t)$ 그래프 아래 영역의 넓이와 같아진다는 것을 알 수 있다(그림 3.19c). 만일 v_x가 음(−)의 값이라면, x는 감소하고 변위는 $-x$-축 방향이므로, 그래프가 시간 축 아래에 있을 때는 넓이를 음(−)의 값으로 계산해야 한다.

> Δx는 $v_x(t)$ 그래프 아래의 넓이이다. 그래프가 시간 축 아래에 있을 때($v_x < 0$) 넓이는 음(−)의 값이 된다.

기차 변위의 크기는 그림 3.20의 그래프 아래 색칠한 부분의 넓이로 나타난다. $t = 14$분에서 $t = 23$분까지 기차의 변위는 $+7$ km(t-축 위의 넓이는 $+x$-축 방향의 변위를 의미한다.), $t = 28$분에서 $t = 56$분까지는 -36 km(t-축 아래의 넓이는 $-x$-축 방향의 변위를 의미한다.)이다. $t = 0$에서 $t = 56$분까지의 총 변위는 $\Delta x = (+7$ km$) + (-36$ km$) = -29$ km이다. 이것은 그림 3.2b에서 보인 변위 벡터와 일치한다.

연결고리

그래프의 기울기와 아래 넓이는 일관되게 해석할 수 있다. 시간의 함수로서 주어진 어떤 양 Q의 그래프에서 그래프의 기울기는 Q의 순간 변화율을 나타낸다. 시간의 함수로서 주어진 Q의 변화율 그래프에서 그래프 아래 넓이는 ΔQ를 나타낸다. $x(t)$의 그래프 기울기는 x의 변화율인 v_x이고, $v_x(t)$의 아래 넓이는 Δx이다. 3.3절에서 속도와 가속도 사이에서 이와 유사한 그래프상의 관계에 대해 배울 것이다. 곧 $v_x(t)$ 그래프에서 기울기는 v_x의 변화율인 a_x를, $a_x(t)$ 그래프의 아래 넓이는 Δv_x를 나타낸다.

3.3 가속도와 뉴턴의 운동 제2 법칙
ACCELERATION AND NEWTON'S SECOND LAW OF MOTION

물체에 작용하는 0이 아닌 알짜힘의 효과

뉴턴의 제2 법칙에 따르면 물체에 0이 아닌 알짜힘이 작용할 때 속도의 변화율은 작용한 알짜힘에 비례하고 물체의 질량에 반비례한다.

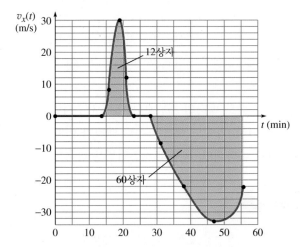

그림 3.20 기차의 속도–시간 그래프. $t = 14$분에서 $t = 23$분까지 기차의 변위는 이 시간 동안 그래프 아래 색칠한 부분의 넓이이다. 넓이를 추정하기 위해 곡선의 아래 격자 상자의 수를 센다. 일부분만 곡선 아래에 있는 상자들을 부분적으로 추정하여라. 각 상자는 높이가 2 m/s, 너비가 5분(= 300 s)이므로, 각 상자는 2 m/s × 300 s = 600 m = 0.60 km의 "넓이"(변위)를 나타내고 있다. 주어진 시간 동안 색칠한 부분의 상자들의 총 개수는 약 12개이므로, 변위는 약 $\Delta x \approx 12 \times 0.60$ km = +7.2 km. 이것은 7 km의 실제 값에 근접한다(이 시간 동안 기차는 +3 km에서 +10 km까지 이동했다). $t = 28$분에서 $t = 56$분까지의 시간 동안 색칠한 부분의 넓이는 시간 축 아래에 있다. 곧 이 음(−)의 넓이는 −x-방향(서쪽)의 변위를 나타낸다. 이 시간 동안에 색칠한 부분의 격자 상자의 개수는 약 60개이므로, 이 시간 동안의 변위는 $\Delta x \approx -(60) \times 0.60$ km = −36 km이다.

$$\frac{\Delta \vec{v}}{\Delta t} = \frac{1}{m} \sum \vec{F} \qquad (3\text{-}8)$$

여기서 m은 물체의 질량이고, $\Delta \vec{v} = \vec{v}_f - \vec{v}_i$는 짧은 시간 간격 $\Delta t = t_f - t_i$ 동안의 속도 변화이며, $\sum \vec{F}$는 물체에 작용한 알짜힘이다. 알짜힘이 0이라면 속도 변화는 0이며, 뉴턴의 제1 법칙과 일치한다. 만일 알짜힘이 0이 아니라면 속도의 변화량 $\Delta \vec{v}$는 알짜힘과 같은 방향이다. 속도 변화를 구하기 위해서는 변위를 구한 것과 같은 방법으로 속도 벡터를 빼면 된다(3.2절 참조). 속도 변화 $\Delta \vec{v}$의 방향이 반드시 처음이나 나중의 속도 방향과 일치할 필요는 없다(그림 3.21 참조).

가속도의 정의 식 (3-8)의 $\Delta \vec{v}/\Delta t$, 곧 속도의 변화율을 **가속도**^{acceleration}(기호로 $\vec{a}$)라 부른다. 때로는 일상생활에서 사용하는 가속도는 과학 용어와 정확히 일치하지 않는다. 일상생활에서 가속도는 "속력의 증가"를 의미하지만 때로는 속력 자체와 동의어로 쓰인다. 물리학에서는 가속도가 필연적으로 속력의 증가를 나타내지는 않는다. 가속도는 방향의 변화, 속력의 증가, 속력의 감소 또는 속력과 방향이 동시에 변

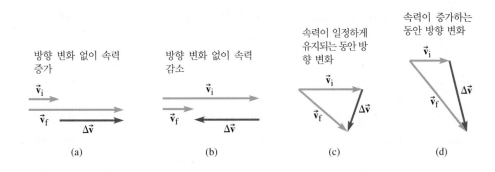

그림 3.21 네 가지 다른 상황에 대해 처음 속도, 나중 속도, 속도 변화를 설명하는 벡터 도표.

하는 경우 등, 속도 벡터의 모든 종류의 변화를 나타낼 수 있다. 일정한 속력으로 커브를 도는 승용차는 속도 벡터의 방향이 변하기 때문에 가속도는 0이 아니다. 물론 곡선 경사로를 스케이트보드 선수가 올라갈 때처럼 속도의 크기와 방향이 둘 다 변할 수도 있다.

가속도 벡터의 개념은 속도 벡터의 개념보다 대부분의 사람들에게 훨씬 직관적이지 않다. 잠깐 생각해보아라. 가속도 벡터는 속도 벡터가 어떻게 변하는지 알려준다.

가속도의 기호를 $\vec{a}$로 나타내면, 뉴턴의 제2 법칙은 다음과 같다.

뉴턴의 운동 제2 법칙

$$\vec{a} = \frac{1}{m}\sum\vec{F} \quad \text{또는} \quad \sum\vec{F} = m\vec{a} \tag{3-9}$$

알짜힘이 일정할 때 가속도 역시 일정하다. 뉴턴 제2 법칙을 성분으로 표현하면,

$$\sum F_x = ma_x, \quad \sum F_x = ma_y \tag{3-10}$$

이다. 여기서 **가속도가 일정할 때** 가속도의 성분은

$$a_x = \frac{\Delta v_x}{\Delta t}, \quad a_y = \frac{\Delta v_y}{\Delta t} \tag{3-11}$$

이다.

물체에 작용하는 모든 힘을 알고 있다면 가속도를 계산하기 위해 식 (3-9)를 쓸 수 있다. 반대로, 물체의 가속도는 알고 있지만 작용하는 힘은 정확히 알고 있지 못하는 경우가 종종 있다. 이 경우 식 (3-9)는 모르고 있는 힘에 대한 정보를 알려준다.

가속도와 힘의 SI 단위 가속도는 속도의 변화를 그 변화가 일어난 시간으로 나눈 것이므로, 가속도의 SI 단위는 $(m/s)/s = m/s^2$이며, 이를 "초 제곱당 미터"라고 읽는다. 힘의 SI 단위는 뉴턴(newton)이며, 1 N은 1 kg 질량의 물체에 $1\ m/s^2$의 가속도가 생기게 하는 힘이다.

$$1\ N = 1\ kg \cdot m/s^2 \tag{3-12}$$

m/s^2을 $(m/s)/s$로 생각하는 것이 가속도가 무엇인지를 이해하는 데 편리하다. 물체의 x-방향과 y-방향의 가속도가 $a_x = +3.0\ m/s^2$, $a_y = -2.0\ m/s^2$이라고 가정하자. 그러면 v_x는 매초 3.0 m/s만큼 증가하고(v_x의 변화는 초당 +3.0 m/s이다.), v_y는 매초당 2.0 m/s씩 감소한다(v_y의 변화는 초당 −2.0 m/s이다).

중력장 세기의 SI 단위(N/kg)는 가속도의 SI 단위와 같다는 것에 주목하여라. 곧 $1\ N/kg = 1\ m/s^2$. 이 의미는 4장에서 논의할 것이다.

평균 가속도와 순간 가속도

이제까지 알짜힘이 일정한 뉴턴의 제2 법칙에 대해서만 논의했다. 만일 일정한 알짜힘이 물체에 작용하면 가속도는 일정하다. 곧, 속도 벡터가 **일정한 비율로 변화한**

다. 더욱 일반적으로 뉴턴의 제2 법칙은 어느 순간에 작용하는 알짜힘과 그 순간의 순간 가속도 사이의 관계이다.

순간 가속도가 무엇을 의미하는가? 우선 시간 간격 Δt 동안 **평균 가속도**average acceleration를 정의해보자.

$$\vec{\mathbf{a}}_{평균} = \frac{\vec{\mathbf{v}}_f - \vec{\mathbf{v}}_i}{t_f - t_i} = \frac{\Delta \vec{\mathbf{v}}}{\Delta t} \tag{3-13}$$

평균 가속도[식 (3-13)]와 평균 속도[식 (3-2)]의 두 정의식을 비교해보아라. 각각은 벡터양의 변화를 그 변화가 일어난 시간 간격으로 나눈 것이다. 각각은 시간 간격이 다르면 값이 달라진다. 벡터 방정식[식 (3-13)]을 성분으로 표현할 수도 있다.

$$a_{평균,x} = \frac{\Delta v_x}{\Delta t}, \qquad a_{평균,y} = \frac{\Delta v_y}{\Delta t} \tag{3-14}$$

순간 가속도instantaneous acceleration를 구하기 위해서는 매우 짧은 시간 동안의 평균 가속도를 계산한다.

순간 가속도의 정의

$$\vec{\mathbf{a}} = \lim_{\Delta t \to 0} \frac{\Delta \vec{\mathbf{v}}}{\Delta t} \tag{3-15}$$

($\Delta \vec{\mathbf{v}}$는 매우 짧은 시간 Δt 동안 속도의 변화이다.)

시간 간격 Δt는 이 시간 동안 가속도 벡터를 일정한 것으로 다룰 수 있을 만큼 충분히 작아야 한다. 순간 속도처럼, 순간을 항상 반복해서 사용하지는 않을 것이다. 곧 형용사가 없는 가속도는 순간 가속도를 의미한다. 성분 형태로 쓰면 다음과 같다.

$$a_x = \lim_{\Delta t \to 0} \frac{\Delta v_x}{\Delta t}, \qquad a_y = \lim_{\Delta t \to 0} \frac{\Delta v_y}{\Delta t} \tag{3-16}$$

개념형 보기 3.5

속도가 느려질 때 가속도의 방향

데이먼은 스쿠터를 타고 $-x$-축 방향으로 운동한다. 그는 정지 신호를 보고 '감속'한다. 이 스쿠터의 가속도 성분 a_x는 양수인가, 음수인가? 가속도 벡터는 어느 방향인가? 스쿠터에 작용하는 알짜힘은 어느 방향인가? v_x가 어떻게 변하는지를 설명하기 위해 $v_x(t)$ 그래프를 스케치하여라.

전략 및 풀이 감속이라는 용어는 과학 용어가 아니다. 일상에서는 스쿠터의 속도가 느려지는 것을 의미한다. 곧 스쿠터의 속도의 크기가 감소하는 것이다. 가속도 벡터는 $\vec{\mathbf{v}}$의 변화와 같은 방향이다.

데이먼은 속도를 줄이고 있기 때문에 $\Delta \vec{\mathbf{v}}$의 방향은 $\vec{\mathbf{v}}$와 반

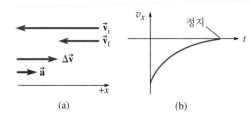

그림 3.22 (a) 스쿠터가 속력을 줄이면서 왼쪽으로 움직일 때 서로 다른 두 시간에서의 속도 벡터. 속도의 변화 $\Delta \vec{\mathbf{v}} = \vec{\mathbf{v}}_f - \vec{\mathbf{v}}_i$은 오른쪽이다. 가속도 $\vec{\mathbf{a}}$는 $\Delta \vec{\mathbf{v}}$와 같은 방향이다. (b) v_x 음(−)의 값으로 시작하여 0이 될 때까지 증가하는 것을 보여주는 $v_x(t)$ 그래프.

대 방향이다(그림 3.22a). 가속도 벡터는 $\Delta \vec{\mathbf{v}}$의 방향(+x-방향)

과 같다. 그러므로 a_x는 양(+)의 값이며, $\vec{a}$는 $+x$-방향이다. 뉴턴의 제2 법칙으로부터, $\Sigma\vec{F}$도 $+x$-방향이다.

v_x는 음(−)의 값으로 시작하고(데이먼은 $-x$-축 방향으로 움직이므로) 크기가 감소하여(속도를 줄이고 있기 때문) 정지할 때 0이 된다는 것을 알고 있다. 대략적인 그래프가 그림 3.22b에 나타나 있다. (정확한 모양을 결정하기 위한 충분한 정보가 없다.)

검토 데이먼이 $-x$-축 방향으로 움직여서 v_x가 음(−)의 값인 경우에 대해 생각해보자. 그는 v_x의 절댓값이 더 작아지도록 속도가 느려지고 있다. 음수의 크기를 줄이기 위해서는 양수를 더해야 한다. 그러므로 v_x의 변화는 양수이고($\Delta v_x > 0$), a_x는 양수이다.

실전문제 3.5　앞으로 나아가기

데이먼이 정지 신호에서 출발하여 $-x$-축 방향으로 속력을 점점 증가시킨다. a_x의 부호는 무엇인가? $\vec{a}$의 방향은 어느 쪽인가? 스쿠터에 작용하는 알짜힘은 어떤 방향인가? 운동도해를 스케치하여라.

속도와 가속도의 방향 해석　물체가 x-축을 따라 운동하는 경우를 가정한 보기 3.5를 일반화해보자. 알짜힘이 속도의 방향과 같을 때, 물체는 속력이 증가한다. 성분으로 보면, v_x와 a_x가 모두 양(+)의 값이라면 물체는 $+x$-방향으로 운동하고 속력은 증가한다. 만일 둘 다 음의 값이라면, $-x$-방향으로 운동하며 속력은 증가한다.

알짜힘과 속도가 반대 방향으로 향할 때, 그 x-성분들이 반대 부호이면 물체의 속력은 감소한다. v_x는 양(+)의 값이고 a_x가 음(−)의 값이라면, 물체는 $+x$-방향으로 운동하고 속력은 감소한다. 만일 v_x는 음(−)의 값이고 a_x가 양(+)의 값이라면, 물체는 $-x$-방향으로 운동하고 속력이 감소한다.

직선상의 운동에서 가속도는 항상 속도와 같은 방향이거나 반대 방향이다. 보기 3.6에서처럼 방향이 바뀌는 운동에서 가속도가 항상 속도와 같은 선상에 있지는 않다.

✓ **살펴보기 3.3A**

비행기 네 대가 처음에는 모두 200 m/s로 남쪽으로 날아간다. 10분 후 비행기 A는 200 m/s로 남쪽으로, 비행기 B는 200 m/s로 동쪽으로, 비행기 C는 300 m/s로 남쪽으로, 비행기 D는 200 m/s로 북쪽으로 날아간다. 네 대의 비행기를 평균 가속도의 크기 $|\vec{a}_{평균}|$이 감소하는 순서로 나열하여라.

보기 3.6

스케이트 타고 언덕 오르기

인라인스케이트 선수가 8.94 m/s의 속력으로 수평한 길을 달리고 있다. 120.0 s 후 그녀는 경사각이 15.0°인 긴 언덕길을 7.15 m/s의 속력으로 올라간다. (a) 그녀의 속도 변화는 얼마인가? (b) 120.0초 동안 그녀의 평균 가속도는 얼마인가?

전략　속도 변화는 1.79 m/s(≒ 8.94 m/s − 7.15 m/s)가 아

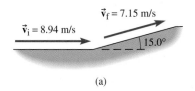

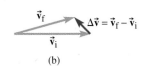

그림 3.23 (a) 스케이트를 타고 언덕을 오를 때의 속도 변화. (b) 속도 벡터의 기하학적 뺄셈.

니다. 이것은 속력의 변화이다. 속도의 변화는 나중 속도 벡터에서 처음 속도 벡터를 빼야 한다. 우선 그래프를 그리고 성분 방법을 이용한다. 평균 가속도는 속도의 변화를 경과한 시간으로 나눈 것이다.

풀이 (a) 그림 3.23a는 처음과 나중 속도 벡터 그리고 언덕의 경사를 보여주고 있다. 처음 속도는 수평 도로에서 스케이트를 타고 있으므로 수평 방향이다. 나중 속도는 수평보다는 15° 위쪽이다. 두 속도 벡터를 그림을 그려서 빼기 위해서는 두 벡터의 꼬리를 한 곳에 그린다. 속도의 변화 $\Delta\vec{v}$는 $\vec{v}_i$의 머리에서 $\vec{v}_f$의 머리로 화살을 그려서 구한다. 그림 3.23b에서 그림을 그려서 뺄셈을 한 것을 살펴보면, 속도의 변화는 대략 $-x$-축 위쪽 방향으로 45°이다. 크기는 처음과 나중 속도 벡터의 크기보다 작아서 2~3 m/s쯤 된다.

성분 v_{fx}와 v_{fy}는 직각삼각형으로 구할 수 있다(그림 3.24).

$$v_{fx} = v_f \cos\theta = 7.15 \text{ m/s} \times 0.9659 = 6.91 \text{ m/s}$$
$$v_{fy} = v_f \sin\theta = 7.15 \text{ m/s} \times 0.2588 = 1.85 \text{ m/s}$$

v_i는 x-성분만을 가지므로,

$$v_{iy} = 0, \quad v_{ix} = v_i = 8.94 \text{ m/s}$$

이다. $\Delta\vec{v}$의 성분을 구하기 위해 같은 성분끼리 빼면

$$\Delta v_x = v_{fx} - v_{ix} = (6.91 - 8.94) \text{ m/s} = -2.03 \text{ m/s}$$

그리고

$$\Delta v_y = v_{fy} - v_{iy} = (1.85 - 0) \text{ m/s} = +1.85 \text{ m/s}$$

이다. $\Delta\vec{v}$의 크기를 구하기 위해 피타고라스의 정리를 적용하면(그림 3.25)

$$(|\Delta\vec{v}|)^2 = (\Delta v_x)^2 + (\Delta v_y)^2 = (-2.03 \text{ m/s})^2 + (1.85 \text{ m/s})^2$$
$$= 7.54 \text{ (m/s)}^2$$
$$|\Delta\vec{v}| = 2.75 \text{ m/s}$$

이다. 각은 다음과 같이 구한다.

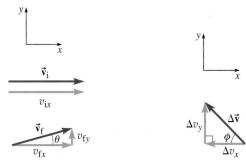

그림 3.24 처음과 나중 속도 벡터의 성분 분해.

그림 3.25 성분을 이용하여 $\Delta\vec{v}$를 재구성(임의 축척).

$$\tan\phi = \frac{\text{높이}}{\text{밑변}} = \left|\frac{\Delta v_y}{\Delta v_x}\right| = \frac{1.85 \text{ m/s}}{2.03 \text{ m/s}} = 0.9113$$

$$\phi = \tan^{-1} 0.9113 = 42.3°$$

속도 변화 $\Delta\vec{v}$의 방향은 $-x$-축 위로 42.3°이다.
(b) 평균 가속도의 크기는

$$|\vec{a}_{평균}| = \frac{|\Delta\vec{v}|}{\Delta t} = \frac{2.75 \text{ m/s}}{120.0 \text{ s}} = 0.0229 \text{ m/s}^2$$

이다. 평균 가속도의 방향은 $\Delta\vec{v}$의 방향과 같다. 곧 $-x$-축 위쪽 42.3°.

검토 그림 3.23b에서처럼 기하학적 뺄셈으로 다시 확인하면, $\Delta\vec{v}$의 크기는 대략 $\vec{v}$ 크기의 $\frac{1}{4}\sim\frac{1}{3}$ 정도인 것으로 보인다. $\frac{1}{4} \times 8.94 \text{ m/s} = 2.24 \text{ m/s}$, $\frac{1}{3} \times 8.94 \text{ m/s} = 2.98\text{m/s}$이므로, 2.75 m/s는 합리적인 답이다.

그림 3.23b는 $\Delta\vec{v}$의 방향이 대략 $+y$-축과 $-x$-축의 중간쯤이라는 것을 보여준다. 위에서 $\Delta\vec{v}$의 방향은 $-x$-축에서 위쪽으로 42.3°, $+y$-축으로부터는 47.7°이다. 따라서 계산한 방향은 기하학적 뺄셈에 비추어 보아 합리적이다.

실전문제 3.6 요트 속도의 변화

C&C 30 요트가 12.0 노트(6.17 m/s)로 항구를 가로질러 동쪽을 향해 운항한다. 돌풍이 불어와서 배의 방향이 동쪽에서 북쪽으로 11.0° 방향으로 바뀌었고 속력은 14.0 노트(7.20 m/s)로 증가했다. [요트의 속력은 전통적으로 시간당 해리 단위인 노트(knot)로 나타낸다. 1 해리(6076 ft)는 법정 마일(5280 ft)보다 약간 길다.] (a) m/s의 단위로 나타내면 요트의 속도 변화의 크기와 방향은 어떻게 되는가? (b) 2.0 s 동안 속도 변화가 발생했고, 요트의 질량은 3600 kg이라면, 이 시간 동안 요트에 작용한 평균 알짜힘은 얼마인가?

✓ 살펴보기 3.3B

직선상에서 운동하는 물체의 경우, 속도 벡터의 방향과 가속도 벡터의 방향을 비교하여라.

속도와 가속도의 기하학적 관계

속도와 가속도는 모두 변화율을 측정한 것이다. 곧 속도는 변위의 시간변화율이고 가속도는 속도의 시간변화율이다. 그러므로 그래프에서 가속도와 속도의 관계는 속도와 변위의 관계와 같다.

> a_x는 $v_x(t)$ 그래프의 기울기이고, Δv_x는 $a_x(t)$ 그래프의 아래 넓이이다.

그림 3.26은 스쿠터를 타고 속력을 줄이고 있는 데이먼의 $v_x{-}t$ 그래프를 보여준다. 그는 $-x$-방향으로 움직이므로, $v_x < 0$이고 속력은 감소하고 있다. 그러므로 $|v_x|$가 감소한다. 그래프에 접한 직선의 기울기는 그 순간의 a_x이다. 그림에 보인 3개의 접선은 a_x가 모두 양의 값(기울기가 양의 값)이고 일정하지 않음을 보여준다.

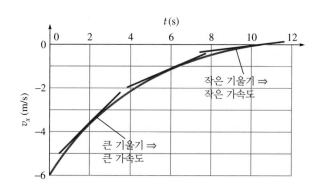

그림 3.26 $v_x{-}t$ 그래프에서, 데이먼이 정차하고 있을 때 v_x는 음(−)의 값이지만, a_x(기울기)는 양(+)의 값이다. v_x의 값은 증가하지만, 0보다 작은 값에서 시작하고 시간이 지남에 따라 0에 가까워지기 때문에 속력은 감소하고 있다. 표시된 3개의 접선의 기울기는 각각의 시각에서 순간 가속도를 나타낸다.

보기 3.7

스포츠카의 가속도

정지한 상태에서 출발한 어떤 스포츠카가 광고에서처럼 4.7초 동안 30.0 m/s까지 가속할 수 있다. 그림 3.27은 +x-방향으로 일직선의 길을 정지 상태에서 출발한 자동차의 v_x를 시간의 함수로 나타낸 그래프이다. (a) 속도가 0에서 30.0 m/s까지 가속되는 동안 스포츠카의 평균 가속도는 얼마인가? (b) 스포츠카의 최대 가속도는 얼마인가? (c) $t = 0$에서 $t = 19.1$ s까지(스포츠카가 60.0 m/s에 도달했을 때) 스포츠카의 변위는 얼마인가? (d) 전체 19.1초 동안 스포츠카의 평균 속도는 얼마인가?

전략 (a) 평균 가속도를 구하기 위해서는 속도 변화를 그동안 소요된 시간으로 나눈다. (b) 속도 그래프의 기울기가 순간 가속도이므로, 그래프에서 기울기가 가장 가파른 곳이 최대 가속도인 순간이다. 이 시점에서 속도는 가장 빠르게 변하고 있다. 최대 가속도가 조기에 발생할 것으로 예상한다. 곧, 가속도의 크기는 속도가 커질수록 감소해야 한다. 스포츠카는 언젠가는 최대 속도에 도달한다. (c) 변위 Δx는 $v_x(t)$ 그래프의 아래 넓이에 해당한다. 그래프는 삼각형이나 사각형 같이 단순한 모양이 아니므로 넓이는 추정해야 한다. (d) 일단

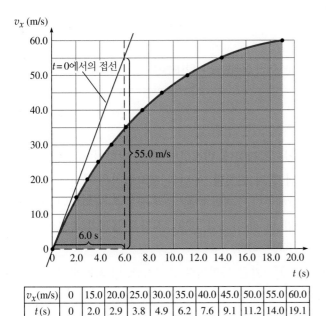

v_x(m/s)	0	15.0	20.0	25.0	30.0	35.0	40.0	45.0	50.0	55.0	60.0
t (s)	0	2.0	2.9	3.8	4.9	6.2	7.6	9.1	11.2	14.0	19.1

그림 3.27 스포츠카의 $v_x(t)$ 데이터와 그래프.

변위를 얻으면 평균 속도의 정의를 적용할 수 있다.

주어진 조건: 그림 3.27의 $v_x(t)$ 그래프

구할 값: (a) $v_x = 0$에서 30 m/s까지의 $a_{평균,x}$ (b) a_x의 최댓값, (c) $v_x = 0$에서 60.0 m/s까지의 Δx, (d) $t = 0$에서 19.1초까지의 평균 속도 $v_{평균,x}$

풀이 (a) 차가 정지한 상태에서 출발했으므로 $v_{xi} = 0$이다. 주어진 표를 보면 스포츠카는 $t = 4.9$ s일 때 $v = 30.0$ m/s이다. 이 시간 동안 평균 가속도는

$$a_{평균,x} = \frac{\Delta v_x}{\Delta t} = \frac{30.0 \text{ m/s} - 0 \text{ m/s}}{4.9 \text{ s} - 0 \text{ s}} = 6.1 \text{ m/s}^2$$

이다. 곧, 이 시간 동안 평균 가속도는 $+x$-방향으로 6.1 m/s^{2}이다.

(b) 임의의 순간에서 가속도 성분 a_x는 그 시각의 $v_x(t)$ 그래프의 접선의 기울기이다. 최대 가속도를 구하기 위해서는 기울기가 가장 가파른 곳을 찾아야 한다. 이 경우 기울기가 가장 큰 시간은 자동차가 출발한 순간인 $t = 0$이다. 그림 3.27에서, $t = 0$일 때 $v_x(t)$ 그래프의 접선은 $t = 0$을 지나간다. 접선의 기울기를 계산하기 위해 수평축과 수직축 값의 변화를 그래프에서 읽는다. 접선은 그래프상의 두 점 $(t = 0, v_x = 0)$와 $(t = 6.0 \text{ s}, v_x = 55.0 \text{ m/s})$을 지나므로, 시간이 6.0초 변하는 동안 속도는 55 m/s로 변한다. 이 직선의 기울기는

$$a_x = \frac{\text{수직축 변화}}{\text{수평축 변화}} = \frac{55.0 \text{ m/s} - 0 \text{ m/s}}{6.0 \text{ s} - 0 \text{ s}} = +9.2 \text{ m/s}^2$$

이다. 최대가속도는 $+x$-방향으로 $+9.2$ m/s^{2}이다.

(c) Δx는 그림 3.27에서 $v_x(t)$ 그래프의 아래 색칠된 부분의 넓이이다. 넓이는 곡선 아래의 격자 사각형의 수를 헤아려서 구할 수 있다. 각 사각형은 높이가 5.0 m/s이고, 너비가 2.0 s이므로, 각 "넓이(변위)"는 10 m이다. 곡선 아래의 사각형 수를 헤아릴 때 곡선 바로 아래에 부분적으로 색이 칠해진 사각형은 부분적으로 추산해야 한다. 결론적으로 곡선 아래에는 약 75개의 사각형이 있으므로 변위는 $\Delta x = 75 \times 10 \text{ m} = 750$ m 이다. 스포츠카는 일직선상으로 움직이고 방향이 변하지 않으므로, 이동한 거리는 750 m이다. (d) 19.1초 동안 평균 속도는 x-방향의 성분과 같다.

$$v_{평균,x} = \frac{\Delta x}{\Delta t} = \frac{750 \text{ m}}{19.1 \text{ s}} = 39 \text{ m/s}$$

검토 시간 함수로 표시한 속도 그래프는 종종 문제를 푸는 데 큰 도움이 된다. 문제에 그래프가 주어져 있지 않다면, 대략적으로 그려보는 것이 도움이 된다. $v_x(t)$ 그래프는 한번에 변위, 속도, 가속도를 보여준다. 곧 속도 v_x는 그래프의 한 점으로 주어지며, 변위 Δx는 그래프 아래의 넓이이며, 가속도 a_x는 곡선의 기울기이다.

왜 평균 속도가 39 m/s인가? 왜 처음 속도(0 m/s)와 나중 속도(60 m/s)의 절반이 아닌가? 가속도가 일정하다면 평균 속도는 $\frac{1}{2}(0 + 60 \text{ m/s}) = 30$ m/s이 될 것이다. 실제 평균 속도는 이보다 약간 크다. 이는 처음에 가속도가 가장 크므로, (상대적으로) 느리게 간 시간은 짧고 빠르게 간 시간이 길기 때문이다. 속력은 4.9초 동안은 30 m/s보다 작지만, 나머지 14.2초 동안은 30 m/s보다 크다.

실전문제 3.7 자동차 정지시키기

한 학생이 남동쪽을 향해 곧게 난 도로에서 자동차로 24 m/s의 속도로 자동차로 주행하던 중에 길을 건너는 사슴을 발견하였다. 그때 브레이크를 밟아서 자동차를 완전히 정지시키기까지 8초가 걸렸다. 차가 감속되는 동안 브레이크가 작동한 시간에 따른 속도의 변화를 기록했다. 남동쪽을 $+x$-축으로 잡고 $v_x{-}t$의 그래프를 그리고, (a) 자동차가 정지하기까지의 평균 가속도와 (b) $t = 2.0$ s에서 순간 가속도를 구하여라.

v_x (m/s)	24	17.3	12.0	8.7	6.0	3.5	2.0	0.75	0
t (s)	0	1.0	2.0	3.0	4.0	5.0	6.0	7.0	8.0

큰 알짜힘 ⇒
큰 가속도

작은 알짜힘 ⇒
작은 가속도

그림 3.28 야구공의 가속도는 그것에
작용하는 알짜힘에 비례한다.

과연 사자가 물소를
따라 잡을 수 있는가?

살펴보기 3.3C

v_x-t 그래프에서 접선의 기울기는 어떤 물리량을 나타내는가?

질량이란 무엇인가?

물체의 가속도는 그것에 작용하는 알짜힘에 비례하며 같은 방향이다(그림 3.28).
알짜힘이 클수록 속도 벡터는 더 빨리 변한다. 뉴턴의 제2 법칙은 가속도가 물체
의 질량에 반비례한다는 것을 말해준다. 2개의 다른 물체에 같은 알짜힘이 작용하
면 질량이 더 큰 물체의 가속도가 더 작다(그림 3.29). 질량은 물체가 속도의 변화
에 저항하는 양인 물체의 관성의 척도이다.

일상생활 용어에서 질량과 무게는 가끔 동의어로 쓰이지만, 질량과 무게는 물리
적 특성이 다르다. 물체의 **질량**^mass은 그 물체의 관성이지만, **무게**^weight는 물체에 작
용하는 중력의 크기이다. 달에 셔플보드 퍽을 가지고 가는 경우를 생각해보자. 달의
중력장은 지구보다 작기 때문에 퍽의 무게는 더 작고, 퍽을 그 자리에 있게 하기 위
해 필요한 수직항력도 더 작다. 반면에 퍽의 고유한 특성인 질량은 같다. 마찰을 무
시한다면 달에서 셔플보드 경기를 하는 우주인은 퍽이 같은 가속도를 갖도록 하기
위해서 지구에서와 같은 수평력을 작용해주어야 한다(그림 3.30).

이 장의 첫머리에서 '아프리카의 사자가 어떻게 물소를 잡을 수 있을까?' 하는
질문을 했다. 사자와 물소가 최고 속력은 같다 하더라도 사자는 물소보다 훨씬 더
빨리 가속할 수 있다. 정지 상태에서 출발하여 최고 속력에 도달할 때까지 걸리는
시간이 물소가 더 오래 걸린다. 반면에 사자는 체력이 훨씬 약하다. 물소가 최고 속
력에 도달하면, 사자보다 그 속력을 더 오랫동안 유지할 수 있다. 따라서 물소는 몰
래 접근하는 사자가 공격하기 직전에 아주 가까이에 있지 않다면 사자의 공격을 피할
수 있다.

여러 가지 생리학적인 차이로 사자는 물소보다 더 큰 가속도를 낼 수 있지만, 그
중 한 가지 요인은 분명하다. 곧 아프리카 사자의 질량은 150~250 kg으로, 전형적
인 물소의 약 1/3 정도에 불과하다는 점이다. 주어진 알짜힘으로 낼 수 있는 가속도

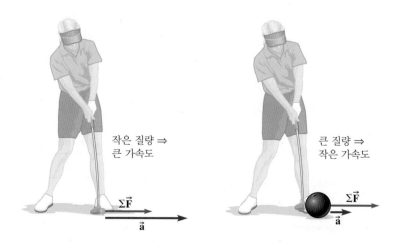

작은 질량 ⇒
큰 가속도

큰 질량 ⇒
작은 가속도

그림 3.29 서로 다른 두 물체에 같은
알짜힘이 작용하면 질량에 반비례하는
가속도가 생긴다.

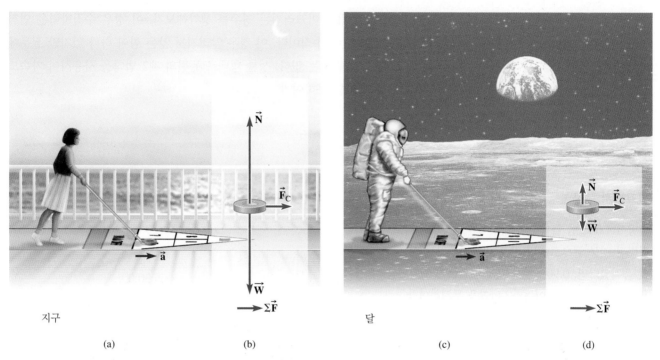

지구 (a)　　　　　　(b)　　　　　　달 (c)　　　　　　(d)

그림 3.30 지구(a)와 달(c)에서 셔플보드 게임을 하고 있는 우주비행사. 지구(b)와 달(d)에서, 마찰이 없는 코트에서 같은 미는 힘($\vec{F}_C$)이 주어졌을 때 질량이 m인 퍽의 자물도. 퍽의 질량이 같고 알짜힘이 같으므로 퍽의 가속도는 같다.

는 질량에 반비례하므로, 같은 가속도를 내게 하려면 물소의 다리 근육은 사자 근육에 비해 3배의 힘을 낼 수 있어야 한다.

3.4 뉴턴 법칙의 응용 APPLYING NEWTON'S LAWS

뉴턴의 제2 법칙이 적용되는 대부분의 문제는 다음과 같이 단계별로 푸는 것이 좋다.

뉴턴 법칙에 의한 문제풀이 전략

- 어떤 물체(또는 물체들의 계)에 뉴턴의 제2 법칙을 적용할 것인지를 결정하여라.
- 각 물체에 작용하는 외력을 모두 찾아라.
- 상호작용 짝의 크기와 방향을 연계하기 위해 뉴턴의 제3 법칙을 사용하여라.
- 물체에 작용하는 모든 힘을 보여주기 위해 각 물체의 자물도를 그려라.
- 좌표계를 선택하여라. 만일 알짜힘의 방향이 알려져 있으면, 알짜힘(그리고 가속도)의 방향이 좌표축 중 하나와 일치하도록 택하여라.
- 힘을 벡터로 더하여 알짜힘을 구하여라.
- 알짜힘으로부터 가속도를 구하기 위해 뉴턴의 제2 법칙을 사용하여라.
- 주목하는 시간 동안의 가속도로부터 속도 벡터의 변화를 구하여라.

블록이 경사면 아래로 미끄러지는 경우를 생각해보자. 이 경우 수직항력은 연직 방향이 아니고 경사면에 수직이다. 이 경우 알려지지 않은 힘이 하나 있지만 질문에 답하는 데 그것을 알 필요는 없다. 성분 형태로 뉴턴의 제2 법칙을 사용하여 가속도를 구하고, 속도 변화를 구하여라.

보기 3.8

미끄러지는 블록

질량이 1.0 kg인 블록이 수평면에 대해 30.0° 각도로 경사진 결빙된 지붕 끝으로 미끄러져 내려온다. 블록이 정지 상태에서 움직였다면, 0.90초 후 지붕 처마 끝에 도달했을 때 블록은 얼마나 빨리 움직이는가? 마찰을 무시하여라.

전략 우선 자물도를 그려 블록에 작용하는 힘을 나타내어라. 이후 좌표축을 선택한다. 블록의 가속도는 지붕의 경사면 방향을 향한다. 곧, 경사면에 수직한 속도 성분은 항상 0이다. 가속도의 방향을 x-축으로 선택하며, 이는 블록이 미끄러지는 방향과 같고 지붕과 평행하다. 그러면 y-축은 지붕과 수직하다. 다음으로 뉴턴의 제2 법칙을 쓰고 힘을 성분으로 분해하여 방정식을 푼다.

풀이 그림 3.31a에서, $\vec{W}$는 블록에 작용하고 있는 중력이고, $\vec{N}$은 지붕이 블록에 작용하는 수직항력이다. 블록에 작용하는 중력은 x-와 y-성분(그림 3.31b)으로 분해해야 하며, 이 성분들을 자물도에 표시할 수 있다(그림 3.34c).

마찰을 무시하면, 지붕은 블록에 x-방향으로 어떤 힘도 가하지 않는다. 중력만 x-성분을 가진다. 곧, $W_x = mg \sin 30.0°$. 뉴턴 제2 법칙으로부터

$$\sum F_x = mg \sin 30.0° = ma_x$$

이다. a_x에 대해 풀면,

$$a_x = g \sin 30.0°$$

이제 가속도를 알고 있으므로, 나중 속도를 구할 수 있다.

$$\Delta v_x = v_{fx} - v_{ix} = a_x \Delta t$$

$\Delta t = 0.90$ s와 $v_{ix} = 0$을 대입하고 v_{fx}를 구하면,

$$v_{fx} = v_{ix} + a_x \Delta t$$
$$= 0 + 9.80 \text{ m/s}^2 \times \sin 30.0° \times 0.90 \text{ s} = 4.4 \text{ m/s}$$

이다. 블록은 30.0° 기울어진 지붕 끝을 향해 4.4 m/s로 운동하고 있다.

검토 이 문제에서는 힘의 y-성분에 대해 뉴턴 제2 법칙을 적용할 필요는 없었다. 그렇게 하면 수직항력을 얻을 수 있는다. 만약 지붕에 마찰이 있다면, 운동마찰력을 계산하기 위해 수직항력을 구할 필요가 있다.

실전문제 3.8 **미끄러지는 블록에 작용하는 마찰 효과**

운동마찰계수가 0.20이라고 가정하고 보기 3.8을 다시 풀어 보아라.

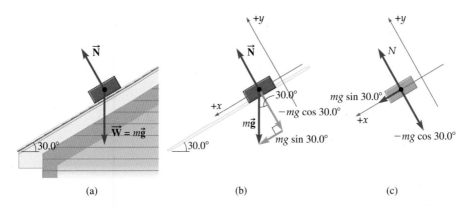

(a) (b) (c)

그림 3.31 (a) 결빙된 지붕 끝으로 미끄러지는 블록에 작용하는 힘. (b) 무게를 성분으로 분해하기. (c) 무게를 x-와 y-성분으로 대체한 자물도.

연결된 물체들 때로는 두 개 이상의 물체들이 서로 연결되어 있어서 같은 가속도를 가질 수 밖에 없는 경우도 있다. 보기 3.9는 기관차가 5개의 화물칸을 끌고 가는 것을 보여준다. 화물칸 사이의 거리가 일정하게 유지되도록 연결되어 있으므로, 어느 순간에나 화물칸은 같은 속도로 움직인다. 그렇지 않다면 화물칸 사이의 거리는 변한다. 속도들이 모두 일정할 필요는 없지만 만일 변한다면 모두가 같은 방식으로 변해야 한다. 이는 어느 순간에나 화물칸의 가속도가 모두 같다는 것을 의미한다.

보기 3.9

첫 번째와 마지막 화물칸 연결장치에 작용하는 힘

동일한 화물칸 5량을 연결한 기관차는 직선 수평 선로를 따라 역에서 빠져나온다. 각 화물칸의 무게는 90.0 kN이다. 열차는 출발 5분 이내에 15.0 m/s의 속력에 도달한다. 이 시간 동안 기관차는 일정한 힘으로 끌고 있다고 가정하면, 화물칸 사이의 연결장치가 첫 번째와 마지막 화물칸에 작용하여 앞으로 끄는 힘의 크기는 얼마인가? 공기저항과 화물칸에 작용하는 마찰력은 무시하여라.

전략 그림 3.32는 상황을 개괄적으로 보여준다. 첫 번째 연결장치가 작용하는 힘을 구하기 위해 화물칸 5량을 하나의 계로 생각하면 화물칸 사이에 작용하는 힘에 대해서는 생각할 필요가 없다. 뉴턴 제3 법칙에 따라 이런 내부력들의 합은 0이 되기 때문이다. 예를 들어 화물칸 1이 화물칸 2를 당기고 화물칸 2가 동일한 힘으로 반대 방향의 화물칸 1을 당기므로, 두 힘을 더하면 0이 된다. 화물칸 5량으로 구성된 계에 작용하는 유일한 외부력은 수직항력, 중력 그리고 첫 번째 연결장치의 당기는 힘이다. 다섯 번째 연결장치가 가하는 힘을 구하기 위해서는 5개 화물칸을 하나의 계로 생각한다. 각각의 경우에서 우선 계를 식별하고, 자물도를 그리고, 좌표계를 선택한 다음 뉴턴의 제2 법칙을 적용한다.

앞에서 설명한 것처럼 기관차와 화물칸은 어느 순간에나 동일한 가속도를 가져야 한다. 기관차가 일정한 힘으로 당기므로 가속도는 일정할 것이다. 처음 및 나중 속도와 경과 시간으로부터 가속도를 계산할 수 있다.

풀이 첫 번째 연결장치의 장력 T_1을 구하기 위해 5량의 화물칸을 하나의 계로 생각하자. 그림 3.33은 화물칸 1부터 화

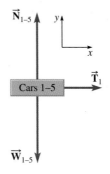

그림 3.33 화물칸 1에서 5까지로 구성된 계의 자물도(기관차 제외). 외부력만 보여주고 있다.

물칸 5까지를 하나의 물체로 간주한 것에 대한 자물도를 보여준다. 열차가 움직이는 방향을 x-축, 위쪽 방향을 y-축으로 선택하자. 열차가 x-축을 따라 움직이므로, 가속도 벡터는 x-축 방향이다. 그러므로 $a_y = 0$이다. 뉴턴의 제2 법칙의 y-성분을 이용하면, 수직력의 합은 0이다.

$$\sum F_y = Ma_y = N_{1-5} - W_{1-5} = 0$$

유일한 외부 수평력은 첫 번째 연결장치의 장력이 가하는 힘은 $\vec{T}_1$이다. 문제의 조건에 따라 이 힘은 일정하므로, 가속도 a_x는 일정하다.

$$\sum F_x = T_1 = Ma_x$$

계의 질량 M은 화물칸 1량의 질량의 5배이다. 화물칸 1량의 질량은 주어져 있다($W = 90.0$ kN $= 9.00 \times 10^4$ N). 질량과 무게의 관계로부터 $W = mg$, 화물칸 1량의 질량 $m = W/g$이므로, 화물칸 5량의 질량은 $M = 5W/g$이다.

열차의 일정한 가속도는

$$a_x = \frac{\Delta v_x}{\Delta t} = \frac{v_{fx} - v_{ix}}{t_f - t_i} = \frac{15.0 \text{ m/s} - 0}{300 \text{ s} - 0} = 0.0500 \text{ m/s}^2$$

그림 3.32 동일한 화물칸 5량을 끄는 기관차. 전체 열차는 오른쪽으로 일정한 가속도 $\vec{a}$로 가속되고 있다.

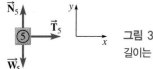

그림 3.34 화물칸 5에 대한 자물도. (벡터의 길이는 그림 3.33과 동일한 축척이 아니다.)

이다. 그러므로

$$T_1 = Ma_x = \frac{5W}{g} \times \frac{\Delta v_x}{\Delta t} = \frac{5 \times 9.00 \times 10^4 \text{ N}}{9.80 \text{ m/s}^2} \times \frac{15.0 \text{ m/s}}{300 \text{ s}}$$

$$= 2.30 \text{ kN}$$

이다.

이제 다섯 번째 화물칸을 생각해보자. 마찰 및 공기저항을 무시한다면, 작용하고 있는 외부력은 다섯 번째 화물칸에 장력이 가하는 힘 $\vec{T}_5$, 수직항력 $\vec{N}_5$, 중력 $\vec{W}_5$이다. 이는 자물도는 그림 3.34에 나타나 있다. $\vec{N}_5 + \vec{W}_5 = 0$이므로 알짜힘은 $\vec{T}_5$뿐이다. 뉴턴의 제2 법칙으로부터

$$\sum F_x = T_5 = ma_x = \frac{W}{g} a_x$$

$$T_5 = \frac{W}{g} \times \frac{\Delta v_x}{\Delta t} = \frac{9.00 \times 10^4 \text{ N}}{9.80 \text{ m/s}^2} \times \frac{15.0 \text{ m/s}}{300 \text{ s}} = 459 \text{ N}$$

이다.

검토 같은 가속도와 다른 질량을 가진 두 계(화물칸 1부터 화물칸 5까지 모두 5량)를 생각했다. 기대한 것과 같이, 알짜힘은 질량에 비례한다. 곧 5량의 화물칸에 작용하는 알짜힘은 1량의 화물칸에 작용하는 알짜힘의 5배이다.

이 문제에 대한 풀이는 뉴턴의 제2 법칙을 각각의 화물칸에 적용하는 것보다는 5량의 화물칸으로 구성된 하나의 계에 적용할 때 훨씬 간단하다. 비록 화물칸을 개별 물체로 보고 문제를 해결할 수 있지만, 첫 번째 연결장치의 장력을 구하기 위해서는 5개의 자물도(각 화물칸에 하나씩)를 그리고, 뉴턴의 제2 법칙을 5번 적용해야 한다. 왜냐하면 다섯 번째 화물칸을 제외한 각 화물칸은 양쪽 연결장치에 서로 다른 장력이 작용하기 때문이다. 그래서 다섯 번째 연결장치의 장력을 먼저 구하고, 네 번째, 세 번째 순으로 장력을 구해야 한다.

실전문제 3.9 첫 번째와 두 번째 화물칸 사이의 연결장치에 작용하는 힘

첫 번째와 두 번째 화물칸 사이의 연결장치가 두 번째 화물칸을 앞으로 당기는 힘은 얼마인가? (힌트: 두 가지 방법을 시도해보아라. 그중 하나는 첫 번째 화물칸에 대한 자물도를 그리고, 뉴턴의 제2 법칙뿐만 아니라 제3 법칙을 적용하는 것이다.)

운동하는 물체에 연결된 줄의 장력 보기 3.10은 이상적인 줄로 연결된 두 물체를 다룬다. 가속도가 0이 아니더라도 이상적인 줄의 질량은 0이기 때문에 줄에 작용하는 알짜힘은 0이다. 그러므로 만일 $m = 0$이면 $\sum\vec{F} = m\vec{a} = 0$이다. 그 결과 양 끝 사이의 줄에 외력이 작용하지만 않으면 줄 양 끝의 장력은 같다(그림 3.35a). 이상적인 도르래를 통과하는 이상적인 줄은 양쪽 끝에서 같은 장력을 가진다. 도르래는 줄

그림 3.35 (a) 가속도 $\vec{a}$를 가지는 이상적인 줄에 대한 자물도. x-축을 따라 뉴턴의 제2 법칙을 적용하면, 곧 $\sum F_x = T_1 - T_2 = ma_x$이면 이상적인 줄의 질량은 $m = 0$이므로, $T_1 = T_2$이다. 양 끝에서 장력은 동일하다. (b) 이상적인 도르래 위를 지나가는 이상적인 줄과 도르래 꼭대기에서 줄의 짧은 선분에 대한 자물도. 수평 방향을 x-축으로 잡으면, 수직항력은 x-성분을 가지지 않는다. x-축을 따라 뉴턴의 제2 법칙을 적용하면, 곧 $\sum F_x = T_1 \cos\theta - T_2 \cos\theta = ma_x$이면 $m = 0$이므로, $T_1 = T_2$이다. 도르래와 접촉하고 있는 줄의 모든 부분에 같은 논리를 적용할 수 있으므로, 이상적인 도르래 양쪽에서 장력이 같다는 것을 보일 수 있다.

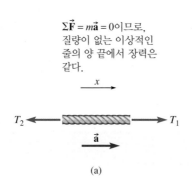

$\sum\vec{F} = m\vec{a} = 0$이므로, 질량이 없는 이상적인 줄의 양 끝에서 장력은 같다.

(a)

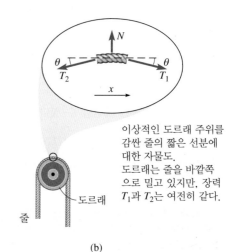

이상적인 도르래 주위를 감싼 줄의 짧은 선분에 대한 자물도. 도르래는 줄을 바깥쪽으로 밀고 있지만, 장력 T_1과 T_2는 여전히 같다.

(b)

의 일부에 외부력을 가하지만, 이 힘은 줄의 어디에서나 줄에 수직이다. 그림 3.35b
에서 보듯이, 줄의 접선 방향 성분을 가지고 있지 않은 외력은 줄의 장력에 영향을
주지 않는다.

도르래에 매달려 있는 2개의 블록

그림 3.36에서 2개의 블록이 늘어나지
않는 이상적인 줄로 연결되어 있다. 그
리고 줄은 이상적인 도르래에 걸쳐 있
다. 만일 $m_1 = 26.0\,\text{kg}$이고 $m_2 = 42.0\,\text{kg}$
이라면, 각 블록의 가속도와 줄의 장력
은 얼마인가?

전략 m_2가 m_1보다 크기 때문에 아래
방향의 중력은 왼쪽보다 오른쪽이 더
크다. 따라서 블록 2의 가속도는 아래
방향이고 블록 2의 가속도는 위 방향임
을 예측한다.

그림 3.36 질량이 없
고 늘어나지 않는 줄 양
끝에 매달려 있는 두 개
의 블록. 마찰이 없는
도르래에 걸쳐 있다.

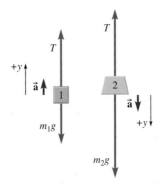

그림 3.37 힘 크기가 표시되어
매달려 있는 블록들의 자물도. 각
자물도 옆에 알짜힘이 가속도의
방향이 되도록 가속도 벡터를 그
린다. 하지만 가속도 벡터는 자물
도의 일부분이 아니다(다른 힘들
에 추가되어야 할 새로운 힘이 아
니다).

줄이 늘어나지 않으므로 블록 1과 2는 어느 순간에나 같은
속력으로 움직인다(반대 방향으로 운동). 그러므로 두 블록의
가속도는 크기가 같고 방향이 반대이다. 만일 다른 가속도를
갖는다면, 두 블록은 다른 속력으로 움직인다. 이러한 경우는
줄이 늘어나거나 줄어드는 경우에만 일어난다.

도르래와 줄의 질량은 무시하고 도르래가 마찰이 없이 회
전하므로, 줄의 장력은 줄의 어느 부분에서나 같다.

두 블록을 각기 다른 계로 간주하고, 각각에 대한 자물도를
그린 다음, 각각에 대해 뉴턴의 제2 법칙을 적용한다. 두 블
록의 가속도가 반대 방향이라는 것을 알고 있으므로 각각의
+y-방향을 반대로 잡는 것이 편리하다. 각 블록에 대해 +y-방
향을 그 블록의 가속도 방향으로 선택하자. 곧 m_1은 위 방향,
m_2는 아래 방향으로 선택한다. 그렇게 한다는 것은 두 블록
의 가속도 a_y가 모두 양으로 부호가 같고 크기가 같음을 의미
한다. (다른 방법으로 두 블록 모두에 대해 위 방향을 +y-방
향으로 선택할 수도 있다. 이 경우는 $a_{2y} = -a_{1y}$로 써야 할 것
이다. 어떤 접근 방법도 모두 타당하다.)

풀이 그림 3.37은 두 블록의 자물도를 보여준다. 각 블록에
작용하는 힘은 2개이다. 곧 중력과 줄이 당기는 힘 둘만이 작
용한다. 가속도 벡터는 자물도 옆에 그려져 있다. 그래서 알
짜힘의 방향을 바로 안다. 그것은 항상 가속도의 방향과 같기

때문이다. 블록 1의 가속도가 위 방향이기 위해서는 작용하
는 장력은 항상 $m_1 g$보다 커야 하며, 블록 2의 가속도가 아래
방향이므로 장력은 $m_2 g$보다 작아야 한다. +y-축은 각 블록의
가속도 방향으로 그렸다.

블록 1의 자물도에서, 줄이 당기는 힘은 +y-방향이고, 중력
은 −y-방향이다. 블록 1에 대한 뉴턴의 제2 법칙은

$$\sum F_{1y} = T - m_1 g = m_1 a_{1y}$$

이다. 블록 2의 경우, 줄이 당기는 힘은 −y-방향이고, 중력은
+y-방향이다. 뉴턴의 제2 법칙을 적용하면

$$\sum F_{2y} = m_2 g - T = m_2 a_{2y}$$

이다.

두 방정식에서 줄의 장력 T는 같다. 물론 a_{1y}와 a_{2y}도 같으
므로, 이를 간단히 a_y라고 쓰자. 그러면 2개의 미지수가 포함
된 2개의 방정식을 얻는다. 두 방정식을 더하면

$$m_2 g - m_1 g = m_2 a_y + m_1 a_y$$

을 얻는다. a_y에 대하여 풀면

$$a_y = \frac{(m_2 - m_1)g}{m_2 + m_1}$$

가 된다. 이 식에 수치를 대입하면

$$a_y = \frac{(42.0\,\text{kg} - 26.0\,\text{kg}) \times 9.80\,\text{N/kg}}{42.0\,\text{kg} + 26.0\,\text{kg}}$$
$$= 2.31\,\text{m/s}^2$$

이 된다. 이 과정에서 다음과 같은 단위환산을 하였다.

$$1\,\frac{\text{N}}{\text{kg}} = 1\,\frac{\text{kg}\cdot\text{m/s}^2}{\text{kg}} = 1\,\text{m/s}^2$$

두 블록은 같은 크기의 가속도를 가진다. 블록 1의 가속도는 위쪽을 가리키며, 블록 2의 가속도는 아래쪽을 가리킨다.

장력 T를 구하기 위해 두 방정식 중 하나의 식에 a_y에 대한 표현식을 대입할 수 있다. 첫 번째 방정식을 사용하면,

$$T - m_1 g = m_1\,\frac{(m_2 - m_1)g}{m_2 + m_1}$$

가 된다. 이 식을 T에 대하여 풀면

$$T = \frac{2m_1 m_2}{m_1 + m_2}\,g$$

가 된다. 수치를 대입하면 다음과 같다.

$$T = \frac{2 \times 26.0\,\text{kg} \times 42.0\,\text{kg}}{68.0\,\text{kg}} \times 9.80\,\text{N/kg} = 315\,\text{N}$$

검토 몇 가지 빠른 점검:

- a_y는 양(+)의 값이다. 이는 가속도가 가정한 방향이라는 것을 의미한다.
- 가속도가 반대 방향이므로, 장력(315 N)은 $m_1 g$(255 N)와 $m_2 g$(412 N) 사이에 있다.
- 단위와 차원이 모든 방정식에서 옳다.
- 특별한 경우에 대수적 표현을 직관적으로 점검해볼 수 있다. 예를 들어 질량이 같다면, 같은 중력이 두 블록을 당기므로 두 블록은 평형 상태(정지해 있거나 일정한 속도로 운동)에 매달려 있다고 예측할 수 있다. a_y와 T에 대한 표현식에 $m_1 = m_2$를 대입하면, 기대한 바와 같이 $a_y = 0$이고 $T = m_1 g = m_2 g$이다.

블록이 어느 방향으로 운동하는지는 알아내지 못했지만 가속도 방향은 찾았다. 블록이 정지 상태에서 출발했다면, 질량 m_2인 블록은 아래로 운동하고 질량 m_1인 블록은 위로 운동한다. 그러나 만일 처음에 m_2가 위쪽으로 움직이고 m_1은 아래쪽으로 운동한다면, 그들의 가속도가 속도와 반대 방향이므로 속력이 작아지면서 같은 방향으로 계속 운동한다. 결국 블록은 정지했다가 방향이 반전된다.

실전문제 3.10 **또 다른 점검**

보기 3.10에서 계산한 장력과 가속도 값을 사용하여 두 블록 각각에 대해 직접 뉴턴의 제2 법칙을 검증해보아라.

3.5 속도는 상대적이다; 기준틀
VELOCITY IS RELATIVE; REFERENCE FRAMES

상대론의 개념은 아인슈타인의 이론보다 수세기 전에 물리학에서 대두되었다. 오렘(Nicole Oresme, 1323~1382)은 한 물체의 운동은 어떤 다른 물체에 상대적으로만 알아차릴 수 있다고 적었다. 오늘날까지 암묵적으로 대부분의 경우에, 지표에 고정된 **기준틀** reference frame 에서 변위, 속도, 가속도를 측정할 수 있다고 가정해왔다. 곧, 원점을 지구 표면에 잡고 그 좌표축들이 지구 표면에 대하여 고정된 좌표틀을 선택하여 물리량을 측정해왔던 것이다. 상대 속도를 배우고 난 후 이 가정을 다시 한 번 살펴볼 것이다.

상대 속도

완다(W)가 일정한 속도로 선로를 따라서 달리고 있는 기차 객실의 통로를 걷고 있다고 가정하자(그림 3.38). "완다가 얼마나 빨리 걷고 있는가?"라는 질문을 생각해보자. 이 질문은 명확하지가 않다. 완다의 속력은 기차에 동승하여 자리에 앉아 있는 팀(T)이 측정한 것인가? 또는 철로 옆에 서서 기차가 지나가는 것을 바라보고 있는 그레그(G)가 측정한 것인가? 이 질문의 답은 관측자에 따라 다르다.

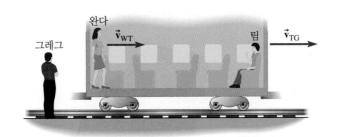

그림 3.38 객실 복도를 걸어가는 완다를 보고 있는 팀과 그레그. 팀에 대한 완다의 속도(기차에 대한 속도)는 $\vec{v}_{WT}$, 그레그에 대한 팀의 속도(지면에 대한 속도)는 $\vec{v}_{TG}$이다.

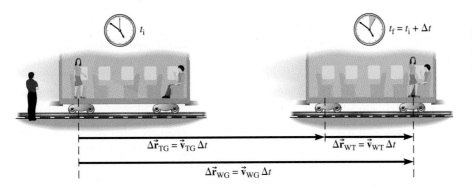

그림 3.39 지면에 대한 완다의 변위는, 기차에 대한 그녀의 변위와 지면에 대한 기차 변위의 합이다.

그림 3.39는 완다가 시간 Δt 동안에 기차 한쪽 끝에서 다른 쪽 끝으로 걸어가는 것을 보여준다. 팀이 측정한 완다의 변위, 곧 기차에 대한 변위는 $\Delta\vec{r}_{WT} = \vec{v}_{WT}\Delta t$이다. 이 시간 동안 지면에 대한 기차의 변위는 $\Delta\vec{r}_{TG} = \vec{v}_{TG}\Delta t$이다. 그레그가 측정할 때 완다의 변위는 기차에 대한 그녀의 운동에 의한 변위와 지면에 대한 기차의 운동에 의한 변위의 합이다. 그림 3.39는 $\Delta\vec{r}_{WT} + \Delta\vec{r}_{TG} = \Delta\vec{r}_{WG}$를 나타낸다. 이것을 시간 간격 Δt로 나누면 세 속도 사이의 관계를 얻는다.

$$\vec{v}_{WT} + \vec{v}_{TG} = \vec{v}_{WG} \qquad (3\text{-}17)$$

속도 벡터를 정확하게 더하기 위해서 첨자들을 속도 벡터가 더해질 때 곱해지는 분수라고 생각하여라. 이를테면 식 (3-17)에서 $\dfrac{W}{T} \times \dfrac{T}{G} = \dfrac{W}{G}$이므로 이 식은 옳다. 때때로, 첨자의 순서를 바꿀 필요가 있는데, 이는 방향을 반대로 한다. 예를 들면, 팀은 그레그에 대해 오른쪽으로 움직이고, 그레그는 팀에 대해 왼쪽으로 움직인다. 곧, $\vec{v}_{GT} = -\vec{v}_{TG}$.

응용: 조종사와 선원의 상대 속도 상대 속도는 항공기 조종사, 선원, 외항선 선장들의 실질적인 관심 대상이다. 항공기 조종사는 궁극적으로 이착륙 지점 등 지상의 고정된 점에 대한 비행기의 움직임에 관심이 있다. 하지만 항공기의 제어장치(엔진, 러더, 에일러론 및 스포일러)는 공기에 대한 항공기의 운동에 영향을 준다. 조종사는 공기에 대한 항공기의 속도인 대기 속력과 지면에 대한 항공기의 속도인 대지 속력을 사용한다. 항공기의 항로는 지면에 대한 항공기의 운동 방향이며, 반면에 항공기의 기수 방향은 공기에 대한 항공기의 운동 방향이다. 항공기의 기수가 가리키고 있는 방향은 항공기의 항로가 아니라 항공기의 기수 방향인 것이다.

선원은 배의 세 가지 다른 속도를 고려해야 한다. 곧 해안(입출항을 위해), 공기(돛의 역할을 위해), 물(방향타의 역할을 위해)에 대한 속도이다. 배의 선수 방향은 배의 운동 방향이며, 해류가 있는 경우 배의 항로와 선수 방향은 다르다. 항공기의 경우와 마찬가지로, 배가 가리키는 방향은 배의 항로가 아니라 선수 방향이다.

✓ 살펴보기 3.5

그림 3.38에서, 열차는 지면에 대해 18.0 m/s로 움직이고, 완다는 열차에 대해 1.5 m/s로 걸어가고 있다면, 완다는 (a) 그레그에 대해 그리고 (b) 팀에 대해 얼마나 빨리 움직이고 있는가?

보기 3.11

덴버에서 시카고까지의 비행

바람이 불지 않을 때 항공기는 덴버에서 시카고까지(1770 km) 4.4시간이 걸린다. 뒷바람이 부는 날에는 4.0시간이 걸린다. (a) 바람의 속력은 얼마인가? (b) 같은 속력의 맞바람이 부는 경우, 비행은 얼마나 걸리는가?

전략 두 경우 모두 항공기가 같은 대기 속력, 곧 공기에 대해 같은 속력을 가진다고 가정한다. 일단 항공기가 공중에 떠 있다면, 날개, 조종면 등의 역할은 공기가 얼마나 빠르게 움직이느냐에 좌우된다. 대지 속력은 무관하지만, 지상에 대한 변위에 관심이 있는 승객들에게는 무관하지 않다.

풀이 $\vec{v}_{PG}$와 $\vec{v}_{PA}$는 각각 지면(G)에 대한 항공기(P)의 속도와 공기에 대한 항공기 속도를 나타낸다. 지면에 대한 공기의 속도인 바람 속도는 $\vec{v}_{AG}$로 나타낸다. 그러므로 $\vec{v}_{PA} + \vec{v}_{AG} = \vec{v}_{PG}$이다. $\dfrac{P}{\cancel{A}} \times \dfrac{\cancel{A}}{G} = \dfrac{P}{G}$이므로, 방정식은 옳다. 바람이 없는 경우,

$$v_{PA} = v_{PG} = \frac{1770 \text{ km}}{4.4 \text{ h}} = 400 \text{ km/h}$$

이다.

(a) 뒷바람이 부는 날에는

$$v_{PG} = \frac{1770 \text{ km}}{4.0 \text{ h}} = 440 \text{ km/h}$$

이다. 바람이 부는 것과 상관없이 v_{PA}는 같을 것이다. 뒷바람이 부는 경우를 생각하므로, $\vec{v}_{PA}$와 $\vec{v}_{AG}$는 같은 방향이며, 그림 3.40처럼 이 방향을 +x-축으로 잡는다.

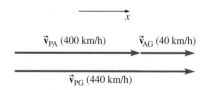

그림 3.40 뒷바람이 부는 경우 속도 벡터 더하기. 벡터의 길이는 축척이 적용되지 않는다.

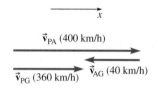

그림 3.41 맞바람이 부는 경우 속도 벡터 더하기. 벡터의 길이는 축척이 적용되지 않는다.

$$v_{PAx} + v_{AGx} = v_{PGx}$$

$$v_{AGx} = v_{PGx} - v_{PAx} = 440 \text{ km/h} - 400 \text{ km/h} = 40 \text{ km/h}$$

$v_{AGy} = 0$, 그래서 바람의 속력은 $v_{AG} = 40$ km/h이다.

(b) 40 km/h의 맞바람이 부는 경우, $\vec{v}_{PA}$와 $\vec{v}_{AG}$는 반대 방향이다(그림 3.41). 지면에 대한 항공기의 속도는

$$v_{PGx} = v_{PAx} + v_{AGx} = 400 \text{ km/h} + (-40 \text{ km/h}) = 360 \text{ km/h}$$

이다. 항공기의 대지 속력은 360 km/h이므로 여행 시간은

$$\frac{1770 \text{ km}}{360 \text{ km/h}} = 4.9 \text{ h}$$

이다.

검토 빠른 점검: 예상한 것처럼 여행은 바람이 없는 경우(4.4시간)보다 맞바람이 부는 경우(4.9시간)에 더 오래 걸린다.

실전문제 3.11 만을 가로질러 건너기

학교의 조정 팀에 합류하기 위해 연습 중인 자밀은 만의 북쪽 해안 쪽으로 친구의 선착장까지 3.6 km의 거리를 1인용 경주보트로 이동한다. 물이 정지해 있는 날(물이 흐르지 않는)에는 친구에게 도달하기까지 20분(1200초)이 걸린다. 물이 남쪽으로 흐르는 다른 날에 동일한 코스를 이동하려면 30분(1800초)이 걸린다. 공기저항은 무시하여라. (a) 초당 몇 미터의 속력으로 물은 흐르는가? (b) 같은 방향으로 물이 흐르는 경우 자밀이 집으로 돌아오는 데 얼마나 오래 걸리는가?

2차원에서의 상대 속도 식 (3-17)은 속도가 모두 같은 선을 따라 가지 않는 상황에도 적용된다.

기준틀

지면에 대해 일정한 속도로 달리는 기차를 다시 생각해보자. 팀이 어떤 실험을 할 때 기차의 기준틀을 사용해 측정을 한다고 하자. 그레그는 지면에 고정된 기준틀을 사용해 유사한 실험을 한다. 두 사람이 측정한 물체의 속도는 크기는 다르지만, 그들의 속도 측정은 상수만큼 다르기 때문에[식 (3-17) 참조], 속도의 변화와 가속도는 항상 같을 것이다. 두 관측자 모두는 뉴턴의 제2 법칙을 사용해 알짜힘과 가속도의 관계를 알 수 있다. 이와 같이 뉴턴의 운동 법칙과 같은 물리학의 기본 법칙은 두 기준틀이 일정한 상대 속도로 운동한다면 어떠한 두 기준틀에서도 성립한다.

뉴턴의 제1 법칙은 관성기준틀을 정의한다 여러분은 뉴턴이 제1 법칙이 왜 필요한지 의아해 할지도 모른다. 혹시 그것이 뉴턴의 제2 법칙의 특별한 경우, 곧 $\sum \vec{F} = 0$에 해당하지 않을까? 그렇지 않다. 제1 법칙은 뉴턴의 제2 법칙을 적용할 때 우리가 사용할 수 있는 기준틀의 종류를 정의하고 있다. 제2 법칙이 성립하기 위해서는 물체의 운동을 관측하려 할 때 관성기준틀을 사용해야 한다. 관성기준틀은 관성의 법칙이 성립하는 기준틀이다.

지면에 있는 기준틀이 실제로 관성기준틀일까? 그렇지 않지만 여러 상황에서 관성기준틀에 가깝다. 축구공의 운동을 분석할 때 지구가 회전축을 중심으로 자전한다는 사실이 많은 영향을 주지 않는다. 그러나 지구를 향하여 떨어지는 유성의 운동을 분석하고자 한다면 지구의 자전을 고려해야 한다. 5장에서 지구 자전에 관한 영향을 자세히 살펴볼 것이다.

> **연결고리**
>
> 서로 다른 관성기준틀에서 물리 법칙들이 동일하다는 원리는 아인슈타인의 상대성 이론의 두 가지 가정 중 하나이다(26장 참조).

해답

실전문제

3.1 그가 시작한 장소(홈 플레이트)와 같은 장소에서 끝났으므로, 그의 변위는 0이다.

3.2 $A_x = +16$ km, $A_y = -8.2$ km, $B_x = +17$ km, $B_y = 0$ km, $C_x = -11$ km, $C_y = +47$ km

3.3 $-x$-방향(서쪽)으로 77 km/h

3.4 $+x$-방향(동쪽)에서 약 100~110 km/h

3.5 속도는 크기가 증가하므로, $\Delta \vec{v}$와 $\vec{a}$는 속도와 같은 방향($-x$-방향). 그러므로 a_x는 음수이고, $\vec{a}$와 $\sum \vec{F}$는 $-x$-방향.

3.6 (a) 북동쪽으로 33°를 향하고 1.64 m/s, (b) 북동쪽으로 33°를 향하고 3.0 kN

3.7 (a) $a_{평균,x} = -3.0$ m/s², 음의 부호는 북서쪽을 향하는 평균 가속도라는 의미이다. (b) $a_x = -4.3$ m/s² (북서쪽).

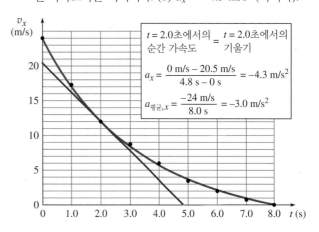

$t = 2.0$초에서의 순간 가속도 $=$ $t = 2.0$초에서의 기울기

$a_x = \dfrac{0 \text{ m/s} - 20.5 \text{ m/s}}{4.8 \text{ s} - 0 \text{ s}} = -4.3 \text{ m/s}^2$

$a_{평균,x} = \dfrac{-24 \text{ m/s}}{8.0 \text{ s}} = -3.0 \text{ m/s}^2$

3.8 2.9 m/s

3.9 1.84 kN

3.10 블록 1: $\sum F_{1y} = T - m_1g = 315\ N - 255\ N = 60\ N$,

$m_1a_{1y} = 60\ N$

블록 2: $\sum F_{2y} = m_2g - T = 412\ N - 315\ N = 97\ N$,

$m_2a_{2y} = 97\ N$

3.11 (a) 1.0 m/s, (b) 15분

살펴보기

3.1 아니다. 변위의 크기는 두 점 사이의 가장 짧은 가능한 거리이다. 이동한 거리는 선택한 경로에 따라, 변위보다 크거나 같을 수 있다. 보기 3.1에서 변위는 북쪽으로 2.9 km인 반면 이동한 거리는 7.2 km + 4.3 km = 11.5 km이다.

3.2A 예. 점 A에서 점 B로 이동할 때 평균 속력은 실제 이동한 거리를 시간 간격으로 나눈 것이다. 평균 속도는 점 A에서 점 B까지의 변위를 같은 시간 간격으로 나눈 것이다. 변위의 크기는 A에서 B까지 가장 짧은 가능한 거리이다. 따라서 평균 속도 크기는 평균 속력보다 같거나 작다.

3.2B 한 "프레임"에서 다음 프레임까지의 거리가 같기 때문에 수레는 일정한 속력으로 운동하고 있다.

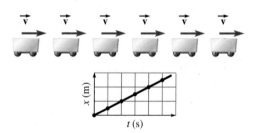

3.2C $x(t)$ 그래프의 기울기는 v_x의 값을 나타낸다. 기울기는 0에서 시작하여, $t = 18.5$분 근처에서 최대로 증가한 다음, 0

으로 감소한다. 운동도해는 속력이 작을 때는 점들이 밀집되고 속력이 큰 곳에서는 점들이 넓게 퍼져 있는 것을 보여준다.

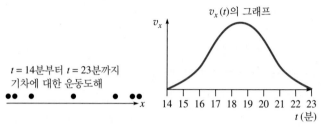

3.3A 평균 가속도는 속도의 변화를 시간 간격 Δt로 나눈 값이다. Δt는 네 비행기에 대해 모두 같으므로, 속도 변화가 가장 큰 것이 평균 가속도가 가장 크다. 비행기 A의 속도 변화는 0이다. 벡터 도표는 다른 비행기에 대한 벡터 변화를 설명한다. 감소 순: D, B, C, A

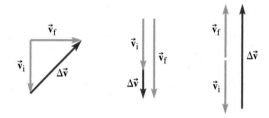

3.3B 직선 운동의 경우 가속도 벡터는, 속도 벡터와 방향이 같거나 반대이다. 속력이 증가하면, $\vec{a}$는 $\vec{v}$와 같은 방향이다. 속력이 감소하면, $\vec{a}$는 $\vec{v}$에 반대 방향이다. 곧 속력이 일정하면, $\vec{a} = 0$이다.

3.3C $v_x - t$ 그래프에서 접선의 기울기는 그 시간의 순간 가속도이다.

3.5 (a) 19.5 m/s, (b) 1.5 m/s

등가속도 운동
Motion with Constant Acceleration

글라이더는 작고 동력도 없지만, 성능이 좋은 비행기이다. 처음에 경비행기로 글라이더를 약 1000 m 정도 끌고 간 후에 산기슭의 따뜻한 상승기류가 있는 지역에 풀어놓아야 산기슭을 오르는 기류를 타고 더 높이 오른다. 경비행기가 혼자 이륙하는 데 약 120 m의 활주로가 필요하다고 하자. 경비행기로 글라이더를 끌고 가서 이륙시키기 위한 활주로의 길이는 얼마인가?

4.1 일정한 알짜힘에 의한 직선운동
MOTION ALONG A LINE WHEN THE NET FORCE IS CONSTANT

연결고리

3장에서 일정한 알짜힘이 등가속도를 주고, 그 결과 속도를 변화시킨다는 것을 배웠다. 이제 가속도가 일정한 경우에 물체의 위치는 어떻게 변하는지 자세히 배워보기로 한다.

만일 물체에 작용하는 알짜힘이 일정하다면 물체의 가속도는 크기와 방향 모두 일정하다. 가속도가 일정하다는 것은 속도 벡터가 **일정한 비율로 변한다**는 뜻이다. 이제 가속도가 일정한 경우에 **위치**는 어떻게 변하는지 알아보도록 하자.

운동도해 그림 4.1은 세 대의 수레가 값이 서로 다른 등가속도로 같은 방향으로 움직이는 운동도해이다. 그림에서 각 수레의 위치는 똑같이 1.0 s의 간격으로 그렸다. 속도 벡터는 각 위치에 있는 수레 위에 표시했다.

노랑 수레의 가속도는 영으로 등가속도이다. 연속적인 1 s의 시간 간격에 대한 이 수레의 변위는 똑같다. 오른쪽으로 1.0 m/s × 1.0 s =1.0 m.

빨강 수레의 가속도는 오른쪽으로 0.2 m/s²로 일정하다. m/s²를 "제곱초분의 미터"라고 읽지만, 이것을 "초당 1초분의 1미터"라고 생각하는 것이 유용하다. 곧 수레의 속도 성분 v_x는 각 시간 간격 1 s 동안에 0.2 m/s만큼씩 증가한다. 이 경우에는 가속도의 방향이 속도의 방향과 같아서 속력이 증가한다(그림 4.2a). 운동도해에서 연속적인 1.0 s 시간 간격 동안에 그 변위는 점점 커지고 있는 것을 보여주고 있다.

파랑 수레는 속도의 방향과 반대 방향인 −x-방향으로 0.2 m/s²의 등가속도를 가지고 있다. 수레의 속도 성분 v_x는 각 시간 간격 1 s 동안에 0.2 m/s만큼 감소한다. 가속도의 방향이 속도의 방향과 반대라서 속력이 감소한다(그림 4.2b). 이번에는 운동도해에서 연속적인 1.0 s 시간 간격 동안에 그 변위는 점점 작아지고 있는 것을 보여주고 있다.

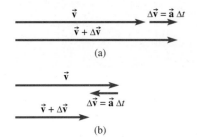

그림 4.2 (a) 만약 가속도가 속도의 방향과 같으면 속도의 변화($\Delta \vec{v} = \vec{a} \Delta t$)는 속도와 같은 방향으로 발생한다. 결과적으로 속도의 크기가 증가한다. 곧 물체의 속력이 올라감. (b) 만약 가속도의 방향이 속도의 방향과 반대 방향이면 속도 변화($\Delta \vec{v} = \vec{a} \Delta t$)의 방향도 속도의 방향과 반대가 된다. 결과적으로 속도의 크기가 감소한다. 곧 물체가 느려진다.

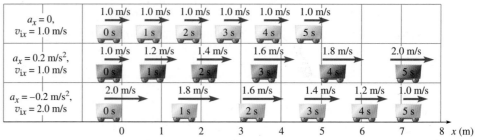

그림 4.1 1.0 s 시간 간격으로 각 수레의 위치를 보여주고 있는 운동도해. 수레 위의 화살표는 그 순간의 속도를 나타내고 있다. 세 개의 수레는 모두 등가속도로 운동한다.

✓ 살펴보기 4.1

그림 4.1에서 파랑 수레와 빨강 수레가 같은 속도인 적이 있는가? 만약 그렇다면 언제 그런가? 만약 운동도해에 속도 벡터가 포함되어 있지 않다면, 어떻게 그것을 알 수 있는가?

그래프 그림 4.3에 각 수레의 $x(t)$, $v_x(t)$, $a_x(t)$의 그래프가 있다. 각 수레가 등가속도를 가지고 있기 때문에 가속도 그래프는 수평이다. 모든 v_x의 그래프는 직선이다. 왜냐하면 a_x는 v_x의 변화율로서 시간 t일 때 $v_x(t)$ 그래프의 기울기가 a_x 이기 때문이다. 가속도가 일정하면 기울기가 모든 곳에서 일정하고 그래프는 일차 그래프가 된다. a_x가 양(+)이면 v_x는 증가한다. 그러나 속력이 증가할 필요는 없다는 것을 기억하기 바란다. 만약 v_x가 음(−)이면 양(+)의 a_x는 속력의 감소를 의미한다(개념형 보기 3.5 참조). 가속도와 속도의 방향이 같을 때는 속력이 증가한다[a_x와 v_x 둘 다 양(+)이거나 둘 다 음(−)일 때]. 가속도와 속도의 방향이 반대일 때(a_x와 v_x가 반대 부호일 때)는 속력이 감소한다.

노랑 수레의 속도는 일정하기 때문에 노랑 수레의 위치 그래프는 1차 그래프로 직선이다. 빨강 수레의 $x(t)$ 그래프 곡선은 증가하는 기울기를 가지고 있는데, 이것은 속도 v_x가 증가하고 있는 것을 알려주고 있다. 파랑 수레의 $x(t)$ 그래프 곡선은 감소하는 기울기를 가지고 있는데 이것은 속도가 감소하고 있음을 보여준다.

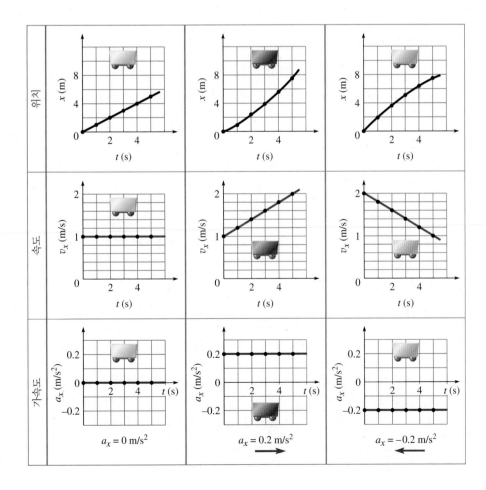

그림 4.3 그림 4.1의 수레의 가속도, 속도, 위치의 그래프.

4.2 등가속도 직선운동의 운동학 방정식
KINEMATIC EQUATIONS FOR MOTION ALONG A LINE WITH CONSTANT ACCELERATION

다음에 소개할 **운동학 방정식**은 등가속도로 물체가 운동할 때, 가속도, 속도, 위치시간 사이의 관계식이다. (운동학이란 운동이 일어나는 원인은 고려하지 않고 운동자체를 기술하는 방법이다.) 비록 $v_x(t)$의 그래프는 물체의 위치를 시간의 함수로 구하는 데 사용할 수 있지만 언제든지 사용할 수 있는 대수적 방법을 갖는 것이 아주 편리할 것이다. 이 방법이란 바로 뉴턴의 법칙을 이용하여 물체에 작용하는 힘을 분석하고 물체의 가속도를 결정하는 것이다. **따라서 가속도가 뉴턴의 법칙과 운동학 방정식 사이의 연결 고리이다.**

위치, 속도, 가속도 사이의 두 가지 기본적인 관계식이 등가속도로 직선운동하고 있는 물체의 위치를 찾을 수 있게 해준다. 이 두 가지의 관계식을 관례에 따라 다음과 같이 쓸 수 있다.

- 운동이 하나의 축을 따라 가도록 좌표를 설정한다. 그 축의 성분으로 위치, 속도, 가속도를 기술한다.
- 처음 시각 t_i에서의 위치와 속도를 각각 처음 위치, 처음 속도 x_i와 v_{ix}로 쓴다.
- 나중 시각 $t_f = t_i + \Delta t$에서의 위치와 속도를 각각 나중 위치, 나중 속도 x_f와 v_{fx}로 쓴다.

두 개의 기본 관계식은 다음과 같다.

1. 가속도 a_x가 상수이므로, 주어진 시간 간격 $\Delta t = t_f - t_i$에 대한 속도 변화가 가속도, 곧 속도의 시간변화율이다. 따라서 걸린 시간을 가속도에 곱하면 이 시간 동안의 속도 변화량이 된다.

$$\Delta v_x = v_{fx} - v_{ix} = a_x \Delta t \qquad (4\text{-}1)$$

(전체 시간 간격 동안 가속도 a_x가 상수일 때)

식 (4-1)은 가속도의 정의[$a_x = \Delta v_x / \Delta t$, 식 (3-11)]로부터 가속도 a_x가 상수일 때 얻어지는 결과이다.

2. 속도가 시간에 대해 선형적으로 변하기 때문에 평균속도는 다음과 같이 쓸 수 있다.

$$v_{평균,x} = \tfrac{1}{2}(v_{fx} + v_{ix}) \quad (a_x\text{가 일정할 때}) \qquad (4\text{-}2)$$

일반적으로 식 (4-2)는 맞지 않는다. 그러나 가속도가 일정할 경우에는 맞는 식이다. 그림 4.4a의 $v_x(t)$의 그래프를 보면 그 이유를 알 수 있다. 이 그래프는 가속도, 곧 기울기가 상수이기 때문에 선형 그래프이다. 임의의 시간 간격 동안의 변위는 속도 그래프 아래의 넓이이다. 평균속도는 같은 시간 간격 동안

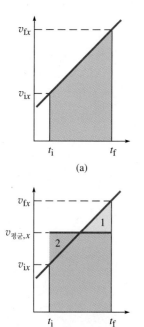

그림 4.4 가속도가 일정할 때 평균속도 구하기.

같은 변위를 의미하기 때문에, 그림 4.4a의 그래프 아래의 넓이와 같은 넓이가 되도록 사각형을 그리면 평균속도를 찾을 수 있다. 그림 4.4b에서 보이는 것처럼 $v_{평균,x}$ 위의 삼각형 1로 표시되는 제외된 넓이와 $v_{평균,x}$ 아래의 삼각형 2의 초과한 넓이가 같도록 사각형을 그리면 된다. 따라서 평균속도는 처음 속도와 나중 속도의 정확히 중간 값이 됨을 알 수 있다. 평균속도의 정의 식

$$\Delta x = x_f - x_i = v_{평균,x} \Delta t \qquad (3\text{-}3)$$

와 식 (4-2)를 결합하면 가속도가 일정한 경우의 두 번째 기본 방정식은 다음과 같이 주어진다.

$$\Delta x = \tfrac{1}{2}(v_{fx} + v_{ix}) \Delta t \qquad (4\text{-}3)$$

(전체 시간 간격 동안 가속도 a_x가 일정할 때)

만약 가속도가 상수가 아니면 평균속도가 처음 속도와 나중 속도의 중간 값이 될 이유가 없다. 예를 들어 직선 고속도로를 따라 50분 동안 80 km/h로 달린 다음 30분 동안은 60 km/h로 달리는 경우를 상상해보아라. 이 경우 평균속도는 결코 70 km/h가 아니다. 60 km/h로 달린 시간보다 80 km/h로 달린 시간이 더 길기 때문에 평균속도는 70 km/h 보다 크다.

등가속도일 때 유용한 그 밖의 기본 관계식 식 (4-1)과 (4-3)에서 변수 몇 개를 소거하면 여러 가지 물리량들(변위, 처음 속도, 나중 속도, 가속도, 시간 간격) 사이의 두 개의 유용한 방정식을 추가로 구할 수 있다. 예를 들어서 나중 속도 v_{fx}를 모르는 경우를 가정해보자. 이 경우 식 (4-1)을 v_{fx}에 대해 정리해 식 (4-3)에 대입한다. 그러면 다음과 같이 간단히 쓸 수 있다.

$$\Delta x = \tfrac{1}{2}(v_{fx} + v_{ix}) \Delta t = \tfrac{1}{2}[(v_{ix} + a_x \Delta t) + v_{ix}] \Delta t$$

$$\Delta x = v_{ix} \Delta t + \tfrac{1}{2} a_x (\Delta t)^2 \quad (\text{일정한 } a_x) \qquad (4\text{-}4)$$

식 (4-4)를 그래프로 해석해보자. 그림 4.5는 가속도가 일정한 운동의 $v_x(t)$ 그래프를 보여주고 있다. 시각 t_i와 t_f 사이의 변위는 이 시간 간격에 대한 그래프 아래의 넓이이다. 이 영역을 사각형과 삼각형 부분으로 나누자. 사각형의 넓이는

$$세로 \times 가로 = v_{ix} \times \Delta t$$

삼각형의 높이는 속도에 따라 변해서 $a_x \Delta t$와 같다. 따라서 삼각형의 넓이는

$$\tfrac{1}{2}밑변 \times 높이 = \tfrac{1}{2}\Delta t \times a_x \Delta t = \tfrac{1}{2}a_x(\Delta t)^2$$

두 영역의 넓이를 합하면 식 (4-4)와 같아진다.

또 하나의 유용한 방정식은 시간 간격 Δt를 소거하면 구할 수 있다.

$$\Delta x = \tfrac{1}{2}(v_{fx} + v_{ix}) \Delta t = \tfrac{1}{2}(v_{fx} + v_{ix})\left(\frac{v_{fx} - v_{ix}}{a_x}\right) = \frac{v_{fx}^2 - v_{ix}^2}{2a_x}$$

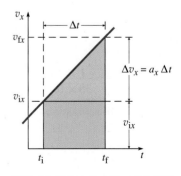

그림 4.5 방정식 (4-4)의 그래프 해석.

각 항들을 재정리하면

$$v_{fx}^2 - v_{ix}^2 = 2a_x \Delta x \quad (\text{일정한 } a_x)$$

(4-5)

✓ 살펴보기 4.2

오후 3시에 서쪽으로 460 km/h로 이동하고 있던 한 비행기가 오후 3시 5분에는 서쪽으로 480 km/h로 이동하고 있다. 이 시간 간격 동안의 이 비행기의 평균속도는 반드시 470 km/h여야 하는가? 설명하여라.

보기 4.1

도플러 초음파 심장 검진

대동맥에서 혈액의 최대 가속도는 심실 기능을 검사하는 데 이용할 수 있다. 대동맥에서 혈액이 최대로 가속되는 시기는 좌심실이 펌프작용을 하는 초기 기간이다. 이 기간 동안 가속도는 일정하다. 도플러 초음파 검사에서는 대동맥의 혈액 속력을 초음파를 이용해 측정한다. 한 환자의 검사 결과는 대동맥의 혈액이 등가속도로 38 ms 동안에 처음 속력 0.10 m/s에서 최대 속력 1.29 m/s에 도달함을 보였다. (a) 이 데이터에서 보이는 가속도는 얼마인가? (b) 이 기간 동안 혈액이 이동한 거리는 얼마인가?

전략 혈액이 흐르는 방향을 x-축으로 선택한다. 데이터에서 얻은 정보는 $\Delta t = 38$ ms $= 38 \times 10^{-3}$ s, $v_{ix} = 0.10$ m/s; $v_{fx} = 1.29$ m/s이다. 문제의 목표는 a_x와 Δx를 구하는 것이다. 주어진 세 값을 이용하여 식 (4-1)을 a_x에 대하여 푼다. 식 (4-3)과 세 개의 값을 이용하여 Δx를 구한다. 식 (4-4)와 (4-5)는 둘 다 미지항을 포함하고 있어서, 이 식들을 써서 풀려면 계산이 복잡해진다.

풀이 (a) 속도 변화는 $\Delta v_x = v_{fx} - v_{ix} = 1.29$ m/s $- 0.10$ m/s $= 1.19$ m/s이다. 시간 간격은 $\Delta t = 38 \times 10^{-3}$ s이다. 따라서 가속도는

$$a_x = \frac{\Delta v_x}{\Delta t} = \frac{1.19 \text{ m/s}}{38 \times 10^{-3} \text{ s}} = 31.32 \text{ m/s}^2 \rightarrow 31 \text{ m/s}^2$$

(b) 식 (4-5)를 이용하면, 변위는

$$\Delta x = \tfrac{1}{2}(v_{fx} + v_{ix})\Delta t = \tfrac{1}{2}(1.29 \text{ m/s} + 0.10 \text{ m/s})(38 \times 10^{-3} \text{ s})$$
$$= 0.026 \text{ m} = 2.6 \text{ cm}$$

이다.

검토 식 (4-4)를 이용한 빠른 점검

$$\Delta x = v_{ix} \Delta t + \tfrac{1}{2}a_x (\Delta t)^2 = 0.10 \text{ m/s} \times 38 \times 10^{-3} \text{ s} + \tfrac{1}{2}$$
$$\times 31.32 \text{ m/s}^2 \times (38 \times 10^{-3} \text{ s})^2 = 2.6 \text{ cm}$$

식 (4-4)는 식 (4-10)과 (4-3)에서 유도되었기 때문에 이 점검은 독립적인 것은 아니다. 단지 앞의 풀이 과정에서 실수가 있었는지 빨리 점검한 것일 뿐이다.

속도 데이터에서 구한 가속도 a_x의 값으로 심장병 전문의는 혈액에 가해지는 힘에 대한 어떤 결론을 유도할 수 있고 결과적으로 심장 기능을 진단할 수 있다.

실전문제 4.1 이끼 포자의 방출

물이끼 포자에 대한 측정에 따르면 포자가 모체에서 방출될 때 3.6×10^5 m/s^{2}에 달하는 가속도를 경험한다고 한다. (a) 이 크기의 등가속도를 가정하면, 0.40 ms 동안 정지한 이끼 포자는 얼마나 멀리 갈 수 있는가? (b) 이때 포자의 속도는 얼마인가?

두 대의 우주선

두 대의 우주선이 직선상의 동일점에서 등가속도로 출발하여 +x-축 방향으로 이동하고 있다. 은색 우주선은 처음 속도 +2.00 km/s, 가속도 +0.400 km/s^{2}로 출발한다. 검은 우주선은 처음 속도 +6.00 km/s, 가속도 −0.400 km/s^{2}로 출발한다. (a) 은색 우주선이 검은 우주선을 추월하는 시간을 구하여라. (b) 두 대의 우주선에 대한 $v_x(t)$의 그래프를 스케치해 보아라. (c) 1.0 s 간격으로 두 우주선의 위치를 보여주는 운동도해를 스케치하여라.

전략 처음 속도와 가속도를 이용해서 나중 시간에 우주선들의 위치를 계산할 수 있다. 처음에는 검은 우주선이 더 빨리 이동하고 있기 때문에 앞서 나간다. 나중에는 은색 우주선이 검은 우주선과 위치가 같아졌다가 추월한다.

풀이 (a) 각 우주선의 나중 시간의 위치는 식 (4-4)에 의해 다음과 같이 주어진다.

$$x_f = x_i + \Delta x = x_i + v_{ix}\,\Delta t + \tfrac{1}{2}a_x(\Delta t)^2$$

은색 우주선의 나중 위치를 검은 우주선의 나중 위치와 같게 놓으면($x_{fs} = x_{fb}$)

$$x_{is} + v_{isx}\,\Delta t + \tfrac{1}{2}a_{sx}(\Delta t)^2 = x_{ib} + v_{ibx}\,\Delta t + \tfrac{1}{2}a_{bx}(\Delta t)^2$$

이다. 두 우주선의 처음 위치는 같다. 곧 $x_{is} = x_{ib}$. 위 식의 양변에서 처음 위치를 소거하고 모든 항을 좌변으로 이동하여 Δt로 묶어내면 다음과 같이 된다.

$$\Delta t(v_{isx} + \tfrac{1}{2}a_{sx}\,\Delta t - v_{ibx} - \tfrac{1}{2}a_{bx}\,\Delta t) = 0$$

이 방정식은 두 개의 해를 가진다. 곧, 두 대의 우주선이 같은 위치에 있는 시각이 둘이다. 하나의 해는 $\Delta t = 0$이다. 이미 우리가 처음에 두 우주선이 같은 위치에서 출발하였다는

것을 알고 있다. 다른 하나의 해는 한 우주선이 다른 우주선을 따라잡는 순간의 시간이다. 괄호 안의 값을 0으로 놓고 Δt에 대하여 푼다.

$$\Delta t = \frac{2(v_{isx} - v_{ibx})}{a_{bx} - a_{sx}} = \frac{2 \times (2.00\ \text{km/s} - 6.00\ \text{km/s})}{-0.400\ \text{km/s}^2 - 0.400\ \text{km/s}^2} = 10.0\ \text{s}$$

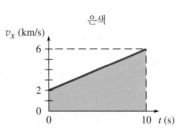

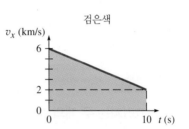

그림 4.6 은색 우주선과 검은색 우주선의 시간 t에 대한 속도 v_x의 그래프. 각 그래프에서 색칠한 영역의 넓이는 이 시간 동안 이동한 변위 Δx이다.

은색 우주선이 출발점에서 시작하여 10초 후에 검은 우주선을 추월한다.

(b) 그림 4.6은 $t_i = 0$일 때 두 우주선의 $v_x(t)$ 그래프이다. 두 그래프에서 t_i와 t_f 사이의 그래프 밑의 넓이가 서로 같다는 사실을 주목하여라. 이 시간 동안 두 우주선의 변위는 같다.

(c) 식 (4-4)를 이용해 두 우주선의 위치를 시간의 함수로 구할 수 있다. $x_i = 0$, $t_i = 0$, $t = t_f$라 놓으면, 시간 t에서의 위치는 다음과 같다.

$$x(t) = 0 + v_{ix}t + \tfrac{1}{2}a_x t^2$$

그림 4.7에 이렇게 구한 데이터 값의 표와 운동도해를 나타내었다.

검토 빠른 점검: $\Delta t = 10.0$일 때 두 우주선의 변위가 같아야 한다.

t (s)	0	1.0	2.0	3.0	4.0	5.0	6.0	7.0	8.0	9.0	10.0
x_s (km)	0	2.2	4.8	7.8	11.2	15.0	19.2	23.8	28.8	34.2	40.0
x_b (km)	0	5.8	11.2	16.2	20.8	25.0	28.8	32.2	35.2	37.8	40.0

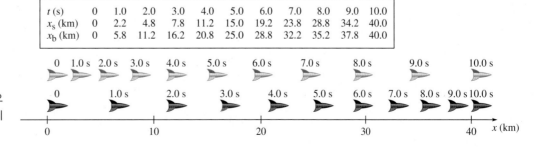

그림 4.7 1.0 s 시간 간격으로 계산한 두 우주선의 위치와 운동도해.

$$\Delta x_s = v_{isx}\,\Delta t + \tfrac{1}{2}a_{sx}(\Delta t)^2$$
$$= 2.00 \text{ km/s} \times 10.0 \text{ s} + \tfrac{1}{2} \times 0.400 \text{ km/s}^2 \times (10.0 \text{ s})^2$$
$$= 40.0 \text{ km}$$

$$\Delta x_b = v_{ibx}\,\Delta t + \tfrac{1}{2}a_{bx}(\Delta t)^2$$
$$= 6.00 \text{ km/s} \times 10.0 \text{ s} + \tfrac{1}{2} \times (-0.400 \text{ km/s}^2) \times (10.0 \text{ s})^2$$
$$= 40.0 \text{ km}$$

실전문제 4.2   같은 속도에 도달하는 시간

언제 두 우주선의 속도는 같아지는가? 그때 속도 값은 얼마인가?

4.3 등가속도 운동학에 뉴턴 법칙의 적용
APPLYING NEWTON'S LAWS WITH CONSTANT-ACCELERATION KINEMATICS

이제 가속도가 일정한 운동과 관련된 힘을 분석하고 뉴턴의 법칙을 어떻게 적용하는지 몇 가지 보기를 통해 살펴보자.

보기 4.3

하나는 매달려 있고 하나는 미끄러지는 두 개의 블록

질량이 $m_1 = 3.0$ kg인 블록이 마찰이 없는 평면 위에 정지해 있다. 질량이 $m_2 = 2.0$ kg인 두 번째 블록은 마찰이 없는 이상적인 도르래에 걸린 질량을 무시할 수 있는 이상적인 줄로 첫 번째 블록에 연결되어 있다(그림 4.8). 두 블록을 정지 상태에서 가만히 놓았

그림 4.8 줄로 연결되어 있는 두 개의 블록. 하나는 마찰이 없는 평면 위에 있고 하나는 매달려 있다.

다. (a) 두 블록의 가속도를 구하여라. (b) 1.2 s 후에 두 번째 블록이 아직 방바닥에 닿지 않았고 첫 번째 블록도 아직 평면 위에 있다고 가정할 때 각 블록의 속도는 얼마인가? (c) 1.2 s 동안 첫 번째 블록이 이동한 거리는 얼마인가?

전략 각 블록을 분리되어 있는 계로 간주하고 각각에 대한 자물도를 그린다. 줄과 도르래가 모두 이상적이므로 줄 양쪽 끝에서의 장력은 같다. 두 블록에 대하여 오른 쪽을 +x-축, 위쪽을 +y-축으로 선택한다. 블록의 가속도를 (줄이 늘어나지 않으므로 두 블록의 가속도의 크기는 같다.) 구하기 위해서, 뉴턴의 제2 법칙을 적용한다. 그리고 나서 문제 (b)와 (c)를

풀기 위해 등가속도의 식을 이용한다.

주어진 조건: $m_1 = 3.0$ kg, $m_2 = 2.0$ kg, 두 블록 모두 $\vec{v}_i = 0$, $\Delta t = 1.2$ s

출발 후 1.2 s에 구할 값: $\vec{a}_1$과 $\vec{a}_2$, $\vec{v}_1$과 $\Delta\vec{r}_1$

풀이 (a) 그림 4.9는 두 블록에 대한 자물도이다. 블록 1은 책상 위 평면을 따라 미끄러진다. 따라서 가속도의 수직 성분은 영, 수직항력은 무게와 같다. 두 개의 수직 방향의 힘은 상쇄되고, 알짜힘은 줄이 당기는 장력뿐이고 그 방향은 수평 방향이다. 따라서 $\sum F_{1y} = 0$이 되고

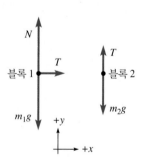

그림 4.9 힘의 크기를 표시한 블록 1과 블록 2의 자물도.

$$\sum F_{1x} = T = m_1 a_{1x}$$

이다. 블록 2에는 오직 수직 방향의 힘들만 작용한다. 블록 2의 자물도로부터 뉴턴의 제2 법칙을 다음과 같이 쓸 수 있고

$$\sum F_{2y} = T - m_2 g = m_2 a_{2y}$$

이다. 두 가속도의 크기는 같다. 블록 1의 가속도는 +x-방향이고, 블록 2의 가속도는 −y-방향이다. 그래서 다음과 같이 치환한다.

$$a_{1x} = a \quad \text{그리고} \quad a_{2y} = -a$$

여기서 a는 가속도의 크기이다.

$\sum F_{2y}$에 관한 방정식에 $T = m_1 a$와 $a_{2y} = -a$를 대입하면

$$m_1 a - m_2 g = -m_2 a$$

가 된다. 이 방정식을 풀면 a는

$$a = \frac{m_2}{m_1 + m_2} g$$

이다. 여기에 알고 있는 값들을 대입하면,

$$a = \frac{2.0 \text{ kg}}{3.0 \text{ kg} + 2.0 \text{ kg}} \times 9.80 \text{ m/s}^2 = 3.92 \text{ m/s}^2 \to 3.9 \text{ m/s}^2$$

이다. 화살표는 유효숫자에 맞게 반올림했음을 뜻한다. 블록 1의 가속도는 오른쪽으로 $\vec{a}_1 = 3.9 \text{ m/s}^2$이고 블록 2의 가속도는 아래쪽으로 $\vec{a}_2 = 3.9 \text{ m/s}^2$이다.

(b) 다음으로 블록 1의 1.2 s에서의 속도를 구하자. 문제에 의해 처음 속도 $v_{ix} = 0$과 시간 간격 $\Delta t = 1.2$ s가 주어졌다.

$$v_{fx} = v_{ix} + a_x \Delta t \tag{4-1}$$
$$= 0 + 3.92 \text{ m/s}^2 \times 1.2 \text{ s}$$
$$= 4.704 \text{ m/s} \to 4.7 \text{ m/s (오른쪽 방향)}$$

(c) 시간 1.2 s 동안 블록 1의 변위는 다음과 같다.

$$\Delta x = \frac{1}{2}(v_{fx} + v_{ix}) \Delta t \tag{4-3}$$
$$= \frac{1}{2}(4.704 \text{ m/s} + 0) \times 1.2 \text{ s}$$
$$= 2.82 \text{ m} \to 2.8 \text{ m (오른쪽 방향)}$$

검토 빠른 점검: 1.2 s 동안의 평균 속도는 $v_{평균,x} = \Delta x/\Delta t = (2.82 \text{ m})/(1.2 \text{ s}) = 2.35$ m/s이다. 이것은 처음 속도($v_{1x} = 0$)와 나중 속도($v_{fx} = 4.7$ m/s) 사이의 중간 값이다. 이것은 등가속도 운동의 특징이다. 식 (4-4)를 이용한 문제 (c)의 또 다른 해법은 다음과 같다.

$$\Delta x = v_{ix} \Delta t + \frac{1}{2} a_x (\Delta t)^2 = 0 + \frac{1}{2}(3.92 \text{ m/s}^2)(1.2 \text{ s})^2 = 2.8 \text{ m}$$

실전문제 4.3 이른 시각의 변위

블록을 놓고 나서 0.4 s 후에 블록들의 초기위치로부터 일어난 변위는 얼마인가?

3층 창문까지 상자 끌어올리기

한 학생이 기숙사 3층으로 이사를 가게 되었다. 학생은 1층 바닥에 있는 91 kg의 상자를 도르래 장치(그림 4.10)를 이용하여 3층 방 창문까지 끌어올리기로 했다. 만약 줄이 최대 550 N까지 끊어지지 않고 견딜 수 있다면, 30 m 위에 있는 3층 방 창문까지 끌어올리는 데 필요한 최소 시간은 얼마인가?

전략 도르래와 줄이 이상적이라 가정하면, 줄의 장력 T는 양 끝과 줄 모든 곳에서 똑같다. 아래 도르래에는 두 개의 줄이 각각 장력 T로 위쪽으로 끌어올리고 있고 중력은 아래쪽으로 작용한다. 상자의 가능한 최대 가속도를 구하기 위하여, 상자와 아래 도르래로 이루어진 계의 자물도를 그린다. 다음엔 이 최대 가속도를 이용하여 상자가 3층 창문까지 이동하는 데 걸리는 최소 시간을 구할 것이다. 위쪽 방향을 +y-축 방향으로 선택한다.

주어진 조건: $m = 91$ kg, $\Delta y = 30.0$ m, $T_{max} = 550$ N, $v_{iy} = 0$.

구할 값: 줄의 최대 장력으로 30.0 m를 끌어올리는 데 필요한 시간 Δt.

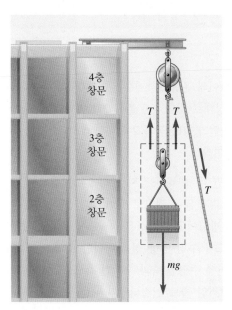

그림 4.10 상자와 도르래 장치.

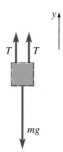

그림 4.11 아래쪽 도르래와 상자로 이루어진 계(그림 4.10의 점선 안)의 자물도.

풀이 그림 4.11의 자물도에서, 위쪽으로 작용하는 힘의 합력이 아래로 작용하는 힘의 합력보다 크면 상자의 가속도는 위쪽이 됨을 알 수 있다. +y-방향을 위쪽으로 잡으면, y-성분에 대한 방정식은

$$\sum F_y = T + T - mg = ma_y$$

가속도에 대하여 풀면,

$$a_y = \frac{T + T - mg}{m}$$

줄이 끊어지지 않고 버틸 수 있는 최대 장력 $T = 550$ N으로 놓고 다른 알고 있는 값들을 대입하면 다음과 같이 최대 가속도를 구할 수 있다.

$$a_y = \frac{550 \text{ N} + 550 \text{ N} - 91 \text{ kg} \times 9.80 \text{ m/s}^2}{91 \text{ kg}} = 2.288 \text{ m/s}^2$$

다음 식으로부터 상자가 정지 상태에서 출발하여 거리 Δy를 이동하는 데 걸리는 시간을 계산할 수 있다.

$$\Delta y = v_{iy} \Delta t + \tfrac{1}{2} a_y (\Delta t)^2 \qquad (4\text{-}4)$$

$v_{iy} = 0$으로 놓고, Δt에 대하여 풀면 다음과 같이 구할 수 있다.

$$\Delta t = \pm \sqrt{\frac{2 \Delta y}{a_y}}$$

이 방정식은 $\Delta t \geq 0$에만 적용된다(상자가 1층 바닥을 떠난 후 창에 도달함). 양(+)의 제곱근을 택해 값을 대입하면,

$$\Delta t = \sqrt{\frac{2 \times 30.0 \text{ m}}{2.288 \text{ m/s}^2}} = 5.1 \text{ s}$$

이것이 줄이 중간에 끊어지지 않고 상자를 끌어올릴 수 있는 최소 이동 시간이다.

검토 실제로는 이렇게 빨리 상자를 끌어올릴 수 없을 것이다. 이렇게 하려면 학생은 비현실적인 속력으로 줄을 당겨야만 한다. 5.1 s 후에 나중 속도는 $v_{fy} = 2.288$ m/s² × 5.1 s = 12 m/s이다! 아마도 학생은 일정한 속도로 상자를 끌어올릴 것이다(처음에 상자를 움직이기 시작할 때와 나중에 멈출 때는 제외). 등속도 운동이 되려면 로프에 걸리는 장력은 상자와 아래쪽 도르래의 무게의 합(450 N)과 같다.

실전문제 4.4 단일 도르래로 상자 끌어올리기

4층에 설치된 하나의 도르래만 사용하고 친구들의 도움을 받을 수 있다면, 같은 줄을 이용하여 이 상자를 3층 창문까지 끌어올릴 수 있는가? 만약 가능하다면, 이때 필요한 최소 시간은 얼마인가?

보기 4.5

경사면과 도르래, 그리고 두 개의 블록

질량이 $m_1 = 2.60$ kg인 블록 1이 수평면에 대하여 30°의 경사면에 정지해 있다(그림 4.12). 이상적인 줄이 이상적이고 마찰이 없는 도르래를 지나 질량이 $m_2 = 2.20$ kg인 다른 블록 2에 연결되어 바닥으로부터 2.00 m 높이에 매달려 있다.

그림 4.12 경사면 위에 있는 블록이 도르래에 걸친 줄에 연결되어 있는 다른 블록을 매달고 있다.

블록 1과 경사면 사이의 운동마찰계수는 0.180이다. 두 블록들은 처음에 정지 상태로 있다. (a) 블록 2가 바닥에 닿는 데 걸리는 시간은 얼마인가? (b) 블록 2에 대한 0.5 s 간격의 운동도해를 스케치하여라.

전략 문제에 따르면 두 블록은 정지 상태에서 출발하여 블록 2가 바닥으로 내려가 닿는 것으로 되어 있다. 따라서 블록 2의 가속도는 아래 방향이고 블록 1은 경사면의 위쪽 방향이다. 블록 1의 가속도가 수평 방향 성분 하나만 영이 안 되도록, 좌표계를 경사면에 수평인 축과 수직인 축으로 선택한다. 늘어나지 않는 이상적인 줄로 연결되었기 때문에, 두 블록의

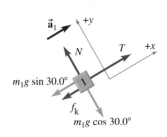

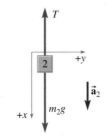

그림 4.13 블록 1에 대한 자물도. 힘에 이름이 붙어 있다.

그림 4.14 블록 2에 대한 자물도. +x-방향을 아래 방향으로 선택했다.

가속도의 크기는 같다. 도르래와 줄이 모두 이상적이기 때문에 줄의 양 끝에서 장력의 크기는 같다.

풀이 (a) 우선 각 블록에 대해 따로따로 자물도를 그리는 것부터 시작하자(그림 4.13과 4.14). 블록 1이 경사면을 따라 위쪽으로 당겨 올라가므로 운동마찰력 $\vec{f}_k$는 아래 방향이다. 즉 미끄러져 올라가는 방향과 반대로 작용한다. 블록 1에 작용하는 중력은 경사면에 수직 성분과 수평 성분으로 나뉜다.

자물도들을 이용하여 각 블록에 대하여 성분별로 뉴턴의 제2 법칙을 적용한다. 블록 1은 수평면에 수직 방향으로는 가속도의 성분이 없다. 블록이 경사면을 파고들거나 위로 뛰어 오르진 않고 단지 경사면을 따라 미끄러질 뿐이다. 따라서 블록 1에 작용하는 y-방향, 곧 경사면의 수직 방향의 알짜힘은 영이다.

$$\sum F_y = N - m_1 g \cos \theta = 0$$

또는

$$N = m_1 g \cos \theta$$

여기서 $\theta = 30.0°$이다. 경사면을 따라서, 블록 1의 x-방향 성분 가속도는 영이 아니다.

$$\sum F_x = T - m_1 g \sin \theta - f_k = m_1 a_x$$

운동마찰력은 수직항력과 다음과 같이 연관되어 있다.

$$f_k = \mu_k N = \mu_k m_1 g \cos \theta$$

이를 $\sum F_x$에 관한 식에 대입하면,

$$T - m_1 g \sin \theta - \mu_k m_1 g \cos \theta = m_1 a_x \qquad (1)$$

이다. 블록 2에 대해서는 x-축을 아래 방향으로 선택한다. 이렇게 하면 두 블록이 모두 같은 가속도 a_x를 가지므로 문제가 간단해진다. 뉴턴의 제2 법칙을 적용하면,

$$\sum F_x = m_2 g - T = m_2 a_x \qquad (2)$$

이다. 줄의 장력 T와 x-성분 가속도 a_x가 식 (1)과 (2)에서 미지수이다. 식 (2)를 T에 대하여 풀고 그 결과를 식 (1)에 대입한다.

$$T = m_2 g - m_2 a_x = m_2(g - a_x)$$
$$m_2(g - a_x) - m_1 g \sin \theta - \mu_k m_1 g \cos \theta = m_1 a_x$$

재정리하고 a_x에 대하여 풀면 다음과 같이 얻어진다.

$$a_x = \frac{m_2 - m_1(\sin \theta + \mu_k \cos \theta)}{m_1 + m_2} g \qquad (3)$$

알고 있는 값들을 대입하면 다음과 같이 구할 수 있다.

$$a_x = \frac{2.20 \text{ kg} - 2.60 \text{ kg} \times (0.50 + 0.180 \times 0.866)}{2.60 \text{ kg} + 2.20 \text{ kg}} \times 9.80 \text{ m/s}^2$$
$$= 1.01 \text{ m/s}^2$$

블록 2는 정지 상태에서 출발해 아래 방향의 등가속도 1.01 m/s²으로 2.00 m를 이동한다. 식 (4-4)에서 $v_{ix} = 0$으로 놓으면,

$$\Delta x = \tfrac{1}{2} a_x (\Delta t)^2$$

이다. 이 거리를 이동하는 데 걸리는 시간은

$$\Delta t = \sqrt{\frac{2\Delta x}{a_x}} = \sqrt{\frac{2 \times 2.00 \text{ m}}{1.01 \text{ m/s}^2}} = 2.0 \text{ s}$$

이다.

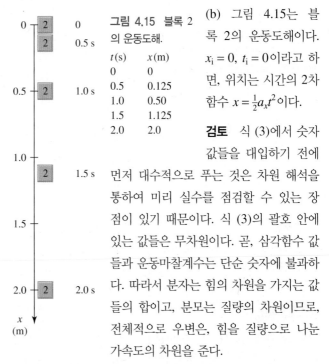

그림 4.15 블록 2의 운동도해.

t(s)	x(m)
0	0
0.5	0.125
1.0	0.50
1.5	1.125
2.0	2.0

(b) 그림 4.15는 블록 2의 운동도해이다. $x_i = 0$, $t_i = 0$이라고 하면, 위치는 시간의 2차 함수 $x = \tfrac{1}{2} a_x t^2$이다.

검토 식 (3)에서 숫자 값들을 대입하기 전에 먼저 대수적으로 푸는 것은 차원 해석을 통하여 미리 실수를 점검할 수 있는 장점이 있기 때문이다. 식 (3)의 괄호 안에 있는 값들은 무차원이다. 곧, 삼각함수 값들과 운동마찰계수는 단순 숫자에 불과하다. 따라서 분자는 힘의 차원을 가지는 값들의 합이고, 분모는 질량의 차원이므로, 전체적으로 우변은, 힘을 질량으로 나눈 가속도의 차원을 준다.

만약 문제에서 가속도의 방향이 주어지지 않았다면 그 방향은 어디이겠는가? 정지마찰이 운동을 방해하지 않는다고 가정할 경우, 블록 2를 잡아당기는 중력($m_2 g$)과 경사면 위에서 블록 1을 잡아당기는 중력($m_1 g \sin \theta$)을 비교하여 그 방향을 찾을 수 있다. "줄다리기의 승자"가 누구인지, 어느 쪽이 큰지 알 수 있다. 일단 블록 1의 가속도의 방향을 알면, 운

동마찰력의 방향을 결정할 수 있다. 블록 1이 처음부터 정지해 있지 않고 미끄러지는 방향이 가속도와 반대일지라도, 운동마찰력의 방향은 미끄러지는 방향과 반대이다.

실전문제 4.5 재미있는 도르래와 경사면

질량 $m_1 = 3.8$ kg, $m_2 = 1.2$ kg, 운동마찰계수가 0.18인 경우

를 고려해보자. 블록들을 정지 상태에서 놓으면 블록 1이 미끄러지기 시작한다. (a) 블록 1은 경사면을 따라 미끄러져 올라가는가 아니면 내려가는가? (b) 운동마찰력은 어느 방향으로 작용하는가? (c) 블록 1의 가속도를 구하여라.

4.4 자유낙하 FREE FALL

그림 4.16 협곡 아래로 떨어지고 있는 돌멩이의 자물도. 공기저항이 무시할 수 있을 정도로 작으면, 자물도에서 유일한 힘은 무게 $\vec{\mathbf{W}}$뿐이다. 이 자물도는 돌멩이가 떨어질 때나 올라갈 때나 최고점에서 순간적으로 정지할 때나 똑같다.

좁고 깊은 협곡에 있는 다리 위에 서 있다고 상상해보자. 만약 계곡으로 돌멩이 하나를 떨어뜨리면 그 떨어지는 속도는 얼마나 되겠는가? 우리는 경험으로, 그 돌멩이가 등속도로 떨어지지 못한다는 것을 알고 있다. 돌멩이가 더 아래로 떨어질수록 속도도 더 빨라진다. "돌멩이의 가속도가 얼마냐?"라고 하는 것이 더 현명한 질문이다.

우선 문제를 간단히 해보자. 만약 돌멩이의 속도가 매우 빠르면 공기의 저항이 그 운동에 상당한 방해가 될 것이다. 속도가 그렇게 빠르지 않을 때에는 공기저항은 무시할 수 있다. 공기저항을 무시할 수 있을 때 돌멩이에 작용하는 힘은 중력뿐이다. **자유낙하**[free fall]란 물체가 중력 이외의 힘은 받지 않고 오직 중력만을 받으면서 떨어지는 운동을 말한다(그림 4.16). 지구상에서는 항상 어느 정도의 공기저항을 받기 때문에 자유낙하는 이상화시킨 것이다.

자유낙하가속도 자유낙하를 하는 물체의 가속도는 얼마인가? 질량이 더 큰 물체는 가속하기가 더 어렵다. 주어진 힘을 받는 물체의 가속도는 질량에 반비례한다. 그러나 중력은 더 큰 질량에는 더 큰 힘을 작용하여 그것의 큰 관성을 상쇄시키면서 질량이 작은 물체와 같은 크기의 가속도를 준다. 물체에 작용하는 중력은 $\vec{\mathbf{W}} = m\vec{\mathbf{g}}$이다. 여기서 $\vec{\mathbf{g}}$는 중력장 벡터로서 크기는 g이고 아래 방향을 향한다. 뉴턴의 제2 법칙으로부터

$$\sum \vec{\mathbf{F}} = m\vec{\mathbf{g}} = m\vec{\mathbf{a}}$$

이다. 이것을 질량으로 나누어주면

$$\vec{\mathbf{a}} = \vec{\mathbf{g}} \tag{4-6}$$

이다. 자유낙하를 할 때 물체의 가속도는 $\vec{\mathbf{g}}$로서 물체의 질량에 무관하다. 1 N = 1 kg·m/s²이므로 1 N/kg = 1 m/s²이다. 자유낙하를 하고 있는 물체의 가속도는 그곳에서의 $\vec{\mathbf{g}}$의 값이다. 특정 문제에서 g 값이 주어지지 않으면 그 크기를 지구 표면 근처에서의 자유낙하가속도의 크기로 가정하고, 그 값은 다음과 같다.

$$a_{자유낙하} = g = 9.80 \,\frac{\text{N}}{\text{kg}} = 9.80 \,\frac{\cancel{\text{N}}}{\cancel{\text{kg}}} \times 1 \,\frac{\cancel{\text{kg}} \cdot \text{m/s}^2}{\cancel{\text{N}}} = 9.80 \text{ m/s}^2$$

연결고리

자유낙하는 가속도가 일정한 운동의 대표적인 예이다.

연결고리

양 g에 대해 서로 다른 두 가지 해석이 있다. 무게 $W = mg$라 할 때 g는 중력장의 세기이다. 지표면 근처에서 $g \approx 9.80$ N/kg이라 쓸 때는 단위 질량에 대한 중력의 크기를 뜻한다. 이제 우리는 다음과 같이 g에 대한 또 다른 해석을 할 수 있다. 그것은 자유낙하하는 물체의 가속도로, 지표면 근처에서 자유낙하 가속도는 $g \approx 9.80$ m/s²이다.

지구 표면 근처에서 중력만을 받을 때 $\vec{\mathbf{g}}$는 물체의 가속도이기 때문에 종종 벡터 $\vec{\mathbf{g}}$를 자유낙하 −가속도라고 부른다.

수직 방향의 운동을 다룰 때 위쪽을 양(+)의 y-축 방향으로 선택한다. (2차원 문제를 다룰 때 자주 수평 방향은 x-축, 수직 방향은 y-축으로 선택한다.) 자유낙하가 속도의 방향은 아래쪽이므로 $a_y = -g$이다[만약 양(+)의 y-축 방향이 위쪽이면]. 다른 경우의 등가속도 운동의 방법과 방정식들이 자유낙하에서도 똑같이 적용된다.

지구 표면 근처의 중력은 항상 물체를 아래로 잡아당기므로, 자유낙하 하는 물체의 가속도는, 그 물체가 올라가고 있거나, 내려가고 있거나, 정지하고 있거나, 그 속도에 무관하게 아래 방향이고 크기가 일정하다. 만약 물체가 내려가고 있다면 아래 방향 가속도는 그 속도를 증가시키고, 위쪽으로 올라가고 있다면 아래 방향 가속도는 그 속도를 감소시킨다.

최고점에서의 가속도　물체를 위쪽으로 똑바로 던진다면, 그 물체는 최고점에서 속도가 영이 된다. 왜? 양(+)의 y-축 방향이 위쪽이면 이 물체의 속도 y-성분 v_y는 양(+)이고 아래로 갈 때 v_y는 음(−)이다. v_y 값은 연속적으로 변해야 하는데 부호를 바꾸기 위해서는 한 번은 영이 되어야 한다(그림 4.17). 최고점에서 속도는 영이지만 가속도는 영이 아니다. 만약 최고점에서 가속도가 갑자기 영이 되어버리면 속도는 더 이상 변하지 않는다. 물체는 최고점에서 되돌아 떨어지지 않고 멈춰버릴 것이다. 최고점에서 속도가 영이 되지만 영에 머무르지 않고 같은 비율로 변한다.

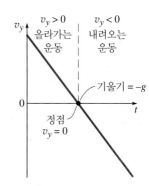

그림 4.17　위쪽으로 던진 물체의 t 대 v_y의 그래프. 물체가 올라가거나 내려오거나 최고점에 있거나 상관없이 그래프의 기울기는 모든 점에서 일정하다. 그 비율이 바로 가속도 $a_y = -g$이다.

✔ 살펴보기 4.4

자유낙하운동을 하는 물체가 위로 올라갈 수 있는가?

보기 4.6

돌멩이 던지기

다리 위에 서서 돌멩이를 위쪽으로 똑바로 던졌다. 돌멩이는 손을 떠난 지점에서 44.1 m 아래에 있는 강물에 4.00 s 후에 떨어졌다. (a) $v_y(t)$와 $y(t)$의 그래프를 스케치하여라. 양(+)의 y-축 방향을 위쪽으로 선택한다. (b) 손을 떠난 직후 돌멩이의 속도를 구하여라. (c) 돌멩이가 강물에 닿기 직전의 속도는 얼마인가? (d) 이 돌멩이의 운동에서 처음 0.9 s 동안의 위치를 0.1 s 간격으로 표시한 운동도해를 그려라.

전략　공기의 마찰을 무시하면, 돌멩이가 일단 손을 벗어나면 강물에 닿을 때까지 자유낙하운동을 한다. 자유낙하운동을 하는 동안 처음 속도는 돌멩이가 손을 떠날 때의 속도이고 나중 속도는 강물에 닿기 직전의 속도이다. 그림 4.16의

자물도는 자유낙하운동을 하는 동안에 작용하는 유일한 힘인 중력 $\vec{\mathbf{W}} = m\vec{\mathbf{g}}$를 보여주고 있다. 뉴턴의 제2 법칙으로부터 $\sum \vec{\mathbf{F}} = \vec{\mathbf{W}} = m\vec{\mathbf{g}} = m\vec{\mathbf{a}}$. 자유낙하를 하는 동안 돌멩이의 가속도는 일정하고 $\vec{\mathbf{g}}$와 같고 그 크기는 9.80 m/s²이고 아래 방향이다.

주어진 조건: $a_y = -9.80$ m/s², $\Delta t = 4.00$ s일 때
$$\Delta y = -44.1 \text{ m}.$$

구할 값: v_{iy}와 v_{fy}.

풀이　(a) 돌멩이가 손을 떠나는 점을 좌표 원점으로 잡으면 돌멩이는 $y = 0$에서 출발하는 것이 된다. 돌멩이가 위로 올

라가기 시작했으므로 최고점에 이를 때까지 y 값은 증가한다. 그리고 나서 돌멩이는 떨어지기 시작하여 $y = 0$보다 낮은 점에 있는 강물에 닿는다. 가속도가 일정하기 때문에 $v_y(t)$의 그래프는 직선이 된다. 돌멩이는 처음에 위쪽으로 운동한다($v_y > 0$). 최고점에서는 $v_y = 0$이다. 그러고 나서 돌멩이는 아래쪽으로 운동하고 $v_y < 0$ 이다. v_y의 값은 $y(t)$ 그래프의 기울기이다. 그 값은 처음에 양수였다가 점점 줄어들어서 최고점에서 영이 되고 계속적으로 감소해서 음(−)의 값이 된다. 이 관찰을 통해 $y(t)$와 $v_y(t)$ 그래프를 그림 4.18과 같이 스케치할 수 있다.

(b) v_{iy} 값을 제외한 3개(Δy, Δt, a_y)의 값을 알고 있으므로 v_{iy}를 구하기 위해 식 (4-4)를 이용한다.

$$\Delta y = v_{iy} \Delta t + \frac{1}{2} a_y (\Delta t)^2$$

v_{iy}에 대하여 풀면 다음과 같다.

$$v_{iy} = \frac{\Delta y}{\Delta t} - \frac{1}{2} a_y \Delta t = \frac{-44.1\ \text{m}}{4.00\ \text{s}} - \frac{1}{2}(-9.80\ \text{m/s}^2 \times 4.00\ \text{s}) \quad (1)$$

$$= -11.0\ \text{m/s} + 19.6\ \text{m/s} = 8.6\ \text{m/s}$$

처음 속도는 위쪽으로 8.6 m/s이다.

(c) 나중 속도 v_{fy}는 식 (4-1)을 이용하여 구한다.

$$v_{fy} = v_{iy} + a_y \Delta t$$

앞에서 구한 v_{iy}에 대한 표현식과 값을 대입하면 다음과 같다.

$$v_{fy} = \left(\frac{\Delta y}{\Delta t} - \frac{1}{2} a_y \Delta t \right) + a_y \Delta t = \frac{\Delta y}{\Delta t} + \frac{1}{2} a_y \Delta t \quad (2)$$

$$= \frac{-44.1\ \text{m}}{4.00\ \text{s}} + \frac{1}{2}(-9.80\ \text{m/s}^2 \times 4.00\ \text{s})$$

$$= -11.0\ \text{m/s} - 19.6\ \text{m/s} = -30.6\ \text{m/s}$$

나중 속도는 아래 방향으로 30.6 m/s이다.

(d) $y_i = 0$, $t_i = 0$이라 하면, 돌멩이의 위치는 시간의 함수로 다음과 같이 얻을 수 있다.

$$y(t) = v_{iy} t + \frac{1}{2} a_y t^2$$

운동도해는 그림 4.19와 같다.

검토 예상대로 나중 속도가 처음 속도보다 크다. 식 (1)과 (2)를 해석해보는 것은 매우 유용하다. 식 (1)의 우변의 첫째

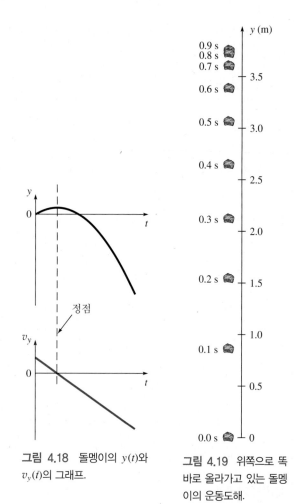

그림 4.18 돌멩이의 $y(t)$와 $v_y(t)$의 그래프.

그림 4.19 위쪽으로 똑바로 올라가고 있는 돌멩이의 운동도해.

항 $\Delta y / \Delta t$는 4.00 s 동안 자유낙하를 하는 평균속도이다. 두 번째 항 $\frac{1}{2} a_y \Delta t$는 v_y의 변화량 $a_y \Delta t$의 절반이다. 가속도가 일정하므로 평균속도는 처음 속도와 나중 속도의 평균값이다. 그러므로 처음 속도는 평균속도에서 속도 변화량의 절반을 뺀 것이고, 나중 속도는 식 (2)에 보이듯이 평균속도에 속도 변화량의 절반을 더한 것이다.

실전문제 4.6 돌멩이가 도달한 높이

(a) 돌멩이는 얼마나 높이 올라가는가? (힌트: 최고점에서 v_y 값은 얼마인가?) (b) 돌멩이를 위로 던지지 않고 그냥 떨어뜨렸다면 강물에 닿는 데 걸리는 시간은 얼마인가?

4.5 포물체 운동 MOTION OF PROJECTILES

연결고리

포물선 운동은 수평 방향의 속도 성분이 영이 아닌 자유낙하운동이다. 가속도의 방향은 일정하고 아래 방향이다.

만약 한 물체가 xy-평면에서 등가속도로 운동한다면, a_x와 a_y 둘 다 일정하게 된다. 물체의 운동은 서로 독립인 두 개의 수직한 축인 y-축과 x-축을 따라 움직이는 것으로 바라보면, 각 성분은 우리가 잘 알고 있는 1차원 문제로 환원된다. 우리는 4.1절의 일정가속도의 방정식들을 x-성분과 y-성분에 대하여 독립적으로 적용하면 된다.

문제를 간단히 하려면 가속도의 한 성분만 영이 안 되도록 좌표축을 설정하는 것이 일반적으로 가장 좋은 방법이다. 가속도가 양(+)이나 음(−)의 y-방향이 되도록 좌표를 선택하면, $a_x = 0$이 되고 v_x는 상수가 된다. 이렇게 좌표를 선택하면 등가속도일 때 4개의 방정식 (4-1), (4-3), (4-4), (4-5)를 다음과 같이 쓸 수 있다.

x-축: $a_x = 0$	**y-축: a_y 상수**
$\Delta v_x = 0$ (v_x는 일정함)	$\Delta v_y = a_y \Delta t$ (4-7)
$\Delta x = v_x \Delta t$	$\Delta y = \frac{1}{2}(v_{fy} + v_{iy})\,\Delta t$ (4-8)
	$\Delta y = v_{iy}\,\Delta t + \frac{1}{2}a_y(\Delta t)^2$ (4-9)
	$v_{fy}^2 - v_{iy}^2 = 2a_y\,\Delta y$ (4-10)

왜 x-축 열에는 식이 두 개뿐인가? 그 외 두 식은 $a_x = 0$일 때 무의미하기 때문이다.

식 (4-7)부터 (4-10)까지 성분이 서로 섞여 있지 않음에 주목하여라. 각 방정식들은 x-성분은 x-성분끼리만 연관되고, y-성분은 y-성분끼리만 연관되어 있다. 곧 한 벡터의 x-성분과 또 다른 벡터의 y-성분을 함께 가지는 방정식이 하나도 없다. x-성분 방정식과 y-성분 방정식에 동시에 보이는 물리량은 스칼라양인 Δt뿐이다.

지표면 근처에서 일어나는 자유낙하운동의 가속도는 상수이다. 공기의 저항은 무시하면 아래로 잡아당기는 중력은 물체에 아래 방향의 등가속도 $\vec{g}$를 준다. 4.4절에서 자유낙하운동을 다뤘지만 거기서는 수평 방향 속도가 없었기 때문에 물체가 수직으로 올라가거나 내려오는 운동만 했다. 이제 우리는 일명 **포물체**^{projectile} 운동이라는 수평 방향 속도 성분을 가지는 자유낙하운동을 다루어보기로 한다. 포물체 운동은 수직평면 안에서 이루어진다.

중세의 약탈자들이 성을 공격하는 상황을 상상해보자. 그들은 큰 돌을 날려서 성벽을 파괴할 수 있는 투석기를 가지고 있다(그림 4.20). 돌이 투석기에서 처음 속도 $\vec{v}_i$로 발사되어 날아가는 모습을 그려보아라. ($\vec{v}_i$는 돌이 포물체 운동을 하며 날아갈 때의 처음 속도이다. 다시 말해 돌이 투석기와 접촉이 끝나는 순간의 속도이다.) **발사각도**$^{angle\ of\ elevation}$는 처음 속도와 수평면이 이루는 각이다. 일단 돌이 공중에서 날아가는 동안에, 공기의 저항을 무시할 수 있다고 가정하면, 돌에 작용하는 유일한 힘은 아래 방향으로 작용하는 중력뿐이다. 돌의 궤적(경로)이 그림 4.21에 그려져 있다. 양(+)의 x-축이 수평으로 오른쪽으로 향하고 있고 y-축은 위쪽이다.

그림 4.20 중세의 투석기로 돌을 날리고 있다. 돌이 투석기를 떠나는 순간의 속도는 $\vec{v}_i$이다.

그림 4.21 포물체의 경로를 보여주는 운동도해. 위치는 같은 시간 간격으로 표시했다. 돌의 x-, y-성분 속도를 겹쳐서 그렸다. 수평 방향으로 작용하는 힘이 없기 때문에 수평 방향의 속도 성분은 일정하다. 수직 성분은 아래 방향의 중력 때문에 변한다.

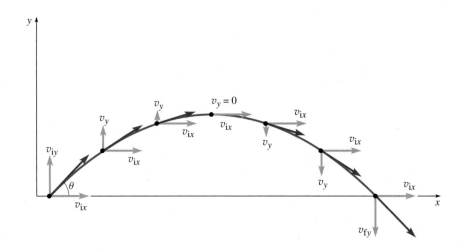

처음 속도 $\vec{v}_i$가 수평면과 이루는 각이 θ라면, $\vec{v}_i$는 다음과 같이 성분별로 나뉜다.

$$v_{ix} = v_i \cos\theta \quad \text{그리고} \quad v_{iy} = v_i \sin\theta \tag{4-11}$$

($+y$-축은 위쪽, θ는 수평축인 x-축에서부터 잰 각)

중력은 아래 방향인 $-y$-방향으로 작용하기 때문에, 알짜힘의 수평 방향 성분은 영이다. 따라서 $a_x = 0$이고 속도의 수평 방향 성분 v_x는 상수이다. 속도의 수직 성분인 v_y는 마치 돌을 처음 속도 v_{iy}로 수직 위로 발사한 것과 같이 일정한 비율로 변한다. 처음에 양(+)이었던 v_y는 최고점에서 $v_y = 0$이 될 때까지 계속 감소한다. 그러고 나면 아래 방향의 중력이 포물체를 아래쪽으로 떨어뜨린다. v_y는 위로 올라가는 동안에는 물론이고 경로의 최고점에서도 일정한 비율로 변한다. 포물체의 경로 전체에서 가속도는 크기와 방향이 일정하다.

임의의 순간에 포물체의 변위는 서로 수직인 두 직선운동의 변위들의 벡터 합이다. 공기저항이 없을 때 포물체의 운동은 수평 방향의 일정 속도 직선운동과 수직 방향의 등가속도 직선운동이 중첩된 것이다. 수평과 수직 운동은 각각 서로의 운동에 아무 관련이 없이 독립적으로 진행된다. 그림 4.22의 실험에서, 한 공은 그냥 떨어뜨렸고, 동시에 다른 한 공은 수평 방향으로 발사했다. 사진은 운동도해와 마찬가지로 같은 시간 간격으로 두 공을 보여주고 있다. 두 공의 수직운동은 정확히 같다. 곧, 매 순간 두 공은 같은 높이에 있다. 이것은 두 공의 수평운동은 수직운동에 아무런 영향을 주지 않는다는 것을 보여준다. (이 말은 공기저항이 있을 때는 맞지 않는다.)

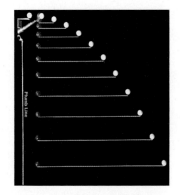

그림 4.22 공기저항이 없으면 수평 방향과 수직 방향 운동은 서로 독립적이다. 포물체 운동의 수직 방향 운동(하얀색)은 수직으로 떨어지는 물체의 운동(빨간색)과 같다.

포물체 운동의 수직운동과 수평운동은 분리해서 다룰 수 있다. 곧 두 운동은 서로 독립적이다.

보기 4.7

갈매기의 점심시간

갈매기 한 마리가 조개를 찾아 물고 하늘 높이 올라가(그림 4.23), 지면과 수평하게 날다가 조개를 떨어뜨렸다. 조개는 바닥에 있는 바위에 떨어져 깨졌다. 갈매기는 다시 내려앉아

조갯살로 맛있게 점심을 먹었다. (공기저항은 무시한다). (a) 바닷가에 있는 사람이 본 조개의 경로가 포물선임을 보여라 (곧, 그 경로가 함수 $y = Ax^2 + Bx + C$로 표현됨을 보여라).

그림 4.23 사냥한 조개를 떨어뜨려서 깨트려 먹으려고 높이 날아오르는 갈매기.

(b) 갈매기가 조개를 떨어뜨린 후에도 같은 속도로 날아간다면, 갈매기가 보는 조개의 경로는 어떻게 되는가?

전략 조개는 아래 방향으로 등가속도 운동을 하는 포물체이다. y-축을 위쪽으로 잡으면, $a_y = -g$로 하고 식 (4-10)을 적용할 수 있다. y를 x의 함수로 구해야 한다. x-와 y-성분 모두에 나타나는 물리량은 시간 t이다. 따라서 $y(t)$와 $x(t)$의 방정식을 먼저 구하고 두 식에서 t를 소거하면 된다.

풀이 (a) $x_i = 0$, $y_i = 0$이 되도록 좌표원점을 갈매기가 조개를 떨어뜨린 지점으로 잡는다. 갈매기가 조개를 떨어뜨리는 순간을 $t = 0$으로 선택한다. $t = 0$일 때 조개의 속도는 수평 방향으로 갈매기의 속도와 같다. 따라서 $v_{iy} = 0$이다. 이제 시간 t일 때 조개의 위치를 구해보자.

$$\Delta x = x_f - x_i = x - 0 = v_{ix}t \qquad (4\text{-}8)$$

$$\Delta y = y_f - y_i = y - 0 = v_{iy}t + \tfrac{1}{2}a_y t^2 = 0 + \tfrac{1}{2}a_y t^2 \qquad (4\text{-}9)$$

이제 식 (4-8)에서 t를 구하면 $t = x/v_{ix}$이다. 이것을 식 (4-9)에 대입하면 다음과 같다.

$$y = \frac{1}{2}a_y\left(\frac{x}{v_{ix}}\right)^2 = \left(\frac{a_y}{2v_{ix}^2}\right)x^2$$

이 식은 포물선을 나타내는 식 $y = Ax^2 + Bx + C$에서 $A = \dfrac{a_y}{2v_{ix}^2}$이고, $B = 0$, $C = 0$인 포물선 방정식이다.

(b) 갈매기가 보는 조개의 경로는 다르다. 왜냐하면 갈매기의 관점에서 떨어뜨리는 순간 조개의 속도는 영이기 때문이다. $v_{ix} = 0$이기 때문에 조개의 x좌표는 변하지 않는다. 조개는 갈매기 아래로 땅에 닿을 때까지 수직으로 떨어진다. 두 기준틀에서 조개의 y-좌표는 같다. 그림 4.24는 두 기준틀에서의 경로를 보여주고 있다.

검토 문제 (a)에서 좌표원점을 다르게 선택하더라도 조개의 경로는 포물선 모양으로 똑같다. x의 함수로서 y는 여전히 포물선 함수 $y = Ax^2 + Bx + C$이다. 물론 B와 C의 값은 다른 값을 갖지만, 그것은 포물선을 평행 이동한 것에 불과하고 모양에는 변화가 없다.

공기저항이 없을 때 조개가 떨어지는 모습은, 포물체의 수직운동이 수평운동과 독립적임을 보여준다. 지상 기준틀에서 본 조개에 대한 운동도해는 그림 4.22의 하얀색 물체의 운동과 닮았고, 갈매기 기준틀에 대한 것은 빨간색 물체의 운동과 닮았다.

이 문제는 물리학의 상대성 원리를 지지한다(3.5절 참조). 조개의 위치와 속도는 두 기준틀에서 다르지만 물리 법칙은 (예, $\sum\vec{F} = m\vec{a}$) 두 기준틀에서 똑같이 성립한다(곧, 조개는 바위에 떨어진다).

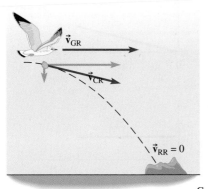

(a)

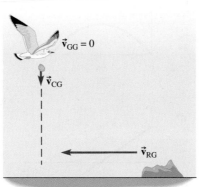

(b)

G = 갈매기
C = 조개
R = 암초

그림 4.24 (a) 지상 기준틀에서 본 조개의 경로와 (b) 갈매기 기준틀에서 본 조개의 경로. 상대 속도는 첨자를 붙여서 구분한다. 예를 들어 갈매기에 대한 조개의 상대 속도는 $\vec{v}_{CG}$와 같이 표시한다.

절벽 난간에 서서 아래에 있는 강을 향해 수평 방향으로 돌

멩이를 던졌다. 공기의 마찰을 무시할 때, 절벽에서 돌멩이가 떨어진 지점까지의 변위가 두 배로 되게 하려면 처음 속도의 어떤 요소를 증가시켜야 하는가?

포물체 운동의 그래프 그리기 그림 4.25에 포물체의 위치와 속도의 x-와 y-성분의 그래프가 시간 t의 함수로 그려져 있다. 여기서는 포물체가 $t = 0$일 때 평평한 지상에서 위쪽으로 발사되었다가 나중 시간 t_f일 때 다시 같은 높이로 되돌아온다. 위치의 y-성분 그래프는 최고점을 지나는 수직선에 대하여 대칭이고, 속도의 y-성분은 초깃값에서부터 선형으로 감소하고, 이 직선의 기울기는 $a_y = -g$이다. $v_y = 0$일 때 포물체는 그 경로의 최고점에 있다. v_y는 계속해서 같은 비율로 감소하여 음수가 되지만, 그 절댓값은 점점 증가한다. 포물체가 원래의 높이로 돌아오는 시간 t_f일 때는 속도의 y-성분의 크기는 $t = 0$일 때의 값과 같다($v_{fy} = -v_{iy}$).

그래프 $y(t)$는 포물체가 최고점에 도달할 때까지는 처음에 빠르게 운동하다가 점점 느려지는 것을 보여준다. 어떤 시간에서 $y(t)$ 그래프의 접선의 기울기는 그 순간의 v_y 값이다. $y(t)$의 최고점에서 접선은 수평하고 그 점에서 $v_y = 0$이다. 그 후에 중력은 포물체를 아래쪽으로 떨어뜨리기 시작한다. $y(t)$ 그래프가 포물선이지만 이것은 시간 t의 함수로서 그런 것이지 그 경로(x의 함수인 y)가 아니라는 것을 기억하기 바란다.

포물체는 수평 방향의 힘을 전혀 받지 않기 때문에 속도의 수평 성분은 일정하다 ($a_x = \sum F_x/m = 0$). 따라서 $v_x(t)$의 그래프는 수평한 직선이다. 물체가 일정한 속도 v_x로 움직이기 때문에 수평 방향의 위치 x는 일정하게 증가한다.

√ 살펴보기 4.5

농구공이 아치를 그리며 농구골대를 향해 날아간다. 이 아치의 최고점에서의 속도와 가속도에 대하여 어떻게 설명할 수 있는가? 공기저항은 없다고 가정하여라.

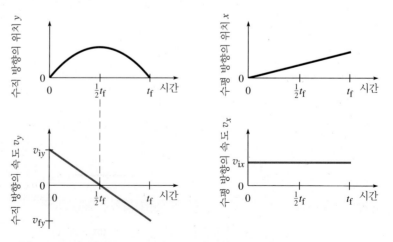

그림 4.25 포물체 운동: 시간에 대한 수직 성분량과 수평 성분량이 분리되어 있다.

보기 4.8

성벽 공격

중세의 투석기는 질량 32.0 kg의 돌을 발사각 30.0°로 처음 속도 50.0 m/s로 날릴 수 있다(그림 4.26). (a) 돌이 도달할 수 있는 최고 높이는 얼마인가? (b) 수평도달거리(원래 높이로 되돌아왔을 때 도달하는 수평 방향 거리)는 얼마인가? (c) 원래의 높이로 돌아올 때까지 돌이 공중에 머문 시간은 얼마인가?

전략 문제에서 돌의 처음 속도의 크기와 방향이 주어졌다. 공기저항은 무시하자. 일단 돌이 던져지면 땅바닥에 떨어지거나 어떤 물체에 부딪힐 때까지 돌의 가속도는 아래 방향으로 일정하다. 양(+)의 y-축 방향을 위쪽으로, x-축의 방향은 수평으로 성을 향하게 선택한다. 돌이 최고점에 도달했을 때 속도의 y-성분은 영이다. $\Delta y = 0$인 원래의 높이로 돌아왔을 때는 $v_{fy} = -v_{iy}$가 된다. 돌의 비행시간 t_f를 알면 최대 도달 거리를 알 수 있다. y-성분 방정식과 x-성분 방정식 사이의 매개변수는 시간이다. 따라서 문제 (c)를 (b)보다 먼저 푼다. t_f를 구하는 한 방법은 최고 높이까지 도달하는 데 걸리는 시간을 구하고 2배 해주는 것이다(그림 4.25 참조). (다른 방법은 $\Delta y = 0$으로 놓거나 $v_y = v_{iy}$로 놓는 과정을 포함한다.)

풀이 (a) 우선 발사각 30.0°인 처음 속도의 x-와 y-성분을 구하자.

$$v_{iy} = v_i \sin \theta, \quad v_{ix} = v_i \cos \theta$$

최고 높이는 $v_{fy} = 0$이 될 때 수직 변위 Δy이다.

$$\Delta y = \tfrac{1}{2}(v_{fy} + v_{iy}) \Delta t = \tfrac{1}{2}(0 + v_i \sin \theta) \Delta t$$

$v_{fy} - v_{iy} = a_y \Delta t$를 이용하여 시간 간격을 소거하면

$$\Delta y = \frac{1}{2}(v_i \sin \theta)\left(\frac{0 - v_i \sin \theta}{a_y}\right) = -\frac{(v_i \sin \theta)^2}{2a_y}$$

$$= \frac{-(50.0 \text{ m/s} \times \sin 30.0°)^2}{2 \times (-9.80 \text{ m/s}^2)} = 31.9 \text{ m}$$

이다. 최고점은 포물체가 발사된 위치에서 31.9 m 위쪽에 있다.

(c) 처음 높이와 나중 높이는 같다. 이 대칭성 때문에 총 비행시간 t_f는 포물체가 최고점에 도달하기 위한 시간의 두 배이다. 최고점에 도달하는 데 걸리는 시간은 다음과 같이 구할 수 있다.

$$v_{fy} = 0 = v_{iy} + a_y \Delta t$$

Δt에 관하여 풀면

$$\Delta t = \frac{-v_{iy}}{a_y} \left(= \frac{-v_i \sin \theta}{a_y} \right)$$

이고, 따라서 총 비행시간은 다음과 같다.

$$t_f = 2 \Delta t = 2 \times \frac{-50.0 \text{ m/s} \times \sin 30.0°}{-9.80 \text{ m/s}^2} = 5.10 \text{ s}$$

(b) 수평도달거리는

$$\Delta x = v_{ix}t_f = v_i \cos \theta \, t_f = (50.0 \text{ m/s} \times \cos 30.0°) \times 5.10 \text{ s}$$
$$= 221 \text{ m}$$

이다.

검토 빠른 점검:

$$y_f - y_i = v_{iy} \Delta t + \frac{1}{2}a_y (\Delta t)^2$$

위의 방정식을 이용하여 $\Delta t = \frac{1}{2} \times 5.10$ s일 때 $\Delta y = 31.9$ m이고, $\Delta t = 5.10$ s일 때 $\Delta y = 0$임을 점검할 수 있다. 첫 번째 것은 다음과 같이 옳다는 것이 확인된다.

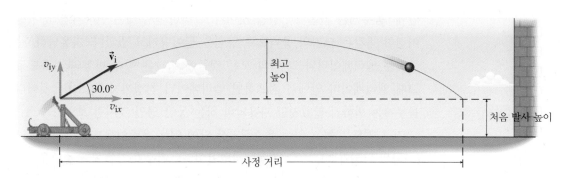

그림 4.26 투석기로 성벽 안을 공격하기 위하여 공중으로 돌멩이를 날린다.

$\Delta y = (50.0 \text{ m/s}) (\sin 30.0°) (2.55 \text{ s}) + \frac{1}{2} (-9.80 \text{ m/s}^2) (2.55 \text{ s})^2$

$= 63.8 \text{ m} + (-31.9 \text{ m}) = 31.9 \text{ m}$

이것은 다른 것에서부터 유도되기 때문에 독립적인 점검은 아니다. 그러나 대수연산이나 계산에서 실수가 있었는지 여부를 알려준다.

수평운동을 수직운동과 분리하여 분석하기 때문에, 주어진 처음 속도를 x-와 y-성분으로 나누는 것부터 시작했다. 시간은 수직 수평 운동을 연결하는 매개변수이다.

이 풀이에서 물체의 질량은 사용하지 않았다는 것에 주목하여라. 처음 속도(포물체의 처음 속도, 곧 돌이 투석기와 접촉이 끝나는 순간의 속도)가 주어지면, 질량은 최고 높이, 수평도달거리 및 총 비행시간에 영향을 주지 않는다. 돌의 질량은 투석기가 돌을 정지 상태에서부터 가속시켜 발사 속도에 도달하게 하는 능력에만 영향을 미친다.

실전문제 4.8 **화살의 최대 높이**

궁수들이 성을 공격하는 데 참여하여 성벽 너머로 화살을 쏜다. 화살의 발사각이 45°일 때 화살의 최대 높이를 v_i와 g의 항으로 표현하여라. [힌트: $\sin 45° = \cos 45° = 1/\sqrt{2}$를 이용하여 간단히 하여라.]

공기저항

지금까지 떨어지는 물체나 포물체의 공기저항을 무시했다. 스카이다이버는 큰 공기저항을 얻기 위해 낙하산을 편다(**끌림**drag이라고도 부른다.). 낙하산을 접고 있어도 스카이다이버가 빠르게 떨어지고 있을 때는 공기의 끌림 힘을 무시할 수 없다. 공기의 끌림 힘은, 접촉하고 있는 고체 평면의 마찰처럼, 공기 중에서 움직이고 있는 물체의 **운동과 반대 방향**으로 작용한다. 많은 경우에 공기의 끌림 힘은 공기 속에서 움직이는 물체의 속도의 제곱에 비례한다. 끌림은 물체의 크기와 모양에 따라서도 변한다.

끌림 힘은 속도가 증가하면 그에 따라 함께 증가하기 때문에, 끌림 힘이 중력인 무게와 같아지면 방향이 중력과 반대이므로 속도가 일정한 값(평형 상태)에 도달한다. 이 속도를 **종단속도**(terminal velocity)라고 한다.

4.6 겉보기 무게 APPARENT WEIGHT

엘리베이터에 탔는데 엘리베이터의 줄이 끊어졌다고 상상해보아라. 다행히 어느 정도 자유낙하하다 안전장치가 작동되어 무사히 멈췄다. 당신이 자유낙하하는 동안에 "몸무게는 없는 것" 같을 것이다. 그러나 몸무게는 변하지 않았다. 곧 지구는 여전히 똑같은 크기의 중력으로 당신을 끌어당기고 있었다. 자유낙하하는 동안에 중력은 엘리베이터와 그 안의 모든 것들에 똑같은 아래 방향의 가속도 $\vec{\mathbf{g}}$를 준다. 그때 엘리베이터 안에서 점프하면 엘리베이터 천정까지 "떠오를" 것이다. 당신의 몸무게는 변하지 않았지만 자유낙하 하는 동안 영인 것처럼 보인다.

지구 궤도를 돌고 있는 우주정거장 안에 있는 우주인들도 자유낙하를 하고 있다 (그들의 낙하가속도는 그 지점에서의 $\vec{\mathbf{g}}$이다). 지구가 그들에게 중력을 작용하고 있기 때문에 몸무게가 없는 것이 아니고 그렇게 보이는 것뿐이다.

체중계 위에 물체가 있다고 상상해보아라. 체중계는 그 물체의 겉보기 무게 W'

을 측정하고 있다. 물체와 저울에 가속도가 없을 때에만 진짜 무게를 잴 수 있다. 뉴턴의 제2 법칙을 적용하면 다음과 같다.

$$\sum \vec{F} = \vec{N} + m\vec{g} = m\vec{a}$$

여기서 $\vec{N}$은 체중계가 위로 미는 수직항력이다. 겉보기 무게 W'은 체중계가 측정한 바로 이 값 $\vec{N}$의 크기이다.

$$W' = |\vec{N}| = N$$

그림 4.27a에서는 엘리베이터의 가속도가 위쪽이다. 알짜힘이 위쪽이 되려면 수직항력이 무게보다 커야 한다(그림 4.27b). $+y$-방향을 위쪽으로 선택할 때 힘을 성분별로 쓰면

$$\sum F_y = N - mg = ma_y$$

또는

$$N = mg + ma_y$$

이다. 그러므로

$$W' = N = m(g + a_y) \tag{4-12}$$

이다. 엘리베이터의 가속도가 위쪽이기 때문에 $a_y > 0$이고, 따라서 겉보기 몸무게는 진짜 몸무게보다 커진다(그림 4.27c).

그림 4.28a에서는 가속도가 아래 방향이다. 이 경우에는 알짜힘도 아래 방향을 가리킨다. 그러나 수직항력은 여전히 위쪽이다. 알짜힘이 아래 방향이 되게 하려면 수직항력이 무게보다 작아야 한다(그림 4.27b). 여기서도 $W' = m(g + a_y)$는 여전히 참이다. 그렇지만 가속도가 아래 방향이다($a_y < 0$). 따라서 겉보기 몸무게는 진짜 몸무게보다 작아진다(그림 4.28c). 만약 엘리베이터가 자유낙하한다면, $a_y = -g$가 되어서 겉보기 몸무게는 영이 된다.

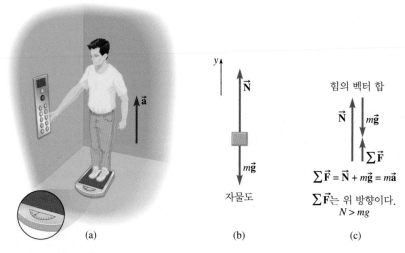

그림 4.27 (a) 가속도가 위쪽인 엘리베이터 안에서의 겉보기 몸무게. (b) 탑승자의 자물도. (c) 알짜힘이 위쪽을 향하기 위해서 수직항력은 몸무게보다 커야 한다.

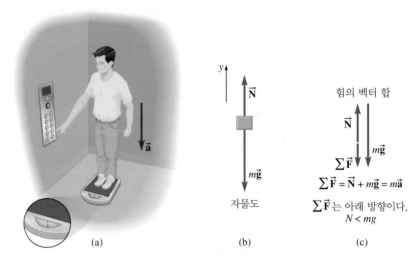

그림 4.28 (a) 가속도가 아래쪽인 엘리베이터 안에서의 겉보기 몸무게. (b) 탑승자의 자물도. (c) 알짜힘이 아래쪽을 향하기 위해서 수직항력은 몸무게보다 작아야 한다.

보기 4.9

엘리베이터 안에서 겉보기 무게

몸무게가 598 N인 사람이 엘리베이터에 탔다. 다음 상황에서 겉보기 몸무게는 얼마인가? 각 경우에 엘리베이터 가속도의 크기는 0.500 m/s²로 같다. (a) 탑승자가 5층으로 가기 위해 1층에서 버튼을 눌러서 엘리베이터가 올라가기 시작했다. (b) 엘리베이터가 5층 가까이에서 속도를 늦추고 있다.

전략 각 경우, 탑승자에 대한 자물도를 그리자. 겉보기 몸무게는 엘리베이터 바닥이 탑승자를 밀어 올리는 수직항력과 같다. 탑승자에 작용하는 또 하나의 힘은 중력이다. 뉴턴의 제2 법칙을 이용하면 무게와 가속도로부터 수직항력을 알 수 있다.

주어진 조건: $W = 598$ N, 가속도의 크기 $a = 0.500$ m/s². 구할 값: W'.

풀이 (a) $+y$-축을 위쪽으로 선택한다. 1층에서 출발할 때는 위로 올라가는 속도가 증가하므로 가속도가 위쪽 방향이다. 엘리베이터의 가속도가 위쪽이므로 $a_y > 0$(그림 4.27). 겉보기 몸무게 $W' = N$은 실제 몸무게보다 크게 될 것이다. 왜냐하면 바닥이 탑승자에게 위쪽 방향 가속도를 주기 위해서는 W보다 큰 힘으로 밀어 올려야 하기 때문이다. 그림 4.29는 자물도이다. 뉴턴의 제2 법칙에 의해

$$\sum F_y = N - W = ma_y$$

이고, $W = mg$이므로, $m = W/g$를 대입할 수 있다.

$$W' = N = W + ma_y = W + \frac{W}{g}a_y = W\left(1 + \frac{a_y}{g}\right)$$

$$= 598 \text{ N} \times \left(1 + \frac{0.500 \text{ m/s}^2}{9.80 \text{ m/s}^2}\right) = 629 \text{ N}$$

(b) 엘리베이터가 5층 근처에 가면, 아직 올라가고 있지만 속도가 느려진다. 따라서 그림 4.28에서처럼 가속도는 아래 방향이다($a_y < 0$). 겉보기 몸무게는 실제 몸무게보다 작아진다. 그림 4.30이 자물도이다. 마찬가지로 $\sum F_y = N - W = ma_y$이지만 이번에는 $a_y = -0.500$ m/s²이다.

$$N = W\left(1 + \frac{a_y}{g}\right)$$

$$= 598 \text{ N} \times \left(1 + \frac{-0.500 \text{ m/s}^2}{9.80 \text{ m/s}^2}\right) = 567 \text{ N}$$

이다.

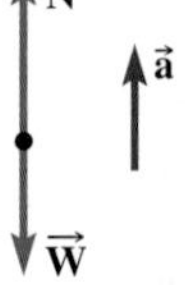

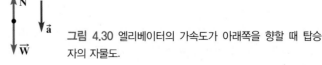

그림 4.29 엘리베이터의 가속도가 위쪽을 향할 때 탑승자의 자물도.

그림 4.30 엘리베이터의 가속도가 아래쪽을 향할 때 탑승자의 자물도.

검토 엘리베이터의 가속도가 위쪽일 때는 겉보기 몸무게가 커진다. 이런 일은 다음 두 경우에 발생한다. 엘리베이터의 속도를 증가시키면서 올라가는 경우와 감소시키면서 내려가는 경우이다.

실전문제 4.9 내려가는 엘리베이터

다음의 경우에 몸무게 42.0 kg인 탑승자의 겉보기 몸무게는 각각 얼마인가? 엘리베이터의 가속도 크기는 0.460 m/s^2으로 같다. (a) 탑승자가 5층에서 1층으로 가려고 버튼을 눌렀다. 엘리베이터는 아래로 내려가기 시작한다. (b) 1층 가까이에 다다른 엘리베이터가 속도를 늦추고 있다.

살펴보기 4.6

당신이 내려가는 엘리베이터 안에서 체중계 위에 서 있다. 멈출 때가 되어서 엘리베이터의 속도가 느려지고 있다. 저울의 눈금은 지상에서의 당신 체중보다 큰가 아니면 작은가?

해답

실전문제

4.1 (a) $\Delta x = v_{ix}\Delta t + \frac{1}{2}a_x(\Delta t)^2 = 0 + \frac{1}{2} \times 360\,000\ \text{m/s}^2 \times (0.40 \times 10^{-3}\ \text{s})^2 = 2.9\ \text{cm}$

(b) $\Delta v_x = a_x \Delta t = 360\,000\ \text{m/s}^2 \times 0.40 \times 10^{-3}\ \text{s} = 140\ \text{m/s}$

4.2 출발점을 떠나고 5.00 s 후. $+x$-방향 4.00 km/s

4.3 오른쪽으로 0.31 m(블록 1), 아래쪽으로 0.31 m(블록 2)

4.4 하나의 도르래로 상자를 당기는 것은 불가능하다. 상자의 전체 무게는 줄 한 가닥으로 지지할 수 없고 그 무게는 줄의 파괴 강도를 초과한다.

4.5 (a) 경사면 아래로, (b) 경사면 위로, (c) 경사면 아래로 0.2 m/s^2

4.6 (a) 3.8 m, (b) 3.00 s

4.7 2

4.8 $v_i^2/(4g)$

4.9 (a) 392 N, (b) 431 N

살펴보기

4.1 예. 2초에서 3초 사이. 빨강 수레의 속도 성분 v_x는 1.4 m/s에서 1.6 m/s로 증가하는 반면, 파랑 수레는 1.6 m/s에서 1.4 m/s로 감소하여, 이 시간 동안 언젠가는 같게 된다. 운동도해에서 연속 변위 Δx는 시간 간격 동안 평균속도 ($v_{\text{평균},x} = \Delta x/\Delta t$)를 알려주어서, 빨강 수레는 $t = 1$ s에서 $t = 2$ s까지는 느려지고, $t = 3$ s에서 $t = 4$ s까지는 빨라진다. 그러나 평균속도는 $t = 2$ s에서 $t = 3$ s 사이에서 같다. 속도가 연속적으로 변하므로, 손수레는 $t = 2$ s에서 $t = 3$ s 사이의 어느 시간에 같은 순간속도를 가진다. 수레의 가속도는 1초당 0.2 m/s 또는 0.5초당 0.1 m/s로 크기가 같기 때문에 두 경우 모두 $t = 2.5$ s에서 $v_x = 1.5$ m/s로 운동한다고 결론을 내릴 수 있다.

4.2 비행기의 가속도가 일정해야만 평균속도가 서쪽으로 470 km일 수 있다. 가속도가 일정하지 않다면 평균속도는 반드시 서쪽으로 470 km일 필요는 없다. 평균속도를 구하려면 비행기의 변위를 시간 간격으로 나누어라.

4.4 예. 공을 위로 던지면 손을 떠나자마자 자유낙하한다.

4.5 수평 속도 성분은 변하지 않지만, 수직 성분은 최고점에서 영이기 때문에, 속도는 수평 방향이 된다. 최고점을 포함하여 날아가는 동안에는 모두 가속도가 일정하고 수직 아래 방향이다.

4.6 속도가 아래 방향으로 크기가 감소하므로 가속도는 위 방향이다. 그래서 위 방향의 수직항력이 체중계에 작용하여 당신의 체중보다 커져야 한다. 체중계 눈금은 체중보다 크게 가리킨다.

원운동
Circular Motion

독일의 운동선수 주자네 카일(Susanne Keil)이 독일 육상선수권 대회에서 해머를 던지고 있다. 카일은 67.77 m의 기록으로 2004년 아테네 올림픽 출전 자격을 얻었다.

육상 경기 중에는 해머던지기라는 종목이 있는데 해머는 손잡이에 연결된 줄의 반대쪽 끝에 달린 금속구(여자 선수의 경우, 질량이 4.00 kg)이다. 해머 선수는 반지름 2.1 m인 원에서 몇 번 돌리다가 잡고 있던 해머를 놓는다. 경기에서는 해머를 가장 멀리 던진 선수가 승리한다. 무거운 해머를 돌리기 위해 선수가 손잡이에 작용해야 하는 힘은 얼마나 될까? 또 해머를 놓았을 때 해머는 어떤 경로로 날아갈까? (123쪽에 답이 있다.)

되돌아가보기

- 중력(2.6절)
- 뉴턴의 운동 제2 법칙: 힘과 가속도(3.3, 3.4절)
- 속도와 가속도(3.2, 3.3절)
- 겉보기 무게(4.6절)
- 수직항력과 마찰력(2.7절)

5.1 등속원운동
DESCRIPTION OF UNIFORM CIRCULAR MOTION

인간이 발명한 기계 중에서 가장 중요한 것이 무엇이냐고 물어보면 대부분의 사람들은 '바퀴'라고 대답한다. 사실 회전체는 현대에는 물론 과거에도 중요한 기술이어서 우리는 그것을 잘 인식하지 못하고 있다. 예를 들면 자동차, 자전거, 기차, 잔디 깎는 기계 등에 있는 바퀴와 비행기 및 헬리콥터의 프로펠러, DVD와 블루레이 디스크, 컴퓨터의 하드디스크, 아날로그시계의 톱니바퀴와 바늘, 놀이공원의 각종 놀이기구, 원심분리기 등 그 예는 끝없이 많이 있다.

강체의 회전　원운동을 기술하기 위해서 변위, 속도, 가속도에 대한 익숙한 정의를 이용할 수 있다. 그러나 우리 주위에서 일어나는 대부분의 원운동은 강체에 대한 것이다. **강체**rigid body란 물체가 직선운동을 하거나 회전할 때, 물체 내의 임의의 두 점 사이의 거리가 일정하게 유지되는 물체를 말한다. 이러한 물체가 회전할 때 물체 내의 모든 점들은 원 궤도를 따라 운동한다. 임의의 점의 궤도 반지름은 회전축과 그 점 사이의 거리가 된다. DVD를 플레이어에서 작동시켰을 때 DVD상의 점들은 각각 다른 거리에서 다른 속도, 다른 가속도로 움직인다. DVD상의 한 점을 선택해봐도 DVD가 회전함에 따라 이 점의 속도와 가속도는 계속 방향이 바뀐다. 따라서 DVD의 회전을 기술할 때 DVD상의 어느 한 점의 운동에 대해 말하는 것은 부자연스럽다. 그러나 어떤 양은 DVD상의 모든 점에 대해 동일하다. 예를 들면, "DVD의 회전축에서 6.0 cm 떨어진 점이 1.3 m/s로 움직인다."라고 하는 것보다 "DVD가 210 rpm으로 회전한다."라고 하는 것이 훨씬 간단하다.

각변위와 각속도　원운동을 간단히 기술하기 위해서 거리 대신 각도에 치중하자. DVD가 1/4바퀴 돌 때 모든 점이 회전한 각(90°)은 같다. 그러나 반지름이 다르면 점들이 이동한 거리는 다르다. 그림 5.1에서와 같이 회전축에 가까이 있는 점 1은 원둘레상에 있는 점 4보다 짧은 거리를 움직인다. 이와 같은 이유로 거리 대신에 측정한 각도를 이용해서 변위, 속도, 가속도에 비슷한 변수 집단을 정의한다. 변위 대신에 DVD가 회전한 각을 **각변위**angular displacement $\Delta\theta$라고 하자. DVD상의 점은 원둘레를 따라 움직인다. 이 점이 각 θ_i에서 각 θ_f로 운동할 때, 원의 중심과 이 점을 연결한 선분은 $\Delta\theta = \theta_f - \theta_i$의 각을 쓸면서 지나간다. 이때 $\Delta\theta$가 이 시간 동안 일어난 DVD의 각변위이다(그림 5.2).

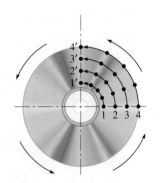

그림 5.1 DVD가 1/4바퀴 회전할 때 DVD상의 네 점에 대한 운동도해. 점 1, 2, 3, 4는 같은 각을 회전했지만, 새로운 위치 1′, 2′, 3′, 4′까지의 거리는 모두 다르다.

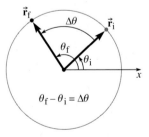

그림 5.2 각도 θ_i와 θ_f는 기준 축(x-축)으로부터 측정한다.

각변위의 정의

$$\Delta \theta = \theta_f - \theta_i \qquad (5\text{-}1)$$

연결고리

방정식 (5-1)~(5-3)이 친숙해 보이는 것은 속도가 위치 변화율인 것처럼 ω가 θ의 변화율이기 때문이다.

각변위는 회전이 일어나는 방향을 알려준다. 일반적으로 시계 반대 방향의 회전은 양(+)의 각변위를, 시계 방향의 회전은 음(−)의 각변위를 의미한다.

+ 시계 반대 방향
− 시계 방향

시계 반대 방향과 시계 방향은 운동을 바라보는 특정한 방향에 따라서 정의될 뿐이다. 곧, 위에서 바라볼 때 시계 반대 방향의 회전을 아래에서 바라보면 시계 방향의 회전이 된다.

평균 각속도 $\omega_{평균}$는 각변위의 평균 변화율이다.

평균 각속도의 정의

$$\omega_{평균} = \frac{\Delta \theta}{\Delta t} \qquad (5\text{-}2)$$

시간 간격 Δt를 점점 더 짧게 할수록 더 짧은 시간 동안의 평균을 구할 수 있다. $\Delta t \to 0$으로 극한을 취하면 $\omega_{평균}$는 순간 각속도 ω가 된다.

순간 각속도의 정의

$$\omega = \lim_{\Delta t \to 0} \frac{\Delta \theta}{\Delta t} \qquad (5\text{-}3)$$

기호 $\lim\limits_{\Delta t \to 0}$는 $\Delta \theta$가 매우 짧은 시간 동안(시간 간격을 더 짧게 하더라도 비율 $\Delta \theta / \Delta t$가 크게 변하지 않을 정도의 짧은 시간 간격)의 각변위라는 것을 알려준다.

각속도의 대수적인 부호(+, −)가 DVD가 어떤 방향으로 회전하는지를 나타낸다. 각변위는 도($°$, deg)나 라디안(rad)으로 측정되므로 각속도의 단위는 deg/s, rad/s, deg/day 등으로 나타낼 수 있다. SI 단위는 rad/s이다.

라디안 측정 일반적으로 각도를 도($°$, deg) 단위로 측정하는 것에 익숙해 있지만, 많은 경우에 **라디안**$^{radian, rad}$으로 측정하는 것이 훨씬 편리하다. 그런 경우를 예를 들면, 회전체의 각변위나 각속도를 물체상의 한 점의 이동 거리나 속력과 관련지을 때이다.

그림 5.3에서 원의 두 반지름 사이의 각 θ는 길이가 s인 호를 정의한다. θ는 호에 대응되는 각이다. 라디안으로 나타낸 각 θ는 다음과 같이 정의된다.

$$\theta(\text{라디안 단위}) = \frac{s}{r} \qquad (5\text{-}4)$$

여기서 r는 원의 반지름이다. 라디안으로 나타내는 각은 두 길이의 비로 정의되므로 차원이 없다(단순한 숫자이다). 우리는 사용한 각도의 척도를 표시하기 위해 용어 라디안(radian 줄여서 rad)을 사용한다. 그러나 라디안은 미터(m)나 킬로그램

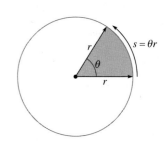

그림 5.3 라디안의 정의. rad 단위로 각 θ는 호 s를 반지름 r로 나눈 것이며, 그림의 각은 $1\text{rad} \approx 57.3°$이다.

(kg)과 같은 물리 단위가 아니므로 식 (5-4)에서 양변에 있을 필요는 없다. 같은 이유로, 오해의 여지가 없는 한 라디안을 생략해도 된다. 문맥상으로 1초당 23 rad이 분명하면 $\omega = 23 \, \text{s}^{-1}$로 쓸 수 있다.

선형 변수와 각 변수의 관계를 표현한 방정식[예: 식 (5-4)]에서, r를 rad으로 나타낸 각에 대응하는 호의 길이를 m 단위로 나타낸 숫자로 생각하여라. 곧, r를 라디안당 미터 단위를 가진 것으로 생각하여라. 그러면 라디안은 이 식에서 상쇄된다. 예를 들어, $\theta = 2.0 \, \text{rad}$이고 $r = 1.2 \, \text{m}$라 한다면, 호의 길이는

$$s = \theta r = 2.0 \, \text{rad} \times 1.2 \, \frac{\text{m}}{\text{rad}} = 2.4 \, \text{m}$$

이다.

각도 360°에 대한 호는 원둘레이므로 각 360°를 라디안으로 나타내면

$$\theta = \frac{s}{r} = \frac{2\pi r}{r} = 2\pi \, \text{rad}$$

이다. 따라서 도(°, deg)와 라디안(rad) 사이의 변환 인자는

$$360° = 2\pi \, \text{rad} \tag{5-5}$$

이다.

보기 5.1

지구의 각속력

지구는 자전축을 중심으로 자전한다. 자전하는 각속력은 rad/s 단위로 얼마인가? (이 질문은 각속력에 대한 것이므로 자전 방향을 고려하지 않아도 된다.)

전략 지구의 각속도는 거의 일정하다. 따라서 임의의 편리한 시간 동안의 평균 각속도를 계산할 수 있으며, 그로부터 지구의 순간 각속력 $|\omega|$를 구할 수 있다.

풀이 지구가 한 번 자전하는 데 하루가 걸리며, 그동안의 각 변위는 $2\pi \, \text{rad}$이다. 좀 더 자세히 표현하면 시간 간격 $\Delta t = 1$일 동안 지구의 각변위는 $\Delta\theta = 2\pi \, \text{rad}$이다. 따라서 지구의 각속력은 $2\pi \, \text{rad/day}$이며 하루(day)를 초로 변환하면

$$1일 = 24\text{h} = 24\text{h} \times 3600\text{s/h} = 86{,}400 \, \text{s}$$

$$|\omega| = \frac{2\pi \, \text{rad}}{86\,400 \, \text{s}} = 7.3 \times 10^{-5} \, \text{rad/s}$$

이다.

검토 이 문제는 다음의 직선운동 문제와 유사하다. "자동차가 직선상에서 일정한 속력으로 운동한다. 자동차가 3시간 동안에 300 km를 달렸다면 속도는 m/s 단위로 얼마인가?" 원운동과 회전 운동의 거의 모든 것이 이와 유사한 관계가 있어서 대부분 우리가 이미 공부한 것을 활용할 수 있다.

실제로는 지구는 24 h가 아니라 23.9345 h 동안에 한 번 자전한다(뒤표지 안쪽 참고). 이는 지구가 태양 주위를 운동하는 탓이다. 그러나 이 차이는 보다 정밀한(유효숫자 두 자리 이상) $|\omega|$ 값이 필요할 때에만 의미가 있다.

실전문제 5.1 금성의 각속도

금성이 한 번 자전하는 데 걸리는 시간은 5816 h이다. 금성의 자전 각속력을 rad/s로 표시하면 어떻게 되는가?

선속력과 각속력의 관계

반지름 r인 원 궤도를 따라 운동하는 한 점이 각변위 $\Delta\theta$(radian)를 일으키는 동안 원형 경로를 따라 이동한 거리는 호의 길이 s이다. 곧

$$s = r|\Delta\theta| = r|\theta_f - \theta_i| \quad \text{(각도의 단위는 라디안)} \qquad (5\text{-}6)$$

이다. 이때 그 점은 원주를 따라 운동하는 입자일 수도 있고, 회전하는 강체상의 어떤 점이 될 수도 있다. 식 (5-6)은 라디안의 정의에서 직접 나오므로 식 (5-6)에서 유도한 식에서는 각이 라디안 단위로 측정되어야 한다.

운동하는 점의 선속력은 얼마인가? 평균 선속력은 이동 거리를 걸린 시간으로 나눈 것이다. 곧

$$v_{평균} = \frac{s}{\Delta t} = \frac{r|\Delta\theta|}{\Delta t} \quad \text{(}\Delta\theta\text{의 단위는 라디안)}$$

이다. $\Delta\theta/\Delta t$는 평균 각속도 $\omega_{평균}$이다. 만일 Δt를 0으로 접근시켜 극한을 취하면 평균값($v_{평균}$와 $\omega_{평균}$)은 둘 다 순간 값이 된다. 따라서 선속력과 각속력의 관계는

$$v = r|\omega| \quad \text{(}\omega\text{의 단위는 rad/s)} \qquad (5\text{-}7)$$

이다. 식 (5-7)은 선속력과 각속력의 크기만을 연관 짓는다. 속도벡터 $\vec{v}$의 방향은 원 궤도의 접선 방향이다. 회전하는 물체의 경우, 회전축에서 더 멀리 떨어진 점이 더 빠른 선속력으로 운동한다. 멀리 떨어진 점이 더 큰 반지름의 원둘레를 따라 회전하므로 같은 시간 동안 더 먼 거리를 이동하기 때문이다. 예를 들어, 지구의 자전으로 적도에 서 있는 사람은 북극권에 서 있는 사람보다 훨씬 더 큰 선속력으로 운동한다(그림 5.4 참조).

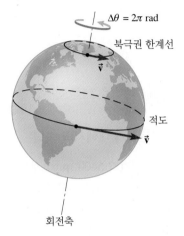

그림 5.4 적도에 서 있는 사람은 북극권에 서 있는 사람보다 훨씬 빠르게 움직이지만 각속력은 같다.

주기와 진동수

원둘레를 운동하는 점의 속력이 일정할 때, 이 운동을 **등속원운동**uniform circular motion 이라고 한다. 그 점의 속력이 일정하더라도 속력의 방향이 계속 바뀌기 때문에 속도는 일정하지 않다. 이러한 차이는 등속원운동 하는 물체의 가속도를 구하는 데 중요하다(5.2절 참조). 한 점이 원둘레를 한 바퀴 도는 데 걸리는 시간을 그 운동의 **주기**period T라고 한다. 단위 시간 동안의 회전수, 곧 **진동수**frequency는 관계식

$$\frac{\text{회전수}}{\text{초}} = \frac{1}{\text{초/회전수}}$$

로부터

$$f = \frac{1}{T} \qquad (5\text{-}8)$$

가 된다.

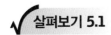 **살펴보기 5.1**

만일 컴퓨터의 하드 드라이브가 한 바퀴 도는 데 $\frac{1}{7200}$ 초 걸린다면 진동수는 얼마인가?

속력은 총 이동 거리를 걸린 시간으로 나누면 된다. 곧,

$$v = \frac{2\pi r}{T} = 2\pi r f \qquad (5\text{-}9a)$$

이다. 그러면 등속원운동의 경우는

$$|\omega| = \frac{v}{r} = 2\pi f \qquad (\omega\text{의 단위는 rad/s}) \qquad (5\text{-}9b)$$

이다. 여기서 SI 단위계에서 각속도는 rad/s 단위로 측정하고, 진동수 f는 헤르츠 (Hz) 단위로 측정한다. 헤르츠는 1 rev/s(rev는 회전수이다.)와 동일한 단위이다. 회전수와 라디안이 모두 단순한 숫자이기 때문에 식 (5-9b)의 차원에는 문제가 없다. 이 식 양변의 차원은 모두 초당 숫자(s^{-1})이다.

보기 5.2

원심분리기 내에서의 속력

원심분리기가 5400 rpm으로 회전한다. (a) 주기와 진동수를 구하여라. (b) 원심분리기의 반지름이 14 cm일 때 가장자리에 있는 물체는 얼마나 빨리 운동하는가? m/s 단위로 구하여라.

전략 rpm은 분당 회전수이다. 5400 rpm이 바로 진동수이며 Hz와 단위가 다를 뿐이다. 단위를 환산한 후에, 이미 논의한 관계를 이용하여 다른 값을 구할 수 있다.

풀이 (a) 먼저 rpm을 Hz로 환산하자.

$$f = 5400 \frac{\text{rev}}{\text{min}} \times \frac{1 \text{ min}}{60 \text{ s}} = 90 \text{ rev/s}.$$

따라서 진동수는 $f = 90$ Hz $= 90 \text{ s}^{-1}$이다. 주기는

$$T = 1/f = 0.011 \text{ s}$$

이다.

(b) 선속력을 구하기 위해 먼저 각속력을 rad/s 단위로 구하면

$$|\omega| = 90 \frac{\text{rev}}{\text{s}} \times 2\pi \frac{\text{rad}}{\text{rev}} = 180\pi \text{ rad/s}$$

이다. 따라서 $|\omega| = 2\pi f = 180\pi$ rad/s이다. 선속력은

$$v = |\omega| r = 180\pi \text{ s}^{-1} \times 0.14 \text{ m} = 79 \text{ m/s}$$

이다.

검토 이 문제의 상당 부분이 단위 변환이었음에 유의하여라. $|\omega| = 2\pi f$와 같은 공식을 외우는 것보다 그 공식이 어디서 왔는지(이 경우, 2π rad은 1회전에 해당된다.)를 이해하는 것이 훨씬 유용하고 실수를 줄일 수 있다.

실전문제 5.2 건조기 안의 세탁물

세탁물 건조기가 51.6 rpm으로 회전한다. 건조기 드럼의 반지름이 30.5 cm일 때 드럼의 가장자리는 얼마나 빨리 운동하는가?

미끄럼 없는 구름: 병진운동과 회전운동의 결합

물체가 굴러갈 때 물체에는 회전운동과 병진운동이 동시에 일어난다. 바퀴는 축 주위를 회전하지만 축은 정지되어 있지 않고 앞이나 뒤로 운동한다. 바퀴의 각속력과

축의 선속력 사이에는 어떤 관계가 있는가? 답은 $v = |\omega| r$일 것이라고 짐작할 것이다. 물체가 미끄러지지 않고 구르는 한 옳은 짐작이다.

만일 물체가 미끄러지면 선속력과 각속력 사이에는 일정한 관계가 없다. 조급한 운전자가 신호등이 초록색으로 바뀌는 순간 엔진을 급히 가동시키면 자동차 바퀴는 미끄러진다. 도로 면에서 미끄러지는 고무바퀴는 삑 소리와 함께 도로에 바퀴 자국을 남긴다. 운전자는 실제로 연료를 적게 소모하면서 자동차의 가속도를 더 크게 얻을 수 있었다. 바퀴가 미끄러질 때는 더 큰 정지마찰력 대신 그보다 작은 운동 마찰력이 자동차를 앞으로 나가게 한다.

바퀴가 미끄러지지 않고 굴러갈 때 바퀴가 한 바퀴 돌면 축은 바퀴의 원둘레와 똑같은 거리를 이동한다(그림 5.5). 페인트 롤러가 벽을 따라 구르면서 페인트 자국을 남기는 것을 생각해보아라. 롤러가 한 바퀴 돌면, 처음에 벽과 접촉했던 롤러 바퀴 위의 한 점은 다시 벽에 접촉한다. 페인트 자국의 길이는 $2\pi r$이다. 경과한 시간이 T이면 축의 속력은

$$v_{축} = \frac{2\pi r}{T}$$

이다. 반면에 롤러의 각속력은

$$|\omega| = \frac{2\pi}{T}$$

이다. 따라서 선속력과 각속력은 다음과 같이 연결된다.

$$v_{축} = |\omega| r \quad (\omega\text{의 단위는 rad/s}) \tag{5-10}$$

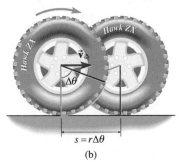

그림 5.5 (a) 반지름이 r인 바퀴가 미끄러지지 않고 1회전하면, 축의 이동 거리는 바퀴의 둘레($2\pi r$)와 같다. (b) 바퀴가 미끄러지지 않고 각도 $\Delta\theta$만큼 구를 때 축의 이동 거리는 호의 길이 s와 같다.

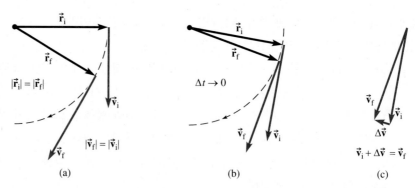

그림 5.6 일정한 속력의 등속원운동. (a) 속도벡터는 항상 그 점에서 원형 경로에 접선 방향을 향하며 반지름에 수직하다. (b) 측정한 두 속도 사이의 시간 간격이 감소함에 따라, 속도벡터 사이의 각도가 감소한다. (c) 두 속도 벡터의 꼬리를 한곳에 놓으면 속도 변화($\Delta\vec{v}$)가 구해진다. 그런 다음, 처음 속도($\vec{v}_i$)의 머리에서 나중 속도($\vec{v}_f$)의 머리까지 화살표로 연결하여 $\Delta\vec{v}$를 그린다. 그렇게 하면 $\Delta\vec{v} = \vec{v}_f - \vec{v}_i$가 된다.

5.2 지름 가속도 RADIAL ACCELERATION

등속원운동을 하는 입자는 속도의 크기는 일정하지만 방향은 계속 변한다. 임의의 순간에서 순간 속도의 방향은 3.3절에서 논의한 바와 같이 경로의 접선 방향이다. 속도의 방향이 연속적으로 변하므로 입자의 가속도는 0이 아니다.

그림 5.6a에서, 크기가 같은 두 개의 속도벡터가 반지름 r인 원형 경로의 접선 방향으로 그려져 있다. 여기서 두 벡터는 원형 경로를 따라 등속으로 운동하는 물체의 서로 다른 두 순간의 속도를 나타낸다. 어느 순간에나 속도벡터는 원의 중심에서 물체까지 그은 반지름에 수직이다. 두 속도를 측정한 시간 사이의 간격이 0에 접근하면 두 반지름은 그림 5.6b와 같이 점점 가까워진다. 가속도

연결고리

지름 가속도는 새로운 종류의 가속도가 아니다. 등속원운동하는 물체에 대한 가속도 벡터로서 원의 중심을 향해 안쪽으로 향한다.

$$\vec{a} = \lim_{\Delta t \to 0} \frac{\Delta\vec{v}}{\Delta t}$$

를 구하기 위해 먼저 매우 짧은 시간 동안의 속도 변화 $\Delta\vec{v}$를 구해야 한다. 그림 5.6c는 시간 간격 Δt가 0에 접근하면 두 속도 사이의 각도도 역시 0에 접근하고 $\Delta\vec{v}$는 속도에 수직으로 된다.

$\Delta\vec{v}$가 속도에 수직이므로 이것은 원의 반지름을 따라가는 방향이다. 그림 5.6b와 그림 5.6c를 살펴보면 $\Delta\vec{v}$는 반지름의 안쪽을 향한다(그림 5.7). 곧, 원의 중심 방향을 향한다. 가속도 $\vec{a}$는 $\Delta\vec{v}$와 같은 방향이므로($\Delta t \to 0$인 극한에서), 가속도도 역시 원의 중심을 향한다. 등속원운동을 하는 물체의 가속도를 **지름 가속도**radial acceleration $\vec{a}_r$라고 한다. 여기서 지름이란 말은 가속도의 방향을 나타낸다(이와 동의어가 **구심 가속도**이며 '구심'이란 단어는 '원의 중심을 향한다'는 의미이다).

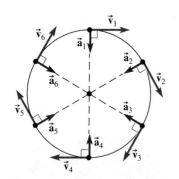

그림 5.7 등속원운동하는 물체에 대한 운동도해. 원운동 궤도의 각 점에 가속도 및 속도벡터를 표시했다. 가속도는 항상 속도에 수직이며 원의 중심을 향한다.

✓ 살펴보기 5.2

지름 가속도는 물체의 속력이 변한다는 것을 의미하는가?

지름 가속도의 크기

등속원운동의 지름 가속도 크기를 구하려면 $\Delta t \rightarrow 0$의 극한에서 시간 간격 Δt 동안의 속도 변화 $\Delta \vec{v}$를 구해야 한다. 속도는 일정한 크기를 가지지만 방향은 각속도 ω만큼 일정한 비율로 변한다. 시간 Δt 동안 속도 $\vec{v}$는 각변위 $\Delta \theta = \omega \Delta t$와 같은 각만큼 회전한다. 이 시간 동안 속도벡터는 반지름 v인 호를 휩쓸고 지나간다(그림 5.8). $\Delta t \rightarrow 0$의 극한에서 짧은 호는 거의 직선에 가까우므로 $\Delta \vec{v}$의 크기는 호의 길이와 같아진다. 그러면

$$|\Delta \vec{v}| = (호의 길이) = (반지름) \times (해당 각)$$
$$= v |\Delta \theta| = v |\omega| \Delta t$$

이다. 가속도는 속도의 변화율이므로 지름 가속도의 크기는

$$a_r = |\vec{a}| = \frac{|\Delta \vec{v}|}{\Delta t} = v|\omega| \quad (\omega의 \ 단위: rad/s) \tag{5-11}$$

이다. 여기서 절댓값 기호는 벡터의 크기를 나타내기 위해 사용했다. 속도와 각속도는 서로 무관하지 않다. 곧, $v = |\omega| r$이다. 일반적으로 지름 가속도의 크기를 이들 두 개의 양 중 하나로 표시하는 것이 가장 편리하다. 따라서 $v = |\omega| r$를 사용하여 지름 가속도를 다음과 같이 두 가지 다른 방법으로 나타낸다.

$$a_r = \frac{v^2}{r} \quad 또는 \quad a_r = \omega^2 r \quad (\omega의 \ 단위: rad/s) \tag{5-12}$$

지름 가속도를 구할 때 식 (5-12)가 더 편리하다. 회전 원심분리기 같은 회전 물체의 경우, 일반적으로 각속도를 사용하는 것이 가장 쉽다. 궤도상 속력이 알려진 위성과 같이 원을 중심으로 움직이는 물체의 경우, v^2/r을 사용하는 것이 더 쉽다. 두 방정식은 동등하므로 어떤 상황에서나 이 식을 사용할 수 있다. 식 (5-11)과 (5-12)가 ω가 단위 시간당 라디안(rad/s, rad/min 또는 rad/h)으로 표시됨을 전제로 하고 있다는 것에 주목하여라.

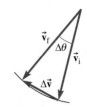

그림 5.8 속도벡터는 $\Delta t \rightarrow 0$의 극한에서 $\Delta \vec{v}$의 크기와 같은 길이만큼의 호를 쓸고 지나간다.

보기 5.3

조종사가 견딜 수 있는 가속도 시험하기

원심분리기는 파일럿이 "의식을 잃지" 않고 견딜 수 있는 최대 가속도를 설정하는 데 사용된다(그림 5.9). 파일럿이 $4.00g$(머리에서 측정)의 지름 가속도를 받고 있고 머리에서 회전축까지의 반지름이 12.5 m인 경우 원심분리기의 회전 주기는 얼마인가? (g는 중력장의 세기)

전략 지름 가속도는 원운동 경로의 반지름과 선속력 또는 각속력으로 구할 수 있다. 주기는 한 번 회전하는 데 걸리는 시간이다. 한 번 회전하는 시간 동안에 움직인 거리는 원의 둘레이다.

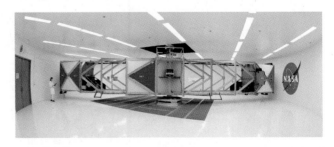

그림 5.9 NASA의 에임스 연구센터(Ames Research Center, 캘리포니아 주 모펫필드 소재)의 20-G 원심분리기는 최대 20 g의 가속도로 조종사를 돌려줄 수 있다.

풀이 지름 가속도는

$$a_r = \frac{v^2}{r} \qquad (5\text{-}9a)$$

이다. 그러므로 선속력은 $v = \sqrt{a_r r}$ 이다. 선속력은 한 번 회전하는 동안 움직인 거리($2\pi r$)를 주기 T로 나눈 물리량이다.

$$v = \frac{2\pi r}{T} \qquad (5\text{-}12)$$

주기에 대해 풀어보면

$$T = \frac{2\pi r}{v} = \frac{2\pi r}{\sqrt{a_r r}} = 2\pi \sqrt{\frac{r}{a_r}} = 2\pi \sqrt{\frac{12.5 \text{ m}}{4.00 \times 9.80 \text{ m/s}^2}} = 3.55 \text{ s}$$

이다.

검토 빠른 점검을 위해, 조종사가 얼마나 빨리 운동하는지 계산해보아라.

$$v = \sqrt{a_r r} = \sqrt{4.00 \times 9.80 \text{ m/s}^2 \times 12.5 \text{ m}} = 22.1 \text{ m/s} \ (\approx 50 \text{ mi/h})$$

앞의 계산 값은 주어진 조건에 대해서 합리적인 크기 규모인

것처럼 보인다. 오토바이나 자동차에서 22 m/s는 너무 빠르기 때문에 반지름 12.5 m의 곡선을 선택할 수는 없지만 $4g$만큼 큰 가속도도 원하지는 않을 것이다! 이제 속력을 사용하여 주기를 확인해보자. $T = 2\pi r/v = (78.5 \text{ m})/(22.1 \text{ m/s}) = 3.55 \text{ s}$ 이다.

선속력 v 대신 각속력 ω를 사용하여 이 문제를 해결할 수 있다. 지름 가속도는 $a_r = \omega^2 r$ 이고 주기는 이전과 동일한 결과인

$$T = \frac{2\pi}{\omega} = \frac{2\pi}{\sqrt{a_r/r}} = 2\pi \sqrt{\frac{r}{a_r}}$$

이다.

실전문제 5.3 **회전하는 블루레이 디스크**

블루레이 디스크(Blu-ray disc)가 7200 rpm으로 회전하고 있다면, 디스크 바깥 끝부분의 지름 가속도는 얼마인가? 디스크의 지름은 12 cm이다.

등속원운동에 뉴턴의 제2 법칙 적용하기

이제 등속원운동하는 물체의 가속도의 크기와 방향을 알았으므로, 뉴턴의 제2 법칙을 사용하여 물체에 작용하는 알짜힘을 그 물체의 속력과 운동의 반지름에 연관시킬 수 있다. 알짜힘은 일반적인 방법으로 구한다. 곧, 물체에 작용하는 각각의 힘을 구하고 그 힘들을 벡터로 더한다. 물체에 작용하는 힘은 다른 물체에 의해 작용받는 것이어야 한다. 물체가 원형 경로를 운동하기 때문에 새로운 힘을 더하고 싶은 유혹에서 벗어나야 한다. 등속으로 원운동을 하는 물체의 경우 중력, 장력, 수직항력, 마찰력과 같은 실제의 물리적 힘이 가해진다. 곧, 이들 힘이 모두 합해져서 알맞은 크기로 언제나 물체의 속도에 수직인 알짜힘이 된다.

등속원운동을 하는 물체에 대한 문제풀이 전략

1. 뉴턴의 제2 법칙에 관한 문제로 시작한다. 물체에 작용하는 모든 힘을 확인하고 자물도(FBD)를 그린다.
2. 원형 경로상의 한 관심 점에서 한 축은 지름 방향, 다른 축은 접선 방향이 되도록 두 축을 수직으로 선택한다.
3. 각 힘의 지름 방향의 성분을 구한다.
4. 다음과 같이 뉴턴의 제2 법칙을 적용한다.

$$\sum F_r = ma_r$$

여기서 $\sum F_r$는 알짜힘의 지름 방향의 성분이고, 가속도의 지름 방향의 성분은

$$a_r = \frac{v^2}{r} = \omega^2 r$$

이다. (등속원운동에서 알짜힘과 가속도는 어느 것도 접선 성분을 갖지 않는다.)

보기 5.4

해머던지기

 해머 손잡이에 선수의 힘이 얼마만큼 작용하는가? 선수의 손잡이를 떠난 해머는 어떤 경로로 이동하는가?

한 선수가 4.00 kg의 해머를 예닐곱 바퀴를 돌리다 놓았다. 해머의 속력을 증가시키기 위해 돌리는 것이지만, 선수가 놓기 직전에 해머는 반지름이 1.7 m인 원형 호를 따라서 일정한 속력으로 움직인다고 가정하자. 선수가 손잡이를 놓는 순간에 해머는 지상에서 1.0 m에 있었고, 속도는 수평과 40°를 향하고 있었다. 이 해머의 수평 도달 거리는 74.0 m였다. 선수가 해머를 놓기 직전에 잡고 있던 힘은 얼마인가? 저항은 무시하여라.

전략 해머를 놓은 후에 해머에 작용하는 힘은 중력뿐이다. 해머는 다른 포물체와 같이 포물선 궤도를 따라 날아간다. 해머의 포물체 운동을 해석함으로써, 선수의 손을 떠난 후 해머의 속력을 구할 수 있다. 해머를 놓기 직전에 해머에 작용하는 힘은 중력과 줄의 장력이다. 해머에 작용하는 알짜힘을, 속력과 경로 반지름에서 계산한 해머의 반지름 가속도와 관계 지을 수 있다. 이 문제는 2개의 부분 문제들로 되어 있다. 하나는 원운동을 다루고, 다른 하나는 포물체 운동을 다룬다. 원운동의 나중 속도는 포물체의 처음 속도가 된다.

풀이 포물체 운동을 하는 동안 처음 속도는 크기가 v_i이

고 방향은 수평선 위로 $\theta = 40°$이다. $+y$-축이 위를 가리키도록 택하면 해머의 변위는 $\Delta x = 74.0$ m, $\Delta y = -1.0$ m이고(그림 5.10), 해머의 가속도는 $a_x = 0$, $a_y = -g$이며, 처음 속도는 $v_{ix} = v_i \cos \theta$, $v_{iy} = v_i \sin \theta$이다. 그러면 식 (4-8)과 (4-9)로부터

$$\Delta x = (v_i \cos \theta)\,\Delta t \quad \text{그리고} \quad \Delta y = (v_i \sin \theta)\,\Delta t - \tfrac{1}{2} g (\Delta t)^2$$

이다. 왼쪽 방정식을 Δt에 대하여 풀고 오른쪽 방정식에 대입하면

$$\Delta y = \not{v}_i \sin \theta\,\frac{\Delta x}{\not{v}_i \cos \theta} - \frac{1}{2} g \left(\frac{\Delta x}{v_i \cos \theta}\right)^2$$

가 된다. 약간의 대수 계산을 한 후에 v_i에 대하여 풀 수 있다. 우선 $2v_i^2 \cos^2 \theta$를 곱한다. 곧

$$2v_i^2 \cos^2\theta\,\Delta y = 2v_i^2 \cos^2\theta\,\frac{\Delta x \sin \theta}{\cos \theta}$$

$$-\frac{\not{2}\,\not{v_i^2 \cos^2 \theta}}{\not{2}}\, g \left(\frac{\Delta x}{\not{v_i \cos \theta}}\right)^2$$

이다. 우변의 첫 번째 항을 좌변으로 옮기고 공통 인수 v_i^2에 대하여 정리하면

$$v_i^2 (2\,\Delta y \cos^2\theta - 2\,\Delta x \cos \theta \sin \theta) = -g(\Delta x)^2$$

이 된다. 이를 다시 v_i에 대하여 풀면

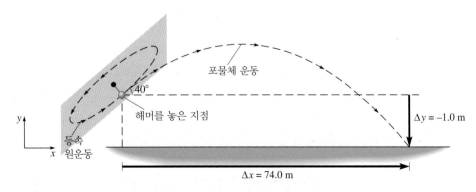

그림 5.10 놓기 직전부터 땅에 떨어지기까지 해머의 경로.

$$v_i = \sqrt{\frac{g(\Delta x)^2}{2\Delta x \cos\theta \sin\theta - 2\Delta y \cos^2\theta}}$$

$$= \sqrt{\frac{9.80 \text{ m/s}^2 \times (74.0 \text{ m})^2}{2(74.0 \text{ m}) \cos 40° \sin 40° - 2(-1.0 \text{ m}) \cos^2 40°}}$$

$$= 26.9 \text{ m/s}$$

가 된다.

해머에 작용하는 알짜힘은 뉴턴의 제2 법칙으로부터 구할 수 있다. 해머에 작용하는 두 힘은 줄에 작용하는 장력과 중력이다(그림 5.11). 해머의 무게가 장력에 비해 작다고 가정하면 중력은 무시할 수 있다. 그러면 줄의 장력만이 해머에 작용하는 중요한 힘이 된다. 등속원운동이라고 가정하면 줄은 해머를 중심 방향으로 당겨 지름 가속도가 v^2/r의 크기로 되게 한다. 지름 방향의 뉴턴의 제2 법칙은

$$\sum F_r = T = ma_r = \frac{mv^2}{r}$$

이 된다. 수치를 대입하면

$$T = \frac{4.00 \text{ kg} \times (26.9 \text{ m/s})^2}{1.7 \text{ m}} = 1700 \text{ N}$$

이 된다. 장력은 약 40 N인 해머의 무게보다 훨씬 크기 때문

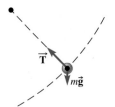

그림 5.11 해머를 놓기 직전의 자물도(실제 크기에 비례하지 않음).

에 해머의 무게를 무시한 우리의 가정은 합당하다. 선수는 해머를 잡기 위해 1700 N의 힘을 가해야 한다.

검토 보기는 물리 개념이 누적되어 사용되는 것을 보여준다. 기본 개념이 계속 사용되다가 새로운 문맥에서 확장되는 것이다. 이 문제의 일부분은 새로운 개념(지름 가속도)을 포함하고 있으며 나머지는 이미 배운 내용(뉴턴의 제2 법칙, 선속도, 가속도, 포물체 운동, 줄의 장력)과 관련이 있다.

___

실전문제 5.4 회전목마

회전목마에서 한 목마가 회전축에서 8.0 m 떨어진 곳에서 6.0 m/s의 속력으로 회전하고 있다. 목마 자체는 위아래로 움직이지 않고 같은 높이에 고정되어 있다. 이 말에 앉아 있는 어린이에게 작용하는 알짜힘은 얼마인가? 어린이의 몸무게는 130 N이다.

___

5.3 안쪽 경사가 있는 커브와 없는 커브
BANKED AND UNBANKED CURVES

경사가 없는 커브 안쪽 경사가 없는 원형 도로에서 자동차를 운전할 때 포장 면이 타이어에 작용하는 마찰력이 있기 때문에 자동차를 커브를 따라 운행할 수 있다. 이 마찰력은 자동차의 측면 방향, 곧 원형 경로의 중심을 향해 작용한다(그림 5.12). 마찰력은 접선 성분도 가질 수 있다. 예를 들면 브레이크를 밟고 있으면 마찰력의 한 성분이 뒤쪽(자동차 속도의 반대 방향)으로 작용하여 자동차를 감속시킨다. 우선은 자동차의 속력이 일정하고 마찰력의 접선 성분을 무시할 수 있다고 가정하자.

타이어가 미끄러지지 않고 굴러가 타이어 밑면과 도로 사이에 상대운동이 없어지면 정지마찰력이 작용한다(2.7절 참조). 만일, 자동차가 미끄러지면 타이어의 바닥 부분이 포장 면을 따라 미끄러지며 정지마찰력보다 작은 운동마찰력이 작용한다. 자동차의 속력이 증가하거나 마찰계수가 적은 미끄러운 표면에서는 정지마찰력은 자동차가 커브를 도는 데 충분하지 않을 수도 있다.

지름 가속도와 접촉력의 응용: 안쪽 경사가 있는 커브 자동차가 옆으로 미끄러지는 것을 방지하고 핸들 조작이 용이하도록 종종 도로를 커브를 따라 경사지게 만든다.

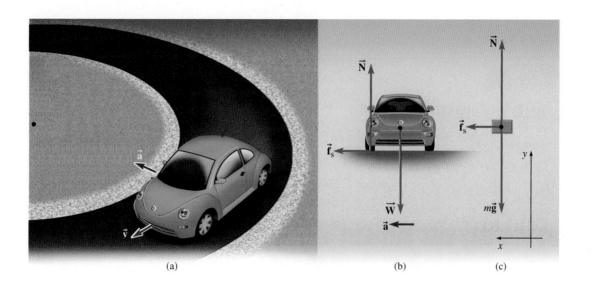

그림 5.12 (a) 안쪽 경사가 없는 도로를 일정한 속력으로 조심스레 돌고 있는 자동차. 자동차의 가속도는 원형 경로의 중심을 향한다. (b) 동일한 자동차의 정면 그림. 원형 경로의 중심은 그림에서 왼쪽 방향이다. 그림에 표시한 힘 벡터 $\vec{N}$과 $\vec{f}_s$는 타이어 전체에 작용하는 수직항력과 마찰력을 나타낸다. (c) 자동차의 자물도.

곧, 도로의 안쪽이 바깥쪽보다 낮게 만든다. 커브에서 안쪽으로 경사지게 하는 것은 수직항력 $\vec{N}$의 각도와 크기를 변화시켜서 수평 성분 N_x가 곡률 중심을 향하게 한다(지름 방향에서 그림 5.13 참조). 그러면 자동차가 커브 길을 따라 운동할 때, 원형 경로를 유지하기 위해서 더 이상 전적으로 마찰력에만 의지하지 않아도 된다. 곧, 수직항력의 수평 성분이 자동차가 커브를 용이하게 돌 수 있도록 도와준다. 그림 5.13은 안쪽 경사 도로와 수직항력, 자동차의 무게를 보여주는데 (b)와 (c)에는 수직항력의 지름 방향 성분 N_x가 표시되어 있다. x-축을 왼쪽, 곧 가속도 방향이 되도록 선택했다. 곧, 축들은 경사면에 대해 평행하지도 않고 수직하지도 않다.

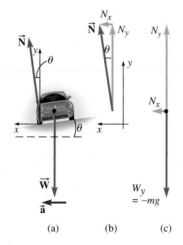

그림 5.13 안쪽 경사가 있는 커브 길을 조심스레 돌고 있는 자동차의 정면 그림. 자동차의 가속도는 원형 경로의 중심을 향한다(여기서는 왼쪽이다). $\vec{N}$은 타이어 4개에 작용하는 총 수직항력을 나타낸다. 자동차는 마찰력이 0이 되도록 하는 바로 그 속력으로 움직인다. (b) 수직항력을 x-성분과 y-성분으로 분해했다. (c) 수직항력의 성분과 함께 나타낸 자동차의 자물도.

안쪽으로 경사가 있는 커브와 없는 커브에서의 안전속력

자동차가 11 m/s의 권장 속력으로 안쪽으로 경사가 없는 커브를 돌고 있다(그림 5.12 참조). (a) 만일 경로의 곡률 반지름이 25 m이고 타이어와 도로 사이의 정지마찰계수가 $\mu_s = 0.70$이라면, 자동차가 커브를 돌 때 미끄러지는가? (b) 만일 운전자가 고속도로의 제한속력을 무시하고 18 m/s로 운행하면 어떤 일이 일어나는가? (c) 만일 최근에 비가 와서 도로가 젖어 있어 타이어와 도로 사이의 정지마찰계수가 $\mu_s = 0.50$이라면, 커브를 도는 데 안전한 속력은 얼마인가? (d) 자동차가 언 커브 길을 13 m/s의 속력으로 안전하게 돌아가는 데 필요한 안쪽 경사각은 얼마인가?(그림 5.13 참조)?

전략 커브 길에 안쪽 경사가 없으면 정지마찰력이 자동차에 작용하는 유일한 수평력이다. 도로 상태에 따라서 결정되는 최대 정지마찰력이 자동차의 가능한 최대 구심 가속도를 결정한다. 그래서 어떤 속력으로 커브를 돌아가는 데 필요한 지름 가속도와 정지마찰계수로 결정되는 가능한 최대 지름 방향 가속도를 비교한다. (d)와 같이 도로가 언 상황에서는 마찰력에 의지할 수 없으며, 도로에 안쪽 경사가 있을 때 수직항력이 원운동에 필요한 수평 성분을 마련해준다.

풀이 (a) 속력 11 m/s일 때 필요한 지름 가속도를 구한다.

$$a_r = \frac{v^2}{r} = \frac{(11 \text{ m/s})^2}{25 \text{ m}} = 4.8 \text{ m/s}^2$$

이 가속도를 갖기 위해서는 곡률 중심을 향해 작용하는 알짜 힘의 성분이

$$\sum F_r = ma_r = m\frac{v^2}{r}$$

이어야 한다. 수평 성분을 가진 단 하나의 힘은 도로가 타이어에 작용하는 정지마찰력뿐이다(그림 5.12c의 자물도 참조). 따라서

$$\sum F_r = f_s = m\frac{v^2}{r}$$

이다. 최대 마찰력을 초과하지 않는지 검토해야 한다.

$$f_s \leq \mu_s N$$

$N = mg$이므로, $m\dfrac{v^2}{r} \leq \mu_s mg$일 때 차가 미끄러지지 않고 커브를 돌아서 갈 수 있다.

$$\cancel{m}\frac{v^2}{r} \leq \mu_s \cancel{m}g$$

그러므로 지름 가속도는 $\mu_s g$를 초과할 수 없다. 이에 따라 자동차의 속력은 제한을 받는다.

$$v \leq \sqrt{\mu_s g r}$$

수치를 대입하면

$$v \leq \sqrt{0.70 \times 9.80 \text{ m/s}^2 \times 25 \text{ m}} = 13 \text{ m/s}$$

이다. 11 m/s는 최대 안전속력 13 m/s보다 작으므로 자동차는 안전하게 커브를 돌 수 있다.

(b) 자동차의 속력이 18 m/s이면 최대 안전속력 13 m/s보다 빠르다. 마찰력은 차가 커브를 도는 데 필요한 지름 가속도를 만들 수 없으므로 자동차는 미끄러진다.

(c) (a)에서 식 $v \leq \sqrt{\mu_s g r}$에 따라 자동차의 속도가 제한된다는 것을 알았다. $\mu_s = 0.5$이므로 최대 안전 속력은 다음과 같다.

$$v_{\text{최대}} = \sqrt{\mu_s g r} = \sqrt{0.50 \times 9.80 \text{ m/s}^2 \times 25 \text{ m}} = 11 \text{ m/s}$$

이것이 바로 도로 표지판이 권장하는 최고 제한 속도이다. 고속도로 기술자는 도로 표지판을 세울 때 이러한 점을 고려한다.

(d) 마지막으로 도로가 언 상태에서 차가 커브를 13 m/s로 돌 수 있게 해주는 경사각을 구한다. 마찰력이 무시된다고 가정하면 수직항력의 수평 성분이 유일한 수평력이다. x-축을 곡률 중심을 향하게 하고 y-축을 수직하게 하면(그림 5.13),

$$\sum F_x = N \sin\theta = mv^2/r \tag{1}$$

이다. 그리고

$$\sum F_y = N \cos\theta - mg = 0 \tag{2}$$

이다. 식 (1)을 식 (2)로 나누면

$$\frac{N \sin\theta}{N \cos\theta} = \tan\theta = \frac{mv^2/r}{mg} = \frac{v^2}{rg}$$

$$\theta = \tan^{-1}\frac{v^2}{rg} = \tan^{-1}\frac{(13 \text{ m/s})^2}{25 \text{ m} \times 9.80 \text{ m/s}^2} = 35° \tag{3}$$

이 된다.

검토 자동차의 질량이 식 (3)에 나타나지 않는 것에 주목하

여라. 곧 스쿠터, 오토바이, 자동차, 견인 트레일러 모두에 대해 경사각은 일정하다. 경사각은 속도의 제곱에 따라 결정된다. 자동차 경주 트랙과 사이클 경기 트랙에서 미끄러지는 것을 최소화하기 위해 U 자형 커브 길의 경사각을 높게 만든다. 경사각 35°는 실제 도로에 사용되는 각보다 훨씬 크다. 조심성 있는 운전자라면 도로가 언 상황에서 13 m/s의 속력으로 커브를 돌지 않을 것이다. 도로가 얼어 있는 조건에서 이렇게 급한 각으로 경사진 도로를 매우 천천히 운행한다면 어떤 일이 일어나겠는가?

고속도로 커브 길은 도로 조건에 따라 적절한 속력으로 운행하는 운전자에게 도움이 되도록 작은 각으로 기울여놓았

다. 어리석은 속도광까지 구할 수 있도록 고속도로를 경사지게 건설하지는 않는다.

실전문제 5.5 봅슬레이 경기

봅슬레이 썰매가 얼음 언덕을 내려와서 언덕 바닥으로부터 60.0 m 높이에 위치한 수평 커브에 도달한다. 썰매는 곡률 반지름이 50.0 m인 이 커브에 도달할 때 22.4 m/s로 달린다. 커브 길은 안쪽으로 45°로 경사져 있고 썰매에 작용하는 마찰력은 무시될 수 있다. 썰매는 무사히 커브 길을 돌 수 있는가?

만일 타이어와 도로 사이에 마찰이 없다면, 주어진 커브를 안전하게 돌아서 갈 수 있는 속력은 단 하나밖에 없다. 마찰력이 있으면 안전한 속력의 범위가 있게 된다. 정지마찰력은 0에서 $\mu_s N$ 사이에서 어떤 값이나 가질 수 있으며 안쪽 경사가 있는 도로의 아래나 위 어느 쪽으로도 향할 수 있기 때문이다.

응용: 비행기의 안쪽 경사각 비행기 조종사가 공중에서 선회할 때는 안쪽 경사각을 이용한다. 비행기 자체가 경사면 위를 운행하듯이 기울어져 있다. 날개의 모양 때문에 '양력(lift)'이라고 부르는 공기역학적 힘이 비행기가 수평 비행할 때 위쪽으로 작용한다. 회전하기 위하여 날개가 기울어져 있다. 양력은 계속 날개에 수직하게 작용(그림 5.14)하므로 경사 도로에서 수직항력이 차에 대해 수평 성분을 갖게 되듯이 양력도 수평 성분을 갖고 있다. 양력의 수직 성분에 의해 비행기가 떠 있게 되고 수평 성분이 필요한 지름 가속도를 만든다. 그러므로

그림 5.14 양력 $\vec{L}$은 비행기의 날개에 수직이다. 돌기 위해 조종사는 날개를 기울여 양력의 한 성분이 비행기의 선회 궤도의 중심을 향하도록 한다.

$$L_x = ma_r = \frac{mv^2}{r} \quad \text{그리고} \quad L_y = mg$$

이다. 여기에서 x-축은 수평이며 y-축은 연직 방향이다. 양력과 수직항력의 물리적 근본은 서로 다르지만 성분은 같은 방향으로 분해할 수 있다. 그래서 같은 속력과 같은 곡률 반지름에 대한 도로의 경사각과 같은 각도로 날개를 기울여서 비행기를 회전시킨다.

✓ 살펴보기 5.3

비행기는 날개를 기울이지 않고 선회할 수 없다. 자동차가 평평한 도로에서 회전할 수 있는 이유는 무엇인가?

5.4 행성과 위성의 원 궤도
CIRCULAR ORBITS OF SATELLITES AND PLANETS

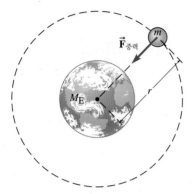

그림 5.15 지구 주위의 궤도 위성.

지름 가속도의 응용: 원 궤도 지구 주위를 도는 위성은 위성과 지구 사이의 먼 거리 중력 때문에 원 궤도를 따라올 수 있다. 만유인력 법칙은

$$F = \frac{Gm_1 m_2}{r^2}$$
(2-7)

이다. 여기에서 만유인력상수는 $G = 6.67 \times 10^{-11}$ N·m²/kg²이다. 원 궤도상에서 등속운동하는 위성의 속력을 구하는 데 뉴턴의 제2 법칙을 이용할 수 있다. m을 위성의 질량, M_E를 지구의 질량이라 하자. 위성에 작용하는 중력의 방향은 항상 궤도의 중심인 지구의 중심을 향한다(그림 5.15). 중력이 위성에 작용하는 유일한 힘이므로

$$\sum F_r = G \frac{mM_E}{r^2}$$

이다. 여기서 r은 지구의 중심에서 위성까지의 거리이다. 그러면 뉴턴의 제2 법칙으로부터

$$\sum F_r = ma_r = \frac{mv^2}{r}$$

이다. 이 두 식을 같다고 보면

$$G \frac{mM_E}{r^2} = \frac{mv^2}{r}$$

이 된다. 이 식을 속력에 대해 풀면

$$v = \sqrt{\frac{GM_E}{r}}$$
(5-13)

가 된다.

속력에 대한 식에 위성의 질량이 나타나지 않는 것에 유의하여라. 질량은 대수적으로 소거되었다. 질량이 큰 위성의 관성은 그만큼 그 위성에 작용하는 중력도 크기 때문에 서로 상쇄된다. 이처럼 원 궤도를 운동하는 위성의 속력은 그 위성의 질량과 무관하다. 식 (5-13)은 낮은 궤도(짧은 반지름)의 위성이 더 큰 속력을 갖는다는 것을 보여준다.

지금까지 지구 주위를 도는 위성에 대해 논의했는데, 이 원리는 다른 행성 주위

그림 5.16 태양 주위의 두 타원 궤도(궤도의 크기가 같은 축적이 아니다). 한 개의 궤도는 길쭉한 것처럼 보인다. 궤도의 길쭉한 정도는 타원 궤도의 이심률 e라 부르는 양이 결정한다. 원은 이심률이 0인 경우이며, 수성의 경우를 제외하고 대부분의 행성 궤도는 거의 원이다. 고정된 두 점(초점)에서 타원상의 임의의 한 점까지의 거리는 항상 일정하다. 태양은 두 초점 중 한 초점에 존재한다. 지구의 궤도는 거의 원형이기 때문에 두 개의 초점이 거의 태양 근처에 위치해 있다.

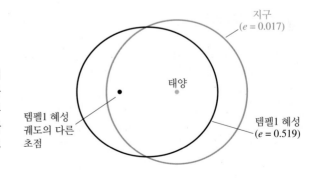

지구
($e = 0.017$)

태양

템펠1 혜성 궤도의 다른 초점

템펠1 혜성
($e = 0.519$)

의 위성 궤도와 태양 주위의 행성 궤도에도 적용된다. 태양의 만유인력이 궤도상에 행성이 머물러 있도록 작용하기 때문에, 행성 궤도에서는 식 (5-13)의 지구 질량이 태양 질량으로 바뀐다. 행성 궤도가 실제로는 원이 아니라 타원(그림 5.16)이지만, 태양계 행성들에서 대부분의 타원은 원에 가깝다. 수성은 예외로, 궤도가 원과 상당히 다르다.

보기 5.6

인공위성의 속력

허블망원경은 지상 613 km의 원 궤도에 있다. 지구의 평균 반지름은 6.37×10^3 km이고, 지구의 질량은 5.97×10^{24} kg 이다. 이 궤도에서 망원경의 속력은 얼마인가?

전략 먼저 망원경의 궤도 반지름을 알아야 한다. 궤도 반지름은 지표면부터의 거리인 613 km가 아니다. 지구 중심에서 망원경까지의 궤도 반지름을 구하려면 613 km에다 지구 반지름을 더해야 한다. 그리고 우리가 알고 있는 지름 가속도와 함께 뉴턴의 제2 법칙을 이용한다.

풀이 망원경의 궤도 반지름은

$r = 6.13 \times 10^2$ km $+ 6.37 \times 10^3$ km $= (0.613 + 6.37) \times 10^3$ km
$\quad = 6.98 \times 10^3$ km

이다. 망원경에 가해지는 알짜힘은 뉴턴의 만유인력 법칙에 의한 중력과 같다. 뉴턴의 제2 법칙이 알짜힘과 가속도를 연결해준다. 두 힘 모두 지름의 중심을 향한다. 곧,

$$\sum F_r = \frac{GmM_E}{r^2} = \frac{mv^2}{r}$$

이다. 여기서 m은 망원경의 질량이다. 속도에 대해 풀면

$$v = \sqrt{\frac{GM_E}{r}}$$

$$v = \sqrt{\frac{6.67 \times 10^{-11}\ \text{N} \cdot \text{m}^2/\text{kg}^2 \times 5.97 \times 10^{24}\ \text{kg}}{6.98 \times 10^6\ \text{m}}}$$

$v = 7550\ \text{m/s} = 27\,200\ \text{km/h}$

이다.

검토 고도 613 km에서 지구 주위를 도는 모든 행성은 그 질량에 관계없이 이와 똑같은 속력을 갖는다.

실전문제 5.6 **궤도상에 있는 지구의 속력**

태양 주위에 거의 원형에 가까운 궤도상에 있는 지구의 속력은 얼마인가? 지구-태양 사이의 평균 거리는 1.5×10^{11} m이 며 태양의 질량은 1.987×10^{30} kg이다. 속력을 구한 다음 지구가 태양 주위를 한 바퀴 도는 동안 지구가 이동한 거리를 이용하여 지구가 태양 주위를 한 번 회전하는 데 걸리는 시간을 초로 계산하여라.

행성 운동에 관한 케플러의 법칙

17세기 초 케플러(Johannes Kepler, 1571~1630)는 행성의 운동을 기술하는 세 가지 법칙을 제안했다. 이들 법칙은 뉴턴의 운동 법칙과 만유인력의 법칙 이전에 나왔다. 이 법칙으로 이전에 있던 어떤 것보다도 더 간편하게 행성운동을 기술할 수 있게 되었다. 우리는 역사를 완전히 반대 방향으로 생각하여 케플러의 법칙을 뉴턴 법칙의 어떤 결과라고 생각한다. 그러나 사실은 그와 반대로, 뉴턴이 중력에 관한 자신의 연구로부터 케플러의 법칙을 유도할 수 있었다는 사실은 뉴턴 역학의 정확성을 검증하는 것으로 볼 수 있다.

행성 운동에 관한 케플러의 법칙 Kepler's laws of planetary motion은 다음과 같다.

- 행성은 타원의 한 초점에 태양을 두고 타원 궤도(그림 5.16)를 운행한다.
- 행성에서 태양까지 그은 선분은 같은 시간 동안에 같은 넓이를 쓸고 지나간다.
- 행성의 공전 주기의 제곱은 행성에서 태양까지의 평균 거리의 세제곱에 비례한다.

케플러 제1 법칙은 만유인력에 관한 역제곱의 법칙에서 유도할 수 있다. 유도 과정은 약간 복잡하지만, 이런 인력을 가진 임의의 두 물체의 경우, 한 물체에 대한 다른 물체의 궤도는 한 초점에 정지 물체가 있는 타원이다. (한 행성 궤도는 다른 행성들과의 중력적 상호작용에도 영향을 받으나, 케플러의 법칙은 이러한 작은 영향은 무시한다.) 원은 두 개의 초점이 일치하는 타원의 특별한 경우이다. 8장에서 케플러의 제2 법칙을 논의할 것이다.

지름 가속도의 응용: 원 궤도에 대한 케플러 제3 법칙 케플러 제3 법칙은 원 궤도에 대해 뉴턴의 만유인력의 법칙에서 유도할 수 있다. 중력은 지름 가속도를 생기게 한다.

$$\sum F_r = \frac{GmM_{태양}}{r^2} = \frac{mv^2}{r}$$

v에 대해서 풀면

$$v = \sqrt{\frac{GM_{태양}}{r}}$$

으로, 한 번 회전하는 동안 이동한 거리는 원의 둘레인 $2\pi r$와 같다. 속력은 이 거리를 주기로 나눈 것이다.

$$v = \sqrt{\frac{GM_{태양}}{r}} = \frac{2\pi r}{T}$$

이 식을 T에 대해서 풀면

$$T = 2\pi \sqrt{\frac{r^3}{GM_{태양}}}$$

가 된다. 양변에 제곱을 하면

$$T^2 = \frac{4\pi^2}{GM_{태양}} r^3 = (상수) \times r^3 \qquad (5\text{-}14)$$

이다. 식 (5-14)는 케플러의 제3 법칙이다. 곧, 행성의 주기의 제곱은 평균 궤도 반지름의 세제곱에 비례한다.

지름 가속도의 응용: 정지 궤도 케플러의 법칙이 행성의 운동에서 유도되었지만 이 법칙들은 지구 주위를 회전하는 위성에 대해서도 잘 적용된다. 통신에 사용되는 것과 같은 많은 위성은 지표면에 대해 정지 궤도에 있는데 이 궤도는 지구 적도면에 있으며 주기는 지구 자전 주기와 일치한다(그림 5.17). 정지 궤도에 있는 위성은 적도의 특정 지점, 곧 지상에 있는 관측자의 바로 위에서 머무른다. 곧, 움직이지 않고 그 자리에 떠 있는 것처럼 보인다. 지구 표면에 대해 고정된 위치에 있기 때문에 정지 궤도 위성은 통신 신호의 중계소로 사용된다.

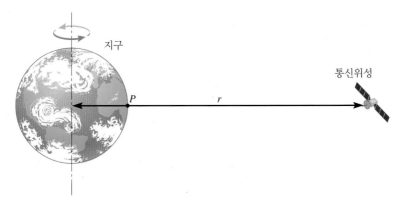

그림 5.17 지구 주위를 돌고 있는 정지 위성. 위성은 지구와 같은 각속도로 운동하기 때문에 항상 점 P 바로 위에 있다.

 **살펴보기 5.4**

질량에 상관없이 모든 정지 위성은 지구상에서 동일한 높이에 있어야 하는가? 설명하여라.

보기 5.7

궤도 위성

궤도 반지름이 r_1인 한 위성이 속도 v_1으로 지구를 중심으로 회전한다. 동일한 위성이 지구 질량의 3배인 행성 주위에서 같은 속력으로 원 궤도를 따라 돌고 있다면, 그 궤도 반지름은 얼마인가?

전략 우리는 새로운 궤도 반지름을 구하기 위해 뉴턴의 만유인력의 법칙을 적용하고 어떤 비를 만든다.

풀이 뉴턴의 제2 법칙으로부터, 위성의 중력 크기는 인공위성의 질량과 지름 가속도 크기를 곱한 것과 같다.

$$\frac{G\cancel{m}M_E}{r_1^2} = \frac{\cancel{m}v_1^2}{\cancel{r_1}}$$

여기서 M_E와 m은 각각 지구와 위성의 질량이다. r_1에 대해 풀면

$$r_1 = \frac{GM_E}{v_1^2}$$

이다. 이제 $3M_E$의 질량을 지닌 행성을 도는 두 번째 인공위성의 궤도에 뉴턴의 제2 법칙을 적용한다.

$$\frac{G\cancel{m} \times 3M_E}{r_2^2} = \frac{\cancel{m}v_1^2}{\cancel{r_2}}$$

$$r_2 = \frac{G \times 3M_E}{v_1^2}$$

r_1에 대한 r_2의 비는

$$\frac{r_2}{r_1} = \frac{G \times 3M_E/v_1^2}{GM_E/v_1^2} = 3$$

이다. 그러므로 $r_2 = 3r_1$이다.

검토 위의 식에 상수 G와 M_E에 대한 수치 값을 서둘러 대입하려 하지 않은 것에 주목하여라. 비 r_2/r_1를 구하여 이들 상수가 상쇄되도록 했다.

실전문제 5.7 **달착륙선의 주기**

달착륙선이 달을 중심으로 돌고 있다. 궤도 반지름이 지구 반지름의 1/3인 경우, 궤도의 주기는 얼마인가?

5.5 속력이 변하는 원운동
NONUNIFORM CIRCULAR MOTION

지금까지는 등속원운동에 초점을 맞추었다. 이제 논의를 각속도가 시간에 따라 변하는 속력이 일정하지 않은 원운동으로 확장할 수 있다.

그림 5.18a는 원주상에서 운동하는 물체의 속력이 변할 때 서로 다른 두 시각에서의 속도벡터 $\vec{v}_1$과 $\vec{v}_2$를 나타낸다. 이 경우 속력은 증가한다($v_2 > v_1$). 그림 5.18b에서 속도 변화를 구하기 위해 $\vec{v}_2$에서 $\vec{v}_1$을 뺀다. 등속원운동의 경우와는 달리 $\Delta t \to 0$인 극한에서 $\Delta \vec{v}$와 속도는 수직이 아니다. 그래서 속력이 변하고 있다면 가속도의 방향은 지름 방향이 아니다. 그래도 가속도는 접선 방향과 구심 방향으로 분해할 수 있다(그림 5.18c). 지름 가속도 성분 a_r는 속도의 방향을 바꾸고, 접선 가속도 성분 a_t는 속도의 크기를 변화시킨다. 이 가속도의 두 성분은 서로 수직하므로, 가속도의 크기는

$$a = \sqrt{a_r^2 + a_t^2}$$

연결고리

수직 성분들로 벡터를 분해하는 것은 새롭지 않다. 지금까지는 항상 고정된 x-축과 y-축에 따른 성분을 구해왔다. 여기서는 가속도를 지름 및 접선 성분으로 분해한다. 이것은 다음과 같은 이유 때문에 편리하다.

• 지름 가속도는 항상 식 (5-12)로 나타낸다.
• 속력이 일정하면 접선 가속도가 0이다.

이다. 지름 가속도를 구하기 위해 5.2절에서와 같은 방법을 사용하는데, 여기서는 가속도의 구심 성분만 생각하면

$$a_r = \frac{v^2}{r} = \omega^2 r \quad (\omega \text{의 단위: 단위 시간당 라디안}) \qquad (5\text{-}12)$$

이다. 등속원운동에서든지 속력이 변하는 원운동이든지 가속도의 지름 성분은 식 (5-12)로 주어진다. 그러나 등속원운동에서 가속도의 구심 성분 a_r는 크기가 일정하지만, 속력이 변하는 원운동에서는 a_r가 속력의 변화에 따라 변한다.

속력이 변하는 원운동에서도 속력과 각속력의 관계는 변하지 않는다.

$$v = r|\omega| \qquad (5\text{-}7)$$

속력이 변하는 원운동이 포함되는 많은 문제들을 풀 때 등속원운동의 경우와 같은 방법을 사용한다. 지름 방향으로 작용하는 알짜힘을 구하고 뉴턴의 제2 법칙을 적용한다.

$$\sum F_r = m a_r$$

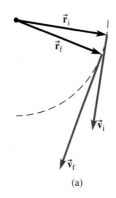
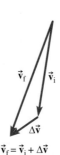
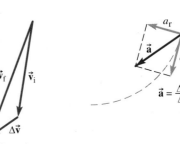

그림 5.18 속력이 변하면서 곡선 경로를 따라가는 운동. (a) 속도 $\vec{v}_f$의 크기는 $\vec{v}_i$의 크기보다 크다. (b) 속력이 변할 때 $\Delta \vec{v}$의 방향은 원의 중심 방향이 아니다. (c) $\vec{a}$의 성분은 곡선 경로의 접선 방향(a_t)과 지름 방향(a_r)으로 분해될 수 있다.

(a)   (b)   (c)

속력이 변하는 원운동을 하는 물체에 대한 문제풀이 전략

1. 뉴턴의 제2 법칙 문제에서 시작한다. 곧, 물체에 작용하는 모든 힘을 확인하고 자물도를 그리는 것부터 시작한다.

2. 원 궤도에 대해 한 축은 지름 방향, 다른 축은 접선 방향이 되도록 관심 점에 수직하는 두 축을 선택한다.

3. 각 힘을 지름 성분과 접선 성분으로 분해한다.

4. 뉴턴의 제2 법칙을 적용한다.

$$\sum F_r = ma_r$$

여기서

$$a_r = \frac{v^2}{r} = \omega^2 r$$

이다.

5. 필요하다면 접선력 성분에도 뉴턴의 제2 법칙을 적용하여라.

$$\sum F_t = ma_t$$

접선 가속도 성분 a_t는 물체의 속력이 어떻게 변하는지를 결정해준다.

✓ 살펴보기 5.5

원운동하는 물체의 경우, 지름 가속도를 이용하여 속력이 일정한 원운동과 변하는 원운동을 구별하여라.

보기 5.8

연직 공중제비

그림 5.19a와 같이 연직면상에 반지름이 20.0 m인 원 궤도가 롤러코스터에 있다. 궤도차가 궤도환의 꼭대기에서 떨어지지 않고 트랙에 붙어 있기 위한 최소의 속력은 얼마인가?

전략 연직 원 궤도를 운동하고 있는 궤도차는 속력이 변하는 원운동을 하고 있다. 궤도차의 속력은 위로 갈수록 감소하고 내려올 때 증가한다. 그렇지만 궤도차는 식 (5-12)로 주어지는 지름 가속도 성분을 갖고 원 궤도를 따라 운동한다. 궤도차에 작용하는 유일한 힘은 중력과 차를 안쪽으로 미는 궤도의 수직항력뿐이다. 마찰력이나 항력이 있다 하더라도 회전 중 맨 꼭대기에서는 그 힘은 접선 방향으로 작용하기 때문에 알짜힘의 구심 성분에는 기여하지 않는다. 꼭대기에서 궤도차가 궤도에 머물 수 있을 만큼 큰 속력으로 운동하는 한

궤도는 차에 수직항력을 작용한다. 만일 궤도차가 너무 천천히 움직이면 차량은 궤도에서 떨어지고 수직항력은 0이 된다.

풀이 꼭대기에서 궤도차에 작용하는 수직항력은 궤도차를 트랙으로부터 밀어낸다(아래쪽으로). 수직항력은 궤도차를 끌어당길 수 없다. 그러면 원 궤도 꼭대기에서 중력과 수직항력은 모두 궤도의 중심을 향한다. 그림 5.19b는 궤도차에 대한 자물도이다. 뉴턴의 제2 법칙에서

$$\sum F_r = N + mg = ma_r = \frac{mv_{\text{꼭대기}}^2}{r}$$

또는

$$N = \frac{mv_{\text{꼭대기}}^2}{r} - mg$$

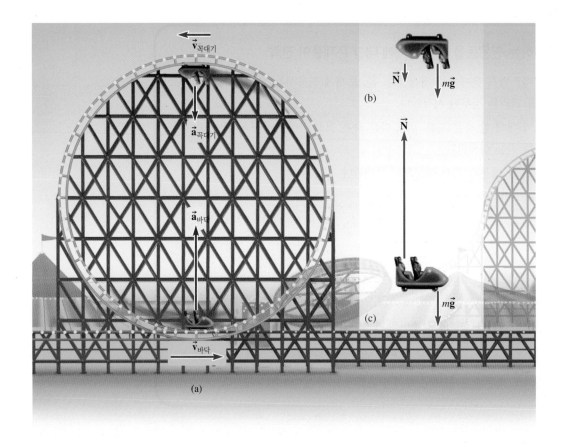

그림 5.19 (a) 연직면상의 원 궤도에 있는 롤러코스터. 원 궤도의 바닥에 있을 때 궤도차의 가속도 $\vec{a}_{바닥}$은 원의 중심, 곧 위쪽을 향한다. 궤도의 꼭대기에서는 궤도차의 가속도는 아래를 향한다. $\vec{a}_{꼭대기}$의 크기는 $\vec{a}_{바닥}$보다 작다. 속력이 바닥에서보다 꼭대기에서 더 작기 때문이다. (b) 궤도의 꼭대기에 있는 궤도차의 자물도. (c) 궤도 바닥에 있는 궤도차의 자물도.

이다. 여기서 $v_{꼭대기}$는 꼭대기에서의 속력을 나타내며, N은 수직항력의 크기를 나타낸다. $N \geq 0$이므로

$$m\left(\frac{v_{꼭대기}^2}{r} - g\right) \geq 0$$

곧

$$v_{꼭대기} \geq \sqrt{gr}$$

이다. 한 바퀴 돌 때마다 꼭대기에서 점차 작은 속력이 되도록 궤도차를 내보낸다고 생각하자. $v_{꼭대기}$가 $\sqrt{gr}$에 접근함에 따라 꼭대기에서 수직항력은 점점 작아진다. $v_{꼭대기} = \sqrt{gr}$일 때 수직항력은 원 궤도 꼭대기에서 0이 된다. 이 속도보다 작으면 궤도차는 최고점에 도달하기 전에 궤도에서 분리되며, 궤도에서 떨어지는 것을 방지하는 안전장치가 없는 한 아래로 추락한다. 그러므로 꼭대기에서 최소 속도는

$$v_{꼭대기} = \sqrt{gr} = \sqrt{9.80 \text{ m/s}^2 \times 20.0 \text{ m}} = 14.0 \text{ m/s}$$

이다.

검토 궤도차가 꼭대기에서 14 m/s보다 빠르게 달리면 지름 가속도가 더 크다. 이때 궤도가 차량을 밀어주는 힘이 더해져서 알짜힘은 더 커지고 그에 따라 지름 가속도가 더 커지게 된다. 꼭대기에서 중력만이 반지름 가속도에 기여할 때 속력이 최소가 된다. 달리 표현하면, 최소 속력일 때 궤도의 꼭대기에서 $a_r = g$이다.

실전문제 5.8 **궤도 바닥에서의 수직항력**

궤도 바닥에서 롤러코스터의 속력이 25 m/s일 때 궤도가 궤도차에 작용하는 수직항력을 궤도차의 무게 mg로 나타내어라(그림 5.19c 참조).

개념형 보기 5.9

진자 추의 가속도

진자가 지점 *A*에서 정지 상태에 있다가 출발한다(그림 5.20). (a) 지점 *B*에서 *D*까지 운동도해를 정량적으로 그려라. (b) 지점 *B*와 *C*에서 진자에 대한 자물도와 가속도 벡터를 그려라.

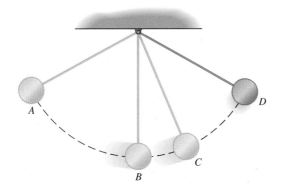

그림 5.20 점 *A*에서 정지했다가 오른쪽으로 움직이는 추의 운동.

전략 (a) 진자의 추는 원호를 따라 움직이지만 일정한 속도로 움직이지는 않는다. 운동도해에서 점들 사이의 간격은 추가 빠르게 움직이는 곳에서 더 넓다.

(b) 두 개의 힘(중력과 줄이 작용하는 힘)이 각각의 자물도에 나타난다. 중력은 양 끝에서 같지만(크기: *mg*, 방향: 아래) 줄이 작용하는 힘은 크기와 방향이 위치에 따라 다르다. 힘의 방향은 항상 줄의 방향과 같다. 추에 작용하는 알짜힘은 두 힘의 합이며, 방향은 가속도 방향과 동일하다. 힘을 표시하는 데 있어서 도움이 되도록 가속도에 대해 알고 있는 것을 이용할 수 있다. 어느 점에서도 가속도의 지름 방향 성분은 $a_r = v^2/r$으로 그 점에서의 속도와 관계있다. 접선 방향의 가속도는, 속도가 증가하면 속도와 같은 방향이고 속도가 감소하는 경우 반대 방향이다.

그림 5.21 점 *B*에서 점 *D*에 이르기까지 추의 운동도해. 추는 원호를 따라간다. 추의 속력은 추가 올라감에 따라 감소한다. 따라서 각 점들의 간격은 감소한다.

풀이와 검토 (a) 진자의 추가 점 *A*에서 점 *B*까지 바닥을 향해 내려갈 때 속도는 증가한다. 또한 추가 *B*에서 *D*까지 반대편 쪽에서 올라갈 때 속도는 감소한다. 점 *B*에서 점 *D*까지 운동할 때 운동도해는 그림 5.21에서 볼 수 있다. 속도가 감소하기 때문에 점들 사이의 간격은 감소한다.

(b) 점 *B*에서 줄의 장력이 똑바로 위로 당기고 중력은 아래로 당기므로 알짜힘의 접선 성분은 0이고 접선 가속도는 0이다. 따라서 지름 방향의 가속도는 곧게 위로 향한다. 장력은 알짜힘이 위를 향하도록 추의 무게보다 커야 한다. 그림 5.22는 가속도와 자물도를 보여준다. 점 *C*에서의 가속도는 접선 방향과 지름 방향 성분을 모두 가진다. 추의 속력이 줄어들기 때문에 접선 가속도는 속도와 반대 방향이다. 그림 5.23은 추가된 접선 방향 및 지름 방향의 가속도가 가속도 벡터 **a**를 만드는 것을 보여주고 추에 대한 자물도를 보여준다. 두 힘이 합쳐져서 가속도 벡터와 같은 방향으로 알짜힘이 생긴다.

개념형 실전문제 5.9 **점 *D*에서 추에 대한 분석**

오른쪽으로 움직일 때 가장 높은 점 *D*에서 진자의 추에 대한 가속도 벡터와 자물도를 그려라.

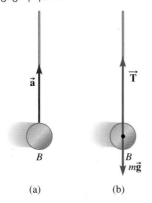

그림 5.22 (a) 점 *B*에서 추의 가속도. (b) 점 *B*에서 추에 대한 자물도.

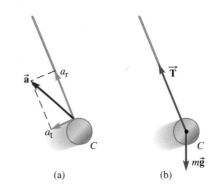

그림 5.23 (a) 점 *C*에서 추는 접선 가속도 성분과 지름 가속도 성분을 모두 가지고 있다. (b) 점 *C*에서 추에 대한 자물도.

5.6 각가속도 ANGULAR ACCELERATION

속력이 변하는 원운동을 하는 물체의 속도와 각속도는 변한다. 각속도가 어떻게 변하는지 기술하기 위해 각가속도를 정의한다. 만일 시각 t_i에서의 각속도를 ω_i, 시각 t_f에서의 각속도를 ω_f라 하면 각속도의 변화는

$$\Delta\omega = \omega_f - \omega_i$$

이다. 각속도가 변하는 동안의 시간 간격은 $\Delta t = t_f - t_i$이다. 각속도의 평균 변화율을 **평균 각가속도** average angular acceleration $\alpha_{평균}$이라 한다. 곧

$$\alpha_{평균} = \frac{\omega_f - \omega_i}{t_f - t_i} = \frac{\Delta\omega}{\Delta t} \tag{5-15}$$

이다. 시각 간격을 점점 짧게 하면 $\alpha_{평균}$은 **순간 각가속도** instantaneous angular acceleration α에 접근한다.

$$\alpha = \lim_{\Delta t \to 0} \frac{\Delta\omega}{\Delta t} \tag{5-16}$$

만일 ω의 단위가 rad/s이면 α의 단위는 rad/s^{2}가 된다.

각가속도는 가속도의 접선 성분과 밀접한 관계가 있다. 속도의 접선 성분은

$$v_t = r|\omega| \tag{5-7}$$

이다. 식 (5-7)은 접선 가속도를 각가속도와 연관시키는 방법을 알려준다. 접선 가속도는 접선 속도의 변화율이므로

$$a_t = \frac{\Delta v_t}{\Delta t} = r\left|\frac{\Delta\omega}{\Delta t}\right|$$

이다. 여기에서 $\Delta t \to 0$인 극한을 취하였다. 그러므로 접선 가속도는

$$a_t = r|\alpha| \tag{5-17}$$

가 된다.

등각가속도

θ, ω와 α 사이의 수학적 관계는 3장에서 유도한 x, v_x와 a_x 사이의 수학적 관계와 같다. 각각의 양은 그 앞의 양의 순간적 변화율이다. 예를 들면 a_x는 v_x의 변화율이며 이와 비슷하게 α는 ω의 변화율이다. 수학적 관계가 같으므로 등각가속도 α를 가진 회전역학 문제를 등가속도 a_x를 가진 직선운동과 똑같은 방법으로 풀 수 있다. 이때 해야 할 일은 역학적 관계를 알고 x는 θ로, v_x는 ω로, a_x는 α로 대치하는 것이다(표 5.1 참조).

식 (5-18)은 평균 각속도의 정의이다. 식 (5-19)는 평균 각가속도의 정의이다. 여기서 각가속도가 일정하므로 $\alpha_{평균}$를 α로 대치했다. α가 일정하다는 것은 ω가 시간에 따라 선형적으로 변하는 것을 의미한다. 그러므로 임의의 시간 구간에서 평균 각속도는 처음과 마지막 각속도의 중간 값 $\omega_{평균} = \frac{1}{2}(\omega_i + \omega_f)$이다. $\omega_{평균}$에 대한 이 식과 $\omega_{평균}$의 정의식($\omega_{평균} = \Delta\theta/\Delta t$)을 사용하면 식 (5-19)가 된다. 4.1절에서 식 (4-4)

표 5.1 등각가속도 운동에서 θ, ω, α 사이의 관계

x축을 따르는 등가속도 운동		등각가속도 운동	
$\Delta v_x = v_{fx} - v_{ix} = a_x \Delta t$	(4-1)	$\Delta \omega = \omega_f - \omega_i = \alpha \Delta t$	(5-18)
$\Delta x = \frac{1}{2}(v_{fx} + v_{ix}) \Delta t$	(4-3)	$\Delta \theta = \frac{1}{2}(\omega_f + \omega_i) \Delta t$	(5-19)
$\Delta x = v_{ix} \Delta t + \frac{1}{2}a_x(\Delta t)^2$	(4-4)	$\Delta \theta = \omega_i \Delta t + \frac{1}{2}\alpha (\Delta t)^2$	(5-20)
$v_{fx}^2 - v_{ix}^2 = 2a_x \Delta x$	(4-5)	$\omega_f^2 - \omega_i^2 = 2\alpha \Delta \theta$	(5-21)

연결고리

α는 ω의 변화율이고 ω는 θ의 변화율이기 때문에 상수 α에 대한 방정식은 상수 a_x에 대한 방정식과 동일한 형태이다. 간단히 식 (4-1)부터 식 (4-5)까지, x를 θ로, v_x를 ω로, a_x를 α로 바꾸면 식 (5-18)부터 식 (5-21)까지 얻어진다.

와 (4-5)를 유도한 과정과 비슷하게 식 (5-20)과 식 (5-21)은 앞의 두 관계식에서 유도될 수 있다.

✓ 살펴보기 5.6

원심분리기가 등각가속도로 "회전이 빨라지고" 있다. 원심분리기 내부에 들어 있는 시료의 지름 가속도가 일정할 수 있는가? 설명하여라.

보기 5.10

회전하는 옹기물레

도공의 물레가 0.75초 동안, 정지 상태에서 210 rpm까지 돌아간다. (a) 각가속도가 일정하다고 가정하면 물레의 평균 각가속도는 얼마인가? (b) 이 시간 동안 물레는 몇 바퀴 회전하는가? (c) 물레가 180 rpm으로 회전할 때 회전축에서 12 cm 떨어진 점의 가속도의 접선 성분과 지름 성분을 구하여라.

전략 처음과 나중의 진동수를 알고 있으므로 처음과 나중의 각속도를 구할 수 있다. 또한 물레가 최종 각속도에 도달하는 데 걸리는 시간도 알고 있다. 이것이 등각가속도의 경우에서 순간 각가속도와 똑같은 평균 각가속도를 구하는 데 필요한 모든 것이다. 회전수를 구하기 위해 각변위 $\Delta\theta$를 rad 단위로 구하여 2π rad/rev으로 나눈다. $t = 0.75$ s에서 각속도를 구할 수 있고 지름 가속도 성분을 구하는 데 이것을 사용한다. 접선 가속도는 α로부터 계산한다.

풀이 (a) 물레가 처음에 정지 상태였으므로 처음 각속도는 0이다.

$$\omega_i = 0 \text{ rad/s}$$

210 rpm을 rad/s로 환산하면 나중 각속도가 된다.

$$\omega_f = 210 \frac{\text{rev}}{\text{min}} \times \frac{1}{60} \frac{\text{min}}{\text{s}} \times 2\pi \frac{\text{rad}}{\text{rev}} = 7.0\pi \text{ rad/s}$$

각가속도는 각속도의 변화율이다. α가 일정하므로 시간 간격 동안 평균 각가속도를 구하는 것으로 α를 계산할 수 있다.

$$\alpha = \frac{\omega_f - \omega_i}{t_f - t_i} = \frac{7.0\pi \text{ rad/s} - 0}{0.75 \text{ s} - 0} = \frac{7.0\pi \text{ rad/s}}{0.75 \text{ s}} = 29 \text{ rad/s}^2$$

(b) 각변위는

$$\Delta\theta = \frac{1}{2}(\omega_f + \omega_i)\Delta t = \frac{1}{2}(7.0\pi \text{ rad/s} + 0)(0.75 \text{ s}) = 8.25 \text{ rad}$$

이다. 1회전한 각도는 2π rad이므로, 회전수는

$$\frac{8.25 \text{ rad}}{2\pi \text{ rad/rev}} = 1.3 \text{ rev}$$

이다.

(c) 180 rpm일 때 각속도는

$$\omega = 180 \frac{\text{rev}}{\text{min}} \times \frac{1}{60} \frac{\text{min}}{\text{s}} \times 2\pi \frac{\text{rad}}{\text{rev}} = 6.0\pi \text{ rad/s}$$

이다. 따라서 가속도의 지름 성분은

$$a_r = \omega^2 r = (6.0\pi \text{ rad/s})^2 \times 0.12 \text{ m} = 43 \text{ m/s}^2$$

이고 접선 성분은

$$a_t = \alpha r = 29 \text{ rad/s}^2 \times 0.12 \text{ m} = 3.5 \text{ m/s}^2$$

이 된다.

검토 등각가속도에 대해 다른 방정식으로 빠르게 점검해볼 수 있다. 곧

$$\omega_f^2 - \omega_i^2 = 2\alpha \, \Delta\theta$$

에 $\omega_i = 0$을 대입하면

$$\omega_f = \sqrt{2\alpha \, \Delta\theta}$$

이다. (a)와 (b)의 답을 대입하면

$$\sqrt{2\alpha \, \Delta\theta} = \sqrt{2 \times 29 \text{ rad/s}^2 \times 8.25 \text{ rad}} = 22 \text{ rad/s}$$

이다. 각속도의 단위로 rad/s를 사용하면 ω_f의 원래 값은 7.0π rad/s이다. 따라서 $\pi \approx 22/7$이므로, 점검 결과는 성공적이다.

실전문제 5.10 런던 아이

템즈 강가에 있는 관람차인 런던 아이(London Eye)의 반지름은 67.5 m이다. 주행 각속도에서, 1회전하는 데 30.0분이 걸린다. 이 놀이기구를 정지 상태에서 정속 주행 상태로 만드는 데 20.0초가 걸리고 그 동안 각가속도가 일정하다고 가정하자. (a) 20초 동안에 각가속도는 얼마인가? (b) 20초 동안 기구의 각변위는 얼마인가?

런던 아이.

5.7 겉보기 무게와 인공중력
APPARENT WEIGHT AND ARTIFICIAL GRAVITY

응용: 궤도에 있는 우주비행사의 겉보기 무중력 상태 여러분은 지구 주위의 궤도에 있는 우주비행사가 "떠다니는" 모습이 담긴 영상에 익숙하리라 생각된다. 우주비행사가 마치 무중력인 곳에 있는 것처럼 보인다. 실제로 무중력이 되려면 지구가 우주비행사에 미치는 중력이 0이 되거나 적어도 0에 가까워야 한다. 정말로 그럴 수 있는가? 우리는 궤도에 있는 우주비행사의 무게를 계산할 수 있다. 우주왕복선의 고도는 보통 지면에서 약 600 km 상공이다. 그러므로 궤도 반지름은 600 km + 6400 km = 7000 km이다. 지구 표면에서 우주비행사의 무게와 궤도에서의 무게를 비교하면

$$\frac{W_{궤도}}{W_{표면}} = \frac{\dfrac{GM_Em}{(R_E + h)^2}}{\dfrac{GM_Em}{R_E^2}} = \frac{R_E^2}{(R_E + h)^2} = \frac{(6400 \text{ km})^2}{(7000 \text{ km})^2} = 0.84$$

이다. 궤도에서의 몸무게는 지구 표면에서의 몸무게의 0.84배이다. 우주비행사의 몸무게는 줄어들지만 결코 무중력은 아니다! 그러면 왜 우주비행사는 무중력인 것처럼 보이는가?

4.6절에서 본, 줄이 갑자기 끊어진 엘리베이터 안에 있는 불운한 사람의 겉보기

연결고리

4.6절에서 직선을 따라가는 운동에 대하여 겉보기 무게를 논의했다. 여기서도 원리는 동일하다. 우주비행사가 저울에 서 있다고 상상해보아라. 겉보기 무게는 저울이 가리키는 눈금이다.

몸무게를 기억해보아라. 이 경우 엘리베이터와 탑승자 모두 같은 가속도($\vec{a}=\vec{g}$)를 갖는다. 이와 비슷하게 우주비행사는 우주왕복선과 같은 가속도를 갖는다. 곧 이것은 국부적인 공간의 중력장 $\vec{g}$와 같다. 겉보기 무중력 상태는 $\vec{a}=\vec{g}$일 때 나타나며, $\vec{g}$는 국부적인 공간의 중력장이다.

응용: 인공중력 우주비행사가 겉보기 무중력에서 해로운 영향을 받지 않고 우주정거장에서 오래 체류하려면 우주정거장에 인공중력을 만들어주어야 한다. 많은 공상과학소설이나 영화에서, 승무원에게 인공중력이 생기도록 회전하는 고리 모양의 우주정거장을 볼 수 있다. 회전하는 우주정거장에서, 우주비행사의 가속도는 안쪽에 있는 회전축을 향하지만 겉보기 중력은 바깥쪽이다. 따라서 우주선의 방 천정은 회전축에 가장 가까이 있고, 바닥은 가장 먼 곳에 있다(그림 5.24).

원심분리기는 작은 규모의 인공중력을 만들어내는 장치이다. 원심분리기는 과학이나 의학 실험뿐만 아니라 일상생활에서도 이용된다. 첫 번째로 성공한 원심분리기는 1880년대에 우유에서 크림을 분리하는 데 사용되었다. 젖은 옷을 빨랫줄에 널면 중력이 잡아당기기 때문에 흠뻑 젖은 옷에서 물이 뚝뚝 떨어진다. 그러나 세탁기가 돌아갈 때 생기는 인공중력은 젖은 옷의 물기를 훨씬 빨리 제거한다.

인체는 아주 작은 인공중력뿐만 아니라 너무 큰 중력에도 나쁜 영향을 받을 수 있다. 곡예 비행사들은 자신의 몸이 노출되는 가속도에 신경 써야 한다. 약 $3g$의 가속도는 망막에 산소 결핍을 일으켜 잠깐 시력을 잃는 원인이 되기도 한다. 또한 혈액의 겉보기 중력이 증가하면 심장이 피를 머리까지 밀어올리기 어렵다. 가속도가 크면 의식을 잃기도 한다. 압력우주복은 비행사가 약 $5g$ 정도의 가속도까지 견딜 수 있게 해준다.

그림 5.24 회전하고 있는 우주정거장(영화 〈2001: 스페이스 오디세이〉의 장면). 겉보기 중력장은 바깥쪽(우주정거장의 회전축에서 멀어지는 방향)을 향한다.

보기 5.11

곡예 비행사

어떤 조종사가 비행 쇼를 위해 연직 원 궤도에서 비행을 연습하고자 한다. (a) 원 궤도의 밑바닥에서 가속도가 $3.0g$를 넘지 않기 위해 궤도의 반지름은 얼마여야 하는가? 밑바닥을 지날 때 비행기의 속력은 78 m/s이다. (b) 이 조종사가 원 궤도의 밑바닥에 있을 때 겉보기 몸무게는 얼마인가? 답을 몸무게의 참값으로 표현하여라.

전략 최소 반지름이 되려면 지름 가속도 $a_r = v^2/r$이 최대가 되어야 한다. 지름 가속도가 최대로 되면 접선 가속도는 0이 되어야 한다(그림 5.25). 가속도의 크기는 $a = \sqrt{a_r^2 + a_t^2}$이다. 따라서 밑바닥에서 지름 가속도는 $3.0g$가 되어야 한다. 이 조종사의 겉보기 몸무게를 구하기 위하여 (a)에서 구한 반지름을 사용할 필요는 없다. 이미 위 방향의 가속도가 $3.0g$라는 것을 알고 있다.

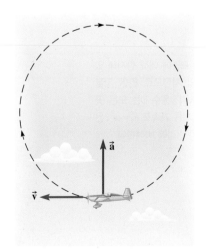

그림 5.25 원 궤도의 바닥에서 비행기에 대한 속도벡터와 가속도 벡터.

풀이 (a) 지름 가속도의 크기는

$$a_r = v^2/r$$

이다. 이를 반지름에 대하여 풀이하면

$$r = \frac{v^2}{a_r} = \frac{v^2}{3.0g}$$

$$= \frac{(78 \text{ m/s})^2}{3.0 \times 9.8 \text{ m/s}^2} = 210 \text{ m}$$

가 된다.

(b) 이 조종사의 겉보기 몸무게는 그를 밀어 올리는 평면의 수직항력의 크기이다. y-축이 위 방향을 가리킨다고 하자. 수직항력은 위 방향이고 중력은 아래 방향이다 (그림 5.26). 그러면

$$\sum F_y = N - mg = ma_y$$

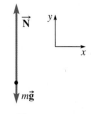

그림 5.26 조종사에 대한 자물도.

이다. 여기에서 $a_y = +3.0g$이다. 그러므로

$$W' = N = m(g + a_y) = 4.0mg$$

이다. 그의 겉보기 몸무게는 참값의 4.0배이다.

검토 $3.0g$의 가속도가 그의 겉보기 몸무게 $3.0mg$임을 의미한다고 결론지어버릴 수도 있다. 그렇다면 그의 가속도가 0일 때 겉보기 무게는 0이겠는가? 그렇지 않다.

실전문제 5.11 **우주비행사의 겉보기 몸무게**

우주선의 가속도가 $2.0g$일 때 몸무게가 730 N인 우주비행사가 다음과 같은 상황에 있다. 겉보기 무게는 얼마인가? (a) 지표 바로 위에서 가속도가 위쪽일 때 그리고 (b) 행성이나 항성으로부터 멀리 떨어져 있을 때.

지구 표면에 정지한 물체의 겉보기 무게의 응용 지구의 자전으로 인하여 지표에 고정된 좌표계에서 측정한 g의 실효값은 중력의 참값보다 약간 작다(2.6절 참조). 저울에 놓인 물체의 알짜힘은 물체가 지구의 회전축을 향하는 지름 가속도 $a_r = \omega^2 r$을 가지므로 0이 아니다. 비교적 적은 이 효과는 r이 가장 큰 곳에서 가장 크다. 적도에서 g의 실효값은 g의 참값보다 약 0.3 % 작다.

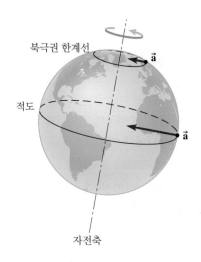

그림 5.27 지구 표면에 대해 정지해 있는 물체는 지구의 자전으로 인한 지름 가속도를 갖는다. 각진동수 ω는 모든 곳에서 동일하므로 지름 가속도 $a_r = \omega^2 r$은 회전축으로부터의 거리에 비례한다.

해답

실전문제

5.1 3.001×10^{-7} rad/s

5.2 1.65 m/s

5.3 7200 rev/min $\times 2\pi$ rad/rev $\times (1/60)$min/s $= 240\pi$ rad/s,
$a_r = \omega^2 r = (240\pi \text{ rad/s})^2 \times 0.12\text{m} = 68\,000$ m/s^2

5.4 원형 경로의 중심을 향하여 60 N

5.5 아니오

5.6 29.7 km/s, 3.17×10^7 s

5.7 2.44 h

5.8 $4.2mg$

5.9 가속도는 접선 방향 성분만 가진다.

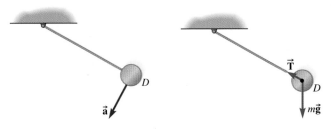

5.10 (a) 1.75×10^{-4} rad/s^2, (b) 0.0349 rad (2.00°)

5.11 (a) 2200 N, (b) 1500 N

살펴보기

5.1 7200 Hz

5.2 아니요. 등속원운동의 경우, 속도벡터의 방향이 계속 변하지만 속도의 크기(속력)는 변하지 않는다.

5.3 자동차는 타이어와 도로 사이에 마찰을 일으켜 지름 가속도가 생기도록 수평 방향의 힘을 작용한다.

5.4 정지 위성이 되기 위해서는 위성은 주기가 1일이어야 한다. 주기에 영향을 미치는 양은 오로지 지구 질량과 지구 중심에서 지름 방향의 거리뿐이다. 이들 양은 질량과 상관없이 모든 위성에 대해 동일하다.

5.5 속력이 변하는 원운동의 경우, 속도의 방향과 크기가 모두 변한다. 가속도에는 접선 방향과 지름 방향의 성분이 있다. 지름 방향 성분의 크기는 속력에 따라 변한다. 속력이 일정한 원운동의 경우, 속도의 크기는 일정하지만 방향은 바뀐다. 지름 가속도는 크기가 일정하다(접선 방향 가속도는 0이다).

5.6 반지름 r는 일정하지만, 각속도 ω가 변하기 때문에 지름 가속도는 일정할 수 없다. $a_r = \omega^2 r$

에너지 보존
Conservation of Energy

캥거루가 두 발로 뛰어갈 때, 한 번에 뛰어오르는 높이는 2.8 m 정도이다. 이 높이는 올림픽에서 높이뛰기 선수의 기록보다 약간 더 높다. 그러나 캥거루가 수평 방향으로 15 m/s 이상의 속력으로 이동하면서 뛰어야 이 높이에 다다를 수 있다. 캥거루는 해부학적으로 어떤 구조를 하고 있기에 이렇게 높이 뛰어오를 수 있는가? 강한 다리 근육을 가지고 있기 때문이라고 간단히 이야기할 수도 없다. 그런 근육이 있었다면, 캥거루는 매번 뛸 때마다 근육에다 충분한 화학에너지를 공급하기 위해 에너지가 풍부한 음식을 다량으로 섭취해야 한다. 하지만 실제로 캥거루는 주로 에너지 함량이 낮은 풀만 먹고 산다. (169쪽에 답이 있다.)

6.1 에너지 보존 법칙 THE LAW OF CONSERVATION OF ENERGY

지금까지 우리는 물체에 작용하는 힘을 분석하고 물체의 운동을 기술하는 데 사용하는 기본적인 물리 법칙으로 뉴턴의 운동 법칙을 다루었다. 이제 또 하나의 물리학의 원리를 소개한다. 바로 에너지 보존 법칙이다. **보존 법칙**conservation of motion은 어떤 양이 시간에 따라 변하지 않는다는 것을 밝혀주는 물리학적 원리이다. 에너지 보존 법칙은 모든 물리적 과정에서 우주의 총 에너지는 변하지 않고 일정하게 남는다는 것을 의미한다. 에너지는 한 형태에서 다른 형태로 바뀌거나 한 곳에서 다른 곳으로 이동할 수 있다. 모든 에너지 전환을 고려한다면 총 에너지가 일정하게 유지된다는 것을 알 수 있다.

> **에너지 보존 법칙**
>
> 우주의 총 에너지는 어떠한 물리적 과정에 의해서도 변하지 않는다. 곧,
>
> 과정이 일어나기 전의 총 에너지 = 과정이 일어난 후의 총 에너지

"온도조절기를 낮춰라. 우린 지금 에너지를 아끼려 한단 말이다!" 일상생활에서 에너지 보존은 유용한 에너지 자원의 낭비를 줄이는 것을 의미한다. 보존의 과학적 의미는 어떤 일이 일어나더라도 항상 일정하게 유지된다는 것이다. 예를 들어 전기에너지를 생산하거나 발전할 때, 우리는 새로운 에너지를 창조하는 것이 아니다. 곧, 어떤 한 형태의 에너지를 우리에게 유용한 다른 형태로 전환할 뿐이다.

에너지 보존 법칙은 몇 가지 물리학의 보편적인 원리 중 하나이다. 에너지 보존 법칙의 예외는 발견되지 않았다. 에너지 보존은 자연을 이해하기 위한 탐색을 하는 데 강력한 도구이다. 이것은 방사성 붕괴, 별의 중력 붕괴, 화학 반응, 호흡과 같은 생물학적 과정 그리고 풍력 터빈을 이용한 발전에도 똑같이 적용된다(그림 6.1). 생명을 존재하게 하는 에너지 전환에 대해 생각해 보아라. 녹색식물은 광합성을 이용하여 태양에서 받은 에너지를 저장 가능한 화학에너지로 변환한다. 동물은 식물을 먹으면 그 저장된 에너지로 운동, 성장 및 체온 유지를 할 수 있다. 에너지 보존은 이러한 모든 과정을 지배한다.

그림 6.1 캘리포니아에 있는 풍력 단지. 이들 풍력 터빈은 공기의 운동에너지를 전기에너지로 변환시킨다.

> **문제풀이 전략: 풀이 방법 선택하기**
>
> 몇몇 문제들은 에너지 보존이나 뉴턴의 제2 법칙으로 풀이할 수가 있으므로 항상 두 가지 방법 모두를 고려해보는 것이 좋다. 두 가지 방법을 모두 사용하여 질문에 대답할 수 있다면 적용하기 쉬운 방법을 생각해라. 때로는 시작하기 전까지는 그것이 명확하지 않을 수 있다. 풀이가 복잡해지기 시작하면 다른 방법을 시도해보아라. 시간이 허락하면 두 가지 방법으로 문제를 풀어보아라. 그렇게 하면 답을 점검할 수 있고, 하나의 방법으로는 얻지 못할 수 있는 통찰을 이끌어낼 수도 있다.

에너지 보존 원리의 발전 역사 많은 과학자들이 에너지 보존 법칙의 발전에 기여했지만, 1842년 독일의 외과의사 마이어(Julius Robert von Mayer, 1814~1878)가 이 법칙에 대해 제일 먼저 분명하게 설명했다. 오늘날의 인도네시아 지역을 항해하던 선박의 의사였던 마이어는 선원들의 정맥혈이 유럽에 있을 때보다 열대 지방에서 훨씬 더 짙은 붉은색이 되는 것을 발견했다. 그는, 온난한 기후에서는 몸을 따뜻하게 유지하기 위해 많은 양의 연료를 "태울" 필요가 없었기 때문에 산소가 덜 사용되었다는 결론을 내렸다.

1843년에, "생업"으로 양조장을 운영하던 영국의 물리학자 줄(James Prescott Joule, 1818~1889)은 정밀 실험을 통해 중력퍼텐셜에너지가 이전에는 알지 못한 형태의 에너지(내부 에너지)로 변환될 수 있음을 보여주었다. 이전에는 마찰과 같은 힘이 에너지를 "소비"한다고 생각했다. 마이어와 줄과 같은 사람들 덕분에, 우리는 이제 마찰이 기계적인 형태의 에너지를 내부 에너지로 변환하고 총 에너지는 항상 보존된다는 것을 알고 있다.

에너지의 형태

에너지의 형태는 다양하다(그림 6.2). 표 6.1에 이 책에서 논의한 주요 에너지 형태와 그것을 논의한 중심 장들을 정리해두었다. 가장 기본적인 수준에서 보면 세 종류의 에너지가 있다. 운동에 의한 에너지(**운동에너지**kinetic energy), 상호작용에 의하여 저장된 에너지(**퍼텐셜에너지**potential energy), 정지에너지(rest energy)가 그것이다. 표 6.1에 나열된 모든 에너지는 이들 세 종류 중 하나 또는 그 이상으로 이해할 수 있다.

에너지 보존 법칙을 적용하려면 각 형태의 에너지 양을 어떻게 계산하는지 알아야 한다. 모든 것에 적용할 수 있는 한 가지 공식은 없다. 다행히도 그들 모두를 한꺼번에 배울 필요는 없다. 이 장은 거시적인 역학적 에너지의 세 가지 형태, 곧 운동에너지, 중력퍼텐셜에너지, 탄성퍼텐셜에너지에 초점을 맞추었다. 지금은 물체의 내부 에너지의 변화나 회전 운동을 생각하지 말고 에너지 보존을 **병진운동**translational motion을 이해하는 도구로 사용하기로 하자. 운동하는 물체가 완벽한 강체이기 때문에 물체의 모든 점이 같은 변위를 일으킨다고 가정하자.

그림 6.2 음식에 저장된 화학에너지는 선수가 머리 위로 역기를 들어 올릴 수 있게 한다.

표 6.1 여러 형태의 에너지

에너지 형태	간략 설명(설명된 장)
병진운동	병진운동에너지(6장)
탄성	"탄력적"인 물체나 물질이 변형될 때 저장된 에너지(6장)
중력	중력적 상호작용에너지(6장)
회전	회전운동에너지(8장)
진동, 음향, 지진	물질을 통과하는 역학적 파동에 의한 물질 속의 원자나 분자의 진동에너지(11, 12장)
내부	온도 감각과 관련되는 고체, 액체, 기체 속의 원자나 분자의 상호작용에너지와 운동에너지(14, 15장)
전자기	전하와 전류의 상호작용에너지, 곧 빛과 같은 전자기파를 포함한 전자기장의 에너지(14, 17~22장)
정지	정지해 있을 때 질량 m인 입자의 에너지로, 아인슈타인의 유명한 방정식 $E = mc^2$으로 주어지는 에너지(26, 29, 30장).
화학	원자나 분자에 있는 전자의 운동에너지와 상호작용에너지(28장)
핵	핵 속의 양성자와 중성자의 운동과 상호작용에 관계되는 에너지(29, 30장)

6.2 일정한 힘이 한 일 WORK DONE BY CONSTANT FORCES

에너지 보존 법칙을 적용하기 위해서는 에너지가 어떻게 한 형태에서 다른 형태로 변환될 수 있는지 알아야 한다. 한 가지 예를 들어보자. 그림 6.3a에 있는 트렁크의 무게가 220 N이고, 이를 $d = 4.0$ m의 높이로 들어 올린다고 가정하자. 도르래와 줄은 이상적이라 가정할 때 트렁크를 일정한 속력으로 들어 올리기 위해서는 줄에 220 N의 힘을 가해야 한다. (지금은 정지해 있던 트렁크를 일정한 속력으로 가

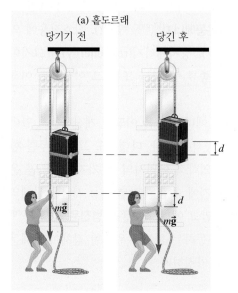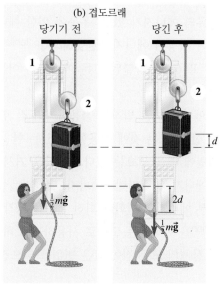

그림 6.3 (a) 한 여학생이 창문을 통해 기숙사 방으로 트렁크를 옮기려고 한다. (b) 두 도르래 계는 트렁크를 쉽게 들어 올릴 수 있게 한다. 그녀가 가해야 하는 힘이 절반이기 때문이다. 그녀가 무언가를 공짜로 얻을 수 있는가? 아니면 트렁크를 들어 올리기 위해 여전히 같은 양의 일을 해야 하는가?

속시키기 위하여 처음에 잠시 동안 220 N보다 큰 힘으로 트렁크를 당기고, 나중에 그것을 정지시키기 위하여 220 N보다 작은 힘으로 잠깐 당겨야 하는 짧은 시간은 무시하기로 하자).

보기 2.12에서 논의한 것과 같이, 그림 6.3b의 두 도르래를 이용한다면 트렁크를 들어 올리는 데 필요한 힘은 한 개일 때의 절반(110 N)이다. 그러나 이 과정을 통해 아무것도 거저 얻는 것은 없다. 트렁크를 4.0 m 들어 올리기 위해 도르래 2의 양쪽에 걸려 있는 줄의 길이가 4.0 m씩 짧아져야 결국은 줄을 8.0 m나 당겨야 하는 셈이다. 도르래 2개를 사용하여 절반의 힘으로 당길 수는 있지만 줄을 2배나 더 당겨야 한다.

두 경우에 힘과 거리의 곱이 같다는 것에 주목하여라.

$$220 \, \text{N} \times 4.0 \, \text{m} = 110 \, \text{N} \times 8.0 \, \text{m} = 880 \, \text{N} \cdot \text{m} = W$$

이 곱을 학생이 줄에 한 **일**work(W)이라고 부른다. 일은 방향이 없는 스칼라양이다. W는 물체의 무게를 나타내는 데도 사용된다. 우리는 이 같은 표시를 문맥상에서의 용도로 구별할 수밖에 없다. 무게는 힘의 차원을 갖지만, 일은 힘 곱하기 거리의 차원을 갖는다. 이러한 혼동을 피하기 위해 무게는 mg라 적고 일은 W로 나타낸다.

일상 대화에서 일이라는 단어의 의미가 다양하다는 것을 알아야 한다. 우리는 '숙제(homework)를 한다.', '일하는 중이다.', '할 일이 많다.' 등으로 말한다. 그러나 이때의 일은 어느 것 하나도 물리학에서 정의하는 '일'의 의미가 아니다.

일과 에너지의 SI 단위는 뉴턴 · 미터(N · m)이며 이것은 물리학자 줄의 이름을 따서 줄(J)이라 부른다.

$$1 \, \text{J} = 1 \, \text{N} \cdot \text{m}$$

어느 방법을 이용하든지 학생이 트렁크를 들어 올리기 위해서 줄에다 880 J의 일을 해야 한다. 이 학생이 880 J의 일을 한다고 말할 때, 그녀가 트렁크를 4.0 m 들어 올리는 데 필요한 880 J의 에너지를 공급한다는 것을 의미한다. **일은 힘이 작용하여 물체가 움직일 때 일어나는 에너지의 이동이다.**

이 학생이 한곳에서 줄을 잡고 있을 때 줄에 하는 일은 없다. 이유는 변위가 0이기 때문이다. 그림 6.4와 같이 줄을 매놓고 멀리 갈 수도 있다. 변위가 일어나지 않았다면 하는 일은 0이며, 이동하는 에너지도 없다. 그럼에도 제자리에서 줄을 오랫동안 잡고 있으면 왜 피곤해지는가? 제자리에서 줄을 잡고 있을 때 줄에 하는 일은 없지만 근육의 장력을 유지하기 위해 내부적으로 하는 일이 있는데 바로 근섬유가 체내에서 하는 일이다. 이러한 내부의 일이 화학에너지를 내부에너지로 변환시킨다. 그러나 트렁크로 전달되는 일은 없다.

그림 6.4 트렁크가 팽팽한 줄에 묶여 멈춰 있는 동안은 일이 필요 없으며 에너지 이동도 없다.

변위에 평행하지 않은 힘이 한 일   이 학생이 줄에 작용한 힘은 줄 끝의 변위와 같은 방향이다. 더욱 일반적으로는 변위와 다른 방향에서 작용하는 힘은 일을 얼마나 하는가? 이때는 변위 방향의 힘의 성분만이 일을 한다. 그러므로 일반적으로는 일정한 힘이 한 일은 변위의 크기와 **변위 방향으로 작용한 힘의 성분**을 곱한 것으로 정의한다.

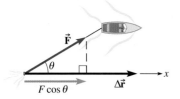

그림 6.5 수상스키 선수의 변위가 $\Delta\vec{r}$ 만큼 일어나는 동안 선수에게 작용하는 견인용 줄에 작용한 힘이 한 일은 $(F\cos\theta)\,\Delta r$이다. $F\cos\theta$는 $\vec{F}$의 $\Delta\vec{r}$ 방향 성분이다.

힘과 변위를 같은 점에 그렸을 때 그들 사이의 각이 θ라고 하면 변위 방향의 힘의 성분은 $F\cos\theta$이다(그림 6.5). 따라서 일정한 힘이 물체에 한 일은 $W = F\,\Delta r\cos\theta$로 쓸 수 있고, 여기서 F는 힘의 크기이며 Δr는 물체의 변위의 크기이다.

물체에 작용하여 변위 $\Delta\vec{r}$를 일으킨 일정한 힘 $\vec{F}$가 한 일

$$W = F\,\Delta r\cos\theta \tag{6-1}$$

(θ는 $\vec{F}$와 $\Delta\vec{r}$ 사이의 각이다.)

일은 또한 힘과 변위의 스칼라곱으로 표현할 수 있다. 곧 $W = \vec{F}\cdot\Delta\vec{r}$이다. 두 벡터의 **스칼라곱**scalar product(또는 **점 곱**dot product)은 두 벡터 $\vec{A}$와 $\vec{B}$를 같은 점에서 시작하여 그린 후 둘 사이의 각을 θ라고 할 때 $\vec{A}\cdot\vec{B} = AB\cos\theta$로 정의한다. 이 형태는 물리학과 수학에서 종종 나타나기 때문에 특별한 이름과 기호를 사용한다. 스칼라곱에 대한 자세한 내용은 부록 A.8을 참조하여라.

만일 변위를 x-축과 나란하게 선택하면 변위 방향의 힘은 $F_x = F\cos\theta$가 되므로 $W = F_x\Delta x$이다. 이와는 달리 식 (6-1)에서 $\Delta r\cos\theta$를 힘 방향의 변위의 성분으로 볼 수 있다(그림 6.6). 그러므로 힘의 방향을 x-축과 나란하게 나타내면 힘 방향의 변위 성분은 Δx이고 전과 같이 $W = F_x\Delta x$이다.

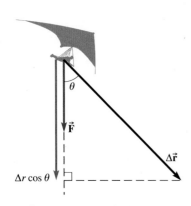

그림 6.6 행글라이더에 변위 $\Delta\vec{r}$가 일어나는 동안 중력이 한 일 $F(\Delta r\cos\theta)$는 힘 $\vec{F}$의 크기 F에 $\vec{F}$ 방향의 $\Delta\vec{r}$의 성분을 곱한 것이다.

물체에 작용하여 변위 $\Delta\vec{r}$를 일으킨 일정한 힘 $\vec{F}$가 한 일

$$W = F_x\Delta x \tag{6-2}$$

($\vec{F}$와/또는 $\Delta\vec{r}$는 x-축에 평행하다.)

일은 양의 값, 0, 음의 값을 가질 수 있다 $\vec{F}$와 $\Delta\vec{r}$ 사이의 각이 $90°$보다 작을 때 식 (6-1)의 $\cos\theta$는 양(+)의 값을 가지므로 힘이 한 일도 양(+)의 값($W > 0$)이 된다. 만일 $\vec{F}$와 $\Delta\vec{r}$ 사이의 각이 $90°$보다 크면 식 (6-1)의 $\cos\theta$는 음(−)의 값을 가지므로 힘이 한 일은 음(−)의 값($W < 0$)이 된다. 그러니 일을 계산할 때 대수적인 부호에 주의해야 한다. 예를 들면 줄이 트렁크의 변위 방향으로 트렁크를 당기면 $\theta = 0$이고 $\cos\theta = 1$이다. 힘이 트렁크에 양(+)의 일을 하게 된다. 이때 트렁크에 작용하는 중력은 $180°$이므로 $\cos\theta = -1$이며 트렁크에 음(−)의 일을 하게 된다.

만일 힘이 변위와 수직이면, 곧 $\theta = 90°$이고 $\cos\theta = 0$이므로 한 일은 0이다. 그림 6.7a에 보인 바와 같이 정지해 있는 면이 미끄러지는 물체에 작용하는 수직항력은 변위와 수직이므로 힘이 한 일은 0이다(그림 6.7a). 표면이 굽어 있는 경우 어떤 순

그림 6.7 (a) 수직항력은 변위와 수직이기 때문에 (b) 심지어는 굽은 표면에서 미끄러질 때에도 수직항력의 방향은 짧은 시간 Δt 동안의 변위의 방향과 수직이므로 한 일은 0이 된다. (c) 지게차가 팰릿에 작용하는 힘은 일을 하게 된다. 그 힘은 변위와 직교하지 않다.

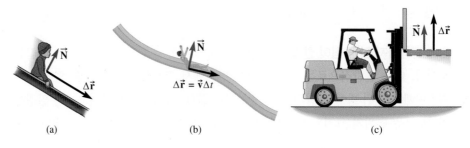

(a)   (b)   (c)

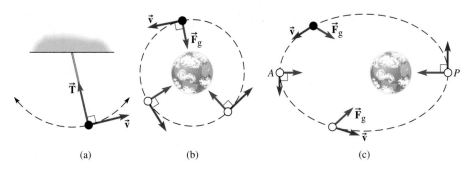

그림 6.8 (a) 진자 줄의 장력은 항상 진자 추의 속도에 수직이므로 줄은 추에 일을 하지 않는다. (b) 위성이 원 궤도의 어디에 있든지 지구 중심으로 향하는 중력을 받는다. 이 힘은 항상 위성의 속도에 수직하며, 중력은 위성에 아무런 일도 하지 못한다. (b) 타원 궤도에서 중력은 속도에 항상 수직은 아니다. 위성이 점 P에서 A로 시계 반대 방향으로 돌 때 중력은 음(−)의 일을 한다. 점 A에서 P로 돌 때는 양(+)의 일을 한다.

간에도 수직항력은 물체의 속도에 직교한다. 그래서 짧은 시간 동안 수직항력은 변위 $\Delta \vec{r} = \vec{v} \Delta t$와 직교한다(그림 6.7b). 따라서 수직항력이 한 일은 여전히 0이다. 반면에 만일 수직항력을 작용하는 면이 운동하고 있다면 수직항력이 일을 할 수 있다. 그림 6.7c와 같이 지게차가 팰릿을 들어 올릴 때 팰릿에 작용하는 수직항력은 양(+)의 일을 하게 된다.

진자의 추가 줄에 매달려 흔들리고 있을 때 줄의 장력은 항상 추의 속도에 수직이기 때문에 줄의 장력이 하는 일은 없다(그림 6.8a). 마찬가지로 지구 주위 원 궤도를 도는 위성에 작용하는 지구의 중력이 한 일도 0이다(그림 6.8b). 원 궤도의 경우에 중력은 항상 위성에서 지구의 중심으로 반지름을 따라서 작용한다. 궤도상의 모든 점에서 중력은 위성의 속도(원 궤도의 접선 방향)에 수직이다.

일의 응용: 타원 궤도 이와는 대조적으로 원 궤도가 아닌 경우에는 중력이 한 일이 0이 아니다(그림 6.8c). 점 A와 점 P에서만 위성의 속도와 중력은 수직이다. 위성의 속도와 중력 사이의 각이 90° 보다 작을 때에는 언제나 중력이 위성에 양(+)의 일을 해주어 위성의 속도가 빨라지며 위성의 운동에너지가 증가한다. 위성의 속도와 중력 사이의 각이 90° 보다 클 때에는 언제나 중력이 위성에 음(−)의 일을 해주어 위성의 속도가 느려지며 위성의 운동에너지가 감소한다.

✓ 살펴보기 6.2

운동하는 물체에 작용하지만 일은 하지 않는 힘, 이것이 어떻게 가능한가?

보기 6.1

고가구 배달하기

귀중한 고가구 서랍장을 트럭으로 옮겨야 한다. 서랍장의 무게는 1400 N이다. 서랍장을 지상에서 트럭 적재함(1.0 m 높이)으로 옮기려고 배달원이 어떻게 해야 할지를 결정해야 한다. 그것을 똑바로 들어 올려야 하는가, 아니면 4.0 m 길이의 경사로를 따라 밀어 올려야 하는가? 바퀴가 달린 수레에 서랍장을 싣고 밀어 올린다고 가정하여라. 이는 단순한 모형에서 마찰이 없는 경사면 위로 밀어 올리는 것과 같다.

(a) 서랍장을 일정한 속도로 똑바로 1.0 m 올릴 때 배달원이 서랍장에 한 일을 구하여라.

(b) 일정한 속력으로 4.0 m 길이의 마찰 없는 경사로에 평행하게 서랍장을 밀어 올렸을 때 배달원이 서랍장에 한 일을 구하여라.

(c) 각각의 경우, 중력이 서랍장에 한 일을 구하여라.

(d) 경사로의 수직항력이 서랍장에 한 일을 구하여라. 모든 힘이 일정하다고 가정하여라.

전략 일을 계산하기 위해서는 식 (6-1)이나 식 (6-2) 중 더 쉬운 것을 이용해야 한다. (a)와 (b)에서, 배달원이 가하는 힘을 계산해야 한다. 자물도(FBD)를 그리면 힘을 계산하는 데 도움이 된다. 경사로는 단순한 기계이다. 로지의 도르래와 마찬가지로 경사로는 해야 하는 일의 양은 줄일 수 없기 때문에 두 경우 모두에서 배달원이 수행하는 일이 같아야 한다 (마찰 무시). 서랍장이 경사로를 올라가는 중에 중력은 끌어내리기 때문에 중력이 한 일은 두 경우 모두 음수가 될 것으로 예상된다. 경사로에 의한 수직항력은 변위에 수직이므로 서랍장에 일을 하지 않는다. 하나 이상의 힘이 서랍장에 작용하기 때문에, 어떤 일을 계산하는지 분명히 하기 위해 첨자를 사용한다.

주어진 조건: 서랍장의 무게 $mg = 1400$ N, 경사로의 길이 $d = 4.0$ m, 경사로의 높이 $h = 1.0$ m

구할 값: 두 경우에서, 배달원이 서랍장에 하는 일 W_m과 중력이 하는 일 W_g, 서랍장에 수직항력이 한 일 W_N

풀이 (a) 변위가 바로 위쪽으로 1.0 m이다. 배달원이 일정한 속력으로 서랍장을 옮기기 위해서는 위 방향으로 서랍장

의 무게와 같은 크기의 힘 $\vec{F}_m$을 작용해야 한다(그림 6.9).

1.0 m를 들어서 옮기는 데 한 일은 다음과 같다.

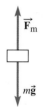

그림 6.9 배달원이 일정한 속력으로 서랍장을 옮길 때 서랍장의 자물도.

$$W_m = F_m \Delta r \cos \theta$$
$$= 1400 \text{ N} \times 1.0 \text{ m} \times \cos 0 = +1400 \text{ J}$$

여기서 $\vec{F}_m$과 $\Delta \vec{r}$는 같은 방향이므로 $\theta = 0$이다(위쪽).

(b) 그림 6.10이 문제 상황에 대한 스케치이다. 기울어진 경사로를 따라 x-축을 택하고 경사로에 수직으로 y-축을 택하여 중력을 x-성분과 y-성분으로 분해한다(그림 6.11a). 그림 6.11b는 서랍장의 자물도이다. 일정한 속도로 미끄러지는 서랍장의 가속도는 0이므로 힘의 x-성분은 0이 된다.

중력의 x-성분은 $-x$-방향으로 작용하고, 배달원이 가하는 힘 $\vec{F}_m'$은 $+x$-방향으로 작용한다. [프라임 기호(′)는 배달원이 가한 힘이 (a)에서의 힘과 다르다는 것을 나타낸다.]

$$\sum F_x = F_m' - mg \sin \phi = 0$$

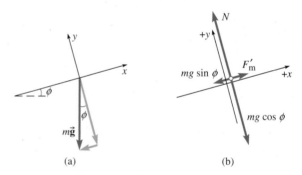

그림 6.11 (a) $m\vec{g}$를 x-성분과 y-성분으로 분해하기. (b) 서랍장의 자물도.

그림 6.10 경사로를 따라 트럭 적재함으로 고가구 서랍장을 밀어 올리고 있다.

그림 6.12 경사면의 각도 구하기.

그림 6.12의 경사로와 지면, 적재함의 높이로 이루어진 직각 삼각형으로부터

$$\sin\phi = \frac{\text{트럭 적재함 높이}}{\text{경사로의 길이}} = \frac{h}{d}$$

이다. F'_m에 대하여 풀면

$$F'_m = mg\sin\phi = \frac{mgh}{d}$$

이다. 힘과 변위가 같은 방향이므로 $\theta = 0$이다.

$$W_m = F'_m d\cos 0 = \frac{mgh}{d} \times d \times 1 = mgh = +1400\ \text{J}$$

배달원이 한 일은 (a)에서 얻은 결과와 같다.

(c) 두 경우 모두, 중력의 크기는 mg이고 아래쪽으로 작용한다. y-축이 위쪽을 가리키도록 선택하면 $F_{gy} = mg$이다. 두 경우 모두, y-축을 따른 변위의 성분은 $\Delta y = h = 1.0\ \text{m}$이다. 중력이 한 일은 두 경우 모두 동일하다. 식 (6-2)를 사용하면,

$$W_g = F_{gy}\Delta y = -mg\,\Delta y = -1400\ \text{N} \times 1.0\ \text{m} = -1400\ \text{J}$$

이다.

(d) 서랍장에 작용하는 수직항력은 서랍장의 변위에 수직하기 때문에 서랍장에 일을 하지 않는다.

$$W_N = N\,\Delta r\cos 90° = 0$$

검토 힘에다 거리를 곱할 때 경사로의 길이는 d가 상쇄되므로 배달원이 한 일은 경사면의 길이에 관계없이 같다(높이가 같다면). 경사로를 사용하여 배달원이 힘을 1/4로 줄이면 변위는 4배 늘어난다. 실제의 경사로에서는 마찰력이 서랍장 움직임과 반대 방향으로 작용하기 때문에 서랍장을 경사로 위로 밀어 올리려면 1400 J이 넘는 일을 해야 한다. 이를 피할 수 있는 방법은 없다. 배달원이 그 서랍장을 트럭에 싣기 원한다면 최소한 1400 J의 일을 해야 한다.

실전문제 6.1 자전거로 언덕 오르기

어떤 사람이 자전거를 타고 수평과 경사각이 7°이고, 길이가 2 km인 언덕길을 오른다. 이 사람의 무게는 자전거 무게를 합쳐서 750 N이다. 중력이 자전거와 사람에게 한 일은 얼마인가?

일의 총량

한 물체에 여러 힘이 작용할 때 한 일의 총량은 각 힘이 한 일을 합한 것이다. 곧,

$$W_총 = W_1 + W_2 + \cdots + W_N \qquad (6\text{-}3)$$

이다. 일은 벡터가 아닌 스칼라이다. 일은 양(+), 음(−), 0의 값이 가능하나 방향은 없다. 우리는 회전 운동이나 내부 운동이 없는 강체를 고찰하고 있으므로 일의 총량을 다른 방법으로 계산할 수 있다. 곧, 알짜힘 하나만이 작용하는 것처럼 보고 알짜힘이 한 일을 계산하면 한 일의 총량이 된다.

$$W_총 = F_{알짜}\,\Delta r\cos\theta \qquad (6\text{-}4)$$

두 방법이 같은 결과를 나타낸다는 것을 보이기 위해 변위 방향을 x-축으로 택하자. 그러면 각 힘이 한 일은 x-방향의 힘의 성분에 Δx를 곱한 것이다. 식 (6-3)으로부터

$$W_총 = F_{1x}\Delta x + F_{2x}\Delta x + \cdots + F_{Nx}\Delta x$$

이며, 각 항을 공통 인자 Δx로 묶어보면

$$W_총 = (F_{1x} + F_{2x} + \cdots + F_{Nx})\,\Delta x = (\Sigma F_x)\,\Delta x$$

가 된다. ΣF_x는 x-방향의 알짜힘이다. 식 (6-4)에서 $F_{알짜}\cos\theta$는 알짜힘의 x-성분으로 변위 방향의 알짜힘이다. 두 방법이 같은 결과를 보여주고 있다.

썰매놀이

영희가 썰매에 어린 동생 미희를 태우고 평평한 눈길에서 썰매를 끌고 있다(그림 6.13). 썰매와 동생의 총 질량은 26 kg이다. 줄은 지면과 20°의 각을 이루고 있다. 근사적으로 썰매의 마찰력은 하나의 단순화된 모형으로서, 표면이 건조하지 않다 하더라도 $\mu_k = 0.16$으로 결정된다고 가정한다(썰매가 미끄러지면서 약간의 눈이 녹는다). 썰매가 일정한 속력 3 km/h로, 길을 따라 120 m를 움직이는 동안 (a) 영희가 한 일과 (b) 바닥이 썰매에 한 일을 구하여라. 그리고 (c) 썰매에 한 일의 총량은 얼마인가?

전략 (a, b) 물체에 한 일을 구하려면 물체의 변위와 힘의 크기와 방향을 알아야 한다. 썰매의 가속도는 0이므로 모든 외력(중력, 마찰력, 줄의 장력, 수직항력)의 벡터 합은 0이다. 줄의 장력과 썰매에 작용하는 운동마찰력을 구하기 위해 자물도를 그리고, 뉴턴의 제2 법칙을 적용한다. 그렇게 하고 나서 각 힘이 한 일을 구하기 위해 식 (6-1)이나 식 (6-2)를 적용한다. (c) 일의 총량을 계산하는 방법은 두 가지가 있다. 여기서는 식 (6-3)을 써서 일의 총량을 구하고 식 (6-4)를 써서 점검해보자.

풀이 (a) 자물도가 그림 6.14에 있다. x-축과 y-축은 각각 지면에 평행하고 수직이다. 장력을 그림 6.15와 같이 두 성분으로 분해하고 나면, 가속도가 0인 뉴턴의 제2 법칙은

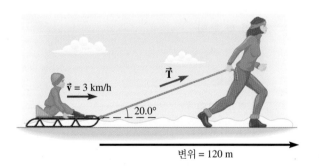

그림 6.13 썰매를 끌고 가는 영희.

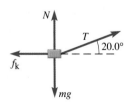

그림 6.14 썰매와 영희의 자물도.

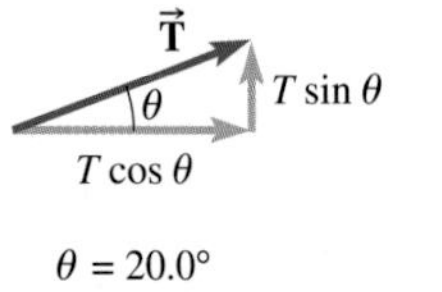

그림 6.15 장력을 x-성분과 y-성분으로 분해하기.

$$\sum F_x = +T \cos \theta - f_k = 0 \tag{1}$$

$$\sum F_y = +T \sin \theta - mg + N = 0 \tag{2}$$

이다. 여기서 T는 장력이고, $\theta = 20°$이다. 운동마찰력은 마찰계수와 수직항력의 곱이다. 곧

$$f_k = \mu_k N$$

이다. 이 식을 (1)에 대입하면

$$T \cos \theta - \mu_k N = 0 \tag{3}$$

이다. 장력 T를 구하기 위해 미지수인 수직항력 N을 소거해야 한다. 식 (2)는 수직항력 N을 포함하고 있으므로 식 (2)에 μ_k를 곱하면

$$\mu_k T \sin \theta - \mu_k mg + \mu_k N = 0 \tag{4}$$

가 된다. 수직항력 N을 소거하기 위해 식 (3)과 (4)를 더하고 T에 대하여 풀면

$$T \cos \theta + \mu_k T \sin \theta - \mu_k mg = 0$$

$$T = \frac{\mu_k mg}{\mu_k \sin \theta + \cos \theta}$$

$$= \frac{0.16 \times 26 \text{ kg} \times 9.80 \text{ m/s}^2}{0.16 \times \sin 20.0° + \cos 20.0°} = 41 \text{ N}$$

이다.

이제 영희가 한 일을 구하기 위해 이 장력을 이용하면 된다. 변위와 평행하게 작용하는 장력 T의 성분은 $T_x = T \cos \theta$이고 변위는 $\Delta x = 120$ m이다. 그래서 영희가 한 일은 다음과 같다.

$$W_T = (T \cos \theta) \Delta x$$
$$= 41 \text{ N} \times \cos 20.0° \times 120 \text{ m} = +4600 \text{ J}$$

(b) 지면이 썰매에 작용하는 힘은 두 성분, 곧 N과 f_k를 가지고 있다. 수직항력은 썰매의 변위에 수직으로 작용하기 때문에 어떤 일도 하지 않으며, 마찰력은 변위에 반대 방향으로 작용하므로 마찰력이 한 일은

$$W_f = f_k \Delta x \cos 180° = -f_k \Delta x$$

이다. 식 (1)에서

$$f_k = T \cos \theta$$

이므로 지면이 한 일(마찰력이 한 일)은

$$W_f = -f_k \Delta x = -(T \cos \theta) \Delta x$$

가 된다. 음의 부호를 제외하면 W_f는 W_T와 같다. 곧, $W_f =$ −4600 J이다.

(c) 장력과 마찰력만이 썰매에 일을 하고 있다. 수직항력과 중력은 변위에 수직이므로 하는 일은 0이다.

$$W_{총} = W_T + W_f = 4600\,J + (-4600\,J) = 0$$

검토 풀이 (c)를 점검해보기 위하여 썰매가 일정한 속도로 움직이므로 그것에 작용하는 힘이 0이라는 것에 주목하여라. $W_{총} = F_{알짜}\,\Delta r \cos\theta = 0$이다.

속력(3 km/h)은 풀이에 이용되지 않았다. 썰매에 대한 마찰력이 속력에 무관하다고 가정하면 영희는 썰매를 어떠한 값이라도 일정한 속력으로 끈다면 같은 힘을 작용한다. 따라서 영희가 한 일은 120 m의 변위를 일으키기 위한 것과 같다. 그러나 보다 더 빠른 속력이라면 더욱 짧은 시간에 같은 양의 일을 해야만 할 것이다.

실전문제 6.2 각도가 다른 경우

마찰계수가 같다고 가정하고 영희가 20°가 아니라 30°의 각을 이루며 썰매를 끌 때 장력을 계산하여라. 이 변위가 120 m라면 영희가 한 일은 얼마인가? 장력이 더 크지만 영희가 한 일이 왜 더 작은지를 설명하여라.

흩어지는 힘이 한 일

보기 6.2에서 마찰과 관계되는 간단한 모형으로 운동마찰력이 하는 일을 계산했다. 이 모형에서, 마찰이 만일 썰매에 4600 J의 일을 한다면 4600 J의 에너지가 썰매에서 지면의 내부 에너지로 전달되어 지면이 약간 데워진다. 실제로는 4600 J의 에너지가 나뉘어서 지면과 썰매의 내부 에너지로 전환되며 지면과 썰매 둘 다 약간 데워진다. 그러므로 4600 J의 에너지가 모두 지면에 전달되지 않고 약간은 썰매에 남아 다른 형태의 에너지로 전환된다.

마찰이 4600 J의 일을 한다고 말하는 것보다는 마찰이 4600 J의 에너지를 흩어지게 한다는 것이 더 정확한 서술이다. 이렇게 정돈된 한 형태로부터 물체 내의 원자나 분자들의 마구잡이식 운동과 관련된 운동에너지와 같이 정돈되지 않은 다른 형태로 에너지가 변환되는 것을 에너지의 **흩어짐**dissipation이라 한다. 물체 내부에 있는 분자나 원자의 운동에너지는 그 물체의 내부 에너지의 일부이다.

그러나 실제로는 내부 에너지가 어디서 나타나는지에는 대부분 관심이 없다. 식 (6-1)을 이용해 마찰이 한 일을 계산하면 정확히 흩어진 에너지를 얻게 된다. 그러나 얼마나 많은 에너지가 정지 상태의 지면에 전달되었고 얼마가 썰매에 남는지는 알지 못한다. 이것은 우리가 운동마찰력이나 공기저항력과 같은 다른 흩뜨리는 힘에 일을 적용하는 방법이다. (14장과 15장에서 내부 에너지를 자세히 연구할 때 내부 에너지가 어디에서 나타나는지에 대해 신경을 쓰게 되는 상황을 살펴볼 것이다.)

6.3 운동에너지 KINETIC ENERGY

질량 m인 입자에 변위 $\Delta\vec{r}$가 일어나는 동안 일정한 알짜힘 $\vec{F}_{알짜}$가 작용한다고 하자. 알짜힘의 방향을 x-방향으로 선택하면 물체에 해준 일의 총량은

$$W_{총} = F_{알짜}\,\Delta x$$

이다. 여기서 Δx는 변위의 x-성분이다. 만일 뉴턴의 제2 법칙($\vec{F}_{알짜} = m\vec{a}$)을 사용하면 위의 식은

$$W_{총} = ma_x \Delta x \tag{6-5}$$

가 된다. 가속도가 일정하기 때문에 4장에 있는 등가속도에 대한 운동방정식을 이용할 수 있다. 가속도와 변위의 x-성분의 곱을 식 (4-5)로부터 구하면, $v_{fx}^2 - v_{ix}^2 = 2a_x \Delta x$ 또는

$$a_x \Delta x = \tfrac{1}{2}(v_{fx}^2 - v_{ix}^2)$$

이 된다. 이를 식 (6-5)에 대입하면

$$W_{총} = \tfrac{1}{2}m(v_{fx}^2 - v_{ix}^2)$$

이 된다. 알짜힘은 x-축 방향이므로 a_y와 a_z는 둘 다 0이다. 그러므로 속도의 x-성분만 변한다. 곧 v_y와 v_z는 일정하다. 결과적으로

$$v_f^2 - v_i^2 = (v_{fx}^2 + \cancel{v_{fy}^2} + \cancel{v_{fz}^2}) - (v_{ix}^2 + \cancel{v_{iy}^2} + \cancel{v_{iz}^2}) = v_{fx}^2 - v_{ix}^2$$

이다. 그러므로 한 일의 총량은 다음과 같다.

$$W_{총} = \tfrac{1}{2}m(v_f^2 - v_i^2) = \tfrac{1}{2}mv_f^2 - \tfrac{1}{2}mv_i^2$$

한 일의 총량은 $\tfrac{1}{2}mv^2$의 변화와 같다. 이를 물체의 **병진운동에너지**translational kinetic energy, K라고 부른다. (병진운동에너지를 의미하는 것으로 이해가 된다면 그냥 운동에너지라고 말한다.) 병진운동에너지는 물체 전체의 운동과 관련이 있는 에너지로서 회전 운동이나 내부 운동에 따른 에너지를 포함하지는 않는다.

병진운동에너지

$$K = \tfrac{1}{2}mv^2 \tag{6-6}$$

일과 에너지의 정리

$$W_{총} = \Delta K \tag{6-7}$$

지금까지 고찰한 보기에서, 물체는 일정한 속도로 운동하므로 $\Delta K = 0$이다. 이는 일의 총량이 0이 된 이유이다.

운동에너지는 스칼라양이며, 만일 물체가 운동하고 있다면 항상 양의 값을 갖고, 만일 정지해 있다면 0이다. 운동에너지의 변화량은 음일 수 있지만 운동에너지 자체는 결코 음수가 아니다. 속력 v로 운동하는 물체의 운동에너지는 그 물체가 정지 상태에서 출발하여 그 속력까지 가속시키는 데 물체에 해주어야 하는 일과 같다. 일의 총량이 양(+)일 때 물체의 속력은 증가하고 운동에너지도 증가한다. 일의 총량이 음(−)일 때는 물체의 속력은 감소하고 운동에너지도 감소한다.

충돌로 인한 피해

고속으로 달리던 자동차가 충돌하면 왜 피해가 더 심한가?

전략 충돌 사고가 일어나면 자동차의 운동에너지가 다른 형태의 에너지로 변환된다. 충돌 시 얼마나 많은 피해를 입을 수 있는지를 대략적으로 가늠해보는 데 운동에너지를 사용할 수 있다.

풀이와 검토 60.0 mph와 72.0 mph(60.0 mph보다 20.0 % 빠름)의 속력으로 달리는 두 자동차의 운동에너지를 비교해보자. 운동에너지가 속력에 비례한다면, 속력이 20.0% 증가하면 운동에너지도 20.0 % 증가한다. 그러나 운동에너지는 속력의 제곱에 비례하므로 속력이 20.0 % 증가하면 운동에너지는 20.0 % 이상 증가한다. 비례 관계를 이용하면 운동에너지의 증가율을 알 수 있다.

$$\frac{K_2}{K_1} = \frac{\frac{1}{2}mv_2^2}{\frac{1}{2}mv_1^2} = \left(\frac{72.0 \text{ mi/h}}{60.0 \text{ mi/h}}\right)^2 = 1.44$$

따라서 속도가 20.0 % 증가하면 운동에너지가 44 % 증가한다. 속력에서 별로 차이가 나지 않은 것처럼 보이지만 충돌이 발생했을 때는 큰 차이를 일으킨다.

실전문제 6.3 돌담에 충돌한 두 대의 차

스포츠 유틸리티 차량(SUV)과 소형 전기 자동차가 둘 다 돌담에 충돌하여 완전히 멈추는 경우를 생각해보자. SUV의 질량은 소형차의 2.5배이고, 속력은 60.0 mph, 소형 전기 자동차의 속도는 40.0 mph이다. 이 경우 두 자동차의 운동에너지 변화 비(소형차에 대한 SUV)는 얼마인가?

✓ **살펴보기 6.3A**

운동에너지와 일은 관련이 있다. 운동에너지가 음(−)일 수 있는가? 일이 음(−)일 수 있는가?

✓ **살펴보기 6.3B**

물체의 운동에너지가 작은 것부터 순서대로 나열하여라. (a) 3 m/s로 걷는 5000 kg 코끼리, (b) 15 m/s로 스케이트보드를 타는 100 kg 사람, (c) 0.5 m/s로 헤엄치는 100,000 kg 고래, (d) 50 m/s로 급강하하는 30 kg 독수리, (d) 30 m/s로 달리는 50 kg 치타.

6.4 중력퍼텐셜에너지 (1) GRAVITATIONAL POTENTIAL ENERGY (1)

중력이 일정할 때 중력퍼텐셜에너지

돌멩이를 처음 속력 v_i로 던져 올려보자. 공기의 저항을 무시하면 얼마나 높이 올라가겠는가? 이 문제를 뉴턴의 제2 법칙을 적용해 풀 수도 있지만 대신에 일과 에너지의 정리를 이용해 풀어보자. 돌멩이의 처음 운동에너지는 $K_i = \frac{1}{2}mv_i^2$이다. 위 방향으로의 변위를 Δy라 하면 중력은 음(−)의 일 $W_{중력} = -mg\,\Delta y$를 한다. 다른 힘은 작용하지 않기 때문에 돌멩이에 한 일은 이것이 전부이다.

$$W_{중력} = -mg\,\Delta y = K_f - K_i$$

에너지 보존의 관점에서 볼 때, 돌멩이의 운동에너지는 어디로 갔을까? 총 에너지가 보존되려면 그것이 어디엔가는 '저장되어야' 한다. 더욱이 돌멩이가 최고점에서 처음에 출발한 위치로 돌아왔을 때 운동에너지를 얻기 때문에 쉽게 운동에너지로 돌아올 수 있는 어떤 에너지로 저장되어 있어야 한다. 한 물체가 다른 무언가(여기서는 지구의 중력장)와의 상호작용으로 저장되어, 운동에너지로 쉽게 돌아올 수 있는 에너지를 **퍼텐셜에너지**potential energy라 하며 기호는 U로 나타낸다.

돌멩이가 잃은 운동에너지($\Delta K = -mg\,\Delta y$)는 중력퍼텐셜에너지의 증가($\Delta U = +mg\,\Delta y$)를 동반해서 일어난다. 일반적으로 어떤 물체가 아래로 운동하거나 위로 운동할 때 퍼텐셜에너지의 변화는 중력이 한 일에 음(−)의 부호를 붙인 것과 같다.

중력퍼텐셜에너지의 변화

$$\Delta U_{중력} = -W_{중력} \tag{6-8}$$

만일 중력장이 균일하다면, 중력이 한 일은

$$W_{중력} = F_y\,\Delta y = -mg\,\Delta y$$

이다. y-축은 위로 향한다. 그러므로

중력퍼텐셜에너지의 변화

$$\Delta U_{중력} = mg\,\Delta y \tag{6-9}$$

(균일한 $\vec{\mathbf{g}}$, y-축은 위쪽으로)

이다. 식 (6-9)는 물체가 직선 경로에서 움직이지 않는 경우에도 적용된다.

식 (6-8)에서 음(−)의 부호의 의미 중력이 한 일은 중력이 돌멩이에 주어 저장된(잠재적인) 에너지이다. 올라가는 도중에(그림 6.16a) 중력은 돌멩이에서 에너지를 빼앗기 때문에($W_{중력} < 0$), 퍼텐셜에너지의 양이 증가한다($\Delta U > 0$). 내려오는 도중에(그

그림 6.16 (a) 돌멩이가 위로 올라갈 때 중력과 돌멩이의 운동 방향은 서로 반대 방향이므로, 중력이 한 일은 음이다. 곧 $W_{중력} < 0$이다. 중력은 돌멩이에서 운동에너지를 빼앗아 중력퍼텐셜에너지로 저장한다. 그에 따라 퍼텐셜에너지가 증가한다. 곧 $\Delta U = -W_{중력} > 0$. (b) 돌멩이가 내려올 때 힘이 변위와 같은 방향으로 작용하므로, 중력이 한 일은 양이다. 곧 $W_{중력} > 0$. 중력이 돌멩이에 운동에너지를 주기 때문에 저장되었던 퍼텐셜에너지를 감소시킨다. 그에 따라 퍼텐셜에너지가 감소한다. 곧 $\Delta U = -W_{중력} < 0$.

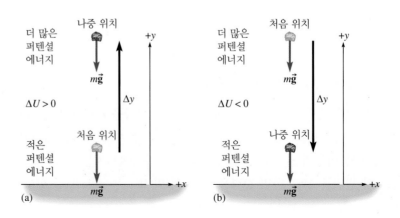

림 6.16b) 중력은 돌멩이에 에너지($W_{중력} > 0$)를 주기 때문에 저장된 에너지의 양은 감소한다($\Delta U < 0$). 에너지가 총량의 변화 없이 한 형태에서 다른 형태로 변형되기 때문에, $W_{중력}$과 ΔU의 부호는 반대이다.

✓ 살펴보기 6.4A

공중으로 똑바로 던진 돌멩이가 $y = 0$에서 시작해 위쪽으로 올라간다. y-축은 위로 향한다. 공기저항은 무시하여라. (a) 중력퍼텐셜에너지는 증가하는가, 감소하는가 아니면 동일하게 유지되는가? (b) 운동에너지는 어떠한가? (c) 같은 축상의 높이 y의 함수로서 운동에너지 및 퍼텐셜에너지의 그래프를 그려라.

다른 형태의 퍼텐셜에너지   중력퍼텐셜에너지 외에 다른 형태의 퍼텐셜에너지로 탄성퍼텐셜에너지(6.7절)와 전기퍼텐셜에너지(17장)가 있다. 퍼텐셜에너지와 관련된 힘을 **보존력**conservative forces이라 부른다. 모든 힘이 퍼텐셜에너지와 관련이 있는 것은 아니다. 예를 들면, '마찰퍼텐셜에너지'와 같은 것은 없다. 운동마찰력이 일을 할 때 그것은 쉽게 운동에너지로 변환되지 않는 무질서한 형태의 에너지로 변환된다.

역학적 에너지   물체에 해준 일의 총량은 보존력이 한 일($W_{보존력}$)과 비보존력이 한 일($W_{비보존력}$)의 합으로 표시할 수 있다. 식 (6-7)에 보인 바와 같이 한 일의 총량은 물체의 운동에너지의 변화량과 같으므로

$$W_{총} = W_{보존력} + W_{비보존력} = \Delta K \quad \Rightarrow \quad W_{비보존력} = \Delta K - W_{보존력} \quad \text{(6-10)}$$

이다. 중력에서 사용했던 것과 같은 논리에 따라서[식 (6-8) 참조] 퍼텐셜에너지의 총 변화량은 보존력이 한 일에 음의 부호를 붙인 양과 같다. 곧,

$$\Delta U = -W_{보존력} \quad \text{(6-11)}$$

이다. 식 (6-10)과 (6-11)을 결합하면

$$W_{비보존력} = \Delta K + \Delta U \quad \text{(6-12)}$$

또는

$$(K_i + U_i) + W_{비보존력} = (K_f + U_f)$$

가 된다.

운동에너지와 퍼텐셜에너지의 합($K + U$)을 **역학적 에너지**mechanical energy라 부른다. $W_{비보존력}$은 역학적 에너지의 변화량과 같다. 중력과 같은 보존력은 역학적 에너지를 변화시키지 않는다. 보존력은 단지 한 형태의 역학적 에너지를 다른 형태의 역학적 에너지로 변화시킬 뿐이다. 보존력이 한 일이 퍼텐셜에너지의 변화량과 관계가 있된다는 것은 이미 이야기했다.

보존력이라는 말은 에너지 보존에 대한 일반적인 법칙을 이해하기 전에 그리고 역학적 에너지 외에 다른 에너지를 알지 못하고 있을 때부터 사용되었다. 그때는 어떤 힘은 에너지가 보존되도록 하고 어떤 힘은 그렇지 않은 것으로 생각했다. 지금은 총 에너지가 항상 보존된다고 믿고 있다. 보존력이 아닌 힘은 역학적 에너지가 보존되지 않도록 하지만 총 에너지는 보존되게 한다.

역학적 에너지의 보존

비보존력이 일을 하지 않을 때 역학적 에너지는 보존된다.

✓ 살펴보기 6.4B

농구공을 똑바로 던져 올린 다음 똑같은 높이에서 잡았다. 공기저항 때문에 공을 던진 직후보다 잡기 직전에 속력이 약간 더 작았다. 공의 운동에너지의 처음 값과 나중 값을 비교하여라. 공의 중력퍼텐셜에너지는 어떻게 되는가? 또한 역학적 에너지는 어떻게 되는가? 역학적 에너지가 변했다. 그것을 변하게 한 원인이 무엇인가?

퍼텐셜에너지가 0인 곳 정하기

식 (6-12)를 적용할 때, 퍼텐셜에너지의 변화만 계산에 필요하다는 것에 주목하여라. 따라서 어느 한 위치에서 퍼텐셜에너지의 값을 정할 수 있다. 대부분의 경우에는 어떤 편리한 곳을 선택하고 그곳에서 퍼텐셜에너지를 0으로 지정한다. 이렇게 정하고 나면 다른 모든 곳의 퍼텐셜에너지는 식 (6-11)로 정할 수 있다.

균일한 중력장의 경우, 중력퍼텐셜에너지는 마루 위, 책상 위, 사다리의 꼭대기 등등 편리한 점에서 0이 되도록 선택할 수 있다. 그곳을 $y = 0$으로 나타내면 다른 점의 퍼텐셜에너지는 $U = mgy$이다.

중력퍼텐셜에너지

$$U_{중력} = mgy \qquad (6\text{-}13)$$

($\vec{g}$는 균일, y-축은 위쪽으로, $y = 0$에서 $U = 0$으로 정한다.)

그렇게 선택하면 $y = 0$의 위에서는 퍼텐셜에너지가 양(+)이고 아래에서는 음(−)이다. 퍼텐셜에너지의 부호에 특별한 의미가 있는 것은 아니다. 중요한 것은 퍼텐셜에너지 변화의 부호이다.

요세미티에서 암벽 등반

한 등반대원이 요세미티 계곡의 수직 절벽에서 자일을 타고 내려오고 있다(그림 6.17). 이 대원(질량 60 kg)은 높이가 12 m인, 평평한 절벽 끝에 서 있다가 수직으로 자일을 타고 내려오고 있다. 그가 2.0 m/s의 속력으로 바닥에 내려왔다면 이 사람과 자일 사이에 작용한 운동마찰력으로 소모된 에너지는 얼마인가? 이 지역의 중력가속도는 9.78 N/kg이라 하고, 공기의 저항은 무시하여라.

전략 이 대원에게 작용하는 힘은 중력과 운동마찰력이다(그림 6.18). 퍼텐셜에너지의 변화와 관련되지 않는 것은 운동마찰력이 한 일이다. 그러므로 역학적 에너지의 변화, 곧 $\Delta K + \Delta U$는 마찰력이 한 일과 같다. 우리가 대원의 질량과 처음 속력 및 나중 속력을 알고 있으므로 이 대원의 운동에너지 변화를 계산할 수 있다. 높이의 변화로부터 퍼텐셜에너지의 변화를 계산할 수 있다.

그림 6.17 12.0 m의 수직 절벽을 자일을 타고 내려오는 등반대원.

12.0 m

주어진 조건: 대원의 질량 $m = 60$ kg,
　높이 변화 $\Delta y = -12.0$ m,
　정지 직전 $v_i = 0$, $v_f = 2.0$ m/s,
　이곳의 중력가속도 $g = 9.78$ N/kg

구할 값: 역학적 에너지의 변화 $\Delta K + \Delta U$

그림 6.18 등반대원의 자물도.

풀이　$W_{비보존력} = \Delta E_{역학적} = \Delta K + \Delta U$이므로 운동에너지의 변화와 퍼텐셜에너지의 변화를 계산해야 한다. 대원은 정지 상태에서 출발했으므로 처음 운동에너지는 0이다. 따라서 운동에너지의 변화는

$$\Delta K = \tfrac{1}{2}mv_f^2 - \tfrac{1}{2}mv_i^2 = \tfrac{1}{2}mv_f^2 - 0 = \tfrac{1}{2}(60.0 \text{ kg}) \times (2.0 \text{ m/s})^2$$
$$= +120 \text{ J}$$

이다. 퍼텐셜에너지의 변화는

$$\Delta U = mg\,\Delta y = 60.0 \text{ kg} \times 9.78 \text{ m/s}^2 \times (0 - 12.0 \text{ m})$$
$$= -7040 \text{ J}$$

이다. 마찰력이 한 일은 역학적 에너지의 변화량과 같다.

$$\Delta K + \Delta U = 120 \text{ J} + (-7040 \text{ J}) = -6920 \text{ J}$$

마찰로 소모된 에너지는(역학적 에너지로부터 내부 에너지로 변한 에너지) 6920 J이다. 대원은 장갑을 껴야 화상을 입지 않는다.

검토 만일 대원이 꼭대기에 있었을 때 자일이 끊어졌다면 그의 나중 운동에너지는 +7040 J이 되었을 것이다. 이 에너지는 나중 속력

$$v = \sqrt{\frac{K}{\tfrac{1}{2}m}} = \sqrt{\frac{7040 \text{ J}}{30.0 \text{ kg}}} = 15.3 \text{ m/s}$$

에 해당하므로 크게 다칠 것이다. 그러나 운동마찰력이 그의 운동에너지를 +120 J로 줄여주었다. 대원은 무릎을 구부리며 착지함으로써 안전하게 이 운동에너지를 흡수할 수 있다.

실전문제 6.4 공기저항에 의한 에너지 흩뜨리기

처음 속력 14.0 m/s로 던져 올린 공이 최고 높이 7.6 m에 이르렀다. 공이 올라가는 동안 공기저항으로 처음 운동에너지의 얼마가 흩어지는가?

보존력 알아보기

스키장에서 스키를 타고 내려오는 선수의 나중 속력은 코스의 형태에 따라 달라지지 않는다. 코스의 형태는 가파른 활강 코스나 길고 완만한 코스, 다양한 경사가 있는 복잡한 경력자 코스일 수 있다. 심지어 수직으로 하강하는 코스일 수도 있지만 나중 속력은 78 m 높이 건물에서 자유낙하하였을 때와 동일하다. 중력퍼텐셜에너지의 변화는 처음 위치와 나중 위치에 따라서는 달라질 수 있지만 경로에는 무관하다. 이것이 우리가 $\Delta U = mg\,\Delta y$라고 쓸 수 있는 이유이다[식 (6-9)].

힘이 한 일이 경로에 무관할 때, 곧 일이 처음 위치와 나중 위치에 따라서만 변할 때는 언제나 힘이 보존적이다. 보존력에 의해서 퍼텐셜에너지로 저장된 에너지는 A 지점에서 B 지점으로 이동하는 동안 운동에너지로 되돌릴 수 있다. 에너지를 모두 되돌리려면 간단히 변위를 역으로 하면 된다. 곧 $\Delta U_{B \to A} = -\,\Delta U_{A \to B}$이다.

마찰력이나 공기저항력 또는 다른 접촉력이 한 일은 경로에 따라 다르므로 이 힘들과 관련된 퍼텐셜에너지는 없다. 우리는 마찰력을 사용하여 운동에너지로 완전히 복구될 수 있는 형태의 에너지를 저장할 수 없다.

6.5 중력퍼텐셜에너지 (2) GRAVITATIONAL POTENTIAL ENERGY (2)

6.4절에서 얻은 중력퍼텐셜에너지에 대한 표현은 중력이 일정할 때(또는 거의 일정할 때) 적용된다. 지구 표면 근처에서는 대체로 중력이 일정하다. 위성이 지구 주위의 궤도에 있을 때처럼 중력이 일정하지 않다면 식 (6-9)와 (6-13)을 이용할 수 없다. 대신에 뉴턴의 만유인력 법칙에 해당하는 중력퍼텐셜에너지에 관한 표현을 사용해야 한다. 어떤 물체가 다른 물체에 작용하는 중력의 크기를 상기해보자. 곧

$$F = \frac{Gm_1m_2}{r^2} \tag{2-7}$$

이다. 여기에서 r는 두 물체의 중심 사이의 거리이다. 두 물체 사이의 거리의 함수로 표현한 중력퍼텐셜에너지는 다음과 같다.

중력퍼텐셜에너지

$$U = -\frac{Gm_1m_2}{r} \tag{6-14}$$

($r = \infty$일 때 $U = 0$로 정한다.)

중력퍼텐셜에너지를 r의 함수로 나타낸 그래프가 그림 6.19이다. 무한히 떨어진 곳의 퍼텐셜에너지를 0으로 지정했다($r = \infty$일 때 $U = 0$)는 것에 주목하여라. 왜 이렇게 선택했는가? 간단히 하기 위해서이다. 다르게 선택하면 U에 대한 표현식에 상수항이 추가된다. 이 상수 항은 항상 퍼텐셜에너지의 변화에만 관련된 우리의 방정식에서는 항상 제외될 것이다.

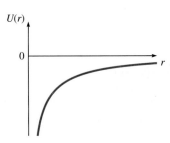

그림 6.19 두 물체의 중심 거리 r의 함수로 나타낸 중력퍼텐셜에너지. 퍼텐셜에너지는 거리가 증가함에 따라 증가한다.

이 선택($r = \infty$일 때 $U = 0$)은 물체들이 서로 더 가까워질 때 퍼텐셜에너지가 감소하고 멀어질 때는 증가하기 때문에 어떠한 r의 유한한 값에 대해 중력퍼텐셜에너지가 음(−)의 값을 갖는다는 것을 의미한다.

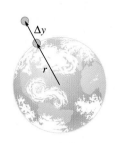

그림 6.20 지구 중심에서 거리 r인 곳에 있는 물체가 매우 작은 거리 Δy만큼 올라간다(그림에서는 Δy를 매우 과장해서 그렸다).

식 (6-14)는 식 (6-9)에 모순이 되는가? 식 (6-14)를 유도하는 데 미적분을 사용하지만 미적분을 사용하지 않고도 식 (6-9)와 일치한다는 것을 증명할 수 있다. 그림 6.20과 같이 r_i에서 $r_f = r_i + \Delta y$까지 매우 작은 변위라면, 식 (6-14)로 주어지는 퍼텐셜에너지의 변화는 일정한 힘의 경우로 바뀐다. 곧

$$\Delta U = U_f - U_i = \left(-\frac{GM_E m}{r_i + \Delta y}\right) - \left(-\frac{GM_E m}{r_i}\right)$$

이다. 식을 다시 정리하고 공통 인자 $GM_E m$으로 묶고 통분을 하면

$$\Delta U = GM_E m\left(\frac{1}{r_i} - \frac{1}{r_i + \Delta y}\right) = GM_E m\,\frac{\cancel{r_i} + \Delta y - \cancel{r_i}}{r_i\,(r_i + \Delta y)} \qquad (6\text{-}15)$$

가 된다.

r_i에 비하여 Δy가 매우 작을 때는 $r_i + \Delta y \approx r_i$가 된다. 식 (6-15)의 분모에 이와 같은 근사를 취하면

$$\Delta U = m\left(\frac{GM_E}{r_i^2}\right)\Delta y \quad (\Delta y \ll r_i) \qquad (6\text{-}16)$$

가 된다. 식 (6-16)의 괄호 안은 중력장의 세기 g, 곧 물체에 작용하는 중력을 그 질량 m으로 나눈 것이다. 그렇게 하면 $\Delta U = mg\,\Delta y$가 되어 식 (6-9)와 일치한다.

✓ 살펴보기 6.5

수성이 태양에 대해 타원 궤도를 따라 운동할 때, 태양에서 가장 가까운 점(근일점)과, 가장 먼 점(원일점)에 있을 때 역학적 에너지를 비교하면 어떠한가? 근일점과 원일점에서 퍼텐셜에너지는 어떻게 다른가?

보기 6.5

수성의 궤도 속력

태양의 행성인 수성의 궤도는 타원이며, 근일점(4.60×10^7 km)에서 궤도 속력은 59 km/s이다. 원일점(6.98×10^7 km)에서 수성의 궤도 속력은 얼마인가?

전략 다른 행성들에 의한 작은 중력을 무시하면 수성에 작용하는 힘은 태양에 의한 중력뿐이다. 중력은 보존력이므로 역학적 에너지는 일정하다. 그림 6.21은 궤도를 그린 것이다. 원일점은 근일점보다 태양에서 멀리 떨어져 있으므로 퍼텐셜에너지가 더 크다. 그러므로 운동에너지는 더 작기 때문에 답

은 속력이 59 km/s보다 작아야 한다.

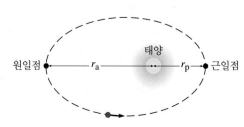

그림 6.21 수성의 궤도.

주어진 조건: $v_p = 5.9 \times 10^4$ m/s, $r_p = 4.60 \times 10^{10}$ m,

$$r_a = 6.98 \times 10^{10} \text{ m}$$

구할 값: v_a

풀이 역학적 에너지는 일정하다. 곧

$$K_p + U_p = K_a + U_a$$

이다. 근일점에서 수성의 운동에너지는 $K_p = \frac{1}{2}mv_p^2$이다. 여기서 m은 수성의 질량이다. 원일점에서의 운동에너지는 $K_a = \frac{1}{2}mv_a^2$이다. 근일점과 원일점에서의 퍼텐셜에너지는 각각

$$U_p = -\frac{GM_S m}{r_p} \quad \text{와} \quad U_a = -\frac{GM_S m}{r_a}$$

이다. 여기서 태양의 질량 $M_S = 1.99 \times 10^{30}$ kg이다. 에너지 보존 법칙으로부터

$$\frac{1}{2}mv_p^2 + \left(-\frac{GM_S m}{r_p}\right) = \frac{1}{2}mv_a^2 + \left(-\frac{GM_S m}{r_a}\right)$$

이다. 수성의 질량을 소거하면

$$\frac{1}{2}v_a^2 = \frac{1}{2}v_p^2 + \left(-\frac{GM_S}{r_p}\right) - \left(-\frac{GM_S}{r_a}\right)$$

$$v_a = \sqrt{v_p^2 + 2GM_S\left(\frac{1}{r_a} - \frac{1}{r_p}\right)}$$

이다. 수치를 대입하면 $v_a = 39$ km/s이다.

검토 예상했던 바와 같이 원일점에서의 속력은 근일점에서의 속력보다 작다.

실전문제 6.5 거리가 다른 곳의 속력

태양에서 5.80×10^7 km인 곳에 있을 때 수성의 궤도 속력은 얼마인가?

보기 6.6

탈출속력

(a) 공기저항을 무시할 때 포물체가 지구의 인력으로부터 벗어나려 하는 경우, 지구 표면에서 포물체의 처음 속력은 최소한 얼마여야 하는가? (b) 지구 중심으로부터의 거리 r의 함수로서 운동에너지 및 퍼텐셜에너지의 그래프를 스케치하여라.

전략 "지구의 인력에서 벗어난다."는 것이 무엇을 의미하는가? 지구가 포물체에 작용하는 중력은 먼 거리에서 0에 접근하지만 결코 0에 도달하지는 않는다. 지구의 중력이 포물체를 뒤로 잡아당기더라도 포물체가 계속 지구로부터 멀어지도록 하는 처음 속력을 구하려고 하는 것이다. 중력은 일정하지 않으며 포물체의 궤적은 복잡할 수 있으므로 $\sum \vec{F} = m\vec{a}$를 사용하는 것은 실용적이지 않다. 에너지 접근 방식으로 시도해보자.

포물체에 작용하는 유일한 힘은 중력이므로 역학적 에너지는 일정하다. 탈출하려면 포물체가 지구에서 무한의 거리에 도달할 수 있도록 처음 운동에너지가 충분해야 한다.

풀이 (a) 역학적 에너지는 일정하다.

$$K_i + U_i = K_f + U_f$$

처음에 포물체는 지구 중심으로부터 지구의 반지름인 R_E 거리에 있으며 처음 속력 v_i로 운동한다. 나중의 어떤 시간에 포물체는 지구로부터 거리 r_f에서 속도 v_f를 갖는다. 그때

$$\frac{1}{2}mv_i^2 + \left(-\frac{GM_E m}{R_E}\right) = K_f + U_f$$

이다. 탈출하려면, r_f가 어떠한 값이라고 하더라도 포물체가 도달할 수 있어야 한다. r_f가 커질수록 퍼텐셜에너지는 최댓값인 0에 가까워진다. (수학적으로, $r_f \to \infty$일 때 $U_f \to 0$). v_i의 최솟값이 바로 포물체에는 충분한 에너지이다. 따라서 우리는 포물체가 가진 운동에너지가 없을 때($K_f = 0$) 최대 퍼텐셜에너지에 도달할 수 있다고 가정한다. 곧

$$\frac{1}{2}mv_i^2 + \left(-\frac{GM_E m}{R_E}\right) = 0 + 0$$

v_i에 대해 풀면 다음과 같다.

$$\frac{1}{2}mv_i^2 = \frac{GM_E m}{R_E} \quad \Rightarrow \quad v_i = \sqrt{\frac{2GM_E}{R_E}} = 11.2 \text{ km/s}$$

(b) 포물체가 지구에서 멀어짐에 따라, 퍼텐셜에너지는 증가하고 운동에너지는 감소한다. 비보존력이 작용하지 않기 때문에 그들의 합 $K + U$(역학적 에너지)는 일정하게 유지된다. 퍼텐셜에너지는 거리가 증가함에 따라 0에 가까워지고, 포물체는 탈출속력으로 발사되었기 때문에 운동에너지도 0에

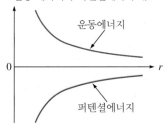

운동 에너지와 퍼텐셜에너지 대 r

운동에너지

퍼텐셜에너지

그림 6.22 공기저항을 무시했을 때 지구 표면에서 탈출속력으로 발사된 물체의 운동에너지와 퍼텐셜에너지를 지구 중심으로부터 거리인 r의 함수로 나타내었다. 그래프는 $r = R_E$에서 시작하였다. 여기서 R_E는 지구의 반지름이다. 포물체가 지구에서 멀어짐에 따라 퍼텐셜에너지는 증가하고 운동에너지는 감소하지만 그 합(역학적 에너지)은 일정하게 유지된다.

가까워진다. $U(r)$의 그래프(그림 6.22)는 그림 6.19와 같다. $K + U = 0$이기 때문에 $K(r)$ 그래프는 "거울상"처럼 보인다.

검토 (a)에서 구한 속력을 지구의 **탈출속력**escape speed이라고 한다. 운동에너지와 퍼텐셜에너지는 모두 포물체의 질량에 비례하므로 탈출속력은 포물체의 질량과는 무관하다는 점

에 유의하여라.

탈출속력의 개념은 지구 대기 중에 수소 기체(H_2)나 헬륨 기체(He)가 거의 없는 이유를 설명할 수 있게 한다. 13장에서, 기체 분자는 기체의 온도에 따라 결정되는 평균 운동에너지를 가지고 있음을 알게 될 것이다. 기체 혼합물에서, 질량이 가장 작은 분자의 평균 속력이 가장 크다. 지구 대기 중의 수소와 헬륨의 평균 속력은 대기권을 벗어날 수 있을 만큼 충분히 크다. 질소나 산소, 물 분자 등이 탈출속력보다 빠른 속도를 가지는 비율을 무시할 수 있을 정도로 작기 때문에 대기에 계속 남아 있다.

실전문제 6.6 양성자의 태양 탈출

양성자와 전자 같은 입자는 태양으로부터 모든 방향으로 연속적으로 흘러나오고 있다. 그들은 태양에서 일어나는 열핵반응에서 방출되는 에너지 중 일부를 가지고 나온다. 양성자가 태양 중심에서 7.00×10^9 m 떨어진 거리에서 얼마나 빨리 이동해야 태양의 중력을 벗어나 태양계를 떠날 수 있는가?

6.6 변하는 힘이 한 일 WORK DONE BY VARIABLES FORCES

지금까지는 일을 계산할 때 일정한 힘만 고려했다. 에너지 방법은 뉴턴의 제2 법칙을 사용하기 어려운, 변하는 힘을 다루는 문제에서 그 이점이 크게 빛을 발한다. 변하는 힘이 한 일은 어떻게 계산할까? 그림 6.23과 같이 합성궁(compound bow)을 뒤로 당기는 궁수를 생각해보자. 합성궁은 활줄을 당기기 쉽고 어느 지점까지 활줄을 당기고 나면 더 이상 잡아당겨도 힘이 증가하지 않기 때문에 그 점을 넘어서지 않도록 고안된 활이다. 줄의 위치에 따라 힘이 어떻게 변하는지 표현하는 편리한 방법이 그래프를 그리는 일이다. 그림 6.24는 활줄을 당겨서 잡고 있기 위해 얼마의 힘이 필요한지를 거리의 함수로 나타낸 것이다. 활줄을 40 cm 뒤로 당길 때 궁수가 한 일을 어떻게 계산할 수 있는가?

비슷한 질문을 앞 장에서도 한 바 있다. v_x가 일정하지 않을 때 변위 Δx를 구했던 방법을 상기해보자(3.2절). 주어진 시간 간격을 일련의 짧은 시간 간격으로 나누고 각 구간에서 일어난 변위를 더한다.

변하는 힘 F_x가 한 일을 구하기 위해, 주어진 변위를 일련의 작은 변위 Δx로 나눈다. 이 작은 변위들이 매우 작다면 각각의 변위 내에서 F_x의 변화는 무시할 수 있다. 그러면 각 작은 변위가 일어나는 동안 한 일은

$$\Delta W = F_x \Delta x \tag{6-17}$$

이다.

그림 6.23 변하는 힘이 한 일의 응용. 합성궁 당기기.

연결고리

$v_x(t)$의 그래프 아래 영역은 Δx이고 $a_x(t)$ 그래프 아래 영역은 Δv_x라는 것을 어떻게 알았는지 3.2절과 3.3절을 참조하여라.

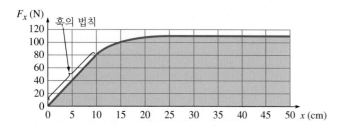

그림 6.24 합성궁을 뒤로 당기는 힘은 활줄이 얼마나 당겨지는지에 따라 다르다. 이 그래프에서, 각 직사각형이 나타내는 "넓이"는 0.050 m × 20.0 N = 1.0 J이다.

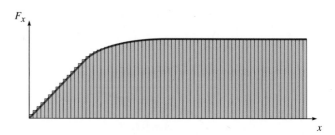

그림 6.25 각 사각형의 넓이는 작은 변위가 일어나는 동안 힘이 한 일이다. 이들 사각형들의 넓이를 모두 합한 것이 한 일의 총량이 된다.

$F_x(x)$의 그래프에서 각 ΔW는 높이 F_x와 너비 Δx인 직사각형의 넓이이다. 전체 한 일의 총량은 이 넓이들을 합한 것이다. 이러한 근사는 사각형이 좁아질수록 더 좋은 근사가 된다. 그러므로 전체 한 일은 x_i로부터 x_f까지 $F_x(x)$의 그래프 아래 넓이이다.

그림 6.24에서 각 직사각형의 넓이는 (0.050 m × 20.0 N) = 1.0 J의 일을 나타낸다. $x = 0$과 $x = 40$ cm 사이의 그래프 아래에는 대략 36개의 직사각형이 있으며 궁수가 한 일은 +36 J이다.

보기 6.7

활쏘기 연습

궁수가 단순궁(simple bow)의 활줄을 뒤로 당겨서 줄에 힘을 작용하면 활에 약간의 변위가 일어나고 활대도 약간 휜다. 이러한 단순궁에서 힘과 변위의 관계 그래프가 그림 6.26에 있다. 궁수가 활줄을 뒤로 40.0 cm 당겼을 때 궁수가 활줄에 한 일을 계산하여라.

전략 궁수가 한 일은 힘과 위치 그래프 아래의 넓이이다. 이 번에는 사각형의 넓이를 계산하는 대신에 힘과 위치 그래프에 생긴 삼각형의 넓이를 계산할 수도 있다.

풀이 궁수가 활줄을 뒤로 40.0 cm 당기면서 한 일을 구하려

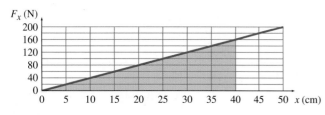

그림 6.26 단순궁에서는 활줄의 변위에 비례하는 힘이 필요하다.

고 한다. 그래프에서 삼각형의 밑변의 길이는 40.0 cm이고, 높이는 40.0 cm일 때의 작용한 힘, 곧 160 N이다. 삼각형의 넓이는 밑변과 높이를 곱한 값의 절반이다. 곧

$$W = \tfrac{1}{2}(0.400 \text{ m} \times 160 \text{ N}) = +32 \text{ J}$$

이다.

검토 그래프 아래의 직사각형의 수를 헤아려 검산해보자. 이때 삼각형은 반 개로 헤아린다. 총 32개가 있고 각각은 20 N × 0.05 m = 1 J을 나타낸다.

궁수는 활줄에 32 J의 일을 함으로써 활에다 이 크기의 에너지를 저장하게 된다. 화살을 놓으면 활줄이 화살에 32 J의 일을 하게 되며 화살은 32 J의 운동에너지를 얻는다.

실전문제 6.7 **서서히 당기기**

그림 6.24의 합성궁을 10.0 cm 당겼다면 줄에 한 일은 얼마인가?

훅의 법칙과 이상적인 용수철

보기 6.7에서, 활줄의 변위는 궁수가 작용한 힘에 비례한다. 훅(Robert Hooke, 1635~1703)은 여러 물체에서 모양이나 크기의 변화는 그 변형을 일으킨 힘에 비례한다는 것이 관측되었다. 이 관측 결과를 **훅의 법칙**Hooke's law이라 부른다. 이 식은 근사식일 뿐만 아니라 일정 한계 내에서만 타당성이 있다. 예를 들면 그림 6.24의 합성궁은 작용한 힘이 80 N 이하일 때만 이 법칙이 타당함을 보여준다.

대부분의 용수철은 길이를 너무 많이 줄이거나 늘이지 않으면 훅의 법칙을 적용할 수 있다. 곧, 자연스러운 상태의 길이에서 늘이거나 줄인 길이는 용수철의 끝에 작용한 힘의 크기에 비례한다. **이상적인 용수철**ideal spring이라고 할 때 용수철은 질량을 무시하고 훅의 법칙을 따른다는 것을 의미한다.

이상적인 용수철에 관한 훅의 법칙

$$F = k \, \Delta L \tag{6-18}$$

식 (6-18)에서 F는 용수철 양쪽 끝에 작용한 힘의 크기이며, ΔL은 용수철이 늘어나거나 줄어든 길이이다.

상수 k는 특정한 용수철의 **용수철상수**spring constant라 부른다. 힘의 SI 단위는 N이고 길이의 SI 단위는 m이므로 용수철상수의 SI 단위는 N/m이다. 용수철상수는 그 용수철의 길이를 늘이거나 줄이는 것이 얼마나 어려운지를 나타내는 척도이다. 용수철의 경직도가 클수록 용수철을 줄이거나 늘이기 위해서 양쪽 끝에 더 큰 힘을 가해야 하므로 용수철상수는 더 크다. 보기 1.10은 실제 용수철의 용수철상수를 측정한 실험을 설명한 것이다.

여러 경우에 용수철에 작용한 힘보다는 용수철이 발휘할 수 있는 힘에 관심이 더 있다. 뉴턴의 제3 법칙으로부터, 용수철 양 끝에 무엇이 달려 있거나 상관없이 용수철이 발휘할 수 있는 힘은 물체가 용수철 끝에 작용한 힘과 크기가 같고 방향은 반대이다. 그림 6.27과 같이 이상적인 용수철이 x-축에 나란하고, 한쪽 끝이 고정되어 있으며, 다른 쪽 끝이 x-축을 따라 움직일 수 있다고 가정해보자. 용수철이 자연스러운 상태에 있을 때 움직일 수 있는 끝에다가 원점, 곧 $x = 0$을 택하자. 그러면 어떤 것이 끝에 매달려 있거나 상관없이 움직일 수 있는 끝이 발휘할 수 있는 힘은 다음과 같다.

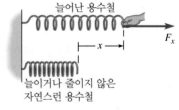

그림 6.27 이상적인 용수철이 자연스런 길이보다 거리 x만큼 늘어나 있다.

이상적인 용수철이 작용하는 힘(훅의 법칙)

$$\vec{\mathbf{F}}_x = -k\vec{\mathbf{x}} \tag{6-19}$$

(F_x는 움직일 수 있는 끝의 위치가 x일 때 끝이 발휘할 수 있는 힘이며, $x = 0$일 때는 용수철은 자연스런 상태에 있다.)

식 (6-19)에서 음(−)의 부호는 힘의 방향을 나타낸다. 용수철의 움직일 수 있는 끝은 언제나 자연스러운 상태인 위치를 향해 밀거나 당긴다. 만일 움직일 수 있는

끝이 +x-방향으로 이동했다면 힘은 $x = 0$을 향해 −x-방향으로 작용하고, −x-방향으로 이동했다면 $x = 0$을 향해 +x-방향으로 작용한다.

보기 6.8

볼트와 너트 덜어내기

철물점에서 볼트나 너트는 무더기로 무게를 달아서 판매한다. 24.0 N의 볼트를 달았을 때 가게의 용수철저울이 4.8 cm 늘어났다. 저울에 1 N 간격으로 눈금이 매겨져 있다면 눈금 사이의 간격은 몇 cm인가? 이상적인 용수철이라고 가정하여라.

전략 볼트가 평형 상태에 있기 때문에 용수철저울이 24.0 N의 힘으로 그것들을 위로 당긴다(그림 6.28). 훅의 법칙과 주어진 데이터를 사용하여 용수철상수 k를 계산할 수 있다. 그리고 나서 훅의 법칙을 이용하면 1 N의 힘을 가했을 때 용수철이 얼마나 늘어나는지 구할 수 있다.

풀이 x-축이 위를 가리키도록 택하자. 저울의 접시가 $x = -4.8$ cm에 있을 때 볼트에 $F_x = +24.0$ N의 힘을 작용한다. 훅의 법칙으로부터, 곧 $F_x = -kx$로부터 용수철상수는

그림 6.28 저울접시의 자물도.

$$k = -\frac{F_x}{x} = \frac{-24.0 \text{ N}}{-4.8 \text{ cm}} = 5.0 \text{ N/cm}$$

이다.

이제 $F_x = 1.00$ N이라 두고 x에 대해 풀이하면

$$x = -\frac{F_x}{k} = -\frac{1.00 \text{ N}}{5.0 \text{ N/cm}} = -0.20 \text{ cm}$$

이다. F와 x가 선형 관계에 있으므로 용수철은 매 1 N을 가할 때마다 0.20 cm 늘어난다. 그러므로 이웃하는 1 N 눈금은 0.20 cm만큼 떨어져 있을 것이다.

검토 풀이 방식을 달리하기 위해 문제를 다시 살펴보고 매 뉴턴(N)의 힘이 작용할 때 용수철이 얼마나 늘어나는지를 묻고 있음에 유의해보자. 사실 이는 용수철상수의 역수이다. 용수철상수의 역수는

$$\frac{1}{k} = -\frac{x}{F} = -\frac{-4.8 \text{ cm}}{24.0 \text{ N}} = 0.20 \text{ cm/N}$$

이다. 답은 타당하다. 곧, 용수철상수에 따르면 1 cm를 늘이기 위해 5 N을 작용해야 하므로, 1 N으로는 1/5 cm를 늘릴 수 있다.

실전문제 6.8 용수철 늘이기

보기 6.8의 저울접시 위에 16.0 N의 너트를 올려놓았다. 용수철이 얼마나 늘어나겠는가?

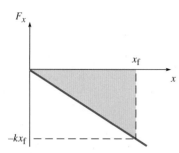

그림 6.29 용수철이 나중 위치 x_f까지 늘어났다. 용수철이 한 일은 $F_x(x)$ 그래프와 x-축 사이의 넓이(음수)이다.

이상적인 용수철이 한 일

이상적인 용수철이 한 일을 계산하려면, 우선 $F_x(x)$ 그래프(그림 6.29)를 그려라. 움직일 수 있는 끝이 늘어나지 않았을 때 위치는 $x = 0$이다. 용수철의 움직일 수 있는 끝이 평형점($x_i = 0$)으로부터 나중 위치 x_f까지 이동했을 때 용수철이 한 일은 밑변이 x이고 높이가 $-kx$인 음영 표시된 삼각형의 넓이이다. 곧

$$W = \frac{1}{2}(\text{밑변} \times \text{높이}) = -\frac{1}{2}kx^2 \tag{6-20}$$

이다. 그래프가 x-축의 아랫부분에 있으므로 넓이는 음(−)의 값이다. $-\frac{1}{2}kx^2$를 평균 힘 $-\frac{1}{2}kx$에다 변위 x를 곱한 것으로 생각하여라.

일반적으로 용수철이 평형점이 아니라 임의의 위치 x_i로부터 움직였다면 한 일은

$$W_{용수철} = (-\tfrac{1}{2}kx_f^2) - (-\tfrac{1}{2}kx_i^2) = -\tfrac{1}{2}kx_f^2 + \tfrac{1}{2}kx_i^2 \qquad (6\text{-}21)$$

이다. 용수철이 평형 상태에서 출발해 x_i를 지나서 x_f에서 멈추었다고 생각하자. 용수철이 한 일의 총량은 $-\tfrac{1}{2}kx_f^2$이다. 그리고 나서 용수철이 x_i에서 x_f까지 한 일을 구하기 위해 용수철이 평형 상태로부터 x_i까지 이르기까지 한 일($-\tfrac{1}{2}kx_i^2$)을 뺀다.

6.7 탄성퍼텐셜에너지 ELASTIC POTENTIAL ENERGY

이상적인 용수철이 한 일(식 6-21)은 움직일 수 있는 끝의 처음 위치와 나중 위치에 따라 변하지만 그 경로에 따라서는 변하지 않는다. 따라서 이상적인 용수철이 한 일은 보존되며 퍼텐셜에너지를 관련지을 수 있다. 용수철에 저장된 에너지를 **탄성퍼텐셜에너지**elastic potential energy라 부른다.

중력의 경우와 마찬가지로 탄성퍼텐셜에너지의 변화는 용수철이 한 일에 음(−)의 부호를 붙인 것이다[식 (6-8)과 (6-11) 참조]. 곧,

$$\Delta U_{탄성} = -W_{용수철} \qquad (6\text{-}22)$$

이다. 예를 들면 용수철을 압축시켜서 그것에 저장된 에너지를 증가시키면 그 끝이 여러분의 손에 작용하는 힘은 변위와 반대 방향이기 때문에 용수철이 음(−)의 일을 하게 된다. 이렇게 저장된 에너지는 용수철로 돌멩이를 날려 보낼 때 사용하는 운동에너지로 회복된다. 원래 길이로 되돌려질 때 용수철은 돌멩이에 양(+)의 일을 하여 돌멩이의 운동에너지를 증가시킨다. 이때 저장된 탄성에너지는 감소한다.

식 (6-21)과 (6-22)로부터

$$\Delta U_{탄성} = \tfrac{1}{2}kx_f^2 - \tfrac{1}{2}kx_i^2 \qquad (6\text{-}23)$$

가 된다. 우리의 계산에는 퍼텐셜에너지의 변화만 포함되므로 우리는 편리한 위치에서 $U = 0$으로 놓을 수 있다는 것을 기억해두자. 가장 편리한 선택은 자연스러운 상태, 곧 $x = 0$일 때 $U = 0$으로 정하는 것이다.

이상적인 용수철에 저장된 탄성퍼텐셜에너지

$$U_{탄성} = \tfrac{1}{2}kx^2 \qquad (6\text{-}24)$$

자연스런 상태, 곧 $x = 0$일 때 $U = 0$이다.

퍼텐셜에너지가 하나 이상일 때 에너지 보존 식 (6-12) $W_{비보존력} = \Delta K + \Delta U$의 에너지 보존 법칙을 적용할 때, ΔU는 모든 형태의 퍼텐셜에너지의 변화를 포함해야 한다. 당분간 두 가지 형태의 퍼텐셜에너지로서

$$\Delta U = \Delta U_{중력} + \Delta U_{탄성} \qquad (6\text{-}25)$$

을 사용하면 $W_{비보존력}$은 퍼텐셜에너지에 포함된 힘 외의 다른 모든 힘이 한 일이다.

$W_{비보존력} = 0$일 때 역학적 에너지 $K + U$는 일정하다.

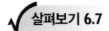 **살펴보기 6.7**

용수철이 테이블 위에서 수평으로 압축되었다가 원래의 평형 위치로 팽창하면 용수철은 어디에서 가장 큰 탄성퍼텐셜에너지를 갖는가?

보기 6.9

다트 총

용수철상수가 $k = 400.0 \, \text{N/m}$인 그림 6.30의 다트 총에 200 g의 다트를 장전했을 때 8.0 cm 압축되었다. 용수철을 놓았을 때 다트의 총구 속력은 얼마인가? 마찰은 무시하여라.

전략 처음에 용수철에 저장된 탄성에너지는 용수철이 늘어남에 따라 다트의 운동에너지로 변환된다. 다트의 운동이 수평 방향으로 일어나기 때문에 중력퍼텐셜에너지의 변화는 없다. 또 수직항력은 다트의 변위에 서로 수직이기 때문에 일을 하지 못한다. 용수철은 평형 위치로 갈 때까지 다트를 오른쪽으로 밀어낸다. 용수철이 다트를 왼쪽으로 당길 수 없다고 가정하면 다트는 용수철이 평형 위치에 있을 때 용수철에서 발사된다. 따라서 $x_f = 0$이다. 그림 6.30의 x-축을 사용하면, $x_i = -8.0 \, \text{cm}$이다. 다트가 정지 상태에서 출발하므로 $v_i = 0$이다.

구할 값: v_f

풀이 마찰을 무시하므로 비보존력이 하는 일은 없다. 따라서 역학적 에너지는 일정하다.

$$K_i + U_i = K_f + U_f$$

이 경우 중력퍼텐셜에너지가 변하지 않기 때문에 이를 무시할 수 있다. 용수철의 탄성퍼텐셜에너지에 대한 표현식 (6-24)를 사용하면

$$\tfrac{1}{2}mv_i^2 + \tfrac{1}{2}kx_i^2 = \tfrac{1}{2}mv_f^2 + \tfrac{1}{2}kx_f^2$$

이 된다. $x_f = 0$과 $v_i = 0$이라 놓으면,

$$0 + \tfrac{1}{2}kx_i^2 = \tfrac{1}{2}mv_f^2 + 0$$

이다. v_f에 대해 풀이하면

$$v_f = \sqrt{\frac{k}{m}} \, x_i = \sqrt{\frac{400.0 \, \text{N/m}}{0.0200 \, \text{kg}}} \times 0.080 \, \text{m} = 11 \, \text{m/s}$$

가 된다.

검토 단위를 점검해보면

$$\sqrt{\frac{\text{N/m}}{\text{kg}}} \times \text{m} = \sqrt{\frac{(\text{kg} \cdot \text{m/s}^2)/\text{m}}{\text{kg}}} \times \text{m} = \frac{\text{m}}{\text{s}}$$

이다. 총구 속력이, 총을 장전시켰을 때 용수철이 압축된 거리에 비례한다는 점에 주목하여라. 용수철이 반만 압축되었다면 단지 1/4만큼의 탄성에너지만 저장한다. 이는 다트가 1/4만큼의 운동에너지를 얻음을 의미하고 속력이 반이 됨을 의미한다. 같은 총으로 발사한 질량이 더 큰 다트의 총구 속력은 더 적을 것이다. 그래도 운동에너지는 같다.

실전문제 6.9 불발

같은 종류의 다트 총을 같은 거리(8.0 cm)까지 용수철을 압축하여 장전했다. 이번에는 용수철이 총 안에 걸려서 압축 거리가 4.0 cm일 때 멈추어버렸다. 그래도 다트는 총 안에서 걸려 있지 않고 발사되었다. 다트의 총구 속력을 구하여라. (힌트: 이 경우 x_f는 얼마인가?)

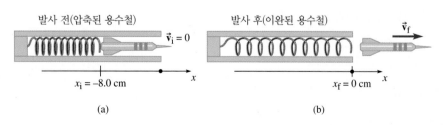

발사 전(압축된 용수철)   발사 후(이완된 용수철)

$x_i = -8.0 \, \text{cm}$ $x_f = 0 \, \text{cm}$

(a)   (b)

그림 6.30 (a) 발사되기 전 다트 총, (b) 발사된 후 다트 총. 다트가 장전되었을 때 용수철은 8 cm 압축되었다.

에너지 보존 법칙의 응용: 높이뛰기 인간이 점프할 때 근육이 몸을 위쪽으로 튀어 오르도록 에너지를 공급한다. 서 있다가 가능한 한 높이 뛰어오르려고 한다면, 몸을 아래로 웅크리는 것으로 시작해야 한다는 것은 누구나 알고 있다. 그리고 나서 다리와 몸을 뻗어 위로 가속한다. 사람의 근육이 화학에너지를 역학적 에너지로 변환시킨다. 만일 여러분이 훌륭한 운동선수라면 마루 위로 약 1 m 정도 뛰어오를 수 있다.

캥거루는 어떻게 계속해서 점프하는가?

캥거루는 사람과 다른 방법을 사용한다. 사람에게 비교적 큰 근육과 짧고 경직한 힘줄이 있는 것과는 대조적으로, 캥거루는 뒷다리에 길고 탄성이 큰 힘줄과 작은 근육이 있다. 캥거루는 뛰어오르기 전에 다리를 접고, 힘줄을 잡아당기기 위해 근육을 사용하며 화학적 에너지를 탄성퍼텐셜에너지로 변환한다. 그리고 나서 캥거루는 용수철을 놓은 것처럼 힘줄이 제자리로 돌아오도록 재빨리 다리를 펼친다. 힘줄에 저장된 탄성에너지로 뛰어오르는 데 필요한 에너지의 대부분을 공급한다. 나머지는 캥거루 다리 근육이 공급한다. 이 근육은 약간의 화학에너지를 역학적 에너지로 변환시킨다.

캥거루가 땅에 떨어질 때, 다리가 구부러지면서 다시 힘줄을 잡아당긴다. 따라서 이전에 뛰어오르는 동안 에너지를 모두 소모하지 않고 많은 부분을 힘줄의 탄성에너지로 다시 저장한다. 그리고 나서 다음에 뛰어오를 때 사용한다. 이 과정이 캥거루가 연속해서 뛰어오를 수 있도록 근육이 공급해주어야 하는 에너지의 양을 줄여준다. 이렇게 하여 캥거루는 가장 효율적으로 에너지를 이용하여 이동하는 동물 중 하나가 되었다. 인체는 달리거나 뛰어내릴 때 신축성 있는 힘줄과 유연한 발뼈에 약간의 탄성에너지를 저장하지만, 캥거루가 할 수 있는 정도는 아니다.

어떤 곤충은 사출기법으로 뛰어오르기를 한다. 벼룩의 관절에는 레실린(고무와 유사한 단백질)이라 부르는 탄성 물질이 있다. 벼룩은 다리 관절을 서서히 구부려 레실린을 늘려 탄성에너지를 저장하고 나서 관절을 그 자리에 고정시킨다(그림 6.31a). 벼룩이 뛰어오를 준비가 되었을 때, 관절이 풀리며 레실린이 빠르게 수축하면서 저장되었던 탄성에너지가 재빠르게 운동에너지로 변한다(그림 6.31b). 벼룩이 높이 올라가면서 운동에너지의 일부가 중력퍼텐셜에너지로 변한다(그림 6.31c). 공기저항력과 다른 소모력을 무시하면 뛰어오르는 동안에 총 역학적 에너지(운동에너지 + 퍼텐셜에너지)는 변하지 않는다.

운동에너지
중력퍼텐셜에너지
탄성퍼텐셜에너지

(a) (b) (c) (a) (b) (c)

그림 6.31 벼룩의 높이뛰기에서 에너지 변환.

보기 6.10

껑충껑충 뛰는 캥거루

캥거루가 힘줄을 (잡아당기지 않은 자연스런 길이에서) x_1만큼 잡아당긴 후에 뛰어오른 높이 h가 2.0 m라고 하자(그림 6.32). 힘줄을 10 % 더 잡아당긴 후(곧, 잡아당기지 않은 길이의 $1.10x_1$)에는 얼마나 더 높이 뛰어오를 수 있는가? 간단한 모형으로 캥거루가 뛰는 에너지는 모두 이상적인 용수철과 같은 힘줄에 저장된 탄성에너지에서 온다고 가정하자. 공기저항이나 다른 에너지 손실은 없다고 가정하자.

전략 에너지 손실을 무시하면 역학적 에너지는 변하지 않는다. 역학적 에너지에 중력퍼텐셜에너지와 탄성퍼텐셜에너지가 포함되어야 한다. 우선은 캥거루가 똑바로 위로 뛰어오른다고 생각하자. 그리고 나서 위 방향과 함께 앞으로도 나아가는 운동으로 일반화하자.

풀이 역학적 에너지는 변하지 않는다. 곧,

$$K_i + U_{i,\text{중력}} + U_{i,\text{탄성}} = K_f + U_{f,\text{중력}} + U_{f,\text{탄성}}$$

이다. 처음에, 캥거루가 뛰어오르기 전에 움츠렸을 때 캥거루의 운동에너지는 0이다. 편리를 위해 처음 위치에서 중력퍼텐셜에너지를 0으로 택하자. 용수철상수가 k인 하나의 이상적인 용수철에 탄성퍼텐셜에너지가 저장되어 있는 것으로 생각하면 처음의 역학적 에너지는

$$K_i + U_{i,\text{중력}} + U_{i,\text{탄성}} = 0 + 0 + \tfrac{1}{2}kx_i^2$$

이다. 여기에서 x_i는 처음에 힘줄이 늘어난 길이를 나타낸다. 캥거루가 똑바로 뛰어올랐다면 가장 높이 뛰어올랐을 때 운동에너지가 0이다. 힘줄을 더 이상 펼칠 수 없으므로 퍼텐셜에너지도 0이다. 그러나 중력퍼텐셜에너지는 0이 아니다. 출발점 위의 높이 h에서 나중 역학적 에너지는

$$K_f + U_{f,\text{중력}} + U_{f,\text{탄성}} = 0 + mgh + 0$$

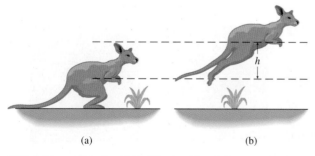

그림 6.32 (a) 웅크리고 뛸 준비를 하고 있는 캥거루, (b) 최고점까지 뛰어올랐을 때의 캥거루.

이다. 여기서 m은 캥거루의 질량이다. 두 역학적 에너지를 같게 놓으면

$$\tfrac{1}{2}kx_i^2 = mgh \quad \Rightarrow \quad h = \frac{kx_i^2}{2mg}$$

이다. 상수(질량, 용수철상수, 처음에 늘어난 길이)를 모두 알 수 없으므로 비를 구해보면

$$\frac{h_2}{h_1} = \frac{kx_2^2/(2mg)}{kx_1^2/(2mg)} = \frac{x_2^2}{x_1^2}$$

이다. 늘어난 길이를 10 % 증가시키면, $x_2 = 1.10x_1$이고

$$h_2 = \left(\frac{x_2}{x_1}\right)^2 h_1 = (1.10)^2 h_1 = 1.21 \times 2.0 \text{ m} = 2.4 \text{ m}$$

이다. 결국은 힘줄을 10 % 더 잡아당기면 캥거루는 21 % 더 높이 뛰어오른다.

캥거루가 뛸 때 곧장 위로만 뛰지 않는다. 또 다른 각도로 캥거루가 뛰어도 높이는 계속 21 % 더 높을까? 캥거루가 공기저항이 없을 때 한 번 뛸 때마다 가장 멀리 갈 수 있는 각도인 45°로 땅에서 뛰어올랐다고 상상해보자. 처음에는 힘줄의 탄성에너지가 운동에너지로 변환된다. 이번에는 운동에너지의 전부가 중력퍼텐셜에너지로 전환되지 않는다. 최고 높이에서 캥거루는 앞으로 계속 운동하고 있기 때문에 운동에너지는 0이 아니다. 처음의 속도를 성분으로 분해할 수 있다. 곧,

$$v^2 = v_x^2 + v_y^2 = 2v_x^2$$

이다. 캥거루가 45°로 땅에서 뛰어올랐기 때문에 $v_x = v_y$이다. 최고 높이에 뛰어올랐을 때 운동에너지는 처음 운동에너지의 절반인 $\tfrac{1}{2}mv_x^2$이다. 결국은 힘줄의 탄성에너지의 절반이 중력퍼텐셜에너지로 변환된다.

$$\tfrac{1}{2} \times \left(\tfrac{1}{2}kx_i^2\right) = mgh$$

이다. 이 경우도 h가 x_i^2에 비례하므로 캥거루가 힘줄을 10 % 쯤 더 늘이면 뛰어오른 높이는 그래도 21 %만큼 더 높아진다.

검토 힘줄에 탄성에너지를 저장하는 것은 캥거루가 "연비"를 늘리기 위한 현명한 방법이다. 그러한 에너지 저장 시스템이 아니라면 캥거루의 역학적 에너지의 대부분은 한 번 뛰고 나면 복구할 수 없는 에너지 형태로 전환되고 말 것이다.

힘줄은 잃어버릴 수도 있는 에너지의 일부를 저장했다가 다음에 뛰어오를 때 도움이 되도록 방출한다. 땅에 내려설 때마다 역학적 에너지를 덜 잃게 되므로 캥거루 근육이 공급하는 에너지는 그렇지 않은 경우에 공급해야 하는 것보다 적다. 사람들도 달리기를 할 때 이와 비슷한 에너지 절약 방법을 사용한다.

실전문제 6.10 새끼 캥거루와 함께 뛰기

어미 캥거루가 주머니 속에 새끼 캥거루를 넣고 있다고 하자. 새끼의 질량이 어미의 1/6까지 성장했다면 어미가 새끼 캥거루와 함께 뛸 수 있는 높이는 얼마나 되는가? 새끼 캥거루 없이 뛰어오를 수 있는 높이는 2.8 m라고 가정하여라.

6.8 일률 POWER

때로는 에너지 전환 비율이 중요할 때가 있다. 스포츠카를 구입할 때, 여러분은 판매원에게 엔진이 얼마나 많은 일을 할 수 있는지 묻지는 않을 것이다. 매일 타는 경차는 대부분의 시간을 차고에서 보내는 스포츠카보다 더 많은 일을 할 수 있다. 그러나 스포츠카는 경차가 할 수 있는 것보다 더 **빠른** 비율로 일을 한다. 곧, 스포츠카가 더 빠른 비율로 가솔린의 화학에너지를 차의 역학적 에너지로 바꾼다. 스포츠카의 최대 출력이 더 크다. 보다 높은 출력으로 스포츠카는 경차보다 훨씬 빨리 고속으로 가속될 수 있다. 우리는 에너지 전달 또는 에너지 전환 비율을 **일률** Power(P)이라고 부른다. 평균 일률은 전달된 에너지의 양(ΔE)을 전달되는 데 걸린 시간(Δt)으로 나눈 것이다.

평균 일률

$$P_{평균} = \frac{\Delta E}{\Delta t} \tag{6-26}$$

일률의 SI 단위인 단위 시간당 줄을 스코틀랜드의 발명가 와트(James Watt, 1736~1819)의 이름을 따서 **와트** watt(W)라고 부른다(1 W = 1 J/s). 기호 W는 일이 아니라 와트를 나타낸다는 것을 기억해두어라. 통상 미국에서는 전동기나 자동차 엔진의 최대 출력(일률과 같은 의미)을 일률의 SI 단위가 아닌 마력(hp)으로 나타낸다(1 hp = 746 W).

킬로와트시(kW·h)는 일률의 단위가 아니라 에너지의 단위이다. 1 kW·h는 1시간 동안 1 kW의 일정한 비율로 전달되는 에너지의 양을 뜻하는 에너지 단위이다. kW·h는 전력공사에서 소비자가 사용한 전기에너지의 양을 측정하기 위해 흔히 사용하는 단위이다.

짧은 시간 간격 Δt 동안 일정한 힘이 한 일은

$$W = F\,\Delta r \cos\theta \tag{6-1}$$

이다. 이 식에서 변위의 크기는

$$\Delta r = v\,\Delta t$$

이다. 그러면 힘이 일을 하는 비율인 일률은 힘과 속도로부터 알 수 있다.

$$P = \frac{W}{\Delta t} = \frac{F\Delta r \cos\theta}{\Delta t} = F\frac{\Delta r}{\Delta t}\cos\theta = Fv\cos\theta$$

> **순간 일률(일을 하는 비율)**
>
> $$P = Fv\cos\theta \qquad (6\text{-}27)$$
>
> 이때 θ는 $\vec{\mathbf{F}}$와 $\vec{\mathbf{v}}$ 사이의 각이다.

식 (6-27)은 스칼라곱을 사용해서 쓸 수 있다. 곧 $P = \vec{\mathbf{F}}\cdot\vec{\mathbf{v}}$.

보기 6.11

언덕을 오르는 차에 대한 공기저항

1000.0 kg인 자동차가 4.0°의 경사진 언덕을 12.0 m/s의 속력으로 올라가고 있다(그림 6.33). (a) 중력퍼텐셜에너지는 얼마의 비율로 증가하는가? (b) 엔진의 출력이 20.0 kW라 할 때 차에 작용하는 공기의 저항력을 구하여라. (공기저항이 모든 에너지 손실의 원인으로 가정한다.)

전략 (a) 두 가지 방법으로 중력퍼텐셜에너지의 증가율을 구할 수 있다. 하나는 임의 시간 Δt 동안에 퍼텐셜에너지의 변화량을 구하고 이를 시간 간격으로 나누는 것이다. 이는 평균 일률의 정의를 이용하는 것이다[식 (6-26)]. 이와 다른 방법은 중력이 하는 일의 비율을 구하기 위해 식 (6-27)을 이용하는 것이다.

(b) 차가 일정한 속력으로 운동하므로 차의 운동에너지는 변하지 않는다. 그러므로 임의 시간 동안에 엔진이 한 일(W_e)과 공기저항이 한 음의 일(W_a)이 중력퍼텐셜에너지의 증가와 같다.

    주어진 조건: 차의 질량 = 1000.0 kg, v = 12.0 m/s,
                경사각 4.0°
    구할 값: (a) 퍼텐셜에너지 변화율 $\Delta U/\Delta t$
            (b) 공기의 저항 $\vec{\mathbf{F}}_a$

풀이 (a) 작은 고도 변화 Δy에 대해 퍼텐셜에너지의 변화

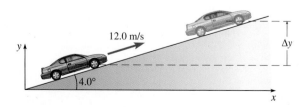

그림 6.33 일정한 속력으로 언덕을 오르는 자동차.

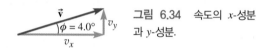

그림 6.34 속도의 x-성분과 y-성분.

량은

$$\Delta U = mg\,\Delta y$$

이다. 그러면 퍼텐셜에너지 변화율은

$$\frac{\Delta U}{\Delta t} = \frac{mg\,\Delta y}{\Delta t} = mg\frac{\Delta y}{\Delta t} = mgv_y$$

이다. 여기서 $v_y = \Delta y/\Delta t$로 속도의 y-성분이다. 그림 (6.34)로부터, $v_y = v\sin\phi$이고, $\phi = 4.0°$이다. 그러면

$$\frac{\Delta U}{\Delta t} = mgv\sin\phi = 1000.0\ \text{kg} \times 9.80\ \text{m/s}^2 \times 12.0\ \text{m/s} \times \sin 4.0°$$
$$= 8200\ \text{W}$$

이다.

(b) 임의의 시간 Δt 동안에 엔진이 한 일과 공기저항이 한 음(−)의 일의 합은 중력퍼텐셜에너지의 증가량과 같아야 한다. 곧,

$$W_\text{총} = W_e + W_a = \Delta U$$

이며, 각 항을 Δt로 나누면

$$\frac{W_e}{\Delta t} + \frac{W_a}{\Delta t} = \frac{\Delta U}{\Delta t} \quad \Rightarrow \quad P_e + P_a = \frac{\Delta U}{\Delta t}$$

이다. 여기서 P_e와 P_a는 각각 엔진의 출력과 공기저항이 차에 한 (음) 일의 비율을 나타낸다. 그러면

$$P_a = \frac{\Delta U}{\Delta t} - P_e = 8.2\ \text{kW} - 20.0\ \text{kW} = -11.8\ \text{kW}$$

이다. 그러므로 매초 엔진이 공급하는 20.0 kJ의 역학적 에너

지 중 8.2 kJ은 중력퍼텐셜에너지로 가고 11.8 kJ은 공기를 밀어내는 데로 간다.

차에 작용하는 공기저항력 $\vec{F}_a$의 방향은 차의 속도와 반대 방향이다. 그러므로

$$P_a = F_a v \cos 180° = -F_a v$$

이다. 이를 F_a에 대해 풀면

$$F_a = -\frac{P_a}{v} = -\frac{-11\,800\text{ W}}{12.0\text{ m/s}} = 983\text{ N}$$

이다.

검토 중력이 하는 일률을 구하기 위해 식 (6-27)을 이용하여 (a)를 검산할 수 있다. $P = Fv \cos\theta$이다. 여기서 $F = mg$이다. 각도 θ는 ϕ와 같지 않다. 식 (6-27)에서 θ는 힘과 속도벡터가 이루는 각으로 94.0°이다(그림 6.35). 그러므로

$$P = mgv \cos 94.0°$$
$$= 1000.0\text{ kg} \times 9.80\text{ m/s}^2 \times 12.0\text{ m/s} \times \cos 94.0°$$
$$= -8200\text{ W}$$

이다. 중력은 −8200 W의 비율로 차에 일을 한다. 이것은 퍼

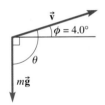

그림 6.35 힘과 속도 사이의 각도는 94.0°이다. (잘 볼 수 있도록 각도는 과장되었다.)

텐셜에너지가 +8200 W의 비율로 증가함을 의미한다.

우리는 또한 평지에서 12.0 m/s로 가려면 엔진의 출력이 얼마가 되어야 하는지를 계산할 수 있다. 퍼텐셜에너지가 변하지 않고 엔진의 출력이 모두 공기를 휘젓는 데 사용되므로 $P_e + P_a = 0$이다. 속력이 같으므로 공기저항력의 크기도 같다 (983 N). 그러면 공기저항은 이전처럼 같은 비율로 에너지를 소모한다.

$$P_a = -F_a v = -983\text{ N} \times 12.0\text{ m/s} = -11.8\text{ kW}$$

그러므로 $P_e = 11.8\text{ kW}$이다. 평지에서 중력퍼텐셜에너지는 증가하지 않는다. 그러므로 엔진은 차의 속력을 늦추는 공기저항이 하는 일을 상쇄할 만큼만 충분한 일을 해주어야 한다.

이 보기에서 엔진의 출력은 모두 차를 앞으로 추진시키는 바퀴에 전달된다고 가정했다. 실제로는 엔진 출력의 일부는 전조등이나 라디오, 와이퍼와 같은 보조 장치를 가동시키는 데 이용된다. 엔진, 변속기, 동력전달 계통에서 움직이는 부분의 마찰도 실제로는 바퀴에 전달되는 출력을 줄어들게 한다.

실전문제 6.11 **자동차 엔진의 기계적 출력**

다음의 각 조건으로 운전할 때 엔진은 얼마의 기계적 출력을 내야 하는가? (a) 평지에서 12.0 m/s로 운전할 때, (b) 4.0°의 경사에서 12.0 m/s로 내려갈 때. (이것은 보기 6.11에서와 같은 속력이므로, 공기저항력은 같다.)

해답

실전문제

6.1 −180 kJ

6.2 43 N, 4500 J, 그녀는 더 큰 힘으로 끌어당기지만 변위 방향의 성분이 더 작아진다.

6.3 $(2.5\,m)(1.50v)^2/(mv^2) = 5.6$

6.4 0.24

6.5 48 km/s

6.6 195 km/s

6.7 4.0 J

6.8 3.2 cm

6.9 9.8 m/s

6.10 2.4 m

6.11 (a) 11.8 kW, (b) 3.6 kW

살펴보기

6.2 힘은 변위에 수직이다.

6.3A 운동에너지는 결코 음(−)이 될 수 없다. 일은 양수, 음수 또는 0일 수 있는데, 이는 운동에너지가 증가, 감소 또는 동일하게 유지될 수 있기 때문이다.

6.3B (b), (c), (a) = (e), (d).

6.4A (a) 중력퍼텐셜에너지는, 돌멩이가 지면 위의 가장 높은 지점에 도달하여 최댓값이 될 때까지 증가한다. (b) 운동

에너지는 퍼텐셜에너지가 증가함에 따라 감소한다. 가장 높은 지점에서는 0이다.

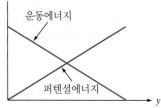

위로 던진 돌멩이에 대한 높이의 함수로서
운동 및 퍼텐셜에너지

운동에너지

퍼텐셜에너지

y

6.4B 나중 운동에너지는 나중 속력이 더 작아지기 때문에 더 작아진다. 처음 및 나중 퍼텐셜에너지는 같은데 공이 같은 높이에 있기 때문이다. 나중 역학적 에너지는 처음보다 작다. 역학적 에너지의 감소는 공기저항력이 비보존적인 일을 하기 때문이다. 곧, 공의 역학적 에너지 중 일부는 공이 공기를 가르는 동안 다른 형태로 변환된다.

6.5 역학적 에너지는 수성의 궤도 전체에서 같다. 운동에너지는 근일점에서 가장 큰데, 그때 퍼텐셜에너지가 가장 작기 때문이다.

6.7 최대 탄성퍼텐셜에너지는 최대 압축 상태일 때이다.

선운동량
Linear Momentum

차량 충돌 사고 후에 현장 조사반이 와서 차가 도로에서 미끄러진 거리(스키드마크의 길이)를 측정한다. 이 정보로부터 어떻게 차가 미끄러지기 직전의 속도를 추정해낼 수 있는가? (198쪽에 답이 있다.)

7.1 벡터의 보존 법칙
A CONSERVATION LAW FOR A VECTOR QUANTITY

3장에서는 물체에 작용하는 알짜힘을 구하고, 이 힘을 뉴턴의 제2 법칙에 적용하여 물체의 가속도를 결정하는 방법을 배웠다. 만약 물체에 작용하는 알짜힘이 일정하다면, 등가속도로부터 속도와 위치의 변화를 계산할 수 있다. 그러나 힘이 일정하지 않을 경우, 속도와 위치의 변화를 계산하는 것은 훨씬 더 어렵다. 많은 경우에, 알짜힘을 결정하는 것조차 쉽지 않다. 물체에 작용하는 힘에 대한 정보를 충분히 알지 못하더라도, 에너지 보존 법칙을 이용하면 운동에 대해 결론을 내릴 수 있다. 예를 들면, 발사체의 이동 경로에 대한 충분한 정보가 없음에도 불구하고 에너지 보존을 사용하여 어떻게 이 발사체의 탈출속력을 쉽게 계산할 수 있었는지를 상기해보아라. 이제 이동 경로에 따라 크기와 방향이 변하는 중력이 작용할 때 뉴턴의 제2 법칙을 사용하여 동일한 계산을 하는 것이 얼마나 어려울지 생각해보자.

이 장에서는 또 다른 보존 법칙을 다룰 것이다. 물리학에서 보존 법칙은 매우 유용한 도구이다. 만약에 어떠한 물리량이 보존된다면, 상황이 아무리 복잡하더라도 처음 시각에서의 보존되는 양의 값과 시간이 지난 후 그 값을 동일하게 놓을 수 있다. 우리는 보존 법칙의 "적용 전과 후"의 상태로부터 어렵고 복잡한 모든 사항들을 상호작용을 통해 결과를 끌어낼 수 있다.

연결고리

보존 법칙은 에너지와 같은 스칼라양, 또는 운동량과 같은 벡터양에 대한 것일 수 있다.

에너지가 스칼라양인 것과 대조적으로 새로운 보존물리량인 **운동량**은 벡터양이다. 운동량이 보존될 때, 운동량의 크기와 방향 둘 다 일정해야만 한다. 달리 말하자면 운동량의 x-성분과 y-성분 모두 일정해야 한다. 하나 이상의 물체의 총 운동량을 구할 때에는 항상 벡터를 더하는 방식에 따라 운동량 벡터를 더해야 한다.

7.2 운동량 MOMENTUM

스포츠 중계방송에서 운동량이라는 단어를 자주 들을 수 있다. 어떤 스포츠 방송 진행자가 "홈팀이 다섯 경기를 연속해서 이겼습니다. 그들은 자신들에게 유리한 운동량을 가지고 있습니다."라고 말할 수도 있다. "운동량"을 가진 팀은 중지시키기 어렵다. 그들은 연전연승을 향해 나아가고 있다. 럭비공을 팔로 감싸 안은 채 골라인을 향해 달려가는 럭비 선수는 운동량을 가지고 있다. 그는 정지하기 어렵다. 운

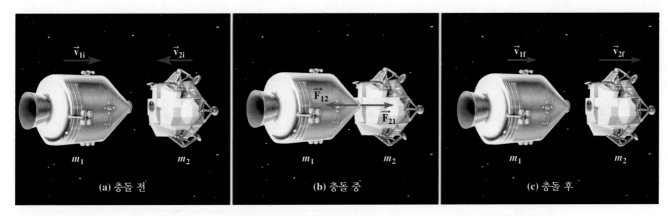

그림 7.1 (a) 충돌 직전의 두 우주탐사선. (b) 충돌하는 동안 서로가 상대 우주탐사선에 크기는 같고 방향은 반대인 힘을 작용한다. (c) 충돌 후 우주탐사선의 속도.

동량이라는 단어를 이렇게 사용하는 것이 물리학적 표현이라 할 수 있다. 물리학에서 달리는 사람이 운동량을 갖는다고 말한다. 그렇지만 우리는 운동량에 대한 엄밀한 정의를 알고 있어야 한다.

일상에서 사용할 때는 운동량이 속도뿐만 아니라 질량과도 연관이 있다. 여러분은 달려오는 아이와, 같은 속도로 달려오는 럭비선수 중 누구와 충돌하는 편이 낫다고 생각하는가? 그들의 속도가 같더라도 아이는 럭비선수보다 운동량이 훨씬 작다.

물리학에서 질량과 속도를 결합한 물리량이 쓸모가 있을까? 두 우주탐사선의 충돌을 생각해보자(그림 7.1). 이들 우주탐사선은 행성과 별들에서 너무나 멀리 떨어져 있기 때문에, 천체와의 중력적 상호작용을 무시할 수 있다고 하자. 우주탐사선이 접촉하고 있는 동안에는 서로에게 힘을 미친다. 뉴턴의 제3 법칙에 따르면, 이 두 힘은 크기가 같으며 반대 방향이다. 우주탐사선 1이 우주탐사선 2에 가하는 힘($\vec{\mathbf{F}}_{21}$)은 우주탐사선 2가 우주탐사선 1에 가하는 힘($\vec{\mathbf{F}}_{12}$)과 크기가 같고 방향은 서로 반대이다.

$$\vec{\mathbf{F}}_{21} = -\vec{\mathbf{F}}_{12}$$

두 우주탐사선의 질량이 서로 다를 경우, 속도 변화는 서로 같지 않고 반대이다. 큰 우주탐사선(질량 m_1)이 훨씬 작은 우주탐사선(질량 $m_2 \ll m_1$)과 충돌한다고 하자. 두 우주탐사선이 접촉하는 시간 간격 Δt 동안 이러한 힘들이 일정하다고 가정하자. 비록 이 힘들의 크기가 서로 같더라도 질량이 서로 다르기 때문에, 두 우주탐사선의 가속도 크기는 서로 다르다. 질량이 보다 큰 우주탐사선이 가속도가 보다 작게 된다.

한 우주탐사선의 가속도는

$$\Delta\vec{\mathbf{v}} = \vec{\mathbf{a}}\,\Delta t = \frac{\vec{\mathbf{F}}}{m}\,\Delta t$$

만큼 속도를 변화시키게 한다. 시간 간격 Δt는 두 우주탐사선 사이에 상호작용이 지속되는 시간을 의미하므로, 두 우주탐사선에 대해 같다.

속도의 변화가 질량에 반비례하므로, 상호작용에 관여하는 두 물체의 **질량과 속도의 곱의 변화**는 서로 크기는 같고 방향이 반대이다. 곧

$$m_1 \Delta \vec{v}_1 = \vec{F}_{12} \Delta t$$
$$m_2 \Delta \vec{v}_2 = \vec{F}_{21} \Delta t = (-\vec{F}_{12}) \Delta t = -(m_1 \Delta \vec{v}_1)$$

이다. 이러한 통찰은 매우 유용하므로, 질량과 속도의 곱에 이름과 기호를 부여한다. 이를 **선운동량**linear momentum이라 정의하며, 기호로 $\vec{p}$, SI 단위로 kg·m/s를 사용한다. 선운동량(또는 간단히 '운동량')은 속도와 방향이 같은 벡터양이다.

> **운동량의 정의**
>
> $$\vec{p} = m\vec{v} \tag{7-1}$$

두 우주탐사선이 서로 충돌할 경우 이들의 운동량이 변화하는데, 그들의 크기는 서로 같고 방향은 반대이다. 곧

$$\Delta \vec{p}_2 = -\Delta \vec{p}_1$$

이다. 두 물체 사이의 상호작용에서 어떤 경우든, 운동량은 한 물체에서 다른 물체로 전달될 수 있다. 두 물체의 운동량의 변화는 항상 크기가 같고 반대 방향이므로, 상호작용을 하더라도 두 물체의 총 운동량은 변하지 않고 일정하다. (총 운동량이란 각 물체의 운동량의 벡터 합을 의미한다.)

보기 7.1은 속도가 변하는 물체의 운동량 변화를 구하는 문제이다. 운동량이 벡터양이므로 운동량의 변화는 운동량의 크기를 뺀 것이 아니라 운동량 벡터의 뺄셈임을 상기해야 한다.

> **연결고리**
>
> 뉴턴의 운동 제3 법칙은 상호작용이 일어나는 동안, 운동량이 한 물체에서 다른 물체로 전달된다는 것을 의미한다.

보기 7.1

달리는 자동차의 운동량 변화

무게가 12 kN인 자동차가 북쪽으로 30.0 m/s로 달리고 있다. 잠시 후 급커브를 돌아 동쪽으로 13.6 m/s로 달리고 있다. 이 자동차의 운동량 변화는 얼마인가?

전략 운동량의 정의는 $\vec{p} = m\vec{v}$이다. 우선 자동차의 질량을 구하는 것부터 시작할 수 있다. 여기에는 두 가지 함정이 있을 수 있다.

1. 운동량은 무게가 아니라 질량과 관계되며,
2. 운동량은 벡터이므로 크기뿐만 아니라 방향까지도 고려해야 한다. 운동량의 변화를 구하기 위해서는 벡터 뺄셈을 할 필요가 있다.

풀이 자동차의 질량은

$$m = \frac{W}{g} = \frac{1.2 \times 10^4 \, \text{N}}{9.8 \, \text{m/s}^2} = 1220 \, \text{kg}$$

이다. 자동차의 처음 속도는

$$\vec{v}_i = 30.0 \, \text{m/s, 남쪽}$$

이다. 따라서 자동차의 처음 운동량은

$$\vec{p}_i = m\vec{v}_i = 1220 \, \text{kg} \times 30.0 \, \text{m/s, 남쪽}$$
$$= 3.66 \times 10^4 \, \text{kg·m/s, 남쪽}$$

이다. 커브를 돌고 난 후, 나중 속도는

$$\vec{v}_f = 13.6 \, \text{m/s, 동쪽}$$

이다. 나중 운동량은

$$\vec{p}_f = m\vec{v}_f = 1220 \, \text{kg} \times 13.6 \, \text{m/s, 동쪽}$$
$$= 1.66 \times 10^4 \, \text{kg·m/s, 동쪽}$$

이다.

운동량 벡터는 다른 벡터에 사용했던 것과 같은 방법으로 더하고 뺀다. 운동량 변화를 구하기 위해서 $\vec{p}_f$에 $-\vec{p}_i$를 더하

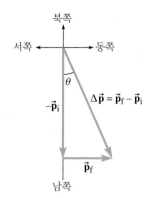

그림 7.2 운동량 변화를 구하기 위한 벡터 뺄셈.

는 화살표를 그린다(그림 7.2). 이 경우 그림 7.2에서 벡터 화살표 3개는 직각삼각형을 이루므로, 피타고라스의 정리로 운동량 변화 $\Delta\vec{p}$의 크기를 구할 수 있다. 곧

$$
\begin{aligned}
|\Delta\vec{p}| &= \sqrt{p_i^2 + p_f^2} \\
&= \sqrt{(3.66 \times 10^4 \text{ kg·m/s})^2 + (1.66 \times 10^4 \text{ kg·m/s})^2} \\
&= 4.02 \times 10^4 \text{ kg·m/s}
\end{aligned}
$$

이다. 벡터 도형에서 $\Delta\vec{p}$의 방향은 남에서 동쪽으로 θ각 방향이다. 삼각법을 이용하면

$$
\tan\theta = \frac{\text{높이}}{\text{밑변}} = \frac{p_f}{p_i} = \frac{1.66 \times 10^4 \text{ kg·m/s}}{3.66 \times 10^4 \text{ kg·m/s}} = 0.454
$$

$$
\theta = \tan^{-1} 0.454 = 24.4°
$$

가 된다. 이들 두 값이 모두 중요하므로, 우리는 자동차의 운동량 변화는 남에서 동쪽 24° 방향으로 4.0×10^4 kg·m/s라고 말한다.

검토 변위, 속도, 가속도, 그리고 힘의 경우와 같이 운동량이 벡터라는 것을 기억해두는 것이 중요하다. 운동량의 변화를 구할 때, 우리는 처음과 나중 운동량 벡터의 차이를 구해야만 한다. 만약에 처음과 나중 운동량이 서로 수직이 아니라면, 이들의 뺄셈을 위하여, 이 벡터들을 x-성분과 y-성분으로 분해해야 한다.

실전문제 7.1 **낙하하는 사과**

(a) 무게 1.0 N의 사과가 3.0 m 높이의 나무 위에서 떨어질 때, 땅바닥에 충돌하기 직전 이 사과의 운동량은 얼마인가? (b) 사과와 지구 사이의 중력 상호작용 때문에 사과가 떨어진다. 이 상호작용으로 인해 지구의 운동량이 얼마나 변하는가? 그리고 지구의 속도는 얼마나 변하는가?

✓ 살펴보기 7.2

보기 7.1에서, 자동차의 속력이 일정하게 유지되었다면 운동량 변화 $\Delta\vec{p}$는 0이었는가?

7.3 충격량–운동량 정리
THE IMPULSE-MOMENTUM THEOREM

하나의 힘이 작용하는 물체의 운동량 변화는 그 물체에 작용하는 힘과 힘이 작용한 시간 간격을 곱한 것과 같다. 곧

$$
\Delta\vec{p} = \vec{F}\,\Delta t
$$

이다. $\vec{F}\,\Delta t$를 **충격량**impulse이라 부른다. 충격량은 벡터(힘)와 양(+)의 값을 갖는 스칼라(시간)의 곱이므로, 충격량은 힘과 같은 방향의 벡터이다. 다시 말하면 $\Delta\vec{p} = \vec{F}\,\Delta t$를 "운동량의 변화는 충격량과 같다."라고 읽을 수 있다. 충격량의 SI 단위는(N·s)이며 운동량의 단위는(kg·m/s)이다. 이 둘은 뉴턴(N)의 정의를 이용하면 설명할 수 있는 것처럼 동등한 단위이다(문제 2 참고).

물체가 여러 개의 상호작용을 한다면 임의의 시간 동안 운동량의 변화는 그동안

연결고리

충격량은 작용한 힘으로 인하여 전달되는 운동량 이동이며, 일은 힘으로 인하여 전달되는 에너지 이동이다.

	충격량	일
정의	$\vec{F}\Delta t$	$\vec{F}\cdot\Delta\vec{r}$
벡터 혹은 스칼라?	벡터	스칼라*
물리적 의미	운동량 전달	에너지 전달

*두 벡터의 스칼라 곱 또는 점곱은 6.2절에 소개되어 있다.

의 총 충격량과 같다. 총 충격량은 각 힘에 의한 충격량의 벡터 합이다. 총 충격량은 역시 알짜힘에 시간을 곱한 것과 같다. 곧

$$\text{총 충격량} = \vec{F}_1\,\Delta t + \vec{F}_2\,\Delta t + \cdots$$
$$= (\vec{F}_1 + \vec{F}_2 + \cdots)\,\Delta t = \sum\vec{F}\,\Delta t$$

이다. 물체에 작용한 총 충격량은 충격 시간과 동일한 시간 동안 물체의 운동량 변화량과 같다. 총 충격량과 운동량 변화량 간의 관계를 **충격량–운동량 정리**impulse-momentum theorem라 부르며, 이는 충돌과 충격을 포함하는 문제를 푸는 데 특히 유용하다.

충격량–운동량 정리

$$\Delta\vec{p} = \sum\vec{F}\,\Delta t \qquad (7\text{-}2)$$

힘이 변하고 있을 경우의 충격량 지금까지의 논의는 상호작용하는 동안 작용하는 힘이 일정하다거나, 충격 시간 Δt가 매우 작아서 힘 $\vec{F}$의 변화를 무시할 수 있다고 가정하고 있다. 이러한 가정은 상당히 보기 드문 상황이므로 운동량의 개념을 힘이 일정할 때만 적용할 수 있다면, 이를 사용하는 데는 한계가 있다. 그러나 충격량을 계산하는 데 평균 힘을 사용하기만 한다면, 지금까지의 논의를 힘이 일정하지 않은 상황에도 적용할 수 있다.

$$\Delta\vec{p} = \sum\vec{F}_{평균}\Delta t \qquad (7\text{-}3)$$

개념형 보기 7.2

충격완화용 에어백

4초 동안 5.0 N의 평균 힘이 작용하는 경우와 10초 동안 2.0 N의 평균 힘이 작용하는 경우 중 어느 쪽이 물체의 운동량을 더 많이 변화시키는가? 신체에 부상을 입히지 않고 신체를 보호하기 위한 제품을 설계할 때,

충격량–운동량 정리가 어떻게 사용될 수 있는가? 예를 들어 보아라.

풀이와 검토 운동량 변화는 충격량과 같다, 곧, 작용 힘과 작용 시간의 곱은 물체의 운동량 변화량과 같다. 4초 동안 5 N의 힘은 (5 N × 4 s) = 20 N·s의 크기를 갖는 운동량 변화를 발생시키며, 10초 동안 2 N의 힘도 역시 (2 N × 10 s) = 20 N·s의 크기를 갖는 동일한 운동량 변화를 발생시킨다. 여기서 작용한 힘이 보다 작은 경우라도, 작용 시간을 보다 오래 지속하기 때문에 똑같은 양의 운동량 변화를 발생시킬 수 있다.

그림 7.3 스턴트맨이 낙하시 충격을 완화시키기 위해 에어백 위로 안전하게 떨어진다. 에어백은 두 가지 측면에서 스턴트맨의 부상 위험을 줄일 수 있다. 스턴트맨의 운동량을 보다 점진적으로 변화시킴으로써, 보다 약한 힘을 그 신체에 작용한다. 또한 보다 넓은 넓이에 힘을 분산시킴으로써, 중상 위험을 줄일 수 있다.

부상으로부터 신체를 보호하기 위한 제품을 설계할 때, 속도 변화가 일어나는 시간 간격을 연장시킬 필요가 있다. 예를 들면, 영화 스턴트맨이 매우 높은 높이에서 낙하할 경우, 매우 큰 에어백 위에 착지하는데(그림 7.3), 그 결과 딱딱한 콘크리트 위에 착지하는 경우보다 훨씬 더 오랫동안 점진적으로 운동량이 변화하게 된다. 공연 중인 서커스 곡예사 아래로 설치된 네트도 이와 똑같은 역할을 할 수 있다. 곡예사가 네트 위에 떨어질 때 네트가 움푹 들어가면서, 지면에 바로 떨어지는 경우보다 훨씬 더 오랫동안 낙하 속력이 점차적으로 줄어들게 한다.

실전문제 7.2 충격완충재 위에 착지하는 장대높이뛰기 선수

장대높이뛰기 선수가 바를 뛰어넘어 스티로폼을 채워 넣어 만든 두꺼운 충격완충재 위에 떨어진다. 그는 $9.8 \, \text{m/s}$의 속력으로 착지한다. 그러면 완충재는 0.4초 내에 이 사람을 정지시킨다. 이 시간 간격 동안 완충재가 선수 신체에 작용하는 평균 힘은 얼마인가? 이 사람의 체중에 대한 비율 또는 배수로 평균 힘을 표현해보아라. (힌트: 완충재가 작용하는 힘이 0.4초 동안 이 선수에게 작용하는 유일한 힘은 아니다.)

응용: 안전한 자동차 설계 자동차 충돌 사고로 인한 부상을 최소화하기 위해 적용하는 설계 변화 중 하나는 자동차 계기판 안쪽에 충격완화용 스티로폼을 채워 넣는 것이다(그림 7.4). 자동차 범퍼는 작은 충돌 시에 자동차 본체에 가해지는 손상을 줄여주도록 내장된 충격흡수장치이다. 일반적으로 자동차 자체의 구조는 보강 지지물에 의해 한 덩어리의 금속으로 되어 있다(단일 차체 구조). 자동차 차체가 여러 금속 부품들로 조립되어 있을 경우, 서로 미끄러져 어그러지기도 하고 빠지기도 하고 떨어져나가기도 하지만, 단일 차체인 경우는 우그러지면서 천천히 운동량의 변화를 흡수할 수 있다. 자동차 앞 유리로 사용되는 안전유리에는 두 가지 장점이 있다. 하나는 산산조각이 나지 않아 날카로운 유리 조각들이 사람의 몸속으로 파고들 위험이 없다는 것이며, 다른 하나는 사람의 뼈나 머리와 같이 단단한 물체에 들이받힐 때 휘어진다는 것이다. 이 유리창은 큰 도움은 되지 못해도, 충돌 시에 이런 여러 가

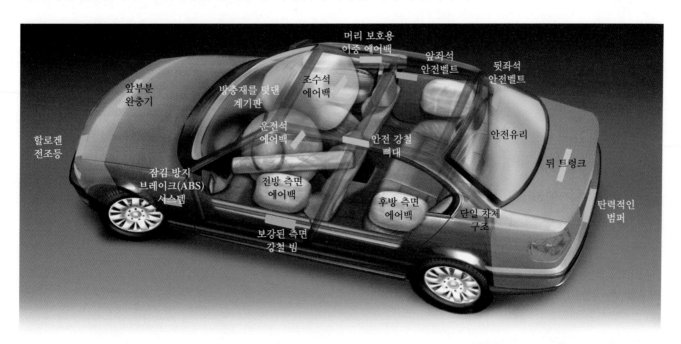

그림 7.4 최신 자동차에 적용한 몇 가지 안전장치의 특징. 그림에 나타낸 부분들은 대부분이 충돌로 인해 운동량 변화가 일어나는 시간 간격을 늘림으로써 승객에게 가해지는 힘을 줄여 준다.

지 사소한 것들의 역할을 무시할 수는 없다.

안전벨트와 에어백은 둘 중 하나만 사용하는 것보다 같이 사용하는 것이 더 좋다. 안전벨트를 하지 않으면, 몸은 충돌 이전에 자동차의 속력으로 계속해서 운동을 한다. 빠르게 부푼 에어백은 인체를 향해 운동하므로 에어백과 인체가 충돌할 때 유효 속도는 두 속도의 합이 된다(에어백의 속도 + 인체의 속도). 에어백에 급히 충돌하는 사람은, 안전벨트에 묶여 에어백에 서서히 접촉하는 사람에 비해 더 큰 부상을 입을 수 있다. 성인이 장착된 에어백으로 인해 부상을 입지 않으려면 적어도 에어백이 설치된 부분에서 30 cm는 떨어져 앉아야 한다. 미국 소아과학회에서는 13세 이하의 어린아이들은 자동차 뒷좌석에 설치된 본인 신체 크기에 맞는 적당한 유아용 혹은 어린이용 보조의자에 앉힐 것을 적극 권장한다. 2세 이하의 어린아이들은 뒤 보기로 보조의자에 앉혀야 한다.

보기 7.3

자동차와 가로수의 충돌

20.0 m/s(72 km/h)로 달리던 자동차가 가로수와 충돌했다. 다음의 각 경우에 질량이 65 kg인 승객에게 가해지는 평균 힘의 크기를 구하여라. (a) 승객이 안전벨트를 착용하지 않고 있다가, 자동차 앞 유리 및 계기판과 충돌하여 3.0 ms 후에 정지되었다. (b) 자동차에는 승객용 에어백이 장착되어 있다. 에어백이 승객에게 30 ms 동안 힘을 작용하여 승객을 정지시켰다.

전략 충격량–운동량 정리로부터 $\Delta\vec{p} = \vec{F}_{평균}\Delta t$이다. 여기에서 $\vec{F}_{평균}$는 승객에게 작용한 평균 힘이고, Δt는 힘이 작용한 시간 간격이다. 두 경우 모두, 승객의 운동량 변화는 동일하다. 다만 차이점은 운동량 변화가 일어나는 동안의 시간 간격이다. 보다 더 짧은 시간 간격 동안에 동일하게 운동량을 변화시키려면 더 큰 힘이 필요하다.

풀이 승객의 처음 운동량의 크기는

$$|\vec{p}_i| = |m\vec{v}_i| = 65\,\text{kg} \times 20.0\,\text{m/s} = 1300\,\text{kg·m/s}$$

이다. 그의 나중 운동량은 0이므로, 운동량 변화의 크기는

$$|\Delta\vec{p}| = 1300\,\text{kg·m/s}$$

이다. 이를 운동량 변화가 일어난 시간 간격으로 나누면 각 경우의 평균 힘의 크기를 얻을 수 있다.

(a) 안전벨트를 미착용한 경우:

$$|\vec{F}_{평균}| = \frac{|\Delta\vec{p}|}{\Delta t} = \frac{1300\,\text{kg·m/s}}{0.0030\,\text{s}} = 4.3 \times 10^5\,\text{N}$$

(b) 에어백을 장착한 경우:

$$|\vec{F}_{평균}| = \frac{|\Delta\vec{p}|}{\Delta t} = \frac{1300\,\text{kg·m/s}}{0.030\,\text{s}} = 4.3 \times 10^4\,\text{N}$$

검토 승객을 정지시키는 데 필요한 평균 힘은 힘이 작용하는 시간 간격에 반비례한다. 보다 만족스러운 상황을 얻으려면, 작용하는 힘을 더 감소시킬 만큼 긴 시간 간격에 걸쳐 운동량을 변화시켜야 한다. 자동차 안전기술자들은 급정차나 충돌로 인해 승객에게 가해지는 평균 힘을 최소화하도록 자동차를 설계한다. 에어백은 자동차 앞 유리와 같은 단단한 표면과 충돌할 때보다 훨씬 더 넓은 범위로 힘을 분산시켜 부상의 위험을 줄여준다.

실전문제 7.3 **빠른공 받기**

야구장에서 투수가 43 m/s(154 km/h)로 던진 빠른 공을 포수가 받고 있다. 공의 질량이 0.15 kg이고, 공이 글러브에 닿았을 때 포수가 글러브를 자신의 몸 쪽으로 8.0 cm만큼 움직인다면, 포수의 글러브에 가해지는 평균 힘의 크기는 얼마인가? 포수가 자기 손을 움직이는 데 걸리는 시간 간격을 추정해보아라.

그래프를 이용한 충격량 계산

힘이 변하고 있을 때는 충격량을 어떻게 구할 수 있는가? 앞 단원에서도 이와 비슷한 질문을 했다. 단순히 하기 위해 x-축 성분만 생각해보자. 다음을 상기해 보아라.

연결고리

힘에 의한 변위와 속도 변화, 힘이 한 일을 구하기 위해 그래프 아래 넓이를 어떻게 사용했는지 3.2, 3.3, 6.6절을 다시 살펴보아라.

- [변위] $= \Delta x = v_{평균,x} \Delta t = [v_x(t)$ 그래프 아래 넓이]
- [속도 변화] $= \Delta v_x = a_{평균,x} \Delta t = [a_x(t)$ 그래프 아래 넓이]

두 경우 모두 수학적인 관계는 변화율의 관계이다. 속도는 시간의 경과에 따른 위치의 변화율이며, 가속도는 시간의 경과에 따른 속도의 변화율이다. 여기서 힘은 시간의 경과에 따른 운동량의 변화율로 기술할 수 있다. 이와 유사하게 유추하면 곧

- [충격량] $= F_{평균,x} \Delta t = [F_x(t)$ 그래프 아래 면적]

이다. 따라서 변하고 있는 힘에 의한 충격량을 구하기 위해서는 $F_x(t)$ 그래프 아래의 넓이를 구해야 한다. 그리고 난후 평균 힘을 구하려면 충격량을 힘이 가해진 시간 간격으로 나눠주면 된다.

그림 7.5a에서 보면 변하는 힘이 2초 동안 0에서 4.0 N으로 선형적으로 증가한 후 2초 동안은 4.0 N에서 0 N으로 감소했다. $F_x(t)$ 그래프 아래의 넓이는 삼각형의 넓이를 계산하는 공식으로부터

$$넓이 = \tfrac{1}{2}[밑변] \times [높이] = 2\,s \times 4\,N = 8\,N\cdot s = 충격량$$

이 된다. 4초 동안의 평균 힘은

$$평균\ 힘 = \frac{충격량}{시간\ 간격} = \frac{8\,N\cdot s}{4\,s} = 2\,N$$

이다. 그림 7.5b는 4초 동안의 평균 힘을 보여주는데, 곡선 아래의 넓이(충격량)는 그림 7.5a에서와 동일하다.

뉴턴의 운동 제2 법칙의 다른 표현

뉴턴의 제2 법칙을 이해하기 위한 새로운 방법을 알아보기 위하여 충격량과 운동량의 관계를 사용할 수 있다. 충격량–운동량 정리를 다음과 같이 다시 써보자.

$$\sum \vec{\mathbf{F}}_{평균} = \frac{\Delta \vec{\mathbf{p}}}{\Delta t}$$

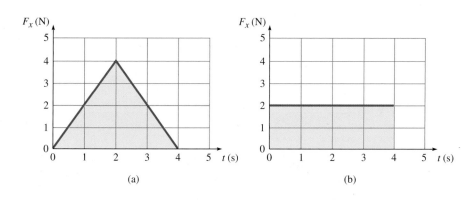

(a) (b)

그림 7.5 (a) 변화하는 힘에 대한 $F_x(t)$ 그래프 아래의 넓이가 충격량이다. (b) 주어진 시간 간격에 대한 평균 힘은 같은 충격량을 만들어내는 일정한 힘에 해당한다.

시간 간격 Δt를 점점 더 작게 하여 0으로 가까이 접근시키면 어떻게 되는가? 시간 간격 Δt를 점점 더 작게 취할수록 평균 힘은 결국 순간 힘에 접근하게 된다.

> **연결고리**
>
> 식 (7-4)가 운동에 관한 뉴턴 제 2 법칙의 원래 서술에 더 가까우며, $\sum\vec{F} = m\vec{a}$ 보다 더 일반적인 표현이다.

뉴턴의 운동 제2 법칙

$$\sum\vec{F} = \lim_{\Delta t \to 0} \frac{\Delta\vec{p}}{\Delta t} \tag{7-4}$$

곧 알짜힘은 운동량의 변화율이다.

식 (7-4)는 3장에서 6장까지 사용해온 뉴턴의 제2 법칙 관계식 $\sum\vec{F} = m\vec{a}$ 보다 더 일반화된 표현이다. $\sum\vec{F} = m\vec{a}$ 는 질량이 일정한 경우에만 성립한다. 질량이 일정하지 않는 상황으로는 로켓 엔진을 들 수 있다. 로켓 엔진에서 연료의 연소로 고온 기체가 생성되어 고속으로 분출된다(그림 7.6). 이 배기가스가 분출됨에 따라 로켓의 질량은 점점 감소한다.

질량이 일정할 경우, 다음과 같이 Δ 기호 앞으로 질량을 뽑아내어 뉴턴의 제2 법칙을 고쳐 표현할 수 있다

$$\sum\vec{F} = \lim_{\Delta t \to 0} \frac{\Delta\vec{p}}{\Delta t} = \lim_{\Delta t \to 0} \frac{\Delta(m\vec{v})}{\Delta t} = m \lim_{\Delta t \to 0} \frac{\Delta\vec{v}}{\Delta t} = m\vec{a}$$

따라서 식 (7-4)는 질량이 일정할 경우에 3장에서 6장까지 사용했던 뉴턴의 제2 법칙 표현식과 유사하다.

그림 7.6 뜨거운 기체가 아래 방향으로 고속으로 분출됨에 따라 우주탐사선은 위로 추진된다.

7.4 운동량 보존 CONSERVATION OF MOMENTUM

두 개의 아이스하키용 퍽이 마찰이 없는 바닥을 따라 미끄러지다 서로 충돌했다고 생각해보자. 그림 7.7은 두 개의 퍽이 상호작용하기 전과 상호작용하는 동안 그리고 상호작용한 후에 어떤 일이 벌어지는지를 보여주고 있다. 두 퍽을 단일 계로 생각한다면, 지구와의 중력 그리고 바닥과의 접촉력이 외부 작용들이다. 이것들은 계 밖에 있는 물체와의 상호작용이다. 각각의 물체에 가해지는 중력이 같은 물체에 가해지는 수직항력과 평형을 이루므로 위 또는 아래 방향으로 아무런 알짜 충격량도 없다. 게다가 이러한 힘들은 알짜 외력을 생성하지 못 하므로 계의 운동량을 변화시키지 못한다. 이 두 힘은 항상 상쇄되므로 이런 외부 상호작용을 무시하고 퍽들

그림 7.7 충돌하기 전, 충돌하는 동안, 충돌한 후에 미끄러지고 있는 질량이 다른 두 개의 퍽.

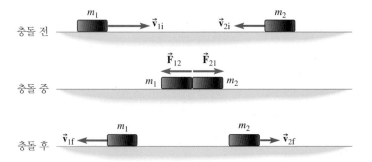

간의 상호작용에만 초점을 맞출 수 있다. 그렇기 때문에 그림 7.7에서 수직항력과 중력을 생략했다.

두 퍽이 서로 접촉하기 전까지는 둘 사이에 아무런 상호작용이 없다(둘 사이에 작용하는 작은 중력은 무시한다). 충돌하는 동안에는 두 퍽은 서로에게 힘을 가한다. 힘 $\vec{F}_{12}$는 질량 m_1에 가해지는 접촉력이며 힘 $\vec{F}_{21}$은 질량 m_2에 가해지는 접촉력이다. 두 퍽을 계속 단일 계 내부에서 상호작용하는 부분으로 간주한다면 이들 힘은 이 계의 내력이 된다. 두 퍽이 충돌할 때, 일부 운동량이 한 퍽에서 다른 퍽으로 옮겨간다. 두 퍽의 운동량 변화는 크기가 같으며 방향은 반대이다.

$$\Delta\vec{p}_1 = -\Delta\vec{p}_2$$

운동량의 변화는 충돌 후의 운동량에서 충돌 전의 운동량을 뺀 값이므로,

$$\vec{p}_{1f} - \vec{p}_{1i} = -(\vec{p}_{2f} - \vec{p}_{2i})$$

와 같이 쓸 수 있다. 충돌 전의 운동량들을 우변으로, 충돌 후의 운동량들을 좌변으로 이동시키면

$$\vec{p}_{1f} + \vec{p}_{2f} = \vec{p}_{1i} + \vec{p}_{2i} \qquad (7\text{-}5)$$

가 된다. 식 (7-5)는 상호작용한 후의 퍽의 운동량의 합이 상호작용하기 전의 운동량의 합과 같아야 함을 설명하고 있다. 더욱 간단히 말하면 물체계의 총 운동량은 충돌로 인해 변하지 않는다. 단지 일부 운동량이 한 물체에서 다른 물체로 옮겨 가더라도 합은 변하지 않기 때문에 이는 전혀 놀랄 일이 아니다. 우리는 이 충돌이 일어나는 동안 운동량이 보존된다고 말한다. 따라서 퍽 간의 상호작용으로 각 퍽의 운동량은 변하나, 계의 총 운동량은 변하지 않는다.

두 개 이상의 물체로 구성된 계에서는 계 내부 물체들 사이의 상호작용이 계 총 운동량을 변화시키지 못한다. 이들은 단지 운동량의 일부를 한 물체에서 다른 물체로 옮겨놓을 뿐이다. 이것을 정리하면 다음과 같다.

- 계의 총 운동량은 계를 이루는 각 물체들의 운동량 벡터의 합이다.
- 외부 상호작용은 계의 총 운동량을 바꿀 수 있다.
- 내부 상호작용은 계의 총 운동량을 바꿀 수 없다.

외부 상호작용이 없는 한, 운동량은 보존된다.

선운동량 보존 법칙

계에 작용하는 알짜 외력이 0이면, 계의 총 운동량은 보존된다.

$$\sum\vec{F}_{외부} = 0 \text{이면}, \qquad \vec{p}_i = \vec{p}_f \qquad (7\text{-}6)$$

정의에 따르면, 고립된 계 또는 닫힌계는 외부 상호작용의 영향을 받지 않는다. 그러므로 고립된 계의 선운동량은 항상 보존된다. 운동량은 벡터양이므로 상호작용이 일어날 때와 끝날 때에 총 운동량의 크기와 방향이 모두 같음을 기억해야 한다.

총 운동량 성분 p_x와 p_y도 각각 상호작용에 의해 변하지 않는다.

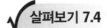

살펴보기 7.4

어떤 경우에 계의 선운동량이 보존되지 않는가?

운동량 보존의 응용: 소총의 반동 소총에서 총알이 발사될 때, 소총과 총알로 이루어진 계에서 운동량은 보존되어야만 한다. 총알이 발사되기 전에 소총이 정지 상태에 있었다고 가정하면 계의 운동량은 0이다. 총알이 발사될 때, 계의 일부 질량이 떨어져 나와 한 방향으로 어떤 운동량을 가지고 이동한다. 계에서 남겨진 질량인 소총은 계의 총 운동량이 0이 되도록 정반대 방향으로 운동한다. 소총이 총알보다 질량이 훨씬 더 크기 때문에 소총은 총알보다 훨씬 작은 속력을 갖게 된다. 소총의 후방 운동은 소총을 어깨에 대고 방아쇠를 당기는 사람이 느끼는 반동이다.

응용: 심장탄도법 심장탄도법(Ballistocardiography)은 심장 박동으로 인한 인체의 반동을 측정하는 진단기술이다. 알짜 외부 힘이 0이라면 인체 일부에서 운동량 변화가 발생함에 따라, 인체의 나머지 부분에서 크기는 같고 방향이 반대인 운동량 변화가 일어난다. 심장탄도는 심장이 수축하며 혈액을 대동맥으로 내보내고 다시 심장에 혈액을 보충하여 채우는 과정에서 일어나는 인체의 작은 반동 운동을 기록한다.

응용: 제트 엔진, 로켓, 비행기 날개 제트 엔진과 로켓은 운동량 보존에 의해 작동한다. 엔진에서 연소된 고온의 기체를 고속으로 분출구 밖으로 밀어낸다. 고온 기체가 방출될 때 후방으로 증가된 기체 운동량이 엔진이 전방으로 운동량을 갖게 한다. 비행기의 날개는 운동량 보존으로 양력을 받는다. 날개의 중요한 역할은 공기를 아래로 편향시켜서 아래 방향으로 운동량을 갖게 하는 것이다. 날개가 공기를 아래로 밀어내기 때문에 공기는 날개를 위로 밀어 올린다.

보기 7.4

오징어의 제트 추진

오징어(그림 7.8)는 해양 무척추동물 중에서 가장 빠르게 수영한다. 포식자를 피하기 위해 빠른 속도로 수영하는 중에, 일부 종은 10 m/s 이상의 속도에 도달할 수 있다. 오징어는 제트기나 로켓처럼 스스로 추진한다. 이를 위해서는 먼저 내부 공동을 물로 채운다. 그런 다음 강력한 근육인 외투막(mantle)이 공동을 압착하여 좁은 수관(siphon)을 통해 물을 고속으로 분사한다.

182 g인 오징어(분사될 물을 포함)가 처음에 정지해 있었다고 가정하자. 그리고 나서 오징어는 54 g의 물을 평균 속도 62 cm/s(주위의 물에 비해)로 분사한다. 항력을 무시하면, 오징어는 물을 분사한 직후에 얼마나 빨리 움직이는가?

전략 오징어와 공동 내부의 물이 단일 계라고 생각하자. 계에 작용하는 항력을 무시할 수 있다고 가정하기 때문에 계에 작용하는 알짜 외부 힘은 0이며 계의 총 운동량은 보존된다.

그림 7.8 흰오징어(Bigfin Reef Squid, 학명은 *Sepioteuthis lessoniana*)는 일반적으로 하와이에서 홍해에 이르는 지역의 산호초와 해초 바닥에서 발견된다. 말레이시아에서 찍은 이 사진에서, 오징어가 앞으로 나아갈 수 있도록 물을 분사하는 수관을 분명히 볼 수 있다.

수관

풀이 처음에 오징어는 정지해 있었으므로, 계의 총 운동량은 0이다. 물을 분사한 후 오징어는 속도 $\vec{v}_s$로 움직이고, 분사된 물은 평균 속도 $\vec{v}_w$로 움직인다. 계의 총 운동량은 보존된다.

$$\vec{p}_i = \vec{p}_f 이므로, \quad 0 = m_s\vec{v}_s + m_w\vec{v}_w$$

이다. 여기서 물을 분사한 후 오징어의 질량은 $m_s = 182\,g - 54\,g = 128\,g$이다. $\vec{v}_s$에 대해 풀면

$$\vec{v}_s = -\frac{m_w\vec{v}_w}{m_s}$$

이다. 여기서 마이너스 기호(−)는 오징어가 분사된 물과 반대

방향으로 움직인다는 것을 의미한다. 오징어의 속력은

$$v_s = \frac{m_w v_w}{m_s} = \frac{(54\,g) \times (62\,cm/s)}{128\,g} = 26\,cm/s$$

이다.

검토 빠른 점검: 오징어의 질량은 분사한 물의 질량을 두 배한 것보다 약간 더 크므로, 분사된 물의 속도는 오징어 속도의 두 배보다 약간 더 크다.

문제의 변형: 처음에 오징어가 정지해 있지 않았다고 가정할 경우에도, 여전히 계의 운동량이 보존됨을 적용할 수 있다. 단지 차이점은 처음 운동량이 0이 아니라는 것이다. 처음에 오징어가 속도 $\vec{v}_i$로 움직인다면

$$(m_s + m_w)\vec{v}_i = m_s\vec{v}_s + m_w\vec{v}_w$$

이다. 이 식에서 세 속도는 주변 물에 대한 상대 속도로 측정된다. 오징어 내부의 물이 분사되기 전에 속도 $\vec{v}_i$로 움직이기 때문에, 계의 처음 운동량에 대해 $(m_s + m_w)\vec{v}_i$라고 쓴다.

실전문제 7.4 스케이트 선수끼리 서로 밀어 떨어지기

인라인스케이트를 타고 있는 두 명의 스케이트 선수인 남수와 경아가 처음에는 정지 상태에 있었다. 그들은 서로를 밀어 반대 방향으로 운동하기 시작한다. 경아의 속도가 2.0 m/s이고 질량이 남수의 85 %라면, 그때 남수는 얼마나 빨리 움직이겠는가? (힌트: 운동량 보존 법칙 적용)

개념형 보기 7.5

미끄러운 얼음에서 탈출하기

조종사가 고장 난 항공기에서 낙하산을 타고 뛰어내려 얼어붙은 호수 표면에 착륙한다. 바람이 불지 않고 호수 표면이 너무 미끄러워서 걸어 다닐 수 없을 정도이다. 호숫가에 도달하기 위해 조종사가 할 수 있는 일은 무엇인가?

전략 및 풀이 위험에 처해 있는 사람은 조종사이기 때문에, 그는 제트 엔진에서 고온 가스가 뒤로 분출되면 항공기가 어떻게 앞으로 움직일 수 있는지에 대해 생각하기 시작한다. 그 결과, 그는 적당한 아이디어를 찾아낸다. 그는 낙하산을 꾸러미로 묶어 가장 가까운 호숫가에서 멀어지는 방향으로 최대한 강하게 밀어낸다. 마찰을 무시할 수 있는 경우, 조종사와

낙하산 계의 알짜 외력은 0이며, 계의 총 운동량은 변하지 않는다. 낙하산의 운동량과 조종사의 운동량의 합은 여전히 0이어야 한다. 운동량 보존에 의해, 조종사는 반대 방향으로 미끄러지기 시작하면서 호숫가 쪽으로 활공한다.

검토 마찰로 조종사가 호숫가에 도착하기 전에 정지한다면, 조종사는 주머니와 벨트 루프를 뒤져 다른 물건들을 버릴 수 있다. 일단 호숫가에 도착하면, 그는 로프의 한쪽 끝을 나무에 묶고, 다른 끝을 잡고 필수 물품들을 가져오기 위해 얼음 위로 다시 가는 모험을 해볼 수도 있다. 로프가 제공하는 외력을 제공받음으로써, 조종사는 호숫가로 다시 돌아올 수 있다.

실전문제 7.5 **소총의 반동**

여러분이 사격 연습을 하는 동안, 질량 3.8 kg의 소총을 격발했다. 이때 질량이 9.72 g인 총알은 860 m/s의 속력으로 총 구를 떠나 갔다. 부주의로 소총의 개머리판이 어깨에 단단히 고정되어 있지 않을 때 탄환을 발사하면, 소총의 개머리판은 얼마의 속력으로 여러분의 어깨에 부딪치겠는가? (아야!)

7.5 질량중심 CENTER OF MASS

고립된 계의 운동량은 계의 한 부분이 다른 부분들과 내부 상호작용을 한다 하더라도 보존된다. 내부 상호작용은 계를 이루고 있는 부분들 간에 운동량을 전달하게 하지만 계의 총 운동량을 변화시키지는 못하기 때문이다. 우리는 **질량중심**center of mass(CM)이라 하는 한 점을 정의할 수 있는데, 이는 계의 평균 위치 역할을 한다. 7.6절에서는 고립된 계의 질량중심은 계를 이루는 부분들의 운동이 얼마나 복잡한지와 관계없이 일정한 속도로 운동을 해야 함을 증명한다. 따라서 계의 질량은 마치 한 입자처럼 질량중심에 모두 모여 있는 것으로 취급할 수 있다. 물체의 질량중심은 반드시 그 물체의 내부에 위치하지는 않는다. 부메랑과 같은 물체의 경우, 질량중심은 물체의 외부에 위치한다(그림 7.9a).

계가 고립되지 않고 외부와 상호작용을 한다면 어떻게 되겠는가? 계의 모든 질량이 질량중심에 위치한 단 하나의 점 입자에 모여 있다고 생각해보자. 이런 가상입자

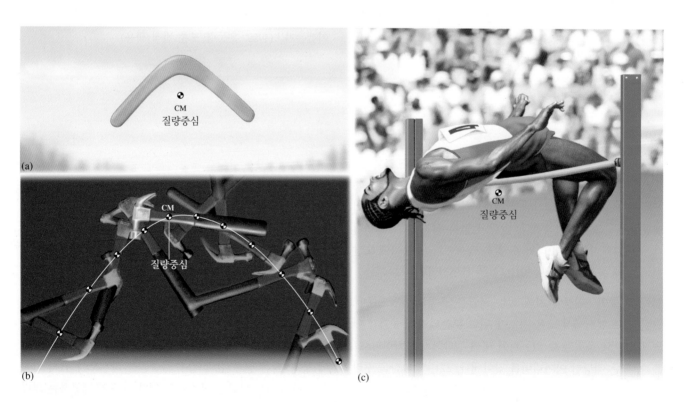

그림 7.9 (a) 부메랑의 질량중심은 부메랑 외부의 한 점에 있다. (b) 망치를 공중으로 던져 올렸을 때 질량중심이 따라가는 경로. (c) 장대높이뛰기 선수의 몸이 바 위를 넘어갈 때 실제 그의 질량중심은 바 밑을 지난다.

의 운동은 뉴턴의 제2 법칙에 의해 결정된다. 여기에서 알짜힘은 계의 각 부분에 작용하는 모든 외부 힘의 합이 된다. 상호작용하는 여러 부분으로 이루어진 복잡한 계의 경우, 질량중심의 운동은 계를 구성하는 입자들의 운동에 비해 눈에 띄게 간단하다(그림 7.9b, c).

질량중심의 위치 두 입자로 이루어진 계의 질량중심은 두 입자를 잇는 선상 어딘가에 위치한다. 그림 7.10에서, 질량이 m_1과 m_2인 두 입자가 각각 x_1과 x_2 지점에 위치한다. 이 두 입자들의 질량중심의 위치는

$$x_{CM} = \frac{m_1 x_1 + m_2 x_2}{m_1 + m_2} \tag{7-7}$$

로 정의한다. 질량중심은 두 입자의 위치를 질량으로 가중 평균한 것이다. 여기서 우리는 통계학적 의미에서 가중치라는 용어를 사용한다. 질량이 작은 입자의 위치보다 질량이 더 큰 입자의 위치는, 통계 가중치를 더 크게 주고서 계산한다. 식 (7-7)을 가중 평균으로서 다음과 같이 다시 쓸 수 있다.

$$x_{CM} = \frac{m_1}{M} x_1 + \frac{m_2}{M} x_2 \tag{7-8}$$

여기서 $M = m_1 + m_2$는 계의 총 질량을 나타낸다. 각 입자의 위치에 대한 통계 가중치는 계의 총 질량에 대한 그 입자의 질량의 비가 된다.

  질량 m_1과 m_2가 같다고 가정하자. 그러면 우리는 질량중심이 두 입자 사이의 중간에 위치하리라 예상한다(그림 7.10a). 만약 $m_1 = 2m_2$라면, 그림 7.10b에서와 같이, 질량중심은 질량 m_1인 입자에 더 가까이 위치한다. 그림 7.10b에서, m_2에서 질량중심까지의 거리는 m_1에서 질량중심까지의 거리의 두 배임을 알 수 있다.

  3차원 공간에서 임의의 위치에 있는 N개의 입자들로 이루어진 계에서는 식 (7-7)을 일반화하여 질량중심을 정의한다.

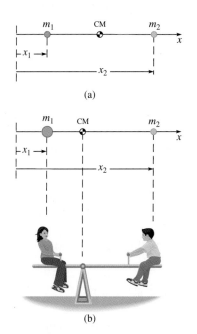

그림 7.10 (a) 질량이 같은 두 입자가 좌표 원점으로부터 x_1과 x_2의 위치에 놓여 있다. 질량중심은 두 입자 중간에 있다. (b) 질량이 다른 두 입자. 질량중심은 무거운 입자 쪽에 근접해 있다. 시소에서 균형을 이룬 두 어린이의 경우, 질량중심은 받침대에 있다.

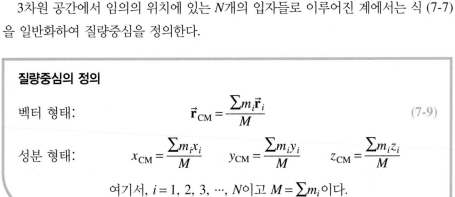

질량중심의 정의

벡터 형태:
$$\vec{r}_{CM} = \frac{\sum m_i \vec{r}_i}{M} \tag{7-9}$$

성분 형태:
$$x_{CM} = \frac{\sum m_i x_i}{M} \qquad y_{CM} = \frac{\sum m_i y_i}{M} \qquad z_{CM} = \frac{\sum m_i z_i}{M}$$

여기서, $i = 1, 2, 3, \cdots, N$이고 $M = \sum m_i$이다.

$\sum$ 기호가 합을 나타낸다는 것을 상기하자. 줄여서 나타낸 $\sum m_1 x_i$는

$$\sum m_i x_i = m_1 x_1 + m_2 x_2 + \cdots + m_N x_N$$

을 나타낸다. 2차원 공간에 분포된 입자들에 대해서는 이 식들 중 xy-평면에 대한 두 개의 식만 사용하여 질량중심의 x-와 y-성분을 구하면 된다.

쌍성계의 질량중심

쌍성계를 이루는 두 별 사이의 중력 상호작용 때문에, 별들은 각각 그들의 질량중심 주위에서 원 궤도 운동을 한다. 한 별은 질량이 15.0×10^{30} kg이고, 그 중심은 $x = 1.0$ AU와 $y = 5.0$ AU에 위치한다. 다른 한 별은 질량이 3.0×10^{30} kg이고, 그 중심은 $x = 4.0$ AU와 $y = 2.0$ AU에 있다. 두 별로 이루어진 계의 질량중심을 구하여라. (AU는 천문단위이며, 1 AU = 지구와 태양 간의 평균 거리 = 1.5×10^8 km이다.)

전략 별들을 각각 자신의 중심에 위치한 입자로 취급한다. x-와 y-좌표가 주어져 있으므로, 가장 쉬운 계산 방법은 질량중심의 x-와 y-좌표를 구하는 것이다. 거리와 방향으로 질량중심의 위치벡터를 구하는 것은 별로 이득이 없다.

주어진 조건: $m_1 = 15.0 \times 10^{30}$ kg, $x_1 = 1.0$ AU, $y_1 = 5.0$ AU

$m_2 = 3.0 \times 10^{30}$ kg, $x_2 = 4.0$ AU, $y_2 = 2.0$ AU

구할 값: x_{CM}, y_{CM}

풀이 계의 총 질량은 개별 질량들의 합이 된다. 곧

$$M = m_1 + m_2 = 15.0 \times 10^{30}\ \mathrm{kg} + 3.0 \times 10^{30}\ \mathrm{kg} = 18.0 \times 10^{30}\ \mathrm{kg}$$

이다. x-위치는

$$\begin{aligned} x_{\mathrm{CM}} &= \frac{m_1}{M} x_1 + \frac{m_2}{M} x_2 \\ &= \frac{15.0 \times 10^{30}\ \mathrm{kg}}{18.0 \times 10^{30}\ \mathrm{kg}} \times 1.0\ \mathrm{AU} + \frac{3.0 \times 10^{30}\ \mathrm{kg}}{18.0 \times 10^{30}\ \mathrm{kg}} \times 4.0\ \mathrm{AU} \\ &= 1.5\ \mathrm{AU} \end{aligned}$$

이고, y-위치는

$$\begin{aligned} y_{\mathrm{CM}} &= \frac{m_1}{M} y_1 + \frac{m_2}{M} y_2 \\ &= \frac{15.0}{18.0} \times 5.0\ \mathrm{AU} + \frac{3.0}{18.0} \times 2.0\ \mathrm{AU} = 4.5\ \mathrm{AU} \end{aligned}$$

이다.

검토 그림 7.11에 질량중심의 위치가 표시되어 있다. 두 입자의 경우에 대해 예상하듯이, 질량중심은 큰 질량 쪽에 가까이 있으며 둘을 잇는 선상에 위치한다. 일단 문제에서 질량중심의 위치를 구하고 나면, 그 위치

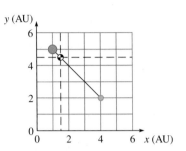

그림 7.11 두 별로 이루어진 쌍성계의 질량중심 구하기.

가 타당한지 검토해보아라. 이 문제에서 실수를 범하여 질량중심의 위치로 $x = 1.5$ AU와 $y = 1.7$ AU를 얻었다고 가정하자. 이 점은 두 입자를 잇는 선상에도 있지 않을 뿐 아니라 질량이 작은 별에 더 가까이 있으므로 질량중심으로 타당한 위치가 아니다. 그러므로 실수한 곳을 찾기 위해 되짚어 가보아야 한다.

질량이 다른 3개의 공

그림 7.12와 같이 3개의 공이 있다. 질량은 $m_1 = m_3 = 1.0$ kg이고, $m_2 = 4.0$ kg이다. 세 공의 질량중심의 위치를 구하여라.

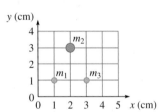

그림 7.12 x, y 위치가 각각 (1.0 cm, 1.0 cm), (2.0 cm, 3.0 cm), (3.0 cm, 1.0 cm)인 3개의 공.

대칭성을 이용하여 질량중심의 위치 찾기 실생활에서 다루는 대부분의 물체들은 점 입자들 몇 개의 조합으로 이루어지지도 않았고, 구 대칭 물체도 아니다. 보기 7.6에서 질량중심을 구하기 위해 각 별의 중심위치를 사용했다. 구 대칭성으로 인해 각 별(자체)의 질량중심은 각각의 기하학적 중심에 있다. 대칭성이 있는 다른 모양에도 동일한 기법을 적용할 수 있다. 건축에 사용되는, 길이 244 cm, 가로 3.8 cm, 세로 8.9 cm인 균일한 나무토막인 2 × 4 표준각목은 기하학적인 중심인 각목 길이의 절

반 위치, 가로의 절반 위치, 세로의 절반 위치에 질량중심이 있다. 이와는 대조적으로, 부정하게 조작된 주사위에는 조그만 금속 조각을 한쪽 면 가까이에 넣어서 질량중심이 그 기하학적인 중심에 있지 않도록 되어 있다. 그래도 질량이 m_i인 계의 한 부분의 질량중심의 좌표가 (x_i, y_i, z_i)인 이상 질량중심의 정의식 (7-9)는 적용된다.

7.6 질량중심의 운동 MOTION OF THE CENTER OF MASS

이제 질량중심의 위치를 구하는 방법을 알았으니, 질량중심의 운동에 관심을 가져보자. 질량중심의 속도와 계를 이루는 여러 부분의 속도 사이에는 어떤 관계가 있겠는가?

짧은 시간 간격 Δt 동안 i번째 입자의 변위는 $\Delta \vec{r}_i = \vec{v}_i \Delta t$이고, 질량중심의 변위는 $\Delta \vec{r}_{CM} = \vec{v}_{CM} \Delta t$이다. 질량중심을 정의한 식 (7-9)로부터, 이들 변위는

$$\Delta \vec{r}_{CM} = \frac{\sum m_i \Delta \vec{r}_i}{M} \text{ 이므로 } \quad \vec{v}_{CM} \Delta t = \frac{\sum m_i \vec{v}_i \Delta t}{M}$$

와 같은 관계를 가져야만 한다. 여기서 다시 양변을 Δt로 나누고, 총 질량 M을 곱하면,

$$M\vec{v}_{CM} = \sum m_i \vec{v}_i \tag{7-10}$$

가 된다. 식 (7-10)의 우변은 계를 구성하는 입자들의 운동량 합, 곧 계의 총 운동량 $\vec{p}$이다. 따라서 계의 총 운동량은

$$\vec{p} = M\vec{v}_{CM} \tag{7-11}$$

와 같이 총 질량과 질량중심 속도의 곱이다. 2차원의 경우, 식 (7-11)은 다음과 같이 두 성분 방정식과 동등하다.

$$p_x = Mv_{CM,x} \text{ 과 } \quad p_y = Mv_{CM,y} \tag{7-12}$$

여기서 p_x와 p_y는 계의 총 운동량의 x-와 y-성분이다

7.4절에서, 고립된 계에서는 총 선운동량이 보존된다는 것을 알았다. 그러한 계에서 식 (7-11)은 각 입자들의 다양한 운동에도 불구하고 질량중심은 일정한 속도로 운동해야만 한다는 것을 의미한다. 만일 알짜 외력이 계에 작용하여 계가 고립되어 있지 않는다면, 계의 질량중심은 일정한 속도로 운동하지 않는다. 대신에, 모든 질량이 가상의 한 점에 몰려 있고 그 점에 모든 외력이 작용하는 것처럼 운동한다. 질량중심의 운동은 다음에 기술한 뉴턴의 제2 법칙을 따른다.

$$\sum \vec{F}_{외부} = M\vec{a}_{CM} \tag{7-13}$$

여기서 M은 계의 총 질량이고 $\sum \vec{F}_{외부}$는 계에 작용하는 알짜 외력이며 $\vec{a}_{CM}$는 계의 질량중심 가속도이다. [식 (7-13)은 이 장의 문제 22에서 증명한다.]

 **살펴보기 7.6**

다시 그림 7.9b로 돌아가보자. 왜 망치의 CM은 포물선 경로를 따라 움직이는가?

보기 7.7

폭발하는 로켓

모형 로켓이 지면에서 포물선 궤도로 발사되었다. 발사 지점에서 260 m 수평 거리에 있는 궤도의 정점에서 로켓 내부에서 일어난 폭발로 두 조각으로 나뉘었다. 로켓 질량의 $\frac{1}{3}$인 한 조각은 마치 그 점에서 정지해 있다 떨어지는 것처럼 지구로 똑바로 떨어졌다. 다른 조각은 발사 지점으로부터 수평 거리가 얼마인 곳에서 땅으로 떨어지겠는가? 공기의 저항은 무시하여라. (힌트: 두 조각은 동시에 땅에 떨어진다.)

전략 이 문제를 푸는 데 다른 두 가지 전략을 사용할 수 있다.

전략 1: 이 폭발에 운동량 보존을 적용할 수 있다. 폭발하기 바로 직전 로켓의 운동량은 폭발 직후의 두 조각의 총 운동량과 동일하다. 여기서 왜 운동량이 보존됨을 가정할 수 있는가? 계에 작용하는 유일한 외력은 중력 상호작용뿐이다. 외력은 계의 운동량을 변화시킨다. 그러나 폭발은 매우 짧은 시간 동안에 일어난다. 식 (7-2)의 충격량–운동량 정리로부터, 계의 운동량 변화는 중력에 시간 간격을 곱한 값임을 알 수 있다. 시간 간격이 충분히 짧다면 계의 운동량 변화는 무시될 수 있다.

전략 2: 폭발은 로켓을 이루는 두 부분 사이의 내부 상호작용에 의해 일어난다. 계의 질량중심의 운동은 내부 상호작용의 영향을 받지 않으므로, 동일한 포물선 경로를 유지한다. 폭발 바로 직전에 로켓은 궤도의 정점에 있으므로, $p_y = 0$이다(y-축은 위로 향한다). 폭발 직후 한 조각은 정지 상태에 있다. 그러면 다른 한 조각도 $p_y = 0$이어야 한다. 그렇지 않으면 운동량 보존에 위배될 것이다. 그러면 폭발 직후 두 조각 모두 $v_y = 0$ 이다. 공기 저항을 무시하면, 두 로켓 조각은 동시에 땅에 떨어진다. 바로 그 순간 질량중심도 지면에 닿는다.

풀이 1 우선 이 상황을 그림 7.13과 같이 그려보자. 폭발이 일어나는 궤도의 정점에서 $v_y = 0$이며, 로켓은 x-방향으로 움직이고 있다. 폭발 직전의 운동량은 모두 x-방향이다. 로켓의

질량을 M이라 하면, 운동량은

$$p_{ix} = Mv_{ix}$$

이다. 폭발 직후 로켓 질량의 $\frac{1}{3}$은 정지해 있다. 그러면 그 중력의 영향을 받아 연직 아래 똑바로 낙하한다. 폭발 직후 이 조각의 x-방향 운동량은 0이다. 따라서 운동량이 보존되기 위해서는 로켓의 $\frac{2}{3}$ 질량을 가진 다른 조각의 운동량은 폭발 직전의 로켓의 운동량과 같아야 한다. 곧

$$p_{ix} = p_{1x} + p_{2x}$$
$$Mv_{ix} = 0 + (\tfrac{2}{3}M)v_{2x}$$

이다. 이 식을 v_{2x}에 대하여 풀면,

$$v_{2x} = \tfrac{3}{2}v_{ix}$$

이다.

운동량의 y-성분도 역시 보존되어야 한다. 곧

$$p_{iy} = p_{1y} + p_{2y}$$

이다. 여기서 p_{iy}와 p_{1y}가 둘 다 0이라는 것을 알고 있다. 따라서 p_{2y}도 0이 된다. 폭발 직후 두 로켓 조각의 속도의 수직 성분은 0이다. 따라서 두 조각이 땅에 떨어지는 데 걸리는 시간은 로켓이 폭발하지 않았다고 가정할 때 걸리는 시간과 동일하다. 수평 속도가 $\frac{3}{2}$ 배로 커진 로켓의 두 번째 조각은 폭발로부터 260 m의 $\frac{3}{2}$배만 한 수평 거리를 날아간다(그림 7.13). 발사 지점에서부터 착륙 지점까지의 거리는 다음과 같다.

$$\Delta x = 260 \text{ m} + \tfrac{3}{2} \times 260 \text{ m} = 650 \text{ m}$$

풀이 2 질량이 $\frac{1}{3}M$인 조각은 발사 지점에서 260 m 떨어진 지점으로 연직 낙하한다. 폭발 후 질량중심은 로켓이 쪼개지지 않았다고 가정할 때와 똑같은 궤도로 계속 운동을 한다. 포물선의 대칭성으로부터, 질량중심은 발사 지점에서 2×260 m $= 520$ m 거리의 지점에 떨어짐을 알 수 있다. 질량

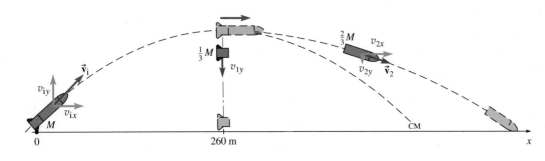

그림 7.13 폭발 후의 로켓 운동.

중심과 한 조각의 위치를 알기 때문에, 두 번째 조각이 떨어지는 위치를 구할 수 있다. 곧

$$Mx_{CM} = \tfrac{1}{3}Mx_1 + \tfrac{2}{3}Mx_2$$

이다. 다음에는 공동인자 M을 지워버리면

$$x_{CM} = \tfrac{1}{3}x_1 + \tfrac{2}{3}x_2$$

이다. 위 식을 x_2에 대해 풀면

$$x_2 = \frac{3x_{CM} - x_1}{2} = \frac{3 \times 520\ \text{m} - 260\ \text{m}}{2} = 650\ \text{m}$$

가 된다. 이것은 풀이 1에서 구한 것과 같은 답이다.

검토 질량중심의 운동이 내부 상호작용의 영향을 받지 않는다고 생각하는 것이 아주 큰 도움이 될 수 있다. 그러나 두 조각이 동시에 땅에 떨어지지 않는다면 풀이 2는 그리 간단하지 않다는 것을 명심하여라. 한 조각(조각 1)이 바닥에 떨어지자마자 계에 작용하는 외력은 더 이상 중력만이 아니기 때문에, 질량중심은 계속해서 같은 포물선 경로를 따라갈 수 없다. 조각 1에 가해지는 수직항력과 마찰력은 그것의 후속 운동에 영향을 미치며, 조각 2의 운동에 영향을 미치지 않는다 하더라도 질량중심의 후속 운동에는 영향을 미친다.

실전문제 7.7 **다이애나와 뗏목**

다이애나(질량 55 kg)는 질량이 100.0 kg인 뗏목 위에서 (물에 대하여) 0.91 m/s로 걷는다. 뗏목은 다이애나와 반대 방향으로 0.50 m/s로 움직인다. 그녀가 뗏목의 한 끝에서 다른 끝으로 걸어가는 데 3.0초 걸렸다고 가정하자. (a) 다이애나는 (물에 대해) 얼마나 멀리 걸어갔는가? (b) 다이애나가 걷는 동안 뗏목은 얼마나 움직이는가? (c) 다이애나와 뗏목의 질량중심은 3.0초 동안 얼마나 움직이는가?

7.7 1차원 충돌 COLLISIONS IN ONE DIMENSION

충돌이란 무엇인가? 거시적인 세계에서 움직이던 물체는 정지해 있거나 운동하는 다른 물체와 부딪친다. 이 두 물체는 서로 접촉하는 동안에 서로에게 힘을 작용한다. 결과적으로 그들의 속도가 변한다. 미시적 및 초미시적 세계에서는 충돌에 대한 상황이 달라진다. 원자가 충돌할 때는 서로 "닿지" 않는다. 원자는 명확한 공간 경계를 갖지 않으므로, "접촉할" 경계 면이 존재하지 않는다. 그러나 짧은 시간 동안 강한 힘이 작용하여 "충돌 이전"과 "충돌 이후"가 명확히 존재하는 한, 충돌 모형은 원자와 원자에 준하는 미세 입자들에 있어도 여전히 유용하다.

운동량 보존을 이용한 충돌 분석 충돌하는 물체에 외력이 작용하는 경우에도, 충돌을 해석하기 위해 때로는 운동량 보존을 사용할 수 있다. 만일 알짜 외력이, 충돌하는 동안 충돌 물체들 간 상호작용하는 내력에 비해 작다면, 두 물체의 총 운동량 변화는 한 물체에서 다른 물체로 이동하는 운동량 변화에 비해 작다. 따라서 충돌 후의 총 운동량은 충돌 전과 거의 같다.

거시 세계에서 충돌(자동차 충돌, 당구공 충돌 또는 야구공을 때리는 야구 방망이)에 사용되는 동일한 기법이 미시 세계의 충돌(서로 충돌하거나 표면과 충돌하는 기체 분자, 핵의 방사성 붕괴)에도 사용된다. 우선 일직선상 운동에 국한된 충돌을 먼저 공부한 후, 평면상(2차원상)에서의 운동에 국한된 충돌을 살펴볼 것이다.

공기의 충돌

오른쪽으로 0.80 km/s 속도로 운동하던 크립톤 원자(질량 83.9 u)와 왼쪽으로 0.40 km/s 속도로 운동하던 물 분자(질량 18.0 u)가 정면충돌했다. 충돌 후 물 분자는 오른쪽으로 0.60 km/s의 속도를 갖는다. 충돌 후 크립톤 원자의 속도는 얼마인가? (기호 u는 원자 질량 단위를 나타낸다.)

전략 두 원자의 충돌 전의 속도와 하나의 충돌 후의 속도를 알고 있기 때문에, 운동량 보존을 적용하면 두 번째 원자의 충돌 후의 속도를 구할 수 있다. 첨자 "1"은 크립톤 원자를, 첨자 "2"는 물 분자를 나타낸다고 하자. 그리고 x-축이 오른쪽을 향하고 있다고 하자. 그림 7.14는 충돌 전후의 상황을 보여준다.

풀이 운동량 보존에 의하면, 계의 충돌 후의 운동량과 충돌 전의 운동량이 같아야 한다. 곧

$$\vec{p}_{1f} + \vec{p}_{2f} = \vec{p}_{1i} + \vec{p}_{2i}$$

이다. 이제 각각의 운동량을 $\vec{p} = m\vec{v}$로 바꾸자. 성분별로 계산하는 것이 가장 쉽다. 모든 양들이 x-성분임을 기억한 채 간소화하기 위하여 첨자 x를 떼어버리자.

$$m_1 v_{1f} + m_2 v_{2f} = m_1 v_{1i} + m_2 v_{2i}$$

$m_1/m_2 = 83.9/18.0 = 4.661$이므로, $m_1 = 4.661 m_2$라 고쳐 쓸 수 있다.

충돌 전

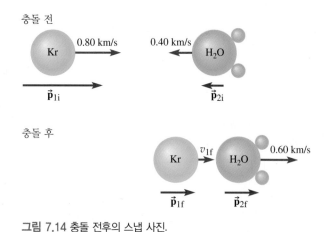

충돌 후

그림 7.14 충돌 전후의 스냅 사진.

$$4.661 \, m_2 v_{1f} + m_2 v_{2f} = 4.661 \, m_2 v_{1i} + m_2 v_{2i}$$

이며, 공통인자 m_2는 상쇄된다. v_{1f}에 대해 풀면,

$$\begin{aligned} v_{1f} &= \frac{4.661 v_{1i} + v_{2i} - v_{2f}}{4.661} \\ &= \frac{4.661 \times 0.80 \text{ km/s} + (-0.40 \text{ km/s}) - 0.60 \text{ km/s}}{4.661} \\ &= 0.59 \text{ km/s} \end{aligned}$$

이다. 충돌 후에 크립톤 원자는 0.59 km/s 속력으로 오른쪽으로 운동한다.

검토 이 결과를 점검하기 위하여, 충돌 전후의 총 운동량 (x-성분)을 계산한다.

$$\begin{aligned} m_1 v_{1i} + m_2 v_{2i} &= (83.9 \text{ u})(0.80 \text{ km/s}) + (18.0 \text{ u})(-0.40 \text{ km/s}) \\ &= 60 \text{ u} \cdot \text{km/s} \end{aligned}$$

$$\begin{aligned} m_1 v_{1f} + m_2 v_{2f} &= (83.9 \text{ u})(0.59 \text{ km/s}) + (18.0 \text{ u})(0.60 \text{ km/s}) \\ &= 60 \text{ u} \cdot \text{km/s} \end{aligned}$$

운동량은 보존된다. 단지 두 값만 비교하면 되므로 u를 kg으로 바꿀 필요는 없다.

만일 운동량을 스칼라양으로 생각하는 우를 범했다면 틀린 답을 얻었을 것이다. 충돌 전의 운동량의 크기의 합은 충돌 후의 운동량의 크기의 합과 일치하지 않는다. 에너지는 스칼라양이므로 에너지 보존은 아마도 직관적으로 이해하기가 더 쉬울 것이다. 운동에너지에서 위치에너지로의 전환은 돈을 당좌예금 구좌에서 보통예금 구좌로 이체시키는 것과 유사하다. 이체 전후의 전체 돈의 양은 동일하다. 이런 종류의 유추해석은 운동량에는 적용되지 않는다!

실전문제 7.8 정면충돌

정지해 있던 질량 5.0 kg의 공이 궤도를 따라 10.0 m/s로 운동하던 질량 2.0 kg의 공과 정면으로 충돌했다. 충돌 후 2.0 kg 공이 정지했다면, 충돌 후 5.0 kg 공의 속력은 얼마인가?

탄성 충돌과 비탄성 충돌

충돌은 주로 충돌하는 물체의 운동에너지가 어떻게 되는가에 따라 분류한다. 높이

h에서 떨어진 공은 처음 높이까지 튀어 오르지 못한다. 마루 또는 지면과 충돌한 직후 공의 운동에너지는 충돌 직전보다 작아진다. 운동에너지의 감소량은 공과 지면의 구조적 성질에 따라 달라진다. 딱딱한 나무 바닥에 떨어지는 라켓볼은 처음 높이 가까이까지 튀어 오르지만, 수박은 거의 튀어 오르지 않거나 전혀 튀어 오르지 않는다. 어째서 어떤 물체는 다른 물체보다 더 잘 튀어 오르는가?

마루와 충돌하는 라켓볼을 생각해보자(그림 7.15). 공의 밑면이 납작해진다. 무엇 때문에 공이 마루에서 튀어 오르는가? 공의 형태를 유지하는 힘은 용수철과 유사하다. 공의 운동에너지는 주로 이런 용수철에 저장되는 탄성퍼텐셜에너지로 전환된다. 공이 튀어오를 때 이 에너지는 운동에너지로 다시 전환된다. 그렇다면 수박은 왜 튀어 오르지 않을까? 수박도 마루와 충돌할 때 변형되지만, 이 변형은 가역적이지 않다. 수박의 운동에너지는 대부분 퍼텐셜에너지보다 열에너지로 변하여 소멸된다.

충돌 전후의 총 운동에너지가 동일한 충돌을 **탄성 충돌**elastic collision이라 부른다. 운동에너지만의 보존 법칙은 없다. 총 에너지는 항상 보존되지만, 그렇다고 운동에너지의 일부가 다른 형태의 에너지로 변환되는 것을 배제한다는 것은 아니다. 탄성 충돌이란 조금이라도 운동에너지가 다른 형태의 에너지로 변환되지 않는 특수한 종류의 충돌일 뿐이다.

두 물체 사이에서 일어나는 탄성 충돌의 경우, 충돌 전후 상대 속력은 항상 같다. 이러한 사실은 1차원 충돌에서 매우 유용하다. 2차원 충돌에서 상대 속도의 방향은 충돌 후 변한다. 상대 속도의 방향은 1차원 충돌 후 반대 방향으로 변한다. 곧, 충돌 전에는 서로 접근하고 충돌 후에는 서로 멀어진다. 두 물체가 x-방향으로 운동한다고 가정하면, 충돌 전후의 상대 속도는

$$v_{2ix} - v_{1ix} = -(v_{2fx} - v_{1fx}) \qquad (7\text{-}14)$$

와 같이 쓸 수 있다. 1차원 탄성 충돌에 대해 식 (7-14)는 처음 운동에너지와 나중 운동에너지가 서로 같다고 하는 유용한 대체식이다.

나중 운동에너지가 처음 운동에너지보다 작을 때 충돌을 **비탄성 충돌**inelastic collision이라 말한다. 거시 세계 물체들 간 충돌은 일반적으로 어느 정도 비탄성 충돌이지만, 때로는 운동에너지의 변화가 매우 작을 경우, 탄성 충돌로 취급하기도 한다. 충돌 결과 물체들끼리 서로 들러붙을 경우, 이런 충돌은 **완전 비탄성 충돌**perfectly inelastic collision이다. 완전 비탄성 충돌에서는 운동에너지의 감소량이 최대가 된다(운동량 보존과 일치한다).

지금까지 탄성과 비탄성 충돌을 정의했으므로, 이제는 충돌 문제에 대한 문제풀이 전략을 세울 수 있다.

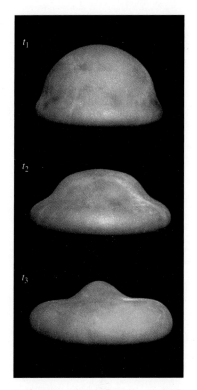

그림 7.15 마루와 충돌하는 라켓볼을 연속해서 찍은 사진($t_1 < t_2 < t_3$). 공이 편평해짐에 따라 운동에너지는 탄성퍼텐셜에너지로 변환된다. 그 후 공이 되튀어 오름에 따라 탄성퍼텐셜에너지는 다시 운동에너지로 변환된다.

두 물체의 충돌에 대한 문제풀이 전략

1. 충돌 전후의 그림을 그려라.
2. 충돌 전후, 두 물체의 질량과 속도에 대한 정보를 수집하고 정리하여라. 속도를 (올바른 대수 부호와 함께) 성분 형태로 표현하여라.

3. 충돌 전의 두 물체의 운동량 합을 충돌 후의 운동량 합과 같다고 놓아라. 각 방향 성분에 대한 방정식을 하나씩 써라.

$$m_1 v_{1ix} + m_2 v_{2ix} = m_1 v_{1fx} + m_2 v_{2fx}$$

$$m_1 v_{1iy} + m_2 v_{2iy} = m_1 v_{1fy} + m_2 v_{2fy}$$

4. 만일 충돌이 완전 비탄성 충돌이라면, 두 물체의 나중 속도를

$$v_{1fx} = v_{2fx} \quad \text{그리고} \quad v_{1fy} = v_{2fy}$$

와 같이 등식으로 놓아라.

5. 만일 충돌이 완전 탄성 충돌이라면, 나중 운동에너지와 처음 운동에너지를 같게 놓아라.

$$\tfrac{1}{2} m_1 v_{1i}^2 + \tfrac{1}{2} m_2 v_{2i}^2 = \tfrac{1}{2} m_1 v_{1f}^2 + \tfrac{1}{2} m_2 v_{2f}^2$$

또는 1차원 충돌의 경우, 상대 속력을

$$v_{2ix} - v_{1ix} = -(v_{2fx} - v_{1fx})$$

와 같이 등식으로 놓아라.

6. 미지수에 대하여 풀어라.

✓ 살펴보기 7.7A

완전 비탄성 충돌에서 계의 운동량이 보존되는가?

✓ 살펴보기 7.7B

한 범퍼카가 v_i의 속력으로, 정지 상태에 있는 동일한 질량의 다른 범퍼카를 향해 움직이고 있다. 그림 7.16은 충돌의 두 가지 가능한 결과를 보여준다. (a) 각 가능성에 대해 충돌 전후 운동량이 보존됨을 증명하고, (b) 탄성 충돌, 비탄성 충돌 또는 완전 비탄성 여부를 결정하여라. (c) 운동량이 보존되는 또 하나의 가능성을 생각해보아라.

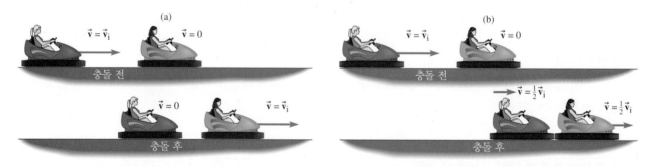

그림 7.16 한 범퍼카가 정지해 있는 질량이 같은 다른 범퍼카와 충돌했을 때 일어날 수 있는 두 가지 가능성.

보기 7.9

고속도로 진입로에서의 충돌

고속도로 진입로에서, 질량이 $1.50 \times 10^3\,\mathrm{kg}$인 승용차가 고속도로의 차량 행렬에 합류하기 전에 우선멈춤 표지판 앞에 정지해서 교통 흐름에 끼어들 틈이 나기를 기다리고 있다. 이때 질량이 $2.00 \times 10^3\,\mathrm{kg}$인 픽업트럭이 뒤에서 와서 정지해 있던 차를 들이받았다고 하자. 충돌이 완전 탄성 충돌이라고 하고 충돌 직후에 승용차가 똑바로 $20.0\,\mathrm{m/s}$로 앞으로 밀려갔다면 충돌 직전 픽업트럭의 속도는 얼마인가?

전략 운동량 보존은 충돌 전 속도와 충돌 후 속도를 관련지어 주는 하나의 방정식을 제공한다. 탄성 충돌이라는 사실에서 다른 방정식을 하나 더 얻을 수 있다. 이 두 방정식으로부터 미지의 속도 2개를 계산할 수 있다. 우선멈춤 표지판 앞에서 있는 차를 "1"로 나타내고, 픽업트럭을 "2"라고 하자. 모든 운동은 1차원에서 이루어지며 이를 x-축이라고 하자. 간단히 하기 위해 첨자 x를 생략하고 모든 p와 v를 x-성분이라 하자. 그림 7.17은 충돌 전후를 나타낸 그림이다.

주어진 조건: $m_1 = 1.50 \times 10^3\,\mathrm{kg}$, $m_2 = 2.00 \times 10^3\,\mathrm{kg}$
충돌 전 $v_{1i} = 0$, 충돌 후 $v_{1f} = 20.0\,\mathrm{m/s}$

구할 값: v_{2i} (충돌 직전 픽업트럭 2의 속력)

풀이 운동량 보존으로부터

$$m_1 v_{1i} + m_2 v_{2i} = m_1 v_{1f} + m_2 v_{2f} \tag{1}$$

이다. 여기서 $v_{1i} = 0$이므로 첫 번째 항은 0이 된다. 그리고 탄성 충돌이므로, 식 (7-14)에서 보였듯이 충돌 후의 상대 속도는 충돌 전의 상대 속도와 방향이 반대여야 한다.

$$v_{2i} - v_{1i} = -(v_{2f} - v_{1f}) \tag{2}$$

두 방정식을 v_{2i}에 대하여 풀어야 하므로 v_{2f}를 소거한다. 식

(2)에 m_2를 곱하고 다시 정리하면

$$m_2 v_{2i} = m_2 v_{1f} - m_2 v_{2f} \tag{3}$$

가 된다. 식 (1)과 (3)을 더하면

$$2 m_2 v_{2i} = (m_1 + m_2) v_{1f} \tag{4}$$

가 된다. 식 (4)를 v_{2i}에 대하여 풀이하면

$$v_{2i} = \frac{m_1 + m_2}{2 m_2} v_{1f} = \frac{1500\,\mathrm{kg} + 2000\,\mathrm{kg}}{4000\,\mathrm{kg}} \times 20.0\,\mathrm{m/s} = 17.5\,\mathrm{m/s}$$

가 된다.

검토 이 답을 점검해보기 위해 우선 v_{2f}에 대하여 풀이한다. 그러면 식 (1)의 운동량 보존과 식 (2)의 상대 속도 부호 변화를 증명할 수 있다. 충돌 전후의 총 운동에너지를 계산할 수 있으며, 탄성 충돌에서는 충돌 전후 계의 총 운동에너지가 서로 같아야 한다는 것을 증명할 수 있다. 이러한 것들은 여러분이 직접 점검해보기 바란다.

도로가 자동차에 마찰력을 작용하므로, 충돌이 일어나는 동안 자동차에 작용하는 외력이 0은 아니다. 충돌 시간이 매우 짧은 경우 마찰력이 계의 운동량을 크게 변화시킬 수 있는 시간을 갖지 못하기 때문에 여전히 운동량 보존을 사용할 수 있다.

실전문제 7.9 **자동차의 완전 비탄성 충돌**

충돌시 탄성적으로 충돌하지 않고 두 자동차가 범퍼끼리 맞붙었다고 하자. 처음 조건 $v_{1i} = 0$와 $v_{2i} = 17.5\,\mathrm{m/s}$이 그대로일 때 충돌 후, 차가 고속도로로 내밀리는 속력을 구하여라.

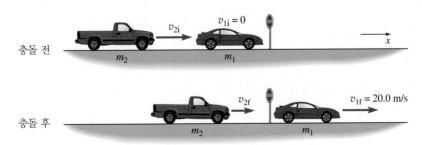

그림 7.17 충돌 전후의 그림(측면도).

자동차의 속도를 알아내기 위해 스키드마크가 어떻게 이용되는가?

보기 7.9에서, 진입로의 제한 속력이 8.94 m/s라 하자. 우선멈춤 표지판으로부터 스키드마크의 길이를 측정하여 마찰계수를 추정해보아라. 사고현장 조사원은 자동차가 20.0 m/s의 속력으로 고속도로로 밀려난 것으로 결론지을 수 있다. 사고 목격자는 충돌하기 전에 자동차가 정지해 있었다고 증언한다. 그러면 현장 조사원은 운동량 보존을 이용하여 충돌 전의 픽업트럭 속력을 계산한다. 충돌 지속 시간 Δt가 너무나 짧기 때문에, 외력에 의한 운동량 변화를 무시할 수 있으며, 두 차량을 고립계로 취급할 수 있다. 픽업트럭이 제한 속력을 넘었다는 것을 발견하고 픽업트럭 운전자에게 속도위반 범칙금을 부과할 것이다.

7.8 2차원 충돌 COLLISIONS IN TWO DIMENSIONS

연결고리

7.7절에서 정리했던 문제풀이 전략을 참고하여라. 2차원 또는 3차원 충돌에서도 똑같은 전략을 적용할 수 있다.

대부분의 충돌에서는 일직선으로 운동을 제한하는 궤도나 다른 기구가 없으므로 1차원 운동으로 국한되지는 않는다. 2차원 충돌에서는, 운동량이 벡터라는 것만 기억한다면 1차원 충돌에서 사용했던 것과 똑같은 기법을 사용해도 좋다. 운동량 보존을 적용하는 데 x-와 y-성분을 가지고 작업하는 것이 일반적으로 가장 쉽다.

보기 7.10

공기 부상대 위에서의 두 퍽의 충돌

조그마한 퍽(질량 $m_1 = 0.10$ kg)이 공기 부상대 위에서 8.0 m/s의 처음 속력으로 오른쪽으로 미끄러지고 있다(그림 7.18a). 공기 부상대에는 공기를 내뿜는 조그마한 구멍들이 많이 있다. 이로 인해 생성되는 공기쿠션은 물체들이 거의 마찰 없이 미끄러지게 해준다. 이 퍽이 정지해 있던 더 큰 퍽(질량 $m_2 = 0.40$ kg)과 충돌한다. 그림 7.18b는 충돌 결과를 보여준다. 충돌 후 작은 퍽은 처음 운동 방향으로부터 위쪽으로 $\phi_1 = 60.0°$ 방향으로, 큰 퍽은 아래쪽으로 $\phi_2 = 30.0°$ 방향으로 움직여간다. (a) 이들 퍽의 나중 속력은 각각 얼마인가? (b) 탄성 충돌인가, 비탄성 충돌인가? (c) 비탄성 충돌이라면, 충돌로 인해 처음 운동에너지의 얼마가 다른 형태의 에너지로 전환되는가?

전략 두 개의 퍽으로 이루어진 계는 알짜 외력이 0이므로 고립계이다. 따라서 운동량 보존을 적용할 수 있다. 2차원 운동이므로, 운동량의 수평 성분과 수직 성분을 따로 분리해서 다룬다.

그림 7.18은 충돌 전후의 두 퍽을 보여준다. 이제 알고 있는 양에 대한 정보를 수집하여 속도를 성분별로 적어보자.

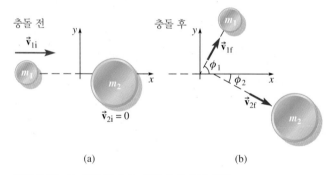

그림 7.18 (a) 충돌 전과 (b) 충돌 후의 스냅 사진.

질량: $m_1 = 0.10$ kg, $m_2 = 0.40$ kg

충돌 전: $v_{1ix} = 8.0$ m/s, $v_{1iy} = v_{2ix} = v_{2iy} = 0$

충돌 후: $v_{1fx} = v_{1f} \cos \phi_1$, $v_{1fy} = v_{1f} \sin \phi_1$,

$v_{2fx} = v_{2f} \cos \phi_2$, $v_{2fy} = -v_{2f} \sin \phi_2$,

$(\phi_1 = 60.0°, \phi_2 = 30.0°)$

구할 값: v_{1f}, v_{2f}, 충돌 전후 총 운동에너지

풀이 (a) 성분별로 작업한다는 것은 충돌 전 총 운동량의 x-성분과 충돌 후 총 운동량의 x-성분을 같게 놓는다는 의미이다. y-성분도 같은 방법으로 처리한다. 처음 운동량은 x-방향

성분뿐이다. 따라서 충돌 후 총 운동량의 y-성분은 0이 되어야만 한다.

우선 충돌 후 총 운동량의 x-성분을 충돌 전 총 운동량의 x-성분과 같게 놓는다.

$$p_{1fx} + p_{2fx} = p_{1ix} + p_{2ix}.$$

여기서 $p_x = mv_x$를 사용하여 각각의 운동량의 성분을

$$m_1 v_{1f} \cos \phi_1 + m_2 v_{2f} \cos \phi_2 = m_1 v_{1ix} + 0$$

과 같이 다시 쓸 수 있다. $m_2 = 4m_1$이므로

$$m_1 v_{1f} \cos 60.0° + 4m_1 v_{2f} \cos 30.0° = m_1 v_{1ix}$$

이다. 공통인자 m_1을 소거하고 $\cos 60.0°$와 $\cos 30.0°$을 수치값으로 치환하면 이 식은

$$0.500 v_{1f} + 3.46 v_{2f} = 8.0 \text{ m/s} \tag{1}$$

로 정리된다. y-성분의 운동량 보존으로부터

$$p_{1fy} + p_{2fy} = p_{1iy} + p_{2iy} = 0$$

이다. $\vec{v}_{2f}$의 y-성분이 음수이므로 $\vec{p}_{2f}$의 y-성분은 음수가 된다. 곧

$$m_1 v_{1f} \sin \phi_1 + (-4m_1 v_{2f} \sin \phi_2) = 0$$

$$v_{1f} \sin 60.0° - 4v_{2f} \sin 30.0° = 0$$

이다. v_{2f}를 v_{1f}에 대해 풀면

$$v_{2f} = \frac{\sin 60.0°}{4 \sin 30.0°} v_{1f} = 0.433 v_{1f} \tag{2}$$

가 된다. 식 (1)과 (2)에는 두 개의 미지수가 포함되어 있다. 하나의 미지수를 소거하기 위하여 식 (1)에서 v_{2f}를 $0.433 v_{1f}$로 치환하면

$$0.500 v_{1f} + 3.46(0.433 v_{1f}) = 2.00 v_{1f} = 8.0 \text{ m/s}$$

가 된다. 이 식을 풀어 v_{1f}의 값을 구하면

$$v_{1f} = 4.0 \text{ m/s}$$

가 된다. 다음에는 이를 식 (2)에 대입하여 v_{2f}를 구하면

$$v_{2f} = 0.433 v_{1f} = 1.73 \text{ m/s} \rightarrow 1.7 \text{ m/s}$$

가 된다.

(b) 나중 속력을 구했으므로, 처음과 나중 운동에너지를 비교할 수 있다.

$$K_i = \frac{1}{2} m_1 v_{1i}^2$$

$$K_i = \frac{1}{2}(0.10 \text{ kg}) \times (8.0 \text{ m/s})^2 = 3.2 \text{ J}$$

이고,

$$K_f = \frac{1}{2} m_1 v_{1f}^2 + \frac{1}{2} m_2 v_{2f}^2$$
$$= \frac{1}{2}(0.10 \text{ kg}) \times (4.0 \text{ m/s})^2 + \frac{1}{2}(0.40 \text{ kg}) \times (1.73 \text{ m/s})^2$$
$$= 0.80 \text{ J} + 0.60 \text{ J} = 1.40 \text{ J}$$

이다. 나중 운동에너지가 처음 운동에너지보다 더 작으므로 이 충돌은 비탄성 충돌이다.

(c) 다른 형태의 에너지로 변환된 운동에너지의 양(주로 퍽의 내부 에너지)은

$$3.2 \text{ J} - 1.4 \text{ J} = 1.8 \text{ J}$$

이다. 처음 운동에너지가 다른 에너지로 변환된 비율을 구하기 위해 이를 처음 운동에너지로 나눈다.

$$\frac{1.8 \text{ J}}{3.2 \text{ J}} = 0.56$$

따라서 입사되는 퍽의 운동에너지의 절반 이하가 두 퍽의 운동에너지로 남는다.

검토 2차원 충돌 문제가 1차원 문제에 비해 더 복잡한 대수를 요구하는 경향이 있지만, 물리학적 원리는 동일하다. 계에 가해지는 알짜 외력이 0인(또는 무시할 정도로 작은) 이상, 총 운동량 벡터는 보존되어야만 한다.

실전문제 7.10 공의 충돌

처음에 정지해 있던 질량이 m_2인 두 번째 공을 향해, 질량이 m_1인 공이 $+x$-축을 따라 속력 v_i로 운동하고 있다. 두 번째 공의 질량이 첫 번째 공의 질량의 5배이다. 이 두 공이 충돌한 후, m_1은 $+y$-축을 따라 v_1의 속력으로 운동하고, m_2는 $+x$-축 아래 36.9°로 $v_2 = \frac{1}{4}v_i$의 속력으로 운동한다. v_1을 v_i로 표현하여라.

해답

7.1 (a) 아래 방향, 0.78 kg·m/s, (b) 사과를 향하여 0.78 kg·m/s, 1.3×10^{-25} m/s

7.2 선수 몸무게의 3.5배

7.3 1700 N, 0.0037초

7.4 1.7 m/s

7.5 2.2 m/s

7.6 (2.0 cm, 2.3 cm)

7.7 (a) 2.7 m, (b) 반대 방향으로 1.5 m, (c) 질량중심은 움직이지 않는다.

7.8 4.0 m/s

7.9 10.0 m/s

7.10 $0.751\, v_i$

7.2 아니오. 왜냐하면 자동차의 운동량 방향이 바뀌었기 때문이다.

7.4 외력이 계에 작용할 때, 계의 운동량은 보존되지 않는다.

7.6 망치가 회전하고 있음에도 불구하고 자유낙하하는 상태로 질량중심은 점 입자가 자유낙하할 때와 같은 궤적을 따라간다.

7.7A 예. 운동량은 탄성 충돌과 비탄성 충돌하는 경우에 모두 보존된다. 그러나 비탄성 충돌에서는 처음과 나중 운동 에너지는 같지 않다.

7.7B (a) 총 운동량은 보존된다. 곧, $mv_i + 0 = 0 + mv_i$. 전과 후의 총 운동에너지는 $K_i = \frac{1}{2}mv_i^2 + 0$과 $K_f = 0 + \frac{1}{2}mv_i^2$ 같아서 탄성 충돌이다. (b) 총 운동량은 보존된다. 곧, $mv_i + 0 = m\left(\frac{1}{2}v_i\right) + m\left(\frac{1}{2}v_i\right)$. 나중 속도가 같아서 충돌은 완전 비탄성 충돌이다. (c) 충돌 후 파란색 차의 x-성분 속도는 $\frac{1}{4}v_i$이고 빨간색 차는 $\frac{3}{4}v_i$라고 하자. 이에 따라 운동량은 보존된다. 곧, $mv_i + 0 = m\left(\frac{1}{4}v_i\right) + m\left(\frac{3}{4}v_i\right)$. 전과 후의 총 운동에너지는 $K_i = \frac{1}{2}mv_i^2 + 0$과 $K_f = \frac{1}{2}m\left(\frac{1}{4}v_i\right)^2 + \frac{1}{2}m\left(\frac{3}{4}v_i\right)^2 = \frac{5}{16}mv_i^2$으로 $K_f < K_i$이므로 비탄성 충돌이다.

돌림힘과 각운동량
Torque and Angular Momentum

체조 경기의 링 종목에서 십자 버티기는 엄청난 힘을 요하는, 어렵기로 소문난 묘기이다. 왜 그 기술에 그렇게 큰 힘이 필요한가? (224쪽에 답이 있다.)

되돌아가보기

- 병진 평형(2.4절)
- 등속원운동과 원 궤도(5.1, 5.4절)
- 각가속도(5.6절)
- 에너지 보존 법칙(6.1절)
- 질량중심과 그 운동(7.5, 7.6절)
- 미끄럼 없는 구름(5.1절)

8.1 회전운동에너지와 회전관성
ROTATIONAL KINETIC ENERGY AND ROTATIONAL INERTIA

강체가 한 축을 중심으로 돌고 있을 때, 강체를 구성하는 각 입자는 회전축 주위의 원주를 따라 운동하기 때문에 운동에너지를 갖는다. 원칙적으로, 회전체의 운동에너지는 회전체를 이루고 있는 입자들의 운동에너지를 모두 합하면 된다. 그러나 회전체를 이루고 있는 입자들의 회전운동에너지를 모두 더하는 이 작업은 매우 어렵다. 다행히도 회전체를 구성하고 있는 개개의 입자들에 대한 회전운동에너지를 더하지 않고 간단하게 표현할 수 있는 다른 방법이 있다. 간단한 표현이 가능한 것은 회전체를 이루고 있는 개개 입자의 속력이 회전하는 각속력 ω에 비례하기 때문이다.

만약 강체가 N개의 입자로 구성되어 있다면, 입자들의 운동에너지의 합은 개개 입자의 질량과 속력에 아래 첨자로 번호를 달아 다음과 같이 수학적으로 표현할 수 있다.

$$K_{회전} = \tfrac{1}{2}m_1 v_1^2 + \tfrac{1}{2}m_2 v_2^2 + \cdots + \tfrac{1}{2}m_N v_N^2 = \sum_{i=1}^{N} \tfrac{1}{2} m_i v_i^2$$

여기서 기호 $\sum_{i=1}^{N} Q_i$는 합 $Q_1 + Q_2 + \cdots + Q_N$을 나타낸다.

개개 입자의 속력은 회전축에서 입자까지의 거리와 관계가 있다. 회전축에서 더 멀리 있는 입자들은 더 빨리 운동하고 가까이 있는 입자들은 느리게 운동한다. 5.1절에서 원주를 따라 운동하는 입자의 속력은

$$v = r\omega \tag{5-7}$$

가 된다는 것을 공부했다. 이 식에서 ω는 각속력이며, r는 회전축에서 입자까지의 거리이다(그림 8.1). 식 (5-7)을 입자들의 회전운동에너지의 합에 관한 공식에 대입하면

$$K_{회전} = \sum_{i=1}^{N} \tfrac{1}{2} m_i r_i^2 \omega^2$$

이 된다. 물체 전체는 같은 각속력 ω로 회전하기 때문에 상수 $\tfrac{1}{2}$과 ω^2을 합하는 괄호 밖으로 끌어내어 다음 식과 같이 쓸 수 있다.

$$K_{회전} = \tfrac{1}{2} \left(\sum_{i=1}^{N} m_i r_i^2 \right) \omega^2$$

만약 물체가 강체라서 모양이 변하지 않는다면, 회전축과 개개 입자 사이의 거리가 변하지 않기 때문에 괄호 속의 양은 일정하다. 괄호 안의 합을 계산하는 것이 어

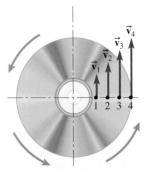

그림 8.1 회전하는 DVD 위의 네 점. 중심에서 멀리 떨어져 있는 점들은 가까이 있는 점들보다 빠르게 움직인다.

렵다 해도 주어진 회전축에 대한 질량 분포를 한 번만 계산하면 된다.

괄호 안에 있는 양을 기호 I로 나타내자. 5장에서 이미 사용했던 방법으로 이 장에서도 병진운동의 변수와 회전운동의 변수 사이의 유사성을 이용하면 매우 편리하다. 기호 I를 이용함으로써 병진운동의 운동에너지와 회전운동의 운동에너지에 관한 공식이 유사한 형태로 나타난다. 병진운동의 운동에너지는

$$K_{병진} = \frac{1}{2}mv^2$$

이고, **회전운동에너지**rotational kinetic energy는

> ### 회전운동에너지
>
> $$K_{회전} = \frac{1}{2}I\omega^2 \qquad (8\text{-}1)$$

이다. 식 (8-1)을 유도하기 위해 $v = r\omega$가 사용되었으므로 ω는 단위 시간당 라디안 (rad/s)으로 나타내야 한다.

식 (8-1)의 I를 **회전관성**rotational inertia이라 부른다.

> ### 회전관성
>
> $$I = \sum_{i=1}^{N} m_i r_i^2 \qquad (8\text{-}2)$$
>
> (SI 단위: $kg\cdot m^2$)

병진운동의 운동에너지와 회전운동의 운동에너지에 대한 표현을 비교해보면, 선속력 v는 각속력 ω로 대치되었으며, 질량 m은 회전관성 I로 대치되었다. 질량은 물체가 가지는 관성의 척도이다. 다른 말로 표현하면, "물체의 속도를 변화시키기가 얼마나 어려운가?"에 대한 척도이다. 이와 유사하게, 회전하는 강체에 대해서 I는 회전체가 갖는 회전관성의 척도이다. 곧, 회전하는 물체의 각속도를 변화시키는 것이 얼마나 어려운지를 나타내는 척도이다. 그래서 I를 회전관성이라 부르며, 때로는 **관성모멘트**moment of inertia라고도 한다

회전관성을 구하는 문제는 다음과 같은 세 가지 원리를 이용한다.

> **연결고리**
>
> 회전운동에너지와 병진운동에너지는 형태가 같다. 곧 $\frac{1}{2}$관성 × 속력^2.

> ### 회전관성 구하기
>
> 1. 물체를 구성하고 있는 입자의 개수가 적다면 직접 $I = \sum_{i=1}^{N} m_i r_i^2$를 이용해 계산한다.
> 2. 간단한 기하학적인 모양을 갖는 대칭적인 물체라면 적분을 이용해 식 (8-2)의 합을 직접 계산할 수 있다. 일반적으로 자주 접하는 기하학적 모양에 대한 회전관성을 계산해 표 8.1에 수록했다.
> 3. 회전관성은 부분의 합으로 되어 있기 때문에 물체를 회전관성을 쉽게 계산할 수 있는 몇몇 부분으로 나누어 생각할 수 있다. 이 부분들의 회전관성을 합치면 물체 전체의 회전관성을 얻을 수 있다. 이와 같은 방법이 분할법이다.

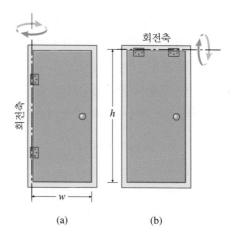

그림 8.2 출입문의 회전관성은 회전축에 관계된다. 문의 높이가 너비보다 크므로 (a) 옆쪽에 돌쩌귀가 있는 문의 회전관성 $I = \frac{1}{3}Mw^2$은 (b) 위쪽에 돌쩌귀가 있는 문의 회전관성 $I = \frac{1}{3}Mh^2$보다 작다.

    물체의 회전관성은 회전축의 위치에 따라 달라짐을 명심하여라. 예를 들어 출입문의 옆쪽에 붙어 있는 돌쩌귀를 떼어서 위쪽에 붙였다고 생각하자. 그 결과 마치 고양이 출입문처럼 문은 수평축을 중심으로 한 여닫이문이 된다(그림 8.2b). 그 문은 돌쩌귀를 옮기기 전보다 옮긴 이후에 더 큰 회전관성을 가진다. 문 전체의 질량은 돌쩌귀의 이동에 관계없이 일정하다. 그러나 문을 구성하고 있는 평균 질량이 그림 8.2a의 문보다 그림 8.2b의 문이 회전축에서 더 멀리 있다. 회전축이 수평일 경우, 식 (8-2)를 적용해서 문의 회전관성을 계산하기 위한 r_i의 범위는 0에서 문의 높

표 8.1 모양이 다양한, 균일한 물체의 회전관성

모양		회전축	회전관성	모양		회전축	회전관성
속이 빈 얇은 원통(혹은 굴렁쇠)		원통 중심축	MR^2	속이 찬 구		중심축	$\frac{2}{5}MR^2$
속이 찬 원통 (혹은 원반)		원통 중심축	$\frac{1}{2}MR^2$	속이 빈 얇은 구		중심축	$\frac{2}{3}MR^2$
속이 빈 원통이나 원반	위에서 본 모양	원통 중심축	$\frac{1}{2}M(a^2+b^2)$	가는 막대(혹은 직사각형 판)		한쪽 끝에 수직인 축(혹은 판의 가장자리축)	$\frac{1}{3}ML^2$
직사각형 판		판의 중심에 수직인 축	$\frac{1}{12}M(a^2+b^2)$	가는 봉(혹은 직사각형 판)		중심에 수직인 축 (혹은 가장자리에 평행한 중심축)	$\frac{1}{12}ML^2$

이 h까지이다. 그리고 회전축이 수직일 경우, 문의 회전관성을 계산하기 위한 r_i의
범위는 0에서 문의 너비 w까지이다.

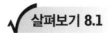

살펴보기 8.1

표 8.1에 따르면 균일한 원통이나 원반의 회전축에 대한 회전관성은 오직 질량과 반지름에
만 관계한다. 왜 원통의 높이나 원반의 두께에 관계하지 않는가?

보기 8.1

역기의 회전관성

질량 10 kg, 반지름 1.25 cm, 길이 2.20 m인 막대와, 질량
20 kg, 반지름 15 cm인 균일한 두 개의 원반으로 구성된 역
기가 있다. 두 원반은 막대의 양쪽 끝에서 20 cm 되는 위치
에 부착되어 있다(그림 8.3). 두 개의 다른 회전축, 곧 (a) 막
대의 중심축 a와 (b) 막대의 수직 이등분선의 축 b를 회전축
으로 하는 회전관성을 구하여라. 원반의 두께와 구멍은 무시
하여라.

전략 이 복합체의 회전관성은 세 부분(두 개의 원반과 하나
의 막대)의 회전관성의 합이다. 표 8.1에 원반과 막대의 회전
관성이 나와 있지만 특정한 회전축에 대한 것만 있다. 특히
회전축 b의 경우 두 원반이 원반 외부에 있는 회전축을 중심
으로 회전하고 있기 때문에 표 8.1에 있는 어떤 식도 사용할
수 없다. 대신, 회전관성의 정의[식 (8-2)]로 돌아가서 근사를
사용한다. 역기의 부분들과 회전축 사이의 거리를 살펴볼 때
회전축 a에 대한 회전관성이 회전축 b보다 작을 것으로 예상
한다. 각 원반의 질량을 M, 반지름을 R라 하고 막대의 질량
은 m, 반지름은 r, 길이는 L이라고 하자.

풀이 (a) 두 개의 원반과 하나의 막대는 모두 각각의 중심축
을 중심으로 회전하는 속이 찬 원통이다. (표 8.1에 있는 가는
막대에 대한 두 개의 식은 막대의 수직축에 대한 것이므로 여
기서는 사용할 수 없다.) 표 8.1로부터

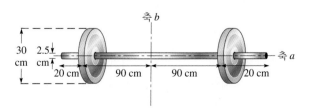

그림 8.3 두 개의 다른 회전축을 가진 역기.

$$I = \tfrac{1}{2}MR^2 + \tfrac{1}{2}MR^2 + \tfrac{1}{2}mr^2$$
$$= 2 \times [\tfrac{1}{2} \times 20 \text{ kg} \times (0.15 \text{ m})^2] + \tfrac{1}{2} \times 10 \text{ kg} \times (0.0125 \text{ m})^2$$
$$= 2 \times 0.225 \text{ kg·m}^2 + 0.00078 \text{ kg·m}^2 = 0.45 \text{ kg·m}^2$$

이다.

(b) 표 8.1에 따르면 막대의 축 b에 대한 회전관성은 $\frac{1}{12}mL^2$
이다. 각 원반의 중심은(두께는 무시할 수 있다고 가정하
자.) 막대의 중앙에서부터 $d = \frac{1}{2}(2.20 \text{ m} - 0.40 \text{ m}) = 0.90 \text{ m}$
만큼의 거리에 있다. 만약 원반을 작은 입자들로 쪼개어 식
(8-2)를 적용하면, 회전축에서 입자들까지의 거리 r_i는 최소
$d = 0.90\text{m}$(중심까지)이고 최대로는 $\sqrt{d^2 + R^2} \approx 0.91 \text{ m}$(가장
자리까지)를 넘지 않을 것이다. 따라서 각 원반을 축에서부터
d만큼의 거리에 있는 점 질량으로 간주하는 것이 좋은 근사
가 된다. 그러면

$$I = Md^2 + Md^2 + \tfrac{1}{12}mL^2$$
$$= 2 \times [20 \text{ kg} \times (0.90 \text{ m})^2] + \tfrac{1}{12} \times 10 \text{ kg} \times (2.20 \text{ m})^2$$
$$= 2 \times 16.2 \text{ kg·m}^2 + 4.03 \text{ kg·m}^2 = 36 \text{ kg·m}^2$$

이 된다. 예상했던 것처럼 축 b에 대한 회전관성보다 축 a에
대한 회전관성이 훨씬 작다.

검토 막대의 반지름은 원반의 반지름보다 훨씬 작아서 거의
모든 질량이 회전축에 가깝게 있기 때문에 축 a에 대한 회전
관성에는 거의 기여하지 않는다. 막대는 축 b에 대한 회전관
성에 크게 기여하는데 이는 막대의 회전관성이 막대의 반지
름이 아니라 길이에 관련되고 막대의 질량이 회전축에서 0부
터 1.1 m까지 고르게 분포하기 때문이다. 심지어 원반의 두
께를 고려한다 할지라도 두께가 d에 비해 훨씬 작으면, 각 원
반의 축 b에 대한 회전관성의 기여를 Md^2로 추산하는 것은

여전히 유효하다.

실전문제 8.1 회전목마

놀이터의 회전놀이기구 뱅뱅이는 기본적으로 한 개의 균일한 원반으로, 원반의 중심을 지나는 수직축에 대해 회전할 수 있도록 되어 있다(그림 8.4). 뱅뱅이의 반지름이 2.0 m, 질량이 160 kg이다. 그리고 무게가 18.4 kg인 아이가 뱅뱅이 끝에 앉아 있다. 뱅뱅이 자체의 회전관성은 얼마이고, 아이를 포함한 회전관성은 얼마인가? (힌트: 아이를 원반의 끝에 있는 점질량으로 취급하여라.)

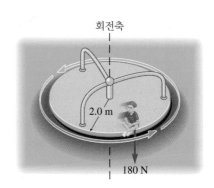

그림 8.4 놀이터의 뱅뱅이를 타고 있는 아이.

연결고리

에너지 보존 법칙을 회전하는 물체에 대해서도 같이 적용할 수 있다.

회전하는 물체에 에너지 보존 법칙을 적용할 때 회전운동에너지는 역학적 에너지에 포함된다. 식 (6-12)에서

$$W_{비보존력} = \Delta K + \Delta U \tag{6-12}$$

이고, 탄성퍼텐셜에너지와 중력퍼텐셜에너지의 합을 U로 나타낸 것처럼 병진운동에너지와 회전운동에너지의 합을 K로 나타낸다. 곧,

$$K = K_{병진} + K_{회전}$$

이다.

보기 8.2

애트우드 기계

애트우드 기계는 그림 8.5와 같이, 줄의 끝에 질량 m_1과 m_2인 물체가 매달린, 회전관성 I, 반지름 R, 질량 M인 도르래에 걸쳐 있는 줄로 이루어졌다. (보기 3.10에서 질량을 무시할 수 있는 도르래에 대한 애트우드 기계를 다루었는데 질량을 무

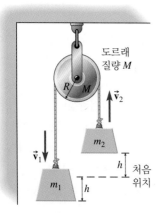

그림 8.5 애트우드 기계

시하면 $I = 0$임에 유의하여라.) 줄은 미끄러지지 않고 도르래는 마찰이 없이 자유롭게 돌아갈 수 있다고 가정하자. 공기의 저항도 무시하자. 만일 물체들을 정지 상태에서 놓았다면 h만큼 움직인 후에 속력은 어떻게 되겠는가?

전략 계에 작용하는 비보존력인 공기의 저항과 마찰을 무시하고 있으므로 계의 역학적 에너지는 보존된다.

$$\Delta U + \Delta K = 0$$

중력퍼텐셜에너지가 두 물체의 병진운동에너지와 도르래의 회전운동에너지로 변환된다.

풀이 편의상 $m_1 > m_2$라고 하자. 그러면 m_1은 내려오고 m_2는 올라간다. 각 물체가 h만큼 이동한 후에 중력퍼텐셜에너지의 변화는 다음과 같다.

$$\Delta U_1 = -m_1 g h$$

$$\Delta U_2 = +m_2 gh$$

계의 역학적 에너지는 세 물체, 곧 매달린 두 물체와 도르래의 운동에너지를 포함시켜야 한다. 모든 것이 운동에너지 0인 상태에서 시작했으므로,

$$\Delta K = \frac{1}{2}(m_1 + m_2)v^2 + \frac{1}{2}I\omega^2$$

이다. 줄의 길이가 고정되어 있으므로 v는 줄의 어느 곳에서나 같다. 줄이 미끄러지지 않는다면 속력 v와 도르래의 각속력 ω는 서로 연관되어 있다. 도르래의 접선 속도가 줄이 움직이는 속도와 같아야 한다. 도르래의 접선 속도는 각속도와 반지름의 곱이다. 곧,

$$v = \omega R$$

이다. ω 대신에 v/R를 대입하면, 에너지 보존 법칙은

$$\Delta U + \Delta K = [-m_1gh + m_2gh] + \left[\frac{1}{2}(m_1 + m_2)v^2 + \frac{1}{2}I\left(\frac{v}{R}\right)^2\right] = 0$$

곧

$$\left[\frac{1}{2}(m_1 + m_2) + \frac{1}{2}\frac{I}{R^2}\right]v^2 = (m_1 - m_2)gh$$

이다. 이 식을 v에 대해 풀이하면

$$v = \sqrt{\frac{2(m_1 - m_2)gh}{m_1 + m_2 + I/R^2}}$$

이 된다.

검토 이 해답은 "이러면 어떻게 되겠는가?"라는 유형으로 여러 가지로 물어볼 수 있다는 점에서 많은 정보를 갖고 있다. 이들 질문을 통해 답의 타당성을 점검할 수 있을 뿐 아니라 애트우드 기계를 만들어 결과와 비교해볼 수 있는 사고 실험을 할 수 있다.

예를 들면 m_1이 m_2보다 약간만 크다면 어떻게 되겠는가? 그러면 속력 v가 작아지고 m_2가 m_1에 가까이 가면 속력이 0

에 접근한다. 이는 직관적으로 알 수 있다. 무게의 불균형이 적으면 가속도가 작다. 유사한 다른 점검으로 여러분은 이런 종류의 추론을 연습해야 한다.

대수적인 풀이의 항들을 살펴보고 물리적인 해석과 연계시켜보면 새로운 것들을 알 수 있다. $(m_1 - m_2)g$는 양쪽에서 당기는 중력의 불균형을 표시한다. 분모 $(m_1 + m_2 + I/R^2)$은 계 전체의 관성, 곧 두 물체의 질량과 도르래가 기여하는 관성을 합한 것이다. 도르래가 관성에 기여하는 것은 단순히 도르래의 질량만이 아니다. 예를 들어, 도르래가 관성 능률이 $I = \frac{1}{2}MR^2$인 균일한 원반이라면, I/R^2은 도르래 질량의 반이나 된다.

애트우드 기계의 해석에 사용된 원리가 실제로 많이 응용되고 있다. 응용의 한 예가 엘리베이터로서 엘리베이터의 한쪽은 승객이 탑승하고 다른 한쪽은 균형추가 달려서 작동한다. 물론 이것들이 도르래에 자유로이 매달릴 수 있는 것은 아니다. 이 경우는 모터가 공급해주는 에너지를 고려해야 한다.

실전문제 8.2 변형된 애트우드 기계

그림 8.6은 한쪽의 블록이 매달려 있는 대신 책상 위에서 미끄러질 수 있도록 변형된 애트우드 기계이다. 이들 블록을 정지시켰다가 놓았다고 하자. 블록들이 h만큼 이동한 후의 속력을 m_1, m_2, I, R, h로 나타내어라. 마찰은 무시하여라.

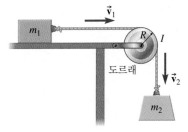

그림 8.6 변형된 애트우드 기계

8.2 돌림힘 TORQUE

자전거를 고칠 때처럼 자전거를 뒤집어 놓고, 한쪽 바퀴를 회전시켜보아라. 만일 모든 것이 정상이라면 바퀴는 오랫동안 돌아가고 바퀴의 각가속도는 작다. 만일 바퀴가 오랫동안 돌아가지 않는다면 각속도 변화는 크고 바퀴의 각가속도의 크기가 매우 크다. 이 경우에는 어딘가에 매우 큰 마찰력이 작용하고 있는 것이다. 브레이크가 테를 누르고 있든가 아니면 베어링을 재조립해야 할 필요가 있다.

공기의 저항을 포함하여 바퀴에 작용하는 마찰력을 모두 제거한다면 바퀴의 각속력은 감소하지 않고 계속해서 돌아갈 것으로 기대할 수 있다. 그러한 경우에 각가속도는 0이다. 이 상황은 "물체에 작용하는 외력이 없을 경우 일정한 속도로 운동한다."는 뉴턴의 제1 법칙을 생각나게 한다. 회전에 관한 뉴턴의 제1 법칙을 다음과 같이 말할 수 있다. 곧, "회전하는 물체에 외력이 작용하지 않고, 또 회전관성이 변하지 않는다면 회전체는 일정한 각속도로 회전 상태를 유지한다."

물론, 마찰이 없다고 가정한 자전거의 바퀴도 중력과 같은 외부 상호작용을 받는다. 지구의 중력장은 바퀴를 아래쪽으로 잡아당기고, 이에 대해 바퀴의 축은 바퀴가 아래쪽으로 떨어지지 않도록 위쪽으로 힘을 작용하고 있다. 그러면 알짜 외력이 없기만 하면 각가속도는 0이 된다는 것이 사실인가? 그렇지는 않다. 작용하는 알짜힘이 0일지라도 자전거의 바퀴에 각가속도가 생기게 할 수 있다. 자전거 바퀴의 양쪽을 두 손으로 잡으면 바퀴의 회전을 멈추게 할 수 있다. 바퀴의 운동이 아래쪽으로 향하는 곳은 운동마찰력이 위로 작용한다(그림 8.7). 한편 반대쪽 바퀴의 운동은 위쪽 방향이므로, 운동마찰력은 아래쪽으로 작용한다. 유사한 방법으로, 정지해 있는 바퀴를 돌게 하기 위해서는 크기는 같고 방향은 반대인 힘을 바퀴의 반대쪽에 작용할 수도 있다. 어떤 경우든, 동일한 힘을 가하므로 알짜힘은 0이면서 바퀴가 각가속도를 갖게 한다.

그림 8.7 회전하고 있는 자전거 바퀴는 마찰에 의해 회전 속력이 느려진다. 각 손은 바퀴에 수직한 힘을 작용하고 바퀴에 마찰력을 작용한다. 두 개의 수직한 힘의 합은 0이고, 두 마찰력의 합도 0이다.

돌림힘 회전운동에서 **돌림힘**torque이라고 부르는 힘과 관계되는 물리량은, 병진운동에서 힘과 같은 역할을 한다. 돌림힘은 힘과 분리할 수 없다. 물체에 힘이 작용하지 않고 돌림힘이 작용하는 것은 불가능하다. 돌림힘은 어떤 물체를 얼마나 비틀거나 돌리는가를 나타내는 척도이다. 자전거 바퀴와 같이 고정된 축에 대해 회전하고 있는 바퀴에 돌림힘을 가하면 회전 속도를 더 빠르게 하거나 더 느리게 하여 회전운동이 변하게 할 수 있다.

그림 8.7에 나타낸 바와 같이, 크기가 같고 방향이 반대인 두 힘으로 자전거 바퀴를 정지시킬 때, 자전거 바퀴에 가한 알짜힘은 0이다. 곧 병진운동의 관점에서는 평형 상태에 있다. 그러나 알짜 돌림힘은 0이 아니다. 그래서 회전운동의 관점에서는 평형 상태가 아니다. 돌림힘을 만들어내는 이 두 힘은 같은 부호의 각가속도를 만들어낸다. 이 두 힘은 모두 자전거 바퀴의 회전을 느리게 한다. 두 돌림힘은 실제로 같으며 부호도 같다.

힘과 돌림힘의 관계 힘이 만드는 돌림힘은 어떻게 결정되는가? 질량이 큰 은행의 금고 문을 밀어서 열려고 한다고 하자. 금고 문을 열기 위해 가능한 한 강하게 밀어야 한다. 곧, 돌림힘은 힘의 크기에 비례한다. 돌림힘은 또한 힘을 가하는 방향과 위치에도 관계된다. 최대 효과를 내기 위해서는 접선 방향으로 힘을 가해야 한다(그림 8.8a). 지름 방향, 곧 금고문의 돌쩌귀가 있는 회전축 방향으로는 아무리 힘을 가해도 문은 회전하지 않는다(그림 8.8b). 문에 수직한 방향이나 나란한 방향을 제외한 모든 방향의 힘은 접선 방향과 지름 방향의 힘으로 분해할 수 있고, 접선 방향의 힘은 돌림힘에 아무런 기여도 하지 못한다(그림 8.8c). 단지 지름 방향의 힘($F_\perp$)

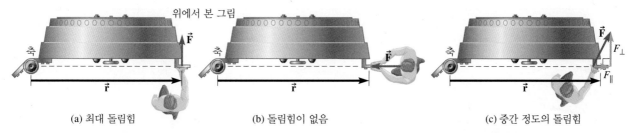

위에서 본 그림

(a) 최대 돌림힘   (b) 돌림힘이 없음   (c) 중간 정도의 돌림힘

그림 8.8 금고문의 돌림힘은 가한 힘의 방향과 관계가 있다. (a) 접선 방향(회전 방향)으로 밀면 돌림힘이 가장 크다. (b) 같은 크기의 힘으로 지름 방향(돌쩌귀 쪽)으로 밀면 돌림힘은 0이다. (c) 돌림힘은 힘의 접선 성분($F_\perp$)에 비례한다.

만이 돌림힘에 기여를 한다. 문과 지름 방향은 회전축을 향하거나 회전축에서 멀어지는 방향임을 기억하여라. 접선 방향은 지름 방향에도 수직이고 회전축과도 수직이다. 이 방향은 물체가 회전하며 물체에 있는 입자들이 원운동 할 때 그 원형 경로의 접선 방향이다.

더욱이 힘을 가하는 위치가 중요하다(그림 8.9). 직관력이 있는 사람은 가능한 한 회전축에서 먼, 문의 가장자리를 민다. 만약 회전축 가까이에 힘을 가한다면 문을 열기가 힘들다. 따라서 돌림힘은 회전축과 **힘이 작용한 점**point of application 사이의 거리에 비례한다.

앞에서 설명한 내용에 부합하도록 하려면 돌림힘의 크기는 회전축과 힘이 작용한 점 사이의 거리(r)와 회전축과 작용점을 잇는 직선에 수직한 힘의 성분($F_\perp$)의 곱으로 정의해야 한다.

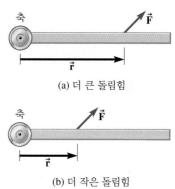

(a) 더 큰 돌림힘

(b) 더 작은 돌림힘

그림 8.9 같은 힘이 축에서부터 다른 거리에서 작용할 때의 돌림힘.

돌림힘의 정의

$$\tau = \pm rF_\perp \tag{8-3}$$

여기에서 r는 회전축과 힘의 작용점을 잇는 최단 거리이다. 그리고 $F_\perp$는 이 최단 거리를 나타내는 직선에 수직한 힘이다.

돌림힘을 나타내는 기호는 그리스 문자 타우, τ이다. 돌림힘의 SI 단위는 N·m이다. 또한 에너지의 SI 단위인 줄(J)은 N·m과 동등하다. 그러나 돌림힘의 단위를 줄(J)로 쓰지는 않는다. 비록 에너지와 돌림힘의 SI 단위가 같다 할지라도 두 물리량은 서로 다른 의미를 가진다. 돌림힘은 에너지의 한 형태가 아니다. 따라서 이와 같은 구별을 하기 위해 에너지 단위로는 J을 쓰고 돌림힘의 단위로는 N·m을 쓴다.

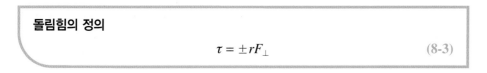

✓ 살펴보기 8.2

너트를 풀려고 하지만 잘되지 않는다. 손잡이가 긴 렌치로 바꾸는 것이 왜 효과가 있는가?

돌림힘의 부호 돌림힘의 부호는 자연스레 돌림힘에 의해 생기는 각가속도의 방향을 나타낸다. 5.1절 양(+)의 부호를 갖는 각속도 ω는 시계 반대 방향(CCW)으로 회전하고, 음(−)의 부호를 갖는 각속도 ω는 시계 방향(CW)으로 회전한다는 약속을

그림 8.10 (a) 사이클 선수가 언덕을 올라갈 때 체인의 위 반쪽이 뒷바퀴에 연결된 톱니바퀴에 큰 힘 $\vec{F}$를 작용한다. 여기에서 볼 수 있는 것처럼 이 힘에 의해 회전축에 대한 돌림힘이 시계 방향으로 생긴다. 약속에 따라 이것을 음(−)의 돌림힘이라 부른다. (b) 브레이크를 작동하면 브레이크 패드가 바퀴테에 압력을 가해서 마찰력을 일으킨다. 여기에 보인 바와 같이, 마찰력 $\vec{f}$는 바퀴에 회전축에 대하여 시계 반대 방향(양)의 돌림힘을 작용한다. (다른 쪽 면에서 바라보면 돌림힘의 부호가 반대로 된다.)

상기하여라. 양(+)의 값을 갖는 각가속도 α는 시계 반대 방향의 회전율을 증가[양(+)의 ω의 크기를 증가]시키거나 혹은 시계 방향의 회전율을 감소[음(−)의 ω의 크기를 감소]시킨다.

돌림힘에 대해서도 각속도와 같은 부호 관례를 따른다. 수직 성분이 시계 반대 방향의 회전이 생기게 하는 힘은 양(+)의 돌림힘이 생기게 한다. 이 힘이 유일하게 작용하는 돌림힘이라면 양(+)의 각가속도 α가 생기는 원인이 된다(그림 8.10). 수직 성분이 시계 방향의 회전이 생기게 하는 힘이면 음(−)의 돌림힘이 생긴다. 식 (8-3)에서 ± 기호는 돌림힘을 계산할 때 적절히 선택해야 하는 대수적 부호임을 명심해야 한다.

돌림힘의 부호는 바퀴가 시계 방향으로 돌아가든지 시계 반대 방향으로 돌아가든지 상관없이 각속도의 부호에 의해 결정되지 않는다. 오히려 돌림힘이 만드는(만일 혼자 작용하면) 각가속도의 부호에 의해 결정된다. 처음에 회전하고 있지 않던 물체를 회전하게 하려면 어떤 방향으로 돌림힘이 가해져야 하는지를 생각하면 돌림힘의 부호가 결정된다.

돌림힘을 더욱 일반적으로 다루는 방법은 돌림힘을 벡터량 $\vec{\tau} = \vec{r} \times \vec{F}$으로 정의하는 것이다. 가위 곱의 정의는 부록 A.8을 참고하여라. 고정축에 대해 회전하는 물체에 대하여 식 (8-3)은 $\vec{\tau}$의 회전축 방향 성분을 나타낸다.

회전하는 자전거 바퀴

회전하는 자전거 바퀴를 멈추게 하기 위해서, 그림 8.7에 나타낸 것처럼 바퀴의 양쪽 끝에서 중심을 향해 10.0 N의 힘으로 민다고 하자. 바퀴의 반지름은 32 cm이고 손과 바퀴 사이의 운동마찰계수는 0.75이다. 현재 바퀴가 시계 방향으로 돌고 있다. 바퀴에 작용하는 알짜 돌림힘은 얼마인가?

전략 10.0 N의 힘이 바퀴 양쪽에서 회전축을 향해 지름 방향으로 가해지기 때문에 이 힘들 자체는 돌림힘으로 작용할 수 없다. 바퀴 테에 접선 방향인 힘 성분만이 돌림힘을 일으킨다. 손과 바퀴 사이의 운동마찰력은 바퀴에 접선 방향으로 작용하므로, 돌림힘이 생기게 한다. 바퀴의 양쪽에서 수직으로 작용하는 힘은 10.0 N이다. 따라서 마찰계수를 사용해 마찰력을 구할 수 있다.

풀이 손이 바퀴에 작용하는 마찰력의 크기는

$$f = \mu_k N = (0.75) \times (10.0\ \text{N}) = 7.5\ \text{N}$$

이다. 이 마찰력은 바퀴에 접선 방향으로 작용하기 때문에 $f_\perp = f$이다. 따라서 각 돌림힘의 크기는

$$|\tau| = rf_\perp = 0.32\ \text{m} \times 7.5\ \text{N} = 2.4\ \text{N·m}$$

이다. 양손에서 작용하는 두 돌림힘은 시계 반대 방향으로 같은 부호를 가지며 이들 돌림힘은 바퀴의 회전을 느리게 한다. 이 경우에 돌림힘의 부호는 양(+)인가 음(−)인가? 바퀴가 시계 방향으로 회전하고 있기 때문에 각가속도의 부호는 음(−)이다. 또 각속도가 느려지기 때문에 각가속도의 부호는 양(+)이다. $\alpha > 0$이므로 알짜 돌림힘의 부호는 양(+)이다. 따라서 총 돌림힘은

$$\sum \tau = +4.8\ \text{N·m}$$

이다.

검토 이 문제에 있어서 돌림힘의 부호를 결정하는 것이 가장 까다롭다. 그림 8.7에서 마찰력을 살펴보면서 점검하여라. 자전거 바퀴가 원래 돌고 있지 않았다면 힘이 어느 방향으로 바퀴를 돌리기 시작할 것인지를 상상해보아라. 마찰력이 시계 반대 방향으로 회전을 일으키려는 방향을 가리키므로 돌림힘은 양(+)의 부호를 갖는다.

실전문제 8.3 디스크 브레이크

자동차의 속력을 느리게 하는 디스크 브레이크 안에서 브레이크 패드 한 쌍이 회전하는 회전자(rotor)를 압착한다. 브레이크 패드 사이의 마찰이 자동차의 속력을 감속시키는 돌림힘을 유발한다. 회전자에 수직한 방향으로 브레이크 패드가 85 N의 힘을 작용하고 이들 사이의 마찰계수가 0.62이면, 패드 각각이 회전자에 작용하는 마찰력은 얼마인가? 만약 이 마찰력이 회전축에서 8 cm 떨어진 지점에 작용한다면 브레이크 패드가 회전자에 작용하는 돌림힘의 크기는 얼마인가?

지레의 팔

실제로는 똑같은 방법이지만, 힘의 수직 성분을 구하는 것보다 더 편리하게 돌림힘를 구하는 방법이 있다. 그림 8.11은 회전축에서 거리 r만큼 떨어진 위치에 작용하는 힘 $\vec{F}$를 나타내고 있다. 거리 r는 회전축에서 힘의 작용점까지 회전축에 수직한 직선의 거리이다. 힘 벡터와 그 직선 사이의 각이 θ이다. 따라서 돌림힘은

$$\tau = \pm r F_\perp = \pm r(F \sin \theta)$$

이다. 만약 $\sin \theta$를 F 대신에 r와 함께 괄호를 묶어서 생각하면, $\tau = \pm(r \sin \theta)F$, 곧

$$\tau = \pm r_\perp F \tag{8-4}$$

이다. 여기에서 거리 $r_\perp$를 **지레의 팔**lever arm 또는 **돌림힘의 팔**Torque arm이라 한다. 그러므로 돌림힘의 크기는 힘의 크기와 지레의 팔을 곱한 것과 같다.

그림 8.11 지레의 팔을 이용해 돌림힘의 크기 구하기.

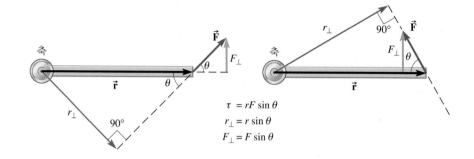

$$\tau = rF \sin\theta$$
$$r_\perp = r \sin\theta$$
$$F_\perp = F \sin\theta$$

지레의 팔을 이용해 돌림힘을 계산하는 방법

1. 힘이 작용하는 힘점을 통과하고 힘에 나란한 선을 그어라. 이 선(그림 8.11에 점선으로 나타낸 선)을 힘의 **작용선**^{line of action}이라 한다.

2. 회전축에서 힘의 작용선에 수직한 선을 그어라. 물론 이 경우, 그은 선은 회전축에도 수직이어야 한다. 회전축에서 힘의 작용선에 수직한 선의 길이가 지레의 팔 $r_\perp$이다. 만약 힘의 작용선이 회전축을 통과한다면 지레의 팔은 0이 되고, 그 결과 돌림힘도 0이 된다(그림 8.8b 참조).

3. 돌림힘의 크기는 힘의 크기 곱하기 지레의 팔이다.

$$\tau = \pm r_\perp F$$

4. 돌림힘의 대수적 부호는 앞에서 설명한 바와 같다.

방충문 도어체크

돌쩌귀에서 47 cm 떨어진 위치에 달려 있는 방충문 도어체크가 방충문과 15°를 이루며 25 N의 힘으로 문을 당기고 있다(그림 8.12). (a) 힘의 수직 성분과 (b) 지레의 팔을 이용해 돌쩌귀를 통과하는 회전축에 대해 힘이 문에 작용하는 돌림힘을 구하여라. (c) 문의 위쪽에서 바라보았을 때 이 돌림힘의 부호는 어떻게 되는가?

전략 (a)의 방법으로 문제를 풀기 위해서는 25 N 힘의 지름 방향에 수직인 성분을 구해야 한다. 그렇게 하고 나서, 이 힘에 지름 방향의 길이를 곱해야 한다. (b)의 방법을 사용하려면, 힘이 작용하는 선을 그린다. 그렇게 하고 나면 작용선에서부터 회전축까지 수직 거리가 지레의 팔이 된다. 돌림힘은 힘에다 지레의 팔을 곱하면 된다. 특히 주의할 점은 위의 두 방법을 혼합하지 말아야 한다는 것이다. 곧 힘의 수직 성분 곱하기 지레의 팔은 아님에 주의해야 된다. (c)를 풀이하려면, 방충문을 시계 방향으로 회전시키려는지 아니면 시계 반대 방향으로 회전시키려는지를 결정하면 된다.

풀이 (a) 그림 8.13a에 나타낸 것처럼, 지름 방향으로의 힘

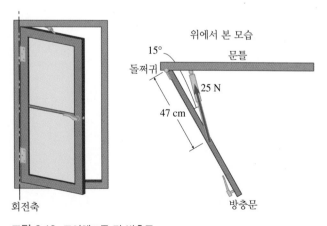

그림 8.12 도어체크를 단 방충문.

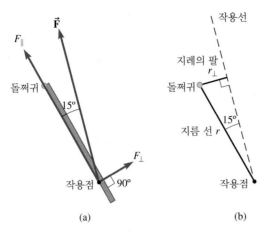

그림 8.13 (a) 힘의 수직 성분 구하기, (b) 지레의 팔 구하기.

의 성분($F_\parallel$)은 회전축을 통과한다. 그리고 15°라고 표시한 것이 실제로는 15°보다 크지만 문의 두께가 47 cm보다 훨씬 작기 때문에 그것을 근사적으로 15°라고 할 수 있다. 수직한 성분은

$$F_\perp = F \sin 15°$$

이다. 따라서 돌림힘의 크기는

$$|\tau| = rF_\perp = 0.47\,\text{m} \times 25\,\text{N} \times \sin 15° = 3.0\,\text{N} \cdot \text{m}$$

이다.

(b) 문의 작용점을 통과하고 힘에 평행한 힘의 작용선은 그림 8.13b에 나타내었다. 지레의 팔은 회전축에서 작용선에 수직한 길이이다. 따라서 지레의 팔은

$$r_\perp = r \sin 15°$$

이고 돌림힘의 크기는

$$|\tau| = r_\perp F = 0.47\,\text{m} \times \sin 15° \times 25\,\text{N} = 3.0\,\text{N} \cdot \text{m}$$

이 된다.

(c) 그림 8.12의 위에서 본 그림을 사용하면, 돌림힘이 문을 시계 반대 방향으로 회전시켜서 문을 닫으려고 한다(문이 처음에 정지해 있었고 다른 돌림힘은 없었다고 가정하자). 그러므로 돌림힘은 위에 보인 것처럼 양(+)의 부호를 가진다.

검토　문제를 풀 때 sin 15° 대신에 cos 15°를 사용하는(혹은 결과적으로 같은 15° 대신에 여각 75°를 사용하는) 실수가 가장 흔하다. 점검해보는 것은 좋은 습관이다. 만일 문의 도어체크가 방충문과 거의 평행하다면 각도는 15°보다 작다. 작용하는 힘이 거의 회전축 쪽으로 밀기 때문에 돌림힘은 적을 것이다. 각이 0에 접근하면 사인 함수 값도 0에 접근한다. 따라서 표현식은 맞는 것으로 확인된다.

방충문 도어체크가 당기는 힘의 지름 방향에 수직한 성분이 매우 작도록 도어체크를 설치하는 것은 우둔하게 보일 수도 있다. 그래도 그런 식으로 설치하는 이유는 도어체크가 출입에 방해가 되지 않도록 하기 위해서이다. 수직한 방향으로 당기는 도어체크는 문에서 툭 튀어나와 있을 것이다. 8.5절에서 논의한 것처럼 우리 몸에도 이와 같은 상황이 있다. 팔과 다리를 움직이는 힘줄과 근육은 뼈에 거의 평행하다. 그 때문에 근육은 우리가 상상하는 것보다 더 많은 힘을 써야 한다.

실전문제 8.4　운동은 유익하다

어떤 사람이 매트 위에 누워서 발목에 89 N의 모래주머니를 찬 한쪽 다리를 수평에서 들어 올려 30.0°에서 멈추었다(그림 8.14). 모래주머니에서 엉덩이 관절(다리의 회전축)까지의 거리는 84 cm이다. 발목에 찬 모래주머니에 의한 돌림힘은 얼마인가?

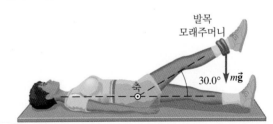

그림 8.14 다리 들어올리기 운동.

무게중심

돌림힘은 힘의 작용점에 관련이 있다는 사실을 알았다. 중력은 어떠한가? 물체에 작용하는 중력은 한 점에 작용하지 않고 물체의 부피 전체에 골고루 작용한다. 어떤 물체에 작용하는 '중력'이라고 말할 때, 그것은 물체를 구성하고 있는 각 입자에 작용하는 총 중력을 말한다.

물체에 작용하는 중력에 의한 총 돌림힘을 구할 때는 총 중력이 어떤 한 점에 작

용한다고 생각할 수 있다. 이 점을 **무게중심**Center of gravity이라 한다. 이 방법으로 구한 돌림힘은 물체를 구성하고 있는 각 입자에 작용하는 중력에 의한 돌림힘을 합한 총 돌림힘과 같다. 만약 중력장의 크기와 방향이 균일하다면 물체의 무게중심은 물체의 질량중심에 위치한다.

8.3 돌림힘이 한 일 계산하기
CALCULATING WORK DONE FROM THE TORQUE

연결고리

다른 종류의 일을 소개하는 것이 아니라 일을 계산하는 다른 방법을 소개하는 것이다.

잔디 깎는 기계의 시동을 걸어본 사람은 누구나 돌림힘이 일을 할 수 있다는 것을 확신할 수 있다. 실제로 일을 한 것은 힘이다. 그러나 회전 문제에 있어서 돌림힘으로부터 일을 계산하는 것이 더 간단할 때가 있다. 일정한 힘이 한 일을 구할 때 힘과 힘에 평행한 변위 성분을 곱한 것처럼, 일정한 돌림힘이 한 일은 돌림힘에 각 변위(변한 각도)를 곱한 것이다.

돌림힘이 바퀴에 작용하는 동안 각 변위가 $\Delta\theta$만큼 생겼다고 하자. 돌림힘을 일으키는 힘이 한 일은 지름 방향에 수직인 힘($F_\perp$)과 작용점이 지나가는 호의 길이 s의 곱이다(그림 8.15). 지름 방향에 수직인 힘의 성분을 사용하는 것은 그것이 변위에 평행한 성분이기 때문이다. 변위는 원호에 순간적으로 접한다. 그래서 이 접선 방향의 힘이 한 일은

$$W = F_\perp s \qquad (8\text{-}5)$$

이다. $\tau = rF_\perp$이고, $s = r\Delta\theta$이므로 돌림힘이 한 일은

$$W = F_\perp s = \frac{\tau}{r} \times r\Delta\theta = \tau\Delta\theta$$
$$W = \tau\Delta\theta \qquad (8\text{-}6)$$

가 되며, 이때 $\Delta\theta$의 단위는 라디안이다.

예측한 대로 식 (8-6)에서 일은 돌림힘과 각 변위의 곱이다. 만약 τ와 $\Delta\theta$의 부호가 같으면 돌림힘이 한 일은 양(+)이고 부호가 반대이면 돌림힘이 한 일은 음(−)이다. 일정한 돌림힘이 단위 시간당 한 일을 나타내는 일률은

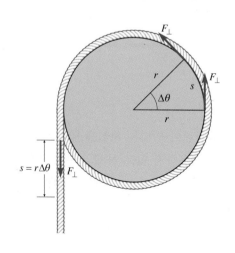

그림 8.15 돌림힘이 한 일은 힘의 수직 성분 $F_\perp$와 호의 길이 s의 곱이다.

$$P = \tau \omega \qquad (8\text{-}7)$$

이다.

물레에 한 일

도자기를 만드는 사람들이 사용하는 물레는 무거운 돌로 된 원반형 회전체로 그 위에서 도자기를 성형한다. 예전에는 발판을 밀어서 물레를 돌렸지만 근래에는 대부분이 전기 모터를 이용한다. (a) 만일 균일한 원반형 물레의 질량이 40.0 kg이고 지름이 0.50 m라면, 물레를 정지 상태에서 80.0 rpm까지 돌리는 동안 모터가 한 일은 얼마인가? (b) 물레에다 이 시간 동안 모터로 8.2 N·m의 일정한 돌림힘을 가했다면 몇 회전 후에 80.0 rpm에 도달하겠는가?

전략 일은 에너지의 전달이다. 이 경우에 모터가 물레의 회전운동에너지를 증가시킨다. 마찰에 의한 에너지의 손실을 무시한다면, 모터가 한 일은 물레의 회전운동에너지의 변화량과 같다. 회전운동에너지를 계산할 때 각속도 ω의 단위는 반드시 rad/s여야 한다. 여기에서 ω의 값으로 80.0 rpm을 그대로 사용할 수는 없다. 일단 한 일을 계산하고 나면, 돌림힘을 이용하여 각 변위를 계산할 수 있다.

풀이 (a) 바퀴의 회전운동에너지의 변화는

$$\Delta K = \tfrac{1}{2}I(\omega_f^2 - \omega_i^2) = \tfrac{1}{2}I\omega_f^2$$

이다. 처음에 물레는 정지해 있었다. 그래서 처음 각속도 ω_i는 0이다. 표 8.1로부터 균일한 원반의 회전관성은

$$I = \tfrac{1}{2}MR^2$$

이다. 이 식을 회전운동에너지의 변화를 나타낸 식에 대입하면

$$\Delta K = \tfrac{1}{4}MR^2\omega_f^2$$

이 된다. 값을 대입하기 전에 80.0 rpm를 rad/s로 전환해야 한다.

$$\omega_f = 80.0 \,\frac{\text{rev}}{\text{min}} \times 2\pi \,\frac{\text{rad}}{\text{rev}} \times \frac{1}{60} \,\frac{\text{min}}{\text{s}} = 8.38 \text{ rad/s}$$

이미 알고 있는 반지름과 질량을 대입하면

$$\Delta K = \tfrac{1}{4} \times 40.0 \text{ kg} \times \left(\tfrac{0.50}{2} \text{ m}\right)^2 \times (8.38 \text{ rad/s})^2 = 43.9 \text{ J}$$

이 된다. 그러므로 모터가 한 일은 유효 숫자 두 자리로 반올림하면 44 J이다.

(b) 일정한 돌림힘이 일은

$$W = \tau \Delta\theta$$

이다. 각 변위 $\Delta\theta$에 대해 풀면

$$\Delta\theta = \frac{W}{\tau} = \frac{43.9 \text{ J}}{8.2 \text{ N·m}} = 5.35 \text{ rad}$$

이 된다. 그리고 2π rad = 1 rev이므로

$$\Delta\theta = 5.35 \text{ rad} \times \frac{1 \text{ rev}}{2\pi \text{ rad}} = 0.85 \text{ rev}$$

이다.

검토 항상 그러한 것처럼 일은 에너지의 전달이다. 이 문제에서는 물레의 원반이 회전운동에너지를 얻는 수단이 모터가 한 일이다. 그러나 돌림힘이 한 일이 언제나 회전운동에너지의 변화로 나타나는 것은 아니다. 예를 들면, 태엽을 감는 기계식 시계나 장난감의 경우, 사람이 가한 돌림힘은 시계나 장난감의 내부에 있는 용수철의 탄성퍼텐셜에너지로 저장된다.

실전문제 8.5 냉방 장치에 한 일

벨트가 반지름 7.3 cm인 풀리(pulley)에 감겨 있고, 이 풀리가 자동차용 냉방기의 압축기를 구동한다. 풀리의 한쪽 편의 벨트에 걸리는 장력은 45 N이고 다른 쪽에 걸리는 장력은 27 N이다(그림 8.16). 풀리가 1회전하는 동안에 벨트가 압축기에 한 일은 얼마인가?

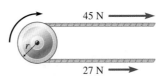

그림 8.16 냉방기의 벨트와 풀리.

8.4 회전 평형 ROTATIONAL EQUILIBRIUM

2장에서 물체에 작용하는 알짜힘이 0이면, 그 물체는 평형 상태에 있다고 했다. 이 진술은 매우 타당성이 있으나 완벽한 것은 아니다. 알짜 돌림힘이 존재하더라도 알짜힘이 0이 되는 것은 가능하다. 그러면 물체의 각가속도가 0이 아니다. 새로운 집이나 다리를 설계할 때, 어느 일부분도 0이 아닌 각가속도를 갖게 되는 것은 용납되지 않는다! 알짜힘이 0이면 병진 평형이 되기에는 충분하다. 그러나 만약 물체가 회전 평형 상태에 있으려면 알짜 돌림힘마저 0이 되어야 한다.

> **평형에 대한 조건(병진과 회전 모두)**
>
> $$\sum \vec{F} = 0 \quad \text{그리고} \quad \sum \tau = 0 \qquad (8\text{-}8)$$

평형 문제에서 회전축 정하기 평형 문제를 풀기 전에 수수께끼를 풀어야 한다. 어떤 물체가 돌지 않는다면 회전축은 어디에 있는가? 회전축이 어디에 있는지를 모르고 돌림힘을 계산할 수 있는 방법이 있는가? 어떤 경우에는 돌쩌귀와 같은 물체가 회전할 수 있는 회전축이 명확하다. 그러나 많은 경우에 어떤 것이 회전축일지 명확하지 않다. 일반적으로는 평형 상태가 어떻게 무너지는지에 따라 회전축이 변한다. 다행히, 평형 문제에서 돌림힘을 계산할 때는 회전축을 임의로 선정해도 된다.

물체가 평형 상태에 놓여 있을 경우, 어떠한 회전축에 관해서나 알짜 돌림힘이 0이어야 한다. 이것이 가능한 회전축 하나하나마다 무수히 많은 돌림힘 방정식을 써야 한다는 것을 의미할까? 다행히도 그렇지는 않다. 증명을 하는 것이 복잡하기는 하지만 물체에 작용하는 알짜힘이 0이고 한 회전축에 대한 알짜 돌림힘이 0이 된다면, 이 축과 나란한 다른 모든 축에 관한 돌림힘도 0이 된다는 것을 증명할 수 있다. 그러므로 우리가 필요로 하는 돌림힘에 관한 방정식은 하나뿐이다.

필요한 어떤 축에 관한 돌림힘을 계산할 수 있기 때문에 회전축을 적절히 택하면 문제 풀이가 매우 단순해진다. 일반적으로 회전축을 선택하는 데 가장 좋은 곳은 모르는 힘이 작용하는 작용점이다. 그렇게 하면 모르는 힘은 돌림힘 방정식에 포함되지 않기 때문이다.

✓ 살펴보기 8.3

물체에 대한 알짜 돌림힘은 0이지만 알짜힘은 0이 아닌 것이 가능한가?
알짜힘은 0인데 알짜 돌림힘은 0이 아닌 것이 가능한가?

> **평형 문제 풀이 절차**
>
> • 물체나 계가 평형 상태에 있는지 확인하여라. 물체에 작용하는 모든 힘을 각각의 작용점에 그린다. 중력의 작용점으로서는 물체의 무게중심을 이용하여라.

- 힘에 대한 평형 조건 $\sum\vec{F} = 0$을 적용하기 위해, 적당한 좌표축을 선택하고 각 힘을 x-성분과 y-성분으로 분해하여라.
- 돌림힘에 대한 평형 조건 $\sum\tau = 0$을 적용하기 위해, 일반적으로 모르는 힘이 작용하는 점을 지나가도록 적당한 회전축을 잡아라. 그리고 각 힘에 의한 돌림힘을 구한다. 둘 중에 더 쉬운 방법을 사용하여라. 곧, 힘의 크기와 지레의 팔을 곱하여 돌림힘을 계산하거나 거리와 힘의 수직 성분을 곱하여 구하여라. 각 돌림힘의 방향을 결정해야 한다. 모든 돌림힘의 합을 0으로 두거나 시계 방향의 돌림힘과 시계 반대 방향의 돌림힘의 크기가 같다고 두어라.
- 모든 문제에서 2개의 힘 성분에 관한 방정식과 1개의 돌림힘 방정식이 필요한 것은 아니다. 가끔 회전축을 각각 다르게 잡아 1개 이상의 돌림힘 방정식을 이용하는 것이 편리할 때도 있다. 모든 방정식을 몰두하여 쓰기 전에 문제를 풀기 위한 가장 쉽고 똑바른 접근법이 무엇인지를 생각해야 한다.

보기 8.6

6 × 6 대들보의 운반

목수 둘이서 6×6 크기의 대들보를 운반하고 있다. 그 대들보의 길이는 2.44 m이고 무게는 425 N이다. 한 사람이 약간 더 힘이 세기 때문에 대들보의 한쪽 끝에서 1.00 m 되는 곳을 들고, 다른 사람은 반대쪽 끝을 들고 나른다. 각각의 목수가 대들보에 위쪽으로 작용하는 힘은 얼마인가?

전략 평형 조건은 알짜 외력과 알짜 외부 돌림힘이 모두 0이어야 한다는 것이다.

$$\sum\vec{F} = 0, \quad \sum\tau = 0$$

힘과 돌림힘 중에서 어느 것으로 문제를 풀어야 하는가? 이 문제에 있어서는 돌림힘으로 문제를 푸는 것이 쉽다. 만약 모르는 힘이 작용하는 곳에 회전축을 잡으면 모르는 힘의 지레의 팔의 길이가 0이므로 이 힘에 의한 돌림힘은 0이다. 돌림힘의 방정식을 다른 미지의 힘에 대해 풀 수 있다. 그렇게 하고 나면 아직도 알지 못하는 한 힘을 가지고 힘의 y-성분의 합이 0과 같다는 방정식을 구성하면 된다.

풀이 첫 번째 할 일은 힘 도해를 그리는 것이다(그림 8.17). 각 힘들은 그 힘이 작용하는 작용점에 그린다. 주어진 길이들도 함께 그려 넣는다.

회전축을 xy-평면에 수직이면서 힘 $\vec{F}_2$의 작용점을 통과하도록 택한다. 이 문제에서 돌림힘을 구하는 가장 간단한 방법은 각각의 힘에 그 힘에 관련된 지레의 팔을 곱하면 된다. $\vec{F}_1$

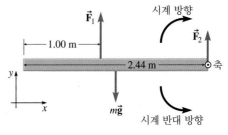

그림 8.17 회전축, 힘, 거리와 함께 나타낸 대들보 도해.

에 관한 지레의 팔은

$$2.44\,\text{m} - 1.00\,\text{m} = 1.44\,\text{m}$$

이다. 그리고 이 힘에 의한 돌림힘은

$$|\tau| = Fr_\perp = F_1 \times 1.44\,\text{m}$$

이다. 대들보가 균일하다면 무게중심은 대들보의 중심에 있다. 따라서 대들보에 작용하는 중력이 대들보의 무게중심에 모두 작용한다고 가정한다. 이 경우, 중력에 의한 지레의 팔은

$$\tfrac{1}{2} \times 2.44\,\text{m} = 1.22\,\text{m}$$

가 되고 중력에 의한 돌림힘의 크기는

$$|\tau| = Fr_\perp = 425\,\text{N} \times 1.22\,\text{m} = 518.5\,\text{N·m}$$

가 된다.

$\vec{F}_1$에 의한 돌림힘의 부호는 음(−)이다. 왜냐하면 만약 이 돌림힘만 작용한다면 이 힘은 대들보를 선택한 회전축에 대해 시계 방향으로 돌릴 것이기 때문이다. 그리고 중력은 회전축에 대해 시계 반대 방향으로 돌릴 것이므로 중력이 가하는 돌림힘은 양(+)이다. 그러므로 알짜 돌림힘에 대한 방정식은

$$\sum\tau = -F_1 \times 1.44 \text{ m} + 518.5 \text{ N·m} = 0$$

이 되므로 F_1에 대해 풀면

$$F_1 = \frac{518.5 \text{ N·m}}{1.44 \text{ m}} = 360 \text{ N}$$

이 된다.

평형에 대한 또 다른 조건은 알짜힘이 0이라는 것이다. 곧

$$\sum F_y = F_1 + F_2 - mg = 0$$

이다. 따라서 F_2에 대해 풀면

$$F_2 = 425 \text{ N} - 360 \text{ N} = 65 \text{ N}$$

이 된다.

검토 다른 회전축에 관하여 알짜 돌림힘이 0이라는 것을 확인하는 것이 이 문제의 결과를 점검해보는 좋은 방법이다. 평형 상태에 있는 물체에 대해 임의의 축에 관한 알짜 돌림힘은 0이어야 한다. $\vec{F}_1$의 작용점을 회전축으로 선택하자. $m\vec{g}$에 대한 지레의 팔은 1.22 m − 1.00 m = 0.22 m이고, $\vec{F}_2$에 대한 지레의 팔은 2.44 m − 1.00 m = 1.44 m이다. 알짜 돌림힘을 0으로 놓으면

$$\sum\tau = -425 \text{ N} \times 0.22 \text{ m} + F_2 \times 1.44 \text{ m} = 0$$

이 된다. 이 식을 F_2에 대해 풀면

$$F_2 = \frac{425 \text{ N} \times 0.22 \text{ m}}{1.44 \text{ m}} = 65 \text{ N}$$

이 된다. 앞에서 풀었던 결과와 일치한다. $\sum F_y$가 0이라고 두는 대신에 이 두 번째 돌림힘 방정식을 이용해 F_2를 구할 수 있었을 것이다.

실전문제 8.6 다이빙대

길이 5.0 m인 균일한 다이빙대를 두 곳에서 받치고 있다. 받침점 하나는 다이빙대의 끝에서 3.4 m 거리에 위치하고, 또 다른 받침점은 4.6 m에 위치한다(그림 8.18). 받침점은 다이빙대에 수직으로 힘을 작용하고 있다. 수영 선수가 물 위의 다이빙대 끝에 서 있을 때 받침점에 작용하는 힘의 방향을 구하여라. (힌트: 다른 회전축에 관한 돌림힘을 생각하는 문제이다.)

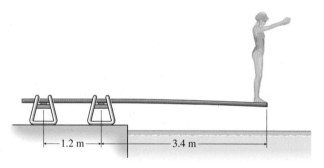

그림 8.18 다이빙대.

회전 평형의 응용: 외팔보 다이빙대는 한쪽이 고정된 외팔보(cantilever)의 한 예이다. 들보나 막대의 한쪽 끝이 그것을 받치는 받침대 밖으로 나와 있는 것도 외팔보이다. 받침대가 다이빙대에 작용하는 힘은 같은 판자를 양 끝에 받치는 경우보다 훨씬 크다. 유리한 점은 판자의 먼 끝이 자유롭게 진동할 수 있다는 것이다. 그러는 동안 지지력은 판자의 한쪽 끝이 튀어 오르지 않도록 조절한다. 건축가 프랭크 로이드 W(Frank Lloyd W)는 건축물의 모서리나 측면의 한쪽이 개방된 외팔보 형태로 건축하기를 좋아한다. 이렇게 건축하면 보다 밝고 넓은 느낌을 줄 수 있다(그림 8.19).

그림 8.19 프랭크 로이드가 설계한 윙스프레드 하우스(Wingspread house). 북쪽 날개에 있는 외팔보형의 주 침실은 벽돌로 쌓은 기초보다 많이 돌출되어 있다. 침실 발코니보다 더 돌출되어 있는 삼나무 격자는 자연광을 적당히 막아주며, 아래쪽 시야를 확보하면서 건축물이 자연스럽게 떠 있음을 강조하고 있다.

미끄러지는 사다리

15 kg의 균일한 사다리가 대형 호텔의 아트리움 벽에 기대 세워져 있다(그림 8.20a). 사다리의 길이는 8.00 m이고 바닥과 $\theta = 60°$의 각도를 이루고 있다. 바닥과 사다리 사이의 정지마찰계수는 $\mu_s = 0.45$이다. 사다리가 미끄러지기 전까지 60.0 kg의 사람이 사다리를 따라 얼마나 높이 올라갈 수 있는 가? 벽은 마찰이 없다고 가정하여라.

전략 사다리와 사다리를 오르는 사람을 하나의 계로 간주하여라. 사다리가 미끄러지기 전까지 이 계는 평형 상태에 있다. 그러므로 계에 작용하는 알짜 외력과 알짜 돌림힘은 둘

(a)

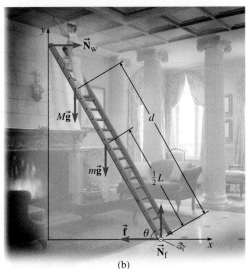

(b)

그림 8.20 (a) 사다리와 (b) 사다리에 작용하는 힘.

다 0이다. 벽($\vec{N}_W$)과 바닥($\vec{N}_f$)은 사다리에 수직항력을 작용한다. 바닥은 사다리의 아래쪽에 마찰력($\vec{f}$)을 작용하나 벽은 마찰력이 없어서 사다리의 윗부분에는 마찰력이 없다. 중력은 사다리와 사다리를 오르는 사람에게 모두 작용한다. 사람이 사다리를 올라감에 따라 사다리가 평형을 이루기 위해 마찰력 $\vec{f}$는 증가한다. 사다리는 평형을 유지하기 위해 요구되는 마찰력이 최대 마찰력 $\mu_s N_f$보다 커지면 미끄러지기 시작한다. 따라서 사다리는 $f = \mu_s N_f$일 때 미끄러진다.

$$\sum F_x = 0, \quad \sum F_y = 0 \quad \text{그리고} \quad \sum \tau = 0$$

풀이 첫 단계는 사다리에 모든 힘과 거리를 나타내는 것이다(그림 8.20b). 도해에 숫자들을 집어넣는 대신에, 사다리의 길이는 $L(= 8.00 \text{ m})$, 사다리의 바닥에서부터 사람이 서 있는 위치까지의 미정 거리는 d, 사람의 질량은 $M(= 60.0 \text{ kg})$, 사다리의 질량은 $m(= 15.0 \text{ kg})$을 각각 사용했다. 사다리의 무게는 사다리가 균일하므로 사다리의 중앙인 무게중심에 작용한다.

이제 평형 조건을 적용해보자. $\sum F_x = 0$로부터

$$N_W - f = 0$$

임을 알 수 있다. 여기서 사람이 가능한 한 최고 높이 있을 때 마찰력은 최대 가능한 값

$$f = \mu_s N_f$$

을 가져야 한다. 두 개의 식을 연립하여 두 개의 수직항력 사이의 관계식

$$N_W = \mu_s N_f$$

을 얻는다.

다음으로 $\sum F_y = 0$을 적용하면

$$N_f - Mg - mg = 0$$

을 얻는다. 미지수는 N_f뿐이므로, N_f에 대해 풀면

$$N_f = Mg + mg = (M + m)g$$

가 되고 이로부터 다른 수직항력 N_W도 구할 수 있다.

$$N_W = \mu_s N_f = \mu_s (M + m)g$$

이제 모든 힘의 크기에 대한 식을 구했다. d를 구하는 것이 이 문제의 목표인데 아직 구하지 못했다. d를 구하기 위해서

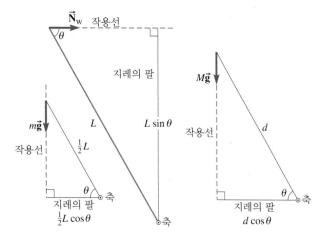

그림 8.21 각 힘에 대한 지레의 팔 구하기.

는 알짜 돌림힘을 0으로 두어야 한다.

우선 회전축을 정하자. 가장 간편한 선택은 그림 8.20의 평면에 수직이면서 사다리의 바닥을 통과하는 축을 잡는 것이다. 다섯 개의 힘들 중 두 개의 힘($\vec{N}_f$와 $\vec{f}$)이 사다리의 바닥에 작용하여 지레의 팔이 0이므로 돌림힘도 0이다. 이 축이 간편한 다른 이유는 거리 d가 사다리의 바닥에서부터 측정되기 때문이기도 하다.

힘들이 수직이 아니면 수평으로 작용하는 상황에서 돌림힘은 지레의 팔을 이용해 가장 쉽게 구할 수 있다. 그림 8.21의 세 개의 도해에서 각 힘의 작용선을 그리면 축과 작용선 사이의 수직 거리가 지레의 팔이다.

시계 반대 방향 돌림힘이 양(+)이라는 것을 이용하면 $\vec{N}_W$에 의한 돌림힘은 음(−)이고 중력에 의한 돌림힘은 양(+)이다. 각 돌림힘의 크기는 힘 곱하기 지레의 팔이다.

$$\tau = Fr_\perp$$

알짜 돌림힘이 0이라고 놓으면

$$-N_W L \sin\theta + mg\left(\tfrac{1}{2}L\cos\theta\right) + Mgd\cos\theta = 0$$

이 된다. d에 대해 풀면

$$\frac{-N_W L \sin\theta}{Mg\cos\theta} + \frac{\tfrac{1}{2}mgL\cos\theta}{Mg\cos\theta} + d = 0$$

$$d = \frac{N_W L \tan\theta}{Mg} - \frac{mL}{2M}$$

이 되고 N_W를 치환하면

$$d = L\left(\frac{\mu_s(M+m)\tan\theta}{M} - \frac{m}{2M}\right)$$

$$= 8.00\ \text{m} \times \left(\frac{0.45 \times 75.0\ \text{kg} \times \tan 60.0°}{60.0\ \text{kg}} - \frac{15.0\ \text{kg}}{2 \times 60.0\ \text{kg}}\right)$$

$$= 6.8\ \text{m}$$

이 되어 사람은 사다리가 미끄러지기 전 6.8 m까지 올라갈 수 있다. 이 거리는 사다리 방향의 거리이지 바닥에서부터의 높이는 아니다. 바닥에서부터의 높이는

$$h = 6.8\ \text{m} \times \sin 60.0° = 5.9\ \text{m}$$

이다.

검토 만약 사람이 더 높이 올라가면 사람의 무게는 선택된 회전축에 대해 더 큰 시계 반대 방향 돌림힘을 만든다. 평형 상태에 있기 위해서 총 시계 방향 돌림힘도 커져야 한다. 시계 방향 돌림힘을 줄 수 있는 유일한 힘은 벽이 사다리를 오른쪽으로 미는 수직항력인데 이 힘이 커지려면 알짜 수평힘이 0이 되도록 마찰력도 커져야 한다. 마찰력은 이미 최댓값에 도달했으므로 사람이 더 높이 올라가면 사다리가 평형 상태에 있을 수 있는 방법은 더 이상 없다.

실전문제 8.7 벽에 기대어 있는 또 다른 사다리

질량이 10.0 kg이고 길이가 3.2 m인 균일한 사다리가, 맨 밑부분이 마찰이 없는 벽에서 1.5 m 떨어진 상태로 기대어 세워져 있다. 만약 사다리가 미끄러지지 않게 하려면 사다리의 아랫부분과 바닥 사이의 최소 정지마찰계수는 얼마여야 하는가? 벽은 마찰이 없다고 가정하여라.

힘의 분포

중력은 한 점에 작용하는 것이 아니라 골고루 분포되어 작용한다. 수직항력이나 마찰력을 포함한 접촉력도 접촉하고 있는 면 전체에 분포되어 있다. 중력과 마찬가지로 접촉력도 단일 점에 작용하는 것으로 간주할 수 있으나 때때로 그러한 단일 점의 위치가 전혀 명확하지 않을 수도 있다. 평평한 탁자 위에 놓여 있는 책의 경우, 수직항력은 실효적으로 테이블에 접촉한 책표지의 기하학적 중심에 작용한다고 가

정해도 무방하다. 그러나 책이 기울어진 탁자 위에 있거나 미끄러지고 있을 때에는 실효적인 작용점의 위치를 정하는 것이 명확하지 않게 된다.

보기 8.8에서 보여주는 것처럼, 넘어지려는 순간의 물체는 회전 중심인 모서리를 제외하고는 접촉을 상실하려 한다. 이때는 그 모서리가 접촉력이 작용하는 위치가 되어야 한다.

보기 8.8

넘어지는 서류 캐비닛

높이 a, 너비 b인 서류 캐비닛이 각 θ인 경사면 위에 놓여 있다(그림 8.22a). 서류 캐비닛의 무게중심은 상자의 기하학적 중심과 일치한다. 서류 캐비닛이 넘어지지 않는 최대 각 θ를 구하여라. 정지마찰계수는 캐비닛이 미끄러지지는 않을 만큼 충분히 크다.

전략 서류 캐비닛이 넘어지기 전까지는 평형 상태에 있다. 따라서 알짜힘도 0이고, 임의의 회전축에 대한 알짜 돌림힘도 0이어야 한다. 먼저 서류 캐비닛에 작용하는 세 가지 힘(중력, 경사면에 수직한 힘, 마찰력)을 보여주는 도해를 그린다. 만약 서류 캐비닛이, 넘어지기 직전의 최대 기울기로 기울어져 있다면, 두 가지 접촉력(경사면에 수직한 힘, 마찰력)은 서류 캐비닛의 아래쪽 모서리에 작용점이 있다. 이 경우에 서류 캐비닛의 아래쪽 표면 전체와 경사면 사이의 접촉은 사라지고, 서류 캐비닛의 가장 낮은 모서리와 경사면만이 접촉한다.

모든 평형 상태의 문제에서, 회전축을 잘 선택하면 문제를 보다 쉽게 풀 수 있다. 서류 캐비닛이 넘어지는 최대 각에서 서류 캐비닛의 아래쪽 모서리에 접촉력이 작용한다. 그러면 서류 캐비닛의 아래쪽 모서리를 회전축으로 선택하면 가장 간단하게 문제를 풀 수 있다. 왜냐하면 경사면에 수직인 힘과

마찰력의 지레의 팔이 0이기 때문이다.

풀이 최대각 θ에서 서류 캐비닛에 작용하는 힘을 그림 8.22b에 나타내었다. 그리고 중력은 무게중심에 그려놓았다. 특히 중력을 경사면에 수직한 성분과 평행한 성분으로 분리해 그려놓았다. 중력의 수직한 성분과 평행한 성분에 대한 지레의 팔을 구할 수 있다. 경사면에 평행한 무게의 성분($mg \sin \theta$)에 대한 지레의 팔은 $\frac{1}{2}a$이고, 경사면에 수직한 무게 성분($mg \cos \theta$)의 지레의 팔은 $\frac{1}{2}b$이다. 따라서 알짜 돌림힘이 0이라는 방정식을 쓰면

$$\sum \tau = -mg \cos \theta \times \tfrac{1}{2}b + mg \sin \theta \times \tfrac{1}{2}a = 0$$

이 된다. 위 방정식을 공통 인자 $\frac{1}{2}mg$로 나누면

$$b \cos \theta = a \sin \theta$$

이다. 이것을 θ에 대해 풀면

$$\theta = \tan^{-1} \frac{b}{a}$$

가 된다.

검토 점검하기 위해, 단일 접촉력의 두 가지 힘 성분으로서 수직항력과 마찰력을 생각할 수 있다. 그 접촉력을 마치 무게중심처럼 한 점 "접촉중심"에 작용한다고 가정할 수 있다. 경사면에 놓인 서류 캐비닛은 경사각이 커질수록 접촉력의 작용점이 서류 캐비닛의 아래 모서리 쪽으로 이동한다(그림 8.23). 만약 무게중심을 통과하는 축을 회전축으로 잡는다면

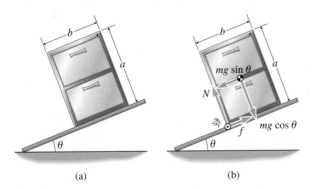

(a)　　　　(b)

그림 8.22 (a) 경사면 위에 있는 서류 캐비닛. (b) 서류 캐비닛에 작용하는 힘.

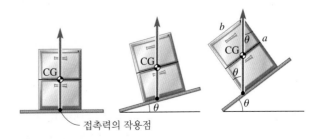

접촉력의 작용점

그림 8.23 경사각에 따라 서류 캐비닛에 작용하는 힘.

중력에 의한 돌림힘은 없다. 따라서 접촉력에 의한 돌림힘이 0이 되어야 한다. 이를 위한 유일한 방법은 지레의 팔이 0이 되는 것이다. 이것은 접촉력이 바로 무게중심을 향한다는 의미이다. 만약 각 θ가 최대가 되면 접촉력은 아래쪽 모서리에 작용하고 $\tan \theta = b/a$이다. 서류 캐비닛의 질량중심이 캐비닛의 아래쪽 모서리 바로 위에 온다면 넘어지기 시작한다. 어떤 물체이든 평형 상태에 있기 위해서는 총 접촉력의 작용점이 물체의 무게중심 바로 아래에 있어야 한다.

개념형 실전문제 8.8 파이크 자세를 유지하는 체조 선수

그림 8.24에서 체조 선수는 파이크(pike) 자세를 취하고 있다. 이 체조 선수의 무게중심은 어디에 있는가?

그림 8.24 이탈리아의 유리 케키(Yuri Chechi) 선수가 일본 사바에에서 열린 세계체조선수권대회 링 경기에서 파이크 자세를 취하고 있다.

8.5 응용: 인체의 균형 EQUILIBRIUM IN THE HUMAN BODY

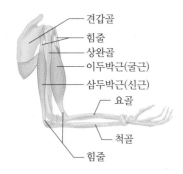

그림 8.25 이두박근은 굴근이고, 삼두박근은 신근이다.

평형과 돌림힘의 개념을 이용해 우리 몸의 뼈대에 붙어 있는 근육 조직을 어떻게 작동시키는지 이해할 수 있다. 근육의 양 끝에는 힘줄이 있고 힘줄은 관절(뼈 사이의 유연한 연결 부위)을 가로질러 서로 다른 두 뼈에 연결된다. 근육이 수축하면 힘줄이 당겨지며, 그 결과 뼈를 당긴다. 이와 같이 근육은 두 뼈에 크기가 같은 힘 한 쌍을 작용한다. 위팔에 있는 이두박근(그림 8.25)은 팔뚝(요골)과 견갑골을 팔꿈치의 안쪽에서 연결한다. 이두박근이 수축하면 팔뚝은 위팔 쪽으로 당겨진다. 이두박근은 팔다리를 구부리는 굴근(수축근)으로서 한 뼈를 다른 뼈에 가까이 당긴다.

우리 몸의 근육은 당길 수는 있어도 밀어낼 수는 없어서, 이두박근과 같은 굴근은 팔뚝을 위팔에서 멀리 밀어내는 작용을 할 수 없다. 팔다리를 뻗치는 데 사용하는 신근은 팔뚝이 위팔에서 멀어지게 할 때 이용된다. 위팔에 있는 신근인 삼두박근(그림 8.25)은 견갑골과 상완골을 팔꿈치 바깥으로 척골(尺骨, 팔뚝에 있는 요골에 평행한 다른 뼈)에 연결한다. 이두박근과 삼두박근은 팔꿈치 관절의 안팎에서 팔뚝에 연결되어 있기 때문에 이들 힘줄은 팔꿈치 관절을 중심으로 서로 반대 방향의 회전을 일으킨다. 삼두박근이 수축하면 팔이 펴지지만 이두박근은 삼두박근과 반대편에서 작용한다. 이와 같이 굴근과 신근은 둘 다 같은 방향으로 잡아당기지만, 서로 관절의 반대쪽에서 작용함으로써 몸은 양(+)과 음(−) 두 가지 돌림힘을 만들 수 있게 된다.

팔을 수평으로 유지하고 있다고 생각을 하자. 그림 8.26의 어깨 근육(삼각근)은 수평 방향에서 위쪽으로 약 15°를 이루며 상완골에 힘 $\vec{F}_m$을 작용하고 있다. 이 힘은 두 가지 일을 한다. 이 힘의 수직 성분(크기는 $F_m \sin 15° \approx 0.26\, F_m$)은 팔의 무게를 지탱하고, 수평 성분(크기는 $F_m \cos 15° \approx 0.97\, F_m$)은 어깨(견갑골) 반대쪽으로 상완골을 당겨서 어깨 관절을 안정하게 유지한다. 보기 8.9는 $\vec{F}_m$의 크기를 구하는

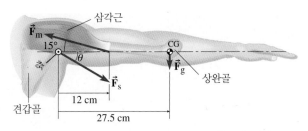

그림 8.26 뻗어 있는 팔에 작용하는 힘에는 삼각근이 작용하는 힘($\vec{F}_m$), 견갑골이 작용하는 힘($\vec{F}_s$), 중력 ($\vec{F}_g$)이 있다.

문제이다.

보기 8.9

팔을 수평으로 유지하는 힘

어떤 사람이 수평으로 팔을 펴고 있다. 팔의 무게는 30.0 N 이고, 팔의 무게중심은 어깨 관절에서 거리 27.5 cm 떨어진 팔뚝 관절에 있다(그림 8.26 참조). 삼각근이 어깨 관절에서 12 cm 떨어진 수평에서 위쪽 15° 각도로 위팔을 당긴다. 삼각근이 팔에 작용하는 힘의 크기를 구하여라.

전략 팔이 평형 상태에 있기 때문에 평형 조건 $\Sigma \vec{F} = 0$, $\Sigma \tau = 0$을 적용할 수 있다. 돌림힘을 계산할 때 어깨 관절을 회전축으로 잡으면, 모르는 힘은 팔 관절에 작용하는 $\vec{F}_s$뿐이고, 지레의 팔이 0이므로 돌림힘도 0이 된다. 그렇게 되면 돌림힘 방정식에서 미지수는 하나뿐이기 때문에 간단하게 F_m에 대해 풀 수 있다. 만약 $\vec{F}_s$를 구할 필요가 없으면 $\Sigma \vec{F} = 0$이라는 조건을 이용할 필요가 없다.

풀이 중력은 중력의 작용점과 회전축을 잇는 선에 수직이다. 중력은 시계 방향(−)의 돌림힘이 생기게 한다. 그 돌림힘의 크기는

$$|\tau| = Fr = 30.0 \text{ N} \times 0.275 \text{ m} = 8.25 \text{ N·m}$$

이다. $\vec{F}_m$에 의한 돌림힘을 구하기 위해 돌림힘에 기여하는 힘의 성분을 구해야 한다. 그러기 위해서는 작용점과 회전축을 잇는 선에 수직인 성분을 구해야 한다. 따라서 그 성분은 $F_m \sin 15°$이다. 그러므로 $\vec{F}_m$에 의한 시계 반대 방향(+)의 돌림힘의 크기는

$$|\tau| = F_{\perp} r = F_m \sin 15° \times 0.12 \text{ m}$$

가 된다. 앞의 두 돌림힘의 합은 0이어야 한다. 일상적인 부호 규약처럼 시계 반대 방향의 돌림힘을 양(+)으로 하면

$$F_m \sin 15° \times 0.12 \text{ m} - 8.25 \text{ N·m} = 0$$

이다. 위 식을 F_m에 대해 풀면 다음과 같다.

$$F_m = \frac{8.25 \text{ N·m}}{\sin 15° \times 0.12 \text{ m}} = 270 \text{ N}$$

검토 근육이 작용한 힘은 팔의 무게인 30.0 N보다 훨씬 크다. 근육은 지레의 팔이 짧기 때문에 아주 큰 힘을 작용해야 한다. 근육의 작용점은 팔의 무게중심까지의 거리의 절반 정도 되는 길이에 있다[0.12 m/(0.275 m) ≈ 4/9]. 근육이 팔에 바로 수직 방향으로 힘을 작용하지 않음에 따라 근육의 총 힘의 약 $\frac{1}{4}$ 정도만이 돌림힘에 기여한다. 따라서 앞의 두 가지 인자를 고려하면 근육이 작용하는 힘의 $\frac{4}{9} \times \frac{1}{4} = \frac{1}{9}$만이 무게를 지탱하도록 한다.

실전문제 8.9 주스 한 팩 들기

앞 문제에 제시된 사람이 무게 9.9 N의 1-L 주스 한 팩을 들고 있다. 삼각근이 작용해야 하는 힘을 구하여라. 이때 들고 있는 팔은 그림 8.26처럼 마룻바닥에 평행으로 펴고 있고 주스 팩은 어깨에서 60 cm 거리에 있다.

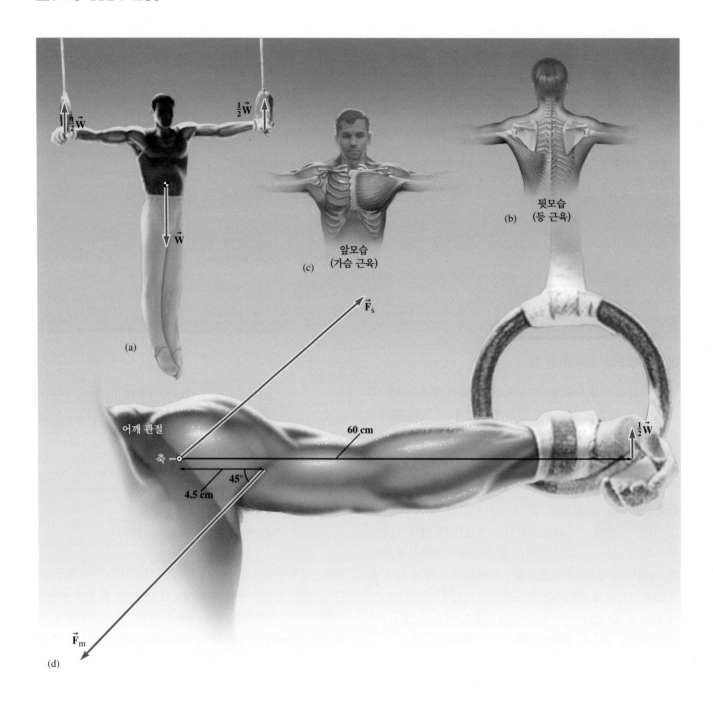

그림 8.27 (a) 십자 버티기를 하고 있는 체조 선수. 주로 쓰이는 근육은 (b) 등 근육과 (c) 가슴 근육이다. (d) 체조 선수의 팔에 작용하는 힘을 단순하게 표시한 모형.

십자 버티기를 할 때 왜 강한 근력이 필요한가?

십자 버티기 체조 선수가 십자 버티기(그림 8.27a)를 할 때 사용하는 주요 근육은 등 근육과 가슴 근육이다. 링은 체조 선수의 무게를 지탱하고 있기 때문에, 체조 선수의 팔에 위쪽 방향으로 힘을 가한다. 근육이 하는 일은 팔을 아래쪽으로 당기는 것이다. 등 근육은 어깨 관절에서 약 3.5 cm 떨어진 상완골을 당긴다(그림 8.27b). 그리고 가슴 근육은 어깨 관절에서 5.5 cm 떨어진 상완골을 당긴다(그림 8.27c). 등 근육이나 가슴 근육의 한쪽은 상완골에 연결되어 있으나 다른 쪽 끝은 뼈와 여러 군

데에서 연결되어 있다. 각 근육들의 당기는 각도가 다르기는 하지만 문제를 간단히 하기 위해, 십자 버티기에서 수평에서 45° 아래로 당기고 당기는 힘도 같다고 가정하면 두 힘을 어깨 관절에서 4.5 cm 떨어진 지점에 작용하는 힘으로 대체할 수 있다.

작용하는 힘을 구하기 위해 팔 전체가 평형 상태에 있다고 가정하자. 이번에는 각각의 링이 팔에 작용하는 힘이 몸무게의 절반으로 매우 크기 때문에 팔 자체의 무게는 무시하자. 링은 어깨 관절에서 60 cm 떨어진 손에 위로 향하는 힘을 작용한다(그림 8.27d). 평형 상태에 있을 때 어깨 관절에 대한 돌림힘은

$$|\text{시계 방향의 돌림힘}| = |\text{시계 반대 방향의 돌림힘}|$$

$$F_m \times 0.045 \text{ m} \times \sin 45° = \tfrac{1}{2}W \times 0.60 \text{ m}$$

$$F_m = \frac{\tfrac{1}{2}W \times 0.60 \text{ m}}{0.045 \text{ m} \times \sin 45°} = 9.4W$$

가 된다. 이 결과를 보면, 체조 선수의 한쪽 면에 등 근육과 가슴 근육이 가하는 힘은 자신의 몸무게의 9배 이상이다.

인체의 근육과 뼈의 구조 인체는 아주 큰 근력이 필요한 구조를 가지고 있다. 이 구조에 이점이 있을까? 인체는 지레의 팔을 짧게 하여 그렇지 않을 때보다 훨씬 큰 근력이 필요하지만, 이를 넓은 영역까지 뼈가 움직일 수 있는 능력과 바꾸었다. 예를 들면, 이두박근과 삼두박근은 길이를 몇 센티미터 정도 변화시켜 아래팔을 거의 180° 까지 움직일 수 있다. 근육은 또한 뼈와 거의 평행하게 있다. 만일 이두박근과 삼두박근이 팔꿈치보다 아래에 연결되어 있었다면 근육이 뼈에서 멀리까지 움직이도록 위팔의 표피가 넓게 펴질 수 있어야 했을 것이다. 우리 뼈와 근육은 운동 범위가 넓도록 배치되어 있다.

우리 몸의 구조가 가진 다른 이점은 팔과 다리의 회전관성이 최소가 되도록 한다는 것이다. 예를 들면, 아래팔의 운동을 통제하는 근육은 대부분 위팔에 있다. 따라서 팔꿈치 관절에 대한 아래팔의 회전관성을 더 적게 한다. 그러한 구조는 어깨 관절에 대한 팔 전체의 회전관성도 더 작게 한다. 회전관성이 작은 구조는 팔과 다리를 움직이는 데 에너지가 적게 든다는 것을 의미한다.

이두박근과 그 힘줄은 상완골에 평행하다. 관측된 흥미로운 사실은 사람에 따라 힘줄이 요골에 연결된 위치가 다르다는 것이다. 어떤 사람은 팔꿈치 관절에서 5.0 cm쯤 떨어진 지점에 힘줄이 붙어 있고, 또 팔 길이가 같은 다른 사람은 팔꿈치에서 5.5 cm쯤 떨어진 데 붙어 있다. 이러한 내부 구조 때문에 일부 사람들은 선천적으로 다른 사람보다 힘이 세다. 침팬지의 이두박근은 지레의 팔이 길기 때문에 사람보다 큰 힘을 낼 수 있다. 따라서 새끼가 아닌 침팬지와 레슬링을 하는 것은 어리석은 짓이다. 차라리 장기로 도전하는 게 현명하다.

평형 조건의 응용: 물체 들어올리기 바닥에 있는 물체를 들어 올릴 때는 본능적으로 허리를 굽힌 다음에 물체를 들어 올린다. 하지만 무거운 물체를 들 때 이것은 좋은 방법이 아니다. 척추는 비효율적인 지레이며 허리를 구부려서 무거운 물체를 들

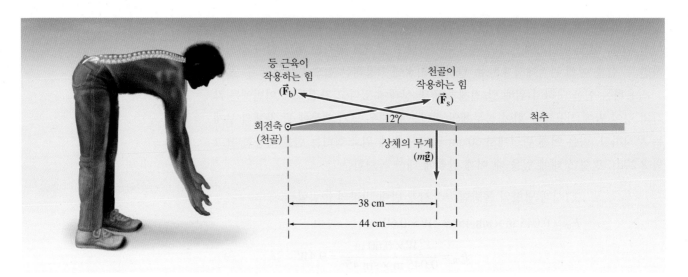

그림 8.28 허리를 구부렸을 때 사람의 등을 단순화한 모형.

어 올릴 때는 허리에 손상을 입기 쉽다. 무거운 물체를 들기 위해 웅크리고 앉아서 물체를 잡은 다음, 허리의 등 근육을 이용하는 대신에 강력한 다리 근육을 이용해 들어 올리는 편이 낫다. 간단한 등 근육 모형에서 돌림힘을 계산함으로써 그 이유를 예시할 수 있다.

척추는 천골(엉치뼈)을 축으로 하는 막대로 간주할 수 있다. 사람이 물건을 들기 위해 등이 수평이 되도록 허리를 굽혔을 때 천골은 그림 8.28에 $\vec{F}_s$로 나타낸 힘을 작용한다. 등에 있는 근육들은 매우 복잡하게 힘을 작용하지만 그림에서는 이를 단순화해 힘 $\vec{F}_b$로 나타냈다. 힘 $\vec{F}_b$는 척추에서 12° 위로, 그리고 천골에서 44 cm 되는 곳에 작용한다. 그림 8.28에 나타낸 상체의 무게 $m\vec{g}$는 대략 전체 몸무게의 65 % 정도이다. 그리고 상체의 무게중심은 천골에서 38 cm인 곳에 있다. 천골을 회전축으로 택하면 돌림힘 방정식의 힘 $\vec{F}_s$는 무시할 수 있다. $\vec{F}_b$의 연직 성분은 $F_b \sin 12° \approx 0.21 F_b$이므로, 등 근육이 작용하는 힘의 크기의 $\frac{1}{5}$ 정도가 몸무게를 지탱한다. 그리고 훨씬 큰 $\vec{F}_b$의 수평 성분이 척추를 나타내는 막대를 천골 쪽으로 누른다.

이 예제에 수치를 대입해보면 이 자세로 상체를 지지하는 데 드는 힘의 크기에 대해 감을 잡을 수 있다. 만일 사람의 무게가 710 N이면 상체의 무게는

$$mg = 0.65 \times 710\,\text{N}$$

이다. 이제 시계 반대 방향 돌림힘의 크기가 시계 방향 돌림힘의 크기와 같다고 하면

$$F_b \times 0.44\,\text{m} \times \sin 12° = mg \times 0.38\,\text{m}$$

이 된다. 척추를 누르는 근육의 힘은 $\vec{F}_b$의 수직 성분이므로

$$F_b \cos 12° = 1900\,\text{N}$$

이 된다. 대략 상체 무게의 4배 정도이다.

만약 어떤 사람이 구부린 상태에서 팔로 물체를 들어 올린다면 물체의 무게에 대

한 지레의 팔은 상체의 무게에 대한 지레의 팔보다 더 길다. 따라서 등 근육이 매우 큰 힘을 내야 한다. 척추는 위험할 정도로 큰 힘에 의해 압축된다. 척추의 마디 뼈 사이에 있는 연골을 디스크라 한다. 척추에 큰 힘이 가도록 일을 하게 되면 이 디스크가 파열되거나 변형될 수 있다. 이렇게 되면 매우 큰 고통이 따른다.

허리를 굽혀서 물체를 들어올리기보다는 그림 8.29와 같이 무릎과 하체를 굽히고, 들어 올리는 동안 가능한 한 물체를 연직으로 정렬한 채 들어 올리면 몸의 무게 중심과 물체의 무게가 천골의 위쪽에 있는 선상으로 가까이 오기 때문에 천골을 회전축으로 하는 이 힘들에 대한 지레의 팔이 짧아지고 디스크에 작용하는 힘은 대략 상체의 무게와 물체의 무게를 더한 정도가 된다.

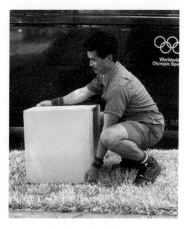

그림 8.29 무거운 물체를 좀 더 안전하게 들어 올리는 방법.

8.6 회전에 관한 뉴턴의 운동 제2 법칙
ROTATIONAL FORM OF NEWTON'S SECOND LAW

돌림힘과 회전관성의 개념을 이용해 회전에 관한 뉴턴의 제2 법칙을 만들 수 있다. 곧, 고정된 회전축 주위로 회전하는 물체에 관하여 $\sum \vec{\mathbf{F}} = m\vec{\mathbf{a}}$의 역할을 하는 법칙을 만들 수 있다.

> **연결고리**
>
> 회전에 관한 뉴턴의 제2 법칙에서 알짜 돌림힘은 알짜힘을, 회전관성은 질량을, α는 $\vec{\mathbf{a}}$를 각각 대치한다.

> **회전에 관한 뉴턴의 운동 제2 법칙**
>
> $$\sum \tau = I\alpha \tag{8-9}$$

알짜 돌림힘 $\sum \tau$를 계산할 때, 돌림힘들을 더하기 전에 각각에 맞는 대수 부호를 지정해야 한다. 강체에 작용하는 내력에 의한 돌림힘의 합은 항상 0이다. 그래서 알짜 돌림힘에만 외부 돌림힘만이 포함된다.

따라서 강체의 각가속도는 알짜 돌림힘에 비례하고 회전관성에 반비례한다. 회전 평형 상태에서는 각가속도는 0이다. 그러므로 식 (8-9)에서 보면 각가속도가 0이 되기 위해서는 돌림힘이 0이 되어야 한다. 이미 8.4절과 8.5절에서 평형 상태의 조건으로 $\sum \tau = 0$을 사용했다.

물체의 질량이 일정한 경우에만 $\sum \vec{\mathbf{F}} = m\vec{\mathbf{a}}$라는 식이 유효하듯이 회전체에 있어서도 회전관성이 일정한 경우에만 $\sum \tau = I\alpha$라는 식도 유효하다. 고정된 회전축에 대해 회전하는 강체는 회전관성 I가 변하지 않는다. 따라서 식 (8-9)는 항상 적용될 수 있는 식이다.

회전에 관한 뉴턴의 제2 법칙으로 줄타기 곡예사가 줄 위에서 몸의 균형을 유지하기 위해 왜 긴 막대기가 필요한지 설명할 수 있다. 만약 곡예사가 줄을 타는 도중에 기울어지면 막대기도 함께 줄에 대해 회전해야 한다. 그런데 막대기는 길이가 길기 때문에 회전관성이 크다. 그러므로 중력에 의한 돌림힘이 만드는 계(곡예사와 막대기)의 각가속도는 막대기가 없는 곡예사의 경우보다 훨씬 작아서 곡예사가 추락하지 않도록 자세를 조정하는 시간을 벌어준다.

원반형 회전연마기

회전연마기는 질량이 2.50 kg이고 반지름이 9.00 cm인 고체로 된 원반이다. 정지 상태에 있던 회전연마기가 6초 후에 회전 속도가 126 rev/s로 되었다면 모터가 공급한 일정한 크기의 돌림힘은 얼마인가?

전략 회전연마기가 균일한 원반으로 되어 있기 때문에 회전관성은 표 8.1을 이용해 구할 수 있다. 초당 회전수의 회전 속도를 초당 라디안으로 변환하면 주어진 시간 간격 동안에 각속도의 변화로부터 각가속도를 구할 수 있다. I와 α를 알면, 회전에 관한 뉴턴의 제2 법칙으로부터 알짜 돌림힘을 구할 수 있다.

풀이 회전연마기는 원반이기 때문에 회전관성은

$$I = \tfrac{1}{2}mr^2$$

$$\tfrac{1}{2} \times 2.50 \text{ kg} \times (0.0900 \text{ m})^2 = 0.010125 \text{ kg·m}^2$$

이다. 1회전의 각은 2π라디안이기 때문에 각속도는

$$\omega = 126 \frac{\text{rev}}{\text{s}} \times 2\pi \frac{\text{rad}}{\text{rev}}$$

이고, 각가속도는

$$\alpha = \frac{\Delta\omega}{\Delta t}$$

이다. 따라서 필요한 돌림힘은

$$\sum \tau = I\alpha = I\frac{\Delta\omega}{\Delta t}$$
$$= 0.010125 \text{ kg·m}^2 \times \frac{126 \text{ rev/s} \times 2\pi \text{ rad/rev}}{6.00 \text{ s}}$$
$$= 1.34 \text{ N·m}$$

이다. 회전연마기에 다른 돌림힘이 작용하지 않는다면 모터는 1.34 N·m의 일정한 돌림힘을 회전연마기에 공급해야 한다.

검토 이 문제를 풀기 위해 회전연마기에 다른 어떠한 돌림힘도 작용하지 않는다고 가정했다. 그러나 모터가 공급하는 돌림힘의 부호에 반대되게 작지만 마찰에 의한 돌림힘이 작용할 수 있다. 이런 경우 모터는 돌림힘을 1.34 N·m보다 더 많이 공급해야 한다.

실전문제 8.10 다른 접근법

다음 방법으로 보기 8.10의 답을 검증하여라. (a) 일정한 α에 대한 운동 방정식을 이용해 회전연마기의 각 변위 구하기. (b) 회전연마기의 회전운동에너지의 변화 구하기. (c) $W = \tau\Delta\theta$로부터 돌림힘 구하기.

8.7 구르는 물체의 동역학
THE MOTION OF ROLLING OBJECTS

구르는 물체는 질량중심의 병진운동과 질량중심을 통과하는 축에 관한 회전운동의 결합으로 되어 있다(5.1절). 미끄러짐 없이 구르는 물체에 대해서는 $v_{CM} = \omega R$가 성립한다. 그 결과, 구르는 물체의 병진운동에너지와 회전운동에너지 사이에는 특별한 관계가 있다. 구르는 물체의 총 운동에너지는 병진운동에너지와 회전운동에너지의 합이다.

질량이 M이고 반지름이 R인 바퀴의 회전관성은 MR^2에 어떤 수를 곱한 것이고 다른 것은 될 수 없다. 그래서 질량중심을 통과하는 축에 관한 회전관성은 $I_{CM} = \beta MR^2$이라 쓸 수 있다. 여기에서 β는 회전축으로부터 질량이 분포되어 있는 모양에 따라 달라지는 숫자이다. 큰 β는 회전축에서 먼 쪽에 질량이 많이 분포해 있음을 의미한다. 표 8.1로부터, 링 모양의 물체는 $\beta = 1$이고, 원판 모양은 $\beta = \tfrac{1}{2}$이며,

속이 찬 고체 구는 $\beta = \frac{2}{5}$이다.

$I_{CM} = \beta MR^2$과 $v_{CM} = \omega R$를 이용해 구르는 물체의 회전운동에너지를 구하면

$$K_{회전} = \frac{1}{2}I_{CM}\omega^2 = \frac{1}{2} \times \beta MR^2 \times \left(\frac{v_{CM}}{R}\right)^2 = \beta \times \frac{1}{2}Mv_{CM}^2$$

이 된다. $\frac{1}{2}Mv_{CM}^2$이 병진운동에너지이기 때문에

$$K_{회전} = \beta K_{병진} \tag{8-10}$$

이라 쓸 수 있다. β가 물체의 질량이나 반지름에 관련되는 양이 아니고 단지 물체의 모양에만 관계되기 때문에 편리하다. 주어진 물체의 모양에 대해서, 미끄러짐 없이 구르는 물체의 병진운동에너지에 대한 회전운동에너지의 비율(β)은 항상 같다.

총 운동에너지는

$$K = K_{병진} + K_{회전}$$
$$K = \frac{1}{2}Mv_{CM}^2 + \frac{1}{2}I_{CM}\omega^2 \tag{8-11}$$

으로 표현되고, β를 이용해서 표현하면

$$K = (1+\beta)K_{병진}$$
$$K = (1+\beta)\frac{1}{2}Mv_{CM}^2 \tag{8-12}$$

이 된다. 따라서 질량이 같은 두 물체가 같은 병진 속력으로 운동하더라도 같은 운동에너지를 가지지는 않는다. β값이 큰 물체일수록 더 큰 회전운동에너지를 갖는다.

개념형 보기 8.11

속이 빈 공과 속이 찬 공 굴리기

정지 상태에서 출발하여 두 개의 공이 그림 8.30과 같이 언덕을 내려가고 있다. 하나의 공은 속이 차 있고 다른 하나는 속이 비었다. 언덕 바닥에 도달했을 때 어느 공이 더 빠르게 움직이겠는가?

전략과 풀이 이 문제를 푸는 최고의 방법은 에너지 보존 법칙을 적용하는 것이다. 공이 언덕을 굴러 내려감에 따라 중력 퍼텐셜에너지는 감소하고 운동에너지는 그만큼 증가한다. 총 운동에너지는 병진운동과 회전운동의 합이다.

공의 질량과 반지름은 모르고 같다고 가정할 수도 없다. 그

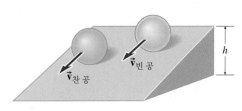

그림 8.30 구르는 공.

런데 운동에너지와 퍼텐셜에너지 모두 질량에 비례하므로 질량은 나중 속력에 영향을 미치지 않는다. 또한 총 운동에너지는 공의 반지름에도 무관하다[식 (8-12) 참조]. 두 공의 총 운동에너지 중 병진운동의 비율이 다르기 때문에 두 공의 나중 속력이 달라진다.

한 공은 속이 꽉 차 있고 다른 하나는 구 껍질에 가깝다. 구 껍질의 질량은 모두 구의 표면에 집중되어 있는 반면, 속이 꽉 찬 공은 질량이 공 부피 전체에 분포하고 있다. 그러므로 구 껍질은 속이 찬 공보다 큰 β 값을 갖는다. 구 껍질이 구를 때 퍼텐셜에너지의 더 많은 비율을 회전운동에너지로 변환한다. 따라서 더 적은 비율이 병진운동에너지가 된다. 속이 찬 공이 운동에너지의 더 많은 비율을 병진운동에 사용하기 때문에 나중 속력이 더 크다.

검토 이러한 개념 문제를 정량적인 것으로 만들 수 있다. 곧, 언덕의 바닥에서 두 공의 속력의 비는 얼마인가?

언덕의 높이를 h, 공의 질량을 M이라고 하면 감소하는 중력퍼텐셜에너지는 Mgh이다. 이만큼의 중력퍼텐셜에너지가 병진운동에너지와 회전운동에너지로 변환된다.

$$Mgh = K_{병진} + K_{회전} = (1+\beta)K_{병진} = (1+\beta)\frac{Mv_{CM}^2}{2}$$

질량은 양변에서 상쇄되고 나중 속력을 g, h, β로 나타낼 수 있다. 나중 속력은 공의 질량과 공의 반지름에 무관하다.

$$v_{CM} = \sqrt{\frac{2gh}{1+\beta}}$$

그러므로 언덕의 바닥에서 두 공의 나중 속력의 비는

$$\frac{v_1}{v_2} = \sqrt{\frac{1+\beta_2}{1+\beta_1}}$$

가 된다. 속력의 비를 계산하기 위해 표 8.1의 회전관성을 살펴보면 속이 찬 공은 $\beta = \frac{2}{5}$이고 속이 빈 공은 $\beta = \frac{2}{3}$이다. 그러면

$$\frac{v_{찬 공}}{v_{빈 공}} = \sqrt{\frac{1+\frac{2}{3}}{1+\frac{2}{5}}} \approx 1.091$$

이다. 속이 찬 공의 나중 속력은 속이 빈 공보다 9.1 % 빠르다. 이 속력의 비는 공의 질량, 반지름, 언덕의 높이, 언덕의 경사와 무관하다.

실전문제 8.11 운동에너지 중 회전운동에너지의 비율

구르는 공의 운동에너지 중 회전운동에너지의 비율은 얼마인가? 속이 찬 공과 빈 공 모두 구하여라.

✔ 살펴보기 8.7

다음과 같은 조건을 만족하며 구슬이 움직이는 예를 들어라. (a) $K_{병진} > 0$, $K_{회전} = 0$ (b) $K_{병진} = 0$, $K_{회전} > 0$, (c) $K_{회전} = \frac{2}{5}K_{병진}$.

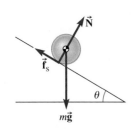

그림 8.31 경사면을 따라 굴러 내려가는 공에 작용하는 힘.

구르는 물체의 가속도 경사면을 따라 굴러 내려가는 구의 가속도는 얼마인가? 그림 8.31은 공에 작용하는 힘을 나타낸다. 정지마찰력이 구가 구르게 하는 힘이다. 만약 마찰력이 없다면, 구는 구르지 않고 미끄러져 내려간다. 그 이유는 마찰력만이 구의 질량중심을 통과하는 회전축에 관한 돌림힘을 작용하기 때문이다. 중력은 구의 질량중심에 작용하기 때문에 지레의 팔이 0이 되어 중력에 의한 돌림힘은 0이다. 수직항력($\vec{N}$)은 회전축을 향하기 때문에 지레의 팔 역시 0이 된다.

마찰력 $\vec{f}$는

$$\tau = rf$$

의 돌림힘이 생기게 한다. 여기에서 r는 구의 반지름이다. 힘과 돌림힘을 분석하고 두 가지 형태의 뉴턴의 제2 법칙과 결합시켜 보기 8.12에 나오는 구의 가속도를 계산할 수 있다.

보기 8.12

구르는 공의 가속도

수평 방향과 각 θ를 이루는 경사면을 따라 굴러 내려가는 속이 찬 공의 가속도를 구하여라(그림 8.32a)

전략 알짜 돌림힘은 뉴턴의 제2 법칙 $\sum\tau = I\alpha$에 따라 각가속도와 관계된다. 마찬가지로 공에 작용하는 알짜힘은 $\sum\vec{F} =$

$m\vec{a}_{CM}$에 따라 질량중심에 가속도가 생기게 한다. 회전축은 공의 질량중심을 통과한다. 이미 공부했던 바와 같이 중력과 수직항력은 이 축에 관해 돌림힘으로 작용하지 못한다. 그래서 알짜 돌림힘은 $\sum \tau = rf$이다. 여기에서 f는 마찰력의 크기이다. 문제는 마찰력을 모른다는 것이다. $f = \mu_s N$의 공식을 이용하고 싶지만 정지마찰력이 최대의 가능한 크기를 가진다는 보장은 없다. 그러나 우리는 병진가속도와 회전가속도가 서로 관련 있다는 사실을 안다. 곧, 공의 반지름 r가 일정하므로 v_{CM}과 ω가 서로 비례한다. 비례를 유지하기 위해 둘은 동일 비율로 변해야 한다. 곧, 그들의 변화율 a_{CM}과 α도 같은 인자 r를 매개로 $a_{CM} = \alpha r$와 같이 비례해야 한다. 이 관계로부터 마찰력 f를 소거하고 가속도를 구할 수 있다. 일정 거리를 굴러 내려갔을 때 구의 속도는 공의 반지름과 질량에 무관하므로, 공의 가속도에 대해서도 같은 것을 예상할 수 있다.

풀이 알짜 돌림힘이

$$\sum \tau = rf$$

이기 때문에 각가속도는

$$\alpha = \frac{\sum \tau}{I} = \frac{rf}{I} \tag{1}$$

가 된다. 여기서 I는 공의 질량중심에 대한 회전관성이다.

경사면을 따라 공에 작용하는 힘들을 그림 8.32b에 나타내었다. 질량중심의 가속도는 뉴턴의 제2 법칙에서 구한다. 경사면에 평행하게 (가속도의 방향으로) 작용하는 알짜힘의 성분은

$$\sum F_x = mg \sin \theta - f = ma_{CM} \tag{2}$$

이다. 구가 미끄러짐이 없이 굴러 내려가기 때문에 질량중심의 가속도와 각가속도는

$$a_{CM} = \alpha r$$

의 관계에 있다. 위의 방정식에서 모르는 마찰력 f를 소거해야 한다. 식 (1)을 f에 대해 풀면

$$f = \frac{I\alpha}{r}$$

가 된다. 이 식을 식 (2)에 대입하면

$$mg \sin \theta - \frac{I\alpha}{r} = ma_{CM}$$

이 된다. α를 소거하기 위해 $\alpha = a_{CM}/r$를 대입하면

$$mg \sin \theta - \frac{Ia_{CM}}{r^2} = ma_{CM}$$

이 되고, 이 식을 a_{CM}에 대해 풀면

$$a_{CM} = \frac{g \sin \theta}{1 + I/(mr^2)}$$

이 된다. 속이 꽉 찬 구에 관한 회전관성은 $I = \frac{2}{5}mr^2$이므로

$$a_{CM} = \frac{g \sin \theta}{1 + \frac{2}{5}} = \frac{5}{7}g \sin \theta$$

이다.

검토 마찰이 없는 경사면을 따라 미끄러지는 물체의 가속도는 $a = g \sin \theta$이다. 구르는 공의 가속도는 경사면을 따라 위쪽으로 작용하는 마찰력으로 인해 $g \sin \theta$보다 더 작다.

보기 8.11의 결과를 이용해 답을 점검할 수 있다. 공의 가속도는 일정하다. 만약 그림 8.32a에서처럼 공이 정지 상태에서 출발해 거리 d를 굴러간다면 공의 속력은

$$v = \sqrt{2ad} = \sqrt{2\left(\frac{g \sin \theta}{1 + \beta}\right)d}$$

이다. $\beta = \frac{2}{5}$이다. 이 시간 동안 연직 강하 길이는 $h = d \sin \theta$이므로

$$v = \sqrt{\frac{2gh}{1 + \beta}}$$

이다.

실전문제 8.12 **속이 빈 원통의 가속도**

수평면과 각 θ를 이루는 경사면을 따라 굴러 내려오는 속이 빈 원통의 가속도를 구하여라.

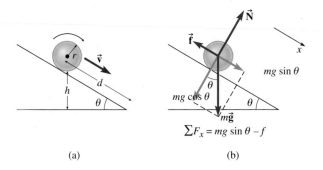

$$\sum F_x = mg \sin \theta - f$$

(a)　　　　　(b)

그림 8.32 (a) 경사면을 굴러 내려오는 공. (b) 중력을 경사면에 수직한 성분과 나란한 성분으로 분해한 공의 자물도.

8.8 각운동량 ANGULAR MOMENTUM

병진운동에 대한 뉴턴의 제2 법칙은 다음과 같이 두 가지 방법으로 나타낼 수 있다.

$$\sum \vec{\mathbf{F}} = \lim_{\Delta t \to 0} \frac{\Delta \vec{\mathbf{p}}}{\Delta t} \text{ (일반적인 형태)} \quad \text{또는} \quad \sum \vec{\mathbf{F}} = m\vec{\mathbf{a}} \text{ (질량이 일정한 경우)}$$

식 (8-9)에서 회전에 관한 뉴턴의 제2 법칙은 $\sum \tau = I\alpha$로 기술했는데, 이 식은 고정된 축에 대해 회전함으로써 회전관성 I가 일정한 강체에 적용되는 식이다. 이제 **각운동량**angular momentum(L)의 개념을 이용해 회전에 관한 뉴턴의 제2 법칙을 더 일반화시킬 수 있다.

> **연결고리**
>
> $\sum \vec{\mathbf{F}} = \lim\limits_{\Delta t \to 0} \dfrac{\Delta \vec{\mathbf{p}}}{\Delta t}$ 와 비슷하다는 점에 유의하여라.

> 계에 작용하는 외부 알짜 돌림힘은 계의 각운동량의 변화율과 같다.
>
> $$\sum \tau = \lim_{\Delta t \to 0} \frac{\Delta L}{\Delta t} \tag{8-13}$$

고정된 축에 대해 회전하는 강체의 각운동량은 회전관성 곱하기 각속도로 주어지는데, 이는 선운동량(질량 곱하기 속도)의 정의와 유사하다.

> **연결고리**
>
> $\vec{\mathbf{p}} = m\vec{\mathbf{v}}$ 와 비슷하다는 점에 유의하여라. 이들 유사 관계에 대한 완전한 표는 "개념 정리"를 참조하여라.

> **각운동량**
>
> $$L = I\omega \tag{8-14}$$
>
> (강체, 고정된 축)

식 (8-13)이나 식 (8-14)로부터 각운동량의 SI 단위가 $\text{kg} \cdot \text{m}^2/\text{s}$임을 증명할 수 있다.

고정된 축에 대해 회전하는 강체의 각운동량이 어떤 새로운 사실을 우리에게 제공해주지는 않는다. 회전체를 구성하고 있는 물체의 각 점과 회전축까지의 거리 r_i가 변하지 않기 때문에 회전관성은 일정하다. 이런 경우 각운동량의 변화는 가속도 ω의 변화에 의해 생긴다.

$$\sum \tau = \lim_{\Delta t \to 0} \frac{\Delta L}{\Delta t} = \lim_{\Delta t \to 0} \frac{I\Delta\omega}{\Delta t} = I \lim_{\Delta t \to 0} \frac{\Delta\omega}{\Delta t} = I\alpha$$

각운동량 보존　그러나 식 (8-13)은 고정된 축이어야만 한다든지, 또 강체여야 한다는 제한이 없다. 특히, 계에 작용하는 알짜 돌림힘이 0이라면 각운동량의 변화는 없다. 이것이 **각운동량 보존 법칙**law of conservation of angular momentum이다.

각운동량의 보존은 계의 알짜 외부 토크가 0이면(또는 무시할 수 있을 만큼 작으면) 모든 계에 적용할 수 있다.

> **각운동량의 보존**
>
> $$\text{만일 } \sum \tau = 0 \text{이면, } L_i = L_f \tag{8-15}$$

여기서 L_i와 L_f는 다른 두 시간에 측정한 계의 각운동량이다. 각운동량의 보존 법칙은 지금까지 우리가 공부해왔던 두 가지 보존 법칙(에너지 보존 법칙과 선운동량 보존 법칙)과 함께 물리학에서 가장 본질적이고 기본적인 보존 법칙 중 하나이다. 고립계의 경우, 총 에너지와 총 선운동량 및 총 각운동량은 각각 보존된다. 이 세 가지 물리량은 모두 외부적인 변화 요인 없이는 변하지 않는다.

에너지 보존 법칙에서는 여러 가지 형태의 에너지(운동에너지, 중력퍼텐셜에너지)를 더해 총 에너지를 구한다. 곧, 이 법칙은 총 에너지에 관한 것이다. 이와는 달리, 선운동량과 각운동량을 더해서 "총 운동량"을 구할 수는 없다. 이들은 완전히 다른 물리량이지 같은 물리량의 두 가지 형태가 아니다. 이들은 단위부터 다르다. 사실 그 때문에 서로 더할 수 없다. 선운동량 보존과 각운동량 보존은 별도의 물리 법칙이다.

각운동량의 응용: 피겨 스케이팅 선수 여기서는 회전축은 고정되어 있으나 회전관성은 변할 수 있는 경우만을 고려한다. 회전관성이 변하는 경우에 대한 친근한 예는 피겨 스케이팅 선수가 회전하는 경우이다(그림 8.33). 스케이팅 선수는 팔을 벌리고 스케이트로 얼음을 밀어서 수직축에 대해 몸을 회전시킨다. 스케이트가 얼음을 미는 것이 선수에게 처음 각운동량을 주는 외부 돌림힘을 제공한다. 처음에는 스케이팅 선수의 양쪽 팔과 얼음을 안 딛고 있는 다리는 몸에서 떨어져 펼쳐져 있다. 팔과 다리가 몸에서 멀리 펼쳐져 있을 때가 움츠리고 있을 때보다 회전관성이 더 크다. 수직축에 대해 돌고 있는 스케이팅 선수가 팔과 다리를 몸 쪽으로 가까이 붙이면 회전관성이 줄어든다. 그렇게 하면 스케이팅 선수의 각운동량이 일정하게 유지되도록 각속도가 극적으로 증가한다.

> **연결고리**
>
> 또 하나의 보존 법칙

✓ 살펴보기 8.8

만약 스케이팅 선수가 팔다리를 쭉 뻗어 처음 상태로 한다면, 마찰을 무시한다고 할 때 각속도는 감소해 처음 값으로 돌아가겠는가?

(a)

(b)

그림 8.33 피겨 스케이팅 선수 루신다 루(Lucinda Ruh)가 (a) 돌기 시작할 때의 모습과 (b) 멈춰 설 때의 모습. 루의 각속도는 (a)보다는 (b)에서 훨씬 더 크다.

각운동량의 응용: 허리케인과 펄사 많은 자연 현상을 각운동량으로 이해할 수 있다. 허리케인에서, 회전하는 공기는 폭풍의 눈이라고 일컫는 중심 저기압 쪽으로 빨려든다. 공기는 회전축 근처로 접근할수록 더욱 빨리 돈다. 보다 극적인 보기로 펄사의 형성을 들 수 있다. 어떤 조건하에서, 별은 자신의 중력에 의해 폭발하여 중성자별이 된다. 만약 태양이 중성자별로 붕괴된다면 태양의 반지름은 약 13 km가 된다. 만약에 별이 붕괴하기 전에 회전하고 있었다면 붕괴하는 동안에 별의 회전관성은 극적으로 줄어든다. 따라서 각운동량이 보존되기 위해서 각속도가 급격히 증가한다. 이와 같이 빠르게 회전하는 중성자별을 펄사(pulsars)라 부르는데, 그 이유는 중성자별의 회전 주기와 같은 주기로 X선의 펄스(pulse)를 주기적으로 방출하여 지상에서 관측되기 때문이다. 어떤 펄사는 한 번 회전하는 시간이 수천분의 1초이다.

보기 8.13

바퀴 위의 생쥐

수평면에서 자연스럽게 1.00 rev/s로 돌아가고 있는 질량 2.00 kg의 마차 바퀴 테 위의 한 점 B에 질량 0.10 kg인 생쥐가 있다(그림 8.34). 이 생쥐가 바퀴 중심에 있는 점 A로 기어가고 있다. 바퀴의 질량이 바퀴 테두리에 모두 집중되어 있다고 가정하자. 생쥐가 점 A에 도달했을 때 바퀴의 회전수는 몇 rev/s이겠는가?

전략 마찰에 의한 돌림힘이 무시할 정도로 작다고 가정하면, 생쥐와 바퀴 계에는 외부 돌림힘이 작용하지 않는다. 따라서 이 계의 각운동량은 보존되어야 한다. 각운동량이 변하려면 외부 돌림힘이 있어야 한다. 생쥐와 바퀴는 서로에게 돌림힘을 발생시키지만 이 돌림힘들은 내부 돌림힘으로서 총 각운동량의 변화에 영향을 미치지 못한다. 생쥐가 점 B에 있을 때 이 계를 강체로 간주하면, 회전관성을 I_i라고 할 수 있고, 또 생쥐가 점 A에 도착했을 때도 이 계를 하나의 강체로 간주하면 회전관성을 I_f라 할 수 있다. 생쥐가 바퀴 테두리에서 안쪽으로 이동하면 생쥐와 바퀴 계의 회전관성은 변한다.

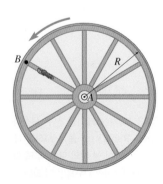

그림 8.34 회전하는 바퀴 위의 생쥐.

바퀴 테두리 쪽에 쥐가 있을 때는 그 질량이 회전관성에 최대로 가능한 기여를 하며, 쥐가 중심에 오면 질량이 회전관성에 아무런 기여를 하지 않는다.

풀이 처음에는 생쥐를 포함한 총 질량이 회전축에서 거리 R 되는 곳에 있다. 그러므로

$$I_i = (M + m)R^2$$

이다. 여기에서 M은 바퀴의 질량이고, m은 생쥐의 질량이다. 생쥐가 바퀴 중심으로 이동한 후에는 생쥐의 질량이 회전관성에 영향을 미치지 못한다. 따라서

$$I_f = MR^2$$

이다. 각운동량 보존 법칙으로부터

$$I_i \omega_i = I_f \omega_f$$

이다. 이 식에 회전관성과 $\omega = 2\pi f$를 대입하면,

$$(M + m)R^2 \times 2\pi f_i = MR^2 \times 2\pi f_f$$

가 된다. $2\pi R^2$을 양변에서 나누면

$$(M + m)f_i = Mf_f$$

가 된다. f_f에 대해 풀면 다음과 같다.

$$f_f = \frac{M + m}{M} f_i = \frac{2.10 \text{ kg}}{2.00 \text{ kg}} (1.00 \text{ rev/s}) = 1.05 \text{ rev/s}$$

검토 보존 법칙은 문제를 푸는 강력한 도구이다. 바퀴의 테두리에 있는 생쥐가 바퀴의 살을 따라 기어가는 도중에 일어

나는 상세한 일에 대해서는 알 필요가 없다. 단지 처음 상태와 나중 상태만 알면 된다.

이러한 문제에서 흔히 있는 실수는 처음 회전운동에너지와 나중 회전운동에너지가 같다고 생각하는 것이다. 생쥐가 바퀴 중심으로 기어가기 위해서는 에너지를 소비해야 하기 때문에 이는 사실이 아니다. 다시 말해서 생쥐가 일을 하여 내부에너지를 회전운동에너지로 전환시켰다.

실전문제 8.13 회전운동에너지의 변화

생쥐와 바퀴 계에서 회전운동에너지는 몇 %나 변하는가?

행성 궤도의 각운동량

각운동량 보존 법칙은 태양을 중심으로 타원 궤도를 돌고 있는 행성들에 적용할 수 있다. 케플러의 제2 법칙은 행성이 쓸고 지나간 면적이 일정하도록 행성의 궤도 속도가 변한다는 사실을 말해주고 있다(그림 8.35a). 케플러 제2 법칙은 각운동량 보존 법칙의 직접적인 결과이다. 각운동량은 궤도 운동 평면에 수직하고 태양을 지나가는 회전축을 이용해 계산할 수 있다. 행성이 태양 가까이 올 때 궤도 속도는 빨라지고, 행성이 태양에서 멀어질 때 궤도 속도는 느려진다. 각운동량의 보존은 궤도상의 서로 다른 두 지점에서의 궤도반지름과 궤도 속도를 연관시키는 데 이용될 수 있다. 이와 같은 원리를 인공위성이나 달에도 적용할 수 있다.

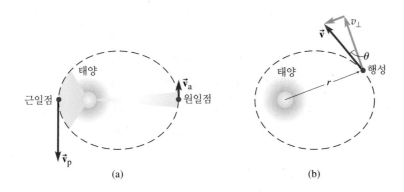

그림 8.35 행성의 속력은 같은 시간 동안 쓸고 지나간 넓이가 같도록 변한다. 행성 궤도의 이심률을 과장해서 그렸다.

보기 8.14

지구의 궤도 속력

근일점(태양에 가장 근접하는 지점)에서 지구와 태양 사이의 거리는 1.47×10^8 km이고 궤도 속력은 30.3 km/s이다. 원일점(태양에서 가장 먼 거리의 지점), 곧 태양에서 1.52×10^8 km 떨어진 거리에 있을 때 지구의 궤도 속력은 얼마인가? 근일점과 원일점에서 지구의 속도는 지름 직선(태양에서 지구를 잇는 선분)에 수직이다(그림 8.35a 참조).

전략 태양을 지나는 축을 회전축으로 잡으면, 지구에 작용하는 중력은 회전축 쪽으로 작용하므로 지레의 팔이 0이며 돌림힘도 0이 된다. 그리고 지구에 작용하는 외력은 없기 때문에 외부 돌림힘은 0이 된다. 태양을 관통하는 회전축에 관한 지구의 각운동량은 보존되어야 한다. 지구의 회전관성을 구할 때, 지구의 반지름이 회전축까지의 거리보다 훨씬 작기 때문에 지구의 중심에 지구의 모든 질량이 모여 있는 점 입자로 가정하자.

풀이 지구의 회전관성은

$$I = mr^2$$

이다. 여기서 m은 지구의 질량이고, r는 태양에서 지구 중심까지의 거리이다. 각속도는

$$\omega = \frac{v_\perp}{r}$$

이다. 여기서 $v_\perp$는 접선(태양과 지구를 잇는 선분에 수직한) 속도 성분이다. 타원운동을 하더라도 문제에서 고찰하는 두 점에서는 $v_\perp = v$인 관계가 성립한다. 태양에서 지구까지의 거리 r가 변하기 때문에 각운동량이 보존되기 위해서는

$$I_i \omega_i = I_f \omega_f$$

속력 v가 변해야 한다. 위 식에 회전관성 $I = mr^2$과 $\omega = \frac{v_\perp}{r}$를 대입하면

$$mr_i^2 \times \frac{v_i}{r_i} = mr_f^2 \times \frac{v_f}{r_f}$$

곧

$$r_i v_i = r_f v_f \qquad (1)$$

가 된다. 이 식을 v_f에 대해 풀면

$$v_f = \left(\frac{r_i}{r_f}\right) v_i = \frac{1.47 \times 10^8 \text{ km}}{1.52 \times 10^8 \text{ km}} \times 30.3 \text{ km/s} = 29.3 \text{ km/s}$$

가 된다.

검토 지구는 태양에서 멀어질수록 더 천천히 움직인다. 이 사실은 에너지 보존에서 기대했던 바와 같다. 퍼텐셜에너지는 근일점에서보다 원일점에서 더 크다. 궤도의 역학적 에너지는 일정하기 때문에 운동에너지는 원일점에서 작아야 한다.

식 (1)은 궤도 속력과 궤도반지름이 서로 반비례한다는 것을 내포하고 있다. 엄밀히 말하면, 식 (1)은 원일점과 근일점에 적용되는 식이다. 궤도의 일반적인 점에서 속도의 수직 성분 $v_\perp$가 궤도반지름 r에 반비례한다(그림 8.35b 참조). 지구를 포함해 대부분의 행성들은 거의 원 궤도를 그리기 때문에 $\theta \approx 0°$이고 $v_\perp \approx v$이다.

실전문제 8.14 **줄에 매달린 퍽**

수평하고 마찰이 없는 공기 테이블 위에 있는 퍽(puck)이 테이블 중앙에 뚫린 구멍을 통과하는 실 끝에 매어 있다. 처음에는 퍽이 반지름이 24 cm인 원주에서 12 cm/s로 원운동을 한다. 만일 실을 당겨 퍽의 원운동 반지름이 18 cm가 되었다면 이 퍽의 속력은 얼마인가?

8.9 각운동량의 벡터 특성
THE VECTOR NATURE OF ANGULAR MOMENTUM

지금까지는 돌림힘과 각운동량을 스칼라양으로 취급했다. 이것은 지금까지 고려해 왔던 문제에 대해서는 모두 적절했다. 그러나 각운동량 보존 법칙은 회전하는 물체의 회전축이 방향을 바꾸는 경우를 포함한 모든 계에 적용되어야 한다. 돌림힘과 각운동량은 실제로 벡터양이다. 각운동량은 외부 돌림힘이 작용하지 않을 경우, 크

그림 8.36 회전하는 원반에서 각운동량 벡터의 방향을 정하기 위한 오른손 규칙.

기와 방향이 모두 보존된다.

그림 8.36에 나타낸 회전하는 원반처럼 대칭축에 대해 대칭 물체가 회전하는 경우에 각운동량의 크기는 $L = I\omega$이다. 각운동량 벡터의 방향은 회전축 방향이다. 회전축 방향은 두 가지가 있는데 **오른손 규칙** right-hand rule을 사용해 결정한다. 오른손의 손가락들이 회전하는 방향을 향하도록 잡으면, 이때 엄지손가락이 가리키는 방향이 각운동량 벡터 $\vec{L}$의 방향이다.

고정축에 관한 회전에 대해서, 알짜 돌림힘 또한 회전축을 따라서 (자신이 일으키는) 각운동량의 변화 방향을 가리킨다. 지금까지 각운동량과 돌림힘에 대해 사용해온 부호 규약이 그 벡터양의 z-성분의 부호를 결정한다. z-축은 여러분을 향한다 (이 페이지에서 나오는).

각운동량의 응용: 자이로스코프 큰 회전관성을 갖는 원반은 자이로스코프로 사용될 수 있다. 자이로스코프가 큰 각속도로 돌아갈 때 자이로스코프의 각운동량은 크다. 큰 각운동량을 가진 자이로스코프의 회전축을 변화시키기는 힘들다. 큰 각운동량을 변화시키기 위해서는 큰 돌림힘이 필요하며 각운동량이 큰 자이로스코프일수록 안정성이 크다. 자이로스코프는 비행기, 잠수함, 우주선 등에서 일정한 방향을 유지하게 하는 유도장치에 사용된다.

각운동량의 응용: 총알, 팽이, 지구의 자전 소총의 총알과 팽이의 안정성도 위와 같은 원리로 설명할 수 있다. 총알은 총열을 지나면서 회전한다. 회전하는 총알은 공기를 지나가면서 앞부분부터 정확한 방향을 유지한다. 회전하지 않으면 공기 저항에 의한 작은 돌림힘이 총알의 방향을 마구잡이로 휘게 하고, 공기 저항을 크게 하여 정확도를 떨어뜨린다. 잘 던진 미식축구 공도 같은 원리로 회전을 만든다. 돌고 있는 팽이는 오랫동안 균형을 유지할 수 있으며 회전이 줄어들면 쓰러진다.

지구는 자전에 의해 큰 각운동량을 가진다. 지구가 태양 주위를 공전하더라도 지구의 자전축은 공간에서 일정한 방향을 향한다. 이 자전축은 북극성 근처를 가리킨다. 북극성은 북반구의 하늘에서는 일정한 위치에 있다. 자전축의 방향이 고정되어 있기 때문에 주기적인 계절이 나타난다(그림 8.37).

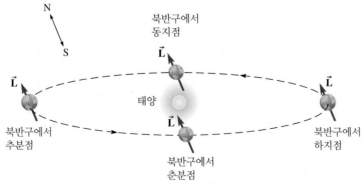

그림 8.37 팽이처럼 도는 지구는 태양 주위를 공전하면서도 자전에 의한 각운동량의 방향을 일정하게 유지한다(축척은 적용되지 않았음).

각운동량의 고전적 시연

종종 물리학 수업에서 자유롭게 돌 수 있는 회전반 위에 서 있는 학생이 회전하는 자전거 바퀴를 들고 있는 실험을 시연한다. 회전하고 있는 자전거 바퀴의 회전축은 처음에 수평 방향이다(그림 8.38a). 그 후 학생이 바퀴의 위치를 바꿔서 회전축을 수직으로 한다(그림 8.38b). 바퀴의 위치를 바꿈에 따라 학생이 서 있는 회전반이 바퀴의 회전 방향과 반대로 돈다. 회전반을 정지시킬 아무런 마찰력이 없다면 자전거 바퀴를 수직으로 유지하는 한 계속 돌 것이다. 만약 학생이 자전거 바퀴의 축을 원래 방향으로 바꾼다면 학생이 서 있는 회전반은 정지할 것이다.

회전반은 수직축에 관해서는 자유롭게 돈다. 그 결과, 이 계(학생 + 회전반 + 자전거 바퀴)의 각운동량의 수직 성분 L_y는 보존된다. $\vec{L}$의 수평 성분은 보존되지 않는다. 회전반은 어떠한 수평축에 관해서도 회전이 불가능하다. 왜냐하면 바닥이 외부의 돌림힘을 가해서 회전반이 돌지 못하게 하기 때문이다. 벡터로 말하면 외부 돌림힘의 수직 성분만이 0이어서 각운동량의 수직 성분만 보존된다.

처음에 바퀴의 각운동량은 수평 방향이고, 학생과 회전반의 각운동량은 0이기 때문에 $L_y = 0$이다. 회전하는 자전거 바퀴의 회전축이 위쪽으로 향하도록 바퀴를 올리면 $L_y > 0$이 된다. 그러면 계의 나머지 부분, 곧 정지해 있던 학생과 회전반의 계는 L_y의 크기만큼 아래쪽으로 향하는 각운동량을 얻어($L_y < 0$) 자전거 바퀴와 반대 방향으로 돈다. 그래야 총 각운동량의 수직 성분은 0이 된다. 이 원리에 의해 회전하는 자전거 바퀴의 회전축을 수직으로 들면 학생과 회전반은 자전거 바퀴의 회전 방향에 반대 방향으로 돈다. 학생과 회전반 계는 자전거 바퀴보다는 더 큰 회전관성을

정지하고 있는 회전반

그림 8.38 각운동량 보존에 관한 시연.

(a)   (b)

가지고 있기 때문에 자전거 바퀴보다는 더 빨리 돌지는 못한다. 그러나 수직 성분의 각운동량은 자전거 바퀴와 동일하다.

학생과 바퀴는 서로 돌림힘을 작용해 계의 한 부분에서 다른 부분으로 각운동량을 전달한다. 여기서 자전거 바퀴가 학생과 회전반에 가하는 돌림힘과 학생과 회전반이 바퀴에 가하는 돌림힘은 크기는 같고 방향은 반대이다. 그리고 이 돌림힘은 수직 성분과 수평 성분을 가지고 있다. 학생이 바퀴를 위로 들어 올리면 학생은 수평축에 관해 그를 돌리는 이상한 비트는 힘을 느낀다. 회전반은 학생의 발에 수직한 힘을 작용하여 학생이 수평축에 관해 회전하지 못하도록 한다. 돌림힘의 수평 성분은 직관과는 반대로 나타나기 때문이다. 만약 학생의 발과 회전반 사이에 마찰이 없다면 학생은 회전반에서 쉽게 떨어졌을 것이다.

해답

실전문제

8.1 $390\,\text{kg}\cdot\text{m}^2$

8.2 $v = \sqrt{\dfrac{2m_2gh}{m_1 + m_2 + I/R^2}}$

8.3 $53\,\text{N}$, $8.4\,\text{N}\cdot\text{m}$

8.4 $-65\,\text{N}\cdot\text{m}$

8.5 $8.3\,\text{J}$

8.6 왼쪽 받침점은 아래 방향, 오른쪽 받침점은 위 방향

8.7 0.27

8.8 무게중심은 링을 위로 지탱하고 있는 두 개의 줄과 같은 연직면에 있어야 한다. 그렇지 않다면, 중력은 체조 선수의 손과 링 사이의 접촉점을 통과하는 수평축에 대해 0이 아닌 지레의 팔을 가지기 때문에 중력은 그 축에 대해 알짜 돌림힘을 만든다.

8.9 $460\,\text{N}$

8.10 (a) $2380\,\text{rad}$, (b) $3.17\,\text{kJ}$, (c) $1.34\,\text{N}\cdot\text{m}$

8.11 속이 찬 공 $\frac{2}{7}$, 속이 빈 공 $\frac{2}{5}$

8.12 $\frac{1}{2}g\sin\theta$

8.13 $5\,\%$ 증가

8.14 $16\,\text{cm/s}$

살펴보기

8.1 회전관성은 질량에서 회전축까지의 거리에 관계한다. 곧 회전축 방향의 거리는 관련이 없다. 그것을 이해하는 또 다른 방법: 원통이나 원반을 같은 반지름을 가진 많은 수의 얇은 평원반으로 자른다. 각 얇은 원반은 $I_i = \frac{1}{2}m_iR^2$의 회전관성이 있다. 이제 얇은 원반의 회전관성을 모두 더하여라. $I = \sum I_i = \sum \frac{1}{2}m_iR^2 = \frac{1}{2}R^2 \sum m_i = \frac{1}{2}MR^2$.

8.2 핸들이 길수록 회전축에서 더 멀리 밀 수 있다. 따라서 더 큰 돌림힘을 작용할 수 있다.

8.4 두 경우 모두 가능하다. 돌림힘은 힘의 크기와 방향뿐만 아니라 힘이 가해지는 지점에도 영향을 받는다. 합하여 0이 되지 않는 두 힘은 다른 지레의 팔 때문에 합이 0이 되는 돌림힘을 만들 수 있다. 그러면 알짜 돌림힘은 0이고 알짜힘은 0이 아니다. 곧, 물체는 회전 평형이지만 병진 평형은 아니다. 마찬가지로, 합해서 0이 되는 두 힘은 다른 지레의 팔을 가질 수 있고 합해서 0이 되지 않는 돌림힘을 만들 수 있다. 이 경우, 알짜힘은 0이고 알짜 돌림힘은 0이 아니다. 곧, 물체는 병진 평형이지만 회전 평형은 아니다.

8.7 (a) 회전하지 않고 낙하, (b) 고정축을 중심으로 회전, (c) 표면을 따라 미끄러지지 않고 구름.

8.8 예. 마찰을 무시할 수 있는 경우, 외부 돌림힘은 0이므로 그녀의 각운동량은 변하지 않는다. 팔과 다리를 펼치면 회전관성이 처음 값으로 다시 증가하므로 각속도가 처음 값으로 감소한다.

유체
Fluids

남아프리카 크루거 국립공원(Kruger National Park)의 하마는 연못 바닥에서 자라나는 식물을 먹고 산다. 하마가 물로 걸어 들어가면 물 위로 뜬다. 하마는 뜨는 몸을 어떻게 연못 바닥으로 가라앉게 하는가? (255쪽에 답이 있다.)

되돌아가보기

- 에너지 보존(6장)
- 운동량의 변화로서의 힘(7.3절)
- 충돌에서의 운동량 보존(7.7, 7.8절)
- 평형(2.4절)

9.1 물질의 상태 STATES OF MATTER

보통의 물체는 우리가 잘 알고 있는 고체, 액체, 기체의 세 가지 상태, 곧 상(phase)으로 분류한다. 고체는 그 모양을 유지하려는 경향이 있다. 많은 고체는 아주 단단하여 외력에 의해 쉽게 변형되지 않는다. 그 이유는 원자나 분자를 이웃한 원자나 분자가 강력한 힘으로 특정한 위치에다 붙잡고 있기 때문이다. 원자나 분자가 고정된 평형점 주위에서 진동을 하지만 이웃 원자나 분자와의 결합을 끊을 수 있을 정도로 충분한 에너지를 갖고 있지는 않다. 예를 들면, 철 막대를 구부리려면 원자의 배열을 바꾸어야 하는데 이것이 쉬운 일이 아니다. 대장장이는 쇠를 원하는 모양으로 구부릴 수 있도록 철 원자 사이의 결합을 약하게 하기 위해 노(爐) 속에서 쇠에 열을 가한다.

고체와는 달리 액체나 기체는 그 모양을 유지하지 못한다. 액체는 흘러서 용기의 모양을 갖게 되고, 기체는 기체 용기를 채우기 위해 팽창한다. **유체**^{fluids}(액체, 기체 모두)는 외부의 힘에 의해 쉽게 변형된다. 이번 장에서는 주로 액체와 기체의 공통적인 성질에 관해 다루기로 한다.

유체 속의 원자나 분자는 고정된 위치에 있지 않으므로 유체는 특정한 형태를 갖지 않는다. 힘을 가하면 유체는 쉽게 흐를 수 있다. 예를 들어, 심장 근육을 조여서 혈관에 혈액이 흐르게 하는 힘을 공급할 수 있다. 그러나 이렇게 조여도 혈액의 부피는 많이 변하지는 않는다. 여러 면에서 액체를 **비압축성 유체**$^{incompressible\ fluid}$라고 볼 수 있다. 곧, 부피가 변하는 것이 불가능하다고 볼 수 있다. 액체의 모양은 그것을 쏟아부은 용기의 모양에 따라서 변하지만 유체의 부피는 항상 같다.

대부분의 유체에서 원자나 분자는 같은 물질의 고체만큼 조밀하다. 액체에서 분자 사이의 힘은 거의 고체에서 분자 사이의 힘만큼 강하지만 분자가 특정한 위치에 고정되어 있지 않다는 점은 고체와 다르다. 이것이 액체가 모양이 변하더라도 부피가 일정하게 유지되는 이유이다. 물은 예외 중 하나이다. 차가운 물에서는 실제로 액체 상태일 때의 분자 간 거리가 고체(얼음)일 때보다 더 가깝다.

반면에 기체에 대해서는 일정한 부피나 모양을 규정할 수 없다. 기체는 팽창해 용기를 가득 채우기도 하지만 쉽게 압축될 수도 있다. 기체의 분자는 액체나 고체 내의 분자에 비해 아주 멀리 떨어져 있다. 따라서 분자는 충돌할 때를 제외하고는 거의 상호작용하지 않는다.

9.2 압력 PRESSURE

압력의 미시적인 기원   정지 유체static fluid란 흐르지 않고 모든 곳에서 정지해 있다는 것을 의미한다. 유체정역학(hydrostatics, 유체역학)에서 유체와 접촉하는 모든 고체는 유체를 담고 있거나 그 속에 잠겨 있거나 정지한 것으로 가정한다. 그러나 정지 유체의 원자나 분자 자체가 정지한 것은 아니다. 그들은 계속 운동한다. 록 콘서트에서 많은 사람들이 격렬하게 춤을 추며 서로 부딪히고 밀리는 모습에서, 유체에서 원자나 분자의 운동을 유사하게나마 상상해 볼 수 있다. 기체에서는 원자나 분자가 유체에서 보다 훨씬 멀리 떨어져 있으므로 충돌과 충돌 사이에 먼 거리를 이동하게 된다.

유체의 압력은 유체 내에서 빠르게 운동하는 원자나 분자의 충돌에 의한 것이다. 분자 한 개가 용기 벽에 부딪히고 튀어나올 때 운동량의 변화가 생기는 것은 벽이 그 분자에 가해준 힘 때문이다. 그림 9.1a는 용기 내의 분자가 용기의 벽에서 탄성 충돌하는 모습을 보여준다. 이 경우 y-성분의 운동량은 변하지 않지만 x-성분은 방향이 반대로 된다. 운동량의 변화는 x-방향(그림 9.1b)과 반대가 되는데, 그것은 벽이 분자에 오른쪽으로 힘을 가했기 때문이다. 뉴턴의 제3 법칙에 의해 충돌 과정에서 분자가 왼쪽으로 벽에 힘을 가한다. 이 벽과 충돌하는 모든 분자를 가정하면 평균적으로 ±y-방향으로는 힘을 가하지 않고 −x-방향으로만 힘을 가하게 된다. 분자들의 용기 벽과의 잦은 충돌이 벽을 밖으로 밀어내려는 알짜힘을 만들게 된다.

압력의 정의   정지 유체는 접하고 있는 모든 면에 힘을 가하는데, 힘의 방향은 면에 수직이다(그림 9.2). 정지 유체는 **면에 평행한** 힘을 작용할 수 없다. 만약 그렇다면 뉴턴의 제3 법칙에 의해서 면으로부터 평행한 힘이 유체에 가해질 것이다. 그러면 이 힘에 의해 유체가 면을 따라 이동할 것이고, 이는 유체가 정지해 있다는 가정에 위배된다.

평면의 한 점에 작용하는 유체의 평균 압력은

평균 압력의 정의

$$P_{평균} = \frac{F}{A} \tag{9-1}$$

이다. 여기에서 F는 면에 수직으로 작용하는 힘의 크기이고, A는 넓이이다. 유체 내의 여러 점에서 작은 표면을 고려하고, 그 면에 작용하는 힘을 측정함으로써 유체 내 여러 점에서의 압력에 관한 정의를 내릴 수 있다. 작은 넓이 A의 극한에 대해 $P = F/A$ 를 유체의 **압력**pressure이라 한다.

압력은 스칼라양으로 방향이 없다. 유체에 잠겨 있는 물체나 유체 자체의 한 부분에 작용하는 힘은 벡터양이며 방향은 접촉면에 수직이다. 압력은 스칼라양으로 정의되는데, 유체 내 주어진 점에서 단위 넓이당 작용하는 힘의 크기가 면이 어느 방향이든 모두 같다는 사실과 연관된다. 정지 유체의 분자는 마구잡이 방향으로 운동

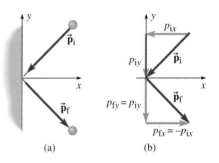

그림 9.1 (a) 용기 벽에서 튕겨 나오는 하나의 유체 분자. (b) 이 탄성 충돌에서 운동량의 y-성분은 변하지 않고 x-성분은 방향이 바뀐다.

그림 9.2 정지 유체가 용기의 벽과 물에 잠긴 물체에 작용하는 힘.

한다. 유체가 흐르지 않으므로 선호되는 방향이 있을 수 없기 때문이다. 어느 한 면에서 다른 방향과 비교해 특정 방향으로 충돌 횟수가 유달리 많다거나 더 큰 에너지를 가진 분자와의 충돌이 잦아야 할 이유는 없다.

압력의 SI 단위는 N/m²이다. 이것을 Pa(파스칼)라고 하며, 프랑스의 과학자 파스칼(Blaise Pascal, 1623~1662)의 이름을 딴 것이다. 일상적으로 쓰는 또 하나의 압력 단위는 기압(atm)이다. 1기압은 해수면에서의 평균 공기압력이다. 기압과 파스칼 사이의 변환 관계는

$$1 \text{ atm} = 101.3 \text{ kPa}$$

이다. 통상적으로 사용되는 압력의 다른 단위는 9.5절에서 소개한다.

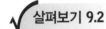

살펴보기 9.2

수영장의 바닥에, 지름 2.4 cm인 1쿼터 동전(25센트)과 지름 1.8 cm인 1다임 동전(10센트)이 있다. 물이 각 동전의 윗면에 아래쪽 방향으로 힘을 작용한다. 두 동전 표면에 압력이 같다고 가정하면 쿼터에 작용하는 힘이 다임에 작용하는 힘의 몇 배인가?

보기 9.1

하이힐에 의한 압력

체중이 534 N(53 kg)인 젊은 여성이 테니스 화를 신고 실내를 걷고 있다. 저녁 약속 장소로 가기 위해 옷을 갈아입고 하이힐을 신는다. 테니스 화의 뒷굽의 넓이는 60.0 cm²인 데 반해 하이힐 뒷굽의 넓이는 1.00 cm²에 불과하다. 그녀의 체중이 한쪽 발에 실릴 때, 뒷굽에 작용하는 평균 압력을 구하여라.

전략 평균 압력은 바닥에 작용하는 힘을 접촉 넓이로 나눈 값이다. 뒷굽이 바닥에 가한 힘은 534 N이다. 단위를 통일하기 위해 cm²을 m²로 변환한다.

풀이 테니스 화와 하이힐의 넓이 단위를 cm²에서 m²로 바꾸기 위해 변환 인자 (1 m)² = (10² cm)²을 곱한다. 테니스 화 뒷굽의 넓이는

$$A = 60.0 \text{ cm}^2 \times \left(\frac{1 \text{ m}}{10^2 \text{ cm}} \right)^2 = 6.00 \times 10^{-3} \text{ m}^2$$

이고, 하이힐 뒷굽의 경우는

$$A = 1.00 \text{ cm}^2 \times \left(\frac{1 \text{ m}}{10^2 \text{ cm}} \right)^2 = 1.00 \times 10^{-4} \text{ m}^2$$

이다. 평균 압력은 여성의 체중을 뒷굽의 넓이로 나눈 값으로, 테니스 화는

$$P = \frac{F}{A} = \frac{534 \text{ N}}{6.00 \times 10^{-3} \text{ m}^2} = 8.90 \times 10^4 \text{ N/m}^2 = 89.0 \text{ kPa}$$

이고, 하이힐은

$$P = \frac{534 \text{ N}}{1.00 \times 10^{-4} \text{ m}^2} = 5.34 \times 10^6 \text{ N/m}^2 = 5.34 \text{ MPa}$$

이다.

검토 이들 값을 기압 단위로 나타내면 각각 0.879 atm과 52.7 atm이다. 하이힐의 경우, 같은 힘이 $\frac{1}{60}$의 넓이에 작용하므로 압력은 60배나 더 크다.

실전문제 9.1 신발의 뒷굽에 의한 압력

바닥재 제작회사와 여성들에게 다행스러운 것은 하이힐을 신는 유행이 점점 사라진다는 것이다. 여자들의 구두 뒷굽 넓이가 4.0 cm²라고 가정해보자. 보기 9.1에서 언급했던 여성이 이 신발을 신었을 때, 한쪽 구두 뒷굽에 체중이 모두 실린 경우 마룻바닥에 가해지는 압력을 구해보아라. 테니스 화에 의한 압력보다 몇 배나 더 높은가?

대기압

우리는 공기라 부르는 유체 바다의 바닥인 지구의 표면에서 살고 있다. 공기가 우리 몸이나 다른 물체의 표면에 작용하는 힘은 어머어마하게 크다. 곧 1기압은 표면에 약 $10 N/m^2$ 정도로 작용하는 압력이다. 그러나 우리 몸에 있는 대부분의 유체의 압력이 우리를 둘러싸고 있는 공기의 압력과 같기 때문에 찌그러지는 일이 없다. 이와 유사한 경우로서 밀봉된 과자 봉지를 생각해보자. 어찌하여 봉지가 사방에서 누르는 공기에 의해서 찌그러지지 않는가? 이는 봉지 내부에 있는 공기의 압력이 바깥과 같으며 이 압력으로 봉지를 바깥으로 밀어내고 있기 때문이다. 마찬가지로, 우리 몸의 세포도 세포 안에 있는 유체의 압력이 세포 주위의 유체가 세포막을 미는 압력과 같기 때문에 파열되지 않는다.

이와는 달리 동맥에서 혈압은 대기압보다 20 kPa 정도 더 높다. 강하고 탄력 있는 동맥벽이 내부 혈액의 압력에 의해 늘어난다. 혈관이 동맥의 혈액을 꽉 눌러서 높은 압력이 몸의 다른 유체로 전달되지 못하게 한다.

날씨에 따라 해수면에서의 실제 대기압은 약 5 % 정도 변한다. 곧, 101.3 kPa는 평균 압력에 불과하다. 대기압은 고도가 높을수록 감소한다. (9.4절에서 유체의 압력에 대한 중력의 효과를 자세히 공부한다.) 미국에서 가장 높은 곳(해발 3100 m)에 위치한 콜로라도 리드빌(Leadville)의 평균 대기압은 70 kPa이다. 티베트 사람들은 5000 m가 넘는 곳에서 살고 있는데 그곳의 평균 대기압은 해수면에서의 절반에 불과하다. 문제를 풀 때 특별한 언급이 없으면 대기압은 1 atm이라고 가정하여라.

9.3 파스칼의 원리 PASCAL'S PRINCIPLE

만일 정지 유체의 무게를 무시할 수 있다면(예컨대, 높은 압력하의 유압장치), 압력은 유체 내 모든 곳에서 같다. 왜 그런가? 그림 9.3에 보인 것처럼, 주변의 유체와 같은 유체로 구성된 잠겨 있는 육면체를 생각해보자. 유체의 무게를 무시하면, 육면체에 작용하는 힘은 주변 유체가 안으로 미는 힘뿐이다. 육면체의 마주 보는 면에 작용하는 두 힘은 육면체 내부 유체가 평형이므로 크기가 같다. 따라서 두 면에서 압력은 같다. 이 논리를 유체의 어떤 크기나 모양에도 적용할 수 있으므로 무게를 무시할 수 있는 정지 유체의 어느 곳에서나 유체의 압력은 같아야만 한다.

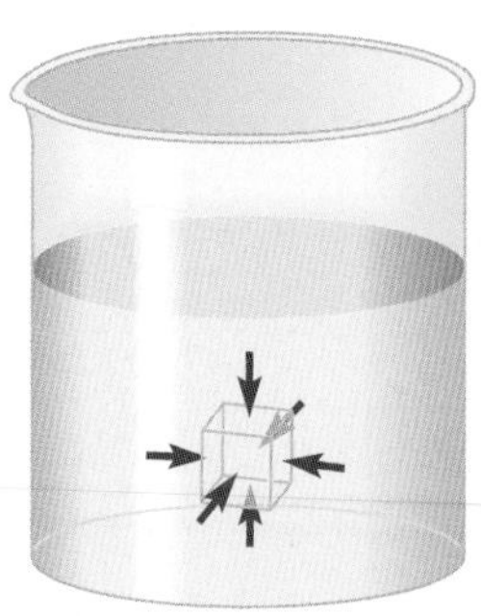

보다 일반적으로 유체의 무게를 무시할 수 없을 때는 압력이 어디에서나 같은 것은 아니다. 이 경우에 유체의 한부분에 작용하는 힘의 해석은 **파스칼의 원리**Pascal's Principle라 부르는 보다 일반적인 결과로 주어진다. (단답형 질문 8 참조.)

그림 9.3 유체 육면체에 작용하는 힘.

> **파스칼의 원리**
>
> 갇혀 있는 유체 내에 있는 한 지점의 압력이 변하면 이 변화는 유체의 모든 곳으로 전달된다.

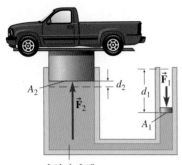

그림 9.4 유압리프트의 간단한 도해. 트럭을 조금(d_2)이라도 들어 올리기 위해서는 피스톤 1은 많이(d_1) 움직여야 한다. 실제 유압리프트에서는 피스톤 1이 유체 저장고로부터 유체를 퍼 올리는 펌프로 대체되어 있다.

파스칼 원리의 응용: 유압리프트, 유압브레이크, 유압제어기 트럭의 머플러를 교체하기 위해 유압리프트라 부르는 장치로 트럭을 공중으로 들어 올리고 있다(그림 9.4). 상대적으로 넓이가 좁은 피스톤으로 유체에 힘을 가한다. 이렇게 하여 전달되는 압력이 유체의 어느 곳이든 전달된다. 그러면 넓이가 훨씬 큰 피스톤에 작용하는 유체의 압력에 의해 트럭이 들어 올려진다. 트럭을 위로 들어 올리는 힘은 좁은 피스톤에 가한 힘보다 훨씬 크다. 파스칼의 원리는 자동차나 트럭의 유압 브레이크 또는 비행기의 유압 제어기 같은 곳에 많이 응용되고 있다.

유압리프트에서 작용하는 힘을 분석하기 위해, 힘 F_1이 넓이 A_1인 작은 피스톤에 작용해 압력이

$$\Delta P = \frac{F_1}{A_1}$$

만큼 증가한다고 하자. 트럭은 넓이 A_2인 반대쪽 큰 피스톤에 의해 올려진다. 작은 피스톤에 증가한 압력이 유체의 모든 곳으로 전달된다. 유체의 무게를 무시하면(또는 두 피스톤이 같은 높이에 있다고 하면), 유체가 큰 피스톤에 작용하는 힘 F_2와 F_1은 다음 식으로 연관된다.

$$\frac{F_1}{A_1} = \frac{F_2}{A_2}$$

A_2가 A_1보다 크므로 큰 피스톤에 작용하는 힘(F_2)은 작은 피스톤에 작용하는 힘(F_1)보다 더 크다. 그러나 얻은 것은 아무것도 없다. 6.2절에서 논의한 두 도르래계에서와 같이, 작은 피스톤에 가한 작은 힘이 얻은 이득은 더 먼 거리를 이동해야 하는 손해와 균형을 이룬다. 큰 피스톤이 짧은 거리 d_2를 이동하는 동안 작은 피스톤은 d_2보다 더 먼 거리 d_1를 이동해야 한다. 유체가 비압축성이라고 가정했으므로 각 피스톤에서 이동한 유체의 부피는 같으므로

$$A_1 d_1 = A_2 d_2$$

이다. 피스톤의 변위는 그 넓이에 반비례하지만, 힘은 넓이에 바로 비례하므로, 힘과 거리의 곱은 같다. 곧

$$\frac{F_1}{A_1} \times A_1 d_1 = \frac{F_2}{A_2} \times A_2 d_2 \quad \Rightarrow \quad F_1 d_1 = F_2 d_2.$$

작은 피스톤이 운동하면서 한 일(힘 곱하기 변위)은 큰 피스톤이 트럭을 들어 올리면서 한 일과 같다.

연결고리

지렛대나 도르래 및 그 밖의 간단한 기계장치처럼 유압계는 일을 할 때 작용하는 힘은 줄여주지만 한 일의 양은 같다.

보기 9.2

유압리프트

유압리프트에서 작은 피스톤의 지름이 2.0 cm이고 큰 피스톤의 지름이 20.0 cm라면, 작은 피스톤에 250 N의 힘을 가할 때, 큰 피스톤은 얼마의 무게를 들어 올릴 수 있는가?

전략 파스칼의 원리에 따라 압력은 유체의 모든 곳에서 같은 양만큼 증가한다. 힘이 피스톤의 넓이에 비례하므로 비례 관계식으로 답을 구하는 것이 자연스럽다.

풀이 두 피스톤의 압력이 같은 크기로 증가하므로

$$\frac{F_1}{A_1} = \frac{F_2}{A_2}$$

이다. 같은 의미로, 힘이 넓이에 비례한다.

$$\frac{F_2}{F_1} = \frac{A_2}{A_1}$$

두 반지름의 비가 $r_2/r_1 = 10$이므로 넓이의 비는 $A_2/A_1 = (r_2/r_1)^2 = 100$이다. 그러므로 들어 올릴 수 있는 무게는

$$F_2 = 100\,F_1 = 25{,}000\text{ N} = 25\text{ kN}$$

이다.

검토 이러한 종류의 문제에서 흔히 저지르기 쉬운 실수는 넓이와 힘이 교대 관계에 있다고 생각하는 것이다. 다시 말해서, 큰 넓이의 피스톤에 작은 힘을 작용하고, 그 역도 성립할 것이라고 생각하는 것이다. 압력이 같기 때문에 양쪽 피스톤에 작용하는 힘은 피스톤의 넓이에 비례한다. 작용하는 힘이 직접적으로 넓이에 비례한다는 것을 알고 있으므로 트럭을 들어 올리는 쪽의 피스톤을 크게 만든다.

실전문제 9.2 파스칼 원리의 응용

보기 9.2의 유압리프트에서 (a) 작은 피스톤에 250 N의 힘을 작용하면 압력은 얼마나 증가하는가? (b) 큰 피스톤이 5.0 cm 이동한다면, 작은 피스톤은 얼마를 이동하는가?

9.4 중력이 유체 압력에 미치는 효과
THE EFFECT OF GRAVITY ON FLUID PRESSURE

자동차로 산을 오를 때나 경비행기를 탈 때 귀가 먹먹해지는 것은 정지 유체의 압력이 어디서나 같지 않다는 것을 의미한다. 아래로 내려가면 중력이 유체 압력을 증가시키고 올라가면 감소시킨다. 이러한 변화를 이해하기 위해서는 유체의 밀도에 대한 정의를 내려야 한다.

밀도 물체의 **밀도**density는 단위 부피당 질량이다. 밀도는 그리스 문자 ρ(rho)로 나타낸다. 질량이 m이고 부피가 V인 균일한 물질의 밀도는

$$\rho = \frac{m}{V} \tag{9-2}$$

이다. 밀도의 SI 단위는 kg/m^3이다. 균일하지 않은 물질의 경우, 식 (9-2)는 **평균 밀도**average density를 나타낸다.

표 9.1은 많이 쓰이는 물질의 밀도를 나열한 것이다. 온도와 압력이 표시되어 있음에 주시하여라. 고체나 액체에서 밀도는 온도와 압력에 따라 약간 변할 뿐이다. 반면에 기체는 많이 압축될 수 있기 때문에, 온도와 압력이 조금만 변해도 밀도는 크게 변할 수 있다.

중력에 의한 깊이에 따른 압력의 변화 이제 밀도의 정의를 가지고 압력이 중력의 영향으로 깊이에 따라 어떻게 달라지는지를 알아낼 수 있다. 균일한 밀도 ρ인 정지 유체가 담겨 있는 유리 비커가 있다고 가정해보자. 유체 내에 넓이가 A이고 높이가 d인 유체 원통이 있다고 생각해보자(그림 9.5a). 이 원통 안의 유체 질량은

(a)

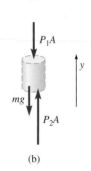

(b)

그림 9.5 뉴턴의 제2 법칙을 액체 원통에 적용하면, 깊이가 증가함에 따라 압력이 어떻게 증가하는지를 설명해준다. (a) 높이 d, 밑넓이 A인 액체 원통. (b) 액체 원통에 작용하는 수직 방향의 힘.

표 9.1 일반적인 물질의 밀도(별도의 표기가 없는 경우, 0 ℃, 1기압을 의미한다.)

기체	밀도 (kg/m³)	액체	밀도 (kg/m³)	고체	밀도 (kg/m³)
수소	0.090	휘발유	680	폴리스티렌	100
헬륨	0.18	에탄올	790	코르크	240
수증기(100 ℃)	0.60	기름	800–900	나무(소나무)	350–550
질소	1.25	물(0 ℃)	999.84	나무(참나무)	600–900
공기(20 ℃)	1.20	물(3.98 ℃)	999.98	얼음	917
공기(0 ℃)	1.29	물(20 ℃)	998.21	나무(흑단)	1000–1300
산소	1.43	바닷물	1025	뼈	1500–2000
이산화탄소	1.98	혈액(37 ℃)	1060	콘크리트	2000
		수은	13 600	수정	2700
				알루미늄	2702
				강철	7860
				구리	8920
				납	11 300
				금	19 300
				백금	21 500

$$m = \rho V$$

이다. 원통의 부피는

$$V = Ad$$

이다. 따라서 유체 원통의 무게는

$$mg = (\rho Ad)g$$

이다. 이 유체 기둥에 작용하는 수직 방향의 힘을 그림 9.5b에서 볼 수 있다. 원통의 맨 윗부분에서 압력은 P_1이고 바닥 부분에서는 P_2이다. 기둥 안의 유체는 평형 상태에 있으므로 수직으로 작용하는 힘은 뉴턴의 제2 법칙에 따라 0이 되어야 한다.

$$\sum F_y = P_2 A - P_1 A - \rho Adg = 0$$

공통 인자 A로 나누고 식을 다시 정렬하면 다음과 같이 된다.

밀도가 균일한 정지 유체 내에서 깊이에 따른 압력의 변화

$$P_2 = P_1 + \rho gd \tag{9-3}$$

점 2는 점 1 아래 깊이 d인 곳에 있다.

유체 내 아무 장소에 있는 원통을 생각할 수 있으므로 식 (9-3)은 점 2가 점 1의 아래 d에 있는 정지 유체 내 임의의 두 점의 압력 사이의 관계를 나타낸다. 이 결과

를 유도하는 데 밀도가 일정하다고 가정했음을 염두에 두자.

기체에서는 식 (9-3)이 깊이 d가 충분히 작아서 중력에 의한 밀도 변화가 무시될 수 있는 경우에 한해서 적용될 수 있다. 액체는 거의 비압축성이라 식 (9-3)은 깊이 차가 큰 경우에도 적용된다.

유체가 공기와 맞닿아 있을 경우, 점 1이 표면이고 점 2가 깊이 d인 곳으로 생각한다. 그러면 $P_1 = P_{기압}$이므로, 표면 아래 깊이 d인 곳의 압력은

> **공기와 맞닿아 있는 액체의 표면 아래 깊이 d인 지점의 압력**
>
> $$P = P_{기압} + \rho g d \tag{9-4}$$

이다.

✓ 살펴보기 9.4

정지 유체에서 압력은 수직 방향의 위치에 따라 달라진다. 수평 위치에 따라서도 달라질 수 있는가? 설명해보아라.

보기 9.3

다이버

다이버가 민물 호수에서 수심 3.2 m인 곳까지 잠수했다. 이 사람의 고막에 작용하는 힘은 수면에 있을 때보다 얼마나 증가했는가? 고막의 넓이는 0.60 cm²이다.

전략 수심 3.2 m의 깊이에서 압력이 얼마나 증가했는지를 알 수 있으므로 그로부터 고막에 작용하는 힘의 증가량을 구할 수 있다. 수면에서 고막에 작용하는 힘이 $P_1 A$이고, 3.2 m 깊이에서 작용하는 힘이 $P_2 A$라 하면 증가한 힘은 $(P_2 - P_1)A$가 된다.

풀이 압력의 증가는 깊이 d에 따라 다르다. 표 9.1을 보면 보통의 아무 수온에서 물의 밀도는 유효숫자 2자리까지 1000 kg/m³이다.

$$P_2 - P_1 = \rho g d$$
$$\Delta P = 1000 \text{ kg/m}^3 \times 9.8 \text{ m/s}^2 \times 3.2 \text{ m}$$
$$= 31.4 \text{ kPa}$$

고막에 작용한 힘의 증가분은

$$\Delta F = \Delta P \times A$$

이다. 여기서 $A = 0.60 \text{ cm}^2 = 6.0 \times 10^{-5} \text{ m}^2$이다. 그러면

$$\Delta F = (3.14 \times 10^4 \text{ Pa}) \times (6.0 \times 10^{-5} \text{ m}^2)$$
$$= 1.9 \text{ N}$$

이다.

검토 외이도의 내부 압력에 의한 힘이 고막을 밖으로 밀고 있다. 만일 다이버가 급히 하강해 귀 안쪽의 압력이 변하지 않는다면, 수압에 따른 1.9 N의 알짜힘이 고막을 안쪽으로 민다. 잠수부의 귀가 "멍하다"고 느낄 때가 외이도의 압력과 고막 바깥의 수압이 같아져 유체의 압력이 고막에 가하는 알짜힘이 0일 때이다.

실전문제 9.3 **잠수함 깊이의 한계**

한 잠수함이 1.6×10^7 Pa까지 견딜 수 있도록 설계되어 있다. 바닷물의 평균 밀도가 1025 kg/m³이면 이 잠수함은 얼마나 깊이 잠수할 수 있는가?

9.5 압력 측정 MEASURING PRESSURE

압력의 단위는 기압이나 파스칼 이외의 다른 것들이 많이 사용되고 있다. 미국에서는 자동차 타이어의 압력에 lb/in²을 사용한다. 기상청에서는 바(bar)나 밀리바로 기록한다. 1기압은 대략 1바(1000밀리바)이고, 수은주 76 cm 또는 29.9인치이다. 피의 압력과 대기압의 차를 나타내는 혈압은 mmHg(torr라고도 함) 단위로 측정한다. 수은주의 높이가 압력의 단위라는 것에 의문이 생길 수 있다. 어떻게 단위 넓이당 작용하는 힘이 거리(몇 mmHg)가 될 수 있는가? 이런 압력의 단위를 사용하는 데는 미리 알고 있어야 할 가정이 있는데, 이를 위해 수은 압력계에 대해 먼저 이해할 필요가 있다.

압력계

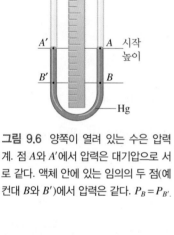

공기 중으로 열려 있다.

A' A 시작 높이
B' B
— Hg

그림 9.6 양쪽이 열려 있는 수은 압력계. 점 A와 A'에서 압력은 대기압으로 서로 같다. 액체 안에 있는 임의의 두 점(예컨대 B와 B')에서 압력은 같다. $P_B = P_{B'}$.

수은 압력계는 수은이 담겨 있는 U자 모양의 수직 관으로, 한쪽은 공기 중에 노출되어 있고 다른 한쪽은 압력을 측정하고자 하는 기체가 담긴 용기에 연결되어 있다. 그림 9.6이 용기에 연결되기 전의 압력계를 보여준다. 압력계의 양쪽 끝이 모두 대기에 열려 있다면 수은기둥의 높이는 같을 것이다.

이제 U자 관(그림 9.7)의 왼쪽을 부푼 풍선에 연결한다. 만일 기체의 압력이 대기압보다 더 높으면 기체는 왼쪽 부분의 수은을 내려 밀어서 오른쪽이 올라가게 될 것이다. 기체의 밀도는 수은의 밀도에 비해 매우 작으므로 깊이에 상관없이 기체의 모든 부분에서 압력은 같다고 가정한다. 점 B에서 수은은 기체가 가하는 힘과 같은 크기의 힘으로 기체를 밀고 있으므로 점 B에서는 기체의 압력과 같다. B'은 B와 높이가 같으므로 B'에서의 압력은 B에서와 같다. C는 대기압에 있다.

B에서의 압력은

$$P_B = P_C + \rho g d$$

이며, 여기에서 ρ는 수은의 밀도이다. 압력계 양쪽에서 압력 차이는

$$\Delta P = P_B - P_C = \rho g d \tag{9-5}$$

이다. 따라서 수은의 높이 차 d가 압력 차의 척도이다. 이를 흔히 mmHg로 나타낸다.

압력계의 한쪽이 열려 있을 때 측정된 압력은 기체의 절대압력이 아니라 대기압과의 압력 차이다. 이 차를 **계기압력** gauge pressure이라 하는데 대부분의 계기에서는 (압력계에서뿐만 아니라) 이 값을 나타낸다.

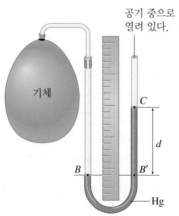

공기 중으로 열려 있다.

기체

C
d
B B'
— Hg

그림 9.7 압력계의 한쪽이 대기압보다 더 큰 압력을 가진 기체가 들어 있는 용기에 연결되어 있다.

계기압력

$$P_{계기압력} = P_{절대압력} - P_{기압} \tag{9-6}$$

수은의 밀도는 13,600 kg/m³이므로 1.00 mmHg는 식 (9-5)에 $d = 1.00$ mm를 대입하면

$$1.00 \text{ mm Hg} = \rho g d = (13\,600 \text{ kg/m}^3)(9.80 \text{ m/s}^2)(0.00100 \text{ m}) = 133 \text{ Pa}$$

와 같이 파스칼로 변환할 수 있다.

압력계에 수은 대신 물이나 기름 등 다른 유체를 사용할 수도 있다. 압력계의 유체밀도 ρ만 제대로 바꿔주면 식 (9-5)를 그대로 쓸 수 있다.

보기 9.4

수은 압력계

압력을 측정하고자 하는 기체에 압력계가 연결되어 있다. 용기에 연결하기 전에는 압력계의 양쪽이 모두 공기에 노출되어 있다. 용기를 연결한 후 기체에 연결된 쪽의 수은이 이전 높이에서 12 cm 위로 올라갔다. (a) 기체의 계기압력은 몇 Pa인가? (b) 기체의 절대압력은 몇 Pa인가?

전략 수은주가 기체에 연결된 쪽이 더 높으므로, 용기 속 기체의 압력이 대기압보다 더 낮음을 알 수 있다. 양쪽 수은주의 높이 차를 알 필요가 있다. 주의: 높이 차가 12 cm가 아니다. 압력계의 수은은 부피가 일정하므로, 한쪽이 12 cm 올라가면 다른 쪽은 12 cm 내려간다.

풀이 (a) 수은주의 차 d는 24 cm이다(그림 9.8). 기체 쪽의 수은이 올라갔으므로 기체의 절대압력은 대기압보다 낮다. 그러므로 기체의 계기압력은 0보다 작다. 계기압력을 Pa 단

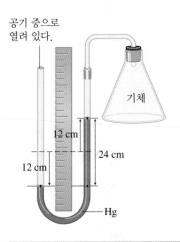

공기 중으로
열려 있다.

12 cm

24 cm

12 cm

기체

Hg

그림 9.8 압력계의 한쪽에 가스 용기가 연결되어 있을 때 한쪽은 12 cm 올라가고 다른 쪽은 12 cm 내려간다.

위로 나타내면

$$P_{계기압력} = \rho g d$$

이다. 여기서 $d = -24$ cm (수은은 기체 쪽에서 24 cm 더 높다.)이다. 그러면

$$P_{계기압력} = 13{,}600 \text{ kg/m}^3 \times 9.8 \text{ m/s}^2 \times (-0.24 \text{ m}) = -32 \text{ kPa}$$

이다.

(b) 기체의 절대압력은

$$P = P_{계기압력} + P_{기압}$$
$$= -32 \text{ kPa} + 101 \text{ kPa} = 69 \text{ kPa}$$

이다.

검토 점검으로 압력계가 기체의 계기압력이 -240 mmHg임을 말해준다. 이를 파스칼로 변환하면

$$-240 \text{ mmHg} \times 133 \text{ Pa/mmHg} = -32 \text{ kPa}$$

이다.

실전문제 9.4 압력계의 기둥 높이

수은 압력계가 기체 용기에 연결되어 있다. (a) 기체에 연결된 수은주의 높이는 압력계 바닥부터 측정했을 때 22.0 cm이다. 계기압력이 13.3 kPa일 때 열려진 쪽의 수은주의 높이는 얼마인가? (b) 기체의 계기압력이 배가 되면 두 수은주의 높이는 얼마가 되는가?

✓ 살펴보기 9.5

밀도가 다른 두 종류의 액체로 이루어진 압력계가 있다(그림 9.9). 양쪽 관이 열려 있을 때 점 1~5를 압력이 높은 곳에서부터 낮은 순으로 순서를 매겨라.

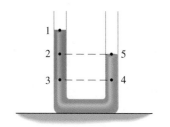

그림 9.9 두 종류의 액체가 들어 있는 압력계. 양쪽은 대기에 열려 있다.

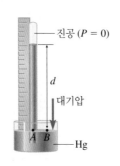

그림 9.10 간단한 기압계. 길이가 76 cm 이상인 한쪽 끝이 막힌 관에 수은을 채운다. 대기의 압력이 수은을 누르므로 한쪽이 막힌 진공 상태의 관 쪽으로 수은 기둥이 올라오게 된다. 그 다음 관을 수은이 담긴 열린 용기에 거꾸로 세운다. 수은의 일부는 관에서 흘러나와 아래의 용기로 간다. 관의 꼭대기에 생긴 공간은 거의 진공이다. 약간의 수은 증기 이외에 남아 있는 것이 없기 때문이다. 점 *A*와 *B*는 수은 중에서 같은 높이에 있다. 따라서 용기가 열려 있으므로 둘 다 대기압에 있다. 이때 점 *A*로부터 닫힌 관의 수은주의 꼭대기까지 높이 *d*가 대기압의 기준이다. (기압계로 측정했으므로 흔히 대기압이라 부른다.)

기압계

압력계는 대기압을 측정하는 장치인 **기압계**barometer로도 사용할 수가 있다. 압력계의 한쪽 부분에 기체가 담긴 용기 대신에 진공펌프가 달린 용기를 부착한다. 용기의 기체를 가능한 한 압력이 0이 되도록 펌프로 빼낸다. 대기압이 한쪽을 내리누르면 진공 용기 쪽으로 유체가 밀려 올라간다.

그림 9.10은 진공펌프 없이 진공을 만들 수 있는 기압계를 보여준다. 기압계는 갈릴레오의 조수였던 토리첼리(Evangelista Torricelli 1608~1647)가 발명했는데 그를 기념해 1 mmHg를 1토르(torr)라 부른다.

압력계의 응용: 혈압 측정

그림 9.11 혈압 측정에 사용되는 혈압계.

혈압은 보통 혈압계로 측정한다(그림 9.11). 이 혈압계 중 가장 오래된 형태는 한쪽이 닫혀 있는 가압패드(cuff)에 연결된 수은 압력계로 구성되어 있다. 심장과 같은 높이에 놓은 위팔(상박)을 가압패드로 감싼 다음 공기를 주입한다. 압력계는 가압패드에 있는 공기의 계기압력을 측정한다.

처음에 가압패드의 압력을 최대 혈압, 곧 심장이 수축할 때 발생하는 위팔 동맥의 수축기 압력보다 높게 한다. 가압패드의 압력이 동맥을 눌러 닫히게 하여 위팔에 혈류가 없어진다. 그러면 가압패드의 밸브를 열어서 천천히 공기가 나가도록 한다. 가압패드의 압력이 최대 혈압 바로 아래로 떨어지면 심장의 박동마다 약간의 혈액이 팔 동맥의 압착된 곳을 통해 분출하며 흐른다.

가압패드로부터 공기를 계속 빼내는 중에 혈액이 동맥이 압착된 곳을 지나는 소리를 들을 수 있다. 가압패드의 압력이 확장기 혈압(심장이 이완할 때 일어나는 최소의 압력)과 같으면 더 이상 동맥의 압착은 없으며 맥박 소리도 사라진다. 건강한 심장의 계기압력은 최고 혈압 120 mmHg, 최저 혈압 80 mmHg 정도이다.

9.6 부력 BUOYANT FORCE

연결고리

부력은 유체에 작용하는 새로운 종류의 힘이 아니라 유체의 압력에 기인하는 힘의 합이다.

물체가 액체에 잠겨 있을 때, 물체 밑면의 압력이 윗면보다 더 높다. 이 압력 차로 인해 물체는 유체에 의해 위쪽 방향으로 힘을 받는다. 물속에 비치볼을 밀어 넣을 때 공을 위로 다시 올려 보내려는 부력의 효과를 느낄 수 있다. 이러한 물체를 완전히 물속에 넣은 채 잡고 있으려면 상당한 힘을 가해야 한다. 물체를 놓으면 놓자마자 수면 위로 튕겨져 올라간다.

균일한 밀도 ρ인 유체 속에 잠겨 있는 직육면체 고체를 생각해보자(그림 9.12a). 각 수직 방향의 면(왼쪽, 오른쪽, 앞, 뒤)에 대해서 마주하는 면이 존재한다. 유체가 이들 면에 작용하는 힘은 넓이와 평균 압력이 같으므로 모두 같은 크기를 가진다. 그러나 방향이 서로 반대이므로 수직 방향 면에 작용하는 힘은 쌍으로 상쇄된다.

이제 윗면과 아랫면의 넓이를 A라고 하자. 상자의 아랫면에 작용하는 힘은 $F_2 = P_2 A$이고, 윗면에 작용하는 힘은 $F_1 = P_1 A$이다. 유체가 상자에 작용하는 총 힘을 **부력**buoyant force F_B이라 하는데, $F_2 > F_1$이므로 위로 향한다(그림 9.12b).

$$\vec{F}_B = \vec{F}_1 + \vec{F}_2$$
$$F_B = (P_2 - P_1)A$$

$P_2 - P_1 = \rho g d$이므로 부력의 크기는 다음과 같이 나타낼 수 있다.

> **부력**
>
> $$F_B = \rho g d A = \rho g V \qquad (9\text{-}7)$$

여기서 $V = Ad$는 상자의 부피이다.

ρV는 상자가 밀어낸 부피 V의 유체의 질량이다. 따라서 잠긴 상자에 작용하는 부력은 같은 부피의 유체의 무게와 같은데, 이를 **아르키메데스의 원리**Archimedes' principle 라 한다.

> **아르키메데스의 원리**
>
> 유체는 유체에 잠긴 물체에 의해 밀려난 유체의 부피와 같은 유체의 무게와 같은 크기의 부력을 위 방향으로 작용한다.

앞에서 편의상 직육면체의 물체를 예로 식을 유도했지만, 아르키메데스의 원리는 잠겨 있는 물체가 어떤 모양이더라도 상관없이 적용된다. 왜 그런가? 물에 잠긴 불규칙한 모양의 물체 대신에 그 자리를 유체로 채워 넣었다고 생각해보자. 유체 "조각"은 평형 상태에 있으므로 부력과 그 무게는 같아야 한다. 부력은 주변의 유체가 이 유체 "조각"에 가하는 알짜힘인데 이 힘은 앞에서 언급한 불규칙한 모양의 물체에 가해지는 부력과 다를 이유가 없다. 왜냐하면 그 물체와 유체 "조각"은 모양이나 표면의 넓이가 똑같기 때문이다.

같은 원리를 일부만이 잠겨 있는 물체의 경우에도 적용할 수 있는데, 부력은 여전히 잠긴 부분과 같은 부피의 유체의 무게와 같다. 식 (9-7)에서 V를 물체 전체의 부피가 아니라 유체 속에 잠겨 있는 부피로 대신하면 그대로 적용할 수 있다.

중력과 부력에 의한 알짜힘 전체 또는 부분적으로 유체에 잠겨 있는 물체(그림

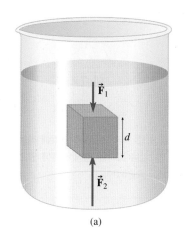

(a)

(b)

그림 9.12 (a) 잠겨 있는 직육면체 윗면과 아랫면에 작용하는 유체의 압력에 의한 힘. (b) 부력은 $\vec{F}_1$과 $\vec{F}_2$의 합이다. $|\vec{F}_2| > |\vec{F}_1|$이므로 알짜힘은 위쪽 방향이다.

그림 9.13 떠 있는 얼음 조각에 작용하는 힘. 얼음 조각은 평형 상태에 있으므로 $\vec{\mathbf{F}}_B + m\vec{\mathbf{g}} = 0$이다.

9.13)에 작용하는 중력과 부력에 의한 알짜힘은

$$\vec{\mathbf{F}} = m\vec{\mathbf{g}} + \vec{\mathbf{F}}_B$$

이다. 부피 V_o와 평균 밀도 ρ_o인 물체의 중력은

$$W = mg = \rho_o g V_o$$

이고, 부력은

$$F_B = \rho_f g V_f$$

이다. 여기서 V_f와 ρ_f는 각각 밀려난 유체의 부피와 유체의 밀도이다. $+y$-방향을 위로 정하면 중력과 부력에 의한 알짜힘은

$$F_y = \rho_f g V_f - \rho_o g V_o \tag{9-8}$$

이다. 여기서 F_y는 어느 밀도가 더 큰지에 따라 양 또는 음이 될 수 있다. 물속에 조약돌과 공기 방울을 넣는다고 가정하자. 조약돌의 평균 밀도는 물보다 더 크므로 조약돌에 작용하는 알짜힘은 아래쪽 방향이다. 따라서 조약돌은 가라앉는다. 공기 방울의 평균 밀도는 물보다 작으므로 알짜힘은 위 방향이 되어 공기 방울을 물 표면으로 밀어 올린다.

만약 물체가 완전히 잠겼다면 물체의 부피와 밀려난 유체의 부피는 같다. 곧,

$$F_y = (\rho_f - \rho_o) g V$$

만일 $\rho_o < \rho_f$이면 물체는 일부만 잠기고 뜨게 된다. 평형 상태에서 물체는 물체의 무게와 같은 부피의 유체를 밀어낸다. 이때 중력은 부력과 같고 물체는 유체에 떠 있게 된다. $F_y = 0$이라 놓으면 식 (9-8a)에서

$$\rho_f g V_f = \rho_o g V_o$$

가 된다. 이 식을 다시 정리해 쓰면

$$\frac{V_f}{V_o} = \frac{\rho_o}{\rho_f}$$

이 된다. 식의 좌변은 물체와 잠겨 있는 부분의 부피의 비이다. 이것은 유체의 밀도와 물체의 밀도의 비와 같다.

✓ 살펴보기 9.6

2개의 똑같은 나뭇조각이, 하나는 물이 담긴 비커에, 다른 하나는 밀도가 물의 0.8배인 알코올이 담긴 비커에 떠 있다. 어느 액체 위의 나뭇조각이 더 높이 뜨는가? 설명해보아라.

비중 물질의 **비중**specific gravity은 3.98 ℃에서의 물의 밀도에 대한 비이다. 물은 3.98 ℃에서 밀도가 최대가 되므로 이 온도를 기준으로 선택한 것이다. 3.98 ℃에서 물의 밀도는 4자리 유효숫자까지 1.000 g/cm³이다. 만약 바닷물의 비중이 1.025라면 그 밀도가 1.025 g/cm³(1025 kg/m³)임을 의미한다.

비중

$$비중 = \frac{\rho}{\rho_{물}} = \frac{\rho}{1000 \text{ kg/m}^3}$$ (9-9)

의학에서 비중 측정의 응용 혈액 검사에는 혈액의 비중을 측정하는 것이 포함되어 있으며 혈액의 비중은 보통 1.040에서 1.065 정도이다. 적혈구에 의해 밀도가 증가 되므로 비중이 너무 낮으면 빈혈을 의미할 수 있다. 헌혈을 위해 채혈하기 전에 혈액 한 방울을 농도를 알고 있는 식염수에 떨어뜨려본다. 만일 가라앉지 않으면 적혈 구의 농도가 너무 낮은 것이므로 헌혈하기에는 적합지 않다. 소변 검사에서도 비중 측정(보통 1.015에서 1.030 정도)을 실시하는데, 너무 높으면 염분의 농도가 비정상 적으로 높은 상태이므로 질병의 신호가 될 수 있다.

아르키메데스 원리의 응용 화물선, 항공모함, 여객선 등은 바닷물보다 밀도가 큰 강철 등의 물질로 만들어져 있음에도 불구하고 떠 있다. 배가 떠 있을 때 작용하는 부력은 배의 무게와 같다. 배는 강철이나 그 밖의 물질의 부피보다 더 많은 양의 바 닷물을 밀어내도록 설계되어 있다. 배의 평균 밀도는 무게를 전체 부피로 나눈 값이 다. 배 내부의 대부분이 공기로 채워져 있는데 이 비어 있는 공간이 전체 부피에 포 함되고 그 결과 평균 밀도는 바닷물보다 낮아서 배가 뜨게 된다.

어떻게 하마가 물속 으로 잠수할 수 있 는가?

이제 하마가 어떻게 연못 밑바닥으로 가라앉을 수 있는지 이해할 수 있다. 하마 는 숨을 내쉬어 몸 안의 공기를 배출한다. 공기를 배출하면 하마의 평균 밀도가 물 의 밀도보다 약간 더 커지면서 가라앉을 수 있다. (하마와는 반대로 포유동물의 일 종인 아르마딜로는 숨을 들이쉬어 위와 장을 부풀림으로써 부력을 증가시키고 헤 엄을 쳐서 큰 호수를 가로질러 건너기도 한다.) 하마는 숨을 쉬려면 다시 물 밖으로 나와야 한다.

보기 9.5

빙산이 숨은 깊이

떠 있는 빙산은 몇 %가 물 위로 나와 있는가? 얼음의 비중은 0.917이고 바닷물의 비중은 1.025이다.

전략 바닷물의 밀도와 얼음의 밀도의 비는 빙산 전체의 부 피와 바닷물에 잠겨 있는 얼음의 부피의 비와 같다. 얼음의 나머지는 물 위에 있다.

풀이 바닷물과 얼음의 비중으로부터 밀도를 SI 단위로 구할 수 있으나 그것은 불필요하다. 두 물질의 비중의 비가 밀도의 비와 같음을 이용한다.

$$\frac{(비중)_{얼음}}{(비중)_{바닷물}} = \frac{\rho_{얼음}/\rho_{물}}{\rho_{바닷물}/\rho_{물}} = \frac{\rho_{얼음}}{\rho_{바닷물}}$$

빙산과 잠겨 있는 빙산의 부피 비는 얼음과 바닷물의 밀도 비 와 같다. 따라서 얼음의 전체 부피에 대한 잠긴 부피의 비는

$$\frac{V_{잠긴부분}}{V_{얼음}} = \frac{\rho_{얼음}}{\rho_{바닷물}} = \frac{(비중)_{얼음}}{(비중)_{바닷물}} = \frac{0.917}{1.025} = 0.895$$

이다. 89.5 %의 얼음이 수면 아래에 있고 불과 10.5 %만이 해수면 밖으로 나와 있다.

검토 다른 풀이 방법에서는 부피의 비가 밀도의 비라는 것을 몰라도 된다. 부력은 잠긴 부피 $V_{잠긴 부분}$ 만큼의 물 무게라는 것을 이용한다.

$$부력 = \rho_{바닷물} V_{잠긴부분} g$$

빙산의 무게는 $mg = \rho_{얼음} V_{얼음} g$이다. 뉴턴의 제2 법칙으로부터 빙산이 평형을 이루며 떠 있을 때 부력은 빙산 무게와 같아야 한다.

$$\rho_{바닷물} V_{잠긴부분} g = \rho_{얼음} V_{얼음} g$$

곧

$$\frac{V_{잠긴부분}}{V_{얼음}} = \frac{\rho_{얼음}}{\rho_{바닷물}}$$

이다. 얼음이 물에 뜨는 현상은 생태계에서 아주 중요하다. 만일 얼음이 물보다 밀도가 크다면 연못이나 호수의 온도가 내려갈 때 바닥부터 점차적으로 얼음으로 채워질 것이다. 결과적으로 완전히 얼어붙은 호수의 물고기와 호수 밑바닥 생물체에게는 재앙일 것이다. 겨울에 얼어붙은 얼음 밑에는 물이 있기 때문에 물고기들이 살아남을 수 있다.

실전문제 9.5 **바닷물과 민물에서 떠 있기**

우리 몸의 평균 밀도가 $980 \, \text{kg/m}^3$이라면, 우리 몸이 민물에서 뜨는 비율과 바닷물에서 뜨는 비율은 얼마나 되는가? 바닷물의 비중은 1.025이다.

보기 9.6

물속에 떠 있는 물고기

물고기는 어떻게 물속에서 거의 움직임 없이 떠 있을 수 있는가? 물고기는 등뼈 아래에 부레라 부르는 얇은 막으로 된 공기주머니가 있다. 부레에는 물고기의 혈액에서 얻은 산소와 질소가 혼합되어 있다. 어떻게 부레는 부력과 중력이 균형을 이루도록 해 물고기가 가만히 떠 있게 할 수 있는가?

풀이와 검토 만약 물고기의 평균 밀도가 주변의 물의 밀도보다 크다면 가라앉을 것이고 작다면 뜰 것이다. 물고기는 부레의 부피를 적절하게 변화시켜 전체 부피를 변화시키고 그에 따라 평균 밀도를 변화시킨다. 자신의 평균 밀도를 주위의 물의 밀도와 같게 하면 물고기는 한자리에 떠서 머물 수 있다. 물고기가 위로 올라가거나 가라앉을 때도 부레의 부피를 조절한다(문제 21 참조).

실전문제 9.6 **물방개**

물방개는 날개 아래에 기포를 가둘 수가 있다. 물속에서 물방개는 호흡을 하기 위해 기포 안의 공기를 사용하는데 점차적으로 산소가 이산화탄소로 바뀐다. (a) 물방개는 잠수하기 위해 기포를 어떻게 처리하는가? (b) 물속에 있는 물방개는 어떻게 수면으로 떠오를 수가 있는가? (힌트: 물방개와 기포를 단일 계로 취급하여라. 물방개는 어떻게 계에 작용하는 부력을 변화시킬 수 있는가?)

기체에 떠 있는 물체에 대한 부력 공기와 같은 기체는 유체이고, 액체와 마찬가지로 부력을 작용한다. 공기에 의한 부력은 물체의 평균 밀도가 공기 밀도보다 훨씬 큰 경우에는 무시될 수 있다. 공기가 상당한 크기의 부력을 작용하는 것을 보려면 평균 밀도가 아주 작은 물체를 사용해야 한다. 열기구는 밑부분이 열려 있고 안에 든 공기를 가열하기 위한 버너가 있다(그림 9.14). 가열된 많은 분자가 열린 곳을 통해 열기구 속으로 들어가서 기구의 평균 밀도를 감소시킨다. 기구의 평균 밀도가 주위의 공기보다 낮아지면 기구가 뜨게 된다. 높은 고도에서 주위의 공기는 점점 희박해진다. 어느 정도의 높이에 도달하면 부력은 기구의 무게와 같아진다. 그러면 뉴턴

그림 9.14 기구 밖의 공기에 의해 부력이 작용하여 기구가 떠 있다.

의 제2 법칙에 따라 풍선에 작용하는 알짜힘은 0이다. 풍선은 이 높이에서 안정 평형에 있게 된다. 곧, 만일 기구가 약간 올라가면 아래쪽으로 향하는 알짜힘을 받는다. 반면에 약간 내려가면 위로 향하는 힘을 받는다.

9.7 유체 흐름 FLUID FLOW

유체 흐름의 종류   운동하는 유체에 관한 연구는 신비할 정도로 복잡한 과제이다. 조금 덜 복잡한 상황에서 중요한 개념을 소개하기 위해서는 유체가 특별한 조건 아래에서 운동한다는 것을 가정해야 한다.

운동 유체와 정지 유체 사이의 한 가지 차이점은 운동하는 유체는 흐르는 방향과 평행한 아랫면과 옆면에 힘을 작용할 수 있다는 것이다. 그러나 정지 유체는 그렇지 않다. 운동하는 유체가 접촉한 표면에 힘을 작용하므로 표면 역시 유체에 힘을 가하게 된다. 이 **점성저항력** viscous force은 유체의 흐름을 방해한다. 이것은 고체 사이의 운동마찰력에 대응하는 것이다. 흐름을 계속 유지하려면 점성 유체에 외력을, 곧 일을 해줘야 한다. 점성은 9.9절에서 다루기로 한다. 그때까지는 비점성 유체(점성저항력을 무시할 수 있을 만큼 작은 유체)에 관해 살펴보자. 표면장력 또한 무시한다. 표면장력은 9.11절에서 고찰한다.

유체의 흐름은 정상 흐름과 비정상 흐름으로 나뉜다. **정상 흐름** steady flow인 경우에는 어디에서나 유체의 속도가 일정하다. 속도가 모든 곳에서 같아야 하는 것은 아니지만 한 점에서 그 점을 지나는 유체의 속도는 일정하다. 정상 흐름에서는 또한 유체의 한 점에서 밀도와 압력이 일정하다.

정상 흐름은 **층흐름** laminar이다. 층흐림이란 특정한 점을 지나는 유체의 작은 부분이 같은 점을 지나는 다른 부분이 지나가는 경로를 따라갈 정도로 유체가 한정된 층 내에서 흐르는 것을 말한다. 이처럼 유체가 한 점에서 시작해 따라가는 경로를 **유선** streamline이라 한다(그림 9.15). 정상류의 유선은 휘어지거나 돌아갈 수는 있지만 서로 교차할 수 없다. 만일 그렇다면 그 유체는 그 지점에 왔을 때 어느 길로 가야 하는지 '결정'을 해야 할 것이다. 어느 점에서나 유체 속도의 방향은 그 점을 지나는 유선에 접선 방향이 되어야 한다. 유선은 유체의 흐름을 그림으로 나타내는 좋은 방법이다.

유체의 속도가 주어진 위치에서 변할 때 이 흐름은 비정상류이다. **난류** turbulence는 비정상적인 유체(그림 9.16)의 극단적인 보기이다. 난류에서는 빙빙 도는 소용돌이가 나타나는데 소용돌이는 멈춰 있지 않고 유체와 함께 움직인다. 아무 점에서나 유체의 속력은 급격히 변하므로 소용돌이 상태에 있는 유체의 흐름에서 방향이나 속력을 예측하는 것은 매우 어렵다.

이상유체   먼저 고려해야 할 특별한 경우가 **이상유체** ideal fluid의 흐름이다. 이상유체는 비압축성이며, 층흐름을 하며, 점성이 없다. 몇 가지 조건하에서는 실제 유체의

그림 9.15 공기 터널이 자동차를 지나가는 공기 흐름에서 유선을 보여준다.

그림 9.16 에어로졸 캔에서 분출되는 기체의 난류.

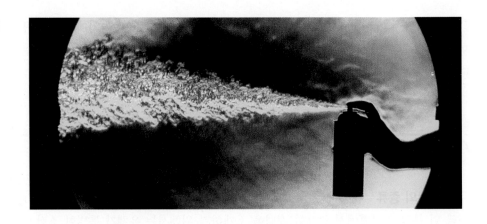

모형으로 이상유체를 고려할 수 있다.

이상유체의 흐름에는 두 가지 원리, 곧 연속방정식과 베르누이의 방정식이 적용된다. 연속방정식은 유체가 생성되거나 소멸되지 않기 때문에 질량이 보존되어야 하는 비압축성 유체의 질량 보존의 한 가지 표현이다. 9.8절에서 공부할 베르누이의 방정식은 유체의 흐름에 적용되는 에너지 보존 법칙이다. 이 두 방정식으로 이상유체의 흐름을 예측할 수 있다.

연속방정식

흐르는 유체의 속력과 단면의 넓이의 관계를 나타내는 연속방정식을 유도해보자. 비압축성 유체가 정상 흐름의 조건하에 단면이 일정하지 않은 관을 통과한다고 생각해보자. 그림 9.17에서, 왼쪽의 유체가 v_1의 속력으로 운동한다. 시간 Δt 동안 유체는

$$x_1 = v_1 \Delta t$$

의 거리를 이동한다. 만일 A_1을 이 부분의 관의 단면의 넓이라고 하면 Δt 동안에 점 1을 지나가는 유체의 질량은

$$\Delta m_1 = \rho V_1 = \rho A_1 x_1 = \rho A_1 v_1 \Delta t$$

이다. 같은 시간 동안 점 2를 지나가는 질량은

$$\Delta m_2 = \rho V_2 = \rho A_2 x_2 = \rho A_2 v_2 \Delta t$$

이다. 그러나 만일 흐름이 정상적이라면 시간 Δt 동안에 관의 어느 한 면을 통과하는 질량은 같은 시간 동안 관의 다른 면을 지나가야 한다. 그러므로

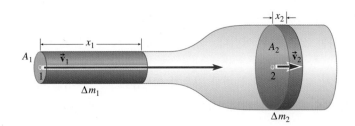

그림 9.17 균일하지 않은 관을 수평하게 흐르는 비압축성 유체.

$$\Delta m_1 = \Delta m_2$$

곧

$$\rho A_1 v_1 \Delta t = \rho A_2 v_2 \Delta t \qquad (9\text{-}10)$$

여야 한다.

식 (19-10)에서 ρAv는 유체의 질량이 흘러가는 비율, 곧 **질량흐름률**(*mass flow rate*)이다.

질량흐름률

$$\frac{\Delta m}{\Delta t} = \rho A v \quad \text{(SI 단위: kg/s)} \qquad (9\text{-}11)$$

시간 간격 Δt가 같기 때문에 식 (9-11)은 어느 두 지점을 지나는 질량흐름률이 같다는 것을 말해준다. 비압축성 유체의 밀도는 일정하므로 두 지점을 지나는 부피흐름률도 같다.

부피흐름률

$$\frac{\Delta V}{\Delta t} = A v \quad \text{(SI 단위: m}^3\text{/s)} \qquad (9\text{-}12)$$

비압축성 유체에 대한 **연속방정식**continuity equation은 서로 다른 두 점을 지나가는 부피흐름률이 같다고 하는 방정식이다.

이상유체의 연속방정식

$$A_1 v_1 = A_2 v_2 \qquad (9\text{-}13)$$

주어진 시간 동안에 관으로 들어간 유체와 같은 부피의 유체가 같은 시간 동안 관을 빠져나간다. 관의 지름이 큰 곳에서는 유체의 속력이 작고 지름이 작은 곳에서는 속력이 크다. 유사한 예를 정원에서 호스 끝의 일부분을 엄지손가락으로 막고 물을 분사시킬 때 볼 수 있다. 엄지손가락으로 막아 단면의 넓이가 좁기 때문에 호스 끝에서는 호스 안에서보다 훨씬 더 큰 속력으로 물이 빠져나간다. 마찬가지로 하상이 좁아지거나 바위나 돌 등에 의해서 부분적으로 막혀 좁은 여울이 형성되면 강을 따라서 흐르는 물의 속력이 빨라진다.

유선은 유체가 빨리 흐르는 곳에서 조밀하게 모여 있고 느린 곳에서는 멀리 떨어져 있다(그림 9.18). 유선은 유체가 흐르는 모습을 상상할 수 있게 해준다. 어느 점에서나 유체의 속도는 그 점을 지나는 유선의 접선의 방향이다.

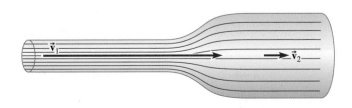

그림 9.18 단면의 넓이가 변하는 관 속의 유선. 유선의 간격이 좁은 곳은 유체의 속도가 빠르며 넓은 곳은 속도가 느리다.

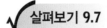

살펴보기 9.7

내부 지름이 1.20 cm인 동맥에 플라크가 축적되어 내부 지름이 1.00 cm로 좁아졌다. 좁은 곳으로 들어갈 때 혈류의 속력은 몇 %나 변하는가?

보기 9.7

혈류의 속력

심장이 내부 반지름이 1.0 cm인 대동맥으로 혈액을 펌프처럼 보내주고 있다. 대동맥은 32개의 주요 동맥과 연결되어 있다. 대동맥에서 혈류의 속력이 28 cm/s이라면 동맥에서의 평균 속력은 대략 얼마이겠는가? 혈액을 이상유체로 간주하고, 각 동맥의 반지름은 0.21 cm라고 하자.

전략 혈액을 이상유체라고 가정했으므로 연속방정식을 적용할 수 있다. 대동맥 혈관이 여러 개의 동맥 혈관에 연결되어 있으므로 하나의 관에 좁아진 곳이 있을 때보다 복잡한 것처럼 보인다. 중요한 사항은 혈액이 흐르는 총 단면의 넓이가 얼마인가 하는 것이다.

풀이 대동맥의 단면의 넓이를 구하는 것으로 시작하면

$$A_1 = \pi r_{대동맥}^2$$

이고, 동맥의 총 단면의 넓이는

$$A_2 = 32 \pi r_{동맥}^2$$

이다. 이제 연속방정식을 적용해 미지의 속력을 구한다.

$$A_1 v_1 = A_2 v_2$$

$$v_2 = v_1 \frac{A_1}{A_2} = 0.28 \text{ m/s} \times \frac{\pi \times (0.010 \text{ m})^2}{32\pi \times (0.0021 \text{ m})^2} = 0.20 \text{ m/s}$$

검토 동맥의 총 단면의 넓이가 대동맥의 단면의 넓이보다 크기 때문에 혈액은 동맥에서 보다 천천히 흐른다. 혈액은 동맥으로부터 몸에 있는 많은 수의 모세혈관으로 이동한다. 각 모세혈관은 단면의 넓이가 아주 작지만 그 수가 많으므로 혈액이 모세혈관에 도달하면 속력이 급격하게 떨어져 피와 몸의 세포 조직 사이에 산소, 이산화탄소, 영양소 등을 교환할 수 있는 시간이 생긴다.

실전문제 9.7 물통에 물 채우기

정원 호스로 용량이 32 L인 물통에 120초 만에 물을 채웠다. 호스의 열린 부분의 반지름이 1.00 cm이다. (a) 물이 호스 끝부분을 떠날 때 속력은 얼마인가? (b) 열린 끝부분을 손가락으로 눌러서 출구 넓이를 반으로 줄이면 물의 분출 속력은 얼마가 되겠는가?

9.8 베르누이의 방정식 BERNOULLI'S EQUATION

연속방정식은 관의 서로 다른 두 점에서 이상유체의 유속 사이의 관계를 관의 단면 넓이의 변화를 이용해 나타낸다. 연속방정식에 따르면, 유체는 좁은 구간(그림 9.19)으로 들어가면 속력이 증가해야 하고, 그 부분을 지나고 나면 원래 속력으로 되어야 한다. 에너지 개념을 이용해 좁은 곳에서의 유체 압력(P_2)이 좁은 곳으로 들어가기

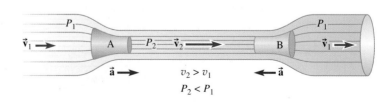

그림 9.19 소량의 유체가 좁은 곳으로 들어갈 때(위치 A) 빨라지고, 좁은 곳에서 벗어날 때(위치 B) 느려진다.

전이나 후의 압력(P_1)과 같을 수 없음을 보여줄 것이다. 수평 흐름의 경우, 속력은 압력이 더 낮은 곳에서 더 높다. 이 원리를 **베르누이 효과**^{Bernoulli effect}라 한다.

베르누이 효과를 처음 대하면 우리가 알고 있는 것과는 반대인 것처럼 보인다. 빠르게 운동하는 유체의 압력이 더 크지 않을까 하는 생각이다. 예를 들어, 만일 소방 호스의 빠른 물줄기를 몸에 맞으면 쉽게 넘어질 것이다. 이렇게 넘어뜨리는 힘은 유체의 압력에 의한 것이므로 당연히 압력이 높을 것이라는 결론을 내릴 것이다. 그러나 압력은 물길을 가로막아 유속을 느리게 하기 전까지는 높지 않다. 실제로 빠르게 분사되는 물의 압력은 거의 대기압 정도이다(계기압력이 0). 사람이 물의 흐름을 멈추게 할 때, 비로소 압력이 크게 증가한다.

이상유체에서 압력 변화와 속력 변화 사이의 정량적인 관계를 알아보자. 그림 9.20에서 음영이 있는 부피의 유체는 오른쪽으로 흐른다. 만일 그 부피의 왼쪽 끝이 거리 Δx_1만큼 움직이면 오른쪽 끝은 Δx_2만큼 움직인다. 비압축성 유체이므로

$$A_1\,\Delta x_1 = A_2\,\Delta x_2 = V$$

이다. 흐르는 동안 주변의 유체가 일을 해준다. 왼쪽 뒤에 있는 유체는 앞으로 밀어 양(+)의 일을 하는 동안 앞부분의 유체는 뒤로 밀어 음(−)의 일을 한다. 주변의 유체가 음영 부피에 한 총 일은

$$W = P_1 A_1\,\Delta x_1 - P_2 A_2\,\Delta x_2 = (P_1 - P_2)V$$

이다. 이상유체에서는 소모되는 힘이 없으므로, 해준 일은 운동에너지와 중력퍼텐셜에너지의 총 변화와 같다. 변위의 알짜 효과는 부피 V인 유체를 높이 y_1에서 y_2로, 그리고 속력을 v_1에서 v_2로 변화시킨 것이다. 그러므로 에너지 변화는

$$\Delta E = \Delta K + \Delta U = \tfrac{1}{2}m(v_2^2 - v_1^2) + mg(y_2 - y_1)$$

이다. 여기서 +y-방향은 위쪽이다. $m = \rho V$를 대입하고, 유체에 한 일이 에너지 변화와 같다고 놓으면

$$(P_1 - P_2)\,V = \tfrac{1}{2}\rho V(v_2^2 - v_1^2) + \rho V g(y_2 - y_1)$$

이 된다. 양변을 V로 나누고 다시 정렬하면 베르누이 방정식이 된다. 이 명칭은 스위스의 수학자 베르누이(Daniel Bernoulli, 1700~1782)의 이름을 딴 것이다. 그러나 실은 동료인 스위스 수학자 오일러(Leonhard Euler, 1707~1783)가 이 식을 먼저 유도했다.

> **연결고리**
>
> 베르누이의 방정식은 이상유체의 흐름에 적용한 에너지 보존 법칙의 한 예이다.

> **베르누이 방정식(이상유체의 흐름에 대한)**
>
> $$P_1 + \rho g y_1 + \tfrac{1}{2}\rho v_1^2 = P_2 + \rho g y_2 + \tfrac{1}{2}\rho v_2^2$$
>
> (또는 $P + \rho g y + \tfrac{1}{2}\rho v^2 = $ 일정) (9-14)

베르누이의 방정식은 이상유체의 두 점에서 압력, 유속, 높이 사이의 관계이다. 비록 베르누이의 방정식을 비교적 단순한 경우로부터 유도했지만, 점 1과 2가 같은

그림 9.20 이상유체의 흐름에 에너지 보존 법칙을 적용. (a)에서 음영 유체 부피는 오른쪽으로 흐른다. (b)는 짧은 시간이 경과한 후에 같은 부피의 유체를 보여준다.

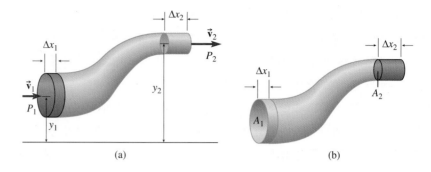

유선상에 있다면 어떠한 이상유체의 흐름에도 적용된다.

베르누이 방정식의 각 항은 압력의 단위를 갖는데. SI 단위에서는 Pa 또는 N/m^2 이다. 줄(J)이 $N \cdot m$이므로 Pa(파스칼)은 J/m^3이다. 각 항은 단위 부피당 일이나 에너지를 나타낸다. 압력은 흘러가는 단위 부피의 유체가 앞부분의 유체에 해준 일이다. 단위 부피당 운동에너지는 $\frac{1}{2}\rho v^2$이고 단위 부피당 중력퍼텐셜에너지는 $\rho g y$이다.

✓ 살펴보기 9.8

다음의 두 가지 특별한 경우에 베르누이의 방정식을 논의해보아라. (a) 수평적 흐름($y_1 = y_2$), (b) 정지 유체($v_1 = v_2 = 0$).

보기 9.8

토리첼리 이론

빗물이 가득 찬 물통 바닥 근처에 달려 있는 꼭지가 수면 아래 0.80 m 깊이에 있다. (a) 꼭지가 수평을 향하고 열려 있을 때(그림 9.21a) 물은 얼마나 빠르게 나오는가? (b) 만일 위로 향해 열려 있다면(그림 9.21b) "분수"가 얼마의 높이까지 도달하겠는가?

전략 물 표면은 대기압에 있다. 꼭지를 통해 나오는 물 역시 대기와 닿아 있으므로, 대기압에 있다. 만일 나오는 물의 압력이 공기의 압력과 다르다면 압력이 같아질 때까지 물줄

기가 확장되거나 수축될 것이다. 베르누이의 방정식을 두 점에 적용한다. 점 1은 물 표면에 있고 점 2는 물이 흘러나오는 곳이다.

풀이 (a) $P_1 = P_2$이므로 베르누이의 방정식은

$$\rho g y_1 + \frac{1}{2}\rho v_1^2 = \rho g y_2 + \frac{1}{2}\rho v_2^2$$

이다. 점 1은 점 2보다 0.80 m 위에 있으므로

$$y_1 - y_2 = 0.80 \, \text{m}$$

이다. 흘러나온 물의 속력은 v_2이다. 물 표면에서의 속력 v_1은 얼마인가? 물통 자체가 배수관이므로 수면에서 물은 느리게 움직인다. 연속방정식은

$$v_1 A_1 = v_2 A_2$$

을 요구한다. 꼭지의 단면 넓이 A_2는 통의 단면 넓이 A_1보다 훨씬 작으므로 수면에서의 물의 속력 v_1은 v_2에 비해 무시할 수 있을 정도로 작다. $v_1 = 0$으로 두면 베르누이의 방정식은

$$\rho g y_1 = \rho g y_2 + \frac{1}{2}\rho v_2^2$$

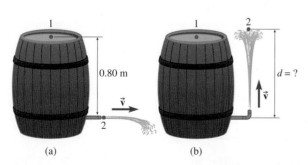

그림 9.21 빗물이 가득 찬 물통의 꼭지가 (a) 수평 방향으로 (b) 위쪽 방향으로 향하고 있다.

이 된다. ρ로 나누고 v_2에 대해 풀면

$$g(y_1 - y_2) = \tfrac{1}{2}v_2^2$$

$$v_2 = \sqrt{2g(y_1 - y_2)} = 4.0 \text{ m/s}$$

이다.

(b) 점 2를 분수 꼭대기로 택하자. 그러면 $v_2 = 0$이고 베르누이의 방정식은

$$\rho g y_1 = \rho g y_2$$

이 된다. "분수"는 통에 있는 물의 높이까지 되올라간다!

검토 (b)의 결과를 토리첼리 이론이라 한다. 실제로는 분수가 물의 원래 높이까지 도달하지는 못한다. 에너지가 점성과 공기저항에 의해서 얼마간 소모되기 때문이다.

실전문제 9.8 자유낙하하는 유체

부분 문제 (a)에서 구한 속력은 물이 곧장 0.80 m 자유낙하하는 경우의 속력과 같음을 확인하여라. 그것은, 베르누이의 방정식이 에너지 보존 법칙을 의미하므로, 놀랄 일은 아니다.

베르누이 정리의 응용: 심방세동과 동맥류 동맥이 그 내벽에 쌓인 플라크로 좁아졌다고 생각하자. 좁아진 부분으로 혈액이 흐르는 것은 그림 9.19에 보인 것과 유사하다. 베르누이의 방정식은 좁은 부분에서의 압력 P_2는 다른 곳에서보다도 낮다는 것을 말해준다. 심장 벽은 강체라기보다는 탄성체이다. 그러므로 압력이 낮으면 좁은 부분에서 동맥벽이 조금 더 줄어들 수 있게 되어 유속은 더 높아지고 압력은 더 낮아진다. 결국에는 동맥벽이 붕괴되어 피의 흐름이 멈춘다. 그러면 압력이 증가해 동맥이 다시 열리고 피가 흐른다. 그렇게 하여 심장 박동의 순환이 다시 시작된다.

반대의 경우가 동맥벽이 약한 곳에서 일어날 수 있다. 혈압이 동맥벽을 밖으로 밀어서 동맥류라고 부르는 돌기가 형성되기도 한다. 돌기에서 낮아진 혈류 속력은 높은 혈압이 동반하며 동맥류를 심화시킨다. 결국에는 혈압이 증가해 동맥이 터질 수도 있다.

비행기의 날개 어떻게 비행기의 날개에 양력이 생길 수 있는가? 그림 9.22는 풍동(wind tunnel)에서 비행기 날개를 지나가는 공기 흐름에 대한 유선을 나타낸 것이다. 유선이 휘는 것으로 보아 날개가 아래로 공기를 편향시키는 것을 알 수 있다. 뉴턴의 제3 법칙(또는 운동량 보존의 법칙)에 따르면, 만일 비행기의 날개가 공기를 아래로 내려 밀면 공기도 날개를 위로 밀어 올리게 된다. 이 위쪽으로 비행기 날개에 작용하는 힘이 양력이다. 그렇지만 이때의 상황은 공기가 날개의 아랫면에서 "튕겨 나오는" 것처럼 그렇게 간단한 것은 아니다. 위쪽을 지나가는 공기도 날개를 아래쪽으로 편향시킴에 유의해야 한다.

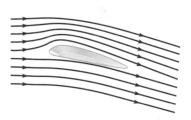

그림 9.22 풍동에서 비행기 날개를 지나가는 공기 흐름을 나타내는 유선.

베르누이의 정리를 이용하면 양력의 발생을 보다 낫게 이해할 수 있다. [베르누이의 정리는 운동하는 기체에도 근사적으로는 적용된다. 실제로 공기가 비압축성 유체가 아니기는 하지만 아음속(subsonic) 비행의 경우 공기 밀도의 변화는 무시할 수 있을 만큼 작다.] 만일 공기가 비행기 날개에 위쪽으로 알짜힘을 작용한다면 공기 압력은 날개 아래쪽보다 위쪽에서 더 낮음이 분명하다. 그림 9.22에 날개 위쪽의 유선이 아래쪽보다 더 조밀함을 보여준다. 이는 날개 위쪽의 유속이 아래쪽보다 더 빠르다는 것을 나타낸다. 이 관찰 결과가, 압력이 더 낮은 곳에서 유속이 더 빠르기 때문에, 압력은 날개 위쪽에서 더 낮다는 것을 확인해준다.

연결고리

운동 마찰은 가해준 힘이 마찰력과 균형을 이루지 않으면 미끄러지는 물체를 느리게 만든다. 마찬가지로 점성력은 유체의 흐름에 반대로 작용을 한다. 점성 유체의 정상 흐름은 점성력과 균형을 이루기 위한 외력을 필요로 한다. 외력은 압력 차에 의해 발생한다.

9.9 점성 VISCOSITY

베르누이의 방정식은 점성(유체의 마찰)을 무시한다. 베르누이의 방정식에 의하면, 이상유체는 수평 관을 통해 일정한 속도로 계속 흐를 수 있다. 이는 마치 아이스하키 퍽이 밀어주는 것이 없이도 마찰이 없는 얼음판 위를 계속 일정한 속도로 미끄러져가는 것과 비슷하다. 그러나 실제 모든 유체는 점성을 가지고 있어서 일정한 흐름을 유지하려면 외부에서 힘을 가해줘야 한다. 점성력이 흐름을 방해하기 때문이다(그림 9.23). 수평으로 놓인 관을 따라 유체가 계속 흘러가기 위해서는 관 양 끝에 **압력** 차가 유지되어야 한다. 압력 차는 혈관에 혈액이 흘러가는 것에서부터 송유관에 석유가 흘러가는 것까지 매우 중요한 역할을 한다.

원형 단면의 관을 따라 점성 유체가 흘러가는 것을 살펴보기 위해 원통 층으로 흐르는 유체를 상상해보자. 만일 점성이 없다면 모든 층이 똑같은 속력으로 운동할 것이다(그림 9.24a). 점성 흐름에서 유체는 관의 벽면에서부터의 거리에 따라 속력이 달라질 것이다(그림 9.24b). 관의 중앙에서 가장 빠르고 벽면으로 갈수록 느려진

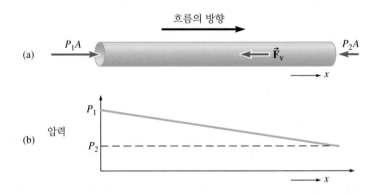

그림 9.23 (a) 점성 흐름을 유지하기 위해서는 유체 압력에 의한 알짜힘($P_1 - P_2$) A가 흐름 방향으로 가해져 흐름을 방해하는 관에 의한 점성력 F_v와 균형을 이루어야 한다. (b) 유체에서의 압력은 왼쪽 끝의 압력 P_1으로부터 오른쪽 끝의 P_2로 감소한다.

그림 9.24 (a) 관을 통과하는 비점성 흐름. 유속이 어디에서나 같다. (b) 점성 흐름인 경우에는 유속은 관 벽으로부터의 거리에 따라서 변한다. 이 간단한 그림이 각기 다른 속력으로 운동하는 유체의 층을 보여주지만 실제로 유속은 최외각 층의 0으로부터 중심의 최대 속력까지 연속적으로 증가한다.

(a) 점성이 없는 유체 흐름

(b) 점성 흐름

표 9.2 몇 가지 유체의 점성

물질	온도(℃)	점성(Pa·s)
기체		
수증기	100	1.3×10^{-5}
공기	0	1.7×10^{-5}
	20	1.8×10^{-5}
	30	1.9×10^{-5}
	100	2.2×10^{-5}
액체		
아세톤	30	0.30×10^{-3}
메탄올	30	0.51×10^{-3}
에탄올	30	1.0×10^{-3}
물	0	1.8×10^{-3}
	20	1.0×10^{-3}
	30	0.80×10^{-3}
	40	0.66×10^{-3}
	60	0.47×10^{-3}
	80	0.36×10^{-3}
	100	0.28×10^{-3}
혈장	37	1.3×10^{-3}
혈액, 전체	20	3.0×10^{-3}
	37	2.1×10^{-3}
글리세린	20	0.83
	30	0.63
SAE 5W-30 엔진 오일	−30	≤ 6.6
	150	$\geq 2.9 \times 10^{-3}$

다. 관과 접촉하는 유체의 가장 바깥층은 운동하지 않는다. 유체의 각 층은 이웃하는 층에 점성력을 작용하는데 그 힘은 층의 상대적 운동의 반대 방향으로 작용한다. 가장 바깥쪽 층은 관에 점성력을 작용한다.

유체는 분자 사이의 응집력이 클수록 더 큰 점성력을 가진다. 유체의 점성도는 온도가 올라갈수록 분자 사이가 느슨해지므로 감소한다. 인간의 체온이 감소하면 혈액의 점성이 증가해 혈액 순환이 원활하지 않게 되어 위험해진다. 반면에 기체의 경우 온도가 증가함에 따라 점성이 증가한다. 고온에서 기체는 더 빨리 움직이면서 서로 더 잦은 충돌을 하기 때문이다.

유체의 점성계수(또는 간단히 점성)는 그리스 문자 에타 η(eta)로 표기하는데, SI 단위로는 파스칼 초(Pa·s)이다. 자주 사용하는 또 다른 단위로는 푸아즈(Poise, 1 P = 0.1 Pa·s)와 센티푸아즈(1 cP = 0.01 P = 0.001 Pa·s)가 있다. 표 9.2에 자주 쓰는 유체의 점성계수를 나타내었다.

푸아죄유의 법칙

수평의 원통형 관을 통해 흐르는 점성 유체의 층흐름에 대한 부피흐름률 $\Delta V/\Delta t$ 는 몇 가지 인자와 관계된다. 첫째, 부피흐름률은 압력기울기라 부르는 단위 길이당 압력 강하($\Delta P/L$)에 비례한다. 만일 압력 강하 ΔP가 길이 L의 관에 어떤 흐름률을 유지하고 있다면, 길이가 두 배인 유사한 관은, 같은 흐름률을 유지하기 위해서는, 두 배의 압력 강하를 필요로 한다(첫 절반의 양단에 ΔP와 두 번째 절반 양단에 ΔP). 따라서 흐름률($\Delta V/\Delta t$)은 단위 길이당 압력 강하($\Delta P/L$)에 비례한다.

다음으로 흐름률은 유체의 점성에 반비례한다. 다른 요소들이 모두 같다면 점성이 높을수록 흐름률은 더 작아진다.

흐름률과 관련해 고려해야 할 것이 하나 더 있다. 바로 관의 반지름이다. 19세기에 프랑스의 물리학자 푸아죄유(Jean-Léonard Marie Poiseuille, 1799~1869)는 혈관의 흐름을 연구하는 과정에서 흐름률은 혈관 반지름의 네제곱에 비례한다는 것을 발견했다.

푸아죄유의 법칙(점성 흐름에 대한)

$$\frac{\Delta V}{\Delta t} = \frac{\pi}{8} \frac{\Delta P/L}{\eta} r^4 \tag{9-15}$$

여기서 $\Delta V/\Delta t$는 부피흐름률이고, ΔP는 관 양단의 압력 차, r와 L은 각각 관의 반지름과 관의 길이, η는 유체의 점성이다.

네제곱에 비례하는 경우는 흔히 있는 일이 아니다. 왜 그렇게 반지름에 따라 크게 변하는가? 만일 유체가 똑같은 속력으로 두 개의 다른 관을 지나고 있다면, 부피흐름률은 관 반지름의 제곱에 비례한다(흐름률 = 관의 단면의 넓이 속력). 그러나 점성 흐름에 있어서 평균 흐름 속력은 관이 클수록 커지는데, 관 벽면에서 멀리 떨어져 있는 유체는 더 빨리 흐를 수 있기 때문이다. 게다가 주어진 압력기울기에서 평균 흐름 속력이 반지름의 제곱에 비례하는 것으로 나타나므로 푸아죄유의 법칙대로 관 반지름의 네제곱에 비례하게 된다.

점성 흐름의 응용: 고혈압 흐름률이 반지름에 따라 크게 달라진다는 사실은 혈액순환에 매우 중요하다. 고혈압 환자의 동맥 혈관은 혈관 플라크 침전물에 의해 좁아져 있다. 신체가 기능하는 데 필요한 혈액을 흘려주려면 혈압이 높아진다. 예를 들어, 플라크 침전물로 동맥 지름이 $\frac{1}{2}$로 줄어든 상태에서, 동맥에 걸린 압력 차가 같게 유지된다면, 흐름률은 원래 값의 $\frac{1}{16}$로 줄어든다. 줄어든 혈액 흐름의 감소를 보충하기 위해서 심장은 더 세게 펌프질해 혈압을 높인다(문제 44 참조). 고혈압은 어디를 보아도 건강에 좋지 않고 그 자체가 건강에 문제를 일으키는데 그중 주된 것이 심장의 근육에 무리를 주는 것이다.

동맥경화

심장전문의가 환자에게 심장의 왼쪽 전방 하부동맥의 반지름이 10 % 좁아졌다고 알려주었다. 이 동맥을 통해 정상적인 혈류를 유지하려면 동맥의 혈압 강하는 몇 퍼센트나 증가해야 하는가?

전략 혈액의 점성이나 혈관의 길이는 변하지 않는다고 가정한다. 정상적인 피의 흐름을 유지하려면, 부피흐름률이 일정하게 유지되어야 한다.

$$\frac{\Delta V_1}{\Delta t} = \frac{\Delta V_2}{\Delta t}$$

풀이 만일 r_1이 정상적인 반지름이고 r_2가 실제 반지름이라면, 반지름이 10 % 줄었을 경우 $r_2 = 0.900 r_1$이 된다. 푸아죄유의 법칙에서

$$\frac{\pi \Delta P_1 r_1^4}{8\eta L} = \frac{\pi \Delta P_2 r_2^4}{8\eta L}$$

$$r_1^4 \Delta P_1 = r_2^4 \Delta P_2$$

이다. 압력 차의 비를 구하면

$$\frac{\Delta P_2}{\Delta P_1} = \frac{r_1^4}{r_2^4} = \frac{1}{(0.900)^4} = 1.52$$

가 된다.

검토 1.52의 값은 동맥 양 끝에서 압력 차가 52 % 증가한다는 것을 의미하며 이 증가된 압력은 심장이 담당해야 된다. 만일 정상적인 동맥에서의 혈압 강하가 10 mmHg라면 지금은 15.2 mmHg가 된다. 사람의 혈압 역시 5.2 mmHg 증가하거나, 그렇지 않으면 이 동맥에서 피의 흐름이 감소될 것이다. 심장은 피의 적절한 흐름을 유지하기 위해서 더 힘든 일을 해야 하는 만큼 무리가 가해진다.

실전문제 9.9 새로운 수도관

도시의 물 공급이 한계에 다다르고 있다. 시 당국에서는 용량을 늘리기 위해 관을 큰 것으로 교체하기로 했다. 최대 흐름을 4.0배로 증가시키려면 관의 반지름은 몇 배로 늘려야 하는가?

9.10 점성저항 VISCOUS DRAG

물체가 유체 내에서 운동할 때 유체는 물체에 저항을 가한다. 물체와 유체 사이의 상대속도가 충분히 작아 물체 주변에서 흐름이 층흐름일 때 점성에 의해서 저항이 생기는데 이를 **점성저항**^{viscous drag}이라 한다. 점성저항력은 물체의 속력에 비례한다($F_D \propto v$). 상대속력이 더 클 때는 흐름은 난류가 되고, 이때는 저항이 속력의 제곱에 비례한다($F_D \propto v^2$).

점성저항은 물체의 모양과 크기에 따라 변한다. 구형인 물체에 대한 점성저항은 스토크스의 법칙에 의해 주어진다.

스토크스의 법칙(구에 작용하는 점성저항)

$$F_D = 6\pi \eta r v \tag{9-16}$$

여기서 r는 구의 반지름, η는 유체의 점성, v는 유체에 대한 물체의 속력이다.

✓ 살펴보기 9.10

점성저항과 운동마찰력을 대비해 비교해보아라.

___

물체의 **종단속도**terminal velocity는 알짜힘이 0이 되도록 꼭맞는 점성저항이 작용할 때의 속도이다. 종단속도로 떨어지는 물체는 가속도가 0이므로, 기존의 일정한 속도로 계속해서 떨어진다. 스토크스의 법칙을 이용하면 점성 유체 속에서 낙하하는 물체의 종단속도를 구할 수 있다. 물체가 종단속도로 운동할 때 물체에 작용하는 알짜힘은 0이다. 만일, $\rho_o > \rho_f$이면 물체는 가라앉는다. 이때 종단속도의 방향은 아래쪽이고 점성저항은 운동을 방해하는 방향으로 위 방향이다. 공기 중의 헬륨이나 기름 속의 공기 방울과 같이 가라앉지 않고 떠오르는 물체($\rho_o < \rho_f$)의 종단속도는 위 방향이며 점성저항은 아래로 작용한다. 보기 9.10은 떨어지는 물체에 작용하는 알짜힘을 0으로 두어 종단속도를 계산하는 과정을 보여주고 있다.

보기 9.10

작은 기름방울의 낙하

전자의 전하를 측정하기 위한 실험에서는 미세한 기름방울의 안개를 공기 중에 분사한 뒤 방울이 떨어지는 모습을 망원경으로 관찰한다. 기름방울들은 아주 작아서 곧바로 종단속도에 도달한다. 방울의 반지름이 $2.40\,\mu$m이고 기름의 평균 밀도가 862 kg/m^{3}일 때 종단속력을 구하여라. 공기의 밀도는 1.20 kg/m^{3}이고 공기의 점성은 1.8×10^{-5} Pa·s이다.

전략 기름방울이 종단속도로 떨어질 때 방울에 작용하는 알짜힘은 0이다. 알짜힘을 0으로 놓고 점성저항을 구하기 위해 스토크스의 법칙을 사용하자.

풀이 $v = v_t$일 때, 힘의 합을 0으로 놓자. 곧

$$\sum F_y = +F_D + F_B - W = 0$$

만일 $m_{공기}$를 밀려난 공기의 질량이라고 하면,

$$6\pi\eta r v_t + m_{공기}\, g - m_{기름}\, g = 0$$

이다. v_t에 대해 풀면

$$v_t = \frac{g(m_{기름} - m_{공기})}{6\pi\eta r} = \frac{g(\rho_{기름} \cdot \frac{4}{3}\pi r^3 - \rho_{공기} \cdot \frac{4}{3}\pi r^3)}{6\pi\eta r}$$

$$= \frac{2(\rho_{기름} - \rho_{공기})g r^2}{9\eta}$$

$$= \frac{2(862\ \text{kg/m}^3 - 1.20\ \text{kg/m}^3)(9.80\ \text{N/kg})(2.40 \times 10^{-6}\ \text{m})^2}{9(1.8 \times 10^{-5}\ \text{Pa·s})}$$

$$= 6.0 \times 10^{-4}\ \text{m/s} = 0.60\ \text{mm/s}$$

가 된다.

검토 마지막 표현에서 단위를 점검해보아야 한다.

$$\frac{(\text{kg/m}^3)\cdot(\text{N/kg})\cdot\text{m}^2}{\text{Pa·s}} = \frac{\text{N/m}}{(\text{N/m}^2)\cdot\text{s}} = \frac{\text{m}}{\text{s}}$$

밀리칸이 1909~1913년에 전자의 전하를 측정하기 위해 수행한 실험에서 이런 식으로 스토크스의 법칙을 사용했다. 밀리칸은 분무기를 사용해 미세한 기름방울의 안개를 만들었다. 방울은 분무되면서 대전된다. 밀리칸은 방울에게 위로 향하는 전기력을 가해서 떨어지지 않고 떠 있도록 했다. 그다음 전기력을 제거한 후 공기 중으로 낙하하는 방울의 종단속력을 측정했다. 그는 스토크스의 법칙을 사용해 종단속력과 기름의 밀도로부터 방울의 질량을 계산했다. 그리고 떠 있는 방울의 전기력과 무게를 같게 놓아 방울의 전하를 계산했다. 수백 개의 서로 다른 방울의 전하를 측정한 끝에 모든 전하가 어떤 한 양(전자의 전하량)의 배수임을 밝혀냈다.

실전문제 9.10   떠오르는 방울

식용유가 들어 있는 컵에서 반지름이 0.500 mm인 공기 방울의 종단속도를 구하여라. 기름의 비중은 0.840이고 점성은 0.160 Pa·s이다. 방울의 지름은 떠오르는 동안 변하지 않는다고 가정하여라.

점성저항의 응용: 침전속도와 원심분리기   액체 속에서 낙하하는 작은 물체의 종단속도를 침전속도라 한다. 침전속도는 보통 두 가지 이유로 작다. 첫째, 입자의 밀도가 유체에 비해 그리 크지 않을 때 중력과 부력의 합은 작기 때문이다. 둘째, 종단속도는 r^2에 비례한다(보기 9.10 참조). 그에 따라 점성저항은 작은 입자에 큰 효과를 내기 때문이다. 따라서 용액에서 작은 입자가 침전하는 데 긴 시간이 걸린다. 침전속도가 g에 비례하므로, $g_{eff} = \omega^2 r$[5.7절과 식 (5-11) 참조]의 인공 중력을 내는 회전하는 용기인 원심분리기를 사용하면, 침전속도를 올려줄 수 있다. 초고속 원심분리기의 경우, 100,000 rev/min의 속도를 낼 수 있어 g의 수백만 배까지 인공 중력을 만들 수 있다.

9.11   **표면장력** SURFACE TENSION

액체의 표면은 액체 내부와 무관한 독특한 성질을 가지고 있다. 표면은 장력이 걸린 막처럼 작용하는데 이 액체의 **표면장력** surface tension(기호는 γ, 그리스 문자 감마)은 표면이 가장자리를 단위 길이당 잡아당기는 힘이다. 힘의 방향은 가장자리에서 표면의 접선 방향이다. 표면장력은 분자 사이에 서로 당기는 응집력에 의해 생긴다.

응용: 어떻게 곤충이 연못 위를 걸어 다닐 수 있는가?   소금쟁이와 작은 곤충은 물의 큰 표면장력을 이용해 연못 위를 걸어 다닐 수 있다. 곤충의 발이 물 표면을 조금 들어가게 만든다. 물의 들어간 표면은 마치 얇은 고무 막처럼 발을 위로 밀어 올린다(그림 9.25). 보기에는 사람이 트램펄린 매트 위를 걸어 다니는 모습과 비슷하다. 모기 애벌레와 플라나리아 등 여러 작은 수중 생물은 표면장력을 이용해 물 표면에 매달려 있다. 식물에서 표면장력은 물이 뿌리에서 잎으로 수송되도록 도와준다.

응용: 폐의 표면활성제   물의 큰 표면장력은 폐에서는 장애요소가 된다. 들이마신 공기와 혈액 사이에서 산소와 이산화탄소의 교환은 기관지 끝에 있는 반지름 0.05~0.15 mm 크기의 허파꽈리라고 부르는 작은 주머니에서 이루어진다(그림 9.26). 만일 허파꽈리를 덮고 있는 점액과 신체의 다른 액체의 표면장력이 같다면, 허파꽈리 안과 밖 사이의 압력 차는 허파꽈리를 확장시켜 공기를 채울 만큼 충분히 크지 않을 것이다. 그 때문에 허파꽈리는 점액의 표면장력을 감소시키기 위해 표면활성제를 분비한다. 그러면 허파꽈리는 숨을 들이쉴 때 팽창할 수 있게 된다.

그림 9.25   소금쟁이.

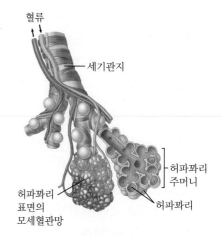

혈류
세기관지
허파꽈리 주머니
허파꽈리
허파꽈리 표면의 모세혈관망

그림 9.26   사람의 폐에는 허파꽈리 수백만 개가 숨을 쉴 때마다 부풀어 오른다. 허파꽈리의 벽을 통해 공기와 혈액 사이에 기체가 교환된다. 기체 교환이 일어나는 총넓이는 약 80 m² 로 몸의 겉넓이의 40배 정도나 된다.

기포

물속에 있는 공기 방울에서 물의 표면장력은 방울을 수축시키려 하고, 갇혀 있는 공기는 표면 밖으로 압력을 작용한다. 평형 상태에서 방울 안쪽의 공기 압력은 바깥의 수압보다 더 커서 압력에 의한 바깥으로 향하는 알짜힘과 안쪽으로 향하는 표면장력이 균형을 이룬다. 이 초과 압력 $\Delta P = P_{안} - P_{밖}$은 표면장력과 방울의 크기에 따라 다르다. 문제 41에서 초과 압력이 다음과 같음을 볼 수 있다.

$$\Delta P = \frac{2\gamma}{r} \tag{9-17}$$

샴페인이 담긴 잔을 유심히 살펴보면, 액체 속의 같은 점에서 기포가 줄을 지어 올라오는 모습을 볼 수 있다. 왜 기포는 아무 곳에서나 솟아나지 않는가? 매우 작은 방울에는 엄청나게 큰 초과압력이 필요하다. 기포가 발생하여 커지기 위해서는 일종의 중심핵(예를 들면, 먼지와 같은)이 필요한데 그곳에서부터는 그리 크지 않은 초과 압력으로도 기포가 자랄 수 있다. 샴페인 잔에서 기포 띠가 생기는 곳은 그곳에 적당한 중심핵이 있다는 것이다.

보기 9.11

폐의 압력

숨을 들이쉬는 동안 허파꽈리의 계기압력은 약 $-400\,\text{Pa}$ 정도로 기관지 관을 통해 공기가 흐르도록 한다. 허파꽈리에서 처음에 반지름 $0.050\,\text{mm}$인, 허파꽈리에 있는 점액 코팅이 물과 같은 표면장력($0.070\,\text{N/m}$)을 가지고 있다고 하자. 허파꽈리를 부풀리기 위해서는 허파꽈리 밖의 폐 압력이 얼마가 되어야 하는가?

전략 허파꽈리를 점액으로 덮여 있는 구조로 보자. 점액의 표면장력에 의해 허파꽈리는 기포에서처럼 안쪽보다 바깥쪽의 압력이 더 낮다.

풀이 초과 압력은

$$\Delta P = \frac{2\gamma}{r} = \frac{2 \times 0.070\,\text{N/m}}{0.050 \times 10^{-3}\,\text{m}} = 2.8\,\text{kPa}$$

이므로, 허파꽈리 안쪽의 압력은 바깥쪽의 압력보다 $2.8\,\text{kPa}$ 정도 더 높을 것이다. 안쪽의 계기압력은 $-400\,\text{Pa}$ 정도이므로 바깥쪽의 계기압력은

$$P_{밖} = -0.4\,\text{kPa} - 2.8\,\text{kPa} = -3.2\,\text{kPa}$$

이다.

검토 허파꽈리 바깥쪽의 실제 계기압력은 $-3.2\,\text{kPa}$가 아니라 약 $-0.5\,\text{kPa}$이다. 따라서 $\Delta P = P_{안} - P_{밖} = -0.4\,\text{kPa} - (-0.5\,\text{kPa}) = 0.1\,\text{kPa}$이지 $2.8\,\text{kPa}$는 아니다. 여기서 표면활성제가 구원자로 등장한다. 곧, 표면활성제가 점막의 표면장력을 감소시켜 ΔP을 $0.1\,\text{kPa}$로 줄이고 허파꽈리가 팽창할 수 있게 해준다. 갓난아기에게는 처음에 허파꽈리가 접혀 있어서 $4\,\text{kPa}$의 압력 차가 필요하다. 그래서 첫 호흡이 의미가 있는 만큼 어려운 일이기도 하다.

실전문제 9.11 **샴페인 거품**

샴페인 잔에 있는 거품이 CO_2로 차 있다. 샴페인 표면에서 $2.0\,\text{cm}$ 깊이에 있는 거품의 반지름이 $0.50\,\text{mm}$이다. 거품 내부의 계기압력은 얼마인가? 샴페인의 평균 밀도가 물의 밀도와 같고 표면장력은 $0.070\,\text{N/m}$라 가정한다.

해답

실전문제

9.1 $1.3 \times 10^6 \, \text{N/m}^2 = 1.3 \, \text{MPa}$. 이 압력은 테니스 화 뒷굽의 압력보다 15배 더 크다.

9.2 (a) $2.0 \times 10^5 \, \text{Pa}$, (b) 5.0 m

9.3 1.6 km

9.4 (a) 32.0 cm, (b) 17.0 cm와 37.0 cm

9.5 2 %와 4 %

9.6 (a) 물방개는 날개로 기포를 압착하여, 공기를 압축해 기포의 부피를 줄이고 부력을 감소시킬 수 있다. (b) 수면으로 떠오를 때 물방개는 기포가 팽창할 수 있도록 압력을 완화시킨다.

9.7 (a) 0.85 m/s, (b) 1.7 m/s

9.8 $\sqrt{2gh} = 4.0 \, \text{m/s}$

9.9 1.4

9.10 위 방향으로 2.85 mm/s

9.11 480 Pa

살펴보기

9.2 1.8

9.4 정지 유체에서의 압력은 수평 위치에는 무관하다. 유체의 어느 부분이든 알짜 수평 방향의 힘은 0이 되어야 한다. 그렇지 않으면 유체의 수평 가속도는 0이 될 수가 없고 유체가 흐르기 시작한다. 유체의 무게를 포함한 수직 방향의 힘도 0이 되어야 한다. 그래야 위치에 따라서 압력이 변하지 않는다.

9.5 3 = 4, 2, 1 = 5. 점 3과 4는 붉은 액체 속에서 깊이가 같기 때문에 압력이 같다. 점 1과 5는 실내의 압력과 같다. 점 2는 압력이 중간이다. 파란 액체에서는 압력은 깊이에 따라 증가하므로 $P_3 > P_2 > P_1$이다.

9.6 두 경우에 밀려난 액체의 무게는 나무의 무게와 같다. 밀도가 물체보다 더 크기 때문에 더 적은 부피의 물이 밀려난다. 그러므로 나무는 알코올보다 물에서 더 높이 뜨게 된다.

9.7 부피흐름률은 같아야 하므로 단면의 넓이가 좁은 곳에서 피가 더 빨리 흐를 것으로 예상한다. 연속방정식으로부터, $v_2/v_1 = A_1/A_2 = (d_1/d_2)^2 = 1.20^2 = 1.44$이다. 속력이 44 % 증가한다.

9.8 (a) 수평적 흐름에 대한 베르누이의 방정식은 $P_1 + \frac{1}{2}\rho v_1^2 = P_2 + \frac{1}{2}\rho v_2^2$이다. 곧, 유체 압력이 낮은 곳이 유속은 빠르다. (b) 정지 유체에서 베르누이의 방정식은 $P_1 + \rho g y_1 = P_2 + \rho g y_2$이다. $d = y_1 - y_2$라 두면, 유체에서의 압력은 9.4절에서 논의한 것처럼 $P_2 - P_1 = \rho g y_1 - \rho g y_2 = \rho g d$로 깊이에 따라서 변한다.

9.10 점성저항과 운동마찰은 둘 다 물체의 운동을 거스르는 방향이다(각각 주변의 유체나 표면에 대해). 그렇지만 점성저항은 물체의 속력($F_D \propto v$)에 따라 크게 변하지만 운동마찰력은 속력과 무관하다.

CHAPTER

10

탄성과 진동
Elasticity and Oscillations

보스턴에 있는 241 m 높이의 핸콕 타워(Hancock Tower) 꼭대기 부분에는 속을 납으로 채운 강철 상자 2개가 있다. 이는 건물이 바람에 뒤틀리거나 흔들리는 것을 줄이기 위해 고안된 장치이다. 각 상자의 질량은 300,000 kg(무게 300톤)이다. 건물의 꼭대기에 큰 질량의 물체를 설치하면 "건물 꼭대기가 더 무겁게" 되고, 흔들리는 정도를 더 늘릴 것처럼 보일 수도 있다. 왜 그렇게 큰 질량을 사용하는가? 어떻게 그것이 빌딩이 흔들리는 것을 감소시킬 수 있는가? (301쪽에 답이 있다.)

되돌아가보기

- 훅의 법칙(6.6절)
- 위치, 속도, 가속도의 그래프상 관계(3.2, 3.3절)
- 탄성퍼텐셜에너지(6.7절)

10.1 고체의 탄성 변형
ELASTIC DEFORMATIONS OF SOLIDS

연결고리

이 장의 두 주제인 탄성과 진동은 서로 관계가 없는 것처럼 보일지 모른다. 그러나 두 개념은 서로 긴밀하게 연결되어 있으며, 많은 경우 진동은 10.1절부터 10.4절에서 배우는 탄성력에 의해 발생한다.

물체에 작용하는 알짜힘과 알짜 돌림힘이 0이라면 물체는 평형 상태에 있지만, 힘과 돌림힘이 물체에 아무런 영향을 주지 않는다는 것은 아니다. 물체가 접촉해 힘을 받으면 물체는 변형된다(그림 10.1). **변형**deformation이란 물체의 크기나 모양의 변화를 말한다. 대부분의 고체는 단단해서 변형을 눈으로 보기는 어렵다. 고체의 크기나 모양의 변화를 재기 위해서는 현미경이나 다른 정밀한 장치가 필요하다.

접촉하여 작용한 힘이 사라지면 **탄성체**elastic object는 원래의 모양과 크기로 되돌아온다. 대개의 물체는 변형력이 지나치게 크지 않는 한 탄성 변형을 한다. 반면에 작용하는 힘이 너무 크면 물체는 영구히 변형되거나 파괴되기도 한다. 저속으로 달리는 자동차가 나무와 부딪히면 큰 손상을 입지 않지만, 고속으로 달리다가 충돌하면 자동차는 영구히 변형되고 운전자는 골절 상해를 입을 수도 있다.

그림 10.1 라켓 줄이 테니스공에 가하는 접촉력으로 공이 납작해졌다. 마찬가지로 라켓 줄도 테니스공이 가한 접촉력으로 변형되었다. 두 접촉력은 항상 쌍으로 작용한다.

10.2 인장력과 압축력에 관한 훅의 법칙
HOOK'S LAW FOR TENSILE AND COMPRESSIVE FORCES

철사의 양쪽 끝에 크기가 F인 인장력(늘이는 힘)을 작용하면, 철사의 길이는 L에서 $L + \Delta L$로 늘어난다. 늘어난 길이 ΔL은 원래의 길이 L과 어떤 관계가 있는가? 개념형 보기 10.1이 이 질문에 답하는 데 도움을 줄 것이다.

개념형 보기 10.1

힘줄 늘리기

만일 힘줄에 인장력을 가하여 ΔL만큼 늘였다면, 굵기와 조성비는 동일하지만 길이가 2배인 긴 힘줄을 같은 힘으로 당기면 얼마나 늘어나는가?

전략 및 풀이 길이 L인 힘줄 2개를 이어놓은 길이 $2L$인 힘줄을 생각해보자(그림 10.2). 같은 인장력을 작용해 두 힘줄이 각각 ΔL만큼 늘어나기 때문에, 전체 힘줄의 변형은 $2\Delta L$이다.

실전문제 10.1 용수철 반으로 자르기

용수철상수가 k인 용수철을 반으로 잘랐다면 잘린 조각의 용수철상수는 얼마인가?

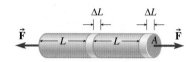

그림 10.2 동일한 2개의 힘줄을 끝과 끝을 붙여 연결하고 인장력을 가한다. 각 힘줄은 ΔL 만큼 늘어난다.

변형력과 변형 개념형 보기 10.1에서 살펴본 것처럼, 두 힘줄에 같은 장력이 가해져 늘어나면, 두 힘줄은 모두 처음 길이에 비례해 늘어난다. 곧 $\Delta L \propto L$이다. 바꿔 말하면 두 힘줄은 모두 같은 길이 변화율 $\Delta L/L$을 갖는다. 이러한 길이 변화율을 **변형**strain이라 부르며, 이는 변하는 정도를 차원이 없는 양으로 재는 것이다.

$$변형 = \frac{\Delta L}{L} \text{ (길이 변화율)} \qquad (10\text{-}1)$$

재질과 길이는 같지만 굵기가 다른 철사가 있다고 생각하자. 가는 철사를 늘인 길이만큼 굵은 철사를 늘이기는 매우 어렵다. 곧, 굵은 강철 케이블을 늘이는 것은 가는 강철 케이블을 늘이는 것보다 훨씬 더 큰 힘이 필요하다. 단답형 질문 7번에서 보이겠지만, 철사를 늘이는 데 필요한 장력은 철사의 단면의 넓이에 비례($F \propto A$)한다. 그러므로 동일한 길이와 재질의 줄에 단위 넓이당 작용한 힘이 같다면, 줄의 변형은 같다. 단위 넓이당 힘을 **변형력**stress이라고 한다. 곧

$$변형력 = \frac{F}{A} \text{ (단위 넓이당 힘)} \qquad (10\text{-}2)$$

이다. 변형력의 SI 단위는 압력의 단위와 같다. 단위는 N/m^2 또는 Pa이다.

훅의 법칙 처음 길이가 L인 단단한 물체가 크기 F인 인장력 또는 압축력을 받았다고 하자. 힘이 작용한 결과 물체의 길이는 ΔL만큼 변했다. 훅의 법칙에 따라, 힘의 크기가 지나치게 크지 않는 한 변형의 크기는 변형을 일으키는 힘의 크기에 비례한다. 곧

$$F = k\,\Delta L \qquad (10\text{-}3)$$

이다. 식 (10-3)에서 k는 용수철상수에 해당하는 상수이다. 상수 k는 물체의 길이와 단면의 넓이에 따라 변한다. 단면의 넓이 A가 커지면 k도 커지고, 길이 L이 커지면 k는 작아진다.

훅의 법칙을 다음과 같이 변형력(F/A)과 변형($\Delta L/L$)으로 나타내는 것이 더 편리하다.

연결고리

훅의 법칙은 단순히 용수철에만 적용되는 것은 아니다. 물체의 변형이 물체에 가해지는 힘에 비례하는 일은 흔하다.

훅의 법칙

변형력 ∝ 변형

$$\frac{F}{A} = Y\frac{\Delta L}{L} \tag{10-4}$$

식 (10-4)에서 길이 변화(ΔL)는 변형시키는 힘(F)의 크기에 비례한다는 것을 알 수 있다. 변형력과 변형은 길이와 단면의 넓이의 영향을 설명해준다. 비례상수 Y는 물체를 구성하는 재질의 고유한 강도(stiffness)에 따라서만 달라지고, 길이나 단면의 넓이에는 무관하다. 식 (10-3)과 (10-4)를 비교하면 물체의 "용수철상수" k가

$$k = \frac{YA}{L} \tag{10-5}$$

임을 알 수 있다.

식 (10-4)와 (10-5)에 있는 비례상수 Y를 **탄성률**elastic modulus 또는 **영률**Young's modulus이라고 부른다. 변형은 차원이 없는 양이므로, Y는 변형력의 차원 Pa 또는 N/m^{2}의 단위를 갖는다. 영률은 물질 고유의 강도로 생각될 수 있다. 곧, 영률은 당김이나 압축에 대한 물질의 저항의 척도이다. 쉽게 휘거나 늘어나는 물질(예를 들면, 고무)은 영률이 작고, 단단한 물질(강철)은 영률이 크다. 그래서 큰 변형을 주려면 큰 변형력이 필요하다. 표 10.1에 여러 물질의 영률을 정리했다.

✓ **살펴보기 10.2**

지름이 같고, 길이가 2.0 m인 강철선과 길이가 1.0 m인 구리선에 같은 크기의 장력을 가했을 때, 어느 것이 더 많이 늘어나는가? (표 10.1 참조)

응용: 뼈와 콘크리트의 강도 훅의 법칙이 성립하는 최대 변형력을 '비례한계(proportional limit)'라고 한다. 대개의 물질은 압축과 인장력에 대해 같은 영률을 갖는다. 반면, 뼈와 콘크리트 같은 복합 소재 물질은 압축과 인장력에 대해 매우 다른 영

표 10.1 다양한 물질의 영률의 근삿값

물질	영률(10^9 Pa)	물질	영률(10^9 Pa)
고무	0.002–0.008	목재(결 방향)	10–15
인체의 연골	0.024	벽돌	14–20
인체의 척추	0.088 (압축)	콘크리트 (압축)	20–30 (압축)
	0.17 (인장)	대리석	50–60
뼈의 콜라겐	0.6	알루미늄	70
인체 힘줄	0.6	주철	100–120
목재(결의 횡단면 방향)	1	구리	120
나일론	2–6	연철	190
거미줄	4	강철	200
인간 대퇴골	9.4 (압축); 16 (인장)	다이아몬드	1200

률을 보인다. 뼈의 구성 성분 중 콜라겐(모든 결합 조직에 존재하는 단백질의 일종) 섬유는 인장력에 대해 강하고, 수산화인회석 결정(칼슘과 인산염의 복합물)은 압축에 강한 성질이 있다. 두 물질의 서로 다른 성질로 인해 압축력과 인장력에 대해 서로 다른 영률이 나타난다.

보기 10.2

대퇴골의 압축

몸무게가 0.80 kN인 사람이 똑바로 서 있다. 누워 있을 때보다 어림잡아 대퇴골(넓적다리뼈)이 얼마나 더 짧아지는가? 각 대퇴골에 작용하는 압축력은 체중의 반이라고 하자(그림 10.3). 대퇴골의 평균 단면의 넓이는 8.0 cm²이고 누웠을 때 대퇴골의 길이는 43.0 cm이다.

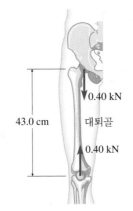

그림 10.3 대퇴골의 압축.

전략 대퇴골의 길이 변화를 구하기 위해서는 변형을 알아내야 한다. 변형력을 구한 뒤 물질의 영률을 찾아보고, 훅의 법칙을 이용해 변형을 구한다. 각각의 대퇴골은 체중의 반을 지탱한다.

풀이 변형은 변형력에 비례한다. 곧

$$\frac{F}{A} = Y \frac{\Delta L}{L}$$

이다. ΔL에 대한 식을 풀면

$$\Delta L = \frac{F/A}{Y} L$$

을 얻는다. 표 10.1에서, 압축할 때 대퇴골의 영률은

$$Y = 9.4 \times 10^9 \, \text{Pa}$$

이다. 1 Pa = 1 N/m²이므로 단면의 넓이를 m²으로 바꾸는 것이 필요하다.

$$A = 8.0 \, \text{cm}^2 \times \left(\frac{1 \, \text{m}}{100 \, \text{cm}}\right)^2 = 0.00080 \, \text{m}^2$$

각각의 다리에 작용하는 힘은 0.40 kN 또는 4.0×10^2 N이다. 따라서 길이 변화는

$$\Delta L = \frac{F/A}{Y} L = \frac{(4.0 \times 10^2 \, \text{N})/(0.00080 \, \text{m}^2)}{9.4 \times 10^9 \, \text{Pa}} \times 43.0 \, \text{cm}$$
$$= 5.3 \times 10^{-5} \times 43.0 \, \text{cm} = 0.0023 \, \text{cm}$$

이다.

검토 변형 또는 길이 변화율은 5.3×10^{-5}이다. 이 변형은 1보다 훨씬 작으므로, 압축이 있건 없건 간에 길이가 43.0 cm인지에 대해서는 걱정할 필요가 없다. 어느 경우라 하더라도 유효 숫자 두 자리 내에서 ΔL의 값은 같을 것이다.

실전문제 10.2 케이블 길이의 미소 변화

지름이 3.0 cm인 강철 케이블에 2.0 kN의 물체를 매달아 놓았다. $Y = 2.0 \times 10^{11}$ Pa이면, 물체를 달지 않았을 때 길이와 비교해 길이 변화율은 얼마인가?

10.3 훅의 법칙의 한계 BEYOND HOOK'S LAW

인장력이나 압축력이 비례한계를 넘을 경우, 변형은 그림 10.4와 같이 더 이상 변형력에 비례하지 않는다. 변형력이 '탄성한계'를 넘지 않는 한, 변형력을 없애면 강체는 원래의 길이로 되돌아간다. 변형력이 탄성한계를 넘으면 물질은 영구히 변형된다. 계속하여 더 큰 변형력이 가해져 변형력이 '파괴점'에 다다르면 강체는 파열된다. 깨지지 않고 견딜 수 있는 최대 변형력을 '극한강도'라고 한다. 극한강도

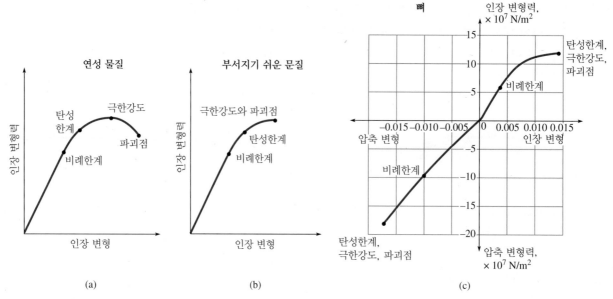

그림 10.4 (a) 연성 물질, (b) 부서지기 쉬운 물질, (c) 뼈에 대한 한계점들을 보여주는 변형력–변형 곡선. 탄성한계, 극한강도, 파괴점이 연성 물질에서는 잘 분리되어 있지만 부서지기 쉬운 물질에서는 인접해 있다.

는 압축과 당김에서 다를 수 있는데, 각각을 물질의 압축강도 그리고 인장강도라고 한다.

연성 물질은 깨지지 않고 극한강도를 넘어서까지 연속적으로 늘어날 수 있다. 이때 변형력은 그림 10.4a의 극한강도에서 감소한다. 연성 고체의 예는 금, 은, 구리, 납과 같은 상대적으로 부드러운 금속들이다. 이들 금속은 파괴점에 닿을 때까지 엿처럼 가늘게 늘일 수 있다. 한편, 부서지기 쉬운 물질은 극한강도와 파괴점이 그림 10.4b처럼 매우 가까이 있다.

응용: 인체 뼈의 탄성; 골다공증 인체의 뼈는 쉽게 부러지는 물질의 한 예이다. 변형력이 너무 커지면 뼈는 갑자기 부러진다(그림 10.4c). 뼈의 경우 인장력이나 압축력에서, 탄성한계, 파괴점, 극한강도는 근사적으로 같다. 아기의 뼈는 어른 뼈보다 칼슘 함량이 적은 수산화인회석 화합물로 이루어져 있기 때문에 더 유연하다. 사람은 나이가 듦에 따라, 뼈의 콜라겐 섬유가 유연성을 잃으면서 부러지기 쉬우며 칼슘이 재흡수되면서 점점 약해진다(골다공증).

뼈와 같이 강화 콘크리트도 인장강도를 높이기 위한 물질과 압축강도를 위한 물질로 이루어져 있다. 콘크리트는 인장강도가 작으나, 철근을 넣으면 인장강도가 높아지는 강화콘크리트를 만들 수 있다(그림 10.5).

응용: 사람의 척추뼈 사람은 직립하기 때문에 발생하는 압축력에 적응하기 위해 특별한 해부학적 구조를 가지고 있다. 예를 들어, 척추에 있는 척추뼈는 목에서부터 꼬리뼈까지 그 크기가 점진적으로 커진다. 더 낮은 위치에 더 강한 척추뼈가 있어 더 큰 무게를 지탱할 수 있는 것이다. 척추뼈는 유체로 채워진 원판으로 분리되어 있는데, 이는 압축력을 분산시켜서 완화하는 효과가 있다.

그림 10.5 PS 콘크리트(prestressed concrete)는 강철 심을 당긴 상태에서 콘크리트를 채워 넣어서 만든다. 콘크리트가 굳으면, 강철 심에 인장력을 가했던 틀을 제거한다. 그러면 강철 심이 수축하며 콘크리트에 압축력을 가한다. 이러한 PS 콘크리트에 외부 인장력이 가해지면, 콘크리트에 가해졌던 압축력이 다소 감소하나 사라지지는 않아서, 콘크리트 자체는 결코 인장력을 받지 않는다.

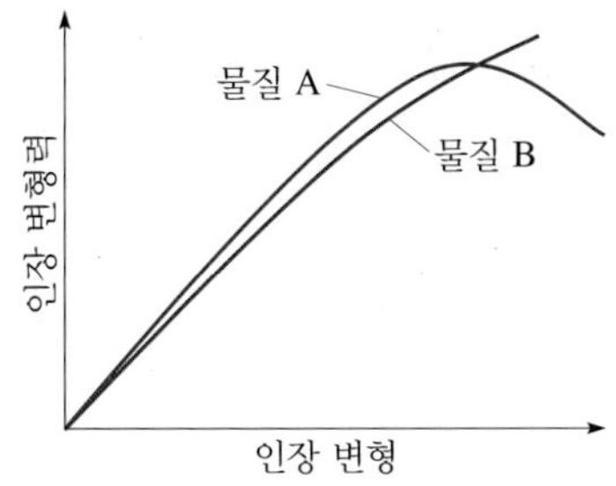

그림 10.6 두 물질의 변형력–변형 그래프.

✓ 살펴보기 10.3

그림 10.6은 서로 다른 두 물질의 변형력–변형 그래프를 보여준다. 두 곡선 모두 해당 물질의 파괴점에서 끝난다. (a) 어떤 물질이 더 큰 영률을 갖는가? (b) 극한강도가 더 큰 물질은 어떤 것인가? 설명하여라.

보기 10.3

크레인의 강철 케이블

크레인으로 1.0×10^5 N(11톤)까지 짐을 들어 올리려고 한다. (a) 사용해야 하는 강철 케이블의 최소 반지름은 얼마인가? (b) 최소 반지름보다 2배 더 굵은 반지름의 케이블에 대하여, 짐을 달지 않았을 때 길이가 8.0 m라면, 1.0×10^5 N을 달 때 얼마나 더 길어지겠는가? (강철에 대한 자료: $Y = 2.0 \times 10^{11}$ Pa, 비례한계 $= 2.0 \times 10^8$ Pa, 탄성한계 $= 3.0 \times 10^8$ Pa , 인장강도 $= 5.0 \times 10^8$ Pa이다.)

전략 강철에 대해 주어진 4개의 자료는 모두 단위가 같다. 각각의 양을 이해하지 못한다면 혼동하기 쉽다. 영률은 변형력과 변형 사이의 비례상수이다. 이것은 케이블의 늘어난 길이를 구하는 문제 (b)에서 유용한 양이다. 늘어난 실제 길이는 원래의 길이에 변형을 곱한 값이다. 변형을 구하기 위해서 영률을 이용하기 전 우선 변형력이 비례한계보다 작은지를 조사해야 한다.

탄성한계는 영구 변형이 일어나지 않는 최대 변형력이다. 인장강도는 케이블이 끊어지지 않는 최대 변형력이다. 케이블이 끊어지지 않는 범위 안에서 사용하면 되겠지만, 케이블을 보다 오랫동안 사용할 수 있도록 탄성한계 안에서 신중하게 사용하는 것이 좋다. 따라서 탄성한계 내에서 변형력을 유지할 수 있도록 (a)에서 최소 반지름을 잘 택해야 한다.

풀이 (a) 변형력이 탄성한계 내에 있도록 하기 위한 최소 반지름을 택한다. $F = 1.0 \times 10^5$ N에 대해

$$\frac{F}{A} < 탄성한계 = 3.0 \times 10^8 \text{ Pa}$$

이다. 이때

$$A > \frac{F}{탄성한계} = \frac{1.0 \times 10^5 \text{ N}}{3.0 \times 10^8 \text{ Pa}} = 3.33 \times 10^{-4} \text{ m}^2$$

이다. 최소 지름은 최소 단면의 넓이로부터 계산한다. 케이블의 최소 단면의 넓이는 πr^2 또는 $\pi d^2 / 4$이므로,

$$d = \sqrt{\frac{4A}{\pi}} = \sqrt{\frac{4 \times 3.33 \times 10^{-4} \text{ m}^2}{\pi}} = 2.1 \text{ cm}$$

이다. 따라서 최소 지름은 2.1 cm이다.

(b) 지름을 두 배로 하고 무게를 같게 유지한다면, 단면의 넓이가 지름의 제곱에 비례하므로 변형력은

$$\frac{F}{A} = \frac{3.0 \times 10^8 \text{ Pa}}{4} = 7.5 \times 10^7 \text{ Pa}$$

이다. 이때 변형은 길이 변화율로 주어지는데

$$\frac{\Delta L}{L} = \frac{F/A}{Y} = \frac{7.5 \times 10^7 \text{ Pa}}{2.0 \times 10^{11} \text{ Pa}} = 0.000375$$

이고, 실제 길이 변화는

$$\Delta L = 0.000375L = 0.000375 \times 8.0 \text{ m} = 0.0030 \text{ m} = 3.0 \text{ mm}$$

이다.

검토 최소 지름보다 두 배 더 굵은 케이블을 이용해서 안전

성을 확보할 수 있다. 위험과 안전의 경계에 있으려 하면 안된다. 케이블의 지름을 2배로 함으로써 케이블의 단면의 넓이를 4배로 할 수 있기 때문에, 케이블의 최대 변형력은 탄성 한계의 $\frac{1}{4}$이 된다.

실전문제 10.2 **하프시코드 현 조율하기**

하프시코드의 현은 황동으로 만든다. 그 영률은 9.0×10^{10} Pa이고 인장 강도는 6.3×10^8 Pa이다. 바르게 조율하면 현에 가해지는 장력은 59.4 N이 되는데, 이는 끊어짐 없이 견딜 수 있는 최대 장력의 93 %에 해당한다. 현의 반지름은 얼마인가?

높이의 한계

돌기둥을 얼마나 높이 쌓을 수 있을까? 돌기둥이 너무 높으면 자체의 무게 때문에 부서지고 말 것이다. 밑부분에서 압축 변형력은 그 물질의 압축강도보다는 작아야 하기 때문에 돌기둥의 최대 높이는 제한을 받게 된다(문제 42번 참조). 그렇지만 연직 기둥이 휘는 최대 높이는, 일반적으로 기둥이 무게에 의해 부서지는 높이보다 낮다.

응용: 인체 뼈의 구조 팔다리의 뼈는 속이 비어 있다. 골격을 이루는 이러한 뼈 내부는 구조적으로 약한 골수로 채워져 있다. 속이 빈 뼈는 휘거나 비트는 힘에 대해서는 같은 양의 재질로 속이 채워진 뼈보다 더 잘 견딜 수 있는 반면, 중심축을 따르는 압축력에 대해서는 더 쉽게 휠 수 있다.

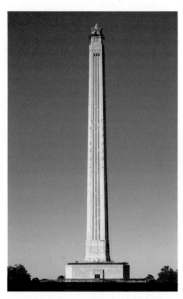

텍사스에 있는 샌 재신토 기념비는 세계에서 가장 높은 석조 기둥이다.

응용: 생물체의 크기 한계 왜 거인의 뼈의 비율은 보통 사람과 달라야 하는가? 거인의 평균 밀도가 보통 사람과 같다면, 그의 몸무게는 그의 부피에 비례해 커질 것이다. 예를 들어, 거인이 보통 사람보다 키가 5배 크고 몸의 각 부분의 상대적인 비가 같다면, 그의 부피는 $5^3 = 125$배 커진다. 왜냐하면 몸의 모든 부분의 길이가 5배 증가하기 때문이다. 반면 뼈의 단면의 넓이는 그 반지름의 제곱에 비례한다. 따라서 다리뼈는 125배나 되는 무게를 지탱해야만 하지만, 견딜 수 있는 최대 압축력은 단지 25배 증가한다. 거인은 늘어난 몸무게를 지탱하기 위해 (다리 길이에 비해) 훨씬 더 굵은 다리가 필요한 것이다. 비슷한 분석을 압축력보다 더 쉽게 뼈를 부러뜨리는, 비틀고 구부리는 힘에 적용하더라도 그 결과는 같다. 거인의 뼈는 보통 사람의 뼈와 같은 비율을 가질 수 없다.

공상과학 영화나 공포 영화에 가끔씩 일반 곤충을 아주 크게 확대한 거대 곤충이 나온다. 그러한 거대 곤충의 다리는 곤충의 몸무게 때문에 찌부러지게 될 것이다.

10.4 층밀리기와 부피 변형 SHEAR AND VOLUME DEFORMATIONS

이번 절에서는 서로 다른 두 종류의 변형에 대해 알아볼 것이다. 각각의 경우에 해당하는 변형력(단위 넓이당 힘)과 변형(차원 없음), 변형률(변형력과 변형 사이의 비례상수)을 정의해보자.

층밀리기 변형

물체의 반대쪽 두 표면에 직각으로 작용하는 장력이나 압축력과는 달리, **층밀리기 변형**shear deformation은 반대쪽 두 표면에 나란하게 작용하는, 크기는 같지만 방향이 반대인 짝힘의 결과로 생긴다(그림 10.7). **층밀리기 변형력**shear stress은 층밀리기 힘을 힘이 작용하는 표면의 넓이로 나눈 크기이다. 곧

$$\text{층밀리기 변형력} = \frac{\text{층밀리기 힘}}{\text{표면의 넓이}} = \frac{F}{A} \tag{10-6}$$

이다. **층밀리기 변형**shear strain은 두 표면 사이의 거리 L에 대한 상대적 변위 Δx의 비율이다.

$$\text{층밀리기 변형} = \frac{\text{표면의 변위}}{\text{표면 사이의 거리}} = \frac{\Delta x}{L} \tag{10-7}$$

층밀리기 변형은 변형력이 너무 크지 않는 한 변형력에 비례하고, 비례상수는 **층밀리기 탄성률**shear modulus S라고 부른다.

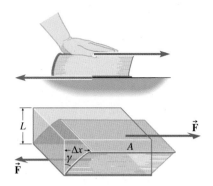

그림 10.7 층밀리기 변형력이 작용하는 책. 벽돌에 작용하는 층밀리기 변형력은, 변형의 정도가 작을 뿐 책의 경우와 같은 종류의 변형을 일으킨다.

층밀리기 변형에 대한 훅의 법칙

층밀리기 변형력 ∝ 층밀리기 변형

$$\frac{F}{A} = S \frac{\Delta x}{L} \tag{10-8}$$

층밀리기 변형력과 층밀리기 탄성률의 단위는 인장 또는 압축 변형력 및 영률과 똑같다. 곧, Pa나 N/m^2이다. 변형은 여전히 차원이 없다. 표 10.2에 여러 물질의 층밀리기 탄성률이 있다.

가위 날로 종이를 자르는 것은 층밀리기 변형력을 이용한 예이다. 종이를 위아래에서 자르는 힘은 서로 상쇄되며 종이의 단면의 넓이에 나란하게 작용한다(그림 10.8).

연결고리

서로 다른 종류의 변형력과 변형에 대해 훅의 법칙은 같은 형태를 갖는다. 모든 경우에 변형은 변형력에 비례한다.

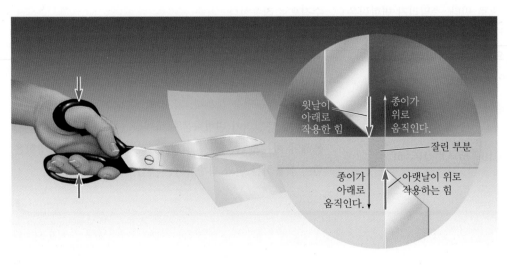

윗날이 아래로 작용한 힘

종이가 위로 움직인다.

잘린 부분

종이가 아래로 움직인다.

아랫날이 위로 작용하는 힘

그림 10.8 가위는 종이에 층밀리기 변형력을 가한다. 이 경우 층밀리기 변형력은 가위 날이 작용하는 힘을 종이 단면의 넓이로 나눈 값이며, 종이 단면의 넓이는 종이 두께와 종이와 접촉한 날의 길이를 곱한 것이다.

표 10.2 여러 물질의 층밀리기 탄성률과 부피 탄성률.

물질	층밀리기 탄성률 $S(10^9\,\text{Pa})$	부피 탄성률 $B(10^9\,\text{Pa})$
기체		
공기[1]		0.00010
공기[2]		0.00014
액체		
에탄올		0.9
물		2.2
수은		25
고체		
주철	40–50	60–90
대리석		70
알루미늄	25–30	70
구리	40–50	120–140
강철	80–90	140–160
다이아몬드		620

[1] 0 °C 1기압에서 등온 팽창이나 등온 압축.
[2] 0 °C 1기압에서 팽창이나 수축하는 동안 열 흐름이 없는 경우.

보기 10.4

종이 자르기

두께가 0.20 mm인 종이를, 날 길이가 10.0 cm이고 너비가 0.20 cm인 가위로 자른다. 자르는 동안 각각의 가위 날은 종이에 3.0 N의 힘을 작용한다. 종이에 닿은 각각의 날 길이는 약 0.5 mm이다. 종이의 층밀리기 변형력은 얼마인가?

전략 층밀리기 변형력은 힘을 넓이로 나눈 것이다. 이 문제에서 올바른 넓이를 아는 것이 중요하다. 두 날은 종이의 두 단면의 넓이 표면을 반대 방향으로 민다. 층밀리기 변형력은 각각의 날이 작용하는 힘을 단면의 넓이, 곧 종이에 닿은 날 길이에 종이 두께를 곱한 것으로 나눈 값이다(그림 10.7과 10.8을 비교하라). 날의 총 길이와 너비는 무관하다.

풀이 힘이 작용하는 단면의 넓이는

$$A = \text{두께} \times \text{닿은 길이}$$
$$= 2.0 \times 10^{-4}\,\text{m} \times 5 \times 10^{-4}\,\text{m} = 1 \times 10^{-7}\,\text{m}^2$$

이고, 층밀리기 변형력은

$$\frac{F}{A} = \frac{3.0\,\text{N}}{1 \times 10^{-7}\,\text{m}^2} = 3 \times 10^7\,\text{N/m}^2$$

이다.

검토 문제를 푸는 데 필요한 넓이를 결정하기 위해, 층밀리기 힘은 층밀림이 일어나는 표면에 나란히 작용한다는 것을 기억하자. 반면, 인장력이나 압축력은 힘이 가해지는 표면에 수직으로 작용한다.

실전문제 10.4 **구멍 뚫기에 의한 층밀리기 변형력**

구멍을 뚫는 펀치는 지름이 8.0 mm이며 6.7 kN의 힘으로 종이 10장에 구멍을 뚫는다. 각 장의 종이의 두께가 0.20 mm라 할 때 층밀리기 변형력을 구하여라. (힌트: 어떤 넓이를 사용해야 하는지 주의해서 결정하여라. 층밀리기 힘의 방향은 힘이 작용하는 면과 평행하다는 것을 기억하자.)

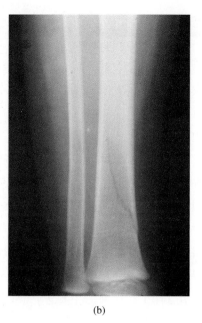

(a)   (b)

그림 10.9 (a) 올림픽 스키 선수가 넘어져 다리에 층밀리기 변형력을 받았다. (b) 나선형 골절이 된 정강이뼈 부위 X선 사진.

응용: 나선형 골절 뼈가 뒤틀릴 때 층밀리기 변형력을 받는다. 뼈의 길이 방향을 따르는 압축 변형력이나 인장 변형력보다 층밀리기 변형력이 뼈가 부러지는 주 원인이다. 뼈가 뒤틀리면 그림 10.9(b)와 같이 나선형 골절이 일어난다.

부피 변형

9장에서 알아본 것처럼, 유체에 잠겨 있는 물체는 유체압력에 의해 물체 표면 안쪽으로 향하는 힘을 받는다. 이 힘은 물체 표면에 수직으로 작용한다. 그림 10.10에서처럼, 유체가 물체 안쪽으로 물체를 누르기 때문에 물체의 부피는 줄어든다. 유체압력 P는 단위 넓이당 작용한 힘으로, 물체에 작용하는 **부피 변형력**volume stress이다. 압력은 다른 변형력과 같은 단위를 갖는다. 곧, N/m^2 또는 Pa이다.

$$\text{부피 변형력} = \text{압력} = \frac{F}{A} = P$$

이로 인한 물체의 변형을 **부피 변형**volume strain이라 하고, 이는 부피 변화율을 나타낸다.

$$\text{부피 변형} = \frac{\text{부피 변화}}{\text{처음 부피}} = \frac{\Delta V}{V} \tag{10-9}$$

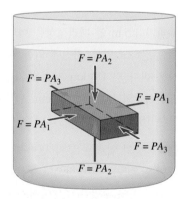

그림 10.10 유체에 잠긴 물체에 작용하는 힘.

변형력이 너무 크지 않다면 변형력과 변형은 비례하고, 이때 비례상수를 **부피 탄성률**bulk modulus B라 부른다. 부피 탄성률이 큰 물체는 부피 탄성률이 작은 물체보다 압축되기 어렵다.

대기압에서 물체는 이미 부피 변형력을 받고 있다. 대기압은 물체를 압축하여, 진공 중 물체의 부피보다 물체의 부피를 약간 감소시킨다. 대기압에 의한 고체와 액체의 부피 변형은 무시할 정도로 작다(물의 경우 5×10^{-5}). 대기압 상태에서 압력 변화 ΔP에 따른 변형에 관한 훅의 법칙은 다음과 같다.

부피 변형에 대한 훅의 법칙

$$\Delta P = -B \frac{\Delta V}{V}$$

(10-10)

여기에서 V는 대기압에서의 부피이다. 식 (10-10)에서 음(−)의 부호는 부피 탄성률이 양(+)의 값을 갖게 해준다. 부피 변형력이 늘어나면 부피가 줄어들고, 그래서 ΔV가 음(−)이라는 것을 고려한 것이다. 표 10.2에 여러 물질에 대한 부피 탄성률이 있다.

앞 절에서 살펴본 변형력 그리고 변형과는 다르게, 부피 변형력은 고체뿐 아니라 유체(액체와 기체)에도 적용할 수 있다. 액체의 부피 탄성률은 일반적으로 고체의 부피 탄성률보다 크게 작지는 않다. 왜냐하면 액체에서 원자들은 거의 고체에서처럼 밀집되어 있기 때문이다. 9장에서 액체는 압축되지 않는다고 가정했는데, 이는 액체의 부피 탄성률이 일반적으로 크기 때문에 훌륭한 근사이다. 기체에서 원자들은 고체나 액체에서보다 훨씬 멀리 떨어져 있으므로 기체는 쉽게 압축될 수 있고 따라서 부피 탄성률은 훨씬 작다.

보기 10.5

물속의 대리석상

부피가 $1.5\ m^3$인 대리석상을 아테네에서 사이프러스까지 배로 운반하고 있다. 지진에 의한 파도로 배가 침몰되어 대리석상은 바다 밑 $1.0\ km$ 지점에 가라앉았다. 물의 압력에 의한 대리석상의 부피 변화를 cm^3 단위로 구하여라. 바닷물의 밀도는 $1025\ kg/m^3$이다.

전략 물의 압력은 부피 변형력이며, 이 압력은 대리석상의 표면 안쪽을 수직 방향으로 누르는 단위 넓이당 힘이다. 깊이가 d인 곳의 수압은 수면에서보다 크다. 주어진 바닷물의 밀도를 이용하면 압력을 구할 수 있다. 그리고 표 10.2에 주어진 대리석의 부피 탄성률을 이용해 훅의 법칙으로부터 부피 변화를 구할 수 있다.

풀이 깊이가 $d = 1.0\ km$인 곳에서의 압력과 대기압의 차이는

$$\Delta P = \rho g d$$
$$= 1025\ kg/m^3 \times 9.8\ N/kg \times 1000\ m$$
$$= 1.005 \times 10^7\ Pa$$

이다. 표 10.2에 따라 대리석의 부피 탄성률은 $70 \times 10^9\ Pa$이다. 이것이 부피 변형력(압력 변화)과 변형(부피 변화율)의 비례상수이다.

$$\Delta P = -B \frac{\Delta V}{V}$$

ΔV에 대해 풀면

$$\Delta V = -\frac{\Delta P}{B}V = -\frac{1.005 \times 10^7\ Pa}{70 \times 10^9\ Pa} \times 1.5\ m^3$$
$$= -2.2 \times 10^{-4}\ m^3 \times \left(\frac{100\ cm}{1\ m}\right)^3 = -220\ cm^3$$

이다. 석상의 부피는 약 $220\ cm^3$ 정도 감소한다.

검토 감소한 부피 변화율은

$$\frac{1.005 \times 10^7\ Pa}{70 \times 10^9\ Pa} \approx \frac{1}{7000}$$

이다. 곧, 0.014 %가 줄어든 것이다.

늘어난 압력을 계산할 때, 바닷물의 밀도는 일정하다고 가정했다. 방정식 $\Delta P = \rho g d$는 일정한 유체 밀도 ρ에 대하여 유도한 것이다. ΔP의 계산이 틀렸는지 걱정되는가? 실전문제 10.5에서, $1.0\ km$의 깊이에서 바닷물의 밀도는 표면의 밀도보다 약 0.43 % 크다는 것을 알 수 있다. ΔP의 계산은 0.5 % 정도 오차가 있지만 무시할 수 있다, 왜냐하면 바다 깊이는 유효 숫자 2자리까지만 알기 때문이다.

실전문제 10.5 **물의 압축**

$1 m^3$의 바닷물에 $1.0 \times 10^7 Pa$(100 atm)의 압력이 더해지면 부피는 0.43 % 줄어든다는 것을 보여라. 바닷물의 부피 탄성률은 $2.3 \times 10^9 Pa$이다.

10.5 단순조화운동 SIMPLE HARMONIC MOTION

진동은 가장 흔한 운동 중 하나로, 같은 경로를 따라 왕복 운동을 반복하는 것이다. 진동은 **안정 평형**stable equilibrium 점 근처에서 발생한다. 물체가 평형에서 약간 벗어났을 때 물체에 작용하는 알짜힘이 평형으로 되돌아오는 방향을 가리키면, 이 평형은 안정하다고 말한다(그림 10.11). 여기서 평형으로 되돌아오려는 힘을 **복원력** restoring force이라고 부른다. **단순조화운동**simple harmonic motion, SHM이라 부르는 특별한 진동은 복원력이 평형으로부터의 변위에 비례할 때 나타나는 운동이다.

그림 10.12는 어떤 복원력의 변위에 대한 힘 곡선 $F(x)$를 보여준다. 평형점을 $x = 0$이라고 하자. 그래프가 직선이 아니므로 진폭이 작지 않다면 그 결과로 생긴 진동은 SHM이 아니다. 진폭이 작을 경우, 평형 근처에서는 $F(x)$ 곡선을 평형점에서 곡선에 접하는 직선으로 어림할 수 있다. 진폭이 작은 진동에서 복원력은 거의 선형이기 때문에 진동은 근사적으로 SHM이다. 이상적인 용수철의 경우 복원력은 평형에서 떨어진 변위에 비례하기 때문에, 물리학자들은 이상적인 용수철 모형을 선호한다.

질량이 0이고 용수철상수가 k인 이상적인 용수철이 이완되어 있다고 생각하자. 그림 10.13처럼 용수철의 한쪽 끝은 고정시키고 다른 한쪽에는 마찰 없이 미끄러질 수 있는 질량 m인 물체를 달았다. 수직항력은 물체의 무게와 반대 방향이고 크기가 같기 때문에, 물체에 작용하는 알짜힘은 용수철에 의한 힘뿐이다. 용수철이 그대로 있다면 알짜힘은 0이고 물체는 평형에 있다.

물체를 오른쪽으로 옮겨 위치 $x = A$인 곳까지 끌어당겼다가 놓는다면, 물체에 작용하는 알짜힘은

$$F_x = -kx \tag{10-11}$$

가 된다. 음(−)의 부호는 용수철이 작용하는 힘이 평형에서의 변위와 반대 방향임을 나타낸다. 처음에 물체가 평형점에서 오른쪽에 있기 때문에, 용수철은 물체를 왼쪽으로 당긴다. 용수철이 작용하는 힘의 방향은 물체를 평형 위치로 되돌리려는

연결고리

10.2절에서 10.4절까지 소개한 것과 같이, 훅의 법칙은 용수철뿐 아니라 다양한 많은 물체의 작은 변형에 적용할 수 있다. 그러므로 진동이 너무 크지 않는 한 단순조화운동은 여러 상황에서 일어난다.

그림 10.11 (a) 안정 평형점에 있는 롤러코스터 차량. 이 차가 궤도의 바닥에 있다가 약간 벗어나면, 알짜힘은 차를 평형점 방향으로 끌어당긴다. (b) 불안정 평형점에 있는 롤러코스터 차량. 만일 이 차가 궤도의 정점으로부터 약간이라도 벗어난다면, 알짜힘은 차를 평형점에서 더 먼 곳으로 밀어낸다.

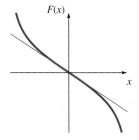

그림 10.12 변위가 작을 경우, 비선형 복원력 (빨간색)은 선형 복원력(파란색)으로 근사된다.

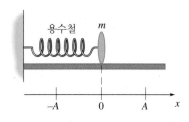

그림 10.13 평형 상태에 있는 용수철. 용수철의 평형점을 원점($x = 0$)으로 놓는다.

그림 10.14 반주기 동안 같은 시간 간격으로 나타낸 진동하는 물체의 위치. 명확한 표현을 위해 용수철은 그림에서 제외했다.

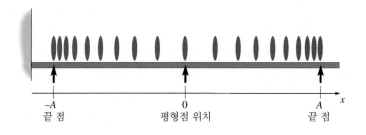

방향임을 주목하여라. 그 힘은 항상 평형점을 향해 밀거나 당기는 방향인 것이다.

물체가 왕복하는 동안 같은 시간 간격으로 일련의 사진을 찍는다고 하자. 그림 10.14에서 파란색 점은 반주기 동안 한쪽 끝에서 다른 쪽 끝까지 운동하는 물체의 위치를 같은 시간 간격으로 나타낸 것이다. 한 주기 전체는 되돌아오는 과정을 포함시키면 된다.

이 절에서 다루는 단순조화운동은 훅의 법칙과 더불어 에너지 보존 및 뉴턴의 제2 법칙을 토대로 기술된다.

SHM의 에너지 분석 그림 10.14는 속력이 물체가 평형점을 지날 때 가장 빠르다는 것을 보여준다. 물체는 양 끝 점에 다가갈 때 느려지고, 평형점에 다가갈 때 빨라진다. 끝 점($x = \pm A$)에서 물체는 운동 방향을 바꾸기 전에 순간적으로 정지한다. 에너지 보존이 이를 뒷받침해준다. 질량과 용수철의 총 역학적 에너지는 일정하다. 곧

$$E = K + U = 일정$$

이다. 여기에서 K는 운동에너지이고 U는 용수철에 저장되어 있는 탄성퍼텐셜에너지이다. 그림 10.14와 같이 반주기 동안 물체가 움직일 때, 에너지는 퍼텐셜에너지에서 운동에너지로 다시 퍼텐셜에너지로 바뀐다. 6.7절에서 용수철의 탄성퍼텐셜에너지는

$$U = \frac{1}{2}kx^2 \qquad (6\text{-}24)$$

이다. 임의의 위치 x에서 속력은 에너지 방정식

$$E = \frac{1}{2}mv_x^2 + \frac{1}{2}kx^2 \qquad (10\text{-}12)$$

으로부터 구할 수 있다.

물체의 최대 변위는 **진폭**amplitude A이다. 운동 방향을 바꾸는 최대 변위에서 속도는 0이다. $x = \pm A$에서 운동에너지는 0이므로, 끝 점에서 탄성퍼텐셜에너지가 에너지의 전부이다. 그러므로 끝 점에서 총 에너지 $E_총$는

$$E_총 = \frac{1}{2}kA^2 \qquad (10\text{-}13)$$

이고, 에너지는 보존하므로, 물체가 어느 위치에 있든지 그 지점에서의 총 에너지는 항상 식 (10-13)과 같다. 모든 에너지가 운동에너지인 곳 $x = 0$에서 속력은 최대 속력 v_m이 된다. 그래서 $x = 0$에서 총 에너지는 운동에너지

$$E_총 = \frac{1}{2}mv_m^2$$

이다. 식 (10-13)에서

$$\frac{1}{2}mv_m^2 = \frac{1}{2}kA^2$$

이다. 이 식을 v_m에 대해 풀면

$$v_m = \sqrt{\frac{k}{m}} A \qquad (10\text{-}14)$$

가 된다. 최대 속력은 진폭에 비례한다. 곧, 진폭이 큰 진동이 더 큰 최대 속력을 갖는다.

✓ 살펴보기 10.5

SHM의 운동에너지와 퍼텐셜에너지가 같은 순간 물체의 평형점으로부터의 변위는 얼마인가?

SHM의 가속도   위치 x에 있는 물체에 작용하는 힘은 훅의 법칙으로 주어진다. 그리고 뉴턴의 제2 법칙에 의해 가속도를 알 수 있다.

$$F_x = -kx = ma_x$$

가속도에 대해 풀면

$$a_x(t) = -\frac{k}{m} x(t) \qquad (10\text{-}15)$$

가 된다. 그러므로 가속도는 음(−)의 상수(−k/m)에 변위를 곱한 것이 된다. 가속도와 변위는 항상 반대 방향이다. 가속도가 변위에 음(−)의 상수를 곱한 꼴이면, 물체의 운동은 SHM이다.

힘이 최대일 때, 곧 최대 변위 $x = \pm A$에서 가속도는 최대가 된다. 최대 가속도 a_m는

$$a_m = \frac{k}{m} A \qquad (10\text{-}16)$$

이다. SHM에서 가속도는 시간에 따라 변한다. 식 (10-16)은 최대 가속도만을 제공한다. 따라서 일정한 가속도에 대해 유도된 방정식은 사용할 수 없다.

보기 10.6

진동하는 모형 로켓

질량 1.0 kg인 모형 로켓이 용수철상수 6.0 N/cm인 용수철에 수평으로 매달려 있다. 이 용수철을 18.0 cm 눌렀다가 놓는다고 하자. 로켓을 수평으로 쏘아 보내려 했지만 연결고리가 풀리지 않아 로켓이 용수철에 걸린 채 수평으로 진동하기 시작했다. 마찰을 무시하고 이상적인 용수철이라고 가정하자. (a) 진동의 진폭은 얼마인가? (b) 최대 속력은 얼마인가? (c) 로켓이 평형점에서 12.0 cm 떨어져 있을 때 로켓의 속력과 가속도는 얼마인가?

전략   우선 주어진 상황을 그려보자(그림 10.15). 처음에 전체 에너지는 탄성퍼텐셜에너지이고 운동에너지는 0이다. 처음 변위는 진동의 최대 변위 또는 진폭에 해당한다. 왜냐하면 평형에서 이보다 더 멀어지게 하려면 처음 총 에너지보다 더

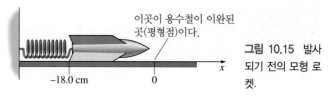

이곳이 용수철이 이완된 곳(평형점)이다.

그림 10.15 발사되기 전의 모형 로켓.

많은 탄성에너지가 소요되기 때문이다. 임의의 점에서 속력은 에너지 보존($\frac{1}{2}kx^2 + \frac{1}{2}mv_x^2 = \frac{1}{2}kA^2$)을 이용해 구할 수 있다. 전체 에너지가 운동에너지일 때 속력이 최대가 된다. 가속도는 뉴턴의 제2 법칙에서 구할 수 있다.

풀이 (a) 진동의 진폭은 최대 변위, 곧 $A = 18.0$ cm이다.

(b) 에너지 보존으로부터 최대 운동에너지는 최대 탄성퍼텐셜에너지와 같다. 곧

$$K_m = \frac{1}{2}mv_m^2 = E = \frac{1}{2}kA^2$$

이다. 이 식을 v_m에 대해 풀면,

$$v_m = \sqrt{\frac{k}{m}}\, A = \sqrt{\frac{6.0 \times 10^2\ \text{N/m}}{1.0\ \text{kg}}} \times 0.180\ \text{m} = 4.4\ \text{m/s}$$

이다.

(c) 변위가 0.120 m인 곳에서의 속력은 에너지 보존

$$\frac{1}{2}kx^2 + \frac{1}{2}mv^2 = \frac{1}{2}kA^2$$

을 이용해 구할 수 있다. v에 대해 풀면,

$$v = \sqrt{\frac{kA^2 - kx^2}{m}} = \sqrt{\frac{k}{m}(A^2 - x^2)}$$

$$= \sqrt{\frac{6.0 \times 10^2\ \text{N/m}}{1.0\ \text{kg}}[(0.180\ \text{m})^2 - (0.120\ \text{m})^2]} = 3.3\ \text{m/s}$$

이다. 뉴턴의 제2 법칙에서

$$F_x = -kx = ma_x$$

이다.

$x = \pm 0.120$ m에서 가속도의 크기는

$$a_x = -\frac{k}{m}x = \frac{6.0 \times 10^2\ \text{N/m}}{1.0\ \text{kg}} \times (\pm 0.120\ \text{m}) = \pm 72\ \text{m/s}^2$$

이고, 방향은 평형점을 향한다.

검토 주어진 위치, 이를 테면 $x = +0.120$ m에서 로켓 속력을 구할 수 있지만, 속도의 방향은 왼쪽 또는 오른쪽이다. 로켓은 끝 점을 제외한 각 점에서 왼쪽이나 오른쪽으로 운동한다. 반면에, 가속도는 $x = +0.120$ m에서 로켓이 왼쪽이나 오른쪽으로 운동하느냐와 관계없이 항상 $-x$-방향이다. 로켓이 오른쪽으로 운동할 때, $x = +A$에 다가갈수록 속력이 느려지고 왼쪽으로 운동할 때 $x = 0$에 다가갈수록 속력은 빨라진다.

실전문제 10.6 로켓의 최대 가속도

보기 10.6에서 로켓의 최대 가속도는 얼마인가? 물체의 가속도가 최대가 되는 위치는 어디인가?

10.6 단순조화운동의 주기와 진동수
THE PERIOD AND FREQUENCY FOR SHM

연결고리

주기와 진동수는 또 다른 종류의 주기 운동인 등속원운동의 경우와 똑같이 정의된다.

주기와 진동수 정의 SHM은 같은 운동을 반복하는 주기적인 운동이다. 입자는 정확히 같은 방식으로 같은 길을 왕복한다. 매번 입자가 원래의 운동을 되풀이할 때마다, 우리는 입자가 한 번 순환(cycle)을 마쳤다고 표현한다. 운동이 한 번 순환을 마치면, 입자는 순환을 시작했을 때와 같은 점에 위치하고 같은 방향으로 움직이고 있어야 한다. **주기**period T는 순환을 한 번 하는 데 걸리는 시간이다. **진동수**frequency f는 단위 시간당 순환하는 횟수이다. 곧,

$$f = \frac{1}{T} \quad \text{(SI 단위: Hz = 초당 순환 수)} \tag{5-7}$$

이다.

SHM은 복원력이 평형으로부터의 변위에 비례하는 주기 운동의 특별한 종류이다. 모든 복원력이 항상 변위에 비례하는 것은 아니므로 모든 주기적인 진동이 SHM이 되는 것은 아니다. 그림 10.16의 심전도 기록은 심장이 뛰는 주기적인 형태를 보여주지만, 기록계의 바늘의 운동은 SHM이 아니다. 아래에서 보이겠지만,

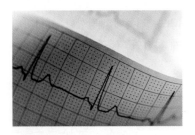

그림 10.16 심전도 그래프.

SHM에서 위치는 시간의 사인 함수이다.

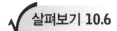 **살펴보기 10.6**

괘종시계의 추가 왼쪽 끝에서 오른쪽 끝까지 흔들리는 데 1초가 걸린다. 추의 주기 운동의 진동수는 얼마인가?

원운동과 SHM   SHM을 보다 자세히 이해하기 위해 그림 10.17과 같은 실험 장치를 꾸미도록 하자. 물체를 이상적인 용수철에 달고, 물체를 평형점에서 떨어뜨려놓은 후 가만히 놓는다. 물체는 진폭 A로 왕복 운동하는 SHM 운동을 하게 된다. 반지름 $r = A$인 원반 바깥쪽 끝에 핀 하나를 위로 향하게 세우고, 물체와 원반이 동시에 일정한 원운동을 하도록 한다. 용수철에 달려 있는 물체와 회전하는 원반에 있는 핀에 빛을 비추어 진동하는 물체와 회전하는 핀의 그림자가 스크린 위에 나타나도록 한다. 두 그림자가 같은 주기로 진동하도록 원반의 속력을 조정하자. 그러면 두 물체의 그림자의 운동은 정확히 일치함을 볼 수 있다. 곧, 하나에 대한 수학적인 표현을 다른 것에도 적용할 수 있다.

SHM의 수학적인 표현을 찾아내기 위해 핀의 등속원운동을 분석해보자. 그림 10.17b는 핀 P가 일정한 각속도 ω로 반지름이 A인 원둘레를 시계 반대 방향으로 운동하는 것을 보여준다. 간단하게, 시간 $t = 0$일 때 각 $\theta = 0$에서 핀을 출발시키자. 그러면 임의의 시간에서 핀의 위치는 다음과 같이 주어진다.

$$\theta(t) = \omega t$$

핀 그림자의 운동은 핀 자체의 운동의 x-성분과 똑같다. 그림 10.17c와 같은 직각

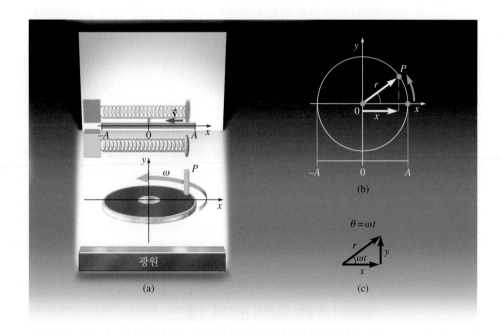

그림 10.17 (a) 등속원운동과 SHM의 관계를 보여주는 실험. (b) 원반이 등각속도 ω로 회전함에 따라 원반에 고정된 핀 또한 시계 반대 방향으로 회전한다. (c) 변위의 x-성분 구하기.

삼각형을 이용하면

$$x(t) = A \cos \theta = A \cos \omega t \tag{10-17}$$

임을 알 수 있다.

핀이 등속원운동을 하므로, 가속도의 크기는 일정하지만 방향은 계속 바뀐다. 곧 가속도는 항상 원의 중심을 향한다. 5.2절에서 지름(구심) 가속도의 크기는

$$a = \omega^2 r = \omega^2 A \tag{5-12}$$

로 주어진다. 매 순간 가속도 벡터의 방향은 그림 10.17b에서 변위 벡터의 방향과 반대, 곧 원의 중심을 향하는 방향이다. 그러므로

$$a_x = -a \cos \theta = -\omega^2 A \cos \omega t \tag{10-18}$$

이다.

식 (10-17)과 (10-18)을 비교해보면, 시간 t에서

$$a_x(t) = -\omega^2 x(t) \tag{10-19}$$

임을 알 수 있다. 식 (10-15)에서 SHM의 가속도가 변위에 비례함을 보였다. 곧

$$a_x = -\frac{k}{m} x \tag{10-15}$$

이다. 식 (10-15)와 (10-19)의 우변을 비교하면, 두 그림자의 운동은 각진동수가 다음과 같은 경우에 똑같다.

$$\omega = \sqrt{\frac{k}{m}} \tag{10-20a}$$

SHM의 물체의 위치와 가속도는 시간에 대해 사인 곡선 모양의 함수이다[식 (10-17)과 (10-18)]. 사인 곡선 함수는 사인 함수(sine)와 코사인 함수(cosine)로 표현할 수 있다. v_x 또한 시간에 대한 사인 모양의 함수임을 보일 수 있다.

각속도 ω를 포함하는 대부분의 방정식은 ω의 단위로서 단위 시간당 라디안(rad/s)을 사용한다. 계산기를 사용할 경우 라디안 모드로 조정하는 것을 잊지 말자.

SHM, 곧 단순조화운동에서 '조화'라는 말은 '사인 함수 형태로 진동하는 것'을 뜻한다. 이 용어의 사용은 음악과 음향학에서 사용하는 용어와 관련이 있다. 사인 모양의 함수를 '조화 함수'라고도 부른다. 12장에서 복잡한 진동을 진동수가 다른 조화함수의 결합으로 만들어낼 수 있음을 보일 것이다. 따라서 SHM을 공부하는 것이 매우 복잡한 진동을 이해하기 위한 기초가 된다. 단순조화운동에서 '단순'이란 말은 진동의 진폭이 일정하다는 것을 의미한다(여기서는 진동을 감쇄시키는 에너지 손실이 없다고 가정한다).

이상적인 용수철 운동의 주기와 진동수 SHM을 하는 물체와 원운동 하는 핀은 같은 진동수와 주기를 갖기 때문에 ω, f, T 사이의 관계도 같이 적용할 수 있다. 그러므로 질량–용수철 계의 진동수와 주기는

$$f = \frac{\omega}{2\pi} = \frac{1}{2\pi}\sqrt{\frac{k}{m}} \qquad \text{(10-20b)}$$

이고

$$T = \frac{1}{f} = 2\pi\sqrt{\frac{m}{k}} \qquad \text{(10-20c)}$$

로 주어진다. SHM에서는 ω를 **각진동수** angular frequency라고 부른다. 각진동수는 질량과 용수철상수에 의해 결정되고 진폭과는 무관하다.

질량–용수철 계에 대한 ω를 이용해, 식 (10-14)와 (10-16)으로부터 최대 속력과 최대 가속도 식을 유도할 수 있다.

$$v_{\mathrm{m}} = \omega A \qquad \text{(10-21)}$$

$$a_{\mathrm{m}} = \omega^2 A \qquad \text{(10-22)}$$

위 두 식은 식 (10-14)와 (10-16)보다 더 일반적인 식으로, 단지 질량–용수철 계뿐만 아니라 SHM을 하는 어느 계에나 항상 성립한다.

SHM을 하는 물체에서 각진동수 구하기

- 복원력을 평형으로부터의 변위의 함수로 나타내어라. 복원력은 선형이므로 항상 $F = -kx$의 꼴을 갖고, 여기서 k는 상수이다.
- 뉴턴의 제2 법칙을 이용해 복원력과 가속도의 관계를 나타내어라.
- 식 (10-19)의 $a_x = -\omega^2 x$를 이용해 ω를 구하여라.

연직으로 매달린 질량과 용수철

지금까지 질량–용수철 계가 수평으로 진동하는 것에 관해 살펴보았다. 연직으로 있는 용수철에 매달려 진동하는 질량 또한 SHM을 나타낸다. 수평으로 진동하는 계와의 차이점은 평형점이 중력에 의해 아래로 옮겨졌다는 것뿐이다. 이후 논의에서는 훅의 법칙을 따르고 그 자체의 질량은 무시할 수 있을 정도로 작은 이상적인 용수철을 생각하자.

무게 mg인 물체가 용수철상수 k인 이상적인 용수철에 그림 10.18처럼 매달려 있다. 물체의 평형점은 용수철이 이완되어 있는 곳이 아니다. 평형 위치에서, 용수철은 거리 d만큼 원래의 길이에서 아래로 늘어나 있어, 용수철은 mg와 같은 힘으로 물체를 위로 당긴다. $+y$-축을 위쪽 방향으로 잡으면, 평형 조건은

$$\sum F_y = +kd - mg = 0 \quad \text{(평형 위치에서)} \qquad \text{(10-23)}$$

이 된다. 평형점을 원점($y = 0$)으로 잡자. 물체가 평형으로부터 위치 y까지 연직으로 이동되었다면, 용수철이 작용하는 힘은

그림 10.18 (a) 용수철상수 k인 이완 상태의 용수철에 질량 m인 추를 달았다. (b) 질량 m을 매단 후 용수철은 초기 이완 상태와 비교해 거리 d만큼 더 늘어나 평형에 도달했다. $y = 0$인 위치는 이완 상태 위치가 아닌, 평형 상태인 위치로 정한다는 점에 유의하여라. (c) 용수철은 평형점에서 y만큼 이동되었다.

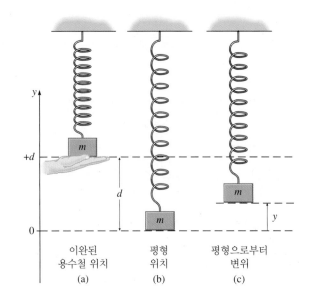

이완된 용수철 위치 (a)

평형 위치 (b)

평형으로부터 변위 (c)

$$F_{용수철,y} = k(d - y)$$

가 된다. y가 양(+)의 값이라면, 물체는 위로 이동되고, 용수철이 작용하는 힘은 kd보다 작게 된다. 알짜힘의 y-성분은

$$\sum F_y = k(d - y) - mg = kd - ky - mg \quad \text{(평형으로부터 변위가 } y \text{인 점)}$$

가 된다. 식 (10-23)에서 $kd = mg$이므로, 위의 식은

$$\sum F_y = -ky$$

가 된다. 용수철과 중력에 의한 복원력은 $-k$와 평형으로부터의 변위의 곱이다. 그러므로 연직으로 있는 질량–용수철은 수평이었을 때와 같은 주기와 진동수를 갖는다.

보기 10.7

연직 용수철

용수철상수 k인 용수철이 연직으로 매달려 있다. 늘어나지 않은 용수철에 질량 m인 새 모형을 매달아서 가만히 놓으면 새는 위아래로 진동하게 된다(마찰과 공기 저항을 무시하고, 용수철은 질량이 없는 이상적인 것이라고 하자). 운동에너지, 탄성퍼텐셜에너지, 중력퍼텐셜에너지, 그리고 총 역학적 에너지를 (a) 새를 매단 다음 놓았던 위치, (b) 새를 매달아 형성된 평형 위치에서 각각 계산하여라. 평형 위치에서 중력퍼텐셜에너지를 0으로 잡는다. (c) 모형 새가 최고점에서 최하점까지 운동하는 데 걸리는 시간은 얼마인가?

전략 새는 두 한계점 $y = +A$와 $y = -A$ 사이에서 평형 위치

$y = 0$을 중심으로 SHM을 한다(그림 10.19). 진폭 A는 용수철이 평형 위치에서 늘어난 거리와 같다. 여기서 평형 위치는 새에 작용하는 알짜힘을 0으로 놓고 구할 수 있다. 총 역학적 에너지는 운동에너지, 탄성퍼텐셜에너지, 중력퍼텐셜에너지의 합이다. 총 에너지가 두 점에서 같다고 생각할 수 있다. 에너지 손실을 유발하는 힘은 작용하지 않으므로 역학적 에너지는 보존된다.

풀이 평형 위치에서 새에 작용하는 알짜힘은 0이다. 곧

$$\sum F_y = +kd - mg = 0 \qquad \text{(10-23)}$$

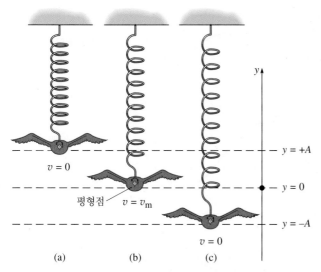

그림 10.19 (a) $y = +A$에서 모형 새를 놓기 전에는 용수철이 늘어나지 않는다. (b) 모형 새가 $y = 0$인 평형점을 최대의 속력으로 통과한다. (c) 그 새가 $y = -A$에 있을 때 용수철은 최대로 늘어난다.

이다. 이 방정식에서 d는 평형상태에서 용수철이 늘어난 길이이다. 용수철이 늘어나지 않은 상태에서 새를 놓았으므로, d는 또한 진동의 진폭이다.

$$A = d = \frac{mg}{k}$$

(a) 새를 놓았던 위치에서 $v = 0$이고 운동에너지는 0이다. 용수철이 늘어나지 않았으므로 탄성퍼텐셜에너지 역시 0이다. 중력퍼텐셜에너지는

$$U_g = mgy = mgA = \frac{(mg)^2}{k}$$

이다. 총 역학적 에너지는 운동에너지와 탄성퍼텐셜에너지 및 중력퍼텐셜에너지의 합이다. 곧

$$E = K + U_e + U_g = \frac{(mg)^2}{k}$$

이다.

(b) 평형 위치에서, 새는 최대 속력 $v_m = \omega A$로 운동한다. 각 진동수는 수평 용수철의 경우와 같아 $\omega = \sqrt{k/m}$이다. 그러면 운동에너지는

$$K = \frac{1}{2}mv_m^2 = \frac{1}{2}m\omega^2 A^2$$

이다. $A = mg/k$와 $\omega^2 = k/m$을 대입하면

$$K = \frac{1}{2}m\frac{k}{m}\frac{(mg)^2}{k^2} = \frac{1}{2}\frac{(mg)^2}{k}$$

이다. 용수철이 거리 A만큼 늘어나면, 탄성에너지는

$$U_e = \frac{1}{2}kA^2 = \frac{1}{2}k\frac{(mg)^2}{k^2} = \frac{1}{2}\frac{(mg)^2}{k}$$

이 된다. $y = 0$에서 중력퍼텐셜에너지는 0이므로, 총 역학적 에너지는

$$E = K + U_e + U_g = \frac{1}{2}\frac{(mg)^2}{k} + \frac{1}{2}\frac{(mg)^2}{k} + 0 = \frac{(mg)^2}{k}$$

으로 $y = +A$에서와 똑같다.

(c) 주기는 $2\pi\sqrt{m/k}$이다. $y = +A$에서 $y = -A$까지 운동은 반주기 운동이므로 걸리는 시간은 $\pi\sqrt{m/k}$가 된다.

검토 새가 놓인 점에서 평형점을 향해 아래로 운동할 때, 중력퍼텐셜에너지는 탄성에너지와 운동에너지로 바뀐다. 새가 평형점을 지난 후, 운동에너지 및 중력 에너지는 탄성에너지로 바뀐다. 운동의 맨 아래 점에서, 중력퍼텐셜에너지가 최소가 되는 데 반해 탄성퍼텐셜에너지는 최대가 된다. 총 퍼텐셜에너지(중력 및 탄성)는 평형점에서 최소가 된다. 왜냐하면 평형 위치에서 운동에너지가 최대가 되기 때문이다.

실전문제 10.7 **용수철이 최대로 늘어난 곳에서의 에너지**

보기 10.7의 진동에서 새가 제일 낮은 곳에 있을 때 각 에너지를 계산하여라.

10.7 SHM의 그래프 분석 GRAPHICAL ANALYSIS OF SHM

x-축을 따라 SHM을 하는 입자의 위치는

$$x(t) = A\cos\omega t \tag{10-17}$$

로 나타낼 수 있음을 보였다. 코사인 함수는 -1에서 $+1$까지 변하므로, 그것에 A를 곱하면 변위는 $-A$에서 $+A$까지 바뀐다. 그림 10.20a에 시간에 따른 위치 그래프가 있다.

그림 10.20 SHM에서 입자의 (a) 위치, (b) 속도, (c) 가속도를 시간의 함수로 나타낸 그래프. 세 그래프 사이의 상관관계를 알아보자. 속도 그래프는 위치 그래프보다 1/4순환만큼 앞서간다. 곧, $x(t)$가 그 양(+)의 값 최대에 이르는 것보다 $v(t)$가 1/4순환 앞서서 최대에 이른다. 마찬가지로, 가속도는 속도에 1/4 순환, 그리고 위치에 1/2순환 앞서간다. (d) 시간의 함수로 나타낸 운동에너지. (e) 시간의 함수로 나타낸 퍼텐셜에너지.

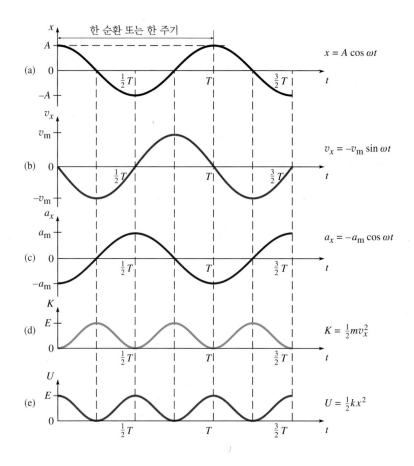

임의의 시간에서 속도는 $x(t)$ 그래프의 기울기이다. 그림 10.20a에서 기울기는 $x = 0$일 때 최대가 된다. 이것은 에너지 보존으로부터 이미 알고 있는 사실이다. 또한 변위가 최대(+A 또는 −A)일 때 속도는 0이다. 그림 10.20b에서 $v_x(t)$의 그래프를 볼 수 있다. 이 그래프를 나타내는 방정식은 다음과 같다.

$$v_x(t) = -v_m \sin \omega t = -\omega A \sin \omega t \qquad (10\text{-}24)$$

가속도는 $v_x(t)$의 그래프의 기울기이다. 그림 10.20c에 $a_x(t)$의 그래프가 있는데, 다음의 방정식으로 기술된다.

$$a_x(t) = -a_m \cos \omega t = -\omega^2 A \cos \omega t \qquad (10\text{-}18)$$

그림 10.20d, e는 시간에 따른 운동에너지와 퍼텐셜에너지를 보여준다. 총 에너지 $E = K + U = \frac{1}{2}kA^2$는 상수이다.

시간에 따른 위치를 코사인 함수로 나타냈으나 사인 함수를 이용해 나타낼 수도 있다. 그 둘의 차이는 $t = 0$에서의 위치이다. $t = 0$에서 위치가 최대($x = A$)라면, $x(t)$는 코사인 함수이다. $t = 0$에서 위치가 평형점($x = 0$)이라면, $x(t)$는 사인 함수이다. 그래프의 기울기를 분석해, 위치가 시간의 함수로

$$x(t) = A \sin \omega t \qquad (10\text{-}25a)$$

이면, 속도와 가속도는 다음과 같이 주어진다.

$$v_x(t) = v_m \cos \omega t \qquad (10\text{-}25b)$$

$$a_x(t) = -a_m \sin \omega t \qquad \text{(10-25c)}$$

✓ 살펴보기 10.7

(a) SHM에서 물체의 변위가 0일 때, 속력은 얼마인가?
(b) 속력이 0일 때, 변위는 얼마인가?

보기 10.8

진동하는 원뿔형 확성기

원뿔형 확성기에는 앞뒤로 진동해서 음파를 만들어내는 진동판(cone)이 있다. 사인 곡선 모양의 시험 음을 내는 원뿔형 확성기의 변위 그래프가 그림 10.21에 있다. (a) 운동의 진폭, (b) 운동의 주기, (c) 운동의 진동수를 구하여라. (d) $x(t)$와 $v_x(t)$ 방정식을 써라.

전략 진폭과 주기는 그래프에서 바로 읽을 수 있다. 진동수는 주기의 역수이다. $x(t)$는 최대 변위에서 시작하므로, 코사인 함수로 나타낸다. $x(t)$의 기울기를 조사해 속도가 양(+) 또는 음(−)의 계수를 갖는 사인 함수인지를 알 수 있다.

풀이 (a) 진폭은 그래프에서 보이는 최대 변위이다. 곧, $A = 0.015$ m이다.
(b) 주기는 완전하게 한 번 순환하는 데 걸리는 시간이다. 그래프에서 $T = 0.040$ s.

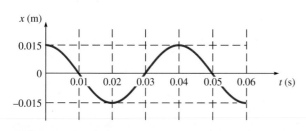

그림 10.21 시간의 함수로 나타낸 진동하는 원뿔형 확성기의 수평변위.

(c) 진동수는 주기의 역수이다.

$$f = \frac{1}{T} = \frac{1}{0.040 \text{ s}} = 25 \text{ Hz}$$

(d) $t = 0$에서 $x = +A$이므로, $x(t)$는 코사인 함수로 쓴다. 곧

$$x(t) = A \cos \omega t$$

인데, $A = 0.015$ m이고

$$\omega = 2\pi f = 160 \text{ rad/s}$$

이다. $x(t)$의 기울기는 처음에는 0이고, 그다음에는 음(−)의 값을 가진다. 그러므로 $v_x(t)$는 음(−)의 사인 함수이다. 곧

$$v_x(t) = -v_m \sin \omega t$$

이다. 여기서 $\omega = 2\pi f = 160$ rad/s이고

$$v_m = \omega A = 160 \text{ rad/s} \times 0.015 \text{ m} = 2.4 \text{ m/s}$$

이다.

검토 속도가 위치보다 1/4주기 앞서는 것을 점검해볼 수 있다. 수직축을 오른쪽으로(시간상 앞으로) 0.01 s 옮긴다면 그래프는 음(−)의 사인 함수 모양이어야 한다.

실전문제 10.8 **원뿔형 확성기의 가속도**

$a_x(t)$ 그래프를 그리고 이에 관한 방정식을 적어라.

10.8 진자 THE PENDULUM

단진자

줄 또는 가는 막대에 추를 단 진자가 원호를 따라 왕복 운동한다. 진폭이 작은 진동에서는 추가 x-축을 따라 왕복 운동한다고 가정할 수 있고, 추의 수직 운동은 무

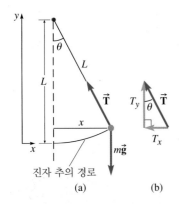

그림 10.22 (a) 진자 추에 작용하는 힘. (b) 줄이 작용하는 힘의 *x*-성분 구하기.

시할 수 있다.

추 무게의 *x*-성분은 없으므로, 복원력은 줄에 의해 작용하는 힘의 *x*-성분이다. 작은 진동에서 복원력은 진폭에 비례할 것이다. 그림 10.22에서

$$\sum F_x = -T \sin \theta = -\frac{Tx}{L}$$

이다. *L*은 줄의 길이이고 $\sin \theta = x/L$이다. 가속도의 *y*-성분은 무시할 수 있을 정도로 작으므로

$$\sum F_y = T \cos \theta - mg = ma_y \approx 0$$

이다. 작은 θ에서 $\cos \theta \approx 1$이므로, $T \approx mg$이다. 그러므로

$$\sum F_x \approx -\frac{mgx}{L} = ma_x$$

이다. a_x에 대해 풀면

$$a_x = -\frac{g}{L}x$$

이다. 각진동수를 알아내기 위해 $a_x = -\omega^2 x$ [식 (10-19)]를 상기해보자. 그러면 각진동수는

$$\omega = \sqrt{\frac{g}{L}} \qquad (10\text{-}26a)$$

이고, 주기는

$$T = \frac{2\pi}{\omega} = 2\pi \sqrt{\frac{L}{g}} \qquad (10\text{-}26b)$$

이다. 주기는 *L*과 *g*에 의존하지만, 진자의 질량과는 무관함에 유의하여라.

진자의 각진동수와 각속도를 혼동하지 않도록 주의하여라. 둘 다 같은 단위(SI 단위에서 rad/s)를 갖고 같은 기호(ω)로 나타내지만, 진자에서는 같지 않다. 진자를 다룰 때 기호 ω를 각진동수에만 쓰자. 주어진 진자의 각진동수 $\omega = 2\pi f$는 일정한 반면, 각속도(각변화율)는 시간에 따라 최솟값 0(끝 점에서)과 그 최대 크기(평형점에서) 사이에서 변한다.

보기 10.9

괘종시계

주기가 2.0 s인 진자를 이용하는 괘종시계가 있다고 하자. 이 시계의 진자 추는 질량이 150 g이며, 진자 추를 한쪽으로 33 mm 가만히 옮겨놓은 상태에서 진동을 시작하게 한다. (a) 진자의 길이는 얼마인가? (b) 처음 변위는 '작은 각 어림'을 만족하는가?

전략 주기는 진자의 길이와 중력장 세기 *g*에 따라 변한다.

추의 질량과는 무관하다. 추의 변위가 진자의 길이에 비교해 작기만 하면 주기는 처음 변위와는 무관하다.

풀이 (a) 진폭이 작다고 가정해, 주기는

$$T = 2\pi \sqrt{\frac{L}{g}}$$

이다. 이 식을 *L*에 대해 풀면

$$L = \frac{T^2 g}{(2\pi)^2}$$

$$= \frac{(2.0 \text{ s})^2 \times 9.80 \text{ m/s}^2}{(2\pi)^2} = 0.99 \text{ m}$$

이다.

(b) 최대 변위가 진자 길이보다 매우 작다면 작은 각 어림은 유효하다.

$$\frac{x}{L} = \frac{33 \text{ mm}}{990 \text{ mm}} = 0.033$$

이것은 충분히 작은 값인가? $\sin\theta = x/L = 0.033$이라면

$$\theta = \sin^{-1} 0.033 = 0.033006$$

이다. $\sin\theta$와 θ의 차이는 0.02 % 이하이다. T에 대해 유효

숫자 두 자리까지 알고 있으므로, 이 어림은 적절하다.

검토 주기에 대한 식을 뒤집어 쓰지 않도록 주의하여라. 이 것이 가장 흔하게 저지르는 실수일 수 있다. 단위를 점검하 는 것 외에도, 진자가 길어지면 주기도 길어짐을 알고 있으므 로 L은 분자에 있어야 한다. 반면에, g가 커지면 복원력이 커 지게 되고 그러면 주기는 짧아질 것이다. 그러므로 g는 분모 에 있어야 한다.

실전문제 10.9 달에서의 진자

우주선을 이용해 길이 0.99 m인 진자를 달로 가져가자. 그곳 에서 진자의 주기는 4.9 s이다. 달의 표면에서 중력장의 세기 는 얼마인가?

진자의 진폭이 크면 SHM이 아니다 이제까지 구한 진자의 주기는 진폭이 작은 경 우에만 유효하다. 진폭이 클 경우에도, 진자의 운동은 여전히 주기적이다(SHM은 아니지만). 진폭이 클 경우 주기가 달라지는 이유는 무엇일까? 추가 수평으로 x-축 을 따라 왕복 운동한다고 가정한 것을 기억하자. 진폭이 크면 이러한 가정은 맞지 않는다. 예를 들어, 진자가 수평이 되도록($\theta = 90°$) 당기면, 무게의 접선 성분은 mg 이지만 $F_x = 0$이다! F_x를 과대평가했으므로, 추가 $x = 0$으로 돌아오는 시간은 과소평 가한 것이다. 그러므로 진폭이 클 때 진자의 주기는 $2\pi\sqrt{L/g}$보다 크다. 접선 방향 힘 을 고찰하여 이해할 수도 있다. 무게의 접선 성분에 대한 표현은 큰 진폭에서도 여 전히 유효하다. 그러나 임의의 위치에서 진자가 평형점으로 돌아와야 하는 거리는 x 보다 항상 크다. 예를 들어, $\theta = 90°$에서 시작해 평형으로 돌아오기 위하여 추는 원 주의 1/4인 거리 $\frac{1}{4}(2\pi L) \approx 1.6L$을 운동해야 한다. 이에 비해 x-축에 따르는 선형 운 동을 가정한다면 거리는 단순히 L이다. 더 먼 거리를 운동하면 시간은 더 길어진다.

물리진자

길이 L인 단진자를 생각해보자. 이와 함께 한쪽 끝을 축으로 하여 자유롭게 흔들 릴 수 있는 길이가 같은 균일한 금속막대를 고려하자. 그 둘을 진동시키면 주기는 서로 같은가?

단진자에서는 추를 **질점**(point mass)이라고 가정한다. 진자의 모든 질량이 회전 축에서 거리 L인 곳에 있다. 하지만 금속막대는 회전축에서부터 최대 길이 L까지 질량이 균일하게 분포되어 있다. 금속막대의 질량중심은 그림 10.23과 같이 축에서 거리 $d = \frac{1}{2}L$인 중간 점에 있다. 평균적으로 질량은 회전축에 더 가까이 있으므로, 주 기는 단진자의 주기보다 더 짧아진다.

그러면 이 막대의 주기는 길이가 $\frac{1}{2}L$인 단진자의 주기와 같은가? 막대의 질량중 심은 회전축에서 $\frac{1}{2}L$ 거리에 있으므로 이것은 좋은 추측이긴 하다. 그러나 불행하게

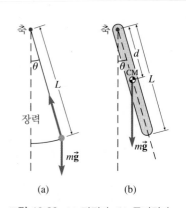

그림 10.23 (a) 단진자, (b) 물리진자.

도 이는 간단한 문제는 아니다. 중력이 질량중심에 작용하지만, 모든 질량이 그 점에 집중되어 있다고 생각할 수는 없다. 그렇게 하면 회전관성이 달라진다. 고정된 축에 대해 자유롭게 회전할 수 있도록 한 막대나 강체를 **물리진자**physical pendulum라고 부른다. 물리진자의 주기는

$$T = 2\pi \sqrt{\frac{I}{mgd}} \qquad (10\text{-}27)$$

이고, 여기서 d는 축에서 질량중심까지의 거리이며 I는 회전관성이다.

길이 L인 균일한 막대에서, 질량중심은 막대 아래 중간에 위치한다. 곧

$$d = \tfrac{1}{2}L$$

이다. 표 8.1에서 보면, 끝 점을 지나는 축에 대해 회전하는 균일한 막대의 회전관성은 $I = \tfrac{1}{3}mL^2$이다. 따라서 진동의 주기는

$$T = 2\pi \sqrt{\frac{I}{mgd}} = 2\pi \sqrt{\frac{\tfrac{1}{3}mL^2}{(mg)\tfrac{1}{2}L}} = 2\pi \sqrt{\frac{2L}{3g}}$$

이다. 막대의 주기는 길이가 $\tfrac{2}{3}L$인 단진자의 주기와 같다.

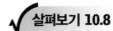 **살펴보기 10.8**

물리진자의 주기를 표현한 식 (10-27)은 어떤 극한에서 단진자에 대한 식과 일치하는가?

보기 10.10

다양한 동물들의 보행 진동수와 속력

자연스런 보폭으로 걷는 동안, 동물의 다리는 엉덩이를 회전축으로 하는 길이 L인 물리진자처럼 생각할 수 있다. (a) 고양이($L = 30\,\text{cm}$), 개($60\,\text{cm}$), 사람($1\,\text{m}$), 기린($2\,\text{m}$) 그리고 신화 속 거인($10\,\text{m}$)의 자연스런 보행 진동수는 얼마인가? (b) 주어진 보행 진동수 f에 대해 보행 속력(단위 시간당 지나가는 지면상의 거리)을 나타내는 방정식을 유도하여라. [힌트: 걸음을 시작할(다리가 뒤로 최대로 뻗쳤을) 때와 걸음이 끝날(다리가 앞으로 최대로 나왔을) 때에 다리 위치를 그림으로 그림으로써 시작하여라. 이들 위치 사이의 편안한 각도가 30°정도라고 하자. 몇 발자국이 진자의 한 주기에 대응하는가?] (c) (a)에서 나열한 동물들에 대해 보행 속력을 구하여라.

전략 다리의 질량중심의 정확한 위치나 회전관성을 모르기 때문에 이상적인 다리 모형을 사용해야 한다. 단진자는 다리의 모든 질량이 발에 있다고 가정하므로 좋은 모형이 아니다! 더 좋은 모형은 다리를 한끝에 대해 회전하는 균일한 원통처럼 생각하는 것이다.

풀이 (a) 균일한 원통의 질량중심은 회전축에서 $d = \tfrac{1}{2}L$ 거리에 있고, 한쪽 끝의 축에 대한 회전관성은 $I = \tfrac{1}{3}mL^2$이다. 그러면 주기는

$$T = 2\pi \sqrt{\frac{I}{mgd}} = 2\pi \sqrt{\frac{\tfrac{1}{3}mL^2}{(mg)\tfrac{1}{2}L}} = 2\pi \sqrt{\frac{2L}{3g}}$$

이고, 진동수는

$$f = \frac{1}{T} = \frac{1}{2\pi}\sqrt{\frac{3g}{2L}} \approx 0.2\sqrt{\frac{g}{L}}$$

이다. 각 동물들의 L값을 대입하면, 각 동물들의 보행 진동

(a)   (b)   (c)

그림 10.24 걷는 동안 앞쪽으로 움직이는 다리의 운동은 물리진자가 흔들리는 것과 비슷하다. (a)에서 (b)까지 오른쪽 다리는 진자처럼 앞으로 나아간다. (c)에서 오른쪽 발은 땅에 닿아 있고 왼쪽 다리는 앞으로 나아가려 한다.

수는 1 Hz(고양이), 0.8 Hz(개), 0.6 Hz(사람), 0.4 Hz(기린), 0.2 Hz(거인)이다.

(b) "진자"의 한 주기는 두 걸음에 대응한다. 그림 10.24a에서, 오른쪽 다리가 앞으로 나아가려 한다. 이 걸음은 진자가 반 순환(cycle) 동안 앞으로 가듯이 일어난다. 그림 10.24b에서, 오른쪽 발이 땅에 막 닿으려 한다. 그림 10.24c에서, 오른발은 땅에 닿았고 이제 왼쪽 다리가 앞으로 나아가려 한다. 이 과정에서 오른발은 땅 위에 멈추어 있지만, 오른 다리는 엉덩이에 대해 상대적으로 뒤쪽으로 향하는 운동이다. 각각의 과정에서 지나가는 거리는 어림하여 반지름 L, 중심각 30°인 원호의 길이인데, 이는 반지름 L인 원주의 $\frac{1}{12}$에 해당한다. 그러므로 한 주기 동안 보행 거리는

$$D = 2 \times \frac{1}{12} \times 2\pi L = \frac{\pi}{3} L \approx L$$

이고, 보행 속력은

$$v = \frac{D}{T} = Lf = 0.2\sqrt{gL}$$

이다.

(c) 속력은 각각 0.3 m/s(고양이), 0.5 m/s(개), 0.6 m/s(사람), 0.9 m/s(기린), 2 m/s(거인)이다.

검토 아마도 보행 속력의 단위로 mi/h가 더 익숙할 수도 있다. 단위 변환을 하면 0.6 m/s ≈ 1.3 mi/h인데, 이는 느긋한 산책 걸음에 해당한다. 대부분 사람들의 빠른 걸음의 속력은 3 mi/h 정도이고, 이보다 더 빠르게 걷기 위해서는 뛰어야 한다.

풀이를 보면 결과적으로 다리가 길수록 속력은 빠르지만 걷는 진동수는 더 느려진다. 여러분보다 훨씬 키가 크거나 작은 친구와 걷거나, 개를 데리고 산책해보면 이 사실을 확인할 수 있다.

실전문제 10.9 사람의 걷는 속력

길이가 1.0 m인 사람 다리의 보다 실제적인 모형은 엉덩이 아래 0.45 m 위치에 질량중심이 있고, 회전관성이 $\frac{1}{6}mL^2$이다. 이때 예측되는 보행 속력은 얼마인가?

10.9 감쇠진동 DAMPED OSCILLATION

SHM에서는 마찰 또는 점성과 같은 에너지 손실을 유발하는 힘이 없다고 가정했다. 역학적 에너지는 일정하므로, 진동은 일정한 진폭으로 영원히 계속된다. SHM은 단순화된 모형이다. 흔들리는 진자의 진동이나 진동하는 소리굽쇠의 울림은 에너지가 손실됨에 따라 점차적으로 작아진다. 그림 10.25a처럼 각 순환의 진폭은 이전 순환의 진폭보다 좀 더 작아진다. 이런 종류의 운동을 **감쇠진동** damped oscillation이라 하

그림 10.25 감쇠의 크기에 따른 질량─용수철 계의 $x(t)$ 그래프. (c)에서는 충분히 큰 감쇠가 작용해 진동이 일어나는 것을 막는다.

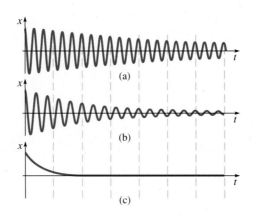

는데, 감쇠란 말은 없어지거나 줄어든다는 의미로 쓰인다. 작은 크기의 감쇠에서는 마치 감쇠가 없는 경우와 같은 진동수를 가지지만, 감쇠 정도가 커질수록 그림 10.25b와 같이 진동수는 조금 낮아진다. 감쇠가 더욱 커지면 그림 10.25c와 같이 진동은 일어나지 않는다.

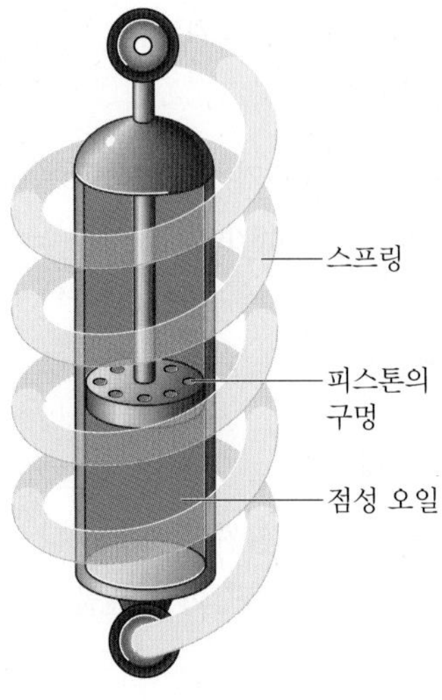

응용: 충격흡수장치 감쇠가 항상 나쁜 것만은 아니다. 자동차의 현가장치에는 차의 진동을 빠르게 가라앉히도록 하는 것으로 차체와 용수철로 연결된 충격흡수장치가 있다. 충격흡수장치는 울퉁불퉁한 길을 갈 때 차의 덜컹거림으로 인한 운전자의 불편을 줄여준다. 그림 10.26은 충격흡수장치가 어떻게 동작하는지를 보여준다. 충격흡수장치를 누르거나 늘리면 점성이 있는 기름이 피스톤의 구멍을 통해 흐른다. 이때 작용하는 점성력은 피스톤의 운동 방향에 관계없이 피스톤이 움직일 때마다 에너지 손실을 유발하여, 그림 10.25c와 같이 용수철이 위아래로 진동하지 않으면서 평형 상태로 부드럽게 되돌아오도록 해준다. 기름이 충격흡수장치에서 새어나오면, 감쇠는 진동을 막기에 충분하지 않다. 도로에서 융기된 곳에 부딪히면, 차체는 그림 10.25b와 같이 위아래로 진동한다.

스프링
피스톤의 구멍
점성 오일

그림 10.26 충격흡수장치.

10.10 강제진동과 공명 FORCED OSCILLATION AND RESONANCE

감쇠력이 작용할 때, 진동의 진폭이 줄어드는 것을 막는 유일한 방법은 손실되는 에너지를 다른 원천으로 보충해주는 것이다. 어린이가 그네를 타고 있을 때, 부모는 조금씩 밀어주어 손실되는 에너지를 보충해준다. 운동의 진폭을 일정하게 유지하기 위해 부모는 매 순환마다 조금씩 밀어주어, 한 순환마다 손실되는 에너지를 보충하기에 딱맞는 에너지를 더하는 것이다. 구동력(부모가 밀어주는 힘)의 진동수는 계의 자연진동수(스스로 진동하는 진동수)로 맞추는 것이 적절하다.

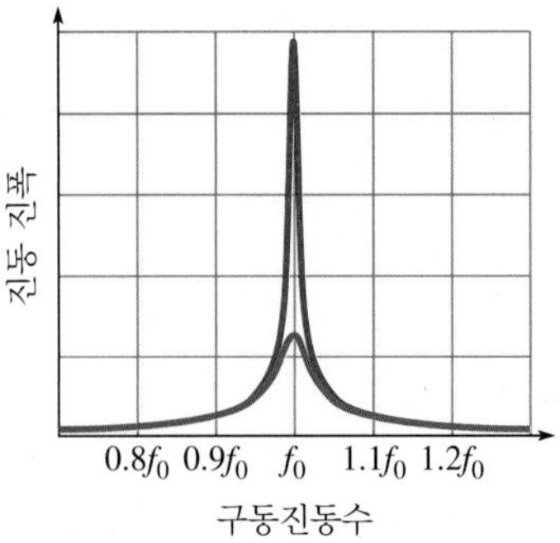

강제진동forced oscillation(또는 구동진동)은 진동하는 계의 외부에서 주기적으로 구동력이 작용할 때 일어난다. 구동력의 진동수는 계의 자연진동수와 맞을 필요는 없다. 궁극적으로, 자연진동수와 크게 다르다 할지라도 계는 구동진동수로 진동할 것이다. 구동진동수 f가 자연진동수 f_0에 가깝지 않다면, 일반적으로 그림 10.27과 같

진동 진폭

0.8f_0 0.9f_0 f_0 1.1f_0 1.2f_0
구동진동수

그림 10.27 자연진동수 f_0인 진동자에 대한 두 공명 곡선. 구동력의 진폭은 일정하다. 빨간 곡선의 진동자는 파란 곡선에서보다 1/4 정도 작게 감쇠한다.

이 진동의 진폭은 매우 작다. 구동진동수가 계의 자연진동수와 같을 때, 운동의 진폭은 최대가 된다. 이 조건을 **공명**resonance이라고 한다.

공명 현상에서 구동력은 항상 물체의 속도와 같은 방향이다. 구동력이 항상 양(+)의 일을 하므로, 구동력에 의해 더해진 에너지와 손실되는 에너지가 균형을 이룰 때까지 진동자의 에너지는 늘어난다. 감쇠가 거의 없는 진동자에서 이는 커다란 진폭을 유발한다. 구동진동수와 자연진동수가 다르면, 구동력과 속도는 더 이상 동기화되지 않는다. 곧, 때로 그들은 같은 방향에 있기도 하고, 때로 반대 방향에 있기도 한다. 구동력이 공명 상태에 있지 않으면 구동력은 때로 음(−)의 일을 한다. 구동진동수가 공명에서 멀어짐에 따라 구동력이 하는 알짜일은 감소한다. 그러므로 진동자의 에너지와 진폭은 공명에서보다 작아진다.

(a)

(b)

그림 10.28 (a) 타코마 다리가 진동하기 시작한다. (b) 진동은 결국 다리를 붕괴시켰다.

공명의 응용 공명에 의해 발생하는 큰 진폭의 진동은 어떤 경우 위험할 수도 있다. 왜냐하면 물질의 탄성한계를 넘는 큰 변형력이 가해질 수 있고, 그러면 물질은 영구적으로 변형되거나 파괴될 수도 있기 때문이다. 1940년에, 강풍으로 미국 워싱턴 주의 타코마 다리의 진폭이 커지게 되었다. 공기의 난류가 다리를 가로질러갈 때 공기압력이 다리의 자연진동수 가운데 하나와 맞는 진동수로 요동을 일으켰다. 진동의 진폭이 커갈 때, 다리는 통행금지 되었고 곧이어 다리는 붕괴했다(그림 10.28). 이제 기술자들은 자연진동수가 높은 다리를 설계해 바람이 공명 진동을 일으킬 수 없도록 하고 있다.

19세기에, 군인들의 보조를 맞춘 행진이 다리의 공명진동수와 맞아서 다리에 공명 진동이 일어난 적이 있다. 공명에 의해 여러 곳의 다리가 붕괴된 후, 다리에 공명을 일으킬 수 있는 위험 요소를 없애기 위해, 군인들이 다리를 건널 때는 보조를 맞추지 말라고 명령했다.

높은 빌딩의 흔들림을 어떻게 줄일 수 있는가?

높은 빌딩은 건물의 구조에 따라 결정되는 특별한 공명진동수로 흔들린다. 진동 모양은 책상 가장자리에 자(ruler)의 한쪽 끝을 걸쳐 손으로 고정시키고 다른 쪽 끝을 튕겼을 때 볼 수 있는 것과 비슷하다. 공학자들은 흔들리는 빌딩의 진폭을 줄일 수 있는 여러 가지 방법을 알고 있다. 가장 간단하고 널리 사용되는 방법이 동조질량감쇠기(tuned mass damper, TMD)이다. 건축가들은 진동의 진폭이 최대가 되는 위치, 통상은 건물 꼭대기 근방에 감쇠 용수철–질량 계를 설치한다. 핸콕 타워의 경우, 각 300,000 kg인 상자 두 개는 용수철과 충격흡수기로 건물 골격에 연결되어 있고, 얇은 기름층으로 덮인 길이 9 m의 강철판 위에서 앞뒤로 미끄러질 수 있게 되어 있다. TMD의 공명진동수는 흔들리는 건물의 공명진동수에 맞춰져 있다. 건물이 흔들릴 때 TMD가 구동되며 충격흡수장치에서 에너지가 손실된다. 핸콕 타워의 TMD는 흔들리는 건물의 진폭을 50 % 정도 줄여준다.

해답

실전문제

10.1 $2k$(원래의 용수철이 L만큼 늘어났을 때 각 절반의 용수철은 $\frac{1}{2}L$만큼 늘어난다. 새로 만들어진 용수철은 주어진 힘에 대해 각각 원래 용수철의 절반만 늘어난다.)

10.2 1.4×10^{-5}

10.3 0.18 mm

10.4 1.3×10^8 Pa

10.5 $-\dfrac{\Delta P}{B} = -\dfrac{1.0 \times 10^7 \text{ Pa}}{2.3 \times 10^9 \text{ Pa}} = -0.0043 = \dfrac{\Delta V}{V}$ 와
$\Delta V = -0.43\% \times V$

10.6 $x = \pm A$에서 110 m/s²

10.7 $K = 0$, $U_e = 2(mg)^2/k$, $U_g = -(mg)^2/k$, $E = (mg)^2/k$

10.8

$a_x(t) = -a_m \cos \omega t$, 여기서 $\omega = 160$ rad/s 및 $a_m = 370$ m/s²

10.9 1.6 m/s² (지구의 약 1/6)

10.10 0.82 m/s 또는 1.8 mi/h

살펴보기

10.2 두 개의 선이 동일한 변형력(동일한 인장력과 동일한 단면의 넓이)을 받고 있다. 강철의 영률은 구리의 영률의 약 $\frac{5}{3}$배이므로, 강철선의 변형은 구리선 변형의 $\frac{3}{5}$배이다. 그러나 변형은 부분적인 길이 변화이다. 강철선은 길이가 두 배이므로, 길이 변화는 구리선의 길이 변화의 $2 \times (3/5)$배이다. 강철선이 더 많이 늘어난다.

10.3 (a) 영률은 변형력과 변형 사이의 비례 상수이다. 곧, 변형력 $= Y \times$ 변형. 따라서 Y는 변형력-변형 그래프에서 선형 부분의 기울기이다. 물질 A는 기울기가 크기 때문에 영률이 더 크다. (b) 한계강도는 재료가 견딜 수 있는 최대 변형력이다. 물질 B의 그래프는 더 큰 변형력에 도달하므로, 한계강도가 더 크다.

10.5 운동에너지와 퍼텐셜에너지가 같을 때, 각각은 총 에너지의 절반이다.
$$U = \tfrac{1}{2}kx^2 = \tfrac{1}{2}E_{\text{총}} = \tfrac{1}{2}\left(\tfrac{1}{2}kA^2\right), \quad x = \pm A/\sqrt{2}$$

10.6 0.50 Hz

10.7 (a) 변위가 0일 때, 퍼텐셜에너지는 최솟값을 갖는다. 에너지 보존으로부터, 운동에너지는 최댓값을 갖는다. 따라서 그림 10.19에 보인 바와 같이 속력이 최댓값($v = \pm v_m$)을 갖는다. (b) 속력이 0일 때, 운동에너지는 최소이고 퍼텐셜에너지는 최대이다. 따라서 변위는 크기가 최대($x = \pm A$)이다.

10.8 예. 회전축에서 길이가 L인 끈의 끝에 질량 m이 달린 단진자의 축에 대한 회전관성은 $I = mL^2$이다. 그러면
$$T = 2\pi \sqrt{\frac{I}{mgd}} = 2\pi \sqrt{\frac{mL^2}{mgL}} = 2\pi \sqrt{\frac{L}{g}}$$

이 되어 식 (10-26b)와 일치한다.

파동
Waves

1995년, 지진이 일본의 한신 지역을 강타했을 때, 고가도로는 붕괴된 반면, 도로 주변 건물들은 약간의 손상만 입으며 그대로 보존되었다. 고가도로는 어떻게 붕괴되었고, 추후 지진에 대비하기 위해 고가도로 구조는 어떻게 변경되어야 하는가? (325쪽에 답이 있다).

11.1 파동과 에너지 수송 WAVES AND ENERGY TRANSPORT

기초 모형: 입자와 파동 물리학자들은 몇 개의 기본적인 모형으로 물리 세계를 기술하고자 한다. 그러한 모형 중 하나로 입자를 들 수 있다. 입자란 내부 구조는 없으나 질량, 전하 등의 특성을 가진 점과 같은 물체를 말한다. 또 다른 기본 모형은 **파동** wave이다. 수면파는 가장 친숙한 예이다. 연못에 조약돌을 던지면, 물의 표면에 교란이 일어난다. 수면 위 물결은 조약돌이 떨어진 지점으로부터 사방으로 퍼져나간다.

파동의 예 모든 파동은 그 원천으로부터 퍼져나오는 일종의 "교란(disturbance)"이라고 특징지을 수 있다. 11장과 12장에서, 수면파, 음파, 지진에 의한 지진파 등과 같이 매질을 통해 전달되는 역학적인 파동을 집중적으로 다룰 것이다. 매질 내 입자들은 파동이 지나갈 때 자신의 평형 위치에서 이탈했다가 파동이 지나간 후에는 다시 평형 위치로 되돌아간다. 22장에서는 진동하는 전자기장의 교란으로 구성된 전파나 광파와 같은, 전자기파에 대해 논의할 것이다. 우리 인간이 가진 다섯 개의 감각기관 중 두 개는 파동을 감지한다. 귀는 공기의 압축파에 의한 기압의 아주 작은 변동(소리)에 민감하고, 눈은 특정한 주파수 영역의 전자기파(빛)에 민감하다.

파동의 에너지 수송

연결고리

파동 운동에서 에너지는 진동하는 한 입자에서 다른 입자로 전달된다. 전체 에너지는 보존되는 반면, 진동하는 한 입자의 에너지는 변할 수 있다. 역학적 파동은 단순조화진동의 운동에너지 및 퍼텐셜에너지와 같은 에너지를 운반한다.

잔잔한 연못에 조약돌을 던져보자. 수면에 닿기 직전에 조약돌이 가졌던 운동에너지의 일부는 수면파에 의해 운반되는 에너지로 변환된다. 바다에서 서핑을 하거나 수영을 해본 사람들은 누구나 파동이 에너지를 나른다는 사실을 확실히 알고 있다. 인터넷 서핑에 대해 말하자면, 인터넷에서 정보는 여러 종류의 파동으로 옮겨간다. 곧 전선 내에서는 전기적 파동으로 지구와 통신위성 사이에서는 마이크로파로, 광섬유 내에서는 광파로 운반되는 것이다. 전자레인지에서는 마이크로파가 그 파원에서 음식으로 에너지를 운반한다. 마이크로파의 전자기에너지는 음식물 속의 물분자에 흡수되어 열에너지의 형태로 나타난다. 태양에서 나오는 전자기파는 생명체에 필요한 에너지를 공급해준다. 지진파와 쓰나미는 지진으로 발생한 에너지를 진앙에서부터 멀리까지 운반해 때로 재앙을 일으키기도 한다.

파동은 서로 다른 두 지점 사이에 물질의 전달 없이 에너지를 수송할 수 있다(그림 11.1). 천둥소리는 모든 방향으로 수 킬로미터 이상 진행하지만 번개를 맞은 공기 분자들은 우리가 천둥소리를 들을 때까지 대략 1 m 이상을 진행하지 못한다. 마찬가지로 지진파와 쓰나미는 진앙에서부터 토양이나 물을 직접 운반하지 않고도 수천 킬로미터 떨어진 곳을 아수라장으로 만들 수 있다.

(a)   (b)

그림 11.1 에너지를 수송하는 두 가지 방법. (a) 투수가 포수에게 공을 던질 때, 야구공은 그 자체가 직접 에너지를 전달한다. 투수는 공에 운동에너지를 준다. 그러고 나면 이 공이 포수의 손에 도달하여 그의 손이 반동을 하면서 에너지를 받는다. (b) 이번에는 이 두 사람이 밧줄을 팽팽히 당기고 있다고 하자. 만일 투수가 손을 위아래로 재빨리 움직인다면, 펄스파가 포수의 손에 도달할 때까지 줄을 따라 진행한다. 다시 한 번 투수가 에너지를 보내고, 포수는 줄이 자신의 손에 반동을 일으킬 때 에너지를 받는다. 이 경우에는 투수가 줄의 한쪽 끝을 그대로 잡고 있다. 줄이 투수의 손을 절대로 떠나지 않는다. 투수와 포수 사이에 **어떠한 물질도 이동하지 않고** 에너지가 전달된다.

세기

음파나 지구를 통과해서 전달되는 지진파와 같이 3차원 매질 내에서 진행해가는 파동의 **세기**intensity(기호 I, SI 단위 W/m^2)는 단위 시간에 수직 단위 넓이를 통과하는 에너지로 정의한다. 곧 파동의 세기는 단위 시간에 파동의 진행 방향에 수직인 단위 넓이를 통해 전달되는 에너지(일률)

$$I = P/A$$

이다.

응용: 사람 귀의 감도   상당히 시끄러운 소리가 넓이 $10^{-4}\,m^2$인 고막에 도달했을 때 그 소리의 세기가 $10^{-5}\,W/m^2$이었다고 하자. 고막에 도달된 모든 에너지는 흡수된다고 가정할 때, 매초 고막에 전달되는 에너지는 $P = IA = 10^{-9}\,W$이다. 이 비율로 한 시간 동안 고막에 흡수되는 에너지는

$$10^{-9}\,W \times 3600\,s \approx 4\,\mu J$$

이 된다. 사람의 귀는 실제로 매우 민감한 검출기이다.

파원으로부터 거리와 세기

거의 모든 파동에서, 파원으로부터 거리가 멀어질수록 세기는 감소한다. 약간의 에너지가 파동이 전달되는 매질에서 흡수(손실)될 수도 있다. 흡수되는 에너지의 양은 매질에 따라 다르다. 공기는 소리 에너지를 상대적으로 적게 흡수하기 때문에 우리는 멀리서 발생한 소리도 잘 들을 수가 있다.

거리에 따라 세기가 감소하는 또 다른 이유는 파동이 전파될수록 에너지가 점점 더 넓게 퍼지는 데 있다. 그림 11.2와 같이 모든 방향으로 균일하게 파동을 방출하는 점 파원, 곧 **등방성 파원**을 생각해보자. 방출되는 평균 출력(단위 시간당 에너지)은 일정하다. 파원을 둘러싼 구의 표면의 에너지 출력은 구심으로부터의 거리에 관계없이 일정하다. 구의 겉넓이는 $4\pi r^2$이므로 파원에서 멀리 이동한 파동일수록 에너지는 점점 더 넓게 분산된다. 따라서 단위 넓이당 출력(세기)은 거리에 따라 감소한다. 매질에 흡수되는 에너지가 없고, 에너지를 흡수하거나 반사하는 어떤 장애물

그림 11.2 (a) 모든 방향으로 균일하게 에너지를 방출하는 소리의 점 파원, (b) 거리 r_2에서의 세기가 거리 r_1에서보다 작은 이유는 같은 출력으로 방출된 에너지가 더 큰 넓이로 퍼져나가기 때문이다.

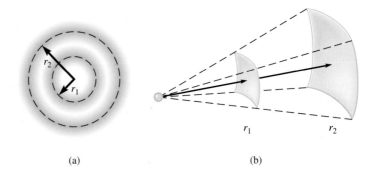

(a)　　　　　(b)

도 없다고 가정하면,

$$I = \frac{출력}{넓이} = \frac{P}{4\pi r^2} \tag{11-1}$$

(모든 방향으로 균일하게 방출하는 점 파원; 반사되거나 흡수되지 않음.)

이다. 그러므로 매질에 의한 에너지의 흡수를 무시한다면, 소리의 세기는 파원으로부터의 거리의 제곱에 반비례한다. 이 역제곱의 법칙은, 점 파원에서 3차원 공간으로 균일하게 방출되는 에너지가 보존량이기 때문에 얻은 결과이다.

✓ 살펴보기 11.1

높이가 20 m인 화재감시탑의 사이렌에서 울려퍼진 소리의 세기를 바로 탑 아래 땅바닥에서 측정했더니 0.090 W/m²이었다. 탑에서 2.0 km 떨어진 지점에서 사이렌 소리의 세기는 얼마인가? 사이렌은 등방성 파원이라고 가정하여라.

11.2 횡파와 종파 TRANSVERSE AND LONGITUDINAL WAVES

스링키(Slinky) 장난감을 이용해 두 종류의 파동을 시연할 수 있다. **횡파**transverse wave에서는 매질 내 입자의 운동이 파동의 진행 방향에 수직이다. 그림 11.3a와 같이 스링키의 길이 방향을 따라 횡파를 보내려면 스링키의 한쪽 끝을 스링키의 길이 방향에 수직으로 흔든다. **종파**longitudinal wave에서는 매질 내 입자의 운동이 파동의 진

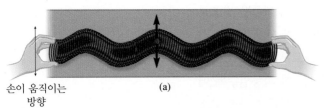

손이 움직이는
방향
(a)

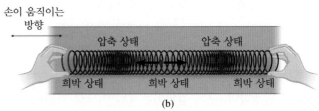

손이 움직이는
방향

압축 상태　　　압축 상태

희박 상태　　　희박 상태　　　희박 상태
(b)

그림 11.3 슬링키로 만든 (a) 횡파와 (b) 종파.

행 방향과 같은 방향이다. 스링키의 길이 방향을 따라 종파를 보내기 위해서는 그림 11.3b와 같이 스링키의 길이 방향으로 압축 상태와 인장 상태를 반복하도록 앞뒤로 계속해서 밀고 당긴다. 스링키의 특정 코일 위에 붉은 점을 찍어놓고, 그 점의 운동을 살펴보면 횡파와 종파의 차이를 설명할 수 있다. 횡파의 경우는, 이 점은 고정된 위치에서 파동의 진행 방향과 수직하게 상하로 움직인다. 종파의 경우는, 이 점이 고정된 위치에 대해 파동의 진행 방향과 같은 방향에서 좌우로 움직인다. 두 경우 모두 붉은 점은 고정된 위치를 중심으로 운동하지만, 파동은 스링키의 한쪽 끝에서 다른 쪽 끝으로 이동한다.

스링키나 긴 용수철은 팽팽한 줄보다 고형물에 더 가깝다. 고형물체에서는 두 가지 형태의 파동이 함께 존재할 수 있다. 횡파는 층밀리기(shear) 교란의 결과이고, 종파는 압축(compressional) 교란의 결과이다. 따라서 지진파는 종파일 수도 있고 횡파일 수도 있다.

유체들은 압축될 수 있으나 흐르기 때문에 층밀리기 변형력을 견디지 못한다. 따라서 유체에서는 종파는 진행할 수 있으나 횡파는 진행할 수 없다. 그렇지만 중력이나 표면장력이 횡파에 대해 복원력을 제공해주면 액체의 **표면을 따라 진행**할 수 있다.

음파는 공기의 작은 부피들이 파동의 진행 방향과 같은 방향으로 진동하는 종파이다. 한 곳의 공기 분자들이 함께 압축되면 다른 곳에서는 더 옅어진다. 곧 희박해진다. 밀도가 높은 영역을 **압축 상태**compression라 하고, 밀도가 낮은 지역을 **희박 상태**rarefaction라 한다(그림 11.3b 참조).

✔ 살펴보기 11.2

지진이 발생했을 때, 지구 반대편에서는 S파(횡파)는 관측되지 않지만 P파(종파)는 관측된다. 이 사실이 어떻게 지구의 고형 핵이 액체로 둘러싸여 있다는 증거가 될 수 있는가?

횡파와 종파가 결합된 파

모든 지진파는 순수한 횡파이거나 순수한 종파가 아니다. 표면파의 경우, 표면 가까이의 땅은 대략 원 모양으로 말아올려진다. 따라서 땅의 운동은 진행 방향에 대해 평행인 성분과 수직인 성분을 동시에 가지게 된다. 횡 방향 성분은 그림 11.4c에 보인 바와 같은 상하 운동이 될 수도 있고 좌우 운동이 될 수도 있다. 땅은 표면이 더 크게 움직인다.

바다에서 일어나는 파도는 그림 11.4c에 나타낸 표면 지진파와 비슷하다. 물속 깊은 곳의 파동은 그림 11.5와 같이 주로 종파이다. 파동이 지나가는 동안 물은 파동의 진행 방향에 대해 앞뒤로 움직인다. 얕은 곳에서의 파동은 횡파와 종파 두 성분을 다 가지고 있다. 파동이 지나가는 동안 물은 타원 형태로 움직인다. 수면 위의 공기는 거의 저항이 없으므로 물은 쉽게 위로 부풀어 올랐다가 중력(진폭이 적을 경우는 표면장력)에 의해 다시 아래로 끌어당겨진다. 파도가 해변에 가까워지면 물마루는 부서지는데, 이 경우 물 입자들의 운동은 더욱 복잡해진다.

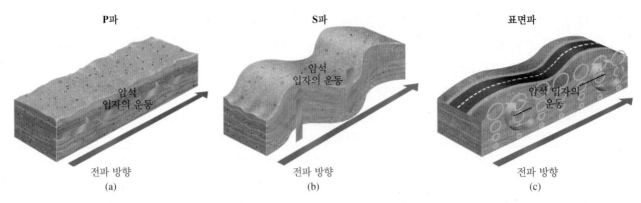

그림 11.4 세 가지 형태의 지진파. (a) 종파(P파)는 가장 빠르게 이동하는 지진파이다(보통 4~8 km/s). 이것은 공기 중의 소리와 비슷하다. 파동이 전파되는 방향과 같은 방향으로 지구 내부의 입자들이 함께 밀렸다 당겨졌다 한다. (b) 횡파(S파)는 보다 느리게 이동한다(대략 2~5 km/s). S파에서는 지구 내부의 입자들이 파동이 진행하는 방향과 수직으로 진동한다. 지질학자들은 다른 두 장소에서 두 파동이 도달하는 시간 차이를 측정해 지진의 진원을 결정할 수 있다. (c) 표면파에서 지면의 운동에는 종파와 횡파 성분이 모두 포함되어 있다.

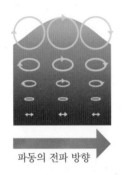

그림 11.5 바다에서 일어나는 파도에서 물의 운동은 횡파와 종파가 결합된 운동이다.

학명이 *Leptodactylus albilabris*인 이 개구리는(Puerto-Rican white-lipped frog)는 지진파를 이용해 의사소통한다.

기타 줄을 가볍게 뜯을 때, 줄에 발생하는 파동은 거의 순수한 횡파이다. 줄이 늘어나는 것은 거의 무시할 수 있다. 기타 줄을 더욱 세게 뜯을 때 생기는 파동은 횡파와 종파의 결합으로 나타난다. 줄 위의 한 점은 세로(종) 방향뿐 아니라 가로(횡) 방향으로도 운동한다.

응용: 지진파를 이용한 동물들의 의사소통 동물들은 토양이나 식물의 줄기나 잎을 통해 전달되는 작은 진폭의 지진파를 감지하여 주변 환경을 감시하고, 먹이의 위치를 파악하고, 주변 포식자를 인지한다. 뱀, 개구리, 두꺼비, 거미, 새, 코끼리, 캥거루쥐, 벌레 그리고 다양한 곤충들은 지진파를 민감하게 감지할 수 있다. 척추동물 중 지진파에 특히 민감한 동물은 개구리이다. 이들의 특수한 감지 능력은 속귀의 구형낭(sacculus)과 속귀를 흉대(pectoral girdle)에 연결하고 있는 근육과 뼈로 이루어진 부분에서 나온다. 많은 곤충들은 다리에 진동을 감지하는 특별한 조직이 있다. 코끼리와 고양이 같은 포유동물은 발에 지방패드(fat pad)가 있어, 이를 통해 진동이 뇌로 전달되는 것으로 알려져 있다.

여러 동물들이 지진파를 발생시켜 같은 종끼리 의사소통을 한다. 동물들은 북치기(몸의 일부로 외부 벽면을 리듬을 맞추어 치는 행위), 몸을 떠는 행위(온몸에 진동 유발), 마찰음 발생(몸의 두 부분을 문질러서 발생)을 통해 진동을 발생시킨다. 이렇게 발생되는 지진파는 대체로 종 특유의 파동인데, 이를 이용해 짝을 확인하거나 상대의 환심을 사며, 포식자가 주변에 있다는 신호로 사용하고, 영역을 주장하거나, 그룹의 집단적인 행동을 지시한다. 코끼리는 이러한 지진파를 사용해 16 km 떨어진 곳에 있는 다른 코끼리와 의사소통을 한다는 증거가 제시되기도 했다.

11.3 줄 위 횡파의 속력
SPEED OF TRANSVERSE WAVES ON A STRING

역학적 파동의 속력은 매질의 성질에 따라 달라진다. 줄의 어떠한 성질이 줄을 따라 이동하는 횡파의 속력을 결정할까? 길이가 L, 질량이 m인 줄에 장력 F가 작용한다고 하자. 위의 세 가지 물리량으로 속력의 단위를 만들 수 있는 유일한 조합은 $\sqrt{FL/m}$이다. 차원이 없는 상수가 곱해져 있을 수 있겠지만, 고급역학을 공부하면 그 상수가 1이라는 것도 유도할 수 있다. 줄에서 횡파의 속도는 다음과 같다.

$$v = \sqrt{\frac{FL}{m}} \tag{11-2}$$

식 (11-2)를 다른 형태로 표현할 수 있다. 길이와 질량은 서로 무관한 양이 아니다. 줄의 구성 물질과 지름이 같으면(예를 들어 지름이 0.76 cm인 황동 줄), 줄의 질량은 그 길이에 비례한다. 이에 따라 줄의 **선밀도**^{linear mass density}(단위 길이당 질량)를

$$\mu = \frac{m}{L} \tag{11-3}$$

으로 정의하면 줄에 생긴 횡파의 속력은

$$v = \sqrt{\frac{F}{\mu}} \tag{11-4}$$

가 된다. 식 (11-2)와 비교해 식 (11-4)는 파동의 속력이 매질의 국소적인 성질에 따라 변한다는 것을 확실하게 보여준다는 장점이 있다. 곧 속력은 얼마나 많은 매질이 있는지에 따라 변하지 않는다. 예를 들어, 한 점 P 근처에서의 파동의 속력은 전체 줄의 길이에 따라 변하지 않고, 그 점 근처의 국소적인 성질에만 의존한다.

장력이 커질수록 파동의 속력이 증가하고, 선밀도가 커질수록 파동의 속력이 감소하는 것에 주목하자. 다른 파동에도 적용될 수 있는 일반적인 원리는 다음과 같다.

> 복원력이 커질수록 파동의 속력은 빨라지고, 관성이 커질수록 파동의 속력은 느려진다.

✓ 살펴보기 11.3

그림 11.6과 같이 다섯 개의 당겨진 끈을 통해 횡파가 전달된다. 횡파의 속력이 큰 줄부터 작은 줄까지 순서를 정하여라.

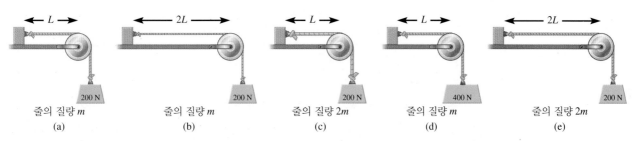

그림 11.6 팽팽하게 당겨진 다섯 개의 끈.

파동의 전파 속력과 매질 내에서 입자가 운동하는 속력은 서로 다르다. x-축을 따라 수평으로 당겨진 줄에 y-방향으로 횡 펄스 파동이 보내진다고 하자. 파동의 전파 속력 v는 어떤 패턴이나 교란이 줄을 따라(x-방향으로) 움직이는 속력이다. 균일한 줄의 경우 파동의 속력은 일정한 반면, 줄 위의 한 점은 $\pm y$-방향으로 일정하지 않게 속력이 변하면서 위아래로 진동한다.

보기 11.1

피냐타(Piñata)[1]

길이 2.0 m인 줄의 질량이 125 mg이다. 줄의 한쪽은 천장에 고정되어 있고 다른 쪽에는 4.0 kg의 피냐타가 매달려 있다. 그 속에 사탕이 있는지 알아보기 위해 키가 큰 어린이가 그것을 잡고 흔들어 보았다. 그 결과 횡 방향의 펄스 파동이 천정을 향해 진행하고 있다. 펄스 파동이 진행하는 속력은 얼마인가?

전략 이 상황을 표현하는 그림에서 시작하자. 피냐타는 줄의 장력을 받고 있다. 줄의 장력은 피냐타의 무게와 같다. 줄의 질량과 길이는 주어졌으므로 선밀도를 알 수 있다. 따라서 우리는 파동의 속력을 구할 수 있다.

풀이 줄에서의 횡파의 속력은 식 (11-4)로 주어진다.

$$v = \sqrt{\frac{F}{\mu}}$$

여기서 F는 줄의 장력이고 μ는 줄의 선밀도이다. 장력은 줄에 매달린 무게와 같으므로

$$F = Mg$$

이다. 줄의 선밀도는 단위 길이당 질량($\mu = m/L$)이므로 장력과 선밀도를 대입하면

$$v = \sqrt{\frac{F}{m/L}} = \sqrt{\frac{(Mg)L}{m}}$$

$$= \sqrt{\frac{4.0 \text{ kg} \times 9.8 \text{ m/s}^2 \times 2.0 \text{ m}}{125 \times 10^{-6} \text{ kg}}} = 790 \text{ m/s}$$

검토 줄의 무게(mg)는 줄 끝에 매달린 무게(Mg)에 비해 무시할 만하다. 이것은 실전문제 11.1에서 볼 수 있는 바와 같이 항상 성립하는 것은 아니다.

실전문제 11.1 **줄을 따라 진행하는 펄스 파동의 초기속력**

길이 10.0 m인 줄의 선밀도가 25 g/m이다. 줄의 한쪽은 위에 고정되어 있고 다른 쪽에는 질량 0.200 kg인 물체가 아래에 매달려 있다. (a) 아래에서 줄을 따라 위로 보내진 펄스 파동의 처음 속력은 얼마인가? (b) 펄스 파동이 줄의 위쪽에 도달했을 때의 속력은 얼마인가? (힌트: 줄의 자체 질량이 어떤 경우 줄의 장력에 영향을 미치는가?)

---

1) 멕시코와 다른 중남미 국가의 어린이 축제(생일 등)에 사용되는, 과자나 장난감 등을 넣은 종이 인형.

11.4 주기적 파동 PERIODIC WAVES

주기적 파동periodic wave은 같은 모양의 파동을 계속 반복하는데, 각각의 반복되는 구간은 그것을 발생시키는 데 사용된 에너지를 수송한다. 물 위에 조약돌을 반복적

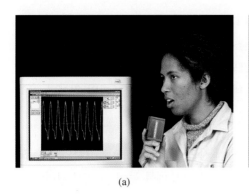

(a)   (b)

그림 11.7 (a) 모음 '아'를 발성할 때 생기는 주기적인 음파, (b) 자음 'S'를 발성할 때 생기는 비주기적 음파의 형태(마이크는 음파의 압력에 비례하는 전기적 신호를 낸다. 이 신호는 화면에 시간에 따른 함수로 나타난다).

으로 떨어뜨리면 주기적인 수면파를 만들 수 있고, 줄의 한쪽 끝을 같은 형태로 위아래로 반복하여 움직이면 주기적인 파동이 줄에 형성된다. 파동이 줄을 따라 진행하면서 줄의 각 점은 비록 파동의 속력에 관계되는 시간 지연이 있기는 하지만, 같은 형태로 위아래로 진동한다. 대개 음악은 주기적인 반면, 소음은 주기적이지 못하다. 사람들이 모음을 같은 음색(일정한 진동수)으로 발음할 때는 주기적인 음파가 나타난다. 그러나 대부분의 자음은 주기성이 없다(그림 11.7).

주기, 진동수, 파장, 진폭 주어진 한 점에서 파동이 반복되는 시간 T를 **주기**^period라 한다. 주기의 역수를 **진동수**^frequency f라 한다. 곧

$$f = \frac{1}{T} \quad \text{(SI 단위로 Hz = s}^{-1}\text{)} \qquad (5\text{-}8)$$

이다. 진동수는 어느 한 점에서 같은 운동이 얼마나 자주 일어나는지를 말해준다. 예를 들어, 진동수가 20 Hz라면 그곳에 초당 20회 반복되는 운동(또는 순환 운동)이 있음을 나타낸다. 이 경우 각각의 한 번 순환하는 데 걸리는 시간은 $T = 1/f = 0.05$ s이다. 각진동수는 $\omega = 2\pi f$이고 단위는 rad/s이다.

한 주기 T 동안 속력 v로 진행하는 주기적 파동은 vT만큼의 거리를 이동한다. 그림 11.8에서 어느 순간에 파동의 진행 방향으로 거리 vT 만큼 떨어진 두 점은 서로 '동시적으로(in sync)' 움직인다. 따라서 주기가 파동이 되풀이되는 시간인 것처럼 vT 는 파동이 되풀이되는 거리이다. 이 거리를 **파장**^wavelength λ라 한다. 곧

$$\lambda = vT \qquad (11\text{-}5)$$

이다. 이 관계식과 진동수에 관한 식을 결합하면

$$v = \frac{\lambda}{T} = f\lambda \qquad (11\text{-}6)$$

를 얻는다. 식 (11-5)와 (11-6)은 파동이 어떻게 만들어졌거나 어떠한 형태의 파동이거나 상관없이 모든 주기적 파동에 대해 성립한다.

> **연결고리**
>
> 주기적 파동에 사용되는 용어들은 등속원운동(5장)이나 단순조화운동(10장)에서 사용된 용어들과 비슷하다.

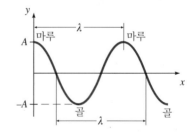

그림 11.8 x-축 방향으로 속력 v로 이동하는 사인 형태의 파동. 그래프는 특정 시간 t에서, 파동이 전파되는 방향으로의 위치, 곧 x의 함수로 매질 입자의 변위 y를 보여준다. 진폭 A와 파장 λ가 표시되어 있다.

✓ 살펴보기 11.4

4.0 km/s로 전파되는 지진파의 파장이 20 km이다. 매질을 이루는 바위 입자가 한 주기 진동하는 데 걸리는 시간은 얼마인가?

어떤 입자가 평형 위치에서 최대로 변위가 일어난 곳까지의 거리를 그 파동의 **진폭**amplitude A라 한다. x-방향으로 당겨진 줄을 따라 진행하는 사인 형태 파동에서 진폭 A는 양(+) 또는 음(−)의 y-축 방향으로의 최대 변위이다. 수면파의 경우는 교란되지 않은 평형 상태의 수면 위치로부터 마루까지의 높이나 골까지의 깊이가 진폭이다.

조화파동 주기적으로 일어난 교란이 특수하게 사인 형태(사인 또는 코사인 함수 모양인 파동)인 파동을 **조화파동**harmonic waves이라 말한다. 예를 들어, 줄에서 일어난 횡파가 조화파동인 경우, 줄 위의 모든 점들은 비록 최대 변위에 도달하는 시간이 서로 다를지라도 동일한 진폭과 각진동수를 가진 단순조화운동을 한다. 줄 위의 한 점의 최대 속력과 최대 가속도는 파동의 진폭과 각진동수에 따라 다르다. 곧

$$v_\mathrm{m} = \omega A \qquad\qquad\qquad (10\text{-}21)$$
$$a_\mathrm{m} = \omega^2 A \qquad\qquad\qquad (10\text{-}22)$$

식 (10-21)에서 v_m은 줄 위의 한 점이 $\pm y$-방향으로 운동하는 최대 속력이다. v_m은 파동이 전파되는 속력 v와 같지 않다(11.3절 참조).

세기와 진폭 SHM을 하는 물체의 총 에너지는 진폭의 제곱에 비례하므로(10.5절) 조화파동의 총 에너지 역시 진폭의 제곱에 비례한다. 세기는 전파 방향에 수직인 단위 넓이당 단위 시간당 파동이 수송하는 에너지의 비율이다. 조화파동의 세기는 그것의 총 에너지에 비례하므로 진폭의 제곱에도 비례한다. 이 사실은 조화파동에만 한정되지 않고 모든 파동에 대해 일반적으로 성립한다.

> 파동의 세기는 진폭의 제곱에 비례한다.

11.5 파동의 수학적 기술 MATHEMATICAL DESCRIPTION OF A WAVE

수학적으로 파동은 위치와 시간의 함수로 기술되는 어떤 물리량(예를 들면, 압력 또는 변위)의 변화로 표현된다. 기타 줄에 생성된 횡파의 경우, 이 함수는 줄 위의 각 점들의 평형 위치로부터의 변위를 나타낸다. 만일, 줄이 x-축을 따라 놓여 있고 줄 위의 각 점들의 변위가 $\pm y$-방향으로 일어난다면, 파동은 두 **변수 x와 t의 함수** 곧 $y(x, t)$에 의해 기술된다. 특정 x와 t의 값(독립변수)이 특정 y의 값(종속변수)에 대응하는 방식으로, y의 값이 x와 t에 따라서 변한다.

진행파 x-축을 따라 당겼다 놓은 긴 줄을 고려하자. 줄의 한쪽 끝($x = 0$)이 외부 요인에 의해 어떤 함수 $y = h(t)$로 운동한다고 하면, $+x$-축 방향으로 속력 v로 진행하는 횡파가 생겨난다. 한 방향으로 진행하면서 같은 형태를 유지하는 파동을 **진행파** traveling wave라 한다. $+x$-축 방향으로 움직이는 진행파에 대해, 줄을 따라 움직이

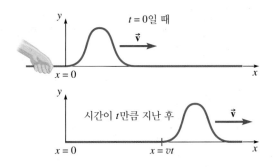

그림 11.9 연속되는 두 시간에서, 같은 형태를 유지하는 펄스 파동. x에 위치한 점은 $\Delta t = x/v$의 시간이 지연된 다음 $x = 0$의 점이 했던 운동을 그대로 반복한다.

면서 같은 파동 모양을 유지한다면 줄 위의 한 점 x에서의 운동은 x/v의 시간(파동의 속력 v로 거리 x만큼을 이동하는 데 걸리는 시간. 그림 11.9 참조)이 지난 후에 왼쪽 끝점이 했던 것과 동일한 운동을 그대로 따라서 할 것이다. 그러므로 $y(x, t) = h(t - x/v)$이다. 비록 파동을 기술하는 함수가 두 개의 변수 (x, t)를 가지고 있지만, $+x$-축 방향으로 진행하면서 똑같은 모양을 유지하기 위해서는 이들 두 변수는 $(t - x/v)$의 특수한 조합으로 나타내야 한다. $-x$-축 방향으로 진행하는 파동의 경우 변수들은 $(t + x/v)$로 조합된다. 여기서 x와 t의 부호가 다르면 파동은 $+x$-축 방향으로 진행하고, x와 t의 부호가 같으면 파동은 $-x$-축 방향으로 움직인다는 것을 주의하자.

조화진행파 줄의 왼쪽 끝 점의 운동이 $y = A \cos \omega t$로 기술된다고 하자. t대신 $(t - x/v)$를 대입하면 $x > 0$인 임의의 점의 운동을 기술하는 함수를 얻을 수 있다.

$$y(x, t) = A \cos[(\omega(t - x/v)]$$

간단한 표기를 위해 **파수**wavenumber(기호 k, SI 단위 rad/m)라 부르는 상수를 도입한다.

$$k = \frac{\omega}{v} = \frac{2\pi f}{v} = \frac{2\pi}{\lambda} \tag{11-7}$$

그러면 조화파동을 나타내는 방정식은

$$y(x, t) = A \cos(\omega t - kx) \tag{11-8a}$$

라고 쓸 수 있다. 기호 k는 두 가지 서로 다른 물리량을 표현하는 데 사용된다. 곧, 파수(SI 단위 rad/m)와 용수철상수(SI 단위 N/m)이다. 혼돈이 없도록 주의하자.

방정식 (11-8a)가 조화 파동을 기술하는 유일한 방법은 아니다. 단순조화운동은 코사인 함수 대신 사인 함수로도 기술될 수 있다. 그 둘의 차이는 단순히 초기 조건이다(10.7절 참조). 파동은 $+x$ 또는 $-x$ 어느 방향으로든 진행할 수 있다. 방정식 (11-8b)부터 (11-8d)는 모두 조화파동을 기술한다.

$$y(x, t) = A \sin(\omega t - kx) \tag{11-8b}$$
$$y(x, t) = A \cos(\omega t + kx) \tag{11-8c}$$
$$y(x, t) = A \sin(\omega t + kx) \tag{11-8d}$$

✓ 살펴보기 11.5

방정식 (11-8b)부터 (11-8d)까지 중 $-x$-축 방향으로 이동하는 파동을 기술하는 방정식은 어떤 것인가?

연결고리

ω와 k의 유사점에 대해 주의하라. $\omega = 2\pi/T$이고, 여기서 T는 반복하는 데 걸리는 시간이다. $k = 2\pi/\lambda$이며, λ는 반복하는 데 필요한 거리이다. ω는 단위 시간당 라디안 (rad/s), k는 단위 길이당 라디안 (rad/m) 단위로 측정한다.

줄 위의 진행파

어떤 줄에서의 파동이 $y(x, t) = a \sin(bt + cx)$로 기술되며, 여기에서 a, b, c는 양(+)의 상수이다. (a) 진행하면서 이 파동은 같은 형태를 유지하는가? (b) 이 파동은 어느 방향으로 진행하는가? (c) 파동의 속력은 얼마인가?

전략 이 함수를 변형시켜서 일반적인 조화파동의 함수인 $y(x, t) = A \cos \omega (t - x/v)$와 같이 $(t - x/v)$나 $(t + x/v)$의 함수로 쓸 수 있는지를 조사해 보아야 한다. 파동의 속력 v는 명시적으로 나타나 있지 않지만 함수 내의 상수들의 어떤 조합으로 나타낼 수가 있다.

풀이 주어진 방정식에서 시간 t의 계수는 상수 b이다. 이 상수를 괄호 밖으로 내면,

$$y(x, t) = a \sin b\left(t + \frac{cx}{b}\right) = a \sin b\left(t + \frac{x}{b/c}\right)$$

가 된다. $v = b/c$이면 $y(x, t)$는 $(t + x/v)$의 함수임을 알 수 있다. 곧

$$y(x, t) = a \sin b\left(t + \frac{x}{v}\right), \quad v = \frac{b}{c}$$

이다. 그러므로 (a) 유지한다. 파동은 $(t + x/v)$의 함수이므로

파동은 같은 형태를 유지하며 진행한다. (b) t와 x/v가 같은 부호이므로 파동은 $-x$-축 방향으로 진행한다. (c) 파동의 속력은 b/c이다.

검토 우리는 풀이에 완전히 만족하기에 앞서, b/c가 파동의 속력의 단위를 갖는지를 확인해보기로 하자. 더해지는 두 항 bt와 cx는 단위가 같아야 한다. SI 단위로 사인 함수의 변수는 라디안으로 측정된다. 따라서 b는 rad/s의 단위로, c는 rad/m의 단위로 측정된다. 그러므로 b/c의 단위는 (rad/s)/(rad/m) = m/s로서 속력의 단위와 같다.

실전문제 11.2 **줄 위의 다른 진행파**

줄에서의 파동이

$$y(x, t) = (0.0050 \text{ m}) \sin [(4.0 \text{ rad/s})t - (0.50 \text{ rad/m})x]$$

로 기술된다. (a) 이 파동은 진행하면서 같은 형태를 유지하는가? (b) 이 파동은 어느 방향으로 진행하는가? (c) 파동의 속력은 얼마인가?

11.6 파동 그래프 그리기 GRAPHING WAVES

1차원 파동 $y(x, t)$의 그래프는 두 독립변수 (x, t) 중 하나에 대해 그릴 수 있다. 다른 하나는 고정되어 있어야 한다. 곧, 그것은 상수로 취급한다. 만일 x가 상수로 고정되면, 고정된 특정한 점(x값에 의해 결정)이 선택되고 그래프는 그림 11.10a와 같이 그 점의 운동을 시간의 함수로 나타내게 된다. 만일 t가 상수로 고정되고 y를 x의 함수로 그린다면 그래프는 하나의 스냅 사진과 같다. 특정한 순간에 파동이 어떠한 형태인지를 나타내는 순간적인 모양은 그림 11.10b와 같다.

그림 11.10 $y(x, t) = A \sin(\omega t - kx)$로 표현되는 줄 위 조화파동의 두 그래프. (a) 줄 위의 특정한 점($x = 0$)의 수직 변위를 시간의 함수로 나타낸 그래프. (b) 특정한 순간($t = 0$)에 수직 변위 y를 수평 위치 x의 함수로 나타낸 그래프.

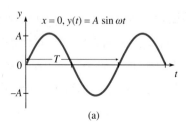

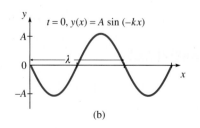

조화 횡파

조화 횡파가 줄 위에서 +x-방향으로 5.0 m/s의 속력으로 진행한다. 그림 11.11은 x = 0인 점에 대한 y(t)의 그래프를 보여준다. (a) 이 파동의 주기는 얼마인가? (b) 파장은 얼마인가? (c) 진폭은 얼마인가? (d) 이 파동을 기술하는 함수 y(x, t)를 구하고, (e) 시간 t = 0일 때 그래프 y(x)를 그려라.

전략 그래프는 시간을 독립변수로 하므로 주기는 그래프에서 한 번 왕복하는 시간에서 읽어낼 수 있다. 파장은 한 주기 동안 진행한 거리이다. 진폭은 그래프의 최대 변위에서 읽을 수 있다. 이 상수들이 함수 y(x, t)를 결정하는 데 필요한 모든 상수이다. 이제 진행 방향을 결정하고 사인 함수를 쓸 것인지 코사인 함수를 쓸 것인지를 생각하면 된다.

풀이 (a) 주기 T는 한 번 순환하는 데 걸리는 시간이다. 그림 11.10a 그래프로부터 주기는 $T = 2.0$ s이다.

(b) 파장 λ는 속력 $v = 5.0$ m/s로 한 주기 동안 진행한 거리이므로

$$\lambda = vT = 5.0 \text{ m/s} \times 2.0 \text{ s} = 10 \text{ m}$$

이다.

(c) 진폭 A는 평형으로부터의 최대 변위이다. 그래프에서 진폭은 $A = 0.030$ m이다.

(d) 그림 11.11은 사인 함수이다. $x = 0$인 점의 운동은

$$y(t) = A \sin\left(2\pi \frac{t}{T}\right)$$

이다. 파동은 +x-방향으로 진행하므로, $x > 0$인 한 점은 $\Delta t = x/v$만큼의 시간 지연으로 $x = 0$인 점의 운동을 되풀이한다. 따라서

$$y(x, t) = A \sin\left(2\pi \frac{t - x/v}{T}\right)$$

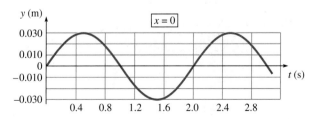

그림 11.11 조화 횡파의 그래프.

이다. 여기서 $v = 5.0$ m/s, $T = 2.0$ s이다.

(e) $t = 0$을 대입하면

$$y(x) = A \sin\left(-2\pi \frac{x}{vT}\right)$$

이고, $vT = \lambda$를 대입하고 다음 관계식

$$\sin(-\theta) = -\sin\theta$$

(부록 A.7)을 이용하면,

$$y(x, t = 0) = -A \sin\left(2\pi \frac{x}{\lambda}\right)$$

이다. 이 함수는 진폭 $A = 0.030$ m이고 파장 $\lambda = 10$ m인 사인 함수가 뒤집힌 꼴이다.

$$\lambda = vT = 5.0 \text{ m/s} \times 2.0 \text{ s} = 10 \text{ m}$$

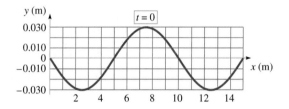

검토 그림 11.11은 점 $x = 0$이 처음에 $y = 0$에 있다가 위(+y-방향)로 움직여 시간 $t = 0.50$ s에 마루에 도달하는 모습을 보여준다. 파동이 움직이는 영상의 첫 번째($t = 0$) 장면이 (e)에 나타난 그래프에 해당한다. 파동이 오른쪽으로 이동하므로 연속되는 장면에서 사인파형의 그래프는 조금씩 오른쪽으로 이동한다. 점 $x = 0$은 파동이 오른쪽으로 2.5 m 이동했을 때, 마루에 도달할 때까지 위로 움직인다. 파동의 속력은 5.0 m/s이므로, $x = 0$인 점은 시간 $t = (2.5 \text{ m})/(5.0 \text{ m/s}) = 0.50$ s에서 마루에 도달한다.

실전문제 11.3 또 다른 조화 횡파

$y(x, t) = (1.2 \text{ cm}) \sin [(10.0\pi \text{ rad/s}) t + (2.5\pi \text{ rad/m})x]$로 기술되는 파동이 있다. (a) $x = 0$에서의 그래프 $y(t)$를 그려라. (b) 시간 $t = 0$일 때 그래프 $y(x)$를 그려라. (c) 이 파동의 주기는 무엇인가? (d) 파장은 얼마인가? (e) 진폭은 얼마인가? (f) 속력은 얼마인가? (g) 파동은 어느 방향으로 진행하는가?

11.7 중첩의 원리 PRINCIPLE OF SUPERPOSITION

같은 형태의 두 파동이 공간의 같은 영역을 지나간다고 생각해보자. 두 파동은 서로에게 영향을 미치는가? 만일 파동들의 진폭이 충분히 큰 경우라면 매질 내의 입자들은 그들의 평형 위치로부터 너무 큰 변위가 일어나 훅의 법칙(복원력 변위)이 더 이상 성립하지 않는다. 이 경우 두 파동은 서로에게 영향을 미친다. 그렇지만 진폭이 작은 경우 파동들은 변하지 않고 서로 지나갈 수 있다. 일반적으로, 진폭이 크지 않은 경우 중첩의 원리가 적용된다.

> **중첩의 원리**
>
> 둘 또는 그 이상의 파동이 겹칠 때, 겹친 점에서 알짜 교란은 각 파동의 교란을 합한 것과 같다.

그림 11.12와 같이 줄 위에서 두 개의 펄스 파동이 서로를 향해 진행하는 경우를 생각해보자. 펄스 파동은 서로에게 영향을 주지 않고 상대편 방향으로 지나갈 수 있다. 둘이 다시 분리되었을 때 그들의 모양과 높이는 그림 11.12a와 같이 겹치기 전과 꼭 같다. 중첩의 원리로 우리는 같은 방에서 동시에 말한 두 목소리를 구분해 들을 수 있다. 음파들은 전혀 영향을 받지 않고 통과해 지나갈 수 있다.

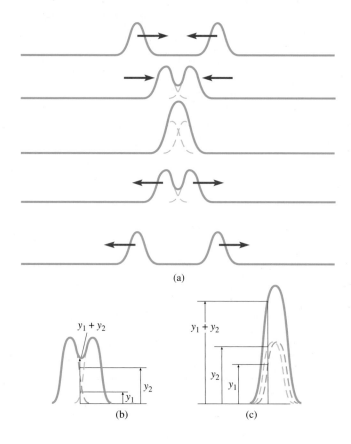

그림 11.12 (a) 서로를 향해가서 서로를 통과해 진행하는 동일한 2개의 펄스 파동. (b), (c) 중첩의 원리가 적용되는 서로 다른 두 순간의 파동 모양. 점선은 독립된 개별적인 펄스 파동이고 실선은 그 합을 나타낸다. 만일 하나의 펄스 파동이 홀로 작용한다면 한 점에 y_1의 변위를 일으키고, 다른 펄스 파동이 같은 .점에 y_2의 변위를 일으킨다면, 두 파동이 겹쳐진 결과 $y_1 + y_2$의 변위를 일으킨다.

보기 11.4

두 펄스 파동의 중첩

그림 11.13과 같이 긴 줄 위에서 2개의 펄스 파동이 서로를 향해 0.5 m/s의 속력으로 진행한다. 시간 $t = 1.0$, 1.5, 2.0 s에서의 줄의 모양을 그려라.

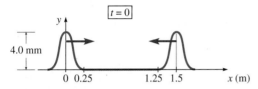

그림 11.13 시간 $t = 0$일 때 두 펄스 파동.

전략 문제에 주어진 각각의 시간마다 새 위치에 있는 두 펄스 파동을 그려놓고 시작하자. 그 둘이 겹칠 때는 그 점에서 각각의 펄스 파동에 의한 변위를 더하는 중첩의 원리를 적용해 줄의 알짜 변위를 구한다.

풀이 시간 $t = 0$일 때 두 펄스 파동을 그래프용지 위에 그린다(그림 11.14a). 시간 $t = 1.0$ s일 때 각 파동은 상대 파동을 향해 0.5 m 운동한다. 파동의 전면이 겹치기 시작한다(그림 11.14b). 시간 $t = 1.5$ s일 때 각 펄스들은 0.25 m를 더 움직여 마루들이 완전히 겹치게 된다. 각 점들에 대해 변위 값을 더하면 줄에는 원래 펄스 파동의 높이의 두 배의 변위를 갖는 한 개의 펄스 파동이 얻어진다(그림 11.14c). 시간 $t = 2.0$ s일 때 각 펄스들은 0.25 m를 더 움직인다(그림 11.14d).

검토 2개의 펄스 파동이 완전히 겹치면 줄 위의 각 점들의 변위는 원래 펄스 파동의 변위 값보다 커진다. 왜냐하면 변위들은 같은 방향(둘 다 $y > 0$)으로 더해지기 때문이다. 그렇지만 중첩으로 항상 변위가 더 커지는 것은 아니다(실전문제 11.4 참조).

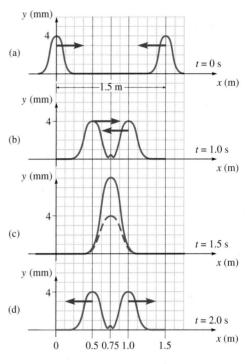

그림 11.14 시간 $t = 0$, 1.0, 1.5, 2.0 s일 때 펄스 파동의 위치.

실전문제 11.4 **서로 반대로 뒤집힌 두 펄스 파동의 중첩**

오른쪽의 펄스 파동이 완전히 뒤집혀진 경우(그림 11.15)에 대해 보기 11.4를 다시 풀어보아라. [힌트: x-축 아래쪽에 있는 점들의 변위가 음(−)의 값($y < 0$)을 갖는다.]

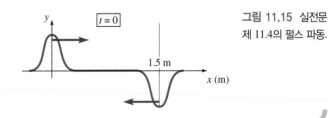

그림 11.15 실전문제 11.4의 펄스 파동.

11.8 반사와 굴절 REFLECTION AND REFRACTION

반사

두 매질의 경계에서는 **반사**reflection가 일어난다. 반사파는 입사파가 지녔던 에너지의 일부를 가지고 경계에서 반대 방향으로 진행한다. 예를 들어, 공기 중에서 음파는 공기 속을 진행하는 동안에는 반사되지 않지만 벽에 도달하면 반사를 일으킨다.

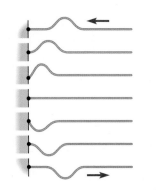

그림 11.16 고정된 끝에서 반사되는 펄스 파동의 스냅 사진. 반사된 펄스 파동은 위아래가 거꾸로 뒤집힌다.

반사파는 뒤집어지기도 한다. 한 가지 극단적인 예로서, 벽에 묶여 있는 줄을 살펴보자. 줄을 따라 파동을 보내면 그림 11.16과 같이 반사파는 뒤집힌다. 파동의 모양은 중첩의 원리에 의해 입사파와 반사파의 합이고, 이는 고정된 끝 점에 대해서도 성립된다. 끝 점이 제자리에 고정되어 있을 수 있는 유일한 방법은 반사파가 입사파의 뒤집힌 모양을 가지는 것이다. 벽에 의해 줄에 가해진 힘을 고려해 파동의 뒤집어짐을 이해 해볼 수도 있다. 위로 솟은 펄스 파동이 고정된 끝 점에 도달하면 줄이 벽에 가하는 힘은 위로 향하는 성분을 가지고 있다. 뉴턴의 제3 법칙에 의하면 벽은 줄에 아래로 향하는 힘을 가하게 된다. 아래로 향하는 이 힘은 아래로 향하는 반사되는 펄스 파동을 만든다.

줄을 벽에 묶는 대신 아주 큰 선밀도를 갖는 또 다른 줄에 묶어보자. 밀도가 너무 크면 그것의 움직임은 측정을 거의 할 수 없을 정도로 작다. 원래 줄은 그 차이를 거의 알아채지 못하고 단지 한끝이 고정되었다고 인식할 것이다. 아주 큰 밀도를 가진 두 번째 줄은 첫 번째 줄보다 훨씬 느린 파동속력을 가진다. 이제 두 번째 줄의 선밀도를 아주 크지는 않지만 첫 번째 줄보다는 크게 만들어보자. 경계점에서 상대적으로 더 큰 관성 때문에 경계점의 운동이 억제되고 그 결과 반사파는 뒤집어지게 될 것이다. 일반적으로 줄 위의 횡파가 더 느린 파동 속력을 가진 영역과의 경계에서 반사될 때 반사파는 뒤집힌다. 반면에 그러한 파동이 더 빠른 파동 속력을 가진 영역과의 경계에서는 반사될 때 반사파는 뒤집어지지 않는다.

경계에서 파장의 변화

파동의 매질에 급격한 변화가 있을 때 입사파는 경계에서 나뉘어 일부는 반사되고 일부는 경계를 지나 다른 매질로 투과한다. 이때 반사파와 투과파의 진동수는 모두 입사파의 진동수와 같다. 그 이유를 알아보기 위해 두 개의 다른 줄을 묶은 매듭에 입사하는 파동을 생각해보자. 반사파와 투과파는 모두 매듭의 상하 운동으로 발생하는데, 매듭의 진동은 입사파의 진동수에 의해 결정된다. 그렇지만 경계에서 파동의 속력이 변한다면 투과파의 파장은 입사파나 반사파의 파장과 같지 않다. 파동의 속력은 $v = \lambda f$이고 진동수는 같으므로

$$f = \frac{v_1}{\lambda_1} = \frac{v_2}{\lambda_2} \tag{11-9}$$

이다. 식 (11-9)는 모든 종류의 파동에 적용되며, 광학 연구에 특히 중요하다.

보기 11.5

초음파 검사기에서 파장

초음파 영상은 담낭의 담석을 검사하는 데 이용된다. 주파수 발생기는 진동수 6.00 MHz의 초음파를 발생시킨다. 담석에

서 소리의 속력은 2180 m/s이고, 주변을 둘러싸고 있는 담즙에서 소리의 속력은 1520 m/s이다. (a) 담즙에서 소리의 파장

은 얼마인가? (b) 담석에서 소리의 파장은 얼마인가?

전략 음파의 진동수는 파동이 전파되는 두 물질에서 같은 값을 가진다. 파장은 진동수와 매질에서 소리의 속력 두 가지 모두에 따라 달라진다.

풀이 (a) 담즙에서 소리의 파장은 담즙에서 소리의 속력과 진동수에 따라 변한다. 곧

$$\lambda_b = v_b T = \frac{v_b}{f}.$$

주어진 숫자를 대입하면

$$\lambda_b = \frac{1520 \text{ m/s}}{6.00 \times 10^6 \text{ Hz}} = 0.253 \text{ mm}$$

가 된다.

(b) 담석에서 파동은 같은 진동수를 갖지만, 속력은 달라진다. 따라서 파장은

$$\lambda_s = \frac{v_s}{f} = \frac{2180 \text{ m/s}}{6.00 \times 10^6 \text{ Hz}} = 0.363 \text{ mm}$$

이다.

검토 파장의 비는 파동의 속력의 비와 같음을 쉽게 점검해 볼 수 있다.

$$\frac{0.253 \text{ mm}}{0.363 \text{ mm}} = 0.697, \quad \frac{1520 \text{ m/s}}{2180 \text{ m/s}} = 0.697$$

실전문제 11.5 철로 위에서의 작업

한 선로원이 철로 수선용 쇠못을 박던 중에 실수로 못 대신에 레일을 쳤다. 음파는 공기와 레일을 타고 전파한다. 레일을 타고 진행하는 횡파는 무시한다. 공기 중에서 그 소리의 파장은 0.548 m이다. 공기 중에서 소리의 속력은 340 m/s이고, 레일에서 소리의 속력은 5300 m/s이다. (a) 이 파동의 진동수는 얼마인가? (b) 레일에서 이 음파의 파장은 얼마인가?

굴절

투과파는 입사파와 파장이 다를 뿐만 아니라, 입사파의 진행 방향이 경계면의 법선 방향(면에 수직인 방향)인 경우를 제외하고는 입사파와 다른 방향으로 진행한다. 이와 같이 파동의 진행 방향이 바뀌는 현상을 **굴절**refraction이라 한다.

응용: 바다의 파도는 왜 해안을 향해 정면으로 접근하는가? 파동의 속력이 서서히 변한다면, 방향 변화 또한 서서히 일어난다. 대양에서 일어나는 파도의 속력은 물의 깊이에 따라 달라진다. 얕은 물에서 파도는 느리게 진행한다. 해안으로 접근하면서 파도의 속력은 점점 느려진다. 그 결과 파도는 거의 정면으로 해안에 도달하도록 점진적으로 굽어진다.

응용: 지진학 지진파가 서로 다른 종류의 암석의 경계를 통과하는 경우와 같이 파동의 속력이 갑자기 변하면 파동은 급격히 굴절된다(그림 11.17). 지진파는 지질학적으로 다른 지형의 경계에서 굴절되거나 반사되는데, 이러한 지진파의 전파를 이해하는 것은 언제 발생할지 모르는 지진의 피해를 줄이기 위해 매우 중요하다. 과학자들은 거대한 진동자를 이용해 작은 지진파를 발생시키고 지진계를 사용해 여러 곳에서 땅의 진동을 기록한다. 이를 통해 지진 피해의 위험이 높은 지역에 방제수단을 제공할 수 있는 지진재해도를 만들 수 있다.

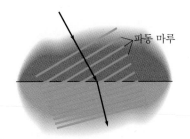

그림 11.17 서로 다른 암석의 경계를 통과하는 지진파의 마루. 경계에서 파동의 파장(마루들 사이 거리)이 변하는 것은 물론이고 파동이 굴절된다(전파 방향이 바뀐다). 명확하게 나타내기 위해 반사된 파동은 생략했다.

11.9 간섭과 회절 INTERFERENCE AND DIFFRACTION

간섭

중첩의 원리는 극적인 효과를 나타낼 수 있다. 진동수가 같고 진폭이 A_1과 A_2인 두 파동이 공간상의 한 점을 통과한다고 해보자. 두 파동이 그 점에서 **위상이 같으면**in phase, 두 파동은 같은 시간에 동시에 최대에 이른다(그림 11.18a). 서로 위상이 같은 파동의 중첩을 **보강간섭**constructive interference이라 부른다. 결합된 파동의 진폭은 각 파동의 진폭의 합($A_1 + A_2$)이다.

만약 두 파동이 진동수는 같지만 주어진 점에서 **위상이 180° 어긋나면**180° out of phase, 하나가 최대가 될 때 다른 하나는 최소가 된다(그림 11.18b). 위상이 180° 어긋난 파동들의 중첩을 **상쇄간섭**destructive interference(또는 소멸간섭)이라 부르고, 결합된 파동의 진폭은 각각의 파동들의 진폭의 차($|A_1 - A_2|$)로 주어진다. 보강간섭은 두 파동의 합으로 만들어지는 최대 진폭($A_1 + A_2$)을 갖고, 상쇄간섭은 최소 진폭($|A_1 - A_2|$)을 나타낸다.

그림 11.19에서 두 개의 막대는 수면 위에 원형의 파동을 발생시키기 위해 같은 시간 간격으로 위아래로 진동한다. 만일 두 파동이 같은 거리를 진행해 수면상의 한 점에 도달했다면 그들은 같은 위상으로 도달해 보강간섭을 한다. 만약 이동 거리가 다르다면 보강간섭, 상쇄간섭 또는 그 중간의 간섭이 생길 것이다. 만약 경로 차 $d_1 - d_2$가 파장의 정수 배이면, 그 지점 P에서는 보강간섭을 한다. 만약 경로 차가 $\frac{1}{2}\lambda$, $\frac{3}{2}\lambda$, $\frac{5}{2}\lambda$, …이면, P에서는 상쇄간섭이 일어난다.

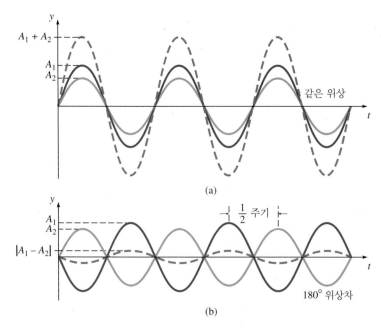

그림 11.18 두 파동의 (a) 위상이 같은 경우와 (b) 위상이 180° 어긋난 경우. (구분하기 위해 하나는 옅은 선으로 그렸다.) (b)에서 한 파동은 다른 하나에 비해 반주기 앞서 최대에 도달함을 볼 수 있다. (a)와 (b)에서 점선은 두 파동을 중첩시킨 것이다. 보강간섭 (a)에서 진폭은 $A_1 + A_2$이고, 상쇄간섭(b)에서는 $|A_1 - A_2|$이다.

그림 11.19 결이 맞는 수면파들을 위에서 찍은 스냅 사진. 점 P에 도달하는 데 두 파동은 d_1, d_2의 거리를 진행했다. $d_1 - d_2$가 파장의 정수 배이면, 보강간섭이 일어난다. $d_1 - d_2$가 반 파장의 홀수 배이면, 상쇄간섭이 발생한다.

간섭이 파동의 세기에 미치는 효과 파동이 간섭할 때, 진폭은 더 커지거나(보강간섭) 작아진다(상쇄간섭). 그러나 세기는 **진폭의 제곱에 비례**하므로, 간섭하는 두 파동의 세기는 간단한 덧셈이나 뺄셈으로 주어지지 않는다.

보기 11.6

간섭하는 파동의 세기

두 파동이 만나 간섭을 일으켰다. 하나의 세기가 다른 것의 9.0배이다. 간섭하는 두 파동의 최대 가능한 세기와 최소 가능한 세기의 비는 얼마인가?

전략 파동의 세기는 각 파동의 세기의 합이나 차로 주어지지는 않는다. 중첩의 원리는 간섭한 파동의 최대 진폭과 최소 진폭이 간섭하는 파동의 진폭의 합과 차임을 알려준다. 세기는 진폭의 제곱에 비례하므로, 진폭의 비를 구하고 나서 그들을 더하거나 뺄 수 있다.

풀이 간섭하는 파동들의 세기 사이의 관계는 $I_1 = 9.0I_2$, 곧 $I_1/I_2 = 9.0$이다. 세기는 진폭의 제곱에 비례하므로

$$\frac{A_1}{A_2} = \sqrt{\frac{I_1}{I_2}} = 3.0$$

이다. 따라서 $A_1 = 3.0\,A_2$이다. 위상이 일치하면 중첩에 의해 최대 진폭이 된다. 곧, 최대 진폭은

$$A_{최대} = A_1 + A_2 = 4.0\,A_2$$

이다. 두 파동의 위상이 180° 어긋나는 경우에는 중첩에 의해 최소 진폭이 된다.

$$A_{최소} = |A_1 - A_2| = 2.0A_2$$

최대 세기와 최소 세기의 비는

$$\frac{I_{최대}}{I_{최소}} = \left(\frac{A_{최대}}{A_{최소}}\right)^2 = \left(\frac{4.0}{2.0}\right)^2 = 4.0$$

이다.

검토 만일 진폭 대신 세기를 직접 더하거나 뺐다면, 최대 세기와 최소 세기의 비는 $10/8 = 1.25$가 되었을 것이다.

실전문제 11.6 다른 두 개의 결맞음 파동

개별 파동의 세기의 비를 9.0 대신에 4.0으로 바꾸고 보기 11.6을 다시 풀어보아라.

결맞음

두 파동이 만나는 특정 위치에서 두 파동의 **위상차**(*phase difference*) $\Delta\phi$는 한 파동이 다른 파동과 비교해 진동의 순환이 얼마나 앞서가는지 또는 뒤처지는지를 나타내는 척도이다. 위상차는 보통 각도 또는 라디안으로 표현한다. 한 순환은 360°, 곧 2π에 해당한다. 앞 절의 간섭에 대한 논의에서, 파동이 **결맞음**coherent 상태에 있다

고 가정했다. 위상이 같은 결맞음 파동($\Delta\phi = 0$)은 위상이 같은 상태를 계속 유지하고, 위상이 180° 차이 나는 결맞음 파동은 180° 위상차를 계속 유지한다. 결맞음 파동의 위상차는 0부터 180° 사이 값을 갖고, 둘을 더했을 때 진폭은 최대 $A_1 + A_2$와 최소 $|A_1 - A_2|$ 사이에 있다. 결맞음 파동은 물론 같은 진동수를 가져야 한다. 그렇지 않으면 일정한 위상차를 유지할 수 없다.

결맞음 파동을 얻는 한 가지 방법은 같은 파원으로부터 파동을 발생시키는 것이다. 한 음향기기에서 두 개의 스피커로 같은 신호를 보내는 경우를 예로 들 수가 있다. 스피커를 구동하는 앰프에서 어떤 요동이 일어난다고 하더라도 같은 요동이 두 개의 스피커에 동시에 일어나므로 그들은 결맞음 상태를 유지한다.

만일 파동들 사이의 위상관계가 제멋대로 변하면 파동들은 **결이 맞지 않는다**[incoherent]라고 말한다. 서로 다른 파원에서 나오는 파동은 결이 맞지 않는다. 결이 맞지 않는 파동의 간섭에서는 변하는 위상차로 인해 간섭효과는 평균적으로 사라지고, 전체 세기는 각각의 세기의 합으로 주어진다. (그래서 여기서 정의한 **결맞음 또는 결맞지 않음**은 이상적인 경우이다.)

왜 우리는 간섭의 효과를 항상 보거나 듣지 못하는가? 보통의 빛, 곧 백열전등, 형광등 또는 태양에서 발생된 빛은 무수히 많은 개별 원자로부터 발생되므로 결이 맞지 않는다. 서로 다른 음원에서 발생한 음파 역시 결이 맞지 않는다. 심지어 한 개의 음원에서 발생된 소리도 벽, 천장, 의자 등에서 반사되어 서로 다른 경로를 진행해 우리 귀에 도달한다. 이러한 파동은 서로 다른 위상을 가지기 때문에, 간섭효과는 거의 없다. 또한 음파는 보통 많은 다양한 진동수들을 포함하므로, 어떤 점에서 한 진동수에 대해 보강간섭이 일어난다고 하더라도 다른 진동수에 대해서는 보강간섭이 일어나지 않는다. 그럼에도 불구하고 음향 기사나 음향 전문가는 간섭효과를 고려해 교실이나 연주회장을 설계해야 한다.

✓ 살펴보기 11.6

보기 11.6에서 두 파동 자체의 세기가 I_2 그리고 $I_1 = 9I_2$라고 하자. (a) 두 파동의 결이 맞지 않을 경우, 두 파동이 중첩될 때 파동의 세기는 얼마인가? (b) 두 파동의 결이 맞을 경우, 중첩된 파동의 가능한 최대 및 최소 세기는 얼마인가?

회절

회절이란 파동이 진행하는 경로에 있는 장애물 주변을 돌아 퍼져나가는 것이다(그림 11.20). 회절이 일어나는 정도는 장애물과 파장의 상대적인 크기에 관계된다. 회절은 모퉁이 뒤 우리가 볼 수 없는 곳에서 발생하는 소리도 들을 수 있게 한다. 공기 중에서 파장 1 m의 보통의 음파는 그보다 파장이 매우 작은(< 1 μm) 빛보다 더 많이 회절한다. 빛을 포함한 전자기파의 간섭과 회절에 관해서는 25장에서 공부할 것이다.

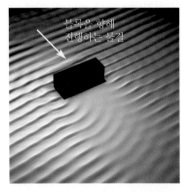

블록을 향해 진행하는 물결

그림 11.20 리플탱크(잔물결 통)에서 장애물 주위의 회절. 얕은 통에서 진행한 물결이 블록을 만나면 블록 주위로 회절한다.

11.10 정상파 STANDING WAVES

정상파는 한 파동이 경계에서 반사되어 입사파와 간섭을 일으킬 때 발생한다. 이때 파동은 가만히 서 있는 것처럼 보이기 때문에 이를 **정상파**standing wave라고 부른다. 오른쪽에서 입사되어 끝이 고정되어 있는 줄의 경계에 부딪히는 조화파동을 생각해보자. 입사파의 방정식은

$$y(x, t) = A \sin(\omega t + kx)$$

이다. 파동이 왼쪽으로 진행하므로, 위상각 속에 양(+)의 부호를 택했다.

반사파는 오른쪽으로 진행하므로 $+kx$는 $-kx$로 대체된다. 또한 반사파는 뒤집히므로 $+A$는 $-A$로 대체된다. 따라서 반사파는

$$y(x, t) = -A \sin(\omega t - kx)$$

라 쓸 수 있다. 중첩의 원리를 적용하면 줄의 운동은

$$y(x, t) = A[\sin(\omega t + kx) - \sin(\omega t - kx)]$$

로 기술된다. 이 식은 줄의 운동을 더 명확하게 보여줄 수 있는 형태로 다시 쓸 수 있다. 삼각함수의 관계식(부록 A.7)을 이용하면

$$\sin \alpha - \sin \beta = 2 \cos\left[\tfrac{1}{2}(\alpha + \beta)\right] \sin\left[\tfrac{1}{2}(\alpha - \beta)\right]$$

이다. 여기서

$$\alpha = \omega t + kx, \quad \beta = \omega t - kx$$

이고, 줄의 운동은 다음의 방정식으로 기술된다.

$$y(x, t) = 2A \cos \omega t \sin kx \qquad \text{(11-10)}$$

변수 t와 x가 분리되어 있음에 주목하여라. 모든 점들은 같은 진동수로 단순조화운동을 한다. 그렇지만 진행하는 조화파동과는 대조적으로 모든 점들이 평형 위치로부터 각각의 최대 거리에 **동시에** 도달한다. 뿐만 아니라 서로 다른 점들은 서로 다른 진폭으로 운동한다. 임의의 점 x에서의 진폭은 $2A \sin kx$이다.

그림 11.21은 줄의 운동을 $\frac{1}{8}T$의 시간 간격으로 보여준다(T는 주기). 여러분이 정상파를 관찰할 때 실제로 볼 수 있는 것은, 빠르게 운동하는 줄의 흐릿한 형상과 전혀 움직이지 않는 점인 **마디**nodes(N으로 표기)가 최대 진폭인 **배**antinodes(A로 표기) 사이에 놓여 있는 모습이다. 마디란 $\sin kx = 0$을 만족하는 점들이다. $\sin n\pi = 0$ ($n = 0, 1, 2, \cdots$)이므로 마디들은 $x = n\pi/k = n\lambda/2$에 위치한다. 따라서 연속되는 두

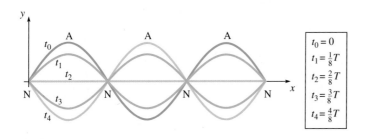

그림 11.21 $t = 0, \frac{1}{8}T, \frac{2}{8}T, \frac{3}{8}T, \frac{4}{8}T$에서의 정상파. 여기서 T는 주기를 나타낸다.

개의 마디 사이의 거리는 $\frac{1}{2}\lambda$이다. 배는 $\sin kx = \pm 1$을 만족하는 곳에서 일어나는데, 정확하게 배는 마디 사이 한가운데에 위치한다. 마디와 배는 4분의 1파장의 간격을 두고 교대로 나타난다.

지금까지 우리는 줄의 다른 쪽 끝에서 일어나는 일을 무시했다. 줄의 다른 쪽 끝도 고정된다면 그 점 또한 마디이다. 따라서 줄은 양쪽 끝에 하나씩 둘 이상의 마디를 갖는다. 인접한 두 마디 사이의 거리는 $\frac{1}{2}\lambda$이므로

$$n(\lambda/2) = L \qquad \text{(11-11a)}$$

이다. 여기에서 L은 줄의 길이이고, $n = 1, 2, 3, \cdots$이다. 그러면 줄 위에 나타날 수 있는 정상파들의 파장은

$$\lambda_n = \frac{2L}{n} \quad (n = 1, 2, 3, \cdots) \qquad \text{(11-11b)}$$

이고, 진동수는

$$f_n = \frac{v}{\lambda_n} = \frac{nv}{2L} \quad (n = 1, 2, 3, \cdots) \qquad \text{(11-12)}$$

이다. 식 (11-11)과 (11-12)를 암기할 필요는 없다. 그림 11.22와 같이 그림을 그려 파장을 찾고, $v = f\lambda$ 관계식을 이용해 진동수를 구하면 된다.

가장 낮은 진동수를 갖는 정상파($n = 1$)의 진동수를 **기본 진동수**fundamental frequency 라 부른다. 더 높은 진동수의 정상파들은 모두 기본 진동수의 정수 배에 해당하는 진동수를 갖는다. 정상파의 진동수는 다음과 같이 일정한 간격의 진동수들의 집합이다.

$$f_1, 2f_1, 3f_1, 4f_1, \cdots, nf_1, \cdots$$

이 진동수들을 줄의 **자연 진동수**(natural frequency) 또는 **공명 진동수**(resonant frequency)라 부른다. 어떤 계가 그 계의 자연 진동수 중 하나로 구동될 때 공명 현상이 일어난다. 공명의 결과로 일어나는 진동의 진폭은 구동진동수가 자연 진동수에 가깝지 않을 때에 비해 훨씬 크다.

연결고리

이상적인 질량–용수철 계는 단일 공명진동수를 갖는다(10.10절). 그러나 크기가 있는 물체는 일반적으로 많은 수의 공명진동수를 갖는다.

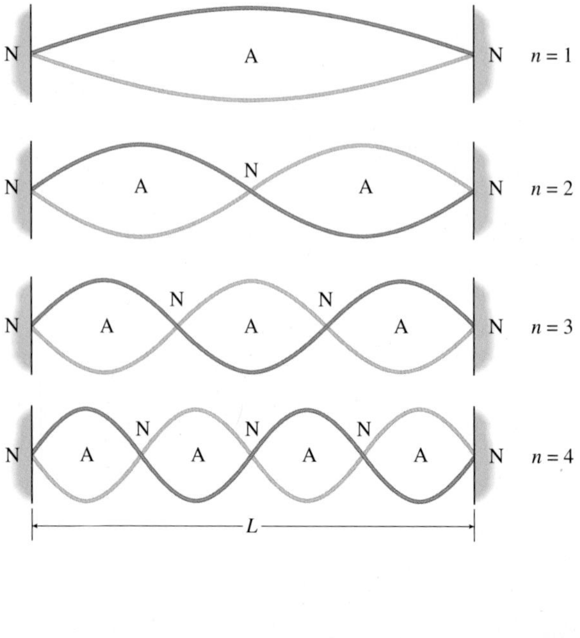

그림 11.22 양 끝이 고정된 줄에 형성된 4개의 정상파. "N"은 마디의 위치를, "A"는 배의 위치를 나타낸다. 각 그림에서 마디-마디 거리는 $\frac{1}{2}\lambda$이고, 그러한 "고리" n개는 전체 줄의 길이와 같아서 $n(\lambda/2) = L$이 성립한다.

살펴보기 11.10

1.0 m 길이의 줄에 정상파가 발생해, 양 끝의 마디를 제외하고 4개의 마디가 나타난다고 하자. 파장은 얼마인가?

그림 11.22는 줄 위에 생기는 처음 네 개의 정상파 형태를 보여준다. 양 끝은 제자리에 고정되어 있으므로 항상 마디이다. 잇달은 각 형태들은 앞의 것보다 마디와 배가 하나씩 더 있다. 기본 진동은 가장 적은 수의 마디(2개)와 배(1개)를 갖는다.

보기 11.7

정상파의 파장

줄이 1.2×10^2 Hz로 구동되는 진동기와 연결되어 있다. 다른 쪽 끝에는 일정한 무게의 추가 매달려 있다. 그림 11.23과 같이, 무게를 조정해 정상파를 형성했다. 줄에 나타난 정상파의 파장은 얼마인가?

전략 측정한 42 cm 거리에 여섯 개의 "고리"가 포함되어 있다. 여기서 인접한 두 마디를 고리 1개로 센다. 각 고리는 길이가 $\frac{1}{2}\lambda$이다.

풀이 고리 하나의 길이는

$$42 \text{ cm} \times \frac{1}{6} = 7.0 \text{ cm}$$

이며, 고리 하나의 길이는 $\frac{1}{2}\lambda$이므로 파장은 14 cm이다.

검토 이 줄은 양 끝이 고정되어 있지 않다. 왼쪽 끝은 운동하는 진동기와 연결되어 있으므로 마디가 아니다. 오른쪽 끝은 도르래에 걸쳐 있어서, 끝이 정확히 어디인지 결정하기가

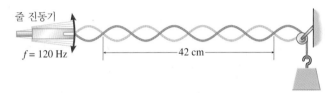

그림 11.23 정상파의 마디 사이의 거리 측정.

줄 진동기
$f = 120$ Hz
42 cm

쉽지 않다. 이 경우 끝 점들을 마디로 가정하는 것보다, 실제로 있는 두 마디 사이의 거리를 재는 것이 더 정확하다.

실전문제 11.7 일곱 개의 고리가 있는 정상파

진동기의 진동수를 증가시켜 42 cm의 거리 안에 일곱 개의 고리를 만들었다. 이 줄에 새로 생긴 정상파의 진동수는 얼마인가? (장력은 같다고 가정하여라.)

공명의 응용: 지진의 피해 지진파에 의해 구조물이 입는 많은 피해가 공명 때문에 일어난다. 만일 땅이 진동하는 진동수가 구조물들의 공명 진동수에 가까우면, 구조물 진동의 진폭은 점점 커진다. 따라서 지진에 견딜 수 있는 건물을 짓기 위해서는 튼튼하게 짓는 것만으로는 부족하다. 건물을 땅의 진동으로부터 격리시키든지, 충격 흡수장치와 같은 감쇄 메커니즘을 가지도록 설계해 지진 에너지를 감쇄시켜 진동의 진폭을 줄여야 한다. 감쇄 방식은 격리 방식만큼 효과가 크면서도 비용이 저렴하므로 큰 건물들을 지을 때 점점 더 많이 채택하고 있다.

1995년 일본의 한신 지역에서 발생한 지진으로 인해, 주변 건물들은 약간의 피해를 입는 것에 그쳤으나 한신 고가도로의 상당한 부분이 붕괴되었다. 지진이 발생했을 때 지면의 진동수가 고가도로의 공명 진동수 중 하나와 거의 맞았다. 그 결과

지진으로 인해 고가도로는 붕괴된 반면, 주변 건물들은 왜 큰 피해가 없었을까?

고가도로는 앞뒤로 뒤틀리며 진폭이 점점 증가해 결국 붕괴되었다. 지진 발생 이후, 교각과 도로를 연결하는 강철 베어링 대신에 고무로 된 바닥분리체를 설치했다. 이것은 도로 진동의 진폭을 감소시키는 충격흡수장치 같은 역할도 한다.

해답

실전문제

11.1 (a) 8.9 m/s, (b) 13 m/s

11.2 (a) 예, 진행파는 모양을 그대로 유지한다. (b) t와 x/v항이 반대 부호를 가지므로 $+x$-방향으로 이동한다. (c) 파동 속력은 8.0 m/s이다.

11.3

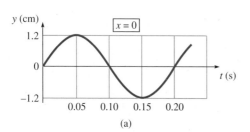

(a)

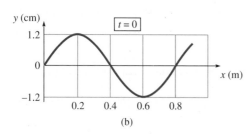

(b)

(c) $T = 0.200$ s, (d) $\lambda = 0.80$ m, (e) $A = 1.2$ cm, (f) $v = 4.0$ m/s, (g) 파동은 $-x$-방향으로 진행하는데 x와 t를 포함하는 항의 부호가 같기 때문이다.

11.4

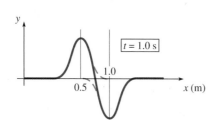

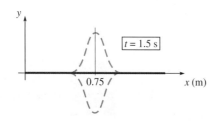

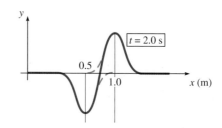

11.5 (a) 620 Hz, (b) 8.5 m

11.6 9.0

11.7 140 Hz

살펴보기

11.1 등방성 파원의 경우, $I \propto 1/r^2$. 탑으로부터 10^2배 멀리 떨어진 거리에서 세기는 $10^{-4} \times 0.090$ W/m^2 = 9.0 μW/m^{2}이다.

11.2 횡파는 중심핵을 통과하지 못하고 종파는 통과하는데, 중심핵의 일부가 횡파의 전달을 지원할 수 없는 액체이기 때문이다. 종파는 액체에서 압축과 희박을 만들어 중심핵을 통과할 수 있다.

11.3 (b) = (d), (a) = (e), (c).

11.4 주기 T는 한 순환하는 데 걸리는 시간이다. 한 주기 동안 파동은 4.0 km/s의 속력으로 20 km를 이동한다. 그러면 주기는 (20 km)/(4.0 km/s) = 5.0 s이다.

11.5 방정식 (11-8c)와 (11-8d). ωt와 kx항은 동일한 부호를 갖는다.

11.6 (a) 세기는 두 파동의 세기의 합이다. $10.0I_2$. (b) 보기 11.6에서와 같이, $A_{최대} = 4.0A_2$. 세기는 진폭 제곱에 비례하므로 $I_{최대}/I_2 = (A_{최대}/A_2)^2 = 16.0$이고, $I_{최소}/I_2 = (A_{최소}/A_2)^2 = 4.0$이다. 가능한 최대 및 최소 세기는 각각 $16.0I_2$와 $4.0I_2$이다.

11.10 마디가 고르게 떨어져 있으므로, 마디는 $x = 0$, 20 cm, 40 cm, 60 cm, 80 cm, 100 cm에 있다. 마디 사이의 거리는 파장의 절반이므로 파장은 40 cm이다.

소리
Sound

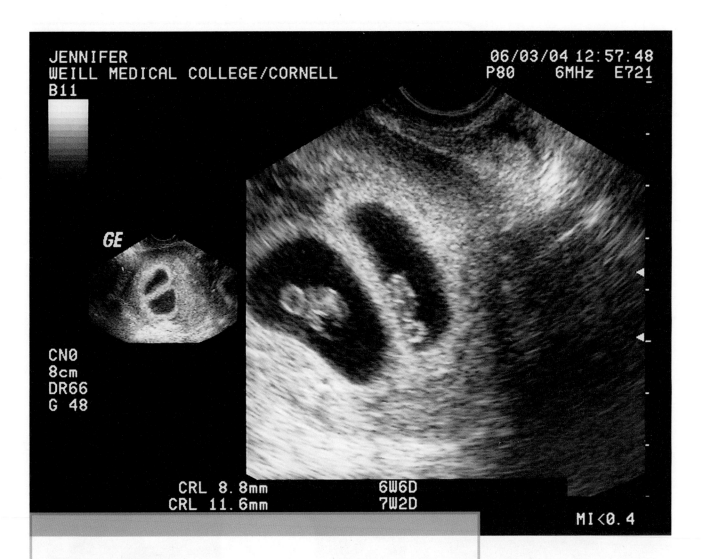

축하합니다! 쌍둥이입니다!

산전 관리 중 중요한 것으로 태아의 초음파 영상이 있다. 초음파가 아니고 가청음 영역의 소리를 이용해서도 태아의 영상을 얻을 수 있을까? X선과 같은 다른 영상 기법을 사용하지 않고 초음파를 사용하는 이유는 무엇인가? 의학적으로 초음파를 달리 이용한 예는 어떤 것이 있는가? (354쪽에 답이 있다.)

12.1 음파 SOUND WAVES

기타 줄을 튕기면 횡파가 기타 줄을 따라 이동한다. 우리 귀의 고막과 기타 줄이 직접 연결된 것이 아니기 때문에 우리는 기타 줄의 파동을 듣는 것이 아니다. 기타 줄의 진동은 브리지를 거쳐서 기타의 울림통으로 전달되고, 울림통은 진동을 공기 중으로 전달한다. 이것을 소리 또는 음파라고 한다. 기타 줄의 횡파가 비록 음파의 원인이긴 하지만 음파는 아니다.

음파가 없는 곳에서 공기 분자들은 마구잡이 방향으로 날아다닌다. 공기 분자들은 평균적으로 균일하게 분포하고 있고, 그 압력은 모든 곳에서 같다(고도에 따른 아주 작은 압력의 변화는 무시함). 음파 속에서는 공기 분자의 균일한 분포가 교란된다. 스피커는 모든 방향으로 공기 중을 이동하는 압력 요동을 발생시킨다(그림 12.1). 어떤 영역(압축)에는 분자들이 모여 있어 압력이 평균 압력보다 높다. 반면 다른 영역(희박)에서는 분자들이 퍼져 있고 압력은 평균 압력보다 낮다. 음파는 수학적으로 위치와 시간의 함수인 계기압력 p(주어진 점에서의 압력과 그 주변의 평균 압력 간의 차이)로 기술할 수 있다(그림 12.2a).

그림 12.1 진동하는 스피커의 진동판은 공기 중에 압력이 높은 영역과 낮은 영역을 교대로 만든다. 주변의 공기는 공기 압력의 변화로 생긴 알짜힘의 영향을 받는다. 그 결과, 진동은 스피커에서부터 모든 방향으로 이동한다. 이렇게 요동이 이동하는 것이 음파이다.

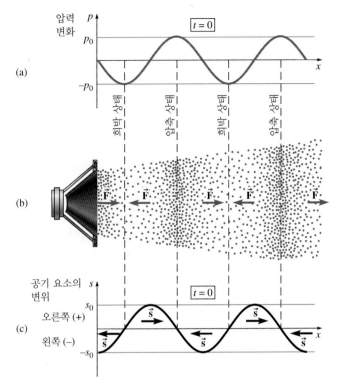

그림 12.2 스피커가 만들어낸 음파. (a) 공기의 압력 변화 p를 위치 함수 x로 나타낸 그래프. 공기가 압축된 곳은 압력이 높고 희박한 곳은 압력이 낮다. (b) 공기 요소가 평형 위치에서 변위된다. 압력이 균일하지 않아서 공기 요소가 공기 압력으로 생긴 알짜힘을 받는다. 여기서 힘 화살표는 알짜힘의 방향을 가리킨다. 힘은 항상 압축(높은 압력) 상태에서 희박 상태로 향한다. (c) 평형 위치 x에서 벗어난 공기 요소의 변위 s를 x함수로 나타낸 그래프. 여기서 화살표는 각 영역의 변위 방향을 가리킨다. 공기 요소는 압축 상태를 향해 왼쪽이나 오른쪽으로 변위되며 희박 상태에서는 멀어진다.

　　스피커 진동판은 균일한 분포 상태였던 공기 분자들을 이동시켜 압력 변동을 만들어낸다(그림 12.2b). 진동판이 평형 위치에서 왼쪽으로 이동하면, 공기는 옅게 퍼져 저압 영역(희박)이 된다. 진동판이 오른쪽으로 이동하면, 공기는 압축되어 고압 영역(압축)이 된다.

　　이렇게 공기 분자가 균일한 분포에서 벗어날 때 압력이 높은 영역과 낮은 영역이 생긴다. 음파는 공기 요소(한 덩어리처럼 같이 움직이는 것으로 생각할 수 있는 공기 중의 한 영역)의 변위 s로 표현할 수 있다(그림 12.2c). 공기 요소는 소리의 파장보다 매우 작지만 상당히 많은 공기 분자를 포함할 수 있을 정도로 충분히 크다고 가정한다. 조화파의 경우, 극대와 극소 압력 지점에 있는 공기 요소의 변위는 변화가 없지만, 그 주변의 공기 요소들은 극점 쪽으로 이동(압축)하거나 극점에서 멀어지는 쪽으로 이동(희박)한다. 역으로, 계기 압력이 0인 경우, 공기 요소의 변위는 최대 크기가 된다.

　　만약 어느 한쪽의 압력이 다른 쪽보다 높아지면 알짜힘이 공기를 저압 쪽으로 민다. 그림 12.2b에서 보이는 것처럼 공기 분자들이 저압 쪽으로 밀리고 고압 상태로부터 멀어지는 불균등한 압력 분포가 만들어진다. 동일한 영역에서 변위 화살표에 반대로 향하는 이들 힘 화살표의 방향은 주어진 어느 한 순간에 압축된 곳이 나중에는 희박한 곳이 되고 그 반대도 마찬가지가 되도록 한다. 곧, 주어진 한 점에서 압력은 평균 압력 위아래로 요동한다.

동물의 가청 진동수 영역

인간의 귀는 제한된 진동수 범위 내의 음파에 반응한다. 일반적으로 이것을 **가청 영역**audible range이라 하고, 20 Hz에서 20 kHz까지의 진동수 영역을 의미한다. (20 Hz 이하인 소리를 **초저음파**infra sound라 하고 20 kHz 이상인 소리를 **초음파**ultra sound라 한다.) 실제로는 가청 영역대 내의 모든 소리를 들을 수 있는 사람은 거의 없다. 아주 청력이 좋은 사람일지라도 인간 귀의 감도는 100 Hz 이하와 10 kHz 이상의 영역에서는 급격히 감소한다. 노화에 의한 청력 감소가 흔히 발생하는데 주로 고주파수에 영향을 미쳐서 말을 알아듣기가 어려워진다. 큰 소리에 반복적으로나 장기간 노출되면 청력이 손실될 수 있다.

동물의 가청 영역은 사람과 많이 다를 수 있다. 대부분의 포유류들은 인간이 들을 수 있는 진동수보다 훨씬 높은 소리를 들을 수 있다. 개는 50 kHz의 소리를 들을 수 있기 때문에 사람들에게 들리지 않는 진동수의 개 호출용 호루라기를 사용할 수 있다. 생쥐들은 자신들의 포식자들이 들을 수 있는 것보다 높은 90 kHz 정도의 진동수 소리를 내고 또한 들을 수 있다. 박쥐와 돌고래는 100 kHz가 넘는 진동수를 들을 수 있다. 돌고래는 이동 중에 시각보다는 청력에 더 의존한다. 연구에 따르면 스스로 해변으로 올라오는 많은 돌고래들이 청력 상실로 고통을 받고 있다고 한다.

일부 동물들은 인간이 들을 수 있는 것보다 낮은 진동수를 들을 수 있다. 코끼리와 코뿔소는 각각 약 14 Hz와 10 Hz 정도의 진동수를 들을 수 있다. 일부 연구에 따르면 비둘기와 제주왕나비는 날 때 초저음파를 사용한다고 한다.

12.2 음파의 속력 THE SPEED OF SOUND WAVES

연결고리

줄 위의 횡파에서처럼 소리의 속력은 파동이 지나가는 매질의 두 가지 특성, 곧 복원력과 관성 사이의 균형에 의해 결정된다.

줄 위의 파동인 경우에 복원력은 줄의 인장력 F에 의해 결정되며, 관성력은 선질량밀도 μ(단위 길이당 질량)에 의해 결정된다. 줄 위의 횡파 속력은 다음과 같다.

$$v = \sqrt{\frac{F}{\mu}} \qquad (11\text{-}4)$$

유체 내의 음파인 경우에 복원력은 10.4절에서 정의했듯이 부피 탄성률(bulk modulus) B에 의해 결정된다. 부피 탄성률 B는 압력 증가와 부피 변화율 사이의 비례상수이다.

$$\Delta P = -B \frac{\Delta V}{V} \qquad (10\text{-}10)$$

유체의 관성은 질량밀도(ρ)에 의해 결정된다. "복원력이 클수록 파동은 빠르고, 관성이 클수록 파동이 느리다."라는 물리적 언명을 따르면, 부피 탄성률이 큰 매질에서는 소리의 속력이 빠르고(압축이 더 커질수록 복원력도 더 커진다.), 밀도가 큰

매질에서는 소리의 속력이 느리다는 것을 알 수 있다. 식 (11-4)와 비슷하게

$$v = \sqrt{\frac{복원력}{관성}} = \sqrt{\frac{B}{\rho}} \quad \text{(유체에서)} \qquad \text{(12-1)}$$

인 관계를 유추할 수 있다. 식 (12-1)은 유체 내의 소리의 속력에 대한 정확한 표현식이라는 것이 판명된다.

기체에서 소리 속력과 온도의 관계 이상기체의 부피 탄성률 B는 밀도 ρ와 절대온도 T에 정비례한다($B \propto \rho T$). 결과적으로 이상기체에서 소리의 속력은 절대온도의 제곱근에 비례하지만, 일정한 온도하에서 압력과 밀도에는 무관하다.

$$v = \sqrt{\frac{B}{\rho}} \propto \sqrt{\frac{\rho T}{\rho}} \propto \sqrt{T} \quad \text{(이상기체)}$$

절대온도의 SI 단위는 켈빈(K)이다. 단위 K인 절대온도는 섭씨온도에 273.15를 더하면 된다.

$$T(\text{K}) = T_\text{C}(\text{°C}) + 273.15 \qquad \text{(12-2)}$$

$v \propto \sqrt{T}$이므로, 임의의 절대온도 T_0인 이상기체에서 소리 속력 v_0을 알고 있다면, 절대온도 T일 때 소리의 속력을 구할 수 있다. 곧

$$v = v_0 \sqrt{\frac{T}{T_0}} \qquad \text{(12-3)}$$

예를 들면 0 °C (273 K)에서 공기중의 소리 속력은 331 m/s이다. 실온(20 °C 곧 293 K)인 공기중에서 소리 속력은

$$v = 331 \text{ m/s} \times \sqrt{\frac{293.15 \text{ K}}{273.15 \text{ K}}} = 343 \text{ m/s}$$

이다. 공기중에서 소리 속력에 대한 근사식은

$$v = (331 + 0.606\, T_\text{C})\, \text{m/s} \qquad \text{(12-4)}$$

로 표현할 수 있다. 여기에서 T_C는 공기의 섭씨온도이다(문제 6 참조). 공기중에서 소리 속력은 온도가 1 °C 증가함에 따라 0.606 m/s씩 증가한다. 식 (12-4)는 −66 °C에서 +89 °C 사이에서 1 % 이내의 정확도로 소리의 속력을 계산할 수 있게 해준다.

고체에서 소리의 속력 고체 내에서 소리의 속력은 영률 Y와 층밀리기 탄성률 S에 의해 결정된다. 가는 고체 막대를 따라 이동하는 소리의 속력은 대략

$$v = \sqrt{\frac{Y}{\rho}} \quad \text{(가는 고체 막대)} \qquad \text{(12-5)}$$

로 표현된다. 표 12.1은 다양한 매질에서 소리의 속력을 제시하고 있다.

표 12.1 다양한 매질에서 소리의 속력(표시가 없는 것은 0 ℃, 1 atm)

매질	속력(m/s)	매질	속력(m/s)
이산화탄소	259	혈액(37 ℃)	1570
공기	331	근육(37 ℃)	1580
질소	334	납	1322
공기(20 ℃)	343	콘크리트	3100
헬륨	972	구리	3560
수소	1284	뼈(37 ℃)	4000
수은(25 ℃)	1450	파이렉스 유리	5640
지방(37 ℃)	1450	알루미늄	5100
물(25 ℃)	1493	강철	5790
바닷물(25 ℃)	1533	대리석	6500

개념형 보기 12.1

수소와 수은에서 소리의 속력

표 12.1에서 비록 수은의 밀도가 수소의 밀도보다 약 150000배 크지만 0 ℃ 수소 기체 내의 소리 속력은 수은 속의 소리 속력과 거의 비슷하다는 것을 알 수 있다. 어떻게 이것이 가능한가? 수은의 관성이 훨씬 더 크기 때문에 수은 속에서 소리의 속력이 훨씬 작아야만 하는 것이 아닌가?

풀이 및 검토 소리의 속력은 매질의 두 가지 특성에 따라 달라진다. 곧 복원력(부피 탄성률에 의해 측정되는)과 관성(밀도에 의해 측정되는)이다. 수은의 부피 탄성률은 수소의 부피 탄성률보다 매우 크다. 부피 탄성률은 그 물질이 얼마나 딱

딱하게 압축되어졌는지를 측정한 값이다. 수은과 같은 액체는 기체보다 압축하기가 훨씬 더 어렵다. 그러므로 수은의 복원력은 수소 같은 기체의 복원력보다 훨씬 크다. 이러한 이유로 수소 기체 속의 소리보다 수은 속의 소리가 더 빨리 이동하게 된다.

개념형 실전문제 12.1 고체와 액체에서 소리의 속력

일반적으로 액체 속보다 고체 속에서 소리가 더 빨리 전달되는 이유는 무엇인가?

12.3 음파의 진폭과 세기
AMPLITUDE AND INTENSITY OF SOUND WAVES

음파는 압력 또는 변위의 두 가지 형태로 표현할 수 있기 때문에, 음파의 진폭은 압력진폭 p_0나 변위진폭 s_0 중 한 가지 형태로 표현할 수 있다. 압력진폭 p_0은 평형 압력보다 높거나 낮게 변할 수 있는 최대 압력 변동이고, 변위진폭 s_0은 평형 위치에서 이동할 수 있는 매질의 최대 변위이다. 압력진폭과 변위진폭은 비례 관계에 있다. 각진동수 ω인 조화음파인 경우, 좀 더 깊이 분석해보면

$$p_0 = \omega v \rho s_0 \qquad \text{(12-6)}$$

이라는 것을 알 수 있다. 여기서 v는 소리의 속력, ρ는 매질의 질량밀도이다.

소리의 진폭이 더 크다면 소리는 더 크게 지각되는가? 다른 모든 조건들이 똑같다면 당연히 크게 들린다. 그러나 음파의 크기에 대한 지각과 음파의 진폭 간의 상관관계는 복잡하다. 소리의 크기는 소리를 어떻게 지각하는지와 관련된 주관적인 측면으로서, 귀가 소리에 어떻게 반응하는지, 뇌가 귀에서 전달된 신호를 어떻게 해석하는지와 관련이 있다. 대략적으로 지각된 소리의 크기는 진폭의 대수(logarithm)에 비례한다고 확인되었다. 만일 음파의 진폭이 반복적으로 두 배가 된다면, 지각된 소리의 크기는 두 배가 되지는 않는다. 곧 그것은 대략 같은 증분만큼 계속해서 증가한다.

음파가 얼마나 많은 에너지를 운반하는지에 관심이 있기 때문에, 소리의 크기에 대한 논의는 진폭보다는 세기로 표현된다. 사인파형 음파의 세기는

$$I = \frac{p_0^2}{2\rho v} \tag{12-7}$$

으로 표현한다. 여기에서 ρ는 매질의 밀도이고 v는 매질 내에서 소리의 속력이다. 꼭 기억해야 하는 가장 중요한 것은

> **세기는 진폭의 제곱에 비례한다**

는 것이며, 이것은 소리뿐만 아니라 모든 종류의 파동에 대해 동일하게 적용된다. 이것은 단순조화운동의 에너지가 진폭의 제곱에 비례한다는 사실과도 밀접한 관계가 있다[식 (10-13) 참조].

보기 12.2

갈색나무발바리

갈색나무발바리(Brown Creeper. 학명은 *Certhia americana*)가 부르는 노래는 8 kHz 정도의 높은 진동수이다. 높은 진동수 음역대를 들을 수 없는 대부분의 사람들은 이 새소리를 전혀 들을 수 없다. 여러분이 숲속에서 이 새의 노래를 듣는다고 가정해보자. 현재 위치에서 온도가 20 ℃이고 6.0 kHz의 새소리가 1.4×10^{-8} W/m²의 세기라면 압력과 변위의 진폭은 얼마인가?

전략 변위와 압력의 진폭은 식 (12-6)의 관계에 있다. 또한 압력진폭은 식 (12-7)을 통해 세기와 관련이 있다. 20 ℃에서 공기의 밀도는 표 9.1에 주어진 것처럼 $\rho = 1.20$ kg/m³이다. 20 ℃에서 공기중 소리의 속력은 $v = 343$ m/s이다. 각진동수 ω를 얻기 위해서는 2π 를 진동수에 곱해야 한다.

풀이 세기와 압력의 진폭은

$$I = \frac{p_0^2}{2\rho v} \tag{12-7}$$

의 관계에 있다. 식 (12-7)을 p_0에 대해 풀면

$$p_0 = \sqrt{2I\rho v}$$
$$= \sqrt{2 \times 1.4 \times 10^{-8} \text{ W/m}^2 \times 1.20 \text{ kg/m}^3 \times 343 \text{ m/s}}$$
$$= 3.4 \times 10^{-3} \text{ Pa}$$

이다. 그리고 압력과 변위의 진폭은

$$p_0 = \omega v \rho s_0 \tag{12-6}$$

인 관계에 있다. 이것을 식 (12-7)에 대입하면

$$I = \frac{(\omega v \rho s_0)^2}{2 \rho v}$$

가 된다. 이 식을 s_0에 대해 풀면

$$s_0 = \sqrt{\frac{2I}{\rho \omega^2 v}} = \sqrt{\frac{2 \times 1.4 \times 10^{-8} \text{ W/m}^2}{1.20 \text{ kg/m}^3 \times (2\pi \times 6000 \text{ Hz})^2 \times 343 \text{ m/s}}}$$

$$= 2.2 \times 10^{-10} \text{ m}$$

이다.

검토 이 문제는 사람의 귀가 얼마나 민감한지를 예시하고

있다. 압력진폭은 대기압의 약 3000만분의 1이다. 압력진폭이 3.4×10^{-3} Pa이므로, 고막에 작용하는 최대 힘은

$$F_{\text{최대}} = 3.4 \times 10^{-3} \text{ N/m}^2 \times 10^{-4} \text{ m}^2 \approx 3 \times 10^{-7} \text{N}$$

이다. 이것은 대략 큰 아메바 한 마리의 무게에 해당한다. 변위진폭은 원자 하나 크기 정도이다.

실전문제 12.2 야외 연주회에서 압력과 세기

야외 록 콘서트 무대에서 5.0 m 떨어진 곳에서 소리의 세기는 1.0×10^{-4} W/m²이다. 스피커는 무대 위에만 있다고 가정한다면, 25 m 떨어진 곳에서의 소리의 세기와 압력진폭을 대략 계산해보아라. 어떤 가정을 하였는지도 설명하여라.

데시벨

소리 크기에 대한 사람 귀의 지각 정도는 대략적으로 세기의 대수에 비례하기 때문에 우리는 소리의 세기 범위가 매우 넓은 소리를 들을 수 있다(표 12.2). 관습에 따라 여러 세기들을 **가청문턱값**threshold of hearing으로 알려져 있는 기준 소리 세기 $I_0 = 10^{-12}$ W/m²와 비교한다. 가청문턱값은 청력이 좋은 사람이 이상적인 상황에서

표 12.2 20 °C(상온) 공기중에서 소리의 광범위한 압력진폭, 세기, 세기 준위.

소리	압력진폭(atm)	압력진폭(Pa)	세기(W/m²)	세기 준위(dB)
가청문턱값	3×10^{-10}	3×10^{-5}	10^{-12}	0
나뭇잎의 흔들림	1×10^{-9}	1×10^{-4}	10^{-11}	10
속삭임(1 m 떨어진 곳)	3×10^{-9}	3×10^{-4}	10^{-10}	20
도서관의 배경소음	1×10^{-8}	0.001	10^{-9}	30
거실 배경소음	3×10^{-8}	0.003	10^{-8}	40
사무실이나 교실	1×10^{-7}	0.01	10^{-7}	50
보통 대화(1 m 떨어진 곳)	3×10^{-7}	0.03	10^{-6}	60
이동 중인 차 안(적은 교통량)	1×10^{-6}	0.1	10^{-5}	70
시내 거리(많은 교통량)	3×10^{-6}	0.3	10^{-4}	80
큰 소리(1 m 떨어진 곳) 또는 지하철 안. 몇 시간 노출되어 있으면 청각 손상의 위험	1×10^{-5}	1	10^{-3}	90
소음기 없는 차(1 m 떨어진 곳)	3×10^{-5}	3	10^{-2}	100
건설 현장	1×10^{-4}	10	10^{-1}	110
실내 록 콘서트. 고통 한계. 청각장애를 급격히 일으킴	3×10^{-4}	30	1	120
제트엔진(30 m 떨어진 곳)	1×10^{-3}	100	10	130

들을 수 있는 가장 약한 세기의 소리이다.

두 소리의 세기의 비를 취함으로써 소리 세기 I를 기준 소리 세기 I_0와 비교한다. 만약 소리의 세기가 10^{-5} W/m^{2}라고 한다면, 이 비율은

$$\frac{I}{I_0} = \frac{10^{-5}\text{ W/m}^2}{10^{-12}\text{ W/m}^2} = 10^7$$

이 되므로, 이 경우의 소리 세기는 가청문턱 소리 세기의 10^7배이다. 10의 거듭제곱 수가 bel 단위로 나타낸 **소리 세기 준위**$^{\text{sound intensity level}}$ β이다. 이 단위는 벨(Alexander Graham Bell)을 기리기 위해 붙인 것이다. 10^7의 비율은 소리 세기가 7 bel임을 의미하며, 일반적인 표현으로 70 dB(데시벨)로 나타낸다. $\log_{10}(10^x) = x$이므로 데시벨로 나타낸 소리 세기 준위 β는

$$\beta = (10\text{ dB}) \log_{10} \frac{I}{I_0} \tag{12-8}$$

이다. 0 dB의 세기 준위는 가청문턱값에 해당된다($I_0 = 10^{-12}$ W/m^2). 비록 세기 준위는 정말로 순수한 숫자이더라도 단위 'dB'는 그 숫자가 의미하는 것들을 상기시켜준다.

표 12.2는 넓은 음역에 대한 압력진폭과 세기, 세기 준위를 보여준다. 매우 큰 소리라고 할지라도, 소리에 의한 압력 변동은 "백그라운드" 대기압에 비해 작다는 것에 주목하여라.

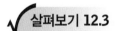 **살펴보기 12.3**

표 12.2에서 음파의 변위진폭을 나열하는 열이 누락된 이유는 무엇인가?

보기 12.3

포효하는 사자

0.250 m 거리에서 으르렁대는 사자의 소리 세기는 0.250 W/m^{2}이다. 이것을 dB로 표현하면 소리 세기 준위는 얼마인가? 기준 준위 $I_0 = 1.00 \times 10^{-12}$ W/m^{2}을 사용하여라.

전략 세기가 W/m^{2}로 주어져 있고, 세기 준위를 dB로 표현하도록 하는 보기임을 파악해야 한다. 일차적으로, 기준 준위에 대한 주어진 소리 세기의 비를 계산한다. 그리고 대수를 취한 후(bel 단위의 준위) 10을 곱하면 소리 준위를 dB 단위로 표현할 수 있다.

풀이 기준 준위에 대한 소리 세기의 비는

$$\frac{I}{I_0} = \frac{0.250\text{ W/m}^2}{1.00 \times 10^{-12}\text{ W/m}^2} = 2.50 \times 10^{11}$$

이다. bel 단위에 의한 소리세기 준위는

$$\log_{10}\frac{I}{I_0} = \log_{10} 2.50 \times 10^{11} = 11.4\text{ bels}$$

이고, dB 단위의 소리 세기 준위는

$$\beta = 11.4\text{ bels} \times (10\text{ dB/bel}) = 114\text{ dB}$$

이다.

검토 다음과 같이 빠르게 점검해보자. 110 dB은 $I = 0.1\,\text{W/m}^2$이고, 120 dB은 $I = 1\,\text{W/m}^2$이다. 곧, 소리 세기가 $0.1\,\text{W/m}^2$와 $1\,\text{W/m}^2$ 사이에 있기 때문에, 세기 준위는 110 dB과 120 dB 사이에 있어야 한다.

실전문제 12.3　자동차 머플러의 구멍

부식으로 자동차 머플러에 구멍이 생기면 차 내부에서 소리 세기 준위가 구멍이 없을 때보다 26 dB 증가한다. 세기는 몇 배만큼 증가하는가?

11.9절에서 보았듯이 두 소리가 서로 다른 소리샘에서 나왔다면, 두 파동은 결이 맞지 않는다. 만일 어떤 한 점에서 각각의 파동 세기를 알고 있다면, 그 위치에서 두 파동이 겹쳤을 때 소리의 세기는 두 소리의 세기를 합한 것이 된다. 곧

$$I = I_1 + I_2 \quad \text{(결맞음이 없는 파동의 경우)}$$

총 세기가 두 파동 사이의 위상 차에 따라 달라지는 서로 결맞음 상태일 때는 위와 같이 되지 않는다. 결이 맞지 않는 두 파동 사이에는 위상 차가 고정되지 않기 때문에, 평균하게 되면 보강간섭도 없고 상쇄간섭도 없다. 단위 넓이당 총 출력은 각 파동의 단위 넓이당 출력의 합이다.

보기 12.4

선반 2대의 소리 세기

공작실에서, 1 m 떨어진 곳에 있는 선반 1대가 소리 세기 준위가 90.0 dB인 소리를 낸다. 두 번째 선반을 가동시켰다면 소리 세기의 준위는 얼마인가? 수신자는 두 번째 선반에서도 같은 거리만큼 떨어져 있다고 가정한다.

전략 잡음이 다른 두 기계에서 오기 때문에, 기계들은 결맞음 원천이 아니다. 그러므로 90.0 dB에 90.0 dB를 더해 180.0 dB이 된다는 결론은 아무런 의미가 없다. 두 대의 선반 소음이 근접한 거리에 있는 제트기 소음을 능가할 수 없다(표 12.2 참조). 대신에 2배가 되는 것은 세기이다. 세기 준위로 계산하지 말고 세기로 계산해야 한다.

풀이 우선 1대의 선반이 내는 세기를 구하여라.

$$\beta = 90.0\,\text{dB} = (10\,\text{dB}) \log_{10} \frac{I}{I_0}$$

$$\log_{10} \frac{I}{I_0} = 9.00, \quad \text{그러므로} \quad \frac{I}{I_0} = 1.00 \times 10^9$$

I의 수치 값을 구할 수는 있지만 반드시 그렇게 할 필요는 없다. 선반 2대가 가동되면 세기가 2배로 되므로

$$\frac{I'}{I_0} = 2.00 \times 10^9$$

이며, 새로운 세기 준위는

$$\beta' = (10\,\text{dB}) \log_{10} \frac{I'}{I_0}$$
$$= (10\,\text{dB}) \log_{10} (2.00 \times 10^9) = 93.0\,\text{dB}$$

이다.

검토 새로운 세기는 2배로 증가되었음에도 불구하고, 세기 준위는 원래 소리보다 단지 3 dB 정도 더 높다. 이로부터 세기를 2배로 늘릴 때 3 dB이 높아진다는 일반적인 결론을 내릴 수 있다.

실전문제 12.4　소리 준위가 5 dB 증가될 때의 세기 변화

90 dB의 소리 준위에서 권장하는 최대 노출 시간은 8시간이다. 120 dB까지 소리 준위가 매 5.0 dB씩 증가할 때 노출 시간은 2배씩 줄어들어야 한다. (120 dB에서는 즉시 청각 손상을 입는다. 그래서 안전한 노출 시간이 없다.) 세기 준위가 5.0 dB만큼 증가할 때 세기는 몇 배 변하겠는가?

소리 세기 준위는 사람들이 느끼는 시끄러움을 대략적으로 나타내는 방법이기 때문에 편리하다. 소리 세기 준위가 증가하면 대략 동일한 크기로 소음이 증가하는 것이다. 두 가지 유용한 어림 계산법은 소리 세기가 10배씩 커질 때마다 소리 세기 준위는 10 dB씩 증가하고, $\log_{10} 2 = 0.30$이므로 3.0 dB 증가할 때마다 소리 세기가 두 배가 된다는 것이다. 보기 12.4에서 2대의 선반이 동시에 돌아갈 때 소리 세기는 1대일 때보다 두 배 증가하지만 소리를 두 배 크게 하지는 못한다. 소리 크기를 알려주는 척도로는 소리 세기 준위가 더 편리하다. 2대의 선반이 내는 소리는 1대가 내는 소리보다 3 dB 정도 더 높다.

데시벨은 또한 상대적인 의미로도 사용할 수 있다. 곧, I_0에 대한 세기를 비교하는 대신에 두 파의 세기를 직접 비교하는 것이다. 두 파의 세기가 I_1과 I_2라고 하고 이에 대응하는 세기 준위는 β_1과 β_2라고 하자. 그렇게 하면

$$\beta_2 - \beta_1 = 10 \text{ dB} \left(\log_{10} \frac{I_2}{I_0} - \log_{10} \frac{I_1}{I_0} \right)$$

이 된다. 또한 $\log x - \log y = \log \frac{x}{y}$ [부록 A.3, 식 (A-21) 참조]이므로

$$\beta_2 - \beta_1 = (10 \text{ dB}) \log_{10} \frac{I_2/I_0}{I_1/I_0} = (10 \text{ dB}) \log_{10} \frac{I_2}{I_1} \tag{12-9}$$

가 된다.

보기 12.5

거리에 따른 소리 세기 준위의 변화

제트비행기 엔진에서 30 m 떨어진 지점에서 소리 세기 준위가 130 dB이다. 이 정도 높은 준위의 소음에 노출되면 급작스레 영구적인 청력 상실이 일어난다. 이러한 이유로 활주로에 근무하는 사람들은 반드시 청력 보호 장구를 사용한다. 엔진은 등방적인 소리샘이고, 흡수나 반사를 무시한다고 가정한다. 소리 세기 준위가, 여전히 시끄럽기는 하지만 고통 한계보다 낮은 110 dB이 되는 거리는 얼마인가?

전략 소리 세기 준위가 20 dB 정도 감소한다. 대략적인 계

산 방법에 의하면 준위가 10 dB만큼 변하면 소리 세기가 10배가 된다. 20 dB은 10 dB의 2배이므로 소리의 세기는 100배 감소한다. 곧, 원래 세기의 $\frac{1}{100}$이다. 등방성 원천을 가정했기 때문에 세기는 $1/r^2$에 비례한다.

풀이 세기와 거리의 역제곱 비례 관계로부터 시작해보자. 곧

$$\frac{I_1}{I_2} = \left(\frac{r_2}{r_1} \right)^2$$

이다. 경험 공식으로부터 $I_2 = \frac{1}{100} I_1$임을 알고 있으므로

$$\frac{r_2}{r_1} = \sqrt{\frac{I_1}{I_2}} = \sqrt{100} = 10$$

$$r_2 = 10 r_1 = 300 \text{ m}$$

이다.

검토 반드시 최선의 공식을 사용할 필요는 없다. $\beta_1 = 130 \text{ dB}$, $\beta_2 = 110 \text{ dB}$이라고 하자. 그러면

$$\beta_2 - \beta_1 = -20 \text{ dB} = (10 \text{ dB}) \log_{10} \frac{I_2}{I_1}$$

이다. 이로부터

$$\log_{10} \frac{I_2}{I_1} = -2 \quad \text{또는} \quad \frac{I_2}{I_1} = \frac{1}{100}$$

임을 알 수 있다.

실제 상황에서는 비행기 엔진에서 나는 소리가 모든 방향으로 동일하게 퍼져 나가진 않는다. 전방이 측면보다 더 시끄러울 것이고, 부분적으로는 기체에 흡수되고 부분적으로는 반사가 일어나며, 공기 자체가 소리 에너지의 일부분을 흡수하기도 할 것이다. 곧, 파동에너지의 일부는 손실이 일어난다.

실전문제 12.5 **도서관만큼 조용한 비행기**

비행기에서 어느 정도 떨어지면 조용한 도서관의 소음 정도인 30 dB 수준이 되겠는가? 구한 답이 현실성이 있는가?

12.4 정상 음파 STANDING SOUND WAVE

양쪽 끝이 열린 관

줄 위의 횡파가 고정된 끝에서 반사된다는 것을 상기하여라(11.8절). 양 끝이 고정된 줄은 양 끝 지점에서 파동이 반사된다. 서로 반대 방향으로 이동하는 두 파동이 중첩하여 줄 위에 정상파가 발생한다. 정상 음파 역시 경계점에서의 반사에 의해 발생한다. 소리는 3차원 파동이기 때문에, 음파의 정상파는 좀 더 복잡하다. 하지만 양 끝이 열린 관 속에 있는 공기는 줄에서 생기는 정상파와 매우 유사한 정상파를 만든다. 단, 관의 지름이 길이에 비해 충분히 작을 때에 한한다. 파이프 오르간과 플루트가 이러한 관의 좋은 예이다.

관의 양 끝이 열려 있다면 이 관은 양 끝에서 경계조건이 같다. 열려 있는 끝에서, 관 속의 공기 기둥은 외부의 공기와 서로 통하게 된다. 그러므로 관의 양 끝의 공기 압력은 대기압에서 크게 벗어날 수 없다. 따라서 관의 끝은 **압력 마디**가 된다(그림 12.3). 또한 이 끝은 변위의 배(displacement antinodes)이기도 하다. 공기 분자들은 관의 양 끝에서 앞뒤로 최대의 진폭으로 진동한다. 마디와 배는 $\lambda/4$의 일정한 간격으로 교대로 나타나므로, 압력이나 변위 중 어떤 것에 주목하더라도 양 끝이 열린 관의 정상 음파의 파장은 양 끝이 고정된 줄 위의 정상파의 파장과 같다(그림 12.3과 그림 11.21 비교).

연결고리

양 끝에 고정된 줄에 대한 정상파의 파장을 구하는 데 사용된 동일한 그림을 사용해 양 끝이 열린 관의 파장을 구할 수 있다. (그러나 파동의 속력이 다르므로 줄과 관의 길이가 같더라도 정상파의 진동수는 다르다.)

정상 음파(양 끝이 열린 가는 관)

$$\lambda_n = \frac{2L}{n} \tag{11-12}$$

$$f_n = \frac{v}{\lambda_n} = n\frac{v}{2L} = nf_1 \tag{11-13}$$

여기서 $n = 1, 2, 3, \cdots$이다.

한쪽 끝이 막힌 관

파이프 오르간의 일부 파이프들은 **한쪽 끝은 막혀** 있고 그 반대편은 열려 있다(그림

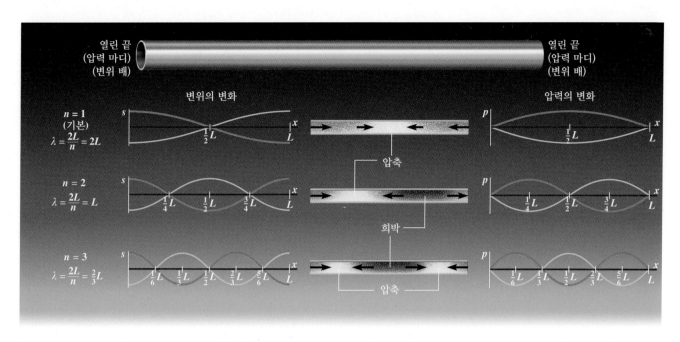

그림 12.3 양 끝이 열린 관의 처음 3개의 정상 음파. 가운데 그림은 어느 한 순간의 압축 상태(최대 압력)와 희박 상태(최소 압력)를 보여준다. 검정색 화살표는 그 순간의 공기 변위이다. 이 그림은 왼쪽의 주황색 변위와 오른쪽의 주황색 압력에 대응한다. 빨강색은 1/4주기, 연파랑색은 1/2주기가 지난 후의 그래프이다. 비록 변위 그래프가 공기 변위 s 를 수직축에, x 를 수평축에 보여주고 있지만, 검정색 변위 화살표가 보여주는 것처럼 변위는 $\pm x$-방향 이라는 것을 기억하여라.

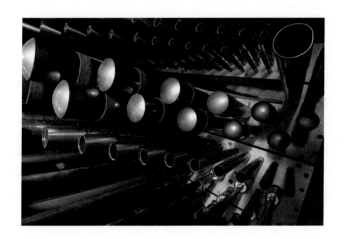

그림 12.4 파이프 오르간의 일부는 끝 이 열려 있고 나머지는 끝이 막혀 있다. 파이프가 가늘다고 가정하면 한쪽 끝이 막힌 파이프는 길이가 같은 양 끝이 열 린 파이프에 비해 기본 파장이 2배이므 로 기본 진동수는 그 절반이다. (연주자 에게는, 한 옥타브의 간격이 진동수로는 2배에 해당하므로 한쪽 끝이 막힌 파이 프의 소리 높낮이는 다른 것보다 한 옥 타브가 낮다.)

12.4). 막힌 쪽은 압력 배가 된다. 막힌 쪽의 공기는 단단한 면을 만나므로, 압력이 대기압과 얼마나 차이가 나는지에 대한 제약이 없기 때문이다. 또한 공기가 막힌 면을 넘어서 이동할 수는 없기 때문에, 파이프의 막힌 끝은 **변위 마디**이다. 일부 관 악기들은 따지고 보면 한쪽 끝이 막힌 관이다. 클라리넷의 리드는 짧은 숨을 관으로 들여 보내고, 나머지 시간에는 관 끝을 닫는다. 리드 끝에서 압력은 대기압 위아래로 변동한다. 그래서 리드 끝은 압력 배가 되고, 변위 마디가 된다.

정상파의 파장과 진동수는 파동의 압력 또는 변위로부터 알 수 있다. 변위를 이용해, 기본 정상파는 막힌 끝에 한 개의 마디가 있고 열린 끝에는 한 개의 배가 있으며, 다른 추가적인 마디나 배는 없다(그림 12.5). 마디에서 가장 가까운 배까지의 거리는 항상 $\frac{1}{4}\lambda$ 이므로 기본 정상파로부터

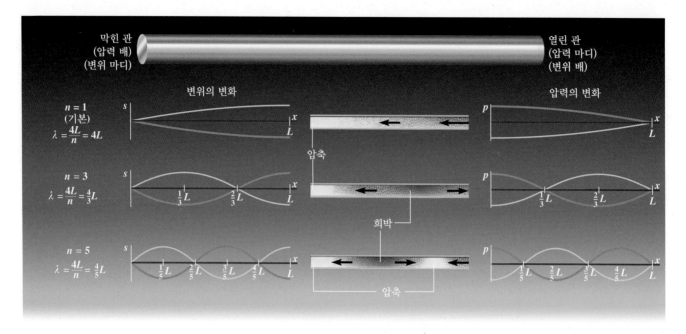

그림 12.5 한쪽이 막힌 관에 생기는 처음 3개의 정상 음파. 가운데 그림은 어느 한 순간의 압축 상태(최대 압력)와 희박 상태(최소 압력)를 보여준다. 검정색 화살표는 그 순간의 공기 변위이다. 이 그림은 왼쪽의 주황색 변위와 오른쪽의 주황색 압력에 대응한다. 빨강색은 1/4주기, 연파랑색은 1/2주기 가 지난 후의 그래프이다. 비록 변위 그래프가 공기 변위 s를 수직축에, x를 수평축에 보여주고 있지만, 검정색 변위 화살표가 보여주는 것처럼 변위는 $\pm x$-방향이라는 것을 기억하여라.

$$L = \tfrac{1}{4}\lambda \quad 곧 \quad \lambda = 4L$$

이다. 이것은 동일한 길이에 양 끝이 열린 관의 기본 파장($2L$) 보다 2배 큰 값이 다. 길이가 같은 두 개의 가는 오르간 파이프들은(한 개는 양 끝이 뚫려 있고 다른 한 개는 한쪽만이 열려 있다.) 동일한 기본 파장을 갖지 않는다(그림 12.4 참조).

다른 정상파의 진동수는 어떻게 되는가? 기본 진동 다음의 정상파 모드는 한 개 의 마디와 한 개의 배를 더하면 된다. 그러므로 관의 길이는 3/4사이클에 해당한다. 곧, $L = \tfrac{3}{4}\lambda$ 또는 $\lambda = \tfrac{4}{3}L$이다. 이것은 기본 파장의 $\tfrac{1}{3}$이고 진동수는 기본 진동의 3배 이다. 다시 한 개의 마디와 한 개의 배를 더하면 파장은 $\tfrac{4}{5}L$이 된다. 이러한 패턴을 계속함으로써 정상파들의 파장과 진동수를 알 수 있다.

> **정상 음파(한쪽이 막힌 가는 관)**
>
> $$\lambda_n = \frac{4L}{n} \tag{12-10a}$$
>
> $$f_n = \frac{v}{\lambda_n} = n\frac{v}{4L} = nf_1 \tag{12-10b}$$
>
> 여기서 $n = 1, 3, 5, 7, \cdots$이다.

한쪽이 막힌 관의 정상파 진동수는 오직 기본 진동수의 홀수 배만 된다는 것을 유 의하여라. n이 짝수가 되는 정상파 패턴이 없기 때문에 클라리넷이 플루트보다 더 많은 키와 레버가 필요하다(그림 12.6). 키의 기능은 관의 길이를 줄이는 효과를 내 어서 정상파의 진동수를 증가시킨다.

(a) 플루트 ─ 블로홀(열린 끝)
리드(닫힌 끝)
(b) 클라리넷
열린 끝

그림 12.6 플루트는 양 끝이 열린 관으로 볼 수 있는 반면, 클라리넷은 한쪽 끝만 열린 관으로 볼 수 있다. 두 악기는 길이가 비슷하지만 클라리넷은 플루트보다 거의 한 옥타브 낮은 음을 낼 수 있다. (a) 플루트의 열린 블로홀(blow hole)은 열린 끝의 역할을 한다. 플루트의 키를 누르지 않은 상태에서 기본 진동수가 f_1 이면 그다음에 가능한 높은 진동수는 $2f_1$이다. 플루트는 f_1과 $2f_1$ 사이의 진동수로 모든 음을 표현하기 위해 여러 개의 키가 필요하다. (b) 클라리넷은 한쪽 끝은 열려 있고 다른 쪽 끝은 막힌 관으로 설명할 수 있다. 진동하는 리드가 있는 마우스피스 끝은 열린 끝(압력 마디)보다는 막힌 끝(압력 배)과 더 비슷하다. 클라리넷의 경우, 키를 누르지 않은 상태에서 기본 진동수가 f_1이면 역시 키를 누르지 않은 상태에서 그다음에 가능한 높은 진동수는 $3f_1$이다. 그러므로 클라리넷에는 f_1과 $3f_1$ 사이의 진동수로 모든 음정을 표현하기 위해 플루트보다 더 많은 키가 있어야 한다.

✓ 살펴보기 12.4

한쪽 끝이 막힌 길이 L인 관에서 파장 $2L$인 정상파를 만들지 못하는 이유는 무엇인가?

보기 12.6

공명 실험

길이가 1.00 m인 가느다란 관을 그림 12.7과 같이 물이 담긴 높은 용기에 수직으로 넣는다. 소리굽쇠(520.0 Hz)를 진동시킨 후 관의 끝에 가까이 가져다 놓고 관을 위쪽으로 천천히 들어 올린다. 수면에서 관 끝까지의 거리가 어떤 특정 값 L일 때 소리가 크게 들림을 알 수 있다. L이 얼마일 때 이러한 현상이 나타나는가? 공기의 온도는 18 °C라고 하자.

그림 12.7 보기 12.6의 실험 장치.

전략 관 속의 수면에서 음파가 반사된다면 한 끝이 막힌 길이 L인 관을 여러 개 가진 셈이다. 이 관에서 공명이 일어났다면, 곧 소리굽쇠의 진동수가 공기 기둥의 자연 진동수 중 하나와 일치하여 진폭이 큰 정상파가 생긴 것이다. 공기 기둥의 정상파의 파장과 진동수는 공기에서 음속과 관계있다. 우선 알려진 온도에서 음속을 구하고 소리굽쇠에서 발생한 소리의 파장을 구한다. 마지막으로 그 파장의 정상파를 지지할 수 있는 공기 기둥의 길이를 구한다.

풀이 18 °C의 공기 중에서 소리의 속력은

$$v = (331 + 0.606 \times 18) \text{ m/s} = 342 \text{ m/s}$$

이다. 알고 있는 소리의 속력과 진동수로 파장을 구할 수 있다. 파장은 한 주기 동안에 파동이 진행한 거리이다. 곧

$$\lambda = vT = \frac{v}{f}$$

$$\lambda = \frac{342 \text{ m/s}}{520.0 \text{ Hz}} = 0.6577 \text{ m} = 65.77 \text{ cm}$$

이다. 열린 끝에 있는 압력 마디와 닫힌 끝에 있는 압력 배를 제외하고는 다른 마디나 배가 없을 때 한 끝이 막힌 관에서 첫 번째 공명이 생겨났다. 그러므로

$$L_1 = \tfrac{1}{4}\lambda = \tfrac{1}{4} \times 65.77 \text{ cm} = 16.4 \text{ cm}$$

이다. 또 다른 공명이 일어나기 위해서는 관을 더 올려서 압

력 마디와 배가 더 생기도록 해야 한다. 마디와 배를 하나씩 더 만들기 위해서는 $\frac{1}{2}\lambda = 32.9$ cm가 더 필요하다. 그러므로

$$L_2 = 16.4 \text{ cm} + 32.9 \text{ cm} = 49.3 \text{ cm}$$

$$L_3 = 49.3 \text{ cm} + 32.9 \text{ cm} = 82.2 \text{ cm}$$

이다. 다음 공명은 관의 길이가 1 m보다 길어야 하므로 이 관으로 생긴 공명에서는 관측할 수 없다.

검토 그림 12.8에서처럼 세 번째 공명에서 정상파 형태를 대략 그려볼 수 있다. 그림에서 처럼 5개의 $\frac{1}{4}\lambda$가 존재한다. 곧

$$L_3 = \frac{5}{4}\lambda = \frac{5}{4} \times 65.77 \text{ cm} = 82.2 \text{ cm}$$

임을 알 수 있다. 관의 열린 끝에 있는 압력 마디는 실제로는 관 끝보다 약간 공기 중으로 나와 있다. 이러한 이유로 정확한 파장을 구하기 위해서는 두 개의 연속된 공명 사이의 간격을 측정하는 것이 첫 번째 가능한 공명에 대한 거리, 곧 열린 곳과 물 표면 사이의 최단 거리를 측정해서 그것을 $\frac{1}{4}\lambda$로 두는 것보다는 훨씬 낫다.

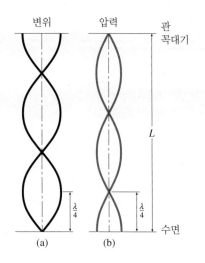

그림 12.8 (a) 세 번째 공명의 변위의 배와 마디를 보여주는 정상파. (b) 세 번째 공명의 압력 마디와 배를 보여주는 정상파.

실전문제 12.6   간접적인 온도 측정 방법

440 Hz의 진동수를 갖는 소리굽쇠를 보기 12.6에서처럼 관의 위쪽에 놓았다. 공명이 일어난 두 곳 사이에 관이 움직인 거리 ΔL이 39.3 cm라면, 관 속 공기의 온도는 얼마인가?

정상파의 문제풀이 전략

정상파의 진동수와 파장에 대한 수식을 암기할 필요는 없다. 단지 그림 12.3과 12.5에서처럼 정상파 형태를 간략하게 그려보아라. 이때 배와 마디가 교대로 나타나도록 하고, 양 끝에서의 경계 조건이 정확한지 확인하여라. 그리고 배와 마디 사이의 간격을 $\frac{1}{4}$파장으로 간주해서 파장을 계산하면 된다. 파장의 길이가 결정되면 진동수는 $v = f\lambda$에서 간단히 계산할 수 있다.

12.5 음색 TIMBRE

소리굽쇠의 진동으로 발생하는 소리는 단일 진동수의 거의 순수한 사인파이다. 반면에 대부분의 모든 악기는 진동수가 서로 다른 음들이 중첩되어 있는 복잡한 소리를 만들어낸다. 줄 위나 공기 기둥 내의 정상파는 대부분이 진동수가 다른 정상파들의 중첩이다. 복잡한 음파에서 가장 낮은 진동수를 기본 진동수라 하고, 나머지 진동수의 음을 **배음**overtones이라 한다. 주기성이 있는 음파의 배음들은 기본 진동수의 정수 배이며 이때 기본 진동수의 음과 배음을 **조화음**harmonics이라 한다.

오보에로 연주한 가온 다(중간 도, middle C)가 비록 기본 진동수는 같을지라도 트럼펫으로 연주한 가온 다와 같지는 않다. 이것은 두 악기의 배음들의 상대적 진폭이 다르기 때문이다. 이러한 차이를 **음질**tone quality 또는 **음색**timbre이라 한다.

아무리 복잡한 주기적인 파동이라고 할지라도 간단한 조화파동의 조합으로 분리

할 수 있다. 예를 들어, 클라리넷으로 연주한 한 음에 대한 고유한 파동의 형태 역시 그림 12.9와 같이 여러 개의 일련의 조화음으로 분리해낼 수 있다. 이러한 과정을 조화 분석, 또는 주기 함수의 분석 방법을 고안한 프랑스의 수학자 푸리에(Jean Baptiste Joseph Fourier, 1768~1830)의 이름을 따서 푸리에 분석이라 부른다. 비록 주기적인 파의 스펙트럼이 조화음의 조합으로 이루어져 있지만, 반드시 모든 조화파가 존재할 필요는 없으며, 때로는 기본 진동수의 음조차 존재하지 않을 수도 있다(그림 12.10).

조화 분석의 반대되는 개념이 다양한 조화음을 결합해 복잡한 파동을 만들어내는 조화 합성이다. 전자 신시사이저는 다양한 악기의 소리를 흉내 낼 수 있다. 실제 음에 가까운 신시사이저는 건반을 누를 때 최대 음량에 달하기까지 시간(attack)과 최대 음량에서 지속 음량의 시작까지의 시간(decay) 등의 요소를 적절히 조절해야만 한다.

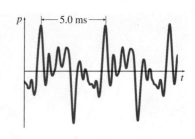

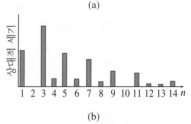

그림 12.9 (a) 클라리넷 음파의 그래프. (b) 각 조화음의 상대적 세기를 나타내는 막대그래프. 스펙트럼이라고도 부른다. 각 조화음의 진동수는 nf_1이고, 여기서 $f_1 = 200\ \text{Hz}$이다. 스펙트럼에서 홀수 배 조화음의 세기가 지배적이다. 한쪽 끝이 막힌 단순 관은 스펙트럼에서 홀수 배만 나타난다(자료 제공: P.D. Krasicky, Cornell University).

12.6 사람의 귀 THE HUMAN EAR

그림 12.11은 사람 귀의 구조를 보여주고 있다. 귀에는 소리를 모아서 이도 입구로 집중시켜주는 깔때기 역할을 하는 귓바퀴가 있다. 귓바퀴는 후방에서 오는 소리보다 전방에서 오는 소리를 더 잘 모으도록 되어 있어서 소리가 들려오는 방향 측정이 용이하다. 이도에서의 공명(문제 34)은 일반적인 대화에 결정적인 범위인 2~5 kHz의 진동수 영역의 소리에 대한 감도를 높여준다.

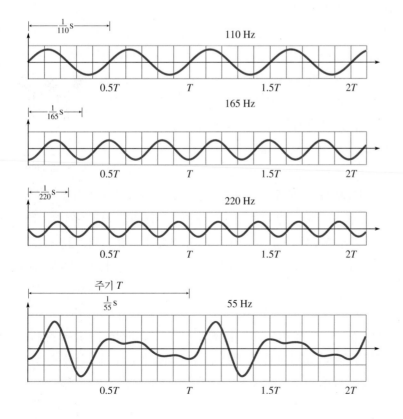

그림 12.10 복잡한 파형(맨 밑 파동)은 세 개의 사인파(위쪽의 세 개 파동)의 중첩으로 이루어졌다. 110, 165, 220 Hz의 세 개의 조화음 성분을 갖는 이 파동은 55 Hz의 진동수로 반복된다. 그 이유는 이 세 파동의 진동수가 55 Hz의 정수 배이기 때문이다. 비록 기본 진동수가 없을지라도 귀는 55 Hz의 음을 재구성할 만큼 훌륭한 감각기관이다. 이렇게 '영리한' 귀의 작용으로, 비록 제한된 범위의 진동수만을 재생하는 값싼 라디오 스피커에서 나오는 음악도 들을 만하게 된다.

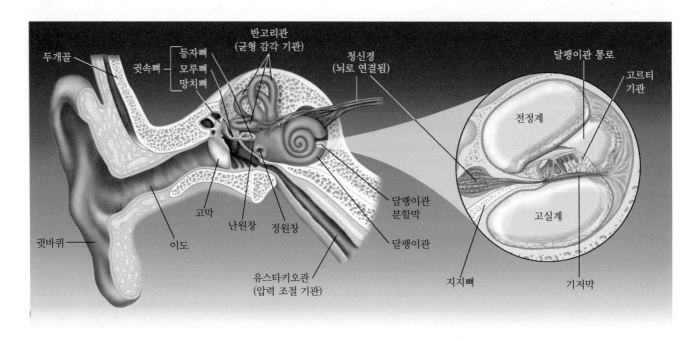

그림 12.11 사람 귀의 구조와 달팽이관의 단면도.

이도의 끝부분에 있는 고막은 이도를 통해 전달된 소리에 반응해 진동한다. 고막 안쪽의 기관을 중이라 한다. 고막의 진동은 중이에 있는 3개의 작은 뼈로 이루어진 귓속뼈를 통해 액체가 채워진 좁아지는 나선형 모양으로 생긴 **달팽이관의 난원창**에 전해진다. 난원창은 달팽이관에 있는 액체와 접촉하는 얇은 막이다. 귓속뼈는 지렛대처럼 작용한다. 난원창에 등자뼈가 가하는 힘은 고막이 망치뼈에 가하는 힘의 1.5~2.0배이다. 난원창의 넓이가 고막 넓이의 1/20배이므로 전체적인 압력의 증폭은 30~40배 정도가 된다. 큰 소리에 반응해 귓속뼈에 있는 근육이 등자뼈를 잡아당겨서 난원창으로부터 최대한 멀리 떨어지도록 함으로써 귀를 보호한다. 동시에 또 다른 근육이 고막 장력을 증가시킨다. 이러한 두 가지 변화로 귀는 일시적으로 감각이 둔해진다. 그러나 근육들이 이러한 식으로 반응하는 데는 수 밀리초가 소요되므로 갑작스런 큰 소음에 대해서는 방어를 하지 못한다.

달팽이관의 길이 방향으로 대부분의 영역에 달팽이관 분할막이 달팽이관을 두 개의 방으로 나눈다(전정계와 고실계). 난원창의 진동은 압축성 파동을 분할막 끝단 주위에 있는 전정계 내의 액체의 아래로 전달해주고 고실계가 정원창 쪽으로 밀려나게 한다. 이러한 파동이 달팽이관 분할막에 있는 기저막을 진동시킨다. 기저막은 난원창과 정원창 부근에서 가장 얇고 또한 인장 강도가 가장 크다. 기저막은 반대편으로 갈수록 두께가 점차적으로 두꺼워지며 인장 강도는 줄어든다. 기저막이 얇고 인장력이 높은 끝 근방에서, 고주파의 소리는 최대 진폭으로 진동한다. 반면 기저막이 두껍고 인장력이 낮은 끝 근방에서는 저주파의 소리가 최대 진폭으로 진동한다. 최대 진폭의 진동이 발생하는 위치가, 귀가 진동수를 결정하는 한 가지 방법이다. 1 kHz까지의 저주파의 소리에 대해 귀는 음파의 진동수로 주기적인 신경 신호를 뇌에 전달한다. 많은 다른 진동수의 중첩으로 이루어진 복잡한 소리의 경우에, 귀는 복잡

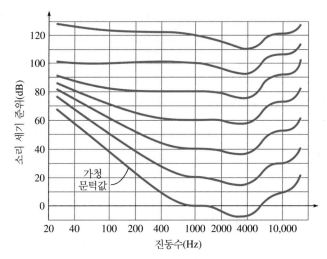

그림 12.12 같은 (소리) 크기의 곡선. 이 곡선들을 보면 귀는 부분적으로는 이도에서의 공명때문에 3~4 kHz의 진동수 대역에서 가장 민감함을 알 수 있다. 800 Hz 이하와 10 kHz 이상 영역에서 귀의 감도는 급격히 떨어진다. 800 Hz와 10 kHz 사이에서 곡선들 간의 간격은 대략 동일하다. 세기 준위가 등간격이면 소리 크기도 등간격이 된다. 이것이 소리 세기 준위가 소리 크기를 측정하는 대략의 방편으로 사용되는 이유이다. 이 진동수 영역에서 1 dB의 소리 세기 준위의 차이가 소리 크기의 변화를 감지할 수 있는 가장 작은 변화이다. 가청문턱값은 그림에서 가장 낮은 곡선이다. 청력이 아주 좋은 사람일지라도 이 곡선 이하의 소리를 들을 수는 없다. 1~6 kHz 근방의 진동수 영역에서 가청문턱값의 소리 세기 준위는 0 dB 정도이다.

한 소리를 개개의 구성 진동수로 진동수 스펙트럼 분석을 한다(12.5절 참조). 신경기관은 기저막에 위치해 있고, 이 기저막에 있는 섬모세포들은 진동에 휘어지면서 신경세포를 자극한다. 이 신경세포들은 전기적 신호를 뇌로 전달한다.

소리의 크기

소리(음)의 크기(Loudness)는 세기의 준위와 가장 밀접하게 연관되어 있지만 진동수와 다른 요소에 따라서도 달라진다. 달리 말하면 귀의 감도는 진동수에 따라 다르다. 그림 12.12는 일반적인 사람에게 같은 소리 크기를 나타낸 곡선을 보여주고 있다. 각 곡선은 여러 진동수의 소리들이 동일한 세기로 인식되는 세기 준위를 제시하고 있다.

소리의 높낮이

소리의 **높낮이**pitch는 진동수를 지각하는 것이다. 음계를 오르내리며 노래를 하거나 연주를 한다면, 높낮이를 올리거나 내리는 것에 해당한다. 높낮이가 소리의 지각 측면에서 진동수라고 하는 하나의 물리량과 가장 깊이 연관되어 있지만, 소리의 높낮이 지각은 소리의 세기나 음색 등과 같은 그 밖의 요인들에 의해서도 작게나마 영향을 받는다.

소리의 높낮이에 대한 사람의 지각은 진동수에 대해 대수 함수적으로 반응하는데, 이것은 크기가 대략적으로 소리 세기에 대수 함수인 것과 유사하다. 피아노의 가장 낮은 음(기본 진동수는 27.5 Hz)에서부터 시작해 흰건반과 검은건반을 차례대로 연주하여 가장 높은 음(4190 Hz)까지 동일한 간격의 높낮이를 들을 수 있다. 그러나 진동수는 동일한 간격으로 증가하지 않는다. 각 음의 기본 진동수는 바로 아래 음의 진동수보다 5.95 % 높다. 이상적인 상황에서 일반인들은 약 0.3 % 정도의 진동수 차이를 감지할 수 있으며, 숙련된 음악가는 0.1 % 또는 그 이상의 차이를 감지할 수 있다.

위치 측정법

소리가 어디에서 오는지 어떻게 알 수 있는가? 귀로 소리샘의 위치를 파악하기 위해 몇 가지의 방법을 사용한다.

- 고주파 영역의 소리(> 4 kHz)에 대해서 위치 파악을 위해 주로 사용하는 방법은 두 귀에 들려오는 소리 세기의 차를 이용하는 것이다. 머리가 소리의 진행을 방해하므로 소리가 오른쪽에서 오면 왼쪽 귀보다 오른쪽 귀에서 더 큰 세기의 소리를 느끼게 된다.
- 귓바퀴의 모양 때문에 전방에서 오는 소리에 좀 더 민감하게 반응한다. 이것은 고주파에서 소리의 전후방 위치를 찾는 데 도움을 준다.
- 저주파에 대해서는 양쪽 귀에 도달하는 시간 차와 위상차를 이용해 소리의 위치를 측정한다.

12.7 맥놀이 BEATS

두 음파의 진동수가 가까워질 때(서로 약 15 Hz 내에서), 이들 소리가 중첩하면 **맥놀이** beats라고 부르는 맥동을 만든다. 맥놀이는 모든 종류의 파동에서 만들어진다. 곧, 두 파동의 진동수가 거의 같을 때 만들어지는 맥놀이는 중첩 원리의 일반적인 결과이다.

맥놀이는 두 파동 간의 위상차가 천천히 변하기 때문에 일어나는 현상이다. 어느 한 순간에(그림 12.13의 $t = 0$) 두 파동의 위상이 같으면 보강간섭을 한다. 중첩되어 만들어진 진폭은 그림 12.13a의 두 파동의 진폭을 합한 것이다. 그러나 진동수가 서로 다르기 때문에 두 파동은 위상차가 일정하지 않다. 둘 중 진동수가 더 높은 파동이 주기가 짧아서 나머지 한 파동보다 앞서게 된다. 두 파동 간의 위상차는 점점 커진다. 그렇게 되면 중첩 진폭은 점점 줄어든다. 나중 시간($t = 5T_0$)에 두 파동의 위상차는 180°가 된다. 곧, 두 파동 사이에 반주기만큼 위상차가 있기 때문에 상쇄간섭한다(그림 12.13b). 이때 중첩 진폭은 최소, 곧 두 파동의 진폭 간의 차와 같다 . 위상차가 점진적으로 증가하면 진폭은 다시 보강간섭이 일어날 때($t = 10T_0$)까지 증가한다. 귀는 마치 맥동처럼 주기적으로 커졌다 작아졌다 커졌다 작아졌다 반복하는 진폭(세기)을 맥동으로 지각한다. 바로 증가와 감소를 교대로 반복하는 소리의 세기를 듣게 된다.

어떤 진동수의 맥놀이가 생기는가? 이것은 두 파동의 진동수에 얼마만큼 차가 있느냐에 따라 달라진다. 맥놀이 사이의 시간 $T_{맥놀이}$는 한 보강간섭에서 다음 보강

> **연결고리**
>
> 진동수가 다른 두 파동이 중첩되어 보강간섭과 상쇄간섭이 번갈아 일어나면서 맥놀이가 발생한다.

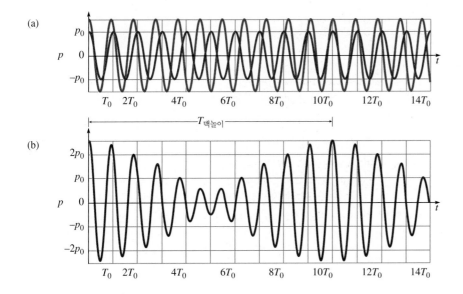

그림 12.13 (a) 진동수가 $f_1 = 1/T_0$이고 진폭 p_0인 음파의 그래프(빨강). 진동수가 $f_2 = 1.1f_1$이고 진폭이 $1.5p_0$인 두 번째 음파의 그래프(파랑). (b) 두 파동의 중첩(보라) 결과는 최대 진폭 $2.5p_0$이고 최소 진폭 $0.5p_0$이 교대하는 파동이다.

간섭이 일어날 때까지의 시간으로 측정할 수 있다. 그 시간 간격 사이에 각 파동은 주기의 정수 배만큼 진동을 해야 하며 한 파동은 다른 파동보다 한 번 더 진동해야 한다. 진동수(f)는 1초 동안의 반복 횟수이므로, 한 파동이 지나가는 시간 $T_{맥놀이}$ 동안의 반복 횟수는 $fT_{맥놀이}$이다. (예를 들면, 그림 12.13에서 $T_{맥놀이} = 10\,T_0$의 시간 동안 파동 1은 $f_1 T_{맥놀이} = 10$ 사이클을 진동하고, 반면에 파동 2는 $f_2 T_{맥놀이} = 1.1/T_0 \times 10\,T_0 = 11$ 사이클을 진동한다.) 만일 $f_2 > f_1$이면 파동 2는 파동 1보다 한 사이클 더 반복한다. 곧

$$f_2 T_{맥놀이} - f_1 T_{맥놀이} = (\Delta f) T_{맥놀이} = 1$$

이다. 맥놀이 진동수 $f_{맥놀이}$는 $1/T_{맥놀이}$이다. 그러므로

$$f_{맥놀이} = 1/T_{맥놀이} = \Delta f \qquad (12\text{-}11)$$

이다. 그러므로 맥놀이 진동수가 두 파동의 진동수의 차라는 아주 간단한 결과를 얻는다. 두 파동의 진동수의 차가 15 Hz를 초과하면, 귀는 맥놀이 현상을 인지하지 못한다. 대신에 소리의 높낮이가 서로 다른 두 개의 음을 듣는다.

✓ 살펴보기 12.7

(a) 그림 12.13에서 두 파의 보강간섭은 어느 시점에서 발생하는가?
(b) 상쇄간섭은 어느 시점에서 발생하는가?

응용: 피아노 조율 피아노 조율사는 조율을 할 때 맥놀이에 귀를 기울인다. 조율사는 두 줄을 동시에 튕긴 후 맥놀이를 듣는다. 맥놀이 진동수가 음정이 적당한지 그렇지 않은지를 알려준다. 두 줄이 같은 음을 연주한다면 이들은 같은 기본 진동수로 조율되어서 맥놀이 진동수가 0이 되어야 한다. 만약 두 줄의 음이 다르다면, 맥놀이 진동수는 0이 아니다. 이 경우 조율사는 진동수가 거의 같은 두 배음 사이의 맥놀이를 듣게 된다.

피아노 조율사

피아노 조율사가 소리굽쇠($f = 523.3$ Hz)와 건반을 동시에 두드린다. 두 소리는 진동수가 거의 같다. 그가 초당 3.0번의 맥놀이를 들었다. 피아노 줄을 조인 후 이번에는 2.0번의 맥놀이를 들었다. (a) 피아노 줄을 조이기 전의 진동수는 얼마인가? (b) 피아노 줄의 장력은 몇 % 증가했는가?

전략 맥놀이 진동수는 두 진동수의 차이이다. 이제 어느 것이 더 높은 진동수인지를 알아내면 된다. 피아노 줄의 파장은 줄의 길이에 의해 결정된다. 장력이 증가하면 줄에서 파동의 전파 속력을 증가시키고 결국 진동수를 증가시킨다.

풀이 (a) 맥놀이가 3 Hz이므로 두 진동수의 차이는 3 Hz이다.

$$\Delta f = 3.0 \text{ Hz}$$

피아노의 진동수가 높은지 낮은지를 알아보자. 피아노 줄을 점차 당겨줌에 따라 맥놀이는 2.0 Hz로 줄어들었다. 곧, 소리 굽쇠 진동수에 더 가까워졌다. 그러므로 피아노 줄의 진동수는 3.0 Hz 낮음을 알 수 있다.

$$f_{\text{줄}} = 523.3 \text{ Hz} - 3.0 \text{ Hz} = 520.3 \text{ Hz}$$

(b) 장력(F)은 줄에서 파동의 전파 속력(v)과 단위 길이당 질량(μ)과

$$v = \sqrt{\frac{F}{\mu}} \qquad (11\text{-}4)$$

인 관계에 있다. 단위 길이당 질량은 변하지 않기 때문에 $v \propto \sqrt{F}$이다. 줄에서 파동의 속력은

$$v = \lambda f$$

에 의해 파장과 진동수에 관계된다. 여기에서 λ는 소리의 파장이 아닌 줄에서 횡파의 파장이다. λ는 변하지 않으므로 $v \propto f$이다. 따라서 $f \propto \sqrt{F}$, 곧

$$F \propto f^2$$

임을 알 수 있다. 그러므로 원래의 장력 F_0에 대한 장력 F의 비는 진동수를 제곱한 것의 비와 같음을 의미한다. 곧

$$\frac{F}{F_0} = \left(\frac{f}{f_0}\right)^2 = \left(\frac{521.3 \text{ Hz}}{520.3 \text{ Hz}}\right)^2 = 1.004$$

이다. 장력이 0.4 % 증가했다.

검토 원래의 진동수가 너무 높았는지 또는 낮았는지를 알아내야 했다. 맥놀이 진동수가 감소하면, 줄의 진동수는 점점 소리굽쇠의 진동수에 가까워지는 것이다. 줄을 세게 조이면 줄의 진동수가 증가한다. 줄의 진동수를 높이면 소리굽쇠의 진동수에 근접하기 때문에, 줄의 원래 진동수가 소리굽쇠의 진동수보다 낮았다는 것을 알 수 있다. 장력을 증가시켰을 때 맥놀이 진동수가 증가했다면, 원래 진동수가 이미 너무 높았다는 것을 알 수 있다. 이 경우에는 줄을 조율하기 위해서 장력을 낮춰야 했을 것이다.

실전문제 12.7 **바이올린의 조율**

진동수가 440.0 Hz인 조율용 소리굽쇠를 진동수가 거의 같은 바이올린 줄과 함께 울렸을 때 초당 4.0회의 맥놀이를 관측했다. 만일 바이올린 줄의 장력을 조금 더 늘려 맥놀이 진동수가 증가한다면 바이올린 줄의 진동수는 얼마인가?

12.8 도플러 효과 DOPPLER EFFECT

사이렌을 울리면서 경찰차가 지나간다. 차가 지나갈 때 소리의 높낮이가 높은 음으로부터 낮은 음으로 변하는 것을 들을 수 있다. 이러한 진동수의 변화를 오스트리아 물리학자 도플러(Johann Christian Andreas Doppler, 1803~1853)의 이름을 따서 **도플러 효과**doppler effect라고 한다. 관측자나 소리샘이 파동의 매질에 대해 상대적으로 운동할 때, 관측되는 진동수는 소리샘에서 나온 진동수와 다르다.

파동의 매질이 정지한 기준틀에서, 소리샘이나 관측자가 서로를 향해 다가가거나

혹은 멀어지는 운동을 하는 경우만을 고려하기로 한다. 소리샘과 관측자의 속도는 음파가 전파하는 방향의 성분으로 나타낸다. 성분이 양(+)이면 소리샘이나 관측자 의 속도가 소리의 전파 방향과 같음을 의미하고, 음(−)이면 그 역을 의미한다.

운동하는 소리샘

소리샘이 진동수 f_s인 소리를 발생시킨다고 가정한다. 소리샘은 v_s의 속도로 오른쪽 에 정지해 있는 관측자를 향해 운동하고 있다(그림 12.14). 파는 소리샘에 대해 속 도 $(v - v_s)$로 운동하고 있는데, 여기서 v는 파동의 매질(여기서는 공기)에 대한 파 의 속도이다. 소리샘의 기준틀에서, 파동은 속도 $(v - v_s)$로 시간 $T_s = 1/f_s$ 동안 파 장 λ의 거리만큼 이동한다. 그러므로 파장−진동수의 관계식은

$$v - v_s = f_s \lambda \qquad (12\text{-}12)$$

이다. 파장은 소리샘이 관찰자 쪽으로 운동하는 경우($v_s > 0$)에는 v/f_s보다 작아지 고, 소리샘이 관찰자로부터 멀어지는 경우($v_s < 0$)에는 v/f_s보다 커진다.

운동하는 관측자

소리샘에서 속도 v_o로 멀어지는 관측자에 대해, 관측자에 대한 파의 속도는 $v - v_o$ 이다. 관측자의 기준틀에서, 파는 속도 $v - v_o$로 시간 $T_o = 1/f_o$ 동안 거리 λ만큼 이

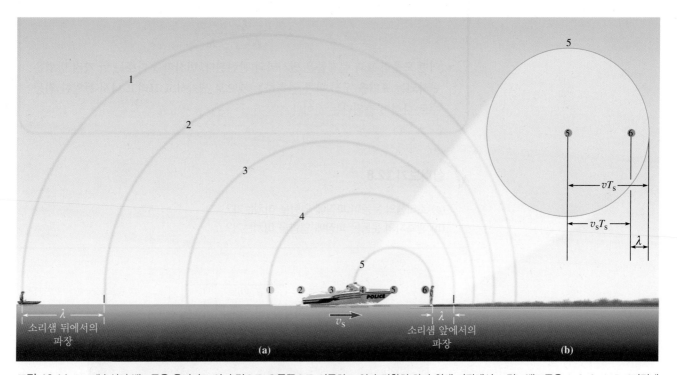

그림 12.14 (a) 쾌속선이 뱃고동을 울리며 v_s의 속력으로 오른쪽으로 이동하고 있다(명확히 하기 위해 과장해서 그림). 뱃고동은 1, 2, 3, 4, 5, 6지점에 서 파동 마루를 만든다. 각 파동 마루는 뱃고동을 울린 지점에서 v의 속력으로 사방으로 퍼져 나간다. (b) 파장 λ는 파동 마루 사이의 거리이다. 파동의 매질(여기서는 공기)의 기준틀에서, 어떤 파동 마루는 시간 간격 T_s 동안 거리 vT_s만큼 운동하고 배는 거리 $v_s T_s$를 운동한다. 그래서 $\lambda = vT_s - v_s T_s$이다. 마찬가지로, 소리샘의 기준틀에서 파동은 (소리샘에 대해) 속력 $v - v_s$로 시간 T_s 동안 거리 λ만큼 운동한다. 그래서 $\lambda = (v - v_s) T_s = (v - v_s)/f_s$이다. 파 장은 소리샘 전방에서 vT_s보다 짧고 소리샘 후방에서는 길다.

동한다(그림 12.15). 관측된 진동수 f_o는 이 속력과 파장에 다음과 같이 연결된다.

$$v - v_o = f_o \lambda \tag{12-13}$$

관측된 진동수 f_o는 관측자가 소리샘에서 멀어질 때($v_o > 0$) v/λ 보다 작아지고, 관측자가 소리샘 쪽으로 가까워지면($v_o < 0$) v/λ 보다 커진다.

여기에서 λ를 제거하고 식 (12-12)와 (12-13)을 f_o에 대해 풀면

도플러 이동(소리샘의 운동 및/또는 관측자 운동)

$$f_o = \frac{v - v_o}{v - v_s} f_s \tag{12-14}$$

여기서 v_o와 v_s의 부호는 소리의 전파 방향으로는(소리샘에서 관측자로) 양(+)이며, 반대의 경우에는 음(−)이다.

문제풀이 전략: 도플러 효과

- 파동 매질에 대해 소리샘의 속력(v_s)과 관측자의 속력(v_o)을 구한다. v_s와 v_o는 파동의 진행 방향으로 운동하는 경우(소리샘에서 관측자로) 양(+)이며 반대 방향에서는(관측자에서 소리샘으로) 음(−)이다.

- 식 (12-14)를 기억할 필요는 없다. 파장이 소리샘과 관측자에게 같다는 것을 기억하고, 진동수−파장의 관계(파동 속력 = 진동수 파장)를 사용하라.

$$\lambda = \frac{v - v_s}{f_s} = \frac{v - v_o}{f_o}$$

- 어떤 도플러 효과 문제들은 반사파와 관련된다. 반사파를 다루는 한 가지 방법은 반사되는 표면을 우선 파를 관측하는 것으로 생각하고 그리고 나서 동일한 진동수로 다시 방출된다는 것이다.

✓ 살펴보기 12.8

(a) 소리샘의 운동이 파장에 영향을 미치는가?
(b) 관측자의 운동은 파장에 영향을 미치는가?

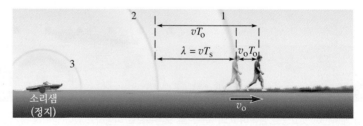

그림 12.15 정지해 있는 소리샘에서 속력 v_o로 멀어지는 관측자(명확히 하기 위해 과장해서 그림). 파장 λ는 파동 마루 사이의 거리이다. 파동 매질(여기서는 공기)의 기준틀에서, 파동 마루는 시간 간격 T_0 동안 거리 vT_0만큼 이동하고 관측자는 거리 $v_o T_0$만큼 이동한다. 그래서 $\lambda = vT_0 - v_o T_0$가 된다. 마찬가지로, 관측자의 기준틀에서, 파동은 시간 T_0 동안 속력 $v - v_o$로(관측자에 대해) 거리 λ만큼 이동한다. 그래서 $\lambda = (v - v_o)T_0 = (v - v_s)/f_o$가 된다.

보기 12.8

기차의 경적과 도플러 이동

모노레일 기차가 10.0 m/s의 속력으로 기차역에 접근하면서 경적을 울린다. 완벽한 청음 능력이 있는 음악가가 플랫폼에서 이를 진동수 261 Hz의 "가온 다" 음으로 듣는다. 주변에는 바람이 없고 온도는 쌀쌀한 0 °C이다. 기차가 정지해 있을 때 관측되는 경적의 진동수는 얼마인가?

전략 이 경우, 소리샘인 경적은 운동하고 관측자는 고정되어 있다. 소리샘은 관측자 쪽으로 향했으므로 v_s는 양(+)의 값이 된다. 소리샘이 관측자에게 접근하면, 관측된 진동수는 소리샘의 진동수보다 높다. 기차가 정지해 있을 때, 도플러 이동은 발생하지 않고, 관측된 진동수는 소리샘의 진동수와 같다.

풀이 운동하는 소리샘에 대해, 소리샘의 진동수(f_s)와 관측되는 진동수의 관계는 다음과 같다.

$$f_o = \frac{v - v_o}{v - v_s} f_s$$

단, $v = 331$ m/s(공기 0 °C에서 소리샘의 속력), $v_s = +10.0$ m/s이고 $f_0 = 261$ Hz이다. f_s 에 대해 풀면

$$f_s = \frac{v - v_s}{v} f_o$$

$$= \frac{331 \text{ m/s} - 10.0 \text{ m/s}}{331 \text{ m/s}} \times 261 \text{ Hz} = 253 \text{ Hz}$$

이다. 예상한 대로 소리샘 진동수는 관측 진동수보다 작으며, 기차가 정지해 있을 때의 관측 진동수는 소리샘 진동수(253 Hz)와 같다.

검토 기차가 플랫폼 쪽으로 다가오면, 소리샘과 관측자 사이의 거리는 줄어든다. 나중에 방출된 파동 마루가 관측자에게 도달된 시간은 기차가 정지해 있을 때 관측자에게 도달한 시간보다 짧다. 따라서 파동 마루와 파동 마루 사이의 도착 시간은 기차가 정지한 경우의 소요 시간보다 작다. 소리샘과 관측자 사이의 거리가 줄어들 때, 관측 진동수는 소리샘 진동수보다 높다. 반면, 거리가 멀어지면 관측되는 진동수는 소리샘 진동수보다 작아진다.

실전문제 12.8 **고속으로 지나가는 스포츠카**

저스틴이 앞뜰에서 정원을 손질하고 있을 때 마즈다사의 미아타 차가 속력 32.0 m/s(71.6 mi/h)로 지나간다. 미아타가 그녀에게 다가올 때 그녀가 들은 차의 엔진 진동수는 220.0 Hz였다면 차가 지나간 후 그녀는 어떤 진동수를 듣겠는가? 온도는 20 °C이고 바람은 없다고 가정한다.

충격파

도플러 효과[식 (12-14)]에서 두 가지 흥미로운 경우를 알아보자. 먼저, 관측자가 소리샘에서 소리의 속력($v_o = v$)으로 멀어져 간다면 어떻게 되는가? 식 (12-14)에 따라 도플러 이동 진동수는 0이 될 것이다. 이것이 의미하는 것은 무엇인가? 관측자의 속력이 파의 속력과 같다면(혹은 빠르다면) 파동 마루는 결코 관측자에게 도달할 수 없다.

다음으로, 만약 소리샘이 관측자를 향해 거의 소리의 속력에 가까운 속력($v_s \rightarrow v$)으로 접근하면 어떻게 되는가? 식 (12-14)는 관측되는 진동수가 무한대로 증가함($f_0 \rightarrow \infty$)을 보여주고 있다. 그림 12.16을 보면 이해가 쉬울 것이다. 소리의 속력보다 느린 속력으로 날아가는 비행기에 대해서는, 비행기의 운동에 의해 비행기 운동 방향(앞쪽 방향)의 파동 마루들은 비행기의 운동 때문에 보다 가까워진다(그림 12.16a). 오른쪽에 있는 관측자는 원래의 진동수보다 높은 진동수를 관측할 것이다. 비행기의 속력이 증가하면, 전방의 파동 마루들은 점점 더 가까워지고 관측 진동수

그림 12.16 (a) 소리보다 느린 속력으로 운동하는 비행기의 파동 마루. (b) 소리의 속력으로 날고 있는 비행기. 비행기가 파동 마루와 같은 빠르기로 오른쪽으로 운동하기 때문에 파동 마루들이 쌓여 있다. (c) 초음속 비행기의 충격파. 파동 마루가 검은 실선으로 나타낸 깔때기를 따라서 쌓인다.

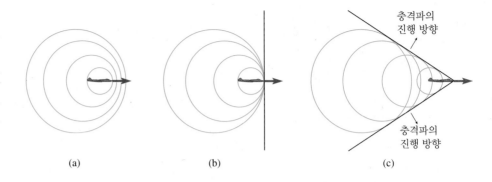

충격파의
진행 방향

충격파의
진행 방향

(a)　　　　　　　(b)　　　　　　　(c)

그림 12.17 공기 중에서 소리보다 빠르게 날아가는 총알. 두 개의 주 충격파가 총알의 양 끝에서 시작되는 것에 주목하자.

는 더욱 높아진다. 그림 12.16b와 같이 소리의 속력으로 움직이는 비행기인 경우에는 파동 마루가 다른 파동 마루 위에 겹쳐져 비행기와 같은 속력으로 오른쪽으로 이동한다. 따라서 파동 마루들은 비행기 앞쪽으로는 나가지 못한다. 이때 오른쪽에 있는 관측자는 0의 파장, 곧 파장 마루들 사이의 거리가 0으로 무한대의 진동수를 측정하게 된다.

소리샘이 소리의 속력보다 더 큰 속력으로 이동하면 어떤 현상이 일어나는가? 그림 12.16c에서 보인 것처럼 소리 마루들은 서로 다른 것 위에 쌓여서 깔때기 모양의 충격파(shocke wave)를 만든다. 충격파는 그림에 표시된 바깥쪽으로 진행한다. 이때 비행기 앞부분에서 발생하는 것과 꼬리에서 발생하는 두 개의 주 충격파가 형성된다(그림 12.17). 이런 충격파 음을 음속 폭음("소닉 붐")이라고 한다.

12.9 메아리정위법과 의료영상
ECHOLOCATION AND MEDICAL IMAGING

응용: 박쥐, 돌고래가 사용하는 메아리정위법 박쥐, 돌고래, 고래와 몇몇 새들은 먹이를 찾고 주변 환경을 파악하기 위해 메아리정위법을 이용한다. 캄캄한 동굴 속에서 길을 찾기 위해 북남미의 쏙독새와, 보르네오와 동아시아의 동굴칼새는 음파를 발사하고 메아리를 듣는다. 메아리가 돌아오는 데 걸리는 시간으로, 동굴 벽이나 다른 장애물이 얼마나 떨어져 있는지 알아차린다. 양쪽 귀에 도달하는 메아리의 차이를 통해 메아리가 돌아오는 방향에 대한 정보를 얻는다.

메아리정위법을 이용하기 위해 쏙독새와 동굴칼새가 사용하는 소리들은 사람이 들을 수 있지만, 고래와 돌고래, 대부분의 박쥐들은 20~200 kHz의 초음파를 사용한다. 또한 박쥐와 돌고래는 방출된 파와 반사파 간의 도플러 이동을 감지해 물체의 속도를 알 수 있다. 이것은 쏜살같이 피하는, 움직이는 먹이의 정확한 위치를 찾아내는 데 유리한 방법이다. 일부 관박쥐는 0.1 Hz 정도의 작은 진동수 차이를 감지할 수 있다.

먹이들이라고 완전히 무방비 상태는 아니다. 나방과 풀잠자리, 사마귀는 주변의 박쥐가 내는 초음파를 감지하는 몇 개의 신경세포가 있는 원시 귀를 가지고 있다. 동굴 입구에서 좀 떨어진 곳에서 날고 있던 나방들은 갑자기 아무런 이유 없이 날개

를 접고 아래로 떨어진다. 이들은 날개를 접고 떨어짐으로써 초음파를 반사하는 면적을 줄이고, 아래쪽으로 빠르게 떨어지면서 잽싸게 나는 박쥐를 피할 수 있다. 나방의 날개 표면에 있는 작은 털들은 소리를 부분적으로 흡수해 반사파의 세기를 줄이는 데 도움을 준다.

불나방은 박쥐의 초음파를 감지하면 외골격의 일부분을 축소하는 방법으로 초음파를 발생시킨다. 나방의 초음파와 혼합된 반사음을 감지한 박쥐는 혼란스러워 하며 다른 곳으로 사냥하러 가버린다.

응용: 수중음파탐지기와 레이더   메아리정위법은 바다에서 유용한 항해 도구이다. 배 아래 물의 깊이를 알기 위해 **수중음파탐지기**(*sonar*: **so**und **na**vigation and **r**anging) 장비는 초음파 펄스를 방출한다(그림 12.18). 발사된 초음파 펄스와 반사되어 돌아온 펄스 사이의 지연 시간(Δt)을 통해 깊이를 알 수 있다. 폭발이나 공기총으로 만들 수 있는 P형 지진파(지구를 관통하여 진행하는 음파)는 지구 내부의 구조 연구나 지하의 석유 탐사에 사용된다.

레이더는 음파 대신에 전자기파를 사용하는 메아리정위법의 한 종류이지만, 방법 자체는 동일하다. 기상 예보에 많이 사용되는 도플러 레이더는 폭풍의 위치뿐만 아니라 바람의 속도까지 알려주는 유용한 도구이다.

초음파의 의학적 응용

출산을 앞두고 있는 산모들은 초음파 검사를 받을 때 대부분 태아를 처음으로 본

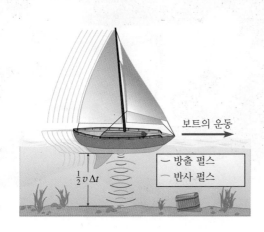

그림 12.18 바다의 깊이를 측정하는 수중음파탐지기를 장착한 배. 배에서 발사된 초음파 펄스가 해저 바닥에서 반사되어 돌아오면 배에 있는 수신기가 반사파를 검출한다.

다. 초음파 영상은 박쥐나 수중음파탐지기에 적용되는 것과 유사한 펄스−에코 기법을 사용한다. 초음파 펄스는 다른 종류의 조직 경계에서 반사된다.

약 10∼14주 정도의 초기 임신 단계에서는 초음파 검사로 태아가 살아 있는지, 쌍둥이인지 여부를 확인하는 데 사용할 수 있다. 태아의 크기를 측정해 출산 예정일을 좀 더 정확하게 알아낼 수도 있다. 심지어 일부 기형 여부도 이 초기 단계에서 알 수 있다. 예를 들어, 일부 염색체 이상을 목 뒤쪽 피부 두께를 측정해 발견할 수 있다. 18주가 지나면, 좀 더 자세한 태아 검사를 할 수 있다. 주요 장기들이 정상적으로 발달하고 있는지 여부를 검사할 수도 있다. 30주가 지나면, 탯줄 내 혈류를 통해 태아에게 산소와 영양분이 제대로 공급되는지 검사할 수 있다. 또한 태반의 위치도 확인할 수 있다.

태아의 영상을 얻는 데 초음파를 사용하는 이유는 무엇인가?

왜 X선 같은 전자기파 대신에 음파를 이용하는가? X선은 조직에, 특히 빠르게 성장 중인 태아의 조직에 손상을 준다. 수십 년 동안 사용해본 결과, 초음파의 부작용이 보고된 바는 없다. 게다가 초음파 영상은 실시간으로 캡처할 수 있기 때문에 움직임을 확인할 수도 있다. 세 번째로는, X선은 일반적으로 조직을 통과한 방사선량을 측정하지만 다른 깊이에 있는 물체를 분간할 수 없어서, 복부의 단면 영상을 만들지 못한다. CAT 스캔(Computer-Assisted Tomography)과 같은 좀 더 복잡한 고가의 진단장비들이 다른 깊이에 있는 세세한 것들을 구분해내기 위해 필요하다. 네 번째로, 어떤 종류의 조직은 X선으로는 확실히 검출이 안 되지만 초음파로는 뚜렷하게 검출할 수 있다.

왜 가청 진동수의 음파 대신에 초음파를 사용하는가? 고진동수의 음파는 파장이 짧다. 짧은 파장의 파동은 장애물이 있을 때 긴 파장의 파동보다 회절이 적게 일어난다(11.9절 참조). 지나치게 회절이 일어나면 대상물을 정확하게 파악하기가 어려워진다. 대략적으로 계산해보면, 파장의 길이가 가장 작은 물체를 검출할 수 있는 하한이다. 일반적으로 영상에 사용되는 진동수는 1∼15 MHz이며, 사람 조직 내에서 파장의 범위는 대략 0.1∼1.5 mm 정도이다. 만약 15 kHz의 음파가 사용된다면, 사람 조직 내에서 파장은 대략 10 cm가 된다. 더 높은 진동수 영역을 이용하면 분해능은 향상되나 투과력이 떨어진다. 음파는 조직 내 약 500λ 이내에서 흡수되

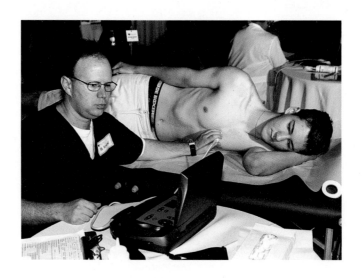

그림 12.19 초음파 영상은 심장 질환 검사에도 이용된다.

어버린다.

의료 분야에서 초음파 영상은 산전 진료에만 사용되는 것은 아니다. 초음파는 심장, 간, 쓸개, 콩팥, 방광, 유방과 눈 등을 검사하고 종양의 위치를 파악하는 데도 사용된다. 다양한 심장 질환을 진단하고 심장 마비 후 손상을 가늠해 볼 수도 있다(그림 12.19). 초음파는 움직이는 상태를 보여줄 수도 있기 때문에 심장 판막 기능을 가늠하고 큰 혈관의 혈류를 모니터할 수도 있다. 초음파는 실시간 영상을 제공하기 때문에 조직 검사(검사를 위해, 바늘을 이용해 기관이나 종양에서 표본 채취)와 같은 과정을 진행하는 데 사용될 수도 있다.

도플러 초음파는 혈류를 검사하는 데 사용되는 기법이다. 이를 통해 혈류의 막힘을 알아낼 수 있고 동맥 플라크 형성을 발견하고 진통과 분만 과정에서 태아의 심장 박동 등에 대한 자세한 정보를 얻을 수 있다. 도플러 이동된 반사 파동은 소리샘에서 방출된 소리와 간섭해 맥놀이를 만든다. 맥놀이 진동수는 반사체의 속력에 비례한다.

해답

실전문제

12.1 보통은 고체가 액체보다 밀도가 높지만, 부피 탄성률은 훨씬 높기 때문에 매우 강직하다. 고체의 보다 큰 복원력이 음파가 더 빨리 전달되게 한다.

12.2 가정: 무대를 점 소리샘으로 간주하고, 파동의 반사와 흡수를 무시한다. 4.0×10^{-6} W/m², 0.057 Pa

12.3 400배

12.4 3.2배

12.5 3000 km. 아니오. 그런 먼 거리에 걸쳐 흡수와 반사를 무시하는 것은 현실적이지 않다.

12.6 24 ℃

12.7 444.0 Hz

12.8 182.5 Hz

12.9 27 m/s

살펴보기

12.3 압력과 변위진폭 사이의 관계는 진동수에 따라 변하므로, 주어진 압력진폭과 세기에 대해 유일한 값을 갖지는 않는다.

12.4 길이 L인 한쪽 끝이 막힌 관은 한쪽 끝이 마디이고 다른 쪽 끝은 배이다. 두 개의 연속되는 마디(또는 두 개의 연속적인 배) 사이의 거리가 $\frac{1}{2}\lambda$이기 때문에 양 끝이 마디(또는 둘 다 배)인 경우에만 파장이 $2L$일 수 있다.

12.7 (a) 보강간섭은 $t=0$과 $t=10\,T_0$에서 발생하는 두 파동이 같은 위상임을 의미한다. 그때 중첩파동은 최대 진폭을 가진다. (b) 상쇄간섭은 $t=5T_0$에서 발생하는 두 개의 파동의 위상이 다르다는 것을 의미한다. 이때, 중첩한 파동은 최소 진폭을 갖는다. 다음 상쇄간섭은 $t=15T_0$에서 발생한다(그래프에 표시되지 않음).

12.8 (a) 소리샘의 움직임은 파장에 영향을 미친다. λ는 소리샘 앞에서는 더 짧고 뒤에서 더 길다(그림 12.14 참조). (b) 관측자의 운동은 파장에 영향을 미치지 않는데, 파장은 두 파동의 마루 사이의 순간 거리이다(그림 12.15 참조).

온도와 이상기체
Temperature and the Ideal Gas

케냐의 바링고 호수(Lake baringo)에서 악어 한 마리가 몸을 덥히기 위해 바위 위에서 햇볕을 쬐고 있다.

정온("온혈")동물은 체온을 다양하게 조절한다. 뇌에 있는 시상하부는 건강한 동물에서 1 °C의 몇 분의 일 이내로 체온을 유지하는 주 온도조절기 역할을 한다. 만일 체온이 바람직한 일정 수준에서 많이 벗어나기 시작하면 체온을 정상으로 되돌리기 위해 시상하부가 혈류의 변화를 일으키고 오한이나 발한과 같은 여러 작용이 일어나게 한다. 일정한 체온은 정온동물(이를테면 조류와 포유류)에게 어떤 진화상의 이점을 부여하는가? 단점은 무엇인가? (380쪽에 답이 있다.)

되돌아가보기

- 에너지 보존(6장)
- 운동량 보존(7.4절)
- 충돌(7.7, 7.8절)

13.1 온도 TEMPERATURE

온도temperature 측정은 일상생활의 일부분이다. 외출할 때 입을 옷을 결정하기 위해서는 실외 온도를 알아야 하고, 가정과 사무실을 쾌적하게 해주는 냉난방기는 자동 온도 조절장치로 실내 온도를 측정한다. 빵을 구울 때는 오븐의 온도 조절이 중요하다. 아플 때는 열이 있는지 알아보기 위해 몸의 온도를 측정한다. 온도는 간단해 보이지만 미묘한 개념이다. 뜨거움과 차가움에 대한 우리의 주관적인 감각은 온도와 관련되어 있기는 하지만 오도되기 쉽다.

온도의 정의는 **열적 평형**thermal equilibrium의 개념에 기초를 두고 있다. 두 물체 사이에 에너지의 교환이 허용된다고 가정해보자. 에너지의 알짜 흐름은 항상 높은 온도의 물체에서 낮은 온도의 물체로 일어난다. 에너지가 흐름에 따라 두 물체의 온도는 서로 가까워진다. 그러다 온도가 같아지면 더 이상의 에너지 흐름은 없다. 이 때 두 물체는 열적 평형 상태에 있다고 한다. 이와 같이 온도란 물체들이 열적 평형 상태에 도달한 때를 결정하는 물리량이다. (물체들이 열적 평형 상태에 있다고 해서 반드시 에너지가 같을 필요는 없다.) 두 물체 또는 계 사이의 온도 차로 둘 사이에 흐르는 에너지를 **열**heat이라고 부른다. 열에 관해서는 14장에서 자세히 다룰 것이다. 두 물체나 계 사이에 열이 흐를 수 있다면 둘은 **열적 접촉 상태**thermal contact에 있다고 말한다.

물체의 온도를 측정하기 위해서는 온도계를 물체에 열적으로 접촉시켜야 한다. 온도의 측정은 **열역학 제0 법칙**zeroth law of thermodynamics에 기반을 두고 있다.

열역학 제0 법칙

두 물체가 각각 제3의 물체와 열적 평형 상태에 있다면, 그 둘은 서로 열적 평형 상태에 있다.

이 제0 법칙이 없다면 온도를 정의하는 것이 불가능했을 것이다. 왜냐하면 온도계에 따라 측정 결과가 달라질 수 있었기 때문이다. 열역학 제0 법칙이라는 다소 이상한 이름이 붙은 이유는 역사적으로 열역학의 제1, 2, 3 법칙 이후에 만들어졌지만 다른 법칙들보다 앞에 나와야 할 만큼 보다 근본적이기 때문이다. 13장부터 15장까지의 주제인 **열역학**thermodynamics에서는 온도, 열 흐름 그리고 계의 내부에너지 등을 다룬다.

13.2 온도 눈금 TEMPERATURE SCALES

온도계는 온도에 따라 달라지는 물질의 성질을 이용해 온도를 측정한다. 우리에게 익숙한, 유리 속에 액체를 채워서 만든 온도계는 열팽창을 이용한 것이다. 수은이나 알코올은 온도가 올라감에 따라 팽창한다(온도가 내려갈 때는 수축한다). 우리는 매겨져 있는 눈금으로 온도를 측정한다. 어떤 물질은 다른 물질보다 팽창이 더 잘되므로 얼음의 녹는점이나 물의 끓는점과 같이 쉽게 재현 가능한 현상을 사용해 온도계의 눈금을 매겨야 한다. 그러한 현상에 지정된 온도는 임의이다.

전 세계적으로 가장 일반적으로 이용되는 온도 눈금은 섭씨(Celsius) 눈금이다. 섭씨 눈금은 1기압하에서 물의 어는 온도가 0 °C(얼음점)이고, 1기압하에서 물의 끓는 온도가 100 °C(끓는점)이다. 섭씨 눈금은 스웨덴 천문학자 셀시우스(Anders Celsius, 1701~1744)의 이름으로 명명된 것이다. 그는 오늘날 우리가 사용하는 온도 눈금을 거꾸로 한 것을 사용했다(물의 어는점이 100°였고 물의 끓는점은 0°였다).

미국에서는 아직도 화씨(°F) 눈금이 널리 쓰인다(그림 13.1). 화씨 눈금은 물리학자 패런하이트(Daniel Gabriel Fahrenheit, 1686~1736)의 이름을 딴 것이다. 화씨 눈금에서는 1기압하에서 얼음점이 32 °F이고 끓는점은 212 °F이다. 따라서 얼음점과 끓는점의 온도 차는 180 °F이다. 그러므로 화씨 1도의 간격은 섭씨 1도의 간격보다 좁다. 곧, 1 °C의 온도 차는 1.8 °F의 온도 차와 같다.

$$\Delta T_F = \Delta T_C \times 1.8 \, \frac{°F}{°C} \qquad (13\text{-}1)$$

이들 두 눈금은 기준점이 다르기 때문에(0 °C는 0 °F와 같은 온도가 아니다.) 둘 사이의 변환식은 다음과 같다.

$$T_F = (1.8°F/°C) \, T_C + 32°F \qquad (13\text{-}2a)$$

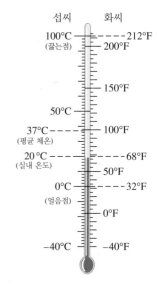

그림 13.1 화씨와 섭씨 온도 눈금.

표 13.1 K, °C, °F로 나타낸 몇 가지 기준 온도

	K	°C	°F		K	°C	°F
절대 영도	0	−273.15	−459.67	물의 끓는점	373.15	100.00	212.0
도달한 일시적 최저 온도 (레이저 쿨링)	10^{-9}			모닥불	1 000	700	1 300
				금의 녹는점	1 337	1 064	1 947
우주 공간	3	−270	−454	전구의 필라멘트	3 000	2 700	4 900
헬륨이 끓는점	4.2	−269	−452	태양 표면, 철 용접 불꽃	6 300	6 000	11 000
질소가 끓는점	77	−196	−321				
이산화탄소가 어는점 (드라이아이스)	195	−78	−108	지구의 중심	16 000	15 700	28 300
				번개	30 000	30 000	50 000
수은이 어는점	234	−39	−38	태양의 중심	10^7	10^7	10^7
물이 어는점/얼음이 어는점	273.15	0	32.0	중성자별의 내부	10^9	10^9	10^9
사람의 체온	310	37	98.6				

$$T_C = \frac{T_F - 32\,°F}{1.8\,°F/°C} \qquad \text{(13-2b)}$$

온도의 SI 단위는 **켈빈**^{kelvin}(기호는 도 표시가 없는 K)이다. 켈빈은 영국 물리학자 켈빈(William Thomson, 켈빈 경, 1824~1907)의 이름을 딴 것이다. 켈빈 눈금의 간격은 섭씨온도의 눈금 간격과 크기가 같다. 곧, 1 °C의 온도 차는 1 K의 온도 차와 같다. 그러나 0 K는 절대영도를 의미한다. 0 K 아래의 온도는 존재할 수 없다. 얼음점이 273.15 K이므로, 섭씨온도(T_C)와 절대온도(T) 사이의 관계는 다음과 같다.

$$T_C = T - 273.15 \qquad \text{(13-3)}$$

식 (13-3)은 절대온도로 섭씨온도를 정의한 것이다. 표 13.1은 절대온도, °C, °F로 나타낸 몇 가지 온도들이다.

보기 13.1

몸이 아픈 친구

독감으로 열이 있는 친구의 체온이 38.6 °C이다. 이 온도는 (a) 켈빈온도로 얼마인가? (b) 화씨온도로 얼마인가?

전략 (a) 켈빈과 섭씨온도는 영점이 이동한 것만 다를 뿐이다. 얼음점인 0 °C가 273.15 K이므로 섭씨온도를 켈빈온도로 바꿀 때에는 섭씨온도에 273.15 K를 더해주기만 하면 된다. (b) 섭씨온도와 화씨온도는 눈금의 크기도 다르고 영점도 다르다. 섭씨온도의 영점은 얼음점에 있다. 따라서 섭씨온도에 1.8 °F/°C를 곱해서 영점 위로 몇 °F인지 구한 다음 얼음점의 온도인 32 °F를 더해주면 된다.

풀이 (a) 38.6 °C는 얼음점 온도인 273.15 K보다 38.6 K만큼 더 높은 온도이다. 그러므로 켈빈온도로 변환하면

$$T = 38.6\,K + 273.15\,K = 311.8\,K$$

이다.

(b) 얼음점보다 화씨로 얼마나 높은 온도인지 계산해보면

$$\Delta T_F = 38.6\,°C \times (1.8\,°F/°C) = 69.5\,°F$$

이고, 얼음점의 온도는 32 °F이므로

$$T_F = 32.0\,°F + 69.5\,°F = 101.5\,°F$$

이다.

검토 정상 체온이 98.6 °F 정도이므로 위의 해답은 그럴듯하다.

실전문제 13.1 **두 가지 단위로 구해보는 정상 체온**

사람의 정상 체온(98.6 °F)을 섭씨온도와 켈빈온도로 환산하여라.

13.3 고체와 액체의 열팽창
THERMAL EXPANSION OF SOLIDS AND LIQUIDS

대부분의 물체는 온도가 올라감에 따라 팽창한다. 열팽창의 원인을 알기 오래전부터 열팽창은 실용화되었다. 예를 들면, 배럴[1]을 제작할 때 벌겋게 달궈 늘어난 철 테를 널 주위에 둘러 끼웠다. 이렇게 팽창한 철 테로 널을 묶으면 철 테가 냉각되면

---

1) 역자 주: 술이나 물, 기름 등을 담는 가운데가 불룩한 통.

서 널을 단단히 조여 물이나 술을 담아도 새지 않는 배럴을 만들 수 있었다.

선팽창

온도가 T_0일 때 철사나 막대 또는 관의 길이를 L_0라고 하면(그림 13.2)

$$\frac{\Delta L}{L_0} = \alpha \Delta T \qquad (13-4)$$

여기서 $\Delta L = L - L_0$이고 $\Delta T = T - T_0$이다. 온도가 T일 때 길이는 다음과 같다.

$$L = L_0 + \Delta L = (1 + \alpha \Delta T) L_0 \qquad (13-5)$$

비례상수 α는 물질의 **선팽창계수**coefficient of linear expansion라고 부른다. 이 계수의 열 팽창에 대한 관계는 탄성률의 인장 변형력에 대한 관계와 유사하다. 만약 온도가 절대온도나 섭씨로 측정된다면, α는 K^{-1} 또는 $°C^{-1}$의 단위를 가진다. 식 (13-4)에서는 온도의 변화량만이 중요하므로, 절대온도나 섭씨온도 어느 것이든 ΔT를 결정하는 데 이용할 수 있다. 1 K의 온도 변화와 1 ℃의 온도 변화가 같기 때문이다.

탄성률과 마찬가지로 선팽창계수 역시 고체의 종류에 따라 다르며, 물질의 처음 온도에 따라서도 어느 정도 영향을 받는다. 표 13.2에 여러 고체의 선팽창계수가 나열되어 있다.

연결고리

인장 변형력이나 압축 변형력으로 일어난 길이 변화(변형) 부분은 그 것을 일으킨 변형력에 비례함을 상기하자[훅의 법칙, 식 (10-4)]. 이와 유사하게 온도 변화로 일어난 길이 변화 부분은 온도 변화가 너무 크지 않은 한, 온도 변화에 비례한다.

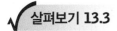 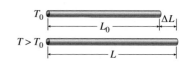

✓ 살펴보기 13.3

40 ℃에서 높이가 150.00 m인 철탑이 있다. −10 ℃로 되면 길이가 얼마나 짧아지겠는가?

그림 13.2 온도가 올라갈 때 고체 막대의 팽창.

표 13.2 고체의 선팽창계수 α(별도 표기가 없으면 $T = 20$ ℃에서 측정한 값이다).

물질	α (10^{-6} K^{-1})
바이코어(Vycor) 유리	0.75
벽돌	1.0
파이렉스(Pyrex) 유리	3.25
화강암	8
일반적인 유리	9.4
시멘트나 콘크리트	12
철이나 강철	12
구리	16
은	18
황동	19
알루미늄	23
납	29
얼음(0 ℃)	51

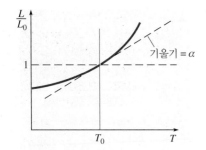

그림 13.3 온도의 함수로 표시한 강철 들보의 상대적 길이. 점선으로 표시된 접선은 온도 T_0 부근에서 작은 온도 변화에 대해 식 (13-4)로 예측되는 길이 변화를 보여준다. 접선의 기울기가 $T = T_0$일 때의 α 값이다.

그림 13.4 신축 이음은 온도가 변할 때 교량의 상판이 늘어나거나 줄어들 수 있게 한다.

그림 13.3은 철제 들보의 길이가 넓은 온도 영역에서 어떻게 변하는지를 보여주는 그래프이다. 이 그래프가 곡선이므로 금속의 열팽창이 일반적으로 온도의 변화에 비례하지 않는다는 것을 알 수 있다. 그러나 좁은 온도 영역에서는 근사적으로 이 곡선을 직선으로 간주할 수 있다. 그래프에서 접선의 기울기가 온도 T_0에서의 선팽창계수 α이다. 온도가 T_0 부근에서 크게 변하지 않을 때, 작은 오차 범위 내에서 금속 막대의 길이 변화는 온도의 변화에 비례하는 것으로 취급할 수 있다.

열팽창의 응용: 교량과 건물의 신축 이음 건물, 인도, 도로, 다리 등을 지을 때는 날씨가 더울 때 일어날 열팽창을 위한 여유 공간을 반드시 만들어두어야 한다. 오래된 지하철도에는 선로의 레일이 열팽창으로 서로 밀어 모양이 구부러지지 않도록 레일 사이에 작은 공간을 확보해둔 것을 볼 수 있다. 이러한 선로 위를 달리는 기차를 타면 레일 연결 부위를 지날 때 기차가 덜거덕거리는 것을 느낄 수 있다. 교량에서도 이와 유사한 신축 이음을 쉽게 찾아볼 수 있으며(그림 13.4), 콘크리트로 포장된 도로나 인도에서도 마찬가지이다. 때때로 개인이 집 마당 등에 그러한 이음의 여유 공간을 두지 않은 채 인도를 설치한 것을 볼 수 있는데, 이러한 시설은 얼마 못 가서 금이 가기 시작한다.

추운 날씨에는 수축하는 것도 고려해야 한다. 물체가 자유롭게 팽창하거나 수축할 수 없으면 온도가 변할 때 열팽창이나 수축을 방지하기 위해 그 주위 환경이 구조물에 힘을 가해 구조물이 열변형력을 받게 된다.

보기 13.2

팽창하는 금속 막대

알루미늄 막대와 황동 막대가 약간 떨어져서 한쪽 끝은 서로 마주 보고 다른 끝은 고정되어 있다(그림 13.5). 온도가 0.0 °C일 때 각 막대의 길이는 50.0 cm이고, 고정되지 않은 끝은 서로 0.024 cm 떨어져 있다. 막대의 온도를 높여가면 몇 도에서 두 막대의 끝이 서로 접촉하겠는가? (단, 두 막대가 고정되어 있는 밑판의 열팽창은 무시할 수 있다고 가정하여라.)

전략 다른 물질로 만들어진 두 막대는 열팽창의 정도가 다

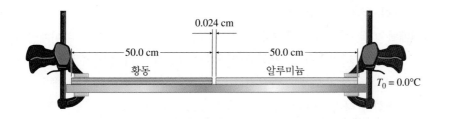

그림 13.5 한쪽 끝이 고정된 두 금속 막대.

르다. 두 막대가 팽창한 길이의 합($\Delta L_{황동} + \Delta L_{알루미늄}$)이 막대 사이의 간격과 같아지는 ΔT를 찾고, 처음 온도 $T_0 = 0.0\ ℃$에 더해주면 된다.

주어진 조건: $L_0 = 50.0\ \text{cm}$, $T_0 = 0.0\ ℃$

찾아야 할 것: $\alpha_{황동} = 19 \times 10^{-6}\ \text{K}^{-1}$, $\alpha_{알루미늄} = 23 \times 10^{-6}\ \text{K}^{-1}$

만족해야 할 것: $\Delta L_{황동} + \Delta L_{알루미늄} = 0.024\ \text{cm}$

구할 값: $T_f = T_0 + \Delta T$

풀이 황동 막대가 늘어난 길이는

$$\Delta L_{황동} = (\alpha_{황동}\, \Delta T)\, L_0$$

이고, 알루미늄 막대가 늘어난 길이는

$$\Delta L_{알루미늄} = (\alpha_{알루미늄}\, \Delta T)\, L_0$$

이다. 늘어난 길이의 합은

$$\Delta L_{황동} + \Delta L_{알루미늄} = 0.024\ \text{cm}$$

으로 주어져 있다. 처음 길이와 온도 변화는 모두 같으므로

$$(\alpha_{황동} + \alpha_{알루미늄})\, \Delta T \times L_0 = 0.024\ \text{cm}$$

이다. ΔT에 대해 풀면

$$\Delta T = \frac{0.024\ \text{cm}}{(\alpha_{황동} + \alpha_{알루미늄}) L_0}$$
$$= \frac{0.024\ \text{cm}}{(19 \times 10^{-6}\ \text{K}^{-1} + 23 \times 10^{-6}\ \text{K}^{-1}) \times 50.0\ \text{cm}}$$
$$= 11.4\ ℃$$

이므로, 두 막대가 접촉하게 되는 온도는 다음과 같다.

$$T_f = T_0 + \Delta T = 0.0℃ + 11.4℃ \rightarrow 11℃$$

검토 답을 점검하기 위해 각 막대가 늘어난 길이를 계산하고 그 합을 구해보자.

$$\Delta L_{알루미늄} = \alpha_{알루미늄} \Delta T\, L_0$$
$$= 23 \times 10^{-6}\ \text{K}^{-1} \times 11.4\ \text{K} \times 50.0\ \text{cm} = 0.013\ \text{cm}$$

$$\Delta L_{황동} = \alpha_{황동} \Delta T\, L_0$$
$$= 19 \times 10^{-6}\ \text{K}^{-1} \times 11.4\ \text{K} \times 50.0\ \text{cm} = 0.011\ \text{cm}$$

총 늘어난 길이 $= 0.013\ \text{cm} + 0.011\ \text{cm} = 0.024\ \text{cm}$

이는 옳은 값이다.

실전문제 13.2 벽의 팽창

건물의 외벽을 콘크리트 블록으로 만들었다. 20.0 ℃일 때 길이가 5.00 m라면, 더운 날(30.0 ℃)에는 벽이 얼마나 더 길어지는가? 또 −5.0 ℃인 날에는 얼마나 짧아지는가?

차동팽창

두 가지 서로 다른 금속 띠를 접합한 후 가열하면(두 금속의 열팽창계수가 같지 않다면) 한 금속은 다른 금속보다 더 많이 팽창한다. 이 차동팽창이 가능한 것은 접합된 띠가 곡선처럼 휘기 때문이다. 그러면 한 띠가 다른 띠보다 더 많이 늘어날 수 있게 된다.

응용: 바이메탈 바이메탈(bimetallic strip)은 철과 같이 선팽창계수가 작은 금속과 황동과 같이 선팽창계수가 큰 금속을 접합시켜 만든다(그림 13.6). 두 물질이 서로 다른 정도로 팽창하거나 수축하면 바이메탈의 띠는 휘게 된다. 그림 13.6에서 보인 바와 같이 바이메탈의 띠를 가열하면 황동은 철보다 더 많이 팽창하고, 띠를 냉각하

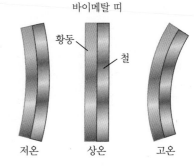

그림 13.6 바이메탈 띠는 온도가 변할 때 휜다. 같은 온도 변화에 대해서 황동이 철보다 많이 늘어나거나 수축하기 때문이다.

면 황동이 더 많이 수축한다.

바이메탈 띠는 벽에 부착되어 있는 많은 온도조절기에 사용된다. 바이메탈 띠가 휘면서 보일러나 에어컨을 켜거나 끄는 온도조절기의 전기 스위치를 닫거나 열어 준다. 오븐의 저렴한 온도계도 나선형 코일로 감은 바이메탈 띠를 사용한다. 코일은 온도가 변화함에 따라 더 단단하게 감기거나 느슨해진다.

넓이팽창

온도가 올라가면 물체는 각 차원으로 팽창한다. 예를 들면, 파이프는 온도가 올라 갈 때 길이도 길어지지만 반지름도 커진다. 등방성의 물체는 모든 방향으로 균일하 게 팽창하므로 넓이와 부피는 변화하지만 물체의 형태는 변하지 않는다. 문제 14 에서, 온도가 조금 변할 때 평평한 고체의 넓이는 온도 변화에 비례한다는 것을 알 수 있을 것이다.

$$\frac{\Delta A}{A_0} = 2\alpha \, \Delta T \qquad (13\text{-}6)$$

식 (13-6)에서 인자 2는 면이 두 개의 서로 수직 방향으로 팽창하기 때문에 나타 난 것이다.

부피팽창

연결고리

식 (10-10)과 비교해보아라. 그때 는 부피 변화가 압력의 변화에 비 례했다. 여기서는 부피 변화가 온 도 변화에 비례한다.

고체나 액체의 부피 변화의 분율 역시, 온도 변화가 크지 않은 한 온도 변화에 비 례한다.

$$\frac{\Delta V}{V_0} = \beta \, \Delta T \qquad (13\text{-}7)$$

부피팽창 계수 β는 단위 온도 변화에 대한 부피변화율이다. 고체의 부피팽창 계수 는 선팽창계수의 3배이다.

표 13.3 액체와 기체의 부피팽창 계수 β(별도의 표기가 없으면 모두 $T = 20\,^\circ\text{C}$에서 측정한 값이다.)

물질	$\beta(10^{-6}\,\text{K}^{-1})$
액체	
물(0 ℃)	−68
수은	182
물(20 ℃)	207
휘발유	950
에틸알코올	1120
벤젠	1240
기체	
1기압 공기(대부분의 기체)	3340

*3.98 ℃ 아래서 물은 온도가 증가하면 수축된다.

$$\beta = 3\alpha \qquad (13\text{-}8)$$

식 (13-8)의 3이라는 인자는 물체가 3차원 공간에서 팽창하기 때문이다. 액체인 경우에는 부피팽창 계수만 표에 있다. 액체는 팽창할 때 그 형태를 유지하지 않으므로 임의적으로 정의할 수 있는 양은 부피 변화뿐이다. 표 13.3에 일부 흔한 고체와 액체의 부피팽창 계수가 주어져 있다.

　고체 안에 있는 공동은 마치 채워져 있는 것처럼 팽창한다. 철제 휘발유 통 내부는 마치 금속 덩어리인 것처럼 팽창한다. 깡통의 철제 벽은 부피가 줄어들도록 안쪽으로 팽창하지 않는다.

응용: 온도계　유리 속에 알코올이 들어 있거나 수은이 들어 있는 보통의 온도계에서 온도가 올라갈 때 팽창하는 것은 액체만이 아니다. 보통의 온도계를 이용한 온도 측정값은 유리 내벽과 액체의 부피 팽창의 차이에 의해 결정된다. 정밀한 온도계의 눈금 맞추기는 유리의 열팽창을 고려해야 한다. 표 13.2와 13.3에 보인 바와 같이 보통의 액체는 주어진 온도 변화에 대해 유리보다 훨씬 더 잘 팽창한다.

보기 13.3

물이 가득 찬, 속이 빈 원통

비어 있는 구리 원통의 끝까지 20 ℃의 물로 채웠다. 용기와 물의 온도를 91 ℃로 가열하면 몇 퍼센트의 물이 넘치겠는가?

전략　물의 부피팽창 계수는 구리보다 더 크다. 따라서 물은 구리 내부가 팽창한 것 보다 더 많이 팽창한다. 용기의 빈 곳이 마치 구리가 내부에 꽉 찬 것처럼 팽창한다. 처음 부피가 주어지지 않았으므로 그것을 V_0라고 하자. 부피 V_0의 물이 얼마나 팽창하는지 그리고 부피 V_0의 구리가 얼마나 팽창하는지 알아내야 한다. 이 둘의 차이가 바로 넘치는 물의 부피이다.

주어진 조건: 처음 구리 원통의 부피 = 처음 물의 부피 = V_0
처음 온도 = $T_0 = 20.0\,℃$
나중 온도 = 91 ℃, $\Delta T = 71\,℃$

찾아야 할 것: $\alpha_{구리} = 16 \times 10^{-6}\,℃^{-1}$; $\beta_물 = 207 \times 10^{-6}\,℃^{-1}$

구할 값: $\Delta V_물 - \Delta V_{구리}$를 구해 V_0의 몇 퍼센트인지 계산한다.

풀이　구리 원통 내부의 부피 증가는

$$\Delta V_{구리} = \beta_{구리} \Delta T V_0$$

이고, 여기서 $\beta_{구리} = 3\alpha_{구리}$이다. 물이 늘어난 부피는

$$\Delta V_물 = \beta_물 \Delta T V_0$$

이다. 넘친 물의 부피는

$$\begin{aligned}
\Delta V_물 - \Delta V_{구리} &= \beta_물 \Delta T V_0 - \beta_{구리} \Delta T V_0 \\
&= (\beta_물 - \beta_{구리}) \Delta T V_0 \\
&= (207 \times 10^{-6}\,℃^{-1} - 3 \times 16 \times 10^{-6}\,℃^{-1}) \\
&\quad \times 71\,℃ \times V_0 \\
&= 0.011 V_0
\end{aligned}$$

곧, 넘치는 물의 백분율은 1.1 %이다.

검토　구리 용기의 부피 변화와 물의 부피 변화를 각각 계산해 그 차이를 구해서 위의 계산 결과를 점검해보자.

$$\Delta V_{구리} = \beta_{구리} \Delta T V_0 = 3 \times 16 \times 10^{-6}\,℃^{-1} \times 71\,℃ \times V_0 = 0.0034 V_0$$

$$\Delta V_물 = \beta_물 \Delta T V_0 = 207 \times 10^{-6}\,℃^{-1} \times 71\,℃ \times V_0 = 0.0147 V_0$$

넘치는 물의 부피 = $0.0147\,V_0 - 0.0034\,V_0 = 0.0113\,V_0$

1.1 %가 넘친다는 것을 확인할 수 있다.

실전문제 13.3　넘치는 기름통

한 운전자가 온도 15 ℃에서 18.9 L 용량의 철제 기름통에 휘발유를 가득 채웠다. 운전자는 마개를 막는 것을 잊어버린 채 트럭 적재함에 기름통을 두었는데, 오후 1시경 통과 휘발유의 온도가 30.0 ℃가 되었다. 휘발유는 얼마나 넘쳐 흐르는가?

13.4 분자 수준에서 보는 기체
MOLECULAR PICTURE OF A GAS

개수 밀도 9장에서 살펴본 바와 같이 액체의 밀도는 고체의 밀도와 큰 차이가 없다. 그러나 기체를 구성하는 분자 사이의 평균 거리는 상당히 멀기 때문에 액체나 고체에 비해 기체의 밀도는 훨씬 작다. 물질의 단위 부피당 질량인 질량밀도(mass density)는 분자 1개의 질량 m과 주어진 부피의 공간에 모여 있는 분자의 개수에 의해 결정된다(그림 13.7). 단위 부피당 분자의 개수를 질량밀도와 구분하기 위해 **개수 밀도**number density라고 부른다. SI 단위에서는 개수 밀도를 1 m³ 안의 분자 개수로 나타내며 m^{-3}(세제곱미터당으로 읽는다.)으로 쓴다. 부피가 V이고 총 질량이 M인 기체가 질량이 m인 분자로 이루어졌다면 기체 분자의 수는

$$N = \frac{M}{m} \tag{13-9}$$

으로 주어지며 개수 밀도는

$$\frac{N}{V} = \frac{M}{mV} = \frac{\rho}{m} \tag{13-10}$$

로 주어진다. 여기서 $\rho = M/V$는 질량밀도이다.

몰 물질의 양을 나타내는 데 흔히 쓰는 **몰**mole이라는 단위가 있다. 몰은 SI 기본 단위이고 다음과 같이 정의된다. 어느 물질의 1몰에는 12그램의 탄소-12에 있는 원자 수와 같은 수의 단위가 있다. 이 수를 **아보가드로수**Avogadro's number라고 하며 그 값은 다음과 같다.

$$N_A = 6.022 \times 10^{23} \text{ mol}^{-1} \quad \text{(아보가드로수)}$$

아보가드로수는 단위가 mol^{-1}이다. 이는 1몰당 개수를 의미하는 것이다. 그러므로 몰수 n은 다음과 같이 주어진다.

$$몰수 = \frac{분자의\ 총\ 개수}{1몰당\ 분자의\ 개수}$$

$$n = \frac{N}{N_A} \tag{13-11}$$

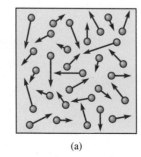
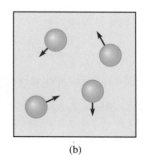

그림 13.7 이 두 기체는 같은 질량밀도를 갖고 있지만 개수 밀도는 다르다. 빨간 화살표는 분자 속도를 나타낸다. 주어진 부피 속의 분자 수는 (a)가 많지만 분자 1개의 질량은 (b)가 더 크다.

(a)　　　　(b)

분자 질량과 몰 질량 분자의 질량을 나타낼 때 킬로그램 외에 **원자 질량단위**atomic mass unit(기호 u)라는 단위가 자주 쓰인다. 탄소-12 원자 하나의 질량은 정확하게 12 u로 정의한다. 아보가드로수를 이용하면 원자 질량단위와 킬로그램 단위의 관계를 계산할 수 있다(문제 15 참조).

$$1\ u = 1.66 \times 10^{-27}\ kg \tag{13-12}$$

양성자, 중성자, 수소 원자의 질량은 1 u의 1 % 이내에서 같다. 이것이 원자 질량단위를 쓰는 것이 왜 편리한지 그 이유를 말해준다. 더욱 정확한 값은 양성자는 1.007 u, 중성자는 1.009 u, 수소 원자는 1.008 u이다. 원자의 질량은 근사적으로 핵자(양성자와 중성자)의 개수, 곧 **원자 질량수**(atomic mass number)에 1 u를 곱한 값과 같다.

보통 표에는 분자 한 개의 질량 대신에 **몰 질량**molar mass, 곧 몰당 물질의 질량이 나열되어 있다. 탄소-12, 탄소-13, 탄소-14와 같이 여러 동위원소가 있는 원소의 경우 몰 질량은 자연계에 존재하는 동위원소의 비에 따라서 평균한 값이다. 원자질량단위 u는 그 단위로 표현된 한 분자의 질량과 g/mol의 단위로 표현된 몰 질량이 수치가 같도록 선택했다. 예를 들면, O_2의 몰 질량은 32.0 g/mol이며, O_2 분자 한 개의 질량은 32.0 u이다.

분자의 질량은 구성 원자들의 원자 질량을 합한 것과 거의 같다. 예를 들면, 탄소의 몰 질량은 12.0 g/mol 이고, 산소(원자)의 몰 질량은 16.0 g/mol이다. 그러므로 이산화탄소(CO_2)의 몰 질량은 (12.0 + 2 ×16.0) g/mol = 44.0 g/mol이다.

✓ 살펴보기 13.4

(a) CO_2 한 분자의 질량은 u 단위로 얼마인가? (b) 또 3.00몰의 CO_2는 몇 g인가?

보기 13.4

헬륨 풍선

부피가 0.010 m^3인 헬륨 풍선에 0.40 mol의 헬륨 기체가 담겨 있다. (a) 원자의 개수, 개수 밀도, 질량밀도를 계산하여라. (b) 헬륨 원자 사이의 평균 거리를 어림하여라.

전략 몰수는 원자 개수와 아보가드로수의 비를 말한다. 원자의 개수 N을 알면 개수 밀도 N/V를 계산할 수 있다. 질량밀도를 알기 위해서는 헬륨의 원자 질량을 주기율표에서 찾아야 한다. 원자 질량과 개수 밀도(m^3 당 원자 수)를 곱해서 질량밀도(m^3 당 질량)를 계산할 수 있다. 원자들 간 평균 거리를 계산하기 위해서 각 원자가 총 부피를 원자의 개수로 나눈 부피를 가지는 구의 중심에 있는 단순한 모습을 생각

하자. 그러면 그 구의 지름이 근사적으로 원자 간 평균 거리가 된다.

풀이 (a) 원자의 개수는

$$N = nN_A$$
$$= 0.40\ mol \times 6.022 \times 10^{23}\ 원자/mol$$
$$= 2.4 \times 10^{23}\ 원자$$

으로 주어지고 개수 밀도는 다음과 같다.

$$\frac{N}{V} = \frac{2.4 \times 10^{23}\ 원자}{0.010\ m^3} = 2.4 \times 10^{25}\ 원자/m^3$$

헬륨 원자의 질량은 4.00 u이므로 헬륨 원자의 질량은 kg 단위로

$$m = 4.00 \text{ u} \times 1.66 \times 10^{-27} \text{ kg/u} = 6.64 \times 10^{-27} \text{ kg}$$

이고 기체의 질량밀도는

$$\rho = \frac{M}{V} = m \times \frac{N}{V}$$
$$= 6.64 \times 10^{-27} \text{ kg} \times 2.4 \times 10^{25} \text{ m}^{-3} = 0.16 \text{ kg/m}^3$$

이다.

(b) 각 원자가 반지름 r인 구의 중심에 있다고 가정하면(그림 13.8), 원자 한 개에 해당하는 구의 부피는

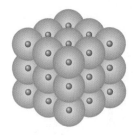

그림 13.8 같은 간격의 헬륨 원자가 구형의 부피 중심에 위치하는 단순화된 모델.

$$\frac{V}{N} = \frac{1}{N/V} = \frac{1}{2.4 \times 10^{25} \text{ 원자/m}^3} = 4.2 \times 10^{-26} \text{ m}^3 \text{ (원자당)}$$

와 같이 주어지며,

$$\frac{V}{N} = \frac{4}{3}\pi r^3 \approx 4r^3 \ (\pi \approx 3 \text{이므로})$$

이다. r에 대해 풀면 다음과 같다.

$$r \approx \left(\frac{V}{4N}\right)^{1/3} = 2.2 \times 10^{-9} \text{ m} = 2.2 \text{ nm}$$

그러므로 원자 간 평균 거리는 $d = 2r \approx 4$ nm이다(어림셈이므로).

검토 액체 헬륨의 원자 간 평균 거리가 약 0.4 nm인 사실과 비교하면 기체일 때 원자 간 평균 거리는 액체일 때보다 10배만큼 더 크다.

실전문제 13.4 **물의 개수 밀도**

물의 질량밀도는 1000.0 kg/m³이다. 개수 밀도를 구하여라.

13.5 절대온도와 이상기체 법칙
ABSOLUTE TEMPERATURE AND THE IDEAL GAS LAW

지금까지 고체와 액체의 열팽창에 관해 살펴보았는데 기체의 열팽창은 어떨까? 기체의 부피 팽창이 온도 변화에 비례할까? 이 물음에 대해서 우리는 조심스럽게 접근해야 한다. 기체는 쉽게 압축되므로 압력이 어떠한지도 살펴보아야 한다. 프랑스의 과학자 샤를(Jacques Charles, 1746~1823)은 압력이 일정할 때 온도의 변화와 부피의 변화가 비례한다는 사실을 실험적으로 발견했다(그림 13.9a).

샤를의 법칙: $\Delta V \propto \Delta T$ (압력 P가 일정할 때)

샤를의 법칙에 따르면 압력이 일정할 때 부피(V)와 온도(T)의 관계 그래프는 직선이지만 반드시 원점을 통과하지는 않는다(그림 13.9b).

그러나 압력 P가 일정할 때 여러 종류의 기체에 대해서 V-T 그래프를 그려보면 재미있는 사실을 발견할 수 있다. 직선을 V = 0이 되는 점까지 연장해보면, 그 점에서의 온도는 기체의 종류나 몰수, 압력에 무관하다는 사실을 알 수 있다(그림 13.9c). (직선을 연장시켜야 하는 한 가지 이유는 모든 기체는 V = 0이 되기 전에 액체나 고체가 되어버리기 때문이다.) 이 온도(−273.15 ℃ 또는 −459.67 ℉)가 **절대영도**absolute zero이며, 도달할 수 있는 최저 온도이다. 절대온도 눈금인 켈빈 단위로 절

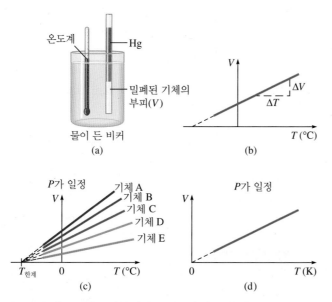

그림 13.9 (a) 샤를의 법칙을 증명하기 위한 장치. 관 속의 기체의 압력은 일정량의 수은과 그 수은을 누르는 대기압에 의해 일정하게 유지된다. 기체의 온도가 변하면 부피가 변하여 그 위의 수은주가 움직이게 된다. (b) 샤를의 법칙: 기체의 압력이 일정할 때 온도 변화와 부피 변화는 비례한다. (c) 압력이 일정할 때 여러 종류의 기체에 대한 부피와 온도(V-T) 그래프가 V = 0인 점까지 연장된다. 모든 직선은 온도 축의 같은 온도 $T_{한계}$을 지난다. (d) 절대온도 눈금은 $T_{한계}$ = 0으로 설정한다.

대영도는 0 K로 정의된다(그림 13.9d). 절대온도를 이용하면 샤를의 법칙은 다음과 같이 쓸 수 있다.

$$V \propto T \quad \text{(압력 } P \text{가 일정할 때)}$$

기체의 열팽창은 온도를 측정하는 데 이용할 수 있다. 기체온도계는 개수 밀도가 충분히 낮다면 기체의 종류나 몰수에 관계없이 쓸 수 있다는 보편성이 있다. 기체온도계는 절대온도를 자연스럽고 아주 정확하게 알려준다. 기체온도계는 또한 재현 가능하다. 가장 큰 단점은 대부분의 다른 온도계들보다 사용하기가 훨씬 불편하다는 것이다. 이런 이유로 기체온도계는 쓰기 용이한 다른 온도계의 눈금 맞추기에 이용된다.

샤를의 법칙에 기초한 온도계를 **일정 압력 기체온도계**라고 부른다. 이보다 더 많이 쓰이는 것이 **일정 부피 기체온도계**이다(그림 13.10). 이것은 다음과 같이 주어지는 게이뤼삭의 법칙(Gay-Lussac's law)을 원리로 이용한다.

$$P \propto T \quad \text{(부피 } V \text{가 일정할 때)}$$

여기서는 부피를 고정시키고 압력을 측정해 온도를 알아낸다(부피를 고정시키고 압력을 측정하는 것이 그 반대의 과정보다 훨씬 더 쉽다).

샤를의 법칙과 게이뤼삭의 법칙은 **희박한 기체**^{dilute gas}에 대해서 잘 맞는다. 희박한 기체는 개수 밀도가 충분히 낮아 분자 간 거리가 충분히 멀기 때문에 분자 간 충돌이 일어날 때를 제외하고는 상호작용이 없는 기체를 말한다. 희박한 기체에 적용되는 또 다른 법칙이 보일의 법칙(Boyle's law)과 아보가드로의 법칙(Avogadro's law)이다. 둘 다 실험으로 발견되었다. 보일의 법칙은 온도가 일정할 때 기체의 압

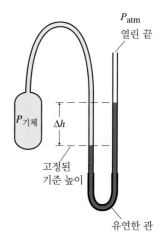

그림 13.10 일정 부피 기체온도계. 희박한 기체가 왼쪽 용기에 들어 있고 이는 또한 오른쪽의 수은 압력계에 연결되어 있다. 오른쪽에는 아래위로 움직일 수 있는 관이 있어 왼쪽의 수은 높이를 일정하게 해 기체의 부피를 일정하게 유지시킨다. 압력계는 왼쪽 기체의 압력을 측정하게 된다. $P_{기체} = P_{기압} + \rho g \Delta h$.

력이 부피에 반비례한다는 것이다. 곧

$$P \propto \frac{1}{V} \quad \text{(온도 } T\text{가 일정할 때)}$$

아보가드로의 법칙은 온도와 압력이 일정할 때 기체의 부피가 기체 분자의 개수 N에 비례한다는 것이다. 곧

$$V \propto N \quad (P, T\text{가 일정할 때)}$$

(앞서 보일의 법칙, 게이뤼삭의 법칙, 샤를의 법칙을 언급할 때는 기체 분자의 개수가 일정하다는 가정이 들어 있었다.)

이들 네 가지 기체 법칙을 모두 합한 것이 **이상기체 법칙**ideal gas law이다.

이상기체 법칙(미시적 형태)

$$PV = NkT \quad (N = \text{분자의 개수}) \tag{13-13}$$

이상기체 법칙에서 온도 T는 K(캘빈) 단위의 절대온도이다. P는 **절대압력**(계기 압력이 아닌)을 나타낸다. 비례상수는 **볼츠만 상수**Boltzmann's constant(기호 k)로 알려진 보편적인 양인데 그 값은 다음과 같다.

$$k = 1.38 \times 10^{-23} \text{ J/K} \tag{13-14}$$

이상기체 법칙의 거시적 형태는 분자 개수 N 대신 기체의 몰수 n을 이용해 표현한다. 곧

$$N = nN_A$$

이다. 이 관계식을 미시적 형태에 대입하면,

$$PV = nN_A kT$$

가 된다. N_A와 k의 곱은 **보편기체 상수**universal gas constant라 부르는 보편적인 양이다. 곧

$$R = N_A k = 8.31 \frac{\text{J/K}}{\text{mol}} \tag{13-15}$$

그러면 거시적 형태의 이상기체 법칙은 다음과 같이 쓸 수 있다.

이상기체 법칙(거시적 형태)

$$PV = nRT \quad (n = \text{몰수}) \tag{13-16}$$

여러 문제에서 분자의 개수 또는 몰수가 일정할 때 압력, 부피, 온도가 변하는 과

정을 다룬다. 이런 경우 이상기체 법칙을 다음과 같이 쓰게 되면 문제를 쉽게 풀 수 있다.

$$\frac{P_1 V_1}{T_1} = \frac{P_2 V_2}{T_2}$$

✓ 살펴보기 13.5

부피가 같은 두 용기에 서로 다른 두 가지 기체를 채워라. 두 기체의 압력은 같다. (a) 온도도 같아야 하는가? 설명하여라. (b) 만일 둘의 온도가 같다면, 개수 밀도도 같아야 하는가? 질량밀도도 같은가?

보기 13.5

타이어 내부의 공기 온도

장거리 운전을 하기 전에는 반드시 타이어의 압력이 정상인지 확인해야 한다. 압력계의 압력이 214 kPa(31.0 lb/in²)이고, 온도는 15 °C이다. 몇 시간 동안의 고속도로 운행 후 차를 세우고 압력을 잰다. 이제 압력이 241 kPa(35.0 lb/in²)라면 타이어 내부 공기의 온도는 몇 도일까?

전략 타이어 내부의 공기를 이상기체라고 가정한다. 절대온도와 절대압력을 이용해 이상기체 법칙을 적용해야 한다. 압력계는 단지 계기압력을 표시해주는 것이므로 절대압력을 얻기 위해서는 1기압(= 101 kPa)을 더해주어야 한다. 타이어 내부의 분자 개수나 부피는 알 수 없지만 현실적으로 어느 것도 변하지 않는다고 가정할 수 있다. 분자 개수는 타이어가 새지 않는 한 일정하다. 타이어가 덥혀져 팽창함에 따라 실제로는 부피가 조금 변하지만 그 변화량은 작다고 할 수 있다. 이제 N과 V가 일정하므로 이상기체 법칙을 P와 T 사이의 비례식으로 다시 쓸 수 있다.

풀이 먼저, 계기압력을 절대압력으로 바꾸자.

$$P_i = 214 \text{ kPa} + 101 \text{ kPa} = 315 \text{ kPa}$$
$$P_f = 241 \text{ kPa} + 101 \text{ kPa} = 342 \text{ kPa}$$

그리고 처음 온도를 절대온도로 환산하자.

$$T_i = 15\,°C + 273 \text{ K} = 288 \text{ K}$$

이상기체 법칙에 따르면 압력은 온도에 비례한다. 그래서

$$\frac{T_f}{T_i} = \frac{P_f}{P_i} = \frac{342 \text{ kPa}}{315 \text{ kPa}}$$

이다. 따라서

$$T_f = \frac{P_f}{P_i} T_i = \frac{342}{315} \times 288 \text{ K} = 313 \text{ K}$$

이 결과를 섭씨로 환산하면 다음과 같다.

$$313 \text{ K} - 273 \text{K} = 40\,°C$$

검토 오랫동안 운전 후 타이어를 만져보면 따뜻하지만 손을 데일 정도는 아니므로 최종 결과인 40 °C는 그럴 듯한 답이다.

이상기체 법칙을 적용할 때 비례식을 이용하는 것이 편할 때가 많다. 이 문제에서는 부피나 분자 수를 알 수 없었기에 선택의 여지가 없었다. 본질적으로 우리는 게이뤼삭의 법칙을 이용한 것이다. 곧, 이상기체 법칙으로부터 게이뤼삭의 법칙, 샤를의 법칙 그리고 그 밖의 이상기체 법칙에 내재한 다른 비례식을 다시 유도할 수 있는 것이다.

실전문제 13.5 온도가 낮아진 후 타이어의 공기압

제조업체의 사양에, 타이어의 공기압을 28 lb/in²에서 32 lb/in² 사이에서 유지하라고 되어 있기 때문에 타이어에서 공기를 빼기로 결정(어리석게)한다고 하자. (제조업체의 사양은 타이어가 "식었을 경우"를 나타낸다.). 만약 타이어의 압력이 31 lb/in²로 되돌아가도록 충분한 공기를 배출하려면 공기 분자의 몇 퍼센트를 타이어에서 빼내야 하는가? 타이어가 다시 15 °C로 냉각되면 계기 압력은 얼마로 되는가?

보기 13.6

스쿠버 다이버

호흡을 위해 스쿠버 다이버는 주변의 수압과 같은 압력의 공기가 필요하다(다이버 허파 안의 압력은 수압과 균형을 이루어야 한다. 그렇지 않으면 폐는 오그라든다). 공기탱크 내부의 압력은 아주 높기 때문에 압력조절기가 적정 압력의 공기를 공급하도록 되어 있다.

다이버의 탱크 안 압축공기는 수면 부근에서 80분간 호흡에 필요한 공기를 공급할 수 있는데, 수심 30 m에서는 같은 공기탱크로 얼마 동안 지탱하는가? (단위 시간당 호흡하는 공기의 부피는 변하지 않는다고 가정하고, 탱크가 "비어" 있을 때 그 속에 남아 있는 적은 양의 공기는 무시하여라.)

전략 탱크의 압축공기는 수면 부근이건 수심 30 m 지점이건 간에 다이버가 흡입하는 기압보다 매우 높다. 여기서 일정한 양은 공기탱크 내부의 기체 분자 개수 N이다. 또한 온도가 수심에 따라 약간 변할 것이지만 압력 또는 부피의 변화량에 비해 무시할 수 있다고 가정한다.

풀이 N과 T가 일정하므로 PV는 일정하다. 곧

$$PV = 일정$$

또는

$$P \propto 1/V$$

이다. 수면 부근에서의 압력은 대략 1기압이고 수심 30 m에서의 압력은

$$P = 1\ \text{atm} + \rho g h$$

$$\rho g h = 1000\ \text{kg/m}^3 \times 9.8\ \text{m/s}^2 \times 30\ \text{m} = 294\ \text{kPa} \approx 3\ \text{atm}$$

이다. 따라서 수심 30 m에서의 수압은

$$P \approx 4\ \text{atm}$$

이고, 주변의 수압과 맞추기 위해 길이 30 m에서 압축공기의 압력은 네 배로 커져야 한다. 공기의 부피는 표면에서의 부피의 1/4이지만, 잠수부가 숨을 쉬는 데 필요한 공기의 부피는 일정하다. 그래서 탱크는 1/4만큼 지탱한다. 곧, 압축공기는 20분간 지탱한다.

검토 위의 내용을 보다 수식적으로 처리하기 위해 다음의 관계식을 고려해보자.

$$P_i V_i = P_f V_f$$

$P_i = 1\ \text{atm}$이고 $P_f = 4\ \text{atm}$이므로, $V_f / V_i = \frac{1}{4}$이다.

이 문제에서 주어진 수치적 정보는 (간접적으로) 처음과 나중의 압력뿐이다. N과 T가 변하지 않는다는 가정하에 처음과 나중의 부피 비를 계산할 수 있다. 문제에서 불충분한 수치적 정보가 주어졌을 때는 비를 이용해 그 정보와 무관한 상수를 상쇄해버리는 것이 중요하다.

실전문제 13.6 **온도가 상승했을 때 공기탱크 내부의 압력**

압축공기탱크가 온도 300.0 K에서 절대압력이 580 kPa이다. 만약 온도가 330.0 K로 상승한다면 탱크 내부의 압력은 어떻게 되겠는가?

이상기체 법칙을 이용한 문제풀이 전략

- 대부분의 문제에서 어떤 변화가 일어난다. 변하는 동안에 네 가지 물리량(P, V, N 또는 n, T) 중에 어느 것이 일정하게 유지되는지 결정하여라.
- 문제에서 분자의 개수(N)로 다루면 미시적 형태의 식을 이용하고, 몰수(n)로 다루면 거시적 형태를 이용하여라.
- 아래 첨자(i와 f)를 사용해 처음과 나중의 값을 구분하여라.

- 상수 인자가 약분되도록 비를 이용하여라.
- 계산을 할 때 반드시 단위를 적어라.
- P는 계기압력이 아니라 절대압력이며, T는 섭씨나 화씨의 온도가 아니라 K 단위의 절대온도임을 기억하여라.

13.6 이상기체의 운동론 KINETIC THEORY OF THE IDEAL GAS

기체에서 기체 분자의 상호작용은 분자 사이의 거리가 멀어짐에 따라 급격히 약해진다. 희박한 기체에서는 분자 사이의 평균 거리가 충분히 멀기 때문에 충돌할 때를 제외하고는 상호작용을 무시할 수 있다. 또한 분자 자체가 차지하는 공간의 부피는 기체의 총 부피 중 극히 일부분에 불과하다. 기체는 대부분이 "빈 공간"이다. **이상기체**^{ideal gas}는 희박한 기체에 대한 단순한 모형으로, 분자는 탄성 충돌을 제외하고는 자유 공간에서 **독립적으로** 운동하는 점과 같은 입자로 간주할 수 있다.

이 단순화된 모형은 보통 상태에 있는 여러 기체에 대해 훌륭한 근사이다. 이 모형으로 기체의 여러 가지 성질들을 이해할 수 있는데, 예를 들면 **이상기체의 운동론** kinetic theory과 같은 미시적인 이론이 있다.

압력의 미시적 기초

기체가 벽면에 미치는 힘은 기체 분자와 그 면의 충돌에 의한 것이다. 예를 들어 자동차 타이어 내부의 공기를 생각해보자. 공기 분자가 타이어의 내부 벽면과 충돌할 때 타이어는 공기 분자가 타이어 내부의 기체 속으로 돌아가도록 안쪽으로 힘을 작용한다. 뉴턴의 제3 법칙에 따르면 공기 분자 역시 타이어의 벽면에 바깥쪽으로 힘을 작용한다. 많은 공기 분자의 이러한 충돌에 의해 타이어 내벽에 작용하는 단위 넓이당 알짜힘이 타이어 내부의 압력과 같다. 압력은 공기 분자의 수, 공기 분자 하나가 벽과 충돌하는 빈도 그리고 한 번의 충돌에 의해 전달되는 운동량 등 세 가지 요소에 의해 결정된다.

이제 기체 분자의 운동으로부터 이상기체의 압력이 어떻게 결정되는지 알아보자. 논의를 간략하게 하기 위해 길이가 L이고 옆면의 넓이가 A인 상자에 들어 있는 기체를 생각해보자(그림 13.11a). 사실, 논의의 결과는 용기의 모양에 영향을 받지 않는다. 그림 13.11b에는 용기의 오른쪽 벽면에 막 충돌하려는 기체 분자가 그려져 있다. 역시 간단한 논의를 위해 기체 분자의 충돌이 탄성충돌이라고 가정한다. 그러나 모든 충돌이 탄성충돌이 아닌 경우에도 좀 더 고차원의 분석을 해보면 결과는 같다는 사실을 증명할 수 있다.

탄성충돌의 경우, 벽면이 기체 분자보다 훨씬 더 질량이 크므로 기체 분자의 x-방향 운동량의 방향이 바뀐다. 기체는 벽면에 수직인 방향으로만 힘을 작용하므로 기체 분자의 y-, z-방향 운동량은 변하지 않는다(정지 유체는 벽면에 벽면과 평행한 힘

그림 13.11 (a) 길이가 L이고 옆면의 넓이가 A인 상자에 들어 있는 기체. (b) 넓이가 A인 벽면과 충돌하려는 기체 분자. (c) 탄성충돌이 일어난 후 v_x는 부호가 바뀌었으나 v_y와 v_z는 변하지 않는다. (d) 충돌에 의한 운동량의 변화는 벽에 수직하며 크기가 $2|p_x|$이다.

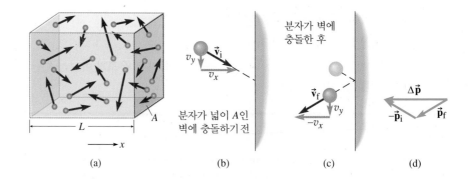

(a)   (b)   (c)   (d)

연결고리

기체의 압력에 관한 어떤 결론을 도출하기 위해 힘이 운동량의 변화(뉴턴의 제2 법칙)라는 사실을 사용할 것이다.

을 작용하지 못한다). 따라서 기체 분자 한 개의 운동량 변화는 $\Delta p_x = 2m|v_x|$이다.

이 분자는 언제 다시 같은 벽면과 충돌하는가? 다른 분자들과의 충돌을 무시하면 속도의 x-성분은 크기가 변하지 않고 오직 벽면과 충돌할 때 방향만이 바뀔 뿐이다 (그림 13.11c). 기체 분자가 거리 L만큼 진행해 반대편 벽면에 도달하는 데 걸리는 시간은 $L/|v_x|$이다. 그러므로 왕복에 걸리는 시간은

$$\Delta t = 2\frac{L}{|v_x|}$$

이다. 한 개의 기체 분자가 한 번 왕복하는 동안 벽면에 가하는 평균 힘은 운동량의 변화(그림 13.11d)를 한 번 왕복하는 데 걸린 시간으로 나눈 값

$$F_{\text{평균},x} = \frac{\Delta p_x}{\Delta t} = \frac{2m|v_x|}{2L/|v_x|} = \frac{m|v_x|^2}{L} = \frac{mv_x^2}{L}$$

이 된다.

벽면에 가해지는 총 힘은 각 분자가 가하는 힘의 합과 같다. 기체 안에 N개의 분자가 존재한다면 벽면에 가해지는 총 힘은 한 분자가 가하는 평균 힘에 N을 곱하면 된다. 이런 평균을 나타내기 위해 우리는 홑화살괄호 $\langle\ \rangle$를 사용한다. 곧, 홑화살괄호 내의 물리량은 기체 내 모든 분자들에 대한 평균을 의미한다.

$$F = N\langle F_{\text{평균}}\rangle = \frac{Nm}{L}\langle v_x^2\rangle$$

그러므로 압력은

$$P = \frac{F}{A} = \frac{Nm}{AL}\langle v_x^2\rangle$$

으로 주어지고, 용기의 부피가 $V = AL$이므로,

$$P = \frac{Nm}{V}\langle v_x^2\rangle \tag{13-17}$$

이다. 이 결과는 기체가 담겨 있는 용기의 형태와 무관하다. 여기서 우리는 모든 기체 분자의 평균을 취했으므로 분자 사이에 충돌이 없다는 가정은 이 결과에 영향을 미치지 않는다.

식 (13-17)의 곱 $m\langle v_x^2\rangle$는 운동에너지의 표현과 가깝다. 분자의 평균 운동에너지가 클수록 압력이 커지게 될 것이라는 말은 일리가 있다. 분자의 평균 병진운동에너지는 $\langle K_{\text{병진}}\rangle = \frac{1}{2}m\langle v^2\rangle$이다. 속도가 벡터이므로 아무 기체 분자에 대해서 $v^2 =$

$v_x^2 + v_y^2 + v_z^2$이다. 기체는 전체적으로는 정지해 있으므로 특별히 선호되는 방향은 없다. 그러므로 v_x^2의 평균은 v_y^2 또는 v_z^2의 평균과 같다. 따라서

$$\langle v_x^2 \rangle = \tfrac{1}{3} \langle v^2 \rangle$$

이다. 이로부터 다음의 결과를 얻을 수 있다.

$$m \langle v_x^2 \rangle = \tfrac{1}{3} m \langle v^2 \rangle = \tfrac{2}{3} \langle K_\text{병진} \rangle$$

이 결과를 식 (13-17)에 대입하면 압력은 다음과 같이 주어진다.

$$P = \frac{2}{3} \frac{N \langle K_\text{병진} \rangle}{V} = \frac{2}{3} \frac{N}{V} \langle K_\text{병진} \rangle \qquad \text{(13-18)}$$

식 (13-18)은 변수를 다르게 묶어서 두 가지 형태로 쓰였는데, 두 가지 다른 의미로 해석할 수 있기 때문이다. 처음 식은 압력이 운동에너지 밀도(단위 부피당 운동에너지)에 비례한다고 말해준다. 그리고 두 번째 표현은 압력이 개수 밀도 N/V와 분자의 평균 운동에너지의 곱에 비례한다고 말해준다. 기체의 압력은 기체 분자가 더 조밀하게 모여 있거나 기체 분자의 운동에너지가 커질 때 증가한다.

여기서 $\langle K_\text{병진} \rangle$은 기체 분자 한 개의 평균 병진운동에너지이고 v는 분자의 질량 중심의 속력임을 기억하자. 기체 분자가 N_2와 같이 한 개 이상의 원자로 이루어지는 경우, 원자는 병진운동에너지 $K_\text{병진}$에 더해서 진동과 회전에 의한 운동에너지를 갖지만 식 (13-18)은 여전히 성립한다.

기체 분자가 서로 충돌하지 않는다는 가정을 다시 한 번 생각해보자. 기체 분자가 정해진 시간에 매번 같은 벽면에 같은 속력 v_x로 돌아와서 충돌한다는 것은 분명히 진실이 아니다. 그러나 위의 유도 과정에서는 평균량을 이용했다. 평형 상태의 기체에 대해서는, 어느 한 분자의 속도 성분은 충돌로 인해 달라지겠지만 $\langle v_x^2 \rangle$와 같은 평균량은 변하지 않는다.

온도와 병진운동에너지

여기서 자세히 알아보겠지만 이상기체의 온도에는 직접적인 물리적 의미가 있다. 이상기체의 압력, 부피 그리고 분자의 개수는 기체 분자의 평균 병진운동에너지와 다음과 같이 관련됨을 발견했다.

$$P = \frac{2}{3} \frac{N}{V} \langle K_\text{병진} \rangle \qquad \text{(13-18)}$$

이 식을 평균 운동에너지에 대해 풀어보면 다음과 같다.

$$\langle K_\text{병진} \rangle = \frac{3}{2} \frac{PV}{N} \qquad \text{(13-19)}$$

P, V, N과 온도는 이상기체 법칙에 의해 다음의 관계를 갖는다.

$$PV = NkT \qquad \text{(13-13)}$$

이상기체 법칙을 정리해 식 (13-19)에서와 같은 P, V, N의 조합이 나타나게 할 수 있다.

$$\frac{PV}{N} = kT$$

식 (13-19)의 PV/N을 kT로 치환해보면

$$\langle K_{병진} \rangle = \frac{3}{2}kT \tag{13-20}$$

가 됨을 알 수 있다.

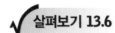

살펴보기 13.6

O_2 분자가 몇 °C에서 20 °C의 H_2 분자가 가진 평균 병진운동에너지의 2배를 가지는가?

RMS 속력 평균 운동에너지의 표현식에 사용된 기체 분자의 속력을 **rms 속력** root mean square speed 또는 제곱평균제곱근 속력이라고 부른다. rms 속력은 평균 속력과 같지 않다. rms 속력은 속력 제곱의 평균의 제곱근이다.

$$\langle K_{병진} \rangle = \frac{1}{2}m\langle v^2 \rangle = \frac{1}{2}mv_{rms}^2 \tag{13-21}$$

이므로, rms 속력은 다음과 같이 주어진다.

$$v_{rms} = \sqrt{\langle v^2 \rangle}$$

평균을 계산하기 전에 제곱하는 것은 빠른 분자의 영향에 더 큰 비중을 두게 되므로, rms 속력은 평균 속력보다 약간(대략 9 % 정도) 더 크다.

이상기체 분자의 평균 운동에너지는 온도에 의해서만 결정되므로, 식 (13-21)은 같은 온도에서 질량이 더 큰 분자가 작은 분자보다 느리게 움직인다는 것을 알려준다. 두 종류의 기체가 같은 용기에 담겨 평형 상태에 이르러서 두 기체의 온도가 모두 같다면 이 두 종류의 분자들은 같은 평균 병진운동에너지를 가진다. 이 경우에 질량이 큰 분자는 가벼운 분자보다 더 작은 평균 속력을 가지게 된다.

$$v_{rms} = \sqrt{\frac{3kT}{m}} \tag{13-22}$$

여기서 k는 볼츠만상수이고 m은 분자의 질량이다. 곧, 주어진 온도에서 rms 속력은 분자 질량의 제곱근에 반비례한다.

보기 13.7

실온에서의 O_2 분자

실온(20 °C)에서 O_2 분자의 평균 병진운동에너지와 rms 속력을 계산하여라.

전략 평균 병진운동에너지는 온도에 따라 변한다. 여기서 온도는 절대온도라는 것과, rms 속력은 평균 운동에너지를

가지는 분자의 속력이라는 것을 기억해야 한다.

풀이 절대온도로 실온은 다음과 같이 주어진다.

$$20\,°C + 273\,K = 293\,K$$

그러므로 평균 병진운동에너지는

$$\langle K_{병진}\rangle = \frac{3}{2}kT$$
$$= 1.50 \times 1.38 \times 10^{-23} \text{ J/K} \times 293 \text{ K}$$
$$= 6.07 \times 10^{-21} \text{ J}$$

와 같이 주어진다.

주기율표로부터 산소의 원자량은 16.0 u임을 알 수 있고, 이로부터 O_2 분자의 분자량은 그 두 배인 32.0 u임을 알 수 있다. 우선 이 값을 kg으로 환산하면 다음과 같다.

$$32.0 \text{ u} \times 1.66 \times 10^{-27} \text{ kg/u} = 5.31 \times 10^{-26} \text{ kg}$$

rms 속력은 평균 운동에너지를 가지는 분자의 속력이므로 다음과 같이 계산할 수 있다.

$$\langle K_{병진}\rangle = \frac{1}{2}mv_{\text{rms}}^2$$

$$v_{\text{rms}} = \sqrt{\frac{2\langle K_{병진}\rangle}{m}} = \sqrt{\frac{2 \times 6.07 \times 10^{-21} \text{ J}}{5.31 \times 10^{-26} \text{ kg}}} = 478 \text{ m/s}$$

검토 우리는 분자들이 움직이는 것을 직접 느껴본 경험이 없으므로 이 결과가 옳은지 직관적으로 알기 어렵다. 그러므로 12장의 실온의 공기 중에서 음파의 속력이 343 m/s이라는 사실을 이용해 간접적으로 확인해보자. 공기 중에서 음파는 공기 분자 사이의 충돌에 의해 전달되므로, 음파의 속력은 분자의 평균 속력과 비슷한 크기를 가져야 한다고 생각할 수 있다.

실전문제 13.7 실온에서 CO_2 분자

실온(20 ℃)에서 CO_2 분자의 평균 병진운동에너지와 rms 속력을 계산하여라.

맥스웰–볼츠만 분포

지금까지는 평균 운동에너지와 rms 속력만을 고려했으나, 얼마나 많은 수의 분자가 어떤 범위의 속력을 가지는지와 같은 더 자세한 정보가 필요할 때가 있다. 속력 분포는 **맥스웰–볼츠만 분포**Maxwell-Boltzmann distribution라는 것을 따른다. 두 가지 온도에서 산소 분자의 속력 분포가 그림 13.12에 있다. 이 그래프의 의미는 속력의 두 값 v_1과 v_2 사이의 속력을 가지는 분자의 개수는 v_1과 v_2 사이에서 곡선의 아래쪽 넓이에 비례한다는 것이다. 그림 13.12에서 음영 넓이들은 두 온도에서 속력이 800 m/s 이상인 산소 분자의 개수를 나타낸다. 비교적 작은 온도 변화가 속력이 빠른 분자의 개수에는 상당한 영향을 미친다는 것을 볼 수 있다.

분자는 초당 수십억 번의 빈도로 일어나는 충돌 때마다 그 운동에너지가 바뀐다.

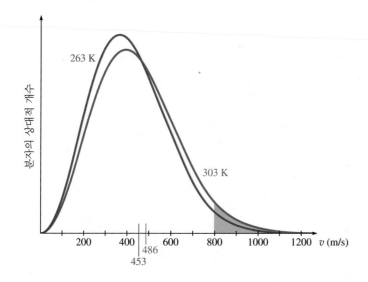

그림 13.12 두 온도 −10 ℃(263 K)와 +30 ℃(303 K)에서 산소의 운동에너지 확률 분포. 어떤 속력 범위에서 각 곡선 아래쪽의 넓이는 속력이 그 범위 내에 있는 분자의 개수에 비례한다. rms 속력의 비교적 작은 차이(263 K에서 453 m/s이고, 303 K에서 486 m/s)에도 불구하고, 큰 속력을 가지는 꼬리 부분의 분자 개수의 분율은 상당히 다르다.

그러나 주어진 운동에너지의 범위 내에 있는 분자의 개수는 온도가 변하지 않는 한 일정하게 유지된다. 사실, 이렇게 자주 일어나는 충돌로 인해 맥스웰–볼츠만 분포가 안정적으로 유지된다. 충돌로 인해 운동에너지가 가능한 한 가장 무질서하게 기체 분자들에 분배된다. 바로 그 분포가 맥스웰–볼츠만 분포이다.

맥스웰–볼츠만 분포의 응용: 행성 대기의 조성 맥스웰–볼츠만 분포는 행성의 대기를 이해하는 데 도움이 된다. 왜 지구의 대기에는 질소, 산소, 수증기만 존재하고, 수소나 헬륨 등과 같은 기체는 없는가? 수소와 헬륨은 우주에서 가장 흔한 원소가 아니던가? 대기 상층부의 기체 분자 중 탈출속력(보기 6.6 참조)보다 빠른 분자는 충분한 운동에너지를 가지고 있기 때문에 지구의 대기권 밖으로 달아날 수 있다. 곧, 지표면에서 멀어지는 방향으로 빠르게 이동하는 분자들은 다른 분자와 충돌하지 않는다면 지구 밖으로 탈출하게 된다. 그러나 이로 인해 맥스웰–볼츠만 분포에서 고에너지 영역의 분자가 없어지지는 않는다. 충돌에 의해 다른 분자가 고에너지의 분자로 바뀌기 때문이다. 이렇게 새롭게 고에너지 상태에 있게 된 분자들 역시 탈출하므로 대기는 서서히 새고 있다고 볼 수 있다.

대기가 얼마나 빨리 새고 있는지는 rms 속력과 탈출속력의 차이에 의해 결정된다. rms 속력이 탈출속력보다 아주 작다면 대기 중 기체가 모두 새는 데 아주 오랜 시간이 걸리게 되므로 대기는 거의 그대로 유지된다고 할 수 있다. 지구 대기 중에 존재하는 질소, 산소, 수증기가 바로 이 경우에 해당한다. 반면에 수소와 헬륨은 훨씬 더 가벼우므로 rms 속력이 더 크다. 아주 낮은 비율의 분자만이 탈출속력보다 빠르지만 그래도 이 비율은 이 기체 대부분이 지구 대기를 빠져 나가는 데는 오래 걸리지 않는다(그림 13.13). 달에는 대기가 없다고 알려져 있다. 달의 작은 탈출속력(2400 m/s) 때문에 대부분의 기체는 빠져나가고, 단지 약 1 cm 두께의 크립톤(분자량이 83.8 u이며 이는 산소의 2.6배에 해당한다.) 분자로 구성된 대기가 있을 뿐이다.

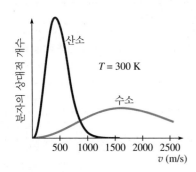

그림 13.13 $T = 300 \text{ K}$에서 산소와 수소의 맥스웰–볼츠만 분포. 지구로부터의 탈출속력은 11,200 m/s이다(그래프에는 나타내지 않았음).

연결고리

탈출속력의 기본 원리는 에너지 보존이다(6장 참조). 탈출속력에서 원자 또는 분자는 행성의 중력을 이길 수 있는 간신히 충분한 운동에너지를 가지고 있다.

13.7 온도와 반응 속도 TEMPERATURE AND REACTION RATES

운동에너지의 분포 및 온도와의 관계에 대해 우리가 살펴본 내용은 온도에 따른 화학 반응 속도(반응률)의 변화와 깊은 관계가 있다. N_2와 O_2의 두 가지 혼합 기체가 반응해 산화질소를 만드는 반응을 고려해보자.

$$N_2 + O_2 \rightarrow 2NO$$

반응이 일어나기 위해서는 질소 분자와 산소 분자 사이에 충돌이 일어나야 한다. 그러나 두 종류의 분자 사이에 충돌이 일어날 때마다 반응이 항상 일어나는 것은 아니다. 반응 과정에서는 원자 사이의 화학적 결합을 재구성해야 하므로, 반응이 일어나기 위해서는 반응 전의 분자가 충분한 운동에너지를 가져야 한다. 곧, 새로운 화학 결합이 일어나기 위해서는 원래의 화학 결합이 깨져야 하는데 여기에 필요한 에너지는 반응 전 분자의 에너지로부터 오게 된다. (이 반응에서 결합을 깨기 위해 에너지가 공급되어야 함에 주의하여라. 결합이 이루어지면 에너지가 방출된다.) 반응이 일어나게 할 수 있는 반응 분자의 최소 운동에너지를 **활성화 에너지**activation energy(E_a)라고 부른다.

N_2 분자 한 개가 O_2 분자 중 한 개와 충돌하지만 총 운동에너지가 활성화 에너지보다 작다면 둘은 서로 튕겨 나갈 뿐이다. 충돌에 참여하는 분자의 운동에너지 일부는 상대편 분자에게 전달되거나, 병진, 회전, 진동 에너지의 형태로 전환되기는 하지만 여전히 각 분자는 N_2 또는 O_2 분자로 남아 있다.

몇몇 경우를 빼고는 대개 온도가 올라감에 따라 반응 속도가 증가하는데 이제 그 이유를 알 수 있다. 높은 온도에서는 반응 분자의 평균 운동에너지가 크므로, 총 운동에너지가 활성화 에너지보다 큰 충돌이 자주 일어나게 된다. 그러므로 높은 온도에서 반응 속도가 더 커진다. 활성화 에너지가 분자의 평균 병진운동에너지보다 훨씬 큰 경우에는

$$E_a \gg \tfrac{3}{2} kT \tag{13-23}$$

이므로 맥스웰–볼츠만 분포에서 지수적으로 줄어드는 고에너지 영역의 극히 일부분의 분자만이 반응에 참여할 수 있다. 이 경우에는 온도를 약간만 높이더라도 반응 속도에 큰 영향을 주게 된다. 실제로 이 경우 반응 속도는 온도에 따라 지수적으로 변한다.

$$\text{반응률} \propto e^{-E_a/(kT)} \tag{13-24}$$

우리는 기체의 관점에서 반응을 논의했지만 액체 용액에서의 반응에도 동일한 일반 원칙이 적용된다. 얼마나 많은 충돌이 반응이 일어나기에 충분한 에너지를 가지고 있는지를 온도가 결정하므로, 반응 속도는 기체 혼합물이나 액체 용액에서 일어나든지 간에 온도에 따라 변한다.

보기 13.8

온도 증가에 의한 반응 속도의 증가

화학 반응 $N_2O \rightarrow N_2 + O$를 위한 활성화 에너지는 4.0×10^{-19} J이다. 온도가 700.0 K에서 707.0 K로 1 % 증가했을 때(절대온도로 1 %의 증가) 반응 속도는 몇 %나 증가하는가?

전략 먼저 $E_a \gg \tfrac{3}{2} kT$인지 살펴보자. 만약 그렇지 않다면 식 (13-24)를 적용할 수 없다. 점검을 했다고 가정하면, 두 온도에서 반응 속도의 비를 계산할 수 있다.

풀이 온도 $T_1 = 700.0$ K일 때 E_a/kT_1를 계산해보자.

$$\frac{E_a}{kT_1} = \frac{4.0 \times 10^{-19} \text{ J}}{1.38 \times 10^{-23} \text{ J/K} \times 700.0 \text{ K}} = 41.41$$

그러므로 E_a가 kT보다 약 41배, $\tfrac{3}{2} kT$보다는 약 28배 더 크다. 곧, 활성화 에너지가 평균 운동에너지보다 훨씬 더 크다. 따라서 충돌 중에서 작은 일부분만 반응이 일어난다.

온도 $T_2 = 707.0$ K에서는

$$\frac{E_a}{kT_2} = \frac{4.0 \times 10^{-19} \text{ J}}{1.38 \times 10^{-23} \text{ J/K} \times 707.0 \text{ K}} = \frac{41.41}{1.01} = 41.00$$

이므로 반응 속도의 비는 다음과 같다.

$$\frac{\text{나중 반응률}}{\text{처음 반응률}} = \frac{e^{-41.00}}{e^{-41.41}} = e^{-(41.00 - 41.41)} = e^{0.41} = 1.5$$

707.0 K에서의 반응 속도는 700.0 K에서의 반응 속도보다

1.5배 더 크다. 곧, 온도가 1 % 증가할 때 반응 속도는 50 % 증가했다.

검토 보통은 어떤 양이 1 % 변할 때 그 결과로 다른 양이 50 % 변한다고 하면 착오일 거라고 생각하기 쉽다. 그러나 이 예는 지수적으로 의존하는 극적인 예를 보여준 것이다. 반

응 속도는 작은 온도 변화에 아주 민감할 수 있다.

실전문제 13.8 **온도의 감소에 따른 반응 속도의 감소**

만약 온도가 700.0 K에서 699.0 K로 낮아진다면 위의 반응에 대한 반응 속도는 몇 퍼센트나 감소하겠는가?

변온동물과 비교한 정온동물의 진화적 이점은 무엇인가?

응용: 체온 조절 이 장의 여는 글에서 정온동물의 체온이 왜 일정하게 유지되어야 하는지 그 필요성에 대해 질문했다(그림 13.14). 화학 반응 속도가 온도에 따라 변하는 것은 생체 기능에 중요한 영향을 미친다. 만약 우리의 체온이 변한다면, 대사 속도가 변하고 추운 날씨에는 신체 기능이 둔화될 것이다.

주위 온도보다 높은 일정한 온도로 체온을 유지할 수 있기 때문에 정온동물은 변온동물(파충류나 곤충)보다 더 넓은 범위의 온도 환경에서 견딜 수 있다. 환경의 온도 변화는 수중보다 육지에서 더 심하기 때문에 수중동물보다 육상동물이 정온동물인 경우가 더 많다. 근육을 최적의 온도로 유지하는 것이 수중의 운동에 비해 훨씬 많은 노력이 필요한 육상이나 공중에서의 운동에 더 적합하기 때문이다. 곧, 근육과 중요 기관을 일정 온도로 유지함으로써 육체를 많이 움직이는 데 필요한 높은 수준의 산소 대사 과정이 가능해진다.

변온동물은 주로 체온을 유지하기 위해 주위 환경을 이용한다. 뱀이 체온을 높이기 위해 햇볕으로 데워진 바위 위에 있는 것을 가끔 볼 수 있다. 기온이 낮아져서 뱀 혈액의 온도가 내려가면 뱀은 활동을 멈추고 무기력해진다. 대부분의 곤충들은

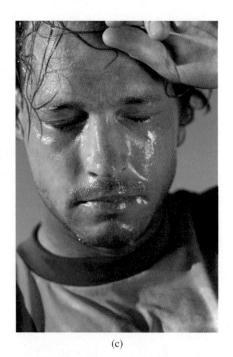

(a)   (b)   (c)

그림 13.14 정온동물은 다양한 방법으로 체온을 일정하게 유지한다. (a) 북극여우의 털은 열손실을 줄이는 단열층 역할을 한다. (b) 체온이 올라가서 위험해지는 것을 막기 위해 개는 헐떡거리고, (c) 같은 경우 사람은 땀을 흘린다. (b)와 (c)의 경우, 수분을 증발시켜 체온을 떨어뜨린다.

10 ℃ 이하에서는 활동이 둔화되며 추운 겨울 동안에는 살아남기 어렵다.

그러나 주변 환경이 너무 극한적이면 정온동물도 이상적인 체온을 유지하기가 어려워질 수 있다. 몸의 주요 핵심부의 온도가 너무 낮아지면 저체온증이 일어나서 신체 활동이 둔해지다가 결국은 멈춘다. 야외에서 눈보라를 만난 사람은 잠들지 않게 계속 움직여야 한다. 격렬한 운동을 하면 대사율이 가만히 있을 때의 20배에 육박해 극심한 추위로 인해 잃는 열손실을 충당할 수 있다.

정온동물은 비슷한 크기의 변온동물보다 훨씬 더 많은 양의 먹이를 섭취해야 한다. 정온동물의 대사 과정은 체온을 유지하게 만드는 난로의 역할을 한다. 사람은 20 ℃의 온도에서 가만히 있더라도 체온을 유지하려면 하루에 약 6 MJ의 음식물 에너지를 섭취해야 한다. 비슷한 체중의 악어는 20 ℃에서 가만히 있으려면 0.3 MJ/일 정도이면 충분하다.

13.8 확산 DIFFUSION

평균 자유거리 기체 분자는 충돌과 충돌 사이에 평균적으로 얼마나 이동할 수 있는가? 기체 분자가 다른 분자와 상호작용이 없이 자유 입자로서 이동한 경로의 평균 거리를 **평균 자유거리**mean free path (Λ, 그리스 문자 람다)라고 부른다. 평균 자유거리는 다음 두 조건에 따라 변한다. 첫째로는 분자가 얼마나 큰지, 그리고 또 특정한 부피 내에 얼마나 많은 분자가 있는지가 바로 그것이다. 정확히 계산하면 결과는 다음과 같다.

평균 자유거리

$$\Lambda = \frac{1}{\sqrt{2}\,\pi d^2\,(N/V)} \tag{13-25}$$

일반적으로 평균 자유거리는 이웃 분자와의 평균 거리보다 훨씬 크다. 실온에서 공기 중의 질소 분자는 평균 자유거리가 약 0.1 μm이지만, 이것은 분자 사이의 평균 거리의 약 25배이다. 각 분자는 매초 평균 5×10^9회 충돌한다.

확산

기체 분자는 충돌이 일어나고 나서 다음 충돌이 일어날 때까지는 직선으로 운동한다. 충돌 간 평균 시간 간격 0.2 ns 동안에 기체 분자의 속력에 중력이 미치는 효과는 거의 없기 때문이다. 충돌이 일어날 때마다 기체 분자의 속력과 방향이 바뀐다. 평균 자유거리는 충돌 간 직선 경로의 평균 거리이다. 결과적으로 기체 분자는 마구잡이 걷기(random walk)의 경로를 따라간다(그림 13.15).

그림 13.15 충돌과 충돌 사이에 분자가 진행한 연속적인 직선 경로.

시간 t 이후에 기체 분자는 출발점으로부터 평균 얼마의 거리를 운동할까? 이 물음에 대한 답은 확산과 관련이 있다. 누군가가 방 반대쪽에서 향수병의 뚜껑을 열었을 때 향기가 나에게 전달되기까지 시간이 얼마나 걸리는가? 기체 분자는 **확산**diffusion되어 방의 반대편까지 도달하는데, 이때 걸리는 시간은 기체 분자의 충돌의 빈도에 의해 결정된다(기류가 없다고 가정한다). 두 지점의 기체 농도가 차이가 나는 경우 농도가 같아지도록 기체 분자의 마구잡이 열운동이 일어난다(다른 조건은 모두 같다). 농도가 높은 쪽(향수병이 있는 쪽)에서 낮은 쪽(방의 반대편)으로의 알짜 흐름이 바로 확산이다.

평균 자유거리가 Λ인 향수 분자가 공기 중에 있다고 해보자. 많은 N번의 충돌이 있은 후 기체 분자의 총 이동 거리는 $N\Lambda$이다. 그러나 충돌이 일어날 때마다 운동의 방향이 바뀌기 때문에 시작점으로부터의 변위는 훨씬 작다. 마구잡이 걷기에 대한 통계적 해석을 해보면, N번의 충돌이 있은 후 변위의 rms 크기는 $\sqrt{N}$에 비례한다는 것을 알 수 있다. 그리고 충돌의 횟수는 경과 시간에 비례하므로 rms 변위는 $\sqrt{t}$에 비례한다.

한쪽 방향으로의 rms 변위는 다음과 같다.

$$x_{\text{rms}} = \sqrt{2Dt} \tag{13-26}$$

여기서 D는 표 13.4에 주어진 확산계수(diffusion constant)이다. 확산계수 D는 확산하는 원자나 분자 그리고 확산이 일어나는 매질에 따라 달라진다.

응용: 세포막을 통한 산소의 확산 산소 수송과 같은 생물학적 과정에서 확산은 매우 중요하다. 산소 분자는 폐의 공기로부터 허파꽈리의 벽과 모세혈관의 벽을 차례로 확산해 혈액에 공급된다. 이 산소는 헤모글로빈에 의해 신체의 각 부위로 운반되고, 그곳에서 다시 모세혈관의 벽을 통해 세포 간 액체 속으로 확산된 다음 세포막을 통해 세포의 내부로 확산된다. 확산이 먼 거리에서 천천히 일어나는 느린 과정이지만 짧은 거리에서도 상당히 효과적일 수 있다. 그 때문에 세포막은 얇아야 하고 모세혈관은 가늘어야만 한다. 오랜 진화 끝에 동물은 크기에 관계없이 모세혈관이 거의 같은 규모로 혈액 세포가 지나갈 수 있을 정도로 가능한 한 작아졌다.

표 13.4 1기압 20 °C에서 확산계수

확산하는 분자	확산 매질	$D \, (\text{m}^2/\text{s})$
DNA	물	1.3×10^{-12}
산소	생체 조직(세포막)	1.8×10^{-11}
헤모글로빈	물	6.9×10^{-11}
수크로스($C_{12}H_{22}O_{11}$)	물	5.0×10^{-10}
글루코스($C_6H_{12}O_6$)	물	6.7×10^{-10}
산소	물	1.0×10^{-9}
산소	공기	1.8×10^{-5}
수소	공기	6.4×10^{-5}

보기 13.9

산소가 모세혈관으로 확산하는 시간

허파꽈리에 있는 산소 분자가 혈액 속으로 확산되어가는 데 걸리는 평균 시간은 얼마인가? 계산을 간단히 하기 위해 산소가 허파꽈리와 모세혈관의 두 세포막을 통과하는 과정에 대한 확산계수는 1.8×10^{-11} m^2/s로 같다고 가정하여라. 두 세포막의 총 두께는 1.2×10^{-8} m이다.

전략 x-방향을 산소가 세포막을 통과하는 방향이라고 하면, $x_{rms} = 1.2 \times 10^{-8}$ m가 되는 데 걸리는 시간을 계산하면 된다.

풀이 식 (13-26)을 t에 대해 풀면

$$t = \frac{x_{rms}^2}{2D}$$

가 된다 여기에 $x_{rms} = 1.2 \times 10^{-8}$ m와 $D = 1.8 \times 10^{-11}$ m^2/s를

대입하면 답을 얻을 수 있다.

$$t = \frac{(1.2 \times 10^{-8} \text{ m})^2}{2 \times 1.8 \times 10^{-11} \text{ m}^2/\text{s}} = 4.0 \times 10^{-6} \text{ s}$$

검토 걸리는 시간은 세포막 두께의 제곱에 비례한다. 세포막 두께가 두 배가 되면 확산 시간은 네 배로 길어질 것이다. 거리가 증가하면 확산 시간은 급격히 증가하는 것이 얇은 세포막으로의 진화가 일어난 주원인이다.

실전문제 13.9 **산소가 세포막의 중간까지 도달하는 시간**

산소 분자가 허파꽈리와 모세혈관의 세포막의 중간까지 확산되는 데 걸리는 평균 시간은 얼마인가?

해답

실전문제

13.1 $37.0 \,^\circ\text{C}$, 310.2 K

13.2 0.60 mm 더 길다. 1.5 mm 더 짧다.

13.3 0.26 L

13.4 3.34×10^{28}분자/m^3

13.5 공기 분자의 $7.9\,\%$, 189 kPa(27 lb/in^2)

13.6 640 kPa

13.7 $\langle K_{병진} \rangle = 6.07 \times 10^{-21}$ J(O_2와 같음)이고 $v_{rms} = 408$ m/s (CO_2 분자가 질량이 더 크므로 O_2의 rms 속력보다 느리다).

13.8 $6\,\%$ 감소한다.

13.9 1.0×10^{-6} s

살펴보기

13.3 표 13.2로부터 $\alpha = 12 \times 10^{-6}$ K^{-1}이다. 온도 변화는 $-50 \,^\circ\text{C} = -50$ K이고 길이의 변환율은 $\Delta L/L_0 = \alpha \Delta T = -6.0 \times 10^{-4}$이다. 그래서 $\Delta L = -6.0 \times 10^{-4} \times 150.00$ m $= -0.090$ m이다. 탑은 9.0 cm 더 짧다.

13.4 (a) 분자 질량은 44.0 g/mol이므로 한 CO_2 분자는 44 u의 질량을 갖는다. (b) CO_2 3.00 mol은 질량이 $(3.00$ mol$) \times (44.0$ g/mol$) = 132$ g이다.

13.5 (a) 분자 수(N), 몰수(n)가 다를 수 있기 때문에 온도가 같을 필요는 없다. (b) 온도가 같다면 분자 수가 같기 때문에 그들의 개수 밀도 N/V는 같다. 몰 질량이 같을 때에만 질량 밀도가 같을 수 있다.

13.6 이상기체의 평균 병진운동에너지는 절대온도에 따라서 변한다. H_2는 $20 \,^\circ\text{C} = 293$ K이므로 병진운동에너지는 2배로 되므로 O_2는 2×293 K $= 586$ K $= 313 \,^\circ\text{C}$여야 한다.

열
Heat

늦은 봄 꽃샘추위로 기온이 영하로 내려가 사과 농사에 위험이 있을 수 있다는 일기 예보가 있으면, 농부들은 아직 연약한 꽃봉오리를 보호하기 위해서 서둘러 사과나무에 물을 뿌린다. 농부들의 이러한 작업이 사과 꽃 봉오리를 어떻게 보호할 수 있는가? (399쪽에 답이 있다.)

되돌아가보기

- 에너지 보존(6장)
- 열적 평형(13.1절)
- 절대온도 및 이상기체 법칙(13.5절)
- 이상기체의 운동론(13.6절)

14.1 내부 에너지 INTERNAL ENERGY

13.6절에서 이상기체 분자의 평균 병진운동에너지 $\langle K_{병진}\rangle$는 그 기체의 절대온도에 비례함을 알았다.

$$\langle K_{병진}\rangle = \frac{3}{2}kT \tag{13-20}$$

기체가 거시적으로 운동하거나 회전하지 않는다 하더라도, 기체 내 분자는 마구잡이 방향으로 돌아다니고 있다. 그리고 온도가 아주 낮지 않다면 액체나 고체, 그리고 비이상기체 내 분자의 마구잡이 운동에 의한 평균 병진운동에너지도 식 (13-20)으로 주어진다. 이러한 미시적인 마구잡이 운동에너지는 계의 **내부 에너지**internal energy의 한 부분이다.

> **내부 에너지의 정의**
>
> 계의 내부 에너지는 계에 있는 모든 분자의 총 운동에너지이다. 이때 거시적 운동에너지(거시적인 병진 또는 회전 운동에 의한 운동에너지)와 외부 퍼텐셜 에너지(외부와의 상호작용에 의한 에너지)는 제외한다.

연결고리

계의 알짜 외력 및 계의 운동량 변화에서처럼 계의 개념을 이미 사용했다.

계system는 우리가 정의하기 나름이다. 하나의 물체일 수도 있고 물체들의 집합체일 수도 있다. 계의 일부가 아닌 것은 그 계의 외부, 달리 말해 환경으로 본다.

내부 에너지에는 다음과 같은 것이 있다.

- 분자 각각의 마구잡이 운동에 의한 병진 및 회전 운동에너지.
- 평형점을 중심으로 마구잡이로 진동하는 분자 내부의 분자나 원자의 진동에너지(운동에너지와 퍼텐셜에너지 둘 다).
- 계 내부의 분자나 원자 간에 존재하는 상호작용에 의한 퍼텐셜에너지.
- 원자가 결합해 분자를 형성하고, 전자가 핵과 결합해 원자를 형성하고, 양성자와 중성자가 결합해 핵을 형성하는 데 관여하는 화학에너지와 핵에너지(운동에너지와 퍼텐셜에너지 모두).

다음과 같은 것은 내부 에너지가 아니다.

- 계 전체 또는 거시적 일부의 병진, 회전 그리고 진동에 의한 분자의 운동에너지.
- 계의 분자와 외부의 어떤 것(예를 들어, 계 외부의 무엇에 의한 중력장)과의 상호작용에 의한 퍼텐셜에너지.

연결고리

표 6.1에 주어진 다양한 에너지 형태의 개요를 참고하여라.

마찰에 의한 에너지 소모

질량 10.0 kg의 블록이 2.0 m 높이의 점 A에서 경사면을 따라 마찰 없이 미끄러져 내려온다(그림 14.1). 그 후 마찰이 있는 테이블의 수평면을 미끄러진 후 1.0 m 떨어진 점 C에서 정지한다. 이 계(블록+테이블)의 내부 에너지는 얼마나 증가하는가?

전략 중력퍼텐셜에너지는 블록의 속력이 커짐에 따라 블록의 거시적 병진운동에너지로 바뀐다. 이 거시적 운동에너지는 마찰에 의해 블록과 테이블의 내부 에너지로 바뀐다. 총 에너지는 보존되기 때문에 내부 에너지의 증가는 중력퍼텐셜에너지의 감소와 같다. 따라서 다음의 관계가 성립한다.

점 A에서 점 B까지의 PE의 감소

= 점 A에서 점 B까지의 KE의 증가

= 점 B에서 점 C까지의 KE의 감소

= 점 B에서 점 C까지의 내부 에너지의 증가

풀이 처음의 퍼텐셜에너지는(= 수평면에서 $U_g = 0$로 두면)

$$U_g = mgh = 10.0 \text{ kg} \times 9.8 \text{ m/s}^2 \times 2.0 \text{ m} = 200 \text{ J}$$

이고, 나중의 퍼텐셜에너지는 0이다. 블록의 처음과 나중 병진운동에너지도 0이다. 따라서 공기로 전달되는 작은 에너지를 무시하면 블록과 테이블의 내부 에너지 증가는 200 J이 된다.

검토 이 내부 에너지가 블록에 얼마만큼, 테이블에 얼마만큼 저장되는지 우리는 모른다. 우리가 알 수 있는 것은 오로지 총량이다. 마찰이 비보존력이란 말에는 거시적인 역학적

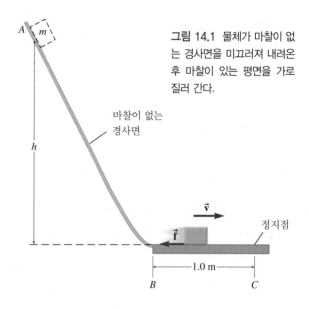

그림 14.1 물체가 마찰이 없는 경사면을 미끄러져 내려온 후 마찰이 있는 평면을 가로질러 간다.

마찰이 없는 경사면

$\vec{v}$

정지점

$\vec{f}$

1.0 m

B   C

에너지가 보존되지 않는다는 의미만이 있다. 총 에너지는 언제나 보존된다. 마찰은 단지 거시적인 역학적 에너지를 블록과 테이블의 내부 에너지로 변환한다. 이런 내부 에너지 증가는 온도 증가로 나타난다. 마찰 또는 비보존력에 의해 역학적 에너지가 소모된다는 것은 질서 있는(블록의 병진운동) 에너지가 무질서한(블록과 테이블 안에 있는 분자의 마구잡이 운동) 에너지로 바뀜을 의미한다.

실전문제 14.1   되튐에 대하여

질량 1.0 kg짜리 고무공이 2.0 m의 높이에서 떨어졌다가 처음 높이의 0.75까지 되튀어 올라갔다. 바닥과의 충돌 과정에서 얼마만큼의 에너지가 소모되었는가?

계의 내부 에너지가 변한다고 해서 반드시 그 계의 온도가 변하는 것은 아니다. 14.5절에서 보겠지만, 온도가 일정하게 유지되면서도 그 계의 내부 에너지가 변할 수 있다. 예를 들면 얼음이 녹을 때가 그러하다.

볼링공의 내부 에너지

정지 상태에서 18 °C의 볼링공이 레인 위를 구르기 시작했다. 마찰 및 공기저항에 의한 에너지 소모를 무시한다면, 정지해 있는 볼링공의 내부 에너지와 비교해서 운동하고 있는 볼링공의 내부 에너지는 높은가, 낮은가, 아니면 같은가? 운동하고 있는 볼링공의 온도는 높은가, 낮은가, 아니면 같은가?

전략, 풀이와 검토 볼링공이 구르고 있을 때 유일한 변화는 볼링공이 거시적인 병진 및 회전 운동에너지를 갖는다는 점이다. 그러나 정의에 따르면 내부 에너지는 계 전체의 병진, 회전 및 진동에 의한 분자의 운동에너지를 포함하지 않는다.

따라서 운동하고 있는 볼링공의 내부 에너지는 정지해 있는 볼링공의 내부 에너지와 같다. 그리고 개별 분자의 마구잡이 운동에 의한 평균 병진운동에너지가 온도를 결정하기 때문에 움직이고 있는 볼링공의 온도는 여전히 18 °C이다.

개념형 실전문제 14.2 총 병진운동에너지

정지해 있는 볼링공과 비교해서 운동하고 있는 볼링공의 분자의 총 병진운동에너지는 높은가, 낮은가, 아니면 같은가?

14.2 열 HEAT

13.1절에서 열을 다음과 같이 정의했다.

열의 정의

열 heat은 두 물체 또는 계 사이의 온도 차로 둘 사이에 흐르는 에너지이다.

18세기의 많은 과학자들은 열이 열소(caloric)라고 불리는 유체라고 생각했다. 한 물체로 열이 흘러 들어오면 그 물체의 부피는 흘러 들어온 유체를 충당하기 위해 증가한다고 생각되었다. 하지만 그에 따라 늘어나지 않는 질량은 의문이었다. 지금은 열이 어떤 실체가 있는 것이 아니고 단지 에너지의 흐름이라고 알려져 있다. 이런 결론을 내게 한 실험 중 하나를 럼퍼드 백작(Benjamin Thomson, 1753~1814)이 수행했다. 대포 포신의 천공 작업을 자문하던 그는 천공 드릴이 매우 뜨거워진다는 사실을 알았다. 당시엔 이 현상이 대포의 금속 덩어리를 갈아내는 과정에서 나온 잘게 부서진 금속 파편이 큰 금속 덩어리만큼 많은 열소를 담고 있을 수 없어서 열소가 튀어나와 일어난다고 생각되었다. 하지만 럼퍼드는 드릴이 무뎌져 더 이상 대포를 갈아내지 못할 때에도 드릴은 뜨거워지며, 우리가 지금 내부 에너지라 부르는 것을 얼마든지 무한정 만들어낼 수 있음에 주목했다. 그는 "열"이 물질적인 실체라기보다는 미시적인 운동의 한 형태라고 결론지었다.

럼퍼드의 생각이 결국 받아들여진 것은 줄(James Prescott Joule, 1818~1889)의 실험에 의해서이다. 자신의 가장 유명한 실험(그림 14.2)에서 줄은 역학적인 방법으로 물의 온도를 올릴 수 있음을 보였다. 줄은 일련의 실험을 통해 "열의 역학적 등가량", 곧 어떤 계에 주어진 열량과 동일한 효과를 내는 데 필요한 역학적인 일의 양

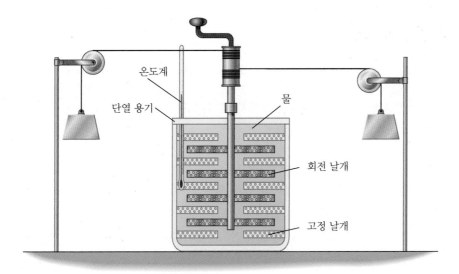

온도계

단열 용기

물

회전 날개

고정 날개

그림 14.2 줄의 실험 장치. 두 물체가 아래로 떨어지면서 물이 든 단열 용기 속의 교반용 회전 날개를 돌린다. 날개가 물을 휘저으며 물의 온도를 올린다. 줄은 물체의 낙하 거리와 양을 알고 있는 물의 온도 변화를 측정함으로써 장치가 한 일과 물의 내부 에너지 증가를 알아냈다.

을 결정해냈다. 그 당시 열은 칼로리(calorie)의 단위로 측정했는데, 1칼로리는 1 g의 물의 온도를 1 ℃(정확히는 14.5 ℃에서 15.5 ℃로) 올리는 데 필요한 열이다. 줄의 실험 결과는 오늘날 사용되는 값에서 1 % 이내의 오차를 가질 만큼 정확한 것이었으며, 이 값은

$$1 \text{ cal} = 4.186 \text{ J} \tag{14-1}$$

이다. 영양사나 영양학자가 사용하는 Calorie(대문자 C로 시작)는 사실은 킬로칼로리(kilocalorie)이며 다음과 같다.

$$1 \text{ Calorie} = 1 \text{ kcal} = 10^3 \text{ cal} = 4186 \text{ J}$$

지금도 칼로리(calorie)라는 단위는 사용되고 있지만, 내부 에너지나 열의 SI 단위는 모든 형태의 에너지와 그 에너지 이동에 사용되는 단위와 같이 줄(joule)이다.

열과 일 열과 일은 모두 특정한 종류의 에너지 이동을 나타내는 양이라는 점에서 유사하다. 일은 변위를 통해 작용하는 힘에 의한 에너지의 전달이다. 열은 다수의 입자가 관련된 미시적인 에너지의 전달인데, 이때 에너지의 교환은 입자의 개별적인 상호작용에 의해서 이루어진다. 열이 이동해도 거시적인 변위는 없으며, 한 물체에서 다른 물체로 작용하는 거시적인 힘도 없다.

어떤 계가 15 kJ만큼의 일을 갖고 있다는 말이 의미가 없듯이, 어떤 계가 15 kJ만큼의 열을 가지고 있다는 말도 무의미하다. 마찬가지로 어떤 계가 갖고 있는 열(또는 일)이 변했다라고 말할 수도 없다. 계는 여러 형태로 에너지를 가질 수 있지만(내부 에너지를 포함해), 열이나 일을 가질 수는 없다. 열과 일은 한 계에서 다른 계로 에너지를 전달하는 두 가지 방법인 것이다. 줄의 실험에 따르면, 한 계에 해준 일또는 그 계로 흘러 들어간 같은 양의 열은 그 계의 내부 에너지를 같은 양만큼 증가시킨다. 만약 내부 에너지의 증가가 줄의 실험에서처럼 역학적인 일에 의한 것일 경우에는 열의 흐름은 없다.

연결고리

일처럼 열은 일종의 에너지 전달이다.

✓ **살펴보기 14.2**

고무줄을 아주 빠르게 몇 번 늘렸다 놓았다를 반복한 후 여러분의 손목이나 입술에 접촉하면 여러분은 고무줄이 "뜨거워졌다."라고 말할 수도 있다. 이때 온도 상승은 고무줄로 들어간 열 흐름에 의해서 발생했는가? 그렇지 않다면 어떤 일이 일어났는가?

열 흐름의 방향 열은 온도가 높은 계에서 저절로 온도가 낮은 계로 흐른다. 온도는 분자의 미시적 병진운동에너지와 관련 있다. 따라서 열의 흐름은 분자의 평균적인 미시적 병진운동에너지를 동일하게 만드는 경향이 있다. 만약 열적으로 접촉한 두 계 사이에 아무런 열의 흐름이 없다면, 그 두 계는 열적 평형 상태에 있으며 동일한 온도를 갖는다.

보기 14.3

줄의 실험

줄이 수행한 것과 유사한 실험에서 질량 12.0 kg의 물체가 1.25 m의 높이를 일정한 속도로 낙하하면서 단열 용기 속의 회전 날개로 물을 저어준다. 이런 낙하를 20.0회 반복할 경우, 물의 내부 에너지 증가는 몇 J인가?

전략 질량체가 낙하할 때마다 중력퍼텐셜에너지는 물을 저어주는 날개의 운동에너지로 전환되고 이는 물을 휘젓는 과정에서 물의 내부 에너지로 전환된다.

풀이 물체가 20.0번 낙하할 때 중력퍼텐셜에너지의 변화는

$$\Delta U_g = mg\,\Delta h$$
$$= 12.0 \text{ kg} \times 9.80 \text{ N/kg} \times 20.0\text{회} \times 1.25 \text{ m/회}$$
$$= 2.94 \text{ kJ}$$

이다. 이 에너지가 전부 물로 갈 경우, 물의 내부 에너지는 2.94 kJ만큼 증가한다.

검토 줄의 실험을 수행함에 있어서 물로 공급되는 에너지의 양을 바꿀 수 있다. 한 방법으로 물체의 낙하 횟수를 바꿀 수 있다. 낙하 물체의 질량을 바꾸거나 낙하 높이를 조절하는 것도 가능하다. 이런 모든 방법은 회전 날개를 포함하는 복잡한 장치의 변경 없이도 내부 에너지로 전환되는 중력퍼텐셜에너지의 양을 조절할 수 있게 해준다.

실전문제 14.3 물의 온도 변화

물체를 20회 낙하시킨 후 단열 용기 속의 물의 온도가 2.0 ℃ 올라갔다면 이 용기 속의 물의 질량은 얼마인가? 모든 내부 에너지의 증가는 물로 간다고 가정하여라(교반용 회전날개 자체의 내부 에너지의 변화는 무시하여라). (힌트: 1칼로리가 물 1 g의 온도를 1 ℃ 변화시키는 데 필요한 열로 정의되었음을 상기하여라.)

열팽창의 원인

연결고리

13.3절에서는 열팽창을 소개했다. 여기서는 팽창이 발생하는 이유를 설명한다.

열이 열소라는 유체의 흐름이 아니라면 온도가 올라갈 때 물체가 일반적으로 팽창하는 이유는 무엇인가?(13.3절 참조) 물체는 원자(또는 분자) 간의 거리가 늘어남에 따라 팽창한다. 물체를 이루는 원자는 정지해 있지 않다. 각 원자가 고정된 평형점을 가지는 고체 내에서조차도 원자는 그 평형점에 대해 이리저리 진동한다. 이 진동에너지는 그 물체의 내부 에너지의 일부이다. 열이 물체로 흘러 들어가서 온도가 올라가면 내부 에너지가 증가한다. 이 중 일부는 진동에너지가 되며, 따라서 원

자의 평균적인 진동에너지는 온도가 올라감에 따라 증가한다.

원자 사이에 작용하는 힘은 매우 비대칭적이기 때문에 원자 하나의 진동에너지가 증가함에 따라 보통 원자 간 평균 거리는 증가한다. 평형 거리보다 가까운 두 원자는 서로 강하게 밀어내지만, 평형 거리보다 먼 두 원자는 그보다 훨씬 약하게 잡아 당긴다. 따라서 진동에너지가 증가하면, 원자 간 최대 거리는 원자 간 최소 거리가 줄어든 것보다 더 많이 증가해, 결국 원자 간 평균적인 거리는 늘어난다.

팽창계수는 물질마다 다른데, 이는 원자 간(또는 분자 간) 결합 강도가 다르기 때문이다. 일반적으로 원자 간 결합 강도가 셀수록 팽창계수는 작다. 액체는 고체에 비해 훨씬 큰 부피팽창계수를 갖는데, 이는 액체 내의 분자가 고체 내에서 보다 훨씬 약하게 구속되어 있기 때문이다.

14.3 열용량과 비열 HEAT CAPACITY AND SPECIFIC HEAT

열용량

역학적으로 가해지는 일은 없지만 더 고온인 다른 계와 열적으로 접촉해 열이 유입되는 계를 생각해보자. (15장에서 일과 열의 두 가지가 계의 내부 에너지를 변화시키는 경우에 대해 고찰한다.) 이 계의 내부 에너지가 증가함에 따라(만약 계의 어떤 부분도 상의 변화, 예를 들어 고체에서 액체로의 변화 같은 것이 없다면) 그 온도는 높아진다. 만약 계로 열이 들어가는 것이 아니라 계에서 열이 흘러나온다면, 내부 에너지는 줄어든다. 이 경우, 곧 Q가 계로부터 나올 때는 Q를 음(−)으로 한다. Q가 계 내부로 흘러 들어간 열로 정의되었기 때문에 음(−)의 열은 열이 계로부터 빠져나왔음을 나타내는 것이다.

보통 상태에 있는 많은 물질에서 온도 변화 ΔT는 열량 Q에 비례한다. 비례상수를 **열용량**heat capacity(기호 C)이라고 부른다.

$$C = \frac{Q}{\Delta T} \tag{14-2}$$

열용량은 물질의 종류뿐만 아니라 그 양에도 관계된다. 1 g의 물로 1 cal의 열량이 흘러 들어가면 온도가 1 ℃ 증가하지만, 2 g의 물에 1 cal의 열량이 흘러 들어가면 온도가 0.5 ℃ 증가한다. 열용량의 SI 단위는 J/K이다. 단지 온도의 변화량만이 관련되어 있고 온도 1 K의 변화는 온도 1 ℃의 변화와 같기 때문에 1 J/K와 1 J/℃는 바꾸어 쓸 수 있다.

열용량이라는 용어는 적절하지 않은데, 이는 그 이름이 의미하는 것과는 달리 열을 담을 수 있는 정도나 열을 흡수하는 능력과는 관련이 없기 때문이다. 그보다 열용량은 계로 들어간 열과 온도 증가에 대한 관계이다. 열용량을, 계에 어떤 온도 변화를 만들기 위해 얼마나 많은 열이 출입해야 하는지에 대한 척도라고 생각하자.

표 14.1 1기압, 20 °C에서의 흔히 볼 수 있는 물질의 비열

물질	비열 $\left(\dfrac{\text{kJ}}{\text{kg·K}}\right)$	물질	비열 $\left(\dfrac{\text{kJ}}{\text{kg·K}}\right)$
금	0.128	파이렉스 유리	0.75
납	0.13	화강암	0.80
수은	0.139	대리석	0.86
은	0.235	알루미늄	0.900
황동	0.384	공기(50 °C)	1.05
구리	0.385	목재(평균)	1.68
강철	0.44	수증기(110 °C)	2.01
철	0.45	얼음(0 °C)	2.1
플린트 유리	0.50	에틸알코올	2.4
크라운 유리	0.67	인체 조직(평균)	3.5
바이코어 유리	0.74	물(15 °C)	4.186

비열

물잔 속 물의 열용량은 호수 물의 열용량보다 훨씬 적다. 계의 열용량이 그 계의 질량과 비례하기 때문에 물질의 **비열용량**specific heat capacity(기호 c)은 단위 질량당 열용량으로 정의한다. 곧

$$c = \frac{C}{m} = \frac{Q}{m\,\Delta T} \tag{14-3}$$

때로는 비열용량을 줄여서 **비열**(specific heat)이라고 한다. 비열의 SI 단위는 J/kg·K이다. 이 단위에서 비열은 물체 1 kg에 1 K의 온도 변화를 주는 데 필요한 열의 줄(J) 단위의 값이 된다. 이때에도 단지 온도의 변화량만이 관련되어 있기 때문에 J/(kg·°C)로 써도 된다.

표 14.1은 1 atm, 20 °C(별도의 설명이 없을 경우)에서 주변에서 흔히 볼 수 있는 물질의 비열을 나타낸다. 보기나 문제의 온도 범위에서는 이 비열 값이 유효하다고 가정하여라. 대부분의 다른 물질에 비해 물의 비열이 비교적 큼에 유의하자. 물의 비열이 이렇게 크기 때문에 바다는 봄철에 서서히 데워지고 겨울이 다가오면 서서히 차가워져 해안 지방의 온도 변화는 급격하지 않다.

식 (14-3)을 다음과 같이 다시 쓰면 계에 어떤 온도 변화를 일으키는 데 필요한 열에 대한 식이 된다.

$$Q = mc\,\Delta T \tag{14-4}$$

식 (14-3)과 (14-4)에서 Q의 부호 규약은 일관된다. 곧, 계로 열이 흘러 들어가면($Q > 0$) 온도가 증가($\Delta T > 0$)하는 반면에 계로부터 열이 빠져나오면($Q < 0$) 온도가 감소($\Delta T < 0$)한다.

상변화가 일어나지 않는 경우에만 식 (14-2), (14-3), (14-4)는 타당하다. 같은 물질이라도 상이 다르면 비열은 다르다. 이러한 이유로 표 14.1에 얼음, 물, 수증기의

비열이 서로 다르다.

✓ 살펴보기 14.3

20 °C의 물 100 g이 담겨 있는 통에 80 °C의 황동 조각 10 g을 떨어뜨렸다. 주변환경과의 열 흐름을 무시한다면, 물–황동의 평형 온도는 50 °C보다 낮은가, 같은가, 아니면 높은가? 설명하여라.

보기 14.4

냄비 속 물 끓이기

20.0 °C의 물 5.00 kg이 담긴 냄비를 10.0분 동안 가스버너로 가열했다. 물의 나중 온도는 30.0 °C이다. (a) 물의 내부 에너지 증가는 얼마인가? (b) 만약 물을 5.0분 더 가열한다면 물의 나중 온도는 몇 °C인가? (c) 처음 10.0분 동안 가스버너에서 흘러 들어간 열을 추산할 수 있는가?

전략 우리가 구하고자 하는 것은 물의 내부 에너지와 온도이므로 냄비 속의 물을 계로 보아야 한다. 냄비도 같이 가열되지만 계에 속하지 않는다. 냄비와 버너 그리고 실내는 모두 계의 주변환경으로 봐야 한다.

물에 해준 일이 없으므로 내부 에너지의 증가는 물로 흘러 들어온 열과 같다. 이 열은 물의 질량, 물의 비열 그리고 온도 변화로부터 구할 수 있다. 버너가 열을 일정한 비율로 공급하기만 한다면 더 가열한 시간 동안 공급된 에너지를 구할 수 있다. 온도 변화는 공급된 열량에 비례하므로 온도 역시 일정한 비율(°C/min)로 변한다. 시간이 반으로 줄면 공급되는 에너지도 반으로 줄고 온도의 변화도 절반이 된다.

풀이 (a) 온도 변화는

$$\Delta T = T_f - T_i = 30.0°C - 20.0°C = 10.0 \text{ K}$$

(10.0 °C의 온도 변화는 10.0 K의 변화와 같다.) 따라서 물의 내부 에너지 증가는

$$\Delta U = Q = mc\,\Delta T$$
$$= 5.00 \text{ kg} \times 4.186 \text{ kJ/(kg·K)} \times 10.0 \text{ K} = 209 \text{ kJ}$$

이다.

(b) 흘러 들어간 열이 경과 시간에 비례한다고 가정하자. 온도의 변화는 전달된 에너지와 비례하기 때문에 10.0분 동안 10 °C가 올라갔다면 5.0분 더 가열했을 때 5.0 °C가 더 상승한다. 결국 나중 온도는

$$T = 20.0°C + 15.0°C = 35.0°C$$

(c) 흘러 들어간 열이 모두 물로 가는 것은 아니다. 버너에서 나온 열의 일부는 냄비로 갈 수도 있고 공기 중으로 달아날 수도 있다. 확실히 말할 수 있는 것은 버너에서 10.0분 동안 209 kJ 이상의 열이 흘러 나간다는 사실이다.

검토 답을 점검해보자. 물의 열용량은 5.00 kg × 4.186 kJ/(kg·K) = 20.9 kJ/K이다. 곧, 온도가 1.0 K 변할 때마다 20.9 kJ의 열이 흘러야 한다. 온도가 10.0 K 변하려면 20.9 kJ/K × 10.0 K = 209 kJ의 열이 필요하다.

실전문제 14.4 욕조 물의 전기요금

전기요금이 kW·h당 0.080달러라면 욕조의 물 160 L를 10.0 °C(가정으로 공급되는 상수도의 수온)에서 70.0 °C로 가열하는 데 드는 비용은 얼마인가? (힌트: 1 L의 물의 질량은 1 kg이다. 1 kW·h = 1000 J/s × 3600 s.)

셋 이상 물체 사이에서의 열 흐름 큰 쇠 주전자에 담긴 물을 데우기 위해 주전자 속에 뜨겁게 달군 구리 조각을 집어넣어보자. 이 경우 물, 쇠 주전자 그리고 구리 조각이 계를 이룬다. 방은 계에 대해서는 주변 환경이 된다. 열은 세 물체(쇠 주전자, 물, 구리)가 열평형을 이루어 모두 같은 온도가 될 때까지 흐른다. 만일 주변 환경으로

연결고리

여기서 에너지 보존 원리를 적용한다.

의 열손실이 매우 적다면, 에너지 보존 법칙에 따라 구리 조각에서 흘러나온 열은 모두 물과 쇠 주전자로 흘러 들어갈 것이다.

$$Q_{구리} + Q_{철} + Q_{물} = 0$$

이 경우, 열은 구리에서 흘러나왔으므로 $Q_{구리}$는 음(−)이고 쇠 주전자와 물로 열이 흘러 들어갔으므로 $Q_{철}$과 $Q_{물}$은 양(+)이다.

열량계

그림 14.3 열량계.

열량계란 열량을 정밀하게 측정할 수 있는 단열 용기(그림 14.3)로, 주변환경으로 또는 주변환경으로부터의 열 출입이 최소가 되도록 설계되어 있다. 전형적인 등적 열량계(bomb calorimeter)는 질량을 알고 있는 물이 담겨진, 알려진 질량의 원통형 알루미늄 통으로 이루어져 있다. 이 알루미늄 통은 다시 단열재가 든 보다 큰 알루미늄 통 속에 들어 있다. 두 알루미늄 통 사이에는 빈 공간이 있다. 용기 입구는 단열 뚜껑으로 꼭 맞게 덮혀 있고 뚜껑에는 두 개의 구멍이 나 있어 용기 내부 물의 온도를 잴 수 있는 온도계와 물이 열평형에 빨리 다다를 수 있도록 휘저어주는 교반기가 꽂혀 있다.

이제 어떤 온도의 물체를 이와는 다른 온도의 물과 알루미늄 통으로 이루어진 열량계에 넣었다고 하자. 에너지 보존 법칙에 의해 물체로부터 흘러나온 열($Q < 0$)은 다른 물체로 흘러 들어간다($Q > 0$). 만일 열량계 외부로의 열손실이 없다고 하면 물체, 물, 알루미늄으로 흘러 들어간 총 열은 0이 되어야 한다.

$$Q_o + Q_w + Q_a = 0$$

보기 14.5는 열량계를 이용해 물체의 비열을 측정하는 방법을 보여준다. 측정된 비열을 이미 표에 알려진 물질의 비열과 비교해보면 물질의 종류를 알아내는 데 도움이 될 수 있다.

보기 14.5

미지 금속의 비열

0.550 kg의 미지 금속 시료가 75.0 °C의 물이 담긴 용기 속에서 열평형을 이루고 있다. 이 금속을 조심스럽게 꺼내어 15.5 °C의 물 0.500 kg이 들어 있는 알루미늄 열량계의 내부 원통 용기에 넣었다. 내부 원통의 질량은 0.100 kg이다. 열량계 내부가 평형에 도달했을 때, 내부 온도는 18.8 °C이었다. 금속 시료의 비열을 구하여라. 표 14.1을 참고해 이 금속이 어떤 것인지 결정하여라.

전략 열은 미지 금속으로부터 세 물체의 온도가 같아져 평형에 다다를 때까지 물과 알루미늄으로 흐른다. 첨자를 이용해 세 가지 열의 흐름과 세 온도 변화를 구분하도록 하자. T_f는 세 물체의 나중 온도이다. 처음에 물과 알루미늄의 온도는 15.5 °C이고 미지 금속의 온도는 75.0 °C이다. 열평형에 다다르면 세 물체의 온도는 모두 18.8 °C가 된다. 주변환경으로의 열손실은 무시한다. 곧, 열은 알루미늄 + 물 + 미지 시료로 이루어진 계의 외부로 흘러 나가지 않는다.

풀이 열은 시료로부터 흘러나와($Q_s < 0$) 물과 알루미늄 원통으로 흘러 들어간다($Q_w > 0$, $Q_a > 0$). 주변환경으로의 열출입이 없다고 가정하면

$$Q_s + Q_w + Q_a = 0$$

이다. 각 물체에 출입한 열은 온도 변화로부터 구할 수 있다.

$Q = mc\Delta T$라는 관계식을 각 물체에 적용하면

$$m_s c_s \Delta T_s + m_w c_w \Delta T_w + m_a c_a \Delta T_a = 0 \qquad (1)$$

이다. 주어진 정보를 다음과 같이 정리한다.

물질	시료	물	물
질량(m)	0.550 kg	0.500 kg	0.100 kg
비열(c)	c_s(미지수)	4.186 kJ/(kg·℃)	0.900 kJ/(kg·℃)
열용량(mc)	0.550 kg × c_s	2.093 kJ/℃	0.0900 kJ/℃
처음 온도(T_i)	75.0 ℃	15.5 ℃	15.5 ℃
최종 온도(T_f)	18.8 ℃	18.8 ℃	18.8 ℃
온도 변화(ΔT)	−56.2 ℃	3.3 ℃	3.3℃

식 (1)을 c_s에 대해 풀면

$$c_s = -\frac{m_w c_w \Delta T_w + m_a c_a \Delta T_a}{m_s \Delta T_s}$$

$$= -\frac{(2.093 \text{ kJ/℃})(3.3℃) + (0.0900 \text{ kJ/℃})(3.3℃)}{(0.550 \text{ kg})(-56.2℃)}$$

$$= 0.23 \frac{\text{kJ}}{\text{kg·℃}}$$

이다. 표 14.1의 값들과 비교해보면 이 금속은 은으로 추정된다.

검토 간단히 점검해보자. 알루미늄의 작은 열용량을 무시한다면, 미지 시료의 온도 변화가 물의 온도 변화(56.2 ℃/3.3 ℃)의 17배만큼 크므로 미지 시료의 열용량은 물의 열용량의 약 $\frac{1}{17}$일 것이다. 미지 시료와 물의 질량이 거의 같으므로 이 시료의 비열은 물의 비열의 약 $\frac{1}{17}$이 된다.

$$\frac{1}{17} \times 4.186 \frac{\text{kJ}}{\text{kg·℃}} = 0.25 \frac{\text{kJ}}{\text{kg·℃}}$$

이는 위에서 구한 값과 매우 가깝다.

실전문제 14.5　나중 온도

내부 용기의 질량이 0.100 kg인 알루미늄 열량계 속에 담긴 20.0 ℃의 물 0.35 kg에 90.0 ℃의 물 0.25 kg이 더해진다. 섞인 물의 나중 온도를 구하여라.

14.4 이상기체의 비열 SPECIFIC HEAT OF IDEAL GASES

이상기체에서 한 분자의 평균 병진운동에너지가

$$\langle K_\text{병진} \rangle = \tfrac{3}{2}kT \qquad (13\text{-}20)$$

로 주어지므로 N개의 분자(n몰)로 이루어진 기체의 총 병진운동에너지는

$$K_\text{병진} = \tfrac{3}{2}NkT = \tfrac{3}{2}nRT$$

이다.

　이제 부피를 일정하게 유지하면서 단원자 분자(하나의 원자로 이루어진 분자) 기체에 열을 가해보자. 기체의 부피가 일정하기 때문에 기체에 해준 일은 없다. 따라서 내부 에너지의 변화는 가해준 열과 같다. 원자를 점 입자로 볼 때 흘러 들어간 열 때문에 내부 에너지가 변화할 수 있는 유일한 방법은 원자의 병진운동에너지가 변화하는 것뿐이다. 나머지 내부 에너지는 원자 속에 "갇혀" 있어서 상전이나 화학 반응(이것들은 이상기체에서는 발생할 수 없다.) 등이 일어나지 않는 한 일정하게 유지된다. 결국

$$Q = \Delta K_\text{병진} = \tfrac{3}{2}nR\,\Delta T \qquad (14\text{-}5)$$

가 된다.

　식 (14-5)로부터 단원자 분자 이상기체의 비열을 구할 수 있다. 하지만 기체에 대해서는 다음과 같이 일정 부피에서 **몰비열**molar specific heat(C_v)을 정의하는 것이 보다

편리하다.

$$C_V = \frac{Q}{n \, \Delta T} \tag{14-6}$$

연결고리

비열과 몰비열은 다른 단위로 표현된 동일한 양(열용량/물질량)이라고 볼 수 있다.

여기서 첨자 "V"는 열이 출입하는 동안 기체의 부피가 일정하게 유지됨을 나타낸다. 몰비열은 단위 질량당이 아닌 1몰당의 열용량으로 정의된다. 결국 비열이나 몰비열은 둘 다 해당 물질 일정량당의 열용량이므로 동일한 양을 다른 단위로 표현한 것에 불과하다. 하나는 물질의 양을 질량으로 측정한 것이고 다른 하나는 몰수로 측정한 것이다.

식 (14-5)와 (14-6)으로부터, 단원자 이상기체의 몰비열을 구하면 다음과 같다.

$$Q = \tfrac{3}{2}nR \, \Delta T = nC_V \, \Delta T$$

$$C_V = \tfrac{3}{2}R = 12.5 \, \frac{\text{J/K}}{\text{mol}} \quad \text{(단원자 이상기체)} \tag{14-7}$$

표 14.2를 보면 실온의 단원자 기체에 대해서 이 계산이 매우 정확함을 알 수 있다.

이원자 기체는 단원자 기체보다 큰 몰비열을 갖는다. 그 이유는 무엇인가? 이원자 기체는 점 입자의 형태로 가정할 수 없다. 분자를 이루는 두 원자 간에는 거리가 있으며 이 때문에 분자가 두 수직축에 대해 회전할 경우에는 훨씬 더 큰 회전관성을 갖는다(그림 14.4). 내부 에너지의 증가량 전부가 분자의 병진운동에너지가 되지 않고, 일부는 회전운동에너지로 사용되기 때문에 몰비열이 커지는 것이다.

실온에서 이원자 이상기체의 몰비열은 대략

$$C_V = \tfrac{5}{2}R = 20.8 \, \frac{\text{J/K}}{\text{mol}} \quad \text{(이원자 이상기체)} \tag{14-8}$$

임이 밝혀진다. 왜 $\tfrac{3}{2}R$이 아니고 $\tfrac{5}{2}R$인가? 이원자 분자 기체는 세 개의 독립적인 방향으로의 병진운동에너지 이외에 두 개의 수직축에 대한 회전운동에너지가 있기 때문이다(그림 14.4b와 c). 따라서 단원자 기체가 내부 에너지를 저장할 수 있는 방법이 세 가지인 데 비해, 이원자 분자는 다섯 가지인 셈이다. **에너지 등배분**equipartition of energy의 정리에 따르면 내부 에너지는 에너지가 저장될 수 있는 모든 가능한 방법에 대해(온도가 충분히 높기만 하다면) 균등하게 배당된다(증명은 생략하기로 한다). 균등 배분된 각 에너지는 분자당 평균 $\tfrac{1}{2}kT$이고 이는 일정 부피 몰비열에 대해 $\tfrac{1}{2}R$만큼 기여한다.

표 14.2 25 °C에서 기체의 일정 부피 몰비열

	기체	$C_V \left(\dfrac{\text{J/K}}{\text{mol}} \right)$
단원자	He	12.5
	Ne	12.7
	Ar	12.5
이원자	H_2	20.4
	N_2	20.8
	O_2	21.0
다원자	CO_2	28.2
	N_2O	28.4

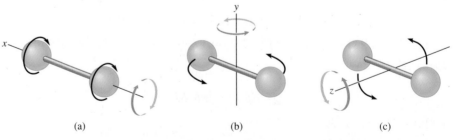

그림 14.4 수직인 세 축에 대한 이원자 분자의 회전 모형. x-축에 대한 회전관성(a)은 무시할 수 있다. y-축과 z-축에 대한 회전관성[(b)와 (c)]은, 원자와 회전축 사이가 길기 때문에 같은 질량의 단원자의 회전관성보다 훨씬 크다.

제논 기체의 가열

실린더 내에 20.0 ℃, 5.0기압(atm)의 제논(Xe) 기체 250 L 가 들어 있다. 부피의 변화 없이 이 기체의 온도를 50.0 ℃로 올리려면 얼마만큼의 열이 필요한가? 제논 기체를 이상기체 라고 가정하여라.

전략 단위 몰당 단위 온도당 필요한 열을 몰비열이라고 한 다. 제논 기체의 몰 수(n)는 이상기체 법칙 $PV = nRT$에서 구할 수 있다. 제논 기체는 단원자 기체이므로 $C_V = \frac{3}{2}R$이 될 것 이다.

풀이 모든 양을 SI 단위로 바꿔놓고 시작하자.

$$P = 5.0 \text{ atm} = 5 \times 1.01 \times 10^5 \text{ Pa} = 5.05 \times 10^5 \text{ Pa}$$

$$V = 250 \text{ L} = 250 \times 10^{-3} \text{ m}^3$$

$$T = 20.0℃ = 293.15 \text{ K}$$

이상기체 방정식으로부터 기체의 몰 수를 알 수 있다.

$$n = \frac{PV}{RT} = \frac{5.05 \times 10^5 \text{ Pa} \times 250 \times 10^{-3} \text{ m}^3}{8.31 \text{ J/(mol·K)} \times 293.15 \text{ K}} = 51.8 \text{ mol}$$

단위를 점검해보자. $Pa = N/m^2$이므로

$$\frac{Pa \times m^3}{J/(mol·K) \times K} = \frac{N/m^2 \times m^3}{J/mol} = \frac{N·m}{J} \times mol = mol$$

이다.

일정한 부피의 단원자 기체에서 에너지는 모두 분자의 병 진운동에너지를 증가시키는 데 쓰인다. 몰비열에 대한 정의

식 $Q = nC_V \Delta T$에서 $C_V = \frac{3}{2}R$이므로

$$Q = \frac{3}{2}nR \, \Delta T$$

이다.

$$\Delta T = 50.0 ℃ - 20.0 ℃ = 30.0 ℃$$

이를 대입하면

$$Q = \frac{3}{2} \times 51.8 \text{ mol} \times 8.31 \text{ J/(mol·℃)} \times 30.0℃ = 19 \text{ kJ}$$

이다.

검토 부피가 일정하다는 사실은 모든 열이 기체의 내부 에 너지를 증가시키는 데 사용된다는 것을 의미한다. 그래서 만 약 기체가 팽창한다면 일을 통해 그 에너지를 외부로 전달할 수 있다. 이상기체 법칙을 이용해 기체의 몰 수를 구할 때는 섭씨온도가 아니라 절대온도를 사용해야 한다는 데 주의해야 한다. 온도의 변화와 연관된 관계식에서만 섭씨나 절대온도 모두 사용할 수 있다.

실전문제 14.6 헬륨 기체의 가열

330 L짜리 헬륨 기체 저장 용기의 온도는 21 ℃이며, 10.0 기압(atm)의 압력이 가해져 있다. 이 용기 속의 헬륨 온도를 75 ℃로 올리기 위해서는 얼마만큼의 에너지가 가해져야 하 는가?

실제로는 점 입자가 아닌 단원자 기체에 대해 왜 회전운동을 고려하지 않는지, 또 는 이원자 기체에 대해 나머지 한 축에 대한 회전은 왜 고려하지 않는지 의아해 할 수도 있다. 그 해답은 양자역학에서 찾을 수 있다. 분자에 아무렇게나 작은 양의 에 너지를 더해줄 수는 없다. 불연속적인 양 또는 "단계적"인 양의 에너지만을 분자에 더해줄 수 있다. 실온에서는, 작은 회전관성의 회전 모드를 들뜨게 할 만큼 충분한 내부 에너지가 없기 때문에 회전운동은 비열에 기여하지 않는 것이다. 이원자 기체 의 진동의 가능성도 역시 무시했다. 이는 실온에서는 아무런 문제가 안 된다. 하지 만 고온에서는 진동의 효과가 중요해지므로 두 개의 에너지 모드(운동에너지와 퍼 텐셜에너지)를 추가해주어야 한다. 따라서 온도가 올라가면 이원자 기체의 몰비열 은 증가해 고온에서는 $\frac{7}{2}R$에 근접하게 된다.

14.5 상전이 PHASE TRANSITIONS

표 14.3 −25 °C의 얼음 1 kg을 125 °C의 수증기로 만드는 데 필요한 열

상전이 또는 온도 변화	Q(kJ)
얼음: −25 °C에서 0 °C로	52.3
녹음: 0 °C 얼음에서 　　　0 °C 물로	333.7
물: 0 °C에서 100 °C로	419
끓음: 100 °C 물에서 　　　100 °C 수증기로	2256
수증기: 100 °C에서 　　　　125 °C로	50

주전자에 있는 물에 계속적으로 열을 가하면 물이 끓기 시작해 증기로 변할 것이다. 얼음 조각을 가열하면 결국 녹아서 액체인 물로 바뀔 것이다. 어떤 물질의 상이 다른 상으로 바뀔 때 **상전이**phase transition가 일어난다. 고체가 액체로 바뀌는 현상이 상전이의 한 예이다.

0 °C의 얼음 조각을 20 °C의 실내에 있는 유리잔 속에 넣어두면 서서히 녹는다. 얼음이 녹아 생긴 물의 온도는 얼음이 모두 녹을 때까지 0 °C를 유지한다. 온도 0 °C에서만 대기압에서 물과 얼음이 평형을 이루며 공존할 수 있다. 얼음이 모두 녹으면 물은 점차 실온으로 올라간다. 마찬가지로 레인지 위에서 끓고 있는 물은 그 물이 전부 증발해 날아갈 때까지 100 °C를 유지한다. −25 °C의 얼음 1.0 kg을 모두 125 °C의 수증기로 변환시키는 경우를 생각해보자. 그림 14.5가 온도와 열 사이의 관계를 보여준다. 두 번의 상전이가 진행되는 동안 열이 꾸준히 유입되어 에너지는 변하지만, 두 상이 혼합(얼음+물, 물+수증기)되어 있는 구간에서는 온도의 변화는 없다. 이 과정의 각 단계에서의 열을 표 14.3에 나타냈다.

숨은열 단위 질량의 물질의 상을 변화시키는 데 필요한 열을 **숨은열**latent heat(L)이라고 한다. 여기서 숨었다는 단어는 상전이가 일어나는 동안 온도는 변화하지 않는다는 사실과 관련되어 있다.

숨은열의 정의

$$|Q| = mL \tag{14-9}$$

식 (14-9)에서 열 Q의 부호는 상전이의 방향에 의해서 결정된다. 물질이 녹거나 끓을 때는 $Q > 0$이다(열이 계로 유입된다). 물질이 얼거나 응축될 때는 $Q < 0$이다(열이 계로부터 방출된다).

고체-액체 사이(어느 방향으로도 무관함)의 상전이를 일으키는 데 필요한 단위 질량당의 열을 **융해열**latent heat of fusion(L_f)이라고 한다. 표 14.3을 보면, 1 kg의 얼음을 0 °C의 물로 변환하는 데 필요한 열은 333.7 kJ이기 때문에 물의 융해열은 333.7 kJ/kg이다. 액체-기체 사이(어느 방향으로도 무관함)의 상전이를 일으키는데 필요한 단위 질량당의 열은 **기화열**latent heat of vaporization(L_v)이라고 한다. 표 14.3을 보

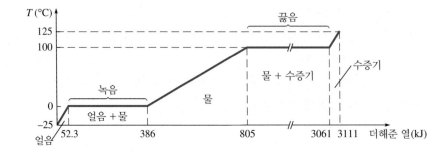

그림 14.5 영하에서부터 온도가 올라가기 시작한 얼음 1 kg에 대한 온도−열 그래프. 녹음과 끓음의 상전이가 일어나는 동안 온도는 변화하지 않는다.

표 14.4 몇 가지 흔한 물질의 숨은열

물질	녹는 온도 (℃)	융해열(kJ/kg)	끓는 온도 (℃)	기화열(kJ/kg)
에틸알코올	−114	104	78	854
알루미늄	660	397	2450	11 400
구리	1083	205	2340	5070
금	1063	66.6	2660	1580
납	327	22.9	1620	871
은	960.8	88.3	1950	2340
물	0.0	333.7	100	2256

면, 1 kg의 물을 100 ℃의 수증기로 변환하는 데 필요한 열은 2256 kJ이기 때문에 물의 기화열은 2256 kJ/kg이다. 표 14.4에는 여러 물질의 융해열과 기화열을 나타 냈다.

어떤 물체로 열이 유입되면 녹거나(고체에서 액체로) 끓는(액체에서 기체로) 현 상이 발생한다. 반대로 어떤 물체에서 열이 유출되면 얼거나(액체에서 고체로) 응축 하는(기체에서 액체로) 현상이 발생한다. 1 kg의 물을 수증기로 바꾸는 데 2256 kJ 의 열이 필요하다면 거꾸로 1 kg의 수증기가 응축되어 물로 변환되는 과정에서는 2256 kJ만큼의 열을 내놓게 된다.

✓ **살펴보기 14.5**

흔히 100 ℃의 물에 의한 화상보다는 100 ℃의 수증기에 의한 화상이 더 심한 이유는 무 엇인가?

이른 봄 기온이 영하로 떨어지면 과수원에서 나무에 물을 뿌려 아직 연약한 꽃봉 오리가 어는 것을 방지한다. 이는 물의 융해열이 큰 것을 부분적으로 이용한 것이다. 꽃이 얼기 전, 먼저 물이 0 ℃까지 냉각되고 그 후에야 얼게 된다. 어는 과정에서 물 은 많은 양의 열을 내놓고 이것이 꽃봉오리의 온도가 0 ℃ 이하로 내려가는 것을 막 는다. 물이 언다고 해도 얼음은 열의 양도체가 아니기 때문에 꽃봉오리를 덮고 있는 얇은 얼음층은 단열재의 역할을 하게 된다.

물을 뿌리면 어떻게 해서 꽃 봉오리가 보호되는가?

상변화의 미시적인 설명 상이 변화하는 도중에 어떤 일이 일어나는지를 알려면 그 물체를 분자 수준에서 고려해야 한다. 물체가 고체 상태일 경우, 원자 또는 분자는 상호 간의 결합에 의해 고정된 평형점 주변에 있다. 이런 결합을 풀어서 고체를 액 체로 변화시키려면 에너지를 가해주어야 한다. 물질이 액체에서 기체로 변할 때 에 너지는 원자나 분자 사이의 약한 결합을 끊어 그들을 분리시키는 데 쓰인다. 이런 상변화 과정에서는 분자의 운동에너지가 변하지 않기 때문에 온도가 변하지 않는 다. 대신에 분자들을 붙잡고 있는 힘에 대해 반대 방향으로 일을 했으므로 분자의 퍼텐셜에너지가 증가한다.

은 장식물 만들기

보석 디자이너가 특별히 주문받은 기념 팔찌에 붙일 은 장식물을 만들려고 한다. 은의 녹는점이 960.8 °C라면, 은을 장식물 틀에 붓기 위해서는 20.0 °C의 은 0.500 kg에 얼마만큼의 열을 가해야 하는가?

전략 우선 열을 가해 고체 상태 은의 온도를 녹는점까지 올려야 한다. 그다음에 열을 더 가해 고체 은을 녹여야 한다.

풀이 은으로 들어간 총 열 흐름은 고체 상태 은의 온도를 올리기 위한 열과 은의 고체-액체 상전이를 일으키기 위한 열의 합이다.

$$Q = mc\,\Delta T + mL_f$$

고체 은의 온도 변화는 다음과 같다.

$$\Delta T = 960.8\,°C - 20.0\,°C = 940.8\,°C$$

고체 은의 비열과 은의 융해열에 대한 수치를 열 Q에 대한 식에 대입하면

$$Q = 0.500\ \text{kg} \times 0.235\ \text{kJ/(kg·°C)} \times 940.8\,°C$$
$$+\ 0.500\ \text{kg} \times 88.3\ \text{kJ/kg}$$
$$=\ 110.5\ \text{kJ} + 44.15\ \text{kJ} = 155\ \text{kJ}$$

을 구할 수 있다.

검토 문제를 풀 때 가장 많이 하는 실수는 엉뚱한 숨은열을 사용하는 것이다. 이 문제에서는 고체 은을 녹여야 하기 때문에 융해열을 이용해야 한다. 또 자주하는 실수는 엉뚱한 상의 비열을 이용하는 것이다. 이 문제에서는 고체 은의 온도를 올려야 하기 때문에 고체 은의 비열을 이용해야 한다. 물을 다룰 때에는 얼음, 물, 수증기의 비열이 서로 다르기 때문에 항상 주의를 기울여야 한다.

실전문제 14.7 금메달 만들기

24 °C의 고체 금 750 g으로 금메달(그림 14.6)을 만들려고 한다. 금을 녹여서 금메달 틀에 붓기 위해서는 금에 얼마만큼의 열을 가해야 하는가?

그림 14.6 저자가 받은 노벨 물리학상 금메달(저자는 액체 헬륨의 상전이를 연구해 1996년에 노벨 물리학상을 받음).

얼음 얼리기

20.0 °C의 물 0.500 kg을 각빙 틀에 부어 냉동실에서 얼리려고 한다. 이 물을 −5.0 °C의 얼음으로 만들기 위해서는 에너지를 얼마나 제거해야 하는가?

전략 이 과정은 연속적인 세 단계로 나누어 생각할 수 있다. 먼저 물을 0 °C까지 냉각시키고, 일정 온도를 유지하면서 상전이를 일으킨다. 그 다음으로 얼음이 −5.0 °C까지 냉각되는 것이다. 전체 과정에서 빠져나오는 열은 세 단계 각각에서 빠져나온 열의 합이다.

풀이 액체 상태의 물이 20.0 °C에서 0.0 °C로 되는 과정에서

$$Q_1 = mc_w\,\Delta T_1$$

이다. 여기서

$$\Delta T_1 = 0.0\,°C - 20.0\,°C = -20.0\,°C = -20.0\ \text{K}$$

ΔT_1이 음수이므로 Q_1은 음수이다. 곧, 온도가 내려가기 위해서는 열이 물에서 외부로 방출되어야 한다. 다음 단계인 어는 과정에서의 융해열은 다음과 같다.

$$Q_2 = -mL_f$$

이 열도 역시 외부로 빠져나오고, 따라서 Q_2는 음수이다. 상전이에 대해서는 전이의 방향에 따라 Q의 부호를 부여한다[얼 때는 (−) 부호, 녹을 때는 (+) 부호]. 마지막으로 얼음이 −5.0 °C까지 냉각되어야 하므로

$$Q_3 = mc_{얼음}\,\Delta T_2$$

이고, 여기서

$$\Delta T_2 = -5.0\,^{\circ}\text{C} - 0.0\,^{\circ}\text{C} = -5.0\,^{\circ}\text{C} = -5.0\,\text{K}$$

이다. 비열은 첨자를 붙여 물의 비열과 얼음의 비열을 구분했다. 이 과정에 관여한 총 열은

$$Q = m(c_w \Delta T_1 - L_f + c_{얼음} \Delta T_2)$$

이다. 이제 표 14.1과 14.4에서 c_w, L_f, $c_{얼음}$의 값을 찾아 대입하면

$$c_w \Delta T_1 = 4.186\,\frac{\text{kJ}}{\text{kg}\cdot\text{K}} \times (-20\,\text{K}) = -83.72\,\frac{\text{kJ}}{\text{kg}}$$

$$L_f = 333.7\,\frac{\text{kJ}}{\text{kg}}$$

$$c_{얼음} \Delta T_2 = 2.1\,\frac{\text{kJ}}{\text{kg}\cdot\text{K}} \times (-5.0\,\text{K}) = -10.5\,\frac{\text{kJ}}{\text{kg}}$$

$$Q = 0.500\,\text{kg} \times \left[-83.72\,\frac{\text{kJ}}{\text{kg}} - 333.7\,\frac{\text{kJ}}{\text{kg}} - 10.5\,\frac{\text{kJ}}{\text{kg}} \right] = -214\,\text{kJ}$$

따라서 214 kJ의 에너지가 빠져나오면서 물은 얼음으로 바뀐다.

검토 전체 온도 변화 +20 °C로부터 −5 °C까지를 한 단계로 생각할 수는 없다. 상의 변화가 발생할 때 그에 따른 열 흐름도 고려해야 하기 때문이다. 또한 얼음의 비열은 물의 비열과 다르기 때문에, 물을 20 °C 냉각하기 위한 열과 얼음을 5 °C 냉각하기 위한 열을 각각 알아야 한다.

실전문제 14.8 얼린 아이스바

한 아이가 냉동고에서 아이스바를 꺼내 친구와 나눠 먹으려고 한다. 만약 온도가 −4 °C인 아이스바를 곧바로 37 °C의 입안으로 넣는다면, 질량 0.080 kg짜리 아이스바를 체온과 같은 온도로 만들기 위해 얼마만큼의 에너지가 필요한가? 언 아이스바의 비열은 얼음의 비열과 같고, 녹은 아이스바의 비열은 물의 비열과 같다고 가정하여라.

증발

물 한 컵을 실온에 놓아두면 결국은 증발해 버릴 것이다. 앞에서 물의 온도가 물 분자의 평균적인 운동에너지를 반영한다는 사실을 배웠다. 이때 물 분자 일부는 평균 에너지보다 높은 에너지를 가질 것이고 나머지는 낮은 에너지를 가질 것이다. 에너지가 아주 큰 분자는 분자 간 결합을 깨뜨리고 수면에서 떨어져 나갈 수 있을 정도의 충분한 에너지를 가진다. 이런 높은 에너지의 분자가 점차 증발해감에 따라 남아 있는 물 분자의 평균적인 에너지는 감소한다. 이 때문에 증발은 냉각 과정이다. 똑같은 분자 결합이 깨지는 것이므로 거의 같은 기화열이 증발할 때나 끓을 때 적용된다. 땀을 흘린 야구 선수가 경기 중에 잠시 벤치에 앉아 있을 땐 옷을 껴입는데 그 이유는 비록 운동장의 공기가 따뜻하더라도 증발로 몸이 차가워질 수 있기 때문이다.

공기 중에 이미 수증기가 많아 습도가 높을 경우에는 증발 과정이 보다 천천히 진행된다. 공기 중의 물 분자는 다시 응축될 수 있기 때문에 알짜 증발률은 증발 비율과 응축 비율의 차이다. 덥고 습한 날일수록 불쾌한 이유는 땀의 증발이 느려 몸을 시원하게 유지하기가 어렵기 때문이다.

상도표

수평축에 온도, 수직축에 압력을 나타낸 **상도표**phase diagram는 상전이를 배우는 데 유용한 도구이다. 그림 14.7a에 물의 상도표를 나타냈다. 상도표에서의 한 점은 그 점에서의 압력과 온도에 의해 결정된 상태에 있는 물을 나타낸다. 또한 상도표의 곡선은 고체, 액체, 기체 상태 사이의 경계를 나타낸다. 대부분의 온도에서 특정한

그림 14.7 물의 상도표(a)와 이산화탄소의 상도표(b). 임계 온도 이하에서 기체 상태인 물질을 일컫는 경우 증기(vapor)라는 용어를 사용할 때도 있다. 임계 온도 이상에서는 기체(gas)라고 부른다. 이 그래프의 축의 눈금은 선형이 아니다.

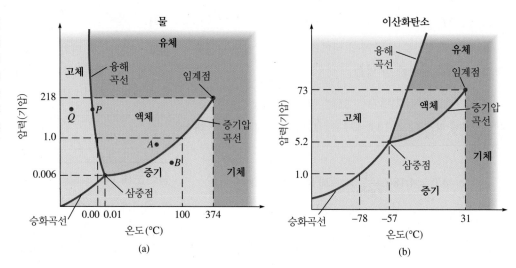

두 가지 상태가 평형을 이루며 공존하는 어떤 압력이 존재한다. 점 P는 융해곡선 위에 있기 때문에 그 온도와 압력하에서 물은 액체로 존재하든지 고체로 존재하든지 아니면 혼합물로 존재할 수 있다. 점 Q에서 물은 고체로만 존재할 수 있다. 마찬가지로 물은 점 A에서는 액체, 점 B에서는 수증기로 존재하게 된다.

유일한 예외가 고체, 액체, 증기의 세 가지 상이 평형을 이루며 공존할 수 있는 **삼중점**triple point이다. 이 삼중점은 온도계를 세밀하게 보정할 때 이용한다. 물의 삼중점은 정확하게 0.006기압에서 0.01 ℃이다.

증기압곡선으로부터, 압력이 낮아짐에 따라 물의 끓는점도 점차 낮아짐을 볼 수 있다. 높은 산 위에서는 물이 100 ℃ 보다 낮은 온도에서 끓는 반면, 음식이 익는 화학 반응은 온도가 낮을수록 천천히 진행되기 때문에 높은 곳에서 달걀을 완숙시키는 데 더 많은 시간이 소요된다. 로키 산맥의 꼭대기(해발 4302 m)에서는 평균 압력이 0.6기압이기 때문에 계란 한 개를 완숙으로 만드는 데 30분 정도나 소요된다.

온도나 압력 또는 둘 모두가 점차 변하면 물의 상태를 나타내는 점은 상도표에서 하나의 경로를 따라 움직인다. 만일 경로가 상도표의 곡선과 교차하면 상전이가 발생하고 그 상전이에 대한 숨은열을 방출하거나 흡수한다. 융해곡선과 교차할 경우엔 얼거나 녹는 현상이 발생하고 증기압곡선과 교차할 경우엔 증발 또는 응축 현상이 발생한다.

증기압곡선은 **임계점**critical point에서 끝난다는 사실을 주목하자. 따라서 액체에서 기체로의 변화 경로가 임계점을 우회하며 증기압곡선과 교차하지 않으면 아무런 상전이도 일어나지 않는다. 임계 온도보다 높은 온도나 임계 압력보다 높은 압력에서는 액체와 기체를 분명하게 구별하는 것이 불가능하다.

고체에서 액체를 거치지 않고 바로 기체로(또는 그 반대 방향으로) 변하는 것이 **승화**sublimation라는 상전이 현상이다. 춥고 건조한 날, 자동차 앞 유리 위의 얼음이 바로 수증기로 변하는 것이 승화의 한 예이다. 방향제나 드라이아이스(고체 상태의 이산화탄소) 역시 고체에서 바로 기체로 변한다. 대기압하에서는 오직 고체와 기체의 CO_2만이 존재한다(그림 14.7b). 5.2기압 이하의 압력에서 액체 이산화탄소는 안정하지 못하므로 대기압하에서는 이산화탄소가 녹지 않는다. 대신 고체에서 기체로 바로 승화해버린다. 고체 이산화탄소를 드라이아이스라고 부르는데 그 이유는 차갑고 얼음처럼 생겼지만 녹지 않기 때문이다. 승화에도 숨은열이 있지만, 승화열은 융해열과 기화열의 합이 아니다.

물의 특이한 상도표 물의 상도표에는 한 가지 이례적인 특징이 있는데, 융해곡선이 음(−)의 기울기를 갖는다는 점이다. 얼면서 부피가 팽창하는 물질(예를 들면 물, 갈륨, 비스무스)의 경우에만 융해곡선은 음(−)의 기울기를 갖는다. 이러한 물질에서는 액체일 때의 분자 간 거리가 고체일 때보다 가깝다! 물을 실온에서부터 냉각시키면 3.98 °C가 될 때까지는 수축한다. 이 온도에서 물의 밀도는 최대가 되며(1 atm에서) 더 냉각시키면 물은 팽창하기 시작한다. 물은 얼면서 더욱 팽창하게 되고 얼음의 밀도는 물의 밀도보다도 작아진다.

물이 어는 과정에서 팽창하기 때문에 음식이 얼었다 녹으면 세포벽이 파괴될 수도 있다. 냉동했던 음식의 맛이 없는 것도 이런 이유에서이다. 또 호수나 강, 연못 등은 한겨울에도 완전히 얼어붙지 않는다. 얼음은 물보다 밀도가 낮기 때문에 물의 맨 위에 얼음층을 형성한다. 얼음 아래의 물은 액체 상태이며 따라서 물고기나 거북과 같은 수생 생물이 봄까지 살아남을 수 있는 것이다(그림 14.8).

그림 14.8 얼음낚시로 북극곤들매기를 낚고 있는 캐나다 누나부트 주민.

14.6 열전도 THERMAL CONDUCTION

지금까지는 어떻게 열 흐름이 발생하는지보다는 열 흐름의 효과에 대해 살펴보았다. 이제 열 흐름의 세 가지 형태인 전도, 대류, 복사에 대해 알아보도록 하겠다.

열의 **전도**conduction는 고체, 액체, 기체 안에서 일어난다. 전도는 원자(또는 분자)가 충돌에 의해 에너지를 교환하면서 발생한다. 만일 물체 내의 어느 곳에서나 평균 에너지가 같다면 열의 알짜 흐름은 발생하지 않는다. 반면에 만일 온도가 균일하지 않다면 평균적으로 많은 에너지를 가진 원자가 적은 에너지의 원자에게 에너지의 일부를 전달한다. 알짜 효과는 고온부에서 저온부로 열의 흐름이 발생하는 것이다.

전도는 접촉하고 있는 두 물체 사이에서도 발생한다. 전기레인지 위의 주전자는 전기레인지의 가열 코일과 접촉해 있는 바닥을 통한 전도에 의해 열을 받는다. 고온의 물체(가열 코일)에서 진동하는 원자가 저온의 물체(주전자 바닥)의 원자와 충돌해 저온의 물체 쪽으로 에너지를 전달한다. 만약 외부로의 열 유출이나 유입이 없이 전도가 계속 진행되면 결국 접촉한 물체는 평균 병진운동에너지가 같아지는 열평형에 다다를 것이다.

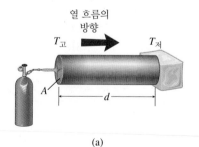

(a)

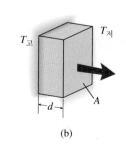

(b)

그림 14.9 (a) 길이 d인 원통형 막대를 통한 열전도. (b) 두께 d인 판재를 통한 열전도.

푸리에의 열전도 법칙 균일한 단면의 물체에 한 방향으로 열이 흐르는 경우와 같은 단순한 기하를 생각해보자. 예를 들면 안팎의 온도 차가 나는 판유리나 양 끝이 온도 차가 나는 원통 막대 같은 것들이다(그림 14.9). 이때 열전도율은 온도 차 $\Delta T = T_\text{고} - T_\text{저}$, 길이(또는 두께) d, 열이 흐르는 단면의 넓이 A 그리고 물질의 특성 등에 관

표 14.5 20 ℃에서의 열전도도

물질	$\kappa\left(\dfrac{\text{W}}{\text{m·K}}\right)$
공기	0.023
고형 패널 폴리우레탄 단열재	0.023–0.026
섬유 유리 단열재	0.029–0.072
암면 단열재	0.038
코르크	0.046
목재	0.13
마른 흙	0.14
석면	0.17
눈	0.25
모래	0.39
물	0.6
보통 창유리	0.63
파이렉스 유리	1.13
바이코어 유리	1.34
콘크리트	1.7
얼음	1.7
스테인리스 강철	14
납	35
강철	46
니켈	60
주석	66.8
백금	71.6
철	80.2
황동	122
아연	116
텅스텐	173
알루미늄	237
금	318
구리	401
은	429

연결고리

푸리에의 법칙은 열의 흐름률은 온도 기울기에 비례함을 말해주고 있다. 푸리에의 법칙은 점성 유체의 흐름에 대한 푸아죄유(Poiseuille)의 법칙[식 (9-15)]과 아주 유사하다. 푸아죄유의 법칙은 부피흐름률은 압력 기울기에 비례함을 말해주고 있다.

계된다. 온도 차가 클수록 더 많은 열이 흐른다. 물질이 두꺼울수록 열전달 시간이 길어진다. 왜냐하면 에너지는 더 길게 늘어선 원자들의 충돌을 통해 전달되기 때문에 열의 전달률이 작아지기 때문이다. 단면의 넓이가 크면 더 많은 열이 흐를 수 있다.

에너지 전달률에 영향을 주는 마지막 요소는 그 물질의 특성이다. 금속 내에서는 원자의 일부 전자가 자유롭게 운동하며 열을 전달한다. 물질에 자유전자가 있다면 열의 전달률은 크겠지만, 비금속 고체에서처럼 모든 전자가 강하게 속박되어 있다면 열전달은 느리다. 액체는 고체만큼 신속하게 열을 전달하지 못하는데 이는 원자 간에 작용하는 힘이 약하기 때문이다. 기체 내의 원자는 서로 아주 멀리 떨어져 있어서 충돌하기 위해서는 먼 거리를 이동해야 하기 때문에 기체는 고체나 액체보다도 훨씬 비효율적인 열전도체이다. 어떤 물질을 통해 에너지가 전달되는 비율에 바로 비례하는 것이 **열전도도**thermal conductivity(기호 κ, 그리스 문자 카파)이다. 열전도도 κ 값이 클수록 좋은 열전도체이며 이 값이 작을수록 나쁜 열전도체 또는 단열체가 된다. 단열체는 열의 흐름을 방해한다. 표 14.5에 여러 물질의 열전도도를 나타냈다.

$\mathscr{P} = Q/\Delta t$가 열 흐름률(또는 일률)이라고 하자. (문자 $\mathscr{P}$를 쓰는 것은 일률과 압력 사이의 혼동을 피하기 위해서이다.) 물질을 통한 열 흐름률과 앞에서 열거한 인자 사이의 관계는

푸리에의 열전도 법칙

$$\mathscr{P} = \kappa A \frac{\Delta T}{d} \qquad (14\text{-}10)$$

으로 주어진다. κ는 물질의 열전도도, A는 단면의 넓이, d는 물질의 두께(또는 길이), ΔT는 양면의 온도 차이다. 여기서 $\Delta T/d$를 온도 기울기라고 부르며 온도가 흐르는 경로를 따라 단위 길이당 ℃나 K로 나타낸 온도 변화이다. 식 (14-10)을 살펴보면 κ의 SI 단위가 W/(m·K)임을 알 수 있다.

그림 14.9b는 양면의 온도 차에 의해 열을 전도하는 판재를 보여준다. 식 (14-10)을 ΔT에 대해 풀면

$$\Delta T = \mathscr{P}\frac{d}{\kappa A} = \mathscr{P}R \qquad (14\text{-}11)$$

이다. 여기서 $d/\kappa A$를 **열저항**thermal resistance R이라고 한다.

$$R = \frac{d}{\kappa A} \qquad (14\text{-}12)$$

열저항의 SI 단위는 K/W(켈빈/와트)이다. 열저항은 (열전도도 κ 때문에) 물질의 특성에 따라 달라질 수 있고 또한 물체의 외형(d/A)에 따라서도 달라질 수 있다. 식 (14-11)은 한 물체를 통해 다른 물체로 열이 흐르는 문제를 푸는 경우에 유용하다.

연속적으로 연결된 두 층 이상의 물질을 통한 열전도 이제 그림 14.10에서처럼 온도 차를 갖는 두 층의 물질을 생각해보자. 열이 한 물질을 통과해 다른 물질로 흐르

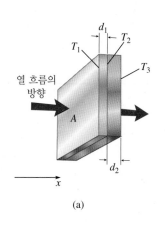
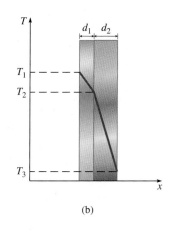

그림 **14.10** (a) 두 개의 다른 층을 통한 열전도($T_1 > T_2 > T_3$). (b) 위치(x)의 함수로써 온도(T)를 나타낸 그래프. 어느 한 물질 안에서 그래프의 기울기는 그 물질 안에서의 온도 기울기 $\Delta T/d$이다. 물질의 열전도도가 다르기 때문에 온도 기울기가 다르다.

기 때문에 두 층은 연속적으로 층을 이룬다. 한 번에 한 층씩 살펴보면

$$T_1 - T_2 = \mathscr{P}R_1 \text{과} \quad T_2 - T_3 = \mathscr{P}R_2$$

의 두 식을 얻을 수 있다. 이제 이 두 식을 합하면

$$(T_1 - T_2) + (T_2 - T_3) = \mathscr{P}R_1 + \mathscr{P}R_2$$
$$\Delta T = T_1 - T_3 = \mathscr{P}(R_1 + R_2)$$

이 된다. 첫 번째 층을 통한 열의 흐름률은 두 번째 층을 통한 열의 흐름률과 같아야 한다. 만약 그렇지 않으면 두 층의 온도가 변하고 있을 것이다. n개의 층에 대해서는 다음과 같은 식을 얻을 수 있다.

$$\Delta T = \mathscr{P}\sum R_n \quad n = 1, 2, 3, \cdots \tag{14-13}$$

식 (14-13)은 연속적으로 층을 이룬 물질의 유효 열저항은 각 층의 열저항들의 합과 같음을 나타낸다.

✓ 살펴보기 14.6

그림 14.10의 두 물질 중에서 어떤 것이 더 큰 열전도도를 갖는가?

보기 14.9

창유리를 통한 열 흐름률

어떤 집 현관문에 가로세로가 각각 20.0 cm, 15.0 cm이고 두께가 0.32 cm인 창유리가 설치되어 있다. 이 문 밖의 온도는 −15 °C, 내부 온도는 22 °C이다. 이 작은 창 하나를 통해 집 밖으로 빠져나가는 열 흐름률은 얼마인가?

전략 유리 한쪽은 실내 공기의 온도와 같고 반대쪽은 바깥 온도와 같다고 가정한다.

주어진 조건: $\Delta T = 22\,°C - (-15\,°C) = 37\,°C$,
　　　　창유리의 두께 $d = 0.32 \times 10^{-2}$ m,
　　　　창유리의 넓이 $A = 0.200$ m $\times$ 0.150m $= 0.0300$ m^2
찾아볼 것: 유리의 열전도도 0.63 W/(m·K)
구할 값: 열 흐름률 $\mathscr{P}$

풀이 온도 기울기는

$$\frac{\Delta T}{d} = \frac{37^\circ\text{C}}{0.32 \times 10^{-2}\,\text{m}} = 1.16 \times 10^4\,\text{K/m}$$

필요한 모든 정보를 사용하면, 전도에 의한 열 흐름률은

$$\mathcal{P} = \kappa A \frac{\Delta T}{d}$$
$$= 0.63\,\text{W/(m·K)} \times 0.0300\,\text{m}^2 \times 1.16 \times 10^4\,\text{K/m}$$
$$= 220\,\text{W}$$

이다.

검토 작은 창문 하나를 통한 열손실이 220 W라는 것은 대단한 것이다. 그러나 이 문제에서는 유리의 두 면 사이의 온도 차가 좀 과장되어 있다. 실제로는 유리의 실내 측 표면의 온도는 실내 기온보다 더 낮고, 실외 측 표면의 온도는 바깥 기온보다 높다.

실전문제 14.9 이글루

아이들이 마당에 이글루를 만들었다. 눈 벽의 두께는 0.30 m이다. 만약 이글루의 내부 온도가 10.0 °C이고 바깥 온도가 −10.0 °C라면 넓이 14.0 m²인 눈 벽을 통한 열의 흐름률은 얼마인가?

그림 14.11 창유리 안팎에서의 온도 변화. 창유리와 그 양쪽의 공기층의 단면도 위에 위치에 따른 온도 그래프를 겹쳐서 나타냈다.

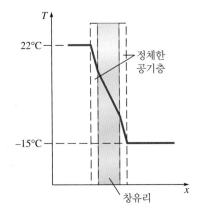

공기의 열전도도 공기는 매우 낮은 열전도도를 가지고 있어 가만히 정지해 있는 공기는 훌륭한 단열재이다. 한 장짜리 유리창을 통한 에너지 손실을 정확하게 계산할 때는 점성에 의해 유리의 양면에 정체되어 있는 공기층도 고려해야 한다. 창문 부근에서 온도를 측정하면, 유리창 바로 옆의 온도는 실내외 온도의 중간 정도 값이다(그림 14.11). 따라서 유리 양면의 온도 차는 실내외의 온도 차에 비해 상당히 작다. 사실, 유리창의 열 저항은 그 유리 자체보다는 정체된 공기층에 의한 것이 대부분이다.

보기 14.10

중간 공기층이 있는 이중 창유리의 열손실

보기 14.9의 단일 창유리를 두께 0.50 cm의 공기층을 사이에 둔 이중 창유리로 교체했다. 안쪽 유리의 내면 온도는 22 °C이고 바깥 유리의 외면 온도는 −15 °C이다. 이중 창유리를 통해 집 밖으로 빠져나가는 열의 흐름률은 얼마인가?

전략 총 세 개의 층(두 개의 창유리 및 중간 공기층)을 고려해야 한다. 각 층에 대해서 열저항을 계산한 후 모두 더해서 총 열저항을 구할 수 있다. 이중 창유리 안팎의 온도 차를 계산한 후 총 열저항으로 나누면 이중창을 통한 열 흐름률을 얻을 수 있다.

풀이 첫 번째 창유리에서의 열저항은

$$R_1 = \frac{d}{\kappa A} = \frac{0.32 \times 10^{-2}\ \text{m}}{0.63\ \text{W/(m·K)} \times 0.0300\ \text{m}^2} = 0.169\ \text{K/W}$$

이다. 중간 공기층에서의 열저항은

$$R_2 = \frac{d}{\kappa A} = \frac{0.50 \times 10^{-2}\ \text{m}}{0.023\ \text{W/(m·K)} \times 0.0300\ \text{m}^2} = 7.246\ \text{K/W}$$

이다. 두 번째 창유리에서의 열저항은 첫 번째 창유리에서의 열저항과 같다.

$$R_3 = R_1$$

총 열저항은

$$\sum R_n = (0.169 + 7.246 + 0.169)\ \text{K/W} = 7.584\ \text{K/W}$$

이다. 따라서 전도에 의한 열 흐름률은

$$\mathcal{P} = \frac{Q}{\Delta t} = \frac{\Delta T}{\sum R_n} = \frac{37\ \text{K}}{7.584\ \text{K/W}} = 4.9\ \text{W}$$

이다.

검토 단일 창유리에서의 열손실에 비해서 이중 창유리에서의 열손실(4.9 W)은 획기적으로 줄어들었다. 그러나 알고 보면 풀이 과정에서 중간 공기층을 통해서 열이 전도만 될 수 있다고 가정했기 때문에 너무 적은 값(4.9 W)을 답으로 얻게 된 것이다. 실제로는 대류 및 복사에 의해서도 열은 공기를 통해서 전달될 수 있다. 좀 더 정확한 결과를 얻기 위해서는 이런 방식의 열 흐름도 고려해야 한다.

실전문제 14.10 중간 공기층이 없는 이중 창유리

중간에 공기층 없이 두 창유리가 접촉할 때 보기 14.10을 반복하여라.

R-인자 미국 건설산업 협회는 공사에 쓰이는 자재에 R-인자라는 등급을 매긴다. R-인자는 열저항과 정확하게 같지 않다. 왜냐하면 열저항의 경우는 자재의 단면의 넓이를 알아야 하기 때문이다. R-인자는 자재의 두께를 열전도도로 나눈 값이다.

$$\text{R-인자} = \frac{d}{\kappa} = RA$$

$$\frac{\mathcal{P}}{A} = \frac{\Delta T}{\text{R-인자}}$$

불행하게도 미국에서는 R-인자에 SI 단위 대신 °F·ft²/(Btu/h)!의 단위를 쓴다. 여러 층을 통해 열이 흐를 때는 열저항처럼 R-인자들을 더하면 된다.

14.7 열대류 THERMAL CONVECTION

대류convection 현상은 열을 가지고 있는 유체가 한 곳에서 다른 곳으로 흐르면서 발생한다. 전도의 경우, 물질을 통해 에너지가 이동하지만 그 물체 자체는 움직이지 않는다. 따라서 대류는 유체에서는 일어나지만 고체에서는 일어나지 않는다. 난로에 장작을 때면 대류에 의해 따뜻해진 공기가 상승하면서 천장 쪽으로 열을 나른다. 따뜻한 공기는 찬 공기보다 밀도가 낮아 부력에 의해 위로 뜨면서 열을 나르게 되는 것이다. 반대로 찬 공기는 밀도가 커져 마룻바닥으로 가라앉는다. 대류의 한 예로 바닷가에서의 공기의 흐름을 그림 14.12에 나타냈다. 공기는 좋은 열전도체가 아니지만 대류를 통해 쉽게 열을 전달한다.

밀폐된 아주 얇은 공기층이 있는 이중창이 방풍창과 일반 창 사이에 두께 6~7 cm

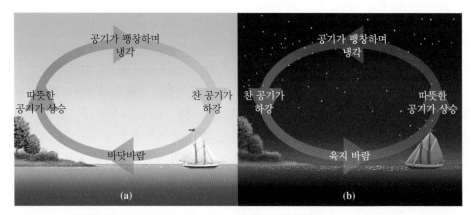

그림 14.12 (a) 낮에는 바다 쪽에서 들어온 공기가 해안의 따뜻한 지면을 지나면서 가열된다. 이렇게 가열된 공기는 상승하면서 팽창한다. 공기는 팽창하면서 냉각되고 밀도가 커져서 다시 하강한다. 이런 순환에 의해 대류에 의한 흐름이 만들어지고 해변에는 시원한 해풍이 불게 된다. (b) 밤에는 낮에 흡수한 열을 거의 그대로 유지한 해양보다 육지가 더 냉각되어 위와 반대의 순환이 일어난다.

그림 14.13 가열된 물의 대류 흐름. 전도에 의해 열이 전기레인지로부터 주전자 바닥으로 전달되어 주전자 바닥과 접한 물의 층을 데운다. 주전자에서 가열된 물은 팽창해 밀도가 낮아져서 부력에 의해 위쪽으로 떠오르면서 대류가 일어난다.

그림 14.14 새와 비행글라이더는 모두 열에 의한 상승기류를 이용한다.

그림 14.15 가정용 난방 시스템은 강제 대류 방식을 이용한다.

나 되는 공기층을 대신할 수 있다. 두 장의 유리 사이의 아주 얇은 공기층이 대류로 인한 공기의 순환을 최소화할 수 있기 때문이다. 솜털 재킷과 이불은 깃털 사이의 수많은 미세한 공간에 공기가 갇혀 대류에 의한 열의 흐름을 최소화하기 때문에 훌륭한 단열재가 된다. 암면, 유리솜, 유리 섬유 같은 물질이 건물의 단열재로 좋은 이유는 섬유 사이사이에 갇혀버린 공기 때문이다.

자연 대류 및 강제대류 자연 대류에 있어서 흐름의 근원은 중력이다. 유체에서 밀도가 큰 부분은 부력보다 중력이 크므로 가라앉는다. 반면에 상대적으로 밀도가 작은 유체는 부력이 중력보다 크므로 뜨게 된다(그림 14.13 및 14.14). 강제대류에서 유체는 송풍 팬이나 펌프에 의해 밀려 순환된다. 강제 온풍 순환에서는 따뜻한 공기를 송풍 팬을 이용해 방 안으로 불어 넣는다(그림 14.15). 온수 베이스보드 난방에서는 펌프로 따뜻한 물을 베이스보드 방열기로 보낸다.

응용: 인체에서의 강제대류 강제대류의 또 다른 예로는 우리 몸의 혈액 순환을 들 수 있다. 심장은 펌프질로 온몸에 혈액을 공급한다. 체온이 너무 높아지면 피부 근처의 혈관이 늘어나 심장으로부터 더 많은 혈액이 흐를 수 있게 된다. 혈액은 신체의 내부로부터 피부로 열을 나르고 이 열은 피부로부터 보다 차가운 체외로 빠져나간다. 만약 뜨거운 욕탕에서처럼 주변의 온도가 피부보다 높으면 위의 일련의 과정은 역효과를 일으켜 위험한 몸의 과열을 초래할 수 있다. 더운물이 확장된 혈관에 열을 가하고 혈액이 이 열을 몸속 주요 기관으로 전달해 주요 기관의 온도를 올리는 것이다.

대류의 응용: 지구 기후 변화

지구온난화를 연구하는 과학자들의 걱정거리 중 하나는 북유럽이 온난화와는 반대로 자연 대류 주기의 파괴로 인해 얼음 속에 파묻혀 버릴지도 모른다는 것이다. 지

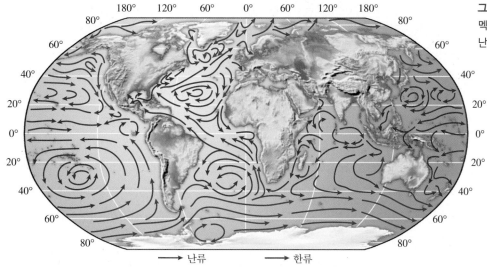

그림 14.16 해양의 표층 대류의 흐름. 멕시코 만류는 대서양을 가로지르는 온난 해류이다.

구의 기후는 극지방과 적도 사이의 온도 차에 의한 해수의 대류에 영향을 받는다 (그림 14.16). 대규모의 해류가 태평양과 대서양을 지나 이동하면서 적도 지방에서 받은 열의 절반가량을 극지방으로 옮긴다. 열은 그곳에서 흩어져버린다. 열대 지방에서 발생해 북쪽으로 진행하는 크고 작은 폭풍이 나머지 열의 상당 부분을 나른다. 만일 극지방의 온도 상승률이 적도 지방보다 빨라지면 두 지역 간의 온도 차가 줄어들어 우세풍(prevailing wind)의 방향이나 폭풍의 경로, 해류의 속력 그리고 강수량 등이 변하게 된다.

예를 들어, 빙붕(ice shelf)이 녹고 강수량이 증가하면 북대서양의 밀도가 높은 짠 해수 위에 담수층이 생긴다. 정상적으로는 표면의 차가운 해수가 가라앉으면서 대류 과정이 시작되어야 한다. 하지만 밀도가 작은 표층 담수는 부력 때문에 가라앉지 않아 해류의 대류는 점차 느려지고 결국에 정지하게 된다. 대류의 견인력이 사라지면 멕시코 만류(Gulf Stream)의 따뜻한 해수가 북쪽으로 흐르지 않게 되어 북유럽은 더욱 추워질 것이다.

기후에 있어서 이런 효과의 선례가 없었던 것은 아니다. 마지막 빙하기 말, 빙하에서 녹은 담수가 미국과 캐나다 국경을 따라 흐르는 세인트로렌스 강을 통해 북대서양으로 흘러 넘쳤던 것이다. 담수층은 부력을 받아 밀도가 큰 해수층 위로 떠오르고 평상시의 해류를 교란시켰다. 멕시코 만류는 사실상 멈춰버렸고 유럽은 수천 년 동안 꽁꽁 얼어붙었다.

14.8 열복사 THERMAL RADIATION

모든 물체는 원자 속 전하의 진동에 의한 전자기파 복사를 통해 열을 방출한다. 열복사는 빛의 속도로 진행하는 전자기파(22장)로 이루어진다. 대류나 전도와는 달리 복사는 매질을 요구하지 않는다. 그렇기 때문에 태양은 거의 진공에 가까운 우주 공간을 통해 지구로 열을 복사한다.

물체는 열복사를 방출하면서 다른 물체가 방출한 열복사의 일부를 흡수한다. 흡수율은 방출률보다 작거나, 같거나, 클 수 있다. 태양복사가 지구에 다다르면 일부는 흡수되고 일부는 반사된다. 태양에서 흡수하는 에너지의 평균 비율과 거의 동일한 비율로 지구 역시 복사를 방출한다. 흡수와 방출 사이에 정확한 평형이 존재한다면, 지구의 평균 온도가 일정하게 유지될 것이다. 하지만 지구 대기에서 이산화탄소 및 다른 "온실기체(greenhouse gases)"의 농도가 계속 증가하고 있기 때문에, 지구에 흡수되는 에너지의 비율이 방출되는 에너지의 비율보다 약간 더 크다. 결과적으로 지구의 평균 온도는 계속 올라가고 있다. 예측된 온도 상승은 절대적 규모로 보아서는 작아 보일수도 있지만 지구에 살고 있는 생명체에게는 심각한 위협이 될 것이다.

보기 14.11

일광욕 중인 악어

악어가 몸을 덥히려고 햇볕으로 기어가고 있다. 악어가 받는 태양복사열은 300 W이지만 70 W를 반사한다. (a) 나머지 230 W는 어떻게 되는가? (b) 악어가 100 W를 방출한다면, 악어의 체온은 올라가는가, 내려가는가, 아니면 일정한가? 전도 및 대류에 의한 열 흐름을 무시하여라.

풀이와 검토 (a) 열복사의 일부는 흡수되고 일부는 반사된다. 투명하거나 반투명한 물체에서는 흡수나 반사 없이 열복사가 물체를 투과할 수 있다. 악어는 불투명하기 때문에 투과하는 열복사는 없다. 따라서 모든 열복사는 흡수되거나 반사하기 때문에 나머지 230 W는 악어에게 흡수된다. (b) 악어는 230 W를 흡수하고 100 W를 방출하기 때문에 방출량

보다 흡수량이 많다. 흡수는 내부 에너지를 증가시키고 방출은 감소시키기 때문에, 악어의 내부 에너지는 130 W의 비율로 증가한다. 따라서 악어의 체온은 올라간다. (실제로는 전도 및 대류가 열을 빼앗기 때문에 내부 에너지의 증가율은 그보다는 작다.)

개념형 실전문제 14.11 일정한 온도 유지하기

좀 시간이 흐른 후에 악어의 체온은 일정한 수준에 도달했다. 흡수율은 여전히 230 W이다. 만일 악어가 전도 및 대류에 의해서 90 W의 비율로 열을 잃는다면, 열복사의 방출 비율은 얼마인가?

슈테판의 복사 법칙

입사된 모든 복사파를 흡수하는 이상적인 물체를 **흑체**^{blackbody}라고 한다. 흑체는 모든 가시광선뿐만 아니라 적외선, 자외선 그리고 모든 파장의 전자기파 복사를 흡수한다. 복사에 대해 좋은 흡수체는 좋은 방출체도 된다는 사실이 밝혀졌다(단답형 질문 12 참조). 흑체는 같은 온도의 어떤 실존하는 물체보다도 단위 겉넓이당 많은 복사를 방출한다. 흑체의 단위 넓이당 복사 방출률은 다음 식과 같이 절대온도의 네제곱에 비례한다. 슈테판의 법칙은 법칙의 발견자인 슬로베니아의 물리학자 슈테판(Joseph Stefan, 1835~1893)의 이름을 따른 것이다.

슈테판의 복사 법칙(흑체)

$$\mathcal{P} = \sigma A T^4 \tag{14-14}$$

식 (14-14)에서 A는 흑체의 겉넓이, T는 흑체 표면의 절대온도이다. 슈테판의 법칙에서는 온도 차가 아닌 단위 K의 절대온도를 사용하므로 °C로 대체할 수 없다. 보편상수 σ(그리스문자 시그마)는 슈테판상수라 부르며 다음과 같은 값을 갖는다.

$$\sigma = 5.670 \times 10^{-8} \ \text{W}/(\text{m}^2 \cdot \text{K}^4) \tag{14-15}$$

온도의 네제곱에 비례하므로 방출되는 일률은 온도 변화에 극히 민감하다. 만약 흑체의 절대온도가 두 배로 올라가면 방출되는 에너지는 $2^4 = 16$배 늘어난다.

복사율 실제의 물체는 완벽한 흡수체가 아니어서 흑체만큼 복사를 방출하지 않으므로, 동일한 온도에서 흑체의 방출일률에 대한 물체의 방출일률의 비를 **복사율**emissivity(e)로 정의한다. 따라서 슈테판의 법칙을 다음과 같이 일반화할 수 있다.

슈테판의 복사 법칙

$$\mathscr{P} = e\sigma A T^4 \tag{14-16}$$

복사율은 0부터 1 사이의 값을 가질 수 있는데, 완벽한 복사 및 흡수체의 경우는 $e = 1$이고 완벽한 반사체의 경우는 $e = 0$이다. 잘 연마한 알루미늄 표면의 복사율은 0.05 정도로서 훌륭한 반사체이다. 반면 그을음 색 도료(카본블랙)의 복사율은 0.95 정도이다. 식 (14-16)은 슈테판 법칙을 세련되게 표현한 법칙이지만, 복사율이 상수라고 가정했기 때문에 여전히 근사적인 공식이다. 실제로 복사율은 방출된 전자기파의 파장에 대한 함수이다. 식 (14-16)은 일률의 대부분을 담당하는 파장의 범위에서 복사율이 근사적으로 상수일 때 유용하다.

사람의 피부는 피부색에 관계없이 스펙트럼의 적외선 부분에서 약 0.97 정도의 복사율을 갖는다. 많은 물체가 적외선에 대해서는 높은 복사율을 갖는다. 반면에 입사한 가시광선 중 많은 부분을 반사해버리기 때문에 가시광선 영역에 대해서는 낮은 복사율을 갖는다.

복사 스펙트럼

우리가 관심을 두는 전자기파 복사는 대략 세 개의 파장 영역으로 구분된다. 적외선 영역은 $100 \ \mu\text{m}$부터 $0.7 \ \mu\text{m}$의 파장 범위에 있다. 가시광선의 파장은 $0.7 \ \mu\text{m}$에서 $0.4 \ \mu\text{m}$ 정도이고, 자외선의 파장은 $0.4 \ \mu\text{m}$ 보다 짧다.

전체 복사일률만이 온도에 따라 변하는 것은 아니다. 그림 14.17은 두 가지 서로 다른 온도의 흑체에 대한 복사 스펙트럼, 곧 복사량을 파장의 함수로 그린 그래프이다. 최대의 일률로 방출되는 파장은 온도가 상승함에 따라 짧아진다. 물체의 온도가 평상시의 온도인 300 K 정도일 때는 파장이 $10 \ \mu\text{m}$인 적외선이 주로 방출된다. 태양은 훨씬 더 뜨겁기 때문에 더 짧은 파장의 복사를 주로 방출한다. 태양의 복사가 최대가 되는 파장은 가시광선 영역에 있지만(놀라운 일은 아니다.) 태양복사에는 상당 부분의 적외선과 자외선도 포함된다. 최대 복사가 일어나는 파장은 다음 식과

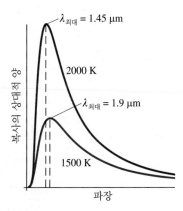

그림 14.17 두 온도에서의 흑체복사를 파장의 함수로 나타낸 그래프. 온도가 높을수록 복사가 최대로 일어나는 파장이 짧아진다(빈의 법칙). 총 복사일률에 해당하는 곡선 아래의 넓이는 온도가 높을수록 커진다(슈테판의 법칙).

같이 절대온도에 반비례한다.

빈의 법칙

$$\lambda_{최대} T = 2.898 \times 10^{-3} \; \text{m} \cdot \text{K} \qquad (14\text{-}17)$$

여기서 T는 절대온도로 단위는 K이고 $\lambda_{최대}$는 최대 복사가 일어나는 파장으로 단위는 m가 된다. 빈의 법칙은 법칙의 발견자인 독일의 물리학자 빈(Wilhelm Wien, 1864~1928)의 이름을 따른 것이다.

흑체의 온도가 점차 상승해 1000 K를 넘어서면 최대 복사파장은 보다 짧은 파장 쪽으로 옮겨가고 방출된 복사의 일부분은 가시광선 영역에 있게 된다. 가시광선 중 가장 긴 파장은 빨간색이므로 가열된 물체는 어두운 빨간색을 낸다. 흑체의 온도가 계속 상승함에 따라 빨간빛은 더욱 밝아지고 다음엔 주황색 그리고 황백색을 거쳐 결국엔 청백색이 된다. 붉게 달궈진 물체는 희게 달궈진 물체만큼 뜨겁지 않다.

✔ 살펴보기 14.8

멀리 떨어진 별이 붉은색으로 보인다. 별의 표면 온도를 태양의 표면 온도와 비교하여라. 어느 별이 더 높은 비율로 복사를 방출하는가?

보기 14.12

태양의 온도

태양으로부터 최대 비율의 에너지 방출은 가시광선의 중앙부로 파장으로는 $\lambda = 0.5 \, \mu\text{m}$ 정도에 해당한다. 태양 표면의 온도를 추산해보아라.

전략 태양을 흑체로 가정한다. 그러면 최대 방출의 파장과 표면 온도 사이에는 빈의 법칙이 성립한다.

풀이 주어진 조건: $\lambda_{최대} = 0.5 \, \mu\text{m} = 5 \times 10^{-7}$ m. 그러면 빈의 법칙에 의해 최대 일률의 파장과 그 온도의 곱은

$$\lambda_{최대} T = 2.898 \times 10^{-3} \; \text{m} \cdot \text{K}$$

으로 주어진다. T에 대해 풀어내면

$$T = \frac{2.898 \times 10^{-3} \; \text{m·K}}{5 \times 10^{-7} \; \text{m}}$$
$$= 6000 \; \text{K}$$

이다.

검토 빠른 점검: 300 K의 물체에 대해 $\lambda_{최대} \approx 10 \, \mu\text{m}$인데 이는 태양복사의 $\lambda_{최대}(0.5 \, \mu\text{m})$ 보다 20배 길다. $\lambda_{최대}$와 절대온도 T는 반비례하므로 태양의 온도는 300 K의 20배인 6000 K가 된다.

실전문제 14.12 피부로부터 방출되는 일률이 최대가 되는 파장

표피 부근의 혈류에 따라 피부의 온도는 30 ℃에서 35 ℃로 변한다. 피부로부터 방출되는 일률이 최대가 되는 파장은 어떤 영역인가?

열복사의 동시 방출과 흡수

열복사 흡수와 방출을 동시에 하는 물체에는 열복사에 의해 $\mathcal{P}_{알짜} = \mathcal{P}_{방출} - \mathcal{P}_{흡수}$로 주어지는 알짜 열 흐름이 있다. 겉넓이 A와 온도가 T인 한 물체 주변이 모든 방향에 걸쳐 균일한 온도 T_s에 해당하는 열복사로 가득하다고 해보자. 그러면 열복사의 흡수와 방출에 의한 알짜 열 흐름은

$$\mathcal{P}_{알짜} = e\sigma A T^4 - e\sigma A T_s^4 = e\sigma A(T^4 - T_s^4) \qquad (14\text{-}18)$$

이다. 물체의 온도가 주변의 온도와 같은 경우에도 물체는 에너지를 방출하지만, 방출하는 비율이 흡수하는 비율과 정확히 같아서 $\mathcal{P}_{알짜} = 0$이다. 만약 $T > T_s$이면 물체는 흡수하는 양보다 더 많은 열복사를 방출한다. $T < T_s$라면 물체는 방출하는 양보다 더 많은 열복사를 흡수한다.

왜 흡수율이 복사율에 비례하는가? 좋은 방출체가 또한 좋은 흡수체이기 때문이다. 복사율 e는, 물체를 흑체와 비교했을 때 물체가 얼마나 많은 양을 방출하는지뿐만 아니라 얼마나 많은 양을 흡수하는지에 대해서도 알려준다. 주변의 온도와 같은 온도의 흑체는 $\mathcal{P}_{흡수} = \sigma A T_s^4$의 비율로 복사를 흡수해서 방출 비율과 정확히 균형을 맞출 것이다. 그러나 복사율은 온도에도 의존한다. 식 (14-18)에서는 온도 T에서의 복사율이 온도 T_s에서의 복사율과 같다고 가정했다. 만약 T와 T_s가 크게 다르다면, 온도에 따라 다른 복사율을 써서 식 (14-18)을 수정해야 할 것이다.

식 (14-18)에서 온도의 단위는 °C가 아니다. 괄호 안에 있는 양이 온도 차인 것처럼 보이지만 그렇지 않다. 두 절대온도를 각각 네제곱한 후 빼기 때문에, 두 절대온도에 해당하는 섭씨온도를 사용해 같은 식으로 계산하면 결과는 달라진다. 마찬가지로 K를 단위로 사용하더라도 온도 차를 구한 다음 네제곱을 하는 것도 안 된다. 다음 식에서도 알 수 있듯이 네제곱한 값들의 차와 두 값의 차를 네제곱한 것은 같지 않다.

$$1 = (2 - 1)^4 \neq (2^4 - 1^4) = 15$$

열복사의 의학적 응용

인체에서 나오는 열복사는 의학의 진단도구로 이용된다. 즉시 읽어내는 온도계는 환자 귀 안의 열복사 세기를 측정해 온도로 전환한다. 열분포 사진(thermogram)은 인체의 어떤 부위에서 비정상적으로 많은 열이 나는지 보여준다. 비정상적인 세포 활동이 있는 곳은 온도가 보다 높다. 예를 들어 부러진 뼈가 치유될 때, 골절 부위에 가볍게 손을 대보면 그 부위에서 열이 나는 것을 느낄 수 있다. 원래 군용(야간 투시경)으로 개발된 적외선 검출기도 피부에서 나오는 복사를 검출할 수 있다. 검출기에 흡수된 복사는 전기신호로 변환된 후 화상으로 나타난다(그림 14.18). 열영상 기법(thermography)은 아시아의 여러 공항에서 탑승객의 열을 측정해 중증 급성 호흡기 증후군(Severe Acute Respiratory Syndrome, SARS)에 걸린 사람을 가려내는 데 쓰였다.

그림 14.18 요통 환자의 열분포 사진. 보라색 부분은 주변 조직보다 온도가 더 높은 곳으로, 통증이 있는 곳을 나타낸다.

인체의 열복사

몸의 겉넓이가 $2.0 \, \text{m}^2$인 사람이 옷을 벗은 상태로 진료실에 앉아 있다. 진료실의 온도가 $22 \, °\text{C}$이고 사람의 평균 피부 온도는 $34 \, °\text{C}$이다. 피부의 복사는 같은 온도의 흑체의 복사처럼 대부분 적외선 영역에 있다. 피부가 같은 온도에 있는 흑체복사의 대략 $97 \, \%$만큼 방출한다면 인체로부터 복사되는 에너지의 알짜 비율은 얼마인가?

전략 복사와 흡수는 모두 적외선 영역에서 일어나며 피부와 실내 사이의 절대온도 차는 그리 크지 않다. 따라서 진료실에서 나오는 복사의 $97 \, \%$가 인체로 흡수된다고 가정할 수 있다. 따라서 식 (14-18)을 적용할 수 있다. 먼저 섭씨온도를 절대온도로 환산해야 한다.

주어진 조건: 겉넓이 $A = 2.0 \, \text{m}^2$, $T_{\text{실내}} = 22 \, °\text{C}$, 피부 온도
$T = 34 \, °\text{C}$, 방출되는 에너지의 비율 $e = 0.97$

구할 값: 알짜 에너지 전달률 $\mathscr{P}_{\text{알짜}}$

풀이 피부의 온도는

$$T = (273 + 34) \, \text{K} = 307 \, \text{K}$$

실내의 온도는

$$T_s = (273 + 22) \, \text{K} = 295 \, \text{K}$$

진료실과 인체 사이의 알짜 에너지 전달률은

$$\mathscr{P}_{\text{알짜}} = e\sigma A(T^4 - T_s^4)$$

이 되는데 구체적인 값을 대입하면

$$\mathscr{P}_{\text{알짜}} = 0.97 \times 5.67 \times 10^{-8} \, \text{W/(m}^2 \cdot \text{K}^4)$$
$$\times 2.0 \, \text{m}^2 \times (307^4 - 295^4) \, \text{K}^4$$
$$= 140 \, \text{W}$$

가 된다.

검토 인체는 대류와 전도로 약 $10 \, \text{W}$의 열을 잃고 있는데 이 $140 \, \text{W}$는 대단한 열손실이다. 가만히 있는 사람은 일정한 체온을 유지하기 위해서는 기초대사에서 발생하는 열을 약 $90 \, \text{W}$의 비율로 내보내야 한다. 만일 이보다 과도한 비율로 열손실이 일어나면 체온의 저하를 초래한다. 이 환자는 담요로 몸을 감싸거나 적당히 뛰어주는 게 좋다.

여기서는 신체에서 방출되거나 흡수되는 에너지의 비율만 알면 된다. 진료실 벽의 복사율은 중요하지 않다. 만약 벽이 좋은 방출체가 아니라면 역시 좋은 흡수체도 아니기 때문에 복사를 반사할 것이다. 그러면 신체로 입사하는 복사의 양에는 변동이 없다.

실전문제 14.13 **롤러블레이드를 타는 사람의 복사**

롤러블레이드를 타는 사람이 복사에 의해 인체로부터 단위 시간당 잃는 에너지는 얼마나 되는가? 이 사람의 피부 온도는 $35 \, °\text{C}$이며 공기의 온도는 $30 \, °\text{C}$이다. 이 사람의 신체 겉넓이는 $1.2 \, \text{m}^2$이며, 이 중 $75 \, \%$가 공기에 노출되어 있다. 피부에 대해 $e = 0.97$로 가정하여라.

열복사의 응용: 지구 기후 변화

지구는 태양으로부터 열을 받는다. 대기층은 온실의 유리와 같은 역할을 해 복사의 일부를 가두는 것을 거든다. 태양광이 온실의 유리에 쪼이면 대부분의 가시광선과 단파장의 적외선(근적외선)은 그냥 투과해버린다. 유리는 그 파장에 대해 투명한 것이다. 유리는 입사하는 자외선의 상당량을 흡수한다. 유리를 그냥 통과한 복사는 대부분 온실 내부에서 흡수된다. 온실 내부는 태양보다 훨씬 온도가 낮기 때문에 주로 적외선 대역의 복사를 방출한다. 그런데 유리는 이런 장파장의 적외선에 대해서는 투명하지 않아 많은 양이 유리에 흡수된다. 유리는 다시 스스로 적외선을 방출하는데, 이는 두 방향으로 이루어지며 그중 절반이 다시 온실 내부로 향한다. 이렇게 유리가 적외선을 흡수하므로 온실 내부는 유리가 없을 때보다 따뜻하게 유지

그림 14.19 지구의 온실효과. 이 단순화된 그림에서, 태양에서 오는 자외선 전부는 대기에 의해 흡수된다. 반면에 태양에서 오는 가시광선과 적외선은 대기층을 그냥 통과해버린다. 지구는 이 가시광선과 적외선을 흡수해 장파장의 적외선을 방출한다. 이 장파장의 적외선을 대기가 흡수했다가 다시 두 방향으로 적외선을 복사하는데 하나는 지표를 향하고 다른 하나는 우주를 향한다.

된다. (온실의 유리는 지구 대기가 흉내 내지 못하는 또 다른 기능을 하는데, 그것은 열이 대류에 의해 운반되는 것을 방지하는 것이다.)

지구는 대기층이 유리의 역할을 하는 하나의 온실이라고 할 수 있다. 대기층도 유리와 마찬가지로 가시광선과 근적외선에 대해 투명하다. 대기권 상층의 오존이 자외선의 일부를 흡수할 뿐이다. 대기권은 지표면에서 방출되는 장파장의 적외선의 대부분을 흡수한다. 대기권에 의한 적외선 복사는 두 방향으로 이루어지는데, 한 방향은 지표로 다시 돌아오고 또 하나는 우주로 향한다(그림 14.19). 이산화탄소와 수증기 같은 소위 "온실기체"는 적외선을 유난히 잘 흡수한다. 대기 중에 이런 기체의 농도가 증가할수록 더 많은 적외선이 흡수되고 지표의 온도는 더 올라간다. 지표 온도의 작은 변화조차도 기후에 극적인 변화를 가져올 수 있다.

슈테판의 복사 법칙을 지구에 적용하려면 복잡한 문제가 좀 있다. 하나는 구름 덮개의 효과이다. 구름층에 의한 반사가 매우 크지만, 구름은 한 지역에 있을 수도 있고 그렇지 않을 수도 있다. 호수나 해양의 물이 열을 받아 증발하면 구름이 된다. 그러면 이 구름은 일종의 차단 장막처럼 행동해 지구로 들어오는 태양광을 반사하고 지구의 온도를 낮추는 역할을 한다.

해답

실전문제

14.1 4.9 J

14.2 더 높다. 분자는 같은 양의 마구잡이 병진운동에너지 이외에 공의 병진운동과 회전운동에 관련된 운동에너지를 가진다.

14.3 350 g

14.4 적어도 0.89달러

14.5 48 °C

14.6 92 kJ

14.7 150 kJ

14.8 40 kJ

14.9 230 W

14.10 110 W

14.11 일정한 온도를 유지하기 위해 알짜 열은 0이 되어야 한다. 에너지 방출률은 140 W이다.

14.12 35 °C일 때 9.4 μm에서 30 °C일 때 9.6 μm까지.

14.13 28 W

살펴보기

14.2 아니다. 온도의 증가는 열 흐름에 기인하지 않는다. 여러

분이 고무줄을 잡아 늘였을 때 여러분은 고무줄에 일을 해주어야 한다. 이것은 고무의 내부 에너지와 온도를 증가시킨다. (여러분이 고무줄을 놓았다면 고무줄이 주위와 열평형이 될 때까지 내부 에너지와 온도가 감소하면서 열은 고무줄 밖으로 흐른다.)

14.3 황동이 물보다 비열이 작고 조각의 질량이 물의 질량보다 작기 때문에, 조각의 열용량은 물의 열용량보다 작다. 따라서 조각에서 나오는 열 흐름이 물로 들어가는 같은 양의 열 흐름보다 온도 변화가 더 크다. 나중의 온도는 50 °C보다 낮다.

14.5 수증기가 피부에서 물로 응결되면서 더 많은 열량이 나온다. 에너지가 100 °C의 물이 전달하는 에너지보다 훨씬 더 많은 에너지를 피부에 전달한다.

14.6 두 물질을 통해 흐르는 열 흐름율은 같기 때문에 열전도도가 더 큰 물질의 온도 기울기가 더 작다. 그림 14.10b는 왼쪽 물질의 온도 기울기가 더 작으므로 열전도는 더 크다는 것을 보여준다.

14.8 붉은 별에서 방출되는 빛의 최대 방출 파장이 더 길기 때문에 표면 온도는 태양의 표면 온도보다 더 낮다. 복사는 표면 온도뿐만 아니라 겉넓이에도 관계되기 때문에 어느 것이 더 높은 비율로 복사선을 방출하는지는 말할 수 없다.

열역학
Thermodynamics

자동차의 가솔린 기관은 매우 비효율적이다. 가솔린을 태울 때 나오는 전체 화학에너지 중 단지 20~25 % 정도만이 역학적인 일로 변환되어 차를 움직이게 한다. 아직도 과학자와 기술자들은 더 효율적인 가솔린 기관을 만들기 위해 수십 년째 연구를 계속하고 있다. 가솔린 기관의 효율에 근본적인 한계가 있는가? 연료 화학에너지의 전부 또는 대부분을 유용한 일로 바꿀 수 있는 기관을 만들 수 있는가? (437쪽에 답이 있다.)

15.1 열역학 제1 법칙 THE FIRST LAW OF THERMODYNAMICS

일과 열 모두가 계의 내부 에너지를 바꿀 수 있다. 고무공을 꽉 쥐거나 잡아당기거나 벽에 던지거나 하면, 고무공에 일을 할 수 있다. 햇볕 아래 놓아두거나 뜨거운 오븐 안에 넣어두면 고무공에 열이 흘러 들어갈 것이다. 계의 내부 에너지를 증가시키는 이러한 두 가지 방법이 **열역학 제1 법칙**first law of thermodynamics에 이르게 한다.

> **열역학 제1 법칙**
>
> 계의 내부 에너지 변화는 계에 들어온 열과 계에 해준 일의 합과 같다.

계는 주어진 문제에 편리하게 적용되게끔 선택한다.

열역학 제1 법칙은 피스톤으로 움직이는 실린더 내부 기체와 같은 열역학 계에 적용된 에너지 보존 법칙의 특별한 표현이다. 기체는 환경과 두 가지 방법으로 에너지를 교환할 수 있다. 기체와 환경 사이에 온도 차가 있으면 열적 흐름이 있을 수 있고, 피스톤을 압축하면 기체에 일을 할 수 있다.

수식의 형태로 다음과 같이 쓸 수 있다.

> **열역학 제1 법칙**
>
> $$\Delta U = Q + W \tag{15-1}$$

연결고리

열역학 제1 법칙은 새로운 법칙이 아니다. 에너지 보존의 특별한 한 형태이다.

연결고리

Q와 W에 대한 부호 규약은 이전 장(6장 일, 14장 열)과 일치한다.

식 (15-1)에서 ΔU는 계의 내부 에너지 변화이다. (앞에서 기호 U는 퍼텐셜에너지를 나타냈지만 이번 장에서는 내부 에너지를 나타내는 것으로만 쓰인다.) 내부 에너지는 증가할 수도, 감소할 수도 있기 때문에 ΔU는 양(+) 또는 음(−)의 값이 될 수 있다. Q와 W의 부호는 앞 장에서와 같은 의미를 갖는다. 계로 열이 들어오면 Q는 양(+)의 부호를 갖고, 계에서 열이 빠져나가면 음(−)의 부호를 갖는다. W는 계에 해준 일을 나타내는데, 작용한 힘과 변위의 방향에 따라 양(+) 또는 음(−)의 값이 될 수 있다. 실린더 안의 기체를 예로 들면, 피스톤이 안쪽으로 밀려 들어가면 피스톤이 기체에 작용하는 힘과 기체의 변위는 같은 방향이고 W는 양(+)의 값이 된다(그림 15.1a). 만약 피스톤이 바깥쪽으로 밀려 나온다면, 피스톤은 여전히 기체 안쪽으

그림 15.1 (a) 기체가 압축될 때, 기체에 한 일은 양(+)이다. (b) 기체가 팽창할 때 기체에 한 일은 음(−)이다.

표 15.1 열역학 제1 법칙에 대한 부호 규약

물리량	정의	양(+) 부호의 의미	음(−)부호의 의미
Q	계로 들어가는 열의 흐름	계로 열이 들어감	계에서 열이 빠져나옴
W	계에 해준 일	환경이 계에 양(+)의 일을 함	환경이 계에 음(−)의 일을 함 [계는 환경에 양(+)의 일을 함]
ΔU	내부 에너지의 변화	내부 에너지의 증가	내부 에너지의 감소

로 힘을 작용하므로 힘과 변위는 서로 반대 방향이고 W는 음(−)의 값이 된다(그림 15.1b). 표 15.1에 ΔU, Q, W 부호의 의미가 요약되어 있다.

보기 15.1

건강 관리

케이티는 발로 운동기구를 미는 일을 하며 평균 220 W의 일률로 30분간 운동을 한다. 증발, 대류, 복사를 통해 케이티의 몸에서 평균 910 W의 비율로 열이 주위 환경으로 방출된다. (a) 운동하는 동안 케이티의 내부 에너지 변화량은 얼마인가? (b) 파스타 한 접시는 1.0 MJ(240 kcal)의 내부 에너지를 제공한다. 운동에 의해 소모된 내부 에너지를 충분히 보충하려면 얼마나 많은 접시의 파스타가 필요한가?

전략 에너지 보존 법칙으로부터 내부 에너지는 한 일과 열 흐름에 의해 변화된다.

풀이 (a) 내부 에너지는 운동에 의해 220 J/s, 열 흐름에 의해 910 J/s만큼 감소한다. 그러므로 내부 에너지의 변화율은 −(220 J/s + 910 J/s) = −1130 J/s이다. 음(−)의 부호는 내부 에너지가 감소하기 때문이다. 30분 동안 내부 에너지의 변화량은 (−1130 J/s) × (30 min) × (60 s/min) = −2.0 MJ이다.

(b) 파스타 한 접시가 1.0 MJ을 공급하므로 2.0접시이면 운동으로 소모한 에너지를 충분히 공급할 수 있다.

검토 식 (15-1)에서 Q와 W는 각각 계로 들어가는 열과 계에 해 준 일을 나타낸다. 이 보기에서는 계에서 열이 빠져나오고 계가 일을 한다. 따라서 Q와 W는 모두 음(−)이다. 이것은 에너지가 계로부터 방출되었음을 나타낸다.

개념형 실전문제 15.1 기체의 내부 에너지 변화

움직이는 피스톤이 있는 실린더 안의 기체로 14 kJ의 열이 들어가는 동안 기체의 내부 에너지는 42 kJ만큼 증가한다. 피스톤이 안쪽으로 밀려 들어가는가, 바깥쪽으로 밀려 나오는가? 설명하여라. (힌트: 피스톤이 기체에 한 일의 부호를 결정하여라.)

15.2 **열역학적 과정** THERMODYNAMIC PROCESSES

열역학적 과정은 계가 한 상태에서 다른 상태로 변하는 방법이다. 계의 상태는 압력, 온도, 부피, 몰수, 내부 에너지와 같은 **상태변수**state variables에 의해서 설명된다. 상태변수는 어느 순간의 계의 상태를 설명하지만 계가 어떻게 그 상태로 왔는지는 말해주지 않는다. 열과 일은 상태변수가 아니다. 그들은 계가 한 상태에서 다른 상태로 어떻게 변하였는지 기술해주기 때문이다.

PV 도표

만일 계가 언제나 거의 평형을 유지하면서 변한다면, 계의 상태 변화는 압력 대 부피의 그림(***PV* 도표**PV diagram)에서 곡선으로 나타낼 수 있다. 곡선상의 각 점은 계의 한 평형 상태를 나타낸다. *PV* 도표는 열역학적 과정을 분석하는 데 유용한 도구로 계에 한 일을 구하는 데 주로 쓰인다.

일과 *PV* 곡선 아래의 넓이 그림 15.2a는 처음에 부피가 V_i, 압력이 P_i인 기체가 팽창하는 것을 보여준다. 그림 15.2b는 이 과정의 *PV* 도표이다. 그림 15.2에서 피스톤은 기체에 아래 방향으로 힘을 작용하고 기체의 변위는 위 방향이므로 기체에 음(−)의 일을 한다. 이것은 기체에서 환경으로 에너지가 전달됨을 의미한다[기체가 피스톤에 양(+)의 일을 한다고 말하는 것과 같다]. 피스톤은 크기가 $F = PA$인 힘으로 기체를 민다. 여기서 P는 기체의 압력이고 A는 피스톤 단면의 넓이이다. 기체가 팽창함에 따라 압력이 감소하므로 이 힘은 일정하지 않다. 6.6절에서 본 바와 같이, 변하는 힘이 한 일은 $F_x(x)$ 그래프 아래의 넓이이다.

일이 어떻게 곡선 아래의 넓이와 연관되어 있는지 알아보기 위해, $P \times V$의 단위가 일의 단위와 같음에 주목하여라.

$$[\text{압력} \times \text{부피}] = [\text{Pa}] \times [\text{m}^3] = \frac{[\text{N}]}{[\text{m}^2]} \times [\text{m}^3] = [\text{N}] \times [\text{m}] = [\text{J}]$$

지금까지는 아무 문제가 없다. 피스톤이 압력이 거의 변하지 않을 정도로 짧은 거리 d만큼 움직인다고 가정하자. 기체에 한 일은 다음과 같다.

$$W = Fd \cos 180° = -PAd$$

연결고리

6장에서 일은 힘-변위 곡선 아래의 넓이임을 학습했다. 여기서도 그래프의 변수만 바뀌었을 뿐 같은 개념을 사용한다.

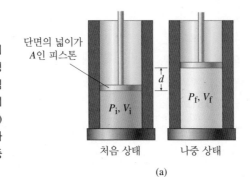 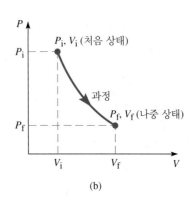

그림 15.2 (a) 처음 압력 P_i, 부피 V_i에서 나중 압력 P_f, 부피 V_f로의 기체 팽창. 팽창하는 동안 기체에 작용하는 힘과 기체의 변위가 반대 방향이기 때문에 피스톤은 기체에 음(−)의 일을 한다. (b) 팽창에 대한 *PV* 도표는 압력과 부피가 처음 값에서 시작해 중간 값을 거쳐 나중 값에 도달하는 것을 보여준다.

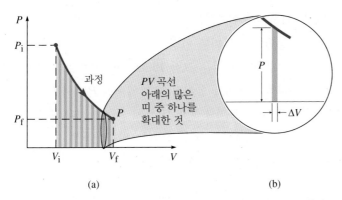

(a)   (b)

그림 15.3 (a) PV 곡선 아래의 넓이는 너비 ΔV 와 변하는 높이 P로 된 여러 개의 좁은 띠로 나뉜다. 띠의 넓이의 합은 PV 곡선 아래의 전체 넓이이고 이것이 기체에 한 일을 나타낸다. (b) 곡선 아래의 띠 하나를 확대한 그림. 띠가 아주 좁다면 압력의 변화를 무시할 수 있어서 넓이를 $P\Delta V$로 근사할 수 있다.

기체의 부피 변화가

$$\Delta V = Ad$$

이므로 기체에 한 일은 다음과 같다.

$$W = -P\Delta V \qquad\qquad (15\text{-}2)$$

기체에 한 총 일을 구하기 위해 각각의 작은 부피 변화가 일어나는 동안 한 일을 모두 더한다. ΔV 동안 일의 크기는 PV 곡선 아래의 너비 ΔV, 높이 P인 가느다란 띠의 넓이와 같다(그림 15.3). 그러므로

기체에 한 총 일의 크기는 PV 곡선 아래의 넓이이다.

부피가 증가하는 동안 ΔV는 양(+)이고 기체에 한 일은 음(−)이다. 부피가 감소하는 동안 ΔV는 음(−)이고 기체에 한 일은 양(+)이다.

계에 한 일의 크기는 PV 도표의 경로에 따라 다르다. 그림 15.4는 그림 15.3과 같은 처음 상태와 나중 상태 사이의 두 가지 다른 경로를 보여준다. 그림 15.4a는 부

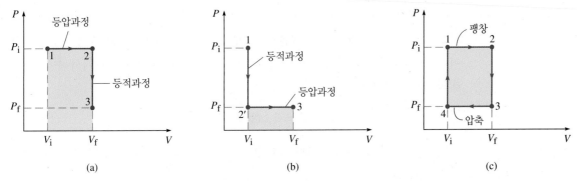

(a)   (b)   (c)

그림 15.4 (a)와 (b)는 처음 상태와 나중 상태는 같지만 경로는 서로 다르다. (c) 닫힌 순환 과정. 순환 과정에서 기체에 한 알짜 일은 사각형의 넓이에 음(−)의 부호를 붙인 것과 같다. 왜냐하면 팽창 과정(1→2)에 한 음(−)의 일이 압축 과정(3→4)의 양(+)의 일보다 크기 때문이다.

피가 V_i에서 V_f로 증가하는 동안 압력이 처음 압력 P_i로 일정하다. 그리고 압력이 P_i에서 P_f로 감소하는 동안에는 부피를 일정하게 유지한다. 한 일의 크기는 PV 곡선 아래의 음영부로 나타내었다. 이것은 그림 15.3a에서 한 일보다 크다. 이와는 달리 그림 15.4b에서는 부피를 일정하게 유지한 채로 압력을 P_i에서 P_f로 감소시킨다. 그 후 압력을 P_f로 유지한 채로 부피를 V_i에서 V_f로 증가시킨다. 음영부의 넓이를 통해, 한 일의 크기가 그림 15.3a에서 한 일보다 작다는 것을 알 수 있다. 처음 상태와 나중 상태가 같더라도 과정이 다르면 한 일도 다르다.

닫힌 순환 과정 동안 한 일 PV 도표에서 계에 해준 일은 경로에 따라 다르므로 **닫힌 순환 과정**closed cycle 동안 계에 한 알짜 일은 0이 아닐 수 있다. 닫힌 순환 과정이란 계가 시작과 같은 상태로 돌아오도록 하는 일련의 과정을 말한다. 예를 들어 그림 15.4c에 있는 순환 과정 $1 \to 2 \to 3 \to 4 \to 1$ 동안 기체에 한 알짜 일이 음(−)이 됨을 증명할 수 있다. 다른 말로 기체가 한 알짜 일은 양(+)이다. 닫힌 순환 과정에 계가 알짜 일을 한다는 것이 열기관의 배후에 깔려 있는 기본 생각이다(15.5절 참조).

등압과정

압력이 일정하게 유지되면서 계의 상태가 변하는 과정을 **등압과정**(isobaric process) 또는 일정압력과정이라고 한다. **등압**(isobaric)이라는 단어는 "기압계(barometer)"와 같은 그리스 어 어근에서 유래한다. 그림 15.4a에서 일정한 압력 P_i를 유지한 채 1에서 2로 직선을 따라 V_i에서 V_f로 첫 번째 상태 변화가 일어난다. 등압과정은 PV 도표에서 수평선으로 그려진다. 기체에 한 일은

$$W = -P_i(V_f - V_i) = -P_i \Delta V \quad \text{(등압, 일정 압력)} \tag{15-3}$$

이다.

등적과정

부피가 일정하게 유지되면서 계의 상태가 변하는 과정을 **등적과정**(isochoric process) 또는 일정부피과정이라고 한다. 그림 15.4a에서 일정한 부피 V_f를 유지한 채 2에서 3으로 직선을 따라 압력이 P_i에서 P_f로 상태 변화가 일어나는 과정이 등적과정이다. 등적과정 동안에는 변위가 없으므로 한 일은 없다. PV 도표에서 수직선 아래의 넓이는 0이다.

$$W = 0 \quad \text{(등적, 일정 부피)} \tag{15-4}$$

만일 해준 일이 없다면, 열역학 제1 법칙으로부터 내부 에너지의 변화는 계로 들어온 열과 같다.

$$\Delta U = Q \quad \text{(등적, 일정 부피)} \tag{15-5}$$

등온과정

계의 온도가 일정하게 유지되는 과정을 **등온과정**isothermal process 또는 일정온도과 정이라 한다. *PV* 도표에서 등온과정을 나타내는 경로를 **등온곡선**isotherm이라 부른 다(그림 15.5). 등온곡선의 모든 점에서 계의 온도는 같다.

어떻게 하면 계의 온도를 일정하게 유지할 수 있을까? 한 가지 방법은 온도 변화 를 무시할 수 있는 매우 큰 열용량을 가진 **열저장체**heat reservoir와 열접촉을 하는 것 이다. 그러면 계의 상태가 매우 빨리 변하지 않는 한, 계와 저장체 사이에 열이 이동 해 계의 온도가 일정하게 유지된다.

단열과정

열이 계로 들어오거나 빠져나가지 않는 과정을 **단열과정**adiabatic processes이라고 한 다. 단열과정과 등온과정은 다르다. 등온과정에서는 일정한 온도를 유지하기 위해 열이 들어오거나 빠져나가야 한다. 단열과정에서는 열의 출입이 없다. 따라서 단열 과정에서 일을 하면 계의 온도가 변하게 된다. 단열과정을 만드는 방법 중 하나는 계를 완전히 고립시켜서 열이 드나들지 못하게 하는 것이다. 또 다른 방법은 과정 을 매우 빨리 일어나게 하여 열이 출입할 시간 여유가 없게 하는 것이다.

예를 들면, 음파가 만드는 공기의 압축과 희박 상태는 너무 빨리 일어나 한 곳에 서 다른 곳으로의 열출입을 무시할 수 있다. 뉴턴은 음파가 만드는 공기 상태를 등 온과정이라 생각해 음속을 계산하는 바람에 측정치보다 20 % 작은 값을 얻는 실수 를 했다.

열역학 제1 법칙

$$\Delta U = Q + W \qquad (15\text{-}1)$$

에 $Q = 0$을 적용하면

$$\Delta U = W \quad \text{(단열)}$$

가 된다. 표 15.2에 지금까지 논의한 모든 열역학적 과정을 요약하였다.

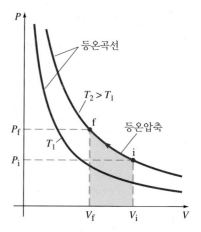

그림 15.5 서로 다른 두 온도에서 이상 기체의 등온곡선. 각 등온곡선은 일정한 온도에서 $P = nRT/V$의 그래프이다. 색 칠한 부분의 넓이는 온도 T_2에서 등온압 축하는 동안 기체에 한 일을 나타내며 양 (+)의 값을 가진다. [등온팽창하는 동안 기체에 한 일은 음(−)이다.]

✓ 살펴보기 15.2

(a) 단열과정에서 온도 변화가 있을 수 있는가? 설명하여라. (b) 등온과정에서 열의 출입이 있을 수 있는가? (c) 등온과정에서 계의 내부 에너지 변화가 있을 수 있는가?

표 15.2 열역학적 과정의 요약

과정	이름	조건	결과
일정한 온도	등온	$T =$ 일정	(이상기체의 경우, $\Delta U = 0$)
일정한 압력	등압	$P =$ 일정	$W = -P\Delta V$
일정한 부피	등적	$V =$ 일정	$W = 0$; $\Delta U = Q$
열 흐름 없음	단열	$Q = 0$	$\Delta U = W$

연결고리

15.2절은 다양한 열역학적 과정에 대해 설명했다. 이번 절에서는 이상기체가 열역학적 과정에서 어떻게 되는지 학습한다.

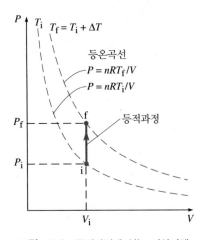

그림 15.6 등적과정에 있는 이상기체에 대한 PV 도표. 등온곡선(빨간 점선) 위의 모든 점은 같은 온도인 기체의 상태를 나타낸다.

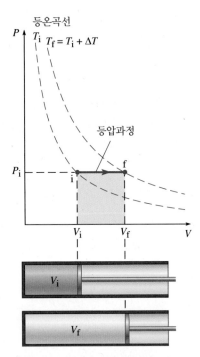

그림 15.7 이상기체의 등압팽창의 PV 도표. 이상기체로 열이 흘러 들어간다 ($Q > 0$). 피스톤이 팽창하는 기체에 음 (−)의 일을 하기 때문에 내부 에너지의 증가 ΔU는 Q보다 작다. 기체에 해준 일은 경로 아래 음영부의 넓이에 음(−)의 부호를 붙인 것과 같다.

15.3 이상기체의 열역학적 과정
THERMODYNAMIC PROCESSES FOR AN IDEAL GAS

등적과정

그림 15.6은 부피가 일정한 이상기체로 열이 들어가는 과정의 PV 도표이다. 기체의 온도가 변하므로 처음과 나중 상태는 다른 두 등온곡선 위의 점으로 나타냈다 (높은 온도의 등온곡선이 원점에서 더 멀다). 수직선 아래의 넓이가 0이므로 등적과정 중 기체에 한 일은 없다. $W = 0$이면 들어오는 열은 기체의 내부 에너지를 증가시키기 때문에 기체의 온도가 올라간다.

14.4절에서, 부피가 일정한 이상기체의 몰비열에 대해 논의했다. 열역학 제1 법칙을 이용하면 내부 에너지 변화 ΔU를 계산할 수 있다. 등적과정하는 동안에 한 일이 없으므로, $\Delta U = Q$이다. 등적과정의 경우, $Q = nC_V \Delta T$이므로

$$\Delta U = nC_V \Delta T \quad \text{(이상기체)} \tag{15-6}$$

이다. 내부 에너지는 상태변수이다. 곧, 그 값은 계가 그 상태에 도달하기까지 지나온 경로에 무관하고, 계의 현재 상태에만 관련이 있다. 그러므로 몰수가 일정하다면, 이상기체의 내부 에너지 변화는 전적으로 온도 변화에 의해 결정된다. 식 (15-6)은 등적과정뿐만 아니라 일반적인 열역학 과정에서 이상기체의 내부 에너지 변화를 나타낸다.

등압과정

흔하게 접하는 또 다른 상황이 기체의 압력이 일정할 때 일어난다. 이 경우는 기체의 부피가 변하므로 기체에 한 일이 있다. 열역학 제1 법칙으로 등적 몰비열(C_V)과는 다른 등압 몰비열(C_P)을 계산할 수 있다.

그림 15.7은 그림 15.6의 등적과정에서처럼 한 온도에서 시작해 다른 온도에서 끝나는 이상기체의 등압팽창을 보여주는 PV 도표이다. 등압과정에 열역학 제1 법칙

$$\Delta U = Q + W$$

를 적용해보자. 여기서 이상기체에 한 일은 다음과 같다.

$$W = -P\Delta V = -nR\,\Delta T$$

C_P의 정의는

$$Q = nC_P \,\Delta T \tag{15-7}$$

이다. Q와 W를 열역학 제1 법칙에 대입하면

$$\Delta U = nC_P \,\Delta T - nR \,\Delta T \tag{15-8}$$

가 된다. 이상기체의 내부 에너지는 온도에 따라 결정되므로 등압과정의 ΔU도 그 과정과 같은 온도에서 시작해 같은 온도에서 끝나는 등적과정의 ΔU와 같다.

$$\Delta U = nC_V \,\Delta T \tag{15-6}$$

따라서 다음과 같다.

$$nC_V \, \Delta T = nC_P \, \Delta T - nR \, \Delta T$$

이 식의 공통 인자 n과 ΔT를 소거하면 다음과 같이 정리할 수 있다.

$$C_P = C_V + R \quad (\text{이상 기체}) \tag{15-9}$$

R는 양(+)의 상수이므로, 이상기체의 등압 몰비열은 등적 몰비열보다 크다.

이 결과는 합리적인가? 등압과정에서 열이 기체로 들어가면, 기체는 팽창하면서 주위에 일을 한다. 그러므로 들어간 열 모두가 기체의 내부 에너지를 증가시키는 것은 아니다. 주어진 온도 증가에 대해 등적과정보다 등압과정에서 더 많은 열이 필요하다.

보기 15.2

일정한 압력에서 기구 가열하기

기상관측용 기구가 20.0 °C, 1.0기압에서 헬륨 기체로 채워져 있다. 기체가 채워진 후 기구의 부피는 8.50 m^3이다. 헬륨 기체를 55.0 °C가 될 때까지 가열한다. 이 과정 동안 기구는 일정한 압력(1.0기압) 아래에서 팽창한다. 헬륨으로 들어간 열은 얼마인가?

전략 이상기체 법칙을 사용하면 기구 안의 기체 몰수 n을 구할 수 있다. 이 문제의 경우, 헬륨을 계로 생각한다. 헬륨은 단원자 기체이므로 등적 몰비열은 $C_V = \frac{3}{2}R$이다. 등압 몰비열은 $C_P = C_V + R = \frac{5}{2}R$이다. 따라서 기체가 팽창하는 동안 기체로 들어가는 열은 $Q = nC_P \, \Delta T$이다.

풀이 이상기체 법칙은 다음과 같다.

$$PV = nRT$$

주어진 압력, 부피, 온도가 $P = 1.0 \text{ atm} = 1.01 \times 10^5 \text{ Pa}$, $V = 8.50 \text{ m}^3$, $T = 273 \text{ K} + 20.0 \text{ °C} = 293 \text{ K}$이다. 몰수에 대해 풀어보면 다음과 같다.

$$n = \frac{PV}{RT} = \frac{1.01 \times 10^5 \text{ Pa} \times 8.50 \text{ m}^3}{8.31 \text{ J/(mol·K)} \times 293 \text{ K}} = 352.6 \text{ mol}$$

등압과정에서 이상기체의 온도를 변화시킬 때 필요한 열은 다음과 같다.

$$Q = nC_P \, \Delta T$$

여기서 $C_P = \frac{5}{2}R$이다. 온도 변화는

$$\Delta T = 55.0 \text{°C} - 20.0 \text{°C} = 35.0 \text{ K}$$

이다. Q를 구할 수 있는 모든 것이 정해졌으므로

$$Q = nC_P \, \Delta T = 352.6 \text{ mol} \times \frac{5}{2} \times 8.31 \text{ J/(mol·K)} \times 35.0 \text{ K}$$
$$= 260 \text{ kJ}$$

이다.

검토 기체에 한 일을 구하고 내부 에너지에서 이 일을 빼줌으로써 Q를 계산해야만 하는 것은 아니다. 한 일은 이미 등압 몰비열에 고려되어 있다. 이 때문에 등적과정과 같은 방식으로 등압과정의 문제도 쉽게 해결할 수 있다. 단지 C_V나 C_P 중 하나를 선택하는 문제만 있을 뿐이다.

실전문제 15.2 헬륨 대신 공기

기구에 헬륨 대신에 공기를 채운다고 가정하자. 같은 온도 변화에 대해서 Q를 구하여라(건조한 공기는 대부분 N_2와 O_2이다. 그러므로 이상적인 이원자 기체로 가정하여라).

등온과정

이상기체의 경우, 이상기체 방정식 $PV = nRT$를 이용해 등온곡선을 그릴 수 있다 (그림 15.5 참조). 이상기체의 내부 에너지 변화는 온도 변화에 비례하므로

$$\Delta U = 0 \quad \text{(이상기체, 등온과정)} \tag{15-10}$$

이다. 열역학 제1 법칙에서 $\Delta U = 0$이면 $Q = -W$이다. 식 (15-10)은 등온과정의 이상기체에만 성립함에 유의하여라. 어떤 계는 온도를 변화시키지 않고도 내부 에너지를 변화시킬 수 있는데 그 예로 계가 상변화를 하고 있을 때를 들 수 있다.

등온과정에서 팽창 혹은 수축으로 부피가 V_i에서 V_f로 변할 때 이상기체가 한 일(PV 도표 곡선 아래의 넓이를 적분으로 구한다.)은 다음과 같음을 보일 수 있다.

$$W = nRT \ln\left(\frac{V_i}{V_f}\right) \quad \text{(이상기체, 등온과정)} \tag{15-11}$$

식 (15-11)에서 "ln"은 자연로그(밑이 e인)이다.

보기 15.3

이상기체의 등온압축

이상기체가 7 °C(280 K)인 저장체와 열접촉한 상태에서 20.0 L에서 10.0 L로 압축되고 있다(그림 15.8). 압축되는 동안 평균 힘 33.3 kN을 작용해 피스톤이 0.15 m 움직인다. 이상기체와 저장체 사이에 얼마만큼의 열이 교환되는가? 열은 기체로 들어가는가, 아니면 기체에서 빠져나오는가?

전략 가해진 힘의 평균과 움직인 거리로부터 기체에 한 일을 구할 수 있다. 이상기체의 등온압축인 경우에, $\Delta U = 0$이다. 그러므로 $Q = -W$이다.

풀이 기체에 한 일은 다음과 같다.

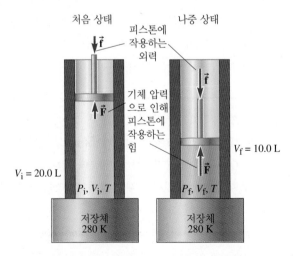

그림 15.8 이상기체의 등온팽창. 저장체와의 열접촉이 기체의 온도를 일정하게 유지시킨다.

$$W = fd = 33.3 \text{ kN} \times 0.15 \text{ m} = 5.0 \text{ kJ}$$

이 일은 기체의 내부 에너지를 5.0 kJ 증가시킨다. 그러므로 만일 내부 에너지가 변하지 않는다면 5.0 kJ의 열이 기체에서 빠져나와야 된다. 힘과 피스톤의 운동 방향이 같은 아래 방향이므로 이상기체에 한 일은 양(+)이다.

$$Q = -W = -5.0 \text{ kJ}$$

Q는 기체로 들어가는 열을 나타내므로, 음(−)의 값은 기체에서 열이 빠져나와 저장체로 들어가는 것을 나타낸다.

검토 이 과정에서 온도가 일정하게 유지된다고 하더라도, 열의 흐름이 없는 것은 아니다. 기체에 일을 하는 동안 기체의 온도를 일정하게 유지하려면, 적절한 열이 기체 밖으로 빠져나와야만 한다. 만일 기체가 열적으로 고립되어 있어서 열의 흐름이 없다면, 기체에 한 일이 내부 에너지를 증가시키고 그 결과 기체의 온도가 증가할 것이다.

실전문제 15.3 **기체가 등온팽창하는 동안에 한 일**

2.0 mol의 이상기체가 부피 20.0 L에서 40.0 L로 팽창하는 동안 57 °C(330 K)인 저장체와 열접촉을 하고 있다. 열은 기체로 들어가는가, 아니면 기체에서 빠져나오는가? 이동한 열은 얼마인가? (힌트: 온도가 일정할 때 이상기체에 적용되는 $W = nRT \ln(V_i/V_f)$를 이용하여라.)

15.4 가역과정과 비가역과정
REVERSIBLE AND IRREVERSIBLE PROCESSES

시간을 되돌릴 수 있기를 바란 적이 있는가? 우연한 일로 친구의 집에서 매우 귀중한 물건을 부수었거나, 좋아하는 영화배우를 만날 수 있는 한 번뿐인 기회를 놓쳤거나, 가까운 사람에게 용서받을 수 없는 말을 한 적이 있을 수도 있다. 왜 시간은 되돌릴 수 없는가?

두 당구공 사이의 완벽한 탄성충돌을 생각해보자. 당구공이 충돌하는 영상을 볼 때 영상이 앞으로 재생되는지 뒤로 재생되는지 구별하기 매우 어려울 것이다. 시간이 거꾸로 흐를지라도 탄성충돌에 관한 물리학 법칙은 타당하다. 곧, 충돌 전과 후의 총 운동량과 총 운동에너지는 같으므로, 충돌의 역과정도 물리적으로 가능한 것이다.

완전한 탄성충돌은 **가역**^{reversible}과정의 한 예이다. 가역과정이란 "거꾸로 진행"하더라도 물리학 법칙에 위반되지 않는 과정이다. 대부분의 물리학 법칙들은 시간의 정방향과 역방향을 구분하지 않는다. 공기 저항이 없는 곳(이를테면 달 표면)에서 운동하는 포물체는 가역적이다. 만일 영상을 거꾸로 재생한다고 해도, 궤적상의 매 순간마다 포물체의 총 역학적 에너지는 보존되며 뉴턴의 제2 법칙($\sum \vec{F} = m\vec{a}$)도 성립한다.

앞의 예에서 "완전한 탄성"이라는 말과 "공기 저항이 없는"이라는 단서에 주의하여라. 만일 마찰이나 공기 저항이 있으면 그 과정은 **비가역적**^{irreversible}이다. 공기 저항이 있는 상태에서 포물체의 영상을 거꾸로 돌려 보면 뭔가 이상하다는 것을 쉽게 알게 된다. 포물체에 작용하는 공기의 저항력은 잘못된 방향(운동 방향의 반대 방향이 아니라 운동 방향)으로 작용한다. 미끄럼마찰의 경우도 같다. 탁자 위에서 책을 미끄러뜨려보면 마찰력은 책의 속도를 줄이고 정지 상태에 이르게 한다. 책의 거시적 운동에너지(한 방향의 질서 있는 운동)가 분자들이 임의의 방향으로 움직이는 무질서한 운동으로 바뀌게 된다. 탁자와 책의 온도는 약간 증가할 것이다. 열역학 제1 법칙인 에너지 보존은 성립하지만 역과정은 결코 일어나지 않는다. 탁자 위에 있던 책이 저절로 출발해 탁자 위로 미끄러져 나가면서 속력이 빨라지고 온도가 내려가는 현상은 전후의 총 에너지는 비록 같더라도 기대할 수 없다. 질서 있는 에너지를 무질서한 에너지로 바꾸는 것은 쉽지만 반대로 하는 것은 쉽지 않다. 에너지가 소모되는 과정(미끄럼마찰, 공기 저항)은 항상 비가역적이다.

비가역과정의 다른 예로 그림 15.9와 같이 따뜻한 레몬 음료수를 얼음이 있는 찬 곳에 놓아보자. 음료수의 열이 얼음으로 전달되면서 얼음은 녹으며 음료수의 온도는 내려간다. 반대 과정은 절대로 일어나지 않는다. 차가운 음료수를 물과 함께 두었을 때 음료수의 온도는 올라가고 물이 어는 일은 일어나지 않는다. **따뜻한 물체에서 찬 물체로 자발적으로 흐르는 열은 항상 비가역적이다.**

따뜻함　　　차가움
자발적인 열 흐름

따뜻함　　　차가움
역방향의 열 흐름은 자발적으로
일어나지 않는다.

그림 15.9 자발적인 열의 흐름은 따뜻한 곳에서 찬 곳으로 흐른다. 그 역과정은 자발적으로는 일어나지 않는다.

비가역성과 에너지 보존

얼음에서 음료수로 열이 자발적으로 이동해 얼음은 더 차가워지고 음료수는 따뜻해진다고 가정하자. 이 과정은 에너지 보존에 위배되는가?

풀이와 검토 얼음에서 음료수로 열이 이동하면 얼음의 내부 에너지가 줄어든 만큼 음료수의 내부 에너지가 늘어난다. 얼음과 음료수의 총 내부 에너지는 변하지 않는다. 곧, 에너지는 보존된다. 이 과정이 일어나지 않는 이유는 에너지 보존에 위배되기 때문이 아니다.

개념형 실전문제 15.4 캠프파이어

캠핑 여행에서 나뭇가지와 땔나무를 모아 불을 붙인다. 모닥불을 피우는 과정을 비가역적과정으로 논의해보아라.

이 장의 뒷부분에 보겠지만 마찰에 의해 에너지가 흩어지거나 따뜻한 물체에서 찬 물체로 저절로 열이 흐르는 것과 같은 비가역과정들은 계의 질서 변화라는 관점에서 고려될 수 있다. 계는 무질서한 상태에서 **자발적으로** 보다 질서 있는 상태로 절대 변하지 않는다. 가역과정은 우주의 무질서의 총량을 변화시키지 않는다. 곧 비가역과정은 무질서량을 증가시킨다.

열역학 제2 법칙 **열역학 제2 법칙**second law of thermodynamics에 따르면, 우주의 무질서의 총량은 결코 줄어들지 않는다. 비가역과정은 우주의 무질서를 증가시킨다. 15.8절에서 볼 수 있듯이 열역학 제2 법칙은 아주 많은 수의 분자나 원자로 이루어진 계의 통계적 취급에 기초를 둔다. 여기서는 열 흐름을 사용해 열역학 제2 법칙을 그와 동등하게 다음과 같이 설명하면서 논의를 시작하자.

> ### 열역학 제2 법칙(클라우지우스의 설명)
>
> 열은 차가운 물체에서 따뜻한 물체로 결코 자발적으로 흐르지 않는다.

열이 더 찬 물체에서 더 따뜻한 물체로 저절로 흐르는 것은 우주의 무질서의 총량을 감소시킨다.

열역학 제2 법칙은 우리가 인지하는 시간의 방향을 결정한다. 지금까지 학습한 모든 물리 법칙은 시간의 방향을 뒤집어도 성립한다.

✓ 살펴보기 15.4

완전한 탄성충돌은 가역적이다. 비탄성 충돌은 어떠한가? 설명하여라.

15.5 열기관 HEAT ENGINES

15.4절에서 질서 있는 에너지를 무질서한 에너지로 바꾸는 것이 반대로 하는 것보다 훨씬 쉽다는 사실을 알게 되었다. 질서 있는 에너지로부터 무질서한 에너지로의 변화는 자발적으로 일어난다. 그러나 그 반대 과정은 그렇지 않다. **열기관**heat engine 은 무질서한 에너지를 질서 있는 에너지로 바꾸도록 고안된 장치이다. 그런데 열기관이 주어진 무질서한 에너지(열)에서 만들 수 있는 질서 있는 에너지(역학적 에너지)의 양에는 근본적인 한계가 있음을 알게 될 것이다.

18세기 초, 증기를 사용하는 증기기관의 발명은 산업 혁명에서 결정적인 요소 중 하나였다. 증기기관은 인간이나 동물의 힘, 바람 또는 흐르는 물이 아닌 다른 에너지원을 사용해 지속적으로 일을 해주는 최초의 기계였다. 증기기관은 아직도 많은 발전소에서 사용된다.

열기관은 가솔린, 석탄, 석유 또는 천연가스 등과 같은 연료를 태우며 에너지를 얻는다. 원자력발전소는 화학 반응 대신에 핵반응에 의해 나오는 에너지를 이용하는 열기관이다. 지열기관은 화산이나 온천이 위치한 지각 아래의 높은 온도를 사용한다.

순환기관 우리가 공부할 열기관은 순환하며 작동한다. 각 순환은 반복되는 몇 개의 열역학 과정으로 이루어진다. 이러한 과정들이 같은 방식으로 반복되기 위해 기관은 시작한 상태와 같은 상태에서 끝나야 한다. 특히, 기관의 내부 에너지는 처음과 한 순환을 마친 후가 같아야만 한다. 그러면 한 번의 완전한 순환 동안

$$\Delta U = 0$$

이다. 열역학 제1 법칙(에너지 보존)으로부터

$$Q_\text{알짜} + W_\text{알짜} = 0 \qquad \text{또는} \qquad |W_\text{알짜}| = |Q_\text{알짜}|$$

이다. 그러므로 순환하는 열기관에 대해서는 다음과 같이 말할 수 있다.

> 한 번 순환하는 동안 열기관이 한 알짜 일은 순환 과정 중 그 기관으로 들어온 알짜 열과 같다.

기관이 열을 흡수하기도 하며 배출하기도 하기 때문에 알짜 열흐름이라고 함에 주목하여라. 그림 15.10은 한 번의 순환 과정 동안 열기관에 전달되는 에너지를 보여준다.

응용: 내연기관 우리에게 가장 친숙한 기관이 자동차의 내연기관이다. 내연이라는 것은 가솔린이 실린더 내부에서 연소되는 것을 말한다. 이때 만들어진 뜨거운 기체가 피스톤을 밀어내며 일을 한다. 증기기관은 외연기관이다. 예를 들면, 이 기관에서는 연소한 석탄이 열을 방출하는데 이 열로 증기를 발생시킨다. 이 증기가 터빈을 작동시키는 기관의 작동물질이다.

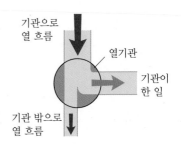

그림 15.10 열기관. 원으로 나타난 부분이 기관이며, 화살표는 에너지 흐름의 방향이다. 한 순환 과정 동안 기관으로 들어오는 총 에너지는 기관에서 빠져나가는 총 에너지와 같다.

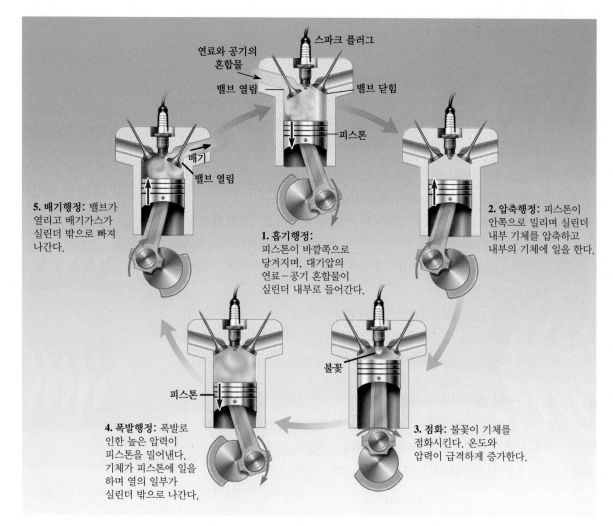

스파크 플러그

연료와 공기의
혼합물

밸브 열림

밸브 닫힘

피스톤

배기

밸브 열림

5. 배기행정: 밸브가
열리고 배기가스가
실린더 밖으로 빠져
나간다.

1. 흡기행정:
피스톤이 바깥쪽으로
당겨지며, 대기압의
연료−공기 혼합물이
실린더 내부로 들어간다.

2. 압축행정: 피스톤이
안쪽으로 밀리며 실린더
내부 기체를 압축하고
내부의 기체에 일을 한다.

피스톤

불꽃

4. 폭발행정: 폭발로
인한 높은 압력이
피스톤을 밀어낸다.
기체가 피스톤에 일을
하며 열의 일부가
실린더 밖으로 나간다.

3. 점화: 불꽃이 기체를
점화시킨다. 온도와
압력이 급격하게 증가한다.

그림 15.11 4행정 자동차 기관. 매 순환은 피스톤이 움직이는 1, 2, 4, 5단계 동안 4행정으로 이루어져 있다.

대부분의 자동차 기관은 그림 15.11에 보인 열역학적 순환 과정을 통해 작동한다. 가솔린이 연소하여 나오는 에너지 중에서 단지 20~25 %만이 차를 움직이게 하거나 다른 것들이 작동하도록 하는 데 필요한 역학적 일로 변환되고 나머지는 버려진다. 뜨거운 배기가스가, 액체 냉각 시스템처럼 열에너지를 기관 밖으로 배출시킨다.

기관의 효율

기관이 얼마나 효율적으로 열에너지를 역학적인 일로 바꾸는지를 나타내기 위해 기관의 **효율**efficiency e를 정의한다. 효율은 얻는 것(쓸모 있는 알짜 일)을 공급하는 것(유입된 열)으로 나눈 것이다.

기관의 효율

$$e = \frac{\text{기관이 한 알짜 일}}{\text{기관으로 들어온 열}} = \frac{W_\text{알짜}}{Q_\text{유입}} \tag{15-12}$$

부호의 혼동을 피하기 위해 $Q_{유입}$, $Q_{배출}$, $W_{알짜}$는 각각 기관으로 들어온 열, 기관에서 빠져나가는 열, 한 번 또는 그 이상의 순환 과정 중 기관이 한 알짜 일의 크기를 의미한다고 정하자. 따라서 $Q_{유입}$, $Q_{배출}$, $W_{알짜}$들은 언제나 양의 값을 갖는다. 필요할 때, 에너지 흐름의 방향을 기준으로 음(−)의 부호를 붙일 것이다. 이렇게 함으로써 부호의 규약에 신경을 쓰지 않고 물리적으로 무엇이 일어났는지를 더 잘 이해할 수 있다(이 장 뒷부분에 있는 열펌프와 냉각기를 다룰 때도 마찬가지이다).

효율은 퍼센트나 분수로 나타내는데 들어오는 열에 대해 쓸모 있는 일로 전환된 비율을 알려준다. 들어오는 열이 알짜 열과 같지 않고 다음과 같음에 주의하여라.

$$Q_{알짜} = Q_{유입} - Q_{배출} \qquad (15\text{-}13)$$

기관의 효율은 100 %보다는 작은데, 들어오는 열의 일부는 유용한 일로 바뀌지 않고 배출되기 때문이다.

만일 기관이 일정한 비율로 일을 하며 그 효율이 변하지 않는다면, 기관은 일정한 비율로 열을 흡수하고 배출한다. 일정한 시간 동안 한 일, 들어오는 열 그리고 빠져나가는 열은 경과 시간에 비례한다. 그러므로 열의 출입률과 한 일률 사이의 모든 관계는 열의 출입량과 한 일 사이의 관계와 같다. 예를 들면 효율은 다음과 같다.

$$e = \frac{\text{알짜 일}}{\text{들어온 열}} = \frac{\text{알짜 일률}}{\text{열의 입력률}} = \frac{W_{알짜}/\Delta t}{Q_{유입}/\Delta t}$$

보기 15.5

기관에서 열의 배출률

25 %의 효율을 가진 기관이 0.10 MW의 비율로 일을 한다. 주변으로 배출되는 열의 비율은 얼마인가?

전략 문제에서, 하는 일의 비율(일률)을 알려주었는데, 이는 한 순환 중 알짜 일 $W_{알짜}$와 경과 시간 Δt에 대해 $W_{알짜}/\Delta t$로 쓸 수 있다. 문제에서 요구하는 열의 배출률은 $Q_{배출}/\Delta t$이다. 효율은 $e = W_{알짜}/Q_{유입}$으로 정의되므로 $Q_{유입}$, $Q_{배출}$, $W_{알짜}$ 사이의 관계는 에너지 보존(열역학 제1 법칙)을 적용해 구한다.

풀이 기관의 효율은

$$e = \frac{W_{알짜}}{Q_{유입}} = \frac{W_{알짜}/\Delta t}{Q_{유입}/\Delta t}$$

이다. 알짜 열 흐름률 $Q_{알짜}/\Delta t$는 다음과 같다.

$$\frac{Q_{알짜}}{\Delta t} = \frac{Q_{유입}}{\Delta t} - \frac{Q_{배출}}{\Delta t}$$

한 순환 동안 기관의 내부 에너지는 변하지 않으므로 에너지 보존(열역학 제1 법칙)에서

$$Q_{알짜} = W_{알짜} \quad \text{또는} \quad Q_{유입} - Q_{배출} = W_{알짜}$$

열의 유입률, 배출률, 한 일률로 표현하면 다음과 같다.

$$\frac{Q_{유입}}{\Delta t} - \frac{Q_{배출}}{\Delta t} = \frac{W_{알짜}}{\Delta t}$$

다른 말로, 기관의 일률은 알짜 열의 비율과 같다. 열의 배출률 $Q_{배출}/\Delta t$를 구해보면

$$\frac{Q_{배출}}{\Delta t} = \frac{Q_{유입}}{\Delta t} - \frac{W_{알짜}}{\Delta t} = \frac{W_{알짜}/\Delta t}{e} - \frac{W_{알짜}}{\Delta t}$$

$$= \frac{W_{알짜}}{\Delta t}\left(\frac{1}{e} - 1\right) = 0.10 \text{ MW} \times \left(\frac{1}{0.25} - 1\right)$$

$$= 0.30 \text{ MW}$$

이다.

검토 이것은 0.30 MW의 비율로 열이 기관에서 빠져나옴을 의미한다.

검토를 해보자. 25 %의 효율이면 들어오는 열에너지의 $\frac{1}{4}$이

일을 하며 $\frac{3}{4}$이 빠져나간다. 그러므로 빠져나간 열에 대한 일의 비는 다음과 같다.

$$\frac{1/4}{3/4} = \frac{1}{3} = \frac{0.10 \text{ MW}}{0.30 \text{ MW}}$$

실전문제 15.5 열기관의 효율

어떤 기관이 1 J의 일을 할 때마다 4.0 J의 열을 버린다. 이 기관의 효율은 얼마인가?

효율과 열역학 제1 법칙 열역학 제1 법칙에 따르면, 어떠한 열기관도 효율이 100 %를 넘을 수 없다. 100 %의 효율은 입력되는 열에너지 모두를 유용한 일로 바꾸며 버려지는 열이 없다는 것을 의미할 것이다. 설계상의 마찰력이나 불완전한 단열 같은 결점을 해결함으로써 100 % 효율을 가진 기관을 만드는 것이 이론적으로 가능할 것 같다. 하지만 15.7절에서 보는 바와 같이 그렇지 않다.

15.6 냉각기와 열펌프 REFRIGERATORS AND HEAT PUMPS

열역학 제2 법칙에 따르면, 열은 찬 물체에서 뜨거운 물체로 **저절로** 이동하지 못한다. 그러나 냉각기나 열펌프와 같은 기계에서는 그러한 일이 일어난다. 냉장고의 경우, 열을 음식 저장고에서 따뜻한 실내로 이동시킨다. 이것이 저절로 일어나지는 않는다. 일을 해주어야 한다. 전기를 사용해 압축기 모터를 돌려 냉각기 기능을 하도록 필요한 일을 할 수 있게 한 결과이다(그림 15.12). 에어컨도 같은 원리로 집 안의 열을 밖으로 내보낸다.

냉각기(또는 에어컨)와 열펌프의 차이는 쓰이는 목적에 있다. 냉각기는 시원하게 유지해야 하는 곳의 열을 **빼낸다.** 열펌프는 보다 차가운 외부의 열을 따뜻한 실내로 보낸다. 열펌프의 경우, 실외를 차갑게 유지하려는 것이 아니라 실내를 따뜻하게 유지하기 위해 고안된 것이다.

> **연결고리**
>
> 냉각기나 열펌프는 에너지의 전달 방향이 반대인 열기관과 같다.

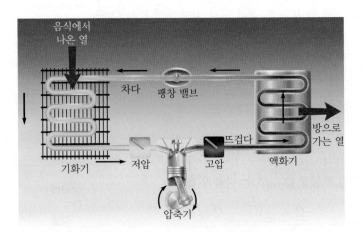

그림 15.12 냉장고 안에서 냉매가 압축되면서 온도가 올라간다. 냉매가 액화기를 통과할 때 열이 배출된다. 액화기를 거친 유체는 팽창하면서 냉각된다. 음식 저장고에서 나온 열이 찬 냉매로 흘러간다. 냉매는 다시 압축기로 들어가며 같은 순환이 반복된다.

열펌프에서의 열의 전달은 열기관(그림 15.13)의 반대 방향이다. 열기관의 경우, 열은 고온부에서 저온부로 흐르며 외부로 일을 한다. 열펌프의 경우, 열은 저온부에서 고온부로 흐르며 외부로부터 일이 필요하다. 들어간 열과 나온 열로 구분해 쓰는 것보다(이들은 엔진이 열펌프로 되면 서로 바뀔 것이므로) 고온부와 저온부에 대해 각각 첨자 H와 C를 사용해 교환이 일어나는 온도로 구분하는 것이 가장 편리하다. 열이 교환되는 환경의 온도를 잘 살펴보면 열기관인지 열펌프인지 쉽게 구분할 수 있다. Q_H, Q_C, $W_{알짜}$를 한 번 이상의 순환 과정 동안의 전달된 에너지의 크기라고 하면 그들은 결코 음(−)일 수 없다. 열의 전달 방향을 기초로 필요할 때 음(−)의 부호를 쓸 것이다.

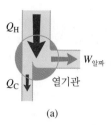

(a)

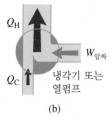

(b)

그림 15.13 한 순환 과정 동안 에너지 전달. (a) 열기관 (b) 냉각기 또는 열펌프. Q_H, Q_C, $W_{알짜}$는 모두 양(+)이며, 어느 경우에나 에너지는 보존되므로 $Q_H = W_{알짜}$ $+ Q_C$이다.

> 기관, 냉각기, 열기관의 부호 규약: Q_H, Q_C, $W_{알짜}$는 모두 양(+)이다.

그러므로 열기관의 효율은 다음과 같다.

$$e = \frac{알짜\ 일}{들어온\ 열} = \frac{W_{알짜}}{Q_H} \tag{15-12}$$

효율은 열을 써서 나타낼 수도 있다. $W_{알짜} = Q_H - Q_C$이므로

$$e = \frac{Q_H - Q_C}{Q_H} = 1 - \frac{Q_C}{Q_H} \tag{15-14}$$

효율은 1보다 작다.

성능계수 열펌프나 냉장고의 성능을 측정하기 위해 **성능계수**coefficient of performance K 를 정의한다. 기관에서 효율을 정의한 것과 같이 성능계수는 얻은 것을 지불한 것으로 나눈 것이다.

- 열펌프의 경우

$$K_p = \frac{전달된\ 열}{들어온\ 알짜\ 일} = \frac{Q_H}{W_{알짜}} \tag{15-15}$$

- 냉장고나 에어컨의 경우

$$K_r = \frac{제거된\ 열}{들어온\ 알짜\ 일} = \frac{Q_C}{W_{알짜}} \tag{15-16}$$

성능계수가 클수록 더 좋은 열펌프 또는 냉각기이다. 열기관의 효율과는 달리 성능계수는 1보다 클 수 있다(일반적으로 1보다 크다).

열역학 제2 법칙에서 열은 저온부에서 고온부로 자발적으로 이동할 수 없다. 그렇게 하려면 일을 해주어야만 한다. 이것은 성능계수가 무한대일 수 없는 것과 같다.

열펌프

성능계수가 2.5인 열펌프가 있다. (a) 1 J의 전기에너지가 소비될 때마다 집으로 전달되는 열은 얼마인가? (b) 전기히터가 1 J의 전기에너지를 소비할 때마다 1 J의 열이 집으로 전달된다. 열펌프가 전달하는 "초과분"의 열은 어디에서 온 것인가? (c) 에어컨으로 가동된다면 성능계수는 얼마인가?

전략 성능계수에 대한 약간 다른 두 가지 의미가 있다. 열펌프의 경우, 열을 집으로 전달하는 것이 목적이며, 성능계수는 펌프를 작동시키기 위해 해준 단위 알짜 일당 전달된 열(Q_H)이다. 에어컨의 경우, 집에서 열을 빼내는 것이 목적이다. 성능계수는 해준 단위 일당 제거된 열(Q_C)이다.

풀이 (a) 열펌프의 경우

$$K_p = \frac{\text{전달된 열}}{\text{들어온 알짜 일}} = \frac{Q_H}{W_{\text{알짜}}} = 2.5$$

$$Q_H = 2.5\, W_{\text{알짜}}$$

매 1 J의 전기에너지(받은 일)에 대해, 2.5 J의 열이 집으로 전달된다.

(b) 2.5 J은 받은 일 1.0 J과 외부로부터 퍼 온 열 1.5 J을 합한 것과 같다. 전기히터는 전기에너지를 열에너지로 바꾸기만 한다.

(c) (b)로부터 계수는 1.5이다.

$$K_r = \frac{\text{제거된 열}}{\text{들어온 알짜 일}} = \frac{Q_C}{W_{\text{알짜}}} = \frac{1.5\ \text{J}}{1.0\ \text{J}} = 1.5$$

검토 열펌프를 경제적으로 사용하는 한 가지 방법은 같은 기계를 겨울에는 열펌프로 사용하고, 여름에는 에어컨으로 사용하는 것이다. 에어컨은 열을 외부로 빼내는 반면, 열펌프는 열을 내부로 전달한다.

실전문제 15.6 **에어컨으로 배출된 열**

성능계수 $K_r = 3.0$인 에어컨이 평균 1.0 kW의 전기를 소비한다. 1.0시간 사용할 때 얼마나 많은 열이 실외로 배출되는가?

15.7 가역기관과 열펌프
REVERSIBLE ENGINES AND HEAT PUMPS

열역학 제2 법칙이 열기관의 효율 또는 열펌프와 냉각기의 성능계수에 어떠한 제한을 주고 있는가? 이 질문에 답하기 위해서 열기관과 열펌프의 단순화된 모형을 도입해보자. 절대온도 T_H인 고온 저장체와 절대온도 T_C인 저온의 저장체가 있다고 가정한다($T_C < T_H$). (저장체는 매우 큰 열용량을 가지고 있어서 열교환이 있어도 온도가 거의 변화하지 않음을 기억하여라.) 이 모형에서 열기관은 고온 저장체에서 열을 흡수하여 저온의 저장체로 배출한다(그림 15.14). 열펌프는 저온의 저장체에서 열을 흡수하여 고온의 저장체로 배출한다. 저온 저장체의 온도는 T_C로, 고온 저장체의 온도는 T_H로 유지된다.

이제 두 저장체와 열을 교환하는 가상적인 **가역기관**reversible engine을 생각하자. 이 기관에서는 마찰이나 다른 에너지 손실이 없어서 어떠한 비가역과정도 일어나지 않고, 열은 같은 온도를 갖는 계들 사이에서 이동할 뿐이다. 실제적으로는 한 계에서 다른 계로 열이 흐를 수 있도록 작은 온도 차가 있지만 그 온도 차가 아주 작다고 하자. 따라서 가역기관은 이상적인 기관으로 우리가 실제로는 만들 수 없는 기관이다. 이제 다음을 보일 수 있다.

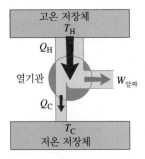

그림 15.14 열기관의 단순 모형. 열은 온도 T_H인 저장체에서 기관으로 흘러 들어가고, 기관에서 온도 T_C인 저장체로 흘러 나간다.

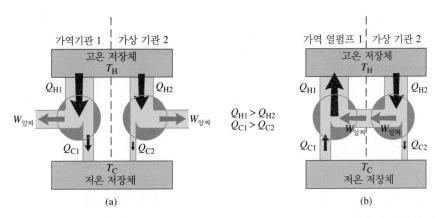

그림 15.15 (a) 두 기관이 같은 고온 저장체에서 열을 받아 같은 저온 저장체로 배출한다. 한 순환 과정 동안 두 기관은 같은 양의 일을 한다. 기관 1은 가역적이고 가상의 기관 2는 효율이 기관 1보다 크다고 가정한다. 이 효율은 불가능하다는 것을 보일 것이다. (b) 기관 1을 반대로 사용해 가역 열펌프로 만든다. 기관 2의 일 출력이 그 열펌프를 작동하는 데 쓰인다. 연결된 두 장치의 알짜 효과는 일의 입력 없이 저온 저장체에서 고온 저장체로 열이 흐르게 하는 것이다.

- 이 가역기관의 효율은 두 저장체의 절대온도에만 의존하고,
- 두 저장체와 열을 교환하는 실제 기관의 효율은 같은 저장체를 사용하는 가역 기관의 효율보다 클 수 없다.

가역기관은 최대의 효율을 갖는다   다음의 사고 실험을 통해 어떠한 실제 기관이라도 같은 저장체를 사용해서 동작하는 가역기관의 효율보다 큰 효율을 가질 수 없음을 증명할 수 있다. 같은 고온 저장체와 저온 저장체에서 동작하며 한 순환 과정 동안 같은 일을 하는 두 기관을 생각하자(그림 15.15a). 기관 1은 가역기관이고 가상의 기관 2는 1보다 큰 효율을 갖는다고 하자($e_2 > e_1$). 한 순환 과정 동안 같은 일을 하므로 더 큰 효율을 갖는 기관은 한 순환 과정 동안 고온 저장체로부터 더 적은 열을 받아들일 것이다($Q_{H2} < Q_{H1}$). 순환을 하는 기관에 대해서는 에너지 보존 법칙이 $Q_C = Q_H - W_{알짜}$를 요구하므로 더 큰 효율을 갖는 기관은 또한 더 적은 열을 저온 저장체로 배출한다($Q_{C2} < Q_{C1}$).

이제 기관 1에서 에너지 흐름의 방향을 뒤집어 열펌프가 되는 것을 상상해보자. 기관 1은 가역기관이므로 한 순환 과정 동안 전달된 에너지의 크기는 변하지 않는다. 이 열펌프를 기관 2에 연결해 기관 2의 일 출력이 열펌프의 일 입력으로 쓰이게 하자(그림 15.15b). $Q_{C1} > Q_{C2}$, $Q_{H1} > Q_{H2}$이므로 두 장치의 알짜 효과는 아무런 일을 해주지 않아도 열이 저온 저장체에서 고온 저장체로 흐르게 하는 것이다. 이 과정은 열역학 제2 법칙에 위배되므로 불가능하다. 결론은 열역학 제2 법칙에 의해, 어떠한 기관도 같은 저장체를 사용해서 동작하는 가역기관보다 큰 효율을 가질 수 없다는 것이다.

더 나아가, 같은 저장체와 열을 교환하며 동작하는 모든 가역기관은 기관의 세부 구조와는 관계없이 같은 효율을 갖는다. (이유를 알고 싶으면 $e_2 > e_1$의 효율을 갖는 두 가역기관을 가지고 같은 사고 실험을 해보아라.) 따라서 가역기관의 효율은 저온 저장체와 고온 저장체의 온도에만 관계된다고 할 수 있다. 가역기관의 효율 e_r는 다

음과 같이 아주 단순하게 표현된다.

가역기관의 효율

$$e_r = 1 - \frac{T_C}{T_H} \qquad (15\text{-}17)$$

식 (15-17)은 카르노(Sadi Carnot)가 처음 유도했다(이 절의 뒷부분 참조). 식 (15-17)에 있는 온도는 **절대온도**여야 한다. [절대온도는 또한 **열역학적 온도**라고도 불린다. 그 이유는 가역기관들의 효율로 온도 눈금을 정할 수 있기 때문이다. 실제로 켈빈의 정의는 식 (15-17)을 기초로 한다.]

식 (15-17)을 이용해 가역기관에서 배출되는 열과 들어가는 열 사이의 비를

$$\frac{Q_C}{Q_H} = \frac{Q_H - W_{알짜}}{Q_H} = 1 - \frac{W_{알짜}}{Q_H} = 1 - e_r = \frac{T_C}{T_H} \qquad (15\text{-}18)$$

로 쓸 수 있다. 가역기관의 경우, 두 열의 크기의 비는 온도의 비와 같다.

가역기관의 효율은 저온 저장체의 온도가 절대 0도 아니라면 언제나 100 %보다 작다. 심지어 이상적으로 완벽한 가역기관이라도 어떤 양의 열을 배출해야만 하기 때문에 효율은 결코 원리적으로도 100 %가 될 수 없다. 실제 기관의 효율은 가역기관의 효율보다 클 수 없으므로 열역학 제2 법칙은 기관의 이론적인 최대 효율을 제한한다($e < 1 - T_C/T_H$) .

가역 냉각기와 열펌프 식 (15-18)은 가역 열펌프와 냉각기에도 적용되는데 열전달 방향이 뒤집힌 가역기관이기 때문이다. 식 (15-18)과 열역학 제1 법칙을 이용하면 가역 열펌프와 냉각기의 성능계수가 다음과 같음을 보일 수 있다(문제 24 참조).

$$K_{p, 가역} = \frac{1}{1 - T_C/T_H} \quad \text{그리고} \quad K_{r, 가역} = \frac{1}{T_H/T_C - 1} = K_{p, 가역} - 1 \,(15\text{-}19)$$

실제 열펌프와 냉각기는 두 저장체 사이에서 동작하는 가역 열펌프와 냉각기보다 더 큰 성능계수를 가질 수 없다.

보기 15.7

자동차 기관의 효율

자동차 기관에서, 연료와 공기 혼합물이 연소할 때 3000 °C 까지 온도가 올라가고, 배기가스의 온도는 1000 °C이다. (a) 이들 두 온도의 저장체 사이에서 작동하는 가역기관의 효율을 구하여라. (b) 이론적으로, 배기가스의 온도를 실온(20 °C)으로 만들 수 있다. 이 가상적인 가역기관의 효율은 얼마인가?

전략 먼저 고온 저장체와 저온 저장체의 온도를 확정한다. 저장체의 온도를 절대온도로 바꾼 후에 가역기관의 효율을

구한다.

풀이 (a) 절대온도는 다음의 관계를 이용해 구할 수 있다.

$$T = T_C + 273 \text{ K}$$

그러므로 고온 저장체와 저온 저장체의 절대온도는 다음과 같다.

$$T_H = 3000°C = 3273 \text{ K}$$
$$T_C = 1000°C = 1273 \text{ K}$$

이 두 온도 사이에서 작동하는 가역기관의 효율은 다음과 같다.

$$e_r = 1 - \frac{T_C}{T_H} = 1 - \frac{1273 \text{ K}}{3273 \text{ K}} = 0.61 = 61\%$$

(b) 고온 저장체는 계속 3273 K에 있고 저온 저장체는

$$T_C = 293 \text{ K}$$

에 있다. 이렇게 되면 효율은 더 높아진다.

$$e_r = 1 - \frac{T_C}{T_H} = 1 - \frac{293 \text{ K}}{3273 \text{ K}} = 0.910 = 91.0\%$$

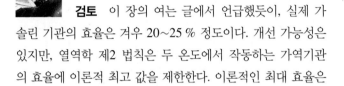

기관의 효율이 100 %가 될 수 있는가?

검토 이 장의 여는 글에서 언급했듯이, 실제 가솔린 기관의 효율은 겨우 20~25 % 정도이다. 개선 가능성은 있지만, 열역학 제2 법칙은 두 온도에서 작동하는 가역기관의 효율에 이론적 최고 값을 제한한다. 이론적인 최대 효율은 더 뜨거운 고온 저장체나 더 차가운 저온 저장체를 사용할 때만 증가된다. 그러나 실제적으로는 더 뜨거운 고온 저장체나 더 차가운 저온 저장체를 쓸 수 없다. 높은 온도의 연소는 기관을 빨리 노화시킨다. 안전에도 문제가 있다. 기체를 더 넓은 부피로 팽창시켜 배기가스의 온도를 더 낮게 해 효율을 높일 수 있을 것 같지만 기관의 출력이 작아질 수 있다(가역기관은 이론적 최고 효율을 갖지만, 작은 온도 차 사이에서 열이 통과하는 데 걸리는 시간이 길기 때문에, 기관의 일률은 0이 될 만큼 작아진다).

실전문제 15.7 뜨거운 가스의 온도

만일 가역기관의 효율이 75 %이며 기관이 배기가스를 내보내는 외부 세계의 온도가 27 °C이면, 기관 실린더 내부의 연소 온도는 얼마인가? (힌트: 연소 온도를 고온 저장체의 온도로 생각하여라.)

보기 15.8

석탄 화력발전소

화력발전기가 석탄을 706 °C에서 연소시킨다. 열은 발전소 근처의 강으로 배출되는데 강의 평균 온도는 19 °C이다. 발전소가 125 MW의 전력을 생산한다면 최소 열오염(강으로 배출되는 열)의 배출률은 얼마인가?

전략 발전기가 가역기관일 경우, 강으로 방출하는 열이 최소가 된다. 보기 15.5와 같이 모든 비율은 일정한 것으로 간주한다.

풀이 우선 저장체의 절대온도를 구한다.

$$T_H = 706°C = 979 \text{ K}$$
$$T_C = 19°C = 292 \text{ K}$$

이 두 온도 사이에서 작동하는 가역기관의 효율은 다음과 같다.

$$e_r = 1 - \frac{T_C}{T_H} = 1 - \frac{292 \text{ K}}{979 \text{ K}} = 0.702$$

배출되는 열의 비율을 구해야 하는데, 이것은 $Q_C/\Delta t$이다. 발전기의 효율은 알짜 출력된 일과 고온 저장체에서 들어오는 열 사이의 비와 같다.

$$e = \frac{W_{알짜}}{Q_H}$$

에너지 보존은

$$Q_H = Q_C + W_{알짜}$$

를 요구한다. Q_C에 대해 풀면 다음과 같다.

$$Q_C = Q_H - W_{알짜} = \frac{W_{알짜}}{e} - W_{알짜} = W_{알짜} \times \left(\frac{1}{e} - 1\right)$$

모든 비율이 일정하다고 가정하면,

$$\frac{Q_C}{\Delta t} = 125 \text{ MW} \times \left(\frac{1}{0.702} - 1\right) = 53 \text{ MW}$$

열은 53 MW의 비율로 강으로 배출된다.

검토 실제의 열오염률은 더 높을 것으로 기대된다. 실제의 비가역 기관은 낮은 효율을 가지며, 더 많은 열을 강으로 배출하기 때문이다.

실전문제 15.8 전력 생산

같은 발전소에서 125 MW의 전력을 생산하기 위해 필요한 (석탄의 연소로부터의) 최소 열의 비율은 얼마인가?

카르노 순환

카르노(Sadi Carnot, 1796~1832)는 프랑스 공학자로, 1824년 열기관의 작동에 대한 이해를 크게 넓히는 학술 논문을 발표했다. 다른 온도에 있는 두 저장체를 사용하고, 이상기체를 기관의 작동 물질로 사용하는 가상의 이상적인 기관을 도입했다. 이 기관을 **카르노 기관**^{Carnot engine}이라고 하며, 그 순환 과정을 **카르노 순환**^{Carnot cycle}이라고 한다. 카르노 기관은 실제 기관이 아니라 이상적인 기관임을 기억하여라.

카르노는 이 순환 과정으로 작동하는 기관의 효율을 계산해 식 (15-17)을 얻었다. 같은 저장체 사이에서 작동하는 모든 가역기관이 같은 효율을 가지므로, 한 특별한 종류의 가역기관의 효율을 유도하는 것으로 충분하다.

카르노 기관은 가역기관의 특별한 경우이다(다른 가역기관에서는 이상기체가 아닌 다른 물질을 사용하거나 두 개 이상의 저장체 사이에서 열교환이 있을 수 있다). 어떠한 마찰도 없다고 가정해야 한다. 만일 마찰이 있다면 비가역과정이 일어난다. 또 유한한 온도 차에 의한 열의 흐름이 없다고 가정한다. 그래야만 이상기체가 열을 받아들이거나 배출할 때마다 에너지를 교환하는 저장체와 같은 온도를 유지할 수 있다.

온도 차가 없는데 어떻게 열을 흐르게 할 수 있는가? 기체가 같은 온도인 저장체와 열접촉을 하고 있다고 가정해보자. 이제 피스톤을 천천히 당겨서 기체를 팽창시킨다. 기체가 일을 함으로써 내부 에너지가 감소하고 온도가 떨어진다. 이상기체에서 내부 에너지는 절대온도에 비례하기 때문이다. 그러나 기체의 팽창이 아주 천천히 일어난다면, 열이 빨리 이동해 온도를 일정하게 유지할 수 있을 것이다.

그러므로 모든 것을 가역으로 유지하기 위해 등온과정으로 열을 교환해야만 한다. 열이 들어오게 하기 위해 기체를 팽창시키고, 열을 내보내기 위해 기체를 압축한다. 또한 기체의 온도를 T_H에서 T_C로 바꾸고 다시 T_H로 되돌릴 때에도 가역과정이 필요하다. 이러한 과정은 단열과정(열의 흐름이 없음)이어야만 하는데, 그렇지 않으면 비가역적인 열 흐름이 일어나기 때문이다.

15.8 엔트로피 ENTROPY

다른 온도의 두 계가 열접촉을 하고 있을 때, 뜨거운 계에서 차가운 계로 열이 흐른다. 두 계의 총 에너지는 변화가 없다. 열은 한 계에서 다른 계로 흐를 뿐이다. 그런데 왜 열은 다른 방향으로는 흐르지 않고 한 방향으로만 흐르는가? 곧 보게 되겠지만, 한 계로 열이 들어가면 그 계의 내부 에너지가 증가할 뿐만 아니라 무질서도 증가한다. 반대로, 계에서 열이 나오면 내부 에너지와 무질서 모두 감소한다.

계의 **엔트로피**^{entropy}(기호 S)는 무질서의 정량적인 척도이다. 엔트로피는 상태변수(U, P, V, T와 같이)이다. 곧, 평형 상태에 있는 계는 계의 과거 이력에 관계되지 않는 유일한 엔트로피를 가진다(열과 일은 상태변수가 아님을 기억하여라. 열과 일은 계가 한 상태에서 다른 상태로 어떻게 변화하는지 말해준다). 1865년에 클라우지우스(Rudolf Clausius, 1822~1888)가 지어낸 엔트로피라는 단어의 어원은 그리스어로 **진화**(evolution)나 **변환**(transformation)을 의미한다.

만일 일정한 절대온도 T인 계로 열 Q가 흡수되면 **계의 엔트로피 변화**는 다음과 같다.

$$\Delta S = \frac{Q}{T} \qquad (15\text{-}20)$$

엔트로피의 SI 단위는 J/K이다. 계로 열이 흡수되면 계의 엔트로피는 증가한다[ΔS 와 Q 둘 다 양(+)이다]. 계에서 열이 배출되면 계의 엔트로피는 감소한다[ΔS와 Q 둘 다 음(−)이다]. 식 (15-20)은 계의 온도가 일정하기만 하면 타당하다. 열용량이 아주 커서(저장체의 경우처럼) 열 흐름 Q가 있더라도 계의 온도 변화가 무시될 수 있을 만큼 작은 경우에는 그러할 것이다.

식 (15-20)에 엔트로피의 처음 값이나 나중 값이 아니라, 엔트로피의 **변화만**이 나타난다는 점에 유의하여라. 퍼텐셜에너지의 경우와 같이, 대부분의 경우 엔트로피의 **변화만**이 중요하다.

만일 작은 열 Q가 고온인 계에서 저온인 계로 흐른다면($T_H > T_C$), 계의 총 엔트로피 변화는

$$\Delta S_{총} = \Delta S_H + \Delta S_C = \frac{-Q}{T_H} + \frac{Q}{T_C}$$

이다. $T_H > T_C$이므로,

$$\frac{Q}{T_H} < \frac{Q}{T_C}$$

저온 계의 엔트로피 증가가 고온 계의 엔트로피 감소보다 더 크다. 따라서 총 엔트로피는 증가한다.

$$\Delta S_{총} > 0 \quad (\text{비가역과정}) \qquad (15\text{-}21)$$

따라서 뜨거운 계에서 차가운 계로 흐른 열은 두 계의 총 엔트로피를 증가시킨다. 모든 비가역과정은 우주의 엔트로피를 증가시킨다. 우주의 총 엔트로피를 감소시키는 과정은 불가능하다. 가역과정은 우주의 총 엔트로피의 변화를 일으키지 않는다. 엔트로피를 이용해 열역학 제2 법칙을 다시 기술할 수 있다.

열역학 제2 법칙(엔트로피 설명)

우주의 엔트로피는 절대 감소하지 않는다.

예를 들면, 가역기관은 T_H인 고온 저장체에서 열 Q_H를 제거하고 T_C의 저온 저장체로 Q_C를 배출한다. 기관은 순환적으로 작동하기 때문에 기관의 엔트로피의 변화는 없다. 그런데 고온 저장체의 엔트로피는 Q_H/T_H 만큼 감소한다. 저온 저장체의 엔트로피는 Q_C/T_C 만큼 증가한다. 우주의 엔트로피는 가역기관에 의해 변하지 않아야 하므로, 다음을 만족해야 한다.

$$-\frac{Q_H}{T_H} + \frac{Q_C}{T_C} = 0 \quad \text{또는} \quad \frac{Q_C}{Q_H} = \frac{T_C}{T_H}$$

그러므로 그 기관의 효율은 다음과 같다.

$$e_r = \frac{W_\text{알짜}}{Q_H} = \frac{Q_H - Q_C}{Q_H} = 1 - \frac{Q_C}{Q_H} = 1 - \frac{T_C}{T_H}$$

이 식은 15.7절에서 설명한 것과 같다.

엔트로피는 에너지와 같이 보존되는 양이 아니다. 우주의 엔트로피는 항상 증가한다. 어떤 계의 엔트로피를 감소시키는 것은 가능하지만 주변의 엔트로피는 최소한 그만큼 증가한다(보통은 더 많이 증가한다).

연결고리

에너지는 보존되는 양이다. 엔트로피는 그렇지 않다.

✓ **살펴보기 15.8**

계의 엔트로피가 10 J/K만큼 증가한다. 이 과정은 반드시 비가역적인가? 설명하여라.

보기 15.9

자유 팽창하는 기체의 엔트로피 변화

1.0 mol의 이상기체가 같은 부피의 진공 용기 속으로 자유 팽창해 부피가 2배로 된다(그림 15.16). 기체가 밀어낸 것이 없으므로 기체가 팽창하며 한 일은 0이다. 용기는 단열되어 기체와 외부 사이의 열의 흐름도 없다. 이 기체의 엔트로피 변화는 얼마인가?

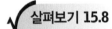

그림 15.16 밸브로 연결된 두 개의 방. 한쪽에는 기체가 있고, 나머지는 비어 있다. 밸브가 열리면, 기체가 팽창해 두 방을 채운다.

전략 학습한 내용 중 엔트로피 변화를 계산하는 유일한 방법은 일정한 온도에서 열의 흐름이 있는 경우이다. 자유 팽창에서는 열의 흐름이 없다. 하지만 이것이 꼭 엔트로피의 변화가 없다는 것을 의미하지는 않는다. 엔트로피는 상태변수이므로, ΔS는 기체의 중간 상태에 의존하지 않고 처음과 나중 상태에만 의존한다. 그러므로 같은 처음 상태와 나중 상태를 가진 열역학적인 과정을 사용해 엔트로피 변화를 구할 수 있다. 내부 에너지가 변하지 않았으므로 기체의 온도는 변하지 않고 일정하다. 그러므로 등온팽창의 엔트로피 변화를 구하면 된다.

풀이 움직일 수 있는 피스톤을 가진 실린더 안의 기체를 생각해보자(그림 15.17). 일정한 온도 T에서 등온팽창하면서

그림 15.17 실린더 내의 기체가 팽창함에 따라, 열이 저장체에서 실린더로 들어오며 온도를 일정하게 유지한다.

온도가 T로 일정한 저장체에서 기체로 열이 들어온다. 기체가 팽창함에 따라 기체는 피스톤에 일을 한다. 온도가 일정하게 유지되므로 기체가 한 일은 기체로 들어온 열과 같아야 한다.

$$\Delta U = 0 \qquad Q + W = 0$$

15.3절에서 이상기체가 등온팽창하는 동안 한 일이

$$W = nRT \ln\left(\frac{V_i}{V_f}\right)$$

임을 알았다. 기체의 부피가 2배로 변하므로 $V_i/V_f = 0.50$

$$W = nRT \ln 0.50$$

이다. $Q = -W$이므로 엔트로피의 변화는 다음과 같다.

$$\Delta S = \frac{Q}{T} = -nR \ln 0.50$$
$$= -(1.0\ \text{mol}) \times \left(8.31\ \frac{\text{J}}{\text{mol·K}}\right) \times (-0.693) = +5.8\ \text{J/K}$$

검토 예상대로 엔트로피의 변화는 양(+)이다. 자유팽창은 비가역과정이다. 기체 분자가 저절로 처음의 방으로 모이지는 않는다. 거꾸로 진행되는 과정에서는 엔트로피의 감소가

일어나는데, 다른 곳(환경)의 엔트로피 증가는 그보다 작다. 그러므로 제2 법칙에 위배된다.

떨어져 지면과 완전 비탄성 충돌을 한다. 이 충돌에 의한 우주의 엔트로피 변화를 대략적으로 구하여라. (힌트: 흙의 온도는 약간만 증가한다.)

실전문제 15.9　진흙 덩어리가 떨어질 때 우주의 엔트로피 변화

실온에서 질량이 400 g인 진흙 한 덩어리가 2 m의 높이에서

진화에 대한 열역학 제2 법칙의 응용

어떤 사람들은 열역학 제2 법칙에 위배되므로 진화가 일어날 수 없었을 것이라고 말한다. 이 말에는 진화를 통해 질서가 증가한다는 의미가 들어 있다. 생명은 단순한 형태에서 자발적으로 보다 더 복잡하고 보다 고도로 질서 잡힌 생물로 발전했다는 것이다.

그러나 열역학 제2 법칙은 **우주의 총 엔트로피**는 감소할 수 없다는 것을 말하지 특정한 한 계의 엔트로피가 감소할 수 없다고 말하지는 않는다. 뜨거운 물체에서 차가운 물체로 열이 흐를 때, 뜨거운 물체의 엔트로피는 감소하지만 차가운 물체의 엔트로피 증가가 더 커서 우주의 엔트로피는 증가한다. 살아 있는 생명체와 지구는 닫힌 계가 아니다. 예를 들어 성인은 음식으로부터 하루에 약 **10 MJ**의 화학에너지가 필요하다. 이 에너지는 어디에 쓰이는가? 일부는 근육을 통해 일로 바뀌고 일부는 생체 조직을 복구하는 데 쓰인다. 그러나 대부분은 몸에서 열로 방출되며 소비된다. 따라서 인간의 몸은 주위의 엔트로피를 꾸준히 증가시킨다. 단순 생명체에서 복잡한 생명체로의 진화가 일어남에 따라 생명체 내부의 질서의 증가는 주위에 더 큰 무질서의 증가를 일으킬 수밖에 없다.

열역학 제2 법칙의 응용: 에너지 위기

사람들이 "에너지 보존하기"라고 말할 때, 이는 보통 연료와 전기를 아껴 쓰는 것을 의미한다. 물리학에서 **보존**이라는 말의 의미는 에너지가 **언제나** 보존된다는 의미이다. 집을 난방을 하기 위해 천연가스를 태워도 주변의 에너지의 양은 변하지 않는다. 다만 한 형태의 에너지가 다른 에너지로 바뀌는 것뿐이다.

양질의 에너지를 낭비하지 않도록 신경을 써야 한다. 우리의 관심은 에너지의 총량에 있는 것이 아니라 그 에너지가 유용하고 편리한 형태인지 아닌지에 있다. 연료에 저장되어 있는 화학에너지는 비교적 양질(질서 있는)의 에너지이다. 연료가 타고 나면 그 에너지는 품질이 떨어진다.

엔트로피의 통계적 해석

열역학적인 계는 무수히 많은 수의 원자 또는 분자의 집단이다. 이 원자나 분자가 통계적으로 어떻게 행동하는지에 따라 계의 무질서가 정해진다. 다시 말해, 열역

학 제2 법칙은 많은 수의 원자나 분자로 이루어진 계의 통계학에 기초한 것이다.

열역학적 계에서의 **미시적 상태** microstate 는 각 구성 입자의 상태를 규정한 것이다. 예를 들면 N개의 단원자 이상기체의 경우, 미시적 상태는 각 원자의 속도와 위치로 기술된다. 원자가 운동하면서 다른 원자와 충돌하면 계의 미시적 상태는 다른 미시적 상태로 바뀐다. **거시적 상태** macrostate 는 열역학적 계를 거시적 상태(예를 들면 압력, 부피, 온도, 내부 에너지)의 값으로만 규정한 것이다.

미시적 상태의 통계적 분석이 열역학 제2 법칙의 바탕에 있다. 주어진 거시적 상태에 대한 미시적 상태의 수는 그 거시적 상태의 엔트로피와 관계된다. (Ω, 그리스 문자 오메가)를 미시적 상태의 수라고 하면 그 관계식은

$$S = k \ln \Omega \qquad\qquad (15\text{-}22)$$

이다. 여기서 k는 볼츠만상수이다. 볼츠만(Ludwig Boltzmann, 1844~1906)은 19세기 말에 엔트로피와 통계학을 연결시킨 오스트리아 물리학자로서, 식 (15-22)는 볼츠만의 묘비에 새겨져 있다. 엔트로피 S가 더해지는 성질을 가진 양이므로 S와 Ω 사이의 관계는 로그함수로 기술되어야 한다. 곧, 계 1의 엔트로피가 S_1이고 계 2의 엔트로피가 S_2이면 총 엔트로피는 $S_1 + S_2$이다. 그러나 미시적 상태의 수는 곱해진다. 주사위를 생각해보면, 주사위 1은 6개의 미시적 상태를, 주사위 2 또한 6개의 미시적 상태를 가지므로 총 미시적 상태의 수는 12가 아니고 $6 \times 6 = 36$이다. 엔트로피는 $\ln 6 + \ln 6 = \ln 36$과 같이 더해진다.

15.9 열역학 제3 법칙 THE THIRD LAW OF THERMODYNAMICS

열역학 제2 법칙과 마찬가지로 열역학 제3 법칙도 등가적인 몇 가지 방법으로 표현할 수 있다. 그중 한 표현은 다음과 같다.

열역학 제3 법칙

계를 절대온도 0도까지 냉각시키는 것은 불가능하다.

절대온도 0에 도달할 수는 없지만, 얼마나 0에 가까이 갈 수 있는지에 대한 한계는 없다. 저온 물리학을 연구하는 과학자는 $1\,\mu\text{K}$까지의 낮은 평형온도에 도달했고, $2\,\text{mK}$의 온도를 유지했다. 순간적인 온도로는 나노와 피코켈빈 수준의 온도에 도달했다.

해답

실전문제

15.1 내부 에너지 증가량은 기체로 들어온 열보다 더 크기 때문에 피스톤이 기체에 양(+)의 일을 해야 한다. 피스톤이 안쪽으로 움직일 때 양(+)의 일을 하게 된다.

15.2 360 kJ

15.3 열이 기체로 들어간다. $Q = 3.8$ kJ

15.4 모닥불을 피우는 과정은 비가역적이다. 연기, 이산화탄소, 재가 함께 모여도 나무와 나뭇가지가 될 수 없다.

15.5 20 %

15.6 4.0 kW·h = 14 MJ

15.7 1200 K

15.8 178 MW

15.9 0.03 J/K

살펴보기

15.2 (a) 그렇다. 단열 과정에서의 열 흐름은 0이지만($Q = 0$), 일은 있을 수 있다. 계에 해준 일은 온도 변화를 일으키는 원인이 될 수 있는 내부 에너지를 변화시킨다. (b) 그렇다. 계가 열저장체와 열접촉 상태에 있으면 열이 저장장치와 계 사이를 흘러 온도가 일정하게 유지된다. (c) 그렇다. 얼거나 녹는 등의 상전이가 일어나면 온도는 변하지 않지만 계의 내부 에너지는 변한다.

15.4 비탄성 충돌은 운동에너지를 내부 에너지로 전환시키는 과정으로 비가역과정이다.

15.8 아니다. 비가역과정에서는 우주의 총 엔트로피가 증가한다. 어떤 계의 엔트로피가 10 J/K만큼 증가하고 그 주변의 엔트로피가 10 J/K만큼 감소하면 이 과정은 가역적일 것이다($\Delta S_{총} = 0$).

CHAPTER

16

전기력과 전기장
Electric Forces and Fields

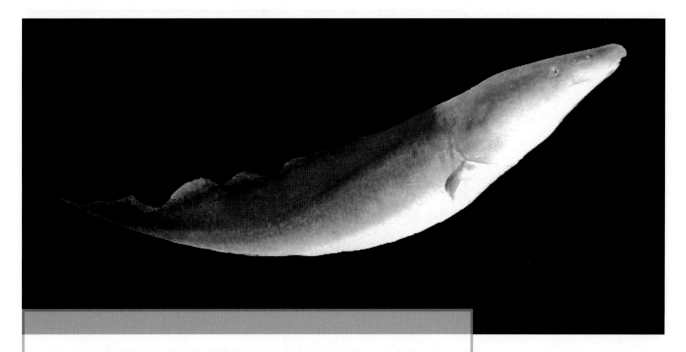

사진 속의 우아한 물고기는 나일강에서 발견되는 아프리카 고유종인 김나르쿠스 나일로티쿠스(*Gymnarchus niloticus*)이다. 김나르쿠스에게는 몇 가지 흥미로운 특징이 있다. 같은 기능으로 앞뒤로 세련되게 헤엄칠 수 있다. 다른 대부분의 물고기처럼 꼬리를 흔들어 추진해나가는 대신에, 앞으로 나아갈 때뿐만이 아니라 회전할 때도 등뼈를 곧게 편 상태를 유지한다. 이 물고기는 등지느러미를 물결치듯이 펄럭이며 추진력을 얻는다.

김나르쿠스는 먹이를 쫓아 날쌔게 돌진하고 진로상의 장애물을 교묘히 피하면서 매우 정교하게 움직인다. 놀라운 것은 뒤로 헤엄칠 때도 똑같이 정교하게 움직인다는 것이다. 더욱이 김나르쿠스는 거의 눈이 먼 상태로, 매우 밝은 빛에만 반응한다. 그렇다면 탁한 강물의 어둑한 환경 속에서 먹이가 있는 위치를 어떻게 알 수 있을까? (466쪽에 답이 있다.)

16.1 전하 ELECTRIC CHARGE

3부에서는 전기장과 자기장에 관하여 자세히 공부한다. 2장에서 배웠듯이 우주의 모든 상호작용은 중력, 전자기적, 강한, 약한 상호작용 등 네 가지 범주 중 하나에 속한다. 중력 이외에 매일 일상에서 친숙한 힘들인 접촉력, 줄의 장력 등은 기본적으로 전자기력이다. 우리가 하나의 상호작용이라고 생각하는 것은 실제로는 전자와 원자들 사이의 수많은 미시적 상호작용의 알짜 효과이다. 전자기력은 전자를 핵에 묶어 원자와 분자를 이루게 한다. 마천루에서부터 나무나 인체에 이르기까지 전자기력은 액체와 고체가 형성되도록 원자들을 서로 엮어 유지시킨다. 전자기학은 기술적인 측면에서 풍부하게 응용되는데, 특히 전파, 마이크로파, 빛 및 다른 형태의 전자기복사가 진동하는 전기장과 자기장들로 구성되어 있음을 알게 되면 더욱 더 이를 느낀다.

일상생활에서 드러나는 많은 전자기적 현상은 복잡하다. 따라서 전자기 작용이 어떻게 일어나는지 알기 위해 보다 간단한 상황을 공부할 것이다. 전자기라는 합성어 자체는 완전히 분리된 힘이라고 생각되어왔던 전기와 자기가 실제로는 같은 기본적인 상호작용의 다른 측면이라는 것을 의미한다. 전기와 자기를 통합하는 이러한 연구는 19세기 후반에 시작되었다. 그렇지만 16~18장에서 전기를, 19장에서 자

그림 16.1 호박은 소나무의 송진이 화석화된 것으로, 단단하다. 사진 속의 호박은 도미니카 공화국에서 발견된 것으로, 4000만 년 전에 송진 속에 갇힌 도마뱀이 잘 보존되어 있다.

기를 공부한 후에 마지막으로 20~22장에서 전기와 자기가 서로 밀접하게 관계가 있다는 것을 배우면서 이에 대해 보다 쉽게 이해할 수 있을 것이다.

인류는 적어도 3,000년 동안 전기력의 존재에 대해 잘 알고 있었다. 고대 그리스 인은 보석을 만들기 위해 호박(그림 16.1) 조각들을 사용했다. 호박 조각을 천에 비벼서 윤을 낼 때, 호박이 실이나 머리카락과 같은 작은 물체를 끌어당긴다는 사실이 관찰되었다. 오늘날 지식으로 이야기한다면, 호박은 문지르는 과정에서 대전 (charged)되었고, 호박과 옷감 사이에서 전하가 이동했다고 말할 수 있다. 전기를 뜻하는 영어 단어 electric은 호박을 뜻하는 그리스 단어 *elektron*에서 유래한다.

건조한 날에 여러분이 양말을 신고 카펫이 깔린 실내를 걸어갈 때 비슷한 현상이 나타난다. 카펫과 양말 사이에 그리고 양말과 여러분의 몸 사이에 전하가 이동한다. 여러분 신체에 쌓인 전하의 일부가 손가락 끝에서 문손잡이로 또는 친구에게로 의도하지 않게 이동하면서, 충격을 느끼게 하기도 한다.

전하의 종류

전하는 물체들을 비비는 과정으로 인해 생성되는 것이 아니고, 단지 한 물체에서 다른 물체로 이동할 뿐이다. **전하의 보존**conservation of charge 법칙은 물리학의 기본 법칙 중 하나로, 지금까지 어떤 예외도 발견된 적이 없다.

> ### 전하의 보존
>
> 닫힌계의 알짜 전하는 절대 변하지 않는다.

대전이 가능한 호박과 다른 물질의 실험에서 전기력은 인력이거나 척력으로 작용한다는 것이 확인되었다. (일반적인 투명 테이프를 써서 비슷한 실험을 할 수 있다. 16.2절 참조.) 이러한 실험들을 설명하기 위해서, 전하에는 두 가지 종류가 존재한다고 결론내릴 수 있다. 프랭클린(Benjamin Franklin, 1706~1790)이 처음으로 양전하(+)와 음전하(−)로 두 가지 전하를 명명했다. 어떤 계의 **알짜 전하**net charge 는 구성 입자들이 가지고 있는 전하의 대수적인 합이다. 전하에 양(+)의 부호와 음 (−)의 부호가 포함됨에 유의해야 한다. 유리 조각을 비단으로 문지를 때 유리는 양전하를 얻고, 비단은 음전하를 얻는다. 유리와 비단으로 구성된 계 전체의 알짜 전하는 변하지 않는다. **전기적으로 중성**electrically neutral인 물체는 양전하와 음전하의 수가 같으며, 따라서 알짜 전하는 0이다. 전하량을 나타내는 데 사용하는 기호는 q 또는 Q이다.

일반적인 물질은 원자로 구성되어 있고, 원자는 다시 전자, 양성자 및 중성자로 구성되어 있다. 양성자와 중성자는 핵에서 발견되므로 핵자(nucleon)라고 부른다. 중성자는 전기적으로 중성이다(그렇기 때문에 중성자라 부른다). 양성자와 전자의 전하량은 크기는 같으나 부호가 반대이다. 양성자의 전하가 양(+)으로 임의로 선택되었기 때문에 전자의 전하는 음(−)이 된다. 중성 원자는 같은 수의 전자와 양성자

> **연결고리**
>
> 전하의 보존은 기본 보존 법칙이다. 전하는 에너지와 같이 스칼라양으로 보존된다. 가속도와 각가속도는 벡터양으로 보존된다.

표 16.1 양성자, 전자 및 중성자의 질량과 전하량

입자	질량	전하
양성자	$m_p = 1.673 \times 10^{-27}$ kg	$q_p = +e = +1.602 \times 10^{-19}$ C
전자	$m_e = 9.109 \times 10^{-31}$ kg	$q_e = -e = -1.602 \times 10^{-19}$ C
중성자	$m_n = 1.675 \times 10^{-27}$ kg	$q_n = 0$

를 가지며 양전하와 음전하가 균형을 이룬다. 만약 전자와 양성자의 수가 다르다면, 그 원자는 이온(ion)이라 부르며, 0이 아닌 알짜 전하를 갖는다. 만약 이온에 양성자보다 전자가 많으면 이온의 알짜 전하는 음(−)이며, 양성자보다 전자가 적으면 이온의 알짜 전하는 양(+)이다.

기본 전하

양성자와 전자에 있는 전하의 크기는 같다(표 16.1 참조). 이 전하량을 **기본 전하** elementary charge(기호 e)라 부른다. 전하의 SI단위는 쿨롬(C)으로 e의 값은 다음과 같다.

$$e = 1.602 \times 10^{-19} \, \text{C} \tag{16.1}$$

보통의 물체는 양전하와 음전하 사이에 아주 적은 불균형만을 갖기 때문에, 쿨롬 단위는 너무나 커서 사용하기 불편한 경우가 많다. 이러한 이유로, 종종 전하들이 밀리쿨롬(mC), 마이크로쿨롬(μC), 나노쿨롬(nC), 피코쿨롬(pC) 단위로 주어지기도 한다. 쿨롬은 두 대전 입자 사이의 전기적 힘의 관계식을 발전시킨 프랑스 물리학자 쿨롱(Charles Coulomb, 1736~1806)의 이름에서 따왔다.

모든 물질의 알짜 전하는 기본 전하의 정수 배이다. 별의 내부나 대기 상층부 또는 입자 가속기 내부와 같은 색다른 장소에서 발견되는 특이한 물질에서도 관측되는 전하량은 항상 e의 정수배이다.

✓ 살펴보기 16.1

유리 막대와 비단 조각이 모두 전기적으로 중성이다. 유리 막대를 비단으로 문지른다. 이때 유리 막대에서 비단으로 4.0×10^9개의 전자가 이동한다면, 두 물체의 알짜 전하는 얼마인가?

보기 16.1

의도하지 않은 충격

카펫 위를 걸어가 손을 내밀어 친구와 악수할 때, 친구에게 의도치 않게 충격을 주게 되는데, 이때 이동하는 전하의 크기는 대략 1 nC 정도이다. (a) 전하가 전자에 의해서만 이동한다면 얼마나 많은 수의 전자가 이동했는가? (b) 여러분의 몸에 −1 nC의 알짜 전하가 있다면, 잉여 전자의 백분율을 어림셈하여라.

전략 쿨롬(C)은 전하의 SI 단위이고, n은 접두사 "나노(nano−)"(=10^{-9})에 해당한다. 우리는 기본 전하 값이 쿨롬 단위로 주어짐을 알고 있다. (b)를 풀기 위해 먼저 인체에 있는 전자의 수를 대략적으로 계산한다.

풀이 (a) 이동한 전자의 수는 이동한 전하량을 전자 1개의 전하로 나눈 것이다 .

$$\frac{-1 \times 10^{-9}\ C}{-1.6 \times 10^{-19}\ C/전자} = 6 \times 10^{9}\ 전자$$

이동한 전하의 크기는 1 nC이지만, 전하가 전자에 의해 이동했으므로 이동한 전하의 부호는 음인 것에 주목하여라.

(b) 보통 사람의 체중을 대략 70 kg이라 추정한다. 인체 질량의 대부분은 핵자에 있으므로

$$핵자의\ 수 = \frac{인체\ 질량}{핵자당\ 질량} = \frac{70\ kg}{1.7 \times 10^{-27}\ kg}$$
$$= 4 \times 10^{28}\ 핵자$$

이고 핵자의 1/2이 양성자라고 가정하면,

$$양성자의\ 수 = \frac{1}{2} \times 4 \times 10^{28} = 2 \times 10^{28}\ 양성자$$

이다. 전기적으로 중성인 물체의 전자 수는 양성자 수와 같다. −1 nC의 알짜 전하로 인체에는 6×10^{9}개의 잉여 전자가 있다. 잉여 전자의 백분율은 다음과 같다.

$$\frac{6 \times 10^{9}}{2 \times 10^{28}} \times 100\% = (3 \times 10^{-17})\%$$

검토 이 보기에 보인 것처럼, 대전된 거시적 물체에는 양전하와 음전하 사이에 아주 작은 차이만 있다. 이러한 이유로, 거시적인 물체 사이의 전기력은 종종 무시되기도 한다.

실전문제 16.1 고무풍선에 있는 잉여 전자

−12 nC의 알짜 전하가 있는 고무풍선에 잉여 전자의 개수는 얼마인가?

중력과 전기력 사이의 중요한 차이점 중 하나는 질량을 갖는 두 물체 간의 중력은 항상 인력이지만, 두 대전된 물체 간 작용하는 전기력은 전하의 부호에 따라 인력이나 척력이 될 수 있다는 것이다. 같은 부호의 전하를 갖는 두 입자는 서로 밀어내지만, 반대 부호의 전하를 갖는 두 입자는 서로 끌어당긴다. 보다 간단히 이야기하면,

> 같은 종류의 전하들은 서로 밀어내고, 다른 종류의 전하들은 서로 끌어당긴다.

흔히 "전하를 띤 입자"를 줄여서 "전하"라고 부른다.

분극

전기적으로 중성인 물체에 양전하와 음전하가 분리된 영역이 존재할 수 있다. 이러한 물체를 **분극**polarization되었다고 한다. 분극된 물체는 알짜 전하가 0이라도 전기력을 느낄 수 있다. 모피로 문질러서 음으로 대전된 고무 막대는 작은 종잇조각을 끌어당긴다. 비단으로 문질러 양으로 대전된 유리 막대의 경우도 마찬가지이다(그림 16.2a, b). 종잇조각은 전기적으로 중성이지만, 대전된 막대는 종이를 분극시켜 종잇조각의 가까운 쪽에 있는 반대 전하를 조금 더 당기고, 종잇조각의 먼 쪽에 있는 같은 전하를 밀어낸다(그림 16.2c). 막대와 물체의 반대 전하 사이의 인력은 막대

그림 16.2 (a) 종잇조각을 당기는 음(−)으로 대전된 고무 막대. (b) 종잇조각을 당기는 양(+)으로 대전된 유리 막대. (c) 종잇조각 속의 분극된 분자를 확대한 모양.

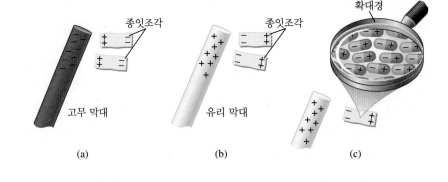

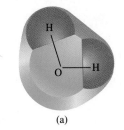

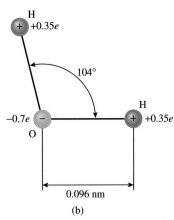

그림 16.3 (a) 전하 분포를 보이는 물 분자 모델. 빨간색과 파란색은 각각 알짜 양전하와 알짜 음전하를 나타낸다. 공유 전자들은 산소 원자핵 부근에서 더 많은 시간을 보내고 수소 원자 부근에선 더 짧은 시간을 보내어, 산소 부근의 평균 전하는 음(−)이 되고 수소 부근에선 양(+)이 된다. (b) 물 분자의 단순 모형. 원자들은 $-0.7e$를 갖는 산소 구체와 $+0.35e$를 갖는 수소 구체로 표현되어 있다.

와 물체의 같은 전하 사이의 척력보다 약간 크다. 왜냐하면 전기력은 거리가 멀어질수록 작아지는데, 같은 전하가 더 멀리 떨어져 있기 때문이다. 따라서 막대의 전하 부호와 관계없이 막대와 종이 사이에 작용하는 알짜힘은 항상 인력이다. 이 경우, 그 종이는 유도 분극(polarized by induction)되었다고 한다. 종이의 분극은 가까이에 위치한 막대의 전하에 의해 유도된다. 막대를 멀리하면 종이는 더 이상 분극되지 않는다.

어떤 분자들은 처음부터 분극되어 있다. 중요한 예가 바로 물 분자이다. 전기적으로 중성인 물 분자에는 같은 수의 양전하와 음전하가 있으나(10개의 양성자와 10개의 전자), 산소 원자핵이 수소 원자핵보다 공유 전자들을 훨씬 더 강하게 잡아당겨 유지시키고 있기 때문에, 양전하의 중심과 음전하의 중심이 일치하지 않게 된다(그림 16.3).

응용: 물의 수소결합 물 분자의 강한 극성 때문에, 한 분자의 음전하 쪽(산소)은 다른 분자의 양전하 쪽(수소)에 끌어 당겨진다. 이러한 힘은 대부분 물질의 대전되지 않은 분자 간의 힘보다 강하며, 이웃하는 물 분자들은 **수소결합**$^{hydrogen\ bonds}$으로 묶여 있다고 이야기한다(그림 16.4). 수소결합은 지구상에서 생명을 가능하게 하는 물

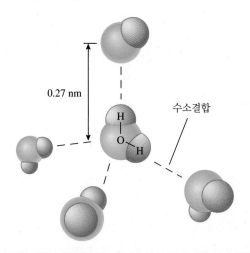

그림 16.4 (a) 물의 수소결합. 한 분자의 음으로 대전된 산소 쪽이 다른 분자의 양으로 대전된 수소 쪽에 이끌린다. 이 결합은 분자 내 원자를 결합시키는 공유결합보다는 약하지만, 대부분의 물질에 있는 대전되지 않은 분자 간 상호작용보다는 강하다. 최근 연구에 따르면 수소결합은 어느 정도 공유결합적인 특성도 있다고 한다. 다시 말하면 두 분자가 전자들을 어느 정도 공유한다. 그러나 대체적으로 수소결합은 분극된 분자들 사이의 전기력의 결과로 생각할 수 있다. 수소결합은 물이 가진 여러 독특한 성질의 원인이다.

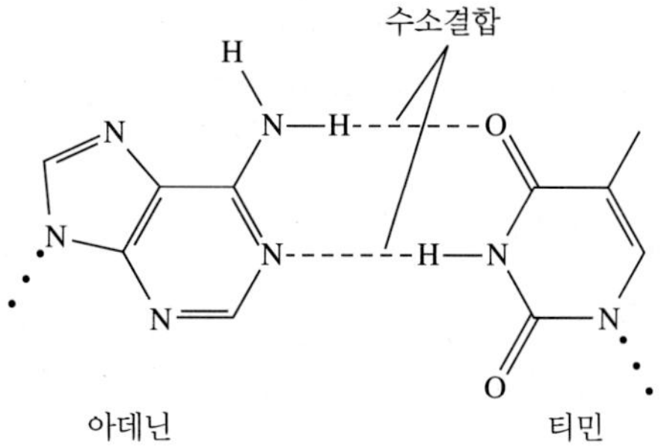

수소결합

H

아데닌   티민

그림 16.5 DNA 분자에서 두 개의 수소결합이 염기쌍(아데닌과 티민)을 유지시킨다. 다른 염기쌍인 구아닌과 시토신은 3개의 수소결합에 의해 유지된다. 염기쌍 사이의 수소결합이 두 DNA 가닥을 함께 묶어 DNA 분자의 이중 나선형 모양을 유지하는 데 큰 역할을 한다.

의 여러 특별하고 중요한 성질의 원인이다. 수소결합 때문에 물은

- 상온에서 기체가 아닌 액체이다.
- 큰 비열을 갖는다.
- 큰 기화열을 갖는다.
- 액체보다 고체(얼음)일 때 밀도가 낮다.
- 큰 표면 장력을 갖는다.
- 어떤 표면과 강한 접착력을 보인다.
- 극성 분자들의 강력한 용매제이다.

응용: DNA, RNA, 단백질의 수소결합 같은 분자의 서로 다른 부분 사이의 수소결합은 핵산이나 단백질과 같은 생물학적 거시 분자의 모양을 결정하는 데 중요한 역할을 한다. 대부분, 수소 원자와 산소나 질소 원자 사이에 결합이 형성된다. DNA의 이중나선 구조는 주로 수소결합 때문이다. DNA 분자의 두 가닥은 염기쌍 간의 수소결합에 의해 유지된다(그림 16.5). 효소가 가닥들을 분리시키며 분자를 분해할 때 바로 이 수소결합을 끊어야 한다. 단백질에서는 수소결합이 분자의 3차원적 구조를 결정하는 데 중요한 역할을 하는데, 바로 이러한 구조로부터 단백질 분자의 화학적 특성과 생물학적 기능이 결정된다.

16.2 도체와 절연체 ELECTRICAL CONDUCTORS AND INSULATORS

보통의 물질은 전자와 핵을 가진 원자들로 구성되어 있다. 전자들이 핵에 얼마나 단단히 구속되는지는 전자에 따라 아주 다르다. 많은 전자를 가진 원자의 경우, 대부분의 전자들은 단단히 구속되어 있어서 일반적인 상황에서는 핵에서 전자를 떼어낼 수 없다. 그러나 어떤 전자는 약하게 구속되어 있어서 몇 가지 방법으로 핵에서 떼어낼 수 있다.

전하가 물질 속에서 이동할 수 있는 정도에 따라 물질의 특성은 크게 변한다. 일부 전하가 쉽게 움직일 수 있는 물질을 **도체**conductors라 하고, 전하가 쉽게 움직일 수 없는 물질을 **절연체**insulators라 부른다.

금속은 일부 전자가 특정한 핵에 묶여 있지 않고 약하게 구속되어 있는 물질이다.

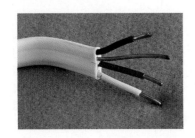

그림 16.6 전선의 예. 금속 도체가 절연 물질로 둘러싸여 있다. 다른 곳과 전기적으로 연결되는 지점에서 전선의 절연체를 벗겨내고 사용해야 한다.

그 전자들은 금속의 내부를 자유롭게 운동할 수 있다. 이 자유전자들로 인해 금속은 좋은 도체가 된다. 어떤 금속은 다른 금속보다 더 좋은 도체인데, 구리가 가장 좋은 도체 중 하나이다. 유리, 플라스틱, 고무, 나무, 종이 등과 같은 물질들은 절연체이다. 절연체는 자유전자가 없으며, 각 전자가 특정한 핵에 구속되어 있다.

도체와 절연체라는 용어는 현대 사회에서 어디서나 쉽게 찾아볼 수 있는 전선에 자주 적용된다(그림 16.6). 자유전자는 구리선을 통해 흐를 수 있다. 플라스틱이나 고무 절연체는 전하의 흐름인 전류가 전선 밖으로 나가지 못하게(예를 들어, 여러분의 손으로 들어가지 못하게) 전선을 둘러싼다.

물은 보통 도체로 알려져 있다. 물을 도체라고 생각하고 젖은 손으로 전기 기구를 다루지 않도록 조심하는 것이 현명하다. 실제로 순수한 물은 절연체이다. 순수한 물은 운동 중에 알짜 전하를 운반하지 못하는 완전한 물 분자(H_2O)로 구성되어 있고, 아주 적은 이온(H^+와 OH^-)들이 녹아 있다. 그러나 수돗물은 결코 순수한 물이 아니다. 그 안에는 무기물이 용해되어 있다. 이 무기물 이온들이 수돗물을 도체가 되게 한다. 인체는 많은 이온을 가지고 있으며 따라서 도체이다.

이와 유사하게, 공기가 좋은 절연체인 것은 공기 중의 분자 대부분이 전기적으로 중성이어서 움직일 때 운반할 전하가 없기 때문이다. 그러나 공기도 미량의 이온을 가지고 있다. 방사성 붕괴나 우주선에 의해 공기 분자들이 이온화되기 때문이다.

도체와 절연체의 중간을 **반도체**semiconductors라고 한다. 미국 캘리포니아 주 북쪽에 밀집한 컴퓨터 산업단지의 일부를 실리콘밸리라 부르는데, 실리콘이 컴퓨터 칩과 전자 장치를 만드는 가장 일반적인 반도체이기 때문이다. 순수한 반도체는 좋은 절연체이나, 미세한 양의 불순물을 원하는 대로 첨가함으로써 전기적 성질을 정밀하게 조정할 수 있다.

마찰에 의한 절연체의 대전 두 물체를 문질러 비비면, 전자와 이온(대전된 원자)들은 한 물체에서 다른 물체로 이동한다. 만약 두 물체를 문지르기 전에 알짜 전하가 없었다면, 이제 두 물체는 전하량 보존에 의해 반대 부호와 같은 크기를 갖는 알짜 전하를 갖는다. 마찰로 발생하는 대전 현상은 건조한 날에 잘 생긴다. 습도가 높을 때는 물체의 표면에 얇은 막의 수분이 응축되어 전하가 쉽게 새어 나가 전하들이 모이기 어렵다.

전하를 분리하기 위해 두 개의 절연체를 마찰하는 것에 주목하여라. 금속 조각을 모피나 비단에 하루 종일 비벼도 금속은 대전되지 않는다. 금속에 있는 전하는 움직이기 쉬워 마찰하는 동안 전하가 이동하지 않기 때문이다. 반면에 절연체는 일단 대전된 후에는 전하가 그대로 남는다.

접촉에 의한 도체의 대전 도체는 어떻게 대전시키는가? 먼저 두 절연체를 서로 마찰시켜 전하를 분리한 후 대전된 절연체의 한쪽을 도체에 대어보자(그림 16.7). 도체로 전달된 전하는 골고루 퍼지므로, 이 과정을 반복함으로써 도체에 점점 더 많은 전하를 모을 수 있다.

접지 도체는 어떻게 방전하는가? 한 방법이 접지(ground)이다. 지구는 이온과 습

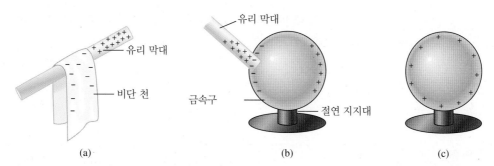

(a)   (b)   (c)

그림 16.7 도체의 대전. (a) 유리 막대를 비단 천에 문지른 후에는 유리 막대에 양의 알짜 전하가 남고, 비단에는 음의 알짜 전하가 남는다. (b) 유리 막대를 금속구에 접촉시킨다. 양으로 대전된 유리는 금속으로부터 약간의 자유전자를 유리 쪽으로 끌어당긴다. (c) 유리 막대를 제거한다. 금속구는 양성자보다 전자의 수가 적어진다. 음전하가 실제로 전달되었지만, 결국에는 같은 결과이기 때문에 "양전하가 금속으로 전달되었다."라고 말하기도 한다.

기가 있어서 도체라 볼 수 있고, 무제한의 전하 저장소로 볼 수 있을 정도로 여러 면에서 충분히 크다. 도체를 접지하는 것은 그 도체와 지구(또는 다른 전하 저장소) 사이에 전기적 통로를 내는 것이다. 대전된 도체를 접지하면 전하가 그 도체를 떠나 지구로 이동해 퍼져 없어지기 때문에 방전되는 것이다.

가솔린을 운반하는 유조차의 경우, 작은 양의 전하 축적도 전기 불꽃을 일으켜 폭발을 유발시킬 수 있기 때문에 위험할 수 있다. 이러한 전하 축적을 막기 위해 유조차가 주유소에 가솔린을 공급하기 전에 유조차의 탱크를 접지시킨다.

전기 콘센트에 세 개의 구멍이 있는 경우, 둥근 구멍을 **접지**라 부른다. 글자 그대로 도선을 이용해 땅속의 금속 막대나 지하의 금속 수도 파이프를 통해 지구에 연결하는 것이다. 접지 연결의 목적은 18장에서 보다 자세히 다룰 것이지만, 여러분은 이미 하나의 목적을 이해하고 있다. 곧, 접지는 접지된 도체에 전하가 쌓이는 것을 막는다는 것이다.

유도에 의한 대전 만약 다른 전하가 근처에 있을 경우, 대전된 도체가 접지되었다고 하더라도 반드시 방전지는 않는다. 처음에 중성인 도체를 접지해 대전시키는 것도 가능하다. 그림 16.8에 있는 과정에서 대전된 절연체는 도체 구에 접촉하지 않

연결고리

저장소(reservoir)는 열원을 생각나게 할지도 모른다. 열원은 온도 변화가 거의 없이 열을 교환하는 것이 가능하도록 매우 큰 비열을 갖고 있다. 17장의 전기 퍼텐셜을 배운다면, 전하 저장소를 퍼텐셜의 변화 없이 아무 부호의 전하를 전달할 수 있는 것으로 기술할 수 있다.

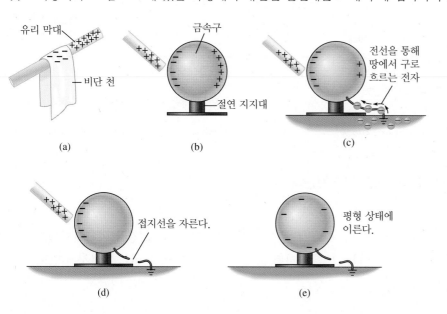

(a)   (b)   (c)

(d) 접지선을 자른다.   (e) 평형 상태에 이른다.

그림 16.8 유도에 의한 대전. (a) 유리 막대를 비단에 문질러 대전시킨다. (b) 양(+)으로 대전된 유리 막대를 금속구에 가까이 하되 접촉시키지 않는다. 금속구는 그 안의 자유전자가 유리 막대 쪽으로 끌려감으로써 분극된다. (c) 금속구를 접지하면, 땅으로부터 금속구의 양전하에 의해 끌려온 전자가 금속구로 이동한다. 기호 ⏚는 땅에 연결한다는 의미이다. (d) 유리 막대를 움직이지 말고 접지선을 자른다. (e) 접지선을 자른 상태로 유리 막대를 제거한다. 같은 종류의 전하들이 서로 밀치게 되어 전하는 금속 표면 전체로 퍼진다. 금속구는 잉여 전자 때문에 음의 알짜 전하를 갖는다.

는다. 양으로 대전된 막대가 먼저 금속구를 분극시키고 분극된 전하 중 양전하는 밀어내는 반면에 구의 음전하는 끌어당긴다. 이제 도체 구를 접지시킨다. 도체 구의 전하가 분리된 결과로, 지구로부터 음전하가 접지선을 따라 가까운 양전하 쪽으로 끌려온다.

검전기

한 검전기가 음으로 대전되어 있고, 그림 16.9와 같이 금박이 벌어져 있다. 다음의 일을 순서대로 한 후 금박에 어떤 일들이 일어나는가? 단계별로 여러분들이 관찰하는 것을 설명하여라. (a) 검전기의 가장 꼭대기에 있는 금속구를 손으로 접촉한다. (b) 비단으로 문지른 유리 막대를 금속구와 접촉하지는 말고 가까이 가져간다. (힌트: 비단으로 문지른 유리 막대는 양으로 대전되어 있다.) (c) 유리 막대를 금속구에 접촉시킨다.

풀이와 검토 (a) 손으로 검전기 금속구를 접촉함으로써, 여러분은 금속구를 접지시킨다. 여러분의 손과 금속구 사이에서 전하가 이동하며 금속구의 알짜 전하는 0이 된다. 검전기가 현재 방전되었으므로, 두 금박은 그림 16.10처럼 아래로 닫힌다. (b) 양으로 대전된 막대가 금속구에 가까워지면, 검전기는 유도에 의해 분극된다. 음전하의 자유전자는 금속

그림 16.9 검전기는 전하의 존재를 증명하는 장치이다. 도체 막대의 위쪽 끝에는 금속구가, 아래쪽 끝에는 움직일 수 있는 한 쌍의 금박이 있다. 금박은 음전하 간의 척력으로 벌어진다.

구로 끌려가고, 금박에 양의 알짜 전하를 남긴다(그림 16.11). 금박은 알짜 양전하에 의한 척력으로 벌어진다. (c) 양으로 대전된 막대가 금속구에 접촉하면, 금속구에서 몇몇 음전하가 막대로 이동한다. 검전기는 이제 양의 알짜 전하를 갖고 있다. 유리 막대는 여전히 양의 알짜 전하를 갖고 검전기의 양전하를 멀리(금박 쪽으로) 밀어낸다. 금박은 이전보다 더 많이 양으로 대전되므로 더 크게 벌어진다.

그림 16.10 알짜 전하가 없으므로, 금박이 아래로 닫혀 있다.

그림 16.11 양(+)으로 대전된 막대를 금속구에 가까이 가져가면, 검전기에 알짜 전하는 없지만 분극이 된다. 금속구는 음(−)으로 대전되고 금박은 양(+)으로 대전된다. 금박에 있는 양전하 간의 척력은 금박을 벌어지게 한다.

개념형 실전문제 16.2 **유리 막대 제거하기**

유리 막대를 제거하면 금박은 어떻게 변화하는가?

응용: 복사기와 레이저 프린터

복사기와 레이저 프린터의 작동은 전하 분리와 반대 부호의 전하 사이에 작용하는 인력에 기초한다(그림 16.12). 셀레늄으로 코팅된 드럼이 전극 아래에서 회전하면서 양전하를 얻는다. 그 후 복사될 문서의 영상이 드럼에 비춰져 복사된다(또는 레이저에 의해).

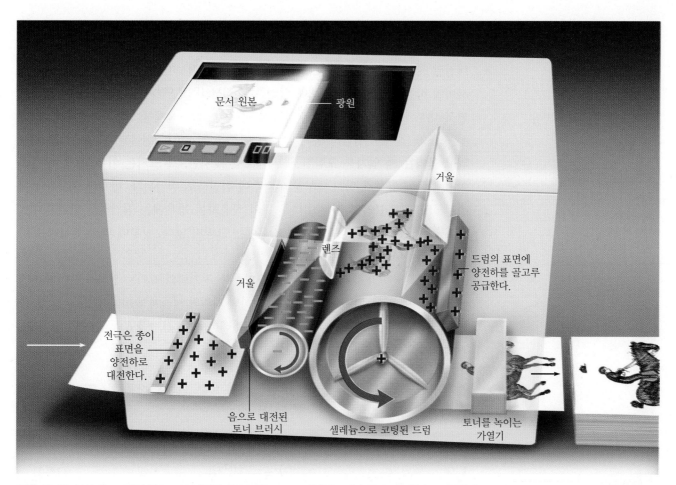

전극은 종이
표면을
양전하로
대전한다.

드럼의 표면에
양전하를 골고루
공급한다.

문서 원본

광원

거울

렌즈

거울

음으로 대전된
토너 브러시

셀레늄으로 코팅된 드럼

토너를 녹이는
가열기

그림 16.12 복사기는 드럼의 양(+)으로 대전된 곳으로 음(−)으로 대전된 토너가 끌려오는 원리로 작동한다.

　셀레늄은 빛에 반응하는 반도체로 광전도체라고 한다. 빛이 쪼이지 않으면 셀레늄은 절연체이지만 빛이 쪼이면 좋은 도체가 된다. 드럼에 코팅된 셀레늄은 초기에 어두운 영역에 있다. 부도체인 셀레늄은 대전될 수 있다. 셀레늄에 빛이 쪼이면 쪼인 부분은 도체가 된다. 좋은 도체인 알루미늄으로부터, 빛이 쪼인 셀레늄의 부분으로 전자가 흘러 들어가서 그 부분에 있던 양(+)전하를 중성화시킨다. 어둡게 남아 있는 셀레늄의 부분으로는 알루미늄으로부터 전자가 흐를 수 없어 그 부분은 계속 양(+)전하를 띠고 있다.

　다음으로, 드럼은 토너라고 불리는 검은 가루와 접촉한다. 토너 입자는 이미 음(−)전하로 대전되어 있어서 드럼의 양(+)전하를 띠는 부분으로 당겨진다. 토너는 양(+)전하를 띠는 드럼의 부분에 달라붙지만 전하가 없는 부분에는 달라붙지 않는다. 이제 종이가 드럼 위로 회전하고 종이 뒷면에 양(+)의 전하가 가해진다. 종이 위에 가해진 양(+)전하가 드럼 위의 양(+)전하보다 크기 때문에 드럼 위에 있는 음(−)전하를 띠는 토너를 잡아당길 수 있어 종이 위에 원래 문서의 영상이 만들어진다. 마지막 단계는 종이를 뜨거운 롤러 사이로 통과시켜 토너를 녹여 종이에 들러붙게 하는 과정이다. 종이를 이루는 섬유 속으로 잉크가 찍히면 복사는 끝난다.

16.3 쿨롱의 법칙 COULOMB'S LAW

대전된 물체들 사이의 전기력을 정량적으로 다루어보자. 쿨롱의 법칙은 두 점전하 사이에 작용하는 전기력에 대해 알려준다. **점전하**point charge는 전하를 지니고 있으면서 내부 구조는 중요치 않을 정도로 충분히 작은 물체를 말한다. 전자는 그 내부 구조가 있다는 실험적 증거가 없기 때문에 점전하로 취급된다. 양성자는 쿼크라고 불리는 세 입자를 포함한 내부 구조를 갖지만, 그 크기는 겨우 10^{-15} m 정도이기 때문에 양성자 역시 대부분의 경우에 점전하로 취급된다. 반지름 10 cm의 대전된 금속구도 100 m 떨어진 다른 구와 작용하는 경우에는 점전하로 취급되지만, 두 구가 몇 센티미터 정도 떨어진 경우에는 그렇지 않다. 상황에 따라 취급하는 방법이 달라진다.

전기력도 중력과 같이 역제곱 법칙을 따른다. 전기력의 크기는 전하들 사이의 거리 r이 늘어남에 따라 작아지는데, 정확히 말하면 거리의 제곱에 반비례한다($F \propto 1/r^2$). 중력의 세기가 작용하는 두 물체의 질량에 비례하듯이, 전기력도 두 전하의 크기($|q_1|$과 $|q_2|$)에 비례한다.

전기력의 크기 두 전하 사이에서 한 전하가 다른 전하에 작용하는 전기력의 크기는 다음과 같이 주어진다.

$$F = \frac{k|q_1|\,|q_2|}{r^2} \tag{16-2}$$

여기서 q_1과 q_2의 크기만 고려했으므로 벡터의 크기인 F는 항상 양의 값이다. 비례상수 k는 실험적으로 다음과 같이 구해진다.

$$k = 8.99 \times 10^9 \frac{\text{N·m}^2}{\text{C}^2} \tag{16-3a}$$

쿨롱상수(Coulomb constant)라 부르는 k는 또 다른 상수인 자유공간의 유전율 ϵ_0을 사용해 다음과 같이 쓸 수 있다.

$$\epsilon_0 = \frac{1}{4\pi k} = 8.85 \times 10^{-12} \frac{\text{C}^2}{\text{N·m}^2} \tag{16-3b}$$

유전율 ϵ_0을 사용하면 쿨롱의 법칙은 다음과 같다.

$$F = \frac{|q_1|\,|q_2|}{4\pi\epsilon_0 r^2}$$

전기력의 방향 하나의 점전하가 다른 점전하에 작용하는 전기력의 방향은 항상 두 점전하를 연결하는 선상에 있다. 중력과는 다르게 정전기력은 전하의 부호에 따라 인력과 척력이 있을 수 있다는 것을 명심해야 한다(그림 16.13).

연결고리

쿨롱의 법칙은 뉴턴의 제3 법칙에 일치한다. 두 전하에 작용하는 힘은 크기는 같고 방향은 반대이다(그림 16.13).

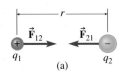

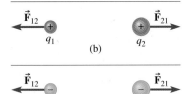

그림 16.13 (a) 반대 부호의 두 전하에 작용하는 전기력. (b)와 (c) 같은 부호의 두 전하에 작용하는 전기력. 벡터는 상호 작용하는 각 전하에 작용하는 힘을 보여주기 위해 그려졌다. ($\vec{F}_{12}$는 전하 2가 전하 1에 작용하는 힘이다. $\vec{F}_{21}$은 전하 1이 전하 2에 작용하는 힘이다.)

✓ 살펴보기 16.3

(a) 중력과 전기력 간의 유사점들을 이야기하여라. (b) 둘 사이의 주요한 차이는 무엇인가?

문제풀이 전략: 쿨롱의 법칙

1. 동일 단위를 사용하여라. k는 표준 SI 단위로 (N·m²/C²)이므로, 거리는 미터로, 전하는 쿨롬으로 써야 한다. 전하가 μC이나 nC으로 주어진다면, 쿨롬 단위로 바꿔야 함을 명심하여라. 1 μC = 10^{-6} C 그리고 1 nC = 10^{-9} C.

2. 둘 또는 그 이상의 전하가 한 전하에 작용하는 전기력을 구할 때, 각 전하가 작용하는 힘을 분리해 구하여라. 한 전하에 작용하는 알짜힘은 다른 전하들이 작용하는 힘들의 벡터합이다. 때때로, 힘을 x- 및 y-성분으로 나누어 성분별로 합하는 것도 도움이 된다. 그리고 나서, x- 및 y-성분으로부터 알짜힘의 크기와 방향을 구하여라.

3. 몇 개의 전하들이 동일 선상에 놓여 있다면, 중간에 있는 전하가 자신의 양쪽에 있는 전하들을 "차폐"하지 않을까 걱정하지 마라. 전기력은 중력처럼 먼 거리 힘이다. 태양이 지구에 작용하는 중력은 달이 그 사이를 지날 때에도 멈추지 않는다.

연결고리

전기력은 다른 힘과 같은 방식으로, 곧 벡터양으로서 더해진다. 뉴턴의 제2 법칙을 물체에 적용할 때, 그 물체에 작용하는 모든 힘을 (다른 물체에 작용하는 힘들은 제외하고) 자물도에 포함시키고 (벡터로서) 더해서 알짜 힘을 구한다.

보기 16.3

점전하에 작용하는 전기력

3개의 점전하가 그림 16.14에서 보이는 것처럼 배열되어 있다고 가정하자. 전하 $q_1 = +1.2\ \mu$C은 (x, y) 좌표계의 원점에 위치하고 있다. 두 번째 전하 $q_2 = -0.60\ \mu$C은 (1.20 m, 0.50 m)에 위치하고, 세 번째 전하 $q_3 = +0.20\ \mu$C은 (1.20 m, 0)에 위치한다. 나머지 두 전하가 q_2에 작용하는 힘을 구하여라.

전략 q_1이 q_2에 작용하는 힘과 q_3가 q_2에 작용하는 힘을 분리해 구한다. 자물도를 스케치한 후, 두 힘을 벡터로서 합한다. 전하 1과 전하 2의 거리를 r_{12}라 하고 전하 2와 전하 3의 거리를 r_{23}이라 한다.

풀이 전하 1과 3은 모두 양이지만, 전하 2는 음이다. 전하 1과 전하 3이 전하 2에 작용하는 힘은 둘 다 인력이다. 그림 16.15a는 전하 2와 함께 다른 두 전하 방향을 가리키는 힘 벡터를 그린 자물도이다.

이제 q_1이 q_2에 작용하는 힘 $\vec{F}_{21}$의 크기를 쿨롱의 법칙으로 구하고, 전하 q_3이 q_2에 작용하는 힘 $\vec{F}_{23}$를 구하기 위해 같은 과정을 반복한다.

전하 1과 2의 거리는 피타고라스의 정리로부터,

$$r_{21} = \sqrt{r_{13}^2 + r_{23}^2} = 1.30\ \text{m}$$

이고, 쿨롱의 법칙으로부터,

$$F_{21} = \frac{k|q_1|\,|q_2|}{r_{21}^2}$$

$$= 8.99 \times 10^9\ \frac{\text{N·m}^2}{\text{C}^2} \times \frac{(1.2 \times 10^{-6}\ \text{C}) \times (0.60 \times 10^{-6}\ \text{C})}{(1.30\ \text{m})^2}$$

$$= 3.83 \times 10^{-3}\ \text{N} = 3.83\ \text{mN}$$

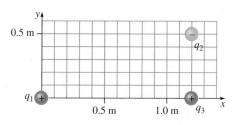

그림 16.14 보기 16.3의 점전하들의 위치.

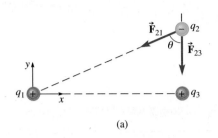

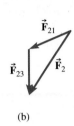

그림 16.15 (a) 힘 $\vec{\mathbf{F}}_{21}$ 과 $\vec{\mathbf{F}}_{23}$ 을 나타내는 자물도. (b) 벡터 $\vec{\mathbf{F}}_{21}$과 $\vec{\mathbf{F}}_{23}$ 그리고 둘의 합 $\vec{\mathbf{F}}_2$. (c) x- 및 y-성분으로부터 구해지는 $\vec{\mathbf{F}}_2$의 방향.

이다. 이제 전하 3이 작용하는 힘은

$$F_{23} = \frac{k\,|q_2|\,|q_3|}{r_{23}^2}$$

$$= 8.99 \times 10^9 \,\frac{\text{N·m}^2}{\text{C}^2} \times \frac{(0.20 \times 10^{-6}\,\text{C}) \times (0.60 \times 10^{-6}\,\text{C})}{(0.50\,\text{m})^2}$$

$$= 4.32 \times 10^{-3}\,\text{N} = 4.32\,\text{mN}$$

이다.

두 힘 벡터를 합하면 총 힘 $\vec{\mathbf{F}}_2$를 구할 수 있다. x- 및 y-성분을 구하면

$$F_{21x} = -F_{21}\sin\theta = -3.83\,\text{mN} \times \frac{1.20\,\text{m}}{1.30\,\text{m}} = -3.53\,\text{mN}$$

$$F_{21y} = -F_{21}\cos\theta = -3.83\,\text{mN} \times \frac{0.50\,\text{m}}{1.30\,\text{m}} = -1.47\,\text{mN}$$

이다. $\vec{\mathbf{F}}_{23}$은 $-y$-방향으로 있으므로 $F_{23x} = 0$ 그리고 $F_{23y} = -4.32\,\text{mN}$이다. 두 성분을 합하면 $F_{2x} = -3.53\,\text{mN}$, $F_{2y} =$

$(-1.47\,\text{mN}) + (-4.32\,\text{mN}) = -5.79\,\text{mN}$. 그러면 $\vec{\mathbf{F}}_2$의 크기는

$$F_2 = \sqrt{F_{2x}^2 + F_{2y}^2} = 6.8\,\text{mN}$$

이다. 그림 16.15c로부터, $\vec{\mathbf{F}}_2$는 $-y$-축에서 시계 방향으로 다음의 각도를 갖는다.

$$\phi = \tan^{-1}\frac{3.53\,\text{mN}}{5.79\,\text{mN}} = 31°$$

검토 알짜힘의 방향은 그림 16.15b의 그림을 이용한 합의 방향과 일치한다. 그림 16.15b의 알짜힘도 $-x$- 및 $-y$-성분이 있다.

실전문제 16.3 전하 3에 작용하는 전기력

그림 16.14의 전하 1과 전하 2가 전하 3에 작용하는 전기력의 크기와 방향을 구하여라.

원자, 분자, 이온 및 전자들과 같은 물질의 미시적인 구성체에 작용하는 힘을 생각해보면, 전기력이 이들 사이에 작용하는 중력보다 훨씬 큰 힘이라는 것을 알게 된다. 수많은 원자나 분자를 묶어 커다란 물체가 만들어질 경우에만 중력이 지배적이 된다. 큰 물체에서는 양전하와 음전하가 거의 완벽하게 균형을 이루어서 알짜 전하가 없기 때문에 중력이 지배적으로 나타나는 것이다.

16.4 전기장 THE ELECTRIC FIELD

연결고리

전기장의 정의는 중력장의 정의와 유사하다. 중력장은 단위 질량당 중력이고, 전기장은 단위 전하당 전기력이다.

한 점에서의 중력장은 그 지점에 놓인 물체의 단위 질량당 중력으로 정의된다. 만일 지표면에서 질량이 m인 사과에 작용하는 중력이 $\vec{\mathbf{F}}_g$라면, 사과가 있는 곳에서 지구의 중력장 $\vec{\mathbf{g}}$는 다음과 같다.

$$\vec{\mathbf{g}} = \frac{\vec{\mathbf{F}}_g}{m}$$

질량 m이 양의 값이므로 $\vec{\mathbf{F}}_g$와 $\vec{\mathbf{g}}$의 방향은 같다. 보통 우리가 접하는 중력장은 지구에 의한 것이나, 중력장은 어떤 천체에 의한 것일 수도 있고, 혹은 여러 개의 물

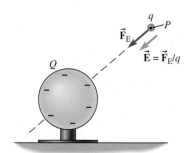

체에 의한 것일 수도 있다. 예를 들어, 우주 비행사는 우주선에서 태양과 지구, 달의 합쳐진 중력장의 영향을 받을 것이다. 중력은 벡터로서 합해지기 때문에 우주선에서의 중력장은 태양, 지구, 달 각각이 작용하는 중력장의 벡터합이다.

이와 마찬가지로, 점전하 q가 다른 전하들 주변에 있을 때 점전하 q는 전기력 $\vec{F}_E$를 느낀다. 어느 지점에서나 **전기장**electric field(기호 $\vec{E}$)은 그 지점에서의 단위 전하당 전기력으로 정의된다(그림 16.16). 곧

$$\vec{E} = \frac{\vec{F}_E}{q} \tag{16-4a}$$

그림 16.16 전하 Q를 가진 대전된 물체가 점 P에 만드는 전기장 $\vec{E}$는 그 점에 있는 시험전하 q가 받는 전기력 $\vec{F}_E$을 q로 나눈 것과 같다.

전기장의 SI 단위는 N/C이다.

중력장과 항상 같은 방향인 중력과는 다르게, 전기력은 시험전하의 부호에 따라 전기장의 방향과 같거나 반대이다. q가 양이면 전기력 $\vec{F}_E$의 방향은 전기장 $\vec{E}$의 방향과 같고, q가 음이면 두 벡터는 서로 반대 방향을 향한다. 어느 영역 안의 전기장을 알려면 여러 지점에 점전하 q를 놓아보아라. 전기장을 구하려면, 각 지점에서 이 시험전하에 의한 전기력을 구해 q로 나누면 된다. 전기장의 방향과 전기력 방향이 같도록 일반적으로 양(+)의 **시험전하**를 생각하는 것이 제일 쉬우나, 시험전하의 크기가 다른 전하를 혼란시킬 정도로 크지 않아서 전기장을 변화시키지 않는다면 q의 부호나 크기에 관계없이 전기장의 계산 결과는 같다.

중력장에서는 단위 질량당 힘으로 정의되는 데 비해, 왜 전기장 $\vec{E}$는 단위 **전하당** 힘으로 정의되는가? 한 물체에 작용하는 중력은 질량에 비례하기 때문에 단위 질량당 힘에 대해 말하는 것이 의미를 갖는다($\vec{g}$의 SI 단위는 N/kg). 중력과는 달리 점전하에 작용하는 전기력은 전하에 비례하기 때문에 전기장을 그런 식으로 정의한다.

왜 전기장이 쓸모 있는 개념인가? 중력장이 쓸모 있다는 것과 같은 이유이다. 일단 한 곳에서 전기장 $\vec{E}$를 알면, 그곳에 있는 아무 점전하 q의 전기력 $\vec{F}_E$도 쉽게 계산할 수 있다.

$$\vec{F}_E = q\vec{E} \tag{16-4b}$$

$\vec{E}$는 주위에 있는 다른 모든 전하가 점전하 q의 위치에 형성한 전기장인 것을 주목하여라. 분명히 점전하는 그 주위에 스스로 자신의 전기장을 만들며, 이 전기장에 의해 다른 전하가 힘을 받는다. 바꾸어 말하면 점전하는 자체에게 힘을 작용하지는 않는다.

보기 16.4

균일한 전기장 $\vec{E}$ 안에서 매달린 대전된 구

질량이 5.10 g인 작은 구가 길이가 12.0 cm인 절연체 실에 수 직으로 매달려 있다. 주위에 있던 금속판을 대전시켜 그 구가

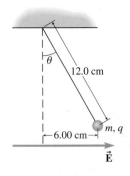

그림 16.17 균일한 전기장 $\vec{E}$(오른쪽 방향)
와 균일한 중력장 $\vec{g}$(아래쪽 방향) 속에 매달
려 있는 대전된 구.

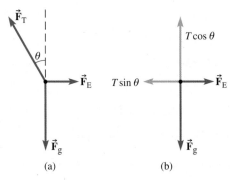

(a)   (b)

그림 16.18 (a) 구에 작용하는 힘에 대한 자물도. (b) 실이 작용하는 힘
을 수직 성분과 수평 성분으로 바꾼 자물도.

수평 방향으로 크기 7.20×10^5 N/C인 전기장 속에 있게 했
다. 그 결과, 구가 전기장의 방향으로 6.00 cm만큼 옮겨갔다
(그림 16.17). (a) 실이 수직축과 이루는 각도를 구하여라. (b)
실의 장력을 구하여라. (c) 구에 있는 전하를 구하여라.

전략 구가 점전하로 취급될 만큼 충분히 작다고 하자. 그러
면 구에 작용하는 전기력은 $\vec{F}_E = q\vec{E}$가 된다. 그림 16.17은 구
가 전기장에 의해 오른쪽으로 밀려나 있음을 보여준다. 따라
서 전기력의 방향도 오른쪽이다. $\vec{F}_E$와 $\vec{E}$가 같은 방향을 향하
므로 구에 있는 전하는 양전하이다. 구에 작용하는 모든 힘을
보여주는 자물도를 그린 후, 매달린 구가 평형 상태에 있으므
로 구에 작용하는 알짜힘을 0으로 놓는다.

풀이 (a) 각 θ는 그림 16.17에서 구해진다. 12.0 cm의 실은
직각삼각형의 빗변이 된다. 각 θ를 마주 보는 변의 길이가 구
의 수평 변위이다. 따라서

$$\sin \theta = \frac{6.00 \text{ cm}}{12.0 \text{ cm}} = 0.500 \quad \text{그리고} \quad \theta = 30.0°$$

이다.

(b) 그림 16.18a의 자물도를 먼저 그린다. 중력은 실이 구를
당기는 힘 $\vec{F}_T$의 수직 성분과 같아야 한다. 그림 16.18b에 $\vec{F}_T$
의 성분들을 보였다. $\vec{F}_T$의 크기가 실의 장력 T이다.

구가 평형 상태에 있으므로 구에 작용하는 알짜힘의 x-와
y-성분은 0이다. y-성분에서 장력을 구한다.

$$\sum F_y = T \cos \theta - mg = 0$$

$$T = \frac{mg}{\cos \theta} = \frac{5.10 \times 10^{-3} \text{ kg} \times 9.80 \text{ N/kg}}{\cos 30.0°} = 0.0577 \text{ N}$$

이것이 $\vec{F}_T$의 크기이다. 방향은 수직축과 30.0°를 이루며 실에
서 고정점을 향한다.

(c) 수평 성분 또한 모두 더하면 0이 된다. $F_E = |q|E$이므로

$$\sum F_x = |q| E - T \sin \theta = 0$$

이다. $|q|$에 대해 풀면

$$|q| = \frac{T \sin \theta}{E} = \frac{(5.77 \times 10^{-2} \text{ N}) \sin 30.0°}{7.20 \times 10^5 \text{ N/C}} = 40.1 \text{ nC}$$

이다. 이는 전하의 크기이다. 구에 작용하는 힘이 전기장과
평행하므로 전하의 부호는 양(+)이다. 그러므로

$$q = 40.1 \text{ nC}$$

이다.

검토 이 문제를 풀기 위해서는 여러 단계를 거쳐야 한다. 그
러나 한 단계씩 풀어나가면 각 단계에서 미지수를 하나씩 구
할 수 있다. 이를 이용해 다음 미지수를 구할 수 있다. 얼핏
보면 충분치 않은 정보가 주어진 것 같지만 힘들과 그 힘들
의 성분을 보여주는 그림을 통해 다음 단계가 무엇인지 쉽게
알 수 있다.

실전문제 16.4 **매달린 구의 전하가 두 배가 되었을 때의
효과**

보기 16.4의 구의 전하가 두 배로 대전된다면 실이 연직 축과
이루는 각도는 얼마인가?

점전하가 만드는 전기장

점전하 Q가 만드는 전기장은 쿨롱의 법칙을 이용해서 구할 수 있다. 양(+)의 시험
전하 q를 여러 곳에 놓는다고 하자. 쿨롱의 법칙에서 시험전하에 작용하는 힘은

$$F = \frac{k|q||Q|}{r^2} \qquad (16\text{-}2)$$

가 된다. 따라서 전기장의 세기는 다음과 같다.

$$E = \frac{F}{|q|} = \frac{k|Q|}{r^2} \qquad (16\text{-}5)$$

전기장은 중력장과 같이 역제곱 법칙에 따라 $1/r^2$로 줄어든다(그림 16.19).

전기장의 방향은 어떠한가? 만약 Q가 양(+)이면 양(+)의 시험전하는 밀려나므로, 전기장은 Q에서 멀어지는 방향(또는 지름 방향의 바깥쪽)으로 향한다. 만약 Q가 음(−)이면 전기장은 Q를 향하는 방향(또는 지름 방향의 안쪽)으로 향한다.

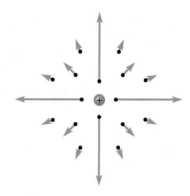

그림 16.19 양의 점전하 부근 몇 군데에서의 전기장을 표현하는 벡터 화살표. 화살의 길이는 장의 세기에 비례한다.

중첩의 원리

여러 개의 점전하가 만드는 전기장은 **중첩의 원리**principle of superposition를 이용해 구할 수 있다.

> 어떤 곳에서나 전기장은 각 전하가 그 점에 독립적으로 형성하는 전기장의 벡터합이다.

연결고리

전기장에 대한 중첩 원리는 전기력을 벡터양으로서 더하는 것에서 발생하는 직접적인 결과이다.

보기 16.5

두 점전하가 만드는 전기장

두 점전하가 x-축 위에 놓여 있다(그림 16.20). 전하 q_1(+0.60 μC)은 $x = 0$에 있고, 전하 q_2(−0.50 μC)는 $x = 0.40$ m에 있다. 점 P는 $x = 1.20$ m에 있다. 두 전하가 점 P에 만드는 전기장의 크기와 방향을 구하여라.

전략 쿨롱의 법칙과 전기장의 정의를 이용해, q_1과 q_2가 점 P에 만드는 전기장을 구할 수 있다. 각 경우에 전기장은 점 P에 있는 양(+)의 시험전하에 작용하는 전기력의 방향을 가리킨다. 이 두 전기장의 합이 점 P의 전기장이다. 문제에 주어진 두 점전하까지의 거리를 구분하기 위해 전하 1과 점 P 사이의 거리를 $r_1 = 1.20$ m로, 전하 2와 점 P 사이의 거리를 $r_2 = 0.80$ m라고 하자.

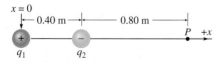

그림 16.20 x-축 위에 놓인 두 점전하. 하나는 $x = 0$, 다른 하나는 $x = +0.40$ m에 있다.

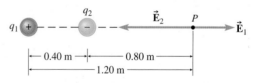

그림 16.21 전하 q_1과 q_2가 점 P에 만드는 전기장 벡터의 방향.

풀이 전하 1의 부호는 양(+)이다. 아주 작은 양(+)의 시험전하 q_0가 점 P에 있다고 생각하자. 전하 1은 양(+)의 시험전하를 밀어내기 때문에, q_1이 시험전하에 작용한 힘 $\vec{F}_1$은 +x-방향이다(그림 16.21). $\vec{E}_1 = \vec{F}_1/q_0$이고 $q_0 > 0$이므로, 전하 1이 만드는 전기장의 방향 역시 +x-방향이다. 전하 2의 부호는 음(−)이므로 두 전하를 연결하는 선을 따라 가상 시험전하를 끌어당기며, q_2가 시험전하에 작용한 힘 $\vec{F}_2$는 −x-방향이다. 그러므로 $\vec{E}_2 = \vec{F}_2/q_0$는 −$x$-방향이다.

먼저 점 P에서 q_1에 의한 전기장 $\vec{E}_1$의 크기를 구하고, 같은 과정을 반복해 점 P에서 q_2에 의한 전기장 $\vec{E}_2$의 크기를 구한다.

$$E_1 = \frac{k|q_1|}{r_1^2}$$

$$= 8.99 \times 10^9 \frac{\text{N·m}^2}{\text{C}^2} \times \frac{0.60 \times 10^{-6} \text{ C}}{(1.20 \text{ m})^2}$$

$$= 3.75 \times 10^3 \text{ N/C}$$

전하 2가 점 P에 만드는 전기장 $\vec{E}_2$의 크기는 다음과 같다.

$$E_2 = \frac{k|q_2|}{r_2^2}$$

$$= 8.99 \times 10^9 \frac{\text{N·m}^2}{\text{C}^2} \times \frac{0.50 \times 10^{-6} \text{ C}}{(0.80 \text{ m})^2}$$

$$= 7.02 \times 10^3 \text{ N/C}$$

그림 16.22는 벡터합 $\vec{E}_1 + \vec{E}_2 = \vec{E}$를 보여주는데 $E_2 > E_1$이므로 $\vec{E}$는 $-x$-방향을 가리킨다. 점 P에서 전기장의 크기는

$$E = 7.02 \times 10^3 \text{ N/C} - 3.75 \times 10^3 \text{ N/C} = 3.3 \times 10^3 \text{ N/C}$$

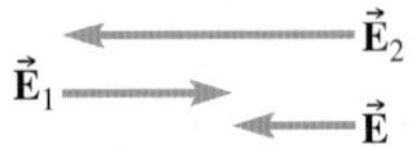

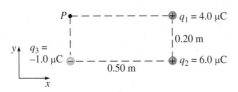

그림 16.22 $\vec{E}_1$과 $\vec{E}_2$의 벡터합.

이다.

점 P의 전기장은 $-x$-축 방향으로 3.3×10^3 N/C이다.

검토 이와 같은 방법은 여러 점전하가 한 곳에 만드는 전기장을 구하는 데 사용된다. 각 전하가 만드는 전기장의 방향은 그곳에 있는 양(+)의 가상 시험전하에 작용하는 전기력의 방향이다. 각 전기장의 크기는 식 (16-5)로 구해진다. 그런 후에 전기장 벡터를 더한다. 전하들과 점이 한 직선 위에 있지 않으면, x-성분과 y-성분으로 분해해 성분끼리 더한다. 전기장이 적은 개수의 점전하로 만들어지지 않는 경우에도 중첩의 원리는 적용된다. 어떤 점에서의 전기장은 각 점전하 또는 전하들의 집합이 따로따로 그 점에 만드는 장들의 벡터합이다.

실전문제 16.5 두 전하가 점 P에 만드는 전기장

x-축 위에 위치한 전하 1과 2가 점 P에 만드는 전기장의 방향과 크기를 구하여라. 전하는 각각 $q_1 = +0.040\,\mu\text{C}$, $q_2 = +0.010\,\mu\text{C}$이다. 전하 q_1은 원점에 있고, 전하 q_2는 $x = 0.30$ m에 있으며, 점 P는 $x = 1.50$ m에 있다.

보기 16.6

세 점전하가 만드는 전기장

세 점전하가 그림 16.23과 같이 직사각형의 모서리에 놓여 있다. (a) 세 점전하가 네 번째 모서리 P에 만드는 전기장은 얼마인가? (b) 점 P에 놓은 전자의 가속도는 얼마인가? 전자에 작용하는 전기장 외에 다른 힘은 없다고 가정하자.

전략 (a) 각 점전하가 점 P에 만드는 전기장의 크기와 방향을 결정한 후 중첩의 원리를 이용해 벡터 합을 구한다.
(b) 점 P의 $\vec{E}$를 이미 계산했으므로 전자에 작용하는 힘은 $\vec{F} = q\vec{E}$이다. 여기서 $q = -e$는 전자의 전하량이다.

풀이 (a) 양전하인 경우 점전하가 만드는 전기장은 그 점전하에서 멀어지는 방향이고, 음전하의 경우에는 점전하 쪽으로 향하는 방향이다. 세 전기장의 방향은 그림 16.24에서 볼

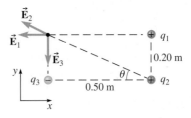

그림 16.24 각 점전하가 점 P에 만드는 전기장 방향. (벡터 화살표의 길이는 축적을 따르지 않았다.)

수 있다. 식 (16-5)에 의해 전기장의 크기는

$$E_1 = \frac{k|q_1|}{r_1^2} = \frac{8.99 \times 10^9 \text{ N·m}^2 \text{·C}^{-2} \times 4.0 \times 10^{-6} \text{ C}}{(0.50 \text{ m})^2} = 1.44 \times 10^5 \text{ N/C}$$

이다. $|q_3| = 1.0 \times 10^{-6}$ C와 $r_3 = 0.20$ m를 사용해 비슷하게 계산하면, $E_3 = 2.25 \times 10^5$ N/C이 나온다. 피타고라스의 정리를 사용하면 $r_2 = \sqrt{(0.50 \text{ m})^2 + (0.20 \text{ m})^2}$ 이다. 따라서

$$E_2 = \frac{kq_2}{r_2^2} = \frac{8.99 \times 10^9 \text{ N·m}^2 \text{·C}^{-2} \times 6.0 \times 10^{-6} \text{ C}}{(0.50 \text{ m})^2 + (0.20 \text{ m})^2} = 1.86 \times 10^5 \text{ N/C}$$

이다. 이제 세 전하 모두에 의한 $\vec{E}$의 x- 및 y-성분을 구하자.

그림 16.23 직사각형 모서리에 있는 3개의 점전하.

그림 16.24의 각도 θ를 이용하면, $\cos \theta = r_1/r_2 = 0.928$이고 $\sin \theta = 0.371$이다. 따라서

$$\sum E_x = E_{1x} + E_{2x} + E_{3x} = (-E_1) + (-E_2 \cos \theta) + 0 = -3.17 \times 10^5 \text{ N/C}$$

$$\sum E_y = E_{1y} + E_{2y} + E_{3y} = 0 + E_2 \sin \theta - E_3 = -1.56 \times 10^5 \text{ N/C}$$

이다. 전기장의 세기는 따라서 $E = \sqrt{E_x^2 + E_y^2} = 3.5 \times 10^5 \text{ N/C}$ 이고, 방향은 $-x$-축 아래로 $\phi = \tan^{-1} |E_y/E_x| = 26°$이다(그림 16.25).

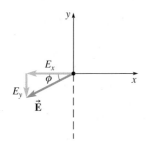

그림 16.25 $\vec{E}$의 성분에서 $\vec{E}$의 방향 찾기.

(b) 전자에 작용하는 힘은 $\vec{F} = q_e \vec{E}$이다. 따라서 가속도는 $\vec{a} = q_e \vec{E}/m_e$이다. 전자의 전하는 $q_e = -e$, 질량 m_e는 표 16.1 에 주어진 것과 같다. 가속도의 크기는 $a = eE/m_e = 6.2 \times 10^{16} \text{ m/s}^2$이다. 가속도의 방향은 전기력의 방향이며, 전자의 전하가 음이므로 $\vec{E}$와 반대 방향이다.

검토 그림 16.24는 점 P에서 어떤 물체에 작용하는 힘이 아 닌 전기장을 그린 자물도와 닮은 그림이다. 그러나 점 P에서 의 전기장은 점 P에 놓인 시험전하에 대한 단위 전하당 전기 력이므로, 힘의 벡터 합과 같은 원리가 적용된다.

실전문제 16.6 두 점전하가 만드는 전기장

점전하 $q_1 = 4.0 \ \mu\text{C}$이 제거되었다면, 남아 있는 두 점전하가 만드는 점 P에 만드는 전기장은 얼마인가?

전기장선

벡터 표시인 화살표를 사용해 전기장을 눈으로 알아보기 쉽게 표현하는 것은 쉽지 가 않다. 다른 점들에 그려진 벡터들이 겹쳐져 벡터들을 구분하기가 불가능해지기 때문이다. 전기장을 편리하게 표현하는 다른 방법은 다음과 같이 전기장의 크기와 방향을 모두 나타내는 연속선의 집단인 **전기장선**electric field lines을 그리는 것이다.

전기장선의 해석

- 어떤 곳에서 전기장 벡터의 방향은 그 점을 통과하는 전기장선의 접선의 방향이며, 전기장선 위에 화살표로 그 방향을 표시한다(그림 16.26a).
- 전기장은 전기장선이 서로 가까이 밀집한 곳에서는 강하고, 멀리 떨어져 있 는 곳에서는 약하다(그림 16.26b). (전기장선에 수직인 작은 면을 생각해보 면, 전기장의 크기는 그 면을 지나는 전기장선의 수에 비례한다.)

전기장선을 그리는 데 다음 세 가지 규칙을 사용하면 편리하다.

전기장선 그리기 규칙

- 전기장선은 양전하에서 시작해 음전하에서 끝난다.
- 양전하에서 시작하는(또는 음전하에서 끝나는) 전기장선의 수는 전하의 크 기에 비례한다(그림 16.26c). (그려야 하는 선의 총수는 임의적이다. 다만 더 많이 그릴수록 장을 보다 더 잘 표현할 수 있다.)

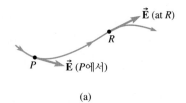

(a)

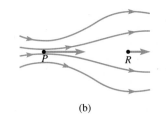

(b)

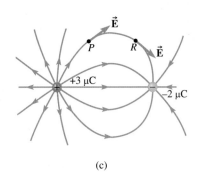

(c)

불가능

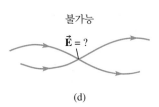

$\vec{E} = ?$

(d)

그림 16.26 전기장선의 규칙이 예시되어 있다. (a) 점 P와 점 R에서의 전기장 방향. (b) 점 P에서 전기장의 크기가 점 R에서보다 크다. (c) 만약 $+3\,\mu$C의 점전하로 시작하는 곳이 12개의 선으로 표시된다면, $-2\,\mu$C으로 끝나는 곳은 8개의 선으로 표시되어야 한다. (d) 전기장선이 서로 교차하면, 그 교차점에서 전기장 $\vec{E}$의 방향을 결정할 수 없다.

• 전기장선은 절대 교차하지 않는다. 어떤 곳에서나 전기장은 한 방향만을 향해야 하는데, 전기장선이 교차한다면 전기장은 그 점에서 두 방향을 가지기 때문이다(그림 16.26d).

점전하가 만든 전기장선

그림 16.27은 한 점전하가 만든 전기장선을 그린 것이다. 전기장선은 전기장의 방향이 지름 방향(양전하에서 멀어지고, 음전하에 다가가는 방향)임을 확실하게 보여준다. 전기장이 강한 점전하에 가까운 곳에서는 전기장선이 촘촘하고, 점전하에서 멀어짐에 따라 퍼져나가 전기장의 세기가 거리에 따라 약해지는 모습을 보여준다. 주위에 다른 전하가 없으면, 마치 우주에서 점전하가 유일한 물체인 듯이 전기장선은 무한히 뻗어나간다. 다른 전하가 있으면 양(+)인 점전하에서 시작하는 전기장선은 음(−)인 점전하에서 끝날 것이고, 음전하에서 끝나는 전기장선은 음전하에서 멀리 떨어져 있는 어떤 양전하들에서 시작했을 것이다.

쌍극자가 만드는 전기장

크기가 같고 부호가 반대이며 서로 가까이 위치한 두 전하를 **쌍극자**^{dipole}(극이 둘이라는 뜻)라고 한다. 쿨롱의 법칙을 이용해 여러 곳에서 쌍극자에 대한 전기장을 구하는 것은 지루한 일이나, 간단히 전기장선을 그려서 전기장을 대략적으로 이해할 수 있다(그림 16.28).

쌍극자의 두 전하는 크기가 같으므로, 양전하에서 시작하는 같은 전기장선의 수가 음전하에서 끝나야 한다. 각 전하에 가까운 곳에서는 마치 다른 전하가 없는 것처럼 전기장선의 간격이 사방으로 고르다. 한 전하에 가까이 다가갈수록 그 전하에 의한 전기장은 다른 전하에 의해 만들어지는 전기장을 무시할 수 있을 정도로 커져 ($F \propto 1/r^2$, $r \to 0$), 전기장은 한 점전하가 만드는 구대칭 전기장이 된다.

다른 점에서의 전기장은 두 전하 모두에서 만들어진다. 그림 16.28은 점 P에서 두 전하에 의한 전기장 벡터를 더해 총 전기장 $\vec{E}$를 구하는 방법을 보였다. 총 전기장 $\vec{E}$는 점 P를 지나는 전기장선에 접하고 있음을 주목하여라.

중첩과 대칭성의 원리는 전기장을 결정하는 데 강력한 도구가 된다. 대칭의 활용이 개념형 보기 16.7에 설명되어 있다.

✓ 살펴보기 16.4

(a) 그림 16.28에서 점 A에서의 전기장 방향은 어디로 향하는가?

(b) 점 A와 P 중 어느 점에서 전기장의 세기가 더 약한가?

감각으로 먹이나 포식자를 감지할 수 있다.

김나르쿠스는 전기장의 미세한 변화로, 부근에 물체가 있다는 것을 주로 전기 위치 탐지로 감지하기 때문에, 계속해서 똑같은 전기장을 만드는 것이 중요하다. 이러한 이유로, 김나르쿠스는 몸을 곧은 상태로 유지하면서 긴 등지느러미를 물결치듯 펄럭이며 헤엄친다. 등뼈를 똑바로 유지하면 음전하와 양전하의 중심을 일정한 거리에 두고 정렬할 수 있다. 꼬리를 흔들면 전기장의 변화가 일어나 전기 위치 탐지의 정밀도가 훨씬 떨어질 것이다.

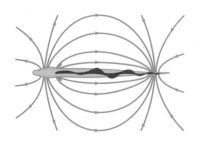

그림 16.32 김나르쿠스가 생성한 전기장. 이 장은 대략 쌍극자 장이다. 물고기의 머리는 양(+)으로, 꼬리는 음(−)으로 대전되어 있다.

16.5 균일한 전기장에서 점전하의 운동
MOTION OF A POINT CHARGE IN A UNIFORM ELECTRIC FIELD

대전된 물체가 전기장에 어떻게 반응하는지에 대한 가장 간단한 예는 전기장이 **균일한** uniform 경우이다. 곧, 모든 지점에서 전기장의 크기와 방향이 같을 때이다. 한 점전하에 의한 전기장은 균일하지 않으며, 지름 방향으로 그 크기는 역제곱의 법칙을 따른다. 균일한 전기장에 가깝게 만들려면 매우 많은 전하가 있어야 한다. 균일한 전기장을 만드는 데 가장 흔히 쓰이는 방법은 두 개의 평행한 금속판에 크기가 같고 부호가 반대인 전하를 놓는 것이다(그림 16.33). 만약 전하가 $\pm Q$이고 판의 넓이가 A라면, 두 판 사이의 전기장은

$$E = \frac{Q}{\epsilon_0 A} \qquad (16\text{-}6)$$

가 된다. (이 식은 16.7절의 가우스의 법칙에서 유도된다.) 전기장의 방향은 판에 수직이고, 양(+)으로 대전된 판에서 음(−)으로 대전된 판을 향한다. 균일한 전기장 $\vec{E}$가 주어졌다고 가정하면, 그 전기장 안에서 점전하 q는 다음과 같은 전기력을 받게 된다.

$$\vec{F} = q\vec{E} \qquad (16\text{-}4b)$$

만약 이 힘이 점전하에 작용하는 유일한 힘이라면, 알짜힘이 일정하므로 가속도도 일정하다. 곧

연결고리

만약 균일한 전기장에 의한 힘 이외에 다른 힘이 점전하에 작용하지 않는다면, 가속도는 일정하다. 중력장 내의 등가속도 운동에 대해 우리가 배운 모든 원리들이 이 경우에도 적용될 수 있다. 그러나 같은 전기장에 대해 모든 점전하들의 가속도가 같은 크기와 방향을 갖지는 않는다. 식 (16-7)을 보아라.

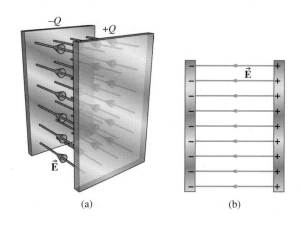

(a)　　　　　(b)

그림 16.33 (a) 반대 부호인 전하 $+Q$와 $−Q$가 있는 두 개의 평행한 금속판 사이의 균일한 전기장. 이 전기장의 크기는 $E = Q/(\epsilon_0 A)$이다. 여기서 A는 판의 넓이이다. (b) 전기장선의 측면도.

$$\vec{a} = \frac{\vec{F}}{m} = \frac{q\vec{E}}{m} \qquad (16\text{-}7)$$

가 된다. 등가속도에서의 운동은 두 가지 형태로 나타난다. 점전하의 처음 속도가 0이거나 전기장과 평행 또는 반평행이면 그 운동은 일직선으로 움직인다. 만약 점전하가 전기장에 수직인 처음 속도 성분을 갖고 있다면 균일한 중력장 안의 투사체와 똑같이 점전하의 궤적은 포물선이다. (다른 힘들을 무시한다면 균일한 중력장 내의 궤적과 유사하다.) 4장에서 등가속도 운동을 분석하기 위해 썼던 방법을 이 경우에 사용할 수 있다. 가속도의 방향은 $\vec{E}$와 평행(양전하의 경우)하거나, $\vec{E}$와 반평행(음전하의 경우)하다.

✓ 살펴보기 16.5

전자가 균일한 전기장이 가해진 영역에서 +x-방향으로 운동한다. 전기장의 방향도 역시 +x-방향이다. 전자의 운동을 기술하여라.

보기 16.8

전자빔

음극선관(CRT, cathode ray tube)은 일부 텔레비전이나 컴퓨터 모니터, 오실로스코프, X선관 등에서 전자를 가속하기 위해 사용된다. 가열된 필라멘트에서 발생한 전자들은 음극의 구멍을 통과한다. 그 후 음극과 양극(그림 16.34) 사이의 전기장에 의해 가속된다. 전자가 음극의 구멍을 1.0×10^5 m/s 의 속도로 통과해 양극을 향한다고 하자. 양극과 음극 사이의 전기장은 균일하고 크기가 1.0×10^4 N/C이다. (a) 전자의 가속도는 얼마인가? (b) 음극과 양극이 2.00 cm 떨어져 있다면, 전자의 나중 속도는 얼마인가?

전략 전기장이 균일하기 때문에, 전자의 가속도는 일정하다. 따라서 뉴턴의 제2 법칙을 적용할 수 있으며, 등가속도 운동에 대해 우리가 배운 모든 방법들을 이용할 수 있다.

주어진 조건: 처음 속도 $v_i = 1.0 \times 10^5$ m/s

두 판의 간격 $d = 0.020$ m

전기장의 세기 $E = 1.0 \times 10^4$ N/C

찾아볼 것: 전자의 질량 $m_e = 9.109 \times 10^{-31}$ kg

전자의 전하 $q = -e = -1.602 \times 10^{-19}$ C

구할 값: (a) 가속도, (b) 나중 속도

풀이 (a) 전자의 중력을 무시할 수 있는지 확인한다. 전자의 무게는

$$F_g = mg = 9.109 \times 10^{-31}\text{ kg} \times 9.8\text{ m/s}^2 = 8.9 \times 10^{-30}\text{ N}$$

이다. 전기력의 크기는

$$F_E = eE = 1.602 \times 10^{-19}\text{ C} \times 1.0 \times 10^4\text{ N/C} = 1.6 \times 10^{-15}\text{ N}$$

으로서 중력에 비해 크기가 약 10^{14}배나 된다. 중력은 완전히 무시할 수 있다. 따라서 두 판 사이에서 전자의 가속도는

$$a = \frac{F}{m_e} = \frac{eE}{m_e} = \frac{1.602 \times 10^{-19}\text{ C} \times 1.0 \times 10^4\text{ N/C}}{9.109 \times 10^{-31}\text{ kg}}$$
$$= 1.76 \times 10^{15}\text{ m/s}^2$$

이다. 전자의 전하가 음(−)이므로, 가속도의 방향은 전기장의 방향과 반대이며, 그림에서 오른쪽 방향이다.

(b) 전자의 처음 속도 또한 오른쪽 방향이다. 처음 속도와 가속도가 모두 같은 방향이므로, 1차원 등가속도 문제로 생각할 수 있다. 식 (4-5)로부터, 나중 속도는

$$v_f = \sqrt{v_i^2 + 2ad}$$
$$= \sqrt{(1.0 \times 10^5\text{ m/s})^2 + 2 \times 1.76 \times 10^{15}\text{ m/s}^2 \times 0.020\text{ m}}$$
$$= 8.4 \times 10^6\text{ m/s (오른쪽)}$$

이다.

검토 전자의 가속도가 상당히 크게 보인다. 이 큰 값 때문에

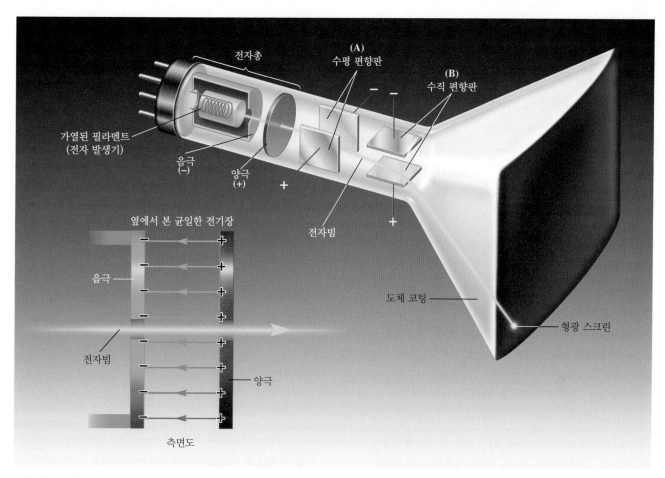

그림 16.34 음극선관(CRT)에서, 전자는 음극과 양극 사이의 전기장에 의해 고속으로 가속된다. 오실로스코프에 사용되는 이 CRT에는 전자빔을 (A) 수평 및 (B) 수직 방향으로 편향시키는 데 사용되는 두 쌍의 평행판이 있다. 빔의 편향은 대부분 판 사이의 영역을 벗어난 후에 발생한다. 어느 한 세트의 판 사이에서, 전자에 가해지는 힘은 일정하므로 포물선을 따라 움직인다. 일단 전자가 판을 떠나면 전기장은 본질적으로 0이므로 일정한 속도로 직선 경로를 따라 이동한다.

걱정이 될지도 모르겠지만, 이러한 큰 가속도에 반하는 물리 법칙은 없다. 나중 속력은 우주의 궁극의 속력 한계인 빛의 속력(3×10^8 m/s)보다 작다.

여러분은 이 문제가 에너지 방법을 통해서도 풀릴 수 있다고 생각해볼 수 있다. 실제로 전기력이 한 일을 구하고 이 일이 변화시킨 운동에너지를 구할 수 있다. 전기장에 대한 이러한 에너지 접근법은 17장에서 다룰 것이다.

실전문제 16.8 양성자 느리게 하기

만약 양성자빔이 처음 속력 $v_i = 3.0 \times 10^5$ m/s로 음극의 구멍을 통과해 오른쪽 방향으로 발사되었다면(그림 16.34 참조), 양극에 도달할 때(만약 도착한다면) 양성자들의 속력은 얼마가 될 것인가?

전기장의 응용: 오실로스코프 음극선관에서 전기장이 전자빔을 가속시킨다. 오실로스코프(회로 내 시간에 따라 변하는 양들을 측정하는 데 사용하는 장치)에서는 음극선관이 전자빔을 편향시키는 데에도 쓰인다. TV나 컴퓨터 모니터에 쓰이는 음극선관에서는 전기장이 전자빔을 편향시키기 위해 쓰이지는 않으며, 이 기능은 자기장이 수행한다.

균일한 전기장 $\vec{E}$로 발사된 전자의 편향

두 평행판 사이에서 수직 아래쪽으로 균일한 전기장에 전자가 수평으로 발사되었다(그림 16.35). 판들은 2.00 cm 떨어져 있고 판의 길이는 4.00 cm이다. 전자의 처음 속력은 $v_i = 8.00 \times 10^6$ m/s이다. 전자가 판 사이 중간으로 입사되고, 전자가 판 사이를 빠져나올 때 위 판을 간신히 벗어났다. 전기장의 크기는 얼마인가?

전략 그림에 표시된 x-축과 y-축을 이용하면 전기장은 $-y$-방향을 향하고 전자의 처음 속도는 $+x$-방향을 향한다. 전자가 음($-$)의 전하를 가지므로 전자에 작용하는 전기력은 위쪽 방향($+y$-방향)이다. 또한 장이 균일하므로 전기력은 일정하다. 따라서 전자의 가속도는 일정하고 위쪽 방향이다. 가속도가 $+y$-방향이므로 속도의 x-성분은 일정하다. 이 문제는 발사체 문제와 유사하나, 일정한 가속도가 균일한 중력장에 의한 것이 아니라 균일한 전기장에 의한 것이다. 전자가 위 판을 간신히 벗어나면, 그 변위는 y-방향으로 $+1.00$ cm이고 x-방향으로 $+4.00$ cm이다. v_x와 Δx로부터 두 판 사이에서 소모한 시간을 알 수 있다. Δy와 시간으로부터 a_y를 구할 수 있다. 가속도로부터 뉴턴의 제2 법칙($\sum\vec{F} = m\vec{a}$)을 이용해 전기장을 구할 수 있다.

전자의 중력은 작으므로 무시한다. 이 가정은 나중에 검증할 수 있다.

주어진 조건: $\Delta x = 4.00$ cm, $\Delta y = 1.00$ cm,
$$v_x = 8.00 \times 10^6 \text{ m/s}$$

구할 값: 전기장 세기 E

풀이 Δx와 v_x로부터 두 판 사이에서 소모한 시간을 구한다.

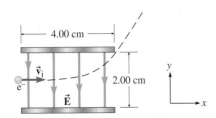

그림 16.35 전기장에 의해서 편향되는 전자. 전기장이 전자에 일정한 힘을 가하므로 두 판 사이에서 전자의 궤적은 포물선이다. 두 판을 빠져나간 후, 알짜힘이 0이므로 전자는 일정한 속도로 운동한다.

$$\Delta t = \frac{\Delta x}{v_x} = \frac{4.00 \times 10^{-2} \text{ m}}{8.00 \times 10^6 \text{ m/s}} = 5.00 \times 10^{-9} \text{ s}$$

두 판 사이에서 소모한 시간과 Δy로부터 가속도의 y-방향 성분을 구할 수 있다.

$$\Delta y = \tfrac{1}{2} a_y (\Delta t)^2$$

$$a_y = \frac{2\,\Delta y}{(\Delta t)^2} = \frac{2 \times 1.00 \times 10^{-2} \text{ m}}{(5.00 \times 10^{-9} \text{ s})^2} = 8.00 \times 10^{14} \text{ m/s}^2$$

다른 힘이 작용하지 않는다고 가정하므로, 이 가속도는 전자에 작용하는 전기력에 의해서 생긴다. 뉴턴의 제2 법칙으로부터

$$F_y = qE_y = m_e a_y$$

이다. E_y에 대해 풀면

$$E_y = \frac{m_e a_y}{q} = \frac{9.109 \times 10^{-31} \text{ kg} \times 8.00 \times 10^{14} \text{ m/s}^2}{-1.602 \times 10^{-19} \text{ C}}$$
$$= -4.55 \times 10^3 \text{ N/C}$$

이다. 전기장은 x-성분이 없으므로 그 크기는 4.55×10^3 N/C이다.

검토 전자에 대한 중력이 전기력과 비교해 아주 작다고 생각해서 무시했다. 가정이 맞는지를 확인해보자.

$$\vec{F} = m_e \vec{g} = 9.109 \times 10^{-31} \text{ kg} \times 9.80 \text{ N/kg (아래 방향)}$$
$$= 8.93 \times 10^{-30} \text{ N (아래 방향)}$$

$$\vec{F}_E = q\vec{E} = -1.602 \times 10^{-19} \text{ C} \times 4.55 \times 10^3 \text{ N/C (아래 방향)}$$
$$= 7.29 \times 10^{-16} \text{ N (윗방향)}$$

전기력이 중력보다 약 10^{14}배 정도 크므로 가정은 타당하다.

실전문제 16.9 균일한 전기장 $\vec{E}$로 발사된 양성자의 편향

전자 대신 양성자가 같은 처음 속도로 발사되었다면, 양성자는 그 판 사이 영역을 벗어나는가 아니면 판에 부딪히는가? 만약 한쪽 끝에 다다를 수 없다면 전기장이 있는 영역을 벗어날 때 양성자는 얼마나 편향되는가?

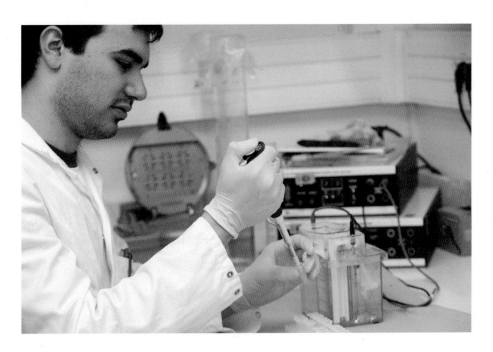

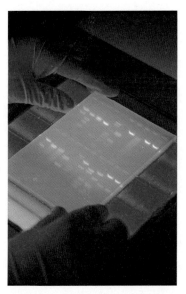

그림 16.36 젤 전기영동법에 쓰이는 장비들. 분류할 분자들을 젤 안 관 속에 넣는다. 그 후 전원을 켜, 분자들이 큰 전기장 안에 있게 되면 젤 속을 천천히 이동한다.

응용: 젤 전기영동법 젤 전기영동법(Gel electrophoresis)은 전기장을 가해 생물학적 거대 분자(단백질이나 핵산)를 크기에 따라 분류하는 기술이다. 분류될 분자들은 화학적으로 처리되어 막대기 모양으로 펴져 있고 이에 따라 용액 내에서 알짜 전하를 갖는다. 젤 매트릭스 안에 분자들을 넣고 전기장을 가한다(그림 16.36). 전기력이 전하 부호에 따라 분자들을 전극 중 하나로 끌어당긴다.

만약 다른 힘이 작용하지 않는다면, 분자들은 등가속도로 운동할 것이지만, 젤이 운동을 방해한다. 이 힘은 점성저항(9.10절 참조)과 유사하다. 곧, 분자의 속력에 비례하고 비례상수는 분자의 크기와 모양에 따라 변한다. 각 분자는 전기력과 점성저항이 평형을 이룰 때 종단속력에 도달한다. 작은 분자들은 빨리 운동하며 큰 분자들은 느리게 운동한다. 따라서 시간이 지나면 분자들은 크기별로 분류된다. 이 분자들은 눈에 잘 보이도록 염색될 수 있다(그림 16.37).

그림 16.37 젤 전기영동법을 수행한 후 분자들을 염색했다. 어떤 주어진 크기의 분자들은 젤에서 특정한 띠를 형성한다. 띠의 위치는 분자의 크기와 전하로 결정된다. 젤 전기영동법은 DNA 지문 채취(DNA fingerprinting)를 하는 방법 중 하나이다.

16.6 정전기적 평형 상태에 있는 도체
CONDUCTORS IN ELECTROSTATIC EQUILIBRIUM

16.1절에서 종잇조각이 가까이 있는 전하에 의해 어떻게 분극되는지를 다루었다. 분극은 작용한 전기장에 대한 종이의 반응이다. 작용한 전기장은 종잇조각 바깥에 있는 전하에 의해 생성된 전기장을 뜻한다. 그런데 종잇조각의 전하 분리는 자신의 전기장을 만든다. 종이의 안이나 바깥 어디에서나 알짜 전기장은 작용한 전기장과 종잇조각 내 분리된 전하들에 의한 전기장의 합이다.

분리되는 전하의 양은 작용한 전기장의 세기와 종이를 이루는 원자와 분자의 성질에 따라 다르다. 어떤 물질은 다른 물질들보다 쉽게 분극된다. 가장 쉽게 분극되는 물질은 도체이다. 도체는 그 물질 내에서 어디에나 자유롭게 이동할 수 있는 전하들이 있기 때문이다.

도체가 알짜 전하를 갖거나 또는 외부 전기장에 놓여 있거나, 아니면 알짜 전하를 가지고 전기장에 놓여 있는 경우에 도체 내 전하의 분포를 살펴보는 것은 쓸모 있다. 우리는 **정전기적 평형**electrostatic equilibrium에 있는 도체만을 고려한다. 정전기적 평형이란 도체 안의 움직일 수 있는 전하들이 평형에 이르러 정지해 있는 상태이다. 전하를 도체에 주면 안정된 분포가 될 때까지 전하들은 돌아다닌다. 외부의 전기장이 가해지거나 변화해도 같은 현상이 벌어지며, 전하들이 외부 전기장에 반응해 운동하다가 곧 평형 분포에 이르게 된다.

도체 내부의 전기장이 0이 아니라면, 그 전기장은 각 전하들(일반적으로 전자)에 힘을 작용해 전하들을 어떤 특정 방향으로 움직이게 한다. 움직이는 전하가 있는 한 도체는 정전기적 평형에 있을 수 없다. 그러므로 다음과 같은 결론을 얻는다.

> 1. 정전기적 평형에 있는 도체 내부의 어떤 곳에서나 전기장은 0이다.

전자회로와 전선을 금속 덮개로 감싸서 그것들을 다른 장치에서 새어 나오는 전기장으로부터 차단시킨다. 금속 덮개의 자유전하는 외부 전기장이 변함에 따라 스스로 재배치된다. 덮개에 있는 전하들이 외부 전기장에 따라 계속 움직이는 한, 외부 전기장은 덮개 안쪽에서 상쇄된다.

전기장이 내부에서 0이라고 해서 바깥에서도 반드시 0일 필요는 없다. 전기장이 외부에는 있고 내부에는 없을 때 전기장선은 도체의 표면의 전하에서 시작하거나 끝나야만 한다. 전기장선은 전하에서 시작하거나 끝나야 하므로

> 2. 도체가 정전기적 평형일 때, 도체 표면에만 알짜 전하가 있을 수 있다.

도체 내부의 어떤 곳에서도 양전하와 음전하의 양은 같다. 양전하와 음전하의 불균형은 도체 표면에서만 생긴다.

정전기적 평형에서 다음의 내용도 역시 사실이다.

> 3. 도체 표면에서의 전기장은 그 표면에 수직인 방향이다.

왜 그런가? 만약 전기장에 표면에 수평인 성분이 있다면, 표면의 자유전자는 표면의 수평 방향으로 힘을 받아 움직인다. 따라서 이처럼 표면에 수평 방향의 성분이 있다면, 그 도체는 정전기적 평형 상태에 있을 수 없다.

도체가 불규칙적인 모양이라면 과잉 전하는 날카로운 점들에 좀 더 집중된다. 전하들은 도체 표면을 따라서만 움직일 수 있다고 생각하여라. 편평한 면의 경우, 이웃하는 전하들이 만드는 척력이 표면에 평행하기 때문에 전하들은 표면에 골고루 퍼진다. 곡면 위에서는, 표면에 평행한 척력 성분 $F_{\parallel}$만이 전하들을 골고루 분포시킨다(그림 16.38a). 만약 불규칙한 표면에 전하들이 골고루 퍼진다면 날카롭게 휘어진

곳에 있는 전하들에 작용하는 척력의 평행 성분은(면에 대한) 작을 것이고, 결과적으로 전하들은 그쪽으로 움직일 것이다. 따라서

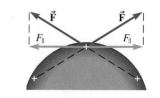

> 4. 정전기적 평형에 있는 도체의 표면전하밀도(단위 넓이당 전하)는 날카로운 곳에서 가장 높다(그림 16.38b).

도체 바로 바깥의 전기장선은 각 장선이 표면 전하에서 출발하고 끝나기 때문에, 뾰족한 곳들에 높은 밀도로 모여 있다. 전기장선의 밀도는 전기장의 크기를 반영하기 때문에 도체 외부의 전기장은 도체 표면의 가장 날카로운 곳에서 가장 크다.

정전기적 평형에 있는 도체에 대해 우리가 얻은 결론은 다음과 같이 전기장선에 관한 규칙으로 다시 이야기할 수 있다.

> 정전기적 평형에 있는 도체에 대해
> 5. 도체 물질 내에는 전기장선이 없다.
> 6. 도체 표면에서 시작하거나 끝나는 전기장선은 표면과 만나는 곳에서 그 표면에 수직인 방향이다.
> 7. 도체 표면의 바로 바깥에서 전기장은 날카로운 곳 부근에서 가장 강하다.

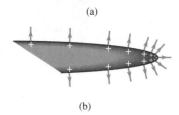

그림 16.38 (a) 곡면 위에서만 움직이는 전하에 이웃하는 두 전하가 작용하는 척력. 힘의 수평 성분($F_\parallel$)이 전하들의 간격을 정한다. (b) 정전기적 평형 상태에 있는 도체의 경우, 표면의 곡률반지름이 최소인 곳에서 표면전하밀도가 최대가 되며 바로 그 표면 바깥의 전기장이 가장 강하다.

보기 16.10

두 도체의 평형 전하 분포

총 전하가 $-16\,\mu C$인 속이 찬 구형 도체가 총 전하가 $+8\,\mu C$인 속이 빈 구 껍질의 중심에 놓여 있다. 이 도체들은 정전기적 평형 상태에 있다. 구 껍질의 외부와 내부 표면의 전하를 구하고, 전기장선 도해를 그려라.

전략 정전기적 평형에 있는 도체에 대해 우리가 방금 얻어낸 결론과 전기장선의 성질을 적용할 수 있다.

풀이 내부 구부터 시작하면, 결론 2로부터 모든 전하는 바깥 껍질에 있다. 내부 구와 외부 구 껍질은 같은 중심을 가지므로, 대칭에 의해 내부 구의 표면에 전하들이 균일하게 분포한다. 전기장선은 음전하에서 끝나기 때문에, 내부 구의 바로 바깥에서의 전기장선은 그림 16.39처럼 보이게 된다.

이 전기장선은 어디서 시작되는가? 평형에서 도체 내부에는 전기장선이 없기 때문에(결론 5), 전기장선들은 구 껍질의 내부 표면에서 시작해야 한다. 껍질 내부의 전기장선이 그림 16.40에 그려져 있다. 전하가 $-16\,\mu C$인 내부 구에서 전기장선이 끝나야 하므로, 껍질의 내부 표면 위의 전하는 $+16\,\mu C$

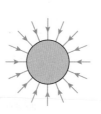

그림 16.39 속이 찬 구 외부의 전기장선.

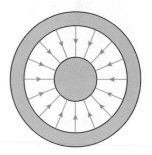

그림 16.40 껍질 내부의 전기장선. 껍질 외부의 전기장선은 그리지 않았다.

이다.

모든 알짜 전하는 껍질의 표면에서 발견되고(결론 2), 알짜 전하는 $+8\,\mu C$이므로, 바깥 껍질의 전하는 $-8\,\mu C(Q_{\text{알짜}} = Q_{\text{내부}} + Q_{\text{바깥}})$이다. 완성된 전기장선 그림은 그림 16.41에 나타난 바와 같다.

검토 만약 구들이 같은 중심을 갖지 않거나 구 대칭성이 없

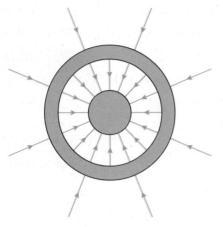

그림 16.41 완성된 전기장선 스케치.

다고 가정해보자. 그렇다면 각 표면의 전하들은 균일하게 분포되지 않으며 전기장선을 어떻게 그려야 할지 세세한 부분

을 모르게 된다. 그러나 각 표면의 알짜 전하들에 대해서는 여전히 같은 결론에 도달한다. 비록 우리가 전기장선을 정확히 어떻게 그려야 하는지 모르더라도, 모든 전기장선이 속이 빈 도체의 내부 표면에서 출발하고, 속이 찬 내부 구 표면에서 끝나야 함을 여전히 알고 있다. 따라서 그 전하들은 부호는 반대이며 크기가 같아야 한다. 그렇다면 모든 알짜 전하들은 표면에만 존재해야 하므로, 속이 빈 도체의 외부 표면에 존재하는 총 전하를 구할 수 있다.

실전문제 16.10 **속이 빈 도체 내부의 점전하**

속이 빈 도체의 공동 안에 점전하가 놓여 있다. 도체의 내부와 외부 표면의 전하는 각각 $+5\,\mu C$, $+8\,\mu C$이다. 점전하의 전하량은 얼마인가?

그림 16.42 위스콘신 주 호렙(Horeb) 산에 위치한 빅토리아풍 건물에 달린 피뢰침. 피뢰침은 낙뢰로부터 건물을 보호한다.

응용: 피뢰침 높은 건물과 오래된 농가에 프랭클린이 발명한 피뢰침이 있는 것을 종종 볼 수 있다(그림 16.42). 피뢰침은 꼭대기가 뾰족하게 되어 있다. 지나가는 번개가 피뢰침의 꼭대기로 전하를 끌어당길 때, 그곳의 강한 전기장이 주위의 공기 분자를 이온화시킨다. 중성인 공기 분자들은 운동할 때 알짜 전하를 전달하지 않으나, 이온화된 공기는 전하를 건물에서 공기로 천천히 빠져나가게 할 수 있어서, 건물에 위험한 양(+)의 전하가 쌓이는 것을 막을 수 있다. 만약 피뢰침이 뾰족하지 않으면 전기장이 공기를 이온화하는 데 충분하지 않을 수도 있다.

응용: 정전집진기 전기장을 직접 응용한 예가 정전집진기이다(이 장치는 공장 굴뚝에서 나오는 공기 오염을 줄여준다)(그림 16.43). 발전소에서 화석 연료를 태우는

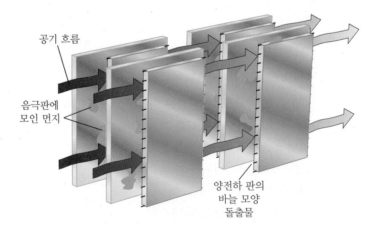

공기 흐름
음극판에
모인 먼지
양전하 판의
바늘 모양
돌출물

그림 16.43 정전집진기. 집진 상자 내부에는 반대 부호로 대전된 금속판들이 있다. 양(+)으로 대전된 판에는 바늘과 같은 도선이 돌출해 있으며 방전 점으로 작동한다. 이 지점에서 전기장이 충분하다면 공기 분자를 이온화시킨다. 먼지들은 이 이온들과 접촉해 양(+)으로 대전된다. 금속판 사이의 전기장은 음(−)으로 대전된 수거판으로 먼지를 끌어당긴다. 이 수거판에 먼지가 많이 쌓이면, 집진 상자 바닥으로 떨어져 내려 쉽게 제거할 수 있다.

것과 같은 산업의 많은 공정에서 분진이 포함된 가스를 공기 중으로 방출한다. 분진을 줄이기 위해 가스가 굴뚝을 나가기 전에 집진기를 통과하게 한다. 시중에서 판매되는 대부분의 가정용 공기청정기는 정전집진기이다.

16.7 전기장에 대한 가우스 법칙
GAUSS'S LAW FOR ELECTRIC FIELDS

독일 수학자 가우스(Karl Friedrich Gauss, 1777~1855)의 이름을 딴 가우스 법칙은 전기장의 성질을 매우 효과적으로 설명해주는 법칙이다. 가우스 법칙은 임의의 닫힌 면에서의 전기장과 그 면 안에 있는 알짜 전하를 관련지어준다. **닫힌 면**closed surface은 공간에서 일정 부피를 둘러싸서 안과 밖이 있도록 한다. 예를 들어, 구의 표면은 닫힌 면이지만 원의 내부는 닫힌 면이 아니다. 가우스 법칙은 상자 속을 들여다보지 않더라도 얼마나 많은 전하가 그 "상자" 안에 있는지 알려준다. 그 상자로 들어가거나 나오는 전기장선을 보고 알아낸다.

그 상자 안에 전하가 없다면 상자 안으로 들어가는 전기장선과 같은 수의 전기장선이 상자 밖으로 나와야 하며, 어디에서도 전기장선이 끝나거나 시작하지 않아야 한다. 내부에 전하가 있더라도 알짜 전하가 0이면, 양(+)으로 대전된 전하들에서 시작하는 전기장선과 같은 수의 전기장선이 음(−)으로 대전된 곳에서 끝나야 하고, 결국 들어간 전기장선과 같은 수의 전기장선이 밖으로 나와야 한다. 내부에 양(+)으로 대전된 알짜 전하가 있다면 양(+)으로 대전된 전하들에서 시작하는 전기장선이 그 상자를 떠나게 되어, 들어가는 전기장선보다 더 많은 전기장선이 나온다. 내부에 음(−)으로 대전된 알짜 전하가 있다면 음(−)으로 대전된 전하들에서 끝나는 전기장선이 그 상자로 들어가게 되어, 나오는 전기장선보다 더 많은 전기장선이 들어간다.

전기장선은 시각화하기에 좋은 도구이나 어떤 표준적인 방법으로도 양적으로 표현될 수는 없다. 가우스 법칙을 쓸모 있게 만들기 위해 전기장선의 수가 들어 있지 않은 수학 공식으로 나타내야 한다. 가우스 법칙을 공식화하기 위해서는 두 가지 조건을 만족해야 한다. 첫째로 닫힌 면을 빠져나오는 전기장선의 수에 비례하는 양을 찾아야 한다. 둘째로 비례상수에 대해 풀 때 비례식을 어떤 방정식의 형태로 바꾸어야 한다.

16.4절에서 보았듯이, 전기장의 크기는 단면의 단위 넓이당 전기장선의 수에 비례하므로 다음과 같이 표시할 수 있다.

$$E \propto \frac{\text{전기장선의 수}}{\text{넓이}}$$

넓이 A의 표면이 균일한 크기의 전기장 E에 수직하다면, 그 면을 지나는 전기장선의 수는 EA에 비례한다. 곧

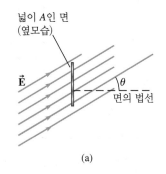

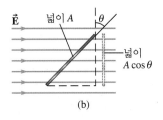

그림 16.44 (a) 직사각형 면을 지나는 전기장선(옆모습). 전기장선과 법선(표면에 수직선) 사이의 각은 θ 이다. (b) 넓이 A의 면을 지나는 전기장선의 수는 넓이 $A \cos \theta$의 수직인 면을 지나는 전기장선의 수와 같다.

$$\text{전기장선의 수} = \frac{\text{전기장선의 수}}{\text{넓이}} \times \text{넓이} \propto EA$$

이 방정식은 표면이 모든 곳에서 전기장선에 수직한 경우에만 참이다. 비슷하게, 물통에 직선으로 떨어지는 빗줄기를 생각해보자. 물통의 주둥이를 빗줄기에 수직으로 놓을 때보다 한쪽으로 기울여 놓을 때 빗물이 적게 들어온다. 일반적으로 단면을 지나는 전기장선의 수는 전기장의 수직 성분과 넓이의 곱에 비례한다.

$$\text{전기장선의 수} \propto E_\perp A = EA \cos \theta$$

여기서 θ는 그림 16.44a에서와 같이, 전기장선이 법선(표면에 수직인 직선)과 이루는 각도이다. 마찬가지로 그림 16.44b는 단면을 지나는 전기장선의 수가 전기장에 수직인 넓이 $A \cos \theta$인 면을 지나는 전기장선의 수와 같다는 것을 보여준다.

면을 지나는 전기장선의 수에 비례하는 수학적인 양을 **전기장 다발**flux of the electric field이라 부른다(기호로는 그리스 문자 phi를 써서 Φ_E).

다발의 정의

$$\Phi_E = E_\perp A = EA_\perp = EA \cos \theta \qquad (16\text{-}8)$$

닫힌 면에서 다발은 전기장선이 표면에 들어오는 것보다 나가는 것이 많으면 양(+)으로 정의되고, 전기장선이 표면에 나가는 것보다 들어오는 것이 많으면 음(−)으로 정의된다. 다발은 알짜 전하가 양(+)이면 양(+)이고 알짜 전하가 음(−)이면 음(−)이다.

전기장선의 알짜 수는 닫힌 면 안의 알짜 전하에 비례하므로 가우스 법칙은 다음과 같다.

$$\Phi_E = \text{상수} \times q$$

여기서 q는 표면에 둘러싸인 알짜 전하를 뜻한다. 보기 16.11에서 비례상수가 $4\pi k = 1/\epsilon_0$임을 보일 수 있다.

가우스 법칙

$$\Phi_E = 4\pi k q = q/\epsilon_0 \qquad (16\text{-}9)$$

구를 통과하는 다발

점전하 $q = -2.0\,\mu\text{C}$이 중심에 있는 반지름 $r = 5.0\,\text{cm}$인 구를 통과하는 다발은 얼마인가?

전략 이 경우에 다발을 구하는 방법이 두 가지가 있다. 쿨롱의 법칙에서 전기장을 알고 그것으로 다발을 구하는 방법, 그리고 가우스 법칙을 사용하는 방법이 있다.

풀이 점전하에서 거리 r만큼 떨어진 곳의 전기장은 다음과 같다.

$$E = \frac{kq}{r^2}$$

음(−)의 점전하의 경우, 전기장은 전하를 향한다. 구 위 어느 곳이나 점전하에서 떨어진 거리가 일정하므로, 구 위 모든 곳에서 전기장의 크기는 같다. 또한 전기장은 구 표면에 항상 수직이다(모든 곳에서 $\theta = 0$). 그러므로

$$\Phi_E = EA = \frac{kq}{r^2} \times 4\pi r^2 = 4\pi kq$$

이다. 이것이 바로 가우스 법칙이 우리에게 말하는 것이다. 모든 전기장선이 반지름에 관계없이 구를 지나가기 때문에 다발은 구의 반지름에 무관하다. 음(−)의 전하는 음(−)의 다발을 주는데 전기장선이 안으로 들어가기 때문이다.

$$\Phi_E = 4\pi kq$$
$$= 4\pi \times 9.0 \times 10^9\, \frac{\text{N·m}^2}{\text{C}^2} \times (-2.0 \times 10^{-6}\,\text{C})$$
$$= -2.3 \times 10^5\, \frac{\text{N·m}^2}{\text{C}}$$

검토 이 경우에, 전기장은 구의 어디에서나 크기가 일정하고 구에 수직이므로 우리는 다발을 직접 구할 수 있다. 그러나 가우스 법칙은 이 전하를 에워싸는 어떤 표면이라도 이 표면을 지나는 다발도 표면의 모양과 크기에 관계없이 같아야만 한다는 것을 보여준다.

실전문제 16.11 정육면체의 한 면을 지나는 다발

점전하 $q = -2.0\,\mu\text{C}$이 중심에 있는 정육면체의 한 면을 지나는 다발은 얼마인가? (힌트: 전체 전기장선 중에서 얼마만큼이 정육면체의 한 면을 지나가는가?)

가우스 법칙을 이용해 전기장 구하기

지금까지 보았듯이, 가우스 법칙은 닫힌 면 위에 전기장이 주어졌을 때 그 닫힌 면 안에 얼마나 많은 전하가 있는지 알 수 있게 해주는 방법이다. 오히려 전하 분포로 생기는 전기장을 구하는 데 더 자주 사용된다. 왜 쿨롱의 법칙을 바로 사용하지 않는가? 많은 경우 전하는 선을 따라 또는 표면 위에 또는 부피 내에 연속적으로 퍼져 있는 것처럼 보일 정도로 엄청나게 많이 있다. 미시적으로 보면 전하는 여전히 전자 전하의 배수이지만, 수많은 전하들이 있을 때는 전하를 연속적인 분포로 보는 것이 간단하다.

연속적인 전하 분포에 대해서는 **전하밀도**charge density가 일반적으로 전하가 얼마나 있는지 기술해주는 가장 편리한 방법이다. 다음과 같이 세 가지의 전하밀도가 있다.

- 전하가 어떤 부피 내에 퍼져 있다면, 적절한 전하밀도는 단위 부피당 전하(ρ)이다.
- 전하가 2차원 평면에 퍼져 있다면, 전하밀도는 단위 넓이당 전하(σ)이다.
- 전하가 1차원 직선 또는 곡선에 퍼져 있다면, 적절한 전하밀도는 단위 길이당 전하(λ)이다.

가우스 법칙은 전기장선에 대한 충분한 대칭성이 있는 경우에 전기장을 계산하는 데 사용할 수 있다. 보기 16.12가 이 방법을 설명한다.

긴 도선에서 떨어진 곳에서의 전기장

전하가 길고 가는 도선을 따라 균일하게 퍼져 있다. 도선의 단위 길이당 전하는 λ이고 일정하다. 도선에서 r만큼 떨어진, 도선의 양 끝에서 아주 먼 곳에서의 전기장을 구하여라.

전략 임의의 점에서의 전기장은 도선을 따라 분포되어 있는 모든 전하들로부터의 기여를 합한 것이다. 쿨롱의 법칙에 따르면, 가장 강한 기여는 도선의 가장 가까운 부분의 전하들로부터 올 것이며, 기여 정도는 거리가 멀어짐에 따라 $1/r^2$로 떨어질 것이다. 도선의 양 끝에서 멀리 떨어져서 도선에서 가까운 곳의 전기장을 구한다면, 도선을 무한히 길다고 가정함으로써 얻는 답이 근사적으로 옳다고 볼 수 있다.

더 많은 전하들을 더하는 것이 어떻게 단순화 과정인가? 가우스 법칙을 적용할 때, 완벽한 대칭성이 있을 때가 대칭성이 부족한 상황보다 계산이 훨씬 간단하기 때문이다. 균일한 선전하밀도를 갖는 무한히 긴 도선에는 축대칭(axial symmetry)이 있다. 대칭성이 전기장에 대해 무엇을 말해주는지 알아보려면 먼저 전기장선을 그려보는 것이 좋다.

풀이 먼저 무한히 긴 도선에서 생성되는 전기장선을 그려보자. 전기장선은 도선에서 출발하거나 멈추어야 한다(전하가 양이냐 음이냐에 따라). 그렇다면 전기장선은 무슨 일을 하는가? 유일한 가능성은 전기장선이 도선으로부터 방사상으로 바깥쪽(또는 안쪽)으로 향하는 것이다. 그림 16.45a는 양전하 및 음전하로부터의 전기장선을 스케치한 것이다. 모든 방향으로 도선은 동일하게 보이므로 그림 16.45b처럼 전기장선은 도선을 감싸며 회전할 수 없다. 도선은 전기장선이 어떤 방향

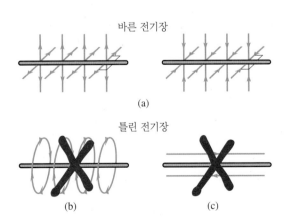

바른 전기장

(a)

틀린 전기장

(b)   (c)

그림 16.45 (a) 도선에서 방사상으로 바깥으로 나가거나 안으로 들어가는 전기장선. (b) 도선 주위를 회전하는 가상의 전기장선. (c) 도선에 평행한 가상의 전기장선.

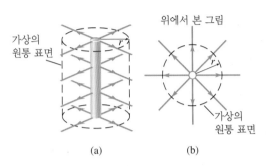

그림 16.46 (a) 원통 축을 따라 놓인 도선으로부터의 전기장선은 도선을 감싼 가상의 원통 표면에 수직이다. (b) 원통을 위에서 본 모습과 전기장선. 전기장선은 원통 표면에 수직이지만 원통의 윗면과 바닥 면에 대해서는 평행하다.

으로 갈지 어떻게 결정하는가? 따라서 어느 한쪽 방향의 회전은 불가능하다. 또한 그림 16.45c처럼 전기장선은 도선 방향을 따라갈 수도 없다. 이때도 마찬가지로 도선은 전기장선이 오른쪽 또는 왼쪽 어느 쪽으로 갈지 어떻게 결정하는가? 도선은 양쪽 방향으로 정확히 동일하게 보인다. 따라서 어느 한쪽 방향으로 향하는 것은 불가능하다.

전기장선이 방사상 모양인 것을 인정한다면, 다음 단계는 표면을 선택하는 것이다. 가우스 법칙은 전기장 크기가 일정하고 표면에 수직 또는 평행일 때 가장 쉽게 다룰 수 있다. 반지름 r인 가상적인 원통을 도선과 축이 일치하게 놓는다면, 전기장선이 방사상이기 때문에 전기장은 항상 이 표면과 수직이다(그림 16.46).

원통의 모든 점은 도선에서 동일한 거리에 있기 때문에, 장의 크기도 원통의 표면에서 일정해야 한다. 폐곡면이 필요하기 때문에, 원통의 양쪽 끝에 두 원형 뚜껑을 포함시켰다. 전기장선은 이 면을 통과하지 않기 때문에, 이 양 뚜껑을 통과하는 다발은 0이다.

원통의 옆면에서는 전기장의 크기가 일정하고 면에 수직이므로, 다발은 다음과 같다.

$$\Phi_E = E_r A$$

여기서 E_r는 전기장의 방사상 성분이다. 만약 전기장이 방사상으로 바깥을 향하면 E_r는 양이고, 안쪽을 향하면 음이 된다. A는 반지름이 r인 원통의 넓이이다. 길이는 어떻게 하는가? 원통은 가상의 것이기 때문에, 임의의 길이 L을 생각할 수 있다. 그러면 원통의 넓이는 다음과 같다(부록 A.6).

$$A = 2\pi r L$$

원통 내부에는 얼마나 많은 전하가 있는가? 단위 길이당 전하가 λ이고 원통 내부의 도선 길이가 L이므로, 포함된 전하는

$$q = \lambda L$$

양일 수도 음일 수도 있다. 가우스 법칙과 다발의 정의에 따라

$$4\pi k q = \Phi_E = E_r A$$

이다. A와 q를 가우스 법칙에 대입하면

$$E_r \times (2\pi r L) = 4\pi k \lambda L$$

이다. E_r에 대해 풀면

$$E_r = \frac{2k\lambda}{r}$$

이다. 전기장의 방향은 $\lambda > 0$일 때 바깥쪽으로 향하는 방사상이며, $\lambda < 0$일 때는 안쪽으로 향한다.

검토 전기장에 대한 최종 표현은 원통의 임의 길이 L에 무관하다. 만약 L이 답에 나타난다면, 어딘가 실수가 있었으며 이것을 찾아야 한다.

답의 단위들을 점검해보자. λ는 단위 길이당 전하밀도이므로, SI 단위로

$$[\lambda] = \frac{C}{m}$$

이고, 상수 k는 SI 단위로

$$[k] = \frac{N \cdot m^2}{C^2}$$

이다. 인자 2π는 차원이 없으며 r는 거리이다. 따라서

$$\left[\frac{2k\lambda}{r}\right] = \frac{C}{m} \times \frac{N \cdot m^2}{C^2} \times \frac{1}{m} = \frac{N}{C}$$

이다. 이것이 전기장의 SI 단위이다.

전기장은 거리의 역수에 비례해 줄어든다($E \propto 1/r$). 잠깐만, 이것은 혹시 $E \propto 1/r^2$라고 하는 쿨롱의 법칙에 위배되는 것이 아닌가? 그렇지 않다. 쿨롱 법칙의 전기장은 점전하로부터 거리 r에서의 전기장이기 때문이다. 이 문제에서는 전하가 도선에 퍼져 있다. 도선의 모양이 바뀐다면 전기장선도 달라지고(점전하가 아니라 도선으로부터 방사형으로 바깥을 향해 나온다.), 이 때문에 전기장과 거리 사이의 관계도 달라진 것이다.

실전문제 16.12 **어떤 넓이를 이용해야 하는가?**

보기 16.12에서 원통 넓이를 $A = 2\pi r L$로 썼는데, 이것은 원통의 곡면 넓이에 불과하다. 원통의 총넓이는 양 끝 뚜껑의 넓이도 포함한다. 곧, $A_\text{총} = 2\pi r L + 2\pi r^2$이다. 다발을 계산할 때, 왜 뚜껑 넓이는 포함하지 않았는가?

해답

실전문제

16.1 7.5×10^{10}개의 전자

16.2 양극으로 대전된 막대가 멀어짐에 따라, 검전기의 자유 전자는 훨씬 더 균등하게 퍼진다. 금박에 알짜 양(+)전하가 적기 때문에, 금박이 크게 벌어지지는 않는다.

16.3 4.6 mN, +x-축에서 71° 시계 방향

16.4 $\theta = 49.1°$

16.5 220 N/C(오른쪽으로)

16.6 2.3×10^5 N/C, −x-축 아래 42°

16.7 (a) 껍질 내부에서, 양(+)전하로부터 나온 장선은 껍질의 중심에 위치한 음(+)전하까지 표면 주위로 퍼진다. (b) 껍질 외부에서, 전하 +Q가 모두 구의 중심에 집중되어 점전하의 −Q를 상쇄한다고 상상할 수 있다. 따라서 외부에서는 $E = 0$이다. 내부에서는 껍질은 전기장을 생성

하지 않으므로(보기에서 볼 수 있는 것처럼), 장은 단지 점전하 −Q로 인한 것뿐이다.

16.8 오른쪽으로 2.3×10^5 m/s

16.9 양성자는 아래로 편향되지만, 전자보다 훨씬 더 큰 질량을 가지고 있기 때문에 가속도는 훨씬 작다($m_p = 1.673 \times 10^{-27}$ kg). 양성자의 가속도는 수직 아래 방향 4.36×10^{11} m/s²이다. 판 사이에서 5.00×10^{-9}초를 지난

후 y-변위는 5.44×10^{-6} m 또는 5.44×10^{-4} cm이다. 양성자는 판 사이의 영역을 떠나기 전에 가까스로 편향된다.

16.10 $-5 \; \mu C$

16.11 $-3.8 \times 10^4 \, N \cdot m^2/C$

16.12 끝부분에서 $\vec{E}$는 표면에 평행하므로 끝부분에 수직인 $\vec{E}$의 구성 요소는 0이고 끝을 통과하는 다발은 0이다. 원통의 끝을 통과하는 장선은 없다.

살펴보기

16.1 유리와 비단은 전하가 보존되기 때문에 동일한 양의 반대 전하를 띤다. 전자는 음(−)전하를 띠므로 비단의 전하는 음(−)이고 막대의 전하는 양(+)이다. 4.0×10^9개의 전자가 가지는 전하는 $4.0 \times 10^9 \times (-1.6 \times 10^{-19} C)$ $= -0.64$ nC이다. 따라서 $Q_{비단} = -0.64$ nC이고 $Q_{유리\ 막대}$ $= +0.64$ nC이다.

16.3 (a) 중력과 전기력은 먼 거리 힘이다. 한 점 입자에 의한 힘의 크기는 다른 입자에 의한 힘과 동일하다($F \propto 1/r^2$). 중력과 전기력은 각각 질량이나 전하의 곱에 비례한다. (b) 중력은 항상 당기는 힘이지만 전기력은 인력이거나 척력일 수 있다. [곧, 질량은 음수가 될 수 없지만 전하는 양(+) 또는 음(−)일 수 있다.]

16.4 (a) 어떤 점에서의 전기장 벡터는 그 점을 지나는 전기장선의 접선이다. A에서 전기장은 아래 방향($-y$-방향)이다. (b) 전기장은 전기장선들이 멀리 떨어져 있는 곳에서는 더 약하다. 전기장은 P에서 약하다.

16.5 전자의 전하는 음(−)이므로 그것에 작용하는 전기력은 전기장의 방향($-x$)과 반대 방향이다. 전자는 $-x$-방향으로 등가속도 운동을 한다. $+x$-방향으로 운동하는 동안 속도가 느려진다. 다음으로 돌아서 $-x$-방향으로 속도가 증가하면서 운동한다.

전기퍼텐셜
Electric Potential

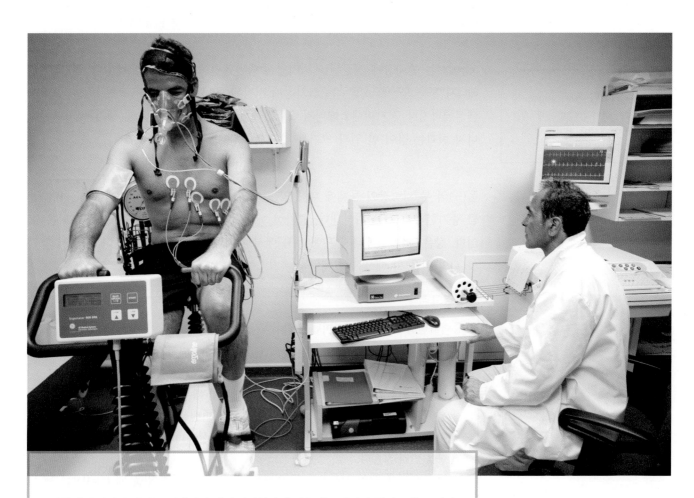

의학에서 심장의 상태를 진단하기 위해 광범위하게 사용하는 장비가 심전도계(ECG)이다. 심전도 데이터는 심장 박동이 반복되는 패턴을 그래프로 보여준다. 심전도계는 어떤 물리량을 측정하는가? (492쪽에 답이 있다.)

되돌아가보기

- 중력(2.6절)
- 중력퍼텐셜에너지(6.4, 6.5절)
- 쿨롱의 법칙(16.3절)
- 도체 내 전기장(16.6절)
- 분극(16.1절)

17.1 전기퍼텐셜에너지 ELECTRIC POTENTIAL ENERGY

연결고리

퍼텐셜에너지는 장에 저장된 에너지이다. 여기서 중력장에 저장된 에너지 대신에 전기장에 저장된 에너지를 공부한다.

6장에서는 중력장에 저장된 에너지인 중력퍼텐셜에너지에 대해 배웠다. **전기퍼텐셜에너지**electric potential energy는 전기장에 저장된 에너지를 말한다(그림 17.1). 중력퍼텐셜에너지나 전기퍼텐셜에너지 모두, 물체가 주위를 운동할 때 생기는 퍼텐셜에너지 변화는 장이 한 일과 크기는 같고 부호는 반대이다.

$$\Delta U = -W_{\text{장}} \tag{6-8}$$

음(−)의 부호는 장이 물체에 대해 양(+)의 일 $W_{\text{장}}$을 할 때 **물체**의 에너지는 $W_{\text{장}}$ 만큼 증가한다는 것을 나타낸다. 증가한 에너지는 저장된 퍼텐셜에너지에서 나온 것이다. 장은 "퍼텐셜에너지 은행 계좌"에서 에너지를 꺼내 물체에 준다. 따라서 힘이 양(+)의 일을 할 때 퍼텐셜에너지는 감소한다.

연결고리

중력퍼텐셜에너지와 전기퍼텐셜에너지 사이에는 여러 가지 유사한 점이 있다.

- 두 경우 모두, 퍼텐셜에너지는 물체가 그 위치에 도달하는 **경로**에 관계없이 물체의 위치에만 관계된다.
- 퍼텐셜에너지의 **변화**만이 물리적인 의미를 갖기 때문에 어떤 점의 퍼텐셜에너지를 0으로 정해도 무방하다. 주어진 상황에서 퍼텐셜에너지는 $U = 0$이 되는 위치를 어디에 선택하는지에 따라 다르지만 퍼텐셜에너지의 변화는 이 선택에 영향을 받지 않는다.
- 두 점입자에 대해서는 보통 두 입자들이 무한히 떨어져 있을 때 $U = 0$으로 택한다.
- 한 입자가 다른 입자에 작용하는 중력이나 전기력 모두 다 두 입자 사이의 거리의 제곱에 반비례한다($F \propto 1/r^2$). 결과적으로 중력퍼텐셜에너지와 전기퍼텐셜에너지는 모두 거리에 따라 변한다($U \propto 1/r$, 단 $r = \infty$에서 $U = 0$).
- 두 점입자의 중력과 중력퍼텐셜에너지는 입자들의 질량의 곱에 비례한다.

$$F = \frac{Gm_1 m_2}{r^2} \tag{2-7}$$

$$U_{\text{g}} = -\frac{Gm_1 m_2}{r} \ (r = \infty \text{에서} \ U_{\text{g}} = 0) \tag{6-14}$$

두 점입자의 전기력과 전기퍼텐셜에너지는 입자들의 전하량의 곱에 비례한다.

$$F = \frac{k|q_1||q_2|}{r^2} \tag{16-2}$$

$$U_{\text{E}} = \frac{kq_1 q_2}{r} \ (r = \infty \text{에서} \ U_{\text{E}} = 0) \tag{17-1}$$

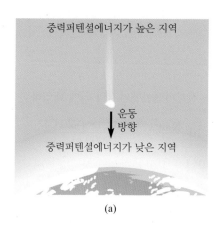
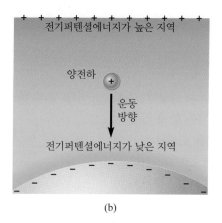

그림 17.1 (a) 중력장을 통과해 움직이는 물체. 물체가 중력 방향으로 운동할 때 중력퍼텐셜에너지는 감소한다. (b) 전기장을 통과해 운동하는 대전입자. 입자가 전기력의 방향으로 운동할 때 전기퍼텐셜에너지가 감소한다.

양(+)의 퍼텐셜에너지와 음(−)의 퍼텐셜에너지 식 (6-14)에서 음(−)의 부호는 중력이 항상 인력임을 가리킨다. 두 입자가 서로 가까워지면(r이 감소) 중력은 양(+)의 일을 하므로 ΔU가 음(−)이 되어 중력퍼텐셜에너지의 일부는 운동에너지 또는 다른 형태의 에너지로 변한다. 만약 두 입자가 서로 멀어지면 중력퍼텐셜에너지는 증가한다.

식 (17-1)에는 왜 음(−)의 부호가 없는가? 두 전하가 반대 부호를 가지면 힘은 인력이다. 인력인 중력의 경우처럼 퍼텐셜에너지는 음(−)이 되어야 한다. 그런데 부호가 반대이면 $q_1 q_2$ 곱은 음(−)이 되므로 퍼텐셜에너지의 부호가 옳다(그림 17.2). 대신에 두 전하가 같은 부호[둘 다 음 (−)이든지 양(+)이든지]를 가지면 $q_1 q_2$는 양(+)이 된다. 부호가 같은 두 전하 사이의 전기력은 척력이므로 두 전하가 서로 가까워질 때 퍼텐셜에너지는 증가한다. 따라서 식 (17-1)의 부호는 모든 경우에 자동적으로 옳다.

쿨롱의 법칙은 벡터인 힘의 **크기**를 나타내기 때문에 전하들의 **크기**($|q_1||q_2|$)의 형태로 쓴다. 퍼텐셜에너지 표현인 식 (17-1)에서는 절댓값 기호를 사용하지 않았다. 두 전하의 부호가 양(+), 음(−) 또는 0이 될 수 있는 스칼라양인 퍼텐셜에너지의 부호를 결정해주기 때문이다.

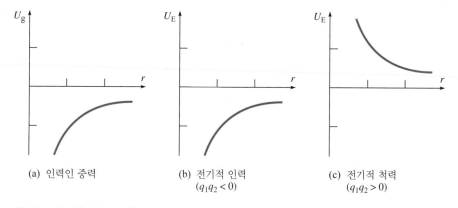

그림 17.2 떨어진 거리 r의 함수로 표현한 두 점입자의 퍼텐셜에너지. 각 경우에 있어서 $r = \infty$일 때 $U = 0$으로 정했다. 인력인 (a)와 (b)의 경우, 퍼텐셜에너지는 음(−)이다. 만약 두 입자가 서로 멀리 떨어진 $U = 0$인 곳에서 출발한다면, 퍼텐셜에너지가 감소함에 따라 두 입자는 자발적으로 서로를 향해 "떨어진다(fall)". 척력이 작용하는 (c)의 경우, 퍼텐셜에너지는 양(+)이다. 만약 두 입자가 멀리 떨어져 출발했다면, 입자들이 서로 밀기 때문에 퍼텐셜에너지를 증가시키려면 외부 요인이 일을 해줘야 한다.

뇌운 속에서의 전기퍼텐셜에너지

천둥을 동반한 뇌우 속에서 전하는 궁극적으로 태양에너지를 이용하는 복잡한 과정을 통해 분리된다. 뇌운 안에 있는 전하에 대한 하나의 단순화된 모형에서는 구름 위쪽에 쌓인 양전하와 아래쪽에 쌓인 음전하를 점전하 쌍으로 묘사한다(그림 17.3). (a) 점전하 쌍의 전기퍼텐셜에너지는 얼마인가? 점전하 쌍이 무한히 멀리 떨어져 있을 때, $U = 0$이라 가정하자. (b) 뇌운 안에서 전하를 분리시키기 위해 외력이 양(+)의 일을 한다는 관점에서 볼 때 퍼텐셜에너지의 부호를 설명하여라.

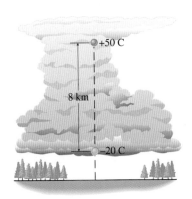

그림 17.3 뇌운 안에서의 전하 분리.

전략 (a) 한 쌍의 점전하의 퍼텐셜에너지는 식 (17-1)로 주어진다. 무한대 거리에서 $U = 0$이라 가정한다. 전하들의 부호는 퍼텐셜에너지를 구할 때 포함된다. (b) 전하들을 분리하는 데 외력이 한 일은, 뇌운 안에서 작용하는 힘에 의해 전하들이 멀어지는 동안에 일어난 전기퍼텐셜에너지의 변화와 같다.

풀이와 검토 (a) 두 점전하에 대한 전기퍼텐셜에너지의 일반적인 표현은

$$U_E = \frac{kq_1q_2}{r}$$

이다. 알고 있는 값을 전기퍼텐셜에너지의 식에 대입하면

$$U_E = 8.99 \times 10^9 \, \frac{N \cdot m^2}{C^2} \times \frac{(+50 \, C) \times (-20 \, C)}{8000 \, m}$$

$$= -1 \times 10^9 \, J$$

이다.

(b) 무한히 떨어졌을 때 $U = 0$인 것을 상기하여라. 그러므로 음(−)의 퍼텐셜에너지는, 두 점전하가 무한히 멀리 떨어져 출발한다면 전하들이 가까워짐에 따라 전기퍼텐셜에너지가 감소함을 의미한다. 다른 힘이 없더라도 그들은 자발적으로 서로를 향해 "떨어질" 것이다. 그러나 뇌운 안에서는 서로 다른 전하들이 서로 가까이 있다가 외력에 의해 서로 먼 곳으로 이동한다. 외부 요인은 양(+)의 일을 해서 퍼텐셜에너지를 증가시키고 전하들을 분리해 이동시켜야 한다. 처음에 전하들이 서로 가까이 있을 때 퍼텐셜에너지는 $-1 \times 10^9 \, J$ 보다 작다. 전하들이 멀어져 갈 때 퍼텐셜에너지의 변화는 양(+)이다.

실전문제 17.1 같은 부호를 갖는 두 점전하

$Q = +6.0 \, \mu C$과 $q = +5.0 \, \mu C$인 두 점전하가 15.0 m 떨어져 있다. (a) 전기퍼텐셜에너지는 얼마인가? (b) 전하 q는 자유롭게 움직일 수 있는 반면, Q는 고정되어 있고 다른 힘은 작용하지 않는다. 두 전하가 처음에 정지해 있다. q는 전하 Q를 향해 다가가는가 아니면 멀어지는가? (c) q의 운동이 전기퍼텐셜에너지에 어떤 영향을 미치는가? 에너지가 어떻게 보존되는지 설명하여라.

여러 점전하가 만드는 퍼텐셜에너지

두 개 이상의 점전하에 의한 퍼텐셜에너지를 구하려면 각 전하 쌍의 퍼텐셜에너지를 구해서 합하면 된다. 세 점전하에 대해서 세 쌍이 존재하므로 퍼텐셜에너지는

$$U_E = k\left(\frac{q_1q_2}{r_{12}} + \frac{q_1q_3}{r_{13}} + \frac{q_2q_3}{r_{23}}\right) \tag{17-2}$$

이다. 여기에서 r_{12}는 q_1과 q_2 사이의 거리이다. 식 (17-2)에서 퍼텐셜에너지는 세 전하들을 무한히 떨어진 곳에서 그들의 위치로 가지고 올 때 전기장이 한 일의 음(−)의 양이다. 세 개 이상의 전하가 있으면 퍼텐셜에너지는 각 전하 쌍에 대해 한 항씩을 더 포함해서 식 (17-2)처럼 합한다. 그러나 같은 쌍의 퍼텐셜에너지를 두 번 더

하지는 말아야 한다. 곧, 퍼텐셜에너지 표현에 $(q_1q_2)/r_{12}$항이 있으면 $(q_2q_1)/r_{21}$ 항을 포함시켜서는 안 된다.

✔ 살펴보기 17.1

네 점전하에 의한 퍼텐셜에너지를 구할 때 몇 개의 전하 쌍이 있는가? 퍼텐셜에너지의 항의 수는 몇 개인가?

보기 17.2

세 개의 점전하에 의한 전기퍼텐셜에너지

세 개의 점전하가 그림 17.4와 같이 놓여 있을 때 전기퍼텐셜에너지를 구하여라. 전하 $q_1 = +4.0\,\mu C$는 (0.0, 0.0) m에, 전하 $q_2 = +2.0\,\mu C$는 (3.0, 4.0) m에, $q_3 = -3.0\,\mu C$는 (3.0, 0.0) m에 위치한다. 한 눈금의 길이는 1 m이다.

전략 세 전하가 있으면 식 (17-2)의 전기퍼텐셜에너지 합에는 세 쌍이 포함된다. 전하들이 주어졌으므로 각 쌍의 거리만 구하면 된다. 첨자는 세 거리를 구별하는 데 유용하다. 예를 들어 r_{12}는 q_1과 q_2 사이의 거리를 의미한다.

풀이 그림 17.4에서 $r_{13} = 3.0$ m, $r_{23} = 4.0$ m이다. 피타고라스 정리를 이용해 r_{12}을 구할 수 있다.

$$r_{12} = \sqrt{3.0^2 + 4.0^2}\ \text{m} = \sqrt{25}\ \text{m} = 5.0\ \text{m}$$

퍼텐셜에너지는 각 쌍에 대해 한 개의 항을 가진다.

$$U_E = k\left(\frac{q_1q_2}{r_{12}} + \frac{q_1q_3}{r_{13}} + \frac{q_2q_3}{r_{23}}\right)$$

주어진 값을 대입하면

$$U_E = 8.99 \times 10^9\,\frac{\text{N·m}^2}{\text{C}^2} \times \left[\frac{(+4.0)(+2.0)}{5.0} + \frac{(+4.0)(-3.0)}{3.0} + \frac{(+2.0)(-3.0)}{4.0}\right] \times 10^{-12}\,\frac{\text{C}^2}{\text{m}}$$

$$= -0.035\ \text{J}$$

이다.

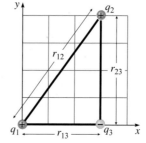

그림 17.4 세 개의 점전하.

검토 풀이를 이해하기 위해 세 점전하가 서로 멀리 떨어진 곳에서 출발한다고 가정하여라. 전하들을 모두 현 위치로 둘 때까지 전기장은 +0.035 J의 일을 한다. 일단 전하들이 제 위치에 있게 되면 그들을 다시 분리하기 위해서는 외부 요인이 +0.035 J의 에너지를 공급해주어야 할 것이다.

개념형 실전문제 17.2 세 양전하

$q_3 = +3.0\,\mu C$로 바꾸면 퍼텐셜에너지는 얼마인가?

17.2 전기퍼텐셜 ELECTRIC POTENTIAL

점전하들의 한 집단이 일정한 위치에 고정되어 있고, 한 개의 전하 q는 운동할 수 있다고 가정하자. q가 운동하면 고정된 전하들과의 거리가 변하기 때문에 전기퍼

그림 17.5 한 전하에 작용하는 전기력은 언제나 전기퍼텐셜에너지가 낮은 방향을 향한다. 전기장은 언제나 전기퍼텐셜이 낮은 방향을 향한다.

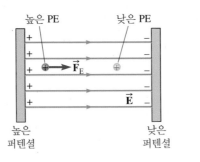 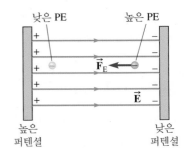

텐셜에너지가 변할 것이다. 전기장을 단위 전하에 대한 전기력으로 정의한 것과 마찬가지로, **전기퍼텐셜**electric potential V는 단위 전하당 전기퍼텐셜에너지로 정의한다(그림 17.5).

$$V = \frac{U_E}{q} \qquad (17\text{-}3)$$

식 (17-3)에서 전기퍼텐셜에너지 U_E가 움직이는 전하 q의 위치의 함수이므로 전기퍼텐셜 V 역시 전하의 위치에 관한 함수이다.

전기퍼텐셜의 SI 단위는 J/C이다. 이를 이탈리아의 과학자 볼타(Alessandro Volta, 1745~1827)의 이름을 따서 볼트(기호 V)라 한다. 볼타는 전지의 초기 형태인 볼타전지를 발명했다. 전기퍼텐셜을 종종 '전위'라 한다. 무게를 때때로 "용적톤수"라고 부르는 것처럼 특히 전기회로와 관련될 때 전기퍼텐셜은 약식으로 전압(voltage)이라 불린다. 전기퍼텐셜과 전기퍼텐셜에너지를 구별하는 데 유의해야 한다. 둘은 혼동하기 쉽지만 바꾸어 사용할 수 없다.

$$1 \text{ V} = 1 \text{ J/C} \qquad (17\text{-}4)$$

퍼텐셜에너지와 전하는 스칼라이므로 전기퍼텐셜도 스칼라이다. 중첩의 원리는 장보다 전기퍼텐셜에 적용하는 것이 쉽다. 왜냐하면 장은 벡터 합을 해야 하기 때문이다. 여러 곳에서 전기퍼텐셜이 주어지면 전하가 한 점에서 다른 점으로 이동할 때 퍼텐셜에너지 변화를 계산하는 것은 쉽다. 전기퍼텐셜은 공간에서 방향을 가지지 않는다. 다른 스칼라양과 마찬가지로 단순히 더해진다. 전기퍼텐셜은 양(+)이나 음(−)일 수 있으므로 대수적인 부호로 합해야 한다.

퍼텐셜에너지에서는 그 변화만이 중요하기 때문에 전기퍼텐셜에서도 마찬가지로 그 변화가 중요하다. 따라서 어떤 점에서 전기퍼텐셜은 임의로 선택할 수 있다. 식 (17-3)은 고정된 전하들에서 무한히 멀리 떨어진 점의 전기퍼텐셜을 0이라고 가정한다.

고정된 전하 집단에 의하여 한 점의 전기퍼텐셜이 V라면, 전하 q가 그 자리에 놓일 때 전기퍼텐셜에너지는

$$U_E = qV \qquad (17\text{-}5)$$

이다.

전기퍼텐셜 차

점전하 q가 A에서 B로 움직일 때 전기퍼텐셜 차

$$\Delta V = V_f - V_i = V_B - V_A \qquad (17\text{-}6)$$

를 통과해 움직인다. 전기퍼텐셜 차는 단위 전하당 퍼텐셜에너지의 변화와 같다. 곧,

$$\Delta U_E = q \Delta V. \qquad (17\text{-}7)$$

전기장과 전기퍼텐셜 차 전하에 작용하는 전기력은, 마치 물체에 작용하는 중력이 더 낮은 중력퍼텐셜에너지 영역(곧, 아래쪽)으로 향하는 것처럼 항상 전기퍼텐셜에너지가 낮은 곳으로 향한다. 양전하에 대해서는 낮은 퍼텐셜에너지가 낮은 전기퍼텐셜을 의미하지만(그림 17.5a) 음전하의 경우는 낮은 퍼텐셜에너지가 높은 전기퍼텐셜을 의미한다(그림 17.5b). 이것은 놀라운 일이 아니고 양전하에 작용하는 힘은 $\vec{E}$의 방향과 일치하지만 음전하에 작용하는 힘은 $\vec{E}$의 방향과 반대이기 때문이다. 양전하의 경우에 전기장은 낮은 퍼텐셜에너지인 곳을 향하기 때문에

$\vec{E}$는 V가 감소하는 방향을 가리킨다.

전기장이 0인 지역에서는 퍼텐셜이 일정하다.

✓ 살펴보기 17.2

점 P에서 $+x$-방향으로 이동할 때는 전기퍼텐셜이 증가하지만 점 P에서 y-방향이나 z-방향으로 이동할 때는 전기퍼텐셜이 변하지 않는다면, 점 P에서 전기장의 방향은 어느 쪽인가?

보기 17.3

전지로 작동하는 랜턴

전지로 작동하는 랜턴이 5분 동안 켜져 있다. 이 시간 동안 총 전하 -8.0×10^2 C의 전자들이 전구를 통해 흐른다. 9600 J의 전기퍼텐셜에너지가 빛과 열로 전환된다. 전자들은 얼마의 전기퍼텐셜 차를 통해 움직이는가?

전략 식 (17-7)은 전기퍼텐셜에너지의 변화와 전기퍼텐셜 차의 관계를 설명한다. 식 (17-7)을 단일 전자에 적용할 수는 있지만, 모든 전자들이 같은 전기퍼텐셜 차 아래에서 움직이므로 q를 총 전자의 전하로 그리고 ΔU_E를 전기퍼텐셜에너지의 총 변화로 놓을 수 있다.

풀이 전구를 통해 이동하는 총 전하는 $q = -800$ C이다. 전기퍼텐셜에너지의 변화는 다른 형태의 에너지로 전환되었기 때문에 음(−)이다. 따라서

$$\Delta V = \frac{\Delta U_E}{q} = \frac{-9600 \text{ J}}{-8.0 \times 10^2 \text{ C}} = +12 \text{ V}$$

이다.

검토 전기퍼텐셜 차의 부호는 양(+)이다. 음전하들은 전기퍼텐셜이 증가하는 쪽으로 움직일 때 전기퍼텐셜에너지를 감소시킨다.

실전문제 17.3 **전자빔**

전자빔이 서로 반대로 대전된 평행판 사이를 움직일 때 편향된다(그림 17.6). 어느 판의 전기퍼텐셜이 높은가?

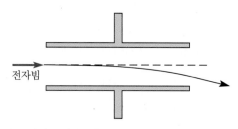

그림 17.6 반대로 대전된 한 쌍의 평행판에 의해 편향되는 전자빔.

점전하에 의한 전기퍼텐셜

점전하 q가 다른 점전하 Q 주위에 있다면 퍼텐셜에너지는

$$U = \frac{kQq}{r} \tag{17-1}$$

이다. 이때 Q와 q는 r만큼 떨어져 있다. 따라서 점전하 Q에서 거리 r인 곳의 전기퍼텐셜은

$$V = \frac{kQ}{r} \quad (r = \infty \text{에서 } V = 0) \tag{17-8}$$

이다.

전기퍼텐셜의 중첩 N개의 점전하에 의한 점 P의 전기퍼텐셜은 각 전하에 의한 전기퍼텐셜의 합이다.

$$V = \sum V_i = \sum \frac{kQ_i}{r_i}, \quad i = 1, 2, 3, \cdots, N \tag{17-9}$$

여기서 r_i는 i번째 점전하 Q_i에서 점 P까지의 거리이다.

보기 17.4

세 개의 점전하에 의한 전기퍼텐셜

전하 $Q_1 = +4.0\,\mu C$이 $(0.0, 3.0)\,cm$, 전하 $Q_2 = +2.0\,\mu C$이 $(1.0, 0.0)\,cm$, 전하 $Q_3 = -3.0\,\mu C$이 $(2.0, 2.0)\,cm$에 놓여 있다(그림 17.7). (a) 점 $A(x = 0.0, y = 1.0)\,cm$에서 세 점전하에 의한 전기퍼텐셜을 구하여라. (b) $q = -5.0\,nC$

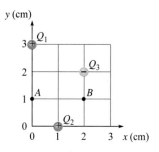

그림 17.7 세 점전하의 배열.

의 점전하가 아주 먼 거리에서 점 A로 이동한다. 전기퍼텐셜에너지는 얼마나 변하는가?

전략 점 A에서의 전기퍼텐셜은 각 점전하에 의한 전기퍼텐셜의 합이다. 첫 단계는 각 전하에서 점 A까지의 거리를 구하

는 것이다. 혼동을 피하기 위해 이 거리를 r_1, r_2, r_3라고 하자. 다음에 점 A에서 각 전하에 의한 전기퍼텐셜을 합한다.

풀이 (a) 격자로부터, $r_1 = 2.0\,cm$이다. Q_2에서 점 A까지의 거리는 한 변이 $1.0\,cm$인 정사각형의 대각선 길이와 같다. 곧, $r_2 = \sqrt{2.0}\,cm = 1.414\,cm$이다. 세 번째 전하는 변의 길이가 $2.0\,cm$, $1.0\,cm$인 직각삼각형의 빗변과 같은 거리에 있다. 피타고라스 정리로부터

$$r_3 = \sqrt{1.0^2 + 2.0^2}\,cm = \sqrt{5.0}\,cm = 2.236\,cm$$

이다. 점 A에서 전기퍼텐셜은 각 점전하에 의한 전기퍼텐셜들을 합한 것이다.

$$V = k\sum\frac{Q_i}{r_i}$$

값들을 대입하면

$$V_A = 8.99 \times 10^9 \frac{\text{N·m}^2}{\text{C}^2} \times$$

$$\left(\frac{+4.0 \times 10^{-6}\,\text{C}}{0.020\,\text{m}} + \frac{+2.0 \times 10^{-6}\,\text{C}}{0.01414\,\text{m}} + \frac{-3.0 \times 10^{-6}\,\text{C}}{0.02236\,\text{m}}\right)$$

$$= +1.863 \times 10^6\,\text{V}$$

이다. 유효 숫자를 두 자리로 맞추면 점 A에서 전기퍼텐셜은 $+1.9 \times 10^6$ V이다.

(b) 퍼텐셜에너지 변화는

$$\Delta U_E = q\Delta V$$

이다. 여기서 ΔV는 전하 q가 움직일 때의 전기퍼텐셜 차이다. q가 무한대 거리에서 출발한다면 $V_i = 0$이다. 그러므로

$$\Delta U_E = q(V_A - 0) = (-5.0 \times 10^{-9}\,\text{C}) \times (+1.863 \times 10^6\,\text{J/C} - 0)$$

$$= -9.3 \times 10^{-3}\,\text{J}$$

이다.

검토 전기퍼텐셜의 부호가 양(+)이라는 것은 점 A에 있는 양전하가 양(+)의 퍼텐셜에너지를 갖고 있음을 의미한다. 멀리서 양전하를 가져오려면 퍼텐셜에너지는 증가해야 한다. 그러므로 전하를 가져오는 데 외부 요인이 양(+)의 일을 해야 한다. 반면에 그 점에 있는 음전하는 음(−)의 퍼텐셜에너지를 가진다. q가 전기퍼텐셜 0인 점에서 전기퍼텐셜이 양(+)인 점으로 이동할 때 전기퍼텐셜의 증가는 퍼텐셜에너지를 감소시킨다($q < 0$).

실전문제 17.4에서는 q가 A에서 B로 움직일 때 전기장이 한 일을 묻고 있다. 힘의 크기나 방향이 일정하지 않으므로 힘의 성분과 거리를 직접 곱할 수는 없다. 원리적으로는 이 문제를 미적분을 이용해 이 방식으로 풀 수 있다. 그러나 전기퍼텐셜 차를 사용함으로써 벡터 성분이나 미적분 없이 똑같은 결과를 얻을 수 있다.

실전문제 17.4 점 B에서의 전기퍼텐셜

점 $B(x = 2.0\,\text{m},\ y = 1.0\,\text{m})$에서 위와 같은 전하들의 배열에 의한 전기퍼텐셜을 구하고 $q = -5.0$ nC 전하가 A에서 B로 이동할 때 전기장이 한 일을 구하여라.

구형 도체에 의한 전기퍼텐셜

16.4절에서, 대전된 도체 구 외부에서의 전기장은 모든 전하가 구의 중심에 위치한 점전하로 집중되었을 때와 같음을 보았다. 결과적으로 도체 구에 의한 전기퍼텐셜은 점전하에 의한 것과 유사하다.

그림 17.8에, 반지름 R, 전하 Q로 대전된 속이 빈 도체 구의 중심에서부터 거리 r의 함수로 전기장의 세기 및 전기퍼텐셜을 표시했다. 도체 구의 내부($r = 0$에서 $r = R$까지)에서 전기장은 0이다. 전기장의 크기는 도체 구의 표면에서 가장 크고, 멀어짐에 따라 $1/r^2$로 감소한다. 구의 외부에서 전기장은 전하 Q가 $r = 0$에 위치한 경

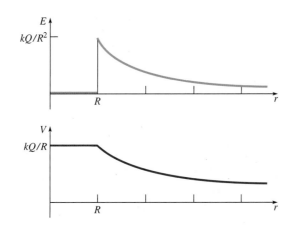

그림 17.8 반지름 R, 전하 Q인 속이 빈 도체 구에 의한 전기장과 전기퍼텐셜을, 중심으로부터의 거리 r의 함수로 표현한 그래프. $r \geq R$에서 전기장과 전기퍼텐셜은 원점에 점전하 Q가 있는 경우와 같다. $r < R$에서는 전기장은 0이고 전기퍼텐셜은 일정하다.

우와 같다.

전기퍼텐셜은 $r = \infty$일 때 0으로 선택했다. 구 외부($r \geq R$)의 전기장은, 점전하 Q에서 거리 r만큼 떨어진 점에서의 전기장과 같다. 따라서 구의 중심에서 거리 $r \geq R$인 임의의 점에 대해 전기퍼텐셜은 점전하 Q에서 r만큼 떨어진 점에서의 전기퍼텐셜과 같다.

$$V = \frac{kQ}{r} \qquad (r \geq R) \tag{17-8}$$

양전하 Q에 대해 전기퍼텐셜은 양(+)이다. 그리고 음전하에 대해서는 음(−)이다. 구의 표면에서 전기퍼텐셜은

$$V = \frac{kQ}{R}$$

이다. 도체 내부의 전기장이 0이므로 **구 내부 어디에서든지 전기퍼텐셜은 구 표면에서의 전기퍼텐셜($V = kQ/R$)과 같다.** 따라서 $r < R$일 경우에 전기퍼텐셜은 점전하의 경우와 같지 않다. **점전하에 의한 전기퍼텐셜의 크기는 $r \to 0$에 접근함에 따라 계속해서 증가한다.**

응용: 반데그래프 발전기

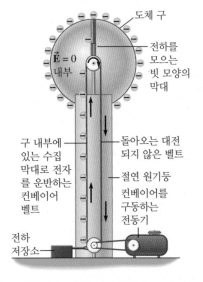

도체 구

$\vec{E} = 0$
내부

전하를 모으는 빗 모양의 막대

구 내부에 있는 수집 막대로 전자를 운반하는 컨베이어 벨트

돌아오는 대전되지 않은 벨트

절연 원기둥

컨베이어를 구동하는 전동기

전하 저장소

그림 17.9 반데그래프 발전기.

도체를 높은 전기퍼텐셜 차로 대전시키기 위해 고안된 장치가 반데그래프 발전기이다(그림 17.9). 커다란 도체 구가 절연체로 된 원기둥 위에 놓여 있다. 원기둥 내부에는 전동기로 구동되는 컨베이어 벨트가 마찰을 통해서 원기둥의 아래쪽에 있는 전하 저장소로부터 음전하를 모은다. 전하는 컨베이어 벨트에 의해 원기둥의 꼭대기로 운반되어 작은 금속 막대에 모아져서 도체 구로 이동한다. 도체 구에 점점 많은 전하가 모임에 따라 전하들은 서로 반발해 가능한 한 서로로부터 멀어져 결국에는 도체 구의 외부 표면에만 있게 된다.

도체 구의 내부에서 전기장은 0이므로 이미 도체 표면에 분포한 전하는 컨베이어 벨트에 있는 전하에 어떠한 반발력도 작용하지 않는다. 따라서 많은 양의 전하가 도체 구의 표면에 쌓일 수 있어서 매우 높은 전기퍼텐셜 차를 만들 수 있다. 도체 구가 크면 수백만 볼트의 전기퍼텐셜 차를 얻을 수도 있다(그림 17.10). 상업용 반데그래프 발전기는 높은 에너지의 강력한 X선 빔을 만드는 데 필요한 높은 전기퍼텐셜 차를 만든다. X선은 의학에서 암 치료에 이용된다. 공업에서는 기계 부품에 있는 작은 결함을 감지해내는 X선 사진술과 플라스틱의 중합에 쓰인다. 오래된 공상과학영화에서 종종 이런 종류의 발전기에서 불꽃이 튀는 것을 볼 수 있다.

그림 17.10 머리카락 세우기 실험. 지면과 전기적으로 절연된 사람이 반데그래프의 둥근 금속 구 부분을 만지면 사람의 전기퍼텐셜은 둥근 부분과 같아진다. 효과가 굉장한 것 같지만 사람의 몸 전체가 같은 전기퍼텐셜이기 때문에 위험하지는 않다. 인체의 두 부위의 전기퍼텐셜 차가 크면 위험하거나 치명적일 수 있다.

반데그래프에 필요한 최소 반지름

반데그래프를 240 kV의 전기퍼텐셜로 대전시키려고 한다. 평균적인 습도가 유지되는 날에는 전기장이 8.0×10^5 N/C 이상이면 공기 분자를 이온화시켜서 반데그래프에서 전하가 새어 나간다. 이 조건에서 도체 구의 최소 반지름을 구하여라.

전략 도체 구의 전기퍼텐셜을 $V_{최대} = 240$ kV라고 놓고 전기장의 세기가 $E_{최대} = 8.0 \times 10^5$ N/C 이하가 되도록 한다. $\vec{\mathbf{E}}$와 V는 구 표면의 전하와 반지름에 따라 변하므로 전하는 소거하고 반지름을 구할 수 있다.

풀이 전하 Q, 반지름 R인 도체 구의 전기퍼텐셜은

$$V = \frac{kQ}{R}$$

이다. 구 바로 바깥의 전기장의 세기는

$$E = \frac{kQ}{R^2}$$

이다. 두 표현을 비교하면 $E = V/R$임을 알 수 있다. $V = V_{최대}$ 라 하면 $E < E_{최대}$이라야 한다. 곧

$$E = \frac{V_{최대}}{R} < E_{최대}.$$

R에 대해 풀면

$$R > \frac{V_{최대}}{E_{최대}} = \frac{2.4 \times 10^5 \text{ V}}{8.0 \times 10^5 \text{ N/C}}$$

$$R > 0.30 \text{ m}$$

이다. 최소 반지름은 30 cm이다.

검토 큰 전기퍼텐셜 차를 얻기 위해서는 커다란 도체 구가 필요하다. 작은 구(또는 작은 곡률반지름을 가진 구의 일부분처럼 뾰족한 끝을 가진 도체)는 높은 전기퍼텐셜로 대전될 수 없다. 피뢰침과 같은 뾰족한 점을 가진 도체에서는 상대적으로 작은 전기퍼텐셜이라도 강한 전기장이 만들어져 근처의 공기를 이온화시키기 때문에 전하가 공기 중으로 새어 나갈 수 있다.

이 보기에서 유도된 식 $E = V/R$는 전기장과 전기퍼텐셜의 일반적인 관계는 아니다. 일반적인 관계식은 17.3절에서 논의한다.

반지름이 0.5 cm인 도체 구에 얼마나 큰 전기퍼텐셜을 만들 수 있는가? $E_{최대} = 8.0 \times 10^5$ N/C이라 가정하여라.

생물계에서의 전기퍼텐셜 차

일반적으로 생물 세포 안팎의 전기퍼텐셜은 다르다. 세포막 안팎의 전기퍼텐셜 차는 세포 안팎의 유체에 있는 이온의 농도가 다르기 때문에 생긴다. 이런 전기퍼텐셜 차는 신경세포와 근육세포에서 특히 주목을 받는다.

응용: 신경 자극의 전달 신경세포 또는 뉴런은 세포체와 축색돌기라 부르는, 길게 뻗어 나온 돌기로 되어 있다(그림 17.11a). 사람의 축색돌기는 지름이 $10 \sim 20\,\mu m$ 이다. 축색돌기가 휴식 상태일 때, 막의 안쪽 표면에는 음이온이, 바깥쪽 표면에는 양이온이 있어, 외부 유체에 대해 내부 유체의 전기퍼텐셜을 약 -85 mV가 되게 한다.

신경 자극은 축색돌기를 따라 전파되는 세포막의 전기퍼텐셜 차의 변화를 말한다. 갑자기 자극받은 맨 끝의 세포막으로 약 0.2 ms 동안에 나트륨 양이온이 투과할 수 있다. 나트륨 이온은 세포 속으로 흘러가고 막 내부 표면에 있는 전하의 극성을 변화시킨다. 세포막 안팎의 전기퍼텐셜 차는 -85 mV에서 $+60$ mV로 변한다. 세포막 안팎의 전기퍼텐셜 차의 극성이 반전되는 것을 활성전기퍼텐셜이라 한다(그림

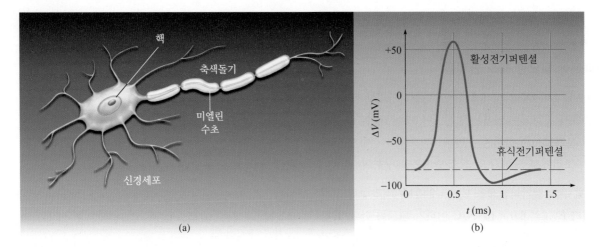

그림 17.11 (a) 뉴런의 구조. (b) 활성전기퍼텐셜. 그래프는 축색돌기 위 한 점에서의 세포막 안팎의 전기퍼텐셜 차를 시간의 함수로 보여준다.

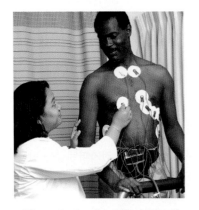

그림 17.12 스트레스 시험. 심전도계는 두 전극 사이에서 측정된 전기퍼텐셜 차를 시간의 함수로 그린 그래프이다. 이러한 전기퍼텐셜 차는 운동 중에 심장이 정상적으로 기능하는지를 알려준다.

심전도계는 어떠한 물리량을 측정하는가?

17.11b). 활성전기퍼텐셜은 30 m/s의 속력으로 축색돌기를 따라 전파된다.

휴식전기퍼텐셜로의 회복은 칼륨의 확산과 세포 밖으로 나트륨 이온을 퍼내는 과정 두 가지에 의해 이루어진다. 이를 능동적 수송이라 부른다. 몸이 요구하는 휴식 에너지의 20 %는 나트륨 이온의 능동 수송에 사용된다.

유사한 극성 변화들이 근육 세포막에서 일어난다. 신경 충격이 근육섬유에 도달해 전기퍼텐셜 변화를 일으킨다. 전기퍼텐셜 변화는 근육섬유를 따라 전파해서 근육이 수축하도록 신호를 준다.

심장에 있는 근육세포를 포함한 근육세포는 막 안쪽에 음이온층이 있고 바깥쪽에는 양이온층이 있다. 심장 박동 바로 전, 양이온들이 세포 속으로 주입되어 전기퍼텐셜 차를 없앤다. 뉴런에서의 활성전기퍼텐셜과 마찬가지로 근육세포의 비분극화는 세포의 한쪽 끝에서 시작되어 반대 끝으로 진행된다. 여러 세포들의 비분극화는 다른 시간에 일어난다. 심장이 이완되면 세포들은 다시 분극화된다.

응용: 심전도계(ECG), 뇌파계(EEG), 망막전기퍼텐셜계(ERG) 심전도계(Electrocardiograph, ECG)는 가슴 위에 있는 여러 점 사이의 전기퍼텐셜 차를 시간의 함수로 측정한다(그림 17.12). 심장 내 세포들의 분극과 비분극으로 생기는 전기퍼텐셜 차를 피부에 연결된 전극을 이용해서 측정할 수 있다. 전극에서 측정된 전기퍼텐셜 차는 증폭해 기록계나 컴퓨터에 저장한다(그림 17.13).

심장에 의한 전기퍼텐셜 차 이외의 다른 전기퍼텐셜 차들은 진단 목적으로 이용한다. 뇌파계(Electroencephalograph, EEG)를 사용할 때는 전극을 머리에 붙인다.

그림 17.13 (a) 정상적인 심전도 그래프는 심장이 건강하다는 것을 보여준다. (b) 비정상적이거나 비규칙적인 심전도 그래프는 심장에 문제가 있음을 보여준다. 이 심전도에는 심장 세동이 나타나 있는데, 이는 잠재적으로 생명을 위협할 수 있는 조건이다.

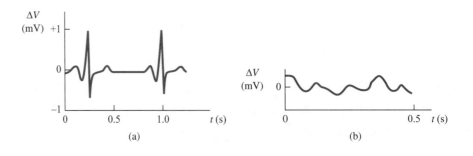

뇌파계는 뇌 내부의 전기적 활동에 의한 전기퍼텐셜 차를 측정한다. 그리고 망막전기퍼텐셜계(electroretinograph, ERG)는 전극을 눈 주위에 붙이고 섬광으로 자극했을 때 망막 내의 전기적 활성에 의한 전기퍼텐셜 차를 측정한다.

17.3 전기장과 전기퍼텐셜의 관계
THE RELATIONSHIP BETWEEN ELECTRIC FIELD AND POTENTIAL

이 절에서는 전기장과 전기퍼텐셜의 시각적 표현으로 시작해, 둘 사이의 관계를 상세하게 알아본다.

등전기퍼텐셜면

장선 그림은 전기장을 시각적으로 표현하는 데 도움이 된다. 전기퍼텐셜을 나타내기 위해서는 등고선 지도와 비슷한 것을 만들어볼 수 있다. **등전기퍼텐셜면**equipotential surface 위의 모든 점들은 전기퍼텐셜이 같다. 이것은 지형도에서 고도가 같은 점들을 연결한 등고선과 유사하다(그림 17.14). 그러한 등전기퍼텐셜면에서 모든 두 점 사이의 전기퍼텐셜 차는 0이므로, 등전기퍼텐셜면의 전하가 한 점에서 다른 점으로 이동할 때 장은 어떠한 일도 하지 않는다.

등전기퍼텐셜면과 전기장선은 밀접한 관계가 있다. 전기퍼텐셜이 일정하게 유지되는 방향으로 전하를 이동하고 싶다고 가정해보자. 전기장이 전하에다 아무런 일도 하지 않기 위해서는 전하의 변위가 전기력에 수직이어야 하므로 전기장에도 수직이어야 한다. 항상 전하를 전기장에 수직인 방향으로 움직이게 한다면 전기장이 한 일은 0이고 전기퍼텐셜은 일정하게 유지된다.

> 등전기퍼텐셜면은 면 위의 모든 점에서 전기장선에 수직이다.

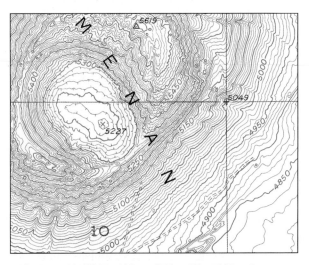

그림 17.14 일정한 등고선을 보여주는 지형도(단위는 피트).

그림 17.15 전기력, 전기장, 전기퍼텐셜에너지, 전기퍼텐셜의 관계.

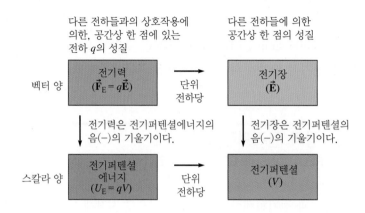

다른 전하들과의 상호작용에 의한, 공간상 한 점에 있는 전하 q의 성질

다른 전하들에 의한 공간상 한 점의 성질

벡터 양

전기력
$(\vec{F}_E = q\vec{E})$

단위 전하당 →

전기장
$(\vec{E})$

전기력은 전기퍼텐셜에너지의 음(−)의 기울기이다.

전기장은 전기퍼텐셜의 음(−)의 기울기이다.

스칼라 양

전기퍼텐셜 에너지
$(U_E = qV)$

단위 전하당 →

전기퍼텐셜
(V)

역으로, 전기퍼텐셜의 변화를 최대화하는 방향으로 전하를 움직이고자 한다면, 전기장에 평행하거나 반평행하게 움직여야 한다. 등전기퍼텐셜면에 수직인 변위의 성분만이 전기퍼텐셜을 변화시킨다. 등고선 지도를 생각해보아라. 가장 가파른 경사로(고도가 가장 빠르게 변하는 길)는 등고선에 수직이다. 전기장은 **전기퍼텐셜의 기울기**(potential gradient)에 음(−)의 부호를 붙인 것이다(그림 17.15). 기울기는 전기퍼텐셜이 최대로 증가하는 방향이므로, 음(−)의 부호를 붙인 기울기(전기장)는 전기퍼텐셜이 최대로 감소하는 방향을 가리킨다. 등고선 지도에서 등고선들이 밀집되어 있는 곳이 가장 가파르다. 등전기퍼텐셜면의 그림도 유사하다.

연결고리

등고선 지도에서 일정한 고도를 이은 선은 중력퍼텐셜이 일정한 선(단위 질량당 중력 P.E.)이다.

만약 인접한 두 면 사이의 전기퍼텐셜 차가 일정하도록 등전기퍼텐셜면을 그렸다면 장이 강할수록 등전기퍼텐셜면들은 더 가까이에 있다.

전기장은 항상 전기퍼텐셜이 최대로 감소하는 방향을 가리킨다.

가장 간단한 등전기퍼텐셜면은 하나의 점전하에 의한 것이다. 점전하에 의한 전기퍼텐셜은 점전하로부터의 거리에만 의존하므로, 등전기퍼텐셜면은 점전하를 중심으로 한 구면이다(그림 17.16). 등전기퍼텐셜면은 무한히 많으므로 보통 등간격의 등전기퍼텐셜면 몇 개를 그린다. 등고선 지도에서 등고선을 고도 5 m 간격으로 그리는 것과 비슷하다.

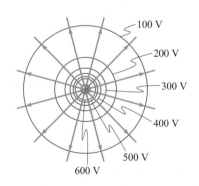

100 V
200 V
300 V
400 V
500 V
600 V

그림 17.16 양(+)의 점전하 주위의 등전기퍼텐셜면. 원들은 이 책의 지면과 만나는 공의 표면의 단면을 나타낸다. 전기퍼텐셜은 양전하에서 멀어짐에 따라 감소한다. 전기장선은 구 표면에 수직이고 낮은 전기퍼텐셜 쪽을 향한다. 전하에서 거리가 멀어지면 등전기퍼텐셜면들 사이의 간격이 증가하는데, 이는 거리에 따라 전기장이 감소하기 때문이다.

두 점전하의 등전기퍼텐셜면

두 점전하 $+Q$와 $-Q$에 대한 등전기퍼텐셜면을 그려라.

전략과 풀이 한 벌의 등전기퍼텐셜면을 그리는 한 가지 방법은 먼저 장선을 그리는 것이다. 그런 다음에 장선의 모든 점에서 그 선에 수직인 선을 그려서 등전기퍼텐셜면을 만든다. 어느 한 점전하에 가까우면 장은 주로 가까운 전하로 인해 표면이 거의 구형이 된다.

그림 17.17은 두 전하에 대해 스케치한 장선과 등전기퍼텐셜면을 보여준다.

검토 이 2차원 스케치는 등전기퍼텐셜면과 책 지면의 교차곡선만 보여준다. 두 전하 사이의 중간 평면을 제외하고, 등전기퍼텐셜면은 전하 중 하나를 감싸는 닫힌 면이다. 전하에 아주 가까운 등전기퍼텐셜면은 대략 구형이다.

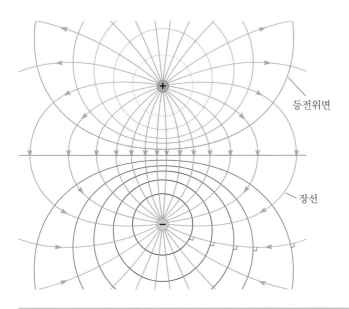

등전위면

장선

개념형 실전문제 17.6 **두 개의 양전하에 대한 등전기퍼텐셜면**

두 개의 같은 양전하에 대해 등전기퍼텐셜면을 스케치하여라.

그림 17.17 크기는 같지만 부호가 반대인 두 점전하에 대한 일부 등전기퍼텐셜면(자주색)과 전기장선(녹색)의 스케치.

균일한 전기장에서의 전기퍼텐셜

균일한 전기장에서 장선은 간격이 같은 평행선이다. 등전기퍼텐셜면은 장선에 수직이므로 등전기퍼텐셜면은 평행한 평면의 집합이다(그림 17.18). 전기퍼텐셜은 $\vec{E}$의 방향으로 한 면에서 다른 면 쪽으로 감에 따라 감소한다. 등전기퍼텐셜면의 간격이 전기장의 크기에 의존하므로, 균일한 전기장 내에서는 같은 전기퍼텐셜 차의 등전기퍼텐셜면들은 같은 간격으로 떨어져 있다.

장의 세기와 등전기퍼텐셜면들의 간격 사이의 양적인 관계를 알아보기 위해 점전하 $+q$가 전기장 $\vec{E}$의 방향으로 거리 d 만큼 움직인다고 상상해보자. 전기장이 한 일은

$$W_E = F_E d = qEd$$

이다. 전기퍼텐셜에너지의 변화는

$$\Delta U_E = -W_E = -qEd$$

이다. 전기퍼텐셜의 정의로부터, 전기퍼텐셜의 변화는

$$\Delta V = \frac{\Delta U_E}{q} = -Ed \qquad (17\text{-}10)$$

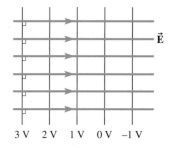

3 V 2 V 1 V 0 V –1 V

그림 17.18 균일한 전기장에서의 장선과 등전기퍼텐셜면(1 V 간격). 등전기퍼텐셜면은 같은 간격의 면들이고 장선에 수직이다.

이다. 식 (17-10)의 음의 부호는 전기퍼텐셜이 전기장의 방향으로 감소하기 때문에 나온 것이다.

식 (17-10)은 전기장의 SI 단위(N/C)를 V/m로 쓸 수 있음을 암시한다.

$$1 \text{ N/C} = 1 \text{ V/m} \tag{17-11}$$

✓ 살펴보기 17.3

그림 17.18에서 등전기퍼텐셜면의 전기퍼텐셜 차가 1 V씩 차이가 난다. 전기장의 크기가 25 N/C = 25 V/m 라면 면 사이의 간격은 얼마나 되는가?

도체 내부의 전기퍼텐셜

16.6절에서 정전기적 평형(전하들이 움직이지 않을 때)에 있는 도체 내부의 모든 점에서 $E = 0$임을 배웠다. 만약 전기장이 모든 점에서 0이라면 한 점에서 다른 점으로 가도 전기퍼텐셜은 변하지 않는다. 만약 도체 내부에 전기퍼텐셜 차가 존재한다면 전하들은 그에 따라 움직일 것이다. 양전하는 전기퍼텐셜이 낮은 방향으로 전기장에 의해 가속될 것이고, 음전하는 전기퍼텐셜이 높은 쪽으로 가속될 것이다. 만일 움직이는 전하가 없다면, 전기장은 모든 점에서 0이고 도체 내에는 어떤 전기퍼텐셜 차도 존재하지 않는다. 따라서

> 정전기적 평형상태에 있는 도체 내부의 모든 점의 전기퍼텐셜은 같아야 한다.

17.4 움직이는 전하에 대한 에너지 보존
CONSERVATION OF ENERGY FOR MOVING CHARGES

전기장 내에서 전하가 한 점에서 다른 점으로 움직일 때 전기퍼텐셜에너지의 변화는 총 에너지를 일정하게 유지시키기 위해 다른 형태의 에너지 변화를 동반해야 한다. 이에 따라 중력퍼텐셜에너지나 탄성퍼텐셜에너지의 경우와 마찬가지로, 에너지 보존을 써서 문제를 쉽게 풀 수 있다.

만약 다른 힘들이 점전하에 작용하지 않는다면 전하가 전기장 내에서 움직일 때 운동에너지와 전기퍼텐셜에너지의 합은 일정하다. 곧

$$K_i + U_i = K_f + U_f = \text{일정}$$

이다. 중력이 전기력에 비해 매우 약할 때, 중력퍼텐셜에너지의 변화는 전기위치에너지의 변화에 비해 무시할 만하다.

연결고리

이것은 에너지 보존과 같은 원리이다. 우리는 그것을 다른 형태의 에너지, 곧 전기퍼텐셜에너지에 적용하고 있을 뿐이다.

음극선관(CRT)의 전자총

전자총에서 전자들이 음극에서, 음극보다 전기퍼텐셜이 높은 양극으로 가속된다(그림 16.34 참조). 음극과 양극의 전기퍼텐셜 차가 12 kV라면 전자들이 양극의 구멍을 통과할 때 속력은 얼마인가? 음극을 출발할 때 전자들의 운동에너지는 무시할 수 있다고 가정하여라.

전략 에너지 보존 법칙을 이용해, 처음의 운동에너지와 퍼텐셜에너지의 합을 나중의 운동에너지와 퍼텐셜에너지의 합과 같게 놓는다. 처음 운동에너지는 0으로 잡는다. 나중의 운동에너지를 구하면 속력을 구할 수 있다.

주어진 조건: $K_i = 0$, $\Delta V = +12$ kV

구할 값: v

풀이 전기퍼텐셜에너지의 변화는

$$\Delta U = U_f - U_i = q\,\Delta V$$

이다. 에너지 보존으로부터

$$K_i + U_i = K_f + U_f$$

이다. 나중 운동에너지에 대해 풀면

$$K_f = K_i + (U_i - U_f) = K_i - \Delta U$$
$$= 0 - q\,\Delta V$$

이다. 속력을 구하기 위해 $K_f = \frac{1}{2}mv^2$으로 놓으면

$$\frac{1}{2}mv^2 = -q\,\Delta V$$

이다. 속력에 대해 풀면

$$v = \sqrt{\frac{-2q\,\Delta V}{m}}$$

이다. 전자에 대해서는

$$q = -e = -1.602 \times 10^{-19}\ \text{C}$$
$$m = 9.109 \times 10^{-31}\ \text{kg}$$

이다. 이 값을 대입하면 다음과 같다.

$$v = \sqrt{\frac{-2 \times (-1.602 \times 10^{-19}\ \text{C}) \times (12{,}000\ \text{V})}{9.109 \times 10^{-31}\ \text{kg}}}$$
$$= 6.5 \times 10^7\ \text{m/s}$$

검토 해답은 광속 $(3 \times 10^8\ \text{m/s})$의 20 %를 넘는다. 아인슈타인의 상대성 이론을 이용해 더 정확하게 풀면 속력은 $6.4 \times 10^7\ \text{m/s}$이다.

이 문제를 풀기 위해 에너지 보존을 이용하면 나중 속력은 음극과 양극 사이의 전기퍼텐셜 차에만 관계되고 그 사이의 거리에는 무관함을 알 수 있다. 뉴턴의 제2법칙을 이용해 이 문제를 풀면 전기장이 균일하더라도 음극과 양극 사이의 어떤 거리 d를 가정해야 한다. d를 이용해서 전기장의 크기

$$E = \frac{\Delta V}{d}$$

을 구할 수 있다. 전자의 가속도는

$$a = \frac{F_E}{m} = \frac{eE}{m} = \frac{e\,\Delta V}{md}$$

이다. 이제 나중 속력을 구할 수 있다. 가속도가 일정하므로

$$v = \sqrt{v_i^2 + 2ad} = \sqrt{0 + 2 \times \frac{e\Delta V}{md} \times d}$$

이다. d를 소거하면 에너지 계산과 같은 결과를 나타낸다.

실전문제 17.7 **가속되는 양성자**

양성자가 정지 상태에서 전기퍼텐셜 차를 통과하면서 가속된다. 양성자의 나중 속력은 2.00×10^6 m/s이다. 전기퍼텐셜 차는 얼마인가? 양성자의 질량은 1.673×10^{-27} kg이다.

17.5 축전기 CAPACITORS

전기퍼텐셜에너지를 저장하는 유용한 장치를 만들 수 있을까? 그렇다. **축전기**라고 부르는 에너지 저장장치가 모든 전기기기에 사용된 것을 볼 수 있다(그림 17.19).

그림 17.19 사진에서 화살표가 가리키는 것이 증폭기 내부 회로기판에 있는 일부 축전기이다.

그림 17.19 사진에서 화살표가 가리키는 것이 증폭기 내부 회로기판에 있는 일부 축전기이다.

축전기^{capacitor}는 양전하와 음전하를 분리해 저장함으로써 전기퍼텐셜에너지를 저장하는 장치이다. 이것은 진공이나 절연체로 분리된 두 도체로 이루어진다. 전하는 분리되어, 한 도체에는 양전하가, 다른 도체에는 같은 양의 음전하가 놓인다. 음전하와 양전하 사이에는 인력이 작용하므로 이를 분리하기 위해서는 일을 해주어야 한다. 전하를 분리하기 위해 한 일이 결국 전기퍼텐셜에너지가 된다. 전기장이 두 도체 사이에서 발생하고 장선은 양전하를 가진 도체에서 출발해서 음전하를 가진 도체에서 끝난다(그림 17.20). 저장된 퍼텐셜에너지는 이 전기장과 연관된 것이다. 전하들을 다시 합치게 함으로써 저장된 에너지를 다시 복구할 수 있다. 곧, 다른 형태의 에너지로 전환시킬 수 있다.

가장 단순한 형태의 축전기는 넓이 A, 간격 d인 두 개의 평행한 금속판으로 이루어진 **평행판 축전기**^{parallel plate capacitor}이다. 전하 $+Q$가 한 금속판에, $-Q$가 다른 금속판에 있다. 평행판 사이에는 공기가 채워져 있다고 가정한다. 평판을 충전시키는 한 방법은 전지의 양극을 한 평판에, 음극을 다른 평판에 연결하는 것이다. 전지는 한 판에서 전자를 제거해서 그 판을 양전하로 대전시킨다. 그리고 전지는 그 전자를 다른 판으로 이동시켜 그 판을 같은 크기의 음전하로 대전시킨다. 이렇게 하기 위해 전지는 일을 해야 한다. 전지의 화학에너지의 일부가 전기퍼텐셜에너지로 전환된다.

일반적으로 두 판 사이의 전기장은 균일하지 않다(그림 17.20). 그러나 두 판이 충분히 가까우면, 전하는 판 내부 면에 균등하게 분포하고 바깥 면에는 존재하지 않는다고 근사를 취할 수 있다. 실제 축전기의 경우, 거의 대부분 판들은 충분히 가까이 있어 이런 근사가 타당하다.

전하가 판 내부 면에 균등하게 퍼져 있으면 균일한 전기장이 두 판 사이에 존재한다. 판이 서로 충분히 가깝다면, 가장자리 부분에 있는 불균일한 전기장은 무시될 수 있다. 전기장선은 양전하에서 나와 음전하에서 끝난다. 전하 Q가 넓이 A인 판에 균등하게 퍼져 있는 경우에 표면전하밀도(단위 넓이당 전하)를 σ(그리스 문자 시그마)로 표시한다. 곧

$$\sigma = Q/A \tag{17-12}$$

이다. 도체 외부 바로 근처 전기장의 크기는 다음과 같다.

도체 외부 바로 근처의 전기장

$$E = 4\pi k\sigma = \sigma/\epsilon_0 \tag{17-13}$$

상수 $\epsilon_0 = 1/(4\pi k) = 8.85 \times 10^{-12}\ C^2/(N \cdot m^2)$이다. 이것이 **자유공간의 유전율**임을 기억하여라[식 (16-3b)]. 축전기의 판 사이에서 전기장은 균일하므로, 식 (17-13)은 판 사이의 모든 곳의 전기장을 나타낸다.

판 사이의 전기퍼텐셜 차는 얼마인가? 전기장이 균일하기 때문에 전기퍼텐셜 차의 크기는

$$\Delta V = Ed \tag{17-10}$$

이다. 장은 전하에 비례하고 전기퍼텐셜 차는 그 장에 비례한다. 따라서 **전하는 전기퍼텐셜 차에 비례**한다. 이것은 평행판 축전기뿐만 아니라 다른 형태의 축전기에서도 마찬가지이다. 전하와 전기퍼텐셜 차 사이의 비례상수는 기하학적 요소(판의 크기와 모양)와 판 사이에 있는 물질에 따라서만 변한다. 보통 이런 비례 관계를

전기용량의 정의

$$Q = C\,\Delta V \tag{17-14}$$

로 나타낸다. 여기서 Q는 각 판에 있는 전하의 크기이고 ΔV는 판 사이의 전기퍼텐셜 차이다. 비례상수 C를 **전기용량**^{capacitance}이라 부른다. 전기용량을 주어진 전기퍼텐셜 차에 대해 전하를 수용할 수 있는 능력으로 생각하여라. 전기용량의 SI 단위는 C/V이며 F(패럿)이라고 부른다. 패럿은 큰 단위이기 때문에 전기용량은 보통 μF(마이크로패럿), nF(나노패럿), pF(피코패럿)으로 측정된다. 1 mm 떨어진 넓이 1 m^2의 한 쌍의 판은 약 $10^{-8}\ F = 10$ nF의 전기용량을 가진다.

이제 평행판 축전기의 전기용량을 구할 수 있다. 전기장은

$$E = \frac{\sigma}{\epsilon_0} = \frac{Q}{\epsilon_0 A}$$

이다. 여기에서 A는 각 판의 내부 겉넓이이다. 만약 판이 d만큼 떨어져 있으면 전기퍼텐셜 차의 크기는

$$\Delta V = Ed = \frac{Qd}{\epsilon_0 A}$$

이다. 이 식을 $Q = $ 상수 $\times \Delta V$. 형태로 다시 쓰면

$$Q = \frac{\epsilon_0 A}{d}\Delta V$$

이다. 전기용량의 정의와 비교하면 평행판 축전기의 전기용량은 다음과 같다.

평행판 축전기의 전기용량

$$C = \frac{\epsilon_0 A}{d} = \frac{A}{4\pi kd} \tag{17-15}$$

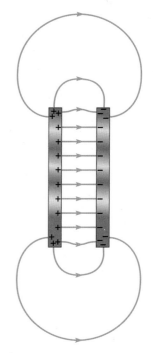

그림 17.20 크기가 같고 부호가 반대인 전하를 가진 두 개의 금속 평행판의 측면도. 두 판 사이에는 전기퍼텐셜 차가 존재한다. 양전하가 놓인 판이 높은 전기퍼텐셜을 갖는다.

그림 17.21 박지형의 도체 판과 얇은 절연 판을 볼 수 있도록 분해한 축전기.

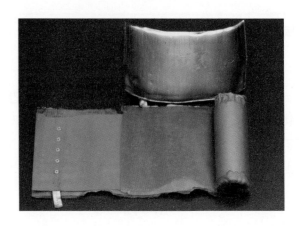

큰 전기용량을 얻으려면 판의 넓이를 크게 하거나 판 간격을 작게 해야 한다. 축전기의 물리적 크기를 적당하게 유지하면서 큰 겉넓이를 갖도록 하기 위해서 절연 물질을 사이에 넣은 얇은 도체판을 원통형으로 감아서 만든다(그림 17.21). 공기나 진공이 아닌 절연체를 이용한 효과에 대해서는 17.6절에서 다룬다.

 **살펴보기 17.5**

축전기가 6.0 V 전지에 연결되어 있다. 완전히 충전된 경우, 판의 알짜 전하는 +0.48 C과 −0.48 C이다. 같은 축전기가 1.5 V 전지에 연결되면, 판의 알짜 전하는 얼마인가?

보기 17.9

컴퓨터 자판

컴퓨터 자판의 키는 평행판 축전기의 한 판에 부착되어 있고 다른 판은 고정되어 있다(그림 17.22). 축전기는 외부 회로에 의해 5.0 V의 일정한 전기퍼텐셜 차로 유지된다. 키가 아

그림 17.22 이런 종류의 컴퓨터 키는 단지 판 사이의 간격을 바꾸어주는 축전기이다. 전하가 외부 회로를 통해 한 판에서 다른판으로 흐르므로 회로가 판 사이 간격의 변화를 감지한다.

래로 눌려서 위 판이 아래 판에 가깝게 이동하면 전기용량이 변하며 전하가 회로를 통해 흐르게 된다. 만약 각 판이 한 변이 6.0 mm인 정사각형이고 키를 눌렀을 때 판 사이의 간격이 4.0 mm에서 1.2 mm로 변한다면 얼마의 전하가 회로를 통해 흘러가겠는가? 판 사이에는 유연한 절연체 대신에 공기가 있다고 가정하여라.

전략 판의 넓이와 판 사이의 간격이 주어졌기 때문에 식 (17-15)로부터 전기용량을 구할 수 있다. 그때 전하는 전기용량에 판 사이의 전기퍼텐셜 차를 곱해서 얻을 수 있다. $Q = C\Delta V$.

풀이 평행판 축전기의 전기용량은 식 (17-15)로 주어진다.

$$C = \frac{A}{4\pi kd}$$

넓이는 $A = (6.0 \text{ mm})^2$이다. 전기퍼텐셜 차 ΔV는 상수이기 때문에 판의 위 전하량의 변화는

$$\Delta Q = Q_f - Q_i = C_f \Delta V - C_i \Delta V$$
$$= \left(\frac{A}{4\pi k d_f} - \frac{A}{4\pi k d_i} \right) \Delta V = \frac{A \, \Delta V}{4\pi k} \left(\frac{1}{d_f} - \frac{1}{d_i} \right)$$

이다. 값을 대입하면

$$\Delta Q = \frac{(0.0060 \text{ m})^2 \times 5.0 \text{ V}}{4\pi \times 8.99 \times 10^9 \text{ N·m}^2/\text{C}^2} \times \left(\frac{1}{0.0012 \text{ m}} - \frac{1}{0.0040 \text{ m}} \right)$$
$$= +9.3 \times 10^{-13} \text{ C} = +0.93 \text{ pC}$$

이 된다. ΔQ가 양(+)이기 때문에 판 위의 전하량은 증가한다.

검토 판이 가까워지면 전기용량은 증가한다. 전기용량이 커지다는 것은 주어진 전기퍼텐셜 차에 대해 더 많은 전하를 저장할 수 있음을 의미한다. 그러므로 전하의 크기는 증가한다.

실전문제 17.8   전기용량과 저장된 전하

판 넓이가 1.0 m^2이고 판 사이 간격이 1.0 mm인 평행판 축전기가 있다. 판 사이의 전기퍼텐셜 차는 2.0 kV이다. 전기용량과 각 판에 있는 전하의 크기를 구하여라. 이들 양 중에서 어느 것이 전기퍼텐셜 차에 따라 변하는가?

축전기의 응용

보기 17.8의 컴퓨터 자판과 같이, 하나의 판이 움직일 수 있는 축전기를 이용하는 다른 장치들이 있다. 콘덴서마이크(그림 17.23) 내부의 축전기는 하나의 판이 음파에 반응해 안팎으로 움직인다. (콘덴서는 축전기와 동의어이다.) 축전기의 전기퍼텐셜 차가 일정하게 유지되기 때문에 판 사이의 간격이 변하면 전하가 판으로 흘러들어가거나 판에서 흘러 나간다. 움직이는 전하(전류)는 증폭되어 전기적인 신호를 발생시킨다. 고음용 스피커(tweeter, 고주파 소리용 스피커)는 역으로 작용하도록 설계되어 있다. 전기신호에 반응해 판 하나가 안팎으로 움직여서 음파를 만들어낸다.

축전기는 다른 용도로도 많이 쓰인다. 컴퓨터의 RAM(random-access memory) 칩은 수백만 개의 아주 작은 축전기로 되어 있다. 각 축전기는 1비트(이진수)를 저장한다. 1을 기억하기 위해서 축전기가 충전되고, 0을 저장하기 위해서는 방전된다. 축전기를 둘러싼 절연은 완벽하지 않아서 주기적으로 갱신하지 않으면 전하가 누설될 수 있다. 컴퓨터의 전원을 껐을 때 RAM에 있던 정보가 사라지는 것은 바로 이러한 이유 때문이다.

축전기는 전하와 전기에너지를 저장하는 목적 외에도 판 사이에 전기장을 균일하게 형성하기 위해서도 자주 사용한다. 이 전기장은 전하를 원하는 경로로 가속시키거나 편향시키는 데 이용할 수 있다. 전기회로에서 시간에 따라 변하는 전기퍼텐

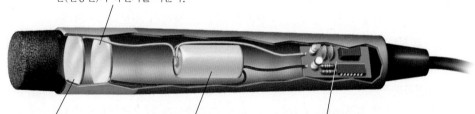

고정된 판은 움직이는
판(진동판)과 축전기를 이룬다.

움직일 수 있는 판(진동판)은
음파에 따라 진동한다.

전지는 판 사이에서 일정한
전기퍼텐셜 차를 유지한다.

처리회로는 전류를 변화하는
출력전압으로 바꾼다.

그림 17.23 이 마이크는 전기신호를 만들기 위해 움직일 수 있는 판이 있는 축전기를 사용한다.

셜 차를 보여주는 오실로스코프는 축전기의 두 판 사이로 전자들을 보내는 음극선관이다. 축전기 중에 하나는 전자를 수직으로 편향시키고 다른 하나는 전자들을 수평으로 편향시킨다.

17.6 유전체 DIELECTRICS

축전기에 많은 전하를 저장하려는 노력에는 본질적으로 문제가 있다. 전기퍼텐셜 차가 과도하게 크지 않고 많은 전하를 저장하기 위해서는 전기용량이 커야 한다. 전기용량은 판 사이의 간격 d에 반비례한다. 간격을 작게 만들 때 생기는 문제 중 하나는 축전기 판 사이에 있는 공기의 절연성이 건조한 공기의 경우 전기장이 약 3000 V/mm에서 깨진다는 것이다. 습기가 있는 공기는 더 약한 전기장에서 절연성이 깨진다. 절연 파괴가 일어나면 축전기 판 사이로 전기 불꽃이 생겨 저장되었던 전하가 없어진다.

이러한 어려움을 극복하는 한 방법은 판 사이를 공기보다 더 좋은 절연체로 채우는 것이다. **유전체**^{dielectrics}라고 부르는 절연 물질은 공기에 절연파괴가 일어나서 절연체가 아니라 도체로 거동하게 만드는 전기장보다 더 큰 전기장을 견딜 수 있다. 판 사이에 유전체를 채우는 또 다른 이유는 전기용량 자체가 증가되는 데 있다.

유전체가 판 사이의 전체 공간에 가득 차 있는 평행판 축전기의 전기용량은 다음과 같다.

> **유전체가 차 있는 평행판 축전기의 전기용량**
>
> $$C = \kappa \frac{\epsilon_0 A}{d} = \kappa \frac{A}{4\pi k d} \qquad (17\text{-}16)$$

유전체의 효과는 전기용량을 인자 κ(그리스 문자 카파)만큼 증가시키는 것이다. κ를 **유전상수**^{dielectric constant}라 한다. 유전상수는 차원이 없는 수로서 유전체가 없는 경우의 전기용량에 대한 유전체가 있을 때의 전기용량의 비이다. κ의 값은 유전물질에 따라 다양한 값을 갖는다. 식 (17-16)은 $\kappa = 1$인 경우만 적용되는 식 (17-15)보다 더 일반적인 식이다. 판 사이가 진공일 때는 정의에 의해 $\kappa = 1$이다. 공기는 유전상수가 1보다는 약간 크지만, 실용적인 목적에서 $\kappa = 1$로 할 수 있다. 컴퓨터 자판에 부착된 유연한 유전체(보기 17.8 참조)는 전기용량을 인자 κ만큼 증가시킨다. 그러므로 키를 누를 때 흐르는 전하의 양은 계산했던 것보다 더 크다.

유전상수는 사용되는 절연 물질에 따라 변한다. 표 17.1에 여러 물질에 대한 유전상수와 절연파괴한계, 곧 **유전강도**^{dielectric strength}를 정리했다. 유전강도는 유전체의 **절연파괴**^{dielectric breakdown}가 일어나 그 물질이 도체가 되는 전기장의 세기를 말한다. 균일한 장의 경우 $\Delta V = Ed$이기 때문에, 유전강도는 판 사이의 간격 1미터당 축전기를 가로질러 가할 수 있는 최대의 전기퍼텐셜 차를 결정짓는다.

유전상수와 유전강도를 혼동해서는 안 된다. 이들은 관련이 없다. 유전상수는 주

표 17.1 20°C에서 여러 물질에 대한 유전상수와 유전강도(절연상수가 증가하는 순)

물질	유전상수 κ	유전강도(kV/mm)
진공	1 (exact)	—
공기(1 atm, 건조한 경우)	1.00054	3
파라핀 먹인 종이	2.0–3.5	40–60
테플론	2.1	60
경화 고무	3.0–4.0	16–50
종이(본드지)	3.0	8
운모	4.5–8.0	150–220
베이클라이트	4.4–5.8	12
유리	5–10	8 – 13
다이아몬드	5.7	100
도자기	5.1–7.5	10
고무(네오프렌)	6.7	12
이산화티타늄 세라믹	70–90	4
물	80	—
티탄산스트론튬	310	8
나일론 11	410	27
티탄산바륨	6000	—

어진 전기퍼텐셜 차에 대해 전하를 얼마나 저장할 수 있는가를 결정짓는 반면, 유전강도는 절연파괴가 일어나기 전까지 축전기에 얼마나 큰 전기퍼텐셜 차를 유지할 수 있는지를 결정짓는다.

유전체의 분극

미시적으로는 축전기 판 사이에 있는 유전체 내에서 어떤 현상이 발생하는가? 분극은 원자나 분자 내에 있는 전하가 분리되는 것임을 상기하여라. 원자나 분자는 중성이지만 양전하의 중심이 음전하의 중심과 더 이상 일치하지 않는다.

그림 17.24에 원자의 분극을 단순화해서 그렸다. 중심에 양전하를 가진 분극이 되지 않은 원자는 전자구름으로 둘러싸여 있다. 그러므로 음전하의 중심은 양전하의 중심과 일치한다. 양(+)으로 대전된 막대를 원자 가까이로 가져가면 원자 내의 양전하는 밀려나고 음전하는 막대 쪽으로 끌려간다. 전하들의 이러한 분리는 양전하와 음전하의 중심이 더 이상 일치하지 않음을 의미하며, 이것은 대전된 막대의 영향에 의한 것이다.

그림 17.25a에서 유전 물질이 축전기 판 사이에 놓여 있다. 축전기판의 전하가 유전체의 분극을 유도한다. 분극은 물질 전체에서 발생하고 양전하는 음전하에 대해 약간 이동된다.

유전체 전체를 볼 때 양전하와 음전하의 양은 동등하다. 유전체의 분극의 알짜 영향은 유전체 한쪽 면에는 양전하 층이, 다른 면에는 음전하 층이 생기는 데에 있다(그림 17.25b). 각 도체판은 반대 전하가 있는 층과 마주한다. 같은 전기퍼텐셜 차에

분극되지
않은 원자

분극된 원자　대전 막대의 끝

그림 17.24 양(+)으로 대전된 막대가 원자의 분극을 유도한다.

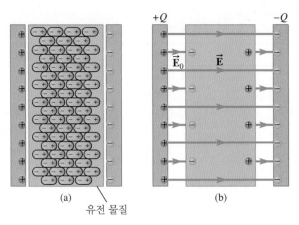

그림 17.25 (a) 유전 물질 내 분자의 분극. (b) 평행판 축전기의 판 사이에 있는 $\kappa = 2$인 유전체. 유전체 내의 전기장($\vec{E}$)은 유전체 밖의 전기장($\vec{E}_0$)보다 작다.

대해 유전체 표면에 유도된 반대 전하층은 유전체가 없을 때보다 도체판으로 더 많은 전하가 끌려오게 한다. 전기용량은 단위 전기퍼텐셜 차에 대한 전하량이기 때문에 전기용량이 증가함에 틀림없다. 물질의 유전상수는 그 유전체가 얼마나 쉽게 분극되어질 수 있는지에 대한 척도이다. 유전상수가 크다는 것은 더욱 쉽게 분극되는 물질임을 말한다. 따라서, 네오프렌 고무($\kappa = 6.7$)는 테플론($\kappa = 2.1$)보다 더 쉽게 분극이 일어난다.

유전체의 면에 유도된 전하는 외부의 장에 비해 유전체 내의 전기장 세기를 감소시킨다. 전기장선의 일부는 절연 유전 물질의 표면에서 끝난다. 장선의 일부가 유전체를 통과하므로 유전체 내의 전기장의 세기는 약해진다. 약해진 장 때문에 판 사이의 전기퍼텐셜 차는 작아진다(균일한 장에 대해 $\Delta V = Ed$임을 상기하여라). 전기퍼텐셜 차가 작아질수록 축전기에는 전하를 더욱 많이 저장할 수 있다. 낮은 전기퍼텐셜 차로 더 많은 전하를 축전기에 저장할 수 있게 된 것이다. 절연파괴가 일어나기 전에 한계 전기퍼텐셜 차가 있기 때문에 더 작아진 전기퍼텐셜 차는 최대 전하 저장 능력에 도달하는 데 중요한 요소가 된다.

유전상수 유전체를 외부 전기장 E_0 내에 넣었다고 가정하자. **유전상수**dielectric constant 의 정의는 진공에서의 전기장 E_0와 유전 물질 내에서 전기장 E의 비이다.

유전상수의 정의

$$\kappa = \frac{E_0}{E} \tag{17-17}$$

분극은 전기장을 약화시키기 때문에 $\kappa > 1$이다. 유전체 내의 전기장 E는

$$E = E_0/\kappa$$

이다. 축전기 안의 유전체는 판의 전하가 만드는 장 E_0 내에 놓인 것이다. 판 사이에 있는 장이 E_0/κ로 줄어들므로 유전체는 판 사이의 전기퍼텐셜 차를 $1/\kappa$배만큼 줄어들게 한다. $Q = C\,\Delta V$이므로 주어진 전하 Q에 대해 ΔV에 $1/\kappa$이 곱해진다

는 것은 전기용량 C가 유전체 때문에 κ배만큼 커진다는 것을 의미한다[식 (17-16) 참조].

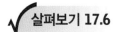 살펴보기 17.6

판 사이에 공기가 있는 평행판 축전기를 충전한 다음, 전지에서 분리한다. 유전체 조각($\kappa = 3$)을 평행판 사이에 삽입할 때 전기용량, 전기퍼텐셜 차, 도체판의 전하, 전기장 및 축전기에 저장된 에너지가 어떻게 변하는지를 정량적으로 설명하여라. (힌트: 어떤 값이 일정하게 유지되는지 먼저 파악하여라.)

보기 17.9

유전체가 들어 있는 평행판 축전기

각 판의 넓이가 1.00 m^2이고 두 판 사이가 0.500 mm인 평행판 축전기가 있다. 절연체는 유전상수가 4.9이고 유전강도는 18 kV/mm이다. (a) 전기용량은 얼마인가? (b) 이 축전기에 저장할 수 있는 최대 전하는 얼마인가?

전략 식 (17-16)을 직접 적용해 전기용량을 구한다. 유전강도와 판 간격이 최대 전기퍼텐셜 차를 결정한다. 전기용량을 이용해 최대 전하를 구할 수 있다.

풀이 (a) 전기용량은

$$C = \kappa \frac{A}{4\pi k d}$$
$$= 4.9 \times \frac{1.00 \text{ m}^2}{4\pi \times 8.99 \times 10^9 \text{ N·m}^2/\text{C}^2 \times 5.00 \times 10^{-4} \text{ m}}$$
$$= 8.67 \times 10^{-8} \text{ F} = 86.7 \text{ nF}$$

(b) 최대 전기퍼텐셜 차는

$$\Delta V = 18 \text{ kV/mm} \times 0.500 \text{ mm} = 9.0 \text{ kV}$$

이다. 전기용량의 정의를 이용하면 최대 전하는

$$Q = C\,\Delta V = 8.67 \times 10^{-8} \text{ F} \times 9.0 \times 10^3 \text{ V} = 7.8 \times 10^{-4} \text{ C}$$

이다.

검토 점검: 각 판은 크기가 $\sigma = Q/A$인 표면전하밀도를 가진다[식 (17-12)]. 축전기 판 사이에 유전체가 없는 경우에도 판이 이와 같은 표면전하밀도를 가진다면 판 사이의 전기장은 식 (17-13)일 것이다.

$$E_0 = 4\pi k \sigma = \frac{4\pi k Q}{A} = 8.8 \times 10^7 \text{ V/m}$$

식 (17-17)로부터 유전체는 장의 세기를 4.9배 감소시킨다.

$$E = \frac{E_0}{\kappa} = \frac{8.8 \times 10^7 \text{ V/m}}{4.9} = 1.8 \times 10^7 \text{ V/m} = 18 \text{ kV/mm}$$

그러므로 (b)에서 구한 전하에 의한 이 전기장이 최대 가능한 전기장의 값이다.

실전문제 17.9 **유전체 바꾸기**

유전체를 유전상수가 두 배이고 유전강도가 $\frac{1}{2}$인 다른 유전체로 바꾼다면 전기용량과 최대 전하는 어떻게 되는가?

보기 17.10

뉴런의 전기용량

뉴런을 평행판 축전기로 모형화할 수 있다. 이 경우에 막은 유전체가 되고 반대 부호의 전하로 대전된 이온들은 "판" 위에 있는 전하가 된다(그림 17.26). 뉴런의 전기용량을 구하고, 85 mV의 전기퍼텐셜 차를 만드는 데 필요한 이온의 수를 구하여라(이온은 각각 e로 대전되었다고 가정하여라). 막의 유전상수는 $\kappa = 3.0$, 두께는 10.0 nm, 그리고 넓이는

1.0×10^{-10} m²이라고 가정하여라.

전략 κ, A, d를 알고 있기 때문에 전기용량을 구할 수 있다. 그렇게 하고 나면 전기퍼텐셜 차와 전기 용량으로부터 막의 양쪽 면 위의 전하량 Q를 구할 수 있다. 대전된 이온의 전하가 e이므로 Q/e는 각 면의 이온 수가 된다.

그림 17.26 유전체로서의 세포막.

풀이 식 (17-16)으로부터

$$C = \kappa \frac{A}{4\pi kd}$$

이다. 주어진 값들을 대입하면 전기용량은

$$C = 3.0 \times \frac{1.0 \times 10^{-10} \text{ m}^2}{4\pi \times 8.99 \times 10^9 \text{ N·m}^2/\text{C}^2 \times 10.0 \times 10^{-9} \text{ m}}$$

$$= 2.66 \times 10^{-13} \text{ F} = 0.27 \text{ pF}$$

이다. 전기용량의 정의로부터

$$Q = C\,\Delta V = 2.66 \times 10^{-13} \text{ F} \times 0.085 \text{ V}$$

$$= 2.26 \times 10^{-14} \text{ C} = 0.023 \text{ pC}$$

이다. 각 이온의 전하량은 $e = +1.602 \times 10^{-19}$ C이므로 각 면 위의 이온의 수는

$$\text{이온 수} = \frac{2.26 \times 10^{-14} \text{ C}}{1.602 \times 10^{-19} \text{ C/이온}} = 1.4 \times 10^5 \text{개}$$

이다.

검토 해답이 적당한지 살펴보기 위해 이온 사이의 평균 거리를 추정할 수 있다. 만약 10^5개 이온들이 넓이 10^{-10} m²의 표면에 균일하게 분포되었다면 이온이 차지하는 넓이는 10^{-15} m² 이다. 각 이온이 넓이 10^{-15} m²를 차지한다고 가정하면 한 이온에서 가장 인접한 이온까지의 거리는 정사각형의 변의 길이 $s = \sqrt{10^{-15} \text{ m}^2} = 30$ nm이다. 전형적인 원자 또는 이온의 크기는 0.2 nm이다. 이온 사이의 거리가 이온의 크기보다 훨씬 크기 때문에 해답은 그럴듯하다. 만약 이온 사이의 거리가 이온의 크기보다 작다면 해답은 적합하지 않다.

실전문제 17.10 **활동 전기퍼텐셜**

전기퍼텐셜 차를 −0.085 V(안쪽에는 음전하, 바깥쪽에는 양전하가 분포)에서 +0.060 V(바깥쪽에는 음전하, 안쪽에는 양전하가 분포)로 변화시키기 위해서는 얼마나 많은 이온들이 막을 가로질러 가야만 하는가?

응용: 뇌운과 번개

번개(그림 17.27)는 공기의 절연파괴와 관련이 있다. 뇌운 내에서 전하 분리가 일어나서 구름의 상단은 양(+)으로 되고 하단은 음(−)으로 된다(그림 17.28a). 이 전하 분리가 어떻게 발생하는지에 대해서는 완벽하게 이해하지 못하고 있다. 그러나

그림 17.27 번개가 웨스트버지니아 주 청사 주변 하늘에서 번쩍이고 있다.

그림 17.28 (a) 뇌운 내의 전하 분리. 뇌우가 거대한 열기관처럼 작동한다. 열기관이 일을 해 음전하와 양전하를 분리한다. (b) 계단형 도화선이 구름의 바닥에서부터 지면을 향해 확장된다. (c) 지면으로부터 양전하 흐름이 계단형 도화선과 연결될 때 완전한 경로(이온화된 공기 기둥)가 형성되어 지면과 구름 사이에 전하가 이동한다.

하나의 중요한 가설은 얼음 입자 사이의 충돌이나 얼음 입자와 물방울 사이의 충돌로 전자가 작은 입자에서 더 큰 입자로 옮겨간다는 것이다. 뇌운 안의 상승기류에 의해 양(+)으로 대전된 작은 입자들이 구름의 상층으로 올라가는 반면에 음(−)으로 대전된 좀 더 큰 입자들은 구름의 밑부분으로 가라앉는다.

　뇌운의 바닥에 있는 음전하는 구름 바로 아래의 지표면에 양전하를 유도한다. 구름과 지면 사이의 전기장이 습한 공기에 대한 유전강도(약 3.3×10^5 V/m)에 도달할 때 음전하는 구름에서 튀어나와서 각기 길이가 50 m인 갈라진 계단 모양으로 이동한다. 구름으로부터 음전하들이 이렇게 단계적으로 진행하는 것을 계단형 도화선(stepped leader)이라 한다(그림 17.28b).

　평균 전기장 세기는 $\Delta V/d$이기 때문에 높이가 높은 물체와 계단형 도화선 사이 d가 가장 가까울 때 가장 큰 장이 발생한다. 양전하 흐름(지면으로부터 양전하가 단계적으로 진행)이 지상의 가장 높은 물체에서 공중으로 뻗어 올라간다. 만약 양전하 흐름이 계단형 도화선의 하나와 연결되면 번개의 경로가 완성된다. 그러면 전자들이 지상으로 돌진하고 경로의 밑부분에서 빛을 낸다. 더 많은 전자들이 아래로 돌진함에 따라 나머지 경로도 빛을 낸다. 다른 계단형 도화선도 빛을 내지만 전자들을 적게 포함하기 때문에 주요 경로보다는 밝기가 약하다. 섬광이 지상에서 시작해 위쪽으로 진행하기 때문에 귀환 낙뢰(return stroke)라 한다(그림 17.28c). 대략 총 −20~−25 C의 전하가 뇌운에서 지상으로 이동한다.

　심한 뇌우가 내릴 때 여러분은 자신을 어떻게 보호할 것인가? 가능하다면 실내에 머무르거나 자동차 안에 있어야 한다. 만약 휭히 트인 곳에 있다면, 양전하를 흘려보내는 샘이 되지 않도록 최대한 몸을 낮춰야 한다. 키 큰 나무 아래에는 서 있지 마라. 만약 번개가 나무를 때린다면 전하는 나무를 통해 지상으로 이동하면서 여러분을 큰 위험에 빠뜨린다. 땅에 엎드려 있지 마라. 엎드려 있으면 번개가 땅속으로 이

그림 17.29 전지에 의해 대전된 평행판 축전기. 총 전하 $-Q$의 전자들이 위 판에서 아래 판으로 이동해 크기가 같고 부호가 반대인 전하들이 판에 남는다.

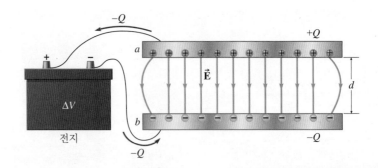

동할 때 여러분의 발과 머리 사이에 큰 전기퍼텐셜 차가 생겨 위험해질 수 있다. 가까운 도랑이나 낮은 장소가 있다면 그곳으로 가라. 머리를 낮게 숙이고 발을 가깝게 모아서 가능한 한 발 사이의 전기퍼텐셜 차를 최소화하도록 해라.

17.7 축전기에 저장된 에너지 ENERGY STORED IN A CAPACITOR

축전기는 전하를 저장할 뿐만 아니라 에너지도 저장한다. 그림 17.29는 전지를 처음에 대전되지 않은 축전기와 연결했을 때 어떤 일이 일어나는지를 보여준다. 두 판 사이에 전기퍼텐셜 차가, 전지에 의해 유지되는 전기퍼텐셜 차 ΔV와 같아질 때까지 전자가 위 판에서 아래 판으로 유입된다.

축전기에 저장된 에너지는 전지가 전하를 분리하는 데 한 일을 합함으로써 구할 수 있다. 판 위의 전하량이 증가함에 따라 전하가 지나가야 할 전기퍼텐셜 차 ΔV도 증가한다. 한 판에는 전하 $+q_i$, 다른 판에 전하 $-q_i$ 그리고 판 사이 전기퍼텐셜 차가 ΔV_i인 순간에 이 과정을 본다고 가정하자.

음($-$)의 부호를 쓰는 것을 피하기 위해 음전하 대신에 양전하가 이동한다고 하자. 음전하가 이동하든 양전하가 이동하든 결과는 동일하다. 전기용량의 정의로부터

$$\Delta V_i = \frac{q_i}{C}$$

이다. 이제 전지가 약간의 전하 Δq_i를 한 판에서 다른 판으로 이동시키면서 전기퍼텐셜에너지를 증가시킨다. 만약 Δq_i가 작다면 전기퍼텐셜 차는 근사적으로 그 전하가 이동하는 동안 일정하다. 에너지 증가는

$$\Delta U_i = \Delta q_i \times \Delta V_i$$

이다. 이런 식으로 퍼텐셜에너지를 증가시키면 축전기에 저장된 총 에너지 U는 모든 전기퍼텐셜에너지 증가(ΔU_i)의 합이다.

$$U = \sum \Delta U_i = \sum \Delta q_i \times \Delta V_i$$

이 합을 전기퍼텐셜 차 ΔV_i와 전하 q_i의 함수의 그래프를 이용해 구할 수 있다(그림 17.30). $\Delta V_i = q_i/C$이기 때문에 그래프는 직선이다. 작은 양의 전하가 이동될 때 에너지의 증가 $\Delta U_i = \Delta q_i \times \Delta V_i$를 높이 ΔV_i와 너비 Δq_i의 직사각형 넓이로 그래프에 나타냈다.

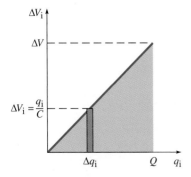

그림 17.30 이동한 총 에너지는 곡선 $\Delta V_i = q_i/C$ 아래의 넓이이다.

에너지 증가를 합한다는 것은 일련의 증가하는 높이를 갖는 직사각형들의 넓이를 합한다는 의미이다. 그러므로 축전기에 저장된 총 에너지는 그래프 아래의 삼각형 넓이가 된다. 전하와 전기퍼텐셜 차의 나중 값이 Q와 ΔV라면

> **축전기에 저장된 에너지**
>
> $$U = \text{삼각형의 넓이} = \tfrac{1}{2}(\text{밑변} \times \text{높이})$$
>
> $$U = \tfrac{1}{2}Q\,\Delta V \qquad \text{(17-18a)}$$

이다. $\frac{1}{2}$인자는 전하가 이동될 때 전기퍼텐셜 차가 0에서 ΔV로 증가한다는 사실을 반영한다. 전하가 이동될 때 평균 전기퍼텐셜 차는 $\Delta V/2$이고, 평균 전기퍼텐셜 차 $\Delta V/2$를 가로질러 전하 Q를 이동시키기 위해 $Q\Delta V/2$의 일을 요구하는 것이다.

식 (17-18a)를 다른 유용한 형태로 쓸 수 있다. 전기용량의 정의를 이용해 Q 또는 ΔV 항을 제거하면

$$U = \tfrac{1}{2}Q\Delta V = \tfrac{1}{2}(C\Delta V) \times \Delta V = \tfrac{1}{2}C(\Delta V)^2 \qquad \text{(17-18b)}$$

$$U = \tfrac{1}{2}Q\Delta V = \tfrac{1}{2}Q \times \frac{Q}{C} = \frac{Q^2}{2C} \qquad \text{(17-18c)}$$

이 된다.

> **연결고리**
>
> 이전에 이런 종류의 평균을 사용했다. 예를 들어, 물체가 정지 상태에서 시작해 등가속도로 Δt 시간 동안 속도 v_x에 도달했다면 $\Delta x = \tfrac{1}{2}v_x\,\Delta t$이다.

전기장에 저장된 에너지

퍼텐셜에너지는 상호작용 에너지 또는 장 에너지이다. 축전기에 저장된 에너지는 판 사이의 전기장 내에 저장된다. 단위 부피당 얼마만큼의 에너지가 전기장 E에 저장되는지를 계산하기 위해 축전기 내에 저장된 에너지를 이용할 수 있다. 왜 단위 부피당 에너지인가? 두 축전기가 같은 전기장을 가지지만 다른 양의 에너지를 저장할 수 있기 때문이다. 더 큰 축전기가 에너지를 더 많이 저장한다. 에너지는 판 사이의 공간의 부피에 비례하기 때문이다.

평행판 축전기에서 저장된 에너지는

$$U = \tfrac{1}{2}C(\Delta V)^2 = \frac{1}{2}\kappa\,\frac{A}{4\pi k d}(\Delta V)^2$$

이다. 전기장이 균일하다고 가정하면 전기퍼텐셜 차는

$$\Delta V = Ed$$

이다. ΔV를 Ed로 대치하면

$$U = \frac{1}{2}\kappa\,\frac{A}{4\pi k d}(Ed)^2 = \frac{1}{2}\kappa\,\frac{Ad}{4\pi k}E^2$$

이다. Ad는 축전기 판 사이의 부피임을 알고 있다. 이것은 에너지가 저장되는 부피이다(이상적인 평행판 축전기 외부의 $E = 0$이다). 그러면 단위 부피당 전기퍼텐셜 에너지인 **에너지 밀도** energy density u는

$$u = \frac{U}{Ad} = \frac{1}{2}\kappa \frac{1}{4\pi k}E^2 = \frac{1}{2}\kappa \epsilon_0 E^2 \qquad \text{(17-19)}$$

이다. 에너지 밀도는 장 세기의 제곱에 비례한다. 이것은 일반적으로 축전기에 대해서만 아니라 항상 성립하는 식이다. 모든 전기장에는 에너지가 저장되어 있다.

해답

실전문제

17.1 (a) +0.018 J. (b) Q에서 멀어짐. (c) 간격이 증가함에 따라 U는 감소한다. q가 점점 더 빠르게 움직이면 운동에너지가 증가하면서 퍼텐셜에너지는 감소한다.

17.2 +0.064 J

17.3 아래 판

17.4 $V_B = -1.5 \times 10^5$ V, ($\vec{E}$가 한)일 $= -\Delta U_E = -0.010$ J

17.5 4 kV

17.6

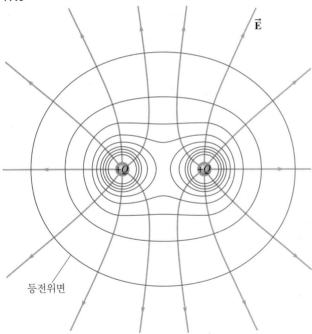

등전위면

17.7 -20.9 kV. (양전하는 퍼텐셜이 감소하는 곳으로 움직일 때 운동에너지를 얻고, 음전하는 퍼텐셜이 증가하는 쪽으로 움직일 때 운동에너지를 얻는 것에 유의하여라.)

17.8 8.9 nF, 18 μC, 전하(전기용량은 전기퍼텐셜 차와 무관).

17.9 C가 2배로 됨, 최대 전하는 변하지 않음.

17.10 2.4×10^5 이온

살펴보기

17.1 6쌍. 따라서 퍼텐셜에너지에 6개 항(아래 첨자 12, 13, 14, 23, 24, 34).

17.2 $\vec{E}$는 전기퍼텐셜이 감소하는 방향을 가리키므로 전기장은 $-x$-방향이다.

17.3 전기장의 크기는 25 V/m이므로 장의 방향으로 1 m 움직일 때마다 25 V가 감소한다. 한 면에서 다른 면으로 이동하려면 전기퍼텐셜의 변화는 1.0 V이고 거리는 다음과 같아야한다.

$$\frac{1.0 \text{ V}}{25 \text{ V/m}} = 0.040 \text{ m}$$

17.5 각 판의 전하 크기는 판 사이의 전기퍼텐셜 차에 비례한다. 전기퍼텐셜 차가 1/4로 되면 판의 전하량도 1/4로 된다. 곧, +0.12 C 및 −0.12 C(축전기의 전기용량은 $C = Q/\Delta V = 0.080$ F임).

17.6 $C' = 3C$, $\Delta V' = \Delta V/3$, $Q' = Q$, $E' = E/3$, $U' = U/3$이다. 축전기를 분리하면, 판의 전하는 갈 곳이 없다. Q는 그대로 유지된다. 전기장은 유전체가 없을 때의 전기장의 $1/\kappa$로 감소한다. 판 사이의 거리는 변하지 않으므로 전기퍼텐셜 차 $\Delta V = Ed$는 장에 비례한다. 같은 전하가 더 작은 전기퍼텐셜 차를 발생시키므로 $C = Q/(\Delta V)$에서 전기용량은 κ 만큼 증가한다. 축전기에 저장된 에너지는 $U = Q^2/(2C)$이다.

전류와 전기회로
Electric Current and Circuits

그레이엄이 자동차 전조등을 밤새도록 켜놓는 바람에 배터리가 방전되어 시동이 걸리지 않았다. 부엌 서랍에는 1.5 V 손전등용 전지가 몇 개 있다. 그레이엄은 손전등에서 1.5 V 전지 두 개를 연결해 3.0 V를 얻는 것과 같은 방법으로, 8개의 전지로 한 전지의 양극 단자에 다른 전지의 음극 단자를 차례대로 조심스럽게 연결해 사용해보기로 했다. 그는 1.5 V 전지 8개가 자동차 배터리와 같이 12 V를 공급할 것으로 생각했다. 이 계획이 왜 성공할 수 없는가? (526쪽에 답이 있다.)

집에서 이렇게는 하지 마라! 자동차 배터리가 완전히 방전되지 않았다면 손전등용 전지를 통해 위험할 정도의 큰 전류가 흘러 전지 몇 개가 폭발할 수 있다.

18.1 전류 ELECTRIC CURRENT

연결고리

도체가 정전 평형 상태에 있을 때는 전류가 없다. 전도성 물질 내의 전기장은 0이고 도체 전체가 같은 전기퍼텐셜에 있다. 도체의 두 점 사이에 전기퍼텐셜 차를 유지해줘서 도체가 정전 평형에 도달하지 못하게 할 수 있다면 도체 내의 전기장은 0이 아니며 도체 내에 지속적으로 전류가 흐른다.

전하의 알짜 흐름을 **전류**electric current라고 한다. 전류(기호 I)는 전류가 흐르는 방향과 수직인 단면을 단위 시간 동안 통과한 알짜 전하량으로 정의한다(그림 18.1). 전류의 크기는 알짜 전하의 흐름률을 알려준다. 그림 18.1에서 Δq가 Δt 시간 동안 음영 표시된 면을 통과하는 알짜 전하라면, 그 도선에 흐르는 전류는 다음과 같이 정의된다.

전류의 정의

$$I = \frac{\Delta q}{\Delta t} \tag{18-1}$$

전류가 반드시 일정할 필요는 없다. 식 (18-1)에서 순간전류를 정의하기 위해서는 시간 간격 Δt를 매우 작게 해야 한다.

SI 단위로 전류 I는 C/s이며 프랑스 과학자 앙페르(André-Marie Ampère, 1775~1836)를 기념해 암페어(A)라고 한다. 암페어는 SI 기본 단위 중 하나이며, 쿨롬은 1암페어 초인 유도 단위이다.

$$1C = 1 \, A \cdot s$$

작은 전류는 밀리암페어(mA = 10^{-3} A) 또는 마이크로암페어(μA = 10^{-6} A) 단위로 측정하는게 편리하다.

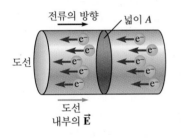

그림 18.1 전류가 흐르는 도선을 확대한 그림. 전류는 흐름의 방향에 수직인 면을 통과하는 전하의 흐름률이다.

전류 규약 규약에 따르면, 전류의 방향은 양전하가 이동하는 방향 혹은 알짜 전하와 동등한 운동을 일으키도록 양전하가 이동하는 방향으로 정의한다. 프랭클린(Benjamin Franklin)은 과학자들이 금속에서 이동할 수 있는 전하(또는 전하운반자)가 전자라는 것을 알기(어떤 종류의 전하를 양전하라고 부를 것인지를 결정하기) 훨씬 전에 이 규약을 정했다. 전자가 금속 도선의 왼쪽으로 이동하면 전류의 방향은 오른쪽이다. 왼쪽으로 이동하는 음전하가 알짜 전하 분포에 미치는 효과는 오른쪽으로 이동하는 양전하가 미치는 효과와 같다.

대부분의 상황에서 양전하가 한쪽 방향으로 이동한 것은, 거시적으로 보면 반대 방향으로 음전하가 이동한 것과 같은 효과가 있다. 회로 분석에서 우리는 전하운반자의 부호에 관계없이 전류의 방향을 항상 기존의 규약에 정한 방향으로 표시한다.

✓ 살펴보기 18.1

수도관에서는 어마어마한 양의 전하가 이동한다. 중성인 물 분자에 있는 양성자(전하 +e)와 전자(전하 e)는 모두 동일한 평균 속도로 이동한다. 물이 전류를 운반하는가? 설명하여라.

보기 18.1

시계에 흐르는 전류

시계 안을 들여다보았더니, 단면의 넓이가 $1.6\ mm^2$인 두 도선이 전지의 단자와 회로를 연결하고 있다. 0.040초 동안 한 도선의 단면을 통해 5.0×10^{14}개의 전자가 오른쪽으로 이동하고 있다(실제로는 전자는 양쪽 방향으로 단면을 지나가고 있으나, 왼쪽보다 오른쪽 방향으로 이동하는 전자가 5.0×10^{14}개만큼 더 많다). 도선에 흐르는 전류의 크기와 방향은 어떻게 되는가?

전략 전류는 전하의 흐름률이다. 이동하는 전자의 수 N에, 전자의 기본 전하값 e를 곱하면 이동 중인 전하의 크기 Δq가 된다.

풀이 전자 5.0×10^{14}개의 전하량은

$$\Delta q = Ne = 5.0 \times 10^{14} \times 1.60 \times 10^{-19}\ C = 8.0 \times 10^{-5}\ C$$

이다. 그러므로 전류는

$$I = \frac{\Delta q}{\Delta t} = \frac{8.0 \times 10^{-5}\ C}{0.040\ s} = 0.0020\ A = 2.0\ mA$$

가 된다. 음전하로 대전된 전자가 오른쪽으로 이동하므로 같은 효과의 양전하의 수송 방향을 기준으로 하는 규약에 따라 전류의 방향은 왼쪽을 향한다.

검토 전류의 크기를 계산하기 위해서는 전자의 전하 **크기**를 이용한다. 전기회로를 분석할 때 전류는 부호를 가진 물리량으로 취급한다. 실제로 전류가 흐르는 방향을 모를 때는 전류가 흐르는 방향을 임의로 선택해 정하고, 계산 결과로 음(−)의 전류를 얻으면 선택한 전류의 반대 방향이 실제로 흐르는 전류의 방향이다. 음의 부호는 단지 우리가 가정한 전류 방향의 반대 방향이 전류가 흐르는 방향임을 뜻할 뿐이다.

이 문제에서 도선의 단면의 넓이는 문제와 관계없는 정보이다. 전류를 구하기 위해서는 전하량과 전하가 지나가는 시간만 필요하다.

실전문제 18.1 계산기에 흐르는 전류

(a) 계산기에서 0.320 mA의 전류가 흐른다면, 단위 시간당 얼마나 많은 수의 전자가 통과하는가? (b) 1.0 C의 전하가 계산기를 통과하는 데 걸리는 시간은 얼마인가?

액체와 기체에서의 전류

전류는 고체인 도체뿐만 아니라 액체나 기체에서도 존재할 수 있다. 이온의 용액 속에서는 반대 방향으로 움직이는 양전하와 음전하 모두가 전류에 기여한다(그림 18.2). 전기장은 양극에서 음극으로 향하는 전기장에 의해서 양이온은 전기장과 같은 방향으로 움직이고 음이온은 반대 방향으로 움직인다. 서로 반대 방향으로 움직이는 양이온과 음이온은 같은 방향의 전류를 만든다. 따라서 양이온과 음이온의 운동에 의한 각 전류의 크기를 알 수 있고, 두 전류를 더해 총 전류를 알 수 있다. 그림 18.2에서 전류의 방향은 오른쪽을 향한다. 양전하와 음전하가 같은 방향으로 움직이는 경우에는 서로 반대 방향의 전류를 나타낸다. 그러므로 알짜 전류를 구하려면 두 전류의 차를 계산해야 한다. (살펴보기 18.1 참조.)

그림 18.2 염화칼륨 용액에서 전류는 반대 방향으로 움직이는 양이온(K^+)과 음이온(Cl^-)으로 이루어져 있다. 전류의 방향은 양이온이 움직이는 방향이다.

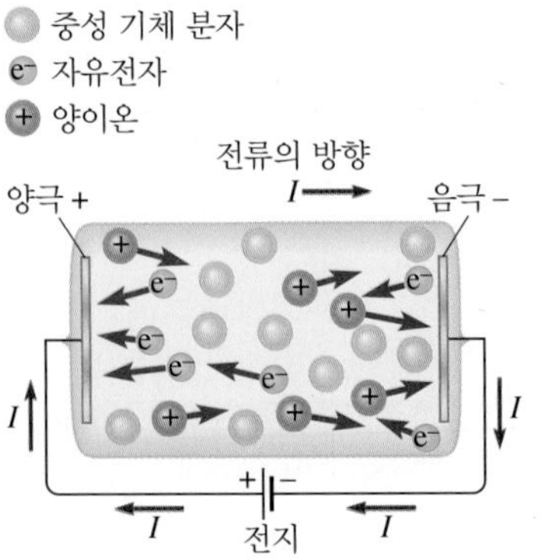

중성 기체 분자
e⁻ 자유전자
+ 양이온

그림 18.3 네온사인을 단순화한 도해. 유리관 속의 네온 기체는 전극 사이의 높은 전압에 의해 이온화된다.

응용: 네온사인의 전류와 형광

기체 내에도 전류가 존재할 수 있다. 그림 18.3은 네온사인을 보여준다. 네온 기체가 주입된 유리관 속의 금속 전극 사이에 높은 전압이 걸려 있다. 우주선이나 자연 방사선과의 충돌로, 기체에도 약간의 양이온이 항상 존재한다. 이들 양이온은 전기장에 의해 음극 쪽으로 가속된다. 만약 이들 이온이 충분한 에너지를 갖고 있다면, 음극과 충돌할 때 전자를 잃어버릴 수 있다. 이 전자는 양극 쪽으로 가속되고, 관을 지나가면서 전자가 많은 수의 기체 분자를 이온화시킨다. 전자와 이온의 충돌로 네온사인에서 특정한 붉은 빛이 나온다. 형광등도 이와 유사하다. 그러나 충돌에 의해 자외선이 방출된다. 유리관 안에 코팅된 물질이 이 자외선을 흡수한 후 가시광선을 방출한다.

18.2 기전력과 전기회로 EMF AND CIRCUITS

도선에 전류를 유지하기 위해서는 도선 양 끝 사이에 전기퍼텐셜 차를 일정하게 유지해야 한다. 이렇게 하는 한 가지 방법은 도선의 양 끝을 전지의 단자에 연결하는 것이다. 이상적인 **전지**의 경우에 단자 사이의 전기퍼텐셜 차는 전지가 그 전기퍼텐셜 차를 유지하기 위해 얼마나 빨리 전하를 퍼 올려야만 하는지와는 무관하다. 이상적인 전지는, 흘러 들어오거나 나가는 부피흐름률에 관계없이 항상 일정한 압력 차를 유지하는 이상적인 물 펌프와 유사하다.

전지의 회로 기호는 ─┤├─이다. 두 개의 수직선 중 긴 선은 전기퍼텐셜이 높은 단자를 나타내고 짧은 선은 낮은 단자를 나타낸다. 대부분의 전지는 하나 이상의 화학 전지로 구성되어 있기 때문에 대체 기호 ─┤├├─로 나타낸다.

이상적인 전지에 의해 유지되는 전기퍼텐셜 차를 전지의 **기전력**emf(기호 $\mathscr{E}$)이라고 한다. 기전력은 원래 *electromotive force*(전기를 일으키는 힘)을 나타냈지만, 실제로는 한 전하나 전하의 집단에 작용한 힘을 측정한 것이 아니다. 따라서 기전력을 힘의 단위인 뉴턴 N으로 표시할 수 없다. 기전력은 전기퍼텐셜의 단위(volt)로 측정되며 단위 전하당 전지가 할 수 있는 일로 측정된다. 혼란을 피하기 위해 꼭 emf로 쓴다. emf가 $\mathscr{E}$인 이상적인 전지가 퍼 올린 총 전하량이 q일 때 전지가 한 일은 다음과 같다.

이상적인 전지가 한 일

$$W = \mathscr{E}q \qquad (18\text{-}2)$$

전하를 퍼 올리는 장치를 기전력원(또는 간단히 emf)이라고 한다. 발전기, 태양전지, 연료전지 등은 또 다른 기전력원이다. 우주왕복선에서 이미 사용되고 있으며, 언젠가는 자동차나 가정에서 사용하게 될 연료전지는 전지와 비슷하지만 화학 반응물질이 외부에서 공급된다. 많은 생명체도 기전력원을 가지고 있다(그림 18.4).

그림 18.4 남아메리카 전기뱀장어(학명은 *Electrophorous electricus*)는 기전력을 공급하는 발전판이라 부르는 수십만 개의 전지를 지니고 있다. 발전판에서 공급하는 전류로 적을 기절시키거나 먹잇감을 죽인다.

인간 신경계통으로 전달되는 신호의 본질은 전기이므로 우리 몸에는 기전력원이 있다. 일정한 기전력원은 모두 회로에서 쓰이는 기호(─┤├─)를 사용한다. 모든 기전력 장치는 다른 형태의 에너지를 전기적 에너지로 전환하므로, 에너지 전환 장치이다. 기전력이 사용하는 에너지 샘에는 화학적 에너지(전지, 연료전지, 생물학적 기전력원), 태양 빛(태양전지), 역학적 에너지(발전기)가 포함된다.

전기회로의 기전력 그림 18.5는 회로에 흐르는 전류를 물의 흐름과 비교해 나타낸 것이다. 퍼텐셜에너지가 가장 낮은 곳에 있는 물을 퍼텐셜에너지가 가장 높은 곳으로 퍼 올리기 위해서는 사람이 일을 해야만 한다. 그 후 물은 내리막 수로를 따라 흐르다가 수문에 의한 저항에 맞닥뜨린다. 여기서 전지(또는 다른 기전력원)는 통에 담긴 물을 운반하는 사람과 같은 역할을 한다. 전류를 양전하의 이동으로 생각하면, 전지는 양전하를 **전기퍼텐셜**이 가장 낮은 곳(전지의 음극)에서 전기퍼텐셜이 가장 높은 곳(양극)으로 이동시키는 데 필요한 일을 한다. 높은 전기퍼텐셜로 이동된 전하는 전류 흐름에 저항의 역할을 하는 장치(전구 또는 MP3 플레이어)를 통과해

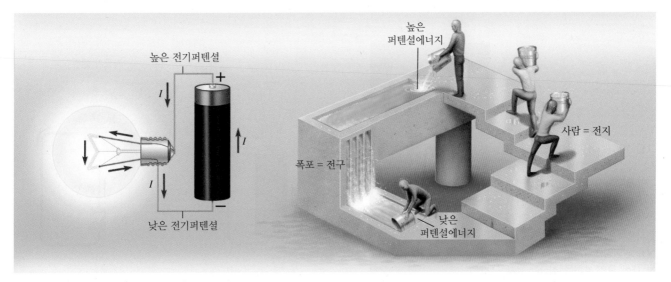

그림 18.5 전기회로에서 일어나는 현상을 물의 흐름에 비유한 그림.

그림 18.6 크기와 모양이 다양한 전지. 뒤쪽에 있는 것은 자동차용 납축전지이다. 앞쪽에는 왼쪽부터 오른쪽으로, 재충전할 수 있는 니켈–카드뮴 전지 세 종류와 손전등·사진기·손목시계에 사용하는 전지 7개, 아연–흑연 전지 1개가 있다.

전지의 음극으로 되돌아온다.

전지   이상적인 9 V 전지(연기검출기에 사용되는)에서 양극 단자는 음극 단자보다 항상 9 V 높다. 1 V는 1 J/C이므로, 전지는 1 C의 전하를 음극에서 양극으로 퍼 올리는 데 9 J의 일을 한다. 이때 전지는 저장된 화학에너지 일부를 전기적 에너지로 바꾸며 일을 한다. 화학에너지의 공급이 고갈되면 전지는 수명이 끝나 더 이상 전하를 퍼 올릴 수 없다. 어떤 전지는 전기화학적 반응을 역으로 일어나게 해 전기에너지를 화학에너지로 전환시켜, 반대 방향으로 전하를 강제로 흐르게 함으로써 재충전할 수 있다.

전지에는 크기뿐만 아니라 다양한 기전력(12 V, 9 V, 1.5 V 등)을 갖는 여러 가지 종류가 있다(그림 18.6). 전지의 크기가 기전력을 결정하는 것은 아니다. 보통 사용하는 전지는 크기가 AAA, AA, A, C, D급이며 이들 모두는 1.5 V의 기전력을 공급한다. 그렇지만 크기가 더 큰 전지는 많은 양의 화학 물질을 지니고 있으므로 보다 많은 화학적 에너지를 저장하고 있다. 그러므로 더 큰 전지는 작은 전지와 같이 단위 전하당 하는 일의 양은 같지만 더 많은 양의 전하를 퍼 올릴 수 있으므로 더 많은 에너지를 공급할 수 있다. 전지가 퍼 올릴 수 있는 전하량은 종종 A·h(암페어시)로 측정된다. 또 다른 차이는 전지가 클수록 일반적으로 더 빨리 전하를 퍼 올릴 수 있으므로, 더 많은 전류를 공급할 수 있다.

전기회로

전류가 계속해서 흐르기 위해서는 완전히 닫힌 회로가 필요하다. 곧, 기전력원의 한 단자에서 시작해서 다른 단자로 되돌아가기까지 하나 또는 그 이상의 장치가 전도성 물질인 도선으로 연결되어 있어야 한다. 그림 18.7a, b는 완전히 닫힌 전기회로이다. 전지의 양극 단자에서 출발한 전류는 도선을 거쳐서 전구의 필라멘트, 또 다른 도선을 통해 전지의 음극 단자로 들어와 전지를 거쳐 다시 양극 단자로 되돌아 흐른다. 이 회로에는 하나의 닫힌 경로만이 있으므로 회로의 어디서나 같은 전

그림 18.7   (a) 전구에 연결된 전지. 필라멘트를 통해 전류가 흐를 때만 전구에 불이 켜진다. (b) 전류가 계속 흐르게 하기 위해서는 완전한 회로가 있어야 한다. 도선, 전구, 전지에서 전류가 흐르는 방향은 화살표 방향임을 유의하여라. (c) 전하 대신 물의 흐름을 취급한 유사 회로.

(a)

(b)

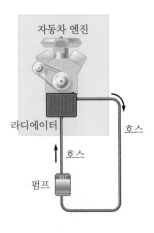

(c)

류가 흘러야 한다. 전지를 물 펌프에 견주어 생각해 보면, 도선은 물이 흐르는 호스로, 전구는 자동차의 엔진과 라디에이터로 간주할 수 있다(그림 18.7c). 물은 펌프에서 흘러나와 호스를 거쳐 엔진과 라디에이터 그리고 또 다른 호스를 거쳐 펌프로 되돌아온다. 이처럼 단 하나의 경로가 있는 물 순환 회로에서 모든 곳에서의 부피흐름률은 같다. 물이 라디에이터에서 소모되어 없어지지 않는 것처럼 전류도 전구에서 소모되어 없어지지 않는다. 이 장에서는 전류가 항상 같은 방향으로만 흐르는 회로, 곧 **직류**direct current(DC)회로만을 고려한다. 주기적으로 방향이 바뀌며 흐르는 전류, 곧 **교류**alternating current(AC)회로는 21장에서 공부한다.

18.3 금속 내 전류에 대한 미시적 관점
MICROSCOPIC VIEW OF CURRENT IN A METAL

그림 18.1은 전기장으로 인해 모두 같은 등속도로 운동하는 금속 내 전도전자를 단순하게 그린 것이다. 일정한 전기력을 받는 전자가 **등가속도**로 운동하지 않는 이유가 무엇인가? 이 질문에 답하고 금속에서 전기장과 전류의 관계를 이해하기 위해서는 전자의 움직임에 대한 보다 정확한 그림이 필요하다.

가해준 전기장이 없을 때 금속의 전도전자는 고속으로 꾸준한 마구잡이식 운동을 한다. 구리의 경우는 약 10^6 m/s이다. 이 전자는 다른 전자나 이온(속박된 전자를 가진 원자핵)과 자주 충돌한다. 구리의 경우 전도전자는 매초마다 4×10^{13}번 충돌해 충돌 사이의 평균 이동 거리는 40 nm이다. 충돌이 일어나면 전자의 운동 방향이 바뀌므로 전자는 기체 분자의 운동과 유사하게 마구잡이로 이동한다(그림 18.8a). 그러나 전기장이 없는 경우 금속 내 **전도전자의 평균 속도는 0**이므로, 전하의 알짜 수송은 없다.

만일 금속 내에 균일한 전기장이 존재하면, 전도전자에 작용하는 전기력은 충돌과 충돌 사이에 그들을 균일하게 가속시킨다(근처에 있는 이온과 다른 전도전자로 인한 알짜힘이 작은 경우에). 전자는 여전히 기체 분자처럼 마구잡이식 운동 방향으로 움직이지만 전기력은 산들바람이 불 때 공기 분자처럼, 반대 방향이라기보다는 힘의 방향으로 평균적으로 조금 더 빠르게 운동하도록 한다. 결과적으로 전자는 전기력의 방향으로 천천히 표류한다(그림 18.8b). 이제 전자는 **유동속도**drift velocity(공기 분자의 풍속에 해당) $\vec{v}_D$라 부르는 0이 아닌 평균 속도를 가지게 된다. 유동속도의 크기(유동속력)는 전자의 순간속력보다 훨씬 작지만(일반적으로 1 mm/s 미만) 0

> **연결고리**
>
> 금속에서 전도전자의 마구잡이식 운동은 기체 내 원자 또는 분자의 마구잡이식 운동을 상기시킨다. 하나의 차이점은 전자의 속력 분포가 맥스웰–볼츠만 분포(13.6절 참조)와는 상당히 다르다는 것이다.

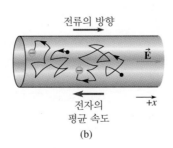

전류가 없다
전류의 방향
$\vec{E}$
전자의 평균 속도
$+x$
(a)
(b)

그림 18.8 (a) 전기장이 없을 때 도선 안에서 움직이는 두 전도전자의 마구잡이식 경로. (b) $+x$-방향으로 전기장이 걸리면, 전자는 충돌과 충돌 사이에 $-x$-방향으로 일정하게 가속된다. 평균적으로는 전자가 $-x$-방향으로 움직인다. 그래서 도선에는 $+x$-방향으로 전류가 생긴다.

연결고리

작용한 힘에 의해 (일정한 가속도라기보다는) 일정한 속도로 운동하는 또 하나의 상황은 점성 유체 속으로 떨어지는 물체이다(9.10절 참조). 종단속도로 떨어질 때, 점성 항력은 아래로 향하는 일정한 중력과 반대 방향이기 때문에 알짜힘은 0이다. 이와 유사하게 생각해보면, 금속의 전기장은 떨어지는 물체에 가해지는 일정한 힘인 중력과 같이 작용하며 전자와 이온의 충돌은 항력처럼 작용한다.

이 아니므로 전하의 알짜 수송이 있다.

균일한 가속도가 전자를 점점 더 빠르게 운동하도록 만드는 것처럼 보일 수도 있다. 충돌이 없다면 그렇게 될 것이다. **충돌과 충돌 사이**에서는 전자가 균일하게 가속되지만 각각의 충돌로 각각의 전자들은 각기 다른 방향으로 가속된다. 전자와 이온 사이의 충돌에서는 전자가 운동에너지의 일부를 이온으로 전달한다. 최종적으로는 유동속도가 일정하고 에너지가 일정한 비율로 전자에서 이온으로 전달된다.

전류와 유동속도의 관계

전류가 유동속도에 따라 어떻게 변하는지 알아보기 위해서, 그림 18.9와 같이 모든 전자가 일정한 속도 $\vec{v}_D$로 움직인다는 매우 간단한 모형을 이용해보자. 금속이 가진 특성 중 하나가 단위 부피당 전도전자의 수(n)이다. 전류는 시간 Δt 동안 짙게 칠해진 단면을 통과하는 전하가 얼마인지 계산하면 된다. 모든 전자는 이 시간 동안에 왼쪽으로 $v_D \Delta t$ 만큼의 거리를 움직인다. 그러므로 $A v_D \Delta t$의 부피 안에 들어 있는 모든 전도전자는 짙게 칠해진 단면을 통과한다. 이 부피 안에 있는 전자의 총수는 $N = n A v_D \Delta t$이므로 총 전하량은

$$\Delta Q = Ne = neAv_D \Delta t$$

이다. 따라서 도선에 흐르는 전류는

$$I = \frac{\Delta Q}{\Delta t} = neAv_D \tag{18-3}$$

이다.

전자는 음전하를 띠고 있으므로, 전류의 방향은 전자의 운동 방향과 반대임을 상기해두자. 전자에 작용하는 전기력은 전기장에 반대 방향이므로 전류의 방향은 도선 속에 있는 전기장의 방향과 같다.

전류운반자가 전자가 아닌 계인 경우에는 단순히 e를 전하운반자의 전하량으로 대치함으로써 식 (18-3)을 일반화할 수 있다. 반도체에는 양(+)과 음(−) 전하운반자 모두가 있을 수 있다. 음(−)전하운반자는 전자이고, 양(+)전하운반자는 전자가 있을 곳에 전자가 빠진 것[양공(hole)이라고 함]으로 $+e$의 전하를 지닌 입자처럼 행동한다. 전자와 양공은 서로 반대 방향으로 이동하면서 모두 전류에 기여한다. 전자와 양공의 농도와 유동속력은 다를 수 있으므로 전류는

$$I = n_+ eAv_+ + n_- eAv_- \tag{18-4}$$

이다. 식 (18-4)에서 v_+와 v_-는 유동속력이며 모두 양수이다.

그림 18.9 균일한 속도 $\vec{v}_D$로 움직이는 전도전자의 간단한 그림. Δt 동안 각 전자는 $v_D \Delta t$만큼 이동한다. 검은 화살의 벡터는 Δt 동안 각 전자의 변위를 나타낸다. 짙게 칠해진 단면에서 $v_D \Delta t$ 거리 안에 있는 모든 전도전자는 Δt 동안에 이 단면을 통과한다.

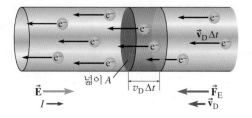

✓ 살펴보기 18.3

지름이 다른 두 구리 도선에 같은 크기의 전류가 흐른다. 두 도선 내 전도전자의 유동속력을 비교해 보아라.

___

벽에 있는 스위치를 올려 불을 켜면, 불을 켜는 동시에 전구를 통해서 전류가 흐른다. 전자들이 스위치에서 전구까지 이동할 때까지 기다릴 필요가 없다. 이는 다행스런 일이다. 왜냐하면 전자가 스위치에서 전구까지 이동하는 데에는 무척 오랜 시간이 걸리기 때문이다(보기 18.2 참조). 전도전자는 회로를 형성하는 모든 도선을 따라 존재한다. 스위치가 닫히면 회로 전체에 거의 순간적으로 전기장이 걸린다. 전기장이 가해지기만 하면 전자들은 곧바로 유동하기 시작한다.

보기 18.2

가정 배선 내 유동속력

흔히 사용되는 12번 표준 구리 도선의 지름은 2.053 mm이다. 구리에는 세제곱미터당 8.00×10^{28}개의 전도전자가 있다. 도선에 5.00 A의 일정한 직류 전류가 흐르고 있다. 전자의 유동속력은 얼마인가?

전략 지름을 알고 있으므로 도선의 단면의 넓이를 구할 수 있다. 식 (18-3)에서 세제곱미터당 전도전자의 수는 n이다. 그러면 식 (18-3)으로부터 유동속력을 구할 수 있다.

풀이 (a) 도선의 단면의 넓이는

$$A = \pi r^2 = \tfrac{1}{4}\pi d^2$$

이다. 유동속력은

$$v_D = \frac{I}{neA} =$$

$$\frac{5.00\ \text{A}}{8.00 \times 10^{28}\ \text{m}^{-3} \times 1.602 \times 10^{-19}\ \text{C} \times \tfrac{1}{4}\pi \times (2.053 \times 10^{-3}\ \text{m})^2}$$

$$= 1.179 \times 10^{-4}\ \text{m·s}^{-1} \rightarrow 0.118\ \text{mm/s}$$

이다.

검토 유동속력이 0.118 mm/s로 놀라울 정도로 매우 느리다고 생각될지 모른다. 이 속력으로는 도선 1 m를 이동하는 데 2시간 이상이 걸린다. 5 C/s(상당히 큰 전류)의 전류가 그렇게 느린 전자의 평균 속력으로 어떻게 가능한가? 그것은 전자의 수가 매우 많기 때문이다. 점검해보자. 도선의 단위 길이당 전도전자의 수는

$$nA = 8.00 \times 10^{28}\ \text{m}^{-3} \times \tfrac{1}{4}\pi \times (2.053 \times 10^{-3}\text{m})^2$$

$$= 2.648 \times 10^{23}\ \text{전자/m}$$

이다. 그러므로 길이 0.1179 mm 도선 안의 전도전자의 수는

$$2.648 \times 10^{23}\ \text{전자/m} \times 0.1179 \times 10^{-3}\ \text{m} = 3.122 \times 10^{19}\ \text{전자}$$

이다. 이들 전자의 총 전하량은

$$3.122 \times 10^{19}\ \text{전자} \times 1.602 \times 10^{-19}\ \text{C/전자} = 5.00\ \text{C}$$

이다.

___

실전문제 18.2 은 도선 내 전류와 유동속력

지름이 2.588 mm인 은 도선에 단위세제곱미터당 5.80×10^{28}개의 전도전자가 있다. 1.50 V 전지가 45분 동안 도선을 통해 880 C의 전하를 밀어낸다. (a) 전류를 구하고, (b) 도선 내 유동속력을 구하여라.

18.4 전기저항과 비저항
RESISTANCE AND RESISTIVITY

전기저항

한 도체의 양 끝을 가로질러 전기퍼텐셜 차가 있다고 가정하자. 도체에 흐르는 전류 I는 전기퍼텐셜 차 ΔV와 어떠한 관계가 있는가? 많은 도체에서 전류는 전기퍼텐셜 차에 비례한다. 옴(Georg Ohm, 1789~1854)이 최초로 발견한 이 관계를 지금은 **옴의 법칙**^{Ohm's law}이라고 한다.

> **옴의 법칙**
>
> $$I \propto \Delta V \qquad (18\text{-}5)$$

옴의 법칙은 보존 법칙과 같은 물리학의 보편적인 법칙은 아니다. 어떤 물질에는 이 법칙을 적용할 수 없다. 심지어 넓은 범위의 전기퍼텐셜 차에 대해서 옴의 법칙을 잘 따르는 물질이라도 전기퍼텐셜 차 ΔV가 매우 크면 옴의 법칙을 따르지 않는다. 훅의 법칙($F \propto \Delta x$ 또는 변형력 $\propto$ 변형)도 유사하다. 이 법칙도 여러 가지 조건 아래서 많은 물질에 적용되지만 물리학의 기본 법칙은 아니다. 모든 균질의 물질은 어떤 전기퍼텐셜 차 범위 내에서는 옴의 법칙을 따른다. 좋은 도체인 금속은 넓은 범위의 전기퍼텐셜 차에 대해 옴의 법칙을 따른다.

전기저항^{resistance} R은 도체 속 전류 I와 도체를 가로지르는 전기퍼텐셜 차(또는 전압) ΔV의 비로 정의한다.

> **저항의 정의**
>
> $$R = \frac{\Delta V}{I} \qquad (18\text{-}6)$$

SI 단위로 전기저항은 옴(기호 Ω, 그리스 대문자 오메가)으로 측정한다. 곧

$$1\ \Omega = 1\ \text{V/A} \qquad (18\text{-}7)$$

로 정의한다. 같은 전압을 걸어주면 전기저항이 작은 도체에는 많은 전류가 흐르고, 반대로 저항이 큰 도체에는 적은 전류가 흐른다.

옴성 도체, 곧 옴의 법칙을 따르는 도체는 가해준 전기퍼텐셜 차에 관계없이 일정한 저항 값을 갖는다. 식 (18-6)에서 저항이 일정할 필요는 없기 때문에 식 (18-6)은 옴의 법칙이 아니며, 옴성 도체뿐만 아니라 비옴성 도체에 대한 **저항의 정의**이다. 옴성 도체에서 전류 대 전기퍼텐셜 차의 그래프는 기울기가 $1/R$이고 원점을 지나는 직선이다(그림 18.10a). 몇몇 비옴성계에 대한 I 대 ΔV의 그래프는 그림 18.10b, c에서와 같이 극단적으로 비선형이다.

연결고리

옴은 도체를 통한 열의 이동률이 도체 양단의 온도 차에 비례한다는 푸리에(Fourier)의 관찰에 영향을 받아 전류와 전기퍼텐셜 차 사이의 관계를 조사하게 되었다(14.6절 참조). 또 다른 유사한 상황은 관을 통과하는 기름(또는 점성유체)의 흐름이다. 푸아죄유(Poiseuille)의 법칙에 따르면 유체의 흐름률은 파이프 양 끝 사이의 압력 차에 비례한다(9.9절 참조).

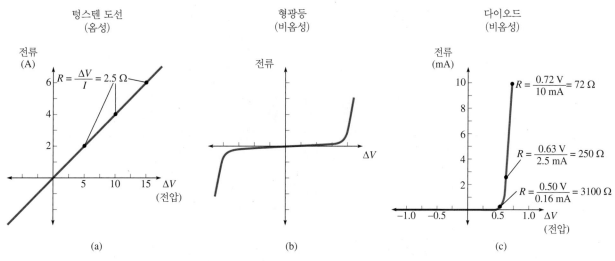

그림 18.10 (a) 온도가 일정한 텅스텐 도선에 흐르는 전류를 전기퍼텐셜 차의 함수로 그린 그래프. 그래프에서 저항이 어떠한 전기퍼텐셜 차 ΔV에 대해서도 같으므로 도선은 옴성 도체이다. (b) 형광등의 기체에 대한 유사한 그래프와 (c) 다이오드(반도체 장치)에 대한 그래프는 선형과는 거리가 멀다. 이들은 비옴성이다.

비저항

전기저항은 재료의 크기와 형태에 따라 다르다. 특히 다른 조건이 동일할 경우, 긴 도선의 저항은 짧은 도선의 저항보다 크고, 굵은 도선의 저항은 가는 도선의 저항보다 작다. 길이가 L이고 단면의 넓이가 A인 도체의 전기저항을

> **연결고리**
>
> 유체의 흐름과 비교해보면, 유체의 흐름에서 긴 관의 저항은 짧은 관의 저항보다 더 크고, 굵은 관의 저항은 가는 관의 저항보다 작다.

$$R = \rho\frac{L}{A} \tag{18-8}$$

로 쓸 수 있다. 식 (18-8)은 전류가 도체 단면에 균일하게 분포하는 것으로 가정한다.

비례상수 ρ(그리스 문자 로)는 특정한 온도에서 한 재료의 고유한 특성으로 그 물질의 **비저항**resistivity이라고 한다. 비저항의 SI 단위는 $\Omega \cdot m$이다. 표 18.1에 20 °C

표 18.1 20 °C에서 비저항과 온도계수

	$\rho(\Omega \cdot m)$	$\alpha(°C^{-1})$		$\rho(\Omega \cdot m)$	$\alpha(°C^{-1})$
도체			**순수한 반도체**		
은	1.59×10^{-8}	3.8×10^{-3}	탄소	3.5×10^{-5}	-0.5×10^{-3}
구리	1.67×10^{-8}	4.05×10^{-3}	게르마늄	0.6	-50×10^{-3}
금	2.35×10^{-8}	3.4×10^{-3}	실리콘	2300	-70×10^{-3}
알루미늄	2.65×10^{-8}	3.9×10^{-3}			
텅스텐	5.40×10^{-8}	4.50×10^{-3}			
철	9.71×10^{-8}	5.0×10^{-3}	**절연체**		
납	21×10^{-8}	3.9×10^{-3}	유리	$10^{10} - 10^{14}$	
백금	10.6×10^{-8}	3.64×10^{-3}	루사이트	$> 10^{13}$	
망간	44×10^{-8}	0.002×10^{-3}	수정(용융된)	$> 10^{16}$	
콘스탄탄	49×10^{-8}	0.002×10^{-3}	고무(단단한)	$10^{13} - 10^{16}$	
수은	96×10^{-8}	0.89×10^{-3}	테플론	$> 10^{13}$	
니크롬	108×10^{-8}	0.4×10^{-3}	나무	$10^{8} - 10^{11}$	

그림 18.11 마이크로프로세서 칩의 주사전자현미경 투시도. 칩의 대부분은 실리콘으로 되어 있다. 제어할 수 있는 방식으로 실리콘에 불순물을 주입해 어떤 부분은 부도체, 다른 부분은 도선, 또 다른 부분은 스위치와 같은 기능을 하는 회로 요소인 트랜지스터 등을 만들 수 있다. SOI(silicon on insulator)는 칩에서 발생하는 열을 줄이는 새로운 기술이다.

에서 여러 가지 물질의 비저항을 정리했다. 도체의 비저항은 작으며 순수한 반도체의 비저항은 상당히 크다. 불순물의 첨가로 (원하는 양의 불순물을 주입한) 반도체의 비저항은 극적으로 변할 수 있으며 이것이 반도체가 컴퓨터 칩과 여러 가지 전자장치에 사용되는 한 가지 이유이다(그림 18.11). 절연체의 비저항은 매우 크다(도체보다 약 10^{20}배 크다). 비저항의 역수를 전기전도도라고 한다[SI 단위는$(\Omega \cdot m)^{-1}$이다].

왜 저항이 길이에 비례하는가? 길이만 다르고 다른 것은 모두 같은 두 도선을 생각하자. 만일 두 도선에 같은 전류가 흐른다면 유동속력은 같을 것이며, 유동속력이 같게 되기 위해서는 전기장 또한 같아야 한다. 균일한 전기장에서는 $\Delta V = EL$, 곧 도선을 가로지르는 전기퍼텐셜 차는 도선의 길이에 비례한다. 따라서 $R = \Delta V/I$는 길이에 비례한다.

왜 저항은 넓이에 반비례하는가? 넓이만 다른 두 개의 동일한 도선을 생각하자. 같은 전기퍼텐셜 차가 걸려 있다면 유동속력은 같다. 그러나 굵은 도선에는 단위 길이당 더 많은 전도전자가 있다. 식 (18-3)에서 전류는 $I = neAv_D$이므로 넓이에 비례하고 저항은 $R = \Delta V/I$이므로 넓이에 반비례한다.

물의 비저항 물의 비저항은 이온의 농도에 따라 크게 변한다. 순수한 물은 자체 이온화 반응($H_2O \rightleftharpoons H^+ + OH^-$)에 의해 생성된 이온만을 포함한다. 그 결과, 순수한 물은 절연체이다. $20\,°C$에서 이론적인 최대 비저항은 약 $2.5 \times 10^5\ \Omega \cdot m$이다. 물은 우수한 용제이므로 미량의 미네랄이 녹아 있어도 비저항이 극적으로 작아진다. 물의 비저항은 불순물의 농도에 아주 민감하므로 물의 비저항을 측정해 물의 순도를 결정하기도 한다. 수돗물의 비저항은 미네랄 함량에 따라 일반적으로 $10^{-1}\ \Omega \cdot m$에서 $10^{+2}\ \Omega \cdot m$ 사이의 값을 갖는다.

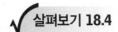 **살펴보기 18.4**

물질의 비저항(주어진 온도에서)은 표에서 찾을 수 있으나 저항은 왜 찾을 수 없는가?

연장 코드의 저항

(a) 19번 표준 구리 도선 두 개로 30 m의 연장 코드를 만들었다(도선에는 같은 크기의 전류가 서로 반대 방향으로 흐른다.). 20.0 °C에서 각 도선의 저항은 얼마인가? 19번 표준 도선의 지름은 0.912 mm이다. (b) 만일 구리 도선을 같은 길이의 알루미늄 도선으로 대치할 때, 새 도선의 저항이 처음 구리 도선보다 커지지 않게 하려면 지름은 최소한 얼마나 되어야 하는가?

전략 지름을 알고 있으므로 구리 도선의 단면의 넓이를 계산한 후, 식 (18-8)을 이용해 구리 도선의 저항을 구한다. 구리와 알루미늄의 비저항은 표 18.1에서 찾을 수 있다.

풀이 (a) 표 18.1에서 구리의 비저항은

$$\rho = 1.67 \times 10^{-8} \ \Omega \cdot m$$

이다. 도선 단면의 넓이는

$$A = \tfrac{1}{4}\pi d^2 = \tfrac{1}{4}\pi(9.12 \times 10^{-4} \ m)^2 = 6.533 \times 10^{-7} \ m^2$$

이다. 저항은 비저항에 길이를 곱한 값을 넓이로 나눈 것과 같으므로

$$
\begin{aligned}
R &= \rho \frac{L}{A} \\
&= \frac{1.67 \times 10^{-8} \ \Omega \cdot m \times 30.0 \ m}{6.533 \times 10^{-7} \ m^2} \\
&= 0.767 \ \Omega
\end{aligned}
$$

이다.

(b) 구리 도선의 저항보다 같거나 작은 알루미늄 도선의 저항 $(R_a \leq R_c)$을 구하기 위한 조건은

$$\frac{\rho_a L}{\tfrac{1}{4}\pi d_a^2} \leq \frac{\rho_c L}{\tfrac{1}{4}\pi d_c^2}$$

이므로, 이것을 간단히 하면 $\rho_a d_c^2 \leq \rho_c d_a^2$이다. d_a에 대해 풀면

$$d_a \geq d_c \sqrt{\frac{\rho_a}{\rho_c}} = 0.912 \ mm \times \sqrt{\frac{2.65 \times 10^{-8} \ \Omega \cdot m}{1.67 \times 10^{-8} \ \Omega \cdot m}} = 1.15 \ mm$$

이다.

검토 점검: 지름이 1.149 mm인 알루미늄 도선의 저항은

$$R = \frac{\rho L}{A} = \frac{2.65 \times 10^{-8} \ \Omega \cdot m \times 30.0 \ m}{\tfrac{1}{4}\pi(1.149 \times 10^{-3} \ m)^2} = 0.767 \ \Omega$$

이다. 알루미늄의 비저항이 더 크므로 구리 도선과 같은 저항을 갖기 위해서는 지름이 더 커야 한다.

연장 코드는 안전한 최대 전류에 따라 등급이 매겨진다. 큰 전류가 흐르는 가전제품에는 굵은 연장 코드를 사용해야 한다. 그렇지 않으면 도선 양단의 전기퍼텐셜 차가 너무 커진다($\Delta V = IR$).

실전문제 18.3 **전구 필라멘트의 저항**

20 °C에서, 길이가 4.0 cm, 지름이 0.020 mm인 텅스텐 전구 필라멘트의 저항을 구하여라.

온도에 따라 변하는 비저항

비저항은 물질의 크기와 형태에는 관계되지 않지만 온도에는 관계된다. 금속의 비저항을 결정하는 주된 두 가지 요인은 단위 부피당 전도전자의 수와 전자와 이온 사이의 충돌률이다. 이들 가운데 두 번째 요인은 온도 변화에 민감하다. 높은 온도에서 이온은 큰 내부 에너지를 가져 큰 진폭으로 진동한다. 결과적으로 전자는 이온과 더 자주 충돌한다. 그러므로 충돌 사이의 가속할 수 있는 시간이 줄어들므로 유동속력이 작아진다. 그에 따라 주어진 전기장에 대해 적은 전류가 흐른다. 그러므로 금속의 경우 온도가 상승하면 비저항이 증가한다. 빛을 내는 백열전구의 금속 필라멘트는 온도가 거의 3000 K에 이른다. 이런 온도에 있는 필라멘트의 저항은 실온의 경우에 비해 엄청나게 크다.

여러 가지 물질의 비저항과 온도의 관계는 상당히 넓은 온도 영역(약 500 ℃)에 걸쳐 선형적으로 변한다.

$$\rho = \rho_0(1 + \alpha \, \Delta T) \tag{18-9}$$

여기서 ρ_0는 온도 T_0에서의 비저항이고 ρ는 온도 $T = T_0 + \Delta T$에서의 비저항이다. α는 **비저항의 온도계수**temperature coefficient of resistivity라 부르며 SI 단위는 ℃$^{-1}$ 또는 K^{-1}이다. 몇몇 물질의 온도계수가 표 18.1에 있다.

응용: 저항온도계 비저항과 온도 사이의 관계가 저항 온도계의 기본 원리이다. 도체의 저항을 기준 온도와 측정하고자 하는 온도에서 측정해, 미지의 온도를 계산하는데 저항의 변화를 이용한다. 한정된 온도 범위에 있는 온도 측정에서는 식 (18-9)의 선형적인 관계를 계산에 이용할 수 있지만, 허용 온도 범위를 넘는 온도에서는 온도에 따른 비저항의 비선형적 변화를 보정해야 한다. 높은 용융점을 갖는 물질(예를 들면 텅스텐)은 고온을 측정하는 데 이용할 수 있다.

반도체 반도체는 $\alpha < 0$임을 유의하자. 음의 온도계수는 온도가 상승함에 따라 비저항이 **감소**함을 뜻한다. 좋은 도체인 금속에서 온도에 따라 충돌률이 증가하는 것은 사실이다. 그렇지만 반도체에서는 단위 부피당 전하운반자(전도전자나 양공)의 숫자가 온도 상승에 따라 극적으로 증가한다. 곧, 더 많은 전하운반자들 때문에 비저항이 작아진다.

물 상온에서 순수한 물은 자체 이온화 반응($H_2O \rightleftharpoons H^+ + OH^-$)이 온도에 따라 변하기 때문에 비저항의 온도계수가 약 -0.05 ℃$^{-1}$이다. 온도가 증가함에 따라 이온의 농도가 증가한다. 반도체와 마찬가지로 더 많은 전하운반자가 비저항을 작게 한다.

초전도체 어떤 물질은 매우 낮은 온도에서 **초전도체**($\rho = 0$)가 된다. 초전도성 전류 고리에 일단 전류가 흐르면, 기전력원이 없어도 전류는 무한히 흐른다. 초전도성 전류의 실험에서, 관측될 만한 변화 없이 2년 이상 전류가 흐른 경우가 있다. 수은이 1911년에 독일의 과학자 오네스(Kammerlingh Onnes)가 발견한 최초의 초전도체이다. 수은의 비저항은 온도가 내려가면 다른 금속의 경우와 같이 점차 감소하다가, 수은의 임계 온도($T_C = 4.15$ K)에서 갑자기 0이 된다. 이후 많은 다른 초전도체가 발견되었다. 지난 20년 동안 과학자들은 기존에 알려진 것보다 훨씬 높은 임계 온도를 갖는 세라믹 재료들을 만들었다. 이 세라믹은 임계 온도 이상에서는 부도체이다.

보기 18.4

온도에 따른 저항의 변화

토스터기의 니크롬 열선이 붉게 달궈졌을 때(1200 ℃), 니크롬선의 저항이 12.0 Ω이었다. 실온(20 ℃)에서 니크롬선의 저항은 얼마인가? 온도에 따라서 변하는 선의 길이나 지름의 변화는 무시하여라.

전략 길이와 단면의 넓이가 같다고 가정했으므로, 두 온도에서의 저항은 각 온도에서의 비저항에 비례한다. 곧

$$\frac{R}{R_0} = \frac{\rho L/A}{\rho_0 L/A} = \frac{\rho}{\rho_0}$$

이므로 가열된 선의 길이와 단면의 넓이는 고려할 필요가 없다.

> 주어진 조건: $T_0 = 20\,°C$, $T = 1200\,°C$에서 $R = 12.0\,\Omega$
> 구할 값: R_0

풀이 식 (18-9)에서

$$\frac{R}{R_0} = \frac{\rho L/A}{\rho_0 L/A} = \frac{\rho}{\rho_0} = 1 + \alpha\,\Delta T$$

이다. 온도 변화는

$$\Delta T = T - T_0 = 1200\,°C - 20\,°C = 1180\,°C$$

이고, 표 18.1에서 보면 니크롬의 온도계수는

$$\alpha = 0.4 \times 10^{-3}\,°C^{-1}$$

이다. 위의 식을 R_0에 대해 풀면

$$R_0 = \frac{R}{1 + \alpha\,\Delta T} = \frac{12.0\,\Omega}{1 + 0.4 \times 10^{-3}\,°C^{-1} \times 1180\,°C} = 8\,\Omega$$

이다.

검토 유효 숫자를 한 자리만 쓴 이유는 무엇인가? 온도의 변화가 너무 크기 때문에(1180 °C) 결과는 산정한 것으로 간주해야 한다. 이렇게 큰 온도 범위에서는 비저항이 온도에 따라 선형적으로 변하지 않을 수 있기 때문이다.

실전문제 18.4 저항 온도계의 이용

20.0 °C에서 백금 저항 온도계는 저항이 225 Ω이다. 온도계를 전기로 안에 놓았더니 저항이 448 Ω으로 높아졌다. 전기로 속의 온도는 얼마인가? 이 문제의 온도 범위에서는 비저항의 온도계수가 일정하다고 가정하여라.

전기저항기

저항기resistor는 알려진 저항을 갖도록 설계된 회로 소자 중 하나이다. 저항기는 실제 거의 모든 전자장치에서 볼 수 있다(그림 18.12). 회로 분석에서 저항기의 전압과 전류의 관계는 $V = IR$로 쓰는 것이 관습처럼 되어 있다. V에서 Δ의 부호는 뺐지만 실제로 저항기 양단 사이에 걸린 **전기퍼텐셜** 차임을 기억하여라. 때때로 V를 전압 강하라고도 부른다. 저항기에서 전류는 전기장의 방향으로, 곧 전기퍼텐셜이 높은 곳에서 낮은 곳으로 흐른다. 따라서 만일 전류와 같은 방향으로 저항기를 지나가면 전압이 IR만큼 낮아진다. 물이 내리막길을 따라 퍼텐셜에너지가 낮은 곳으로 흐르는 것과 유사하게 저항기에서 전류도 전기퍼텐셜이 낮은 쪽으로 흐르는 것을 잊지 말자.

회로도에서 ──\/\/\── 기호는 회로의 저항기나 전기에너지를 소모하는 기타 장치를 나타낸다. 직선 ──────은 저항을 무시할 수 있는 도선을 나타낸다. (도선의 저항이 큰 경우, 저항기로 그린다.)

그림 18.12 컴퓨터 회로판에 있는 작은 원통형 저항기. 색깔 띠는 저항기의 저항을 표시한다.

전지의 내부저항

그림 18.13a는 앞에서 보았던 전기회로이고 그림 18.13b는 이 전기회로의 **회로도**이다. 전구는 저항기(R)로 나타낸다. 전지는 점선으로 둘러싸인 두 개의 기호로 표시했다. 전지 기호는 이상적인 기전력을 나타내고 저항기(r)는 그 전지의 내부저항을 나타낸다. 만일 기전력원의 내부저항을 무시할 수 있으면 **이상적인 기전력** 표시만 그린다.

그림 18.13 (a) 도선으로 전지에 연결
되어 있는 전구. (b) 같은 전기회로의 회
로도. 기전력과 전지의 내부저항은 점선
으로 둘러싸여 있다. 실제로는 이들이 분
리되어 있는 것이 아니라서 둘 사이에
"도선"을 연결할 수 없다.

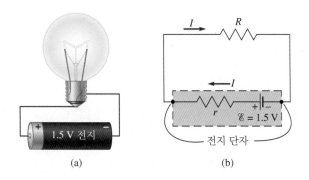

(a)

(b)

기전력원을 통과하는 전류가 0일 때 **단자전압**terminal voltage이라 부르는 기전력원
양단의 전기퍼텐셜 차는 기전력과 같다. 기전력원이 **부하저항**(예를 들면 전구, 토스
터 또는 전기적 에너지를 소모하는 다른 기기들)에 전류를 공급할 때는 단자전압은
기전력보다 작아진다. 왜냐하면 기전력원의 내부저항에서 전압강하가 일어나기 때
문이다. 만일 전류 I가 흐르고 내부저항이 r이라면 내부저항에서 Ir만큼 전압강하
가 일어나 단자전압은

$$V = \mathcal{E} - Ir \qquad (18\text{-}10)$$

이 된다. 전류가 매우 작은 경우, 내부저항에서 일어나는 전압강하 Ir은 기전력 $\mathcal{E}$
에 비해 무시할 수 있기 때문에 이때는 기전력을 이상적인 것으로 취급할 수 있다
($V \approx \mathcal{E}$). 플래시를 오랫동안 켜두면 불빛이 점차적으로 희미해지는데, 그 이유는
전지 속의 화학물질이 고갈되면서 내부저항이 증가하기 때문이다. 내부저항이 증
가하면 단자전압 $V = \mathcal{E} - Ir$은 감소한다. 따라서 전구 양단 사이에 걸린 전압이 감
소하고 불빛은 점차 어두워진다.

개념형 보기 18.5

손전등용 전지를 이용한 차 시동 걸기

 그레이엄의 계획대로 되지 않는 이유가 무엇일까?

그레이엄은 손전등용 건전지 8개를 이용해 차의
시동을 걸려고 한다. 이 계획을 평가해보아라. 건
전지의 기전력은 1.5 V이며 내부저항은 0.10 Ω이다. (차의
시동모터를 돌리려면 몇백 A의 전류가 필요하지만 손전등의
전구를 통과하는 전류는 대체로 1 A 이하이다.)

전략 기전력뿐만 아니라 전지가 필요한 전류를 공급할 수
있는지도 생각해보아야 한다.

풀이와 검토 1.5 V 전지 8개를 한 전지의 양극과 다른 전지
의 음극을 연달아 연결하면 12.0 V의 기전력을 얻을 수 있다.
각 전지는 1.0 C의 전하에 1.5 J의 일을 할 수 있다. 1.0 C의
전하가 8개의 전지 모두를 차례로 통과한다면 총 일은 1.0 C
당 12 J이다.

적은 전류를 (부하저항 R이 전지의 내부저항 r에 비해 크
기 때문에) 흘리는 장치에 전력을 공급하기 위해 전지를 사용
할 때 각 전지의 단자전압은 거의 1.5 V이며 전지들을 연결
한 조합의 단자전압은 약 12 V이다. 예를 들면, 0.50 A의 전
류가 흐르는 손전등에서 건전지 한 개의 단자전압은

$$V = \mathcal{E} - Ir = 1.50\ V - 0.50\ A \times 0.10\ \Omega = 1.45\ V$$

이다. 그렇지만 자동차 시동을 거는 데 필요한 전류는 훨
씬 크다. 전류가 증가하면 단자전압은 감소한다. 전지의
단자전압을 0(가능한 한 가장 적은 값)으로 놓으면 전지
가 공급하는 에너지는 최대가 된다고 추정할 수 있다.

$$V = \mathcal{E} - I_{최대}r = 0$$

$$I_{최대} = \mathcal{E}/r = (1.5\ V)/(0.10\ \Omega) = 15\ A$$

(이 추산은 낙관적인 것이다. 그 이유는 전지의 화학에너지는 급격히 고갈되고 내부저항은 극적으로 증가하기 때문이다.) 손전등용 전지로 자동차의 시동을 걸 수 있을 만큼의 전류를 공급할 수 없다.

실전문제 18.5 시계용 전지의 단자전압

알칼리 건전지(기전력 1.500 V, 내부저항 0.100 Ω)가 시계에 공급하는 전류는 50.0 mA이다. 전지의 단자전압은 얼마인가?

18.5 키르히호프의 규칙 KIRCHHOFF'S RULES

키르히호프(Gustav Kirchhoff, 1824~1887)가 개발한 두 규칙은 회로 분석에서 필수적이다. **키르히호프의 접합점 규칙**Kirchhoff's junction rule은, 한 접합점으로 흘러 들어오는 전류의 합은 같은 접합점에서 흘러 나가는 전류의 합과 같다는 것이다. 접합점 법칙은 전하의 보존 법칙의 결과이다. 전하는 접합점에서 계속해서 쌓일 수 없으므로 접합점으로 흘러 들어가는 전하의 총 흐름률은 0이 되어야 한다.

키르히호프의 접합점 규칙

$$\sum I_{유입} - \sum I_{유출} = 0 \tag{18-11}$$

그림 18.14a는 두 시냇물이 큰 시냇물로 합류하는 것을 나타낸다. 그림 18.14b는 전기회로에서 이와 유사한 접합점을 보여준다. A 지점에서 접합점 규칙을 적용하면 방정식 $I_1 + I_2 - I_3 = 0$을 얻는다.

키르히호프의 고리 규칙 Kirchhoff's loop rule은 전기회로 내 전기퍼텐셜의 변화에 적용된 에너지 보존 법칙이다. 한 점에서 전기퍼텐셜은 유일한 값을 갖는다는 것을 상기하자. 한 점의 전기퍼텐셜은 그 점에 도달하는 경로에 무관하다. 그러므로 회로 내에 있는 한 점에서 시작해 닫힌 경로를 따라 시작점으로 돌아오면서 대수적으로 합한 전기퍼텐셜의 변화는 0이 되어야 한다(그림 18.15). 출발한 장소로 다시 돌아오는 산악자전거 타기를 생각해보자. 어떠한 길을 따라 갔다가 되돌아 오더라도 높이 변화의 대수적 합은 0이 되어야 한다.

키르히호프의 고리 규칙

$$\sum \Delta V = 0 \tag{18-12}$$

한 점에서 시작해 같은 점에서 끝나는 회로 내의 어떤 경로에 대해서나 성립한다. [전기퍼텐셜이 올라가면 양(+), 내려가면 음(−)이다.]

고리 규칙을 적용할 때, 부호를 올바로 선택해야 한다. 만일 전류와 같은 방향으로 저항기를 통과하는 경로를 따라가면 전기퍼텐셜은 낮아진다($\Delta V = -IR$). 만일 전류와 반대 방향으로 저항기를 통과해 가는 경로를 택하면(거슬러 올라가면), 전기

연결고리

접합점 규칙은 회로에 대해 편리한 형태로 쓴 전하 보존 법칙에 불과하다.

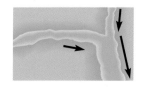

(a)

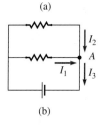

(b)

그림 18.14 (a) 합류점으로 흘러들어오는 두 시냇물의 흐름률은 더 큰 시내로 흘러나가는 흐름률과 같다. 이것은 합류점으로 흘러들어가는 물의 알짜 흐름률이 0이다라고 말하는 것과 같다. (b) 유사한 전기회로의 접합점.

연결고리

고리 규칙은 회로에 대해 편리한 형태로 쓴 에너지 보존 법칙일 뿐이다.

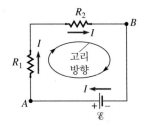

그림 18.15 고리 규칙 적용하기. 점 A 에서 시작해, 그림의 방향(시계 방향)을 따라서 고리를 한 바퀴 돈다면, 고리 규칙에 의해 $\sum \Delta V = -IR_1 - IR_2 + \mathscr{E} = 0$ (B에서 시작해 시계 반대 방향으로 고리를 돌면, $\sum \Delta V = +IR_2 + IR_1 - \mathscr{E} = 0$, 곧 앞 식과 동등한 식을 얻는다.)이 된다.

퍼텐셜은 올라간다($\Delta V = +IR$). 기전력에 대해서는 만일 양극 단자에서 음극 단자로 이동하면 전기퍼텐셜은 떨어진다($\Delta V = -\mathscr{E}$). 그러나 음극에서 양극으로 움직이면 전기퍼텐셜은 올라간다($\Delta V = +\mathscr{E}$).

키르히호프의 규칙 사용하기 18.6절에서 키르히호프의 규칙을 사용해서 직렬 연결 또는 병렬 연결한 회로 요소들을 단일 등가 요소로 대체하는 방법을 배울 것이다. 그렇게 하는 것이 대체로 키르히호프의 규칙을 직접 적용하는 것보다 훨씬 쉽다. 그러나 모든 회로를 직렬 또는 병렬 등가소자로 줄일 수 있는 것은 아니다. 18.7절에서 이러한 회로에 키르히호프의 규칙을 적용해서 회로를 분석하는 방법이 설명되어 있다.

18.6 직렬과 병렬 회로 SERIES AND PARALLEL CIRCUITS

저항기의 직렬 연결

하나 이상의 전기적 장치가 서로 연결되어 각 장치에 **똑같은 전류**가 흐를 때 이 장치들은 **직렬**series로 연결되어 있다고 한다(그림 18.16과 18.17). 그림 18.17a의 회로는 두 개의 저항기가 직렬로 연결된 것이다. 직선은 도선을 표시하며 도선에는 저항이 없다고 가정한다. 무시할 수 있을 정도의 저항은 전압강하($V = IR$)를 무시할 수 있음을 의미하므로 도선으로 연결된 점들의 전기퍼텐셜은 모두 같다. $A \sim D$ 사이의 아무 점에서나 접합점 법칙을 적용하면 기전력원과 두 저항기를 통과하는 전류는 같다는 것을 알 수 있다.

시계 방향의 고리 $DABCD$에 고리 규칙을 적용하자. D에서 A까지는 기전력의 음

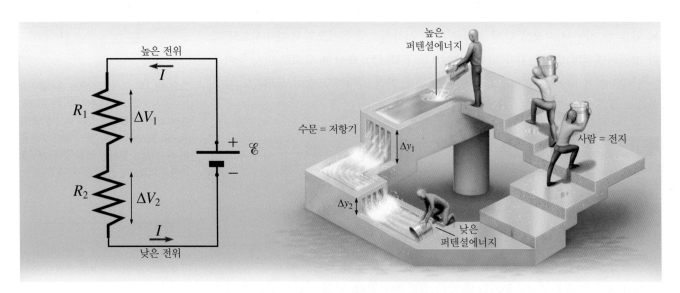

그림 18.16 두 개의 수문을 통해 흐르는 물의 질량 흐름률이 같은 것처럼, 직렬로 연결된 두 개의 저항을 통해 같은 전류가 흐른다. $\Delta y_1 + \Delta y_2 = \Delta y$과 같이, 직렬로 연결된 한 쌍의 저항에 걸린 전기퍼텐셜 차 ΔV는 두 전기퍼텐셜 차의 합과 같다. 이 회로에서, $\Delta V_1 + \Delta V_2 = \mathscr{E}$이다. $\mathscr{E}$은 전지의 기전력이다. $R_1 \neq R_2$이면 저항기 양단의 전기퍼텐셜 차(ΔV_1과 ΔV_2)는 같지 않다. 그래도 지나가는 전류(I)는 같다.

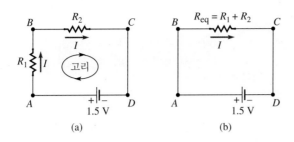

그림 18.17 (a) 두 저항기가 직렬로 연결된 회로. (b) 두 저항기를 하나의 등가 저항기로 대치한다.

극에서 양극으로 이동하므로 $\Delta V = +1.5$ V이다. 전류와 같은 방향으로 한 바퀴 순환하므로, 저항기를 통과할 때 전기퍼텐셜이 떨어진다. 그러므로

$$1.5 \text{ V} - IR_1 - IR_2 = 0$$

이다. 직렬로 연결된 두 저항기에 흐르는 전류는 같다. 공통인 전류 I를 괄호 밖으로 묶어내면

$$I(R_1 + R_2) = 1.5 \text{ V}$$

이다. 직렬로 연결된 두 개의 저항기를 하나의 등가 저항기 $R_{등가} = R_1 + R_2$로 대치해도 전류 I는 같을 것이다.

$$IR_{등가} = I(R_1 + R_2) = 1.5 \text{ V}$$

그림 18.17b는 18.17a의 회로를 단순화시켜 등가회로로 다시 그리는 방법을 보여준다.

이 결과는 임의의 개수의 저항기를 직렬 연결한 경우로 일반화할 수 있다.

N개의 저항기가 직렬로 연결된 경우

$$R_{등가} = \sum R_i = R_1 + R_2 + \cdots + R_N \qquad (18\text{-}13)$$

두 개 또는 그 이상의 저항기를 직렬로 연결하면 등가 저항은 연결된 어떤 저항보다 크다는 것에 유의하자.

기전력원의 직렬 연결

많은 전기회로에서 전지들은 한 전지의 양극을 다음 전지의 음극에 연결하는 방식인 직렬로 연결되어 있다. 이렇게 하면 하나의 전지가 공급할 수 있는 기전력보다 더 큰 기전력을 공급한다(그림 18.18). 이런 방법으로 연결된 전지들의 기전력은 직렬로 연결된 저항값이 더해지는 것과 똑같이 더해진다. 그렇지만 전지를 직렬로 연결하면 내부저항도 직렬로 연결되기 때문에 내부저항이 더 커진다는 단점이 있다.

전원을 기전력의 반대 방향으로 직렬로 연결할 수도 있다. 이러한 회로는 충전기에서 흔히 쓰인다. 그림 18.19에서, C지점에서 시작해 B 그리고 A지점으로 이동할 때, 전기퍼텐셜은 $\mathcal{E}_2$만큼 감소하다가 $\mathcal{E}_1$만큼 증가한다. 그러므로 알짜 기전력은 $\mathcal{E}_1 - \mathcal{E}_2$이다.

그림 18.18 (a) 손전등에 3 V를 공급하기 위해 1.5 V 전지 두 개를 직렬로 연결했다. (b) 전지의 내부저항까지 포함한 회로. (c) 두 개의 전지를 연결해 내부저항이 $2r$이고 기전력이 $2\mathscr{E}$인 하나의 기전력원으로 간단히 표시한 회로. ─•⟋ 는 열려 있는 스위치(전기적으로 연결되지 않음)를 나타내고 ─•─ 는 닫힌 (연결된) 스위치를 나타낸다.

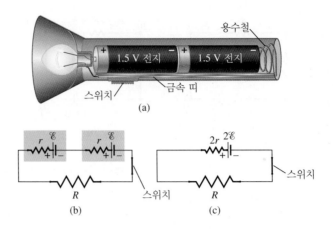

(a)

(b)   (c)

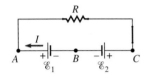

그림 18.19 충전지($\mathscr{E}_2$로 표시)의 충전 회로. 전지를 충전하기 위해 에너지를 공급하는 전원의 기전력이 더 커야 한다($\mathscr{E}_1 > \mathscr{E}_2$). 회로의 알짜 기전력은 $\mathscr{E}_1 - \mathscr{E}_2$이고 전류는 $I = (\mathscr{E}_1 - \mathscr{E}_2)/R$이다(여기서 R은 전원의 내부저항도 포함한다).

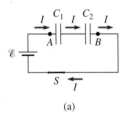

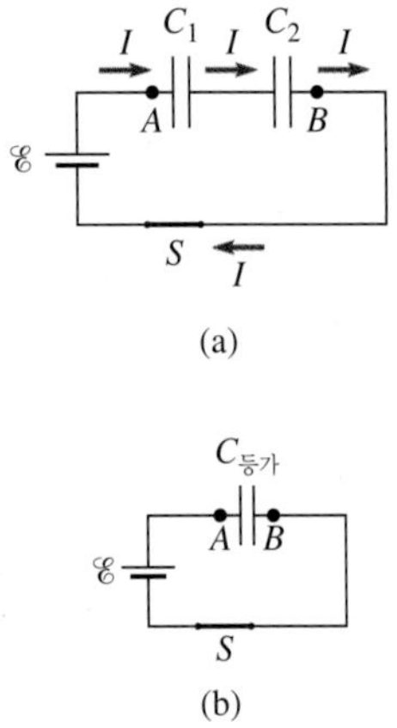

(a)

(b)

그림 18.20 (a) 직렬로 연결된 두 개의 축전기. (b) 등가회로.

축전기의 직렬 연결

그림 18.20a는 직렬로 연결된 두 개의 축전기를 보여준다. 전하가 축전기의 한쪽 판에서 유전체를 지나 다른 판으로 이동할 수는 없지만, 한 판으로 흐르는 순간전류 I는 다른 판에서 나오는 전류와 같아야 한다. 왜냐하면 축전기의 두 판은 항상 같은 크기와 반대 부호의 전하를 가지고 있기 때문이다. 따라서 두 판의 전하량은 **동일한 비율로 변해야** 한다. 전하의 변화율이 전류와 같다. 외부에서 보면, 축전기는 그 속으로 전류 I가 흐르는 것처럼 동작한다.

직렬 연결된 축전기 C_1과 C_2에서는 전하가 생겨나지도 소멸되지도 않고 회로의 다른 가지와 어떠한 접합점도 없기 때문에 그들을 "통해" 흐르는 순간전류는 같아야 한다. 이들의 전하가 항상 동일한 비율로 변하기 때문에 직렬 연결된 축전기의 순간전하는 같다.

우리가 구하고자 하는 것은 같은 전압에 대해 각 축전기에 저장되는 전하량과 같은 양의 전하량을 저장하는 등가 전기용량 $C_{등가}$이다. 스위치가 닫히면 A 지점과 B 지점 사이의 전기퍼텐셜 차가 기전력과 같아질 때까지 기전력원이 전하를 축전기로 퍼 올린다. 축전기가 완전히 대전되면 전류가 0으로 된다. 키르히호프의 고리 규칙에서

$$\mathscr{E} - V_1 - V_2 = 0 \tag{18-14}$$

이 나온다. 직렬 연결된 축전기의 전하량의 크기는 같아야 하므로

$$V_1 = \frac{Q}{C_1} \text{이고} \quad V_2 = \frac{Q}{C_2}$$

이다. 등가 전기용량(그림 18.20b)은 $\mathscr{E} = Q/C_{등가}$로 정의한다. 이것을 식 (18-14)에 대입하면

$$\frac{Q}{C_{등가}} - \frac{Q}{C_1} - \frac{Q}{C_2} = 0$$

이 된다. 등가 전기용량은

$$\frac{1}{C_{등가}} = \frac{1}{C_1} + \frac{1}{C_2}$$

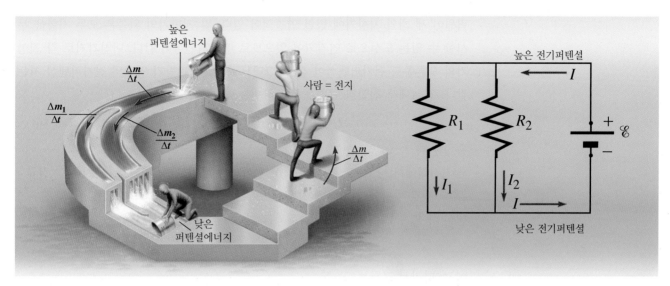

그림 18.21 물의 일부는 한 지류를 따라 흐르고 나머지는 다른 지류를 통해 흐른다. 수로가 갈라지기 전의 물(질량)의 흐름률과 갈라진 후 다시 합쳐진 물의 흐름률은 두 지류에 흐르는 물의 흐름률의 합과 같다. 두 지류의 표고의 변화 Δy는, 같은 표고에서 시작하고 끝나므로 같다. 이와 유사하게 두 저항이 병렬로 연결되어 있으면 전류는 더해지고($I = I_1 + I_2$) 두 저항에 걸린 전기퍼텐셜 차는 같다($\Delta V_1 = \Delta V_2 = \mathscr{E}$). 만일 $R_1 \neq R_2$이면 전류 I_1과 I_2는 같지 않다. 그래도 전기퍼텐셜 차는 같다.

이 된다. 이 결과를 임의 개수의 축전기를 직렬로 연결하는 일반적인 경우로 확장할 수 있다.

N개의 축전기가 직렬로 연결된 경우

$$\frac{1}{C_{\text{등가}}} = \sum \frac{1}{C_i} = \frac{1}{C_1} + \frac{1}{C_2} + \cdots + \frac{1}{C_N} \qquad \text{(18-15)}$$

등가 전기축전기에는 대치되는 각 축전기에 저장된 것과 같은 크기의 전하가 저장됨에 유의하여라.

저항기의 병렬 연결

하나 이상의 전기장치들이 그들 사이의 전기퍼텐셜 차가 같도록 연결되어 있으면 이 장치들이 **병렬**parallel **연결**되어 있다고 말한다(그림 18.21). 그림 18.22에서 한 기전

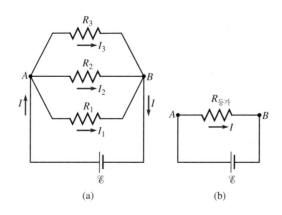

(a)   (b)

그림 18.22 (a) 세 개의 저항기가 병렬로 연결되어 있다. (b) 등가회로.

력원이 세 개의 저항기에 병렬 연결되어 있다. 각 저항기의 왼쪽은 모두 저항을 무시할 수 있는 도선으로 연결되어 있으므로 전기퍼텐셜이 같다. 마찬가지로 각 저항기의 오른쪽도 전기퍼텐셜이 같다. 그러므로 세 개 저항기 양단의 전기퍼텐셜 차는 같다. 점 A에서 접합점 규칙을 적용하면

$$+I - I_1 - I_2 - I_3 = 0 \quad \text{또는} \quad I = I_1 + I_2 + I_3 \tag{18-16}$$

을 얻는다.

기전력에서 나오는 전류 I 중에서 얼마의 전류가 각 저항기로 흐르는가? 전류 I는 세 경로 양단의 전기퍼텐셜 차가 모두 똑같이 $V_A - V_B$가 되도록 나뉜다. 전기퍼텐셜 차 $V_A - V_B$는 물론 기전력 $\mathscr{E}$와 같다. 저항의 정의로부터

$$\mathscr{E} = I_1 R_1 = I_2 R_2 = I_3 R_3$$

이고, 따라서 전류는

$$I_1 = \frac{\mathscr{E}}{R_1}, \quad I_2 = \frac{\mathscr{E}}{R_2}, \quad I_3 = \frac{\mathscr{E}}{R_3}$$

이다. 이를 식 (18-16)에 대입하면

$$I = \frac{\mathscr{E}}{R_1} + \frac{\mathscr{E}}{R_2} + \frac{\mathscr{E}}{R_3}$$

을 얻는다. $\mathscr{E}$로 나누면

$$\frac{I}{\mathscr{E}} = \frac{1}{R_1} + \frac{1}{R_2} + \frac{1}{R_3}$$

이다. 세 개의 병렬저항기는 하나의 등가저항기 $R_\text{등가}$로 대치할 수 있고 같은 전류가 흐르기 위해서는 $R_\text{등가}$는 $\mathscr{E} = IR_\text{등가}$가 되도록 선택해야 한다. 그러면 $I/\mathscr{E} = 1/R_\text{등가}$이고

$$\frac{1}{R_\text{등가}} = \frac{1}{R_1} + \frac{1}{R_2} + \frac{1}{R_3}$$

이다.

세 개의 저항기를 병렬로 연결한 것을 검토했지만, 이 결과는 여러 개의 저항기를 병렬로 연결한 경우에도 적용된다.

연결고리

직렬 및 병렬 연결된 저항기에 대한 결과, 식 (18-13) 및 (18-17)은 열저항(14.6절) 및 점성 유체 흐름에 대한 관의 저항(9.9 절)에도 적용된다.

> N개의 저항기가 병렬로 연결된 경우
>
> $$\frac{1}{R_\text{등가}} = \sum \frac{1}{R_i} = \frac{1}{R_1} + \frac{1}{R_2} + \cdots + \frac{1}{R_N} \tag{18-17}$$

두 개 이상의 저항기를 병렬 연결한 등가저항은 그 어느 하나의 저항보다 더 작다는 것에 주목하자($1/R_\text{등가} > 1/R_i$, 그러므로 $R_\text{등가} < R_i$). 또한 여러 개의 저항기를 병렬로 연결한 등가저항은 여러 개의 전기용량을 직렬로 연결한 등가 전기용량과 같은 식으로 구할 수 있음에 유의하여라. 그 이유는 전기저항이 $R = \Delta V / I$로 정의되고 전기용량은 $C = Q / \Delta V$로 정의되기 때문이다. ΔV가 앞의 경우에는 분자에, 뒤의 경우에는 분모에 있다.

✓ 살펴보기 18.6

저항이 같은 두 개의 저항기를 병렬 연결하면 등가저항은 얼마나 되는가?

보기 18.6

직렬 및 병렬 연결이 포함된 회로의 등가저항

(a) 그림 18.23과 같이 연결된 저항기의 회로에 대한 등가저항을 구하여라. (b) $\mathscr{E} = 0.60\,V$일 때, 저항기 R_2를 통해 흐르는 전류를 구하여라.

전략 직렬 연결된 저항기 회로를 단순화한다. 먼저 직렬 또는 병렬 연결된 조합은 B와 C 사이에 병렬 연결된 두 개의 저항기(R_3 및 R_4)뿐이다. 다른 저항기의 쌍은 동일한 전류(직렬의 경우)나 동일한 전압 강하(병렬의 경우)가 없다. 이 두 개를 등가저항기로 대체하고, 회로에서 다시 새로운 직렬이나 병렬 조합을 찾는다. 이러한 과정은 전체 회로가 단일 저항기로 줄어들 때까지 계속한다.

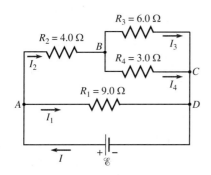

그림 18.23 보기 18.6에 대한 저항기의 회로.

풀이 (a) 병렬 연결된 B와 C 사이의 두 저항기에 대해서

$$R_{등가} = \left(\frac{1}{R_3} + \frac{1}{R_4}\right)^{-1} = \left(\frac{1}{6.0\,\Omega} + \frac{1}{3.0\,\Omega}\right)^{-1} = 2.0\,\Omega$$

이다. 회로의 두 저항기를 $2.0\,\Omega$인 등가저항 하나로 대치한 회로도를 다시 그린다.

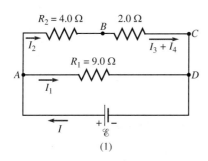

4.0 Ω과 2.0 Ω인 저항기는 직렬 연결되어 있으므로 그들에는 같은 전류가 흘러야 한다. 둘을 하나의 저항기로 대체할 수 있다.

$$R_{등가} = 4.0\,\Omega + 2.0\,\Omega = 6.0\,\Omega$$

저항기의 회로는 이제 다음과 같이 된다.

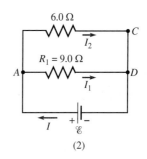

(2)

병렬 연결된 두 저항기의 등가저항은

$$R_{등가} = \left(\frac{1}{6.0\,\Omega} + \frac{1}{9.0\,\Omega}\right)^{-1} = 3.6\,\Omega$$

이다. 저항기들이 한 개의 $3.6\,\Omega$의 등가저항으로 바뀌었다.

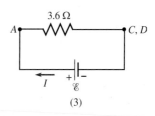

(3)

(b) R_2를 통과하는 전류는 I_2이다(그림 18.23 참조). 회로도 (2)에서 I_2가 $6.0\,\Omega$의 등가저항을 통과할 때 전압강하는 $0.60\,V$이다. 따라서 전류는

$$I_2 = \frac{0.60\,V}{6.0\,\Omega} = 0.10\,A$$

이다.

검토 복잡하게 연결된 저항기를 한 개의 등가저항으로 줄이려면 병렬로 연결된 저항기(동일한 전기퍼텐셜 차를 갖도록 연결된 저항기)와 직렬로 연결된 저항기(동일한 전류를 갖도

록 연결)를 찾아낸다. 병렬 및 직렬 연결된 모든 저항기의 조합을 등가저항으로 대체한다. 그런 다음 단순화된 회로에서 새로운 병렬 및 직렬 조합을 찾는다. 하나의 저항기가 남을 때까지 반복하여라.

실전문제 18.6 3개의 저항기 연결

그림 18.24에 보인 3개의 저항기를 대체하기 위해 점 A와 B 사이에 놓을 수 있는 등가저항을 구하여라. 먼저 이 저항들이 직렬인지 병렬인지를 결정한다. A 또는 B로부터 저항의 한쪽 또는 다른 쪽에 연결된 곳까지 직선을 따라가서 검은색 점에 A 또는 B로 표시한다. 문제를 푸는 데 도움이 된다고 생각하면 회로도를 다시 작성하여라.

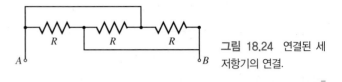

그림 18.24 연결된 세 저항기의 연결.

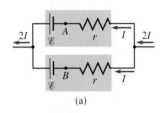

(a)

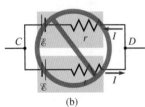

(b)

그림 18.25 (a) 두 개의 동일한 전지 (내부저항이 r인)가 병렬로 연결되어 있다. 이러한 연결은 기전력이 $\mathscr{E}$이고 등가 내부저항이 $\frac{1}{2}r$이므로 전지 한 개일 때 전류의 2배를 공급할 수 있다. (b) 전지 두 개의 극을 반대로 해서 병렬 연결하면 절대 안 된다. 그림에서 기전력의 크기가 같으므로 점 C와 D는 전기퍼텐셜이 같다. 전지는 나머지 회로에 기전력을 공급하지 않는다. 전지는 서로 기전력을 소모시킨다. 이 방법으로 두 개의 자동차 배터리를 연결하면 위험할 정도의 큰 전류가 전지를 통해 흘러 폭발을 일으킬 수 있다.

기전력원의 병렬 연결

기전력이 같은 두 개 이상의 전원들이 종종 병렬로 연결된다. 병렬 연결에서는 전원들의 양극 단자들이 서로 연결되고 음극 단자들이 서로 연결된다(그림 18.25a). 여러 개의 같은 전원이 병렬로 연결된 경우, 등가 기전력은 각 전원의 기전력과 같다. 이와 같은 방법으로 연결된 전원의 장점은 큰 기전력을 얻을 수는 없으나, 내부저항이 작아지므로 더 많은 전류를 공급할 수 있다는 것이다. 그림 18.25a에서 두 내부저항(r)이 병렬로 연결되어 있으므로 점 A와 B에서의 전기퍼텐셜은 같고, 병렬 연결된 등가 내부저항은 $\frac{1}{2}r$이다. 점프 케이블로 자동차의 시동을 걸 때는 두 전지를 병렬로 연결한다. 곧, 양극끼리 연결하고 음극끼리 연결한다.

기전력이 같지 않은 전원들은 병렬 연결이나 반대 극의 기전력을 병렬로 연결해서는 절대 안 된다(그림 18.25a). 이러한 경우 두 전지는 급격히 서로를 소모시키며, 회로의 나머지 부분에 적은 전류를 공급하거나 아예 전류를 공급하지 않는다.

축전기의 병렬 연결

축전기를 직렬 연결하면 같은 전하가 대전되지만 전기퍼텐셜 차는 다를 수 있다. 그러나 병렬로 연결하면 전기퍼텐셜 차는 같으나 전하가 다르게 대전될 수 있다. 병렬 연결된 세 개의 축전기를 생각하자(그림 18.26). 스위치를 닫으면 기전력원은 각각의 축전기에 걸린 전기퍼텐셜 차가 기전력 $\mathscr{E}$와 같아질 때까지 축전기의 판으로 전하를 퍼 올린다. 전지가 퍼 올린 총 전하량을 Q라고 가정하자. 그리고 세 축전기에 대전된 전하의 크기를 각각 q_1, q_2, q_3라고 하면 전하의 보존에서

$$Q = q_1 + q_2 + q_3$$

이다. 축전기에 걸린 전기퍼텐셜 차와 한 판에 대전된 전하 사이의 관계는 $q = C\Delta V$ 이다. 각 축전기에서 $\Delta V = \mathscr{E}$이므로

그림 18.26 (a) 병렬로 연결된 세 개의 축전기. (b) 스위치가 닫히면 각 축전기는 판 사이의 전기퍼텐셜 차가 $\mathscr{E}$이 될 때까지 대전된다. 만일 축전기가 서로 다르면 축전기의 전하량도 서로 다르다.

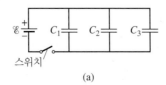

(a)

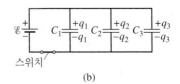

(b)

$$Q = q_1 + q_2 + q_3 = C_1\mathcal{E} + C_2\mathcal{E} + C_3\mathcal{E} = (C_1 + C_2 + C_3)\mathcal{E}$$

이다. 세 축전기를 하나의 등가축전기로 대치할 수 있다. 그것이 전기퍼텐셜 차 $\mathcal{E}$ 에 대해 전하량 Q를 저장하기 위해서는 $Q = C_{등가}\mathcal{E}$이다. 따라서 $C_{등가} = C_1 + C_2 + C_3$ 이다. 다시 이 결과는 병렬 연결된 여러 축전기에 대한 일반적인 경우로 확장될 수 있다.

> N개의 축전기가 병렬로 연결된 경우
>
> $$C_{등가} = \sum C_i = C_1 + C_2 + \cdots + C_N \qquad \text{(18-18)}$$

18.7 키르히호프의 규칙을 이용한 회로 분석
CIRCUIT ANALYSIS USING KIRCHHOFF'S RULES

때때로 회로를 병렬이나 직렬의 조합으로 대치해 단순화할 수 없는 경우가 있다. 이러한 경우, 키르히호프의 규칙을 직접 적용해 얻는 연립방정식들을 푼다.

> **문제풀이 전략: 회로 분석을 위한 키르히호프 규칙의 이용**
>
> 1. 모든 직렬 또는 병렬 조합은 그들과 등가인 것으로 바꾼다.
> 2. 회로 각 갈래로 흐르는 전류를 미지수($I_1, I_2, \cdots$)로 놓고, 각 전류의 방향을 택한다. 회로에 전류의 방향을 화살표로 그린다. 이때 전류의 방향이 옳고 그르고는 별로 문제가 되지 않는다.
> 3. 키르히호프의 접합점 규칙을 회로의 접합점 중 하나를 제외한 모든 접합 점에 적용하여라(모든 접합점에 적용하면 불필요한 여분의 방정식이 하나 나온다). 전류가 접합점으로 흘러 들어오면 양이고 접합점에서 흘러 나가면 음이다.
> 4. 미지수의 개수와 같은 수의 방정식을 얻을 수 있도록 키르히호프의 고리 규칙을 충분한 수만큼의 고리에 적용하고 접합점 규칙을 적용하여라. 각 고리에서 시작점과 도는 방향을 선택한다. 특히 부호에 조심하여라. 저항의 경우, 저항을 통과하는 경로가 전류와 같은 방향이면(흘러 내려가는 것에 해당) 저항을 지날 때 전기퍼텐셜은 강하되고, 반대 방향이면(거슬러 올라가는 것에 해당) 전기퍼텐셜은 상승한다. 기전력의 경우에는 전기퍼텐셜의 강하와 상승은 양극에서 음극으로 가느냐 또는 그 반대이냐에 따라 결정된다. 전류의 방향과는 무관하다. 저항과 기전력의 양단에서 전기퍼텐셜이 높은 쪽에는 +를, 낮은 쪽에는 −를 표시하면 도움이 된다.
> 5. 고리 규칙과 접합점 규칙에서 얻은 방정식들을 연립해 풀어라. 만일 전류가 음(−)의 값을 가지면 전류는 처음에 택했던 방향과 반대 방향으로 흐른다.
> 6. 하나 또는 그 이상의 고리와 접합점을 이용해 결과를 검증하여라. 풀이를 구하는 데 사용하지 않은 고리를 선택하는 것이 좋다.

두 고리 전기회로

그림 18.27 회로의 각 갈래를 통해 흐르는 전류를 구하여라.

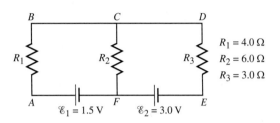

그림 18.27 키르히호프의 규칙을 적용해 분석할 전기회로.

전략　먼저 직렬과 병렬 조합을 찾아본다. R_1과 $\mathscr{E}_1$은 직렬로 되어 있으나 하나는 저항기이고 하나는 기전력원이므로 단일 등가회로 요소로 대치할 수 없다. 직렬이나 병렬로 연결된 저항기 쌍은 없다. R_1과 R_2는 병렬로 연결된 것 같이 보일 수도 있으나 기전력 $\mathscr{E}_1$이 점 A와 F의 전기퍼텐셜을 다르게 유지하므로 병렬 연결이 아니다. 두 기전력원이 직렬로 연결된 것 같이 볼 수도 있으나 접합점 F가 기전력원을 통과하는 전류는 같지 않는 것을 의미한다. 따라서 간단히 할 수 있는 직렬과 병렬 조합이 없으므로 키르히호프의 규칙을 직접 적용한다.

풀이　먼저 회로도에 미지 전류의 명칭과 방향을 지정한다. 점 C와 F는 회로에서 세 갈래의 접합점이다. 갈래 $FABC$에 흐르는 전류는 I_1, 갈래 $FEDC$의 전류는 I_3, 갈래 CF의 전류는 I_2로 한다.

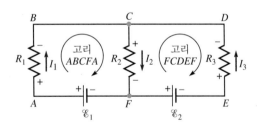

이제 접합점 규칙을 적용할 수 있다. 두 개의 접합점이 있다. 그중 어느 하나를 선택한다. 점 C에서 접합점 규칙을 적용하면 I_1과 I_3은 접합점으로 흘러 들어가므로 양(+)의 값이지만 I_2는 흘러 나오므로 음(−)의 값이다. 결국 방정식은

$$I_1 + I_3 - I_2 = 0 \qquad (1)$$

이다. 고리 규칙을 적용하기 전에, 각 저항기와 기전력원에 전기퍼텐셜이 높은 쪽은 '+', 낮은 쪽은 '−' 부호로 표시한다.

주어진 방향은 가상적인 전류의 방향을 나타낸다. 저항기에서 전류는 전기퍼텐셜이 높은 데서 낮은 곳으로 흐른다. 기전력의 표시는 긴 선이 양극 단자, 짧은 선이 음극 단자를 나타낸다.

이제 닫힌 고리를 하나 선택하고 이 고리를 따라서 돌아가며 전압 상승과 강하를 합한다. 점 A에서 출발해 고리 $ABCFA$를 따라서 돌아가보자. 고리를 따라 돌아가기 위한 출발점과 방향은 임의로 선택할 수 있으나, 한번 정하면 전류의 방향에 무관하게 끝까지 바꾸지 말아야 한다. A에서 B까지는 전류 I_1과 같은 방향으로 이동한다. 저항기를 통과하는 전류는 전기퍼텐셜이 높은 곳에서 낮은 곳으로 흐르므로 A에서 B까지 갈 때 전기퍼텐셜의 강하 $\Delta V_{A \to B} = -I_1 R_1$가 있다.

B에서 C까지는 도선의 저항을 무시할 수 있으므로 전기퍼텐셜의 상승이나 강하는 없다. C에서 F까지는 전류 I_2가 흐르므로 또 다른 전기퍼텐셜의 강하 $\Delta V_{C \to F} = -I_2 R_2$가 있다.

최종적으로 F에서 A까지, 곧 기전력원의 음극 단자에서 양극 단자까지 간다. 전기퍼텐셜이 $\Delta V_{F \to A} = +\mathscr{E}_1$만큼 상승한다. A가 출발점이었으므로 고리는 완성된다. 고리 규칙은 전기퍼텐셜 변화의 합이 영과 같다는 것이므로

$$-I_1 R_1 - I_2 R_2 + \mathscr{E}_1 = 0 \qquad (2)$$

이다.

다음으로 아직 저항기 R_3나 기전력원 $\mathscr{E}_2$는 지나가지 않았으므로 다른 고리를 선택해야 한다. 두 가지 선택 방법이 있다. 곧, 오른쪽의 고리($FCDEF$)나 바깥쪽의 고리($ABCDEFA$)가 있다. 여기서는 $FCDEF$ 고리를 선택하자.

F에서 C까지 전류 I_2를 거슬러 이동한다. 전기퍼텐셜이 $\Delta V_{F \to C} = +I_2 R_2$만큼 상승한다. C에서 D까지는 전기퍼텐셜 변화가 없다. D에서 E까지는 다시 거슬러 이동하므로 $\Delta V_{D \to E} = +I_3 R_3$이다. E에서 F까지는 기전력원을 통과해 음극 단자에서 양극 단자로 이동한다. 전기퍼텐셜은 $\Delta V_{E \to F} = +\mathscr{E}_2$만큼 상승한다. 그러므로 고리 규칙은

$$+I_2 R_2 + I_3 R_3 + \mathscr{E}_2 = 0 \qquad (3)$$

이다.

이제 세 개의 방정식과 세 개의 미지수(세 전류)를 얻었다. 이들을 연립하여 풀이를 구하기 위해 먼저 알려진 값을 대입하자.

$$I_1 + I_3 - I_2 = 0 \qquad (1)$$
$$-(4.0\,\Omega)I_1 - (6.0\,\Omega)I_2 + 1.5\,\text{V} = 0 \qquad (2)$$
$$(6.0\,\Omega)I_2 + (3.0\,\Omega)I_3 + 3.0\,\text{V} = 0 \qquad (3)$$

연립방정식을 풀기 위해, 한 변수에 대한 식을 다른 식에 대입해 한 변수를 소거한다. I_1에 대한 식 (1)을 풀면 $I_1 = -I_3 + I_2$이다. 식 (2)에 대입하면

$$-(4.0\,\Omega)(-I_3 + I_2) - (6.0\,\Omega)I_2 + 1.5\,\text{V} = 0$$

이 된다. 이 식을 간단히 하면

$$4.0 I_3 - 10.0 I_2 = -1.5\,\text{V}/\Omega = -1.5\,\text{A} \qquad (2a)$$

이다. 식 (2a)와 (3)은 이제 두 개의 미지수밖에 없다. 식 (2a)에 3을 곱하고 식 (3)에 4를 곱하여 I_3의 계수를 같게 해 I_3를 소거할 수 있다.

$$12.0 I_3 - 30.0 I_2 = -4.5\,\text{A} \qquad 3 \times \text{식} \quad (2a)$$
$$12.0 I_3 + 24.0 I_2 = -12.0\,\text{A} \qquad 4 \times \text{식} \quad (3)$$

한 식에서 다른 식을 빼면

$$54.0 I_2 = -7.5\,\text{A}$$

이다. 이제 I_2에 대해 풀 수 있으므로

$$I_2 = -\frac{7.5}{54.0}\,\text{A} = -0.139\,\text{A}$$

이다. I_2 값을 식 (2a)에 대입해 I_3에 대해 풀면

$$4 I_3 + 10 \times 0.139\,\text{A} = -1.5\,\text{A}$$

$$I_3 = \frac{-1.5 - 1.39}{4}\,\text{A} = -0.723\,\text{A}$$

이다. 식 (1)에서 I_1은

$$I_1 = -I_3 + I_2 = +0.723\,\text{A} - 0.139\,\text{A} = +0.584\,\text{A}$$

이다. 두 자리 유효 숫자까지 반올림하면, 전류는 $I_1 = 0.58\,\text{A}$, $I_3 = -0.72\,\text{A}$, $I_2 = -0.14\,\text{A}$이다. I_3과 I_2는 음수가 나왔으므로 이들 갈래에 흐르는 전류의 실제 방향은 임의로 선택한 방향과 반대이다.

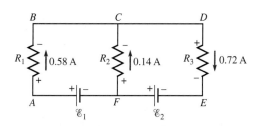

검토 몇몇 전류의 방향을 잘못 선택하더라도 문제가 되지 않음에 유의하자. 또한 선택한 고리의 출발점이나 순환하는 방향을 어떻게 선택하든(회로의 모든 갈래를 한 번 이상 포함하는 한) 역시 문제가 되지 않는다.

키르히호프의 규칙 적용에 가장 어려운 점은 올바른 부호를 잡는 것이다. 연립방정식을 풀 때 대수의 계산 실수가 흔하다. 따라서 해답을 점검해보는 것은 좋다. 점검을 위한 좋은 방법은 해를 구하는 데 이용하지 않았던 고리에 대한 방정식을 써보는 것이다(실전문제 18.7 참조).

실전문제 18.7 **고리 규칙을 이용한 풀이 검증**

고리 *CBAFEDC*에 키르히호프의 고리 규칙을 적용하여 보기 18.7의 풀이를 검증하여라.

18.8 전기회로에서 전력과 에너지
POWER AND ENERGY IN CIRCUITS

전기퍼텐셜의 정의에서 전하 q가 전기퍼텐셜 차가 ΔV인 곳을 통해 이동하면 전하 q의 전기퍼텐셜에너지의 변화는

$$\Delta U_E = q\,\Delta V \qquad (17\text{-}7)$$

가 된다. 에너지 보존에서 전기퍼텐셜에너지의 변화는 두 형태의 에너지 사이에 전환이 일어나는 것을 뜻한다. 예를 들면 전지는 저장된 화학적 에너지를 전기퍼텐셜에너지로 전환한다. 전기저항은 전기퍼텐셜에너지를 내부 에너지로 바꾼다. 에너지의 전환이 일어나는 비율이 전력 P이다. 전류는 전하의 흐름률은 $I = q/\Delta t$이고

> **전력**
>
> $$P = \frac{\Delta U_E}{\Delta t} = \frac{q}{\Delta t} \Delta V = I \Delta V \qquad (18\text{-}19)$$

이다. 이와 같이 임의의 회로 요소에 대한 전력은 전류와 전기퍼텐셜 차 곧, 전압의 곱이다. 전류 단위와 전압 단위의 곱이 전력의 올바른 단위라는 것은 암페어를 단위 시간당 쿨롬으로 그리고 볼트를 단위 쿨롬당 줄로 대치하면 쉽게 증명할 수 있다. 곧

$$A \times V = \frac{C}{s} \times \frac{J}{C} = \frac{J}{s} = W.$$

기전력원이 공급하는 전력 기전력 $\mathscr{E}$가 일정한 이상적인 기전력원(전지)이고 전원에 의해 퍼 올려진 전하량이 q라면, 기전력의 정의에 따라 전지가 한 일은

$$W = \mathscr{E} q \qquad (18\text{-}2)$$

이다. 기전력원이 공급한 전력은 기전력원이 하는 일률과 같으므로

$$P = \frac{\Delta W}{\Delta t} = \mathscr{E} \frac{q}{\Delta t} = \mathscr{E} I \qquad (18\text{-}20)$$

이다. 이상적인 기전력원에 대해 $\Delta V = \mathscr{E}$이므로 식 (18-20)과 (18-19)는 동등하다.

전기저항기가 소모하는 전력

기전력원이 저항기를 통해 전류를 흐르게 하면 기전력원이 공급한 에너지에 무슨 일이 일어나는가? 왜 기전력원은 전류를 유지하기 위해 지속적으로 에너지를 공급해야 하는가?

기전력원이 금속 도선의 양 끝 사이에 전기퍼텐셜 차를 일으키면 도선에 전류가 흐른다. 전기장은 전기퍼텐셜에너지가 낮은(전기퍼텐셜이 더 높은) 쪽으로 전도전자를 표류하게 한다. 만일 금속에서 전자와 원자 사이에 충돌이 없다면 전자의 운동에너지는 계속 증가할 것이다. 그러나 전자는 원자와 자주 충돌하며, 이러한 충돌로 전자는 운동에너지 일부를 잃어버리게 된다. 정상 전류의 경우, 전도전자의 평균 운동에너지는 증가하지 않는다. 전자가 전기장에 의해 얻는 운동에너지의 증가율은 충돌에 의해 잃어버리는 운동에너지의 손실률과 같다. 기전력원이 공급하는 에너지의 알짜 효과는 원자의 진동에너지를 증가시킨다. 원자의 진동에너지는 금속의 내부 에너지의 일부이기 때문에 금속의 온도는 올라간다.

전기저항의 정의에서 저항기 양단의 사이의 전압강하는

$$V = IR$$

이다. 저항기에서 **소모되는**dissipated(조직적인 형태에서 비조직적인 형태로 전환되는) 에너지 방출률은

$$P = I \times IR = I^2 R \qquad (18\text{-}21a)$$

또는

$$P = \frac{V}{R} \times V = \frac{V^2}{R} \qquad \text{(18-21b)}$$

이다.

저항기에서 방출하는 전력은 저항에 비례하는가[식 (18-21a)] 또는 저항에 반비례하는가[식 (18-21b)]? 그것은 상황에 따라 다르다. 같은 전류가 흐르는 두 저항기(두 개의 저항기를 직렬로 연결한 경우)에서 전력은 저항에 정비례하지만 전압강하는 같지 않다. 두 저항기에 같은 전압이 걸려 있으면(두 개의 저항기를 병렬 연결한 경우), 전력은 저항에 반비례한다. 그러나 이번에는 전류가 같지 않다.

저항기에서의 에너지 소모가 반드시 바람직하지 않은 것만은 아니다. 여러 종류의 전열기, 곧 휴대용이나 베이스보드형 히터, 전기스토브, 오븐, 토스터, 헤어드라이어, 전기 의류 건조기 그리고 백열등 등은 에너지 소모에 의해 저항기의 온도가 올라간다. 이들은 모두 저항기를 바람직하게 이용하는 예이다.

내부저항을 가진 기전력원이 공급한 전력

전원이 내부저항을 갖고 있으면 전원이 공급한 알짜 전력은 $\mathscr{E}I$보다 적다. 기전력이 공급한 에너지 중 일부가 내부저항에 의해 손실된다. 기전력원이 내부저항을 제외한 나머지 회로 부분에 공급하는 알짜 전력은

$$P = \mathscr{E}I - I^2 r \qquad \text{(18-22)}$$

이다. 여기서 r은 전원의 내부저항이다. 식 (18-22)는 식 (18-19)와 잘 일치한다. 내부저항이 있을 때 전기퍼텐셜 차는 기전력과 같지 않음을 기억하여라.

보기 18.8

두 개의 손전등

손전등에 직렬로 연결된 두 전지에서 전력이 공급된다. 각 전지의 기전력은 1.50 V이고 내부저항은 0.10 Ω이다. 전지는 총 저항이 0.40 Ω인 도선으로 전구와 연결되어 있다. 정상적인 동작 온도에서 필라멘트의 저항은 9.70 Ω이다. (a) 전구가 소모하는 전력, 곧 열과 빛의 형태로 소모되는 에너지율을 계산하여라. (b) 도선에서 소모되는 전력과 전지가 공급하는 알짜 전력을 계산하여라. (c) 두 번째 손전등에는 4개의 같은 전지를 직렬로 연결하고 같은 저항을 가진 도선을 이용한다. 저항이 42.1 Ω(동작 온도에서)인 전구는 첫 번째 손전등의 전구와 거의 같은 전력을 소모한다. 소모되는 전력이 거의 같음을 증명하고, 도선에서 소모되는 전력과 전지가 공급하는 알짜 전력을 계산하여라.

전략 회로의 모든 요소들은 직렬로 연결되어 있다. 모든 전기저항(내부저항 포함)은 하나의 직렬로 연결된 등가 저항으로, 두 개의 기전력원은 하나의 등가 기전력원으로 대체해서 회로를 단순화할 수 있다. 그렇게 하면 전류를 구할 수 있다. 그런 다음 식 (18-21a)를 이용해 도선과 필라멘트의 전력을 구한다. 식 (18-21b)를 이용할 수도 있으나 저항 사이의 전압 강하를 구하는 추가적 계산이 더 필요하다. 식 (18-22)로 전지가 공급한 알짜 전력을 구할 수 있다.

풀이 (a) 그림 18.28은 첫 번째 손전등에 대한 회로도이다. 전구에서 소모되는 전력을 구하기 위해 전구에 흐르는 전류나 전구 양단의 전압강하를 알아야 한다. 이러한 단일 고리 회로에서 두 개의 이상적인 기전력원을 하나의 등가 기전력

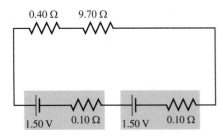

그림 18.28 첫 번째 손전등의 회로.

원 $\mathcal{E}_{등가} = 3.00\,V$ 로 대체하고, 직렬 연결된 모든 저항기는 하나의 등가 저항기로 대체함으로써 전류를 구할 수 있다.

$$R_{등가} = 9.70\,\Omega + 0.40\,\Omega + 2 \times 0.10\,\Omega = 10.30\,\Omega$$

그러면 전류는

$$I = \frac{\mathcal{E}_{등가}}{R_{등가}} = \frac{3.00\,V}{10.30\,\Omega} = 0.2913\,A$$

이다. 필라멘트에서 소모되는 전력은

$$P_f = I^2 R = (0.2913\,A)^2 \times 9.70\,\Omega = 0.823\,W$$

이다.

(b) 도선에서 소모되는 전력은

$$P_w = I^2 R = (0.2913\,A)^2 \times 0.40\,\Omega = 0.034\,W$$

이다. 전지가 공급하는 알짜 전력은

$$P_b = \mathcal{E}_{등가} I - I^2 r_{등가}$$

이다. 여기서 $r_{등가} = 0.20\,\Omega$은 직렬 연결한 두 내부저항의 등가 저항이다. 그러면

$$P_b = 3.00\,V \times 0.2913\,A - (0.2913\,A)^2 \times 0.20\,\Omega = 0.857\,W$$

이다.

(c) 두 번째 회로의 $\mathcal{E}_{등가} = 6.00\,V$이고

$$R_{등가} = 42.1\,\Omega + 0.40\,\Omega + 4 \times 0.10\,\Omega = 42.90\,\Omega$$

이다. 전류는

$$I = \frac{\mathcal{E}_{등가}}{R_{등가}} = \frac{6.00\,V}{42.90\,\Omega} = 0.13986\,A$$

이다. 필라멘트에서 소모되는 전력은

$$P_f = I^2 R = (0.13986\,A)^2 \times 42.1\,\Omega = 0.824\,W$$

이다. 이는 첫 번째 손전등의 필라멘트보다 단지 0.1 % 많을 뿐이다. 도선에서 소모되는 전력은

$$P_w = I^2 R = (0.13986\,A)^2 \times 0.40\,\Omega = 0.0078\,W$$

이다. 4개의 내부저항을 직렬 연결한 등가 저항은 $r_{등가} = 0.40\,\Omega$이다. 그러므로 전지가 공급하는 알짜 전력은

$$P_b = \mathcal{E}_{등가} I - I^2 r_{등가}$$
$$= 6.00\,V \times 0.13986\,A - 0.0078\,W = 0.831\,W$$

이다.

검토 각 경우에서 전지가 공급하는 알짜 전력은 도선과 필라멘트에서 소모되는 총 전력과 같음에 유의하자. 에너지가 달리 갈 곳이 없으므로, 도선과 전구는 전지가 공급한 전기 에너지와 같은 비율로 전기 에너지를 빛과 열로 소모해야 한다.

두 필라멘트에 공급된 전력은 두 경우에서 거의 같다. 그렇지만 두 번째 손전등의 도선에서 소모되는 전력은 첫 번째 것의 1/4보다 약간 적다. 정해진 전력을 공급할 때 기전력이 더 큰 전원을 이용하면 필요한 전류는 더 적다. 부하저항(필라멘트의 저항)이 더 크므로 전류가 적다. 전류가 더 적으면 도선에서 소모되는 전력이 더 적다는 것을 뜻한다. 전력회사에서 먼 거리로 송전을 할 때 고전압 도선을 이용하는 정확한 이유가 여기에 있다. 곧, 전류가 적으면 적을수록 도선에서 소모되는 전력은 더 적다.

실전문제 18.8 **단순화한 손전등 회로**

손전등에는 1.5 V 전지 두 개가 직렬로 연결되어 있다. 손전등의 전구에 흐르는 전류가 0.35 A라고 할 때, 전구에 전달된 전력과 3분 동안 불이 켜졌을 때 소모된 에너지의 총량을 구하여라. 전지는 이상적인 것으로 간주하고 도선의 저항을 무시하여라. (힌트: 이 경우는 필라멘트에 걸린 전압이 기전력과 같으므로 필라멘트의 저항을 계산할 필요가 없다.)

18.9 전류와 전압의 측정 MEASURING CURRENTS AND VOLTAGES

회로의 전류와 전기퍼텐셜 차는 **전류계**^{ammeters}와 **전압계**^{voltmeters}라는 계기로 측정할 수 있다. 멀티미터(그림 18.29)는 스위치의 위치와 어떤 단자를 사용하는지에 따라 전류계나 전압계의 기능을 할 수 있다. 이 계기는 디지털 방식과 아날로그 방식이 있다. 후자의 경우, 매겨진 눈금 위에 전류와 전압의 값을 나타내는 회전지침을 사용한다. 아날로그 전압계나 전류계의 핵심은 **검류계**^{galvanometer}이다. 검류계는 자기력에 의해 작동하는 매우 민감한 전류계이다.

그림 18.29 회로 점검에 사용되는 디지털 멀티미터. 멀티미터는 전류계, 전압계 또는 저항계(저항 측정용)로 작동할 수 있다. 대부분의 멀티미터는 DC와 AC의 전류와 전압을 모두 측정할 수 있다.

한 검류계의 저항이 $100.0\,\Omega$이고 전류의 최대 눈금이 $100\,\mu A$라고 가정하자. 이 검류계로 0에서 10 A 사이의 전류를 재는 전류계를 만들고 싶을 때, 10 A의 전류가 전류계로 흐르면 전류계의 바늘은 최대 눈금을 가리켜야 한다. 따라서 전류계를 통해 10 A의 전류가 흘러갈 때, $100\,\mu A$는 검류계를 통해 흘러가야 하고 나머지 9.9999 A는 검류계를 우회해 다른 길로 흘러가야 한다. 검류기에 저항기를 병렬로 연결해 10 A를 나누어 $100\,\mu A$는 바늘을 회전하게 하고 9.9999 A는 갈래저항기 (shunt resistor)를 통해 흐르게 한다(그림 18.30a).

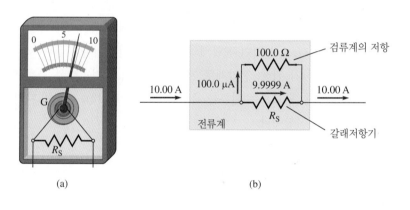

그림 18.30 (a) 검류계로 만든 전류계. (b) 전류계의 회로도. 검류계를 $100.0\,\Omega$의 저항기로 표시했다.

보기 18.9

검류계로 전류계 만들기

검류계의 내부저항이 $100.0\,\Omega$이고 바늘이 최대 눈금까지 회전했을 때의 전류가 $100.0\,\mu A$라면, 10.00 A의 전류를 측정하기 위한 전류계로 만들기 위해 필요한 갈래저항은 얼마인가?

전략 10.00 A의 전류가 전류계로 흐를 때, $100.0\,\mu A$는 검류계를 통과하고 9.9999 A는 갈래저항기를 통해 흘러가야 한다 (그림 18.30b). 둘이 병렬로 연결되어 있으므로 검류계에 걸린 전기퍼텐셜 차는 갈래저항기에 걸린 전기퍼텐셜 차와 같다.

풀이 바늘이 최대 눈금까지 회전했을 때 검류계 양단의 전압강하는

$$V = IR = 100.0\,\mu A \times 100.0\,\Omega$$

이다. 갈래저항기 양단의 전압이 이와 같아야 하므로

$$V = 100.0\,\mu A \times 100.0\,\Omega = 9.9999\,A \times R_S$$

$$R_S = \frac{100.0\,\mu A \times 100.0\,\Omega}{9.9999\,A} = 0.001000\,\Omega = 1.000\,m\Omega$$

이다.

검토 전류계의 저항은

$$\left(\frac{1}{0.001000\,\Omega} + \frac{1}{100.0\,\Omega}\right)^{-1} = 1.000\,m\Omega$$

이다. 좋은 전류계는 작은 저항을 가져야 한다. 회로의 한 갈래의 전류를 측정하기 위해 전류계를 이용할 때, 그 갈래에 반드시 직렬로 전류계를 끼워 넣어야 한다. 전류계는 그것을 통과하는 전류만을 측정할 수 있기 때문이다. 작은 저항 하나를 회로에 직렬로 추가해도 회로에 미치는 영향은 적다.

실전문제 18.9 전류계의 눈금 바꾸기

전류계로 0에서 1.00 A의 전류를 측정하기 위해서는 갈래저항은 몇 Ω을 사용해야 하는가? 전류계의 저항은 얼마인가? 보기 18.9와 같은 검류계를 이용하여라.

측정을 정확히 하기 위해서는 전류계의 저항이 작아야 한다. 그렇게 되어야 회로에 전류계가 놓여 있더라도 그것이 없을 때의 전류에 비해 크게 변하지 않는다. 이상적인 전류계는 저항이 0이다.

검류계에 저항(R_S)을 직렬로 연결해서 전압계를 만드는 것 역시 가능하다(R_S, 그림 18.31). 직렬 연결된 저항은 측정하고자 하는 최대 전압이 전압계에 걸렸을 때 검류계의 바늘이 최대 범위로 회전하게끔 선택하면 된다. 전압계는 두 단자 사이의 전기퍼텐셜 차를 측정한다. 예를 들면 한 저항기 양단의 전기퍼텐셜 차를 측정하기 위해서는 전압계를 저항기에 병렬로 연결한다. 회로에 영향을 주지 않도록 하기 위해서 **좋은 전압계는 저항이 커져야 한다.** 그러면 측정할 때, 전압계를 통해 흐르는 전류(I_m)는 I에 비해 작고 병렬로 연결된 두 점 사이의 전기퍼텐셜 차는 전압계를 연결하지 않았을 때와 거의 같다. 이상적인 전압계의 저항은 무한대이다.

회로의 저항을 측정하기 위해, 전압계로 저항기 양단의 전기퍼텐셜 차를 측정하고 전류계로 저항기를 통해 흐르는 전류를 측정한다(그림 18.32). 정의에 따라서 전류에 대한 전압의 비가 저항이다.

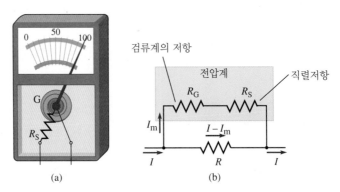

그림 18.31 (a) 검류계로 만든 전압계. (b) 저항기 R 양단의 전압을 측정하기 위한 전압계의 회로도.

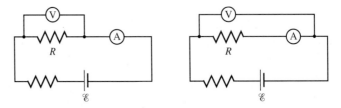

그림 18.32 저항 R를 측정하기 위해 계기를 배치하는 두 가지 방법. 만일 계기들이 이상적(전류계의 저항은 0이고 전압계의 저항은 무한대)이라면, 두 가지 방법으로 측정한 값은 정확히 같을 것이다. 계기에 사용된 기호에 유의하여라.

18.10 *RC* 회로 *RC* CIRCUITS

저항기와 축전기를 포함하는 회로는 여러 곳에서 중요하게 응용된다. 이러한 *RC* 회로는 보통 시간을 제어하는 데 이용된다. 간헐적으로 작동하는 자동차 앞 유리 와이퍼는 대전 중인 축전기 양단의 전압이 어느 값에 이르면 작동한다. 작동하는 시간을 지연시키는 것은 회로의 전기저항과 전기용량으로 결정된다. 곧 가변저항을 조절해 시간의 지연 정도를 변경할 수 있다. 이와 유사하게 *RC* 회로는 섬광장치나 심박조율기의 작동시간을 조절한다. 또한 간단한 신경 펄스 송신 모형에도 *RC* 회로를 이용할 수 있다.

RC 회로의 충전

그림 18.33에서 스위치 S는 처음에 열려 있고 축전기는 충전되어 있지 않다. 스위치가 닫히면 전류가 흐르고 축전기 판에는 전하가 쌓이기 시작한다. 어느 순간에 키르히호프의 고리 규칙을 적용하면

$$\mathcal{E} - V_R - V_C = 0$$

을 얻는다. 여기서 V_R과 V_C는 각각 전기저항기와 축전기 양단의 전압강하이다. 전하가 축전기 판에 쌓이면, 판에 전하를 더 밀어 넣는 것이 점점 어렵게 된다.

스위치가 닫힌 순간에 축전기는 대전되어 있지 않으므로 저항기에 걸린 전기퍼텐셜 차는 기전력과 같게 된다. 처음에는 비교적 큰 전류 $I_0 = \mathcal{E}/R$가 흐른다. 축전기 양단 사이의 전압강하가 증가함에 따라 저항기에 의한 전압강하는 감소하므로 전류도 감소한다. 스위치를 닫은 후 오랜 시간이 경과하면, 축전기에 걸린 전기퍼텐셜 차가 기전력과 거의 같게 되어 전류는 작아진다.

미적분학을 이용하면, 축전기 양단의 전압은 지수함수를 포함하고 있음을 알 수 있다(그림 18.34).

$$V_C(t) = \mathcal{E}(1 - e^{-t/\tau}) \qquad (18\text{-}23)$$

여기서 $e \approx 2.718$은 자연대수의 밑이고, $\tau = RC$를 *RC* 회로의 **시간상수**time constant 라고 한다.

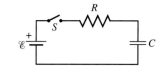

그림 18.33 *RC* 회로.

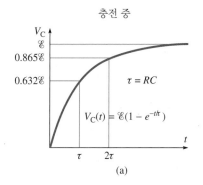

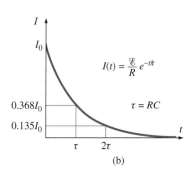

(a)　　　　　　　　　　(b)

그림 18.34 (a) 축전기에 충전될 때 시간에 따른 축전기 양단의 전기퍼텐셜 차. (b) 시간의 함수로 나타낸 저항기에 흐르는 전류.

$$\tau = RC \tag{18-24}$$

RC 곱은 시간의 단위를 갖는다. 곧

$$[R] = \frac{V}{A}\text{이고} \quad [C] = \frac{C}{V}\text{이므로} \quad [RC] = \frac{C}{A} = s.$$

시간상수는 축전기가 얼마나 빨리 충전되는지를 알려주는 척도이다. $t = \tau$일 때 축전기 양단의 전압은

$$V_C(t = \tau) = \mathscr{E}(1 - e^{-1}) \approx 0.632\mathscr{E}$$

이다. $Q = CV_C$이므로, 시간이 시간상수만큼 경과하면 축전기에는 나중 전하량의 63.2%가 있게 된다.

식 (18-23)에서 전류를 구하기 위해 고리 법칙을 이용할 수 있다.

$$\mathscr{E} - IR - \mathscr{E}(1 - e^{-t/\tau}) = 0$$

I에 대해 풀면

$$I(t) = \frac{\mathscr{E}}{R}e^{-t/\tau} \tag{18-25}$$

이다. $t = \tau$일 때 전류는

$$I(t = \tau) = \frac{\mathscr{E}}{R}e^{-1} \approx 0.368\frac{\mathscr{E}}{R}$$

이다. 시간상수만큼 시간이 경과하면, 전류는 처음 값의 36.8%로 감소한다. 저항에 걸린 전압도 $V_R = IR$에서 시간의 함수로 구할 수 있다.

전력 충전 중인 축전기에 대해서 전력 $P = IV_C$ [식 (18-19)]는 축전기에 저장되고 있는 에너지의 비이다. 축전기가 충전되고 있는 동안 기전력원은 $P = I\mathscr{E}$의 비로 에너지를 공급한다. 이 비는 저항기에서 소모되는 에너지의 비(IV_R)와 축전기에 저장되는 에너지의 비(IV_C)의 합과 같다. 이는 에너지가 보존되므로 기대할 수 있는 것이다.

보기 18.10

두 개의 축전기가 직렬 연결된 RC 회로

직렬 연결된 두 개의 $0.500\,\mu\text{F}$ 축전기가 $t = 0$일 때 $4.00\,\text{M}\Omega$의 저항기를 거쳐 $50.0\,\text{V}$의 전지와 연결되어 있다. 그림 18.35에서 축전기들은 처음에 충전되지 않았다. (a) $t = 1.00\,\text{s}$와 $t = 3.00\,\text{s}$에서 축전기의 전하를 구하여라. (b) 앞의 두 시간에서 회로에 흐르는 전류를 구하여라.

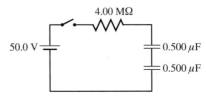

그림 18.35 보기 18.10에 대한 회로.

전략 먼저 직렬로 연결된 두 $0.500\,\mu$F 축전기의 등가용량을 구한다. 그다음 등가용량을 이용하여 시간상수를 구할 수 있다. 식 (18-23)에서, 임의의 시간 t에서 등가 축전기 양단의 전압을 알 수 있고, 전압을 알면 $Q = CV_C$로부터 전하량을 구할 수 있다. 각 축전기에 있는 전하는 등가 축전기에 있는 전하와 같다. 식 (18-25)에 따라 전류는 지수적으로 감소한다.

풀이 (a) 직렬로 연결된 두 개의 같은 축전기의 경우, 등가 전기용량은

$$\frac{1}{C_{\text{등가}}} = \frac{1}{C} + \frac{1}{C} = \frac{2}{C}$$

이다. 그러면 $C_{\text{등가}} = \frac{1}{2}C = 0.250\,\mu$F이다. 시간상수는

$$\tau = RC_{\text{등가}} = 4.00 \times 10^6\,\Omega \times 0.250 \times 10^{-6}\,\text{F} = 1.00\,\text{s}$$

이다. 축전기의 나중 전하량은

$$Q_f = C_{\text{등가}}\mathscr{E} = 0.250 \times 10^{-6}\,\text{F} \times 50.0\,\text{V} = 12.5 \times 10^{-6}\,\text{C}$$
$$= 12.5\,\mu\text{C}$$

이다. 임의의 시간 t에서 각 축전기에 대전된 전하량은

$$Q(t) = C_{\text{등가}}V_C(t) = C_{\text{등가}}\mathscr{E}(1 - e^{-t/\tau}) = Q_f(1 - e^{-t/\tau})$$

이다. $t = 1.00$ s일 때, $t/\tau = 1.00$이고 각 축전기에 충전된 전하량은

$$Q = Q_f(1 - e^{-1.00}) = 12.5\,\mu\text{C} \times (1 - e^{-1.00}) = 7.90\,\mu\text{C}$$

이다. $t = 3.00$ s일 때, $t/\tau = 3.00$이고 각 축전기에 충전된 전하량은

$$Q = Q_f(1 - e^{-3.00}) = 12.5\,\mu\text{C} \times (1 - e^{-3.00}) = 11.9\,\mu\text{C}$$

이다.

(b) 처음 전류는

$$I_0 = \frac{\mathscr{E}}{R} = \frac{50.0\,\text{V}}{4.00 \times 10^6\,\Omega} = 12.5\,\mu\text{A}$$

이다. 시간 t에서

$$I = I_0 e^{-t/\tau}$$

이다. $t = 1.00$ s에서

$$I = I_0 e^{-1.00} = 12.5\,\mu\text{A} \times e^{-1.00} = 4.60\,\mu\text{A}$$

이다. $t = 3.00$ s에서

$$I = I_0 e^{-3.00} = 12.5\,\mu\text{A} \times e^{-3.00} = 0.622\,\mu\text{A}$$

이다.

검토 고리 규칙을 이용하여 풀이를 점검할 수 있다. $t = \tau$에서 $Q = 7.90\,\mu$C이고 $I = 4.60\,\mu$A임을 알았다. 그러면 $t = \tau$일 때

$$V_C = \frac{Q}{C_{\text{등가}}} = \frac{7.90\,\mu\text{C}}{0.250\,\mu\text{F}} = 31.6\,\text{V}$$

이고

$$V_R = IR = 4.60\,\mu\text{A} \times 4.00\,\text{M}\Omega = 18.4\,\text{V}$$

이다. $31.6\,\text{V} + 18.4\,\text{V} = 50.0\,\text{V} = \mathscr{E}$이므로, 고리 규칙을 만족한다.

시간상수와 같은 시간이 경과할 때마다 전류에 $1/e$이 곱해지는 것에 유의하자. 그러므로 $t = \tau$일 때 $4.60\,\mu$A인 전류는 $t = 2\tau$일 때는 $4.60\,\mu\text{A} \times 1/e = 1.69\,\mu$A이고 $t = 3\tau$에서는 $1.69\,\mu\text{A} \times 1/e = 0.622\,\mu$A가 될 것이다.

실전문제 18.10 **또 다른 *RC* 회로**

$t = 0$일 때, $0.050\,\mu$F의 축전기가 $5.0\,\text{M}\Omega$의 저항기를 거쳐 12 V 전지에 연결되어 있다. 처음에 축전기는 충전되어 있지 않다. 처음 전류 $t = 0.25$ s에서 축전기의 전하량, $t = 1.00$ s일 때 전류와 축전기의 나중 전하량을 구하여라.

RC 회로의 방전

그림 18.36에서 먼저 스위치 S_2가 열린 상태에서 스위치 S_1을 닫아 축전기 양단의 전압이 $\mathscr{E}$가 될 때까지 축전기를 충전시킨다. 일단 축전기가 완전히 충전되면 $t = 0$에 S_1은 열고, S_2를 닫는다. 축전기는 회로에 에너지를 공급하는 전지와 같이 행동하지만 전기퍼텐셜 차를 일정하게 유지하지는 못한다. 판 사이의 전기퍼텐셜 차에 의해 전류가 흐름에 따라 축전기가 방전되기 때문이다.

고리 규칙에 따라, 축전기와 저항기 양단의 전압의 크기는 서로 같다. 축전기가 방전함에 따라 양단의 전압은 감소한다. 저항기에 걸린 전압의 감소는 전류가 감소

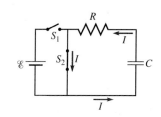

그림 18.36 축전기는 저항기 *R*를 통해서 방전된다.

그림 18.37 (a) 축전기가 저항을 통해 방전될 때 축전기 양단의 감소하는 전압. (b) 시간의 함수로 나타낸 전류.

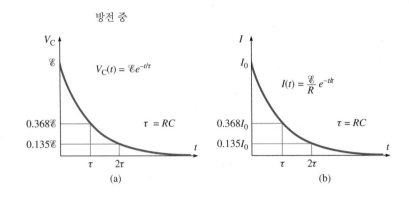

해야 함을 뜻한다. 시간에 따른 전류의 변화는 시간상수 $\tau = RC$인 충전회로에 대한 식 (18-25)에 대한 것과 같다. 축전기 양단의 전압은 최댓값 $\mathscr{E}$에서 시작해 지수적으로 감소한다(그림 18.37).

$$V_C(t) = \mathscr{E}e^{-t/\tau} \tag{18-26}$$

시간의 함수로 나타낸 전류는 충전회로와 같다[식 (18-25)].

응용: 카메라플래시 사진기의 플래시를 작동시키기 위해서는 짧은 시간에 아주 큰 전류가 필요하다. 내부저항 때문에 작은 전지로는 이것이 불가능하다. 이러한 이유로 전지로 축전기를 충전시킨다(그림 18.38). 축전기가 완전히 충전되면 플래시는 준비 상태가 된다. 사진을 찍을 때 축전기는 전구를 통해 빠르게 방전된다. 축전기가 빠르게 방전되도록 전구의 저항은 작다. 사진을 찍은 후, 축전기를 재충전하는 데는 몇 초 정도가 걸린다. 전지의 내부저항 때문에 충전회로의 시간상수는 더 길다.

그림 18.38 사진기에 부착된 플래시. 큰 회색 원통이 축전기이다.

전력 축전기가 방전되는 경우에, 축전기에 저장된 에너지는 IV_C의 비율로 감소하고 이 에너지는 에너지 보존으로 예상할 수 있는 것처럼 같은 비율 $IV_R = IV_C$로 저항기에서 소모된다.

신경세포에서의 *RC* 회로

신경 펄스가 이동하는 속력 역시 시간상수 RC에 의해 결정된다. 그림 18.39a는 유수축색(myelinated axon)을 단순화한 모형이다. 축색의 안쪽에 있는 **축색형질**(axoplasm)이라 부르는 유체는 이온들이 있어서 도체이다. 축색 바깥에 있는 조직액은 비저항이 훨씬 작은 전도성 유체이다. 랑비에 결절 사이에 있는 세포막은 수초(myelin sheath)로 덮여 있다. 수초는 절연체로 전도성 유체 사이의 간격을 증가시켜 축색 부분의 전기용량을 감소시키고 세포막을 통한 전류의 누출을 감소시킨다.

　그림 18.39b는 결절 사이의 축색 부분을 하나의 *RC* 회로로 모형화한 것이다. 조직액은 작은 저항을 가져서 도선으로 모형화할 수 있다. 전류 *I*는 축색형질(저항기 *R*)을 통해 축색 안쪽으로 흐른다. 축색형질 내의 전도성 유체와 세포 사이 유체를 두 판으로, 그 사이의 세포막과 수초를 절연체로 하여 축전기가 된다. 길이가 1 mm

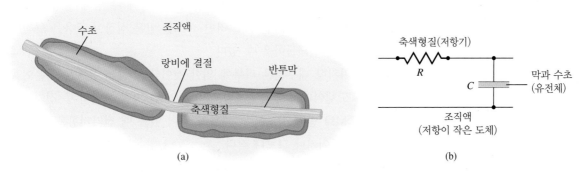

그림 18.39 (a) 유수축색의 두 부분을 단순화한 그림. (b) 랑비에 결절 사이에 있는 축색의 부분을 단순화한 *RC* 회로 모형. 수초는 축색형질과 조직액 두 전도체 사이에서 유전체 역할을 한다.

이고 반지름이 5 μm인 축색의 한 부분의 전기저항과 전기용량은 대략 13 MΩ과 $C = 1.6$ pF이다. 따라서 시간상수는

$$\tau = RC = 13\ \text{M}\Omega \times 1.6\ \text{pF} \approx 20\ \mu\text{s}$$

이다. 전기적 충격이 얼마나 빨리 전달되는지를 어림하면

$$v \approx \frac{\text{부분의 길이}}{\tau} = \frac{1\ \text{mm}}{20\ \mu\text{s}} = 50\ \text{m/s}$$

이다. 이 간단한 어림은 놀랍게도 정확하다. 유수축색의 반지름이 5 μm인 사람의 경우, 신경 펄스가 이동하는 속력은 60에서 90 m/s의 범위 안에 있다.

R과 C 모두 축색의 반지름에 따라 변한다. 사람은 r이 2 μm에서 10 μm을 넘지 않는 범위 안에 있다. 전기용량은 상당히 큰 판의 넓이 때문에 r에 비례하지만, 저항은 "도선"의 넓은 단면의 넓이 때문에 r^2에 반비례한다. 그러므로 $RC \propto 1/r$이고, $v \propto r$이다. 반지름이 가장 큰 축색이 전달되는 신호의 속력이 가장 빠르다. 이들이 비교적 먼 거리에 걸쳐 신호를 전달하는 것들이다.

18.11 전기 안전 ELECTRICAL SAFETY

전류가 인체에 미치는 영향

인체를 통해 흐르는 전류는 근육과 신경계통의 활동을 방해한다. 큰 전류는 조직 속에서 소모되는 에너지에 의한 화상의 원인이다. 전류가 약 1 mA 이하이면, 불쾌한 느낌이 들지만 특별한 해는 없다. 인체에 피해가 없이 인체를 통해 흐를 수 있는 최대 전류는 대략 5 mA 정도이다. 10~20 mA 전류는 근육을 수축시키거나 마비를 일으킨다. 마비 때문에 사람이 전류원으로부터 떨어지지 못하게 될 수도 있다.

만일 100~300 mA 정도의 전류가 심장을 통과하거나 심장 근처를 통과하여 흐르면, 심실세동(통제되지 않고 리듬이 맞지 않은 심장 수축)을 일으킬 수 있다. 이러한 상황에 처한 사람은 제세동기로 심장에 쇼크를 주어 정상 박동으로 돌아오도록

치료받지 않으면 죽을 수 있다. 제세동기 폐달을 통해 수 암페어 정도의 전류 펄스를 인체 속 심장 근처로 보낸다. 그러면 쇼크를 받은 심장이 근육을 규칙적으로 수축시켜 정상 상태로 되돌아올 수 있다.

인체의 전기저항 대부분은 피부에 의한 것이다. 인체의 유체는 이온이 존재하기 때문에 좋은 도체이다. **피부가 건조할 때** 인체의 먼 지점 사이의 총 전기저항은 대략 10 kΩ에서 1 MΩ 범위 정도이다. 피부가 젖어 있을 때 전기저항은 이보다 훨씬 작은 약 1 kΩ 정도이거나 그보다 작다.

전기기구 내의 전기회로 소자와 기구 밖의 금속 사이에 저항이 작은 경로인 **단락회로**가 생길 수 있다. 그러한 기구를 사람이 만지면 한 손의 전기퍼텐셜이 땅에 대해서 120 V가 될 수 있다(논의를 단순화하기 위해 기전력을 AC보다 DC로 간주한다). 만약 사람의 발이, 접지된 수도관에 전기적으로 접촉해 있는 젖은 통 안에 있다면 그의 저항은 500 Ω보다 작을 수 있다. 그러면 크기가 120 V/500 Ω = 0.24 A = 240 mA인 전류가 인체를 통해 심장을 지나간다. 그러면 심실세동이 일어나기 쉽다. 만일 그 사람이 젖은 통 안에 서 있지 않았지만 한 손은 헤어드라이어를 잡고 다른 한 손은 금속 수도꼭지를 잡고 있다면, 수도꼭지가 집의 배관을 통해 접지되어 있기 때문에 그 사람은 여전히 위험한 상황에 처해 있다. 습기가 있는 한 손과 다른 손 사이의 전기저항은 대략 1600 Ω 정도이며, 결과적으로 전류는 75 mA이어서 여전히 치명적일 수 있다.

목장의 전기 울타리(그림 18.40)는 가축들을 보호하고, 야생동물이 울타리를 넘지 못하도록 하는 것이다. 기전력원의 한 단자는 도선에 연결되어 있다. 이 도선은 세라믹 부도체에 의해 울타리 기둥과 전기적으로 절연되어 있다. 기전력의 다른 단자는 땅에 박힌 금속 막대를 통해 땅과 연결된다. 동물이나 사람이 금속 철사에 닿으면, 철사로부터 몸을 통과해 다시 땅으로 가는 회로가 완성된다. 몸을 통해 흐르는 전류는 위험하지는 않고 불쾌함을 느끼게 할 정도로 제한되어 있다.

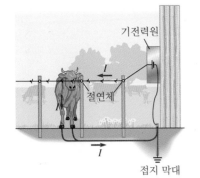

그림 18.40 전기 울타리. 사람이나 동물이 도선에 닿으면 회로가 완성된다. 기호 ⏚는 접지를 나타낸다.

전기제품의 접지

두 갈래 플러그에는 단락회로에 대한 보호 장치가 없다. 가전기구의 외부 덮개는 내부 도선과 절연되어 있어야 한다. 만일 사고로 도선이 끊어져 늘어지거나 절연체가 노후화되면 제품의 덮개로 직접 저항이 작은 경로가 생겨 단락회로가 만들어질 수 있다. 만일 사람이 고전압인 덮개를 만지면, 전류는 사람을 통해서 땅으로 흐를 수 있다(그림 18.41a).

세 갈래 플러그에는 전자제품의 덮개가 플러그의 세 번째 갈래를 통해 직접 땅에 연결되어 있다(그림 18.41b). 그래서 단락회로가 생기더라도 전류는 덮개에서 저항이 작은 도선을 통해 벽에 있는 플러그의 세 번째 갈래를 거쳐 직접 땅으로 흐른다. 안전을 고려해 많은 전자제품의 금속 덮개들은 접지되어 있다.

병원은 여러 가지 모니터와 전류–전압 장치에 연결되어 있는 환자를 단락회로로부터 보호하는 데 특별한 관심을 기울여야 한다. 이러한 이유 때문에 환자의 침대뿐만 아니라 환자가 닿을 수 있는 모든 것을 땅으로부터 절연한다. 그러므로 환자

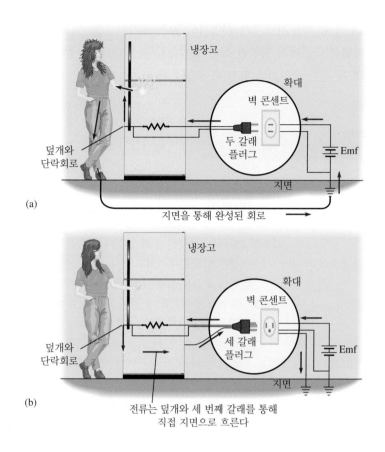

그림 18.41 (a) 만일 냉장고가 두 갈래 플러그로 벽에 있는 콘센트에 연결되어 있다면, 냉장고에 단락회로가 만들어졌을 경우 냉장고를 만지는 사람의 몸을 통해 회로가 완성된다. (b) 세 갈래 플러그를 사용하면 단락회로가 발생해도 사람은 안전하다.

가 어떤 고전압에 닿아도 환자의 몸을 통해 땅으로 향하는 회로가 만들어지는 경우는 없다.

퓨즈와 회로차단기

간단한 퓨즈는 저온에서 잘 녹는 납과 주석의 합금으로 만들어진다. 퓨즈는 회로에 직렬로 연결되어 회로를 통해 흐르는 전류가 주어진 값을 초과할 때, I^2R에 해당하는 열에 의해 녹도록 설계되어 있다. 퓨즈가 녹으면 스위치가 열린 것이므로 회로는 차단되어 전류는 흐르지 않는다. 많은 전기제품이 퓨즈로 보호된다. 퓨즈를 큰 전류를 흘릴 수 있는 다른 것으로 대체하면, 전기제품으로 큰 전류가 흐를 수 있으므로 제품에 손상이 생기거나 화재가 발생할 수 있어 위험하다.

요즘 대부분의 가정용 전기회로는 퓨즈 대신 회로차단기로 보호한다. 전류가 너무 많이 흐르면(같은 회로에 너무 많은 장치들이 연결되어 있는 경우) 바이메탈 합금판이나 전자석에 의해 회로차단기가 작동되어 스위치가 열린다. 과부하를 일으키는 문제를 해결한 후 회로차단기를 다시 닫힌 상태로 켤 수 있다.

가정용 배선은 여러 개의 전기제품들이 하나의 회로에 병렬로 연결되도록 되어 있다. 이 회로의 한쪽(중립선)은 접지되어 있고, 다른 한쪽(활선)은 땅에 대해 120 V의 전기퍼텐셜에 있다. 단독주택이나 아파트에는 이러한 회로가 많이 있는데, 각 회로의 활선 측에 회로차단기(또는 퓨즈)를 놓아 각 회로를 보호하고 있다. 만일 단락회로가 생겨 많은 전류가 흐르면 결과적으로 회로차단기가 작동한다. 만일 차단기를 접지선 쪽에 놓으면 차단기가 끊어져도 높은 전기퍼텐셜 측(활선 측)은 여전히 높은 전기퍼텐셜에 있어서 위험한 상태가 계속될 수 있다. 이와 같은 이유로 천정등과 벽 콘센트에 대한 스위치는 활선 측에 놓는다.

해답

실전문제

18.1 (a) 2.00×10^{15} 전자수, (b) 52 min

18.2 (a) 0.33 A, (b) 6.7 μm/s

18.3 6.9 Ω

18.4 292 ℃

18.5 1.495 V

18.6 $\frac{1}{3}R$(저항은 병렬 연결)

18.7 $+(0.58\,A)(4.0\,\Omega) - 1.5\,V - 3.0\,V + (0.72\,A)(3.0\,\Omega) = 0.0$

18.8 1.1 W, 190 J

18.9 10.0 mΩ, 10.0 mΩ

18.10 2.4 μA, 0.38 μC, 44 nA, 0.60 μC

살펴보기

18.1 아니오. 동일한 양의 양전하와 음전하가 같은 방향으로 같은 비율로 수송되고 있다. 알짜 전하 수송은 없으므로, 관에 흐르는 전류는 0이다.

18.3 길이가 주어졌을 때 가는 도선에는 전도전자가 적다. 단위 부피당 전자의 수는 같지만 가는 도선은 단면적이 더 작기 때문이다. 더 적은 전자로 같은 전류를 생산하려면 전자가 더 빨리 움직여야 한다(평균적으로). 그 때문에 도선이 가늘수록 유동속력이 빨라진다. 이러한 추론은 식 (18-3)으로 확인할 수 있다. 두 도선 모두가 I, n, e가 같기 때문에, A가 작은 도선이 큰 v_D를 갖는다.

18.4 비저항은 크기나 모양에는 관계가 없는 물질의 특성이다. 그러나 저항은 크기와 모양에 따라 다르다.

18.6 $1/R_{등가} = 1/R + 1/R = 2/R \implies R_{등가} = R/2$

자기력과 자기장
Magnetic Forces and Fields

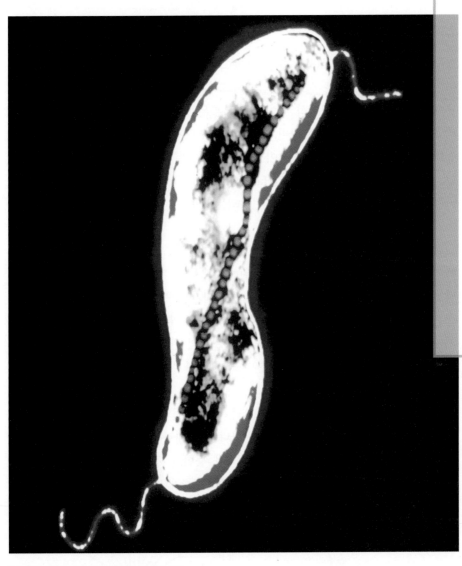

향자성 박테리아의 전자현미경 사진

바다 밑바닥 뻘에 사는 어떤 박테리아는 뻘 속에 있는 한 아무 문제가 없다. 그런데 갑각류가 지나가면서 뻘을 휘저어놓으면 이제 상황은 달라진다. 박테리아는 물에서 오래 살아남지 못하기 때문이다. 그래서 가능한 한 빨리 헤엄쳐서 뻘 속으로 돌아가는 것이 중요하다. 문제는 뻘 방향을 알아내는 것이 그리 쉽지 않다는 것이다. 박테리아의 밀도는 물의 밀도와 거의 같다. 따라서 박테리아에 작용하는 부력 때문에 박테리아는 자신을 아래로 당기는 중력을 "느끼지" 못한다. 그럼에도 불구하고 박테리아는 뻘을 찾아간다. 박테리아는 어떻게 방향을 찾을 수 있는가? (555쪽에 답이 있다.)

19.1 자기장 MAGNETIC FIELDS

영구자석

한나라 시대(기원전 202년~서기 220년)에 사용했던 숟가락 모양의 나침반의 실용 모델. 자철광으로 만든 숟가락은 "천상판(heaven-plate)" 또는 점술가의 판이라고 부르는 청동판 위에 놓여 있다. 중국의 초창기 나침반은 점술에 사용했으며, 나침반이 항해에 사용된 것은 훨씬 뒤였다. 이 모델은 수전 실버맨(Susan Silverman)의 작품이다.

영구자석은 적어도 약 2500년 전인 고대 그리스 시대부터 알려져 있었다. 천연 자석이라 부르는 자철광은 현대 터키의 마그네시아(Magnesia) 지역을 포함한 여러 곳에서 발견되었다. 자철광석 덩어리 일부분은 영구자석이다. 자철광은 자신들끼리 또는 철에 자기력을 작용하며, 철 조각을 영구자석으로 만드는 데 사용되었다. 적어도 천 년 이전부터 혹은 그 이전에 중국에서는 자기 나침반을 항해에 사용했다. 덴마크의 과학자 외르스테드(Hans Christian Oersted, 1777~1851)가 나침반 바늘이 주위에 흐르는 전류에 의해 편향되는 것을 발견한 1820년 이후에야 전기와 자기 사이의 관계가 확립되었다.

그림 19.1a는 막대자석 위에 놓여 있는 유리판의 모습이다. 쇳가루를 유리판 위에 뿌린 후, 이를 균일하게 퍼뜨리기 위해 유리판을 가볍게 두드려 마음대로 움직일 수 있게 했다. 쇳가루는 막대자석이 만든 **자기장**magnetic fields(기호 $\vec{B}$)에 의해 정렬된다. 그림 19.1b는 자기장을 나타내는 자기장선의 모습이다. 전기장선과 유사하게 자기장선은 자기장 벡터의 크기와 방향 모두와 관계있다. 어떤 지점에서 자기장은 자기장선에 접선 방향이며 자기장의 크기는 자기장선에 수직한 단위 넓이당 자기장선의 수에 비례한다.

그림 19.1b를 보면 전기쌍극자가 만드는 전기장선의 모습, 곧 그림 16.28을 떠올릴 수 있다. 이와 같은 유사성은 우연이 아니다. 막대자석은 **자기쌍극자**magnetic dipole의 하나의 예이다. 쌍극자는 두 개의 반대 극을 뜻한다. 전기쌍극자의 경우 전기적인 극은 양(+)과 음(−)의 전하이다. 자기쌍극자도 두 개의 반대되는 극으로 구성되어

연결고리

전기쌍극자는 한 개의 양전하와 한 개의 음전하로 구성되며, 자기쌍극자는 한 개의 N극과 한 개의 S극으로 구성된다.

그림 19.1 (a) 막대자석 사진. 가까이 있는 쇳가루는 자기장 방향으로 정렬한다. (b) 막대자석에 의한 자기장선의 그림. 자기장은 자기장선의 접선 방향을 향한다.

(a)

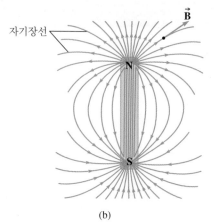

(b)

있다. 자기장선이 나오는 막대자석의 끝을 **N극**^{north pole}, 자기장선이 되돌아 들어가는 반대 끝을 **S극**^{south pole}이라 한다. 만약 두 개의 자석이 서로 가까이 있으면, 반대의 극들(한 자석의 N극과 다른 자석의 S극)은 서로 당기고, 같은 극들(두 개의 N극 또는 두 개의 S극)은 서로를 민다.

N극과 S극이라는 이름은 나침반에서 나왔다. 나침반은 간단히 말해 자유롭게 회전할 수 있는 작은 막대자석이다. 나침반 바늘을 포함한 모든 자기쌍극자는 외부의 자기장과 나란하게 정렬시키려는 돌림힘을 받는다(그림 19.2). 나침반 바늘의 N극은 자기장 방향을 향하는 끝 점이다. 나침반에서 막대자석 형태의 바늘은 마찰과 그 밖의 돌림힘을 최소화하기 위해 뾰족한 침 위에 놓여 있어서 자기장에 따라 자유롭게 흔들거릴 수 있다.

영구자석의 모양은 막대자석의 형태 외에도 매우 다양하다. 그림 19.3에 막대 모양이 아닌 영구자석의 모습을 자기장선과 함께 나타냈다. 그림 19.3a와 같이 극의 면이 평행하고 가까이 있으면 극 사이의 자기장은 거의 균일함을 주목하자. 자석이 항상 두 개의 극만 가질 필요는 없지만 적어도 하나의 N극과 하나의 S극을 가지고 있어야 한다. 어떤 자석은 많은 수의 N극과 S극이 있도록 제작된다. 냉장고 문에서 쉽게 볼 수 있는 잘 휘는 자석 카드(그림 19.3b)는 한쪽 면에는 많은 N극과 S극이 있으나 반대쪽 다른 면에는 극이 없도록 만들었다. 극이 있는 면 근처에서 자기장은 강하고 반대쪽 면 근처에서는 약하다. 그래서 자석 카드의 한쪽 면은 냉장고 문과 같은 금속 면에 달라붙지만 다른 면은 붙지 않는다.

존재하지 않는 자기홀극 쿨롱의 법칙은 두 점전하, 곧 두 개의 전기홀극 사이에 작용하는 힘을 설명한다. 그러나 우리가 알고 있는 한 자기홀극은 존재하지 않는다. 곧, N극이나 S극은 홀로 존재할 수 없다. 막대자석을 반으로 잘라도 N극인 한 조각과 S극인 다른 조각을 얻을 수 없다. 잘린 두 조각은 다시 자기쌍극자를 갖게 한다(그림 19.4). 지금까지 자기홀극의 존재에 대한 이론적인 예측은 계속 제기되어 왔으나 오랫동안의 어느 실험에서도 단 한 개의 자기홀극도 발견하지 못했다. 만약 우주에 자기홀극이 존재한다 하더라도 극히 드물 것이다.

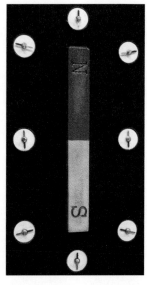

그림 19.2 각 나침반의 바늘이 막대자석이 만든 자기장을 따라 정렬되어 있다. 바늘의 N극(붉은색) 끝이 자기장의 방향을 가리킨다.

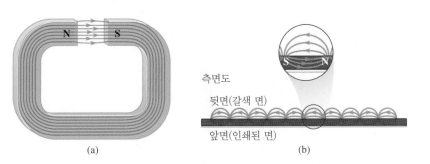

(a)　　　　　　　　　(b)

그림 19.3 두 개의 영구자석과 그 자기장선. **자석 외부의** 자기장선은 N극에서 나와 S극으로 들어간다. (a) C 자형 자석의 두 자극 사이에서 자기장은 거의 균일하다. (b) 냉장고용 자석에는 N극과 S극의 띠가 교대로 배열되어 있다. 그림은 옆에서 본 모습이다.

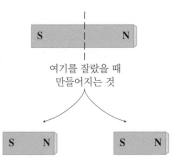

그림 19.4 막대자석을 반으로 자른 모습. 각 조각에는 N극과 S극이 모두 있다.

자기장선

그림 19.1은 자기장선이 영구자석의 N극에서 시작해서 S극에서 끝나는 것이 아님을 보여준다. 자기장선은 항상 닫힌고리이다. 자기홀극이 없다면 자기장선이 시작하거나 끝난 곳이 없으므로 자기장선은 반드시 닫힌고리여야만 한다. 그림 19.1b는 전기쌍극자의 전기장선(그림 16.28)과 대조적이다. 쌍극자에서 멀리 떨어진 곳의 장선의 모양은 비슷하나, 가까운 곳이나 극 사이에서는 매우 다르다. 전기장선은 닫힌고리가 아니며 양전하에서 시작해 음전하에서 끝난다.

전기장선과 자기장선 사이에 존재하는 이와 같은 차이점에도 불구하고 자기장선의 해석은 전기장선의 해석과 정확하게 일치한다.

> **자기장선의 해석**
>
> - 어떤 지점에서 자기장 벡터의 방향은 그림 19.1b에 나타낸 바와 같이 그 점을 지나는 자기장선에 접하는 방향이고, 자기장선에 화살표로 표시되어 있다.
> - 자기장선들이 서로 가까이 있는 곳은 자기장이 세고, 자기장선들이 서로 멀리 떨어진 곳은 자기장이 약하다. 보다 구체적으로, 자기장선에 수직인 작은 면을 고려하면 자기장의 세기는 그 면을 지나는 자기장선의 수를 넓이로 나눈 것에 비례한다.

> **연결고리**
>
> 자기장선은 자기장 벡터의 크기와 방향을 시각적으로 보여준다. 이는 전기장선이 $\vec{E}$의 크기와 방향을 보여주는 것과 같다.

지구자기장

그림 19.5는 지구자기장에 의한 자기장선의 모습이다. 지표 주위에서 자기장은 마치 지구 중심에 가상적인 막대자석이 묻혀 있는 것처럼, 한 쌍극자가 만드는 자기장과 비슷하다. 지표에서 멀리 떨어진 곳에서 자기장선은 태양에서 지구로 향하는 대전입자들의 흐름인 태양풍에 의해 찌그러진다. 19.8절에서 기술하는 바와 같이

그림 19.5 지구자기장. 그림은 한 평면 내의 자기장선을 보여준다. 일반적으로 지표에서 자기장선은 수평 성분과 수직 성분 모두를 갖는다. 자극은 자기장이 지표면에 완전하게 수직인 지점이다. 자극은 자전축과 지표가 만나는 지리학적 극과 일치하지 않는다. 지표 근처에서 자기장선의 모습은 그림에 나타낸 가상의 막대자석과 같은 자기쌍극자의 자기장선과 개략적으로 유사하다. 이 막대자석의 S극이 북극을 향하고 N극이 남극을 향함에 주의하여라.

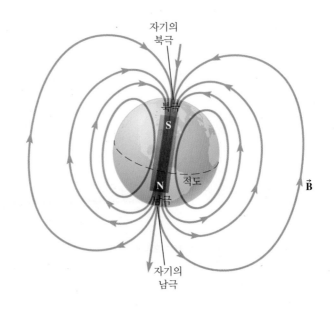

운동하는 대전입자는 자신의 자기장을 만든다. 따라서 태양풍에 의해 생기는 자기장이 존재한다.

지표면 대부분의 지역에서 지구자기장의 방향은 수평이 아니다. 상당한 크기의 수직 성분이 있다. 수직 성분은 복각자를 이용해 직접 잴 수 있다. 복각자는 수직 평면에서 회전할 수 있는 나침반이다. 북반구에서 수직 성분은 아래쪽인 반면에 남반구에서는 위쪽이다. 곧, 자기장선은 지구의 남반구 표면에서 나와서 북반구로 다시 들어간다. 자유롭게 회전할 수 있는 자기쌍극자는 자기장 방향으로 정렬해, N극의 끝이 자기장 방향을 향한다. 그림 19.2는 막대자석 주위에 여러 개의 나침반이 위치해 있는 모습이다. 각 나침반 바늘은 그 지점의 자기장 방향을 가리키는데 이 경우는 자석에 의한 것이다. 나침반은 보통 지구자기장을 감지하기 위해 사용되어 왔다. 수평 나침반은 바늘이 수평면에서만 자유롭게 회전할 수 있어서 수평 나침반의 N극의 끝은 지구자기장의 수평 성분의 방향을 가리킨다.

그림 19.5에서 가상적인 막대자석의 방향에 주의하여라. 곧, 이 자석의 S극은 대략 지리학적 **북쪽**(북극)을 향하며 자석의 N극은 대략 지리학적 남쪽(남극)을 향한다. 자기장선은 남반구의 지표면에서 나와 북반구로 들어간다.

지구자기장의 기원   지구자기장의 기원은 아직도 연구 중에 있다. 주요 이론에 따르면, 지구자기장은 지표면에서 3,000 km 이상 깊은 곳에 위치한 지구 외핵에 녹아 있는 철과 니켈의 흐름에 의해 형성되는 것으로 알려졌다. 지구자기장은 서서히 변한다. 1948년에 캐나다의 과학자들이 북극의 자북 위치가 1831년 영국 탐험대가 발견한 지점에서 250 km나 떨어져 있는 것을 발견했다. 지구 자극은 일 년에 평균 40 km 정도 움직인다. 지구 자극에는 지난 500만 년 동안 대략 100차례의 완전한 극성 반전(북극은 남극으로, 남극은 북극으로)이 있었다. 2001년 5월에 완료된 가장 최근의 캐나다 지질 조사에 따르면, 자기장이 바로 수직 아래쪽으로 향하는 지표상의 자북은 북위 81°, 서경 111°에 위치하며 지리학적 북극(북위 90°를 통과하는 지구 자전축이 지표와 만나는 점)에서 남쪽으로 1600 km 떨어져 있다.

응용: 향자성 박테리아

이 장을 시작하면서 논의한 박테리아의 전자현미경 사진에서는 줄지어 있는 결정의 모습이 눈에 띈다. 이 결정은 고대 그리스 시대부터 알려진 바로 그 사산화철(Fe_3O_4), 곧 자철광 결정이다. 이 결정은 기본적으로 나침반 바늘과 같은 기능을 하는 조그만 영구자석이다. 박테리아가 물과 뒤섞이면 박테리아의 나침반 바늘은 자기장 방향으로 정렬하기 위해 자동적으로 회전한다. 이때 박테리아가 헤엄을 치면 자기장선 방향을 따라 움직이게 된다. 북반구에서는 "나침반 바늘"의 N극 끝이 앞쪽을 향한다. 박테리아는 자기장 방향으로 헤엄을 치는데 자기장에는 아래쪽으로 향하는 성분이 있기 때문에 뻘 속의 자기 집으로 돌아갈 수 있게 된다. 남반구의 박테리아들은 S극이 앞쪽을 향한다. 남반구에서는 자기장이 위쪽으로 향하는 성분이 있기 때문에 박테리아는 자기장과 반대 방향으로 헤엄을 쳐야 한다. 그래서 **향자성**

어떻게 박테리아가 올바른 방향으로 수영할 수 있는가?

(*magnetotactic*, 여기서 *-tactic*은 느끼거나 감지한다는 뜻이다.) 박테리아를 남반구 에서 북반구로 또는 그 반대로 가져오면 박테리아는 아래쪽 대신에 위쪽으로 헤엄 치게 된다.

여러 종의 박테리아와 어떤 고등 생물들이 자기장을 이용해 방향을 잡는다는 증 거가 있다. 귀소 본능이 있는 비둘기나 개똥지빠귀, 벌을 이용한 실험에서 이들이 자기장에 반응하는 어떤 감각을 지니고 있는 것으로 나타났다. 날씨가 맑으면 그들 은 주로 태양의 위치로 방향을 잡지만 구름이 많은 날에는 지구자기장을 이용한다. 뻘 박테리아에서 발견된 것과 비슷한, 영구적으로 자화된 결정이 이런 생물의 뇌에 서 발견되었으나, 지구자기장을 감지하고 방향을 잡는 데 그것을 어떻게 사용하는 지에 대해서는 아직 명확하게 규명되지 않았다. 몇몇 실험들은 인간에게도 지구자 기장을 느끼는 감각이 있을지도 모른다는 것을 보였다. 조그만 자철광 결정들이 인 간의 뇌에서 발견되었기 때문에 그것이 전혀 불가능한 것은 아니다.

19.2 점전하에 작용하는 자기력
MAGNETIC FORCE ON A POINT CHARGE

자기쌍극자에 작용하는 자기력이나 돌림힘에 대해 자세히 살펴보기 전에, 그보다 간단한 점전하에 작용하는 자기력을 고찰해보자. 16장에서 전기장을 단위 전하에 작용하는 전기력으로 정의했다. 전기장이 $\vec{E}$인 곳에 위치한 점전하 q는 전기력을 받는데, 전기력의 방향은 점전하의 부호에 따라 $\vec{E}$와 같거나 반대 방향이었다.

점전하에 작용하는 자기력은 좀 더 복잡하다. 자기력은 단순하게 전하량 곱하기 자기장이 아니다. 자기력은 자기장뿐만 아니라 **점전하의 속도에 따라서도 변한다.** 점전 하가 정지해 있으면 그 전하에 작용하는 자기력은 없다. 자기력의 크기와 방향은 점 전하의 운동 방향과 속력에 따라 변한다. 유체 속에서 운동하는 물체에 작용하는 항 력처럼, 속도에 따라 변하는 힘들에 대해 이미 고찰한 바 있다. 자기력은 항력처럼 속도가 증가하면 크기가 커진다. 그러나 항력의 방향은 언제나 물체의 속도와 반대 방향이지만, 대전입자에 작용하는 자기력의 방향은 입자의 속도에 수직이다.

자기장이 $\vec{B}$인 지점에서 속도 $\vec{v}$로 운동하는 양(+)의 점전하 q를 생각하자. $\vec{v}$와 $\vec{B}$ 의 사잇각은 θ이다(그림 19.6a). 점전하에 작용하는 자기력의 크기는 다음에 있는 물리량들의 곱이다. 곧

- 전하의 크기 $|q|$,
- 자기장의 크기 B,
- 자기장에 수직인 속도의 성분(그림 19.6b) $v_\perp$의 곱이다.

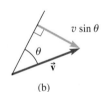

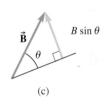

그림 19.6 자기장 안에서 운동하는 점 전하에 작용하는 자기력의 크기 구하기. (a) 입자의 속도 벡터 $\vec{v}$와 자기장 벡터 $\vec{B}$ 를 같은 점에서 출발하도록 그린다. θ는 두 벡터 사이의 각이다. 자기력의 크기는 $F_B = |q|vB \sin\theta$이다. (b) $\vec{B}$에 수직인 $\vec{v}$ 의 성분은 $v_\perp = v \sin\theta$이다. (c) $\vec{v}$에 수 직인 $\vec{B}$의 성분은 $B_\perp = B \sin\theta$이다.

운동하는 점전하에 작용하는 자기력의 크기

$$F_B = |q|v_\perp B = |q|(v \sin\theta)B \qquad \text{(19-1a)}$$

$(v_\perp = v \sin\theta$이므로$)$

점전하가 정지해 있거나($v = 0$), 점전하의 운동 방향이 자기장의 방향과 같거나 ($v_\perp = 0$) 반대 방향일 때 점전하에 작용하는 자기력은 0이다.

경우에 따라 인자 $\sin\theta$를 다른 관점으로 보는 것이 편리하다. 인자 $\sin\theta$를 속도 대신에 자기장과 관련지으면 $B\sin\theta$는 대전입자의 속도에 수직한 자기장 성분이다 (그림 19.6c).

$$F_B = |q|v(B\sin\theta) = |q|vB_\perp \tag{19-1b}$$

자기장의 SI 단위　식 (19-1)로부터 자기장의 SI 단위는

$$\frac{힘}{전하량 \times 속도} = \frac{N}{C\cdot m/s} = \frac{N}{A\cdot m}$$

이다. 이 단위들의 조합은 크로아티아 출신의 미국 기술자인 테슬라(Nikola Tesla, 1856~1943)의 이름을 따서 테슬라(기호 T)로 명명했다.

$$1\,T = 1\,\frac{N}{A\cdot m} \tag{19-2}$$

✓ 살펴보기 19.2

전자가 아래 방향으로 균일하게 자기장에서 속력 v로 운동하고 있다.
(a) 전자가 어떤 방향으로 운동할 때 자기력이 0이 되는가?
(b) 전자가 어떤 방향으로 운동할 때 자기력이 최대가 되는가?

연결고리

두 벡터의 가위곱의 결과는 벡터이다. 가위곱은 스칼라곱과 다르다 (6.2절 참조). 가위곱의 크기는 두 벡터가 수직일 때 최대가 되고, 스칼라곱은 두 벡터가 서로 평행할 때 최대가 된다.

두 벡터의 가위곱

자기력의 방향과 크기는, 물리학과 수학에서 자주 사용되는 특별한 방식으로 벡터 $\vec{v}$와 $\vec{B}$에 따라서 변한다. 자기력은 $\vec{v}$와 $\vec{B}$의 **가위곱**^{cross product}(또는 벡터곱)으로 표현할 수 있다. 두 벡터 $\vec{a}$와 $\vec{b}$의 가위곱은 $\vec{a}\times\vec{b}$라 쓴다. 가위곱의 크기는 한 벡터의 크기와 그 벡터에 수직한 다른 벡터의 성분을 곱한 것이다. 어떤 것이 어떤 것의 수직 성분인지에는 상관없다.

$$|\vec{a}\times\vec{b}| = |\vec{b}\times\vec{a}| = a_\perp b = ab_\perp = ab\sin\theta \tag{19-3}$$

그러나 벡터의 순서는 결과 벡터의 방향과 관계가 있다. 곧, 순서를 바꾸면 가위곱의 방향도 바뀐다.

$$\vec{b}\times\vec{a} = -\vec{a}\times\vec{b} \tag{19-4}$$

$\vec{a}$와 $\vec{b}$의 가위곱은 $\vec{a}$와 $\vec{b}$ 모두에 수직하다. $\vec{a}$와 $\vec{b}$가 서로 수직할 필요는 없다. 같은 방향이거나 서로 반대 방향이 아닌 어떤 두 벡터에 대해서 이들 벡터에 수직한 방향은 두 가지가 있다. 둘 중에 하나를 선택하기 위해서는 **오른손 규칙**^{right hand rule}을 사용한다.

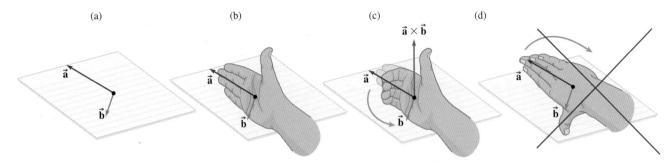

그림 19.7 가위곱 $\vec{a} \times \vec{b}$의 방향을 찾기 위한 오른손 규칙의 적용. (a) 먼저 시작점이 한 점에 오도록 두 벡터 $\vec{a}$와 $\vec{b}$를 그린다. 이 경우 두 벡터는 같은 지면에 놓여 있다. 가위곱 $\vec{a} \times \vec{b}$는 $\vec{a}$와 $\vec{b}$에 동시에 수직이므로 $\vec{a} \times \vec{b}$의 방향은 위쪽(지면에서 나오는 방향) 또는 아래쪽(지면으로 들어가는 방향) 중 하나이다. 두 방향 가운데 올바른 한 방향을 찾기 위해 오른쪽 규칙을 사용한다. (b) $\vec{a} \times \vec{b}$의 방향이 위로 향하는지 검증하기 위해 오른손을 펴서 엄지손가락은 위를 향하고 다른 손가락들은 편 채 $\vec{a}$의 방향을 가리키도록 정렬한다. (c) 손가락들이 $\vec{a} \times \vec{b}$를 가리킬 때까지 180° 보다 작은 각으로 감아질 수 있기 때문에 $\vec{a} \times \vec{b}$가 위를 향한다는 것이 확인된다. (d) $\vec{a} \times \vec{b}$의 방향이 아래 방향인지를 검증하기 위해 엄지손가락은 아래를 향하고 다른 손가락들은 $\vec{a}$의 방향으로 향하게 한다. 이번에는 손가락을 틀린 방향으로 감아쥐어야 하기 때문에 $\vec{a} \times \vec{b}$의 올바른 방향이 아니다.

벡터 가위곱 $\vec{a} \times \vec{b}$의 방향을 찾기 위한 오른손 규칙

1. 같은 원점에서 시작하는 벡터 $\vec{a}$와 $\vec{b}$를 그려라(그림 19.7a).
2. 가위곱의 방향은 $\vec{a}$와 $\vec{b}$ 모두에 수직인 두 방향 중 하나이다. 두 방향을 결정하여라.
3. 시험적으로 두 방향 중 하나를 택한다. 오른손을 "손날치기 동작"으로 손바닥을 펴서 원점에 수직으로 세워놓고, 네 손가락 끝은 $\vec{a}$를, 엄지손가락은 시험 방향을 가리키게 한다.(그림 19.7b).
4. 엄지손가락과 손바닥을 움직이지 않게 유지하면서 네 손가락 끝이 $\vec{b}$의 방향을 가리킬 때까지 손가락을 손바닥 안쪽으로 감아쥐어라(그림 19.7c). 만일 가능하다면, 180° 보다 작은 각만큼 손가락을 감아라. 그때 여러분의 엄지손가락은 가위곱 $\vec{a} \times \vec{b}$의 방향을 가리킨다. 만일 네 손가락이 $\vec{b}$를 가리키게 하기 위해서 손가락을 180° 이상 감아쥐어야 한다면 엄지손가락은 $\vec{a} \times \vec{b}$의 반대 방향을 가리킨다.

오른손 규칙의 대안이 렌치 규칙(wrench rule)이다. 오른손 규칙의 처음 두 단계를 따르라. 그런 다음 원점에 가위곱의 가능한 두 방향으로 정렬되어 있는 볼트를 상상하여라. 처음에 손잡이가 $\vec{a}$와 나란히 정렬되어 있는 렌치를 볼트에 사용한다고 상상해보자. 손잡이를 180° 미만의 각도로 $\vec{b}$와 나란하게 될 때까지 돌려라(큰 각도 방향으로 돌리면 안 된다.) 여러분이 볼트를 조이고 있는가, 아니면 풀고 있는가? $\vec{a} \times \vec{b}$의 방향은 볼트가 진행하는 방향이다.

자기학은 본질적으로 3차원으로 다루어야 하므로 종종 지면에 수직인 벡터를 그려야 할 때가 있다. 기호 ●(또는 ⊙)은 지면에서 바깥으로 나오는 벡터를 표시한다. 이는 관측자를 향해 날아오는 화살촉을 앞에서 본 모습이다. 기호 ×(또는 ⊗)는 지면 속으로 들어가는 벡터의 방향을 나타낸다. 이 기호는 날아가는 화살을 뒤에서 보았을 때 화살의 뒤 끝에 있는 깃털을 암시한다.

벡터 기호: • 또는 ⊙는 벡터가 지면에서 나온다.
× 또는 ⊗는 지면 속으로 들어간다.

자기력의 방향

전하를 띠는 입자에 작용하는 자기력을 $\vec{v}$와 $\vec{B}$의 가위곱과 전하량의 곱으로 쓸 수 있다.

운동하는 점전하에 작용하는 자기력

$$\vec{F}_B = q\vec{v} \times \vec{B} \tag{19-5}$$

$$\text{크기: } F_B = qvB\sin\theta$$

방향: $\vec{v}$와 $\vec{B}$ 모두에 수직이다. $\vec{v} \times \vec{B}$를 구하기 위해 오른손 규칙을 이용하고 만일 q가 음수이면 방향을 반대로 한다.

자기력의 방향은 전기장에서처럼 장과 나란한 같은 선을 따라가지 않고 자기장과 수직이다. 동시에 대전입자의 속도에도 수직이다. 따라서 $\vec{v}$와 $\vec{B}$가 한 평면 위에 있다면, 자기력은 언제나 그 평면에 수직이다. 자기 현상은 본질적으로 3차원적이다. 음(−)으로 대전된 입자는 $\vec{v} \times \vec{B}$에 반대 방향의 자기력을 느낀다. $\vec{v} \times \vec{B}$에 음(−)의 스칼라양(q)을 곱하면 자기력의 방향은 반대로 바뀌는 것과 일치한다.

문제풀이 전략: 점전하에 작용하는 자기력 찾기

1. 다음 세 경우, (a) 입자가 운동하지 않는 경우($\vec{v} = 0$), (b) 입자의 속도가 자기장에 수직인 성분을 가지지 않는 경우($v_\perp = 0$), (c) 자기장이 0인 경우, 입자에 작용하는 자기력은 0이다.

2. 그렇지 않으면, 속도와 자기장 벡터들을 같은 점에서 시작하도록 그려서 두 벡터 사이의 각 θ를 결정한다.

3. 전하의 크기를 이용해 $F_B = |q|vB\sin\theta$ [식 (19-1)]로부터 힘의 크기를 구한다 (벡터의 크기는 음(−)이 아니기 때문에).

4. 오른손 규칙을 이용해 $\vec{v} \times \vec{B}$의 방향을 결정한다. 전하가 양(+)이면 자기력은 $\vec{v} \times \vec{B}$의 방향이다. 전하가 음(−)이면 힘의 방향은 $\vec{v} \times \vec{B}$와 반대 방향이다.

자기력이 한 일 점전하에 작용하는 자기력은 언제나 속도와 수직이기 때문에 자기력은 그 전하에 물리적인 일을 할 수 없다. 다른 힘이 작용하지 않는다면 점전하의 운동에너지는 변하지 않는다. 따라서 자기력만 작용하면 점전하의 속력(속도의 크기)은 변하지 않고 속도의 방향만 바뀐다.

우주선의 편향

우주선은 고속으로 지구로 접근하는 대전된 입자로서, 그 생성 과정이 정확히 규명된 것은 아니지만 초신성의 폭발에 의해 상당한 우주선이 만들어진다고 한다. 지구로 접근하는 입자들의 7/8은 속력이 광속의 2/3 정도인 양성자이다. 양성자가 적도를 향해 수직 아래로 운동한다고 가정하자. (a) 지구자기장에 의해 입자에 작용하는 자기력의 방향을 구하여라. (b) 지구자기장이 우주선을 어떻게 차단하는지 설명하여라. (c) 지표면 어느 곳에서 이와 같은 차단 효과가 최소가 되는가?

전략과 풀이 (a) 먼저 지구자기장선과 양성자의 속도 벡터를 그린다(그림 19.8). 자기장선은 남쪽에서 북쪽을 향한다. 적도 위 높은 곳에서는 근사적으로 수평이다(북으로 향한다). 자기력 방향을 구하기 위해, 먼저 $\vec{v}$와 $\vec{B}$에 모두 수직한 방향을 결정한다. 다음, 오른손 규칙을 사용해 둘 중에서 옳은 $\vec{v} \times \vec{B}$의 방향을 결정한다. 그림 19.9가 xy-평면에서 $\vec{v}$와 $\vec{B}$의 스케치이다. x-축은 적도에서 멀어지는 방향을 가리키고(위로), y-축은 북쪽을 가리킨다. 두 벡터에 모두 수직인 두 방향은 xy-평면에 수직, 곧 지면을 들어가고 지면에서 나온다. 오

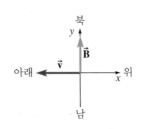

그림 19.9 벡터 $\vec{v}$와 $\vec{B}$. y-축은 북쪽을 향하고, x-축은 적도에서 나오는 방향이다.

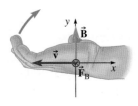

그림 19.10 오른손 규칙이 $\vec{v} \times \vec{B}$의 방향이 지면으로 들어가는 방향임을 보여준다. 엄지손가락을 지면 아래로 향하면 나머지 손가락은 $\vec{v}$에서 $\vec{B}$쪽으로 90° 만큼 돌아간다.

른손 규칙을 사용할 때 만일 엄지가 지면에서 나오면, 오른손의 네 손가락은 $\vec{v}$에서 $\vec{B}$까지 270°의 각으로 감아줘야 할 것이다. 그러므로 $\vec{v} \times \vec{B}$는 지면으로 들어간다(그림 19.10). $\vec{F}_B = q\vec{v} \times \vec{B}$이고 q는 양(+)이기 때문에 자기력은 지면으로 들어가거나 동쪽 방향이다.

(b) 지구자기장이 없다면 양성자는 지표면을 향해 직진할 것이다. 자기장은 입자를 옆으로 휘게 해 지표면에 도달하지 못하게 한다. 자기장이 없을 때보다 훨씬 적은 수의 우주선 입자가 지표면에 도달한다.

(c) 극 근처에는 자기장에 수직한 속도 성분($v_\perp$)이 v의 작은 부분에 불과하다. 자기력은 $v_\perp$에 비례하기 때문에 휘게 하는 힘의 효과가 극 부근에서는 훨씬 작다.

검토 자기력의 방향(또는 어떤 가위곱)을 올바르게 찾으려면 자기장과 속도 벡터를 정확히 그리는 것이 필요하다. 3차원이 모두 필요하므로 두 축이 그림을 그리는 평면에 놓이도록 선택해야 한다. 이 보기에서는 $\vec{v}$와 $\vec{B}$가 그림의 평면에 있으므로 $\vec{F}_B$는 평면에 수직이라는 것을 알 수 있다.

실전문제 19.1 **우주선 입자의 가속**

$v = 6.0 \times 10^7$ m/s이고 $B = 6.0\,\mu$T일 때, 양성자에 작용하는 자기력의 크기와 양성자의 가속도의 크기는 얼마인가?

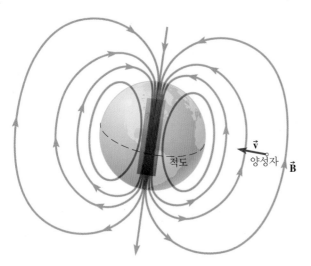

그림 19.8 지구의 자기장선과 양성자의 속도 벡터 $\vec{v}$.

보기 19.2

공기 중의 이온에 작용하는 자기력

어떤 지역에서 지구자기장의 크기가 0.050 mT이다. 자기장의 방향은 수평에서 아래쪽으로 70.0°이고 자기장의 수평 성분은 북쪽을 가리킨다. (a) 동쪽으로 250 m/s로 운동하는 산소 이온(O_2^-)에 작용하는 자기력을 구하여라. (b) 이온에 작용하는 자기력의 크기를 이온의 무게 5.2×10^{-25} N과 비교하고, 맑은 날의 전기장(150 N/C 아래쪽)에 의해 이온에 작용하는 전기력과 비교하여라.

전략 자기력의 크기를 구하는 데 두 가지 가능한 방법이 있다[식 (19-1)]. 그중 편리한 방법을 선택한다. 먼저 힘의 방향을 찾기 위해 $\vec{v}$와 $\vec{B}$에 수직인 두 방향을 결정한다. 그리고 어떤 방향이 $\vec{v} \times \vec{B}$의 방향인지 결정하기 위해 오른손 규칙을 적용한다. 우리가 구하려는 자기력은 음(−)으로 대전된 입자에 작용하는 힘이므로, 자기력의 방향은 $\vec{v} \times \vec{B}$ 방향과 반대이다. 자기장의 크기가 밀리테슬라로 표기되어 있음에 주목하여라($1 \, \text{mT} = 10^{-3} \, \text{T}$).

풀이 (a) 이온은 동쪽으로 운동하고 있다. 자기장은 북쪽과 아래쪽 방향의 성분을 가지고 있으나 동서 방향 성분은 없으므로 $\vec{v}$와 $\vec{B}$는 수직이다, 따라서 $\theta = 90°$이고 $\sin \theta = 1$ 이다. 자기력의 크기는

$$F = |q|vB = (1.6 \times 10^{-19} \, \text{C}) \times 250 \, \text{m/s} \times (5.0 \times 10^{-5} \, \text{T})$$
$$= 2.0 \times 10^{-21} \, \text{N}$$

이다. $\vec{v}$는 동쪽이고 힘은 $\vec{v}$에 수직하기 때문에, 힘은 동서축에 수직인 평면 안에 있어야 한다. 남북과 위아래를 지나는 축을 이용해 이 평면에 속도와 자기장 벡터를 그린다(그림 19.11a, 여기서 동쪽은 지면에서 나오는 방향이다). 이 그림에서 북쪽은 오른쪽이므로 이 그림을 보는 사람은 서쪽을 바라본다. 서쪽은 지면에 들어가는 방향이고 동쪽은 지면에서 나오는 방향이다. 힘 $\vec{F}$는 이 지면에 놓여 있고 $\vec{B}$에 수직이다. 그림 19.11a에서 점선으로 표시된 두 가지 가능한 방향이 있다. 여기서 오른손 규칙을 적용하면 올바른 $\vec{v} \times \vec{B}$의 방향

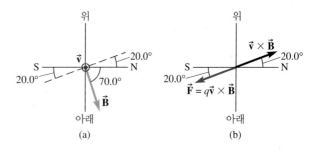

그림 19.11 (a) 벡터 $\vec{v}$와 $\vec{B}$. $\vec{v}$는 지면에서 나오는 방향이다. 서쪽은 지면으로 들어가는 방향이고 동쪽은 지면에서 나오는 방향이다. $\vec{F}$는 $\vec{v}$와 $\vec{B}$ 모두에 수직하기 때문에 $\vec{F}$는 점선을 따라 놓여 있어야 한다. (b) 오른손 규칙으로 결정되는 $\vec{v} \times \vec{B}$의 방향. 이온이 음(−)으로 대전되어 있기 때문에 자기력은 $\vec{v} \times \vec{B}$와 반대 방향이다.

은 그림 19.11b에 나타낸 방향임을 알 수 있다. 이온이 음(−)으로 대전되어 있으므로 자기력은 $\vec{v} \times \vec{B}$와 반대 방향이다. 그 방향은 수평에서 20.0° 아래이고 수평 성분은 남쪽을 향한다. (b) 전기력의 크기는 다음과 같이 구할 수 있다.

$$F_E = |q|E = (1.6 \times 10^{-19} \, \text{C}) \times 150 \, \text{N/C} = 2.4 \times 10^{-17} \, \text{N}$$

이온에 작용하는 자기력은 중력보다 훨씬 크고 전기력보다는 훨씬 약하다.

검토 여기서도 이런 종류의 문제를 풀이하는 중요한 열쇠는 편리한 좌표축을 선택하는 일이다. 두 벡터 $\vec{v}$와 $\vec{B}$ 중 하나가 기준 방향, 곧 나침반이 가리키는 위 또는 아래 방향이나 xyz-축 중 어느 하나에 나란하고 나머지는 그렇지 않다면 기준 방향에 수직인 평면에 축들을 그리는 것이 좋다. 이 경우 $\vec{v}$가 기준 방향(동쪽)에 있으나 $\vec{B}$는 그렇지 않다. 그래서 동쪽과 수직인 평면에 축들을 그린다.

실전문제 19.2 전자에 작용하는 자기력

같은 자기장에서 3.0×10^6 m/s의 속력으로 위쪽으로 똑바로 운동하는 전자에 작용하는 자기력을 구하여라. (힌트: $\vec{v}$와 $\vec{B}$ 사이의 각도는 90°가 아니다.)

19.3 균일한 자기장에 수직으로 운동하는 대전입자
CHARGED PARTICLE MOVING PERPENDICULARLY TO A UNIFORM MAGNETIC FIELD

자기력에 관한 법칙과 뉴턴의 제2 법칙을 적용하면 균일한 자기장 안에서 자기력만 받으며 운동하는 대전입자의 궤도를 예측할 수 있다. 이 절에서는 입자가 자기장과 수직하게 운동하는 경우를 먼저 논의한다.

그림 19.12a에 자기장과 수직으로 운동하는 양(+)으로 대전된 입자에 작용하는 자기력을 나타냈다. $v_\perp = v$이기 때문에 힘의 크기는 다음과 같다.

$$F = |q|vB \tag{19-6}$$

힘은 속도에 수직으로 작용하기 때문에 입자의 운동 방향은 바뀌지만 속력은 바뀌지 않는다. 힘은 자기장에도 수직하므로 가속도의 $\vec{B}$ 방향 성분은 없다. 따라서 입자의 속도는 $\vec{B}$와 계속 수직하다. 입자의 속도가 바뀜에 따라 자기력은 $\vec{v}$와 $\vec{B}$에 수직인 채 그 방향만 변한다. 자기력은 입자의 진로를 바꾸는 힘으로 작용해, 입자가 일정한 속력으로 반지름 r인 궤도를 따라 휘어지게 한다. 입자가 등속원운동을 하므로 가속도는 중심으로 향하며 v^2/r의 크기를 갖는다. 뉴턴의 제2 법칙으로부터,

$$a_r = \frac{v^2}{r} = \frac{\Sigma F}{m} = \frac{|q|vB}{m} \tag{19-7}$$

이다. 여기서 m은 입자의 질량이다. 궤도의 반지름 r이 일정하므로, 곧 일정한 q, v, B, m에 따라 변하므로 입자는 등속원운동을 한다(그림 19.12b). 같은 자기장에서 음전하는 양전하와 반대 방향으로 운동한다(그림 19.12c).

응용: 거품상자

균일한 자기장 내 대전입자의 원운동은 여러 분야에 응용된다. 미국의 물리학자 글레이저(Donald Glaser, 1926~현재)가 발명한 **거품상자**(bubble chamber)는 1950년대부터 1970년대까지 고에너지 물리학 실험에서 입자검출기로 사용되었다. 액체 수소가 가득 담겨 있는 상자를 자기장 속에 두면 액체 속에서 운동하는 대전입자는 경로를 따라 거품 궤적을 남긴다. 그림 19.13a는 거품상자 안에 입자가 만든 궤적의 모습이다. 자기장 방향은 지면에서 나오는 방향이다. 입자에 작용하는 자기력은 입자 궤적의 곡률 중심을 향한다. 그림 19.13b는 한 입자에 대한 $\vec{v}$와 $\vec{B}$의 방향을 보여준다. 오른손 규칙을 고려하면 $\vec{v} \times \vec{B}$의 방향은 그림 19.13b와 같이 주어진다. $\vec{v} \times \vec{B}$

연결고리

입자의 등속원운동에서 안쪽으로 향하는 지름 가속도에 대한 표현식 $a_r = v^2/r$은 다른 종류의 원운동에 사용된 것과 같다.

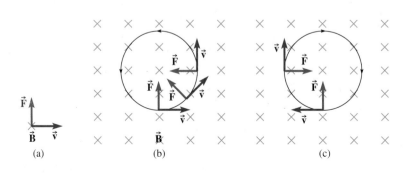

그림 19.12 (a) 지면으로 들어가는 방향의 자기장 안에서 오른쪽으로 운동하는 양전하에 작용하는 힘. (b) 속도의 방향이 변하면 자기력의 방향도 $\vec{v}$와 $\vec{B}$ 모두에 계속하여 수직을 유지하기 위해 방향을 바꾼다. 자기력의 크기가 일정하므로 입자는 원호를 따라 운동한다. (c) 같은 자기장 안에서 음전하의 운동.

(a) (b) (c)

는 $\vec{F}$의 방향인 곡률 중심에서 나가는 방향이므로 입자는 음(−)의 전하를 가져야 한다. 이와 같이 자기력 법칙을 고려하면 입자가 가진 전하 부호를 결정할 수 있다.

응용: 질량분석계

질량분석계의 중요한 목적은 여러 가지 이온들의 질량을 측정해 질량에 따라 이온(대전된 원자나 분자)을 분리하는 것이다. 처음에는 핵반응 생성물의 질량을 측정하기 위해 고안되었으나, 현재는 과학의 여러 분야와 의학계에서 시료 속에 어떤 종류의 원자나 분자가 어떤 농도로 존재하는지 확인하는 데 질량분석계를 사용하고 있다. 매우 낮은 농도로 존재하는 이온도 분리할 수 있기 때문에 질량분석계는 독물학이나 오염 물질의 흔적을 찾기 위한 환경 감시에서 핵심적인 도구로 사용된다. 질량분석계는 식품 제조, 석유 화학 제품 제조, 전자 산업 및 핵 시설의 국제적인 감시에 이용된다. 또한 매주 TV에 방영되는 것처럼 범죄 현장을 감식하는 중요한 도구로 사용되기도 한다.

현재 다양한 종류의 질량분석계가 사용되고 있다. 가장 오래된 자기섹터 질량분석계(magnetic-sector spectrometer)는 자기장에서 원운동하는 대전입자에 근거를 두고 있다. 먼저 원자나 분자를 이온화시켜 전하를 알 수 있게 한다. 다음에 가변 전기장 내에서 이온들을 가속시켜 속력을 조절한다. 이들을 속도 $\vec{v}$에 수직한 방향을 갖는 균일한 자기장 $\vec{B}$의 영역으로 들어가게 하면 원호를 따라 운동하게 된다. 전하량, 속력, 자기장의 세기, 원호의 반지름으로부터 입자의 질량을 결정할 수 있다.

어떤 자기섹터 질량분석계에서는 이온이 정지해 있거나 아주 작은 속력에서 출발해 고정된 전기퍼텐셜 차에 의해 가속된다. 만약 이온의 전하량이 모두 같다면 이온들이 자기장에 들어갔을 때 모두 **같은** 운동에너지를 갖는다. 만일 이온들의 질량이 다르면 이온들의 속력은 같지 않다. 질량과 무관하게 모든 이온이 자기장에 들어갈 때 같은 속력을 갖도록 해주는 **속도선택기**(19.5절)를 사용할 수도 있다. 보기 19.3의 질량분석계에서 질량이 다른 이온들은 반지름이 서로 다른 원궤도를 따라 움직인다(그림 19.14a). 어떤 질량분석계에서는 **고정된 반지름** 경로를 따라 움직인 이온

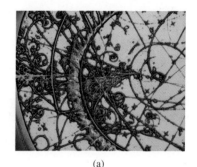

(a)

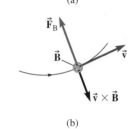

(b)

그림 19.13 (a) BEBC(Big European Bubble Chamber, 대형 유럽 거품상자) 안에서 운동하는 대전입자들이 남긴 궤도를 예술적으로 향상시킨 모습. 궤도가 자기장에 의해 휘어져 있다. 휜 방향에 따라 전하의 부호가 결정된다. (b) 특정 입자에 작용하는 자기력의 분석. 힘이 $\vec{v} \times \vec{B}$ 방향에 반대이기 때문에 이 입자는 음전하를 가지고 있어야 한다.

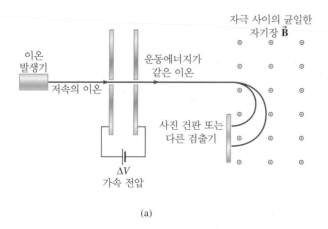

(a)

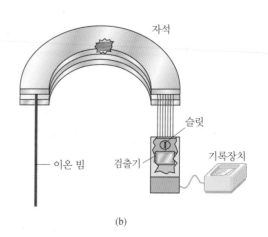

(b)

그림 19.14 (a) 고정된 전기퍼텐셜 차로 이온을 가속시켜서 모두가 같은 운동에너지로 자기장에 들어가게 하는 자기섹터 질량분석계의 개략도. (b) 이온이 고정된 반지름의 경로를 따라 운동하는 질량분석계.

만 검출기에 도착한다. 이온의 속력이나 자기장을 변화시켜서 어떤 이온이 검출기에 맞는 반원 궤도를 따라 움직이게 할 것인지를 선택하기 때문이다(그림 19.14b).

보기 19.3

질량분석계에서 리튬 이온의 분리

질량분석계에서 $^6Li^+$과 $^7Li^+$ 이온들이 속도선택기를 통과하면서 같은 속도를 갖게 된다. 이온빔은 균일한 자기장 영역에 입사한다. 만약 $^6Li^+$ 이온의 궤도 반지름이 8.4 cm이면 $^7Li^+$ 이온의 궤도 반지름은 얼마인가?

전략 이 문제에는 많은 정보가 함축되어 있다. $^6Li^+$ 이온의 전하는 $^7Li^+$ 이온의 전하와 같다. 이온들이 같은 속력으로 자기장에 들어간다. 우리는 전하의 크기나 속도 또는 자기장을 알지 못한다. 그러나 그들은 두 종류의 이온에 대해 같다. 이와 같이 같은 물리량을 가지고 있을 때 취할 수 있는 좋은 전략은 공통의 물리량이 상쇄되도록 두 이온의 궤도 반지름 사이의 비를 찾는 것이다.

풀이 부록 B를 보면 $^6Li^+$와 $^7Li^+$의 질량은 다음과 같다.

$$m_6 = 6.015 \text{ u}$$
$$m_7 = 7.016 \text{ u}$$

여기서 $1 \text{ u} = 1.66 \times 10^{-27}$ kg이다. 원 궤도를 따라서 운동하는 이온에 대해 뉴턴의 제2 법칙을 적용하자. 일정한 원운동에 대한 가속도이므로

$$a_\perp = \frac{v^2}{r} = \frac{F}{m} = \frac{|q|vB}{m} \tag{1}$$

이다. 전하 q, 속력 v, 자기장 B는 두 종류의 이온에 대해 같기 때문에, 반지름은 질량에 직접적으로 비례한다. 따라서 다음과 같이 문제의 답을 구할 수 있다.

$$r \propto m$$
$$\frac{r_7}{r_6} = \frac{m_7}{m_6} = \frac{7.016 \text{ u}}{6.015 \text{ u}} = 1.166$$
$$r_7 = 8.4 \text{ cm} \times 1.166 = 9.8 \text{ cm}$$

검토 이런 종류의 문제를 풀기 위해 알아야 할 새로운 공식은 없다. 점전하에 작용하는 자기력은 $\vec{F}_B = q\vec{v} \times \vec{B}$이고, 등속원운동에서 지름 가속도의 크기는 v^2/r인데, 이를 뉴턴의 제2 법칙에 적용하면 된다.

r와 m 사이의 직접적인 비례가 명백하지 않으면, 식 (1)을 반지름 r에 대해 다음과 같이 풀어볼 수 있다.

$$r = \frac{mv^2}{|q|vB}$$

r_7과 r_6의 비를 만들면 질량을 제외한 모든 물리량은 상쇄되고 다음과 같이 된다.

$$\frac{r_7}{r_6} = \frac{m_7}{m_6}$$

실전문제 19.3 이온의 속력

보기 19.3의 질량분석계에 사용되는 자기장의 세기는 0.50 T이다. Li^+ 이온은 어떤 속력으로 자기장 속에서 운동하는가? (각 이온의 전하량은 $q = +e$이며, 이들은 자기장과 수직한 방향으로 운동한다.)

응용: 사이클로트론

1929년 미국의 물리학자 로런스(Ernest O. Lawrence, 1901~1958)가 발명한 사이클로트론(cyclotron)은 초기에는 주로 실험 물리학 분야에 사용되었으나 지금은 생명과학과 의학 분야에 널리 이용되고 있다. 그림 19.15는 양성자 사이클로트론의 개략도이다. 사이클로트론에서 양성자는 전기퍼텐셜이 낮은 디[문자 D와 모양이 유사해 "디(dee)"라고 부른다.]로 건너갈 때마다 운동에너지가 증가한다. 디 내부에 형성된 자기장은 양성자가 원 궤도를 따라 운동하게 해 양성자는 장치에서 벗어나

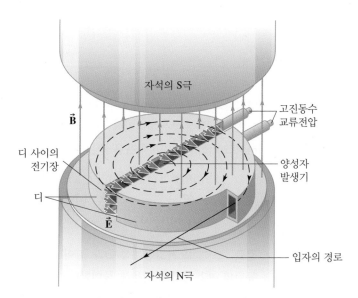

자석의 S극

$\vec{B}$

고진동수
교류전압

디 사이의
전기장

양성자
발생기

디

$\vec{E}$

입자의 경로

자석의 N극

그림 19.15 사이클로트론의 개략적 모습. 속이 비어 있는 두 개의 금속 통은 그 모양(문자 D와 닮았다.)을 따라 "디 (dee)"라고 부른다. 디는 큰 전자석의 극 사이에 위치하며, 디 안의 양성자는 전자석이 만든 자기장에 의해 원 궤도를 따라 움직인다. 디 내부의 전기장은 0 이며, 두 디에 인가한 교류 전압이 디 사이의 틈에 교류 전기장을 만든다. 양성자가 틈을 지날 때마다 양성자가 운동하는 방향과 전기장의 방향이 일치하도록 그래서 운동에너지가 증가하도록 교류전압의 진동수를 선택한다. 운동에너지가 증가하면 양성자 궤도 반지름도 증가한다. 여러 번의 사이클 후 양성자가 디의 최대 반지름에 도달하면 양성자는 사이클로트론의 밖으로 나가서 높은 에너지로 어떤 표적과 충돌하게 된다.

지 않고 돌아와서 점점 더 많은 운동에너지를 얻는다. 사이클로트론의 핵심적인 작동 원리는 양성자의 속력과 운동에너지가 증가해도 양성자가 한 바퀴를 완전히 도는 데 걸리는 시간이 일정하다는 놀라운 사실에 기초를 두고 있다. 속력이 증가함에 따라 원 궤도의 반지름도 비례해 증가하지만 한 바퀴 도는 데 걸리는 시간은 변하지 않는다. 따라서 디에 인가되는 일정한 진동수의 교류기전력에 의해 양성자가 두 디의 틈을 지날 때마다 양성자의 운동에너지는 계속 증가한다.

사이클로트론의 의학적 이용 사이클로트론은 병원에서 핵의학에 사용되는 일부 방사성 동위원소를 생산하는 데 쓰인다(그림 19.16). 핵반응로에서 의료용 방사성 동위원소를 만들 수 있지만 사이클로트론에는 다음과 같은 장점이 있다. 우선 사이클로트론은 작동하기 쉽고 훨씬 작다. 일반적으로 반지름이 1 m 또는 그 이하이다. 사이클로트론은 병원 안이나 그 주변에 설치할 수 있어 반감기와 수명이 짧은 방사성 동위원소가 필요하면 그때마다 생산할 수 있다. 수명이 짧은 방사성 동위원소를 핵반응로에서 생산하여 수명이 다 되기 전에 병원으로 가져가는 일은 쉽지 않다. 또한 핵 반응로에서 생산하는 것과 다른 종류의 동위원소를 사이클로트론으로 생산하기도 한다.

사이클로트론을 의료 분야에 응용하는 또 다른 예로 **양성자 빔 방사선 수술**이 있는데, 여기서는 사이클로트론의 양성자 빔을 외과 수술용 도구로 사용되기도 한다(그림 19.16). 양성자 빔 외과 수술법은 비정상적 모양의 뇌종양 수술에 사용되기도 한다. 이 방법은 보통의 외과 수술법에 비해 여러 가지 장점이 있는데, 특히 주위 조직의 피폭 선량이 다른 종류의 방사선 수술법에 비해 매우 낮다는 점이다.

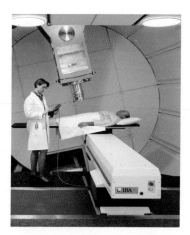

그림 19.16 매사추세츠 종합병원의 북동 양성자 치료 센터에서 환자가 수술을 기다리고 있는 모습. 양성자는, 여기서는 보이지 않는 사이클로트론에 의해 가속된다.

양성자 사이클로트론 안에서 최대 운동에너지

어떤 양성자 사이클로트론이 두 자극 사이에 0.60 T의 자기장을 만들 수 있다. 디의 반지름은 24 cm이다. 이 사이클로트론에 의해 가속되는 양성자의 최대 운동에너지는 얼마인가?

전략 양성자의 운동에너지가 증가함에 따라 디 안에서 운동하는 양성자의 궤도 반지름도 증가한다. 따라서 최대 운동에너지는 최대 반지름에 의해 결정된다.

풀이 디 안에 있는 양성자에 작용하는 힘은 자기력뿐이다. 원형 경로에 뉴턴의 제2 법칙을 적용한다.

$$F = |q|vB = \frac{mv^2}{r}$$

이 식을 v에 대해 풀면 다음을 얻는다.

$$v = \frac{|q|Br}{m}$$

이로부터 운동에너지 K의 표현을 구하면 다음과 같다.

$$K = \frac{1}{2}mv^2 = \frac{1}{2}m\left(\frac{|q|Br}{m}\right)^2$$

양성자의 경우 $q = +e$이고, 주어진 자기장의 세기는 $B = 0.60$ T이므로, 최대 운동에너지를 계산하기 위해 반지름을 최댓값 $r = 0.24$ m로 취하면 다음을 얻는다.

$$K = \frac{(qBr)^2}{2m} = \frac{(1.6 \times 10^{-19} \text{ C} \times 0.60 \text{ T} \times 0.24 \text{ m})^2}{2 \times 1.67 \times 10^{-27} \text{ kg}}$$
$$= 1.6 \times 10^{-13} \text{ J}$$

검토 보기 19.3(질량분석계)과 같이 사이클로트론 문제도 뉴턴의 제2 법칙을 이용해 풀이한다. 운동하는 전하에 작용하는 알짜힘을 자기력 법칙으로 구하고, 등속원운동의 지름 방향 가속도의 크기는 v^2/r임을 고려하면 된다.

───────────

실전문제 19.4 **양성자 사이클로트론의 운동에너지 증가**

같은 자기장을 이용해 운동에너지가 1.6×10^{-12} J (앞의 문제에 비해 열 배나 큰)이 되기까지 양성자를 가속시키기 위한 디의 반지름은 얼마여야 하는가?

19.4 균일한 자기장 안에서 대전입자의 운동: 일반론
MOTION OF A CHARGED PARTICLE IN A UNIFORM MAGNETIC FIELD: GENERAL

균일한 자기장 안에서 자기력만 작용하는 상태에서 운동하는 대전입자는 어떤 궤도를 따라 움직일까? 속도가 자기장과 수직하면 궤적은 원임을 19.3절에서 살펴보았다. $\vec{v}$에 자기장과 수직인 성분이 없으면 자기력은 0이고 그 입자는 일정한 속도로 운동한다.

일반적으로 속도는 자기장에 수직한 성분과 평행한 성분 모두를 가질 수 있다. 자기력은 언제나 자기장에 수직이므로 자기장에 평행한 속도 성분은 일정하다. 나선은 자기장에 수직한 평면에서 일어나는 전하의 원운동과 장선을 따라 일정 속력으로 일어나는 전하의 직선 운동이 합쳐진 결과이다. 입자는 결국 나선형 경로를 따라 운동한다(그림 19.17a).

✓ 살펴보기 19.4

그림 19.17a와 같은 나선형 경로를 따라 운동하는 입자의 전하량은 양(+)인가, 아니면 음(−)인가? 이에 대해 설명하여라.

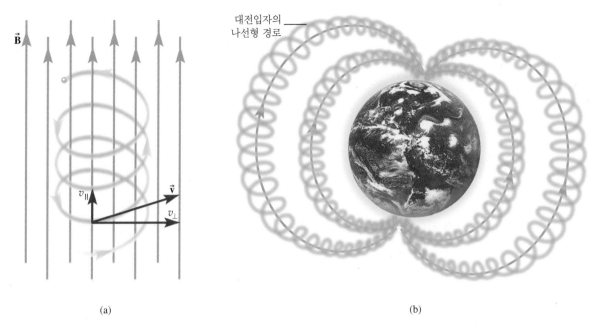

(a)   (b)

그림 19.17 (a) 균일한 자기장에서 대전입자의 나선형 운동. (b) 대기권의 높은 상공에서 지구자기장선을 따라 대전입자가 나선형으로 돌면서 진행하는 모습.

응용: 지구, 목성, 토성의 오로라   자기장이 균일하지 않은 경우에도 대전입자는 자기장선 주위를 나선형으로 운동하게 된다. 우주선과 태양풍(태양에서 지구로 오는 대전입자의 흐름)이 지표면 위에 형성된 지구자기장에 의해 갇힌다. 그리고 입자는 자기장선을 따라 나선형으로 돌면서 진행한다(그림 19.17b). 극 주위에는 자기장선의 밀도가 높아 자기장이 다른 지역에 비해 더 강하다. 자기장의 세기가 증가함에 따라 나선 경로의 반지름이 작아진다. 결과적으로 입자는 극 주위에 모이게 된다. 이 입자는 공기 분자와 충돌해 공기 분자를 이온화시키는데, 이 이온이 전자와 재결합해 중성 원자가 될 때 가시광선, 곧 빛을 방출한다. 이와 같은 현상에 의해 북반구에서는 **북극 오로라**, 남반구에서는 **남극 오로라**가 만들어진다. 오로라는 지구보다 훨씬 강한 자기장이 있는 목성과 토성에서도 발생한다.

19.5 $\vec{E}$와 $\vec{B}$가 교차하는 영역에 있는 대전입자
A CHARGED PARTICLE IN CROSSED $\vec{E}$ AND $\vec{B}$ FIELDS

전기장과 자기장이 동시에 존재하는 공간에서 대전입자가 움직일 때 입자에 작용하는 힘은 전기력과 자기력의 벡터 합이다.

$$\vec{F} = \vec{F}_E + \vec{F}_B \qquad \text{(19-8)}$$

전기장과 자기장이 서로 수직이고 대전입자의 속도가 전기장과 자기장에 모두 수직인 경우가 특히 중요하며 유용하다. 이 경우 자기력이 언제나 $\vec{v}$와 $\vec{B}$ 모두에 수직하기 때문에, 자기력은 전기장, 곧 전기력에 평행하거나 반대 방향이다. 만약

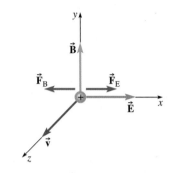

그림 19.18 $\vec{\mathbf{E}}$와 $\vec{\mathbf{B}}$가 교차하는 영역에서 운동하는 양(+)의 점전하. $v = E/B$일 때 $\vec{\mathbf{F}}_E + \vec{\mathbf{F}}_B = 0$이면 속도의 방향이 그림과 동일하다.

두 힘의 크기가 같고 방향이 반대이면 대전입자에 작용하는 알짜힘은 0이다(그림 19.18). 전기력은 입자의 속도에 무관하고, 자기력이 속도에 의존하므로, 이 힘의 균형은 특별한 한 입자의 속도에서만 일어난다. 알짜힘이 0이 되게 하는 그 속도를 다음 식에서 찾을 수 있다.

$$\vec{\mathbf{F}} = \vec{\mathbf{F}}_E + \vec{\mathbf{F}}_B = 0$$
$$q\vec{\mathbf{E}} + q\vec{\mathbf{v}} \times \vec{\mathbf{B}} = 0$$

이를 공통 인자 q로 나누면,

$$\vec{\mathbf{E}} + \vec{\mathbf{v}} \times \vec{\mathbf{B}} = 0 \tag{19-9}$$

가 된다. 입자에 작용하는 알짜힘이 0이 되려면

$$v = \frac{E}{B} \tag{19-10}$$

이고 $\vec{\mathbf{v}}$의 방향이 다음을 만족시키는 경우에만 가능하다. $\vec{\mathbf{E}} = -\vec{\mathbf{v}} \times \vec{\mathbf{B}}$이므로, $\vec{\mathbf{v}}$의 올바른 방향이 $\vec{\mathbf{E}} \times \vec{\mathbf{B}}$의 방향이라는 것을 증명할 수 있다(단답형 질문 4 참조).

✓ **살펴보기 19.5**

동쪽을 향하는 전기장과 북쪽을 향하는 자기장이 있는 공간에서 전자가 연직 상방으로 운동하고 있다. (a) 전자에 작용하는 전기력과 (b) 자기력은 각각 어느 방향인가?

응용: 속도선택기

대전입자의 빔에서 특정 속도를 선별하기 위해 교차하는 전기장과 자기장의 **속도선택기**velocity selector를 사용한다. 질량분석계의 첫 단계에서 이온 빔이 만들어졌다고 가정하자. 빔에는 다양한 속력 범위에서 운동하는 이온이 있을 것이다. 질량분석계의 두 번째 단계가 속도선택기(그림 19.19)라면, $v = E_1/B_1$를 만족하는 이온만 속도선택기를 지나서 세 번째 단계로 들어간다. 전기장과 자기장의 크기를 조절해 속력을 선택할 수 있다. 선택된 속력보다 더 빠르게 운동하는 입자들의 경우, 자기력이 전기력보다 크다. 그렇게 빠른 입자는 자기력 방향으로 휘어 빔 방향에서 벗어난

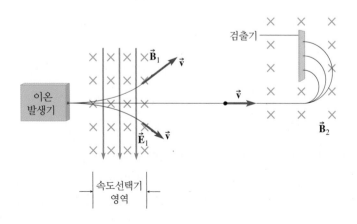

그림 19.19 이 질량분석계는 속력이 $v = E_1/B_1$인 이온들만 두 번째 자기장 영역으로 갈 수 있는 속도선택기를 사용한다.

다. 선택된 속력보다 더 느리게 운동하는 입자의 경우 자기력이 전기력보다 작다. 곧 느린 입자들은 전기력 방향으로 휜다. 이와 같이 속도선택기는 속력이 $v = E_1/B_1$에 가까운 이온만 질량분석계의 자기장 영역으로 들어가도록 해준다.

속도선택기

오른쪽으로 6.0 km/s의 속력으로 운동하는 이온을 선별하기 위해 속도선택기를 제작하려고 한다. 전기장의 세기는 300.0 V/m이며 방향은 지면으로 들어가는 방향이다. 자기장의 크기와 방향을 결정하여라.

전략 속도선택기에서 $\vec{E}$, $\vec{B}$, $\vec{v}$는 서로 수직이다. 이를 만족하는 $\vec{B}$의 방향은 둘 뿐이다. 자기력의 크기가 전기력의 크기와 같고 방향은 반대임을 고려하면 두 방향 중 올바른 방향과 자기력의 크기를 정할 수 있다. 주어진 속력으로 운동하는 입자에 작용하는 전기력과 자기력이 정확하게 반대가 되도록 자기장의 크기를 정한다.

풀이 $\vec{v}$는 오른쪽이고 $\vec{E}$는 지면으로 들어가는 방향이기 때문에 자기장의 방향은 위쪽이거나 아래쪽이어야 한다. 이온들의 전하의 부호와는 상관이 없다. 전하를 양(+)에서 음(−)으로 바꾸면 두 힘 모두 방향이 바뀌지만 여전히 서로 반대 방향이다. 문제를 간단히 하기 위해 전하가 양(+)이라고 가정하자.

양전하에 작용하는 전기력의 방향은 전기장의 방향과 같아 여기서는 지면으로 들어가는 방향이다. 그러면 지면에서 나

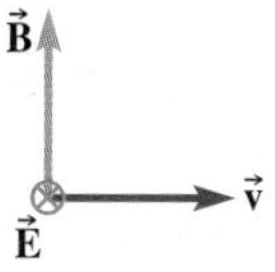

그림 19.20
$\vec{E}$, $\vec{v}$, $\vec{B}$의 방향.

오는 방향의 자기력이 필요하다. $\vec{B}$에 대한 두 가지 가능성(위쪽 또는 아래쪽)을 검토하기 위해 오른손 규칙을 사용해보면, $\vec{B}$가 위쪽일 때 $\vec{v} \times \vec{B}$의 방향은 지면에서 나오는 방향임을 알 수 있다(그림 19.20). 그

리고 전기력과 자기력의 크기가 서로 같아야 하므로, 결국 다음을 얻을 수 있다.

$$qE = qvB$$

$$B = \frac{E}{v} = \frac{300.0 \text{ V/m}}{6000 \text{ m/s}} = 0.050 \text{ T}$$

검토 단위를 점검해보자. 테슬라가 (V/m)/(m/s)와 같은가? $\vec{F} = q\vec{v} \times \vec{B}$로부터 테슬라를 재구성할 수 있다.

$$[B] = \text{T} = \left[\frac{F}{qv} \right] = \frac{\text{N}}{\text{C·m/s}}$$

전기장에 대한 두 개의 동일한 단위인 N/C=V/m을 고려하면,

$$\text{T} = \frac{\text{V}}{\text{m}^2/\text{s}} = \frac{\text{V/m}}{\text{m/s}}$$

임을 알 수 있다.

또 다른 점검: 속도선택기의 경우, $\vec{v}$의 올바른 방향은 $\vec{E} \times \vec{B}$의 방향이다. 속도는 오른쪽이다. 오른손 규칙을 이용해 $\vec{B}$가 위쪽이면 $\vec{E} \times \vec{B}$는 오른쪽이다.

실전문제 19.5 **매우 빠른 입자의 편향**

입자가 6.0 km/s보다 더 빠른 속력으로 속도선택기로 들어가면 입자는 어떤 방향으로 편향되는가?

속도선택기는 대전입자의 전하량과 질량의 비 q/m를 결정하는 데 사용된다. 먼저, 전기퍼텐셜 차 ΔV를 통해 정지해 있던 입자의 전기퍼텐셜에너지를 운동에너지로 변환시키는데, 이때 두 극 사이의 전기퍼텐셜 차는 ΔV이므로 전기퍼텐셜에너지의 차이는 $\Delta U = q\Delta V$이다. 따라서 입자는 다음과 같은 운동에너지를 가진다.

$$K = \tfrac{1}{2}mv^2 = -q\,\Delta V$$

(K는 q의 부호에 상관없이 양(+)이다. 양전하는 전기퍼텐셜이 감소하도록 가속되고, 음전하는 전기퍼텐셜이 증가하도록 가속된다.) 속도선택기는 입자의 운동 경로

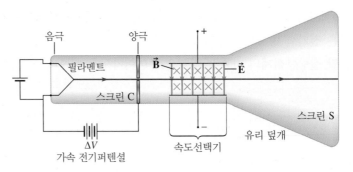

음극 양극 +

필라멘트 $\vec{B}$ $\vec{E}$

스크린 C 스크린 S

$-$ 유리 덮개

ΔV 속도선택기
가속 전기퍼텐셜

그림 19.21 전자의 전하량과 질량의 비를 구할 때 톰슨이 사용했던 장치를 현재의 관점에서 재구성한 모습. 음극에서 나온 전자들은 두 극 사이에 형성된 전기장에 의해 가속되어 양극 쪽으로 이동한다. 양극을 통과한 전자들이 속도선택기로 들어간다. 전자들의 편향은 화면에 나타난다. 전자들이 편향되지 않을 때까지 속도선택기의 전기장과 자기장을 조절한다.

가 직선이 될 때까지 전기장과 자기장의 세기를 조절함으로써 속력 $v = E/B$를 결정한다. 그러면 이제 대전입자의 전하량과 질량의 비 q/m를 결정할 수 있다(문제 23 참조). 1897년 영국의 물리학자 톰슨(Joseph J. Thomson, 1856~1940)은 이 방법으로 "음극선"이 대전입자임을 규명했다. 그는 진공관의 두 전극에 수천 볼트의 전기퍼텐셜 차를 인가하여 음극에서 음극선이 방출되게 했다(그림 19.21). 톰슨은 전하량과 질량의 비를 측정함으로써 음극선이 같은 전하량과 질량 비를 갖는 음전하를 띤 입자[결국 그 입자는 **전자**(electron)로 판명]의 흐름임을 규명했다.

응용: 전자 혈류계

속도선택기의 원리는 심장 혈관 수술 중에 대동맥에 흐르는 혈류의 속력을 측정할 때 사용하는 전자 혈류계에 응용된다. 혈액에 존재하는 이온의 운동은 자기장의 영향을 받는다. 전자 혈류계에서 자기장은 혈류 방향에 수직하게 인가된다. 그러면 양이온에 작용하는 자기력은 동맥의 한쪽 방향으로 향하고, 음이온에 작용하는 자기력은 그 반대 방향을 향한다(그림 19.22a). 양전하와 음전하가 서로 반대 방향으로 이동해서 생기는 전하의 분리는 동맥을 가로지르는 전기장을 만든다(그림 19.22b). 전기장이 형성됨에 따라 전기력이 자기력과 반대 방향으로 작용한다. 평형 상태에서 두 힘의 크기는 같으므로

그림 19.22 전자 혈류계에 숨은 원리. (a) 자기장이 혈류 방향에 수직으로 인가되면 양이온과 음이온은 동맥에서 서로 반대쪽으로 편향된다. (b) 이온이 편향됨에 따라 동맥을 가로질러 전기장이 형성된다. 평형 상태에서는 이 장에 의해 이온이 받는 전기력은 자기력과 크기는 같고 방향은 반대이다. 이온은 $v = E/B$의 평균 속력으로 동맥을 따라 곧장 흐른다.

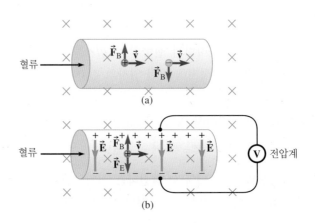

$$F_E = F_B$$
$$qE = qvB$$
$$E = vB$$

이다. 여기에서 v는 혈류의 평균 속력과 동일한 이온의 평균 속력이다. 결국 전기장이 이온의 속력을 결정하는 것이 아니라 이온의 속력이 전기장을 결정한다는 점을 제외하면, 혈류계는 속도선택기와 같다.

전기퍼텐셜 차를 측정하기 위해 동맥의 양쪽 면에 전압계를 연결한다. 전기퍼텐셜 차로부터 전기장을 계산할 수 있고 전기장과 자기장의 크기로부터 혈류의 속력을 구할 수 있다. 전자 혈류계의 큰 장점은 동맥 속에 다른 도구나 물질을 삽입할 필요가 없다는 것이다.

응용: 홀 효과

미국의 물리학자 홀(Edwin Herbert Hall, 1855~1938)의 이름을 딴 **홀 효과**[Hall effect]는 전자 혈류계와 그 원리가 유사한데, 혈액 속에서 운동하는 이온 대신 전류가 흐르는 도선이나 고체 속에 존재하는 전하의 운동과 관련이 있다. 도선에 수직인 자기장은 도선 내에서 운동하는 전하를 한쪽 면으로 편향시켜 도선을 가로지르는 방향으로 전기장이 형성되게 한다. 도선을 가로지르는 전기퍼텐셜 차 **홀 전압**[Hall voltage]을 측정하면 도선을 가로지르는 전기장 **홀 전기장**[Hall field]을 계산할 수 있다. 그러면 전하의 유동속도가 $v_D = E/B$로 주어진다. 홀 효과를 통해 유동속도와 전하의 부호, 전하운반자의 밀도를 결정할 수 있다[금속에서 전하운반자는 일반적으로 전자이지만, 반도체에서는 양(+), 음(−), 또는 둘 모두의 운반자가 있을 수 있다].

홀 효과는 자기장을 측정하는 데 널리 사용되는 도구인 **홀 탐침**[Hall probe]의 원리이기도 하다. 보기 19.6에 제시한 바와 같이 전도성 띠를 가로지르는 홀 전압은 자기장의 세기에 비례한다. 회로에는 띠를 통해 일정한 전류가 흐른다. 알고 있는 세기의 자기장으로 홀 전압을 측정해 자기장 탐침기의 눈금을 매긴다. 탐침기의 눈금을 매기기만 하면 측정된 홀 전압으로부터 자기장의 세기를 빠르고 정확하게 결정할 수 있다.

보기 19.6

홀 효과

두께 $t = 0.50$ mm, 너비 $w = 1.0$ cm, 길이 $L = 30.0$ cm인 편평한 반도체 판에 $I = 2.0$ A의 전류가 길이를 따라 오른쪽으로 흐른다(그림 19.23). 가해진 자기장의 크기는 $B = 0.25$ T이고 방향은 판의 편평한 면에 수직이다. 운반자가 전자라고 가정하여라. 1 m^3당 7.0×10^{24}개의 운동하는 전자들이 있다. (a) 판을 가로지르는 홀 전압의 크기는 얼마인가? (b) 어느

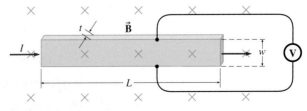

그림 19.23 홀 전압 측정.

쪽 모서리(위 혹은 아래쪽)가 더 높은 전기퍼텐셜을 갖는가?

전략 전류와 유동속도 사이의 관계로부터 전자의 유동속도를 구할 수 있다. 홀 전기장은 균일하므로 홀 전압은 홀 전기장 곱하기 판의 폭이다.

주어진 조건: 전류 $I = 2.0$ A, 자기장 $B = 0.25$ T, 판의 두께 $t = 0.50 \times 10^{-3}$ m, 너비 $w = 0.010$ m, 전자 수 밀도 $n = 7.0 \times 10^{24}$전자/m^3

풀이 (a) 유동속도와 전류 사이에는 다음 관계가 있다.

$$I = neAv_D \qquad (18\text{-}3)$$

넓이는 판의 폭 곱하기 두께이다.

$$A = wt$$

유동속도에 관해 풀면

$$v_D = \frac{I}{newt}$$

이다. 자기력의 크기가 판을 가로지르는 홀 전기장에 의한 전기력의 크기와 같다고 두면

$$F_E = eE_H = F_B = ev_DB$$
$$E_H = v_DB$$

이므로, 홀 전압은

$$V_H = E_Hw = Bv_Dw$$

와 같다. 여기서 유동속도에 대한 표현을 대입하면 다음을 얻을 수 있다.

$$V_H = \frac{BIw}{newt} = \frac{BI}{net}$$
$$= \frac{0.25 \text{ T} \times 2.0 \text{ A}}{7.0 \times 10^{24} \text{ m}^{-3} \times 1.6 \times 10^{-19} \text{ C} \times 0.50 \times 10^{-3} \text{ m}}$$
$$= 0.89 \text{ mV}$$

(b) 전류가 오른쪽으로 흐르기 때문에, 전자는 실제로는 왼쪽으로 움직인다. 그림 19.24a를 보면 왼쪽으로 운동하는 전자에 작용하는 자기력은 위쪽임을 알 수 있다. 자기력은 전자를

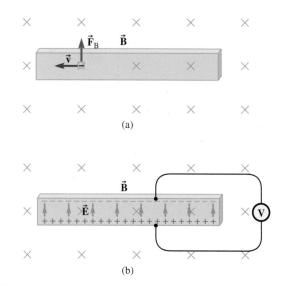

(a)

(b)

그림 19.24 (a) 왼쪽으로 운동하는 전자에 작용하는 자기력. (b) 전자가 판의 위쪽으로 편향되어 위쪽이 음(−)으로, 아래쪽이 양(+)으로 대전된다. 이 경우 홀 전기장의 방향은 양전하에서 음전하를 향하는 위 방향이다.

판의 위쪽으로 편향시켜 판의 아래쪽에 양(+)의 전하가 남게 한다. 그러면 위쪽으로 향하는 전기장이 판에 형성된다(그림 19.24b). 따라서 아래쪽 모서리가 더 높은 전기퍼텐셜에 있다.

검토 홀 전압에 대한 최종 표현 $V_H = BI/(net)$에 판의 너비 w는 보이지 않는다. 홀 전압이 너비에 따라서 변하지 않을 가능성이 있는가? 예를 들어 판의 너비를 2배로 하면, 단위 부피당 운반자의 수 n과 각자의 전하 e는 변할 수 없기 때문에, 전류가 같다는 것은 유동속도 v_D가 절반임을 의미한다. 운반자의 빠르기가 절반으로 되면 평균 자기력도 절반이 된다. 그러면 평형 상태에서는 전기력도 절반이다. 이는 전기장도 절반임을 의미한다. 절반으로 작아진 전기장과 두 배로 늘어난 너비는 같은 홀 전압을 생성시킨다.

실전문제 19.6 **운반자로서의 양공(hole)**

만약 다른 조건은 모두 같고 운반자가 전자 대신에 $+e$의 전하를 가지는 입자였다면 홀 전압이 다른가? 이에 대해 설명하여라.

19.6 전류가 흐르는 도선에 작용하는 자기력
MAGNETIC FORCE ON A CURRENT-CARRYING WIRE

전류가 흐르는 도선 속에는 운동하는 전하가 많이 있다. 자기장 내에 위치한 도선에 전류가 흐를 때, 도선 속에서 각자 운동하는 전하에 작용하는 자기력이 합해

져, 도선에 작용하는 알짜 자기력이 만들어진다. 비록 하나의 전하에 작용하는 평균 힘은 미약하지만 매우 많은 전하가 있어서 도선에 작용하는 알짜 자기력은 상당히 클 수 있다.

균일한 자기장 $\vec{B}$ 안에 놓여 있는 길이가 L인 직선형 도선에 전류 I가 흐르는 경우를 고려하자. 전하운반자의 전하량은 q이다. 한 전하에 작용하는 자기력은

$$\vec{F} = q\vec{v} \times \vec{B}$$

이다. 여기서 $\vec{v}$는 전하운반자의 순간속도이다. 도선에 작용하는 알짜 자기력은 위와 같이 주어지는 힘들의 벡터 합이다. 각 전하의 순간속도를 알 수 없기 때문에 그 합을 구하는 것은 어렵다. 전하는 매우 빠른 속력으로 마구잡이 방향으로 움직인다. 게다가 전하의 속도는 다른 입자와 충돌할 때 크게 변한다. 각각의 전하에 작용하는 순간적인 자기력을 더하는 대신 모든 전하에 작용하는 평균 자기력에 전하의 개수를 곱하는 방법을 취하자. 각 전하의 평균 유동속도는 같기 때문에 각 전하가 받는 평균 자기력 $\vec{F}_{평균}$은 같다.

$$\vec{F}_{평균} = q\vec{v}_{D} \times \vec{B}$$

도선에 존재하는 총 운반자의 수가 N이면, 도선에 작용하는 총 자기력은

$$\vec{F} = Nq\vec{v}_{D} \times \vec{B} \qquad (19\text{-}11)$$

이다.

식 (19-11)을 좀 더 편리한 방법으로 다시 쓸 수 있다. 운반자의 개수와 유동속도를 구하는 대신 자기력을 전류 I 로 표현하는 것이 더 편리하다. 전류 I는 다음과 같이 유동속도와 관련된다.

$$I = nqAv_{D} \qquad (18\text{-}3)$$

여기에서 n은 단위 부피당 운반자의 개수이다. 만약 도선의 길이가 L이고 단면의 넓이가 A라면

$$N = 단위 부피당 개수 \times 부피 = nLA$$

이므로, 도선에 작용하는 자기력은

$$\vec{F} = Nq\vec{v}_{D} \times \vec{B} = nqAL\vec{v}_{D} \times \vec{B}$$

이다. 전류는 벡터가 아니기 때문에 $\vec{I} = nqA\vec{v}_{D}$로 치환할 수 없다. 그러므로 도선의 길이 벡터 $\vec{L}$을 방향은 전류의 방향과 같고 크기는 도선의 길이 L인 벡터로 정의한다(그림 19.25). 그러면 $nqAL\vec{v}_{D} = I\vec{L}$이고,

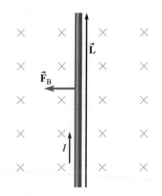

그림 19.25 전류가 흐르는 도선에 외부 자기장이 인가되면 도선은 자기력을 받는다.

전류가 흐르는 직선 도선에 작용하는 자기력

$$\vec{F} = I\vec{L} \times \vec{B} \qquad (19\text{-}12a)$$

이다. 전류 I에 가위곱 $\vec{L} \times \vec{B}$를 곱하면 힘의 크기와 방향이 된다. 힘의 크기는

연결고리

전류가 흐르는 도선에 작용하는 자기력은 도선에 흐르는 전하에 작용하는 자기력의 합이다.

$$F = IL_\perp B = ILB_\perp = ILB \sin\theta \qquad \text{(19-12b)}$$

이다. 힘의 방향은 $\vec{L}$과 $\vec{B}$ 둘에 수직이다. 두 가능성 중에 올바른 방향을 선택하기 위해 가위곱에 적용되는 오른손 규칙을 사용한다.

문제풀이 전략: 전류가 흐르는 직선 도선에 작용하는 자기력 구하기

1. 만약에 (a) 도선에 흐르는 전류가 0이거나 (b) 도선이 자기장에 평행하거나 (c) 자기장이 0이면 자기력은 0이다.

2. 그렇지 않으면 두 벡터 $\vec{L}$과 $\vec{B}$를 같은 점에서 시작하도록 그린 후, 두 벡터 사이의 각도 θ를 구한다.

3. 식 (19-12b)로부터 힘의 크기를 구한다.

4. 오른손 규칙을 이용해 $\vec{L} \times \vec{B}$의 방향을 결정한다.

✓ **살펴보기 19.6**

그림 19.25에서 자기장이 지면에 수직하지 않고 오른쪽을 향한다고 가정할 때, 도선에 작용하는 자기력의 방향은 어떻게 되는가?

보기 19.7

전력선에 작용하는 자기력

수평으로 놓여 있는 길이가 125 m인 전력선에, 남쪽 방향으로 2,500 A의 전류가 흐른다. 그 지점의 지구자기장은 0.052 mT이고 북쪽 방향에서 수평 아래로 62° 기울어 있다 (그림 19.26). 전력선에 작용하는 자기력을 구하여라(도선이 늘어진 것은 무시하고 직선 모양이라고 가정하여라).

전략 자기력을 계산하는 데 필요한 모든 물리량이 주어져 있다.

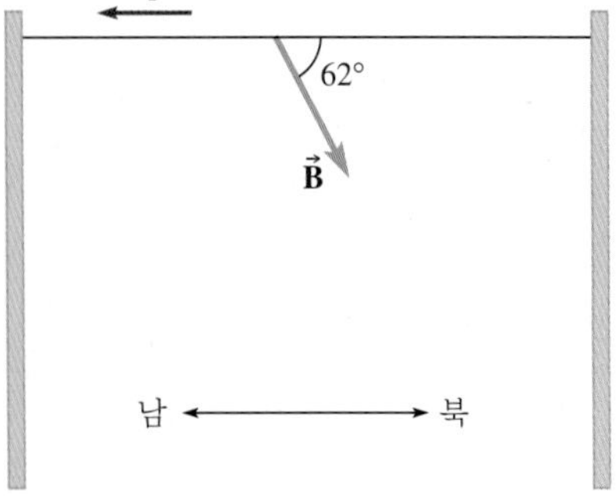

$I = 2500$ A,

$\vec{L}$은 크기가 125 m이고 남쪽 방향이다.

$\vec{B}$는 크기가 0.052 mT이고, 아래쪽 성분과 북쪽 성분을 가지고 있다.

가위곱 $\vec{L} \times \vec{B}$를 구하여 I를 곱한다.

풀이 자기력의 크기는 다음과 같이 주어진다.

$$F = IL_\perp B = ILB_\perp$$

$\vec{L}$이 남쪽을 향하기 때문에 여기서는 두 번째 형태가 더 편리하다. $\vec{L}$에 수직인 $\vec{B}$의 성분은 $B \sin 62°$이다(그림 19.27). 그

그림 19.26 도선과 자기장 벡터.

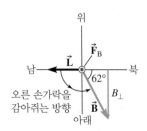

그림 19.27 수직면에 그린 $\vec{L}$과 $\vec{B}$. 두 벡터의 가위곱은 지면에 수직, 곧 동쪽(지면에서 나오는) 또는 서쪽(지면으로 들어가는) 방향이어야 한다. 오른손 규칙은 두 가능성 중 한 방향을 선택할 수 있도록 한다.

러면 다음을 얻을 수 있다.

$$F = ILB \sin 62° = 2500 \text{ A} \times 125 \text{ m} \times 5.2 \times 10^{-5} \text{ T} \times \sin 62°$$
$$= 14 \text{ N}$$

그림 19.27은 남/북−위/아래 평면에 그린 $\vec{L}$과 $\vec{B}$ 벡터를 보여준다. 북쪽이 오른쪽이므로 우리가 보는 방향은 서쪽이다. 가위곱 $\vec{L} \times \vec{B}$의 방향은 오른손 규칙에 의해 지면에서 나오는 방향이다. 결국 자기력의 방향은 동쪽이다.

검토 이와 같은 종류의 문제에서 가장 어려운 것은 벡터를

스케치할 평면을 선정하는 것이다. 여기서 $\vec{L}$과 $\vec{B}$를 모두 그릴 수 있는 평면을 선정했으므로, 가위곱은 이 평면에 수직이어야 한다.

실전문제 19.7 **전류가 흐르는 도선에 작용하는 자기력**

수직 도선에 10.0 A의 전류가 위쪽으로 흐른다. 자기장이 보기 19.7과 같다면 도선에 작용하는 자기력의 방향은 어느 쪽인가?

19.7 전류 고리에 작용하는 돌림힘 TORQUE ON A CURRENT LOOP

전류 I가 흐르는 직사각형 도체 고리가 균일한 자기장 $\vec{B}$ 안에 놓여 있는 경우를 고려하자. 그림 19.28a에서 자기장의 방향은 고리의 변 1과 변 3의 도선에 나란하다. $\vec{L} \times \vec{B} = 0$이기 때문에 변 1과 3의 도선에 작용하는 자기력은 없다. 변 2와 변 4의 도선에 작용하는 힘들은 크기가 같고 반대 방향을 향한다. 결국 고리 전체에 작용하는 알짜 자기력은 없지만 두 힘의 작용선들이 거리 b만큼 벗어나 있기 때문에 0이 아닌 알짜 돌림힘이 존재한다. 이 돌림힘은 고리의 중심축 주위로 그림 19.28a에 나타낸 방향으로 고리를 회전시킨다. 변 2와 4의 도선에 작용하는 자기력의 크기는

$$F = ILB = IaB$$

이다. 각 힘의 지레의 팔이 $\frac{1}{2}b$이므로 각 힘에 의한 돌림힘은

$$\text{힘의 크기} \times \text{지레의 팔} = F \times \tfrac{1}{2}b = \tfrac{1}{2}IabB$$

이 된다. 따라서 고리 전체에 작용하는 돌림힘은 $\tau = IabB$이다. 직사각형 고리의 넓이는 $A = ab$이므로

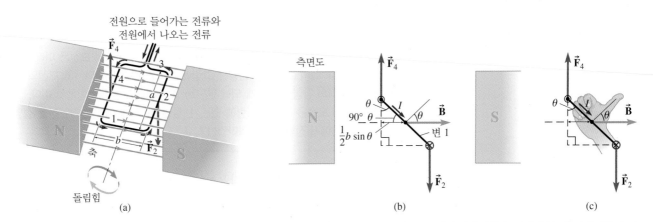

그림 19.28 (a) 균일한 자기장 안에 위치한 직사각형 도선 코일. 코일에 흐르는 전류(위에서 볼 때 시계 반대 방향)는 앞에서 볼 때 시계 방향의 자기 돌림힘을 발생시킨다. (b) 자기장 안에서 회전한 코일을 옆에서 본 모습. 변 4의 도선의 전류는 지면에서 나오고, 변 1을 따라 지난 뒤(지면의 대각선 방향 아래로), 변 2의 도선에서 지면으로 다시 들어간다. 변 2와 4의 도선에 작용하는 힘들의 지레의 팔이 더 작다. $\frac{1}{2}b$ 대신에 $\frac{1}{2}b \sin\theta$이다. 돌림힘도 인자 $\sin\theta$만큼 더 작아진다.(c) 오른손 규칙을 적용해 θ를 측정한 면에 수직인 방향을 결정한다.

$$\tau = IAB$$

와 같이 쓸 수 있다. 만일 한 개의 고리 대신 N개의 고리가 코일을 이루고 있으면, 코일에 작용하는 자기 돌림힘은

$$\tau = NIAB \qquad \text{(19-13a)}$$

이다. 식 (19-13a)는 어떠한 모양의 평면상의 고리나 코일에도 성립한다.

자기장이 코일의 평면에 평행하지 않으면 어떻게 될까? 그림 19.28b에 나타낸 바와 같이 고리가 그림에 있는 축에 대해 회전되어 있다. 각 θ는 자기장과 전류 고리에 수직인 법선 사이의 각이다. 어느 수직 방향이 선택되는지는 오른손 규칙이 결정한다. 방향은 고리에 흐르는 전류의 방향을 따라 오른손가락을 손바닥 쪽으로 쥐었을 때 엄지손가락이 가리키는 방향이다(그림 19.28c). 앞에서 자기장이 고리의 평면 내에 있었을 때, $\theta = 90°$이었다. $\theta \neq 90°$인 경우, 변 1과 3에 작용하는 자기력들은 더 이상 0이 아니다. 이들은 크기가 같고 방향은 반대이며 같은 작용선을 따라서 작용한다. 결국 이 힘들은 알짜힘이나 알짜 돌림힘에 기여하지 못한다. 변 2와 4에 작용하는 자기력은 전과 동일하나 지레의 팔들은 인자 $\sin\theta$ 만큼 더 작다. $\frac{1}{2}b$ 대신 지레의 팔이 $\frac{1}{2}b\sin\theta$이 된 것이다. 이상을 고려하면 다음과 같이 정리할 수 있다.

전류 고리에 작용하는 돌림힘

$$\tau = NIAB \sin\theta \qquad \text{(19-13b)}$$

자기장이 코일의 면 안에 있으면 $\theta = 90°$ 또는 $270°$이므로 돌림힘의 크기는 최대이다. 만약 $\theta = 0°$ 또는 $180°$이면 자기장은 고리 면에 수직이고 돌림힘은 0이다. 이들은 동등하지 않은 두 개의 회전 평형점이다. $180°$ 주위의 각도에서 돌림힘은 코일을 $180°$에서 멀어지게 회전시키기 때문에 $\theta = 180°$는 불안정한 평형점이다. $0°$ 주위의 각도에서의 돌림힘은 코일을 다시 $\theta = 0°$를 향하게 회전시켜 평형을 회복시키므로 $\theta = 0°$는 안정한 평형점이다.

✓ 살펴보기 19.7

그림 19.28에서 도선 코일이 수직면에 있고, 변 2의 도선은 위쪽, 변 4의 도선은 아래쪽에 위치해 있다고 가정하자. 그리고 전류의 방향은 그림에 나타낸 방향과 같다. (a) 도선의 두 부분에 작용하는 자기력의 방향은 어떻게 되는가? (b) 회전축에 대한 돌림힘은 0 이다. 그 이유를 설명하여라. (c) 도선은 안정한 평형에 있는가, 불안정한 평형에 있는가? 이를 설명하여라. (d) 그림 19.28에서 정의한 θ는 얼마인가?

균일한 자기장 안에 있는 전류 고리에 작용하는 돌림힘은 균일한 전기장 안에 놓여 있는 전기쌍극자에 작용하는 돌림힘과 유사하다(문제 30 참조). 이 유사성으로 다음과 같이 생각할 수 있다.

전류 고리는 자기쌍극자이다.

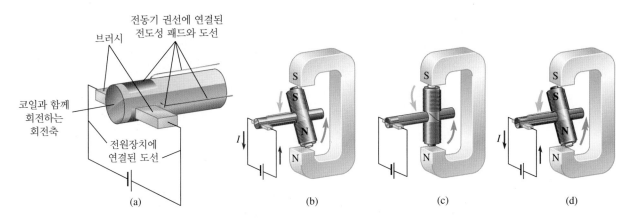

그림 19.29 간단한 직류 전동기. (a) 정류자는 전동기의 권선 코일이 180° 회전할 때마다 전류의 방향을 바꿔주는 회전 스위치이다. 두 개의 전도성 브러시와 회전축에 붙어 있는 두 개의 전도성 패드를 통해 전력공급장치에서 전동기의 권선까지 전기적으로 연결되어 있다. (b) 이 순간, 코일에 시계 반대 방향으로 작용하는 돌림힘은 불안정한 평형 상태에 있는 코일을 안정한 평형 상태가 되도록 밀어준다. (c) 코일이 이전에 안정한 평형 상태였던 곳으로 접근하면 브러시는 정류자의 틈을 지나가면서 전류의 흐름을 끊는다. 이때 코일에 작용하는 돌림힘은 0이다. (d) 코일이 조금 더 회전하면 브러시는 다시 연결되지만 권선에 흐르는 전류의 방향은 바뀌어 권선에 작용하는 돌림힘은 다시 시계 반대 방향이 된다. 그리고 코일은 불안정한 평형 상태에서 안정한 평형 상태로 간다.

자기쌍극자모멘트 벡터 magnetic dipole moment vector의 방향은 오른손 규칙으로 결정되는, 고리에 수직한 방향이다. 자기쌍극자모멘트 벡터는 쌍극자의 S극에서 N극을 향한다(전기쌍극자모멘트 벡터는 전기쌍극자의 음전하에서 양전하 방향을 향한다). 나침반 바늘과 전류 고리 등과 같은 자기쌍극자에 작용하는 돌림힘은 그들을 자기장 방향으로 정렬시키려 한다.

응용: 전동기

간단한 직류 전동기를 보면 도선 코일이 영구자석의 양극 사이에서 자유롭게 회전할 수 있도록 되어 있다(그림 19.29). 고리에 전류가 흐르면 자기장이 고리에 돌림힘을 발생시킨다. 코일의 전류 방향이 바뀌지 않으면 코일은 안정된 평형 방향($\theta = 0°$)을 중심으로 진동할 뿐이다. 전동기를 만들기 위해서는 코일을 같은 방향으로 계속 회전시켜야 한다. 직류 전동기를 만드는 데 사용되는 기술은 코일이 $\theta = 0°$를 지나자마자 전류의 방향을 자동적으로 바꿔주는 것이다. 곧, 코일이 안정한 평형 방향을 지나는 순간 이를 불안정한 평형 상태로 만들어주기 위해 전류의 방향을 바꿔준다. 이렇게 하면 돌림힘은 코일을 안정한 평형 상태로 되돌리지 않고 **불안정한** 평형 상태로부터 **멀어지게 하여** 코일이 계속 같은 방향으로 회전할 수 있게 해준다.

전류원을 **정류자**(commutator)라 부르는 회전 스위치를 통해 전동기의 코일 권선과 연결해 전류의 방향을 바꿔준다. 정류자는 각 면에 코일의 한끝이 연결되어 있는 반으로 나뉜 고리이다. 브러시가 그 나뉜 점을 지날 때마다 코일의 전류 방향이 바뀐다(그림 19.29b).

응용: 검류계

전류 고리에 작용하는 자기 돌림힘은 전류를 측정하는 예민한 장치인 검류계의 작동 원리이기도 하다. 직사각형 도선 코일이 자석의 극 사이에 놓여 있다(그림

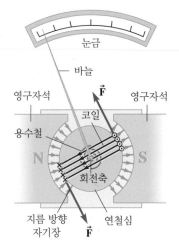

그림 19.30 검류계.

19.30). 자석 극 표면의 모양은 자기장이 도선에 수직이고 그 크기가 코일의 각도에 상관없이 일정하도록 되어 있다. 따라서 돌림힘은 코일의 각도에 따라 변하지 않는다. 가는 태엽 모양 용수철이 코일의 각변위에 비례하는 복원 돌림힘을 제공한다. 전류가 코일에 흐를 때, 자기 돌림힘은 전류에 비례한다. 용수철에 의한 복원 돌림힘과 자기 돌림힘이 균형을 이룰 때까지 코일은 회전한다. 따라서 코일의 각변위는 코일의 전류에 비례한다.

보기 19.8

검류계 코일에 작용하는 돌림힘

(a) 그림 19.30의 검류계에서, 회전축이 있는 코일에 작용하는 알짜 자기력이 0이고, (b) 알짜 돌림힘이 있으며, (c) 돌림힘은 바늘이 지면에서 돌아가게 하는 바른 방향임을 보여라. (d) 바늘이 오른쪽으로 회전하기 위한 코일의 전류 방향을 정하여라. 자극과 철심 사이에 형성된 자기장은 균일하고, 자기장의 방향은 지름 방향이고, 철심과 교차하는 코일의 두 변 근처에서 자기장은 0이라고 가정하여라.

전략 전류의 방향을 알 수 없으므로 일단 한 방향을 선택해서 문제 (d)에서 그 선택이 맞는지를 검증한다. 자극 근처에 위치한 코일의 두 변의 도선에만 자기력이 작용한다. 다른 변의 도선에는 자기장이 없기 때문이다.

풀이 N극 근처에서 코일에 흐르는 전류가 지면으로 들어가는 방향이라고 가정하면, S극 근처에서는 지면에서 나오는 방향으로 전류가 흐른다. 그림 19.30에서 전류의 방향을 ⊙ 및 ×로 나타냈는데 이는 자기력을 구하는 데 사용하는 벡터 $\vec{\mathbf{L}}$의 방향이다. 그리고 자기장 벡터의 방향은 그림에 제시한 바와 같다. 자기장이 지름 방향을 향하므로 두 자기력 벡터는 같다(방향과 크기가 같다). 어느 한 변에 작용하는 자기력의 방향은

$$\vec{\mathbf{F}} = NI\vec{\mathbf{L}} \times \vec{\mathbf{B}}$$

와 같이 주어진다. 여기서 N은 코일의 감긴 수이다. 자기력 벡터는 그림 19.30과 같다.

(a) $\vec{\mathbf{B}}$ 벡터가 같고 $\vec{\mathbf{L}}$의 크기는 같고 방향은 서로 반대 방향이므로(같은 길이이지만 반대 방향), 두 자기력은 크기가 같고 방향이 반대이다. 따라서 코일에 작용하는 알짜 자기력은 0이다. (b) 두 자기력의 작용선이 떨어져 있으므로 알짜 돌림힘은 0이 아니다. (c) 자기력이 만드는 돌림힘은 지면상에서 바늘을 시계 반대 방향으로 회전시킨다. (d) 계기가 시계 방향으로 회전하는 전류가 양(+)의 전류를 나타내므로 처음에 전류의 방향을 잘못 선택했다. 처음에 선택한 것과 반대 방향으로 코일에 전류가 흐르도록 검류계에 도입선(leads)을 연결해야 한다.

검토 코일에 작용하는 돌림힘은 흐르는 전류에 비례하고 코일의 방향과는 무관하기 때문에 검류계가 제대로 작동한다. 식 (19-13b)에서 θ는 자기장과 코일에 수직한 직선이 만드는 각이다. 검류계의 코일에 작용하는 자기장은 항상 코일의 면 내에 있으므로 코일이 회전하더라도 $\theta = 90°$이다.

실전문제 9.8 **코일에 작용하는 돌림힘**

코일의 각 변에 작용하는 자기력을 고려해 코일에 작용하는 돌림힘이 $\tau = NIAB$임을 보여라. 여기서 A는 코일의 넓이이다.

응용: 오디오 스피커

균일한 자기장 안에 있는 코일과는 대조적으로 방사형 자기장 안에 있는 도선 코일에는 0이 아닌 알짜 자기력이 작용할 수 있다. 방사형 자기장 안에 있는 코일이 오디오 스피커가 작동하는 숨은 원리이다(그림 19.31a). 전류는 코일을 통해 흐른다. 코일은 자기장이 지름 방향을 향하게 해주는 자석의 극 사이에 있다(그림 19.31b).

그림 19.31 (a) 스피커의 개략적인 모습. 증폭기에서 오는 변하는 전류가 코일을 통해 흐른다. 코일에 작용하는 자기력이 코일과 코일에 붙어 있는 콘을 앞뒤로 운동시킨다. 콘의 운동은 주변의 공기를 움직여 음파를 만든다. (b) 코일을 앞에서 본 모습. 코일은 원통형 자극 사이에 끼워져 있다. 자기장은 밖으로 나가는 지름 방향이다(지름 방향 자기장과 코일의 방향에 어떤 차이가 있는지 그림 19.31과 비교해보라). 코일의 짧은 선분에 $\vec{F} = I\vec{L} \times \vec{B}$를 적용하면 여기에 표시된 시계 방향 전류에 대해 자기력이 지면에서 나오는 것을 알 수 있다. (검류계에서 코일에 작용하는 알짜 자기력은 0이지만 알짜 자기 돌림힘은 0이 아니다.)

비록 코일이 직선 도선은 아니지만, 자기장 방향은 코일의 모든 부분에 작용하는 힘이 같은 방향이 되도록 한다. 모든 부분에서 자기장이 도선에 수직이므로 자기력은 $F = ILB$이다. 여기서 L은 도선 코일의 총 길이이다. 용수철과 같은 기계 장치가 코일에 선형 복원력을 작용한다. 그래서 자기력이 작용하면 코일의 변위는 자기력에 비례하고 이는 다시 코일에 흐르는 전류에 비례한다. 따라서 코일과 코일에 부착된 콘(cone)의 운동은 증폭기가 확성기에 흘려준 전류에 비례하게 된다.

19.8 전류가 만드는 자기장
MAGNETIC FIELD DUE TO AN ELECTRIC CURRENT

지금까지 대전입자와 전류가 흐르는 도선에 작용하는 자기력에 대해 고찰했다. 영구자석이 만드는 자기장 이외의 자기장의 근원에 대해서는 아직 살펴보지 않았다. 그런데 운동하는 모든 대전입자가 자기장을 만든다는 것이 밝혀졌다. 이 상황에 관한 어떤 대칭성이 존재한다.

- 운동하는 전하는 자기력을 느끼고 운동하는 전하는 자기장을 만든다.
- 정지해 있는 전하는 자기력을 느끼지 못하고 자기장을 만들지도 못한다.

- 전하는 운동하거나 그렇지 않거나 전기력을 느끼고 전기장을 만든다.

오늘날, 전기 현상과 자기 현상이 밀접하게 관련되어 있다는 것은 이미 잘 알려져 있다. 이 두 현상의 관련성이 19세기까지 알려지지 않았다는 것은 놀라운 일이다. 1820년 외르스테드(Hans Christian Oersted)는 도선에 흐르는 전류가 주위의 나침반 바늘을 회전시키는 현상을 우연히 발견했다. 외르스테드의 발견은 전기와 자기 사이의 관련성에 대한 첫 번째 증거였다.

대부분의 경우, 운동하는 한 개의 대전입자가 만드는 자기장은 무시할 수 있을 정도로 작다. 그러나 도선에 전류가 흐를 때 도선에는 수많은 전하들이 운동하고 있다. 도선에 의한 자기장은 각 전하에 의한 자기장의 합이다. 중첩의 원리는 전기장과 동일하게 자기장에도 적용된다.

긴 직선 도선에 흐르는 전류가 만드는 자기장

전류 I가 흐르는 긴 직선 도선이 만드는 자기장을 살펴보자. 도선의 끝 점에서 멀리 있고 도선에서 r만큼 떨어진 점 P에서 자기장은 어떨까? 그림 19.32a는 철가루가 뿌려져 있는 유리판을 지나가는 도선의 사진이다. 철가루는 도선에 흐르는 전류가 만든 자기장에 따라 정렬되어 있다. 이 사진은 자기장선이 도선을 중심으로 하는 원형임을 암시한다. 도선의 대칭성으로 인해 원형 모양의 자기장선이 생겨난다. 만약 자기장선이 다른 모양이면 어떤 방향에서는 다른 방향에 비해 자기장선이 멀리 떨어져 있을 것이다.

철가루의 배열에서, 자기장의 방향을 알 수는 없다. 철가루 대신 나침반을 사용하면(그림 19.32b) 자기장의 방향을 알 수 있다. 자기장의 방향은 나침반의 N극이 가리키는 방향이다. 도선이 만드는 자기장선을 그림 19.32c에 나타냈다. 이때 도선의 전류는 위쪽으로 흐른다. 오른손 규칙은 도선에서 전류의 방향과 도선 주위의 자기장의 방향 사이의 관계를 설명해준다.

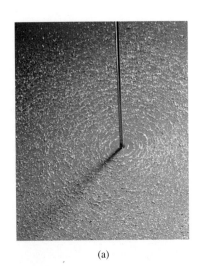 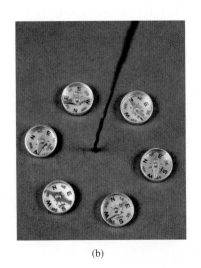 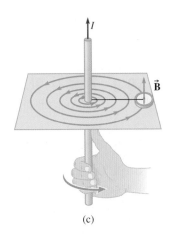

(a)   (b)   (c)

그림 19.32 긴 직선 도선에 흐르는 전류가 만든 자기장. (a) 긴 직선 도선에 흐르는 전류가 만든 자기장에 의해 철가루가 정렬된 사진. (b) 나침반은 자기장의 방향을 알려준다. (c) 오른손 규칙을 사용해 자기장선의 방향을 결정하는 방법을 설명하는 그림. 어느 점에서 자기장의 방향은 원형 자기장선에 접하는 방향이므로 도선에서 나오는 지름 방향과 수직하다.

오른손 제2 규칙을 사용해, 긴 직선 도선에 흐르는 전류가 만든 자기장의 방향 찾기

1. 도선에 흐르는 전류의 방향으로 오른손 엄지를 가리킨다.
2. 손바닥을 향해 안쪽으로 손가락을 감아쥔다. 손가락이 구부러지는 방향이 도선 주위 자기장선의 방향이다(그림 19.32c).
3. 항상 그렇듯이 어떤 점에서의 자기장은 그 점을 통과하는 장선에 접선 방향이다. 따라서 긴 직선 도선에 대해서는 자기장은 원형의 장선에 접하는 방향이고 도선에서 나오는 지름 방향에 수직이다.

✓ 살펴보기 19.8

그림 19.32c에서, 도선 바로 뒤에서 자기장은 어떤 방향인가?

암페어 법칙을 사용하면, 도선에서 r 만큼 떨어진 곳에서 자기장의 세기가 다음과 같이 주어짐을 알 수 있다(19.9절; 보기 19.10 참조).

긴 직선 도선에 흐르는 전류가 만드는 자기장

$$B = \frac{\mu_0 I}{2\pi r} \tag{19-14}$$

여기서 I는 도선에 흐르는 전류이고, μ_0는 **자유공간의 투자율**permeability of free space로 알려진 상수이다. 전기에서 유전율 ϵ_0가 하는 역할과 자기에서 투자율이 하는 역할은 비슷하다. SI 단위계에서 μ_0의 값은 다음과 같다.

$$\mu_0 = 4\pi \times 10^{-7} \frac{\text{T·m}}{\text{A}} \text{ (정의에 의한 정확한 값)} \tag{19-15}$$

가까이 있는, 전류가 흐르는 두 평행 도선은 서로에게 자기력을 작용한다. 도선 1의 전류가 만든 자기장에 의해 도선 2에 자기력이 작용하고, 도선 2의 전류가 만든 자기장에 의해 도선 1에 자기력이 작용한다(그림 19.33). 뉴턴의 제3 법칙을 따르면, 두 도선에 작용하는 힘은 크기가 같고 반대 방향일 것이다. 전류가 같은 방향으로 흐르면 도선에 작용하는 힘은 인력이고, 반대 방향이면 척력이다(문제 39 참조). 전류가 흐르는 도선의 경우, "같은 것들"(같은 방향의 전류들)은 서로 당기고, "반대 것들"(반대 방향의 전류들)은 서로 민다는 것을 주목하자.

두 평행 도선 사이에 작용하는 자기력이 SI 기본 단위의 하나인 **암페어**를 정의하는 데 사용되기 때문에, 상수 μ_0에 정확한 값을 지정할 수 있다. 같은 전류가 흐르고 있는 평행한 도선이 1 m 떨어져 있을 때, 서로에게 작용하는 단위 길이당 자기력이 정확히 2×10^{-7} N인 경우 두 도선에 흐르는 전류는 1암페어(1 A)이다. 힘과 길이

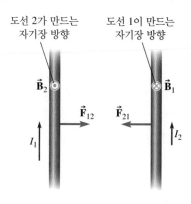

그림 19.33 두 평행 도선이 서로에게 자기력을 작용한다. 도선 2에 흐르는 전류가 만든 자기장에 의해 도선 1이 받는 자기력은 $\vec{F}_{12} = I_1 \vec{L}_1 \times \vec{B}_2$이다. 전류의 크기가 같지 않아도 $\vec{F}_{21} = -\vec{F}_{12}$이다(뉴턴의 제3 법칙).

등과 같이 정밀하게 측정할 수 있는 물리량으로 암페어를 정의할 수 있기 때문에 쿨롬(C) 대신 암페어가 SI 기본 단위로 선정되었다. 쿨롬은 1 A·s로 정의된다.

보기 19.9

옥내 배선에 의한 자기장

옥내 배선은 절연체로 둘러싸여 있는 두 개의 긴 평행 도선으로 되어 있다. 간격 d만큼 떨어진 도선에 크기가 I인 전류가 반대 방향으로 흐른다. (a) 두 도선의 중심에서 거리 $r(r \gg d)$ 만큼 떨어진 지점에서 자기장 B를 표현하는 식을 구하여라(그림 19.34에서 점 P). (b) $I = 5\,A$, $d = 5\,mm$, $r = 1\,m$일 때 B의 값을 계산하고, 이 값과 지표면에서 지구자기장의 세기($\approx 5 \times 10^{-5}\,T$)와 비교하여라.

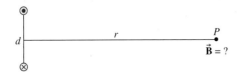

그림 19.34 두 도선은 지면에 수직이다. 위쪽 도선은 지면에서 나오는 방향으로 전류가 흐르고 아래쪽 도선은 지면으로 들어가는 방향으로 전류가 흐른다.

전략 자기장은 각 도선에 흐르는 전류가 만든 자기장의 벡터 합이다. 점 P에서 각 도선에 흐르는 전류가 만든 자기장은 (전류와 거리가 같기 때문에) 크기는 같으나 방향은 다르다. 식 (19-14)가, 각 도선에 흐르는 전류가 만드는 자기장의 크기를 제시해준다. 하나의 긴 도선에 의한 자기장선은 원형이기 때문에 자기장의 방향은, 점 P를 지나고 중심이 도선에 있는 원의 접선 방향이다. 오른손 규칙으로 접선 방향 둘 중 하나를 결정한다.

풀이 (a) $r \gg d$이므로 어느 한 도선에서 점 P까지의 거리는 대략 r이다(그림 19.35). 따라서 점 P에서 한 도선에 의한 자기장의 크기는

$$B \approx \frac{\mu_0 I}{2\pi r}$$

이다. 그림 19.35에서, 각 도선에서 점 P까지 지름 방향 직선을 그린다. 긴 직선 도선에 흐르는 전류가 만든 자기장은 원에 접하는 방향이므로 반지름에 수직이다. 오른손 규칙을 이용해 자기장의 방향을 그림 19.35에 나타냈다. 두 벡터의 y-성분은 서로 상쇄되고 x-성분은 같다.

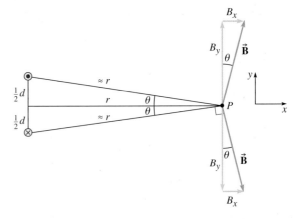

그림 19.35 각 도선에 흐르는 전류가 만드는 자기장 벡터.

$$B_x = \frac{\mu_0 I}{2\pi r} \sin\theta$$

$r \gg d$이므로

$$\sin\theta = \frac{\text{대변}}{\text{빗변의 길이}} \approx \frac{\frac{1}{2}d}{r}$$

이다. 두 도선에 의한 총 자기장은 $+x$-방향이고 크기는 다음과 같다.

$$B_\text{총} = 2B_x = \frac{\mu_0 I d}{2\pi r^2}$$

(b) 주어진 값을 대입하면 다음을 얻을 수 있다.

$$B = \frac{\mu_0}{2\pi} \times \frac{Id}{r^2} = 2 \times 10^{-7}\,\frac{\text{T·m}}{\text{A}} \times \frac{5\,\text{A} \times 0.005\,\text{m}}{(1\,\text{m})^2} = 5 \times 10^{-9}\,\text{T}$$

두 도선에 흐르는 전류가 만든 자기장은 지구자기장의 10^{-4}배이다.

검토 점 P에서 두 도선에 흐르는 전류가 만든 장의 세기는 어느 한 도선의 전류가 만든 장 세기의 d/r배이다. $d/r = 0.005$이므로 두 도선이 만든 장 세기는 한 선이 만든 장 세기의 0.5 %에 불과하다. 그리고 두 도선에 흐르는 전류가 만든 장은 거리에 따라 $1/r^2$에 비례해 감소한다. 한 선의 전류가 만든 장보다 거리에 따라 훨씬 빠르게 감소한다. 반대 방향으로 크기가 같은 전류가 흐르므로 알짜 전류는 0인데, 자기장이 0

이 아닌 유일한 이유는 두 도선 사이의 간격이 좁기 때문이다.

옥내 배선에서 전류는 60 Hz의 교류이므로 자기장도 이와 동일한 진동수로 변한다. 만일 최대 전류가 5.0 A이면 5×10^{-9} T은 자기장 세기의 최댓값이다.

실전문제 19.9 두 도선 가운데 지점의 자기장

두 도선 사이의 가운데 지점에서 자기장을 I와 d로 나타내어라.

원형 전류 고리가 만드는 자기장

19.7절에서 폐회로를 따라 전류가 흐르는 도선 고리가 자기쌍극자라는 첫 번째 실마리를 찾았다. 두 번째 실마리는 원형 전류 고리가 만드는 자기장에서 찾을 수 있다. 직선 도선과 같이 자기장선은 도선 주위를 둥글게 감아 돈다. 그러나 원형 전류 고리의 경우, 자기장선은 원형이 아니다. 자기장선은 전류 고리의 내부에 집중되어 있고 외부에는 적게 집중되어 있다(그림 19.36a). 자기장선은 전류 고리의 한 면(N극)에서 나와 다른 면(S극)으로 다시 들어간다. 따라서 전류 고리가 만드는 자기장은 짧은 막대자석이 만드는 자기장과 비슷하다.

자기장선의 방향은 오른손 제3 규칙으로 주어진다.

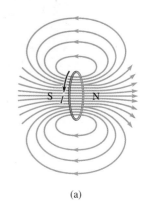

(a)

원형 전류 고리가 만든 자기장의 방향을 찾기 위한 오른손 제3 규칙 이용하기

오른손 엄지손가락을 편 채, 나머지 손가락을 고리에 흐르는 전류 방향을 따라 손바닥 쪽으로 쥘 때(그림 19.36b), 엄지손가락의 방향이 고리 안쪽에 형성되는 자기장의 방향이다.

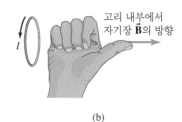

고리 내부에서 자기장 $\vec{B}$의 방향

(b)

그림 19.36 (a) 원형 전류 고리가 만드는 자기장선. (b) 고리 내부의 자기장 방향을 결정하기 위한 오른손 제3 규칙의 적용.

원형 고리(또는 코일)의 중심에서 자기장의 크기는

$$B = \frac{\mu_0 N I}{2r} \tag{19-16}$$

으로 주어진다. N은 도선이 감긴 수이고 I는 전류, r는 고리의 반지름이다.

전류가 흐르는 코일이 만드는 자기장은 브라운관텔레비전과 컴퓨터 모니터에서 전자빔이 화면의 원하는 점에 도달하도록 전자빔을 편향시키는 데 이용된다.

솔레노이드가 만드는 자기장

자기장의 샘 중에서 중요한 하나가 **솔레노이드**^{solenoid}가 만드는 자기장이다. 솔레노이드 내부의 자기장은 거의 균일하기 때문이다. 자기공명영상장치(magnetic resonance imaging, MRI)는 솔레노이드 내부에 형성되는 강한 자기장 속으로 환자를 밀어 넣는다.

원형 단면을 가진 솔레노이드를 제작하기 위해 원통에 도선을 나선 모양으로 촘촘하게 감는다(그림 19.37a). 솔레노이드에 의한 자기장은 많은 수의 원형 전류 고리들이 만드는 자기장이 중첩된 것으로 생각할 수 있다. 고리들이 충분히 가까이 있으면, 자기장선은 한 고리에서 다음 고리를 통해 솔레노이드 끝까지 직선으로 연결

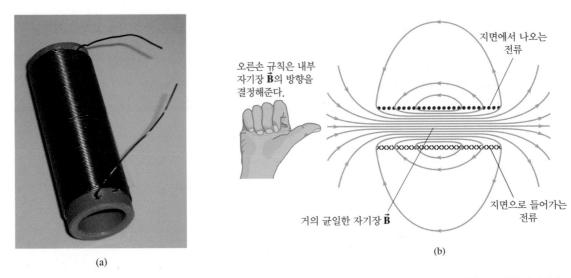

오른손 규칙은 내부 자기장 $\vec{\mathbf{B}}$의 방향을 결정해준다.

지면에서 나오는 전류

지면으로 들어가는 전류

거의 균일한 자기장 $\vec{\mathbf{B}}$

(a)

(b)

그림 19.37 (a) 솔레노이드. (b) 솔레노이드가 만드는 자기장선. 점(·)은 전류가 이 책의 지면에서 나오는, 지면을 지나는 도선을 나타낸다. 가위표(×)는 전류가 지면으로 들어가는, 지면을 지나는 도선을 나타낸다.

된다. 인접한 고리의 수가 많으면 자기장선은 직선으로 펴지게 한다. 그림 19.37b는 솔레노이드가 만드는 자기장선을 보여준다. 솔레노이드의 길이가 반지름보다 매우 크면 솔레노이드의 끝에서 멀리 떨어진 내부의 자기장은 거의 균일하며 솔레노이드의 축에 평행하다. 자기장이 축의 어느 방향을 향하는지 알기 위해서는 오른손 제3 규칙을 하나의 원형 전류 고리에 적용하면 된다.

감긴 수가 N이고 길이가 L인 솔레노이드에 전류 I가 흐를 때, 솔레노이드 내부에 형성되는 자기장의 세기는 다음과 같다.

이상적인 솔레노이드 내부에서 자기장의 세기

$$B = \frac{\mu_0 NI}{L} = \mu_0 nI \qquad (19\text{-}17)$$

식 (19-17)에서 I는 도선의 전류, $n = N/L$은 단위 길이당 도선의 감긴 수이다. 자기장이 솔레노이드의 반지름과 무관함에 주목하여라. 솔레노이드 끝 주위의 자기장은 상대적으로 약하고 바깥쪽으로 휘기 시작한다. 외부의 자기장은 아주 약하다. 외부에 자기장선이 어떻게 퍼져 있는지 보면 알 수 있을 것이다. 실제 솔레노이드는 거의 균일한 자기장을 만드는 방법 중 하나이다.

솔레노이드가 만드는 자기장선과 막대자석이 만드는 자기장선(그림 19.1b 참조)의 유사성으로부터 앙페르는 영구자석의 자기장도 전류에 의한 것이라고 생각했다. 이와 같은 전류의 본질은 19.10절에서 살펴볼 수 있다.

응용: 자기공명영상

자기공명영상(MRI, 그림 19.38)에서 주 솔레노이드는 낮은 온도에서 작동하는 초전도 도선으로 만든다(18.4절 참조). 주 솔레노이드는 세기가 강하고 균일한 자기

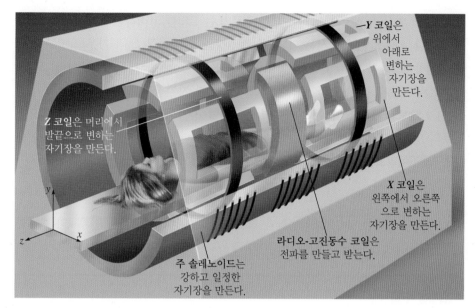

그림 19.38 자기공명영상(MRI) 장치.

장(대체로 0.5~2 T)을 만든다. 몸에 있는 수소 원자의 핵(양성자)이 조그만 영구자석처럼 행동한다. 자기 돌림힘은 양성자를 자기장의 방향으로 정렬시키려 한다. 라디오–고진동수 코일(고주파 코일)이 고주파(빠르게 변하는 전기장과 자기장) 펄스를 발생시킨다. 고주파의 진동수가 공명진동수가 되면, 양성자는 고주파로부터 에너지를 흡수해 자기 정렬이 교란된다. 이 양성자가 자기장 방향으로 뒤집히며 다시 정렬될 때, 자신의 고유한 고주파 신호를 방출한다. 이를 고주파 코일로 검출할 수 있다.

양성자를 뒤집는 펄스의 공명진동수는 자기공명영상 장치에 의한 총 자기장과 주위 원자에 의한 자기장의 합에 따라 변한다. 다른 화학적 환경에 있는 양성자는 약간 다른 공명진동수를 갖는다. 몸의 한 단면의 영상을 얻기 위해서, 세 개의 다른 코일들이 x-, y-, z-방향으로 변하는 약한 자기장(15~30 mT)을 만든다. 이들 코일의 자기장을 조절하면 수 밀리미터 두께의 몸의 한 단면 안에 있는 양성자만이 고주파 신호와 공명을 일으키게 할 수 있다.

19.9 앙페르의 법칙 AMPÉRE'S LAW

전기 현상에서 가우스의 법칙을 사용해 전기장을 쉽게 구할 수 있듯이 자기 현상에서는 앙페르의 법칙을 사용하면 자기장을 쉽게 구할 수 있다. 두 법칙 모두 장의 발생원인에 대한 이해를 바탕으로 한다. 전기장의 근원은 전하이다. 가우스의 법칙은 닫힌 면(가우스 면) 안쪽에 있는 알짜 전하와 그 표면을 지나는 전기장선 다발 사이의 관계를 보여준다. 상대적으로 자기장의 근원은 전류이다. 자기장선은 언제나 닫힌곡선이므로 **닫힌** 표면을 통과하는 자기선 다발은 언제나 0이다. 따라서 앙페르의 법칙은 가우스의 법칙과 다른 형태여야 한다. (이 사실을 **자기에 대한 가우스의 법칙**으로 부르고, 이는 전자기학의 기본 법칙 중 하나이다.)

닫힌 면 대신, 앙페르의 법칙은 닫힌 **경로** 또는 고리를 고려하는데 이를 앙페르 고리라 한다. 가우스 법칙에서는 다발, 곧 전기장의 수직 성분 $E_\perp$과 가우스 면 A의 곱을 계산했다. $E_\perp$이 모든 곳에서 같지 않으면 표면을 작은 조각으로 나누어서 $E_\perp \Delta A$를 더한다. 앙페르의 법칙의 경우, 경로에 **평행한** 자기장의 성분(닫힌곡선의 접선 성분)과 경로의 길이를 곱한다. 선다발에서처럼 자기장의 성분이 일정하지 않으면 경로의 일부분(각 부분의 길이는 Δl)에 대해 계산한 양을 더한다. 이 물리량을 **순환**circulation이라고 한다.

$$순환 = \sum B_\parallel \Delta l \tag{19-18}$$

앙페르의 법칙은 자기장의 순환과 경로 내부를 지나가는 알짜 전류 I의 관계를 설정한다.

앙페르의 법칙

$$\sum B_\parallel \Delta l = \mu_0 I \tag{19-19}$$

가우스의 법칙과 앙페르의 법칙은 대칭성이 있다(표 19.1).

표 19.1 가우스 법칙과 앙페르 법칙의 비교.

가우스의 법칙	앙페르의 법칙
전기장	자기장(정적 자기장만)
임의의 닫힌 표면에 적용	닫힌 경로에 적용
면에서의 전기장과 면 내부의 알짜 전하의 관계	경로상의 자기장과 경로의 내부를 지나가는 알짜 전류의 관계
면에 수직인 전기장의 성분($E_\perp$)	경로에 평행한 자기장의 성분($B_\parallel$)
선다발 = 전기장의 수직 성분 × 면의 넓이	순환 = 자기장의 평행 성분 × 경로의 길이
$\sum E_\perp \Delta A$	$\sum B_\parallel \Delta l$
선다발 = $1/\epsilon_0$ × 알짜 전하	순환 = μ_0 × 알짜 전류
$\sum E_\perp \Delta A = \dfrac{1}{\epsilon_0} q$	$\sum B_\parallel \Delta l = \mu_0 I$

보기 19.10

긴 직선 도선에 흐르는 전류가 만드는 자기장

긴 직선 도선에 흐르는 전류 I가 만드는 자기장이 $B = \mu_0 I / (2\pi r)$ 임을 앙페르의 법칙을 사용해 보여라.

전략 가우스의 법칙처럼 대칭성을 이용하는 것이 중요하다. 도선의 끝부분이 아주 멀리 떨어져 있다고 가정하면 자기장선은 도선을 도는 원이어야 한다. 원 모양의 자기장선을 따라 고리를 선택하여라(그림 19.39). 자기장은 항상 자기장선에 평행하므로 경로에도 평행하다. 곧, 경로에 수직한 자기장 성분은 없다. 자기장은 도선으로부터 일정한 거리 r 에 있는 모든 점에서 같은 크기를 가져야 한다.

풀이 자기장이 경로에 수직인 성분을 갖지 않기 때문에, $B_\parallel = B$이다. 곧, 원형 경로 어디서나 B는 일정하다. 따라서 다음과 같이 쓸 수 있다.

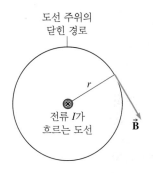

그림 19.39 긴 직선 전류에 앙페르의 법칙 적용하기. 원형 자기장선을 따르는 닫힌 경로를 선택한 후, 앙페르의 법칙을 적용해 자기장을 계산한다.

$$순환 = B \times 2\pi r = \mu_0 I$$

여기서 I는 도선에 흐르는 전류이다. B에 대해 풀면 다음과 같다.

$$B = \frac{\mu_0 I}{2\pi r}$$

검토 앙페르의 법칙은 긴 도선에 흐르는 전류가 만드는 자기장이 왜 도선으로부터의 거리에 반비례하는지 보여준다. 도선 주위의 반지름이 r인 원은 r에 비례하는 길이를 갖는다. 그러나 원의 내부를 지나는 전류는 언제나 같다(I). 따라서 자기장은 $1/r$에 비례해야 한다.

실전문제 19.10 세 도선이 만드는 순환

그림 19.40에 보인 경로에 대한 자기장의 순환은 얼마인가?

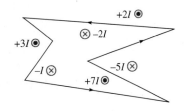

그림 19.40 지면에 수직인 6개의 도선에, 표시된 것처럼 전류가 흐른다. 경로는 세 도선만 둘러싸도록 선택했다.

19.10 자성 물질 MAGNETIC MATERIALS

모든 물질은 자기적 성질을 가지고 있으므로 자성을 띤다고 할 수 있다. 하지만 대부분의 물질에서는 자기적 성질이 잘 관측되지 않는다. 막대자석이 나무나 알루미늄 또는 플라스틱 조각 가까이 놓여 있을 때, 그 사이에서 관측되는 상호 작용은 거의 없다. 일상적인 표현으로 이와 같은 물질을 비자성 물질이라고 할 수 있다. 실제로는 모든 물질은 막대자석 가까이 있을 때 자기력을 받는다. 다만 대부분의 물질에 대해서 자기력이 너무 약해 잘 관측되지 않을 뿐이다.

주위의 자석에 눈에 띄게 반응하는 물질을 **강자성체**^{ferromagnetic}(라틴어로 *ferro*-는 철을 뜻한다.)라고 부른다. 철은 잘 알려진 강자성체이다. 니켈, 코발트, 이산화 크롬(크롬 녹음테이프 제작에 사용) 등도 강자성체로 분류한다. 강자성 물질은 좀 더 강한 자기장 쪽으로 향하는 자기력을 받는다. 냉장고용 고무자석은 냉장고 문이 강자성 금속으로 만들어져 있기 때문에 냉장고에 달라붙는다. 영구자석을 냉장고 문 가까이 가져가면 문에 인력이 작용하며, 뉴턴의 제3 법칙에 의해 자석에도 인력이 작용한다. 자석의 표면과 문은 서로 자기력으로 끌어당긴다. 그 결과 각각은 서로에게 표면 접촉력을 작용한다. 이 접촉면에 평행한 접촉력의 성분, 곧 마찰력이 자석을 그곳에 있도록 붙잡는다.

비자성 물질은 두 부류로 나눌 수 있다. **상자성 물질**$^{\text{paramagnetic substance}}$은 자기장이 더 강한 영역으로 끌리는 강자성체와 비슷하지만 자기력은 매우 약하다. **반자성 물질**$^{\text{diamagnetic substance}}$은 보다 강한 자기장에 의해 약한 척력에 작용한다. 액체와 기체를 포함한 모든 물질은 강자성체, 반자성체, 상자성체 중 하나이다.

강자성체나 반자성체 또는 상자성체 등 모든 물질은 수많은 작은 자석을 가지고 있다고 볼 수 있다. 원자 안의 전자는 두 가지 관점에서 아주 작은 자석과 같다. 첫째, 핵 주위를 도는 전자의 궤도운동은 작은 전류 고리를 만들기 때문에 자기쌍극자이다. 둘째, 전자는 자신의 운동과 관계없이 고유한 자기쌍극자모멘트를 갖는다. 이 전자의 고유한 자기적 성질은 전자의 전하나 질량처럼 전자의 기본 성질이다(양성자나 중성자 등도 역시 고유한 자기쌍극자모멘트를 갖는다). 원자나 분자의 알짜 자기쌍극자모멘트는 그들을 구성하는 입자들의 쌍극자모멘트의 벡터 합이다.

대부분의 물질, 곧 상자성체나 반자성체에서는 방향이 마구잡이로 되어 있는 원자 자기쌍극자들이 있다. 이 물질은 강한 외부 자기장 속에 있어도 쌍극자들은 자기장 방향으로 잘 정렬되지 않는다. 쌍극자를 정렬시키려는 외부 자기장에 의한 돌림힘이 쌍극자를 마구잡이로 분포시키려는 열적 교란에 압도되기 때문이다. 그 때문에 대규모 정렬의 정도는 미미하다. 이런 물질 내 자기장은 가해준 자기장과 거의 같다. 곧, 상자성체와 반자성체에서는 쌍극자가 별 역할을 하지 못한다.

강자성체는 외부 자기장이 없어도 자기쌍극자들을 정렬시키는 상호작용에 의해 매우 강한 자기적 성질을 나타낸다. 이 상호작용을 이해하려면 양자역학을 공부해야 한다. 강자성 물질은 그 내부에 원자나 분자 쌍극자들이 서로 정렬되어 있는 **자구**domains라고 불리는 구역으로 나뉘어 있다. 각 원자는 그 자체로 약한 자석이지만 자구 내에서 모든 원자들의 쌍극자가 같은 방향으로 정렬되면, 그 자구는 상당히 큰 쌍극자모멘트를 갖게 된다.

그러나 다른 자구의 모멘트들은 서로 정렬될 필요가 없다. 곧, 이웃한 자구들은 서로 다른 방향을 향할 수 있다(그림 19.41a). 모든 자구의 알짜 자기모멘트가 0이면 그 물질은 탈자 상태에 있다고 한다. 만약 그 물질을 외부 자기장 안에 놓으면 두 가지 현상이 일어난다. 첫째로 자구 경계에 위치한 원자 쌍극자들이 자신보다 자기장 방향에 더 가까운 이웃한 자구의 방향으로 회전할 수 있다. 이와 같은 과정을 통해 쌍극자모멘트가 외부 자기장 방향으로 정렬되어 있거나 비슷한 방향으로 있는 자구는 커지고 그렇지 않은 자구들은 작아진다. 두 번째 현상은 모든 원자 쌍극자들이 새로운 방향으로 회전해 자구의 정렬 방향이 변한다. 모든 자구의 알짜 쌍극자모멘트가 0이 아닐 때, 그 물질은 자화되었다고 한다(그림 19.41b).

일단 강자성체가 자화되면, 외부 자기장이 제거되어도 반드시 자화를 잃지는 않는다. 자기장 방향으로 자구를 정렬시키려면 에너지가 필요한데, 이는 정렬하는 과정에서 극복해야 할 내부 마찰과 같은 요인에 의한 것으로 해석할 수 있다. 내부 마찰이 크면 외부 자기장을 제거해도 자구들은 정렬된 상태를 유지한다. 이러한 물질이 영구자석이다. 내부 마찰이 상대적으로 거의 없으면 자구를 재정렬시키는 데 필요한 에너지가 거의 없다. 이러한 종류의 강자성체로는 좋은 영구자석을 만들 수 없다. 외부 자기장을 제거했을 때 이 물질에는 최대 자화의 작은 일부만 남는다.

높은 온도에서는, 자구 내부에 쌍극자의 정렬을 유지시켜주는 상호작용이 더 이상 유지될 수 없다. 정렬된 쌍극자가 없으면 더 이상 자구가 없어 이 재료는 상자성 상태로 된다. 강자성 물질에서 이와 같은 현상이 발생하는 온도를 퀴리온도(*Curie temperature*)라 한다. 퀴리온도는 부인인 마리 퀴리와 함께 방사능 물질을 연구한 것으로 유명한 프랑스 물리학자 퀴리(Pierre Curie, 1859~1906)의 이름을 따서 명

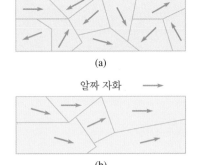

그림 19.41 강자성 물질에서 자구가 그것의 자기장 방향을 가리키는 화살표로 표시되어 있다. (a)에서 자구들의 방향은 마구잡이로 되어 있다. 따라서 그 물질은 자화가 없는 상태에 있다. (b)에서 물질은 자화되어 있다. 자구들이 상당한 정도로 오른쪽 방향으로 정렬되어 있음을 보여준다.

명했다. 철의 퀴리온도는 약 770 ℃이다.

응용: 전자석

전자석은 솔레노이드 내부에 연철심을 넣어 제작한다. 연철은 솔레노이드가 만든 자기장이 사라졌을 때 영구자화가 거의 남지 않는다. 그 때문에 연철로는 좋은 영구자석을 만들 수 없다. 솔레노이드에 전류가 흐르면 철의 자기쌍극자는 솔레노이드가 만든 자기장 방향으로 정렬한다. 알짜 효과는 철 내부의 자기장이 **상대투자율**relative permeability κ_B로 알려진 인자만큼 세어지는 것이다. 상대투자율은 전기 현상에서 유전상수에 해당한다. 그러나 유전상수는 전기장을 그만큼 약하게 하는 인자이지만, 상대투자율은 자기장을 그만큼 강하게 하는 인자이다. 강자성체의 상대투자율은 수백에서 수천 이상일 수 있다. 그러므로 자기장이 강해지는 현상이 뚜렷이 나타난다. 뿐만 아니라 솔레노이드의 전류의 방향을 바꾸면 전자석이 만드는 자기장의 세기와 방향도 바꿀 수 있다. 그림 19.42는 전자석이 만드는 자기장선의 모습이다. 자기장선이 철심을 지나고 있음을 주목하여라. 솔레노이드를 만들 때 전자석의 끝부분까지 도선을 감지 않아도 된다.

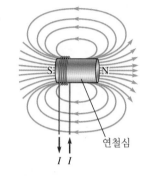

그림 19.42 전자석과 자기장선.

응용: 자기저장장치

컴퓨터 하드디스크 드라이브에는 헤드(head)라고 부르는 전자석이 플래터(platter)의 표면에 코팅되어 있는 강자성 입자들을 자화시킨다(그림 19.43). 강자성 입자는 헤드와 멀어진 뒤에도 계속 자화를 유지하기 때문에 기록된 자료는 다시 지우거나 덮어 쓸 때까지 계속 남아 있게 된다. 만약 디스크를 강한 자석 가까이 가져가면 자료가 지워질 수 있다.

그림 19.43 컴퓨터 하드 드라이브. 각 플래터의 양면은 자화될 수 있는 물질로 코팅되어 있다. 모터의 회전축이 플래터를 수천 rpm으로 회전시킨다. 각 플래터의 표면에는 읽기–쓰기용 헤드가 있다.

해답

실전문제

19.1 5.8×10^{-17} N, 3.4×10^{10} m/s^2

19.2 크기 = 8.2×10^{-18} N, 방향 = 동쪽

19.3 6.7×10^5 m/s

19.4 76 cm

19.5 지면에서 나오는 방향(속력이 너무 크다면, 자기력은 전기력보다 크다.)

19.6 홀 전압이 같지만 극성은 반대이다. 곧, 위쪽 끝의 퍼텐셜이 더 높다.

19.7 서쪽

19.8 (증명)

19.9 $\vec{\mathbf{B}} = \dfrac{2\mu_0 I}{\pi d}$ +x-방향으로

19.10 $+4\mu_0 I$

살펴보기

19.2 (a) 속도 $\vec{\mathbf{v}}$가 자기장 $\vec{\mathbf{B}}$와 같은 방향이라면 자기력은 0이다. 그러므로 전자가 똑바로 위나 아래로 이동하면 그것에 작용하는 자기력은 0이다. (b) 주어진 v와 $\vec{\mathbf{B}}$에 대해 $\vec{\mathbf{v}}$가 $\vec{\mathbf{B}}$에 수직일 경우 자기력은 최대가 된다. 그러므로 전자가 수평 방향으로 이동하면 전자에 작용하는 자기력은 최대이다.

19.4 그림 19.18a에 속도 벡터가 표시되어 있는 지점에서 $\vec{\mathbf{v}} \times \vec{\mathbf{B}}$는 지면에서 나오는 쪽이다. 입자에 작용하는 자기력 $\vec{\mathbf{F}} = q\vec{\mathbf{v}} \times \vec{\mathbf{B}}$는 나선의 중심축을 향해 지면으로 들어가야 한다. 입자는 음전하를 띠고 있다.

19.5 (a) $\vec{\mathbf{F}}_E = q\vec{\mathbf{E}}$, $\vec{\mathbf{E}}$는 동쪽을 향하고 q는 음전하이므로 $\vec{\mathbf{F}}_E$는 서쪽 방향이다. (b) 오른손 법칙으로부터, $\vec{\mathbf{v}} \times \vec{\mathbf{B}}$는 서쪽을 가리키고 $\vec{\mathbf{F}}_B = q\vec{\mathbf{v}} \times \vec{\mathbf{B}}$이고 q는 음전하이므로 $\vec{\mathbf{F}}_B$는 동쪽을 가리킨다.

19.6 자기력은 $\vec{\mathbf{L}} \times \vec{\mathbf{B}}$ 방향이다. $\vec{\mathbf{L}}$은 전과 같지만 지금은 $\vec{\mathbf{B}}$가 오른쪽 방향이다. 오른손 법칙을 사용하면 자기력의 방향은 지면으로 들어가는 방향이다.

19.7 (a) 그림 19.29와 같이 $\vec{\mathbf{L}}_2$, $\vec{\mathbf{L}}_4$, $\vec{\mathbf{B}}$가 모두 같은 방향이므로 $\vec{\mathbf{F}}_2$, $\vec{\mathbf{F}}_4$의 방향도 각각 아래, 위 방향으로 이전과 같다. (b) 지레의 팔이 0이므로 이들 각각의 힘에 의한 돌림힘은 0이다. 곧, 힘이 회전축에서 힘을 작용한 점까지 이은 선을 따라서 작용한다. (c) 불안정한 평형이다. 평형에서 약간 회전한 코일을 생각해보자. 변 2와 4의 도선에 작용하는 힘은 평형으로 향하지 않고 평형에서 멀어지도록 코일을 회전시킨다. (d) $\theta = 180°$.

19.8 왼쪽 방향

전자기 유도
Electromagnetic Induction

전통적인 전기레인지에는 코일 형태의 발열 소자가 있다. 전류가 소자를 통과하면 에너지가 소모되면서 소자가 뜨거워진다. 그 열이 냄비나 팬에 전달된다. 이 과정은 그리 효율적이지 않다. 왜냐하면 열이 복사나 대류에 의해 소자에서 주변으로 흐르기 때문에 실제로는 절반 이하만 음식을 조리하는 데 사용되기 때문이다.

색다른 종류의 전기레인지인 인덕션 레인지는 저항 가열소자가 있는 레인지에 비해 몇 가지 장점이 있다. 이 레인지에서는 가열소자가 아니라 냄비나 팬 자체의 금속에서 에너지가 소모되므로 전통적인 레인지보다 2배나 효율적이다. 부주의하게, 켜져 있는 인덕션 판 위에 냄비 장갑을 두더라도 장갑은 뜨거워지지 않는다. 조리할 때도 냄비 바닥에서 전도되는 열은 레인지 위 판을 따뜻하게 할 뿐이다. 인덕션 레인지가 냄비나 팬에 전기적으로 연결되지 않은데도 어떻게 전류가 흐르도록 할 수 있는가? (612쪽에 답이 있다.)

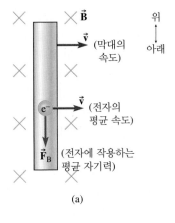

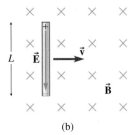

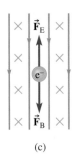

그림 20.1 (a) 속도 $\vec{v}$로 오른쪽으로 운동하는 금속 막대 안의 전자. 자기장은 지면을 뚫고 들어가는 방향이다. 전자에 작용하는 평균 자기력은 $\vec{F}_B = -e\vec{v} \times \vec{B}$ 이다. (b) 자기력은 전자를 막대 아래로 밀어 위쪽에는 양(+)의 전하가 남는다. 이렇게 전하가 분리되어 막대 내에 전기장이 생긴다. (c) 평형 상태에서는 전자에 작용하는 자기력과 전기력의 합은 0이다.

20.1 운동기전력 MOTIONAL EMF

지금까지 논의된 유일한 전기에너지원(emf)은 전지였다. 충전하거나 교체하기까지 전지가 공급할 수 있는 전기에너지의 양은 한정되어 있다. 세계의 전기에너지 대부분은 발전기로 생산한다. 이 절에서는 **운동기전력**motional emf, 곧 도체가 자기장 내에서 운동할 때 유도되는 기전력에 관한 내용을 다루고자 한다. 운동기전력은 발전기의 원리이다.

길이가 L인 금속 막대가 일정한 자기장 $\vec{B}$ 내에 있다고 하자. 막대가 정지해 있으면, 전도전자는 고속으로 마구잡이 방향으로 운동을 하지만, 평균 속도는 0이다. 전도전자의 평균 속도가 0이므로, 전자에 작용하는 평균 자기력 또한 0이다. 따라서 막대에 작용하는 총 자기력은 0이다. 자기력이 개개의 전자에는 영향을 미치지만, 막대 전자체는 알짜 자기력을 느끼지 못한다.

막대가 운동하고 있는 경우를 생각해 보자. 그림 20.1a는 지면으로 들어가는 균일한 자기장 속에서 오른쪽으로 속도 $\vec{v}$로 운동하는 막대를 보여주고 있다. 막대는 위아래를 향하고 있어 자기장, 속도, 막대의 축이 서로 직각을 이룬다. 따라서 막대 내의 전자는 막대와 함께 오른쪽으로 운동 중이므로 평균 속도 $\vec{v}$는 0이 아니다. 그러므로 각 전도전자에 작용하는 평균 자기력은

$$\vec{F}_B = -e\vec{v} \times \vec{B}$$

이다. 오른손 규칙에 의해 힘의 방향은 막대의 아래쪽을 향한다. 자기력으로 막대의 아래쪽에 음전하가 모이게 되어 위쪽에는 상대적으로 양전하가 모인다(그림 20.1b). 자기력에 의해 전하가 분리되는 것이 홀 효과와 유사하지만, 이 경우에 전하가 한쪽으로 이동한 것이, 정지해 있는 막대에 흐르는 전류에 의한 것이 아니라 막대의 운동에 의한 것이다.

막대의 양 끝에 전하가 모임에 따라, 양전하에서 음전하 쪽으로 향하는 전기장이 막대 내에 형성되며, 궁극적으로는 평형 상태에 도달하게 된다. 곧, 전기장에 의해 막대 중간에 있는 전자에 작용하는 전기력의 크기가 전자에 작용하는 자기력의 크기와 같고 방향이 반대가 될 때까지 전기장은 커진다(그림 20.1c). 평형 상태에 도달하면, 막대의 양 끝에 더 이상 전하가 모이지 않는다. 따라서 평형 상태에서는

$$\vec{F}_E = q\vec{E} = -\vec{F}_B = -(q\vec{v} \times \vec{B})$$

또는

$$\vec{E} = -\vec{v} \times \vec{B}$$

가 되어 홀 효과의 경우와 같다. $\vec{v}$와 $\vec{B}$는 서로 수직이므로, $E = vB$이다. 막대 양 끝 사이의 전위차는

$$\Delta V = EL = vBL \qquad (20\text{-}1a)$$

이 된다. 이 경우에 $\vec{E}$의 방향은 막대의 길이 방향이다. 만약에 $\vec{v}$와 $\vec{B}$가 서로 수직이 아니라면, 막대 양 끝 사이의 전위차는 막대에 평행한 $\vec{E}$의 성분($E_{\parallel}$)만으로 다음과 같이 나타난다.

$$\Delta V = E_{\parallel}L \qquad (20\text{-}1b)$$

✓ 살펴보기 20.1

그림 20.1에서 막대가 오른쪽 대신에 지면에서 나오는 쪽으로 운동하면 유도기전력은 어떻게 되는가?

막대가 계속 일정하게 운동한다면 전하의 분리 상태가 유지되므로 운동하는 막대는 회로에 연결되지 않은 전지와 같다. 곧, 일정한 전위차를 유지하면서 한쪽 단자에는 양전하가 축적되며, 반대쪽의 단자에는 음전하가 축적된다. 이제 중요한 질문은 "막대를 회로에 연결하면 이 막대가 전지와 같이 전류가 흐르게 할 수 있는가?"이다.

그림 20.2는 회로에 연결된 막대를 나타낸 것이다. 막대가 금속 레일 위에서 운동하더라도 회로는 계속 닫힌 채로 유지된다. 저항 R가 막대와 레일의 저항에 비해 훨씬 크다고 하자. 다시 말해 운동기전력을 일으키는 막대의 내부 저항이 무시할 정도로 작다고 가정하자. 저항기 R 양 끝에는 전기퍼텐셜 차 ΔV가 있으므로 전류가 흐른다. 전류는 막대의 양단에 축적된 전하를 소모시키지만, 자기력이 일정한 전위차를 유지하도록 전하를 퍼 올려준다. 따라서 운동하는 막대는

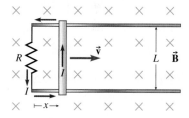

그림 20.2 막대가 저항 R과 회로에 연결되었을 때 회로에 전류가 흐른다.

> **운동기전력**
>
> $$\mathscr{E} = vBL \qquad (20\text{-}2a)$$

로 주어지는 기전력을 가진 전지와 같은 역할을 한다. 좀 더 일반적인 경우로, $\vec{E}$가 막대에 평행하지 않다면

$$\mathscr{E} = (\vec{v} \times \vec{B})_{\parallel}L \qquad (20\text{-}2b)$$

와 같이 된다.

미끄러지는 막대로 발전기를 만들면 쓰기가 불편하다. 레일의 길이가 얼마든지 간에 궁극적으로 막대는 레일의 끝에 도달하기 때문이다. 20.2절에서 운동기전력에

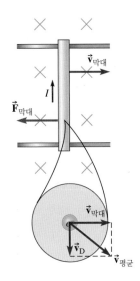

그림 20.3 막대에 작용하는 자기력은 $\vec{F}_{막대} = I\vec{L} \times \vec{B}$이며 막대의 운동 방향과 반대 방향인 왼쪽을 향한다. 막대 내에 있는 전자의 평균 속도는 $\vec{v}_{평균} = \vec{v}_{막대} + \vec{v}_D$이다. 오른쪽으로 운동하는 막대의 운동과 막대에 대해 아래로 향하는 표류 운동이 합해진 결과이다. 전자에 작용하는 자기력에는 서로 수직인 두 성분이 있다. 하나는 $-e\vec{v}_{막대} \times \vec{B}$로서 아래를 향하며, 막대에 대한 전자의 표류 운동을 일으킨다. 다른 하나는 $-e\vec{v}_D \times \vec{B}$로 막대 내의 전자를 왼쪽으로 끌어당기는데, 이번에는 이 전자가 막대를 당기기 때문에 막대에는 왼쪽 방향으로 힘이 작용하게 된다.

대한 원리를 금속 레일 위에서 운동하는 막대 대신에 회전하는 도선 코일에 적용할 수 있다는 것을 알게 될 것이다.

전기에너지는 어디서 오는가? 막대는 저항기에서 소모되는 전기에너지를 공급하면서 전지와 같은 역할을 하고 있다. 에너지는 어떻게 보존될 수 있는가? 핵심은 전류가 흐르자마자 속도와 반대 방향으로 막대에 자기력이 작용한다는 사실을 깨닫는 데 있다(그림 20.3). 막대를 가만히 두면 막대의 운동에너지가 전기에너지로 변환됨에 따라 막대는 느려진다. 일정한 기전력을 유지하기 위해서는 막대가 일정한 속도를 유지해야만 되는데, 이는 어떤 다른 힘이 막대를 끌어줘야만 가능하다. 막대를 끄는 힘이 한 일이 바로 전기에너지의 근원이 된다(문제 2).

보기 20.1

자기장 내에서 운동 중인 고리

길이가 L인 4개의 금속 막대로 이루어진 고리가 등속도 $\vec{v}$로 운동한다(그림 20.4). 가운데 부분에서 자기장의 크기는 B이지만 나머지 영역에서는 0이다. 고리의 저항은 R이다. 각 위치 (1~5)에서 고리 내에 흐르는 전류의 크기를 구하고 방향(시계 방향 또는 시계 반대 방향)을 결정하여라.

전략 전류가 고리 내에서 흐른다면, 그 전류는 전하를 고리 둘레로 펌프질하는 기전력 때문이다. 수직 방향으로 놓인 부분 도선 (a, c)는 그림 20.2에서와 같이 자기장 속을 운동함에 따라 운동기전력이 생기게 된다. 수평 방향으로 놓인 부분 도선 (b, d)도 운동기전력을 일으키는지에 대해서 알아볼 필요가 있다. 각 막대에 대한 기전력을 알게 되면, 이들이 서로 전하를 같은 방향으로 고리를 따라 돌게 하는지 아니면 서로 상쇄시키는지를 결정할 수가 있다.

풀이 수직 방향으로 놓인 부분 도선 (a, c)에는 자기장 속을 통과할 때에 운동기전력이 생긴다. 기전력은 전류를 위쪽(상단으로) 방향으로 흐르도록 하며, 기전력의 크기는

$$\mathscr{E} = vBL$$

이다.

수평 부분 도선(b, d)에 대해서, 전류를 운반하는 전자에 작용하는 평균 자기력은 $\vec{F}_{평균} = -e\vec{v} \times \vec{B}$이다. 속도의 방향이 오른쪽이고 자기장은 지면을 향하므로, 오른손 규칙에 따라 힘의 방향은 a와 c에서와 같이 아래쪽을 향한다. 하지만 자기력은 막대의 길이 방향을 따라 전하를 이동시키는 것이 아니라 막대의 지름 방향으로 전하를 이동시킨다. 그러면 전기장이 막대의 지름 방향으로 형성된다. 평형 상태에서 자기력과 전기력은 홀 효과에서와 똑같이 서로 상쇄된다. 자기력이 도

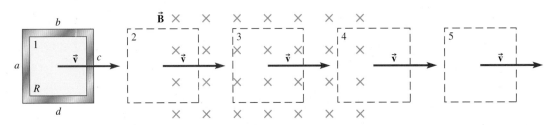

그림 20.4 고리에 수직인 균일한 자기장 $\vec{B}$ 영역을 들어가고, 통과하고, 나오는 고리.

선의 길이 방향을 따라 전하를 밀지 않으므로 (*b*, *d*) 부분 도선에서는 기전력이 형성되지 않는다.

위치 1과 5의 고리는 완전히 자기장 밖에 있다. 어느 변의 도선도 기전력을 갖지 않으므로 전류는 흐르지 않는다.

위치 2의 경우 변 *c*의 도선에만 기전력이 있으며, *a* 부분의 도선은 자기장 $\vec{B}$의 바깥에 있으므로 기전력은 *c* 부분 도선에서 전류를 위쪽으로 흐르게 해 시계 반대 방향으로 전류가 흐르게 된다. 전류의 크기는

$$I = \frac{\mathcal{E}}{R} = \frac{vBL}{R}$$

이다.

위치 3의 경우에 *a*와 *c* 부분 도선 모두에 운동기전력이 있다. 양 변 도선의 기전력이 전류가 고리의 위쪽을 향하게 하므로, 고리 둘레에 대한 알짜 기전력은, 이상적인 두 개의 전지를 그림 20.5와 같이 연결한 것처럼 0이다. 따라서 고리 둘레를 흐르는 전류는 0이 된다.

위치 4의 경우에, *c* 변의 도선은 자기장 $\vec{B}$ 영역 바깥에 있으므로 *a* 변의 도선만이 운동기전력을 가진다. 기전력은 전류를 *a* 변의 도선에서 위쪽으로 흐르게 하므로 전류는 고리의 시계 방향으로 흐르며, 전류의 크기는 역시

$$I = \frac{\mathcal{E}}{R} = \frac{vBL}{R}$$

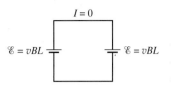

그림 20.5 위치 3에서 변 *a*와 *c* 도선에 생긴 기전력을 회로도에서 쓰는 전지 기호로 나타낼 수 있다.

이다.

검토 그림 20.5는 여러 곳에 이용할 수 있는 한 가지 유용한 기술을 설명하고 있다. 가끔 전지 기호를 사용해 유도기전력의 방향을 표시하는 것이 도움이 될 때가 있다.

고리가 오른쪽으로 일정한 속도로 운동하는 대신에 정지하고 있다면, 위치 1~5 어디에서도 운동기전력은 존재하지 않는다. 단순히 고리에서 수직인 변의 도선 어느 하나가 자기장 내에 있고, 다른 변의 도선이 밖에 있다고 해서 운동기전력이 생기는 것은 아니다. 한 변의 도선은 자기장을 지나면서 운동을 하고 다른 변의 도선은 자기장을 지나지 않고 운동을 하기 때문에 기전력이 생기는 것이다.

개념형 실전문제 20.1 서로 다른 금속 고리들

크기와 모양은 같으나 서로 다른 금속으로 이루어진 고리들이 같은 자기장 내에서 같은 속도로 운동하는 경우를 생각해 보자. 기전력의 크기, 기전력의 방향, 전류의 크기 또는 전류의 방향 중 어느 것이 서로 다른가?

20.2 발전기 ELECTRIC GENERATORS

실용적인 이유 때문에 발전기는 레일 위에서 미끄러지는 금속 막대 대신에 자기장 내에서 회전하는 전선 코일을 사용한다. 회전하는 코일을 **전기자**(*armature*)라고 한다. 간단한 발전기를 그림 20.6에 나타냈다. 직사각형의 코일이 증기기관의 터빈과 같은 외부 에너지원에 의해 회전하는 축에 설치되어 있다.

일정한 각속도 ω로 회전하는 하나의 직사각형 고리를 생각하자. 고리는 거의 균일한 자기장 B를 만들어내는 영구자석 또는 전자석의 자극 사이에서 회전한다. 변 2와 4의 도선의 길이는 각각 L이며, 회전축에서의 거리는 r이다. 따라서 변 1과 3의 도선의 길이는 각각 2r 이다.

네 변의 도선 중 어느 것도 자기장과 수직으로 운동을 하지 않으므로 20.1절의 결과를 일반화해야만 한다. 문제 34에서 변 1과 3의 도선에 유도기전력은 0임을 증명할 수가 있으므로, 변 2와 4 도선에만 집중하기로 한다. 이 두 변은 일반적으로 $\vec{B}$에 수직하게 운동하지 않기 때문에, 전자에 작용하는 평균 자기력의 크기는 인자

워싱턴 주에 있는 리틀 구스 댐(Little Goose Dam)의 발전기.

그림 20.6 교류발전기. 영구자석 또는 전자석의 자극 사이에서 직사각형 고리 또는 코일 형태의 도선이 일정한 각속도로 회전한다. 고리가 돌면 자기장을 통과하는 운동에 의해 변 2와 4 도선에 기전력이 유도된다. (변 1과 3 도선에 유도되는 기전력은 0이다.) 자기 돌림힘이 코일의 회전 방향과 반대로 작용하기 때문에 코일의 각속도를 일정하게 유지하기 위해서는 외부에서 돌림힘을 가해주어야 한다.

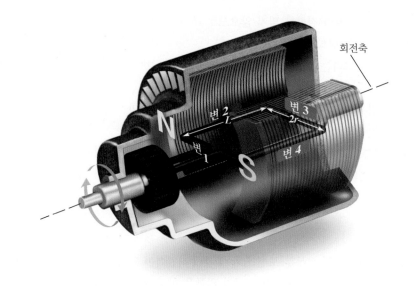

$\sin\theta$만큼 줄어들어

$$F_{평균} = evB\sin\theta$$

가 된다. 여기에서 θ는 전선의 속도 벡터와 자기장 사이의 각이다(그림 20.7). 유도 기전력도 같은 비율로 줄어서

$$\mathscr{E} = vBL\sin\theta$$

가 된다. 유도된 기전력은 자기장 $\vec{B}$에 수직인 속도 성분($v_\perp = v\sin\theta$)에 비례함에 유의하여라. 시각적으로, 유도기전력을 도선이 **자기장선을 자르면서** 지나가는 비율에 비례하는 것으로 생각하여라. $\vec{B}$에 평행한 도선의 속도 성분은 도선이 자기장선을 따라 운동하게 하므로 도선이 자기장선을 자르며 지나가는 비율에 아무런 기여도 하지 못한다.

그림 20.7 (a) 회전축 방향으로 본 직사각형 고리의 측면도. 변 2와 4 도선의 속도 벡터는 자기장에 대해 각도 θ를 이루고 있다. (b) 이 위치($\theta = 0$)에서 고리의 변 2와 4 도선은 자기장과 평행하게 운동하므로 전자에 작용하는 자기력은 0이고 유도된 emf는 0이다. (c) 이 위치($\theta = 90°$)에서 고리의 변 2와 4 도선은 자기장에 수직하게 운동하므로 전자에 작용하는 자기력은 최대이다. 각 변에 유도된 emf는 최댓값 $\mathscr{E} = vBL$이다. 임의의 위치에서, 변 2와 4 도선에 유도된 emf는 각각 $\mathscr{E} = vBL\sin\theta$이다.

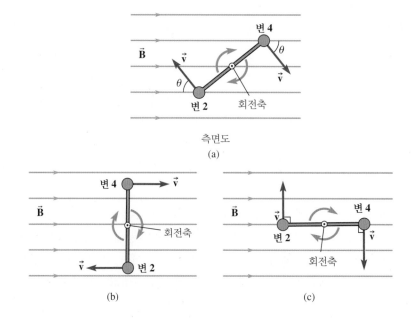

고리가 일정한 각속도 ω로 회전하므로 변 2와 4의 속력은

$$v = \omega r$$

가 된다. 각 θ는 일정한 비율 ω로 변한다. 간단하게 하기 위해 $t = 0$에서 $\theta = 0$이라고 하면, $\theta = \omega t$이고 변 2와 4 도선에서 각각의 기전력 $\mathscr{E}$을 t의 함수로 나타내면,

$$\mathscr{E}(t) = vBL \sin \theta = (\omega r)BL \sin \omega t$$

가 된다.

변 2와 4 도선이 서로 반대 방향으로 운동하므로, 전류는 반대 방향으로 흐른다. 곧, (그림 20.7에 보인 것처럼) 변 2 도선의 전류는 지면을 뚫고 들어가는 반면, 변 4 도선의 전류는 지면에서 나온다. 그림 20.8에 보인 것처럼 두 변의 도선 모두에서 전류는 시계 반대 방향으로 흐른다. 따라서 총 기전력은 두 기전력의 합이 된다.

$$\mathscr{E}(t) = 2\omega r BL \sin \omega t$$

직사각형 고리의 가로와 세로 길이가 각각 L과 $2r$이므로, 고리의 넓이는 $A = 2rL$이다. 따라서 총 기전력 $\mathscr{E}$을 시간 t의 함수로 나타내면

$$\mathscr{E}(t) = \omega BA \sin \omega t \tag{20-3a}$$

이다. 고리의 넓이로 표현된 식 (20-3a)는 어떠한 형태의 평면형 고리에 대해서도 성립한다. 코일의 감긴 수가 N(똑같은 N개의 고리)인 경우에 기전력은 N배로 커진다.

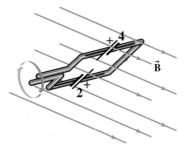

그림 20.8 전지 기호는 $\theta = 0°$와 $\theta = 90°$ 사이에서 변 2와 4 도선에 유도된 기전력의 방향을 나타낸다. "전지" 2의 양극은 "전지" 4의 음극에 연결되어 있다. 키르히호프의 고리 규칙을 사용해보면, 두 개의 기전력이 더해진다. (고리가 $\theta = 90°$를 통과할 때 두 기전력은 반대 방향이 된다.)

교류발전기가 생산하는 기전력

$$\mathscr{E}(t) = \omega NBA \sin \omega t \tag{20-3b}$$

발전기가 생산하는 기전력은 일정하지 않고 시간에 대해 사인 함수이다(그림 20.9 참조). 최대 기전력($= \omega NBA$)을 기전력의 **진폭**amplitude이라고 한다(단순조화운동에서 최대 변위를 진폭이라고 하는 것과 같이). 사인 함수 형태의 기전력이 교류(AC)회로에 이용된다. 미국과 캐나다의 가정용 콘센트는 진폭이 약 170 V이고 진동수가 $f = \omega/2\pi = 60$ Hz인 기전력을 공급하고 있다. 그 밖의 여러 나라에서는 진폭이 약 310~340 V이고 진동수가 50 Hz인 교류 전기를 사용하고 있다.

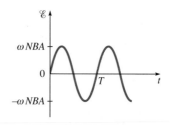

그림 20.9 발전기로 생산한 기전력은 시간에 대해 사인 함수이다.

✓ **살펴보기 20.2**

발전기가 12 Hz의 진동수로 회전하면서 진폭 18 V의 기전력을 생산한다. 회전 진동수가 10 Hz로 떨어지면 기전력의 진동수와 진폭은 어떻게 변하는가?

발전기가 공급하는 에너지는 공짜가 아니다. 곧, 발전기의 축을 회전시키기 위해서는 일을 해주어야 한다. 변 2와 4의 도선에 작용하는 자기력은 코일의 회전을 방해하는 방향으로 돌림힘을 일으킨다(문제 35). 코일이 일정한 속력으로 회전하기 위

해서는 반대 방향으로 작용하는 같은 크기의 돌림힘을 발전기의 축에 가해야 한다. 이상적인 발전기의 경우, 외부에서 가해준 돌림힘이 전기에너지가 만들어지는 것과 똑같은 비율로 일을 한다. 실제로는 약간의 에너지가 마찰이나 코일의 전기저항 등에 의해 소모된다. 따라서 외부 돌림힘은 발전된 전기에너지의 양보다 좀 더 많이 일을 해야 한다. 전기에너지가 생산되는 비율은

$$P = \mathscr{E}I$$

이므로, 발전기를 계속 회전시키기 위한 외부 돌림힘은 기전력뿐만이 아니라 발전기가 공급하는 전류에 따라서도 변한다. 공급되는 전류는 **부하**(전류가 흐르면서 통과해야 하는 외부 회로)에 따라 변한다.

전기에너지를 공급하는 대부분의 발전소에서 발전기의 축을 회전시키기 위해 증기기관이 일을 한다. 증기기관은 석탄, 천연가스, 석유를 태우거나 핵 반응로에 의해 작동된다. 수력 발전소의 경우에는 물의 중력퍼텐셜에너지가 발전기의 축을 회전시키는 에너지원이다.

응용: 하이브리드 자동차 전기와 가솔린 하이브리드차의 브레이크를 작동할 때는 자동차의 동력전달장치가 배터리를 충전시키는 발전기에 연결되어 배터리를 충전시킨다. 따라서 자동차의 운동에너지가 완전히 낭비하지 않고 상당량을 배터리에 저장한다. 브레이크에서 발을 떼면 이 에너지는 차를 움직이는 데 사용된다.

응용: 직류발전기

교류발전기에서 만들어진 기전력은 매 주기마다 두 번씩 방향이 바뀐다. 수학적으로, 식 (20-3)에서 사인 함수는 반주기 동안은 양(+)이며, 나머지 반주기 동안은 음(−)이다. 발전기를 부하에 연결하면, 전류도 매 주기마다 두 번 방향을 바꾼다. 이것이 우리가 교류라고 부르는 이유이다.

부하가 교류 대신에 직류(dc)를 필요로 하면 어떻게 될까? 이 경우에는 방향이 바뀌지 않는 기전력이 필요하다. 직류발전기를 만드는 한 가지 방법은 직류 전동기에서와 똑같은 집전 고리 정류자와 브러시를 가진 교류발전기에 설치하는 것이다 (19.7절). 기전력의 방향이 바뀌려 할 때 브러시가 집전 고리 사이를 통과하면서 회전하는 고리와 연결 방향을 바뀌게 한다. 정류자가 외부 부하에 대한 연결 방향을 효율적으로 바꿔주므로 전류는 공급된 기전력과 같은 방향을 유지하게 된다. 하지만 기전력과 전류는 일정하지 않으며, 기전력은 그림 20.10에서와 같이 기전력이

$$\mathscr{E}(t) = \omega NBA \, |\sin \omega t| \qquad \text{(20-3c)}$$

로 표현된다.

단순한 **직류전동기**를 **직류발전기**로 사용할 수 있고, 역으로 직류발전기를 직류전동기로 사용하는 것도 가능하다. 전동기로 사용하는 경우에는 전지와 같은 외부 에너지원이 고리 내에 전류를 흐르게 하며, 이때 발생하는 자기 돌림힘이 전동기를 회전시킨다. 다시 말해서, 전류가 입력이고 돌림힘이 출력이다. 발전기로 사용되는 경우

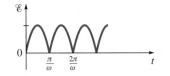

그림 20.10 시간의 함수로 나타낸 직류 발전기의 기전력.

연결고리

직류발전기는 입력과 출력이 서로 바뀐 직류전동기이다.

에는 외부 돌림힘이 고리를 회전시켜 자기장이 고리 내에 기전력을 일으키며, 기전력이 전류를 흐르게 한다. 이 경우에는 돌림힘이 입력이고 전류가 출력이다. 역학적 에너지와 전기에너지 사이의 변환은 어느 방향으로든 가능하다.

좀 더 복잡한 직류발전기에는 여러 개의 코일이 회전축 둘레에 균등하게 배치되어 있다. 각 코일에서의 기전력은 사인 함수처럼 변하지만, 각 기전력이 최댓값에 도달하는 시간은 다르다. 정류자가 돌면서 브러시는 최대 기전력에 도달한 코일에 연결된다. 출력 기전력에는 아주 작은 요동이 있지만 전압조절기라는 회로를 이용해 그 요동을 완화시킬 수 있다.

보기 20.2

자전거 발전기

자전거 바퀴와 접촉해 작동하는 간단한 발전기는 자전거의 전조등에 전력을 공급하는 데 사용될 수 있다. 발전기에 감긴 횟수가 150회, 반지름이 1.8 cm인 원형 코일이 있다. 코일이 있는 부분에서 자기장의 세기는 0.20 T이다. 발전기가 진폭이 4.2 V인 기전력을 전구에 공급하면, 전구는 평균 전력 6.0 W, 최대 순간 전력 12.0 W를 소모한다. (a) 발전기 전기자의 회전 속력을 분당 회전수(rpm)로 나타내어라. (b) 이상적인 발전기라고 가정하고 자전거의 타이어가 발전기에 가해야 하는 평균 돌림힘과 순간 최대 돌림힘은 얼마여야 하는가? (c) 타이어의 반지름이 32 cm이며 타이어와 접촉하는 발전기의 회전축 반지름이 1.0 cm이다. 진폭이 4.2 V인 기전력을 공급하려면 자전거의 선속력(linear speed)은 얼마여야 하는가?

전략 진폭은 시간에 따라 변하는 기전력[식 (20-3c)]의 최댓값이다. 돌림힘를 알 수 있는 방법에는 두 가지가 있다. 하나는 코일에 흐르는 전류를 구한 후에, 자기장이 코일에 작용하는 돌림힘를 구하는 것이다. 발전기의 전기자가 일정한 속도로 운동하기 위해서는 크기는 같고 방향이 반대인 돌림힘을 전기자에 가해줘야만 한다. 또 다른 방법은 에너지 전환을 분석하는 것이다. 전기자에 가해준 외부 돌림힘은 전기에너지가 전구에서 소모되는 것과 같은 비율로 일을 해야 한다. 문제에서 전구의 소모 전력이 주어졌기 때문에 두 번째 접근 방법이 가장 쉽다. 자전거의 선속력을 구하기 위해 타이어와 전기자 축의 접선속력(축은 타이어에서 "구른다".)이 같다고 놓는다.

풀이 (a) 시간의 함수로 나타낸 기전력은

$$\mathcal{E}(t) = \omega NBA \left| \sin \omega t \right| \qquad \text{(20-3c)}$$

이다. 기전력은 $\sin \omega t = \pm 1$일 때 최댓값을 가진다. 따라서 기전력의 진폭은

$$\mathcal{E}_m = \omega NBA$$

이며, $N = 150$, $A = \pi r^2$ 그리고 $B = 0.20$ T이다. 각진동수에 대해 풀면

$$\omega = \frac{\mathcal{E}_m}{NAB} = \frac{4.2 \text{ V}}{150 \times \pi \times (0.018 \text{ m})^2 \times 0.20 \text{ T}} = 137.5 \text{ rad/s}$$

이다. 단위들을 점검하면, $1 \text{ V}/(\text{T·m}^2) = 1 \text{ s}^{-1}$임이 됨을 알 수 있다. 문제에서 분당 회전수(rpm)를 구하라고 했으므로 각진동수를 rpm 단위로 바꿀 필요가 있다. 곧

$$\omega = 137.5 \frac{\text{rad}}{\text{s}} \times \frac{1 \text{ rev}}{2\pi \text{ rad}} \times \frac{60 \text{ s}}{1 \text{ min}} = 1300 \text{ rpm}$$

이다.

(b) 발전기가 이상적이라고 하면, 회전축에 가해준 돌림힘이 전기에너지가 생산되는 비율, 곧

$$P = \frac{W}{\Delta t}$$

와 같은 비율로 일을 해야만 된다. 미소 각변위 $\Delta\theta$가 일어나는 동안에 한 일은 $W = \tau \Delta\theta$이므로

$$P = \tau \frac{\Delta\theta}{\Delta t} = \tau \omega$$

가 된다. 평균 돌림힘은

$$\tau_{\text{평균}} = \frac{P_{\text{평균}}}{\omega} = \frac{6.0 \text{ W}}{137.5 \text{ rad/s}} = 0.044 \text{ N·m}$$

이며, 최대 돌림힘은

$$\tau_m = \frac{P_m}{\omega} = \frac{12.0\ W}{137.5\ rad/s} = 0.087\ N\cdot m$$

이다.

(c) 발전기 축의 접선속력은

$$v_{접선} = \omega r = 137.5\ rad/s \times 0.010\ m = 1.4\ m/s$$

이다. 발전기의 축이 타이어 위에서 미끄러지지 않고 회전하므로 이 속력은 발전기 축이 접촉하는 곳의 타이어의 접선속력과 같다. 발전기는 타이어의 바깥 가장자리 가까이에 있으므로, 이 속력은 타이어의 바깥 반지름에서의 접선속력과 거의 같다. 따라서 자전거가 도로상에서 미끄러지지 않고 굴러간다고 가정하면, 자전거의 선속력은 대략 1.4 m/s이다.

검토 결과를 점검하기 위해, 코일 내에 흐르는 최대 전류를 구해서 최대 돌림힘을 구해볼 수 있다. 최대 전류는 소모되는 전력이 최대일 때에 일어난다. 곧

$$P_m = \mathscr{E}_m I_m$$

$$I_m = \frac{12.0\ W}{4.2\ V} = 2.86\ A$$

이다. 전류 고리에 작용하는 자기 돌림힘은

$$\tau = NIAB \sin\theta$$

이다. $\theta = \omega t$는 자기장과 법선(고리에 수직한 방향) 사이의 각이다. 기전력이 최대인 곳에서, $|\sin\theta| = 1$이므로 최대 돌림힘은

$$\tau_m = NI_m AB = 150 \times 2.86\ A \times \pi \times (0.018\ m)^2 \times 0.20\ T$$
$$= 0.087\ N\cdot m$$

이다.

실전문제 20.2 자전거를 좀 더 느리게 타기

자전거의 빠르기를 절반으로 줄이면, 최대 전력은 얼마인가? 전구의 저항은 앞의 보기에 있는 것과 같다고 가정한다. 각속도가 기전력에 영향을 미치고, 그에 따라 전류가 영향을 받는다는 것을 염두에 두어라. 전구의 출력은 자전거의 속력과 어떤 관계가 있는가?

20.3 패러데이의 법칙 FARADAY'S LAW

1820년에, 외르스테드(Hans Christian Oersted)는 전류가 자기장을 일으킨다는 것을 우연히 발견했다(19.1절). 이 발견 소식을 듣자마자 영국의 과학자 패러데이(Michael Faraday, 1791~1867)는 그 발견의 역과정, 곧 자기장을 이용해 전류를 만드는 실험을 자석과 전기회로를 이용해 시작했다. 패러데이의 훌륭한 실험들은 전동기, 발전기 및 변압기의 개발로 이어졌다.

변하는 자기장 $\vec{B}$는 유도기전력을 일으킨다 1831년에 패러데이는 유도기전력을 일으키는 두 가지 방법을 발견했다. 한 가지 방법은 자기장 내에서 도체를 움직이는 것이다(운동기전력). 또 다른 방법에서는 도체가 운동을 하지 않는다. 대신에, 패러데이는 도체가 정지해 있다고 하더라도 변하는 자기장이 도체 내에 기전력을 유도한다는 것을 발견했다. 변하는 자기장 $\vec{B}$때문에 생긴 유도기전력을 전도전자에 작용하는 자기력으로 이해할 수는 없다. 도체가 정지해 있다면, 전도전자들의 평균 속도는 0이 되어 평균 자기력이 0이 되기 때문이다.

전자석의 극 사이에 놓인 원형 도체 고리를 생각해보자(그림 20.11). 고리는 자기장에 수직이며, 자기장선은 고리의 내부를 통과한다. 자기장의 세기는 자기장선 사이의 간격과 관계가 있기 때문에, 만일 자기장의 세기가 변하면 (전자석에 흐르는

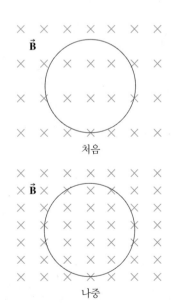

그림 20.11 크기가 증가하는 자기장 내에 있는 원형 고리.

처음

나중

전류를 변화시킴으로써), 도체 고리를 통과하는 자기장선의 수도 변한다. 패러데이는 고리에 유도된 기전력이 고리의 내부를 통과하는 자기장선 수의 **변화율**에 비례한다는 것을 발견했다.

자기장선의 수가 포함되지 않도록 패러데이의 법칙을 수학적으로 나타낼 수 있다. 자기장의 크기는 단면의 단위 넓이당 자기장선의 수에 비례하므로

$$B \propto \frac{\text{자기장선의 수}}{\text{넓이}}$$

와 같다. 넓이가 A인 열린(닫혀 있지 않은) 면이 균일한 크기 B의 자기장에 수직으로 놓여 있다면, 이 면을 통과하는 자기장선의 수는 BA에 비례한다. 따라서

$$\text{자기장선의 수} = \frac{\text{자기장선의 수}}{\text{넓이}} \times \text{넓이} \propto BA \qquad (20\text{-}4)$$

이다.

식 (20-4)는 표면이 자기장에 수직인 경우에만 성립한다. 일반적으로 표면을 통과하는 자기장선의 수는 표면에 수직인 장의 성분과 넓이의 곱에 비례하므로

$$\text{자기장선의 수} \propto B_\perp A = BA \cos\theta$$

와 같이 표현된다. θ는 법선(표면에 수직인 직선)과 자기장선 사이의 각이다. 표면에 나란한 자기장의 성분 $B_\parallel$은 표면을 통과하는 자기장선의 수에 기여하지 않는다. 곧, $B_\perp$만이 기여한다(그림 20.12a). 마찬가지로 그림 20.12b는 넓이 A인 면을 통과하는 자기장선의 수가 자기장선의 방향과 수직인 넓이 $A\cos\theta$인 면을 통과하는 자기장선의 수와 같음을 보여주고 있다.

자기선속 표면을 통과하는 자기장선의 수에 비례하는 수학적인 양을 **자기선속**^magnetic flux 또는 자기선다발, 자속이라 한다. 그리스 대문자 Φ는 선속을 나타내기 위해 사용하며, Φ_B에서 아래 첨자 B가 자기선속을 의미한다.

> ### 넓이 A인 평면을 통과하는 자기선속
>
> $$\Phi_B = B_\perp A = BA_\perp = BA \cos\theta \qquad (20\text{-}5)$$
>
> (θ는 자기장과 면의 법선 사이의 각도이다.)

> **연결고리**
>
> 자기선속은 전기선속과 유사하다 (16.7절). 두 경우 모두, 표면을 통과하는 선속은 표면의 넓이와 장의 수직 성분을 곱한 값과 같다. 또한 두 경우 모두 선속은 표면을 자르며 지나가는 장선의 수로 시각화할 수 있다.

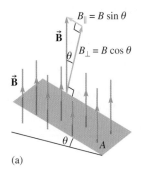

(a)

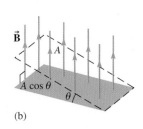

(b)

그림 20.12 (a) 넓이 A인 면에 수직인 $\vec{B}$의 성분은 $B\cos\theta$이다. (b) $\vec{B}$에 수직인 평면에 내린 면 A의 사영은 $A\cos\theta$이다. 그에 따라 자기선속은 $BA\cos\theta$이다.

자기선속의 SI 단위는 웨버로 $1\,\text{Wb} = 1\,\text{T}\cdot\text{m}^2$이다.

패러데이의 법칙

패러데이의 법칙^{Faraday's law}은 고리 둘레에 유도된 기전력의 크기가 고리를 통과하는 자기선속의 변화율에 비례한다는 것이다.

> **패러데이의 법칙**
>
> $$\mathscr{E} = -\frac{\Delta \Phi_B}{\Delta t} \qquad (20\text{-}6a)$$

순간 기전력을 알고자 한다면, 패러데이의 법칙에서 미소 시간 간격 Δt의 극한을 취해야 한다. 하지만 패러데이의 법칙은 긴 시간 간격에도 적용이 가능하며, 이 경우에 $\Delta \Phi_B / \Delta t$는 자기선속의 평균 변화율이 되며, $\mathscr{E}$는 같은 시간 동안의 평균 기전력을 나타낸다.

식 (20-6a)에서 음(−)의 부호는 고리 둘레에 생긴 유도기전력의 방향과 관련이 있다(시계 방향 또는 반시계 방향). 부호에 대한 해석은 기전력의 방향에 대한 공식적인 정의에 따른다. 이 책에서는 취급하지 않는다. 대신 20.4절에서 유도기전력의 방향을 제시해주는 렌츠의 법칙을 소개한다.

단일 고리 대신에 N번 감은 코일인 경우에 유도기전력은 N배로 커져서

$$\mathscr{E} = -N\frac{\Delta \Phi_B}{\Delta t} \qquad (20\text{-}6b)$$

가 된다. $N\Phi_B$는 코일을 통과하는 총 **교차자기선속**^{flux linkage}이라 부른다.

보기 20.3

변하는 자기장에 의한 유도기전력

반지름이 3.0 cm이며 40번 감긴 전선 코일이 전자석의 극 사이에 놓여 있다. 자기장의 세기가 225 s 동안 0에서 0.75 T로 일정한 비율로 증가한다. (a) 자기장이 코일의 면에 대해 수직인 경우, (b) 코일의 면과 30.0°의 각을 이루는 경우에 코일에 유도된 기전력의 크기는 각각 얼마인가?

전략 우선, 코일을 통과하는 자기선속에 대한 표현식을 자기장을 사용해 나타낸다. 유일하게 변하는 것은 자기장의 세기이므로, 자기선속의 변화율은 자기장의 변화율에 비례한다. 패러데이의 법칙으로부터 유도기전력을 구한다.

풀이 (a) 자기장이 코일에 수직이므로 한 번 감긴 코일에 대한 자기선속은

$$\Phi_B = BA$$

가 된다. 여기에서 B는 자기장의 세기, A는 고리의 넓이이다. 자기장이 일정한 비율로 증가하므로, 자기선속도 일정한 비율로 증가한다. 자기선속의 변화율은 자기선속의 변화를 시간 간격으로 나눈 값이 된다. 자기선속이 일정한 비율로 변하므로 고리에 유도된 기전력은 일정하다.

패러데이의 법칙에 의해

$$\mathscr{E} = -N\frac{\Delta \Phi_B}{\Delta t} = -N\frac{B_f A - 0}{\Delta t}$$

$$|\mathscr{E}| = 40.0 \times \frac{0.75\,\text{T} \times \pi \times (0.030\,\text{m})^2}{225\,\text{s}} = 3.77 \times 10^{-4}\,\text{V}$$

$$= 0.38\,\text{mV}$$

가 된다.

(b) 식 (20-5)에서, θ는 $\vec{B}$와 코일에 대해 수직인 방향 사이의 각이다. 자기장이 코일 면과 30.0°의 각을 이루므로 코일의 수직 방향에 대해서는

$$\theta = 90.0° - 30.0° = 60.0°$$

가 된다. 자기선속은 $\Phi_B = BA \cos\theta$이므로 유도된 기전력은

$$|\mathscr{E}| = N\frac{\Delta\Phi_B}{\Delta t} = N\frac{B_f A \cos\theta - 0}{\Delta t} = 3.77 \times 10^{-4}\,\text{V} \times \cos 60.0°$$

$$= 0.19\,\text{mV}$$

가 된다.

검토 자기장의 변화율이 일정하지 않다면, 0.38 mV는 같은 시간 동안의 평균 기전력이다. 순간 기전력은 어떤 때는 이보다 크고 어떤 때는 더 작다.

실전문제 20.3 $\vec{B}$의 수직 성분을 이용하기

코일, 코일에 대해 수직인 방향, 자기장선을 나타내는 그림을 그려라. 수직 방향으로 $\vec{B}$의 성분을 찾고 $\Phi_B = B_\perp A$를 사용해 (b)에 대한 해답을 증명하여라.

패러데이의 법칙과 운동기전력

이 절의 앞부분에서 변하는 자기장에 의한 유도기전력의 크기를 구하기 위해 패러데이의 법칙을 사용했다. 하지만 그것은 논의될 내용의 일부에 불과하다. 패러데이의 법칙은 자기선속의 변화를 일으키는 원인과는 관계없이 자기선속의 변화에 의한 유도기전력에 대해 알려준다. 자기선속의 변화는 시간에 따라 변하는 자기장 외의 다른 원인에 의해서도 일어날 수 있다. 도체의 고리가 자기장이 균일하지 않은 영역에서 운동할 수도 있고, 회전할 수도 있으며, 크기나 모양이 변할 수도 있다. 이 모든 경우에 이미 설명한 대로 패러데이의 법칙은 자기선속이 왜 변하는지에는 관계없이 기전력을 바르게 구할 수 있게 해준다. 자기선속을

$$\Phi_B = BA \cos\theta \tag{20-5}$$

로 쓸 수 있다는 것을 상기하자. 따라서 자기장의 세기(B)가 변하든지 고리의 넓이 (A)가 변하든지, 또는 자기장과 수직 방향 사이의 각이 변해도 자기선속은 변한다.

패러데이의 법칙은 자기선속의 변화를 일으키는 이유와는 관계없이 유도기전력이

$$\mathscr{E} = -N\frac{\Delta\Phi_B}{\Delta t} \tag{20-6b}$$

라는 것이다.

예를 들어, 그림 20.2에서 운동하는 막대는 도체 고리의 한 변이다. 막대가 오른쪽으로 미끄러지고 있으면 고리를 지나가는 자기선속은 증가한다. 그것은 고리의 넓이가 증가하고 있기 때문이다. 패러데이의 법칙은 식 (20-2a)의 고리에 유도된 기전력과 같은 결과를 낳는다.

운동하는 도체 내의 움직일 수 있는 전하는 전하에 작용하는 자기력에 의해 고리 둘레를 따라 돌게 된다. 도체 전체가 움직이지 않으므로, 운동 가능한 전하의 평균 속도는 0이 아니고, 따라서 평균 자기력도 0이 아니다. 자기장이 변하고 도체가 정지해 있는 경우에는 운동 가능한 전하는 자기력에 의해 운동 상태로 되지 않는다. 곧, 전류가 흐르기 전에 평균 속도는 0이다. 정확히 어떤 것이 전류를 흐르도록 하는지에 대해서는 20.8절에서 논의한다.

연결고리

패러데이의 법칙은 20.1절과 20.2절의 운동 기전력을 포함해 변하는 자기선속에 의한 유도기전력을 구해준다.

그림 20.13 (a) 시간의 함수로 표시한 사인함수 모양으로 변하는 기전력 $\Phi(t) = \Phi_0 \sin \omega t$의 그래프. (b) $\Phi(t)$의 변화율을 표시하는 기울기 $\Delta\Phi/\Delta t$의 그래프.

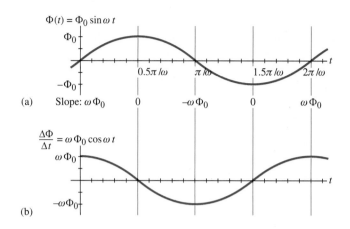

사인함수 모양으로 변하는 기전력

보기 20.2에서와 같이 시간에 대해 주기적인 함수(사인 또는 코사인 함수)로 주어지는 기전력은 교류발전기, 전동기 및 회로에 흔하다. 자기선속이 시간에 대한 사인 함수이면 사인함수 모양의 기전력이 발생한다. 곧

$$\Phi(t) = \Phi_0 \sin \omega t \text{이면,} \quad \frac{\Delta\Phi}{\Delta t} = \omega \Phi_0 \cos \omega t \quad \text{(미소 } \Delta t \text{에 대해)} \tag{20-7a}$$

$$\Phi(t) = \Phi_0 \cos \omega t \text{이면,} \quad \frac{\Delta\Phi}{\Delta t} = -\omega \Phi_0 \sin \omega t \quad \text{(미소 } \Delta t \text{에 대해)} \tag{20-7b}$$

가 됨을 입증할 수 있다(그림 20.13 참조).

보기 20.4

발전기에 패러데이의 법칙 적용하기

전자석의 자극 사이의 자기장이 B로 일정하다. 단면의 넓이가 A이며 N번 감긴 원형 도선이 이 자기장 안에 놓여 있다. 외부에서 돌림힘이 작용해 코일을 그림 20.6에서와 같이 자기장에 수직인 축에 대해 일정한 각속도 ω로 돌아가게 한다. 패러데이의 법칙으로 코일에 유도되는 기전력을 구하여라.

전략 자기장은 변하지 않지만 코일의 방향이 변한다. 코일을 통과하는 자기장선의 수는 코일에 수직인 방향과 자기장이 이루는 각에 따라 변한다. 패러데이의 법칙에 따라 자기선속의 변화로 코일에 기전력이 유도된다.

풀이 장이 코일에 수직인 순간을 $t = 0$으로 잡자. 이 순간에 $\vec{\mathbf{B}}$는 법선과 평행하기 때문에 $\theta = 0$이다. 나중 시간 $t > 0$에서 코일은 $\Delta\theta = \omega t$만큼 회전한다. 따라서 시각 t에서 코일에 수직인 방향과 자기장이 이루는 각은

$$\theta = \omega t$$

이다. 코일을 통과하는 선속은

$$\Phi = BA \cos \theta = BA \cos \omega t$$

이다.

순간 기전력을 구하기 위해서는 선속의 순간 변화율을 알아야 한다. 식 (20-7b)와 $\Phi_0 = BA$를 이용하면

$$\frac{\Delta\Phi}{\Delta t} = -\omega BA \sin \omega t$$

이고, 패러데이의 법칙으로부터 기전력은

$$\mathscr{E} = -N \frac{\Delta\Phi}{\Delta t} = \omega NBA \sin \omega t$$

가 된다. 20.2절에서 이미 구했던 식 (20-3b)와 같다.

검토 식 (20-3b)를 구하는 과정에서 각 변의 운동기전력을 구하기 위해 직사각형 고리 안에 있는 전자에 작용하는 자

기력을 이용했다. 원형 고리나 코일에 같은 방법을 적용하기는 어려울 것이다. 그러나 패러데이의 법칙은 이용하기 쉬우며, 닫힌 도선이 편평하다면 유도되는 기전력은 고리나 코일의 모양과는 관계없다는 것을 분명하게 보여준다. 감은 수와 넓이만이 중요하다.

실전문제 20.4 회전코일 발전기

회전 코일 발전기에서 전자석의 극 사이의 자기장의 크기는 0.40 T이다. 극 사이에 있는 원형 코일을 감은 수는 120번이고 반지름은 4.0 cm이다. 코일이 5.0 Hz의 진동수로 회전할 때 코일에 유도되는 기전력의 **최댓값**을 구하여라.

전자기 유도를 이용하는 기술

현재 응용되고 있는 많은 기술들이 전자기 유도 현상을 이용한다. 패러데이의 법칙을 응용한 것들은 너무 많아서 열거하기조차 힘들다. 그중 첫 번째는 발전기이다. 우리가 사용하는 거의 모든 전기는 패러데이의 법칙에 따라 작동하는 발전기, 곧 운동하는 코일이나 변하는 자기장에서 만들어진다. 전기를 분배하는 모든 시스템은 교류전압을 변화시키는데 자기 유도를 이용한 **변압기**(transformers)를 사용한다 (20.6절). 변압기는 원거리 송전을 위해 송전선 양단의 전압을 올린다. 나중에는 가정 및 공장에서 안전하게 사용하도록 전압을 낮춘다. 전기를 생산하고 분배하는 전체 시스템은 패러데이의 유도 법칙과 관계있다.

누전차단기　누전차단기(ground fault interrupter, GFI)는 흔히 욕실과 감전의 위험이 큰 장소의 교류 전기 콘센트에 사용하는 장치이다. 그림 20.14에서, 콘센트에서 전기를 공급하는 두 전선에는 보통 반대 방향으로 같은 양의 전류가 흐른다. 이러한 교류전류는 초당 120번 방향이 바뀐다. 우연히 젖은 손으로 회로의 일부를 만지면, 전류는 귀환 전선 대신에 사람을 통해 땅으로 흐른다. 그럴 경우에, 두 전선에 흐르는 전류는 달라진다. 똑같지 않은 전류에 의한 자기장선들이 강자성체의 고리에 의해 모아져서 코일로 전달된다. 이 코일을 통과하는 자기선속은 초당 120번 방향을 바꾸기 때문에 코일에 유도기전력이 발생하고, 전력선으로부터 회로를 끊는 회로차단기를 작동시킨다. 누전차단기는 예민하고 빠르게 작동하므로 단순한 회로차단기보다 안전성에서 훨씬 우수하다.

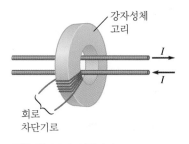

그림 20.14 누전차단기.

가동 코일 마이크로폰　그림 20.15는 가동 코일 마이크로폰(moving coil microphone)을 간단히 그린 것이다. 전선 코일이 공기 중의 음파에 반응해 앞뒤로 진동하는 진동판에 연결되어 있고, 자석은 고정되어 있다. 자기선속의 변화에 의해 유도된 기전력이 코일에 생긴다. 또 다른 유형의 마이크로폰의 경우에는 자석이 진동판에 부착되어 있고 코일은 고정되어 있다. 컴퓨터 하드디스크 읽기 또한 전자기 유도에 기반을 두고 있다. 디스크가 회전하면서 플래터 표면의 자화(19.10절 참조)가 변할 때마다 헤드를 통과하는 선속이 변해 기전력이 발생한다.

그림 20.15 가동 코일 마이크로폰.

자기뇌파검사: 뇌자도　패러데이의 법칙은 인체에 흐르는 전류를 탐지하는 또 하나의 방법을 알려준다. 피부의 여러 점에서 전위차를 측정하는 것 외에, 전류가 만

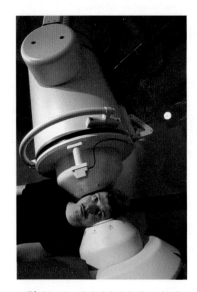

그림 20.16 자기뇌파검사기는 뇌 기능을 비침습(noninvasive) 수단을 사용해 실시간으로 관찰할 수 있다. 환자의 머리 양쪽에 있는 두 개의 흰색 저온유지장치에는 액체 헬륨으로 냉각된 민감한 자기장 검출기가 들어 있다.

든 자기장을 측정할 수가 있다. 전류의 크기가 작으므로 자기장이 약해 SQUID (superconducting quantum interference device)라고 하는 민감한 검출기가 사용된다. 전류가 변화할 때 자기장의 변화가 SQUID에 기전력이 유도되게 한다. 자기뇌파검사에서는 두개골 바로 바깥의 여러 위치에서 유도기전력을 측정한다(그림 20.16). 그리고 컴퓨터가 뇌에서 자기장을 만드는 전류의 위치, 크기 및 방향을 계산한다. 마찬가지로, 심전도검사에서는 심장과 주변 신경계의 전류를 측정한다.

20.4 렌츠의 법칙 LENZ'S LAW

자기선속의 변화로 생긴 유도기전력의 방향과 전류의 방향은 **렌츠의 법칙**Lenz's Law을 이용해 결정할 수 있다. 렌츠의 법칙은 독일 물리학자 렌츠(Friedrich Emil Lenz, 1804~1865)를 기려 이름 붙인 것이다.

> **렌츠의 법칙**
>
> 고리에 유도되는 전류의 방향은 언제나 그 전류를 유도하는 자기선속의 변화를 방해하는 방향이다.

유도기전력과 전류가 자기장과 자기선속을 언제나 방해하고 있는 것은 아님에 주의하여라. 유도기전력과 전류는 자기선속의 **변화**를 방해하는 방향을 향한다.

렌츠의 법칙을 응용하는 한 가지 방법은 유도전류에 의해 생긴 자기장의 방향을 알아보는 것이다. 고리에 생긴 유도전류는 자체 자기장을 만든다. 이러한 자기장의 세기는 외부 자기장에 비해 작을 수 있다. 이 자기장은 코일을 통과하는 자기선속의 변화를 완전히 막을 수는 없지만 언제나 선속의 변화를 막으려는 방향을 향한다. 자기장의 방향은 오른손 제2 규칙에 의한 전류의 방향에 의해 주어진다(19.8절 참조).

> **연결고리**
>
> 렌츠의 법칙이 실제로는 에너지 보존에 대한 다른 표현이다. (개념형 보기 20.5 참조)

✓ 살펴보기 20.4

그림 20.11에서, 자기장은 세기가 증가하고 있다. (a) 원형 도선 고리에서 어떤 방향으로 유도전류가 흐르는가? (b) 만약 자기장의 세기가 감소하는 경우에는 전류의 방향은 어느 방향인가?

개념형 보기 20.5

운동하는 고리에 대한 패러데이의 법칙과 렌츠의 법칙

패러데이와 렌츠의 법칙을 사용해서 보기 20.1에서 계산한 기전력과 전류를 확인하여라. 곧, 고리를 통과하는 자기선속의 변화를 관찰해 기전력과 전류의 방향 및 크기를 구하여라.

전략 패러데이의 법칙을 적용하려면 선속이 변하는 이유를 알아야 한다. 보기 20.1에서, 고리가 일정한 속도로 오른쪽으로 자기장의 영역 안으로 들어가서, 통과하고, 밖으로 빠져

나온다. 영역 내의 자기장의 크기와 방향은 변하지 않으며 고리의 넓이도 변하지 않는다. 변화하는 것은 자기장 속에 있는 고리의 넓이이다.

풀이 위치 1, 3, 5에서 고리가 이동하더라도 선속은 변하지 않는다. 각 경우 고리의 작은 변위로 인해 선속은 변하지 않는다. 선속은 위치 1과 5에서는 0이고 위치 3에서는 0은 아니지만 일정하다. 이 세 위치에서 유도기전력은 0이고 전류도 0이다.

고리가 위치 2에 정지해 있으면 자기선속은 일정하다. 그러나 고리가 자기장 영역으로 이동하기 때문에, 자기장선이 교차하는 고리의 넓이가 증가한다. 따라서 자기선속이 증가하고 있다. 렌츠의 법칙에 따르면, 유도전류의 방향은 선속의 변화를 방해한다. 장이 지면으로 들어가고 선속이 증가하기 때문에 유도전류는 지면에서 나오는 방향의 자기장을 생성하게 하는 방향으로 흐른다. 오른손 규칙에 따라 전류는 시계 반대 방향이다.

위치 2에서 고리의 길이 x는 자기장 영역에 있다. 장 속에 있는 고리의 넓이는 Lx이다. 따라서 선속은 다음과 같다.

$$\Phi_B = BA = BLx$$

x만이 변하기 때문에 선속의 변화율은

$$\frac{\Delta \Phi_B}{\Delta t} = BL\frac{\Delta x}{\Delta t} = BLv$$

이다. 그러므로

$$|\mathcal{E}| = BLv$$

이고

$$I = \frac{|\mathcal{E}|}{R} = \frac{BLv}{R}$$

이다.

위치 4에서 고리가 자기장 영역을 벗어나면 선속이 감소한다. 다시 한 번, 고리가 길이 x만큼 장 내에 있다고 하자. 위치 2와 마찬가지로

$$\Phi_B = BLx$$

$$|\mathcal{E}| = \left|\frac{\Delta \Phi_B}{\Delta t}\right| = BL\left|\frac{\Delta x}{\Delta t}\right| = BLv$$

이고

$$I = \frac{|\mathcal{E}|}{R} = \frac{BLv}{R}$$

이다. 이번에는 선속이 감소한다. 감소를 막기 위해 유도전류는 지면을 향하는 외부의 장과 같은 방향의 자기장을 만든다. 그 전류는 시계 방향이어야 한다.

기전력과 전류의 크기와 방향은 보기 20.1과 동일하다.

검토 렌츠의 법칙을 사용해 전류의 방향을 구하는 또 다른 방법은 고리에 작용하는 자기력을 살펴보는 것이다. 변하는 자기선속은 고리가 오른쪽으로 움직이기 때문이다. 선속의 변화를 막기 위해 고리의 전류는, 어느 방향이건 간에 고리를 정지시켜 선속이 변하지 않게 하려고 고리에 왼쪽 방향의 힘이 작용하도록 흐른다. 위치 2에서, 변 b와 d의 자기력은 크기가 같고 방향이 서로 반대이다. 또한 $B = 0$이기 때문에 변 a에는 자기력이 없다. 그렇지만 변 c에는 왼쪽으로 자기력이 있어야 한다. $\vec{F} = I\vec{L} \times \vec{B}$에서 변 c의 전류는 위 방향이므로 고리의 시계 반대 방향으로 흐른다. 유사하게, 위치 4에서 변 a의 전류는 왼쪽으로 향하는 자기력이 있도록 위쪽을 향한다.

렌츠의 법칙과 에너지 보존 사이의 관계는 고리에 작용하는 힘을 보면 더욱 분명해진다. 고리에 전류가 흐를 때, 전기에너지는 $P = I^2R$의 비율로 소모된다. 이 에너지는 어디서 오는가? 오른쪽으로 고리를 잡아당기는 외력이 없으면 자기력이 고리의 속도를 떨어뜨린다. 소모되는 에너지는 고리의 운동에너지에서 나온다. 전류가 흐르는 동안 고리가 일정한 속도로 오른쪽으로 계속 운동하게 하려면 외력이 고리를 오른쪽으로 당기고 있어야 한다. 외력이 한 일이 고리의 운동에너지를 보충한다.

실전문제 20.5 고리에 작용하는 자기력

(a) 위치 2와 4에서 고리에 작용하는 자기력을 B, L, v, R로 나타내어라. (b) 고리가 일정한 속도를 유지하도록 하기 위해 외력이 해주어야 하는 일의 비율($P = Fv$)이 고리가 소모하는 에너지의 비율($P = I^2R$)과 같음을 증명하여라.

20.5 전동기에서의 역기전력 BACK EMF IN A MOTOR

발전기와 전동기가 기본적으로 같은 장치라면, 전동기의 코일에 유도기전력이 있는가? 패러데이의 법칙에 따르면, 코일이 회전하면서 코일을 통과하는 자기선속이 변하므로 유도기전력이 존재해야만 한다. **역기전력**back emf이라고 부르는 이 유도기전력은 코일 내에 흐르는 전류의 흐름을 방해한다. 왜냐하면 코일을 회전시켜 자기선속을 변화시키는 것이 이 전류이기 때문이다. 역기전력의 크기는 자기선속의 변화율에 따라 변하므로, 코일의 회전 속력이 커짐에 따라 커진다.

그림 20.17은 직류 전동기에서 생기는 역기전력에 대한 간단한 회로 모형이다. 이 전동기에는 여러 각도에 권선(winding)이 골고루 있어서 돌림힘, 기전력 및 전류가 항상 일정하다고 가정한다. 외부 기전력이 처음 가해질 때는 코일이 회전하지 않으므로 역기전력은 없다. 따라서 전류는 최댓값 $I = \mathcal{E}_{외부}/R$가 된다. 전동기가 빨리 회전할수록 역기전력이 커지므로 전류는 더 작아진다. 곧, $I = (\mathcal{E}_{외부} - \mathcal{E}_{역})/R$이다.

냉장고나 세탁기에 있는 대형 전동기가 처음 돌기 시작할 때 실내의 불빛이 약간 어두워지는 것을 목격했을 것이다. 이는 전동기가 돌기 시작할 때는 역기전력이 없어 전동기에 많은 전류가 흐르기 때문이다. 가정에서 배선 양단의 전압 강하는 배선에 흐르는 전류에 비례하므로, 전구 또는 회로상에 있는 다른 부하 양단의 전압이 감소해 순간적으로 '브라운아웃(희미해짐)'이 일어난다. 전동기의 속력이 커짐에 따라, 전동기에 흐르는 전류는 훨씬 적어져서 브라운아웃은 없어진다.

전동기에 과부하가 걸리면, 천천히 돌거나 전혀 돌지 못하므로 전동기 코일에 흐르는 전류는 크다. 전동기는 돌기 시작할 때 일시적으로 나타나는 큰 전류를 감당할 수 있도록 설계되어 있다. 하지만 전동기에 많은 전류가 지속적으로 흐른다면 전동기가 "타버린다". 곧, 코일이 가열되어 전동기가 고장 난다.

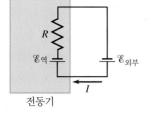

그림 20.17 외부 기전력($\mathcal{E}_{외부}$)이 직류 전동기에 연결되어 있다. 역기전력($\mathcal{E}_{역}$)은 코일을 통과하는 선속의 변화 때문에 생긴다. 전동기의 회전 속력이 커짐에 따라 역기전력은 커지고 전류는 작아진다.

20.6 변압기 TRANSFORMERS

변압기를 나타내는 회로 기호.

19세기 후반기에, 가정 및 사업장에 공급될 전류의 유형에 대해 격렬한 논쟁이 있었다. 에디슨(Thomas Edison)은 직류를 지지한 반면에, 테슬라(Nikola Tesla)가 발명한 교류 전동기와 발전기에 대한 특허권을 소유한 웨스팅하우스(George Westinghouse)는 교류를 주장했다. 이 절에서 알게 되듯이 교류가 먼 거리 전송에서 직류보다도 손실이 적고, 변압기를 사용해 전압을 바꿀 수 있다는 이유로 웨스팅하우스가 이겼다.

그림 20.18에 두 개의 간단한 변압기를 보였다. 각 경우에, 절연된 두 개의 전선이 따로 연철심에 감겨 있다. 자기장선이 철심을 지나가도록 되어 있어 두 코일이 같은 자기장선을 둘러싸고 있음에 유의하여라. 교류전압이 1차 **코일**에 가해지면, 1차 코일에 흐르는 교류전류는 2차 코일을 통과하는 자기선속을 변화시킨다.

1차 코일의 감긴 횟수가 N_1번이라면, 패러데이의 법칙에 따라 1차 코일에 기전력($\mathcal{E}_1$)

$$\mathcal{E}_1 = -N_1 \frac{\Delta\Phi_B}{\Delta t} \qquad (20\text{-}8a)$$

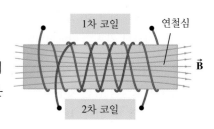

이 유도된다. 여기서 $\Delta\Phi_B/\Delta t$는 1차 코일 내에 있는 한 개의 코일을 통과하는 자기 선속의 변화율이다. 코일의 저항과 다른 에너지 손실을 무시하면, 유도된 기전력은 1차 코일에 가해진 교류전압과 같다.

2차 코일의 감긴 횟수가 N_2라면, 2차 코일에 유도된 기전력은

$$\mathcal{E}_2 = -N_2 \frac{\Delta\Phi_B}{\Delta t} \qquad (20\text{-}8b)$$

로 주어진다. 어느 순간에, 2차 코일의 한 바퀴를 통과하는 자기선속의 변화는 1차 코일의 한 바퀴를 통과하는 자기선속의 변화와 같으므로 식 (20-8a)와 (20-8b)에서 $\Delta\Phi_B/\Delta t$는 같은 양이 된다. 두 식으로부터 $\Delta\Phi_B/\Delta t$를 없애면, 두 기전력에 대한 비는

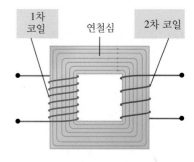

$$\frac{\mathcal{E}_2}{\mathcal{E}_1} = \frac{N_2}{N_1} \qquad (20\text{-}9)$$

이다. 출력, 곧 2차 코일의 기전력은 1차 코일에 가해준 입력기전력에 N_2/N_1을 곱한 것이다. 비 N_2/N_1을 **감은 수 비**turns ratio라고 한다. 변압기는 2차 코일의 기전력이 1차 코일에 가해준 입력보다 크냐 작으냐에 따라 승압 변압기 또는 감압 변압기라고 부른다. 같은 변압기라도 어느 쪽 코일이 1차 코일로 사용되느냐에 따라 승압 변압기 또는 감압 변압기로 사용될 수 있다.

그림 20.18 두 가지 간단한 변압기. 각각은 공통 철심에 감은 2개의 코일로 이루어지므로, 1차 코일에 의해 생성된 거의 모든 자기장선이 2차 코일의 각 도선 고리를 통과한다.

✓ 살펴보기 20.6

변압기의 1차 코일이 DC 배터리에 연결되어 있다. 2차 코일에 기전력이 유도되는가? 그렇다면 왜 우리는 DC 전원에 대해 변압기를 사용하지 않는가?

전류비 이상적인 변압기에서, 변압기 자체의 전력 손실은 무시할 만하다. 대부분의 변압기는 매우 효율적이므로, 대개 전력 손실을 무시할 수 있다. 그러한 경우 1차 코일에 공급되는 에너지의 비율은 2차 코일에 공급되는 에너지의 비율과 같다 ($P_1 = P_2$). 전력은 전압에 전류를 곱한 것이므로, 코일에 흐르는 전류의 비는 기전력 비의 역수와 같다.

$$\frac{I_2}{I_1} = \frac{\mathcal{E}_1}{\mathcal{E}_2} = \frac{N_1}{N_2} \qquad (20\text{-}10)$$

보기 20.6

휴대전화 충전기

휴대전화 충전기 내부에 있는 변압기의 1차 코일에 감긴 횟수가 500회이다. 이를 170 V의 진폭을 가진 일반적인 사인 함수 형태의 가정용 전원에 연결하면, 진폭이 6.8 V인 기전력을 공급한다. (a) 2차 코일에 감긴 횟수는 얼마인가? (b) 휴

대전화가 진폭이 1.50 A인 전류를 사용한다면, 1차 코일에 흐르는 전류의 진폭은 얼마인가?

전략 기전력의 비는 코일이 감긴 횟수의 비와 같다. 두 기전력과 1차 코일의 감긴 횟수를 알고 있으므로, 2차 코일의 감긴 횟수를 알 수 있다. 1차 코일에 흐르는 전류를 구하기 위해 변압기가 이상적이라고 가정하자. 따라서 두 코일에서의 전류는 기전력에 반비례한다.

풀이 (a) 코일이 감긴 수의 비는 기전력의 비와 같다. 곧

$$\frac{\mathscr{E}_2}{\mathscr{E}_1} = \frac{N_2}{N_1}$$

이다. N_2에 대해 풀면

$$N_2 = \frac{\mathscr{E}_2}{\mathscr{E}_1}N_1 = \frac{6.8 \text{ V}}{170 \text{ V}} \times 500 = 20\text{회}$$

가 된다.

(b) 전류는 기전력에 반비례한다. 곧

$$\frac{I_1}{I_2} = \frac{\mathscr{E}_2}{\mathscr{E}_1} = \frac{N_2}{N_1}$$

$$I_1 = \frac{\mathscr{E}_2}{\mathscr{E}_1}I_2 = \frac{6.8 \text{ V}}{170 \text{ V}} \times 1.50 \text{ A} = 0.060 \text{ A}$$

가 된다.

검토 가장 흔한 실수는 감은 수 비를 거꾸로 하는 것이다. 여기서는 감압 변압기가 필요하므로 N_2는 N_1보다 작아야 한다. 같은 변압기를 1차 코일과 2차 코일을 바꾸어 연결하면 승압 변압기로서 작동하게 된다. 그러면 휴대전화에 6.8 V가 아니라

$$170 \text{ V} \times \frac{500}{20} = 4250 \text{ V}$$

를 공급하게 된다. 입력 전력과 출력 전력이

$$P_1 = \mathscr{E}_1 I_1 = 170 \text{ V} \times 0.060 \text{ A} = 10.2 \text{ W}$$

$$P_2 = \mathscr{E}_2 I_2 = 6.8 \text{ V} \times 1.50 \text{ A} = 10.2 \text{ W}$$

로 서로 같은지 점검해볼 수 있다(기전력과 전류는 사인 함수처럼 변하므로 순간 전력은 일정하지 않다. 전류와 기전력의 진폭을 곱하면, 최대 전력을 계산할 수 있다).

실전문제 20.6 **이상적인 변압기**

이상적인 변압기의 1차 코일은 5회, 2차 코일은 2회 감겨 있다. 1차 코일의 평균 입력 전력이 10.0 W라고 할 때 2차 코일의 평균 출력 전력은 얼마인가?

응용: 배전

그림 20.19 전압은 여러 단계를 거쳐 변환된다. 이 승압 변압기는 원거리 송전을 위해 발전소에서 얻은 전압을 345 kV로 높인다. 이 전압은 여러 단계를 거쳐 다시 낮춰진다. 직렬로 연결된 마지막 변압기는 지역 전력선의 3.4 kV를 가정에서 사용되는 170 V(북미의 경우)로 낮춘다.

전압을 바꿀 수 있다는 것이 왜 그렇게 중요한가? 주된 이유는 송전선에서의 에너지 손실을 최소화하는 것이다. 발전소에서 먼 거리에 있는 도시에 전력 P를 공급한다고 가정하자. I_s와 V_s를 부하(도시)에 공급한 전류와 전압이라고 한다면, 공급한 전력은 $P_s = I_s V_s$이므로, 발전소는 높은 전압과 낮은 전류 또는 낮은 전압과 높은 전류의 어느 한 가지로 공급할 수가 있다. 송전선이 총 저항 R을 가진다면, 송전선에서의 에너지 손실률은 $I_s^2 R$이다. 따라서 송전선에서 에너지 손실을 최소화하기 위해 송전선을 통해 흐르는 전류를 가능한 한 작게 해야 한다. 이는 전위차가 엄청나게 높아야, 어떤 경우에는 수백 킬로볼트나 되어야 함을 의미한다. 이때 변압기가 발전기의 출력기전력을 고전압으로 올리는 데 사용된다(그림 20.19). 가정용 배선에 이와 같은 고전압을 가한다는 것은 안전하지 못하므로, 가정에 도달하기 전에 전압을 도로 낮춘다.

20.7 맴돌이 전류 EDDY CURRENTS

도체가 변하고 있는 자기선속에 있으면, 유도기전력이 생기고 전류가 흐른다. 속이

찬 도체의 경우에, 유도전류는 순간적으로 수많은 경로를 따라 흐른다. 이것을 **맴돌이 전류**eddy currents라 하는데 그 모양이 강의 급류 또는 공기의 소용돌이치는 맴돌이와 유사하다. 전류가 흐르는 유형이 복잡하더라도, 전류가 흐르는 방향(시계 또는 시계 반대 방향)은 렌츠의 법칙을 사용해 대체적으로 알 수 있다. 또한 에너지 보존을 사용해 맴돌이 전류 흐름의 정성적인 효과를 결정할 수가 있다. 저항성 매질 내에서 흐르므로, 맴돌이 전류는 전기에너지를 소모한다.

개념형 보기 20.7

맴돌이 전류 감쇠 장치

저울에는 어떤 감쇠 메커니즘이 필요하다. 감쇠 기능이 없으면, 저울 팔은 정지하기까지 오랜 시간 동안 진동해, 물체의 질량을 재는 일이 길고 지루한 작업이 될 수 있다. 진동을 감쇠시키기 위해 사용하는 전형적인 방법을 그림 20.20에 나타내었다.

저울 팔에 붙인 금속판이 영구자석의 양극 사이를 통과한다. (a) 감쇠 효과를 에너지 보존 법칙으로 설명하여라. (b) 감쇠력은 금속판의 속력에 따라 변하는가?

전략 금속판의 일부가 자기장 안으로 들어오거나 밖으로 나가면 자기선속이 변하여 기전력이 유도된다. 이러한 유도기전력은 맴돌이 전류가 흐르게 한다. 맴돌이 전류의 방향은 렌츠의 법칙으로 결정된다.

풀이 (a) 금속판이 자석의 극 사이에서 운동함에 따라, 금속판의 일부는 자기장 속으로 들어오고 나머지 부분은 자기장에서 벗어난다. 이 자기선속의 변화 때문에 생긴 유도기전력이 맴돌이 전류가 흐르도록 한다. 맴돌이 전류는 에너지를 소

모한다. 에너지는 저울의 팔과 접시 및 접시 위에 놓인 물체의 운동에너지에서 오는 것이다. 전류가 흐르게 됨에 따라 저울의 운동에너지는 감소하므로 저울은 훨씬 빨리 정지한다. (b) 금속판이 더 빨리 운동하면, 자기선속도 더 빨리 변한다. 패러데이의 법칙은 유도기전력이 자기선속의 변화율에 비례함을 말해주고 있다. 더 큰 유도기전력은 더 큰 전류를 흐르게 한다. 그러므로 감쇠력이 더 크다.

검토 (a)에 대한 또 다른 접근은 렌츠의 법칙을 이용하는 것이다. 맴돌이 전류에 작용하는 자기력은 자기선속의 변화를 방해해야 하므로, 자석을 통과하는 금속판의 운동을 방해할 수밖에 없다. 금속판의 감쇠는 자기선속의 변화를 줄여주지만, 금속판의 속력 증가는 자기선속의 변화를 증가시키고 저울의 운동에너지를 증가시키게 될 것이므로 에너지 보존에 위배된다.

개념형 실전문제 20.7 **변압기용 철심의 선택**

어떤 변압기에는 도선이 감기는 철심이 한 덩어리로 되어 있지 않고 절연된 철사 묶음으로 이루어져 있다(그림 20.21). 속이 찬 철심 대신에 절연된 철사를 사용할 때 어떠한 장점이 있는지 설명하여라. (힌트: 맴돌이 전류에 대해 생각해보아라. 이 경우에 맴돌이 전류가 불리한 이유는 무엇인가?)

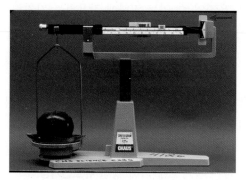

그림 20.20 저울. 감쇠 장치가 저울 팔의 오른쪽 끝에 있다. 저울의 팔이 진동함에 따라 금속판이 자석의 양극 사이에서 움직인다.

(a) 철선 다발   (b) 통철심   그림 20.21 변압기의 철심.

응용: 맴돌이 전류 제동

보기 20.7에서 설명한 현상을 맴돌이 전류 제동이라고 한다. 맴돌이 전류 제동은 실험실 저울과 같이 민감한 기기에 응용하면 이상적이다. 저울 팔의 끝에서 금속판이 자석 사이를 지나간다. 금속 팔이 운동하고 있으면 맴돌이 전류가 금속판에 유도된다. 이 감쇠 메커니즘은 마모되거나 조정할 필요가 없으며, 저울 팔이 움직이지 않을 때는 힘을 작용하지 않는 것도 확실하다. 맴돌이 전류 제동은 자기 부상 모노레일, 트램 선로, 기관차, 여객 열차 및 화물 열차와 같은 철로 차량에도 사용된다.

맴돌이 전류로 인한 감쇠력은 자동적으로 운동 방향과 반대 방향으로 작용한다. 감쇠력의 크기는 속력이 클 때 더 커진다. 감쇠력은 유체를 통해 움직이는 물체에 작용하는 점성력과 매우 비슷하다(문제 20 참조).

응용: 인덕션 레인지

인덕션 레인지는 어떻게 작동하는가?

이 장의 여는 글에서 언급한 인덕션 레인지는 맴돌이 전류에 의해 작동된다. 조리대 바닥에는 진동하는 자기장을 만드는 전자석이 있다. 금속 냄비를 레인지 위에 놓으면, 기전력이 발생해 전류가 흐르고 이 전류에 의해 소모되는 에너지가 냄비를 가열한다(그림 20.22). 냄비는 금속으로 만들어져야 한다. 파이렉스 유리로 만든 냄비를 사용하면, 전류가 흐르지 않아 가열되지 않는다. 똑같은 이유로, 뜨거운 냄비를 잡는 냄비 장갑이나 종이가 인덕션 레인지 위로 떨어진다 해도 화재의 위험은 없다. 조리대 표면 자체는 부도체이며, 냄비에서 조리대로 열이 전달됨에 따라 조리대 표면의 온도가 올라갈 뿐이다. 따라서 조리대 표면은 냄비의 밑바닥보다 더 뜨거워지지 않는다.

그림 20.22 인덕션 레인지 위의 금속 냄비에 유도된 맴돌이 전류.

20.8 유도전기장 INDUCED ELECTRIC FIELDS

도체가 자기장 내에서 운동할 때, 움직일 수 있는 전하에 작용하는 자기력 때문에 운동기전력이 발생한다. 전하는 도체와 함께 운동하므로, 전하의 평균 속도는 0이 아니다. 만일 닫힌회로가 존재하면 이러한 전하에 작용하는 자기력은 회로를 따라 전하를 밀어 운동하게 한다.

그러면 변하는 자기장 내에 정지해 있는 도체에 유도된 기전력은 무엇 때문에 일어나는가? 도체가 정지해 있으면 도체 내에 움직일 수 있는 전하들의 평균 속도는 0이다. 따라서 전하에 작용하는 평균 자기력은 0이므로, 회로를 따라 전하를 이동시키는 것은 자기력이 아니다. 변하는 자기장에 의해 생긴 **유도전기장**induced electric field이 도체 내의 움직일 수 있는 전하에 작용하고 회로를 따라 전하를 밀어 운동하게 한다. 다른 전기장에 적용되는 것과 같은 힘의 법칙($\vec{F} = q\vec{E}$)이 유도전기장에도 적용된다.

표 20.1 보존 전기장과 비보존 전기장의 비교

	보존 전기장($\vec{E}$)	비보존 전기장($\vec{E}$)
근원	전하	변하는 자기장($\vec{B}$)
장선	양전하에서 시작해서 음전하에서 끝난다.	닫힌 고리
전위차로 설명할 수 있는가?	가능하다.	가능하지 않다.
닫힌회로를 돌며 한 일	항상 0	0이 아닐 수 있다.

고리에 유도된 기전력은 고리를 따라 운동하는 대전입자에 단위 전하당 한 일이다. 따라서 같은 점에서 출발해 같은 점에서 끝나는 닫힌회로를 따라 운동하는 전하에 유도전기장이 한 일은 0이 아니다. 바꿔 말해, 유도전기장은 비보존장이다. 유도전기장 $\vec{E}$가 한 일을 전하에 전위차를 곱한 것으로는 **설명할 수 없다**. 전위의 개념은 닫힌회로를 한 바퀴 도는 전하에 한 일이 0인 전기장에만 적용된다. 그래야만 전위가 공간의 각 점에서 유일한 값을 가질 수 있기 때문이다. 표 20.1에 보존 전기장($\vec{E}$)과 비보존 전기장($\vec{E}$)의 차이점을 요약했다.

전자기장

어떻게 해서 패러데이의 법칙은 자기선속이 변하는 원인에 관계없이, 곧 자기장의 변화 때문이든 자기장 내 도체의 움직임 때문이든 관계없이 유도기전력을 알려주는가? 어떤 기준틀에서 운동 중인 도체는 다른 기준틀에서는 정지해 있다(3.5절 참조). 26장에서 알게 되듯이, 아인슈타인의 특수 상대성 이론에 따르면 이 두 기준틀은 동등하다. 한 기준틀에서 유도기전력은 도체의 운동에 의해 만들어지는 반면에, 다른 기준틀에서는 유도기전력이 자기장의 변화에 의해 만들어진다. 유도기전력의 생성 과정의 차이는 결국 기준틀의 선택에서 발생하는 것이다.

전기장과 자기장은 실제로 서로 독립적인 양이 아니다. 이들은 서로 밀접하게 연관되어 있다. 이들을 별개의 것으로 생각하는 것이 때로 편리하지만, 좀 더 정확한 관점은 이들을 **전자기장**electromagnetic field의 두 양상으로 생각하는 것이다. 좀 엉성하지만 같은 벡터가 서로 다른 좌표틀에서 서로 다른 x-, y-성분을 가지나, 이러한 성분들은 결국 같은 벡터를 나타낸다는 것에 비유할 수 있다. 같은 방식으로, 전자기장도 기준틀에 따라 달라지는 전기장 성분과 자기장 성분(벡터의 성분과 유사하다.)을 갖는다. 어떤 기준틀의 순수한 전기장은 다른 기준틀에서는 전기장과 자기장 성분 모두를 가질 수 있다.

여러분은 대칭성이 결여되어 있음을 눈치챌 수 있을 것이다. 변하는 자기장 $\vec{B}$가 항상 유도전기장 $\vec{E}$를 동반한다면, 반대의 경우는 어떻게 되겠는가? 곧, 변하는 전기장이 항상 자기장을 만들겠는가? 빛이 전자기파라는 것을 이해하는 데 아주 중요한 이 질문에 대한 답은 "예"이다(22장).

연결고리

상대론은 전기장과 자기장을 통일했다.

20.9 인덕턴스 INDUCTANCE

상호 인덕턴스

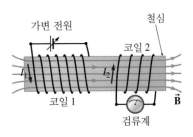

가변 전원 철심
코일 2
I_1
코일 1 I_2
$\vec{B}$
검류계

그림 20.23 코일 1에서의 전류의 변화 때문에 코일 2에 유도기전력이 발생한다.

그림 20.23은 전선으로 된 두 개의 코일을 보여준다. 가변 전원의 기전력의 코일 1에 전류 I_1이 흐르도록 한다. 전류는 그림에 보인 것처럼 자기장선을 생성한다. 이러한 자기장선의 일부가 코일 2의 권선을 통과한다. I_1이 변하도록 전원을 조절하면, 코일 2를 통과하는 자기선속이 변하며 코일 2에 유도기전력이 나타난다. 한 장치에서 전류의 변화가 다른 장치에 유도기전력을 일으키게 하는 **상호 인덕턴스**mutual inductance는 같은 회로에 있는 두 회로소자 사이뿐만 아니라 서로 다른 회로에 있는 소자 사이에서도 일어날 수 있다. 두 경우 모두 한쪽 소자의 전류 변화가 다른 쪽에 기전력을 유도한다. 이 효과는 정말로 호환적이다. 곧, 코일 2의 전류 변화도 코일 1에 기전력을 유도한다.

자체 인덕턴스

인덕터의 회로 기호는
—⏛—이다.

미국의 과학자 헨리(Joseph Henry, 1797~1878)는 철심 주위에 절연 전선을 감아서 처음으로 전자석을 만들었다(실제로 헨리는 패러데이 이전에 유도기전력을 발견했으나 패러데이가 먼저 발표했다). 또한 헨리는 코일의 전류가 변화하면 동일한 코일에서 기전력이 유도된다는 사실을 처음으로 제안했다. 이 효과를 **자체 인덕턴스**self-inductance 또는 간단히 **인덕턴스**inductance라고 부른다. 코일, 솔레노이드, 토로이드 또는 기타 회로소자가 주로 자체 인덕턴스 효과를 위해 회로에 사용되었을 때 이것을 **인덕터**inductor라고 한다(그림 20.24).

인덕터의 **인덕턴스**inductance L은 인덕터를 통과하는 자체의 선속과 인덕터의 권선을 통해 흐르는 전류 I 사이의 비례상수로 정의된다.

그림 20.24 인덕터는 다양한 크기와 모양으로 만들어진다.

> **인덕턴스의 정의**
> $$N\Phi = LI \qquad (20\text{-}11)$$

여기에서 각 권선을 통과하는 선속은 Φ이고 인덕터의 권선 수는 N이다. 인덕턴스의 SI 단위는 헨리(기호 H)라고 부른다. 식 (20-11)로부터 $L = N\Phi/I$이므로

$$1\,\text{H} = 1\,\frac{\text{Wb}}{\text{A}} = 1\,\frac{\text{Wb/s}}{\text{A/s}} = 1\,\frac{\text{V·s}}{\text{A}} \qquad (20\text{-}12)$$

이다. 인덕터의 전류가 변할 때 선속이 변한다. N과 L이 상수이므로 $N\Delta\Phi = L\Delta I$이다. 그러므로 패러데이의 법칙으로부터 인덕터의 유도기전력은 다음과 같이 된다.

> $$\mathcal{E} = -N\frac{\Delta\Phi}{\Delta t} = -L\frac{\Delta I}{\Delta t} \qquad (20\text{-}13)$$

유도기전력은 전류의 변화율에 비례한다.

솔레노이드의 인덕턴스 인덕터의 가장 일반적인 형태는 솔레노이드이다. 문제 25에서, 단위 길이당 감긴 수 n, 길이 ℓ, 반지름 r인 공심 솔레노이드의 인덕턴스는

$$L = \mu_0 n^2 \pi r^2 \ell \qquad (20\text{-}14)$$

와 같이 된다는 것을 알 수 있다.

감겨 있는 총 권선 수 N, 곧 $N = n\ell$로 표현하면 인덕턴스는

$$L = \frac{\mu_0 N^2 \pi r^2}{\ell} \qquad (20\text{-}15)$$

이다.

회로의 인덕터 회로에서 인덕터의 역할은 전류 안정기로 요약할 수 있다. 인덕터는 전류를 일정하게 유지하기를 "좋아한다". 다시 말해 현재의 상황을 유지하려고 "시도한다". 전류가 일정하다면 유도기전력은 없다. 권선의 저항을 무시할 수 있다면 인덕터는 단락 회로처럼 작동한다. 전류가 변할 때 유도기전력은 **전류의 변화율**에 비례한다. 렌츠의 법칙에 따르면, 기전력의 방향은 그것을 만들어내는 변화를 막으려는 방향이다. 만일 전류가 증가하면, 전류가 증가하는 것을 어렵게 만들려는 것처럼 인덕터의 기전력의 방향은 뒤로 향한다(그림 20.25a). 전류가 감소하면, 전류가 계속 흐르는 것을 도우려는 것처럼 인덕터의 기전력의 방향이 앞으로 향하게 한다(그림 20.25b).

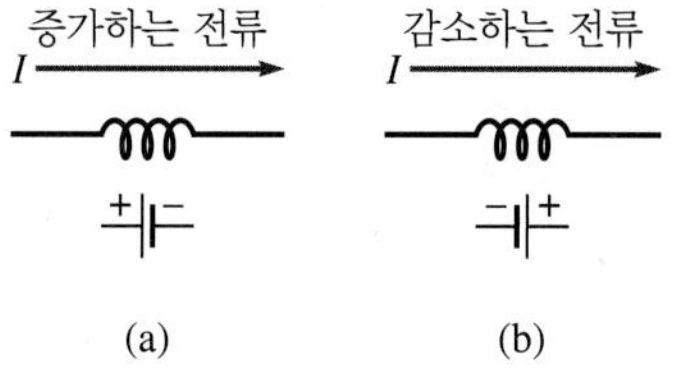

그림 20.25 두 인덕터를 지나는 전류는 오른쪽으로 흐른다. (a)에서 전류가 증가한다. 곧, 인덕터에서 유도된 기전력은 전류가 증가하는 것을 막으려고 "시도한다". (b)에서 전류가 감소한다. 인덕터에서 유도된 기전력은 전류가 감소하는 것을 막으려고 "시도한다".

인덕터에 저장된 에너지 축전기가 전기장에 에너지를 저장하는 것처럼 인덕터는 자기장에 에너지를 저장한다. 인덕터의 전류가 시간 T 동안에 0에서 I까지 일정한 비율로 증가한다고 가정하자. 소문자 i는 0과 T 사이의 시간 t에서 순간 전류를 나타내고, 대문자 I는 **최종 전류**를 나타낸다. 인덕터에 에너지가 축적되는 순간 전력은

$$P = \mathcal{E}i$$

이다. 전류가 일정한 비율로 증가하기 때문에, 자기선속은 일정한 비율로 증가하고 유도기전력도 일정하다. 또한 전류가 일정한 비율로 증가하기 때문에, 평균 전류는 $I_{평균} = I/2$이다. 그러면 에너지가 축적되는 평균 전력은

$$P_{평균} = \mathcal{E}I_{평균} = \tfrac{1}{2}\mathcal{E}I$$

이다. 기전력에 대한 식 (20-13)을 사용하면 평균 전력은

$$P_{평균} = \tfrac{1}{2}L\frac{\Delta i}{\Delta t}I$$

이고, 인덕터에 저장된 총 에너지는

$$U = P_{평균}T = \tfrac{1}{2}\left(L\frac{\Delta i}{\Delta t}\right)IT$$

이다. 전류가 일정한 비율로 변하므로 $\Delta i/\Delta t = I/T$이다. 인덕터에 저장된 총 에너지는 다음과 같다.

연결고리

인덕터에서 저장된 에너지와 축전기에서 저장된 에너지, 곧 $U_C = \frac{1}{2}C^{-1}Q^2$ [식 (17-18c)]를 비교하여라. 축전기에서 전기장의 에너지가 전하의 제곱에 비례하는 것처럼 인덕터의 자기장에서 에너지는 전류의 제곱에 비례한다.

인덕터에 저장된 자기에너지

$$U = \frac{1}{2}LI^2 \tag{20-16}$$

계산을 단순화하기 위해 전류를 0에서 일정한 비율로 증가시킨다고 가정했다. 그러나 인덕터에 저장된 에너지에 대한 식 (20-16)은 전류 I에만 관계되며 어떻게 그 값에 도달했는지에는 관계가 없다.

자기에너지 밀도 자기장의 에너지 밀도를 구하기 위해 인덕터를 사용할 수 있다. 솔레노이드가 충분히 길어서 외부 자기장에 저장된 에너지는 무시할 수 있다고 하자. 인덕턴스는

$$L = \mu_0 n^2 \pi r^2 \ell$$

로 주어진다. n은 단위 길이당 코일이 감긴 횟수, ℓ은 솔레노이드 길이, r는 솔레노이드의 반지름이다. 전류 I가 흐르는 솔레노이드 내에 저장된 에너지는

$$U = \frac{1}{2}LI^2 = \frac{1}{2}\mu_0 n^2 \pi r^2 \ell I^2$$

이다. 솔레노이드 내부의 부피는 단면의 넓이에 길이를 곱한 값으로

$$부피 = \pi r^2 \ell$$

이다. 따라서 단위 부피당 에너지인 자기에너지 밀도는

$$u_B = \frac{U}{\pi r^2 \ell} = \frac{1}{2}\mu_0 n^2 I^2$$

이다. 긴 솔레노이드 내부의 자기장에 대한 표현식 $B = \mu_0 nI$ [식 (19-17)]를 사용해 에너지 밀도를 자기장의 세기로 나타내면

자기에너지 밀도

$$u_B = \frac{1}{2\mu_0}B^2 \tag{20-17}$$

이 된다. 식 (20-17)은 솔레노이드의 내부가 공기가 아닌 경우에도 적용된다. 곧, 식 (20-17)은 강자성체 내부를 제외하면 항상 적용할 수 있는 자기장의 에너지 밀도에 대한 표현식이다. 자기에너지 밀도와 전기에너지 밀도 모두 장의 세기의 제곱에 비례한다. 전기에너지 밀도가 다음과 같음을 기억하여라.

$$u_E = \frac{1}{2}\kappa\epsilon_0 E^2 \tag{17-19}$$

✓ 살펴보기 20.9

5개의 솔레노이드가 단위 길이당 감긴 수 n이 같게 감겨 있다. 솔레노이드의 길이, 지름, 흐르는 전류가 주어져 있다. 저장된 자기에너지가 큰 것부터 순위를 매겨라. (a) $\ell = 6$ cm, $d = 1$ cm, $I = 150$ mA. (b) $\ell = 12$ cm, $d = 0.5$ cm, $I = 150$ mA. (c) $\ell = 6$ cm, $d = 2$ cm, $I = 75$ mA. (d) $\ell = 12$ cm, $d = 1$ cm, $I = 150$ mA. (e) $\ell = 12$ cm, $d = 2$ cm, $I = 30$ mA.

보기 20.8

MRI 자석에 저장된 에너지

MRI 장비의 주자석은 액체 헬륨으로 냉각되는 초전도 도선이 감겨진 대형 솔레노이드이다. 솔레노이드는 길이가 2.0 m, 지름이 0.60 m이다. 정상 작동 중에 권선을 통과하는 전류는 120 A이고 자기장 세기는 1.4 T이다. (a) 정상 작동 중에 자기장에는 얼마나 많은 에너지가 저장되겠는가? (b) 우발적으로 급냉시키는 동안, 코일의 일부가 초전도체가 아니라 보통의 도체가 되었다. 그러면 자석에 저장된 에너지가 급격하게 소모된다. 자석에 저장된 에너지로 얼마나 많은 양의 액체 헬륨을 끓일 수 있는가(그림 20.26)? (헬륨의 기화에 필요한 잠열(숨은열)은 82.9 J/mol이다.) 20 °C, 1 atm에서 이 헬륨이 차지하는 부피는 얼마인가? (c) 필요한 수리 후에 솔레노이드를 18 V 전원공급장치에 연결해 자석을 재가동한다. 전류가 120 A에 도달하는 데 걸리는 시간은 얼마인가?

전략 (a) 저장된 에너지는 인덕턴스와 전류[식 (20-16)]로부터 구할 수 있지만 문제에서 인덕턴스보다는 자기장이 주어져 있기 때문에 자기에너지 밀도를 계산하면 보다 쉽게 풀이에 접근할 수 있다. 저장된 에너지는 에너지 밀도(단위 부피당 에너지)와 솔레노이드의 부피를 곱한 값이다. (b) (a)에서 구한 에너지와 기화잠열을 사용해, 끓게 되는 헬륨의 몰수를 계산할 수 있다. 그런 다음, 이상기체 법칙으로 헬륨이 차지하는 부피를 몰수에 연관시킨다. (c) 솔레노이드의 초전도 권선은 전기저항이 없으므로 솔레노이드를 이상적인 인덕터로 취급할 수 있다. 전원공급장치에 연결되면 키르히호프의 고리 규칙에 따라 솔레노이드의 유도기전력이 전원공급장치의 기전력과 같아야 한다.

풀이 (a) 솔레노이드의 형태는 원통형이므로 부피는 $V = \pi r^2 \ell$이다. 식 (20-17)의 자기에너지 밀도를 사용해 저장된 총 에너지는 다음과 같이 계산된다.

$$U = u_B \pi r^2 \ell = \frac{1}{2\mu_0} B^2 \pi r^2 \ell$$

수치를 대입하면

$$U = \frac{1}{2(4\pi \times 10^{-7} \text{ T·m/A})} (1.4 \text{ T})^2 \pi (0.30 \text{ m})^2 (2.0 \text{ m})$$

$$= 0.441 \text{ MJ} \rightarrow 0.44 \text{ MJ}$$

이다.

(b) 끓는 헬륨의 몰수는

$$n = \frac{U}{L_V}$$

이다. 여기서 L_V는 몰당 기화 잠열이다.

$$n = \frac{U}{L_V} = \frac{0.441 \text{ MJ}}{82.9 \text{ J/mol}} = 5300 \text{ mol}$$

이상기체 법칙으로부터

$$V = n\frac{RT}{P} = \frac{U}{L_V}\frac{RT}{P}$$

$$= \frac{0.441 \times 10^6 \text{ J} \times 8.31 \frac{\text{J}}{\text{K·mol}} \times 293 \text{ K}}{82.9 \frac{\text{J}}{\text{mol}} \times 101.3 \times 10^3 \text{ Pa}} = 130 \text{ m}^3$$

이다. 솔레노이드에 저장된 모든 에너지가 헬륨을 끓이는 것은 아니지만 이 결과는 우발적으로 급랭이 발생할 때 심각한 질식 위험이 있다는 것을 분명히 알려준다.

(c) 인덕턴스는 $I_f = 120$ A일 때 저장된 에너지 U에서 구할 수 있다.

$$U = \frac{1}{2}LI_f^2 \quad \Rightarrow \quad L = \frac{2U}{I_f^2}$$

솔레노이드의 유도기전력은 전원의 기전력과 같다.

$$|\mathscr{E}| = L\frac{\Delta I}{\Delta t} \quad \Rightarrow \quad \Delta t = \frac{L\Delta I}{|\mathscr{E}|} = \frac{2U\Delta I}{I_f^2|\mathscr{E}|}$$

전류가 처음에는 0이므로 $\Delta I = I_f$이다. 수치를 대입하면

그림 20.26 초전도 자석의 급냉. 자석에 저장된 에너지가 빠르게 소산되어 자석을 냉각 상태로 유지하는 데 사용되는 액체 헬륨을 끓게 한다.

$$\Delta t = \frac{2(0.441 \times 10^6 \text{ J})(120 \text{ A})}{(120 \text{ A})^2 (18 \text{ V})} = 408 \text{ s} = 6.8 \text{ min}$$

가 된다.

검토 문제에서는 요구하지는 않았지만 주어진 정보에서 인덕턴스를 구할 수 있다. 하나의 접근법은 (c)에서와 같이 저장된 에너지로부터 인덕턴스를 계산하는 것이다. 다른 방법은 솔레노이드 내부의 자기장에 대한 식 $B = \mu_0 nI$를 이용해 단위 길이당 권선 수 n을 구해 식 (20-14)로 인덕턴스를 구하

는 것이다. 어느 것을 사용해도 $L = 61$ H를 얻는다.

실전문제 20.8 인덕터의 전력

4.0초 동안에 인덕터의 전류가 0에서 2.0 A로 증가한다. 인덕터는 반지름 2.0 cm, 길이 12 cm, 권선 수 9000회인 솔레노이드이다. 이 시간 동안 에너지가 인덕터에 저장되는 평균 비율을 구하여라. (힌트: 하나의 방법으로 답을 계산하고 다른 방법으로는 점검을 해보아라.)

20.10 *LR* 회로 *LR* CIRCUITS

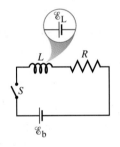

인덕터가 회로에서 어떻게 작용하는지에 대해 알아보기 위해 우선 전지 또는 전압이 일정한 전원에 연결된 직류회로에 인덕터가 있는 경우를 생각해보자. 그림 20.27에 있는 ***LR* 회로** *LR* circuits를 생각하자. 이상적인 인덕터라고 가정해서 인덕터 자체의 저항은 무시할 정도로 작다고 하자. $t=0$일 때 스위치 S를 닫았다면, 그 후에 회로에 흐르는 전류는 어떻게 되는가?

스위치가 닫히기 바로 직전에 회로에 흐르는 전류는 0이다. 스위치가 닫혀도 처음 전류는 0이다. 관계식 $U \propto I^2$을 따르면, 인덕터를 통과하는 갑작스런 전류의 변화는 인덕터에 저장된 에너지가 갑작스레 변함을 의미한다. 에너지의 갑작스런 변화는 에너지 공급에 걸리는 시간이 0임을 의미한다. 무한대의 전력을 공급할 수가 없으므로

> 인덕터를 통과하는 전류는 연속적으로 변하지 결코 순간적으로 변하지는 않는다.

그림 20.27 (a) 인덕터 L, 저항 R, 스위치 S로 이루어진 직류 회로. 전류가 변하면 인덕터에 기전력이 유도된다(기전력을 인덕터 위에 전지 기호로 나타냈다).

처음 전류는 0이므로 저항 양단에서 전압 강하는 없다. 인덕터에 유도된 기전력의 크기($\mathcal{E}_L$)는 처음에는 전지의 기전력($\mathcal{E}_b$)과 같다. 따라서 전류는

$$\frac{\Delta I}{\Delta t} = \frac{\mathcal{E}_b}{L}$$

로 주어진 처음 변화율로 증가하기 시작한다.

전류가 증가함에 따라 저항 양단의 전압 강하는 커진다(그림 20.28). 따라서 인덕터에 유도된 기전력($\mathcal{E}_L$)은 점점 더 작아지므로

$$(\mathcal{E}_b - \mathcal{E}_L) - IR = 0 \tag{20-18a}$$

또는

$$\mathcal{E}_b = \mathcal{E}_L + IR \tag{20-18b}$$

가 된다. 이상적인 인덕터 양단의 전압은 바로 유도기전력이므로 $\mathcal{E}_L = L(\Delta I/\Delta t)$를

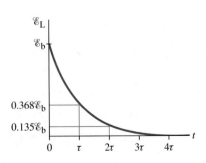

그림 20.28 전류의 증가에 따른 인덕터 양단의 전압 강하.

대입한다. [음(−)의 부호는 이미 식 (20-18)에 명백하게 표현되어 있다. 여기서 $\mathscr{E}_L$ 은 기전력의 크기를 나타낸다]. 곧

$$\mathscr{E}_b = L\frac{\Delta I}{\Delta t} + IR \qquad (20\text{-}19)$$

이다. 전지의 기전력은 일정하다. 따라서 전류가 증가함에 따라, 저항 양단의 전압 강하는 점점 더 커지며 인덕터에서의 유도기전력은 점점 작아진다. 다시 말해 전류의 증가율은 점점 작아진다(그림 20.29).

오랜 시간이 지난 후에, 전류는 최댓값에 도달한다. 전류는 더 이상 변하지 않으므로 인덕터 양단 사이의 전압 강하는 생기지 않는다. 따라서 $\mathscr{E}_b = I_f R$ 또는

$$I_f = \frac{\mathscr{E}_b}{R}$$

이다. 시간의 함수로 나타낸 전류 $I(t)$는

$$I(t) = I_f(1 - e^{-t/\tau}) \qquad (20\text{-}20)$$

이다. 이 회로에서의 시간상수 τ는 L, R, $\mathscr{E}$의 어떤 결합임이 분명하다. 차원 해석으로 τ가 L/R과 차원이 없는 어떤 상수의 곱임을 보일 수 있다. 차원이 없는 상수가 1이라는 것은 미적분으로 증명할 수 있다. 곧

LR 회로의 시간상수

$$\tau = \frac{L}{R} \qquad (20\text{-}21)$$

시간의 함수로 나타낸 유도기전력은

$$\mathscr{E}_L(t) = \mathscr{E}_b - IR = \mathscr{E}_b - \frac{\mathscr{E}_b}{R}(1 - e^{-t/\tau})R = \mathscr{E}_b e^{-t/\tau} \qquad (20\text{-}22)$$

으로 표현된다.

전류가 처음에 0인 *LR* 회로는 대전 중인 *RC* 회로와 유사하다. 두 장치 모두 처음에는 저장된 에너지가 없는 채로 시작해 스위치가 닫힌 후에 에너지가 저장된다. 축전기를 대전시킬 때, 전하가 궁극적으로 0이 아닌 평형 값에 도달하는 반면, 인덕터의 경우 전류가 0이 아닌 평형 값에 도달한다.

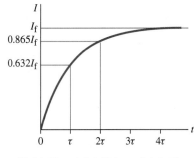

그림 20.29 시간의 함수로 나타낸 회로의 전류.

연결고리

이 *LR* 회로의 $I(t)$는 대전하는 *RC* 회로의 $q(t)$와 같은 형태이다.

✓ 살펴보기 20.10

그림 20.27에서, $\mathscr{E}_b = 1.50$ V, $L = 3.00$ mH, $R = 12.0$ Ω이다. (a) 스위치를 닫은 직후 인덕터를 통과하는 전류의 변화율은 얼마인가? (b) 인덕터에 유도된 기전력은 언제 처음 값의 $e^{-1} \approx 0.368$배로 떨어지는가?

방전하는 *RC* 회로와 유사한 *LR* 회로의 방전이 있는가? 일정한 전류가 인덕터를 통해 흘러 에너지가 인덕터에 저장되고 난 후, 전류의 흐름을 어떻게 중지시키며 저장된 에너지를 어떻게 다시 끄집어낼 수 있는가? 그림 20.27에서 단순히 스위치를

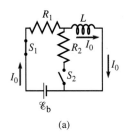

(a)

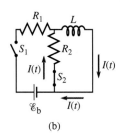

(b)

그림 20.30 인덕터 회로에 흐르는 전류를 안전하게 중지시키는 회로. (a) 처음에 스위치 1이 닫혀 있고 2는 열려 있다. (b) $t = 0$인 순간에 스위치 2가 닫히자마자 스위치 1이 열린다.

연결고리

이 LR 회로의 $I(t)$는 RC 방전 회로의 $q(t)$와 유사하다.

여는 것은 좋은 방법이 아니다. 전류를 갑자기 끊으려고 하면 인덕터에 매우 큰 기전력이 유도된다. 대부분 그렇듯이 열린 스위치를 가로질러 생기는 스파크가 회로를 닫히게 해 전류가 다소 점진적으로 감소하게 한다. (일반적으로 스파크의 발생은 스위치의 수명에 좋지 않다.)

전류의 흐름을 정지시키는 보다 좋은 방법이 그림 20.30에 나타나 있다. 처음에 스위치 S_1은 닫혀 있고 전류 $I_0 = \mathscr{E}_b/R_1$가 인덕터를 통해 흐른다(그림 20.30a). 스위치 S_2가 닫히는 순간에 스위치 S_1은 열린다. 그때를 시각 $t = 0$이라고 하자. 인덕터를 통한 전류는 연속적으로만 변할 수 있으므로, 전류는 그림 20.30b에 나타낸 바와 같이 흐른다. $t = 0$에서, 전류는 $I_0 = \mathscr{E}_b/R_1$이다. 인덕터에 저장된 에너지가 저항 R_2에서 소모됨에 따라 전류는 점진적으로 감쇠해 없어지게 된다. 시간이 흐름에 따라 전류는

$$I(t) = I_0 e^{-t/\tau} \tag{20-23}$$

와 같이 지수 함수적으로 감쇠한다. 여기서

$$\tau = \frac{L}{R_2}$$

이다. 인덕터와 저항 양단 사이의 전압 강하는 고리 규칙 및 옴의 법칙으로부터 구할 수 있다.

연결고리

이 요약을 보면 RC 회로와 LR 회로가 매우 유사함을 알 수 있다.

	축전기	인덕터
전압과 비례 관계에 있는 양	전하	전류의 변화율
불연속적으로 변할 수 있는 것	전류	전압
불연속적으로 변할 수 없는 것	전압	전류
저장된 에너지(U)와 비례 관계에 있는 것	V^2	I^2
$V = 0$, $I \neq 0$일 때	$U = 0$	$U = $ 최대
$I = 0$, $U \neq 0$일 때	$U = $ 최대	$U = 0$
저장된 에너지(U)와 비례하지 않는 것	E^2	B^2
시간상수	RC	L/R
"충전" 회로에서	$I(t) \propto e^{-t/\tau}$	$I(t) \propto (1 - e^{-t/\tau})$
	$V_C(t) \propto (1 - e^{-t/\tau})$	$V_L(t) = \mathscr{E}_L(t) \propto e^{-t/\tau}$
"방전" 회로에서	$I(t) \propto e^{-t/\tau}$	$I(t) \propto e^{-t/\tau}$
	$V_C(t) \propto e^{-t/\tau}$	$V_L(t) = \mathscr{E}_L(t) \propto e^{-t/\tau}$

보기 20.9

대형 전자석 켜기

대형 전자석의 인덕턴스가 $L = 15$ H이고 권선의 저항은 $R = 8.2$ Ω이다. 그림 20.27에서와 같이 전자석을 저항과 직렬로 연결된 이상적인 인덕터라고 하자. 스위치가 닫힐 때 직류 24 V의 전원이 전자석에 연결된다. (a) 전자석의 권선에 흐르는 전류의 나중 값은 얼마인가? (b) 스위치가 닫힌 후 얼마의 시간이 지나면 전류가 나중 값의 99 %에 도달하는가?

전략 전류가 나중 값에 도달하면, 유도기전력은 0이다. 따라서 그림 20.27의 이상적인 인덕터 양단의 전위차는 없다. 이때 전원의 모든 전압이 저항 양단 사이에 있다. 전류는 지수함수 곡선을 그리면서 나중 값에 도달한다. 나중 값의 99.0 %에 도달하면 전류의 1.0 %만큼 더 흐를 수 있다.

풀이 (a) 스위치가 닫힌 후, 시간상수의 몇 배의 시간이 지나면 전류는 일정한 크기에 도달한다. 전류가 더 이상 변하지 않으면, 유도기전력은 없다. 따라서 전원의 총 전압 24 V가 저항 양단에 가해진다. 곧

$$\mathscr{E}_b = \mathscr{E}_L + IR$$

에서, $\mathscr{E}_L = 0$인 경우의 전류로

$$\mathscr{E}_L = 0, \quad I_f = \frac{\mathscr{E}_b}{R} = \frac{24\text{ V}}{8.2\ \Omega} = 2.9\text{ A}$$

이다.

(b) 인자 $e^{-t/\tau}$는 아직 더 늘 수 있는 전류의 분율을 나타낸다. 전류가 나중 값의 99.0 %에 도달할 때

$$1 - e^{-t/\tau} = 0.990, \text{ 곧 } e^{-t/\tau} = 0.010$$

이다. t를 지수에서 끄집어내기 위해 양변에 자연로그를 취하면

$$\ln(e^{-t/\tau}) = -t/\tau = \ln 0.010 = -4.61$$

이 된다. t에 대해 풀면

$$t = -\tau \ln 0.010 = -\frac{L}{R} \ln 0.010 = -\frac{15\text{ H}}{8.2\ \Omega} \times (-4.61) = 8.4\text{ s}$$

이 된다. 따라서 전류가 나중 값의 99.0 %에 도달하는 데는 8.4 s가 걸린다.

검토 약간 다른 접근법을 사용해 전류를 시간의 함수로 표현할 수 있다. 곧

$$I(t) = \frac{\mathscr{E}_b}{R}(1 - e^{-t/\tau}) = I_f(1 - e^{-t/\tau})$$

이다. $I = 2.9$ A의 99.0 % 또는 $I/I_f = 0.990$가 되는 시간 t를 구하고자 한다. 따라서 앞에서와 같이

$$0.990 = 1 - e^{-t/\tau}, \text{ 곧 } e^{-t/\tau} = 0.010$$

이다.

실전문제 20.9 **전자석 끄기**

전자석을 끌 때 전류가 천천히 감소하도록 하기 위해 그림 20.31에서와 같이 50.0 Ω의 저항이 연결되어 있다. 스위치를 연 후 전류가 0.1 A로 감소하는 데 얼마의 시간이 걸리는가?

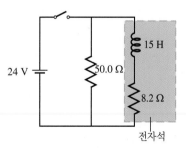

그림 20.31 실전문제 20.9.

해답

실전문제

20.1 오로지 전류의 세기만

20.2 3.0 W. 전력은 자전거 속력의 제곱에 비례한다.

20.3 $B_\perp = B \cos 60.0°$

20.4 7.6 V

20.5 (a) 위치 2와 4에서 왼쪽으로 $F = B^2L^2v/R$,
(b) $P = B^2L^2v^2/R$

20.6 10.0 W

20.7 고체 심에서 맴돌이 전류는 심의 축 주위로 흐를 것이다. 도선 사이를 절연시키면 이러한 맴돌이 전류가 흐르는 것을 방지한다. 맴돌이 전류에 의해 에너지가 소산되기 때문에, 이들이 있으면 변압기의 효율은 감소한다.

20.8 0.53 W

20.9 0.9 s

살펴보기

20.1 막대 안 전자의 평균 속도는 지면에서 나오는 방향이고 자기장은 지면으로 들어가는 방향이다. 그러므로 전자에 작용하는 자기력은 0이다. 따라서 유도기전력도 0이다.

20.2 기전력의 진폭과 진동수는 변할 것이다. 진동수는 12 Hz에서 10 Hz로 줄어든다. 기전력의 진폭은 진동수에 비례하므로 새 진폭은 18 V × (10/12) = 15 V이다.

20.4 (a) 외부 자기장에 의해 고리를 통과하는 선속은 증가한다. 렌츠의 법칙에 따르면 유도전류는 선속의 변화를 거스른다. 따라서 유도전류는 지면 밖으로 자체 유도전류장을 발생시킨다. 오른손 법칙에 따르면 유도전류는 시계 반대 방향이다. (b) 이제는 선속이 감소한다. 이 변화를 막기 위해 유도전류는 지면 안으로 들어가는 자기장을 생성한다. 전류는 시계 방향이다.

20.6 1차 코일에 전류가 나중 값까지 형성될 때까지는 기전력이 잠깐 2차 코일에 유도될 것이다. 1차 코일의 전류가 나중 값에 도달하면 2차 코일을 통과하는 선속은 더 이상 변하지 않으므로 기전력이 유도되지 않는다. 따라서 변압기는 직류전원으로 사용할 수 없다.

20.9 (d), (a) = (c), (b), (e).

20.10 (a) 인덕터에 유도기전력은 처음에는 전지의 기전력과 같다. 곧, $\mathcal{E}_b = \mathcal{E}_L = L(\Delta I/\Delta t)$이다. 그래서 $\Delta I/\Delta t = \mathcal{E}_b/L = 500$ A/s이다. (b) 인덕터의 유도기전력은 시간이 $t = \tau = L/R = 0.250$ ms일 때 처음 값에 e^{-1}을 곱한 값으로 떨어진다.

교류
Alternating Current

가정에 전기를 공급하는 외부의 전력
선을 자세히 살펴보아라. 왜 전선이
세 가닥인가? 전선이 두 가닥이면 완
전한 회로를 만드는 데 충분하지 않
은가? 세 가닥의 전선이 전기 콘센트
의 세 단자에 해당하는가? (627쪽에
답이 있다.)

21.1 사인파형의 전류와 전압: 교류회로의 저항체
SINUSOIDAL CURRENTS AND VOLTAGES; RESISTORS IN AC CIRCUITS

연결고리

20.2절에서 발전기가 어떻게 사인형 기전력을 생산하는지를 배웠다.

교류(ac)회로에서 전류와 기전력은 주기적으로 방향이 바뀐다. 교류전원장치는 기전력의 극성을 주기적으로 바꾼다. 교류발전기(교류전원이라 부른다.)가 만드는 사인파형의 기전력은 다음과 같이 쓸 수 있다(그림 21.1a).

$$\mathcal{E}(t) = \mathcal{E}_m \sin \omega t$$

교류발전기(사인파형 기전력샘)를 나타내는 회로 기호는 $\bigotimes$로 나타낸다.

기전력은 $+\mathcal{E}_m$와 $-\mathcal{E}_m$ 사이에서 연속적으로 변한다. $\mathcal{E}_m$을 기전력의 **진폭**amplitude 또는 **봉우리 값**peak value이라고 한다. 사인파형 기전력에 저항을 연결한 회로에서 (그림 21.1b) 키르히호프의 고리 규칙에 따라 저항 양단의 전기퍼텐셜 차는 기전력 $\mathcal{E}(t)$와 같다. 그러면 전류 $i(t)$는 $I = \mathcal{E}_m/R$ 크기의 진폭으로 사인파형으로 변한다.

$$i(t) = \frac{\mathcal{E}(t)}{R} = \frac{\mathcal{E}_m}{R} \sin \omega t = I \sin \omega t$$

여기서 중요한 것은 시간에 따라 변하는 값과 그 값의 진폭을 구분해야 한다는 것이다. 소문자 i는 순간전류를 나타내고 대문자 I는 전류의 진폭을 나타내고 있음을 주목하여라. 기전력을 제외하고 이 장에서 나오는 시간에 따라 변하는 모든 양에 이 약속을 적용한다. 기전력의 경우, $\mathcal{E}$가 순간기전력이고 $\mathcal{E}_m$("m"은 최대를 의미한다)은 기전력의 진폭이다.

그림 21.1 (a) 시간의 함수로 나타낸 사인파형 기전력. (b) 저항기에 연결된 기전력. 처음 반주기 동안($0 < t < \frac{1}{2}T$) 기전력의 극성과 전류의 방향을 나타낸다. (c) 같은 회로에서 나머지 반주기 동안 ($\frac{1}{2}T < t < T$) 기전력의 극성과 전류의 방향을 나타낸다.

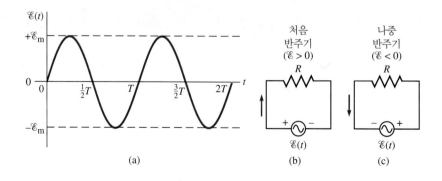

한 순환을 완성하는 데 걸린 시간이 주기 T이고, 주기의 역수는 진동수 f이다.

$$초당\ 순환\ 수 = \frac{1}{한\ 번\ 순환하는데\ 걸린\ 시간}$$

$$f = \frac{1}{T}$$

연결고리

ac 회로에서 사용되는 주기, 주파수, 각주파수의 정의는 단순조화운동에 대한 것과 같다.

한 번 순환이 2π 라디안에 해당하므로 라디안 단위로 각진동수는 다음과 같다.

$$\omega = 2\pi f$$

SI 단위로 주기의 단위는 초, 진동수의 단위는 헤르츠(Hz), 각진동수의 단위는 rad/sec이다. 미국의 일반 가정에서 쓰는 전기의 진동수는 60 Hz이고, 전압의 진폭은 약 170 V이다. 한국의 경우, 진동수는 같지만 진폭은 약 310 V이다.

응용: 저항의 발열 그림 21.1에 있는 회로는 간단하게 보이지만 응용성은 아주 크다. 토스터, 헤어드라이어, 전기장판, 전기레인지, 전기오븐 등의 가열소자는 교류전원에 연결된 저항체이다. 백열전등도 마찬가지이다. 저항체인 필라멘트는 에너지를 소모하면서 상당량의 가시광선을 복사할 정도로 뜨거워진다.

저항체의 전력소모

교류회로에 연결된 저항체의 순간소모 전력은

$$p(t) = i(t)v(t) = I \sin \omega t \times V \sin \omega t = IV \sin^2 \omega t \qquad (21\text{-}1)$$

이다. 여기에서 $i(t)$는 저항에 흐르는 전류이고 $v(t)$는 저항 양단의 전기퍼텐셜 차이다. (소모되는 전력은 에너지가 소모되는 비율을 의미함을 기억하여라.) $v = ir$이므로 전력은 다음과 같은 형태로도 쓸 수 있다.

$$p = I^2 R \sin^2 \omega t = \frac{V^2}{R} \sin^2 \omega t$$

그림 21.2는 교류회로에 연결된 저항체에 전달되는 순간전력을 보여준다. 이 순간전력은 최저 0에서 최고 IV까지 변한다. 사인 함수의 제곱은 언제나 양(+)의 값을 가지므로, 전력은 언제나 음(−)은 아니다. 에너지는 계속 저항체에서 소모되므로 에너지 흐름의 방향은 전류의 방향에 관계없이 항상 같다.

전력의 최댓값은 전류의 봉우리 값과 전압의 봉우리 값의 곱(IV)으로 주어진다. 순간전력은 빠르게 변하기 때문에 순간전력보다는 평균 전력을 주로 다룬다. 토스터나 전구의 경우 순간전력의 변동은 매우 빠르기 때문에 그 변동을 쉽사리 인지하지 못한다. 평균 전력이란 IV에 $\sin^2 \omega t$의 평균값을 곱한 것을 말한다. $\sin^2 \omega t$의 평균값은 1/2이다(문제 6 참조).

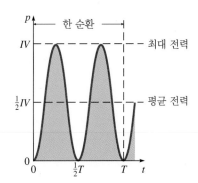

그림 21.2 한 순환 동안 교류회로 내의 저항체가 소모하는 전력 p를 시간의 함수로 그렸다. $p(t)$ 그래프 아랫부분의 넓이가 소모된 에너지를 나타낸다. 평균 전력은 $IV/2$이다.

저항체가 소모하는 평균 전력

$$P_{평균} = \frac{1}{2}IV = \frac{1}{2}I^2 R \qquad (21\text{-}2)$$

RMS 값

얼마의 직류전류 $I_{직류}$가 진폭이 I인 교류전류와 같은 평균 비율로 에너지를 소모할까? I는 교류전류의 최댓값이기 때문에 직류전류 $I_{직류} < I$이다. $I_{직류}$를 구하기 위해 (같은 저항 값에 대해) 두 평균 전력을 같게 놓으면

$$P_{평균} = I_{직류}^2 R = \frac{1}{2}I^2 R$$

이 된다. $I_{직류}$에 대해 풀어보면

$$I_{직류} = \sqrt{\frac{1}{2}I^2}$$

연결고리

기체 분자의 rms 속력(13.6절)도 같은 방법으로 정의한다.

$v_{rms} = \sqrt{\langle v^2 \rangle}$

이 된다. 이 유효 직류전류를 **제곱평균제곱근**root mean square, rms 전류라 부른다. 이는 교류전류의 제곱 $i^2(t) = I^2 \sin^2 \omega t$의 평균의 제곱근($\sqrt{}$)이다. 곧

$$\langle i^2 \rangle = \langle I^2 \sin^2 \omega t \rangle = I^2 \times \frac{1}{2}$$

$$I_{rms} = \sqrt{\langle i^2 \rangle} = \frac{1}{\sqrt{2}} I$$

가 된다. 따라서 rms 전류는 봉우리 전류(I)를 $\sqrt{2}$로 나눈 값과 같다. 비슷하게 사인함수 모양의 기전력과 전기퍼텐셜 차의 rms 값도 봉우리 값을 $\sqrt{2}$로 나눈 것과 같다.

$$rms = \frac{1}{\sqrt{2}} \times 진폭 \qquad (21\text{-}3)$$

rms 값의 이점은 저항체가 소모하는 평균 전력을 구할 때 마치 그것을 직류 값처럼 취급할 수 있다는 점이다.

$$P_{평균} = I_{rms} V_{rms} = I_{rms}^2 R = \frac{V_{rms}^2}{R} \qquad (21\text{-}4)$$

교류전압과 전류를 측정하는 계측기들은 보통 봉우리 값 대신 rms 값을 읽을 수 있도록 눈금이 매겨져 있다. 미국 대부분의 가정용 콘센트는 rms 값으로 약 120 V가 공급된다. 봉우리 값은 120 V $\times \sqrt{2} = 170$ V이다. 가전제품에도 rms 값이 표기되어 있다.

✓ 살펴보기 21.1

헤어드라이어에 표기된 "120 V, 10 A"는 모두 rms 값이다. 평균 전력소모량은 얼마인가?

보기 21.1

100 W 전구의 저항

100 W 전등이 120 V(rms)의 교류에 사용할 수 있도록 만들어졌다. (a) 정상적인 작동 온도에서 필라멘트 저항은 얼마인가? (b) 필라멘트를 흐르는 전류의 rms 값과 봉우리 값을 구하여라. (c) 가열되지 않은 필라멘트에 스위치를 켜는 순간

평균 전력은 100 W보다 더 큰가, 아니면 더 작은가?

전략   필라멘트에서 소모되는 평균 전력은 100 W이다. 전구에 걸리는 rms 전압이 120 V이므로, 120 V의 직류전원을 전구에 연결한다면 100 W의 일정한 전력이 소모된다.

풀이   (a) 평균 전력과 rms 전압 사이의 관계는

$$P_{평균} = \frac{V_{rms}^2}{R} \qquad (21\text{-}4)$$

이다. 이를 R에 대해서 풀면 다음과 같다.

$$R = \frac{V_{rms}^2}{P_{av}} = \frac{(120\text{ V})^2}{100\text{ W}} = 144\ \Omega$$

(b) 평균 전력은 rms 전압과 rms 전류의 곱으로 주어진다.

$$P_{평균} = I_{rms} V_{rms}$$

rms 전류에 대해 풀면

$$I_{rms} = \frac{P_{평균}}{V_{rms}} = \frac{100\text{ W}}{120\text{ V}} = 0.833\text{ A}$$

이고, 전류의 진폭은 $\sqrt{2}$배만큼 더 크다. 곧

$$I = \sqrt{2}\,I_{rms} = 1.18\text{ A}$$

이다.

(c) 금속은 온도가 증가하면 저항도 증가한다. 금속인 필라멘트도 불을 켜기 전 차가운 상태에서 저항이 더 작다. 그러므로 같은 전압에 연결된 경우, 저항이 작으면 전류가 더 많이 흘러 평균 소모 전력도 더 커진다.

검토   점검: 소모되는 전력을 봉우리 값을 이용해 확인해보자.

$$P_{평균} = \tfrac{1}{2}IV = \tfrac{1}{2}(1.18\text{ A} \times 170\text{ V}) = 100\text{ W}$$

다른 점검: 진폭이 옴의 법칙을 만족해야 한다.

$$V = IR = 1.18\text{ A} \times 144\ \Omega = 170\text{ V}$$

실전문제 21.1   한국과 유럽의 벽 콘센트

한국과 유럽에서 사용하는 벽 콘센트의 rms 전압은 220 V이다. rms 전류 12.0 A가 흐르는 전열기가 연결되었을 때, 전압과 전류의 진폭은 얼마인가? 가열소자에서 소모되는 전력의 봉우리 값과 평균 값은 얼마인가? 가열소자의 저항은 얼마인가?

21.2 가정용 전기 ELECTRICITY IN THE HOME

북미의 대부분 가정에는 진동수 60 Hz의 rms 전압 110~220 V의 전기가 벽의 콘센트를 통해 제공된다. 그러나 몇몇 전력 소비가 큰 전기히터, 온수기, 전기레인지, 대형 에어컨 등에는 220~240 V의 rms 전압이 제공되기도 한다. 전압이 두 배가 되면 같은 전력을 송전하면서 도선의 전류가 반으로 줄어들어 도선에서 소모되는 에너지가 감소한다(전류를 증가시키기 위해 굵은 전선을 사용할 필요가 없다).

가정으로 전기가 공급되기 전에 지역 전력선의 전압은 수 kV이고, 이를 120/240 V의 rms 전압으로 낮추는 변압기가 있다. 이러한 변압기는 전력선이 지나가는 전신주 위에 금속통의 형태로 설치되어 있다(그림 21.3). 변압기에는 2차 코일의 중간에 연결된 중립 단자가 있다. 2차 코일의 총 전압은 rms 값으로 240 V이지만 중립 단자와 2차 코일 어느 한쪽 사이의 전압은 rms 값으로 120 V이다. 중립 단자는 변압기에서 접지되고, 종종 절연이 되지 않은 선을 통해 옥내로 들어온다. 이 선은 옥내 모든 120 V 회로에 있는 보통 하얀색의 절연된 중립선에 연결된다.

변압기에서 나온 나머지 두 선은 절연된 전선을 통해 집 안으로 들어온다. 이 두 선을 **활선**(hot line)이라고 부른다. 콘센트 내부에 있는 검은색 또는 빨간색으로 절연된 선들이 대개 이 활선이다. 중립선을 기준으로 각 활선의 전압은 rms 값으로 120 V이지만 둘의 위상은 180° 어긋나 있다. 집 안의 120 V 회로 중 반은 한 활선

가정에 전기를 공급하는 세 전선의 역할이 무엇인가?

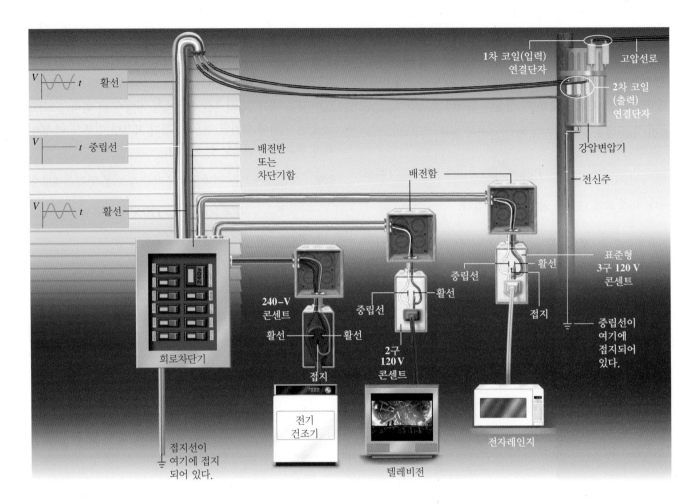

그림 21.3 북미 가정의 전기 배선도.

그림 21.4 표준 120 V 콘센트.

에 연결되고 나머지 반은 다른 활선에 연결된다. 240 V가 필요한 가전제품들은 중립선과는 연결되지 않고 두 활선에 연결된다.

오래된 120 V 콘센트는 단지 활선과 중립선의 두 단자로만 되어 있다. 중립선 단자의 구멍이 활선 단자에 비해 조금 크다. 이렇게 두 단자를 구분해 활선과 중립선이 뒤바뀌는 것을 방지할 수 있다. 안전을 위한 이러한 고려는 이제 세 단자를 사용하는 현대식 콘센트로 대체되었다(그림 21.4). 세 번째 단자는 중립선을 통하지 않고 자체 도선(대개 절연되지 않았거나 녹색으로 절연된)으로 바로 접지된다. 대부분의 가전제품의 금속 덮개는 안전을 위해 접지된다. 가전제품 내의 배선에 이상이 있어서 활선이 금속 덮개에 닿으면 저항이 작은 세 번째 단자를 통해 전류가 땅으로 흐른다. 전류가 크면 회로차단기나 퓨즈가 떨어진다. 접지가 되어 있지 않았다면 가전제품의 금속 덮개의 전압은 땅에 대해 rms 값으로 120 V일 것이다. 그 가전제품의 금속 덮개를 건드린 사람은 몸을 통해 땅으로 흐르는 전류에 의해 충격을 받을 수 있다.

21.3 교류회로의 축전기 CAPACITOR IN AC CIRCUITS

그림 21.5a에 교류전원에 연결된 축전기를 보였다. 교류전원은 축전기 양단의 전압이 전원의 전압과 같게 유지되도록 전하를 공급한다. 축전기에 있는 전하와 전압 v는 다음과 같이 비례한다.

$$q(t) = Cv(t)$$

전류는 전압의 시간 변화율 $\Delta v/\Delta t$에 비례한다. 곧,

$$i(t) = \frac{\Delta q}{\Delta t} = C\frac{\Delta v}{\Delta t} \tag{21-5}$$

i가 순간전류가 되려면 시간 간격 Δt는 작아야 한다.

그림 21.5b는 축전기의 전압 $v(t)$와 전류 $i(t)$를 시간의 함수로 보여준다. 다음과 같은 중요한 점들에 주목하여라.

- 전압이 0일 때 전류는 최대이다.
- 전류가 0일 때 전압은 최대이다.
- 축전기는 대전과 방전을 반복한다.

전압과 전류 모두 같은 진동수의 사인파형을 가진 시간의 함수이지만 둘의 위상은 어긋나 있다. 전류는 양(+)의 최댓값에서 시작하지만 전압은 한 순환의 $\frac{1}{4}$이 지난 후에 최댓값에 도달한다. 전압은 전류에 비해 언제나 $\frac{1}{4}$순환만큼 뒤쳐진다. 주기 T는 사인 함수의 한 순환이 완성되는 데 걸리는 시간이다. 그리고

$$\omega T = 2\pi \text{ rad} = 360°$$

이므로 한 순환은 360°에 해당한다. $\frac{1}{4}\omega T = \pi/2 \text{ rad} = 90°$이므로 $\frac{1}{4}$ 순환은 90°에 해당한다. 따라서 전압과 전류의 위상은 $\frac{1}{4}$순환 또는 90° 어긋나 있다. 전류의 위상은 전압의 위상보다 90° 앞선다. 전압의 위상이 전류의 위상에 비해 90° 뒤쳐진다고 해도 동등한 표현이다.

만일 축전기 양단에 걸리는 전압이

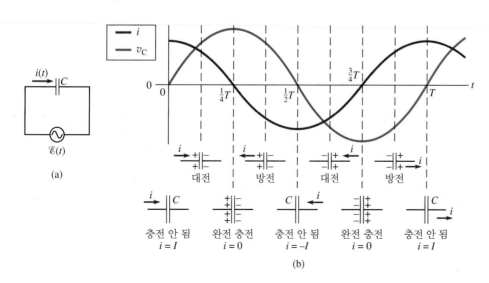

그림 21.5 (a) 축전기에 연결된 교류 발전기. (b) 교류전원에 연결된 축전기에 대한 한 순환에 걸친 전류와 전압의 시간 변화. 축전기의 왼쪽 판에 양전하가 충전되는 방향으로 흐르는 전류가 양(+)의 값을 갖도록 부호를 잡았다.

$$v(t) = V \sin \omega t$$

의 형태를 갖는다면 전류는 시간에 따라

$$i(t) = I \sin (\omega t + \pi/2)$$

로 변한다. 전류가 $\pi/2$ 앞에서 시작함을 나타내기 위해 사인 함수의 위상각에 $\pi/2$ 라디안을 더했다. [각진동수 ω는 일반적으로 rad/s의 단위로 표현하기 때문에 각도 법(°)보다는 호도법(rad)을 쓴다.]

일반적인 전류의 표현은

$$i = I \sin (\omega t + \phi)$$

이다. 여기에서 각 ϕ를 **위상상수**phase constant라고 한다. 축전기에 흐르는 전류인 경우에는 $\phi = \pi/2$이다. 그림 21.5에서 보는 것처럼 사인 함수가 $\pi/2$ 라디안만큼 앞으로 이동하면 코사인 함수가 된다. 곧

$$\sin (\omega t + \pi/2) = \cos \omega t$$

이므로 전류는 다음과 같이 된다.

$$i(t) = I \cos \omega t$$

리액턴스, 반응저항

연결고리

리액턴스는 저항의 정의(전류에 대한 전압의 비)를 일반화한 것이다. 축전기와 인덕터의 경우, 리액턴스는 전류 진폭에 대한 전압 진폭의 비이다. 순간전류에 대한 순간전압의 비는 둘 사이의 위상차로 인해 일정하지 않다.

전류의 진폭 I는 전압의 진폭 V에 비례한다. 전압이 크면 클수록 축전기에 더 많은 전하를 공급해야 함을 의미한다. 같은 시간에 더 많은 전하를 공급하기 위해서는 더 큰 전류가 필요하다. 전압과 전류 사이의 비례 관계를 다음과 같이 쓴다.

$$V_C = IX_C \qquad \text{(21-6)}$$

여기서 X_C를 **축전기의 용량 리액턴스**capacitive reactance 또는 축전기의 반응저항이라고 한다. 이 식을 저항에 대한 옴의 법칙($v = iR$)과 비교해보면 축전기의 리액턴스는 저항과 같은 역할을 하므로 용량 리액턴스 또는 용량(반응)저항이라고도 하며 SI 단위는 저항과 같이 Ω을 사용한다. 식 (21-6)이 진폭 (V, I)으로 쓰였지만 rms 값에도 적용될 수 있다. (rms 값의 경우, 양변이 같은 인자 $\sqrt{2}$만큼 작아지기 때문이다.)

옴의 법칙과 비교해 용량 리액턴스를 축전기의 "유효 저항"으로 생각할 수 있다. 용량 리액턴스는 흐르는 전류의 양을 결정한다. 축전기는 전류의 흐름을 방해하듯이 반응한다. 저항이 클수록 흐르는 전류가 작아지듯이 용량 리액턴스가 클수록 전류가 작아진다.

그러나 저항과 축전기 사이에는 중요한 차이가 있다. 저항은 에너지를 소모하지만 이상적인 축전기는 그렇지 않다. 이상적인 축전기가 소모하는 평균 전력은 $I_{rms}^2 X_C$이 아니라 0이다. 식 (21-6)은 오로지 전류와 전압의 진폭 사이의 관계임을 다시 한번 주목하여라. 축전기에서는 전류와 전압의 위상이 90° 만큼 어긋나 있어서 순간적인 값 사이에 식 (21-6)은 적용되지 않는다. 곧

$$v(t) \neq i(t)X_\text{C}$$

이다. 반면에 저항의 경우에는 전류와 전압이 같은 위상을 갖기 때문에 $v(t) = i(t)$ R가 성립한다.

또 다른 차이점은 용량 리액턴스가 진동수에 따라 변한다는 것이다. 20장에 배웠던 다음의 관계식을 상기하여라.

연결고리

이것은 사인 함수의 변화율을 제공하는 일반적인 수학적 관계이다. 예를 들어 입자의 위치가 $x(t) = A \sin \omega t$이면 입자의 속도인 위치변화율은 다음과 같다. $v_x(t) = \Delta x/\Delta t = \omega A \cos \omega t$ [식 (10-25b)].

$\Phi(t) = \Phi_0 \sin \omega t$이라면 Δt가 작은 경우에 $\dfrac{\Delta \Phi}{\Delta t} = \omega \Phi_0 \cos \omega t$ **(20-7a)**

$\Phi(t) = \Phi_0 \cos \omega t$이라면, Δt가 작은 경우에 $\dfrac{\Delta \Phi}{\Delta t} = -\omega \Phi_0 \sin \omega t$ **(20-7b)**

가 된다.

교류회로의 축전기에 대해, 만일 시간의 함수로 전하가

$$q(t) = Q \sin \omega t$$

이라면 축전기에 있는 전하의 변화율인 전류는

$$i(t) = \frac{\Delta q}{\Delta t} = \omega Q \cos \omega t$$

가 되어야 한다. 따라서 전류의 봉우리 값은

$$I = \omega Q$$

이 되고, $Q = CV$이므로 용량 리액턴스는 다음과 같이 된다는 것을 알 수 있다.

$$X_\text{C} = \frac{V}{I} = \frac{V}{\omega Q} = \frac{V}{\omega CV}$$

축전기의 용량 리액턴스

$$X_\text{C} = \frac{1}{\omega C} \qquad \text{(21-7)}$$

용량 리액턴스는 전기용량과 진동수에 반비례한다. 그 이유를 이해하기 위해서 그림 21.5b에서 1/4주기($0 \leq t \leq T/4$) 구간을 살펴보자. 1/4주기 동안 축전기는 대전되지 않은 상태에서 완전히 대전되므로 총 전하 $Q = CV$가 축전기 판으로 흐른다. 전기용량 C가 클수록 축전기 양단의 전기퍼텐셜 차가 V에 도달하기 위해서는 더 많은 전하가 축전기에 있어야 한다. 같은 시간 $T/4$ 동안 더 많은 전하로 축전기를 대전시키기 위해서 전류는 더 커야 한다. 따라서 전기용량이 커지면 주어진 교류전압 진폭에 대해 더 큰 전류가 흐르기 때문에 용량 리액턴스는 더 작아져야 한다.

용량 리액턴스 또한 진동수에 반비례한다. 높은 진동수의 경우, 축전기를 대전시키는 데 허용되는 시간($T/4$)이 짧다. 전압 진폭이 고정되어 있을 때 짧은 시간 동안 같은 최대 전압에 도달하기 위해서는 더 큰 전류가 흘러야만 한다. 따라서 리액턴스는 진동수가 높을수록 작아진다.

아주 높은 진동수에서 리액턴스는 0으로 접근한다. 축전기는 더 이상 전류를 방해하지 않는다. 이 경우, 교류회로에 흐르는 전류는 마치 축전기를 단락시키는 도선이 있는 것처럼 흐른다. 반대쪽 극한적 상황인 진동수가 아주 낮은 경우, 리액턴스는 무한대가 된다. 아주 낮은 진동수의 경우, 축전기 양단에 걸리는 전압은 아주 천천히 변해서 축전기에 대전된 전하에 의한 전압이 가해준 전압과 같아지자마자 전류는 멈춘다.

✓ 살펴보기 21.3

축전기가 ac 전원장치에 연결되어 있다. 만일 진폭이 변하지 않고 전원장치의 진동수가 2배로 된다면 전류의 진폭과 진동수는 어떻게 되겠는가?

보기 21.2

두 진동수에 대한 용량 리액턴스

(a) rms 전압이 12.0 V이고 진동수가 60.0 Hz인 교류전원이 $4.00\,\mu F$의 축전기에 연결되어 있을 때 용량 리액턴스와 rms 전류를 구하여라. (b) 전압이 12.0 V로 유지된 채 진동수가 15.0 Hz로 감소했을 때 용량 리액턴스와 rms 전류를 구하여라.

전략 축전기의 용량 리액턴스는 축전기 양단에 걸린 rms 전압과 전류의 비례상수이다. 용량 리액턴스는 식 (21-7)로 주어진다. Hz의 단위로 주어진 어떤 진동수에서 용량 리액턴스를 계산하려면 각진동수를 알아야 한다.

풀이 (a) 각진동수 $\omega = 2\pi f$이므로 용량 리액턴스는

$$X_C = \frac{1}{2\pi f C}$$
$$= \frac{1}{2\pi \times 60.0\ \text{Hz} \times 4.00 \times 10^{-6}\ \text{F}} = 663\ \Omega$$

이고 rms 전류는

$$I_{rms} = \frac{V_{rms}}{X_C} = \frac{12.0\ \text{V}}{663\ \Omega} = 18.1\ \text{mA}$$

이다.

(b) 같은 방법으로 계산을 다시 할 수 있다. 다른 방법으로, 진동수가 $\frac{15}{60} = \frac{1}{4}$배로 된 것에 주목한다. X_C는 진동수에 반비례하므로

$$X_C = 4 \times 663\ \Omega = 2650\ \Omega$$

이다. 더 커진 용량 리액턴스로 인해 전류는 감소한다.

$$I_{rms} = \frac{1}{4} \times \frac{12.0\ \text{V}}{663\ \Omega} = 4.52\ \text{mA}$$

검토 진동수가 증가하면 용량 리액턴스는 감소하고 전류는 증가한다. 21.7절에서 보겠지만 축전기는 낮은 진동수에서 흐르는 전류가 작기 때문에 낮은 진동수를 걸러내는 데 쓰인다. PA 시스템에서 허밍 사운드(60 Hz의 윙윙거리는 소리)를 낼 때 앰프와 스피커 사이에 축전기를 삽입하면 60 Hz의 낮은 진동수는 상당량 차단되고 높은 진동수만 통과한다.

실전문제 21.2 **용량 리액턴스와 rms 전류 구하기**

$4.00\,\mu F$의 축전기에 4.00 Hz 진동수를 갖는 220.0 V의 rms 전압을 연결했을 때 용량 리액턴스와 rms 전류를 구하여라.

전력

그림 21.6은 전압과 전류 그래프에 축전기의 순간전력 $p(t) = v(t)\,i(t)$를 같이 보여 주고 있다. 전류와 전압 사이의 $90°(\pi/2\ \text{rad})$ 위상차는 회로의 전력에 특별한 의미를 갖는다. 첫 1/4주기($0 \le t \le T/4$) 동안 전압과 전류 모두 양(+)이고 전력도 양(+)이다. 이 시간 동안 발전기는 에너지를 축전기로 전달해 축전기를 대전시킨다. 그 다음 1/4주기($T/4 \le t \le T/2$) 동안에도 전압은 여전히 양(+)의 값이지만 전류가 음

(−)이 되어 전력은 음(−)으로 된다. 이 시간 동안 축전기는 방전하고 에너지는 축전기에서 발전기로 되돌아간다.

축전기에 전기적 에너지가 저장되었다가 발전기로 되돌려지는 동안, 전력은 음(−)의 값과 양(+)의 값 사이에서 교대로 진동한다. 저장된 모든 에너지가 소모되지 않고 되돌려지므로 평균 전력은 0이 된다.

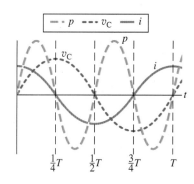

그림 21.6 교류회로에서 축전기의 전압, 전류, 전력.

21.4 교류회로의 인덕터 INDUCTOR IN AC CIRCUITS

패러데이의 법칙[식 (20-6)]에 따르면 교류회로에 있는 인덕터는 전류의 변화를 막으려는 방향으로 기전력을 유도한다. 축전기의 경우와 같은 부호의 약속을 사용한다. 곧, 그림 21.7a에 있는 인덕터를 통해 흐르는 전류는 오른쪽 방향으로 향할 때 양(+)으로 잡고, 인덕터 사이의 전압 v_L은 인덕터의 왼쪽의 전기퍼텐셜이 오른쪽보다 높을 때 양(+)으로 잡는다. 전류가 양(+)의 방향으로 흐르면서 증가하면 유도기전력은 그 증가를 억제하려 v_L이 양(+)이 되게 한다(그림 21.7b). 그 반대의 경우, 곧 전류가 양(+)의 방향으로 흐르면서 감소하면 유도기전력은 그 감소를 막으려 v_L이 음(−)이 되게 한다(그림 21.7c). 앞의 경우 $\Delta i / \Delta t$는 양(+)이고 뒤의 경우에는 음(−)이므로 전압을 다음과 같이 쓰면 전압의 부호에 문제가 없다.

$$v_L = L \frac{\Delta i}{\Delta t} \tag{21-8}$$

인덕터 양단의 전압 진폭은 전류 진폭에 비례한다. 비례상수를 **인덕터의 리액턴스** inductive reactance(X_L) 또는 인덕터의 **반응저항**이라고 한다. 인덕터의 리액턴스는 축전기의 리액턴스와 구별하여 유도 리액턴스라고도 한다.

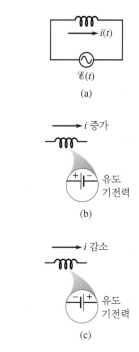

그림 21.7 (a) 교류전원에 연결된 인덕터. (b), (c) 전류가 오른쪽으로 흐르는 경우, 인덕터 양단의 전기퍼텐셜 차는 전류의 증감에 따라 변한다.

$$V_L = IX_L \tag{21-9}$$

용량 리액턴스와 같이 유도 리액턴스 X_L의 단위도 옴(Ω)이다. 식 (21-6)에서와 같이 식 (21-9)에 있는 V와 I는 진폭 또는 rms 값이 될 수 있다. 그러나 같은 식에서 그 두 값을 섞어 쓰지 않도록 주의를 해야 한다.

축전기에서 분석했던 방법과 비슷한 방법을 쓰면, 인덕터의 유도 리액턴스가 다음과 같음을 알 수 있다.

인덕터의 유도 리액턴스

$$X_L = \omega L \tag{21-10}$$

유도 리액턴스가 용량 리액턴스와 달리 인덕턴스 L과 각진동수 ω에 직접적으로 비례함을 주목하여라. 용량 리액턴스는 전기용량과 각진동수에 반비례한다. 인덕터에서 생기는 유도기전력은 언제나 전류 변화를 막으려 한다. 높은 진동수에서 더 빠른 전류의 변화는 더 큰 유도기전력에 의해 방해받는다. 따라서 유도 리액턴스, 곧 전류의 진폭에 대한 유도기전력의 진폭의 비는 높은 진동수에서 더 크다.

✓ 살펴보기 21.4

인덕터와 축전기가 어떤 각진동수 ω_0에서 같은 리액턴스를 갖는다고 가정하자. (a) $\omega > \omega_0$에 대해 어느 리액턴스가 더 큰가? (b) $\omega < \omega_0$에 대해 어느 리액턴스가 더 큰가?

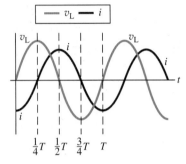

그림 21.8 교류회로 내의 인덕터를 가로지르는 전류와 전기퍼텐셜 차. 전류가 최댓값이나 최솟값일 때 전류의 순간변화율(접선의 기울기)은 0이다. 따라서 이때 $v_L = 0$이다. 반면, 전류가 0일 때는 변화율이 최대가 되어 전압 v_L도 최댓값을 갖는다.

저항이 없는 이상적인 인덕터 양단의 전기퍼텐셜 차와 인덕터에 흐르는 전류를 그림 21.8에 시간의 함수로 그렸다. 인덕터 양단의 전압은 $v_L = L\Delta i/\Delta t$이므로 임의의 시간에서 $v_L(t)$의 그래프는 전류 그래프의 기울기에 비례한다. 전압과 전류 사이 위상은 1/4주기만큼 어긋나 있다. 그러나 이 경우 전류가 전압에 비해 90°($\pi/2$ rad)만큼 뒤쳐진다. 곧, 전류는 전압이 최댓값에 도달하고 1/4주기이 지난 후 최댓값에 도달한다. 무엇이 앞서고 무엇이 뒤쳐지는지를 기억하기 위해 다음과 같은 방법을 생각해보자. 전류(current)라는 영어 단어의 첫 글자 c는 인덕터(inductor)의 중간에 있고, 축전기(capacitor)의 맨 앞에 있음을 이용해, 인덕터의 전류는 전압에 뒤쳐지고, 축전기의 전류는 전압에 앞선다고 기억하면 된다.

그림 21.8에서 인덕터 양단의 전압은

$$v_L(t) = V\sin\omega t$$

로 쓸 수 있다. 삼각 함수의 항등식 $-\cos\omega t = \sin(\omega t - \pi/2)$을 이용하면 전류는 다음과 같이 된다.

$$i(t) = -I\cos\omega t = I\sin(\omega t - \pi/2)$$

이 식에 있는 위상상수 $\phi = -\pi/2$가 전류가 전압에 뒤쳐진다는 것을 보여준다.

전력

축전기의 경우에서와 같이, 전류와 전압 사이에 있는 90°의 위상차는 평균 전력이 0임을 의미한다. 결국 저항이 없는 이상적인 인덕터는 에너지를 소모하지 않는다. 발전기는 인덕터로 에너지를 보내고, 인덕터로부터 에너지를 되돌려 보내는 일을 반복한다.

보기 21.3

라디오 동조회로의 인덕터

라디오의 동조회로에 $0.56\,\mu$F의 인덕터가 있다. 인덕터가 이상적이라 가정하여라. (a) 진동수 90.9 MHz에서 인덕터의 유도 리액턴스 X_L을 구하여라. (b) 전압의 진폭이 0.27 V일 때 인덕터에 흐르는 전류의 진폭을 구하여라. (c) 90.9 MHz에서 같은 리액턴스를 갖는 축전기의 전기용량 C를 구하여라.

전략 인덕터의 유도 리액턴스 X_L은 각진동수(ω)와 인덕턴스(L)의 곱으로 주어진다. 유도 리액턴스는 전압의 진폭을 전류의 진폭으로 나눈 값이고 단위는 $[\Omega]$이다. 축전기의 경우는 $1/\omega C$이다.

풀이 (a) 인덕터의 리액턴스는

$$X_L = \omega L = 2\pi f L$$
$$= 2\pi \times 90.9\,\text{MHz} \times 0.56\,\mu\text{H} = 320\,\Omega$$

이다.

(b) 전류의 진폭은

$$I = \frac{V}{X_L}$$
$$= \frac{0.27\,\text{V}}{320\,\Omega} = 0.84\,\text{mA}$$

이다.

(c) 두 리액턴스 X_L과 X_C를 같게 놓고 C에 대해 풀면

$$\omega L = \frac{1}{\omega C}$$

$$C = \frac{1}{\omega^2 L} = \frac{1}{4\pi^2 \times (90.9 \times 10^6\,\text{Hz})^2 \times 0.56 \times 10^{-6}\,\text{H}}$$
$$= 5.5\,\text{pF}$$

이다.

검토 축전기의 용량 리액턴스를 계산해서 결과를 점검해볼 수 있다 .

$$X_C = \frac{1}{\omega C} = \frac{1}{2\pi \times 90.9 \times 10^6\,\text{Hz} \times 5.5 \times 10^{-12}\,\text{F}} = 320\,\Omega$$

21.6절에서 동조회로를 더 자세하게 공부하기로 한다.

실전문제 21.3 리액턴스와 rms 전류

유도 리액턴스가 3.00 mH인 인덕터에 rms 전압 10.0 mV, 진동수 60.0 kHz인 교류전원이 연결되었을 때 유도 리액턴스 X_L과 rms 전류를 구하여라.

21.5 *RLC* 직렬회로 *RLC* SERIES CIRCUITS

그림 21.9a는 *RLC* 직렬회로이다. 키르히호프의 접합점 규칙에 따르면, 이 회로에는 접합점이 없으므로 각 소자에는 같은 순간전류가 흐른다. 또한 키르히호프의 고리 규칙에 따라 3개의 소자에서 생긴 전압 강하의 합은 교류전원의 전압과 같다.

$$\mathcal{E}(t) = v_L(t) + v_R(t) + v_C(t) \tag{21-11}$$

세 전압은 사인파형 시간 함수로서 같은 진동수를 갖지만 서로 다른 위상상수를 갖는다.

만일 전류의 위상상수를 0으로 하면, 저항 R 양단에 걸리는 전압 V_R과 전류의 위상은 같으므로 V_R의 위상상수는 0이 된다(그림 21.9b 참조). 한편 인덕터 양단의 전압 V_L은 전류보다 90° 앞선다. 그래서 V_L의 위상상수는 $+\pi/2$이다. 축전기 양단의 전압 V_C는 전류보다 90° 늦으므로 V_C의 위상상수는 $-\pi/2$이다.

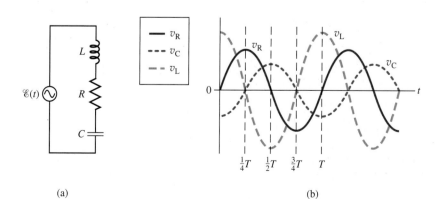

그림 21.9 (a) *RLC* 직렬회로. (b) 각 소자에 걸린 전압과 전류의 시간 함수. 전류의 위상은 v_R와 같고 v_C보다는 90° 앞서며, v_L보다는 90° 늦다.

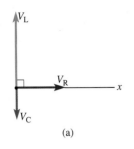

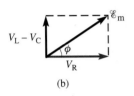

그림 21.10 (a) 전압에 대한 위상옮기개 표현. (b) 전류와 같은 위상을 갖는 저항 양단의 전압과 전원 기전력 사이의 위상각 ϕ.

$$\mathcal{E}(t) = \mathcal{E}_m \sin\left(\omega t + \phi\right) = V_L \sin\left(\omega t + \frac{\pi}{2}\right) + V_R \sin\omega t + V_C \sin\left(\omega t - \frac{\pi}{2}\right) \quad (21\text{-}12)$$

위상옮기개 도해 이 덧셈을 삼각함수 항등식을 이용해 단순하게 할 수도 있지만 더 간단한 방법이 있다. 각 사인파형 전압을 **위상옮기개**phasor라고 부르는 벡터와 비슷한 것을 이용해 나타낼 수 있다. 위상옮기개의 크기는 전압의 진폭을 나타내고 위상옮기개의 각은 전압의 위상상수를 나타낸다. 위상옮기개의 합은 벡터의 합과 같은 방법으로 구한다. 벡터와 동일한 방법으로 그리고 더하지만 위상옮기개는 통상적인 벡터가 아니다. 위상옮기개는 가속도, 운동량, 자기장과 같은 진짜 벡터처럼 공간에서 방향을 가진 벡터양이 아니다.

그림 21.10a는 전압 $v_L(t)$, $v_R(t)$, $v_C(t)$에 대한 위상옮기개를 보여준다. +x-축으로부터 시계 반대 방향을 향하는 각이 양(+)의 위상상수를 나타낸다. 우선 반대 방향을 향하는 $v_L(t)$와 $v_C(t)$를 먼저 합한다. 그러고 나서 이 두 위상옮기개의 합을 $v_R(t)$의 위상옮기개와 합한다(그림 21.10b). 그 결과가 $\mathcal{E}(t)$로 나타난다. $\mathcal{E}(t)$의 진폭은 그 합의 길이이다. 피타고라스의 정리로부터 그것을 구할 수 있다.

$$\mathcal{E}_m = \sqrt{V_R^2 + (V_L - V_C)^2} \quad (21\text{-}13)$$

✓ **살펴보기 21.5**

직렬 RLC 회로에서 축전기와 인덕터 양단의 전압 진폭이 각각 90 mV와 50 mV이다. 인가된 기전력의 진폭은 $\mathcal{E}_m = 50$ mV이다. 저항 양단의 전압 진폭은 얼마인가?

임피던스 식 (21-13)의 우변의 각 전압 진폭을 전류 진폭과 리액턴스 또는 저항의 곱으로 쓰면

$$\mathcal{E}_m = \sqrt{(IR)^2 + (IX_L - IX_C)^2}$$

이 된다. 공통 인수 I로 묶으면

$$\mathcal{E}_m = I\sqrt{R^2 + (X_L - X_C)^2}$$

이 된다. 따라서 교류전원전압의 진폭은 전류의 진폭에 비례하고, 이때의 비례상수를 회로의 **임피던스**impedance Z라고 부른다.

$$\mathcal{E}_m = IZ \quad (21\text{-}14a)$$

$$Z = \sqrt{R^2 + (X_L - X_C)^2} \quad (21\text{-}14b)$$

임피던스의 단위는 옴(Ω)이다.

그림 21.10b에서 전원의 전압 $\mathcal{E}(t)$는 $v_R(t)$과 $i(t)$보다 위상각 ϕ만큼 앞선다. 위상각 ϕ는 다음을 만족한다.

$$\tan \phi = \frac{V_L - V_C}{V_R} = \frac{IX_L - IX_C}{IR} = \frac{X_L - X_C}{R} \qquad (21\text{-}15)$$

그림 21.9와 21.10에서 $X_L > X_C$를 가정했다. 만일 $X_L < X_C$이라면 위상각 ϕ는 음(−)이 되는데 이것은 전원의 전압이 전류보다 위상이 지연된다는 것을 의미한다. 그림 21.10b는 또한 다음을 의미한다.

$$\cos \phi = \frac{V_R}{\mathscr{E}_m} = \frac{IR}{IZ} = \frac{R}{Z} \qquad (21\text{-}16)$$

만일 *R*, *L*, *C* 소자 중 한두 개가 회로에서 빠져도 앞의 방법을 여전히 적용할 수 있다. 빠진 소자의 양단에 걸리는 전기퍼텐셜 차가 없으므로 빠진 소자의 리액턴스 또는 저항을 단순히 0으로 놓는다. 예를 들어 대부분의 인덕터는 긴 도선을 감은 코일로 만들어지기 때문에 보통 상당한 값의 저항을 갖는다. 따라서 실제 인덕터를 이상적 인덕터와 저항의 직렬연결로 생각할 수 있다. 이때 인덕터의 임피던스는 식 (21-14b)에 $X_C = 0$으로 두면 된다.

보기 21.4

RLC 직렬회로

RLC 직렬회로에 40.0 Ω의 저항, 22.0 mH의 인덕터, 0.400 μF의 축전기가 직렬로 연결되어 있다. 교류전원의 봉우리 전압은 0.100 V이고 각진동수는 1.00×10^4 rad/s이다. (a) 전류의 진폭을 구하여라. (b) 교류전원과 전류 사이의 위상각을 구하여라. 어느 것이 앞서는가? (c) 회로의 각 소자 양단에 걸리는 봉우리 전압을 구하여라.

전략 전원의 전압 진폭 *V*를 전류의 진폭 *I*로 나눈 값이 임피던스 *Z*이다. 인덕터와 축전기의 리액턴스를 구하면 임피던스 *Z*를 계산할 수 있고, 그로부터 전류의 진폭도 구할 수 있다. 또한 리액턴스를 사용해서 위상상수 ϕ도 계산할 수 있다. 만일 ϕ가 양(+)이면 전원의 전압이 전류보다 앞서고, 음(−)이면 전압이 전류보다 늦다. 각 소자 양단에 걸리는 봉우리 전압은 봉우리 전류 *I*에 그 소자의 리액턴스나 저항을 곱한 것이다.

풀이 (a) 유도 리액턴스는

$$X_L = \omega L = 1.00 \times 10^4 \text{ rad/s} \times 22.0 \times 10^{-3} \text{ H} = 220 \text{ Ω}$$

이다. 용량 리액턴스는

$$X_C = \frac{1}{\omega C} = \frac{1}{1.00 \times 10^4 \text{ rad/s} \times 0.400 \times 10^{-6} \text{ F}} = 250 \text{ Ω}$$

이 된다. 그러면 회로의 임피던스는

$$Z = \sqrt{R^2 + X^2} = \sqrt{(40.0 \text{ Ω})^2 + (-30 \text{ Ω})^2} = 50 \text{ Ω}$$

이다. 전원전압 $V = 0.100$ V에 대한 전류의 진폭은

$$I = \frac{V}{Z} = \frac{0.100 \text{ V}}{50 \text{ Ω}} = 2.0 \text{ mA}$$

가 된다.

(b) 위상각 ϕ는

$$\phi = \tan^{-1} \frac{X_L - X_C}{R} = \tan^{-1} \frac{-30 \text{ Ω}}{40.0 \text{ Ω}} = -0.64 \text{ rad} = -37°$$

이다. 여기서 $X_L < X_C$이므로 위상각 ϕ는 음(−)이 되고 이는 전원의 전압이 전류보다 뒤쳐짐을 의미한다.

(c) 인덕터 양단에 걸리는 전압의 진폭은

$$V_L = IX_L = 2.0 \text{ mA} \times 220 \text{ Ω} = 440 \text{ mV}$$

이고, 축전기와 저항에 대한 전압은 각각

$$V_C = IX_C = 2.0 \text{ mA} \times 250 \text{ Ω} = 500 \text{ mV}$$

$$V_R = IR = 2.0 \text{ mA} \times 40.0 \text{ Ω} = 80 \text{ mV}$$

이다.

검토 그림 21.10에 있는 각 소자에 대한 전압 위상옮기개는 전류 *I*에 비례하기 때문에, 위상옮기개가 리액턴스 또는 저항을 나타내는 위상옮기개 도해를 만들기 위해서 각 전압 위상

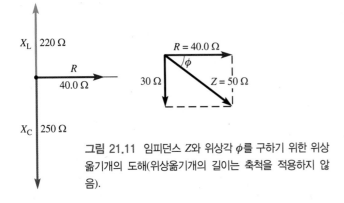

그림 21.11 임피던스 Z와 위상각 ϕ를 구하기 위한 위상 옮기개의 도해(위상옮기개의 길이는 축척을 적용하지 않음).

옮기개를 I로 나눈다(그림 21.11). 그러한 위상옮기개 도해는 회로의 임피던스와 위상상수를 구하는 데 식 (21-14b)와 식 (21-15)를 대신해 사용될 수 있다. 이때 회로의 세 소자에 걸린 전압의 진폭을 모두 합한 값이 전원의 전압 진폭과 일치하지 않음을 주목하여라. 곧

$$100 \text{ mV} \neq 440 \text{ mV} + 80 \text{ mV} + 500 \text{ mV}$$

이다. 인덕터와 축전기에 걸린 전압 진폭은 개별적으로도 전원의 전압 진폭보다 더 크다. 전압 진폭은 최댓값이다. 전압이 서로 다른 위상을 가지므로 같은 순간에 모두가 최댓값에 이를 수는 없다. 확실한 것은 주어진 임의 시각에 세 소자에 걸린 순간전압의 합이 같은 시각 전원의 순간전압과 같다는 사실이다[식 (21-12)].

실전문제 21.4 순간전압

만일 다음과 같은 회로에서 전류가 $i(t) = I \sin \omega t$라면, 이에 대응하는 전압 $v_C(t)$, $v_L(t)$, $v_R(t)$와 $\mathscr{E}(t)$는 무엇인가? (핵심 작업은 위상상수를 바르게 구하는 것이다.) 이를 이용해 $t = 80.0 \, \mu\text{s}$일 때 $v_C(t) + v_L(t) + v_R(t) = \mathscr{E}(t)$임을 보여라. (고리의 규칙은 언제나 성립한다. 우리는 단지 어느 특별한 순간에 그 규칙이 성립함을 보이려고 할 뿐이다).

전력인자

이상적인 축전기나 인덕터에서 전력 소모는 전혀 없다. 전력의 소모는 회로 내 저항(회로의 도선의 저항과 인덕터에 감겨 있는 도선의 저항을 포함)에서만 발생한다.

$$P_{\text{평균}} = I_{\text{rms}} V_{\text{R,rms}} \tag{21-4}$$

rms 전원전압으로 평균 전력을 다시 쓰기 위해 다음을 이용하자.

$$\frac{V_{\text{R,rms}}}{\mathscr{E}_{\text{rms}}} = \frac{I_{\text{rms}} R}{I_{\text{rms}} Z} = \frac{R}{Z}$$

식 (21-16)에서 $R/Z = \cos \phi$이므로

$$V_{\text{R,rms}} = \mathscr{E}_{\text{rms}} \cos \phi$$

따라서

$$P_{\text{평균}} = I_{\text{rms}} \mathscr{E}_{\text{rms}} \cos \phi \tag{21-17}$$

이다.

식 (21-17)에 있는 인자 $\cos \phi$를 **전력인자**power factor라고 한다. 회로에 리액턴스는 없고 저항만 있는 경우, $\phi = 0$이 되고 $\cos \phi = 1$이 되어 $P_{\text{평균}} = I_{\text{rms}} \mathscr{E}_{\text{rms}}$가 된다. 또한 회로에 축전기와 인덕터만 존재하는 경우에는 $\phi = \pm 90°$가 되어 $\cos \phi = 0$이 되고 $P_{\text{평균}} = 0$이 된다. 대부분의 전기 장치에는 상당한 양의 인덕턴스와 전기용량이 들어 있다. 이들이 전원에 가하는 부하는 순수하게 저항만이 아니다. 특히 변압기가 들어 있는 전기기구에는 변압기의 권선에 의한 유도 리액턴스가 있다. 전기기구의 정격표에는 V·A 단위로 표시한 양과 W 단위로 표시한 더 작은 양이 포함되

어 있다. V·A 단위의 값은 $I_{rms}\mathscr{E}_{rms}$을 의미하고 W 단위의 값은 평균 소비전력이다.

보기 21.5

노트북 컴퓨터의 전원공급기

노트북 컴퓨터 전원공급기에 "45 W 교류어댑터, 교류 입력: 최대 1.0 A, 120 V, 60.0 Hz"라고 적혀 있다. 그 전원공급기를 저항 R와 이상적인 인덕터 L이 이상적인 교류 기전력에 직렬로 연결되어 있는 모형으로 생각할 수 있다. 인덕터는 주로 변압기의 권선에 의한 인덕턴스를 의미하고, 저항은 주로 컴퓨터에 의한 부하를 의미한다. 전원공급기에 최대 rms 전류 1.0 A가 흐를 때 L과 R의 값을 구하여라.

전략   우선 그림 21.12와 같이 회로를 그린 다음, 문제에서 주어진 값들을 확인한다. 이때 진폭과 rms 값을 구별하고 평균 전력과 $I_{rms}\mathscr{E}_{rms}$를 구분해야 한다. 전력이 저항에서는 소모되지만 인덕터에서는 소모되지 않으므로 평균 전력으로부터 저항을 구할 수 있다. 그리고 전력인자를 이용해 인덕턴스 L을 구할 수 있다. 회로에 축전기가 없다고 가정했기 때문에 $X_C = 0$으로 둘 수 있다.

풀이   문제에서 최대 rms 전류는 $I_{rms} = 1.0$ A이고, rms 전원 전압은 $\mathscr{E}_{rms} = 120$ V, 진동수는 $f = 60.0$ Hz이다. 전원공급기에서 rms 전류 1.0 A를 흘려보낼 때의 평균 전력은 45 W이다. 이 평균 전력은 전류값이 적어지면 더 줄어든다. 그러면

$$\mathscr{E}_{rms}I_{rms} = 120\ \text{V} \times 1.0\ \text{A} = 120\ \text{V·A}$$

이다. $\cos\phi \le 1$이므로 평균 전력은 항상 $I_{rms}\mathscr{E}_{rms}$ 값보다 작다는 것을 알아야 한다.

전력은 단지 저항에서만 소모되므로

$$P_{평균} = I_{rms}^2 R$$

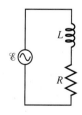

그림 21.12   전원공급기의 회로도.

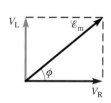

그림 21.13   인덕터와 저항 양단의 전압의 위상옮기개 덧셈.

이 된다. 그러므로 저항 R는

$$R = \frac{P_{평균}}{I_{rms}^2} = \frac{45\ \text{W}}{(1.0\ \text{A})^2} = 45\ \Omega$$

이다.

$I_{rms}\mathscr{E}_{rms}$ 에 대한 평균 전력의 비가 전력인자이다.

$$\frac{\mathscr{E}_{rms}I_{rms}\cos\phi}{\mathscr{E}_{rms}I_{rms}} = \cos\phi = \frac{45\ \text{W}}{120\ \text{V·A}} = 0.375$$

따라서 위상각 $\phi = \cos^{-1} 0.375 = 68.0°$이다. 위상옮기개 도해 그림 21.13에서

$$\tan\phi = \frac{V_L}{V_R} = \frac{IX_L}{IR} = \frac{X_L}{R}$$

이다. X_L에 대해 풀면

$$X_L = R\tan\phi = (45\ \Omega)\tan 68.0° = 111.4\ \Omega = \omega L$$

이므로 L을 구하면

$$L = \frac{X_L}{\omega} = \frac{111.4\ \Omega}{2\pi \times 60.0\ \text{Hz}} = 0.30\ \text{H}$$

를 얻는다.

검토 $\cos\phi$가 R/Z와 같음을 확인하여라.

$$\frac{R}{Z} = \frac{R}{\sqrt{R^2 + X_L^2}} = \frac{45\ \Omega}{\sqrt{(45\,\Omega)^2 + (111.4\,\Omega)^2}} = 0.375$$

이 값은 전력인자 $\cos\phi = 0.375$와 일치한다.

실전문제 21.5   보다 전형적인 전류의 사용

보통은, 어댑터에서 1.0 A의 최대 rms 전류를 사용하지는 않는다. 보다 현실적으로, 유입되는 rms 전류가 0.25 A라면 평균 전력은 얼마인가? 앞 보기와 같은 L의 값과 다른 R의 값을 가지고 같은 단순 회로도를 이용하여라. (힌트: 우선 임피던스 $Z = \sqrt{R^2 + X_L^2}$ 을 구하고 난 후에 시작하여라.)

21.6 *RLC* 회로에서의 공명 RESONANCE IN AN *RLC* CIRCUIT

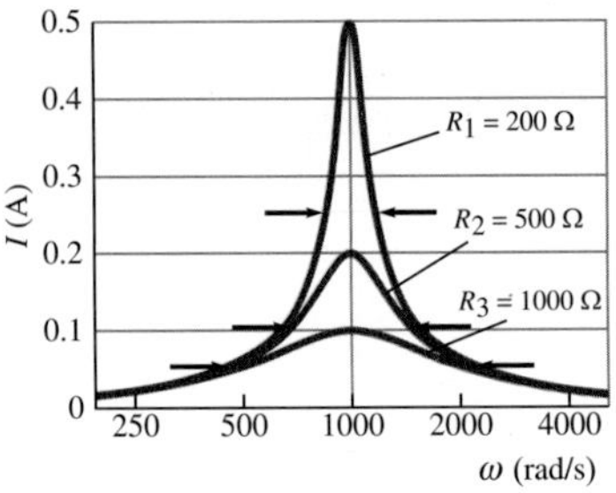

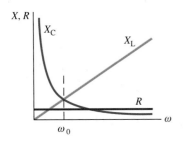

그림 21.14 직렬 *RLC* 회로에서 3개의 다른 저항에 대한 각진동수 $\omega = 1000$ rad/s의 함수로 나타낸 전류 진폭 *I*. 최대 전류의 반이 되는 곳에서 봉우리의 폭을 화살표로 표시했다. 수평축은 대수 값이다.

그림 21.15 진동수의 함수로 나타낸 유도 리액턴스, 용량 리액턴스, 저항.

RLC 회로가 진폭은 고정되어 있지만 가변 진동수의 교류전원에 연결되어 있다고 하자. 임피던스는 진동수에 따라서 변하므로 전류의 진폭 또한 진동수에 따라서 변한다. 그림 21.14는 $L = 1.0$ H, $C = 1.0\,\mu$F, $\mathscr{E}_m = 100$ V이고 세 저항 $R = 200\,\Omega$, $500\,\Omega$, $1{,}000\,\Omega$ 중 하나를 차례로 사용하는 *LRC* 회로의 전류 진폭 $I = \mathscr{E}_m/Z$를 각 진동수의 함수로 나타낸 세 그래프(**공명곡선**resonance curves이라 부름)를 보여준다.

그래프의 모양은 진동수에 따라 변하는 유도 리액턴스와 용량 리액턴스에 의해 결정된다(그림 21.15). 진동수가 낮은 경우, 축전기의 용량 리액턴스 $X_C = 1/\omega C$는 R나 X_L보다 매우 큰 값을 갖는다. 곧, 낮은 진동수에서는 임피던스 $Z \approx X_C$가 된다. 반대로 진동수가 높은 경우에는 $X_L = \omega L$이 R나 X_C에 비해 상대적으로 매우 큰 값을 갖게 되어 임피던스 $Z \approx X_L$이 된다. 결국 진동수가 아주 낮거나 높은 극한에서 임피던스가 커져 전류의 진폭은 작아진다.

회로의 임피던스는

$$Z = \sqrt{R^2 + (X_L - X_C)^2} \tag{21-14b}$$

이다. R는 상수이므로 $X_L - X_C = 0$이 될 때 임피던스는 $Z = R$로 최솟값이 된다. $X_L = X_C$를 만족하는 각진동수 ω_0를 **공명 각진동수**resonant angular frequency라 부른다. 곧

$$X_L = X_C$$
$$\omega_0 L = \frac{1}{\omega_0 C}$$

이 되어 ω_0에 대해 풀면

RLC 회로의 공명 각진동수

$$\omega_0 = \frac{1}{\sqrt{LC}} \tag{21-18}$$

이다.

한 회로의 공명 진동수는 인덕턴스(*L*)와 전기용량(*C*)의 값에 관계되고 저항과는 무관하다. 그림 21.14에서, 최대 전류는 저항에는 무관하며 공명 진동수에서 일어난다. 그러나 공명에서 $Z = R$이므로 최대 전류값은 R에 관계된다. 공명 봉우리는 저항이 작을수록 더 높다. 공명 봉우리의 폭을 전류의 진폭이 최댓값의 반이 되는 곳으로 측정한다면, 저항이 작아질수록 공명 봉우리의 폭은 더 좁아지는 것을 알 수 있다.

RLC 회로에 생기는 공명은 역학적 진동에서 생기는 공명과 유사하다(10.10절과 표 21.1 참조). 질량-용수철의 계가 질량과 용수철상수로 정해지는 단일 공명 진동수를 갖는 것과 똑같이 *RLC* 회로는 전기용량과 인덕턴스로 정해지는 단일 공명 진

연결고리

RLC 회로와 역학계의 공명.

표 21.1 *RLC* 진동과 역학적 진동의 유사성

RLC	역학
$q, i, \Delta i/\Delta t$	x, v_x, a_x
$\frac{1}{C}, R, L$	k, b, m
$\frac{1}{2}\left(\frac{1}{C}\right)q^2$	$\frac{1}{2}kx^2$
$\frac{1}{2}Li^2$	$\frac{1}{2}mv_x^2$
Ri^2	bv_x^2
$\omega_0 = \sqrt{\dfrac{1/C}{L}}$	$\omega_0 = \sqrt{\dfrac{k}{m}}$

동수를 갖는다. 어느 한 계에 외력이 작용할 때 계의 반응 진폭은 공명 진동수에서 최대가 된다. 여기서 질량-용수철 계의 경우에 작용하는 힘은 사인 함수 형태의 외력이고 *RLC* 회로의 경우에는 사인 함수 형태의 기전력이다. 두 계 모두에서 에너지는 두 형태 사이에서 전환을 반복한다. 질량-용수철 계에서 두 형태의 에너지는 운동에너지와 탄성퍼텐셜에너지이다. *RLC* 회로에서 두 형태의 에너지는 축전기에 저장되는 전기적 에너지와 인덕터에 저장되는 자기적 에너지이다. *RLC* 회로에서 저항은 질량-용수철 계의 마찰과 같은 역할을 하면서 에너지를 소모한다.

응용: 동조회로 아주 좁은 공명 봉우리는 TV나 라디오에서 방송되는 여러 진동수 중 하나를 선택하는 동조회로의 원리가 된다. 구형 라디오에 있는 한 종류의 동조기는 전기용량을 조정한다. 동조기의 손잡이를 돌려 고정되어 있는 판에 대해 평행한 판을 돌리면 판이 겹치는 넓이가 달라져 전기용량이 변한다(그림 21.16). 전기용량을 변화시키면 공명 진동수를 변화시킬 수 있다. 동조회로에는 안테나에서 수신되는 다양한 진동수의 신호가 가해지지만 동조회로는 공명 진동수에 아주 가까운 진동수에만 크게 반응한다.

그림 21.16 구형 라디오의 가변 축전기. 라디오는 전기용량을 조절해 특정 공명 진동수에 동조된다. 이것은 손잡이를 돌려서 두 세트의 판이 겹치는 넓이를 바꿀 수 있기 때문에 가능하다.

보기 21.6

라디오의 동조기

저항이 400.0 Ω이고 0.50 mH의 인덕터 코일에 가변 축전기가 직렬로 연결된 라디오 동조기가 있다. 가변 축전기의 용량을 72.0 pF로 맞추었다. (a) 이 회로의 공명 진동수를 구하여라. (b) 공명이 일어났을 때 인덕터와 축전기의 리액턴스를 구하여라. (c) 안테나로부터 들어온 공명 진동수의 전압이 20.0 mV(rms)라면 동조회로에 흐르는 rms 전류는 얼마인가? (d) 회로의 각 소자에 걸리는 rms 전압을 구하여라.

전략 공명 진동수는 전기용량(*C*)과 인덕턴스(*L*) 값을 알면 구할 수 있다. 공명 진동수에서 *L*과 *C*에 의한 리액턴스 X_L과 X_C는 서로 같아야 한다. 전류를 구할 때 공명이 일어났으므로 임피던스 *Z*는 저항 *R*과 같다는 것에 주목하여라. rms 전류는 rms 전압을 임피던스 *Z*로 나누면 구할 수 있다. 회로의 각 소자에 걸리는 전압은 각 소자의 리액턴스 값이나 저항값에 rms 전류를 곱해 구할 수 있다.

풀이 (a) 공명 시 각진동수 ω_0는

$$\omega_0 = \frac{1}{\sqrt{LC}}$$

$$= \frac{1}{\sqrt{0.50 \times 10^{-3} \text{ H} \times 72.0 \times 10^{-12} \text{ F}}}$$

$$= 5.27 \times 10^6 \text{ rad/s}$$

공명 진동수 f_0는 Hz 단위로

$$f_0 = \frac{\omega_0}{2\pi} = 840 \text{ kHz}$$

가 된다.

(b) 리액턴스 X_L, X_C는

$$X_L = \omega L = 5.27 \times 10^6 \text{ rad/s} \times 0.50 \times 10^{-3} \text{ H} = 2.6 \text{ k}\Omega$$

$$X_C = \frac{1}{\omega C} = \frac{1}{5.27 \times 10^6 \text{ rad/s} \times 72.0 \times 10^{-12} \text{ F}} = 2.6 \text{ k}\Omega$$

X_L과 X_C는 같다.

(c) 공명 진동수에서 임피던스 Z는 저항 R와 같다.

$$Z = R = 400.0 \text{ } \Omega$$

rms 전류 I_rms는

$$I_\text{rms} = \frac{\mathscr{E}_\text{rms}}{Z} = \frac{20.0 \text{ mV}}{400.0 \text{ } \Omega} = 0.0500 \text{ mA}$$

이다.

(d) 각 소자에 걸리는 rms 전압은

$$V_\text{L-rms} = I_\text{rms} X_L = 0.0500 \text{ mA} \times 2.6 \times 10^3 \text{ } \Omega = 130 \text{ mV}$$
$$V_\text{C-rms} = I_\text{rms} X_C = 0.0500 \text{ mA} \times 2.6 \times 10^3 \text{ } \Omega = 130 \text{ mV}$$
$$V_\text{R-rms} = I_\text{rms} R = 0.0500 \text{ mA} \times 400.0 \text{ } \Omega = 20.0 \text{ mV}$$

이다.

검토 AM 라디오의 진동수 대역은 530~1,700 kHz이기 때문에 840 kHz의 공명 진동수는 라디오 진동수로서 적합하다. 공명 진동수에서 인덕터와 축전기에 걸리는 rms 전압은 같지만 순간전압의 위상은 서로 반대(위상차가 π rad 또는 180°)여서 두 소자의 전기퍼텐셜 차를 합하면 항상 0이다. 위상옮기개 도해에서, V_L과 V_C는 방향은 서로 반대이며 길이는 같아 둘을 더하면 0이다. 따라서 저항 R 양단에 걸리는 전압의 진폭이나 위상은 기전력과 동일하다.)

실전문제 21.6 **라디오를 다른 방송국의 진동수에 맞추기**

방송국에서 송신하는 1,420 kHz에 동조하기 위한 전기용량 (C)은 얼마인가?

21.7 교류를 직류로 변환하기; 거르개
CONVERTING AC TO DC; FILTER

다이오드

다이오드는 한쪽 방향에 비해 다른 쪽 방향으로 전류가 훨씬 잘 흐를 수 있게 하는 회로소자이다. 이상적인 다이오드는 한 방향으로 전류가 흐를 때 저항이 0이 되어 전압 강하가 전혀 생기지 않는 반면, 반대 방향에 대해서는 저항이 무한대가 되어 전류는 그 방향으로 흐를 수 없다. 다이오드는 회로에서 전류가 흐를 수 있는 방향을 나타내기 위해 화살촉 모양으로 표시한다.

응용: 정류기

그림 21.17a는 반파정류기(half-wave rectifier) 회로이다. 입력전원이 사인파형의 기전력이라면 출력(저항 양단의 전압)은 그림 21.17b와 같다. 출력 신호를 축전기

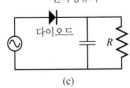

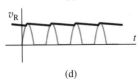

그림 21.17 (a) 반파정류기. (b) 저항에 걸린 전압. 입력전압이 음(−)이면 출력전압 v_R는 0이 되기 때문에 사인파의 음(−)의 값을 갖는 아랫부분 "반파"는 차단된다. (c) 축전기가 출력전압을 매끄럽게 한다. (d) 그래프의 진한 선은 저항에 걸리는 전압이다. 단, RC의 시간상수가 사인파의 입력전압의 주기보다 훨씬 길다고 가정한다. 흐린 선은 축전기를 연결하지 않았을 때의 출력전압이다.

로 보다 매끄럽게 할 수 있다(그림 21.17c). 축전기는 다이오드를 통해 전류가 흐르는 동안 대전된다. 전원전압이 떨어지면서 극성이 바뀌면 축전기는 저항을 통해 방전한다(축전기는 다이오드를 통해 방전할 수 없다. 다이오드가 그 방향으로는 전류를 흐르게 하지 않기 때문이다). 이 방전으로 전압 v_R가 어느 정도 유지되게 한다. RC 시정수를 충분히 길게 만듦으로 전원전압이 다시 양의 방향으로 바뀔 때까지 저항을 통한 방전이 계속되게 할 수 있다(그림 21.17d).

하나 이상의 다이오드를 이용해 전파정류기(full–wave rectifier)를 꾸밀 수 있다. 전파정류기의 출력전압을 그림 21.18a에 보였다(축전기를 사용해 신호를 매끄럽게 만들기 전). 이런 회로는 휴대용 CD 플레이어, 라디오, 노트북 컴퓨터와 같은 장치들에 쓰이는 교류 어댑터에 쓰인다(그림 21.18b). 다른 많은 장치에서도 교류–직류 변환을 위해 이 회로가 쓰인다.

거르개

그림 21.17c에서 축전기는 일종의 거르개(filter)이다. 그림 21.19에, 회로에 많이 쓰이는 두 종류의 RC 거르개를 보였다. 그림 21.19a는 저진동수–통과(low-pass) 거르개이다. 높은 진동수의 교류신호에 대해서는 축전기 쪽이 작은 리액턴스의 경로가 된다($X_C \ll R$). 이때 저항 양단의 전압이 축전기 양단의 전압보다 훨씬 크므로 출력 단자에 걸리는 출력전압은 입력전압에 비해 아주 작게 된다. 반면, 낮은 진동수의 신호에 대해서는 $X_C \gg R$가 되어 출력전압은 입력전압과 거의 같아진다. 많은 진동수가 혼합된 신호인 경우, 높은 진동수들은 "걸러지는" 반면에 낮은 진동수들은 "통과한다".

그림 21.19b에 있는 고진동수–통과(high-pass) 거르개는 그 반대의 역할을 한다. 어떤 회로가 입력 단자에 연결되어 직류 전기퍼텐셜 차와 어떤 진동수 대역의 교류전압이 섞인 신호를 공급한다고 생각하자. 축전기의 리액턴스는 낮은 진동수에서 크므로 낮은 진동수에 대해서 대부분의 전압 강하는 축전기 양단에서 생긴다. 반면, 높은 진동수의 경우, 대부분의 전압 강하는 출력 단자인 저항 양단에서 생긴다.

축전기와 인덕터의 조합으로 거르개를 꾸밀 수도 있다. RC 거르개와 LC 거르개 모두에 대해 거르개에 의해 걸러지는 진동수와 거르개를 통과하는 진동수 사이에 뚜렷한 경계는 있지 않고 점진적인 전이만 있을 뿐이다. R 값과 C 값(또는 L 값과 C 값)을 적절히 선정해서 전이가 일어나는 진동수 대역을 선택할 수 있다.

응용: 교차 회로망 음향기기에 쓰이는 스피커에 흔히 진동으로 소리를 내는 두 개의 콘(cone)이 있다. 우퍼(저음용 스피커)는 낮은 진동수의 소리를 내고 트위터(고음용 스피커)는 높은 진동수의 소리를 낸다. 교차 회로망(crossover network, 그림 21.20)은 증폭기에서 온 신호를 분리해 낮은 진동수 신호는 우퍼로 보내고 높은 진동수 신호는 트위터로 보낸다.

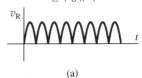

축전기가 없을 때 전파정류기

(a)

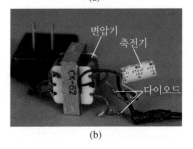

(b)

그림 21.18 (a) 전파정류기의 출력전압. (b) 휴대용 CD 플레이어에서 떼어낸 어댑터에 전원전압의 진폭을 줄이는 변압기("CK-62"가 적힌 것)가 있다. 두 개의 빨간 다이오드는 전파정류기의 역할을 하고 축전기("470 μF"이 적힌 것)는 파형을 평탄하게 펴는 역할을 한다. 출력은 거의 일정한 직류전압이다.

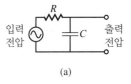

저진동수–통과 RC 거르개

(a)

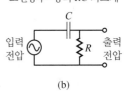

고진동수–통과 RC 거르개

(b)

그림 21.19 두 개의 RC 거르개. (a) 저진동수–통과, (b) 고진동수–통과.

그림 21.20 (a) 교차 회로망을 통해 증폭기에 연결된 두 스피커. (b) 각 콘으로 가는 전류 I(입력진폭 I_0의 분율로 표현)의 진폭이 진동수의 함수로 그려져 있다.

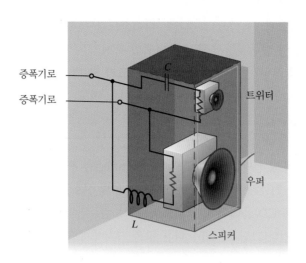

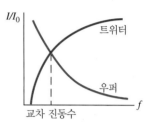

(a)

(b)

해답

실전문제

21.1 $V = 310$ V, $I = 17.0$ A, $P_{최대} = 5300$ W, $P_{평균} = 2600$ W, $R = 18\ \Omega$

21.2 9950 Ω, 22.1 mA

21.3 1.13 kΩ, 8.84 μA

21.4 $v_C(t) = (500\text{ mV}) \sin(\omega t - \pi/2)$,

$v_L(t) = (440\text{ mV}) \sin(\omega t + \pi/2)$, $v_R(t) = (80\text{ mV}) \sin \omega t$,

$\mathscr{E}(t) = (100\text{ mV}) \sin(\omega t - 0.64)$.

$t = 80.0\ \mu$s에서 $\omega t = 0.800$ rad.

$v_C(t) = (500\text{ mV}) \sin(-0.771\text{ rad}) = -350$ mV,

$v_L(t) = (440\text{ mV}) \sin(2.371\text{ rad}) = +310$ mV,

$v_R(t) = (80\text{ mV}) \sin(0.80\text{ rad}) = +57$ mV,

$\mathscr{E}(t) = (100\text{ mV}) \sin(0.16\text{ rad}) = +16$ mV.

$v_C + v_L + v_R = +17$ mV(반올림 오차로 인한 불일치가 있다.)

21.5 29 W

21.6 25 pF

살펴보기

21.1 평균 전력은 rms 전압과 전류의 곱이다. $P_{평균} = I_{\text{rms}} V_{\text{rms}}$ $= 10\text{ A} \times 120\text{ V} = 1200$ W.

21.3 진동수를 두 배로 했을 때 리액턴스는 절반으로 되고 전류의 진폭 $I = \mathscr{E}_m/X_c$도 두 배로 된다. 마찬가지로 전류의 진동수도 두 배로 된다(이것은 전압의 진동수와 같아야 한다).

21.4 진동수가 증가할 때 유도 리액턴스 X_L은 증가한다. 진동수가 증가할 때 용량 리액턴스 X_C는 감소한다. (a) $\omega > \omega_0$일 때 $X_L > X_C$, (b) $\omega < \omega_0$일 때 $X_C > X_L$이다.

21.5 $\mathscr{E}_m = \sqrt{V_R^2 + (V_L - V_C)^2}$이므로 $V_R = \sqrt{\mathscr{E}_m^2 - (V_L - V_C)^2} = 30$ mV이다.

전자기파
Electromagnetic Waves

벌은 날아다니다가 벌집으로 돌아가는 길을 찾을 때 하늘에 있는 태양의 위치를 이용한다. 낮에는 태양도 움직이고 있어 벌들이 고정된 기준이 아닌 움직이는 것에 대해 이동하는 것이므로, 그 자체가 놀라운 일이다. 낮의 얼마 동안 어두운 곳에 있었다 해도 벌은 태양을 기준으로 이동할 수 있다. 곧 벌은 자신이 어두운 곳에 있었던 동안 태양의 운동을 보정한다. 벌은 태양 운동의 궤적을 추적할 수 있는 내부 시계 같은 것을 가지고 있음에 틀림없다. 태양의 위치가 구름에 가릴 때는 벌들은 어떻게 하는가? 벌은 푸른 하늘의 일부분만 있어도 날아다닐 수 있다는 것을 실험으로 보여주었다. 어떻게 이런 일이 가능한가? (676쪽에 답이 있다.)

22.1 맥스웰 방정식과 전자기파
MAXWELL'S EQUATIONS AND ELECTROMAGNETIC WAVES

가속되는 전하는 전자기파를 만든다

지금까지의 전자기에 대한 논의에서, 가속도가 작은 전하들에 의한 전기장과 자기장을 고려했다. 정지해 있는 점전하는 전기장만 만든다. 일정한 속도로 움직이는 전하는 전기장과 자기장을 함께 만든다. 정지해 있거나 일정한 속도로 움직이는 전하는 진동하는 전기장과 자기장으로 이루어진 **전자기파**electromagnetic waves(EM파)를 만들지 않는다. 전자기파는 가속되는 전하들이 만든다. **전자기 복사**electromagnetic radiation라고도 부르는 전자기파는 진동하는 전기장과 자기장으로 이루어져 있으며 가속전하로부터 퍼져나간다.

펄스보다 오랫동안 지속되는 EM파를 만들기 위해서 전하는 계속 가속되어야 한다. 진폭과 진동수는 똑같으나 위상이 1/2주기만큼 다른, 두 개의 점전하 $\pm q$가 같은 직선상에서 단진동을 하는 경우를 생각해보자. 진동하는 전기쌍극자가 만드는 전기장과 자기장은 어떤 모양일까? 이 전기장과 자기장들은 정지한 전기쌍극자나 정지한 자기쌍극자가 만든 장들이 진동하는 형식의 것이 아니다. 진동하는 전기장과 자기장이 서로 영향을 미치기 때문에 전하들은 전자기 복사를 내보내는 것이다. 전하들의 움직임이 변하므로 자기장은 일정하지 않다. 패러데이의 유도법칙에 따르면, 변하는 자기장은 전기장을 만든다. 그러므로 어느 순간에 진동하는 전기쌍극자의 전기장은 정지해 있는 전기쌍극자의 전기장과는 다르다. 패러데이의 법칙은 전기장선이 항상 원전하에서 시작하고 원전하에서 끝나야만 하는 것이 아니라, 진동하는 전기쌍극자에서 멀리 떨어진 곳에서도 자기장선 주위를 감싸는 닫힌 고리 형태로 존재할 수 있음을 보여준다.

앞에서 설명한 것처럼, 앙페르의 법칙에 따라 자기장선은 자기장선의 원천인 전류를 감싸야 한다. 그러나 스코틀랜드의 물리학자 맥스웰(James Clerk Maxwell, 1831~1879)은 전자기의 법칙에서 대칭성의 부족에 호기심을 가졌다. 변하는 자기장이 전기장을 만든다면, 변하는 전기장도 자기장을 만들지 않을까? 대답은 "그렇다"이다. 자기장선이 꼭 전류를 감쌀 필요는 없다. 다시 말해, 자기장선은 진동하는 쌍극자로부터 멀리 퍼져나가는 전기장선 주위를 순환하기만 하면 된다.

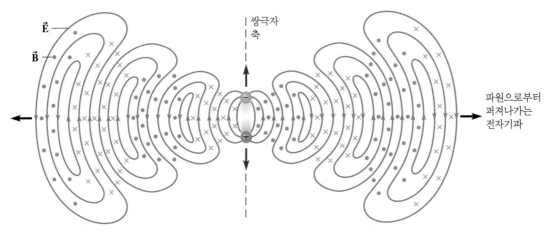

그림 22.1 진동하는 쌍극자가 만들어낸 전기장선과 자기장선. 녹색 선은 종이 면에 평행하게 있는 전기장선이다. 주황색 점과 십자 표시는 종이 면을 뚫고 지나는 자기장선이다. 전기장선과 자기장선은 쌍극자에서 벗어나 전자기파로서 전파되어 나간다. 쌍극자로부터 떨어진 곳에 있는 전기장과 자기장은 쌍극자의 축과 수직 방향에서(전기장선과 자기장선이 **촘촘하다.**) 세기가 가장 강하고, 축 방향으로는 가장 약하다는 것을 보여주고 있다.

그림 22.1은 진동하는 전기쌍극자가 만들어낸 전기장선과 자기장선을 보여준다. 자기장의 원천으로서 변하는 전기장과 함께, 전기장선과 자기장선들은 쌍극자에서 벗어나 닫힌 고리를 만들면서 전자기파로서 쌍극자로부터 퍼져나간다. 전자기파가 전파해나감에 따라 전기장과 자기장은 서로를 존속시켜준다. 비록 장의 세기는 줄어들긴 하지만, 전기장선과 자기장선이 쌍극자에 속박되어 있을 때보다는 훨씬 적게 줄어든다. 변하는 전기장이 자기장의 원천이므로, 진동하는 자기장 없이 진동하는 전기장만으로 이루어진 전자기파는 불가능하다. 또한 변하는 자기장은 전기장의 원천이므로, 진동하는 전기장 없이 진동하는 자기장만으로 이루어진 전자기파도 불가능하다.

> 전기파 또는 자기파는 없다. 곧, 전자기파만이 있다.

맥스웰 방정식

맥스웰은 앙페르의 법칙을 수정해 다른 세 가지 기본 전자기 법칙과 함께 사용하여, 전자기파의 존재를 예측하고 특성들을 이끌어냈다. 그는 어떤 진동수의 EM파도 진공 속을 같은 속력으로 진행한다는 것을 예상했다. 이 속력은 실험적으로 측정한 빛의 속력과 거의 일치했으며, 이는 빛이 하나의 EM파임을 입증하는 증거이다. 1887년에 헤르츠(Heinrich Hertz, 1857~1894)는 전파를 만들어서 검출하는 실험을 수행함으로써 최초로 빛이 아닌 다른 EM파의 존재를 실험적으로 보였다. 전자기파의 존재는 전기장과 자기장이 실제로 존재하고, 전기장과 자기장이 단순히 전기력과 자기력을 계산하기 위한 수학적인 도구가 아니라는 것을 보여준다.
맥스웰의 업적에 대한 공로로, 이 네 가지 기본적인 전자기 법칙 모두를 **맥스웰 방정식**Maxwell's equations이라고 부른다. 이들 방정식은 다음과 같다.

연결고리

맥스웰 방정식: 네 가지 기본적인 전자기 법칙을 모아 종합하여 구성한 것. 맥스웰 방정식은 전기적 현상과 자기적 현상 각각이 독립적인 현상이 아니라, 동일한 전자기적 상호작용으로 나타나는 현상이라는 것을 보여준다. 한때는 물리학의 독립된 세부 분야로 취급되었던 광학은 맥스웰 방정식이 제공하는 전자기학의 근본 원리들을 바탕으로 만들어진 학문이다.

1. **가우스 법칙**Gauss's law[식 (16-9)]: 만일 전기장선이 하나의 닫힌 고리가 아니면, 그것은 전하에서만 시작하여 전하에서만 끝난다. 전하는 전기장을 생성한다.

2. **자기에 대한 가우스 법칙**Gauss's law for magnetism: 자기장선은 자기홀극(magnetic monopole)이 없으므로, 언제나 닫힌 고리를 이룬다. 닫힌곡면을 통과하는 자기 선속[닫힌곡면을 떠나는 알짜 자기선속(magnetic flux)]은 0이다.

3. **패러데이 법칙**Faraday's law[식 (20-6)]: 변하는 자기장은 전기장의 또 다른 원천이다.

4. **앙페르-맥스웰 법칙**Ampère-Maxwell law: 전류 및 변하는 전기장은 모두 자기장의 원천이다. 자기장선은 닫힌 고리를 이루지만 전류 주위만을 감싸고 있을 필요는 없다. 곧, 자기장선은 변하는 전기장 주위를 감싸고 있을 수도 있다.

22.2 안테나 ANTENNAS

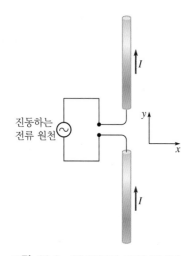

그림 22.2 전기쌍극자 안테나에서의 전류.

송신기로 쓰이는 전기쌍극자 안테나 **전기쌍극자 안테나**electric dipole antenna는 마치 한 개의 긴 막대처럼 일렬로 배열된 두 개의 금속 막대로 이루어져 있다(그림 22.2). 두 막대에는 중심으로부터 진동하는 전류가 공급된다. 반주기 동안에 전류는 위쪽으로 흐른다. 곧, 안테나의 위쪽에는 양전하가 모이고, 아래쪽에는 같은 양의 음전하가 모인다. 이렇게 하여 전기쌍극자가 만들어진다. 전류의 방향이 바뀌면, 이와 같이 축적된 전하는 줄어들면서 방향이 바뀌어 안테나의 위쪽은 음(−)으로 대전되고 아래쪽은 양(+)으로 대전된다. 따라서 안테나에 교류 전류를 공급하면 하나의 진동하는 전기쌍극자가 만들어진다.

전기쌍극자 안테나에서 방출된 EM파에 대한 장의 선들은 진동하는 전기쌍극자에서 발생된 장의 선들과 비슷하다. 장의 선으로부터 EM파 성질들의 일부가 관측된다.

- 안테나로부터 같은 거리에서, 장의 진폭은 안테나의 축 방향에서는 가장 작고 (그림 22.2에서 ±y-방향) 안테나에 대해 수직인 방향(그림 22.2에서 y-축에 수직인 아무 방향)에서 가장 크다.

- 안테나에 수직인 방향에서, 전기장은 안테나 축과 나란하다. 다른 방향에서는, $\vec{E}$는 안테나의 축과 나란하지 않고, 파동의 전파 방향, 곧 에너지가 안테나로부터 관측점을 향해 진행하는 방향에 대해 수직이다.

- 자기장은 전기장과 진행 방향 모두에 대해 수직이다.

수신기로 쓰이는 전기쌍극자 안테나 전기쌍극자 안테나는 EM 수신기 또는 검출기로도 사용될 수 있다. 그림 22.3a에서, 한 전자기파가 전기쌍극자 안테나를 지나간다. 그 전자기파의 전기장은 안테나의 자유전자와 상호작용하여 진동하는 전류를 만든다. 이 전류는 증폭되고, 증폭된 신호는 라디오나 TV의 전송 내용을 해독하는 데 사용될 수 있다. 안테나는 전기장과 나란하게 세워졌을 때 가장 효율적이다. 만

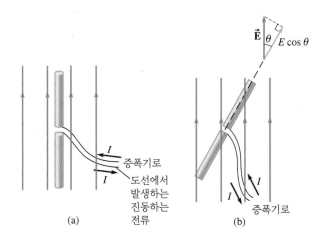

그림 22.3 (a) EM파의 전기장 $\vec{E}$는 전기쌍극자 안테나 속에서 진동하는 전류를 일으킨다(자기장선은 생략했다). (b) 안테나의 전류가 전기장의 방향과 평행하게 흐르지 않을 때 그 전류의 크기는 보다 약해진다. 안테나에 나란한 $\vec{E}$ 성분만이 전자들을 안테나의 길이 방향으로 가속시킨다.

일 나란하게 세워져 있지 않으면, 안테나와 나란한 $\vec{E}$의 성분만이 진동전류를 일으키는 데 기여한다. 따라서 기전력과 진동전류는 $\cos\theta$만큼 줄어드는데, 여기서 θ는 $\vec{E}$와 안테나 사이의 각이다(그림 22.3b). 만일 안테나가 전기장 $\vec{E}$와 수직이라면, 진동하는 전류는 생기지 않는다.

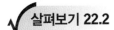 **살펴보기 22.2**

수신기로 쓰는 전기쌍극자 안테나가 전자기파의 전기장에 수직으로 놓여 있다면 어떻게 되는가?

보기 22.1

전기쌍극자 안테나

길이가 6.5 cm인 전기쌍극자 안테나가 원점에 놓여 있으며, +z-방향으로 진행하는 EM파의 수신기로 사용되고 있다. 그 파의 전기장은 언제나 ±y-방향이며 시간에 따라 사인 함수와 같이 변한다. 안테나의 가까운 곳에서 전기장은

$$E_y(t) = E_m \cos \omega t; \; E_x = E_z = 0$$

이며, 전기장의 진폭은 $E_m = 3.2$ mV/m이다. (a) 가장 좋은 수신을 위해 안테나는 어느 방향으로 향해야 하는가? (b) 가장 효율이 좋은 방향을 가리키고 있을 때 안테나에서의 기전력은 얼마인가?

전략 최대의 진폭을 얻기 위해서는 전 전기장이 전류를 안테나의 길이 쪽으로 흐르게 하도록 안테나가 향해 있어야 한다. 기전력은 단위 전하당 전기장이 한 일로서 정의된다.

풀이 (a) 파의 전기장이 안테나의 자유전자에 작용하여 힘이 안테나의 길이 방향으로 향해야 한다. 전기장이 언제나 ±y-방향이므로, 안테나는 y-축을 향해야 한다.

(b) 전기장 E가 안테나의 길이 방향을 따라 전하 q를 움직이게 할 때 전기장이 한 일은

$$W = F_y \Delta y = qEL$$

이다. 기전력은 단위 전하당의 일이므로

$$\mathscr{E} = \frac{W}{q} = EL$$

이다. 전기장이 진동을 하므로 기전력도 시간에 따라 달라지며, 시간 함수로서의 기전력은

$$\mathscr{E}(t) = EL = E_m L \cos \omega t$$

이다. 따라서 그것은 전자기파와 같은 진동수를 갖고 사인 함수와 같은 모양으로 변한다. 따라서 기전력의 진폭은

$$\mathscr{E}_m = E_m L = 3.2 \text{ mV/m} \times 0.065 \text{ m} = 0.21 \text{ mV}$$

이다.

검토 진동하는 전기장은 안테나 위의 모든 위치에서 같은 진폭과 위상을 갖는다. 그 결과, 기전력은 안테나 길이에 비례한다. 만일 전기장의 위상이 안테나를 따라서 위치에 따라 다를 정도로 안테나가 길다면, 기전력은 안테나의 길이에 더 이상 비례하지 않으며, 길이가 길어짐에 따라 오히려 줄어든다.

실전문제 22.1 송신용 안테나의 위치

(a) 만일 보기 22.1에서 전자기파가 먼 거리에 있는 전기쌍극자에서 송신된다면, 송신용 안테나는 수신용 안테나에 대하여 어떤 위치에 놓여 있는가? (*xyz*-좌표로 답하여라.) (b) 전기장의 성분에 관한 방정식을 위치와 시간의 함수로 나타내어라.

자기쌍극자 안테나 자기쌍극자 안테나^{magnetic dipole antenna}는 또 다른 유형의 안테나이다. 전류의 고리가 하나의 자기쌍극자임을 기억하여라(오른손 법칙은 쌍극자의 북극 방향을 알려준다. 곧 오른손의 손가락들이 전류가 흐르는 고리를 감싸면, 엄지손가락은 "북극"을 가리킨다). 진동하는 자기쌍극자를 만들려면, 전선의 고리나 코일에 교류를 공급해야 한다. 전류의 방향이 바뀌면, 자기쌍극자의 남극과 북극이 서로 바뀐다.

안테나의 축이 코일에 수직 방향이라고 생각한다면, 전기쌍극자 안테나에 대해 얻어진 세 가지 관측들은 자기쌍극자들에 대해서도 그대로 성립한다.

자기쌍극자 안테나는 수신기로도 작동한다(그림 22.4). 전자기파의 진동하는 자기장은 안테나를 관통하는 자기선속에 변화를 일으킨다. 패러데이의 법칙에 따라, 유도된 기전력은 안테나에 교류가 흐르도록 한다. 자기선속의 변화를 최대로 하기 위하여 자기장은 안테나에 수직 방향이어야 한다.

안테나의 한계 안테나는 긴 파장, 곧 낮은 진동수를 갖는 전자기파만을 발생시킬 수 있다. 가시 영역의 빛처럼 짧은 파장, 곧 높은 진동수를 갖는 전자기파를 만들기 위해 안테나를 사용하는 것은 현실적이지 않다. 그러한 파를 발생시키기 위한 전류의 진동수가 너무 높아서 안테나로는 얻을 수 없으며, 또 안테나 자체도 너무 짧게 만들 수는 없기 때문이다(가장 효율적인 안테나의 길이는 파장의 1/2보다 길지 않아야 한다).

그림 22.4 자기쌍극자 안테나로 사용된 고리. 파동의 자기장이 변하면 고리를 관통하는 자기선속이 변하여 고리에 전류를 유도한다(전기장선을 생략했다).

유도전류

증폭기로

문제풀이 전략: 안테나

- 전기쌍극자 안테나(막대): 안테나 축은 막대의 길이 방향에 따라 놓인다.
- 자기쌍극자 안테나(고리): 안테나 축은 그 고리에 수직으로 놓인다.
- 송신기로 쓰이는 쌍극자 안테나는 축에 수직 방향으로 가장 강하게 복사한다. 만일 전자기파가 전기쌍극자 안테나를 통해 송신된다면, 파의 전기장은 안테나 축에 나란하다. 그런데 만일 파가 자기쌍극자 안테나를 통해 송신된다면, 자기장이 안테나 축에 나란하다.
- 안테나는 축의 양 방향으로는 복사하지 않는다.
- 수신기로 쓰일 때 최대 감도를 내기 위해서는, 전기쌍극자 안테나의 축은 EM파의 전기장의 방향을 따라서 놓여야 하고, 자기쌍극자 안테나의 축은 EM파의 자기장의 방향을 따라서 놓여야 한다.

22.3 전자기 스펙트럼 THE ELECTROMAGNETIC SPECTRUM

EM파는 어떠한 제한 없이 모든 진동수를 가질 수 있다. EM파의 성질 및 물질과의 상호작용은 파의 진동수에 따라 변한다. **전자기 스펙트럼**electromagnetic spectrum[진동수(파장)의 범위]은 관례적으로 6개 또는 7개 영역으로 분류된다(그림 22.5). 각영역에 대한 이름이 다른 것은 역사적으로 서로 다른 시대에 발견되었고, 서로 다른 영역의 전자기 복사가 서로 다른 방법으로 물질과 상호작용하기 때문이다. 영역 사이의 경계는 명확하지 않고 약간은 임의적이다. 이 절에 걸쳐 주어진 파장은 진공 상태를 전제한 것으로, 진공 또는 공기 속에서 EM파는 3.00×10^8 m/s의 속력으로 진행한다.

가시광선

가시광선visible light은 사람의 눈으로 감지할 수 있는 스펙트럼 영역이다. 이는 매우 틀에 박힌 정의처럼 보이나 실제로 사람 눈의 감도는 가시 영역의 양 끝에서 점진적으로 줄어든다. 소리의 진동수 범위가 사람에 따라 차이가 있듯이, 볼 수 있는 빛의 진동수 범위도 사람에 따라 차이가 있다. 일반적으로는 보통(700~400 nm)의 파장에 해당하는 430 THz(1 THz = 10^{12} Hz)에서 750 THz 영역의 진동수를 인지한다. 가시 영역의 모든 파장이 혼합된 빛은 흰색으로 보인다. 백색 광선은 프리즘에 의하여 빨강(700~620 nm), 주황(620~600 nm), 노랑(600~580 nm), 초록(580~490 nm), 파랑(490~450 nm), 보라(450~400 nm)로 갈린다. 빨간빛은 가장 낮은 진동수(가장 긴 파장)를 가지며, 보라는 가장 높은 진동수(가장 짧은 파장)를 가진다.

 사람의 눈이 햇빛에서 가장 강한 EM파 영역에 대해 가장 민감하도록 진화된 것

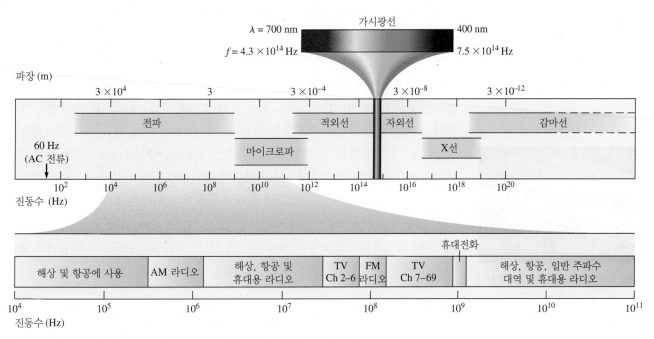

그림 22.5 전자기 스펙트럼의 영역. 파장이나 진동수의 눈금이 log 단위인 것에 주의하여라.

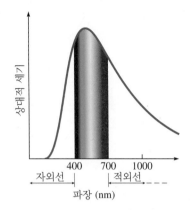

그림 22.6 지구 대기권에 입사하는 태양광의 상대적 세기(단위 넓이당 평균 출력)를 파장의 함수로 나타낸 그래프.

(그래프 축) 상대적 세기 / 파장 (nm) / 자외선 / 적외선 / 400 700 1000

연결고리

14.8절에서 열복사는 열 흐름의 한 형태로 논의했다.

학명이 *Tropidolaemus wagleri*인 이 살무사(Wagler's pit viper)는 서남아시아 종이다. 머리 양옆으로, 곧 콧구멍과 눈 사이에 구멍 기관(pit organ)이 각각 하나씩 있다. 이 기관을 이용해 적외선을 감지할 수 있다.

은 우연이 아니다(그림 22.6). 그러나 다른 동물들은 사람의 눈과 다른 가시 영역을 가지고 있으며, 흔히 그 영역은 그 동물의 특정한 필요에 잘 부합한다.

전구, 불, 태양, 반딧불은 가시광선을 만들 수 있는 몇 가지 광원이다. 우리가 보는 물체의 대부분은 광원이 아니고, 물체가 반사하는 광선에 의해 그 물체를 보게 된다. 빛이 물체에 부딪치면, 일부는 흡수되고 일부는 물체를 통과하며 또 일부는 반사된다. 흡수, 투과 및 반사의 상대적인 양은 보통 파장에 따라 달라진다. 레몬은 입사하는 노란빛의 대부분을 반사하고 나머지 색깔의 빛 대부분을 흡수하므로 노랗게 보인다.

가시광선의 파장은 일상적인 개념의 크기에 비해 짧으나, 원자에 비하면 길다. 평균 크기의 원자의 지름과 고체나 액체에서 원자 사이의 거리는 약 0.2 nm이다. 따라서 가시광선의 파장은 원자의 크기보다 2,000~4,000배나 더 길다.

적외선

가시광선 다음으로 발견된 EM 스펙트럼은 가시광선 양 끝에 있는 스펙트럼으로, 적외선과 자외선(각각 1800년과 1801년에 발견)이다. 접두사 infra-는 아래를 뜻하며, **적외선 복사**$^{infrared\ radiation}$(IR)는 가시광선보다 낮은 진동수를 갖는다. IR는 가시광선의 낮은 진동수의 끝에서부터 약 300 GHz($\lambda = 1$ mm)까지의 진동수를 포함한다. 텔레비전 리모컨은 가시 영역 밖의 파장인 $\lambda = 1\ \mu$m를 갖는 적외선 신호를 사용한다. 천문학자 허셜(William Herschel, 1738~1822)이 프리즘을 통하여 나오는 빛에 의한 온도의 증가를 연구하던 중 1800년에 적외선을 발견했다. 그는 온도계의 눈금이 스펙트럼의 빨간색 바로 바깥의 영역에서 가장 높음을 발견했다. 그래서 허셜은 빨간색을 벗어난 영역에, 어떤 눈에 보이지 않는 복사선이 있다는 것을 추론했다.

실온 정도의 물체가 내는 열복사는 주로 적외선으로(그림 22.7), 약 0.01mm $= 10\ \mu$m의 파장에서 최고점을 갖는다. 좀 더 높은 온도에서 방출되는 출력은 최고점에서의 파장이 감소함에 따라 증가한다. 표면 온도가 500 °F인 이글거리는 장작 난로는 실온의 약 1.8배에 해당하는 절대온도(530 K)를 갖는다. 곧 $P \propto T^4$ [스테판-볼츠만의 법칙, 식 (14-16)]이므로 실온일 때에 비해 약 11배 크기의 복사선을 방출한다. 그럼에도 불구하고 최고점은 여전히 적외선 영역이다. 최고 복사선의 파장은 $\lambda_{최대} \propto 1/T$ [빈의 법칙, 식 (14-17)]에 따라 약 $5.5\ \mu$m $= 5500$ nm이다. 난로가 더욱 뜨거워지면, 난로의 복사는 대부분이 여전히 적외선이지만, 가시 스펙트럼의 빨간색 부분을 방출하기 시작하면서 빨간빛을 내기 시작한다(이때는 소방서에 신고해야 한다!). 전구의 필라멘트($T \approx 3000$K)는 가시광선 영역보다는 훨씬 많은 IR을 방출한다. 태양의 열복사의 최고점은 가시 영역에 있다. 그럼에도 불구하고 태양에서 우리에게 도달하는 에너지의 절반 정도는 IR이다.

동물의 적외선 검출　방울뱀과 살무삿과(pit viper family)의 뱀은 적외선을 검출하는 특별한 감각기관["구멍(pits)"]을 가지고 있다. 이 감각기관은 밤에 사냥감의 위치

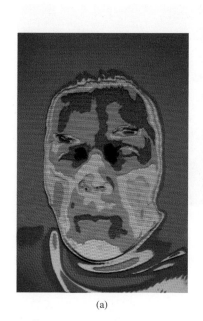
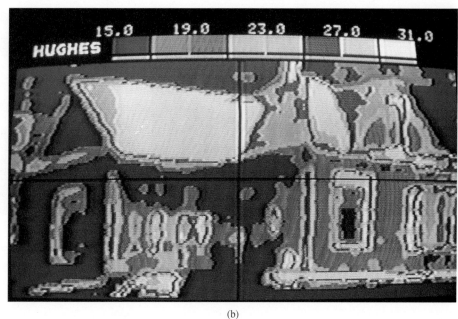

그림 22.7 (a) 사람 머리를 찍은 적외선 사진. 빨간색 부분은 두통으로 인한 통증 부위를 나타낸다. 곧 이 부위가 좀 더 따뜻하므로, 좀 더 많은 적외선을 방출하고 있다. (b) 겨울에 집을 찍은 적외선 사진. 열의 대부분이 지붕으로 방출되고 있는 것을 보여준다. 파란색 부분이 가장 차고, 핑크색 부분이 가장 따뜻한 부분이다. 약간의 열이 창틀을 통해 빠져나가고, 창문 자체는 이중 유리로 차다(열 방출이 없다)는 것을 알 수 있다.

를 파악하는 데 사용된다. 일부 딱정벌레들은 적외선을 이용해 먼 거리에서 일어난 산불을 감지할 수 있다. 이들은 불에 탄 나무에 알을 낳기 위해 불을 향해 날아간다. 빈대도 적외선을 일부 감지하여 먹이에 접근한다.

자외선

접두사 *ultra-*는 '위'를 뜻한다. **자외선**ultraviolet(UV)은 가시광선보다 진동수가 크다. 자외선의 파장은 가장 짧은 가시광선의 파장(약 400 nm)에서부터 아래쪽으로 10 nm까지의 파장 범위에 있다. 태양광에는 상당량의 자외선이 있지만, 대기를 통과하는 것은 대부분 300~400 nm 영역의 UV이다. 흑색 광선은 자외선을 방출한다. 형광등의 유리관 안쪽 면에 코팅된 물질과 같은 특정한 형광 물질은 자외선을 흡수한 다음 가시광선을 방출할 수 있다(그림 22.8).

자외선 노출의 생물학적 영향 사람의 피부가 자외선에 노출되면 비타민 D가 생성된다. 하지만 자외선에 과하게 노출되면 피부는 탄다. 과도한 자외선 노출은 피부에 화상과 피부암을 일으킬 수 있다. 자외선 차단제는 자외선이 피부에 이르기 전에 먼저 자외선을 흡수하는 역할을 한다. 수증기는 300~ 400 nm 영역의 자외선을 대부분 통과시키므로, 흐린 날에도 피부는 태양 빛에 타거나 화상을 입을 수 있다. 일반적인 창유리는 대부분의 UV를 흡수하므로, 창문을 통과한 태양광에 의해 피부가 화상을 입지는 않는다. 눈이 자외선에 노출되면 백내장에 걸릴 수 있다. 그래서 화창한 날 야외 활동을 할 때는 자외선을 차단하는 선글라스를 착용하는 것이 중요하다.

 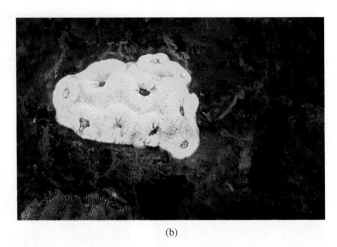

그림 22.8 (a) 학명이 *Montastraea cavernosa*인 이 산호(large star coral)는 백색광을 쬐면 흐릿한 갈색으로 된다. (b) 자외선을 쪼인 산호는 UV를 흡수하여 밝은 노란색의 가시광선을 방출한다. 조그만 해면[(a)의 오른쪽 아랫부분]은 선택적으로 반사하기 때문에 백색광을 쬐면 밝은 빨간색으로 보인다. 이 부분은 형광을 내지 않으므로 자외선을 쬐면 검게 보인다.

전파

IR와 UV가 규명된 후 19세기의 후반기에 이르러 EM 스펙트럼의 바깥 부분의 영역들이 발견되었다. 가장 낮은 진동수(약 1 GHz까지), 곧 가장 긴 파장(약 0.3 m까지)의 전자기파를 **전파** 또는 **라디오파**^{radio waves}라고 부른다. 전파는 AM 및 FM 라디오, VHF 및 UHF TV 방송 그리고 아마추어 무선기사들은 전자기 스펙트럼 중 전파 영역 내에 할당된 진동수 밴드를 사용한다.

비록 전파, 마이크로파, 가시광선은 통신을 위해 사용되지만, 그것들을 음파라고 하지는 않는다. 음파는 공기나 물과 같은 어떤 매질 안에 있는 원자나 분자의 진동에 의해 진행한다. 그러나 전자기파는 전기장과 자기장의 진동이 진행하는 것이므로, 필요하지 않으며 진공 속에서도 진행할 수 있다.

마이크로파

마이크로파^{microwaves}는 전파와 IR 사이에 있는 전자기 스펙트럼의 일부로, 진공 중에서 파장이 대략 1 mm에서 30 cm이다. 1888년에 헤르츠는 처음으로 실험실 안에서 마이크로파를 만들고 검출했다. 마이크로파는 통신(휴대전화, 무선 컴퓨터 통신, 위성 TV) 및 레이더에서 사용되고 있다. 제2차 세계대전 중에 레이더가 개발된 이후 평화로운 시기에 마이크로파의 사용을 모색한 결과, 전자레인지(microwave oven)가 탄생했다.

응용: 전자레인지 전자레인지(그림 22.9)는 진공에서 파장이 약 12 cm인 마이크로파를 음식물에 쪼여 가열하는 조리 기구이다. 물은 극성 분자로, 마이크로파를 잘 흡수한다. 전기장 안에 있는 전기쌍극자는 양전하와 음전하를 반대 방향으로 잡아당기는 현상으로 인해 전기장과 나란하려는 회전력을 받는다. 마이크로파의 급격히 진동하는 전기장($f = 2.5$ GHz) 때문에 물 분자는 앞뒤로 회전하며, 이런 회전에너지

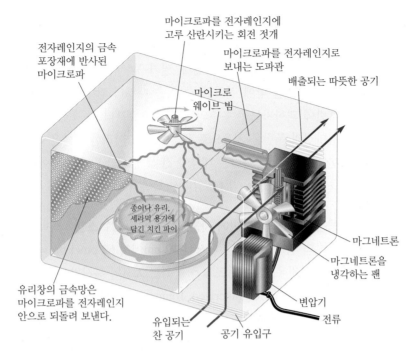

마이크로파를 전자레인지에
고루 산란시키는 회전 젓개

전자레인지의 금속
포장재에 반사된
마이크로파

마이크로파를 전자레인지로
보내는 도파관

배출되는 따뜻한 공기

마이크로
웨이브 빔

종이나 유리,
세라믹 용기에
담긴 치킨 파이

마그네트론

마그네트론을
냉각하는 팬

유리창의 금속망은
마이크로파를 전자레인지
안으로 되돌려 보낸다.

변압기

전류

유입되는
찬 공기

공기 유입구

그림 22.9 전자레인지. 마이크로파는 마그네트론에서 발생하는데, 마그네트론은 원하는 진동수의 마이크로파를 발생시키는 진동전류를 만드는 공동 공진기이다. 금속은 마이크로파를 잘 반사하므로, 금속 도파관은 금속제의 회전 젓개 쪽으로 마이크로파를 향하게 하여 반사된 마이크로파가 전자레인지 전체로 퍼지게 한다(이러한 반사 특성 때문에 금속 용기나 알루미늄박을 전자레인지 조리 시에 사용할 수 없다. 곧 마이크로파는 금속 용기나 알루미늄박 안에 있는 음식물에는 도달하지 못한다). 전자레인지 내부는 마이크로파가 전자레인지 안에서 돌고 전자레인지에서 빠져나오는 양을 최소화하기 위해 금속으로 싸여져 있다. 전자레인지 문에 있는 얇은 금속판은 안을 들여다볼 수 있도록 작은 구멍이 나 있으나, 구멍이 마이크로파 파장보다 훨씬 작아서 금속판은 마이크로파를 안쪽으로 다시 반사시킨다.

는 음식물을 통해 퍼진다.

응용: 우주의 마이크로파 배경 복사 1960년대 초에, 펜지어스(Arno Penzias)와 윌슨(Robert Wilson)은 전파 망원경의 문제로 고생하고 있었다. 스펙트럼의 마이크로파 부분에서 발생하는 잡음이 문제였다. 그들은 후속 연구를 통하여 우주 전체가 온도 2.7 K(최고점에서의 파장이 약 1 mm)의 흑체 복사에 대응하는 마이크로파에 둘러싸여 있다는 것을 발견했다. 이러한 우주의 마이크로파 배경 복사는 빅뱅(Big Bang)이라고 하는 대폭발, 곧 우주의 기원이 남긴 산물인 것이다.

X선과 감마선

UV보다 파장이 짧고 진동수가 높은 것이 각각 1895년과 1900년에 발견된 **X선** X-rays과 **감마선** gamma rays이다. 이 이름은 파원에 근거한 역사적인 이유 때문에 아직도 사용되고 있다. 이들 두 가지 방법으로 발생된 EM파의 진동수는 상당 부분이 중첩되므로, 오늘날 그 구별은 어느 정도 임의적이다.

X선은 뢴트겐(Wilhelm Konrad Röntgen, 1845~1923)이 전자를 높은 에너지로 가속하여 표적에 부딪치게 할 때 우연히 발견되었다. X선은 표적에서 정지하는 과정 중 전자들의 갑작스런 감속으로 발생한다. 뢴트겐은 X선을 발견한 공로로 물리학 분야에서 처음으로 노벨상을 수상했다.

감마선은 지구에서는 방사성 핵의 붕괴에서 처음 발견되었다. 맥동성(pulsars), 중성자별, 블랙홀 및 초신성의 폭발도 감마선의 원천으로, 감마선은 지구 쪽으로 오지만 다행히 대기에 흡수된다. 열기구나 위성을 사용하여 검출기를 대기권 높은 곳이나 대기권 밖에 설치할 수 있을 때부터 감마선 천문학이 발전되었다. 1960년대 후반에 과학자들은 우주의 깊은 곳으로부터 수 초분의 일에서 수 분까지 지속되는 감마선의 폭발을 처음으로 관찰했으며, 이러한 폭발은 하루에 약 한 번씩 일어난다. 한 번의 감마선 폭발은 태양이 전 생애 동안 방출하는 에너지보다 많은 에너지를 10초 안에 방출할 수 있다. 감마선 폭발의 근원은 아직도 연구 중에 있다.

응용: 의학과 치의학에 사용되는 X선 및 CT 스캔 의학과 치의학에서 사용하는 대부분의 진단용 X선은 파장이 10 pm에서 60 pm(1 pm = 10^{-12} m) 사이이다. 재래식 X선의 경우, 필름이 조직을 통과한 X선의 복사량을 기록한다. X선을 이용한 컴퓨터 단층촬영(Computerized Tomography, CT)으로 인체의 횡단면 모습을 얻을 수 있다. X선 발생장치가 평면에 놓인 인체 주위를 회전하는 동안 컴퓨터는 여러 다른 각도에서 X선 투과량을 측정한다. 컴퓨터는 이러한 측정값을 사용하여 인체의 각 부분의 모습을 만들어낸다(그림 22.10).

그림 22.10 CT 스캔용으로 사용되는 장치.

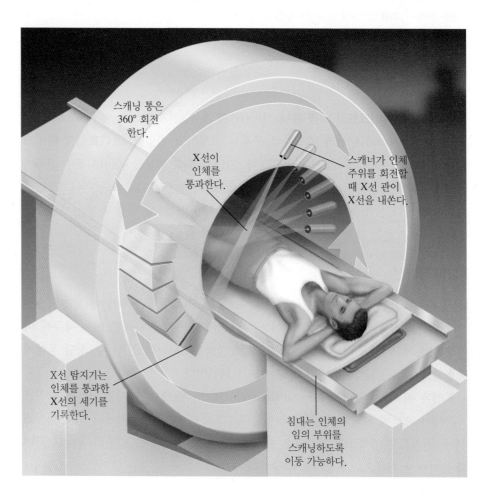

22.4 진공과 물질 속에서의 EM파의 속력
SPEED OF EM WAVES IN VACUUM AND IN MATTER

빛은 매우 빠르므로 빛이 한 곳에서 다른 곳으로 가는 데 걸린 시간을 정확하게 측정하기는 어려웠다. 초기에는 정밀한 전자기기가 없었기 때문에, 빛의 속력을 측정하는 초창기 실험은 세밀하게 설계되어야 했다. 1849년에 프랑스 과학자 피조 (Armand Hippolyte Louis Fizeau, 1819~1896)는 빛의 속력을 대략 3×10^8 m/s 로 측정했다(그림 22.11).

진공에서의 빛의 속력

11장과 12장에서 역학적 파동(mechanical waves)의 속력은 매질의 성질에 따라 변한다는 것을 다루었다. 소리는 물속보다 금속 안에서 더 빨리 진행하며, 공기 속 보다는 물속에서 더 빨리 진행한다. 모든 경우에 파동의 속력은 복원력과 관성에 관련되는 매질의 두 특성에 따라 변한다.

역학적 파동과는 달리, 전자기파는 진공 속에서도 전파된다. 곧 전자기파는 매질이 필요 없다. 빛은 수십억 광년 떨어진 은하계로부터 와서 지구에 도달한다. 빛은 아무런 문제없이 은하계 사이의 매우 먼 거리를 진행하지만, 음파는 음파의 압력 변화를 지속시켜줄 공기나 매질이 없기 때문에 우주 공간에서 수 미터 떨어진 두 우주비행사 사이에도 진행하지 못한다. 그렇다면 진공에서 빛의 속력을 결정하는 것은 무엇인가?

전기장과 자기장을 기술하는 법칙들을 다시 생각해보면, 두 개의 보편상수를 알게 된다. 그중 하나는 쿨롱의 법칙과 가우스의 법칙에서 사용된 자유공간의 유전율 ϵ_0로, 이 상수는 전기장과 관련되어 있다. 나머지 하나는 앙페르의 법칙에 나오는 자유공간의 투자율 μ_0로, 이 상수는 자기장과 관련되어 있다. 이 상수들이 진공 중에서 빛의 속력을 결정하는 유일한 두 값이므로, 속력의 차원을 가지는 두 상수들의 결합이 틀림없이 있을 것이다.

> **연결고리**
>
> 역학적 파동의 속력은 매질의 특성에 따라 변한다(예를 들어, 끈 위에서의 횡파는 끈의 장력 및 선밀도에 영향을 받는다). 유리와 같은 투명한 매질을 통과하는 EM파의 속력은 그 매질의 전기적 성질과 자기적 성질에 영향을 받는다. 진공에서의 EM파 속력은 ϵ_0, μ_0와 관련된 보편상수이다.

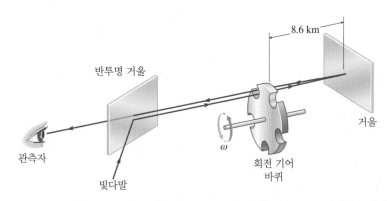

그림 22.11 빛의 속력을 측정하기 위해 피조가 사용한 장치. 홈이 있는 바퀴는 변경 가능한 각속도 ω로 회전한다. 어떤 각속도 ω에서, 한 광선이 바퀴에 있는 홈을 통과해 거울까지 먼 거리를 진행하여 반사된 후, 또 다른 홈을 통과해 관측자에게 되돌아온다. 다른 각속도 ω에서는 반사된 광선이 회전하는 바퀴에 가려 관측자에게 되돌아오지 못한다. 관측자가 반사된 빛을 볼 수 있는 바퀴의 각속도 ω를 측정하면 빛의 속력을 계산할 수 있다.

SI 단위로 나타낸 이 상수들의 값은

$$\epsilon_0 = 8.85 \times 10^{-12} \frac{C^2}{N \cdot m^2}, \ \mu_0 = 4\pi \times 10^{-7} \frac{T \cdot m}{A}$$

이다. 테슬라(tesla)는 또 다른 SI 단위로 쓸 수 있다. 하나의 길잡이로서 $\vec{F} = q\vec{v} \times \vec{B}$ 를 사용하면,

$$1 \text{ T} = 1 \frac{N}{C \cdot m/s}$$

이다. 이들 상수로 만든 조합 중에서 속도의 단위를 갖는 것은

$$\frac{1}{\sqrt{\epsilon_0 \mu_0}} = \left(8.85 \times 10^{-12} \frac{\cancel{C}^2}{\cancel{N} \cdot m^2} \times 4\pi \times 10^{-7} \frac{\cancel{N} \cdot m}{\cancel{C} \cdot (m/s) \cdot (\cancel{C}/s)} \right)^{-1/2} = 3.00 \times 10^8 \text{ m/s}$$

뿐이다.

이 차원 해석은 1/2이나 $\sqrt{\pi}$와 같은 인수가 곱해질 수 있는 가능성은 남겨둔다. 19세기 중반에 맥스웰은 전자기파, 곧 공간을 전파해가는 진동하는 전기장과 자기장으로 이루어진 파가 진공 중에 존재할 수 있다는 것을 수학적으로 밝혔다. 그는 맥스웰 방정식(22.1절)에서 모든 유형의 파 전파를 기술해주는 특별한 수학적 방정식인 파동방정식을 유도했다. 여기서 파의 속력은 $(\epsilon_0 \mu_0)^{-1/2}$이 되었다. 또한 맥스웰은 1856년에 측정된 ϵ_0와 μ_0를 사용하여 진공에서 전자기파의 속력이 피조가 측정한 값과 거의 같은 3.00×10^8 m/s임을 보였다. 맥스웰이 수행한 빛의 속력에 대한 유도는 빛이 전자기파라는 첫 번째 증거가 되었다.

진공에서의 전자기파의 속력은 기호 c(celeritas, 라틴어로 "속력"을 의미)로 나타낸다.

진공에서 전자기파의 속력

$$c = \frac{1}{\sqrt{\epsilon_0 \mu_0}} = 3.00 \times 10^8 \text{ m/s} \tag{22-1}$$

---

c는 일반적으로 빛의 속력이라고 부르지만, 단지 사람의 눈으로 볼 수 있는 진동수에 대한 것뿐만이 아니고, 진동수, 곧 파장에 관계없이 진공 속에서 모든 전자기파의 속력이다.

보기 22.2

"가까운" 초신성에서 온 빛의 진행 시간

초신성은 폭발하는 별로서, 일반 별보다 수십억 배나 더 밝다. 대부분의 초신성은 먼 거리에 있는 은하계에서 일어나므로 맨눈으로 관측할 수가 없다. 맨눈으로 볼 수 있었던 최근의 두 초신성은 1604년과 1987년에 일어났다. 초신성 SN1987a(그림 22.12)는 지구에서 1.6×10^{21} m 떨어진 곳에서 일어났다. 그 폭발은 언제 일어났는가?

전략 초신성에서 온 빛은 속력 c로 진행한다. 빛이 1.6×10^{21} m 떨어진 지구에 도달하는 데 걸린 시간은 폭발이 얼마나 오래전에 일어났는지를 말해준다.

그림 22.12 초신성 SN1987a에서 온 빛이 지구에 도달한 후에 찍은 하늘 사진.

풀이 빛이 속력 c로 거리 d를 진행하는 데 걸린 시간은

$$\Delta t = \frac{d}{c} = \frac{1.6 \times 10^{21}\,\text{m}}{3.00 \times 10^{8}\,\text{m/s}} = 5.33 \times 10^{12}\,\text{s}$$

이다. 이것이 얼마나 긴 시간인지를 알기 위해 '초'를 '년'으로 환산하면

$$5.33 \times 10^{12}\,\text{s} \times \frac{1년}{3.156 \times 10^{7}\,\text{s}} = 170\,000년$$

이 된다.

검토 우리가 별을 볼 때 본 빛은 별이 오래전에 방출한 것이다. 먼 거리에 있는 은하를 봄으로써, 천문학자들은 지난 과거의 우주를 언뜻 보는 셈이다. 태양계 너머에 있는 지구와 가장 가까운 별은 약 4광년 떨어져 있으며, 이는 별에서부터 지구까지 빛이 도달하는 데 4년이 걸린다는 뜻이다. 관측된 가장 먼 은하들은 약 10^{10}광년 떨어져 있는데, 이를 보는 것은 100억 년 전 과거를 보는 셈이다.

실전문제 22.2 1광년

1광년은 지구의 1년 동안에 빛이 (진공 속에서) 달린 거리이다. 광년을 미터로 변환하는 변환인수를 구하여라.

물질에서의 광속

EM파가 매질 속을 통과할 때는 c보다 작은 속력 v로 진행한다. 예를 들어, 가시광선이 유리 속을 지나갈 때는 유리의 종류와 빛의 진동수에 따라 약 1.6×10^{8} m/s에서 2.0×10^{8} m/s 사이의 속력으로 진행한다. 이때 속력을 언급하는 대신, **굴절률** index of refraction n을 언급하는 것이 보통이다.

굴절률

$$n = \frac{c}{v} \tag{22-2}$$

굴절은 파가 한 매질에서 다른 매질로 진행할 때 파가 휘는 현상으로, 23.3절에서 자세히 다룬다. 굴절률은 두 매질에서의 속력의 비이므로, 차원이 없는 양이다. 빛이 2.0×10^{8} m/s의 속력으로 진행하는 유리의 경우, 그 굴절률은 다음과 같다.

$$n = \frac{3.0 \times 10^{8}\,\text{m/s}}{2.0 \times 10^{8}\,\text{m/s}} = 1.5$$

공기(1기압)에서 광속은 c보다 약간 작다. 곧, 공기의 굴절률은 1.0003이다. 많은 경우에 이러한 0.03 %의 차이는 중요하지 않으므로 c를 공기 중에서의 광속으로 사용할 수 있다. 광학적으로 투명한 매질 속에서 광속은 c보다 작으므로, 굴절률은 1보다 크다.

EM파가 한 매질에서 다른 매질로 진행할 때, 진동수와 파장은 $v = f\lambda$의 관계 때

문에 둘 다 달라지지 않을 수는 없다. 역학적 파동에서와 같이, 파장이 변하며 진동수는 변하지 않는다. 진동수가 f인 입사파는 안테나에 있는 전하들에서와 똑같이, 경계면에 있는 원자의 전하들을 같은 진동수로 진동시킨다. 경계면에 있는 진동하는 전하들은 같은 진동수의 EM파를 두 번째 매질로 방출한다. 따라서 두 번째 매질 속에 있는 전기장과 자기장은 첫 번째 매질 속에 있는 파와 같은 진동수로 진동을 하게 된다. 똑같은 방법으로, 줄을 따라 진행하는 진동수가 f인 횡파는 파속(wave velocity)의 갑작스런 변화가 일어나는 점에 도달하면, 입사파는 줄의 임의의 다른 점에서와 마찬가지로 그 점을 위아래로 같은 진동수 f로 진동시킨다. 그 점의 진동은 같은 진동수의 파를 줄의 다른 쪽으로도 보낸다. 파의 속력은 달라지나, 진동수는 달라지지 않으므로 달라지는 것은 파장이다.

때때로 진공에서 파장이 λ_0인 경우에, 굴절률 n인 매질에서 그 EM파의 파장 λ를 구할 필요가 있다. 진동수는 같으므로,

$$f = \frac{c}{\lambda_0} = \frac{v}{\lambda}$$

이며, λ에 관해서 풀면

$$\lambda = \frac{v}{c}\lambda_0 = \frac{\lambda_0}{n} \tag{22-3}$$

이다. $n > 1$이므로 파장은 진공에서보다 짧다. 전자기파는 진공에서보다 물질 내에서 더 느리게 진행하는 것이다. 파장은 한 주기 $T = 1/f$ 동안 파가 진행한 거리이므로 매질 내에서의 파장이 더 짧아진다.

만일 파장이 $\lambda_0 = 480\,\text{nm}$인 파란빛이 굴절률이 1.5인 유리 속으로 들어간다면, 유리 속에서 파란빛의 파장이 320 nm라고 하더라도, 그것은 여전히 가시광선이며 자외선으로 바뀌지는 않는다. 빛이 눈으로 들어올 때, 빛이 얼마나 많은 종류의 매질 속을 통과하는지에 관계없이 매질 경계에서 진동수가 달라지지 않으므로, 눈 속의 유체에서도 진동수는 같다.

✓ 살펴보기 22.4

빛이 물($n = 4/3$)에서 공기로 진행한다. 물에서 빛의 파장은 480 nm이다. 공기에서 빛의 파장은 얼마인가?

보기 22.3

눈 속에서 빛의 파장 변화

우리 눈 속으로 들어가는 빛은 방수($n = 1.33$), 수정체($n = 1.44$), 유리체($n = 1.33$)를 통과하여 망막에 이른다. 눈 속으로 들어가는 빛이 공기 중에서 파장이 480 nm라면, 유리체에서 빛의 파장은 얼마인가?

전략 중요한 것은 파가 한 매질에서 다른 매질 속으로 들어갈 때 진동수는 항상 같다는 점이다.

풀이 진동수, 파장, 속력 사이의 관계는

$$v = \lambda f$$

이다. 진동수에 대해 풀면, $f = v/\lambda$이다. 진동수는 같으므로

$$\frac{v_{유리체}}{\lambda_{유리체}} = \frac{v_{공기}}{\lambda_{공기}}$$

이다. 빛이 하나의 매질에서 다른 매질로 진행할 때 진동수는 항상 일정하게 유지되므로, 수정체와 방수에서의 굴절률 값은 여기서 필요하지 않다.

매질에서 빛의 속력은 $v = c/n$이다. $\lambda_{유리체}$에 대해 풀고 $v = c/n$을 대입하면, 다음과 같다.

$$\lambda_{유리체} = v_{유리체} \frac{\lambda_{공기}}{v_{공기}} = \frac{c}{n_{유리체}} \frac{n_{공기}\lambda_{공기}}{c}$$

$$= \frac{1 \times 480 \text{ nm}}{1.33} = 360 \text{ nm}$$

검토 유리체의 굴절률이 공기보다 더 크므로, 유리체 속에서 빛의 속력이 공기 속에서보다 더 느리다. 파장은 한 주기 동안 진행한 거리이므로, 유리체에서의 파장이 공기 속에서보다 더 짧다.

실전문제 22.3 **공기에서 물속으로 들어갈 때의 파장 변화**

물속에서 가시광선의 속력이 2.25×10^8 m/s이다. 공기 속에서 파장이 592 nm인 빛이 물속으로 들어갈 때 물속에서 그 빛의 파장은 얼마인가?

분산

모든 진동수의 EM파들이 진공 속에서 똑같은 속력 c로 진행한다 하더라도, 매질 속에서 EM파의 속력은 진동수에 따라 다르다. 그러므로 굴절률은 어떤 물질에 대해 하나의 상수가 아니라 진동수의 함수가 된다. 진동수에 따른 파속의 변화를 **분산**dispersion이라 한다. 분산 때문에 백색광이 유리 프리즘을 통과할 때 여러 색깔로 갈라진다(그림 22.13). 서로 다른 색광들이 같은 매질 속에서도 약간 다른 속력으로 진행하여 빛의 분산 현상이 생긴다.

비분산nondispersive 매질은 일정한 진동수 영역 내에서 굴절률의 변화를 거의 무시할 수 있는 매질을 말한다. 진공을 제외하고 실제로 비분산 매질은 없으나, 많은 물질들이 제한된 진동수 영역 내에서 비분산 매질로 취급될 수 있다. 대부분 광학적으로 투명한 매질의 경우, 굴절률은 진동수가 증가함에 따라 증가하므로, 파란빛은 빨간빛보다 더 느리게 유리 속을 통과한다. 대신에, EM 스펙트럼의 다른 영역에서나 특이한 물질 속에서는 가시광선이라도 진동수의 증가에 따라 굴절률 n이 감소하기도 한다.

그림 22.13 프리즘은 백색광(왼쪽에서 들어오고 있다.)을 스펙트럼의 색광으로 갈라놓는다.

22.5 진공에서 진행하는 전자기파의 특성
CHARACTERISTICS OF TRAVELING ELECTROMAGNETIC WAVES IN VACUUM

진공 중에서 진행하는 EM파(그림 22.14)의 여러 가지 특성을 맥스웰 방정식(22.1절 참조)에서 유도할 수 있다. 이러한 유도에는 좀 더 높은 수준의 수학이 필요하므로, 여기서는 증명 없이 그 특성들을 설명하겠다.

- 진공 중에서 EM파는 진동수와 관계없이 $c = 3.00 \times 10^8$ m/s의 속력으로 진행한다. 속력은 또한 진폭과 무관하다.
- 전기장과 자기장은 같은 진동수로 진동한다. 따라서 하나의 진동수 f와 하나의

연결고리

전자기파의 파장, 파수, 진동수, 각 진동수 및 주기는 역학적 파동에서와 정확하게 똑같이 정의된다.

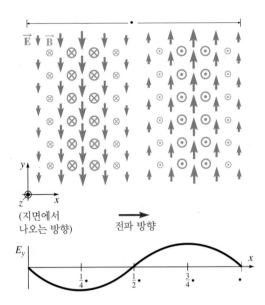

그림 22.14 $+x$-방향(오른쪽)으로 진행하는 전자기파의 한 파장. 전기장은 녹색 화살표로 표시되어 있다(전기장은 $0 < x < \frac{1}{2}\lambda$에서 $-y$-방향이고, $\frac{1}{2}\lambda < x < \lambda$에서 $+y$-방향이다). 자기장은 주황색 벡터 기호로 표시되어 있으며, 종이 면에 수직한 방향이다(자기장은 $0 < x < \frac{1}{2}\lambda$에서 $-z$-방향이고, $\frac{1}{2}\lambda < x < \lambda$에서 $+z$-방향이다). 전기장 $\vec{E}$의 크기는 녹색 화살표의 길이로 표시했다. 자기장 $\vec{B}$의 크기는 주황색 벡터 기호의 크기로 표시했다. 아래에 있는 그래프는 어떤 시간에서 전기장 $\vec{E}$의 y-성분을 위치 x에 대한 함수로 나타낸 것이다. 전기장과 자기장은 같은 위상을 가지기 때문에, 같은 시간에서 자기장 $\vec{B}$의 z-성분의 그래프를 그리면 동일하게 보일 것이다.

파장 $\lambda = c/f$는 그 파의 전기장과 자기장 모두에 적용된다.

- 전기장과 자기장은 같은 위상으로 진동한다. 다시 말하면, 주어진 순간에 전기장과 자기장은 동일한 점에서 최대의 크기를 가진다. 마찬가지로, 어떤 순간에 전기장과 자기장은 동일한 점에서 둘 다 0이 된다.
- 전기장과 자기장의 진폭은 서로 비례하며, 그 비는 c이다.

$$E_{\mathrm{m}} = cB_{\mathrm{m}} \tag{22-4}$$

- 전기장과 자기장은 위상이 같고 진폭은 서로 비례하므로, 임의의 위치에서 전기장과 자기장의 순간 진폭은 서로 비례한다.

$$|\vec{E}(x, y, z, t)| = c|\vec{B}(x, y, z, t)| \tag{22-5}$$

- EM파는 횡파로서, 전기장과 자기장은 진행 방향에 대하여 각각 수직이다.
- 전기장과 자기장은 서로 수직이다. 그러므로 $\vec{E}$, $\vec{B}$ 및 전파 속도는 서로 수직인 벡터들이다.
- 임의의 점에서 $\vec{E} \times \vec{B}$의 방향은 언제나 전파 방향과 같다(그림 22.15).
- 임의의 점에서 전기에너지의 밀도는 자기에너지의 밀도와 같다. 전자기파는 총 에너지의 절반은 전기장으로, 나머지 반은 자기장으로 에너지를 운반한다.

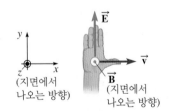

그림 22.15 그림 22.14의 전기장과 자기장을 확인하기 위해서 오른손 법칙을 사용한다. $x > \frac{1}{2}\lambda$에서 $\vec{E}$는 $+y$-방향이고 $\vec{B}$는 $+z$-방향이다. 벡터곱 $\vec{E} \times \vec{B}$는 파의 진행 방향($+x$-방향)과 같다.

✓ 살펴보기 22.5

한 전자기파가 +x-축을 따라 진행한다. 점 P와 시간 t에서 그 전자기파의 전기장의 크기는 0.009 V/m이고 방향은 −y-축 방향이다. 같은 위치, 같은 시간에서 자기장의 크기와 방향은 어떻게 되는가?

보기 22.4

진행하는 전자기파

진공 속에서 EM파의 전기장의 x-, y- 및 z-성분들은

$$E_y(x, y, z, t) = -60.0 \, \frac{\text{V}}{\text{m}} \times \cos\left[(4.0 \text{ m}^{-1})x + \omega t\right], \, E_x = E_z = 0$$

이다. (a) 이 파는 어느 방향으로 진행하는가? (b) ω는 얼마인가? (c) 이 파의 자기장에 관한 표현식을 구하여라.

전략 (a)와 (b)는 파들에 관한 일반적인 지식을 필요로 하지만, EM파에 국한된 것은 아니다. 11장을 보면, 기억을 새롭게 할 수 있다. (c)는 EM파에 관한 전기장과 자기장 사이의 관계를 포함한다. 자기장의 순간 크기는 $B(x, y, z, t) = E(x, y, z, t)/c$로 주어진다. 그다음으로 자기장의 방향을 결정해야 하는데 $\vec{E}, \vec{B}$ 및 전파 속도는 서로 수직인 세 개의 벡터로, $\vec{E} \times \vec{B}$는 전파 방향과 같아야 한다.

풀이 (a) 전기장은 x의 값에는 의존하지만, y와 z에는 의존하지 않으므로, 파는 x-축에 나란한 방향으로 진행한다.

$$\cos\left[(4.0 \text{ m}^{-1})x + \omega t\right] = 1$$

을 만족시키는 파의 마루를 타고 진행한다고 상상하여라. 그러면

$$(4.0 \text{ m}^{-1})x + \omega t = 2\pi n$$

이며, n은 정수이다. 시간이 조금 지나, t가 조금 더 커질 때 $(4.0 \text{ m}^{-1})x + \omega t$가 여전히 $2\pi n$과 같기 위해서는 x는 작아져야만 한다. 파 마루의 x-좌표가 시간이 지남에 따라 작아지므로, 파는 −x-방향으로 움직이고 있다.

(b) x에 곱해지는 상수 4.0 m^{-1}는 파장과 관계되는 양으로 파수(wavenumber)이다. 파는 거리 λ마다 반복되고 코사인 함수는 2π(라디안)마다 반복되므로, $k(x+\lambda)$는 kx보다 2π(라디안)만큼 더 크다. 곧

$$k(x+\lambda) = kx + 2\pi \quad \text{또는} \quad k = \frac{2\pi}{\lambda}$$

이다. 그러므로 파수는 $k = 4.0 \text{ m}^{-1}$이며, 파의 속력은 c이다.

파는 주기 T 동안 파장 λ를 진행하므로,

$$T = \frac{\lambda}{c}$$

$$\omega = \frac{2\pi}{T} = \frac{2\pi c}{\lambda} = kc = 4.0 \text{ m}^{-1} \times 3.00 \times 10^8 \text{ m/s}$$

$$= 1.2 \times 10^9 \text{ rad/s}$$

이다.

(c) 파는 −x-방향으로 진행하며 전기장은 ±y-방향이므로, 자기장은 ±z-방향이어야 한다. 이들 세 가지가 서로 수직이어야 하기 때문이다. 자기장은 전기장과 같은 위상을 가지며, 파장과 진동수는 각각 같으므로

$$B_z(x, y, z, t) = \pm B_m \cos\left[(4.0 \text{ m}^{-1})x + (1.2 \times 10^9 \text{ s}^{-1})t\right],$$

$$B_x = B_y = 0$$

과 같이 된다. 자기장의 진폭은 전기장의 진폭에 비례하므로

$$B_m = \frac{E_m}{c} = \frac{60.0 \text{ V/m}}{3.00 \times 10^8 \text{ m/s}} = 2.00 \times 10^{-7} \text{ T}$$

이다. 마지막 단계는 어느 부호가 옳은지를 결정하는 것이다. $x = t = 0$에서 전기장은 −y-방향이고, $\vec{E} \times \vec{B}$는 −x-방향(전파 방향)에 있다. 따라서

$$(-y\text{-방향}) \times (\vec{B}\text{의 방향}) = (-x\text{-방향})$$

이다.

오른손 법칙으로 두 가지 가능성을 시도해보면(그림 22.16),

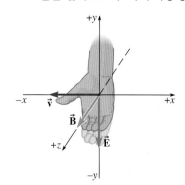

그림 22.16 $\vec{B}$의 방향을 결정하기 위한 오른손 법칙의 적용.

$\vec{B}$가 $x = t = 0$에서 $+z$-방향이다. 따라서 자기장은

$$B_z(x, y, z, t) = (2.00 \times 10^{-7} \text{ T}) \cos [(4.0 \text{ m}^{-1})x + (1.2 \times 10^9 \text{ s}^{-1})t],$$
$$B_x = B_y = 0$$

이다.

검토 $\cos [(4.0 \text{ m}^{-1})x + (1.2 \times 10^9 \text{ s}^{-1})t]$가 음일 때, $\vec{E}$는 $+y$-방향이며, $\vec{B}$는 $-z$-방향이다. 전기장과 자기장의 방향이 같이 바뀌었으므로, $\vec{E} \times \vec{B}$는 여전히 전파 방향을 가리킨다.

실전문제 22.4 또 다른 진행파

진공 중에서 EM파의 전기장의 x-, y- 및 z-성분은

$$E_x(x, y, z, t) = 32 \frac{\text{V}}{\text{m}} \times \cos [ky - (6.0 \times 10^{11} \text{ s}^{-1})t],$$
$$E_y = E_z = 0$$

이며, k는 양수이다. (a) 파는 어느 방향으로 진행하는가? (b) k의 값을 구하여라. (c) 파의 자기장 성분에 대한 표현식을 구하여라.

22.6 EM파에 의한 에너지 수송
ENERGY TRANSPORT BY EM WAVES

전자기파는 다른 파동들처럼 에너지를 전달한다. 태양에서 오는 전자기 복사의 에너지를 식물이 이용할 수 있기 때문에 지구상의 생물체는 생존하며, 식물은 광합성을 통해 빛의 에너지 일부를 화학에너지로 바꾼다. 광합성은 식물뿐만 아니라, 식물을 먹고 사는 동물 및 부패해가는 식물과 동물로부터 에너지를 얻는 균류까지 생존할 수 있게 한다. 곧, 전체 먹이사슬의 에너지원은 사실상 태양이다. 해저 열수구에 사는 박테리아와 같은 몇몇 예외는 있다. 지구 내부로부터의 열 흐름은 태양에서 오는 것이 아니라, 방사성 붕괴로부터 온다.

산업용 에너지원의 대부분은 거의 전적으로 태양의 전자기 에너지에서 얻는다. 원유, 석탄 및 천연가스와 같은 화석연료는 식물과 동물의 잔해에서 온 것이다. 태양전지는 입사하는 태양광 에너지를 직접 전기에너지로 바꾼다(그림 22.17). 태양열은 또한 물을 데우고 가정집을 난방하는 데 직접 사용된다. 태양은 물을 증발시킨다. 곧, 태양이 물을 높은 곳으로 되 퍼 올려 강을 따라 다시 흐르게 하므로 이를 이용하는 수력 발전소는 태양에 의존하고 있다. 바람이 전기를 일으키는 데 이용될 수 있으나, 바람은 태양이 지표면을 균일하게 가열하지 못해서 발생한다. 태양의 EM 복사로부터 오지 않는 유일한 에너지원은 핵융합과 지열 에너지이다.

그림 22.17 스페인 카디스 주 산로케 근처에 있는 태양광 발전소.

에너지 밀도

연결고리

EM파의 전기 및 자기 에너지 밀도에 대한 표현식은 17, 20장에서 사용한 것과 동일하다.

빛의 에너지는 전자기파의 진동하는 전기장과 자기장 내에 저장된다. 진공 속에서의 EM파에 관한 에너지 밀도(SI 단위로 J/m^3)는

$$u_E = \frac{1}{2}\epsilon_0 E^2 \tag{17-19}$$

$$u_B = \frac{1}{2\mu_0}B^2 \tag{20-17}$$

이다.

전기장과 자기장의 크기에 대한 관계식(식 22-5)을 사용하여, 진공에서 진행하는

EM파의 두 에너지 밀도가 서로 같음을 증명할 수 있다. 따라서 총 에너지 밀도는

$$u = u_E + u_B = \epsilon_0 E^2 = \frac{1}{\mu_0} B^2 \qquad (22\text{-}6)$$

와 같이 된다.

전자기장이 위치와 시간에 따라 변하므로, 에너지 밀도도 변한다. 전자기장이 급격히 진동하므로, 대부분의 경우에 전자기장의 제곱의 평균값인 평균 에너지 밀도를 다루게 된다. 21.1절에서 rms는 제곱 평균 제곱근으로 정의했으므로,

$$E_{rms} = \sqrt{\langle E^2 \rangle}, \quad B_{rms} = \sqrt{\langle B^2 \rangle} \qquad (22\text{-}7)$$

이다. 기호 E^2, B^2의 주위에 있는 각진 괄호 $\langle \ \rangle$는 그 값의 평균을 나타낸다. 식 (22-7)의 양변에 제곱을 취하면,

$$E_{rms}^2 = \langle E^2 \rangle, \quad B_{rms}^2 = \langle B^2 \rangle$$

이 된다. 따라서 평균 에너지 밀도는 전자기장의 rms 값으로 다음과 같이 정리할 수 있다.

$$\langle u \rangle = \epsilon_0 \langle E^2 \rangle = \epsilon_0 E_{rms}^2 \qquad (22\text{-}8)$$

$$\langle u \rangle = \frac{1}{\mu_0} \langle B^2 \rangle = \frac{1}{\mu_0} B_{rms}^2 \qquad (22\text{-}9)$$

전기장과 자기장이 시간의 사인 함수(sinusoidal function)라면, 그 rms 값들은 진폭의 $1/\sqrt{2}$배가 된다(21.1절 참조).

세기

에너지 밀도란 단위 부피당 얼마나 많은 에너지가 전자기파에 저장되어 있는지를 말해주는 것이다. 이러한 에너지가 c의 속력으로 전자기파를 통해 전달된다. 빛이 표면(사진 건판이나 나뭇잎)에 **수직 입사**$^{\text{normal incidence}}$하고 얼마나 많은 에너지가 표면에 부딪치는지에 대해 알아보도록 하자(수직 입사는 빛의 전파 방향이 표면에 수직이라는 의미이다). 우선, 표면에 도달하는 에너지는 표면을 노출시킨 시간에 따라 달라진다(사진학에서 노출 시간이 결정적인 변수인 이유이다). 또한 표면의 넓이도 중요하다. 곧 다른 조건이 똑같은 경우에, 넓이가 넓은 잎이 좁은 잎보다 더 많은 에너지를 받는다. 따라서 알아야 하는 가장 중요한 값은 얼마나 많은 에너지가 단위 시간당, 단위 넓이당 표면에 도달하는지, 곧 단위 넓이당 평균 에너지 전달률이다. 만일 빛이 넓이 A인 표면에 수직으로 입사한다면, 그 **세기**^{intensity}(I)는

$$I = \frac{\langle P \rangle}{A} \qquad (22\text{-}10)$$

이다. I의 SI 단위는

$$\frac{\text{에너지}}{\text{시간} \cdot \text{넓이}} = \frac{J}{s \cdot m^2} = \frac{W}{m^2}$$

연결고리

EM파의 세기는 역학적 파동에서 정의했던 것, 곧 단면의 넓이당 평균 에너지 전달률과 정확하게 같다(11.1절).

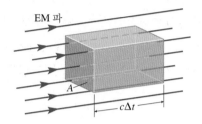

EM 파

A

$c\Delta t$

그림 22.18 에너지 밀도와 세기 사이의 관계를 알기 위한 그림.

이다.

세기는 파에 있는 에너지의 양(u로 측정됨)과 그 에너지가 이동하는 속력(c)에 따라 변한다. 빛이 넓이 A인 표면에 수직 입사할 때, Δt 시간 동안 얼마나 많은 에너지가 표면에 도달하는가? 파는 그 시간 동안에 $c\Delta t$ 거리를 이동하므로, 같은 시간 동안에 부피 $Ac\Delta t$ 안에 있는 모든 에너지가 표면에 도달하는 것과 같다(그림 22.18). (그 에너지에 어떤 일이 일어났는지, 곧 그 에너지가 흡수, 반사 또는 투과되었는지에 대해서는 생각하지 않도록 하자.) 이때 그 세기는 다음과 같다.

$$I = \frac{\langle u \rangle V}{A\,\Delta t} = \frac{\langle u \rangle Ac\Delta t}{A\,\Delta t} = \langle u \rangle c \qquad (22\text{-}11)$$

식 (22-11)로부터, 세기 I는 평균 에너지 밀도 $\langle u \rangle$에 비례하며, 또 $\langle u \rangle$는 전기장과 자기장의 rms의 제곱에 비례한다[식 (22-8), (22-9)]. 만일 그 장들이 시간의 사인 함수라면, 그것의 rms 값은 진폭의 $1/\sqrt{2}$배[식 (21-3)]가 된다. 그러므로 전자기장의 세기는 전기장과 자기장의 진폭의 제곱에 비례한다.

보기 22.5

전구에 의한 전자기장

100.0 W의 전구로부터 4.00 m 떨어진 곳에서, 전기장과 자기장의 세기와 rms 값은 얼마인가? 전력의 전부가 전자기 복사(거의가 적외선 형태)로 가며, 또 복사는 등방적이라고(모든 방향으로 균일하다고) 가정하자.

전략 복사가 등방적이므로, 그 세기는 전구로부터의 거리에 따라 변한다. 4.00 m 거리에서 전구를 감싸고 있는 구를 생각하자. 복사에너지는 100.0 W의 비율로 구의 표면을 통과해야만 한다. 그것의 세기(단위 넓이당 평균 출력)를 먼저 구하고, 세기로부터 전자기장의 rms 값을 구할 수 있다.

풀이 전구에서 복사된 모든 에너지는 반지름 4.00 m의 구 표면을 통과한다. 따라서 그 위치에서의 세기는 방출된 출력을 구의 겉넓이로 나눈 것이다. 곧

$$I = \frac{\langle P \rangle}{A} = \frac{\langle P \rangle}{4\pi r^2} = \frac{100.0\ \text{W}}{4\pi \times 16.0\ \text{m}^2} = 0.497\ \text{W/m}^2$$

이다. E_{rms}을 구하기 위하여, 세기와 평균 에너지 밀도의 관계를 구한 후 에너지 밀도와 전자기장의 관계를 구한다. 곧

$$\langle u \rangle = \frac{I}{c} = \epsilon_0 E_{\text{rms}}^2$$

이다.

$$E_{\text{rms}} = \sqrt{\frac{I}{\epsilon_0 c}} = \sqrt{\frac{0.497\ \text{W/m}^2}{8.85 \times 10^{-12}\ \frac{\text{C}^2}{\text{N·m}^2} \times 3.00 \times 10^8\ \text{m/s}}}$$

$$= 13.7\ \text{V/m}$$

이다. 마찬가지로, B_{rms}에 대해 풀면

$$B_{\text{rms}} = \sqrt{\frac{\mu_0 I}{c}} = \sqrt{\frac{4\pi \times 10^{-7}\ \frac{\text{T·m}}{\text{A}} \times 0.497\ \text{W/m}^2}{3.00 \times 10^8\ \text{m/s}}}$$

$$= 4.56 \times 10^{-8}\ \text{T}$$

이다.

검토 구한 답이 올바른지를 알려면, 전기장과 자기장에 대한 rms 값들의 비를 계산하면 된다. 곧

$$\frac{E_{\text{rms}}}{B_{\text{rms}}} = \frac{13.7\ \text{V/m}}{4.56 \times 10^{-8}\ \text{T}} = 3.00 \times 10^8\ \text{m/s} = c$$

와 같이 기대한 결과를 얻을 수 있다.

실전문제 22.5 **좀 더 멀리 있는 전구에 의한 전자기장**

전구에서 8.00 m 떨어진 곳에서 전자기장의 rms 값은 얼마인가? (힌트: 전체 계산을 다시 하기보다는 지름길을 생각하여라.)

에너지 전달률과 입사각도 만일 세기가 I인 빛이 한 표면에 입사할 때, 그 표면이 입사파에 대해 수직이 아니라면, 단위 시간에 표면에 부딪치는 에너지의 양은 IA보다 적다. 그림 22.19에서 보듯이, 입사파에 수직한 면 $A\cos\theta$는 면 A에 그림자를 투영하므로 모든 에너지가 이 넓이를 통과한다. **입사각**angle of incidence θ는 입사광선의 방향과 법선(표면에 수직인 방향) 사이의 각이다. 따라서 입사파에 수직이 아닌 표면은 다음과 같은 시간당 에너지를 받는다.

$$\langle P \rangle = IA\cos\theta \qquad (22\text{-}12)$$

식 (22-12)가 선속을 의미한다는 것을 기억한다면, 여러분의 집중력에 박수를 보낸다! 세기는 가끔 선속 밀도라고도 부른다. 전기장과 자기장은 가끔 전기선속 밀도 또는 자기선속 밀도라고도 부른다. 그러나 세기가 포함된 선속은 식 (16-8)과 식 (20-5)에서 정의된 전기선속 또는 자기선속과 같은 것은 아니다. 세기는 에너지 전달률의 선속 밀도이다.

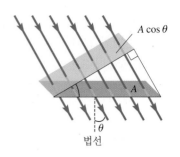

그림 22.19 입사파에 대해 수직이고 넓이가 $A\cos\theta$인 표면이 받는 빛에너지와 넓이가 A가 수직 방향으로부터 θ의 각으로 입사하는 빛으로부터 받는 에너지는 같다.

보기 22.6

여름 하지에 단위 넓이당 햇빛의 에너지 전달률

맑은 날에 지표면에 도달하는 햇빛의 세기(일사량)는 약 $1.0\,\text{kW/m}^2$이다. 북위 $40.0°$에서 하짓날(그림 22.20a) 정오에 지구에 도달하는 단위 넓이당 평균 에너지 전달률은 얼마인가? 그 차이는 지구의 회전축이 $23.5°$만큼 기울어져 있기 때문이다. 여름에는 회전축이 태양 쪽으로 기울어지는 반면에, 겨울에는 태양에서 먼 쪽으로 기울어진다.

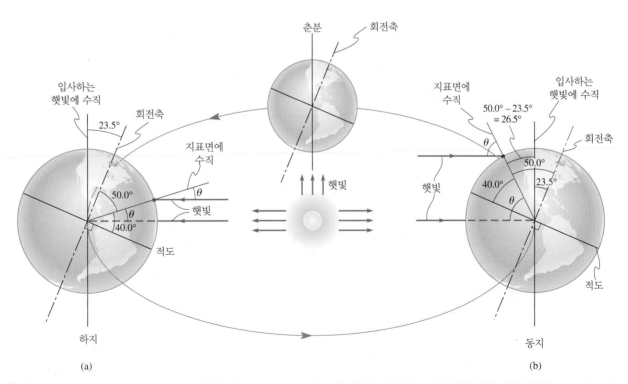

그림 22.20 (a) 북반구에서 하짓날 정오에 회전축은 태양 쪽으로 $23.5°$만큼 기울어져 있다. 북위 $40.0°$에서 입사하는 태양 광선은 지표면에 거의 수직이다. (b) 북반구에서 동짓날 정오에 회전축은 태양과 멀어지는 방향으로 $23.5°$만큼 기울어져 있다. 북위 $40.0°$로 입사하는 태양 광선은 지표면에 대해 수직 방향과 큰 각을 이룬다.

전략 지표면은 태양 광선에 대해 수직이 아니므로, 지구에 도달하는 단위 넓이당 에너지 전달률은 1.0 kW/m²보다 적다. 태양 광선이 표면의 법선과 이루는 각을 구해야 한다.

풀이 지구가 구형이라고 가정을 하면, 지구 중심에서 표면까지의 반지름이 표면에 대한 법선이다. 이때 입사하는 빛과 법선 사이의 각을 구해야 한다. 40.0°의 위도에서, 지구의 회전축과 반지름 사이의 각은 90.0° − 40.0 ° = 50.0°이다 (그림 22.20a). 그림으로부터, θ + 50.0° + 23.5° = 90.0°이므로, θ = 16.5°이다. 따라서 단위 넓이당 평균 에너지 전달률은

$$\frac{\langle P \rangle}{A} = I \cos \theta = 1.0 \times 10^3 \text{ W/m}^2 \times \cos 16.5°$$
$$= 960 \text{ W/m}^2$$

이다.

검토 실전문제 22.6에서, 동지 때 단위 넓이당 에너지 전달률은 하지 때의 1/2보다 작다는 것을 알게 될 것이다. 햇빛의 세기는 변하지 않는다. 변하는 것은 에너지가 어떻게 표면에 퍼지는가이다. 표면이 더 많이 기울어질 때, 주어진 표면에 부딪치는 태양 광선의 양은 더 적어진다.

실제로는 북반구가 여름보다 겨울일 때 지구가 태양에 조금 더 가깝다. 태양의 복사선이 표면에 부딪치는 각도와 낮의 길이가 태양에서부터 지구까지의 거리의 차이보다 입사 에너지 전달률을 결정하는 데 훨씬 더 중요하다.

실전문제 22.6 **동지 때의 평균 에너지 전달률**

북위 40.0°에서 동지일 때 정오에 단위 넓이당 평균 에너지 전달률은 얼마인가(그림 22.20b)?

22.7 편광 POLARIZATION

선 편광

z-방향으로 진행하는 횡파를 생각해보자. 여기서는 임의의 횡파에 대해 논의를 할 것이며, 한 예로 줄 위의 횡파를 생각해보자. 하나의 줄에 횡파를 만들기 위하여 줄은 어느 방향으로 흔들어야 하는가? 그림 22.21a에서와 같이, 그 변위는 ±x-방향이 될 수 있다. 또는 그림 22.21b에서와 같이, ±y-방향이 될 수도 있다. 또는 xy-평면 내의 임의의 방향이 될 수도 있다. 그림 22.1c에서는 평형 위치로부터 줄의 임의의 점의 변위는 x-축과 θ 의 각을 이루는 직선과 평행하다. 이러한 세 가지 종류의 파들은 **선 편광** linear polarization 되었다고 말한다. 그림 22.21a의 파인 경우에, 파는

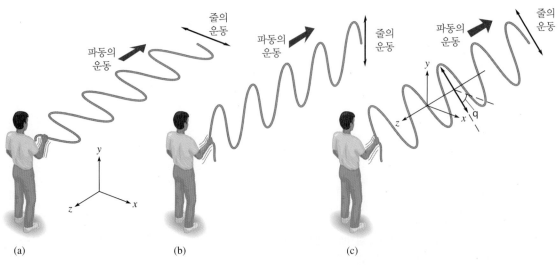

그림 22.21 서로 다른 세 방향으로 선(평면) 편광된 줄 위에서의 횡파들.

±x-방향(또는 간단히 x-방향)으로 편광되었다고 말한다.

선 편광된 파는 **평면 편광**plane polarized되었다고도 말한다. 곧 여러분이 어떻게 추측하든지, 이 용어들은 동의어로 사용된다. 그림 22.21에서 각각의 파는 **진동면**plane of vibration이라고 부르는 하나의 평면에 의해 특징이 규정되며, 이 평면상에서 줄 전체가 진동을 한다. 예를 들어, 그림 22.21a에 대한 진동면은 xz-평면이다. 파의 전파 방향과 줄 위에서 모든 점의 운동 방향은 모두 다 그 진동면에 있다.

어떤 횡파도 전파 방향에 대해 수직인 어느 방향으로도 선 편광될 수 있다. EM파도 예외는 아니다. 그러나 EM파에는 서로가 수직인 전기장과 자기장이 존재한다. 전기장과 자기장 중 하나의 방향만 아는 것으로도 충분한데, 이는 $\vec{E} \times \vec{B}$가 항상 전파 방향을 가리키기 때문이다. EM파의 편광 방향은 관습적으로 전기장의 방향으로 택한다.

전기쌍극자 및 자기쌍극자 안테나는 선 편광된 전파를 송출한다. 만일 FM 라디오 방송이 수평으로 놓인 전기쌍극자 안테나를 사용하여 송신한다면, 수신기에 들어오는 전파는 선 편광된 것이다. 편광의 방향은 위치에 따라 변한다. 수신기가 송신기의 서쪽에 있다면, 파가 수평면 내에 있고 전파 방향(이 경우에 서쪽)에 대해 수직일 것이므로 수신기에 도달하는 파는 남북 방향으로 편광된다. 가장 좋은 수신을 위해서는, 전기쌍극자 안테나를 전파의 편광 방향과 나란히 세워야 한다. 왜냐하면 안테나의 전류는 전기장의 방향에 따라 유도되기 때문이다.

전기장과 자기장은 벡터이므로, 선 편광된 EM파는 서로 수직인 축을 따라 편광된 두 EM파의 합으로 표현할 수 있다(그림 22.22). 만일 전기쌍극자 안테나가 파의 전기장과 θ의 각을 이룬다면, 안테나와 평행한 $\vec{E}$의 성분만이 전자들을 안테나를 따라 움직이도록 할 것이다. 만일 파를 두 개의 수직 편광으로 생각한다면, 안테나는 안테나에 평행한 편광에 대해서만 반응하며, 수직한 편광에 대해서는 어떤 반응도 않을 것이다.

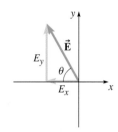

그림 22.22 임의의 선 편광된 파는 수직으로 편광된 두 파의 중첩으로 생각할 수 있는데, 그것은 전자기장이 벡터이기 때문이다.

무작위 편광

백열전구에서 나온 불빛은 **편광되지 않았거나**unpolarized **무작위로 편광**randomly polarized된 것이다. 전기장의 방향은 무작위로 빠르게 변한다. 전자들은 안테나를 따라 일정하게 늘 똑같은 직선을 따라 운동하므로, 안테나는 선 편광된 빛을 방출한다. 전구에서 나오는 열복사(대부분 IR이지만 가시광선도 포함된다.)는 엄청나게 많은 원자들의 열 진동에 의해 발생한다. 기본적으로 원자들은 서로 독립적이므로, 서로 보조를 맞추어 또는 같은 방향으로 진동을 하지는 않는다. 따라서 그 파의 전기장은 무작위적이면서 연관성이 없는 엄청나게 많은 파들의 중첩으로 이루어진 것이다. 열복사는 그것이 전구, 장작 난로(대부분 적외선) 또는 태양에서 오는 것에 관계없이 늘 편광되지 않은 빛이다.

편광자

편광자라고 부르는 장치들은 입사하는 파의 편광 상태와 관계없이 일정한 방향(투

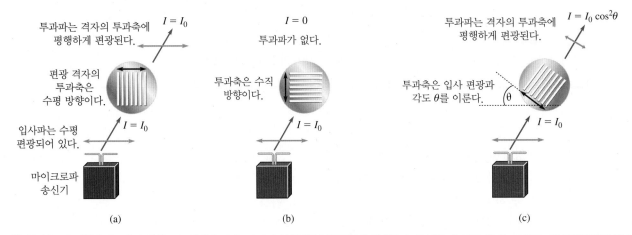

그림 22.23 이 실험에서는 수평 방향으로 편광된 마이크로파가 이상적인 편광격자에 입사한다. 입사할 때 파의 세기는 I_0이다. 이 편광격자의 투과축은 금속 띠에 수직한 방향이다. 편광격자를 통과한 마이크로파는 편광격자의 투과축 방향으로 편광된다. (a) 투과축이 입사파의 편광 방향과 평행할 때, 입사파는 모두 투과하며 투과된 빛의 세기는 I_0이다. (b) 투과축이 입사파의 편광 방향과 수직할 때, 입사파는 전혀 통과하지 못하며 투과된 빛의 세기는 0이다. (c) 투과축이 입사파의 편광 방향과 θ의 각도를 이룰 때, 투과축에 평행한 전기장 성분만이 편광격자를 통과한다. 투과된 파의 세기는 전기장의 제곱에 비례하며, 그 값은 $I_0 \cos^2\theta$이다.

과축이라 부른다.)으로 선 편광된 빛을 통과시킨다. 마이크로파용 편광자는 서로 나란한 수많은 금속 줄무늬 띠 배열로 이루어져 있다(그림 22.23). 금속 줄무늬 띠 사이의 간격은 그 마이크로파의 파장보다도 훨씬 짧아야만 한다. 그 금속 띠는 작은 안테나처럼 작용한다. 금속 띠와 나란한 입사파의 전기장 성분은 금속 띠 방향으로 전류가 흐를 수 있게 한다. 이러한 전류는 에너지를 소모하므로 파의 일부가 흡수된다. 안테나도 또 입사파와 위상이 정반대인 그 자체의 파를 만들어 앞쪽으로 진행하는 파를 상쇄시키고 반사파를 되돌려 보낸다. 따라서 이러한 흡수와 반사에 의해 금속 띠와 나란한 전기장은 편광자를 통과하지 못한다. 투과된 마이크로파는 금속 띠에 수직으로 선 편광된다. 전기장은 금속 띠들 사이의 "홈"을 통과하지 못한다! 편광자의 투과축은 금속 띠에 수직한 방향이다.

가시광선에 대한 편광판은 **도선 격자 편광자**wire grid polarizer와 비슷한 원리로 작동한다. 편광판은 요오드 원자가 붙은 기다란 탄화수소 체인을 포함한다. 제작 시에, 판을 잡아 늘려 긴 분자들이 같은 방향으로 나란히 정렬되도록 한다. 요오드 원자들은 전자들이 체인을 따라 쉽게 움직이도록 하므로 정렬된 고분자들은 서로 나란한 도선처럼 작동하며, 이것들 사이의 간격은 충분히 좁아서, 도선 격자 편광자가 마이크로파를 편광시키듯이 가시광선을 편광시킨다. 편광판의 투과축은 정렬된 고분자와 수직이다.

이상적인 편광자

만일 무작위 편광된 빛이 이상적인 편광자에 들어오면, 투과광의 세기는 투과축의 방향과 관계없이 입사된 세기의 절반이다(그림 22.24a). 무작위 편광된 빛은 서로 연관성이 없는, 곧 둘 사이의 상대적 위상이 시간에 따라 빨리 변하는 두 개의 수직으로 편광된 파로 간주될 수 있다. 두 개의 수직인 편광 각각이 그 파의 에너지

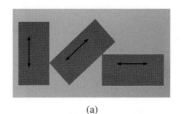 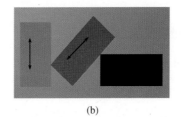

(a)   (b)

그림 22.24 (a) 편광되지 않은 빛이 서로 다른 방향으로 투과축이 향하는 세 개의 편광자에 입사한다. 투과광의 세기는 세 경우 모두 같다. (b) 선 편광된 빛이 같은 세 개의 편광자에 입사한다. 가장 왼쪽에 있는 편광자에서 최대 세기의 빛이 나온다. 그러므로 입사한 빛은 수직으로 편광되었다는 것을 알 수 있다. 그 최대 투과광의 세기가 입사파의 세기보다는 조금 작다는 것에 주목하여라. 이것들은 이상적인 편광자가 아니라는 것을 보여준다. 편광자가 회전하면 투과광의 세기는 감소하며, 편광자의 투과축이 입사광의 편광 방향에 수직할 때 투과광의 세기는 최소가 된다(이상적인 편광자에서는 이 방향에서 투과광의 세기가 0이 될 것이다).

를 절반씩 나누어 가진다.

$$I = \tfrac{1}{2}I_0 \quad \text{(편광되지 않은 입사파, 이상적인 편광자)} \qquad (22\text{-}13)$$

그 대신, 입사파가 선 편광되었다면, 투과축과 나란한 $\vec{\mathbf{E}}$의 성분은 편광자를 통과한다(그림 22.24b). 만일 θ가 입사파의 편광 방향과 투과축 사이의 각이라고 하면,

$$E = E_0 \cos\theta \quad \text{(입사하는 편광파, 이상적인 편광자)} \qquad (22\text{-}14a)$$

이다. 세기는 진폭의 제곱에 비례하므로, 투과된 빛의 세기는

$$I = I_0 \cos^2\theta \quad \text{(입사하는 편광파, 이상적인 편광자)} \qquad (22\text{-}14b)$$

이다. 식 (22-14b)는 그 식을 발견한 말뤼스(Étienne-Louis Malus, 1775~1812)의 이름을 따서 **말뤼스의 법칙**^Malus's law이라고 부른다.

> 말뤼스의 법칙을 적용할 때는 반드시 올바른 각을 사용하도록 하여라. θ는 입사광의 편광 방향과 편광자의 투과축이 이루는 각이다.

문제풀이 전략: 이상적인 편광자

- 투과한 빛은 입사한 빛의 편광에 상관없이 항상 투과축을 따라서 선 편광된다.
- 만일 입사광이 편광되지 않은 빛이라면 투과광의 세기는 입사광 세기의 절반이다. 곧, $I = \tfrac{1}{2}I_0$.
- 입사광이 편광되었다면, 투과광의 세기는 $I = I_0 \cos^2\theta$이며, θ는 입사광의 편광축과 투과축 사이의 각도이다.

✓ **살펴보기 22.7**

세기가 I_0인 빛이 이상적인 편광판에 입사한다. 투과된 빛의 세기가 $\tfrac{1}{2}I_0$이다. 입사한 빛이 무작위 편광된 빛인지, 아니면 선 편광된 빛인지 설명하여라. 만약 선 편광된 빛이라면 그 빛의 편광 방향은 어떻게 되는가?

두 편광자에 입사한 무작위 편광된 빛

세기가 I_0인 무작위 편광된 빛이 두 개의 편광판에 입사한다 (그림 22.25). 첫 번째 편광자의 투과축은 수직 방향이며, 두 번째 편광자의 투과축은 수직 방향과 30.0°를 이룬다. 두 편광자를 통과한 빛의 세기와 편광 상태는 어떻게 되는가?

전략 각각의 편광자를 따로 취급하여라. 먼저 첫 번째 편광자를 통과한 빛의 세기를 구한다. 편광자에 의해 투과된 빛은 언제나 편광자의 투과축에 나란하게 편광된다. 이것은 투과축에 나란한 $\vec{\mathbf{E}}$의 성분만이 통과되기 때문이다. 따라서 두 번째 편광자에 입사하는 빛의 세기와 편광 상태를 구할 수 있다.

풀이 무작위 편광된 빛이 편광자를 통과할 때, 투과된 빛의 세기는 입사파 세기의 절반[식 (22-13)]이 되는데, 이것은 두 개의 수직 성분(서로 연관성이 없다.)과 관련된 에너지가 서로 같기 때문이다. 곧

$$I_1 = \tfrac{1}{2}I_0$$

이다. 이제 빛은 첫 편광자의 투과축에 나란한 방향으로 선 편광되어 있으며, 투과축은 수직 방향이다. 두 번째 편광자의 투과축에 나란한 전기장 성분은 통과한다. 두 번째 편광자를 통과한 후, 진폭이 $\cos 30.0°$만큼 감소하고 세기는 진폭의 제곱에 비례하므로, 세기는 $\cos^2 30.0°$만큼 줄어든다(말뤼스의 법칙). 두 번째 편광자를 통과한 빛의 세기는

$$I_2 = I_1 \cos^2 30.0° = \tfrac{1}{2}I_0 \cos^2 30.0° = 0.375 I_0$$

이 된다. 이 빛은 수직축에 대해 30.0°만큼 선 편광되어 있다.

검토 두 개 이상의 편광자들이 일렬로 배열된 경우에, 각각의 편광자를 차례대로 계산하여라. 곧 하나의 편광자를 통하여 나오는 빛의 세기와 편광 상태를 다음 편광자의 입사 세기 및 편광으로 사용하여라.

실전문제 22.7   **최소 세기와 최대 세기**

만일 세기가 I_0인 무작위 편광된 빛이 두 편광자에 입사한다면, 두 편광자 사이의 각이 변함에 따라 최대 세기와 최소 세기는 어떻게 되는가?

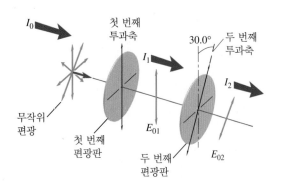

그림 22.25 원형 디스크들은 화살표 방향으로 투과축을 가진 편광판이다.

응용: 액정 디스플레이

액정 디스플레이(LCD)는 평면 컴퓨터 스크린, 계산기, 디지털시계 및 디지털 미터기에 주로 사용된다. 디스플레이의 각 부분에서 액정 분자들은 세밀하게 홈이 파인 두 면 사이에 끼여 있는데, 두 면은 홈의 결이 서로 수직이 되도록 놓여 있다(그림 22.26a). 그 결과 액정 분자들이 두 면 사이에서 90°로 뒤틀린다. 전압을 액정층 양 끝에 가하면, 분자들은 전기장의 방향으로 배열된다(그림 22.26b).

  작은 형광 전구에서 나온 편광되지 않는 빛이 하나의 편광판을 지나며 편광된다. 편광된 빛은 액정을 지나, 처음 것에 대해 수직인 투과축을 가지는 두 번째 편광판을 통과한다. 전압을 가하지 않으면, 액정은 빛의 편광을 90° 만큼 회전시켜 빛은 두 번째 편광자를 통과한다(그림 22.26a). 전압을 가하면, 액정은 빛의 편광을 변화시키지 않고 빛을 투과시킨다. 곧, 두 번째 편광자는 빛이 통과하는 것을 막는다(그림

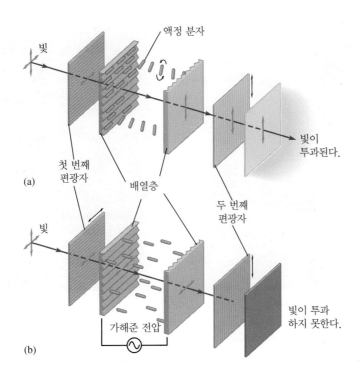

(a)

첫 번째 편광자

액정 분자

배열층

두 번째 편광자

빛이 투과된다.

(b)

가해준 전압

빛이 투과 하지 못한다.

그림 22.26 (a) 액정에 전압이 가해지지 않았을 때, 액정은 빛이 두 번째 편광판을 통과하도록 빛의 편광을 회전시킨다. (b) 액정에 전압을 가하면, 두 번째 편광판을 통과한 빛은 없다.

22.26b). 여러분이 액정 디스플레이를 볼 때는 두 번째 편광판을 통과한 빛을 보는 것이다. 만일 한 부분에 전압이 가해지면, 투과된 빛이 없으므로 검게 보인다. 디스플레이의 한 부분에 전압이 가해지지 않으면, 빛이 통과하며 우리는 다른 배경색과 같은 회색을 보게 된다.

산란에 의한 편광

태양이 방출하는 복사선은 편광되지 않은 반면에, 우리가 보는 햇빛의 대부분은 부분 편광되어 있다. **부분 편광**partially polarized된 빛은 선 편광된 빛과 편광되지 않은 빛이 혼합된 것이다. 편광판은 선 편광된 빛, 부분 편광된 빛, 편광되지 않은 빛들을 구별하기 위해 사용된다. 편광자를 회전시키면, 각도의 변화에 따라 빛의 세기 변화가 나타난다. 만일 입사하는 빛이 편광되지 않은 것이라면, 편광자가 회전함에 따라 투과된 빛의 세기는 일정하다. 만일 입사하는 빛이 선 편광된 것이라면, 투과된 빛의 세기가 어느 방향에서는 0이 되며, 이것과 수직인 방향에서는 최대가 된다. 만일 부분 편광된 빛을 이러한 방법으로 분석해본다면, 투과된 빛의 세기는 편광자가 회전함에 따라 변하나, 그것이 어느 방향이든 0은 아니다. 곧 어느 한 방향에 대해서는 최대이며 이것과 수직 방향으로는 최소(그렇지만 0은 아니다.)가 된다. 빛의 편광 상태를 분석하기 위해 사용되는 편광자를 종종 **검광판(analyzer)**이라고 부른다.

자연적으로 빛이 산란 또는 반사될 때, 편광되지 않은 빛은 부분 편광으로 변한다(23.5절에서 반사에 의한 편광을 다룰 것이다). 태양을 똑바로 쳐다보지 않는다면(태양을 똑바로 쳐다보면 눈에 큰 손상을 입을 수 있다!), 여러분의 눈에 도달하는 빛은 산란 또는 반사에 의한 것이므로 부분 편광된 빛이다. 보통의 편광 선글라스는

그림 22.27 (a) 카메라 렌즈 앞에 편광 필터를 붙이지 않고 가게의 창문을 찍었을 때, 반대편 빌딩의 모습이 선명하게 보인다. (b) 수평 방향의 편광축이 있는 편광 필터를 렌즈 앞에 붙이고 같은 창문을 찍었을 때는 반대편 빌딩의 모습은 사라진다. 창문에 반사된 빛이 수직 방향으로 편광되었기 때문이다.

(a)   (b)

그림 22.28 태양이 아폴로 12호 위를 밝게 비추는 가운데 한 우주비행사가 달 착륙선에서 나와 걷고 있다. 해가 수평면 위를 밝게 비추고 있어도 하늘은 밤처럼 어둡게 보인다. 달에는 빛을 산란시켜서 하늘을 파랗게 하는 대기가 없기 때문이다.

편광판으로 만드는데, 평지나 호수의 수면과 같은 수평면으로부터 반사된 빛에서 편광 방향의 성분을 흡수하여, 공기에서 산란된 빛의 눈부심을 줄여준다. 모든 편광 방향에 대한 세기를 무차별적으로 줄이기보다는 눈부심을 선택적으로 줄이기 때문에 편광 선글라스는 보트를 타거나 항해할 때 종종 사용된다(그림 22.27).

하늘이 파란 이유   맑은 날에 우리가 보는 파란 하늘은 공기 분자에 의해 산란된 햇빛이다. 달에는 대기가 없기 때문에 파란 하늘을 볼 수 없다. 태양과 지구가 밝게 달을 비추고 있다 하더라도, 달에서는 낮도 밤처럼 어둡다(그림 22.28). 지구의 대기는 상대적으로 긴 파장의 빛보다는, 상대적으로 짧은 파장의 파란빛을 더 잘 산란시킨다. 해가 뜨고 질 때에는 빛의 전파 거리가 길어지면서 파란빛의 많은 부분이 산란되어 없어지고 남은 빛을 보게 되므로, 하늘은 붉거나 오렌지색으로 보인다. 하늘을 파랗게 만들거나 일몰에 붉게 만드는 산란 과정에서 산란된 빛 또한 편광된다.

산란된 빛이 편광되는 이유   그림 22.29는 편광되지 않은 햇빛이 한 분자에 의해 산란되는 과정을 보여준다. 여기서 해질녘의 입사광은 수평 방향이다. 빛의 전기장에

그림 22.29 편광되지 않은 햇빛은 대기에 산란된다(이 그림은 초저녁이다. 그래서 태양에서 입사된 빛은 서쪽에서 동쪽으로 수평으로 들어온다). 하늘을 똑바로 위로 쳐다보고 있는 사람은 90°로 산란된 빛을 본다. 이 빛(*C*)은 남북으로 편광되어 있어서, 입사광의 전파 방향(동쪽)과 산란광의 전파 방향(아래쪽) 모두에 수직이다.

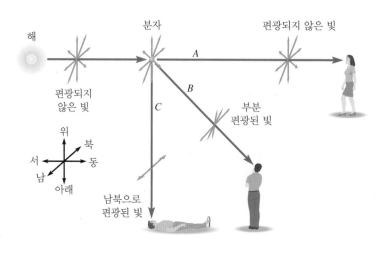

대한 반응으로, 분자 속의 양전하와 음전하가 서로 반대 방향으로 진동을 하며, 그 분자는 진동하는 전기쌍극자가 된다. 입사파가 편광되지 않은 것이기 때문에, 쌍극자는 단 하나의 축을 따라 진동하는 것이 아니라 입사파에 수직인 여러 방향으로 진동을 한다. 진동하는 하나의 쌍극자와 같이, 분자는 EM파를 방출한다. 진동하는 전기쌍극자는 그 축에 수직인 방향으로 가장 세게 빛을 방출하고, 그 축과 나란한 방향으로는 전혀 빛을 방출하지 않는다.

분자쌍극자의 남북 방향의 진동은 세 방향(*A*, *B*, *C*)으로 똑같이 빛을 방출하는데, 이것은 이 방향들이 모두 쌍극자의 남북 축과 수직이기 때문이다. 분자쌍극자의 수직 방향 진동은 *A*의 방향으로 가장 강하게 복사하고, *B*의 방향으로는 보다 약하게 복사하고, *C*의 방향으로는 전혀 복사하지 않는다. 그러므로 *C*의 방향으로 방출되는 빛은 남북 방향으로 선 편광되어 있다. 이 관찰을 일반화하면, 90°로 산란된 빛은 입사광의 방향과 산란된 빛의 방향 모두에 수직인 방향으로 편광되어 있는 것이다. 하늘을 쳐다볼 때, 눈에 들어오는 빛은 부분 편광된 빛이다. 모든 빛이 단 한번에 정확히 90°로 산란될 때, 그 빛은 완전하게 선 편광될 것이다.

문제풀이 전략: 산란에 의한 편광

90°로 산란된 빛은 입사광의 방향과 산란된 빛의 방향 모두에 수직한 방향으로 편광된다.

보기 22.8

산란에 의한 편광

만일 여러분이 정오에 동쪽 방향의 수평선 바로 위쪽 하늘을 바라본다면, 빛은 어느 방향으로 편광되어 있겠는가?

전략 햇빛은 정오에 거의 똑바로 내려온다. 그 빛 중 일부는 대기에 의해 약 90°로 산란되어 서쪽 방향에서 관측자에게 입사한다. 태양이 방출하는 편광되지 않은 빛은 수직으로 편광된 두 빛이 혼합된 것이라고 생각해보자. 각각의 편광 방향에서 관찰함으로써, 하나의 분자가 빛을 얼마나 효과적으로 산란시킬 수 있는지를 결정한다. 그 상황에 관한 그림이 큰 도움이 될 것이다.

풀이와 검토 그림 22.30은 태양에서 아래로 진행하는 빛을 남북과 동서로 편광된 빛들의 혼합으로 보여준다. 여기서 두 편광을 한 번에 하나씩 다루어보자.

남북의 전기장은 분자 속 전하들을 남북의 축에 따라 진동시킨다. 진동하는 쌍극자는, 우리가 분석하고자 하는 산란광

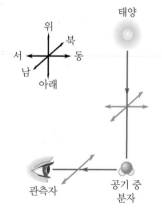

그림 22.30 태양에서 아래로 진행하는 빛은 동서로, 또 남북으로 편광된 빛의 혼합이다(두 성분은 서로 연관성이 없다). 두 편광은 쌍방향 화살표로 나타내었다. 서쪽으로 산란된 빛은 남북 방향으로 편광되어 있다.

의 서쪽 방향을 포함하여, 쌍극자 축에 수직인 모든 방향으로 가장 강하게 복사한다.

동서의 전기장은 동서의 축을 가진 진동쌍극자를 만든다. 진동하는 하나의 쌍극자는 그 축에 거의 나란한 방향으로는

약하게만 복사한다. 그러므로 서쪽으로 산란된 빛은 남북 방향으로 편광된다.

늘을 바라본다면, 그 빛은 어느 방향으로 부분 편광된 것인가?

개념형 실전문제 22.8   북쪽 보기

해 지기 바로 직전, 만일 여러분이 수평선 바로 위의 북쪽 하

흐린 날에 벌은 어떻게 길을 찾는가?

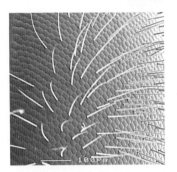

그림 22.31 벌 겹눈을 확대한 전자 현미경 사진. "볼록볼록 튀어나온 부분"은 홑눈의 표면이다.

응용: 벌은 편광된 빛을 감지할 수 있다

벌에게는 홑눈이라고 부르는 수많은 투명 섬유소로 이루어진 겹눈이 있다. 각 홑눈의 한쪽은 겹눈의 반구 표면에 있고(그림 22.31), 섬유소가 정렬된 방향을 따라 들어오는 빛에 대하여 민감하다.

각 홑눈은 9개의 세포로 구성되어 있다. 이 세포들 중 하나는 입사광의 편광에 민감하다. 그러므로 벌은 여러 방향에서 오는 빛의 편광 상태를 감지한다. 프리슈(Karl von Frisch) 등이 1960년대에 행한 일련의 정교한 실험을 통해, 벌은 해가 보이지 않을 때는 산란광의 편광으로부터 태양의 위치를 추측할 수 있다는 것이 밝혀졌다. 프리슈 등은 편광판을 사용하여 산란광의 겉보기 편광 상태를 변화시켜 벌의 비행에 대한 영향을 관측할 수 있었다.

22.8   EM파에 대한 도플러 효과
THE DOPPLER EFFECT FOR EM WAVES

연결고리

도플러 효과: 관찰된 파의 진동수는 파원과 관측자의 운동에 영향을 받는다(12.8절). 음파의 경우, 파원과 관측자의 운동은 매질에 대해 각각 측정된다. 진공에서의 EM파의 경우, 도플러 편이는 파원과 관측자의 상대적인 운동에만 영향을 받는다.

도플러 효과는 EM파를 포함하여 모든 종류의 파에서 일어난다. 그러나 소리에서 이끌어낸 도플러 식 (12-14)는 EM파에 대해서는 옳지 않을 수 있다. 이 식들은 소리를 전하는 매질에 대한 파원과 관측자의 상대적 속도를 포함한다. 음파에서 v_s와 v_0는 공기에 대해 상대적으로 측정된다. EM파는 진행하는 데 있어서 매질이 필요하지 않으므로, 빛에 관한 **도플러 편이**(Doppler shift)는 파원과 관측자 사이의 상대 속도만 포함한다.

아인슈타인의 상대성 이론을 사용하여, 빛에 대한 도플러 편이를 이끌어낼 수 있다.

$$f_o = f_s \sqrt{\frac{1 + v_{\text{상대}}/c}{1 - v_{\text{상대}}/c}} \qquad (22\text{-}15)$$

식 (22-15)에서, $v_{\text{상대}}$는 파원과 관측자가 서로 접근하는 경우에는 양(+)이며, 멀어지는 경우에는 음(−)이 된다. 만일 파원과 관측자 사이의 상대 속력이 c보다 훨씬 작다면, 부록 A.5에 있는 이항 전개 근사식을 사용하여 좀 더 간단한 표현식을 얻을 수 있다. 곧

$$\left(1 + \frac{v_{상대}}{c}\right)^{1/2} \approx 1 + \frac{v_{상대}}{2c} \quad \text{그리고} \quad \left(1 - \frac{v_{상대}}{c}\right)^{-1/2} \approx 1 + \frac{v_{상대}}{2c}$$

이다. 이러한 근사적 표현을 식 (22-15)에 대입하면,

$$f_o \approx f_s \left(1 + \frac{v_{상대}}{2c}\right)^2$$

이 되는데, 마지막 단계에서 이항 근사식을 한 번 더 사용하면 다음과 같다.

$$f_o \approx f_s \left(1 + \frac{v_{상대}}{c}\right) \tag{22-16}$$

응용: 도플러 레이더와 우주의 팽창

기상학자들이 사용하는 레이더는 태풍의 위치에 관한 정보를 제공할 수 있다. 지금 그들은 태풍의 속도에 관한 정보를 제공하는 도플러 레이더를 이용한다. 가시광선에 대한 도플러 편이의 중요한 또 다른 응용은 우주 팽창에 관한 증거를 얻는 데서 나타난다. 먼 거리에 있는 별에서 출발하여 지구에 도달하는 빛은 적색 편이 (red-shifted)된 것이다. 곧 가시광선의 스펙트럼이 진동수가 작은 적색 쪽으로 옮겨 나타난다. 허블의 법칙[미국의 천문학자 허블(Edwin Hubble, 1889~1953)의 이름을 따서 명명되었다.]을 따르면, 우리에게서 멀어지는 은하계의 속력은 은하계가 우리에게서 얼마나 멀리 있느냐에 비례한다. 허블의 법칙을 가정하면, 도플러 편이는 지구에서 별 또는 은하계까지의 거리를 결정하는 데 사용될 수 있다.

우주를 바라보고 있으면, 적색 편이는 별들이 우리에게서 모든 방향으로 멀어지고 있다는 것을 말해준다. 별이 멀리 있을수록, 그 별들은 우리에게서 보다 빨리 멀어지고 지구에 도달하는 빛의 도플러 편이는 더 커진다. 이것이 지구가 우주의 중심에 있다는 것을 뜻하지는 않는다. 팽창하는 우주에서, 우주의 한 행성에 있는 관측자가 그 행성으로부터 모든 방향으로 멀어져가고 있는 은하들을 보는 것이다. 대폭발(big bang) 이래로, 우주는 팽창해왔다. 우주가 영원히 팽창을 지속할지 또는 팽창을 멈추고 수축하여 또 다른 대폭발로 이어질지는 우주론자나 천체물리학자들이 연구해오고 있는 하나의 중심 문제이다.

해답

실전문제

22.1 (a) 전자기(EM)파는 송신용 안테나로부터 모든 방향으로 바깥쪽으로 진행한다. 파동이 송신기에서, $+z$-방향(전파 방향)으로 수신기 쪽으로 이동하기 때문에 수신기에서 송신기 방향은 $-z$-방향이다. (b) $E_y(t) = E_m \cos(kz - \omega t)$, 여기서 $k = 2\pi/\lambda$는 파수이다. 곧, $E_x = E_z = 0$이다.

22.2 1 ly $= 9.5 \times 10^{15}$ m

22.3 444 nm

22.4 (a) $+y$-방향, (b) 2.0×10^3 m^{-1}, (c) $B_z(x, y, z, t) = (1.1 \times 10^{-7}$ T$) \cos[(2.0 \times 10^3$ m$^{-1})y - (6.0 \times 10^{11}$ s$^{-1})t]$, $B_x = B_y = 0$.

22.5 rms장은 $\sqrt{I}$에 비례하고 I는 $1/r^2$에 비례하므로 rms장은 $1/r$에 비례한다. $E_{rms} = 6.84$ V/m, $B_{rms} = 2.28 \times 10^{-8}$ T이다.

22.6 450 W/m^2

22.7 최소 0(투과축이 수직일 때), 최대 $\frac{1}{2}I_0$(투과축이 수직일 때)

22.8 수직으로

살펴보기

22.2 안테나에 평행한 전기장의 성분은 0이다. 그 결과, 파동은 안테나를 따라서 진동하는 전류를 일으키지 못한다.

22.4 파동의 진동수는 변하지 않는다. $n_{공기} \approx 1$이므로 $\lambda_{공기} \approx \lambda_0$(진공 중의 파장). $\lambda_0 = n_물 \lambda_물 = 640$ nm. [더 일반적으로는 어느 매질도 공기가 아니라면, 진동수가 같다고 두어라. 곧, $f = v_1/\lambda_1 = v_2/\lambda_2$. 그러면 $\lambda_2 = \lambda_1(v_2/v_1) = \lambda_1(n_1/n_2)$이다.]

22.5 자기장의 크기는 $B = E/c = 3 \times 10^{-11}$ T이다. $\vec{B}$의 방향은 전기장($-y$)과 전파 방향($+x$)에 수직이어야 하므로 그것은 $+z$-방향이거나 $-z$-방향이어야 한다. 오른손 법칙에 따라서 $\vec{B}$의 방향은 $-z$-방향이다.

22.7 편광판을 회전시켜라. 입사광이 무작위 편광되어 있으면 투과 세기는 변하지 않는다. 만일 입사광이 선 편광되어 있다면 투과 세기는 편광자를 돌린 각도에 따라 변한다. 투과광의 세기가 $\frac{1}{2}I_0$이 되기 위해서는 입사 편광은 편광자의 투과축에 대하여 45°여야 한다($\cos^2 45° = \frac{1}{2}$).

빛의 반사와 굴절

Reflection and Refraction of Light

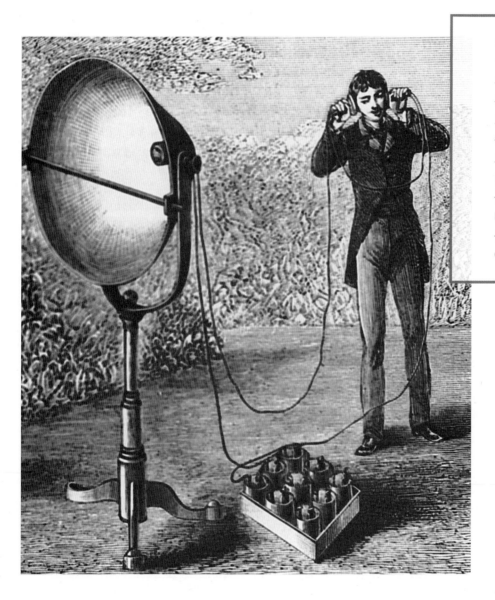

벨(Alexander Graham Bell, 1847~1922)은 1870년대 전화기 발명으로 우리에게 잘 알려져 있다. 그러나 벨은 자신의 가장 중요한 발명이 광전화기(photophone)라고 생각했다. 금속선에 전기 신호를 보내는 일반 전화기와는 달리, 광전화기는 집속된 태양 광선과 거울의 반사를 이용해 공기 중으로 광 신호를 보냈다. 무엇 때문에 벨의 광전화기는 전화기만큼 상용화되지 못했을까? (695쪽에 답이 있다.)

되돌아가보기

· 반사와 굴절(11.8절)
· 굴절률; 분산(22.4절)
· 산란에 의한 편광(22.7절)

23.1 파면, 광선, 호이겐스의 원리
WAVE FRONTS, RAYS AND HUYGENS'S PRINCIPLE

광원

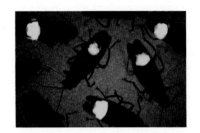

그림 23.1 산소와 루시페린의 화학 반응으로 발생하는 반딧불이의 불빛. 이 반응은 루시페라아제라는 효소의 촉매 작용으로 일어난다.

보통 빛이라고 하면 맨눈으로 볼 수 있는 전자기 복사를 말한다. 빛은 여러 가지 방법으로 만들어진다. 백열전구의 필라멘트는 높은 표면 온도 때문에 빛을 방출하는데, 예를 들어 $T \approx 3000$ K에서 열복사의 상당 부분이 가시광선 영역에 있다. 반딧불이에서 나오는 빛은 고온의 표면 온도가 아니라 화학 반응 때문이다(그림 23.1). 형광등의 안쪽에 칠해진 형광 물질은 자외선을 흡수한 후 가시광선을 방출한다.

우리가 보는 대부분의 물체는 광원이 아니다. 우리는 반사하거나 투과하는 빛을 통해 이들 물체를 본다. 물체에 입사하는 빛의 일부분은 흡수되고, 일부분은 투과해 나가며, 나머지는 반사된다. 물질의 종류와 표면 상태가, 주어진 파장에서의 상대적인 흡수량, 투과량, 반사량을 결정한다. 잔디가 녹색으로 보이는 이유는 뇌가 녹색으로 지각하는 파장을 잔디가 반사하기 때문이다. 테라코타 기와는 뇌가 황적색으로 지각하는 파장을 반사한다(그림 23.2).

파면과 광선

전자기파는 모든 파동과 여러 성질을 공유하기 때문에, 시각적으로 나타내기 위해 다른 파동(예를 들어, 물결 파동)을 보기로 들 수 있다. 조약돌을 연못에 떨어뜨리면, 수면 위에 교란이 생겨 사방으로 퍼져 나간다(그림 23.3). **파면**wavefront은 같은 위상을 가진 점들(예로, 파동의 교란이 최대인 점들 또는 파동 교란이 0인 점들)의 집합이다. 그림 23.3의 각 원형의 파동 마루를 파면으로 생각할 수 있다. 직선파면

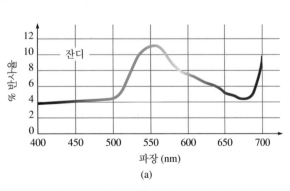

(a)

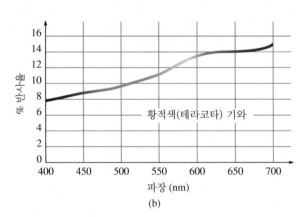

(b)

그림 23.2 파장의 함수로 나타낸 반사율(입사한 빛에 대한 반사한 빛의 백분율). (a) 잔디, (b) 테라코타 기와. 출처: 캘리포니아주 패서데나의 캘리포니아공대(C.I.T.) 제트추진연구소 ASTER Spectral 실험실, 1999.

그림 23.3 동심 원형 잔물결은 물고기가 물 밖의 벌레를 잡으려고 수면을 뚫고 올라온 지점에서 바깥쪽으로 연못의 표면을 따라 진행한다. 원형 물결의 마루는 각각 파면이다. 광선은 중심에서 반지름 방향 바깥쪽으로 향하고 파면에 수직이다.

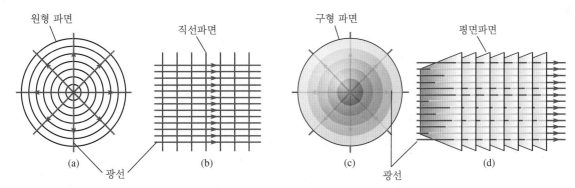

그림 23.4 (a) 연못의 잔물결과 같이, 교란점에서 멀어지면서 표면을 따라 진행하는 파동의 광선과 파면(그림 23.3 참조). 광선은 그 교란점으로부터 모든 방향으로 멀어지며 진행한다. 파면은 교란점을 중심으로 하는 원이다. (b) 교란점에서 멀리 떨어져도 광선은 거의 평행하고, 파면은 거의 직선이다. (c) 점파원으로부터 3차원 공간에서 먼 곳으로 진행하는 파동의 광선과 파면. 광선은 교란점으로부터 멀리 모든 방향으로 진행한다. 파면은 교란점을 중심으로 한 구면이다. (d) 점파원으로부터 멀리 떨어진 곳에서 광선은 서로 거의 평행하며, 파면은 대략 평면이다.

의 물결 파동은 긴 막대기로 물을 반복해서 두드려 만들 수 있다.

광선ray은 파동의 전파 방향을 가리키는 직선으로 파면에 수직이다. 원형파의 경우, 광선은 파동의 원점에서 바깥쪽을 향하는 반지름이다(그림 23.4a). 직선파의 경우, 광선은 파면에 수직이며 평행한 직선의 집합이다(그림 23.4b).

수면 파동은 원 또는 직선의 파면만 가질 수 있지만, 3차원 공간을 진행하는 빛과 같은 파동은 구면이나 평면 또는 다른 형태의 파면을 가질 수 있다. 만일 작은 광원이 모든 방향으로 똑같이 빛을 방출한다면, 파면은 구형이고 광선은 중심에서 바깥쪽 지름 방향으로 향한다(그림 23.4c). 이와 같은 점광원으로부터 멀리 떨어진 곳에서는 광선은 서로 거의 평행하고 파면은 거의 평면이 되므로, 평면파로 나타낼 수 있다(그림 23.4d). 태양은 은하계를 지나 먼 곳에서 볼 때는 점광원으로 생각할 수 있다. 지구에서도 작은 렌즈로 들어오는 햇빛은 거의 평행한 광선들의 집단으로 취급할 수 있다.

호이겐스의 원리

전자기학의 이론이 발전하기 오래전에, 네덜란드의 과학자 호이겐스(Christiaan Huygens, 1629~1695)는, 빛이 매질 속을 통과할 때, 한 매질에서 다른 매질로 들어갈 때 빛이 반사될 때 빛의 거동을 보여주는 기하학적 방법을 개발했다.

> ### 호이겐스의 원리
>
> 어떤 시각 t에서, 파면 위의 모든 점을 새 구면파의 파원으로 생각해보자. 이 가지파동(wavelet)은 원래의 파동과 같은 속력으로 바깥쪽으로 진행한다. 시각 $t + \Delta t$에서 각 가지파동의 반지름은 $v\Delta t$이다. v는 파동의 전파 속력이다. 시각 $t + \Delta t$에서의 파면은 가지파동에 접하는 면이다(반사가 일어나지 않는 상황에서, 뒤로 진행하는 파면은 무시한다).

기하광학

기하광학geometric optics은 간섭과 회절을 무시할 수 있을 때에만 적용할 수 있는 빛의 거동을 근사적으로 다룬 것이다. 회절을 무시하려면, 물체와 빛이 통과하는 구멍의 크기가 빛의 파장에 비해 커야 한다. 기하광학의 영역에서는, 빛의 진행은 광선만으로 분석될 수 있다. 균질한 물질에서는 광선은 직선이다. 서로 다른 두 물질의 경계에서는, 반사와 투과가 함께 일어날 수 있다. 호이겐스의 원리를 사용하면, 반사광선과 투과광선의 방향을 결정하는 법칙을 이끌어낼 수 있다.

개념형 보기 23.1

평면파의 파면

호이겐스의 원리를 평면파에 적용해보자. 다시 말하면, 평면파의 파면 위의 점들에서 나오는 가지파동을 그리고, 그들을 이용해 시간이 지난 뒤의 파면을 대략 그려보아라.

전략 스케치는 2차원적으로 제한되어 있기 때문에, 평면파의 파면을 직선으로 그린다. 파면 위의 몇 개 점을 가지파동의 샘으로 택한다. 뒤쪽으로 진행하는 파동은 없기 때문에, 가지파동은 반구이다. 반구를 반원으로 그린다. 그런 다음 파면에 접하는 면을 나타내기 위해 가지파동의 접선을 그려보자. 이 면이 새로운 파면이다.

풀이와 검토 그림 23.5a에서, 먼저 하나의 파면과 네 개의 점을 그린다. 각 점을 가지파동의 샘으로 생각하고, 각 점에 중심을 둔 네 개의 반원을 그린다. 마지막으로, 네 개의 반원에 접하는 하나의 직선을 그린다. 그러면 이 직선이 나중 시

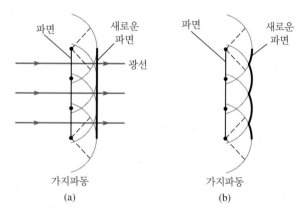

그림 23.5 (a) 평면파에 대한 호이겐스의 원리 적용. (b) 파면의 모든 점에서 나오는 가지파동을 보여주지 않기 때문에 이 작도가 완전한 것은 아니다.

간의 파면을 나타낸다.

그림 23.5b에서처럼, 반원의 언저리를 따르는 물결 모양의 곡선 대신, 왜 직선을 그리는가? 파면의 모든 점이 가지파동의 샘이라는 호이겐스의 원리를 유념하여라. 우리는 몇 개의 점에서 나오는 가지파동을 그렸는데, 실제로는 가지파동이 그 파면의 모든 점에서 나온다는 것을 유념해야 한다. 더 많은 가지파동을 그려 넣는다고 상상하여라. 그들의 접면은 훨씬 덜 구불구불할 것이고 결국에는 평면이 될 것이다.

이 새로운 파면은 양 끝에서 구부려져 있는데, 이러한 파면의 찌그러짐은 회절 현상의 한 보기이다. 만일 평면파면이 크다면, 나중의 파면은 그 언저리에 약간의 곡률이 있는 평면이 된다. 여기서는 가장자리에서의 이러한 회절은 무시한다.

개념형 실전문제 23.1 구면파

하나의 점광원에 의한 구면 광파에 대해 보기 23.1을 되풀이해보아라.

23.2 빛의 반사 THE REFLECTION OF LIGHT

거울 반사와 퍼진 반사

매끈한 면에서의 반사를 거울 반사(*specular reflection*)라고 부른다. 이때 일정한 각도로 입사한 광선은 모두 똑같은 각도로 반사된다(그림 23.6a). 거칠고 불규칙한 면에서의 반사를 퍼진 반사(*diffuse reflection*)라고 부른다(그림 23.6b). 퍼진 반사는 일상생활에서 흔하게 일어나며 퍼진 반사 때문에 주변 사물을 볼 수 있다. 거울 반사는 광학기기에서 중요하다.

표면의 거칠기는 정도의 문제이다. 곧, 맨눈으로 볼 때는 매끄럽게 보이는 것도 원자 규모에서는 매우 거칠 수 있다. 그러므로 퍼진 반사와 거울 반사 사이에 뚜렷한 경계는 없다. 만일 그림 23.6b의 거친 면에서 움푹 팬 곳의 크기가 가시광선의 파장에 비해 작다면, 그 반사는 거울 반사가 될 것이다. 팬 곳의 크기가 가시광선의 파장에 비해 매우 크면, 그 반사는 퍼진 반사이다. 유리 원자 사이의 간격이 가시광선 파장의 수천분의 일만큼 작기 때문에, 연마된 유리 표면은 가시광선으로는 매끄럽게 보인다. 그러나 같은 유리 면을 원자 간격에 비해 작은 파장을 가진 X선으로 보면 거칠게 보인다. 전자레인지의 문에 있는 금속 그물망에서 마이크로파가 잘 반사되는 것은, 망의 구멍의 크기가 12 cm인 마이크로파의 파장에 비해 작기 때문이다.

반사의 법칙

호이겐스의 원리는 어떻게 거울 반사가 일어나는지 보여준다. 그림 23.7에서 평면 파면이 매끄러운 금속 면을 향해 진행한다. 입사파면 위의 모든 점은 가지파동의

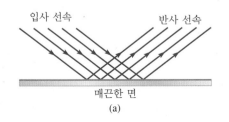
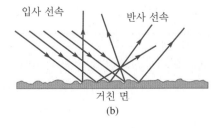

그림 23.6 (a) 거울에서 반사되는 광선은 거울 반사의 한 예이다. (b) 같은 레이저빔이 거친 면에서 반사되면 퍼진 반사가 일어난다.

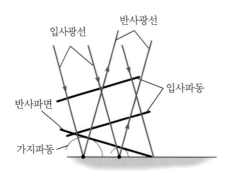

그림 23.7 금속 면으로 진행하는 평면파. 입사파면의 각 점에 의해 만들어진 가지파동은, 그것들이 금속 면에 도착할 때 반사파를 형성한다.

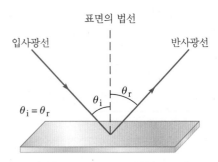

그림 23.8 입사각과 반사각은 광선과 반사면에 대한 법선 사이의 각으로 측정된다(면과 광선 사이의 각이 아니다). 입사광선, 반사광선, 법선은 모두 같은 면에 있다.

파원으로 역할을 한다. 입사파면 위의 점은 파면이 금속 면을 향해 진행하게 한다. 입사파면의 한 점이 금속 면에 닿으면, 빛이 금속을 뚫고 들어갈 수 없기 때문에, 금속 면에서 멀어지는 방향으로 진행하는 가지파동이 전파하면서 반사파면을 형성한다. 금속 면의 각 점으로부터 나오는 가지파동은 모두 같은 속력으로 진행하나 서로 다른 시간에 나온다. 주어진 순간의 가지파동의 반지름은 그 가지파동이 방출된 후의 시간에 비례한다.

비록 호이겐스의 원리가 기하학적인 설명이지만, 이 설명은 현대의 파동 이론으로 입증되었다. 이제 우리는 입사하는 전자기파에 반응해 진동하는 표면 전하에 의해 반사파가 만들어진다는 사실을 알고 있다. 곧, 진동하는 전하가 전자기파를 방출하고 그들이 합쳐져서 반사파를 형성한다.

반사의 법칙은 입사광선과 반사광선의 방향 사이의 관계를 요약해 나타낸다. 이 법칙은 광선과 광선이 닿는 면에 수직인 법선 사이의 각을 이용한 수식으로 표현될 수 있다. **입사각**angle of incidence(θ_i)은 법선과 입사광선 사이의 각이고(그림 23.8), **반사각**angle of reflection(θ_r)은 법선과 반사광선 사이의 각이다.

$$\theta_i = \theta_r \tag{23-1}$$

나머지 반사의 법칙은 입사광선, 반사광선, 법선이 모두 같은 면, 곧 **입사면**plane of incidence에 있다는 것이다.

반사의 법칙

1. 입사각과 반사각은 같다.
2. 반사광선은 입사광선과 입사점에서 표면에 세운 법선과 같은 면에 있다. 두 광선은 법선을 기준으로 서로 반대편에 있다.

거친 면에서의 퍼진 반사에 대해서도 입사하는 광선의 반사각은 여전히 입사각과 같다. 그러나 거친 면에 대한 법선은 입사광선마다 다르다. 따라서 반사광선은 수많은 방향으로 진행한다(그림 23.6b).

반사와 투과

지금까지는 매끈한 금속 면과 같이 빛을 모두 반사하는 면에서의 거울 반사에 대해서만 생각했다. 빛이, 공기에서 유리로 진행할 때처럼, **투명한** 두 매질의 경계면에 도착할 때, 일부는 반사되고 일부는 새로운 매질로 투과해 들어간다. 반사광선은 여전히 같은 반사 법칙을 따른다(거울 반사가 일어날 만큼 면이 매끈하다면). 공기−유리 경계면에 빛이 수직으로 **입사**할 때, 입사 세기의 4 %만 반사되고, 96 %는 투과한다.

23.3 빛의 굴절: 스넬의 법칙
THE REFRACTION OF LIGHT: SNELL'S LAW

22.4절에서, 빛이 한 투명 매질에서 다른 투명 매질로 진행할 때, 파장은 달라지고 (빛의 속력이 두 매질에서 같지 않다면), 진동수는 변하지 않음을 보였다. 또한 호이겐스의 원리로부터 빛이 두 매질의 경계를 지날 때 왜 **광선의 방향이 바뀌는지**, 곧 빛의 **굴절**refraction 현상에 대해 이해할 수 있다.

호이겐스의 원리는 빛의 굴절이 어떻게 일어나는지 설명해준다. 그림 23.9a는 공기와 유리 사이의 평평한 경계면에 입사하는 평면파를 보여준다. 공기 중에서 일련의 평면파면이 유리를 향해 진행한다. 파면 사이의 거리는 한 파장과 같다. 일단 그 파면이 경계에 도달해 새 매질로 들어가면, 파동의 속력이 줄어든다. 곧, 빛은 공기 속보다 유리 속에서 더 느리게 진행한다. 파면은 경계면의 법선에 대해 어떤 각도로 입사하기 때문에, 아직도 공기 중에 있는 파면의 부분은 속력을 그대로 유지한 채 진행하지만, 이미 유리로 들어간 부분은 느리게 진행한다. 그림 23.9b는 일부가 유리 속에 있는 가지파동에 대한 호이겐스의 원리에 따른 결과를 보여준다. 유리 속에 있는 가지파동의 반지름이 더 작은 이유는 유리 속에서의 빛의 속력이 공기 속에서보다 더 작기 때문이다.

그림 23.9c는 입사각 θ_i와 투과광선의 각(또는 굴절각) θ_t의 관계를 구하기 위한 두 개의 직각삼각형을 보여준다. 두 삼각형은 빗변(h)을 공유한다. 삼각 함수를 이용

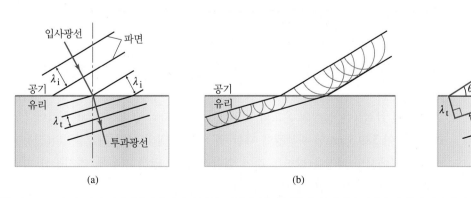

(a)   (b)   (c)

그림 23.9 (a) 유리−공기 경계면에서의 파면과 광선. 반사파면은 생략했다. 유리에서 파장이 더 짧기 때문에 파면이 더 **촘촘함**에 유의하여라. (b) 공기와 유리 속에 걸쳐 있는 파면에 대한 호이겐스의 구성. (c) 투과광선의 각을 구하기 위한 기하학적 도표.

하면, 다음과 같이 쓸 수 있다.

$$\sin \theta_i = \frac{\lambda_i}{h}, \quad \sin \theta_t = \frac{\lambda_t}{h}$$

h를 소거하면, 다음과 같이 된다.

$$\frac{\sin \theta_i}{\sin \theta_t} = \frac{\lambda_i}{\lambda_t} \tag{23-2}$$

이 관계식은 굴절률(index of refraction)을 이용해 다시 쓰는 것이 더 편리하다. 빛이 한 투명 매질에서 다른 투명 매질로 진행할 때 **진동수 f가 달라지지 않는**다는 것을 기억해두자(22.4절 참조). $v = f\lambda$이기 때문에, λ는 v에 정비례한다. 정의에 의해[$n = c/v$, 식 (22-2)], 굴절률 n은 v에 반비례한다. 그러므로 λ는 n에 반비례한다.

$$\frac{\lambda_i}{\lambda_t} = \frac{v_i/f}{v_t/f} = \frac{v_i}{v_t} = \frac{c/n_i}{c/n_t} = \frac{n_t}{n_i} \tag{23-3}$$

식 (23-2)에서 λ_i/λ_t를 n_t/n_i로 바꾸고 교차해 곱하면, 다음을 얻을 수 있다.

스넬의 법칙(Snell's Law)

$$n_i \sin \theta_i = n_t \sin \theta_t \tag{23-4}$$

굴절의 법칙은 네덜란드 학자 스넬(Willebrord Snell, 1580~1626)이 실험으로 발견했다. 투과하는 광선의 방향이 단 하나가 되게 하려면, 두 가지 진술이 추가적으로 필요하다.

굴절의 법칙

1. $n_i \sin \theta_i = n_t \sin \theta_t$이다. 각도는 법선을 기준으로 측정한다.
2. 입사광선, 투과광선, 법선은 모두 같은 면, 곧 입사면 내에 있다.
3. 입사광선과 투과광선은 법선에 대해 서로 반대편에 있다(그림 23.10).

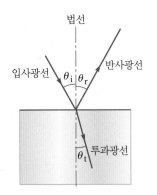

그림 23.10 입사광선, 반사광선, 투과광선, 법선이 모두 같은 면에 있다. 모든 각은 법선에 대해 측정한 것이다. 입사광선과 투과광선은 법선에 대해 항상 서로 반대편에 있음에 주목하여라.

수학적으로, 스넬의 법칙은 두 매질을 서로 바꿀 수 있는 것으로 다루고 있으므로, 한 매질에서 다른 매질로 가는 광선의 경로는 광선의 방향을 반대로 하더라도 마찬가지이다.

물질의 굴절률은 물질의 온도와 빛의 진동수에 따라 달라진다. 표 23.1에 진공 중에서 파장이 589.3 nm인 황색광에 대한 몇 가지 물질의 굴절률을 실었다(진동수 대신에 진공에서의 파장을 밝히는 것이 일반적이다). 많은 경우에, 가시광선 범위 내에서 굴절률 n의 미소한 변화는 무시될 수 있다.

표 23.1 진공에서 λ = 589.3 nm에 대한 굴절률(별도의 언급이 없으면 20 °C)

물질	굴절률	물질	굴절률
고체		**액체**	
얼음(0 °C)	1.309	물	1.333
형석	1.434	아세톤	1.36
용융석영	1.458	에틸알코올	1.361
폴리스티렌	1.49	사염화탄소	1.461
루사이트(투명 합성수지)	1.5	글리세린	1.473
플렉시글라스	1.51	설탕 용액(80 %)	1.49
크라운유리	1.517	벤젠	1.501
판유리	1.523	이황화탄소	1.628
염화나트륨(소금)	1.544	요오드화메틸렌	1.74
소한 플린트 유리	1.58	**기체(0 °C, 1기압)**	
밀한 플린트 유리	1.655		
사파이어	1.77	헬륨	1.000 036
지르콘	1.923	에틸에테르	1.000 152
다이아몬드	2.419	수증기	1.000 250
이산화티타늄	2.9	건조한 공기	1.000 293
인화갈륨	3.5	이산화탄소	1.000 449

✓ 살펴보기 23.3

유리(n = 1.5)로 된 어항에 물(n = 1.33)이 가득 차 있다. 광선이 유리에서 물로 투과할 때, 투과광선은 법선 쪽으로 휘는가? 아니면 법선에서 멀어지는 쪽으로 휘는가? 그것에 대해 설명하여라(광선은 경계면에서 수직으로 입사하지 않는다고 가정하자).

보기 23.2

유리창을 통해 진행하는 광선

광선 다발이 유리창의 한쪽 면에 30.0°의 입사각으로 들어간다. 유리의 굴절률은 1.52이다. 그 광선은 유리를 통과해 반대편의 나란한 유리면에서 나온다. 반사는 무시한다. (a) 유리 안의 광선에 대한 굴절각을 구하여라. (b) 유리의 양쪽 공기 속에 있는 광선(입사광선과 투과한 광선)이 서로 나란함을 보여라.

전략 우선 광선 도해를 그린다. 각 경계면에서 투과하는 광선에만 관심이 있으므로, 반사광선은 도해에서 생략한다. 각 경계면에서 법선을 그리고, 입사각과 굴절각을 표시하고 스넬의 법칙을 적용한다. 광선이 공기(n =1.00)에서 유리(n =1.52)로 진행할 때는 광선은 법선 쪽으로 꺾인다. 그 이유

는 $n_1 \sin \theta_1 = n_2 \sin \theta_2$이므로, n이 크면 θ가 작기 때문이다. 마찬가지로, 광선이 유리에서 공기로 나갈 때는 **법선에서 멀어지는 쪽으로 꺾인다.**

풀이 (a) 그림 23.11은 광선 도해이다. 첫 공기-유리 경계면에서, 스넬의 법칙을 사용하면 다음과 같이 된다.

$$n_1 \sin \theta_1 = n_2 \sin \theta_2$$

$$\sin \theta_2 = \frac{n_1}{n_2} \sin \theta_1 = \frac{1.00}{1.52} \sin 30.0° = 0.3289$$

따라서 굴절각은 다음과 같다.

$$\theta_2 = \sin^{-1} 0.3289 = 19.2°$$

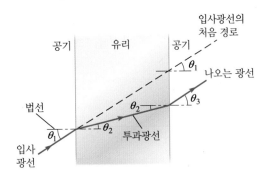

그림 23.11 유리창을 통한 광선의 진행.

(b) 유리에서 공기로 나가는 두 번째 경계면에서, 스넬의 법칙을 다시 적용한다. 유리의 양면이 나란하기 때문에 두 개의 법선은 서로 나란하다. 첫 번째 경계면에서의 굴절각과 두 번째 경계면에서의 입사각은 서로 엇각이므로, 두 번째 경계면에서의 입사각은 θ_2여야 한다. 따라서

$$n_2 \sin \theta_2 = n_3 \sin \theta_3$$

이다. 우리는 θ_3에 대해 수치적으로 풀 필요는 없다. 첫 번째 경계면에서 $n_1 \sin \theta_1 = n_2 \sin \theta_2$임을 알고 있으므로 $n_1 \sin \theta_1 = n_3 \sin \theta_3$이다. $n_1 = n_3$이므로 $\theta_3 = \theta_1$이다. 곧, 다시 나오는 광선과 입사광선은 서로 나란하다.

검토 나오는 광선과 입사광선은 서로 나란하나, 위치가 **변했**다는 것(그림 23.11의 점선 참조)에 주목하자. 만일 두 유리면이 나란하지 않다면, 두 법선은 서로 나란하지 않을 것이다. 이렇게 되면 두 번째 면에서의 입사각은 첫 번째 면에서의 굴절각과 같지 않다. 이런 경우에는 다시 나오는 광선과 입사광선은 나란하지 않다.

실전문제 23.2 물고기의 시야

물고기가 잔잔한 호수 면 아래에서 가만히 있다. 만일 태양이 지평선 위 33°에 있다면, 물고기에게 태양은 지평선 위 몇 도에 있는 것으로 보이는가? (힌트: 수평면에 대한 접선을 포함하는 광선 도해를 그린다. 이때 입사각과 굴절각을 혼동하지 않도록 주의하여라.)

응용: 신기루

공기 중에서의 빛의 굴절은 사막이나 더운 여름날 도로에서 볼 수 있는 신기루(mirages)를 일으킨다(그림 23.12a). 뜨거운 지면이 부근의 공기를 데우면 하늘에서 오는 광신은 지면에 접근함에 따라 점점 더 뜨거운 공기를 통과하게 된다. 공기 중에서의 빛의 속력은 온도가 올라감에 따라 빨라지므로 빛은 지면 부근의 공기에서 그 위의 차가운 공기에서보다 더 빠르게 진행한다. 온도는 점진적으로 변화하므로, 굴절률의 급격한 변화는 없다. 곧, 빛은 급격하게 꺾이지 않고, 천천히 위로 꺾여 올라간다(그림 23.12b).

(a)

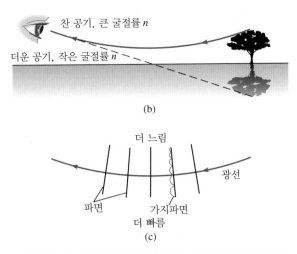

(b)

(c)

그림 23.12 (a) 나미비아 사막에 나타난 신기루. 상이 거꾸로 된 것에 주목하여라. (b) 태양에서 오는 광선이 위로 꺾여 관찰자의 눈으로 들어간다. (c) 파면의 아래쪽이 위쪽보다 더 빠르게 진행한다.

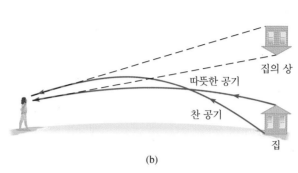

(a)   (b)

그림 23.13 (a) 핀란드의 남서쪽 군도에 나타난 집의 상방신기루, (b) 집의 상방신기루를 만드는 광선의 스케치.

파면 위의 점들에서 나오는 가지파동들은 서로 다른 속력으로 진행한다. 곧, 땅에 더 가까운 가지파동의 반지름이 그것보다 더 위에 있는 가지파동의 반지름보다 크다(그림 23.12c). 눈으로 들어오는 광선은 실제로는 하늘에서 온 것이지만, 우리의 뇌는 땅에서 위로 올라오는 것으로 인식한다. 지면에 고여 있는 것처럼 보이는 물은 실제로는 머리 위 푸른 하늘의 상이다.

상방신기루(superior mirage)는 눈이 내렸거나 바다 때문에 지표면 근처에 있는 공기층이 그 위의 공기보다 더 차가울 때 일어난다. 때때로 수평선 바로 너머에 있는 배가 보이기도 하는데, 그 까닭은 배로부터 오는 광선이 차츰차츰 아래로 휘기 때문이다(그림 23.13). 배와 등대가 하늘에 떠 있는 것처럼 보이거나 실제보다 훨씬 높은 것처럼 보인다. 굴절은 일출시의 태양이 실제로 수평선에 떠오르기 전에 보이게 하고, 일몰시에는 태양이 수평선을 넘어간 뒤에도 볼 수 있게 한다.

프리즘에서의 분산

자연 백색광이 삼각 프리즘에 들어오면, 프리즘의 다른 쪽에서 나오는 빛은 빨강부터 보라까지의 연속 스펙트럼으로 분리된다(그림 23.14). 이와 같은 분리는 프리즘이 **분산 매질**dispersive medium이기 때문이다. 곧, 프리즘 속에서 빛의 속력이 빛의 진동수에 따라 다르기 때문이다(22.4절 참조).

자연 백색광은 가시광선 영역의 모든 진동수의 빛이 혼합된 것이다. 프리즘의 앞면에서, 각진동수의 빛은 그 진동수에서의 프리즘의 굴절률에 의해 결정되는 각도로 굴절한다. 진동수가 증가하면 굴절률이 커지므로, 굴절률은 빨강에서 최소이며 차츰 커져 보라에서 최대가 된다. 결과적으로, 보라는 가장 많이 꺾이고 빨강은 가장 적게 꺾인다. 빛이 프리즘을 나갈 때 다시 한 번 굴절이 일어난다. 프리즘의 이와 같은 모양 때문에, 뒷면에서 나오는 서로 다른 빛깔들이 더욱 잘 분리된다.

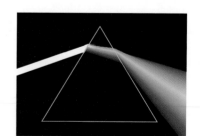

그림 23.14 프리즘에 의한 백색광의 분산(그림 22.13 참조).

응용: 무지개

무지개는 물방울 속에서의 빛의 분산 때문에 일어난다. 빗방울에 들어온 태양 광선은 여러 빛깔의 스펙트럼으로 갈라진다. 각 공기-물의 경계면에서는 반사와 굴절이 함께 일어날 것이다. 1차 **무지개**(가장 밝고 때로는 이것 하나만 보임)를 일으키는 광선은 빗방울 속으로 들어가 뒷면에서 반사된 후 다시 공기 중으로 투과해 나온다(그림 23.15a). 프리즘에서와 같이, 굴절은 광선이 물방울로 들어갈 때(공기-물)와 다시 나올 때(물-공기) 일어난다. 굴절률이 진동수에 따라 달라지기 때문에, 태양 빛은 여러 가지 색깔로 분리된다. 여름의 일반적인 소나기에서 만들어지는 것과 같이 비교적 큰 물방울에서 나오는 빛의 빨강과 보라 사이의 분리각은 약 2°이다(그림 23.15b).

태양을 등지고 비가 오는 하늘을 바라보는 사람은 하늘 높은 곳에 있는 물방울에서 오는 빨간빛과 낮은 곳에서 오는 보랏빛을 볼 수 있다(그림 23.15c). 무지개의 빨간빛은 42°, 보랏빛은 40°를 이루는 원호이고 다른 색깔은 그 사이에 있다.

조건이 좋으면 2중 무지개를 볼 수 있다. 2차 무지개는 더 큰 반지름을 가지나 더 옅게 보이며, 색 배열이 반대로 되어 있다(그림 23.15d). 2차 무지개는 물방울 밖으로 나오기 전에 두 번의 반사를 경험한 광선들에 의해 생긴다. 2차 무지개의 호의 각은 빨간빛은 50.5°, 보랏빛은 54°이다.

23.4 내부전반사 TOTAL INTERNAL REFLECTION

스넬의 법칙에 따르면, 광선이 광속이 느린 매질에서 빠른 매질로(굴절률이 큰 매질에서 작은 매질로) 투과해 들어가면, 굴절광선은 법선에서 먼 쪽으로 꺾인다(그림 23.16, 광선 b). 곧, 굴절각이 입사각보다 크다. 입사각이 증가함에 따라, 굴절각은 마침내 90°에 이른다(그림 23.16, 광선 c). 굴절각이 90°가 되면, 굴절광선은 표면에 나란하게 된다. 이때 굴절광선은 빠른 매질로 들어가지 못하고 표면을 따라 진행한다. 굴절각이 90°일 때의 입사각을 두 매질의 경계면에 대한 **임계각**critical angle θ_c라고 부른다. 스넬의 법칙으로부터

$$n_i \sin \theta_c = n_t \sin 90°$$

임계각

$$\theta_c = \sin^{-1} \frac{n_t}{n_i} \qquad (23\text{-}5a)$$

이다.

여기서 첨자 i와 t는 각각 입사광선과 투과광선이 진행하는 매질을 나타낸다. 입사광선이 더 느린 매질에 있다고 생각하므로, $n_i > n_t$이다.

입사각이 θ_c보다 크면, 굴절광선은 90° 이상 법선에서 멀어져 꺾일 수 없고, 이 경우에는 굴절이 아니라 반사가 일어나며 다른 법칙이 반사각을 결정한다. 수학적으로 사인의 값이 1 (= sin 90°)보다 큰 각도는 없기 때문에, $n_i \sin \theta_i > n_t$ (곧, $\theta_i > \theta_c$)이면, 스넬의 법칙을 만족할 수 없다. 만일 입사각이 θ_c보다 크면, 투과광선이 생길

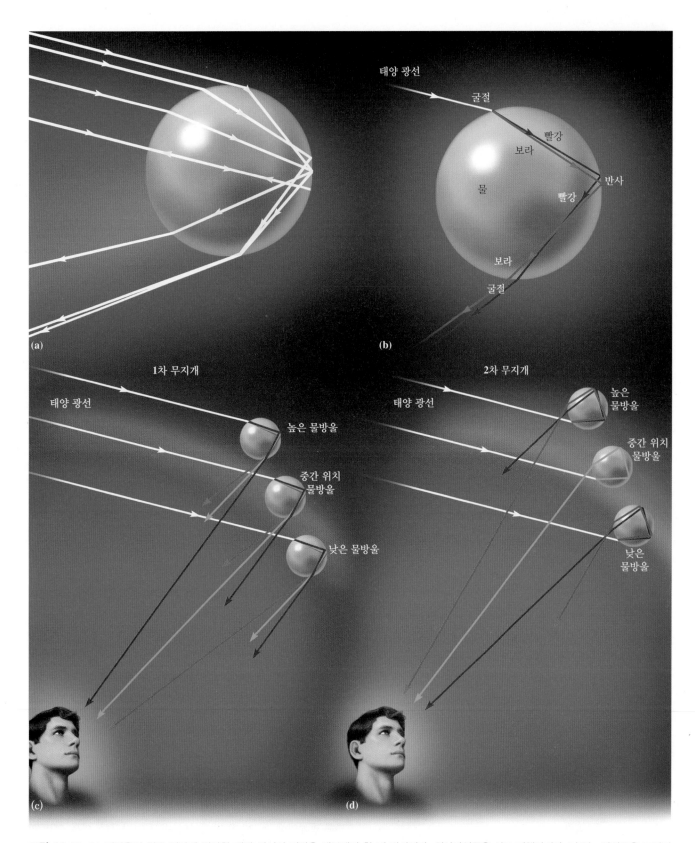

그림 23.15 (a) 빗방울의 위쪽 절반에 입사한 태양 광선이 빗방울 내부에서 한 번 반사된다. 입사광선들은 서로 평행하지만, 나오는 광선들은 그렇지 않다. 아래쪽 가장자리의 광선 쌍은 거기서 나오는 광선의 세기가 가장 큰 곳임을 보여준다. (b)~(d)에서는 최대 세기의 광선들만 보여주고 있다. (b) 물 방울의 굴절률은 진동수에 따라 다르기 때문에, 빛이 물방울을 떠나는 각이 진동수에 따라 다르다. 각 경계면에서, 반사와 굴절이 함께 일어난다. 1차 무지개에 기여하지 않는 반사광선과 투과광선은 생략했다. (c) 다른 빗방울에서 나오는 빛도 무지개의 모습에 기여한다. 잘 보이도록 각도는 과장해서 그렸다. (d) 빗방울에서 두 번 반사되는 광선이 2차 무지개를 만든다. 빛깔의 순서가 거꾸로 되어, 보라색이 맨 위에, 빨강이 맨 아래에 있음을 유의하여라.

그림 23.16 직육면체 유리 토막 윗면에서의 부분 반사와 내부전반사. 광선 a와 b의 입사각은 임계각보다 작고, 광선 c는 임계각 θ_c로, 광선 d는 임계각 θ_c보다 큰 각으로 입사한다. (잘 보이도록 각도는 과장해서 그렸다.)

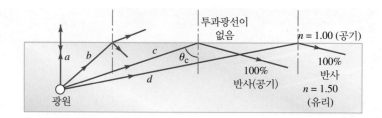

수 없다. 만일 빠른 매질로 투과하는 광선이 없다면, 모든 광선은 경계면에서 반사되어야 한다(그림 23.16, 광선 d). 이것을 **내부전반사**total internal reflection라고 부른다.

$$\theta_i \geq \theta_c \text{이면, 투과광선 없음} \tag{23-5b}$$

내부전반사가 일어나면 반사광선의 세기는 최대가 되는데, 그 이유는 경계를 통과해 투과하는 에너지가 없기 때문이다.

전반사는 빠른 매질 속의 광선이 느린 매질과의 경계면에 입사할 때는 일어나지 않는다. 이 경우에 굴절광선은 법선 쪽으로 꺾이고, 따라서 굴절각은 언제나 입사각보다 작다. 가능한 입사각 중 가장 큰 각인 90°에서도 굴절각은 90°보다 작다. 내부전반사는 입사광선이 상대적으로 느린 매질 속에 있을 때에만 일어날 수 있다.

보기 23.3

삼각 유리 프리즘 안에서의 내부전반사

공기 중에 있는 삼각 유리 프리즘에 광선이 입사한다. 프리즘의 뒷면(빗면)에서 광선이 내부전반사가 일어나도록 하려면, 법선 아래쪽의 가장 큰 입사각 θ_i(그림 23.17)는 얼마인가? 프리즘의 굴절률은 $n = 1.50$이다.

전략 이 문제에서는 푸는 차례를 거꾸로 하는 것이 쉽다. 내부전반사는 프리즘 뒷면에서의 입사각이 임계각보다 크거나 같을 때 일어난다. 이 임계각을 먼저 구하고, 기하학과 스넬의 법칙을 이용해 거꾸로 프리즘 앞면에서 그에 대응하는 입사각을 구한다.

풀이 스넬의 법칙으로부터 임계각을 구하기 위해 굴절각을

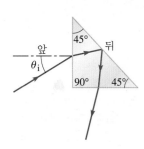

그림 23.17 보기 23.3.

90°로 놓는다.

$$n_i \sin \theta_c = n_a \sin 90°$$

입사광선은 안쪽의 매질(유리) 속에 있다. 그러므로 $n_i = 1.50$, $n_a = 1.00$이다.

$$\sin \theta_c = \frac{n_a}{n_i} \sin 90° = \frac{1.00}{1.50} \times 1.00 = 0.667$$

$$\theta_c = \sin^{-1} 0.667 = 41.8°$$

그림 23.18에, 확대된 그림을 그리고, 프리즘 뒷면에서의 입사각을 θ_c로 나타낸다. 앞면에서 입사각과 굴절각은 각각 θ_i와 θ_t로 나타낸다. 이들은 스넬의 법칙에 따라

$$1.00 \sin \theta_i = 1.50 \sin \theta_t$$

이다. 이제 남은 것은 θ_t와 θ_c의 관계를 구하는 것이다. 두 번째 경계면에 첫 번째 경계면의 법선과 나란한 선을 그리고, 엇각을 θ_t로 나타낸다(그림 23.18 참조). 두 법선 사이의 각은 45.0°이다. 따라서

$$\theta_t = 45.0° - \theta_c = 45.0° - 41.8° = 3.2°$$

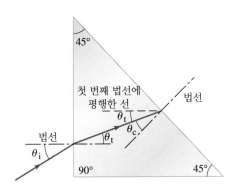

그림 23.18 세 각도 θ_i, θ_t, θ_c를 보여주는 광선 도해.

이다. 그래서

$$\sin \theta_i = 1.50 \sin \theta_t = 1.50 \times 0.05582 = 0.0837$$
$$\theta_i = \sin^{-1} 0.0837 = 4.8°$$

이다.

검토 법선 아래 0°에서 4.8° 범위로 입사하는 광선은 뒷면에서 내부전반사가 일어난다. 만일 광선이 4.8°보다 큰 각도로 입사한다면, 뒷면에서의 입사각이 임계각보다 작으므로 광선은 공기로 투과한다. 개념형 실전문제 23.3에서는 법선 위쪽으로 입사하는 광선에 대해 생각한다. 만일 우리가 두 굴절률을 바꿔 썼더라면, 1.5의 역사인(sine) 값을 구하려고 했을 것이다. 실수를 했다면 그것이 단서가 될 것이다.

개념형 실전문제 23.3 법선의 위쪽에서 입사하는 광선

법선의 위쪽에서 프리즘(그림 23.17)으로 입사하는 빛에 대한 광선 도해를 그려라. 어떤 입사각에서도 광선은 프리즘의 뒷면에서 내부전반사를 하게 됨을 보여라.

응용: 잠망경, 사진기, 쌍안경, 다이아몬드에서의 내부전반사

잠망경, 일안 반사식(single-lens reflex, SLR) 사진기, 쌍안경, 망원경과 같은 광학기기들은 광선을 반사시키기 위해 흔히 프리즘을 사용한다. 그림 23.19a는 간단한 잠망경을 보여준다. 빛은 두 개의 프리즘에서 각각 90°로 반사된다. 그 알짜 효과는 광선의 위치 변화이다. 비슷한 구조가 쌍안경에서 사용된다(그림 23.19b). 일안 반사식 사진기에서는 두 개의 프리즘 중 한 개가 가동 거울(movable mirror)로 대체된다. 거울이 제자리에 있을 때에는, 사진기의 렌즈를 통해 들어온 빛을 뷰파인더로 들어가도록 위로 전향시켜, 상감지기에 나타나는 것과 똑같은 상을 볼 수 있다. 셔터를 누르면, 거울이 광로에서 비켜나 빛이 상감지기에 들어갈 수 있게 한다. 쌍안경과 망원경에서는 흔히 **직립 프리즘**을 사용해 상하가 바뀐 상을 바르게 세운다.

거울 대신 프리즘을 사용하는 이점은 100 %의 빛이 반사된다는 데 있다. 일반적인 거울은 단지 90 % 정도의 빛을 반사할 뿐이다. 금속 안에서 반사파를 만드는 진동하는 전자에 대해서는 약간의 전기저항이 있기 때문에 에너지 손실이 일어남을 기억하여라.

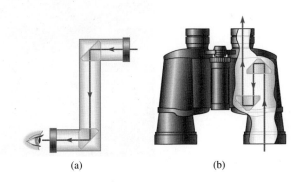

(a)   (b)

그림 23.19 (a) 잠망경은 두 개의 반사 프리즘을 사용해 광선의 위치를 변화시킨다. (b) 쌍안경에서 빛은 두 개의 프리즘에서 각각 두 번의 내부전반사를 한다.

그림 23.20 (a) 이 광선은 다이아몬드 내에서 두 번의 내부전반사를 거쳐 앞면으로 나온다. (b) 잘못된 절단 때문에 이 다이아몬드에서는 같은 광선이 임계각보다 작은 각도로 아랫면에 입사한다. 이 광선은 대부분 다이아몬드의 아랫면을 투과해 나가버린다.

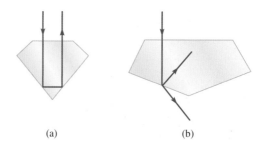

(a)　　　　　　(b)

다이아몬드의 눈부신 광채는 내부전반사 때문이다. 다이아몬드는 앞면으로 들어온 빛의 대부분이 그 내부에서 여러 번 전반사한 후 관찰자를 향해 다시 나오도록 면이 잘려 있다. 잘못 절단되면 관찰자 쪽으로 나오기 전에 너무 많은 빛이 빠져나간다(그림 23.20).

응용: 섬유광학

내부전반사는 통신과 의학 분야의 혁명을 일으킨 기술인 섬유광학의 근본 원리이다. 광섬유의 중심부에는 유리 또는 플라스틱 재질로 된 비교적 높은 굴절률의 투명한 원주형 심(core)이 있다(그림 23.21). 심의 지름은 사람의 머리카락보다도 가는 수 마이크로미터인 것도 있다. 심을 둘러싸고 있는 것을 피복(cladding)이라고 하는데, 이것 역시 투명하지만 심보다 굴절률이 작다. 심과 피복 사이의 굴절률 차는 될 수 있으면 크게 만드는데, 그 까닭은 심−피복 경계면에서 임계각을 가능한 한 작게 하기 위해서이다.

광 신호는 심의 축과 거의 나란하게 진행한다. 광선을 광섬유에 완전히 나란하게 입사시키는 것은 불가능하므로, 광선은 결국 큰 입사각으로 피복에 입사한다. 입사각이 임계각보다 클 때에는 언제나 광선은 전반사되어 심으로 되돌아오며, 피복으로 빠져나가는 빛은 없다. 광선은 일반적으로 광섬유 1 m당 피복에서 수천 번 반사되나, 그 광선은 매번 전반사되기 때문에, 어떤 경우는 수 킬로미터 되는 먼 거리를 눈에 띄는 신호감쇠 없이 진행할 수 있다.

광섬유는 잘 휘기 때문에 필요할 때 구부릴 수 있다. 임계각이 작을수록 광섬유를 더 많이 구부릴 수 있다. 만일 광섬유가 꼬이면(너무 심하게 꺾이면), 광선은 경계면에 임계각보다 작은 각으로 입사하게 되고, 빛이 피복으로 빠져나가 엄청난 신

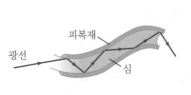

광선　피복재

심

(a)

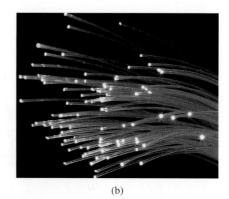

(b)

그림 23.21 (a) 광섬유. (b) 광섬유 다발.

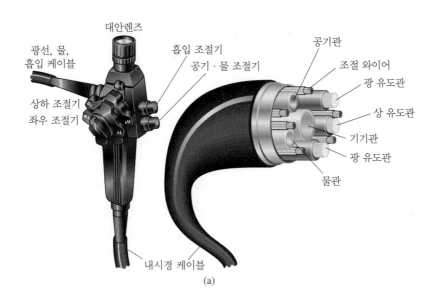

대안렌즈

광선, 물,
흡입 케이블

흡입 조절기

공기·물 조절기

공기관

조절 와이어

광 유도관

상하 조절기

좌우 조절기

상 유도관

기기관

광 유도관

물관

내시경 케이블

(a)

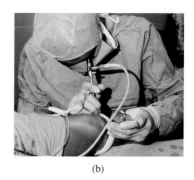

(b)

그림 23.22 (a) 내시경. (b) 관절경을 이용한 무릎 수술. 관절경은 내시경과 비슷한데, 관절 상해를 진단하고 치료하는 데 사용한다.

호 손실이 일어난다.

광섬유는 구리선에 비해 정보전송량 측면에서 훨씬 우수하다. 한 가닥의 광섬유는 꼬아놓은 두 개의 구리선에 비해 수천 배나 더 큰 대역폭을 가지고 있다. 또한 구리선에서의 전기 신호는 그 세기가 훨씬 빠르게 줄어들며(부분적으로는 전선의 전기저항에 기인한다.), 전기적 간섭을 받기 쉽다. 광섬유에서의 신호는 신호를 증폭하는 리피터(repeater) 없이도 100 km 이상 진행할 수 있다.

응용: 내시경 의학에서는 광섬유 다발이 내시경의 핵심을 이루는데(그림 23.22), 이것을 코나 입, 직장, 작은 절개부를 통해 몸 안에 넣는다. 광섬유의 한 다발은 빛을 전송해 체강이나 기관에 비추고, 다른 다발은 상을 전송해 의사가 볼 수 있게 한다.

내시경의 용도는 진단에만 국한되지 않는다. 곧, 여러 기기들에 내시경을 부착해 의사는 조직 샘플을 채취하거나 수술을 하거나 혈관을 태워 없애거나 부스러기를 흡입할 수 있다. 외과에서는 내시경을 사용함으로써 전통적인 방법보다 절개를 더 작게 할 수 있게 되었고, 그 결과 회복이 훨씬 빨라졌다. 입원이 필요했던 쓸개 수술도 이제는 많은 경우 외래 진료로도 가능하게 되었다.

벨의 광전화기

섬유광학이 개발되기 거의 한 세기 전에, 벨의 광전화기는 전화 신호를 전송하기 위해 빛을 사용했다. 광전화기는 목소리를 거울로 보내고 거울이 이에 반응해 진동하도록 되어 있다. 이 거울에서 반사된 태양광을 집속한 빔에 진동이 전달된다. 받는 쪽에서는 다른 거울을 사용해 다시 소리로 변환하기까지 필요한 신호를 반사하도록 했다. 빛은 거울 사이의 공기 속을 직선 경로로 진행했다.

벨의 광전화는 무슨 이유로 상용화되지 못했는가?

벨의 광전화는 간헐적으로만 동작했다. 구름 낀 날씨를 포함한 여러 가지 요인이 전송을 방해했다. 광선이 퍼져나가는 것을 막을 수 있는 장치가 아무것도 없었

기 때문에, 짧은 거리에서만 동작했다. 1970년대 섬유광학이 고안되어서야 광 신호
는 눈에 띌 말한 손실이나 방해 없이 먼 거리를 안정적으로 진행할 수 있게 되었다.

23.5 반사에 의한 편광 POLARIZATION BY REFLECTION

22.7절에서, 편광되지 않은 빛이 반사에 의해 일부 또는 전부가 편광된다는 것을
언급한 바 있다(그림 22.27 참조). 스넬의 법칙을 이용하면, 반사된 빛이 모두 다
편광되는 입사각을 구할 수 있다. 이 입사각을 스코틀랜드의 물리학자 브루스터
(David Brewster, 1781~1868)의 이름을 따서 **브루스터각**Brewster's angle θ_B라 한다.

반사광선과 투과광선이 서로 수직일 때 반사광선은 완전히 편광된다(그림 23.23).
만일 $\theta_B + \theta_t = 90°$이면, 이들은 서로 수직이다. 두 각은 서로 보각이기 때문에,
$\sin \theta_t = \cos \theta_B$이다. 따라서

$$n_i \sin \theta_B = n_t \sin \theta_t = n_t \cos \theta_B$$

$$\frac{\sin \theta_B}{\cos \theta_B} = \frac{n_t}{n_i} = \tan \theta_B$$

이다.

브루스터각

$$\theta_B = \tan^{-1} \frac{n_t}{n_i} \qquad (23\text{-}6)$$

브루스터각의 값은 두 매질의 굴절률에 관계된다. 내부전반사가 일어나는 임계각
과 달리, 어느 매질의 굴절률이 더 크냐에 상관없이 브루스터각은 존재한다.

반사광선과 굴절광선이 서로 수직일 때, 왜 반사광선은 완전 편광되는가? 그림
23.23에서, 편광되지 않은 입사광선을 편광된 두 성분의 혼합으로 나타냈다. 곧, 입

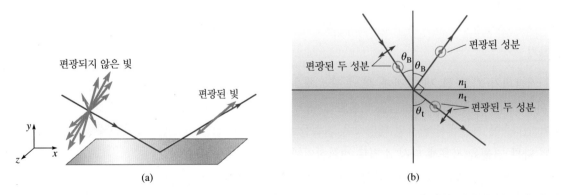

그림 23.23 (a) 편광되지 않은 빛이 반사에 의해 부분 편광되거나 전부 편광된다. (b) 빛이 브루스터각으로 입사하면 반사광선과 투과광선은 서로 수직
이고, 반사광선은 책의 지면과 수직인 방향으로 완전히 편광된다[편광 방향을 구별하기 쉽도록 (b)에서 편광 방향을 서로 다른 색으로 표시했다. 여기에
서 나타낸 색은 빛의 색깔과는 아무런 관계가 없다].

사면에 수직한 성분과 입사면 내에 있는 성분의 혼합이다. 입사면 내에 있는 빨간색과 초록색으로 나타낸 편광 성분이 진동 방향이 같지 않음에 유의하여라. 빛이 횡파이기 때문에, 편광 성분은 광선에 수직이어야만 한다.

두 번째 매질의 표면에서 진동하는 전하는 반사광과 투과광 모두를 방출한다. 진동은 빨간색과 녹색 화살표 방향을 따라서 일어난다. 빨간색 화살표 방향의 진동은 반사광선에 전혀 기여하지 못하는데, 그 까닭은 진동하는 전하는 그 진동축을 따라서 빛을 방출하지 않기 때문이다. 따라서 빛이 브루스터각으로 들어오면, 반사광선은 입사면에 수직인 방향으로 전부 편광된다. 다른 각으로 들어오면, 반사광선은 입사면에 수직인 방향으로 완전히 편광된다. 만일 브루스터각으로 들어오는 빛이 입사면과 나란하게 편광되어 있다면(곧, 입사면과 수직인 편광 성분이 없다면), 빛은 반사되지 않는다.

✓ 살펴보기 23.5

편광 선글라스는 수평 표면에서 반사된 빛에 의한 눈부심을 방지하는 데 유용하다. 편광 선글라스의 투과축은 어느 방향을 향해야 하는가? 수직인가, 수평인가? 이를 설명하여라.

23.6 반사와 굴절을 통한 상의 형성
THE FORMATION OF IMAGES THROUGH REFLECTION OR REFRACTION

거울을 보면, 자신의 상을 볼 수 있다. 상이란 무엇인가? 상은 마치 자신의 쌍둥이가 거울 뒤에 있는 것처럼 보인다. 만일 자신의 진짜 쌍둥이를 본다면, 그 쌍둥이의 각 점은 다른 여러 곳으로 빛을 반사할 것이다. 그중 일부가 눈으로 들어온다. 본질적으로, 눈이 하는 일은 그 광선을 역추적해 그것들이 어디서 나오는지를 알아내는 것이다. 같은 방법으로 뇌는 거울에서 반사해 오는 빛을 해석한다. 자신의 몸(곧, 상이 형성될 물체)의 한 점에서 나온 모든 광선은 마치 거울 뒤의 한 점에서 나온 것처럼 반사한다.

이상적으로 상의 형성에서 물체의 점과 상의 점 사이에는 일대일의 대응 관계가 있다. 만일 물체의 한 점에서 나온 광선이 다른 여러 점에서 나온 것처럼 보인다면, 다른 점에서 나온 빛과 겹쳐져 흐리게 보일 것이다(실제의 렌즈나 거울은 이상적인 기능에서 약간 벗어나, 어느 정도 상이 흐릿하다).

실상과 허상

상에는 두 종류가 있다. 평면거울에서는 광선이 거울 뒤의 한 점에서 나오는 것처럼 보이지만, 실제로 거울 뒤에는 어떤 광선도 없다. **허상**virtual image에서는, 실제로 물체의 한 점에서 나온 것은 아니지만, 광선이 발산되어 나오는 것처럼 보이는 점으로 광선을 역추적한다. **실상**real image에서는, 광선이 실제로 상점을 지나서 온다.

그림 23.24 사진기 렌즈에 의한 실상의 형성. 만일 상감지기나 사진기의 뒷면이 없다면, 광선은 상점에서 계속 진행해서 발산할 것이다. 그러면 관찰자는 상을 직접 볼 수 있을 것이다.

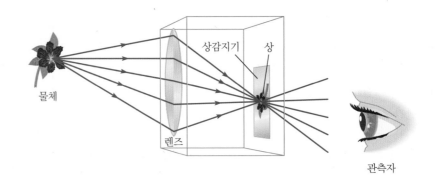

사진기의 렌즈는 물체의 실상을 만들어 상감지기에 찍히도록 한다. 상감지기에 빛을 쪼이기 위해서는, 실제로 빛이 그곳에 있어야 한다. 물체의 한 점에서 나온 광선은 모두 상감지기의 같은 점에 도달해야 하며, 그렇지 않으면 사진이 흐릿하게 나올 것이다. 만일 상감지기와 사진기의 뒷면이 그 자리에 없어 광선을 차단하지 않는다면, 광선은 그 상점에서 발산할 것이다(그림 23.24). 상이 상감지기, 관찰 스크린, 눈의 망막과 같은 어떤 표면에 투영되려면, 그것은 실상이어야 한다.

실상을 보는 유일한 방법은 그것을 스크린에 투영하는 것이다. 실상도 렌즈나 거울에 의해 직접(허상을 보듯이) 관찰될 수 있다. 그러나 실상을 보기 위해서는, 물체의 한 점에서 나온 광선이 모두 상의 한 점에서 발산하도록 관찰자는 상의 뒤에 있어야 한다. 그림 23.24에서 상감지기가 없어진다면, 상의 뒤(곧, 상감지기가 있는 곳의 오른쪽)에 있는 점에서 렌즈를 들여다봄으로써 상을 관찰할 수 있다.

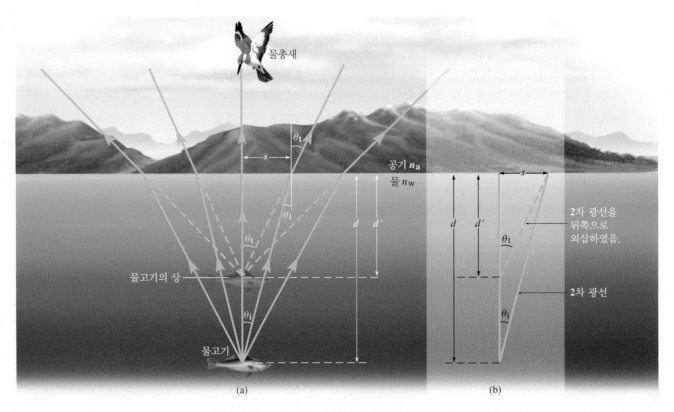

그림 23.25 (a) 물고기 상의 형성. (b) 변 s를 공유하는 두 개의 직각삼각형을 이용해 상의 깊이 d'을 d로 나타낼 수 있다.

✓ 살펴보기 23.6

그림 23.25에서, 물고기의 상은 실상인가, 허상인가? 이를 설명하여라.

> **광선 도해를 이용해 상을 찾는 방법**
>
> - 물체에서 축상에 있지 않은 한 점에서 나오는 두(또는 그 이상) 광선을 상을 만드는 곳(보통 렌즈나 거울)이 있는 쪽으로 그린다(두 광선만이 필요한데, 그 까닭은 둘 모두 같은 상점으로 모이기 때문이다).
> - 필요하다면, 반사와 굴절의 법칙을 적용해서 광선이 관찰자에 도달할 때까지 추적한다.
> - 광선들이 한 상점에서 만날 때까지 직선 경로를 따라 뒤쪽으로 그린다.
> - 만일 광선이 실제로 상점을 지나면, 상은 실상이고, 그렇지 않으면 허상이다.
> - 확장한 물체의 상을 얻기 위해서는 물체에 있는 두 개 이상의 점들에 대한 상을 얻어야 한다.

보기 23.4

먹이를 찾는 물총새

작은 물고기가 잔잔한 연못의 수면 아래 깊이 d인 곳에 있다. 물속으로 다이빙해 물고기를 잡으려는 물총새에게 보이는 물고기의 겉보기 깊이는 얼마이겠는가? 물총새는 물고기의 바로 위에 있다고 가정하여라. 물의 굴절률은 $n = \frac{4}{3}$이다.

전략 겉보기 깊이란 물고기의 상의 깊이이다. 물고기에서 나오는 광선은 표면에서 굴절해 공기 중으로 진행한다. 물고기의 한 점을 골라 그 점에서 공기로 나가는 광선의 경로를 그린다. 그다음에는 굴절광선을 뒤로 직선을 따라 연장해 상점에서 만날 때까지 추적한다. 바로 위에 있는 물총새는 똑바로 위로 올라오는($\theta_i = 0$) 광선뿐만 아니라, 작지만 0이 아닌 각으로 입사하는 광선들도 본다. 이와 같은 각에 대해서 작은 각도에 의한 근사를 쓸 수 있다. 그러나 광선 도해에서는 잘 보이게 입사각을 과장해서 그린다.

풀이 그림 23.25a는 수면 아래 깊이 d에 있는 물고기를 나타낸 그림이다. 물고기의 한 점에서 광선들이 발산해서 수면을 향한다. 물의 굴절률 n_w가 공기의 굴절률 n_a보다 더 작기 때문에 광선은 수면에서 법선으로부터 먼 쪽으로 꺾인다. 굴절광선들을 뒤로(점선) 연장하면, 그들이 만나는 곳이 바로 상점이다. 이 상의 깊이를 d'이라고 나타내자. 광선 도해에서 $d' < d$임을 알 수 있다. 곧, 겉보기 깊이는 실제 깊이보다 얕다.

상의 위치를 찾는 데는 두 광선만이 필요하다. 계산을 간단히 하기 위해, 두 광선 중 하나는 표면의 법선 방향으로 택할 수 있다. 다른 하나의 광선은 수면에 θ_i의 각으로 입사한다. 이 광선은 θ_t의 각으로 수면에서 밖으로 나간다. 여기서

$$n_w \sin \theta_i = n_a \sin \theta_t \tag{1}$$

이다.

d'을 구하기 위해, 같은 변 s를 공유하는 두 개의 직각삼각형(그림 23.25b)을 이용한다. 여기서 s는 선택된 두 광선이 수면과 만나는 두 점 사이의 거리이다. 각 θ_i와 θ_t는 표면에서의 두 각과 엇각을 이루기 때문에 구할 수 있다. 이 삼각형들로부터 다음을 알 수 있다.

$$\tan \theta_i = \frac{s}{d}, \quad \tan \theta_t = \frac{s}{d'}$$

작은 각에서는 $\tan \theta \approx \sin \theta$로 놓을 수 있으므로, 식 (1)은 다음과 같이 된다.

$$n_w \frac{s}{d} = n_a \frac{s}{d'}$$

s를 없애고, 비 d'/d에 대해 풀면

$$\frac{\text{겉보기 깊이}}{\text{실제 깊이}} = \frac{d'}{d} = \frac{n_a}{n_w} = \frac{3}{4}$$

그러므로 물고기의 겉보기 깊이는 실제 깊이의 $\frac{3}{4}$이다.

검토 이 결과는 입사각이 작은 경우, 곧 관찰자(물총새)가 물고기의 바로 위에 있을 때에만 들어맞는다. 겉보기 깊이는

물고기를 보는 각도에 따라 다르다.

물고기의 상은 허상이다. 물총새가 보는 광선은 상의 위치에서 나오는 것처럼 보이지만, 실제로는 그렇지 않다.

실전문제 23.4 포식자 피하기

물고기가 위에 있는 물총새를 본다고 하자. 만일 물총새가 연못의 수면 위 h인 곳에 있다면, 물고기가 보는 겉보기 높이 h'은 얼마인가?

23.7 평면거울 PLANE MIRRORS

반질반질한 금속 면은 빛의 좋은 반사체이다. 보통의 거울은 뒷면이 은으로 도금되어 있다. 곧, 반질반질한 금속의 얇은 막이 편평한 유리의 뒷면에 도금되어 있다. 뒷면이 은으로 도금된 거울에서는 실제로는 두 번의 반사가 일어난다. 거의 알아차릴 수 없지만, 유리의 앞면에서 일어나는 약한 반사와 금속에서의 강한 반사가 있다. 앞면이 은으로 도금된 거울은 반사가 한 번만 일어나기 때문에 정밀 작업에 사용된다. 그러나 금속 코팅에 쉽게 흠집이 생기기 때문에, 일상생활에서 사용하기에는 실용적이지 못하다. 유리 면에서의 약한 반사를 무시한다면, 뒷면이 도금된 거울을 앞면이 도금된 거울로 취급할 수 있다.

거울에서 반사되는 빛은 23.2절에서 논의한 반사의 법칙을 따른다. 그림 23.26a는 평면거울 앞에 놓인 점광원과 거울을 통해 관찰하는 관찰자를 보여준다. 만일 반사된 광선을 거울을 지나 뒤쪽으로 연장해서 그리면, 모두 한 점에서 모이는데, 그것이 점광원의 상이다. 두 광선과 약간의 기하학을 사용하면, 다음을 증명할 수 있다(문제 25).

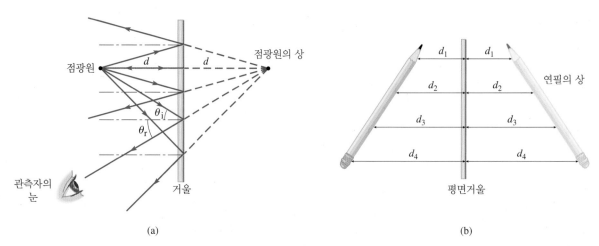

(a)　　　　　　　　　　　　　　　　　　　(b)

그림 23.26 (a) 평면거울이 점광원의 허상을 만든다. 광원과 상은 거울로부터 같은 거리에 있고, 같은 법선 위에 있다. (b) 평면거울에 의한 연필의 상 그리기.

평면거울에서 점광원과 그 상은 거울에서 같은 거리(서로 반대 방향)에 있다. 그 둘은 같은 법선 위에 있다.

광선은 거울 뒤의 상에서 나오는 것처럼 보일 뿐이지, 거울을 통과해 진행하는 광선은 없다. 그러므로 상은 허상이다.

평면거울 앞에 있는 실제의 물체는 점광원들(물체 표면의 점들)의 집합이라고 생각할 수 있다. 그림 23.26b에서, 거울 앞에 연필이 놓여 있다. 상을 그리기 위해서, 우선 연필 위의 몇 개의 점에서 거울까지 법선을 그린다. 그러면 각각의 물체점의 상점은 대응하는 물체점에서 거울까지의 거리만큼 거울 뒤쪽에 위치하게 된다.

개념형 보기 23.5

전신상을 볼 수 있는 거울의 크기

정수는 조카딸 소라를 어깨 위에 태웠다(그림 23.27). 정수가 전신상(그의 발끝에서부터 소라의 머리 꼭대기까지)을 볼 수 있는 평면거울의 수직 길이는 최소한 얼마인가? 그 최소 길이인 거울을 벽의 어느 위치에 걸어야 하는가?

전략 광선 도해는 기하광학에서 필수적이다. 어느 광선이 풀이에 가장 도움이 되는지를 결정하려면, 광선 도해가 가장 좋은 방법이다. 여기서, 정수가 특별한 두 점의 상, 곧 그의 발끝과 소라의 머리 꼭대기를 볼 수 있는지를 확인해야 한다. 만일 그가 이 두 점을 볼 수 있다면, 그는 그 사이에 있는 모든 점을 볼 수 있을 것이다. 정수가 한 점의 상을 보기 위해서는, 그 점에서 나오는 하나의 광선이 거울에서 반사해 그의 눈으로 들어와야 한다.

풀이와 검토 정수, 소라, 거울을 그린 다음(그림 23.27), 정수의 발끝에서 나온 광선이 거울에 부딪혀 반사된 후 그의 눈으로 들어가는 것을 그려본다. 선분 DH는 거울 면에서의 법선이다. 입사각과 반사각은 같으므로, 삼각형 CHD와 EHD는 합동이고 $CD = DE = GH$이다. 그러므로

$$GH = \tfrac{1}{2}CE$$

이다. 같은 방법으로, 소라의 머리 꼭대기에서 나온 광선이 거울에서 반사해 정수의 눈으로 들어오는 것을 그려보면

$$FG = \tfrac{1}{2}AC$$

임을 알 수 있다. 거울의 길이는

$$FH = FG + GH = \tfrac{1}{2}(AC + CE) = \tfrac{1}{2}AE$$

이다. 그러므로 거울의 길이는 정수의 발끝에서부터 소라의 머리까지의 거리의 반이 된다.

최소 길이의 거울은 적절하게 걸리기만 하면 전신상을 볼 수 있다. 거울의 꼭대기(F)는 소라의 머리 꼭대기의 아래로 거리 AB에 있어야 한다. 전신상을 보기 위해 전신 크기의 거울이 필요하지는 않다. 마룻바닥까지 닿는 긴 거울이 필요한 것은 아니다. 곧, 거울의 아래 끝은 마루와 거울을 사용하는 가장 작은 사람의 눈 사이 거리의 반에 있으면 된다. 정수와 거울 사이의 거리 s는 결과에 아무런 영향을 주지 않는 것에 주목하여라. 다시 말하면, 당신이 거울 가까이 있든 아니면 더 멀리 있든 간에, 전신상을 보기 위해서 똑같은 길이의 거울이 필요하다.

실전문제 23.5 **두 자매와 하나의 거울**

세라가 정장구두를 신고 있을 때, 그녀의 눈높이는 마루로부

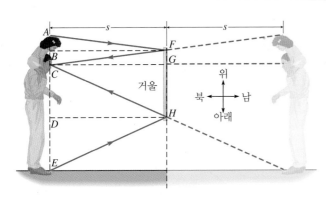

그림 23.27 개념형 보기 23.5.

터 1.72 m이고, 머리 꼭대기는 마루로부터 1.84 m이다. 세라는 자신의 전신상을 간신히 볼 수 있는 0.92 m 길이의 거울을 벽에 걸어놓았다. 그녀의 여동생 미케일라는 키가 1.62 m이고, 그녀의 눈높이는 마루로부터 1.52 m라고 생각하자. 만

일 미케일라가 세라의 거울을 움직이지 않고 그대로 사용한다면, 그녀는 자신의 전신상을 볼 수 있는가? 광선 도해를 그려서 설명해보아라.

23.8 구면거울 SPHERICAL MIRRORS

볼록거울

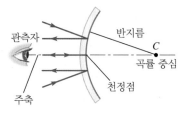

그림 23.28 볼록거울의 곡률 중심은 거울 뒤에 있다.

구면거울에서 반사면은 구면의 일부분이다. **볼록거울**convex mirror은 관찰자 쪽으로 볼록하게 휘어 있고, 그 곡률 중심은 거울 뒤에 있다(그림 23.28). 곡률 중심에서 거울 면의 **천정점**vertex을 지나도록 반지름을 연장해 그린 선이 거울의 **주축**principal axis이다.

그림 23.29a에서, 주축에 나란한 광선이 천정점 V에 가까운 거울 면 위의 점 A로 들어온다(그림에서는 보기 쉽게, 점 A와 점 V 사이의 거리가 과장되어 있다). 곡률 중심으로부터 점 A를 지나는 지름 선이 거울의 법선이 된다. 입사각은 반사각과 같다. 곧, $\theta_i = \theta_r = \theta$이다.

엇각 관계에 의해 다음을 알 수 있다.

$$\angle ACF = \theta$$

두 각이 같으므로, 삼각형 AFC는 이등변삼각형이다. 따라서

$$\overline{AF} = \overline{FC}$$

이다. 입사광선이 주축에 가까우므로, θ는 작다. 그 결과는

$$\overline{AF} + \overline{FC} \approx R, \quad \overline{VF} \approx \overline{AF} \approx \tfrac{1}{2}R$$

이다. 여기서 $\overline{AC} = \overline{VC} = R$는 거울의 곡률 반지름이다. ($\overline{AF}$는 A에서 F까지 선분의 길이를 의미한다.) 이와 같은 관계식은 각도가 충분히 작다면 어떤 각에서도 성립한다는 데 유의하여라. 그러므로 주축에 나란하며 천정점에 가깝게 입사하는 모든 광선은 볼록거울에서 반사되어 거울의 **초점**focal point이라고 부르는 점 F에서 나오

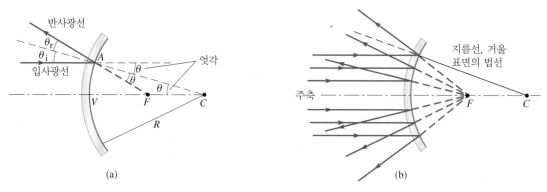

(a) (b)

그림 23.29 (a) 볼록거울의 초점(F)의 위치. (b) 볼록거울에서 반사된 평행광선은 초점에서 나오는 것처럼 보인다.

는 것처럼 보인다(그림 23.29b). 볼록거울은 평행광선의 무리를 발산광선의 무리로 반사시키기 때문에 **발산거울**diverging mirror이라고도 한다.

> 볼록거울의 초점은 거울의 뒤 주축 위 $\frac{1}{2}R$ 되는 곳에 있다.

거울 앞에 있는 물체의 상을 찾기 위해 몇 개의 광선을 그려보자. 그림 23.30은 볼록거울 앞에 있는 물체를 보여준다. 네 광선이 물체 위에 있는 점에서부터 거울 면까지 그려져 있다. 첫 번째 광선(녹색)은 주축에 나란하다. 이 광선은 마치 초점에서 나오는 것처럼 반사된다. 두 번째 광선(빨간색)은 반지름을 따라 곡률 중심 C를 향하는데, 입사각이 $0°$이기 때문에 입사 경로를 따라 되반사된다. 세 번째 광선(파란색)은 직접 초점 F를 향한다. 축에 나란한 광선은 F에서 나오는 것처럼 반사되기 때문에, F를 향해 진행하는 광선은 축에 나란하게 반사된다. 그 이유는 반사의 법칙이 가역적이기 때문이다. 곧, 광선의 방향을 거꾸로 바꾸어도 반사의 법칙은 성립한다. 네 번째 광선(갈색)은 거울의 천정점으로 입사해 축에 대해 같은 각도로 반사된다(축이 거울에 수직이므로).

이 네 개의 반사광선뿐만 아니라, 그 물체점에서 나온 다른 반사광선들도 거울 뒤로 연장했을 때 한 점에서 서로 만난다. 그것이 상점의 위치이다. 상의 밑바닥 위치는 주축 위에 있게 되는데, 그것은 물체의 밑바닥이 바로 주축 위에 있기 때문이다. 곧, 주축을 따라 들어오는 광선은 지름 방향의 광선이기 때문에, 거울의 표면에서 들어왔던 경로로 반사된다. 광선 도해를 통해 일반적으로 상은 정립이고, 허상이며, 물체보다 작고, 물체보다 거울에 가깝다는 결론을 내릴 수 있다. 상이 초점에 있지 않음을 유의하여라. 다시 말해, 물체의 한 점에서 나온 광선 모두가 주축에 나란한 것은 아니라는 것이다. 만일 물체가 거울에서 멀다면, 한 점에서 나오는 광선들은 서로 거의 나란할 것이다. 그중에서, 주축 위 한 점에서 나온 광선들은 초점으로 모인다. 주축에 있지 않은 점에서 나온 광선들은 **초평면**focal plane(초점을 지나며 주축에 수직인 평면) 위의 한 점에서 만날 것이다.

앞에서 언급한 네 개의 광선을 **주광선**principal rays이라고 부르는데, 이들을 선택한 이유는 다른 광선보다 그리기 쉽기 때문이다. 주광선은 그리기 쉽지만, 상을 만드는 다른 광선보다 더 중요하다는 것은 아니다. 상의 위치를 찾기 위해서는 이들 중 두

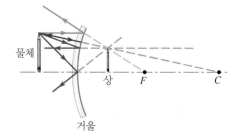

볼록거울에서의 주광선

1. 주축에 나란한 광선은 마치 초점에서 나오는 것처럼 반사된다.
2. 반지름을 따라 진행하는 광선은 같은 경로로 되반사된다.
3. 초점으로 진행하는 광선은 주축에 나란하게 반사된다.
4. 거울의 천정점으로 입사하는 광선은 축에 대해 같은 각도로 반사된다.

그림 23.30 볼록거울이 만드는 상의 위치를 찾기 위해 주광선을 이용한다. 주광선을 몇 가지 색으로 나타낸 것은 단지 구별하기 위한 것이다. 물체점의 색이 무엇이든 간에 광선의 색은 물체점의 색과 같다.

그림 23.31 평면거울(왼쪽)과 볼록거울(오른쪽)에 보이는 같은 전경. 볼록거울의 시야가 더 넓다.

개만 그리면 되지만, 점검 위해 세 번째 주광선을 그려보는 것이 바람직하다.

볼록거울은 같은 크기의 평면거울보다 더 큰 영역을 볼 수 있게 해준다(그림 23.31). 볼록거울의 외향 곡률 때문에 관찰자는 더 큰 각도로 들어오는 광선을 볼 수 있다. 볼록거울은 가게에서 점원이 좀도둑을 감시하는 용도로도 사용된다. 대부분의 자동차에서 조수석 측 사이드미러는 볼록거울인데, 운전자로 하여금 더 넓은 측면을 볼 수 있게 한다.

오목거울

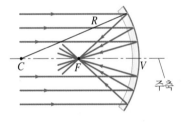

그림 23.32 오목거울의 주축에 나란한 광선들의 반사. 점 C는 거울의 곡률 중심이고, F는 초점이다. 볼록거울과는 달리, 두 점 모두 거울 앞에 있다.

오목거울concave mirror은 관찰자 쪽으로 오목하게 휘어 있다. 곧, 오목거울의 곡률 중심은 거울 앞에 있다. 오목거울은 평행광선을 한 점으로 모으기 때문에 **수렴거울**converging mirror이라고도 부른다(그림 23.32). 입사각이 작다고 가정하면, 거울의 주축에 나란한 광선은 거울의 천정점으로부터 $R/2$ 되는 곳에 있는 초점 F에 모이는 것을 볼 수 있다(문제 30번에서 증명하여라).

오목거울 앞에 놓인 물체의 상의 위치는 두 개 이상의 광선을 그려서 찾을 수 있다. 볼록거울의 경우처럼, 가장 그리기 쉬운 광선인 네 개의 주광선이 이용된다. 이 주광선은 볼록거울의 주광선과 비슷한데, 다른 점은 초점이 오목거울 앞에 있다는 것이다.

그림 23.33은 상을 찾기 위한 주광선의 이용 방법을 보여준다. 이 경우에, 물체는

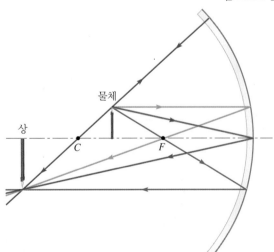

오목거울에서의 주광선
1. 주축에 나란한 광선은 반사되어 초점을 통과한다.
2. 반지름을 따라 진행하는 광선은 입사한 경로를 따라 되반사된다.
3. 초점으로 진행하는 광선은 주축에 나란하게 반사된다.
4. 거울의 천정점으로 입사하는 광선은 주축에 대해 같은 각도로 반사된다.

그림 23.33 오목거울의 초점과 곡률 중심 사이에 있는 물체는 확대된 도립 실상을 만든다(잘 보이도록 각도와 거울의 곡률을 과장해 그렸다).

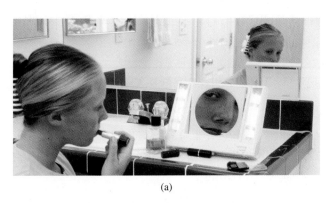

(a)

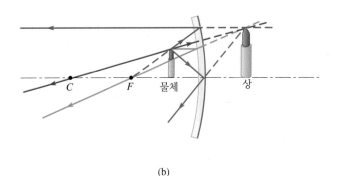

(b)

그림 23.34 (a) 상이 확대되기 때문에 화장이 쉬워진다. (b) 물체가 오목거울의 초점 안에 있을 때의 상맺힘.

초점과 곡률 중심 사이에 있다. 그 상은 실상인데, 이유는 상이 거울 앞에 있기 때문이다. 주광선들은 실제로 상점을 지나간다. 물체의 위치에 따라, 오목거울은 실상 또는 허상을 만들 수 있다. 상은 물체보다 크거나 작을 수 있다.

응용: 화장용 거울과 자동차용 헤드라이트 면도용이나 화장용으로 설계된 거울은 확대된 상(그림 23.34a)을 만들기 위해 흔히 오목하다. 치과의사가 오목거울을 사용하는 것도 같은 까닭이다. 물체가 오목거울의 초점 안에 있으면, 상은 확대된 정립 허상이다(그림 23.34b).

자동차의 전조등에서 전구의 필라멘트는 오목거울의 초점에 위치한다. 필라멘트에서 나오는 광선들은 반사되어 평행광이 다발로 진행한다(때로는 거울의 모양이 구면이 아니라 포물면이다. 포물면 거울은 주축에 가까운 광선뿐만 아니라 초점에서 나오는 모든 광선을 평행한 광선다발로 반사한다).

보기 23.6

오목거울에 대한 축척 도해

곡률 반지름이 8.0 cm인 오목거울의 천정점에서 10.0 cm 앞에 놓인, 높이 1.5 cm의 물체를 나타내는 도해를 축척에 맞춰서 그려라. 상을 그리고 상의 위치와 크기(높이)를 추정하여라.

전략 도해를 그릴 때, 때로는 우선 개략도를 그려 어디쯤 상이 있는지 알아보는 것이 도움이 되지만, 우리는 모눈종이를 사용해 그에 맞는 축척을 선택해야 한다. 두 개의 주광선을 그려 물체의 상을 찾을 수 있다. 세 번째 주광선을 이용해 점검할 수 있다. 거울이 오목하기 때문에, 곡률 중심과 초점은 모두 거울 앞에 있다.

풀이 처음에 거울과 주축을 그린 다음, 초점과 곡률 중심을 거울 천정점으로부터 정확한 거리에 표시를 한다(그림 23.35). 녹색 광선은 물체의 위 끝에서 주축에 나란하게 거

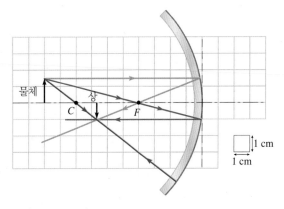

그림 23.35 보기 23.6.

울을 향해 나아간다. 이 광선은 반사 후 초점을 지나간다. 파란색 광선은 물체의 끝에서 초점을 지나 나아간다. 이 광선

은 거울에서 주축에 나란한 선을 따라 반사한다. 이 두 광선의 교차점이 상의 끝 지점의 위치를 결정한다. 모눈용지 위의 상을 재면, 상이 거울에서 6.7 cm 되는 곳에 있고, 크기(높이)는 1.0 cm임을 알 수 있다.

검토 점검을 위해 빨간색 광선이 반지름을 따라 곡률 중심을 통해 나아가게 한다. 거울은 이 광선을 반사할 수 있도록 충분히 크다고 가정하면, 광선이 지름 방향으로 입사하기 때문에 거울 면과 수직으로 만난다. 반사된 광선은 같은 지름

선을 따라 진행하며, 다른 두 광선과는 상의 끝 점에서 만난다. 우리가 얻은 결과가 검증되었다.

───────────────────

실전문제 23.6 **그림을 이용한 또 다른 풀이**

같은 거울 앞 6.0 cm 되는 곳에 있는, 높이 1.5 cm인 물체의 상의 위치를 구하기 위해 축척 도해를 그리자. 상의 위치와 크기를 추정해보아라. 그 상은 실상인가, 허상인가? (힌트: 우선 개략도를 그려보아라.)

가로 배율

거울이나 렌즈가 만드는 상은 일반적으로 물체와 크기가 같지 않다. 상이 거꾸로 맺힐(위와 아래가 바뀐) 수도 있다. **가로 배율**transverse magnification m은 주축에 수직인 방향으로 상의 상대적인 크기와 방향 두 가지를 나타내는 비이다. m은 횡배율 또는 선형배율이라고도 한다. m의 절댓값은 물체의 크기에 대한 상의 크기의 비이다.

$$|m| = \frac{\text{상의 크기}}{\text{물체의 크기}} \qquad (23\text{-}7)$$

만일 $|m| < 1$이면, 상은 물체보다 작다. m의 부호는 상의 방향을 결정한다. 도립상에 대해서는 $m < 0$이고, 정립상에 대해서는 $m > 0$이다.

h를 물체의 높이(실제로는 축에서 물체 끝 점까지의 변위), h'을 상의 높이라고 하자. 만일 상이 도립이면, h'과 h는 부호가 서로 다르다. 가로 배율의 정의는 다음과 같다.

$$m = \frac{h'}{h} \qquad (23\text{-}8)$$

그림 23.36을 이용하면, 배율과 **물체거리**object distance p와 **상거리**image distance q 사이의 관계를 구할 수 있다. p와 q는 주축을 따라 거울의 천정점까지 잰 거리이다. 두 직각삼각형 ΔPAV와 ΔQBV는 닮은꼴이므로

$$\frac{h}{p} = \frac{-h'}{q}$$

이다. 음(−)의 부호는 무엇을 뜻하는가? 이 경우에, 상이 물체로부터 축의 반대편에 있으므로, h가 양(+)이면 h'은 음(−)이다. 따라서 배율은

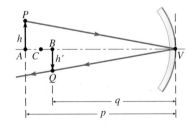

그림 23.36 직각삼각형 ΔPAV와 ΔQBV는 닮은꼴이다. 그 까닭은 광선에 대한 입사각이 반사각과 같기 때문이다.

배율 방정식

$$m = \frac{h'}{h} = -\frac{q}{p} \qquad (23\text{-}9)$$

이다.

비록 그림 23.36에서 물체가 곡률 중심 밖에 있지만, 식 (23-9)는 물체의 위치에 관계없이 성립한다. 이 식은 평면거울은 물론, 어떤 오목거울이나 볼록거울에도 적

용된다(문제 29 참조).

✓ 살펴보기 23.8

평면거울이 거울 앞에 있는 물체의 상을 만든다. 그 상은 실상인가, 허상인가? 가로 배율은 얼마인가?

거울 방정식

그림 23.37에서, 물체거리 p, 상거리 q, **초점거리**$^{\text{focal length}}$ $f = \frac{1}{2}R$(초점에서 거울 천정점까지의 거리) 사이의 관계식을 이끌어낼 수 있다. p, q, f는 모두 주축을 따라 거울의 천정점 V까지 잰다는 사실에 주목하여라. 그림에는 두 개의 다른 닮은 꼴 삼각형 ΔPAC와 ΔQBC가 있다. R이 곡률 반지름일 때 $\overline{AC} = p - R$, $\overline{BC} = R - q$임을 유의하면

$$\frac{\overline{PA}}{\overline{AC}} = \frac{\overline{QB}}{\overline{BC}}, \qquad \frac{h}{p-R} = \frac{-h'}{R-q}$$

이다. 다시 정리하면 다음과 같다.

$$\frac{h'}{h} = -\frac{R-q}{p-R}$$

h'/h는 배율이므로

$$\frac{h'}{h} = -\frac{q}{p} = -\frac{R-q}{p-R} \qquad (23\text{-}9)$$

이다. $f = R/2$를 대입하고, 분자와 분모를 엇갈리게 곱한 다음 p, q, f로 나누면, **거울 방정식**$^{\text{mirror equation}}$을 얻을 수 있다.

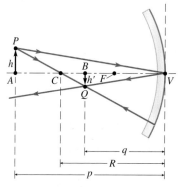

그림 23.37 거울 방정식을 이끌어내기 위해 사용된 두 개의 닮은 삼각형 ΔPAC와 ΔQBC.

거울 방정식

$$\frac{1}{p} + \frac{1}{q} = \frac{1}{f} \qquad (23\text{-}10)$$

앞에서 실상을 만드는 오목거울에 관한 배율과 거울 방정식을 유도했지만, 표 23.2에 실린 q와 f에 관한 부호 규약을 사용하면, 이 방정식은 볼록거울과 허상에도 적용될 수 있다. 상이 거울 뒤에 있으면 q가 음(−)이고, 초점이 거울 뒤에 있으면 f가 음(−)임에 유의하여라.

q에 관한 배율 식과 부호 규약을 통해, 실물체의 **실상**은 언제나 도립(p와 q가 모두 양이면, m은 음)이고, 실물체의 **허상**은 언제나 정립(p가 양이고 q가 음이면, m은 양)이라는 것을 알 수 있다. 광선 도해를 그려보면, 같은 규칙이 성립함을 확인할 수 있다. 실상은 언제나 거울 앞(광선이 있는 곳)에 있고, 허상은 거울 뒤에 있다.

만일 물체가 거울에서 먼 곳($p = \infty$)에 있다면, 거울 방정식에 의해 $q = f$이다. 먼 곳에서 오는 광선들은 서로 거의 나란하다. 평행광선은 거울에서 반사된 후, 오목거

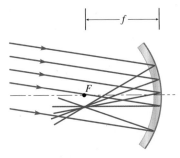

그림 23.38 주축 위쪽 먼 곳에 있는 물체는 $q = f$인 곳에 상을 만든다.

표 23.2 거울에 대한 부호 규약

물리량	양(+)일 때	음(−)일 때
물체거리 p	실물체*	허물체*
상거리 q	실상	허상
초점거리 f	수렴거울(오목): $f = \frac{1}{2}R$	발산거울(볼록): $f = -\frac{1}{2}R$
배율 m	정립상	도립상

*23장에서는 실물체만 고려한다. 24장에서 다중 렌즈 시스템에 대해 설명한다. 그때 허물체가 가능하다.

울에서는 초점에 수렴하고 볼록거울에서는 초점에서 나오는 것처럼 발산한다. 만일 먼 곳에 있는 물체가 주축 위에 있지 않다면, 상은 초점보다 위 또는 아래에 맺힌다 (그림 23.38).

보기 23.7

조수석 측 사이드미러

한 물체가 조수석 측 사이드미러에서 30.0 cm 되는 곳에 있다. 생긴 상은 정립이고 크기는 물체의 $\frac{1}{3}$이다. (a) 상은 실상인가, 허상인가? (b) 거울의 초점거리는 얼마인가? (c) 거울 면은 오목한가, 볼록한가?

전략 배율의 크기는 물체의 크기에 대한 상의 크기의 비율이며, 따라서 $|m| = \frac{1}{3}$이다. 배율의 부호는 정립상의 경우에는 양(+), 도립상의 경우에는 음(−)이다. 그러므로 $m = +\frac{1}{3}$이다. 물체거리는 $p = 30.0$ cm이다. 배율은 물체거리와 상거리와도 관련되어 있으므로, q를 구할 수 있다. q의 부호는 상이 실상인지 허상인지를 나타낸다. 그다음에 거울 방정식을 이용해 거울의 초점거리를 구할 수 있다. 초점거리의 부호는 거울 면이 오목인지 볼록인지를 나타낸다.

풀이 (a) 배율은 물체거리와 상거리에 관련된다. 곧

$$m = -\frac{q}{p} \qquad (23\text{-}9)$$

이다. 상거리에 관해 풀면

$$q = -mp = -\frac{1}{3} \times 30.0 \text{ cm} = -10.0 \text{ cm}$$

이다. q가 음(−)이므로, 상은 허상이다.

(b) 이제 거울 방정식을 이용해 초점거리를 구할 수 있다.

$$\frac{1}{f} = \frac{1}{p} + \frac{1}{q} = \frac{q + p}{pq}$$

$$f = \frac{pq}{q + p}$$

$$= \frac{30.0 \text{ cm} \times (-10.0 \text{ cm})}{-10.0 \text{ cm} + 30.0 \text{ cm}}$$

$$= -15.0 \text{ cm}$$

(c) 초점거리가 음(−)이므로 거울 면은 볼록이다.

검토 예상한 대로, 조수석 측 사이드미러는 볼록거울이다. 결과를 점검하기 위해 이들 거리로 광선 도해(그림 23.39)를 스케치해볼 수 있다.

실전문제 23.7 구면거울의 유형 알아내기

한 물체가 구면거울 앞에 있다. 물체의 상은 정립이고 물체의 2배 크기이며, 거울 뒤 12.0 cm에 있는 것으로 관찰된다. 물체거리와 거울의 초점거리, 거울의 유형(볼록 또는 오목)을 알아내어라.

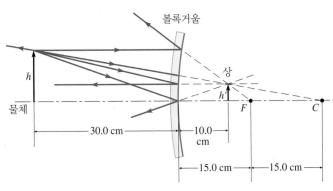

그림 23.39 볼록거울에 대한 광선 도해(보기 23.7).

23.9 얇은 렌즈 THIN LENSES

구면거울이 반사를 통해 상을 맺는 데 비해, 렌즈는 굴절을 통해 상을 맺는다. 구면렌즈의 각 면은 구의 일부이다. 렌즈의 **주축**principal axis은 렌즈 면의 곡률 중심을 지난다. 렌즈의 **광심**optical center은 주축 위의 한 점으로, 광선은 진행 방향을 바꾸지 않고 광심을 지나간다.

렌즈를 프리즘을 조합(그림 23.40)하여 만든 것으로 생각해 그 양태를 이해할 수 있다. 프리즘에서 입사광선과 나오는 광선이 이루는 각인 광선의 편향각은 프리즘의 두 면 사이의 각에 비례한다(그림 23.41 참조). 렌즈의 두 면은 주축과 만나는 곳에서는 서로 나란하다. 렌즈의 광심으로 들어오는 광선은 렌즈에서 나갈 때 입사광선과 같은 방향으로 나가는데, 그 까닭은 굴절이 원 상태로 되돌려져서 나가기 때문이다. 그러나 광선은 변위가 일어난다. 곧, 입사광선과 같은 선을 따라 나가지 않는다. 만약 두께가 초점거리에 비해 작은 **얇은 렌즈**만을 생각한다면, 변위가 무시할 정도가 되어 광선은 일직선으로 렌즈를 통과한다.

렌즈의 휜 면들은 두 면 사이의 각 β가 광심에서 멀어짐에 따라 점점 증가한다는 것을 뜻한다. 그러므로 광선의 편향각은 광선이 렌즈에 입사하는 위치가 광심에서 멀어짐에 따라 증가한다. 여기에서는 주축에 가깝게 렌즈로 들어와(따라서 β가 작은), 입사각이 작은 광선인 **근축광선**paraxial rays에만 국한해 생각하자. 근축광선과 얇은 렌즈의 경우, 광심에서 d만큼 떨어져 들어오는 광선은 d에 비례하는 편향각 δ를 갖는다(그림 23.42).

렌즈는 빛이 렌즈를 통과할 때 광선의 진로에 어떤 변화가 일어나느냐에 따라 **발산렌즈**diverging lens와 **수렴렌즈**converging lens로 분류한다. 발산렌즈는 광선을 바깥쪽으로 꺾어 주축에서 멀어지게 한다. 수렴렌즈는 광선을 안쪽으로 꺾어 주축을 향하게 한다(그림 23.43a). 만일 입사하는 광선들이 이미 발산하고 있다면, 수렴렌즈가 그 광선들을 수렴하게 만들지 못할 수도 있다. 곧, 그 렌즈는 그 광선들을 덜 발산시킬 뿐이다(그림 23.43b). 렌즈는 여러 가지 모양새를 가질 수 있다(그림 23.44). 곧, 두 면이 서로 다른 곡률 반지름을 가질 수 있다. 렌즈의 굴절률이 주위 매질의 굴절률보다 크다고 가정하면, 수렴렌즈는 중심이 가장 두꺼우며, 발산렌즈는 중심이 가장 얇다는 것에 유의하여라.

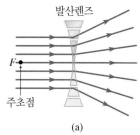

그림 23.40 (a)와 (b) 프리즘의 일부를 조합해 만든 렌즈.

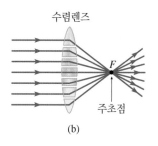

그림 23.41 편향각 δ는 두 면 사이의 각 β가 증가함에 따라 증가한다. β가 작으면 δ는 β에 비례한다.

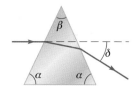

그림 23.42 주축에서 d만큼 떨어진 곳으로 들어오는 근축광선의 편향각은 d에 비례한다. 광선 도해를 단순화하기 위해 광선이 렌즈의 양면에서 꺾이는 것이 아니라 광심을 지나는 연직선 위에서 꺾이는 것처럼 그렸다.

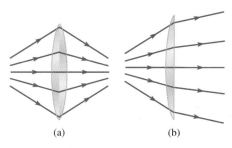

그림 23.43 (a) 발산광선이 수렴렌즈에 들어올 때, 렌즈는 광선을 안쪽으로 꺾는다. (b) 만일 발산 정도가 아주 심하다면, 렌즈는 그들을 수렴시킬 정도로 충분히 꺾지 못할 수도 있다. 이 경우에는 광선들이 렌즈를 떠날 때 덜 발산하게 될 뿐이다.

그림 23.44 몇 가지 발산렌즈와 수렴렌즈의 모양새. 발산렌즈는 중심부가 가장 얇고, 수렴렌즈는 중심부가 가장 두껍다.

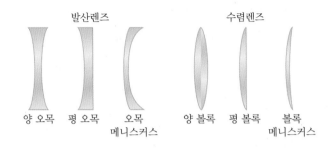

발산렌즈			수렴렌즈		
양 오목	평 오목	오목 메니스커스	양 볼록	평 볼록	볼록 메니스커스

표 23.3 얇은 렌즈에 대한 주광선과 주초점

주광선/주초점	수렴렌즈	발산렌즈
광선 1. 주축에 나란한 입사광선	주초점을 지난다.	주초점에서 나오는 것처럼 보인다.
광선 2. 광심으로 들어오는 광선	렌즈를 똑바로 통과한다.	렌즈를 똑바로 통과한다.
광선 3. 주축에 나란하게 나오는 광선	제2 초점에서 나오는 것처럼 보인다.	제2 초점을 향하고 있는 것처럼 보인다.
주초점의 위치	렌즈 뒤	렌즈 앞

초점과 주광선

어느 렌즈나 두 개의 초점을 가지고 있다. 각 초점과 광심 사이의 거리가 렌즈의 **초점거리**focal length이다. 구면렌즈의 초점거리는 네 가지 양, 곧 두 면의 곡률 반지름과 렌즈와 주위 매질(꼭 공기일 필요는 없다.)의 굴절률에 의존한다. 발산렌즈의 경우에는, 주축에 나란한 광선들이 렌즈 앞에 있는 **주초점**principal focal point으로부터 발산하는 것처럼 굴절한다(그림 23.40a 참조). 수렴렌즈의 경우에는, 렌즈 뒤에 있는 주초점에 수렴하도록 굴절한다(그림 23.40b).

얇은 렌즈에 의해 맺어지는 상의 위치를 찾는 데에는 두 가지의 광선이면 충분하지만, 세 번째 광선은 이를 점검하는 데 유용하게 사용될 수 있다. 일반적으로 가장 그리기 쉬운 세 광선이 **주광선**principal rays이다(표 23.3). 세 번째의 주광선은 렌즈를 중심으로 주초점의 반대편에 있는 **제2 초점**secondary focal point을 이용한다. 주광선 3의 거동은 모든 광선의 방향을 바꾸고, 두 초점의 위치도 서로 바꾸는 것으로 이해할 수 있다. 그림 23.45는 주광선을 그리는 방법을 보여준다(주광선은 상을 맺는 데

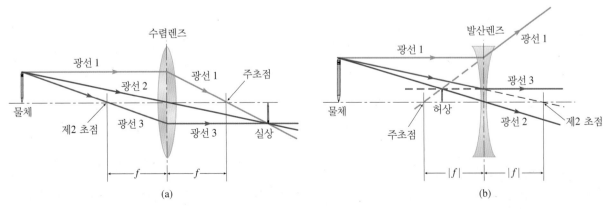

그림 23.45 (a) 실상을 맺는 수렴렌즈에 대한 세 개의 주광선. (b) 허상을 맺는 발산렌즈에 대한 세 개의 주광선.

필요한 다른 광선보다 더 중요한 것은 아니다. 단지 주광선은 다른 광선들에 비해 그리기 쉬울 뿐이다).

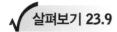

살펴보기 23.9

수렴렌즈가 만드는 상은 항상 실상인가, 아니면 항상 허상인가? 아니면 조건에 따라 실상이 거나 허상일 수 있는가? 이를 설명하여라. (힌트: 그림 23.43을 참고하여라.)

개념형 보기 23.8

허상의 원인

렌즈가 그 앞에 놓인 물체의 상을 맺는다. 만일 상이 허상이면, 렌즈가 수렴렌즈이든지 발산렌즈이든지 간에, 그 상은 정립임을 광선 도해를 그려 밝혀보아라.

전략 주광선이 대개 광선 도해를 그릴 때 가장 쉽다. 주광선 1과 3은 수렴렌즈와 발산렌즈에 대해 다르게 거동한다. 이들 광선은 또한 초점과 관계하지만, 주어진 문제는 초점에 대한 물체의 위치가 해답에 무관함을 의미한다(허상이 생성된 것을 제외하고). 광선 2는 광심을 편향각 없이 지나간다. 이 광선은 두 렌즈에 대해 똑같이 거동하며 초점의 위치에 상관없다.

풀이와 검토 그림 23.46은 렌즈(수렴렌즈 또는 발산 렌즈일 수 있다.) 앞에 놓여 있는 한 물체를 보여준다. 주광선 2는 물체의 꼭대기로부터 렌즈의 광심을 지나 그대로 통과한다. 굴절광선을 반대로 연장해, 상의 위치에 관한 몇 가지 가능성을 그려보지만 하나의 광선으로는 실제 위치를 알지는 못한다. 허상의 한 점은 렌즈로부터 나오는 광선들이 만나는 위치에 있지 않고, 그 광선들의 역방향 연장선들이 만나는 곳에 있다

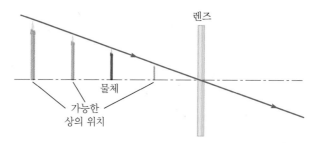

그림 23.46 렌즈의 중심을 지나 편향되지 않고 나가는 주광선이 실물의 허상이 정립허상이라는 것을 보여준다.

는 것을 알고 있다. 다시 말하면, 허상의 위치는 언제나 렌즈의 앞쪽에 있는 것이다(입사광선과 같은 쪽). 그러므로 상은 렌즈를 기준으로 물체와 같은 쪽에 있다. 그림 23.46으로부터, 우리는 거울에서와 똑같이, 허상은 정립, 곧 물체의 꼭대기 점의 상은 언제나 주축의 위쪽에 있다는 것을 알 수 있다.

개념형 실전문제 23.8 **실상의 원인**

수렴렌즈가 렌즈 앞에 놓인 물체의 실상을 맺는다. 광선 도해를 사용해 상이 도립임을 밝혀보아라.

배율과 얇은 렌즈 방정식

그림 23.47로부터 얇은 렌즈 방정식과 배율 방정식을 이끌어낼 수 있다. 닮은 직각 삼각형 ΔEGC와 ΔDBC로부터 다음과 같이 쓸 수 있다.

$$\tan \alpha = \frac{h}{p} = \frac{-h'}{q}$$

거울 방정식의 유도 과정에서와 같이, h'에는 부호가 있다. 도립상에 대해서는 h'은 음(−)이고, $-h'$은 변 BD의 [양(+)의] 길이이다. 배율은 다음과 같이 주어진다.

그림 23.47 얇은 렌즈 방정식과 배율의 유도에 사용된 세 주광선 중 둘을 보여주는 광선 도해.

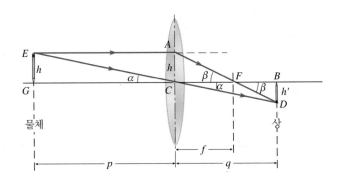

배율 방정식

$$m = \frac{h'}{h} = -\frac{q}{p} \tag{23-9}$$

또한 두 개의 닮은 직각삼각형 ΔACF와 ΔDBF로부터

$$\tan \beta = \frac{h}{f} = \frac{-h'}{q-f}$$

곧

$$\frac{q-f}{f} = \frac{-h'}{h} = \frac{q}{p}$$

연결고리

배율 방정식과 얇은 렌즈 방정식은 거울에 대해 이끌어낸 대응하는 식과 정확히 같은 모양을 갖는다. 이 식들의 유도에는 수렴렌즈와 실상을 이용했지만, 구면거울에서처럼 q와 f에 대해 같은 부호 규약을 사용한다면, 어느 종류의 렌즈나 어느 종류의 상에도 모두 적용할 수 있다(표 23.4).

양변을 q로 나누고 다시 정리하면, **얇은 렌즈 방정식**thin lens equation을 얻는다.

얇은 렌즈 방정식

$$\frac{1}{p} + \frac{1}{q} = \frac{1}{f} \tag{23-10}$$

표 23.4 거울과 렌즈에 대한 부호 규약

물리량	양(+)일 때	음(−)일 때
물체거리 p	실물체*	허물체*
상거리 q	실상	허상
초점거리 f	수렴렌즈 또는 수렴거울	발산렌즈 또는 발산거울
배율 m	정립상	도립상

*23장에서는 실물체만 고려한다. 24장에서 다중 렌즈 시스템에 대해 설명한다. 그때 허물체가 가능하다.

무한히 먼 곳에 있는 물체와 상

물체가 렌즈로부터 먼 곳(무한대)에 있다고 가정하자. 렌즈 방정식에 $p = \infty$을 대입하면, $q = f$가 나온다. 먼 곳에 있는 물체에서 오는 광선들은 렌즈에 입사할 때 서로 거의 나란하다. 따라서 상은 **주초평면**focal plane(주초점을 지나며 축에 수직인 면) 내에 맺힌다. 마찬가지로, 만일 물체가 수렴렌즈의 주초평면 내에 놓여 있다면, $p = f$이고 $q = \infty$이다. 곧, 상은 무한대에 있게 된다. 다시 말하면, 렌즈에서 나오는 광선들은 나란하여 무한대에 있는 물체에서 나오는 것처럼 보인다.

실전문제

23.1

23.2 51°

23.3 $\theta_i = 0$이면, $\theta_t = 0$이고 프리즘 뒷면에서 입사각은 임계각 (41.8°)보다 더 큰 45°이다. 만일 $\theta_i > 0$이면, $\theta_t > 0$이고 뒷면에서 입사각은 45°이다.

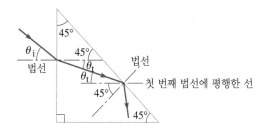

23.4 $\frac{4}{3}h$

23.5 아니오. 그녀는 발을 볼 수 없다. 거울 아래쪽이 10 cm만큼 더 높다.

23.6 거울 앞 12 cm, 크기 3.0 cm, 실상.

23.7 $p = 6.00$ cm, $f = +12$ cm, 오목.

23.8

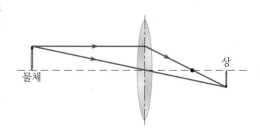

살펴보기

23.3 스넬의 법칙으로부터 곱 $n \sin \theta$는 두 매질에서 같다. 따라서 굴절률이 작은 물질(여기서는 물)에서 $\sin \theta$가 더 크다. 0부터 90°까지 광선이 법선과 이루는 각 θ가 증가할 때 $\sin \theta$도 증가한다. 그러므로 $\theta_물$은 $\theta_{유리}$보다 더 크다. θ가 광선과 법선이 이루는 각이므로, 빛이 물로 들어갈 때 법선에서 더 먼 쪽으로 굴절된다.

23.5 빛이 수평면에서 반사되므로 수평으로 부분 편광된다(반사면에 평행하다). 반사되어 눈부신 것을 줄이기 위해서는 편광 선글라스의 투과축을 수직으로 향하게 해야 한다.

23.6 물고기의 한 점에서 나온 광선은 물과 공기의 경계면에서 굴절된다. 그림은 광선이 밖으로 휘는 것(법선에서 멀어짐)을 보여준다. 광선은 결코 수렴해서 실상을 형성하지는 않는다. 광선을 역방향으로 추적하면(노란색 점선) 상점으로부터 발산하는 것처럼 보이지만 실제로 그 점을 통과하지는 않는다. 상은 허상이다.

23.8 평면거울은 물체와 같은 크기의 허상을 맺는다(그림 23.26 참조). 배율은 $m = +1$이다.

23.9 상은 실상이든가 허상이다. 그림 24.43a는 물체의 한 점에서 온 광선이 상의 한 점으로 수렴하기 때문에 실상을 맺는 수렴렌즈를 보여준다. 23.43b는 허상을 맺는 수렴렌즈를 보여준다. 이 경우에는 물체의 한 점에서 온 광선들이 상의 한 점으로 수렴하지 않는다. 만일 광선을 뒤쪽으로 추적한다면 그들은 상의 한 점에서 발산하는 것처럼 보인다.

광학기기
Optical Instruments

1990년, 우주선 디스커버리호의 승무원들이 허블 우주 망원경을 지구 상공 600 km 궤도에 올려놓았다. 뛰어난 집광력을 가진 지상 망원경이 있는데, 왜 우주에 망원경을 설치하는가? 12.5톤의 망원경을 궤도에 올리기 위하여 20억 달러라는 막대한 비용을 치를 가치가 있었는가? (737쪽에 답이 있다.)

24.1 복합 렌즈 LENSES IN COMBINATION

광학기기는 일반적으로 둘 이상의 렌즈를 조합해 만든다. 한 렌즈를 나온 광선이 다른 렌즈를 통과할 때에 어떻게 되는지를 생각하는 것으로 이 장을 시작하기로 하자. 첫 번째 렌즈에 의해 맺힌 상이 두 번째 렌즈에 대해 물체의 역할을 한다는 것을 알게 될 것이다.

첫 번째 렌즈에 의해 맺힌 상의 한 점으로부터 광선들이 발산해 나온다고 상상해 보자. 이 광선들은 마치 물체의 한 점에서 나오는 것처럼 똑같은 방식으로 두 번째 렌즈에서 굴절할 것이다. 그러므로 두 번째 렌즈를 통과한 후 만들어지는 상의 위치와 크기도 렌즈 방정식으로 구할 수 있는데, 이때 물체거리 p는 첫 번째 렌즈의 상으로부터 두 번째 렌즈까지의 거리가 된다. 결과적으로 여러 렌즈의 조합으로 이루어진 복합 렌즈에 대해서, 각 렌즈에 대해 순서대로 렌즈 방정식을 적용할 수 있는데, 이때 이전 렌즈의 상이 물체의 역할을 한다. 각 렌즈에 대해 렌즈 방정식을 적용할 때 물체거리와 상거리 p, q는 모두 그 렌즈의 중심으로부터 잰 거리라는 것을 기억하여라. 렌즈와 거울들을 함께 사용하는 경우에도 같은 방법을 적용할 수 있다.

23장에서 렌즈의 상을 다룰 때 모든 물체들은 실물체였다. 곧, 물체거리 p는 언제나 양수였다. 그러나 복합 렌즈의 경우에는, p가 음수인 **허물체** virtual object가 가능하다. 실물체의 한 점으로부터 나온 광선들은 렌즈에 들어갈 때 발산하지만, 허물체의 한 점으로부터 나온 광선들은 렌즈로 들어갈 때 수렴한다. 만일 렌즈 1의 실상이 렌즈 2를 지난 자리에 맺히려 하면, 그 광선들은 렌즈 2 뒤의 한 점으로 수렴한다 (그림 24.1). 이 상은 렌즈 2에 대해 허물체가 된다. 렌즈 1의 실상이 맺히기 전에 렌즈 2가 끼어들어서, 이 렌즈를 때리는 광선들은 한 점으로부터 발산한 것이 아니고,

그림 24.1 (a) 수렴렌즈인 렌즈 1이 물체의 실상을 맺는다. (b) 이번에는 렌즈 2를 렌즈 1 뒤 $s < q_1$의 거리에 놓는다. 렌즈 2는 광선이 실상을 맺기 전에 중간에서 막는다. 그 맺히려던 상을 렌즈 2에 대한 허물체로 간주할 수 있다. 허물체에 대해서 p는 음수이다.

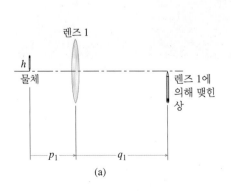
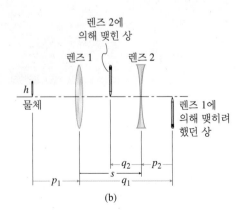

오히려 한 점으로 수렴한다. 이런 상황은 언뜻 보면 복잡해 보이지만 허물체에 대해 음(-)의 물체거리를 적용하면 간단하게 다뤄질 수 있다.

한 렌즈가 실상을 만들 때, 렌즈 2에 대한 **실상**의 위치에 따라 이 실상은 렌즈 2에 대해 실물체 또는 허물체가 된다. 만일 렌즈 1의 실상이 렌즈 2를 지나서 만들어지면, 그 상은 렌즈 2에 대해 허물체가 된다. 만일 렌즈 1이 렌즈 2 앞에 실상이나 허상을 만들면, 그 상은 렌즈 2에 대해 실물체이다.

두 개의 얇은 렌즈가 거리 s만큼 떨어져 있는 렌즈계에 대해, 각 렌즈에 얇은 렌즈 방정식을 적용할 수 있다.

$$\frac{1}{p_1} + \frac{1}{q_1} = \frac{1}{f_1}$$
$$\frac{1}{p_2} + \frac{1}{q_2} = \frac{1}{f_2}$$

렌즈 2에 대한 물체거리 p_2는

$$p_2 = s - q_1 \qquad \text{(24-1)}$$

이다. 모든 경우에 식 (24-1)에 따른 p_2의 부호는 옳다. 만일 $q_1 < s$이면, 렌즈 1에 의한 상이 렌즈 2의 입사 측에 있게 되므로 렌즈 2의 실물체가 된다($p_2 > 0$). 만일 $q_1 > s$이면, 렌즈 1의 상이 만들어지기 전에 렌즈 2가 광선을 차단한다. 곧 렌즈 1

연결고리

두 개 이상의 렌즈로 이루어진 렌즈계에서 각각의 렌즈에 대해 순서대로 얇은 렌즈 방정식을 적용한다. 한 렌즈가 만든 상은 그 다음 렌즈의 물체가 된다.

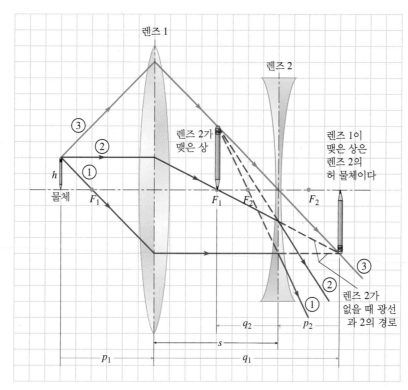

그림 24.2 두 렌즈 조합의 광선 도해. 물체에서 나와 초점 F_1'을 지난 광선 1은 렌즈 1을 통과한 후 주축과 평행하게 진행한다. 광선 1은 렌즈 2에 대한 주광선 중 하나이며, 렌즈 2를 지난 후 마치 F_2에서 온 것처럼 진행한다. 렌즈 2가 없다면 광선 1은 주축과 평행하게 진행했을 것이다. 렌즈 1이 맺는 상의 위치를 찾기 위해 또 다른 주광선(광선 2)을 렌즈 2를 무시하고 그리면 이 두 광선이 만나는 곳에 렌즈 1의 상이 맺힌다. 이 상은 렌즈 2의 뒤에 있으므로 렌즈 2의 허물체가 된다. 광선 3은 꺾이지 않은 채로 렌즈 2의 중심을 지난다. 이 광선을 거꾸로 추적하면 렌즈 1을 지나 물체까지 그린다. 광선 1과 광선 3의 교차점에 나중 상이 맺히는데 이 상은 허상이다. 광선 2는 렌즈 2를 지나 마치 나중 상 점에서 나온 것처럼 진행한다.

의 상이 렌즈 2 뒤쪽에 놓이며, 그 상은 렌즈 2에 대해 허물체가 된다($p_2 < 0$).

두 렌즈에 대한 광선 도해 이중 렌즈에 대한 광선 도해에서, 첫 번째 렌즈의 주광선 중 하나만이 두 번째 렌즈의 주광선이 된다. 그림 24.2에 수렴렌즈인 렌즈 1과 발산렌즈인 렌즈 2로 이루어진 렌즈계에 대한 광선 도해를 나타냈다.

가로 배율

N개의 렌즈를 조합했다고 생각해보자. h는 물체의 크기, h_1은 렌즈 1의 상의 크기, h_2는 렌즈 2의 상의 크기 등이라고 놓으면, 다음 식이 성립한다.

$$\frac{h_N}{h} = \frac{h_1}{h} \times \frac{h_2}{h_1} \times \frac{h_3}{h_2} \times \cdots \times \frac{h_N}{h_{N-1}}$$

따라서 렌즈 N개를 겹쳤을 때의 총 가로 배율은 개별 렌즈의 배율의 곱이(합이 아님) 된다.

총 가로 배율

$$m_{총} = m_1 \times m_2 \times \cdots \times m_N \tag{24-2}$$

✓ **살펴보기 24.1**

그림 24.2의 모눈 간격이 1 cm × 1 cm라고 하자. p_1, q_1, p_2, q_2의 값은 얼마인가? 렌즈 1과 렌즈 2의 가로 배율은 각각 얼마인가? 총 가로 배율은 얼마인가? 답의 부호에 유의하여라.

개념형 보기 24.1

허상이 물체의 역할을 하는 경우

두 렌즈의 조합에서 첫 번째 렌즈가 허상을 만든다. 이 상은 두 번째 렌즈의 허물체가 되는가?

전략 실물체와 허물체를 구별하는 것은 두 번째 렌즈에 입사하는 광선들이 수렴하는지 또는 발산하는지에 달려 있다.

풀이와 검토 첫 번째 렌즈가 허상을 만들면 렌즈를 통과해 나오는 광선들은 발산한다. 광선의 경로를 거꾸로 추적하면 광선이 나오는 것처럼 보이는 점인 허상점을 찾을 수 있다. 그 광선들이 두 번째 렌즈에 입사할 때 발산하므로 그 허상은 두 번째 렌즈의 실물체가 된다.

다른 접근법: 첫 번째 렌즈가 만든 상은 두 번째 렌즈 앞(곧, 입사 광선과 같은 쪽)에 위치한다. 따라서 광선들은 마치 같은 위치에 있는 실물체에서 나온 것처럼 발산한다.

개념형 실전문제 24.1 **실상이 물체의 역할을 하는 경우**

두 렌즈의 조합에서 첫 번째 렌즈가 실상을 만든다. 이 상은 두 번째 렌즈의 실물체가 되는가 아니면 허물체가 되는가? 만약 어느 하나가 가능하다면 무엇에 따라 결정할 수 있는가?

두 수렴렌즈

40.0 cm 간격을 두고 두 개의 수렴렌즈가 놓여 있다. 두 렌즈의 초점거리는 각각 $f_1 = +10.0$ cm, $f_2 = +12.0$ cm이다. 높이 4.00 cm 물체가 렌즈 1의 앞 15.0 cm에 놓여 있을 때, 중간 상과 나중 상 사이의 거리, 총 가로 배율, 그리고 나중 상의 크기를 구하여라.

전략 일어나는 일을 그림으로 보기 위해 광선 도해를 그리고 각 렌즈에 순서대로 렌즈 방정식을 적용한다. 전체 배율은 두 렌즈의 배율을 곱한 값이다.

주어진 조건: $p_1 = +15.0$ cm, $f_1 = +10.0$ cm, $f_2 = +12.0$ cm, 렌즈 사이 거리 $s = 40.0$ cm, $h = 4.00$ cm

구할 값: q_1, q_2, m, h'

풀이 그림 24.3처럼, 각 렌즈당 두 개의 주광선을 그려 두 렌즈가 맺는 중간 상과 나중 상을 찾는다. 그림을 보면, 중간 상은 렌즈 2의 왼쪽에 위치하는 실상이고 나중 상은 크게 확대된 도립허상으로 렌즈 1의 왼쪽에 있다.

q_1을 구하기 위해, 렌즈 1에 얇은 렌즈 공식을 적용한다.

$$\frac{1}{p_1} + \frac{1}{q_1} = \frac{1}{f_1} \qquad (23\text{-}10)$$

이 식을 q_1으로 정리하고 주어진 값을 대입하면

$$\frac{1}{q_1} = \frac{1}{f_1} - \frac{1}{p_1} = \frac{1}{10.0\,\text{cm}} - \frac{1}{15.0\,\text{cm}} = \frac{1}{30\,\text{cm}}$$

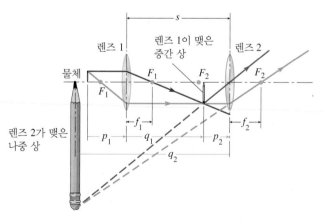

그림 24.3 보기 24.1을 위한 광선 도해. 렌즈 1이 맺은 중간 실상은 초록색과 빨간색으로 나타낸 두 주광선을 사용해 알아낼 수 있다. 초록색 광선은 렌즈 2에 대해서도 주광선이 된다. 렌즈 2의 중심을 똑바로 지나는 파란색의 주광선은 실제로 존재하지 않는다. 그것은 렌즈 1이 그 방향으로 광선을 렌즈 2 쪽으로 보낼 만큼 충분히 크지 않기 때문이다. 그럼에도 불구하고 우리는 그것을 사용해 나중 상을 찾을 수 있다.

이다. 그러므로 $q_1 = +30.0$ cm이다.

그림 24.3에서, 렌즈 2의 물체거리(p_2)는 두 렌즈 사이 거리(s)에서 렌즈 1의 상거리(q_1)를 뺀 값이다.

$$p_2 = s - q_1 = 40.0\,\text{cm} - 30.0\,\text{cm} = 10.0\,\text{cm}$$

렌즈 1의 실상이 렌즈 2의 실물체이므로 물체거리 p_2는 양의 값을 갖는다. 곧, 이 실상은 렌즈 2의 왼쪽에 놓이고 실상에서 나온 광선들은 렌즈 2에 들어갈 때 발산한다. 렌즈 2의 상거리 q_2를 구하기 위해 렌즈 2에 얇은 렌즈 방정식을 적용하면

$$\frac{1}{q_2} = \frac{1}{f_2} - \frac{1}{p_2} = \frac{1}{12.0\,\text{cm}} - \frac{1}{10\,\text{cm}} = -\frac{1}{60\,\text{cm}}$$

$$q_2 = -60\,\text{cm}$$

이다. 따라서 이 상은 렌즈 2의 왼쪽 60.0 cm, 곧 렌즈 1의 왼쪽 20.0 cm에 위치한다. 렌즈 2의 상거리가 음수이므로 그 상은 허상이다.

이번에는 배율을 구해 보자. 다음은 단일 렌즈의 배율 공식이다.

$$m = -\frac{q}{p} \qquad (23\text{-}9)$$

두 개의 복합렌즈에 대한 총 배율은

$$m = m_1 \times m_2 = -\frac{q_1}{p_1} \times \left(-\frac{q_2}{p_2}\right)$$
$$= \left(-\frac{30\,\text{cm}}{15.0\,\text{cm}}\right) \times \left(\frac{-60\,\text{cm}}{10\,\text{cm}}\right) = -12$$

이다. m의 값이 음수이므로 나중 상이 도립상인 것을 알 수 있다. 상의 높이는 다음과 같다.

$$4.00\,\text{cm} \times 12.0 = 48.0\,\text{cm}$$

검토 계산된 수치를 광선 도해와 비교해보자. 예상한 대로, 중간 상은 렌즈 2의 왼쪽에 맺히는 실상이다($q_1 = 30.0$ cm $< s = 40.0$ cm). 그리고 나중 상은 허상이며($q_2 < 0$), 도립이고($m < 0$), 확대되어 있다($|m| > 1$).

실전문제 24.2 초점거리의 두 배보다 먼 곳에 물체가 있는 경우

보기 24.2에서 같은 물체가 렌즈 1의 앞 25.0 cm에 놓여 있고 렌즈 1과 렌즈 2의 거리가 10.0 cm이다. 보기 24.2를 되풀이하여라. 직접 광선 도해를 하여 나중 상에 관한 어떤 것을 예측할 수 있겠는가?

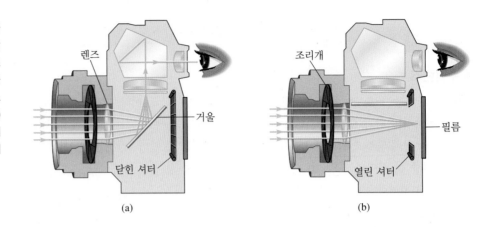

그림 24.4 단안 반사식 사진기는 하나의 수렴렌즈로 상감지기에 실상을 만든다. 렌즈를 상감지기로부터 가까이 또는 멀리 움직여 다양한 거리에 있는 물체에 초점을 맞춘다. (a) 상감지기의 노출을 막기 위해 셔터가 닫혀 있다. (b) 거울이 빛의 경로 밖으로 올라가고, 셔터가 짧은 시간 동안 열리면서 상감지기를 빛에 노출시킨다.

렌즈

거울

닫힌 셔터

(a)

조리개

필름

열린 셔터

(b)

24.2 사진기 CAMERAS

가장 간단한 광학기기 중 하나인 사진기는 흔히 하나의 렌즈로 만들어진다. 그러나 바늘구멍 사진기처럼 렌즈가 없는 경우도 있다. 그림 24.4는 간단한 단안 반사식 (single lens reflex, SLR) 사진기의 구조이다. 사진기는 수렴렌즈로 상감지기 위에다 실상을 만든다. 사진을 찍으려는 물체의 한 점으로부터 나온 광선들은 상감지기의 해당 점으로 수렴해야 한다.

좋은 카메라에서는, 뚜렷한 상이 상감지기에 맺히도록 렌즈 방정식에 따라 렌즈와 상감지기 사이의 거리를 조절할 수 있다. 멀리 있는 물체에 대해서는, 렌즈는 상감지기로부터 초점거리만큼 떨어져 있어야 한다. 가까운 물체에 대해서는 상이 초점을 지나서 맺히기 때문에, 렌즈가 위의 경우보다 약간 멀리 있어야 한다. 초점이 고정된 간단한 사진기의 렌즈는 위치가 고정되어 있다. 먼 물체에 대해서는 이러한 사진기들도 꽤 괜찮은 결과를 줄 수 있지만, 가까운 물체에 대해서는 렌즈의 위치가 조절될 수 있는 사진기를 사용해야 한다.

슬라이드나 영사기도 또한 하나의 수렴렌즈를 사용해 스크린 위에 거꾸로 선 실상을 만든다.

✓ 살펴보기 24.2

초점거리가 f인 렌즈 하나만 있는 사진기로, 렌즈로부터의 거리가 f보다 작은 위치에 있는 물체의 사진을 찍을 수 있는가? 설명하여라.

보기 24.3

고정 초점 사진기

렌즈의 초점거리가 50.0 mm인 사진기로 무한히 멀리 있는 물체와 6.00 m 앞에 있는 물체의 사진을 찍을 때에 (a) 무한히 멀리 있는 물체의 상거리와, (b) 렌즈 앞 6.00 m에 있는 물체의 상거리를 구하여라.

전략 두 물체거리를 얇은 렌즈 방정식에 대입하면, 두 상거리를 구할 수 있다.

풀이 (a) 얇은 렌즈 방정식은 다음과 같다.

$$\frac{1}{p} + \frac{1}{q} = \frac{1}{f}$$

무한히 멀리 있는 물체에 대해서는, $1/p = 1/\infty = 0$이므로

$$0 + \frac{1}{q} = \frac{1}{f}$$

이다. 그러므로 $q = f$이다. 곧, 상거리가 초점거리와 같으므로, 무한히 멀리 있는 물체의 상은 렌즈로부터 50.0 mm 거리에 만들어진다.

(b) 이번에는 $p = 6.00$ m이므로 렌즈 방정식에 대입하면

$$\frac{1}{6.00 \text{ m}} + \frac{1}{q} = \frac{1}{50.0 \times 10^{-3} \text{ m}}$$

이다. 상거리 q에 대해 풀면

$$\frac{1}{q} = \frac{1}{50.0 \times 10^{-3} \text{ m}} - \frac{1}{6.00 \text{ m}}$$

이다. 따라서 상거리 $q = 50.4$ mm가 된다.

검토 두 물체의 상거리의 차는 0.4 mm이다. 렌즈와 상감지기 사이 거리가 고정되어 있어도 사진기는 6.00 m에서 무한대 사이의 물체에 대해 그런대로 초점이 맞은 상을 만들 수 있다.

실전문제 24.3 클로즈업 사진

위의 보기에서와 초점거리가 똑같은 렌즈를 사용하는 사진기로 전방 1.50 m에 있는 물체를 찍는다. 사진기 렌즈가 앞뒤 이동이 가능하다면, 선명한 상을 찍기 위해 렌즈와 상감지기 사이의 거리를 얼마로 해야 하는가?

노출 조절

금속판 여러 개가 부채꼴 모양으로 겹쳐진 사진기 조리개는 우리 눈의 홍채와 같은 역할을 한다. 곧, 사진기로 빛이 들어가는 **구멍**(aperture)의 크기를 조절한다(그림 24.4). 하지만 셔터는 빛이 조리개 구멍을 통과하는 시간, 곧 **노출** 시간을 결정하는 장치이다. 구멍의 크기와 노출 시간은 상감지기에 적정량의 빛에너지가 도달하도록 선택한다. 만일 잘못 선택한다면 과다 노출 또는 노출 부족으로 선명한 사진을 얻을 수 없다.

피사계 심도

상감지기로부터 렌즈까지의 거리 q를 조정해 렌즈의 초점을 맞추면, 렌즈로부터 거리 p만큼 떨어진 평면에 있는 물체만이 상감지기 위에 선명하게 상을 맺는다 (그림 24.5a). 그러나 이 평면에 있지 않은 물체의 한 점에서 나온 광선들은 상감지기에 한 개의 점이 아닌 하나의 원(**최소 혼동 원**, circle of least confusion)을 형성

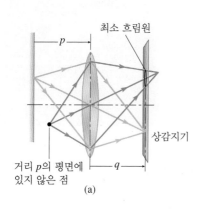
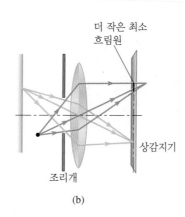

그림 24.5 (a) 초점면에 있지 않은 점에 대한 최소 흐림원. (b) 조리개 구멍을 작게 하면 최소 흐림원이 줄고 따라서 초점 심도(상감지기에 선명한 상이 맺히는 영역)가 커진다.

할 것이다. 이 평면으로부터의 거리가 어떤 거리 범위 이내에 있는 물체에 대해서는 최소 혼동 원이 그리 크지 않아서 상감지기에 비교적 선명한 상을 만든다. 이 범위를 **피사계 심도**라고 한다.

조리개를 렌즈 앞에 놓아 렌즈의 구경을 작게 하면 최소 혼동 원이 작아진다(그림 24.5b). 곧, 조리개의 구경을 줄이면 피사계 심도가 커진다. 그러나 조리개 구경이 작아지면 들어오는 빛의 양이 감소하므로 상감지기에 필요한 만큼 노출 시간을 늘려야 한다. 노출 시간이 길어지면 물체가 움직이거나 또는 사진기가 삼각대로 고정되어 있지 않아 흔들리는 경우 초점이 흐려질 수 있다. 따라서 선명한 사진을 찍기 위해서는 사진기 조리개 구경을 작게 해 주위의 더 많은 것에 초점을 맞추느냐, 또는 노출 시간을 줄여 피사체나 사진기의 움직임으로 인해 상을 흐리게 하지 않게 하느냐의 사이에 타협점이 있어야 한다.

바늘구멍 사진기

렌즈가 하나 있는 사진기보다 더 간단한 것이 **바늘구멍 사진기**pinhole camera 또는 어둠상자이다. **바늘구멍 사진기**는 상자의 한쪽에 작은 구멍을 뚫어 만든다(그림 24.6a). 이 작은 구멍으로 들어간 빛이 상자 반대편에 거꾸로 선 실상을 맺는다. 상자 뒷면에 있는 사진 건판(현상액이 칠해진 유리판)이나 필름이 이 상을 기록할 수 있다.

오래전부터 화가들은 어둠상자의 원리를 이용하여, 광선이 작은 구멍을 통해 들어오는 암실에서 밖의 풍경을 그림으로 그렸다. 상이 캔버스에 투영되면 화가는 외부 풍경의 윤곽을 캔버스에 옮길 수 있었다. 유명한 화가 얀 반 에이크(Jan van Eyck), 티치아노(Titian), 카라바조(Caravaggio), 베르메르(Vermeer), 카날레토(Canaletto) 등은 어둠상자를 이용해 사실적 자연주의 그림을 그렸다(그림 24.6b). 18, 19세기에 그림이나 사진을 복사하는 데에 어둠상자가 널리 사용되었다.

바늘구멍 사진기는 진짜 상을 만드는 것이 아니다. 곧, 물체의 한 점으로부터 나온 광선들이 벽의 한 점으로 수렴하는 것이 아니다. 그 물체의 각 점에서 발산된 빛

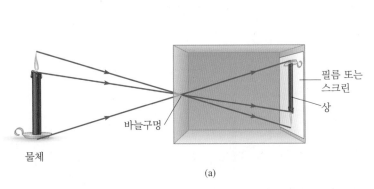

물체 / 바늘구멍 / 필름 또는 스크린 / 상

(a)   (b)

그림 24.6 (a) 소형 바늘구멍 사진기. (b) 1666년경 베르메르의 작품 '연주회(The Concert)'. 그림의 정교한 원근법, 거의 사진에 가까운 세밀함은 아마도 어둠상자 덕분으로 추정된다.

은 바늘구멍을 지나면서 작은 원뿔 모양이 되어 벽에 작은 원을 만든다. 이 원이 작을수록 상이 선명하다. 너무 작아 회절에 의해 원이 퍼질 정도만 아니라면, 가능한 구멍을 작게 뚫어야 어둡지만 선명한 상을 얻을 수 있다.

24.3 눈 THE EYE

사람의 눈은 디지털 사진기와 비슷하다. 디지털 사진기가 실상을 CCD 화소들 위에 맺듯이, 우리 눈은 약 1억 2500만 개의 시세포(간상세포와 원추세포)들이 있는 **망막**에 물체의 실상을 맺는다. 그러나 디지털 사진기와 눈의 초점 조절 원리는 다르다. 사진기에서는 물체거리에 따라 상감지기 앞의 렌즈가 전후로 움직이면서 상이 맺는다. 반면, 눈에서는 수정체(렌즈)와 망막 사이 거리가 일정한 대신, 렌즈의 초점거리를 조절해 초점을 맞춘다. 곧, 물체거리에 따라 초점거리를 변화시킴으로써 상거리를 일정하게 유지한다.

그림 24.7을 보면, 우리 눈은 지름이 2.5 cm 정도인 구형 기관이다. 밖으로 돌출된 앞부분은 **방수**로 차 있고, 각막이라는 투명한 막으로 덮여 있다. 돌출된 형태를 유지하기 위해 방수는 높은 압력을 유지하고 있다. 이 각막 곡면이 렌즈 역할을 해 눈으로 들어오는 빛을 굴절시킨다. 수정체는 초점거리를 미세하게 조절하는 렌즈이다. 대부분의 경우에 각막과 수정체를 합쳐 망막 앞 약 2.0 cm에 있는, 초점거리를 조절할 수 있는 하나의 렌즈로 간주할 수 있다. 정상 시각에서 25 cm 이상의 거리에 있는 물체를 선명하게 보려면, 망막에서 렌즈까지의 거리가 2.00 cm일 때 각막과 수정체로 이루어진 눈의 초점거리를 1.85 cm에서 2.00 cm 사이로 조절해야 한다.

수정체 뒤쪽의 구형 공간은 유리액이라는 젤리 같은 물질로 채워져 있다. 방수와

연결고리

사람 눈을 단순화한 모델에서는 초점거리를 조절할 수 있는 수렴렌즈가 망막으로부터 고정된 거리에 위치해 있다. 사진기에서는 렌즈의 초점거리는 고정되어 있고 대신에 상감지기(또는 필름)까지의 거리를 조절할 수 있다.

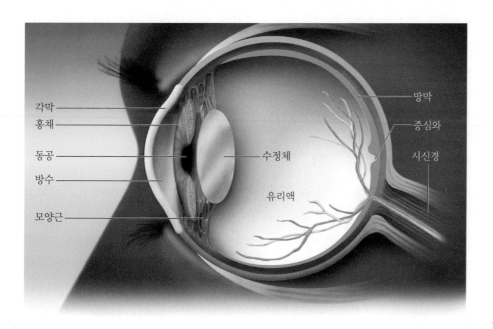

그림 24.7 사람 눈의 해부도.

그림 24.8 눈으로 입사하는 빛의 진공 파장에 따른 간상세포와 세 가지 원추세포의 감도. (간상세포는 원추세포보다 훨씬 더 민감하여, 만일 세로축 눈금이 상대적이 아니고 절대적인 것이라면 간상세포의 그래프는 다른 것들보다 훨씬 높을 것이다).

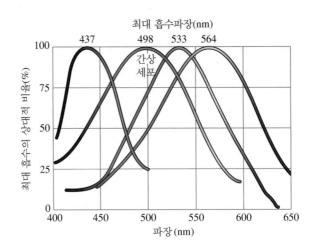

유리액의 굴절률은 물의 굴절률과 거의 같다(1.333). 젤과 비슷하지만 섬유 물질인 수정체는 굴절률이 조금 크다(1.437). 각막의 굴절률은 1.351이다.

눈동자(동공)는 들어오는 빛의 양을 조절하는 사진기의 조리개와 같은 역할을 한다. 동공의 크기는 반지 모양의 근육섬유(눈의 색깔 부분)인 홍채가 조절한다. 밝을 때에는 홍채가 팽창해 동공이 작아지면서 눈으로 들어오는 빛의 양을 줄인다. 어두우면 홍채가 수축하면서 동공을 확대시켜 더 많은 빛을 들어오게 한다. 홍채의 팽창과 수축은 밝기 변화에 따른 조건반사 반응이다. 평상시에 동공의 지름은 2 mm이지만, 어두워지면 약 8 mm로 늘어난다.

망막의 감광세포는 **황반**이라는 좁은 지역에 밀집되어 있다. 원추세포는 세 가지 종류가 있으며 빛의 파장의 따라 다르게 반응한다(그림 24.8). 따라서 원추세포는 색 시각을 결정한다. 황반 중심에 지름이 0.25 mm인 부분을 **중심와**라고 하는데, 이곳은 원추세포가 빽빽하게 밀집해 있으며 밝을 때 예민한 시각이 일어나는 곳이다. 물체를 볼 때 눈 근육이 움직여 상이 중심와에 맺히도록 한다.

간상세포는 원추세포보다 약한 빛에 더 민감하게 반응하지만 파장에 따라 다르게 반응하는 여러 가지 종류로 나뉘어 있지는 않다. 따라서 어두운 곳에서 색깔을 구별하기 어렵다. 황반 바깥쪽 시세포는 모두 간상세포이고 빽빽하게 밀집되어 있지 않지만, 황반 안쪽 간상세포보다는 빽빽하다. 밤하늘의 어두운 별을 보려고 할 때에 별의 약간 바깥쪽에 초점을 맞추면 더 잘 보이는 것은 간상세포가 더 많은 황반 바깥쪽에 별의 이미지가 만들어지기 때문이다.

거리 적응

유연한 수정체의 초점거리를 변화시키는 것을 **거리 적응**accommodation이라고 부른다. 이것은 눈의 모양체근이 수정체의 모양을 변화시킨 결과이다. 눈의 수정체와 망막 사이 거리는 일정하기 때문에, 다양한 거리에 있는 물체를 선명하게 보려면 그에 맞추어 수정체의 모양을 변화시켜야 한다. 멀리 있는 물체를 볼 때에는 눈의 모양근이 이완되면서 수정체의 두께가 얇아지고 초점거리는 길어진다(그림 24.9a). 가까이 있는 물체에 대해서는, 모양근이 수축하면서 수정체가 두꺼워지고 둥글게

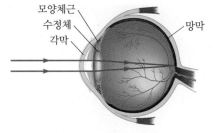

모양체근
수정체
각막
망막

멀리 있는 물체를 볼 때는
초점거리가 길어짐
(a)

모양체근
수정체
각막
망막

가까이 있는 물체를 볼 때는
초점거리가 짧아짐
(b)

그림 24.9 눈의 수정체는 (a) 멀리 있는 물체를 볼 때 초점거리가 길고, (b) 가까이 있는 물체를 볼 때에는 초점거리가 짧다.

되며(그림 24.9b) 초점거리가 짧아진다.

눈의 거리 적응 덕분에 **근점**near point과 **원점**far point 사이에 있는 물체의 상이 망막에 선명하게 맺힌다. 시력이 좋은 젊은 사람들의 근점은 25 cm 이하이고, 원점은 무한대이다. 어린아이의 근점은 10 cm 정도로 작을 수도 있다. 근점이 25 cm보다 크거나, 원점이 무한대까지 가지 못할 경우에는 교정렌즈(안경이나 콘택트렌즈)를 사용하거나 수술을 통해 보정할 수 있다.

검안사는 안경을 렌즈의 초점거리보다는 **굴절력**refractive power(P)으로 처방한다. (굴절력은 광학기구의 각도 확대를 나타내는 다른 용어인 "배율"과는 다르다.) 굴절력은 단지 초점거리의 역수를 뜻한다.

$$P = \frac{1}{f} \qquad (24\text{-}3)$$

굴절력은 보통 **디옵터**diopter(기호 D) 단위로 측정한다. 1디옵터는 초점거리 f가 1 m인 렌즈의 굴절력이다($1\ \text{D} = 1\ \text{m}^{-1}$). 초점거리가 짧을수록 광선이 더 많이 꺾이므로 렌즈의 굴절력이 크다. 수렴렌즈의 굴절력은 양수로 나타내고, 발산렌즈의 굴절력은 음수로 나타낸다.

초점거리 대신 굴절력을 사용하는 이유는 무엇인가? 굴절력이 P_1, P_2, …인 두 개 이상의 얇은 렌즈를 충분히 가깝게 겹쳐 놓으면 그것들은 굴절력이 다음과 같은 하나의 얇은 렌즈처럼 취급할 수 있다.

$$P = P_1 + P_2 + \cdots \qquad (24\text{-}4)$$

응용: 근시교정

근시안은 가까운 물체는 선명하게 보지만 먼 곳에 있는 물체를 잘 보지 못한다. 근시는 안구가 길거나 각막의 곡면이 필요 이상으로 심해진 데에 기인한다. 곧, 근시안은 먼 물체의 상을 망막의 앞에다 만든다(그림 24.10a). 렌즈의 굴절력이 너무 커서 광선들을 너무 빨리 수렴시킨다. 교정용 발산렌즈는 광선을 바깥쪽으로 꺾어 근시를 교정한다(그림 24.10b).

교정 발산렌즈는 눈으로부터 어떤 거리에 있는 물체든 실제의 거리보다 가까운 곳에 허상을 만든다. 무한히 먼 곳에 있는 물체의 상을 눈의 **원점**에 맺히게 하고(그림 24.10c), 그보다 가까운 물체는 원점보다 가까운 곳에 허상을 맺는다. 이 허

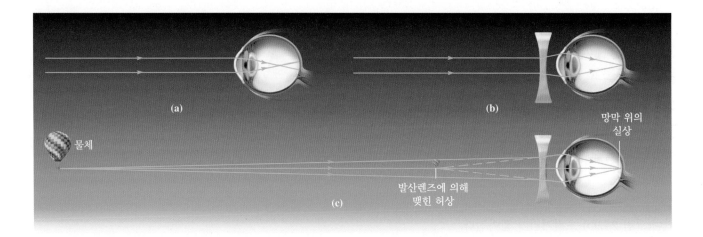

그림 24.10 (a) 근시안에서는 먼 물체로부터 오는 평행광선들이 망막의 앞쪽에 수렴한다. (b) 발산렌즈는 광선들이 망막 위의 한 점으로 수렴할 수 있을 만큼 광선들을 밖으로 굴절시켜 근시를 교정한다. (c) 발산렌즈는 물체보다 가까운 곳에 허상을 만들고 눈은 이 상으로부터 오는 것처럼 보이는 광선들을 망막에 수렴시켜 실상을 만든다.

상들은 항상 원점보다 가까운 곳에 있으므로 눈의 렌즈가 그 실상을 망막에 맺히게 한다.

보기 24.4

근시의 교정

영희는 40.0 cm 밖의 물체를 선명하게 볼 수가 없어서 콘택트렌즈를 착용하려고 한다. 영희의 시력을 정상으로 교정하기 위한 콘택트렌즈의 굴절력을 구하여라.

전략 영희 눈의 원점은 40.0 cm이다. 따라서 영희는 무한히 먼 위치에 있는 물체의 허상을 눈의 원점 40.0 cm에 맺히는 교정렌즈를 써야 한다. 물체거리 $p = \infty$, 상거리 $q = -40.0$ cm를 렌즈 방정식에 대입하면, 교정렌즈의 초점거리와 굴절력을 구할 수 있다. 상이 생기는 위치가 물체와 같은 쪽이므로 허상이고, 따라서 상거리는 음수이다.

풀이 얇은 렌즈 방정식은 다음과 같다.

$$\frac{1}{p} + \frac{1}{q} = \frac{1}{f} = P$$

물체거리는 $p = \infty$이므로, $1/p = 0$ 이다. 이것과 $q = -40.0$ cm을 대입하면

$$0 + \frac{1}{-40.0 \text{ cm}} = \frac{1}{f}$$

이고, 초점거리는

$$f = -40.0 \text{ cm}$$

이다. 렌즈의 굴절력인 디옵터는 미터 단위 초점거리의 역수이므로, 다음과 같이 계산된다.

$$P = \frac{1}{f} = \frac{1}{-40.0 \times 10^{-2} \text{ m}} = -2.50 \text{ D}$$

검토 발산렌즈에서 예상한 것처럼 초점거리와 굴절력이 음수이다. 얇은 렌즈 방정식으로 계산하지 않아도 우리는 바로 $f = -40.0$ cm임을 알 수 있다. 먼 곳에 있는 광원으로부터 오는 광선들은 축에 거의 나란하게 들어온다. 발산렌즈로 들어오는 평행광선들은 렌즈 앞의 초점으로부터 나오는 것처럼 굴절해 나온다. 따라서 상은 렌즈 입사면 쪽의 초점에 있다.

실전문제 24.4 **근점**

영희의 근점(콘택트렌즈를 끼지 않았을 때)이 10.0 cm라고 하자. 영희가 콘택트렌즈를 끼고 볼 수 있는 가장 가까운 물체거리는 얼마인가? (힌트: 어떤 물체에 대해 콘택트렌즈는, 렌즈 앞 10.0 cm 위치에 허상을 만드는가?)

근점보다 가까이
있는 물체

(a)

교정렌즈에 의해
맺힌 허상

근점보다
가까운 물체

망막의
실상

(b)

그림 24.11 (a) 원시안은 가까운 물체의 상을 망막 뒤에 만든다. (b) 교정용 수렴렌즈는 가까운 물체의 허상을 물체보다 더 먼 곳에 만든다. 이 허상으로부터 온 것처럼 보이는 광선들을 눈의 렌즈가 모아서 망막 위에 실상을 만든다.

응용: 원시 교정

원시안은 멀리 있는 물체는 잘 보지만 근점(명시거리)이 너무 길어서 가까운 물체를 잘 못 보는 눈을 말한다. 눈의 굴절력이 너무 작다. 곧, 각막과 수정체가 광선들을 망막 위에 수렴시킬 만큼 충분히 굴절시키지 못하기 때문이다(그림 24.11a). 수렴렌즈로 빛을 안쪽으로 굴절시켜 일찍 수렴하도록 함으로써 원시를 교정한다(그림 24.11b). 정상 시력의 근점(명시거리)은 25 cm이거나 그 이하이다. 그러므로 교정렌즈는 눈 앞 25 cm에 있는 물체의 허상을 눈의 근점에 만든다.

보기 24.5

원시의 교정

철용이는 눈으로부터 2.50 m 이내에 있는 물체를 잘 볼 수가 없다. 철용이의 교정렌즈의 굴절력은 얼마가 되어야 하는가?

전략 철용이의 눈 앞 25 cm에 있는 물체에 대해, 교정렌즈는 그의 근점(눈으로부터 2.50 m)에 허상을 만들어야 한다. 따라서 교정렌즈의 초점거리를 구하기 위해 물체거리 $p = 25$ cm, 상거리 $q = -2.50$ m를 얇은 렌즈 방정식에 대입한다. 보기 24.4와 마찬가지로, 상거리 q가 음수인데 이것은 물체가 있는 렌즈의 앞쪽에 허상이 만들어지기 때문이다.

풀이 얇은 렌즈 방정식

$$\frac{1}{p} + \frac{1}{q} = \frac{1}{f}$$

여기에 물체거리 $p = 0.25$ m와 $q = -2.50$ m를 대입하면

$$\frac{1}{0.25 \text{ m}} + \frac{1}{-2.50 \text{ m}} = \frac{1}{f}$$

이다. 초점거리에 관해 풀면

$$f = 0.28 \text{ m}$$

이다. 그러므로 굴절력은

$$P = \frac{1}{f} = +3.6 \text{ D}$$

이다.

검토 위의 풀이는 교정렌즈가 콘택트렌즈처럼 눈에 밀착되어 있는 경우를 가정한다. 만일 눈과 안경 사이 거리가 2.0 cm라면, 물체거리와 상거리는 렌즈로부터 재는 것이기 때문에 $p = 23$ cm, $q = -2.48$ m가 된다. 그러면 얇은 렌즈 방정식으로부터, 굴절력은 $P = +3.9$ D가 된다.

실전문제 24.5 교정 안경의 착용

안경을 쓰지 않고 2.00 m 밖 이상에 있는 물체를 잘 볼 수 있

는 사람이 있다. 만일 안경의 굴절력이 +1.50 D라면, 이 사람은 안경에서 얼마나 가까운 물체까지 잘 볼 수 있는가? 눈과

안경 사이 거리는 2.0 cm라고 가정한다.

노안

나이가 들어감에 따라, 수정체의 유연성이 떨어져 눈의 거리 적응력이 약화되는 현상이 노안이다. 노안이 되면 가까운 물체에 초점을 맞추기 힘들다. 그래서 40세 이상의 많은 사람들이 책을 읽기 위해 돋보기를 사용한다. 60세 노인의 근점(명시거리)은 평균 50 cm 정도인데, 근점이 1 m 이상인 사람도 있다. 노안인 사람이 사용하는 돋보기는 원시 교정 안경과 비슷하다.

✓ 살펴보기 24.3

캠핑을 갔는데 아무도 성냥을 가져오지 않았다. 한 사람이 자신의 안경으로 태양 빛을 모아 마른풀이나 잘게 부순 나무껍질에 불을 붙이자고 제안했다. 그 사람의 눈이 근시라면 이것이 가능하겠는가? 원시라면 어떤가? 설명하여라.

24.4 각도배율과 단순 확대경
ANGULAR MAGNIFICATION AND THE SIMPLE MAGNIFIER

각도배율

너무 작아 육안으로는 보기 힘든 물체를 확대하기 위해 돋보기나 현미경을 사용한다. 여기서 확대한다는 것은 어떤 뜻인가? 우리 눈에 보이는 물체의 크기는 망막에 맺히는 상의 크기에 달려 있다. 육안인 경우에는, 눈의 망막에 투영되는 상의 크기는 물체의 양 끝에서 나오는 두 광선들이 이루는 각(대응각)에 비례한다. 그림 24.12는 크기가 같은 두 물체가 다른 거리에 있을 때에, 우리의 눈에 어떻게 보이는지를 비교한 것이다. 물체들의 양 끝에서 나와 수정체의 중심을 통과하는 두 광선들을 고려하자. 이 두 광선들이 만드는 각 θ를 그 물체의 **각 크기**^{angular size}(시각차)라고 부른다. 망막에 맺히는 상의 대응각도 θ와 같다. 그림 24.12에서 볼 수 있듯이, 두 물체 중 더 먼 곳에 있는 물체의 대응각이 가까운 물체의 대응각보다 작다. 이와 같이, 물체의 각 크기는 물체가 눈에서 얼마나 멀리 떨어져 있는지

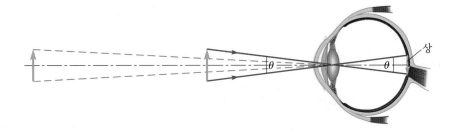

그림 24.12 서로 다른 거리에서 본 동일한 물체. 더 가까운 물체의 상단과 하단에서 그려진 광선은 물체에 대하는 각 θ를 나타낸다.

에 달려 있다.

확대경, 현미경, 망원경은 **육안으로 볼 때보다** 훨씬 큰 상을 망막 위에 만든다. 망막 위의 상의 크기는 각 크기에 비례하므로, 광학기기의 유용성을 **각도배율**angular magnification로 측정한다. 각도배율은 육안으로 보는 상의 각 크기에 대한 광학기기를 통해 보는 상의 각 크기의 비이다.

각도배율의 정의

$$M = \frac{\theta_\text{확대}}{\theta_\text{육안}} \qquad (24\text{-}5)$$

가로 배율(물체의 크기에 대한 상의 크기의 비)은 여기에서는 별로 유용하지 않다. 예를 들어 망원경을 통해 눈으로 달을 볼 때 가로 배율은 아주 작다. 망원경을 통하더라도 망막에 맺힌 달의 상 크기는 실제 달의 크기보다 매우 작다. 망원경은 육안으로 볼 때보다 더 큰 상을 망막에 만들기 위한 것이다.

단순 확대경

물체를 자세히 보려면 자연히 물체 가까이 다가간다. 다가갈수록 물체의 각 크기가 커지기 때문이다. 그러나 가까운 물체를 보는 눈의 거리 조절 능력에는 한계가 있어서 근점보다 가까운 물체는 선명하게 볼 수 없다. 따라서 육안의 대응각이 최대가 되는 것은 물체가 근점에 있을 때이다.

단순 확대경simple magnifier은 물체거리가 초점거리보다 짧도록 놓인 수렴렌즈이다. 그러면 물체보다 더 먼 곳에 확대된 정립 허상이 생긴다(그림 24.13). 물체를 근점에 놓고 육안으로 볼 때의 각 크기보다, 확대된 허상을 눈으로 볼 때의 각 크기가 훨씬 크다. 허상이 근점보다 좀 더 먼 곳에 생기도록 하면 각도배율 면에서는 조금 손해를 보지만 눈의 피로를 덜 수 있다.

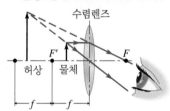

그림 24.13 단순 확대경으로 사용되는 수렴렌즈의 확대된 허상. 물체거리가 초점거리보다 짧다.

만일 높이 h인 작은 물체를 육안으로 관찰한다면(그림 24.14a), 이 물체가 눈으로부터 거리 N만큼 떨어진 근점에 있을 때의 각 크기는 다음과 같다.

$$\theta_\text{육안} \approx \frac{h}{N} \quad \text{(rad)}$$

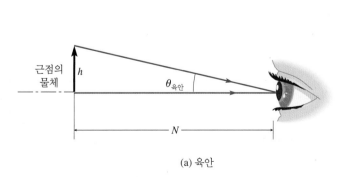

(a) 육안

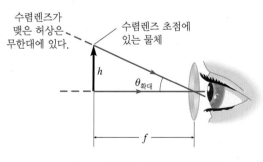

(b) 보조 수렴렌즈를 사용한 눈

그림 24.14 (a) 육안으로 근점에 있는 물체를 볼 때의 각 크기 $\theta_\text{육안}$. (b) 확대경은 무한대에 허상을 만든다. 허상의 각 크기 $\theta_\text{확대}$는 $\theta_\text{육안}$ 보다 크다.

여기서 $h \ll N$이라고 가정하면 $\theta_{육안}$은 아주 작아져 $\tan\theta_{육안} \approx \theta_{육안}$가 된다. 만일 그 물체를 수렴렌즈의 초점에 놓으면, 상은 무한히 먼 곳에 생기고 편하게 그 상을 볼 수 있다(그림 24.14b). 이때 상의 각 크기는

$$\theta_{확대} \approx \frac{h}{f} \quad (\text{rad})$$

그리고 각도배율 M은 다음과 같다.

$$M = \frac{\theta_{확대}}{\theta_{육안}} = \frac{h/f}{h/N} = \frac{N}{f} \tag{24-6}$$

> 광학기기의 각도배율을 계산할 때에는 근점 거리를 25 cm로 하는 것이 일반적이다.

식 (24-6)은 물체가 확대경의 초점에 있을 때의 각도배율이다. 만일 물체가 확대경에 가까이 다가가면($p < f$) 각도배율은 다소 커질 것이다. 그때 상의 각 크기는 $\theta_{확대} = h/p$이고 각도배율은 다음과 같이 된다.

$$M = \frac{\theta_{확대}}{\theta_{육안}} = \frac{h/p}{h/N} = \frac{N}{p}$$

많은 경우, 이렇게 각도배율을 조금 증가시키기 위해서 눈의 피로를 가중시키면서까지 가까운 상을 볼 필요는 없을 것이다(문제 21번 참조).

✓ 살펴보기 24.4

발산렌즈($f < 0$)로 실제 물체의 허상을 만들 수 있다. 그렇다면 발산렌즈를 단순 확대경으로 쓸 수 있는가? 설명하여라. (힌트: 상거리가 물체거리보다 작다: $|q| < p$.)

보기 24.6

확대경

초점거리가 4.00 cm인 수렴렌즈를 단순 확대경으로 사용한다. 이 확대경은 눈의 근점인 25.0 cm에 허상을 만든다. 이때의 물체거리와 각도배율을 구하여라. 확대경과 눈은 아주 가까운 거리에 있다고 한다.

전략 렌즈로부터의 상거리를 25.0 cm라고 한다. 확대경이 눈에 가까이 있다면, 렌즈로부터의 거리는 눈으로부터의 거리와 거의 같다. 주어진 렌즈의 초점거리와 상거리 값을 얇은 렌즈 방정식에 대입해 물체거리를 구한다.

풀이 얇은 렌즈 방정식을 정리해 물체거리를 구하면

$$p = \frac{fq}{q - f}$$

이다. 여기에 상거리 $q = -25.0$ cm (허상이므로 음수), 초점거리 $f = +4.00$ cm를 대입한다.

$$p = \frac{4.00 \text{ cm} \times (-25.0 \text{ cm})}{-25.0 \text{ cm} - 4.00 \text{ cm}}$$

$$= 3.45 \text{ cm}$$

물체거리는 렌즈로부터 3.45 cm가 된다. 이때 상의 각 크기는

$$\theta = \frac{h}{p} \quad (\text{라디안})$$

인데, 여기에서 h는 물체의 크기이다. 이 물체는 렌즈의 초점에 있지 않으므로, 그림 24.14b처럼 각 크기를 h/f로 나타낼 수 없다. 확대경을 사용하지 않고 근점 $N = 25$ cm에 놓인 물체를 볼 때의 각 크기는

$$\theta_0 = \frac{h}{N}$$

이다. 따라서 각도배율은 다음과 같다.

$$M = \frac{h/p}{h/N} = \frac{N}{p} = \frac{25.0 \text{ cm}}{3.45 \text{ cm}} = 7.25$$

검토 만일 물체를 렌즈로부터 4.00 cm인 초점에 놓으면, 무한대에 나중 상이 만들어지고 그 각도배율은 다음과 같다.

$$M = \frac{N}{f} = \frac{25.0 \text{ cm}}{4.00 \text{ cm}} = 6.25$$

실전문제 24.6 확대경으로 보는 물체의 위치

초점거리 12.0 cm인 단순 확대경이 있다. 이 확대경을 눈 가까이 접근시켰을 때, (a) 관찰자의 근점(25 cm)에 상이 만들어질 경우에 물체의 각도배율과 (b) 무한대에 상이 만들어질 경우의 각도배율을 구하여라.

24.5 복합 현미경 COMPOUND MICROSCOPES

단순 확대경의 각도배율은 기껏해야 15에서 20 사이이다. 그러나 두 개의 수렴렌즈를 사용하는 **복합 현미경**compound microscope의 각도배율은 2000 이상까지 가능하다. 복합 현미경은 1600년경 네덜란드에서 발명된 것으로 알려져 있다.

우선 확대해보고자 하는 작은 시료를 **대물렌즈**objective라고 부르는 수렴렌즈의 초점 바로 밖에 놓는다. 대물렌즈의 역할은 확대 실상을 만드는 것이다. 두 번째의 수렴렌즈인 **접안렌즈**eyepiece는 대물렌즈에 의해 만들어진 실상을 보기 위한 것이다(그림 24.15). 접안렌즈는 단순 확대경처럼 확대된 허상을 만든다. 나중 상은 관찰자의 근점과 무한대 사이 어디에나 있을 수 있다. 보통은 상을 무한대에 위치하도록 하는데, 이는 각도배율을 많이 감소시키지 않고 관찰자가 편안하게 물체를 관찰할 수 있기 때문이다. 무한대에 허상을 만들기 위해서는, 대물렌즈에 의해 만들어진 실상은 접안렌즈의 초점에 있어야 한다. 복합 현미경의 경통 속에서 두 렌즈의 위치를 조절해 대물렌즈에 의한 상이 접안렌즈의 초점이나 더 가까운 곳에 생기도록 한다.

접안렌즈를 단순히 단순 확대경으로 사용해 물체를 본다면 배율은 다음과 같다.

$$M_e = \frac{N}{f_e} \quad \text{(접안렌즈에 의한 배율)}$$

여기에서 f_e는 접안렌즈의 초점거리이고, 허상이 무한대에 만들어지는 경우에 해당한다. 일반적으로 $N = 25$ cm라고 가정한다. 한편 대물렌즈는 물체의 확대된 실상을 만든다. 대물렌즈의 가로 배율은 다음과 같다(문제 27).

$$m_o = -\frac{L}{f_o} \quad \text{(대물렌즈에 의한 배율)}$$

여기서 L(현미경 **경통의 길이**)은 두 렌즈 사이의 거리가 아니라, 두 렌즈의 초점 사이의 거리이다. 그림 24.15처럼 대물렌즈의 상이 접안렌즈의 초점에 있으므로 현미경 경통의 길이는 다음과 같이 계산된다.

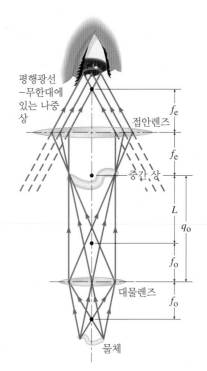

그림 24.15 복합 현미경. 무한대에 나중 상을 만들기 위해 중간 상이 접안렌즈의 초점에 위치해야 한다.

$$L = q_o - f_o \qquad \text{(24-7)}$$

현미경의 표준 경통 길이는 16 cm이다.

우리가 접안렌즈를 통해 보는 상은, 이미 대물렌즈에 의해 가로 배율 m_o로 확대된 상을, 다시 접안렌즈 각도배율 M_e로 확대한 것이다. 따라서 총 각도배율은 m_o와 M_e를 곱한 값이다.

현미경의 각도배율

$$M_총 = m_o M_e = -\frac{L}{f_o} \times \frac{N}{f_e} \qquad \text{(24-8)}$$

식 (24-8)에서 음(−)의 부호는 나중 상이 거꾸로 선 도립상이라는 것을 뜻한다. 현미경과 망원경의 각도배율(일명 확대율)을 표시할 때 음의 부호를 무시하고 양수로 나타내기도 한다.

식 (24-8)에 의하면, 초점거리들이 짧아야 더 큰 배율을 얻을 수 있다. 많은 현미경들이 배율이 다른 여러 개의 대물렌즈 중에서 하나를 골라 원하는 확대 배율을 얻을 수 있게 제작되었다. 현미경의 제작자는 보통 렌즈의 초점거리 대신 배율($|m_o|$와 M_e)을 현미경에 나타낸다. 예를 들어, 접안렌즈에 "5×"로 표시된 것은 접안렌즈의 배율 $M_e = 5$를 나타내는 것이다.

보기 24.7

현미경의 배율

어떤 복합 현미경에서 대물렌즈의 초점거리는 1.40 cm이고 접안렌즈의 초점거리는 2.20 cm이다. 대물렌즈와 접안렌즈 사이 거리는 19.6 cm이다. 무한대에 나중 상이 만들어질 때 (a) 각도배율과 (b) 대물렌즈에서 물체까지의 거리를 구하여라.

전략 나중 상이 무한대에 있으므로, 식 (24-8)을 이용해 각도배율 M을 구할 수 있다. 먼저 현미경의 경통 길이 L을 구한다. 그림 24.15에서 볼 수 있듯이, 두 렌즈 사이의 거리는 두 렌즈의 초점거리들의 합에 경통 길이를 더한 것이다. 근점은 일반적으로 적용하는 25 cm로 한다. 물체의 위치를 알기 위해서, 우리는 대물렌즈에 대해 얇은 렌즈 방정식을 적용한다. 나중 상이 무한대에 만들어지므로 접안렌즈의 초점에 대물렌즈의 상이 놓여야 한다.

주어진 조건: $f_o = 1.40$ cm, $f_e = 2.20$ cm,
두 렌즈의 간격 = 19.6 cm
구할 값: (a) 총 각도배율 M, (b) 물체거리 p_o

풀이 (a) 경통 길이는 다음과 같다.

$$L = \text{두 렌즈의 간격} - f_o - f_e$$
$$= 19.6 \text{ cm} - 1.40 \text{ cm} - 2.20 \text{ cm} = 16.0 \text{ cm}$$

따라서 각도배율은 다음과 같다.

$$M = -\frac{L}{f_o} \times \frac{N}{f_e}$$
$$= -\frac{16.0 \text{ cm}}{1.40 \text{ cm}} \times \frac{25 \text{ cm}}{2.20 \text{ cm}} = -130$$

음수 배율은 나중 상이 도립상임을 나타낸다.

(b) 무한대에 나중 상이 만들어지려면, 대물렌즈의 상이 접안렌즈의 초점에 놓여야 한다. 그림 24.15에서 보듯이, 중간 상의 거리는 다음과 같이 구해진다.

$$q_o = L + f_o = 16.0 \text{ cm} + 1.40 \text{ cm} = 17.4 \text{ cm}$$

대물렌즈의 얇은 렌즈 방정식

$$\frac{1}{p_o} + \frac{1}{q_o} = \frac{1}{f_o}$$

이 식을 대물렌즈의 물체거리 p_o에 대해 풀면 다음과 같이 된다.

$$p_o = \frac{f_o q_o}{q_o - f_o}$$
$$= \frac{1.40 \text{ cm} \times 17.4 \text{ cm}}{17.4 \text{ cm} - 1.40 \text{ cm}}$$
$$= 1.52 \text{ cm}$$

검토 (b)의 결과로부터, 물체가 대물렌즈의 초점 바로 밖에 있는지 아닌지 확인해볼 수 있다. 대물렌즈의 초점거리는 1.40 cm이고, 대물렌즈로부터 물체까지의 거리는 1.52 cm이므로, 그 물체는 초점 밖 겨우 1.2 mm에 있다.

실전문제 24.7 뚜렷한 상을 위한 물체거리

근점이 25 cm인 관찰자가 대물렌즈의 초점거리가 $f_o = 1.20$ cm인 현미경을 통해 시료를 본다. 시료를 대물렌즈 아래 1.28 cm 거리에 놓았을 때 각도배율이 −198이고 나중 상이 무한대에 만들어졌다. (a) 이 현미경의 경통 길이 L과 (b) 접안렌즈의 초점거리는 얼마인가?

투과 전자 현미경

광학 현미경뿐만 아니라 여러 가지 비광학 현미경들도 사용되고 있다. 그중 광학 복합 현미경과 가장 비슷한 것이 투과 전자 현미경(transmission electron microscope, TEM)이다. 1920년경 독일의 물리학자 루스카(Ernst Ruska, 1906~1988)는 코일에 의해 만들어진 자기장이 전자에 대해 렌즈와 같은 역할을 할 수 있다는 것을 발견했다. 광학 렌즈가 빛의 진행 방향을 바꾸듯이, 자기장은 전자의 운동 경로를 바꿀 수 있다. 루스카는 이 원리를 이용해 전자를 쬔 물체의 상을 포착할 수 있었고, 뒤이어 두 개의 전자 렌즈를 조합해 현미경을 만들었다. 그리고 1933년에 이르러 전자빔을 이용해 작은 물체를 기존의 광학 현미경보다 훨씬 선명하게 관찰할 수 있는 최초의 전자 현미경을 제작했다. 루스카의 현미경은 전자빔이 얇은 시료 조직을 투과해 상을 만들기 때문에 **투과 전자 현미경**이라고 부른다.

분해능

배율이 아무리 커도 상이 흐리다면 별 소용이 없다. 분해능이란 물체에 있는 아주 가까운 점들의 상이 서로 구별될 수 있도록 선명한 상을 만들 수 있는 능력을 나타낸다. 분해능은 현미경의 품질을 결정하는 중요한 요소이다. 광학기기에서 분해능의 궁극적 한계는 빛의 회절, 곧 광선들의 퍼짐이다(25.6~25.8절) 회절 현상 때문에 빛의 파장보다 훨씬 작은 물체의 상은 뚜렷하게 맺히지 못한다. 그래서 복합 광학 현미경으로 400 nm보다 작은 물체를 관찰하기 어렵다. 원자는 지름이 0.2~0.5 nm 정도로 빛의 파장보다 훨씬 작으므로, 원자 크기의 상세한 것들을 광학 현미경으로 분해해서 관찰한다는 것은 불가능하다. 자외선 현미경은 짧은 파장을 이용하므로 조금 더 나은 편이다(100 nm 정도). 그러나 투과 전자 현미경은 약 0.5 nm까지 미세한 구조를 볼 수 있다.

24.6 망원경 TELESCOPES

굴절 망원경

굴절 망원경refracting telescope은 가장 널리 사용되는 비전문용 망원경으로서, 복합 현미경에서와 같이 기능하는 두 개의 수렴렌즈로 이루어진다. 굴절 망원경에도 물체의 실상을 만드는 대물렌즈와, 이 실상을 보는 접안렌즈가 있다. 현미경은 대물렌즈에 가까이 놓인 작은 시료를 관찰하기 위한 것으로, 이때에 대물렌즈의 역할은 확대된 상을 만드는 것이다. 그러나 망원경은 아주 멀리 있어서 각도가 작은 물체를 보기 위한 것으로서, 대물렌즈는 물체에 비해 아주 작은 상을 만들고 이 상을 접안렌즈를 통해 가까운 곳에서 본다.

천체 망원경 천체 굴절 망원경으로 관찰하는 물체는 아주 멀리 있기 때문에 무한대에 있다고 가정할 수 있고, 그 물체의 한 점으로부터 오는 광선들은 평행하다고 볼 수 있다(그림 24.16). 대물렌즈는 주초점에 아주 작은 실상을 만든다. 이 상이 접안렌즈의 2차 초점에 오도록 하면 나중 상이 무한대에 생겨 편하게 관측할 수 있다. 따라서 망원경 대물렌즈의 주초점은 접안렌즈 2차 초점과 일치한다. 이것은 현미경에서 대물렌즈의 주초점과 접안렌즈의 2차 초점이 경통 길이 L만큼 떨어져 있는 것과 다르다. 천체 망원경의 상을 사진으로 기록하기 위해 사진기를 연결할 때에는 사진기 렌즈가 접안렌즈의 역할을 한다. 그런데 이 경우에 사진기 **상감지기** 위에 실상이 맺혀야 하므로, 대물렌즈의 상이 사진기 렌즈의 초점에 오도록 하면 안 된다.

굴절 망원경의 대물렌즈와 접안렌즈는 서로 경통의 반대편 끝에 놓이므로, 망원경의 **경통 길이**는 대물렌즈와 접안렌즈의 초점거리 합과 같다.

$$경통 길이 = f_o + f_e \qquad (24\text{-}9)$$

육안으로 보았을 때 물체의 대응각은 대물렌즈에서의 대응각(θ_o)과 같다. 관측자가 접안렌즈를 통해 무한대에 만들어진 나중 상을 보는 관측자의 눈 위치에서 대응각은 θ_e이다. 그림 24.16의 삼각형에서 작은 각도에 대한 근사를 사용하면 육안으로 볼 때 물체의 각 크기는 다음과 같이 된다.

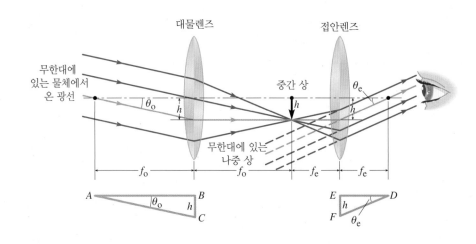

그림 24.16 굴절 천체 망원경. 밝은 주황색 광선은 대물렌즈의 2차 초점을 지나 렌즈를 통과한 후 주축에 나란하게 진행하다가, 접안렌즈를 지나 그 주초점을 향해 굴절한다. 아래쪽 두 직각삼각형은 광선들을 명확하게 보이기 위해 다시 그린 것이다. 직각삼각형의 빗변(AC, FD)들이 그 광선들의 경로이다. 각 삼각형 주축에서 빗변까지의 높이(BC, EF)는 상의 높이 h이다.

$$\theta_\mathrm{o} \approx \tan \theta_\mathrm{o} = \frac{h}{AB} = \frac{h}{f_\mathrm{o}}$$

망원경을 통한 나중 상의 각 크기는 다음과 같다.

$$\theta_\mathrm{e} \approx \tan \theta_\mathrm{e} = -\frac{h}{DE} = -\frac{h}{f_\mathrm{e}}$$

나중 상은 도립상이므로 각 크기가 음수이다. 망원경에서 배율은 각도배율로 나타낸다. 여기서 각도배율은 육안으로 본 물체의 대응각에 대한 망원경을 통해 본 나중 상의 대응각의 비이다. 망원경의 각도배율 공식이다.

천체 망원경의 각도배율

$$M = \frac{\theta_\mathrm{e}}{\theta_\mathrm{o}} = -\frac{f_\mathrm{o}}{f_\mathrm{e}} \tag{24-10}$$

여기에서 음(−)의 부호는 거꾸로 선 도립상을 나타낸다. 현미경에서와 마찬가지로, 각도배율은 음의 부호를 무시하고 양수로 표시하기도 한다. 최대 배율을 얻으려면, 대물렌즈의 초점거리는 될 수 있는 대로 길게, 접안렌즈의 초점거리는 될 수 있는 대로 짧게 만들어야 한다.

✓ 살펴보기 24.6

최대의 배율을 얻기 위해서, 현미경 대물렌즈의 초점거리는 작아야 하지만 망원경 대물렌즈의 초점거리는 커야 한다. 그 이유를 설명하여라.

보기 24.8

여키스 굴절 망원경

위스콘신 남부에 있는 여키스 망원경(그림 24.17)은 세계에서 가장 큰 굴절 망원경이다. 이 망원경의 대물렌즈의 지름은 1.016 m나 되고 초점거리는 19.8 m이다. 이 망원경의 확대율이 508이라면, 접안렌즈의 초점거리는 얼마인가?

전략 확대능은 각도배율의 크기로 나타낸다. 굴절 천체 망원경의 각도배율은 음수 값이다.

풀이 식 (24-10)의 각도배율 공식은 다음과 같다.

$$M = \frac{\theta_\mathrm{e}}{\theta_\mathrm{o}} = -\frac{f_\mathrm{o}}{f_\mathrm{e}}$$

f_e에 대해 풀면

그림 24.17 여키스 굴절 망원경은 1897년에 관측을 시작했는데, 아직도 세계에서 가장 큰 굴절 망원경이다.

$$f_e = -\frac{f_o}{M}$$

이다. $M = -508$과 $f_o = 19.8$ m를 대입하면

$$f_e = -\frac{19.8 \text{ m}}{-508} = 3.90 \text{ cm}$$

이다.

검토 접안렌즈의 초점거리는 양수여야 맞다. 망원경의 접안렌즈는 대물렌즈에 의해 만들어진 상을 확대하는 단순 확대경 역할을 한다. 수렴렌즈인 단순 확대경의 초점거리는 항상 양수이다.

실전문제 24.8 **접안렌즈 교체**

보기 24.8의 여키스 망원경 접안렌즈를 초점거리가 2.54 cm 인 접안렌즈로 교체하여 무한대에 나중 상을 만든다면, 이때의 각도배율은 얼마인가?

지상 망원경 천체 관측을 위한 망원경의 경우에는 상이 거꾸로 서 있어도 큰 문제가 되지 않는다. 그러나 지상의 물체, 예를 들어 높은 나뭇가지에 앉은 새나 야외 공연을 하는 가수를 망원경으로 본다면 상이 똑바로 서 있어야 한다. 쌍안경은 원래 한 쌍의 망원경으로서, 반사 프리즘을 통해 상을 뒤집어 도립상을 정립상으로 바꾼다.

어떤 지상용 망원경은 대물렌즈와 접안렌즈 사이에 제3의 렌즈를 추가해 도립상을 정립상으로 바꾼다. 1609년 갈릴레이는 제3의 렌즈가 없이 정립상을 볼 수 있는 갈릴레이 망원경을 만들었다. 갈릴레이는 발산렌즈를 접안렌즈로 사용해 정립상을 얻었다. 대물렌즈에 의해 만들어진 상이 접안렌즈의 허물체가 되도록 접안렌즈를 설치하면, 정립 허상이 만들어진다. 갈릴레이 망원경은 수렴렌즈만을 사용하는 망원경보다 경통의 길이가 짧다.

반사 망원경

반사 망원경reflecting telescopes은 렌즈 대신 하나 또는 여러 개의 거울로 만든다. 렌즈 대신 거울을 사용하면, 여러 가지 장점이 있다. 특히 멀리 있는 희미한 별들을 관찰하기 위해 충분한 빛을 모아야 하는 대형 망원경의 경우에는 거울을 사용하는 것이 훨씬 유리하다. (회절로 인해 분해능이 낮아지는 현상도 망원경을 크게 만들면 최소화할 수 있다.) 물질의 굴절률은 빛의 파장에 따라 다르므로 렌즈의 초점거리 또한 파장에 따라 다르다. 이러한 분산 현상이 렌즈에 의한 상을 찌그러지게 한다. 그러나 거울은 빛을 굴절시키는 것이 아니라 반사시키므로, 어떤 파장에나 똑같은 초점거리를 갖는다. 또한 대형 거울을 제작하는 것이 대형 렌즈를 제작하는 것보다 훨씬 쉽다. 유리로 대형 렌즈를 만들 때에, 유리 자체의 무게 때문에 렌즈에 변형이 생길 수도 있다. 또한 액체 상태로부터 냉각하는 과정에서 압축이나 변형이 있을 수 있으므로, 렌즈의 광학적 성능이 떨어질 수도 있다. 거울은 표면만이 중요하기 때문에, 두껍거나 무거울 필요가 없다. 거울은 면 아래의 어디를 받쳐도 된다. 반면 렌즈는 반드시 가장자리만 받쳐야 한다. 반사 망원경의 또 다른 이점은, 가장 무거운 부분인 대형 오목거울이 망원경 바닥에 설치되므로 안정적이라는 것이다. 굴절 망원경의 렌즈 중 가장 큰 것은 여키스 망원경에 있는 것으로 지름이 1 m보다 조금 크다. 이에 비해, 하와이에 있는 켁(Keck) 쌍둥이 반사 망원경의 거울은 그 크

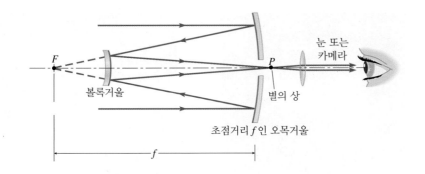

그림 24.18 별에서 오는 빛을 눈이나 사진기 쪽으로 모으는 카세그레인 반사 망원경의 집속 구조.

기가 약 10배인 10 m이다.

그림 24.18은 반사 망원경의 한 종류인 카세그레인 반사 망원경[프랑스 과학자 카세그레인(Laurent Cassegrain, 1629~1693)의 이름을 따름]이다. 먼저 먼 별에서 오는 평행 광선들이 대형 오목거울에 반사되어 초점 F를 향한다. 이 광선들이 초점에 도달하기 전에 작은 볼록거울에서 일부가 반사되어 대형 오목거울 중앙에 있는 구멍을 통해 초점이 P로 모인다. 사진기나 전자 장치를 점 P에 놓아 상을 기록할 수 있고, 렌즈를 사용해 눈으로 직접 볼 수도 있다.

응용: 허블 우주 망원경

카세그레인 반사 망원경 중 가장 유명한 것이 바로 허블 우주 망원경(Hubble Space Telescope, HST)이다. 지상 600 km 상공에서 지구를 돌고 있는 HST는 1차 반사거울의 지름이 2.4 m에 달한다. 왜 망원경을 지구 궤도에 올려놓는가? 대기층 때문에 지상 망원경으로 천체를 상세히 관찰하는 데 한계가 있기 때문이다. 대기 중 어느 지점에서든 공기의 밀도는 끊임없이 요동한다. 이에 먼 별에서 오는 빛이 매 순간 다른 크기로 굴절해 광선을 선명하게 집속하는 것이 불가능하다. 망원경에는 대기 요동을 보정하는 장치가 있긴 하지만, 대기 영향 밖에 있는 HST는 이런 문제에서 자유롭다.

왜 우주에 망원경을 설치하는가?

HST를 통해 이룬 성과들(그림 24.19) 중에는 우주에서 가장 강력한 에너지 샘인 퀘이사의 선명한 영상 촬영, 명왕성의 표면 지도 최초 제작, 빅뱅(우주의 탄생) 잔류물인 은하 간 헬륨 발견, 그리고 블랙홀(밀도가 엄청나게 커서 중력에 의해 빛조차 탈출하지 못하는 물체) 존재의 명백한 증거 확보 등이 있다. 또한 거대한 은하의 중력이 렌즈처럼 빛을 안쪽으로 굴절시켜 그 은하 뒤쪽에 있는 천체의 상을 맺게 하는 중력 렌즈 현상도 HST로 관측했다.

HST는 다른 광학 망원경들보다 더 먼 과거에 대한 정보, 곧 우주 초기 단계의 은하들 모습이나 우주 나이를 추정하는 데 단서가 되는 증거 등을 제공해주고 있다. NASA는 2018년에 제임스 웹 우주 망원경(James Webb Space Telescope)을 발사할 계획이다. 이 망원경은 지름 6.5 m의 거울을 장착하며, 지구로부터 150만 km 떨어진 곳에서 태양을 등지고 있게 될 것이다.

  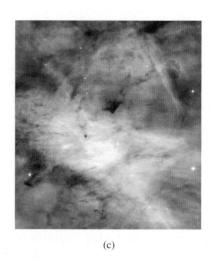

(a)   (b)   (c)

그림 24.19 허블 우주 망원경에 실린 최신 탐사 사진기로 찍은 세 장의 멋진 우주 사진. (a) 차가운 가스와 먼지 기둥인 원뿔 성운. 수소 원자들이 자외선을 흡수하고 빛을 내쏘면서, 기둥 주위에 붉은 후광(halo)을 만든다. (b) '생쥐(Mice)'라고 알려진 두 나선은하의 충돌. 몇십억 년 후에 우리 은하도 비슷한 운명이 기다리고 있다. (c) 오메가 성운의 중심. 유동하는 가스와 새로 생긴 별들이 수소 구름으로 둘러싸여 있다. 오른쪽의 장밋빛깔 영역은 질소와 유황의 들뜬 원자들이 내는 빛에 의한 것이다. 다른 색은 수소와 산소의 들뜬 원자들로 인한 것이다.

응용: 전파 망원경

천체에서 지구로 오는 전자기파에는 가시광선만 있는 것이 아니다. 전파 망원경은 우주로부터 오는 전자기파를 검출한다. 푸에르토리코의 아레시보(Arecibo)에 있는 전파 망원경(그림 24.20)은 세계에서 가장 감도가 높은 전파 망원경이다. 아레시보 망원경은 소형 전파 망원경으로 관찰하면 몇 시간 걸릴 관측 자료를 불과 몇 분 내로 모은다.

가정용 위성 접시는 전파 망원경의 축소판이다. 이 위성 접시는 인공위성을 향해 있으며, 위성에서 지구로 보내는 마이크로파를 수신해 그것의 실상을 만든다. TV 방송국에서 위성을 거쳐 보내는 신호를 수신할 수 있도록 접시의 방향을 맞추면, 이

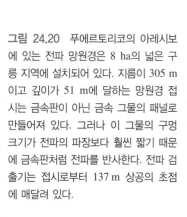

그림 24.20 푸에르토리코의 아레시보에 있는 전파 망원경은 8 ha의 넓은 구릉 지역에 설치되어 있다. 지름이 305 m이고 깊이가 51 m에 달하는 망원경 접시는 금속판이 아닌 금속 그물의 패널로 만들어져 있다. 그러나 이 그물의 구멍 크기가 전파의 파장보다 훨씬 짧기 때문에 금속판처럼 전파를 반사한다. 전파 검출기는 접시로부터 137 m 상공의 초점에 매달려 있다.

것이 방송국의 전파가 수신 안테나에 초점이 맞추어진 것과 같은 결과가 된다.

24.7 렌즈와 거울의 수차 ABERRATIONS OF LENSES AND MIRRORS

우리가 실제로 사용하는 렌즈와 거울은 이상적인 렌즈 및 거울과 차이가 있다. 이 것을 **수차**aberration라고 부른다. 여러 종류의 수차가 있을 수 있는데, 이 절에서는 두 가지만 살펴본다. 25장에서 회절 현상이 광학기기의 분해능에 미치는 영향을 더 자세하게 다룰 것이다.

구면수차

렌즈와 거울에 관한 방정식을 유도하는 과정에서, 광선들이 렌즈의 주축에 거의 나 란하고 또 축에서 너무 멀지 않은 근축광선이라고 가정했다. 작은 각 근사는 이 가 정을 전제로 하고 있다. 그러나 렌즈나 거울에 대한 입사각이 작지 않은 광선들은 모두가 하나의 초점으로 수렴하지 않는다(또는 하나의 초점으로부터 빛이 발산되 는 것처럼 보이지 않는다). 따라서 물체의 한 점으로부터 나온 광선들이 하나의 상 점으로 모이지 않고 퍼져 상이 흐려진다. 이러한 현상을 **구면수차**spherical aberration 라고 부른다(그림 24.21). 렌즈나 거울 앞에 조리개를 설치해 주축에 가까운 평행 광선들만 통과시키면 구면수차를 최소화할 수 있다. 이렇게 맺힌 상은 좀 더 선명 한 대신 덜 밝다.

구면 거울 대신 포물면 거울을 사용하면 구면수차를 피할 수 있다. 포물면 거울 은 근축광선이 아니라도 평행한 광선들을 한 초점으로 모은다. 대형 반사 천체 망원 경들은 포물면 거울을 사용한다. 광선의 경로는 역방향으로도 성립하기 때문에, 점 광원을 포물면 거울의 초점에 놓으면, 거울에서 반사된 광선들은 모두 평행하게 진 행한다. 탐조등이나 자동차의 헤드라이트 등은 포물면 거울을 사용해 잘 정렬된 평 행한 빛을 내보낸다.

색수차

거울에는 없는, 렌즈의 또 다른 수차는 분산(dispersion)에 의한 것이다. 여러 가 지 파장들이 섞인 빛이 렌즈를 통과할 때, 파장에 따라 굴절률이 다르기 때문에 다르게 구부러진다. 렌즈의 이러한 결함을 **색수차**chromatic aberration라고 한다(그림 24.22). 색수차를 보정하기 위한 한 가지 방법은, 서로 다른 재료로 이루어진 렌즈

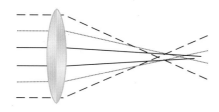

그림 24.21 구면수차.

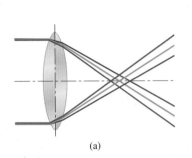

(a)

그림 24.22 (a) 분산 매질에서 굴절률은 빛의 파장에 따라 다르다. 결과적으로 렌즈의 초점거리도 파장에 의존한다. 그림에 나타낸 것처럼 파장이 커지면 굴절률은 보통 작아진다. 사진기 상감지기의 위치를 녹색 빛에 맞춰 놓으면, 빨간빛에는 너무 가깝고 파란빛에는 너무 멀게 된다. (b) 인도 방갈로르(Bangalore) 근처에서 촬영한 바야위버(Baya Weaver, 학명은 Ploceus philippinus) 새의 사진. 새 가장자리의 자주색이 색수차로 인한 것이다.

들을 조합해 사용함으로써, 한 렌즈로부터 생긴 수차가 다른 렌즈로부터 생긴 수차를 상쇄하도록 하는 것이다.

해답

실전문제

24.1 물체는 실물체이거나 허물체일 수 있다. 만일 실상이 두 번째 렌즈 앞에 형성되면 실물체가 된다. 두 번째 렌즈가 실상을 형성하기 전에 광선을 차단하면 허물체가 된다.

24.2 $q_1 = +16.7$ cm; $q_2 = 4.3$ cm; $m = -0.43$; $h' = 1.7$ cm

24.3 51.7 mm

24.4 13.3 cm

24.5 49.9 cm

24.6 (a) 3.08, (b) 2.08

24.7 (a) 18 cm, (b) 1.9 cm

24.8 −780

살펴보기

24.1 $p_1 = +6$ cm(실제 물체), $q_1 = +12$ cm(렌즈 2가 없다면 실상이 형성되었을 것이다.), $p_2 = -4$ cm(허물체), $q_2 = -4$ cm(허상), $m_1 = -2$(렌즈 1에 의해 형성된 상은 물체의 2배이고 뒤집혀 있다.), $m_2 = -1$(물체와 상이 같은 크기이고 상이 뒤집혀 있다.), $m = m_1 m_2 = +2$(나중 상은 원래의 물체의 두 배이며 바로 서 있다.).

24.2 아니다. 이유는 렌즈가 상감지기(또는 필름)에 실상을 형성해야 하기 때문이다. 물체거리 p가 f보다 작으면 형성된 상은 허상이다.

24.3 여러분의 친구가 근시라면, 이 기구로 불을 붙일 수는 없다. 근시를 교정하기 위해서는 발산렌즈를 사용한다. 발산렌즈로는 광선을 작은 점에 수렴시킬 수 없기 때문에 불을 붙이는 데 사용할 수 없다. 여러분 친구가 타고난 원시라면 그 기구는 적합하다. 수렴렌즈는 원시를 교정하기 위해 사용된다.

24.4 아니다. 명확하게 보려면 상이 눈의 근점보다 가까이 있지 않아야 한다. $|q| = N$. 발산렌즈로, 물체거리는 근점보다 커야 했을 것이다. 곧, $p > |q| = N$. 따라서 상의 각 크기는 육안으로 보는 크기에 못 미친다.

24.6 현미경에서는 대물렌즈의 초점 바로 너머에 작은 물체를 놓는다. 물체에 대한 각 크기는 물체에 가까울수록 커지므로 작은 초점거리가 필요하다. 망원경에서는 물체가 아주 멀리 떨어져 있으므로 각 크기가 고정되어 있다. 그러면 초점거리가 더 긴 대물렌즈는 멀리 있는 물체의 실상을 더 크게 만든다.

간섭과 회절
Interference and Diffraction

식물이나 동물에서 볼 수 있는 갈색 눈, 녹색 잎, 노란 해바라기꽃 등의 색깔은 대부분이 그들이 가진 색소가 빛을 선택적으로 흡수하기 때문이다. 식물의 잎과 줄기에 있는 엽록소는 특정 파장의 빛을 흡수하고 우리가 녹색으로 인식하는 파장의 빛을 반사한다.

동물 중에는 식물과 다른 방식으로 색깔을 나타내는 것들이 있다. 중남미 대륙에 사는 모르포나비(Morpho butterfly) 종들은 날개의 어른거리는 강한 청색이 단조롭게 보이는 색소에 의해 생기는 것이다. 색소 때문에 강렬한 푸른색으로 반짝인다. 그러나 날개나 관찰자가 움직이면 날개의 색상이 조금씩 변하며 무지개 색깔이 반짝이게 된다. 이러한 무지개 색은 오리곤 제비꼬리나비, 벌새, 기타 여러 종의 나비와 조류의 날개나 깃털에서도 나타난다. 심지어는 일부 딱정벌레, 물고기의 비늘, 뱀의 껍질 등에서도 나타난다. 이러한 동물에서 나타나는 무지개 색깔은 어떻게 나타나는 것일까? (755쪽에 답이 있다.)

25.1 보강간섭과 상쇄간섭
CONSTRUCTIVE AND DESTRUCTIVE INTERFERENCE

연결고리

간섭 및 회절 현상은 중첩의 원리 결과이다.

23장과 24장에서는 기하광학 분야의 주제인 반사, 굴절, 상 맺음에 대하여 공부했다. 그 내용의 대부분은 직선 경로를 따라 전파되는 광선을 추적하는 것이었다. 광선은 매질의 경계에서 반사 또는 굴절에 의해서만 방향이 바뀌었다. 이러한 기하광학은 물체와 렌즈 구면 반지름이 빛의 파장에 비해 큰 경우에 근사적으로 유용하다.

이 장에서는 빛이 장애물 주변을 지나서 전파되거나 파장과 비교하여 **크지 않은** 구멍을 통해 전파될 때 어떤 일이 일어나는지 살펴볼 것이다. 이러한 상황에서는 빛의 간섭이나 회절을 경험하게 된다. 모든 종류의 파동은 간섭이나 회절을 나타낼 수 있는데, 이는 한 지점에서 두 개 이상의 파동으로 인한 교란이 각 파동에 의한 교란의 합이라고 하는 중첩의 원리에 따라서 나타나는 현상이다. 중첩은 빛에 대한 새로운 원리가 아니다. 이 원리는 소리나 다른 탄성파를 다루면서 이미 사용한 바 있다(11.7, 11.9절 참조). 또한 여러 원천으로 인해 유발되는 전기장과 자기장을 찾는 데도 사용했다. 전기장 및 자기장은 각 원천으로 인해 형성되는 장의 벡터 합이다(16.4절 및 19.8절 참조). 이제 전자기파의 전기장과 자기장에 중첩의 원리를 적용해 보자.

결맞음 광원과 엇결성 광원

왜 일반적으로 가시광선은 간섭 효과를 일으키지 못하는지 살펴보자. 태양, 백열전구 또는 형광등과 같은 광원의 빛으로는 보강간섭이나 상쇄간섭이 나타나는 것을 보지 못한다. 오히려 이러한 빛이 비추는 지점의 세기는 개별 파동에 의한 세기의 합이 된다. 이러한 가시광원에서 나온 빛은 엄청나게 많은 원자 크기의 독립된 광원에서 방출된 것이다. 독립적인 광원에서 각자 방출되는 파동은 **결맞지 않는**다incoherent. 엇결성 파동이나 이러한 파동들은 서로 고정된 위상 관계를 유지하지 못한다. 예를 들어 한 지점에서 (최대 또는 0으로) 주어진 빛의 위상이 다른 지점에서 위상이 어떻게 되는지 정확하게 예측할 수 없다. 엇결성 파동의 위상 관계는 급격하게 요동한다. 따라서 이러한 파동의 간섭 효과는 평균화 되어 총 세기(또는 단위 넓이당 출력)가 개별 파동 세기의 합이 된다.

간섭이 일어나려면 **결맞는**coherent 파동이 중첩되어야 한다. 결맞는 파동은 위상 관계가 고정되어 있기 마련이다. 결맞는 파동과 엇결성 파동은 이상적인 극한이다. 곧,

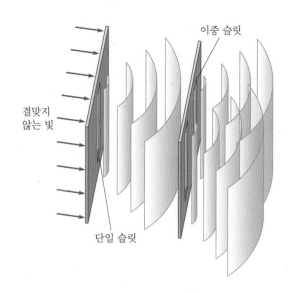

그림 25.1 결맞음 광원으로 이중 슬릿을 비추는 영의 실험. 왼쪽의 단일 슬릿은 결맞음 광원의 역할을 한다.

실제적 파동은 모두 이 양극단 사이 어딘가에 있다. 레이저에서 방출되는 빛은 결이 잘 맞는다. 레이저빔에서는 수 킬로미터만큼 떨어진 두 지점의 위상도 결맞을 수 있다. 태양이 아닌 항성처럼 멀리 떨어진 점광원에서 오는 빛도 어느 정도 결이 맞는다.

영국의 물리학자 영(Thomas Young, 1773~1829)은 단일 광원에서 두 개의 간섭성 광원을 얻는 현명한 기술을 사용해 최초로 가시광선으로 간섭실험을 성공했다 (그림 25.1). 좁은 단일 슬릿에 빛을 쪼이면, 슬릿을 통과하는 광파는 회절되거나 확산된다. 단일 슬릿을 통과한 빛이 이중 슬릿에 도달하면 이중 슬릿에 도달한 빛은 결맞음 단일 점광원 역할을 한다. 그러면 다른 두 슬릿은 결맞는 두 광원 역할을 해 간섭을 일으키게 된다.

결맞는 두 파동의 간섭

두 파동이 서로 겹치면서 한쪽 파동의 마루가 다른 파동의 마루와 같은 지점에서 겹쳐지면 이들은 서로 **동일한 위상**에 있다고 한다. 위상이 같은 두 파동의 위상차는 2π의 정수 배이다. 위상이 서로 같은 두 파가 중첩하면 진폭은 두 파동의 진폭 합과 같다. 예를 들면 그림 25.2에서 두 사인파는 위상이 같다. 두 파동의 진폭은 $2A$와 $5A$이다. 위상이 같은 두 파동을 합치면 진폭이 $2A + 5A = 7A$가 된다. 위상이 같은 두 파의 중첩을 **보강간섭**constructive interference이라고 한다.

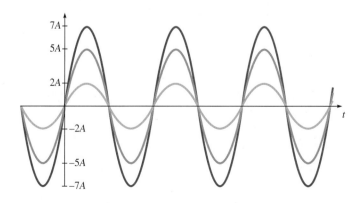

그림 25.2 진폭이 $2A$와 $5A$인 두 개의 결맞음 파동(녹색과 청색). 이들은 위상이 같기 때문에 보강간섭을 한다. 두 파동을 중첩한 결과 진폭(빨간색)은 $7A$가 된다. 두 파동 중 하나를 오른쪽 또는 왼쪽으로 정수배의 주기만큼 이동해도 두 파동의 중첩 결과는 변하지 않는다.

연결고리

결맞는 파동의 중첩에서, 빛이나 다른 종류의 파동(11.9절 참조)에 상관없이 세기를 함께 더할 수 없다.

보강간섭의 경우 합성파동의 세기 I는 두 파동의 세기의 합 ($I_1 + I_2$)보다 크다. 세기는 진폭의 제곱에 비례하기 때문(22.6절 참조)에 $I = CA^2$, $I_1 = CA_1^2$, $I_2 = CA_2^2$이다 (C는 상수). (빛이나 다른 전자기파의 경우, A_1, A_2 및 A는 전기장 진폭과 자기장 진폭이 서로 비례하기 때문에 전기장이나 자기장 진폭 중 하나를 나타낼 수 있다.) 이때 $A = A_1 + A_2$이므로,

$$CA^2 = C(A_1 + A_2)^2 = CA_1^2 + CA_2^2 + 2CA_1A_2$$

따라서

$$I = I_1 + I_2 + 2\sqrt{I_1 I_2}$$

이다. 빛의 세기가 단위 넓이당 전력이라면 여분의 에너지는 어디서 오는가 하고 질문할 수 있다. 그러나 에너지는 여전히 보존된다. 어떤 지점에서 $I > I_1 + I_2$이면 다른 곳에서는 $I < I_1 + I_2$이다. 요약하면 다음과 같다.

두 파동의 보강간섭

위상차: $\Delta\phi = 2\pi$의 정수 배   (25-1)

진폭: $A = A_1 + A_2$ (25-2)

세기: $I = I_1 + I_2 + 2\sqrt{I_1 I_2}$ (25-3)

위상차가 180°인 두 파동은 반 주기씩 떨어져 있어서, 한 파동의 상태가 골이면 다른 하나의 상태는 마루이다(그림 25.3). 이러한 두 파동의 중첩을 **상쇄간섭**destructive interference이라고 한다. 상쇄간섭의 위상차는 π의 홀수 배이다. 2A와 5A의 진폭을 가진 두 파동이 상쇄간섭하면 합성 진폭은 3A가 된다. 만약 두 파동이 같은 진폭을 가지면 완전한 상쇄가 일어난다. 곧 중첩의 결과 진폭은 0이 된다. 요약하면 다음과 같다.

두 파동의 상쇄간섭

위상차: $\Delta\phi = \pi$의 홀수 배   (25-4)

진폭: $A = |A_1 - A_2|$ (25-5)

세기: $I = I_1 + I_2 - 2\sqrt{I_1 I_2}$ (25-6)

그림 25.3 진폭 2A와 5A의 두 파동(녹색과 청색)의 상쇄간섭. 두 파동을 중첩한 파동(적색)은 진폭이 3A이다. 파동 중 하나를 오른쪽이나 왼쪽으로 한 주기만큼 이동시켜도 중첩 상태가 바뀌지 않는다는 점에 주목하자. 파동 중 하나를 반 주기만큼 오른쪽이나 왼쪽으로 이동시키면 중첩은 상쇄간섭이 아니라 보강간섭으로 바뀐다.

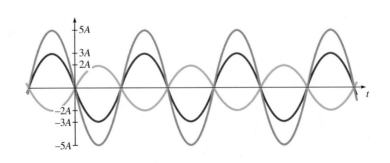

✓ 살펴보기 25.1

두 결맞음 파동 사이의 위상차가 $\frac{\pi}{3}$ rad이 될 수 있는가? 만약 그렇다면 파동의 간섭은 보강간섭, 상쇄간섭 또는 그 중간 중 어떤 것이 가능한지 설명하여라.

서로 다른 경로로 인한 위상차

간섭이 일어날 때, 둘 이상의 간섭성 파동이 서로 다른 경로를 따라 전파되어 중첩이 관찰하는 지점에 도달한다. 이때, 경로는 길이가 다르거나 통과하는 매질이 다르거나 또는 경로의 길이도 다르고 매질도 다를 수 있다. 경로차는 위상차를 일으키는데, 이는 파동 사이의 위상 관계를 변화시킨다.

두 파동이 같은 매질에서 동일한 위상으로 시작하지만 서로 길이가 다른 경로를 거쳐 간섭 지점으로 이동한다고 가정하자(그림 25.4). 경로차 Δl이 파장의 정수배, 즉,

$$\Delta l = m\lambda \quad (m = 0, \pm1, \pm2, \pm3, \cdots) \tag{25-7}$$

라면 한 파동은 정수 배 주기만큼 더 진행하므로 두 파동이 같은 위상으로 만나 보강간섭을 일으킨다. 한 파장의 경로차는 2π rad의 위상차에 해당한다(11.9절 참조). 파장 λ의 정수배인 경로차 길이는 두 파동 사이의 상대 위상을 변경하지 않기 때문에 무시할 수 있다.

반면, 두 파동이 동일한 위상으로 출발하였지만 경로차가 반 파장의 홀수 배라고 가정하면

$$\Delta l = \pm\tfrac{1}{2}\lambda, \ \pm\tfrac{3}{2}\lambda, \ \pm\tfrac{5}{2}\lambda, \cdots = (m + \tfrac{1}{2})\lambda \quad (m = 0, \pm1, \pm2, \cdots) \tag{25-8}$$

한 파동은 다른 파동보다 반 주기 또는 반 파장에 몇 주기를 더한 만큼 더 진행한다. 이때 파동 간의 위상차는 180°가 되므로 서로 상쇄간섭을 한다.

두 경로가 완전히 동일한 매질에 있지 않은 경우, 한 매질에서 다른 매질로 진행됨에 따라 파장이 변경되기 때문에 각 매질에서 주기 수를 분리해서 고려해야 한다.

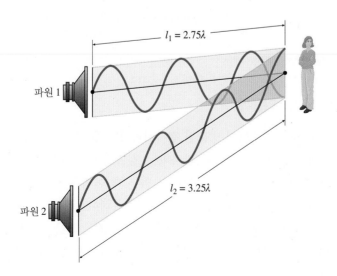

$l_1 = 2.75\lambda$

파원 1

$l_2 = 3.25\lambda$

파원 2

그림 25.4 두 스피커에 동일한 전기 신호가 공급된다. 음파는 서로 다른 거리를 이동해 관측자에게 도달한다. 두 음파 사이의 위상차는 이동한 거리의 차에 따라 달라진다. 이 경우, $l_2 - l_1 = 0.50\lambda$이므로 파동은 180°의 위상차로 관측자에게 도달한다. (파란색 그래프는 종파인 두 음파로 인한 압력의 변화를 나타낸다.)

마이크로파의 간섭

마이크로파 송신기(T)와 수신기(R)가 옆으로 나란히 설치되어 있다(그림 25.5a). 몇 미터 떨어진 곳에 마이크로파를 잘 반사시키는 금속판(M) 두 장이 송수신기를 향하고 있다. 송신기에서 방출되는 광선의 구면 반지름은 두 금속판에서 반사될 만큼 충분히 넓다. 아래쪽 판이 천천히 오른쪽으로 움직이면 수신기에서 측정되는 마이크로파의 세기는 극대와 극소 사이에서 진동하는 것으로 관찰된다(그림 25.5b). 이 마이크로파의 파장은 대략 얼마인가?

전략 두 판에서 반사된 파동이 수신기에서 보강간섭을 할 때 최대 세기가 검출된다. 따라서 최대 세기가 되는 반사판의 위치는 경로차가 파장의 정수배로 되게 해야 한다.

풀이 아래 판이 송수신기로부터 멀어지면, 그로부터 반사된 파는 수신기에 도달하기 전에 약간 더 긴 거리를 이동하게 된다. 금속판이 송신기와 수신기에서 충분히 멀리 떨어져 있으면 마이크로파가 금속판에 도달한 후에 거의 같은 선을 따라 되돌아온다. 이 과정에서 더 이동한 거리는 약 $2x$이다. 보강

간섭은 경로 길이가 파장의 정수 배일 때 발생한다.

$$\Delta l = 2x = m\lambda \quad (m = 0, \pm 1, \pm 2, \dots)$$

한 보강간섭 위치에서 인접한 간섭 지점까지의 경로차는 한 파장이어야 한다.

$$2\Delta x = \lambda$$

극대는 $x = 3.9$, 5.2 및 6.5 cm이므로 $\Delta x = 1.3$ cm이다. 그러므로

$$\lambda = 2.6 \text{ cm}$$

이다.

검토 파동이 왕복하므로 아래 판이 움직이는 최대 세기 사이의 거리는 반 파장이라는 점에 주목하여라.

실전문제 25.1 **상쇄간섭이 일어나는 경로차**

최소 출력이 검출되는 곳에서 경로차가 반 파장의 정수배, $\Delta l = (m + \frac{1}{2})\lambda$임을 증명하여라.

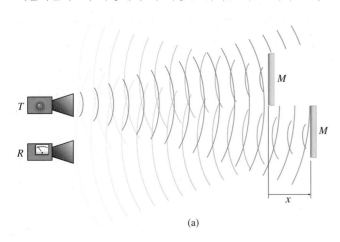

(a)

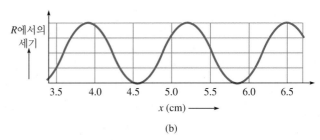

(b)

그림 25.5 (a) 마이크로파 송신기, 수신기 및 반사판. (b) x의 함수로서 검출된 마이크로파 세기.

응용: CD를 어떻게 읽을까

보기 25.1에서, 단일 광원에서 방출된 전자기파가 광원으로부터 거리가 다른 두 금속 표면에서 반사된다. 이러한 두 반사파는 검출기에서 간섭을 일으키는데, CD, DVD 및 블루레이 디스크(Blu-ray disk)를 읽는 데 이러한 시스템이 이용된다.

CD를 제작하기 위해 두께 1.2 mm의 폴리카보네이트 플라스틱 디스크에 단일 나선형 트랙을 따라 일련의 "피트"를 새긴다(그림 25.6). 피트는 너비가 500 nm이고 길이는 830 nm 정도이다. 디스크는 얇은 알루미늄 층으로 코팅한 다음 알루미늄을

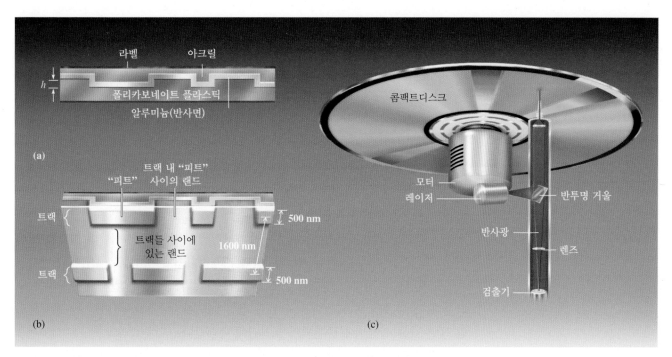

그림 25.6 (a) CD의 단면도. 레이저 빔은 폴리카보네이트 플라스틱을 통과해 알루미늄 층에서 반사된다. (b) '피트'가 나선형 트랙상에 배열되어 있다. 피트 주위의 평평한 알루미늄 표면은 '랜드'라고 한다. 레이저가 피트의 바닥에서 반사될 때, 이 빛은 또한 어느 한쪽의 랜드에서도 반사된다. (c) 모터가 200~500 rpm으로 CD를 회전시켜 트랙 속력을 일정하게 유지한다. 레이저의 빛은 반투명 거울에서 반사되어 CD를 향한다. CD에 의해 반사된 빛은 이 거울을 지나 검출기로 전송된다. 검출기는 반사광의 세기의 변화에 비례하는 전기 신호를 생성한다.

보호하기 위해 다시 아크릴로 코팅한다. CD를 읽으려면, 알루미늄 층 아래에서 레이저 빔($\lambda = 780$ nm)을 비추어야 한다. 이때 CD에서 반사된 빔이 검출기로 들어간다. 레이저 빔은 충분히 넓어서 반사될 때 부분적으로 트랙의 한쪽에 있는 '랜드'(알루미늄층에서 평평한 부분)에서 반사된다. 랜드에서 반사된 빛이 피트에서 반사된 빛과 상쇄간섭을 하도록 피트의 높이 h를 설정한다. 이렇게 해서 피트에서 반사광이 최소 세기로 검출되도록 한다. 반면에, 레이저가 피트 사이의 랜드에서 반사되면, 검출되는 세기는 최대가 된다. 이와 같은 두 가지 수준의 차이를 2진수(0과 1)로 나타낸다.

DVD는 CD와 비슷하지만 피트가 더 작다(너비 320 nm, 최소 길이 400 nm 정도). 데이터 트랙은 중앙에서 중앙까지 740 nm로 CD의 1600 nm보다 더 조밀하다. 640 nm 레이저로 데이터 트랙을 읽는다. 블루레이 디스크의 피트는 DVD의 피트보다 훨씬 작으며 트랙도 더 조밀하게 배치되어 있다. 블루레이 플레이어에서는 405 nm의 청색 레이저를 사용하는데, 실제로는 파란색이 아니라 가시광선의 가장 끝 보라색이다.

25.2 마이컬슨 간섭계 THE MICHELSON INTERFEROMETER

마이컬슨 간섭계(그림 25.7)는 한 개념에 근거를 두고 있지는 않지만, 대단히 정밀한 도구이다. 결맞음 광선빔이 광분배기(반투명 거울, S)에 입사하면, 입사광의 절

그림 25.7 마이컬슨 간섭계. 미국 물리학자 마이컬슨(Albert Michelson, 1852~1931)은 지구의 운동이 지상의 관측자가 측정한 빛의 속력에 어떤 영향을 미치는지를 결정하기 위한 간섭계를 발명했다.

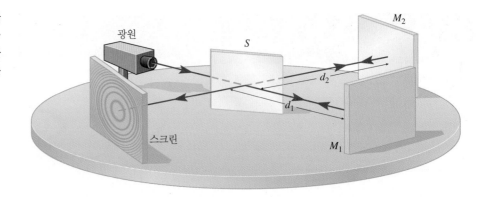

반만 반사하고 나머지는 투과시킨다. 따라서 광원에서 방출된 하나의 결맞음 빛이 간섭계의 팔을 따라 다른 두 경로를 따라 진행하다가 반사경(M_1, M_2)에서 반사된다. 두 광선빔은 반투명 거울에서 또 다시 각 광선빔의 절반은 반사되고 절반은 투과된다. 광원 쪽으로 되돌아온 광선은 간섭계를 빠져나가고, 나머지 한 방향으로 온 빛은 다른 광선빔에 중첩되어 스크린에 나타난다.

간섭계 **팔**(arms)의 길이가 다르거나 광선빔이 두 팔 사이에서 다른 매질을 통과하면 두 광선빔의 위상차가 발생할 수 있다. 위상이 같은 두 광선빔이 스크린에 동시에 도달한다면 보강간섭을 하여 스크린에 최대의 세기(밝은 무늬)가 생성된다. 위상차 180°인 두 광선빔이 도달하면 상쇄간섭을 해 세기는 최소(어두운 무늬)이다.

보기 25.2

공기의 굴절률 측정

30.0 cm 길이의 투명 용기를 마이컬슨 간섭계의 한 팔에 놓았다고 가정하자. 용기에는 처음에 0 ℃, 1기압의 공기가 들어 있다. 진공 중의 파장이 633 nm인 빛에 의해 스크린의 중앙에 밝은 점이 나타나도록 거울이 배열되어 있다. 펌프질을 해서 점차적으로 공기를 용기 밖으로 배출시키자. 그러면 스크린의 중앙부의 명암이 274번 반복적으로 바뀐다. 곧, 밝은 무늬가 274번 생긴다(처음 밝은 무늬는 제외). 공기의 굴절률을 계산하여라.

전략 공기를 배출함에 따라 각 팔을 진행하는 빛의 경로의 길이는 변하지 않지만, 용기 내부의 굴절률이 처음 값 n에서 시작해 점차적으로 1로 감소하기 때문에, 파장을 길이의 척도로 사용한다면 진행한 거리 내 파장의 수는 변한다. 새로운 밝은 무늬(fringe)가 나타날 때마다 한 파장만큼 경로 내 파장의 수가 변한다는 것을 의미한다.

풀이 0 ℃, 1기압인 공기의 굴절률을 n이라 하자. 진공에서 파장이 $\lambda_0 = 633$ nm이면, 공기 중 파장은 $\lambda = \lambda_0/n$이다. 처음에 용기의 공기 중으로 빛이 왕복할 때 경로를 파장의 개수로 표시하면

$$\text{처음 파장 개수} = \frac{\text{왕복 거리}}{\text{공기 중 파장}} = \frac{2d}{\lambda} = \frac{2d}{\lambda_0/n}$$

이다. 여기서 $d = 30.0$ cm는 용기의 길이이다. 공기를 빼면 굴절률이 작아져 파장이 길어지기 때문에 파장의 개수는 감소한다(n은 굴절률). 마지막 용기가 완전한 진공 상태로 되었다고 가정하면, 나중 파장의 개수는

$$\text{나중 파장 개수} = \frac{\text{왕복 거리}}{\text{진공에서의 파장}} = \frac{2d}{\lambda_0}$$

파장의 개수 변화 N은 밝은 무늬 수와 동일하다.

$$N = \frac{2d}{\lambda_0/n} - \frac{2d}{\lambda_0} = \frac{2d}{\lambda_0}(n - 1)$$

$N = 274$이므로, n에 대해 풀 수 있다.

$$n = \frac{N\lambda_0}{2d} + 1$$

$$= \frac{274 \times 6.33 \times 10^{-7}\,\text{m}}{2 \times 0.300\,\text{m}} + 1$$

$$= 1.000\,289$$

검토 공기의 굴절률에 대해 측정한 값은 표 23.1에 주어진 값에 가깝다($n = 1.000\,293$).

개념형 실전문제 25.2 다른 방법

무늬를 세는 대신 공기의 굴절률을 측정하는 또 다른 방법은 공기를 천천히 용기 밖으로 배출할 때 스크린의 중심부가 계속 밝게 유지되도록 거울 하나를 움직이는 것이다. 거울이 움직인 거리를 측정해 n을 계산하는 데 사용할 수 있다. 용기가 없는 쪽 팔의 거울을 움직여야 한다면 이 거울은 안으로 움직여야 하는가, 밖으로 움직여야 하는가? 곧, 팔을 늘려야 하는가? 아니면 줄여야 하는가?

응용: 간섭 현미경

간섭 현미경은 투명하거나 거의 투명한 물체를 볼 때 이미지 대비를 향상시킨다. 수용액에 있는 세포는 보통의 현미경으로 보기가 어렵다. 세포는 입사하는 빛의 일부분만 반사하고 거의 물과 같은 정도로 투과시키므로 세포와 주위의 물 사이에는 거의 대비가 없다. 그러나 세포의 굴절률이 물의 굴절률과 다른 경우 세포를 투과한 빛은 물을 통과하는 빛에 비해 위상이 이동한다. 간섭 현미경은 이 위상차를 이용한다. 이 현미경에서는 마이컬슨 간섭계와 마찬가지로, 단일 광선이 두 개로 분리된 다음 재결합된다. 간섭계의 한 팔에 있는 빛은 샘플을 통과한다. 광선이 재결합할 때, 간섭이 일반적인 현미경에서 보이지 않는 위상차를 쉽게 볼 수 있도록 세기 차이로 변환시켜준다.

25.3 박막 THIN FILMS

비눗방울과 물 위의 기름 막에서 보이는 무지개를 닮은 색은 간섭에 의해 생긴 것이다. 가는 철사 고리를 비눗물에 담근 다음 비눗물의 얇은 막을 고리에 붙인 채로 수직으로 세운다고 하자(그림 25.8). 중력이 비누 막을 아래쪽으로 당기기 때문에 고리 상단의 막은 매우 얇고(불과 분자 몇 개의 두께), 아래로 갈수록 점점 두꺼워진다. 카메라 뒤에서 온 백색광이 얇은 막을 비추고 있다. 사진은 막에서 반사된 빛을 보여주고 있다. 별도의 설명이 없으면 오로지 수직 **입사광**에 대한 박막 간섭만 고려할 것이다. 그러나 광선 박막에 입사하는 광선의 그림 25.9는 설명의 편의를 위해 수직에 가깝게 **입사하는** 광선을 보여주고 있다. 그래서 도해에서 광선은 모두 일직선상에 놓이지 않는다.

그림 25.9는 박막의 일부분에 입사하는 광선을 보여준다. 각 경계에서 빛의 대부분을 투과하지만 일부는 반사된다. 박막에서 반사된 빛을 볼 때, 모든 반사 광선(그중 첫 3개만 1, 2, 3으로 표시했다.)의 중첩을 보게 된다. 이 광선들의 간섭으로 우리가 볼 수 있는 색이 결정된다. 대부분의 경우, 처음 두 반사 광선의 간섭만 고려하고 나머지는 무시한다. 양 경계면의 굴절률이 상당히 다른 경우를 제외하고 반사파의

그림 25.8 반사광으로 비눗물의 박막 보기. (배경은 어둡기 때문에 반사광만 사진에 표시되었다. 곧 카메라와 광원은 모두 박막의 앞쪽에 있다.) 박막의 두께는 프레임의 상단에서 하단으로 가면서 서서히 증가한다.

그림 25.9 박막에 의해 반사되고 투과하는 광선.

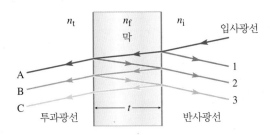

진폭은 입사파 진폭의 작은 일부에 지나지 않는다. 광선 1과 2는 각각 한 번만 반사하므로, 이들의 진폭은 거의 같다. 3번 광선은 세 번 반사되므로 진폭이 훨씬 작다. 다른 반사 광선은 이들보다 더 약하다.

투과광의 간섭 효과는 훨씬 뚜렷하지 않다. 광선 A는 반사를 하지 않았기 때문에 강하다. 광선 B는 반사를 두 번 했기 때문에 A보다 훨씬 약하다. 광선 C는 4번이나 반사를 했기 때문에 더 약하다. 따라서 보강간섭을 일으키는 투과광의 진폭은 상쇄간섭의 진폭보다 아주 크지 않다. 어찌 되었든 에너지는 보존되어야 하므로, 투과된 빛의 간섭은 일어나야 한다. 특정 파장의 에너지가 많이 반사된다면, 투과되는 에너지는 적어진다. 문제 13에서, 특정 파장의 반사광이 보강간섭을 일으키면 투과한 빛은 상쇄간섭을 하며, 그와 반대의 경우도 일어남을 보여준다.

반사로 인한 위상 이동

빛의 속력이 갑자기 변하는 경계를 만나면 언제나 반사가 일어난다. 줄 위에서의 파동처럼(그림 25.10) 파동이 더 느린 매질에서 반사되면 반사된 파동은 뒤집힌다. 속력이 더 빠른 매질에서 반사되면 뒤집히지 않는다. 투과된 파동은 뒤집히지 않는다.

> 빛이 느린 매질(굴절률이 더 큰 매질)의 경계에 수직으로 입사하거나 거의 수직으로 입사할 때는 반전된다(위상이 180° 변화). 빛이 빠른 매질(굴절률이 작은 매질)에서 반사될 때는 반전되지 않는다(위상이 변하지 않는다. 그림 25.11을 참조하여라.)

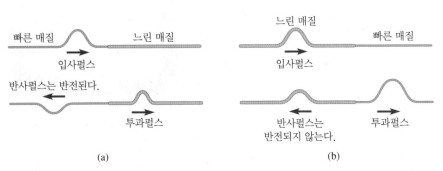

그림 25.10 (a) 줄의 파동 펄스는 느린 매질(단위 길이당 더 큰 질량)의 경계를 향한다. 반사된 펄스는 반전된다. (b) 빠른 매질에서 반사된 펄스는 뒤집히지 않는다.

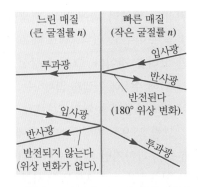

그림 25.11 빛이 더 느린 매질 경계에서 반사될 때 반사에 의해 180°의 위상 변화가 일어난다.

그림 25.9의 광선 1과 2가 보강간섭을 하는지 또는 상쇄간섭을 하는지를 결정하려 할 때, 반사로 인한 상대적 위상 변화와 박막에서 광선 2가 추가로 진행하는 경로의 길이까지 모두 고려해야 한다. 3개의 매질(박막과 그 양쪽의 매질)의 굴절률에 따라 반사할 때 아예 반전되지 않거나, 둘 또는 둘 중 하나가 반전될 수 있다. 박막의 굴절률 n_f가 $n_i < n_f < n_t$인 경우 반사에 의한 상대적인 위상차는 없다. 둘 다 뒤집히거나 둘 다 뒤집히지 않기 때문이다. 박막의 굴절률이 셋 중 가장 크거나 가장 작은 경우에는 두 광선 중 하나가 뒤집힌다. 이 두 경우 모두 180°의 상대적 위상차는 있게 된다.

✓ 살펴보기 25.3

그림 25.9에서 $n_i = 1.2$, $n_f = 1.6$, $n_t = 1.4$라고 가정하자. 광선 1과 2 중 어느 것의 위상이 반사로 인해 180° 바뀌겠는가?

> **연결고리**
>
> 11.8절에서 반사파동이 때로는 반전되는 것을 보았다. 이것을 입사파동에 대해 위상이 180° 이동했다고 한다.

박막에 대한 문제풀이 요령

- 처음 두 개의 반사광선을 그린다. 문제가 수직 입사와 관련이 있더라도 여러 광선을 구분하기 위해 입사각이 0°가 아닌 입사광선으로 그린다. 굴절률을 표시한다.

- 반사로 인해 광선 사이의 상대적 위상차가 180°인지 아닌지를 결정한다.

- 반사로 인한 상대적 위상차가 없고 추가 경로의 길이가 $m\lambda$이면 두 광선은 위상이 동일하게 유지되어 보강간섭이 일어난다. 추가된 경로의 길이가 $(m + \frac{1}{2})\lambda$이면 상쇄간섭이 일어난다. λ는 박막 내에서의 파장임을 기억해야 한다. 광선 2가 추가로 간 거리만큼 더 진행하는 곳이 그곳이기 때문이다.

- 반사로 인해 180°의 상대적 위상차가 있는 경우, 추가된 경로의 길이가 $m\lambda$이면 위상차가 180°로 유지되어 상쇄간섭이 일어난다. 추가된 경로의 길이가 $(m + \frac{1}{2})\lambda$이면 보강간섭이 일어난다.

- 광선 2는 박막 내에서 왕복한다는 것을 기억하여라. 수직 입사의 경우, 추가되는 경로의 길이는 $2t$이다. (t: 박막의 두께, 그림 25.9 참고)

보기 25.3

비눗물 막의 모습

그림 25.8은 공기 중에서 수직으로 세워져 있는 비눗물 막과 반사광선을 보여준다. 막의 굴절률은 $n = 1.36$이다. (a) 막의 맨 윗부분이 검은색으로 보이는 이유를 설명하여라. (b) 박막의 어떤 점에서 막에 수직으로 반사된 빛 중 504 nm와 630.0 nm의 파장이 없다. 이 두 빛 사이에 사라진 다른 파장은 없

다. 그 지점에서 막의 두께는 얼마인가? (c) 어떤 다른 가시광선 영역의 파장이 또 사라질 수 있는가?

전략 먼저, 막의 굴절률과 막의 두께 t를 표시하고 처음 두 반사광선을 그린다(그림 25.12). 그림은 반사로 인해 180°의 상대 위상차가 있는지 여부를 판단하는 데 도움이 된다. 막

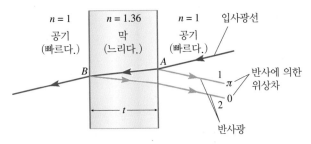

그림 25.12 비누 막에 의해 반사된 처음 두 광선. *A*에서, 반사광선 1은 반전된다. *B*에서는 반사광선 2가 반전되지 않는다.

의 상단이 검게 보이므로 가시광선의 모든 파장에 대해 상쇄 간섭이 있어야 한다. 막 아래쪽으로 가면, 반사광에서 누락된 파장은 상쇄간섭을 일으키는 파장이다. 막에서 반사로 인한 위상 변화와 광선 2가 추가적으로 이동한 거리로 인한 위상 변화를 고려해야 한다. 진공 중에서의 파장이 아니라 막 속에서의 파장을 사용하는 것을 잊어서는 안 된다. 광선 2가 추가적으로 진행하는 거리는 막 속에서 발생하기 때문이다.

풀이 (a) 막에서 빛의 속력은 공기에서보다 느리다. 따라서 느린 매질인 막에서 반사되는 광선 1은 반전된다. 빠른 매질인 공기에서 반사되는 광선 2는 반전되지 않는다. 파장에 관계없이 둘 사이에는 180°의 상대 위상차가 있다. 중력 때문에 막은 상단이 가장 얇고 하단이 가장 두껍다. 광선 2는 막에서 추가로 이동한 거리로 인해 광선 1에 비해 위상 이동이 있다. 모든 파장에 대해 상쇄간섭을 유지하는 유일한 방법은 막의 상단부가 가시광선의 파장에 비해 얇은 경우이다. 그러면 추가된 경로의 길이로 인한 광선 2의 위상 변화는 무시할 정도로 작다.

(b) 막에 수직으로 반사된 빛(수직 입사)의 경우, 반사된 광선 2는 광선 1과 비교해 $2t$만큼의 거리를 더 이동해 광선 1과 위상차를 만든다. 반사 때문에 이미 180°의 상대 위상차가 있으므로 경로차 $2t$가 상쇄간섭을 일으키기 위해서는 파장의 정수 배여야 한다. 곧

$$2t = m\lambda = m\frac{\lambda_0}{n}$$

$\lambda_{0,m} = 630.0$ nm가 진공 중에서의 파장으로 m의 어떤 값에 대한 경로차가 $m\lambda$가 되게 한다고 가정하자. 두 파장 사이에는 보이지 않는 다른 파장이 없으므로 $\lambda_{0,(m+1)} = 504$ nm는 막의 어떤 값 내에서 진공 중에서의 파장이 경로차가 $m + 1$배가 되어야 한다. 왜 $m - 1$은 안 되는가? 그것은 504 nm는 630.0 nm보다 작아서 같은 경로차 $2t$에 더 많은 개수의 파장이 들어가기 때문이다. 곧

$$2nt = m\lambda_{0,m} = (m + 1)\lambda_{0,(m+1)}$$

이다. 따라서 m에 대해 풀 수 있다. 곧

$$m \times 630.0 \text{ nm} = (m + 1) \times 504 \text{ nm} = m \times 504 \text{ nm} + 504 \text{ nm}$$

$$m \times 126 \text{ nm} = 504 \text{ nm}$$

$$m = 4.00$$

이다. 따라서 두께는 다음과 같다.

$$t = \frac{m\lambda_0}{2n} = \frac{4.00 \times 630.0 \text{ nm}}{2 \times 1.36} = 926.47 \text{ nm} = 926 \text{ nm}$$

(c) 이미 $m = 4$, $m = 5$에 한 보이지 않는 파장을 알고 있다. 다른 m 값을 확인하자.

$$2nt = 2 \times 1.36 \times 926.47 \text{ nm} = 2520 \text{ nm}$$

$m = 3$이면,

$$\lambda_0 = \frac{2nt}{m} = \frac{2520 \text{ nm}}{3} = 840 \text{ nm}$$

이다. 이는 가시광선이 아니고 적외선이다. 840 nm보다 더 긴 파장을 제공하기 때문에 $m = 1$이나 2는 확인할 필요가 없다. 이 파장은 가시광선의 범위에서 훨씬 벗어나기 때문이다. 따라서 $m = 6$으로 확인해보자. 곧

$$\lambda_0 = \frac{2nt}{m} = \frac{2520 \text{ nm}}{6} = 420 \text{ nm}$$

이다. 이 파장은 일반적으로 가시광선의 파장으로 간주된다. $m = 7$은 어떠할까?

$$\lambda_0 = \frac{2nt}{m} = \frac{2520 \text{ nm}}{7} = 360 \text{ nm}$$

이다. 360 nm의 파장은 자외선 파장이다. 따라서 유일하게 누락된 가시광선의 파장은 420 nm이다.

검토 사라진 세 빛의 진공 중 파장이 박막 내에서 파장의 정수 배의 거리를 진행하는지 직접 검증할 수 있다.

λ_0	$\lambda = \dfrac{\lambda_0}{1.36}$	$m\lambda$
420 nm	308.8 nm	6×308.8 nm = 1853 nm
504 nm	370.6 nm	5×370.6 nm = 1853 nm
630 nm	463.2 nm	4×463.2 nm = 1853 nm

경로차는 $2t = 2 \times 926.47$ nm = 1853 nm이다. 이는 세 파동 모두에 대해 정수 배이다.

실전문제 25.3 반사광의 보강간섭

$t = 926$ nm에서 반사되는 빛과 보강간섭하는 가시광선의 파장은 얼마인가?

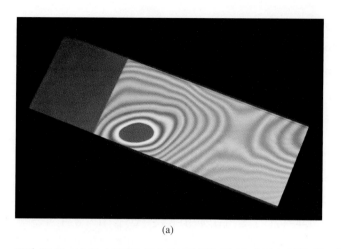 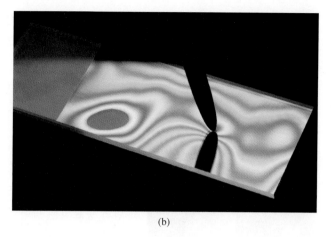

| (a) | (b) |

그림 25.13 (a) 두 슬라이드 유리 사이에 좁은 공기층이 있다. 백색광을 비추면 반사광에서 간섭무늬가 생긴다. (b) 유리를 누르면 공기층의 두께가 변하여 간섭무늬가 찌그러든다.

공기 박막

두 고체 사이에 있는 얇은 공기층은 간섭 효과를 일으킬 수 있다. 그림 25.13a는 공기층으로 분리된 유리 슬라이드의 사진이다. 유리 표면이 완벽하게 평평한 것은 아니기 때문에 위치에 따라 공기층의 두께는 조금씩 다르다. 사진은 이때 나타나는 색을 띤 무늬를 보여주는데, 각 무늬의 색상은 공기층의 두께가 같은 곡선을 따라 만들어진다. 그림 25.13b는 도구를 이용해 유리판의 윗부분을 가볍게 눌러준 것이다. 위쪽 유리 표면의 눌림으로 인해 무늬가 이동한다.

볼록한 구면의 유리 렌즈를 평평한 유리판 위에 놓으면 둘 사이의 공기층 두께는 접촉 지점에서 밖으로 갈수록 증가한다(그림 25.14). 렌즈가 완벽한 구형이라고 가정할 때, 반사된 빛에서 밝고 어두운 원형의 무늬가 교대로 나타나는 것을 볼 수 있다. 이 무늬를 뉴턴 링(아이작 뉴턴의 이름을 땄다.)이라고 한다. 뉴턴의 시대 이후에까지 이 무늬의 중심이 어두운 것에 대해 수수께끼였다. 토마스 영은 중심이 반사에 의한 위상 변화 때문에 어둡다는 것을 알아냈다. 영은 납유리($n = 1.7$)로 만든 평평한 판 위에 크라운 유리($n = 1.5$)로 만든 렌즈로 뉴턴 링을 제작하는 실험을 했다.

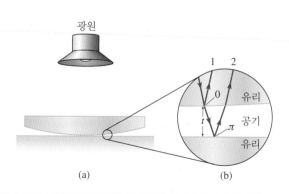 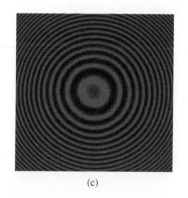

| (a) | (b) | (c) |

그림 25.14 (a) 볼록한 구형 유리면과 광학적으로 평평한 유리판 사이의 공기층. 이 그림에서 렌즈의 곡률은 과장되어 있다. 실제 공기층은 매우 얇아서 두 유리 표면은 거의 평행하다. (b) 공기층의 상부와 하부에서 반사된 광선. 광선 2는 반사 때문에 π rad의 위상 이동이 있지만, 광선 1은 그렇지 않다. 광선 2는 또한 공기층에서 추가적으로 진행한 경로차로 인해 위상이 이동된다. 수직 입사인 경우, 추가된 경로의 길이는 $2t$이다. 여기서 t는 공기층의 두께이다. 렌즈를 위에서 볼 때, 관찰자는 반사광선 1과 2의 중첩을 보게 된다. (c) 반사광에서 뉴턴 링이라 알려진 원형 간섭무늬가 보인다.

둘 사이의 틈새가 공기로 채워졌을 때 중심은 반사광에서 어두웠다. 그는 실험 장치를 굴절률이 1.5와 1.7 사이인 사사프라스 오일에 담갔다. 그렇게 하자 반사에 의한 180°의 상대적 위상차가 더 이상 없어 중심점이 밝아짐을 확인할 수 있었다.

뉴턴 링은 렌즈 표면이 완벽한 구면인지 확인하기 위한 검사에 사용할 수 있다. 완벽한 구형 표면은 예상되는 반지름에서 나타나는 원형 간섭무늬를 보여준다.

응용: 반사 방지 코팅

렌즈의 반사 방지 코팅은 박막 간섭을 응용한 대표적인 예이다(그림 25.15). 이 코팅의 중요성은 광학기기의 렌즈의 수가 늘어남에 따라 증가한다. 입사광의 작은 일부만이 각 렌즈의 표면에서 반사되더라도 각 렌즈 표면에서 일어나는 반사가 더해지면 입사한 빛의 세기 상당분율이 반사되어 실제 거기에 전달되는 양은 작을 수 있다.

반사 방지 코팅에 가장 많이 사용되는 재료는 불화 마그네슘(MgF_2)이다. 이 물질의 굴절률은 $n = 1.38$로 공기의 굴절률($n = 1$)과 유리의 굴절률($n = 1.5$ 또는 1.6) 사이에 있다. 이 박막의 두께를 가시광선 스펙트럼의 중간 파장에 대해 상쇄간섭이 일어나도록 결정한다.

그림 25.15 이 렌즈의 왼쪽에는 반사 방지 코팅이 있다. 오른쪽은 그렇지 않다.

응용: 나비 날개에 나타나는 무지개 빛깔

각종 나비, 나방, 새 및 물고기에서 보이는 무지개 빛깔은 계단 구조나 부분적으로 겹치는 비늘에서 반사되는 빛의 간섭 현상 때문에 나타나는 것이다. 가장 대표적인 예가 중남미에 사는 모르포 나비다. 그림 25.16a는 전자 현미경으로 볼 수 있는

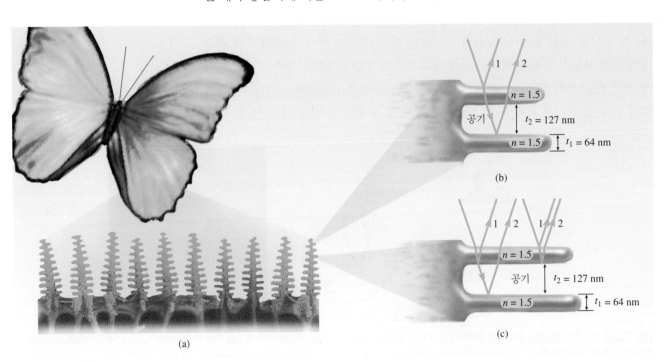

그림 25.16 (a) 전자 현미경으로 본 모르포 나비의 날개. (b) 이어져 있는 두 층에서 반사된 광선이 간섭한다. 보강간섭으로 날개에 어른거리는 푸른색이 나타난다. 엄밀히 말하면 표시된 광선은 수직 입사가 아니다. (c) 간섭하는 다른 두 광선 쌍.

모르포 나비의 날개 단면이다. 날개 꼭대기에서 튀어나온 나무 같은 구조는 투명한 재질로 되어 있다. 따라서 빛은 여러 개의 계단에서 반사된다. 두께가 t_1이고 계단 간 간격이 t_2인 연속된 계단의 윗면으로부터 반사된 두 광선을 고찰해보자(그림 25.16b). 두 광선은 반사될 때 모두 위상이 뒤집히므로 반사로 인한 상대적 위상차는 없다. 수직 입사에서, 경로차는 $2(t_1 + t_2)$이다. 그러나 광선은 두께 t_1이고 굴절률이 $n = 1.5$인 계단을 통과한다. 경로차를 파장의 정수 배와 같다고 보면 보강간섭의 파장을 구할 수 없다. 어느 파장을 사용해야 하는지 생각해 보자.

　이러한 문제를 해결하기 위해서는 경로차를 파장의 개수로 생각해야 한다. 광선 2가 두께 t_1의 날개 구조를 지나 진행하는 거리 $2t_1$(왕복)의 파장 개수는 다음과 같다.

$$\frac{2t_1}{\lambda} = \frac{2t_1}{\lambda_0/n}$$

λ_0는 진공 중 파장이고 $\lambda = \lambda_0/n$은 굴절률 n을 갖는 매질 중에서의 파장이다. 공기 중 진행 거리 $2t_2$에 대한 파장의 개수는

$$\frac{2t_2}{\lambda} = \frac{2t_2}{\lambda_0}$$

이다. 보강간섭이 일어나기 위해서는 광선 1과 비교해 광선 2가 추가로 지나가는 거리의 파장 수가 정수여야 한다.

$$\frac{2t_1}{\lambda_0/n} + \frac{2t_2}{\lambda_0} = m$$

이 방정식을 λ_0에 대해 풀어서 보강간섭이 일어나는 데 필요한 파장을 찾을 수 있다.

$$\lambda_0 = \frac{2}{m}(nt_1 + t_2)$$

$m = 1$일 때

$$\lambda_0 = 2(1.5 \times 64 \text{ nm} + 127 \text{ nm}) = 2 \times 223 \text{ nm} = 446 \text{ nm}$$

이다. 이 파장은 수직 입사에서 나비 날개를 볼 때 나타나는 우세한 파장이다. 여기서는 두 개의 인접한 계단에서 일어나는 반사만 고려했다. 그러나 이들이 보강간섭을 한다면 각 계단 윗면의 다른 반사도 모두 그렇게 해야 한다. 다만, m 값이 커지면 보강간섭은 가시광선 스펙트럼 밖 자외선 영역에서 일어난다.

　광선 2가 진행하는 경로의 길이는 입사각에 의존하기 때문에 보강간섭을 하는 빛의 파장은 보는 각에 따라 달라진다. 따라서 보는 각도가 변함에 따라 날개 색이 변하게 되므로, 날개 모양이 무지개 색으로 어른거리게 된다.

　지금까지 우리는 각 계단의 아랫면에서 일어나는 반사를 무시했다. 연속적인 두 계단 아래에서 반사된 광선은 경로차가 동일하기 때문에 같은 파장 446 nm에서 보강간섭을 한다. 그림 25.16c의 다른 두 광선 쌍은 경로차가 너무 작아서 자외선 영역에서만 보강간섭을 한다.

25.4 영의 이중 슬릿 실험 YOUNG'S DOUBLE-SLIT EXPERIMENT

1801년에 영국의 영(Thomas Young)은 이중 슬릿 간섭실험을 수행해 최초로 빛의 파동성을 입증했을 뿐만 아니라 빛의 파장을 측정했다. 그림 25.17은 영의 간섭실험 장치를 보여준다. 여기서 평행한 두 슬릿에 파장 λ인 결맞는 빛을 비춘다. 각 슬릿의 너비 a는 파장 λ와 비슷한 정도이고 길이는 $L \gg a$이다. 두슬릿의 중심은 거리 d만큼 떨어져 있다. 슬릿에서 나온 빛이 슬릿으로부터 아주 먼 거리 D에 있는 스크린에 도달할 때 어떤 무늬를 보여줄까? 곧, 스크린에 도달하는 빛의 세기 I가 슬릿으로부터 스크린 위의 한 점까지의 방향을 말해주는 각 θ에 따라 어떻게 달라질까?

단일 슬릿에서 방출되는 빛은 파면이 원통형이기 때문에 주로 슬릿에 수직인 방향으로 퍼져 나간다. 따라서 슬릿 하나로부터 나오는 빛은 스크린 위에 빛띠를 형성한다. 슬릿 길이 L이 파장에 비해 크기 때문에 슬릿과 평행한 방향으로는 빛이 크게 퍼지지 않는다.

좁은 슬릿 2개를 사용하면 두 빛띠가 스크린에서 서로 간섭한다. 슬릿의 빛은 동일 위상으로 출발하지만 스크린에 도달하는 경로는 서로 다르다. 간섭무늬 중심($\theta = 0$)에서는 파동이 같은 거리를 진행한 후 스크린에 도달해 위상이 같기 때문에, 보강간섭이 일어난다고 예상할 수 있다. 보강간섭은 경로차가 λ의 정수 배가 될 때마다 발생하고, 상쇄간섭은 경로차가 반 파장의 홀수 배일 때 발생한다. θ가 증가함에 따라 경로차가 연속적으로 증가하기 때문에 보강간섭과 상쇄간섭 사이의 점진적인 전이가 발생한다. 이 때문에 이중 슬릿 실험에서는 그림 25.18a의 스크린 사진과 같은 밝은 띠와 어두운 띠가 교대로 반복되는 특징을 보여준다. 그림 25.18b와 c는 각각 같은 간섭무늬에 대한 스크린상의 세기 그래프와 호이겐스 파면 과정을 보여준다.

극대와 극소의 위치

보강간섭 또는 상쇄간섭이 발생하는 곳을 찾으려면 경로차를 계산해야 한다. 그림

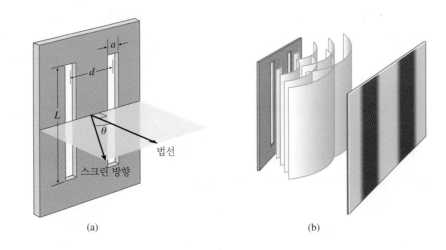

그림 25.17 영의 이중 슬릿 간섭실험. (a) 슬릿 구조. 슬릿 사이의 중심 간 거리는 d이다. 슬릿 사이의 중점에서 스크린상의 간섭무늬 중앙까지 이어진다. 법선에 대해 각도 θ를 이루는 직선으로 간섭무늬의 중심으로부터 어느 한쪽에 있는 점의 위치를 정할 수 있다. (b) 원통형 파면이 슬릿에서 나오고 간섭하여 스크린에 줄무늬를 형성한다.

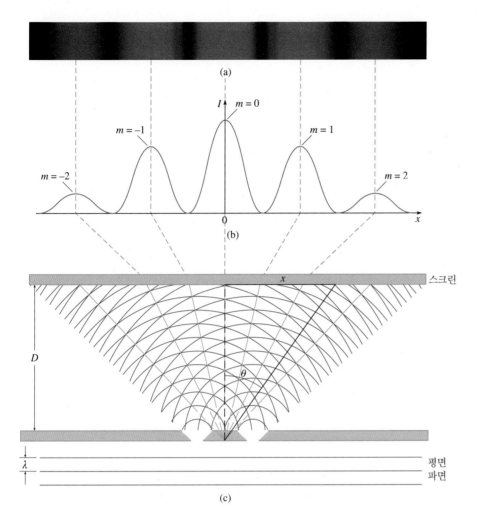

그림 25.18 붉은빛을 이용한 이중 슬릿 간섭무늬. (a) 스크린 위의 간섭무늬 사진. 보강간섭은 스크린에 밝은 빨간빛을 생성하고 상쇄간섭은 스크린의 해당 지점을 어둡게 만든다. (b) 스크린 위의 위치 x의 함수로서 나타낸 빛의 세기. 극대(보강간섭)는 m값에 따라 표시되어 있다. (c) 이중 슬릿 실험에 대한 호이겐스의 파면 그리기. 파란 선은 마디를 나타낸다(파동이 보강간섭하는 지점). 스크린 위의 위치 x와 각도 θ 사이의 관계는 $\tan \theta = x/D$임을 주목하여라. D는 슬릿에서 스크린까지의 거리이다.

25.19a는 슬릿에서 가까운 스크린으로 향하는 두 광선을 보여준다. 스크린을 슬릿으로부터 멀어지게 하면, 각도 α는 작아진다. 스크린이 멀리 떨어져 있으면 α가 작아지고 광선은 거의 평행하게 된다. 그림 25.19b에서, 멀리 있는 스크린에 대해 광선이 평행하게 표시되어 있다. 광선이 점 A와 B에서 스크린까지 진행하는 거리는 같다. 경로차는 오른쪽 슬릿에서 점 B까지의 거리이다. 곧

$$\Delta l = d \sin \theta \qquad (25\text{-}9)$$

이다. 스크린에서 극대의 세기는 보강간섭에 의해 발생한다. 보강간섭의 경우, 경로차는 파장의 정수배이다.

이중 슬릿의 극대

$$d \sin \theta = m\lambda \quad (m = 0, \pm 1, \pm 2, \cdots) \qquad (25\text{-}10)$$

m의 절댓값을 극대의 **차수**order라고도 한다. 따라서 3차 극대는 $d \sin \theta = \pm 3\lambda$인 것이다. 스크린에서 극소의 세기(= 0)는 상쇄간섭에 의해 발생한다. 상쇄간섭의 경우에 경로차는 반 파장의 홀수배이다.

연결고리

전자기파나 역학적 파동 어느 것이든지 배는 최대 진폭의 위치이고 마디는 최소 진폭의 위치이다 (11.10절 및 12.4절 참조).

그림 25.19 (a) 두 슬릿에서 가까운 스크린까지 가는 광선. 스크린이 아주 멀어지면, α가 감소하고 두 광선은 더욱더 평행선에 가까워진다. (b) 먼 스크린 근사에서는 두 광선이 평행하다(그래도 스크린의 한 지점에서 만난다). 경로차는 $d \sin \theta$이다.

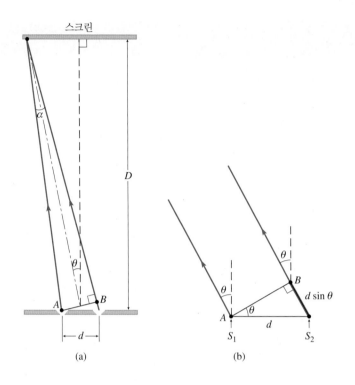

(a)　　　　(b)

이중 슬릿의 극소

$$d \sin \theta = (m + \tfrac{1}{2})\lambda \quad (m = 0, \pm 1, \pm 2, \cdots) \tag{25-11}$$

그림 25.18에서 밝고 어두운 줄무늬가 같은 간격으로 나타난다. 문제 15에서 간섭 무늬의 중심 근처에서 간섭 줄무늬의 간격이 일정함을 볼 수 있다. 여기서 θ는 작은 각이다.

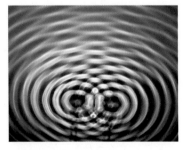

그림 25.20 물결 탱크의 물결 파동이 두 파원의 간섭을 나타내고 있다. 배를 나타내는 선은 빛의 이중 슬릿 간섭에서 극대 세기의 방향에 해당한다. 마디 선은 극소에 해당한다.

이중 슬릿 실험과 물결 파동의 비유　그림 25.20은 물결 탱크의 물결 파동의 간섭을 보여준다. 수면의 물결 파동은 물 속에서 동일한 진동수와 위상으로 상하로 진동하는 두 파원에 의해 생성되므로 결맞는 파원이다. 두 파원으로부터 떨어져 있는 점의 물결 파동의 간섭무늬는 빛에 대한 이중 슬릿 간섭무늬와 유사하다. d가 파원 간 거리를 나타낸다면, 식 (25-10)과 (25-11)은 먼 곳에서 물결 파동이 보강간섭과 상쇄간섭이 일어나는 적절한 각도 θ를 말해준다. 물결 탱크의 장점은 물결 파동 모습을 볼 수 있다는 것이다. 그림 25.20과 그림 25.18c가 유사함을 주목해야 한다.

보강간섭이 일어나는 점을 **배**antinode라고 한다. 정상파의 경우와 마찬가지로, 여기서도 결맞는 파동 2의 중첩은 일부 점 최대 진폭을 가지는 배가 된다. 또한 완전히 상쇄간섭을 하는 지점인 **마디**node도 나타난다. 줄 위의 1차원 정상파에서 마디와 배는 한 점이었다. 물결 탱크에서 2차원 물결 파동에 대해 배와 마디는 곡선이다. 3차원의 광파나 음파에 대해서는 배와 마디가 곡면을 이룬다.

보기 25.4

평행한 두 슬릿에서의 간섭

파장 $\lambda = 690.0$ nm인 레이저가 평행한 두 슬릿을 비추고 있다. 슬릿으로부터 3.30 m 떨어진 스크린에서 관찰된다. 간섭 무늬의 중심에서 인접한 밝은 무늬 사이의 거리가 1.80 cm이다. 슬릿 사이의 거리는 얼마인가?

전략 밝은 줄무늬는 $d \sin \theta = m\lambda$를 따른 각도 θ에서 발생한다. $m = 0$ 극대와 $m = 1$ 극대 사이의 거리는 $x = 1.80$ cm이다. 광선 그림은 문제에서 주어진 각도 θ와 거리 사이의 관계를 알 수 있게 해준다.

풀이 중앙의 밝은 무늬($m = 0$)는 $\theta_0 = 0$에 있다. 다음 밝은 무늬($m = 1$)는 다음 식으로 주어진 각도에 있다.

$$d \sin \theta_1 = \lambda$$

그림 25.21은 실험의 개략도이다. $m = 0$ 및 $m = 1$ 극대로 가는 직선 간의 각도는 θ_1이다. 스크린에서 이 두 극대 사이의 거리는 x이고, 슬릿에서 스크린까지의 거리는 D이다. 삼각법을 사용해 x와 D에서 θ_1을 구할 수 있다.

$$\tan \theta_1 = \frac{x}{D} = \frac{0.0180 \text{ m}}{3.30 \text{ m}} = 0.005455$$

$$\theta_1 = \tan^{-1} 0.005455 = 0.3125°$$

이다. 이제 $m = 1$ 극대 조건에 θ_1을 대입하면

$$d = \frac{\lambda}{\sin \theta_1} = \frac{690.0 \text{ nm}}{\sin 0.3125°} = \frac{690.0 \text{ nm}}{0.005454} = 0.127 \text{ mm}$$

가 된다.

검토 $x \ll D$이므로 θ_1이 작은 각임을 알 수 있다. 사실 그 때문에 사인과 탄젠트의 값이 유효숫자 세 자리까지는 같다. 처음부터 이 근사 $\sin \theta \approx \tan \theta \approx \theta$를 이용하면

$$d\theta_1 = \lambda$$

$$\theta_1 = \frac{x}{D}$$

이다. 따라서

$$d = \frac{\lambda D}{x} = \frac{690.0 \text{ nm} \times 3.30 \text{ m}}{0.0180 \text{ m}} = 0.127 \text{ mm}$$

이다.

실전문제 25.4 **파장이 바뀔 때 무늬 간격**

어느 이중 슬릿 실험에서, 슬릿 사이의 거리는 빛의 파장의 50배이다. (a) $m = 0, 1, 2$의 극대가 발생하는 각도를 라디안으로 구하여라. (b) 처음 두 극소가 발생하는 각도를 구하여라. (c) 2.0 m 떨어진 스크린의 무늬 중앙에 있는 두 극대 사이의 거리는 얼마인가?

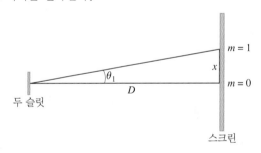

그림 25.21 보기 25.4의 이중 슬릿 실험.

개념형 보기 25.5

슬릿 간격 변경하기

레이저가 좁은 평행한 두 슬릿을 비추고 있다. 간섭무늬가 멀리 떨어져 있는 스크린에서 관찰된다. 슬릿 사이의 거리가 서서히 줄어들면 관찰되는 무늬 사이의 간격은 어떻게 되는가?

풀이와 검토 슬릿이 서로 가까울 때, 주어진 각도에 대한 경로차 $d \sin \theta$는 더 작아진다. 파장의 정수 배로 주어지는 경로차를 만들면 더 큰 각도가 필요하다. 따라서 간섭무늬는 각각

의 극대($m = 0$ 제외)와 극소가 더 큰 각도로 이동하면서 무늬 간 간격이 넓어지게 된다.

개념형 실전문제 25.5 $d < \lambda$에 대한 간섭무늬

이중 슬릿 실험에서 두 슬릿 사이의 거리가 빛의 파장보다 짧으면 멀리 떨어진 스크린에서 어떤 것을 볼 수 있는가?

25.5 회절격자 GRATINGS

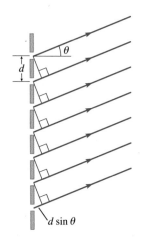

그림 25.22 격자의 슬릿에서 스크린 위의 한 점으로 진행하는 광선. 스크린이 멀리 떨어져 있기 때문에 광선은 서로 거의 평행하다. 이들은 모두 거의 같은 각도 θ로 회절격자에서 방출된다. 인접한 아무것이나, 두 슬릿 사이의 거리는 d이므로 인접한 두 광선 사이의 경로차는 $d \sin \theta$이다.

평행한 두 슬릿 대신 사용되는 **회절격자** diffraction grating는 좁고 평행하며 간격이 균등한 여러 개의 슬릿으로 구성되어 있다. 일반적으로 사용되는 회절격자는 수백에서 수천 개의 슬릿이 있다. 회절격자의 슬릿 간격은 일반적으로 슬릿 간격 d의 역수인 센티미터당 슬릿의 수(또는 어떤 단위 거리당 슬릿의 수)로 나타낸다.

$$\text{센티미터당 슬릿 수} = \frac{1}{\text{슬릿 간격(cm)}} = \frac{1}{d}$$

격자는 대략 50,000개/cm의 간격으로 만들어지므로 슬릿 사이의 간격은 200 nm 정도로 작다. 슬릿 간격이 작을수록 격자에서는 보다 광범위한 파장의 빛을 분리한다. 그림 25.22는 격자의 슬릿에서 멀리 떨어진 스크린으로 진행하는 광선을 보여준다. 첫 두 슬릿에서 나오는 광선은 경로차($d \sin \theta$)가 파장의 정수배($m\lambda$)이기 때문에 스크린 위에서 같은 위상을 가진다고 가정하자. 여기서 슬릿 사이의 간격이 균등하므로, 모든 슬릿에서 방출되는 빛이 같은 위상으로 스크린에 도달한다. 슬릿 한 쌍 사이의 경로차는 $d \sin \theta$의 정수배이므로, λ의 정수배가 된다. 따라서 격자에 의한 보강간섭 각도는 같은 간격의 이중 슬릿의 경우와 같다.

> **회절격자에 의한 극대**
>
> $$d \sin \theta = m\lambda \quad (m = 0, 1, 2, \cdots) \tag{25-10}$$

이중 슬릿 경우처럼 $|m|$을 극대의 **차수(order)**라고 한다.

이중 슬릿의 경우에는 세기가 극대에서 극소로 다시 극대로 점진적으로 변한다. 이와는 대조적으로, 슬릿이 매우 많은 회절격자에서는 극대의 너비는 매우 좁으며 그 밖의 다른 곳에서 밝기 또한 무시할 정도로 작다. 슬릿이 많아지면 극대의 너비가 어떻게 하여 그렇게 좁아질 수 있는지 생각해 보자.

0에서 99까지 번호가 매겨진 $N = 100$개의 슬릿을 가진 회절격자를 가정해 보자. 1차 극대가 각도 θ에서 발생하면 슬릿 0과 1 사이의 경로차는 $d \sin \theta = \lambda$가 된다. 이제 각도를 $\theta + \Delta\theta$만큼 늘려서 $d \sin(\theta + \Delta\theta) = 1.01\lambda$가 되도록 했다고 가정해 보자. 슬릿 0과 슬릿 1에서 온 광선의 위상은 거의 같다. 이러한 두 개의 슬릿만 있으면 간섭 세기는 극대와 거의 비슷할 것이다. 그러나 100개의 슬릿을 사용하면 각 광선의 경로의 길이는 이전의 광선보다 1.01λ만큼 길어진다. 광선 0의 경로의 길이가 l_0이라면, 광선 1의 길이는 $l_0 + 1.01\lambda$이고, 광선 2의 길이는 $l_0 + 2.02\lambda$이다. 광선 경로 50의 길이는 $l_0 + 50.50\lambda$이다. 광선 0과 50은 상쇄간섭을 한다. 경로차는 반파장의 홀수 배이기 때문이다. 마찬가지로, 슬릿 1과 51에서 온 광선도 상쇄간섭을 한다 ($51.51\lambda - 1.01\lambda = 50.50\lambda$). 슬릿 2와 52의 광선도 상쇄간섭을 한다. 이처럼 모든 슬릿의 빛이 다른 슬릿의 빛과 상쇄간섭을 하기 때문에 스크린에서의 세기는 0이다. 따라서 θ에서 극대였다가 밝기가 $\theta + \Delta\theta$에서는 0이 된다.

각도 $\Delta\theta$는 극대로부터 극대 무늬까지의 각도로서, 이를 극대의 **반폭(half-width)**

연결고리

회절격자의 극대는 슬릿 간격이 d인 이중 슬릿의 극대와 동일한 각도에서 나타난다.

이라고 한다. 이 고찰을 일반화하면 극대의 너비는 슬릿의 수에 반비례한다는 것을 알 수 있다($\Delta\theta \propto 1/N$). 슬릿 수가 많을수록 극대의 너비는 좁아진다. 따라서 N을 늘리면 극대도 밝아진다. 이는 슬릿이 많을수록 더 많은 빛을 통과시키고 빛 에너지를 더 좁은 너비의 극대에 모으기 때문이다. N개의 슬릿으로부터의 나오는 빛이 보강 간섭하기 때문에, 극대의 진폭은 N에 비례하고 밝기는 N^2에 비례한다. 회절격자의 극대는 너비가 좁고 파장에 따라서 극대가 나타나는 각도가 다르다.

> 회절격자는 여러 파장이 혼합되어 있는 빛을 파장별로 분리한다.

✔ 살펴보기 25.5

간격이 d인 회절격자에 의한 극대와 이중 슬릿에 의한 극대는 어떻게 다른가?

보기 25.6

격자의 슬릿 간격

밝은 백색광이 회절격자를 비추고 있다. 이 격자에서 모든 방향($-90°$에서 $+90°$)으로 나오는 빛에 원통형 컬러 필름을 노출시켰다(그림 25.23a). 그림 25.23b는 결과로 얻은 사진이다. 이 격자의 센티미터당 슬릿 수를 계산하여라.

전략 격자는 백색광을 여러 색의 가시광선 스펙트럼으로 분리한다. 각 색상은 $d\sin\theta = m\lambda$로 주어지는 각도에서 극대를 형성한다. 그림 25.23b에서 1차 이상의 극대가 존재함을 알 수 있다. 회절격자에서 $\pm90°$의 각으로 방출된 빛, 곧 사진의 가장자리를 비춘 빛의 파장을 추정할 수 있고 극대의 차수가 얼마인지를 안다면 슬릿 간격을 구할 수 있다.

풀이 중앙($m = 0$) 극대는 흰색으로 보이는데 모든 파장의 보강간섭 때문이다. 중앙 극대의 양쪽에 1차 극대가 나타난다. 1차 극대에서는 파장이 가장 작은 각에서

보라색이 먼저 나타나고 빨간색이 가장 큰 각도에서 나타난다. 다음에는 극대가 없는 틈이 생긴다. 그런 다음 2차 극대는 보라색으로 시작한다. 2차 무늬가 끝나기 전에 3차 극대가 나타나기 시작하기 때문에 색상은 이전처럼 순수한 스펙트럼 색상으로 이어지지 않는다. 3차 스펙트럼은 완전하지 않다. 양 끝($\theta = \pm90°$)에서 볼 수 있는 마지막 색상은 청록색이다. 따라서 청록색 빛에 대한 3차 극대는 $\pm90°$에서 발생한다. 청록색으로 보이는 빛의 파장은 약 500 nm이다(22.3절 참조). 3차 극대에 대해 $m = 3$ 및 $\lambda = 500$ nm를 사용하면 슬릿 간격을 얻을 수 있다.

$$d\sin\theta = m\lambda$$

$$d = \frac{m\lambda}{\sin\theta} = \frac{3 \times 500 \text{ nm}}{\sin 90°} = 1500 \text{ nm}$$

그러면 센티미터당 슬릿 수는 다음과 같다.

$$\frac{1}{d} = \frac{1}{1500 \times 10^{-9} \text{ m}} = 670,000 \text{ 슬릿/m} = 6700 \text{ 슬릿/cm}$$

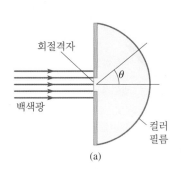

(a)

(b)

그림 25.23 (a) 회절격자에 입사하는 백색광. (b) 현상된 필름.

검토 최종 답은 센티미터당 회절격자의 슬릿 수로 나타내었다. 만일 6,700만 슬릿/cm 또는 67슬릿/cm로 결과가 나오면 오류일 가능성이 높다.

주의: 90°에서 극대가 발생하는 경우에는 작은 각 근사를 사용할 수 없다. 가끔 작은 각 근사가 유효하지 않은 큰 각에서 발생하는 회절격자의 밝은 무늬를 볼 수 있다.

실전문제 25.6 **3차 스펙트럼 전체에 대한 슬릿 간격**

격자로 어렵게 3차 스펙트럼 전체를 얻었다면 1 cm당 슬릿 수는 몇 개인가? 이 회절격자에서 4차 스펙트럼의 어느 색이 나타날 수 있는가?

응용: CD 및 DVD 데이터 읽기

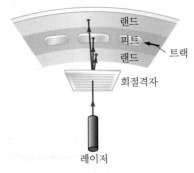

그림 25.24 3빔 추적 시스템.

CD 또는 DVD의 데이터는 나선형 트랙을 따라 배열된 피트로 기록되어 있다(25.1절 참조). 이 트랙의 너비는 CD의 경우 500 nm, DVD의 경우 320 nm이다. 광디스크 저장장치에서 기술적으로 가장 어려운 작업 중 하나는 레이저 빔을 데이터 트랙의 중앙에 유지하는 것이다. 이러한 한 가지 방법은 회절격자를 사용해 레이저 빔을 세 개로 분리하는 것이다(그림 25.24). 이때 중심 빔($m = 0$에서 극대)은 데이터 트랙의 중심에 놓는다. 1차 빔($m = \pm1$에서 극대)은 트래킹 빔이다. 이 빔은 트랙의 양쪽에 있는 평평한 알루미늄 표면인 랜드라는 부분에서 반사된다. 일반적으로 트래킹 빔의 반사되는 세기는 일정하다. 트래킹 빔 중 하나가 인접한 트랙에서 피트를 만난다면, 반사의 세기 변화가 레이저의 위치 수정이 필요하다고 판독기에 알려준다.

응용: 분광학

회절격자 분광기grating spectroscope는 가시광선의 파장을 측정하는 정밀기기이다 (그림 25.25). 분광기(spectroscope)는 영어의 어원으로 '스펙트럼 관찰'(spectrum-viewing)을 의미한다. 분광기에서 회절격자의 슬릿의 간격과 극대가 발생하는 각도는 광원에 파장을 결정하는 데 사용된다. 극대를 종종 '스펙트럼 선'이라고 부르는데, 이들이 가는 선으로 나타나는 것을 집광기 입구 슬릿의 모양을 가지기 때문이다.

열복사(예를 들면 태양광이나 백열등)에는 연속적인 스펙트럼의 파장이 포함되어 있지만, 어떤 광원은 단지 몇 개의 좁은 파장 대역으로만 구성된 불연속 스펙트

그림 25.25 회절격자 분광기의 평면도. 광원에서 온 빛은 먼저 평행한 집광 렌즈의 초점에 있는 좁고 수직인 슬릿을 통과한다. 따라서 렌즈에서 나오는 광선은 서로 평행하다. 회절격자는 입사광선이 수직 입사하도록 조정된 받침판 위에 놓여 있다. 망원경은 회절격자 주위를 원형으로 움직이며 극대를 관찰하고 그 각도 θ를 측정할 수 있다.

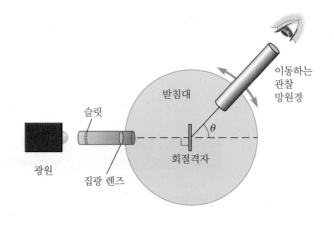

그림 25.26 나트륨의 방출 스펙트럼. 이 스펙트럼은 파장이 589.0 nm와 589.6 nm인 두 개의 노란색 선을 포함한다(나트륨 이중선).

럼을 포함하고 있다. 분광기를 통해 볼 때 불연속 스펙트럼은 몇 개의 선으로 나타나기 때문에 선 스펙트럼이라고도 한다. 예를 들어, 형광등이나 가스 방전관은 불연속 스펙트럼을 형성한다. 기체방전관은 유리관을 저압의 단일 기체로 채우고 전류가 기체를 지나가는 구조이다. 이때 방출되는 빛은 해당 기체의 특성을 나타내는 불연속 스펙트럼을 보여준다. 가로등은 나트륨(Na) 방전관이 많은데, 이들은 특유의 노란색을 띤다.

그림 25.26은 한 쌍의 황색 선을 포함하는 나트륨 방전관의 스펙트럼을 나타낸 것이다. 슬릿 수가 더 적은 회절격자를 사용한다면, 극대의 무늬 너비는 더 넓어질 것이다. 너무 넓으면 두 노란색 선이 겹쳐 하나의 선으로 나타난다. 서로 인접한 파장을 **분해**(구분)해야 하는 경우, 슬릿 수가 더 많은 회절격자가 유리하다.

반사격자

지금까지 고찰한 **투과격자**transmission gratings에서의 빛은 격자의 투명한 슬릿을 통과한 빛이다. 또 흔하게 볼 수 있는 격자로 **반사격자**reflection grating라는 것이 있다. 반사격자는 슬릿 대신에 흡수 면으로 분리된 평행하고 좁은 반사면이 있다. 호이겐스 (Huygens) 원리를 사용하는, 반사격자의 분석은 파동의 진행 방향이 반대로 되는 것을 제외하고는 투과격자와 같다. 반사격자는 천문학의 X선 광원에 대한 고해상도 분광학에서 사용된다. 이 스펙트럼을 통해 과학자들은 별의 코로나나 초신성의 잔해에서 철, 산소, 실리콘, 마그네슘과 같은 원소를 확인할 수 있다.

25.6 회절과 호이겐스 원리
DIFFRACTION AND HUYGENS'S PRINCIPLE

평면파가 장애물에 접근한다고 가정하자. 기하광학을 적용하면 장애물에 의해 차단되지 않은 광선은 직진을 계속해 장애물 너머에 선명하고 명확한 그림자를 형성할 것으로 예상할 수 있다. 장애물이 파장에 비해 큰 경우, 실제로 일어나는 현상에 대해 기하광학은 쓸 만한 근사가 된다. 그러나 파장에 비해 장애물이 그리 크지 않다면, 호이겐스의 원리를 이용해 파동이 어떻게 회절하는지를 보여주어야 한다.

그림 25.27a에서 평면파의 파면은 구멍이 있는 장벽에 도달한다. 이 파면의 모든 점은 구형으로 작용한다. 장벽 뒤에 있는 파면 위의 점들은 파동을 흡수하거나 반사한다. 그러므로 파동의 전파는 장애물이 없는 부분의 파면이 생성한 가지파동이 결정한다. 그림 25.27b~d 호이겐스의 파면 그리기는 파동이 장벽의 가장자리 주위에서 회절하기 때문에 기하광학으로는 예상할 수 없는 것이다.

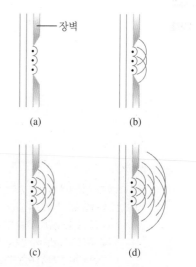

그림 25.27 (a) 평면파가 장벽에 도달한다. 파면상의 점은 구형의 가지파동의 파원 역할을 한다. (b)~(d) 나중에 처음의 가지파동은 새로운 파동이 되어 바깥으로 진행한다. 그 결과 파면이 장벽의 가장자리 주위로 퍼진다.

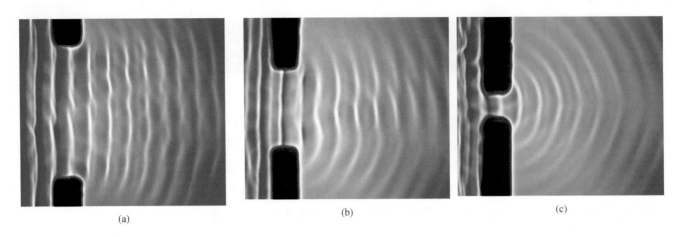

(a)   (b)   (c)

그림 25.28 물결 탱크에서 왼쪽에서 오른쪽으로 움직이는 물결 파동이 너비가 다른 구멍을 통과한다.

그림 25.28은 크기가 서로 다른 세 구멍을 통과하는 물결 탱크의 물결 파동을 보여준다. 파장보다 훨씬 큰 구멍(그림 25.28a)의 경우, 파면은 적게 퍼진다. 본질적으로 막히지 않은 부분은 직진하여 예리한 그림자를 만든다. 구멍이 좁아짐에 따라(그림 25.28b), 파면의 퍼짐이 더욱 두드러진다. 구멍의 크기가 파장의 크기에 가까워지거나 더 작아지면 회절은 분명하게 나타난다. 구멍이 파장의 크기와 비슷한 그림 25.28c의 경우, 구멍은 원형파의 점 파원과 거의 같은 역할을 한다.

중간 크기의 구멍에서 파동을 주의 깊게 살펴보면 진폭이 어느 방향에서는 다른 방향보다 크다는 것을 알 수 있다(그림 25.28b). 서로 다른 점에서 오는 가지파동들의 간섭으로 인해 생기는 이 구조의 원인은 25.7절에서 살펴볼 것이다.

전자기파는 3차원이기 때문에 호이겐스 가지파동의 2차원적 도식으로 해석할 때에는 주의해야 한다. 그림 25.29a는 작은 원형 구멍이나 길고 가느다란 슬릿에 입사되는 빛을 나타낸다. 만일 원형 구멍이라면 빛은 모든 방향으로 퍼져나가는 구형의 파면을 만든다(그림 25.29b). 구멍이 슬릿을 나타내는 경우, 두 방향을 순차적으로

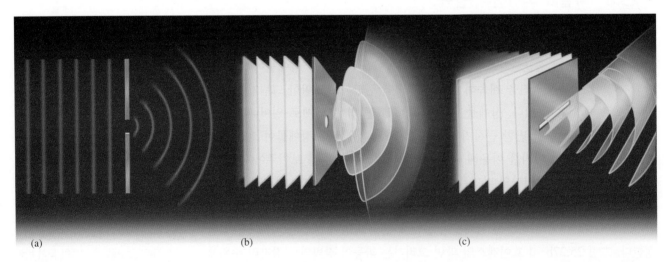

(a)   (b)   (c)

그림 25.29 (a) 작은 원형 구멍이나 슬릿의 어느 하나를 나타내는 파면의 스케치. (b) 작은 원형 구멍의 경우, 나오는 파면은 구형이다. (c) 슬릿의 경우, 나오는 파면은 원통형이다.

생각할 수 있다. 파면을 더 좁게 제한할수록 더 넓게 퍼진다. 슬릿의 길이 방향으로는 본질적으로 기하광학에서 말하는 그림자를 얻을 수 있다. 너비 방향에서는 파면을 짧은 거리로 한정하므로 파동은 그 방향으로 퍼진다. 따라서 슬릿을 통과한 파면은 원통형이다(그림 25.29c).

개념형 보기 25.7

회절과 포토 리소그래피

컴퓨터의 CPU(중앙 처리 장치) 칩은 약 3×10^8개의 트랜지스터와 수많은 여러 회로 요소들이 전기적으로 연결된 매우 작은 한 개의 묶음이다. 이러한 칩을 제조하는 데 사용되는 공정 중 하나를 포토 리소그래피(photolithography)라고 한다. 포토 리소그래피에서는 감광 재료로 실리콘 웨이퍼를 코팅한다. 이 칩을 나중에 제거하는 형태가 새겨진 마스크를 씌워 자외선에 노출시킨다. 그 후 이 웨이퍼를 산성 용액에 에칭하면, 자외선에 노출되지 않은 영역(마스크로 덮은 부분)은 에칭의 영향을 받지 않는다. 자외선에 노출된 영역에서는 감광성 재료와 그 아래의 실리콘 일부가 제거된다. 이 공정에서는 왜 가시광보다 자외선이 더 효율적인가? 왜 제조회사는 자외선 리소그래피를 대체하기 위해 X선 리소그래피를 개발하려고 하는가?

전략 반도체를 제작하는 세부적인 화학적 과정은 모르더라도, 빛의 파장에 대해 생각해보자. X선의 파장은 자외선보다도 짧고, 자외선 파장은 가시광선보다 더 짧다.

풀이와 검토 포토 리소그래피 공정은 웨이퍼에 마스크의 예리한 그림자를 만드는 것에 달려 있다. 작은 칩에 더 많은 회로 요소를 포함시키려면 마스크의 선을 최대한 가늘게 해야 한다. 선이 너무 가늘면 회절 때문에 마스크를 통과하는 빛이 확산된다. 회절 효과를 최소화하기 위해 파장은 마스크의 열린 부분보다 작아야 한다. 자외선은 가시광보다 파장이 짧기 때문에 마스크의 열린 부분을 더 작게 할 수도 있다. X선 리소그래피는 열린 부분을 더 작게 하는 공정을 가능하게 할 것이다.

개념형 실전문제 25.7 **창을 통과한 햇빛**

햇빛이 사각형 창을 통과해 바닥의 밝은 부분을 비추고 있다. 빛이 비치는 영역의 가장자리는 선명하지 않고 흐릿하다. 흐릿한 것이 회절 때문인가? 설명하여라. 회절이 아니라면, 빛이 비친 영역의 가장자리가 흐릿하게 되는 이유가 무엇인가?

응용: 푸아송 스폿

빛의 파동 이론에 대한 직관에 반하는 예측 중 하나가 결맞는 광원에 대해 원형 또는 구형 물체의 그림자의 중심에 회절 때문에 밝은 점이 만들어지는 것이다(그림 25.30). 프레넬(Augustin-Jean Fresnel, 1788~1827)이 최초로 예측한 이 밝은 점을 푸아송(Sim on-Denis Poisson, 1781~1840) 같은 19세기의 저명한 과학자들은, 실험적으로 존재를 보여주기 전까지는 터무니없는 것으로 간주했다.

그림 25.30 작은 공에 의해 형성된 회절 무늬. 가운데 있는 밝은 푸아송 스폿에 주목하여라.

25.7 단일 슬릿에 의한 회절 DIFFRACTION BY A SINGLE SLIT

회절을 더 상세히 이해하기 위해서는 호이겐스 원리에서 모든 가지파동*의 위상을

---

* 슬릿 사이의 모든 점을 광원으로 볼 때 각각의 파동(그림 25.32 참조): 역자 주

그림 25.31 단일 슬릿 회절. (a) 스크린에 나타난 회절 무늬 사진. (b) 세기 (중앙의 최대 세기에 대한 백분율)를 위로부터 아래 광선까지의 경로차의 파수 [$(a \sin \theta)/\lambda$]의 함수로 나타낸 것. 극소는 $(a \sin \theta)/\lambda$가 0 아닌 정수인 각에서 발생한다. (c) 같은 그래프의 확대도. 주변의 처음 세 극대의 밝기 백분율은 4.72 %, 1.65 %, 0.834 %이다. 주변의 처음 세 극대는 $\sin \theta = 1.43 \, \lambda$, $2.46 \, \lambda$ 3.47λ일 때 발생한다.

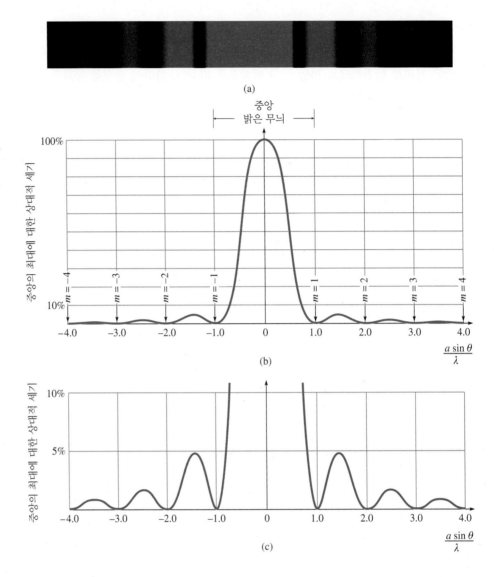

고려해야 하고 중첩의 원리를 적용해야 한다. 각 가지파동의 간섭은 빛에 대한 회절 구조를 갖게 한다. 그림 25.28의 물결 탱크에서 회절 형태의 구조를 보았다. 곧, 어떤 방향에서는 파동의 진폭이 컸고, 다른 방향에서는 작았다. 그림 25.31은 단일 슬릿을 통과하는 빛에 의해 형성된 회절 무늬를 보여준다. 여기서는 중앙의 넓은 극대 영역에 대부분의 빛 에너지가 모여 있다. [실제로 극대는 단지 $\theta = 0$인 부분이지만, 보통 **중앙 극대**central maxima는 회절 무늬의 중심에 있는 밝은 띠 전체를 가리킨다. 보다 정확한 이름은 **중앙 밝은 무늬**(central bright fringe)이다.] 세기는 정중앙에서 가장 밝고, 양쪽으로 스크린이 어두운(세기가 0) 곳인 첫 번째 극소까지 세기는 점차적으로 약해진다. 중심에서 계속해서 멀어지면 극대와 극소가 번갈아가며 밝기가 점차적으로 변한다. 옆에 있는 여러 극대는 중앙 극대에 비해 매우 약하고 너비가 넓지 않다.

호이겐스의 원리에 따르면, 빛의 회절은 슬릿상의 모든 점을 가지파동의 파원으로 고려함으로써 설명된다(그림 25.32a). 슬릿 너머의 한 점에서 빛의 세기는 이러한 가지파동의 **중첩**에 의한 것이다. 가지파동은 동일한 위상으로 시작하지만 스크린

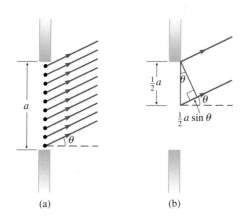

그림 25.32 (a) 슬릿 위의 모든 점이 호이겐스의 가지파동의 원천이 된다. (b) 슬릿의 중심에서 나오는 광선은 상단에서 나오는 광선보다 스크린에 도달하는 거리가 더 멀다. 추가된 거리는 $\frac{1}{2}a\sin\theta$ 이다.

(a) (b)

상의 주어진 지점에 도달하기까지 다른 거리를 이동한다. 회절 무늬에 있는 구조는 가지파동 여럿이 간섭한 결과이다. 슬릿상의 파동의 파면상 모든 점이 가지파동의 파원이다. 슬릿을 따라 모든 지점에서 퍼져나온 파동이 간섭하기 때문에 우리가 이전에 다루던 어떤 것보다 훨씬 복잡한 간섭 문제이다. 슬릿상의 모든 지점이 다 파원의 역할을 한다. 이러한 복잡성에도 불구하고 이전에 회절격자에서 사용했던 것과 비슷한 방법을 사용하면 복잡한 수학에 의존할 필요 없이 극소가 어느 지점인지 쉽게 찾을 수 있다.

극소 찾기 그림 25.32b는 두 파동의 전파를 나타내는 두 광선이다. 하나는 슬릿의 상단 가장자리에서, 다른 하나는 정확히 중간에서부터 출발한다. 광선은 같은 각도 θ에서 출발해 스크린의 같은 지점에 도달한다. 중간에서 출발한 광선은 스크린에 도달하기까지 추가된 거리가 $\frac{1}{2}\lambda$와 같으면 두 가지파동은 **상쇄간섭을 한다.** 이제 Δx 만큼 아래로 이동한 두 점에서 시작하는 두 파동을 살펴보자. 이들도 여전히 슬릿 너비의 절반인 $\frac{1}{2}a$ 만큼 떨어져 있다. 따라서 여기서 출발하는 두 가지파동의 경로차도 역시 $\frac{1}{2}\lambda$이므로 이들 역시 상쇄간섭을 한다. 이처럼 **모든 가지파동들은** 상하의 파동이 쌍을 이루어 없어진다. 곧 각 쌍은 모두 상쇄간섭을 하기 때문에, 그 각도의 스크린에는 빛이 도달하지 않는다. 따라서 1차 회절 극소는 다음 조건을 만족하는 곳에서 일어난다.

$$\frac{1}{2}a\sin\theta = \frac{1}{2}\lambda$$

거리 $\frac{1}{4}a, \frac{1}{6}a, \frac{1}{8}a, \cdots, \frac{1}{2m}a, \cdots$ (m은 0이 아닌 정수)만큼 떨어진 두 가지파동은 짝을 짓는 비슷한 방식으로 다른 극소를 찾을 수 있다. 회절 극소는 다음과 같이 주어진다.

$$\frac{1}{2m}a\sin\theta = \frac{1}{2}\lambda. \quad (m = \pm1, \pm2, \pm3, \cdots)$$

식을 간단히 정리하면 다음과 같다.

단일 슬릿 회절 극소

$$a\sin\theta = m\lambda \quad (m = \pm1, \pm2, \pm3, \cdots) \tag{25-12}$$

유의할 점: 식 (25-12)는 N개의 슬릿에 의한 간섭 극대를 나타내는 식 (25-10)과 비슷해 보이지만, 회절 극소 위치를 나타낸다. 또한 $m = 0$은 식 (25-12)에서 제외된다. $\theta = 0$에서는 극소가 아니라 극대가 발생한다.

슬릿이 좁아지면 어떻게 되겠는가? 슬릿의 너비 a가 작아지면, 극소에 대한 각도 θ가 커진다. 이에 따라서 회절 무늬는 넓어진다. 슬릿을 더 넓게 만들면, 극소에 대한 각도가 작아지고 회절 무늬는 좁아진다.

주변의 극대가 발생하는 각도는 극소의 각도보다 훨씬 찾기가 어렵다. 비교 가능한 단순한 방법이 없다. 중앙 극대는 $\theta = 0$에 있다. 모든 가지파동이 스크린까지 동일한 거리를 진행해 같은 위상에 도달하기 때문이다. 다른 극대들은 대략 인접한 극소 사이의 중간이다(그림 25.31c 참조).

보기 25.8

단일 슬릿 회절

너비 0.020 mm인 단일 슬릿에 의한 회절 무늬가 스크린에 나타났다. 스크린은 슬릿으로부터 1.20 m에 있고 파장이 430 nm인 빛이 사용되었다면, 중앙 극대의 너비는 얼마인가?

전략 중앙 극대는 $m = -1$인 극소에서 $m = +1$인 극소까지의 범위이다. 무늬가 대칭이므로 너비는 중심에서 $m = +1$인 극소까지의 거리의 두 배이다. 아래 그림은 문제의 각도와 거리 관계를 구하는 데 도움이 된다.

풀이 다음 식을 만족하는 각도 θ에서 $m = 1$의 극소가 발생한다.

$$a \sin \theta = \lambda$$

그림 25.33은 $m = 1$인 극소가 나타나는 각도 θ, 중앙에서 첫 번째 극소까지 거리가 슬릿부터 스크린까지의 거리 D를 나타낸다. 중앙 극대의 너비는 $2x$이다. 그림 25.33에서

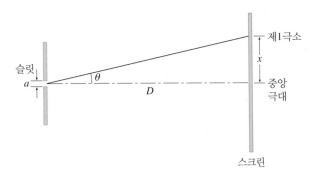

그림 25.33 너비 a의 단일 슬릿으로부터 나온 파장 λ인 빛에 의하여, 먼 거리 D에 있는 스크린 위에 하나의 회절 무늬가 만들어진다.

$$\tan \theta = \frac{x}{D}$$

이다. $x \ll D$을 가정하면 θ는 작은 각이다. 따라서 $\sin \theta \approx \tan \theta$이다.

$$\frac{x}{D} = \frac{\lambda}{a}$$

$$x = \frac{\lambda D}{a} = \frac{430 \times 10^{-9} \text{ m} \times 1.20 \text{ m}}{0.020 \times 10^{-3} \text{ m}} = 0.026 \text{ m}$$

x와 D의 값을 비교하면, $x \ll D$라는 근사에 타당성이 있음을 알 수 있다. 중앙 극대의 너비는 $2x = 5.2$ cm이다.

검토 중앙 극대의 너비는 첫 번째 극소에 관한 각도 θ와 슬릿과 스크린 사이의 거리 D에 따라 달라진다. 각도 θ는 차례로 빛의 파장 및 슬릿 너비에 따라 변한다. 각도 θ가 더 큰 값인 경우, 곧 파장이 더 크거나 슬릿 너비가 더 좁은 경우, 회절 무늬가 스크린에서 더 넓게 퍼진다. 주어진 파장에 대하여 슬릿이 좁아지면 회절 무늬가 더 넓어진다. 주어진 슬릿의 너비에 대하여 더 큰 파장의 회절 무늬는 더 넓어지므로 적색광($\lambda = 690$ nm)에 대한 무늬가 보라색 빛($\lambda = 410$ nm)에 대한 무늬보다 더 퍼져 있다.

실전문제 25.8 **첫 번째 주변 극대의 위치**

회절 무늬의 중심으로부터 첫 번째 주변 극대까지의 거리는 대략 얼마인가?

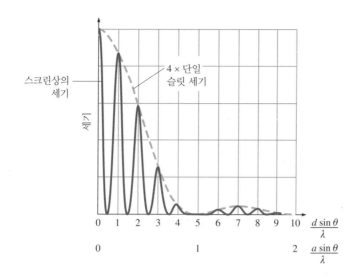

이중 슬릿 간섭에서 극대의 세기

이중 슬릿 간섭실험에서, 밝은 띠는 간격이 일정하지만 밝기는 같지 않다(그림 25.18 참조). 빛은 각 슬릿에서 회절된다. 곧, 각 슬릿에서 회절되어 스크린에 도달한 빛이 회절 무늬를 형성한다(그림 25.31 참조). 이 두 회절 무늬는 스크린의 어느 점에서나 진폭이 같지만 위상은 다르다. 보강간섭인 경우, 그 점에서 진폭은 단일 슬릿에 대한 것의 두 배가 된다(따라서 세기는 4배이다).

그림 25.18은 각 슬릿의 중앙 회절 극대 내의 간섭 극대만을 보여준다. 슬릿에 입사하는 빛이 충분히 밝으면 첫 번째 회절 극소 너머의 간섭 극대를 볼 수 있다(그림 25.34).

25.8 광학기기의 회절과 해상도
DIFFRACTION AND THE RESOLUTION OF OPTICAL INSTRUMENTS

카메라, 망원경, 쌍안경, 현미경뿐 아니라 사람의 눈까지 모든 광학기기는 원형 구멍을 통해 빛을 받아들인다. 따라서 원형 구멍을 통과한 빛의 회절은 매우 중요하다. 광학기기가 두 물체를 별개의 실체로 분해(구분)하기 위해서는 각 물체에 대해 분리된 상을 만들어야 한다. 만일 회절이 각 물체의 상을 퍼지게 하여 겹쳐지게 된다면 광학기기는 그들을 분해할 수 없다.

빛이 지름 a인 원형 구멍을 통과할 때, 빛은 슬릿의 경우처럼 주로 한 방향으로 제한되지(슬릿에서처럼) 않고 모든 방향으로 제한을 받는다. 따라서 원형 구멍에 대해서는 빛이 모든 방향으로 퍼진다. 따라서 원형 구멍(그림 25.35)에 의한 회절 무늬에는 구멍의 원 대칭성이 반영된다. 회절 무늬는 슬릿의 경우와 유사하다. 이 무늬는 중앙에 넓고 밝은 극대가 나타나며, 그 밖으로 극소와 약한 극대가 교대로 나타난다. 그러나 이제는 무늬에 구멍의 원형 모양이 반영되어 동심원 무늬를 구성한

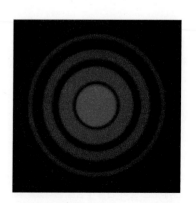

그림 25.35 멀리 떨어진 스크린에 나타난 원형 구멍에 의한 회절 무늬.

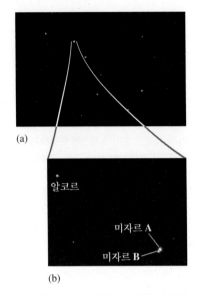

(a)

알코르

미자르 A

미자르 B

(b)

그림 25.36 (a) 큰곰자리 성군의 일부인 북두칠성. (b) 구경이 넓은 망원경으로 보면 미자르 A, 미자르 B, 알코르가 분린된 상으로 보인다.

다. 극소 및 극대에 대한 각도를 계산하는 것은 어려운 문제이다. 가장 큰 관심의 대상은 첫 번째 극소의 위치인데, 이는 대략 다음과 같이 주어진다.

$$a \sin \theta \approx 1.22 \lambda \qquad (25\text{-}13)$$

첫 번째 극소가 특히 중요한 이유는 회절된 빛 세기의 84 %를 포함하는 중앙 극대의 지름을 알 수 있다는 것이다. 중앙 극대의 지름은 광학 기기의 분해능을 제한한다.

망원경으로 멀리 떨어진 별을 바라볼 때, 별이 점광원이라고 생각하기에 충분하지만 빛은 망원경의 원형 구멍을 통과하기 때문에 그림 25.35와 같은 원형의 회절 무늬로 퍼진다. 서로 가깝게 보이는 두 개 이상의 별을 보면 어떨까? 시력이 좋은 사람은 육안으로 큰곰자리(북두칠성)의 꼬리 부분에 분리된 2개의 별, 미자르(Mizar)와 알코르(Alcor)를 볼 수 있다(그림 25.36a). 또한 망원경으로 보면 미자르는 실제로 미자르 A와 미자르 B라고 불리는 두 개의 별이라는 것을 알 수 있다(그림 25.36b). 눈으로는 이 두 별의 상을 분해(구분)할 수 없지만 구경이 큰 망원경을 이용하면 분해할 수 있다. 분광기로 관측한 결과를 보면, 미자르 A와 미자르 B에서 오는 빛에서 주기적인 도플러 이동이 나타나는 것을 볼 수 있다. 이는 이들이 쌍성임을 말해준다. 아주 가까이 있는 두 별이 그들의 공통 질량중심에 대해 회전하고 있는 것이 **쌍성**(binary star)이다.

미자르 A와 미자르 B에 동반성들은 현존하는 최고의 망원경으로도 볼 수는 없다. 이 다섯 개의 별에서 나온 광선이 원형 구멍을 통과할 때, 회절되어 상이 퍼지기 때문에 맨눈으로 직접 보면 2개, 망원경으로도 겨우 3개의 별만을 볼 수 있다.

레일리 기준

별과 같은 점광원에서 나온 빛이 원형 구멍을 통과하면 회절되어 원형의 회절 무늬를 형성한다. 이 때문에 벌어진 각도가 작은 두 별은 회절 무늬가 겹친다. 그러나 별들은 비간섭성 광원이기 때문에 서로 간섭하지 않고도 회절 무늬가 겹친다(그림 25.37). 이 별들을 분해하려면 회절 무늬가 얼마나 떨어져 있어야 하는가?

다소 임의적이기는 하지만 전통적인 기준은 상이 각 회절 무늬 너비의 절반 이상 떨어져 있어야 한다고 영국 물리학자인 레일리 경(John William Strutt, 1842~1919)이 제안한 것이다. 곧, **레일리 기준**^{Rayleigh's criterion}은 한 회절 무늬의 중심이 다른 회

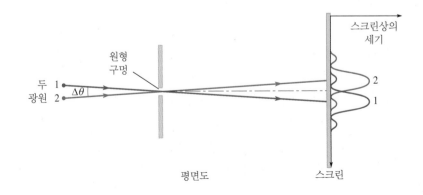

그림 25.37 각도 분리가 $\Delta\theta$인 두 점광원에서 온 빛이 원형 구멍을 통과했을 때 회절 무늬는 겹쳐진다. 이 경우 레일리 기준에 따라 상을 분해할 수 있다.

절 무늬의 첫 번째 극소에 있을 경우, 두 광원을 간신히 분해할 수 있다고 규정한다. 두 광원으로부터 온 빛이 진공(또는 공기)을 통해 진행해 지름이 a인 원형 구멍으로 들어간다고 가정하자. $\Delta\theta$가 구멍으로부터 측정한 두 광원의 분리 각도이고 λ_0가 진공(또는 공기)에서 빛의 파장인 경우, 광원은 다음과 같은 경우 분해될 수 있다.

레일리 기준

$$a \sin \Delta\theta \geq 1.22\,\lambda_0 \qquad (25\text{-}14)$$

보기 25.9

레이저 프린터의 해상도

레이저 프린터는 종이에 잉크(토너)로 작은 점을 인쇄한다. 이 점들이 서로 가까이 있으면 개별 점들로 보이지 않는다. 이 점들이 뭉쳐져서 글자나 그림으로 보인다. 밝은 빛 아래 눈과 0.40 m 떨어진 곳에 있는 문서를 볼 때 '인치당 점의 개수(dpi)'가 얼마나 많아야 이 점들이 개별적으로 보이지 않는가? 동공의 지름은 2.5 mm라고 하자.

전략 두 점의 분리 각이 레일리 기준을 초과하면 점을 개별적으로 분해할 수 있다. 따라서 점 사이의 각 분리 각은 레일리 기준에서 제시한 것보다 작아야 한다. 그래야 점들을 개별적으로 분해할 수 없게 된다.

풀이 인접한 두 점 사이의 거리는 Δx, 동공의 지름은 a, 점 사이의 분리 각은 $\Delta\theta$(그림 25.38)라고 하자. 이 문서는 눈으로부터 거리 $D = 0.40$ m에 있다. 그러면 $\Delta x \ll D$이기 때문에, 점 사이의 분리 각은

$$\Delta\theta \approx \frac{\Delta x}{D}$$

이다. 두 점이 합쳐 보이게 하려면 분리 각 $\Delta\theta$가 레일리 기준의 각보다 작아야 한다. 분해할 수 있는 최소 각 $\Delta\theta$는 다음과 같이 주어진다.

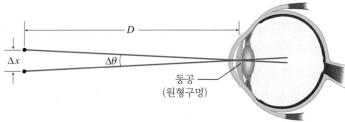

그림 25.38 인접한 두 광원 사이의 분리각 $\Delta\theta$.

$$a \sin \Delta\theta \approx a\,\Delta\theta = 1.22\,\lambda_0$$

점들이 분해되지 않을 조건은 다음과 같다.

$$a\,\Delta\theta < 1.22\,\lambda_0$$

$\Delta\theta$를 대입하면

$$a\,\frac{\Delta x}{D} < 1.22\lambda_0$$

이다. 모든 가시광선에 대해, 이 점들이 합쳐 보일 정도로 Δx를 충분히 작게 하기 위해, 가시광선 영역에서 가장 짧은 파장인 $\lambda_0 = 400.0$ nm를 선택한다. 이제 점 사이의 거리 Δx를 구하면

$$\Delta x < \frac{1.22\lambda_0 D}{a} = \frac{1.22 \times 400.0 \text{ nm} \times 0.40 \text{ m}}{0.0025 \text{ m}}$$

$$= 7.81 \times 10^{-5} \text{ m} = 0.0781 \text{ mm}$$

가 된다. 인치당 점 개수의 최솟값을 찾으려면 먼저 점 간격 Δx를 인치로 변환해야 한다.

$$\Delta x = 0.0781 \text{ mm} \div 25.4\,\frac{\text{mm}}{\text{in}} = 0.00307 \text{ in}$$

$$\text{dots per inches} = \text{dpi} = \frac{1}{\text{inches per dot}}$$

$$\frac{1}{0.00307 \text{ in./dot}} = 330 \text{ dpi}$$

검토 이 추정에 따르면, 300 dpi 프린터의 인쇄물은 약간 거칠다고 예상할 수 있다. 그 이유는 점들이 겨우 구분되기 때문이다. 600 dpi 프린터의 출력물은 훨씬 더 매끈하게 보일 것이다.

식 (25-14)는 진공에서 파장(λ_0)을 사용하였기 때문에 눈에서 발생하는 회절에도 적용될 수 있는지 의아하게 생각할 수도 있다. 눈 속의 유리액에서 파장은 $\lambda = \lambda_0/n$이며, 이 유

리액의 굴절률은 $n \approx 1.36$이다. 식 (25-14)는, 파장의 n이 굴절에 의한 n으로 상쇄되기 때문에, 이 상황에도 적용할 수 있다(문제 30 참조).

실전문제 25.9 점묘법 그림

후기인상파 화가인 조르주 쇠라는 점묘법을 완성했다. 그는 지름이 약 2 mm인 여러 개의 점을 조밀한 간격으로 찍어서 그림을 그렸다(그림 25.39). 이를 확대하면 개별 점을 볼 수 있다. 멀리 떨어져서 보면 점들은 서로 섞여 보인다. 점들이 섞여서 색상이 조화롭게 보이려면 관람객이 멀리 떨어져 있어야 할 최소 거리는 얼마인가? 동공의 지름은 2.2 mm라고 가정하여라.

(a)　　　　　　　　　　　　　　　　　　　(b)

그림 25.39 (a) 쇠라(Georges Seurat, 1859~1891)의 〈옹플뢰르의 르 바 뷔탱 해변(*La grève du Bas Butin à Honfleur*)〉. (b) 같은 작품을 클로즈업한 사진.

응용: 사람 눈의 분해능

밝은 곳에서, 사람의 동공은 약 2 mm로 좁아진다. 이 작은 구멍에 의한 회절이 우리 눈의 해상도의 한계를 결정한다. 빛이 희미한 곳에서는 동공이 훨씬 더 넓어진다. 이때 눈의 해상도 한계는 회절이 아니라 8 mm 지점에 있는 망막 중심(광수용체 세포가 가장 밀집해 있는)에 있는 광수용체 세포의 간격에 의해 결정된다. 원추세포의 간격은 동공의 **평균 지름**(5 mm)에 최적화되어 있다(문제 31 참조). 원추세포가 조밀하지 않으면 분해능이 떨어지지만 더 조밀해진다고 해도 회절 때문에 분해능이 증가하지는 않을 것이다.

25.9 X선 회절 X-RAY DIFFRACTION

지금까지 검토된 간섭 및 회절의 예는 대부분 가시광선으로 다루었다. 그러나 우리 눈에 보이는 가시광선의 파장보다 길거나 짧은 파장에서도 같은 효과가 나타난다. X선을 사용해도 간섭이나 회절 효과를 나타내는 실험을 수행할 수 있을까? X선은 가시광선보다 파장이 훨씬 짧기 때문에, 이러한 실험을 수행하기 위해서는 격자의 슬릿 크기와 간격이 가시광선 실험에 사용한 격자보다 훨씬 작아야 한다. 전형적인 X선은 파장이 대략 0.01 nm에서 10 nm 범위에 있다. X선에 사용할 수 있

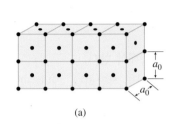
(a)

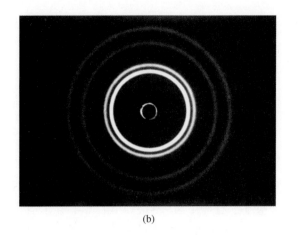
(b)

그림 25.40 (a) 알루미늄의 결정 구조. 점은 알루미늄 원자의 위치를 나타낸다. (b) 다결정(많은 수로 배향된 알루미늄 결정)에 의해 형성된 X선 회절 무늬. 시료에 의해 산란되지 않은 X선에 의해 형성된 중심의 점은 필름의 중앙에 도달하지 못하게 대부분 차단했다. 고리는 산란된 X선이 보강간섭을 하는 각도에서 형성된다.

을 만큼 작은 평행 슬릿 회절격자를 만드는 방법은 없다. 원자의 지름이 전형적으로 대략 0.2 nm이므로 이를 이용하면 슬릿의 간격은 단일 원자의 크기와 비슷해야 할 것이다.

1912년에 독일의 물리학자 라우에(Max von Laue, 1879~1960)는 결정 속 원자들의 규칙적인 배열이 완벽한 X선 회절격자 역할을 할 수 있음을 알아냈다. 결정에서 원자의 규칙적인 배열과 간격은 일반적인 격자의 규칙적인 슬릿의 간격과 비슷하지만, 결정은 3차원 격자이다(가시광선에 사용하는 2차원 격자와는 대조적인).

그림 25.40a는 알루미늄의 결정 구조를 보여준다. X선이 결정을 통과할 때 원자의 모든 방향으로 산란된다. 서로 다른 원자에서 특정 방향으로 산란된 X선은 서로 간섭하므로, 어떤 방향에서는 이들이 보강간섭하여 그 방향에서 세기가 극대로 된다. 사진 필름을 사용하면 단결정에 대해서는 세기가 최대인 방향이 점의 집합으로, 무작위로 흩어진 수많은 결정의 시료에 대해서는 원형 고리로 기록된다(그림 25.40b).

격자가 3차원 구조를 하고 있기 때문에 보강간섭의 방향을 결정하는 것은 어려운 문제이다. 호주의 물리학자 브래그(William Lawrence Bragg, 1890~1971)는 이를 단순화하는 방법을 발견했다. 그는 X선이 원자가 이루는 평면에서 반사하는 것으로 생각할 수 있음을 보여주었다(그림 25.41a). 인접한 두 평면에서 반사되는 X선 사이의 경로차가 파장의 정수배인 경우 보강간섭이 발생한다. 그림 25.41b는 경로차가 $2d\sin\theta$임을 보여준다. 여기서 d는 평면 사이의 간격이고 θ는 입사광선과 반사광선

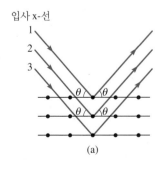
(a)

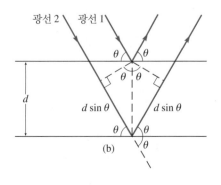
(b)

그림 25.41 (a) 입사하는 X선은 마치 원자의 평면에서 반사되는 것처럼 행동한다. (b) 인접한 두 평면으로부터 반사하는 광선에 대한 경로차를 구하기 위한 그림.

이 평면과 이루는 각이다(법선과 이루는 각은 아니다). 그러면 **브래그 법칙**Bragg's law
에 주어지는 각도에서 보강간섭이 일어난다.

> **X선 회절 극대**
>
> $$2d \sin \theta = m\lambda \quad (m = 1, 2, 3, \cdots)$$
>
> (25-15)

"반사된 광선"은 입사광선과 2θ의 각을 만든다는 점을 주목해야 한다.

브래그의 법칙은 아주 단순화된 것일 뿐 X선 회절은 실제로 복잡하다. 왜냐하면
결정에는 간격이 서로 다른 여러 개의 평면 집단이 있기 때문이다. 실제로는, 간격
이 가장 큰 평면에 단위 넓이당 가장 많은 수의 산란 중심(원자)이 포함되어 있으므
로 이들 면이 가장 강한 극대를 생성한다.

X선 회절의 응용

- 회절격자가 백색광을 스펙트럼의 색으로 분리하는 것처럼, 연속 X선 스펙트럼
  이 있는 빔에서 좁은 파장 범위의 X선 빔을 추출하는 데 결정을 사용해야 한다.
- 만일 결정의 구조가 알려져 있으면 결정에서 나오는 광선의 각도를 이용해 X
  선의 파장을 결정한다.
- X선 회절 무늬를 사용해 결정 구조를 결정할 수 있다. 결정에서 강한 빔이 나
  오는 각도 θ를 측정하면 평면의 간격 d가 결정되고 그로부터 결정 구조를 알
  수 있다.
- X선 회절 무늬는 단백질과 같은 생물 분자의 분자 구조를 결정하는 데 사용된
  다. 영국의 생물물리학자인 프랭클린(Rosalind Franklin, 1920~1958)의 X선
  회절 연구가 1953년 미국의 분자생물학자인 왓슨(James Watson, 1928~)과 영
  국의 분자생물학자인 크릭(Francis Crick, 1916~2004)으로 하여금 DNA(그림
  25.42)의 이중 나선 구조를 발견하는 데 단서를 제공했다. 심지어 싱크로트론
  에서 전자가 복사하는 강렬한 X선은 바이러스의 구조를 연구하는 데 사용되기
  도 했다.

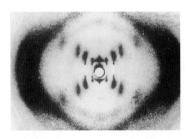

그림 25.42 이 DNA(디옥시리보 핵산)
의 X선 회절 무늬는 1953년 프랭클린이
얻은 것이다. DNA 구조의 일부는 반점
과 띠의 무늬로부터 추론할 수 있다. 프
랭클린의 데이터를 통해 왓슨과 크릭은
DNA의 나선형 구조를 확신했는데, 이
는 회절 무늬에서 띠의 교차로 나타났다.

25.10 홀로그램 기술 HOLOGRAPHY

일반 사진은 필름의 각 점에 비치는 빛의 세기를 기록한 것이다. 엇결성 빛의 경
우, 위상이 마구 변하므로 위상 정보를 기록하는 데는 별 도움이 안 된다. 홀로그램
은 **결맞는 빛**으로 피사체를 비추어 만든다. 홀로그램은 필름에 입사하는 **빛의 세기
와 위상**을 기록한 것이다. 홀로그램 기술은 1948년 헝가리계 영국인 물리학자 가보
르(Dennis Gabor, 1900~1979)가 발명했지만, 1960년대에 레이저 사용이 가능해
질 때까지 만들기가 어려웠다.

다른 방향으로 이동하나 겹치게 되는 두 결맞는 빛을 만들기 위해 레이저와 광분

배기 그리고 몇 개의 거울을 사용한다고 상상해보자(그림 25.43). 파동이 사진건판에 닿았을 때, 사진건판의 감광 정도는 건판에 닿는 빛의 세기에 따라 달라진다. 두 파동이 결맞기 때문에, 일련의 보강간섭과 상쇄간섭의 무늬가 생긴다. 무늬 사이의 간격은 두 파동 사이의 각도 θ_0에 따라 변한다. 작은 각은 줄무늬 사이의 간격을 더 크게 만든다. 줄무늬 사이의 간격은 다음과 같이 구해진다.

$$d = \frac{\lambda}{\sin \theta_0}$$

건판을 현상하면, 균일한 간격의 줄무늬가 있는 회절격자를 얻게 된다. 같은 파장 λ의 결맞는 빛으로 수직으로 이 사진건판을 쪼이면, 중앙 극대($m = 0$)는 정면에 있지만 $m = 1$ 극대는 다음과 같은 각도에 있다.

$$\sin \theta = \frac{\lambda}{d} = \sin \theta_0$$

따라서 원래의 두 파동이 $m = 0$ 및 $m = 1$ 극대로 복원된 셈이다.

이제 점 물체와 평면파를 생각해보자(그림 25.44). 점 물체는 빛을 산란시켜 점광원처럼 구형파를 생성한다. 원래의 평면파와 산란된 구형파가 간섭하여 일련의 원형 무늬가 형성된다. 이제 이 사진건판을 현상해 레이저 빛으로 비추면 평면파와 구형파 둘 다 다시 생성된다. 구형파는 판 뒤쪽에서 오는 것처럼 보이는데 이것이 점 물체의 허상이다. 사진건판이 점 물체의 홀로그램이다.

한층 더 복잡한 물체를 사용하면 물체 표면의 각 점이 구형파의 파원이 된다. 이 홀로그램을 결맞는 빛으로 비추면, 물체의 허상이 생성된다. 홀로그램이 물체에서 오는 것처럼 파면을 다시 생성하기 때문에, 이 허상을 여러 각도(그림 25.45)에서 물체처럼 볼 수 있다.

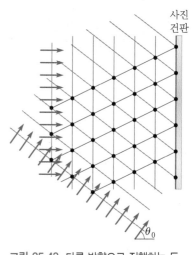

그림 25.43 다른 방향으로 진행하는 두 결맞는 평면파가 사진건판을 감광시킨다. 사진건판에 간섭무늬가 형성된다. 빨간색 선은 두 파동 사이의 보강간섭 지점을 나타낸다. 이 선이 사진건판과 만나는 곳에 밝은 무늬의 띠가 나타난다.

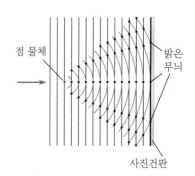

그림 25.44 결맞는 평면파가 점 물체에 의해 산란된다. 물체에 의해 산란된 구형파는 평면파와 간섭하여 사진건판에 일련의 원형 간섭 줄무늬를 형성한다.

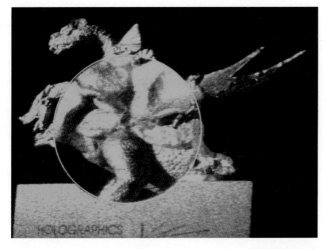

그림 25.45 렌즈 뒤에 있는 용의 홀로그램 상. 렌즈에 의해 확대된 부분의 용의 홀로그램은 보는 각도에 따라 달라진다.

해답

실전문제

25.2 거울이 가까이 다가온다(더 짧은 경로의 길이). 관과 함께 팔에서 이동하는 파장의 수가 감소하기 때문에 다른 팔에서 이동하는 파장 수를 줄여야 한다.

25.3 560 nm와 458 nm

25.4 (a) 0, 0.020 rad, 0.040 rad, (b) 0.010 rad, 0.030 rad, (c) 4.0 cm

25.5 세기는 중앙 극대($\theta = 0$)에서 최대가 되며 서서히 감소하지만 결코 세기가 0은 될 수 없다.

25.6 4760슬릿/cm인 격자에서. 4차 극대는 525 nm까지 파장에 대해 존재한다.

25.7 아니오. 창문이 빛의 파장에 비해 크기 때문에 회절을 무시할 수 있을 것으로 기대한다. 태양을 점광원으로 취급하기에는 충분하지 않다. 태양 표면의 다른 지점에서 나오는 광선은 창을 통과할 때 약간 다른 방향으로 진행한다.

25.8 3.9 cm

25.9 9 m

살펴보기

25.1 예. 두 개의 결맞는 파동 사이의 위상차는 $\pi/3$ rad일 수 있다. 위상차는 π의 정수 배가 아니므로 간섭은 보강간섭(최대 진폭)이거나 상쇄간섭(최소 진폭)이 아니다. 이들 둘 사이에 있다.

25.3 파동이 속도가 느린 경계(더 높은 굴절률)에서 반사될 때 180° 위상 이동이 발생한다. 광선 1은 $n_f > n_i$ 이므로 반사로 인해 180° 위상 이동을 한다. 광선 2는 $n_t < n_f$ 이므로 반사로 인한 위상 변화가 없다.

25.5 이중 슬릿의 경우, 강도는 최대와 최소 사이에서 점진적으로 변한다(그림 25.18 참조). 격자로 인한 극대는 훨씬 더 밝다(단지 두 개의 슬릿이 아닌 여러 슬릿에 의한 보강간섭). 극대의 너비는 슬릿의 수에 반비례하므로 여러 개의 슬릿이 있는 격자의 경우 극대 사이의 간격은 매우 좁다.

상대성 이론
Relativity

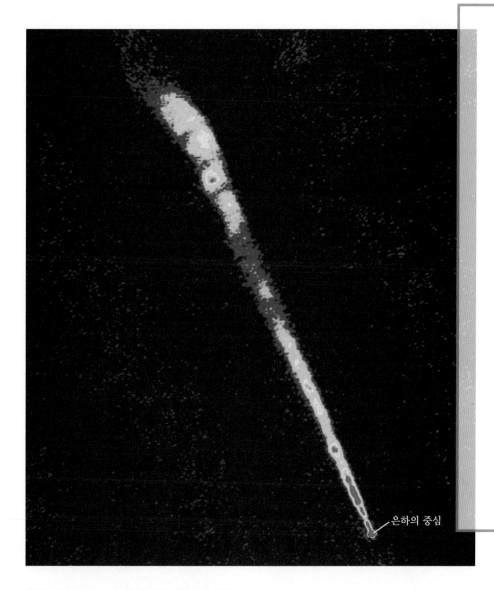

은하계의 중심은 그 은하의 바깥 부분보다 훨씬 밝다. 이 활동적인 은하계의 핵들은 우리 태양계 정도의 크기지만 태양보다 200억 배 더 많은 빛을 내보낼 수 있다. NGC 6251로 알려진 은하의 중심은 대전 입자로 된 좁지만 매우 큰 에너지를 갖는 분출물을 대략 지구 방향으로 뿜어낸다. 사진은 뉴멕시코에 있는 일련의 대형 전파 망원경으로 촬영된 분출물을 보여준다. 은하의 핵은 오른쪽 아래에 있다.

과학자들이 처음으로 이 분출물의 끝부분의 속력을 측정할 때에, 그들은 이틀 연속해서 찍혀진 두 개의 전파망원경의 이미지를 사용했다. 그들은 제트의 끝부분이 얼마나 멀리 움직이는지를 재고 두 상들 사이에 경과된 시간으로 나누어서, 빛의 속력보다 더 빠른 속력을 제안하게 되었다! 이 분출물에서 대전 입자들이 빛보다 더 빨리 움직이는 것이 가능한가? 만일 그렇지 않다면, 과학자들이 어떤 실수를 했을까?(784쪽에 답이 있다.)

은하의 중심

은하 NGC 6251의 핵에서 방출된 분출물

26.1 상대성 이론의 가설 POSTULATES OF RELATIVITY

기준틀

연결고리

상대성이라는 개념은 아인슈타인이 처음으로 발견한 것이 아니다. 이것은 갈릴레오와 뉴턴에게로 거슬러 올라간다.

상대성 이론은 완전히 새로운 개념은 아니어서 갈릴레오까지 거슬러 올라간다. 갈릴레오 이전에 아리스토텔레스는 힘이 지속적으로 작용할 때에만 물체가 움직이고 작용하지 않으면 멈추게 된다고 말하였다. 아리스토텔레스의 권위는 수세기 동안 이어졌다. 갈릴레오는 어떤 외부의 힘이 작용하지 않을 때, 물체는 일정한 속도(0일 수도 있고 0이 아닐 수도 있다.)를 유지한다고 말함으로써 이러한 생각을 완전히 바꾸어 놓았다. 이 개념은 뉴턴이 제시한 관성의 법칙의 기초가 되었다.

모든 운동은 특정한 기준틀에서 측정해야 하는데, 우리는 그것을 보통 좌표계를 이용하여 나타낸다. 공항에 있는 움직이는 보도 위를 두 사람이 손을 잡고 걸어간다고 생각해 보자. 그들이 터미널 건물의 기준틀에 대해서는 2.4 m/s로, 보도의 기준틀에 대해서는 1.3 m/s로 걷는다고 하자. 두 기준틀의 속력은 똑같이 타당하다.

관성기준틀inertial reference frame은 외력이 없을 때 가속운동이 관측되지 않는 틀이다. 비관성기준틀에서는, 기준틀 자체가 관성기준틀에 대하여 가속되고 있기 때문에, 작용하는 힘이 없어도 물체는 가속된다. 예를 들어, 두 사람이 빨리 돌아가는 놀이터의 회전놀이기구 뱅뱅이에서 서로 마주 보고 앉아 있다고 가정해 보자(그림 26.1). 한 사람이 다른 사람에게 공을 던졌을 때에 공은 뱅뱅이에 타고 있는 관측자

그림 26.1 뱅뱅이를 가로질러 던져진 공. (a) 플랫폼에 고정시킨 비관성틀에서 본 공의 경로. 이 기준틀에서는, 플랫폼이 정지해 있고 나무가 돌아간다. 공은 받는 사람을 향해 똑바로 던져졌지만, 옆쪽으로의 힘이 없는데도 옆쪽으로 휘어간다. (b) 땅에 고정된 관성틀에서 본 공의 직선 경로. 이 틀에서는, 관성의 법칙이 성립되어 공은 휘지 않고 간다. 오히려 공을 받는 사람이 공의 경로와 반대쪽으로 회전한다.

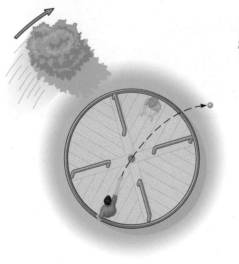

비관성틀
(a)

관성틀
(b)

가 볼 때에는 옆쪽으로 휘어지게 된다. 옆쪽으로 가속되는 이유는 공에 어떤 힘이 작용해서가 아니라 움직이는 뱅뱅이에 고착시킨 기준틀이 관성기준틀이 아니기 때문이다. 관성의 법칙은 비관성틀에서는 성립하지 않는다.

엄밀히 말하면 사실이 아니지만, 지구의 표면은 여러 목적으로 하나의 관성틀로 근사할 수 있다. 지구의 자전은 허리케인의 회전운동과 무역풍의 선회운동이라는 현상을 일으키는데, 이들은 지표면에 고정한 기준틀에서는 어떤 힘의 작용에 의해서 생기는 가속도가 아니다.

관성틀에 대해서 일정한 속도로 움직이는 틀은 그것이 어떤 기준틀라도 그 자체가 관성틀이다. 만일 한 관성틀에서 한 물체의 가속도가 0이라면, 다른 관성틀에서도 그 물체의 가속도는 0이다. 앞의 보기에서, 만일 공항 터미널에 고착시킨 기준틀이 관성틀이고 움직이는 보도가 터미널 건물에 대해서 일정한 속도로 움직인다면, 그때 움직이는 보도의 기준틀 역시 관성틀이 된다.

상대성 원리

갈릴레오와 뉴턴 이후부터, 과학자들은 임의의 관성틀에서 같은 법칙들이 성립하도록 물리의 법칙들을 형식화하기 위해 노력을 기울여 왔다. 특정한 물리량(속도, 운동량, 운동에너지)은 다른 관성틀에서 다른 값을 갖지만, **상대성 원리**principle of relativity는 물리의 법칙들(운동량과 에너지 보존 법칙 등)이 모든 관성틀에서 동일할 것을 요구한다.

> **상대성 원리**
>
> 물리 법칙들은 모든 관성틀에서 똑같다.

이 장에서의 법칙과 식들은 오직 관성틀에서만 타당한 것들이다. 이 물리 법칙들을 비관성기준틀(가속하는 틀)에 적용할 때에는 수정되어야 한다.

✓ 살펴보기 26.1

여러분이 어떤 빛이나 소리, 진동도 허용되지 않는 기차의 특실에 타고 있다고 하자. 이 기차가 정지해 있는지 땅에 대해 0이 아닌 일정한 속력으로 움직이고 있는지 구별할 방법이 있는가? 설명해 보아라.

상대성 이론의 겉보기 모순

19세기에 맥스웰은 전자기장을 설명하는 네 가지의 기본 법칙을 사용하여 전자기파가 빛의 속력($c = 3.00 \times 10^8$ m/s)으로 진공 속을 진행한다는 것을 보였다(맥스웰 방정식, 22.2절). 사실상, 맥스웰 방정식은 관측자에 대한 광원의 움직임에 상관없이, 전자기파가 모든 관성틀에서 같은 속력으로 진행한 다는 것을 보여준다.

그림 26.2 갈릴레이의 상대성에 따르면, 빛의 속력은 서로 다른 관성기준틀에서 각각 다른 값을 갖는다. 만일 $\vec{v}_{LC}$가 차에 대한 빛의 속도이고 $\vec{v}_{CG}$가 지면에 대한 차의 속도라면, 지면에 대한 빛의 속도는 갈릴레이의 상대론에 따라 $\vec{v}_{LC} + \vec{v}_{CG}$이다. 그러나 관측된 빛의 속력은 모든 관성기준틀에서 똑같다.

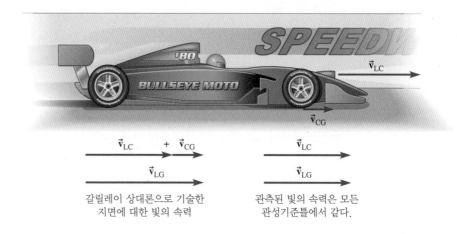

갈릴레이 상대론으로 기술한 지면에 대한 빛의 속력

관측된 빛의 속력은 모든 관성기준틀에서 같다.

빛의 속력이 모든 관성틀에서 똑같다는 이 결론은 상대 속도에 관한 갈릴레이의 법칙(3.5절)에 모순된다. 자동차가 지면에 대하여 $\vec{v}_{CG}$의 속도로 달린다고 가정하자(그림 26.2). 자동차의 전조등에서 나가는 빛은 자동차에 대하여 또 $\vec{v}_{LG}$의 속도로 진행한다. 갈릴레이의 속도 덧셈 법칙은 지면에 대한 빛의 속도가

$$\vec{v}_{LG} = \vec{v}_{LC} + \vec{v}_{CG} \tag{3-17}$$

임을 말해 주고 있다. 따라서 빛의 속력은 두 개의 다른 관성기준틀에서 두 가지의 다른 값(v_{LG}와 v_{LC})을 갖게 된다. 이러한 모순은 맥스웰 방정식이 빛이 진행하는 매질에 대한 빛의 속력을 말해준다면 해결될 수 있을 것이다. 19세기의 과학자들은 빛이 보이지 않는 에테르라고 부르는 잘 모르는 매질 속에서의 진동이라고 믿었다. 만일 맥스웰이 밝힌 빛의 속력이 에테르에 대한 것이라면, 에테르에 대하여 운동하는 모든 관성틀에서도 갈릴레이의 상대론이 예측한 바와 같이 빛의 속력은 달라야 할 것이다.

지구에서 측정된 빛의 속력이 정말로 에테르 속을 통과하는 지구의 운동에 따라 변하는 것인가? 1881년 마이컬슨(Albert Michelson)은 민감한 실험기구(지금의 마이컬슨 간섭계)를 고안하여 그 답을 알아냈다(25.2절). 그 후 그는 몰리(E. W Morley)와 함께 좀 더 정밀한 실험을 행하였다. 마이컬슨-몰리의 실험은, 빛의 속력이 에테르에 대한 지구의 상대적인 운동으로 인한 어떤 변화도 없다는 것을 검증해 보였다(그림 26.3). 이 결과로 에테르가 존재하지 않는다는 결론을 내렸다.

아인슈타인의 가설

독일에서 태어난 물리학자 알베르트 아인슈타인(Albert Einstein, 1879~1955)은 현대 물리학의 초석 중 하나로 인식되는 자신의 특수상대성 이론에서 이런 모순들을 해결하였다(1905). 아인슈타인은 두 가지 가설로 시작하였다. 그 첫 번째는 갈릴레이의 상대성 원리와 같은 것으로서, 물리학의 법칙들은 모든 관성틀에서 똑같다는 것이다. 두 번째는 진공에서의 빛은 어떤 관성틀에서나, 관측자나 광원의 움직임에 상관없이, 같은 속력으로 진행한다는 것이다.

연결고리

핵심은, 두 번째 가정이 상대성 원리가 전자기학을 포함하도록 확장한다. 전기장과 자기장의 기본 법칙이 모든 관성틀에서 같다.

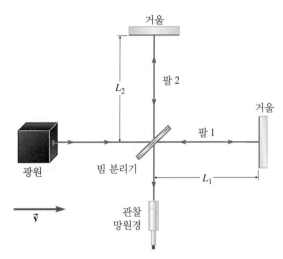

그림 26.3 위에서 내려다본 개략적인 마이컬슨–몰리 실험장치. 실험장치가 에테르에 대하여 속력 v를 갖고 오른쪽으로 움직인다고 가정하자. 실험실에 대하여, 광선은 팔 1에서 오른쪽으로 $c - v$의 속력으로 움직이고, 거울에서의 반사 후 왼쪽으로는 $c + v$의 속력으로 움직인다. 이때 팔 1에서의 왕복 시간은 $\Delta t_1 = L_1 /(c - v) + L_1/(c + v) \neq (2L_1)/c$이다. 팔 1에서 파동의 $\Delta t_1/T = f\Delta t_1$이며 f는 빛의 진동수이다. 따라서 팔 1에서의 주파수는 에테르에 대한 실험기구의 속력에 따라 결정된다. 전체 실험기구가 수평면에서 회전하면 망원경을 통해 보이는 간섭무늬는 팔 1과 팔 2에서 주파수의 차이가 변할 때 바뀌게 된다. 마이컬슨과 몰리는 어떤 간섭무늬의 변화도 관측하지 못했다.

> ## 아인슈타인의 특수상대성 이론의 가설
>
> I. 물리 법칙들은 모든 관성기준틀에서 똑같다.
> II. 진공에서 빛의 속력은 광원이나 관측자의 움직임에 상관없이 모든 관성기준틀에서 똑같다.

아인슈타인이 이 두 가설로부터 이끌어낸 결론은 시간과 공간에 대한 우리들의 직관적인 개념에 치명적인 타격을 가하였다. 물리적 세계에 대한 우리의 인식은 경험에 기초를 두고 있는데, 그것은 빛보다 훨씬 더 느리게 움직이는 물체들에 제한되어 있다는 것이었다. 만일 빛의 속력에 가까운 빠르기로 움직이는 것이 우리가 일상적으로 경험하는 일부였다면, 상대성 이론은 전혀 이상하게 보이지 않았을 것이다. 상대성 이론은 많은 실험에 의하여 진실이라고 확인되었으며 어떠한 이론에 관한 시험을 해도 사실임이 들어났다.

아인슈타인의 특수상대성 이론은 관성기준틀과 연관이 있다. 1915년에 아인슈타인은 일반상대성 이론을 발표하였는데 그것은 비관성틀과 공간과 시간의 간격에 미치는 중력의 영향과 관련된 것이다. 이 장에서 우리는 관성기준틀만 다룰 것이다.

1910년의 알베르트 아인슈타인. 1921년에 그는 노벨물리학상을 받았다. 아인슈타인은 상대성 원리로 가장 잘 알려져 있었지만, 노벨위원회는 "광전효과에 관한 법칙(27.3절)의 발견"으로 노벨상을 주었다.

대응원리

갈릴레이의 상대론과 뉴턴의 물리학은 느리게 운동하는 물체에 관한 설명이나 예측에 대해서는 썩 잘 맞는데, 그 까닭은 그것들이 c 보다 훨씬 느린 운동에 대한 훌

> **연결고리**
>
> 특수상대론이 뉴턴 물리학을 버리라고 요구하지는 않는다. 그것은 단지 뉴턴 물리학보다 더 일반적일 뿐이다.

량한 근사식이기 때문이다. 그러므로 특수상대론의 방정식들은 c보다 훨씬 느린 속력에 대해서는 모두 뉴턴의 방정식들로 되돌아와야 한다.

새롭고 보다 일반적인 이론은, 낡은 이론이 잘 들어맞는 실험적 조건에서도 낡은 이론과 똑같은 예측을 하여야 한다는 생각을 **대응원리**correspondence principle라고 부른다.

26.2 동시성과 이상적 관측자
SIMULTANEITY AND IDEAL OBSERVERS

빛의 속력이 모든 관성기준틀에서 똑같다는 가설은 놀라운 결론을 이끌어냈다. 곧 만일 두 사건이 다른 장소에서 일어날 때, 서로 다른 관성기준틀에 있는 관측자들은 그 두 사건이 동시에 일어났는지에 대해 의견이 일치하지 않는다. 뉴턴의 물리학에서 시간은 절대적인 것이었다. 서로 다른 기준틀에 있는 관측자들이라도 시간을 측정하는 데에 똑같은 시계를 사용할 수 있다면 그들의 의견은 일치하였을 것이다. 아인슈타인의 상대성 이론에서는 절대적인 시간의 개념을 버렸다.

상대성 이론에서 사건(event)이란 개념이 매우 중요하다. 한 사건의 위치는 세 개의 공간좌표(x, y, z)로 나타낼 수 있고, 사건이 일어난 시간은 t로 나타낸다. 아인슈타인의 상대성 이론은 공간과 시간을 4차원 시공간으로 묶어 한 사건을 네 개의 시공간 좌표(x, y, z, t)로 나타낸다.

"아베(Abe)"와 "베아(Bea)[1]"라는 두 우주비행사가 각각 다른 탐사선을 조종한다고 상상해 보자. 각각의 탐사선에 작용하는 외력이 없고 엔진을 가동하지 않고 있다면 그것의 가속도는 0이다. 그렇다면 아베와 베아는 각각 관성기준틀에 있는 관측자이다. 그러나 그들은 서로에 대해 멈추어 있지는 않다. 아베에 따르면, 베아가 속력 v로 그를 지나가고 있고, 베아에 따르면 아베가 속력 v로 그녀를 지나간다.

아베와 베아가 두 사건을 관측한다. 그림 26.4a의 붉은 색 점들에 보이듯이 두 대의 탐사선들이 각각 섬광을 방출한다. 탐사선 조정석에 앉아있는 아베는 두 섬광이 동시에 방출되는 것을 본다. 그의 탐사선에는 앞에서 뒤로 뻗어 있는 긴 자가 있어 사건들이 일어나는 위치를 기록하고 섬광이 그의 탐사선으로부터 같은 거리에서 방출된다는 것을 알았다고 하자. 아베의 기준틀에서(그림 26.4)는 섬광들은 같은 속력 c로 같은 거리를 날아가 같은 시각에 도착한다. 따라서 그 섬광들은 동시에 방출된 것이 틀림없다. 베아의 탐사선 기수가 섬광이 방출되는 순간에 우연히도 아베의 탐사선의 기수의 바로 옆을 지나가고 있었다고 하자. 그러나 오른쪽에 있는 탐사선에서 나온 섬광이 왼쪽에 있는 탐사선에서 나온 섬광보다 먼저 베아에게 도착하게 된다. 아베의 기준틀에서 보면, 베아가 한 탐사선 쪽으로 움직여 가고 있고 다른 탐사선으로부터는 멀어져 가고 있기 때문에 그런 현상이 나타난다. 곧 두 섬광들이 똑같은 거리를 날아서 베아에게 도착하는 것이 아니다.

---

1) Abe는 남자 아이 Abraham의 애칭이고 Bea는 Beatrice의 애칭이다.

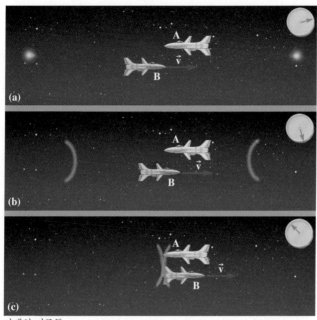

아베의 기준틀

그림 26.4 아베의 기준틀에서 본, 세 개의 서로 다른 시각에서의 사건. 아베의 틀에서는 그가 정지해 있고 베아가 일정한 속력 v로 오른쪽으로 날아간다. 아베의 시계가 각각의 경우의 시간을 알려 주고 있다. (a) 두 탐사선이 동시에 섬광을 내뿜는다. 그때에 두 탐사선은 아베로부터 같은 거리에 있다. (b) 베아는 오른쪽의 탐사선 쪽으로 날아간다. 그래서 그녀는 왼쪽으로부터의 섬광이 그녀를 따라 잡기 전에 오른쪽의 섬광과 마주치게 된다. (c) 두 섬광이 동시에 아베에게 도착다. 오른쪽으로부터 온 섬광은 베아를 이미 지나가버렸는데, 왼쪽으로부터 온 섬광은 아직 그녀에게 도착하지 않았다.

베아의 기준틀(그림 26.5)에서는, 왼쪽 섬광보다 오른쪽 섬광이 먼저 도착한다. 베아도 아베의 것과 같은 막대자를 가지고 있다. 그녀가 두 자를 보았을 때, 그 섬광들이 그녀 탐사선의 기수로부터 같은 거리에서 뿜어져 나왔다는 것을 알게 된다.

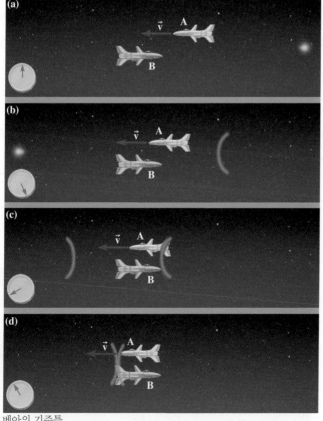

베아의 기준틀

그림 26.5 베아의 기준틀에서 본, 네 개의 서로 다른 시각에서의 사건. 이 틀에서는, 베아가 정지해 있고 아베가 일정한 속력 v로 왼쪽으로 날아간다. 베아의 시계가 각각의 경우의 시간을 알려 주고 있다. (a) 오른쪽의 탐사선이 섬광을 내뿜는다. (b) 왼쪽의 탐사선이 섬광을 내뿜는다. 두 섬광은 베아로부터 똑같은 거리에서 뿜어지기는 하지만 동시적이지는 않다. (c) 오른쪽의 섬광이 베아에게 도착하지만, 아베는 왼쪽으로 날아가고 있기 때문에, 그 섬광은 아직 아베에게 도착하지 못하고 있다. (d) 두 섬광은 아베에게는 동시적이다. 왜냐하면, 그가 먼저의 섬광과는 반대쪽으로 날아가는데, 후의 섬광 쪽으로는 똑같은 속력으로 다가가고 있기 때문이다. 그러나 왼쪽으로부터 온 섬광은 아직 베아에게 도착하지 않았다.

각각의 탐사선으로부터 나온 섬광들이 같은 속력(c)으로 같은 거리를 날아오고, 오른쪽 섬광이 먼저 방출되었기 때문에 그것이 먼저 도착하여야 한다. 곧 베아의 기준틀에서 보면, 두 섬광들은 동시에 방출된 것이 아니다. 섬광들이 아베에게 동시에 도착한 것에 대한 베아의 설명은, 아베가 첫 번째 섬광으로부터는 멀어지면서 똑같은 속력으로 두 번째 섬광 쪽으로 움직여 가기 때문이라는 것이다. 베아의 기준틀에서 보면, 두 섬광들이 똑같은 거리를 날아가서 아베에게 도착하는 것이 아니라는 것이다.

아인슈타인의 가설에 따르면, 두 기준틀은 똑같이 타당하고 각각의 기준틀에서 빛은 똑같은 속력으로 날아간다. 따라서 사건들이 한 틀에서는 동시적이고 다른 틀에서는 그렇지 않다는 것은 불가피한 결론이다.

이상적인 관측자

대전 입자 분출물이 빛의 속력보다 빨리 이동할 수 있을까?

NGC 6251의 중심으로부터 나오는 대전 입자의 고속 제트는 지구 방향으로 날아오기 때문에, 빛이 제트의 끝부분에서 지구까지 도달하는 데에 걸리는 시간은 계속 줄어든다. 만일 하루 늦게 방출된 빛이 하루 늦게 지구에 도착한다고 잘못된 가정을 하면 분출물의 겉보기 속력이 빛보다 빠르게 계산된다. 바르게 계산하면, 하루 늦게 도착한 빛이 더 짧은 거리를 여행(그림 26.6)하여 그것이 하루 늦게 방출되었다는 것을 알 수 있다. 분출물의 속력이 빠르기는 하지만 빛의 속력만큼 빠르지는 않다.

동시성에 대한 아베와 베아의 불일치에서, 우리는 유사한 실수를 하지 않도록 주의하였다. 그들 각자는 똑같은 거리를 움직여 그들에게 도착하는 두 개의 섬광을 본다. 서로 다른 거리를 나는 빛 신호의 혼동을 피하기 위하여 이상적인 관측자를 구상할 수 있는데, 그것은 공간의 모든 위치에 동기화된 시계를 가지고 있고 서로 정지해 있는 센서를 놓아둔다. 각각의 센서는 그것들이 위치한 장소에서 어떤 사건이 일어나는 시간을 기록한다. 비록 아베와 베아가 이상적인 관측자라고 할지라도, 그들의 센서에 의해 기록된 데이터로 보아 그들은 두 섬광의 시간 순서에 대하여 여전히 다른 결론에 도달하게 됨을 알 수 있을 것이다.

그림 26.6 제트의 속력을 계산해 보기. (a) $t_i = 0$에서 방출된 빛은 지구에 도달할 때까지 d만큼의 거리를 움직여 $t_f = d/c$의 시간에 도착하는데, 빛이 c의 속력으로 움직이기 때문이다. (b) t_i'에 방출된 빛은 더 짧은 거리 $d - \Delta x$를 여행하고 지구에 하루 뒤($t_f' = t_f + 1$일)에 도달한다. 제트의 속력은 $v = \Delta x/(t_f' - t_i')$인데, 이것은 c보다 작고 $v_{겉보기} = \Delta x/(t_f' - t_f)$ 보다도 작다.

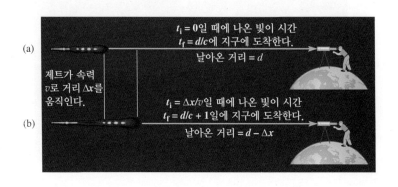

(a) $t_i = 0$일 때에 나온 빛이 시간 $t_f = d/c$에 지구에 도착한다.
날아온 거리 = d

제트가 속력 v로 거리 Δx를 움직인다.

(b) $t_i = \Delta x/v$일 때에 나온 빛이 시간 $t_f = d/c + 1$일에 지구에 도착한다.
날아온 거리 = $d - \Delta x$

원인과 결과

같은 논의를 계속하면, 아베에 대해 왼쪽으로 움직이는 관측자는 왼쪽 섬광이 먼저 일어났다고 말할 것이다. 따라서 두 사건의 시간 순서는 서로 다른 기준틀에서 각각 다르다. 만일 사건의 순서가 관측자에 따라 달라진다면, 인과관계는 어떻게 되겠는가? 만일 어떤 관성틀에서 원인이 있기 전에 결과가 일어난다면, 그것은 무엇을 뜻하는 것인가?

사건 1이 사건 2를 일으키기 위해서는, 어떤 종류의 신호(정보)가 사건 1에서 사건 2로 전해져야 한다. 아인슈타인 가설의 한 결론은 어떤 신호도 빛의 속력 c보다 빠르게 전해질 수 없다는 것이다. 만일 어떤 기준틀에서 충분한 시간이 주어져서 한 신호가 빛의 속력으로 사건 1에서 사건 2로 갈 수 있다면, 모든 관성기준틀에서 사건 1에서 사건 2로 신호가 갈 수 있다는 것을(우리가 여기에서 할 수 있는 것보다 좀 더 발전된 방법으로) 보일 수 있다. 곧 모든 관측자에게 원인이 결과보다 앞선다. 반면에, 빛의 속력으로 가도 신호가 사건 1에서 사건 2에 미칠 수 없다면, 이 두 사건은 어떤 기준틀에서도 인과관계를 가질 수 없다. 이러한 사건에 대해서는, 어떤 관측자는 사건 1이 먼저 일어났다고 말하고, 또 다른 사람은 사건 2가 먼저 일어났다고 말한다. 그리고 어떤 특정한 관측자는 두 사건이 동시에 일어났다고 말한다.

26.3 시간 팽창 TIME DILATION

상대적인 운동을 하고 있는 관성틀의 관측자는 동시성에 대하여 서로 동의하지 않는데, 이런 두 관찰자가 상대적인 운동을 하고 있는 시계의 시간에 대해선 동의할까? 서로 상대운동을 하지 않는 두 개의 이상적인 시계는 동시에 똑딱거림으로써 같은 시간을 가진다. 그렇지만 만일 시계들이 상대적인 운동을 하고 있다면, 똑딱거림은 서로 다른 위치에서 일어나는 사건들이며, 따라서 서로 다른 두 관성틀의 관찰자는 똑딱거림이 동시에 일어난 것인지 또는 어떤 시계가 빨리 똑딱거리는 것인지에 대해서 서로 동의하지 않을 수도 있다.

이 상황은 개념적으로 간단한 종류의 시계(빛시계)를 상상함으로써 가장 쉽게 분석할 수 있다(그림 26.7). 빛시계는 양쪽의 끝이 거울로 된 길이 L인 관이다. 하나의 빛 펄스가 두 개의 거울 사이에서 왕복으로 계속해서 되튄다. 시계의 한 번 똑딱거림은 빛 펄스가 한 번 왕복하는 것이다. 정지해 있는 시계의 똑딱거림 간의 시간 간격은 $\Delta t_0 = 2L/c$이다.

이제 아베와 베아가 아주 똑같은 시계를 가지고 있다고 상상해 보자. 베아가 시계를 연직으로 세운 채 탐사선을 타고 $v = 0.8c$의 속력으로 아베를 지나쳐서 날아간다. 아베가 재었을 때에 베아가 가진 시계의 똑딱거림 간의 시간 간격은 얼마일까?

아베의 기준틀에서 재었을 때에 베아의 시계에서 빛 펄스의 속도는 x-성분과 y-성분을 갖고 있다(그림 26.8). 만일 오른쪽으로 v의 속력으로 움직이고 있는 거울과 만나도록 하려면 그 펄스는 속도의 x-성분도 가진다. 한 번 똑딱거리는 동안 빛 펄스

그림 26.7 빛시계에 있는 나란한 두 개의 거울 사이를 하나의 빛 펄스가 왔다 갔다 하면서 반사한다. 그 시계가 "똑딱"하는 시간은 그 빛 펄스의 $2L$ 왕복 시간이 된다. $\Delta t_0 = 2L/c$.

그림 26.8 아베의 기준틀에서는, 베아의 빛시계는 $v = 0.8c$의 속력으로 오른쪽으로 날아간다. 베아의 시계 속에서의 빛의 경로는 대각선의 빨간선을 따른다.

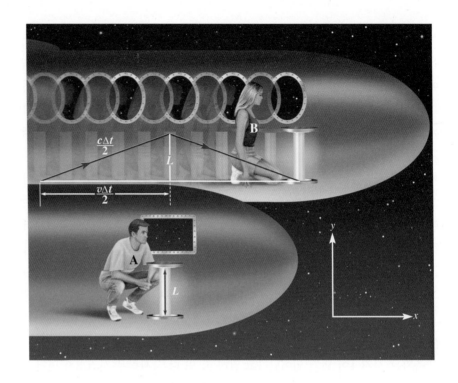

는 그림에서처럼 대각선 경로를 따라서 날아간다.

이제는 아베의 기준틀에서 관측되는 베아의 시계의 똑딱거림을 분석해보자. 아베가 재었을 때, 베아 시계의 한 번 똑딱거리는 시간 간격을 Δt라고 놓아보자. 그러면 한 번 똑딱거리는 동안 빛 펄스가 나는 거리는 $c\Delta t$이다. 이러한 시간 동안, 그 시계는 수평 방향으로 $v\Delta t$만큼 이동한다. 피타고라스 정리에 따라

$$L^2 + \left(\frac{v\,\Delta t}{2}\right)^2 = \left(\frac{c\,\Delta t}{2}\right)^2$$

이다(그림 26.8 참조). 베아의 기준틀에서는, 그 시계는 정지해 있다. 한 번 똑딱거리는 동안 빛 펄스가 나는 거리는 $2L$이고, 따라서 베아의 기준틀에서 한 번 똑딱거리는 시간 간격을 측정하면 $\Delta t_0 = 2L/c$이다. 그러므로 우리는

$$L = \frac{c\,\Delta t_0}{2}$$

를 피타고라스의 식에 대입할 수 있다.

$$\left(\frac{c\,\Delta t_0}{2}\right)^2 + \left(\frac{v\,\Delta t}{2}\right)^2 = \left(\frac{c\,\Delta t}{2}\right)^2$$

이 식을 Δt에 대해서 풀면

$$\Delta t = \frac{1}{\sqrt{1 - v^2/c^2}}\,\Delta t_0 \qquad\qquad (26\text{-}1)$$

을 얻는다. 식 (26-1)에서, Δt_0에 곱해지는 인자는 상대론 식에서 자주 나타나므로, 우리는 이것에 기호 γ(그리스 문자 감마)로 나타내고 물리학자 로렌츠(Hendrik Lorentz, 1853~1928)의 이름을 따서 **로렌츠 인자**$^{\text{Lorentz factor}}$라고 부른다.

$$\gamma = \frac{1}{\sqrt{1 - v^2/c^2}} \tag{26-2}$$

v/c의 함수로서 나타낸 γ의 그래프를 그림 26.9에서 보아라. γ를 사용하면, 식 (26-1)은

시간 팽창

$$\Delta t = \gamma \, \Delta t_0 \tag{26-3}$$

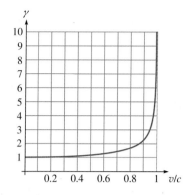

그림 26.9 v/c의 함수로 나타낸 로렌츠 인자 γ의 그래프. 느린 속력에서는, $\gamma \approx 1$ 이다. 속력이 빛의 속력에 가까워질수록, γ는 한없이 커진다.

이 된다. $v \ll c$일 때에 $\gamma \approx 1$임을 주목하여라. 따라서 비상대론적인 속력(빛의 속력에 비해 작은 속력)으로 움직이는 물체에 대해서는 $\Delta t = \gamma \Delta t_0 \approx \Delta t_0$이다.

어떤 $v \neq 0$에 대해서도 $\gamma > 1$이기 때문에, 시계가 움직이는 기준틀에서 잰 똑딱거림 사이의 시간 간격은 시계의 **정지한 틀**rest frame (시계가 정지하고 있는 틀)에서 잰 시간 간격 Δt_0보다 항상 더 크다. 간단히 얘기하면, 움직이는 시계는 느리게 간다. 이러한 효과를 **시간 팽창**time dilation이라고 부른다. 움직이는 시계의 똑딱거림 사이의 시간 간격이 늘어난다. 곧 확장된다는 것이다.

아베와 베아의 기준틀은 서로 똑같이 정당하다. 베아는 늦게 가는 시계가 아베의 것이라고 말하지 않을까? 맞다. 그런데 둘 다 옳은 것이다. 아베와 베아가 서로 지나칠 때에 그들이 같은 위치에 있을 때에 그 두 시계가 똑 소리를 내었다고 상상해 보자. 그들은 그 시계들이 동시에 똑 소리를 낸다는 것에 동의할 것이다. 어떤 시계가 늦게 가는지를 알아보기 위해서, 우리는 두 시계의 다음의 딱 소리를 비교한다. 그 때에는 시계들이 다른 위치에 있기 때문에, 두 관측자는 딱 소리의 차례에 관하여 동의하지 않을 것이다. 아베는 그의 시계가 먼저 딱 거리는 것을 관측하는 반면에, 베아는 그녀의 시계가 먼저 딱 거리는 것을 관측할 것이다. 그들 모두가 옳다. 시간 간격을 측정함에 있어 절대적인, 곧 우선적인 기준틀은 없다.

시계의 정지한 틀에서 잰 시간 간격 Δt_0를 **고유시간**proper time이라고 부른다. 곧 그 틀에서, 시계가 똑딱거리는 동안 시계의 위치가 변하지 않는다. 시간 팽창의 관계식 $\Delta t = \gamma \Delta t_0$를 사용할 때, Δt_0는 언제나 고유시간이다(관성기준틀에서 같은 위치에서 일어난 두 개의 사건 사이의 시간 간격이다). 고유시간은 항상 다른 관성틀에서 잰 시간 간격 Δt보다 짧다. 시간 팽창의 식은 모든 관성틀의 관찰자에 대하여 다른 위치에서 일어나는 두 사건 사이의 시간 간격에는 적용되지 않는다.

우리가 빛시계를 사용하여 시간 팽창을 분석하였지만, 어떠한 다른 시계도 똑같은 효과를 보여야 한다. 그렇지 않다면, 더 선호되는 기준틀이 존재할 것이다. 곧, 그 시계가 빛시계와 동일하게 작동하는 특별한 틀이 존재하게 될 것이다. 뿐만 아니라, 시간 간격을 측정할 수 있는 것이면, 모두 시계가 될 수 있다. 심장 박동이나 노화 과정과 같은 생물학적 과정도 시간 팽창의 영향을 받는다. 시계와 같이 특별한 장치이기 때문이 아니라, 공간과 시간의 본질에 의하여 시간 팽창이 일어난다.

시간 팽창이 신기하게 보일는지 모르나, 많은 실험에 의해서 증명되었다. 1971년

하펠(J. C. Hafele)과 키팅(R. E. Keating)은 의하여 극도로 정밀한 세슘 빔 원자시계를 사용하여 이것을 직접적으로 실험하였다. 그 시계들은 비행기에 실려져서 약 이틀 동안 떠다녔다. 그 시계들을 미국의 해군 관측소(U. S. Naval Observatory)에 있는 기준시계와 비교하였을 때, 비행기에 있었던 시계들이 지상의 시계보다 상대성 이론과 일치하는 만큼 느리게 갔다.

문제풀이 전략: 시간 팽창

- 문제에서 시간 간격의 처음과 끝을 나타내는 두 개의 사건을 찾아라. 시계는 시간 간격을 측정할 수 있는 것이면 무엇이든 상관없다.
- 시계가 정지해 있는 기준틀을 찾아라. 이 기준틀에서, 시계는 고유시간 Δt_0를 측정한다.
- 모든 다른 기준틀에서는, 시간 간격이 인수 $\gamma = (1 - v^2/c^2)^{-1/2}$만큼 길어진다. 여기에서 v는 다른 기준틀에 대한 한 기준틀의 속력이다.

상대론에서 보통 사용되는 속력과 거리의 단위

- 속력은 보통 빛의 속력에 분수를 곱한 것으로 나타낸다(예를 들면, $0.13c$).
- 거리는 종종 **광년**(기호로 ly)으로 측정된다. 1광년은 빛이 1년 동안 날아가는 거리이다. 광년을 포함하는 계산은 빛의 속력을 1 ly/yr로 나타내면 쉬워진다.

보기 26.1

노화 과정 늦추기

스무 살의 우주비행사 애쉴린이 $0.80c$의 속력으로 나는 우주탐사선을 타고 지구를 떠난다. 전체 여행 기간 동안 그가 지구에 대해 $0.80c$의 속력으로 날아간다고 가정하면, 그가 지구로부터 30.0광년 떨어진 별까지 여행을 마치고 돌아왔을 때에 그의 나이는 얼마이겠는가?

전략과 풀이 지상의 관측자에 따르면, 그 여행을 끝낼 때까지 (60.0 ly) ÷ (0.80 ly/yr) = 75년이 걸린다. 우주 비행사가 지구에 대해 빠른 속력으로 움직이고 있으므로, 우주탐사선 속의 모든 시계는(노화와 같은 생물학적 과정까지 포함하여) 지구의 관측자가 관측할 때보다 느리게 간다. 그러므로 우주비행사가 돌아왔을 때 그는 95살이 되지 않았다. 아마 그에게는 또 다른 여행을 할 수 있는 시간이 남아 있을지도 모른다!

그 시간 간격을 재는 두 개의 사건은 우주비행사의 출발과 귀환이다. "시계"를 우주비행사의 노화 과정이라고 하여 보자. 이 "시계"가 움직이는 관성틀에 있는 지구 관측자를 따를 때, 시간 간격은 75년이다. 고유시간은 우주비행사 자신이 잰 시간이다. 따라서, $\Delta t = 75$년이다. 우리는 Δt_0를 찾아야 한다. 두 기준틀의 상대 속력 $0.80c$를 이용하여 로렌츠 인자를 계산한다.

$$\gamma = (1 - 0.80^2)^{-1/2} = \frac{5}{3}$$

시간 팽창 관계식 $\Delta t = \gamma \Delta t_0$로부터,

$$\Delta t_0 = \frac{1}{\gamma} \Delta t = \frac{3}{5} \times 75 \text{ yr} = 45 \text{ yr}$$

이 된다. 따라서 우주비행사는 여행하는 동안 45살을 더 먹고, 그가 돌아왔을 때의 나이는 65살이 된다.

검토 만일 우주비행사가 45년 안에 60.0광년을 여행할 수 있다면, 그는 빛보다 빨리 이동하게 되는 것이다. 그의 속력은 (60.0 ly)/(45 yr) =1.3c가 될 것이다. 그러나 26.4절에서 보듯, 우주비행사는 그의 기준틀에서는 60.0광년보다 짧은 거리를 이동하게 된다. 시간 간격이 다른 기준틀에서 달라지듯 거리 역시 달라진다.

애쉴린에게 어네스트라는 쌍둥이 동생이 있고, 어네스트는 지구에 남아 있다고 가정해 보자. 애쉴린이 돌아왔을 때에, 어네스트는 95세인 반면 그는 65세이다. 애쉴린의 기준틀에서는 어네스트가 0.80c의 속도로 움직였다. 따라서 어네스트의 생물학적 시계가 천천히 가서 어네스트의 나이가 더 적어야 한다고 왜 말할 수 없을까? 이러한 의문을 때때로 쌍둥이 역설이라고 부른다.

우리는 어네스트의 기준틀에서 관성틀로 가정된 상황을 분석하였다. 애쉴린의 관점에서 분석해보면 훨씬 더 복잡하다.

애쉴린은 전체 여행에서 어네스트에 대하여 일정한 속도로 여행하지 않았다. 만일 그랬다면 그는 결코 지구로 돌아올 수 없을 것이다! 애쉴린은 방향을 바꾸어야 하기 때문이다. 실제로 그의 기준틀은 가속된 것이다. 우리는 애쉴린의 관점에서는 특수상대성이론을 이용하여 그 상황을 분석할 수 없다. 애쉴린의 비관성기준틀에서 여행을 분석하려면, 일반상대성 이론이 필요하며, 그것은 애쉴린이 지구로 돌아왔을 때에 어네스트보다 젊다는 것이 분명하다.

실전문제 26.1 **지구 근처에 새로 형성된 별로의 여행**

과학자들은 1998년, 켁 망원경을 사용하여, 이전에 관측되지 않았던 새로운 별들이 지구에서 150광년 떨어진 곳에 있음을 발견하였다. 어떤 우주탐사선이 이 별들 중 하나를 향하여 0.98c의 속력으로 날아간다고 가정해 보자. 통신 시스템을 가동하는 전지는 40년간 사용할 수 있다. 우주탐사선이 그 별에 도달하였을 때도 그 전지를 여전히 사용할 수 있을까?

26.4 길이의 수축 LENGTH CONTRACTION

아베가 길이가 똑같은 두 개의 막대자(meterstick)를 가지고 있다고 가정해보자. 그 중 하나를 우주비행사인 베아에게 주었다. 베아가 막대자를 비행 방향으로 잡고서 $v = 0.6c$의 속력으로 아베를 스쳐지나갈 때에, 두 막대자의 길이를 비교하였다(그림 26.10). 두 막대자의 길이가 여전히 같겠는가?

아니다. 아베는 베아의 막대자가 1 m보다 짧다는 것을 알게 된다. 베아의 움직이는 막대자의 길이를 재기 위하여, 아베는 그녀의 막대자의 앞쪽 끝이 기준점을 지날 때 타이머를 작동하기 시작하고 자의 다른 쪽 끝이 통과할 때 타이머를 멈출 것이다. 아베가 재는 베아의 막대자의 길이는 그녀가 날아가는 속력에다 잰 시간 간격 Δt_0를 곱한 것이다.

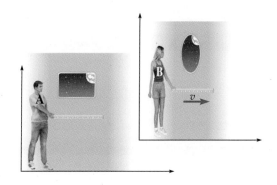

그림 26.10 아베의 기준틀에서, 베아는 0.6c의 속력으로 오른쪽으로 날아간다. 아베가 베아의 우주선 안에 있는 모든 것을 재면, 막대자나 하물며 베아 자신까지도 운동 방향의 길이가 줄어든다.

$$L = v\,\Delta t_0 \quad \text{(아베; 움직이는 막대)}$$

아베가 같은 위치(그의 기준점)에서 일어나는 두 사건 사이의 시간 간격을 쟀기 때문에 Δt_0는 두 사건 사이의 고유시간 간격이다.

베아는 그녀의 막대 길이(L_0)를 같은 방법으로(아베의 기준점이 그녀의 막대자의 두 끝을 지나는 시간 간격 Δt를 측정하여 기록함으로써) 잴 수 있다.

$$L_0 = v\,\Delta t \quad \text{(베아; 정지해 있는 막대)}$$

베아가 재는 시간 간격은 늘어난다. 그것은 인자 γ를 고유시간에 곱한 것만큼 늘어난다.

$$\Delta t = \gamma\,\Delta t_0$$

그러므로 아베가 재는 베아의 막대자의 길이(L)는 베아가 재는 길이($L_0 = 1\text{ m}$)보다 짧아진다.

$$\frac{L}{L_0} = \frac{\Delta t_0}{\Delta t} = \frac{1}{\gamma}$$

길이의 수축

$$L = \frac{L_0}{\gamma} \qquad (26\text{-}4)$$

길이의 수축 관계 $L = L_0/\gamma$에서, L_0는 고유길이 또는 정지 길이(정지한 틀에서 물체의 길이)를 나타낸다. L은 그 물체가 움직여 보이는 관측자가 잰 길이이다.

한편, 베아 역시 아베의 막대자를 잴 수 있다. 베아는 아베의 막대자가 더 짧다고 얘기할 것이다. 어떻게 그들 모두가 옳을 수 있을까? 어떤 막대자가 정말로 짧은 것일까?

이 논쟁을 풀기 위하여, 그들은 막대자를 함께 들고서 재기를 원할지도 모르지만, 그렇게 할 수는 없다. 막대자가 서로 상대적인 운동을 하고 있기 때문이다. 길이를 비교하기 위하여, 그들은 두 막대자의 왼쪽 끝이 일치하도록 기다릴 수는 있을 것이다(그림 26.11). 그들은 막대자의 오른쪽 끝의 위치를 동시에 비교하여야만 한다. 아베와 베아가 동시성에 대해 동의하지 않기 때문에, 그들은 어떤 막대자가 더 짧은지

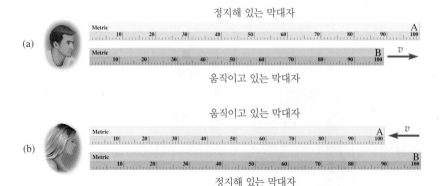

그림 26.11 왼쪽 끝이 일치할 때에 막대자를 비교하기. (a) 아베의 정지한 틀에서 본 경우. (b) 베아의 정지한 틀에서 본 경우.

에 대해서도 동의하지 않을 것이긴 하지만, 그들 둘 다 옳다. 한 관측자가 움직이는 시계가 정지한 시계에 비하여 늦게 감을 늘 발견하는 것과 마찬가지로, 관측자는 움직이는 물체가 운동 방향을 따라서 수축하는(줄어드는) 것을 늘 발견하게 된다. 움직이는 방향에 수직인 길이는 수축하지 않는다.

문제풀이 전략: 길이의 수축

- 두 개의 다른 틀에서 길이를 잴 물체를 알아보아라. 그 길이는 물체의 운동 방향으로만 수축된다. 만일 문제에서의 길이가 실제 물체의 길이가 아니라 거리라면, 긴 측정막대가 존재한다고 상상하는 것이 도움이 될 것이다.

- 물체가 정지해 있는 기준틀을 알아보아라. 그 틀에서의 길이가 고유길이인 L_0이다.

- 다른 모든 기준틀에서 길이 L은 수축된다. $L = L_0/\gamma$. $\gamma = (1 - v^2/c^2)^{-1/2}$이다. 여기서 v는 다른 틀에 대한 어떤 틀의 속력이다.

✓ 살펴보기 26.4

스프린터가 출발선(사건 1)에서 결승선(사건 2)을 지나갈 때까지 일정한 속도로 달린다. 관찰자는 이 두 사건 사이의 고유시간을 어느 기준틀에서 측정하는가? 관찰자는 출발선에서 결승선까지 트랙의 고유길이를 어느 기준틀에서 측정하는가?

보기 26.2

뮤온의 생존

우주선은 우주로부터 지구 상층 대기로 들어오는 고에너지 입자들(대부분이 양성자)이다. 이 입자들은 상층 대기의 원자나 분자와 충돌하여 입자소나기(shower)를 만들어낸다. 생성되는 입자들 중 하나가 무거운 전자라고 할 수 있는 뮤온이다. 뮤온은 불안정하다. 어떤 순간에 존재하는 정지해 있는 뮤온의 절반만이 $1.5\,\mu s$ 후에도 존재한다. 나머지 절반은 전자와 다른 두 입자로 붕괴한다. 지표면을 향하여 쏟아져 내리는 뮤온소나기에서, 어떤 것은 지면에 닿기도 전에 붕괴한다. 만일 해발 $4{,}500\,m$에서 100만 개의 뮤온이 지구를 향하여 $0.995c$의 속력으로 내려온다면, 몇 개의 뮤온이 해수면까지 도달하는가?

전략 상층의 대기에서 해수면까지 걸쳐 있는 막대자를 상상하여라(그림 26.12). 지구의 기준틀에서, 막대자는 정지해 있

다. 그것의 고유길이는 $L_0 = 4500\,m$이다. 뮤온의 기준틀에서 막대자는 수축한다. 뮤온의 기준틀에서는, 뮤온은 정지해 있고 막대자가 $0.995c$의 속력으로 그것들을 지나쳐 간다. 뮤온 틀에서, 막대자는 줄어든다. 뮤온 틀에서는, 막대자의 뒤 끝이 지나갈 때 해수면이 $4{,}500\,m$ 떨어져 있는 것이 아니다. 그 길이는 길이 수축으로 인하여 더 짧아진다. 우리가 수축된 길이 L을 알고 나면, 그것들이 v의 속력으로 막대자를 통과하는 데에 걸리는 시간은 $\Delta t = L/v$이다. 경과된 시간으로부터, 우리는 몇 개의 뮤온이 붕괴하였으며 몇 개가 남아 있는지 결정할 수 있다.

풀이 수축된 길이는 $L = L_0/\gamma$이다. 로렌츠 인자는

$$\gamma = (1 - 0.995^2)^{-1/2} = 10$$

이다. 그러므로 짧아진 거리는 $L = \frac{1}{10} \times 4500\,m = 450\,m$이

다. 경과된 시간은

$$\Delta t = L/v = (450 \text{ m})/(0.995 \times 3 \times 10^8 \text{ m/s}) = 1.5\,\mu\text{s}$$

이다. 1.5 μs 동안 뮤온의 절반이 붕괴하며, 그래서 500,000 개의 뮤온이 해수면에 도달한다.

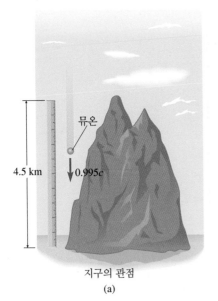

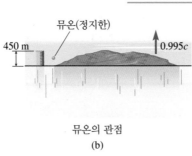

그림 26.12 (a) 지구의 관측자와 (b) 뮤온의 관점에서 바라 본 뮤온의 여행.

검토 만일 길이의 수축이 없다면, 걸린 시간은

$$\Delta t = \frac{4500 \text{ m}}{0.995 \times 3 \times 10^8 \text{ m/s}} = 15\,\mu\text{s}$$

이 될 것이다. 이 시간 간격은 1.5 μs의 10배이다. 각 시간 간 격 동안에 뮤온의 절반이 붕괴한다. 따라서 해수면까지 살아 서 도달할 수 있는 숫자는 단지

$$1000000 \times \left(\tfrac{1}{2}\right)^{10} \approx 980\text{개}$$

가 될 것이다.

높은 고지에 대한 해수면에서 뮤온의 상대적인 개수가 실 험적으로 연구되었다. 그 결과는 상대성 이론과 일치한다.

실전문제 26.2 **로켓의 속도**

로켓에 타고 있는 우주비행사가 1미터 막대자 의 길이 방향과 나란하게 날아간다. 그 우주 비행사는 이 막대자가 0.8 m의 길이라고 측 정한다. 로켓이 이 막대자에 대해 얼마나 빠 른 속력으로 움직이는가?

26.5 서로 다른 기준틀에서의 속도
VELOCITIES IN DIFFERENT REFERENCE FRAMES

연결고리

속도는 고전 물리학에서도 상대적 이다(3.5절 참조). 갈릴레이 속도 덧셈 공식은 직관적으로 올바르게 보일 수 있지만 속도가 c보다 훨 씬 적은 경우에만 대략 정확하다.

그림 26.13은 아베와 베아가 그들의 우주선에 타고 있는 것을 보여준다. 아베의 기 준틀에서는, 베아가 v_{BA}의 속력으로 날고 있다. 베아는 그녀의 기준틀에서 v_{PB}의 속력으로 탐사선을 쏜다. 아베의 기준틀에서 본 탐사선의 속력 v_{PA}는 얼마인가?[직 선(이 경우에는 수평선)을 따라 움직이는 속도만 고려하기 때문에 속도를 직선을 따라가는 성분으로서 쓸 수 있다.]

만일 v_{PA}와 v_{BA}가 c에 비하여 매우 작다면, 시간 팽창과 길이의 수축은 무시할 수 있을 것이다. 그러면 v_{PA}는 갈릴레이 속도 덧셈 식 (3-17)로 주어진다.

$$v_{PA} = v_{PB} + v_{BA} \qquad (3\text{-}17)$$

그렇지만 탐사선이 어느 관성틀에서도 빛보다는 빠를 수 없기 때문에, 식 (3-17) 은 일반적으로 옳지 않다(만일 $v_{PB} = +0.6c$ 그리고 $v_{BA} = +0.7c$라면, 갈릴레이 식은 $v_{PA} = 1.3c$가 된다). 식 (3-17)을 대신하는 상대론적인 식은 시간 팽창과 길이 수축 을 고려하여, v_{PB}와 v_{BA}가 어느 값(c보다 작은)을 갖든지 $|v_{PA}| < c$이다.

상대론적인 속도 변환식은

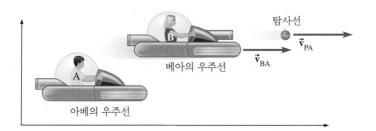

그림 26.13 아베의 기준틀에서 보았을 때에, 베아의 우주선의 속도는 $\vec{v}_{BA}$이고 탐사선의 속도는 $\vec{v}_{PA}$이다. $\vec{v}_{BA}$와 $\vec{v}_{PB}$가 주어졌다면, 베아에 대한 탐사선의 속도 $\vec{v}_{PA}$는 어떻게 결정되는가?

$$v_{PA} = \frac{v_{PB} + v_{BA}}{1 + v_{PB}v_{BA}/c^2} \qquad (26\text{-}5)$$

이다. 식 (26-5)의 분모는 시간 팽창과 길이 수축 모두를 고려하기 위한 수정 인자로 생각할 수 있다. v_{PB}와 v_{BA}가 c에 비하여 작을 때, 분모는 대략 1이 된다. 그러면 식 (26-5)는 갈릴레이의 근사식 (3-17)과 같게 된다. 예를 들어, 만일 $v_{PB} = v_{BA} = +3 \text{ km/s}$이라면(보통의 기준으로 보면 빠르지만, 빛의 속력에 비해서는 매우 작다.) 분모는

$$1 + \frac{v_{PB}v_{BA}}{c^2} = 1 + \frac{(3 \times 10^3 \text{ m/s})^2}{(3 \times 10^8 \text{ m/s})^2} = 1 + 10^{-10}$$

이다. 이 경우에 갈릴레이의 속도 덧셈은 단지 0.00000001 %만큼 차이가 날 뿐이다.

다음으로, 아인슈타인의 두 번째 가설, 곧 빛은 어느 관성기준틀에서나 같은 속력을 가진다.)를 확인해 보자. 탐사선을 쏘는 대신에 베아가 전조등을 켠다고 가정해 보자. 베아의 틀에서 빛의 속력은 $v_{LB} = +c$이다. 아베의 틀에서 빛의 속력은

$$v_{LA} = \frac{v_{LB} + v_{BA}}{1 + v_{LB}v_{BA}/c^2} = \frac{c + v_{BA}}{1 + cv_{BA}/c^2} = \frac{c(1 + v_{BA}/c)}{1 + v_{BA}/c} = c$$

이다. 따라서 은하계의 활성(active) 핵이 지구를 향하여 분출하는 하전입자들의 제트가 지구 관측자의 기준틀에서 보았을 때 광속에 가깝다고 하더라도, 그것들이 내뿜는 빛은 지구 틀에서도 역시 빛의 속력으로 움직인다. 26.2절에서 보인 제트의 속력 계산에서, 제트가 방출한 빛의 속력을 c로 하는 것이 옳다.

문제풀이 전략: 상대 속도

- 두 개의 다른 기준틀에서 보여지는 상황을 그려라. 명확하게 하기 위하여 속도에 다 첨자로 표시를 하여라. v_{BA}는 A의 기준틀에서 잰 B의 속도를 뜻한다.
- 속도 변환 식 (26-5)는 직선 방향의 세 속도의 성분으로 쓰여 있다. 그 성분은 한쪽 방향(임의로 정할 수 있다.)에 대해서는 양(+)이며, 반대 방향에 대해서는 음(−)이다.
- 만일 A가 B의 기준틀에서 오른쪽으로 움직인다면, B는 A의 기준틀에서 왼쪽으로 움직인다.

$$v_{BA} = -v_{AB}$$

- 식 (26-5)가 맞기 위해서, 우변의 내부 첨자가 같고 이 내부 첨자들은 소개했을 때 남는 첨자들이 좌변의 첨자들과 순서가 같아야 한다. 따라서 좌변은 다음과 같이 된다.

$$v_{LA} = \frac{v_{L\cancel{B}} + v_{\cancel{B}A}}{1 + v_{L\cancel{B}}v_{\cancel{B}A}/c^2}$$

보기 26.3

우주에서의 관측

두 대의 우주탐사선이 직선을 따라 같은 방향으로 빠른 속력으로 날고 있다. 근처 행성의 관측자가 측정할 때, 우주탐사선 1은 우주탐사선 2 뒤에서 0.90c의 속력으로 날고 우주탐사선 2는 0.70c의 속력으로 날아간다. 우주탐사선 1에 탑승한 관측자가 측정할 때, 우주탐사선 2의 속력과 방향은 어떻게 되겠는가?

전략 우리가 관심을 갖고 있는 두 개의 기준틀은 행성과 우주탐사선 1이다. 그렇다면 각각의 기준틀에서 바라본 행성과 두 우주탐사선을 그리는 것이 속도에 첨자를 부여하는 데에 도움을 줄 것이다. 양의 방향을 정한 후에, 주의 깊게 각각의 속도에 올바른 대수적 부호를 붙인다. 그러고 나면 속도 변환 공식을 적용할 준비가 다 된 것이다.

풀이 먼저 두 우주탐사선이 행성의 기준틀에서 오른쪽으로 날고 있는 그림 26.14a를 그린다. 오른쪽이 양(+)의 방향

이 되도록 한다. 이 기준틀에서, 우주탐사선의 속력은 $v_{1P} = +0.90c$이고 $v_{2P} = 0.70c$이다. 우리는 우주탐사선 1에서 본 우주탐사선 2의 속력(v_{21})을 알고 싶어하므로 우주탐사선 1의 기준틀에서 그림 26.14b를 그린다. 행성의 기준틀에서 우주탐사선 1이 오른쪽으로 날아가므로, 행성은 우주탐사선 1의 기준틀에서 왼쪽으로 날아간다. 곧 $v_{P1} = -v_{1P} = -0.90c$이다.

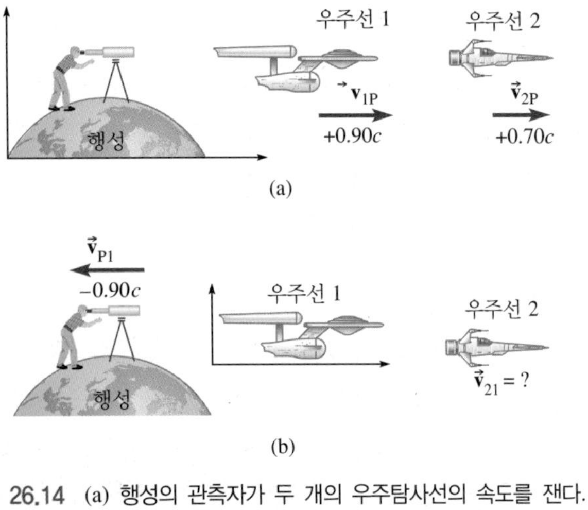

이제 식 (26-5)를 적용해 보자. v_{21}을 계산하여야 하기 때문에, 이것을 식의 좌변으로 옮긴다. 우변의 두 개의 속력은 v_{2P}와 v_{P1}이며, 따라서 P가 소거된다면 v_{21}만이 남을 것이다.

$$v_{21} = \frac{v_{2P} + v_{P1}}{1 + v_{2P}v_{P1}/c^2}.$$

$v_{2P} = +0.70c$와 $v_{P1} = -0.90c$를 대입하면,

$$v_{21} = \frac{0.70c + (-0.90c)}{1 + [0.70c \times (-0.90c)]/c^2} = \frac{-0.20c}{1 - 0.63} = -0.54c$$

이다. 따라서 우주탐사선 1의 관측자에 따르면, 우주탐사선 2는 왼쪽으로 0.54c의 속력으로 날고 있다.

검토 부호를 바르게 쓰는 것이 얼마나 중요한지 주목하여라. 예를 들어, 만일 우리가 $v_{P1} = +0.90c$로 쓰는 실수를 한다면, $v_{21} = +0.98c$로 계산된다. 이 답은 우주탐사선 2가 우주탐사선 1에 대해 오른쪽으로 날고 있는 것이 되며, 이는 이치에 맞지 않다. 행성의 틀에서는, 우주탐사선 1이 우주탐사선 2를 따라잡고 있으며, 따라서 우주탐사선 1의 기준틀에서는, 우주탐사선 2가 우주탐사선 1로 날아오는 것처럼 움직인다. 1차원에서, 속도는 항상 갈릴레이 속도 덧셈법에서 예상되는 것과 같은 방향이다. 단지 속력의 크기가 다를 뿐이다.

그림 26.14 (a) 행성의 관측자가 두 개의 우주탐사선의 속도를 잰다. (b) 같은 사건들을 우주탐사선 1에서 관측한다.

실전문제 26.3　접근하는 로켓의 상대 속도

우주 정거장의 관측자에 따르면, 우주탐사선 *A*는 오른쪽으로 0.4*c*의 속도로, 우주탐사선 *B*는 왼쪽으로 0.8*c*의 속도로 *x*-축 을 따라 서로 마주 보며 접근하고 있다. 우주탐사선 *B*의 관측 자가 측정할 때 우주탐사선 *A*의 속력은 얼마인가?

26.6 상대론적인 운동량 RELATIVISTIC MOMENTUM

어떤 입자의 속력이 빛의 속력에 비견될 때에는, 운동량과 운동에너지의 비상대론적인 식은 타당하지 않다. 빠른 속력으로 움직이는 입자에 그 식을 사용하면, 운동량과 에너지의 보존 법칙이 성립하지 않는 것처럼 보인다. 입자가 어떤 속력을 가지더라도 보존 법칙이 성립하도록 운동량과 운동에너지를 다시 정의해야 한다. 식 $\vec{p} = m\vec{v}$와 $K = \frac{1}{2}mv^2$은 비상대론적인 경우에만 좋은 근삿값이 된다. 그러므로 상대론적인 식은 어떤 속력에 대해서도 정확한 운동량과 운동에너지를 얻을 수 있다는 점에서 보다 일반적이다. 상대론적인 식은 $v \ll c$식일 때에 비상대론적인 식과 같은 운동량과 운동에너지의 값을 주어야 한다.

질량 *m*과 속력 *v*를 갖는 입자의 운동량에 대한 상대론적으로 정확한 식은

운동량

$$\vec{p} = \gamma m\vec{v} \qquad (26\text{-}6)$$

이다. 여기에서 *γ*는 그 입자의 속력을 사용하여 계산된다.

속력이 *c*에 비해 매우 작은 경우에는 *γ* ≈ 1이고 $\vec{p} \approx m\vec{v}$이다. 예를 들어, 공기 중에서 음속보다 약간 작은 속력 300 m/s로 나는 비행기를 생각해보자. 빛의 속력과 비교했을 때 300 m/s는 매우 느리다. 곧 빛의 속력의 백만분의 일밖에 되지 않는다. *v* = 300 m/s일 때에 로렌츠 인수는 *γ* = 1.0000000000005이다. 이러한 경우에는, 비상대론적인 식인 $\vec{p} = m\vec{v}$를 사용하는 것이 비행기의 운동량을 구하는 데에 매우 좋은 근사이다! 그러나 태양으로부터 빛의 속력의 0.9배로 방출되는 양성자의 경우에는 *γ* = 2.3이다. 이 양성자의 운동량은 비상대론적인 식 $\vec{p} = m\vec{v}$으로부터 구한 것보다 2배나 더 크다. 그러므로 $\vec{p} = m\vec{v}$는 0.9*c*로 날아가는 양성자에 대해서 사용할 수 없다.

비상대론적인 공식을 사용할 수 있는 한계 속력은 얼마이겠는가? 그 경계는 명확하지 않다. 어림잡아서 *γ* < 1.01이면 비상대론적인 식은 1 % 이하의 오차를 갖는다. *γ* = 1.01이라고 놓고 속력을 구하면, *v* = 0.14*c* ≈ 4×10⁷ m/s이다. 입자의 속력이 빛의 속력의 약 ⅐배보다 더 작다면, 비상대론적으로 운동량을 구하는 식은 1 % 이내에서 정확하다.

상대론적으로 운동량을 구하는 식은 극적인 결과들을 가져오기도 한다. *v*가 빛의 속력에 가까워질 때에 입자의 운동량을 생각하여 보자(그림 26.15). *v*가 빛의 속력

연결고리

상대성은 운동량과 에너지의 보존 법칙을 물리의 본질적인 원리로 유지하지만 운동량과 운동에너지에 대한 정의는 바꾼다. 비상대론적인 정의 $\vec{p} = m\vec{v}$와 $K = \frac{1}{2}mv^2$는 $v \ll c$일 때 매우 좋은 근사가 된다.

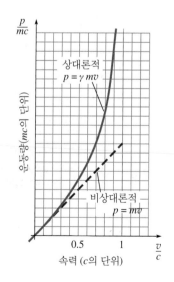

그림 26.15 비상대론적인 식과 상대론적인 식이 보여 주는 *v*에 따른 운동량의 그래프. 속력이 작을 때에는 두 그래프가 일치한다.

에 가까워질수록, 운동량은 한없이 커진다. 빛의 속력에 이르지 않으면서 원하는 만큼 큰 운동량을 얻을 수 있다. 다시 말하면, 어떤 것이라도 빛의 속력으로 가속시키는 것은 불가능하다. 여러분들은 원하는 만큼의 운동량을 물체에 줄 수 있지만, 결코 그것의 속력을 c까지 올릴 수는 없다.

상대론에서도 여전히 전달된 충격량은 운동량의 변화와 같지만 $\Sigma \vec{F} \Delta t = \Delta \vec{p}$나 $\Sigma \vec{F} = m\vec{a}$는 성립하지 않는다. 입자의 속력이 c에 이를수록, 일정한 알짜힘에 의한 가속도는 점점 더 작아지기 때문이다. 힘이 가해지는 시간이 길수록, 운동량은 점점 더 커지지지만, 속력이 결코 광속에 이를 수는 없다. 이 사실은 고에너지 물리학 연구에서 사용되는 입자가속기에서도 증명된다. 전자나 양성자와 같은 입자들은 그들의 속력이 광속에 점점 가까워질수록 큰 운동량(그리고 운동에너지)을 갖도록 "가속"되지만, 결코 속력이 광속을 넘을 수는 없다.

보기 26.4

상층 대기에서의 충돌

우주선(cosmic ray)들이 상층 대기층에서 원자나 분자들과 충돌한다(그림 26.16). 만일 0.70c로 나는 양성자가 정지해 있는 질소 원자와 정면으로 충돌하여 양성자가 0.63c로 되튀어 나온다면, 충돌 후 질소 원자의 속력은 얼마인가?(질소 원자의 질량은 양성자 질량의 대략 14배이다.)

전략 이 충돌 문제를 풀기 위하여 운동량 보존 법칙을 적용한다. 전에 충돌 문제에서 사용한 방법과 다른 점은 오직 양성자에 대해서는 상대론적인 운동량 식을 사용해야 한다는 것뿐이다. 질소 원자가 충돌 후 상대론적인 속력으로 움직일지 확인하는 것은 아직 남아 있다. 만일 그렇지 않다면, 비상대론적인 운동량 식을 사용하여 간단하게 계산할 수 있다. 두 가지를 같이 사용하여도 괜찮겠다(이것들은 다른 종류의 운동량이 아니다). 비상대론적인 식은 단지 근삿값일 뿐이다. 좋은 근삿값이라면 그것을 사용한다.

풀이 양성자의 처음 속도의 방향을 +x-방향으로 택한다. $v_{ix} = +0.70c$일 때의 양성자의 처음 운동량은

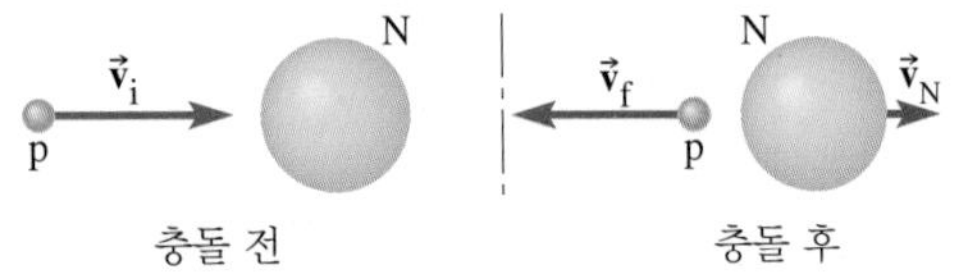

그림 26.16 v_i로 날아오는 양성자가 상층 대기권에 정지해 있는 질소 원자와 정면으로 충돌하고 있다. 양성자는 v_f로 되튀어 나가는 반면에 질소 원자는 충돌 후 v_N의 속력으로 움직인다.

$$p_{ix} = \gamma m_p v_{ix}$$

이고, 로렌츠 인자는

$$\gamma = (1 - 0.70^2)^{-1/2} = 1.4003$$

이다. 따라서, 처음 운동량의 x-성분은

$$p_{ix} = 1.4003 m_p \times 0.70c = +0.9802 m_p c$$

이다. 충돌 후에, 양성자의 운동량은

$$p_{fx} = \gamma m_p v_{fx}$$

로 나타내는데, $-x$-방향으로 움직이니까 $v_f = -0.63c$이고

$$\gamma = (1 - 0.63^2)^{-1/2} = 1.288$$

이다. 따라서 양성자의 충돌 후의 운동량은

$$p_{fx} = -0.8114 m_p c$$

이다. 양성자의 x-방향 운동량의 변화량은

$$\Delta p_x = -0.8114 m_p c - 0.9802 m_p c = -1.7916 m_p c$$

이다. 운동량이 보존되기 위한 질소 원자의 마지막 운동량은 $P_x = +1.7916 m_p c$이다. 그 원자의 속도를 알기 위하여 $P_x = \gamma M v_{Nx}$로 놓는다.

질소 원자의 질량이 대략 양성자의 14배가 된다면,

$$1.7916 m_p c = \gamma \times 14 m_p \times v_{Nx}$$

이 된다. 양변에 있는 m_p를 소거하여 간단히 하면,

$$0.1280c = \gamma v_{Nx} = [1 - (v_{Nx}/c)^2]^{-1/2} \times v_{Nx}$$

을 얻을 수 있다. 이 식에서 계산으로 v_{Nx}을 풀 수 있지만, 근사법으로 푸는 것이 더 적절하다. γ는 1보다 작을 수 없으므로 v_{Nx}는 $0.1280c$보다 클 수 없다. 그러므로 v_{Nx}는 비상대론적인 운동량 식 $P_x = Mv_{Nx}$을 사용할 수 있을 정도로 작다. 다시 말하면, $\gamma = 1$로 놓아 $v_{Nx} = 0.1280c$로 한다. 유효숫자를 두 자리로 마무리하면, 질소 원자의 속력은 $0.13c$이다.

검토 원자뿐 아니라 양성자에도 전부 비상대론적인 운동량을 사용하면, 다음과 같이 주어진다.

$$0.70m_pc = -0.63m_pc + 14m_pv_{Nx}$$

$$v_{Nx} = \frac{1.33c}{14} = 0.095c$$

이 값은 정확한 값보다 26 % 작은 값이다. 한편, 여러분들이 근사식을 쓰지 않고 상대론적인 표현을 사용하여 질소에 관하여 계산하면, $0.13c$를 얻을 수 있을 것이다. 곧, 기존의 답과 같다(유효숫자 두 자리 내에서). 여러 단계를 거쳐 계산을 해야 되지만 새롭게 얻는 것은 아무것도 없다. 그러므로 상대론적인 식이 필요한지, 비상대론적인 식이라도 썩 잘 맞는지를 결정하는 것은 가치 있는 일이다.

실전문제 26.4 운동량의 변화

질량이 $1.0\,\text{kg}$인 우주 쓰레기 덩어리가 $0.707c$의 속도로 날아가고 있다. $1.0 \times 10^8\,\text{N}$의 일정한 힘이 쓰레기 덩어리가 움직이는 방향과 반대쪽으로 작용하고 있다. 이 우주 쓰레기가 멈추기까지 얼마나 오랫동안 힘을 작용하여야 하는가? (힌트: 전달된 충격량은 운동량의 변화와 같다.)

26.7 질량과 에너지 MASS AND ENERGY

정지해 있는 입자는 운동에너지는 없지만, 에너지를 가지고 있지 않다는 뜻은 아니다. 상대론은 질량이 에너지의 척도 중 하나라는 것을 알려주고 있다. 한 입자의 **정지에너지**rest energy E_0는 그것의 정지한 틀에서 잰 에너지이다. 따라서 정지에너지는 운동에너지를 포함하지 않는다. 질량과 정지에너지와의 관계는 다음과 같다.

> **정지에너지**
>
> $$E_0 = mc^2 \tag{26-7}$$

질량을 정지에너지의 척도로서 해석하는 것은 정지한 입자가 질량의 합이 원래 질량보다 작은 생성물로 붕괴하는 방사성 붕괴를 관측함으로써 확인할 수 있다. 생성물은 총 질량이 감소한 양에다 c^2을 곱한 것만큼의 운동에너지를 얻는다.

1 kg의 석탄은 $(1\,\text{kg}) \times (3 \times 10^8\,\text{m/s})^2 = 9 \times 10^{16}\,\text{J}$의 정지에너지를 갖는다. 만일 그 석탄의 전체 정지에너지를 전기에너지로 바꿀 수 있다면, 미국의 일반 가정에 수백만 년 동안 전기를 공급할 수 있다. 석탄을 태울 때는, 석탄에서 극히 일부분만(약 수십억분의 1)의 정지에너지가 방출될 뿐이다. 이때 질량의 변화는(석탄의 질량과 모든 산물의 전체 질량의 차이) 잴 수 없을 정도로 적다. 때문에 화학반응에서는 질량이 보존되는 것처럼 보일 뿐이다.

이에 반하여, 핵반응이나 방사성 붕괴에서는 핵자 질량 중 상당한 부분의 질량이 반응 생성 입자의 운동에너지로 바뀐다. **딸 입자**들(반응 후에 존재하는 입자들)의 총 질량은 **어미 입자**들(반응 전에 존재하는 입자들)의 총 질량과 같지 않다.

질량은 보존되지 않지만, 총 에너지(정지에너지와 운동에너지의 합)는 보존된다.

만일 질량이 감소한다면, 반응에 의하여 에너지가 방출되는 것이다. 총 에너지는 계속해서 보존된다. 그 에너지는 한 종류에서 다른 종류로, 곧 정지에너지에서 운동에너지로, 또는 방사선으로 에너지의 형태가 변할 뿐이다. 만일 정지에너지가 증가한다면(곧 딸 입자의 전체 질량이 어미입자보다 크다면), 그 반응은 저절로 일어나지 않는다. 이러한 반응은 그 에너지 손실이 어미 입자의 처음 운동에너지로부터 제공받을 수 있을 때에만 일어날 수 있다.

전자볼트

원자물리학이나 핵물리학에서 보통 사용되는 에너지 단위는 전자볼트(기호 eV)이다. 1 eV는 $\pm e$(전자나 양성자와 같은) 전하의 입자가 1 V의 전기퍼텐셜 차에서 가속될 때 얻는 운동에너지와 같다. 1 V = 1 J/C이고 $e = 1.60 \times 10^{-19}$ C이므로, 전자볼트와 줄은 다음과 같이 환산된다.

$$1\ \text{eV} = e \times 1\ \text{V} = 1.60 \times 10^{-19}\ \text{C} \times 1\ \text{J/C} = 1.60 \times 10^{-19}\ \text{J}$$

큰 에너지는 킬로전자볼트(keV $= 10^3$ eV)나 메가전자볼트(MeV $= 10^6$ eV)를 이용하여 표시한다.

계산을 eV로 쉽게 하기 위하여, 운동량은 eV/c로, 질량은 eV/c^2의 단위로 나타낼 수 있다. c의 값을 곱하거나 나누는 대신, c를 단위의 인자로 사용한다. 예를 들어, 전자 하나의 정지에너지는 511 keV이다. $E_0 = mc^2$을 사용하면, 그 전자의 질량은

$$m = E_0/c^2 = 511\ \text{keV}/c^2$$

이다. $0.80c$로 움직이는 한 전자의 운동량은

$$p = \gamma mv = 1.667 \times 511\ \text{keV}/c^2 \times 0.80c = 680\ \text{keV}/c$$

이다.

보기 26.5

방사성 붕괴에서 에너지의 방출

탄소 연대 측정은 탄소-14의 원자핵(6개의 양성자와 8개의 중성자로 이루어진 핵)이 질소-14 원자핵(7개의 양성자와 7개의 중성자로 이루어진 핵)으로 방사성 붕괴하는 것에 근거한다. 그 과정에서 전자(e^-)와 반중성미자($\bar{\nu}$)라고 부르는 입자가 만들어진다. 반응은 다음과 같이 쓸 수 있다.

$$^{14}\text{C} \rightarrow {}^{14}\text{N} + e^- + \bar{\nu}$$

이 반응에서 방출되는 에너지를 구하여라. 원자핵들의 질량들은 ^{14}C는 13.999950 u이고 ^{14}N은 13.999234 u이고, 반중성미자의 질량은 무시할 만큼 작다. [1 u $= 1.66 \times 10^{-27}$ kg이며 u는 원자질량단위로 원자물리학이나 핵물리학에서 일반적으로 사용한다.]

전략 반응 전후의 입자들의 전체 질량을 비교한다. 전체 질량의 감소는 정지에너지가 다른 모양(질소 원소와 전자의 운동에너지와 반중성미자의 에너지)으로 바뀌었다는 것을 뜻한다. 반응에서 방출되는 에너지는 정지에너지의 변화량과 같다.

풀이 반응 전의 전체 질량은 13.999950 u이다. 반응 후의 전체 질량은

$$13.999234 \text{ u} + \frac{9.11 \times 10^{-31} \text{ kg}}{1.66 \times 10^{-27} \text{ kg/u}} = 13.999783 \text{ u}$$

이다. 질량의 변화는

$$\Delta m = -0.000167 \text{ u}$$

이다. Q를 방출된 에너지의 양으로 놓자. 총 에너지가 보존되어야 하므로 반응 전의 정지에너지는 반응 후의 정지에너지와 방출된 에너지의 합과 같아야 한다. 곧,

$$m_i c^2 = m_f c^2 + Q$$

$$\begin{aligned} Q &= m_i c^2 - m_f c^2 \\ &= -\Delta m \times c^2 \\ &= 0.000\,167 \text{ u} \times 1.66 \times 10^{-27} \text{ kg/u} \times (3.00 \times 10^8 \text{ m/s})^2 \\ &= 2.495 \times 10^{-14} \text{ kg} \cdot \text{m}^2/\text{s}^2 = 2.50 \times 10^{-14} \text{ J} \end{aligned}$$

keV 단위로는

$$Q = \frac{2.495 \times 10^{-14} \text{ J}}{1.60 \times 10^{-19} \text{ J/eV}} \times 10^{-3} \frac{\text{keV}}{\text{eV}} = 156 \text{ keV}$$

이다.

검토 ^{14}C 핵의 원래 정지에너지에 대한 방출된 에너지의 비율은 0.000167 u/13.999950 u = 0.0012 %이다. 이 양이 큰 것처럼 보이지 않을 수도 있지만, 탄소가 탈(화학반응 할) 때 발생하는 질량의 감소율보다 약 10^4배나 크다. 핵융합에서의 질량이 변하는 비율은 1 %에 근접한다.

실전문제 26.5 **태양의 질량은 얼마나 빨리 줄어드는가?**

태양은 4×10^{26} J/s의 비율로 에너지를 내놓는다. 태양의 질량은 단위 시간당 몇 kg씩 줄어드는가?

불변량

지금까지 우리는 **불변**(모든 관성틀에서 측정할 때에 같은 값을 갖는)하는 두 양에 대하여 알아보았다. 하나는 빛의 속력이고 다른 하나는 질량이다. 거리와 시간은 서로 다른 기준틀에서 같지 않기 때문에 불변량이 아니다.

보존되는 양과 불변하는 양의 차이점을 강조하여 보자. 보존량이란 주어진 기준틀에서 같은 값을 유지한다. 곧 그 값은 한 기준틀에서 다른 기준틀로 가면 다를지 모르지만, 주어진 기준틀에서는 그 값이 변하지 않는다. 불변량이란 어떤 과정의 한 순간에 모든 관성틀에서 같은 값을 갖는 양을 말한다. 따라서 운동량은 보존되지만, 불변량은 아니다. 질량은 불변량이지만 보존되지는 않는다. 곧 보기 26.5처럼 방사성 붕괴나 다른 핵반응에서 전체 질량은 변할 수 있다. 이러한 반응에서 총 에너지는 보존되지만 입자들이 다른 틀에서는 다른 운동에너지를 가지므로 불변량은 아니다.

✓ 살펴보기 26.7

불변량은 모든 관성틀에서 같은 값을 갖는다. (a) 갈릴레이 상대론에 따르면, 위치, 변위, 길이, 시간 간격, 속도, 가속도, 힘, 운동량, 질량, 운동에너지, 진공에서의 빛의 속력 중에서 어느 것이 불변량인가? (b) 아인슈타인의 특수상대론에서는 이들 중 어느 것이 불변량인가?

26.8 상대론적 운동에너지 RELATIVISTIC KINETIC ENERGY

상대론적인 속력으로 움직이는 입자들이 운동량 보존 법칙을 유지하기 위해서는, 일반적인 상대론적인 운동량의 표현이 필요하다. 운동에너지의 경우에도 마찬가지이다.

힘과 운동량의 관계($\Sigma \vec{F} = \Delta \vec{p} / \Delta t$)와 힘과 거리의 곱으로서의 일의 개념을 가지고, 우리는 입자의 운동에너지에 관한 식을 추론해 낼 수 있다. 비상대론적인 경우에서와 같이, 물체의 운동에너지는 그 물체를 정지 상태로부터 현재 속도까지 가속하는 데 필요한 일과 같다. 결과는

운동에너지

$$K = (\gamma - 1)mc^2 \qquad (26\text{-}8)$$

이다. 여기서 γ는 그 입자의 속력 v를 써서 계산하면 된다.

운동에너지는 운동과 관련된 에너지로서, 물체가 정지해 있을 때의 에너지와 비교하여 움직이는 물체가 갖는 추가적인 에너지를 말한다. 아인슈타인은 위와 같이 두 항의 차이로 운동에너지를 해석하는 것을 제안하였다. 위 식에서 첫 번째 항 (γmc^2)은 입자의 정지에너지와 운동에너지를 포함하는 **총 에너지**total energy E이다. 두 번째 항(mc^2)은 입자가 정지해 있을 때의 에너지인 정지에너지 E_0이다. 그러므로 식 (26-8)을 풀어서 다음과 같이 다시 쓸 수 있다.

$$E = K + mc^2 = K + E_0 = \gamma mc^2 \qquad (26\text{-}9)$$

총 에너지와 운동에너지가 이러한 방법으로 정의될 때에, 만일 하나의 관성기준틀에서의 어떤 반응에서 총 에너지가 보존된다면, 우리는 다른 기준틀에서도 총 에너지는 저절로 보존된다는 것을 알 수 있다. 다시 말하면, 에너지의 보존 법칙이 물리학의 보편적인 법칙의 지위를 다시 회복한 것이다.

v가 c에 가까워질수록, γ는 한정 없이 커진다는 것을 상기하여라. 그러면 식 (26-9)로부터, 질량을 가진 입자가 빛의 속력으로 날기 위해서는 무한대의 총 에너지가 필요하므로 빛의 속력으로 움직일 수 있는 질량을 가진 입자는 없다고 결론지을 수 있다.

언뜻 보면 운동에너지 $K = (\gamma - 1)mc^2$가 속력에 따라 변하지 않는 것처럼 보이지만, γ가 속력의 함수라는 것을 잊어서는 안 된다. 입자의 속력이 증가할수록 γ도 증가한다. 그러므로 운동에너지 역시 증가한다. 입자의 운동에너지에도 역시 한계가 없다. 운동량과 마찬가지로, 운동에너지도 속력이 빛의 속력 c로 가까이 갈수록 한 없이 계속 커진다.

운동에너지의 상대론적인 식이 빛의 속력보다 훨씬 느린 속력으로 움직이는 물체들에 관하여 비상대론적인 운동에너지 식 $\frac{1}{2}mv^2$에 가까워진다는 것이 금방 눈에 띄는 것은 아니지만, 실제로 그렇게 된다. 이것을 밝히려면 이항근사 $(1 - x)^n$ $\approx 1 - nx(x \ll 1$일 때)를 이용하면 된다(부록 A.5 참조). 이항근사에서 $x = v^2/c^2$이라고

놓고 $n = -\frac{1}{2}$로 놓으면, γ는

$$\gamma = \left(1 - \frac{v^2}{c^2}\right)^{-1/2} \approx 1 + \frac{1}{2}\left(\frac{v^2}{c^2}\right)$$

가 된다. 그러면 운동에너지는

$$K = (\gamma - 1)mc^2 \approx \left[1 + \frac{1}{2}\left(\frac{v^2}{c^2}\right) - 1\right]mc^2 = \frac{1}{2}\left(\frac{v^2}{c^2}\right)mc^2 = \frac{1}{2}mv^2$$

이다. 운동에너지 K의 상대론적인 식은 상대론적인 운동이나 비상대론적인 운동에 모두 유효하다. 비상대론적인 식 $\frac{1}{2}mv^2$은 물체의 속력이 c보다 훨씬 작을 경우에만 유효한 근사이다. 만일 $K \ll mc^2$이라면, γ는 1에 매우 가까워진다. 곧 입자는 상대론적인 속력으로 움직이지 않으므로, 비상대론적인 근사를 사용할 수 있다.

보기 26.6

고에너지 전자

탄소−14가 질소−14로 되는 방사성 붕괴($^{14}\text{C} \rightarrow {}^{14}\text{N} + \text{e}^- + \overline{\nu}$)에서 156 keV의 에너지가 방출된다(그림 26.17). 만일 방출된 모든 에너지를 전자의 운동에너지로 본다면, 전자는 얼마나 빠르게 움직이는가?

전략 전자의 운동에너지가 주어졌으니, 전자의 속력을 구할 필요가 있다. 전자볼트(eV), keV, MeV와 같은 단위들은 일반적으로 원자물리학, 핵물리학, 고에너지의 입자물리학에 사용되고 있다. 비상대론적인 운동에너지 식을 사용하여도 적절한지를 어떻게 알 수 있는가? 전자의 운동에너지 156 keV와 정지에너지(mc^2)를 비교하여 본다.

풀이 전자의 정지에너지는

$$E_0 = mc^2 = 9.109 \times 10^{-31} \text{ kg} \times (2.998 \times 10^8 \text{ m/s})^2$$
$$= 8.187 \times 10^{-14} \text{ J}$$

이다. 운동에너지를 keV 단위로 알고 있으므로, E_0를 keV로 바꾸자.

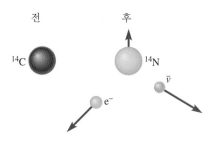

그림 26.17 탄소−14의 방사성 붕괴.

$$E_0 = 8.187 \times 10^{-14} \text{ J} \times \frac{1 \text{ eV}}{1.602 \times 10^{-19} \text{ J}} \times \frac{1 \text{ keV}}{1000 \text{ eV}} = 511 \text{ keV}$$

따라서 K는 E_0와 크기가 비슷하다. 그 전자가 상대론적인 속력으로 움직이고 있으므로, 상대론적인 식을 사용해야 한다.

로렌츠 인자는 다음과 같다.

$$\gamma = 1 + \frac{K}{mc^2} = 1 + \frac{156 \text{ keV}}{511 \text{ keV}} = 1.3053$$

γ로부터 속력을 결정하기 위하여 먼저 γ를 제곱하자.

$$\gamma^2 = \frac{1}{1 - v^2/c^2}$$

그리고 c에 대한 전자의 속력을 찾기 위하여, v/c에 대하여 풀어 보자.

$$1 - \frac{v^2}{c^2} = \frac{1}{\gamma^2}$$

$$v/c = \sqrt{1 - 1/\gamma^2} = 0.6427$$

$$v = 0.6427c$$

검토 로렌츠 인자가 1에 매우 가깝지 않다. 이것은 이 전자에 $K = \frac{1}{2}mv^2$을 사용할 수 없는 또 하나의 근거가 된다. 만일 이 식을 그냥 사용한다면

$$v = (2K/m)^{1/2} = 2.342 \times 10^8 \text{ m/s} = 0.781c$$

가 된다. 이처럼 값이 c에 가깝게 나온 결과는 비상대론적인 근사를 사용한 것에 관한 우려를 불러일으킨다.

0.6427c라는 속력은 이 전자가 가질 수 있는 운동에너지의 최대 한계이다. 이 전자가 반응에서 방출된 에너지를 모두 가지고 갈 수도 없다. 곧 운동량을 보존하는 방법으로써, 총 운동에너지는 3개의 입자에게로 나누어져야 한다.

실전문제 26.6 양성자의 가속

정지해 있는 한 개의 양성자를 0.75c로 가속시키려면, 일을 얼마나 많이 해주어야 하는가? 결과를 MeV 단위로 나타내어라.

운동량–에너지의 관계

뉴턴 물리학에서는 운동에너지와 운동량 사이에 $K = p^2/2m$로 관계되지만, 이 관계식이 상대론적인 속력으로 움직이는 입자에 대해서는 더 이상 적용되지 않는다. 상대론적인 $\vec{p}$, E, K의 정의로부터, 여러분들은 다음과 같은 유용한 관계식을 얻을 수 있다.

$$E^2 = E_0^2 + (pc)^2 \qquad (26\text{-}10)$$

$$(pc)^2 = K^2 + 2KE_0 \qquad (26\text{-}11)$$

식 (26-10)과 식 (26-11)은 입자의 속력을 계산하는 중간 단계를 거치지 않고 운동량으로부터 총 에너지와 운동에너지를 계산하거나 또는 그 역의 계산에 유용한 식이다. $E = \gamma mc^2$과 $\vec{p} = \gamma m\vec{v}$로부터 구할 수 있는 또 다른 유용한 관계식은

$$\frac{\vec{v}}{c} = \frac{\vec{p}c}{E} \qquad (26\text{-}12)$$

이다. 식 (26-12)는 속도, 운동량, 총 에너지의 세 가지 중 어느 두 가지만 알고 있을 때에 각각의 계산을 보다 쉽게 할 수 있도록 해 준다. 또한 이 식은 pc가 결코 총 에너지를 넘을 수 없다는 것도 보여 준다. 단지 $v \to c$로 갈수록 E에 가까워진다.

운동량과 에너지 단위 입자물리학에서는 통상적으로 단위 변환을 피하기 위하여 운동량을 eV/c 단위(또는 MeV/c)로 쓴다. SI 단위, 곧 전자볼트(eV)를 줄(J)로 변환하기 위해서는 c를 m/s 단위의 빛의 속력으로 바꿔 넣어야 한다. 예를 들어 $p = 1.00$ MeV/c라면

$$p = 1.00 \frac{e\!\!\!/V}{\not{c}} \times \frac{1.602 \times 10^{-19} \text{ J}}{e\!\!\!/V} \times \frac{\not{c}}{2.998 \times 10^8 \text{ m/s}} = 5.34 \times 10^{-28} \frac{\text{kg·m}}{\text{s}}$$

이다. 질량은 보통 eV/c^2(또는 MeV/c^2, GeV/c^2) 단위로 나타낸다.

보기 26.7

전자의 속력과 운동량

어떤 전자의 운동에너지가 1.0 MeV이다. 그 전자의 속력과 운동량을 구하여라.

전략 운동량의 단위는 MeV/c로 한다.

풀이 보기 26.6에서, 한 전자의 정지에너지는 $E_0 = 0.511$

MeV인 것을 알았다. 운동에너지가 정지에너지의 거의 두 배이므로, 확실히 상대론적인 계산을 하여야 한다. 전자의 총에너지는 $E = K + E_0 = 1.511$ MeV이다. 따라서 바로 운동량을 구할 수 있다.

$$E^2 = E_0^2 + (pc)^2$$
$$(pc)^2 = E^2 - E_0^2$$
$$pc = \sqrt{(1.511 \text{ MeV})^2 - (0.511 \text{ MeV})^2} = 1.422 \text{ MeV}$$

이 식의 양변을 c로 나누면, MeV/c 단위의 운동량을 구할 수 있다.

$$p = 1.4 \text{ MeV}/c$$

이제 운동량을 알았으므로, 속력을 구할 수 있다.

$$\frac{v}{c} = \frac{pc}{E} = \frac{1.422}{1.511} = 0.9411$$
$$v = 0.94c$$

검토 확인해 보는 한 가지 좋은 방법은 속력을 사용하여 운동에너지를 계산해 보는 것이다. 먼저 로렌츠 인자를 구하자.

$$\gamma = \sqrt{\frac{1}{1 - 0.9411^2}} = 2.957$$

그러면 운동에너지는

$$K = (\gamma - 1)mc^2 = 1.957 \times 0.511 \text{ MeV} = 1.0 \text{ MeV}$$

이다. SI 단위로 나타낼 운동량은 다음과 같이 얻을 수 있다.

$$p = 1.422 \frac{\text{MeV}}{c} \times \frac{10^6 \text{ eV}}{\text{MeV}} \times \frac{1.60 \times 10^{-19} \text{ J}}{\text{eV}} \times \frac{c}{3.00 \times 10^8 \text{ m/s}}$$
$$= 7.6 \times 10^{-22} \text{ kg·m/s}$$

실전문제 26.7 페르미 연구소의 양성자와 반양성자

시카고 북쪽의 페르미 국립 가속기 연구소에 있는 테바트론은 양성자와 반양성자가 0.980 TeV(테라전자볼트, 10^{12} eV)의 운동에너지를 가지도록 가속시킨다. 반양성자는 양성자와 같은 질량 938.3 MeV/c^2을 가지지만 그것의 전하는 양성자가 갖는 $+e$와 반대인 $-e$를 갖는다. (a) 양성자와 반양성자의 운동량의 크기는 TeV/c 단위로 얼마나 되는가? (b) 실험실 기준틀에서 양성자와 반양성자의 속력은 얼마인가? [힌트: $\gamma \gg 1$이기 때문에, 이항근사법을 사용한다. 곧 $v/c = \sqrt{1 - 1/\gamma^2} \approx 1 - 1/(2\gamma^2)$.]

상대론적인 식을 사용할지에 대한 결정

특정한 문제에서 주어진 정보에 따라서 상대론적인 계산을 할 것인지 아닌지 여부를 결정하는 방법에는 몇 가지가 있다. 26.6절에서, $v = 0.14c$일 때에 비상대론적인 운동량 식의 계산은 상대론적인 운동량 식의 계산과 대략 1 % 정도 차이가 나는 것을 알았다. 우리에게 정확도는 필요하지 않을 수도 있다. $v = 0.2c$일 경우에라도, 운동량과 운동에너지에 대한 비상대론적인 계산과 상대론적인 계산의 차이는 겨우 2 %나 3 %밖에 되지 않는다. 속력이 약 $0.3c$보다 큰 경우에는, γ가 갑자기 커져 상대론적인 물리학과 비상대론적인 물리학의 차이는 뚜렷해진다.

한 입자의 운동에너지를 정지에너지와 비교하는 것은 상대론적인 식을 사용할지, 비상대론적인 식을 사용할지를 결정하는 또 다른 방법이다. 만일 $K \ll mc^2$이면, γ는 1에 매우 가까워지고 그 입자의 속력은 비상대론적인 속력이 된다.

다음의 조건 중 어느 것이라도 만족하면, 그 입자는 비상대론적으로 다루어야 한다.

$$v \ll c \qquad \text{(26-13)}$$
$$\gamma - 1 \ll 1 \qquad \text{(26-14)}$$
$$K \ll mc^2 \qquad \text{(26-15)}$$
$$p \ll mc \qquad \text{(26-16)}$$

해답

실전문제

26.1 그렇다. 전지의 정지한 틀에서 측정하면 이 여행은 30년 걸린다.

26.2 $0.60c$

26.3 $0.909c$

26.4 $3.0\ \text{s}$

26.5 $4 \times 10^9\ \text{kg/s}$

26.6 $480\ \text{MeV}$

26.7 (a) $0.981\ \text{TeV}/c$; (b) $0.99999954c$

살펴보기

26.1 기차에 타고 있는 관찰자는 그 자신이 정지해 있는지 땅에 대해 등속으로 움직이고 있는지 구별하지 못한다. 물리 법칙은 각 경우에 같고 따라서 두 경우를 구별해 낼 수 있는 실험 장치를 고안해 낼 수 없다.

26.4 고유시간 간격은 두 사건이 같은 장소에서 일어나는 기준틀에서 측정된다. 따라서 단거리주자의 기준틀에 있는 관찰자가 고유시간 간격을 잰다. 고유길이는 물체가 정지해 있는 기준틀에서 잰다. 트랙에 대하여 정지해 있는 관찰자가 고유길이를 측정할 것이다.

26.7 (a) 길이, 시간 간격, 가속도, 힘, 질량, (b) 질량과 진공에서의 빛의 속력.

초기 양자물리학과 광자
Early Quantum Physics and the Photon

신고를 받고 출동한 경찰은 보통의 조명 아래에서 깨끗해 보이는 현관에 도착했다. 한 형사가 무색 액체를 벽과 바닥에 뿌리자 바닥에서 파란색으로 빛나는 점들이 보였다. 그것을 본 형사는 정복을 입은 경찰에게 범죄 현장일 수 있는 이 현관에 출입금지선을 치라고 지시했다. 무엇이 파란 점이 나타나게 한 것일까? 그 형사는 왜 이 현관에서 범죄가 일어났을 것이라고 의심하는 것일까? (829쪽에 답이 있다.)

되돌아가보기

- 복사에 의한 열의 이동(14.8절)
- 분광기(25.5절)
- 상대론적 운동량과 운동에너지(26.6, 26.8절)
- 정지에너지(26.7절)

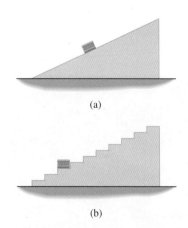

그림 27.1 (a) 비탈길에 놓여 있는 상자. 중력퍼텐셜에너지는 연속적으로 변한다. (b) 계단에 놓여 있는 상자. 중력퍼텐셜에너지는 양자화되어 있다. 곧 상자는 띄엄띄엄한 값들을 갖는 퍼텐셜에너지 중의 하나만 가질 수 있다.

27.1 양자화 QUANTIZATION

19세기가 끝날 무렵, 물리학 분야에서는 많은 발전이 있었기 때문에, 물리학자들 중에는 이제 자연에 대한 모든 것이 다 밝혀진 것이 아닌가 하고 생각하는 사람들도 있었다. 뉴턴은 저서 **프린키피아**에서 역학의 기본 법칙을 확립하였고, 열역학의 법칙들이 완성되었으며, 맥스웰은 전자기학의 법칙들을 정리하였다. 그러나 과학자들이 새로운 실험방법과 새로운 종류의 실험도구를 개발함에 따라, 그때까지 거의 완전해 보였던 지금은 **고전물리학**이라고 알려진 법칙들로는 설명할 수 없는 의문들이 제기되었다. 20세기의 첫 10년 동안에 개발되었던 새로운 법칙들은 이른바 양자물리학의 밑바탕이 되었다.

고전물리학에서는 대부분의 물리량은 연속적이다. 곧, 고전물리학에서 물리량들은 연속적인 영역에서 어떤 값도 가질 수 있다. 이것과 닮은 보기로 그림 27.1a에 보인 비탈길에 놓여 있는 상자를 들 수 있다. 이 상자의 중력퍼텐셜에너지는 연속적이다. 곧 이 상자는 최솟값과 최댓값 사이의 어떤 퍼텐셜에너지의 값도 가질 수 있다. 이와 대조적으로, 그림 27.1b와 같은 계단에 놓여 있는 상자는 허용된 일정한 퍼텐셜에너지만을 가질 수 있다. 물리량이 불연속적으로 허용된 값만을 가질 수 있을 때에 그 물리량은 **양자화** quantized되어 있다고 말한다. 양자물리학의 중요한 특징은 고전물리학에서 연속적인 것으로 생각했던 물리량의 양자화이다.

앞의 계단은 양자화에 대한 불완전한 비유이다. 상자가 한 계단에서 다음 계단으로 올라갈 때에, 상자는 중간의 모든 중력퍼텐셜에너지의 값을 거쳐 가게 된다. 이와는 대조적으로 올바르게 양자화된 물리량은 중간 값을 거쳐 가는 것이 아니라, 한 값에서 다음 값으로 갑자기 바뀌게 된다.

고전물리학에서 다루어지는 정상파는 양자화 된 물리량의 한 보기이다. 그림 27.2에 보인 것처럼 양 끝이 고정되어 있는 줄 위에서 나타나는 정상파의 진동수는

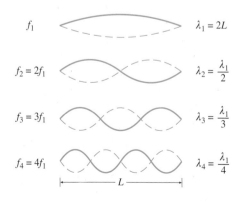

그림 27.2 고전물리학에서의 양자화: 양쪽 끝이 고정된 줄에서 나타나는 정지파의 양상. 진동수와 파장이 양자화된다.

양자화된다. 허용되는 진동수들은 기본 진동수의 정수 배이다($f_n = nf_1$).

이 장에서는 고전물리학 법칙으로는 설명하기가 어렵거나 불가능했지만 전자기파가 양자화되어 있다고 가정하면 비교적 쉽게 설명할 수 있는 실험결과들을 다룰 것이다.

27.2 **흑체복사** BLACKBODY RADIATION

19세기 말 물리학자들을 괴롭혔던 주요 문제 중 하나가 흑체복사였다(14.8절 참조). 이상적인 흑체는 그 표면에 도달하는 모든 복사에너지를 흡수한다. 그리고 흑체가 방출하는 복사선은 흑체의 온도에 따라서만 달라지는 연속 스펙트럼을 이룬다. 그림 27.3은 세 가지 다른 온도에서 흑체가 방출하는 전자기 복사선의 상대적 세기를 진동수의 함수로 나타낸 실험적인 흑체복사의 곡선이다. 온도가 올라감에 따라, 복사에너지의 최대 세기값의 진동수가 더 높은 쪽으로 옮겨간다. 절대온도 2,000 K에서 복사선의 대부분은 적외선 영역에 있다. 2,500 K에서는 가시광선의 빨간 빛과 오렌지 빛을 상당한 세기로 복사한다. 백열등의 온도와 비슷한 3,000 K의 흑체는 우리가 흰색이라고 느끼는 빛을 복사하지만, 대부분의 복사선은 여전히 적외선이다. 어떤 절대온도 T에 대하여 복사곡선 아래의 총 넓이는 흑체의 단위 넓이당 총 복사능을 나타낸다. 그 총 복사능은 T^4에 비례한다.

그러나 고전전자기학의 이론에 따르면, 흑체복사의 곡선은 복사에너지의 최댓값의 진동수 영역을 넘어 0으로 감소하는 것이 아니라, 자외선 영역과 그 너머로 진동수가 증가함에 따라 연속적으로 증가하여야 했다(그림 27.3 참고). 결과적으로, 고전이론에서 흑체는 **무한대의 에너지**를 복사한다고 예측할 수밖에 없었는데, 이것은 **자외선 파탄**이라고 부르는 불가능한 것이었다.

1900년에 독일 물리학자 플랑크(Max Planck, 1858~1947)는 실험적인 복사 곡선에 맞는 수학적인 표현식을 발견하였다. 그리고 수학적 표현에 바탕이 되는 물리적 모형을 찾아냈다. 그는 진동하는 전하에 의해 방출되거나 흡수되는 에너지는 **양자들**quanta(단수 **양자**quantum)이라고 불리는 불연속적인 양들 안에서만 발생해야 한다는 뭔가 혁명적인 것을 제안하였다. 그는 각각의 진동자에는 E_0라는 최소량의 에

연결고리

열적 전자기 복사(15.8절)에 대한 탐구는 양자 물리학 발달에 있어서 중요한 단계였다.

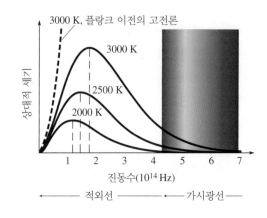

그림 27.3 2,000 K, 2,500 K, 3,000 K에서의 흑체복사의 진동수에 따른 상대적 세기를 나타내는 흑체복사의 곡선. 플랑크의 제안이 있기 전의 고전이론으로부터 예측된 흑체복사의 곡선도 나타냈다.

너지가 있어서, 그 진동자들은 E_0, $2E_0$와 같이 E_0의 정수 배의 에너지만 방출할 수 있으며, 그 중간 값은 불가능하다는 것이었다. 만일 우리가 사용하는 화폐의 최소 단위가 1원이라면, 우리는 1원의 정수 배인 1원, 2원, 3원 등의 금액을 주고받을 수는 있지만, 1.30원, 1.40원과 같이 1원의 정수 배가 아닌 금액은 주고받을 수 없는 것과 비슷하다.

플랑크는 만일 E_0가 진동자의 진동수에 정비례한다면, 양자화에 기초를 둔 이론적인 표현식은 실험적인 복사 곡선과 잘 일치한다는 것을 발견하였다. 곧

$$E_0 = hf \tag{27-1}$$

이다. 이 식에서 비례상수는 $h = 6.626 \times 10^{-34}$ J·s이다.

플랑크의 양자화 가정은 고전물리학의 근본적인 생각과의 대담한 결별이었다. 그 당시에는 아무도 그것을 이해하지 못하였지만, 플랑크는 그 후 반세기 동안 물리학의 흥미진진한 발전을 일으켰다. 그가 그의 이론을 실험값과 일치시키기 위하여 그 값을 택했던 h는 **플랑크 상수**^{Planck's constant}라고 불리며, 빛의 속력 c, 기본 전하량 e 와 마찬가지로 물리학의 기본적인 물리 상수들에 포함되어 있다.

✓ 살펴보기 27.2

백열전구가 조광기에 연결되어 있다. 최대 전력일 때 전구는 하얀색으로 빛난다. 그러나 밝기를 줄임에 따라 점점 더 붉게 빛난다. 이를 설명하여라.

27.3 광전효과 THE PHOTOELECTRIC EFFECT

1886년과 1887년에 헤르츠(Heinrich Hertz, 1857~1894)는 맥스웰의 전자기파에 관한 고전전자기학 이론을 확인하는 실험을 하였다. 이 실험을 하는 중에, 헤르츠는 후에 아인슈타인이 전자기파에 **양자 이론**을 도입하게 된 현상을 발견하였다. 헤르츠는 높은 전압을 걸어 두 금속구 사이에 불꽃 방전을 일으켰다. 그는 금속구들에 자외선을 비추면, 불꽃 방전이 더 세진다는 것을 알게 되었다. 그는 한 금속표면에 입사된 전자기 복사선이 금속으로부터 전자를 떼어내는 이른바 **광전효과** ^{photoelectric effect}를 발견한 것이다.

후에 또 다른 독일 물리학자 레나르트(Phillip von Lenard, 1862~1947)가 행한 실험에서 고전물리학의 틀로는 이해하기 어려웠지만 1905년 아인슈타인에 의해 처음으로 설명되었던 결과들을 발견했다. 그림 27.4는 광전효과를 연구하기 위하여 레나르트가 발명했던 장치와 비슷한 장치이다. 광전관은 진공 유리관 속에 금속판과 집전도선을 넣은 것이다. 전자기 복사선(가시광선이나 자외선)이 금속판을 때리면, 튀어나온 전자 중 일부가 집전도선으로 향하게 되어 회로가 형성된다.

금속판보다 집전도선 쪽의 전위가 낮도록 전기퍼텐셜 차를 만들어주면 금속판으로부터 도선 쪽으로 감에 따라 전자들은 운동에너지를 잃게 된다. 전기퍼텐셜 차

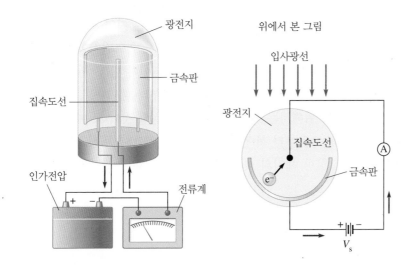

광전지

위에서 본 그림

금속판

입사광선

집속도선

광전지

인가전압

집속도선

전류계

집속도선

e⁻

금속판

V_s

그림 27.4 광전효과를 연구하기 위한 실험장치. 광전지는 진공관에 금속판과 집전도선을 넣어 만든다. 전자기 복사선 (가시광선 또는 자외선)이 금속판을 때 린다. 튀어나온 전자 중 일부가 집전도 선으로 향하게 되어 회로가 형성된다. 전 류계는 회로의 전류, 곧 금속판에서 집 전도선으로 운동하는 단위 시간당 전자 의 수를 측정한다. 금속판보다 집전도선 쪽의 전위가 낮도록 전기퍼텐셜 차를 만 들어 주면 금속판으로부터 도선 쪽으로 향해 감에 따라 전자들은 운동에너지를 잃게 된다.

가 커질수록, 충분한 에너지를 가지고 회로를 형성하게 하는 전자들의 수는 줄어든 다. **저지전압**stopping potential V_s란 가장 큰 에너지를 가진 전자까지도 멈추게 하는 전 기퍼텐셜 차의 크기이다. 그러므로 전자들이 갖는 운동에너지 중 최대 운동에너지 는 $-V_s$의 전기퍼텐셜 차에 의하여 움직이게 되는 전자의 퍼텐셜에너지가 증가한 것 과 같다고 할 수 있다.

$$K_{최대} = q\,\Delta V = (-e) \times (-V_s) = eV_s \tag{27-2}$$

실험 결과

광전효과는 고전물리학으로 설명이 가능한 현상처럼 보인다. 곧 전자기파가 금속 에서 전자를 떼어내는 데에 필요한 에너지를 공급한 것처럼 보인다. 그러나 광전효 과에서 보이는 몇몇 세부적인 결과들은 이렇게 설명하기 어려운 것들이었다.

1. 보다 더 **밝은** 빛은 전자를 더 많이 방출시켜 전류를 증가시키지만, 각 전자들 의 운동에너지를 더 증가시키지는 못한다. 다시 말하면, 전자들의 운동에너 지 중 최댓값은 빛의 세기에 관계하지 않는다. 고전물리학에 의하면, 보다 더 센 빛은 보다 큰 진폭의 전자기장을 갖고 있어서, 더 많은 에너지를 전자에 전달한다. 따라서 보다 더 센 빛은 금속에서 나오는 전자의 수뿐만 아니라, 방출된 전자들의 운동에너지도 증가시킬 수 있어야 한다.

2. 방출된 전자가 갖는 운동에너지의 최댓값은 입사복사선의 **진동수에 따라 변한** 다(그림 27.5). 따라서 입사광선의 세기가 매우 약하더라도 진동수가 높다면, 큰 에너지를 가진 전자가 방출된다. 고전적으로는 이러한 진동수 의존성에 대해서 설명을 할 수가 없다.

3. 주어진 금속에 대하여 **문턱 진동수**threshold frequency f_0가 있다. 만일 입사광선 의 진동수가 문턱 진동수보다 낮으면, 입사광선의 세기를 아무리 높여도 금 속으로부터 어떠한 전자도 나오지 않는다. 이러한 진동수 의존성 역시 고전물리 학으로는 설명할 수 없다.

4. 전자기 복사가 금속을 때릴 때에, 전자들은 사실상 곧바로 튀어나온다. 곧 실

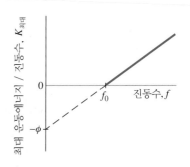

최대 운동에너지 / 진동수, $K_{최대}$

0

f_0

진동수, f

$-\phi$

그림 27.5 금속으로부터 나오는 전자의 최대 운동에너지와 입사광선의 진동수 f 사이의 관계 그래프.

험적으로 측정된 전자가 튀어나오는 데까지 걸리는 지연 시간은 빛의 세기에 관계없이 약 10^{-9}초 정도이다. 만일 전자기 복사가 고전적인 파동처럼 행동한다면, 그것의 에너지는 파면에 고르게 분포되어야 한다. 만일 빛의 세기가 약하다면, 특정 지점에 있는 전자를 금속으로부터 떼어내는 데에 필요한 에너지를 축적하기 위해서는 어느 정도 시간이 걸릴 것이다. 여러 실험에서 고전적으로는 금속으로부터 첫 전자가 튀어나올 때까지 수 시간의 지연 시간이 걸려야만 하는 약한 세기의 빛이 이용되었다. 그러나 전자들은 거의 순식간에 튀어나온다.

광자

플랑크는 물질 속에서 진동하는 전하들의 가능한 에너지는 양자화되어 있다는 가설을 이용하여 흑체복사를 설명하였다. 곧 진동수 f의 진동자는 $E = nhf$의 값들의 에너지만을 가질 수 있다. 여기에서 n은 정수이고 h는

$$h = 6.626 \times 10^{-34} \, \text{J} \cdot \text{s} \tag{27-3}$$

와 같다.

아인슈타인은 상대성 이론을 발표하던 1905년에 광전효과를 설명하였고, 그때까지 이뤄지지 않았었던 몇몇 실험들에 대해서 결과들을 정확하게 예측하였다. 아인슈타인은 전자기 복사선 그 자체가 양자화되어 있다고 말하였다. 더 이상 쪼갤 수 없는 최소 단위인 전자기 복사선의 양자를 **광자**photon라고 부른다. 진동수가 f인 전자기 복사선의 광자 하나의 에너지는 다음과 같다.

> **광자의 에너지**
>
> $$E = hf \tag{27-4}$$

아인슈타인에 따르면, 흑체가 hf의 정수 배인 에너지만 흡수하고 방출할 수 있는 이유는 전자기 복사선 자체가 양자화되어 있기 때문이라는 것이다. 흑체는 정수 배의 광자만 흡수하거나 방출할 수 있는 것이다.

광전효과를 이해하는 데에 필요한 요점은 전자가 하나의 광자 전체를 흡수하여야 한다는 것이다(그림 27.6). 곧 전자가 하나의 광자의 일부분을 흡수할 수 없다는 것이다. 광자의 에너지는 진동수에 비례한다. 따라서 광자 이론은 과학자들을 괴롭혀왔던 광전효과가 진동수에 따라 변함을 설명한다.

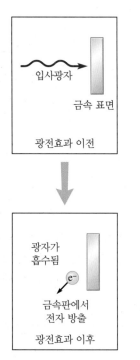

입사광자

금속 표면

광전효과 이전

광자가 흡수됨

e^-

금속판에서 전자 방출

광전효과 이후

그림 27.6 광전효과에서, 하나의 광자가 흡수되고 있다. 광자의 에너지가 충분히 크면, 전자를 금속으로부터 떼어낼 수 있다.

가시광선과 X선 광자의 에너지

파장이 670 nm인 빨간 빛 광자의 에너지를 구하고 그것을 진동수가 1.0×10^{19} Hz인 X선 광자의 에너지와 비교하여라.

전략 광자의 에너지는 플랑크상수와 그것의 진동수를 곱하면 된다. 파장이 670 nm인 광자의 진동수는 $c = f\lambda$로부터 구

할 수 있다.

풀이 빨간 빛의 진동수는 다음 식으로 구할 수 있다.

$$f = \frac{c}{\lambda}$$

광자의 에너지를 구하기 위하여, 진동수와 플랑크상수를 곱한다.

$$E = hf = \frac{hc}{\lambda}$$

$$= \frac{6.626 \times 10^{-34} \text{ J·s} \times 3.00 \times 10^8 \text{ m/s}}{670 \times 10^{-9} \text{ m}} = 3.0 \times 10^{-19} \text{ J}$$

X선 광자의 에너지는

$$E = hf = 6.626 \times 10^{-34} \text{ J·s} \times 1.0 \times 10^{19} \text{ Hz} = 6.6 \times 10^{-15} \text{ J}$$

이다. X선 광자의 에너지는 빨간 빛의 광자에너지보다 20,000 배 더 크다는 것을 알 수 있다.

검토 $E = 3.0 \times 10^{-19} \text{ J}$은 파장이 670 nm인 빨간 빛의 경우에 어떤 과정을 통해 흡수되거나 방출되는 최소의 에너지이다. 마찬가지로 $6.6 \times 10^{-15} \text{ J}$은 주어진 진동수의 X선 광자 하나의 에너지이다. X선 광자의 에너지가 이처럼 훨씬 더 크기

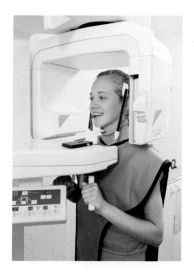

그림 27.7 치과 치료를 위하여 X선 사진을 찍는 환자가 납으로 만든 앞치마로 몸을 보호하고 있다. 납은 X선을 잘 흡수하기 때문에, 납 앞치마는 다른 부위가 X선에 노출되는 것을 최소화한다.

때문에 인체가 X선에 노출되면 더 많은 손상을 입게 된다. 따라서 X선에 노출되는 시간을 최소로 하여야 한다(그림 27.7).

실전문제 27.1 파란 빛 광자의 에너지

진동수가 6.3×10^{14} Hz인 파란 빛 광자 하나의 에너지를 구하여라.

보기 27.2

레이저가 내쏘는 광자들

한 레이저가 지름이 2.00 mm인 빛다발을 만들어 낸다. 그 빛의 파장은 532 nm이고 출력은 20.0 mW이다. 그 레이저는 1초당 몇 개의 광자를 내쏘는가?

전략 그 빛다발은 단일 파장을 갖고 있기 때문에, 모든 광자들은 똑같은 에너지를 갖고 있다. 출력이란 단위 시간 동안에 나오는 에너지이다. 따라서 1초 동안에 나오는 에너지는 각 광자의 에너지에다 1초 동안에 나오는 광자들의 수를 곱한 것이다.

풀이 초당 에너지 = 광자당 에너지 × 초당 광자들.
$\lambda f = c$이기 때문에, 파장이 λ인 광자 하나의 에너지는

$$E = hf = h \times \frac{c}{\lambda} = \frac{hc}{\lambda}$$

이다. 레이저가 내쏘는 광자 하나의 에너지는

$$E = \frac{6.626 \times 10^{-34} \text{ J·s} \times 3.00 \times 10^8 \text{ m/s}}{532 \times 10^{-9} \text{ m}} = 3.736 \times 10^{-19} \text{ J}$$

이다. 초당 내쏘는 광자들의 수는 다음과 같다.

$$\text{초당 광자 수} = \frac{\text{초당 에너지}}{\text{광자당 에너지}}$$

$$= \frac{0.0200 \text{ J/s}}{3.736 \times 10^{-19} \text{ J/광자}}$$

$$= 5.35 \times 10^{16} \text{ 광자}$$

검토 그 빛다발의 지름은 풀이에 필요하지 않음을 주목하여라. 만일 출력은 같고 빛다발의 지름이 보다 더 크다면, 초당 나오는 광자들의 수는 같고 단지 광자들이 보다 넓은 다발에 퍼져 나올 것이다. 만일 문제가 총 출력보다는 차라리 빛다발의 세기(단위 넓이당의 출력)를 말하였다면, 빛다발의 지름이 필요할 것이다.

광자들의 수가 지극히 많기 때문에, 많은 상황에서 빛의 양자화는 눈에 띄지 않는다. 보통 100 W의 백열전구나 23 W의 작은 형광등은 둘 다 약 10 W의 가시광선을 낸다. 따라서 보통 전구가 방출하는 가시광선 대역의 광자들의 수는 초당 약 3×10^{19}개이다.

실전문제 27.2   **전파의 광자들**

한 라디오 방송국이 90.9 MHz의 진동수로 방송한다. 그 송신기의 출력이 50.0 kW라고 하면, 송신기가 초당 방출하는 전파의 광자 수는 얼마인가?

전자볼트

보기 27.1과 27.2에서 다룬 에너지는 거시적인 물체들에서 다루어지는 에너지와는 비교할 수 없을 정도로 작다. 따라서 이러한 에너지는 종종 줄(J)보다 전자볼트 (eV)라는 단위를 사용하여 나타내는 것이 편리하다. 1전자볼트(eV)는 $\pm e$의 전하를 가진 입자(예를 들면, 전자 또는 양성자)가 1 V의 전기퍼텐셜 차를 통하여 가속될 때에 얻는 운동에너지와 같다. 1 V = 1 J/C이고 $e = 1.60 \times 10^{-19}$ C이므로, 전자볼트와 줄 사이의 변환은 다음과 같다.

$$1\ \text{eV} = e \times 1\ \text{V} = 1.60 \times 10^{-19}\ \text{C} \times 1\ \text{J/C} = 1.60 \times 10^{-19}\ \text{J} \qquad (27\text{-}5)$$

보다 더 큰 에너지의 경우에 keV는 킬로전자볼트(10^3 eV), MeV는 메가전자볼트 (10^6 eV)로 나타낸다. 보기 27.1에서 다룬 빨간 빛 광자의 에너지는 1.9 eV이고, X선 광자의 에너지는 41 keV이다.

식 $E = hc/\lambda$를 이용하여 파장이 주어진 광자 하나의 에너지를 구할 때에(또는 역산할 때에), 광자의 에너지의 단위로 eV를 사용하고 파장의 단위로는 nm를 사용하는 경우가 많다. 이러한 까닭으로 hc를 eV·nm의 단위로 나타내면 계산이 편리하다.

$$h = \frac{6.626 \times 10^{-34}\ \text{J·s}}{1.602 \times 10^{-19}\ \text{J/eV}} = 4.136 \times 10^{-15}\ \text{eV·s}$$

$$c = 2.998 \times 10^8\ \text{m/s} \times 10^9\ \text{nm/m} = 2.998 \times 10^{17}\ \text{nm/s}$$

$$hc = 4.136 \times 10^{-15}\ \text{eV·s} \times 2.998 \times 10^{17}\ \text{nm/s} = 1240\ \text{eV·nm} \qquad (27\text{-}6)$$

광자를 이용한 광전효과의 설명

금속 안에 있는 전자들 중 하나의 전자와 금속 사이의 결합을 끊는 데에 필요한 에너지를 **일함수**work function(ϕ)라고 부른다. 각 금속은 고유의 일함수를 갖는다. 아인슈타인에 따르면, 광자의 에너지(hf)가 적어도 일함수와 같다면 한 광자의 흡수가 한 전자를 튀어나가게 할 수 있다. 만일 광자의 에너지가 일함수보다 크다면, 남는 에너지의 전부 또는 일부가 튀어나가는 전자의 운동에너지로 나타날 수 있다. 따라서 한 전자의 최대 운동에너지는 광자의 에너지와 일함수의 차이가 된다.

연결고리

광전효과 방정식은 에너지 보존 법칙의 한 표현이다.

아인슈타인의 광전효과 방정식

$$K_{최대} = hf - \phi \qquad (27\text{-}7)$$

식 (27-7)에 의하면, f에 대한 $K_{최대}$ 그래프는 기울기가 h이고 y-절편이 $-\phi$인 직선이 된다. 이 식은 실험곡선(그림 27.5)과 꼭 맞는다. 진동수 축의 절편이 문턱 진

동수 f_0이다. 따라서

$$K_{최대} = hf_0 - \phi = 0$$

라고 놓으면 **문턱 진동수**^{threshold frequency}는 다음과 같이 예상할 수 있다.

$$f_0 = \frac{\phi}{h} \qquad (27\text{-}8)$$

광자의 개념을 이용하면, 광전효과 실험 결과에서 나타나는 수수께끼 같은 네 가지 문제를 해결할 수 있다.

1. 보다 더 센(그러나 같은 진동수) 빛이 단위 시간당 더 많은 광자를 금속의 표면에 전달하므로, 빛의 세기가 셀수록 1초 동안 금속에서 튀어나오는 **전자의 수는 증가한다**. 그러나 각 광자의 에너지는 같게 유지된다. 튀어나온 각각의 전자는 각각 **광자 하나를 흡수**해서 튀어나오게 된 것이기 때문에, 튀어나온 전자들의 최대 운동에너지는 광자의 수에 관계되지 않는다.

2. 진동수가 높은 빛일수록 광자는 더 큰 에너지를 갖는다. 광자의 진동수가 증가할수록 광자는 전자의 운동에너지로 바뀔 수 있는 더 많은 에너지를 갖는다. 따라서 진동수가 증가함에 따라 $K_{최대}$도 증가한다.

3. 문턱 진동수 이하의 진동수에서는, 광자 하나가 금속으로부터 전자 하나를 떼어내기에 충분한 에너지를 갖지 못한다. 따라서 전자가 튀어나오지 않는다.

4. 빛의 세기가 약할 때에는, 초당 광자의 수는 적지만 에너지는 여전히 불연속적인 꾸러미 형태로 전달된다. 빛을 비추자마자 광자들이 금속 표면을 때린다. 그중 일부의 광자들이 흡수되면서 금속으로부터 전자들이 튀어나온다. 전자들이 천천히 에너지를 축적하는 것이 아니므로, 전자들이 금속으로부터 튀어나올 때까지 지연되는 시간은 없다. 전자들은 광자 하나를 흡수하거나 아니면 전혀 흡수하지 않는다.

✔ 살펴보기 27.3

광전효과에서 입사한 빛의 진동수가 문턱 진동수보다 낮을 때는 왜 금속으로부터 튀어나오는 전자가 없는가?

보기 27.3

광전효과 실험

세슘의 일함수는 $1.8\ eV$이다. 세슘에 일정한 파장의 빛을 쪼이면, 0에서 $2.2\ eV$ 사이의 운동에너지를 갖는 전자가 튀어나온다. 이 빛의 파장은 얼마인가?

전략 세슘의 일함수와 전자의 최대 운동에너지($2.2\ eV$)가 주어졌다. 전자가 튀어나오게 하기 위해서 광자는 최소 $1.8\ eV$의 에너지를 공급해야 한다. 남는 광자의 에너지($hf - \phi$) 모두 또는 일부가 전자의 운동에너지가 된다. 전자의 최대 운동에너지는 남는 광자의 에너지 모두가 전자의 운동에너지가 될 때에 나타난다.

풀이 광자의 에너지는 hf이다. 그리고 전자의 최대 운동에너지는 다음과 같다.

$$K_{최대} = hf - \phi = 2.2\,\text{eV}$$

문제에서는 광자의 최대 파장을 묻고 있으므로, 진동수 f 대신에 $f = c/\lambda$를 대입하면, 다음과 같은 식을 얻을 수 있다.

$$K_{최대} = \frac{hc}{\lambda} - \phi$$
$$\lambda = \frac{hc}{K_{최대} + \phi}$$

이 식에 $hc = 1240\,\text{eV·nm}$를 대입하면, 다음과 같은 결과를 얻을 수 있다.

$$\lambda = \frac{1240\,\text{eV·nm}}{2.2\,\text{eV} + 1.8\,\text{eV}} = 310\,\text{nm}$$

검토 광자는 $2.2\,\text{eV} + 1.8\,\text{eV} = 4.0\,\text{eV}$의 에너지를 가지고 있다. $1.8\,\text{eV}$의 에너지는 전자의 퍼텐셜에너지를 올려서, 금속을 탈출하게끔 한다. 나머지 $2.2\,\text{eV}$가 반드시 모두 전자의 운동에너지로 바뀌는 것은 아니다. 이 에너지의 일부는 금속에 흡수될 수도 있다. 그러므로 $2.2\,\text{eV}$는 전자의 최대 운동에너지이다. 이 빛은 파장이 $400\,\text{nm}$보다 짧으므로, 자외선 영역의 빛이다.

실전문제 27.3 입사광의 파장

일함수가 $2.40\,\text{eV}$인 금속에 단색광이 입사하고 있다. 만일 이 금속으로부터 전자가 나오지 못하게끔 하는 저지전압이 $0.82\,\text{V}$라면, 입사광의 파장은 얼마인가? (힌트: 금속 표면으로부터 나오는 전자의 최대 운동에너지는 몇 eV인가?)

광전효과의 응용

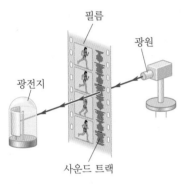

광전효과에 관한 우리의 주요한 관심은 광전효과가 광자 개념을 얼마나 명확히 설명하느냐에 있지만, 여러 가지 실질적인 응용도 역시 존재한다. 이러한 응용의 대부분은 빛의 세기에 따라 광전류의 세기가 달라지는 것을 이용하는 것이다. 영화의 음향은 그림 27.8과 같이, 필름의 투명도를 변화시켜서 만든 코드로 필름의 가장자리에 띠의 형태로 기록한다. 녹음대를 통해서 광전지에 빛을 비추면, 광전지는 들어온 빛의 세기에 비례하는 전류를 발생시킨다. 이 전류는 증폭되어 스피커로 흐르게 된다.

차고의 자동개폐 장치, 도난 경보기, 연기 탐지기와 같은 장치에서는 대개 광속과 광전지를 스위치로 사용하고 있다. 광속이 차단되면, 광전지를 통하여 흐르는 전류가 멈추게 된다. 어린아이가 닫히고 있는 차고 문 밑을 지나가면서 빛을 가로막으면 전류가 멈추게 되고 스위치는 문의 작동을 멈추게 한다. 여러 연기 탐지기에서는 공기 중의 연기 입자들이 광전관에 도달하는 빛의 세기를 줄어들게 한다. 탐지기 내에 있는 광전지의 전류가 어느 수준 이하로 떨어지면 경보가 울린다.

그림 27.8 옵티컬 사운드 트랙.

27.4 X선의 발생 X-RAY PRODUCTION

전자기 복사선이 양자화되어 있다는 것은 발생 과정에서 다시 한 번 입증된다. 그림 27.9a에 보인 X선관은 거꾸로 작동하는 광전지와 아주 비슷하다. 광전효과에서는 표적에 입사된 전자기 복사선이 전자들의 방출을 일으키고, X선관에서는 표적에 입사된 전자들이 전자기 복사선을 일으킨다. 전자들은 높은 전기퍼텐셜 차 V를 통과하는 운동을 하면서 큰 운동에너지 $K = eV$를 얻는다. 표적물질 속에서 전자들

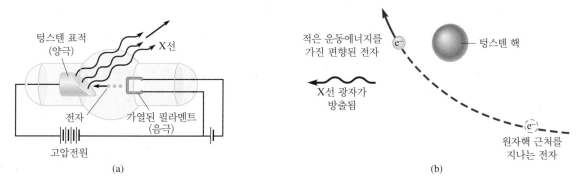

그림 27.9 (a) X선관. 전류가 필라멘트를 가열하면 증발되듯이 전자들이 나온다. 전자들은 필라멘트와 표적 사이에 걸쳐 있는 고전 기퍼텐셜 차에 의해 가속된다. 전자들이 표적에 충돌하면, 전자들이 운동에너지를 잃음에 따라 X선이 방출된다. (b) 전자는 원자핵에 의해 휘게 된다. 전자의 운동에너지의 일부를 가져가는 X선 광자가 방출된다.

은 원자핵을 지나갈 때에 그림 27.9b에서와 같이 휜다. 이 과정에서 때때로 X선 광자가 발생되고, 광자의 에너지는 전자의 운동에너지로부터 오므로 전자는 느려진다. 이러한 과정을 통해 X선이 발생되는 것을 **제동복사**(bremsstrahlung)라고 한다. 'bremsstrahlung'은 독일어로 제동에 의한 복사라는 뜻이다. 이런 이름으로 부르는 까닭은 전자들이 느려지면서 X선이 발생하기 때문이다.

차단 진동수 이런 과정을 거쳐 발생되는 X선의 진동수는 모두 같지 않다. X선의 진동수는 최대 진동수에 이를 때까지 연속적으로 변한다. 이 최대 진동수를 **차단 진동수**cutoff frequency라고 부른다(그림 27.10). 일반적으로, 속도가 느려지는 전자는 여러 개의 X선 광자를 방출한다. 각각의 광자는 전자 운동에너지의 **일부**를 갖고 간다. 최대 진동수는 전자의 모든 운동에너지를 단 하나의 X선 광자가 갖고 갈 때에 나타난다.

$$hf_{최대} = K \qquad\qquad (27\text{-}9)$$

> **연결고리**
>
> 식 (27-9)는 에너지 보존의 또 다른 결과이다.

보기 | 27.4

의료 진단용 X선

부러진 뼈를 진단하는 병원의 X선관 속 필라멘트와 표적 사이의 전기퍼텐셜 차는 87.0 kV이다. 이 X선관에서 나오는 X선중에서 가장 파장이 짧은 X선의 파장은 얼마인가?

전략 가장 짧은 파장의 X선은 가장 높은 진동수의 X선에 해당한다. 진동수가 가장 높은 X선은 전자의 모든 운동에너지가 하나의 X선 광자에 주어질 때에 만들어진다.

87.0 kV의 가속 전기퍼텐셜 차는 전자들이 표적을 때리기 전까지 전자들에 운동에너지를 공급한다. 전자의 운동에너지를 찾기 위하여 전자의 전하량 e의 값을 쓸 필요는 없다. 전자가 1 V의 전압에 의하여 얻을 수 있는 에너지가 1 eV이기

때문에 87.0 kV에 의하여 가속되는 전자는 87.0 keV의 운동에너지를 얻는다. 상수 h와 c의 값들을 따로따로 대입하여 계산도 되지만, 1240 eV·nm를 이용하면 더욱 편리하다.

풀이 최대 진동수는 광자에너지와 전자의 운동에너지가 같을 때에 나타난다.

$$hf_{최대} = K = 87.0 \text{ keV}$$

$$f_{최대} = \frac{K}{h}$$

따라서 최소 파장은 다음과 같다.

$$\lambda_{최소} = \frac{c}{f_{최대}}$$

이 식에 최대 진동수 값을 대입하면, 다음 결과를 얻을 수 있다.

$$\lambda_{최소} = \frac{hc}{K} = \frac{1240 \text{ eV·nm}}{87.0 \times 10^3 \text{ eV}} = 0.0143 \text{ nm} = 14.3 \text{ pm}$$

검토 에너지의 단위로 eV를 사용하면, 계산이 매우 간단하

다는 것을 알 수 있다. eV는 물리학자들이 끊임없이 전자의 전하량을 곱하거나 나누는 수고를 덜어준다.

실전문제 27.4   X선관에 걸린 전기퍼텐셜 차

X선관에서 발생하는 X선의 파장의 최솟값이 0.124 nm이라면, 이 X선관에 걸린 전기퍼텐셜 차는 얼마인가?

특성 X선

X선 스펙트럼(그림 27.10)에 제동복사에 의하여 생긴 X선의 연속 스펙트럼에 몇 개의 뾰족하고 센 피크가 겹쳐져 있는 것이 눈에 띈다. 이 피크들은 그것들의 진동수들이 X선관 속에 표적으로 사용된 물질의 특성을 나타내기 때문에, **특성 X선**(characteristic X-rays)이라고 부른다. X선관에 걸쳐진 전압 V를 바꾸면 차단 진동수 $f_{최대}$는 달라지지만, 특성 피크들의 진동수들은 달라지지 않는다. 특성 X선을 발생시키는 과정은 27.7절에서 논의할 것이다.

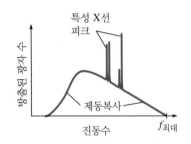

그림 27.10 X선관에서 발생한 X선 스펙트럼. 연속 스펙트럼은 제동복사에 의한 것이다. 차단 진동수 $f_{최대}$는 X선관에 걸쳐진 전압에 따라서만 변한다. 특성 피크의 진동수는 관 속의 표적 물질에 따라서 변한다.

27.5 콤프턴 산란 COMPTON SCATTERING

1922년에 미국의 물리학자 콤프턴(A. H. Compton, 1892~1962)은 단일 파장의 X선들을 금속에 입사시키면, 몇몇 X선들이 여러 방향으로 산란된다는 것을 알게 되었다. 계속된 실험을 통해서 산란되는 복사선은 입사 복사선보다 파장이 길어진다는 것을 알게 되었다. 이러한 파장의 길어짐은 입사 복사선과 산란된 복사선 사이의 각도에 따라서 변했다. 고전물리학의 이론에 따르면, 입사 복사선은 표적물질 속의 전자들에 복사선의 진동수와 **같은 진동수**의 진동을 일으켜야 한다. 산란된 파동은 입사에너지의 일부가 흡수되고 다시 다른 방향으로 방출될 때 나타나는 것이다. 따라서 고전 전자기 복사이론에 따르면, 산란되는 복사선은 입사 복사선과 같은 진동수와 같은 파장을 가져야 한다.

광자의 관점에서 보면, **콤프턴 산란**Compton scattering은 광자와 전자의 충돌로 취급할 수 있다(그림 27.11). 입사광자의 에너지의 일부가 되튀는 전자로 옮겨갔으므로 산란된 광자의 에너지는 입사광자의 에너지보다 적어야 한다. 그러므로 에너지 보

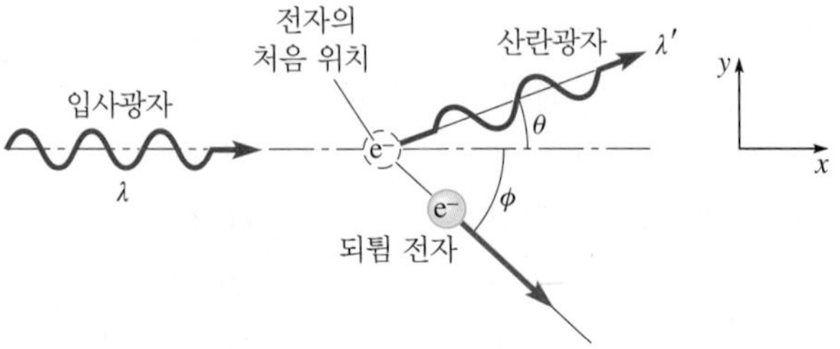

그림 27.11 콤프턴 산란에서는 운동량과 에너지가 전자 옮겨간다. 에너지와 운동량이 보존되기 때문에, 산란된 광자는 입사한 광자보다 더 적은 에너지, 곧 더 긴 파장을 갖게 된다. 이 상호작용은 탄성충돌로써 다룰 수 있다.

존 법칙은 다음을 요구한다.

$$E = K_e + E'$$

곧

$$\frac{hc}{\lambda} = K_e + \frac{hc}{\lambda'} \qquad (27\text{-}10)$$

이다. 여기에서 E는 입사하는 광자의 에너지이고, K_e는 되튀는 전자에 옮겨가는 에너지이며, E'은 산란되는 광자의 에너지이다. 산란되는 광자가 더 적은 에너지를 가지기 때문에 파장은 더 길어진다. 산란되는 광자가 더 적은 에너지를 가지지만 그렇다고 산란된 광자가 입사하는 광자보다 느리게 운동하는 것은 아니다. 모든 광자들은 같은 속력 c로 운동한다.

에너지 보존 법칙만으로는 주어진 입사파장에 대하여 왜 특정한 방향(입사광자에 대하여 각 θ)으로 산란되는 광자들의 파장이 늘 같은지를 설명할 수 없다. 에너지 보존 법칙만이 성립한다면, $E' < E$의 에너지를 갖는 광자들은 어떠한 각 θ로도 산란될 수 있다. 다른 충돌들에서와 똑같이 운동량 보존 법칙도 고려되어야 한다.

고전전자기학의 이론에 따르면, 전자기파는 E/c로 주어지는 운동량을 운반한다. 여기에서 E는 전자기파의 에너지이고, c는 빛의 속력이다. 광자의 관점에서 각각의 광자는 그것이 운반하는 에너지의 양에 비례하는 적은 양의 운동량을 운반한다. **광자의 운동량**momentum of a photon은

$$p = \frac{\text{광자에너지}}{c} = \frac{hf}{c} = \frac{h}{\lambda} \qquad (27\text{-}11)$$

이고 운동량의 방향은 광자가 진행하는 방향이다.

대부분의 경우에, 충돌하기 전의 전자의 에너지와 운동량은 충돌 후의 전자의 에너지와 운동에 비하여 무시될 만하다. 그리고 X선 광자가 갖는 에너지는 표적물질의 일함수보다 훨씬 크다. 따라서 우리는 전자의 일함수를 무시하고 전자를 자유전자로 간주할 수 있다. 콤프턴은 전자의 처음 에너지와 운동량 그리고 일함수를 무시하였다. 곧 산란 과정을 하나의 광자와 처음에 정지해 있던 하나의 자유전자 사이의 충돌로 본 것이다.

운동량 보존 법칙은 다음과 같이 쓸 수 있다.

$$\vec{p} = \vec{p}_e + \vec{p}'$$

입사광자의 방향을 x-축으로 이용하여 운동량 보존의 식을 다음과 같은 두 성분의 식으로 나누어 쓸 수 있다. 곧,

$$\frac{h}{\lambda} = p_e \cos\phi + \frac{h}{\lambda'} \cos\theta \quad (x\text{-성분}) \qquad (27\text{-}12)$$

$$0 = -p_e \sin\phi + \frac{h}{\lambda'} \sin\theta \quad (y\text{-성분}) \qquad (27\text{-}13)$$

에너지 보존을 나타내는 식 (27-10)과 운동량 보존을 나타내는 식 (27-12), (27-13)으로부터 콤프턴은 다음과 같은 관계식을 유도해 냈다.

콤프턴 편이

$$\lambda' - \lambda = \frac{h}{m_e c}(1 - \cos\theta) \qquad (27\text{-}14)$$

연결고리

광자의 파장 편이는 에너지 보존과 운동량 보존 두 가지 원리를 함께 고려하여 계산을 해야 한다.

식 (27-14)에서 λ는 입사하는 광자의 파장이고, λ'은 산란하는 광자의 파장이며, m_e는 전자의 질량이고, θ는 산란각이라고 한다. 식 (27-14)는 실험에서 관측되는 파장의 편이를 정확하게 예측하고 있다.

대부분의 경우, 되튀는 전자의 속력이 충분히 커서 운동에너지와 운동량에 대한 비상대론적인 식 $K_e = \frac{1}{2}mv^2$과 $p_e = mv$를 쓸 수 없다. 콤프턴은 유도 과정에 전자의 상대론적인 운동량[식 (26-6)]과 운동에너지[식 (26-8)]를 이용했기 때문에 식 (27-14)는 되튀는 전자의 속력에 관계없이 성립한다.

$h/(m_e c)$는 파장의 차원을 가지고 있으므로 **콤프턴 파장**Compton wavelength이라고 부른다.

$$\frac{h}{m_e c} = \frac{6.626 \times 10^{-34}\,\text{J·s}}{9.109 \times 10^{-31}\,\text{kg} \times 2.998 \times 10^{8}\,\text{m/s}}$$
$$= 2.426 \times 10^{-3}\,\text{nm} = 2.426\,\text{pm} \qquad (27\text{-}15)$$

$\cos\theta$는 -1과 $+1$ 사이의 값을 가지므로, $(1 - \cos\theta)$는 0과 2 사이의 값을 갖고 파장의 변화는 0에서부터 콤프턴 파장의 2배(4.853 pm) 사이의 값을 가지게 된다. 만일 입사광자의 파장이 4.853 pm에 비하여 크다면, 콤프턴 편이는 관측하기가 어려워진다.

✓ **살펴보기 27.5**

왜 처음에 정지해 있던 전자에 의해서 산란된 광자가 입사광자의 파장보다 더 긴 파장을 갖는가?

보기 27.5

되튐 전자의 에너지

파장이 10.0 pm인 X선 광자가 전자에 의해서 110.0°의 각도로 산란되었다. 충돌한 전자의 운동에너지는 얼마인가?

전략 산란각을 알고 있으므로, 우리는 식 (27-14)를 이용하여 콤프턴 편이를 구할 수 있다. 입사광자의 파장과 콤프턴 편이로부터 산란되는 광자의 파장을 구할 수 있고, 그 파장으로부터 산란되는 광자의 에너지를 구할 수 있다. 에너지 보존 법칙에 의해서 충돌하는 전자의 운동에너지와 산란하는 광자의 에너지의 합은 입사광자의 에너지와 같다.

풀이 콤프턴 편이의 식은 다음과 같다.

$$\Delta\lambda = \lambda' - \lambda = \frac{h}{m_e c}(1 - \cos\theta)$$

여기서 $h/m_e c = 2.426\,\text{pm}$이다. 이 식에 $\lambda = 10.0\,\text{pm}$, $\theta = 110°$를 대입하면,

$$\Delta\lambda = \lambda' - \lambda = 2.426\,\text{pm} \times (1 - \cos 110.0°) = 3.256\,\text{pm}$$

가 되고, 산란된 광자의 파장은

$$\lambda' = \lambda + \Delta\lambda = 10.0\,\text{pm} + 3.256\,\text{pm} = 13.26\,\text{pm}$$

이다. 전자의 운동에너지는 다음과 같이 구할 수 있다.

$$K_e = E - E' = \frac{hc}{\lambda} - \frac{hc}{\lambda'}$$

$$= 1240 \text{ eV·nm} \times \left(\frac{1}{0.0100 \text{ nm}} - \frac{1}{0.01326 \text{ nm}} \right)$$

$$= 30.5 \text{ keV}$$

검토 $hc/\lambda - hc/\lambda'$ 대신에 $hc/\Delta\lambda$라고 하는 단순한 계산 오류를 범하지 않도록 주의하자. 이런 오류를 범하면, 전자의 운동에너지에 대한 380 keV라는 12배나 큰 틀린 답을 얻게 된다.

실전문제 27.5 파장의 변화

콤프턴 산란 실험에서, 입사 X선에 대해 37.0°의 각도로 산란되고 있는 X선의 파장이 4.20 pm이다. 입사 X선의 파장은 얼마인가?

27.6 분광학과 초기 원자 모형
SPECTROSCOPY AND EARLY MODELS OF THE ATOM

선 스펙트럼

1853년에 스웨덴의 분광학자 옹스트룀(A. J. Ångström, 1814~1874)은 분광학을 이용하여 방전관 안에 있는 압력이 낮은 여러 가지의 기체들에서 방출되는 빛을 분석했다(그림 27.12a). 원자들이 서로 멀리 떨어져 있게끔 기체의 압력을 낮게 유지하였다. 따라서 빛은 본질적으로는 개개의 원자에 의해서 방출된다. 전극을 가열하거나 전극 사이에 높은 전기퍼텐셜 차를 걸면 전자들이 기체로 방출된다. 그 전자들이 방전관 안의 기체 분자들과 충돌한다. 전류가 전극 사이에 흐르게 되는데 전자와 양의 기체 이온은 서로 반대 방향으로 움직인다. 전류가 흐르는 동안 방전관은 빛을 방출한다. 네온사인(그림 27.12b)은 방전관의 좋은 보기이다. 형광등은 유리의 안쪽을 형광물질로 코팅한 수은 방전관이다. 형광물질은 수은 증기가 방출하는 자외선을 흡수하고 가시광선을 방출한다.

방전관이 방출하는 빛에 대한 분광학적 분석에서 빛은 먼저 얇은 슬릿을 통과한다. 그런 다음, 이 빛은 프리즘이나 회절격자를 통과하여 파장에 따라 다른 각도

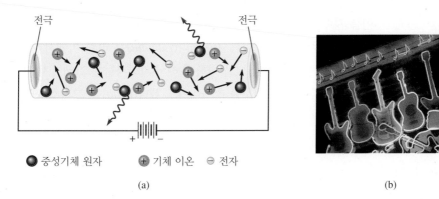

(a)　　　　　　　　　(b)

그림 27.12 (a) 기체 방전관. (b) 미국 멤피스 시 빌 거리(Beale street, Memphis)에 있는 네온사인. 네온사인은 몇 개의 방전관으로 이루어져 있다. 숙련공들이 유리관을 가열해 구부린다. 몇몇 유리관들은 안쪽 면이 형광물질로 코팅되어 있다. 형광물질은 기체가 방출한 자외선을 흡수해 가시광선을 방출한다. 한 종류의 기체가 사용되는 경우, 방전관의 색은 방전관 안에 있는 기체 종류와 코팅된 형광물질의 성분에 의해서 정해진다. 대개 방전관 안의 기체는 네온, 아르곤, 크세논 또는 크립톤과 같은 불활성 기체이다. 때로는 수은, 나트륨 또는 금속 할로겐화물을 불활성기체와 섞어 방출되는 빛의 색을 바꾼다.

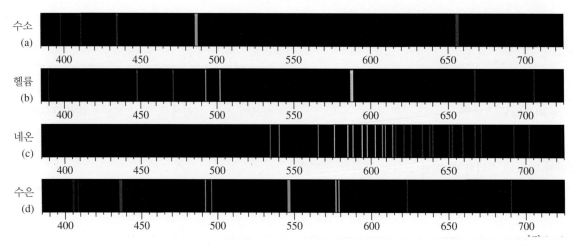

그림 27.13 (a~d) 수소, 헬륨, 네온, 수은 원자의 방출 스펙트럼. 약한 스펙트럼선들이 잘 보이도록 하기 위하여, 가장 밝은 스펙트럼선들의 세기를 줄였다.

로 나온다. 뜨거운 고체에서 방출되는 빛은 **연속 스펙트럼**을 이루지만, **옹스트룀**은 기체 방전관에서 나오는 빛이 **불연속적인 스펙트럼**을 이룬다는 것을 발견하였다 (그림 27.13a~d). 불연속적인 스펙트럼의 각 파장은 슬릿 모양으로 나타나기 때문에 **선 스펙트럼**이라고도 부른다. 곧 선 스펙트럼은 검은 바탕 위에 각기 다른 색깔의 여러 개의 좁은 평행선들로 나타난다.

과학자들은 기체가 방출하는 스펙트럼을 조사하는 것뿐만 아니라 기체가 흡수하는 스펙트럼에 관해서도 조사하였다. 백색광선이 기체를 통과시킨 후 분광기를 이용하여 통과한 빛을 분석한다(그림 27.14). 기체를 통과한 빛의 스펙트럼은 군데군데 검은 선이 있는 연속 스펙트럼이다. 대부분의 파장들은 기체를 통과하였으나, 검은 선들은 몇 개의 파장들이 기체에서 흡수되었다는 것을 보여 준다. 흡수된 파장들은 방전관 안에 있는 같은 기체가 방출하는 파장들의 일부이다.

각각의 원소는 그 특유의 방출 스펙트럼을 가지고 있다. 보기로, 네온사인 특유의 빨간 빛깔은 네온의 방출 스펙트럼에 기인한 것이다. 과학자들은 곧 물질 속의 원소들을 알아보는 데에 분광학을 이용하게 되었다. 전에는 알려지지 않았던 많은 원소들이 분광학을 통하여 발견되었다. 세슘은 밝은 파란 스펙트럼선 때문에 그렇게 이름 지어졌다(*cesius*는 라틴어에서 하늘색을 뜻한다). 루비듐도 두드러진 빨간 스펙트럼선 때문에 그렇게 이름 지어졌다(*rubudius*는 라틴 어에서 어두운 빨간색을 뜻한다). 분광기를 태양이나 별을 향하게 해서 과학자들은 그때까지 지상에서는 발견되지 않았던 헬륨과 같은 원소를 찾아내기도 했다(*helios*는 그리스 어로 태양을 뜻한다).

그림 27.14 흡수 스펙트럼을 얻는 장치. 백색광이 기체를 통과할 때에, 백색광의 몇 파장의 빛들은 흡수된다. 흡수된 파장들은 흡수되지 않았을 때 스크린에 나타나는 연속 스펙트럼 대신에 어두운 선을 만든다.

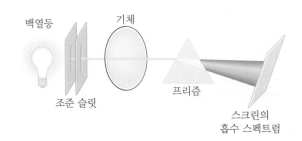

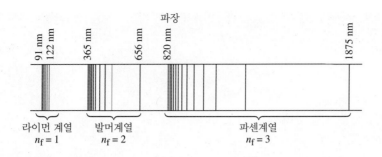

대부분의 원소의 스펙트럼은 특별한 양상을 보이지 않으나, 가장 간단한 원소인 수소의 스펙트럼은 두드러지는 양상을 보인다. 그림 27.15은 가시광선, 자외선, 적외선 근처를 포함하는 수소의 방출 스펙트럼이다. 1885년에 스위스의 수학자인 발머(J. J. Balmer, 1825~1898)는 가시광선 영역에 속하는 네 개의 수소의 방출 선 스펙트럼들의 파장을 구하는 식을 알아냈다.

$$\frac{1}{\lambda} = R\left(\frac{1}{n_f^2} - \frac{1}{n_i^2}\right) \tag{27-16}$$

여기서 $n_f = 2$이고, $n_i = 3, 4, 5$ 또는 6이다. 실험적으로 측정된 $R = 1.097 \times 10^7 \, \text{m}^{-1}$은 스웨덴의 분광학자 뤼드베리(J. Rydberg, 1854~1919)를 기려 뤼드베리 상수라고 부른다.

그 후에 식 (27-16)은 네 개의 가시광선뿐만 아니라 수소의 방출 스펙트럼에 있는 모든 파장에 대해서도 성립한다는 것이 밝혀졌다. n_f의 각 값(1, 2, 3, 4, …)이 한 계열의 선들에 해당한다. 한 계열의 각각의 선은 $n_i > n_f$인 n_i 값에 해당한다.

한 기체의 각 원자들이 오로지 불연속적인 파장의 전자기파를 흡수하거나 방출한다는 실험적인 관측은 그 이전의 원자 모형으로는 설명할 수 없는 것이었다.

원자핵의 발견

20세기 초에 가장 널리 알려졌던 원자 모형은 **건포도 푸딩 모형**이었다. 그림 27.16에서처럼, 원자의 양전하와 거의 모든 원자의 질량이 그 원자 속에 골고루 퍼져 있고, 음전하인 전자들은 여기저기에 흩어져 있다고 생각하였다. 전자를 발견했던 톰슨(J. J. Thomson)은 양전하가 골고루 퍼져 있다는 생각에는 동의하였지만, 전자는 원자 속에서 움직이고 있다고 하였다.

러더퍼드의 실험 1911년에 뉴질랜드 인인 러더퍼드(E. Rutherford, 1871~1937)는 알파 입자를 얇은 금박에 충돌시키는 실험을 하였다(**알파 입자**는 방사성 원소에서 방사성 붕괴 때에 나오는 입자로서, $+2e$의 전하를 가지고 있고, 질량은 수소 질량의 약 4배이다. 우리는 이미 한 개의 알파 입자가 2개의 양성자와 2개의 중성자로 이루어졌다는 것을 알고 있다). 그림 27.17a에 보였듯이 금박에 충돌한 뒤, 알파 입자들이 형광 스크린에 부딪쳐 내는 섬광을 관측함으로써 알파 입자들을 검출하였다.

원자의 건포도 푸딩의 모형에서는 양전하와 질량이 원자 전체에 골고루 분포되어 있어서 전하와 질량이 모여 있는 점들이 없다. 이 원자 모형을 바탕으로 하여, 러더

그림 27.16 원자의 양전하와 거의 모든 원자의 질량이 퍼져 있는 톰슨의 건포도 푸딩 원자 모형. 원자핵의 발견으로 이 모형은 틀린 것으로 판명이 났다.

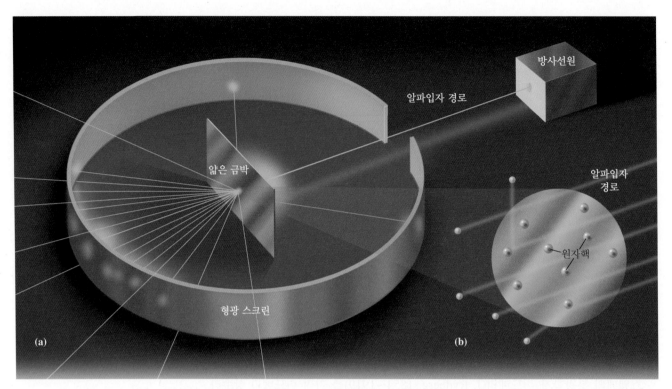

그림 27.17 러더퍼드의 산란 실험. (a) 방사선원에서 나온 알파 입자들이 금박을 향하여 발사된다. 금박은 알파 입자가 하나 이상의 원자핵에 의하여 산란되는 확률을 최소화하기 위하여 가능한 한 얇게 만들었다. 산란된 알파 입자들은 그것들이 형광 스크린을 때릴 때에 내는 빛에 의해서 검출되었다. (b) 금 원자핵에 가까이 다가간 알파 입자들은 큰 각도로 산란된다. 원자핵에서 멀리 떨어진 곳을 지나가는 알파 입자들은 거의 꺾이지 않는다.

퍼드는 알파 입자들이 거의 휘지 않고 금박을 통과할 것으로 생각했었다. 그러나 그는 어떤 알파 입자들은 금박을 통과하는 대신 $90°$가 넘는 큰 각도로 뒤쪽으로 튀어나오는 것을 보고 놀랐다. 러더퍼드는 자신의 놀라움을 "당신이 얇은 휴지를 향하여 15인치 대포를 쏘았는데, 그 포탄이 되튕겨져 나와서 자신을 맞추는 것과 같이 도저히 믿어지지 않는다."라고 표현하였다.

큰 각도로 휘는 알파 입자들은 질량이 큰 무언가와 충돌해야만 한다. 그러나 대부분의 알파 입자들이 아주 작은 각도로 휘는 것으로 보아 질량이 큰 무언가는 매우 작아야 한다. 산란 실험의 결과에 근거해서 러더포드는 원자의 양전하와 원자의 거의 모든 질량을 포함하는 반지름이 약 10^{-15} m인 고밀도의 원자핵이 원자 중앙에 있는 새로운 원자 모형을 제안하였다(그림 27.17b). 양전하를 띠고 있는 원자핵은 가까이 오는 양전하의 알파 입자들을 밀어낸다. 원자핵의 반지름은 원자의 반지름의 10만분의 1(10^{-5})밖에 안 된다. 따라서 대부분의 알파 입자들은 거의 휘지 않고 금박을 통과한다. 다만 원자핵에 가까이 지나가는 소수의 알파 입자들만 큰 반발력 때문에 큰 각도로 빗나가게 된다.

원자핵을 발견한 후에, 원자의 행성 모형이 건포도 푸딩 모형을 대치하게 되었다. 곧, 작은 태양계처럼 전자들이 원자핵의 둘레를 돌고 있고, 핵이 전자들에 작용하는 전기력이 태양계에서의 중력의 역할을 한다고 생각한 것이다.

원자의 행성 모형으로 답하기 어려웠던 심각한 문제점 두 가지의 심각한 문제점이 과학자들을 괴롭혔다. 우선 고전전자기학의 이론에 따르면 가속하는 전하는 전자기 복사선을 방출한다. 원자핵을 돌고 있는 전자는 속도의 방향이 계속해서 바뀌는 가속 운동을 하므로 계속적으로 복사선이 방출되어야 한다. 복사선이 에너지를 갖고 나감에 따라, 전자의 에너지는 줄어들어 전자는 원자핵 속으로 나선형으로 빨려 들어갈 수밖에 없다. 따라서 원자들은 붕괴되기까지 $0.01\ \mu$s라는 아주 짧은 시간 동안 에너지가 복사되어 모두 방출된다. 곧, 고전전자기학의 이론에 따르면 원자들은 안정할 수 없다. 두 번째 문제는 원자가 방전관에서와 같이 복사선이 방출될 때 왜 특정한 파장들만 복사선만 방출되는가 하는 문제였다. 다시 말해서, 왜 원자들이 내보내는 방출 스펙트럼이 연속 스펙트럼이 아니고 선 스펙트럼을 이루느냐 하는 것이었다.

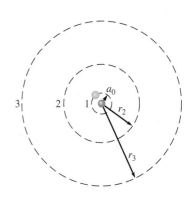

양성자 ● 전자 ●

그림 27.18 수소 원자의 보어 모형에서 전자는 원자핵 주위를 원 궤도를 따라 돌고 있다. 궤도의 반지름은 불연속적인 (양자화된) 반지름들 중 하나여야 한다.

27.7 보어의 수소 원자 모형; 원자의 에너지 준위
THE BOHR MODEL OF THE HYDROGEN ATOM; ATOMIC ENERGY LEVELS

1913년에 덴마크의 물리학자 보어(N. Bohr, 1885~1962)는 이 문제들을 다루는 첫 번째 원자 모형을 발표하였다. 보어의 원자 모형은 전자 하나와 핵으로서 양성자 하나를 갖는 가장 간단한 수소 원자에 대한 것이다.

보어의 원자 모형의 가정

1. 전자는 어떤 원 궤도 위에서는 에너지를 복사하지 않고 존재할 수 있다(그림 27.18). 보어는 이 원 궤도에서는 가속운동을 하고 있는 전자가 복사하지 않기 때문에, 원자핵을 중심으로 어떤 불연속적인 반지름들의 원 궤도에서 운동하는 전자에는 고전전자기학 이론의 어떤 면은 적용되지 않는다고 주장하였다. 전자는 **정상상태**stationary states라고 부르는 불연속적인 궤도들에서만 존재할 수 있다(전자가 정지해 있는 것은 아니다. 전자는 원자핵을 돌고 있다. 전자는 복사하지 않고 고정된 반지름의 궤도를 돌고 있으므로 전자의 상태는 정상상태이다). 각각의 정상상태는 궤도에 따른 특정한 에너지를 갖는다. 그 정상상태들의 에너지들을 **에너지 준위**energy levels라고 부른다. 따라서 보어는 양자 이론을 원자 자체의 구조에까지 확대 적용한 것이다. 궤도의 반지름과 에너지 모두가 양자화된다.

2. 뉴턴의 역학 법칙은 정상상태들 중 한 상태에 있는 전자의 운동에 적용된다. 원자핵에 의해서 전자에 작용하는 힘은 쿨롱의 법칙에 의하여 주어진다. 뉴턴의 제 2 법칙($\Sigma\vec{\mathbf{F}} = m\vec{\mathbf{a}}$)은 쿨롱의 힘을 원운동을 하는 전자의 반지름 방향의 가속도와 연관시켜 준다. 궤도의 에너지는 전자의 운동에너지와 원자핵과 전자 사이의 전기퍼텐셜에너지의 합이 된다.

3. 전자는 하나의 광자를 방출하거나 흡수함으로써 하나의 정상상태에서 다른 정상상태로 전이할 수 있다(그림 27.19). 이때 방출하거나 흡수하는 광자의 에너지는 두 정상상태의 에너지 차이와 같다.

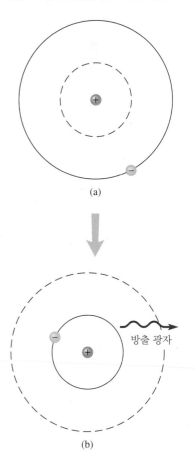

그림 27.19 (a) 수소 원자의 허용된 궤도. (b) 원자가 하나의 광자를 방출하고 전자는 더 낮은 에너지의 허용 가능한 상태로 내려간다. 한 광자를 흡수하면 역과정이 일어난다. 곧 광자는 자기의 에너지를 원자에 "기증하여" 전자를 보다 높은 에너지 준위로 올려 보낸다.

$$|\Delta E| = hf \qquad\qquad\text{(27-17)}$$

전자의 에너지 준위는 특정한 불연속적인 값들만 가질 수 있고, 방출 스펙트럼이나 흡수 스펙트럼은 불연속적인 에너지의 광자들로 이루어지기 때문에 스펙트럼들은 선 스펙트럼이 된다. 보어는 전자가 하나의 상태에서 다른 상태로 어떻게 "점프"할 수 있는지에 대해서는 설명하지 않았다.

4. 정상상태들은 전자의 각운동량이 $h/(2\pi)$($\hbar$라고 나타냄)의 정수 배로 양자화되는 원 궤도들이다.

$$L_n = n\frac{h}{2\pi} = n\hbar \quad (n = 1, 2, 3, \cdots) \qquad\qquad\text{(27-18)}$$

상수들의 조합인 $h/(2\pi)$는 흔히 $\hbar$("에이치-바")로 줄여 쓴다. 보어가 이러한 값들의 각운동량을 선택한 이유는 그러한 값들이 수소의 방출 스펙트럼에 대한 실험값들과 잘 일치하기 때문이었다.

보어 궤도의 반지름 가장 작은 반지름의 보어 궤도는 보어의 반지름으로 알려져 있다.

$$a_0 = \frac{\hbar^2}{m_e k e^2} = 52.9 \text{ pm} = 0.0529 \text{ nm} \qquad\qquad\text{(27-19)}$$

가능한 전자의 궤도 반지름은

$$r_n = n^2 a_0 \quad (n = 1, 2, 3, \cdots) \qquad\qquad\text{(27-20)}$$

이다.

보어 궤도의 에너지 준위

정상상태의 에너지는 전자의 운동에너지와 전자와 원자핵이 r만큼 떨어져 있을 때의 전기퍼텐셜에너지의 합이다.

$$E = K + U = \frac{1}{2}m_e v^2 - \frac{ke^2}{r} \qquad\qquad\text{(27-21)}$$

퍼텐셜에너지가 음(−)인 것은 무한원에서의 퍼텐셜에너지를 0으로 잡았기 때문이다. 퍼텐셜에너지는 양성자와 전자의 거리가 작아질수록 줄어든다.

에너지의 값이 음(−)인 것은 전자가 핵에 속박되어 있는 원자의 에너지가 이온화된 원자의 에너지보다 적기 때문이다. 이온화된 원자에서는 전자가 원자핵으로부터 무한히 멀리 떨어져 정지해 있으므로 $E = 0$(운동에너지도 퍼텐셜에너지도 모두 0)이다. 속박 상태들 중 한 상태에 있는 전자는 외부로부터 에너지를 공급받아야 원자에서 떨어져 나올 수 있으며 그러면 그 원자는 이온이 된다.

바닥상태ground state라고 부르는 $n = 1$인 상태의 경우, 궤도의 반지름은 가능한 것 중에서 가장 작고 에너지도 가능한 것 중에서 가장 낮다. 바닥상태의 에너지는 다음과 같다.

$$E_1 = -\frac{m_e k^2 e^4}{2\hbar^2} = -2.18 \times 10^{-18} \text{ J} = -13.6 \text{ eV} \qquad (27\text{-}22)$$

더 높은 에너지($n > 1$)를 갖는 상태들을 **들뜬상태**excited states라고 한다. 모든 에너지 준위는 다음과 같이 주어진다.

$$E_n = \frac{E_1}{n^2}, \quad n = 1, 2, 3, \cdots \qquad (27\text{-}23)$$

그림 27.20은 수소 원자의 에너지 준위 도표이다. 각각의 가로선은 에너지 준위를 나타낸다. 세로의 화살표들은 적절한 에너지의 광자 하나를 흡수하거나 방출할 때 수반하는 에너지 준위들 사이의 전이를 보여 준다. 전자가 n_i의 상태로부터 더 낮은 에너지의 나중 n_f인 상태로 갈 때에 방출되는 광자의 에너지는 다음과 같다.

$$E = \frac{hc}{\lambda} = E_i - E_f = E_1 \left(\frac{1}{n_i^2} - \frac{1}{n_f^2} \right) \qquad (27\text{-}24a)$$

발머 식[식 (27-16)]의 일반형을 택하여 양변에 hc를 곱하면, 다음 식을 얻을 수 있다.

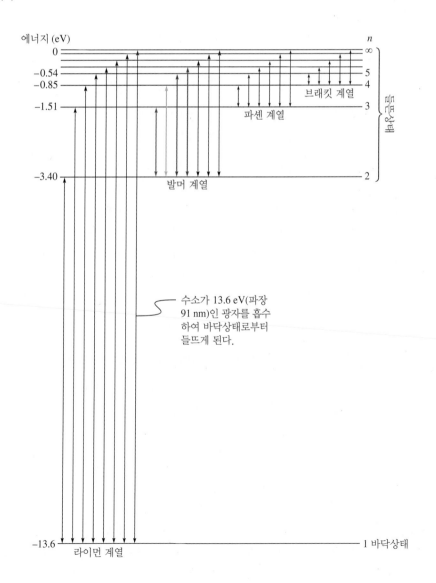

그림 27.20 수소 원자의 에너지 준위 도표. $n = \infty$일 때의 에너지 $E = 0$은 전자와 양성자가 분리되어 이온화된 원자의 에너지에 해당한다. 화살표는 에너지 준위들 사이의 전이를 나타낸다. 화살표의 길이는 방출되거나 흡수되는 광자의 에너지를 나타낸다. 그림 27.15와 비교하여라.

$$\frac{hc}{\lambda} = hcR\left(\frac{1}{n_f^2} - \frac{1}{n_i^2}\right) = -hcR\left(\frac{1}{n_i^2} - \frac{1}{n_f^2}\right) \qquad \text{(27-24b)}$$

여기서 R는 뤼드베리 상수이다. 따라서 보어의 이론은 $E_1 = -hcR$이기만 하면, 분광학적인 실험 결과와 완전히 일치한다. 보어는 계산 결과 두 가지가 1 % 이내에서 일치한다는 것을 발견하였다.

✓ 살펴보기 27.7

수소 원자가 $n = 5$인 상태에서 $n = 2$인 상태로 전이했을 때 방출되는 광자의 에너지는 얼마인가? (그림 27.20을 참조하여라.)

보기 27.6

처음 상태와 나중 상태 알아보기

수소의 방출 스펙트럼 중에서 적외선 영역의 한 파장이 $1.28\,\mu\text{m}$이다. 이러한 파장의 광자 방출을 위한 전이에서 처음과 나중 상태는 어떤 상태인가?

전략 $1.28\,\mu\text{m}$인 광자의 에너지는 두 상태의 에너지 차이와 같아야 한다. 변수가 두 개인 이원 방정식(처음과 나중의 n)을 풀려고 하기보다는 범위를 좁히기 위해서 우선 에너지 준위 도표를 이용할 수 있다.

풀이 방출되는 광자의 에너지는 다음과 같다.

$$E = \frac{hc}{\lambda} = \frac{1240\ \text{eV·nm}}{1280\ \text{nm}} = 0.969\ \text{eV}$$

그림 27.20의 에너지 준위 도표를 보면, 이 광자는 파셴 계열에 속하는 것이 분명하다. 발머 계열의 가장 작은 에너지는

$$(-1.51\ \text{eV}) - (-3.40\ \text{eV}) = 1.89\ \text{eV}$$

이기 때문이다. 라이먼 계열에 속하는 광자는 이보다도 더 큰 에너지를 가진다. 브래킷 계열의 광자 중에서 가장 큰 에너지를 갖는 광자에너지는 0.85 eV이다. 파셴 계열에 속하는 광자만이 1 eV 근처의 에너지를 가질 수 있다. 그러므로 나중 상태는 $n = 3$이고 에너지는 $E_3 = -1.51\ \text{eV}$이다. 이제 처음 상태의 n만 구하면 된다.

방출된 광자의 에너지 $= E_i - E_f$

$$0.969\ \text{eV} = \frac{-13.6\ \text{eV}}{n^2} - (-1.51\ \text{eV})$$

$$n = \sqrt{\frac{13.6\ \text{eV}}{1.51\ \text{eV} - 0.969\ \text{eV}}} = 5$$

파장이 $1.28\,\mu\text{m}$인 광자는 전자가 $n = 5$인 상태에서 $n = 3$인 상태로 갈 때에 방출된다.

검토 수소 스펙트럼에서의 광자에 관하여, 여러 가지 계열들이 서로 겹치지 않는다는 것을 염두에 두면, 두 에너지 준위들 중 낮은 것을 찾는 일은 간단해진다. 라이먼 계열(낮은 에너지 준위 $n = 1$)에 속하는 모든 광자들의 에너지는 발머 계열(낮은 에너지 준위 $n = 2$)에 속하는 어떤 광자보다 더 큰 에너지를 갖는다. 발머 계열에 속하는 광자는 파셴 계열에 속하는 어떤 광자보다 더 큰 에너지를 갖는다. 다른 계열에 대해서도 같다.

실전문제 27.6 발머 계열의 다섯 번째의 선

발머 계열의 처음 4개의 스펙트럼은 잘 보인다. 발머 계열의 다섯 번째 선의 파장은 얼마인가?

보어 원자 모형의 성공

보어의 원자 모형은 원자에 관한 양자역학적인 형태로 대체되었다(28장). 심각한 결함이 있음에도 불구하고, 보어의 원자 모형은 양자물리학의 발전에 중요한 단계

가 되었다. 보어의 모형으로부터 양자역학적 원자로 이어지는 중요한 생각들에는 다음과 같은 것들이 포함된다.

- 전자는 양자화된 에너지 준위를 갖는 띄엄띄엄한 정상상태 중 하나에 있을 수 있다.
- 원자는 광자 하나를 흡수하거나 방출하면서 에너지 준위들 사이를 전이할 수 있다.
- 각운동량은 양자화되어 있다.
- 정상상태들은 양자수를 이용하여 기술될 수 있다(n은 **주 양자수**라고 부른다).
- 전자는 에너지 준위 사이를 불연속적으로 전이한다("양자 점프").

보어의 모형은 근거가 석연치 않을지라도 수소 원자의 에너지 준위에 대한 정확한 수치를 준다. 또한 수소 원자의 크기를 정확하게 예측한다. 보어 반지름 a_0는 수소 원자가 바닥상태에 있을 때 원자핵과 전자 사이의 거리 중 **가장 확률이 높은 거리**로 알려져 있다.

보어 원자 모형의 문제점

- 전자가 어떤 종류이든지 궤적을 따라 원자핵의 둘레를 돌고 있다는 생각 전체는 정확한 것이 아니다. 전자의 운동에는 뉴턴 역학이 적용되지 않는다. 전자는 양자역학적으로 기술되어야 한다. 양자역학은 전자가 원자핵으로부터 여러 거리에 있을 **확률**을 예상할 뿐이다.
- 각운동량은 양자화되어 있지만, $\hbar$의 정수 배는 아니다.
- 보어의 모형으로는 전자가 광자를 흡수하거나 방출할 확률을 계산할 수 없다 .
- 보어의 모형은 전자가 하나 이상인 원자들에까지 확장할 수가 없다.

보어 원자 모형을 다른 단일 전자의 원자에 적용

보어의 원자 모형을 헬륨 이온 He^+이나 리튬 2가 이온 Li^{2+}와 같이 전자가 하나인 이온에 적용할 수 있다. 이러한 이온들은 핵의 전하가 $+e$ 대신, $+Ze$의 전하를 갖는다. 여기서 Z는 원자번호(핵 속의 양성자의 수)이다. 수소 원자에 대한 식들에는 언제나 e^2이 나타나는데, 하나의 e는 전자의 전하로부터 오는 것이고, 또 하나는 핵의 전하로부터 오는 것이다. 전하가 Ze인 핵에 대해서는 e^2을 Ze^2으로 바꾸면 된다. 그러면 궤도 반지름은 Z만큼 더 작다.

$$r_n = \frac{n^2}{Z} a_0 \quad (n = 1, 2, 3, \cdots) \qquad (27\text{-}25)$$

그리고 에너지 준위는 Z^2배만큼 커진다.

$$E_n = -\frac{Z^2}{n^2} \times 13.6 \text{ eV} \quad (n = 1, 2, 3, \cdots) \qquad (27\text{-}26)$$

He⁺의 에너지 준위

1가 헬륨 이온에 대하여 처음 다섯 개의 에너지 준위를 계산하여라. 1가 헬륨 이온에 대한 에너지 준위의 도표를 그리고 또 그것들을 수소의 것과 비교하여라.

전략 헬륨의 원자번호는 $Z = 2$이다. 수소 원자의 바닥상태의 에너지를 Z를 고려해서 이용하고 여러 n의 값을 이용해 에너지 준위를 찾는다.

풀이와 검토 수소에 대한 바닥상태의 에너지는 $-13.6\,\text{eV}$이다. 핵의 전하가 $+Ze$인 단일 전자 원자의 에너지 준위들은 다음과 같다.

$$E_n = -\frac{Z^2}{n^2} \times 13.6\,\text{eV} \quad (n = 1, 2, 3, \ldots)$$

He⁺의 경우, $Z = 2$이다.

$$E_n = -\frac{4}{n^2} \times 13.6\,\text{eV} = -\frac{1}{n^2} \times 54.4\,\text{eV} \quad (n = 1, 2, 3, \ldots)$$

He⁺에 관한 처음의 다섯 개의 에너지 준위는

$$E_1 = -54.4\,\text{eV}, \; E_2 = -13.6\,\text{eV}, \; E_3 = -6.04\,\text{eV},$$
$$E_4 = -3.40\,\text{eV}, \; E_5 = -2.18\,\text{eV}$$

이다. 수소의 에너지 준위 도표 옆에 He⁺에 관한 에너지 준위 도표(비례의 척도를 맞출 필요는 없음)를 그려 보자(그림 27.21). Z^2의 인수 때문에, He⁺에서의 각 에너지 준위는 수소에서 똑같은 n에 대한 에너지 준위의 4배가 된다. He⁺의 첫 번째 들뜬상태($n = 2$)는 수소의 바닥상태와 같은 에너지를 갖는다. He⁺의 세 번째의 들뜬상태($n = 4$)는 수소의 첫 번째 들

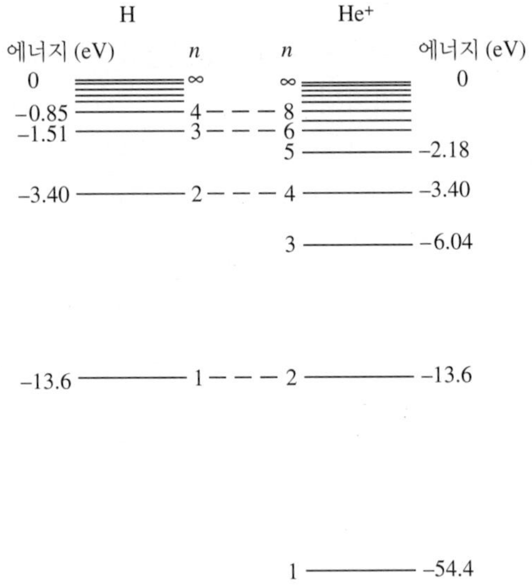

그림 27.21 H와 He⁺에 대한 에너지 준위.

뜬상태($n = 2$)와 같은 에너지를 갖는다. 일반적으로, He⁺에서 상태 $2n$의 에너지는 수소에서 상태 n의 에너지와 같다.

실전문제 27.7 이온화 에너지

이온화 에너지란 바닥상태에 있는 원자에서 전자를 핵으로부터 떼어 놓기 위하여 그 원자에게 주어야 할 에너지를 말한다. (a) H의 경우, 이온화 에너지는 얼마인가? (b) He⁺의 경우, 이온화 에너지는 얼마인가? (c) 왜 He⁺에 대한 이온화 에너지가 H보다 큰지를 정성적으로 설명하여 보아라.

응용: 형광, 인광 화학발광

수소 원자의 기체에 파장이 103 nm인 자외선을 비추었다고 가정해 보자. 어떤 원자들은 한 개의 광자를 흡수하여 $n = 3$인 상태로 들뜨게 된다. 들뜬 원자들 중 하나가 다시 바닥상태로 붕괴할 때에 방출하는 광자의 파장이 반드시 103 nm인 것은 아니다. 들뜬 원자는 656 nm인 광자를 방출하면서 먼저 $n = 2$인 상태로 무너지고, 그러고는 122 nm인 광자를 방출하면서 $n = 1$인 상태로 붕괴할 수도 있다. 중간의 에너지 준위가 있는 경우, 원자는 하나의 광자를 흡수한 후 이보다 파장이 긴 여러 개의 광자를 방출할 수 있다.

형광물질은 자외선을 흡수하고는 여러 단계를 거치면서 붕괴한다. 그중 적어도

그림 27.22 세탁된 블라우스와 세제를 (a) 자연광으로 본 모습과 (b) 자외선 빛으로 본 모습.

한 단계에서는 가시광선을 내보낸다. 분자나 고체 속에서 모든 전이 과정에서 광자가 방출되는 것은 아니다. 어떤 전이 과정은 고체 안의 분자의 진동 또는 회전운동 에너지를 증가시킨다. 이런 에너지는 결국 주변으로 흩어진다.

형광등은 안쪽을 인이라는 형광물질의 혼합물로 코팅한 수은 방전관이다. 인은 수은 원자가 방출하는 자외선을 흡수해서 가시광선을 방출한다. "검은 빛"(자외선원)은 형광물감을 어둠 속에서 밝게 빛나게 한다. 형광물질을 섞은 염료가 세제 속에 섞여 있으면, 염료가 자외선을 흡수하여 푸른 빛을 방출하기 때문에, 그림 27.22와 같이 흰 옷을 "더욱 희게" 보이도록 한다. 푸른 빛은 오래된 옷이 내는 노란색을 상쇄한다.

인광은 형광과 비슷하지만 시간 지연이 있다는 것이 다르다. 대부분의 원자들이나 분자들의 들뜬상태들은 거의가 매우 빠르게(대표적인 경우에, 몇 나노초 안에) 붕괴한다. 그러나 어떤 **준안정적인** 들뜬상태들은 수 초 내지는 더 오랜 시간 동안 머물 수 있다. 어두운 곳에서 밝게 빛나는 시계 문자반이나, 벽면 전기 스위치 판, 장난감 등은 빛이 비출 때에는 광자들을 흡수하여 준안정 상태에 머물다가 한참 후에 빛을 방출한다.

러더퍼드의 산란 실험에서 알파 입자들은 형광 스크린에 의하여 검출되었다. 형광체들은 광자의 흡수에 의해서가 아니라 알파 입자와의 충돌에 의해 들뜬다. 예전의 음극선관 텔레비전 화면의 형광 점들은 고속의 전자에 의하여 들뜬다. 이렇게 들뜬상태가 붕괴해서 다시 바닥상태로 돌아갈 때에 가시광 영역의 광자를 방출한다. 컬러 화면은 세 가지의 다른 형광체를 이용해 파란색, 초록색, 빨간색의 빛을 만들어낸다.

이 장의 첫 머리에서 이야기한 바닥의 파란 빛은 화학 발광에 의한 빛이다. 색깔이 없는 액체 용액에는 루미놀(3-아미노프탈하이드라자이드)과 과산화수소가 포함되어 있다. 핏속에 들어 있는 헤모글로빈의 흔적이 루미놀과 과산화수소 사이의 산화 작용에 촉매로 작용한다. 이 화학작용은 생성물 중 하나를 들뜬상태로 만들고, 이 들뜬상태가 바닥상태로 붕괴하면서 하나의 광자를 방출한다. 이 루미놀 검사는

무엇이 범죄 현장에서 파란 빛이 나오게 한 것일까?

아주 깨끗하게 세탁하지 않은 옷이나 닦여진 바닥에서도 피의 흔적을 찾아낼 수 있게 해 준다. 따라서 파란 빛은 혈흔의 위치를 밝혀준다. 개똥벌레는 **생체발광**이라고 불리는 비슷한 화학작용으로 빛을 낸다. 그 화학작용은 생물학적 촉매인 효소에 의하여 제어되기 때문에 개똥벌레는 마음대로 불을 켜고 끌 수 있다.

특성 X선의 에너지

제동복사(그림 27.10)의 연속 스펙트럼에 겹쳐진 특성 X선의 피크의 에너지는 표적 안의 원자들의 에너지 준위에 의하여 결정된다. X선관에서 입사하는 전자가 표적을 때릴 때에, 전자는 표적 안의 원자에 단단히 속박되어 있던 원자 안쪽의 전자 중 하나를 그 원자로부터 떼어내는 데에 필요한 에너지를 줄 수 있다. 그러면 원자 안의 더 높은 에너지 준위에 있던 전자들 중 하나가 비어 있는 그 에너지 준위로 떨어지게 되는데, 그때에 두 에너지 준위들 사이의 차이와 같은 에너지의 X선 광자 하나가 방출된다.

27.8 쌍소멸과 쌍생성 PAIR ANNIHILATION AND PAIR PRODUCTION

양전자

1929년에 영국의 물리학자 디랙(P. A. M. Dirac, 1902~1984)은 전자와 같은 질량을 갖지만 반대 전하($q = +e$)를 갖는 입자의 존재를 이론적으로 예측하였다. 후에 실험을 통해 지금은 양전자라고 불리는 이 입자의 존재가 확인되었다. 어떤 방사성 원소들은 붕괴하면서 자발적으로 하나의 양전자를 방출한다.

양전자는 최초로 발견된 **반입자**(antiparticle)였다. 보통의 물질을 만들고 있는 각 입자들(전자, 양성자, 중성자)에 대하여 그것들의 반입자(양전자, 반양자, 반중성자)가 존재한다. 우주론자들은 왜 우주에 물질이 반물질보다 뚜렷하게 많이 있는가에 대한 문제를 풀려고 애쓰고 있다. 여기에서 양전자를 소개하는 것은 전자−양전자의 쌍생성과 쌍소멸 두 과정이 전자기 복사선에 대한 광자 모형의 분명하고 가장 직접적 증거가 되기 때문이다.

쌍생성

에너지가 큰 광자는 없었던 전자와 양전자의 쌍을 **생성**시킬 수 있다. 이 과정에서 광자는 모두 흡수된다. 에너지 보존 법칙은 어떤 과정에서도 성립하여야 하기 때문에, **쌍생성**pair production이 일어나기 위해서는

$$E_{광자} = E_{전자} + E_{양전자}$$

여야 한다. 질량을 가지고 있는 입자의 총 에너지는 운동에너지와 정지에너지(입자가 정지했을 때의 에너지)의 합이다. 질량이 m인 물체의 정지에너지는 다음과 같다[식 (26-7) 참조].

$$E_0 = mc^2 \qquad\qquad (26\text{-}7)$$

따라서 전자와 양전자의 쌍을 생성시키기 위해서 광자는 적어도 $2m_e c^2$의 에너지를 가져야 한다. 광자의 에너지가 $2m_e c^2$보다 크다면, 광자의 나머지 에너지는 전자와 양전자의 운동에너지로 나타난다. 광자는 질량을 가지고 있지 않기 때문에, 정지에 너지가 없어서 광자의 총 에너지는 $E = hf = hc/\lambda$이다.

운동량의 보존 법칙 역시 성립되어야 한다. 광자의 운동량은 $p = E/c$이고, 전자나 양전자의 운동량은 다음과 같다.

$$p = \frac{1}{c}\sqrt{E^2 - (m_e c^2)^2} < \frac{E}{c}$$

E의 에너지를 갖고 있는 전자나 양전자의 운동량은 E/c보다 작다. 다시 말하면, 같은 에너지를 갖는 광자의 운동량보다 적다. 전자와 양전자가 같은 방향으로 운동한 다고 하더라도, 그것들의 총 운동량은 광자의 운동량과 같을 수 없다. 그러므로 그 쌍의 총 에너지나 총 운동량은 광자의 운동량이나 에너지와 같아질 수 없다. 이 과정에는 또 다른 입자가 관여하여야만 한다. 곧 쌍생성은 광자가 원자핵과 같은 질량이 큰 입자의 부근을 지나갈 때에 일어난다(그림 27.23). 질량이 큰 입자가 많은 양의 에너지를 빼앗지 않으면서 되튀면 운동량 보존 법칙을 만족하게 한다. 따라서 광자의 모든 에너지가 전자와 양전자쌍의 에너지로 바뀐다는 우리의 가정은 만족스러운 근사이다.

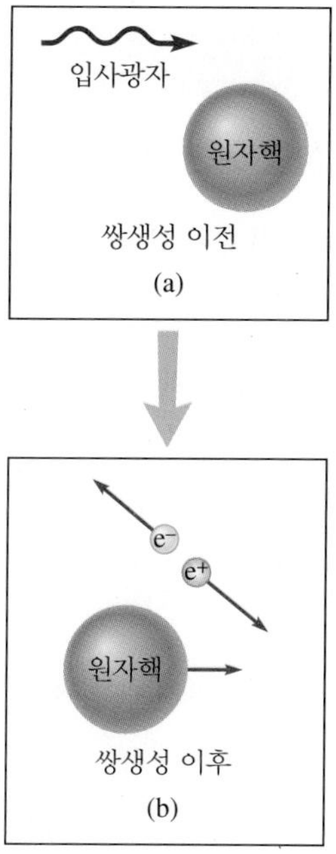

그림 27.23 쌍생성. (a) 광자가 원자핵 주위를 지나간다. (b) 전자–양전자의 쌍을 생성하고 광자는 없어진다. 이 과정에서 원자핵은 아주 적은 운동 에너지를 가지고 되튀지만, 질량이 크기 때문에 운동량은 크다.

쌍소멸

보통의 물질 속에는 수많은 전자들이 들어 있기 때문에, 양전자가 전자 가까이 다가가는 일이 생길 수 있다. 그렇게 되면 두 양전자와 전자의 쌍은 잠시 동안 원자와 비슷한 구조를 이루지만, 곧바로 두 개의 광자를 남기고 없어져 버린다(그림 27.24). 쌍소멸은 단 하나의 광자를 만들 수는 없다. 에너지와 운동량 모두가 보존되려면 두 개의 광자가 필요하다. 두 광자의 총 에너지는 전자–양전자 쌍의 총 에너지와 같아야 한다. 많은 경우에 전자나 양전자의 운동에너지는 그것들의 정지에너지에 비해 아주 적기 때문에 상황을 단순하게 하기 위하여 전자나 양전자를 정지해 있는 것으로 간주한다. 그러면 전자–양전자 쌍의 총 에너지는 $2m_e c^2$이고, 운동량의 합은 0이다. 따라서 쌍소멸에서 광자 한 개는 $E = hf = m_e c^2 = 511\text{ keV}$의 에너지를 가지며 두 광자는 서로 반대 방향으로 운동한다. 쌍소멸은 양전자의 최후의 운명이다. 이 특유한 511 keV의 광자는 쌍소멸이 일어났다는 징후가 된다.

쌍소멸과 쌍생성은 전자기 복사선에 대한 광자 모형을 확인시켜 주는 것 말고도 질량과 정지에너지에 관한 아인슈타인의 생각을 명료하게 설명해 준다.

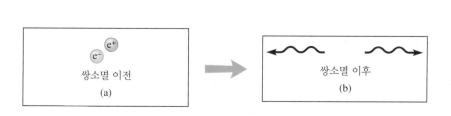

쌍소멸 이전
(a)

쌍소멸 이후
(b)

그림 27.24 쌍소멸. (a) 전자와 양전자의 쌍이 사라지면서, (b) 한 쌍의 광자를 만든다.

쌍생성을 위한 문턱 파장

전자–양전자 쌍을 생성시킬 수 있는 광자의 문턱 파장을 구하여라.

전략 광자는 최소한 정지에너지가 각각 $m_e c^2 = 511\,\text{keV}$인 전자와 양전자의 쌍을 생성시킬 수 있는 에너지를 가져야 한다. 광자의 에너지는 파장이 길어지면 작아지기 때문에, 광자의 최소 에너지로부터 가장 긴 파장에 해당하는 문턱 파장을 구한다.

풀이 전자–양전자의 쌍을 만들어낼 수 있는 최소 에너지는 다음과 같다.

$$E = 2m_e c^2 = 1.022\,\text{MeV}$$

이제 이 에너지를 갖는 광자의 파장을 구하면 된다.

$$E = hf = \frac{hc}{\lambda}$$

이 식을 파장에 대하여 풀면 다음과 같다.

$$\lambda = \frac{hc}{E} = \frac{1240\,\text{eV·nm}}{1.022 \times 10^6\,\text{eV}} = 0.00121\,\text{nm} = 1.21\,\text{pm}$$

검토 가시광선은 보통 500 nm 정도의 파장을 가지며 에너지는 2 eV 정도이다. 이 광자의 에너지는 가시광선 에너지의 50만 배나 된다. 따라서 파장은 약 500 nm/500,000 = 0.001 nm = 1 pm 정도이다.

실전문제 27.8 뮤온–반뮤온 쌍의 생성

뮤온과 반뮤온 쌍을 생성시키기 위해 필요한 에너지를 충분히 공급할 수 있는 광자의 최대 파장은 얼마이겠는가? 뮤온과 반뮤온의 정지질량은 106 MeV/c^2(정지에너지는 106 MeV이다). 쌍생성은 광자와 원자핵 사이의 상호작용의 결과로서 일어난다.

응용해보기: 양전자 방출 단층촬영

양전자 방출 단층촬영(PET)은 쌍소멸 현상을 이용하여 뇌 또는 심장의 질병을 진단하거나 특정한 암을 진단하는 의료용 화상 기술이다. 추적자가 우선 인체에 주입된다. 추적자는 방사성 원자들을 포함하고 있는 것으로서, 주로 포도당, 물, 암모니아로 이루어진 화합물이다. 방사성 원자들 중 하나가 인체 내에서 양전자 하나를 방출하면, 이 양전자는 전자와 쌍소멸하여 서로 반대 방향으로 운동하는 두 개의 511 keV의 에너지를 가진 감마선을 발생시킨다. 이 두 개의 광자는 인체를 둘러싸고 있는 고리 모양의 검출장치에 의해 검출된다(그림 27.25a). 그러면 양전자를 방출한 원자는 두 검출기를 잇는 선위에 있다는 것을 알 수 있다. 컴퓨터가 많은 감마선들의 방향을 분석하여 추적자의 농도가 가장 높은 영역을 찾아낸다. 그런 다음에, 컴퓨터는 인체의 그 부분에 대한 화상을 구성한다(그림 27.25b).

X선, CT 스캔, MRI 등과 같은 다른 화상 기술은 신체 조직의 구조를 보여 주는 반면에 PET 스캔은 기관이나 조직의 생화학적 활동을 보여 준다. 예를 들면 심장의 PET 스캔은 정상적인 심장조직을 비정상적인 심장조직으로부터 구별시킬 수 있어서, 심장학자로 하여금 환자가 우회로조성술을 받는 것이 이로운지 혈관형성술을 받는 것이 이로운지를 결정하는 데에 도움을 준다.

급속히 성장하는 암세포들은 건강한 세포들보다 더 빨리 포도당 추적자에게 달려들기 때문에, PET 스캔은 양성 종양으로부터 악성 종양을 정확히 구별할 수 있다. PET 스캔은 종양학자로 하여금 치료과정의 효험을 관찰할 수 있게 할 뿐만 아

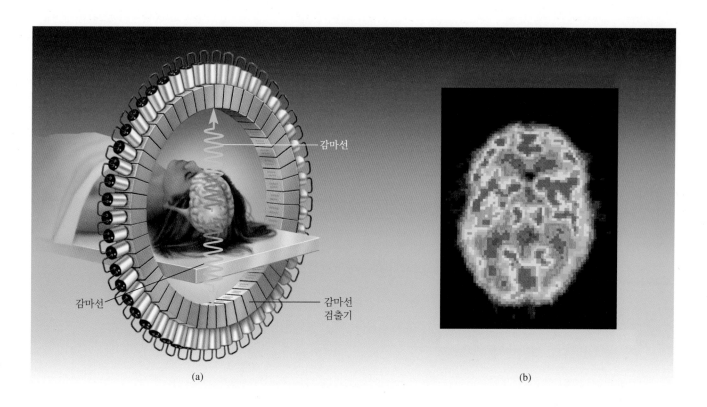

(a)

(b)

그림 27.25 (a) PET 스캔은 전자와 양전자의 쌍이 인체 내에서 소멸할 때에 방출되는 감마선을 검출한다. (b) 뇌의 PET 영상. 색깔은 양전자 방출의 정도가 다른 영역을 구별하기 위하여 사용된 것이다.

니라, 암 환자에 대한 최선의 치료방법을 결정하는 데에도 도움을 준다. 생체 검사를 위해서 환자의 두개골을 자르지 않고 뇌종양을 정확하게 알아낼 수 있다. PET 는 알츠하이머, 헌팅턴 무도병, 파킨슨씨병, 간질병, 뇌졸중과 같은 뇌의 병들을 진찰하는 데에 쓰여진다.

해답

실전문제

27.1 4.2×10^{-19} J

27.2 1초당 8.30×10^{29}개의 광자

27.3 385 nm ($K_{최대} = 0.82$ eV)

27.4 10.0 kV

27.5 3.71 pm

27.6 397 nm—대부분의 사람이 보기 어려움

27.7 (a) 13.6 eV; (b) 54.4 eV; (c)He$^+$의 경우, 원자핵이 두 배의 전하를 갖기 때문에 전자는 더 강하게 속박된다.

27.8 5.85 fm

살펴보기

27.2 최대 전력에서 필라멘트는 가시광선 스펙트럼 전 영역 (더 나아가면 적외선 영역)에 걸쳐 있는 전자기 복사선을 방출할 수 있을 정도로 뜨겁다. 그래서 빛은 하얗게 보인다. 낮은 전력에서 필라멘트의 온도는 낮고, 그 결과로, 방출되는 전자기 복사의 봉우리는 더 낮은 진동수 쪽으로 옮겨간다. 따라서 섞여있는 다른 색깔의 빛에 비해서 빨간 빛의 양이 상대적으로 커진다.

27.3 광자의 에너지는 광자의 진동수에 비례한다. 문턱 진동수에서 광자는 금속으로부터 전자를 떼어내는 데 필요

한 에너지와 같은 에너지를 갖는다. 문턱 진동수보다 낮으면 광자는 전자를 떼어내는 데 필요한 에너지를 갖지 못한다.

27.5 충돌에서 운동량과 에너지 모두는 보존된다. 전자는 처음에 0의 운동에너지를 갖는다. 전자가 되튀고 0이 아닌 운동에너지를 가지면서 운동한다. 따라서 산란된 광자는 입사광자의 에너지보다 작은 에너지를 가져야만 한다. 산란된 광자의 파장은 입사광자의 파장보다 더 길어진다.

27.7 $E = E_i - E_f = (-0.54\ \text{eV}) - (-3.40\ \text{eV}) = 2.86\ \text{eV}$

양자물리학
Quantum Physics

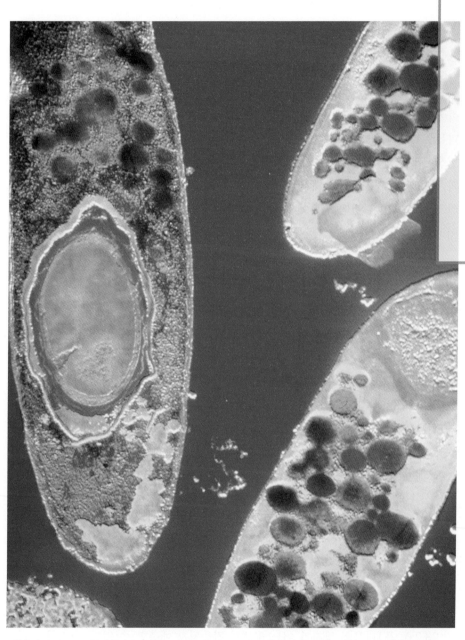

생물학자들과 의학 연구자들은 미세 구조를 관찰할 필요가 있을 때에는 광학 현미경 대신에 흔히 전자 현미경을 사용한다. 옆의 사진은 '클로스트리디움 부티리쿰'이라는 박테리아를 투과 전자 현미경으로 약 5만 배의 배율로 확대 채색한 것이다. 어떻게 하여 전자 현미경이 광학 현미경보다 훨씬 큰 분해능을 가질 수 있는가? 또 전자 현미경의 분해능에는 어떤 제한이 있을까? (842쪽에 답이 있다.)

채색된 **클로스트리디움 부티리쿰** 박테리아를 약 50,000배 확대한 투과 전자 현미경사진

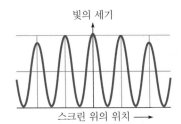

그림 28.1 이중 슬릿 간섭무늬: 빛의 세기를 스크린 위의 위치에 관한 함수로 나타낸 그래프. 그림 25.18과 비교하여라.

연결고리

양자 물리학은 많은 수의 광자에 대해 고전파론과 동일한 이중 슬릿 간섭무늬를 예측할 수 있게 한다.

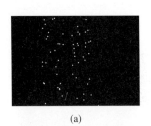

(a)

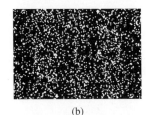

(b)

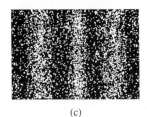

(c)

그림 28.2 한 번에 단 하나의 광자가 슬릿을 통과할 때의 이중 슬릿 실험. 이 실험은 한 번에 많은 수의 광자들이 만드는 보통의 이중 슬릿 간섭무늬와 똑같은 모양의 것을 재현한다.

28.1 파동–입자의 이중성 THE WAVE PARTICLE DUALITY

고전물리학에서는 입자와 파동 사이에 뚜렷한 구분이 존재한다. 그러나 양자물리학에서는 이 둘 사이의 구분은 불분명하다. 간섭과 회절 실험(25장)에 따르면 빛은 파동으로 진행한다. 반면에 광전 효과, 콤프턴 효과, 쌍생성 및 쌍소멸 등(27장)의 현상에서는 전자기파는 마치 광자라고 부르는 입자로 이루어져 있는 것처럼 물질과 작용한다. 양자물리학에서는 입자와 파동에 기초한 서술 방식이 서로 상보적이라고 할 수 있다. 어떤 상황에서 빛은 입자라기보다는 파동에 더 가까운 현상을 보이고, 또 다른 상황에서는 파동보다는 입자에 더 가까운 현상을 보여 준다.

이중 슬릿 간섭 실험

이중 슬릿 간섭 실험에서 스크린을 여러 개의 광 증폭 검출기(개개의 광자를 셀 수 있는 실험장치)로 대치하였다고 상상해 보자. 각각의 광 증폭 검출기는 주어진 시간 동안에 검출기에 도달하는 광자들의 수를 기록한다. 빛의 세기는 계측되는 광자들의 수에 비례하므로, 스크린에서 위치에 대한 함수로 나타낸 광자수의 그래프는 사진 건판에 기록되는 세기의 그래프와 똑같게 된다. 광 증폭 검출기에 나타나는 결과를 보면, 가장 밝은 부분과 가장 어두운 부분들이 교대로 부드럽게 변하는 것을 알 수 있다(그림 28.1).

이제 들어오는 빛의 세기가 점점 줄어서 마침내는 **한 번에 단 한 개의 광자만이** 광원에서 나온다고 가정하여 보자. 파동성의 관점에서 보면, 간섭무늬는 두 슬릿을 통과하는 각 전자기파의 중첩으로부터 생겨난다. 그런데 광원에서 한 번에 단 하나의 광자가 나올 때에도 간섭무늬가 생기는가? 상식적으로 생각할 때 스크린에 도달하는 각각의 광자는 두 슬릿 중 어느 하나를 통과하여 스크린에 도달한 것으로서, 두 슬릿을 동시에 통과한 것이라고 볼 수는 없다.

실제 실험의 결과는 어떠한가? 우선 광자들은 스크린 위에 아무렇게 떨어진다(그림 28.2a). 곧, 다음의 광자가 어느 곳에서 검출될지 예측할 수 없다. 그러나 실험을 계속함에 따라 광자의 수가 많은 곳과 적은 곳이 점점 뚜렷이 드러남을 볼 수 있다(그림 28.2b). 우리는 아직도 다음의 광자가 어느 곳에 도달할지 예측할 수는 없지만, 광자가 어느 특정 위치에 도달할 **확률**이 다른 특정 위치에 도달할 확률보다 높다는 것은 예측할 수 있다. 실험을 장시간 수행할 수 있다면, 광자들은 뚜렷한 간섭무늬(그림 28.2c)를 만든다. 오랜 시간 동안 실험한 후, 간섭무늬는 그림 28.1의 이중 슬릿의 간섭무늬와 똑같아지는데, 광자가 한 번에 한 개씩만 슬릿을 통과해도 그렇다. 또한 뚜렷한 간섭무늬가 나타난 후에도, 여전히 다음 광자가 어느 위치에서 검출될지는 예측할 수 없다.

만일 이러한 파동−입자의 이중성이 이상하게 보인다면, 당시의 가장 위대한 물리학자들조차도 그렇게 느꼈기에 안심하라. 보어(Niels Bohr)는 "양자역학에 충격을 받지 않는 사람은 그 내용을 제대로 이해하지 못한 사람이다."라고 말하였다. 자연에 대한 우리들의 일반적인 상식은 양자물리적 효과가 드러나지 않는 관찰로부터 만들어진 것이다. 양자역학을 공부하는 동안, 내용이 혼란스러워도 기죽지 말라. 양자역학은 그 누구에게도 명명백백하게 보이지는 않는다. 그러한 이유로 양자역학이 오히려 매혹적일지도 모른다. 파인먼(Richard P. Feynman, 1918~1988)은 이것을 이렇게 말하였다. "나는 여러분에게 자연이 어떤 식으로 행동하는지 말해 주겠다. 여러분이 그 내용이 그럴듯하다고, 곧 내가 말한 것처럼 자연이 행동한다는 것을 받아들인다면, 여러분에게 자연은 즐겁고도 매혹적인 것으로 보일 것이다."

확률

이중 슬릿 실험에서 어떤 광자가 스크린의 어디에 도달할지 예측할 수는 없으나, 그것이 어느 특정한 위치에 도달할 확률은 계산할 수 있다. 처음에 똑같았던 두 광자가 스크린의 다른 위치에 도달할 수 있다. 스크린에서 빛의 세기의 패턴은, 빛을 파동으로 간주하여 계산할 때, 수많은 광자에 대한 통계적 평균값을 보여 주는 것이다.

전자기파의 세기는 단위 시간당 단위 단면의 넓이당 통과하는 에너지 양을 나타낸다.

$$I = \frac{\text{에너지}}{\text{시간} \cdot \text{단면의 넓이}}$$

파동의 관점에서 보면, 빛의 세기 I는 전기장의 진폭의 제곱에 비례한다. 곧, 다음과 같다.

$$I \propto E^2$$

광자의 관점에서 보면 각 광자는 일정한 양의 에너지를 가지고 있으므로

$$I = \frac{\text{광자의 수}}{\text{시간} \cdot \text{단면의 넓이}} \times \text{광자 한 개의 에너지}$$

이다. 어떤 주어진 단면을 통과하는 광자의 수는 광자가 그 단면의 넓이를 통과할 확률에 비례하므로

$$I \propto \frac{\text{광자의 수}}{\text{시간} \cdot \text{단면의 넓이}} \propto \frac{\text{광자 하나를 발견할 확률}}{\text{시간} \cdot \text{단면의 넓이}}$$

이 된다. 그러므로 광자 하나를 발견할 확률은 그 위치에서의 전기장 진폭의 제곱

에 비례하게 된다. 위치와 시간의 함수로 나타낸 전기장은 파동함수, 곧 파동을 기술하는 수학적 함수로 볼 수 있다. 따라서 어떤 공간 영역에서 광자를 발견할 확률은 그 위치에서의 파동함수의 제곱에 비례한다.

28.2 물질파 MATTER WAVES

1923년 프랑스의 물리학자 드브로이(Louis de Broglie)는 이러한 파동–입자의 이중성이 빛뿐만 아니라 전자나 양성자와 같은 입자들에게도 적용될 수 있다고 제안하였다. 맥스웰에 의하여 파동성을 가지는 것으로 잘 정립된 빛이 동시에 입자성을 지닐 수 있다면, 전자가 동시에 파동성을 가지지 못할 이유가 있겠는가? 그렇다면 전자의 파장은 어떻게 표현되겠는가? 드브로이는 어떤 입자의 운동량과 파장의 사이에는 광자의 경우와 마찬가지의 관계가 성립한다고 주장하였다[식 (27-11)]. 이후 얼마 지나지 않아서, 압도적인 실험적 증거에 의해, 전자나 다른 입자들의 파동성에 관한 드브로이의 가설이 옳다는 것이 확인되었다. 입자의 행동을 나타내는 물질파의 파장을 **드브로이 파장**de Broglie wavelength이라고 부른다.

> **연결고리**
>
> λ와 p 사이의 관계는 광자, 전자, 중성자 또는 다른 입자에 대해 동일하다.

> **드브로이 파장**
>
> $$\lambda = \frac{h}{p} \tag{28-1}$$

전자의 회절

전자들과 같은 입자들의 파동성을 어떻게 관찰할 수 있을까? 파동의 특징은 간섭과 회절이다. 1925년 데이비슨(C. Davisson)과 거머(L. H. Germer)는 낮은 에너지의 전자 빔을 니켈 결정에 쏘여서 산란된 전자의 수를 산란각 ϕ의 함수로 측정하였다(그림 28.3). 이때 전자들이 가장 많이 관측된 각도는 $\phi = 50°$였다. 산란된 전자의 개수가 어떤 물리적인 이유로 특정한 각도에서 최댓값을 가지게 되는 것일까? 이 최댓값이 간섭이나 회절에 의한 것일까? 그렇다면 전자들은 파동성을 가져야 할 것이다.

이후의 분석에 따르면, 만일 전자들의 파장이 드브로이 공식으로 주어진다면, 전자가 최대로 모이는 산란각은 X선 회절의 브래그 법칙[식 (25-15)]에 의해 예상되는 회절각도와 일치한다는 것이다. 산란된 전자들은 산란된 X선과 똑같이 간섭하여, 경로 차가 파장의 정수 배인 각도에서 최대의 세기를 보였다.

데이비슨과 거머는 최대 세기 주변에서 세기가 완만하게 변하는 것을 보았다. 그들이 사용한 낮은 에너지의 전자들은 결정 내부 깊숙이 침투하지는 못했다. 이로 인해 전자들은 비교적 적은 수의 격자 평면에서 산란되었다. 광학 실험에서 회절격자의 슬릿의 수가 많을수록 간섭무늬의 띠가 좁고 뚜렷해지는 것과 마찬가지로, 만일 전자들이 결정 내의 모든 격자 평면에서 산란한다면, 전자의 최대 회절무늬 띠는 좁

입사전자 빔
슬릿
전자 검출기
ϕ
산란전자
시료

그림 28.3 데이비슨–거머의 실험장비.

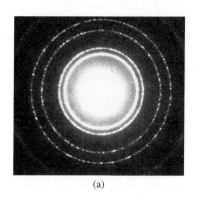
(a)

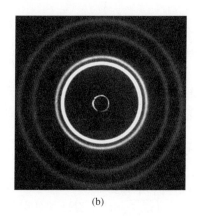
(b)

그림 28.4 (a) 알루미늄 다결정 시료에서 얻어진 전자의 회절무늬. 시료에 도달하기에 앞서, 전자들은 스크린의 패턴의 중심 쪽으로 운동한다. 각각의 고리는 일정한 각도로 산란된 전자들의 보강간섭에 의하여 생긴다. (b) 똑같은 시료에 대한 X선 회절무늬. 실험 (a)에서 전자의 드브로이 파장이 (b)의 X선 파장과 같도록 전자의 에너지가 선택되었기 때문에 밝은 무늬들이 같은 각도에서 나타남을 알 수 있다.

고 뚜렷하게 될 것이다. 1927년 톰슨(G. P. Thomson)[1]은 고에너지 전자들을 사용하여 회절 실험을 수행하였다. 또한 실험용 시료로서 단결정 대신에 다결정, 곧 여러 개의 작은 단결정이 무질서하게 모여 이루어진 시료를 사용하였다. 다결정 시료로 X선 회절 실험을 하면, 보강간섭으로 인해서 일련의 밝은 동심원의 고리 무늬가 생겨난다. 톰슨이 본 전자 회절의 패턴은 전자의 드브로이 파와 같은 파장의 X선이 보이는 회절 패턴과 똑같은 것이었다(그림 28.4). 이러한 일련의 실험들은 드브로이 가설이 옳은 것이었음을 보여주었다. 곧 파장 $\lambda = h/p$인 전자들은 같은 파장의 X선과 똑같은 방식으로 회절한다는 것이다.

보기 28.1

전자의 회절 실험

8.0 kV의 전기퍼텐셜 차를 통하여 가속된 전자를 써서 전자 회절 실험을 수행한다. (a) 전자의 드브로이 파장을 구하라. (b) X선으로 같은 표본 물질에 대해 똑같은 회절무늬를 만들려면 X광자의 파장과 에너지는 얼마여야 하는가?

전략 파장과 운동량 사이의 관계식은 전자와 광자의 경우가 모두 같으나, 파장과 에너지의 관계식은 같지 않다. X선 회절에서 최대 보강간섭을 일으킬 브래그 조건[식 (25-15)]에 따르면, 이웃하는 격자 평면에서 반사하는 X선 사이의 경로 차는 파장의 정수 배여야 함을 요구한다. 간섭과 회절에서의 최대와 최소 밝기의 조건은 모두 경로 차와 파장 사이의 관계식으로 나타내어진다. 따라서 똑같은 회절무늬를 얻으려면 X선은 전자의 것과 같은 크기의 파장을 가져야 한다. 반면, X선 광자의 에너지는 전자의 운동에너지와는 다르다. 왜냐하

면, 운동량과 에너지의 관계식은 광자의 경우와 질량 있는 입자의 경우가 다르기 때문이다.

풀이 (a) 전자가 8.0 kV의 전기퍼텐셜 차에서 가속된다면, 전자의 운동에너지는 8.0 keV가 된다. 운동량을 SI 단위계로 표시하려면 운동에너지도 SI 단위계로 표시하여야 한다.

$$K = 8000 \text{ eV} \times 1.6 \times 10^{-19} \text{ J/eV} = 1.28 \times 10^{-15} \text{ J}$$

전자의 운동에너지 8.0 keV는 그 전자의 정지에너지 511 keV보다 훨씬 작으므로, 전자는 비상대론적으로 다룰 수 있다. 곧 $p = mv$ 그리고 $K = \frac{1}{2}mv^2$의 관계를 사용할 수 있다. 속력 v를 소거하여 p를 K에 관하여 풀면 운동량은

$$p = \sqrt{2mK} = \sqrt{2 \times 9.11 \times 10^{-31} \text{ kg} \times 1.28 \times 10^{-15} \text{ J}}$$
$$= 4.83 \times 10^{-23} \text{ kg·m/s}$$

---

1) 이와 관련한 흥미로운 역사적 사실로, 톰슨(J. J. Thomson)은 1890년대 후반에 전자의 전하/질량 비(e/m)를 측정함으로써 전자의 존재를 발견한 사람으로 인정받았다. 그의 아들인 G. P. 톰슨은 전자 회절에서의 개척자적인 실험을 수행하였다. 아버지의 실험들은 전자가 입자임을 보여 준 반면, 아들의 실험들은 전자의 파동성을 증명하여 주었다.

이고 파장은 다음과 같다.

$$\lambda = \frac{h}{p} = \frac{6.626 \times 10^{-34} \text{ J·s}}{4.83 \times 10^{-23} \text{ kg·m/s}} = 1.372 \times 10^{-11} \text{ m} = 13.7 \text{ pm}$$

(b) X선은 전자의 파장 13.7 pm와 같은 파장을 가져야 한다. 이 파장의 광자가 갖는 에너지는 다음과 같다.

$$E = hf = \frac{hc}{\lambda} = \frac{1.24 \text{ keV·nm}}{0.01372 \text{ nm}} = 90.4 \text{ keV}$$

검토 (a)에 관한 다른 풀이로서, SI 단위계로 바꾸지 않고 풀어보자. $p = \sqrt{2mK}$ 의 양변에 c로 곱하면, $pc = \sqrt{2mc^2 K}$가

된다. 전자의 경우, $mc^2 = 511$ keV이다. 따라서

$$\lambda = \frac{h}{p} = \frac{hc}{pc} = \frac{hc}{\sqrt{2mc^2 K}} = \frac{1.24 \text{ keV·nm}}{\sqrt{2 \times 511 \text{ keV} \times 8.0 \text{ keV}}}$$
$$= 0.0137 \text{ nm} = 13.7 \text{ pm}$$

임을 알 수 있다.

실전문제 28.1   중성자의 드브로이 파장

에너지가 22 keV인 광자의 파장과 똑같은 드브로이 파장을 갖는 중성자의 운동에너지를 구하여라.

개념형 보기 28.2

회절무늬 크기와 전자의 에너지

다결정의 알루미늄 표본에 전자의 회절 실험을 행한다. 전자들은 그림 28.4a의 고리 무늬를 만든다. 만일 전자들의 가속전압이 증가하면, 고리의 반지름은 어떻게 되는가? 여러 고리 중 하나를 만드는 것을 보여 주는 그림 28.5를 참조하여라.

전략 보강간섭에 의하여 고리가 만들어진다. 곧 잇따른 두 원자 평면으로 반사된 전자들 사이의 경로 차는 파장의 정수 배이다. 가속전압이 증가하면 파장은 달라진다. 경로 차가 늘 파장의 정수 배가 되려면 ϕ가 어떻게 변해야 하는지를 결정해야 한다.

풀이와 검토 가속전압이 더 커지면 전자들의 운동에너지와 운동량은 모두 커진다. 운동량이 크면 드브로이 파장은 짧다. 파장이 보다 짧아지면 전자는 보강간섭에서 보다 짧은 경로 차를 택하는데, 이는 경로 차가 짧은 파장의 일정한 정수 배

로 남아 있어야 하기 때문이다. 그림 28.5b로부터, 보다 짧은 경로 차는 보다 작은 각 ϕ에 만들어진다. 그림 28.5a로부터, 보다 작은 각 ϕ는 보다 짧은 반지름의 고리를 만든다. 그래서 전자의 에너지가 커질수록 각각의 밝은 고리들의 반지름은 짧아진다.

개념형 실전문제 28.2   이중 슬릿에 의한 무늬

빛 대신에 단일 에너지의 전자 빔(운동에너지가 똑같은 전자들)을 사용한 이중 슬릿의 실험에서, 빛의 경우와 같은 간섭무늬가 얻어진다. 최대 보강간섭은 $d \sin \theta = m\lambda$ [식 (25-10)]를 만족하는 각에서 나타난다. 여기서 d는 슬릿의 간격이고, λ는 전자 빔의 드브로이 파장이다. 가속전압이 증가하면 간섭무늬는 어떻게 되는가?

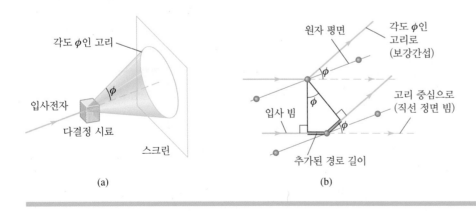

그림 28.5 (a) 회절무늬 중 하나의 고리가 입사 빔과 ϕ라는 각으로 산란된 전자들에 의해 만들어진다. (b) 잇따른 두 원자면으로부터 반사된 전자선들이 경로차를 보여준다.

이후 결정에 중성자를 사용한 회절 실험이 수행되었다. 여기에서도 실험 결과는 드브로이의 가설, 곧 $\lambda = h/p$가 옳음을 확인하여 주었다. 오늘날 X선, 전자, 중성자의 회절은 보통 미시적 구조를 연구하는 실험 도구로 쓰이고 있다. 이것들 사이에는 다음과 같은 몇 가지 차이가 있다. 먼저 전자는 X선 만큼의 투과성을 지니고 있지 않아서, 표면의 미시적 구조를 연구하는 데에 더 적합하다. X선은 주로 원자 속의 전자들과 상호작용을 한다. 만일 시료가 전자수가 적은 가벼운 원소들로 되어 있다면, X선 회절 방식은 그리 효과적이지 못하다. 이러한 경우에는 중성자 회절이 종종 쓰인다. 중성자는 시료 속의 원자핵들과 상호작용하기 때문이다. 중성자들은 전기적으로 중성이므로, 전자들과는 거의 상호작용하지 않는다. 중성자의 회절은 단백질 또는 다른 생물체의 거대 분자 구조 속에 있는 수소 원자들의 위치를 파악하는 목적에 특히 유용하게 쓰인다.

최근에는 원자 또는 분자의 빔을 이용한 간섭과 회절 실험이 수행되고 있다. 탄소 60개가 축구공 같이 단단히 묶여 있는 분자들의 빔도 양자 이론에 따라 간섭하고 회절한다는 것이 알려졌다.

물질파와 확률

빛 대신에 전자 빔을 사용한 이중 슬릿 간섭 실험을 한다고 가정하여 보자. 비록 우리가 한 번에 전자 한 개씩 슬릿으로 보낸다고 하더라도 간섭무늬는 나타난다. 개개의 전자는 국소화된 입자로서 스크린을 때리며 작은 흔적을 만드는데, 이는 광자의 경우와 똑같다. 많은 전자들이 스크린을 때린 후에는 간섭무늬가 뚜렷이 보인다 (그림 28.2). 두 슬릿을 통과하여 나오는 물질파의 간섭은 스크린상의 특정 위치에 전자가 도달할 확률을 결정한다. 물질파가 보강간섭하는 곳에서는 전자가 도달할 확률이 높고, 상쇄간섭을 하는 곳에서는 전자가 도달할 확률이 낮다.

간섭무늬가 생긴다는 것은 전자의 물질파가 두 슬릿 모두를 통과한다는 증거이다. 각각의 전자가 어느 슬릿을 통과하는지를 기록하기 위해서 검출기 하나를 설치하였다고 상상해 보자. 검출기를 쓰면 특정 전자가 첫 번째 슬릿 또는 두 번째 슬릿 중 어느 하나를 통과하는지를 항상 관측할 수 있는데, 물론 두 슬릿을 동시에 통과하는 일은 없을 것이다. 그러나 이 검출기가 작동하면 간섭무늬는 사라진다!

> **연결고리**
>
> 전자를 이용한 이중 슬릿 실험은 빛을 이용한 실험과 같은 간섭무늬를 생성한다.

28.3 전자 현미경 ELECTRON MICROSCOPES

보통 쓰는 광학 현미경의 분해능은 회절 현상에 의하여 제한을 받는다. 이상적인 조건하에서, 분해될(현미경이 만든 상으로 구별할) 수 있는 물체의 최소 크기는 대충 빛의 파장의 절반 정도이다. 가시영역 스펙트럼의 최소의 파장을 400 nm로 보면, 광학 현미경은 약 200 nm의 거리들을 분해할 수 있다. 그것은 원자 및 분자들의 파동으로 보았을 때에는 큰 거리이다. 고체의 원자들 사이의 거리는 대개 약 0.2 nm 정도이다.

더 나은 분해능을 얻기 위한 방법은 자외선 현미경을 사용하는 것이다. 이러한 현미경은 약 200 nm나 되는 짧은 파장을 사용한다. 이 파장보다 짧은 파장을 사용하는 렌즈를 만드는 것은 매우 어렵다.

약 0.2 nm 이하의 파장을 갖는 전자 빔은 쉽게 만들 수 있다. 물질파의 파장이 0.2 nm인 전자를 얻으려면 37.4 V의 전기퍼텐셜 차로 전자를 가속시키면 된다. 전자 현미경에 쓰이는 보통의 전자들은 이보다 더 큰 에너지를 가지고 있으며, 따라서 더 짧은 파장을 갖는다. 그러나 전자 현미경의 분해능은 렌즈의 수차, 곧 전자 빔을 초점에 모아 상을 맺게 하는 데 사용하는 전자기적 렌즈의 불완전성에 의해서도 제약을 받게 된다.

전자 현미경의 작동 원리는 전자의 파동성을 충분히 고려하지 않고서도 설명될 수 있다. 우리는 광선을 추적해 가는 방법인 기하광학을 사용하여 광학 현미경의 원리를 설명하였다. 마찬가지로, 우리는 자기 렌즈에 의해 휘고 실험 시료에 의해 산란되는 전자의 경로를 추적할 수 있다. 광학 현미경에 비하여 전자 현미경이 지니는 장점은 전자의 파장이 짧다는 점이다. 이로 인하여 "기하전자광학"의 영역을 훨씬 작은 물체까지로 확장할 수 있다는 것이다. 반면에 전자 현미경의 경우에는 진공이 필요하다는 단점이 있다.

투과 전자 현미경 전자 현미경에는 여러 가지 형태가 있다. 광학 현미경과 가장 닮은 모양으로는 **투과 전자 현미경**(transmission electron microscope, TEM)이라고 부르는 것이 있다(그림 28.6a, b). 평행한 전자 빔들이 시료를 통과할 때 시료의 한 점에서 산란되어도 전자들은 자기렌즈에 의해 스크린 위의 한 점으로 다시 모아져서 스크린상에 시료의 실상(real image)을 만든다. 전자들이 시료를 통과할 때 속력이 너무 떨어지면 안 된다. 따라서 TEM은 최대 약 100 nm 정도 두께의 얇은 시료에만 사용된다. TEM은 약 0.2 nm의 미세한 물체를 구별할 수 있어서 파장이 200 nm를 이용하는 자외선 현미경보다 약 500배의 정밀도로 물체를 구별해 낼 수 있다.

주사 전자 현미경 또 다른 전자 현미경으로는 **주사(훑기) 전자 현미경**(scanning electron microscope, SEM)이 있는데, 이것은 자기렌즈를 이용하여 전자 빔을 한 번에 시료상의 한 점씩으로 모으게 한다(그림 28.6c, d). 이러한 일차 전자들은 시료의 전자들을 떼어 내어 이차 전자들을 만들고, 집전기(electron collector)가 이차 전자들의 개수를 기록하게 된다. 일차 전자 빔은 빔 편향기를 이용하여 시료를 쓸어간다. 시료 상의 각 점으로부터 튀어나오는 이차 전자들의 개수를 측정하여 그 결과를 스크린으로 보내면, 시료의 상을 얻을 수 있다. SEM의 분해능은 TEM의 분해능보다는 낮아서, 기껏해야 약 10 nm 정도이다. 그러나 SEM은 얇은 시료를 쓸 필요가 없으며, 또한 시료의 표면 윤곽에 민감하기 때문에 삼차원 구조를 연구하는 데에는 훨씬 우수하다.

기타 전자 현미경 주사 투과 전자 현미경(scanning transmission electron microscope, STEM)은 SEM과 유사하게 시료를 한 점 한 점씩 옮겨가며 스캔하지만, 시

전자 현미경의 분해능에 한계가 있을까?

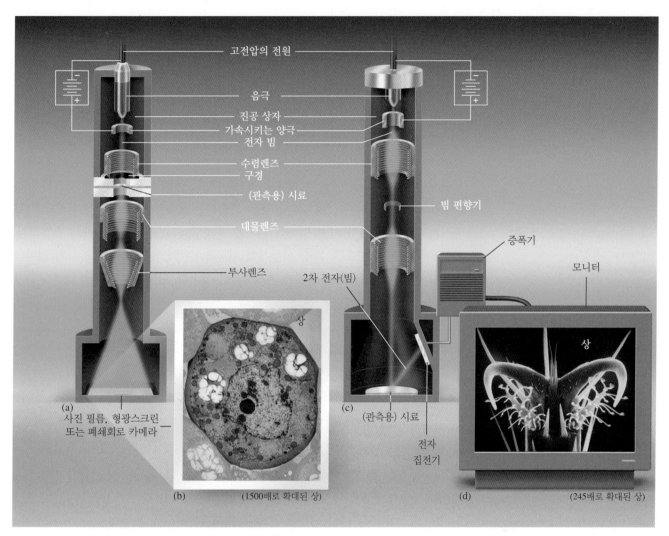

그림 28.6 두 가지 모양의 전자 현미경. 두 경우 모두, 전자가 가열된 필라멘트에서 튀어나와 양극과 음극 사이의 전기장에 의하여 가속된다. (a) TEM 에서는, 수렴렌즈가 평행 전자 빔을 만들고 좁은 구경에 의해 빔의 굵기가 정해진다. 빔이 시료를 통과하고 나서, 대물렌즈가 실상을 만들어낸다. 한 개 또는 여러 개의 투사렌즈가 상을 확대하고 또 확대된 상을 필름, 형광 스크린 또는 CCD 카메라(비디오 카메라와 유사) 위에 투영시킨다. (b) 투과 전자 현미경으로 얻은 부두 백합 식물(voodoo lily plant, *Sauromatum guttatum*)의 유조직 세포의 채색 영상. 세포핵(엷은 초록), DNA(파랑), 미토콘드리아(빨강), 세포막(짙은 초록) 그리고 녹말 알갱이(엷은 노랑) 등을 볼 수 있다. (c) SEM에서는, 먼저 수렴렌즈를 써서 좁은 빔을 만들어낸다. 빔 편향기(beam deflector)는 빔이 시료 위를 휩쓸도록 하는 일련의 코일로 이루어져 있다. 대물렌즈는 시료의 작은 각 지점으로 정확히 전자 빔을 모으는 역할을 한다. 시료의 그 지점에서 튀어나오는 2차 전자들은 전자 집전기에 의해 검출되어 전기 신호로 바뀌고 모니터 또는 컴퓨터로 보내진다. (d) 주사 전자 현미경으로 찍은 초파리(fruit fly)의 발톱과 발바닥의 빛깔 사진.

료를 투과하는 전자들을 검출하여 상을 만든다. 또 다른 종류의 전자 현미경으로는 주사 터널링 현미경(scanning tunneling microscope, STM)이 있는데, 이것은 28.10절에서 다룰 것이다.

28.4 불확정성 원리 THE UNCERTAINTY PRINCIPLE

19세기 후반에 들어서서 뉴턴 역학, 전자기학의 맥스웰 방정식, 열역학 등이 고도로 발전되었다고 생각했고 실험 결과와도 잘 일치하였기 때문에, 일부 과학자들은 이제 더 이상 새로 발견해야 할 자연의 기본 법칙이 존재하지 않는다고까지 생각했다. 심지어 어떤 사람들은 완전한 결정론자의 입장을 취했다. 그들의 생각에 의하면 어떤 순간의 우주의 상태, 곧 모든 입자의 속도와 위치는 그 이후 모든 시간의 우주의 상태를 결정짓는다는 것이다. 원리적인 면에서, 모든 입자의 나중 순간의 위치와 속도는, 뉴턴의 운동 법칙을 이용하여 다 계산할 수 있다는 것이다.

양자역학에서는 완전한 결정론이 허용되지 않는다. 28.1절과 2절에서 설명한 바 있는 이중 슬릿 실험에서, 하나의 광자 또는 전자가 스크린의 어느 위치에서 발견될지 예측하는 것은 원리적으로도 불가능하다. 1927년에 하이젠베르크(Werner Heisenberg)는 이러한 결정 불가능성을 기술하는 **불확정성 원리**uncertainty principle를 공식화하였다. 우리가 어떤 입자의 위치와 운동량을 동시에 측정한다고 가정하자. 불확정성 원리에 따르면, 가장 이상적인 실험을 수행한다고 하여도 입자의 위치와 운동량 측정의 정확도에는 한계가 존재한다는 것이다. 만일 위치를 나타내는 x-좌표에서의 불확정량을 Δx라고 하고 운동량의 x-성분 측정의 불확정량을 Δp_x라고 하면,

위치-운동량의 불확정성 원리

$$\Delta x \, \Delta p_x \geq \frac{1}{2}\hbar \qquad (28\text{-}2)$$

가 성립한다. 불확정성 원리를 엄밀하게 적용하고자 하면, x와 p_x의 불확정성에 대한 정확한 정의가 필요하게 된다. 이러한 정의들은 본 교재의 수준을 넘어선다. 대신 여기에서는 불확정성에 관한 대략의 차수 정도만을 다루는 수준에서 불확정성 원리를 적용하고자 한다.

위치와 운동량에 대한 엄밀한 측정은 왜 서로 양립할 수 없는 것일까? 그것은 파동−입자 이중성의 결과이다. 양자물리학에서는 국소적인 입자는 파동 묶음(wave packet), 곧 공간에서 유한한 범위를 차지하는 파동(그림 28.7a)으로 표현된다. 이 입자의 운동량은 파동 묶음의 파장과 관계가 있다. 만일 국소적인 파동 묶음을 얻고자 한다면, 우리는 서로 다른 여러 가지 파장을 갖는 파들을 합쳐야 한다(그림 28.7b). 파동들은 파동 묶음의 바깥에서는 서로 상쇄된다. 파동 묶음의 길이가 짧을수록 여러 파장의 파동을 합해야 한다(그림 28.7c). 다시 말하면, 입자의 위치의 불확정량이 작아질수록 입자의 운동량의 불확정량은 더 커진다. 중첩되는 파동들의 파장의 범위가 좁을수록, 파동 묶음은 더 길어지게 된다. 왜냐하면 파장의 범위가 좁아지면

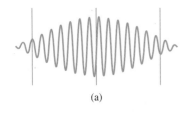

(a)

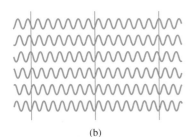

(b)

(c)

그림 28.7 (a) 국소적인 입자를 나타내는 파동 묶음. 입자의 위치에 있어서의 불확정량은 파동 묶음의 너비에 해당된다. (b) 6개의 파들은 조금씩 다른 파장을 가지고 있다. 중심에서 모든 파들의 위상이 일치한다. 그 중심에서 벗어나면, 파장의 차이로 인하여 위상차가 조금씩 증가한다. 이러한 6개의 파들이 합쳐져 (a)에 있는 파동 묶음이 된다. 실제로 여기에 있는 6개의 파들을 다 더하면, 맥놀이 모양으로 되풀이되는 파동 묶음이 생겨난다. 되풀이되지 않는 진정한 국소적 파동 묶음을 얻으려면, 좁은 범위의 연속적인 값의 파장을 갖는 무한히 많은 파들을 합쳐야만 한다. (c) 보다 좁은 파동 묶음을 얻기 위해서는, (a)에서와 똑같은 평균 파장 주위에 더 넓은 영역의 파장을 갖는 파동들을 합쳐야 한다. 위치의 불확정량이 적은 입자는 넓은 영역의 파장을 갖는 파동 묶음으로 나타내지고 따라서 운동량의 불확정량이 커진다.

파들이 더 먼 거리에 걸쳐서 비슷한 위상을 유지하게 되어 보강간섭을 일으킬 수 있기 때문이다. 그러므로 운동량의 불확정량이 줄어들면, 위치의 불확정량은 더 커지게 된다.

뉴턴 역학에서는 입자에 작용하는 힘들이 입자의 운동을 결정짓는다. 입자의 경로를 계산하거나 측정함에 있어서 정확도에 근본적으로 제약을 주는 것은 아무것도 없다. 반면에, 양자역학의 불확정성 원리에 따르면 입자의 위치와 운동량을 동시에 정확하게 측정함에는 근본적인 제약이 주어진다. 시각 t에 입자의 위치를 더 정확히 알수록, 같은 시각에 그 입자의 운동량은 덜 정확할 수밖에 없는 것이다. 시각 t에 입자의 운동량에 불확정량이 존재한다는 것은 다음 순간, 곧 $t + \Delta t$라는 순간에 그 입자가 어디에 있을지를 정확히 예측할 수 없다는 것을 뜻한다. 따라서 한 입자의 운동 경로를 시간의 함수로 정확히 추적한다는 것은 원리적으로도 불가능하다는 것이다. 수소 원자에 대한 보어 이론은 불확정성 원리와 상충된다.

✔ 살펴보기 28.4

수소 원자의 보어 모형이 불확정성 원리와 양립할 수 없는 이유는 무엇인가?

단일 슬릿 실험에서의 불확정성

너비가 a인 수평 방향으로 놓인 단일 슬릿을 이용한 전자의 회절 실험을 생각해 보자(그림 28.8). 슬릿의 중심의 y-좌표를 $y = 0$으로 놓는다. 슬릿을 통과하는 전자들의 y-좌표는 $y = -a/2$와 $y = +a/2$ 사이에 놓이게 된다. 따라서 y는 평균값 위치($y = 0$)의 $\pm a/2$ 범위 안에 있게 되어서, y-좌표에서의 불확정량(Δy)은 대략 $a/2$라고 볼 수 있다. (a) 슬릿을 통과하여 각도 θ로 나가는 전자의 운동량의 y-성분은 얼마인가? 답을 p와 θ를 써서 나타내어라. (b) 대부분의 전자들은 스크린 중앙의 최대 회절점 근처에 떨어지게 된다. 이 사실을 이용하여, 슬릿을 통과하는 전자들의 운동량의 불확정량 Δp_y를 어림 계산하여라. (c) $\Delta y \, \Delta p_y$를 구하여라. 이 양의 값을 불확정성 원리에 의해 주어지는 불확정량의 한계값과 비교하여라.

전략 너비가 매우 넓은 ($a \gg \lambda$)인 슬릿에서는 회절 현상이 거의 기대되지 않는다. 곧 y에서의 불확정성이 크므로 p_y의 불확정량은 작아지며, 따라서 전자들은 곧장 직진하여 스크린에 기하학적 그림자를 형성할 것이다. 좁은 슬릿에서는 전자들이 스크린에 회절무늬를 만들게 된다. 전자들은 회절무늬 속으로 퍼져 나가는데, 이것은 전자들이 슬릿을 통과할

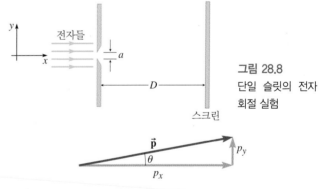

그림 28.8 단일 슬릿의 전자 회절 실험

그림 28.9 각 θ로 빗나가는 하나의 전자가 운동량 벡터 $\vec{p}$를 갖고 있다. 그것의 성분들은 직각삼각형을 이용하여 얻을 수 있다.

때, 그 운동량의 y-성분들이 달라지기 때문이다. 회절무늬가 넓을수록, 슬릿을 통과하는 전자의 Δp_y는 더 커진다.

풀이 (a) 그림 28.9는 θ의 각도로 스크린을 향해 움직이는 전자의 운동량 벡터를 보여 주고 있다. 운동량의 y-성분은

$$p_y = p \sin \theta$$

가 된다.

(b) 회절무늬에서 첫 번째의 최소 밝기점의 각도는

$$\sin \theta = \frac{\lambda}{a} \qquad (25\text{-}12)$$

로 주어진다. 따라서 중심부의 밝은 영역에 떨어지는 전자들의 y-성분 운동량의 값의 범위는

$$-\frac{p\lambda}{a} < p_y < \frac{p\lambda}{a}$$

가 된다 . 운동량의 y-성분 불확정량은 근사적으로

$$\Delta p_y = \frac{p\lambda}{a}$$

가 된다.

(c) 위의 두 가지 불확정량의 곱은

$$\Delta y \Delta p_y = \frac{a}{2} \times \frac{p\lambda}{a} = \frac{p\lambda}{2}$$

이다. 여기에서 드브로이 관계식에 의해 $\lambda = h/p$이므로

$$\Delta y \Delta p_y = \frac{ph}{2p} = \frac{1}{2}h$$

가 된다. 따라서 여기에서 얻은 $\Delta y \Delta p_y$의 어림 계산 결과는 불확정량의 원리($\Delta y \Delta p_y \geq \frac{1}{2}\hbar$)로부터 요구되는 최소 불확정량의 곱보다 2π배만큼 더 큰 값이 된다.

검토 여기에서 대강 계산한 결과는 슬릿의 너비나 전자의 파장의 크기에 관계없이 불확정량의 곱 $\Delta y \Delta p_y$가 플랑크 상수 h의 크기 정도의 값을 늘 갖는다는 것을 보여 준다. 불확정성 원리에 따라, 두 가지의 불확정량은 서로 반비례 관계를 갖는다. 넓은 슬릿(Δy가 클 때)에서는 회절이 거의 미미하게 일어나며(Δp_y가 작고), 반면에 좁은 슬릿(Δy가 작을 때)에서는 큰 회절무늬를 만든다(Δp_y가 커짐).

실전문제 28.3 **갇힌 전자**

전자 한 개가 길이 150 nm인 "양자 도선" 속에 갇혀 있다. 전자의 운동량 중에서 도선의 방향에 나란한 성분이 갖는 불확정량의 최소값은 얼마인가? 마찬가지로, 전자의 속도 성분 중 도선에 나란한 성분의 불확정량의 최솟값은 얼마인가?

에너지-시간 불확정성 원리

또 다른 불확정성 원리는 에너지와 관련이 있다. 만일 하나의 계, 예를 들어 원자가 시간 Δt 동안 특정한 양자 상태에 있게 되면, 그 상태의 에너지 불확정량은 그 상태의 수명(Δt)과 다음의 관계를 갖는다.

$$\Delta E \, \Delta t \geq \frac{1}{2}\hbar \qquad (28\text{-}3)$$

28.5 갇힌 입자의 파동함수
WAVE FUNCTIONS FOR A CONFINED PARTICLE

갇혀 있지 않은 입자는 어떠한 값의 운동량 또는 에너지를 가질 수 있다. 전자 회절 실험이나 전자 현미경의 전자가 가지는 드브로이 파장의 크기에는 아무런 이론적인 제약이 없다. 반면에, 원자 속에 존재하는 전자들은 띄엄띄엄한, 다시 말해서 양자화된 특정 에너지 준위들만을 가질 수 있다. 이 두 차이점은 전자가 공간 속에 속박되어 있느냐 하는 것이다. 곧 갇힌 입자는 양자화된 에너지 준위들을 갖게 된다.

하나의 좋은 비유로 줄의 진동이 만드는 횡파를 들 수 있다. 매우 긴 줄을 따라가는 파동의 경우에는 파장은 어떠한 값이든 가능하다. 그러나 유한한 길이 L인 줄에 갇혀 있는 정상파의 경우에는 특정한 파장들만 가능하다(11.10절 참조). 만일 줄

의 양 끝이 모두 고정되어 있다면, 허용되는 파장은

$$\lambda_n = \frac{2L}{n} \quad (n = 1, 2, 3, \cdots) \tag{11-11b}$$

이 된다.

최대 파장, 곧 $\lambda = 2L$일 때의 줄의 진동수는 최솟값(기본 진동)을 갖는다. 정상파는 양자화 현상의 고전적 보기이다.

똑같은 일이 전자와 같은 입자들의 경우에도 일어난다. 만일 이것들이 갇혀 있지 않으면, 해당되는 드브로이 파장이나 에너지의 값에는 아무런 제약이 없다. 그러나 갇혀 있을 때에는 허용된 특정한 값의 파장과 에너지만 가능하다.

줄 위에서의 파동을 묘사하는 파동함수 $y(x, t)$는 줄 위에서의 위치 x와 시각 t의 함수로 나타낸 변위 y이다. 일차원 공간에 존재하는 입자의 양자역학적 파동함수는 $\psi(x, t)$로 나타낸다. 여기에서 ψ는 그리스 문자 프시를 가리킨다. 줄 위에서 생긴 횡파의 파동함수에 대해서는 그 의미를 쉽게 이해할 수 있다. 곧, 줄의 특정 위치에 있는 질점이 평형 위치로부터 얼마나 벗어나 있는지를 말해 주는 것이다. 양자역학적 파동함수 ψ의 물리적 의미에 관한 설명은 좀 나중에 다루기로 한다.

상자 속의 입자

갇혀 있는 입자의 가장 단순한 모형은 절대 뚫고 넘어갈 수 없는 두 "벽" 사이에 갇혀서 벽 사이의 간격 L에서 일차원적으로 움직이는 입자이다. 입자는 $x = 0$과 $x = L$ 사이의 영역에서는 자유롭게 움직인다. 그러나 아무리 에너지가 크다고 해도 입자는 그 바깥 영역으로는 나갈 수 없다. 이 모형을 **상자 속의 입자**라고 부른다. 그러나 이 "상자"는 일차원적이다.

이러한 방법으로 갇혀 있는 입자의 경우 파동함수는 위에서 다룬 양 끝이 고정된 줄 위에서의 횡파와 완전히 같은 모양을 지니고, 따라서 허용되는 파장도 똑같다.

$$\lambda_n = \frac{2L}{n} \quad (n = 1, 2, 3, \cdots) \tag{28-4}$$

이 입자의 드브로이 파장은 운동량과의 관계식으로부터 다음과 같다.

$$p_n = \frac{h}{\lambda_n} = \frac{nh}{2L} \tag{28-5}$$

그림 28.10은 바닥상태(에너지가 가장 낮은 양자 상태)와 세 가지의 들뜬상태, 곧 $n = 1, 2, 3, 4$에 대한 파동함수들을 보여 주고 있다.

갇혀 있는 입자의 에너지는 어떤 값을 갖는가? 그 에너지는 퍼텐셜에너지와 운동에너지의 합이다. 상자 속에서는 어디에서나 퍼텐셜에너지가 같다. 편의상 상자 속의 퍼텐셜에너지는 $U = 0$으로 잡는다. 운동에너지는 운동량으로부터 다음과 같다.

$$K = \frac{1}{2}mv^2 = \frac{(mv)^2}{2m} = \frac{p^2}{2m} \tag{28-6}$$

연결고리

상자 안의 입자에 대한 파장은 양쪽 끝에 고정된 줄 위의 파동과 동일하다(11.10절 참조).

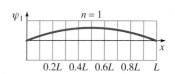

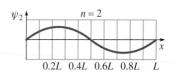

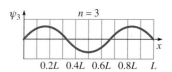

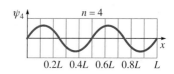

그림 28.10 상자 속의 입자에 관한 파동함수($n = 1, 2, 3, 4$).

$$E = K + U = \frac{p^2}{2m} + 0 = \frac{n^2 h^2}{8mL^2} \qquad (28\text{-}7)$$

줄의 파동의 경우에, 최소의 진동수를 갖는 기본 진동이 있듯이, 갇혀 있는 입자의 경우에는 바닥상태($n = 1$)에서 최저 에너지를 갖는다. 바닥상태의 에너지는 다음과 같다.

$$E_1 = \frac{h^2}{8mL^2} \qquad (28\text{-}8)$$

최저 에너지의 값이 0이 아니라는 사실은 중요한 물리적 뜻을 지닌다. 갇혀 있는 속박된 입자는 0의 운동에너지를 가질 수 없다. 보다 작은 상자 속에 갇혀 있는 입자의 바닥상태 에너지는 보다 더 크다. 이것은 불확정성 원리로 설명될 수 있다. 곧, 보다 작은 상자 속의 입자의 경우, 위치의 불확정량은 보다 작아지고($\Delta x \approx L/2$), 따라서 운동량의 불확정량은 더 커진다. 상자 속에 있는 입자의 운동량의 크기는 $p = h/\lambda$로 일정하지만, 운동량의 x-성분은 $+p$ 혹은 $-p$의 두 가지 값을 가질 수 있다. 그러므로 바닥상태에서는 $\Delta p_x \approx h/2L$이 되고 불확정량의 곱은

$$\Delta x \, \Delta p_x \approx \frac{1}{2}L \times \frac{h}{2L} = \frac{1}{4}h = \frac{\pi}{2}\hbar$$

가 된다. 곧, 위치와 운동량에 대한 두 불확정 값의 근사치를 사용하여 상자 속에 있는 입자의 바닥상태 에너지를 어림셈하면 그 값은 실제의 정확한 값과 π배만큼의 차이밖에 나지 않는다.

들뜬상태에서 에너지들은

$$E_n = n^2 E_1 \qquad (28\text{-}9)$$

이 된다. 수소 원자의 경우와 마찬가지로, 상자 속의 입자는 들뜬상태 n에서 낮은 에너지 상태 m으로 전이할 수 있고, 이때 다음과 같은 에너지를 갖는 광자 한 개를 내어놓는다.

$$E = E_n - E_m \qquad (28\text{-}10)$$

주목할 점은 n이 커짐에 따라 에너지 준위들은 점점 벌어진다는 사실이다. 반면 수소 원자의 경우에는 n이 커짐에 따라 에너지 준위들은 점점 촘촘하게 가까워진다. 이 차이는 어디에서 비롯되는 것일까? 상자 속의 입자는 입자의 에너지가 아무리 증가하더라도 여전히 일정한 크기 L의 공간 속에 갇혀 있다. 반면에 수소 원자 속에 전자를 갇히게 하는 퍼텐셜에너지는 천천히 변한다(그림 28.11). 곧 전자의 에너지가 증가할 때 상자의 크기 또한 증가한다.

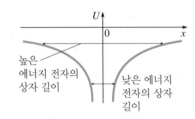

그림 28.11 수소 원자 속에 있는 전자의 퍼텐셜에너지(x변수의 함수로 나타냄). 편의상 전자는 1차원 상자 속에 갇혀 있다고 가정한다. 원자핵은 $x = 0$에 있다.

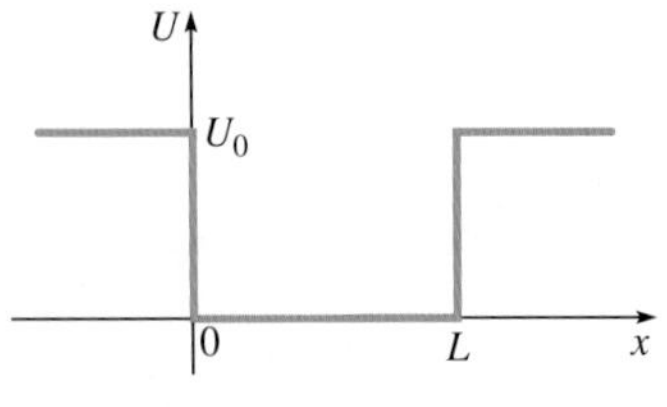

유한한(퍼텐셜) 상자

일차원에 갇힌 입자에 대한 조금 더 실제적인 모형은 입자가 유한한 높이를 가지는 퍼텐셜 상자 속에 놓여 있다고 보는 것이다. 이 모형에서는 상자의 "벽"은 투과 불가능한 것이 아니다. 곧, 그림 28.12에서 보듯이, 상자 바깥의 퍼텐셜에너지($U = U_0$)는 상자 안의 퍼텐셜에너지($U = 0$)보다 높다. 높이가 유한한 퍼텐셜 상자 속에 있

그림 28.12 유한한 상자 속에 놓인 입자의 퍼텐셜에너지.

는 입자의 경우, 속박 상태($E < U_0$)의 에너지는 양자화되기는 하지만 속박 상태의 수는 유한하다. 만일 입자의 에너지 E가 U_0보다 크다면, 입자는 더 이상 상자 속에 갇혀 있지 않는다. 이와 같이 자유 상태에 놓인 경우, 입자는 상자 속에 갇혀 있지 않으므로 파장과 에너지는 연속적인 값을 가질 수 있다.

높이가 유한한 상자 안에 속박된 상태로 있는 입자의 파동함수는 벽과 그 바깥의 모든 영역에서 0이 아닌 유한한 값을 갖는다. 곧 파동함수는 퍼텐셜 벽의 경계 너머로 조금 퍼져나가게 되고, 상자의 경계면에서의 거리가 멀어짐에 따라 지수 함수적으로 감소한다(그림 28.13). 고전물리학에 따르면 $E < U_0$인 입자는 상자 바깥 영역으로 결코 나갈 수 없다. 그럴 때는 상자 바깥에서의 운동에너지가 음이 되기 때문이다. 많은 실험 결과들이 양자역학의 예측대로 갇힌 입자의 파동함수가 퍼텐셜 상자 바깥으로까지 확장된다는 사실을 입증하고 있다.

양자우리

1993년에 IBM의 연구자들은 전자를 가두는 이차원 유한 상자인 양자우리(quantum corral, 그림 28.14)라는 것을 만들었다. 양자우리는 구리 결정의 표면상에 48개의 철 원자들을 반지름이 7.13 nm인 원형 고리 모양으로 배열하여 만든 것이다. 철 원자로 이루어진 원형 고리는 그 안에 전자들을 가두어 둔다. 그림의 잔결들은 전자들의 파동함수가 만들어 내는 원형의 정상파를 보여 준다. 곧 양자우리는 파동함수가 어떻게 생겼는지를 직접 보게 해 준다. 주사 터널링 전자 현미경(28.10절)을 사용하여 먼저 철 원자들을 하나씩 양자우리의 제자리에 갖다 놓고, 그러고는 양자우리의 상을 만들었다.

파동함수의 의미

1925년 슈뢰딩거(Erwin Schrodinger, 1887~1961)는 입자의 파동성에 관한 드브로이의 논문을 접하였다. 그 후 2, 3주 동안에 슈뢰딩거는 양자역학의 기본 방정식을 세웠다. 양자역학적 파동함수는 슈뢰딩거 방정식의 풀이이다.

파동함수에 관한 통계적 의미를 최초로 부여한 사람은 보른(Max Born, 1882~1970)이었다. 곧

> 어떤 주어진 영역에서 입자를 발견할 수 있는 확률은 파동함수의 크기의 **제곱**에 비례한다는 것이다. 곧 $P \propto |\psi|^2$이 된다.

좀 더 정확하게 말하면, 입자를 정확히 수학적인 한 점에서 발견하는 것을 기대할 수는 없지만 공간의 작은 영역에서 발견될 확률을 계산할 수 있다. 일차원에서 $|\psi|^2 \Delta x$는 입자가 x와 $x + \Delta x$ 사이에서 발견될 확률을 준다.

이런 면에서 볼 때, 양자물리학은 고전물리학과는 달리 확률적이라고 할 수 있다. 한 입자의 미래의 상태는 그 입자의 현재 상태에 의해 완전히 결정되지 않는다. 비록 똑같은 두 입자가 다시 똑같은 환경에 놓여 있을지라도, 똑같이 행동하지 않을

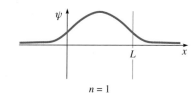

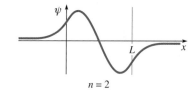

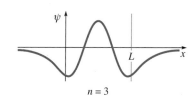

그림 28.13 유한한 상자 속에 갇힌 입자의 파동함수($n = 1, 2, 3$).

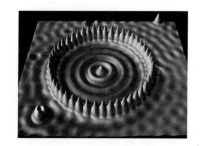

그림 28.14 양자우리의 주사 터널링 현미경 사진. 변색된 이 상에서, 전자의 정상파를 뚜렷이 볼 수 있다. 전자들을 둘러싸고 있는 것은 48개의 철 원자로서, 구리 기판 위에 양자우리의 울타리를 만들고 있다. 이 양자우리의 반지름은 7.13 nm이다.

연결고리

이 파동함수의 통계적 해석은 전자기파와 동일하다. 공간의 일부 영역에서 광자를 발견할 확률은 그 영역에서 파동함수(전기장은 진폭)의 제곱에 비례한다.

지 모른다. 두 개의 수소 원자들이 똑같은 들뜬상태에 놓여 있더라도, 똑같은 순간에 혹은 똑같은 방식으로 바닥상태로 떨어지지 않을 수도 있다. 한 원자가 들뜬상태에서 더 오래 머무를 수 있고, 혹은 각각 다른 중간 과정을 택할 수도 있는 것이다. 우리가 할 수 있는 최선의 것은 여러 에너지를 가진 광자들이 단위 시간당 방출되는 확률을 아는 것뿐이다.

핵물리학에서 확률은 필수적인 개념이다(29장 참조). 예를 들어, 똑같은 방사성 핵들이 각각 다른 시각에, 그리고 어쩌면 각각 다른 과정을 거쳐 붕괴할 수 있다. 우리는 원자핵의 총 개수가 반으로 줄어드는 반감기를 계산하고 측정하고 예측할 수는 있지만, 어떤 원자핵이 언제 또는 어떤 과정을 거쳐 붕괴할지는 알아낼 방법이 없다.

28.6　수소 원자: 파동함수와 양자수
THE HYDROGEN ATOM: WAVE FUNCTIONS AND QUANTUM NUMBERS

수소 원자의 양자론적 설명은 보어 모형과는 많은 차이가 있다. 전자는 양성자 주위를 원형 혹은 어떤 다른 모양의 궤도로 돌고 있는 것이 아니다. 관측자는 단지 전자를 특정 위치에서 발견할 확률만을 알아낼 수 있을 뿐이다.

독자들은 가끔 전자를 그림 28.15에서 보는 것과 비슷한 전자구름으로 그려 놓은 것을 본 적이 있을 것이다. 전자구름은 전자의 확률 분포를 나타내는 한 가지 방법이라고 할 수 있다. 그러나 전자의 실체가 흐린 구름처럼 퍼져 있는 것은 아니다. 왜냐하면 전자의 위치를 측정하기만 하면, 점입자로서의 전자를 발견할 수 있기 때문이다(만일 전자가 점입자가 아니라면, 실험의 결과는 전자의 크기가 10^{-17} m보다 작다고 나올 것이다. 이 크기는 양성자 크기의 $\frac{1}{100}$이며 원자 크기의 10^{-7}배만큼 작다). 비록 전자가 어떤 궤도를 따라 돌고 있지는 않지만, 전자는 운동에너지를 가지며 또한 각운동량을 가질 수 있다.

원자핵에 속박되어 있는 전자는 원자핵 주위의 공간에 갇혀 있으므로 에너지는 양자화된다. 일정한 에너지를 가지는 정지 상태(stationary state)에 있는 속박된 입자의 파동함수는 정상파이다. 전자의 파동함수는 삼차원 정상파이다.

양성자로부터 r만큼 떨어져 있는 전자의 퍼텐셜에너지는 다음과 같다.

$$U = -\frac{ke^2}{r}$$

여기서 $k = 1/(4\pi\epsilon_0) = 8.99 \times 10^9$ N·m^2/C^{2}는 쿨롱상수이다. 바닥상태에 있는 전자의 에너지는 보어 모형에서와 같이 $E_1 = -13.6$ eV가 된다. E_1은 전자가 원자핵으로부터 $2a_0$만큼 떨어진 곳의 퍼텐셜에너지와 같은 값을 가진다(그림 28.16). ($a_0 = \hbar^2/(m_e ke^2) = 52.9$ pm는 수소 원자의 보어 반지름이다.) $E = K + U$이므로, $r = 2a_0$에서의 전자의 운동에너지는 0이다. 고전물리학을 따른다면 전자는 $r > 2a_0$인 영역에서는 존재할 수 없지만, 양자역학의 파동함수는 $r > 2a_0$인 영역까지 퍼져 있다. 이것은 파동함수가 유한한 퍼텐셜 상자의 벽을 넘어가 퍼져 있는 것과 같다.

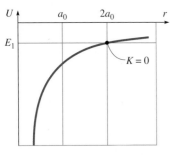

그림 28.15　수소 원자의 바닥상태를 전자구름으로 나타낸 그림. 이 구름은 확률 밀도를 나타내는 것으로서, 구름이 진한 곳은 전자가 더 있음직한 곳이다. 구름의 중심은 핵에 있다(보이지 않지만).

그림 28.16　이 그래프는 원자핵으로부터 r만큼 떨어진 곳에 있는 전자의 퍼텐셜에너지($U = -ke^2/r$)이다. E_1은 바닥상태의 에너지이다. $E = K + U$이므로 거리 r에서의 운동에너지는 E_1을 지나는 수평선과 $U(r)$를 나타내는 곡선 사이의 차이이다.

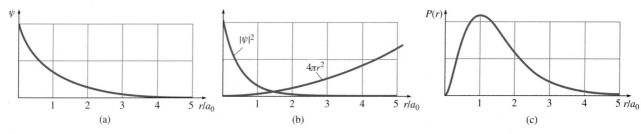

그림 28.17 (a) 수소 원자의 바닥상태에 대한 전자의 파동함수. (b) $|\psi|^2$와 $4\pi r^2$의 그래프. 이 두 양들은 양성자로부터 주어진 거리에서 전자를 발견할 확률을 결정하는 데에 있어 서로 맞서는 역할을 하는 인수들이다. $|\psi|^2$는 **단위 부피당의 확률**을 나타낸다. 원자핵으로부터 거리 r와 $r + \Delta r$ 사이의 공간의 부피는 얇은 구각의 넓이($4\pi r^2$)와 그것의 두께 Δr의 곱으로 나타낼 수 있다. (c) $4\pi r^2 |\psi|^2$의 그래프. 이 양은 전자가 원자핵으로부터 r와 $r + \Delta r$ 사이의 거리에서 발견될 확률에 비례한다. 이 확률은 $r = a_0$에서 최댓값을 갖는다.

　퍼텐셜에너지의 값이 일정하지 않기 때문에, 파동함수 $\psi(r)$는 한 개 파장의 파동으로 되어 있지 않다. 바닥상태($n = 1$)의 파동함수 $\psi(r)$는 그림 28.17a에 나타나 있다. 파동함수는 $r = 0$에서 최대의 값을 가지나, 전자가 발견될 확률이 가장 높은 반지름은 0이 아니라 a_0이다(그림 28.17b,c 참조).

양자수

전자의 양자 상태는 n 값만으로 결정되지는 않음이 밝혀졌다. 전자의 양자 상태를 나타내기 위해서는 네 개의 **양자수**quantum numbers가 필요하다. 정수 n은 **주 양자수** principal quantum number라고 부른다. 에너지 준위들은 보어의 에너지들과 같다. 곧

$$E_n = \frac{E_1}{n^2}, \quad E_1 = -\frac{m_e k^2 e^4}{2\hbar^2} = -13.6 \text{ eV} \qquad (28\text{-}11)$$

이다. 주어진 주 양자수 n에 대하여 전자의 궤도 각운동량 $\vec{L}$은 다음과 같이 n개의 다른 값을 가진다.

$$L = \sqrt{\ell(\ell + 1)}\,\hbar, \quad \ell = 0, 1, 2, \cdots, n - 1 \qquad (28\text{-}12)$$

주어진 주 양자수 n 값에 대하여 **궤도 각운동량 양자수**orbital angular momentum quantum number ℓ의 값은 0부터 $n - 1$까지의 정수값을 가질 수 있다. 바닥상태($n = 1$)에서는 $\ell = 0$의 값만이 가능하다. 곧 바닥상태의 각운동량의 값은 $L = 0$이다. n 값이 높아져서 들뜬상태가 되면 L 값은 0도 가능하고 0이 아닌 값도 가능하다. L을 궤도 각운동량이라고 부르는 것은 이것이 전자의 운동과 관련이 있기 때문이다. 그러나 전자가 특별한 궤도를 따라 움직이지는 않음에 유의하여라.

　궤도 각운동량 양자수 ℓ은 궤도 각운동량의 크기 L만을 결정짓는다. 그러면 궤도 각운동량의 방향은 어떻게 되는가? 이 방향 또한 양자화됨을 알 수 있다. 주어진 n과 ℓ에 관하여 특정 방향, 예를 들어 z-축 방향에 대한 각운동량 $\vec{L}$의 성분은 $(2\ell + 1)$개의 양자화된 값을 가질 수 있다.

$$L_z = m_\ell \hbar, \quad m_\ell = -\ell, -\ell + 1, \cdots, -1, 0, +1, \cdots, \ell - 1, \ell \qquad (28\text{-}13)$$

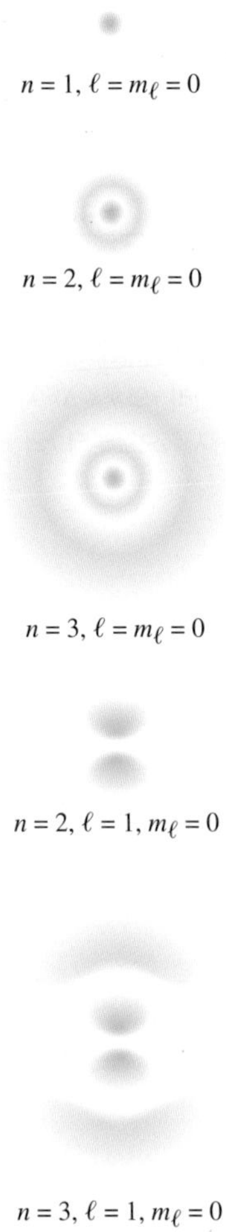

$n = 1, \ell = m_\ell = 0$

$n = 2, \ell = m_\ell = 0$

$n = 3, \ell = m_\ell = 0$

$n = 2, \ell = 1, m_\ell = 0$

$n = 3, \ell = 1, m_\ell = 0$

그림 28.18 수소 원자의 몇 가지 양자 상태에 관한 확률밀도 $|\psi|^2$의 전자구름 그림. 그림들은 단일 평면에서의 확률밀도를 보여 주고 있다. 3차원에서는 전자 구름이 어떻게 보일까 하는 것에 관해서는 각각의 그림들을 연직 축 둘레로 돌리는 경우를 상상하여 보아라.

궤도 자기양자수orbital magnetic quantum number m_ℓ은 $-\ell$부터 ℓ까지 정수값을 가질 수 있다.

그림 28.18에서는 수소 원자의 여러 가지 양자 상태에 관한 확률밀도($|\psi|^2$)를 보여 주고 있다. 각운동량이 0인 ($\ell = 0$) 양자 상태는 구대칭이고, 그렇지 않은 경우 ($\ell \neq 0$)에는 구대칭이 아님을 주목하여라.

운동에 관련되는 각운동량 외에, 전자는 고유 각운동량(스핀 각운동량) $\vec{S}$를 갖는데, 그 크기는 $S = (\sqrt{3}/2)\hbar$이다. 원래는 전자가 한 축을 중심으로 자전운동을 한다고 생각했었기에 지금도 S를 스핀 각운동량이라고 부르지만, 전자가 자전운동을 하는 것은 아니다. 현재까지 전자는 점입자로 알려져 있는데, 자전운동으로 이러한 각운동량을 갖게 되려면 전자의 크기는 커야 할 뿐 아니라 상대론을 위배해야 하기 때문이다. 스핀 각운동량은 전하 또는 질량과 마찬가지로 전자의 고유한 성질로 볼 수 있다.

전자는 언제나 똑같은 크기의 스핀 각운동량을 갖고, $\vec{S}$의 z-성분은 두 가지 값이 가능하다.

$$S_z = m_s\hbar, \quad m_s = \pm\frac{1}{2} \tag{28-14}$$

스핀 자기양자수spin magnetic quantum number m_s의 두 가지 값은 각각 스핀-위(spin up) 그리고 스핀-아래(spin down)로 종종 불린다(양자수 m_ℓ과 m_s에는 자기라는 수식어가 붙는데, 이는 원자가 외부 자기장 속에 놓일 때 그 에너지가 양자수에 따라 다른 값을 갖기 때문이다).

수소 원자 속의 전자의 상태는 네 가지 양자수 n, ℓ, m_ℓ, m_s에 의해 완전히 결정된다.

✓ 살펴보기 28.6

주 양자수 $n = 2$인 수소 원자에서 모든 가능한 전자 상태에 대한 양자수를 나열하여라.

28.7 배타원리와 수소 원자 이외의 원자들의 전자배위
THE EXCLUSION PRINCIPLE; ELECTRON CONFIGURATIONS FOR ATOMS OTHER THAN HYDROGEN

파울리(Wolfgang Pauli, 1900~1958)**의 배타원리**exclusion principle에 따르면, 원자 속의 두 전자는 똑같은 양자 상태에 같이 있을 수 없다. 어느 원자 속의 전자도 그 양자 상태는 수소의 경우와 똑같이 네 가지 양자수 n, ℓ, m_ℓ, m_s(표 28.1 참조)를 사용하여 나타낸다. 그러나 전자의 에너지 준위들은 수소의 경우와는 달라진다. 전자가 둘 이상인 원자에서는 전자 사이의 상호작용을 고려하여야 하기 때문이다. 또한 원자핵의 전하가 원소마다 다르다. 따라서 원자의 종류가 달라지면 네 가지 양자수가 같더라도 같은 에너지 준위를 가지지 않는다.

표 28.1 원자 속 전자들의 양자수의 종류

기호	양자수의 종류	가능한 값
n	주 양자수	$1, 2, 3, \ldots$
ℓ	궤도 각운동량 양자수	$0, 1, 2, 3, \ldots, n-1$
m_ℓ	궤도 자기양자수	$-\ell, -\ell+1, \ldots, -1, 0, 1, \ldots, \ell-1, \ell$
m_s	스핀 자기양자수	$-\frac{1}{2}, +\frac{1}{2}$

껍질과 버금껍질　일정한 주 양자수 n 값을 갖는 모든 전자 상태의 조합을 **전자 껍질**shell이라고 부른다. 각각의 껍질은 하나 또는 그 이상의 **버금껍질**subshell로 이루어져 있다. 각각의 버금껍질은 양자수 n과 ℓ의 값에 의해 정해진다. 버금껍질은 흔히 n의 값 다음에 ℓ의 값을 표시하는 알파벳 소문자 기호를 첨부하여 나타낸다. 알파벳 소문자 s, p, d, f, g, h는 각각 $\ell = 0, 1, 2, 3, 4, 5$를 나타낸다(표 28.2 참조). 보기로서, $3p$는 $n = 3$, $\ell = 1$인 버금껍질을 말한다. 소문자 기호 s, p, d는 양자 이론이 출현하기 훨씬 전에 관측된 스펙트럼선의 특징을 기술하는 단어로부터 따온 것이다. 가장 많이 나타나는 주(principal) 스펙트럼은 $\ell = 1$인 버금껍질에서 나오는 스펙트럼에서 유래한 것이다. $\ell = 0$인 버금껍질에서 나오는 스펙트럼은 겉보기가 특별히 뚜렷하다(sharp). 한편 $\ell = 2$ 버금껍질에서 나오는 스펙트럼선은 다른 경우보다 넓게 퍼져(diffuse) 있다.

　궤도 각운동량 양자수 ℓ은 0과 $n-1$ 사이의 어떤 정수의 값을 가질 수 있으므로, 주어진 양자수 n에 해당하는 껍질 안에는 n개의 버금껍질이 존재한다. 그래서 $n = 3$인 껍질 속에는 3개의 버금껍질($3s$, $3p$, $3d$)이 있다. 그 버금껍질 속의 전자의 개수는 버금껍질 기호 뒤에 위첨자를 써서 나타낸다. 이러한 간결한 표현으로써 원자 속의 전자배위를 나타낸다. 예를 들어, 질소 원자의 바닥상태의 전자배위는 $1s^2 2s^2 2p^3$로 나타낸다. 곧 $1s$ 버금껍질에 두 개의 전자, $2s$에도 두 개의 전자 그리고 $2p$ 껍질에는 세 개의 전자가 존재한다.

궤도　각각의 버금껍질은 차례로 하나 또는 그 이상의 **궤도함수**orbitals들로 구성되어 있는데, 여기에서 이들은 n, ℓ, m_ℓ로 명기된다. m_ℓ은 $-\ell$부터 $+\ell$까지의 어떤 정수도 될 수 있으므로 하나의 버금껍질 속에는 $(2\ell+1)$개의 궤도함수가 존재한다. 그러므로 s버금껍질은 하나의 궤도함수를 가질 뿐이고, p버금껍질은 3개의 궤도함수, d 버금껍질은 5개의 궤도함수를 갖게 된다. 각각의 궤도함수에는 두 개의 전자가 채워질 수 있다. 이것들 중 하나는 위쪽 스핀$\left(m_s = +\frac{1}{2}\right)$ 상태이고, 다른 것은 아래쪽 스핀

표 28.2 전자 버금껍질들의 요약

$\ell =$	0	1	2	3	4	5
분광학 기호	s	p	d	f	g	h
버금껍질의 상태 수	2	6	10	14	18	22

$\left(m_s = -\frac{1}{2}\right)$ 상태이다.

> 버금껍질 속에 가능한 전자 상태의 수는 $4\ell + 2$이고,
> 껍질 속에서의 상태의 수는 $2n^2$이다.　　　(28-15)

바닥상태 배위　원자의 바닥상태(곧 최저 에너지)의 전자배위를 구하려면 먼저 최저 에너지 상태로부터 시작하여 전자의 상태들에 모든 전자를 채울 때까지 전자를 채워나가면 된다. 파울리의 배타원리에 따르면, 각각의 양자 상태에는 하나의 전자만 존재할 수 있다. 일반적으로 버금껍질을 에너지 크기가 증가하는 순서로 늘어놓으면 다음과 같다.

> $1s, 2s, 2p, 3s, 3p, 4s, 3d, 4p, 5s, 4d, 5p, 6s, 4f, 5d, 6p, 7s$　(28-16)

그렇지만 몇 가지의 예외가 있다. 각각의 버금껍질들의 에너지는 원자의 종류에 따라 달라질 수 있다. 곧, 원자핵들의 전하가 다른 것과 전자들 사이의 상호작용 등으로 인하여 에너지 준위들이 원자에 따라 약간씩 달라지게 된다. 그래서 보기를 들면, 크롬(Cr, 원자번호 24)의 바닥상태는 $1s^2 2s^2 2p^6 3s^2 3p^6 4s^2 3d^4$가 아니고 $1s^2 2s^2 2p^6 3s^2 3p^6 4s^1 3d^5$이다. 이와 비슷한 경우로, 구리(Cu, 원자번호 29)의 바닥 상태는 $1s^2 2s^2 2p^6 3s^2 3p^6 4s^2 3d^9$가 아니고 $1s^2 2s^2 2p^6 3s^2 3p^6 4s^1 3d^{10}$의 배열을 갖는다. 주기율표에서의 원자번호 56까지의 원소 중 8개의 원소들만이 식 (28-16)의 버금껍질 순서에서 벗어난다. 곧,

Cr, Cu, Nb, Mo, Ru, Rh, Pd, Ag

이다. 원자 번호가 56보다 큰 원소들의 전자 배치에서는 작은 원소들보다는 더 많은 예외적인 경우가 나타난다.

보기 28.4

비소원자의 전자배위

비소(As, 원자번호 33)는 바닥상태에서 $6 + 2 + 10 = 30$개의 전자를 갖는다. 나머지 3개의 전자는 어떻게 되겠는가?

전략　비소의 원자번호는 33이므로 원자가 전기적으로 중성일 때에는 33개의 전자들이 있다. 원자번호가 56보다 크면 예외로 다뤄야 하는데 비소는 그렇지 않으므로 식 (28-16)에서의 규칙에 따라 버금껍질에 전자를 채워서 총 전자수가 33개가 될 때까지 채우면 된다. 버금껍질에 들어갈 수 있는 전자수는 $4\ell + 2$이다. s껍질($\ell = 0$)은 최대 $4 \times 0 + 2 = 2$개의 전자, p껍질($\ell = 1$)은 $4 \times 1 + 2 = 6$개의 전자, d껍질($\ell = 2$)은

$4 \times 2 + 2 = 10$개의 전자를 수용할 수 있다.

풀이　버금껍질을 채워가면서 총 전자수를 세어가자. $1s^2 2s^2 2p^6 3s^2 3p^6 4s^2 3d^{10}$의 배위는 $2 + 2 + 6 + 2 + 6 + 2 + 10 = 30$개의 전자를 갖는다. 나머지 3개의 전자는 다음의 에너지 준위, 곧 $4p$로 들어간다. 곧 바닥상태의 전자배위는

$$1s^2 2s^2 2p^6 3s^2 3p^6 4s^2 3d^{10} 4p^3$$

이다.

검토　예외적 규칙에 해당하지 않는 이 원소의 전자배위가

올바른지 거듭 확인하려면 다음과 같이 한다.

- 전체 전자들의 개수를 더해 본다.
- 버금껍질들의 차례가 식 (28-16)과 맞는지 살펴본다.
- 마지막 버금껍질을 제외한 모든 껍질이 꽉 찬 상태(s^2, p^6, d^{10})인지 확인한다.

만일 배위가 위의 세 점검사항에 맞는다면 그 배치는 옳다.

실전문제 28.4 인(P) 원자의 전자배위

원자번호 15인 인(P) 원자의 전자배위를 구하여라.

궤도 채우기 만일 버금껍질이 가득 차 있지 않다면, 그 버금껍질의 궤도 상태에 전자들을 어떻게 나누어 채워갈 것인가? 하나의 버금껍질은 $2\ell + 1$개의 궤도 상태들을 갖고 있고, 또 각 궤도 상태에는 두 개의 전자 상태가 있다는 사실을 기억하여라. 일반적으로, 모든 궤도 상태가 다 한 개씩의 전자를 가지기 전에는, 특정 궤도함수에 전자가 먼저 두 개씩 들어가는 일은 없다. 한 궤도 상태에 들어 있는 두 개의 전자들은 똑같은 공간 분포(전자구름)를 갖는다. 그래서 하나의 궤도함수에 들어 있는 두 전자들은 서로 다른 궤도함수에 들어있는 두 전자들보다 평균적으로 서로 더 가까이 있게 된다. 전자들 사이에는 척력이 작용하기 때문에, 서로 다른 궤도함수에 들어가 있는, 곧 서로 더 멀리 떨어져 있는 두 전자들의 에너지가 더 낮다. 보기를 들면, 비소(보기 28.4)에서 세 개의 $4p$ 전자들은 바닥상태에서 모두 서로 다른 궤도함수들을 갖고 있다. 곧 하나는 $m_\ell = 0$, 또 다른 하나는 $m_\ell = +1$, 나머지 것은 $m_\ell = -1$을 갖고 있다.

응용: 주기율표 이해하기

주기율표(부록 A-18 참조)의 원소들은 원자번호 Z에 따라 가로로 늘어놓은 것이다. 원소의 원자핵은 $+Ze$의 전하를 가지고, 전기적으로 중성인 원자는 Z개의 전자를 지닌다. 또한 원소들을 그것들의 전자배위에 따라 세로로 늘어놓았다(표 28.3 참조). 비슷한 전자배위들을 갖는 원소들은 또한 그 화학적 성질이 서로 비슷한 특성들을 갖는 경향이 있다.

비록 버금껍질의 에너지 준위가 원자에 따라 달라지지만, 그림 28.19는 여러 가지 원자들의 버금껍질의 에너지 준위에 관한 **일반적인** 모양을 보여 준다. 각각의 s 껍질과 그 아래 껍질 사이의 에너지 간격은 다른 경우보다 큼을 주목하라. 각각의 s-버금껍질은 주어진 껍질에서 에너지가 최소인 버금껍질이다. 새로운 껍질(n 값이 보다 큰 경우)에 전자가 채워질 때에 전자들은 원자핵으로부터 보다 멀리 떨어지

표 28.3 주기율표는 전자배위에 따라 원소들을 체계화한 것이다.

1A	2A	3B – 8B, 1B, 2B	3A	4A	5A	6A	7A	8A
알칼리 금속	알칼리 토류	전이원소, 란타니드, 악티나이드					할로겐	불활성 기체
s^1	s^2	$d^n s^2$, $d^n s^1$, 또는 $f^m d^n s^2$	$s^2 p^1$	$s^2 p^2$	$s^2 p^3$	$s^2 p^4$	$s^2 p^5$	$s^2 p^6$ (헬륨 예외)

원소의 주기율표(부록 A-18 참조)는 전자배위에 의해 열에 정렬된다. 유사한 전자 구성을 갖는 원소는 유사한 화학적 특성을 갖는 경향이 있다. 표에는 이전에 불활성 기체를 제외한 버금껍질만 나열되어 있다.

그림 28.19 원자 버금껍질들의 에너지 준위 도표. 버금껍질들의 에너지는 원자들에 따라 다르다. 이 그림은 에너지 준위 사이의 상대적 간격을 대략적으로 나타내고 있다. 버금껍질들은 바닥(최소 에너지)으로부터 채워져 올라간다.

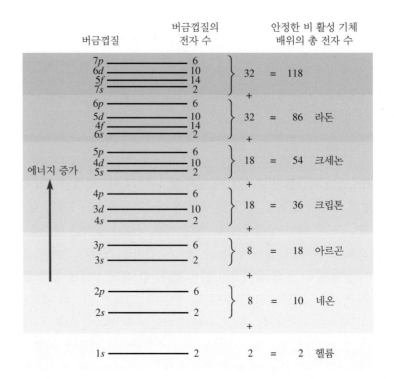

게 되어 약하게 결합된다. 가장 안정된 전자배위, 곧 이온화하기 힘들고 따라서 화학적으로 반응하지 않는 배위는 한 s-버금껍질 아래의 모든 버금껍질들이 채워진 경우가 된다. 이러한 안정된 배위를 갖는 원소들을 **비활성 기체**(noble gases, 8A족)라고 부른다. 헬륨은 $1s^2$의 전자배위를 갖는다. 곧, $2s$ 아래의 유일한 버금껍질이 채워진 상태이다. 나머지 비활성 기체들은 최고 에너지 준위에 있는 버금껍질인 p버금껍질이 채워져 있다. 네온($3s$ 아래의 모든 버금껍질들이 채워짐), 아르곤($4s$ 아래가 채워짐), 크립톤($5s$ 아래가 채워짐), 크세논($6s$ 아래가 채워짐) 그리고 라돈($7s$ 아래가 채워짐) 등이다.

헬륨 원자를 첫 번째의 들뜬상태인 $(1s^1 2s^1)$로 들뜨게 하는 데에 필요한 에너지는 약 20 eV로 상당히 큰 에너지인데, 이것은 $1s$와 $2s$ 버금껍질들 사이의 에너지 간격이 크기 때문이다. 리튬 원자를 첫 번째의 들뜬상태로 올리는 데에 필요한 에너지는 훨씬 작다(약 2 eV). 리튬과 다른 **알칼리 금속**(1A족)들은 비활성 기체의 전자배위의 위에 전자가 하나 있게 된다. 어떤 원자의 전자배위를 속기법으로서 표시할 때에는 비활성 기체의 전자배위 밖에 추가된 전자들에 대해서만 분광학적 표시로 나타내는데, 이것은 이 전자들만이 화학반응에 참여하기 때문이다. 그래서 리튬의 전자배위는 $[He]2s^1$, 나트륨은 $[Ne]3s^1$ 등으로 나타낸다. 이 s-버금껍질 속에 있는 단일 전자는 약하게 결합되어 있기 때문에 원자로부터 쉽게 떼어내질 수 있고, 이로 인하여 알칼리 금속들은 반응도가 매우 높다. 이 원자들은 그것들의 최외각 전자를 쉽게 내어 주고, $+e$ 전하를 갖는 이온으로서 안정된 비활성 기체의 전자배위를 가질 수 있다(알칼리 금속은 $+1$의 **원자가**[2]를 갖는다).

---

2) 원자가: 한 원자가 화학반응에서 얻거나 잃거나, 또는 공유하게 되는 전자들의 수.

알칼리 금속 원소들은 **할로겐**이라고 부르는 활성이 높은 원소(7A족)들과 쉽게 이온결합을 한다. 이 할로겐 원소들은 비활성 기체 배위에서 전자 하나가 모자라는 배위를 갖고 있다. 보기로, 염소(Cl, $[Ne]3s^2 3p^5$)에는 전자 하나만 더 추가되면 비활성 기체인 아르곤(Ar, $[Ne]3s^2 3p^6$)의 전자배위를 갖게 된다. 따라서 할로겐 원자들의 원자가는 −1이 된다. 나트륨은 약하게 결합된 외각 전자를 염소에게 내어 주고, 둘 다 이온(Na^+와 Cl^-)으로 남아 안정된 비활성 기체의 전자배위를 가질 수 있다. 두 이온 사이의 정전기적 인력으로 인하여 이온결합을 만들어 소금(NaCl)이 된다.

알칼리 토족(2A족)의 어미 원소들은 비활성 기체 배치 위에 s-버금껍질이 채워진 상태(s^2)를 갖는다. 이것들은 알칼리 금속만큼 반응성이 좋지 않은데, 그 까닭은 채워진 s-버금껍질이 어느 정도의 안정성을 주기 때문이다. 그러나 이 원소들도 두 개의 s-전자를 내어 놓고 비활성 기체의 전자배위를 얻을 수 있는데, 따라서 알칼리 토족 원소들은 보통 +2의 원자가를 갖고 행동한다.

주기율표의 가운데 영역으로 가면, 원소들의 화학적 성질이 더 미묘해진다. 두 개 또는 그 이상의 원소들이 서로 공유할 수 있는 궤도함수들 속에 짝이 없는 전자를 갖게 되면, 이것들 사이에 이른바 공유결합을 형성하게 된다. 탄소의 경우는 특히 흥미로운데, 그 바닥상태는 $1s^2 2s^2 2p^2$이다. 두 개의 $2p$ 전자들은 서로 다른 궤도 상태에 들어 있게 된다. 따라서 두 개의 짝 없는 전자들이 생겨나고, 바닥상태의 탄소 원자는 원자가가 2가 된다. 그렇지만 소량의 에너지만 주어도, 탄소 원자는 $1s^2 2s^1 2p^3$의 상태로 올라간다. 이제는 4개의 짝 없는 전자들이 있게 된다($2s$ 궤도 상태, 그리고 세 개의 $2p$궤도 상태가 각각 전자 한 개씩을 갖는다). 따라서 탄소 원자는 원자가 4를 나타낼 수도 있다.

1A, 2A, ···, 7A 등과 같이 그룹으로 표기하는 경우에, A 앞의 숫자는 비활성 기체의 전자배위 다음에 있는 전자들의 개수를 나타낸다. 전이원소의 경우에는 d-버금껍질에 전자들이 채워진다. 그것들의 전자배위는 대개 [비활성 기체]$d^n s^2$ 또 어떤 때에는 [비활성 기체]$d^n s^1$의 꼴을 가지게 되는데, 여기에서 n은 $0 \leq n \leq 10$의 범위의 값을 갖는다. **란탄족과 악틴족**의 원소들의 경우에는 f-버금껍질이 전자들로 채워진다. 그것들의 전자배위는 [비활성 기체]$f^m d^n s^2$가 되고 m은 $0 \leq m \leq 14$ 그리고 n은 $0 \leq n \leq 10$의 범위의 값을 갖는다. d-버금껍질과 f-버금껍질의 전자들은 s- 또 p-버금껍질의 전자들보다 화학반응에 덜 참여하고, 따라서 이 전이원소, 곧 란탄족, 악틴족 원소들의 화학적 성질은 주로 그것들의 최외각 s-버금껍질에 의하여 결정된다.

28.8 고체 속에서의 전자들의 에너지 준위
ELECTRON ENERGY LEVELS IN A SOLID

고립된 원자는 원자 속의 양자화된 에너지 준위를 나타내는 띄엄띄엄한 광자에너지를 방출한다. 가스방전관 안에는 많은 기체 원자(또는 분자)들이 들어 있으나, 내부 압력이 낮아서 원자들은 서로 꽤 멀리 떨어져 있다. 다른 원자들 속의 전자들의

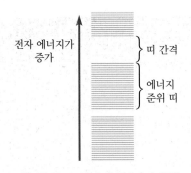

전자 에너지가 증가

} 띠 간격

} 에너지 준위 띠

그림 28.20 고체 속의 전자에너지들은 촘촘히 늘어선 에너지 준위들로 이루어진 띠 모양을 이룬다. 띠 간격은 전자 에너지 준위가 존재하지 않는 에너지 영역을 말한다.

파동함수가 꽤 많이 겹치지 않는다면 각 원자가 내어 놓는 광자들의 에너지는 고립된 하나의 원자가 방출하는 것과 같다.

반면에 고체가 복사하는 스펙트럼은 선 스펙트럼이 아니라 연속적인 스펙트럼을 방출한다. 그럼 에너지의 양자화는 어떻게 된 것인가? 사실 에너지 준위는 여전히 양자화되었지만, 많은 경우에 간격이 너무 촘촘하여 연속적인 **띠**band를 이루는 것으로 볼 수 있다. 전자 에너지 준위가 존재하지 않는 에너지 값의 영역인 **띠 간격**band gaps도 생겨난다(그림 28.20).

고체의 전자 바닥상태를 구현해 가는 과정은 원자의 바닥상태를 구하는 과정과 비슷하다. 곧 파울리의 배타원리에 따라서 최저 에너지의 준위로부터 시작하여 차곡차곡 전자 상태를 채워가면 된다. 상온에서의 고체는 바닥상태에 놓여 있는 것은 아니다. 그러나 상온에서의 전자 배치는 절대영도의 바닥상태의 경우와 크게 다르지 않다. 열에너지 차이에 해당하는 여분의 에너지에 의해 전체 전자 중 일부분(그러나 그 개수는 여전히 크다.)은 더 높은 에너지 준위 상태로 올라가게 되고, 낮은 에너지 상태에는 그만큼 비게 된다. 열적으로 들뜰 수 있는 전자 상태의 에너지 영역은 대략 $k_B T$ 정도로서 작다. 여기서 $k_B = 1.38 \times 10^{-23} \text{J/K} = 8.62 \times 10^{-5} \text{eV/K}$는 볼츠만 상수이다.

도체, 반도체 및 절연체

고체의 바닥상태(곧 절대영도)에서의 전자배위는 그 고체의 전기 전도도를 결정짓는다. 만일 $T = 0$에서 채워진 전자 상태 중 에너지가 최고인 것이 에너지 띠의 가운데에 놓여 있고, 이 에너지 띠의 일부분만이 전자로 채워져 있다면, 이 고체는 도체가 된다(그림 28.21). 전류가 흐르기 위해서는 외부 전기장(도체에 연결된 전지에 의한)이 전도전자들의 운동량과 에너지를 변화시킬 수 있어야만 한다. 그런데 이것이 가능하려면 전자들이 전이해 옮겨갈 수 있는, 곧 비어 있는 전자 상태가 바로 가까이에 있을 때이다. 지금의 경우에서는 띠의 일부분만 채워져 있어서 채워진 최상위 에너지 상태 바로 위에는 많은 상태들이 비어 있다.

반면, 만일 바닥상태의 전자배위가 특정 에너지 띠의 바로 꼭대기의 전자 상태까지 꽉 채운다면, 그 고체는 반도체 또는 부도체가 된다. 이 두 가지의 차이는 완전히 채워진 띠(원자가 띠) 위의 띠 간격 E_g의 크기가 열적 에너지($\approx k_B T$)에 비해 얼마나 되느냐에 따라서, 곧 그 고체의 온도에 의존된다.

상온에서 반도체로 생각되는 물질들의 대부분은 그 띠 간격이 0.1 eV에서 2.2 eV 사이의 값을 갖는다. 현재의 기술 발전에 있어서 매우 중요한 반도체인 실리콘(Si)은 1.1 eV의 띠 간격을 갖는데, 이것은 상온에서의 열에너지(0.025 eV)의 약 40배가 된다. 반도체에서 상위 에너지 띠로 들뜨는 전자들의 개수는 도체에서보다 훨씬 적다. 그 이유는 똑같은 띠 속에서는 들떠서 들어갈 에너지 준위들이 남아 있지 않기 때문이다. 전류를 흐르게 하는 전자들은 대부분 띠 간격 위의 비어 있는 띠(전도 띠)로 올라간 것들만이다.

비교적으로 적은 수의 전자들이 전도 띠로 이동하기 때문에, 옮겨간 전자들과 똑같은 수의 비어 있는 전자 상태들이 원자가 띠 꼭지 가까이에 존재하게 된다. 가까운 상태들에 있는 전자들은 비어 있는 이 홀들로 쉽게 "떨어질" 수 있고, 따라서 이 빈 자리를 채우고 또 다른 빈자리가 만들어지게 된다. 이 **홀**^{holes}(양공)들은 $+e$ 전하를 지니는 입자처럼 행동하는데, 곧 외부 전기장이 주어질 때에 양공은 전도전자와는 반대 방향으로 움직인다. 따라서 반도체 속에서의 전류는 전자의 흐름에 의한 성분과 양공의 흐름에 의한 두 성분으로 이루어진다.

28.9 레이저 LASERS

레이저는 단색광의 결맞는 강렬한 평행광을 뿜어낸다. **레이저**^{laser}라는 단어는 유도 방출에 의한 빛의 증폭(light amplification by stimulated emission of radiation)의 알파벳 머리글자에서 나온 것이다.

유도 방출

E'은 한 원자의 비어 있는 에너지 준위이고, E는 그것보다 낮은 에너지 준위로서 전자가 채워져 있는 경우, 에너지가 $\Delta E = E' - E$인 광자가 원자에 오면 광자는 원자에 흡수되어 전자를 이 높은 에너지 준위로 끌어 올릴 수 있다(그림 28.22a). 만일 보다 높은 에너지 준위가 전자로 채워져 있고 낮은 에너지 준위가 비어 있다면, 전자는 자발적으로 에너지가 ΔE인 광자를 방출하면서 낮은 에너지 준위로 떨어질 수 있다(그림 28.22b).

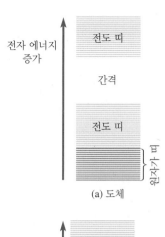
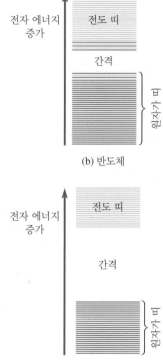

그림 28.21 (a) 도체, (b) 반도체, (c) 부도체에서의 전자에너지 띠들. 각각의 수평 방향의 선들은 개개의 전자에너지 준위를 나타낸다. 보다 검은 선들은 전자로 채워진 에너지 준위들이다. 실온에서의 반도체는 원자가 띠의 대부분은 전자로 채워지고, 비교적 적은 수의 전자들이 열적으로 들뜬상태가 되어 전도 띠로 올라가게 되며, 대신에 원자가 띠의 윗부분은 얼마쯤 비어 있는 상태로 된다.

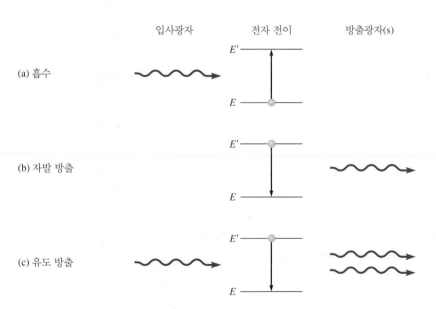

그림 28.22 원자에 의한 광자의 흡수, 자발 방출, 유도 방출. 모든 광자들은 $E' - E$(두 에너지 준위들 사이의 차이)와 같은 크기의 에너지(두 에너지 준위의 차)를 갖는다. 광자가 방출되기 위해서는(자발적이든 다른 광자의 유도에 의해서든), 전자는 처음에 높은 에너지 상태 E'에 있어야만 한다. 유도 방출의 경우, 입사하는 광자($E' - E$의 에너지를 가진)는 원자를 유도하여 광자를 방출하게 한다. 두 개의 광자는 에너지와 위상이 모두 똑같다.

흡수 및 자발 방출 이외에, 원자와 광자 사이의 세 번째의 상호작용이 1917년에 아인슈타인에 의해 제안되었다. **유도 방출**stimulated emission이라고 명명된 이 과정(그림 28.22c)은 일종의 공명 과정이다. 만일 전자가 보다 높은 에너지 준위에 있고 동시에 보다 낮은 에너지 준위가 비어 있다면, ΔE 에너지를 갖는 입사광자는 전자로 하여금 낮은 에너지 준위로 떨어지게 하며, 이때 또 다른 광자가 유도 방출된다. 이 때 방출되는 광자는 입사광자와 똑같다. 곧 에너지, 파장, 운동 방향, 위상이 모두 같다.

만일 유도 방출이 폭포처럼 일어난다면, 똑같은 광자들의 수가 크게 증가하게 된다. 레이저라는 단어에서 **빛의 증폭**(light amplification)이라는 표현은 여기에서 유래된 것이다. 광자들이 모두 똑같은 위상을 가지기 때문에 광자들은 모두 **결이 맞는 빛**이다. 광자들이 모두 똑같은 파장을 가지기 때문에 광자들의 빔은 **단색광**이고, 동시에 광자들의 운동 방향이 같기 때문에 광자들의 빔은 **평행광선**이다.

준안정 상태

대부분의 원자에서 전자들은 에너지가 최저인 바닥상태에 놓여 있는데 어떻게 유도 방출의 폭포가 일어날 수 있는가? 들뜬상태에 있는 원자는 자발 방출을 통해 한 개의 광자를 내보내면서 바닥상태로 돌아간다. 이러한 상황에서 에너지가 ΔE인 광자가 유도 방출을 일으킬 확률은 아주 낮다. 왜냐하면 들뜬상태에 놓여 있는 원자들이 거의 없기 때문이다. 그 대신 이 광자는 바닥상태에 있는 원자에 흡수될 확률이 훨씬 더 높을 것이다.

똑같은 광자들의 폭포가 있으려면 흡수보다는 유도 방출 과정의 확률이 더 높아야 한다. 곧, 보다 높은 에너지 상태에 있는 원자들이 보다 낮은 에너지 상태에 있는 원자보다 더 많아야 한다. 이것은 보통의 경우와는 반대에 해당하므로, **밀도반전**population inversion이라고 부른다. 만일 보다 높은 에너지 상태의 수명이 짧다면, 곧 들뜬상태의 원자가 광자를 빨리 방출한다면 밀도반전은 일어나기 어렵다. 그렇지만 들뜬상태 중 준안정 상태라고 부르는 특정한 상태들은 자발 방출이 일어나기까지 비교적 긴 시간을 버틴다. 만일 원자들을 이와 같은 **준안정 상태**metastable states로 빨리 끌어올릴 수 있다면, 밀도반전은 일어날 수 있다.

루비 레이저

밀도반전을 일으키는 한 가지 방법으로 **광펌핑**optical pumping이라는 것이 있다. 적절한 파장의 입사광을 흡수한 원자들은 수명이 짧은 들뜬상태로 전이하게 되고, 이로부터 원자들은 자발적으로 준안정 상태로 떨어지게 된다. 루비 레이저(그림 28.23a)는 1960년에 개발되었는데, 이러한 광펌핑 방법을 이용한다. 루비는 산화알루미늄의 결정(청옥)에서 알루미늄 원자들 중 일부를 크롬 원자들로 치환한 것이다. 크롬 이온 Cr^{3+}의 에너지 준위는 그림 28.23b에 나타나 있다. 에너지가 E_m인 준안정 상태는 에너지가 E_0인 바닥상태보다 1.79 eV만큼 에너지가 크다. 바닥

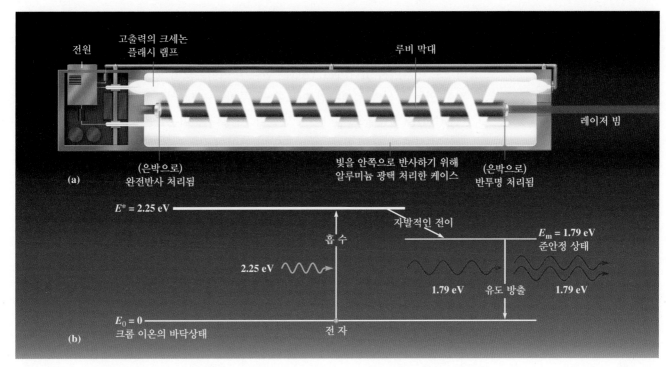

그림 28.23 (a) 루비 레이저. (b) 루비 레이저의 에너지 준위 그림. 2.25 eV의 입사광자들이 크롬 이온에 흡수되어 그것을 하나의 들뜬상태 E^*로 만들 때에 광펌핑이 일어난다. 그리고 그 이온이 준안정 상태 E_m로 떨어진다. 그 이온이 준안정 상태에 있을 때에, 지나가는 1.79 eV의 광자는 1.79 eV의 똑같은 광자를 유도 방출시킬 수 있다.

상태보다 에너지가 약 2.25 eV만큼 높은 상태에는 에너지가 촘촘한 간격으로 이루어진 띠 E^*가 존재한다. 만일 E^* 준위로 들뜨게 된 원자가 준안정 상태 E_m 중 하나로 재빨리 떨어진다면, 그 원자는 준안정 상태에서 상대적으로 긴 시간 동안 머무르게 된다.

레이저를 만들기 위해서 루비 막대는 그 양 끝을 매끄럽게 닦고 은을 입혀서 거울이 되게 한다. 한쪽 끝은 반투명으로 한다. 다음으로, 강력한 세기의 플래시 램프로 루비 막대 둘레를 코일 모양으로 둘러싼다. 이 램프는 짧은 시간 지속하는 일련의 강력한 빛 펄스를 계속 내뿜는다. 파장이 550 nm인(광자에너지 2.25 eV) 빛을 흡수함으로써 Cr^{3+} 이온들을 E^* 상태들로 들뜨게 하고, 이 상태로부터 일부 원자들은 자발적으로 준안정 상태 E_m으로 떨어진다(다른 것들은 저절로 바닥상태로 떨어진다). 강력한 광펌핑이 가해지면, 밀도역전이 일어나서 준안정 상태에 있는 이온들의 수가 안정 상태에 있는 것들의 수를 넘게 된다. 마침내, 몇몇 이온들은 준안정 상태로부터 694 nm 파장(1.79 eV인 빨간색 근처의 빛)의 광자를 자발 방출하며 바닥상태로 떨어지게 된다. 그리고 광자들은 준안정 상태에 있는 다른 크롬 이온들의 유도 방출을 일으킨다. 루비 막대의 축에 나란하게 방출된 광자들만이 양 끝의 거울들에 의해 여러 번 반사되어 계속적으로 유도 방출을 일으킨다. 이렇게 생성된 광자들 중 일부가 은으로 반투명 처리된 막대의 한쪽 끝을 통하여 빠져나오게 되어 가늘고 강력한 세기의 결맞는 빛의 빔이 만들어진다.

다른 종류의 레이저

루비 레이저와 비슷한 레이저로는 Nd:YAG 레이저가 있는데, 이것은 광펌핑되는 막대로 이루어져 있다. Nd:YAG는 한때 다이아몬드의 모조품을 만드는 데 사용된 적이 있는 무색의 결정체인 이트륨−알루미늄 가닛(석류석, YAG)에 약간의 네오디뮴(Nd)을 불순물로 첨가해서 만든다. 네오디뮴 이온들은 레이저 생성에 적합한 준안정 상태를 갖고 있다. 펄스 모양의 레이저로만 작동할 수 있는 루비와는 달리, Nd:YAG 레이저는 연속된 빔 모양으로 또는 펄스 모양으로 모두 작동할 수 있는 특징을 지닌다. Nd:YAG 레이저는 1,064 nm 파장(적외선 영역)의 강력한 빔을 만들어 내는데, 흔히 산업 분야와 의료 분야에서 이용된다.

헬륨−네온 레이저는 학교 실험실 그리고 구형의 바코드 판독기에서 흔히 사용된다. 기체 방전관 안에는 저압의 헬륨과 네온이 섞여 있다. 헬륨−네온 레이저는 전기적으로 펌핑한다. 곧 전기방전으로 헬륨 원자를 바닥상태의 위 20.61 eV의 에너지를 갖는 준안정 상태로 들뜨게 한다(그림 28.24). 네온은 바닥상태의 위 20.66 eV의 준안정 상태를 가지고 있는데, 이것은 헬륨의 들뜬상태의 에너지보다 0.05 eV만큼 높은 에너지 상태이다. 들뜬 헬륨 원자는 바닥상태에 있는 네온 원자와 비탄성 충돌을 할 수 있어, 네온 원자를 준안정 상태에 남겨둔 채 자신은 바닥상태로 떨어진다. 이때 0.05 eV는 원자들의 운동에너지로부터 온다. 유도 방출은 그 원자를 18.70 eV의 들뜬상태에 머물게 하고, 곧 이은 자발 방출을 통하여 재빨리 바닥상태로 떨어지게 한다.

이산화탄소 레이저는 $10.6\,\mu m$ 파장의 적외선 빔을 만들어 내는데, 헬륨−네온 레이저와 그 원리가 비슷하다. 기체 방전관 안에는 저압의 CO_2와 N_2가 섞여 있다. N_2 분자는 전기 방전에 의하여 들뜨게 되고, CO_2는 들뜬 N_2 분자와 충돌함으로써 준안정 상태로 들뜨게 된다. 흔히 쓰이는 레이저 중 가장 강력한 연속파 레이저는 이산화탄소 레이저인데, 단일 레이저 빔의 출력이 10 kW를 넘는다. 거의 완벽한 평행 레이저 빔이 아주 작은 점으로 집중되어 쏘이게 할 수 있어서 CO_2레이저는 가장 단단한 금속도 절단하고, 구멍을 뚫거나 조각을 붙이는 등의 가공도 쉽게 할 수 있다. CO_2레이저는 또한 의료 분야에도 광범위하게 쓰인다.

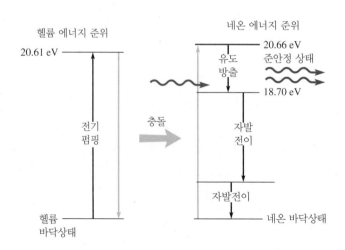

그림 28.24 헬륨−네온 레이저에 관한 단순 에너지 준위.

반도체 레이저는 크기가 작고 싸며 효율적일 뿐만 아니라 신뢰도가 높다. 그것들은 CD 플레이어, DVD 플레이어, 바코드 판독기, 레이저 프린터, 레이저 포인터 등에 쓰인다. 반도체 레이저는 전기적으로 펌핑되는데, 곧 전류를 이용하여 원자가 띠의 전자들을 펌핑하여 전도 띠로 끌어 올린다. 전자가 전도 띠로부터 원자가 띠로 떨어질 때 광자가 방출된다. 그래서 레이저 빛의 파장은 반도체 내의 띠 간격의 크기에 의존한다.

응용: 의료 분야에서의 레이저

레이저는 의료수술에 널리 응용되는데, 보기로 종양을 제거하고 혈관을 소작(태워서 치료)하며, 신장결석, 담석을 깨부수는 데에 쓰인다. 또한 제자리로부터 떨어진 망막은 눈동자를 통해 레이저 빔을 쏘임으로써 제자리로 다시 돌아오도록 할 수 있다. 레이저 수술은 또한 눈의 각막을 변형시켜 근시를 교정하는 데에 이용된다(그림 28.25). 레이저 빔은 내시경의 광섬유를 통해 유도되어(23.4절 참조) 종양이 있는 위치까지 다다를 수 있다. 광섬유는 또한 레이저 빔을 동맥 속으로 유도하여, 동맥혈관 벽의 용혈반을 제거하는 데에도 쓰인다. 광역학적 암 치료법에서는, 광반응 약물을 혈류 속으로 투입하고, 약물은 암세포 조직에 선별적으로 축적되게 한다. 적절한 주파수의 레이저 빛은 내시경을 통하여 종양이 있는 곳까지 도달된다. 도달된 레이저 빛은 약물을 활성화시키는 화학반응을 일으킨다. 곧, 약물이 독성을 지니게 되어, 종양세포를 파괴하고 또한 종양에 산소를 제공하는 혈관을 파괴한다.

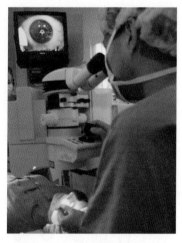

그림 28.25 시력 교정을 위해 레이저 광학치료를 받고 있는 환자. 이 치료 과정을 라식(LASIK) 치료라고 부른다.

보기 28.5

광응고

아르곤이온 레이저는 광응고라고 알려진 과정으로 눈의 망막 속의 혈관 이상과 균열을 고치는 데 쓰인다. 그 조직에 의하여 흡수된 레이저는 그것의 온도를 올려서, 결국 단백질이 굳어져 상처의 조직을 새로 만듦으로써 그 균열을 고친다. 아르곤 레이저가 내는 주 파장들은 514 nm와 488 nm이다. (a) 이 파장들에 대한 광자들의 에너지는 얼마인가? (b) 이 파장들에 관련된 빛깔은 어떤가? 두 파장들이 혈관 속에서 모두 효과적인가?

전략 광자 하나의 에너지는 파장과 $E = hc/\lambda$라는 관계가 있다. 22.3절에 가시 스펙트럼의 색과 그것에 관련된 파장들의 표가 있다. 파장은 그것이 많이 흡수될 때에 효과적이다.

풀이와 검토 (a) 그 광자들의 에너지는 다음과 같다.

$$E = \frac{hc}{\lambda} = \frac{1240 \text{ eV} \cdot \text{nm}}{514 \text{ nm}} = 2.41 \text{ eV}$$

와

$$E = \frac{hc}{\lambda} = \frac{1240 \text{ eV} \cdot \text{nm}}{488 \text{ nm}} = 2.54 \text{ eV}$$

(b) 514 nm에 관련된 빛깔은 초록색이고, 488 nm는 파란색이다. 빨간 혈관은 빨강은 반사하고 다른 빛깔의 빛들은 흡수하기 때문에, 두 파장들은 모두 유효하다.

실전문제 28.5 루비 레이저와 혈액

루비 레이저에서 나오는 빨간 빛이 혈액에 유효한가, 그래서 혈관 이상의 치료에 유용한가?

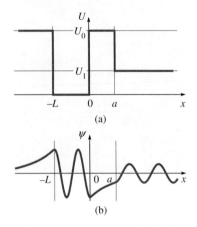

그림 28.26 (a) 길이가 L인 유한 상자에 에너지 $E < U_0$인 입자가 갇혀 있다. 상자 안의 퍼텐셜에너지는 0이다. 상자의 양쪽의 퍼텐셜에너지는 U_0이다. 장벽의 오른쪽에 퍼텐셜에너지는 U_1이다. $U_1 < E < U_0$의 경우, 입자가 상자 밖으로 꿰뚫고 나갈 수 있다. (b) 상자 밖으로 꿰뚫고 나갈 수 있는 입자에 대한 파동함수를 스케치한 것이다.

28.10 꿰뚫기 TUNNELING

유한한 상자 속에 있는 입자의 파동함수는 고전물리학에서는 충분하지 못한 에너지 때문에 가지 못하는 영역으로까지 퍼져간다(28.5절 참조). 이와 같이 **고전적으로 금지된 영역**에서 파동함수는 지수함수적으로 감소한다. 만일 고전적으로 금지된 영역이 유한한 간격을 가진다면 **꿰뚫기**tunneling 또는 터널링이라는 기이하고 중요한 현상이 일어날 수 있다.

그림 28.26a는 꿰뚫기 현상이 일어날 수 있는 상황을 보여 준다. 입자가 처음에 일차원 상자 속에 갇혀 있다. 오른쪽에는 두께가 a인 장벽이 놓여 있다. 만일 $E < U_0$면 그 입자는 고전물리학에 의해 상자에서부터 결코 빠져나올 수 없다. 에너지가 충분하지 못하기 때문이다.

그러나 만일 $U_1 < E < U_0$이면 위의 고전적인 예측은 틀려진다. 곧 나중에 입자가 상자의 밖에서 발견될 확률이 0이 아닌 값을 갖는다는 것이다. 그 입자의 파동함수가 지수함수적으로 쇠퇴하는 구간은 $x = 0$에서 $x = a$ 사이뿐이다. $x > a$인 곳에서는 파동함수는 다시 사인함수의 꼴이 된다. 에너지 장벽이 되는 구간에서는 파동함수는 지수함수적으로 감소한다(그림 28.26b). $x > a$인 구간에서 파동함수의 진폭은 입자가 단위 시간당 상자 밖에서 발견될 확률을 결정짓는다.

장벽 구간에서 파동함수는 지수함수적으로 쇠퇴하므로 장벽 구간의 두께가 증가함에 따라 꿰뚫기의 확률은 급격히 감소한다. 비교적 너비가 큰 장벽의 경우, 꿰뚫기의 확률은 장벽의 두께 a에 의해 지수함수적으로 감소한다.

$$P \propto e^{-2\kappa a} \tag{28-17}$$

식 (28-17)에서 P는 단위 시간당 꿰뚫기가 일어날 확률이고, a는 장벽의 두께이며, κ는 에너지 장벽의 높이와 관련된 양으로 다음과 같다.

$$\kappa = \sqrt{\frac{2m}{\hbar^2}(U_0 - E)} \tag{28-18}$$

식 (28-17)은 $e^{-2\kappa a} \ll 1$일 때 성립하는 근사식이다. 장벽의 두께가 극히 얇은 경우, 장벽 두께에 대한 꿰뚫기 확률의 관계식은 더 복잡해진다.

입자가 상자 속으로 꿰뚫고 들어갈 수도 있다. 그림 28.26에서 입자가 처음 장벽의 오른쪽에 있다가 나중에 상자 안(장벽의 왼쪽)에서 발견될 수 있다.

응용: 주사 터널링 현미경

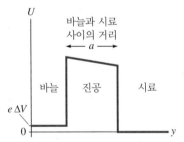

그림 28.27 STM의 바늘 끝으로부터 a만큼 떨어진 시료로 꿰뚫고 나가는 전자의 퍼텐셜에너지에 관한 간단한 모형. 주어진 전기퍼텐셜 차 ΔV는 바늘 끝과 시료 사이에 퍼텐셜에너지의 차이 $e\Delta V$를 가져온다. 정상적으로는, 전자가 그 금속으로부터 도망쳐 나오려면, 그 금속의 일함수, 곧 몇 전자볼트의 에너지를 공급받아야 한다. 여기에서는, 바늘 끝과 시료는 불과 몇 나노미터밖에 떨어져 있지 않으니까, 전자는 그 금속의 일함수가 제시하는 장벽을 그냥 꿰뚫고 나갈 수 있다.

주사 터널링 현미경(STM)은 장벽을 통과할 확률이 장벽의 두께에 대해 지수함수적으로 변한다는 사실을 이용하여 고도로 확대된 표면의 상을 만들어 내는 데에 쓰인다. STM에서는 확대하려는 표면 아주 가까이에 미세한 금속 바늘을 가져간다. 이것은 보통의 바늘보다 훨씬 미세한 것이어야 한다. 이상적인 경우, 뾰족한 끝에는 단 하나의 원자만이 놓여 있어야 한다. 금속 바늘의 뾰족한 끝과 시료 표면 사이의 거리는 몇 나노미터 정도에 불과하다. 따라서 이 실험장치는 주변의 진동의

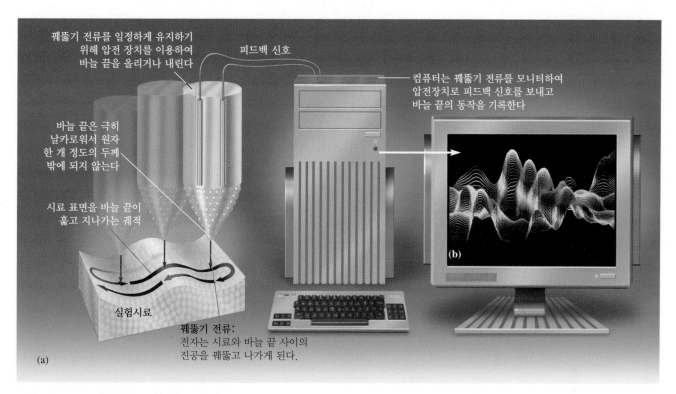

그림 28.28 (a)주사 터널링 현미경(STM)을 개괄적으로 그린 그림. (b) DNA 분자의 한 단면을 주사 터널링 현미경으로 찍은 사진. 나선형 코일(노란색의 봉우리로 나타난 곳) 사이의 평균 거리는 3.5 nm이다.

영향을 받지 않도록 하여야만 한다. 왜냐하면 보통의 경우에 진동의 진폭이 1,000 nm 또는 그 이상에 이르기 때문이다. 시료와 금속의 바늘 끝은 진공 상자 속에 장착되어 있다.

금속 바늘 끝과 시료 표면 사이에는 $\Delta V \approx 10$ mV 정도의 작은 전기퍼텐셜 차가 주어진다. 그러면 금속 바늘 끝과 시료 표면 사이에서 전자들의 꿰뚫기가 일어난다. 꿰뚫기의 장벽은 바늘 끝과 시료 표면 사이의 일함수에 기인된다(그림 28.27). 곧 금속에 속박된 전자는 금속의 밖에 있는 전자에 비하여 더 낮은 에너지를 갖는다.

바늘 끝이 시료의 표면을 스캔하여 지나갈 때, 꿰뚫기 전류가 일정하게 유지되도록 시료 표면과 바늘 끝의 거리가 조절된다(그림 28.28). 전류는 거리 a에 지수함수적으로 의존하기 때문에 바늘 끝은 결국 a 값이 일정하게 유지되도록 하여 움직여진다. 그래서 바늘의 움직임은 아래에 있는 시료 표면의 윤곽을 정확히 반영하게 되는 것이다. STM은 이런 원리로 표면에 있는 개개 원자들의 상을 쉽게 그릴 수 있다.

보기 28.6

꿰뚫기 전류의 변화

STM이 $a = 1.000$ nm의 거리에서 시료 표면을 훑어 나간다고 가정하자. 퍼텐셜에너지 장벽의 높이는 $U_0 - E = 2.00$ eV 라고 하자. 만일 시료 표면과 STM 바늘 끝 사이의 거리가 1.0 %(0.010 nm, 곧 가장 작은 원자의 반지름의 약 1/5에 해당하는 거리)만큼 줄어든다면 꿰뚫기 전류는 몇 퍼센트가 변하는가?

전략 꿰뚫기 전류는 초당 꿰뚫기 하는 전자들의 개수에 비례한다. 그것은 다시 단위 초당의 꿰뚫기 확률[식 (28-17)에서의 P]에 비례한다. 따라서 단위 초당 두 확률의 비율은 두 꿰뚫기 전류의 비율과 같다.

풀이 단위 시간당 꿰뚫기 확률은

$$P \propto e^{-2\kappa a} \qquad (28\text{-}17)$$

이다. 여기에서 κ는

$$\kappa = \sqrt{\frac{2m}{\hbar^2}(U_0 - E)} \qquad (28\text{-}18)$$

$$= \sqrt{\frac{2 \times 9.109 \times 10^{-31}\,\text{kg}}{[6.626 \times 10^{-34}\,\text{J·s}/(2\pi)]^2} \times (2.00\,\text{eV} \times 1.602 \times 10^{-19}\,\text{J/eV})}$$

$$= 7.245 \times 10^9\,\text{m}^{-1}$$

이다. 바늘 끝이 시료 표면에 0.010 nm 더 가까이 다가가므로 거리는 $a = 1.000$ nm로부터 $a' = 0.990$ nm로 달라진다. 따라서 꿰뚫기 확률들 사이의 비율은

$$\frac{P_{a'}}{P_a} = \frac{e^{-2\kappa a'}}{e^{-2\kappa a}} = e^{-2\kappa(a'-a)}$$

가 된다. 여기에서 지수 부분의 크기는

$$2\kappa(a'-a) = 2 \times 7.245 \times 10^9\,\text{m}^{-1} \times (-0.010 \times 10^{-9}\,\text{m})$$

$$= -0.1449$$

이다. 단위 시간당 꿰뚫기 확률의 비는

$$\frac{P_{a'}}{P_a} = e^{0.1449} = 1.16$$

이 된다. 따라서 전류의 비율 또한 1.16이 된다. 곧 바늘과 시료 표면 간의 거리를 1.0 %만큼 줄이면, 꿰뚫기 전류는 16 % 만큼이나 증가하는 것이다.

검토 예상한 대로, 바늘과 시료 표면 사이의 거리의 감소는 꿰뚫기 전류의 증가를 뜻한다. 시료 표면과 바늘 사이 거리가 조금만 달라져도 꿰뚫기 전류가 크게 달라지는 것은 금지된 영역에서 파동함수의 값이 지수함수적으로 급격히 떨어지기 때문이다. 이로 인하여 STM은 매우 감도 높은 측정기구가 되는 것이다.

κ의 단위를 확인해 보면 다음과 같다.

$$\sqrt{\frac{\text{kg}}{\text{J}^2 \cdot \text{s}^2} \times \text{J}} = \sqrt{\frac{\text{kg}}{\text{s}^2} \times \frac{1}{\text{J}}} = \sqrt{\frac{\text{kg}}{\text{s}^2} \times \frac{\text{s}^2}{\text{kg·m}^2}} = \text{m}^{-1}$$

실전문제 28.6 **바늘이 더 멀어질 때의 꿰뚫기 전류의 변화**

바늘이 1.00 % 더 멀어질 때(1.0000 nm에서 1.0100 nm로 변화) 꿰뚫기 전류는 몇 퍼센트 달라지는지 어림셈하여라.

꿰뚫기 현상을 이용한 원자시계

최초의 원자시계는 암모니아 분자(NH_3)에서의 꿰뚫기 현상을 이용하여 만들어졌다. 이 분자의 3차원 구조를 살펴보면, 세 개의 수소 원자들이 정삼각형을 이루고 있고, 여기에 질소 원자가 세 개의 수소 원자들과 등거리인 점에 위치하고 있다. 이 질소 원자는 두 가지의 평형 위치를 가질 수 있는데, 곧 H 원자들이 이루는 평면을 경계로 해서 위쪽이나 아래쪽 어디에나 위치할 수 있다.

질소 원자의 퍼텐셜에너지는 그림 28.29와 같다. 질소 원자의 평형 위치들은 $U(z)$ 함수의 두 개의 극소점에 해당한다. 두 평형점들 사이의 에너지 장벽은 그 원자들 사이의 쿨롱 척력에 의한 것이다. NH_3 분자의 바닥상태에서 N 원자는 두 평형점들 사이를 z-축 방향으로 왔다 갔다 하는 왕복 운동을 할 만큼 충분한 에너지를 가지고 있지는 않다. 그러나 실제로는 N 원자는 두 평형점들 사이에서 왕복 진동운동을 하는데, 곧 N 원자가 퍼텐셜에너지 장벽을 넘어서 꿰뚫기를 반복하는 것이다. 진동의 주파수는 꿰뚫기 확률에 의존하는데, 암모니아의 경우에는 2.4×10^{10} Hz이다. 여기에서는 진동운동이 꿰뚫기에 의하여 생겨나므로, 진동주파수가 전형적인 분자 진동의 주파수보다 훨씬 낮으며, 이 점 때문에 암모니아는 최초의 원자시계에 필요한 시간 표준으로 더 쉽게 사용될 수 있다.

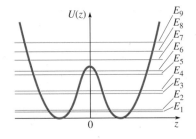

그림 28.29 NH_3 분자 속의 질소 원자의 퍼텐셜에너지를 세 수소 원자들의 평면에 수직인 z-축 위의 위치의 함수로 나타낸 그래프. 가장 낮은 여섯 개의 진동에너지 준위들에 놓여 있을 때에 질소 원자는 한쪽에서 다른 쪽으로 꿰뚫기를 한다.

해답

실전문제

28.1 0.26 eV

28.2 에너지가 증가하면 ⇒ 파장이 감소한다. 파장이 감소하면 주어진 무늬에 대한 θ가 감소하여 무늬 사이의 간격도 줄어든다(무늬가 축소된다).

28.3 1 km/s

28.4 $1s^2 2s^2 2p^6 3s^2 3p^3$

28.5 루비 레이저는 효과가 없다. 붉은 빛을 반사하기 때문에 피가 빨갛게 보인다. 루비 레이저에서 방출된 적색광이 흡수되기보다는 대부분이 반사할 것이다.

28.6 −13.5 %(감소)

살펴보기

28.2 속도가 더 빠르면, 전자의 운동량은 더 크고 드브로이 파장($\lambda = h/p$)은 더 짧아진다.

28.4 보어 모형에서, 전자는 잘 정의된 궤도(원형 궤도)에서 핵 주위를 회전한다. 그러한 궤적은 앞에서 설명한 이유들로 불확정성 원리에 위배된다.

28.6 주 양자수가 $n = 2$이면 궤도 양자수는 $\ell = 0$ 또는 1이 가능하다. 또 $\ell = 0$이면 자기양자수는 $m_\ell = 0$이, $\ell = 1$이면 $m_\ell = -1, 0$, 그리고 1이 가능하며 어떠한 자기양자수 m_ℓ에 대해서나 $m_s = +\frac{1}{2}$ 또는 $-\frac{1}{2}$이다. 따라서 전자 상태는 8개가 가능하다. 곧,

$$(n, \ell, m_\ell, m_s) = \left(2, 0, 0, +\tfrac{1}{2}\right), \left(2, 0, 0, -\tfrac{1}{2}\right),$$
$$\left(2, 1, -1, +\tfrac{1}{2}\right), \left(2, 1, -1, -\tfrac{1}{2}\right),$$
$$\left(2, 1, 0, +\tfrac{1}{2}\right), \left(2, 1, 0, -\tfrac{1}{2}\right),$$
$$\left(2, 1, 1, +\tfrac{1}{2}\right), \text{그리고} \left(2, 1, 1, -\tfrac{1}{2}\right)$$

핵물리학
Nuclear Physics

"호머 흉상과 아리스토텔레스"란 그림은 렘브란트가 1653년에 그렸는데, 300년 이상이 되어 깨끗하게 해야 할 필요가 있었다. 아리스토텔레스의 검은 앞치마에 손상의 징후가 보였는데, 앞치마 그림의 밑바탕에 원래 어떤 그림이 남아 있는지 여부가 불확실하였다. 뉴욕의 메트로폴리탄 미술박물관의 관리자는 그림을 손질 복원하기 전에 가능한 한 손상된 부분에 대하여 많은 정보를 얻을 필요가 있었다. 미술 역사가는 렘브란트가 그림을 그리면서 그림의 구성을 바꾸었는지의 여부를 알고 싶어 했다. 이러한 정보를 얻는 데 도움을 받기 위하여, 그림은 브룩헤이븐 국립연구소에 있는 핵반응실로 옮겨졌다. 핵반응실이 어떻게 그 관자들과 미술사가들에게 그림에 대한 궁금증을 해소할 수 있도록 도움을 줄 수 있는가? (901쪽에 답이 있다.)

29.1 핵의 구조 NUCLEAR STRUCTURE

원자 속에서는 양전하를 띠고 있는 핵에 전자들이 전기적으로 속박되어 있다. 27장과 28장에서, 우리는 핵이 아주 무거운 점전하로서 전자들에 의한 전기력의 영향을 받지 않는다고 다루었다. 실제로, 원자핵은 원자 속에 있는 전자들보다 몇천 배나 무거우나 부피는 원자의 극히 일부분만 차지한다(약 10^{12}분의 1 이하). 핵이 가지는 일정한 크기의 질량과 부피는 전자들의 배치에 미묘한 영향을 주고, 따라서 원자의 화학적 성질에 영향을 준다. 그러나 핵은 자체적으로 복잡한 구조를 가지고 있다. 이것은 방사성 붕괴나 핵반응의 형태로 드러난다.

핵은 양성자와 중성자가 속박된 집합체이다. 양성자와 중성자를 함께 **핵자**nucleon 라고 부르는데, 핵 속에 있는 입자들이라는 뜻이다. **원자번호**atomic number Z는 핵 속에 있는 양성자들의 숫자이다. 각각의 양성자는 $+e$의 전하를 가지고 있고 중성자는 전하를 띠고 있지 않다. 그래서 핵의 전하는 $+Ze$이다. 중성원자의 전자의 개수는 Z와 같다. Z의 값만으로 원자가 어떤 원소에 속하는지, 또는 어떤 화학종에 속하는지를 결정한다.

한때는 한 원소에 속하는 원자는 모두 똑같다고 생각하였다. 그러나 오늘날 우리는 한 원소에도 다른 종류의 **동위원소**isotope가 있다는 사실을 알고 있다. 동위원소는 모두 핵 속에 같은 수의 양성자를 가지고 있지만, 중성자들의 수(N)가 다르기 때문에 질량이 다르다. 그러므로 핵자들의 총수는 동위원소마다 각각 다르다. **핵자수** nucleon number A는 양성자와 중성자의 수를 합한 것이다. 곧,

$$A = Z + N \tag{29-1}$$

핵의 특별한 종류, 곧 **핵종**nuclide은 A 값과 Z 값으로 구별된다. 핵자수 A는 **질량수** mass number라고도 부른다. 원자의 질량은 거의 모두 핵 안에 있으며 양성자와 중성자는 질량이 거의 같으므로, 원자의 질량은 대략 핵자의 수에 비례한다.

핵의 질량이 저마다 다르기 때문에, 원소의 동위원소는 질량분석계(19.3절)를 이용하여 분리할 수 있다. 동위원소들은 다른 질량을 가지므로 때로는 화학 반응속도에 영향을 주기도 하지만, 전체적으로 동위원소들의 화학적인 성질은 거의 같다. 반면, 다른 핵종들은 핵의 성질이 매우 다르다. 중성자들의 수는 핵이 얼마나 강하게 서로 결합하고 있는지에 영향을 주므로, 어떤 핵들은 안정한 반면 어떤 핵들은 불안정하다(**방사능이 있다**). 핵의 에너지 준위, 방사성 반감기, 방사성 붕괴 양식은 모두 특정한 핵종에 따라 독특하게 나타난다. 곧, 같은 원소에 속하는 두 동위원소도 그

핵의 성질은 매우 다르다.

핵종을 구분하기 위하여 몇 가지 표시방법이 사용된다. 화학기호 O는 산소 원소를 나타낸다. 산소의 특정한 동위원소를 나타내기 위하여 질량번호도 표기되어야 한다. 산소-18, O-18, O^{18} 또는 ^{18}O은 모두 질량수 18인 산소의 동위원소를 나타낸다. 비록 번거롭기는 하여도, 때로는 원자번호를 같이 표기하는 것이 도움이 되기도 한다. 곧 산소는 8개의 양성자를 갖고 있다. 원자번호를 포함하여 핵을 나타내는 방법으로는, $^{18}_8O$이 많이 쓰이며 오래전에 발행된 책에서는 가끔 $_8O^{18}$로 표기한 경우도 있다.

✓ 살펴보기 29.1

$^{23}_{11}Na$에는 핵 속에 양성자가 몇 개나 있는가? 중성자는 몇 개인가? 질량수는 얼마인가?

보기 29.1

중성자의 수 알아내기

^{18}O의 핵에는 얼마나 많은 중성자들이 있는가?

전략 위 첨자는 핵자의 수를 나타낸다(A). 우리는 주기율표를 참고하여 산소의 원자번호(Z)를 찾는다. 중성자들의 수는 $N = A - Z$이다.

풀이 ^{18}O의 핵은 18개의 핵자를 가지고 있다. 산소는 원자번호가 8이므로, 핵 속에 8개의 양성자가 있다. 따라서, $18 - 8 = 10$개의 중성자를 갖고 있다.

검토 서로 다른 산소의 동위원소는 다른 수의 중성자들을 가지고 있으나, 같은 수의 양성자들을 갖고 있다.

실전문제 29.1 원소 판정

44개의 양성자와 60개의 중성자를 가지고 있는 핵종을 기호로 (^A_ZX의 형태로) 나타내고 어떤 원소인지 밝혀라.

원자질량단위 핵의 질량은 kg 단위로 나타내는 것보다는 보통 **원자질량단위**atomic mass units로 쓰는 것이 더 편리하다. 원자질량단위의 현대적 기호는 u인데, 오래된 문헌에서는 종종 'amu'로 쓰여 있기도 한다. 원자질량단위는 정확히 중성의 ^{12}C 원자질량의 $\frac{1}{12}$로 정의된다.

$$1\,u = 1.660\,539 \times 10^{-27}\,kg \qquad (29\text{-}2)$$

핵자들은 대략 1 u의 질량을 가지고 있는 반면에, 전자는 훨씬 가볍다(표 29.1). 그러므로 핵(또는 원자)의 질량은 대략 A 원자질량단위가 되는데, 이것이 바로 A를 질량수라고 하는 이유이다.

주기율표에 나타낸 원소의 원자 질량은 지구상에 자연적으로 존재하는 그 원소의 동위원소들의 존재비로 평균을 낸 값이다. 핵물리에서는 특정한 핵종의 질량을 알기 위해서는 핵종표(부록 B)를 참고하여야 한다.

표 29.1 양성자, 중성자, 전자의 질량과 전하

입자	질량(u)	전하
양성자	1.007 276 5	$+e$
중성자	1.008 664 9	0
전자	0.000 548 6	$-e$

보기 29.2

질량의 어림셈

1몰의 ^{14}C의 질량을 kg 단위로 어림셈하여라.

전략 우리는 각 핵자에 관한 1 u의 질량을 어림셈하고 비교적 적은 전자의 질량은 무시할 수 있다. 1몰에는 아보가드로수의 원자들이 들어 있다. 다음에 u 단위를 kg 단위로 바꾼다.

풀이 ^{14}C의 핵은 14개의 핵자를 가지고 있어서, 질량은 대략 14 u이다. 1몰에는 아보가드로수만큼의 원자들이 포함되어 있으므로 1몰의 질량은 대략

$$M = N_A m = 6.02 \times 10^{23} \times 14 \text{ u} = 8.4 \times 10^{24} \text{ u}$$

이다. 이제 이 값을 kg 단위로 바꾸면, 다음과 같다.

$$8.4 \times 10^{24} \text{ u} \times 1.66 \times 10^{-27} \text{ kg/u} = 0.014 \text{ kg}$$

검토 질량수가 14인 탄소 동위원소 1몰의 질량은 약 14 g이

다. 원자질량단위 u는 원자 1개의 질량을 u로 나타내었을 때의 수치와 원자 1몰의 질량을 g 단위로 나타낸 수치가 같도록 정의하였다.

정확히 말하자면 핵의 질량은 원자질량단위와 두 가지 이유에서 A와 다르다. 양성자와 중성자의 질량은 각각 정확히 1 u가 아니다. 이것들이 설사 1 u와 같다고 하더라도, 29.2절에서 살펴볼 수 있듯이, 핵의 질량은 양성자와 중성자의 각각의 질량의 합보다 적다. 부록 B의 표를 보면 더 정확한 ^{14}C원자의 질량이 14.003 2420 u이다.

실전문제 29.2 **핵의 질량을 u 단위로 어림셈하기**

9개의 중성자가 있는 산소 핵의 질량을 u 단위로 계산하면 대략 얼마인가?

핵의 크기

$^1_1$H

$^4_2$He

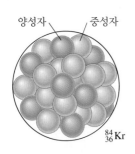

양성자   중성자

$^{84}_{36}$Kr

그림 29.1 핵자를 나타내는 단단한 여러 공들이 뭉쳐져 구 모양을 한 핵의 단순 모형.

우리는 핵의 크기를 어떻게 알 수 있을까? 첫 번째의 실험적 증거는 러더퍼드가 행한, 금의 원자핵에 의한 알파 입자의 산란으로부터 얻었다(27.6절). 각각 다른 산란각에서 관측한 알파 입자들의 수를 분석함으로써 우리는 금 원자핵의 크기를 어림할 수 있다. 비슷한 실험이 다른 핵들에 대해서도 이루어졌다. 최근에는, 전자의 회절이 핵의 구조를 밝히는 데 이용되기도 했다. 매우 짧은 파장의 전자들을 이용하여, 우리는 핵의 크기뿐만 아니라, 핵의 내부 구조에 대해서도 알 수 있다.

여러 실험들은 모든 핵들의 질량밀도가 거의 같다는 사실을 보여 준다. 곧 핵의 부피가 질량에 비례한다는 것이다. 그림 29.1과 같이, 핵이 공깃돌로 가득 채워진 구형의 용기와 같다고 상상해 보자. 각각의 공기돌은 핵자를 나타낸다. 핵자들은 서로 맞닿아 있는 것처럼 꽉 짜인 모양이다. 핵의 질량과 부피는 모두 핵자들의 수에 비례하므로, 단위 부피당 질량(밀도 ρ)은 근사적으로 핵자의 수와는 무관하게 된다. 핵의 질량을 m이라 하고 부피를 V라고 하면,

$$m \propto A \text{ 이고 } V \propto A \text{ 이므로}$$
$$\Rightarrow \rho = \frac{m}{V} \text{ 은 } A \text{와 무관하다.}$$

대부분의 핵들은 대개 구의 모양을 하고 있다. 그래서

$$V = \frac{4}{3}\pi r^3 \propto A$$
$$\Rightarrow r^3 \propto A \quad \text{또는} \quad r \propto A^{1/3}$$

(29-3)

이므로, 핵의 반지름은 질량수의 세제곱근에 비례한다. 실험적으로는 비례상수가

대략 1.2×10^{-15} m이다.

핵의 반지름

$$r = r_0 A^{1/3} \tag{29-4}$$

$$r_0 = 1.2 \times 10^{-15} \text{ m} = 1.2 \text{ fm} \tag{29-5}$$

SI 단위로 접두어 "f"는 펨토(femto)를 나타내는 것으로, fm은 펨토미터(femtometer)라고 부르기도 하며, 핵물리학자 페르미(Enrico Fermi, 1901~1954)의 이름을 따서 페르미(fermi)라고 부르기도 한다. 핵의 반지름은 1.2 fm($A = 1$)에서 7.7 fm ($A \approx 260$)의 범위의 값을 갖는다.

핵들은 모두 거의 같은 질량밀도를 갖지만, 원자들은 그렇지 않다. 무거운 원자는 일반적으로 가벼운 원자보다 밀도가 크다. 원자에서 부피의 증가가 곧바로 질량의 증가를 가져오지 않는다. 보다 큰 원자는 전자들을 많이 가지고 있긴 하지만, 이 전자들은 핵의 전하가 증가하기 때문에 평균적으로 더 강하게 속박되어 있다. 그래서 원자들이 꽉 채워진 고체나 액체는 다른 어떤 것들보다 밀도가 높다.

보기 29.3

바륨 핵의 반지름과 부피

바륨-138 핵의 반지름과 부피는 얼마인가?

전략 어떤 원자핵의 반지름을 구하고자 한다면, 질량수 A만 알면 되는데, 이 경우에는 $A = 138$이다. 그 부피를 구하기 위하여, 그 핵이 대략 공과 같다고 가정한다.

풀이 반지름을 구하기 위하여, 식 (29-4)에 $A = 138$을 대입한다.

$$r = r_0 A^{1/3}$$
$$= 1.2 \text{ fm} \times 138^{1/3} = 6.2 \text{ fm}$$

이 핵의 부피는 대략

$$V = \tfrac{4}{3}\pi r^3$$

식 (29-4)를 세제곱하면

$$r^3 = r_0^3 A$$

이다. 그러므로 핵의 부피는 대략

$$V = \tfrac{4}{3}\pi r_0^3 A$$

이다. 여기에 수 값들을 대입하면,

$$V = \tfrac{4}{3}\pi \times (1.2 \times 10^{-15} \text{ m})^3 \times 138 = 1.0 \times 10^{-42} \text{ m}^3$$

이다.

검토 반지름 (6.2 fm)은 1.2 fm에서 7.7 fm의 사이의 값이며, 식 $V = \tfrac{4}{3}\pi r_0^3 A$에서 핵의 부피는 핵자들의 수($A$)에 비례함을 알 수 있다. 곧 각 핵자는 $\tfrac{4}{3}\pi r_0^3$의 부피를 차지한다.

실전문제 29.3 **라듐 핵의 부피**

라듐-226 핵의 부피는 얼마인가?

29.2 결합에너지 BINDING ENERGY

강한 힘

무엇이 핵자들을 핵 속에다 서로 묶어두는가? 이것들을 묶어두기에는 중력은 너무 약하고, 전기력은 양성자들을 서로 밀어낸다. 핵자들은 2.9절에서 논의한 바와 같이 4가지의 기본적인 상호작용(중력과 전자기력및 약력과 함께)의 하나인 강력에 의해 서로 묶여 있다. **강력**strong nuclear force은 양성자들과 중성자들 사이에서 거의 차이가 없다.

중력이나 전자기력과는 달리, 강력은 매우 가까운 거리에서만 작용하는 힘이다. 중력과 전자기력이 작용하는 범위는 무한하지만, 점 물체들 사이에 작용하는 힘의 크기는 $1/r^2$에 비례하여 약해진다. 이와는 대비적으로, 두 핵자들 사이에 작용하는 강력은 단지 3.0 fm 이내의 거리에서만 의미가 있다. 강력은 작용하는 범위가 매우 짧기 때문에, 핵자는 핵 안에서 **가장 가까운 이웃**의 핵자에게만 끌리고 있다. 반면에, 전기적 반발력은 멀리까지 미치기 때문에 핵 속의 모든 양성자들은 다른 모든 양성자들을 밀어낸다. 어떤 핵이 안정한지는 서로 경쟁적인 이들 두 힘에 의해 결정된다.

결합에너지와 질량결손량

연결고리

결합에너지의 개념은 힘 대신에 에너지의 관점에서 핵이 어떻게 서로 묶여 있는지를 알아보는 방법을 제공해 준다.

핵의 **결합에너지**binding energy E_B란 핵을 양성자들과 중성자들 각각으로 떼어놓는 데에 필요한 에너지를 말한다. 핵은 속박된 계이기 때문에, 핵의 총 에너지는 Z개의 양성자와 N개의 중성자가 서로 멀리 떨어져 정지하고 있는 상태의 에너지보다 적다.

> **결합에너지**
>
> E_B = (Z개의 양성자와 N개의 중성자의 총 에너지) − (핵의 총 에너지) **(29-6)**

결합에너지란 개념은 핵 외의 다른 계에 대해서도 적용된다. 서로 멀리 떨어져 있는 양성자와 전자의 총 에너지는 수소 원자에서 둘이 서로 속박되어 있을 때(바닥상태에 있는)의 에너지보다 13.6 eV만큼 더 크다. 그래서, 수소 원자의 결합에너지는 13.6 eV이다. 한 개 이상의 많은 전자를 가진 원자에서, 결합에너지는 이온화 에너지와 같지 않다. 이온화 에너지란 한 개의 전자를 떼어내는 데에 필요한 에너지이다. 결합에너지는 **모든 전자들**을 떼어내는 데에 필요한 에너지이다.

어떤 입자의 질량은 그것의 정지에너지를 측정한 것이다. 곧 입자가 정지하고 있는 관성계에서 측정한 총 에너지(26.7절 참조)로

$$E_0 = mc^2 \qquad (26\text{-}7)$$

이다. 핵의 정지에너지는 Z개의 양성자와 N개의 중성자의 총 정지에너지보다 적기 때문에, 핵의 질량은 양성자와 중성자의 전체 질량보다 적다. **질량결손량**mass defect

이라고 부르는 그 차이 Δm을 정의하는 이유는 핵을 Z개의 개별적인 양성자와 N개의 개별적인 중성자로 분리시키기 위하여 핵에 에너지를 더 주어야 하기 때문이다. 질량결손은 식 (26-7)에 의하여 결합에너지와 관련되어 있다.

질량결손량과 결합에너지

$$\Delta m = (Z\text{개의 양성자들과 } N\text{개의 중성자들의 질량}) - (\text{핵의 질량}) \quad \text{(29-7)}$$

$$E_\text{B} = (\Delta m)c^2 \quad \text{(29-8)}$$

핵물리학에서 가장 일반적으로 쓰이는 에너지의 단위는 MeV이다. 식 (29-8)에서 에너지의 단위로서 MeV를, 그리고 질량의 단위로서 원자질량단위를 쓰기 위해서는 c^2의 값을 MeV/u의 단위로 알고 있는 것이 편리하다. 다음과 같은 관계에 있다.

$$c^2 = 931.494\,\text{MeV/u} \quad \text{(29-9)}$$

부록 B에 있는 질량표에서는 중성원자의 질량을 보여 주고 있는데, 이는 핵의 질량과 전자의 질량을 포함한 값이다. 원자번호 Z인 핵의 질량을 알기 위해서는 중성원자의 질량에서 전자들의 질량을 빼 주어야 한다. 핵에 속박된 전자들의 결합에너지는 전자들의 정지에너지보다 훨씬 적기 때문에 무시할 수 있다.

보기 29.4

질소-14의 결합에너지

^{14}N 핵의 결합에너지를 계산하여라.

전략 부록 B를 보면, ^{14}N 원자의 질량은 14.003 074 0 u이다. N 원자의 질량은 7개의 전자들의 질량을 포함하고 있다. 원자의 질량으로부터 $7m_\text{e}$를 빼면 핵의 질량이 된다. 그러면 질량결손량과 결합에너지를 구할 수 있다.

풀이

$$^{14}\text{N 핵의 질량} = 14.003\,074\,0\,\text{u} - 7m_\text{e}$$
$$= 14.003\,074\,0\,\text{u} - 7 \times 0.000\,548\,6\,\text{u}$$
$$= 13.999\,233\,8\,\text{u}$$

^{14}N 핵은 7개의 양성자와 7개의 중성자를 가지고 있다. 질량결손량은

$$\Delta m = (7\text{개의 양성자와 } 7\text{개의 중성자 질량}) - (\text{핵의 질량})$$
$$= 7 \times 1.007\,276\,5\,\text{u} + 7 \times 1.008\,664\,9\,\text{u} - 13.999\,233\,8\,\text{u}$$
$$= 0.112\,356\,0\,\text{u}$$

이다. 그러므로, 결합에너지는

$$E_\text{B} = (\Delta m)c^2 = 0.112\,356\,0\,\text{u} \times 931.494\,\text{MeV/u}$$
$$= 104.659\,\text{MeV}$$

이다.

검토 원자에 있어서 전자의 결합에너지는 너무 적기 때문에, 원자의 질량은 핵의 질량과 전자들의 질량의 합이라고 가정할 수 있다. 질소 핵의 질량 대신 질소 원자의 질량 그리고 양성자 대신에 수소 원자의 질량을 이용하여 질량결손량을 계산할 수 있다. 각 항에 7개의 전자질량이 포함되어 있기 때문에, 전자들의 질량은 결국 빠진다.

$$\Delta m = (7\text{개의 }^1\text{H 원자와 } 7\text{개의 중성자 질량}) - (^{14}\text{N 원자의 질량})$$
$$= 7 \times 1.007\,825\,0\,\text{u} + 7 \times 1.008\,664\,9\,\text{u} - 14.003\,074\,0\,\text{u}$$
$$= 0.112\,355\,3\,\text{u}$$

실전문제 29.4 **질소-15의 결합에너지**

^{14}N의 동위원소인 ^{15}N 핵의 결합에너지를 계산하여라. ^{15}N 핵의 질량은 14.996 269 u이다. (힌트: 이번에는 원자의 질량이 아닌 핵의 질량이 주어졌다.)

결합에너지 곡선

그림 29.2는 **핵자당 결합에너지를 질량수의 함수로** 나타낸 그래프이다. 강력이 가장 가까이 있는 이웃 핵자들을 속박시킨다는 사실을 기억하여라. 작은 핵종들에 있어서는 가장 가까이 있는 이웃 핵자들의 평균 수가 적기 때문에 모두를 완전히 묶기에 충분한 핵자가 없다. 핵자들의 수가 증가하면, 가장 가까이 있는 이웃 핵자들의 평균 수가 증가하기 때문에, 핵자당 결합에너지가 어느 정도까지 증가한다. 따라서 우리는 A가 증가함에 따라 핵자당 결합에너지가 가파르게 증가함을 알 수 있다.

일단 핵이 어떤 크기에 이르게 되면, 표면에 있는 것들을 제외한 모든 핵자들은 최대한 많은 수의 가장 가까이 있는 이웃 핵자들을 갖게 된다. 더 많은 핵자들을 넣는다고 해서, 강력에 의한 핵자당 평균 결합에너지는 그렇게 많이 증가하지 않는다. 그러나 쿨롱의 반발력은 원거리력이기 때문에 계속 증가한다. 그래서 $A \approx 60$을 넘어서는 핵자들이 많아지면, 핵자당 평균 결합에너지는 감소한다. 이 감소는 작은 A에서의 가파른 증가에 비해 비교적 완만하다. 왜냐하면, 쿨롱 반발력은 강한 핵력에 비해 약하기 때문이다.

핵자당 결합에너지는 가장 작은 핵종들을 제외하고는 모두 7~9 MeV 범위에 있다. 보기를 들어, 보기 29.4에서 ^{14}N의 결합에너지는 104.659 MeV임을 알았다. ^{14}N

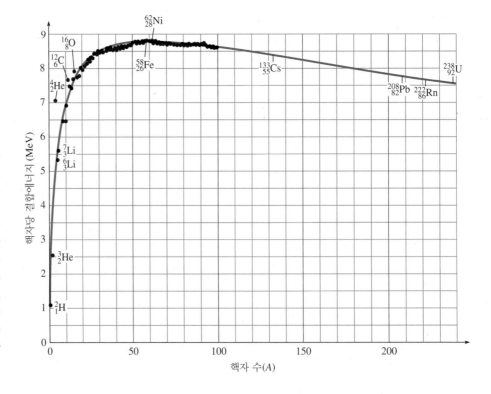

그림 29.2 핵자수 A인 가장 안정한 핵종의 핵자당 결합에너지(E_B/A). 개개의 데이터 점들은 $A < 100$에 관한 것을 보여 준다. 일반적인 경향을 보여 주는 부드러운 곡선은 빨갛게 칠해져 있다. ($A \geq 100$에 관한 데이터 점들은 빠져 있는데, 그것은 그 점들이 빨간 곡선이 주는 값과 거의 다르지 않기 때문이다). $^{62}_{28}Ni$는 모든 핵종 중에서 가장 큰 핵자당의 결합에너지를 갖고 있다 (8.795 MeV), 다음으로는 $^{58}_{26}Fe$과 $^{56}_{26}Fe$ (각각 8.792 MeV와 8.790 MeV). ^4_2He, $^{12}_6C$, $^{16}_8O$에 관한 데이터 점들은 빨간 곡선보다 훨씬 위에 있다. 곧 이 핵종들은 비슷한 A의 값들을 가진 핵종들에 비하여 특히 안정하다.

에 대한 핵자당 결합에너지는

$$\frac{104.659 \text{ MeV}}{14\text{개의 핵자}} = 7.475\,64 \text{ MeV/핵자}$$

이다. 가장 강하게 결합된 핵종은 $A \approx 60$ 근방에 있는데, 결합에너지는 핵자당 8.8 MeV 정도이다.

핵의 에너지 준위

중성자와 양성자는 파울리의 배타원리를 따른다. 곧 두 개의 동일한 핵자들이 같은 양자 상태에 있을 수 없다. 원자의 에너지 준위에서와 같이, 빽빽이 위치한 일련의 핵에너지의 준위를 껍질(shell)이라고 부른다. 우리는 핵의 양자 상태를 기술할 때에, 마치 원자에서 전자들이 어떤 상태를 점유하는지를 가지고 나타내듯이, 양성자와 중성자의 상태들이 어떻게 점유되어 있는지를 가지고 나타낼 수 있다(그림 29.3). 두 개의 양성자들은 각각의 양성자 에너지 준위를 차지하고(하나는 위 스핀, 다른 하나는 아래 스핀), 두 개의 중성자들은 각각의 중성자 에너지 준위를 차지한다. 양성자와 중성자에 대한 에너지 준위는 비슷하다. 핵력에 관한 한, 양성자와 중성자는 거의 같다. 주된 차이는 양성자는 강한 핵력과 함께 쿨롱 반발력의 영향을 받는다는 사실이다.

핵의 에너지 준위 사이의 간격은 대략 MeV 범위에 있는 것으로 알려져 있다. 핵의 구조는 복잡하다. 에너지 준위 사이의 간격은 수십 keV에서 수 MeV 범위이다. 들뜬상태의 핵은 하나 이상의 감마선 광자를 방출하여 바닥상태로 돌아갈 수 있다. [감마선과 X선은 그들의 에너지보다는 그들을 방출하는 선원이 다르다. 들뜬 핵이나 쌍소멸(27.8절)에서 방출되는 광자는 감마선이라고 부르고, 들뜬 원자나 표적을 타격할 때 감속되는 전자(27.4절), 또는 싱크로트론에서 원운동을 하는 대전 입자에서 방출되는 고에너지 광자는 보통 X선이라고 부른다.] 들뜬 원자에서 방출되는 광자의 파장을 측정함으로써 원자의 에너지 준위를 밝혀낼 수 있는 것처럼 들뜬 핵에서 방출된 감마선 에너지를 측정하면 우리가 핵의 에너지 준위를 밝혀 낼 수 있다.

> **연결고리**
>
> 파울리 배타원리는 원자에서 전자들에 적용되고 핵에서는 핵자들에 적용된다.

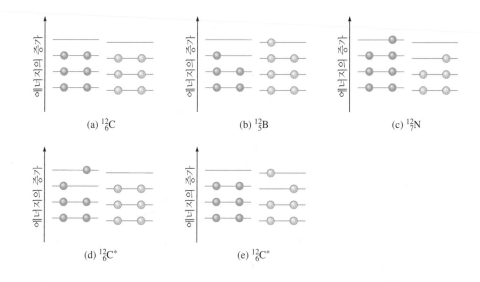

(a) $^{12}_{6}\text{C}$ (b) $^{12}_{5}\text{B}$ (c) $^{12}_{7}\text{N}$

(d) $^{12}_{6}\text{C}^{*}$ (e) $^{12}_{6}\text{C}^{*}$

그림 29.3 $A=12$인 몇 개의 핵종에 관한 정성적인 에너지 준위의 그림. 빨간색의 구는 양성자를, 회색의 구는 중성자를 나타낸다. 그림 28.19의 원자의 에너지 준위 그림과 비교하여라. $^{12}_{6}\text{C}$는 안정한 반면, $^{12}_{5}\text{B}$와 $^{12}_{7}\text{N}$은 불안정하다. (d)와 (e)에 있는 별표는 $^{12}_{6}\text{C}^{*}$가 들뜬상태에 있는 것을 나타낸다. $^{12}_{6}\text{C}^{*}$는 에너지 준위들의 차이만한 하나의 광자를 내쏘며 바닥상태 $^{12}_{6}\text{C}$로 돌아올 수 있다. $^{12}_{5}\text{B}$와 $^{12}_{7}\text{N}$는 하나의 전자나 양전자를 내쏘며 $^{12}_{6}\text{C}$로 바뀔 수 있다(29.3절의 베타 붕괴 참조).

모든 핵종은 각각의 특유의 고유한 감마선 스펙트럼을 가지고 있다. 감마선 스펙트럼은 대개 파장으로 나타내는 가시광선 스펙트럼과는 대조적으로 광자의 에너지로 구별한다. 두 경우 모두 측정하기 쉬운 양을 사용하는 것이다.

에너지 준위의 그림은 안정한 가벼운 핵종에 있어서, 어떻게 중성자와 양성자의 수가 거의 같은 경향이 있는지를 설명하는 데에 도움이 된다. 그림 29.3은 3개의 다른 핵종에 대한 에너지 준위를 보여 주는데, 이것들 모두는 12개의 핵자를 가지고 있다. 에너지 준위들은 정량적으로 정확한 것은 아니지만, 일반적인 개념을 보여 준다. 두 개의 양성자 최대는 양성자 에너지 준위의 어디에나 놓일 수 있고, 두 개의 중성자 최대도 중성자 에너지 준위의 어떠한 곳에나 놓일 수 있다. 양성자와 중성자의 에너지 준위는 비슷하다. 곧 양성자의 준위는 양성자들 사이의 쿨롱 반발력을 염두에 두면, 중성자의 에너지 준위보다 약간 높다. 6개의 양성자와 6개의 중성자로 구성되는 것이 각각 5개와 7개로 구성될 수 있는 것들보다 에너지가 낮다.

무거운 핵종에서는 이야기가 좀 더 복잡하다. 중성자들 사이에는 쿨롱 반발력이 없기 때문에 양성자들 사이의 쿨롱 반발력이 중성자가 더 많은 것($N > Z$)을 선호하게 된다. 쿨롱 반발력이 먼 거리 힘이기 때문에 더 큰 핵일수록 쿨롱 반발력은 점점 더 중요해진다. 곧 핵 안에서 각각의 양성자는 **다른 모든 양성자들**을 밀어낸다. 이렇게 서로 밀어내는 양성자들의 전기퍼텐셜에너지는 서로 더해져서 양성자의 에너지 준위는 중성자의 에너지 준위에 비해 점점 더 높아진다. 그래서 큰 핵종들은 중성자의 수가 상대적으로 많아지는 경향이 있다($N > Z$). 반면에, 중성자의 수가 많아지는 데에는 제한이 있다. 곧 중성자는 양성자보다 약간 더 무겁기 때문에, 중성자의 수가 너무 많으면, 핵의 질량(따라서 핵의 에너지)이 한 개 이상의 중성자가 양성자로 바뀌었을 때의 값보다 더 크게 된다.

그림 29.4는 (초록색 점들로 나타낸) 안정한 핵종들의 양성자의 수 Z와 중성자의 수 N을 보여준다. 아주 작은 핵종들에 대해서는, $N \approx Z$이다. 핵자들의 총 수 ($A = Z + N$)가 증가할수록, 중성자들의 수는 양성자들의 수보다 더 빠르게 증가한다. 가장 큰 안정한 핵종은 양성자의 수보다 중성자 수가 1.5배만큼 더 많다.

29.3 방사능 RADIOACTIVITY

프랑스 물리학자 베크렐(Henri Becquerel, 1852~1908)은 1896년 우연한 기회에 우라늄염이 햇빛과 같은 외부 에너지원이 없는 상태에서, 자발적으로 방사선을 낸다는 사실을 발견했다. 이 방사선은 빛을 차단하기 위해 검은 종이로 싼 사진건판조차도 감광시켰다.

핵종은 크게 두 가지 부류로 나눌 수 있다. 한 종류는 안정한 것이고 다른 종류는 불안정한, 곧 **방사성**radioactive이 있는 핵종이다. 불안정한 핵종은 자발적인 핵반응을 통하여 방사선을 내면서 **붕괴**decay한다(방사선은 전자기파를 포함할는지는 몰라도, 꼭 그것에 국한되지는 않는다). 방출하는 방사선의 종류에 따라서, 반응 후 핵

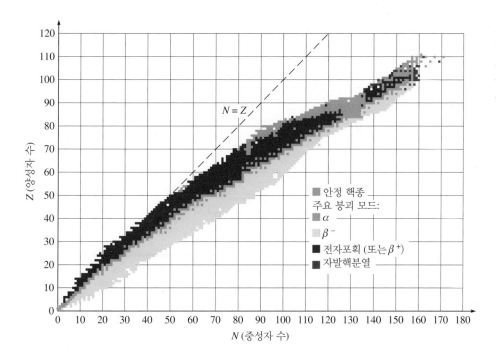

그림 29.4 가장 잘 알려진 핵종들에 관한 도표. 안정한 핵종들은 초록색 점으로 나타내었다. 안정 선은 안정한 핵종들이 보여 주는 N/Z 비율이 일반적으로 증가하는 경향이 있는 것에 주목하여라.

들은 다른 종류의 핵종으로 바뀔수도 있는데, 그때에는 전하나 핵자수 또는 양쪽이 모두 달라진다.

방사능을 연구하던 과학자들은 방사선을 내는 핵들이 방출하는 방사선이 세 가지 종류임을 곧 밝혀 냈다. 곧 이것들은 그리스 문자의 첫 세 글자를 따서 알파선 α, 베타선 β, 감마선 γ로 불리었다. 이 세 방사선들의 구별은 처음에는 물질을 투과하는 능력이 다르다는 사실에 바탕을 두고 한 것이다(그림 29.5). 알파선은 투과력이 가장 약하다. 곧 알파선은 공기층을 수 센티미터만을 통과하고 사람의 피부나 얇은 종이, 고체 물질에 의해 완전히 차단된다. 베타선은 공기 중에서 더 멀리 진행하고(대략 1미터 정도) 손이나 얇은 금속 막을 투과할 수 있다. 감마선은 알파선이나 베타선보다 훨씬 더 투과력이 세다. 나중에 이들의 전하와 질량이 결정되어, 이러한 성질들이 방사능의 세 가지 종류를 구분하는 데에 사용되었고, 궁극적으로 그것들의 정체를 밝히는 데에 사용되었다.

1500여 가지의 핵종들 중에서, 약 20 %만이 안정하다. 큰 핵종들($Z > 83$인 것들)은 모두 방사능을 갖는다. 지금까지 우리가 알고 있는 바로는, 안정한 핵들은 자발적으로 붕괴하지 않고 영구적으로 남아 있다. 모든 방사성 핵종은 그 핵종의 고유한

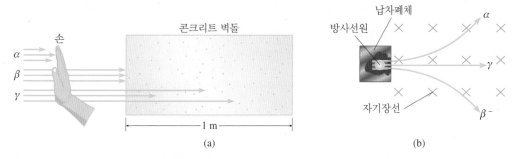

그림 29.5 α, β, γ선은 (a) 물질을 투과하는 능력뿐만 아니라 (b) 이것들이 가지고 있는 전하도 서로 다르다.

표 29.2 방사성 붕괴와 다른 핵반응에서 공통적으로 대두되는 입자

입자 이름	기 호	전 하(단위 e)	핵자수
전자	e^-, β^-, $_{-1}^{0}e$	-1	0
양전자	e^+, β^+, $_{1}^{0}e$	$+1$	0
양성자	p, $_{1}^{1}p$, $_{1}^{1}H$	$+1$	1
중성자	n, $_{0}^{1}n$	0	1
알파 입자	α, $_{2}^{4}\alpha$, $_{2}^{4}He$	$+2$	4
광자	γ, $_{0}^{0}\gamma$	0	0
중성미자	ν, $_{0}^{0}\nu$	0	0
반중성미자	$\bar{\nu}$, $_{0}^{0}\nu$	0	0

평균 수명을 가지고 붕괴한다. 수명의 범위는 매우 넓은데, 약 10^{-22} s(대략 빛이 핵의 지름에 해당하는 거리를 지나는 데에 걸리는 시간)에서부터 10^{+28} s(우주 나이의 10^{10}배)에 이르기까지 다양하다.

방사성 붕괴에서의 보존 법칙

핵반응이 자발적이든 아니든 간에 총 전하는 보존된다. 또 다른 보존 법칙은 핵자의 수는 같아야 한다. 우리는 이 두 가지 보존 법칙을 적용함으로써 핵반응의 균형을 맞춘다. 전자와 양성자, 중성자에 대한 기호 표기는 마치 이 입자들이 핵과 같은 것으로 간주하여 핵자의 수에 대해서는 위 첨자로, 전하에 대해서는 e의 단위(표 29.2 참조)로 아래 첨자로 쓴다. 위 첨자의 합이 반응 전후에 같으면 핵자들의 수에 대하여 핵반응의 균형을 맞춘 셈이고, 반응 전후의 아래 첨자의 합이 같으면 전하에 대하여 균형을 맞춘 셈이다.

또 다른 보존 법칙은 방사성 붕괴에서 중요하다. 곧 모든 핵반응에서도 에너지는 보존된다. 운동에너지가 없거나 거의 없는 핵이 붕괴하면서, 어떻게 상당한 운동에너지를 가진 생성물을 내어 놓을 수 있는가? 이 에너지는 어디에서 오는 것인가? 자발적인 핵반응에 있어서 방사성 원자핵의 정지에너지의 일부가 생성물의 운동에너지로 바뀐다. 다른 모양의 에너지로 바뀌는 정지에너지의 양을 **붕괴에너지**disintegration energy라고 부른다. 운동에너지가 증가하기 위해서는, 이에 상당하는 정지에너지의 감소가 있어야 한다. 핵이 자발적으로 붕괴하기 위해서는, 생성물의 총 질량이 원래의 방사성 원자핵의 질량보다 적어야 한다. 달리 말하면, 생성물들이 원래의 핵보다 더 단단히 속박되어 있어야 한다. 곧, 붕괴에너지는 방사성 원자핵의 결합에너지와 생성물들의 총 결합에너지와의 차이이다.

알파 붕괴

알파 "선"은 ^4He핵으로 알려져 있다. 헬륨 핵은 두 개의 양성자와 두 개의 중성자들이 한 덩어리로 뭉쳐진 것이며 매우 강하게 결합되어 있다. 알파 입자의 질량은

4.001 506 u이고 전하는 +2e이다.

알파 붕괴에 있어서, 원래의 핵종(어미핵종)은 알파 입자를 내쏨으로써 딸핵종으로 바뀐다. 반응의 균형을 맞추어 보면, 딸핵종의 핵자수는 4만큼 줄어들고 전하는 2만큼 줄어들게 된다. 어미핵종을 P로 나타내고 딸핵종을 D로 나타내면, 알파 입자를 내쏘는 자발반응은 다음과 같다.

알파 붕괴

$$^{A}_{Z}P \rightarrow ^{A-4}_{Z-2}D + ^{4}_{2}\alpha$$

(29-10)

알파 입자의 방출은 큰 핵종($Z > 83$)들의 방사능 붕괴에 있어서 가장 흔한 양식이다. $Z > 83$인 핵종들은 안정된 것들이 없기 때문에, 알파 입자의 방출은 Z와 N의 값이 각각 2씩 감소하면서 안정선 쪽으로 직접 옮겨간다. 한 개의 α 방출은 중성자 대 양성자의 비를 증가시킨다. 보기를 들면, $^{238}_{92}$U은 중성자 대 양성자의 비가 $(238 - 92)/92 = 1.587$을 갖는다. 알파 입자를 내쏨으로써, 중성자 대 양성자의 비가 커지면서 $^{238}_{92}$U은 $^{234}_{90}$Th로 된다. 곧 $(234 - 90)/90 = 1.600$이다. 그래서 중성자 대 양성자의 비가 더 작은 큰 핵종들은 상대적으로 중성자 대 양성자의 비가 더 큰 비슷한 핵종들보다 알파 붕괴를 할 가능성이 좀 더 크다.

보기 29.5

알파 붕괴

폴로늄-210은 알파 붕괴를 통하여 붕괴한다. 딸핵종이 무엇인지 밝혀라.

전략 먼저 우리는 폴로늄의 원자번호를 주기율표(부록 A-18 참조)에서 찾는다. 다음으로, 미지의 핵종과 알파 입자가 생성물인 핵반응식을 쓴다. 반응식의 균형을 맞추면, 딸핵의 Z와 A의 값을 얻는다.

풀이 폴로늄은 원자번호가 84이다. 그러면 반응식은

$$^{210}_{84}\text{Po} \rightarrow ^{A}_{Z}(?) + ^{4}_{2}\alpha$$

이다. 여기에서 A와 Z는 각각 딸핵의 핵자수와 원자번호이다. 전하가 보존되기 위해서는

$$84 = Z + 2$$

이므로, $Z = 82$이다. 핵자수가 보존되기 위해서는

$$210 = A + 4$$

이어야 하므로, $A = 206$이다. 원자번호가 82인 것을 주기율표에서 찾아보면, 이 원소가 납이라는 것을 알 수 있다. 따라서, 딸핵은 납-206($^{206}_{82}$Pb)이다.

검토 반응식을 완성하면, 핵자의 총 수와 총 전하량이 이 반응에서 모두 보존됨을 쉽게 확인할 수 있다.

$$^{210}_{84}\text{Po} \rightarrow ^{206}_{82}\text{Pb} + ^{4}_{2}\alpha$$

실전문제 29.5 주어진 딸핵으로부터 어미핵을 알아내기

어떤 지역에서는 건강에 심각한 영향을 주는 방사능 기체인 라돈-222는 다른 핵종의 알파 붕괴에 의하여 생성된다. 어미핵종을 알아내어라.

알파 붕괴의 에너지 알파 붕괴될 때 붕괴에너지는 딸핵과 알파 입자가 나누어 가진다. 운동량 보존에서 에너지가 어떻게 나누어지는가를 정확하게 결정할 수 있다. 따라서 특정 방사성 붕괴에서 방출된 알파 입자는 특성 에너지를 갖는다(어미핵의 처음 운동에너지는 중요하지 않고 0으로 택할 수 있다고 가정하자).

보기 29.6

우라늄-238의 알파 붕괴

^{238}U 핵종은 알파 입자를 내쏨으로써 알파 붕괴를 할 수 있다.

$$^{238}\text{U} \rightarrow {}^{234}\text{Th} + \alpha.$$

^{238}U, ^{234}Th, $^4_2$He의 원자질량은 각각 238.050 788 2 u, 234.043 601 2 u, 4.002 603 3 u이다. (a) 붕괴 에너지를 구하여라. (b) 어미핵 ^{238}U이 처음에 정지해 있었다고 가정하고, 알파 입자의 운동에너지를 구하여라.

전략 원자질량을 써서 계산을 할 수 있다. $^{238}_{92}$U 원자의 질량에는 92개 전자의 질량이 포함되어 있다. $^{238}_{90}$Th와 $^4_2$He 원자의 질량의 합에도 90 + 2 = 92개의 전자들의 질량이 포함되어 있다.

우리는 운동에너지가 거의 다 알파 입자로 갈 것으로 기대한다. 왜냐하면, 그것의 질량이 토륨핵의 질량보다 훨씬 작기 때문이다. 운동량 보존 법칙은 운동에너지가 두 입자 사이에서 어떻게 나누어지는가를 정확히 결정해준다.

풀이 (a) 생성물들의 총 질량은

234.043 601 2 u + 4.002 603 3 u = 238.046 204 5 u

로서, 어미핵의 질량보다 적다. 질량의 변화는

Δm = 238.046 204 5 u – 238.050 788 2 u = –0.004 583 7 u

이다. Δm은 질량의 변화를 나타낸다. 곧 나중의 질량에서 처음의 질량을 뺀 것이다(우리가 한 핵의 질량결손을 Δm으로 쓸 때에, 우리는 그 핵을 구성입자인 양성자들과 중성자들로 떼어 놓는 반응을 생각하는 것이다). 이 반응에서의 질량 감소는 정지에너지가 줄어든다는 것을 뜻한다. 아인슈타인의 질량–에너지의 관계식에 따라, 정지에너지의 변화는

$$E = (\Delta m)c^2 = -0.004\,583\,7\ \text{u} \times 931.494\ \text{MeV/u}$$
$$= -4.2697\ \text{MeV}$$

이다. 에너지의 보존 법칙에 의하여, 생성물의 운동에너지는 어미핵의 것보다 많은 4.2697 MeV이다. 붕괴에너지는

4.2697 MeV이다.

(b) 딸핵과 알파 입자를 비상대론적으로 취급할 수 있다고 가정하면, 그것들의 운동에너지는 그것들의 운동량과 다음과 같이 관련된다.

$$K = \frac{p^2}{2m}$$

운동량의 보존 법칙은 그것들의 운동량은 크기가 같고 방향이 반대라고 하는 것이므로

$$\frac{K_\alpha}{K_{\text{Th}}} = \frac{p^2/(2m_\alpha)}{p^2/(2m_{\text{Th}})} = \frac{m_{\text{Th}}}{m_\alpha} = \frac{234.043\,601\,2}{4.002\,603\,3} = 58.4728$$

이다. 두 운동에너지를 합하면, 4.2697 MeV여야 한다.

$$K_\alpha + K_{\text{Th}} = 4.2697\ \text{MeV}$$

운동에너지의 비에 K_{Th}를 대입하면, 다음과 같다.

$$K_\alpha + \frac{K_\alpha}{58.4728} = 4.2697\ \text{MeV}$$

이것을 풀면, K_α = 4.1979 MeV이다.

검토 질량의 변화는 음(–)이다. 붕괴 후의 총 질량이 붕괴 전의 질량보다 작다. U핵의 질량(더 정확히는, 정지에너지)의 일부가 생성물의 운동에너지로 바뀐다. 붕괴에너지는 방출되는 에너지의 양이기 때문에 +이다.

알파 입자의 운동에너지는 그것의 정지에너지(약 4u × 931.494 MeV/u ≈ 3700 MeV)보다 훨씬 적기 때문에, 운동에너지에 관한 비상대론적 표현은 적절하다. 상대론적인 계산은 우리들의 계산이 유효숫자 3자리까지 정확하다는 것을 보여 준다.

실전문제 29.6 **폴로늄–210의 붕괴 때의 α 에너지**

^{210}Po의 붕괴에서 방출되는 알파 입자의 운동에너지를 구하여라.

$$^{210}_{84}\text{Po} \rightarrow {}^{206}_{82}\text{Pb} + \alpha$$

베타 붕괴

베타 입자는 전자 또는 양전자이다(가끔 β^-, β^+ 입자라고도 부른다). β^- 붕괴에서는 전자 하나가 방출되고 핵 속의 중성자는 양성자로 바뀐다. 그래서 질량수는 달라지지 않지만, 핵의 전하는 1만큼 늘어난다.

β^- 붕괴

$$_Z^A P \to _{Z+1}^A D + _{-1}^0 e + _0^0 \bar{\nu}$$

(29-11)

기호 $\bar{\nu}$는 **반중성미자**antineutrino를 나타내는데, 질량이 거의 없는 중성입자이다. β^+ 붕괴에서는 양전자가 방출되고 핵 속의 양성자가 중성자로 바뀐다. 이번에는 핵의 전하가 1만큼 줄어든다.

β^+ 붕괴

$$_Z^A P \to _{Z-1}^A D + _{+1}^0 e + _0^0 \nu$$

(29-12)

기호 $_{+1}^0 e$는 방출된 양전자를 나타내고, $_0^0 \nu$는 역시 질량은 거의 없고 전하를 띠지 않는 **중성미자**neutrino이다. 양전자는 곧바로 하나의 전자와 만나게 되고 그 쌍은 한 쌍의 광자를 만들고 소멸한다(27.8절 참조).

알파 붕괴와는 달리, 방사성 핵종의 베타 붕괴는 핵자의 수를 변화시키지 않는다. 본질적으로 베타 붕괴를 하면 중성자가 양성자로 또는 양성자가 중성자로 바뀐다. 중성자의 질량은 양성자와 전자의 질량을 합한 것보다 크기 때문에, 자유 중성자는 β^-를 방출하면서 자발적으로 붕괴한다. 이 과정의 반감기는 10.2분이다. 자유 양성자는 중성자와 양전자로 자발적으로 붕괴할 수 없다. 그것은 에너지 보존 법칙에 위배 된다. 그러나 핵 속에서는 양성자는 양전자를 내쏘고 중성자로 바뀔 수 있다. 이것을 일어나게 하는 데 필요한 에너지는 핵의 결합에너지가 변해서 얻어진다. 따라서 핵 속에서 일어나는 기본적인 베타 붕괴의 반응은

$$\beta^-: \quad _0^1 n \to _1^1 p + _{-1}^0 e + _0^0 \bar{\nu}$$
$$\beta^+: \quad _1^1 p \to _0^1 n + _{+1}^0 e + _0^0 \nu$$

이다. 베타 붕괴는 질량수를 변화시키지는 않지만, 중성자 대 양성자의 비는 변화시킨다. 중성자가 너무 많아서 안정하지 않은 핵종은 β^- 붕괴를 통하여 붕괴할 가능성이 있다. 중성자는 전자를 내쏨으로써, 핵 속에서 양성자로 바뀐다. 중성자의 수가 너무 적은 핵종은 양전자를 내쏘고 양성자를 중성자로 변환시키면서 β^+ 붕괴를 할 가능성이 있다. 어느 경우에나 총 전하량은 보존된다.

중성미자의 예측과 발견 전자 (또는 양전자)의 에너지가 연속 스펙트럼으로 관찰되었기 때문에 베타 붕괴는 처음에는 수수께끼였다. 알파 붕괴에서 특정 붕괴반응에서 방출되는 알파 입자가 명확한 운동에너지를 가지는 것은 에너지 및 선형 운동

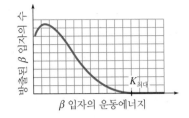

그림 29.6 특정 핵종의 베타 붕괴로 방출되는 전자의 전형적인 연속에너지 스펙트럼.

량의 보존되는 것으로 온 결과로 이해된다. 같은 이유로, 과학자들은 주어진 베타 붕괴 반응에서 방출되는 베타 입자도 또한 단일 에너지를 가져야 한다고 생각했다. 그러나, 운동에너지를 측정하였을 때, 방출된 베타 입자는 최댓값까지의 범위 내에서 운동에너지가 연속적인 값을 갖는다(그림 29.6). 베타 입자의 최대 운동에너지는 과학자들이 베타 입자가 가질 수 있다고 생각하는 값과 일치했다.

왜 대부분의 베타 입자가 예상했던 것보다 적은 에너지를 가지고 있을까? 과학자들이 보존 법칙(에너지 또는 운동량)에서 하나의 예외를 발견한 것일까? 닐스 보어(Niels Bohr)를 비롯한 저명한 과학자들이 에너지 보존 법칙이 깨어진 것으로 생각하기 시작했지만 파울리는 또 다른 설명을 제안했다. 파울리는 하나가 아니고 베타 입자와 아직 탐지되지 다른 입자, 두 개의 입자가 방출되고 있다고 보았다. 핵이 하나가 아니라 두 개의 입자를 방출한다면, 그들이 어떠한 방법으로 운동에너지를 나누어 가지든 그들은 에너지와 운동량이 모두 보존되게 할 수 있다.

벡터를 더하여 0이 되려면 두 운동량 벡터는 크기가 같고 방향이 반대여야 한다. 그러나 세 개의 **운동량** 벡터는 같은 총 운동에너지를 나누어 가지면서 다양한 방법으로 0이 되도록 할 수 있다.

페르미는 이 가상적인 입자에 중성미자(neutrino)라는 이름을 붙였다. 중성미자를 나타내는 기호는 그리스 문자로 '뉴(nu; ν)'라고 쓴다. 반중성미자(antineutrino)는 위에다 줄을 그어 $\bar{\nu}$라고 쓴다. 30장에서 공부하겠지만, 반중성미자는 β^- 붕괴에서 방출되고, 중성미자는 β^+ 붕괴에서 방출된다. 중성미자는 전자기 상호작용이나 강한 상호작용을 통해 상호작용을 하지 않기 때문에 감지하기가 매우 어렵다. 파울리가 중성미자의 존재를 예측하고 나서 실제로 그 존재가 알려지기까지 25년이 걸렸다. 중성미자는 약 10^{12}분의 1의 확률로 지구와 상호작용을 하고 나머지는 지구를 통과 할 수 있다. 태양으로부터 무수히 많은 중성미자가 지구 쪽으로 날아와 매초 우리 몸을 통과하지만 악영향을 미치지는 않는다.

보기 29.7

질소-13의 베타 붕괴

질량수 13인 질소의 동위원소인 ^{13}N은 불안정하여 베타 붕괴를 한다. (a) ^{14}N와 ^{15}N는 질소의 안정한 동위원소이다. ^{13}N은 β^- 또는 β^+ 중 어느 과정을 통하여 붕괴할 것이라고 예측하는지 설명하여 보아라. (b) 붕괴반응식을 써라. (c) 방출되는 베타 입자의 최대 운동에너지를 계산하여라.

전략 β^- 또는 β^+를 결정하는 해답은 그 핵에 중성자가 많아서 불안정한 것인지 아니면 모자라서 불안정한 것인지에 달려 있다.

풀이 (a) 질소의 안정한 동위원소들은 ^{13}N보다 더 많은 중성

자를 가지고 있다. 그래서 ^{13}N은 중성자가 모자라서 불안정한 것이다. 베타 붕괴는 중성자 대 양성자의 비를 증가시키기 위하여 양성자를 중성자로 바꾸어야 한다. 이것은 핵의 전하가 e만큼 줄어든다는 것을 뜻하므로, 전하를 보존하기 위해서는 양전자(전하 $+e$)가 생성되어야 한다. 따라서 ^{13}N은 β^+ 붕괴를 할 것으로 기대된다.

(b) 양전자가 방출되므로, 반중성미자가 아니라 중성미자가 동반되어야 한다. Z는 7(질소)에서부터 6(탄소)으로 1만큼 줄어든다. A는 바뀌지 않는다. 반응식은

$$^{13}_{7}\text{N} \rightarrow {}^{13}_{6}\text{C} + {}^{0}_{+1}\text{e} + {}^{0}_{0}\nu$$

이다. 전하와 핵자수는 모두 보존된다. 곧, $7 = 6 + 1$과 $13 = 13 + 0$.

(c) 부록 B로부터, $^{13}_{7}\text{N}$과 $^{13}_{6}\text{C}$의 원자 질량은 각각 $13.005\,738\,6\,\text{u}$와 $13.003\,354\,8\,\text{u}$이다. 핵의 질량을 구하기 위해서는 각각으로부터 Zm_e를 빼주어야 한다. 양전자의 질량은 전자의 그것과 같다. $m_e = 0.000\,548\,6\,\text{u}$. 중성미자의 질량은 무시할 수 있을 만큼 적다. 질소와 탄소의 원자질량을 M_N과 M_C로 나타내면,

$$\Delta m = [(M_C - 6m_e) + m_e] - (M_N - 7m_e)$$
$$= M_C - M_N + 2m_e$$
$$= 13.003\,354\,8\,\text{u} - 13.005\,738\,6\,\text{u} + 2 \times 0.000\,548\,6\,\text{u}$$
$$= -0.001\,286\,6\,\text{u}$$

이다. 자발적 붕괴가 일어나려면, 질량은 당연히 감소되어야 한다. 붕괴에너지는

$$E = |\Delta m|c^2 = 0.001\,286\,6\,\text{u} \times 931.494\,\text{MeV/u} = 1.1985\,\text{MeV}$$

이다. 이것은 얻을 수 있는 모든 가능한 에너지이고 중성미자와 딸핵에게는 무시될 수 있을만큼의 적은 양만 남기기 때문에 양전자의 최대 운동에너지와 같다.

검토 어떤 방사성 핵종이 β^- 또는 β^+ 중 어느 방식으로 붕괴할 것인지는 보통 예측 가능하다. 그러나 예외가 있다. 보기를 들면, $^{40}_{19}\text{K}$는 β^- 또는 β^+ 둘 중의 하나로 붕괴할 수 있다. 확실한 방법은 방사성 핵종의 질량과 생성물의 질량을 비교하여서 자발적 붕괴가 에너지적으로 가능한 것인지를 보는 것이다.

주목할 것은 β^+ 붕괴에서 전자의 질량(원자 질량에 포함되어 있는)은 알파 붕괴에서처럼 자동적으로 "상쇄되지" 않는다는 것이다.

실전문제 29.7 **$^{40}_{19}\text{K}$이 붕괴할 때 전자의 최대 에너지**

$^{40}_{19}\text{K}$의 β^- 붕괴에서 방출되는 전자의 최대 에너지를 구하여라.

전자포획

β^+ 붕괴를 할 수 있는 핵종은 **전자포획**electron capture을 하면서 붕괴할 수도 있다. 두 과정은 모두 양성자를 중성자로 바꾼다. 전자포획에 있어서는 양전자를 내쏘는 대신, 핵이 원자의 전자들 중 하나를 흡수한다. 기본적인 반응식은

$$_{-1}^{0}\text{e} + _{1}^{1}\text{p} \rightarrow _{0}^{1}\text{n} + _{0}^{0}\nu \qquad (29\text{-}13)$$

이다. 핵이 전자 하나를 잡을 때에 생기는 유일한 생성물들은 딸핵과 중성미자이다. 오직 이 두 입자에 대해서만 운동량과 에너지 보존 법칙을 적용하면, 방출된 에너지의 얼마만 한 부분을 각 입자들이 나누어 가졌는지를 결정할 수 있다. 중성미자는 질량이 매우 적어서 운동에너지의 대부분을 가져가게 되고, 딸핵은 수 eV 정도의 운동에너지만을 가지고 반대 방향으로 튕긴다. 어떤 핵종들은 β^+ 붕괴를 통해서가 아니라 전자포획을 통해서 붕괴한다. 왜냐하면, 어미핵과 딸핵 사이의 질량차가 양전자의 질량보다 적기 때문이다.

감마 붕괴

감마선Gamma rays은 에너지가 매우 큰 광자들이다. 감마선의 방출은 전하나 핵자의 수를 바꾸지 않기 때문에, 핵을 다른 핵종으로 바꾸지 않는다. 마치 원자 안의 전자가 에너지 준위 사이를 전이할 때 광자를 내쏘는 것처럼, 핵이 들뜬상태에서 낮은 에너지 상태로 전이할 때 감마선 광자가 방출된다.

그림 29.7은 탈륨-208($^{208}_{81}\text{Tl}$) 핵의 몇 가지 에너지 준위를 보여 준다. 들뜬상태에 있는 핵이 낮은 에너지 상태로 옮겨가면서 광자를 내쏠 수 있다. 보기를 들면, 오른

연결고리

γ선은 광자이다.

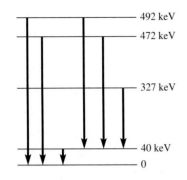

그림 29.7 $^{208}_{81}$Tl의 에너지 준위. 아래 방향의 화살표는 감마 붕괴에서 허용되는 전이를 나타낸다.

쪽에서부터 세 번째의 화살표는 492 keV에서 40 keV로 전이하는 것을 보여 주는데, 452 keV의 광자를 내쏘게 된다.

핵이 들뜬상태에 있다는 사실을 강조하기 위하여, $^{208}_{81}$Tl*와 같이 기호 뒤에 별표(*)를 위 첨자로 써 넣는다. 들뜬 Tl-208 핵의 광자 방출에 의한 감마 붕괴는

$$^{208}_{81}\text{Tl}^* \rightarrow\ ^{208}_{81}\text{Tl} + \gamma$$

이다. 알파 및 베타 붕괴가 딸핵을 언제나 바닥상태로 남겨 두는 것은 아니다. 가끔 딸핵은 들뜬상태로 남겨지고, 그러고는 한 개 또는 그 이상의 감마선 광자를 내놓고 바닥상태에 이른다. 그러므로, 알파 붕괴에 있어서는, 붕괴에 의해 생성된 딸핵이 어떤 들뜬상태에 있는지에 따라 방출된 알파 입자의 운동에너지가 다를 가능성이 있다. 보기를 들면, $^{212}_{83}$Bi는 알파 붕괴를 하여 그림 29.7에서 보여 주는 것처럼, $^{208}_{81}$Tl의 다섯 가지의 에너지 상태(바닥상태와 4가지의 들뜬상태) 중 어느 하나로 갈 수 있다. $^{212}_{83}$Bi의 붕괴에 있어서 알파 입자의 스펙트럼은 여전히 띄엄띄엄한 값을 갖지만, 한 개가 아니라 다섯 개의 띄엄띄엄한 값을 갖는다. 베타붕괴에 있어서, 만일 딸핵이 들뜬상태로 남아 있을 수 있으면, 전자(또는 양전자), 반중성미자(또는 중성미자) 그리고 딸핵이 서로 나누어 갖는 운동에너지의 양은 보다 적다. 전자(또는 양전자)의 운동에너지는 여전히 연속적이다.

기타 방사성 붕괴 모드

다른 많은 방사성 붕괴 방식이 존재한다. 다음은 다른 붕괴 모드의 몇 가지 예이다.

$$^{8}_{6}\text{C} \rightarrow\ ^{7}_{5}\text{B} + ^{1}_{1}\text{p} \qquad \text{(양성자 방출)}$$

$$^{10}_{3}\text{Li} \rightarrow\ ^{9}_{3}\text{B} + ^{1}_{0}\text{n} \qquad \text{(중성자 방출)}$$

$$^{252}_{98}\text{Cf} \rightarrow\ ^{137}_{53}\text{I} + ^{112}_{45}\text{Rh} + 3^{1}_{0}\text{n} \qquad \text{(자발핵분열)}$$

$$^{226}_{88}\text{Ra} \rightarrow\ ^{212}_{82}\text{Pb} + ^{14}_{6}\text{C} \qquad (^{4}_{2}\text{He 이외의 핵 방출})$$

$$^{128}_{52}\text{Te} \rightarrow\ ^{128}_{54}\text{Xe} + 2^{\ 0}_{-1}\text{e} + 2\bar{\nu} \qquad \text{(이중 베타 방출)}$$

이러한 모든 반응에서 전하와 핵자수가 보존된다는 점에 유의하여라. 대부분의 핵종은 일반적으로 동등한 확률은 아니지만, 한 가지 이상의 여러 방식으로 붕괴한다.

29.4 방사성 붕괴 속도와 반감기
RADIOACTIVE DECAY RATES AND HALF-LIVES

불안정한 핵의 붕괴가 일어나는 시간을 결정하는 것은 무엇인가? 방사성 붕괴는 **확률적으로만** 기술할 수 있는 양자역학적 과정이다. 동일한 핵종이 모여 있다고 하면, 그것들은 동시에 모두 붕괴하지 않아서, 언제 어느 것이 붕괴할지를 결정하는 방법은 없다. 한 핵의 붕괴확률은 그 핵의 내력과 다른 핵들과는 무관하다. 각각의

방사성 핵종은 단위 시간당 일정한 붕괴확률을 갖고 있는데, 그것을 기호 λ로 쓴다 (파장과는 관련이 없다). 단위 시간당의 붕괴확률은 **붕괴상수**decay constant라고도 부른다. 확률은 순전히 숫자이기 때문에, 붕괴상수는 s^{-1}(단위 초당 확률)의 SI 단위를 가진다.

$$\text{붕괴상수 } \lambda = \frac{\text{붕괴확률}}{\text{단위 시간}} \qquad (29\text{-}14)$$

짧은 시간 간격 Δt 동안의 핵이 붕괴할 확률은 $\lambda \Delta t$이다.

동일한 방사성 핵종의 핵이 여러 개(N) 있는 모임에서, 각 핵은 단위 시간당 같은 붕괴확률을 갖는다. 한 핵의 붕괴는 다른 핵의 붕괴와 아무 상관이 없이 독립적으로 붕괴한다. 핵의 붕괴가 독립적이기 때문에, 짧은 시간 간격 Δt 동안에 붕괴하는 핵의 평균수는 바로 N 곱하기 붕괴확률이다.

$$\Delta N = -N\lambda \Delta t \qquad (29\text{-}15)$$

음(−)의 부호는 핵이 붕괴함에 따라 남아 있는 핵의 수가 줄어들기 때문에 필요하다. 그러므로 N의 변화는 음(−)이다. 식 (29-15)는 Δt 시간 동안 붕괴하리라고 예상하는 평균수이다. 방사성 붕괴는 통계적 과정이기 때문에, 우리가 붕괴하는 수를 정확히 관측할 수는 없다. 만일 N이 충분히 큰 값이라면, 식 (29-15)는 우리가 관측하는 값과 매우 가까울 것이라고 예상된다. 그러나 N이 작은 값이면, 예상한 수와는 큰 차이를 보일 수도 있다. 실제 측정한 붕괴수 $|\Delta N|$에 대한 통계적 변동은 $\sqrt{|\Delta N|}$이다. 다시 말하면, 기대되는 평균 붕괴수가 10,000이라면, 특정한 실험에서의 실제 붕괴수는 평균수를 전후로 하여 약 $\sqrt{10\,000} = 100$의 차이를 보인다.

식 (29-15)는 핵의 수 N은 일정하다고 가정하였기 때문에, 짧은 시간 간격 $\Delta t \ll 1/\lambda$ 동안만 타당하다. 만일 시간 간격이 충분히 길어서 N이 많이 변한다면, N 값을 어떻게 취하여야 할까? 처음의 수나 나중의 수, 아니면 평균값을 취해야 할까? $\Delta t \ll 1/\lambda$이기만 하면, 우리는 $|\Delta N| \ll N$이라고 확신할 수 있고, 따라서 N이 그렇게 많이 변하지 않았다는 것을 뜻한다.

방사능 어떤 시료가 단위 시간당 방사성 붕괴한 수를 붕괴율 또는 **방사능**activity R이라고 부른다. 방사능의 SI 단위는 베크렐(becquerel: Bq)이라고 하는데, 1초에 한 번의 붕괴함을 뜻한다. 붕괴율을 SI 단위로 쓰는 세 가지 방법은 모두 같은 뜻이다.

$$1 \text{ Bq} = 1\,\frac{\text{붕괴}}{\text{s}} = 1\ s^{-1} \qquad (29\text{-}16)$$

전통적으로 사용하는 방사능의 또 다른 단위는 퀴리(curie: Ci)이다.

$$1 \text{ Ci} = 3.7 \times 10^{10} \text{ Bq} \qquad (29\text{-}17)$$

만일 짧은 시간 간격 Δt 동안의 붕괴수가 $|\Delta N|$이면, 방사능은

$$R = \frac{\text{붕괴한 수}}{\text{단위 시간}} = \frac{-\Delta N}{\Delta t} = \lambda N \qquad (29\text{-}18)$$

이다.

그림 29.8 시간의 함수로 나타낸 남아 있는 방사성 핵의 비(N/N_0).

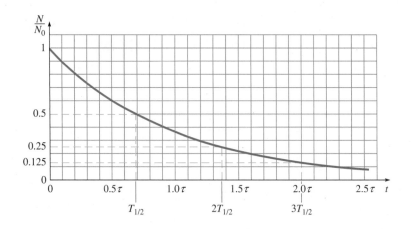

연결고리

어떤 양의 변화율이 음(−)의 상수와 양의 곱일 때는 언제나 그 양은 시간의 지수함수이다.

식 (29-18)에서 N의 시간 변화율($\Delta N/\Delta t$)은 음(−)의 상수($-\lambda$) 곱하기 N이다. 어떤 양의 시간 변화율이 음(−)의 상수 곱하기 그 양이면, 그 양은 시간의 지수함수이다.

방사성 붕괴에서 남아 있는 핵의 수 N(붕괴하지 않은 수)는 다음과 같다.

$$N(t) = N_0 e^{-t/\tau} \tag{29-19}$$

t에 대한 N의 그래프는 그림 29.8과 같다. 방사성 붕괴에 있어서 시상수(time constant)는

$$\tau = \frac{1}{\lambda} \tag{29-20}$$

이고, N_0는 $t = 0$일 때의 핵의 수이다. 시상수를 **평균 수명**$^{\text{mean lifetime}}$이라고도 부르는데, 붕괴하기 전까지 핵이 평균적으로 살아 남아 있을 수 있는 시간이기 때문이다. 그러나 핵들이 늙는다고 생각하는 것은 잘못된 생각이다. 바위 속에 수백 년 동안 박혀 있는 우라늄−238 핵도 핵반응을 통해 수 초 전에 생성된 핵과 같이 단위 시간당 똑같은 붕괴확률을 갖는다. 곧 더 많지도 않고, 더 적지도 않다. 식 (29-18)과 (29-19)는 얼마나 많은 핵들이 붕괴할 것인가를 예측하게 하는 것이지, 어느 핵이 붕괴할 것인지를 말해 주지는 않는다.

붕괴속도는 핵의 수에 비례하기 때문에, 붕괴속도도 역시 지수함수로 줄어든다.

$$R(t) = R_0 e^{-t/\tau} \tag{29-21}$$

모든 지수함수 형태의 감소에 대해서, 시상수 τ는 물리량이 처음 값의 $1/e \approx 36.8\,\%$까지 줄어드는 데에 걸리는 시간이다. 시간 간격 τ 동안 핵들의 $63.2\,\%$는 붕괴하고, $36.8\,\%$는 남아 있는 것이다. 시간 간격 2τ 후에는 핵의 $1/e^2 \approx 13.5\,\%$는 아직 붕괴하지 않고, $1 - 1/e^2 \approx 86.5\,\%$는 이미 붕괴해 버린다.

반감기 방사성 붕괴를 다룰 때 시상수 τ 대신에 **반감기**$^{\text{half-life}}$ $T_{1/2}$라는 양으로 자주 기술한다. 반감기는 핵들의 반이 붕괴하는 데 걸리는 시간이다. 반감기의 2배가 되는 시간 후에는 현재 핵의 1/4만이 남아 있게 된다. 반감기의 m배가 되는 시간 후에는 $\left(\frac{1}{2}\right)^m$이 남아 있다. 반감기와 시상수와의 관계는

$$T_{1/2} = \tau \ln 2 \approx 0.693 \, \tau \qquad (29\text{-}22)$$

임을 보일 수 있다. 여기에서 ln 2는 2의 자연로그이다. 그러면

$$N(t) = N_0(2^{-t/T_{1/2}}) = N_0\left(\tfrac{1}{2}\right)^{t/T_{1/2}} \qquad (29\text{-}23)$$

이다.

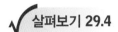

살펴보기 29.4

망간-54의 반감기는 312.0일이다. 936.0일 동안 시료 중의 망간-54는 얼마나 붕괴하는가?

보기 29.8

질소-13의 방사성 붕괴

^{13}N의 반감기는 9.965분이다. (a) 만일 $t = 0$일 때에 시료에 3.20×10^{12}개의 ^{13}N 원자가 있다면, 40.0분 후에는 얼마나 많은 ^{13}N 핵이 남는가? (b) $t = 0$일 때와 $t = 40.0$분에서의 ^{13}N의 방사능은 얼마인가? 방사능 R을 Bq로 나타내어라. (c) 한 개의 ^{13}N핵이 1초 동안에 붕괴할 확률은 얼마인가?

전략 (a, b) $t = 0$일 때의 핵들의 수는 $N_0 = 3.20 \times 10^{12}$개이고 반감기는 $T_{1/2} = 9.965$분이다. 질문은 $t = 40.0$분일 때의 N과 $t = 0$과 $t = 40.0$분일 때의 R에 대해 묻고 있다. 40분이라는 시간은 반감기의 약 4배이기 때문에, 우리는 풀이를 간단히 구할 수 있다. N과 R는 각각의 반감기마다 $\frac{1}{2}$씩 곱해진다.
(c) 1초를 짧은 시간 간격이라고 간주할 수만 있다면, 1초 동안의 붕괴확률은 λ이다. 반감기가 9.965분 = 579.9초이기 때문에, 1초는 반감기의 일부분에 불과하고, 따라서 짧은 시간이라고 간주할 수 있다.

풀이 (a) 반감기가 지나면 핵들의 반이 남기 때문에, 반감기의 2배 시간 후에는 $\frac{1}{2} \times \frac{1}{2} = \left(\frac{1}{2}\right)^2$배가, 그리고 4배의 반감기 후에는 $\left(\frac{1}{2}\right)^4$배 만큼이 남는다. 그러므로 4배의 반감기(40분) 후에 남아 있는 수는

$$N = \left(\tfrac{1}{2}\right)^4 \times 3.20 \times 10^{12} = 2.00 \times 10^{11}$$

이다. 식 (29-23)을 이용하면, 정확한 결과를 얻는다.

$$N(t) = N_0\left(\tfrac{1}{2}\right)^{t/T_{1/2}} = N_0\left(\tfrac{1}{2}\right)^{40.0/9.965} = 1.98 \times 10^{11}$$

(b) 방사능과 핵의 수는 식 (29-18)에 의하여 관련된다.

$$R = \lambda N = \frac{N}{\tau}$$

시상수 τ는 식 (29-22)에 의하여 다음과 같이 관계된다.

$$\tau = \frac{T_{1/2}}{\ln 2} = \frac{9.965 \text{ min} \times 60 \text{ s/min}}{0.693\,15} = 862.6 \text{ s}$$

다음에 핵의 수 N에 대해 $t = 0$일 때와 $t = 40.0$분일 때의 핵들의 수 N을 대입하여 이들 두 시간에서의 붕괴속도를 결정한다. 시상수는 달라지지 않는다.

$t = 0$일 때에

$$R_0 = \frac{N_0}{\tau} = \frac{3.20 \times 10^{12}}{862.6 \text{ s}} = 3.71 \times 10^9 \text{ Bq}$$

$t = 40$분일 때에

$$R = \frac{N}{\tau} = \frac{1.98 \times 10^{11}}{862.6 \text{ s}} = 2.30 \times 10^8 \text{ Bq}$$

이다.
(c) 1초 동안의 붕괴확률은

$$\lambda = \frac{1}{\tau} = 1.1593 \times 10^{-3} \text{ s}^{-1}$$

핵은 1초 동안에 0.001 159 3의 확률로 붕괴한다.

검토 점검을 하자면, 반감기의 4배 시간 후의 R는 R_0의 $\frac{1}{16}$이다.

$$\tfrac{1}{16} \times 3.71 \times 10^9 \text{ Bq} = 2.32 \times 10^8 \text{ Bq}$$

40.0분은 반감기의 4배보다 조금 길기 때문에, $t = 40.0$분에서의 방사능은 2.32×10^8 Bq보다 조금 작다.

만일 반감기가 1초에 비해 크지 않으면, 1초 동안의 붕괴확률은 λ와 같지 않을 것이다. 보다 긴 시간 간격에 대한 붕괴확률은 다음과 같이 구해진다.

$$\text{붕괴확률} = \frac{\text{붕괴할 것으로 예상되는 수}}{\text{원래의 수}}$$

$$= \frac{|\Delta N|}{N_0} = \frac{N_0 - N}{N_0} = 1 - e^{-t/\tau}$$

실전문제 29.8 **반감기의 1/2이 지난 후 남아 있는 핵의 수**

$t = 5.0$분에는 ^{13}N 원자의 얼마가 남아 있는가?

응용: 방사성 탄소 연대 측정

아주 널리 유용하게 쓰이는 방사성 탄소의 연대 측정 기술(또는 자주 쓰는 말로 탄소 연대 측정)은 희소한 방사성 탄소 동위원소의 방사성 붕괴에 기초를 두고 있다. 지구상에 자연적으로 존재하는 탄소는 거의 모두가 안정한 동위원소인 98.9 %의 ^{12}C와 1.1 %의 ^{13}C 둘 중 하나이다. 그러나 아주 약간의 ^{14}C 역시 존재하는데, 약 10^{12}개의 탄소 원자들 중 하나꼴로 존재한다. ^{14}C는 5730년의 비교적 짧은 반감기를 가지고 있다. 지구의 나이는 약 45억 년이기 때문에, 탄소-14가 계속적으로 공급되지 않는다면, 우리는 이것을 거의 발견할 수 없을 것으로 생각된다.

탄소-14의 생성은 지구의 대기를 우주선(cosmic ray)이 때리기 때문에 일어나는 것이다. 우주선은 우주로부터 오는 전하를 띤 매우 높은 에너지의 입자들이며 대부분은 양성자들이다. 이 입자들의 하나가 우주의 상층대기에 있는 하나의 원자를 때리게 되면, 굉장히 많은 2차 입자들의 소나기가 만들어지는데, 이것에는 많은 수의 중성자들이 포함되어 있다. 한 개의 우주선 입자에 의해 만들어지는 중성자들의 수는 약 1백만 개 정도이다. 이 중성자들의 일부는 대기에 있는 ^{14}N과 반응하여 ^{14}C를 만들어낸다.

$$n + {}^{14}N \rightarrow {}^{14}C + p \tag{29-24}$$

^{14}C는 CO_2 분자를 만들고 지구 표면으로 천천히 내려와서는 공기를 통해 식물에 흡수되어 탄산광물질과 결합한다. 동물들은 식물이나 다른 동물을 먹어서 ^{14}C를 섭취한다. 유기체 속의 ^{14}C나 광물질은 베타 붕괴를 통하여 붕괴한다.

$$^{14}C \rightarrow {}^{14}N + e^- + \bar{\nu} \tag{29-25}$$

^{14}C가 우주선에 의해 계속적으로 만들어지는 속도가 ^{14}C가 붕괴하는 속도와 평형을 이루어서, 대기 중의 ^{14}C대 ^{12}C 원자의 평형 비는 1.3×10^{-12}이 된다. 생물체가 살아 있는 동안은 탄소를 환경과 주고 받으므로, 그 생물체는 ^{14}C의 상대적인 존재비는 환경과 똑같은 양을 갖게 된다. 대기나 살아 있는 생물체 속에서의 ^{14}C의 방사능은 탄소 1 g당 0.25 Bq이다.

생물체가 죽거나 광물질로 들어가면, 환경과의 탄소교환은 멈춘다. 생물체 속의 ^{14}C가 붕괴함에 따라, ^{14}C대 ^{12}C의 비는 줄어든다. 시료 속에 있는 ^{14}C대 ^{12}C의 비를 측정하여 시료의 연대를 결정하는 데에 쓸 수 있다. 이렇게 하는 방법 중 하나가 탄소 1 g당 탄소-14의 방사능을 측정하는 것이다.

목탄 시료의 연대 측정

이집트에 있는 고고학 발굴지에서 나온 목탄조각(기본적으로 100 %의 탄소로 구성)에 대한 방사성 탄소 연대 측정을 하고자 한다. 그 시료의 질량은 3.82 g이고 ^{14}C의 방사능은 0.64 Bq이다. 목탄 시료의 생성 연대는 얼마인가?

전략 나무가 살아 있는 동안 나무의 ^{14}C의 상대적 존재비는 환경과 똑같다. 나무가 목탄으로 만들어진 후에는 ^{14}C가 환경으로부터 더 이상 받아들여지지 않으므로, ^{14}C의 상대적 존재비는 줄어든다. ^{14}C핵의 수가 줄어듦에 따라 ^{14}C의 방사능도 줄어든다. 그 방사능은 5730년의 반감기를 가지고 처음 값으로부터 지수함수적으로 줄어든다. 고대 이집트에서의 환경에 포함된 ^{14}C의 상대적 존재비는 지금과 비슷하다고 가정하므로, 탄소 1 g당의 처음 방사능은 0.25 Bq이다.

풀이 ^{14}C의 방사능은 지수함수적으로 줄어든다.

$$R = R_0\, e^{-t/\tau}$$

처음의 방사능은

$$R_0 = 0.25 \text{ Bq/g} \times 3.82 \text{ g} = 0.955 \text{ Bq}$$

이다. 현재의 방사능 세기는 $R = 0.64$ Bq이다. 자, 그러면 우리는 R와 R_0 값으로부터 t에 대하여 풀 수 있다.

$$\frac{R}{R_0} = e^{-t/\tau}$$

양변에 대해 자연로그를 취하면, 지수로부터 t를 얻을 수 있다.

$$\ln\frac{R}{R_0} = \ln e^{-t/\tau} = -\frac{t}{\tau}$$

$$t = -\tau \ln\frac{R}{R_0} = -\frac{T_{1/2}}{\ln 2}\ln\frac{R}{R_0}$$

$$= -\frac{5730\text{년}}{\ln 2} \times \ln\frac{0.64 \text{ Bq}}{0.955 \text{ Bq}} = 3300\text{년}$$

이 목탄은 3300년 되었다.

검토 다음과 같이 해서 점검해 볼 수 있다.

$$R_0(2^{-t/T_{1/2}}) = R$$

$$R_0(2^{-t/T_{1/2}}) = 0.955 \text{ Bq} \times 2^{-3300\text{ yr}/5730\text{ yr}} = 0.955 \text{ Bq} \times 0.671$$

$$= 0.64 \text{ Bq} = R$$

실전문제 29.9 **외치(Ötzi)의 나이**

1991년에 한 등산가가 이탈리아 알프스에 있는 빙하에서 자연적으로 미라 상태로 남아 있는 사람을 발견했다. 연구자들은 그 사람을 외치(Ötzi)라고 불렀으며 대중적으로는 아이스맨이라고 알려졌다. 이 아이스맨은 얼마나 오래전에 죽었는가? ^{14}C 방사능은 탄소 1 g당 0.131 Bq로 측정되었다.

탄소 연대 측정은 약 60,000년 정도까지 오래된 시료에 대하여 이용 가능한데, 이 햇수는 ^{14}C 반감기의 10배 정도이다. 시료가 오래 되면 오래될수록, ^{14}C의 방사능은 더 작아진다. 매우 오래된 시료는 ^{14}C 방사능을 정확하게 측정하기가 힘들다. 반감기 또한 시료의 연대 측정의 정확도에 제약을 가하게 된다. 우리가 가정하는 모든 조건들이 옳다고 하더라도, 탄소 연대 측정이 정확한 연도까지를 말해 준다고 기대할 수는 없다. 1년이란 기간은 반감기의 극히 작은 부분에 해당하므로 1년이란 시간 동안의 방사능의 변화는 매우 적다.

여기에서 제시된 가장 간단한 탄소 연대 측정에서의 주된 가정은 지구의 대기 속의 ^{14}C와 ^{12}C의 평형비가 지난 60,000년 동안 같았다는 것이다. 이것은 좋은 가정인가? 우리는 이것을 어떻게 시험할 수 있는가? 이것을 비교적 짧은 시간에 대해 시험하는 한 방법은 매우 오래된 나무로부터 또는 고대 나무의 잔해로부터 핵심부의 시료를 채취하여 여러 시기의 ^{14}C 방사능을 측정하는 것이다. 나이테는 시료의 다른 부분에 대해 나이를 결정하는 독립적인 방법을 주고 있다.

현재 과학자들이 믿고 있기로는, 대기 속의 ^{14}C의 상대적인 존재비는 지난 60,000년 동안 상당히 달라졌고, 현재보다 최대 40 % 정도 많았지만, 지난 1,000년 동안(20세기 초반까지)은 많이 달라지지 않았다고 보고 있다.

다행히도, 탄소 연대 측정은 대기 속의 ^{14}C의 상대적인 존재비의 변화에 대하여 보정이 가능하다. 나무의 나이테는 11,000년까지 거슬러 그러한 보정을 가능하게 한다. 일본에 있는 스아게츠 호수에서는 매년 죽은 조류들이 겹겹이 바닥에 가라앉아 다음 조류층이 생기기 전에 진흙 퇴적층으로 덮인다. 옅은 색의 조류층들이 어두운 색의 진흙층과 교대로 쌓여 있어서, 나무의 나이테와 같은 역할을 하고, 이것이 43,000년까지 거슬러 대기의 ^{14}C의 존재비의 변화에 대한 정보를 주어 방사성 탄소 연대 측정의 보정이 가능하다.

대기 속의 ^{14}C의 상대적인 존재비는 20세기에 들면서 인간의 활동으로 말미암아 급속히 변화하기 시작하였다. 석탄 연료의 사용이 급속히 증가하면서 많은 양의 오래된 탄소, 곧 적은 존재비의 ^{14}C를 함유한 탄소가 대기 중에 배출되었다. 약 1940년대 초기에 공기 중에서의 핵실험과 핵폭탄 그리고 핵반응로는 대기 중의 ^{14}C의 상대적인 존재비를 증가시켰다. 20세기에 만들어진 이러한 부수효과 때문에, 먼 미래에서는 방사성 탄소 연대 측정 방법이 힘들어질 것이다.

방사성 연대 측정에 사용되는 다른 동위원소들

^{14}C외에도, 다른 방사성 핵종들이 방사성 연대 측정에 쓰일 수 있다. 지질 형성에 관한 연대 측정에 보통 사용되는 (반감기가 10억 년 단위로서) 동위원소에는 우라늄-235(0.7)와 포타슘-40(1.248), 우라늄-238(4.5), 토륨-232(14), 루비듐-87(49) 등이 있다. 지구의 나이를 계산하는 한 가지 직접적인 방법은 지구상의 시료와 운석시료에서 여러 가지의 납 동위원소의 존재비에 기초를 두는 방법이다. Pb-206과 Pb-207은 각각 U-238과 U-235로 부터 시작하는 긴 방사성 붕괴 과정들의 최종 산물이다.

반감기가 22.20년에 불과한 납-210은, 지난 100년 내지 150년 동안의 지질 연대 측정에 쓰인다. 이것은 우라늄-238이 포함된 바위에서 라돈기체의 방사능 붕괴의 산물로서 형성된다. 대기 속에 있는 라돈으로부터 형성된 뒤, 납의 동위원소는 지구로 떨어져서 표면에 집적되어 토양에 저장되거나 호수나 바다의 퇴적물 또는 빙하시대의 얼음에 저장된다. 퇴적층의 나이는 납-210의 양을 측정하여 결정할 수 있다.

양자역학적 꿰뚫기에 의한 알파 붕괴의 방사성 반감기에 관한 설명

양자역학의 초기의 성공은 특정한 알파 붕괴의 반감기와 알파 입자의 운동에너지 사이의 상관관계를 설명하면서 이루어졌다. 운동에너지는 4~9 MeV의 좁은 영역에서 변하지만, 반감기는 10^{-5} s에서 10^{25} s(10^{17}년)까지 변한다. 이처럼 영역 범위의 큰 차이에도 불구하고, 두 양들은 밀접한 관계가 있다(그림 29.9a). 곧 알파 입자의 에너지가 클수록 반감기가 짧아진다.

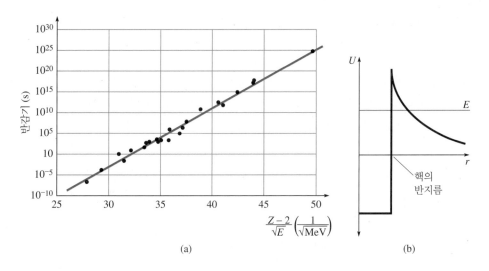

이러한 상관관계는 알파 입자가 핵으로부터 꿰뚫기를 통해 빠져 나와야 하기 때문에 생기는 것이다(28.10절 참조). 핵 속에 있는 알파 입자는 그림 29.9b와 같은 간단한 퍼텐셜에너지에 직면해 있다고 생각하자. 핵 안에서 알파 입자의 퍼텐셜에너지는 대략 일정하다. 핵의 강한 인력이 더 이상 알파 입자를 핵 쪽으로 잡아당기지 않는 경계를 넘으면, 알파 입자는 단지 [양성자 두 개를 잃어서 전하가 $+(Z-2)e$인] 핵으로부터 쿨롱의 반발력만을 받게 된다. 퍼텐셜에너지 장벽은 알파 입자의 에너지 E보다 높다. 장벽은 점점 가늘어지고, 또 $1/r$로서 차츰 낮아지므로, 보다 낮은 에너지의 알파 입자는 장벽의 꼭대기보다 훨씬 아래쪽에 있을 뿐만 아니라, 장벽의 두께도 훨씬 넓은 상황에 놓이게 된다. 보다 높은 에너지의 알파 입자는 훨씬 높은 꿰뚫기 확률을 가지고 있고, 따라서 훨씬 짧은 반감기를 갖는다.

29.5 방사선이 생체에 미치는 영향
BIOLOGICAL EFFECTS OF RADIATION

우리는 항상 방사선에 노출되어 있다. 방사선이 생체에 미치는 영향은 방사선이 어떤 종류인지, 얼마나 많은 방사선이 인체에 흡수되는지, 그리고 노출된 시간이 얼마인지에 따라 달라진다. **이온화 방사선**은 원자나 분자를 이온화시키기에 충분한 에너지를 가진 방사선인데 대략 1 eV에서 수십 eV 사이의 에너지를 갖는다. 대략 1 MeV의 에너지를 갖는 알파 입자, 베타 입자 또는 감마선은 잠재적으로 수만 개의 분자들을 이온화시킬 수 있다. 방사선 때문에 이온화된 생체 세포의 분자들은 화학적으로 활성을 띠게 되고, 정상적인 활동과 세포의 재생에 영향을 줄 수 있다.

이온화 방사선의 **흡수선량**absorbed dose은 조직의 단위 질량당 흡수된 방사선 에너지의 양이다. 흡수 조사량의 SI 단위는 그레이(Gy)이다.

$$1 \text{ Gy} = 1 \text{ J/kg} \qquad (29\text{-}26)$$

이와는 달리 전통적으로 써오던 흡수 방사선량의 단위로 "래드(rad)"가 있다. 이는

"radiation absorbed dose"(방사선 흡수선량)의 앞 글자로 명명한 단위이다.

$$1 \text{ rad 또는 } 1 \text{ rd} = 0.01 \text{ Gy} \qquad (29\text{-}27)$$

방사선의 종류가 다르면 흡수선량이 같더라도 생물학적 손상의 정도가 다르다. 건강에 미치는 영향도 노출된 조직이 어떤 종류인지에 따라 다르다. 이러한 요인들을 설명하기 위하여 **선질계수**quality factor(QF)라고 부르는 양, 때로는 상대적 생물학적 효과(relative biological effectiveness; RBE)라고 부르며 이 양은 각각의 방사선 유형에 따라 다르다. QF는 200 keV X선(QF = 1)에 비하여 다른 종류의 방사선이 생체에 미치는 생물학적 손상을 나타내는 상대적인 수치이다. QF는 방사선의 종류 (α, β, γ), 방사선의 에너지, 노출된 조직의 종류 그리고 고려하고 있는 생물학적 영향에 따라서도 다르다. 표 29.3은 전형적인 QF를 보여 주고 있다.

방사선 노출에 의한 생물학적 손상을 측정하기 위해서, 우리는 **생물학적 등가 조사량**biologically equivalent dose을 계산한다. 이것의 SI 단위는 시버트(Sv)이다.

$$\text{등가 조사량 (sievert 단위)} = \text{흡수된 조사량(gray 단위)} \times \text{QF} \qquad (29\text{-}28\text{a})$$

$$\text{등가 조사량(rem 단위)} = \text{흡수된 조사량(rad 단위)} \times \text{QF} \qquad (29\text{-}28\text{b})$$

**표 29.3 방사선 유형별 선질
계수 QF**

감마선	0.5–1
베타 입자	1
양성자, 중성자	2–10
알파 입자	10–20

보기 29.10

뇌의 주사촬영 시 생물학적 등가 조사량

체중이 60.0 kg인 환자의 뇌에 대한 주사촬영은 방사능이 20.0 mCi인 방사능 핵종 $^{99}\text{Tc}^{\text{m}}$을 주입하고 실시한다. (위 첨자 m은 ^{99}Tc가 준안정한 핵종임을 나타낸다. 준안정한 상태의 반감기가 6.0시간인 $^{99}\text{Tc}^{\text{m}}$은 바닥상태로 붕괴한다.) $^{99}\text{Tc}^{\text{m}}$ 핵은 143 keV의 광자를 방출하면서 붕괴한다. 이 광자들의 절반은 신체와 아무런 상호작용도 일으키지 않고 빠져나간다고 가정하면, 환자가 받는 생물학적 등가 조사량은 얼마인가? 이 광자들의 QF는 0.97이다. $^{99}\text{Tc}^{\text{m}}$은 몸 안에 있는 동안 모두 붕괴한다고 가정하여라.

전략 반감기(6.0시간)와 방사능(20.0 mCi)이 주어져 있어서 $^{99}\text{Tc}^{\text{m}}$ 핵의 수를 계산할 수 있다. 그러면 우리는 얼마나 많은 광자들이 몸에 흡수되었는지를 결정할 수 있다. 곧 흡수된 광자들의 수에다 각각의 광자의 에너지(143 keV)를 곱하면 흡수된 방사선 에너지의 총량을 구할 수 있다. 흡수된 조사량은 조직의 단위 질량당 흡수된 방사선의 에너지이다. 생물학적 등가 조사량은 흡수된 조사량 곱하기 선질계수이다.

풀이 주입된 물질의 방사능을 Bq 단위로 나타내면

$$R_0 = 20.0 \times 10^{-3} \text{ Ci} \times 3.7 \times 10^{10} \text{ Bq/Ci} = 7.4 \times 10^8 \text{ Bq}$$

방사능은 핵들의 수 N과 다음과 같은 관계를 가지고 있다.

$$R_0 = \lambda N_0 = \frac{N_0}{\tau}$$

주사된 핵의 수는

$$N_0 = \tau R_0 = \frac{T_{1/2}}{\ln 2} R_0 = \frac{6.0 \text{ h} \times 3600 \text{ s/h}}{\ln 2} \times 7.4 \times 10^8 \text{ s}^{-1}$$
$$= 2.306 \times 10^{13}$$

이다. 이 각각의 핵들은 한 개의 광자를 내쏘고 이 광자의 절반이 몸에 흡수된다. 광자 각각의 에너지는 143 keV이다. 그러므로 흡수된 총 에너지를 J 단위로 나타내면

$$E = \frac{1}{2} \times (2.306 \times 10^{13} \text{ 광자}) \times 1.43 \times 10^5 \frac{\text{eV}}{\text{광자}} \times (1.60 \times 10^{-19} \frac{\text{J}}{\text{eV}})$$
$$= 0.264 \text{ J}$$

이다. 흡수된 조사량은

$$\frac{0.264 \text{ J}}{60.0 \text{ kg}} = 0.0044 \text{ Gy}$$

이다. 생물학적 등가 조사량은 흡수된 조사량 곱하기 선질계수이므로

$$0.0044 \text{ Gy} \times 0.97 = 0.0043 \text{ Sv}$$

이다.

검토 방사성 물질의 양은 종종 질량, 몰수 또는 핵의 수보다는 그것의 방사능(20.0 mCi ^{99}Tc^m)으로 나타낸다. 이미 언급한 대로 방사능 핵의 수는 방사능과 반감기로부터 계산될 수 있다.

실전문제 29.10 **방사능에서 질량 결정**

$^{60}_{27}$Co 5.0 mCi의 질량은 얼마인가?

자연 방사선원의 평균 방사선 조사량 한 사람이 1년 동안 자연 방사선원으로부터 받는 평균 방사선 조사량은 약 0.0062 Sv이다. 이것 중에서 절반은 인공 방사선이고 나머지 절반은 자연 방사선이다(그림 29.10). 평균적으로 자연 방사선 조사량의 약 2/3는 들이 마신 라돈-222 기체와 그것의 붕괴산물들에 의한 것이다. 라돈-222는 흙과 바위 속에 존재하는 라듐-226의 알파 붕괴에 의해 계속적으로 만들어진다. 라돈 기체는 건물의 균열을 통해 집으로 스며들어 오며, 공기보다 무겁기 때문에 집 안에 축적된다. 라돈-222 핵들을 들이마시면 방출된 알파 입자가 폐에 심각하게 조사된다. 건물 안으로 들어가는 라돈 기체의 양은 장소에 따라 매우 다르다. 어떤 장소에서는 그렇게 문제가 되지 않는다. 또 어떤 장소에서는 흙 속에 라듐의 양이 많고 건물 지하로 라돈 기체가 쉽게 침투할 수 있는 지질로 형성되어 있으면(흡연 다음으로) 폐암의 주요 원인이 된다. 다행히도, 간단한 실험을 통해 공기 중의 라돈 기체의 농도를 측정할 수 있다. 라돈이 문제가 되는 곳에서는 건물 자체의 균열을 메우고 환기장치를 달면 일반적으로 어느 정도 해결된다.

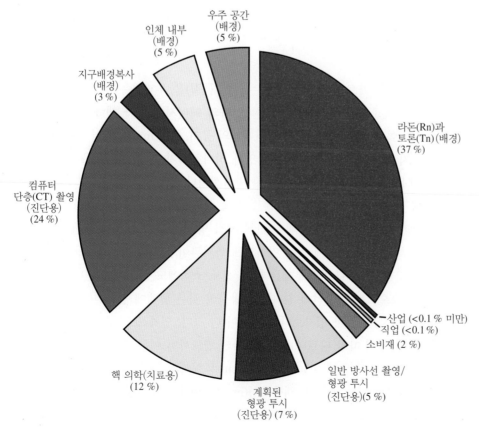

그림 29.10 미국 주민의 방사선 피폭 선원. 평균 선량의 약 절반은 자연 방사선원(라돈 가스, 암석과 토양, 우주선)에 의한 피폭이고 나머지 절반은 의료용이나 작업현장 선원에 의한 피폭이다.

연평균 조사량의 0.0007 Sv 정도는 음식이나 물에 있는 핵종(^{14}C와 ^{40}K)에 의한 것이거나 흙이나 건축 재료에 있는 방사능 핵종들(폴로늄, 라듐, 토륨, 우라늄)에 의한 것이다. 나머지 0.0003 Sv는 우주선에 의한 것이다. 우주선 조사량은 높은 지대에 살거나 많은 시간을 비행기에서 일하는 사람들에게는 상당히 높다. 보통 35000 ft 상공을 비행하는 민간제트 여객기에서는 시간당 조사량이 7×10^{-6} Sv이므로, 40시간을 비행하면 사람들이 평균적으로 받는 우주선 조사량의 두 배를 받는 셈이 된다. 90시간을 비행하는 것은 의료 진료 또는 치과에서 받는 연간 평균 조사량에 해당한다.

인간 활동에 의한 평균 조사량 자연 방사선원으로부터 받는 조사량은 평균적으로 연간 0.0006 Sy에서 0.003 y까지 더 늘어났다. 이 부가적인 방사선 조사량 증가의 대부분은 의료 진료와 치과 검진 및 치료(주로 X선 검진)에서 온다. 핵무기 실험에 의한 낙진과 핵반응에 의한 평균 조사량은 연간 약 10^{-5} Sv이지만, 어떤 지역(체르노빌 사고 때문에 우크라이나 등)에서는 이보다 훨씬 높다.

방사선의 단기적 영향과 장기적 영향 방사선을 한꺼번에 크게 조사하는 것은 방사선 질환의 원인이 된다. 증상으로는 메스꺼움, 설사, 구토, 탈모 등이 있다. 선량이 너무 크면 방사선 질병은 치명적일 수 있다. 약 4~5 Sv를 한꺼번에 조사하면 약 30분 후에 죽음에 이를 수 있다. 훨씬 적은 양의 방사선을 장기적으로 조사하면 암과 유전적 돌연변이가 위험이 증가한다. 미국 원자력 규제 위원회(Nuclear Regulatory Commission)는 방사성 물질을 가지고 작업하는 성인을 대상으로 한 직업 방사선 조사량을 배경 수준(0.050 Sv/yr) 이하로 제한하고 있다.

방사선의 투과

방사선의 종류가 다르면 생체조직(또는 다른 물질)을 투과하는 정도도 다르다. 알파 입자가 인체조직을 투과하는 거리는 입자의 에너지에 따라 대략 0.03 mm에서 0.3mm 정도이다. 알파 입자는 수 센티미터의 공기, 0.02 mm 두께의 알루미늄박에 의하여 정지될 수 있다. 알파 입자는 입자 하나하나가 많은 분자들을 이온화시킬 수 있기 때문에, 위해 가능성이 가장 큰 방사선이다. 반면에, 피부는 투과하지 못하기 때문에, 신체 외부의 알파 선원은 그렇게 위험하지 않다. 라돈 기체는 신체 내부에서 알파 붕괴가 일어나서 폐 조직에 직접 영향을 주기 때문에 위험하다. 마찬가지로, 알파 선원이 음식에 들어 있어도 소화기관이 심각한 방사선 조사량을 받게 되고, 반감기가 긴 선원의 경우에는 다른 신체 조직에도 침투하게 된다(보기를 들면, 방사성 요오드는 갑상선에 침착되고 방사성 철은 혈액에 침착된다).

β^- 입자(전자)는 알파 입자보다 투과력이 더 크다. 인체 조직 속에서의 투과거리는 (역시 에너지에 따라 다르다) 수 센티미터 정도까지 이를 수 있다. 공기는 수 미터를 투과할 수 있고, 알루미늄 판은 약 1 cm 두께까지 투과한다. 고속의 전자는 분자를 이온화시킬 뿐만 아니라, 제동복사(bremsstrahlung)(27.4절)를 통해 X선을 방출할 수도 있다. 이 X선은 전자 자체보다 투과력이 훨씬 더 세다. β^+ 입자(양전자)

의 투과거리는 매우 제한되어 있다. 이것은 전자와 합쳐 두 개의 광자를 내면서 금방 소멸한다.

베타 방출원의 경우, 신체 외부에 있을 때와 내부에 있을 때의 차이는 알파 입자만큼 크지는 않지만 신체 내부에 있을 때 더 위험하다. 1950년대에 있었던 대기 중에서의 핵무기의 실험은 많은 위험한 방사성 핵종을 만들어 내었다. 이것들 중의 하나인 방사성 스트론튬 90은 U-235의 핵분열에 의해 생기는데, 스트론튬은 화학적으로 칼슘과 비슷하다. 둘 다 알칼리금속으로서 Sr은 주기율표에서 Ca의 바로 밑에 있다. 대기 중의 핵실험에서 만들어진 스트론튬-90은 사람이 먹는 식품으로 들어가서 자라는 어린이의 뼈와 치아에 남는다. 스트론튬-90은 29년의 반감기를 가지고 베타 붕괴를 하지만, 칼슘(그리고 스트론튬)은 신체에서 오랫동안 머물기 때문에 이 방사성 핵종이 뼈에 있게 되면, 결국 심각한 방사선 조사를 받게 되어 백혈병이나 다른 암의 발생빈도를 증가시킬 수 있다. 다행히도, 대기 중의 핵실험은 이제 국제적으로 금지되었고 스트론튬-90과 다른 인위적으로 만들어지는 방사성 핵종의 발생빈도는 그 전보다 적다.

알파 입자와 전자는 모두 특정한 물질과 에너지에 대하여 한정된 투과거리를 갖는다. 이것들은 분자들과 많은 충돌을 하면서 에너지를 잃는다.

대조적으로, 감마선 광자는 단 한번의 상호작용(광전효과, 콤프턴 산란 또는 쌍생성)에서 상당한 부분 내지 거의 모든 에너지를 잃는다. 이러한 상호작용 중의 하나가 일어날 확률은 양자역학을 이용하면 계산할 수 있다. 어떤 에너지를 갖는 광자에 대해 우리는 특정한 물질을 통과할 수 있는 평균 거리를 예측할 수 있을 뿐이다. 보기를 들면, 5 MeV인 광자들의 반이 인체를 23 cm 이상 투과할 수 있다. 5 MeV인 광자들의 반이 납속에서 1.5 cm 이상을 통과할 수 있다. 광자의 투과능은 반가층(half-value layer)으로 측정할 수 있는데, 이것은 광자들의 반이 투과할 수 있는 물질의 두께를 말한다.

방사선의 의학적 응용

의료용 방사성 추적자 방사성 물질과 방사선이 의학적으로 많이 이용된다. **방사성 추적자**Radioactive tracer는 진단 장비에서 중요하다. 보기 29.10이 그 한 보기이다. 테크네튬-99의 준 안정 상태는 몰리브덴-99의 베타 붕괴에 의한 산물이다. 대부분의 핵의 들뜬상태들은 매우 짧은 시간에 바닥상태로 붕괴하는데, 붕괴 시간은 대략 10^{-15}에서 10^{-8} s 범위에 있다. 테크네튬-99의 준안정 상태는 예외적으로 6.0시간의 긴 반감기를 가지고 있어서, 방사성 추적자로 이용하기에는 완벽하다. 만일 반감기가 훨씬 짧다면, $^{99}Tc^m$의 대부분은 종양세포에 도달하기 전에 붕괴해버릴 것이다. 반감기가 훨씬 길면, 방사능이 작아서 진단에 걸리는 시간 동안에는 아주 일부분의 감마선만이 검출될 것이다.

혈관과 뇌세포 사이의 장벽은 테크네튬(이것은 테크네튬 산화물 형태로 주입되고 적혈구에 부착된다)이 정상적인 뇌세포로 확산되어 들어가지 못하게 한다. 그러나 종양에 있는 비정상적인 세포에는 이러한 장벽이 없다. 그러므로 종양의 위치를

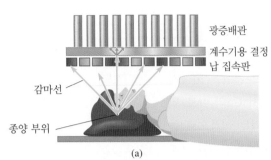
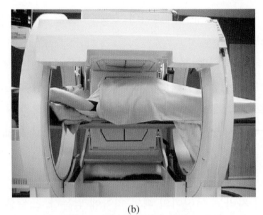

광중배관
계수기용 결정
납 집속판
감마선
종양 부위

(a)   (b)

그림 29.11 (a) 안자이 카메라를 단순화한 도해. 방사능 추적자가 종양 부위에 축적되어 γ선을 방출한다. 시준 판의 구멍을 통과하는 γ광자는 장치에서 검출된다. (b) 이 사진은 두 개의 탐지기 헤드가 있는 안자이 카메라를 보여준다. 하나는 환자 가슴 위쪽에 있고 다른 하나는 왼쪽에 있다. 리드 플레이트, 섬광 결정 및 광전자 증배관은 검출기 헤드를 표시하는 그리드 뒤에 숨어 있다.

파악하고 뇌로부터 방출되는 감마선을 검출하여 그것의 영상 이미지를 얻게 된다.

영상 이미지를 얻는 한 가지의 방법은 **안자이 카메라**^{Anger camera}(그림 29.11)를 이용하는 것이다. 납으로 된 집속판의 안쪽에는 나란한 구멍들이 뚫려 있다. 납은 감마선을 흡수하기 때문에 구멍과 나란하게 방출된 광자들만이 판을 통과한다. 판 뒤쪽에는 방사능 계수기용 결정이 있어서, 감마광자가 이 결정에 부딪칠 때 빛 펄스가 생긴다. 광중배관이 집속기에 있는 각각의 구멍에 있어서 이 빛 펄스를 검파한다. 안자이 카메라를 다른 각도로 움직여서, 삼각측량을 하면 어디에 종양이 있는지를 알아낼 수 있다.

마찬가지로, TlCl(염화탈륨)도 혈액덩어리에 모인다. 탈륨-201은 반감기가 73시간이다. 탈륨-201이 인체 속에서 베타 붕괴를 할 때에 생성된 딸핵이 바닥상태로 내려가면서 감마선을 내뿜는다. 안자이 카메라는 혈액덩어리의 위치를 찾는 데에 사용될 수 있다.

방사성 추적자는 의료 검진 외에 연구에도 쓰인다. 보기를 들면, 방사성 철-59는 다른 대부분의 원소와는 달리, 철이 체내에서 지속적으로 제거되지 않고 그 자리에 있다는 사실을 알아내는 데에 쓰인다. 일단 철원자가 헤모글로빈 분자와 결합하면, 거기에서 적혈구가 수명을 다할 때까지 머물게 된다. 비록 적혈구가 죽더라도, 철은 다른 적혈구가 이를 사용할 수 있게 재활용된다.

양전자 방출 단층촬영(PET) 양전자 방출 단층촬영(PET)에서는 양전자 방출기(β^+ 붕괴를 하는 방사성 동위원소)가 체내로 주입된다. 양전자 방출기에는 탄소-11, 질소-13, 산소-15 등이 있다. 체내에서 방출된 양전자는 전자와 함께 빠르게 소멸하면서 반대 방향으로 두 개의 감마선을 낸다. 그 광자들은 신체 주변에 배치된 검파 고리로 검파된다.

방사선 치료법 방사선 요법^{radiation therapy}은 암 치료에 사용된다. 암세포는 빨리 분열하는 부분적 이유 때문에 방사선의 파괴적 효과에 보다 취약하다. 방사선 요법의 개념은 정상적인 세포에는 그렇게 큰 손상은 주지 않으면서 암세포를 파괴하기에 충분한 방사선을 쪼이는 것이다. 방사선은 인체의 내부를 쪼이거나 외부를 쪼일 수 있다. 내부를 쪼이는 방사선 치료는 종양에 주입되거나 종양 부위에 모이는 방사성 핵종(추적자처럼)을 이용한다. 방사선을 암세포에 정확히 쪼이는 촉망받는 신기술에서는, 한 개의 방사성 원자를 탄소와 질소 원자로 만들어진 미세한 주머니에 넣는다. 주머니에 붙어 있는 한 단백질은 암세포의 표면에 있는 특정한 단백질에 고정된 후 주머니가 세포 안으로 들어간다. 연속적인 방사성 붕괴에서 나오는 알파 입자들이 그 세포를 죽이게 된다.

외부에서 쪼이는 방사선으로서는, 제동복사 또는 다른 방식으로 만들어진 X선을 이용할 수 있다. 코발트-60이 방출하는 감마선도 방사선 요법에 이용될 수 있다. 코발트-60은 작은 구멍이 있는 납 상자에 담겨져 있어서, 감마선을 종양 위치에만 제한하여 쪼일 수 있다.

감마칼 방사선 수술 코발트-60 요법이 발전된 형태를 **감마칼 방사선 수술**gamma knife radiosurgery이라고 부른다. 이 기술에서는, 수백 개의 구멍을 가진 납으로 된 구형 헬멧(그림 29.12)을 사용하여, 뇌 속의 작은 부분에 감마선을 쪼일 수 있도록 한다. 이렇게 하여, 모든 감마선을 종양 한 곳에 조사되게 하면, 방사선 조사량은 주변 조직에 쪼여진 조사량보다 훨씬 크게 할 수 있다.

병원의 입자 가속기 어떤 병원은 사이클로트론(19.3절)을 갖고 있거나, 현장에도 입자 가속기를 가지고 있다. 그것들의 목적은 두 가지이다. 이 가속기는 짧은 반감기를 갖는 방사성 핵종을 만드는 데에 쓸 수 있다. 긴 반감기를 갖는 방사성 핵종은 다른 곳에 있는 가속기나 핵반응로에서 만들 수 있다. 두 번째는, 가속된 하전 입자의 빔을 방사선 요법에 쓰는 것이다.

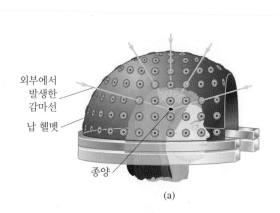
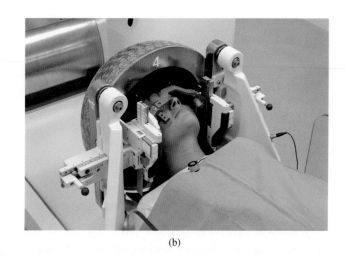

외부에서 발생한 감마선

납 헬멧

종양

(a)

(b)

그림 29.12 (a) 감마칼 방사선 수술에 사용되는 납 헬멧의 그림. (b) 환자는 헬멧 속에 조심스럽게 머리 위치를 고정하여 감마선이 뇌의 원하는 부분에 정확하게 쪼이도록 한다. 납으로 된 앞치마는 몸이 방사선에 노출되지 않게 한다.

29.6 유도 핵반응 INDUCED NUCLEAR REACTIONS

방사능에서는, 한 불안정한 핵이 **자발적인** 핵반응으로 붕괴하는 과정에서 에너지를 내어 놓는다. 유도 핵반응은 자발적으로 일어나지 않는 반응이다. 이 유도 핵반응은 한 핵과 다른 무엇과 충돌하면서 일어난다. 반응 대상은 다른 핵일 수도 있고, 양성자나 중성자, 알파 입자 또는 광자일 수도 있다.

우리는 이미 유도 핵반응의 한 예를 알고 있다. 탄소-14는 에너지를 가진 중성자가 질소-14 핵과 충돌할 때에 유도되는 핵반응에서 만들어진다. 곧

$$n + {}^{14}N \rightarrow {}^{14}C + p \qquad (29\text{-}24)$$

식 (29-24)는 **중성자 방사화**neutron activation의 한 보기로서, 안정한 핵이 중성자를 흡수함으로써 방사성 핵으로 변환되는 것이다.

자발적인 핵반응은 항상 에너지를 방출한다. 그러므로 생성물의 총 질량은 항상 반응물의 총 질량보다 적다. 대조적으로, 유도 핵반응은 반응물의 운동에너지의 일부를 정지에너지로 변환시킬 수 있다. 그래서 생성물의 총 질량은 반응물의 총 질량보다 많을 수도 있고, 적거나 같을 수도 있다. 이러한 반응에 동참하는 핵이 방사능을 띨 필요는 없다. 곧 안정한 핵이 다른 어떤 입자가 부딪칠 때 반응에 참여할 수 있다. 이러한 반응은 1919년에, 러더퍼드가 처음으로 관측하였다.

$$\alpha + {}^{14}N \rightarrow {}^{17}O + p \qquad (29\text{-}29)$$

이 반응은 표적 핵이 입사 입자를 흡수하여 중간에 복합핵을 만들 때에 일어난다. 식 (29-29)의 반응에서, 복합핵은 ${}^{18}F$이다.

$$ {}^{4}_{2}He + {}^{14}_{7}N \rightarrow {}^{18}_{9}F \rightarrow {}^{17}_{8}O + {}^{1}_{1}H $$

✓ 살펴보기 29.6

식 (29-24)의 유도 반응에서 중간에 어떤 복합핵이 형성되는가?

보기 29.11

중성자 방사화 분석

다음 반응에 대하여 생각해 보자.

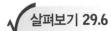

$$n + {}^{24}Mg \rightarrow p + ?$$

(a) 생성핵과 중간 복합핵을 결정하여라. (b) 이 반응은 에너지 방출반응인가? 아니면 에너지 흡수반응인가? 곧 그 반응에서 에너지를 내어 놓는가? 아니면, 에너지를 받아들이는가? 내어 놓거나 받아들이는 에너지의 양을 계산하여라.

전략 생성핵과 중간 복합핵은 반응의 평형을 맞추어 봄으로써 알아낼 수 있다. 총 전하와 핵자의 총수는 같아야 한다. 에너지의 방출이나 흡수는 생성물의 총 질량이 반응물의 질량보다 큰지 아니면 작은지에 따라 결정된다.

풀이 (a) 마그네슘의 원자번호는 12이다. 반응식을 보다 완전히 쓰면

$$\, _{0}^{1}n + \, _{12}^{24}Mg \rightarrow \, _{12}^{25}(?) \rightarrow \, _{11}^{24}(?) + \, _{1}^{1}p$$

이다. 여기에서 핵자의 총 전하와 총 질량은 달라지지 않고 남아 있다는 사실을 확인하였다. 주기율표로부터 원자번호 11은 Na이고 원자번호 12는 Mg임을 알 수 있다. 그러므로 생성핵은 $\, _{11}^{24}Na$이고, 중간핵은 $\, _{12}^{25}Mg$이다.

(b) 반응물의 총 질량을 생성물의 총 질량과 비교하여 보자. 부록 B로부터, 원자 질량은 각각

$$\, ^{24}Mg의 질량 = 23.985\,041\,7 \text{ u}$$
$$\, ^{24}Na의 질량 = 23.990\,962\,8 \text{ u}$$
$$\, ^{1}H의 질량 = 1.007\,825\,0 \text{ u}$$
$$n의 질량 = 1.008\,664\,9 \text{ u}$$

이다. 반응식의 양쪽 식에는 같은 수의 전자들(12개)을 포함하므로, 원자 질량을 써도 문제가 없다. 그러면 반응물의 총 질량은

$$1.008\,664\,9 \text{ u} + 23.985\,041\,7 \text{ u} = 24.993\,706\,6 \text{ u}$$

이고, 생성물의 총 질량은

$$1.007\,825\,0 \text{ u} + 23.990\,962\,8 \text{ u} = 24.998\,787\,8 \text{ u}$$

이다. 따라서 총 질량은 반응이 일어난 후 늘어났다.

$$\Delta m = 24.998\,787\,8 \text{ u} - 24.993\,706\,6 \text{ u} = +0.005\,081\,2 \text{ u}$$

생성물의 총 질량이 반응물의 총 질량보다 크므로, 이 반응은 에너지의 흡수과정이다. 반응이 일어난 후의 운동에너지는 반응 전의 운동에너지보다 적다. 흡수한 에너지는

$$E = (\Delta m)\,c^2 = 0.005\,081\,2 \text{ u} \times 931.494 \text{ MeV/u}$$
$$= 4.7331 \text{ MeV}$$

이다.

검토 우리는 이 반응은 반응물의 총 운동에너지가 적어도 생성물의 총 운동에너지보다 4.7331 MeV 이상 클 때에만 가능하다는 것이 예상된다. 이 반응이 가장 확률이 높은 것이라고 할 수는 없다. 다른 반응도 일어날 수 있는데, 한 개 이상의 광자를 방출하는 반응과 같은 것이다.

$$\, _{0}^{1}n + \, _{12}^{24}Mg \rightarrow \, _{12}^{25}Mg^* \rightarrow \, _{12}^{25}Mg + \gamma$$

다른 경우들도 가능한데, 알파 붕괴나 베타 붕괴 또는 핵분열과 같은 반응도 일어날 수 있다.

실전문제 29.11 **탄소-14를 생성하는 반응**

$n + \, ^{14}N \rightarrow \, ^{14}C + p$ 반응에서 에너지가 방출되는지 흡수되는지를 결정하여라. 방출하거나 흡수하는 에너지는 얼마인가?

중성자 방사화 분석

중성자 방사화 분석neutron activation analysis(NAA)은 값비싼 예술작품이나 희귀한 고고학 표본, 지질학 재료 등과 같은 것을 연구하는 데에 쓰인다. 이것은 연구 대상인 시료에 아주 미미한 양이 있더라도 존재하기만 하면 어떤 원소인지를 결정하는 데에 쓰인다. NAA가 다른 분석방법에 비하여 월등한 장점을 갖는 것은 이것이 비파괴적이라는 것이다. 질량분석계를 이용할 때처럼 회화작품의 물감 일부를 벗겨 낼 필요가 없이 그림 전체를 분석할 수 있다. 미술 사학자들은 역사적으로 다른 시기에 다른 종류의 물감을 사용했다는 사실을 알고 있다. 사용한 물감의 종류를 알아내면, 그림을 그린 시기를 알아내는 데에 도움이 된다. 위조나 보수 여부, 그림을 그린 캔버스 종류를 알아낼 수도 있다.

박물관의 학예연구사나 미술 사학자가 미술품에 관하여 연구하는 데 원자로가 어떻게 도움을 줄 수 있는가?

시료에 있는 원소들은 방사화된 핵들이 붕괴할 때에 내뿜는 특징적인 감마선의 에너지에 의해 확인된다. 서로 다른 시간에 감마선의 스펙트럼을 측정함으로써, 반감기를 원소 확인의 목적에 이용할 수도 있다. 감마선 스펙트럼의 정량적 분석을 행하면, 연구대상의 시료에 있는 여러 가지 원소의 농도도 알아낼 수 있다. 이러한 유형의 중성자 방사화의 분석은 아폴로 우주선이 가져 온 달의 시료의 연구, 범죄 수사에서 법의학적 증거로 사용되는 총알이나 발사 흔적에 대한 연구, 해양화석과 침

전물, 직물, 고고학 발굴 유물의 연구 등 여러 분야에 사용된다.

NAA는 미술 사학자들이 그림에 손상을 입히지 않고, 그림의 어느 부분에 어떤 물감이 사용되었는지를 밑바탕에 있는 것까지도 알아낼 수 있다.

호머 흉상과 아리스토텔레스라는 그림에서, NAA는 앞치마와 모자에 있는 손상의 정도를 밝히는 데에 기여를 하였다. 미술 사학자들은 렘브란트가 그림 작업을 하면서, 구성을 어떻게 바꾸었는지에 대한 결론을 이끌어 내었다. 보기를 들면, 아리스토텔레스의 복장의 변화, 팔과 어깨 위치의 변화, 기장의 위치 변화, 호머 흉상의 높이의 변화 등을 알 수 있었다. 미술 사학자들은 캔버스의 원래 높이에서 14인치가 사라졌다는 사실도 알아내었다. 흉상의 먼저의 위치는 없어진 캔버스의 대부분이 바닥 쪽이라는 결론을 얻는 데에 도움을 주었다.

29.7 핵분열 FISSION

그림 29.2에서 보듯이, 매우 큰 핵들은 중간 핵종보다 단위 핵자당 적은 결합에너지를 가지고 있다. 큰 핵종들의 결합에너지는 양성자의 원거리 쿨롱 반발력으로 인하여 줄어든다. 핵 속에 있는 각각의 양성자는 다른 양성자들을 밀어낸다. 핵 속에다 핵자들을 묶어두는 강한 핵력은 단거리의 힘이다. 각각의 핵자들은 단지 가장 가까운 핵자들에게만 속박된다. 큰 핵종들에 있어서 가장 가까운 곳에 있는 핵자들의 평균수는 거의 일정하므로, 강한 핵력은 핵자당의 결합에너지를 감소시키는 쿨롱의 반발력을 상쇄할만큼 핵자당의 결합에너지를 증가시키지 못한다.

그러므로 큰 핵은 핵분열이라는 과정에서 더 단단히 결합된 두 개의 작은 핵으로 갈라짐으로써 에너지를 내어 놓을 수 있다. **분열**fission이라는 용어는 생물학에서 세포가 두 개로 나누어지는 세포분열에서 따 온 말이다. 핵의 분열은 1938년에 한(Otto Hahn)과 스트라스만(Fritz Strassman)이 처음 관측하였다.

매우 큰 몇몇의 핵들은 자발적으로 핵분열할 수 있다. 보기를 들면, 방사성 우라늄-238은 한 개의 알파 입자를 내쏘며 붕괴하는 것이 더 있음직하지만, 두 개의 핵분열 생성물로 쪼개질 수도 있다. 핵분열은 중성자, 양성자, 중양자(^{2}H 핵), 알파 입자나 광자를 입사시켜 유도할 수도 있다. 느린 중성자를 포획해서 생기는 핵분열은 연쇄반응의 가능성을 열어 준다. ^{235}U는 느린 중성자에 의해 자연적으로 유도핵분열을 할 수 있는 유일한 핵종이다.

느린 중성자가 ^{235}U핵에 의하여 포획된다고 상상하자. 그러면, 중성자는 핵에 묶이면서 에너지를 주기 때문에 이 때에 만들어진 복합핵 ^{236}U은 들뜬상태가 된다. 들뜬 핵은 모양이 잡아 늘여진다(그림 29.13). 핵자들 사이의 인력은 핵을 구형 모양으로 되돌아가게 하려고 하는 반면, 양성자들 사이의 쿨롱 반발력은 양쪽으로 밀어내려고 한다. 만일 들뜬 에너지가 충분히 크면, 목이 하나 생기고 나서 그 핵은 두 쪽으로 갈라진다. 쿨롱 반발력은 두 조각을 또 서로 밀어내어 한 개의 핵으로 재결합하지 않도록 한다.

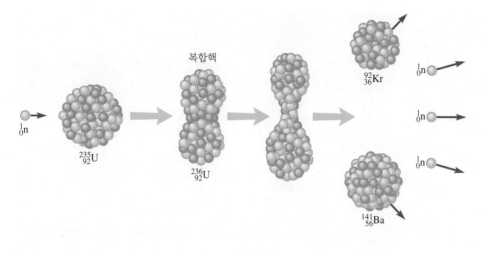

그림 29.13 느린 중성자의 포획에 의하여 유도되는 ^{235}U의 핵분열. 두 개의 딸핵과 함께 몇 개의 중성자들이 나온다.

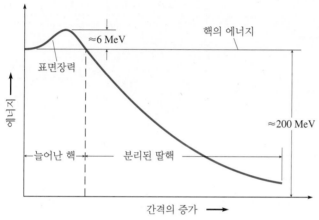

그림 29.14 자발 핵분열에서, 두 딸핵의 거리의 함수로 나타낸 퍼텐셜에너지.

그림 29.14는 핵이 길쭉하게 되어, 두 개로 나누어지는 과정에서의 퍼텐셜에너지를 보여 준다. 길쭉한 모양을 이루기 위해서는, 그 핵의 퍼텐셜에너지는 약 6 MeV 만큼 늘어나야 한다. 이 에너지를 공급해 주는 입사 입자가 없을 때에는, 자발 핵분열은 6 MeV 에너지 장벽을 통하는 양자역학적인 꿰뚫기에 의해서만 가능하다. 꿰뚫기의 확률은 알파 붕괴의 확률보다 훨씬 낮다. 만일 ^{238}U이 자발적 핵분열에 의해서만 붕괴한다면, 이것의 반감기는 (4×10^9년이 아니라) 약 10^{16}년이 될 것이다.

주어진 어미핵종에 대해서, 수 많은 핵분열의 반응이 가능하다. 핵분열 생성물들은 반드시 같지는 않으며, 많은 확률들 중의 어느 것이 실제로 일어날지를 예측하는 방법도 없다. 느린 중성자를 포획한 후에 일어나는 ^{235}U의 유도 핵분열의 두 가지의 보기를 살펴보면

$$_0^1n + _{92}^{235}U \rightarrow _{92}^{236}U^* \rightarrow _{56}^{141}Ba + _{36}^{92}Kr + 3_0^1n \qquad \text{(29-30)}$$

$$_0^1n + _{92}^{235}U \rightarrow _{92}^{236}U^* \rightarrow _{54}^{139}Xe + _{38}^{95}Sr + 2_0^1n \qquad \text{(29-31)}$$

이 두 보기에서 두 딸핵들의 질량이 매우 다름을 주목하여라. ^{235}U가 쪼개진 두 개의 조각의 질량비는 1(같은 질량)에서 2(다른 것의 질량의 2배)를 약간 넘는 정도로 변한다. 가장 잘 일어나는 핵분열에서의 질량비는 대략 1.4~1.5이다(그림 29.15).

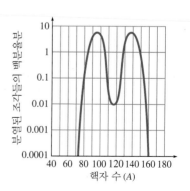

그림 29.15 ^{235}U 핵분열로부터 생성된 핵들의 질량분포. 수직 축은 로그 눈금으로 나타냈음에 주목하여라.

그림 29.16 연쇄 핵분열 반응. 핵분열이 일어날 때에 생기는 중성자들은 다른 핵의 핵분열을 일으킬 수 있다.

핵분열반응에서는 딸핵들 외에도 중성자들이 나온다. 큰 핵은 작은 핵보다 중성자를 더 많이 가지고 있다. 곧 핵분열될 때에 여분의 중성자 몇 개와 큰 핵이 나온다. 우라늄-235의 핵분열에서는 중성자가 5개까지 방출될 수 있으나, 많은 핵분열 반응에서 방출되는 평균수는 약 2.5개이다. 핵분열된 조각들 자체도 여전히 중성자를 많이 가지고 있는 것들이 종종 있다. 불안정한 조각들은 한 번 이상 베타 붕괴를 하는데, 안정된 핵종이 형성되면 붕괴를 멈춘다. 연쇄 핵분열반응(그림 29.16)에서는 수백 개의 다른 방사성 핵종들(대부분 자연적으로는 일어나지 않음)이 생성된다.

보기 29.13은 핵분열 반응에서 방출되는 에너지가 엄청나다(일반적으로 단일 핵분열의 경우 약 200 MeV임). 핵분열로부터 육안으로 의미 있는 양의 에너지를 얻기 위해서는 많은 수의 핵이 분리되어야 한다. 중성자는 ^{235}U에서 핵분열을 유도할 수 있으며 각 핵분열은 평균 2.5개의 중성자를 생성한다. 각각의 핵은 연쇄 반응에서 다른 핵분열을 유도할 수 있다. 통제되지 않은 **연쇄 반응**chain reaction은 핵분열 폭탄의 기초가 된다. 핵분열에 의해 방출되는 에너지를 건설적으로 이용하려면 연쇄 반응을 제어해야 한다.

핵분열 반응에서 나오는 에너지

식 (29-30)의 핵분열 반응에서 나오는 에너지를 어림셈하여라. 그림 29.2를 이용하여라. $^{235}_{92}U$, $^{141}_{56}Ba$ 그리고 $^{92}_{36}Kr$의 핵자당 결합에너지를 어림셈하여라.

전략 내어놓는 에너지는 결합에너지의 증가와 같다. 결합에너지는 그림 29.2로부터 핵자당 결합에너지를 읽어내고 핵자의 수를 곱하여 어림셈할 수 있다.

풀이 그림 29.2로부터 $^{235}_{92}U$, $^{141}_{56}Ba$ 그리고 $^{92}_{36}Kr$의 핵자당 결합에너지는 대략 7.6 MeV, 8.25 MeV, 8.75 MeV이다. 총 결합에너지는 핵자의 수를 곱해서 구한다. 결합에너지는 각각

$$^{235}_{92}U \approx 235 \times 7.6\ \text{MeV} = 1786\ \text{MeV}$$

$$^{141}_{56}Ba \approx 141 \times 8.25\ \text{MeV} = 1163\ \text{MeV}$$

$$^{92}_{36}Kr \approx 92 \times 8.75\ \text{MeV} = 805\ \text{MeV}$$

이므로 결합에너지의 증가는

$$1163\ \text{MeV} + 805\ \text{MeV} - 1786\ \text{MeV} = 182\ \text{MeV}$$

이다. 핵분열반응에서 나오는 에너지는 약 180 MeV이다.

검토 방출되는 에너지는 분열반응에 따라 그렇게 많이 달라지지 않는다. $A \approx 240$인 핵종은 핵자당 결합에너지가 약 7.6 MeV이다. 분열 생성물은 핵자당 평균 결합에너지가 약 8.5 MeV 정도이다. 그래서 우리는 핵자당 1 MeV 보다 약간 적은 에너지가 방출된다고 기대한다.

이러한 어림셈을 좀 더 다듬기 위하여, 어미핵과 딸핵의 질량을 이용하여 반응에서 나오는 에너지를 정확하게 계산할 수 있다.

개념형 실전문제 29.12 **작은 핵도 핵분열할 수 있는가?**

$^{54}_{24}Cr$ 핵이 느린 중성자를 포획하였다고 가정하자. 곧

$$^{1}_{0}n + ^{54}_{24}Cr \rightarrow ^{55}_{24}Cr^{*}$$

왜 핵분열이 일어나지 않는지를 설명하여라. 대신 어떤 일이 일어날 것 같은가?

핵분열 원자로

최신 원자로(그림 29.17)의 대부분은 연료로 농축 우라늄을 쓴다. 오직 ^{235}U만이 연쇄반응을 계속한다. ^{238}U은 핵분열이 없이도 중성자를 포획할 수 있다. 자연적으로 존재하는 우라늄의 99.3 %가 ^{238}U이고 오직 0.7 %만이 ^{235}U이다. 자연계에는 중성자를 포획하는 ^{238}U이 너무 많이 있어서 연쇄반응을 유지하기가 어렵다. 농축 우라늄에 있어서는 ^{235}U의 함량이 수 퍼센트까지 증가한다. 핵분열반응에서 생성된 중성자는 큰 에너지를 가지고 있다. 이 빠른 중성자들은 ^{238}U이나 ^{235}U 핵에 포획될 확률이 같다. 그러나 중성자들이 느려지면 ^{235}U에 포획될 가능성이 훨씬 높아져서 핵분열을 유도한다. 이런 이유로 감속제라는 것을 연료 중심부에 넣는다. 감속제에는 수소(물 또는 수화 지르코늄에 있는), 중수소(^{2}H, 중수 분자에 있는), 베릴륨 또는 탄소(흑연과 같은) 같은 것들이 있다. 감속제의 기능은 중성자들이 이것들과 충돌함으로써 많이 흡수되지 않고 속도를 느리게 하는 것이다. 운동에너지의 감소 정도는 부딪히는 물체의 질량이 증가함에 따라 감소하므로, 가벼운 핵이 중성자를 느리게 하는 데에 가장 효과적이다.

연쇄반응을 제어하기 위해서 카드뮴이나 붕소와 같은 중성자를 쉽게 흡수하는 물질로 제어봉을 만든다. 제어봉은 연료의 중심부에 집어넣어 중성자를 더 많이 흡수하게 하거나, 끌어올려 중성자를 덜 흡수하게 한다. 정상 작동을 할 때 그 반응로는

그림 29.17 가압경수로. 고압의 물은 노심에서 폐 루프의 열 교환기로 열을 전달하는 주요 냉각재이다. (일부 다른 원자로에서는 액체 나트륨이 1차 냉각제로 사용된다.) 열교환기는 1차 냉각제에서 열을 추출하여 증기를 생산한다. 증기는 발전기에 연결된 터빈을 구동한다. 본질적으로 핵분열 반응은 열 엔진을 가동하는 데 필요한 열을 공급하는 용광로처럼 작용한다. 모든 열 엔진과 마찬가지로 폐열은 환경으로 배출된다. 이 경우, 찬물은 가까운 수원지에서 공급받는다. 이 물은 증기 엔진에서 열을 받아서 냉각탑에서 증발하여 폐열을 대기 중으로 방출한다.

임계상태에 있다고 말한다. 각각의 핵분열로부터 평균적으로 한 개의 중성자가 나와 또 다른 핵분열을 일으키게 하다. 임계 반응로는 일정한 전력을 생산한다. 만일 반응로가 임계 미만이라면, 평균적으로 한 핵분열반응에서 생성되는 중성자가 하나보다 적어져 다른 핵분열을 일으키게 된다. 핵분열반응이 점점 더 적어지면 연쇄반응은 소멸해간다. 제어봉을 더 깊이 넣어 임계 미만으로 하면 반응로의 작동은 멈추게 된다. 반응로가 임계 초과가 되면, 각각의 핵분열에서 평균적으로 한 개 이상의 중성자가 나와 또 다른 핵분열반응을 일으킨다. 그래서 초임계로에서는 1초당 핵분열반응의 수는 증가한다. 반응로는 작동을 시작한 후 잠시 동안만 임계 초과가 되도록 해야 한다.

원자로는 전력생산 이외의 목적도 가지고 있다. 반응로는 중성자 방사화 분석과 중성자 회절 실험에 사용되는 중성자원의 기능도 한다. 반응로로부터 나오는 중성자는 의료용 인공 방사능 동위원소를 만드는 데에도 사용한다. 증식로에서는 핵분열 반응의 부산물로서, 연료 중의 우라늄-238을 소비하는 것보다 이것으로부터 핵분열이 더 쉬운 물질(플루토늄-239)이 만들어진다. ^{239}Pu는 중심부에 남겨서 핵분열을 일으켜 전력을 생산하거나 꺼내어서 폭탄을 만드는 데에 사용할 수도 있다. 그래서 증식로는 핵무기 확산에 기여할 수 있다.

원자로의 문제점

원자로가 온실가스를 생산하지 않기 때문에 지구온난화에 영향을 주지 않는다고 하더라도, 원자로는 유해한 방사성 물질이 주변 환경으로 유출되지 않도록 조심스럽게 설계되어야 한다. 지금까지 핵반응로에서 최악의 사고는 1986년 그 당시 소련의 일부였던 우크라이나의 체르노빌 원자로에서 일어났다(그림 29.18). 엉성한 원자로의 설계와 원자로 취급자의 일련의 실수로 인하여 두 번의 폭발이 일어났는데, 방사성 핵분열 생성물이 대기 중으로 유출되고 중심에 있는 흑연 감속제가 활활 타오르게 되었다. 흑연에 붙은 불은 9일이나 계속되었다. 유출된 방사능의 추정치는 10^{19} Bq 정도이다. 바람이 불어 방사성 물질은 우크라이나, 벨라루스, 러시아, 폴란드, 스칸디나비아와 동유럽으로까지 퍼져 나갔다.

2011년 일본 도호쿠 지역의 지진과 쓰나미로 인해 후쿠시마 다이이치 원자력 발전소의 6개 원자로에서 일련의 사고가 발생했다. 가동 중인 3기의 원자로는 지진 발생 후 자동으로 폐쇄되었다. 지진 발생 약 1시간이 후 14 m의 쓰나미가 덮쳐 왔으나 발전소를 보호하던 방파제는 5.7 m 높이로 건설되어 쓰나미보다 훨씬 낮아 해일을 견딜 수 없었다. 비상 냉각 시스템이 고장 나고 원자로심이 과열되기 시작하였다. 노심 용융과 폭발 및 화재로 인해 건물과 격납고가 손상되어 방사능 물질이 주변환경으로 방출되었다. 수조에 저장되었던 연료봉이 과열되어 냉각수가 끓어서 추가로 방사성 물질이 방출되었다. 일본 정부는 반지름 20 km 이내의 거주민들을 대피시켰다. 손상된 원자로와 주변 지역을 제염하는 데에 10년 이상이 걸릴 것으로 예상하고 있다.

또 다른 중요한 문제는 방사성 폐기물의 운반과 안전한 저장에 관한 것이다. 핵분열 가능한 물질이 다 사용되면 원자로의 중심부에서 꺼낸다. 사용한 연료봉에는 고준위의 방사성 핵분열 생성물이 포함되어 있어서, 이를 수천 년 동안을 보관하여야 한다. 원자로의 다른 부분들도 중성자에 노출되어 방사성을 가지게 된다. 작동을 한 지 30년이 지나면, 원자로의 구조물 등은 방사선에 의해 약해지기 때문에 원자로를 대체해야 한다.

1978년부터 2011년까지 미국 정부는 네바다의 유카산 지질연구를 연구하여 핵분열 원자로에서 발생한 약 77,000톤의 고준위 방사성 폐기물을 저장할 수 있는지를 결정하였다. 후속 연구에 따르면 사막 지대는 원래 생각했던 것처럼 지질학적으로 안정적이지 않을 수 있다. 상당수의 시민과 주 정부의 반대에도 불구하고 2002년에 의회에서 이 지역에 고준위 방사성 폐기물 영구 저장소 부지를 선정하였다. 반대와 법정 투쟁이 계속되었고, 2011년에는 의회에서 부지 개발을 위한 예산이 삭감되어 현재 미국에는 고준위 방사성 폐기물의 장기 저장 계획이 없다. 현재 폐기물은 120개 이상의 원자력발전소 현장에다 계속 저장하고 있다.

그림 29.18 체르노빌 원자력 발전소의 폭발한 네 번째 원자로의 항공사진.

29.8 핵융합 FUSION

태양과 다른 별들에서 복사되는 에너지는 **핵융합**fusion에 의해 만들어지는 것이다. 핵융합은 본질적으로 핵분열의 반대 과정이다. 큰 핵이 두 개의 작은 조각들로 나누어지는 대신, 핵융합은 두 개의 작은 핵들이 결합하여 보다 큰 핵이 만들어지는 반응이다. 핵분열과 핵융합은 모두 핵자당 결합에너지가 더 큰 방향으로 일어나기 때문에 에너지를 내어 놓는다(그림 29.2). 핵자당 결합에너지를 보여 주는 곡선에서, 질량수가 낮으면 기울기가 급하다. 그 때문에 핵융합이 핵분열보다 핵자당 상당히 더 큰 에너지를 내어 놓을 것으로 기대할 수 있다.

핵융합 반응의 한 예를 보자.

$$^2\text{H} + {}^3\text{H} \rightarrow {}^4\text{He} + \text{n} \tag{29-32}$$

두 개의 수소 핵들이 합해져 헬륨 핵을 만든다. 이 반응은 17.6 MeV의 에너지를 내어놓는데, 이는 핵자당 3.52 MeV에 해당하며 전형적인 핵분열반응에서 내어 놓는 핵자당의 에너지 0.75~1 MeV보다 훨씬 크다. 이 반응은 굉장히 큰 에너지를 생산하지만, 상온에서는 일어날 수 없다. 중수소(^{2}H)와 삼중수소(^{3}H)의 핵들은 반응할 수 있을 만큼 충분히 가까워져야 한다. 상온에서 양전하를 띤 두 핵들의 운동에너지는 쿨롱의 상호 반발력을 이겨내기에는 너무 적다. 그러나 태양의 내부에서는 온도가 약 2×10^7 K이고 핵들의 평균 운동에너지는 $\frac{3}{2}k_B T \approx 2.52$ keV이다. 이러한 평균 운동에너지는 핵융합 반응을 일으키기에는 아직도 너무 적다(보기 29.13). 그러나 더 큰 에너지를 가진 핵들은 쿨롱 반발력을 이기기에 충분한 에너지를 갖고 있다. 핵융합 반응은 높은 온도에서 가질 수 있는 큰 운동에너지에 따라 결정되기 때문에, 열핵반응이라고도 부른다.

p-p 순환 베테(Hans Bethe, 1906~2005)는 별에서 만들어지는 에너지를 설명하기 위하여, 두 가지의 핵융합 과정을 제안하였다. 한 과정은 **양성자-양성자 순환**proton-proton cycle이다.

$$p + p \rightarrow {}^2\text{H} + e^+ + \nu \tag{29-33a}$$
$$p + {}^2\text{H} \rightarrow {}^3\text{He} \tag{29-33b}$$
$$^3\text{He} + {}^3\text{He} \rightarrow {}^4\text{He} + 2p \tag{29-33c}$$

양성자-양성자 과정의 알짜 효과는 네 개의 양성자들을 하나의 ^{4}He 핵으로 핵융합하는 것이다(처음의 두 반응은 세 번째 반응에 필요한 두 개의 ^{3}He 핵을 만들기 위하여 두 번 일어나야 한다). 이 세 단계는 다음과 같이 요약된다.

$$4p \rightarrow {}^4\text{He} + 2e^+ + 2\nu$$

각각의 양전자가 전자와 소멸하면서 양성자-양성자 순환으로 일어나는 전체 반응은

$$4p + 2e^- \rightarrow {}^4\text{He} + 2\nu \tag{29-34}$$

이다.

탄소 순환 몇몇 별에서 일어나는 핵융합반응의 또다른 순환과정이 **탄소 순환**carbon cycle이다. 탄소 순환은 CNO 순환이라고도 부른다.

$$p + {}^{12}\text{C} \rightarrow {}^{13}\text{N} \tag{29-35a}$$
$$^{13}\text{N} \rightarrow {}^{13}\text{C} + e^+ + \nu \tag{29-35b}$$

$$p + {}^{13}C \rightarrow {}^{14}N \qquad (29\text{-}35c)$$
$$p + {}^{14}N \rightarrow {}^{15}O \qquad (29\text{-}35d)$$
$${}^{15}O \rightarrow {}^{15}N + e^+ + \nu \qquad (29\text{-}35e)$$
$$p + {}^{15}N \rightarrow {}^{12}C + {}^{4}He \qquad (29\text{-}35f)$$

여기에서 탄소-12 원자핵은 촉매 역할을 한다. 그것은 처음부터 끝까지 존재한다. 2개의 양전자가 완전히 소멸된 후, 알짜효과는 양성자–양성자 순환과 동일하다.

$$4p + 2e^- \rightarrow {}^{4}He + 2\nu$$

탄소 순환에서 방출되는 총 에너지는 양성자–양성자 순환에서 방출되는 총 에너지와 같다. "총 에너지 방출량" [식(29-33)~(29-35)에는 표시하지 않음]은 모든 광자의 총 에너지를 의미하며, 생성된 중성미자의 에너지에 ^{4}He 핵의 운동에너지를 더한 값에서 양성자와 전자의 처음 운동에너지를 뺀 값이다.

보기 29.13

탄소 순환의 첫 번째 단계

(a) 탄소 순환의 첫 번째 단계에서 나오는 에너지를 계산하여라. (b) 이 반응이 일어나는 데에 필요한 양성자와 ^{12}C 핵의 최소 운동에너지를 어림셈하여라.

전략 내어 놓는 에너지를 계산하기 위해서는 반응물과 생성물의 질량 차이를 계산하여야 한다. 최소의 처음 운동에너지가 필요한 것은 두 개의 양전하를 띤 입자들이 서로 반발한다는 사실 때문이다. 두 입자들이 겨우 "닿았을" 때 둘 사이의 거리를 계산할 수 있고, 또 그 위치에서 전기퍼텐셜에너지를 계산할 수 있다.

풀이 (a) 구하고자 하는 반응식은

$$p + {}^{12}C \rightarrow {}^{13}N$$

이다. 7개의 전자에 해당하는 질량은 반응물과 생성물의 원자질량에 모두 포함되어 있으므로, 우리는 계산에 원자 질량을 사용한다. 그러면 처음 질량은

$$1.007\,825\,0\ u + 12.000\,000\,0\ u = 13.007\,825\,0\ u$$

이고, 질량의 변화는

$$\Delta m = 13.005\,738\,6\ u - 13.007\,825\,0\ u = -0.002\,086\,4\ u$$

이다. 내어놓는 에너지는

$$E = 0.002\,086\,4\ u \times 931.494\ MeV/u = 1.9435\ MeV$$

이다.

(b) 식 (29-4)로부터 양성자와 ^{12}C 핵의 반지름은 각각 1.2 fm와

$$1.2\ fm \times 12^{1/3} = 2.75\ fm$$

이다. 양성자와 ^{12}C핵이 겨우 "닿았을" 때 둘 사이의 전기퍼텐셜에너지를 어림셈하기 위해서, 우리는 두 개의 점전하, $+e$와 $+6e$가 3.95 fm 떨어져 있을 때의 전기퍼텐셜에너지를 계산한다.

$$U_E = \frac{6ke^2}{r} = \frac{6 \times (9 \times 10^9\ N \cdot m^2/C^2) \times (1.60 \times 10^{-19}\ C)^2}{3.95 \times 10^{-15}\ m}$$
$$= 3.50 \times 10^{-13}\ J = 2\ MeV$$

이 반응이 일어나기 위해 필요한 양성자와 ^{12}C 핵의 최소 운동에너지는 2 MeV이다.

검토 내어 놓은 에너지 1.9435 MeV는 운동에너지의 증가와 광자의 에너지를 포함한다.

실전문제 29.13 탄소 순환의 두 번째 단계

탄소 순환의 두 번째 단계에서 내어놓는 에너지를 계산하여라.

응용: 별에서의 핵융합 별은 더 가벼운 핵종으로부터 더 무거운 핵종을 생산하기 위한 공장의 역할을 한다. 우리 태양과 같은 별에서 핵융합 반응의 대부분은 수소로부터 헬륨을 생산한다. 중심의 더 높은 온도에서 더 무거운 핵종은 핵융합 반응에 참여할 수 있다. $A = 60$ 주위의 결합에너지 곡선(그림 29.2)의 최고점 이전의 핵종은 항성의 내부 핵융합 반응에 의해 형성된다. 일단 별의 중심부에 철과 니켈이 많으면 결합에너지 곡선의 상단에 있는 원소들이 핵융합 반응을 일으켜 없어진다. 더 무거운 핵종은 철과 니켈보다 단단하게 결합되어 있지 않기 때문에 핵융합 반응은 더 이상 에너지를 방출하지 않는다. 결국 큰 별은 그 자체의 중력 아래서 폭발하게 된다. 내부 폭발은 더 무거운 핵종의 핵융합에 필요한 에너지를 제공해 준다. 궁극적으로 별은 폭발할 수 있다. 초신성이라고 불리는 사건이 일어날 수 있다. 추가적인 핵융합 및 중성자 포획 반응은 폭발로 인한 충격파에서 일어나 가장 무거운 핵종을 형성한다. 초신성에 형성된 핵종과 이미 핵의 중심부에 형성된 핵종은 우주 폭발로 분산된다. 우리와 주변을 구성하는 원자는 하나 이상의 초신성에 의해 지구로 가는 길에 나선다. 수소(그리고 다른 가벼운 원소의 작은 일부) 이외에, 지구상에서 발견된 모든 원소는 별의 중심이나 초신성(또는 이 원소들의 방사선 붕괴 산물들)이다.

응용: 핵융합로

열핵융합 폭탄(또는 수소폭탄)에서는 핵분열 폭탄이 고온을 만들어 내고, 이것이 제어되지 않는 핵융합반응을 일으킨다. 연구자들은 수십 년 동안 지속적이며 제어된 핵융합반응을 가능하게 하려고 노력하고 있다. 핵융합은 핵분열에 비해 몇 가지 장점이 있는 에너지원이다. 핵융합의 연료는 핵분열의 연료보다 얻기가 쉽다. 가장 주목을 받는 제어 가능한 융합로는 중양성자–중양성자 핵융합($^2H + ^2H$) 또는 식 (29-32)에 보인 것처럼 중양성자–삼중양성자 핵융합($^2H + ^3H$)이다. 중수소는 바닷물에서 쉽게 얻을 수 있다. 곧 바닷물 분자의 약 0.0156 %가 중수소 원자를 포함하고 있다. 삼중수소는 중수소만큼 많지는 않지만, 만들어 내기가 어렵지 않다.

원자로에 있어서 가장 큰 문제 중의 하나는 수천 년 동안 안전하게 저장시켜야 할 방사성 폐기물이다. 핵융합 반응로는 방사성 폐기물을 덜 만들어 내고 또 그렇게 오랫동안 저장할 필요도 없다.

그러나 오랫동안 통제할 수 있는 핵융합반응은 아직 이루지 못했다. 주요 문제는 핵이 높은 밀도를 유지하여 서로 충돌할 수 있도록 하면서, 핵융합이 일어나는 데에 필요한 극 고온(대략 10^8 K 정도로 태양 속의 온도보다 높다)에 연료를 넣어 두는 일이다. 보통의 용기는 사용할 수 없다. 그런 용기 속에서는 핵들이 용기의 벽과 충돌하면서 운동에너지를 너무 많이 잃어버리고 또 용기는 높은 온도 때문에 녹아서 증발해버린다. 이러한 핵들을 가두어 놓는 두 가지 주요방법이 시도되었다. 하나는 **자기 가둠**(magnetic confinement)이고(그림 29.19) 다른 하나는 **관성 가둠**(inertial confinement)이다. 이 방법은 모든 방향에서 강력한 레이저 빔을 알약 모양의 작은 연료 펠렛에 쬐어서 고온으로 달구어 펠렛이 안쪽으로 파열하여 연료가 기화하기 전에 핵융합반응을 일으키는 것이다.

토로이드
자석

입구

보호용
차폐물

플라즈마

그림 29.19 토카막은 핵융합반응을 제어하기 위한 방법 중 가장 유망한 것들 중 하나이다. 그렇게 높은 온도에서 연료 속의 원자들은 부서져 플라즈마(전자와 양전하로 대전된 핵의 혼합상태)를 만든다. 자기장은 전하를 띤 핵들을 원통 고리 모양의 진공 용기 속에 가두어 놓는다. 핵들은 진공 용기의 벽과 충돌하지 않고 갇힌 채 자기장선 주위를 맴돌며 운동한다.

해답

실전문제

29.1 $^{104}_{44}$Ru(루테늄)

29.2 17 u

29.3 1.6×10^{-42} m^3

29.4 115.492 MeV

29.5 $^{226}_{88}$Ra(라듐-226)

29.6 5.3043 MeV

29.7 1.3111 MeV

29.8 2.26×10^{12}

29.9 5300년 전

29.10 4.4 μg

29.11 에너지 발산, 0.6259 MeV 방출

29.12 그림 29.2로부터 $A \approx 60$ 주위의 핵종은 가장 강력하게 결합되어 있다. 그들의 핵자당 결합에너지가 가장 높다. 딸핵종과 방출된 중성자의 총 질량이 복합핵 $^{55}_{24}$Cr*보다 핵의 질량보다 크기 때문에 핵분열은 일어날 수 없다. $^{55}_{24}$Cr*는 전자와 하나 이상의 γ선을 방출하고 안정한 최종 생성물인 $^{55}_{25}$Mn으로 남는다.

29.13 1.1985 MeV

살펴보기

29.1 $^{23}_{11}$Na에는 11개의 양성자와 23 − 11 = 12개의 중성자가 있다. 질량은 23이다.

29.4 반감기가 3번 지난 후에, Mn-54핵의 $(1/2)^3 = 1/8$이 남는다. 따라서 세 반감기 동안 7/8이 붕괴한다.

29.6 전하와 핵자수의 균형을 이루려면 중간의 핵은

$$^{15}_{7}N \; (^{1}_{0}n + {}^{14}_{7}N \to {}^{15}_{7}N \to {}^{1}_{1}H + {}^{14}_{6}C)$$

이어야 한다.

입자물리학
Particle Physics

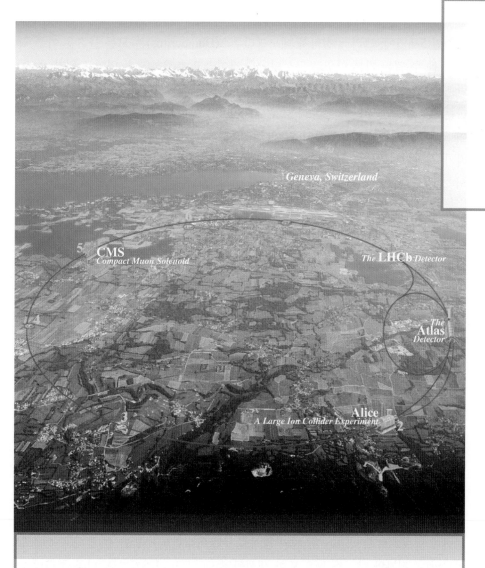

스위스의 제네바 근교에 있는 CERN (유럽 입자물리연구소)의 강입자충돌기(LHC)는 운동에너지가 최대 7 TeV ($= 7 \times 10^{12}$ eV)인 양성자를 충돌시켜 14 TeV의 에너지에서 일어나는 충돌 현상을 관찰할 수 있다. 이처럼 점점 더 높은 고에너지를 가진 입자들의 충돌을 연구하는 목적은 무엇일까? (923쪽에 답이 있다.)

대략 지하 100 m에 있는 LHC 터널은 둘레가 27 km이다. 그 시설은 프랑스와 제네바 근처의 스위스와 프랑스 국경에 걸쳐 있다. LHC에는 6개의 검출기가 설치되어 있다. 거의 5층 건물 크기의 ATLAS와 무게가 14,000톤 이상인 CMS가 일반 용도의 검출기이다. ALICE는 납 이온 충돌실험을 위해서, 그리고 LHCb는 무엇보다 b 쿼크가 생성되는 양성자−양성자 충돌실험을 위해서, LHCf와 TOTEM 은 각각 ATLAS와 CMS 근처에 위치하며 특수목적으로 제작한 작은 검출기이다.

되돌아가보기

- 반입자(27.8절)
- 기본 상호작용; 통일(2.9절)
- 질량과 정지에너지(26.7절)

30.1 기본 입자 FUNDAMENTAL PARTICLES

물리학의 가장 중요한 목표 중 하나는 우주의 기본 구성단위를 알아내는 것이다. 기원전 5세기에, 그리스 철학자 데모크리투스(Democritus)는 모든 물질은 아주 작아서 볼 수 없는 기본 단위로 구성되었을 것이라고 추측하였다. 영어로 원자(atom)란 단어는 그리스 어의 atomos에서 유래했는데, 그리스 어로 더 이상 나눌 수 없다는 뜻이다. 그러나 원자는 나눌 수 없는 것이 아니다. 원자는 핵과 핵에 속박되어 있는 한 개 또는 그 이상의 전자들로 구성되어 있다. 핵은 다시 양성자와 중성자가 속박되어 있는 집합체이다. 전자, 양성자, 중성자들이 물질을 구성하는 최후의 기본 단위들일까?

쿼크

우리는 양성자와 중성자가 내부 구조를 가지고 있음을 알고 있다. 따라서 그것들은 기본 입자들이 아니다. 양성자 또는 중성자는 각각 세 개의 **쿼크**quarks로 구성되어 있다. 쿼크는 기본 입자들인데, 1963년 겔만(Murray Gell-Mann, 1929~)과 츠바이크(George Zweig, 1937~)가 서로 독립적으로 그것들의 존재를 제안하였다. 겔만은 쿼크란 이름을 조이스(James Joyce)의 작품《피네간의 경야(*Finnegans wake*)》의 "머스트 마크에게 세 개의 쿼크를"에서 따왔다. 원래는 세 개의 쿼크가 제안되었지만, 나중의 실험 결과는 모두 6개의 쿼크가 있는 것으로 나타났다(표 30.1). 쿼크의 질량은 GeV/c^2의 단위로 나타내는데, 이 질량 단위는 보통 고에너지 물리학에서 사용된다. $c^2 = 0.931\,494\ GeV/u$ [식 (29-9) 참조]이므로, $1\ u = 0.931\,494\ GeV/c^2$이다.

6개의 쿼크 각각에 대해서 질량은 같고 전하는 반대인 반쿼크가 존재한다. 27.8절에서, 우리는 전자와 이것의 반입자인 양전자가 에너지와 운동량을 나누어 갖고 정반대 방향으로 날아가는 두 개의 광자를 만들어내면서 소멸할 수 있다는 것을 알아보았다. 전자와 양전자 쌍은 또한 생성될 수도 있다. 마찬가지로, 다른 종류의 입자-반입자 쌍들도 생성되거나 소멸될 수 있다. 소멸할 때에 반드시 한 쌍의 광자를 만들어 내는 것은 아니다. 보기를 들면 그것들은 다른 종류의 입자-반입자 쌍을 만들어 낼 수도 있다. 반쿼크는 기호 위에 막대를 그어 나타낸다. 보기를 들면, u 쿼크의 반쿼크는 ū(유-바라고 읽는다.)로 쓴다.

쿼크는 러더포드 실험에서 핵이 발견된 방식과 비슷하게(27.6절 참조) 산란 실험에서 처음 발견되었다. 1968~1969년에 스탠퍼드 선형가속기 연구소(Stanford Linear Accelerator Center, SLAC)의 과학자들은 양성자와 중성자에서 고에너지

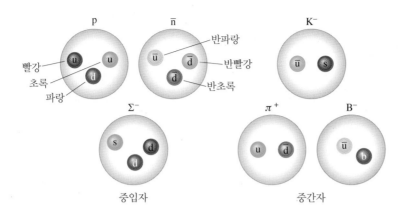

그림 30.1 몇 종류의 강입자들의 쿼크 구성(색깔의 의미는 30.2절에서 논의하겠다.)

전자의 산란효과를 연구하였다. 그 실험은 양성자와 중성자 각각의 내부에 있는 점과 같은 물체로부터 전자가 산란됨을 보여 주었다.

많은 실험들이 쿼크를 찾으려고 하였지만, 개별 쿼크는 관측하지는 못했다. 현재 우리는 원리적으로도, 쿼크 사이의 상호작용, 곧 강한 상호작용의 특이한 성질 때문에 고립된 쿼크를 관찰한다는 것은 불가능하다고 믿고 있다. 쿼크-반쿼크가 쌍으로 속박된 것을 **중간자**^{meson}라고 부른다. 쿼크 또는 반쿼크 세 개가 속박된 것은 **중입자** baryon라 부른다(그림 30.1). 중간자와 중입자를 통틀어서 **강입자**^{hadron}라고 부른다. 양성자는 두 개의 위 쿼크와 한 개의 아래 쿼크로 만들어진 중입자(uud)이다. 중성자는 한 개의 위 쿼크와 두 개의 아래 쿼크로 만들어진 중입자(udd)이다.

수백 개의 강입자들이 관측되었다. 현재까지 모든 것이 쿼크 모형과 일치한다. 양성자와 중성자를 제외한 나머지 강입자들은 모두 반감기가 짧다. 가장 수명이 긴 것들이 $0.1\,\mu\text{s}$보다 짧다. 핵 속의 중성자는 안정하지만 자유 중성자는 반감기가 10.2분이며, 양성자, 전자, 반중성미자로 붕괴한다($n \rightarrow p + e^- + \bar{\nu}_e$). 양성자는 안정한 것처럼 보인다. 곧 실험 결과로 보면 양성자가 불안정하다 하더라도 반감기는 적어도 10^{29}년 이상이다. 대략 우주 나이의 10^{19}배이다.

표 30.1은 쿼크를 3세대로 분류한 것이다(로마 숫자로 표시한 것). 각 세대에는 두 개의 쿼크가 있는데, 하나는 전하가 $+\frac{2}{3}e$이고, 다른 하나는 전하가 $-\frac{1}{3}e$이다. 한

표 30.1 6개의 쿼크

이름	기호	반입자	전하	질량(GeV/c^2)	세대
위(Up)	u	$\bar{u}$	$\pm\frac{2}{3}e$	0.0017–0.0033	**I**
아래(Down)	d	$\bar{d}$	$\mp\frac{1}{3}e$	0.0041–0.0058	
기묘(Strange)	s	$\bar{s}$	$\mp\frac{1}{3}e$	0.08–0.13	**II**
맵시(Charm)	c	$\bar{c}$	$\pm\frac{2}{3}e$	1.18–1.34	
바닥(Bottom)	b	$\bar{b}$	$\mp\frac{1}{3}e$	4.1–4.4	**III**
꼭대기(Top)	t	$\bar{t}$	$\pm\frac{2}{3}e$	170–174	

$\pm$나 $\mp$ 기호의 위쪽은 그 입자에 대한 것이고, 아래쪽은 그것의 반입자에 대한 것이다.
쿼크의 질량에 관한 정확한 값은 모른다. 표에서 질량의 범위는 실험과 일치된 것들이다.

세계 각 곳에서 많은 투자를 하여 중성미자 실험 장치를 만들고 있다. 차세대 카미오칸데 실험 장치를 착공한다는 말도 있다. 지하 중성미자 관측소인 수퍼–가미오간데는 일본의 이케노야마 산의 지하 1 km에 있다. 이 사진은 연구원들이 원형 검출기의 안쪽 벽을 따라 설치된 지름이 50 cm인 11,200개의 광증배관들을 점검하는 것이다. 동작 중일 때에는, 이 검출기는 32,000톤의 초고순도의 물로 채워진다. 대전입자들이 물속에서의 광속보다 빠른 속력으로 물속을 지나갈 때에, 그것들이 파란빛을 내는 것이 광증배관에 의하여 검출되었다. 1998년, 수퍼–카미오간데의 연구진은 중성미자의 질량이 0이 아니라는 실험적인 확증을 공표하였다.

표 30.2 6개의 렙톤

이름	기호	반입자	전하	질량(GeV/c^2)	세대
전자	e^-	e^+	$\mp e$	0.000511	**I**
전자 중성미자	ν_e	$\bar{\nu}_e$	0	< 0.000000002	
뮤온 중간자	μ^-	μ^+	$\mp e$	0.106	**II**
뮤온 중성미자	ν_μ	$\bar{\nu}_\mu$	0	< 0.00019	
타우	τ^-	τ^+	$\mp e$	1.777	**III**
타우 중성미자	ν_τ	$\bar{\nu}_\tau$	0	< 0.0182	

표는 지금까지 실험과 일치하는 중성미자 질량의 최대치를 보여 주고 있다.
$\mp$기호의 위쪽은 입자에 대한 것이고 아래쪽은 반입자에 대한 것이다. 음전하 경입자의 반입자는 그것들 위에 막대기 표시 없이 양전하를 나타내는 +부호로 쓴다.

세대의 쿼크는 앞의 세대보다 질량이 더 크다. 보통의 물질은 제I 세대의 쿼크(u와 d)들만 갖는다.

렙톤

양성자와 중성자는 쿼크로 구성되어 있는 반면에, 전자도 어떤 내부 구조를 갖고 있을 것이라는 실험은 없었다. 전자는 **렙톤**leptons이라고 부르는 또 다른 기본 입자의 부류에 속한다(표 30.2).

6개의 렙톤(그리고 그들의 반입자)은 쿼크와 같이 3개의 세대로 분류한다. 각 세대는 전하가 $-e$인 것과 전하가 없는 중성미자로 구성된다. 질량은 세대가 내려갈수록 역시 늘어간다. 쿼크에서처럼, 보통의 물질은 제I 세대 렙톤만을 갖는다. 전자는 원자의 기본 구성 단위이다. 양전자(e^+)는 전자의 반입자이고, 방사성 핵의 β^+ 붕괴에서 전자중성미자 ν_e와 함께 방출된다(29.3절 참조). β^- 붕괴에서는 전자반중성미자($\bar{\nu}_e$)가 전자와 함께 방출된다. 전자 중성미자와 반중성미자는 핵융합에서도 방출된다(29.8절 참조). 지구는 태양 내부에서 일어나는 융합반응으로부터 연속적으로 나오는 중성미자들을 1초 동안 1 cm^{2}당 수 10^{11}개씩 꾸준히 받고 있다.

중성미자들은 다른 어떤 것들과 거의 상호작용을 하지 않고 물질을 통과할 수 있기 때문에 관측하기가 어렵다. 오랫동안 중성미자는 질량을 가지지 않는 것으로 생각되어 왔으나, 최근의 실험은 중성미자가 질량을 갖는다는 사실을 보여 주었다. 우주에는 렙톤과 쿼크를 모두 합한 수보다 더 많은 중성미자들이 있다.

뮤온(muon)은 제II 세대 입자들 중에서 첫 번째로 발견된 것이다. 우주선(cosmic ray; 에너지를 가진 입자들의 흐름, 주로 양성자들로서 우주로부터 날아오는 것)은 계속적으로 지구 대기의 위쪽에 부딪힌다. 우주선의 입자들은 대개는 GeV 영역의 에너지를 가지고 있지만, 어떤 것들은 10^{11} GeV 정도의 입자 가속기에서 얻어질 수 있는 에너지보다 훨씬 높은 에너지를 가진 것도 관측되었다. 우주선의 입자들이 지구의 상층 대기에 있는 원자들과 충돌할 때에 전자를 포함하여 뮤온, 감마선 등 2차

입자들이 무수히 만들어져서 지구 표면에서 관측될 수 있다. 양전자는 우주선 소나기에서 먼저 관측되었다. 뮤온들은 1분에 단위 cm^2당 1개의 비율로 우리에게 쏟아져 내려온다.

뮤온이나 타우는 둘 다 안정하지 않다. 이들은 어떤 구조를 가지는 것으로 보이지 않기 때문에, 기본 입자들, 곧 소립자로 간주된다. 중성미자는 한 종류의 중성미자에서 다른 종류의 중성미자로 변환될 수 있다. 이 효과를 중성미자 진동(neutrino oscillation)이라고 부른다. 이것은 태양으로부터 지구에 도달하는 전자 중성미자들의 수가 예측한 것보다 적은 이유를 설명해 준다. 전자 중성미자의 일부는 지구에 도달하기 전에 뮤온 중성미자나 타우 중성미자로 바뀐다.

✓ 살펴보기 30.1

원자에서 어떤 쿼크와 렙톤이 발견되었는가?

30.2 기본 상호작용 FUNDAMENTAL INTERACTIONS

쿼크와 렙톤이 이야기의 전부는 아니다. 그들 사이의 상호작용은 어떠한가? 2.9절에서, 우리는 우주에서의 네 가지의 기본 상호작용에 관하여 말한 바가 있다. 곧 강한 상호작용, 전자기적 상호작용, 약한 상호작용, 중력적 상호작용들이다. 이 상호작용들은 가끔 힘이라고도 부르지만, 뉴턴 물리학에서의 힘의 개념(여기에서의 힘은 운동량의 시간 변화율)보다는 훨씬 더 넓은 뜻으로 쓰인다. 기본 '힘'들은 잡아당기거나 미는 것 이상의 작용을 한다. 이 기본 힘들은 입자들 사이에서 일어나는 모든 변화를 포함한다. 곧 입자−반입자 쌍의 소멸과 생성, 불안정한 입자들의 붕괴, 쿼크들이 강입자로 묶이는 것 그리고 다른 모든 종류의 반응들을 포함한다.

각각의 상호작용은 **매개자**mediator 또는 **교환입자**exchange particle라고 불리는 하나의 입자의 교환으로서 이해될 수 있다(표 30.3). 교환입자는 입자에서 내쏘아져 다른 입자에 의해 흡수된다. 그것은 운동량과 에너지를 한 입자에서 다른 입자로 전달

표 30.3 4가지의 기본 상호작용과 이것들의 교환입자

상호작용	상대적 세기*	작용 범위 (m)	영향을 받는 기본 입자	교환입자	교환입자의 질량 (GeV/c^2)
강력	1	10^{-15}	쿼크	글루온(g)	0
전자기력	10^{-2}	∞	대전된 입자	광자(γ)	0
약력	10^{-6}	10^{-17}	쿼크와 렙톤	W^+, W^-, Z^0	80.4, 80.4, 91.2
중력	10^{-43}	∞	모든 입자	중력자†	0

*상대적 세기는 거리가 0.03 fm 떨어진 u 쿼크의 쌍에 대한 것이다.
†아직 발견되지 않았다.

할 수 있다. 광자는 전자기적 상호작용을 매개한다. 약 상호작용은 세 가지의 입자들(W$^+$, W$^-$, Z^0) 중 하나에 의해 매개된다. 이 세 가지 입자의 존재는 1960년에 와인버그(Steven Weinberg), 글래쇼(Sheldon Glashow), 살람(Abdus Salam)이 예측했고, 루비아가 이끄는 과학자 그룹이 이 세 입자를 1982~1983년에 처음으로 관측하였다. 강한 상호작용은 8개의 글루온(gluon)들에 의해 매개된다. 중력은 중력자(graviton)라고 불리는, 아직은 발견되지 않은 입자에 의해 매개된다고 믿고 있다. 광자와 마찬가지로, 글루온과 중력자는 전하와 질량을 가지고 있지 않다. 쿼크와 렙톤과 같이 교환입자들도 기본입자로 간주된다. 곧, 언뜻 보면 교환입자들은 구조를 가지고 있지 않은 듯하다.

강한 상호작용

강한 상호작용은 쿼크들을 묶어 강입자들을 만들게 한다. 쿼크들은 강한 상호작용을 통해 서로 작용하지만, 렙톤들은 그렇지 않다. 쿼크는 강한 상호작용을 결정하는 강전하(또는 색전하)를 가지고 있다. 이는 마치 입자의 전하가 전자기 상호작용을 결정하는 것과 같다. 전하는 한 가지 전하(양전하)와 이것의 반대전하(음전하)만 있지만, 강전하는 세 가지(빨강, 파랑, 초록)이고, 이것들의 각각은 반대인 것들(반빨강, 반파랑, 반초록)을 갖는다. 색전하는 우리가 시각적으로 받아들이는 빛의 색과는 아무 연관이 없다. 이는 그냥 비유적인 의미를 가지는 것인데, 마치 TV에서 다른 종류의 형광체가 빨강, 파랑, 초록색 빛을 내어 백색광을 만들듯이 빨간 쿼크, 파란 쿼크, 초록 쿼크들이 합쳐져 색이 없는(백색의) 결합을 한다는 것이다.

중입자는 언제나 각각의 색을 갖는 쿼크를 하나씩 포함하고, 반중입자는 언제나 각각의 반대색을 갖는 쿼크를 하나씩 포함하며, 중간자는 언제나 한 개의 색을 갖는 쿼크와 그것에 대응되는 반대색의 반쿼크, 보기로 빨간 쿼크와 반빨강의 반쿼크를 포함한다(그림 30.1 참조). 각각의 경우에, 강력은 쿼크들을 서로 묶어 두되 무색 결합을 하게 한다. 이는 전자기력이 음전하와 양전하를 묶어 순 전하가 0인 중성의 원자를 만드는 것과 비슷하다(그림 30.1은 쿼크와 반쿼크가 무색 결합을 한 강입자들을 보여 주고 있다). 그림 30.1의 색조합은 예일 뿐이다. 양성자의 d 쿼크가 파랑일 필요는 없다. 세 쿼크를 조합하여 무색이 되면 어떤 색이라도 좋다.

원자로부터 전자를 끄집어내어 순 전하를 갖는 이온을 만드는 것은 가능한 반면, 쿼크의 속박 이론은 강력이 너무 커서 색이 없는 집합체로부터 쿼크를 끄집어낼 수 없다는 것이다. 이것이 바로 고립된 쿼크를 관측할 수 없는 이유이다. 마치 두 개의 이온이 두 개의 중성 원자보다 훨씬 큰 전자기력을 서로 작용하듯이, 색이 없는 집합체로부터 하나의 쿼크를 끄집어내어 색을 갖는 두 개의 쿼크 집합체를 만들면, 이두 집합체 사이의 힘은 매우 강해지고, 전자기력과는 달리 짧은 범위 내에서 거리가 멀어질수록 강력은 더욱 강해진다.

강력의 매개체인 글루온(gluons)은 쿼크를 묶어주는 접착제이다. 쿼크들은 계속적으로 글루온을 방출하고 흡수한다. 글루온은 강 전하를 옮기므로, 글루온의 방출과 흡수는 쿼크의 색을 변화시킨다. 글루온 자체도 글루온을 방출하거나 흡수할 수 있다. 만일 한 쿼크가 색이 없는 결합으로부터 빠져나오면, 점점 더 많은 글루온이 방출되어 쿼크 사이의 거리가 멀어질수록 힘은 더욱 강해진다. 만일 쿼크들을 서로 멀리 떨어지게 할 수 있는 충분한 에너지가 주어진다면, 에너지의 일부는 쿼크-반쿼크 쌍을 생성하는 데에 쓰인다. 새로 만들어진 쿼크와 반쿼크는 각각 다른 쿼크 집합체로 나뉘어 달아나되, 두 집합체의 색이 없어지는 방식으로 떨어져 간다. 그래서 강입자들이 생성되거나 다른 입자로 붕괴하는 높은 에너지의 충돌에서조차도, 쿼크들은 언제나 색이 없는 결합으로 끝난다.

양성자가 세 개의 쿼크(uud)로 구성되어 있다고 말할 때, 이것의 순 양자수가 그러한 묘사와 잘 일치한다는 것을 뜻한다. 쿼크는 끊임없이 방출되고 흡수되는 글루온의 구름으로 둘러싸여 있다. 이러한 글루온으로부터 쿼크-반쿼크의 쌍이 계속적으로 생성되고 소멸된다. 물론 이들은 모두 양성자 내부에서 일어나는 일이다. 글루온 구름과 쿼크-반쿼크 쌍의 에너지가 양성자의 정지에너지(0.938 GeV)의 한 부분을 이루는데, 이것은 두 개의 위 쿼크와 한 개의 아래 쿼크의 정지에너지의 합(0.02 GeV 이하)보다 훨씬 크다. 세 개의 쿼크를 묶어서 하나의 핵자를 만들게 하는 기본 상호작용은 또한 핵자를 묶어 하나의 핵을 만들게 한다. 그러나 쿼크 사이의 힘은 색이 없는 핵자 사이의 힘보다 훨씬 강하다. 이는 마치 두 개의 이온 사이의 전자기력이 두 개의 중성원자들 사이의 전자기력보다 훨씬 강한 것과 같다.

✔ 살펴보기 30.2

쿼크 2개(qq)나 4개(qqqq)로 이루어진 입자들이 관측되지 않는 이유는 무엇인가? (힌트: 모든 쿼크의 색전하를 고려하여라.)

약한 상호작용

약한 상호작용은 3개의 입자(W^+, W^-, Z^0) 중 하나의 교환에 의해 진행된다. 이들 입자 중의 2개는 전기적으로 전하를 띠고 있다. 이들 입자 3개가 모두 질량을 가지고 있고, 이것이 상호작용의 범위에 제한을 준다. 모든 렙톤은 색전하를 가지고 있지 않기 때문에 강한 상호작용에 참여하지 않지만, 모든 렙톤과 쿼크는 모두 약전하를 가지고 있어서, 약한 상호작용에 참여한다.

약한 상호작용은 6개의 쿼크 중 한 개의 쿼크(quark; u, d, s, c, b, t)를 다른 쿼크로 바뀌게 한다. 고립된 쿼크는 관측할 수 없기 때문에, 한 종류 쿼크가 다른 종류로 바뀌는 일이 강입자 속에서 일어난다.

보기를 들면, 방사성 핵의 β^- 붕괴를 핵 속에서 중성자가 양성자로 변환되는 것으로 기술하였다(29.3절 참조).

$$n \rightarrow p + e^- + \bar{\nu}_e$$

중성자는 udd이고 양성자는 uud이므로, 좀 더 근본적으로 보면, 중성자 속에 있는 아래 쿼크가 W^- 입자를 내쏘면서 위 쿼크로 바뀌는 것이다.

> **연결고리**
>
> 약한 상호작용은 쿼크의 종류를 바꿀 수 있고 중성미자의 종류를 바꿀 수 있다(30.1절).

$$d \rightarrow u + W^-$$

그런 다음, W^-는 전자와 전자 반중성미자로 빨리 붕괴된다.

표준모형

강한 상호작용, 약한 상호작용, 전자기적 상호작용과, 쿼크와 렙톤의 3세대에 대한 성공적인 양자역학적 기술을 입자물리학의 **표준모형** standard model이라고 부른다. 표준모형은 입자물리학(입자의 질량과 힘, 전하 등)에 있어서 실험적으로 측정한 양을 포함하여, 수십 년간의 실험 결과를 다른 어느 이론이 따라 올 수 없는 정밀도로 예측한다.

표준모형의 성공이 대단하기도 하지만, 아직은 불완전한 것이다. 이 모형은 답을 많이 해준 만큼 많은 의문도 만들었다. 우리는 이 장의 남은 부분에서 이 의문 중 몇 가지를 다루어 보기로 한다.

30.3 통일이론 UNIFICATION

연결고리

물리학의 주요 목표 중 하나는 가장 기본적이고 근본적인 수준에서 세상이 어떻게 동작하는지를 이해하는 것이다. 이 목표의 일부분은 우주에 존재하는 아주 다양한 힘들을 몇 가지의 기본 상호작용으로 기술하는 것이다.

뉴턴의 중력 법칙은 통일 이론의 첫 번째 보기이다. 뉴턴 이전의 과학자들은 사과를 사과나무에서 떨어지게 하는 힘과 같은 힘이 행성이 태양 주위를 궤도운동하게 한다는 사실을 이해하지 못했다. 19세기에 맥스웰은 전기력과 자기력이 동일한 기본적인 전자기적 상호작용의 다른 양상이라는 사실을 보였다.

좀더 최근에 이룬 통일이론의 성공은 **전기·약 상호작용** electroweak interaction 이론이다. 그것들은 하나의 전기·약 상호작용으로 합쳐진다. 보통의 물질에서 전자기적 상호작용과 약한 상호작용은 범위와 세기 및 효과에 있어서 완전히 다르다. 글래쇼, 살람, 와인버그는 1 TeV 또는 그 이상의 에너지에서는 그 둘의 차이가 구분할 수 없을 정도로 사라진다는 사실을 보였다. 그것들은 하나의 전기·약 상호작용으로 합쳐진다.

궁극적인 목표는 모든 힘들을 하나의 상호작용으로 기술하는 것이다. 많은 물리학자들은 **빅뱅** Big Bang(우주의 탄생을 야기한 대폭발, 그림 30.2)의 직후에는 하나의 기본적인 상호작용만이 있었다고 믿고 있다. 우주가 식어가고 팽창함에 따라, 먼저 중력이 떨어져 나왔고, 다음으로 강력이 떨어져 나와 세 가지의 기본적인 상호작용이 있게 되었다(중력, 강력, 그리고 전기약력). 마지막으로, 전기약력은 약한 상호작용과 전자기적 상호작용으로 나뉘었다. 이러한 상호작용의 분리는 빅뱅 후의 처음 약 10^{-11}초 이내에 이루어졌다. 보다 높은 에너지의 가속기가 만들어지면, 전기·약 상호작용과 강한 상호작용이 다시 하나의 상호작용으로 합쳐질지에 대한 해답을 줄 수도 있을 것이다.

중력은, 아인슈타인이 중력을 다른 힘들과 통일장의 이론으로 묶으려던 시도에서 시작하여 물리학의 목표가 되어 왔음에도 불구하고, 아직도 풀리지 않은 문제로 남아 있다. 표준모형은 중력을 포함하고 있지 않다. 중력에 관한 양자이론을 만들려

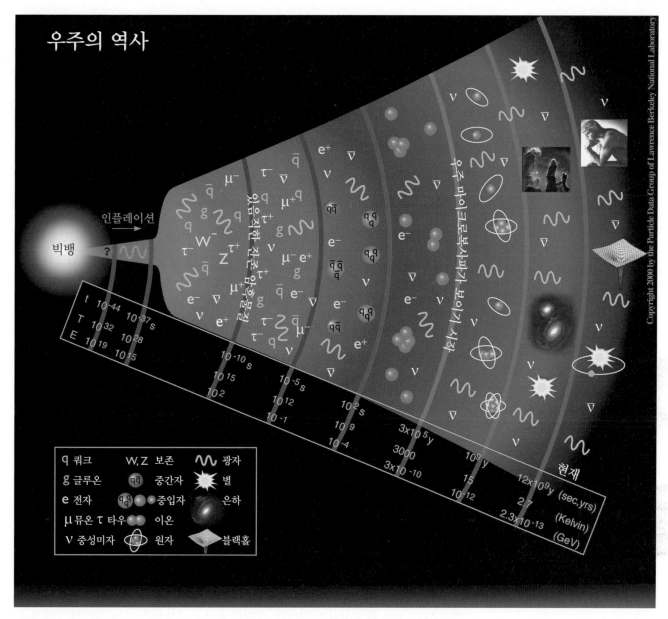

그림 30.2 우주의 역사.

- 빅뱅 후 처음 10^{-43}초 동안, 시공간의 매끄러운 구조는 아직 존재하지 않는다. 하나의 기본 상호작용만이 있다. 초힘(superforce)이다.
- 약 10^{-43}초에 중력이 다른 상호작용으로부터 떨어져 나와서, 두 가지의 기본 상호작용(중력과 강-전기약력)이 남는다. 시공간이 존재하기 시작한다. 쿼크와 렙톤, 교환입자가 존재한다. 입자-반입자의 쌍이 생성되고 소멸된다. 복사가 우주를 지배하고 광자의 총 에너지는 물질의 총 에너지보다 훨씬 크다.
- 10^{-36}초로부터 아주 짧은 시간의 지수적 급팽창(인플레이션 시대)이 시작된다. 10^{-32}초가 되면 인플레이션에 의해 우주의 부피가 적어도 10^{78}배만큼 늘어난다. 인플레이션이 진행되는 동안 작은 양자 요동은 규모가 늘어나서 우주의 대규모 구조가 된다. 이는 결국에는 은하의 생성으로 이어진다. 인플레이션 시대가 지난 후에도 우주는 계속 팽창하나 훨씬 느렸다.
- 10^{-34}초에 강력이 전자·약력으로 떨어져 나온다.

- 10^{-11}초에 약한 상호작용과 전자기 상호작용이 분리되므로, 이제는 4개의 기본 상호작용이 있게 된다.
- 10^{-5}초에 강입자가 만들어지면서 쿼크가 속박되기 시작한다. 우주가 식어감에 따라, 무거운 강입자는 소멸하거나 붕괴하여, 가벼운 강입자(양성자, 중성자, 중간자 등)와 렙톤, 광자가 남는다.
- 10초에 핵이 만들어지기 시작한다. 그러나 원자를 이온화시킬 만큼 큰 에너지의 광자가 많기 때문에, 원자는 있다고 하더라도 매우 적다.
- 3×10^5년에 우주의 온도는 약 3000 K 정도로 식는다. 이 온도에서 평형 상태에 있는 광자의 에너지는 원자를 이온화시키기에는 너무 작아서 원자가 만들어지기 시작하고 우주는 비로소 광자가 투과할 수 있게 된다. 오늘날 우리가 관측하는 우주배경복사선은 이 시기로부터 남게 된 것이지만, 우주가 2.7 K로 식었기 때문에 현재의 광자의 에너지는 훨씬 적다.

는 시도는 아직 성공하지 못했다. 아인슈타인의 중력 이론인 일반 상대성 이론은 거대 현상(천문학적으로 먼 거리와 긴 시간)에 대해서는 잘 맞지만, 양자역학의 미시적인 영역에서는 그렇지 않다. 미시 영역에서는 중력의 영향을 무시할 수 있기 때문에, 이 영역의 현상을 연구하는 물리학자들은 일반 상대성에 대해 염려하지 않고 양자역학만을 사용할 수 있다. 그래서 표준모형은 중력을 생략했음에도 불구하고 입자물리학의 여러 실험을 성공적으로 설명하였던 것이다.

초대칭성

일부 물리학자들은 강한 상호작용과 전기·약 상호작용을 통일하는 데 도움이 될 수 있는 **초대칭이론**을 개발하였다. 표준모형에서는 기본 입자들을 두 주요 부류, 페르미온과 보존으로 나눈다. **페르미온**(fermions)은 물질을 이루고 있는 쿼크와 렙톤이고, **보존**(bosons)은 물질에 작용하는 힘을 매개하는 교환입자들이다. 초대칭성은 보존과 페르미온을 같은 지위에서 다루려는 데에 기초하고 있다. 곧, 초대칭성은 각 형태의 기본 입자들에 대해 페르미온과 보존의 수가 같다고 예상한다. 보기를 들어보면, 전자의 보존 짝(selectron)과 광자의 페르미온 짝(photino)을 예상한다. 지금까지는 초대칭 입자의 존재를 직접 실험으로 입증한 것은 없다. 그래서 LHC의 목표 중 하나는 초대칭 입자의 존재를 실험으로 입증하는 것이다.

고차원

이론학자들은 우주의 모형에 또 다른 차원을 포함시키면 중력과 양자역학을 조화시킬 수 있고, 또 중력을 다른 기본적인 힘과 통일시킬 수 있음을 발견하였다. 끈 이론과 막 세계(brane-world)의 이론이 공간과 시간 그리고 입자가 무엇인지에 관한 개념에서 혁신적인 변화를 대표한다.

끈 이론과 M-이론에 따르면, 여러 가지 렙톤과 쿼크들은 기본적인 실체가 아니다. 곧 그것들은 10차원 또는 11차원의 우주에 존재하는 끈이라는 한 개의 1차원적 실체의 다른 진동 양상이라는 것이다. 추가된 6 또는 7차원은 너무 작아서 우리가 직접 관측할 수 없다. 시각적인 도움을 위해서, 가는 철사의 표면을 상상해 보자. 그것은 2차원이지만, 한쪽 차원은 매우 작다. 마찬가지로, 끈 이론에서 제안된 부가적인 차원들은 10^{-35} m 정도의 길이 크기 안에 "돌돌 말려(curled up)" 있다. 이렇게 작은 거리를 관측해 내기 위해서는 약 10^{16} TeV 정도의 에너지를 얻을 수 있는 가속기가 필요한데, 가까운 미래에는 가능하지 않다. 실험은 끈 이론을 간접적으로 실험하는 방법을 찾아야 한다.

또 다른 이론은 우리가 관측하는 입자들이 6 또는 7차원의 우주 안에 있는 4차원 막(membrane)(잘 알려진 3개의 공간 차원과 1개의 시간 차원과 비슷한) 안에 있다고 제안한다. 막세계의 이론에서, 부가적인 차원은 끈 이론에서처럼 작아야 할 필요가 없다. 그 부가적 차원의 크기는 몇 분의 1 mm만큼이나 클 수도 있는 반면, 우리가 갇혀 있는 막은 부가적인 차원에서 양성자 반지름의 1/1000 규모라는 것이다. 만일 2개의 부가적인 차원이 있다면, 중력은 1 mm보다 작은 거리에서는 $1/r^4$에 비례할 것으로 예측된다. 과학자들은 이 예측이 맞는지를 알아보기 위하여, 짧은 거리 범위에서 중력의 크기를 측정하려고 노력하고 있다. 비록 끈 이론의 주된 변형처럼 7개의 차원이 추가되더라도, 이 경우 대략 핵의 크기 정도의 거리 범위에서는 중력의 세기에 대한 측정 가능한 효과를 나타낼 것이다.

30.4 입자 가속기 PARTICLE ACCELERATORS

입자 가속기는 고에너지 충돌을 일으킴으로써 기본 입자와 상호 작용을 연구하도록 설계된 기계이다. 싱크로트론은 여러 개의 고주파(RF) 공동이 있는 고리 모양의 입자 가속기이다. 한 다발의 입자가 RF 공동을 통과할 때마다, 전기장이 입자의 운동에너지를 약간씩 증가시킨다. 이 기계는 고리 모양이라 입자가 RF 공동을 여러 번 통과 할 수 있다. 또한 모든 고리 주위에 배치된 강한 자석의 극 사이를 통과하기 때문에 입자의 경로는 대략 원형으로 휘어진다. 대전된 입자는 가속될 때 복사선을 방출하기 때문에 입자들은 자석에 의해 운동 방향이 바뀔 때마다 에너지를 잃는다. 이렇게 잃어버린 운동에너지는 RF 공동에서 보충되어야 한다. 일단 입자가 원하는 에너지에 도달하면 검출기 내부에서 충돌을 일으킬 때까지 저장 고리에서 계속 회전을 한다. 저장 고리는 싱크로트론과 유사하다. 입자가 잃어버린 운동에너지를 보충하기 위해 입자의 경로를 휘게 하는 자석과 가속관으로 이루어져 있다. 때로는, 동일한 장치가 싱크로트론과 저장 고리의 역할을 동시에 한다.

점점 더 고에너지 충돌을 연구하는 이유가 무엇일까?

선형 가속기에서는, 전하를 띤 입자가 원형 고리가 아니라 직선 경로를 따라 운동한다. 그러므로 구심 가속도가 없어서, 전자기파 복사에 의한 에너지 손실이 훨씬 적다. 그런가 하면 싱크로트론에서 가속하는 것처럼 같은 RF 공동에서 반복하여 가속할 수가 없다. 작은 선형 가속기들이 싱크로트론 안으로 입자를 넣어 주기 위해 사용된다. SLAC은 현재 가동되고 있는 가장 큰 선형 가속기이다. LHC 이후에 건설될 차세대 대형 가속기는 국제선형충돌기(Internation Linear Collider)일 것이다.

전하를 띤 입자의 운동에너지를 증가시킨 후에는, 입자 가속기는 입자들을 한꺼번에 서로 세게 부딪히게 한다. 입자를 감지할 수 있을 만큼 충분히 오랫동안 살아남는 입자가 생길 때까지 사태붕괴가 진행된다. 우주의 초기 순간에 존재하였던 높은 에너지를 만듦으로써, 순간적으로 존재했던 불안정한 입자들이 실험실에서 만들어질 것이다. 더 높은 에너지로 가면 갈수록 점점 더 길이가 짧은 물질을 탐사할 수 있다. 입자의 드브로이 파장이 운동량에 반비례한다는 것을 상기하자[$\lambda = h/p$, 식 (28-1)]. 충돌 에너지가 높을수록 질량이 큰 입자가 생성된다.

LHC(Large Hadron Collider)는 이전에 LEP(Large Electron Positron Collider)가 있었던 둘레 27 km의 원형 터널을 사용하고 있다. LHC는 최대 14 TeV의 에너지로 양성자–양성자 충돌 실험을 위해 설계되었다. 5천 개의 초전도 자석을 고리 주위에 설치하여 두 양성자 빔이 길이 27 km인 고진공 관을 통해 서로 반대 방향으로 진행하도록 조정하고 집속시킨다. 큰 검출기 4대가 빔 교차점에 설치되어 있다.

이러한 충돌은 빅뱅 이후 백만분의 1초에도 존재했던 것과 유사한 쿼크와 글루온의 혼합물을 생성한다.

30.5 21세기의 입자물리학
TWENTY-FIRST-CENTURY PARTICLE PHYSICS

많은 물리학자들의 말에 따르면, 입자물리학은 혁명기에 와 있다고 한다. 표준모형은 지금까지는 매우 성공적이었지만, 아직은 불완전하다. 입자물리학자들이 해답을 얻으려고 하는 몇 가지 질문을 보면 다음과 같다.

기본 입자의 질량을 어떻게 설명할 수 있는가? 표준모형은 왜 쿼크와 렙톤의 질량이 관측된 값을 갖는지 설명하지 못한다. 기본 입자의 질량 범위가 그렇게 큰 이유가 무엇인가? 톱 쿼크의 질량은 양성자 질량의 약 175배이다. 이렇게 큰 질량을 가지는 것이 과연 기본 입자인가?

기본 입자의 질량을 설명하는 선도이론은 힉스 메커니즘이라고 한다. 이 이론은 모든 공간에 퍼져 있는 장의 존재를 제안하고 있다. 입자의 질량은 **힉스 장**^{Higgs field}과의 상호작용으로 인해 발생한다. 힉스 장이 없다면 쿼크와 렙톤은 질량이 없고 약한 힘은 W와 Z가 광자처럼 질량이 없을 것이기 때문에, 전자기장과 같은 먼 거리 힘이 될 것이다. 힉스 이론이 맞는다면, 힉스 보존이라고 불리는 입자의 존재가 LHC에서 관찰되어야 한다.

쿼크와 렙톤은 정말로 기본 입자인가? 더 작은 구조를 알아내기 위해서 더 작은 거리를 탐사하려면 더욱 더 고에너지의 입자가 필요하고 더 강력한 가속기가 필요하다. LHC에서는 쿼크와 렙톤의 내부 구조에 관한 힌트를 얻기 위하여, 제안된 ILC의 설계에 지침이 될 수 있는 탐색이 진행되고 있다.

양성자는 정말로 안정한가? 아니면 양성자가 다른 입자로 붕괴될 확률이 작지만 있는가? 매우 작은 양성자 붕괴 확률조차도 우주의 궁극적인 운명에 영향을 미칠 수 있다.

우주의 암흑물질은 무엇으로 만들어져 있는가? 지난 몇 년 동안, 우리는 우주가 약 5 %의 보통 물질(별과 행성들을 만들고 있는 물질)과 23 %의 암흑물질 그리고 72 %의 암흑에너지로 이루어져 있음을 알았다. 가까이 있는 은하계와 개별 은하의 내외부 사이에는 은하계를 구성하는 보통 물질의 질량으로 설명될 수 있는 중력보다 더 큰 중력이 작용하고 있다. 이 여분의 중력을 공급하는 보이지 않는(그러므로 어두운) 물질의 본질은 무엇인가?

우주의 72 %를 차지하는 암흑 에너지의 본질은 무엇인가? 과학자들은 우주 팽창 속력이 느려지기보다는 가속되고 있음을 발견했다. 우주 팽창의 가속은 우주 전체에 퍼져 있는 암흑 에너지의 존재에 기인하지만, 우리는 그것이 무엇인지 아는 것이 거의 없다.

반물질에는 어떤 일이 일어났는가? 만일 물질과 반물질 사이에 대칭성이 있다면, 왜 우리는 우주에서 반물질을 거의 관측할 수 없는가? 만일 빅뱅이 똑같은 양의 물질과 반물질을 만들어 냈다면, 반물질에는 어떤 일이 있어났는가? 이 의문의 해답을 얻는 데에 도움을 주기 위하여, LHC에서 계획하는 실험은 입자와 반입자의 행동에서 나타나는 차이를 찾으려 하고 있다.

중력은 다른 기본 상호작용과 통일될 수 있는가? 달리 말해, 4개의 기본 상호작용이 단 한 개의 상호작용의 여러 측면으로 이해될 수 있는가? 초대칭도 이 통일 이론에 포함되는가?

왜 우주는 4차원(세 개의 공간 차원과 하나의 시간 차원)인가? 아니면, 4차원보다 더 많은 차원인가? 만일 그렇다면 왜 그것이 4차원인 것처럼 보이는가?

이러한 모든 미해결 문제를 가지고서, 입자물리학은 흥미롭고 혁명적인 발견의 시점에 있는 것처럼 보인다.

해답

살펴보기

30.1 두 개의 쿼크 (u와 d)와 하나의 렙톤(전자).

30.2 쿼크가 속박되어 있는 계는 무색의 조합만 존재한다. 관찰된 입자는 2개의 쿼크이거나 4개의 쿼크가 속박된 계를 포함하지 않는다. 왜냐하면 그러한 조합은 무색으로 될 수 없기 때문이다.

기초수학
Mathematics Review

A.1 대수 ALGEBRA

두 가지 대수학적 처리 방법이 있다.

- 방정식의 양변에 항상 연산을 할 수 있다.
- 치환이 항상 가능하다($a = b$이면, 방정식에 있는 어떠한 a라 하더라도 b로 치환할 수 있다).

곱을 분배해 합으로 나타내면

$$a(b + c) = ab + ac \qquad \text{(A-1)}$$

이다. 이의 역과정, 곧 $ab + ac$를 $a(b + c)$로 나타내는 과정을 인수분해라고 한다. c로 나누는 것은 $1/c$로 곱하는 것과 같으므로 다음 식이 성립한다.

$$\frac{a + b}{c} = \frac{a}{c} + \frac{b}{c} \qquad \text{(A-2)}$$

식 (A-2)는 분수를 더하는 과정의 기본이다. 분수를 더하기 위해서는 공통 분모로 나타내야 한다.

$$\frac{a}{b} + \frac{c}{d} = \frac{a}{b} \times \frac{d}{d} + \frac{c}{d} \times \frac{b}{b} = \frac{ad}{bd} + \frac{bc}{bd}$$

식 (A-2)에 적용하면

$$\frac{a}{b} + \frac{c}{d} = \frac{ad + bc}{bd} \qquad \text{(A-3)}$$

가 된다.

분수를 나누기 위해서는 c/d로 나누는 것은 d/c를 곱하는 것과 같다.

$$\frac{a}{b} \div \frac{c}{d} = \frac{\dfrac{a}{b}}{\dfrac{c}{d}} = \frac{a}{b} \times \frac{d}{c} = \frac{ad}{bc}$$

제곱근 속의 곱셈은 다음과 같이 분리할 수 있다.

$$\sqrt{ab} = \sqrt{a} \times \sqrt{b} \qquad \text{(A-4)}$$

빠지기 쉬운 함정

대수 계산에서 흔히 범할 수 있는 오류에는 다음과 같은 것들이 있다!

$$\sqrt{a + b} \neq \sqrt{a} + \sqrt{b}$$

$$\frac{a}{b+c} \neq \frac{a}{b} + \frac{a}{c}$$

$$\frac{a}{b} + \frac{c}{d} \neq \frac{a+c}{b+d}$$

$$(a+b)^2 \neq a^2 + b^2$$

마지막에서, 엇갈려 곱하는 항이 빠져 있다. $(a+b)^2 = a^2 + 2ab + b^2$.

선형 함수의 그래프

y가 x의 함수인 그래프가 직선이면, y는 x의 선형 함수이다. 이 관계의 표준형은

$$y = mx + b \tag{A-5}$$

이다. 여기서 m은 기울기이고 b는 y-절편이다. 기울기는 직선이 얼마나 가파른지를 나타낸다.

$$m = \frac{\Delta y}{\Delta x} = \frac{y_2 - y_1}{x_2 - x_1} \tag{A-6}$$

보기 A.1

그림 A.1에 있는 직선의 방정식을 구하여라.

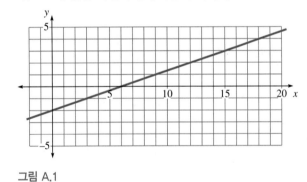

그림 A.1

풀이 y-절편은 −2이다. 직선상의 두 점을 선택하고 y의 증분(Δy)을 x의 증분(Δx)으로 나눈다. 점 $(0, -2)$와 $(18, 4)$를 사용하면

$$m = \frac{y_2 - y_1}{x_2 - x_1} = \frac{4 - (-2)}{18 - 0} = \frac{1}{3}$$

가 된다. 따라서 $y = mx + b = \frac{1}{3}x - 2$이다.

A.2 방정식 풀기 SOLVING EQUATIONS

방정식을 푸는 것은 변수 하나를 분리하기 위해 대수적인 연산을 하는 것이다. 많은 학생들이 하나의 방정식에 되도록 값을 여러 번 대입해보는 경향이 있다. 많은 경우, 이는 잘못된 것이다. 처음에는 대수적인 기호를 사용하는 것보다 숫자를 사용하는 것이 더 쉽게 보이지만, 기호를 사용하면 여러 가지 편리한 점이 있다.

• 기호를 사용하면 숫자로 계산하는 것보다 훨씬 더 쉽다. 숫자를 대입하면 답을 구하는 논리가 모호해질 수 있다. 풀이 과정을 검산할 필요가 있을 때, 기호를 사용하면 명확하게 확인할 수 있다. 또한 시험이나 숙제를 채점할 때에도 도움을 준다. 계산이 정확하다면, 여러분이 잘못 이해하고 있는 부분에 대해 선생님이 도움을 줄 수 있다. 또한 시험에서 부분 점수를 얻을 수도 있을 것이다.

- 기호를 사용해 계산하면 하나의 양이 다른 것과 어떤 연관성이 있는지에 대해 알 수 있다. 예를 들어, 기호를 사용하면 포물체의 수평 거리가 처음 속력의 제곱에 비례함을 알 수 있다. 처음 속력의 값을 대입한다면, 이를 알 수가 없다. 특히, 대수적인 기호가 방정식에서 상쇄된다면, 여러분은 답이 이 양에 무관함을 알게 된다.

- 대부분의 일반적인 경우, 계산에서 실수를 범하기 쉽다. 마지막에 숫자를 답에 대입해 보면, 실수를 한 부분을 쉽게 찾을 수 있다.

제곱근이 포함된 방정식을 풀 때 제곱근이 양(+)의 값이라고 가정하지 않도록 주의해야 한다. 방정식 $x^2 = a$는 x에 대한 풀이가 2개 있다. 곧 $x = \pm\sqrt{a}$이다. (기호 $\pm$는 +이거나 −임을 의미한다.)

2차 방정식 풀이

방정식에서 x의 차수가 제곱인(x^2), 선형인(x^1), 상수인(x^0)을 포함하고 있으면, 이를 2차 방정식이라고 한다. 2차 방정식은 다음과 같이 표준형으로 나타낼 수 있다.

$$ax^2 + bx + c = 0 \qquad \text{(A-7)}$$

근의 공식은 표준형으로 적은 2차 방정식의 풀이를 알려준다. 곧

$$x = \frac{-b \pm \sqrt{b^2 - 4ac}}{2a} \qquad \text{(A-8)}$$

이다. 기호 "$\pm$"는 2차 방정식의 풀이가 일반적으로 두 개가 있음을 나타낸다. 하나는 + 부호를 사용할 때이고, 다른 하나는 − 부호를 사용할 때이다. $b^2 - 4ac = 0$이면, 풀이가 하나만 존재한다. $b^2 - 4ac < 0$이면, 실수인 풀이가 존재하지 않는다.

근의 공식은 $b = 0$, $c = 0$이거나, b나 c 중 하나가 0인 경우에도 타당성이 있지만 이 경우에는 근의 공식을 사용하지 않고도 방정식을 쉽게 풀 수 있다.

보기 A.2

$5x(3 - x) = 6$의 해를 구하여라.

풀이 먼저 표준형의 2차 방정식으로 바꾸면

$$15x - 5x^2 = 6$$

$$-5x^2 + 15x - 6 = 0$$

$a = -5$, $b = 15$, $c = -6$이므로

$$x = \frac{-b \pm \sqrt{b^2 - 4ac}}{2a}$$

$$= \frac{-15 \pm \sqrt{15^2 - 4 \times (-5) \times (-6)}}{-10}$$

$$\approx \frac{-15 \pm 10.25}{-10} = 0.475 \text{ or } 2.525$$

이다.

연립방정식 풀이

연립방정식은 N개의 미지수를 갖는 N개의 방정식을 의미한다. 미지수 모두를 결정하기 위해 이들 방정식을 **연립하여** 풀기를 원한다. 최소한 미지수의 개수만큼의 방정식이 필요하다. 방정식보다 더 많은 미지수가 주어진다면, 문제에서 사용되지 않은 정보를 더 자세히 살펴보아 다른 어떤 관계가 있는지를 알아보아라.

연립방정식을 풀이하는 한 가지 방법은 단계적으로 대입해보는 것이다. 하나의 미지수에 대해 방정식을 풀이하고, 이것을 다른 방정식에 대입한다. 그렇게 하면 $N-1$개의 미지수에 대해 $N-1$개의 방정식이 남는다. 하나의 미지수에 대한 방정식 1개가 남을 때까지 이 과정을 계속한 후 역순으로 풀이하면 답을 구할 수 있다.

보기 A.3

x와 y에 대한 방정식 $2x - 4y = 3$과 $x + 3y = -5$를 풀어라.

풀이 우선 두 번째 방정식에서 x를 y로 나타낸다. 곧

$$x = -5 - 3y$$

첫 번째 방정식의 x 대신에 $-5 - 3y$를 대입하면

$$2 \times (-5 - 3y) - 4y = 3$$

이 된다. 이 식은 y에 대해 풀 수 있다.

$$-10 - 10y = 3$$
$$-10y = 13$$
$$y = \frac{13}{-10} = -1.3$$

이제 y를 알았으므로, 이를 이용해 x를 구한다.

$$x = -5 - 3y = -5 - 3 \times (-1.3) = -1.1$$

이들 값을 원래의 방정식에 대입해 결과를 검산해보는 것이 좋은 생각이다.

A.3 지수와 로그 EXPONENTS AND LOGARITHMS

다음의 등식이 지수를 처리하는 방법을 알려준다.

$$a^{-x} = \frac{1}{a^x} \tag{A-9}$$

$$(a^x) \times (a^y) = a^{x+y} \tag{A-10}$$

$$\frac{a^x}{a^y} = (a^x) \times (a^{-y}) = a^{x-y} \tag{A-11}$$

$$(a^x) \times (b^x) = (ab)^x \tag{A-12}$$

$$(a^x)^y = a^{xy} \tag{A-13}$$

$$a^{1/n} = \sqrt[n]{a} \tag{A-14}$$

$$a^0 = 1 \quad (a \neq 0) \tag{A-15}$$

$$0^a = 0 \quad (a \neq 0) \tag{A-16}$$

절대로 $(a^x) \times (a^y) \neq a^{xy}$는 아니니 실수하지 않도록 주의하여라.

로그

로그를 취하면 지수의 역함수가 된다.

$$x = \log_b y \text{ 는 } y = b^x \tag{A-17}$$

임을 의미한다. 따라서 다음도 성립한다.

$$\log_b b^x = x \tag{A-18}$$

$$b^{\log_b x} = x \tag{A-19}$$

일반적으로 사용하는 밑 b는 10(상용로그) $e = 2.71828...$(자연로그)이다. "log10"은
때때로 "log"라고 쓰기도 한다. 자연로그는 "$\log_e$" 대신에 "ln"으로 쓰기도 한다.

밑에 상관없이 다음은 항상 성립한다.

$$\log xy = \log x + \log y \qquad\qquad\text{(A-20)}$$

$$\log \frac{x}{y} = \log x - \log y \qquad\qquad\text{(A-21)}$$

$$\log x^a = a \log x \qquad\qquad\text{(A-22)}$$

다음은 종종 실수하는 경우이다.

$$\log (x + y) \neq \log x + \log y$$

$$\log (x + y) \neq \log x \times \log y$$

$$\log xy \neq \log x \times \log y$$

$$\log x^a \neq (\log x)^a$$

반로그 그래프

반로그 그래프에서는 y-축은 로그 눈금, x-축은 선형 눈금을 사용한다. 반로그 그래프
는 지수함수를 만족하는 데이터를 그릴 때 편리하다.

$$y = y_0 e^{ax}$$

이면

$$\ln y = ax + \ln y_0$$

이다. 그래서 $\ln y$와 x의 그래프는 기울기가 a이고 y-절편이 y_0인 직선이다.

각각의 데이터에 $\ln y$를 계산해 보통의 그래프 종이에 그리는 것보다 특수한 반로그
그래프용지를 사용하는 것이 편리하다. y-축은 y의 값을 직접 그릴 수 있도록 되어 있지
만, 크기는 y의 log 값에 비례하도록 간격이 띄어 있다. 반로그 그래프에서의 기울기 a
는 실제로 로그를 그린 것이기 때문에 $\Delta y / \Delta x$가 아니다. 기울기를 구하는 올바른 방법은

$$a = \frac{\Delta(\ln y)}{\Delta x} = \frac{\ln y_2 - \ln y_1}{x_2 - x_1}$$

이다. 로그 눈금에서 0이 될 수는 없다.

그림 A.2와 A.3의 두 그래프는 $y = 3e^{-2x}$ 함수의 직선과 로그 그림이다.

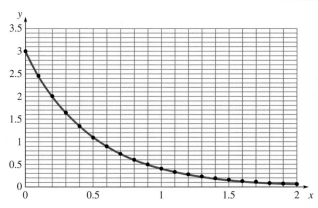

그림 A.2 선형 눈금 그래프용지에 그린 함수 $y = 3e^{-2x}$의 그래프

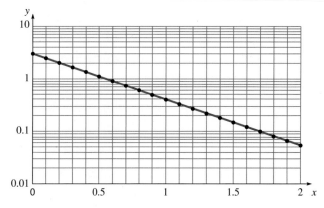

그림 A.3 반로그 그래프용지에 그린 함수 $y = 3e^{-2x}$의 그래프.

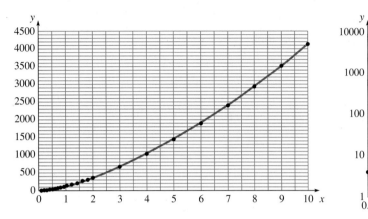

그림 A.4 선형 눈금 그래프용지에 그린 멱함수 $y = 130x^{3/2}$의 그래프.

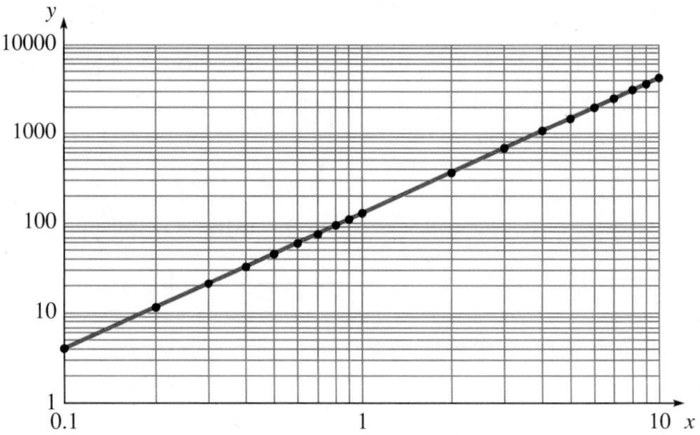

그림 A.5 전로그 그래프용지에 그린 멱함수 $y = 130x^{3/2}$의 그래프.

전로그 그래프

전로그 그래프는 두 축 모두 로그 눈금을 사용한다. 데이터가 다음과 같은 지수 함수를 만족할 때 편리하다.

$$y = Ax^n$$

이러한 함수의 경우

$$\log y = n \log x + \log A$$

이다. 따라서 $\log y$와 $\log x$의 그래프는 기울기가 n이고 y-절편이 $\log A$가 된다. 전로그 그래프에서 기울기 n은

$$n = \frac{\Delta(\log y)}{\Delta(\log x)} = \frac{\log y_2 - \log y_1}{\log x_2 - \log x_1}$$

이다. 그림 A.4와 A.5는 각각 $y = 130x^{3/2}$ 함수를 직선 눈금과 전로그 눈금으로 그린 그림이다.

A.4 비례와 비율 PROPORTIONS AND RATIOS

기호

$$y \propto x$$

는 y가 x에 정비례함을 의미한다. 비례상수 k를 명확히 알면, 이 비례 관계는 다음의 식으로 쓸 수 있다.

$$y = kx$$

비례 관계가 없음에도 비례 관계가 있는 것처럼 보이는 방정식은 유의해야 한다. 예를 들면 방정식 $V = IR$는 R가 상수일 때에만 $V \propto I$이다. 만일 R가 I에 따라 변한다면 V는 I에 비례하지 않는다.

기호

$$y \propto \frac{1}{x}$$

은 y가 x에 반비례함을 의미한다. 기호

$$y \propto x^n$$

는 y가 x의 n제곱에 비례함을 의미한다.

비례를 비율로 나타내면 방정식에서 공통 인수의 값을 모를 때 풀이를 구하는 과정을 단순화할 수 있다. 예를 들어 $y \propto x^n$이면,

$$\frac{y_1}{y_2} = \left(\frac{x_1}{x_2}\right)^n$$

으로 쓸 수 있다.

퍼센트

퍼센트는 주의가 필요하다. 다음의 네 가지 예를 살펴보자.

"B는 A의 30 %이다."는 $B = 0.30A$를 의미한다.

"B는 A보다 30 % 더 크다."는 $B = (1 + 0.30)A = 1.30A$를 의미한다.

"B는 A보다 30 % 더 작다."는 $B = (1 - 0.30)A = 0.70A$를 의미한다.

"A가 30 % 증가한다."는 $\Delta A = +0.30A$임을 의미한다.

보기 A.4

만일 $P \propto T^4$이고 T가 10.0 % 증가하면, P는 몇 퍼센트 증가하는가?

풀이

$$\Delta T = +0.100 T_i$$

$$T_f = T_i + \Delta T = 1.100 T_i$$

$$\frac{P_f}{P_i} = \left(\frac{T_f}{T_i}\right)^4 = 1.100^4 \approx 1.464$$

따라서 P는 약 46.4 % 증가한다.

A.5 어림셈(근사) APPROXIMATIONS

이항 어림셈(이항 근사식)

이항은 두 항의 합이다. 대수합의 n제곱에 관한 일반적인 규칙은 이항전개로 주어진다. 곧

$$(a + b)^n = a^n + na^{n-1}b + \frac{n(n-1)}{1 \times 2} a^{n-2}b^2 + \frac{n(n-1)(n-2)}{1 \times 2 \times 3} a^{n-3}b^3 + \cdots$$

이다.

이항 어림셈은 두 항 중에서 한 항이 다른 항보다 매우 작은 경우 두 항의 n제곱일 때 사용된다. 이항 전개에서 처음 두 항만이 의미 있는 값이고, 다른 항들은 무시할 수 있다. 물리 문제에서 일반적인 경우는 $a = 1$이거나 인수분해하여 1로 만들 수 있다. $x \ll 1$일 때 기본적인 근사식은 다음과 같이 주어진다.

$$(1 + x)^n \approx 1 + nx \qquad |x| \ll 1 \tag{A-23}$$

$$(1 - x)^n \approx 1 - nx \quad |x| \ll 1 \qquad \text{(A-24)}$$

지수 n은 양수와 음수를 포함한 임의의 실수일 수 있으며, 반드시 정수여야 할 필요는 없다. 어림셈한 값과 참값의 차이를 나타내는 오차는

$$\text{오차} \approx \tfrac{1}{2}n(n - 1)x^2 \qquad \text{(A-25)}$$

정도이다. 두 항 중에서 더 큰 항이 반드시 1일 필요는 없지만 인수를 묶어낼 수 있어서 식 (A-23)이나 식 (A-24)를 적용할 수 있어야 한다. 예를 들면 $A \gg b$인 경우

$$(A + b)^n = \left[A \times \left(1 + \frac{b}{A} \right) \right]^n = A^n \left(1 + \frac{b}{A} \right)^n$$

이다. 또 다른 전개식은

$$e^x = 1 + x + \frac{x^2}{2!} + \frac{x^3}{3!} + \cdots$$

이다. 여기서 n이 정수일 때는 언제나 $n! = n \times (n - 1) \times (n - 2) \times \ldots \times [n - (n - 1)]$ 이다. 예를 들면 $3! = 3 \times 2 \times 1 = 6$이다.

작은 각 어림셈

삼각함수에서 작은 각에 대한 어림셈이 A.7절에 있다.

A.6 기하 GEOMETRY

기하학적인 모양

물리 문제에서 일반적으로 나타나는 기하학적인 모양을 표 A.1에 정리했다. 문제 풀이를 구하기 위해 이들 모양의 넓이나 부피를 구할 필요가 있다. 각각의 모양 오른쪽에 이들의 특성이 있다.

각도 측정

한 점에서 만난 두 직선 사이의 각도는 도(°)로 나타낸다. 그림 A.6a에서와 같이 두 직선이 서로 수직으로 만나면, 각도는 90°이며 직각이라 부른다. A.6b는 2직각이 직선의 각임을 보여준다. A.6c와 이는 각각 3직각과 4직각이다. 90°보다 작으면 예각(acute)이라 하고, 90°보다 크면 둔각(obtuse)이라 한다.

그림 A.7의 α와 β는 서로 보각이다. 서로 인접한 두 각이 직각을 이룰 때 이들을 여각이라고 부른다.

그림 A.8에 여러 가지 삼각형이 있다. 삼각형의 내각의 합은 180°이다. 이등변삼각형은 두 변의 길이가 같다. 직각삼각형은 한 각이 90°이고 나머지 두 각의 합이 90°이므로 이 두 각은 예각이다. 세 변의 비가 3:4:5와 5:12:13인 삼각형이 자주 사용된다.

어떤 삼각형의 세 각이 다른 삼각형의 세 각과 같을 때 이들 삼각형은 서로 닮은꼴이다. 만일 어떤 삼각형의 두 각이 다른 삼각형의 두 각과 같으면 두 삼각형은 반드시 닮은꼴이다. 그림 A.9에 보인 바와 같이 닮은꼴인 두 삼각형의 대응변의 비는 같다. 크기가 같은 닮은꼴 삼각형을 합동이라고 한다.

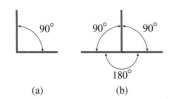

그림 A.6 (a) 직각, (b) 인접한 두 직각 또는 직선, (c) 인접한 네 직각, (d) 원.

$$\alpha + \beta = 180°$$

∠β는 둔각 ∠α는 예각

그림 A.7 예각과 둔각.

정삼각형 이등변삼각형

$$\alpha + \beta + \gamma = 180°$$

그림 A.8 삼각형.

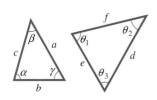

$$\alpha = \theta_1 \quad \beta = \theta_2 \quad \gamma = \theta_3$$
$$\frac{a}{d} = \frac{b}{e} = \frac{c}{f}$$

그림 A.9 닮은 삼각형.

표 A.1 물리 문제에서 자주 사용되는 기하학적인 모양

기하학적인 모양	특성	기하학적인 모양	특성
원	지름 $d = 2r$ 둘레 $C = \pi d = 2\pi r$ 넓이 $A = \pi r^2$	구	겉넓이 $A = 4\pi r^2$ 부피 $V = \frac{4}{3}\pi r^3$
직사각형	둘레 $P = 2b + 2h$ 넓이 $A = bh$	평행육면체	겉넓이 $A = 2(ab + bc + ac)$ 부피 $V = abc$
직각삼각형	둘레 $P = a + b + c$ 넓이 $A = \frac{1}{2}\text{base} \times 높이 = \frac{1}{2}ba$ 피타고라스의 정리 $c^2 = a^2 + b^2$ 빗변 $c = \sqrt{a^2 + b^2}$	직각 원통	겉넓이 $A = 2\pi r^2 + 2\pi rh$ $= 2\pi r(r + h)$ 부피 $V = \pi r^2 h$
삼각형	넓이 $A = \frac{1}{2}bh$		

그림 A.10은 서로 교차하는 선이 이루는 각 사이에 유용한 관계를 보여준다. 작은 그림 중에 한 그림과 같이 $\angle \alpha + \angle \beta$처럼 180°일 때 두 각은 보각 관계에 있다. 다른 작은 그림은 $\angle \alpha + \angle \beta$처럼 90°일 때 두 각은 여각 관계에 있다.

많은 물리 문제의 경우, 각도를 60분법(°) 대신에 호도법(rad, 라디안)으로 측정하는 것이 편리하다. 그림 A.11에서와 같이, 호의 길이 s는 두 반지름 사이의 각도에 비례한다. 1라디안은 호의 길이가 반지름과 같을 때의 각도이다.

θ를 라디안으로 측정했으면

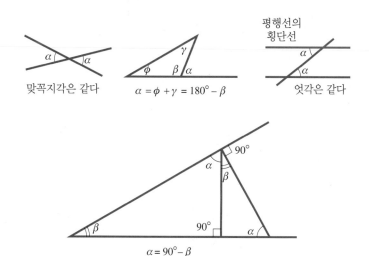

그림 A.10 교차하는 직선이 만드는 각.

$s = r, \theta = 1$라디안

그림 A.11 라디안 측정.

$$s = r\theta$$

이다.

각 변위가 원을 따라 한 바퀴 돌면, 호의 길이

$$s = 2\pi r = r\theta$$

로 원둘레와 같다. 그러므로 360°는 2π에 해당한다. 도와 라디안 사이의 관계는 다음과 같다.

$$360° = 2\pi \, \text{rad}$$

$$1 \, \text{rad} = \frac{360°}{2\pi} \approx 57.3°, \quad 1° = \frac{2\pi}{360°} \approx 0.01745 \, \text{rad}$$

라디안은 두 길이의 비이므로, 물리적인 차원을 갖지 않는다.

A.7 삼각함수 TRIGONOMETRY

물리학에서 사용되는 기본적인 삼각 함수를 그림 A.12에 나타내었다. 함숫값을 정하는 데 길이의 단위를 생략했으므로 사인, 코사인, 탄젠트 함수는 차원이 없다. 직각삼각형에서 두 예각의 접변과 맞변은 빗변보다 짧기 때문에 사인과 코사인 값은 1보다 클 수 없다. 그렇지만 탄젠트 값은 1보다 클 수 있다.

그림 A.13은 각도 θ에 따라 각 사분면에서 삼각 함수 값의 부호를 양(+) 또는 음(−)로 보여주고 있다. 반지름 r는 양수이므로, 사인과 코사인의 부호는 x-와 y-축을 따라 측정한 x 또는 y의 부호에 의해 결정된다. 그림 A.14는 라디안으로 표시한 θ의 함수인 $y = \sin\theta$와 $y = \cos\theta$를 그린 그래프이다. 각각에는 작은 각 어림셈으로 표시한 함수 그래프도 함께 그려 넣었다. x-축에서부터 θ는 시계 반대 방향으로 가면서 측정한 것이다. 음(−)의 θ는 시계 방향으로 가면서 측정한 것이다.

표 A.2에 유용한 삼각 함수에서의 항등식을 수록했다.

직각삼각형

$\phi = 90° - \theta$

$$\sin\theta = \frac{\text{맞변} \angle\theta}{\text{빗변}} = \frac{b}{c} = \cos\phi$$

$$\cos\theta = \frac{\text{접변} \angle\theta}{\text{빗변}} = \frac{a}{c} = \sin\phi$$

$$\tan\theta = \frac{\text{맞변} \angle\theta}{\text{접변} \angle\theta} = \frac{b}{a} = \frac{\sin\theta}{\cos\theta} = \frac{1}{\tan\phi}$$

그림 A.12 물리 문제에서 자주 사용되는 삼각 함수. θ와 ϕ는 여각이다.

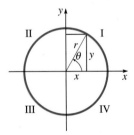

1사분면: $0 < \theta < 90°$
$\sin\theta = y/r$는 양
$\cos\theta = x/r$는 양
$\tan\theta = y/x$는 양

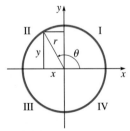

2사분면: $90° < \theta < 180°$
$\sin\theta = y/r$는 양
$\cos\theta = x/r$는 양
$\tan\theta = y/x$는 양

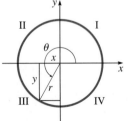

3사분면: $180° < \theta < 270°$
$\sin\theta = y/r$는 음
$\cos\theta = x/r$는 음
$\tan\theta = y/x$는 음

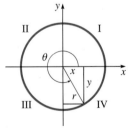

4사분면: $270° < \theta < 360°$
$\sin\theta = y/r$는 음
$\cos\theta = x/r$는 음
$\tan\theta = y/x$는 음

그림 A.13 각 사분면에서 삼각 함수 값의 부호. 양(+)과 음(−)로 표시함.

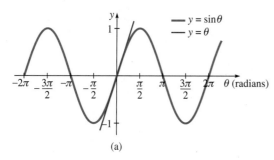 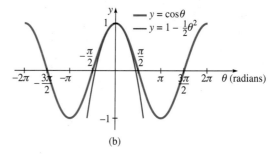

그림 A.14 (a) $y = \sin\theta$와 $y = \theta$의 그래프. θ가 작으면 $\sin\theta \approx \theta$이다. (b) $y = \cos\theta$와 $y = 1 - \frac{1}{2}\theta^2$의 그래프. θ가 작으면 $\cos\theta \approx 1 - \frac{1}{2}\theta^2$이다.

표 A.2 유용한 삼각함수 등식

$\sin^2\theta + \cos^2\theta = 1$

$\sin(-\theta) = -\sin\theta$

$\cos(-\theta) = \cos\theta$

$\tan(-\theta) = -\tan\theta$

$\sin(180° \pm \theta) = \mp\sin\theta$

$\cos(180° \pm \theta) = -\cos\theta$

$\tan(180° \pm \theta) = \pm\tan\theta$

$\sin(90° \pm \beta) = \cos\beta$

$\cos(90° \pm \beta) = \mp\sin\beta$

$\sin 2\theta = 2\sin\theta\cos\theta$

$\cos 2\theta = \cos^2\theta - \sin^2\theta$
$\quad\quad = 2\cos^2\theta - 1 = 1 - 2\sin^2\theta$

$\tan 2\theta = \dfrac{2\tan\theta}{1 - \tan^2\theta}$

$\sin(\alpha \pm \beta) = \sin\alpha\,\cos\beta \pm \cos\alpha\,\sin\beta$

$\cos(\alpha \pm \beta) = \cos\alpha\,\cos\beta \mp \sin\alpha\,\sin\beta$

$\tan(\alpha \pm \beta) = \dfrac{\tan\alpha \pm \tan\beta}{1 \mp \tan\alpha\,\tan\beta}$

$\sin\alpha + \sin\beta = 2\sin\left[\frac{1}{2}(\alpha+\beta)\right]\cos\left[\frac{1}{2}(\alpha-\beta)\right]$

$\sin\alpha - \sin\beta = 2\cos\left[\frac{1}{2}(\alpha+\beta)\right]\sin\left[\frac{1}{2}(\alpha-\beta)\right]$

$\cos\alpha + \cos\beta = 2\cos\left[\frac{1}{2}(\alpha+\beta)\right]\cos\left[\frac{1}{2}(\alpha-\beta)\right]$

$\cos\alpha - \cos\beta = -2\sin\left[\frac{1}{2}(\alpha+\beta)\right]\sin\left[\frac{1}{2}(\alpha-\beta)\right]$

역삼각 함수 역삼각 함수는 두 가지 방법으로 나타낸다. 곧 $\cos^{-1}x$ 또는 arccos x, 둘 다 코사인 함수의 값이 x에 해당하는 각도를 의미한다. 계산기로 계산하면 표 A.3에 나타낸 범위의 값이 되어야 주어진 문제의 답이 맞는지를 확인할 수 있다.

사인 법칙과 코사인 법칙 그림 A.15에 있는 삼각형에 적용할 수 있는 두 법칙은 다음과 같다.

$$\text{사인 법칙:}\ \frac{\sin\alpha}{a} = \frac{\sin\beta}{b} = \frac{\sin\gamma}{c}$$

$$\text{코사인법칙:}\ c^2 = a^2 + b^2 - 2ab\cos\gamma$$

그림 A.15 일반적인 삼각형.

표 A.3 역삼각함수

수	주된 값의 범위(사분면)	다른 사분면에서의 값 구하기
$\sin^{-1}$	$-\frac{\pi}{2}$에서 $\frac{\pi}{2}$ (I, IV사분면)	π에서 주된 값을 뺌
$\cos^{-1}$	0에서 π (I, II 사분면)	2π에서 주된 값을 뺌
$\tan^{-1}$	$-\frac{\pi}{2}$에서 $\frac{\pi}{2}$ (I, IV)	π에서 주된 값을 더함

그림 A.16 작은 각 어림셈. $\sin \theta \approx \theta$, $\cos \theta \approx 1 - \frac{1}{2}\theta^2$를 설명하기 위한 삼각형.

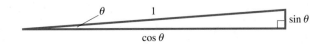

작은 각 어림셈

이들 어림셈은 θ가 라디안으로 표현되고 $\theta \ll 1$ rad일 때 성립한다.

$$\sin \theta \approx \theta \qquad \text{(A-26)}$$

$$\cos \theta \approx 1 - \frac{1}{2}\theta^2 \qquad \text{(A-27)}$$

$$\tan \theta \approx \theta \qquad \text{(A-28)}$$

이 어림셈에 포함된 오차의 크기는 대략 $\frac{1}{6}\theta^3$, $\frac{1}{24}\theta^4$, $\frac{2}{3}\theta^3$이다. 어떤 경우에는 $\frac{1}{2}\theta^2$을 무시하고

$$\cos \theta \approx 1 \qquad \text{(A-29)}$$

로 쓸 수 있다.

이러한 어림셈은 각도 θ가 매우 작고 빗변이 1인 직각삼각형으로 설명할 수 있다(그림 A.16). θ가 매우 작으면 밑변($\cos \theta$)의 길이는 빗변(1)의 길이와 거의 같다. 따라서 이들 두 변을 각도가 θ인 원의 반지름으로 생각할 수 있다. 호의 길이 s와 각도 사이의 관계는

$$s = \theta r$$

이다. $\sin \theta = 1$이고 $r = 1$이므로, $\sin \theta \approx \theta$이다. $\cos \theta$에 대한 근사식을 구하기 위해 피타고라스의 정리를 이용할 수 있다.

$$\sin^2 \theta + \cos^2 \theta = 1$$

$$\cos \theta = \sqrt{1 - \sin^2 \theta} \approx \sqrt{1 - \theta^2}$$

이제, 이항 어림셈을 이용하면

$$\cos \theta \approx (1 - \theta^2)^{1/2} \approx 1 - \frac{1}{2}\theta^2$$

이다.

A.8 벡터 VECTORS

벡터와 스칼라의 구분은 2.1절에서 논의했다. 벡터는 크기와 방향을 갖는 반면에 스칼라는 크기만을 갖는다. 벡터는 벡터의 크기에 비례하는 길이의 화살이 벡터 방향으로 놓이도록 그림을 그려서 나타낸다.

책에서 벡터는 때때로 굵은 글자로 쓰거나, 로마체 위에 화살표를 표시해 나타낸다. 필기할 때는 $\vec{A}$로 쓴다. A라고만 쓰면 벡터의 크기를 의미한다. 크기를 절댓값을 사용해 나타내기도 하므로 $A = |\vec{A}|$이다.

벡터의 덧셈과 뺄셈

벡터를 더하거나 뺄 때, 크기와 방향을 함께 고려해야 한다. 벡터 덧셈과 뺄셈은 2.2절

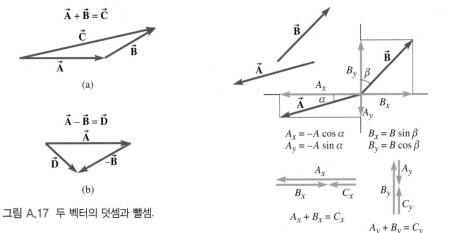

그림 A.17 두 벡터의 덧셈과 뺄셈.

$A_x = -A \cos \alpha$
$A_y = -A \sin \alpha$

$B_x = B \sin \beta$
$B_y = B \cos \beta$

$A_x + B_x = C_x$

$A_y + B_y = C_y$

그림 A.18 두 방법을 이용한 두 벡터의 덧셈.

$\tan \phi = \dfrac{|C_y|}{|C_x|}$

$C = \sqrt{C_x^2 + C_y^2}$

성분으로 구하기

그림으로 구하기

$\vec{A} + \vec{B} = \vec{C}$

그림 A.19 벡터와 스칼라의 곱셈.

과 2.4절에서 자세히 다루어놓았다. 여기서는 간단히 요약해보자.

그림 A.17에 보인 바와 같이 벡터합을 그림으로 그려서 구하는 방법은 한 벡터의 머리와 다른 벡터의 꼬리를 일치시킨 후에 첫 번째의 꼬리에서 두 번째의 머리로 선을 연결하는 것이다. 한 벡터를 빼기 위해서는 벡터의 방향이 바뀐 것을 더한다. 그림 A.18에서 $-\vec{B}$는 $\vec{B}$와 크기는 같지만 방향은 반대이다. 그러므로 $\vec{A} + \vec{B} = \vec{A} - (-\vec{B})$이다.

그림 A.18은 임의의 두 벡터를 더하는 두 가지 방법을 보여주고 있다.

벡터의 곱셈: 벡터와 스칼라의 곱

벡터에 스칼라를 곱하면, 그림 A.19에서와 같이 벡터의 크기는 스칼라를 곱한 만큼 변한다. 스칼라 인자가 음(−)이 아니면 벡터의 방향은 변하지 않는다. 스칼라 인자가 음(−)인 경우는 방향이 반대이다.

두 벡터의 곱셈

두 벡터를 곱하는 방법은 두 가지 형태, 곧 스칼라곱과 벡터곱이 있다. 스칼라곱은 두 벡터를 곱한 결과가 스칼라가 됨을 의미하며 점 곱 또는 내적이라고도 부른다. 이에 대해 곱한 결과가 벡터가 되는 곱셈은 가위곱 또는 외적이라고 한다.

두 벡터의 스칼라곱

스칼라곱을 나타내는 기호는

$$C = \vec{A} \cdot \vec{B}$$

로 나타낸다. 이 곱셈의 결과는 양(+), 음(−), 0이 가능하다.

스칼라곱의 결과는 두 벡터의 크기와 그들 사이의 각도에 따라 변한다. 각도를 구하기 위해 두 벡터가 같은 점에서 출발하도록 그려라(그림 A.20). 그렇게 하면 스칼라곱은

$$\vec{A} \cdot \vec{B} = AB \cos \theta$$

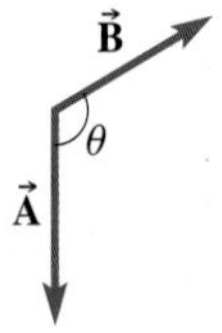

그림 A.20 같은 점에서 시작한 두 벡터를 그렸다. 벡터 사이의 각 θ를 스칼라곱과 벡터곱에 사용한다.

이다. 두 벡터의 순서를 바꿔도 스칼라곱은 변하지 않는다. 곧 $\vec{B} \cdot \vec{A} = \vec{A} \cdot \vec{B}$이다. 스칼라곱의 결과를 두 벡터의 성분으로 쓸 수도 있다.

$$\vec{A} \cdot \vec{B} = A_x B_x + A_y B_y + A_z B_z$$

두 벡터의 벡터곱

두 벡터를 곱한 결과가 또 다른 벡터가 되는 벡터곱은 19장에 소개했다. 이 곱을 가위곱이라고도 부른다. 기호로는 다음과 같이 나타낸다.

$$\vec{A} \times \vec{B} = \vec{C}$$

두 벡터를 가위곱 하면 결과는 벡터양, 곧 크기와 방향을 갖는다. $\vec{A} \times \vec{B}$는 "$\vec{A}$ 크로스 $\vec{B}$"라고 읽는다.

두 벡터 $\vec{A}$와 $\vec{B}$를 같은 점에서 시작하도록 그렸을 때 작은 각도가 θ인 두 벡터 $\vec{A}$와 $\vec{B}$의 벡터곱 $\vec{C}$의 크기는

$$|\vec{C}| = |\vec{A} \times \vec{B}| = AB \sin \theta$$

이다. 가위곱의 결과인 $\vec{C}$의 방향은 두 벡터 $\vec{A}$와 $\vec{B}$에 수직인 두 방향 중에 하나이다. 올바른 방향을 정하려면 19.2절에서 설명한 오른손 규칙을 사용하여라.

벡터곱은 곱하는 순서에 따라 달라진다.

$$\vec{A} \times \vec{B} = -\vec{B} \times \vec{A}$$

두 경우 모두 크기는 $AB \sin \theta$이지만 방향은 서로 반대이다

A.9 책에서 사용한 수학 기호 SELECTED MATHEMATICAL SYMBOLS

$\times$ 또는 $\cdot$	곱하기
Δ	~의 변화, 증분, ~의 불확정도
$\approx$	어림하여 같다
$\neq$	같지 않다
$\leq$	보다 작거나 같다
$\geq$	보다 크거나 같다
$\ll$ 또는 $\lll$	훨씬 작다
$\gg$ 또는 $\ggg$	훨씬 크다
$\propto$	~에 비례한다
$|Q|$	Q의 절댓값
$|\vec{a}|$	$\vec{a}$의 크기
$\perp$	수직이다
$\parallel$	평행하다
∞	무한대이다
$'$	프라임(같은 변이며 다른 값을 나타냄)
$Q_{평균}, \overline{Q}$ 또는 $\langle Q \rangle$	Q의 평균값

Σ	합(연속적으로 더하기)
Π	곱(연속적으로 곱하기)
$\log_b x$	로그 x, 밑이 b인 로그
$\ln x$	자연로그 x, 밑이 e인 로그
$\pm$	$+$ $-$
$\mp$	$-$ $+$
$\cdots$	생략 부호
$\angle$	각
$\Rightarrow$	~를 뜻하다
$\therefore$	그러므로
$\displaystyle\lim_{\Delta t \to 0} Q$	시간 간격이 0으로 갈 때 Q의 극한 값
$\bullet$ 또는 $\odot$	지면에서 나오는 벡터 화살표의 방향을 나타낸다
$\times$ 또는 $\otimes$	지면으로 들어가는 벡터 화살표의 방향을 나타낸다

선별한 핵종표
Table of Selected Nuclides

원자번호 Z	원소명	기호	질량수 A	원자 질량(u)	존재 비율(또는 붕괴 형태)	반감기
0	(Neutron)	n	1	1.008 664 9	β^-	10.23 min
1	Hydrogen	H	1	1.007 825 0	99.9885	
	(Deuterium)	(D)	2	2.014 101 8	0.0115	
	(Tritium)	(T)	3	3.016 049 3	β^-	12.32 yr
2	Helium	He	3	3.016 029 3	0.000 137	
			4	4.002 603 3	99.999 863	
3	Lithium	Li	6	6.015 122 8	7.6	
			7	7.016 004 5	92.4	
4	Beryllium	Be	7	7.016 929 8	EC	53.22 d
			8	8.005 305 1	2α	6.7×10^{-17} s
			9	9.012 182 2	100	
5	Boron	B	10	10.012 937 0	19.9	
			11	11.009 305 4	80.1	
6	Carbon	C	11	11.011 433 6	β^+	20.334 min
			12	12.000 000 0	98.93	
			13	13.003 354 8	1.07	
			14	14.003 242 0	β^-	5730 yr
			15	15.010 599 3	β^-	2.449 s
7	Nitrogen	N	12	12.018 613 2	β^+	11.00 ms
			13	13.005 738 6	β^+	9.965 min
			14	14.003 074 0	99.634	
			15	15.000 108 9	0.366	
8	Oxygen	O	15	15.003 065 4	EC	122.24 s
			16	15.994 914 6	99.757	
			17	16.999 131 5	0.038	
			18	17.999 160 4	0.205	
			19	19.003 579 3	β^-	26.88 s
9	Fluorine	F	19	18.998 403 2	100	
10	Neon	Ne	20	19.992 440 2	90.48	
			22	21.991 385 1	9.25	
11	Sodium	Na	22	21.994 436 4	β^+	2.6019 yr
			23	22.989 769 3	100	
			24	23.990 962 8	β^-	14.9590 h
12	Magnesium	Mg	24	23.985 041 7	78.99	
13	Aluminum	Al	27	26.981 538 6	100	
14	Silicon	Si	28	27.976 926 5	92.230	
15	Phosphorus	P	31	30.973 761 6	100	
			32	31.973 907 3	β^-	14.263 d
16	Sulfur	S	32	31.972 071 0	95.02	
17	Chlorine	Cl	35	34.968 852 7	75.77	
18	Argon	Ar	40	39.962 383 1	99.6003	
19	Potassium	K	39	38.963 706 7	93.2581	
			40	39.963 998 5	0.0117; β^-	1.248×10^9 yr
20	Calcium	Ca	40	39.962 591 0	96.94	
24	Chromium	Cr	52	51.940 507 5	83.789	
25	Manganese	Mn	54	53.940 358 9	EC	312.0 d
			55	54.938 045 1	100	
26	Iron	Fe	56	55.934 937 5	91.754	

원자번호 Z	원소명	기호	질량수 A	원자 질량(u)	존재 비율(또는 붕괴 형태)	반감기
27	Cobalt	Co	59	58.933 195 0	100	
			60	59.933 817 1	β^-	5.271 yr
28	Nickel	Ni	58	57.935 342 9	68.077	
			60	59.930 786 4	26.223	
29	Copper	Cu	63	62.929 597 5	69.17	
30	Zinc	Zn	64	63.929 142 2	48.63	
36	Krypton	Kr	84	83.911 506 7	57.0	
			86	85.910 610 7	17.3	
			92	91.926 156 2	β^-	1.840 s
37	Rubidium	Rb	85	84.911 789 7	72.17	
			93	92.922 041 9	β^-	5.84 s
38	Strontium	Sr	88	87.905 612 1	82.58	
			90	89.907 737 9	β^-	28.90 yr
39	Yttrium	Y	89	88.905 848 3	100	
			90	89.907 151 9	β^-	64.00 h
47	Silver	Ag	107	106.905 096 8	51.839	
50	Tin	Sn	120	119.902 194 7	32.58	
53	Iodine	I	131	130.906 124 6	β^-	8.0252 d
55	Cesium	Cs	133	132.905 451 9	100	
			141	140.920 045 8	β^-	24.84 s
56	Barium	Ba	138	137.905 247 2	71.698	
			141	140.914 411 0	β^-	18.27 min
60	Neodymium	Nd	143	142.909 814 3	12.2	
62	Samarium	Sm	147	146.914 897 9	14.99; α	1.06×10^{11} yr
79	Gold	Au	197	196.966 568 7	100	
82	Lead	Pb	204	203.973 043 6	1.4; α	$\geq 1.4 \times 10^{17}$ yr
			206	205.974 465 3	24.1	
			207	206.975 896 9	22.1	
			208	207.976 652 1	52.4	
			210	209.984 188 5	β^-	22.20 yr
			211	210.988 737 0	β^-	36.1 min
			212	211.991 897 5	β^-	10.64 h
			214	213.999 805 4	β^-	26.8 min
83	Bismuth	Bi	209	208.980 398 7	100	
			211	210.987 269 5	α	2.14 min
			214	213.998 711 5	β^-	19.9 min
84	Polonium	Po	210	209.982 873 7	α	138.376 d
			214	213.995 201 4	α	164.3 μs
			218	218.008 973 0	α	3.10 min
86	Radon	Rn	222	222.017 577 7	α	3.8235 d
88	Radium	Ra	226	226.025 409 8	α	1600 yr
			228	228.031 070 3	β^-	5.75 yr
90	Thorium	Th	228	228.028 741 1	α	1.91 yr
			232	232.038 055 3	100; α	1.405×10^{10} yr
			234	234.043 601 2	β^-	24.10 d
92	Uranium	U	235	235.043 929 9	0.7204; α	7.04×10^8 yr
			236	236.045 568 0	α	2.342×10^7 yr
			238	238.050 788 2	99.2742; α	4.468×10^9 yr
			239	239.054 293 3	β^-	23.45 min
93	Neptunium	Np	237	237.048 173 4	α	2.144×10^6 yr
94	Plutonium	Pu	239	239.052 163 4	α	2.411×10^4 yr
			242	242.058 742 6	α	3.75×10^5 yr
			244	244.064 203 9	α	8.00×10^7 yr

EC = electron capture; β^+ = both positron emission and electron capture are possible.

원소의 주기율표
Periodic Table of the Elements

주기 / 족

범례 (기호 설명)

기호 → **Ca**	20 ← 원자 번호
원자 질량† → 40.078	
$4s^2$	← 전자 배치

족	1	2	3	4	5	6	7	8	9
1	**H** 1 1.007 9 $1s$								
2	**Li** 3 6.941 $2s^1$	**Be** 4 9.0122 $2s^2$							
3	**Na** 11 22.990 $3s^1$	**Mg** 12 24.305 $3s^2$							
4	**K** 19 39.098 $4s^1$	**Ca** 20 40.078 $4s^2$	**Sc** 21 44.956 $3d^1 4s^2$	**Ti** 22 47.867 $3d^2 4s^2$	**V** 23 50.942 $3d^3 4s^2$	**Cr** 24 51.996 $3d^5 4s^1$	**Mn** 25 54.938 $3d^5 4s^2$	**Fe** 26 55.845 $3d^6 4s^2$	**Co** 27 58.933 $3d^7 4s^2$
5	**Rb** 37 85.468 $5s^1$	**Sr** 38 87.62 $5s^2$	**Y** 39 88.906 $4d^1 5s^2$	**Zr** 40 91.224 $4d^2 5s^2$	**Nb** 41 92.906 $4d^4 5s^1$	**Mo** 42 95.94 $4d^5 5s^1$	**Tc** 43 (98) $4d^5 5s^2$	**Ru** 44 101.07 $4d^7 5s^1$	**Rh** 45 102.91 $4d^8 5s^1$
6	**Cs** 55 132.91 $6s^1$	**Ba** 56 137.33 $6s^2$	57–71*	**Hf** 72 178.49 $5d^2 6s^2$	**Ta** 73 180.95 $5d^3 6s^2$	**W** 74 183.84 $5d^4 6s^2$	**Re** 75 186.21 $5d^5 6s^2$	**Os** 76 190.23 $5d^6 6s^2$	**Ir** 77 192.2 $5d^7 6s^2$
7	**Fr** 87 (223) $7s^1$	**Ra** 88 (226) $7s^2$	89–103**	**Rf** 104 (261) $6d^2 7s^2$	**Db** 105 (262) $6d^3 7s^2$	**Sg** 106 (266)	**Bh** 107 (264)	**Hs** 108 (277)	**Mt** 109 (268)

*Lanthanide series 계열

6	**La** 57 138.91 $5d^1 6s^2$	**Ce** 58 140.12 $5d^1 4f^1 6s^2$	**Pr** 59 140.91 $4f^3 6s^2$	**Nd** 60 144.24 $4f^4 6s^2$	**Pm** 61 (145) $4f^5 6s^2$	**Sm** 62 150.36 $4f^6 6s^2$

**Actinide series 계열

7	**Ac** 89 (227) $6d^1 7s^2$	**Th** 90 232.04 $6d^2 7s^2$	**Pa** 91 231.04 $5f^2 6d^1 7s^2$	**U** 92 238.03 $5f^3 6d^1 7s^2$	**Np** 93 (237) $5f^4 6d^1 7s^2$	**Pu** 94 (244) $5f^6 7s^2$

Note: 원자 질량값은 자연에 존재하는 동위 원소를 평균한 것이다.
†불안정한 원소의 경우, 가장 안정적인 동위 원소의 질량이 괄호 안에 주어져 있다.

		17	18
		H 1	**He** 2
		1.007 9	4.002 6
		$1s^1$	$1s^2$

13	14	15	16	17	18
B 5	**C** 6	**N** 7	**O** 8	**F** 9	**Ne** 10
10.811	12.011	14.007	15.999	18.998	20.180
$2p^1$	$2p^2$	$2p^3$	$2p^4$	$2p^5$	$2p^6$
Al 13	**Si** 14	**P** 15	**S** 16	**Cl** 17	**Ar** 18
26.982	28.086	30.974	32.066	35.453	39.948
$3p^1$	$3p^2$	$3p^3$	$3p^4$	$3p^5$	$3p^6$

10	11	12	13	14	15	16	17	18
Ni 28	**Cu** 29	**Zn** 30	**Ga** 31	**Ge** 32	**As** 33	**Se** 34	**Br** 35	**Kr** 36
58.693	63.546	65.41	69.723	72.64	74.922	78.96	79.904	83.80
$3d^84s^2$	$3d^{10}4s^1$	$3d^{10}4s^2$	$4p^1$	$4p^2$	$4p^3$	$4p^4$	$4p^5$	$4p^6$
Pd 46	**Ag** 47	**Cd** 48	**In** 49	**Sn** 50	**Sb** 51	**Te** 52	**I** 53	**Xe** 54
106.42	107.87	112.41	114.82	118.71	121.76	127.60	126.90	131.29
$4d^{10}$	$4d^{10}5s^1$	$4d^{10}5s^2$	$5p^1$	$5p^2$	$5p^3$	$5p^4$	$5p^5$	$5p^6$
Pt 78	**Au** 79	**Hg** 80	**Tl** 81	**Pb** 82	**Bi** 83	**Po** 84	**At** 85	**Rn** 86
195.08	196.97	200.59	204.38	207.2	208.98	(209)	(210)	(222)
$5d^96s^1$	$5d^{10}6s^1$	$5d^{10}6s^2$	$6p^1$	$6p^2$	$6p^3$	$6p^4$	$6p^5$	$6p^6$
Ds 110	**Rg** 111	**Cn** 112	113††	**Fl** 114	115††	**Lv** 116	117††	118††
(271)	(272)	(285)	(284)	(289)	(288)	(293)	(294)	(294)

Eu 63	**Gd** 64	**Tb** 65	**Dy** 66	**Ho** 67	**Er** 68	**Tm** 69	**Yb** 70	**Lu** 71
151.96	157.25	158.93	162.50	164.93	167.26	168.93	173.04	174.97
$4f^76s^2$	$4f^75d^16s^2$	$4f^85d^16s^2$	$4f^{10}6s^2$	$4f^{11}6s^2$	$4f^{12}6s^2$	$4f^{13}6s^2$	$4f^{14}6s^2$	$4f^{14}5d^16s^2$
Am 95	**Cm** 96	**Bk** 97	**Cf** 98	**Es** 99	**Fm** 100	**Md** 101	**No** 102	**Lr** 103
(243)	(247)	(247)	(251)	(252)	(257)	(258)	(259)	(262)
$5f^77s^2$	$5f^76d^17s^2$	$5f^86d^17s^2$	$5f^{10}7s^2$	$5f^{11}7s^2$	$5f^{12}7s^2$	$5f^{13}7s^2$	$5f^{14}7s^2$	$5f^{14}6d^17s^2$

†† 113, 115, 117, 118번 원소는 아직 정해지지 않았다. 이런 원소는 극히 소량만이 관찰되었다.

Note: 원자에 대한 더 많은 설명은 *physics.nist.gov/PhysRef Data/Elements/per_text.html*에 있다.

찾아보기
Index

ㅎ

인명 찾아보기

영문 찾아보기

물리학 교재편찬위원회

강병원·강상준·고춘수·김경섭·김기환·김대욱·김동현·김득수·김상표·김승연
김용은·김용주·김장한·김재화·김종재·김진영·김철호·김현수·김형찬·박민규
박병준·박승환·박은경·박형렬·백종성·서정철·서혜원·손영수·심이레·안동완
안승준·양정엽·오용호·오원근·원기탁·우종관·유영훈·유평렬·윤성현·윤재선
이기문·이만희·이용제·이원식·이연환·이태균·이현석·이희정·정윤근·정호용
차덕준·최광호·최충현·한두희·홍우표·황근창·황도진   (가나다 순)

물리학 4판

2019년 3월 1일 인쇄
2019년 3월 5일 발행

저　　자 ◉ Giambattista·Richadson·Richardson
대표역자 ◉ **김 용 은**
발 행 인 ◉ **조 승 식**
발 행 처 ◉ **(주)도서출판 북스힐**
　　　　　서울시 강북구 한천로 153길 17

등　　록 ◉ 제 22-457 호

(02) 994-0071

(02) 994-0073

www.bookshill.com
bookshill@bookshill.com

잘못된 책은 교환해 드립니다.

값 42,000원

ISBN 979-11-5971-109-1

College Physics 4th Edition

Giambattista · Richardson · Richardson 원저

물리학 4판

개념정리와 연습문제 및 해답

대표역자 **김용은**

Mc
Graw
Hill
Education

 북스힐

일러두기

이 책은 Alan Giambattista와 Richardson 부부가 대학에서 다년간 물리학을 강의한 경험을 바탕으로 대수학과 삼각함수에 관한 기초지식을 갖춘 대학 신입생들을 위해 쓴 『College Physics; 물리학』 중에서 본문의 내용을 요약한 「개념정리 Master the concepts」와 「연습문제」를 발췌하여 별책으로 엮은 것이다.

Giambattista의 책에서는 다양한 문제를 수준에 따라서, 개념 이해 수준에서 간단히 답할 수 있는 「단답형 문제 Conceptual questions」와 「선다형 질문 Multiple Choice questions」, 개념 이해와 함께 방정식을 바탕으로 실제 상황을 정량적으로 나눈 「문제 Problems」, 「협동문제 Collaborative problems」, 그리고 여러 개념을 연계하여 정량적으로 다룬 「연구문제 Comprehensive problems」 등으로 5단계로 나누어서 수록하였다.

단답형 문제나 선다형 질문을 풀이하기 위해서는 본문의 개념형 보기에서 다룬 풀이과정을 참고하면 해답을 얻는데 도움이 된다. 그리고 문제와 협동문제, 연구문제는 풀이는 본문의 보기 문제를 풀이한 과정을 따라서 가는 것이 도움이 된다. 곧 문제를 읽고 풀이 '전략'을 세운 후에, '풀이'하고 답을 얻었으면 답의 타당성을 '검토'해 보는 체계적인 과정을 거친다면 옳은 답을 얻을 수 있다. 여러분이 얻은 답이 정답인가를 확인해 볼 수 있도록 해답이 수록되어 있는 문제만 발췌하여 수록하였다. 이들 문제의 원문이나 오역을 확인할 수 있도록 문제의 번호와 함께 [ ]에 원서의 번호를 병기하였다.

그리고 5장, 8장, 15장, 18장, 21장, 25장, 30장에는 연습문제에 이어 「종합복습 Review & Synthesis」와 이미 출제 되었던 「MCAT 문제」를 수록하였다. 종합문제는 여러분들이 이미 공부한 여러 장의 개념들이 서로 어떻게 연관되어 있는지를 알 수 있도록 준비한 것이다. 이 문제는 단서로 주어진 절이나 장의 제목 없이 문제를 풀이할 수 있는 능력을 점검할 수 있다.

2018년 2월
역자대표 김 용 은

차 례

서론

개념정리

- 물리학에서 사용되는 용어는 정확하게 정의되어야 한다. 물리학에서 쓰이는 용어가 다른 글에서 쓰이는 동일한 단어와 의미가 다를 수 있다.

- 대수학, 기하학 및 삼각함수 등에 관한 지식은 물리학을 공부하는 데 필수적이다.

- 어떤 양을 늘리거나 줄이는 데 사용하는 **인자**는 원래의 값에 대한 새로운 값의 비를 말한다.

- A가 B에 비례($A \propto B$)한다는 것은 B가 어떤 인자만큼 증가할 때 A도 같은 인자로 증가함을 의미한다.

- 과학적 표기법에서 숫자는 1과 10 사이의 수와 10의 거듭제곱을 곱한 값으로 나타낸다.

- 유효숫자는 정밀도를 나타내는 **기초 문법**이다. 이를 통해 우리는 양적 정보를 전달하고 정보가 얼마나 정확한지를 보여준다.

- 두 개 이상의 물리량을 더하거나 뺄 때 결과는 **가장 적은 정확도**를 가진 물리량만큼 정확하다. 물리량을 곱하거나 나누는 경우에 계산 결과의 유효숫자는 계산 전에 **유효숫자가 가장 적은** 물리량의 유효숫자와 같다.

- 추정과 그 계산은 보다 정확히 계산 결과가 현실성이 있는가를 확인하기 위해서 수행한다.

- 과학에서는 SI(*Système International*) 단위를 사용한다. SI 단위에는 길이, 질량 및 시간을 나타내는 미터(m), 킬로그램(kg), 초(s)를 포함해 7개의 기본 단위가 있다. 기본 단위를 조합하면 다른 유도 단위를 얻을 수 있다.

- 문제의 서술에서 여러 단위들이 혼합되어 있으면 문제를 해결하기 전에 주어진 단위들을 한 개의 일관된 단위 집단으로 바꾸어야 한다. 일반적으로는 모든 것을 SI 단위로 변환하는 것이 최선의 방법이다.

- 차원 해석은 방정식이 유효한지를 신속하게 확인하기 위해 사용한다. 수량을 더하거나 뺄 때 또는 등식으로 표현할 때는 언제나 차원이 같아야 한다(항상 꼭 같은 단위여야 하는 것은 아니다).

- 수학적인 근사는 복잡한 문제를 단순화하는 데 도움이 된다.

- 문제풀이 기술을 터득하기 위해서는 **연습**을 해야 한다.

- 그래프는 데이터를 그림으로 보여주는 것으로, 한 변수가 다른 변수에 따라 어떻게 변하는지를 보여주기 위해 그린다. 그래프는 두 변수의 관계를 살펴보는 데 도움이 된다.

- 가능하다면 그래프가 직선으로 나타나도록 변수를 신중하게 선택하여라.

연습문제

1[1]. 물리학을 공부하는 이유를 몇 가지만 제시하여라.

2[3]. 과학에서 사용하는 단순한 모형이 실제 상황과 정확히 일치하지 않더라도 그런 모형을 사용하는 이유는 무엇인가?

3[5]. 과학적 표기법의 장점은 무엇인가?

4[7]. "유효숫자"로 나열된 모든 자리가 정확하게 알려진 것인가? 유효숫자의 자릿수 중 어떤 것이 다른 것보다 정확성이 떨어질 수 있는가?

5[9]. SI 단위에 사용된 세 가지 기본 단위는 무엇인가?

6[11]. 다음 단위를 세 가지의 차원 집단으로 분류하고 그 것이 어떤 차원인지 밝혀라. 패덤, 그램, 년, 킬로미터, 마일, 달, 킬로그램, 인치, 초.

7[13]. 과학자들이 왜 데이터를 그대로 나열하는 대신에 데이터로 그래프를 그리는가?

8[15]. 문제의 풀이를 완성했다면 다른 문제를 풀이하기 전에 무엇을 해야 하는가?

선다형 질문

1[1]. 1 km는 대략 얼마인가?
(a) 2 miles (b) 1/2 mile
(c) 1/10 mile (d) 1/4 mile

2[3]. 55 mi/h는 대략 얼마인가?
(a) 90 km/h (b) 30 km/h
(c) l0 km/h (d) 2 km/h

3[5]. 반지름에 어떤 인자를 곱한 후에 원의 넓이가 원래 값의 반으로 되었다면 곱해진 인자는 얼마인가?
(a) $1/(2\pi)$ (b) 1/2 (c) $\sqrt{2}$
(d) $1/\sqrt{2}$ (e) 1/4

4[7]. 지름을 원래 지름 d의 몇 배로 해야 새로운 구의 부피가 원래 구의 부피의 8배로 되는가? 원래 구의 지름 d로 나타내어라.
(a) $8d$ (b) $2d$ (c) $d/2$
(d) $d \times \sqrt[3]{2}$ (e) $e/8$

5[9]. 기체 상태에서 소리의 속력을 나타내는 방정식은 $v = \sqrt{\gamma k_B T/m}$이다. v는 m/s 단위로 나타낸 속력이고, γ는 차원이 없는 상수, T는 K로 나타낸 절대온도, m은 kg 단위로 표시한 질량이다. 볼츠만상수 k_B는 어떤 단위로 표시되는가?
(a) $kg \cdot m^2 \cdot s^2 \cdot K$ (b) $kg \cdot m^2 \cdot s^{-2} \cdot K^{-1}$
(c) $kg^{-1} \cdot m^{-2} \cdot s^2 \cdot K$ (d) $kg \cdot m/s$
(e) $kg \cdot m^2 \cdot s^{-2}$

문제

1.3 수학의 이용

1[1]. 정원사는 사슴이 나뭇잎과 꽃을 뜯어먹기 위해 울타리를 뛰어넘어 들어오지 못하게 하려면 울타리의 높이를 37 % 높여야 한다고 말했다. 현재 울타리의 높이가 1.8 m라면, 새 울타리의 높이를 얼마나 높여야 하는가?

2[3]. 차가운 실외에 있던 구형 풍선을 따뜻한 집 안으로 가져가면 풍선이 팽창한다. 표면적이 16.0 % 증가했다면 풍선의 반지름은 몇 퍼센트나 변하겠는가?

3[5]. 한 연구에 따르면, 질량이 m인 포유동물의 대사율은 $m^{3/4}$에 비례한다. 질량이 70 kg인 어떤 사람의 대사율은 질량이 5.0 kg인 고양이의 대사율의 몇 배나 되는가?

4[7]. 어떤 지도에 "축적"이 1/10000로 표시되어 있다. 이것은 지도에 표시된 도로의 길이가 실제 거리의 1/10000임을 의미한다. 공원의 실제 넓이에 대한 지도에 표시된 공원의 넓이의 비는 얼마인가?

5[9]. 케플러의 세 번째 법칙에 따르면, 행성의 궤도 주기 T는 궤도의 반지름 R와 $T^2 \propto R^3$의 관계에 있다. 목성의 궤도는 지구의 궤도보다 5.19배 크다. 목성의 궤도 주기는 얼마인가? (지구의 궤도 주기는 1년이다.)

6[11]. 학생회장 입후보자를 광고하는 벽보가 선거법에 규정한 것보다 더 크다. 후보자는 벽보의 길이와 너비를 20.0 % 줄여야 한다고 들었다. 벽보의 넓이를 몇 퍼센트나 줄여야 하는가?

7[13]. 환자의 동맥을 씻어낼 때 의사는 개구부의 반지름을 2.0배로 늘린다. 동맥의 단면 넓이는 몇 배로 되겠는가?

8[15]. 발전기에서 저항 R인 전구에 공급된 전력 P는 $P = V^2/R$이다. 여기서 V는 전선의 전압이다. 전구 B의 저항은 전구 A의 저항보다 42 % 더 크다. 만일 전선의 전압이 같다면 전구 B가 소모하는 전력과 전구 A가 소모하는 전력의 비 P_B/P_A는 얼마인가?

1.4 과학적 표기법과 유효숫자

9[17]. 적절한 자릿수의 유효숫자로 다음의 연산을 수행하여라.
(a) $3.783 \times 10^6 \text{ kg} + 1.25 \times 10^8 \text{ kg}$

(b) $(3.783 \times 10^6 \, \text{m}) \div (3.0 \times 10^{-2} \text{초})$

10[19]. 적절한 자릿수의 유효숫자로 다음을 계산하여라.

(a) $3.68 \times 10^7 \, \text{g} - 4.759 \times 10^5 \, \text{g}$

(b) $\dfrac{6.497 \times 10^4 \, \text{m}^2}{5.1037 \times 10^2 \, \text{m}}$

11[21]. $(3.2 \, \text{m}) \times (4.0 \times 10^{-3} \, \text{m}) \times (1.3 \times 10^{-8} \, \text{m})$를 계산하고 적절한 유효숫자를 사용해 과학적 표기법으로 답하여라.

12[23]. $(3.21 \, \text{m})/(7.00 \, \text{ms})$를 소수로 나타내어라. 답을 m/s 단위와 적절한 유효숫자로 나타내어라. [힌트: ms는 밀리세컨드를 나타낸다.]

13[25]. 다음에 주어진 측정치의 유효숫자를 밝히고 표준 과학적 표기법으로 나타내어라.

(a) 0.00574 kg　(b) 2 m　(c) 0.450×10^{-2} m

(d) 45.0 kg　(e) 10.09×10^4 s　(f) 0.09500×10^5 mL

1.5 단위

14[27]. 속력을 작은 것부터 큰 순서로 나열하여라.

(a) 55 mi/h,　　(b) 82 km/h,　　(c) 33 m/s,

(d) 3.0 cm/ms,　　(e) 1.0 mi/min.

15[29]. 세포막의 두께는 7.0 nm이다. 몇 인치인가?

16[31]. 브루클린 다리가 놓인 강 너비는 1595.5피트이고 다리의 총 길이는 6016피트이다. (a) 강 너비와 (b) 다리의 총 길이는 몇 m인가?

17[33]. 신경에 자극을 주면 수초가 있는 뉴런을 따라 80 m/s로 이동한다. 이 속력을 (a) mi/h와 (b) cm/ms 단위로 나타내어라.

18[35]. 2006년 말 독일의 킬에 소재한 글로벌 경제 연구소(Global Economic Institute)의 경제 전문가는 향후 5년간 미국 달러 가치가 유로화 대비 10 % 이상 하락할 것으로 예측했다. 2006년 11월 5일에 환율이 1유로당 1.27달러이었다가, 2007년 11월 5일에 1유로당 1.45달러로 하락했다면, 첫 해에 달러 가치가 실제로는 얼마나 하락했는가?

19[37]. 대동맥을 통해서 혈액이 평균 속력 $v = 18 \, \text{cm/s}$로 흐른다. 대동맥은 반지름이 약 $r = 12 \, \text{mm}$인 원통이다. 대동맥을 통해 흐르는 혈액의 부피 흐름률은 $\pi r^2 v$이다. 대동맥을 흐르는 혈액의 부피 흐름률을 L/min로 구하여라.

20[39]. 곱셈 $(3.2 \, \text{km}) \times (4.0 \, \text{m}) \times (13 \times 10^{-3} \, \text{mm})$를 한 결과를 km^3 단위와 적절한 유효숫자로 나타내어라.

21[41]. 달팽이가 5.0 cm/min로 기어간다. 달팽이의 속력을 (a) ft/s와 (b) mi/h로 나타내어라.

1.6 차원 해석

22[43]. 퍼텐셜에너지가 식 $U = mgh$로 주어진다. U의 단위는 J, 질량 m은 kg, h는 m, g는 m/s^2이다. J과 동등한 SI 단위의 조합을 구하여라.

23[45]. 행성의 주기 T(태양 주위로 한 궤도를 그리기 위한 시간)에 대한 방정식은 $4\pi^2 r^3/(GM)$이고, 여기서 T는 s, r는 m, G는 $\text{m}^3/(\text{kg} \cdot \text{s}^2)$이고, M은 kg의 단위이다. 방정식이 차원으로 보아 옳다는 것을 보여라.

24[47]. 부력은 $F_B = \rho g V$로 나타낸다. F_B의 차원이 $[\text{MLT}^{-2}]$, ρ(밀도)의 차원이 $[\text{ML}^{-3}]$, g(중력장의 세기)의 차원이 $[\text{LT}^{-2}]$이다. (a) V의 차원을 밝혀라. (b) V를 속도와 부피 중 어떤 것이라고 해야 옳은 해석인가?

1.8 어림

25[49]. 당신이 읽고 있는 책과 눈 사이의 대략적인 거리는 얼마인가?

26[51]. 사람 다리의 평균 질량을 계산하여라.

27[53]. 40층짜리 건물의 높이는 대략 몇 m나 되겠는가?

1.9 그래프

28[55]. 한 간호사가 환자의 체온을 재서 다음과 같이 차트에 기록을 했다. 경과한 시간 대 체온의 그래프를 그려라. 그래프에서 (a) 정오에 체온의 추정치와 (b) 그래프의 기울기를 구하여라. (c) 다음 12시간 동안에도 그래프가 같은 경향을 보일 것이라고 기대하는가? 설명하여라.

체온기록표

시간	온도(°F)
오전 10:00	100.00
오전 10:30	100.45
오전 11:00	100.90
오전 11:30	101.35
오후 12:45	102.48

29[57]. 학생들의 물리 실험 결과를 v 대 t의 그래프를 그린

다. 직선에 대한 방정식이 $at = v - v_0$로 주어진다. (a) 이 직선의 기울기는 얼마인가? (b) 이 직선의 수직축 절편은 얼마인가?

30[59]. 어떤 물체가 x-방향으로 움직인다. 물체가 이동한 거리를 시간의 함수 그래프는 그림과 같다. (a) 기울기와 수직 축의 절편은 얼마인가? (단위를 포함해 답하여라.) (b) 이 그래프에서 기울기와 수직 축의 절편의 물리적 의미는 무엇인가?

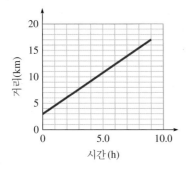

31[61]. 수직 축에 x를, 수평 축에 t^4을 나타낸 x 대 t의 그래프가 직선이다. 기울기는 25 m/s^4이고 수직 축 절편은 3 m이다. x를 t의 함수로 나타내는 방정식을 쓰라.

32[63]. 실험실에서는 방사성 탄소 시료의 붕괴율이 다음과 같은 측정되었다.

시간(분)	0	15	30	45	60	75	90
붕괴 수/초	405	237	140	90	55	32	19

(a) 시간 대 초당 붕괴 수의 그래프를 그려라. (b) 시간 대 초당 붕괴 수를 자연대수로 그려라. 왜 이러한 형태의 데이터를 이와 같은 형태로 정리하는 게 쓸모가 있는가?

협동문제

33[65]. 차원 해석을 통해 원주를 따라 운동하는 입자의 속력(m/s 단위)이 "원의 반지름 r, rad/s 단위로 주어지는 원주 위를 도는 각진동수 ω, 입자의 질량 m" 중 일부 또는 전체에 따라 어떻게 변하는지 설명하여라. 이 관계에 포함된 차원이 없는 상수는 없다.

34[67]. 다음 표는 한 아기가 출생한 직후부터 11개월 동안 측정한 몸무게이다. (a) 아기의 몸무게 대 월령의 관계 그래프를 그려라. (b) 출생부터 처음 5개월 동안 이 아기의 몸무게는 매월 얼마나 증가했는가? 그래프에서 이 값을 어떻게 구할 수 있는가? (c) 이 아기의 몸무게는 5월에서

10월까지 월 평균 얼마나 증가했는가? (d) 아기가 처음 5개월 동안 자란 것과 같은 비율로 계속 성장한다면, 12세 때 아이의 체중은 얼마나 되겠는가?

무게(lb)	월령(달)
6.6	0 (개월)
7.4	1.0
9.6	2.0
11.2	3.0
12.0	4.0
13.6	5.0
13.8	6.0
14.8	7.0
15.0	8.0
16.6	9.0
17.5	10.0
18.4	11.0

35[69]. 사람 머리카락의 수를 추정해보아라. [힌트: 두피 1 in^2 당 머리카락의 수를 고려한 다음 머리카락이 자라는 두피 넓이를 고려하여라.]

연구문제

36[71]. 보통의 바이러스는 단백질과 DNA(또는 RNA) 뭉치로, 구형이 될 수 있다. A형 인플루엔자 바이러스는 지름이 85 nm인 구형 바이러스이다. 독감에 걸린 친구가 기침을 해서 당신에게 침이 튀었다면, 침의 양이 0.010 cm^3이고 그중 10^{-9} 정도가 A형 인플루엔자 바이러스로 감염되어 있다면 몇 개의 바이러스가 당신에게 옮겨왔겠는가?

37[73]. 지구상에서 가장 큰 생명체는 청고래이다. 청고래의 길이는 평균 70피트이며, 가장 큰 청고래는 1.10×10^2 피트였다는 기록이 있다. (a) 이 길이를 미터로 환산하여라. (b) 런던의 2층 버스 길이가 8.0 m라면 이 고래는 이층 버스 길이의 몇 배나 되겠는가?

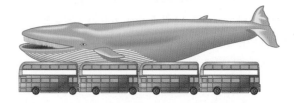

38[75]. 인체의 혈관 길이는 대략 100,000 km이다. 이 길이의 대부분은 지름이 평균 8 μm인 모세혈관이 차지한다. 모세혈관은 항상 혈액으로 가득 차 있고 대부분의 혈

액이 모세혈관에 있다고 가정하고 인체의 총 혈액량을 추정해보아라.

39[77]. 공기 중에 질소 분자의 평균 속력은 켈빈(K) 온도의 제곱근에 비례한다. 따뜻한 여름날(평균 기온 300.0 K) 평균 속력이 475 m/s라면 추운 겨울날(250.0 K) 평균 속력은 얼마인가?

40[79]. 미국에서는 속력을 논할 때 시간당 마일(mi/h)을 사용하지만 SI 단위는 m/s이다. m/s를 mi/h로 환산하기 위한 환산 인자는 얼마인가? 속력을 m/s 단위로 표시한 mi/h 속력의 어림 값을 구하려고 할 때 가장 손쉽게 사용할 수 있는 환산 인자는 얼마인가?

41[81]. 물체의 무게 W는 $W = mg$로 주어진다. 여기서 m은 물체의 질량, g는 중력장의 세기이다. SI 단위로 표시한 장의 세기 g의 SI 단위는 m/s^2이다. 무게를 나타내는 SI 단위는 무엇인가?

42[83]. 어느 날 아침 〈뉴욕 타임스〉에서, 세계에서 최고 부자는 멕시코의 카를로스 슬림 엘루(Carlos Slim Hel)로 재산이 $59 000 000 000라는 기사를 읽었다. 이후 어느 날 거리에서 그가 당신에게 $100짜리 지폐 한 장을 주었다고 하자. 그러면 지금 그의 자산은 얼마나 되겠는가? (유효숫자를 고려하여라.)

43[85]. 당신이 세븐리그부츠(Seven League Boots)를 신고 있다고 가정하자. 이 장화는 매 걸음마다 7.0리그를 가는 마법의 장화이다. (a) 당신이 120걸음/min으로 행진하는 군대를 따라 간다면 당신의 속력은 몇 km/h인가? (b) 만약 육지를 지나서 바다 위를 행진할 수 있다고 가정하면, 적도에서 지구를 도는 데 시간이 얼마나 걸리겠는가? (리그는 미국과 영국의 거리 단위이며 1리그 = 3 mi = 4.8 km이다.)

44[87]. 행성 표면에서 물체의 무게는 행성의 질량에 비례하고 행성 반지름의 제곱에 반비례한다. 목성의 반지름은 지구의 11배이고 질량은 지구의 320배이다. 지구에서 사과의 무게가 1.0 N이면 목성에서의 무게는 얼마인가?

45[89]. 데이터 조사를 하지 말고 미국 승용차가 연간 소비하는 휘발유의 양(갤런 단위)을 어림셈으로 추정해 보아라. 필요한 양은 모두 합리적으로 추정하여라. 평균값으로 생각하여라. (1 gal = 4 L)

46[91]. 물리학의 기본 상수 중 셋은 빛의 속력 $c = 3.0 \times 10^8$ m/s, 중력상수 $G = 6.67 \times 10^{-11}$ m$^3 \cdot$kg$^{-1} \cdot$s^{-2}, 플랑크상수 $h = 6.6 \times 10^{-34}$ kg$\cdot$m$^2 \cdot$s^{-1}이다.

(a) 이 세 가지 상수를 곱하거나 나누어서 시간의 차원을 가진 조합을 구하여라. 이 시간은 플랑크 시간이라 부른다. 현재 우리가 알고 있는 물리 법칙을 적용할 수 없는 우주의 연대를 나타낸다. (b) (a)에서 유도한 플랑크 시간에 관한 공식을 사용해 플랑크 시간을 초 단위로 계산하여라.

47[93]. 우주 왕복선 비행사들은 질량측정용 의자를 사용해 질량을 측정한다. 이 의자는 용수철에 부착되어 자유롭게 왕복할 수 있다. 의자-진동자의 진동수를 측정해 용수철에 부착된 총 질량 m을 계산하는 데 사용한다. 용수철의 용수철상수 k는 kg/s^2 단위로 측정했고 62 kg인 우주 비행사가 앉았을 때 의자의 진동수가 $0.50 \, s^{-1}$이었다. 그렇다면 75 kg인 우주비행사 의자의 진동수는 얼마인가? 의자 자체의 질량은 10.0 kg이다. [힌트: 차원 해석을 이용해 m과 k에 따라 f가 어떻게 변하는지 알아보아라.]

CHAPTER

2 힘

개념정리

- 두 물체 간의 상호작용은 각 물체에 하나씩 작용하는 두 개의 힘으로 구성된다. 대략적으로 말하면 힘은 밀거나 당긴다. 중력과 전자기력은 미치는 범위가 무한대이다. 거시적인 물체에 작용하는 다른 모든 힘에는 접촉력이 포함되어 있다. 힘은 벡터양이다.

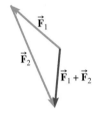

- 벡터는 크기와 방향이 있으며 특별한 규칙에 따라 더해진다. 벡터의 꼬리가 이전 벡터의 머리에 위치하도록 각 벡터를 그려서 그림으로 덧셈을 한다. 합력은 첫 번째 벡터의 꼬리에서 마지막 벡터의 머리까지 가는 벡터 화살표로 그린다.

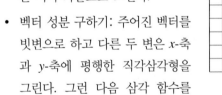

- 벡터 성분 구하기: 주어진 벡터를 빗변으로 하고 다른 두 변은 x-축과 y-축에 평행한 직각삼각형을 그린다. 그런 다음 삼각 함수를 사용해 성분의 크기를 구한다. 각 성분이 올바른 대수 부호를 가지도록 해야 한다. 성분이 알려져 있다면 동일한 삼각형을 사용해 벡터의 크기와 방향을 알 수 있다.

- 벡터를 대수적으로 더하려면 해당 성분을 더해 합 벡터의 성분을 구한다.

  $\vec{A} + \vec{B} = \vec{C}$ 이면, $A_x + B_x = C_x$ 와 $A_y + B_y = C_y$ 이다.

- 힘의 SI 단위는 뉴턴(N)이다. $1.00\ \text{N} = 0.2248\ \text{lb}$.

- 계에 작용한 알짜힘은 그 계에 작용한 모든 힘의 벡터 합이다.

  $$\vec{F}_{\text{net}} = \sum \vec{F} = \vec{F}_1 + \vec{F}_2 + \cdots + \vec{F}_n \qquad (2\text{-}4)$$

- 모든 내력은 상호작용 쌍을 형성하기 때문에, 외부 힘만

더해도 된다.

- 뉴턴의 제1 법칙: 물체에 작용한 알짜힘이 0이면 물체의 속도는 변하지 않는다. 속도는 크기가 운동 방향의 속력인 벡터이다.

- 자물도(자유물체도형, FBD)는 다른 물체가 선택한 물체에 작용하는 모든 힘을 나타내는 벡터 화살표를 포함하지만, 다른 물체에 작용하는 힘은 표시하지 않는다.

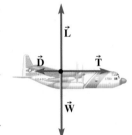

- 뉴턴의 운동 제3 법칙: 두 물체 사이의 상호작용에서 각 물체는 다른 물체에 힘을 가한다. 이 두 힘은 크기가 같고 방향이 반대이다.

  $$\vec{F}(A \text{가 } B \text{에}) = -\vec{F}(B \text{가 } A \text{에}) \qquad (2\text{-}6)$$

- 기본적으로 네 가지 상호작용이 있다. 곧, 중력 상호작용, 강한 상호작용, 약한 상호작용, 전자기 상호작용의 네 가지 상호작용이다. 접촉력은 많은 수의 미세 규모의 전자기 상호작용이 거시적으로 나타난 결과이다.

- 두 물체 사이 중력의 크기는

  $$F = \frac{Gm_1 m_2}{r^2} \qquad (2\text{-}7)$$

이다. 여기에서 r는 두 물체의 중심 사이의 거리이다. 각 물체는 다른 물체의 중심을 향해 당겨진다.

- 물체의 무게는 그것에 작용하는 중력의 크기이다. 물체의 무게는 질량에 비례한다. $W = mg$ [식 (2-10a)]. 여기서 g는 중력장의 세기이다. 지구 표면 근처에서 g의 평균값은 $9.80\ \text{N/kg}$이다.

- 수직항력은 각 물체를 다른 물체로부터 밀어내는 접촉면에 수직으로 작용하는 접촉력이다.

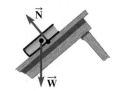

- 마찰력은 접촉면에 평행하게 작용하는 접촉력이다. 단순화한 모형에서 운동마찰력과 최대 정지마찰력은 동일한 접촉면 사이에 작용하는 수직항력에 비례한다.

$$f_s \le \mu_s N \qquad (2\text{-}13)$$

$$f_k = \mu_k N \qquad (2\text{-}14)$$

- 정지마찰력은 표면이 미끄러지는 것을 방해하는 방향으로 작용한다. 운동마찰력의 방향은 미끄러지는 물체를 정지시키려는 방향으로 작용한다.

- 이상적인 줄은 줄의 끝에 달려 있는 물체에 작용하는 힘과 동일한 크기의 힘을 줄의 방향으로 당긴다. 단, 양단 사이 어느 곳에도 줄에 접하는 방향으로 외력이 작용하지 않는 경우에 그러하다. 이상적인 도르래를 통과하는 이상적인 줄의 장력은 도르래 양쪽에서 동일하다.

연습문제

단답형 질문

1[1]. 자동차 좌석 벨트의 필요성을 뉴턴의 제1 법칙으로 설명하여라.

2[3]. 당신이 파도가 치던 바다에 들어갔다나와 해변에 누워 있다. 이제는 당신에게 힘이 가해지지 않는 게 사실인가? 설명하여라.

3[5]. 헐거워진 망치 머리를 고정할 때, 목수는 망치를 수직으로 잡고 들어 올렸다가 나무 손잡이의 하단 끝을 빠르게 내려 2×4판자에 부딪친다. 머리가 손잡이에 어떻게 다시 고정되는지 설명하여라.

4[7]. 두 대의 자동차가 서로 반대 방향으로 좁은 시골길을 따라가고 있다. 자동차가 정면충돌하여 둘 다 후드가 찌그러졌다. 관성의 원리로 차체에서 일어난 일을 기술하여라. 차의 뒷부분이 앞부분과 동시에 멈추었는가?

5[9]. (a) 체중계의 눈금에서 당신의 "무게"를 읽을 때 당신은 어떤 가정을 하는가? 체중계가 실제 말하는 것은 무엇인가? (b) 어떤 상황에서 체중계의 눈금이 당신의 무게와 같지 않은가?

6[11]. (a) 사람의 몸무게는 북극 또는 적도에서 더 무거운가? (b) 사람은 에베레스트 산의 정상 또는 산 바닥에서 더 무거운가?

7[13]. 뉴턴의 제3 법칙이 요구하는 바와 같이, 수레가 정지 상태에서 출발해서 당신이 앞으로 끄는 힘과 동등한 힘으로 뒤로 당긴다면, 수레가 움직이는 것이 어떻게 가능한가? 설명하여라.

8[15]. 무거운 공이 견고한 나무틀에 매어진 끈에 매달려 있다. 두 번째 끈이 납공의 바닥에 있는 고리에 매달려 있다. 당신은 천천히 꾸준하게 더 낮은 끈을 당긴다. 어떤 끈이 먼저 끊어지는가? 설명하여라.

9[17]. 당신이 부두에서 3 m 떨어진 곳으로 표류한 가벼운 나무 뗏목의 한쪽 끝에 서 있다. 뗏목은 길이가 6 m, 너비는 2.5 m이고, 당신은 부두에서 가장 가까운 뗏목 끝에 서 있다. 당신을 당기기 위해 고리 달린 막대를 가지고 서 있는 친구가 있는 부두 쪽으로 뗏목을 나아가게 할 수 있는가? 당신에게는 노가 없다. 당신 자신이 물에 젖지 않

고 할 수 있는 것을 제안하여라.

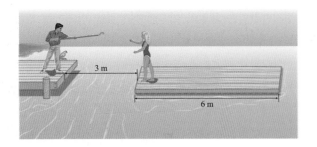

10[19]. 벡터덧셈의 두 가지 방법(그림과 대수)의 장점과 단점을 비교하여라.

11[21]. 경사면을 따라 미끄러지는 나무상자에 대한 문제에서, 경사면에 평행한 *x*-축을 선택할 수 있는가?

12[23]. 접촉력의 개념이 거시적 규모와 원자적 규모 양쪽에 모두 적용되는가? 설명하여라.

선다형 질문

1[1]. 상호작용 상대는
(a) 크기가 같고 방향이 반대이고 같은 물체에 작용한다.
(b) 크기가 같고 방향이 반대이고 다른 물체에 작용한다.
(c) 주어진 물체에 대한 자물도에 나타난다.
(d) 하나의 짝으로서 항상 중력을 포함한다.
(e) 같은 물체에 같은 방향으로 작용한다.

2[3]. 마찰력은
(a) 접촉면과 평행하게 작용하는 접촉력이다.
(b) 접촉면에 수직으로 작용하는 접촉력이다.
(c) 지표면을 따라 어떤 방향으로도 작용할 수 있기 때문에 스칼라양이다
(d) 항상 물체의 무게에 비례한다.
(e) 물체 사이의 수직항력과 항상 같다.

3[5]. 어떤 힘이 "수직항력"이라 불릴 때, 그것은
(a) 계의 배치에 따라 예상되는 일반적인 힘
(b) 주어진 위치에서 지표면에 수직인 힘
(c) 항상 수직인 힘
(d) 두 고체 물체 사이 접촉면에 수직인 접촉력
(e) 계에 작용하는 알짜힘

4[7]. 먼 거리 힘이 아닌 것은?
(a) 빗방울을 땅에 떨어지게 하는 힘
(b) 나침반이 북쪽을 가리키는 힘

(c) 앉아 있는 동안 사람이 의자에 가하는 힘
(d) 달이 지구 주위 궤도에 있게 하는 힘

5[9]. 그림에서 벡터 $\vec{\mathbf{A}}$와 같은 것은?
(a) $\vec{\mathbf{C}} + \vec{\mathbf{D}}$ (b) $\vec{\mathbf{C}} + \vec{\mathbf{D}} + \vec{\mathbf{E}}$ (c) $\vec{\mathbf{C}} + \vec{\mathbf{F}}$
(d) $\vec{\mathbf{B}} + \vec{\mathbf{C}}$ (e) $\vec{\mathbf{B}} + \vec{\mathbf{F}}$

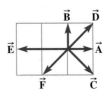

6[11]. 당신은 두 개의 다른 동전을 물리책 표지 위에 놓고, 표지를 천천히 들어 올린다. 정지마찰계수는 같다고 가정하면, 다음 중 맞는 것은?
(a) 더 무거운 동전이 먼저 미끄러지기 시작한다.
(b) 덜 무거운 동전이 먼저 미끄러지기 시작한다.
(c) 두 동전이 동시에 미끄러지기 시작한다.

7[13]. 새 온수기가 들어 있는 나무상자의 무게가 800 N이다. 팀과 친구가 그것을 일정한 속도로 마루 위를 미끄러지도록 600 N의 힘으로 수평으로 민다. 나무상자와 마루 사이의 운동마찰계수에 대해 어떤 결론을 내릴 수 있는가?
(a) $\mu_k = 0.75$
(b) $\mu_k \geq 0.75$
(c) $\mu_k \leq 0.75$
(d) 이들 결론을 내리기에는 충분한 정보가 주어지지 않았다.

질문 8-9. 각 상황에 대해, 수직항력 N의 크기를 물체의 무게 W와 비교하여라.
답변 선택:
(a) W와 같다.
(b) W보다 크다.
(c) W보다 작다.
(d) 주어진 정보가 수직항력의 상대적인 크기를 결정하기에는 충분하지 않다.

8[15]. 어린이(무게 W)가 수평 바닥에 앉아 있다. 어린이에 대한 수직항력은 _____이다.

9[17]. 역도 선수(무게 W)가 400-N 바벨을 머리 위로 들고 있다. 바닥이 역도 선수에 작용하는 수직항력의 크기는 _____이다.

문제

2.1 힘

1[1]. 사람이 체중계 위에 서 있다. 다음 중 저울에 가해지는 힘이 아닌 것은 무엇인가? 바닥에 의한 접촉력, 사람의 발에 의한 접촉력, 사람의 몸무게, 저울의 무게.

2[3]. 다음 목록에서 스칼라가 아닌 것은 어느 것인가? 온도, 시험 점수, 주가, 습도, 속도, 질량.

3[5]. 우주 비행사의 체중은 175파운드이다. 그의 체중은 몇 뉴턴인가?

2.2 그림으로 벡터 덧셈하기

4[7]. 벡터 $\vec{A}$, $\vec{B}$, $\vec{C}$가 그림에 그려져 있다. (a) $\vec{D} = \vec{A} + \vec{B}$와 $\vec{E} = \vec{A} + \vec{C}$인 벡터 $\vec{D}$와 $\vec{E}$를 그려라. (b) 그림으로 $\vec{A} + \vec{B} = \vec{B} + \vec{A}$임을 보여라.

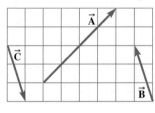

문제 4

5[9]. 그림과 같이, 크기가 각각 4.0 N인 두 벡터가 수평 아래 방향 쪽으로 작은 각 α 만큼 기울어져 있다. $\vec{C} = \vec{A} + \vec{B}$라고 하자. $\vec{C}$의 방향을 스케치하고 크기를 추산하여라. (격자는 변이 1 N이다.)

문제 5

6[10]. 도면에서, 각 격자의 변이 2 N이라고 할 때 힘의 벡터 합 $\vec{D} + \vec{E} + \vec{F}$를 구하여라.

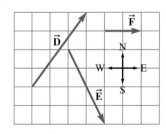

문제 6, 7, 9

7[11]. 크기가 증가하는 순서로 벡터 $\vec{D}$, $\vec{E}$, $\vec{F}$를 정렬하여

라. 그 이유를 설명하여라.

8[13]. 후안은 어머니가 거실 가구를 재배치하는 것을 돕고 있다. 후안은 안락의자를 수평선 위 15°의 방향으로 30 N의 힘으로 미는 반면, 어머니는 수평선 아래 20°의 방향으로 40 N의 힘으로 민다. 두 힘의 벡터 합을 구하여라. 모눈종이, 눈금자 및 각도기를 사용해 그림을 이용한 풀이를 하여라.

2.3 성분을 사용한 벡터덧셈

9[15]. 문제 6에서 y-축이 북쪽을 향한다면 y-성분이 증가하는 순서로 벡터 $\vec{D}$, $\vec{E}$, $\vec{F}$를 정렬하여라. 그 이유를 설명하여라.

10[17]. 20 N의 힘이 x-축의 위쪽으로 60°를 향한다. 20 N의 두 번째 힘이 x-축 아래쪽으로 60°를 향한다. 이 두 힘들의 벡터 합은 얼마인가? 모눈종이를 사용해 답을 구하여라.

11[19]. 그림에서 벡터 합 $\vec{A} + \vec{B} + \vec{C}$를 구하는 데 성분법을 사용하여라. 각 격자의 변은 2 N이다.

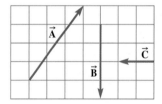

12[21]. 단거리를 역주하는 치타의 속도 벡터는 $v_x = +16.4$ m/s 와 $v_y = -26.3$ m/s 의 x-, y-성분을 갖는다.
(a) 속도 벡터의 크기는 얼마인가?
(b) 속도 벡터가 $+x$-와 $-y$-축과 이루는 각도는 얼마인가?

13[23]. $\vec{A}$는 크기가 4.0단위이고, 벡터 $\vec{B}$는 크기가 6.0단위이다. $\vec{A}$와 $\vec{B}$사이의 각은 60.0°이다. $\vec{A} + \vec{B}$의 크기는 얼마인가?

14[25]. 벡터 $\vec{a}$는 성분 $a_x = -3.0$ m/s² 와 $a_y = +4.0$ m/s를 갖는다. (a) $\vec{a}$의 크기는 얼마인가? (b) $\vec{a}$의 방향은 어디인가? 좌표축 중 어느 하나에 대한 각을 구하여라.

15[27]. 벡터 $\vec{B}$를 방향은 변하지 않고 크기를 두 배로 한다고 가정하자. x-, y-성분은 어떻게 되는가? 그 이유를 설명하여라.

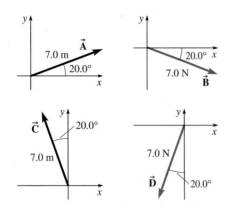

16[29]. 각각의 경우, 벡터의 x-, y-성분이 주어졌다. 벡터의 크기와 방향을 구하여라. (a) $x = -5.0$ cm, $y = +8.0$ cm. (b) $F_x = +120$ N, $F_y = -60.0$N. (c) $v_x = -13.7$ m/s, $v_y = -8.8$ m/s. (d) $a_x = 2.3$ m/s², $a_y = 6.5$ cm/s².

2.4 관성과 평형: 뉴턴의 제1 법칙

17[31]. 힘의 크기가 2000 N과 3000 N의 힘들이 다섯 물체에 작용한다. 힘의 방향이 그려져 있다. 알짜힘의 크기가 가장 작은 것에서부터 가장 큰 순서로 물체를 정렬하여라. 그 이유를 설명하여라.

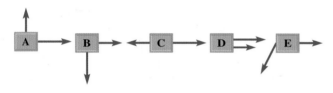

18[33]. 한 남자가 수영장에서 공기 매트리스 위에 한가하게 떠 있다. 남자와 공기 매트리스의 무게 모두가 806 N이라면 매트리스에 위쪽으로 작용하는 물의 힘은 얼마인가?

19[35]. 줄로 계류장에 묶인 범선은 무게가 820 N이다. 계류장 줄은 범선을 서쪽을 향해 수평으로 110 N의 힘으로 당긴다. 범선은 안전한 곳에 놓여 있고 바람이 서쪽에서 분다. 보트는 여전히 호수에 정박해 있다. 물결은 배를 밀지 않는다. 범선에 대한 자물 도를 그리고 각 힘의 크기를 나타내어라.

20[37]. 두 물체 A와 B가 자물도에 보이는 힘을 받고 있다. 물체 B에 작용하는 알짜힘의 크기가 물체 A에 작용하는 알짜힘의 크기보다 큰가, 작은가, 아니면 같은가? 설명하여라.

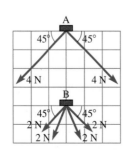

21[39]. 평탄한 고속도로에서 주행하는 트럭이 다음 힘들을 받고 있다. 52 kN(킬로뉴턴)의 아래로 향하는 중력, 52 kN의 도로에 의한 위 방향 접촉력, 동쪽으로 향하는 7 kN의 도로에 의한 다른 접촉력, 서쪽으로 향하는 5 kN의 공기 저항에 의한 항력. 트럭에 작용하는 알짜힘은 얼마인가?

22[41]. 바지선이 운하의 직선 부분을 따라, 운하 양쪽 견인 도로를 따라 줄을 끌고 가는 두 마리의 말에 의해 이동하고 있다. 각 말은 운하의 중앙선과 15°의 각도에서 560 N의 힘으로 끈다. 바지선에 작용하는 두 힘의 합력을 구하여라. 이 힘이 바지선에 작용하는 알짜힘인가? 설명하여라.

2.5 상호작용 쌍: 뉴턴의 운동 제3 법칙

23[43]. 견인선이 자동차와 글라이더 사이에 부착되어 있다. 자동차가 활주로를 따라 정동 쪽으로 속력을 냄에 따라, 견인선이 글라이더에 850 N의 수평력을 가한다. 글라이더가 견인선에 가하는 힘의 크기와 방향은 얼마인가?

24[45]. 물고기가 낚싯대에 걸려 있는 낚싯줄에 매달려 있다. 물고기에 작용하는 힘을 확인하고 상호작용 짝을 기술하여라.

25[47]. 체중이 543 N인 마기는, 무게가 45 N인 체중계 위에 서 있다. (a) 체중계가 어떤 힘으로 마기를 위로 밀어 올리는가? (b) 그 힘의 상호작용 짝은 무엇인가? (c) 마루가 어떤 힘으로 저울을 위로 밀어 올리는가? (d) 그 힘의 상호작용 짝을 찾아내어라.

문제 26-27. 체중이 650 N인 스카이다이버가 낙하산을 펴고 일정한 속력으로 낙하하고 있다. 낙하산과 스카이다이버를 연결하는 장비를 낙하산의 일부로 보자. 낙하산은 620 N의 힘으로 스카이다이버를 위로 끈다.

26[49]. (a) 스카이다이버에게 작용하는 힘을 찾아라. 각 힘을 (물체 2)가 (물체 1)에 작용하는 (힘의 유형)과 같이 기

술하여라. (b) 스카이다이버에 대한 자물도를 그려라. (c) 공기가 스카이다이버에게 작용하는 힘의 크기를 구하여라. (d) 스카이다이버에게 작용하는 각 힘에 대한 상호작용 짝을 찾아라. 각 상호작용 짝에 대해, (물체 2)가 (물체 1)에 작용하는 (힘의 유형)으로 기술하고 크기와 방향을 결정하여라.

27[51]. 문제 26를 참고하여라. 스카이다이버와 낙하산이 하나의 계라고 생각하여라. 이 계에 작용하는 외력을 확인하고 자물도를 그려라.

28[53]. 체중이 600 N인 여인이 마루에 발을 놓고 팔은 의자의 팔걸이에 걸쳐놓고 의자에 앉아 있다. 의자의 무게는 100 N이다. 각 팔걸이는 그녀의 팔에 25 N의 위 방향 힘을 작용한다. 의자의 좌석은 위로 500 N을 작용한다. (a) 마루가 그녀의 발에 작용하는 힘은 얼마인가? (b) 마루가 의자에 작용하는 힘은 얼마인가? (c) 여자와 의자를 하나의 계라고 생각하여라. 이 계에 작용하는 외력만을 포함하는, 계에 대한 자물도를 그려라.

2.6 중력

29[55]. 어떤 남아프리카 소녀의 질량이 40.0 kg이다. (a) 그녀의 체중은 몇 뉴턴인가? (b) 그녀가 미국에 왔을 때, 미국 체중계에서 측정한 그녀의 체중은 몇 파운드인가? 두 지역에서 $g = 9.80$ N/kg 으로 가정하여라.

30[57]. 이 장의 여는 글의 정보를 이용하면, 지구와 보이저 1호 사이의 중력의 대략적인 크기는 얼마인가? 가스를 분사하는 타이탄 켄타우르 로켓 때문에 우주선의 발사 당시 질량은 2100 kg일지라도, 탐사 중 질량은 대략 825 kg이다.

31[59]. 지구상에 있는 65 kg의 사람의 무게와, (a) $g = 3.7$ N/kg 인 화성, (b) $g = 8.9$ N/kg 인 금성, (c) $g = 1.6$ N/kg 인 달에서 같은 사람의 무게를 구해서 비교하여라.

32[61]. 산소마스크를 착용하고, 상승 중인 기구에서 보정된 5.00 kg 질량의 무게를 측정하면 당신이 있는 곳에서 중력장의 크기 9.792 N/kg 를 구하게 된다. 중력장의 크기가 9.803 N/kg 로 측정되는 해발 고도는 얼마인가?

33[63]. 지구가 바로 머리 위에 있는 달 표면의 한 점에 우주 비행사가 서서, 손에 있던 달 암석을 놓는다. (a) 어떤 경로로 떨어지는가? (b) 달 표면에 정지해 있는 1.0 kg의 암석에 달이 작용하는 중력은 얼마인가? (c) 달 표면에 정지해 있는 같은 1.0 kg의 암석에 지구가 작용하는 중력은 얼마인가? (d) 암석의 알짜 중력은 얼마인가?

34[65]. 우주 왕복선이 화물칸에 위성을 실어다 지구 주위 궤도에 놓는다. 위성이 발사대 위 궤도 6.00×10^3 km 에서 돌고 있을 때의 중력에 대한, 위성이 케네디 우주센터 발사대에 있을 때 위성에 작용하는 지구 중력의 비를 구하여라.

2.7 접촉력

35[67]. 책이 탁자 위에 정지해 있다. 이 상황에서 발생하는 다음 네 가지 힘을 고려하여라. (a) 책을 당기는 지구의 힘, (b) 책을 미는 탁자의 힘, (c) 탁자를 미는 책의 힘, (d) 지구를 끌어당기는 책의 힘. 책은 움직이지 않는다. 비록 상호작용 쌍이 아닐지라도 크기가 같고 방향이 반대가 되어야 하는 한 쌍의 힘은 어느 것인가? 설명하여라.

36[69]. 책을 집어 들고 수평한 테이블 위에서 빠르게 민다. 잠시 민 후, 책은 테이블 위를 미끄러지다가 마찰력 때문에 멈춘다. (a) 밀고 있는 동안 책의 자물도를 그려라. (b) 책을 미는 것을 멈춘 후 책이 미끄러지는 중에 책의 자물도를 그려라. (c) 미끄러지는 것을 멈춘 후에 책의 자물도를 그려라. (d) 앞의 경우에서 책에 작용하는 알짜힘이 0이 아닌 것은 어느 것인가? (e) 책의 질량이 0.50 kg이고 책과 테이블 사이의 마찰계수가 0.40이라면 (b)에서 책에 작용하는 알짜힘은 얼마인가? (f) 책과 테이블 사이에 마찰이 없다면 (b)에 대한 자물도는 어떻게 되는가? 이 경우에 책이 느려지는가? 왜 그런가 또는 그렇지 않은가?

37[71]. 정지 상태에서 무게가 10 N인 책이 6개의 다른 상황에서 정지해 있다. 테이블이 책에 작용하는 수직항력의 크기를, 작은 것에서부터 큰 상황으로 순위를 매겨라. 그 이유를 설명하여라.

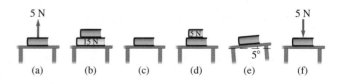

문제 38-39. 질량 18.0 kg의 감자 상자가 수평선에 대한 경사각이 30°인 경사로에 있다. 마찰계수는 $\mu_s = 0.75$과 $\mu_k = 0.40$이다. 다음의 각 경우, 나무 상자에 작용하는 수직항력(크기)과 마찰력(크기와 방향)을 구하여라.

38[73]. 나무 상자가 경사로 아래로 미끄러지고 있다.

39[75]. 나무 상자가 경사로 위쪽으로 컨베이어 벨트에 의해 일정한 속도로 옮겨지고 있다(미끄럼 없이).

40[77]. 3.0 kg 블록이 수평 바닥에 놓여 있다. 만약 12.0 N의 힘으로 3.0 kg의 블록을 수평으로 밀면, 블록은 움직이기 시작할 것이다. (a) 정지마찰계수는 얼마인가? (b) 7.0 kg의 블록이 3.0 kg의 블록 상단에 쌓인다. 두 블록을 움직이는 데 필요한 힘 F 의 크기는 얼마인가? 이전과 같이 힘은 3.0 kg의 블록에 수평으로 작용한다.

41[79]. 브렌다는 새 윌리엄 모리스 침실에 벽지를 바르기 전에 표면을 부드럽게 하려고 블록으로 벽을 가볍게 연마했다. 연마 블록의 무게는 2.0 N이고 수직에 대해 30.0°의 각도로, 3.0 N의 힘으로 벽을 향해 민다. 연마 블록이 일정한 속도로 똑바로 벽 위를 움직일 때 연마 블록의 자물도를 그려라. 벽과 블록 사이의 운동마찰계수는 얼마인가?

42[81]. 컨베이어 벨트가 사과를 착즙기 쪽 경사로 위쪽으로 운반한다. 사과는 경사로 위로 올라갈 때 미끄러지거나 구르지 않는다. (a) 벨트가 사과에 작용하는 것은 정지마찰력인가 운동마찰력인가? 설명하여라. (b) 만일 사과에 작용하는 수직항력과 마찰력의 크기가 각각 1.0 N, 0.40 N이라면, 정지 및 운동 마찰계수에 대해 무슨(있다면) 결론을 내릴 수 있는가?

43[83]. 기계적 이점은 간단한 기계를 사용할 때 필요한 힘에 대해 간단한 기계를 사용하지 않을 때 필요한 힘의 비이다. 물체를 바로 들어 올리는 힘과 같은 물체를 마찰이 없는 경사면을 밀어 올리는 데 필요한 힘과 비교하고, 경사면의 기계적 이점은 경사면의 길이를 경사의 높이로 나눈 것임을 보여라(그림 2.25에서 d/h).

44[85]. 스키를 타는 85 kg의 사람이 스키를 타고 일정한 속도로 스키 슬로프를 미끄러져 내려가고 있다. 슬로프는 수평 방향에 대해 위로 11°의 각도를 이룬다. (a) 공기 저항을 무시하고, 스키를 타는 사람에게 작용하는 운동마찰력은 얼마인가? (b) 스키와 눈 사이의 운동마찰계수는 얼마인가?

2.8 장력

45[87]. 용수철저울 A의 한쪽이 바닥에 연결되어 있고, 다른 위쪽에 연결된 줄은 도르래를 지나 반대쪽에서 무게 120 N의 추를 달고 있다. 저울 B는 한쪽이 천장에 부착되어 있고 다른 아래쪽에 도르래가 매달려 있다. 두 저울 A와 B의 눈금은 얼마인가? 도르래와 저울의 무게는 무시하여라.

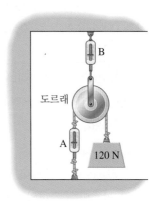

46[89]. 힘을 측정하는 용수철저울이 줄의 중간에 붙어 있고, 그 줄의 한끝이 천장에 붙어 있는 고리에 매달려 있다. 10 kg의 질량이 줄의 하단에 매달려 있다. 용수철저울은 98 N의 힘의 수치를 나타낸다. 그 상태에서, 두 사람이 동일한 줄의 반대쪽 끝을 잡고 수평으로 당겨 중간에 있는 저울이 98 N을 가리킨다. 이 결과를 얻기 위해 각자가 당기는 힘은 얼마여야 하는가?

47[91]. 질량이 다른 두 상자가 마찰이 없는 경사로에 같이 묶여 있다. 끈의 장력은 각각 얼마인가?

48[93]. 그림은 뒤쪽 치아 두 개에 붙어 있는 탄성 코드가 앞니까지 연장되어 있는 것을 보여준다. 이런 배치의 목적은 힘 $\vec{F}$를 앞니에 적용하는 것이다. (그림에서는 코드가 마치 앞니에서 뒤쪽 치아로 직선으로 이어진 것처럼 단순화되어 있다.) 코드의 장력이 12 N이라면, 힘 $\vec{F}$의 크기와 방향은 어떠한가?

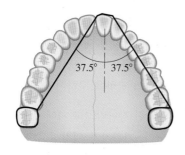

49[95]. 천장에 고정된 줄에 묶인 2.0 kg의 공이 힘 $\vec{F}$에 의해 한쪽으로 당겨졌다. 공을 놓아 앞뒤로 흔들리게 하기 직전에 (a) 공을 제자리에 잡고 있는 힘 $\vec{F}$는 얼마나 큰가? (b) 줄의 장력은 얼마인가?

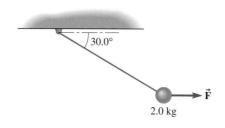

50[97]. 도르래가 줄로 천장에 매달려 있다. 질량 M인 블록이, 도르래를 지나 벽에 붙어 있는 다른 줄에 매달려 있다. 줄은 벽에 묶여 있고 벽과 직각을 이룬다. 줄과 도르래의 질량을 무시하여라. (a) 도르래가 당기는 줄의 장력과 (b) 그 줄이 천장과 이루는 각 θ를 구하여라.

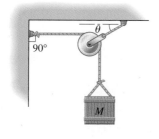

2.9 기본적인 힘

51[99]. 다음의 힘 중 어떤 것이 무한 범위를 가지는가? 강력, 접촉력, 전자기력, 중력.

52[101]. 기본적인 힘 중 어떤 것이 가장 짧은 범위를 가지고 있으며, 아직도 지구에 도달하는 햇빛을 발생하게 하는가?

협동문제

53[103]. 새 TV가 들어 있는 상자의 무게가 350 N이다. 피니어스가 150 N의 힘으로 수평으로 밀었지만 상자는 움직이지 않는다. (a) 나무 상자에 작용하는 모든 힘을 찾아내어라. 각각을 다음과 같이 기술하여라. (물체)가 나무 상자에 작용하는 (힘의 유형). (b) 상자에 작용하는 각 힘의 상호작용 짝을 찾아서 다음과 같이 기술하여라. (물체)가 (물체)에 작용하는 (힘의 유형). (c) 상자에 대한 자물도를 그려라. (b)에서 확인한 어느 상호작용 짝이 자물도에서 보이는가? (d) 상자에 작용하는 알짜힘은 얼마인가? 상자에 작용하는 모든 힘의 크기를 결정하는 데 당신의 대답을 이용하여라. (e) 자물도에서 크기가 같고 반대방향인 힘의 쌍이 있다면, 상호작용 쌍인가? 설명하여라.

54[105]. 블록 A와 수평 바닥 사이의 정지마찰계수는 0.45이고, 블록 B와 바닥 사이의 정지마찰계수는 0.30이다. 각 블록의 질량은 2.0 kg이며, 줄로 함께 연결되어 있다. (a) 연결하는 줄에 나란한 방향으로, 블록 B에 수평 방향으로 끄는 힘 $\vec{F}$를 서서히 증가시켜 두 블록이 간신히 움직이기 시작할 때 $\vec{F}$의 크기는 얼마인가? (b) 같은 순간에 블록 A와 B를 연결하는 줄의 장력은 얼마인가?

55[107]. 트럭이 일정한 속도로 1250 kg의 자동차를, 수평선과 $\alpha = 10.0$의 각도를 이루는 언덕 위로 견인하고 있다. 줄은 수평선에 대해 $\beta = 15.0$의 각도로 트럭과 자동차를 묶고 있다. 이 문제에서 자동차의 마찰을 무시하여라.

(a) 자동차에 작용하는 모든 힘을 보여주는 자물도를 그려라.

(b) 줄의 장력을 구하는 데 가장 편리한 x-축과 y-축은 어떻게 정하는가? 설명하여라.

(c) 장력을 구하여라.

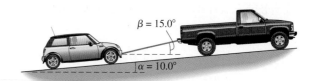

56[109]. 타마르는 죽은 포플러 나무를 체인 톱으로 자르고 싶어 한다. 그렇지만 가까운 정자로 쓰러질까 봐 걱정이다. 물리학자인 유진은 포플러 나무에서 떡갈나무를 줄로 팽팽하게 묶은 다음, 그림과 같이 옆으로 잡아당기자고 제안했다. 만약 줄의 길이가 40.0 m이고 유진은 360.0 N의 힘으로 줄의 중간 지점에서 옆으로 잡아당겨서 줄이 2.00 m의 측면 변위가 일어나도록 한다면, 줄이 포플러 나무에 작용하는 힘은 얼마여야 하는가? 이것을 360.0 N의 힘으로 포플러 나무를 똑바로 잡아당기는 것과 비교

하고 값이 어떻게 다른지 설명하여라. (힌트: 포플러 나무가 쓰러지기 충분할 정도로 잘려질 때까지, 줄은 평형 상태에 있다.)

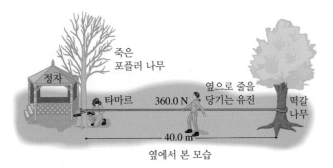

옆에서 본 모습

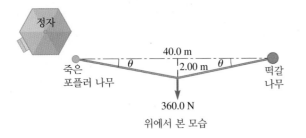

위에서 본 모습

연구문제

57[111]. 65 kg 상자를 25° 경사로 위로 밀려고 한다. 경사로와 상자 사이의 운동마찰계수는 0.30이다. 경사로와 평행하게 얼마의 힘으로 밀어야 상자가 일정한 속력으로 경사로를 올라가는가?

58[113]. 비행기가 서쪽으로 일정한 속도로 수평 비행 중이다. (a) 만약 비행기의 무게가 2.6×10^4 N이라면, 비행기에 작용하는 알짜힘은 얼마인가? (b) 공기가 비행기를 위로 미는 힘은 얼마인가?

59[115]. 어떤 사람이 3.00 kg의 모래주머니를 발목에 달고 다리 들어올리기를 하고 있다. 종아리 자체의 질량은 5.00

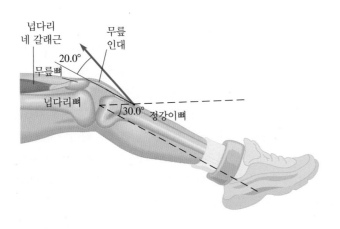

kg이다. 다리가 수평에 대해 30.0°의 각도로 정지해 있을 때, 무릎 인대가 종아리에 대해 20.0°의 각도에서 337 N의 힘으로 정강이뼈를 당긴다. 넙다리뼈가 정강이뼈에 작용하는 힘의 크기와 방향을 구하여라.

60[117]. 엔진이 달린 장난감 기관차에 세 개의 동일한 차량이 연결되어 있다. 기관차가 일직선 수평 트랙을 따라 오른쪽으로 일정한 속도로 이동 중이다. 세 용수철저울을 사용해 다음과 같이 차량을 연결한다. 용수철저울 A는 기관차와 첫 번째 차량 사이, 저울 B는 첫 번째와 두 번째 차량 사이, 저울 C는 두 번째와 세 번째 차량 사이. (a) 공기 저항과 마찰을 무시할 수 있을 때, 세 개의 용수철저울 A, B, C의 상대적 눈금을 구하여라. (b) 이번에는 공기 저항과 마찰을 고려해 부분 문제 (a)를 반복하여라. [힌트: 중간에 있는 차량에 대한 자물도를 그려라.] (c) 공기 저항과 마찰이 결합해 각 차에 서쪽으로 향하는, 5.5 N 크기의 힘을 생기게 할 때 저울 A, B, C의 눈금을 구하여라.

61[119]. 책이 가득한 상자가 나무 바닥에 정지해 있다. 바닥이 상자에 작용하는 수직항력은 250 N이다. (a) 120 N의 힘으로 상자를 수평으로 밀었으나 움직이지 않았다. 상자와 바닥 사이의 정지마찰계수에 대해 무엇이라 말할 수 있는가? (b) 만일 상자를 미끄러지기 시작하도록 하기 위해서 적어도 150 N의 힘으로 수평으로 밀어야 한다면, 정지마찰계수는 얼마인가? (c) 상자가 미끄러지기 시작한다면, 그것을 계속 미끄러지게 하기 위해서는 120 N의 힘으로 밀기만 하면 된다. 운동마찰계수는 얼마인가?

62[121]. 컬링 경기에서 선수는 20.0 kg의 화강암을 38 m 길이의 긴 실내 아이스 링크에서 미끄러뜨린다. 다음 경우에 돌에 대한 자물도를 그려라. (a) 얼음 위에 정지해 있는 동안, (b) 링크를 미끄러지는 동안, (c) 정지해 있는 상대 선수의 돌과 정면충돌하는 동안.

63[123]. 무게가 87 N인 컴퓨터가 수평인 책상 위에 정지해 있다. 컴퓨터와 책상 사이의 마찰계수는 0.60이다. (a) 컴

퓨터에 대한 자물도를 그려라. (b) 컴퓨터에 작용하는 마찰력의 크기는 얼마인가? (c) 컴퓨터가 책상 위를 미끄러지기 시작하게 하려면 얼마나 세게 밀어야 하는가?

64[125]. 용수철저울 A가 천장에 부착되어 있다. 10.0 kg의 질량이 저울에 매달려 있다. 두 번째 용수철저울 B는 질량 10.0 kg인 물체의 밑에 붙은 고리에 매달려 있고, 이 저울에 질량 4.0 kg인 물체가 달려 있다. (a) 저울의 질량을 무시할 수 있다면 두 저울의 눈금은 얼마를 가리키겠는가? (b) 각 저울의 질량이 1.0 kg이라면 눈금은 얼마인가?

65[127]. 물체가 g 의 유효값이 9.784 N/kg인 적도 해수면에서, $g = 9.832$ N/kg인 북극으로 이동했을 때 무게가 몇 퍼센트 변하는가?

66[129]. 질량 m의 큰 파괴용 공이 벽에 닿아 정지해 있다. 벽에 닿아 있는 공이 크레인의 상단에 연결된 케이블 끝에 매달려 있다. 케이블은 벽과 각 θ를 이룬다. 벽과 공 사이의 마찰을 무시하고, 케이블의 장력을 구하여라.

67[131]. 달의 질량은 지구 질량의 0.0123배이다. 우주선이 지구와 달의 중심을 연결하는 선을 따라 여행 중이다. 우주선과 지구 사이의 만유인력이 우주선과 달 사이의 만유인력과 같게 되는 지점은 지구에서 얼마나 떨어진 곳인가? 두 물체 사이의 거리의 퍼센트로 답하여라.

68[133]. (a) 우주선이 지구와 태양 사이의 일직선상을 운동한다면, 어느 점에서 태양에 의한 우주선의 중력이 지구에 의한 것만큼 커지는가? (b) 우주선이 이 평형 점에 있지는 않고 가까이 있다면, 우주선에 작용하는 알짜힘이 평형 점을 향하는가 아니면 멀어지려 하는가? [힌트: 지구에 작은 거리 d만큼 더 가까운 우주선을 상상하고 어느 중력이 더 강한지 찾아라.]

가속도와 뉴턴의 운동 제2 법칙

- 위치(기호 $\vec{\mathbf{r}}$)는 원점으로부터 물체의 위치까지의 벡터이다. 그 크기는 원점에서부터의 거리이고 방향은 원점에서부터 물체로 향한다.

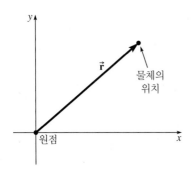

- 변위는 위치의 변화이다. 곧, $\Delta\vec{\mathbf{r}} = \vec{\mathbf{r}}_f - \vec{\mathbf{r}}_i$. 변위는 출발 위치와 끝나는 위치에 따라 변하지만 택한 경로에 따라서는 변하지 않는다. 변위벡터의 크기가 반드시 이동 거리와 같지는 않다. 변위벡터의 크기는 시작점에서 끝 점까지의 직선 거리이다.

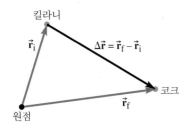

- 평균 속도는 같은 시간에 같은 변위를 일으킬 수 있는 등속도이다.

$$\vec{\mathbf{v}}_{av} = \frac{\Delta\vec{\mathbf{r}}}{\Delta t} \text{ (임의 시간 간격 } \Delta t\text{에 대해)} \qquad (3\text{-}2)$$

- 속도는 물체가 어떤 방향으로 얼마나 빨리 운동하는지를 설명해주는 벡터이다. 속도의 방향은 물체가 운동하는 방향이며 크기는 속력이다. 속도는 위치벡터의 순간 변화율이다.

$$\vec{\mathbf{v}} = \lim_{\Delta t \to 0} \frac{\Delta\vec{\mathbf{r}}}{\Delta t} \text{ (매우 작은 시간 간격 } \Delta t\text{에 대해)} \qquad (3\text{-}4)$$

순간 속도벡터는 운동 경로의 접선이다.

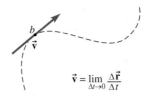

$$\vec{\mathbf{v}} = \lim_{\Delta t \to 0} \frac{\Delta\vec{\mathbf{r}}}{\Delta t}$$

- 평균 가속도는 같은 시간에 같은 변위를 일으킬 수 있는 등가속도이다.

$$\vec{\mathbf{a}}_{av} = \frac{\Delta\vec{\mathbf{v}}}{\Delta t} \text{ (임의 시간 간격 } \Delta t\text{에 대해)} \qquad (3\text{-}13)$$

- 가속도는 속도벡터의 순간 변화율이다.

$$\vec{\mathbf{a}} = \lim_{\Delta t \to 0} \frac{\Delta\vec{\mathbf{v}}}{\Delta t} \text{ (매우 작은 시간 간격 } \Delta t\text{에 대해)} \qquad (3\text{-}15)$$

- 가속도는 속력이 증가하는 것만을 의미하지 않는다. 속도는 속력의 감소나 방향의 변화에 의해서도 변할 수 있다. 속도는 방향과 크기가 변할 수 있으므로 순간 가속도벡터는 운동 경로의 접선이 되어야 하는 것은 아니다.

- 그래프의 해석: $x(t)$의 그래프에서, 임의 점에서의 기울기는 v_x이다. $v_x(t)$ 그래프에서 임의 점의 기울기는 a_x이고, 임의 시간 동안의 그래프 아래의 넓이는 그 시간 동안 운동한 거

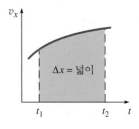

리이다. 만일 v_x가 음수이면 변위도 음(−)이다. 따라서 그래프가 시간 축 아래에 있을 때는 넓이를 음(−)으로 계산해야 한다. $a_x(t)$의 그래프에서 곡선 아래의 넓이는 Δv_x, 곧 그 시간 동안 v_x의 변화이다.

- 뉴턴의 제2 법칙은 물체에 작용하는 알짜힘에 물체의 질량과 가속도를 관련지운다.

$$\vec{a} = \frac{\sum \vec{F}}{m} \quad \text{또는} \quad \sum \vec{F} = m\vec{a} \qquad (3\text{-}9)$$

- 가속도는 항상 알짜힘과 같은 방향이다. 평형 상태이든 아니든 뉴턴의 제2 법칙과 연관된 문제는 힘과 가속도를 x-성분과 y-성분으로 나누어서 풀이할 수 있다.

$$\sum F_x = ma_x \text{ 이고} \quad \sum F_y = ma_y \qquad (3\text{-}10)$$

- 힘의 SI 단위는 뉴턴, $1 \text{ N} = 1 \text{ kg} \cdot \text{m/s}^2$이다. 1 N은 1 kg의 물체에 1 m/s^2의 가속도가 생기게 하는 알짜힘의 크기이다.

- 서로 다른 여러 기준틀에서 측정한 물체의 속도 사이의 관계는 다음 방정식과 같다.

$$\vec{v}_{AC} = \vec{v}_{AB} + \vec{v}_{BC} \qquad (3\text{-}17)$$

- 여기서 $\vec{v}_{AC}$는 C에 대한 A의 속도를 표시하며 $\vec{v}_{AB}$ 등 다른 것도 마찬가지이다.

연습문제

단답형 질문

1[1]. 이동 거리와 변위, 변위 크기의 차이를 설명하여라.

2[3]. $v_x(t)$ 그래프에서, 그래프 아래 넓이는 무슨 양을 나타내는가?

3[5]. $a_x(t)$ 그래프에서, 그래프 아래 넓이는 무슨 양을 나타내는가?

4[7]. 평균 속도와 순간 속도 사이에는 어떤 관계가 있는가? 물체는 다른 시간에 다른 순간 속도를 가질 수 있다. 같은 물체가 다른 평균 속도를 가질 수 있는가? 설명하여라.

5[9]. 평균 속력과 평균 속도의 크기가 언제나 같은가? 그렇다면 어떤 상황에서 그러한가?

6[11]. 물체의 속력은 일정하지만 속도는 그렇지 않은 상황을 말해보아라.

7[13]. 뉴턴의 법칙을 이용해, 줄의 양쪽 끝에 매달린 물체에 왜 같은 크기의 힘이 작용해야 하는지 설명하여라. 줄의 질량은 무시할 정도로 작다고 가정하여라.

8[15]. 물체에 일정한 힘 2개가 작용한다면 물체가 등속도로 움직이는 게 가능한가? 만약 그렇다면 두 힘에 대해 옳은 설명은 무엇인가? 예를 들어보아라.

9[17]. 당신이 남북 직선도로를 따라 똑바로 자전거를 타고 있다고 하자. x-축은 북쪽을 가리킨다. 다음 경우의 각의 운동을 설명하여라. 예: $a_x > 0$이고 $v_x > 0$는 당신이 북쪽으로 이동하며 가속하는 중이다. (a) $a_x > 0$이고 $v_x < 0$. (b) $a_x = 0$이고 $v_x < 0$. (c) $a_x < 0$이고 $v_x = 0$. (d) $a_x < 0$이고 $v_x < 0$. (e) 당신의 답을 바탕으로, 감속을 의미하기 위해 "음(−)의 가속도"라는 표현을 사용하는 것이 좋지 않은 이유를 설명하여라.

10[19]. 사고가 났을 때 자동차 안전벨트의 스위치가 조여지도록 작동하는 기계를 설계하는 임무를 당신이 맡았다고 하자. 당신은 자동차의 속도가 빠르고 일정하다면 승객은 위험하지 않고 가속도가 클 때만 위험하다고 판단했다. 설명하여라.

11[21]. 다음과 같이 운동하는 물체의 실제 예를 들어라. (a) 속도와 알짜힘이 같은 방향이다. (b) 속도와 알짜힘이 반대 방향이다. (c) 속도가 0이 아니고 알짜힘이 영이다. (d) 속도와 알짜힘이 같은 선상에 있지 않다(같은 방향도 아니고 반대 방향도 아니다).

선다형 질문

1[1]. 힘을 가장 정확히 기술한 것은?
(a) 물체의 질량이다.
(b) 물체의 관성이다.
(c) 변위를 일으키는 양이다.
(d) 물체를 계속 운동하게 하는 양이다.
(e) 물체의 속도를 변화시키는 양이다.

2[3]. 장난감 로켓을 지상에서 똑바로 위로 쏘아 올려 높이 H에 도달했다. 로켓이 처음 발사된 순간부터 측정하여 시간이 Δt만큼 경과한 후에 발사한 지점과 같은 지점에 떨어졌다. 이 시간 동안 로켓의 평균 속력은?

(a) 0   (b) $2\frac{H}{\Delta t}$ (c) $\frac{H}{\Delta t}$ (d) $\frac{1}{2}\frac{H}{\Delta t}$

3[5]. 질량이 같지 않은 두 블록이 이상적인 도르래 위로 지나가는 이상적인 줄로 연결되어 있다. 블록의 가속도와 블록에 작용하는 알짜힘에 관해서 맞게 설명한 것은?

(a) 가속도는 크기가 같고, 알짜힘은 크기가 같지 않다.

(b) 가속도는 크기가 같지 않고, 알짜힘은 크기가 같다.

(c) 가속도는 크기가 같고, 알짜힘도 크기가 같다.

(d) 가속도는 크기가 같지 않고, 알짜힘도 크기가 같지 않다.

선다형 질문 4-8. 조깅하는 사람이, 남북으로 이어지는 긴 직선도로를 따라 운동 중이다. 그녀는 북쪽을 향해 출발했다. 그녀의 $v_x(t)$ 그래프가 아래에 있다.

4[7]. 이 사람이 처음 10.0분 동안 이동한 거리($t=0$에서 10.0분까지 이동한 거리)는?

(a) 8.5 m   (b) 510 m   (c) 900 m   (d) 1020 m

5[9]. 총 30.0분 동안 조깅한 이 사람의 변위는?

(a) 3120 m, 남쪽   (b) 2400 m, 북쪽

(c) 2400 m, 남쪽   (d) 3840 m, 북쪽

6[11]. 30.0분 동안 조깅한 이 사람의 평균 속도는?

(a) 1.3 m/s, 북쪽   (b) 1.7 m/s, 북쪽

(c) 2.1 m/s, 북쪽   (d) 2.9 m/s, 북쪽

7[13]. $t=20$분일 때 이 사람이 달리고 있는 방향은?

(a) 남쪽   (b) 북쪽   (c) 정보가 충분하지 않음.

8[15]. 그래프의 어느 영역에서 a_x가 음수인가?

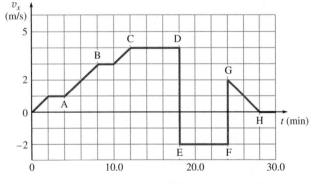

선다형 질문 4–8

(a) A~B   (b) C~D   (c) E~F   (d) G~H

9[17]. 다음의 네 그래프는 $x(t)$ 그래프이다. 어느 것이 0이 아닌 양(+)의 등속도를 나타내는가?

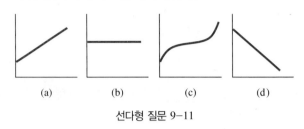

선다형 질문 9–11

10[19]. 네 그래프가 $v_x(t)$ 그래프라고 할 때 a_x가 일정하고 양수인 것은?

11[21]. 네 그래프가 $v_x(t)$ 그래프라고 할 때 a_x가 항상 양수이고 변하는 것을 나타내는 그래프는?

12[23]. 한 소년이 고무 뗏목으로 강을 건너려고 한다. 강물이 북쪽에서 남쪽으로 1 m/s 로 흐른다. 만일 그가 잔잔한 물에서는 1.5 m/s로 뗏목을 저을 수 있다면 최단 시간 내 강을 건너 동쪽 제방으로 가려면 어느 방향으로 향해야 하는가?

(a) 정동쪽

(b) 동남쪽

(c) 동북쪽

(d) 세 방향 모두 강을 건너는 데 같은 시간이 걸린다.

선다형 질문 13-22. 다음 표의 각 행은 x-축을 따라 운동하는 물체를 기술한다. 두 개의 열에 주어진 정보에 근거해, 다른 열에 대한 올바른 사실을 기입하여라. 질문 번호는 괄호 안에 있다.

v_x의 부호	$\sum F_x$의 부호	무슨 방향의 운동	속력의 변화
? (13[24])	+	? (14[25])	증가
–	0	? (15[26])	? (16[27])
+	? (17[28])	? (18[29])	감소
? (19[30])	? (20[31])	$-x$	불변
–	+	? (21[32])	? (22[33])

문제

3.1 위치와 변위

1[1]. 크기가 각각 4.0 cm인 두 개의 벡터가, 그림과 같이 작은 각도 α로 수평 아래로 기울어져 있다. $\vec{D}=\vec{A}-\vec{B}$라고 하자. $\vec{D}$를 개략적으로 그리고 크기를 추산하여라.

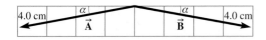

2[3]. $\vec{B}$는 크기가 7.1이고 방향이 $+x$-축 아래 14°를 향하고 있다. 벡터 $\vec{C}$는 x-성분이 $C_x = -1.8$이고 y-성분이 $C_y = -6.7$ 이다. (a) $\vec{B}$의 x-성분과 y-성분, (b) $\vec{C}$의 크기와 방향, (c) $\vec{C} - \vec{B}$의 크기와 방향, (d) $\vec{C} - \vec{B}$의 x-성분과 y-성분을 계산하여라.

3[5]. 제리는 기숙사에서 동쪽으로 3.00마일, 북쪽으로 2.00마일에 있는 지역건강센터까지 자전거를 타고 간다. 신디의 아파트는 제리의 기숙사에서 서쪽으로 1.50마일 떨어진 곳에 있다. 신디가 자전거를 타고 똑바로 가면 건강센터에서 제리를 만날 수 있다고 하면, 그녀가 이동해야 할 거리와 방향은 어떻게 되는가?

4[7]. 미카엘라가 블라니 성을 방문하려고 킬라니에서 코크까지 가는 아일랜드 여행을 계획하고 있다(보기 3.2 참조). 그녀는 또한 킬라니의 동쪽 39 km와 코크의 북쪽 22 km 떨어진 곳에 위치해 있는 멜로를 방문하려고 한다. 그녀가 킬라니에서 멜로를 거쳐 코크까지 여행했을 때 변위 벡터를 그려라. (a) 그녀가 코크에 도착하면 이동한 벡터의 크기는 얼마인가? (b) 미카엘라가 킬라니에서 코크까지 직접 가는 대신, 멜로를 경유해 가는 바람에 추가된 여행 거리는 얼마인가?

5[9]. 소년단에서 지도와 나침반을 가지고 사전교육으로 훈련하고 있다. 처음에 그들은 동쪽을 향해 1.2 km를 걸었다. 그다음에는 북서쪽 45°로 2.7 km를 걸었다. 그들이 출발한 지점으로 곧바로 돌아오려면 어느 방향으로 가야 하는가? 그들이 얼마나 많이 걸어야 하는가? 성분분석법(대수적 방법)을 사용해 답을 구하여라.

6[11]. 당신이 산책길이 시작되는 지점에서 지도에 표시된 산책로를 따라 친구들과 함께 호수까지 걸어서 가려고 한다. 지도는 당신이 직접 북쪽으로 1.6마일, 다음에는 북동쪽 35°방향으로 2.2마일, 그리고 마지막으로 동북쪽 15°방향으로 1.1마일을 가라고 알려준다. 이 도보 여행의 도착점은 시작한 곳에서 얼마나 멀리 떨어져 있는가? 출발점으로부터 어떤 방향인가?

3.2 속도

7[13]. 어떤 사람이 자전거를 타고 11분 40초 동안에 동쪽으로 10.0 km를 여행했다. 평균 속도를 m/s 단위로 구

하여라.

8[15]. 화이트삭스와의 경기에서, 야구 투수 놀란 라이언(Nolan Ryan)의 투구 속력은 45.1 m/s로 기록되었다. 만일 투수 마운드에 있는 놀란 라이언의 위치에서 홈 플레이트까지 18.4 m라면, 공이 홈 플레이트에서 기다리는 타자에게 가는 데 얼마나 걸리겠는가? 공의 속도는 일정하다고 놓고 중력 효과는 무시하여라.

9[17]. 문제 4를 참고하여라. 미카엘라가 킬라니에서 멜로를 거쳐 코크까지 가는 동안 그녀는 48분 동안 여행을 했다. (a) 평균 속력은 몇 m/s인가? (b) 또 그녀의 평균 속도의 크기는 m/s인가?

10[19]. 제이슨은 서쪽으로 35.0 mph의 속력으로 30.0분 동안 운전하고, 같은 방향으로 2.00시간 동안 60.0 mph의 속력으로 계속 주행하고, 다시 서쪽으로 10.0분 동안 25.0 mph의 속력으로 더 멀리 운전했다. 제이슨의 평균 속도는 얼마인가? 10분 간격으로 운동도해를 그려라.

11[21]. 시간에 맞춰 콘서트에 참석하려면 하프시코드 연주자가 2.00 h에 122마일을 운전해야 한다. (a) 만일 그가 처음에는 서쪽으로 평균 속도 55.0 mph로 1.20 h 동안 운전하고, 나머지 48.0분 동안은 서남쪽 30.0°방향으로 운전한다면 평균 속력은 얼마여야 하는가? (b) 전체 운전한 거리에 대한 그의 평균 속도는 얼마인가?

12[23]. 직선경로를 따라가는 자동차가 멈출 때까지 속력계의 눈금을 읽어서 그래프를 그렸다. $t = 0$과 $t = 16$ s 사이에 자동차는 얼마나 멀리 이동했는가? 2초 간격으로 자동차의 위치를 나타내는 운동도해를 그리고 $x(t)$의 그래프를 스케치하여라.

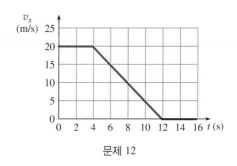

문제 12

13[25]. 그래프는 직선상을 움직이는 스케이트 선수의 위치 $x(t)$를 수직축에 미터 단위로 표시한 것이다.

(a) $t = 0$에서 $t = 4.0$ s 사이의 $v_{평균,x}$는 얼마인가?

(b) $t = 0$ 에서 $t = 5.0$ s까지는?

14[27]. 그래프는 직선상에서 이동하는 물체의 위치 $x(t)$를 미터 단위로 나타낸 것이다. $t = 0$에서 $t = 8.0$ s까지 이 물체의 속력 $v_x(t)$를 그려라.

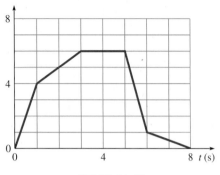

문제 13, 14, 20

15[29]. 체력 테스트를 통과하려면, 마시모는 1000 m를 평균 4.0 m/s의 속력으로 달려야 한다. 그는 첫 900 m를 250초에 달렸다. 마시모가 시험에 합격할 수 있겠는가? 만약 그렇다면 시험에 합격하기 위해 마지막 100 m를 얼마나 빨리 달려야 하는가?

16[31]. 자동차로 1.0시간 동안 96 km/h로 동쪽으로 이동했다. 그런 다음 북동쪽 30.0°로 1.0시간 동안 128 km/h로 이동했다. (a) 이동하는 동안 평균 속력은 얼마인가? (b) 이동하는 동안 평균 속도는 얼마인가?

17[33]. 스쿠터가 동쪽으로 12 m/s의 속력으로 달렸다. 그러고 난 후 운전자가 방향을 바꿔서 15 m/s로 서쪽을 향했다. 스쿠터의 속도는 얼마나 변했는가? 크기 및 방향을 구하여라.

3.3 뉴턴의 운동 제2 법칙

18[35]. 달리기를 하는 동안 주자의 발에 가해지는 가장 큰 힘은 수직으로 향하고 몸무게의 세 배이다. 질량이 85 kg인 주자의 발에 가해지는 힘은 최대 얼마인가?

19[37]. (a) 북미에서 가장 빠른 육상 동물 중 하나가 가지뿔영양이다. (a) 만일 정지해 있던 영양이 1.7 m/s²의 등가속도로 직선상에서 가속을 한다면, 속력이 22 m/s에 도달하는 데 시간이 얼마나 걸리겠는가? (b) 영양에 작용하는 마찰력은 78 N이다. 영양의 질량은 얼마인가?

20[39]. 문제 13의 그래프에서, 시간 $t=0.5$ s, $t=1.5$ s, $t=2.5$ s, $t=3.5$ s, $t=4.5$ s, $t=5.5$ s에서 가속도의 크기를 가장 큰 것에서부터 가장 작은 것까지 순서대로 나열하여라.

21[41]. 그래프는 직선을 따라 움직이는 물체의 v_x 대 t의 그래프를 보여준다. (a) $t = 11$ s에서의 a_x는 얼마인가? (b) $t = 3$ s에서 a_x는 얼마인가? (c) $a_x(t)$의 그래프를 스케치하여라. (d) 물체가 $t = 12$ s에서 $t = 14$ s 사이에 얼마나 멀리 이동했는가?

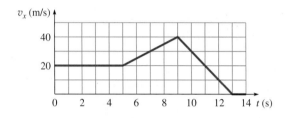

22[43]. 그림은 직선상을 이동 중인 자동차에 대한 $v_x(t)$의 그림이다. (a) $t = 6$ s에서 $t = 11$ s 사이의 $a_{평균,x}$는 얼마인가? (b) 같은 시간 동안 $v_{평균,x}$는 얼마인가? (c) 시간 $t = 0$ s에서 $t = 20$ s 사이의 $v_{평균,x}$는 얼마인가? (d) 10 s와 15 s 사이에 차의 속력은 얼마나 증가했는가? (e) 시간 $t = 10$ s에서 $t = 15$ s 사이에 차는 얼마나 이동했는가?

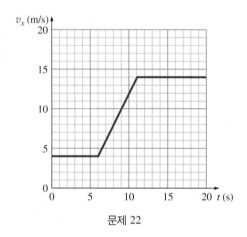

문제 22

23[45]. 1100 kg의 비행기가 정지 상태에서 35 m/s의 이륙 속도에 도달할 때까지 8.0초 동안 앞 방향으로 가속했다. 이 시간 동안 비행기는 평균 얼마의 힘으로 전진했는가?

24[47]. 자동차가 일정한 속력으로 반지름 20.0 m의 원 주위의 4분의 3을 3.0초 시간에 이동한다. 처음 속도는 서쪽이며 나중 속도는 남쪽이다. (a) 이 운동의 평균 속도를 구하여라. (b) 이 3.0초 동안 자동차의 평균 가속도는 얼마인가? (c) 일정한 속력으로 움직이는 자동차의 평균 가속도가 어떻게 0이 아닌지 설명하여라.

25[49]. 3.0 h의 비행에서, 처음에는 북쪽으로 192 km/h를 비행하고, 나중에는 북서쪽 45°로 240 km/h로 비행했다.

(a) 처음과 나중 속도벡터를 그려라. (b) 속도 변화를 구하여라. (c) 비행하는 동안 평균 가속도는 얼마인가?

26[51]. 입자가 남쪽으로 2.50 m/s²로 등가속도 운동을 한다. $t = 0$에서, 속도가 동쪽으로 40 m/s였다면 $t = 8.00$ s에서의 속도는 얼마인가?

27[53]. 47.5 m/s로 날아온 테니스공(질량 57.0 g)이 3.60 ms 동안 내 라켓에 접촉했다가 50.2 m/s로 상대 선수에게 날아갔다. 라켓이 공에 작용한 평균 힘은 얼마인가?

28[55]. 쌍성계의 두 별은 공통의 질량중심 주위를 공전한다. 이러한 계 중에서, 한 쌍성계는 별 A가 별 B 질량의 4.0배이다. (a) 각 별이 다른 별에 작용하는 중력의 방향과 크기가 어떻게 되는지를 보여주는 벡터를 화살표로 표시하여라. (b) 별들의 가속도의 방향과 크기가 어떻게 관련되는지를 보여주는 벡터를 화살표로 표시하여라.

29[57]. 다섯 개의 물체가 모두 정지 상태($t = 0$)에서 출발한다. 각각을 일정한 알짜힘으로 오른쪽으로 밀었다. 주어진 순간에 속력이 가장 큰 것에서부터 가장 작은 것까지 순서대로 나열하여라. (a) 질량 m, 알짜힘 F; 시간이 t_1일 때의 속력. (b) 질량 $2m$, 알짜힘 $2F$; 시간이 t_1일 때의 속력. (c) 질량 m, 알짜힘 F; 시간이 $2t_1$일 때의 속력. (d) 질량 m, 알짜힘 $2F$; 시간이 t_1일 때의 속력. (e) 질량 $2m$, 알짜힘 F; 시간이 $2t_1$일 때의 속력.

3.4 뉴턴 법칙의 응용

30[59]. 그림 3.30에서 우주 비행사가 지구에서 셔플보드 놀이를 하고 있다. 퍽의 질량은 2.0 kg이다. 보드와 퍽 사이의 정지마찰계수는 0.35이고 운동마찰계수는 0.25이다. (a) 그녀가 퍽을 5.0 N의 힘으로 앞으로 민다면, 퍽이 움직이겠는가? (b) 그녀가 밀고 있을 때, 발을 헛디뎌서 앞 방향으로 작용한 힘이 갑자기 7.5 N이 되었다. 그러면 퍽이 움직이겠는가? (c) 그렇다면 그녀가 퍽을 6.0 N의 힘으로 꾸준히 미는 동안 바른 자세를 되찾아 퍽과 스틱이 서로 접촉을 유지한다면, 보드 방향으로 퍽의 가속도는 얼마인가? (d) 그녀가 달에 가서 이 게임을 할 때 6.0 N의 힘으로 다시 민다면 퍽의 가속도는 지구에서보다 더 크겠는가, 작겠는가, 아니면 같겠는가? 설명하여라.

31[61]. 2010 kg의 승강기가 위쪽으로 1.50 m/s²의 가속도로 움직인다. 승강기를 지탱하는 케이블의 장력은 얼마인가?

32[63]. 2530 kg의 승강기가 위쪽으로 움직이는 동안, 케이블의 장력은 33.6 kN이다. (a) 승강기의 가속도는 얼마인가? (b) 운동 중 어느 시점에 승강기의 속도가 위쪽으로 1.20 m/s였다면, 4.00 s 후에 승강기의 속도는 얼마인가?

33[65]. 그림 3.36에서, 두 개의 블록이 마찰이 없는 도르래를 지나는 가볍고 유연한 줄로 연결되어 있다. (a) 만약 $m_1 = 3.0$ kg, $m_2 = 5.0$ kg이라면, 각 블록의 가속도는 얼마인가? (b) 줄의 장력은 얼마인가?

34[67]. 가속도계(가속도를 측정하는 장치)는 조종실에 매달린 작은 진자처럼 단순한 것일 수 있다. 비슷한 가속도계가 척추동물의 내이에서 발견된다. 당신이 경비행기를 타고 수평선을 따라 똑바로 비행한다고 가정할 때 가속도계는 그림에 표시된 수직선 뒤쪽으로 12°로 매달려 있다. 이때의 가속도는 얼마인가?

35[69]. 트럭에 1400 kg인 자동차가 밧줄로 묶여 있다. 밧줄의 장력이 2500 N보다 크면 끊어질 수 있다. 마찰을 무시하고, 밧줄이 끊어지지 않고 최대로 가속할 수 있는 트럭의 가속도는 얼마인가? 트럭 운전사가 밧줄이 끊어지지 않을까 걱정해야 하는가?

36[71]. 한 남자가 2.0 kg의 돌을 손으로 1.5 m/s의 일정한 속도로 수직 상방으로 들어 올린다. 남자의 손에 있는 돌에 작용하는 총 힘의 크기는 얼마인가?

3.5 속도는 상대적이다; 기준틀

37[73]. 오토바이가 평평한 직선 고속도로에서 일정한 속력으로 달리고 있다. $t = 0$에서, 오토바이는 처음에는 정지하고 있던 경찰차 옆을 지나간다. 경찰관이 추적했으나 오토바이 운전자는 알아채지 못하고 일정한 속력으로 계속 나아갔다. 다음 그래프는 둘의 $v_x(t)$를 그래프를 보여준다. (a) 오토바이와 경찰차가 언제 같은 속력으로 달렸는가? (b) $t = 16$ s에 경찰차가 속도위반 오토바이를 따라잡았는가? 설명하여라. (c) $t = 5$ s와 $t = 10$ s에 경찰차에

대한 오토바이의 속도는 얼마인가?

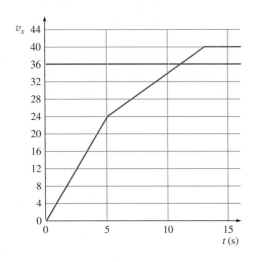

38[75]. 두 대의 자동차가 캔자스의 편평한 직선도로에서 서로를 향해 달리고 있다. 지프 랭글러는 북쪽으로 82 km/h로 달리고, 포드 토러스는 남쪽으로 48 km/h로 달리고 있다. 두 차의 속도는 모두 도로에 대해 상대적으로 측정했다. 포드를 탄 관찰자에 대한 지프의 속도는 얼마인가?

39[77]. 어떤 사람이 파리의 지하철역에서, 멈춰 선 에스컬레이터를 걸어 올라가는 데 94 s가 걸렸다. 그러나 정상 작동하는 에스컬레이터에 서서 같은 거리를 오르는 데는 66 s가 걸렸다. 그 사람이 작동하는 에스컬레이터를 걸어 올라가면, 역에서 도로까지 올라가는 데 얼마나 걸리겠는가?

40[79]. 승용차가 고속도로에서 110 km/h의 속력으로 북쪽으로 주행하고 있고, 트럭은 북서쪽 35° 방향으로 85 km/h로 고속도로를 떠나고 있다. 승용차에 대한 트럭의 속도는 얼마인가?

41[81]. 구식 자동차 경주에서 스탠리 스티머(Stanley Steamer) 자동차는 북쪽으로 40 km/h로 달리고 피어스 애로(Pierce Arrow) 자동차는 동쪽으로 50 km/h로 달린다. 스탠리 스티머에 타고 있는 관측자에 대한 피어스 애로의 속도의 x-와 y-성분은 얼마인가? x-축은 동쪽이고, y-축은 북쪽이다.

42[83]. 소년이 강을 똑바로 가로질러 수영하려고 하고 있다. 그는 물에 대해 0.500 m/s의 속력으로 수영할 수 있다. 강은 너비가 25.0 m이고, 소년은 출발점으로부터 50.0 m 하류에서 수영을 끝냈다. (a) 강물이 얼마나 빨리

흐르는가? (b) 강둑에 서 있는 친구에 대한 소년의 속력은 얼마인가?

43[85]. 시나는 잔잔한 물에서 3.00마일/h로 보트를 저을 수 있다. 그녀는 너비가 1.20마일이고 1.60마일/h로 흘러가는 강을 건너려고 한다. 계산기를 준비하지 않아서, 강을 수직으로 건너려면, 뱃머리를 상류 쪽으로 60.0°를 향하게 해야 한다고 생각했다. (a) 강둑의 출발점에 대한 그녀의 속력은 얼마인가? (b) 강을 건너는 데 시간이 얼마나 걸리는가? (c) 반대편에 도착하는 강둑은 출발점에서 상류나 하류로 얼마나 떨어져 있겠는가? (d) 똑바로 가기 위해서는 뱃머리의 각도를 상류 쪽 몇 도(°)로 향해야 하는가?

44[87]. 서로에 대해 정지해 있는 두 개의 다른 기준틀에서 측정했을 때 변위가 동일함을 벡터 도해로 입증하여라.

45[89]. 판유리 공장에서 유리판이 컨베이어 벨트를 따라 15.0 cm/s의 속력으로 이동한다. 자동 절단 기구가 내려가 미리 설정된 규격으로 유리를 절단한다. 조립 벨트는 일정한 속력으로 움직여야 하기 때문에, 절단기는 유리판의 운동을 보정하는 각도에서 절단하도록 설정되어야 한다. 유리가 너비가 72.0 cm이고 절단기가 24.0 cm/s의 속력으로 너비를 가로지르며 자른다면, 절단기를 어떤 각도로 설정해야 하겠는가?

협동문제

46[91]. 놀이터에, 경사각이 θ_1과 $\theta_2(\theta_2 > \theta_1)$로 다른 미끄럼틀이 두 개 있다. 어린아이가 첫 번째 미끄럼틀에서 일정한 속력으로 미끄러져 내려갔다. 그러나 두 번째에서는 가속도 a로 내려갔다. 두 미끄럼틀의 운동마찰계수는 같다. (a) a를 θ_1과 θ_2와 g로 나타내어라. (b) $\theta_1 = 45°$과 $\theta_2 = 61°$일 때 a의 값을 구하여라.

47[93]. 질량이 m_1과 m_2인 두 개의 블록이 질량을 무시할 수 있는 끈으로 연결되어 있다. m_2에 연결되어 있는 두 번째 끈에 크기 T_2인 힘을 작용해 마찰이 없는 표면에서 두 블록이 일정한 장력으로 당겨지고 있다면, 두 끈의 장력의 비 T_1/T_2를 질량으로 나타내어라.

48[95]. (참고: 이 연습문제의 목표는 동일한 사건이 다른 기준틀에서 어떻게 보이는지에 대해 약간의 직관력을 얻으려는 것이다. 당신이 "상대속도 공식"을 사용할 필요는 없다.) 사만다는 직선으로 흐르는 강에서 카약을 타고 있다. 그녀가 잠시 동안 상류로 노를 저어 가다가, 배를 물 위에 멈췄을 때 구명조끼를 물에 떨어뜨렸다는 것을 알고 그것을 찾기 위해 뒤돌아서서 하류로 노를 저어갔다. 사만다는 결국 흐르는 강물을 따라 떠내려가던 구명조끼를 건져 올렸다. 강물이 일정한 속력으로 흐르고 사만다는 상류로 올라갈 때나 하류로 내려올 때 똑같은 속력으로 노를 저었기 때문에 강물에 대한 배의 속력은 같다고 가정한다. (a) 사만다의 상류 쪽(출발해서 뒤돌아서기까지)으로의 변위와 하류 쪽(뒤돌아서서 구명조끼를 건질 때까지)으로의 변위를 강둑의 기준틀에서 그려라. 크기가 동일하지 않다면, 어떤 것이 더 큰지를 반드시 나타내어라. (b) 이제 사만다의 총 변위(상류+하류)와 구명조끼의 총 변위를 나타내는 벡터를 둘 다 강둑의 기준틀에서 그려라. (c) 물의 기준틀에서, 구명조끼는 계속 정지해 있다. 물에 대해 사만다의 총 변위가 어떻다고 말할 수 있는가? 물의 기준틀에서 상류 쪽 변위와 하류 쪽 변위를 나타내는 벡터를 그려라. (d) 사만다가 상류로 노를 젓는 데 더 많은 시간이 걸리겠는가, 하류로 노를 젓는 데 더 많은 시간이 걸리겠는가, 아니면 두 경로의 시간이 똑같은가? 이유를 설명하여라.

연구문제

49[97]. 제트 여객기가 동쪽으로 600.0 km를 비행하고, 남쪽으로 30.0° 선회해 300.0 km를 더 비행했다. (a) 출발점에서부터 얼마나 멀어졌는가? (b) 제트기가 직선 경로로 동일한 목적지에 가려면 어느 방향으로 비행해야 하는가? (c) 제트기가 400.0 km/h의 일정한 속력으로 비행했다면, 시간은 얼마나 걸렸는가? (d) 직선 경로를 따라 같은 속력으로 비행하면 비행시간은 얼마나 되겠는가?

50[99]. 블록과 수평 바닥 사이의 정지마찰계수는 0.35이나, 운동마찰계수는 0.22이다. 블록의 질량은 4.6 kg이며, 처음에는 정지해 있다. (a) 경사면과 나란하게 블록을 미끄러지기 시작하도록 하는 데 필요한 최소한의 힘은 얼마인가? (b) 블록이 일단 미끄러지고 있을 때 (a)에서와 같은 힘으로 계속 밀고 있으면, 블록은 등속도로 이동하는가

아니면 가속되는가? (c) 등속도로 운동한다면, 속도는 얼마인가? 가속된다면 가속도는 얼마인가?

51[101]. 그래프의 간격(AB, BC 등)을 속도 성분 v_x가 양(+)의 최대에서부터 음(−)의 최대로 변하는 순서대로 나열하여라.

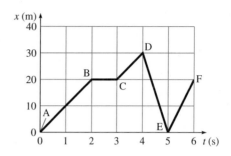

52[103]. 질량 m_1의 장난감 마차가 장력 T가 작용하는 끈으로 잡아당겨져서 마찰이 없는 바퀴 위에서 운동한다. 질량 m_2인 블록이 마차 위에 정지해 있다. 마차와 블록 사이의 정지마찰계수는 μ이다. 만일 마차가 다음과 같은 면 위를 굴러간다면, 블록이 마차 위에서 미끄러지지 않게 하는 최대 장력 T를 구하여라. (a) 수평면 위 또는 (b) 수평과 각 θ를 이루는 비탈면 위. 이 두 경우 모두 끈은 마차가 구르는 표면에 평행하다.

53[105]. 인체의 신경계에서 신호는 최대 100 m/s의 속도로 이동하는 활동 전위로서 뉴런을 따라 전달된다. (활동 전위는 뉴런 막을 통한 나트륨 이온의 이동하는 유입 플럭스이다.) 신호는 시냅스에서 신경 전달 물질을 방출해 하나의 뉴런에서 다른 뉴런으로 옮겨간다. 누군가가 발을 밟았다고 가정해보자. 고통 신호는 1.0 m 길이의 감각 뉴런을 따라, 시냅스를 지나 두 번째 1.0 m 길이의 뉴런까지 이동해 척추까지 이동하고, 두 번째 시냅스를 지나 뇌까지 이동한다. 시냅스는 각각 너비가 100 nm이고, 신호가 각 시냅스를 가로지르는 데는 0.10 ms가 걸리고, 활동 전위는 100 m/s로 이동한다고 가정하자. (a) 신호가 시냅스를 가로질러가는 평균 속력은 얼마인가? (b) 신호가 뇌에 닿으려면 시간이 얼마나 걸리겠는가? (c) 신호가 전파되는 평균 속력은 얼마인가?

54[107]. 체력 테스트에 합격하려면, 마셀라가 1000 m를 4.00 m/s의 평균 속력으로 달려야 한다. 그녀는 처음 500 m는 평균 4.20 m/s로 달린다. 4.00 m/s의 전체 평균 속력으로 끝내기 위해서는 마지막 500 m를 얼마의 평균 속력으로 달려야 하는가?

55[109]. 질량 51 kg인 여성이 승강기 안에 서 있다. (a) 승강기의 바닥이 408 N의 힘으로 그녀의 발을 밀어 올린다면, 승강기의 가속도는 얼마인가? (b) 승강기가 하강하는 중 4층을 지날 때 1.5 m/s로 내려간다면, 4.0초 후의 속력은 얼마인가?

56[111]. 뉴욕 주의 아테네에서 출발해, 조종사가 동북 20.0° 방향으로 아테네에서 320 km 떨어진, 뉴욕 주의 스파르타까지 비행하기를 희망한다. 조종사는 곧장 스파르타로 향했고 160 km/h의 대기속력[1]으로 비행했다. 2.0시간 비행 후, 조종사는 스파르타에 있는 걸로 기대했으나, 대신 그는 스파르타에서 서쪽으로 20 km 떨어진 곳에 있는 것을 알았다. 그는 바람에 대해 보정하는 것을 잊어버렸다. (a) 공기에 대한 비행기의 속도는 얼마인가? (b) 지상의 관측자에 대한 상대적인 비행기의 속도(크기와 방향)를 구하여라. (c) 바람의 속력과 방향을 구하여라.

57[113]. 조종사가 댈러스에서 북서쪽으로 10.0° 방향으로 330 km 떨어진 오클라호마시티로 비행하기를 원한다. 조종사는 200 km/h의 대기속력으로 오클라호마시티로 곧장 간다. 1.0시간 비행 후, 바람이 없다고 했을 때 예상한 곳에서 서쪽으로 15 km 떨어져 있음을 알았다. (a) 바람의 방향과 속도는 어떻게 되는가? (b) 조종사가 항로 이탈 없이 오클라호마시티로 곧장 날아가기 위해서는 비행기를 어느 방향으로 향했어야 하는가?

58[115]. 질량 2800 kg인 비행기가 활주로에서 막 이륙한다. 속도의 수평 성분이 0.86 m/s²비율로 증가하는 동안 일정한 2.3 m/s의 속도로 고도에 도달한다. $g = 9.81$ m/s²로 한다. (a) 공기가 비행기에 작용하는 힘의 방향을 구하여라. (b) 만일 공기가 작용한 힘이, 크기는 같지만 방향은 (a)에서보다 수직 방향에 2.0° 더 가깝다고 할 때 비행기 가속도의 수평 성분과 수직 성분을 구하여라.

59[117]. 질량 M인 헬리콥터가 질량 m인 트럭을 선박의 갑판 위에 내려놓고 있다. (a) 처음에는 헬리콥터와 트럭이 함께 아래쪽으로 움직인다(케이블의 길이는 변하지 않는다). 하강 속력이 $0.10g$의 비율로 감소하면, 케이블의 장력은 얼마인가? (b) 트럭이 갑판 근처에 오면 헬리콥터는 아래쪽으로 움직이지 않고 떠 있으면서 트럭이 계속 아래쪽으로 움직이도록 케이블을 풀어준다. 트럭의 하향 속력이 $0.10g$의 비율로 감소한다면, 헬리콥터가 정지하고 있는 동안 케이블의 장력은 얼마인가?

---

1) 공기에 대한 비행기의 상대속력.

등가속도 운동

개념정리

- 등가속도 운동 문제에 관한 기본 방정식: 처음 시간 t_i에서 $t_f = t_i + \Delta t$까지 전체 시간 간격 Δt동안 가속도 a_x가 항상 일정한 경우,

$$\Delta v_x = v_{fx} - v_{ix} = a_x \Delta t \tag{4-1}$$

$$\Delta x = \tfrac{1}{2}(v_{fx} + v_{ix}) \Delta t \tag{4-2}$$

$$\Delta x = v_{ix} \Delta t + \tfrac{1}{2}a_x(\Delta t)^2 \tag{4-4}$$

$$v_{fx}^2 - v_{ix}^2 = 2a_x \Delta x \tag{4-5}$$

y-성분 가속도 a_y가 상수인 경우에는 속도, 위치, 가속도의 y-성분에 대해서 이 방정식들이 그대로 성립한다.

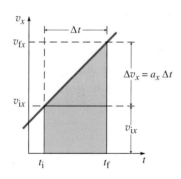

- 자유낙하하는 물체에 작용하는 유일한 힘은 중력이다. 지표면에는 항상 공기저항이 어느 정도 있기 때문에 지표면에서의 자유낙하운동은 이상화된 것이다. 자유낙하운동을 하는 물체는 그 지역의 국소 중력장 $\vec{\mathbf{g}}$와 같은 가속도를 가진다.

- 포물체 운동이나 ±y-방향의 등가속도 운동은 x-, y-방향 운동을 따로 분리해서 다룰 수 있다. $a_x = 0$이기 때문에, v_x는 일정하다. 따라서 이런 운동은 x-방향의 등속직선운동과 y-방향 등가속도 직선운동의 중첩이다.

- x-와 y-축은 문제가 간단히 되도록 선택한다. 두 축이 수직이기만 하면 어떤 선택도 유효하다. 그러나 평형 문제를 다룰 때에는 x-와 y-성분을 모두 갖는 힘 벡터의 수가 최소가 되도록 선택한다. 평형 문제가 아니고 가속도의 방향이 주어진 경우에는 가속도 벡터가 x-나 y-축 중 하나와 평행이 되도록 선택한다.

- 평형이든 아니든 상관없이 뉴턴의 제2 법칙이 포함되는 문제는 힘과 가속도를 x-와 y-성분으로 분리해서 푼다.

- 공기 중에서 운동하는 물체에 작용하는 끌림 힘은 항상 그 물체의 운동 방향과 반대 방향으로 작용한다. 접촉하고 있는 두 고체 표면 사이의 마찰력과는 다르게 끌림 힘은 물체의 속도에 강하게 의존한다. 낙하하는 물체가 종단속도에 도달하면 끌림 힘과 중력의 크기가 같아지고 방향은 서로 반대이기 때문에 물체의 가속도가 영이 된다.

- 가속되고 있는 물체의 무게는 그것의 실제 무게와 다르다. 겉보기 무게는 같은 가속도로 움직이면서 물체를 받혀주는 바닥의 수직항력과 같다. 겉보기 무게를 그 물체를 받히고 있는 저울의 눈금으로 취급하는 것도 도움이 된다.

연습문제

단답형 질문

1[1]. 총을 쏠 때 소총의 총구를 직접 표적의 중심에 겨냥하지 않는 이유가 무엇인가?

2[3]. 만일 화살을 원숭이와 코코넛 아래에다 겨눈다면 원숭이, 코코넛과 사냥꾼의 설명이 여전히 적용되는가? 설명하여라.

3[5]. 사다리 꼭대기에서 깃털과 납 벽돌을 동시에 떨어뜨린 경우, 납 벽돌이 먼저 땅에 부딪친다. 달 표면에서 실험을 한다면 어떻게 되는가?

4[7]. 물체가 저울 위에 놓여 있다. 저울이 완전하게 작동을 하고 눈금이 정확히 매겨져 있다. 그렇다고 하더라도 어떤 조건이면 저울이 물체의 실제 무게와 다른 값을 나타내는가? 설명하여라.

5[9]. 일정한 속도로 지구로 내려오는 낙하산에 작용하는 힘은 무엇인가? 낙하산의 가속도는 얼마인가?

6[11]. 공중으로 똑바로 던진 물체가 최고점에 있을 때 물체의 가속도는 얼마인가? 공기저항을 무시할 수 있는가 없는가에 따라 답이 달라지는가? 설명하여라.

7[13]. 공기저항을 무시할 때 자유낙하하는 물체에 작용하는 힘은 어떤 것이 있는가?

8[15]. 당신은 해변이 내려다보이는 발코니에 서 있다. 공을 공중에서 속력 v_i로 똑바로 위로 던지고 똑같은 다른 공을 속력 v_i로 똑바로 아래로 던진다. 공기저항을 무시하고, 공이 땅에 떨어지기 직전의 속력을 비교하면 어떻게 되는가?

9[17]. 동전을 바로 위로 던질 때, 최고점에서 속도와 가속도를 어떻게 말할 수 있는가?

10[19]. 당신이 술통을 타고 폭포를 내려가는 동안 물리 지식을 시험해보기로 하고 야구공을 가지고 통 안으로 들어가서, 통과 함께 폭포에서 연직 방향으로 떨어지면서 공을 놓았다고 하자. 그러면 공은 통에 대해 어떤 운동을 할 것으로 예상되는가? 통의 바닥을 향해 공이 당신보다 더 빨리 떨어지겠는가? 아니면 당신보다 느리게 움직여 통의 꼭대기로 접근하겠는가? 그도 아니라면 떨어지는 통 안의

공중에 떠서 정지해 있는 것처럼 보이겠는가? 설명하여라. (경고: 집에서 직접 해보지는 마라.)

선다형 질문

1[1]. 표범이 $t = 0$일 때 정지 상태에서 출발해 $t = 3.0$ s까지 등가속도로 직선상을 달렸다. $t = 1.0$ s와 $t = 2.0$ s 사이에 표범이 달린 거리는?
(a) 처음 1초 동안 달린 거리와 같다.
(b) 처음 1초 동안 달린 거리의 두 배이다.
(c) 처음 1초 동안 달린 거리의 세 배이다.
(d) 처음 1초 동안 달린 거리의 네 배이다.

2[3]. 미식축구 선수가 5야드 라인에서 45야드 라인을 향해 공을 찼다(둘 다 같은 하프필드에 있다). 공기저항을 무시할 때 공의 경로에서 어디에 있을 때 속력이 최소인가?
(a) 공이 선수의 발을 떠난 직후 5야드 라인.
(b) 공이 바닥에 닿기 직전 45야드 라인.
(c) 공이 높이 올라가고 있는 동안 15야드 라인.
(d) 공이 떨어지고 있는 동안 35야드 라인.
(e) 궤적에서 공이 정상에 있는 25야드 라인.

3[5]. 공중으로 던진 공이 포물선 궤적을 따라가고 있다. 점 A는 궤도에서 가장 높은 점이며 B는 공이 땅으로 떨어지는 지점이다. 두 지점에서 속력과 가속도의 크기 사이의 관계를 바르게 설명한 것은?
(a) $v_A > v_B$ 및 $a_A = a_B$ (b) $v_A < v_B$ 및 $a_A > a_B$
(c) $v_A = v_B$ 및 $a_A \neq a_B$ (d) $v_A < v_B$ 및 $a_A = a_B$

4[7]. 당신이 엘리베이터 안에서 체중계 위에 서 있다. 아래 상황 중 어느 경우에 엘리베이터가 정지해 있을 때와 같은 체중을 가리키는가? 설명하여라.
(a) 일정한 속도로 올라갈 때.
(b) 속력이 증가하면서 움직일 때.
(c) 자유낙하(엘리베이터 케이블이 끊어진 후)할 때.

5[9]. 무게가 35.0 N보다 더 무거우면 끊어지지만 35.0 N의 무게는 지탱할 수 있는 가는 끈이 엘리베이터 천장에 매여 있다. 엘리베이터가 상승하기 시작하는 처음 가속도가 3.20 m/s²이라면 끈에 얼마의 질량을 더 매달 수 있는가?

(a) 3.57kg   (b) 2.69kg   (c) 4.26kg

(d) 2.96kg   (e) 5.30kg

6[11]. 한 사람이 움직이지 않고 정지한 엘리베이터 안에서 체중계 위에 서 있다. 저울은 500 N을 가리키고 있다. 그때 엘리베이터가 아래로 4.5 m/s의 일정한 속력으로 이동하기 시작했다. 엘리베이터가 일정한 속도로 내려가는 동안 저울의 눈금은 얼마를 가리키는가?

(a) 100 N   (b) 250 N   (c) 450 N

(d) 500 N   (e) 750 N

7[13]. 70.0 kg의 남자가 엘리베이터 안에서 체중계 위에 서 있다. 엘리베이터가 하강하면서 3.00 m/s²의 비율로 속도를 늦추고 있다면 저울의 눈금은 얼마를 가리키는가?

(a) 70 kg   (b) 476 N   (c) 686 N

(d) 700 N   (e) 896 N

8[15]. 그림에서, 두 포물체가 같은 지점에서 처음 속력은 같지만, 지면에 대해 각각 30°와 60°로 발사되었다. 공기 저항을 무시할 때 비행시간 Δt (발사에서부터 지상에 충돌할 때까지의 시간)가 더 긴 것을 골라라.

(a) 30°로 발사된 포물체

(b) 60°로 발사된 포물체

(c) 두 포물체의 비행시간은 같다.

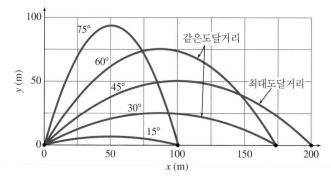

9[17]. 물체의 무게보다 작은 공기저항이 작용하는 곳에서 속도와 반대 방향으로 공을 위로 똑바로 던졌다. 올라가는 도중에 공의 가속도의 크기는?

(a) g보다 작다.

(b) g와 같다.

(c) g보다 크다.

10[19]. 위의 문제에서 공이 내려오는 도중에 가속도의 크기는 어떻게 되는가? 질문 9에서 답을 골라라.

문제

4.1 일정한 알짜힘에 의한 직선운동
4.2 등가속도 직선운동의 운동 방정식

1[1]. 다음은 등가속도로 운동하는 4개 물체의 운동도해이다. 가속도의 크기가 가장 큰 것부터 가장 작은 것까지 순서를 매겨라. 각 도해에서 점과 점 사이의 시간 간격은 동일하다.

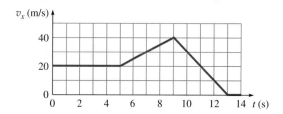

2[3]. 그래프는 x-축을 따라 움직이는 물체에 대한 v_x 대 t의 그래프이다. $t = 5.0$ s와 $t = 9.0$ s 사이의 운동도해를 그리고 어떻게 운동했는지 설명해보아라. $t = 5.0$ s와 $t = 9.0$ s 사이에서 가속도는 얼마인가?

3[5]. 뉴올리언스의 세인트찰스 전차가 정지 상태에서 출발해 12.0초 동안 1.20 m/s²의 등가속도로 운동한다. (a) v_x 대 t의 그래프를 그려라. (b) 12.0초 후에 열차는 출발점에서 얼마나 멀리 갔는가? (c) 12.0초 후에 열차의 속력은 얼마인가? (d) 2.0초 간격으로 전차의 위치를 보여주는 운동도해를 그려라.

4[7]. 물리실험실에서, 비스듬히 기울어진 마찰이 없는 공기트랙의 상부에서 글라이더를 정지 상태에서 놓았다. 만일 글라이더가 출발점에서 50.0 cm를 이동했을 때 속력이 25.0 cm/s로 되었다면, 트랙의 경사각은 얼마인가? 양 (+)의 x-축이 트랙의 아래쪽을 가리킬 때 $v_x(t)$의 그래프를 그려라.

5[9]. 비행기가 활주로에 내려 남서쪽으로 55 m/s의 속도로 달리기 시작한다. 1.0 km를 가서 정지하게 할 수 있는 등가속도는 얼마인가? $v_x(t)$의 그래프를 그려라.

6[11]. 보통 재채기를 하면 최대 속력이 44 m/s이다. 재채기로 방출된 물질이 콧구멍 안쪽 2.0 cm떨어진 곳에

서 정지 상태에 있다가 운동을 시작한다고 가정하자. 처음 0.25 cm 동안은 가속도가 일정하고 나머지 거리를 이동하는 동안에는 속도가 일정하다. (a) 처음 0.25 cm를 이동하는 동안 가속도는 얼마인가? (b) 코에서 2.0 cm 거리를 이동하는 데 걸리는 시간은 얼마인가? (c) $v_x(t)$의 그래프를 그려라.

7[13]. 치타는 정지 상태에서 2.0초 안에 24 m/s까지 가속할 수 있다. 치타가 가속하는 동안 가속도가 일정하다고 할 때, (a) 치타의 가속도의 크기는 얼마인가? (b) 치타가 2.0초 동안에 이동한 거리는 얼마인가? (c) 육상 선수는 정지 상태에서 출발해 2.0초 후에 6.0 m/s로 가속할 수 있다. 육상 선수의 가속도의 크기는 얼마인가? 치타의 평균 가속도는 사람의 평균 가속도의 몇 배인가?

8[15]. 6.0 kg의 블록이 정지 상태에서 출발해 길이 2.0 m인 마찰이 없는 비탈면에서 미끄러지고 있다. 비탈의 바닥에 도착했을 때, 속력이 v_f이다. 블록의 속력이 $0.5v_f$인 곳은 비탈면의 제일 꼭대기에서 얼마나 떨어져 있는가?

4.3 등가속도 운동학에 뉴턴 법칙의 적용

9[17]. 질량이 63 kg인 스키 선수가 정지 상태에서 출발해 수평선에 대해 32° 각도의 길이 50 m의 얼어붙은 경사면(마찰이 없는)을 내려온다. 경사면의 밑바닥부터는 경로가 평탄하고 수평이며 눈으로 덮여 있어서 속도가 줄어들기 시작해 140 m를 간 후에 정지했다. (a) 경사면의 바닥에 왔을 때 선수의 속력은 얼마인가? (b) 선수와 눈이 덮인 수평면 사이의 운동마찰계수는 얼마인가?

10[19]. 질량이 55,200 kg인 기차가 직선 수평 선로를 따라서, 26.8 m/s로 운행하고 있다. 기관사가 184 m 앞의 건널목 위에 트럭이 멈춘 것을 보았다. 기차의 제동력의 크기가 최대 84.0 kN이라면, 기차가 충돌 전에 멈출 수 있는가?

11[21]. 10.0 kg의 수박과 7.00 kg의 호박이 그림과 같이, 도르래에 걸쳐 있는 줄의 양쪽 끝에 매달려 있다. 이 경사면의 마찰은 어디에서나 무시할 수 있다.

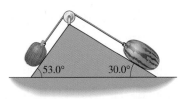

(a) 호박과 수박의 가속도를 구하여라. 크기와 방향을 기술하여라. (b) 정지 상태에서 도르래가 움직이기 시작했다

면 0.30초 후에 호박은 경사면을 따라 얼마나 이동하겠는가? (c) 0.20초 후 수박의 속력은 얼마인가?

12[23]. 질량이 832 kg인 엘리베이터가 내려가는 동안, 지지 케이블의 장력은 일정하게 7730 N이다. $t=0$과 $t=4.00$ s 사이에 엘리베이터의 변위는 아래쪽으로 5.00 m이다. $t=4.00$ s에서 엘리베이터의 속력은 얼마인가?

4.4 자유낙하

13[25]. 그랜트가 농구공을 들고 직선으로 공중에 뛰어올라 최고 높이 1.3 m에서 슬램덩크 숏을 날렸다. 그랜트가 바닥을 떠날 때 속력은 얼마인가?

14[27]. (a) 정지 상태의 골프공이 12.0 m 아래로 떨어지는 데 걸리는 시간은 얼마인가? (b) 이 공이 떨어지는 시간을 두 배로 하면 공은 얼마나 멀리 떨어지겠는가?

15[29]. 10.0 m/s의 일정한 속도로 수직으로 상승하고 있는 열기구의 바구니에 탄 사람이 땅 위 40.8 m에 도달했을 때 모래주머니를 떨어뜨렸다. 공기저항을 무시하고 그것이 땅에 도달할 때의 속력을 구하여라.

16[31]. 슈퍼맨이 로이스 레인(여주인공)에게서 수평으로 120 m만큼 떨어져 서 있고, 악한이 로이스의 머리 위 4.0 m에서 바위를 떨어뜨린다. (a) 만일 슈퍼맨이 등가속도로 달려가 바위가 로이스를 때리기 직전에 그 바위를 붙잡으려면 가속도는 최소한 얼마여야 하는가? (b) 슈퍼맨이 로이스에게 도착했을 때 속력은 얼마인가?

17[33]. 글렌다가 귀 높이에서 소원을 비는 우물에 동전을 떨어뜨린다. 동전은 7.00 m를 떨어져서 물에 닿는다. 소리의 속력이 343 m/s라면, 글렌다가 동전을 놓은 후 얼마 후에 물이 튀는 소리를 들을 수 있는가?

18[35]. 모형 로켓이 정지 상태에서 수직으로 발사되었다. 처음 1.5초 동안은 17.5 m/s²로 가속 운동을 했다. 그다음에는 연료가 소진되어 자유낙하했다. (a) 공기저항을 무시할 수 있다면 로켓은 얼마나 높이 올라갔겠는가? (b) 이륙 후 로켓이 땅으로 돌아오는 데 시간은 얼마나 걸리겠는가?

19[37]. 돌멩이를 깊은 구덩이에 떨어뜨린 후 3.20초 후에 바닥에 닿는 소리를 들었다. 이것은 돌이 구덩이 바닥에 떨어지는 시간과 바닥에 닿은 돌의 소리가 당신에게 도착하는 시간의 합이다. 소리는 공기 중에서 대략 343 m/s로 이동한다. 구덩이의 깊이는 얼마인가?

4.5 포물체 운동

20[39]. 부드러운 진흙 덩어리를 지상 8.50 m에서 20.0 m/s의 속력으로 수평으로 던진다. 1.50초 후 진흙 덩어리는 어디에 있는가? 진흙이 땅에 닿을 때 그 자리에 달라붙는다고 가정하여라.

21[41]. 지상 1.0 m 지점에서 공을 던진다. 처음 속도는 수평에서 위쪽으로 30.0°의 각도로 19.6 m/s이다. (a) 지상으로부터 공의 최대 높이를 구하여라. (b) 궤적의 최고점에서 공의 속력을 계산하여라.

22[43]. 화살이 수평과 60.0°의 각으로 20.0 m/s의 속도로 공중으로 발사되었다. (a) 활시위를 떠나 3.0초 후 화살 속도의 x-와 y-성분은 얼마인가? (b) 3.0초 동안 변위의 x-와 y-성분은 얼마인가?

23[45]. 선수가 아이스 스케이팅 쇼에 선보일 묘기를 계획하고 있다. 이 묘기를 보여주기 위해 선수는 수평과 15.0°로 위쪽으로 기울어진 마찰이 없는 얼음 경사로에서 스케이트를 타고 내려올 것이다. 경사로의 가파른 경사가 끝나는 바닥에는 짧은 수평한 부분이 있다. 선수는 경사로 어딘가에서 정지 상태에서 출발한 다음에 수평 부분을 지나서, 수직으로 3.00 m 내려가면서 수평으로 7.00 m를 날아 얼음 위에 안전하게 내리려고 한다. 스케이터가 이 묘기를 선보이기 위해 경사로의 어느 높이에서 출발해야 하는가?

24[47]. 건물 옥상 가장자리에서, 소년이 수평선과 25.0°의 각으로 위로 돌멩이를 던졌다. 돌은 4.20초 후에 건물의 1층에서 105 m 떨어진 지면에 닿았다(공기저항은 무시하여라). (a) 공중을 통과하는 돌멩이의 경로에서 x, y, v_x와 v_y를 시간의 함수로 나타내는 그래프를 그려라. 정성적으로만 옳게 그리면 된다. 곧, 축에 숫자를 넣을 필요는 없다. (b) 돌멩이의 처음 속도를 구하여라. (c) 돌멩이를 던지는 처음 높이 h를 구하여라. (d) 돌멩이가 도달한 최고 높이 H를 구하여라.

25[49]. 지역 서커스단에서 연출자가 인간 포탄 연기를 하기 위해 사람을 고용했다. 이 연기를 위해서는 용수철로 장전하는 대포로 인간 포탄(Great Flyinski)을 발사해 그가 공중을 지나 아래 그물에 떨어지도록 해야 한다. 그물은 인간 포탄을 발사한 대포의 포구보다 5.0 m 아래에 있다. 인간 포탄은 수평선 위 35.0° 방향으로 18.0 m/s의 속력으로 대포에서 발사될 것이다. 연출자가 인간 포탄이 바닥에 떨어져 청중들을 크게 혼란시키지 않고 그물에 안전하게 떨어지도록 하려면 대포로부터 얼마나 떨어진 곳에 그물을 설치해야 하는지 당신에게 결정하라고 요구했다. 대포로부터 얼마나 떨어진 곳에 그물을 설치해야 하는가? 연출자에게 무엇이라고 대답할 것인가?

26[51]. 성을 향해 포탄을 발사했다. 포탄이 투석기를 떠날 때 속도는 수평선과 37°의 각으로 40 m/s였다. 포탄은 이때 지상 7.0 m에 있었다. (a) 포탄이 도달하는 최대 높이는 얼마인가? (b) 포탄이 성벽을 넘어 땅에 떨어졌다고 가정할 때 발사 지점으로부터 수평으로 얼마의 거리에 떨어지겠는가? (c) 포탄이 땅에 떨어지기 직전 속도의 x-와 y-성분은 얼마인가? y-축이 위로 향한다.

27[53]. 파리 시민들은 제1차 세계 대전 중에 독일군의 거포(Big Bertha)로 알려진 장거리 포에서 발사된 포탄으로 포격받았을 때 겁에 질려 있었다. 포신의 길이는 36.6 m였고, 포구 속력은 1.46 km/s였다. 포의 고각을 55°로 설정했다면, 포탄의 도달 거리는 얼마였겠는가? 이 문제를 풀면서 공기저항을 무시하여라. (실제로 이 고각일 때 도달 거리는 121 km였다. 이렇게 엄청난 포구 속력에서는 공기저항은 무시할 수 없다.)

28[55]. 포물체의 수평 도달 거리가 $R = \dfrac{2v_i^2 \sin \theta \cos \theta}{g}$임을 이용해 (a) 발사 속력이 v_i인 포물체의 최대 도달 거리와 (b) 최대 도달 거리에 이르게 하는 발사각 θ를 구하여라.

4.6 겉보기 무게

29[57]. 어떤 사람이 엘리베이터 안에서 체중계 위에 서 있다. 다음에 주어진 속력 v나 가속도의 크기 a에 관한 정보를 이용해 저울 지시눈금이 가장 높은 것에서부터 가장 낮은 것까지 순위를 정하여라. (a) 속력이 증가($a = 1.0$ m/s^2)하면서 상승, (b) 일정한 속력($v = 2.0$ m/s)으로 하강, (c) 일정한 속력($v = 4.0$ m/s)으로 하강, (d) 속력이 증가($a = 2.0$ m/s^2)하면서 하강, (e) 속력이 감소($a = 2.0$ m/s^2)하면서 상승.

30[59]. 질량이 64.2 kg인 욜란다가 위로 2.13 m/s^{2}의 가속도로 가속하는 엘리베이터를 타고 있다. 그녀가 엘리베이터의 바닥에 가하는 힘은 얼마인가?

31[61]. 엘리베이터에서 제이든의 겉보기 무게는 550 N이

고, 땅에서 저울 지시눈금은 600 N이다. 제이든의 가속도는 얼마인가?

32[63]. 보기 4.9를 참조하여라. 다음과 같은 상황에서 같은 탑승자(체중 598 N)의 겉보기 무게는 얼마인가? 각 경우에, 엘리베이터의 가속도의 크기는 0.50 m/s²이다. (a) 15층에서 멈춘 후에, 8층 버튼을 눌러서 엘리베이터가 내려가기 시작할 때, (b) 엘리베이터가 내려가다가 8층에 가까워지면서 느려지고 있을 때.

33[65]. 펠리페는 수영 팀에 가입하기 전에 신체검사를 하려고 한다. 그는 자신의 체중에 대해 우려하고 있으므로, 21층의 의사 진료실로 향하는 동안 체중을 확인하고자 체중계를 엘리베이터로 가져갔다. 엘리베이터가 2.0 m/s²의 가속도로 올라가는 동안 체중계가 750 N을 가리켰다면, 간호사는 그의 체중을 얼마로 측정하겠는가?

협동문제

34[67]. 정지 상태에서부터 수직하게 위쪽으로 20.0 m/s²으로 가속할 수 있는 엔진이 장착된 로켓이 비행을 시작한 후에 50.0초가 지나서 엔진이 고장이 났다. 공기저항을 무시하면, (a) 엔진이 고장 났을 때 로켓의 고도는 얼마인가? (b) 언제 최고 높이에 도달하겠는가? (c) 도달할 수 있는 최고 높이는 얼마인가? (힌트: 그래프 해법이 가장 쉽다.) (d) 로켓이 지상에 부딪치기 직전의 속도는 얼마인가?

35[69]. 만일 제트기가 10.0 ft/s²로 가속하고 7.00 ft/s²로 감속할 수 있다면, 길이 1.50마일의 공항 활주로에서 귀환 불능 지점(point of no return)을 구하여라. 귀환 불능 지점이란 조종사가 이륙을 취소하고 남은 활주로를 이용해 비행기를 감속시켜 활주로 끝에 세우게 할 수 있는 지점이다. 비행기가 움직이기 시작하고부터 행동을 결정할 때까지 이용할 수 있는 시간은 얼마인가?

연구문제

36[71]. 드래그 경기(단거리 자동차 경주)에서 레이서가 400.0 m 트랙의 결승선을 104 m/s의 나중 속력으로 넘었다. (a) 경주하는 동안 가속도가 일정했다고 가정하고, 경주 시간, 타이어와 도로 사이의 최소 정지마찰계수를 구하여라. (b) 만약 타이어 상태가 나쁘거나 도로가 젖어서

가속도가 30.0 % 작아진다면, 경주를 마치는 데 시간이 얼마나 걸리는가?

37[73]. 절벽의 난간에서 공을 수평으로 초속 20.0 m/s로 던진다. (a) 공이 20.0 m 절벽 아래 바닥으로 떨어지기까지 걸리는 시간은 얼마나 되는가? (b) 절벽 난간에서 정지한 공을 떨어뜨린다면 땅에 닿는 데 시간이 얼마나 걸리는가? (c) 공을 수평선 아래로 18°의 각도로 처음 속도 20.0 m/s로 던진다면, 땅에 떨어지는 데 시간이 얼마나 걸리는가?

38[75]. 비행기가 뉴욕에서 파리까지 5.80×10^3 km의 거리를 비행 중이다. 지구의 곡률을 무시한다. (a) 평온한 날에 비행기의 순항 속력이 350.0 km/h라면 왕복 여행을 하는 데 시간이 얼마나 걸리는가? (b) 만일 바람이 뉴욕에서 파리로 60.0 km/h로 꾸준하게 분다면, 왕복 소요 시간은 얼마나 되는가? (c) 만일 60.0 km/h의 옆바람이 있으면 시간이 얼마나 걸리는가?

39[77]. 그래프는 떨어졌다 튀어 오르는 공의 수직 속도 성분 v_y를 시간의 함수로 나타낸 그래프이다. y-축은 위쪽을 가리킨다. 그래프의 데이터를 이용해 질문에 답하여라. (a) 공이 언제 최고 높이에 도달하는가? (b) 공이 바닥에 얼마 동안이나 닿아 있는가? (c) 공의 최고 높이는 얼마인가? (d) 공중에 있는 동안 공의 가속도는 얼마인가? (e) 바닥에 닿는 동안 공의 평균 가속도는 얼마인가?

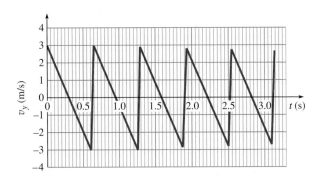

40[79]. 야구 경기에서 타자가 높이 44 m까지 떠오르는 장거리 플라이 볼을 쳤다. 상대 팀의 외야수는 7.6 m/s로 달릴 수 있다. 외야수가 볼을 잡을 수 있는 위치 중에서 볼의 착지점으로부터 가장 먼 거리는 얼마인가?

41[81]. 지상 높이 h인 기숙사 방 창문에서 수평으로 오자미를 던졌다. 오자미는 창문 아래 수평 거리 h(높이와 같은 거리 h)인 땅에 떨어졌다. 공기저항을 무시하고 땅에 충돌하기 직전에 오자미의 속도의 방향을 구하여라.

42[83]. 30.0 mi/h로 운동하는 자동차의 최소 정지 거리가 12 m이다. 같은 조건에서 (최대 제동력이 동일하도록) 60.0 mi/h에 대해 최소 정지 거리는 얼마인가? 단위 변환은 피하고 비례식으로 구하여라.

43[85]. 고도가 18 m이고 수평 항속은 8.0 m/s인 헬리콥터에서 응급의료품을 헬리콥터에 대해 12 m/s의 속력으로 수평을 유지하며 뒤로 던진다. 공기저항을 무시하고, 의료품이 지상에 도달할 때 의료품과 헬리콥터 사이의 수평 거리는 얼마인가?

44[87]. 바닥이 평평한 썰매가 눈 덮인 경사면을 미끄러져 내려가고 있다. 표는 썰매가 이동하는 동안 몇몇 경과한 시간에 썰매의 속력을 보여준다. (a) 속력을 시간의 함수로 그래프를 그려라. (b) 그래프로 판단할 때, 썰매는 등가속도 운동을 한다고 볼 수 있는가? 그렇다면 가속도는 얼마인가? (c) 마찰을 무시한다면 경사면의 경사각은 얼마인가? (d) 마찰이 심하다면 경사각은 (c)에서 구한 것보다 더 큰가, 작은가? 설명하여라.

경과 시간 t(s)	썰매의 속력 v(m/s)
0	0
1.14	2.8
1.62	3.9
2.29	5.6
2.80	6.8

45[89]. 길이가 8.0 cm인 에어트랙(실험기구 중 하나) 글라이더가 포토 게이트를 지나면서 빛을 차단한다. 글라이더는 마찰이 없는 경사진 트랙 위에서 정지 상태로부터 놓아주고 글라이더가 게이트의 중간을 통과할 때 그 이동 거리가 96 cm가 되도록 게이트를 위치시켰다. 타이머는 글라이더가 게이트를 통과하는 데 333 ms가 걸린다고 표시한다. 마찰은 무시할 만하다. 트랙을 따라 미끄러지는 글라이더의 가속도(등가속도로 추정)는 얼마인가?

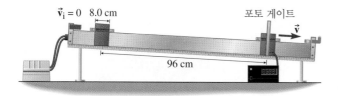

46[91]. 메뚜기는 0.30 m 높이까지 점프할 수 있다. (a) 메뚜기가 똑바로 위로 뛰어오르고, 공기저항을 무시한다면, 메뚜기의 이륙 속력은 얼마인가? (b) 실제로 메뚜기는 수

평선에 대해 약 55°의 각도로 점프하고, 공기저항을 무시할 수 없다. 결과는 이륙 속력이 (a)에서 계산한 값보다 약 40 % 더 크다. 메뚜기의 질량이 2.0 g이고, 정지 상태에서 이륙 속력까지 가속하는 동안 몸은 직선상에서 4.0 cm 움직인다면, 메뚜기의 가속도는 얼마인가(등가속도로 추정하여라)? (c) 메뚜기의 무게를 무시하고 지면이 뒷발에 가하는 힘을 추산해보아라. 이것을 메뚜기의 무게와 비교해보아라. 메뚜기의 무게를 무시하는 것이 합리적인가?

47[93]. 연어가 산란하기 위해 상류로 향할 때, 자주 폭포를 거슬러 올라가야 한다. 물이 너무 빨리 흐르지 않는 경우, 연어는 떨어지는 물속으로 헤엄쳐 바로 위로 올라갈 수 있다. 만일 물이 너무 큰 속력으로 떨어지면, 연어는 폭포에서 물이 너무 빨리 떨어지지 않는 장소로 가기 위해 물 밖으로 뛰어오른다. 사람들이 연어가 지나가는 통상 경로를 방해하는 댐을 만들 때, 연어가 산란 지역으로 오르게 하는 인공어로 사다리를 만들어줘야 한다. 어로 사다리는 계단 사이의 물이 잔잔한 웅덩이를 이루기 때문에 일련의 작은 폭포들로 구성되어 있다(그림 참조). 물고기 사다리의 한 계단의 상단과 하단에 있는 물웅덩이는 정지 상태이고, 물은 한 웅덩이에서 다음으로 곧바로 떨어지고, 연어는 물에 대해 5.0 m/s로 헤엄칠 수 있다. (a) 연어가 뛰어오르지 않고 헤엄쳐서 오를 수 있는 작은 폭포의 최대 높이는 얼마인가? (b) 폭포가 1.5 m 높이라면, 연어가 헤엄칠 수 있는 물로 가기 위해 얼마나 뛰어올라야 하는가? 바로 위로 뛰어오르는 것으로 가정한다. (c) (b)에서 구한 높이로 뛰어오르는 데 처음 속력은 얼마인가? (d) 1.0 m 높이의 폭포에 대해, 연어가 폭포 위로 헤엄치기 시작할 때 땅에 대해서는 얼마나 빠른가?

- 각 변위 $\Delta\theta$는 물체가 회전한 각도이다. 양수 및 음수 각 변위는 서로 다른 방향의 회전을 나타낸다. 관례적으로 양수는 시계 반대 방향의 운동을 나타낸다.

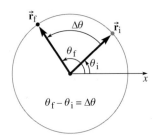

$$\theta_f - \theta_i = \Delta\theta$$

- 평균 각속도:

$$\omega_{평균} = \frac{\theta_f - \theta_i}{t_f - t_i} = \frac{\Delta\theta}{\Delta t} \qquad (5\text{-}2)$$

- 평균 각가속도:

$$\alpha_{평균} = \frac{\omega_f - \omega_i}{t_f - t_i} = \frac{\Delta\omega}{\Delta t} \qquad (5\text{-}15)$$

- 순간 각속도와 각가속도는 $\Delta t \to 0$일 때 각각 평균 각속도와 평균 각가속도의 극한이다.

- 편리한 각도 측정 단위로 라디안이 있다.

$$2\pi\text{라디안} = 360°$$

- 각도를 라디안으로 측정하면, 반지름 r인 호의 길이 s에 대응하는 각도가 θ이다.

$$s = \theta r \qquad (\theta\text{의 단위는 rad}) \qquad (5\text{-}4)$$

- ω를 라디안으로 측정하면, 원운동하는 물체의 속력은

$$v = r\,|\omega| \qquad (\omega\text{의 단위는 rad/s}) \qquad (5\text{-}7)$$

- α를 라디안을 이용해 측정하면 접선 가속도와 각가속도가

$$a_t = r\,|\alpha| \qquad (\alpha\text{의 단위는 rad/s}^2) \qquad (5\text{-}17)$$

의 관계에 있다.

- 원운동하는 물체는 지름 가속도 성분

$$a_r = \frac{v^2}{r} = \omega^2 r \qquad (\omega\text{의 단위는 rad/s}) \qquad (5\text{-}12)$$

를 가진다.

- 접선 방향 및 지름 방향 가속도 성분은 가속도 벡터의 두 수직한 성분이다. 지름 방향 가속도 성분은 속도의 방향을 변화시키고, 접선 방향 가속도 성분은 속력을 변화시킨다.

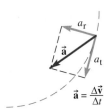

- 등속원운동이란 v와 ω가 일정하다는 것을 의미한다. 등속원운동에서 1회전을 완료하는 데 걸리는 시간은 일정하며 주기 T라고 한다. 진동수 f는 초당 완료한 회전수를 나타낸다.12if

$$f = 1/T \qquad (5\text{-}8)$$

$$|\omega| = v/r = 2\pi f \qquad (5\text{-}9)$$

여기서 각속도의 SI 단위는 rad/s이고 진동수의 단위는 rev/s = Hz이다.

- 구르는 물체는 회전하면서 병진운동을 한다. 물체가 미끄러지거나 끌리지 않는다면

$$v_축 = r\,|\omega| \qquad (5\text{-}10)$$

이다.

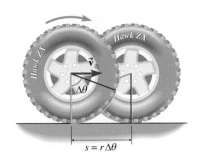

$$s = r\Delta\theta$$

- 케플러의 법칙은 행성 궤도의 주기의 제곱이 궤도 반지름의 세제곱에 비례한다는 것을 말한다.

$$T^2 = 상수 \times r^3 \qquad (5\text{-}14)$$

- 등가속도 운동 a_x에서 유도했던 것과 유사한 방정식을 등각가속도 운동에 대해서도 쓸 수 있다.

$$\Delta\omega = \omega_\mathrm{f} - \omega_\mathrm{i} = \alpha\Delta t \qquad (5\text{-}18)$$

$$\Delta\theta = \tfrac{1}{2}(\omega_\mathrm{f} + \omega_\mathrm{i})\,\Delta t \qquad (5\text{-}19)$$

$$\Delta\theta = \omega_\mathrm{i}\,\Delta t + \tfrac{1}{2}\alpha\,(\Delta t)^2 \qquad (5\text{-}20)$$

$$\omega_\mathrm{f}^2 - \omega_\mathrm{i}^2 = 2\alpha\Delta\theta \qquad (5\text{-}21)$$

연습문제

단답형 질문

1[1]. 운전자가 자동차를 가속할 수 있는(물리적 의미에서) 유일한 방법이 자동차의 "가속기"(가속 페달)를 내리누르는 것인가? 그렇지 않으면 운전자가 차를 가속하기 위해 할 수 있는 다른 것은 무엇인가?

2[3]. 원 궤도 위성의 궤도 반지름과 속력이 무관하지 않은 이유를 설명하여라.

3[5]. 등속원운동에서, 알짜힘은 속도에 수직이고 속도의 방향을 변화시키지만 속력은 변하지 않는다. 만일 포물체가 수평으로 발사되면, 알짜힘(공기저항 무시)은 처음 속도에 수직이고, 포물체는 낙하하면서 속력이 증가한다. 두 상황의 차이점은 무엇인가?

4[7]. 속도 조절 바퀴(flywheel, 무거운 원반)가 일정한 각가속도로 회전한다. 바퀴의 가장자리의 한 점에 대해, 접선 가속도 성분은 일정한가? 지름 방향의 가속도 성분도 일정한가?

5[9]. 롤러코스터가 오른쪽으로 빠르게 회전할 때, 마치 당신이 왼쪽으로 밀리는 것처럼 느낀다. 어떤 힘이 당신을 왼쪽으로 밀었는가? 만일 그렇다면 그 힘은 무엇인가? 또 그렇지 않다면 왜 그런 힘이 있는 것 같이 보이는가?

6[11]. 물리 선생님이 안쪽 경사가 있는 커브 길 위를 돌고 있는 자동차의 횡단면도를 직각 삼각형 위에 직사각형으로 그렸다. 한 학생이 그림에 기초해 좌표계를 그렸다. 문제를 좀 더 쉽게 푸는 다른 좌표축을 선택할 수 있는가?

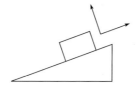

선다형 질문

질문 1-2. 궤도 위성이 지구 주위에서 등속원운동을 한다. 그림에서 위성은 시계 반대 방향(*ABCDA*)으로 운동한다. 다음 보기에서 답을 선택하여라.

(a) $+x$ (b) $+y$ (c) $-x$ (d) $-y$
(e) $+x$-축 위 45°($+y$-방향)
(f) $+x$-축 아래 45°($-y$-방향)
(g) $-x$-축 위 45°($+y$-방향)
(h) $-x$-축 아래 45°($-y$-방향)

1[1]. C에서 시작해 D에서 끝나는, 궤도의 1/4에 대한 위성의 평균 속도의 방향은?

2[3]. C에서 시작해 A에서 끝나는, 궤도의 1/2에 대한 위성의 평균 가속도의 방향은?

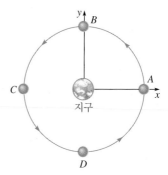

선다형 질문 1-2, 문제 20

3[5]. 일정한 속력으로 원을 따라 운동하는 물체의 가속도의 방향은?
(a) 운동 방향과 일치한다.
(b) 원의 중심을 향한다.
(c) 원의 중심에서 멀어지는 방향이다.
(d) 영(방향이 없다.)

4[7]. 두 개의 위성이 동일한 궤도 반지름으로 화성 주변의 궤도에 있다. 위성 2는 위성 1의 질량의 두 배다. 위성 2의 지름 가속도의 크기는?

(a) 위성 1의 지름 가속도 크기의 2배이다.

(b) 위성 1의 지름 가속도와 크기가 같다.

(c) 위성 1의 지름 가속도 크기의 반이다.

(d) 위성 1의 지름 가속도 크기의 4배이다.

5[9]. 소년이 타이어 그네를 타고 있다. 줄의 장력은 어디에서 최대인가?

(a) 운동하는 중에 가장 높은 지점에서

(b) 운동하는 중에 가장 낮은 지점에서

(c) 최고점도 최저점도 아닌 한 지점에서

(d) 어디서나 일정하다.

6[11]. 물체가 등각가속도로 속력이 변하는 원운동을 하고 있다. 올바른 설명은?

(a) 가속도는 일정하다.

(b) 지름 방향의 가속도 성분은 크기가 일정하다.

(c) 접선 방향의 가속도 성분은 크기가 일정하다.

문제

5.1 등속원운동

1[1]. 회전 그네가 길이 8.0 m의 막대 끝에 고정되어 있다. 이 그네가 120°만큼 쓸고 지나갈 때 그네를 타고 있는 사람이 이동한 거리는 얼마인가?

2[3]. 아날로그시계 초침의 평균 각속력을 구하여라. 5.0초 동안의 각 변위는 얼마인가?

3[5]. 반지름이 30 cm인 바퀴가 0.080초마다 2.0회전하고 있다. (a) 바퀴가 1.0초 동안에 몇 라디안이나 회전하는가? (b) 바퀴의 가장자리에 있는 점의 선속력은 얼마인가? (c) 바퀴의 회전 진동수는 얼마인가?

4[7]. 자전거가 9.0 m/s로 운동한다. 반지름이 35 cm인 타이어의 각속력은 얼마인가?

5[9]. 철도 건설에서, 커브 길은 승객이나 화물을 손상시키지 않도록 완만하게 하는 것이 중요하다. 곡률은 곡률 반지름으로 측정하지 않고 다음과 같이 정해진다. 먼저 100.0피트 길이의 줄로 호의 길이를 잰다. 그러면 곡률은 호의 양 끝에서 뻗어나간 두 반지름 사이의 각으로 정해진다. (각은 100피트 떨어진 두 접선 사이의 각으로 측정된

다. 각 접선은 반지름에 수직이므로 이 각들은 서로 같다.) 요즘은 철도 건설에서는 궤도 곡률을 1.5° 미만으로 유지한다. 곡률이 "1.5°인 곡선"의 곡률 반지름은 얼마인가? (힌트: 각이 작을 때는 현의 길이는 호의 길이와 거의 같다.)

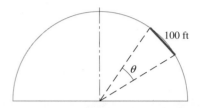

6[11]. 다음의 다섯 속도 조절 바퀴를 테두리의 선속력이 가장 큰 것부터 가장 작은 것의 순서로 나열하고, 설명하여라. (a) 반지름 8.0 cm, 주기 4.0 ms, (b) 반지름 2.0 cm, 주기 4.0 ms, (c) 반지름 8.0 cm, 주기 1.0 ms, (d) 반지름 2.0 cm, 주기 1.0 ms, (e) 반지름 1.0 cm, 주기 4.0 ms.

5.2 지름방향 가속도

7[13]. 지구 표면에 대해 정지해 있는 물체는 지구 자전에 의한 원운동을 하고 있다. 적도에 있는 아프리카 바오밥 나무의 지름방향 가속도는 얼마인가?

8[15]. 의학적 실험에 따르면 가속 축이 척추와 일직선으로 맞추었을 때, 조종사가 의식을 잃지 않고 견딜 수 있는 최대 가속도는 약 $5.0g$이다(g는 중력 가속도. 보기 5.3 참조). 조종사가 뇌 혈압을 충분히 높게 유지시켜주는 특별한 "중력 셔츠(g-suits)"를 입은 상태에서는 약 $9.0g$ 이상의 가속도에서 "의식 일시 상실(blackout)"을 피할 수 있다. (a) 만일 이러한 경우를 가정하면, 750 km/h로 수평 원 궤도를 비행하는 F-15를 보호복이 없는 상태로 조종하는 조종사에 대해 안전한 최소 곡률 반지름은 얼마인가? (b) 만일 조종사가 중력 셔츠를 입고 있다면 이 반지름은 얼마인가?

9[17]. 지름방향 가속도에 대한 세 가지 식($v\omega$, v^2/r, $\omega^2 r$)의 차원이 모두 가속도의 차원을 갖는다는 것을 증명하여라.

10[19]. 어떤 어린이 장난감에서, 0.100 kg인 공이 두 개의 끈 A와 B에 묶여 있다. 끈의 다른 끝이 막대기에 묶여 있어 공은 수평면상의 원형 경로를 따라서 막대 둘레를 회전한다. 두 끈의 길이는 15.0 cm이며 수평과 30.0°의 각을 이루고 있다. (a) 장력과 중력을 나타내는 공의 자물도를 그려라. (b) 공의 각속력이 6.00π rad/s 이라고 할 때

각 끈의 장력의 크기를 구하여라.

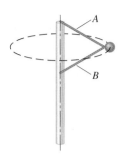

11[21]. 어린이가 길이가 L인 줄로 질량 m인 조약돌을 묶어서 수평 원에서 돌리고 있다. 돌은 일정한 속력으로 운동한다. (a) 중력을 무시할 때, 줄의 장력을 구하여라. (b) 이제 중력을 포함하면(이때 조약돌의 무게는 더 이상 무시할 수 없지만, 줄의 무게는 여전히 무시할 만하다.) 줄의 장력은 얼마인가? 장력을 m, g, v, L과 줄이 수평과 이루는 각 θ로 나타내어라.

5.3 안쪽 경사가 있는 커브와 없는 커브

12[23]. 고속도로 한 부분에 있는 커브의 반지름이 R이다. 도로에는 안쪽 경사가 없다. 타이어와 노면의 정지마찰계수는 μ_s이다. (a) 자동차가 커브 주위를 안전하게 운행할 수 있는 가장 빠른 속력은 얼마인가? (b) 차가 최대 안전 속력보다 빠른 속력으로 곡선 구간으로 들어갈 때 어떤 일이 일어나는지 설명하여라. 자물도를 그려서 예시하여라.

13[25]. 고속도로에 있는 커브의 곡률 반지름이 120 m이고 안쪽 경사가 3.0°이다. 도로에 얼음이 깔렸을 때 곡선을 가장 안전하게 돌아갈 수 있는 속력은 얼마인가?

14[27]. 올림픽에 사용하기 위해 벨로드롬(경륜장)을 건설한다. 코스 노면의 곡률 반지름은 20.0 m이다. 18 m/s로 달리는 자전거 선수에 대해 노면의 안쪽 경사각은 얼마여야 하는가? (자전거 선수가 원형 경로를 유지하는 데 마찰

력이 필요 없는 각을 택하여라. 벨로드롬에는 큰 경사각을 사용한다.)

15[29]. 자동차가 32 m/s의 속력으로 반지름 410 m의 곡선 도로를 달리고 있다. 도로는 안쪽 경사각이 5.0°이다. 자동차의 질량은 1400 kg이다. (a) 자동차에 작용하는 마찰력은 얼마인가? (b) 마찰력이 0이라면 자동차는 이 곡선 도로를 얼마의 속력으로 달려야 하는가?

16[31]. 비행기가 수평으로 반지름 r인 원을 따라 일정한 속력으로 날고 있다. 공기가 날개에 작용하는 양력은 날개에 수직하다. 이 원을 따라 비행하기 위해 날개는 연직선과 얼마의 각도를 이루어야 하는가?

5.4 행성과 위성의 원 궤도

17[33]. 태양을 도는 지구의 평균 선속력은 얼마인가?

18[35]. 두 개의 위성이 목성 주위의 원 궤도를 돌고 있다. 궤도 반지름이 r인 위성은 16시간마다 한 바퀴씩 회전한다. 다른 위성은 궤도 반지름이 4.0 r이다. 두 번째 위성이 목성 둘레를 한 바퀴 도는 데 걸리는 시간은 얼마인가?

19[37]. 목성의 위성 중 하나인 이오(Io)는 공전 주기가 1.77일이고, 또 다른 위성인 유로파(Europa)는 공전 주기가 약 3.54일이다. 이들 두 위성은 모두 거의 원형인 궤도를 돌고 있다. 케플러의 세 번째 법칙을 이용해 목성의 중심에서 각 위성까지의 거리를 구하여라. 목성의 질량은 1.9×10^{27} kg이다.

20[39]. 위성이 지구 표면에서 35800 km의 고도에서 지구 주위를 등속원운동하고 있다. 위성은 지구 정지 궤도에 있다(곧, 궤도를 한 바퀴 도는 데 걸리는 시간이 1일이다). 선다형 질문 1-2의 그림에서, 위성이 시계 반대 방향(ABCDA)으로 돌고 있다. x-축과 y-축으로 방향을 말해보아라. (a) C 지점에서 위성의 순간 속도는 얼마인가? (b) A에서 시작해 B로 끝나는 궤도의 1/4에 대해 위성의 평균 속도는 얼마인가? (c) A에서 시작해 B로 끝나는 궤도의 1/4에 대해 위성의 평균 가속도는 얼마인가? (d) D 지점에서 위성의 순간 가속도는 얼마인가?

5.5 속력이 변하는 원운동

21[41]. 한 진자는 길이가 0.80 m이고 추의 질량은 1.0 kg이다. 이 진자의 추가 가장 낮은 곳에 있을 때 속력이 1.6 m/s이다. (a) 가장 낮은 곳에 있을 때 끈의 장력은 얼마인가?

(b) 장력이 추의 무게보다 큰 이유를 설명하여라.

22[43]. 자동차가 반지름이 55.0 m인 수직 원 모양의 언덕 꼭대기로 접근한다. 차가 지면과 계속 접촉하여 언덕을 넘어갈 수 있는 가장 빠른 속력은 얼마인가?

5.6 각가속도

23[45]. 정지 상태에서 출발한 사이클 선수가 처음 5.0초 동안 바퀴가 8.0회전하도록 페달을 밟았다. 바퀴의 각가속도는 얼마인가? (각가속도는 일정하다고 가정한다.)

24[47]. 세탁기가 탈수 사이클 중에 정지 상태에서 시작해 2.0초 동안에 1400 rpm의 각속력에 도달했다. (a) 각가속도가 일정하다고 가정하면, 그 크기는 얼마인가? (b) 이 시간에 세탁기는 몇 회전을 하는가?

25[49]. 처음에 정지 상태에 있던 자동차가 원형 도로를 따라 2.00 m/s²의 일정한 접선 가속도 성분을 가지고 운동한다. 원형 도로의 반지름은 50.0 m이다. 자동차의 처음 위치는 원에서 서쪽으로 가장 먼 곳이고 처음 속도의 방향은 북쪽이다. (a) 원형 도로의 $\frac{1}{4}$을 달린 후 차의 속력은 얼마인가? (b) 이때 자동차의 지름 가속도 성분은 얼마인가? (c) 같은 지점에서, 차의 총 가속도는 얼마인가?

26[51]. 성인의 "눈 깜박임" 시간의 평균은 약 150 ms이다. 깜박임에서 "폐쇄"하는 시간은 약 55 ms이다. 이를 15°의 각 변위를 일으키는 동안 등각가속도로 눈꺼풀을 폐쇄한다고 하자. (a) 눈을 감는 동안 눈꺼풀의 각가속도는 얼마인가? (b) 안구의 반지름이 1.25 cm라면 감는 동안 눈꺼풀 끝부분의 접선 가속도는 얼마인가?

27[53]. 빔스가 개발한 초원심분리기에서, 회전자는 진공에 자기적으로 부양되어 있다. 회전자가 기계적으로 연결되어 있지 않기 때문에 유일한 마찰력은 진공에서 몇 개의 공기 분자에 의한 저항으로 발생한다. 회전자가 5.0×10^5 rad/s의 각속력으로 회전하고 구동력을 껐다면, 로터의 회전은 0.40 rad/s²의 각가속도로 느려진다. (a) 회전자가 멈추기까지 얼마 동안이나 회전하는가? (b) 이 시간 동안 회전자는 몇 바퀴나 회전하는가?

28[55]. 진자는 길이가 0.800 m이고 추의 질량은 1.00 kg이다. 끈이 연직선과 $\theta = 15.0°$의 각도에 이르렀을 때 추는 1.40 m/s로 움직인다. 가속도의 접선 성분과 지름 방향

성분 그리고 끈의 장력을 구하여라. (힌트: 추의 자물도를 그려라. 추의 운동에서 접선 방향을 x-축으로 하고 지름 방향을 y-축으로 택하여라. 뉴턴의 제2 법칙을 적용하여라.)

5.7 겉보기 무게와 인공중력

29[57]. 세탁기 드럼은 반지름이 25 cm이고 4.0 rev/s로 회전한다. 세탁물인 옷이 받는 인공중력의 크기는 얼마인가? 중력 가속도 g의 배수로 답하여라.

30[59]. 생물학자가 우주에서의 생물 성장을 연구하고 있다. 그는 우주탐사선의 회전판 위에 식물을 심고 지구 중력장을 만들려고 한다. 회전 중심축으로부터 식물을 심은 곳까지 거리는 $r = 0.20$ m이다. 각속력은 얼마여야 하는가?

31[61]. 지구의 자전으로 인해 지구 표면에 정지해 있는 물체들은 원운동을 한다. (a) 적도에 있는 물체의 지름 가속도는 얼마인가? (b) 물체의 겉보기 무게는 물체의 실제 무게보다 더 큰가 아니면 더 작은가? 설명하여라. (c) 적도에서 겉보기 무게는 실제 무게와 몇 퍼센트나 다른가? (d) 지구상에서 체중계에 나타난 당신의 몸무게와 실제 몸무게가 같은 곳은 어디인가? 설명하여라.

32[63]. 어떤 사람이 유원지에서 일정한 각속도로 회전하는 대관람차(Ferris Wheel)를 타고 있다. 그녀의 몸무게는 520.0 N이다. 이 관람차의 꼭대기에서 겉보기 몸무게는 실제 몸무게와 1.5 N 차이가 난다. (a) 이 관람차가 꼭대기에 있을 때 그녀의 겉보기 몸무게는 521.5 N과 518.5 N 중 어느 것인가? 왜 그렇게 생각하는가? (b) 이 관람차가 바닥에 있을 때 겉보기 무게는 얼마인가? (c) 관람차의 각속력이 0.025 rad/s라면 반지름은 얼마인가?

33[65]. 회전하는 속도 조절 바퀴가 베어링의 마찰 때문에 속력이 일정 비율로 느려진다. 1분 후, 각속도가 처음 각속도 ω의 0.80배로 감소했다. 3분 후에, 각속도는 처음 값의 얼마나 되는가?

협동문제

34[67]. 우주탐사선이 목성 주위에서 궤도 운동을 한다. 궤도 반지름은 목성 반지름($R_J = 71500$ km)의 3.0배이다. 목성 표면의 중력장은 23 N/kg이다. 우주탐사선 궤도의 주기는 얼마인가? (힌트: 목성에 관한 문제를 해결하기 위해 더 이상의 자료를 검색할 필요는 없다.)

35[69]. 일정한 속력으로 U턴을 하는 가장 빠른 방법은 무엇인가? 원둘레를 따라 180° 회전을 해야 한다고 생각하자. 최소 반지름은(자동차의 조향 체계에 따른) 5.0 m인 반면, 최대 반지름은(도로 너비에 따른) 20.0 m이다. 가속도는 결코 3.0 m/s²을 초과할 수 없다. 그렇지 않으면 자동차는 미끄러질 것이다. 가능한 가장 작은 반지름으로 돌면 거리가 작아지고, 가장 큰 반지름을 돌면 미끄러지지 않고 빠르게 갈 수 있다. 그렇지 않으면 그 사이의 반지름을 택해야 하는가? 이렇게 U턴을 할 때 최소의 가능한 시간은 얼마인가?

연구문제

36[71]. 지구는 하루에 한 번(24.0시간) 지축을 중심으로 회전한다. 대략 적도에 위치한 킬리만자로산(해발 5895 m) 정상은 지구의 회전으로 인한 접선 방향 속력이 얼마인가? 지구의 적도 반지름은 6378 km이다.

37[73]. 치과용 고속드릴이 3.14×10^4 rad/s로 회전한다. 이 드릴은 1.00초 동안 몇 도 회전하는가?

38[75]. 2개의 기어 A와 B가 접촉하고 있다. 기어 A의 반지름은 기어 B의 2배이다. (a) A의 각속도가 시계 반대 방향으로 6.00 Hz일 때, B의 각속도는 얼마인가? (b) A의 톱니 끝까지의 반지름이 10.0 cm라면, 기어 톱니의 끝에 있는 점의 선속력은 얼마인가? B의 톱니 끝에 있는 점의 선속력은 얼마인가?

39[77]. 우리 은하는 약 2억 년의 주기로 은하의 중심 주위를 회전한다. 태양은 은하의 중심에서 2×10^{20} m 떨어져 있다. 은하 중심에 대해 태양은 얼마나 빨리 움직이는가?

40[79]. 질량 $m_1 = 0.050$ kg인 블록과 질량 $m_2 = 0.030$ kg인 블록이 서로 끈으로 연결되어 있다. 그림이 보여주듯이 안쪽에 있는 블록은 다른 끈에 의해 중앙 막대에 연결되어 있고 $r_1 = 0.40$ m이고 $r_2 = 0.75$ m이다. 블록이 마찰이 없는 수평면에서 1.5 rev/s의 각속력으로 회전할 때, 두 끈의 장력은 각각 얼마인가?

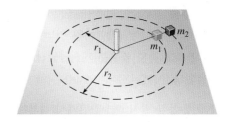

41[81]. 박테리아는 회전하는 코르크 따개 스크루 모양의 나선형 편모를 사용해 움직인다. 110 rev/s로 회전하고 1.0 μm 피치의 편모가 있는 박테리아의 경우, 수영하는 매질에 "미끄럼(slippage)"이 없다면 얼마나 빨리 움직일 수 있는가? 나선의 피치는 "나사산" 사이의 거리이다.

42[83]. 오래된 턴테이블 위에 동전이 놓여 있다. 동전과 턴테이블 사이의 정지마찰계수가 0.10이면, 턴테이블이 33.3 rpm으로 회전할 때 동전이 미끄러짐 없이 있을 수 있는 곳은 중심으로부터 얼마나 떨어진 곳인가?

43[85]. 유원지의 로켓 타기에서, 로켓은 회전축으로부터 6.00 m 길이의 회전 팔에 부착된 4.25 m 케이블에 매달려 있다. 케이블은 주행 중에 연직 방향과 45.0°의 각도에서 회전한다. 회전하는 각속력은 얼마인가?

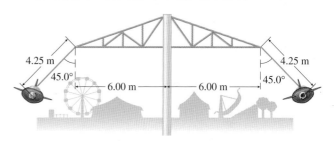

44[87]. "우주 엘리베이터"는 지상에서 정지 궤도(항상 지구 표면상의 동일 지점 위)에 있는 우주 정거장까지 가는 케이블로 구성되어 있다. 이 엘리베이터의 "승강기"는 화물을 우주로 운반하기 위해 케이블에 매달려 오르내릴 것이다. 적도 지면에서 높이 H인 우주 정거장 사이를 연결하는 케이블을 생각해보자. 케이블의 질량은 무시하여라.[2] (a) 높이 H는 얼마인가? (b) 질량 100 kg의 엘리베이터 승강기가 높이가 $H/2$인 곳에 있다고 가정하자. 승강기를

---

2) 실제적으로는 이 케이블 질량 문제는 우주 엘리베이터 공학 기초 도전 과제 중 하나이다. 케이블은 너무 길기 때문에 질량이 매우 크고 자체 중량을 지탱하기 위해서는 엄청난 장력을 견뎌야 한다. 승강기를 달고 오르내리는 케이블은 정지 궤도 너머에 있는 평형추에 의해 지지되어야 한다. 어떤 사람들은 탄소 나노 튜브가 그러한 특성을 가진 케이블을 만들 수 있는 열쇠를 쥐고 있다고 믿는다.

그 자리에 있도록 하기 위해 케이블이 지탱해야 하는 장력 T는 얼마여야 하는가? 케이블의 어느 부분이 장력을 받고 있는가? 승강기의 윗부분 케이블인가, 아니면 아랫부분 케이블인가?

45[89]. 기계선반공인 마시모는 선반에서 볼트의 나삿니를 만들고 있다. 그는 볼트에 1인치당 18개의 나삿니를 내기를 원한다. 절삭 공구가 볼트 재료의 축과 평행하게 0.080 인치/s의 속도로 움직인다면, 정확한 나삿니의 밀도를 보장하기 위해 선반 물림쇠의 회전 속력은 얼마여야 하는

가? (힌트: 나삿니는 선반의 물림쇠가 한 바퀴를 돌 때마다 한 개씩 만들어진다.)

46[91]. 정지 위성의 궤도 반지름을 구하여라. 먼저 위성의 주기, 반지름, 속력과 관련된 식을 쓰고 시작하여라. 그런 다음에 위성에다 뉴턴의 제2 법칙을 적용하여라. 두 개의 미지수(속력과 반지름)가 있는 두 개의 방정식을 얻을 수 있을 것이다. 대수적으로 속력을 제거하고 반지름에 대해 풀이하여라.

1~5장 종합 복습문제

복습문제

1. 뉴턴의 제2 법칙과 차원 해석에 관한 당신의 지식으로부터, 식 $F = kx$에서, 용수철상수 k의 SI 단위를 구하여라. 여기서 F는 힘이고 x는 거리이다.

2. 해리슨은 서쪽으로 2.00 km 이동하고 나서 서남쪽 53.0° 방향으로 5.00 km, 그리고 서북쪽으로 60.0° 방향으로 1.00 km 이동했다. (a) 해리슨이 출발점으로 돌아가려면 어떤 방향으로 얼마나 가야 하는가? (b) 해리슨이 5.00 m/s의 속력으로 출발 지점으로 직접 복귀한다면 돌아오는 이동 시간은 얼마나 걸리는가?

3. (a) 산악 커브길 2.20마일 구간에 도로를 따라서 중앙 분리선에 17.6야드 간격으로 반사표지(예를 들면 고양이 눈 반사경)를 설치한다면 반사체가 몇 개나 필요한가? (b) 16.0 m마다 표지를 한 길이가 3.54 km인 도로의 경우에는 몇 개나 필요한가? 미터법을 쓰는 나라에서 고속도로 엔지니어가 되기를 원하는가, 아니면 영국이나 미국의 관습 단위를 쓰는 나라의 엔지니어가 되기를 원하는가?

4. 한 아기가 우유를 먹고 나서 간헐적으로 토하고 소아과 의사는 아기의 위산을 줄이기 위해 잔탁 시럽을 처방했다. 처방전에는 0.75 mL를 하루에 두 번씩, 한 달 동안 복용해야 한다고 되어 있다. 약사는 시럽 병에다 "3/4티스푼, 하루에 두 번"이라고 써 붙였다. 2주 후 아기가 다시 방문하여 오류가 발견되기 전에 아기에게 몇 배나 과다 투약을 했는가? (힌트: 1티스푼 = 4.9 mL이다.)

5. 마이크는 1.84 m/s의 속력으로 50.0 m를 수영한 다음, 반대 방향으로 1.62 m/s의 속력으로 34.0 m를 수영했다. (a) 그의 평균 속력은 얼마인가? (b) 그의 평균 속도는 얼마인가?

6. 여러분이 해군 조종사의 TV 쇼를 보고 있다. 해설자는 해군 제트기가 항공모함을 떠날 때 엔진이 최대 추력을 발휘하고 제트기를 앞으로 나아갈 수 있도록 하는 사출장치가 있어서 가속이 된다고 말한다. 비행기 사출장치가 얼마나 많은 힘을 공급하는지 궁금해지기 시작했다. 당신은 웹을 살펴보고 항공모함의 비행갑판이 약 90 m이고, F-14의 질량이 33,000 kg, 두 엔진이 각각 27,000 lb의 힘을 공급하고, 이함 속도가 160 mi/h라는 것을 알았다. 제트기 사출장치에 의해 제트기에 작용하는 평균 힘을 추정하여라.

7. 1999년 4월 15일, 한국 화물기가 단위 혼란으로 추락했다. 이 비행기는 중국 상하이에서 서울까지 비행할 예정이었다. 이륙 후 비행기는 900 m까지 올라갔다. 이륙한 다음에 부기장은 상하이 관제탑에서 1500 m까지 상승해 그 고도를 유지하라는 지시를 받았다. 기장은 1450 m에 도달한 후에 부기장에게 비행해야 할 고도를 두 번 물었다. 그는 1500피트를 유지해야 한다고 두 번이나 틀리게 말했다. 기장은 조종간을 재빨리 앞으로 밀고 급강하하기 시작했다. 비행기는 급강하에서 회복하지 못하고 추락했다. 기장이 급강하를 시작해 통제력을 상실했을 때 그들이 있었다고 생각했던 곳은 정상 고도보다 어느 정도 더 높은 고도였는가? (항공기의 고도 단위는

미터를 사용하는 중국, 몽골, 구소련을 제외하고 전 세계적으로 피트 단위를 사용한다.)

8. 폴라가 폭이 10.2 m인 강을 헤엄쳐 건넌다. 그녀는 잔잔한 물에서는 0.833 m/s로 수영을 할 수 있지만, 강물은 1.43 m/s의 속력으로 흐른다. 만일 폴라가 가능한 한 빠른 시간에 강을 건너는 방식으로 수영하면, 그녀가 반대쪽 강둑에 도착했을 때는 얼마나 멀리 하류로 내려와 있겠는가?

9. 피터가 채석장에서 도로 포장용 돌을 모으고 있다. 그는 짐을 싣는 카트와 함께 두 마리의 개, 샌디와 루퍼스에게 마구를 씌웠다. 샌디는 동북쪽 15°에서 힘 **F**를 가해 잡아당기고 루퍼스는 샌디의 1.5배 힘으로 동남쪽 30.0°에서 당긴다. 눈금자와 각도기를 사용해 힘 벡터를 축척에 맞춰서 그려라(2.0 cm ↔ F와 같은 간단한 축척을 선택하여라). 두 힘 벡터의 합을 도표로 구한다. 길이를 측정하고, 사용한 눈금과 각도기의 방향에서 합력의 크기를 구하여라. 카트가 서쪽에서 동쪽으로 직접 가는 도로에 머물러 있는가?

10. 상당히 강한 바람이 불 때 타이어 그네가 수직 방향과 12°의 각으로 매달려 있다. 타이어의 무게 W를 이용하면, (a) 바람이 타이어에 작용하는 수평력의 크기는 얼마인가? (b) 타이어를 지지하는 로프의 장력은 얼마인가? 로프의 무게는 무시하여라.

11. 질량 60.0 kg인 우주 비행사와 질량 40.0 kg인 작은 소행성이 처음에 우주 정거장에 대해 정지해 있었다. 우주 비행사가 0.35초 동안 250 N의 일정한 힘으로 소행성을 밀었다. 중력은 무시할 수 있다. (a) 우주 비행사가 미는 것을 중지하고 5.00초 후 우주 비행사와 소행성은 얼마나 떨어져 있는가? (b) 이때 상대 속력은 얼마인가?

12. 동화 속에서 라푼젤은 긴 황금빛 머리카락을 자신이 갇혀 있는 탑에서 아래로 늘어뜨려놓고 왕자가 그것을 잡고 탑을 올라와서 자신을 구출할 수 있게 했다. (a) 당신이 머리에서 머리카락을 뽑으려면 얼마나 많은 힘이 필요한지 추측해보아라. (b) 라푼젤의 머리카락은 약 10^5개이다. 왕자의 질량이 60 kg이라면 머리카락 하나가 잡아당기는 평균 힘을 추정해보아라. 왕자가 30 m 탑의 꼭대기에 도달할 때 라푼젤은 대머리가 되는 게 아닌가?

13. 마리는 수평 테이블에 앉아 맞은편에 앉은 친구 자덴에게 피자 조각이 놓인 종이 접시를 밀었다. 테이블과 접

시 사이의 마찰계수는 0.32이다. 마리에서 자덴까지 피자가 44 cm 이동해야 하는 경우, 자덴에게 도착했을 때 멈추도록 하려면 마리가 피자 접시를 얼마의 속력으로 밀어야 하는가?

14. 그림과 같은 질량을 가진 두 개의 나무 상자가 수평 줄로 묶여 있다. 첫 번째 상자는 또 다른 줄에 묶여 그림과 같이 20.0°의 각도에서 195 N의 힘으로 당겨지고 있다. 각 상자의 운동마찰계수는 0.550이다. 나무 상자 사이를 연결한 줄의 장력과 계의 가속도의 크기를 구하여라.

15. 한 소년이 마룻바닥에다 2.00 kg의 블록 위에 5.00 kg의 블록을 쌓았다. (a) 두 블록 사이의 정지마찰계수가 0.400이고 블록 밑바닥과 마루 사이의 정지마찰계수가 0.220인 경우, 두 블록이 마루 위를 한꺼번에 미끄러지게 하려면 소년은 위쪽 블록을 수평으로 최소한 얼마의 힘으로 밀어야 하는가? (b) 너무 세게 밀면, 위쪽 블록이 아래쪽 블록으로부터 넘어져 떨어지기 시작한다. 밑에 있는 블록과 바닥 사이의 운동마찰계수가 0.200이면 그런 일이 일어나지 않게 그가 밀 수 있는 최대의 힘은 얼마인가?

16. 한 쌍성이, 거리 d만큼 떨어진 질량 M_1과 질량 $4.0M_1$인 두 개의 별로 구성되어 있다. 두 별의 중력장이 0이 되는 지점이 있는가? 그렇다면 그 점은 어디에 있는가?

17. 두 소년이 끈을 당겨 끊으려고 한다. 제라르도는 양 끝에서 서로 반대 방향으로 당겨야 한다고 말한다. 스테판은 끈을 막대에 묶고 반대쪽 끝에서 함께 당겨야 한다고 말한다. 어떻게 하는 것이 더 효과적인가?

18. 물고기는 당신이 생각하는 것만큼 빨리 움직이지 않는다. 작은 송어는 최고 수영 속력이 약 2 m/s이다. 이것은 사람이 활발하게 산책하는 속력이다. 큰 가속도가 가능하므로 빠르게 움직이는 것처럼 보일지도 모른다. 물고기는 속력과 방향을 매우 빠르게 변화시키면서 돌진할 수 있다. (a) 송어가 정지 상태에서 시작해서 0.05초 후에 2 m/s로 가속되었다면 송어의 평균 가속도는 얼마인가? (b) 이렇게 가속하는 동안, 송어의 평균 알짜힘은 얼마인가? '송어 무게의 몇 배'라고 답하여라. (c) 송어는 물이 어떻게 자신을 앞으로 밀게 하는지 설명하여라.

19. 항공 정찰기가 북서쪽으로 5.00 km/h의 속력으로 천천히 헤엄치는 참치 떼를 발견했다. 조종사는 고기 떼로부터 남쪽으로 100.0 km 떨어져 있는 저인망 어선에 이를 알렸다. 저인망 어선은 직선 코스로 항해해 4.0시간 후에 참치 떼를 가로막는다. 저인망 어선이 얼마나 빨리 움직였는가? (힌트: 먼저 참치에 대한 저인망 어선의 속도를 구하여라.)

20. 줄리아는 신문 배달을 하고 있다. 그녀가 직선 도로를 따라 15 m/s로 운전하면서, 1.00 m 높이에서 창문 밖으로 신문을 던져, 신문이 갓길을 따라 미끄러져 가서 구독 가정의 진입로 앞에 멈추게 하려 한다. 진입로 앞쪽 수평 거리로 얼마나 되는 곳에서 신문을 떨어뜨려야 하는가? 신문과 지면 사이의 운동마찰계수는 0.40이다. 공기저항을 무시하고 튀거나 구르지 않는다고 가정하여라.

21. 벼랑에서 3개의 돌멩이를 같은 처음 속력으로 다른 방향으로 던졌다. 하나는 똑바로 아래로, 하나는 똑바로 위로 그리고 하나는 수평으로 던졌다. 공기저항은 무시하여라. (a) 절벽 바닥의 평지에 떨어지기 직전에 세 돌멩이의 속력을 비교해보아라. (b) 높이가 15.00 m인 절벽에서 처음 속력 10.0 m/s로 지정된 방향으로 던진 3개의 돌멩이에 대한 나중 속력을 계산해 답을 예증하여라. (힌트: 속력은 속도벡터의 크기임을 기억하여라.)

22. 당신이 응원하는 팀이 21 대 20으로 앞서고 있는 슈퍼볼 경기를 관람하고 있다. 상대 팀이 결정적인 필드 골을 차려고 정렬해 서 있다. 그 팀의 키커가 워밍업하는 것을 보고 그가 21 m/s의 속도로 공을 찰 수 있다는 것을 알았다. 그 선수가 45야드 킥을 준비하고 수평선 위로 35°의 각도로 공을 걷어찼다. 선수가 워밍업하던 속력과 같은 속력으로 골포스트를 향해 공을 똑바로 찼다면 공이 10피트 높이의 골포스트를 넘어가서 상대 팀이 슈퍼볼에서 이기겠는가, 아니면 당신이 응원하는 팀이 이기겠는가?

23. 동전이 턴테이블 중앙에서 13.0 cm 떨어진 곳에 놓여 있다. 동전과 턴테이블 사이의 정지마찰계수는 0.110이다. 턴테이블을 작동시키면 각가속도는 1.20 rad/s²이다. 동전이 미끄러지기까지는 얼마나 걸리는가?

24. 카를로스와 섀넌이 수평선 아래 12°로 기울어진, 눈이 덮인 경사면에서 썰매를 타고 내려오고 있다. 눈 위에서 미끄러질 때 카를로스는 마찰계수 $\mu_k = 0.10$인 썰매를, 섀넌은 $\mu_k = 0.010$인 "슈퍼 썰매"를 가지고 있다. 카를로스는 정지 상태에서 출발해 경사면을 내려간다. 카를로스가 출발 지점에서 5.0 m 지점에 있을 때, 섀넌이 정지 상태에서 출발해 경사면을 내려온다. (a) 섀넌이 얼마나 멀리 내려가서 카를로스를 따라잡을 수 있겠는가? (b) 카를로스 곁을 지날 때 섀넌의 속력은 얼마인가?

25. 앤서니는 수평 방향에 대해 10°의 각을 이루는 언덕 위로 평상 꼴의 트레일러트럭(flat-bed truck)을 운전하려고 한다. 36.0 kg의 상품이 트럭 뒤쪽에 있다. 상품과 트럭 바닥 사이의 정지마찰계수는 0.380이다. 상품이 뒤에서 떨어지지 않고 트럭이 달릴 수 있는 최대 가속도는 얼마인가?

26. 반지름 75.0 m인, 안쪽 경사가 있는 커브 길 위를 차량이 마찰 없이 15.0 m/s의 속력으로 달릴 수 있다. 도로가 얼어붙은 추운 날, 타이어와 도로 사이의 정지마찰계수는 0.120이다. 차가 경사진 아래로 미끄러지지 않고 이 커브를 돌아갈 수 있는 가장 느린 속력은 얼마인가?

27. 그림과 같이 두 개의 도르래를 사용해 98.0 kg의 무거운 상자를 들어 올리려고 한다. 상자를 일정한 속도로 들어 올리기 위해서는 줄을 최소한 얼마의 힘으로 당겨야 하는가? 도르래 하나는 천장에 붙어 있고 하나는 상자에 붙어 있다.

28. 시간 $t = 0$에서, 질량이 0.225 kg인 블록 A와 질량이 0.600 kg인 블록 B가 마찰이 없는 수평면에서 3.40 m 떨어져 있다. 블록 A는 블록 B의 왼쪽에 위치해 있다. 오른쪽으로 향한 2.00 N의 수평력이 $\Delta t = 0.100$초 시간 동안 블록 A에 작용한다. 같은 시간 동안 블록 B에 5.00 N의 수평력이 왼쪽으로 작용한다. 두 블록이 만나는 지점은 B의 처음 위치로부터 얼마나 멀리 떨어져 있는가? 블록이 만날 때까지 시간은 $t = 0$에서 얼마나 경과했는가?

29. 0.100 kg의 애완용 햄스터가 지름이 20.0 cm인 운동 바퀴 위로 올라가서, 회전 진동수가 1.00 Hz가 될 때까지 0.800초 동안 바퀴 안쪽을 따라 달린다. (a) 가속도가 일정하다고 가정하면 바퀴의 접선 방향 가속도는 얼마인

가? (b) 햄스터가 멈추기 직전에 햄스터에 작용하는 수직항력은 얼마인가? 햄스터는 전체 0.800초 동안 바퀴 바닥에 있다.

30. 작은 총알이 장난감 대포에서 12 m/s의 속도로 수평선 위 60°를 향해 발사되었다. 0.10초 후에 동일한 두 번째 총알을 같은 처음 속도로 발사했다. 0.15초가 더 경과한 후, 두 번째 총알에 대한 첫 번째 총알의 속도는 얼마인가? 공기저항은 무시하여라.

31. 35.0°로 기울어진, 마찰이 없는 경사에서 나무 상자가 아래로 미끄러지고 있다. (a) 상자가 정지 상태에서 놓였다면, 2.50초 동안에 얼마나 내려가겠는가? 이 시간이 경과하기 전에 상자는 경사로의 바닥에 닿지 않는다고 가정한다. (b) 2.50초 이동한 후에 상자의 속력은 얼마인가?

32. 14세기에 대포가 발명되어 투석기를 필요 없게 만들었고 성벽의 안전을 보장하지 못하게 되었다. 석벽은 대포에서 발사된 포탄을 방어하기에 적합하지 않았다. 대포에서 215 m 떨어진 곳에 위치한 30 m 높이의 성벽을 향해, 1.10 m의 높이에서 5.00 kg의 포탄이 50.0 m/s의 처음 속도로 30.0°의 고도로 발사되었다. (a) 포물체의 사거리는 포물체가 원래 높이로 돌아올 때까지 수평 이동 거리로 정의한다. v_i, g 그리고 앙각 θ로 사거리에 대한 방정식을 유도하여라. (b) 포물체가 석벽에 막히지 않고 도달할 수 있는 사거리는 얼마인가? (c) 포탄이 석벽을 충분히 맞출 수 있도록 멀리 날아간다면, 그것이 석벽에 부딪히는 높이를 구하여라.

33. 두 개의 블록이 마찰이 없는 하나의 도르래에 걸쳐 있는, 가볍고 유연한 끈으로 연결되어 있다. $m_1 \gg m_2$이면, (a) 각 블록의 가속도와 (b) 끈의 장력을 구하여라.

34. 달리기 선수가 반지름 60.0 m인 원형 트랙의 3/4을 달렸을 때, 다른 주자와 충돌해 넘어졌다. (a) 충돌 전에 선수는 트랙을 얼마나 달렸는가? (b) 사고가 발생했을 때 출발 위치로부터 선수의 변위는 얼마인가?

35. 태양광 세일플레인이 지구에서 화성으로 항해하고 있다. 태양 돛은 8.00×10^2 N의 태양 복사력을 얻기 위해 방향이 조절된다. 태양에 의한 중력은 173 N이고 지구에 의한 중력은 1.00×10^2 N이다. 모든 힘은 지구, 태양 그리고 세일플레인이 이루는 평면 내에 있다. 세일플

인의 질량은 14500 kg이다. (a) 세일플레인에 작용하는 알짜힘(크기와 방향)은 얼마인가? (b) 세일플레인의 가속도는 얼마인가?

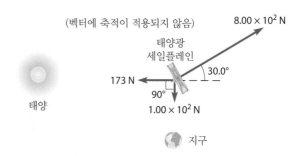

36. 항해를 배울 때 까다로운 것 중 하나가 겉보기 바람과 실제 바람을 구별하는 것이다. 당신이 요트를 타고 있을 때 얼굴에 바람을 느끼면, 당신은 겉보기 바람(당신에 대한 공기의 움직임)을 경험하고 있는 것이다. 겉보기 바람이 요트에 대한 공기의 속력과 방향인 반면에, 실제의 바람은 물에 대한 공기의 속력과 방향이다. 그림은 돛대에 부착된 활대의 위치로서 돛의 어느 한 방향과 실제 바람의 세 방향을 보여준다. (a) 각 경우에, 실제 바람의 크기와 방향을 구하기 위한 벡터 도해를 그려라. (b) 세 가지 경우 중 어느 것이 겉보기 풍속이 실제 풍속보다 큰가? (물에 대한 요트의 속력이 실제 풍속보다 느리다고 가정하여라.) (c) 세 가지 경우 중 어느 것이 실제 바람에 대한 겉보기 바람의 앞쪽 방향인가? [바람이 "앞쪽 방향"이란 바람이 앞에서 불어오는 것을 의미한다. 예를 들어, (1)은 (2)의 앞쪽이고, (2)는 (3)의 앞쪽이다.]

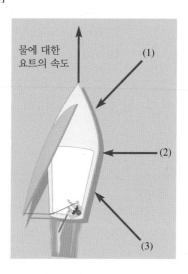

미국 MCAT 기출문제

다음은 MCAT 시험에 출제되었던 문제로 미국의과대학협회 (AAMC)의 허가를 얻어서 게재한 것이다.

단락을 읽고 다음 네 질문에 답하여라.

포물체의 비행에 관한 연구는 실제적으로 많이 응용될 수 있다. 포물체에 작용하는 주요 힘은 공기저항과 중력이다. 포물체의 경로는 대개 공기저항의 영향을 무시함으로써 근사된다. 그러면 중력이 포물체에 작용하는 유일한 힘이다. 공기저항이 분석에 포함되면 힘 $\vec{\mathbf{F}}_R$가 도입된다. $\vec{\mathbf{F}}_R$는 속도, v의 제곱에 비례한다. 공기저항의 방향은 운동의 방향에 정확히 반대이다. 공기저항에 대한 방정식은 $\vec{\mathbf{F}}_R = bv^2$인데, 여기서 b는 공기의 밀도 및 포물체의 모양과 같은 요소에 의존하는 비례상수이다.

공기저항은 평평한 표면에서 0.5 kg의 포물체를 발사해 연구되었다. 여기서 포물체는 표면에 40° 각도로 30 m/s의 속력으로 발사되었다. (참고: 달리 명시하지 않는 한 공기저항이 있다고 가정한다.)

1. 발사 직후 포물체의 수직 가속도의 크기는 얼마인가? (참고: v_y = 속도의 수직 성분)
   A. $-g+(bvv_y)$
   B. $-g-(bvv_y)$
   C. $-g+(bvv_y)/(0.5 \text{ kg})$
   D. $-g-(bvv_y)/(0.5 \text{ kg})$

2. 포물체가 발사된 높이로 되돌아가기 전에 대략 수평 방향으로 어느 정도 거리를 이동하는가? (참고: 공기저항의 영향은 무시할 만하다고 가정하여라.)
   A. 45 m   B. 60 m
   C. 90 m   D. 120 m

3. 비행 중 아무 지점에서 포물체에 대한 공기저항의 수평 방향 성분의 크기는 얼마인가? (참고: v_x = 속도의 수평 성분)
   A. $(bvv_x) \cos 40°$
   B. $(bvv_x)/2$
   C. $(bvv_x) \sin 40°$
   D. bvv_x

4. 포물체가 최대 높이에 도달하는 데 걸리는 시간과 최대 높이에서 땅으로 떨어지는 데 걸리는 시간은 어떻게 다른가? (참고: b는 0보다 크다.)
   A. 시간은 같다.
   B. 최대 높이에 도달하는 시간이 더 길다.
   C. 땅으로 떨어지는 시간이 더 길다.
   D. 어느 것이든 b의 크기에 따라 더 커질 수 있다.

단락을 읽고 다음 질문에 답하여라.

나무로 만들어진 뗏목이, 위치에 따라 깊이, 너비, 흐름이 변하는 강에 사용된다. 강의 A 지점은 흐름이 2 m/s, 너비는 200 m, 평균 깊이는 3 m이다.

5. A 지점 부근에서, 뗏목이 강물에 대해 2 m/s의 일정한 속도로 강물에 수직하게 노를 저어 간다. 뗏목이 다른 쪽에 도달하기까지 얼마나 이동하는가?
   A. 224 m
   B. 250 m
   C. 283 m
   D. 400 m

6. A 지점의 노 젓는 사람이 강물에 대해 3 m/s로 뗏목을 타고 원점의 바로 건너편에 도착하려고 한다. 노 젓는 사람이 강변에 대해 어떤 각도로 뗏목이 향하게 해야 하는가?
   A. $\cos^{-1}\frac{5}{3}$
   B. $\cos^{-1}\frac{2}{5}$
   C. $\cos^{-1}\frac{3}{2}$
   D. $\cos^{-1}\frac{2}{3}$

7. 지상 100 m에 달하는 절벽에서 암석이 떨어진다. 암석이 땅에 닿는 데 시간이 얼마나 걸리는가? (참고: $g = 10$ m/s²을 사용하여라.)
   A. 4.5초
   B. 10초
   C. 14초
   D. 20초

에너지 보존

- 보존 법칙: 시간에 따라 변하지 않는 양으로 표현되는 물리적 법칙이다.
- 에너지 보존 법칙: 우주의 총 에너지는 어떠한 물리적 과정에 의해서도 변하지 않는다.
- 일은 힘의 적용으로 인한 에너지 이동이다. 변위 $\Delta \vec{r}$가 일어나는 동안 물체에 일정한 힘 $\vec{F}$가 한 일은 다음과 같다.

$$W = F \, \Delta r \cos \theta \qquad (6\text{-}1)$$

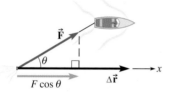

여기서 θ는 $\vec{F}$와 $\Delta \vec{r}$ 사이의 각이다. 만일 $\vec{F}$ 또는 $\Delta \vec{r}$가 x-축과 평행하다면

$$W = F_x \, \Delta x \qquad (6\text{-}2)$$

이다.

- 여러 힘이 한 물체에 작용할 때, 총 일은 각 힘이 개별적으로 한 일의 합이다.
- 병진운동에너지는 물체 전체의 운동과 관련된 에너지이다. 속력 v로 움직이는 질량 m인 물체의 병진운동에너지는 다음과 같다.

$$K = \tfrac{1}{2}mv^2 \qquad (6\text{-}6)$$

- 균일한 중력장에서 질량 m인 물체의 중력퍼텐셜에너지는 다음과 같다.

$$U_{중력} = mgy \qquad (6\text{-}13)$$

여기서 $+y$-축은 위로 향하고 $y = 0$에서 $U = 0$으로 정한다.

- 중심 사이의 거리가 r만큼 떨어진, 질량 m_1과 m_2인 두 물체의 중력퍼텐셜에너지는 다음과 같다.

$$U = -\frac{Gm_1 m_2}{r} \qquad (6\text{-}14)$$

여기서, 무한 거리($r = \infty$)에서 $U = 0$으로 정한다.

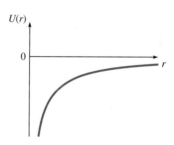

- 퍼텐셜에너지의 부호에는 특별한 의미가 없다. 중요한 것은 퍼텐셜에너지 **변화**의 부호이다. 계산에서는 퍼텐셜에너지의 **변화**만 고려한다.
- 변위 Δx가 일어나는 동안 x-축 방향으로 변하는 힘이 한 일은 x_i에서 x_f까지 $F_x(x)$ 그래프 아래의 넓이이다.

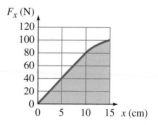

- 후크의 법칙: 많은 물체에서, 변형은 그 변형을 유발하는 힘의 크기에 비례한다. 이상적인 용수철은 질량이 없고 후크의 법칙의 법칙을 따른다. 위치 x에 있을 때 이상적인 용수철의 이동 가능한 끝에 작용하는 힘은 다음과 같다.

$$F_x = -kx \qquad (6\text{-}19)$$

- 여기서 원점은 용수철이 $x = 0$에서 이완될 때로 하고 k는 용수철상수라고 한다.

- 이완된 용수철($x = 0$)을 $U = 0$이라고 하면, 용수철상수 k의 이상적인 용수철에 저장된 탄성퍼텐셜에너지는 다음과 같다.

$$U_{탄성} = \frac{1}{2}kx^2 \qquad (6\text{-}24)$$

- 역학적 에너지는 운동에너지와 퍼텐셜에너지의 합이다. 퍼텐셜에너지의 변화는 그 퍼텐셜에너지와 관련된 힘이 한 일로 설명한다. 비보존력이 한 일은 역학적 에너지의 변화와 같다.

$$W_{비보존력} = \Delta K + \Delta U \qquad (6\text{-}12)$$

비보존력이 한 일이 0일 때, 역학적 에너지는 변하지 않는다.

$$W_{비보존력} = 0 \ 일 \ 때, \ \Delta K + \Delta U = 0$$

- 평균 일률은 평균 에너지 전환율이다.

$$P_{av} = \frac{\Delta E}{\Delta t} \qquad (6\text{-}26)$$

- 물체가 속도 $\vec{v}$로 움직일 때, 물체에 작용하는 힘 $\vec{F}$가 일을 하는 순간의 일률은 다음과 같다.

$$P = Fv \cos \theta \qquad (6\text{-}27)$$

여기서 θ는 $\vec{F}$와 $\vec{v}$ 사이의 각이다.

- 일과 에너지의 SI 단위는 줄이다. 1 J = 1 N·m. 일률의 SI 단위는 와트이다. 1 W = 1 J/s.

연습문제

단답형 질문

1[1]. 물체가 원을 그리며 운동한다. 외력이 물체에 한 총 일이 반드시 0인가? 설명하여라.

2[3]. 산 정상으로 올라가는 도로는 왜 지그재그로 구불구불한가? (힌트: 도로를 경사면으로 생각하여라.)

3[5]. 정지마찰력이 일을 할 수 있는가? 그렇다면 예를 들어라. (힌트: 정지마찰력은 접촉면을 따라 상대 운동을 방지하기 위해 작용한다.)

4[7]. 높이 h에서 바닥에 떨어뜨린 공이 땅에 부딪치면 잠시 동안 모양이 바뀐 뒤 h보다 낮은 높이까지 되튀어 오른다. 왜 공이 처음과 같은 높이 h로 돌아가지 않는지 설명하여라.

5[9]. 자전거 타는 사람이 가파른 언덕길에 접근하고 있다는 것을 알아차렸다. 에너지 측면에서, 그가 언덕길이 시작되기 전에 평평한 도로에서 가능한 한 페달을 열심히 밟아서 더 속력을 높이려고 하는 이유를 설명하여라.

6[11]. 달리기를 할 때 주된 노력은 근육으로 다리를 가속시키거나 감속시키는 일을 하는 것이다. 발이 땅에 닿았을 때 신체의 나머지 부분이 앞으로 계속 움직이는 반면, 발은 잠시 쉬게 된다. 그러나 발을 들게 되면 발이 신체의 나머지 부분보다 앞서 움직이도록 일련의 근육이 발을 앞으로 가속시킨다. 그런 다음 다시 땅에 닿아서 쉴 때는 다른 근육들을 사용해 발의 속력을 낮춘다. 근육으로 다리를 가속할 때나 감속할 때 모두 에너지를 소비한다. 경주마나 사슴, 사냥개 등이 어마어마한 속력으로 달리기 위해 어떻게 적응하고 있는가?

7[13]. 조르바와 보리스 두 형제가 워터파크에 갔다. 워터파크에는 경사각이 다른 두 개의 물미끄럼틀이 직선으로 설치되어 있다. 두 미끄럼틀은 같은 높이에서 시작해 같은 높이에서 끝난다. 미끄럼틀 A는 미끄럼틀 B보다 기울기가 완만하다. 동생 보리스는 자기가 빠른 속력으로 바닥에 도달했으므로 미끄럼틀 B가 더 좋다고 말하면서 스톱워치로 측정해보면 미끄럼틀 B를 탈 때 더 빨리 바닥에 내려온다고 주장한다. 형 조르바는 어느 미끄럼틀로 내려와도 바닥에 도달하는 속력이 같다고 말한다. 누구의 주장이 옳은가? 그 이유는 무엇인가? 두 미끄럼틀 모두 마찰을 무시할 수 있다.

1[1]. 로스앤젤레스의 해변 휴양지 고속도로(Santa Monica Freeway)에 들어서서 스포츠카의 속도가 30 mi/h에서 90 mi/h로 가속되었다. 자동차의 운동에너지는

(a) $\sqrt{3}$배만큼 증가한다.

(b) 3배 증가한다.

(c) 9배 증가한다.

(d) 자동차 질량에 따라 달라진다.

질문 2-3. 명왕성의 궤도는 다른 행성의 궤도보다 이심률이 더 크다. 곧, 원형에서 많이 벗어난 타원형 궤도이다. 궤도에서 태양에 가장 가까운 점을 근일점(perihelion)이라 하고 가장 먼 점을 원일점(aphelion)이라고 한다. 질문 2-3에 대한 답을 다음에서 선택하여라.

(a) 가장 크다(최댓값)　　　(b) 가장 작다(최솟값)

(c) 궤도의 모든 점에서와 같다.

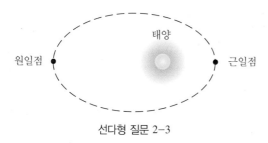

선다형 질문 2-3

2[3]. 근일점에서, 명왕성 궤도의 중력퍼텐셜에너지는?

3[5]. 근일점에서, 명왕성 궤도의 총 역학적 에너지는?

4[7]. 한 여행객이 그랜드 캐니언의 사우스 림에서 콜로라도 강으로 내려간다. 도보로 내려가는 동안 중력이 여행객에게 한 일은?

(a) 양(+)이며 선택한 경로에 따라 다르다.

(b) 음(−)이며 선택한 경로에 따라 다르다.

(c) 선택한 경로와 무관하고 양(+)이다.

(d) 선택한 경로와 무관하고 음(−)이다.

(e) 0이다.

5[9]. 조약돌을 수평으로 날려 보내기 위해 Y자형 나뭇가지에 고무줄 두 개를 묶고 다른 끝을 가죽 조각으로 연결하여 용수철상수는 k인 간단한 새총을 만들었다. 이 새총에 질량 m인 조약돌을 장전해 거리 d만큼 잡아당겼다 놓았더니 발사 속력이 v가 되었다. 새총을 $3d$만큼 잡아당겼다 놓는다면 질량 m인 조약돌의 속력은 얼마인가?

(a) $\sqrt{3}v$　　(b) $3v$　　(c) $3\sqrt{3}v$　　(d) $9v$　　(e) $27v$

6[11]. 포물체가 수평선 위로 각도 θ로 발사되었다. 공기 저항을 무시할 때, 궤적의 최고점에서 포물체의 운동에너지는 처음 운동에너지에 비하여 얼마가 되겠는가?

(a) $\cos \theta$　　(b) $\sin \theta$　　(c) $\tan \theta$　　(d) $\dfrac{1}{\tan \theta}$　　(e) $\dfrac{1}{2}$

(f) $\cos^2 \theta$　　(g) $\sin^2 \theta$　　(h) 0　　(i) 1

6.2 일정한 힘이 한 일

1[1]. 데니스가 수평과 60.0°의 각도로 30.0 N의 일정한 힘을 작용해 5.0 kg의 세탁물 바구니를 마루 위에서 5.0 m를 끌려면 일을 얼마나 해야 하는가?

2[3]. 힐다는 파티오(테라스)에서 1.0 m 높이로 10 N의 원예 관련 책을 들고 서서 50초 동안 읽었다. 50초 동안 그녀가 책에 한 일은 얼마인가?

3[5]. 이리(Erie) 운하를 따라 노새 두 마리가 질량 5.0×10^4 kg인 바지선을 밧줄로 묶어 당기고 있다. 노새는 운하 양측에 평행하게 난 길을 따라 걷고 있다. 노새와 바지선을 연결한 밧줄은 운하 수면과 45°의 각도를 유지한다. 노새는 각각 1.0 kN의 힘으로 밧줄을 당기면서 간다. 운하를 따라 바지선을 150 m 당겼을 때 이 두 마리의 노새가 바지선에 한 일은 얼마인가?

4[7]. 제니퍼는 2.5 kg의 고양이 깔짚 한 상자를 바닥에서 0.75 m 높이로 들어 올렸다. (a) 이 작업을 하는 동안 상자에 한 총 일은 얼마인가? 제니퍼는 1.2 kg의 깔짚을 바닥에 있는 상자에 쏟는다. (b) 상자에 떨어질 때 중력이 깔짚 1.2 kg에 한 일은 얼마인가?

5[9]. 더크는 바닥을 따라 66.0 N의 수평력으로 택배상자를 밀었다. 상자에 작용하는 평균 마찰력은 4.80 N이다. 상자가 바닥에서 2.50 m 움직였을 때 더크가 상자에 한 일은 모두 얼마인가?

6.3 운동에너지

6[11]. 질량이 1600 kg인 자동차가 30.0 m/s의 속력으로 달리고 있다. 이 자동차의 운동에너지는 얼마인가?

7[13]. 1899년, 초고속 사나이 찰스 머피("Mile a Minute")는 롱아일랜드 철로에 설치한 3마일 트랙에서, 후미에 합판으로 바람막이를 설치하고 달리는 기차 뒤를 따라가면

서 자전거 페달을 밟아 평균 62.3 mph(27.8 m/s)로 주행하는 기록을 세웠다. 1985년에는 올림픽 사이클 선수였던 존 하워드가 이와 유사한 바람막이 시설을 한 "자동차 경주용" 트랙에서 기록을 갱신하였다. 그는 보너빌 소금 평원(Bonneville Salt Flats)의 자동차 경주용 트랙에서 후미에 사이클 선수의 공기저항을 줄여주도록 설계한 장치를 단 경주용 자동차를 따라 달려서 152.2 mph(69.04 m/s)로 달리는 기록을 세웠다. 자전거를 탄 선수가 이 기록과 같은 속력으로 달리면 운동에너지는 얼마인가? 각각의 경우에 자전거와 선수의 질량 합은 70.5 kg이라고 가정하여라.

8[15]. 조지와 샬럿은 운동장에서 모래놀이 통에 모래를 채우기 위해 질량이 12 kg인 모래자루를 마찰이 없고 습한 폴리비닐 수평 깔판 위에서 밀고 있다. 이들이 모래자루에 수평력을 일정하게 가해서 정지 상태로부터 8.0 m 거리를 이동시켰다. 모래자루의 나중 속력이 0.40 m/s라면, 그들이 밀어준 힘의 크기는 얼마인가?

9[17]. 짐은 반지름 5.00 m인 4분원 모양의 경사로에서 스케이트보드를 타고 내려오고 있다. 경사로의 바닥에서 짐은 9.00 m/s로 이동 중이다. 짐과 스케이트보드의 질량은 65.0 kg이다. 스케이트보드가 경사로를 내려갈 때 마찰력이 한 일은 얼마인가?

10[19]. 무게가 220 kN(25톤)인 비행기가 항공모함에 착륙한다. 이 비행기 꼬리의 후크가 저지용 케이블에 걸리면 비행기는 67 m/s(150 mi/h)로 수평으로 이동한다. 케이블에 걸린 비행기는 84 m를 이동한 후 정지한다. (a) 저지용 케이블이 비행기에 얼마나 많은 일을 했는가? (b) 케이블이 비행기에 작용하는 힘(일정하다고 가정)은 얼마인가? (두 답은 실제보다 과소평가될 것이다. 왜냐하면 비행기가 전 속력으로 갑판 위에 내리기 때문이다. 만약 비행기가 꼬리 후크 걸기에 실패하면 즉각적으로 다시 이륙할 준비가 되어 있어야 한다.)

6.4 중력 퍼텐셜 에너지 (1)

11[21]. 선이 낙하산 점프를 하려고 82.3 m 높이의 탑에 올랐다. 선과 낙하산의 질량은 68.0 kg이다. 지면에서 $U = 0$이면 탑 꼭대기에 있는 선과 낙하산의 퍼텐셜에너지는 얼마인가?

문제 12-13. 스키를 타는 사람이 그림과 같이 점 A−E를 통과한다. 점 B와 점 D는 같은 높이에 있다.

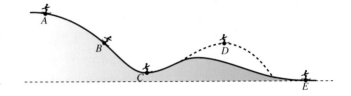

12[23]. 마찰이나 공기저항이 없다고 가정하고, 각 점에서의 운동에너지가 큰 것부터 순서대로 나열하여라.

13[25]. 마찰이나 공기저항이 없다고 가정하고, 각 점의 역학적 에너지가 큰 것부터 순서대로 나열하여라.

14[27]. 브래드가, 50.0 kg의 바벨을 바닥에서 머리 위 2.0 m 높이까지 반복적으로 들어 올리는 운동을 하며 체중 감량 계획을 시도하고 있다. 그가 분당 3번 들어 올릴 수 있다면, 0.50 kg의 지방을 줄이는 데 얼마나 걸리겠는가? 지방 1 g이 "연소"하면 몸에 39 kJ의 에너지를 공급할 수 있다. 이 중 10 %는 근육으로 바벨을 들어 올리는 데 사용될 수 있다. (바벨을 바닥으로 내리는 동안의 지방 "연소"는 무시한다.)

15[29]. 에밀이 질량 0.30 kg인 오렌지를 공중으로 던지고 있다. (a) 에밀은 오렌지를 똑바로 위로 던진 다음 다시 잡는데, 같은 장소에서 던졌다 잡았다. 궤적 중 오렌지의 퍼텐셜에너지는 어떻게 변하는가? 공기저항은 무시한다. (b) 에밀은 지면 위 1.0 m 높이에서 오렌지를 똑바로 위로 던졌고, 그것을 잡지 못했다. 오렌지가 공중에 있는 동안 퍼텐셜에너지는 어떻게 변하는가?

16[31]. 그림과 같이 두 개의 도르래를 배열해 질량 48.0 kg인 추를 출발점에서 4.00 m 위로 들어 올렸다. 도르래와 밧줄은 이상적인 것이며 모든 밧줄 부분이 본질적으로 수직하다고 가정한다. (a) 이 계의 역학적 이점은 무엇인가? (곧, 무게를 들어 올리는 힘에 도르래 계의 어떤 인자를 곱한 것인가?) (b) 질량 48.0 kg인 추를 4.00 m 들어 올릴 때 추의 퍼텐셜에너지 어떻게 변하는가? (c) 질량 48.0

kg인 추를 4.00 m 들어 올리는 데 얼마의 일을 해야 하는가? (d) 공중에서 추를 4.00 m 더 높이 들어 올리려면 사람이 밧줄을 얼마나 당겨야 하는가?

48.0 kg

17[33]. 오른쪽으로 이동하는 카트가 점 1을 20.0 m/s의 속력으로 통과한다. $g = 9.81$ m/s²라고 하자. (a) 점 3을 통과할 때 카트의 속력은 얼마인가? (b) 카트가 점 4에 도달할 수 있는가? 마찰은 무시하여라.

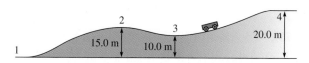

18[35]. 브루스는 연못 옆의 둑 위에 서서, 근처 나뭇가지에 한쪽 끝이 묶여 있는 20.0 m 길이의 밧줄의 다른 끝을 잡고 타잔처럼 줄을 타고 건너편 둑으로 가려고 한다. 수직과 35.0°인 곳에서 밧줄을 시작했다면 줄 끝이 가장 낮은 위치에 왔을 때 브루스의 속력은 얼마인가?

19[37]. 한 스키 선수가 수직으로 78 m를 하강하는 슬로프의 바닥에서 12 m/s로 이동하고 있다. 활강 중 마찰과 공기저항이 이 선수에게 한 일을 계산하여라. 스키 선수의 질량은 75 kg이다.

20[39]. 레이철이 지면에서 높이가 h인 건물의 지붕에 있다. 그녀는 무거운 공을 수평에 대해 θ의 각도로 속력 v로 공중으로 던졌다. 공기저항은 무시한다. (a) 공이 땅에 부딪칠 때의 속력을 h, v, θ, g로 나타내어라. (b) 공이 땅에 부딪칠 때 공의 속력이 최대가 되는 θ의 값은 얼마인가?

21[41]. 75.0 kg의 스키 선수가 정지 상태에서 출발해 수평선과 15.0°의 각으로 기울어진, 32.0 m의 마찰이 없는 경사면 아래로 미끄러져 내려오고 있다. 공기저항은 무시한다. (a) 중력이 스키 선수에게 하는 일을 계산하여라. (b) 경사면에 마찰이 있어서 스키 선수의 나중 속도가 10.0 m/s인 경우, 중력이 한 일, 수직항력이 한 일, 마찰력(일정하다고 가정) 및 운동마찰 계수를 구하여라.

6.5 중력 퍼텐셜 에너지 (2)

22[43]. 반지름 6.00×10^7 m인 행성은 중력장의 크기가 표면에서 30.0 m/s²이다. 행성에서 탈출속력은 얼마인가?

23[45]. 지구의 표면에서 탈출속력은 11.2 km/s이다. 밀도(단위 부피당 질량)는 지구와 같지만 반지름은 지구의 두 배인 다른 행성에서의 탈출속력은 얼마인가?

24[47]. 유성은 지구에서 멀리 떨어진 행성 사이의 잔해에서 시작된다고 가정하고, 유성이 지구의 성층권 상부(지표면에서 약 40 km)에 충돌하는 최소 속력은 얼마인가? 유성이 성층권에 도달할 때까지 인력은 무시할 수 있다고 가정한다.

25[49]. 태양 주위의 핼리 혜성의 궤도는 길고 얇은 타원이다. 그것의 원일점(태양으로부터 가장 먼 지점)에서, 혜성은 태양으로부터 5.3×10^{12} m이고 속력은 10.0 km/s이다. 태양으로부터의 거리가 8.9×10^{10} m일 때 근일점(태양에 가장 가까운 접근)에서의 혜성의 속력은 얼마인가?

26[51]. 달에 부딪친 소행성의 표면에서 커다란 암석이 떨어져 나간다. 암석은 지구와 달 사이의 지점까지 이동하기에 충분한 속력을 가지고 있는데, 지구와 달로부터의 중력은 크기가 같고 방향이 반대이다. 그 점에서 암석은 지구 쪽으로 매우 작은 속도를 가진다. 지표면 위 700 km의 고도에서 지구의 대기와 만날 때 암석의 속력은 얼마인가?

6.6 변하는 힘이 한 일

27[53]. 이상적인 용수철은 용수철상수가 $k = 20.0$ N/m이다. 느슨한 길이에서 0.40 m의 용수철을 늘리기 위해 해야 할 일은 얼마인가?

28[55]. 벽에 못을 박기 위해 가해야 하는 힘은 대략 그래프와 같다. 처음 1.2 cm는 부드러운 마른 벽을 통과하고, 그 다음에는 못이 견고한 나무 기둥으로 들어간 것을 나타낸다. 못을 벽에 수평 거리 5.0 cm로 박기 위해서 얼마나 많은 일을 해야 하는가?

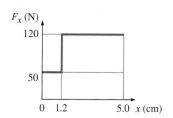

29[57]. (a) 용수철 양 끝에 크기가 5.0 N인 힘이 가해져 느슨한 길이에서 3.5 cm 늘어났다면, 크기가 7.0 N인 힘은 용수철을 얼마나 늘어나게 하겠는가? (b) 이 용수철의 용수철상수는 얼마인가? (c) 느슨한 길이에서 3.5 cm를 늘리는 데 한 일은 얼마인가?

30[59]. 평형 상태의 용수철에 질량이 1.4 kg인 추가 매달려 있을 때, 용수철은 느슨한 길이로부터 7.2 cm 늘어났다. (a) 용수철상수는 얼마인가? (b) 용수철에 저장된 탄성퍼텐셜에너지는 얼마인가? (c) 다른 추가 매달려 있고, 용수철 길이가 느슨한 길이에서 12.2 cm 증가해 새로운 평형 위치로 되었다. 두 번째 추의 질량은 얼마인가?

31[61]. 론다가 길이 1.0 m의 줄 끝에 매달린 2.0 kg의 모형 비행기를 수평원에서 일정한 속력으로 날리고 있다. 줄의 장력은 18 N이다. 한 회전을 하는 동안 끈이 비행기에 한 일은 얼마인가?

6.7 탄성 퍼텐셜 에너지

32[63]. 사람의 무릎에 있는 인대의 장력은 너무 크게 늘어나지 않으면 인대의 인장에 비례한다. 특정 인대가 늘어날 때 150 N/mm의 유효 용수철상수를 가진다면, (a) 이 인대가 0.75 cm 늘어날 때 장력은 얼마인가? (b) 이렇게 인대가 늘어날 때 인대에 저장된 탄성에너지는 얼마인가?

33[65]. 장난감 총의 용수철을 거리 x만큼 압축시키면, 고무공을 높이 h까지 연직 상방으로 쏘아 올릴 수 있다. 공기 저항을 무시하고, 용수철이 $2x$만큼 압축되었다면 같은 고무공을 얼마의 높이까지 쏘아 올릴 수 있는가? $x \ll h$라고 가정하여라.

34[67]. 질량 52 kg의 체육 교사가 트램펄린에서 점프를 하고 있다. 그녀는 발이 트램펄린 위로 최대 높이 2.5 m에 도달하도록 뛰어 오르고, 착륙할 때는 발이 트램펄린 아래로 75 cm 내려간다. 그녀가 트램펄린 위에 정지해 서 있을 때 트램펄린은 얼마나 늘어나는가? (힌트: 트램펄린이 늘어날 때 훅의 법칙을 따른다고 가정하여라.)

35[69]. 질량 2.0 kg인 블록이 정지 상태에서 마찰이 없는 표면 아래로 미끄러져 내려와서 용수철에 닿는다. 스프링의 다른 끝은 그림과 같이 벽에 부착되어 있다. 블록의 처음 높이는 경사면의 가장 낮은 부분에서 높이가 0.50 m이고 용수철상수는 450 N/m이다. (a) 블록이 경사면의 맨 아랫부분에서 0.25 m 높이에 있을 때 블록의 속력은 얼마인가? (b) 용수철은 얼마나 압축되는가? (c) 용수철이 블록을 왼쪽으로 되돌려 보낸다. 블록은 얼마나 높이 올라가겠는가?

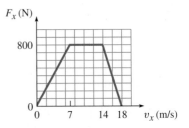

문제 35와 53

6.8 일률

36[71]. 질량이 82.4 kg의 라스는 1.0마력(746 W)으로 약 2.0분 동안 일을 할 수 있다. 수직 높이가 12.0 m인 3층 계단을 오르는 데 얼마나 걸리는가?

37[73]. 남성의 유용한 평균 출력이 40.0 W인 경우, 10.0 kg의 상자 50개를 2.00 m 높은 곳으로 옮기려면 시간이 최소한 얼마나 걸리겠는가?

38[75]. 자전거와 이것을 탄 사람의 질량을 합하면 75 kg이다. 이 사람이 자전거를 타고 5.0 %등급(포장도로를 따라 100 m마다 5.0 m 상승하는 도로)을 올라가서 4.0 m/s(약 9 mph)의 일정한 속력을 유지하기 위해서, 자전거 탄 사람의 필요한 출력은 얼마인가? 마찰로 인한 에너지 손실은 무시할 만하다고 가정하여라.

39[77]. 환자의 심장이 분당 5.0 L의 혈액을 지름 1.8 cm인 대동맥으로 공급하고 있다. 심장이 혈액에 작용하는 평균적인 힘은 16 N이다. 심장의 역학적인 출력의 평균은 얼마인가?

40[79]. 62 kg의 여성이 계단을 통해 비행기에 탑승하는 데 6.0초가 걸린다. 마지막 계단은 그녀가 출발한 점 위 5.0 m에 있다. (a) 계단을 올라가는 동안 그녀의 평균 에너지 소비량은 얼마인가? (b) 평균 에너지 투입량(음식이나 지방에 저장된 화학적 에너지가 사용되는 비율)은 동일한가? 왜 그런가? 또는 왜 그렇지 않은가?

41[81]. 한 물체가 힘 F_x의 영향을 받아 $+x$-방향으로 움직이고 있다. 이 물체의 F_x에 대한 v_x의 그래프는 그림과 같다. (a) 물체의 속도가 11 m/s일 때 순간 일률은 얼마인가? (b) 속도가 16 m/s일 때 물체의 순간 일률은 얼마인가?

42[83]. (a) 1 kg의 물이 나이아가라 폭포를 통과(50 m의 수직 하강)했을 때 퍼텐셜에너지의 변화를 계산하여라. (b) 나이아가라 강물에 의한 중력퍼텐셜에너지의 손실률은 얼마나 되는가? 물의 흐름률은 5.5×10^6 kg/s이다. (c) 이 에너지의 10 %를 전기에너지로 변환할 수 있다면, 몇 가정에 전력을 공급할 수 있는가? (보통 한 가구가 약 1 kW의 전력을 사용한다.)

협동문제

43[85]. 여러분이 차를 몰고 캠퍼스를 통과하고 있을 때 한 친구가 앞에서 걸어가고 있다고 하자. 친구를 보고 급히 브레이크를 밟았다. 길모퉁이에 있던 경찰관이 와서 스키드마크의 길이를 측정하고 길이가 9.0 m라고 했다. 그녀가 가지고 있던 마찰계수 측정기로 측정한 타이어 고무와 아스팔트 사이의 마찰계수가 0.60이었다. 그 구역의 제한속도는 25 mi/h이다. 경찰관이 속력 위반 딱지를 발행하겠는가?

44[87]. 수평면과 15°의 각도로 기울어진 마찰이 없는 길이 8.0 m의 경사면 위에서, 줄이 연결되어 있는 4.0 kg의 블록을 정지 상태에서 놓았다. 그림과 같이 블록에 부착되어 있는 줄이 끌려간다. 블록이 위에서부터 경사면을 따라 5.0 m 지점에 도달하면 누군가가 줄을 잡고 경사면과 평행하게 당겨 블록이 경사면의 바닥에 닿을 때까지 장력을 일정하게 유지해준다. 장력은 얼마인가? 문제를 풀 때, 한 번은 일과 에너지를 사용해 풀이하고, 다시 뉴턴의 법칙과 등가속도 방정식을 사용해 풀이하여라. 당신은 어떤 방법을 선호하는가?

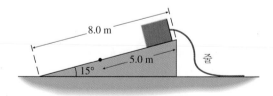

45[89]. 1500 kg의 자동차가 2.0° 경사진 언덕을 중립 상태로 내려간다. 자동차는 20.0 m/s의 종단 속력에 도달한다. (a) 20.0 m/s로 평탄한 도로에서 운전하려면 엔진이 얼마의 출력을 전달해야 하는가? (b) 엔진이 전달할 수 있는 최대 유용 출력이 40.0 kW인 경우, 차가 20.0 m/s에서 오를 수 있는 가장 가파른 언덕의 경사도는 얼마인가?

46[91]. 풍력 터빈은 바람의 운동에너지 중 일부를 전기에너

지로 변환한다. 소형 풍력 터빈은 날개의 길이가 $L = 4.0$ m라고 가정한다. (a) 바람이 정면으로 10 m/s(22 mi/h)로 불었을 때, 1.0초 이내에 날개가 쓸고 간 원형 영역을 통과하는 공기의 부피(m^3)는 얼마인가? (b) 이 많은 공기의 질량은 얼마인가? 공기 1 m^3 당 질량은 1.2 kg이다. (c) 이 공기 질량의 병진운동에너지는 얼마인가? (d) 터빈이 이 운동에너지의 40 %를 전기에너지로 변환할 수 있다면 출력은 얼마인가? (e) 풍속이 처음 값의 $\frac{1}{2}$로 감소하면 출력은 어떻게 되는가? 풍력 터빈으로 하는 전력 생산에 대해 어떠한 결론을 내릴 수 있는가?

연구문제

47[93]. 장대높이뛰기 선수는 달리는 중의 운동에너지를 장대의 탄성퍼텐셜에너지로 변환한 다음, 중력퍼텐셜에너지로 변환한다. 10.0 m/s로 달리는 동안 장대높이뛰기 선수의 무게중심이 지면 위 1.0 m라면, 도약하는 동안 무게중심의 최대 높이는 얼마인가? 크기가 있는 물체의 경우, 중력퍼텐셜에너지는 $U = mgh$이다. 여기서 h는 무게중심의 높이이다. (1988년, 세르게이 부브카는 6 m를 거뜬히 뛰어넘은 최초의 장대높이뛰기 선수였다.)

48[95]. 30 mi/h로 달리던 자동차를 브레이크를 걸어 멈추었다. 멈추기 전에 차는 50 ft를 미끄러진다. 처음에 60 mi/h로 움직였다면, 차는 얼마나 미끄러지는가? (힌트: 비율로 문제를 설정하면 단위 변환을 할 필요가 없다.)

49[97]. 용수철상수가 $k = 40.0$ N/m인 용수철이 마찰이 없는 30.0° 경사면의 아래쪽에 있다. 0.50 kg의 물체가 용수철을 눌러 그 평형 위치에서 0.20 m 압축했다가 발사했다. 물체가 용수철에 묶여 있지 않은 경우, 물체는 경사면 위에서 정지했다가 다시 미끄러져 내려오기 한다. 이때까지 경사면을 따라 올라간 거리는 얼마인가?

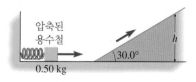

50[99]. 캘리포니아의 요세미티 폭포는 높이가 약 740 m이다. (a) 70 kg인 사람이 1.5시간 내에 요세미티 폭포 정상까지 올라가려면 평균 일률이 얼마나 되는가? (b) 인체는 화학적 에너지를 역학적 에너지로 변환할 때 효율이 약 25 %이다. 이 하이킹에 얼마나 많은 화학적 에너

지가 사용되는가? (c) 이 하이킹에 음식 에너지 몇 kcal 가 사용되는가?

51[101]. 정상적인 조건에서 쉬고 있는 사람이 필요한 하루 칼로리 양을 기초대사율(BMR)이라고 부른다. (a) 1 kcal 를 만들기 위해 저메인의 몸은 대략 0.010 mol의 산소가 필요하다. 만일 쉬고 있는 동안 호흡을 통한 저메인의 알짜 산소 흡입률이 0.015 mol/min이라면, 그의 기초대사율은 kcal/day 단위로 얼마인가? (b) 만일 저메인이 24시간 동안 단식한다면 몇 g의 지방이 분해되는가? 단지 지방만 소비한다고 가정하여라. 소비된 1 g의 지방은 9.3 kcal를 발생시킨다.

52[103]. 제인이 정글에서 상아 사냥꾼들로부터 달아나고 있다. 치타가 7.0 m 길이의 덩굴을 그녀에게 던졌고, 제인은 4.0 m/s의 속력으로 덩굴로 껑충 뛰어올랐다. 그녀가 덩굴을 잡을 때, 덩굴은 수직에 대해 20°의 각을 이룬다. (a) 제인이 가장 낮은 지점에 있을 때, 그녀가 덩굴을 잡았던 높이에서 거리 h만큼 아래쪽으로 와 있었다. h가 $h = L - L\cos 20°$에 의해 주어짐을 보여라. 여기서 L은 덩굴의 길이이다. (b) 제인이 덩굴에 매달려 흔들리는 중 가장 낮은 지점에 있을 때 얼마나 빨리 움직이는가? (c) 제인은 흔들리는 중 가장 낮은 지점 위로 얼마나 높이 올라갈 수 있는가?

53[105]. 0.50 kg의 블록이, 정지 상태에서 출발해 30.0°의 경사면을 0.25의 운동마찰계수로 미끄러진다(문제 35의 그림 참조). 경사면에서 85 cm 아래로 미끄러진 후, 마찰이 없는 수평면을 가로질러 미끄러진 다음 용수철($k = 35$ N/m)에 닿았다. (a) 용수철은 최대로 얼마나 압축되는가? (b) (a)와 같이 압축된 후, 용수철이 되튀어서 블록을 경사면 위로 발사한다. 블록이 정지하기 전까지 경사면을 따라 얼마나 올라가는가?

54[107]. x-축을 따라 움직이도록 구속된 입자의 퍼텐셜에너지가 그래프에 표시되어 있다. $x = 0$에서, 입자는 400 J의 운동에너지로 $+x$-방향으로 움직인다. 이 입자가 3 cm $< x < 83$ cm의 영역에 들어갈 수 있는가? 설명하여라.

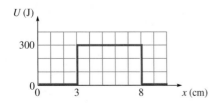

가능한 경우, 해당 영역에서의 운동에너지는 얼마인가? 가능하지 않다면 어떻게 되는가?

55[109]. 용수철상수 k가 같은 두 개의 용수철을 처음에는 직렬로(하나씩 차례로) 연결하고 그다음에는 병렬로(나란히) 연결한 후, 결합한 맨 아래에 추를 매단다. 두 개의 용수철을 결합한 장치의 유효 용수철상수는 얼마인가? 곧 (a) 직렬 결합, (b) 병렬 결합과 정확히 동일하게 행동할 단일 용수철의 용수철상수는 얼마인가? 용수철의 무게는 무시하여라. [(a)에 대한 힌트: 각 용수철은 $x = F/k$만큼 늘어나지만, 용수철 하나만 매달려 있는 물체에 힘을 가한다. (b)에 대한 힌트: 각 용수철은 힘 $F = kx$를 가한다.]

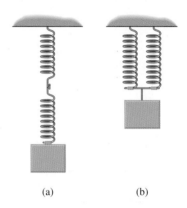

(a)   (b)

56[111]. 기초물리학 실험실에서 사용하는 용수철은 0.20 m 압축될 때 10.0 J의 탄성퍼텐셜에너지를 저장한다. 용수철을 반으로 자른다고 가정하자. 절반 중 하나가 0.20 m 압축될 때, 얼마나 많은 퍼텐셜에너지가 그에 저장되는가? (힌트: 반으로 자른 용수철은 자르지 않은 원래의 용수철과 같은 k를 가지는가?)

57[113]. 반지름이 R인 반구형 돔 모양의 마찰이 없는 얼음 경사면의 정상에서 스키 선수가 출발해 경사면을 따라 내려간다. 어떤 높이 h에서 수직항력이 0이 되고 스키 선수는 얼음 표면을 떠난다. h를 R로 어떻게 표현할 수 있는가?

58[115]. 용수철상수 k_1과 k_2를 갖는 두 개의 용수철이 병렬로 연결되어 있다. (a) 결합한 용수철의 유효 용수철상수는 얼마인가? (b) 결합한 용수철에 부착되어 매달린 물체가 느슨한 위치로부터 2.0 cm 변위된 경우, $k_1 = 5.0$ N/cm과 $k_2 = 3.0$ N/cm인 용수철에 저장된 퍼텐셜에너지는 얼마인가? [문제 55(b) 참조]

59[117]. 그래프는 고무 밴드가 처음에 늘어나고 다음에 수축될 때 고무 밴드의 장력을 보여준다. 고무 밴드를 늘릴

때 특정 길이(최대로 늘리는 도중)에서의 장력은 밴드를 수축시키는 동안 그 길이에서의 장력보다 크다. 이 때문에 신장 곡선과 수축 곡선이 다르게 나타난다. 하나는 신장 그래프이고 다른 하나는 수축 그래프이다. 보통은 이 두 그래프가 겹친다고 생각할 수 있지만 실제로는 겹치지는 않는다. (a) 전체 과정에서 고무 밴드에 가해지는 외력에 의한 총 일을 대략적으로 추산하여라. (b) 고무 밴드가 훅의 법칙을 따른다면, (a)에 대한 대답은 어떻게 되어야 하는가? (c) 고무 밴드를 늘리는 동안, 한 일을 모두 탄성 퍼텐셜에너지의 증가로 설명할 수 있는가? 그렇지 않다면 나머지는 어떻게 되었는가? (힌트: 고무 밴드를 잡고 빠르게 여러 번 잡아당겨라. 그런 다음 손목이나 입술에 가까이 대보아라.)

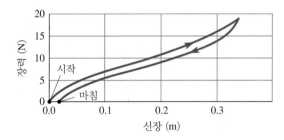

60[119]. 비슷한 모양의 동물들이 언덕을 달려 올라갈 수 있는 속력을 구할 때 속력이 동물의 크기에 따라서 결정된다. 이 때 크기 L은 동물의 키나 몸통의 지름과 같이 특징적인 부위의 길이를 나타낸다. 동물들이 할 수 있는 최대 일률은 동물의 표면적에 비례한다고 가정하여라. 곧, $P_{최대} \propto L^2$. 최대 출력을 중력퍼텐셜에너지의 증가율과 같게 설정하고 속력 v가 L에 따라서 어떻게 변하지 밝혀라.

선운동량

개념정리

- 운동량은 다음과 같이 정의한다.

$$\vec{\mathbf{p}} = m\vec{\mathbf{v}} \qquad (7\text{-}1)$$

- 상호작용하는 동안, 운동량이 한 물체에서 다른 물체로 옮겨지지만, 두 물체 계의 총 운동량은 변하지 않는다.

$$\Delta\vec{\mathbf{p}}_2 = -\Delta\vec{\mathbf{p}}_1$$

- 충격량은 평균 힘에 충격 시간을 곱한 결과이다.

- 총 충격량은 운동량의 변화량과 같다.

$$\Delta\vec{\mathbf{p}} = \sum\vec{\mathbf{F}}\,\Delta t \qquad (7\text{-}2)$$

- 보존되는 양은 시간이 경과하더라도 변하지 않고 남아 있는 양을 말한다.

- 충격량은 힘-시간 그래프 곡선 아래 넓이이다.

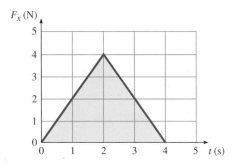

- 알짜힘은 운동량의 변화율이다.

$$\sum\vec{\mathbf{F}} = \lim_{\Delta t \to 0}\frac{\Delta\vec{\mathbf{p}}}{\Delta t} \qquad (7\text{-}4)$$

- 외부 상호작용은 계의 총 운동량을 변화시킬 수도 있다.

- 내부 상호작용은 계의 총 운동량을 변화시키지 않는다.

- 선형 운동량의 보존: 계에 작용하는 알짜 외부 힘이 "0"이면, 계의 운동량은 보존된다.

- N 입자 계의 질량중심(CM)은 다음과 같이 정의된다.

$$x_{\text{CM}} = \frac{m_1 x_1 + m_2 x_2 + \cdots + m_N x_N}{M}$$

그리고

$$y_{\text{CM}} = \frac{m_1 y_1 + m_2 y_2 + \cdots + m_N y_N}{M} \qquad (7\text{-}9)$$

이다. 여기서 M은 다음과 같은 입자 계의 총 질량이다.

$$M = m_1 + m_2 + \cdots + m_N$$

- 계의 총 운동량은 계의 총 질량에 질량중심의 속도를 곱한 결과이다.

$$\vec{\mathbf{p}} = \vec{\mathbf{p}}_1 + \vec{\mathbf{p}}_2 + \cdots + \vec{\mathbf{p}}_N = M\vec{\mathbf{v}}_{\text{CM}} \qquad (7\text{-}11)$$

- 계가 아무리 복잡하더라도, 질량중심(CM)은 계의 모든 질량들이 한 점에 집중되어 있고 모든 외력들이 그 점에 작용하는 것처럼 운동한다.

$$\sum\vec{\mathbf{F}}_{\text{ext}} = M\vec{\mathbf{a}}_{\text{CM}} \qquad (7\text{-}13)$$

- 고립계의 질량중심(CM)은 등속도로 움직인다.

- 운동량 보존은 충돌, 폭발 등을 포함한 문제들을 푸는 데 사용된다. 비록 계에 외력이 작용한다 하더라도, 매우 짧은 시간 동안 충돌 상호작용이 일어난다면, 충돌 직전의 계의 운동량은 충돌 직후의 운동량 값과 거의 같다. 충돌 시간 간격이 매우 짧기 때문에, 충격량과 계의 운동량 변화는 매우 작다.

연습문제

단답형 질문

1[1]. 당신이 불이 난 건물의 2층에 갇혀 있다. 계단으로 통행할 수는 없지만, 창밖에는 발코니가 있다. 다음 상황에서 어떤 일이 일어날 수 있는지 설명하여라. (a) 2층 발코니에서 아래의 포장도로로 뛰어내리며 다리를 곧게 펴고 발로 착지한다. (b) 쥐똥나무 울타리 위로 등이 먼저 닿게 뛰어내린 다음 굴러서 발로 바로 선다. (c) 소방관이 펼친 안전망으로 뛰어내려 등 뒤로 착지한다. 안전망에 착지했을 때 안전망은 어떻게 되겠는가? 소방관이 추락하는 당신을 더 완충시키기 위해 어떻게 해야 하는가?

2[3]. 소총의 총신 일부를 잘라낸다면, 총구 속력(총알이 총구에서 나오는 속력)이 더 느릴 것이다. 왜 그런가?

3[5]. 우주 공간에 있는 우주 비행사가 우주선을 연결하는 밧줄이 끊어져 우주 유영을 하고 있다. 어떻게 그는 우주선으로 돌아갈 수 있는가? 그는 불행하게도 로켓 추진력 배낭을 가지고 있지 않지만 큰 렌치를 가지고 있다.

4[7]. 못과 탄성 충돌하는 망치와 완벽하게 비탄성 충돌하는 망치 중 어느 것이 더 효과적이겠는가? 망치의 질량이 못의 질량보다 훨씬 크다고 가정한다.

5[9]. 자신의 표현으로, 뉴턴의 세 가지 운동 법칙을 각각 운동량과 관련해 서술하여라.

6[11]. 어떤 여자의 키가 1.60 m이다. 그녀가 똑바로 서 있을 때, 무게중심이 반드시 바닥에서 0.80 m 위에 있는가? 설명하여라.

7[13]. 달걀 던지기에서, 두 사람이 점점 멀어지면서 날달걀을 던져주고 받는다. 달걀을 깨뜨리지 않고 잡기 위한 전략을 충격량과 운동량으로 논의해 보아라.

8[15]. 야구 타격 코치는 타자가 홈런을 치려 할 때 "마무리 동작"의 중요성을 강조한다. 코치는 마무리 동작이 공과 방망이가 더 오래 접촉하게 해야 공이 더 먼 거리를 날아가게 할 수 있다고 설명한다. 충격량과 운동량 정리의 관점에서 이렇게 말하는 이유를 설명하여라.

선다형 질문

1[1]. 질량이 같은 2개의 입자 A와 B는 서로 어느 정도 떨어져 있다. 입자 A는 정지해 있는 반면 B는 A로부터 속력 v로 멀어지고 있다. 두 입자 계의 질량중심은 어떻게 되는가?
(a) 움직이지 않는다.
(b) 속력 v로 A에서 먼 곳으로 이동한다.
(c) 속력 v로 A 방향으로 이동한다.
(d) 속력 $\frac{1}{2}v$로 A에서 먼 곳으로 이동한다.
(e) 속력 $\frac{1}{2}v$로 A 방향으로 이동한다.

2[3]. 단위 부피당 질량이 같은 두 개의 균일한 공이 서로 접촉하고 있다. 공 A의 질량은 공 B의 질량의 5배이다. 계의 질량중심은 어디에 있는가?
(a) 공 A와 공 B가 접촉하는 지점
(b) 공 A의 안쪽 A와 B의 중심을 연결하는 선상
(c) 중심을 연결하는 선상의 공 A의 안쪽
(d) 공 A의 중심
(e) 두 공의 바깥쪽

3[5]. 지구의 표면보다 높은 위치에 정지해 있는 질량 m의 물체가 시간 t 동안 떨어진다. 공기저항을 무시하여라. t시간 후에 운동량의 크기는 얼마인가?
(a) mgt^2
(b) mgt
(c) $mg\sqrt{t}$
(d) $\sqrt{mgt}$
(e) $\dfrac{mgt^2}{2}$

선다형 질문 4-6은 골프공이 $+y$-방향으로 똑바로 위로 던져진 상황을 나타낸다. 공기저항은 무시한다. 답을 그림에서 선택하여라.

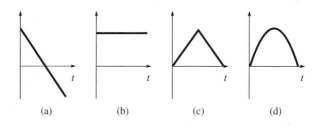

(a)   (b)   (c)   (d)

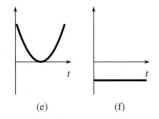

(e)   (f)

4[7]. 공의 가속도 a_y를 시간의 함수로 보여주는 그래프는 어느 것인가?

5[9]. 공의 수직 위치 y를 시간의 함수로 보여주는 그래프는 어느 것인가?

6[11]. 공의 퍼텐셜에너지를 시간의 함수로 나타내는 그래프는 어느 것인가?

문제

7.2 운동량, 7.3 충격량–운동량 정리

1[1]. 질량이 각각 1300 kg인 두 대의 차가 정면충돌할 코스로 서로 접근하고 있다. 각 차의 속력계는 19 m/s를 가리키고 있다. 이 계의 총 운동량의 크기는 얼마인가?

2[3]. 충격량의 SI 단위가 운동량의 SI 단위와 동일하다는 것을 증명하여라.

3[5]. 어떤 계가 세 개의 입자로 구성되어 있다. 각 입자의 질량과 속도는 다음과 같다. 질량 3.0 kg인 입자는 북쪽으로 3.0 m/s로 운동하고, 질량 4.0 kg인 입자는 남쪽으로 5.0 m/s로, 질량 7.0 kg인 입자는 북쪽으로 2.0 m/s로 운동하고 있다. 이 계의 총 운동량은 얼마인가?

4[7]. $t = 0$일 때 새 6마리가 10 m/s로 남쪽으로 날고 있다. 시간이 약간 지난 후에 새의 질량과 속도는 다음과 같다. 운동량의 변화의 크기가 가장 작은 것에서 가장 큰 것까지의 순으로 순서를 매겨라.

(a) 200 g, $t = 30$초에 북쪽 10 m/s

(b) 200 g, $t = 30$초에 동쪽 10 m/s

(c) 200 g, $t = 60$초에 북쪽 20 m/s

(d) 400 g, $t = 60$초에 북쪽 20 m/s

(e) 400 g, $t = 10$초에 남쪽 20 m/s

(f) 400 g, $t = 90$초에 서쪽 30 m/s

5[9]. $+x$-방향으로 2.0 m/s의 속력으로 날아가는 질량 5.0 kg인 공이, 벽에 부딪쳐서 $-x$-방향으로 같은 속력으로 튀어서 되돌아온다. 공의 운동량 변화를 구하여라.

6[11]. 질량 3.0 kg의 물체가 중력을 받으면서 정지한 상태에서 3.4초 동안 낙하했다. 물체의 운동량 변화는 얼마인가? 공기저항은 무시한다.

7[13]. 자동차 5대가 고속도로를 주행 중이다. 차들의 질량과 처음 속력은 다음과 같다. 자동차가 동일한 제동력을 사용해 감속하여 정지했다. 차량이 멈추는 순서를 가장 빠른 것부터 가장 느린 것까지 순서대로 나열하여라.

(a) 1500 kg, 30 m/s

(b) 1500 kg, 20 m/s

(c) 1000 kg, 30 m/s

(d) 1000 kg, 20 m/s

(e) 2000 kg, 40 m/s

8[15]. 우주선의 조종사가 지구 대기권으로 안전하게 진입하기 위해서 속력을 2.6×10^4 m/s에서 1.1×10^4 m/s로 줄여야 한다. 로켓 엔진이 우주선과 역방향으로 1.8×10^5 N의 힘을 가한다. 우주선의 질량은 3800 kg이다. 엔진을 얼마 동안이나 작동시켜야 하는가? (힌트: 배기가스 배출로 인한 우주선의 질량 감소는 무시하여라.)

9[17]. 30.0 m/s의 속력으로 움직이는 자동차가 브레이크를 작동하고 5.0초 만에 정지한다. 자동차의 질량이 1.0×10^3 kg인 경우, 제동 시 수평으로 작용하는 평균 힘은 얼마인가? 도로는 평면이라고 가정하여라.

10[19]. 60.0 kg의 소년이 소방관들이 잡고 있는 안전망으로 뛰어내려 호텔 화재 현장에서 구조되었다. 그가 뛰어내린 창문은 안전망에서 8.0 m 높이에 있다. 소방관은 소년이 안전망에 떨어질 때 팔을 약간 낮추어 0.40초의 시간에 완전히 정지하게 해주었다. (a) 이 0.40초 동안의 운동량 변화는 얼마인가? (b) 이 시간 동안 소년이 안전망에 작용한 충격량은 얼마인가? (힌트: 중력을 무시하지 말아라.) (c) 그 시간에 소년이 안전망에 가한 힘의 평균은 얼마인가?

7.4 운동량 보존

11[21]. 개구리가 물 위의 수련 잎에 앉아서 맛있는 파리를 보았다. 개구리는 파리를 잡기 위해 3.7 m/s의 속력으로 혀를 내밀었다. 혀의 질량은 0.41 g이며, 나머지 개구

리와 수련 잎의 질량은 12.5 g이다. 개구리와 수련 잎의 반동 속력은 얼마인가? 물이 수련 잎에 작용하는 저항력은 무시한다.

12[23]. 질량이 4.5 kg인 소총에서 질량이 10.0 g인 총알이 총구 속력 820 m/s로 발사되었다. 총알이 총신을 떠날 때 소총의 반동 속력은 얼마인가?

13[25]. 질량이 2.5×10^6 kg인 잠수함이 정지 상태에서 250 kg의 어뢰를 발사한다. 어뢰의 처음 속력이 100.0 m/s이다. 잠수함의 처음 반동 속력은 얼마인가? 물의 저항력은 무시하여라.

14[27]. 대시는 마찰이 없는 스케이트보드에서, 질량이 100 g인 공 3개를 손에 들고 서 있다. 대시와 스케이트보드를 합친 무게는 60 kg이다. 그가 0.50 m/s의 속력으로 뒤로 움직이기를 원한다면, 대시는 공을 얼마나 빠르게 던져야 하는가? 대시가 성공할 수 있다고 생각하는가? 설명하여라.

15[29]. 철도 차량에 대포가 선로와 평행한 방향으로 설치되어 있다. 이 대포의 포신을 수평선과 60.0°로 들어 올려 98 kg의 포탄을 105 m/s의 속력(지면에 대해)으로 발사한다. 발사되기 전에 정지해 있던 대포와 차량의 질량이 5.0×10^4 kg이라면, 차량의 반동 속력은 얼마인가? (힌트: 계에 작용하는 알짜 외력에 해당 축 성분이 없다면 그 축을 따르는 계의 운동량 성분은 보존된다.)

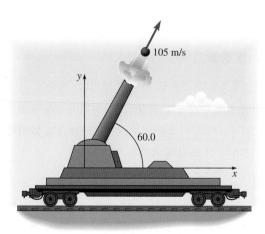

7.5 질량중심, 7.6 질량중심의 이동

16[31]. 입자 A는 원점에 있으며 질량은 30.0 g이다. 입자 B의 질량은 10.0 g이다. 두 입자 계의 질량중심의 좌표가

$(x, y) = (2.0$ cm, 5.0 cm$)$라면 입자 B는 어디에 위치해 있어야 하는가?

17[33]. 여성들은 임신 중에 허리 통증을 자주 느낀다. 임신하기 전에 한 여성의 질량이 68 kg이고 서 있을 때 무게중심이 엉덩이 바로 위에 있다고 가정하여라. 임신 34주까지, 그녀는 몸무게가 8.0 kg(태아, 태반, 양수를 합한 질량) 늘어난다. 이 8.0 kg의 무게중심은 엉덩이 앞 18 cm에 있다. 그녀의 자세가 바뀌지 않았다면, 무게중심은 엉덩이 앞 어디에 있는가? [여성들은 쐐기 모양의 요추가 세 개 있지만, 남성은 두 개밖에 없다. 이러한 요추는 진화학적으로 보면 더 큰 곡률로 임산부의 질량중심을 엉덩이 위에 유지해 적응하도록 한다. *Nature* 450(Dec 13, 2007) pp. 1075-1078 참조.]

18[35]. 그림에서 세 물체는 질량이 같다. 물체 하나가 +x-방향으로 12 cm 이동하면, 질량중심은 얼마나 움직이는가?

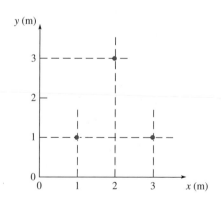

19[37]. 벨린다는 자신이 만든 조각품을 미술관에 정확하게 매달기 위해 질량중심을 찾아야 한다. 조각품은 모두 하나의 평면에 있으며, 그림과 같이 질량과 크기가 있는 다양한 모양의 균일한 물체로 구성되어 있다. 이 조각의 질량중심은 어디에 있는가? 큰 조각을 연결하는 가는 막대

는 질량이 없고 조각의 왼쪽 상단 모서리에 기준틀의 원점을 배치한다고 가정하여라.

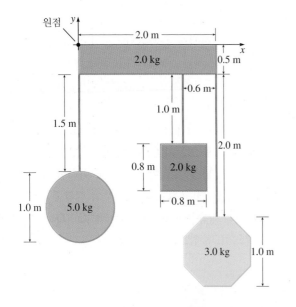

20[39]. 두 개의 낙하하는 물체가 있다. 질량은 3.0 kg과 4.0 kg이다. 시간 $t = 0$에서, 정지 상태에서 두 물체를 놓았다. $t = 10.0$ s에서 질량중심의 속도는 얼마인가? 공기 저항은 무시한다.

21[41]. 질량이 5.0 kg인 입자는 동쪽으로 10 m/s로 운동하고 질량이 15 kg인 입자는 서쪽으로 10 m/s로 운동하는 경우, 두 물체의 질량중심의 속도는 얼마인가?

22[43]. 식 (7−13) $\sum \vec{\mathbf{F}}_{외부} = M\vec{\mathbf{a}}_{CM}$을 증명하여라. (힌트: $\sum \vec{\mathbf{F}}_{외부} = \lim_{\Delta t \to 0}(\Delta \vec{\mathbf{p}}/\Delta t)$로 시작하는데, $\sum \vec{\mathbf{F}}_{외부}$는 계에 작용하는 알짜 외력이고 $\vec{\mathbf{p}}$는 계의 총 운동량이다.)

7.7 1차원 충돌

23[45]. 질량이 120 g인 장난감 자동차가 오른쪽으로 0.75 m/s의 속력으로 운동한다. 한 어린이가 30.0 g의 점토를 이 차에 떨어뜨린다. 점토가 차에 달라붙어서 차와 함께 오른쪽으로 계속 움직인다. 자동차의 속력은 얼마나 변하는가? 차와 지면 사이의 마찰력은 무시할 수 있다고 생각하여라.

24[47]. 동쪽을 향해 200.0 m/s로 날아가던 0.020 kg의 탄환이 정지해 있는 2.0 kg의 벽돌과 부딪친 후, 튀어나와 서쪽을 향해 100.0 m/s의 속도로 원래의 경로를 따라 되돌아간다. 벽돌의 나중 속도를 구하여라. 벽돌은 마찰이 없는 수평면 위에 정지해 있다고 가정하여라.

25[49]. 0.020 kg의 총알이 수평으로 발사되어 2.00 kg의 나무토막과 충돌한다. 총알이 나무토막에 박혀서 나무토막과 함께 수평면을 따라 1.50 m를 미끄러졌다. 나무토막과 표면 사이의 운동마찰계수가 0.400이라면, 총알의 원래 속력은 얼마인가?

26[51]. 75 kg의 건장한 남자가 아이스 스케이트를 신고 정지해 있다. 0.20 kg의 공이 그를 향해 던져졌다. 이 남자가 공을 잡기 직전에 공이 수평으로 25 m/s로 운동한다. 이 남자가 공을 잡은 직후에는 얼마나 빨리 운동하는가?

27[53]. 100 g의 공이 정지해 있는 300 g의 공과 탄성 충돌했다. 100 g의 공이 충돌 전에 +x-방향으로 5.00 m/s로 움직였다면, 충돌 후에 두 공의 속도는 얼마인가?

28[55]. 2.0 kg의 물체가 마찰이 전혀 없는 표면 위에 정지해 있다. 8.0 m/s로 움직이던 3.0 kg의 물체가 이 물체에 와서 부딪쳤다. 충돌 후에 두 물체가 같이 붙어버렸다면, 결합한 두 물체의 속력은 얼마인가?

29[57]. 0.010 kg의 탄환이 400.0 m/s로 수평으로 날아와 테이블의 가장자리에 있는 4.0 kg의 나무토막과 부딪쳤다. 총알이 나무에 박혔다. 테이블 높이가 1.2 m인 경우, 총알이 박힌 나무토막은 테이블로부터 얼마나 떨어진 바닥에 떨어지는가?

30[59]. 6.0 kg의 물체가 마찰이 전혀 없는 표면에 정지해 있다가, 10 m/s로 움직이는 2.0 kg의 물체와 정면충돌했다. 이것이 탄성 충돌이라면, 충돌 후 6.0 kg인 물체의 속력은 얼마인가? (힌트: 두 개의 방정식이 필요할 것이다.)

7.8 2차원 충돌

31[61]. 폭죽을 공중으로 똑바로 던졌다. 폭죽이 가장 높은 지점에 도달하자마자 질량이 3등분되며 3개로 폭발했다. 두 조각은 서로 직각을 이루면서 120 m/s로 날아가고 있다. 나머지 한 조각의 속력은 얼마인가?

32[63]. (a) 실전문제 7.10을 참조해서, 충돌 중 질량 m_1인 공의 운동량 변화를 구하여라. x-와 y-성분 형식으로, m_1과 v_1을 사용해 답하여라. (b) 질량 m_2인 공에 대해서도 문제를 반복해 풀이하여라. 운동량 변화는 어떻게 연관되어 있는가?

33[65]. x-축을 따라 미끄러지는 퍽 1은 같은 질량의 정지한 퍽 2와 부딪친다. 이들이 탄성 충돌을 한 후, 퍽 1은 x-축

위의 60.0 방향으로 속력 v_{1f}로 이동하고, 퍽 2는 x-축 아래 30.0 방향으로 속력 v_{2f}로 이동한다. v_{2f}를 v_{1f}로 나타내어라.

34[67]. 질량이 2.0 kg인 포물체가 고정된 목표물에 5.0 m/s로 접근한다. 충돌 후 포물체는 60.0°각도만큼 꺾이고 속력은 3.0 m/s이다. 충돌 후 목표물의 운동량 크기는 얼마인가?

35[69]. 질량이 1700 kg인 자동차가 북동쪽(북쪽과 동쪽 사이의 45°) 14 m/s(31 mph)의 속력으로 곧바로 주행하며, 18 m/s(40 mph)의 속력으로 남쪽으로 곧바로 주행하는 질량이 1300 kg인 소형차와 충돌했다. 두 대의 자동차가 충돌하는 동안 서로 붙어 있다. 충돌 직후 엉망진창으로 달라붙은 상태에서 속력과 방향은 어떻게 되는가?

36[71]. 두 개의 동일한 퍽이 에어테이블 위에 있다. 퍽 A의 처음 속도는 $+x$-방향으로 2.0 m/s이고, 퍽 B는 정지해 있다. 퍽 A는 퍽 B와 탄성 충돌하고, A는 x-축 위 60° 방향으로 1.0 m/s의 속력으로 멀어진다. 충돌 후 퍽 B의 속력과 방향은 어떻게 되겠는가?

37[73]. 두 마리의 아프리카제비가 코코넛을 가지고 서로를 향해 날아간다. 첫 번째 제비는 수평으로 20 m/s의 속력으로 북쪽으로 날아간다. 두 번째 제비는 15 m/s의 속력으로 첫 번째와 같은 높이에서 반대 방향으로 날고 있다. 첫 번째 제비의 질량은 0.270 kg이고 코코넛의 질량은 0.80 kg이다. 두 번째 제비의 질량은 0.220 kg이고 코코넛의 질량은 0.70 kg이다. 제비가 충돌해 코코넛을 잃어버린다. 충돌 직후, 0.80 kg의 코코넛은 남서쪽 10° 방향으로 13 m/s의 속력으로 이동하고, 0.70 kg의 코코넛은 북쪽에서 동쪽으로 30°, 14 m/s의 속력으로 이동한다. 두 마리의 새는 서로 엉켜서 날개를 퍼덕거리는 것을 멈추고 함께 날아간다. 충돌 직후의 새의 속도는 얼마인가?

 협동문제

38[75]. 115 g의 공이 라켓에 맞아서 30 m/s의 속력으로 왼쪽으로 이동한다. 공이 21 ms 동안 라켓과 접촉하면서 받은 오른쪽으로 향하는 힘이 그래프에 있다. 라켓을 벗어난 직후에 공의 속력은 얼마인가?

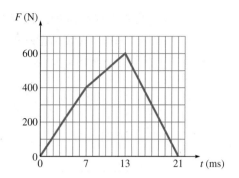

39[77]. 실험실에서, 에어트랙 위에 두 개의 동일한 글라이더가 있고, 둘 사이에는 용수철이 압축되어 끈으로 묶여 있다. 서로 묶인 두 글라이더가 0.50 m/s의 속력으로 오른쪽으로 움직이는 동안, 한 학생이 끈을 성냥불로 태워 용수철 힘이 글라이더를 서로 멀어지게 했다. 한 글라이더가 1.30 m/s로 오른쪽으로 이동하는 것을 관찰했다. (a) 다른 글라이더의 속도는 얼마인가? (b) 충돌 후 두 글라이더의 총 운동에너지는 충돌 전의 총 운동에너지보다 큰가, 같은가, 아니면 더 작은가? 더 크다면 여분의 에너지는 어디에서 얻은 것인가? 또 더 작다면, "손실된" 에너지는 어디로 갔는가?

연구문제

40[79]. 질량이 5.0 kg인 썰매가 마찰이 없는 얼음으로 덮인 호수 위를 따라 1.0 m/s의 일정한 속력으로 미끄러져 가고 있다. 이 썰매 위에 1.0 kg의 책을 수직으로 떨어뜨린다면 책이 실린 썰매의 속력은 얼마인가?

41[81]. 선을 따라 움직이는 세 개의 입자로 이루어진 계를 생각해보자. 실험실의 한 관찰자가 이 계를 이루는 입자들의 질량과 속도를 다음과 같이 측정했다. 이 계의 질량중심 속도는 얼마인가?

질량(kg)	v_x(m/s)
3.0	$+290$
5.0	-120
2.0	$+52$

42[83]. 야구 선수가 홈 플레이트를 향해 41 m/s의 속력으로 강속구를 던졌다. 타자는 날아오는 145 g의 공을 맞추려고 스윙했다. 이 공이 37 m/s의 속력으로 방망이를 떠난다. 공이 방망이와 충돌 직전과 충돌 직후 수평으로 움직이고 있다고 가정한다. (a) 공의 운동량 변화의 크기는

얼마인가? (b) 방망이가 공에 전달한 충격량은 얼마인가? (c) 방망이와 볼이 3.0 ms 동안 접촉한다면, 방망이가 공에 작용하는 평균 힘의 크기는 얼마인가?

43[85]. 그림과 같이 길이 30.0 cm의 균일한 막대가 U 자를 거꾸로 한 모양으로 구부러져 있다. 세 변의 길이는 각각 10.0 cm이다. 원점에서 측정한 질량중심의 위치를 x- 및 y-좌표로 구하여라.

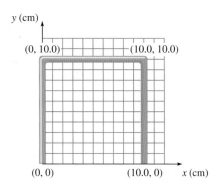

44[87]. 불법 시위자들을 해산하기 위해 진압부대가 소방 호스를 가지고 접근하고 있다. 소방 호스를 통해 흘러나오는 물의 유출률이 24 kg/s이고 호스로부터 뿜어져 나오는 물줄기의 분출 속력이 17 m/s라고 가정하자. 시위대에 있는 사람한테 이런 물줄기가 가할 수 있는 힘은 얼마인가? 물이 시위 참가자의 가슴을 치고는 딱 멈춰버린다고 가정하여라.

45[89]. 정지한 0.1 g의 파리가 100 km/h로 주행하는 1000 kg의 자동차의 앞 유리와 충돌한다. (a) 파리로 인한 자동차의 운동량 변화는 얼마인가? (b) 차로 인한 파리의 운동량 변화는 얼마인가? (c) 차의 속력을 1 km/h만큼 줄이기 위해 대략 얼마나 많은 파리가 필요한가?

46[91]. 질량이 2.0 kg인 포물체가 8.0 m/s로 날아와 고정된 목표물에 접근한다. 충돌 후 포물체는 90.0°만큼 꺾여 나가고 속력은 6.0 m/s로 되었다. 완전 탄성 충돌이라면 충돌 후 목표물의 속력은 얼마인가?

47[93]. 60.0 kg의 여성이 길이 6.0 m, 질량 120 kg인 뗏목의 한쪽 끝에 서 있다. 뗏목의 다른 쪽 끝은 부두에서 0.50 m 떨어져 있다. (a) 이 여자가 뗏목의 다른 쪽 끝까지 부두 쪽으로 걸어가서 멈추었다. 이때 뗏목과 부두 사이의 거리는 얼마인가? (b) 문제 (a)에서 여자는 부두에 대해 얼마나 멀리 걸어왔는가?

48[95]. 세포 내에서, 새로 합성된 단백질을 포함하는 작은 세포 소기관은 키네신(kinesin)이라는 작은 분자 모터에 의해 미세소관을 따라 운반된다. 질량이 0.01 pg(10^{-17} kg)인 세포 소기관을 10 μs의 시간 내에 0에서 1 μm/s로 가속하기 위해 키네신 분자가 전달해야 하는 힘은 얼마인가?

49[97]. 그림에서 진자의 추는 부드러운 점토로 만들어져서 충격 후에 달라붙어 있다. 추 A의 질량은 추 B의 질량의 절반이다. 추 B는 처음에 정지해 있었다. 추 A를 가장 낮은 지점으로부터 높이가 h인 곳에서 놓았다면, 충돌 후 추 A와 B가 올라갈 수 있는 최대 높이는 얼마인가?

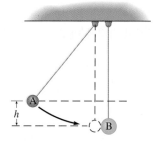

50[99]. 질량이 동일한 진자 추 2개가 동일한 길이(5.1 m)의 줄에 매어 있다. 추 A는 처음에는 수평으로 유지되고 추 B는 수직 방향에 정지해 있다. 추 A를 놓아서 추 B와 탄성적으로 충돌했다면 추 B는 충돌 직후 얼마나 빨리 움직이는가?

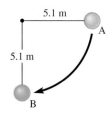

51[101]. 정지해 있는 라듐 핵(Ra, 질량 226 u)은 라돈 핵(Rn, 질량 222 u)과 알파 입자(α, 질량 4 u)로 붕괴된다. (a) 붕괴 후의 속력 비 v_α/v_{Rn}을 구하여라. (b) 운동량의 크기 비 p_α/p_{Rn}을 구하여라. (c) 운동에너지의 비 K_α/K_{Rn}를 구하여라. (주의: "u"는 원자의 질량 단위이므로 kg으로 환산할 필요는 없다.)

돌림힘과 각운동량

개념정리

- 회전관성이 I이고 각속도가 ω인 강체의 회전운동에너지는

$$K_{\text{rot}} = \tfrac{1}{2}I\omega^2 \qquad (8\text{-}1)$$

이다. 여기서 ω는 단위 시간당 라디안으로 측정해야 한다.

- 회전관성은 물체의 각속도를 변화시키기 어려운 정도의 척도이다. 회전관성은

$$I = \sum_{i=1}^{N} m_i r_i^2 \qquad (8\text{-}2)$$

- 으로 정의되며 여기서 r_i는 질량 m_i인 물체와 회전축 사이의 수직 거리이다. 회전관성은 회전축의 위치에 따라 달라진다.

- 돌림힘은 힘이 물체를 비틀거나 회전시키는 데 효과적인지를 측정하는 척도이다. 다음의 두 가지 방법으로 계산할 수 있다. 힘의 수직 성분과 회전축과 힘의 작용점 사이 최소 거리의 곱이다.

$$\tau = \pm r F_\perp \qquad (8\text{-}3)$$

- 또는 힘의 크기와 지레의 팔(힘의 작용점과 회전축과의 수직 거리)의 곱이다.

$$\tau = \pm r_\perp F \qquad (8\text{-}4)$$

- 힘의 수직 성분이 시계 반대 방향으로 회전하게 하면 양(+)의 돌림힘을 주고 힘의 수직 성분이 시계 방향으로 회전하게 하면 음의 돌림힘을 준다.

- 일정한 돌림힘이 한 일은 돌림힘과 각 변위의 곱이다.

$$W = \tau \Delta\theta \quad (\Delta\theta \text{는 라디안}) \qquad (8\text{-}6)$$

- 병진 평형과 회전 평형의 조건은

$$\sum \vec{F} = 0 \quad \text{그리고} \quad \sum \tau = 0 \qquad (8\text{-}8)$$

이다. 평형 문제에서 돌림힘을 계산할 때 회전축은 **임의로** 선택할 수 있다. 일반적으로 가장 좋은 방법은 모르는 힘이 작용한 점에 회전축으로 잡아서 모르는 힘이 돌림힘 방정식에 나타나지 않도록 하는 것이다.

- 회전에 관한 뉴턴의 제2 법칙은

$$\sum \tau = I\alpha \qquad (8\text{-}9)$$

이다. α는 라디안 단위로 측정되어야 한다. 더 일반적인 식은

$$\sum \tau = \lim_{\Delta t \to 0} \frac{\Delta L}{\Delta t} \qquad (8\text{-}13)$$

이고 여기서 L은 계의 각운동량이다.

- 미끄러지지 않고 구르는 물체의 총 운동에너지는 질량중심을 통과하는 회전축에 대한 회전운동에너지와 병진운동에너지의 합이다.

$$K = \tfrac{1}{2}M v_{\text{CM}}^2 + \tfrac{1}{2}I_{\text{CM}}\omega^2 \qquad (8\text{-}11)$$

- 고정축을 중심으로 회전하는 강체의 각운동량은 회전관성 곱하기 각속도이다.

$$L = I\omega \qquad (8\text{-}14)$$

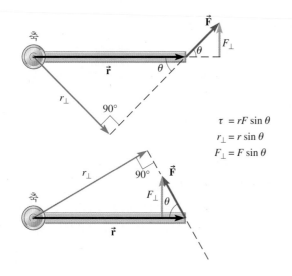

$$\tau = rF\sin\theta$$
$$r_\perp = r\sin\theta$$
$$F_\perp = F\sin\theta$$

- 각운동량 보존 법칙: 만약 계에 작용하는 외부 알짜 돌림힘이 0이면 계의 각운동량은 변하지 않는다.

$$만일 \sum \tau = 0이면, \quad L_i = L_f \qquad (8\text{-}15)$$

- 다음 표에 병진운동과 회전운동에서 서로 유사한 물리량과 방정식을 정리했다.

병진운동	회전운동
m	I
$\vec{F}$	τ
$\vec{a}$	α
$\sum \vec{F} = m\vec{a}$	$\sum \tau = I\alpha$
Δx	$\Delta \theta$
$W = F_x \Delta x$	$W = \tau \Delta \theta$
$\vec{v}$	ω
$K = \frac{1}{2}mv^2$	$K = \frac{1}{2}I\omega^2$
$\vec{p} = m\vec{v}$	$L = I\omega$
$\sum \vec{F} = \lim\limits_{\Delta t \to 0} \dfrac{\Delta \vec{p}}{\Delta t}$	$\sum \tau = \lim\limits_{\Delta t \to 0} \dfrac{\Delta L}{\Delta t}$

만약 $\sum \vec{F} = 0$이면 $\vec{p}$는 보존된다.   만약 $\sum \tau = 0$이면 L은 보존된다.

연습문제

단답형 질문

1[1]. 그림 8.2b에서, 문을 쉽게 열기 위해서는 손잡이가 어디에 위치해 있어야 하는가?

2[3]. 반회전문(스윙도어)을 열 때, 문 중앙부가 아니라 경첩에서 멀리 있는 가장자리 부근을 밀어야 문 열기가 더 쉬운 이유는 무엇인가?

3[5]. 평형 상태에 있는 물체에 단지 두 가지 힘만 작용한다. 2.4절에서 우리는 알짜 병진 힘이 0이 되려면 두 힘은 크기가 같고 반대 방향이어야 한다는 것을 알았다. 물체가 평형을 이루기 위해 두 힘에 필요한 다른 조건은 무엇인가? (힌트: 힘의 작용선을 고려해보아라.)

4[7]. "파인우드 더비" 대회에서 어린 스카우트 단원(Cub Scouts)들이 자동차를 조립해서 경사면을 따라 경주를 한다. 어떤 사람들은 다른 모든 것(마찰, 공기저항계수, 같은 바퀴 등)이 같기 때문에 더 무거운 차가 승리할 것이라고 말한다. 반면 다른 사람은 차의 무게가 중요하지 않다고 주장한다. 누가 옳은가? 설명하여라. (힌트: 자동차의 운동에너지 중 회전운동에너지의 비율을 생각해보자.)

5[9]. 빠르게 달리는 동물은 다리가 가늘다. 다리 근육은 고관절 근처에 집중되어 있고, 힘줄만 아래 다리로 뻗혀 있다. 회전관성의 개념을 사용해, 어떻게 이들이 빠르게 달리는 데 도움이 되는지 설명하여라.

6[11]. 그림 (a)는 이두박근이 어떻게 팔뚝이 짐을 지탱할 수 있게 하는지를 보여주는 단순화된 모형을 보여준다. 그림 (b)는 굴근이 위팔 대신에 팔뚝에 있다. 그림 (b)에서 보여주는 대안에 비해 그림 (a)의 구조의 이점은 무엇인가? 팔뚝이 수평일 때 두 경우 효과가 똑같은가? 위팔과 팔뚝 사이의 각이 다를 때는 어떠한가? 또한 팔꿈치에 대한 팔뚝과 어깨에 대한 팔 전체의 회전관성을 생각해보아라.

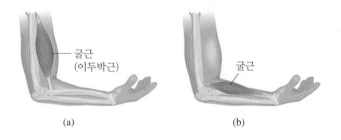

(a)   (b)

7[13]. 마찰을 무시할 수 있는 놀이터의 회전놀이기구 뱅뱅이(그림 8.4 참조)가 회전을 한다. 아이가 뱅뱅이 판 중심에서 가장자리로 이동한다. 계를 뱅뱅이와 아이로 생각하자. 계의 각속도, 계의 회전운동에너지, 계의 각운동량 중 어느 것이 변하는가? 당신의 답을 설명하여라.

8[15]. 미식축구 경기에서 라인맨(lineman)이 취한 자세가 왜 밀어내기 힘든 자세인지 설명해보아라. 무게중심의 높이와 지지 기반의 크기(땅바닥에 닿는 손과 발이 이루는 지면의 넓이)를 고려하여라. 사람과 부딪혀 넘어뜨리기 위해서는, 무게중심이 어떻게 되어야 하는가? 균형을 유지하기 위해 더 복잡한 신경계가 필요한 것은 네 발 달린 동물과 사람 중 어느 쪽인가?

9[17]. 우주 비행사가 궤도에 있는 위성에서 볼트를 제거하려고 한다. 그는 위성에 대해 자신이 정지해 있으면서 렌치를 꺼내 볼트를 제거하려고 한다. 그의 방법에 어떤 문제가 있는가? 그가 어떻게 하면 볼트를 제거할 수 있는가?

10[19]. 자전거를 타고 약간 가파른 언덕에 접근하고 있다. 오르막을 가는 데 낮은 기어 또는 높은 기어 중 어느 기어를 사용해야 하는가? 낮은 기어의 경우, 바퀴는 페달의 1회전 동안 높은 기어보다 회전을 덜한다.

11[21]. 심각한 지구 온난화의 영향 중 하나는 극지방 얼음덩어리의 일부 또는 전부가 녹는 것이다. 이로 인해 하루의 길이(지구 자전 주기)가 바뀔 것이다. 이유를 설명하여라. 이렇게 되면 하루가 더 길어지겠는가, 아니면 짧아지겠는가?

선다형 질문

1[1]. 둘 다 SI 기본 단위로 표시할 때, 돌림힘과 단위가 같은 것은?

(a) 각가속도   (b) 각운동량

(c) 힘   (d) 에너지

(e) 회전관성   (f) 각속도

2[3]. 균일하게 속이 채워진 원통이 경사면을 벗어나지 않고 굴러간다. 경사면의 바닥에서 원통의 속력을 측정하니 v 였다. 이 원통의 축을 따라 구멍을 뚫고 실험을 반복했더니 경사면의 바닥에서 속이 빈 원통의 속력은 v'이었다. 두 원통의 속력을 비교하면 어떻게 되는가?

(a) $v' < v$ (b) $v' = v$ (c) $v' > v$

(d) 뚫은 구멍의 반지름에 따라 답이 다르다.

3[5]. 각운동량의 SI 단위는?

(a) $\dfrac{\text{rad}}{\text{s}}$ (b) $\dfrac{\text{rad}}{\text{s}^2}$ (c) $\dfrac{\text{kg·m}}{\text{s}^2}$

(d) $\dfrac{\text{kg·m}^2}{\text{s}^2}$ (e) $\dfrac{\text{kg·m}^2}{\text{s}}$ (f) $\dfrac{\text{kg·m}}{\text{s}}$

4[7]. 그림에 표시한 회전축에 대해 시계 방향의 돌림힘을 만드는 힘은 어느 것인가?

(a) 오직 3   (b) 오직 4   (c) 1과 2

(d) 1, 2와 3   (e) 1, 2와 4

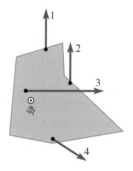

5[9]. 질량 m인 균일한 막대가 진자처럼 흔들리도록 막대의 꼭대기가 회전축에 걸려 있다. 힘 F가 그림에서와 같이 막대의 하단에 수직으로 가해졌을 때, 수직으로부터 각 θ의 위치에 막대를 평형 상태로 유지하려면 F는 얼마여야 하는가?

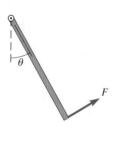

(a) $2mg$ (b) $2mg \sin \theta$

(c) $(mg/2) \sin \theta$ (d) $2mg \cos \theta$

(e) $(mg/2) \cos \theta$ (f) $mg \sin \theta$

문제

8.1 회전운동에너지와 회전관성

1[1]. $\frac{1}{2}I\omega^2$이 에너지의 차원을 가지는 것을 증명하여라.

2[3]. 어린이를 위해 만든 볼링공은 성인 볼링공 반지름의 절반 크기이다. 둘은 같은 재료로 만들었다(따라서 단위

부피당 질량이 동일하다). 성인 공에 비해 어린이 공의 (a) 질량과 (b) 회전관성은 몇 배 줄어드는가?

3[5]. 3.0 kg의 질점 네 개가 질량이 없는 막대로 된 정사각형에 배열되어 있다. 정사각형의 한 변의 길이는 0.50 m이다. 세 가지 다른 축에 대해 이 정사각형의 회전을 고려하여라. (a) 질량 B와 C를 지나는 축, (b) 질량 A와 C를 지나는 축, (c) 정사각형의 중심을 통과하고 정사각형의 평면에 수직인 축. 이들을 회전관성이 작은 것부터 커지는 순서로 나열하여라.

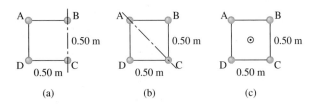

(a)　　　　　(b)　　　　　(c)

4[7]. CD 플레이어가 정지 상태에서 돌기까지 모터가 한 일은 얼마인가? CD의 지름은 12.0 cm이고 질량은 15.8 g이다. 레이저는 1.20 m/s의 일정한 접선 속도로 디스크를 스캔한다. 음악이 처음으로 읽혀지는 위치는 디스크의 중앙에서 반지름 20.0 mm인 곳이라고 가정하고, CD의 중앙에 있는 작은 원형 구멍은 무시한다.

5[9]. 자전거에 반지름이 0.32 m인 바퀴가 있다. 각 바퀴의 축에 대한 회전관성은 0.080 kg·m²이다. 바퀴와 타는 사람을 포함한 자전거의 총 질량은 79 kg이다. 일정한 속력으로 주행할 때 바퀴의 회전운동에너지는 자전거의 총 운동에너지(타는 사람 포함)의 얼마 비율인가?

6[11]. 원심분리기의 회전관성은 6.5×10^{-3} kg·m²이다. 정지 상태에서 420 rad/s(4000 rpm)가 되려면 얼마의 에너지를 공급해야 하는가?

8.2 돌림힘

7[13]. 예초기 엔진의 당기는(시동을 위한) 끈은 반지름이 6.00 cm인 드럼 주위에 감겨 있다. 엔진을 시동하기 위해 끈을 75 N의 힘으로 당기는 동안 끈이 드럼에 가하는 돌림힘은 얼마인가?

8[15]. 질량이 124 g인 물체가 접시저울의 지지대로부터 25 cm 지점에 있는 한 접시에 놓여 있다. 지지대에 대해 물체가 가하는 돌림힘의 크기는 얼마인가?

9[17]. 다음에 보이는 다섯 가지 각 상황에서, 오래된 펌프의 손잡이의 한 점에 힘을 가한다. 핸들에 가해지는 돌림힘의 크기를 작은 것에서 커지는 순서대로 나열하여라.

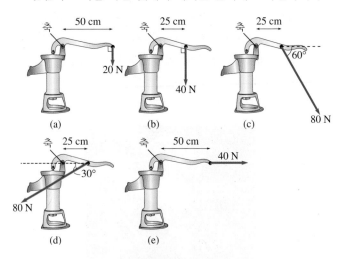

10[19]. 런던의 국회의사당 외곽에 있는 탑에는 흔히 빅 벤(Big Ben)이라고 부르는 13톤짜리 시간을 알려주는 종이 있는 유명한 시계가 있다. 사면의 시계 면에 있는 시침은 길이가 각각 2.7 m이고 질량은 60.0 kg이다. 시침을 한쪽 끝이 부착된 균일한 막대라고 가정하자. (a) 시계가 정오를 칠 때 네 개의 시침 중 하나의 무게가 시계 장치에 가하는 돌림힘은 얼마인가? 회전축은 시계의 면에 수직이며 시계의 중심을 지난다. (b) 시계가 오전 9시 종을 울릴 때 같은 축에 대한 하나의 시침의 무게가 가하는 돌림힘은 얼마인가?

11[21]. 46.4 N의 힘이 너비 1.26 m의 문의 외부 가장자리에 다음과 같은 방식으로 작용한다. (a) 문에 수직으로, (b) 문 표면에 대해 43.0°의 각으로, (c) 힘의 작용선이 문 경첩의 축을 통과하도록 한다. 이 세 가지 경우에 대해 돌림힘을 구하여라.

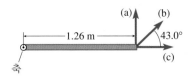

12[23]. 길이가 10.0 m인, 무게를 무시할 수 있는 막대가 그림과 같이 세 개의 물체를 매달고 있다. 무게중심을 구하여라.

5.0 kg	15.0 kg	10.0 kg
0.0	5.0 m	10.0 m

13[25]. 그림과 같은 모양을 한, 균일한 두께의 판이 있다. 무

계중심은 어디인가? 원점 (0, 0)은 왼쪽 하단에 있고, 왼쪽 상단 모서리는 (0, s)이고, 오른쪽 상단 모서리는 (s, s)이다.

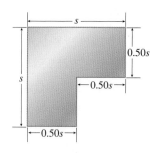

8.3 돌림힘이 한 일 계산하기

14[27]. 바퀴의 반지름이 0.500 m이다. 로프가 바퀴의 바깥 테두리에 감겨 있다. 크기가 5.00 N인 힘으로 로프를 당겼더니 로프가 풀리고 바퀴를 중심축에 대해 시계 반대 방향으로 회전시켰다. 로프의 질량은 무시하여라. (a) 바퀴가 1.00회전하는 동안 얼마만큼의 로프가 풀리는가? (b) 이 시간 동안 로프가 바퀴에 얼마나 많은 일을 했는가? (c) 로프가 바퀴에 작용하는 돌림힘은 얼마인가? (d) 바퀴가 1.00회전 동안 각 변위 $\Delta\theta$를 라디안 단위로 나타내어라. (e) 한 일이 $\tau\Delta\theta$곱과 같다는 것을 보여라.

15[29]. 유원지의 대회전식 관람차는 모터가 바퀴에 돌림힘을 가하기 때문에 회전한다. 템스강 유역의 거대한 관람차인 런던아이(London Eye)의 반지름은 67.5 m이며 질량은 1.90×10^{6} kg이다. 바퀴가 순항하는 각속력은 3.50×10^{-3} rad/s이다. (a) 정지한 바퀴를 순항 속력까지 끌어올리기 위해 모터가 얼마나 많은 일을 해야 하는가? (힌트: 바퀴를 후프로 취급하여라.) (b) 순항 각속력에 도달하는 데 20.0초가 걸린다면 모터가 바퀴에 제공해야 하는 돌림힘(상수로 가정)은 얼마인가?

8.4 회전 평형

16[31]. 무게가 1200 N인 물체가 지레의 지지대로부터 0.50 m 지점에 놓여 있다. 지지대로부터 같은 쪽 3.0 m 떨어진 거리에 위 방향으로 크기 F의 힘을 작용한다. 지렛대 판자 자체의 무게를 무시할 때, 계가 평형 상태에 있다면 F는 얼마인가?

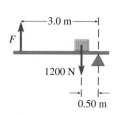

17[33]. 페인트공이 지붕의 지지대에 부착된 두 줄로 균형이 잡혀 있는 수평 발판 위에 서 있다. 페인트공의 질량은 75 kg이고, 발판의 질량은 20.0 kg이다. 페인트공은 발판의 왼쪽 끝으로부터 $d=2.0$ m 떨어진 곳에 서 있고 발판의 총 길이는 5.0 m이다. (a) 왼쪽 줄이 발판에 작용하는 힘의 크기는 얼마인가? (b) 발판의 오른쪽 줄이 작용하는 힘은 얼마인가?

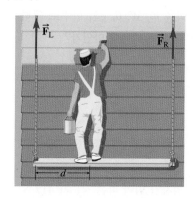

18[35]. 길이가 5.0 m이고 질량이 55 kg인 균일한 다이빙보드가 두 지점에서 지지된다. 한 지지대는 보드 끝에서 3.4 m 떨어져 있고, 두 번째 지지대는 끝에서 4.6 m 지점에 있다(그림 8.18 참조). 질량이 65 kg인 다이버가 물 위의 보드 끝에 서 있을 때 두 지지대가 보드에 작용하는 힘은 얼마인가? 이들 힘을 연직이라고 가정한다. (힌트: 이 문제에서, 서로 다른 두 회전축에 대한 두 개의 돌림힘의 방정식을 사용해보아라. 그렇게 하는 것이 두 힘의 방향을 결정하는 데 도움이 될 수 있다.)

19[37]. 산악인이 이중 로프를 사용해 수직 절벽 아래로 하강하고 있다. 로프는 그의 무게중심에서 오른쪽으로 15 cm 떨어져 있는 허리에 묶인 버클에 걸려 있다. 산악인의 몸무게가 770 N인 경우, (a) 로프의 장력과 (b) 벽이 산악인의 발에 가하는 접촉력의 방향과 크기를 구하여라.

20[39]. 물체를 들거나 옮기는, 질량 *m*의 기중기 팔이 그 끝에 매달려 있는 무게 *W*인 강철 대들보를 지탱하고 있다. 기중기 팔의 한쪽 끝은 돌쩌귀를 사용해 바닥에 고정되어 있다. 기중기 팔의 다른 쪽 끝에 케이블이 부착되어 수평으로 당기고 있다. 기중기 팔은 수평과 각 θ를 이룬다. 케이블의 장력을 *m*, *W*, θ, *g*의 함수로 구하여라. 각 θ = 0 및 θ = 90°일 때 장력은 얼마인가?

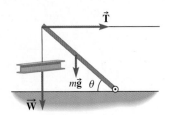

21[41]. 간판업자가 빔이 파손 강도가 417 N인 케이블을 사용해 간판을 달려고 한다. 상점 주인은 그림과 같이 간판이 인도 위쪽에 걸려 있기를 원한다. 간판의 무게는 200.0 N이고 빔의 무게는 50.0 N이다. 빔의 길이는 1.50 m이고 간판의 규격은 수평 1.00 m × 수직 0.80 m이다. 그림에서 각 θ를 33.8°로 선택했다. 8.7 kg의 고양이가 빔 위로 올라와 벽에서 케이블이 빔과 만나는 지점을 향해 걷고 있다. 케이블이 끊어지기 전에 고양이가 얼마나 걸어갈 수 있는가?

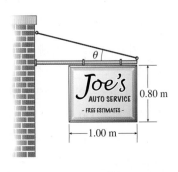

8.5 응용: 인체의 균형

22[43]. 당신의 친구가 서서 머리 위에 질량이 10 kg인 짐꾸러미를 이고 균형을 잡는다. 상체의 질량은 *M* = 55 kg (총 질량의 약 65 %)이다. 척추가 수평이 아닌 수직이기 때문에, 천골이 척추에 가하는 힘(그림 8.28의 $\vec{F}_s$)은 거의 똑바로 위 방향이고, 등 근육이 가하는 힘($\vec{F}_b$)은 무시할 정도로 작다. $\vec{F}_s$의 크기를 구하여라.

23[45]. 영화 〈터미네이터〉에서 아널드 슈워제네거는 양팔을 완전히 펴서 수평으로 한 채 사람의 목을 잡고 바닥에서 들어 올린다. 만일 몸무게가 700 N인 사람이 잡힌 곳

이 어깨 관절에서 60 cm인 지점이고, 아널드가 그림 8.26과 유사한 해부학적 구조를 가지고 있다면, 이 일을 하기 위해 각각의 삼각근이 작용해야 하는 힘은 얼마인가?

24[47]. 어떤 사람이 3.0 kg의 발목 모래주머니를 다리로 들고 있다. 그녀는 처음에는 직각으로 다리를 구부리고 의자에 앉아 있다. 대퇴사두근이 힘줄을 통해 슬개골에 붙어 있다. 슬개골은 무릎 관절 아래 10.0 cm 위치의 뼈에 붙어 있는 슬개건에 의해 경골(정강이뼈)과 연결된다. 힘줄이, 하퇴(종아리)의 위치에 관계없이, 종아리에 대해 20.0°의 각으로 잡아당긴다고 가정한다. 종아리의 무게는 5.0 kg이고, 무게중심은 무릎 아래 22 cm에 있다. 발목 모래주머니는 무릎에서 41 cm인 곳에 있다. 사람이 한쪽 다리를 들어 올린 경우, 슬개건이 다리를 수직 방향에 대해 (a) 30.0° 및 (b) 90.0°의 각도가 되도록 들 때 작용하는 힘을 구하여라.

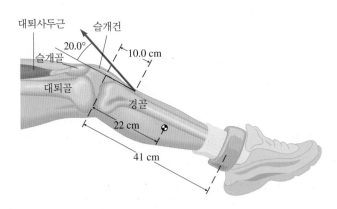

8.6 회전에 관한 뉴턴의 제2 법칙

25[49]. 회전에 관한 뉴턴의 제2 법칙[식 (8–9)]의 단위가 일치하는 것을 증명하여라. 곧, kg·m²로 표현되는 회전관성과 rad/s²로 표현되는 각가속도의 곱이 N·m로 표현되는 돌림힘임을 보여라.

26[51]. 턴테이블이 구식 비닐 레코드판의 음악을 재생하려면 33.3 rpm(3.49 rad/s)으로 회전해야 한다. 턴테이블이 정지 상태에서 2.0회전 안에 나중 각속력에 도달하는 경우, 모터가 전달해야 하는 돌림힘은 얼마인가? 턴테이블은 지름이 30.5 cm이고, 질량이 0.22 kg의 균일한 원반이다.

27[53]. 원반던지기 선수가 원반을 정지 상태에서 시작해 1.4초 동안에 완전히 1.5회전시켜 던진다. 원반의 원형 경로의 반지름은 0.90 m이고 원반의 질량은 2.0 kg이다.

선수가 일정한 돌림힘을 원반에 작용한다고 가정하여라. (a) 던지기 직전에 원반의 각속력은 얼마인가? (b) 선수가 원반에 작용하는 돌림힘은 얼마인가? (c) 대략 수평면과 45° 각도로 던진다면 원반은 선수에게서 얼마나 멀리 날아가 떨어지겠는가?

28[55]. 네 개의 질점이 그림과 같이 배열되어 있다. 질점은 길이가 0.75 m와 0.50 m인 단단하고 질량을 무시할 수 있는 막대로 연결되어 있다. 표시된 축을 중심으로 0.75 rad/s² 의 각가속도를 발생시키려면 얼마의 돌림힘을 작용해야 하는가?

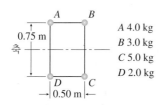

29[57]. 놀이터의 회전놀이기구 뱅뱅이(그림 8.4 참조)가 지름이 2.50 m이고 질량이 350.0 kg이다. 각각 30.0 kg의 두 어린이가 원반에서 서로 반대쪽에 앉아 있다. 아이들은 점 질량으로 간주하여라. (a) 뱅뱅이를 정지 상태에서 20.0 s일 때 25 rpm이 되게 하려면 얼마의 돌림힘이 필요한가? (b) 더 큰 아이 두 명이 이 가속도를 내기 위해 뱅뱅이의 가장자리를 민다면, 한 아이가 미는 힘의 크기는 얼마여야 하는가?

30[59]. 애트우드 기계(보기 8.2)를 참조하여라. (a) 도르래 주위의 끈이 미끄러지지 않는다고 가정하면, 도르래의 각가속도(α)와 나무토막의 선가속도(a)의 크기 사이에는 어떤 관계가 있는가? (b) 회전축에 대한 도르래의 알짜 돌림힘을 끈의 왼쪽과 오른쪽에 작용하는 장력 T_1과 T_2로 나타내어라. (c) $m_1 \neq m_2$이면 왜 장력이 같을 수 없는지 설명하여라. (d) 각 나무토막에 대해 도르래의 회전에 관한 뉴턴의 제2 법칙을 적용하여라. 이 세 가지 방정식을 사용해 a, T_1, T_2를 구하여라. (e) 나무토막이 일정한 가속도로 운동하기 때문에, 등가속도 운동방정식 $v_{fy}^2 - v_{iy}^2 = 2a_y\Delta y$와 보기 8.2의 결과를 사용해 a에 대한 풀이를 점검하여라.

8.7 구르는 물체의 동역학

31[61]. 속이 찬 공이 수평에 대해 35°의 각도로 기울어진 판자 위에서 미끄러지지 않고 굴러서 내려가고 있다. 공의 가속도는 얼마인가?

32[63]. 속이 빈 원통, 균일하게 속이 찬 공, 균일하게 속이 찬 원통이 같은 질량 m이다. 세 물체가 동일한 병진 속력 v로 수평면에서 구르고 있다. 각각의 총 운동에너지를 m과 v로 나타내고 운동에너지가 작은 것에서 큰 순으로 나열하여라.

33[65]. 질량이 2.0 kg인 물통이 원통에 감긴 줄 끝에 묶여 있다. 원통의 질량은 3.0 kg이며 마찰이 없는 베어링에 수평으로 장착된다. 물통을 정지 상태에서 놓았다. (a) 0.80 m 거리를 내려간 후의 속력을 구하여라. (b) 줄의 장력은 얼마인가? (c) 물통의 가속도는 얼마인가?

34[67]. 반지름 R이고 질량 M인 속이 찬 공이 마찰이 없는 공중제비 트랙(loop-the-loop track)을 미끄러져 내려온다. 공은 수평선 위의 높이 h인 곳에서 정지해 있다가 출발한다. 공의 반지름은 고리의 반지름 r에 비해 작다고 가정하여라. (a) 공이 고리의 모든 곳에서 트랙을 벗어나지 않도록 하는 h의 최솟값을 r로 표시하여라. (b) 대신에, 공이 트랙 위에서 미끄러지지 않고 구른다면 h의 최솟값은 얼마인가?

35[69]. 반지름 R이고 질량 M인 속이 빈 원통과 속이 찬 공이 미끄러지지 않고 공중제비 트랙에서 아래로 내려온다. 공이 미끄러지지 않고 내려올 수 있는 최소 높이 h는 원통이 미끄러지지 않고 내려올 수 있는 최소 높이 h보다 증가하거나 감소하겠는가, 아니면 동일하게 유지되겠는가? 일단 당신이 답을 알고 있다고 생각하고 그 이유를 설명할 수 있다면, 높이 h를 계산하여라.

8.8 각운동량

36[71]. 질량이 5.00 kg인 턴테이블의 반지름이 0.100 m이고 0.550 rev/s의 진동수로 회전한다. 각운동량은 얼마인가? 턴테이블은 균일한 원반이라고 가정하여라.

37[73]. 속도 조절 바퀴(flywheel)의 질량이 5.6×10^4 kg이다. 이 특별한 속도 조절 바퀴는 바퀴의 테두리 부분에 질량이 집중되어 있다. 바퀴의 반지름이 2.6 m이고 350

rpm으로 회전한다면 각운동량의 크기는 얼마인가?

38[75]. 처음 각운동량이 $6.40 \text{ kg} \cdot \text{m}^2/\text{s}$인 회전 바퀴에 $4.00 \text{ N} \cdot \text{m}$의 제동 돌림힘을 작용해 멈추게 하는 데 시간이 얼마나 걸리는가?

39[77]. 피겨 스케이팅 선수가 팔을 펼치고 1.0 rev/s의 회전율로 회전하고 있다. 그녀는 팔을 가슴 쪽으로 오므려서 회전관성을 원래 값의 67 %로 줄였다. 그녀의 새로운 회전율은 얼마인가?

40[79]. 피겨 스케이팅 선수가 팔을 펼치고 10.0 rad/s로 회전하고 있다. 이때 그녀의 회전관성은 $2.50 \text{ kg} \cdot \text{m}^2$이다. 그녀가 팔을 몸 쪽으로 오므린 후에 회전관성은 $1.60 \text{kg} \cdot \text{m}^2$로 되었다. 회전하는 동안 팔을 잡아당기려면 얼마나 많은 일을 해야 하는가?

41[81]. 마찰이 없는 베어링에, 반지름이 40.0 cm이고 질량이 2.00 kg인 바퀴살(spoke)이 수평으로 장착되어 있다. 지아준은 0.500 kg의 기니피그를 바퀴의 가장자리 바깥쪽에 올려놓았다. 기니피그가 움직이기 시작해 지면에 대해 20.0 cm/s의 속력으로 바퀴의 가장자리를 따라 움직이기 시작한다. 바퀴의 각속도는 얼마인가? 바퀴살의 질량은 무시할 만하다고 가정한다.

42[83]. 새우처럼 허리를 구부리고 발을 뻗는 다이빙 자세(파이크 자세)를 하고 회전하는 다이빙 선수의 회전관성은 약 $15.5 \text{ kg} \cdot \text{m}^2$이고, 무릎을 양팔로 껴안고 구부린 다이빙 자세(턱 자세)를 하면 단지 $8.0 \text{ kg} \cdot \text{m}^2$이다. (a) 다이빙 선수가 10.0 m 다이빙대에서 처음 각운동량 $106 \text{ kg} \cdot \text{m}^2/\text{s}$로 뛰어내린다면 턱 자세를 했을 때 얼마나 선회를 할 수 있는가? (b) 파이크 자세로는 얼마나 선회를 할 수 있는가? (힌트: 중력은 사람이 떨어질 때 그에게 돌림힘을 주지 않는다. 그가 10.0 m를 다이빙하는 내내 회전하고 있다고 가정하여라.)

(a) 턱 자세의 마크 루이즈.   (b) 파이크 자세의 그레고리 루가니스.

8.9 각운동량의 벡터 특성

43[85]. 속이 찬 견고한 원통형 원반이 선박의 안정장치로 사용된다. 선장은 원반의 각운동량 벡터를 기울이기 위해 회전하는 거대한 원반에 큰 돌림힘을 작용해야 한다는 것을 알고 있다. 배에 사용되는 원반의 질량은 1.00×10^5 kg이며 반지름은 2.00 m이다. 이 원통이 300.0 rpm으로 회전한다면, 3.00 s 동안에 축을 60.0° 기울이기 위해 필요한 평균 돌림힘의 크기는 얼마인가? (힌트: 처음과 나중 각운동량의 벡터 도해를 그려라.)

협동문제

44[87]. 어느 날 문제 22에서의 친구가 짐 꾸러미를 들어 올리려고 할 때, 친구가 허리를 곧게 펴고 무릎을 굽히지 않고 허리를 굽혀 들어 올리는 것을 보았다. 친구가 불평하는 허리 통증은 물건을 들어 올릴 때 그의 하부 척추에 큰 힘(그림 8.28의 $\vec{F}_s$)이 가해졌기 때문이라고 생각된다. 척추가 수평일 때, 등 근육은 그림 8.28에서와 같이 힘 $\vec{F}_b$(천골에서 44 cm, 수평에서 12° 각도로)를 가하는 것으로 가정하여라. 상체의 질량중심이(팔 포함) 천골에서 38 cm 떨어진 곳에 기하학적 중심에 있다고 가정한다. 친구가 천골과 76 cm 떨어진 거리에서 10 kg의 짐 꾸러미를 들고 있을 때 $\vec{F}_s$의 수평 성분을 구하여라. 이것과 문제 22에 있는 $\vec{F}_s$의 크기와 비교하여라.

45[89]. (a) 지구를 균일하게 속이 채워진 구라고 하자. 지구의 한 축에 관한 자전으로 인한 지구의 운동에너지를 구하여라. (b) 어떤 목적을 위해 지구의 자전 운동에너지의 1.0 %를 어떻게든 추출할 수 있다고 가정해보자. 그러고 나면 하루의 길이는 얼마나 되겠는가? (c) 지구의 자전 운동에너지의 1.0 %로 세계 에너지 사용량(연간 1.0×10^{21} J로 가정)을 몇 년 동안이나 공급할 수 있는가?

46[91]. 작은 동물은 자세로 바람에 의해 자기가 날아가는 것을 막는다. 예를 들어, 바람이 옆에서 불면, 작은 곤충은 다리를 구부리고 서 있다. 다리를 더 구부릴수록 몸이 낮아지고 각 θ가 더 작아진다. 바람이 곤충에 힘을 가하면 바람이 부는 쪽의 발이 닿는 지점에 대해 돌림힘을 발생한다. 곤충이 날아가지 않으려면 곤충의 무게로 인한 돌림힘이 같아야 하고, 방향이 반대

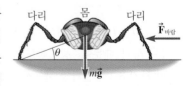

가 되어야 한다. 예를 들어, 옆에서 부는 바람 때문에 쉬파리에 작용하는 저항력은 $F_{바람} = cAv^2$인데, 여기서 v는 바람의 속도이고, A는 바람이 불고 있는 단면의 넓이이며, $c \approx 1.3 \ \text{N·s}^2\text{·m}^{-4}$이다. (a) 단면의 넓이가 $0.10 \ \text{cm}^2$이고 질량이 $0.070 \ \text{g}$인 쉬파리가 $\theta = 30.0°$로 웅크린 경우, 쉬파리가 견딜 수 있는 최대 풍속은 얼마인가? (저항력은 무게중심에 작용한다고 가정한다.) (b) $\theta = 80.0°$로 서 있으면 어떠한가? (c) 개가 $\theta = 80.0°$이고, 단면의 넓이는 $0.030 \ \text{m}^2$이고, 무게가 $10.0 \ \text{kg}$으로 서 있다면, 개가 견딜 수 있는 최대 풍속과 비교하여라. (c의 값은 같다고 가정하여라.)

연구문제

47[93]. 천장 선풍기에는 날개가 4개 있다. 각 날개의 무게는 $0.35 \ \text{kg}$이고 길이는 $60 \ \text{cm}$이다. 각 날개의 한쪽 끝이 선풍기의 축에 연결된 막대로 취급하여라. 선풍기가 켜지고 나중 각속력인 $1.8 \ \text{rev/s}$에 도달하는 데 4.35초가 걸린다. 모터가 선풍기에 작용하는 돌림힘은 얼마인가? 공기로 인한 돌림힘은 무시한다.

48[95]. 길이 L인 균일한 막대가 그 상단을 통과하는 축을 중심으로 자유롭게 선회하고 있다. 만일 정지 상태에서 막대를 수평으로 놓은 경우, 가장 낮은 지점에서 막대의 하단이 움직이는 속력은 얼마인가? (힌트: 중력퍼텐셜에너지의 변화는 무게중심의 높이 변화에 의해 결정된다.)

49[97]. 길이 $12.2 \ \text{m}$인 크레인의 무게는 $18 \ \text{kN}$이며 $67 \ \text{kN}$의 하중을 들어 올린다. 인양 케이블(장력 T_1)은 크레인 상단의 도르래 위를 지나가고 운전실의 전기 권양기(winch)에 연결되어 있다. 크레인을 지지하는 펜던트 케이블(장력 T_2)은 크레인 상단에 고정되어 있다. 두 케이블에서의 장력과 선회 축에서의 힘 $\vec{F}_p$를 구하여라.

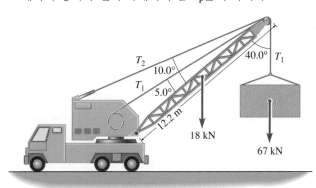

50[99]. 반지름이 $15 \ \text{cm}$인 균일한 원통에 두 개의 줄이 감겨서 천정에 매달려 있다. 원통을 정지 상태에서 놓으면 원통이 내려가면서 줄이 풀린다. (a) 원통의 가속도는 얼마인가? (b) 원통의 질량이 $2.6 \ \text{kg}$이라면 각 줄의 장력은 얼마인가?

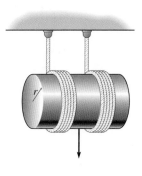

51[101]. 한 페인트공(질량 $61 \ \text{kg}$)이 두 개의 지지대 위에 균형을 맞춘 균일한 판자(질량 $20.0 \ \text{kg}$, 길이 $6.00 \ \text{m}$)로 구성된 버팀 다리 위에서 작업하고 있다. 각 지지대는 판자의 끝에서 $1.40 \ \text{m}$ 떨어져 있다. 페인트 통(질량 $4.0 \ \text{kg}$, 지름 $0.28 \ \text{m}$)을 판자의 오른쪽 모서리에 최대한 가까이 놓고 통 전체가 판자와 닿게 했다. (a) 판자가 기울어져 페인트를 흘리기 전에 페인트공이 판자의 오른쪽 모서리에 얼마나 가까이 갈 수 있는가? (b) 판자가 기울기 전에 같은 페인트공이 왼쪽 모서리에 얼마나 가깝게 갈 수 있는가? (힌트: 페인트공이 판자의 오른쪽 모서리로 걸어가서 판자가 시계 방향으로 기울어질 때, 왼쪽 지지대가 지지하는 판자에 위 방향으로 작용하는 힘은 얼마인가?)

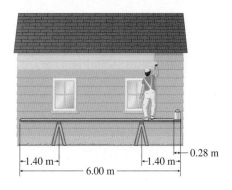

52[103]. xy-평면에 있는 편평한 물체가 z-축을 중심으로 자유롭게 회전할 수 있다. 중력장은 $-y$-방향으로 균일하다. 그림에서와 같이, 좌표 (x_i, y_i)에 있는 질량이 m_i인 입자를 여러 개 생각하자. (a) 입자에 작용하는 z-축에 관한 돌림힘을 $\tau_i = -x_i m_i g$로 쓸 수 있음을 보여라. (b) 물체의 무게중심이 (x_{CG}, y_{CG})에 있는 경우, 물체에 작용하는 중력으로 인한 총 돌림힘이 $\sum \tau_i = -x_{CG} M g$임을 보여라. 여기서 M은 물체의 총 질량이다. (c) $x_{CG} = x_{CM}$임을 보여라. (편평하지 않은 물체와 다른 회전축에 대해 동일한 방식으로 추론하여 $y_{CG} = y_{CM}$ 및 $z_{CG} = z_{CM}$임을 보일 수 있다.)

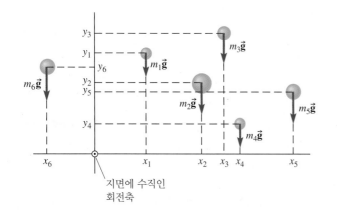

지면에 수직인
회전축

53[105]. 42 kg의 상자가 사
다리 위에 있다. 사다리의
무게를 무시하고 줄의 장
력을 구하여라. 줄이 각 끝
의 사다리에 수평력을 가
한다고 가정한다. (힌트: 대
칭 논증을 이용하고, 사다
리의 한쪽에 힘과 돌림힘
을 분석하여라.)

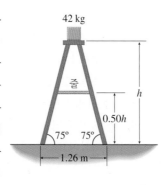

42 kg

줄

h

0.50h

75° 75°

1.26 m

54[107]. 어떤 갑각류(*Hemisquilla ensigera*)는 연체동물을
공격하기 위해 앞다리를 회전시키다가 가끔씩 다리를 부
러트리기도 한다. 다리는 1.50 ms 안에 각속도 175 rad/s
에 도달한다. 갑각류의 다리를 한쪽 끝(다리가 갑각류에
붙어 있는 곳의 관절)에 수직인 축을 중심으로 회전하는
가는 막대로 근사할 수 있다. (a) 다리의 질량이 28.0 g이
고 길이가 3.80 cm인 경우, 축에 대한 팔다리의 회전관성
은 얼마인가? (b) 신근(폄근)이 관절에서 3.00 mm에 있
고 다리에 수직으로 작용하는 경우, 타격을 하는 데 필요
한 근육의 힘은 얼마인가?

55[109]. 2.0 kg의 균일한 편평한 원반을 선속력 10.0 m/s
로 공중으로 던진다. 원반은 이동하면서 3.0 rev/s로 회
전한다. 원반의 반지름이 10.0 cm이면, 각운동량의 크기
는 얼마인가?

56[111]. 큰 시계에, 끝부분에 0.10 kg의 질량이 집중되어
있는 초침이 있다. (a) 초침의 길이가 30.0 cm라면 각운동
량은 얼마인가? (b) 같은 시계의 시침은 질량이 0.20 kg
이고 바늘의 끝에 집중되어 있다. 시침이 20.0 cm이라면,
각운동량은 얼마인가?

57[113]. 68 kg의 여성이 마루바닥에서 양쪽 발을 바닥에
수평으로 대고 서 있다. 그녀의 무게중심은 두 발목 관절

을 연결하는 선 앞으로 수평 거리 3.0 cm에 있다. 아킬레
스건은 발목 관절에서 4.4 cm 떨어진 발의 종아리 근육에
붙어 있다. 아킬레스건이 수평에 대해 81°의 각으로 기울
어져 있을 때 종아리 근육이 가하는 힘을 구하여라. (힌트:
발목 관절 위의 신체 부분의 평형을 고려하여라.)

58[115]. 질량이 m인 실
패가 각 θ로 기울어진
평면에 정지해 있다.
실의 끝은 그림과 같이
묶여 있다. 실패의 바
깥쪽 반지름은 R이고

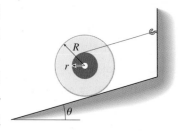

R

r

θ

안쪽 반지름(실이 감긴 곳)은 r이다. 실패의 회전관성은 I
이다. 모든 답을 m, θ, R, r, I, g로 나타내어라. (a) 실패와
경사면 사이에 마찰이 없을 때, 실패의 운동을 기술하고
가속도를 계산하여라. (b) 실패가 미끄러지지 않도록 마찰
계수가 충분히 큰 경우, 마찰력의 크기와 방향을 구하여
라. (c) (b)에서 실패가 미끄러지지 않도록 유지하기 위한
최소 마찰계수는 얼마인가?

59[117]. 서커스단의 한 작업자가
길이가 L인 주 기둥의 꼭대기에
서커스 텐트를 걸고 있을 때 기둥
의 밑부분이 갑자기 부러졌다. 작
업자의 몸무게는 균일한 기둥에
비해 무시할 수 있을 정도이다.
작업자가 (a) 기둥이 부러지는 소
리를 듣는 순간에 뛰어내리거나,
(b) 기둥에 달라붙어 기둥과 같이
지면에 도달했을 때 속력은 얼마
인가? (c) 이 작업자에게 가장 안
전한 방법은 어느 것인가?

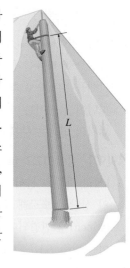

L

60[119]. 사람이 손바닥
을 저울에 올려놓고
96 N이 읽혀질 때까
지 아래로 누른다. 삼
두박근은 이처럼 팔을
뻗치는 힘을 담당한
다. 삼두박근이 발휘

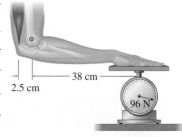

38 cm

2.5 cm

96 N

하는 힘을 구하여라. 삼두박근의 밑부분은 팔꿈치 관절에
서 왼쪽 2.5 cm에 있고, 손바닥은 팔꿈치 관절에서 오른
쪽으로 약 38 cm 정도에서 밀고 있다.

6~8장 종합 복습문제

복습문제

1. 한 프랑스 시장의 용수철저울은 그램과 킬로그램으로 야채의 질량을 읽을 수 있는 눈금이 매겨져 있다. (a) 저울의 눈금표시가 25 g당 1.0 mm 간격으로 떨어져 있는 경우, 최대 5.0 kg까지 측정하려면 필요한 용수철의 최대 길이는 얼마인가? (b) 용수철의 용수철상수는 얼마인가? (힌트: 저울은 힘을 실제로 측정한다는 것을 기억하여라.)

2. 테이블에 수평으로 정지해 있는 용수철에 대한 이 데이터로 그래프를 그려라. 그래프를 사용해 (a) 용수철상수와 (b) 용수철의 이완된 길이를 구하여라.

힘(N)	0.200	0.450	0.800	1.500
용수철 길이(cm)	13.3	15.0	17.3	22.0

3. 진자가 길이 L인 끈 끝에 부착된 질량 m인 추로 구성되어 있다. 진자가 진동하는 동안 가장 낮은 최저점보다 $L/2$ 높이에서 진자를 놓았다. 추가 최저점을 지날 때 끈의 장력은 얼마인가?

4. 80.0 kg의 사람이 수직 거리 15 m를 오르는 데 얼마나 많은 에너지가 소비되는가? 근육의 효율은 22 %라고 가정한다. 곧, 등산하는 데 근육이 하는 일은 소비하는 총 에너지의 22 %이다.

5. 우고나는 경사면의 꼭대기에 서서 100 kg의 나무상자가 경사면을 미끄러져 내려가도록 하기 위해 상자를 밀었다. 상자는 경사면을 따라 1.50 m를 이동한 후에 서서히 멈췄다. (a) 상자의 처음 속력이 2.00 m/s이고 경사각이 30.0°이면 마찰에 의해 에너지가 얼마나 소비되는가? (b) 미끄럼마찰계수는 얼마인가?

6. 포장상자가 경사각이 30.0°이고 길이가 2.0 m인 경사면 아래로 미끄러지고 있다. 상자의 처음 속력이 경사면 아래쪽으로 4.0 m/s인 경우, 바닥에서의 속력은 얼마인가? 마찰은 무시한다.

7. 놀이터 그네가 길이 4.0 m인 줄에 달려 있다. 줄이 수직일 때 그네는 지상 0.50 m에 있고 6.0 m/s로 움직이는 경우 그네가 도달할 수 있는 최고 높이는 얼마인가?

8. 한 블록이 이 수평에 대해 53°의 각도로 기울어진 평면 아래로 미끄러진다. 운동마찰계수가 0.70이면 블록의 가속도는 얼마인가?

9. 제럴드는 자기가 얼마나 빨리 공을 던질 수 있는지 알고 싶어서, 2.30 kg의 표적을 줄로 나무에 매달았다. 그는 0.50 kg의 끈끈이 공(ball of putty)을 집어 들고 표적을 향해 수평으로 던졌다. 끈끈이 공이 표적에 달라붙어서 표적과 함께 원래 위치에서 수직 거리 1.50 m를 진동한다. 제럴드가 얼마나 빨리 끈끈이 공을 던졌는가?

10. 속이 빈 원통이 수평면을 따라 미끄러지지 않고 굴러서 경사면을 향해 가고 있다. 경사면의 바닥에서 원통의 속력이 3.00 m/s이고 경사면의 경사각이 37.0°인 경우, 원통이 정지하기 전까지 경사면을 얼마나 이동하는가?

11. 질량이 20.0 kg이고 반지름이 22.4 cm인 회전 숫돌(grinding wheel)은 균일한 원통형 원반이다. (a) 중심축에 관한 숫돌의 회전관성을 구하여라. (b) 모터가 꺼지면 숫돌은 마찰로 인해 1200 rpm에서 느려져 60.0 s 안에 멈춘다. 이 숫돌이 정지 상태에서 4.00 s 안에 1200 rpm으로 가속하기 위해 모터가 가해야 하는 돌림힘은 얼마인가? 마찰에 의한 돌림힘은 모터가 켜져 있든 꺼져 있든 관계없이 동일하다고 가정한다.

12. 11 kg인 자전거가 7.5 m/s의 선속력으로 달린다. 각 바퀴는 질량이 1.3 kg이고 지름이 70 cm인 얇은 테로 간주할 수 있다. 이 자전거는, 브레이크 패드가 바퀴를 죄어 느리게 하여 4.5초에 정지했다. 브레이크 패드와 바퀴 사이의 마찰계수는 0.90이다. 자전거에는 모두 4개의 브레이크 패드가 있고 바퀴에 같은 크기의 수직항력이 작용한다고 가정한다. 브레이크 패드 중 하나가 바퀴에 작용하는 수직항력은 얼마인가?

13. 핀볼 게임기에 질량이 0.185 kg인 쇠공이 사용된다. 경사로는 길이가 2.05 m이고 각도가 5.00°로 기울어져 있다. 오리발(flipper)이 경사로의 바닥에서 공을 친 직후, 볼의 처음 속력은 2.20 m/s이다. 공이 핀볼 게임기 상단에 도달할 때 공의 속력은 얼마인가?

14. 회전하는 별이 중력의 영향으로 붕괴되어 펄서(pulsar)

를 형성한다. 붕괴 후 별의 반지름은 붕괴 전 반지름의 1.0×10^{-4}배로 되었다. 질량에는 변화가 없다. 붕괴 전후 별의 질량은 구형으로 균일하게 분포한다. 붕괴 후에 별의 (a) 각운동량, (b) 각속도 및 (c) 회전운동에너지를 붕괴 전의 값에 대한 비율로 구하여라. (d) 붕괴 전 별의 회전 주기가 1.0×10^7 s였다면 붕괴 후의 주기는 얼마인가?

15. 5.00 kg의 나무토막을 향해 총에서 발사된 0.122 kg짜리 다트가 132 m/s의 속력으로 수평으로 날아간다. 나무토막에는 용수철상수가 8.56 N/m인 용수철이 달려 있다. 나무토막과 수평면 사이의 운동마찰계수는 0.630이다. 다트가 나무토막에 박히면 나무토막이 표면을 따라 미끄러지고 용수철은 압축된다. 용수철은 최대로 얼마나 압축되겠는가?

16. 너비가 0.760 m이고 높이가 2.030 m이며 질량이 5.60 kg인 균일한 문이 두 개의 경첩에 달려 있는데, 경첩 하나는 문 위에서 0.280 m, 다른 하나는 문 아래에서 0.280 m에 있다. 두 경첩 각각에 작용하는 힘의 수직 성분이 동일하다면, 문이 각 경첩에 작용하는 힘의 수직 및 수평 성분을 구하여라.

17. 그림에 표시된 장치를 고려하여라(축척이 적용되지 않음). 균일한 원반으로 취급할 수 있는 도르래는 질량이 60.0 g이고 반지름이 3.00 cm이다. 줄감개의 반지름도 3.00 cm이다. 회전축에 대한 줄감개와 바퀴 축 및 젓개의 회전관성은 $0.00140 \text{ kg} \cdot \text{m}^2$이다. 블록은 질량이 0.870 kg이며 정지 상태에서 놓았다. 블록은 2.50 m 떨어진 후, 속력이 3.00 m/s였다. 비커의 유체에 얼마나 많은 에너지가 전달되는가?

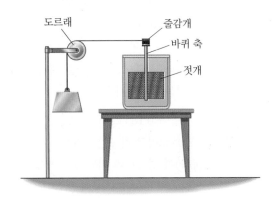

도르래 줄감개 바퀴 축 젓개

18. 야구 경기에서 9회 말이다. 점수는 동점이고 2루에 주자가 있을 때 타자가 안타를 쳤다. 85 kg의 루상의 주자가 3루를 돌아서 8.0 m/s의 속력으로 홈을 향해 달린다. 주자가 홈 플레이트에 도착하기 직전에 상대 팀 포수와 충돌하고, 두 선수는 함께 베이스라인을 따라 홈 플레이트 쪽으로 미끄러진다. 포수의 질량은 95 kg이며 선수들과 베이스라인의 바닥 사이의 마찰계수는 0.70이다. 포수와 주자는 얼마나 미끄러지겠는가?

19. 한 진자의 추 A는 진자의 추 B의 질량의 절반이다. 각 추는 길이가 5.1 m인 끈에 묶여 있다. 추 A를 수평으로 잡고 있다가 놓으면 추 A는 아래로 그네처럼 내려가다가 끈이 수직이 될 때 추 B와 탄성 충돌한다. 충돌 후 추의 높이는 얼마나 되겠는가?

20. 구슬치기에서, 질량이 정지한 구슬 A의 3배인 구슬 B가 3.2 m/s의 속력으로 다가가 구슬 A에 부딪쳤다. 구슬 A는 탄성 충돌하여 그림과 같이 40°의 각도로 구슬 B에서 튕겨 나오고 구슬 A는 각도 θ로 벗어났다. (a) 충돌 후 구슬 B의 속력과 (b) 충돌 후 구슬 B의 속력, 그리고 (c) 각 θ를 결정하여라.

21. 한 액션 영화의 첫 장면에서, 78.0 kg인 명배우 인디애나폴리스 존스가 지상 3.70 m의 바위 위에 서 있고 여주인공인 55.0 kg의 조지아 스미스는 지상에 서 있다. 존스는 로프 그네를 타고 내려와 스미스의 허리를 잡고 세트 반대쪽의 다른 바위에 정지할 때까지 진동을 했다. 두 번째 바위는 바닥에서 얼마의 높이에 있어야 하는가? 존스와 스미스는 진동 중에 거의 직립 상태를 유지해 질량중심이 항상 발 위에서 같은 거리에 있다고 가정하여라.

22. 균일한 원반이 그 대칭축을 중심으로 회전한다. 원반은 정지 상태에서 일정한 각가속도로 가속되어 0.20초 동안에 각속력 11 rad/s로 되었다. 원반의 회전관성 및 원반의 반지름은 각각 $1.5 \text{ kg} \cdot \text{m}^2$ 및 11.5 cm이다. (a) 0.20초 동안의 각가속도는 얼마인가? (b) 이 시간 동안 원반의 알짜 돌림힘은 얼마인가? (c) 작용한 돌림힘이 정지된 후, 마찰 돌림힘이 남아 있다. 이 돌림힘에 의해 9.8 rad/s^2의 각가속도가 발생한다. 원반이 정지하기 전에 회전한 총 각도 θ(시간 $t = 0$에서 시작)는 얼마인가? (d) 작용한 돌림힘이 제거된 후 원반의 테두리와 회전축 사이의 중간 지점의 속력은 얼마인가?

23. 정지 상태에서 놓아준 블록이 경사면을 미끄러져 내려

간다. 미끄럼마찰계수는 0.38이고, 경사각은 60.0°이다. 블록이 경사면을 따라 30.0 cm 이동한 후 얼마나 빨리 미끄러지는지 에너지를 고려해 구하여라.

24. 균일한 고체 원통이 경사면을 미끄러지지 않고 아래로 굴러간다. 경사각은 60.0°이다. 에너지를 고려해 경사면을 따라 30.0 cm를 내려간 후에 원통의 속력을 구하여라.

25. 질량이 2.00 kg인 블록이 2.70 m/s의 속력으로 마찰이 없는 표면을 따라 동쪽으로 미끄러진다. 같은 표면에서 질량이 1.50 kg인 찰흙 덩어리는 3.20 m/s의 속력으로 남쪽으로 미끄러진다. 두 물체가 서로 충돌해 함께 움직인다면 충돌 후 이들의 속도는 얼마인가?

26. 질량이 60.0 kg인 스케이트 선수가, 반지름 1.4 m의 원형 트랙에서 6.0 m/s의 접선 속력으로 스케이트를 타고 있다. 질량이 30.0 kg인 두 번째 스케이트 선수는 동일한 원형 트랙에서 2.0 m/s의 접선 속력으로 스케이트를 타고 있다. 순간적으로 두 선수가 서로 90°로 맞닿아 있는 가볍고 단단한 막대의 끝을 잡았다. 두 막대는 얼음에 고정된 기둥을 중심으로 자유롭게 회전할 수 있다. (a) 각 막대의 길이가 1.4 m라면, 막대를 잡은 후 스케이트 선수의 접선 속력은 얼마인가? (b) 스케이트 선수가 막대와 "충돌"하기 전후 각운동량의 방향은 어떻게 되는가?

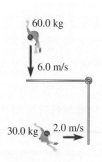

27. 모터에 있는 속도 조절 바퀴(flywheel)(반지름 R, 질량 M인 고체 원반)가 각속도 ω_i로 회전한다. 클러치를 풀면 처음에 회전하지 않던 제2 원반(반지름 r, 질량 m)이 속도 조절 바퀴와 마찰 접촉을 하게 된다. 두 원반은 마찰이 없는 베어링으로 같은 축 주위를 회전한다. 잠시 후 두 원반 사이의 마찰로 인해 각속도가 같아졌다. (a) 외부 영향을 무시할 때 나중 각속도는 얼마인가? (b) 두

바퀴의 총 각운동량은 변하는가? 그렇다면 변화에 대한 이유를 설명하여라. 그렇지 않다면 왜 그렇지 않은지 설명하여라. (c) 문제 (b)를 회전운동에너지로 하여 다시 설명해보아라.

28. 반지름이 12.0 cm인 회전 바퀴로 만든 어린이용 장난감이 있다. 회전 바퀴의 가장 낮은 지점에서 주머니에 1.00 g의 사탕을 넣어가지고 꼭대기에 놓는다. 이때 회전 진동수는 1.60 Hz이다. (a) 사탕이 떨어진 곳은 시작점에서 얼마나 멀리 있는가? (b) 사탕이 바퀴에 있을 때 사탕의 구심 가속도는 얼마인가?

29. 벌컨(Vulcan) 우주선의 질량은 65000 kg이며, 로물란(Romulan) 우주선의 질량은 두 배이다. 둘 다 9.5×10^6 N의 같은 총 힘을 낼 수 있는 엔진을 가지고 있다. (a) 각 우주선이 정지 상태에서 시작해 같은 시간 동안 엔진을 가동한다면, 어느 우주선이 더 큰 운동에너지를 가지는가? 어느 것이 더 큰 운동량을 가지는가? (b) 각 우주선이 같은 거리를 지나는 동안 엔진을 가동했다면, 어느 것이 더 큰 운동에너지를 가지겠는가? 또 어느 것이 더 큰 운동량을 가지겠는가? (c) (a)와 (b)의 각 우주선의 에너지와 운동량을 계산하는데, 엔진이 분사한 질량으로 인한 질량 변화를 무시한다. (a)에서 엔진은 100초 동안 작동한다고 가정한다. (b)에서는 100 m를 가는 동안 엔진이 작동한다고 가정한다.

30. 질량이 m_1과 m_2인 두 블록이 질량이 없는 로프에 묶여서 이상적인 도르래에 걸쳐 있다. 각도 ϕ와 θ는 각각 45.0°와

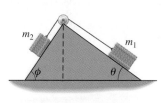

36.9°이다. m_1은 6.00 kg이고 m_2는 4.00 kg이다. (a) 에너지 보존 법칙을 사용해 두 블록이 경사면을 따라 2.00 m 이동한 후에 속력을 구하여라. (b) 이 문제를 뉴턴의 운동 제2 법칙을 이용해 풀어라. (힌트: 우선 각 블록의 가속도를 구하여라. 그리고 나서 각 블록이 등가속도로 경사면을 따라 2 m 이동한 후에 얼마나 빠르게 이동하는지를 구하여라.)

31. x-축을 따라서만 운동할 수 있는 한 입자의 총 역학적 에너지가 −100 J이다. 그래프는 입자의 퍼텐셜에너지를 보여준다. 시간 $t = 0$에서, 입자는 $x = 5.5$ cm에 위치하고 왼쪽으로 운동한다. (a) $t = 0$에서 입자의 퍼텐셜에너

지는 얼마인가? 이때 운동에너지는 얼마인가? (b) $x = 1$ cm에서 오른쪽으로 운동하고 있을 때, 입자의 총 에너지, 퍼텐셜에너지 및 운동에너지는 얼마인가? (c) $x = 3$ cm에서 왼쪽으로 운동하고 있을 때, 입자의 운동에너지는 얼마인가? (d) $t = 0$에서 시작하는 이 입자의 운동을 기술하여라.

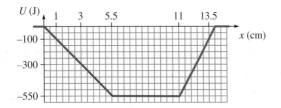

32. 집 근처 언덕에서 잔디를 깎고 있을 때, 예초기의 날이 100 g의 돌을 쳐서 창문을 향해 수평으로 날려 보냈다. 예초기의 날은 그 중심을 축으로 회전하는, 질량이 2.0 kg이고 길이가 50 cm인 얇은 막대로 모형화할 수 있다. 돌이 날의 한쪽 끝에 충돌하는 순간에 회전축과 날에 수직인 방향의 속도로 튕겨 나간다. 충격으로 인해 날은 60 rev/s에서 55 rev/s로 느려졌다. 창문은 높이가 1.00 m이고 그 중심은 예초기와 같은 높이에서 10.0 m 떨어져 있다. (a) 예초기가 튕겨낸 돌의 속력은 얼마인가? (힌트: 충돌 중에 계(날+돌)에 예초기의 구동축이 작용한 외력은 무시할 수 없지만, 축에 대한 외부 돌림힘은 무시할 수 있다. 충격 직후 돌의 각운동량은 접선 속도와 회전축으로부터의 거리에서 계산할 수 있다.) (b) 공기저항을 무시하면, 돌이 창문을 때리겠는가?

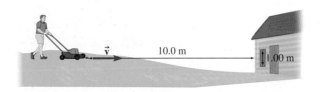

33. 자전거를 탄 사람(총 질량 80.0 kg)이 정지 상태에서 출발해 언덕 아래로 20.0 m를 내려간다. 바퀴를 각각, 질량이 1.5 kg이고 반지름이 40 cm인 굴렁쇠로 취급할 수 있다. 마찰과 공기저항을 무시한다. (a) 바닥에 왔을 때 자전거의 속력을 구하여라. (b) 덜 무거운 사람의 경우에도 바닥에서의 속력이 같은가? 설명하여라.

34. 타잔이 덩굴로 그네를 타고 강을 건너려고 한다. 그는 물가에 있는 3.00 m 바위 위에 서 있고 강의 너비는 5.00 m이다. 덩굴은 반대편 강가에 있는 높이 8.00 m 의 나뭇가지에 매어 있다. 처음에 그가 덩굴을 잡았을 때 덩굴은 연직선과 60.0°의 각을 이룬다. 그가 정지 상태에서 출발해 강을 가로질러 그네를 탔지만, 불행하게도 덩굴이 연직선과 20.0°일 때 끊어졌다. (a) 타잔의 몸무게가 900.0 N이라고 가정하면, 덩굴이 끊어지기 직전에 장력은 얼마인가? (b) 그가 반대편 강가에 안전하게 내릴 수 있는가?

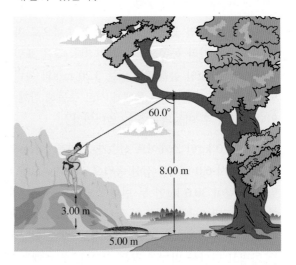

35. 질량이 60 kg인 소년이 정지 상태에서 출발해 70 m 경사로에서 썰매를 탄다. 경사면은 수평선 아래 15°로 기울어져 있다. 경사면을 따라 20 m가량 내려간 후 썰매로 뛰어든 친구를 태우고 계속 간다. 친구는 질량이 50 kg이고 썰매와 눈 사이의 운동마찰계수는 0.12이다. 썰매의 질량을 무시하고 바닥에서 그들의 속력을 구하여라.

36. 절벽 위에서 돌멩이 3개를 같은 처음 속력으로 서로 다른 방향으로 던졌다. 돌멩이 A는 곧장 아래로 던지고, 돌멩이 B는 곧장 위로 던지고, 돌멩이 C는 수평으로 던졌다. 공기저항은 무시하여라. (a) 세 개의 돌멩이가 절벽 아래 편평한 땅에 떨어지기 직전 속력의 순위를 매겨라. (b) 이 질문에 답하는 두 가지 방법, 곧 등가속도 운동학과 에너지를 사용하는 방법을 비교해보아라. 어느 방법이 더 쉬운가? 그 이유가 무엇인가?

37. 그림과 같이 가지에 매달려 있는 원숭이에게 바나나를 던져주려고 한다. 바나나의 질량은 200 g이고 원숭이의 질량은 3.00 kg이다. 바나나를 던지는 순간, 원숭이가 깜짝 놀라서 나무에서 떨어졌다. 공기저항은 무시하여라. (a) 원숭이가 떨어지며 그것을 잡을 수 있게 하려면 바나나를 어느 방향으로 던져야 하는가? (b) 바나나를 던진 속력이 달라도 (a)에 대한 답이 같은 이유를 설명하여라. (c) 원숭이가 그림에 표시된 지점에서 바나나

를 잡았다면 바나나의 처음 속력은 얼마인가? (d) 원숭이가 착지하는 지점까지의 수평 거리 d는 얼마인가?

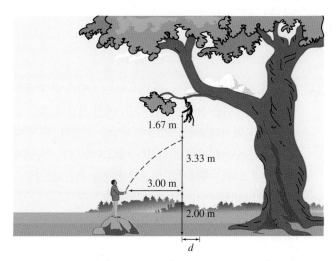

미국 MCAT 기출문제

다음은 MCAT 시험에 출제되었던 문제로 미국의과대학협회 (AAMC)의 허가를 얻어서 게재한 것이다.

1. 재활용 통을 향해 질량이 0.2 kg인 재활용품을 2.0 m/s 의 수평 속력으로 던졌더니 재활용 통(자유롭게 움직일 수 있음)에 부딪쳐서, 날아간 경로와 같은 경로와 반대 방향으로 1.0 m/s로 튕겨 나왔다. 통이 받은 수평 운동량의 크기는 얼마인가?
   A. 0.2 kg·m/s
   B. 0.3 kg·m/s
   C. 0.5 kg·m/s
   D. 0.6 kg·m/s

2. 수직 방향의 용수철에 100 g의 질량을 매달았더니 0.15 m 늘어났다. 이 용수철의 용수철상수는 대략 얼마인가?
   A. 0.015 N/m
   B. 0.15 N/m
   C. 1.5 N/m
   D. 6.5 N/m

3. 지레의 받침점 왼쪽 0.60 m 지점에 아래로 향하는 힘이 가해질 때, 받침점의 오른쪽 0.40 m 지점에 1.0×10^{-7} kg의 질량을 놓아서 평형을 이루었다. 아래로 작용한 힘의 크기는 얼마인가?
   A. 1.5×10^{-7} N
   B. 6.5×10^{-7} N
   C. 9.8×10^{-7} N
   D. 1.5×10^{-6} N

4. 정지 상태에 있는 0.50 kg의 공이 2.0초 동안에 10 m/s^2 로 가속되었다. 그런 다음 정지해 있던 1.0 kg의 공과 충돌해 달라붙었다. 충돌 후 두 공은 대략 얼마나 빠르게 운동하는가?
   A. 3.3 m/s
   B. 6.7 m/s
   C. 10.0 m/s
   D. 15.0 m/s

5. 수평인 고속도로에서 1000 kg의 차량이 15 m/s로 주행하려면 10,000 W의 동력이 필요하다. 이 자동차가 동일한 속력으로 10°의 언덕을 오르기 위해서는 추가 동력이 몇 와트(W)나 필요한가? ($g = 10$ m/s^{2}를 사용하여라.)
   A. $1.0 \times 10^4 \times \sin 10°$
   B. $1.5 \times 10^4 \times \sin 10°$
   C. $1.0 \times 10^5 \times \sin 10°$
   D. $1.5 \times 10^5 \times \sin 10°$

6. 질량이 90 kg인 환자가 2 m/s의 속력으로 10분(600초) 동안 $\theta_{in} = 30°$인 러닝머신에서 걷는다. 러닝머신에서 환자가 한 일은 얼마인가? ($g = 10$ m/s^{2}를 사용하여라.)
   A. 1.80 kJ
   B. 18.0 kJ
   C. 0.54 MJ
   D. 1.08 MJ

7. 질량 100 kg인 환자가 3 m/s의 속력으로 5분(300초) 동안 $\theta_{in} = 30°$로 러닝머신 위에서 걷는다. 환자의 역학적 출력은 몇 와트인가? ($g = 10$ m/s^{2}를 사용하여라.)
   A. 300 W
   B. 1500 W
   C. 3000 W
   D. 7500 W

단락을 읽고 다음 질문에 답하여라.

헬스용 자전거는 무거운 원반으로 된 바퀴가 하나 있는 기본 구조를 하고 있다. 베어링과 변속기 시스템의 마찰 외에도 페달을 밟을 때 저항력이 바퀴 양쪽에 동일한 힘으로 밀어주는 두 개의 좁은 마찰 패드에 의해 가해진다. 패드와 바퀴 사이의 운동마찰계수는 0.4이며, 패드는 바퀴에 접선 방향으로 총 20 N의 지연력을 가한다. 패드는 바퀴 중앙에서 0.3 m 떨어진 위치에 있다. 주행 거리계에 기록된 거리는 바퀴의 중심에서 0.3 m 떨어진 지점의 바퀴상의 한 점이 이동한 거리이다. 페달은 반지름 0.15 m의 원에서 움직이며 1회전을 완주하는 동안 변속계통은 바퀴가 두 번 돌게 한다.

인간의 대사 과정에서, 소비되는 산소의 부피에 대한 방출 에너지의 비율은 평균 20,000 J/L이다. 기본 대사율(깨어 있지만 비활동적인 동안 내부 에너지의 변환율)이 85 W인 사람이 자전거를 타고 20분 동안 계속 페달을 밟으면, 주행 거리계에 4800 m로 기록된다. 이렇게 활동을 하는 동안, 자전거 타는 사람의 평균 대사율은 535 W이다. 자전거 타는 사람의 몸은 20 %의 효율로 여분의 에너지를 역학적인 일로 변환한다.

8. 각 마찰 패드가 바퀴를 미는 힘의 크기는 얼마인가?

A. 10 N

B. 25 N

C. 40 N

D. 50 N

9. 다음 중 마찰 패드 사이에 있는 바퀴의 지름 가속도에 가장 가까운 것은?

A. $10 \, m/s^2$

B. $20 \, m/s^2$

C. $40 \, m/s^2$

D. $50 \, m/s^2$

10. 자전거 타는 사람이 페달 밟는 것을 멈추었을 때 바퀴의 운동에너지가 30 J이면, 자전거가 멈추기 전에 얼마나 회전을 하는가?

A. 1 미만

B. 1~2 사이

C. 2~3 사이

D. 3~4 사이

11. 지문에 있는 자전거 타는 사람의 평균 역학적 출력과 바퀴가 마찰 패드에서 소비하는 일률의 차이는 얼마인가?

A. 5 W

B. 10 W

C. 20 W

D. 27 W

12. 다음 중 어떠한 행동이 마찰 패드에서 바퀴에 의해 소모되는 자전거 타는 사람의 역학적 출력을 가장 크게 증가시킬 수 있는가?

A. 마찰 패드에 작용하는 힘을 줄이고 동일한 비율로 페달을 밟는다.

B. 마찰 패드에 같은 힘이 작용하게 하고 더 느린 비율로 페달을 밟는다.

C. 마찰 패드에 같은 힘이 작용하게 유지하고 더 빠른 비율로 페달을 밟는다.

D. 마찰 패드에 작용하는 힘을 증가시키고 동일한 비율로 페달을 밟는다.

13. 다음 중 20분 동안 자전거를 타는 경우, 문제 구절에 있는 자전거 타는 사람이 소비하는 산소의 양을 가장 잘 추산한 것은 어느 것인가?

A. 25 L

B. 30 L

C. 45 L

D. 50 L

14. 두 번째 운동을 하는 동안, 자전거 타는 사람은 마찰 패드에 작용하는 힘을 50 % 줄인 다음, 이전 시간의 절반 동안에 이전 거리의 2배를 가면서 페달을 밟았다. 두 번째 운동에서 패드에 의해 소비되는 에너지의 양을 첫 번째 운동에서 소비된 에너지와 비교해보면 얼마나 되는가?

A. 8분의 1만큼

B. 절반만큼

C. 같음

D. 2배만큼

15. 반지름 0.3 m에 위치한 바퀴에 있는 한 점이 운동한 거리에 대한, 같은 시간에 페달이 운동한 거리의 비율은 얼마인가?

A. 0.25

B. 0.5

C. 1

D. 2

16. 자전거 타는 사람이 운동을 하는 동안 평균 대사율은 500 W이다. 자전거 타는 사람이 최소한 300 kcal(1 kcal = 4186 J)의 에너지를 소비하기를 원한다면 얼마나 오랫동안 운동을 해야 하는가?

A. 0.6분

B. 3.6분

C. 36.0분

D. 41.9분

17. 마찰 패드를 바퀴 중심에서 0.4 m 떨어진 곳으로 옮기면 1회전당 바퀴에 한 일의 양은 얼마나 변하는가?

A. 25 % 감소한다.

B. 동일하게 유지된다.

C. 33 % 증가한다.

D. 78 % 증가한다.

유체

개념정리

- 유체는 액체와 기체를 포함하여 흐르는 물질이다. 액체는 거의 비압축성이지만 기체는 용기를 가득 채울 수 있도록 팽창한다.

- 압력은 유체와 접촉하고 있는 모든 표면에 단위 넓이당 수직으로 작용하는 힘이다($P = \dfrac{F_\perp}{A}$). 압력의 SI 단위는 파스칼이다($1\ Pa = 1\ N/m^2$).

- 해수면에서의 평균 대기압은 $1\ atm = 101.3\ kPa$이다.

- 파스칼의 원리: 갇혀 있는 유체 내에 있는 한 지점의 압력이 변하면 이 변화는 유체의 모든 곳으로 전달된다.

- 물질의 평균 밀도는 부피에 대한 질량의 비이다.

$$\rho = \frac{m}{V} \qquad (9\text{-}2)$$

- 물질의 비중은 3.98 °C의 물의 밀도에 대한 물질의 밀도의 비이다.

- 정지 유체에서 깊이에 따른 압력의 변화는

$$P_2 = P_1 + \rho g d \qquad (9\text{-}3)$$

- 이다. 여기에서 점2는 점1의 아래 깊이 d인 지점이다.

- 압력을 측정하는 기구에는 압력계와 기압계가 있다. 기압계는 대기의 압력을 측정하며 압력계는 압력의 차이를 측정한다.

- 계기압력은 대기의 압력을 초과하는 절대압력의 크기다.

$$P_{\text{계기압력}} = P_{\text{절대압력}} - P_{\text{기압}} \qquad (9\text{-}6)$$

- 아르키메데스의 원리 : 유체는 유체에 완전히 잠겨 있거나 부분적으로 잠긴 물체에 의해 밀려난 유체의 부피와 같은 유체의 무게와 같은 크기의 부력을 위 방향으로 작용한다.

$$F_B = \rho g V \qquad (9\text{-}7)$$

- 여기서 V는 유체에 잠겨 있는 부분의 물체의 부피이며 ρ는 유체의 밀도이다.

- 정상 흐름에서 어느 한 점에서의 유체의 속도는 항상 일정하다. 층흐름에서는, 만일 유체의 어느 작은 일부가 다른 부분들이 지나는 경로상의 한 점을 지나가며 그 작은 일부도 다른 부분들의 경로를 그대로 따라가는 방식으로 유체가 단정하게 흐른다. 어떤 점으로부터 시작해 유체가 흐르는 경로를 유선이라 한다. 층흐름은 정상 흐름이다. 난류는 무질서하며 정상 흐름이 아니다. 점성저항력은 유체의 흐름에 반대로 작용하며 고체에 대한 마찰력에 상응한다.

- 이상유체는 층흐름이며 점성이 없고 비압축성이다. 이상유체의 흐름은 연속방정식과 베르누이의 방정식에 따른다.

- 연속방정식은 이상유체의 부피흐름률이 일정함을 나타낸다.

$$\frac{\Delta V}{\Delta t} = A_1 v_1 = A_2 v_2 \qquad (9\text{-}12,\ 9\text{-}13)$$

- 베르누이의 방정식은 유속과 높이의 변화에 대한 유체의 압력의 변화와 관계된다.

$$P_1 + \rho g y_1 + \tfrac{1}{2}\rho v_1^2 = P_2 + \rho g y_2 + \tfrac{1}{2}\rho v_2^2 \qquad (9\text{-}14)$$

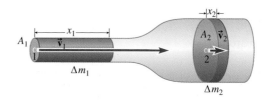

- 푸아죄유의 법칙은 수평관을 흐르는 점성유체에 대한 부피흐름률 $\Delta V/\Delta t$를 나타낸다.

$$\frac{\Delta V}{\Delta t} = \frac{\pi}{8} \frac{\Delta P/L}{\eta} r^4 \qquad (9\text{-}15)$$

여기서 ΔP는 관 양끝의 압력 차이고, r와 L은 각 관의 내부 반지름과 관의 길이이고, η는 유체의 점성이다.

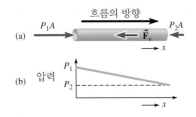

- 스토크스의 법칙은 유체에서 운동하는 구형 물체에 작용하는 점성저항을 나타낸다.

$$F_D = 6\pi\eta r v \qquad (9\text{-}16)$$

- 액체의 표면장력 γ(그리스 문자 감마)는 가장자리 단위길이 당 표면을 당기는 힘이다.

연습문제

단답형 질문

1[1]. 압력계(한쪽이 열려 있음)는 절대압력을 측정하는가, 아니면 계기압력을 측정하는가? 기압계는 어떠한가? 타이어 압력계는? 혈압계는 어떠한가?

2[3]. 보트의 무게는 제품 사양서에 "배수량(displacement)"으로 표시되어 있다. 설명해보아라.

3[5]. 달에 있는 우주 비행사가 빨대를 사용해 일반 유리잔의 음료수를 마실 수 있는가? 다른 방법으로 밀폐된 주스 통에 빨대를 꽂으면 어떻게 되는가? 설명해보아라.

4[7]. 왜 혈압계의 가압대를 심장과 같은 높이의 팔에다가 감아야 하는가?

5[9]. 기상용 헬륨 풍선은 의도적으로 완전히 팽창시키지 않은 상태로 날린다. 그 이유가 무엇인가? (힌트: 풍선은 매우 높은 고도로 이동한다.)

6[11]. 오일을 교환하기 전에, 엔진을 워밍업하기 위해 몇 마일을 운전하는 것이 좋다. 이유는 무엇인가?

7[13]. 다른 모든 조건이 같다면, 바깥 공기가 잠잠할 때보다 바람이 부는 날 굴뚝에서 통풍이 쉽게 잘되는 이유가 무엇인가?

8[15]. 파스칼의 원리: 모순 원리에 의한 증명. 유체에서, 점 A와 B가 같은 높이에 서로 가까이에 있다. $P_A > P_B$라고 가정하자. (a) v_A와 v_B 모두 0일 수 있는가? 설명해보아라. (b) 점 C는 정지 유체에서 점 D 바로 위에 있다. C에서의 압력이 ΔP만큼 증가한다고 가정하자. D에서의 압력이 C와 같은 양만큼 증가하지 않으면 어떻게 되겠는가?

9[17]. 모든 유압장치에서 배관 밖으로 공기를 빼내는 것이 중요하다. 그 이유는 무엇인가?

10[19]. 비눗방울에 작용하는 부력이 방울의 무게보다 큰가? 만약에 그렇지 않다면 왜 비눗방울이 때때로 공중에 떠다니는 것처럼 보이는가?

선다형 질문

1[1]. 베르누이의 방정식은 어디에 적용되는가?
(a) 모든 유체
(b) 점성 또는 비압축성 유체
(c) 흐름이 난류인지의 여부와 관계없이 비압축성, 비점성 유체
(d) 비압축성, 비점성, 난류가 없는 유체
(e) 정지 유체

2[3]. 베르누이의 방정식은 무엇에 관한 표현인가?
(a) 질량 보존
(b) 에너지 보존
(c) 운동량 보존
(d) 각운동량의 보존

3[5]. 동일한 두 개의 구 A와 B가 같은 점성 유체를 통해 떨어진다. A와 B는 같은 밀도를 가진다. A의 반지름이 더 크다. 어느 쪽의 종단속도가 더 큰가?
(a) A의 종단속도가 더 크다.
(b) B의 종단속도가 더 크다.
(c) A와 B의 종단속도는 같다.
(d) 결론을 내리기에는 정보가 부족하다.

4[7]. 연속방정식은 무엇에 관해 표현한 것인가?

(a) 질량 보존

(b) 에너지 보존

(c) 운동량 보존

(d) 각운동량 보존

5[9]. 압력계에는 밀도가 다른 두 개의 다른 유체가 담겨 있다. 양쪽 끝은 공기 중에 개방되어 있다. 그림에서, 어떤 점의 쌍(들)이 압력이 같은가?

(a) $P_1 = P_5$ (b) $P_2 = P_5$

(c) $P_3 = P_4$ (d) (a)와 (c) 둘 다

(e) (b)와 (c) 둘 다

문제

9.2 압력

1[1]. 누군가가 당신의 발가락을 밟아 $1.0 cm^2$의 넓이에 500 N의 힘을 가한다. 그 넓이에 평균 압력은 몇 atm인가?

2[3]. 질량이 90.0 kg인 사람이 서 있을 때 바닥과 마루의 접촉으로 인해 발바닥에 미치는 평균 압력은 얼마인가? 각 발바닥 표면의 넓이는 $0.020 m^2$이다.

3[5]. 질량 10 kg인 아기가 등받이 없는 세발 의자(stool)에 앉아 있다. 둥근 의자 다리의 지름은 2.0 cm이다. 그리고 질량이 60 kg인 성인은 다리의 지름이 6.0 cm인 네발 의자에 앉아 있다. 의자 다리 하나로 누가 마루에다 얼마나 더 큰 압력을 작용하는가?

4[7]. 압력이 4.0×10^5 Pa인 기체로 용기가 채워져 있다. 용기는 한 변이 0.10 m인 정육면체이고 한 면이 남쪽을 향하고 있다. 용기 내부의 기체로 인해 용기의 남쪽 면이 받는 힘의 크기와 방향은 어떻게 되는가?

9.3 파스칼의 원리

5[9]. 유압식 리프트가 무게 12 kN인 차를 들어 올린다. 차를 지지하는 피스톤의 넓이는 A이고, 다른 피스톤의 넓

이는 a이며, 비율 A/a는 100.0이다. 자동차를 1.0 cm 들어 올리기 위해서는 작은 피스톤을 얼마나 멀리 내려 밀어야 하는가? (힌트: 할 일을 생각하여라.)

6[11]. 자동차 브레이크 페달을 밟아서 단면의 넓이가 3.0 cm^2인 피스톤을 민다. 이 피스톤이, 각 넓이가 12.0 cm^2인 2개의 피스톤에 연결되어 있는 브레이크액에 압력을 가한다. 이 피스톤은 바퀴 로터의 한쪽 면에 가까이 있는 브레이크 패드에 압력을 가한다. 그림을 참조하여라. (a) 브레이크 페달이 작은 피스톤에 작용한 힘이 7.5 N일 때, 로터의 각 측면에 수직으로 작용하는 힘은 얼마인가? (b) 브레이크 패드와 로터 사이의 운동마찰계수가 0.80이고 각 패드는 로터의 회전축에서 평균 12 cm 지점에 있는 경우, 두 패드가 로터에 작용하는 돌림힘은 얼마인가?

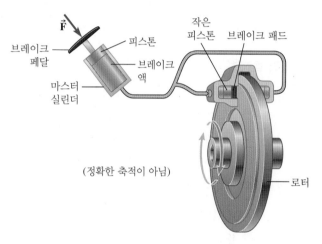

9.4 중력이 유체 압력에 미치는 효과

7[13]. 해수면에서 10 m 아래에 있는 물고기에 작용하는 압력은 얼마인가?

8[15]. 네덜란드에서는 해수면 아래로 위치한 마을을 제방으로 보호하고 있다. 수면 아래 3.0 m에서 이 제방에 누수가 발생했다. 만약 구멍의 넓이가 1.0 cm^2이면 동화 속 네덜란드 소년이 마을을 구하기 위해 최소한 얼마의 힘을 가해야 하는가?

9[17]. 바닥에서 높이 h까지 밀도가 ρ인 액체로 채워진 6개의 통이 세워져 있다. 각 통의 옆면에는 반지름이 r인 구멍이 있다. 각 구멍의 중심은 통의 바닥에서 20 cm 위에 있다. 구멍의 마개가 액체가 새는 것을 막고 있다. 통에 담긴 액체가 마개에 작용하는 힘을 큰 것부터 작은 순으로 말하여라.

(a) r = 1.00 cm, h = 100 cm, r = 1000 kg/m^3

(b) $r = 1.00$ cm, $h = 120$ cm, $r = 1000$ kg/m³

(c) $r = 1.25$ cm, $h = 120$ cm, $r = 800$ kg/m³

(d) $r = 1.25$ cm, $h = 100$ cm, $r = 800$ kg/m³

(e) $r = 1.00$ cm, $h = 145$ cm, $r = 1000$ kg/m³

10[19]. 여러분이 빨대로 물을 얼마나 빨아올릴 수 있는가? 폐 속의 압력을 대기압보다 약 10 kPa 낮출 수 있다.

11[21]. 향유고래는 해수면 아래로 2500 m 깊이까지 내려 갈 수 있다. 해수의 밀도가 지표에서 그 깊이까지 일정하다 고 가정하면, 그 깊이에서 고래의 피부에 미치는 압력은 얼 마인가?

12[23]. 담수호 수면에서 압력은 105 kPa이다. (a) 수면에서 35.0 m 아래로 내려갈 때 압력은 얼마나 증가하는가? (b) 수면에서 위로 35 m 가면 압력은 대략 얼마나 감소하는 가? 20 ℃에서 공기의 밀도는 1.20 kg/m³이다.

9.5 압력 측정

13[25]. 기체의 비열을 측정하기 위한 실험에서 플라스크에 연결된 물 압력계를 사용한다. 처음에는 두 개의 물기둥의 높이가 같다. 대기압은 1.0×10^5 Pa이다. 기체를 가열한 후 수위가 그림에 표시된 것과 같이 되었다. 기체의 압력 변화를 Pa 단위로 구하여라.

14[27]. 정맥주사(IV, intrave-nous)를 환자의 정맥에 연결 한다. 정맥의 혈압이 계기압 력으로 12 mmHg이다. 정맥 안으로 주사액이 흐르게 하 려면 주사액이 든 주머니를 얼마의 높이에 걸어야 하는 가? 정맥주사액과 혈액의 밀 도는 같다고 가정하여라.

기체

처음 높이

1.0 cm

물

15[29]. 휴식을 취하고 있을 때 수축기 혈압은 160 mmHg 이다. 이 압력을 다음 단위로 환산하여라. (a) Pa, (b) lb/in², (c) atm, (d) torr.

9.6 부력

16[31]. 물통에 나무토막(질량 m) 6개가 떠 있다. 나무토막 은 모두 모양이 다르다. 각 나무토막의 바닥은 수면 아래 깊이 d에 잠겨 있다. 부력을 가장 크게 받는 나무토막부터 가장 작은 것 순으로 나열하여라.

(a) $m = 20$ g, $d = 2.5$ cm (b) $m = 20$ g, $d = 2$ cm

(c) $m = 25$ g, $d = 2$ cm (d) $m = 25$ g, $d = 2.5$ cm

(e) $m = 10$ g, $d = 2$ cm (f) $m = 10$ g, $d = 1$ cm

17[33]. 석탄을 적재한, 밑바닥이 평평한 바지선의 질량이 3.0×10^5 kg이다. 이 바지선은 길이가 20.0 m, 너비가 10.0 m이다. 이 바지선이 담수에 떠 있다면, 바지선의 수 면 아래 깊이는 얼마인가?

18[35]. (a) 0 ℃에서 물 위에 뜬 물체의 14 %가 물속에 잠 겨 있다면 물체의 밀도는 얼마인가? (b) 0 ℃의 에탄올에 서는 물체의 몇 퍼센트가 잠기는가?

19[37]. 자작나무 토막이 부피의 90.0 %가 기름에 잠긴 채 떠 있다. 기름의 밀도는 얼마인가? 자작나무의 밀도는 0.67 g/cm³이다.

20[39]. 원통형 디스크의 부피는 8.97×10^{-3} m³이고 질량은 8.16 kg이다. 디스크의 평평한 표면이 수면과 수평으로 물 에 떠 있다. 평평한 표면은 0.640 m²이다. (a) 디스크의 비 중은 얼마인가? (b) 바닥 면은 수위보다 얼마나 아래에 있 는가? (c) 위 표면은 수위보다 얼마나 높이 있는가?

21[41]. 물고기는 부레를 사용해 자신의 밀도를 물의 밀도 와 같게 바꾸어 물속에서 부유 상태를 유지할 수 있다. 물 고기의 평균 밀도가 1080 kg/m³이고 공기가 완전히 빠진 부레의 질량이 10.0 g이라면, 물고기가 밀도 1060 kg/m³ 인 바닷물 속에서 부유하기 위해서는 부레를 얼마나 팽창 시켜야 하는가?

22[43]. 물고기의 평균 밀도는 먼저 공기 중에서 무게를 달 고 난 후 물에 완전히 잠기도록 하여 저울에서 매달고 무 게를 재면 구할 수 있다. 물고기의 무게가 공기 중에서 200.0 N이고 물에서 15.0 N인 것을 확인했다면 물고기의 평균 밀도는 얼마인가?

23[45]. (a) 밀도가 0.50 g/cm³인 발사나무(balsa) 조각을 물속에서 놓았다. 처음 가속도는 얼마인가? (b) 밀도가 0.750 g/cm³인 단풍나무 조각에 대해 문제 (a)를 반복하 여라. (c) 평균 밀도가 0.125 g/cm³인 탁구공에 대해서도 반복해보아라.

9.7 유체 흐름, 9.8 베르누이의 방정식

24[47]. 내부 반지름이 1.0 cm인 정원관리용 호스에서 물 이 2.0 m/s로 흐른다. 끝에 달린 노즐의 구멍은 반지름이

0.20 cm이다. 노즐에서 물이 분사되는 속력은 얼마인가?

25[49]. 내부 반지름이 1.00 mm인 노즐이 내부 반지름이 8.00 mm인 호스에 연결되어 있다. 이 노즐에서 물이 25.0 m/s로 분사되고 있다. (a) 호스 안을 통과하는 물의 속력은 얼마인가? (b) 부피흐름률은 얼마인가? (c) 질량 흐름률은 얼마인가?

26[51]. 파이프의 길이 방향에 수직인 단면의 넓이가 50.0 cm²에서 0.500 cm²으로 점점 가늘어진다. 파이프 끝이 넓은 부분에서의 압력은 1.20×10^5 Pa이고, 속력은 0.040 m/s이다. 좁은 부분의 압력은 얼마인가?

27[53]. 비행기 날개 위쪽 공기의 평균 유속이 190 m/s이고 아래쪽은 160 m/s인 경우에, 베르누이의 방정식을 사용해 비행기 날개의 양력을 계산하여라. 공기의 밀도는 1.3 kg/m³이고, 날개 표면의 넓이는 28 m²이다.

28[55]. 노즐이 수평 호스에 연결되어 있다. 노즐에서 25 m/s로 물이 분사된다. 호스 안의 물의 계기압력은 얼마인가? 점도를 무시하고 노즐의 지름이 호스의 내부 지름보다 훨씬 작다고 가정하여라.

29[57]. 집 안의 배관을 통해 급수탑에서 물을 공급한다. 집 안에 있는 지름이 2.54 cm인 수도꼭지를 통해, 12초 동안에 지름이 44 cm이고 높이가 52 cm인 원통형 급수탑에 물을 채울 수 있다. 수도꼭지에서 급수탑 수면까지의 높이는 얼마인가? (수도꼭지의 지름과 비교해 급수탑의 지름이 매우 크기 때문에 급수탑 수면의 높이는 변하지 않는다고 가정하여라.)

9.9 점성

30[59]. 푸아죄유의 법칙[식 (9-15)]을 사용해, 점성의 SI 단위가 Pa·s임을 보여라.

31[61]. 내부 반지름이 0.300 mm이고 길이가 3.00 cm인 바늘이 피하 주사기에 연결되어 있다. 바늘에 점도 2.00×10^{-3} Pa·s인 주사액이 채워져 있다. 주사액은 16.0 mmHg의 계기압력으로 정맥에 주입된다. 주사기에서 주사액을 가속하기 위해 바늘 입구에 작용하는 추가 압력을 무시하여라. (a) 주사액을 0.250 mL/s의 비율로 주입하려면 주사기 안의 유체압력은 얼마여야 하는가? (b) 주사기 밀대(plunger) 1.00 cm²당 가해지는 힘은 얼마인가?

문제 32-33. 단면의 넓이가 같은 4개의 파이프를, 그림에 표시한 압력으로 물을 공급하는 펌프에 다양한 방법으로 연결했다. 물은 1.0기압의 압력으로 오른쪽으로 배출된다. 점성 흐름이라고 가정하여라.

32[63]. 계 A와 C의 총 부피흐름률이 같고 계 C의 각 파이프의 유속이 3.0 m/s이면 계 A의 유속은 얼마인가?

33[65]. 계 A와 B의 총 부피흐름률이 같으면 계 A에서 펌프가 공급하는 물의 압력은 얼마인가?

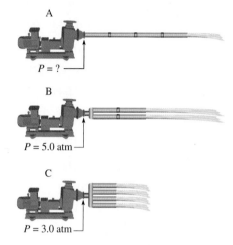

A

$P = ?$

B

$P = 5.0$ atm

C

$P = 3.0$ atm

문제 32, 33

34[67]. (a) 내부 반지름이 2.0 mm이고 길이가 0.20 m인 동맥을 통해 6.0 cm/s의 속력으로 혈액이 흐르게 하는 데 필요한 압력 차는 얼마인가? (b) 반지름이 3.0 μm, 길이가 1.0 mm인 모세혈관을 통해 0.60 mm/s로 혈액이 흐르게 하는 데 필요한 압력 차는 얼마인가? (c) 평균 혈압 약 100 torr와 위의 두 답을 비교하여라.

35[69]. (a) 유속은 압력 차에 비례하기 때문에, 푸아죄유의 법칙을 $\Delta P = IR$ 형태로 쓸 수 있음을 보여라. 여기서 I는 부피흐름률이고 R는 유체 흐름 저항이라 부르는 비례상수이다. (이렇게 표현한 푸아죄유의 법칙은 18장에서 공부할 전기에 관한 옴의 법칙 $\Delta V = IR$와 유사하다. 여기에서 ΔV는 도체 양단의 전압강하이고, I는 도체를 흐르는 전류, R는 도체의 전기저항이다.) (b) 유체의 점성과 파이프의 길이와 반지름으로 R를 구하여라.

9.10 점성저항

36[71]. 두 개의 동일한 구를 유체가 들어 있는 두 개의 관에 떨어뜨린다. 하나의 관에는 점성이 0.5 Pa·s인 액체가 들어 있고, 다른 관에는 밀도는 같지만 알려지지 않은 점성의 액체가 들어 있다. 두 번째 관에서 구의 침강 속도는

첫 번째 관의 침강 속도보다 20 % 더 높다. 두 번째 관의 액체의 점성은 얼마인가?

37[73]. 와편모충은 1.0 mm를 이동하는 데 5.0초가 걸린다. 와편모충을 반지름이 35.0 μm의 구라고 추정하자(편모를 무시하여라). (a) 점성이 0.0010 Pa·s인 바닷물에서 이 와편모충에 미치는 저항력은 얼마인가? (b) 이 편모충의 출력은 얼마인가?

38[75]. 무엇이 구름이 떨어지는 것을 막는가? 날씨가 좋을 때 적운은 평균 반지름이 5.0 μm인 작은 물방울로 구성되어 있다. 점성저항을 가정할 때 20 ℃에서 이러한 물방울의 종단속력을 구하여라. (점성저항력 이외에도 물방울을 위쪽으로 밀어주는 상승 온난 기류라고 하는 상향 기류가 있다.)

39[77]. 물로 떨어지는 알루미늄 구(비중 = 2.7)가 5.0 cm/s의 종단속력에 도달한다. 반지름이 같은 기포가 물속에서 솟아오를 때 기포의 종단속력은 얼마인가? 두 경우 모두 점성저항을 가정하고 기포의 크기나 모양이 변경될 가능성은 무시하여라. 온도는 20 ℃이다.

9.11 표면장력

40[79]. 소금쟁이의 발을 반지름이 대략 0.02 mm인 원 모양으로 되어 있다고 하자. (a) 물의 표면장력으로 인해 위 방향으로 발에 가해지는 힘은 최대 얼마인가? (b) 물 표면을 깨뜨리지 않는 소금쟁이의 최대 질량은 얼마인가? 소금쟁이는 다리가 6개이다.

41[81]. 속이 빈 반구형 물체는 그림 (a)와 같이 공기로 채워져 있다. (a) 반구의 곡면에 유체 압력이 가하는 힘의 크기가 $F = \pi r^2 P$임을 보여라. 여기서 r는 반구의 반지름이고, P는 공기의 압력이다. 공기의 무게는 무시하여라. (힌

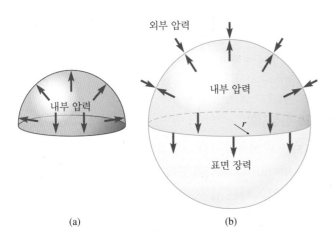

외부 압력

내부 압력

내부 압력

r

표면 장력

(a)　　　　　(b)

트: 먼저 평평한 표면에 작용하는 힘을 구하여라. 공기가 반구에 가하는 알짜힘은 얼마인가?) (b) 그림 (b)와 같이 수중의 기포가 원주를 따라 두 개의 반구로 나뉘었다. 물 표면의 상부 반구는 표면장력으로 인해 하부 반구에 크기 $2\pi r\gamma$(원주 길이 곱하기 단위 길이당 작용하는 힘)인 힘을 작용한다. 기포 내부의 기압이 외부 수압을 $\Delta P = 2\gamma/r$만큼 초과해야 함을 보여라.

협동문제

42[83]. 여러분이 친구들과 함께 울창한 숲속을 하이킹하다가, 건너가는 것이 불가능해 보이는 큰 강에 다다랐다. 그러나 친구 중 한 명이 강가에 있던 오래된 금속 통을 발견한다. 통은 원통 모양으로 높이가 1.20 m, 지름이 0.76 m이다. 원통은 빈 상태로 한쪽 원판이 열려 있다. 열린 쪽이 위를 향한 상태에서 통에 물을 채우면 통이 수면 아래 33 %로 가라앉는 것을 알았다. 당신은, 약 30 cm가 물 위에 떠 있으면 통을 강을 건너는 보트로 사용할 수 있다고 결정했다. 보트로 사용한다면 이 통에 짐을 얼마나 실을 수 있는가?

43[85]. 개인 우물이 있는 집의 지하실에, 내부 반지름이 6.3 mm인 배출구가 있는 펌프가 있다. 펌프의 배출구에서 계기압력을 410 kPa을 유지할 수 있다. 펌프의 배출구에서 6.7 m 위에 있는 2층의 샤워꼭지에는 반지름이 각각 0.33 mm인 36개의 구멍이 있다. 샤워는, 집 안에 있는 다른 수도꼭지는 모두 잠근 상태에서 "최대로 분사"해서 한다. (a) 점성을 무시할 때, 물이 샤워꼭지에서 얼마의 속력으로 분출되는가? (b) 펌프의 배출구에서 나오는 물의 속력은 얼마인가?

44[87]. 동맥경화로 인해 어떤 동맥의 지름이 25 % 감소했다. (a) 단위 시간당 방해를 받지 않을 때와 같은 양의 피가 흘렀다면 그 양 끝 사이의 혈압은 몇 퍼센트나 증가하는가? (b) 대신에 동맥을 가로지르는 혈압을 같게 유지한다면 혈관을 통과하는 어떤 요인에 의해 감소하는가? (실제로 우리는 약간의 혈압 증가와 약간의 유량 감소를 함께 보게 될 것이다.)

연구문제

45[89]. 크기가 2.00 cm × 3.00 cm × 5.00 cm인 알루미늄 토막이 용수철저울에 매달려 있다. (a) 이 토막의 무게는

얼마인가? (b) 이 토막을 밀도가 850 kg/m³인 기름에 잠기게 한 경우, 저울의 눈금은 얼마인가?

46[91]. 2개의 동일한 비커에, 가장자리까지 물을 채우고 각각 천칭에 올려놓는다. 비커의 바닥 부분은, 비커에서 넘치는 물이 저울이 놓인 테이블 위로 떨어질 정도로 충분히 크다. 소나무 토막(밀도＝420 kg/m³)을 비커 중 하나에 넣는다. 나무토막의 부피는 8.00 cm³이다. 다른 비커에는 같은 크기의 강철 토막을 만들어서 넣는다. 각 경우에 저울의 눈금 값은 어떻게 변하는가?

47[93]. 한 변이 4.00 cm이고 밀도가 8.00×10^2 kg/m³인 정육면체를 용수철의 한쪽 끝에 매달았다. 용수철의 다른 끝은 비커의 바닥에 고정했다. 정육면체가 완전히 물에 잠길 때까지 비커에 물을 채웠더니 용수철이 1.00 cm 늘어났다. 용수철상수는 얼마인가?

48[95]. 한 아파트의 지하실에 있는 수도관의 압력이 4.10×10^5 Pa이지만, 7층 수도관의 압력은 단지 1.85×10^5 Pa에 불과하다. 지하실에서 7층까지의 높이는 얼마인가? 물이 흐르지 않는다고 가정하여라. 곧, 수도꼭지가 열려 있지 않고 모두 잠겨 있다고 가정하여라.

49[97]. 해수면 근처에서 기압을 1.0 cmHg만큼 떨어뜨리려면 기압계를 얼마나 높이 가져가야 하는가? 올라갈 때 온도가 20 ℃로 유지된다고 가정하여라. 해수면의 1일 평균 기압은 76.0 cmHg이다.

50[99]. 작은 개의 심장 출력이 4.1×10^{-3} m³/s이고, 대동맥의 반지름은 0.50 cm, 대동맥 길이는 40.0 cm이다. 개의 대동맥을 가로지를 때 압력강하는 얼마인가? 혈액의 점성은 4.0×10^{-3} Pa·s라고 가정하여라.

51[101]. 스쿠버 다이버들에게, 수면 위로 올라올 때는 기포보다 빨리 상승하지 말 것을 당부한다. 이러한 수칙은 급격한 압력 변화로 인한 "잠수병통증"을 피하는 데 도움이 된다. 반지름이 1.0 mm인 기포가 스쿠버 다이버에게서 수면으로 상승하고 있다. 수온이 20 ℃라고 가정할 때, (a) 물의 점성이 1.0×10^{-3} Pa·s이면 기포의 종단속도는 얼마인가? (b) 이 수칙에 따라 잠수부가 견딜 수 있는 최대 압력 변화율은 얼마인가?

52[103]. 무게가 W인 돌멩이의 비중이 2.50이다. (a) 저울에 매달린 돌을 물속에 잠기게 했을 때, 저울이 공기 중에서의 무게로 얼마의 눈금을 가리키는가? (b) 돌이 비중

이 0.90인 기름에 잠겨 있을 때 저울의 눈금은 얼마인가?

53[105]. 한 변의 길이가 0.330 m인 정육면체 모양을 한 나무토막의 밀도가 780 kg/m³이다. 질량을 무시할 수 있는 밧줄을 사용해 나무토막의 바닥에다 납 조각을 매달았다. 납은 나무토막이 완전히 잠길 때까지 물속으로 당겼다. 납의 질량은 얼마인가? (힌트: 나무와 납에 작용하는 부력을 고려해야 함을 잊지 말아야 한다.)

54[107]. 비중계는 액체의 비중을 측정하는 도구이다. 예를 들어, 포도주 양조업자는 비중계를 사용해 포도주가 발효될 때 밀도 변화를 측정하고, 단풍나무 설탕이나 단풍나무 시럽 생산자는 비중계를 사용해 채취한 수액에 설탕이 얼마나 많이 있는지 알아낸다. 유리관을 따라서 표시된 눈금은 액체에 떠 있는 비중계에서 비중을 나타낸다. 아래의 무거운 부분은 비중계가 수직으로 떠 있게 한다. 비중계에서 원통형 유리관 단면의 넓이가 0.400 cm²라고 하자. 유리구와 유리관의 총 부피는 8.80 cm³이며 비중계의 질량은 4.80 g이다. (a) 비중 1.00을 표시하려면 원통의 꼭대기에서 얼마나 떨어진 곳에 표시해야 하는가? (b) 비중계를 알코올에 넣었을 때 유리관이 7.25 cm 떠올랐다. 알코올의 비중은 얼마인가? (c) 이 비중계로 측정할 수 있는 가장 낮은 비중은 얼마인가?

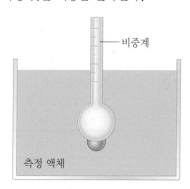

비중계
측정 액체

55[109]. U자형 관에 부분적으로는 물이 채워져 있고 부분적으로는 물과 섞이지 않는 액체가 채워져 있다. 관의 양 끝은 공기 중에 열려 있다. 액체의 밀도(g/cm³)는 얼마인가?

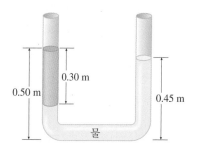

0.50 m
0.30 m
0.45 m
물

10

탄성과 진동

개념정리

- 변형이란 물체의 모양이나 크기가 변하는 정도이다.

- 변형력이 사라지면, 탄성체는 원래의 모양과 크기로 되돌아간다.

- 일반적인 형태의 훅의 법칙은, 물질의 변화(변형)와 변형을 일으키는 힘(변형력) 사이 비례 관계가 성립함을 나타낸다. 변형력과 변형의 정의는 다음 표에 기술되어 있다.

변형의 종류

	인장 또는 압축	층밀리기 변형	부피 변형
변형력	단위 넓이당 힘 F/A	층밀리기를 일으킨 힘을 힘이 작용하는 면과 나란한 방향의 표면의 넓이로 나눈 값 F/A	압력 P
변형	길이 변화율 $\Delta L/L$	평행한 두 면 사이 거리 L에 대한 두 면의 상대적인 변위 Δx의 비, $\Delta x/L$	부피 변화율
비례상수	영률 Y	층밀리기 탄성률 S	부피 탄성률 B

- 인장 변형력이나 압축 변형력이 비례한계를 넘어서면, 변형은 더 이상 변형력에 비례하지 않는다. 고체에 작용한 변형력은, 탄성한계를 벗어나지 않는 한, 변형력이 사라지면 원래의 길이로 되돌아온다. 변형력이 탄성한계를 초과하면 물질은 영구적으로 변형된다. 변형력이 파괴점에 이르면 고체는 파괴된다. 고체가 파괴되지 않고 최대한 견딜 수 있는 변형력을 극한강도라고 부른다.

- 진동은 안정 평형점 근방에서 일어난다. 평형점에 위치한 물체를 평형으로부터 멀어지게 했을 때 물체에 작용하는 알짜힘이 도로 평형점을 향하면, 그 평형점은 '안정'하다고 말한다. 그리고 다시 처음 평형 위치로 되돌리는 힘을

복원력이라 부른다.

- 단순조화운동(SHM)은 일종의 주기 운동으로서, 복원력이 평형으로부터의 변위에 비례할 때 발생한다. SHM에서 위치, 속도, 가속도는 시간의 함수로 모두 사인 모양이다(곧, 사인 함수 꼴이거나 코사인 함수 꼴이다). 어떤 진동이든 진폭이 작다면 SHM으로 근사할 수 있다. 왜냐하면 작은 진폭의 진동에서 복원력은 근사적으로 선형이기 때문이다.

- 진동의 주기는 물체의 운동이 한 번 순환하는 데 걸리는 시간이다. 진동수는 단위 시간당 순환하는 횟수이다.

$$f = \frac{1}{T} \quad\quad (5\text{-}8)$$

각진동수는 단위 시간당 라디안으로 측정한다.

$$\omega = 2\pi f \quad\quad (5\text{-}9)$$

- SHM에서 최대 속력과 최대 가속도는

$$v_m = \omega A \quad\text{그리고}\quad a_m = \omega^2 A \quad\quad (10\text{-}21, 10\text{-}22)$$

이고, 여기서 ω는 각진동수이다. 가속도는 변위에 비례하고 방향은 반대이다.

$$a_x(t) = -\omega^2 x(t) \quad\quad (10\text{-}19)$$

- SHM을 기술하는 두 가지 방정식은 다음과 같다.

만약 $t = 0$에서 $x = A$이면, 만약 $t = 0$에서 $x = 0$이면,

$$x(t) = A\cos\omega t \quad\quad\quad x(t) = A\sin\omega t$$

$$v_x(t) = -v_m\sin\omega t \quad\quad\quad v_x(t) = -v_m\cos\omega t$$

$$a_x(t) = -a_m\cos\omega t \quad\quad\quad a_x(t) = -a_m\sin\omega t$$

어떤 경우이든, 속도는 위치보다 1/4순환 앞서고, 가속도는 속도보다 1/4순환 앞선다.

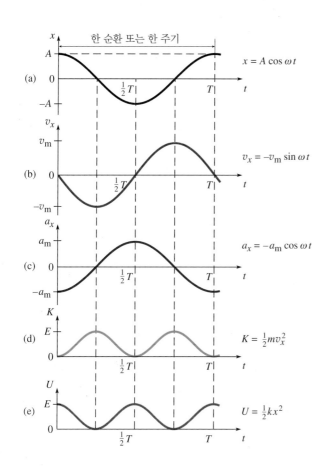

한 순환 또는 한 주기

(a) $x = A \cos \omega t$

(b) $v_x = -v_m \sin \omega t$

(c) $a_x = -a_m \cos \omega t$

(d) $K = \frac{1}{2}mv_x^2$

(e) $U = \frac{1}{2}kx^2$

- 질량–용수철 계에서 진동의 주기는

$$T = 2\pi\sqrt{\frac{m}{k}} \qquad \text{(10-20c)}$$

이다. 단진자의 주기는

$$T = 2\pi\sqrt{\frac{L}{g}} \qquad \text{(10-26b)}$$

이며, 물리진자의 주기는

$$T = 2\pi\sqrt{\frac{I}{mgd}} \qquad \text{(10-27)}$$

이다.

- 에너지 손실을 유발하는 힘이 작용하지 않을 때, 평형점에서 퍼텐셜에너지를 0으로 잡으면, 단순조화진동자의 총 역학적 에너지는 일정하며 진폭의 제곱에 비례한다.

$$E = \frac{1}{2}kA^2 \qquad \text{(10-13)}$$

모든 순간에 운동에너지와 퍼텐셜에너지의 합은 다음과 같이 항상 일정하다.

$$E = \frac{1}{2}mv_x^2 + \frac{1}{2}kx^2 = \frac{1}{2}kA^2 \qquad \text{(10-12)}$$

연습문제

단답형 질문

1[1]. 다이아몬드의 영률은 유리의 영률의 약 20배이다. 당신은 어느 것이 더 강하다고 말하는가? 그렇게 말할 수 없다면 그것은 무엇을 말해주는가?

2[3]. 공수도를 하는 학생이 양 끝이 지지되어 있는 콘크리트 블록 더미를 위에서 아래로 내리친다. 블록이 깨진다. 처음에 깨지기 시작하는 위치가 바닥인가, 아니면 맨 위인가? 설명하여라. (블록은 층밀리기 변형력, 압축 변형력 및 인장 변형력을 받는다. 콘크리트는 압축강도보다 인장 강도가 훨씬 작다는 것을 상기하여라. 블록이 중간에서 구부러질 때

블록의 어느 부분이 늘어나고 어느 부분이 압축되는가?)

3[5]. 신전과 다른 구조물을 지탱하기 위해 고대 그리스나 로마 인들이 세운 기둥은 위로 가면서 가늘어져 있다. 기둥은 위쪽보다 아래쪽이 더 굵다. 여기에는 분명히 미적인 목적이 있지만, 그 외에 공학적인 목적도 있는가? 그것이 무엇일까?

4[7]. 왕복으로 작동하는 톱 중에서 스카치 요크(Scotch yoke)는 모터의 회전을 톱날의 전후 운동으로 변환한 것

이다. 스카치 요크는 진동 운동을 원운동으로 또는 그 반대로 변환하는 데 사용되는 기계장치이다. 손잡이에 고정된 휠은 일정한 각속도로 회전한다. 곧, 이 손잡이가 톱날을 수직 홈 내에 구속해 톱날이 상하로 움직이지 않고 좌우로 움직이게 한다. 톱날의 운동이 SHM인가? 설명해 보아라.

5[9]. 번지점프를 하는 사람이 난간에서 뛰어내려 아래 수면 위 몇 센티미터에서 멈춘다. 그 가장 낮은 지점에 있을 때, 번지 줄의 장력이 그 사람의 몸무게와 같은가? 같은 이유가 무엇인가? 그렇지 않다면 그 이유를 설명해보아라.

6[11]. 조종사가 정오에 바다 위에서 수직 원운동을 하는 곡예비행을 하고 있다. 비행기는 원 궤도의 바닥에 접근할 때는 속력이 빨라지고 궤도의 상단에 가까워질수록 속력이 느려진다. 헬리콥터를 탄 관찰자가 상공에서 수면에 나타나는 비행기의 그림자를 보고 있다면, 그 그림자는 SHM인가? 설명하여라.

7[13]. 단면의 넓이가 A인 강철선에서 $\Delta L/L$로 주어지는 변형을 일으키려면 크기가 F인 인장력이 있어야 한다고 가정하자. 2개의 강철선을 나란히 놓고 동시에 늘려서 같은 변형을 일으키려면 인장력은 얼마나 필요한가? 굵은 밧줄을, 2개(또는 그 이상)의 가는 줄을 나란히 한 것으로 보고, 주어진 변형을 일으키는 데 필요한 힘이 단면의 넓이에 비례해야 하는 이유를 설명하여라. 그러므로 변형은 변형력(단위 넓이당 힘)에 따라 달라진다.

8[15]. 모양이 일그러진 것을 기술하는 변형과 변형력의 개념을 사용하면 어떤 이점이 있는가?

9[17]. 단진자의 진동 주기는 추의 질량에 따라 변하지 않는다. 대조적으로, 질량-용수철 계의 주기는 질량에 따라 변한다. 명백한 모순이 있음을 설명하여라. (힌트: 각 경우, 무엇이 복원력을 제공하는가? 복원력은 질량에 따라 어떻게 변하는가?)

선다형 질문

질문 1-2. 이상적인 용수철에 물체를 수직으로 매달았다. 처음에는 용수철이 이완 상태로 평형 위치에 있었다. 이 물체를 놓았더니 평형 위치를 중심으로 진동한다. 질문 1-2의 답을 다음에서 선택하여라.

(a) 용수철이 이완 상태로 있다.
(b) 물체가 평형점에 있다.
(c) 용수철이 최대로 팽창된 위치에 있다.
(d) 용수철이 평형점과 최대로 팽창한 위치 사이의 어딘가에 있다.

1[1]. 가속도가, 크기가 가장 크고 위로 향하는 때에는?

2[3]. 물체의 가속도가 0일 때에는?

3[5]. 두 단진자 A와 B는 길이가 같지만, A의 질량은 B의 질량의 두 배이다. 진폭도 같다. 주기는 각각 T_A와 T_B이고, 에너지는 E_A와 E_B이다. 관계를 바르게 나타낸 것을 골라라.

(a) $T_A = T_B$ 및 $E_A > E_B$ (b) $T_A > T_B$ 및 $E_A > E_B$
(c) $T_A > T_B$ 및 $E_A < E_B$ (d) $T_A = T_B$ 및 $E_A < E_B$

4[7]. 강성 재료의 특성은?
(a) 한계강도가 높다.
(b) 파괴강도가 높다.
(c) 영률이 크다.
(d) 비례한계의 값이 크다.

5[9]. 같은 단위로 표현할 수 있는 물리량의 쌍은 어느 것인가?
(a) 변형력과 변형
(b) 탄성계수와 변형
(c) 탄성계수와 변형력
(d) 한계강도와 변형

질문 6-10. SHM을 하는 물체에 대한 $v_x(t)$ 그래프를 참조해 다음 질문에 답하여라.

(a) 1 s, 2 s, 3 s   (b) 5 s, 6 s, 7 s   (c) 0 s, 1 s, 7 s, 8 s
(d) 3 s, 4 s, 5 s   (e) 0 s, 4 s, 8 s   (f) 2 s, 6 s
(g) 3 s, 5 s   (h) 1 s, 3 s   (i) 5 s, 7 s
(j) 3 s, 7 s   (k) 1 s, 5 s

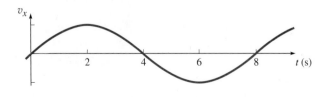

선다형 질문 6-10

6[11]. 운동에너지가 최대인 때는 언제인가?

7[13]. 퍼텐셜에너지가 최대인 때는 언제인가?

8[15]. 물체가 평형점에 있을 때는 언제인가?

9[17]. 알짜힘이 +x-방향으로 작용하는 시간을 나타내는 것은 어느 것인가?

10[19]. 물체가 평형점에서 멀어지는 시간을 나타낸 것은 어느 것인가?

문제

10.2 인장력과 압축력에 관한 훅의 법칙

1[1]. 철골빔이 건물의 지하에 수직으로 세워져 위층 바닥이 내려앉는 것을 방지하고 있다. 이 빔에 가해지는 하중은 5.8×10^4 N이고, 길이는 2.5 m, 빔의 단면의 넓이는 7.5×10^{-3} m²이다. 빔에 작용하는 수직 압력을 구하여라.

2[3]. 질량이 70 kg인 남자가 한 발로 서 있다. 대퇴골의 단면의 넓이는 8.0 cm²이고 압축되지 않은 길이는 50 cm이다. (a) 한 발로 서 있을 때 대퇴골은 얼마나 짧아지는가? (b) 사람이 두 발로 서 있다가 한 발로 서서 움직일 때 대퇴골 부분은 길이가 얼마나 변하는가?

3[5]. 단면의 넓이가 0.100 cm²이고 길이가 5.00 m인 철사에 1.00 kN의 하중이 걸리면 철사가 6.50 mm 늘어난다. 이 철사의 탄성계수는 얼마인가?

4[7]. (길이가 같고 반지름이 다른) 두 개의 강철선을 끝과 끝이 맞닿도록 연결해 그림과 같이 벽에 고정시켰다. 고정되지 않은 끝에 힘을 가해 이어진 강철선을 1.0 mm만큼 늘렸다. 중간 지점(이음새)은 얼마나 이동하겠는가?

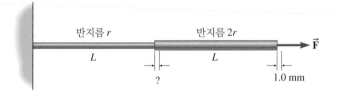

5[9]. 절지동물, 특히 곤충의 외골격에는 레실린(resilin)이라는 탄성 물질이 있다. 레실린은 곤충이 보다 더 효율적으로 날아갈 수 있도록 고무와 같은 역할을 하는 단백질이다. 날개에 붙어 있는 레실린은 날개가 아래쪽으로 내려가면 느슨해지고 위로 오게 되면 팽창한다. 날개가 올라가면 일부 탄성에너지가 레실린에 저장된다. 그다음에 는 날개가 근육 에너지를 소모하지 않고 다시 내려온다. 왜냐하면 레실린의 퍼텐셜에너지가 운동에너지로 변환되기 때문이다. 레실린의 영률은 1.7×10^6 N/m²이다. (a) 곤충의 날개에 이완된 길이가 1.0 cm이고 단면의 넓이가 1.0 mm²인 레실린이 있을 경우, 날개가 레실린을 4.0 cm까지 늘리려면 힘을 얼마나 작용해야 하는가? (b) 레실린에 얼마나 많은 에너지가 저장되는가?

6[11]. 단면의 넓이가 1.0×10^{-6} m²이고 길이가 0.50 m인 기타 줄의 영률이 $Y = 2.0 \times 10^9$ N/m²이다. 20 N의 장력을 얻으려면 줄을 얼마나 늘려야 하는가?

10.3 훅의 법칙의 한계

7[13]. 뼈에 대한 변형과 변형력 그래프(그림 10.4c)를 사용해 장력과 압축력에 대한 영률을 계산하여라. 작은 변형력만 고려하여라.

8[15]. 재료의 밀도에 대한 인장강도(또는 압축강도)의 비율은 모두 다 그 재료가 얼마나 강한지를 측정한 것이다. (a) 장력이 작용했을 때, 힘줄(인장강도 80.0 MPa, 밀도 1100 kg/m³)과 강철(인장강도 0.50 GPa, 밀도 7700 kg/m³) 중 어느 것이 더 강한지를 말하여라. (b) 뼈(압축강도 160 MPa, 밀도 1600 kg/m³)와 콘크리트(압축강도 0.40 GPa, 밀도 2700 kg/m³) 중 어느 것이 하중에 관계없이 더 강한지 말하여라.

9[17]. 사람의 다리뼈(넓적다리뼈)에 약 5×10^4 N의 압축력을 가하거나 말의 다리뼈에 약 10×10^4 N의 압축력을 가하면 부러진다. 사람 다리뼈의 압축강도는 1.6×10^8 Pa이며, 말 다리뼈의 압축강도는 1.4×10^8 Pa이다. 사람과 말 다리뼈의 유효 단면의 넓이는 얼마인가? (참고: 넓적다리뼈 속에는 본질적으로 압축강도가 없는 골수가 있기 때문에 유효 단면의 넓이는 총 단면의 넓이의 약 80 %이다.)

10[19]. 구리 전선을 영구 변형시키지 않고 길이 1.0 m와 반지름 1.0 mm의 구리선에 매달 수 있는 최대 하중은 얼마인가? 구리의 탄성한계는 2.0×10^8 Pa이고, 인장강도는 4.0×10^8 Pa이다.

11[21]. 파괴 직전에 영률 2.0×10^{11} N/m²인 강철선의 최대 변형은 0.20 %이다. 변형이 파괴점까지의 변형력에 비례한다고 가정하면 파괴점에서의 변형력은 얼마인가?

12[23]. 길이가 3.0 m인 구리선의 한쪽 끝에 120 N의 무게

를 달았더니 2.1 mm 늘어나는 것이 관측되었다. (a) 선의 지름은 얼마이며 선의 인장 변형력은 얼마인가? (b) 구리의 인장강도가 4.0×10^8 N/m²인 경우, 이 선에 매달 수 있는 최대 무게는 얼마인가?

10.4 층밀리기와 부피 변형

13[25]. 수면 아래 1.0 km의 깊이에서 물의 밀도는 몇 퍼센트나 증가하는가?

14[27]. 지구에서 부피가 1.00 cm³인 알루미늄을 진공실험실에 넣고 압력을 달의 압력(10^{-9} Pa미만)으로 바꾸면 알루미늄의 부피는 어떻게 되겠는가?

15[29]. 두 장의 강판이 4개의 볼트로 고정되어 있다. 볼트의 층밀리기 계수는 8.0×10^{10} Pa이고 층밀리기 강도는 6.0×10^8 Pa이다. 각 볼트의 반지름은 1.0 cm이다. 보통은 볼트클램프가 두 판을 함께 고정하고 판 사이의 마찰력으로 미끄러지지 않게 한다. 볼트가 느슨하면 마찰력이 작고 볼트 자체에 큰 층밀리기 변형력이 가해진다. 4개의 볼트가 견딜 수 있는 최대 층밀리기 힘 F는 얼마인가?

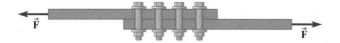

16[31]. 한 변이 5.0 cm인 정육면체 젤라틴의 윗면이 접선력에 의해 0.64 cm의 변위를 일으킨다. 젤라틴의 층밀리기 탄성률이 940 Pa이면, 접선력의 크기는 얼마인가?

10.5 단순조화운동, 10.6 단순조화운동의 주기와 진동수

17[33]. 질량–용수철 계의 진동주기는 0.50초이고 진폭은 5.0 cm이다. 용수철이 최대로 팽창한 점에서의 가속도의 크기는 얼마인가?

18[35]. 소리굽쇠의 두 갈래가 진동할 때 가지는 앞뒤로 움직인다. 갈래가 양극단 위치 사이를 이동하는 거리는 2.24 mm이다. 소리굽쇠의 진동수가 440.0 Hz인 경우, 갈래의 최대 속도와 최대 가속도는 얼마인가? SHM이라고 가정하여라.

19[37]. 5개의 이상적인 질량–용수철 계의 질량, 용수철상수, 진동의 진폭이 다음과 같다. 진동의 진동수가 큰 것부터 작은 순으로 정렬하여라.

(a) 질량 m, 용수철상수 k, 진폭 A

(b) 질량 $2m$, 용수철상수 k, 진폭 A

(c) 질량 m, 용수철상수 k, 진폭 $2A$

(d) 질량 $2m$, 용수철상수 $k/2$, 진폭 A

(e) 질량 $2m$, 용수철상수 $2k$, 진폭 $A/2$

20[39]. 신장 결석을 없애기 위해 사용되는 초음파 발생 장치인 쇄석기의 진동 주파수는 1.0 MHz이다. (a) 진동의 주기는 얼마인가? (b) 각진동수는 얼마인가?

21[41]. 음파의 기압 변화로 고막이 진동한다. (a) 주어진 진동 진폭에 대해, 고주파수 또는 저주파수 음향에 대한 고막의 최대 속도와 가속도는 얼마인가? (b) 진동수가 20.0 Hz이고 진폭이 1.0×10^{-8} m인 진동에 대한 고막의 최대 속도와 가속도를 구하여라. (c) 동일한 진폭이지만 20.0 kHz의 진동수에 대해 문제 (b)를 반복해 풀이하여라.

22[43]. 용수철 위에 있는 170 g인 물체가 3.00 Hz의 진동수와 12.0 cm의 진폭으로 마찰이 없는 표면에서 좌우로 진동을 한다. (a) 용수철상수는 얼마인가? (b) 물체가 $t = 0$, $x = 12.0$ cm에서 시작하고 평형점이 $x = 0$에 있는 경우, 위치를 시간의 함수로 나타낸 식은 어떻게 되는가?

23[45]. 두 개의 이상적인 용수철 사이에 묶인 빈 수레가 $\omega = 10.0$ rad/s로 진동한다. 수레에 짐을 실어서, 싣기 전에 비해 총 질량을 4.0배로 했다. 그렇게 하면 새로운 ω 값은 얼마인가?

24[47]. 목마가 강직한 용수철로 놀이터의 바닥에 고정되어 있다. 24 kg인 어린이가 목마에 앉으면 용수철이 28 cm가량 압축된다. 아이가 말에 앉아 있을 때, 용수철은 0.88 Hz의 진동수로 아래위로 진동한다. 아무도 말에 앉아 있지 않을 때 용수철의 진동 주파수는 얼마인가?

25[49]. 항공기나 우주선에 사용되는 장비는 비행 중에 종종 발생할 수 있는 진동을 견딜 수 있도록 흔들림 테스트를 받는다. 질량 5.24 kg인 무선 수신기에는 120 Hz이고 최대 가속도가 98 m/s²($= 10g$)로 SHM을 하는 위치제어장치가 설치되어 있다. 무선 수신기의 (a) 최대 변위, (b) 최대 속력 그리고 (c) 그것에 작용하는 최대 알짜 힘을 구하여라.

26[51]. 스피커의 진동판은 질량이 50.0 g이며 2.0 kHz의 진동수에 반응해 1.8×10^{-4} m의 진폭으로 앞뒤로 움직인다. (a) 진동판에 작용하는 최대 힘은 얼마인가? (b) 진동판의 역학적 에너지는 얼마인가?

27[53]. 용수철상수가 15 N/m인 이상적인 용수철이 수직으로 매달려 있다. 질량이 0.60 kg인 물체가 늘어나지 않은 용수철에 부착되어 놓인다. (a) 속력이 최대일 때 용수철의 늘임은 얼마인가? (b) 최대 속력은 얼마인가?

28[55]. 질량이 47 kg인 소형 보트가 있다. 92 kg인 사람이 보트에 타면 보트가 8.0 cm 수면 아래로 잠긴다. 보트가 물속에서 조금 더 깊숙이 밀리면 단순조화운동으로 상하로 움직인다(마찰은 무시). 보트가 평형 상태에서 움직일 때 보트의 진동 주기는 얼마인가?

10.7 SHM의 그래픽 분석

29[57]. SHM에서 물체의 변위는 $y(t) = (8.0 \text{ cm}) \sin[(1.57 \text{ rad/s})t]$로 주어진다. 진동의 진동수는 얼마인가?

30[59]. 질량이 306 g인 물체가 천장에 매달려 있는, 용수철상수 25 N/m인 용수철 아래에 부착되어 있다. 질량-용수철 계 뒤에 놓인 용지에 쓸 수 있도록 물체 뒤쪽에 펜이 부착되어 있다. 마찰은 무시한다. (a) 물체가 용수철이 이완된 지점에 있다가 $t = 0$에서 놓았을 때 종이에 그려지는 문양을 기술하여라. (b) 실험이 반복되지만 펜을 쓸 때 종이가 일정한 속력으로 왼쪽으로 움직인다. 종이에 그려지는 문양을 스케치하여라. 종이가 충분히 길어서 여러 번 진동을 해도 종이가 없어지지 않는다고 상상하여라.

31[61]. 질량-용수철 계는 진폭 A와 각진동수 ω로 진동한다. (a) 한 번의 진동 주기 동안의 평균 속력은 얼마인가? (b) 최대 속력은 얼마인가? (c) 최대 속력에 대한 평균 속력의 비 f를 구하여라. (d) $v_x(t)$의 그래프를 그리고 이것을 참조해 속력이 $\frac{1}{2}$보다 큰 이유를 설명하여라

32[63]. 용수철에 달린 230.0 g의 물체가 2.00 Hz의 진동수로 마찰이 없는 표면에서 좌우로 진동을 한다. 위치는 $x = (8.00 \text{ cm}) \sin \omega t$와 같이 시간의 함수로 주어진다. (a) 탄성퍼텐셜에너지 그래프를 시간의 함수로 그려라. (b) 물체의 속도는 $v_x = \omega(8.00 \text{ cm}) \cos \omega t$로 주어진다. 계의 운동에너지 그래프를 시간의 함수로 그려라. (c) 운동에너지와 퍼텐셜에너지의 합을 시간의 함수로 그래프로 그려라.

(d) 표면에 마찰이 없는 경우, 답이 어떻게 변할 것인지를 정성적으로 설명하여라.

10.8 진자

33[65]. 길이가 4.0 m인 줄에서 진동하는, 6.0 kg인 질량으로 구성된 진자의 주기는 얼마인가?

34[67]. 0.50 kg인 질량이 줄에 매달려 진자를 형성하고 있다. 진폭이 1.0 cm인 경우 이 진자의 주기는 1.5 s이다. 진자의 질량이 이제 0.25 kg으로 줄어들었다. 진폭이 2.0 cm일 때 진동의 주기는 얼마인가?

35[69]. 5개의 각 진자는 길이가 L인 줄에 질량이 m인 추가 매달려 있다. 작은 진폭 진동에 대한 진동수의 순서대로 정렬하여라.
(a) $m = 300$ g, $L = 1.10$ m
(b) $m = 330$ g, $L = 1.10$ m
(c) $m = 330$ g, $L = 1.00$ m
(d) $m = 330$ g, $L = 1.21$ m
(e) $m = 300$ g, $L = 1.21$ m

36[71]. 시계에는 1.0초마다 앞뒤로 완전한 진동을 하는 진자가 있다. 진자의 끝에 달린 물체의 무게는 10.0 N이다. 진자의 길이는 얼마인가?

37[73]. 지구상에서 진자시계의 주기가 0.650초이다. 이것을 다른 행성으로 가져가서 주기가 0.862초인 것을 확인했다. 진자 길이의 변화는 무시할 만하다. (a) 다른 행성의 중력장이 지구의 중력장보다 큰가 아니면 작은가? (b) 다른 행성의 중력장을 구하여라.

38[75]. 단진자의 "유효 용수철상수" k는 얼마인가? 이 k 값을 가진 단진자에 대해 $\omega = \sqrt{k/m}$이 성립하는가? 그렇다면 각진동수가 어떻게 질량과 독립적일 수 있는가?

39[77]. 길이가 120 cm인 진자가 진폭 2.0 cm로 진동한다. 이 진자의 역학적 에너지는 5.0 mJ이다. 동일한 진자의 진폭이 3.0 cm로 흔들릴 때 역학적 에너지는 얼마인가?

10.9 감쇠진동

40[79]. 120초 동안에 진자의 진폭이 1/20.0배 감소한다. 그 시간에 에너지가 감소한 요인은 무엇인가?

41[81]. 강철 케이블이 중량 W의 큰 하중을 지지하고 있을 때, 길이가 하중이 없을 때의 길이에 비해 ΔL만큼 증가했다. 케이블을 3개의 동일한 조각으로 절단하고 이 3개 케이블을 나란히 연결해 동일한 하중을 지탱한다고 가정하자. 그렇게 하면 3개의 케이블이 각각 얼마만큼 늘어나겠는가?

42[83]. 원통형 기둥의 최대 높이는 재료의 압축강도에 따라 제한이 있다. 바닥의 압축 변형력이 재료의 압축강도를 초과한다면, 기둥은 자체 중량으로 인해 부러질 것이다. (a) 밀도가 ρ인 재료로 만들어진, 높이가 h이고 반지름이 r인 원통형 기둥의 하단에서 압축 변형력을 계산하여라. (b) (a)에 대한 답은 반지름 r과 무관하기 때문에 원통형 기둥의 넓이에 관계없이 원통형 기둥의 높이에 절대적으로 제약을 받는다. 대리석의 경우 밀도가 2.7×10^3 kg/m^{3}이고 압축강도가 2.0×10^8 Pa인 경우, 원통형 기둥의 최대 높이를 구하여라. (c) 이러한 제한이 대리석 기둥 건설에 실질적인 관심사가 되는가?

43[85]. 당신이 단진자와 질량이 수직으로 진동하는 질량–용수철 계를 가지고 있다고 하자. 둘 다 같은 주기 T로 진동한다. 이 두 진자를 중력장이 지구 중력장의 1/6인 달의 표면으로 가져갔을 때, (a) 달에서 단진자의 주기는 T보다 큰가, 같은가, 아니면 작은가? 설명해보아라. (b) 지구에서 단진자의 주기에 대한 달에서 주기의 비(T_M/T)를 구하여라. (c) 달 위에서 질량–용수철 계의 주기는 T보다 큰가, 같은가, 아니면 작은가? 설명해보아라. (d) 질량 용수철 진자의 지구에 대한 주기와 달에서 주기의 비(T_M/T)를 구하여라.

44[87]. 진자가 0.50 m/s의 속력으로 $x = 0$을 통과한다. 이 진자는 $A = 0.20$ m까지 진동한다. 진자의 주기 T는 얼마인가? (진폭이 작다고 가정하여라.)

45[89]. 해군 조종사가 바다에 추락하기 전에 비행기에서 긴급 탈출해야 했다. 그녀가 물에서 헬리콥터로 구조되어 항공모함으로 이동하는 동안 45 m 길이의 케이블에 매달려 있다. 헬리콥터가 항공모함 위를 맴도는 동안 그녀가 앞뒤로 흔들릴 때 진동 주기는 얼마인가?

46[91]. 거미줄에 파리가 걸려서 거미줄이 변위했을 때 SHM을 한다. 간단히, 거미줄은 훅의 법칙을 따른다고 가정하자(실제로 변위가 일어났을 때 영구적으로 변형되지는 않는다). 처음에 거미줄이 수평이고 평형 상태일 때 파리가 걸려서, 거미줄에 0.030 mm의 변위가 일어났다. 이 진동의 진동수는 얼마인가?

47[93]. 질량–용수철 계는 질량의 위치가 $x = (-10$ cm$) \cos [(1.57$ rad/s$)t]$로 표시되는 진동을 한다. $t = 0$, $t = 0.2$ s, $t = 0.4$ s, $\cdots$, $t = 4$ s에서 질량의 위치를 점으로 연결하는 그림을 그려라. 각 점 사이의 시간 간격은 0.2초가 되게 한다. 그림으로 질량이 가장 빠르게 움직이는 곳과 가장 느리게 움직이는 곳을 말해보아라. 어떻게 알았는가?

48[95]. 단진자는 모든 질량이 회전축으로부터 거리 L에 있는 특별한 물리진자로 생각할 수 있다. 질량 m과 길이 L의 단진자에 비해, 물리진자의 주기에 관한 식 (10-27)이 단진자의 주기에 대한 식 (10-26b)에 비해 줄어든다는 것을 보여라.

49[97]. 4.0 N의 물체가 용수철상수 250 N/m인 이상적인 용수철에 수직으로 매달려 있다. 용수철은 처음에는 이완된 위치에 있다. 이 물체를 $t = 0$에서 놓았을 경우, 물체의 움직임을 식을 써서 설명하여라. (힌트: 평형점을 $y = 0$으로 그리고 $+y$를 위로 택하여라.)

50[99]. 용수철상수가 9.82 N/m인 수평 용수철이, 마찰이 없는 표면에서 질량 1.24 kg인 블록에 부착되어 있다. 블록이 평형 위치에서 0.345 m 거리에 있을 때, 속력이 0.543 m/s이다. (a) 평형 위치로부터 블록의 최대 변위는 얼마인가? (b) 블록의 최대 속력은 얼마인가? (c) 블록이 평형 위치에서 0.200 m에 있을 때, 속력은 얼마인가?

51[101]. 강철 피아노선($Y = 2.0 \times 10^{11}$ Pa)의 지름이 0.80 mm이다. 한끝은 지름 8.0 mm 회전 핀에 감겨 있다. 이 선의 길이는 66 cm이다. 처음에 장력은 381 N이다. 조율을 하려면 장력을 402 N으로 높여야 한다. 이때 피아노선의 인장 변형력은 얼마인가? 그것을 강철 피아노선(8.26×10^8 Pa)의 탄성한계와 비교하면 어떠한가?

52[103]. 수평인 나뭇가지에 한 팔로 매달린 긴팔원숭이가 작은 진폭으로 흔들린다. 긴팔원숭이의 질량중심(CM)은 가지로부터 0.40 m이고, 회전관성을 질량으로 나눈 것은 $I/m = 0.25$ m^{2}이다. 긴팔원숭이의 진동수를 추산하여라.

53[105]. 단진자의 운동은 진폭이 작은 경우에만 대략 SHM을 한다. 수평 위치(그림 10.23에서 $\theta_i = 90°$)에서 진동을 시작한 단진자를 생각해보자. (a) 에너지 보존을 이용해, 그 진동의 맨 아래에 있을 때 진자 추의 속력을 구하여라. 답을 진자의 질량 m과 길이 L로 표현하여라.

SHM을 가정하지 말아라. (b) 운동이 SHM이라고 가정하면(이처럼 진폭이 큰 경우에는 부정확함), 진자의 최대 속력을 결정하여라. 답을 기초로 해 진폭이 클 때 진자의 주기가 식 (10-26b)에 주어진 것보다 큰가 아니면 작은가?

54[107]. 질량이 m_1인 균일한 막대와 그 하단에 부착한 질량이 m_2인 작은 블록으로 진자를 만들었다. (a) 이 진자의 길이가 L이고 진동이 작은 경우, 진동의 주기를 m_1, m_2, L, g로 구하여라. (b) (a)에서의 $m_1 \gg m_2$와 $m_1 \ll m_2$인 특별한 두 경우에 답을 점검해보아라.

개념정리

- 등방성 파원은 모든 방향으로 균일하게 음파를 발산한다. 매질의 에너지 흡수가 없고 장애물에 의한 음파의 반사나 흡수가 없다면, 등방성 파원으로부터 거리 r에서 파동의 세기는

$$I = \frac{출력}{면적} = \frac{P}{4\pi r^2} \qquad (11\text{-}1)$$

이다.

- 횡파에서 매질의 입자는 파동 진행 방향의 수직 방향으로 운동한다. 종파에서 매질의 입자는 파동 진행 방향과 같은 방향으로 운동한다.

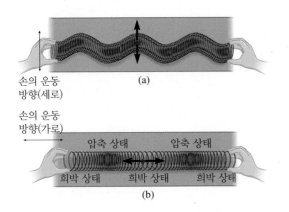

손의 운동
방향(세로)

(a)

손의 운동
방향(가로)

압축 상태　　　압축 상태

희박 상태　　희박 상태　　희박 상태

(b)

- 역학적 파동의 속력은 매질의 성질에 따라 달라진다. 복원력이 강할수록 파동의 속력은 더 빠르고, 관성이 클수록 파동은 느려진다.

- 줄에서 횡파의 속력은

$$v = \sqrt{\frac{F}{\mu}} \qquad (11\text{-}4)$$

이다. 여기서

$$\mu = m/L \qquad (11\text{-}3)$$

이다.

- 주기적 파동은 같은 모양의 운동을 계속해서 반복한다. 조화파동은 주기적인 파동의 특수한 형태로서, 사인 곡선 형태의 함수(사인 함수 또는 코사인 함수)로 기술된다.

- 어떤 주기적인 파동이 속도 v, 주기 T를 갖는다면, 형태가 반복되는 거리가 바로 파장이다.

$$\lambda = vT \qquad (11\text{-}5)$$

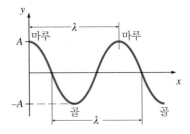

- 중첩의 원리: 둘 또는 그 이상의 파동이 겹칠 때, 겹친점에서 알짜 교란은 각 파동의 교란을 합한 것과 같다.

- 진행하는 조화파동은 다음 함수로 기술될 수 있다.

$$y(x, t) = A\cos(\omega t \pm kx) \qquad (11\text{-}8)$$

상수 k는 파수로서

$$k = \frac{\omega}{v} = \frac{2\pi f}{v} = \frac{2\pi}{\lambda} \qquad (11\text{-}7)$$

이다.

- 매질이 달라지면 파동은 경계에서 반사한다. 일부 에너지는 경계를 통과해 전달되고, 나머지는 반사한다. 경계를 통과해 진행하는 파동은 굴절된다(진행 방향을 바꾼다).

- 두 파동이 서로 위상이 같으면 보강간섭하고, 위상이 180° 차이가 나면 상쇄간섭한다.

- 회절은 파동이 장애물을 돌아 전파되는 현상이다.

- 줄의 정상파에서 모든 점은 같은 진동수의 SHM(단순조

화운동)으로 진동한다. 마디는 진폭 0인 점이고, 배는 최대 진폭으로 운동하는 점이다. 인접한 두 마디의 거리는 $\frac{1}{2}\lambda$이다.

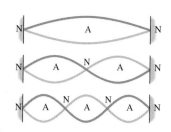

연습문제

단답형 질문

1[1]. 피아노나 기타, 바이올린의 현의 진동이 음파인가? 설명하여라.

2[3]. 가장 낮은 진동수로 진동하는 피아노 현은 굵은 구리선 코일이 감싸고 있는 강철선으로 구성되어 있다. 내부 강철선만 장력을 받고 있다. 구리선 코일을 감은 목적이 무엇인가?

3[5]. 장력을 일정하게 유지하며 기타 줄의 길이를 줄이면 다음의 양은 각각 어떻게 되는가? (a) 기본 파장, (b) 기본 진동수, (c) 펄스가 현의 길이를 진행하는 데 걸리는 시간, (d) 현 위의 한 점의 최대 속력(진폭이 두 번 다 같다고 가정하여라.) (e) 현 위의 한 점의 최대 가속도(진폭이 두 번 다 같다고 가정하여라).

4[7]. 첼로 연주자는 악기에서 나오는 소리의 진동수를 다음과 같은 방법으로 변화시킬 수 있다. (a) 현에서 장력을 증가시키거나, (b) 지판(指板)을 따라 다른 위치의 현에 손가락을 대서, 또는 (c) 다른 현을 활로 한 번 켜서. 이들 방법이 각각 진동수에 어떠한 영향을 미치는지 설명해보아라.

5[9]. 그림은 줄을 따라 오른쪽으로 이동하는 복합파(complex wave)를 보여준다. 잠시 후의 줄 모양을 그리고 줄의 어느 부분이 위쪽으로 운동하고 어느 부분이 아래쪽으로 운동하는지를 결정하여라. 화살표는 그림의 방향을 나타낸다.

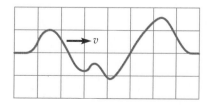

6[11]. 간단한 방음보호 장구는 소리가 귀에 도달하기 전에 소리를 반사하거나 흡수하는 재료를 사용한다. 소음 제거라고도 하는 새로운 기술은 마이크를 사용해 소음을 모방한 전기 신호를 생성한다. 신호는 전자적으로 수정된 다음, 헤드폰에 있는 한 쌍의 스피커에 공급된다. 스피커에서 소음을 제거하는 음파를 방출한다. 이 기술은 어떤 원리에 기반하고 있는가? 전기 신호에 어떤 종류의 수정을 하는가?

선다형 질문

1[1]. 횡파가 질량이 m, 길이가 L, 장력이 F인 줄을 따라서 이동한다. 여기에서 설명 중 올바른 것은 어느 것인가?
(a) 파동의 에너지는 파동의 진폭의 제곱근에 비례한다.
(b) 줄 위에서 운동하는 점의 속력은 파동의 속력과 동일하다.
(c) 파동의 속력은 m, L, F의 값에 의해 결정된다.
(d) 파동의 파장은 L에 비례한다.

2[3]. 줄 위의 횡파는 $y(x, t) = A \cos(\omega t + kx)$로 기술된다. 그것이 줄이 고정된 점 $x = 0$에 도달한다. 어느 함수가 반사파를 나타내는가?
(a) $A \cos(\omega t + kx)$ (b) $A \cos(\omega t - kx)$
(c) $-A \sin(\omega t + kx)$ (d) $-A \cos(\omega t - kx)$
(e) $A \sin(\omega t + kx)$

3[5]. 늘어난 줄에서 파동 속력은 다음 중 어느 것에 따라 변하는가?
(a) 끈의 장력 (b) 파동의 진폭
(c) 파동의 파장 (d) 중력장의 세기

4[7]. 횡파에서, 매질의 각 입자는 어떻게 운동하는가?

(a) 원형으로

(b) 타원으로

(c) 파동의 진행 방향과 평행하게

(d) 파동의 진행 방향에 수직으로

5[9]. 등방성 음파의 세기는?

(a) 음원으로부터의 거리에 비례한다.

(b) 음원으로부터의 거리에 반비례한다.

(c) 음원으로부터의 거리의 제곱에 비례한다.

(d) 음원으로부터의 거리의 제곱에 반비례한다.

(e) 위의 어느 것도 아니다.

문제

11.1 파동과 에너지의 수송

1[1]. 지구의 대기에 도달하는 햇빛의 강도는 1400 W/m^2 이다. 목성에 도달하는 햇빛의 강도는 얼마인가? 목성에서 태양까지의 거리는 지구에서 태양까지 거리의 5.2배이다. (힌트: 태양을 등방성 광원으로 취급하여라.)

2[3]. 미셸은 절벽이 있는 계곡을 가로질러서 피크닉을 즐기고 있다. 그녀가 라디오에서 나오는 음악을 즐기고 있는데(등방성 파원이라고 가정) 절벽으로부터 메아리를 감지했다. 그녀는 손뼉을 쳐서 메아리로 돌아오는 음을 듣는데 1.5초가 걸렸다. 그날 공기 중 소리의 속력이 343 m/s라고 할 때, 절벽은 얼마나 멀리 떨어져 있는가?

3[5]. 제트기가 이륙할 때 내는 소리의 세기는 5 m 밖에서 $1.0 \times 10^2 \text{ W/m}^2$이다. 소리는 모든 방향으로 복사된다고 가정할 때 소리의 형태로 에너지를 방출하는 비율은 얼마인가?

11.3 줄 위 횡파의 속력

4[7]. 횡파가 다음과 같은 특성을 갖는 5개의 늘어진 줄을 따라 이동한다. 횡파가 한쪽 끝에서 다른 쪽 끝까지 이동하는 데 걸리는 시간에 따라, 최댓값에서 최솟값까지 순서대로 나열하여라.

(a) 길이 L, 총 질량 m, 장력 F

(b) 길이 $2L$, 총 질량 m, 장력 F

(c) 길이 L, 총 질량 $2m$, 장력 F

(d) 길이 L, 총 질량 m, 장력 $2F$

(e) 길이 $2L$, 총 질량 $2m$, 장력 F

5[9]. (a) 그림에 표시된 것과 같이, 이동하는 펄스가 $t = 3.00$ s가 되면 최고점의 위치는 어디가 되겠는가? (b) 펄스의 최고점은 언제 $x = 4.00$ m에 도달하는가?

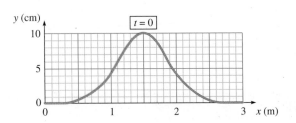

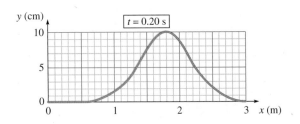

6[11]. 금속 기타 줄의 선밀도가 $\mu = 3.20$ g/m이다. 장력이 90.0 N일 때 이 줄에서 횡파의 속력은 얼마인가?

7[13]. 길이가 10.0 m이고 무게가 0.25 N인 균일한 줄이 천장에 매달려 있다. 1.00 kN의 물체가 아래 끝에 매달려 있다. 줄의 아래 끝을 갑자기 수평 방향으로 변위시켰다. 이 결과로 나타난 펄스파가 위 끝에 도달하는 데 걸리는 시간은 얼마인가? (힌트: 줄의 질량은 매달려 있는 물체의 무게와 비교할 때 무시할 수 있는가?)

11.4 주기적 파동

8[15]. 속력과 주기가 각각 75.0 m/s와 5.00 ms인 파동의 파장은 얼마인가?

9[17]. 실온인 공기 중에서 소리의 속력은 340 m/s이다. (a) 이 공기 중에서 파장이 1.0 m인 음파의 진동수는 얼마인가? (b) 같은 파장의 전파의 진동수는 얼마인가? (전파는 공기 중에서 또는 진공 상태에서 3.0×10^8 m/s로 이동하는 전자기파이다.)

10[19]. 우리 눈에 보이는 빛은 400~700 nm(4.0×10^{-7}~ 7.0×10^{-7} m) 범위의 파장(공기 중)을 가진 전자기파로 구성되어 있다. 공기 중에서 빛의 속력은 3.0×10^8 m/s이다. 우리가 볼 수 있는 전자기파의 진동수는 얼마인가?

11.5 파동의 수학적 기술

11[21]. 당신이 파장이 9.6 m인 파도가 치는 바다에서 수영을 하고 있다. 같은 바다에서 수영을 하는 다른 사람의 움직임이 당신과 정확하게 반대가 되지만 가장 가까운 거리는 얼마인가? (당신이 내려갈 때 다른 사람은 올라간다.)

12[23]. 파동 방정식이

$$y(x, t) = (3.5 \text{ cm}) \sin \left\{ \frac{\pi \, \text{rad}}{3.0 \, \text{cm}} [x - (66 \text{ cm/s})t] \right\}$$

이다. 이 파동의 (a) 진폭과 (b) 파장을 구하여라.

13[25]. 방정식

$$y(x, t) = (2.20 \text{ cm}) \sin [(130 \text{ rad/s})t + (15 \text{ rad/m})x]$$

가 줄 위의 횡파를 기술한다. (a) 줄 위 한 점의 횡파의 최대 속력은 얼마인가? (b) 줄 위 한 점의 횡파의 최대 가속도는 얼마인가? (c) 파동은 줄을 따라 얼마나 빨리 이동하는가? (d) (c)에 대한 답이 (a)에 대한 답과 다른 이유가 무엇인가?

14[27]. 줄 위 한 점의 최대 속력의 5.00배의 파동 속력으로, 양(+)의 x-방향을 따라 이동하는, 최대 진폭이 2.50 cm이고 각진동수가 2.90 rad/s인 사인 형태 횡파의 방정식을 써라. 시간 $t = 0$에서, 점 $x = 0$은 $y = 0$에 있고 다음 순간에는 $-y$-방향으로 이동한다고 가정하여라.

11.6 파동 그래프 그리기

15[29]. 다음의 5개 그래프는 횡파의 변위 y를 고정된 위치 x에서 시간 t의 함수로 나타낸 것이다. 각 그래프에서 변위 축과 시간 축은 동일한 축척을 사용했다. 진폭이 가장 큰 것부터 작은 순서로 말하여라.

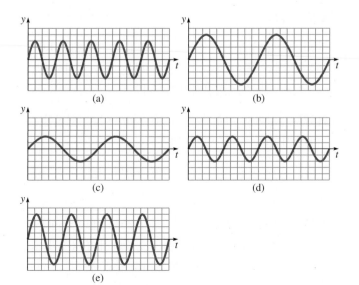

16[31]. 사인파가 끈에서 오른쪽으로 이동하고 있다. 그림에서 희미한 선은 시간 $t = 0$에서 끈의 모양을 나타낸다. 진한 선은 시간 $t = 0.10$ s에서 끈의 모양을 나타낸다. (가로 비율과 세로 비율은 다르다.) (a) 파동의 진폭, (b) 파동의 파장, (c) 파동의 속력은 얼마인가? (d) 진동수와 (e) 파동의 주기는 얼마인가?

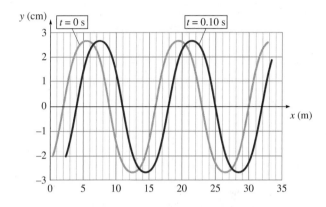

17[33]. $y(x, t) = (0.0050 \text{ m}) \cos [(4.0\pi \text{ rad/s})t - (1.0\pi \text{ rad/m})x]$ 로 기술된 줄 위의 횡파에 대해 줄의 한 점의 최대 속력과 최대 가속도를 구하여라. 점 $x = 0$에서의 한 주기 동안 변위 y 대 t, 속도 v_y 대 t, 가속도 a_y 대 t의 그래프를 그려라.

18[35]. 함수 $y(x, t) = (0.80 \text{ mm}) \sin (kx + \omega t)$에 대해 시간 $t = 0$과 0.96 s일 때 y 대 x의 그래프를 그려라. 첫 번째는 실선을 사용하고 두 번째는 점선을 사용해, 같은 축에 그래프를 만들어라. $k = (\pi/5.0)$ rad/cm와 $\omega = (\pi/6.0)$ rad/s의 값을 사용하여라. 파동의 진행 방향이 $-x$-방향인가, $+x$-방향인가?

11.7 중첩의 원리

19[37]. 시간 $t = 0$에서, 줄 위에서 2개의 펄스가 서로를 향해 이동하고 있다. 각 펄스의 속력은 40 cm/s이다. 0.15, 0.25, 0.30초일 때 줄의 모양을 그려라.

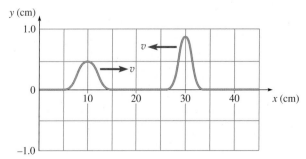

20[39]. $y_1 = A \sin(\omega t + kx)$와 $y_2 = A \sin(\omega t + kx + \pi/3)$로 기술되는 동일한 2개의 사인파가 있다. 점 $x = 0$에서 y_1 대 t와 y_2 대 t를 같은 축에서 그려라. $x = 0$에서 두 파동을 중첩한 것의 y 대 t를 그리고 진폭을 어림해보아라.

11.8 반사와 굴절

21[41]. 파장이 $0.500\ \mu$m(공기 중)인 빛이 수영장의 물로 들어간다. 물속에서 빛의 속력은 공기 중 속력의 0.750배이다. 물속에 있는 빛의 파장은 얼마인가?

22[43]. $t = 0$에서, 그림에 보인 파동 펄스가 줄 위에서 서로를 향해 이동한다. 파동의 속력은 20 m/s이다. 중첩의 원리를 사용해 $t = 2.0$ ms에서 줄의 모양을 그려라.

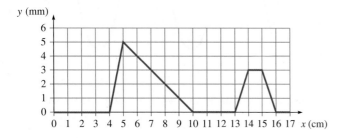

23[45]. 그림에서 펄스는 줄의 오른쪽으로 이동하고 줄의 양 끝은 각각 $x = 0$과 $x = 4.0$ m에 고정되어 있다. 입사 펄스가 끝 점에 도달하는 동시에 그 끝 점에서 반사해 줄을 따라 이동하기 시작하는 펄스를 상상하여라. 줄 위에서 입사 펄스와 반사 펄스가 중첩한 줄의 모양이 그림에 주어져 있다. $t > 0$에서 처음으로 $t = 0$일 때와 똑같은 줄이 보이는 시간은 언제인가?

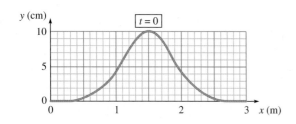

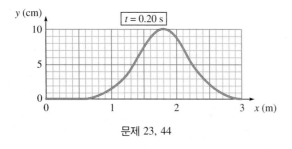

문제 23, 44

11.9 간섭과 회절

24[47]. 두 스피커가 서로 동일 위상으로 523 Hz로 진동한다. 실내의 특정 지점에서 두 스피커의 음파가 상쇄간섭을 한다고 하자. 그러한 지점 중 한 곳은 스피커 1에서 2.28 m에 있고 스피커 2에서는 2 m에서 4 m 사이에 있다. 이 지점은 스피커 2로부터 얼마나 떨어져 있는가? 가능한 한 모든 거리를 2 m에서 4 m 사이에서 구하여라. 공기 중에서 소리의 속력은 343 m/s이다.

25[49]. 진동수는 같지만 진폭이 $A_1 = 6.0$ cm와 $A_2 = 3.0$ cm로 다른 두 파동이 같은 공간에 있다(곧, 중첩되어 있다). (a) 두 파동이 보강간섭이라면, 결과로 나온 파의 진폭은 얼마인가? (b) 상쇄간섭이라면 그 진폭은 얼마인가? (c) 보강간섭을 한 파동의 세기가 상쇄간섭을 한 파동의 세기보다 몇 배나 더 센가?

26[51]. 세기가 25 mW/m²인 음파가 세기가 28 mW/m²인 음파와 상쇄간섭을 한다. 두 파동이 중첩되어 생긴 파동의 세기는 얼마인가?

27[53]. 콘서트를 위해 스피커를 테스트하는 동안 토마스는 100 Hz와 150 Hz 사이의 동일한 진동수에서 음파를 생성하는 두 개의 스피커를 설치했다. 두 스피커는 서로 동일 위상으로 진동한다. 그가 특정 위치에서 청취했을 때 소리가 매우 부드럽다는 것을 알게 되었다(곧, 그 근처의 지점에 비해 최소의 세기인 것을 알았다). 이러한 점 중 하나는 한 스피커에서 25.8 m, 다른 스피커에서 37.1 m에 있다. 스피커에서 나오는 음파의 진동수로 가능한 값은 얼마인가? (공기 중 소리의 속력은 343 m/s이다.)

11.10 정상파

28[55]. 기타 줄의 기본 진동수는 f이다. 줄의 장력을 1.0 % 증가시켰다. 줄이 매우 적게 늘어나는 것을 무시하면 줄의 기본 진동수는 어떻게 변하는가?

29[57]. 정상파는 파수가 2.0×10^2 rad/m이다. 인접한 두 마디 사이의 거리는 얼마인가?

30[59]. 기타 줄의 장력이 15 % 증가한다. 줄의 기본 진동수는 어떻게 되겠는가?

31[61]. 길이가 1.50 m이고 선밀도가 25.0 mg/m인 하프시코드 줄은 450.0 Hz의 (기본) 진동수에서 진동한다. (a) 줄에서 횡파의 속력은 얼마인가? (b) 줄의 장력은 얼마인

가? (c) 줄의 진동에 의해 공중에 생성된 음파의 파장과 진동수는 얼마인가? (상온인 공기 중에서 소리의 속력은 340 m/s이다.)

32[63]. 한쪽 끝이 벽에 부착되어 있는 줄이 벽에서 2.00 m 떨어져 있는 도르래를 지나간 후 다른 쪽 끝에 질량이 2.20 kg인 물체를 매달아 장력으로 유지하고 있다. 줄의 선밀도는 3.55 mg/m이다. 이 줄의 기본 진동수는 얼마인가?

33[65]. 양쪽 끝이 고정된, 길이 1.6 m인 줄이 780 Hz와 1040 Hz의 공명진동수로 진동하며 이 값들 사이에 다른 공명진동수는 없다. (a) 이 줄의 기본 진동수는 얼마인가? (b) 줄의 장력이 1200 N이라면 줄의 총 질량은 얼마인가?

34[67]. 특정 피아노에서 가장 긴 "줄(굵은 금속선)"은 길이가 2.0 m이고 장력이 300.0 N이다. 이 줄은 27.5 Hz의 기본 진동수로 진동한다. 줄의 총 질량은 얼마인가?

협동문제

35[69]. 기타 줄이 프렛에 의해 눌렸을 때 짧아진 줄이 이전의 프렛에 의해 눌려졌을 때보다 5.95 % 더 높은 기본 진동수로 진동한다. 자유롭게 진동할 수 있는 부분의 줄 길이가 64.8 cm인 경우, 처음 세 번째 프렛은 줄의 한쪽 끝에서 얼마나 떨어져 있는가?

36[71]. 용수철에서 횡파 속력을 나타내는 공식은 줄의 경우와 같다. (a) 용수철을, 이완되었을 때 길이보다 훨씬 더 길게 잡아당겼다. 용수철의 장력이 늘어난 길이에 대략 비례하는 이유를 설명하여라. (b) 파동이 용수철의 한쪽 끝에서 다른 끝까지 이동하는 데 4.00초가 걸린다. 그렇게 하고 나서 길이를 10.0 % 늘렸다. 이렇게 하면 파동이 용수철의 전체 길이를 이동하는 데 얼마나 걸리는가? (**힌트:** 단위 길이당 질량이 일정한가?)

37[73]. 서로 1.5 m 떨어져 있는 두 스피커에서 모든 방향으로 680 Hz의 진동수로 결맞음 음파를 방출한다. 두 음파가 서로 위상을 맞추기 시작한다. 한 사람이 두 스피커를 연결하는 선의 중간 지점을 중심으로 반지름이 1 m보다 훨씬 큰 원을 따라 걸어가고 있다. 이 사람이 얼마나 여러 곳에서 상쇄간섭을 관찰하겠는가? 이 사람과 스피커는 모두 동일한 수평면에 있으며 소리의 속력은 340 m/s이다. (**힌트:** 상황을 도해로 그리고 시작하여라. 그런 다음 원 위에 있는 점에서 두 파동 사이의 최대 경로 차이를 결정하여라.) 이와 같은 실험은 반사음을 무시할 수 있는 특수한 방에서 이루어져야 한다.

연구문제

38[75]. 줄 위의 횡파가

$$y(x, t) = (1.2 \text{ cm}) \sin [(0.50\pi \text{ rad/s}) t - (1.00\pi \text{ rad/m}) x]$$

로 기술된다. 줄 위에 있는 한 점의 최대 속도와 최대 가속도를 구하여라. $x = 0$에서 변위 y 대 t, 속도 v_y 대 t, 가속도 a_y 대 t의 관계 그래프를 그려라.

39[77]. 그림 (a)와 같이 하나의 금속선으로 상점 간판이 걸려 있다. 상점 주인은 철선이 고객을 짜증나게 하는 기본 공진진동수 660 Hz로 진동하는 것을 확인했다. 문제를 해결하기 위해 상점 주인은 그림 (b)와 같이 철선을 반으로 잘라 그 자른 두 개의 철선으로 간판을 매달았다. 두 철선의 장력이 같다고 가정하면, 각 철선의 새로운 기본 진동수는 얼마인가?

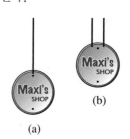

(a)   (b)

40[79]. 방정식

$$y(x, t) = (7.00 \text{ cm}) \cos[(6.00\pi \text{ rad/cm})x + (20.0\pi \text{ rad/s})t]$$

로 나타나는 지진파가 있다. 파동은 x-방향으로 균일한 매질을 지나간다. (a) 이 파동은 오른쪽(+x-방향)으로 운동하는가 아니면 왼쪽(−x-방향)으로 운동하는가? (b) 매질 내의 입자는 평형 위치로부터 얼마나 멀리 운동하는가? (c) 이 파동의 진동수는 얼마인가? (d) 이 파동의 파장은 얼마인가? (e) 파동의 속력은 얼마인가? (f) $t = 0$일 때, $y = 7.00$ cm이고 $x = 0$인 입자의 운동을 기술하여라. (g) 이 파동은 횡파인가 종파인가?

41[81]. 그래프를 그릴 수 있는 계산기나 컴퓨터 그래픽 프로그램을 사용해, $t = 0$, 1.0 s, 2.0 s에서

$$y(x, t) = (5.0 \text{ cm})[\sin(kx - \omega t) + \sin(kx + \omega t)]$$

의 그래프를 그리고 이 그래프의 진폭이 방정식 $A' = 2A \cos(\omega t)$를 만족시킨다는 것을 보여라. 여기서 A'은 그래프로 그린 파동의 진폭이고 A는 더하기 전 파동의 진폭으로 5.0 cm이다.

42[83]. 깊은 바다의 파동, 곧 심해파(deep-water wave)는 분산적이다(파동의 속력이 파장에 따라서 변한다). 복원력은 중력에 의해 제공된다. 차원 해석을 이용해, 심해파의 속력이 λ와 g에만 유일하게 관련되는 양이라고 한다면, 파장 λ에 따라 어떻게 변하는지 밝혀라. (물의 무게로 인해 발생하는 복원력 자체가 질량밀도에 비례하기 때문에 질량밀도는 식에 포함되지 않는다.)

43[85]. 그림에서 점 A의 왼쪽 평탄한 부분의 한 점을 생각하자. 파동이 이 점을 통과할 때 그 점의 위치와 그 점의 속도를 시간의 함수로 그려보아라.

44[87]. 문제 23 그림의 펄스가 $x = 0$과 $x = 4.0$ m에서 끝이 고정된 줄에서 이동한다. $t = 1.6$ s에서 줄의 모양을 그려라.

소리

개념정리

- 음파는 주변 대기압에 대한 압력의 교란을 측정하는 계기 압력 p 또는 교란되지 않는 위치로부터 매질의 각 점의 변위 s로 나타낼 수 있다.

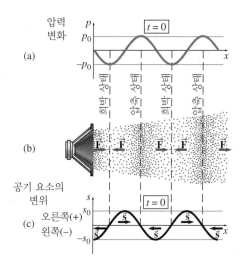

- 뛰어난 청력을 보유한 사람의 가청 진동수 대역은 20 Hz에서 20 kHz이다. 초저음파와 초음파는 각각 진동수가 20 Hz 이하와 20 kHz 이상의 음파를 말한다.

- 유체 속에서 소리의 속력은

$$v = \sqrt{\frac{B}{\rho}} \qquad (12\text{-}1)$$

이다.

- 어느 온도 T_0의 이상기체에서 소리의 속력 v_0을 알고 있다면 온도 T에서 소리의 속력은

$$v = v_0 \sqrt{\frac{T}{T_0}} \qquad (12\text{-}3)$$

이다. 여기서 v_0는 절대온도 T_0에서의 소리의 속력이다.

- 0 °C(273 K)의 공기 중에서 소리의 속력은 331 m/s이다.

- 가는 고체 막대에서 길이 방향으로 진행하는 소리의 속력은 대략

$$v = \sqrt{\frac{Y}{\rho}} \quad \text{(가는 고체 막대)} \qquad (12\text{-}5)$$

이다.

- 소리의 압력진폭은 변위진폭에 비례한다. 각진동수가 ω인 사인 모양의 음파에서 압력진폭은

$$p_0 = \omega v \rho s_0 \qquad (12\text{-}6)$$

으로 변위진폭 s_0에 비례한다. v는 소리의 속력이고 ρ는 매질의 질량밀도이다.

- 소리의 세기와 압력진폭 사이에는 다음과 같은 관계가 있다.

$$I = \frac{p_0^2}{2\rho v} \qquad (12\text{-}7)$$

여기서 ρ는 매질의 질량밀도이고, v는 그 매질에서 소리의 속력이다. 기억해야 할 가장 중요한 사실은 세기가 **진폭 제곱**에 비례한다는 것이다. 이는 소리뿐 아니라 모든 파동에 대해서도 마찬가지이다.

- 데시벨로 표시한 소리 세기 준위는

$$\beta = (10 \text{ dB}) \log_{10} \frac{I}{I_0} \qquad (12\text{-}8)$$

$$I_0 = 10^{-12} \text{ W/m}^2$$

이다. 소리 세기 준위는 일상적으로 소리의 크기를 인식하는 것과 비슷하기 때문에 유용하다. 세기 준위가 증가하는 만큼 지각되는 소리의 크기도 증가한다.

- 가는 관에서 발생하는 정상 음파에서, 열린 끝은 압력 마디와 변위 배이다. 그러나 막힌 끝은 압력 배와 변위 마디이다.

양 끝이 막힌 관

$$\lambda_n = \frac{2L}{n} \qquad (11\text{-}11)$$

$$f_n = n\frac{v}{2L} = nf_1 \qquad (11\text{-}12)$$

여기서 $n = 1, 2, 3, \cdots$.

한쪽 끝이 막힌 관

$$\lambda_n = \frac{4L}{n} \qquad (12\text{-}10a)$$

$$f_n = n\frac{v}{4L} = nf_1 \qquad (12\text{-}10b)$$

• 여기서 $n = 1, 3, 5, 7\cdots$.

• 두 소리의 진동수가 비슷해지면, 두 소리의 중첩에 의해 맥놀이라고 부르는 맥동이 만들어진다.

$$f_{\text{맥놀이}} = \Delta f \qquad (12\text{-}11)$$

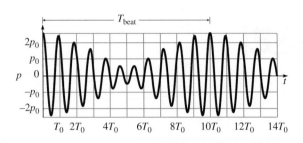

• 도플러 효과: 만일 소리샘의 속력이 v_S, 관측자의 속력이 v_0, 파동의 속력이 v라면 관측되는 진동수는

$$f_0 = \left(\frac{v - v_o}{v - v_s}\right)f_s \qquad (12\text{-}14)$$

가 된다. 여기서 v_S와 v_0은 파동을 전달하는 매질에 대한 값이고 파동의 진행 방향과 같으면 양(+)의 값이다.

연습문제

단답형 질문

1[1]. 바순의 소리 높낮이가 첼로의 높낮이보다 공기 온도 변화에 더 민감한 이유를 설명하여라. (그 이유는 관악기가 계속 악기에 공기를 불어넣어 계속 연주하기 때문이다.)

2[3]. 많은 부동산 중개인은 방의 크기를 쉽고 빠르게 측정할 수 있는 초음파 거리 측정기를 가지고 있다. 장치는 한 벽면에 고정되고 반대쪽 벽까지의 거리를 읽는다. 이 측정기는 어떻게 작동하는가?

3[5]. 저주파의 소리의 경우, 귀는 두 귀에 도착하는 음파 사이의 위상차를 이용해 소리의 방향을 알아낸다. 고주파 소리의 위상차를 이용하는 것이 믿을 수 없는 것은 무엇 때문인가? 설명해보아라.

4[7]. 녹음기에서 재생되는 당신의 목소리를 들을 때 당신은 이상하게 들리지만 친구들은 모두 당신의 목소리가 맞는다고 하는 이유가 무엇인가? (힌트: 보통 자신의 목소리를 들을 때 음파가 흐르는 매체를 고려하여라.)

5[9]. 증폭기가 채널당 60 W를 생성할 수 있는 스테레오 시스템을 채널당 120 W로 정격된 스테레오 시스템으로 대체했다. 새로운 스테레오가 기존의 스테레오보다 두 배 더 크게 연주할 것으로 기대하는가? 설명해보아라.

6[11]. 압축과 희박에서 공기 요소의 변위가 0인 이유를 설명하여라.

7[13]. 음파의 압력진폭이 두 배로 되면, 변위진폭과 세기 및 세기 수준은 어떻게 되는가?

8[15]. 많은 금관악기에는 악기를 부는 부분에서 깔때기 모양까지 관의 총 길이를 늘이는 밸브가 있다. 밸브가 눌리면 기본 진동수가 상승하는가 아니면 하강하는가? 소리의 높낮이는 어떻게 되는가?

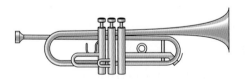

9[17]. 피아노의 가장 높은 음의 기본 진동수는 4.186 kHz이다. 대부분의 악기는 그렇게 높지 않다. 소수의 가수만이 기본 진동수가 1 kHz 정도보다 높은 소리를 낼 수 있다. 그러나 품질이 우수한 스테레오 시스템은 적어도 16~18 kHz의 진동수까지를 재생해야 한다. 설명해보아라.

1[1]. 파이프 오르간의 관 한쪽은 끝이 닫혀 있다. 그림에서 몇 개의 정상파 유형이 그려졌다. 이 관에 가능한 정상파 유형이 아닌 것은 어느 것인가?

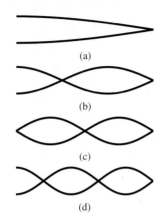

(a)

(b)

(c)

(d)

2[3]. 음파의 세기는?
(a) 진동수에 비례한다.
(b) 진폭에 비례한다.
(c) 진폭의 제곱에 비례한다.
(d) 소리의 속력의 제곱에 비례한다.
(e) 위의 어느 것도 아니다.

3[5]. 진동수가 620 Hz인 소리샘이 한 물리과 학생에게 속력 v로 접근하는 이동 플랫폼에 놓여 있다. 이 학생이 진동수 f_1의 소리를 들었다. 그런 다음 학생이 같은 속력 v로 고정된 소리샘에 접근한다. 이때 학생은 진동수 f_2의 소리를 들었다. 올바로 설명한 것을 골라라.
(a) $f_1 = f_2$. 둘 다 620 Hz보다 크다.
(b) $f_1 = f_2$. 둘 다 620 Hz보다 작다.
(c) $f_1 > f_2 > 620$ Hz
(d) $f_2 > f_1 > 620$ Hz

4[7]. 트롬본과 바순은 같은 기본 진동수로 같은 소리 크기의 음을 연주한다. 두 소리는 주로
(a) 높낮이가 다르다.
(b) 세기 수준이 다르다.
(c) 진폭이 다르다.
(d) 음색이 다르다.
(e) 파장이 다르다.

5[9]. 한쪽 끝이 닫힌 관의 길이가 L이다. 진동수가 기본 진동수의 7배인 정상파에서, 가장 가까운 마디 사이의 거리는 얼마인가?
(a) $\frac{1}{14}L$ (b) $\frac{1}{7}L$ (c) $\frac{2}{7}L$ (d) $\frac{4}{7}L$ (e) $\frac{8}{7}L$
(f) 위의 어느 것도 아니다.

참고: 별도의 표시가 없는 한 모든 문제에서 온도는 20.0 ℃라고 가정하여라.

12.2 음파의 속력

1[1]. 데스밸리(Death Valley)에서, 지금까지 기록된 가장 높은 실외 온도는 56.7 ℃이다(그늘에서!). 그 온도에서 공기 중 소리의 속력은 얼마인가?

2[3]. 사람 청력의 하한과 상한(각각 10 Hz와 20 kHz)에서의 음파의 파장은 얼마인가?

3[5]. 돌고래는 2.5×10^5 Hz의 고주파인 초음파를 방출한다. 25 ℃에서 바닷물에서 이 파동의 파장은 얼마인가?

4[7]. 번개가 하늘에서 보이고 8.2초 후에 천둥소리가 들렸다. 공기의 온도는 12 ℃이다. (a) 그 온도에서 소리의 속력은 얼마인가? (힌트: 빛은 3.00×10^8 m/s의 속력으로 이동한다.) (b) 얼마나 멀리 떨어진 곳에서 번개가 발생했는가?

5[9]. 구리 합금은 영률이 1.1×10^{11} Pa이고 밀도가 8.92×10^3 kg/m³이다. 이 합금으로 만든 가는 막대에서 소리의 속력은 얼마인가? 이 결과를 표 12.1과 비교하여라.

6[11]. 식 (12−4)를 유도하여라. (a) 식 (12−3)에다 $T = T_C + 273.15$를 대입하여라. (b) 제곱근에 이항근사식(부록 A.5 참조)을 적용하고 간단히 하여라.

7[13]. 스탠과 올리가 철로 옆에 서 있다. 스탠은 기차가 오는 소리를 듣기 위해 철로에 귀를 대었다. 그는 올리가 공기 중에서 듣기 2.1초 전에 철로를 통해 기차의 기적 소리를 들었다. 기차가 얼마나 떨어져 있는가?

12.3 음파의 진폭과 세기

8[15]. (a) 공기 중에서 세기 수준이 120.0 dB인 음파의 압력진폭은 얼마인가? (b) 0.550×10^{-4} m² 영역의 고막에 얼마의 힘을 작용하는가?

9[17]. 시끄러운 소리에 만성적으로 노출되면 청력이 손상을 입을 수 있다. 이것은 중장비를 사용하는 직종에서 문제가 될 수 있다. 기계가 100.0 dB의 세기 수준으로 소리를 생성하는 경우, 세기 수준을 2.0 배만큼 줄이려면 어떻게 해야 하는가?

10[19]. 실내 온도의 공기에서 음파가 세기 수준이 65.0 dB이고 진동수가 131 Hz이다. (a) 압력진폭은 얼마인가? (b) 변위진폭은 얼마인가?

11[21]. 확성기에서 25 m에서 소리 세기 수준이 71 dB이다. 확성기가 등방성 소리샘이라고 가정할 때 소리 에너지가 생성되는 비율은 얼마인가?

12[23]. 자동차 경주용 트랙에서, 경주용 자동차 한 대가 지점 P에서 98.0 dB의 세기 수준으로 엔진을 시동한다. 그리고 자동차 7대가 엔진을 시동한다. 다른 7대의 자동차가 각각 첫 번째 자동차와 같은 P 지점에서 동일한 세기 수준을 생성하면, 자동차 8대가 작동할 때 새로운 세기 수준은 얼마인가?

13[25]. (a) $I_2 = 10.0 I_1$이라면, $\beta_2 = \beta_1 + 10.0$ dB임을 보여라. (세기가 10배 증가하는 것은 세기 수준이 10.0 dB 증가하는 것과 같다.) (b) $I_2 = 2.0 I_1$이라면, $\beta_2 = \beta_1 + 3.0$ dB임을 보여라. (세기가 2배 증가하는 것은 세기 수준이 3.0 dB 증가하는 것에 해당한다.)

12.4 정상 음파

14[27]. 사람은 최대 약 20.0 kHz의 진동수인 소리를 들을 수 있지만, 개는 진동수가 약 40.0 kHz인 소리까지 들을 수 있다. 개 호루라기 소리는 개가 들을 수는 있지만 사람은 들을 수 없다. 실제로 고주파를 발생시키는 개 호루라기를 양쪽 끝이 열린 관으로 만들면, 관의 길이가 얼마나 길어야 하는가?

15[29]. (a) 기본 진동수가 261.5 Hz일 경우, 한쪽 끝이 닫혀 있는 파이프 오르간 관의 길이는 얼마여야 하는가? (b) 온도가 0.0 °C로 떨어지면 (a)의 파이프 오르간의 기본 진동수는 얼마로 되는가?

16[31]. 양쪽 끝이 열린 파이프 오르간은 0.0 °C에서 기본 진동수가 382 Hz이다. 20.0 °C에서 이 오르간의 기본 진동수는 얼마인가?

17[33]. 공기 중 소리의 속력을 측정하는 실험에서, 702 Hz에서 작동하는 스피커를 사용해 양쪽 끝이 열린 좁은 관에 정상파를 만든다. 관의 길이는 2.0 m이다. 관 내부의 공기 온도는 얼마인가? (실내 온도가 20 °C에서 35 °C사이라고 가정하여라.) (힌트: 정상파가 반드시 기본음은 아니다.)

18[35]. 두 개의 소리굽쇠 A와 B는 같은 길이의 두 개의 공기기둥에서 가장 낮은 공진 주파수를 만들지만, A의 공기기둥은 한쪽 끝이 닫혀 있고 B의 공기기둥은 양쪽 끝이 열려 있다. B의 진동수에 대한 A의 진동수의 비는 얼마인가?

12.7 맥놀이

19[37]. 바이올린은 현의 장력을 조절해 조율한다. 브라이언의 A 현은 제니퍼의 것보다 약간 저주파로 조율되었는데, 이 현은 440.0 Hz로 바르게 조율되어 있다. (a) 두 현을 함께 활로 연주했을 때 2.0 Hz의 맥놀이를 들었다면 브라이언의 현의 진동수는 얼마인가? (b) 브라이언이 제니퍼와 같은 음으로 조율하기 위해서는 A 현을 조여야 하는가, 아니면 늘여야 하는가? 설명해보아라.

20[39]. 강당의 홀 전면과 후면에 파이프 오르간이 있다. 전면과 후면의 동일한 두 관은 20.0 °C에서 기본 진동수가 264.0 Hz이다. 공연 도중, 홀의 뒤쪽에 있는 파이프 오르간은 25.0 °C인데, 전면의 파이프 오르간은 여전히 20.0 °C이다. 두 관이 동시에 소리를 낼 때 맥놀이 진동수는 얼마인가?

21[41]. 첼로 현의 기본 진동수는 65.40 Hz이다. 이 첼로 현을 196.0 Hz인 바이올린 현과 동시에 활로 켜면 맥놀이 진동수는 얼마인가? (힌트: 맥놀이는 첼로 현의 세 번째 조화음과 바이올린의 기본음 사이에서 발생한다.)

12.8 도플러 효과

22[43]. 공장에서, 정오 경적이 500 Hz의 진동수로 울린다. 85 km/h로 주행하는 자동차가 공장에 접근할 때 운전자는 진동수 f_i의 경적 소리를 들었다. 공장을 지나서 운전할 때는 운전자가 진동수 f_f를 들었다. 운전자가 들은 진동수의 차이 $f_f - f_i$는 얼마인가?

23[45]. 진동수가 1.0 kHz인 소리샘은 소리의 0.50배 속력으로 공기를 통해 이동한다. (a) 소리샘이 관측자를 향해 이동하면 정지한 관측자가 듣는 소리의 진동수는 얼마인

가? (b) 관측자 대신에 소리샘이 멀어질 때 계산을 반복하여라.

24[47]. 앉아서 그네를 타는 아이가 앞에서 직접 들려오는 휘파람 소리를 듣는다. 아이가 휘파람이 들려오는 쪽을 향해 움직일 때 그네 진동의 바닥에서 아이는 더 높은 소리의 높낮이를 듣고, 그네 진동의 바닥에서 그네가 멀어질 때 높낮이가 낮은 소리를 듣는다. 높은 소리의 높낮이가 낮은 소리의 높낮이보다 진동수가 5.0 % 높다. 그네 진동의 바닥에서 아이의 속력은 얼마인가?

25[49]. 혈류 속력은 적혈구에 의해 반사되는 초음파 진동수의 도플러 편이를 측정함으로써 알 수 있다(angiodynography, 혈관조영술). 적혈구의 속력이 v일 때, 혈액 속의 소리의 속력은 u이고, 초음파원은 진동수 f의 파동을 방출하고, 혈액 세포가 초음파원을 향해 직접 움직이고 있다고 가정하면, 장치에 의해 검출된 반사파는

$$f_r = f\frac{u+v}{u-v}$$

임을 보여라. (힌트: 두 도플러 편이가 있다. 적혈구는 먼저 움직이는 관측자 역할을 한다. 수신된 것과 동일한 진동수로 반사된 소리를 다시 방출할 때 움직이는 소리샘으로 작동한다.)

12.9 메아리 정위법과 의료영상

26[51]. 너비가 1.80 km인 노르웨이 피오르에서 배가 짙은 안개 속에서 길을 잃었다. 공기의 온도는 5.0 °C이다. 선장은 권총을 발사하고 4.0초 후에 첫 번째 메아리를 들었다. (a) 배는 피오르의 한쪽 편으로부터 얼마나 멀리 떨어져 있는가? (b) 선장은 첫 번째 메아리를 들은 후 얼마 뒤에 두 번째 메아리를 들을 수 있는가?

27[53]. 배가 담수호의 바닥을 감지하기 위해 수중음파탐지기를 사용하고 있다. 신호가 방출되고 0.540초 후에 수중음파탐지기에 메아리가 들렸다면, 호수의 깊이는 얼마인가? 호수의 온도는 균일하고 25 °C라고 가정한다.

28[55]. 박쥐가 나방을 사냥하면서 82.0 kHz의 진동수로 찍찍 소리를 낸다. 박쥐가 나방을 향해 4.40 m/s의 속력으로 날고 나방이 박쥐로부터 1.20 m/s로 날아가는 경우, 박쥐가 관찰한 나방에서 반사된 소리의 진동수는 얼마인가? 온도는 10.0 °C로 시원한 밤이라고 가정한다. (힌트: 두 도플러 편이가 있다. 나방을 수신기라고 생각하면, 나

방은 반사파를 재전송하는 소리샘이 된다.)

29[57]. 도플러 초음파는 혈류 속력을 측정하는 데 사용된다(문제 25 참조). 반사음은 방출음과 간섭해 맥놀이를 만든다. 적혈구의 속력이 0.10 m/s이고, 사용된 초음파 진동수는 5.0 MHz이고, 혈액 속에서 소리의 속력이 1570 m/s라면, 맥놀이 진동수는 얼마인가?

협동문제

30[59]. 어떤 관이 공진 주파수가 234 Hz, 390 Hz, 546 Hz이며 이 값들 사이에 다른 공진 주파수는 없다. (a) 이 관은 양쪽에 개방되어 있는가, 아니면 한쪽이 막혀 있는가? (b) 이 관의 기본 진동수는 얼마인가? (c) 이 관의 길이는 얼마인가?

31[61]. 차가운 바람이 부는 겨울 어느 날, 잭은 굴뚝에서 윙윙거리는 소리가 나는 것을 알았는데, 굴뚝은 위쪽이 열려 있고 아래쪽이 닫혀 있었다. 그는 바닥에서 굴뚝을 열고 소리가 바뀐다는 것을 알았다. 그는 바닥이 열렸을 때 굴뚝에서 나는 음과 일치하는 소리를 찾으려고 피아노로 갔다. 그는 가온 다(중간 도, middle C)의 3옥타브 아래 "다(C)"가 굴뚝의 기본 진동수와 일치한다는 것을 알았다. 잭은 가온 다의 진동수가 261.6 Hz이고, 각각의 낮은 옥타브는 위의 옥타브 진동수의 $\frac{1}{2}$임을 알았다. 이 정보를 통해, 잭은 굴뚝의 높이와 굴뚝이 닫혀 있을 때 생성된 음의 기본 진동수를 알았다. 찬 공기에서 소리의 속력이 330 m/s라고 가정하고 잭의 계산을 재현해 (a) 굴뚝의 높이와 (b) 굴뚝이 바닥에서 닫혔을 때 굴뚝의 기본 진동수를 구하여라.

32[63]. 이 문제에서는 인간의 귀가 감지할 수 있는 진동의 최소 운동에너지를 어림할 것이다. 가청문턱값($I = 1.0 \times 10^{-12}$ W/m²)에서 조화음파(harmonic sound wave)가 고막에 입사된다고 가정하여라. 소리의 속력은 340 m/s이고 공기의 밀도는 1.3 kg/m³이다. (a) 음파 내 공기 요소의 최대 속력은 얼마인가? [힌트: 식 (10−21)을 참고하여라.] (b) 고막은 각진동수 ω에서 변위 s_0으로 진동한다고 가정한다. 최대 속력은 공기 요소의 최대 속력과 같다. 고막의 질량은 약 0.1 g이다. 고막의 평균 운동에너지는 얼마인가? (c) 음파가 없을 때 공기 분자와의 충돌로 인한 고막의 평균 운동에너지는 약 10^{-20}J이다. 답을 (b)와 비교하고 토론해보아라.

연구문제

33[65]. 카일은 범선 돛대에 올라가서 바다 수면 위 5.00 m에 있고, 친구 랍은 보트 아래에서 스쿠버 다이빙을 한다. 카일은 다른 보트에 있는 누군가에게 소리를 질렀으며 랍은 0.0210초 후에 소리를 들었다. 해수 온도는 25 °C이고 공기는 20 °C이다. 랍은 보트 밑 얼마의 깊이에 있는가?

34[67]. 사람의 이도 길이는 평균 약 2.5 cm이다. 한쪽 끝이 열린 이도에 대해 가장 낮은 3개의 정상파 진동수는 얼마인가? 여러 진동수에서 공명이 귀의 감도에 어떤 영향을 미칠 수 있는가? (그림 12.12를 참조하여라. 음성 인식에서 가청 임계 범위는 2~5 kHz이다.)

35[69]. 공기 중에서 파장이 사람 머리 지름의 약 절반 정도인 15 cm인 소리의 진동수 f는 얼마인가? 어떤 위치 측정 방법은 진동수 f 이하에서만 잘 이용되지만, 다른 것은 f 이상에서만 잘 이용된다. (단답형 질문 3 참조)

36[71]. 애기박쥐과의 박쥐들은 방출한 신호가 표적에서 반사되어 돌아오는 데 걸리는 시간을 측정해 표적까지의 거리를 감지한다. 일반적으로 순항 중 3 ms 길이와 70 ms 간격으로 음파 펄스를 방출한다. (a) 메아리가 60 ms 후에 들리면($v_{소리}$=331 m/s), 물체가 얼마나 떨어져 있는가? (b) 물체가 30 cm밖에 떨어져 있지 않은 경우, 메아리가 들리기까지 얼마나 걸리는가? (c) 박쥐가 이 메아리를 탐지할 수 있는가?

37[73]. 보물 지도에 따르면, 등대에서 동쪽의 해저에 있는 보물은 깊이 40.0길에 놓여 있다. 보물 사냥꾼이 등대에서 동쪽으로 향할 때 깊이가 40.0길 정도 되는 곳을 찾기 위해 수중음파탐지기를 사용한다. 수온이 25 °C이면 방출 펄스와 정확한 깊이에서 돌아오는 메아리 사이의 경과 시간은 얼마인가? (힌트: 한 길은 1.83 m이다.)

38[75]. 주기적 파동이 진동수 36, 60, 84 Hz인 3개의 사인파가 중첩되어 있다. 파동의 속력은 180 m/s이다. 파동의 파장은 얼마인가? (힌트: 36 Hz가 반드시 기본 진동수는 아니다.)

39[77]. 리허설을 하는 동안, 오케스트라의 첫 번째 바이올린 섹션의 8명 멤버 모두는 매우 부드러운 부분을 연주한다. 콘서트홀의 어떤 지점에서의 소리 세기 수준은 38.0 dB이다. 바이올리니스트 중 한 명만이 같은 구절을 연주한다면 같은 지점의 소리 세기 수준은 얼마인가? (힌트: 함께 연주할 때, 바이올린은 결맞음 소리샘이 아니다.)

9~12장 종합 복습문제

복습문제

1. (a) 물속에서 납 1.0 kg과 알루미늄 1.0 kg 중 어느 것이 더 부력을 받는가? 설명하여라. (b) 호수 바닥에 가라앉아 있는 강철 1.0 kg 또는 호수에 떠 있는 밀도 500 kg/m^{3}의 나무 1.0 kg에 작용하는 부력은 어느 것이 더 큰가? 설명하여라. (c) 정성적인 질문에 대답하고 나서 문제 (a)와 (b)에 대해 정량적인 답을 구하여라.

2. 밀도가 890 kg/m^{3}인 단단한 플라스틱 조각을 밀도가 830 kg/m^{3}의 오일에 넣었더니 플라스틱이 가라앉았다 (A). 그다음에 플라스틱을 물에 넣었더니 물에 떴다(B). (a) 플라스틱의 몇 퍼센트가 물에 잠겨 있는가? (b) 마지막으로, 플라스틱이 가라앉은 동일한 오일을 플라스틱과 물 위에 부었다. (B)와 비교하면 플라스틱이 물에 덜 잠기겠는가(C) 아니면 더 잠기겠는가(D)? 설명하여라. (c) 그림 C에서 물에 잠긴 플라스틱의 비율을 계산하여라.

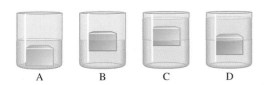

A   B   C   D

3. 물이 도로면 아래 0.90 m에 묻힌 반지름 0.500 cm인 주 수도관을 통해 52.0 kPa의 게이지 압력으로 아파트에 공급된다. 2층 욕실에는 도로보다 4.20 m 위에 반지름이 1.20 cm인 수도꼭지가 있다. 얼마나 빨리 물이 주 파이프를 통해 공급되는가?

4. 불타는 건물에서 피신하기 위해서 아널드는 지상에서 약 10 m 높이에 있는 3층 창문에서 뛰어내려야 한다. 아널드는 다리가 부러지는 것을 걱정하고 있다. 아널드의 다리의 가장 큰 뼈인 대퇴골은 최소 횡단 넓이가 약 5×10^{-4} m이고 최고 압축 강도가 약 1.70×10^8 N/m^{2}이다. 아널드의 질량은 82 kg이다. (a) 아널드가 다리가 뻣뻣한 상태로 땅에 떨어지면 대퇴골은 약 5 mm만 압축될 수 있다. 아널드의 대퇴골은 어떻게 되겠는가? (b) 아널드가 땅에 착지하지 않고 수북이 쌓인 눈 위에 내려 다리가 눈에 처음 닿아서 멈출 때까지 약 30 cm 정도 움직였다. 이 경우 아널드 대퇴골은 어떻게 되겠는가?

5. 5.0 kg의 나무 블록이 용수철상수가 150 N/m인 용수철의 한 끝에 부착되어 있다. 블록은 용수철을 늘리거나 풀어놓았을 때 마찰이 없는 수평면 위에서 자유롭게 움직일 수 있다. 1.0 kg의 나무 블록을 첫 번째 블록 위에다 놓았다. 두 나무 블록 사이의 정지마찰계수는 0.45이다. 나무의 위쪽 블록이 미끄러지지 않으려면 이들 블록 세트가 진동할 때 가질 수 있는 최대 속도는 얼마인가?

6. 그네를 타는 어린아이가 바로 앞에서 들려오는 휘파람 소리를 듣는다. 아이가 휘파람을 향해 움직일 때 그는 그네가 바닥에 있을 때 더 높은 음을 듣고, 휘파람에서 멀어질 때 그네 바닥에서 아이는 낮은 음을 듣는다. 높은 음은 낮은 음보다 진동수가 4.0 % 높다. 아이가 탄 그네가 얼마나 높이 올라가겠는가?

7. 다음의 두 진행파를 생각해보자.

I. $y(x, t) = (1.50 \text{ cm}) \sin [(4.00 \text{ cm}^{-1})x + (6.00 \text{ s}^{-1})t]$
II. $y(x, t) = (4.50 \text{ cm}) \sin [(3.00 \text{ cm}^{-1})x - (3.00 \text{ s}^{-1})t]$

(a) 어느 파동의 속력이 더 빠른가? 그 속력은 얼마나 되는가? (b) 어느 파동의 파장이 더 긴가? 그 파장은 얼마인가? (c) 어떤 파동이 매질의 한 점에서 더 빠른 최대 속력을 가지는가? 그 속력은 얼마인가? (d) 어느 파동이 양(+)의 x-방향으로 움직이는가?

8. 푸코 진자는 길이가 14.0 m인 가는 와이어에 질량이 15.0 kg인 물건이 달려 있다. (a) 이 진자의 진동수는 얼마인가? (b) 진자의 최대 진동각이 6.10°인 경우, 이 진자의 최대 속력은 얼마인가? (c) 와이어의 최대 장력은 얼마인가? (d) 와이어의 질량이 10.0 g이라면 와이어가 최대 인장 상태에 있을 때 와이어의 기본 진동수는 얼마인가?

9. 기타에서 가장 낮은 진동수는 길이가 65.5 cm인 현을 82 Hz로 조율한다. (a) 현의 질량이 3.31 g이라면 현의 장력은 얼마인가? (b) 다섯 번째 프렛에서 기타를 운지하면 현의 길이가 짧아지므로 이 현의 기본 진동수가 기타에서 다음으로 높은 현의 진동수인 110 Hz에 맞추어진다. 다섯 번째 프렛에서 운지했을 때 최저 진동수인 현의 길이는 얼마인가?

10. 두 어린이가 깡통 전화기 놀이를 하고 있다. 둘은 서로

12 m 떨어져 있으며 주석 깡통을 연결한 줄은 질량 선밀도가 1.3 g/m이며 8.0 N의 장력을 받고 있다. 한 어린이가 줄을 튕겼다. 파동 펄스가 한 어린이에게서 다른 어린이로 이동하는 데 걸리는 시간은 얼마인가?

11. 진동수가 400.0 Hz인 음파가 그림과 같이 다층 계단에 입사한다. 인접한 계단의 수직 표면에서 반사한 파동은 서로 상쇄된다. 이렇게 상쇄될 수 있는 계단의 최소 디딤판의 깊이는 얼마인가?

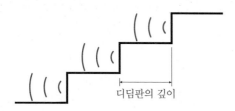

디딤판의 깊이

12. 아키코는 자전거를 타고 진동수 512.0 Hz인 음을 내는 경적을 울리면서 벽돌로 쌓은 벽을 향해 7.00 m/s의 속력으로 달리고 있다. (a) 그를 지켜보며 서 있던 하루키가 들었을 때 벽에서 반사되는 소리의 진동수는 얼마인가? (b) 주니치는 2.00 m/s의 속력으로 벽에서 멀어지며 걷고 있다. 벽에서 반사되어 주니치에게 들리는 소리의 진동수는 얼마인가?

13. 사이렌은 판의 중심에 대해 자유롭게 회전할 수 있는 디스크의 테두리 근처에 같은 크기의 균일한 간격으로 25개의 구멍을 뚫은 원판으로 되어 있다. 판이 60.0 Hz의 진동수로 회전할 때 공기가 디스크의 평면을 향해 불고 있다. 생성되는 소리의 진동수와 파장은 얼마인가?

14. 팽팽하게 당긴 줄의 기본 진동수는 847 Hz이다. 이 줄의 장력을 3.0배 증가시키면 기본 진동수는 얼마나 되는가?

15. 평균적으로 성인은 약 5 L의 혈액을 가지고 있으며 건강한 성인 심장은 약 80 cm³/s의 속력으로 혈액을 분출한다. 정맥 주사한 약이 몸 전체로 전달되는 데 걸리는 시간을 추정해보라.

16. 진동수 1231 Hz인 음파가 공기를 통해 벽 쪽으로 곧바로 진행한 다음, 벽을 통과하고 다시 공기 중으로 진행한다. 음파의 처음 속력은 341 m/s이고 벽 속에서 속력은 620 m/s라면, (a) 처음에 소리의 파장, (b) 벽 속에서의 소리의 파장, (c) 벽을 통과해 다른 쪽으로 나왔을 때 소리의 파장은 얼마인가?

17. 스피드 보트가 15.6 m/s 속력으로 반대 방향으로 운동하는 다른 보트를 향해 20.1 m/s로 이동 중에 있다. 스피드 보트 조종사는 진동수 312 Hz로 경적을 울린다. 다가오는 배의 승객에게 들리는 진동수는 얼마인가?

18. 유리관이, 한쪽 끝이 막혀 있고 다른 끝은 진동판으로 덮여 있다. 튜브는 기체가 채워져 있고 톱밥이 튜브 내부를 따라 흩어져 있다. 진동판이 진동수 1457 Hz로 진동할 때 톱밥의 작은 더미가 20 cm 떨어져서 형성되었다. (a) 기체 속에서 소리의 속력은 얼마인가? (b) 톱밥 더미가 음파의 마디를 나타내는가 아니면 배를 나타내는가? 설명하여라.

19. 안쪽 지름이 10.0 cm인 파이프의 단면이 수평에 대해 60.0°의 각도로 1.70 m의 높이로 올라가면서 안쪽 지름이 6.00 cm로 가늘어진다. 파이프는 물을 운반하고 높은 쪽의 끝은 공기에 노출되어 있다. (a) 더 낮은 쪽 끝에서 물의 속도가 15.0 cm/s라면, 물이 파이프를 빠져나올 때 하단의 압력과 물의 속력은 얼마인가? (b) 파이프의 상단이 지상 0.300 m인 경우, 파이프 출구로부터 물이 떨어지는 곳까지 수평 거리는 얼마인가?

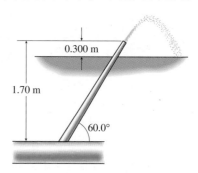

0.300 m

1.70 m

60.0°

20. 양 끝이 고정된 현에서 정상파가 생성되었을 때 현이 너무 빨리 진동해 흐리게 보인다. 그림에 표시된 위치 A, B, C에 있을 때 현을 촬영하려고 한다. 현의 장력은 2.00 N이고 단위 길이당 질량은 0.200 g/m이다. 현의 길이는 0.720 m이다. 현이 위치 A에 있을 때 첫 번째 그림을 찍었고 그때 시간을 $t = 0$이라고 하자. $t = 0$ 이후 두 번째 A, B, C의 위치에서 현을 촬영할 수 있는 시간은 언제인가?

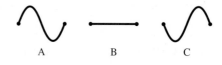

A   B   C

21. 기타의 A 현의 길이는 64.0 cm이고 기본 진동수는

110.0 Hz이다. 현의 장력은 133 N이다. 2.30 mm의 평형에서 최대 변위로 기본 정상파 모드로 진동하고 있다. 공기 온도는 20.0 °C이다. (a) 기본 진동 모드의 파장은 얼마인가? (b) 현에서 파동 속력은 얼마인가? (c) 현의 질량 선밀도는 얼마인가? (d) 진동하는 현에서 어떤 점의 최대 속력은 얼마인가? (e) 현은 브리지를 통해 악기의 몸체로 진동을 전달한 다음, 공기로 전달된다. 공기 중 음파의 진동수는 얼마인가? (f) 공기 중에서 음파의 파장은 얼마인가?

22. 식료품점에서 농산물 코너 근처에 용수철저울(용수철 상수＝450 N/m)이 매달려 있다. 용수철의 하단에는 0.250 kg 접시가 매달려 있다. 제나는 냄비 위 30.0 cm 높이에서 2.20 kg의 오렌지를 담은 봉지를 접시에 얹었다. 접시와 오렌지 봉지는 수직으로 SHM을 시작했다. (a) 오렌지 봉지를 접시에 얹은 직후 접시의 속력은 얼마인가? 완전 비탄성 충돌이라고 가정하여라. (b) 오렌지 봉지를 내려놓았을 접시의 평형점은 오렌지를 올려놓기 전의 평형점에서 얼마나 아래에 있는가? (c) 진동의 진폭은 얼마인가? (d) 진동의 진동수는 얼마인가?

23. 반지름이 12.0 cm인 구형 풍선을 헬륨으로 채웠다. 풍선의 바닥은 지면에 고정된 길이 2.30 m인 리본에 묶여 있다. 풍선의 질량은 2.80×10^{-3} kg이다. 리본의 질량은 무시하여라. (a) 리본의 장력은 얼마인가? (b) 풍선이 평형 위치에서 옆으로 약간 이동한 후에 그것이 거꾸로 매달린 진자처럼 앞뒤로 진동한다. 진동의 주기는 얼마인가? 마찰과 공기저항은 무시하여라.

24. 분무기는 액체에 담긴 튜브의 꼭대기를 지나서 공기를 수평으로 불어서 향수와 같은 액체가 미세한 안개로 퍼져나가게 하는 장치이다. 밀도가 800 kg/m³인 향수가 액체의 꼭대기로부터 수직으로 퍼져나가는 3.0 cm 튜브로 되어 있다고 가정하여라. 액체가 튜브의 꼭대기에 닿았을 때 공기 흐름이 튜브 상단을 통과하는 최소 속력은 얼마인가?

25. 테더볼 세트(tetherball set)에는 질량이 0.411 kg인 공과 지름이 2.50 mm, 영률이 4.00×10^9 Pa, 밀도가 1150 kg/m³인 나일론 줄이 있다. 공이 멈추었을 때(똑바로 매달려 있을 때) 나일론 끈의 길이는 2.200 m이다. 테더볼 게임을 하는 동안 몬티가 공을 기둥 주위로 치면 공은 기둥에 65.0° 각도로 끈이 있는 수평 원을 그리면서 움

직인다. (a) 공이 정지해 있을 때에 비하면 줄은 얼마나 늘어나는가? (b) 공의 운동에너지는 얼마인가? (c) 펄스파동이 공에서부터 기둥 꼭대기까지 줄을 따라 이동하는 데 걸리는 시간은 얼마인가?

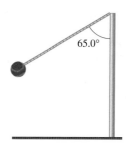

26. 하프시코드의 현은 노란색 황동(영률 9.0×10^{10} Pa, 인장 강도 6.3×10^8 Pa, 질량밀도 8500 kg/m³)으로 만든다. 올바르게 조율하면 현의 장력은 59.4 N으로 현이 끊어지지 않고 견딜 수 있는 최대 장력의 93 %이다. 자유롭게 움직일 수 있는 현의 길이는 9.4 cm이다. 기본 진동수는 얼마인가?

미국 MCAT 기출문제

다음은 MCAT 시험에 출제되었던 문제로 미국의학대학협회(AAMC)의 허가를 받아서 게재한 것이다.

1. 물속에 완전히 잠겼을 때 무게가 20 N인 벽돌이 공기 중에서는 30 N이다. 부피는 얼마인가? (참고: 물의 밀도는 1000 kg/m³이고 g는 10 m/s²이라고 하자.)
A. 1×10^{-3} m³
B. 5×10^{-3} m³
C. 1×10^{-2} m³
D. 5×10^{-2} m³

2. 특정 케이블이 인장력을 받았을 때 케이블의 팽창은 $F = k\Delta L$에 따른다. 여기서 F는 인장력이고, $k = 5.0 \times 10^6$ N/m이며, ΔL은 팽창한 길이다. 5000 N의 장력을 받고 있을 때 100 m 케이블은 얼마나 늘어나는가?
A. 10^{-3} m
B. 10^{-2} m
C. 10^{-1} m
D. 10 m

3. 데시벨 단위의 소리 준위는 SL $= 10 \log_{10}(I/I_0)$으로 정의되며, 여기서 $I_0 = 1.0 \times 10^{-12}$ W/m²(사람이 들을 수 있는 최소 음향 강도)이다. 화재 사이렌의 소리 준위는 약 100 dB이다. 화재 사이렌의 세기는 어느 정도인가?
A. 1.0×10^{22} W/m²
B. 1.0×10^{10} W/m²
C. 1.0×10^8 W/m²
D. 1.0×10^2 W/m²

4. 비중이 0.5인 액체 2 cm를, 4 cm의 물기둥에 넣었다고

가정하여라. 기둥의 바닥에서 새로운 게이지 압력 P_n은 원래 압력 P_i와 어떻게 되는가?

A. $P_n = \frac{3}{4}P_i$

B. $P_n = P_i$

C. $P_n = \frac{5}{4}P_i$

D. $P_n = \frac{3}{2}P_i$

5. 한쪽 끝이 닫혀 있는 오르간의 파이프에서, 8 m와 4.8 m의 파장에서 연속적인 공진이 발생한다. 오르간 파이프의 길이는 얼마인가? (참고: 공진은 $L = n\lambda/4$에서 발생하며, 여기서 L은 파이프 길이, λ는 파장, n은 1, 3, 5, …이다.)

A. 3.2 m

B. 4.8 m

C. 6.0 m

D. 8.0 m

6. 동일한 주파수의 두 역학적 파동이 동일한 매체를 통과한다. 파동 A의 진폭은 3단위이고 파동 B의 진폭은 5단위이다. 다음 중 두 파장이 동시에 매체를 통과할 때 가능한 진폭의 범위는 어떻게 되는가?

A. 항상 4단위

B. 28단위

C. 35단위

D. 58단위

7. 단진자가 $10°$ 진폭으로 흔들린다. 진자의 추가 한 번 진동을 하는 동안 선형 가속도는

A. 크기와 방향이 일정하게 유지된다.

B. 크기는 일정하지만 방향은 바뀐다.

C. 크기는 변하지만 방향은 일정하게 유지된다.

D. 크기와 방향이 바뀐다.

8. 혈류를 단순화한 모형에서, 관상동맥을 통과하는 혈류의 속도는 동맥 반지름의 네제곱에 반비례한다. 반지름 2 cm인 동맥에 있는 혈액의 운동에너지와 반지름 1 cm인 동맥에 있는 동일한 혈액량의 운동에너지의 비율은 얼마인가?

A. $1:2^4$

B. $1:4^4$

C. $2^4:1$

D. $4^4:1$

단락을 읽고 다음 질문에 답하여라.

부피가 $1.0 \times 10^6 \text{ m}^3$인 세 개의 공이, 밀도($\rho$)가 1.0×10^3 kg/m³인 물이 담긴 열린 수조에 있다. 공은 물속에서 서로 다른 높이에 있다. 공 1은 물 위에 떠 있고 공 2는 물에 완전

히 잠겨 있고 공 3은 탱크 바닥에 정지해 얹혀 있다. 물의 움직임은 베르누이 방정식을 따른다.

$$P_1 + \frac{1}{2}\rho v_1^2 + \rho g y_1 = P_2 + \frac{1}{2}\rho v_2^2 + \rho g y_2$$

여기서 P_1과 P_2는 높이 y_1과 y_2에서의 압력이고, v_1과 v_2는 물의 속도이다. (참고: 달리 명시하지 않는 한 물과 공은 고정되어 있다.)

9. 물이 공에 가하는 부력 B_1, B_2, B_3의 관계를 바르게 나타낸 것은?

A. $B_1 < B_2 < B_3$

B. $B_1 < B_2 = B_3$

C. $B_1 = B_2 > B_3$

D. $B_1 > B_2 > B_3$

10. 공의 밀도 ρ_1, ρ_2, ρ_3의 관계는 다음 중 어떤 것인가?

A. $\rho_1 < \rho_2 < \rho_3$

B. $\rho_1 < \rho_2 = \rho_3$

C. $\rho_1 = \rho_2 < \rho_3$

D. $\rho_1 = \rho_2 > \rho_3$

11. 공 3의 밀도가 $7.8 \times 10^3 \text{ kg/m}^3$이라고 가정하자. 대기압을 무시할 때 탱크의 바닥이 공 3에 가하는 지지력은 얼마인가?

A. $1.0 \times 10^2 \text{ N}$

B. $6.7 \times 10^2 \text{ N}$

C. $7.6 \times 10^2 \text{ N}$

D. $8.8 \times 10^2 \text{ N}$

12. 공 1의 밀도가 $8.0 \times 10^2 \text{ kg/m}^3$라고 가정하자. 대기압을 무시하면 공 1은 물 위로 얼마나 나와 있는가?

A. $\frac{4}{5}$

B. $\frac{3}{4}$

C. $\frac{1}{4}$

D. $\frac{1}{5}$

13. 물속에 있는 공 2는 공 3 위의 20 cm에 있다. 두 공 사이의 압력 차이는 대략 얼마인가?

A. $2 \times 10^2 \text{ N/m}^2$

B. $5 \times 10^2 \text{ N/m}^2$

C. $2 \times 10^3 \text{ N/m}^{@2}$

D. $5 \times 10^3 \text{ N/m}^2$

14. 공 3은 비어 있는 철공이고 대기압을 무시할 수 있다면, 탱크 바닥에 가해지는 힘이 0이 되는 공 3 내부의 빈 부분의 부피는 얼마인가? (참고: 철의 밀도는 7.8×10^3 kg/m³이다.)

A. $0.13 \times 10^6 \text{ m}^3$

B. $0.78 \times 10^6 \text{ m}^3$

C. $0.87 \times 10^6 \text{ m}^3$

D. $1.15 \times 10^6 \text{ m}^3$

온도와 이상기체

개념정리

- 온도는 물체가 열적 평형 상태에 있는지 아닌지를 결정하는 양이다. 두 물체나 계 사이의 온도 차로 인해 발생하는 에너지의 흐름을 열 흐름이라고 한다. 두 물체 또는 계 사이에 열이 흐를 수 있는 경우, 물체 또는 계가 열적 접촉 상태에 있다고 한다. 두 개의 계가 열접촉을 해 동일한 온도일 때 그들 사이에는 알짜 흐름이 없다. 그 물체들은 열적 평형 상태에 있다고 말한다.

- 열역학 제0 법칙: 두 물체가 각각 제3의 물체와 열적 평형 상태에 있다면, 그 둘은 서로 열적 평형 상태에 있다.

- 온도의 SI 단위는 켈빈(기호 K)이며 도(°)가 없다. 켈빈 눈금은 절대온도 눈금으로서 $T = 0$을 절대영도로 한다.

- 섭씨온도 °C와 절대온도 K의 관계는 다음과 같다.

$$T_C = T - 273.15 \qquad (13\text{-}3)$$

- 온도 변화가 그렇게 크지 않으면 고체의 길이 변화는 온도 변화에 비례한다.

$$\frac{\Delta L}{L_0} = \alpha \Delta T \qquad (13\text{-}4)$$

여기서 비례상수 α는 물질의 선팽창계수라고 부른다.

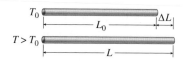

- 고체나 액체의 부피 변화도 온도 변화가 너무 크지 않는 한 온도 변화에 비례한다.

$$\frac{\Delta V}{V_0} = \beta \Delta T \qquad (13\text{-}7)$$

고체일 때는 부피팽창계수가 선팽창계수의 3배이다. 곧 $\beta = 3\alpha$이다.

- 몰은 SI 기본 단위이고 다음과 같이 정의된다. 어느 물질의 1몰에는 12 g의 탄소-12에 있는 원자 수와 같은 수의 단위가 있다. 이 수를 아보가드로수라고 하며 그 값은 다음과 같다.

$$N_A = 6.022 \times 10^{23} \text{ mol}^{-1}$$

- 원자나 분자의 질량을 나타낼 때 원자질량단위(기호 u)라는 단위가 자주 쓰인다. 탄소-12 원자 하나의 질량은 정확하게 12 u로 정의한다.

$$1 \text{ u} = 1.66 \times 10^{-27} \text{ kg} \qquad (13\text{-}12)$$

원자질량단위는 "u" 단위로 나타낸 원자나 분자의 질량이 g/mol 단위로 나타낸 몰 질량과 숫자가 같도록 선택된 것이다.

- 이상기체에서 분자들은 두 분자가 충돌하는 때를 제외하고는 상호작용하지 않고 자유공간에서 독립적으로 운동한다. 이상기체는 실제로 희박한 여러 기체에도 적용되는 유용한 모형이다.

이상기체 법칙

$$\text{미시적 형태: } PV = NkT \qquad (13\text{-}13)$$

$$\text{거시적 형태: } PV = nRT \qquad (13\text{-}16)$$

여기서 볼츠만상수와 보편기체상수는 다음과 같다.

$$k = 1.38 \times 10^{-23} \text{ J/K} \qquad (13\text{-}14)$$

$$R = N_A k = 8.31 \frac{\text{J/K}}{\text{mol}} \qquad (13\text{-}15)$$

- 이상기체의 압력은 분자의 평균 병진운동에너지에 비례한다.

$$P = \frac{2}{3} \frac{N}{V} \langle K_{\text{병진}} \rangle \qquad (13\text{-}18)$$

- 분자의 평균 병진운동에너지는 절대온도에 비례한다.

$$\langle K_{병진} \rangle = \frac{3}{2} kT \qquad (13\text{-}20)$$

- 평균 운동에너지를 가진 기체 분자의 속력을 rms 속력이라 부른다.

$$\langle K_{병진} \rangle = \frac{1}{2} mv_{rms}^2 \qquad (13\text{-}21)$$

- 이상기체의 분자 속력의 분포를 맥스웰–볼츠만 분포라고 부른다.

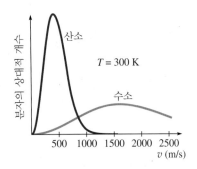

- 만일 화학 반응에서 활성화 에너지가 반응 물질의 평균 운동에너지보다 훨씬 크다면 반응 속도는 온도에 지수적으로 변한다.

$$반응률 \propto e^{-E_a/(kT)} \qquad (13\text{-}24)$$

- 평균 자유 거리(Λ)는 충돌과 충돌 사이에 상호작용이 없을 때 기체 분자가 운동하는 경로의 평균 거리이다.

$$\Lambda = \frac{1}{\sqrt{2}\, \pi d^2\, (N/V)} \qquad (13\text{-}25)$$

- x-축 방향으로 확산하는 분자의 제곱평균제곱근 변위는

$$x_{rms} = \sqrt{2Dt} \qquad (13\text{-}26)$$

- 이다. 여기서 D는 확산계수이다.

연습문제

단답형 질문

1[1]. 열역학 제0 법칙이 위반되면, 물체의 온도를 구체적으로 정의하는 것이 불가능하다. 이유를 설명하여라.

2[3]. 어떤 특수한 상황에서 켈빈온도나 섭씨온도를 교환하여 사용할 수 있는가?

3[5]. 은과 황동을 바이메탈 띠 금속으로 선택하지 못하는 이유가 무엇인가(은의 비용 문제는 제외하고)? (표 13.2 참조.)

4[7]. 이상기체 법칙($PV=NkT$)에 절대온도(켈빈온도 눈금)를 사용해야 하는 이유가 무엇인가? 섭씨 눈금을 사용하면 얼마나 터무니없는 결과를 얻는지 설명하여라.

5[9]. 질량밀도와 개수 밀도의 SI 단위는 무엇인가? 두 개의 다른 기체가 개수 밀도가 동일하다면, 질량밀도도 같은가?

6[11]. 알루미늄 원자의 질량은 27.0 u이다. 알루미늄 원자 1몰의 질량은 얼마인가?(계산하지 말고 어림잡아 답하여라.)

7[13]. 헬륨 기상 기구가 공중 높이 떠오르면 왜 팽창하는가? 온도는 일정하다고 가정하여라.

8[15]. 이상기체 분자의 절반 이상이 평균 운동에너지보다 적은 운동에너지를 갖는 것이 가능한지 설명하여라. 반은 더 적고 반은 더 커야 하는가?

9[17]. 통상적인 조건(실온, 해수면 기압)의 공기에서 분자 간 평균 거리는 약 4 nm이고 평균 자유거리는 약 0.1 μm 이다. 질소 분자의 지름은 약 0.3 nm이다. 공기가 희박한지 아니면 이상기체로 취급할 수 있는지를 결정하는 데두 거리 중 어느 것을 비교해야 하는가? 설명하여라.

10[19]. 자동차 에어백이 부상자를 어떻게 보호하는지 설명하여라. 기체 내부 압력이 너무 낮을 경우, 탑승객과 접촉했을 때 에어백이 작동하지 않는 이유가 무엇인가? 압력이 너무 높으면 어떻게 되는가?

선다형 질문

1[1]. 공기와 같은 혼합 기체에서, 각 분자들의 제곱평균제곱근 속력 v_{rms}는?
(a) 분자 질량에 무관하다.
(b) 분자 질량에 비례한다.
(c) 분자 질량에 반비례한다.
(d) 분자 질량의 제곱근에 비례한다.
(e) 분자 질량의 제곱근에 반비례한다.

2[3]. 이상기체의 절대온도에 비례하는 것은 어느 것인가?
(a) 시료 중 분자 수
(b) 기체 분자의 평균 운동량
(c) 기체의 평균 병진운동에너지
(d) 분자 질량의 제곱근

3[5]. 제곱평균제곱근 속력(v_{rms})은 다음 중 어느 것인가?
(a) 모든 기체 분자들이 움직이는 속력
(b) 평균 운동에너지를 가진 분자의 속력
(c) 기체 분자의 평균 속력
(d) 기체 분자의 최대 속력

4[7]. 실제의 기체가 이상기체처럼 행동하기에 가장 적합한 조건은 어느 것인가?
(a) 높은 온도와 높은 압력
(b) 낮은 온도와 높은 압력
(c) 낮은 온도와 낮은 압력
(d) 높은 온도와 낮은 압력

5[9]. 기체 분자의 평균 운동에너지는 다음 어느 양으로부터 알 수 있는가?
(a) 압력으로만
(b) 분자수로만
(c) 온도로만
(d) 압력과 온도 모두

문제

13.2 온도 눈금

1[1]. 무더운 여름날, 기온이 84 °F이다. 이 온도를 (a) 섭씨온도 °C와 (b) 절대온도 K로 나타내어라.

2[3]. 온도가 얼마일 때 섭씨온도와 화씨온도의 값이 같은가? 또 절대온도와 화씨온도의 값이 같은 온도는 몇 도인가?

3[5]. 행성 진카(Jeenkah)에서 온 외계인은 에틸알코올의 끓는점과 어는점의 온도를 기준으로 삼고 있다. 각 온도는 78 °C와 −114 °C이다. 진카인들은 각 손에 여섯 개의 손가락이 있어서 12진법 체계를 사용하고 있다. 그리고 에틸알코올의 끓는점과 어는점 사이를 144 J로 정했다. 그들은 어는점을 0 °J로 정했다. 온도를 °J 눈금에서 °C 눈금으로 어떻게 환산시킬 것인가?

13.3 고체와 액체의 열팽창

4[7]. 지하실의 온수히터에서 집 1층의 수도꼭지까지 연결된, 길이가 2.4 m인 구리 파이프가 팽창했다. 수도꼭지가 한곳에 고정되어 있지 않다면, 파이프의 온도를 20 °C에서 90 °C가 되도록 가열했을 때 어떤 일이 일어나겠는가? 수도꼭지 부분이나 온수기는 크기가 변하지 않는다고 가정하여라.

5[9]. 길이가 18.30 m인 레일의 온도가 10.0 °C이다. 온도가 50.0 °C일 때 철로 이음새가 접촉하게 하려면, 레일 사이에 공간을 얼마나 두어야 하는가?

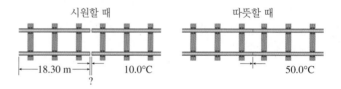

시원할 때 18.30 m 10.0°C 따뜻할 때 50.0°C

6[11]. 온도가 20 °C일 때 납 막대와 보통의 유리 막대의 길이가 같았다. 납 막대를 50.0 °C로 가열했다. 다시 이들의 길이를 같게 하려면, 유리 막대를 몇 도로 가열해야 하는가?

7[13]. 비행기 부속품으로 사용되는 알루미늄 리벳은 리벳 구멍이 너무 크면 허술해져 단단히 조립할 수 없다. 리벳이 구멍으로 들어가기 전에 리벳을 드라이아이스(−78.5 °C)로 냉각시켰다. 20.5 °C에서 그 구멍의 지름이 0.6350 cm라면, 만약 드라이아이스 온도로 냉각시켰을 때 딱 맞게 조립하려면 20.5 °C에서 리벳의 지름은 얼마여야 하는가?

8[15]. 조지워싱턴 다리는 뉴욕과 뉴저지 사이에 있는 허드슨 강을 가로지른다. 강철로 된 다리(교량)의 거리는 1.6 km이다. 겨울에 −15 °F낮은 온도에서 여름 105 °F높은 온도로 변한다면 교량의 거리는 한 해 동안 얼마나 변하는가?

9[17]. 당신의 치아 중에 충전재(filling)를 채운 치아가 있는데 아이스크림을 먹다가 갑자기 충전재가 빠져나온 것을 알았다고 하자. 충전재가 치아에서 분리될 수 있는 이유 중 하나는 온도 변화로 인해 치아의 나머지 부분에 비해 충전재의 수축이 달라지기 때문이다. (a) 체온(37 °C)과 아이스크림의 온도(−5 °C) 차 때문에 생긴 치과용 금속 충전재의 부피 변화를 구하여라. 충전재의 처음 부피는 30 mm³이며 열팽창계수는 $\alpha = 42 \times 10^{-6}$ K^{-1}이다. (b) 공동(cavity)의 부피 변화를 구하여라. 치아의 열팽창계수는 $\alpha = 17 \times 10^{-6}$ K^{-1}이다.

10[19]. 2.0 °C의 차가운 물을 보통의 유리 음료수 잔(268.4 mL)에 가장자리까지 가득 채워가지고 수영을 즐기기 위해 햇빛이 비치는 수영장 덱(deck)에 올려놓았다. 수영을 하고 나와 유리잔을 들기 전에 물의 온도가 32.0 °C까지 올라갔다면 물이 유리잔에서 얼마나 넘쳐흘렀겠는가? 유리는 팽창하지 않는다고 가정하여라.

11[21]. 온도 22.0 °C에서 반지름이 1.0010 cm인 강철구를, 같은 온도에서 내부 반지름이 1.0000 cm인 황동으로 만든 고리에 가까스로 통과시켜야 한다. 22.0 °C의 강철구가 통과할 수 있게 하려면 황동 고리를 몇 도(°C)로 가열해야 하는가?

12[23]. 구리 와셔를 강철 볼트 위에 끼울 수 있어야 한다. 둘의 온도는 모두 20.0 °C이다. 볼트의 지름이 1.0000 cm이고 구리 와셔의 안쪽 지름이 0.9980 cm인 경우, 와셔를 볼트 위에 끼울 수 있는 온도는 몇 도인가? (구리 와셔만 가열한다.)

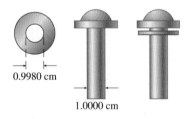

0.9980 cm

1.0000 cm

13[25]. 강철 자는 20.00 °C에서 길이를 측정하도록 교정되어 있다. 바이코어(Vycor) 유리벽돌의 길이를 측정하는데 강철 자를 사용한다. 둘 다 20.00 °C일 때, 벽돌의 길이는 25.00 cm이다. 자와 유리벽돌이 모두 80.00 °C일 경우, 자로 측정한 벽돌의 길이는 어떻게 되는가?

14[27]. 온도 T_0에서 변의 길이가 s_0인 평평한 정사각형 판의 온도가 ΔT만큼 증가하면 길이와 너비가 Δs만큼 팽창

한다. 원래 넓이는 $s_0^2 = A_0$이고 나중 넓이는 $(s_0 + \Delta s)^2 = A$이다. $\Delta s \ll s_0$일 때

$$\frac{\Delta A}{A_0} = 2\alpha \Delta T \qquad (13\text{-}6)$$

가 됨을 증명하여라. (정사각형 판에서 이러한 관계식을 유도하지만, 어떤 모양을 한 평평한 넓이에도 적용된다.)

13.4 분자 수준에서 보는 기체

15[29]. ^{12}C(탄소−12) 원자 1몰은 정확히 아보가드로수와 같으며 질량은 정확히 12 g이다. 이런 정의를 사용해 원자질량단위 u와 kg 사이의 변환 식을 유도하여라.

16[31]. CO_2 1몰은 몇 kg인가?

17[33]. 질량 80.2 kg인 인체에는 H_2O 분자가 몇 개 있는지 계산하여라. 평균적으로 물이 인체 질량의 약 62 %를 차지한다고 가정하여라.

18[35]. 수크로스($C_{12}H_{22}O_{11}$) 684.6 g에는 수소 원자가 몇 개나 있는가?

19[37]. 천연가스의 주성분은 메탄(CH_4)이다. 144.36 g의 메탄에는 몇 몰의 CH_4가 들어 있는가?

20[39]. 실온 및 대기압에서의 공기의 밀도는 1.2 kg/m³이다. 공기의 평균 분자 질량은 29.0 u이다. 공기 1.0 cm³ 속에는 몇 개의 분자가 있는가?

21[41]. 모래는 SiO_2로 구성되어 있다. 모래 한 알의 실리콘(Si) 원자의 크기를 구하여라. 모래알은 지름이 0.5 mm인 구로, SiO_2 분자는 지름 0.5 nm인 구라고 어림하여라.

13.5 절대온도와 이상기체 법칙

22[43]. 자동차 엔진의 실린더는 30 °C 대기압에서 $V_i = 4.50 \times 10^{-2}$ m³의 공기를 피스톤 통 안으로 흡입한다. 그런 다음 피스톤은 원래 부피(0.111 V_i)의 1/9로, 그리고 처음 압력(20.0 P_i)의 20.0배로 압축한다. 공기의 온도는 얼마인가?

23[45]. 실린더의 특성이 (P = 압력, V = 부피, N = 분자 수)로 주어지는 6개의 이상기체(반드시 같은 기체는 아니다.)가 있다. 다음과 같은 특성을 가진 기체의 온도가 높은 것부터 낮은 것까지 순서대로 말하여라.

(a) $P = 100$ kPa, $V = 4$ L, $N = 6 \times 10^{23}$

(b) $P = 200$ kPa, $V = 4$ L, $N = 6 \times 10^{23}$

(c) $P = 50$ kPa, $V = 8$ L, $N = 6 \times 10^{23}$

(d) $P = 100$ kPa, $V = 4$ L, $N = 3 \times 10^{23}$

(e) $P = 100$ kPa, $V = 2$ L, $N = 3 \times 10^{23}$

(f) $P = 50$ kPa, $V = 4$ L, $N = 3 \times 10^{23}$

24[47]. 잠수부가 깊이 5.0 m에서 수면으로 빠르게 올라온다. 그 잠수부가 상승하기 전에 폐에서 공기를 내뿜지 않았다면, 폐는 얼마나 더 확장되는가? 온도는 일정하고 폐의 압력을 체외의 압력과 같다고 가정하여라. 해수의 밀도는 1.03×10^3 kg/m³이다.

25[49]. 폐기종 환자가 안면 마스크를 통해 순수한 산소(O_2)를 들이마시고 있다. 산소통(O_2 실린더)에는 압력이 15.2 MPa이고 부피가 0.0170 m³인 O_2 기체가 들어 있다. (a) 대기압(온도도 같음)에서 산소의 부피는 얼마인가? (b) 환자가 대기압에서 1분 동안에 8.0 L(8.0 L/min)의 O_2를 들이마시면 실린더의 산소로 얼마나 오랫동안 호흡할 수 있는가?

26[51]. 대기압 $P = 1.0$ atm이며 온도 T가 (a) $-10\,°C$ 그리고 (b) $30\,°C$일 때 공기의 밀도는 얼마인가? 공기의 평균 분자 질량은 약 29 u이다.

27[53]. 온도가 $27\,°C$이고 압력이 1.00×10^5 N/m²인 어느 날, 지구 표면의 수소 풍선은 부피가 5.0 m³이다. 기압이 떨어짐에 따라 풍선이 상승하면서 팽창한다. 압력이 0.33×10^3 N/m²이고 온도가 $-13\,°C$인 고도 40 km 지점에서 지표와 같은 몰수인 수소의 부피는 얼마인가?

28[55]. 은하 사이의 공간에는 1 cm³ 당 평균 약 1개의 수소 원자가 있으며 온도는 3 K이다. 절대압력은 얼마인가?

29[57]. 압력이 1.0×10^5 Pa이고 온도가 $0.0\,°C$인 실린더에, 0.532 kg의 산소 분자가 들어 있다. 기체의 부피는 얼마인가?

30[59]. PV(압력 × 부피)의 SI 단위가 J임을 증명하여라.

31[61]. 부피가 1.00 cm³인 기포가 20.0 m 깊이의 호수 바닥에서 형성되었다. 호수 바닥의 온도는 $10.0\,°C$이다. 이 기포가 수온이 $25.0\,°C$인 수면으로 올라왔다. 기포는 그 온도가 항상 주변의 온도와 일치할 정도로 충분히 작다고 가정하여라. 수면을 뚫기 바로 전에 기포의 부피는 얼마인가? 표면장력은 무시하여라.

13.6 이상기체의 운동론

32[63]. 분자의 평균 에너지가 3.20×10^{-20} J인 이상기체의 온도는 얼마인가?

33[65]. (a) $P = 1.00$ atm, (b) $P = 300.0$ atm에서 이상기체의 단위 부피당 운동에너지는 각각 얼마인가?

34[67]. 문제 23의 6가지 기체 중에서 총 병진운동에너지가 가장 큰 것부터 가장 작은 것까지 순위를 정하여라.

35[69]. 각 변의 길이가 25 cm인 정육면체 상자에 압력이 1.6기압인 질소 기체(N_2) 2.0몰이 있다면, 질소 분자의 제곱평균제곱근 속력 v_{rms}는 얼마인가?

36[71]. 연기 입자의 질량은 1.38×10^{-17} kg이다. 실온에서 공기와 열적 평형 상태인 연기 입자가 $27\,°C$에서 제멋대로 움직인다. 입자의 제곱평균제곱근 속력 v_{rms}는 얼마인가?

37[73]. $25\,°C$에서 헬륨 원자와 질소, 수소 및 산소 분자의 제곱평균제곱근 속력 v_{rms}는 각각 얼마인가?

38[75]. 밀봉된 실린더에는 압력이 2.0 atm인 이상기체 시료가 들어 있다. 분자의 제곱평균제곱근 속력 v_{rms}는 v_0이다. 이 속력이 $0.90\,v_0$로 감소하면 기체의 압력은 얼마로 되는가?

39[77]. 추운 날씨에, 처음 온도가 $-10\,°C$인 공기 0.50 L를 들이마시면서 숨을 쉰다. 폐에서 기체의 온도가 $37\,°C$로 상승한다. 압력은 101 kPa이고 공기는 이상기체로 취급할 수 있다고 가정하여라. 당신이 들이마신 공기의 총 병진운동에너지의 변화는 얼마인가?

40[79]. 절대온도 T에서 이상기체의 분자의 제곱평균제곱근 속력 v_{rms}가 다음과 같음을 증명하여라.

$$v_{rms} = \sqrt{\frac{3RT}{M}}$$

여기서 M은 몰 질량, 곧 몰당 기체의 질량을 나타낸다.

13.7 온도와 반응 속도

41[81]. 초파리 수컷의 애벌레 성장 발달에 대한 반응률은 온도에 따라 다르다. 반응률이 식 (13-24)와 같이 지수 함수처럼 변한다고 가정하자. 애벌레 성장에 필요한 활성화 에너지는 2.81×10^{-19} J이다. 처음에 초파리는 온도가 $10.00\,°C$인 곳에 있었고 온도가 점점 증가하고 있다. 성장

률이 3.5 % 증가하면 온도는 얼마나 증가하는가?

42[83]. 고도가 높은 곳에서는 공기 압력이 낮기 때문에 물이 100.0 °C보다 낮은 온도에서 끓는다. 경험 법칙에 따르면 온도가 10.0 °C 떨어질 때마다 계란을 완숙하는 데 시간이 두 배씩 증가한다. 이 법칙은 계란을 요리할 때 일어나는 화학 반응에 대해 활성화 에너지가 얼마임을 암시하는가?

13.8 확산

43[85]. 확산상수가 1.00×10^{-5} m²/s일 경우, 향수 분자가 방 안에서 한 방향으로 5.00 m의 거리까지 확산되는 데는 얼마나 걸리는가? 공기는 완전히 고요한 상태이며 공기의 흐름이 없다고 가정하여라.

44[87]. 방 안에서, 당신에게서 3.0 m 떨어진 곳에 친구가 있다. 방 안에는 별다른 공기의 흐름이 없다. 그 친구가 향수병을 열고 나서 20초 후에 당신이 냄새를 맡았다. 만일 그 친구가 6.0 m 떨어진 곳에 있었다면 냄새를 맡기까지 시간이 얼마나 걸렸겠는가?

45[89]. 식물에서는 기공으로 알려진 작은 구멍을 통해 물이 확산된다. 대기 중 수증기의 확산계수는 $D = 2.4 \times 10^{-5}$ m²/s이고 기공의 길이가 2.5×10^{-5} m이면 기공을 통해 물 분자가 밖으로 확산되는 데 얼마나 걸리는가?

협동문제

46[91]. 보잉 747의 고도가 높아짐에 따라 객실 내는 압력이 가해진다. 그러나 기내를 해수면에 있을 때의 기압인 1.01×10^5 Pa로 완전하게 압력을 가하지는 않고 7.62×10^4 Pa로 압력을 가한다. 기내의 온도가 25.0 °C이고 압력이 1.01×10^5 Pa일 때 보잉 747이 해수면에서 이륙했다고 가정하여라. (a) 기내 온도가 25.0 °C로 유지된다면, 기내 공기 몰수는 몇 %나 변하는가? (b) 대신에, 기내의 공기의 몰수가 변하지 않는다면 온도는 어떻게 되겠는가?

47[93]. N₂ 분자(지름 0.30 nm)를 나타내기 위해 탁구공(지름 3.75 cm)을 사용해 0.0 °C, 1.00 기압(atm)인 공기의 모형을 만들고 싶다면, (a) 어느 한 순간에 탁구공은 평균적으로 얼마나 멀리 떨어져 있어야 하는가? (b) 다른 것과 충돌하기까지 탁구공이 평균적으로 얼마나 멀리 날아가야 하는가?

연구문제

48[95]. 철교의 들보(영률 $Y = 2.0 \times 10^{11}$ N/m²)는 간격이 변하지 않는 두 개의 암벽에 고정되어 있다. 20.0 °C에서 대들보는 느슨하다. 태양 빛이 들보를 40.0 °C까지 가열하면 철의 변형력은 얼마인가?

49[97]. 대퇴골이 심하게 부서졌기 때문에 티타늄 봉을 삽입해야 골절 부분을 치료할 수 있다고 하자. 티타늄의 선팽창계수는 $\alpha = 8.6 \times 10^{-6}$ K⁻¹이며, 37 °C에서 다리뼈와 근육이 평형에 있을 때 봉의 길이는 5.00 cm이다. 실내온도(20 °C)에서 봉의 길이는 얼마인가?

50[99]. 다음 표의 데이터는 일정 부피 기체온도계로 측정한 실험 결과이다. 온도를 변화시키는 동안에 기체의 부피는 일정하게 유지시킨다. 그렇게 하고 압력을 측정한다. 압력 대 온도에 대한 데이터를 그래프로 나타내어라. 이 데이터를 바탕으로 절대영도 값을 섭씨로 추정해보아라.

T(°C)	P(atm)
0	1.00
20	1.07
100	1.37
−33	0.88
−196	0.28

51[101]. 표준 온도와 압력(곧, 0 °C, 1기압)에서 안데스 산맥의 온혈 척추동물이 하루에 흡입하는 공기의 양은 210 L이다. 폐의 공기가 450 mmHg의 압력일 때 온도는 39 °C이다. 이 온도와 압력에서 척추동물이 폐로 1회 호흡할 때 평균 100 cm³를 흡입한다고 가정하면, 이 척추동물은 하루에 몇 번이나 호흡을 하는가?

52[103]. 10명의 학생들이 시험을 치른 결과, 83, 62, 81, 77, 68, 92, 88, 83, 72, 75의 점수를 얻었다. 평균 성적과 rms 성적 그리고 이들 각각의 시험 결과 중에서 가장 가능성이 있는 성적은 얼마인가?

53[105]. 일정 부피 기체온도계(그림 13.10)의 이상기체는 0.500 L의 부피로 유지된다. 기체의 온도가 20.0 °C 증가하면 압력계의 오른쪽에 있는 수은주는 기체 부피를 일정하게 유지하기 위해 8.00 mm 상승한다. (a) 이 기체에 대한 P 대 T의 그래프 기울기(mmHg/°C)는 얼마인가? (b) 기체는 몇 몰이나 존재하는가?

54[107]. 0.0 ℃, 1.00기압일 때 공기 분자 사이의 평균 거리를 계산하여라.

55[109]. 폐포는 평균 반지름이 0.125 mm이며 대략 구형이다. 폐포 속의 압력이 1.00×10^5 Pa이고 온도가 310 K(평균 체온)인 경우, 폐포에는 몇 개의 공기 분자가 있는가?

56[111]. 동물이 동면하는 동안, 대사가 느려지고 체온이 낮아진다. 예를 들어, 동면 중 캘리포니아 땅다람쥐의 체온은 40.0 ℃에서 10.0 ℃로 낮아진다. 다람쥐의 폐에서 공기 중 75.0 %가 질소(N_2)이고 25.0 %가 산소(O_2)라고 가정하면, 동면 중에 폐 속의 공기 분자의 제곱평균제곱근 속력(v_{rms})은 얼마나 감소하는가?

57[113]. 파이렉스 유리 수은온도계의 내부 유리관의 지름은 0.120 mm이다. 온도계 하단의 둥근 부분에는 0.200 cm^3의 수은이 들어 있다. 온도가 1.00 ℃만큼 변했을 때 온도 변화로 수은주가 움직인 거리는 얼마인가? 유리의 팽창도 고려하여라.

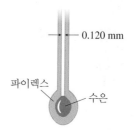

0.120 mm

파이렉스

수은

58[115]. 길이가 12.0 cm인 원통의 한쪽 끝에는 지름이 8.00 cm인 피스톤이 부착되어 있다. 피스톤은 그림과 같이 이상적인 용수철에 연결되어 있다. 처음에는 통 내부의 기체가 1기압 20.0 ℃이고 용수철은 압축되지 않은 상태였다. 20.0 ℃에서 총 6.50×10^{-2} mol의 기체를 통 안으로 주입하면 용수철은 $\Delta x = 5.40$ cm의 길이만큼 압축된다. 이 용수철의 용수철상수는 얼마인가?

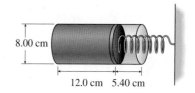

8.00 cm

12.0 cm   5.40 cm

개념정리

- 계의 내부 에너지는 계에 있는 모든 분자의 총 운동에너지이다. 이때 거시적 운동에너지(거시적인 병진 또는 회전 운동에 의한 운동에너지)와 외부 퍼텐셜에너지(외부와의 상호작용에 의한 에너지)는 제외한다.

- 열은 온도 차 때문에 발생하는 **에너지의 흐름**이다.

- 열과 일을 포함한 모든 형태의 에너지에 대한 **SI** 단위는 줄(J)이다. 열과 내부 에너지에 대해서 사용되는 다른 단위는 칼로리(cal)이다.

$$1 \text{ cal} = 4.186 \text{ J}$$

- 계의 열용량은 계의 온도 변화에 대한 계로 들어간 열의 비이다.

$$C = \frac{Q}{\Delta T} \qquad (14\text{-}2)$$

- 물질의 비열용량(혹은 비열)은 단위 질량당 열용량이다.

$$c = \frac{Q}{m \, \Delta T} \qquad (14\text{-}3)$$

- 몰비열은 단위 몰당 열용량이다.

$$C_V = \frac{Q}{n \, \Delta T} \qquad (14\text{-}6)$$

실온에서 단원자 이상기체의 일정 부피 몰비열은 근사적으로 $C_V = \frac{3}{2}R$이고, 이원자 이상기체에 대해서는 근사적으로 $C_V = \frac{5}{2}R$이다.

- 상전이는 일정한 온도에서 발생한다. 고체를 녹이거나 액체를 얼릴 때 흘러야 하는 단위 **질량당** 열을 융해열(L_f)이라고 한다. 액체가 기체로 변하거나 기체가 액체로 변할 때 흘러야 하는 단위 **질량당** 열을 기화열(L_v)이라고 한다.

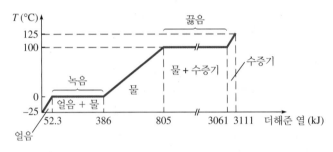

- 고체가 액체 상태를 거치지 않고 바로 기체로 변할 때 승화가 발생한다.

- 상도표는 물질의 고체, 액체, 기체 영역을 표시하는 압력–온도 그래프이다. 승화곡선, 융해곡선, 증기압곡선이 고체, 액체, 기체를 분리한다. 세 곡선 중 하나를 지나가면 상전이가 일어난다.

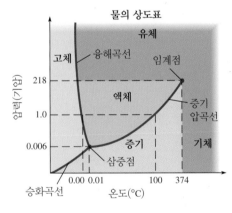

- 열은 전도, 대류, 복사의 세 가지 방법에 의해 흐른다.

- 전도는 물질 안에서나 두 물체가 접촉해 있을 때 한 물체로부터 다른 물체로 원자(또는 분자) 간의 충돌로 일어난다. 한 물질 안에서의 열 흐름률은

$$\mathscr{P} = \kappa A \, \frac{\Delta T}{d} \qquad (14\text{-}10)$$

으로 주어진다. 여기서 $\mathscr{P}$는 열 흐름률(또는 전달된 일률),

κ는 물질의 열전도도, A는 단면의 넓이, d는 물질의 두께 (또는 길이), ΔT는 양면의 온도 차이다.

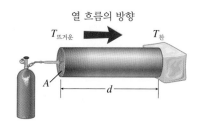

- 대류는 한 곳에서 다른 곳으로 열을 운반하는 유체 흐름을 포함한다. 대류에서는 물질 자체가 한 곳에서 다른 곳으로 움직인다.

- 열복사는 매질을 통해 진행할 필요는 없다. 에너지는 빛의 속도로 진행하는 전자기파에 의해서 전달된다. 모든 물체는 전자기파 복사를 통해 에너지를 방출한다. 입사된 모든 복사를 흡수하는 이상적인 물체를 흑체라고 한다. 흑체는 같은 온도의 어떤 실존하는 물체보다도 단위 겉넓이당 더 많은 복사를 방출한다. 슈테판의 열복사 법칙은

$$\mathcal{P} = e\sigma A T^4 \qquad (14\text{-}16)$$

으로 주어진다. 복사율 e는 0부터 1 사이에 있다. A는 흑체의 겉넓이이고 T는 흑체 표면의 **절대온도**이다. 슈테판 상수는 $\sigma = 5.670 \times 10^{-8}$ W/(m²·K⁴)이다. 방출되는 일률이 최대가 되는 파장은 다음 식과 같이 절대온도에 반비례한다.

$$\lambda_{\text{최대}} T = 2.898 \times 10^{-3} \text{ m} \cdot \text{K} \qquad (14\text{-}17)$$

방출되는 알짜 일률은 물체가 방출하는 일률과 물질이 주위로부터 흡수하는 일률의 차이다.

$$\mathcal{P}_{\text{알짜}} = e\sigma A (T^4 - T_s^4)$$

연습문제

단답형 질문

1[1]. 온도가 서로 다른 두 물체가 열적으로 접촉하고 있을 때 열 흐름의 방향을 결정하는 것은 무엇인가?

2[3]. 왜 호수와 강은 수면이 먼저 어는가?

3[5]. 왜 여러 겹의 옷이 똑같은 무게의 코트 한 벌보다 더 따뜻한가?

4[7]. 나무 갑판에 위에 있는 금속 화분받침대가 주위의 나무보다 더 차가운 것 같다. 반드시 더 차갑겠는가? 설명해보아라.

5[9]. 자동차나 오토바이 라디에이터에 핀(fin)이 있는 이유가 무엇인가?

6[11]. 식품 포장에, 장소에 따라 서로 다른 조리지침을 적시하는 이유가 무엇인가?

7[13]. 방금 오븐에서 나온 피자를 먹을 때, 피자의 껍질이 손에는 따뜻하게 느껴지더라도 먼저 입으로 물어뜯으면 입천장을 델 수밖에 없는 이유가 무엇인가?

8[15]. 매우 낮은 온도에서 수소(H_2)의 몰비열은 $C_V = 1.5R$이다. 실온에서는 $C_V = 2.5R$이다. 그 이유를 설명하여라.

9[17]. 컵에 뜨거운 커피를 따라주었지만 커피를 마시는 사람은 커피를 들기 전에 컴퓨터 앞에서 조금 더 일을 한다. 그는 커피에 우유 약간을 첨가하려고 한다. 가능한 한 오랫동안 커피를 뜨겁게 유지하려면 우유를 한 번에 추가해야 하는가, 아니면 첫 모금을 마시기 직전까지 기다려야 하는가?

10[19]. 영국의 한 식품 보존 연구에서, 투명한 비닐 포장에 넣어서 개방 조명식 냉동고에 보관하는 육류의 온도가 냉동실의 온도보다 12 °C 높을 수 있음을 발견했다. 왜 그런

가? 어떻게 하면 이런 일을 예방할 수 있는가?

11[21]. 기온이 일정하게 유지되는 방은 여름에는 따뜻하게 느껴지지만 겨울에는 춥게 느껴질 수 있다. 그 이유를 설명하여라. (힌트: 벽이 반드시 공기와 온도가 같지 않다.)

12[23]. 겉넓이가 같은 두 개의 물체가 진공 용기 안에 있다. 용기의 벽은 일정한 온도로 유지한다. 한 물체가 다른 물체보다 입사 복사열을 더 많이 흡수한다고 가정한다. 그 물체가 다른 물체보다 더 많은 양의 복사열을 방출해야 하는 이유를 설명하여라. 따라서 좋은 흡수체가 좋은 방사체여야 한다.

선다형 질문

1[1]. 지구의 주요 열손실은 어느 과정으로 이루어지는가?
(a) 복사
(b) 대류
(c) 전도
(d) 세 과정 모두가 지구의 중요한 열손실 유형이다.

2[3]. 흑체와 복사에너지의 관계를 가장 잘 나타내는 용어는 어느 것인가? 흑체는 이상적인 복사에너지 _____이다.
(a) 방사체　　　　　　(b) 흡수체
(c) 반사체　　　　　　(d) 방사체 및 흡수체

3[5]. 철의 비열은 금의 약 3.4배이다. 20 ℃에서 질량이 같은 금과 철로 된 두 정육면체를 40 ℃의 물 100 g이 담긴 두 개의 다른 스티로폼 컵에 넣었다. 스티로폼 컵의 열용량을 무시하여라. 평형에 도달한 후에는 _____.
(a) 금의 온도가 철의 온도보다 낮다.
(b) 금의 온도가 철의 온도보다 높다.
(c) 두 컵의 물의 온도가 같아야 한다.
(d) 정육면체의 질량에 따라 (a) 또는 (b) 중 하나이다.

4[7]. 당신의 손을 뜨거운 물 주전자 아래쪽에 두었다면 (손으로 만지지 않고) 다음 중 주로 어느 방법으로 열의 존재를 느낄 수 있는가?
(a) 전도　　　(b) 대류　　　(c) 복사

5[9]. 승화는 다음 상전이 중 어느 것과 관계가 있는가?
(a) 액체-기체　　　　　(b) 고체-액체
(c) 고체-기체　　　　　(d) 기체-액체

6[11]. 어떤 물질이 삼중점에 있을 때, 어떤 상태로 존재

하는가?
(a) 고체 상태
(b) 액체 상태
(c) 증기 상태
(d) 세 상태 중 일부 또는 전부 존재

문제

14.1 내부 에너지

1[1]. 22 ℃의 물 5.0 kg이 담긴 용기에 22 ℃의 물 1.4 kg을 2.5 m 높이에서 쏟아붓는다. (a) 6.4 kg인 물의 내부 에너지는 얼마나 증가하는가? (b) 수온이 높아질 가능성이 있는가? 설명하여라.

2[3]. 7.00×10^2 m/s로 움직이는 20.0 g의 총알이 금속판에 부딪쳤을 때 발생하는 내부 에너지는 얼마인가?

3[5]. 몸무게가 15 kg인 어린이가 미끄럼틀 바닥에서 0.50 m까지 연결된 수평 코스보다 1.7 m 위에 있는 미끄럼틀 상단으로 올라간다. 그다음 아래로 미끄럼을 타고 수평 코스의 끝부분에 도달하기 직전에 멈춘다. (a) 이 과정에서 생성되는 내부 에너지는 얼마인가? (b) 생성된 에너지는 어디로 갔는가? (미끄럼틀로, 어린이에게로, 공중으로 또는 3개 모두에?)

4[7]. 농구 연습 도중 셰인은 7.6 m/s의 속력으로 바닥에서 뛰어올라 2.0 m 높이에서 0.60 kg인 농구공으로 점프 슛을 날렸다. 공은 바닥에서 3.0 m 높이에 있는 그물망을 4.5 m/s의 속력으로 쉭 소리를 내면서 통과했다. 공이 셰인의 손을 떠나서 그물을 통과할 때까지 공기저항에 의해 소모되는 에너지는 얼마인가?

14.2 열, 14.3 열용량과 비열

5[9]. 1.00 kJ을 킬로와트시(kWh)로 변환하여라.

6[11]. 질량이 5.00 g인 금반지의 열용량은 얼마인가?

7[13]. 다음 6가지 상황에서 온도 상승이 가장 큰 것부터 가장 작은 것까지 순위를 정하여라.
(a) 비열이 $c = 0.45$ kJ/kg·K인 강철 400 g에 1 kJ의 열을 가한다.
(b) 비열이 $c = 0.45$ kJ/kg·K인 강철 400 g에 2 kJ의 열을 가한다.

(c) 비열이 $c = 0.45$ kJ/kg·K인 강철 800 g에 2 kJ의 열을 가한다.

(d) 비열이 $c = 0.90$ kJ/kg·K인 알루미늄 400 g에 1 kJ의 열을 가한다.

(e) 비열이 $c = 0.90$ kJ/kg·K인 알루미늄 400 g에 2 kJ의 열을 가한다.

(f) 비열이 $c = 0.90$ kJ/kg·K인 알루미늄 800 g에 2 kJ의 열을 가한다.

8[15]. 83 kg인 남자가 에너지 함량 418 kJ(100 kcal)인 바나나를 먹는다. 바나나의 모든 에너지가 남자의 운동에너지로 바뀌면, 그가 정지해 있다가 출발한다고 가정하면 얼마나 빨리 움직이겠는가?

9[17]. 30.0 kg인 얼음 덩어리의 열용량은 얼마인가?

10[19]. (a) 물 0.050 kg이 채워진 0.450 kg의 황동 컵으로 구성된 계의 열용량은 얼마인가? (b) 0.75 kg의 알루미늄 통에 들어 있는 7.5 kg의 물로 구성된 계의 열용량은 얼마인가?

11[21]. 몸무게가 50.0 kg인 여성의 체온을 37.0 °C에서 38.4 °C까지 올리려면 열이 얼마나 필요한가?

12[23]. 온도가 T인 물 1.00 kg을 0.100 km 높이에서 같은 온도의 물이 담긴 용기에 쏟아 부었더니 온도 변화가 0.100 °C로 측정되었다. 용기에 들어 있는 물의 질량은 얼마인가? 용기나 온도계 등으로의 열 흐름은 무시하여라.

13[25]. 전기 주전자 안의 발열 코일로 주전자의 물에 2.1 kW의 전력을 공급하고 있다. 물 0.50 kg의 온도를 20.0 °C에서 100.0 °C로 높이는 데 걸리는 시간은 얼마인가?

14.4 이상기체의 비열

14[27]. 내부 압력이 3.5기압인 용기에 23 °C의 질소(N_2) 425 L가 들어 있다. 26.6 kJ의 열이 용기에 추가되면 기체의 온도는 얼마로 되겠는가?

15[29]. 휴식을 취하고 있는 사람이 한 숨에 약 0.5 L의 공기를 들이마신다(들숨). 한 시간 동안 호흡하면, 약 5 m³의 숨을 쉰다. (a) 20 °C의 공기를 들이마신 후 숨을 내쉬기 전에 35 °C로 올린다면, 호흡으로 인해 하루에 몸에서 빠져나가는 열의 양은 얼마인가? 폐 내 공기의 가습은 무시하고, 공기는 이상적인 이원자 기체이며 압력은 101 kPa라고 가정하여라. (b) 이 열손실이 하루에 몸에서 발생하는 약 9 MJ의 총 열손실에 비해 의미 있는 양인가? (c) 호흡으로 인한 평균 일률(열손실률)은 얼마인가?

14.5 상전이

16[31]. 물질에 열이 유입되면 그래프와 같이 온도가 변한다. 그래프에서 물질이 상전이를 일으킨 구간은 어느 구간인가? 확인한 구간에서 어떤 종류의 상전이가 발생했는가?

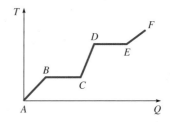

17[33]. 주어진 자료로 물의 융해열을 계산하여라. 물의 비열은 4.186 J/(g·K)이다.

열량계의 질량 = 3.00×10^2 g	열량계의 비열 = 0.380 J/(g·K)
물의 질량 = 2.00×10^2 g	물과 열량계의 처음 온도 = 20.0 °C
얼음의 질량 = 30.0 g	얼음의 처음 온도 = 0 °C
	열량계의 나중 온도 = 8.5 °C

18[35]. 물리 실험실에서 학생이 실수로 25.0 g의 황동 와셔를 열려 있는 액체 질소 통에 떨어뜨렸다. 단열이 된 이 통에는 77.2 K의 질소가 들어 있다. 와셔가 293 K에서 77.2 K로 냉각되었다면 얼마나 많은 액체 질소가 증발되었겠는가? 액체 질소의 기화열은 199.1 kJ/kg이다.

19[37]. 1.0 kg의 얼음을 −20.0 °C에서 110.0 °C의 수증기로 바꾸려면 얼마의 열량이 필요한가? 대기압은 1.0기압이라고 가정하여라.

20[39]. 티나는 먼저 뜨거운 차를 끓인 다음, 차가 식을 때까지 얼음을 넣어 아이스티를 만들려고 한다. 95.0 °C, 2.00×10^{-4} m³의 차 한 잔을 10.0 °C의 아이스티로 만들기 위해서는 −10.0 °C의 얼음을 얼마나 더해야 하는가? 유리잔의 온도 변화는 무시하여라.

21[41]. 처음 온도가 −80.0 °C인 얼음에 열을 가했더니 온도 변화가 그래프와 같이 일어났다. 얼음의 질량은 얼마인가?

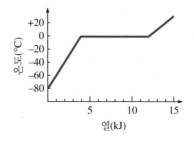

22[43]. 온도가 0.0 ℃인 얼음덩이의 구멍 안에 알루미늄을 넣어, 같은 양의 얼음을 녹일 수 있을 만큼 알루미늄을 충분히 높은 온도로 가열할 수 있는가? 그렇다면 알루미늄의 온도는 얼마여야 하는가?

23[45]. 자작나무가 증산(기공을 통한 물의 증발) 작용을 통해 분당 618 mg의 물을 배출한다. 증산 작용으로 손실되는 열량은 얼마인가?

24[47]. 온도가 80.0 ℃(마시기엔 너무 뜨거움)인 250 g의 커피(물과 비열이 같음)가 있다. 이것을 60.0 ℃로 냉각하려면 얼음(0.0 ℃)을 얼마나 넣어야 하는가? 컵의 열용량과 주위와 열교환은 무시하여라.

25[49]. 다음 자료를 이용해 물질의 융해열을 계산하여라. 31.15 kJ로 21 ℃의 고체 0.500 kg을 327 ℃(녹는점)의 액체로 바꿀 수 있다. 고체의 비열은 0.129 kJ/(kg·K)이다.

14.6 열전도

26[51]. 지름이 2.30 cm이고 길이가 1.10 m인 금속 막대의 한쪽 끝이 32.0 ℉의 얼음에 잠겨 있고 다른 쪽 끝은 212 ℉인 끓는 물에 잠겨 있다. 얼음이 175초마다 1.32 g씩 녹는다. 이 금속의 열전도도는 얼마인가? 어떤 금속인지 확인하여라. 주위 공기에 의한 열손실은 없다고 가정하여라.

27[53]. 길이가 0.50 m이고 단면의 넓이가 6.0×10^{-2} cm²인 구리 막대가 단면의 넓이가 같고 길이가 0.25 m인 철 막대에 연결되어 있

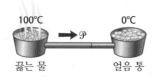

다. 구리의 한쪽 끝은 끓는 물에 잠겨 있고 다른 쪽 끝은 철 막대와 접합되어 있다. 철 막대의 맨 끝이 0 ℃의 얼음물에 있다. 끓는 물에서 얼음물로 전달되는 열 흐름률을 구하여라. 주변 공기에 의한 열손실은 없다고 가정하여라.

28[55]. 물개의 털과 지방 덩어리의 열저항이 0.33 K/W이다. 물개의 체온이 37 ℃이고 해수 온도가 약 0 ℃인 경우, 물개가 자기 체온을 유지하기 위한 열 방출률은 얼마인가?

29[57]. 다음과 같은 조건에서 외피(피부 바깥층)를 가로지르는 온도 강하(온도 변화)를 구하여라. 표피의 넓이가 10.0 cm²이고 전도에 의한 열 흐름률은 50 mW이다. 표피의 두께는 2.00 mm이고 열전도도는 0.45 Wm⁻¹·K⁻¹이다.

30[59]. 어떤 집에 있는 5개의 벽은 겉넓이, 절연 재료 및 절연 두께가 서로 다르다. 벽을 통과하는 열 흐름률이 큰 것부터 작은 것까지 순서를 정하여라. 각 벽의 안팎의 온도는 동일하다고 가정하여라.

(a) 넓이 = 120 m², 열전도율이 0.030 W/(m·K)이고 두께가 10 cm인 절연체

(b) 넓이 = 120 m², 열전도율이 0.045 W/(m·K)이고 두께가 15 cm인 절연체

(c) 넓이 = 180 m², 열전도율이 0.045 W/(m·K)이고 두께가 10 cm인 절연체

(d) 넓이 = 120 m², 열전도율이 0.045 W/(m·K)이고 두께가 10 cm인 절연체

(e) 넓이 = 180 m², 열전도율이 0.030 W/(m·K)이고 두께가 15 cm인 절연체

31[61]. 건물 벽이 두께가 같은, 나무로 된 층과 코르크 단열재로 된 층으로 이루어져 있다. 실내 온도는 20.0 ℃이고 실외 온도는 0.0 ℃이다. (a) 코르크가 내부에 있고 목재가 외부에 있을 때 목재와 코르크 사이의 온도는 얼마인가? (b) 나무가 안에 있고 코르크가 바깥쪽에 있을 때 코르크와 목재 사이의 온도는 얼마인가? (c) 코르크가 나무 벽의 안쪽에 있는지, 바깥쪽에 놓여 있는지가 중요한가? 설명하여라.

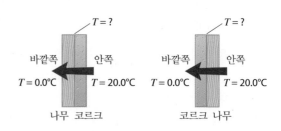

14.8 열복사

32[63]. 흑체가 $T = 1650$ K에서 복사에너지를 방출하는 경우, 복사에너지 세기가 최대인 파장은 얼마인가?

33[65]. 총 겉넓이 A와 표면 온도 T가 다음과 같이 주어진 6개의 목재 스토브가 있다. 열 흐름률(전달된 일률)이 가장 큰 것부터 가장 작은 것까지 순서를 정하여라. 방출률은 모두 같다고 가정하여라.

(a) $A = 1.00$ m², $T = 227\,°C$

(b) $A = 1.01$ m², $T = 227\,°C$

(c) $A = 1.05$ m², $T = 227\,°C$

(d) $A = 1.00$ m², $T = 232\,°C$

(e) $A = 0.99$ m², $T = 232\,°C$

(f) $A = 0.98$ m², $T = 232\,°C$

34[67]. 전구 안의 텅스텐 필라멘트에 전류가 흘러 2.6×10^3 K로 가열된다. 텅스텐의 방출률은 0.32이다. 전구에 40.0 W의 전력을 공급할 경우, 필라멘트의 겉넓이는 얼마인가?

35[69]. 어떤 학생이 몸무게 감량을 원한다. 그는 혹독한 에어로빅 활동으로 약 700 kcal/h(2900 kJ/h)를 사용하고 몸을 따뜻하게 유지하는 것을 포함해 필요한 생물학적 기능을 지탱하기 위해 하루에 약 2000 kcal(8400 kJ)를 흡수하는 것으로 알고 있다. 그는 단순히 $16\,°C$의 실내에서 알몸으로 앉아서 신체에서 열량을 방출하도록 함으로써 그 열량을 더 빨리 태우겠다고 마음먹었다. 그의 체표면적은 약 1.7 m²이며, 대머리인 그의 피부 온도는 $35\,°C$이다. 방출률을 1.0으로 가정하면, 이 학생은 시간당 몇 칼로리의 열량(kcal/h)을 태울 것인가?

36[71]. 추운 날씨에 외출할 때는 머리가 몸의 가장 중요한 부분이라고 말할 때가 종종 있다. $-15\,°C$의 매우 추운 날, 어떤 사람의 머리가 15분 동안 노출되고, 대머리인 그의 피부 온도가 $35\,°C$이고, 피부의 방출률(적외선)이 97 %라고 가정하면, 복사에 의한 총 에너지 손실을 어림잡아 계산하여라.

37[73]. 질량이 3.0 g인 도마뱀은 몸을 따뜻한 햇볕에 쪼여 따뜻하게 한다. 태양 광선에 수직인 종이 위에 넓이가 1.6 cm²인 도마뱀의 그림자가 생겼다. 지표에서 햇볕의 세기는 1.4×10^3 W/m²이지만 이 에너지의 절반만이 대기를 투과해 도마뱀에 흡수된다. (a) 도마뱀의 비열이 4.2 J/(g·°C)인 경우, 도마뱀의 체온 증가율은 얼마인가? (b) 도마뱀에 의한 열손실이 없다고 가정하면 (단순화하기 위해) 도마뱀의 체온을 $5.0\,°C$까지 올리려면 태양 볕에 얼마나 오래 있어야 하는가?

38[75]. 나뭇잎의 비열이 3.70 kJ/(kg·°C)이고, 넓이는 5.00×10^{-3} m², 질량은 0.500 g이다. 잎의 윗면이 복사에너지 9.00×10^2 W/m²의 70.0 %를 흡수한다고 가정하면, 잎의 뒷면은 온도가 $25.0\,°C$인 주변 환경으로부터 입사하는 모든 복사에너지를 흡수한다고 가정하자. (a) 잎의 열손실의 유일한 방법이 열복사인 경우, 잎의 온도는 어떻게 되겠는가? (잎이 흑체처럼 방사한다고 가정하여라.) (b) 잎이 $25.0\,°C$의 온도에 머물러 있다면, 증발(증발로 인한 열손실)과 같은 다른 방법으로 단위 넓이당 잃은 일률은 얼마인가?

39[77]. 흑체에서 최대 복사선의 세기가 $2.65\ \mu m$인 파장에서 발견되었다면, 이 복사체의 온도는 얼마인가?

40[79]. 티 파티에서, 서빙 테이블 위에 커피주전자와 찻주전자가 놓여 있다. 커피주전자는 복사율이 0.12인 은빛 주전자이고, 찻주전자는 세라믹으로 되어 있으며 복사율은 0.65이다. 파티가 시작될 때 두 주전자에는 $98\,°C$인 유체가 각각 1.00 L씩 들어 있다. 실내 온도가 $25\,°C$인 경우, 2개의 주전자에서 복사열 손실율은 얼마인가? (힌트: 겉넓이를 구하려면 주전자를 비슷한 부피의 입방체에 가깝다고 간주하여라.)

협동문제

41[81]. 작은 동물은 큰 동물보다 몸무게 1 kg당 더 많은 음식을 먹는다. 기초대사율(BMR)은 활동을 전혀 하지 않는 상태에서 생명을 유지하는 데 필요한 최소한의 에너지 섭취량이다. 표에는 5종의 동물에 대한 BMR, 질량, 겉넓이

동물	BMR(kcal/일)	몸무게(kg)	겉넓이(m²)
쥐	3.80	0.018	0.0032
개	770	15	0.74
사람	2050	64	2.0
돼지	2400	130	2.3
말	4900	440	5.1

를 나열했다. (a) 각 동물 몸무게의 1 kg당 BMR(BMR/kg)을 계산하여라. 더 작은 동물들이 몸무게 1 kg당 훨씬 많은 음식을 소비해야 한다는 것이 사실인가? (b) 겉넓이당 기초대사량 BMR/m²을 계산하여라. (c) 크기가 다른 동물에 대해 BMR/m²가 대략 같은 이유를 설명할 수 있는가? 휴식 상태에 있는 동물에 의해 대사되는 음식 에너지가 어떻게 되는지 생각해보아라.

42[83]. 치타의 경우, 운동 중 소모하는 에너지의 70 %는 체내에서 한 일이며 신체 내에서 소비된다. 개의 경우에는 소모된 에너지의 5.00 %만이 개의 몸 안에서 소비된다. 두 동물 모두 운동 중에 동일한 총 에너지를 소비한다고 가정하여라. 둘 다 열용량이 같고 치타는 개의 몸무게의 2.00배이다. (a) 개의 체온 변화에 비해 치타의 체온 변화는 얼마나 높은가? (b) 둘 다 처음에 35.0 ℃에서 시작했고 운동 후 치타의 체온이 40.0 ℃인 경우, 개의 나중 체온은 얼마인가? 확률적으로 어느 동물이 견딜 만하겠는가? 설명하여라.

연구문제

43[85]. 캠핑 중에 일부 학생이 햇볕을 좁은 넓이에 모으는 태양열 히터로 물을 가열해 핫 초콜릿을 만들기로 결정했다. 태양광이 1.5 m²의 태양열 히터에 750 W/m²의 세기로 비추고 있다. 15.0 ℃의 물 1.0 L를, 끓는 온도 100.0 ℃까지 높이려면 얼마 동안이나 가열해야 하는가?

44[87]. 질량이 10.0 g이고 온도가 20.0 ℃인 철 탄알이 4.00×10^2 m/s의 속력으로 날아가 0.500 kg의 나무토막에 박혀서 정지했다. 이 나무토막도 20.0 ℃이다. (a) 처음에 총알이 가진 운동에너지가 모두 총알의 내부 에너지로 되었다. 이때 총알의 온도 상승을 계산하여라. (b) 잠시 후 총알과 블록이 같은 온도 T에 도달했다. 주위 환경에 의한 열손실이 없다고 가정하고 T를 계산하여라.

45[89]. 여러 종의 동물들은 땀으로 몸을 식히면서 땀이 증발하기 때문에 열이 주변으로 퍼진다. 격렬한 운동을 하면 사람의 증발열 손실률은 약 650 W이다. 사람이 30.0분 동안 격렬하게 운동하고 나서 몸에서 손실된 유체를 보충하기 위해 마셔야 할 물의 양은 얼마인가? 물의 증발열은 정상 피부 온도에서 2430 J/g이다.

46[91]. 100.0 ℃의 수증기 4.0 g이 화상 환자의 피부에 응축되어 37.0 ℃인 피부에서 45.0 ℃까지 냉각되었다면, (a) 수증기는 얼마나 많은 열을 방출하는가? (b) 피부가 원래 37.0 ℃였을 경우, 수증기를 물로 냉각시키는 데 얼마나 많은 조직이 개입되었는가? 인체 조직의 비열에 대해서는 표 14.1을 참조하여라.

47[93]. 양서류가 다리 근육을 수축하는 과정에서 발생하는 열의 양은

$$Q = 0.544 \text{ mJ} + (1.46 \text{ mJ/cm}) \, \Delta x$$

로 주어진다. 여기서 Δx는 수축한 길이이다. 길이가 3.0 cm이고 질량이 0.10 g인 근육이 수축해 1.5 cm로 되었다면, 온도는 얼마나 상승하는가? 근육의 비열은 4.186 J/(g·℃)라고 가정하여라.

48[95]. 62 g 얼음 조각 두 개를 186 g의 물이 들어 있는 유리그릇에 떨어뜨렸다. 물의 처음 온도가 24 ℃이고 얼음 온도가 −15 ℃인 경우, 물의 나중 온도는 얼마인가?

49[97]. 용수철상수 $k = 8.4 \times 10^3$ N/m인 용수철을 0.10 m 길이로 압축시킨다. 1.0 kg의 물이 들어 있는 용기에 넣고 압축시킨 용수철을 놓았다. 용수철에 저장된 모든 에너지가 물을 가열한다고 가정한다면 물의 온도 변화량은 얼마나 되겠는가?

50[99]. 대장간에서 대장장이가 0.38 kg의 철편을 498 ℃까지 가열했다. 디자인한 장식품을 만든 후, 냉각시키기 위해 물통에 넣었다. 냉각에 사용할 수 있는 물의 온도가 20.0 ℃일 경우, 철장식품을 23.0 ℃로 식히기 위해 물통에는 최소한 물의 양이 얼마나 있어야 하는가? 물통의 물은 액체로 남아 있어야 한다.

51[101]. 1.0 kg의 물이 들어 있는 2.0 kg의 철 냄비에, 100.0 ℃의 구리 덩어리 2.0 kg을 넣었다. 구리 덩어리를 냄비에 넣기 직전에 물과 철 냄비의 온도는 25.0 ℃이다. 물의 나중 온도는 얼마인가? 주위 환경으로의 열 흐름은 무시하여라.

52[103]. 20.0 g의 총알이 소총에서 발사되어 87.0 ℃의 온도로 강철판에 부딪쳤다. 총알이 녹았다면 총알의 속력은 최소한 얼마인가?

53[105]. 무더운 여름날 다프네는 피크닉을 하려고 공원으로 떠났다. 그녀는 보온병에 0 °C 얼음 0.10 kg을 넣은 다음, 실온의 물(25 °C)에 분말을 푼, 포도 맛이 나는 음료수를 넣었다. 이 포도 맛이 나는 음료수가 얼음을 얼마나 녹일 것인가?

54[107]. 20.0 g의 납 총알이 47.0 °C의 온도로 소총에서 발사되어 5.00×10^2 m/s 의 속도로 날아가다가, 0 °C의 큰 얼음덩어리에 박혔다. 얼음이 얼마나 녹겠는가?

55[109]. 0.0 °C의 얼음덩어리 75 kg이 빙하에서 떨어져 나와, 2.43 m 높이에서 땅으로 마찰이 없는 얼음을 따라 미끄러진 다음, 자갈과 흙으로 된 수평면을 따라 미끄러진다. 생성된 내부 에너지의 75 %가 얼음을 가열하는 데 사용된다고 가정하면, 거친 표면과의 마찰에 의해 얼음이 얼마나 녹는지 구하여라.

15 열역학

개념정리

- 열역학 제1 법칙은 에너지 보존이다.

$$\Delta U = Q + W \qquad (15\text{-}1)$$

여기서 Q는 계로 들어온 열이고, W는 계에 한 일이다.

- 압력, 온도, 부피, 몰수, 내부 에너지 그리고 엔트로피는 상태변수로서 어느 순간의 계의 상태를 설명하지만 계가 어떻게 그 상태로 왔는지는 말해주지 않는다. 열과 일은 상태변수가 아니며 계가 한 상태에서 다른 상태로 어떻게 변하였는지 기술해준다.

- 압력이 일정할 때(또는 압력 변화를 무시할 수 있을 만큼 충분히 작은 부피 변화에 대해서) 계에 한 일은 다음과 같다.

$$W = -P\Delta V \qquad (15\text{-}2)$$

일의 크기는 PV 도표 곡선의 아래 넓이이다.

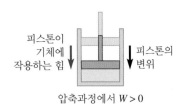

압축과정에서 $W > 0$

- 이상기체의 내부 에너지 변화는 오로지 온도 변화에 의해 결정된다. 그러므로 다음과 같다.

$$\Delta U = 0 \quad \text{(이상기체, 등온과정)} \qquad (15\text{-}10)$$

- 계에 열의 출입이 없는 과정을 단열과정이라 한다.

- 이상기체의 등적 몰비열과 등압 몰비열 사이에는 다음과 같은 관계가 성립한다.

$$C_P = C_V + R \qquad (15\text{-}9)$$

- 뜨거운 물체에서 차가운 물체로 자발적으로 이동하는 열의 흐름은 항상 비가역적이다.

뜨거운 물체 ➡ 차가운 물체
자발적인 열 흐름

- 기관, 열펌프 또는 냉장고의 한 순환 과정에서 에너지 보존은 다음의 관계를 만족한다.

$$Q_{알짜} = Q_H - Q_C = W_{알짜}$$

여기에서 Q_H, Q_C, $W_{알짜}$는 모두 양(+)으로 정의된 값이다.

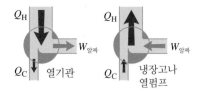

Q_H $W_{알짜}$ Q_C 열기관
Q_H $W_{알짜}$ Q_C 냉장고나 열펌프

- 기관의 효율은 다음과 같이 정의된다.

$$e = \frac{W_{알짜}}{Q_H} \qquad (15\text{-}12)$$

- 열펌프의 성능계수는 다음과 같다.

$$K_p = \frac{\text{전달된 열}}{\text{들어온 알짜 일}} = \frac{Q_H}{W_{알짜}} \qquad (15\text{-}15)$$

- 냉장고나 에어컨의 성능계수는 다음과 같다.

$$K_r = \frac{\text{제거된 열}}{\text{들어온 알짜 일}} = \frac{Q_C}{W_{알짜}} \qquad (15\text{-}16)$$

- 저장체는 매우 큰 열용량을 가지고 있어서 무시할 수 있을 정도의 온도 변화를 일으키면서 어느 방향이든지 열교환을 할 수 있다.

- 열역학 제2 법칙은 다양한 방식으로 기술될 수 있다. 그중 두 가지는 다음과 같다.

  (1) 열은 차가운 물체에서 따뜻한 물체로 결코 자발적으로 흐르지 않는다.

  (2) 우주의 엔트로피는 절대 감소하지 않는다.

따뜻한 물체 → 차가운 물체

역방향의 열 흐름이 자발적으로 일어나지는 않는다.

- 가역기관의 효율은 오직 고온 저장체와 저온 저장체의 절대온도에 의해 결정된다.

$$e_r = 1 - \frac{T_C}{T_H} \qquad (15\text{-}17)$$

- 열량 Q가 일정한 절대온도 T의 계로 들어오면 그 계의 엔트로피 변화는 다음과 같다.

$$\Delta S = \frac{Q}{T} \qquad (15\text{-}20)$$

- 열역학 제3 법칙: 계를 절대온도 0도까지 냉각시키는 것은 불가능하다.

연습문제

단답형 질문

1[1]. 성능계수가 1인 열펌프를 제작하는 것이 가능한가? 설명하여라.

2[3]. 열역학 법칙의 기이한 표현(도박사들이 좋아하지 않을 법한)에는 다음과 같은 것들이 있다.
I. 절대로 이길 수 없다. 곧, 지거나 비길 수만 있다.
II. 분명히 0이라고 하더라도 비길 수 있다.
III. 틀림없이 0은 될 수가 없다.
"이기다", "지다", "비기다"라는 것은 무엇을 의미하는가? (힌트: 열기관에 관해 생각해보아라.)

3[5]. 석유나 석탄 같은 화석연료가 감소하면 이러한 상황을 "에너지 위기"라고 한다. 물리학의 관점에서 이 명칭은 왜 적합하지 않은가? 더 나은 명칭을 생각할 수 있는가?

4[7]. 대부분의 열펌프는 전기히터와 결합한 형태로 작동한다. 외부의 온도가 상대적으로 온화하면 전기히터는 작동하지 않는다. 그러나 외부의 온도가 낮아지면 전기히터가 작동해 열펌프를 보충한다. 왜 그런가?

5[9]. 엔트로피의 변화는 항상 열의 이동을 동반하는가? 만약 아니라면 엔트로피가 증가하는 다른 예를 들어보아라.

6[11]. 따뜻한 레몬 음료 병에 얼음을 넣었다. 열이 레몬 음료에서 얼음으로 이동할 때 각각의 엔트로피에 어떤 변화가 생기는지 기술하여라.

7[13]. 한 아이가 하루 종일 해변에서 놀다가 바닷물 한 양동이를 집으로 가져왔다. 바닷물은 소금 결정만 남기고 모두 증발했다. 소금 결정에 분자가 정렬된 정도는 바닷물에 녹아 있는 소금물에 분자가 정렬된 정도보다 훨씬 더 높다. 이것이 엔트로피의 원리에 위배되는가? 설명하여라.

선다형 질문

1[1]. 열기관이 온도 300 °C와 30 °C인 저장체 사이에서 작동한다. 가능한 최대 효율은 얼마인가?
(a) 10 %   (b) 47 %   (c) 53 %
(d) 90 %   (e) 100 %

2[3]. 두 계가 서로 열접촉을 하고 있어서 한 계에서 다른 계로 열이 이동할 수 있다. 두 계가 다음 중 어느 것이 같아질 때까지 열이 이동하는가?
(a) 에너지   (b) 열용량
(c) 엔트로피   (d) 온도

3[5]. 계의 상태가 등적과정으로 변할 때,

(a) 압력은 변하지 않는다.

(b) 내부 에너지는 변하지 않는다.

(c) 엔트로피는 일정하다.

(d) 계의 온도는 변하지 않는다.

4[7]. 단열되어 있는 용기의 왼쪽 칸에는 이상기체가 채워져 있고 오른쪽 칸은 진공 상태이다. 중앙부의 밸브가 열리면 기체가 오른쪽 칸으로 이동할 수 있다. 평형 상태가 되면 기체의 온도는

(a) 처음 온도에 비해 내려간다.

(b) 처음 온도에 비해 올라간다.

(c) 처음 온도와 같다.

(d) 처음 온도보다 높을 수도 있고, 같거나 낮을 수도 있다.

5[9]. 이상기체가 일정한 온도에서 압축될 때,

(a) 기체에서 열이 빠져나온다.

(b) 기체의 내부 에너지는 변하지 않는다.

(c) 기체에 한 일은 0이다.

(d) 답이 없다.

(e) (a)와 (b)

(f) (a)와 (c)

6[11]. 1몰의 이상기체가 P_A, V_A의 상태에서 P_B, V_B의 상태($V_B > V_A$)로 변했다. 다음 중 옳은 것은 어느 것인가?

(a) 이 과정 중 기체로 들어간 열은 전적으로 P_A, V_A, P_B, V_B 값에 의해 결정된다.

(b) 이 과정 중 기체의 내부 에너지 변화는 전적으로 P_A, V_A, P_B, V_B 값에 의해 결정된다.

(c) 이 과정 중 기체에 한 일은 전적으로 P_A, V_A, P_B, V_B 값에 의해 결정된다.

(d) 앞의 셋 모두 옳다.

(e) 답이 없다.

7[13]. 다음 중 열역학 제2 법칙이 함축되어 있는 진술은 어느 것인가?

(a) 한 순환과정에서 기관(연료 및/또는 저장체를 포함)의 엔트로피는 절대 감소하지 않는다.

(b) 어떠한 과정에서든 증가한 계의 내부 에너지는 흡수한 열과 계에 한 일을 합한 것과 같다.

(c) 한 순환에서 저온 저장체로 열을 배출하지 않고 작동하는 열기관은 불가능하다.

(d) (a)와 (c)

(e) (a), (b), (c)

문제

15.1 열역학 제1 법칙, 15.2 열역학적 과정, 15.3 이상기체의 열역학적 과정

1[1]. 어느 추운 날, 밍은 손이 따뜻해지도록 손을 맞대고 비볐다. 그녀는 5.0 N의 힘으로 운동마찰계수가 0.45인 두 손 바닥을 앞뒤로 문지르며 16 cm의 거리를 움직였다. 주변으로 열이 빠져나가지 않았다고 가정할 때, 여덟 번 문질렀다면 내부 에너지가 얼마나 증가하였는가?

2[3]. 계에 500 J의 일을 하는 동안 내부 에너지가 400 J 증가했다. 계로 들어가거나 빠져나온 열은 얼마인가?

3[5]. 인부가 주걱으로 깡통 안의 페인트를 섞고 있다. 주걱은 28.0 rad/s로 16.0 N·m의 토크를 가하는데, 일률은

$$P = \tau\omega = 16.0 \text{ N·m} \times 28.0 \text{ rad/s} = 448\text{W}$$

이다. 페인트의 온도가 1.00 K 올라가면 내부 에너지는 12.5 kJ이 증가한다. (a) 페인트에서 계로 빠져나가는 열이 없다면 5.00분 동안 섞었을 때 페인트의 온도는 얼마로 되겠는가? (b) 실제로 온도가 6.3 K로 변했다면 주변으로 빠져나간 열은 얼마나 되는가?

4[7]. 27 °C인 단원자 이상기체가 그림과 같이 A에서 B까지는 등압 과정으로, B에서 C까지는 등적과정을 거쳐 상태가 변한다. 이 두 과정 동안 한 총 일을 구하여라.

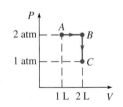

5[9]. 단원자 이상기체의 순환과정을 나타낸 PV 도표이다.

(a) 0.0200 mol의 기체가 있다면 C에서의 온도와 압력은 얼마인가? (b) 기체가 A에서 B로 변했을 때, 내부 에너지의 변화량은 얼마인가? (c) 이 기체가 한 순환과정 동안 한 일은 얼마인가? (d) 한 순환과정 동안 이 기체의 내부 에너지 변화량은 얼마인가?

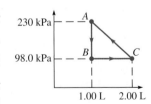

6[11]. 이상기체가 300.0 K의 온도를 유지하기 위해 저장체와 열접촉을 하고 있다. 이 기체는 24.0 L에서 14.0 L로 압축되었다. 이 과정 동안 피스톤이 기체를 압축하는 동안 5.00 kJ의 에너지를 소비한다. 저장체와 기체 사이에 흐른 열량은 얼마인가? 열은 어느 방향으로 이동하는가?

7[13]. 단원자 이상기체가 다음의 *PV* 도표에 보인 과정 중한 과정을 따라서 *A* 상태에서 *D* 상태로 변한다고 하자. (a) 만일 상태 변화가 등적과정 *A–B*와 등압과정 *B–C–D*를 따라 변한다면 기체에 해준 총 일은 얼마인가? (b) 전체 과정 동안 기체의 내부 에너지의 총 변화와 기체로 유입된 전체 열을 구하여라.

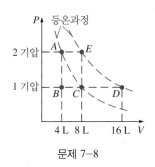

문제 7–8

8[15]. 기체가 문제 7의 그림에서 등압과정 *A–E*와 등온과정 *E–D*를 따라서 상태가 변했다고 하자. (a) 그러면 기체에 해준 총 일은 얼마인가? (b) 전체 과정 동안 기체의 내부 에너지의 총 변화와 기체로 유입된 전체 열을 구하여라.

15.5 열기관, 15.6 냉장고와 열펌프

9[17]. *PV* 도표에 보인 5개의 순환과정 중에서 (a) 어느 것이 열기관의 순환과정을 나타낸 것인가? (b) 어느 것이 열펌프의 순환과정을 나타낸 것인가? (c) 어느 것이 냉장고의 순환과정을 나타낸 것인가? 설명하여라.

10[19]. 석탄 1.00 kg당 1.17 kWh의 전력을 생산하는 전기 발전기의 효율은 얼마인가? 석탄의 연소열은 6.71×10^6 J/kg이다.

11[21]. (a) 33.3 %의 효율을 가진 기관이 1.00 kJ의 일을 하려면 얼마의 열을 흡수해야 하는가? (b) 이 기관은 얼마의 열을 배출하는가?

12[23]. 어떤 기관이 27 %의 효율로 9.5 s만에 정지해 있던 1800 kg의 자동차를 27 m/s로 가속시킬 수 있다. 고온일 때 엔진으로 들어가는 열 흐름률과 저온일 때 엔진에서 빠져나오는 열 흐름률은 얼마인가?

13[25]. 지구 표면에 입사하는 태양광의 세기(단위 넓이당 일률)는 하루 평균 0.20 kW/m²이다. 태양광 발전량이 1.0×10^9 W가 되려면 효율이 20.0 %인 태양전지판의 넓이는 얼마나 되어야 하는가?

14[27]. 어떤 기관이 30.0 %의 효율로 작동한다. 이 기관이 5.00 kg인 상자를 정지 상태에서 수직 높이 10.0 m인 곳으로 들어 올리는 순간에 속력이 4.00 m/s였다. 이 기관으로 얼마의 열이 들어가야 하는가?

15[29]. 성능계수가 2.00인 에어컨이 하루에 1.73×10^8 J의 열을 제거한다. 전기요금이 \$0.10/kWh라면 에어컨이 하루에 소모하는 전기 요금은 얼마인가? (1 kWh = 3.6×10^6 J이다.)

15.7 가역기관과 열펌프

16[31]. 815 K인 고온 저장체에서 125 kJ의 열이 유입되고 293 K인 저온 저장체로 82 kJ의 열을 방출하는 열기관이 있다. (a) 이 기관의 효율은 얼마인가? (b) 같은 두 저장체 사이에서 작동되는 이상기관의 효율은 얼마인가?

17[33]. 수온이 18.0 °C인 호수의 표층수를 열원으로 사용하고 호수 면에서 0.100 km 아래에 있는 4.0 °C인 물로 열을 배출하는 열기관의 가능한 최대 효율을 계산하여라.

18[35]. 열펌프를 이용해 실내 온도를 20 °C로 난방을 하는 집이 있다. 외부 온도가 −10.0 °C인 어느 추운 날, 이 펌프로 1.0 kJ의 열을 실내로 공급하는 데 필요한 최소한의 일은 얼마인가?

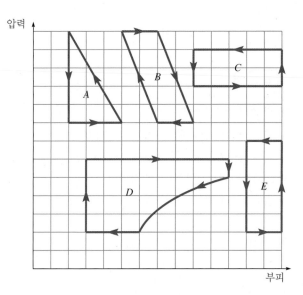

19[37]. 사람들은 지속적으로 음식을 섭취해 37 ℃ 가까이로 체온을 안정적으로 유지할 수 있기 때문에 매우 양호한 저장체가 될 수 있다. 한 발명가가 체내외의 온도 차를 이용해 전지를 충전하거나 다른 장비(곧, 심박조율기나 기타 필요한 의료기기)에 전원을 공급하기 위해 피부 아래에 이식할 수 있는 미세 엔진을 설계했다고 가정해보자. 그러한 엔진이 카르노 효율의 절반을 수행할 수 있었고 하루에 5.0 nJ의 에너지를 전지에 저장할 수 있었다면 주변 온도가 20 ℃인 경우 어떤 비율로 신체가 미세 엔진에 에너지를 공급할 수 있겠는가?

20[39]. (a) 온도 600.0 ℃와 300.0 ℃ 사이에서 작동하는 가역기관의 효율을 계산하여라. (b) 이 기관이 고온 저장체에서 420.0 kJ의 열을 흡수한다면 저온 저장체로 배출하는 열은 얼마인가?

21[41]. 어떤 발전소에서 500 ℃의 증기로 발전을 하고 27 ℃의 강물로 증기를 응축한다. 강물을 47 ℃에서 증기를 응축시키는 냉각탑으로 전환해야 한다면 이론상 최대 효율은 얼마나 감소하는가?

22[43]. 한 발명가가 수면과 수중 10 m의 온도 차를 이용해 배를 가동하는 열기관을 제안했다. 수면과 수중 온도가 각각 15.0 ℃와 10.0 ℃일 때, 이 열기관으로 가능한 최대 효율은 얼마인가?

23[45]. 가역 냉장고의 성능계수가 3.0이다. 처음에 0 ℃였던 물 1.0 kg을 얼리려면 일을 얼마나 해야 하는가?

24[47]. 가역 열펌프의 성능계수가 $1/(1 - T_C/T_H)$임을 보여라.

25[49]. 가역기관에서 저온 저장체로 배출되는 열 Q_C와 한 알짜 일 $W_{알짜}$ 사이에 다음의 관계가 성립함을 보여라.

$$Q_C = \frac{T_C}{T_H - T_C} W_{알짜}$$

15.8 엔트로피

26[51]. 엔트로피가 증가하는 순으로 나열하여라. (a) 0 ℃의 얼음 0.5 kg과 0 ℃의 물(액체) 0.5 kg, (b) 0 ℃의 얼음 1.0 kg, (c) 0 ℃의 물 1.0 kg, (d) 20 ℃의 물 1.0 kg.

27[53]. 0.0 ℃의 각얼음이 서서히 녹고 있다. 1.00 g씩 얼음이 녹을 때마다 각얼음의 엔트로피 변화는 얼마인가?

28[55]. 100 ℃의 수증기 10 g이 100 ℃의 물로 응축될 때 엔트로피의 변화량은 얼마인가? 이 과정에서 우주의 엔트로피는 얼마나 증가하는가?

29[57]. 크고 찬 (0.0 ℃) 쇳덩어리가 뜨거운 (100.0 ℃) 물속에 잠겨 있다. 처음 10.0 s 동안 물과 쇠의 온도가 크게 변하지는 않았지만, 41.86 kJ의 열이 이동했다. 이 시간 동안 계의 엔트로피 변화를 계산하여라.

30[59]. 단열된 계 내에서, 구리 막대를 통해 200 ℃의 고온 저장체에서 100 ℃의 저온 저장체로 열전도가 일어난다. (저장체는 매우 커서 열이 이동하는 동안 온도 변화는 없다.) 계의 알짜 엔트로피 변화는 몇 kJ/K인가?

31[61]. 우리 몸은 땀을 배출하여 증발시킴으로써 몸에서 열을 방출시킨다. 피부의 온도를 35.0 ℃, 공기의 온도를 28.0 ℃라 할 때, 150 mL의 땀이 증발해 발생한 우주의 엔트로피 변화량은 얼마인가?

32[63]. 60 ℃로 일정한 온도에서 35.0 g의 단백질 표본이 변성하는 데 2.20 J이 필요하다고 하자. 단백질의 몰 질량이 29.5 kg/mol이라면 단백질 한 분자당 엔트로피의 변화량은 얼마인가?

33[65]. 어떤 기술자가 바다에서 따뜻한 바닷물을 끌어들여서 내부 에너지를 추출하고 그보다 더 낮은 14.5 ℃로 바다로 배출하는 기관을 장착한 배를 설계했다. 바닷물의 온도가 17 ℃로 일정하다면 이 기관은 효율적인 기관인가? 이 기술자가 설계한 기관이 작동하겠는가?

34[67]. 이상기체가 2.0×10^5 Pa의 일정한 압력 아래에서 온도 −73 ℃에서 +27 ℃로 가열되었다. 기체의 처음 부피는 0.10 m³이다. 이 과정에 열에너지 25 kJ을 공급했다. 기체의 내부 에너지는 얼마나 증가했는가?

협동문제

35[69]. 화력발전소에서는 원자력발전소보다 더 높은 온도 T_H의 저장체를 사용할 수 있다. 안전상의 이유로 원자력발전소는 화력발전소만큼 높은 온도가 허용되지 않는다. 화력발전소는 $T_H = 727$ ℃, 원자력발전소는 $T_H = 527$ ℃의 저장체를 사용하고, 두 발전소는 모두 수온이 27 ℃인 호수로 폐열을 배출한다. 두 발전소가 하루에 1.00×10^{14} J의 전력을 생산하기 위해 배출하는 폐열의 양은 얼마인가? 가역기관이라고 가정하여라.

36[71]. 60.0 ℃의 철제 블록 0.500 kg이 20.0 ℃의 철제

블록 0.500 kg과 접촉하고 있다. (a) 블록은 곧바로 온도가 40.0 ℃로 된다. 우주의 엔트로피 변화량을 계산하여라. (힌트: 모든 열의 이동은 각 블록의 평균 온도에서 일어났다고 가정하여라.) (b) 만약에 높은 온도의 블록은 80.0 ℃로 높아지고 낮은 온도의 블록은 0.0 ℃로 낮아졌을 때 우주의 엔트로피의 변화량을 추정하여라. 이러한 과정이 불가능한 이유를 설명하여라.

연구문제

37[73]. 기관의 단원자 기체가 그림과 같은 순환과정을 따른다. 삼각형 왼쪽 아래 점의 온도는 470.0 K이다. (a) 기관이 매 순환마다 얼마의 일을 하는가? (b) 기체의 최대 온도는 얼마인가? (c) 이 기관에 몇 몰의 기체를 사용했는가?

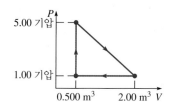

38[75]. 가역기관에서 고온 저장체의 온도를 ΔT만큼 높이거나 저온 저장체의 온도를 ΔT만큼 낮춤으로써 효율을 더 높일 수 있는가?

39[77]. 20.0 ℃의 단원자 기체 4.0 mol과 30.0 ℃의 다른 단원자 기체 3.0 mol을 섞는다고 가정해보자. 이 혼합 기체가 평형 상태에 도달한다면, 이 혼합 기체의 나중 온도는 얼마인가? (힌트: 에너지 보존을 이용하여라.)

40[79]. 역기를 들어 올리는 동안 근육의 효율은 역기를 들어 올리면서 한 일을 근육이 발휘한 총 에너지(한 일과 근육에서 소모한 내부 에너지를 더한 것)로 나눈 것과 같다. 161 N의 역기를 수직으로 0.577 m 들어 올리고 그 과정에서 139 J의 에너지를 소모했다. 근육의 효율을 구하여라.

41[81]. 어느 더운 날, 단열된 채로 고립된 방에 있다. 이 방에는 전기모터로 작동하는 냉장고가 있다. 모터는 250 W의 전력으로 작동한다. 방의 온도를 낮추기 위해 냉장고의 문을 열어놓고 모터가 계속 돌아가게 두었다. 방과 방안의 집기들에 어떤 열이 가해지거나 새어나가는가?

42[83]. 물 850 g이 20.0 ℃에서 50.0 ℃로 가열될 때 엔트로피 변화는 얼마인가? (힌트: 평균 온도에서 열이 물 쪽으로 흐른다고 가정하여라.)

43[85]. 용기에 20.0 ℃의 물 1.20 kg을 담아 −20.0 ℃의 냉장고에 넣었다. 물은 얼음이 된 후 냉장고 내부에서 평형에 도달한다. 냉장고가 온도 20.0 ℃와 −20.0 ℃인 저장체에서 작동할 때 이 과정에서 필요한 최소한의 전기에너지는 얼마인가?

44[87]. 비가역 열기관의 PV 도표를 생각하자. 이 기관은 1.000 mol의 이원자 이상기체를 사용한다. 등온과정 A와 B에서 기체는 온도 373 K와 273 K인 저장체와 접촉한다. 등적과정 B에서 기체는 저온 저장체로 열을 배출함에 따라 온도가 내려간다. 등적과정 D에서 기체는 고온 저장체에서 열이 들어옴에 따라 온도가 올라간다. (a) 순환의 각 단계에서 기체가 한 일, 기체에 들어오고 빠져나간 열, 그리고 기체 내부 에너지의 변화를 구하여라. (b) 이 기관의 효율을 구하여라. (c) 같은 저장체를 사용하는 가역기관의 효율과 비교하여라.

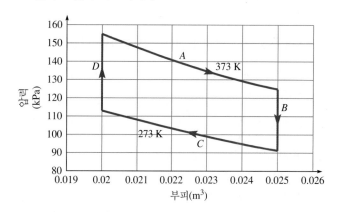

45[89]. 1.1 기압에서 한 물고기의 부레가 8.16 mL로 부풀어 있다. 물고기가 수평으로 헤엄치기 시작하면 온도가 20.0 ℃에서 22.0 ℃로 상승하게 된다. (a) 물고기가 같은 압력에 있을 때 부레의 기체가 얼마만큼의 일을 하는가? (힌트: 먼저 온도 변화에 따른 부피를 구하여라.) (b) 얼마만큼의 열이 부레로 들어갔는가? 공기는 이원자 이상기체로 간주하여라. (c) 이 열을 잃는다면 물고기의 체온이 얼마나 내려가겠는가? 물고기의 질량은 5.00 g이고 비열은 약 3.5 J/g·℃이다.

13~15장 종합 복습문제

복습문제

1. 1.00 m³인 물이 폭포 위에서 11 m 아래로 떨어졌을 때 내부 에너지의 변화량은 얼마인가? 물에서 공기로 전달된 열은 없다고 가정하여라.

2. 질소 기체(N_2)가 몇 도에서 20 °C의 헬륨 기체(He)와 같은 rms 속력을 가지는가?

3. 우주 잔해물 조각이, 소행성대를 가로지르는 우주선 선체를 관통해 충돌하기 전에 온도가 20.0 °C인 물탱크 안에서 멈춘다. 우주 잔해물의 질량은 1.0 g이고 물의 질량은 1.0 kg이다. 잔해물이 8.4×10^3 m/s의 속력으로 운동했고 모든 운동에너지가 물을 가열하는 데 사용된다면 물의 나중 온도는 얼마인가?

4. 물 2.0 kg이 담긴 주전자를 뜨거운 난로 위에 올려놓은 후, 물에 6.0 kJ의 역학적 일을 하도록 믹서로 거세게 저어 주었다. 물의 온도가 4.00 °C 올라갔다. 이 과정에서 난로에서 물로 흘러 들어간 열은 얼마인가?

5. (a) 25.0 °C의 물 0.250 kg이 0 °C의 물이 되려면 −10.0 °C의 얼음을 얼마나 넣어서 녹여야 하는가? (b) 얼음을 반만 넣었다면 물의 나중 온도는 얼마인가?

6. 40.0 L의 파이렉스 용기에 가득 물이 채워져 있고 온도는 90.0 °C이다. 물을 20.0 °C로 냉각시키면 얼마만큼의 물을 더 채울 수 있는가?

7. −10.0 °C의 얼음 조각 75 g을 주위 환경으로 열이 새지 않도록 단열된 용기 안에 있는 50.0 °C, 0.500 kg의 물에 넣었다. 얼음이 완전히 녹겠는가? 이 계의 나중 온도는 얼마인가?

8. 부피가 12.0 m³인 기구가 처음에 19.0 °C, 1.00 기압의 기체로 채워져 있다. 기구의 공기가 가열되면 기구의 밑부분이 열려 있기 때문에 부피와 압력은 일정하게 유지된다. 공기의 온도가 40.0 °C가 되었을 때 몇 몰의 기체가 남아 있겠는가?

9. 어느 별의 스펙트럼이 다른 파장보다 700.0 nm인 빛을 많이 방출한다. (a) 이 별 표면의 온도는 얼마인가? (b) 별의 반지름이 7.20×10^8 m라면 초당 방출하는 에너지는 얼마인가? (c) 이 별이 지구에서 9.78 ly 떨어져 있다면 지구에서 관측되는 세기는 얼마인가? 별은 거의 완전한 흑체이다.

10. 높이 2.74 m, 너비 3.66 m인 벽이 두께가 1.00 cm인 나무와 3.00 cm인 단열재(열전도도가 양털과 비슷한 재질)로 구성되어 있다. 벽 내부의 온도는 23.0 °C, 외부는 −5.00 °C이다. (a) 벽을 통한 열전달률은 얼마인가? (b) 벽 넓이의 반을 5.00 cm의 판유리로 대체한다면 열전달률은 얼마인가?

11. 냉각기에서 2.00 mol의 단원자 이상기체가 그림과 같은 순환과정을 거친다. A는 800.0 K이다. (a) 점 D의 온도와 압력은 얼마인가? (b) 순환과정을 거치는 동안 기체에 한 알짜 일은 얼마인가? (c) 점 A에서 내부 에너지는 얼마인가? (d) 순환과정 동안 기체 내부 에너지의 총 변화량은 얼마인가?

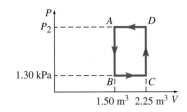

12. 알루미늄 냄비에서 끓는 물이 10 g/s의 비율로 수증기로 변한다. 냄비의 밑넓이는 325 cm²이고 두께는 3.00 mm이다. 아래에서 불꽃으로 냄비에 전달된 열의 27.0 %는 냄비 옆면으로 손실되고, 73.0 %만 물로 전달되었다면 냄비 바닥의 온도는 얼마인가?

13. 2.00 kg의 얼음 조각이 0.0 °C에서 녹는다. 이 과정에서 얼음의 엔트로피 변화는 얼마인가?

14. 지름이 80 cm인 구가 250 °C에서 에너지를 발산한다. 구의 중심에서 2.0 m 떨어진 곳에서 측정한 복사선의 세기가 102 W/m²라면 구의 복사율은 얼마인가?

15. 질량이 7.30 kg이고 15.2 °C인 쇠공이 10.0 m 높이에서, 10.1 °C의 물 4.50 L가 담긴 단열된 용기 안으로 떨어졌다. 물이 튕겨나가지 않았다면 물과 쇠공의 최후 온도는 얼마인가?

16. 승용차 타이어의 압력이 36.0 psi(lb/in²)이다. 타이어의 어느 부분까지 도로에 닿는지 알아보기 위해 가장자리에 분필로 표시를 했다. 앞 타이어가 접촉한 넓이는 24.0 in²이고 뒤 타이어가 접촉한 넓이는 20.0 in²이다. (a) 승용차의 무게는 몇 파운드(lb)인가? (b) 앞 타이어와 뒤 타이어의 중심에서 중심까지 거리는 7.00 ft이다. 운전석 쪽 타이어(왼쪽 앞 타이어)를 원점으로 차량의 진행 방향을 +y-축으로 잡았을 때 승용차의 질량중심의 y-좌표를 구하여라.

17. 온수탱크가 부분적으로 단열되어 있다. 열손실을 줄이기 위해 외부를 담요로 감싸서 덮었다. 물의 온도는 81 °C, 외부 온도는 21 °C이며, 온수탱크와 담요 사이의 온도는 36 °C이다. 열손실률은 얼마만큼 감소했는가?

18. 이상적인 냉장고가 0.0 °C를 유지하고 40.0 °C의 외부로 열을 배출한다. 1 kJ의 일을 할 때마다 (a) 얼마만큼의 열이 배출되는가? (b) 내부에서 얼마만큼의 열이 빠져나가는가?

19. 겨울날, 실외 온도가 −4 °C이다. 1.0 kJ의 전기에너지로 가동되는 열펌프를 사용한다면 21 °C인 실내로 얼마만큼의 열이 들어가야 하는가? 이상적인 열펌프라고 가정하여라.

20. 구리 막대가 한쪽 끝은 0.0 °C의 얼음 속에, 반대쪽은 끓는 물 속에 놓여 있다. 막대의 길이는 1.00 m, 지름은 2.00 cm이다. 얼음이 얼마의 비율(g/h)로 녹겠는가? 막대 외부와 열의 출입은 없다고 가정하여라.

21. (a) 왜 자동차의 냉각제는 고압으로 유지되어야 하는가? (b) 왜 라디에이터 뚜껑은 열기 전에 압력을 낮출 수 있는 안전밸브가 있어야 하는가? (힌트: 그림 14.7 물의 상도표 참조.)

22. 증기기관이 지름이 15.0 cm이고 이동 변위가 20.0 cm인 피스톤으로 구성되어 있다. 피스톤이 가하는 평균 압력은 1.3×10^5 Pa이다. 출력이 27.6 kW가 되려면 피스톤은 얼마(Hz)의 진동수로 작동해야 하는가?

23. 두 알루미늄 블록이 같은 온도에서 열적 접촉을 하고 있다. (a) 어떤 조건일 때 내부 에너지가 같은가? (b) 두 블록 사이에 에너지 전달이 있는가? (c) 블록들이 반드시 물리적으로 접촉하고 있어야 하는가?

24. 발전소가 석탄을 이용해 535 K에서 증기를 만든다. 증기는 응축되어 323 K의 물이 된다. (a) 이 발전기의 최대 가능한 효율은 얼마인가? (b) 발전기가 최대 효율의 50.0% 로 작동할 때 전력량이 1.23×10^8 W라면 냉각탑에서 얼마만큼의 비율로 열이 배출되는가?

25. 열기관이 다음의 네 순환과정을 거친다. 1단계에서 325 K, 2.00 mol의 이원자 이상기체가 등온압축되어 원래 부피의 1/8로 줄어든다. 2단계에서 등적압축되어 기체의 온도가 985 K로 증가한다. 3단계에서 기체는 등온팽창하여 원래의 부피로 돌아간다. 마지막 4단계 등적과정에서 기체는 원래의 온도로 돌아간다. (a) 이 순환과정의 4단계에 해당하는 *PV* 도표를 정량적으로 작성하여라. (b) 네 단계 각각과 전체 순환과정에서 *W*, *Q*, Δ*U*를 표로 작성하여라. (c) 이 기관의 효율은 얼마인가? (d) 이 기관의 최대/최소 온도와 같은 온도에서 작동하는 카르노 기관의 효율은 얼마인가?

26. 19 °C, 0.15 kg의 야구공이 높이 24 m인 타워 꼭대기에서 떨어진다. 공은 바닥에 부딪힌 다음 몇 차례 되튀긴 후 바닥에 정지하였다. 우주의 엔트로피는 얼마나 증가했는가?

27. 어떤 바이메탈 띠(그림 13.6 참조)가 275 °C일 때 황동이 철보다 0.100 % 더 길다. 몇 도가 되면 둘의 길이가 같아지겠는가?

28. 20 °C, 0.360 kg의 납 조각을, 420 °C, 0.980 kg의 액체 상태의 납이 담긴 단열된 용기에 넣었다. 이 계가 외부 열손실 없이 열평형에 도달하였다. 용기의 열용량은 무시하여라. (a) 계에서 납 조각이 고체로 존재할 수 있는가? (b) 계의 나중 온도는 얼마인가?

29. (a) 지표면 근처에 있는 물체가 지구의 중력에서 벗어나는 데 필요한 최소 속력인 탈출속력을 계산하여라. (힌트: 에너지 보존을 이용하고 공기저항은 무시하여라.) (b) 0 °C 수소 분자(H₂)의 평균 속력을 계산하여라. (c) 0 °C 산소 분자(O₂)의 평균 속력을 계산하여라. (d) (a)부터 (c)까지의 분자의 속력 분포를 통해서 지구의 대기에 산소는 충분히 있지만 수소는 거의 없는 이유를 설명하여라.

30. 길이가 10.0 cm인 실린더의 한쪽 끝에 지름이 5.00 cm인 피스톤이 있다. 이 피스톤은 그림과 같이 상수가 10.0 N/cm인 이상적인 용수철에 연결되어 있다. 처음

에 용수철은 압축되지 않은 상태로 고정되어 움직이지 않는다. 이 실린더에 압력이 5.00×10^5 Pa인 기체를 채웠다. 실린더 내부가 이 압력으로 되었을 때, 빗장을 풀면 실린더 내부와 외부의 압력 차 때문에 피스톤이 Δx 만큼 움직인다. 통 안의 부피가 증가할 때 온도가 일정하게 유지되도록 열이 실린더 내부로 들어간다. 그렇게 되면 팽창 전후에 통 안의 온도 T가 같다고 가정할 수 있다. 용수철이 압축된 길이 Δx를 구하여라.

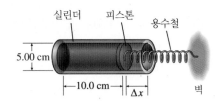

실린더　피스톤　용수철

5.00 cm

10.0 cm　Δx　벽

미국 MCAT 기출문제

다음은 MCAT 시험에 출제되었던 문제로 미국의과대학협회 (AAMC)의 허가를 얻어서 게재한 것이다.

1. 온도가 각각 25 °C, 75 °C인 동일한 구리 막대 A, B가 서로 맞닿아 있다. 구리의 비열은 온도에 따라 변하지 않고 A와 B는 주변 환경과 열을 교환하지 않는다면, A와 B가 각각 24 °C와 76 °C가 될 수 있겠는가?

   A. 그렇다. 두 막대는 동일하기 때문이다.

   B. 그렇다. 열이 A에서 B로 이동할 수 있기 때문이다.

   C. 아니다. 열은 B에서 A로 이동하기 때문이다.

   D. 아니다. 에너지는 보존되지 않기 때문이다.

2. 어떤 해류가 극지방에서 더 따뜻한 바다로 흐른다. 0 °C의 바닷물 1 kg과 5 °C의 바닷물 1 kg이 섞이면 온도가 대략 얼마가 되겠는가?

   A. 1.25 °C　　　　　B. 2.50 °C

   C. 3.25 °C　　　　　D. 4.00 °C

3. 18.0 g의 얼음을 녹이려면 에너지가 얼마나 필요한가?

   A. 4.18kJ　　　　　B. 5.87kJ

   C. 6.02kJ　　　　　D. 6.17kJ

단락을 읽고 이어지는 질문에 답하여라.

　그림의 증기기관은 열역학의 원리를 보여준다. 물을 끓이면, 피스톤을 밀어내는 증기가 발생한다. 증기는 응축기에서 물이 되고 이 물은 보일러로 되돌아간다. 이 기관의 효율은 다음과 같다.

$$e = W/Q_H = 1 - Q_C/Q_H$$

여기서 W는 계가 밖으로 한 일이고, Q_H는 유입된 열, Q_C는 배기될 때 밖으로 빠져나가는 열이다. 계로 들어간 열을 모두 일로 바꾸는 것은 불가능하다.

　냉각기는 역방향으로 작동하는 열기관이다. 열은 냉각기를 통과해 순환하는 액체가 기체로 변할 때 냉각기에서 흡수된다. 그렇게 하면 기체는 압축기에서 다시 액체로 변하고 냉매가 다시 순환한다.

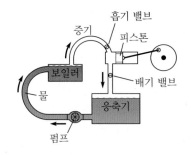

흡기 밸브

증기　피스톤

보일러

물　배기 밸브

펌프　응축기

4. 어떻게 해야 증기기관의 효율을 높일 수 있는가?

   A. 배기가스의 온도를 높인다.

   B. 배기가스의 온도를 낮춘다.

   C. 들어가는 열을 늘린다.

   D. 들어가는 열을 줄인다.

5. 냉장고에서 냉매가 단위 질량당 제거할 수 있는 열량은 다음 냉매의 특성 중 어느 것에 관련되는가?

   A. 기화열

   B. 용해열

   C. 액체 상태의 비열

   D. 기체 상태의 비열

6. 다음 중 어떤 것으로 응축기를 둘러싸는 것이 증기를 액화시키는 데 가장 효과적이겠는가?

   A. 고압 증기

   B. 저압 증기

   C. 정지한 물

   D. 순환하는 물

7. 열원으로부터 생산할 수 있는 유용한 일의 양을 맞게 설명한 것은 어느 것인가?

   A. 열량보다 작다.

   B. 열량보다 작거나 같다.

   C. 열량과 같다.

   D. 열량과 같거나 크다.

8. 앞에서 논의한 증기기관의 피스톤이 어떤 에너지 변환으로 인해 오른쪽으로 이동하게 되는가?

A. 역학적 에너지에서 내부 에너지로

B. 역학적 에너지에서 화학에너지로

C. 내부 에너지에서 역학적 에너지로

D. 내부 에너지에서 전기에너지로

9. 가정용 냉장고에서 사용하는 냉매와 물의 끓는점과 어는점을 정확히 대비시킨 진술은 다음 중 어느 것인가?

A. 냉매의 끓는점은 물의 끓는점보다 높다.

B. 냉매의 끓는점은 물의 어는점보다 낮다.

C. 냉매의 어는점은 물의 끓는점보다 높다.

D. 냉매의 어는점은 물의 어는점보다 낮다.

단락을 읽고 이어지는 질문에 답하여라.

한 기술자가 합성윤활유의 저유탱크를 설계하는 교육을 받고 있다. 두 가지 요구 사항은 탱크에서 배유하는 데 필요한 시간과 배유구 마개를 들어 올리는 데 필요한 힘의 크기를 최소화하는 것이었다. 처음 설계에서, 배유 구멍을 무게가 500 N인 마개로 덮고, 마개는 탱크의 상부까지 막대로 연결했으며, 탱크는 절연되어 있다(그림 참조). 또 각각 5 kW의 전력을 사용하는 침유식 전열기가 10개 있다. 기름의 끓는점은 220 °C이고 비중은 0.7이며 비열은 물의 60 %이다. 탱크의 열용량은 그 안에 들어 있는 유체에 비해 무시할 만하다.

탱크를 제작한 다음, 물을 채워서 실험했다. 탱크 내부와 외부의 기압은 1이었다. 마개를 빼는 데 필요한 힘이 5310 N인 것을 알았다. 전열기 성능을 시험하기 위해 탱크 가득히 20 °C물을 채웠다. 10개의 전열기를 모두 가동해 15시간 후에 수온이 100 °C가 되었다. 이 개발을 지휘한 기술자는 배유구 마개를 연 후 약 30초 만에 가득 차 있던 탱크가 완전히 비워졌다고 보고했다.

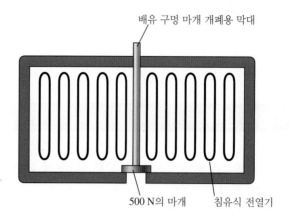

배유 구멍 마개 개폐용 막대

500 N의 마개   침유식 전열기

10. 전열기를 가동해 저유탱크 전체의 온도를 20 °C에서 60 °C로 높이는 데 시간이 얼마나 걸리는가?

A. 3.2h   B. 6.3h

C. 7.5h   D. 9.0h

11. 저유탱크 안의 공기가 보통의 기압보다 4 기압 더 올라갈 수 있다고 표시되어 있다. 다음 중 압력이 이만큼 증가할 가능성이 가장 낮은 것은 어느 것인가?

A. 기름을 가열하는 데 걸리는 시간이 상당히 증가할 것이다.

B. 마개를 들어올리기가 더 어려워질 것이다.

C. 유체의 배출 속도가 증가할 것이다.

D. 저유탱크를 비우는 데 걸리는 시간이 더 줄어들 것이다.

16 전기력과 전기장

개념정리

- 쿨롱의 법칙은 하나의 점전하가 다른 점전하에 작용하는 힘이다. 힘의 크기는

$$F = \frac{k|q_1||q_2|}{r^2} \qquad (16\text{-}2)$$

이고, 여기서 쿨롱상수는

$$k = 8.99 \times 10^9 \, \frac{\text{N·m}^2}{\text{C}^2} \qquad (16\text{-}3\text{a})$$

이다.

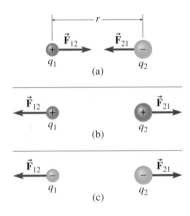

- 하나의 점전하가 다른 점전하에 작용하는 힘의 방향은 두 전하의 부호가 반대인 경우에는 다른 전하를 향하는 방향으로 작용한다. 그러나 두 전하의 부호가 같을 경우에는 다른 전하에서 멀어지는 방향으로 작용한다.

- 전기장(기호 $\vec{\mathbf{E}}$)은 단위 전하당 전기력이다. 전기장은 벡터양이다.

- 점전하 q가 다른 모든 전하에 의한 전기장 $\vec{\mathbf{E}}$인 곳에 놓여 있다면, 점전하에 작용한 전기력은

$$\vec{\mathbf{F}}_E = q\vec{\mathbf{E}} \qquad (16\text{-}4\text{b})$$

이다.

- 전기장의 SI 단위는 N/C이다.

- 전기장선은 전기장을 표현하는 데 편리하다.

- 어떤 점에서 전기장의 방향은 그 점을 통과하는 전기장선의 접선의 방향이며, 전기장선 위에 화살표로 그 방향을 표시한다.

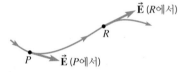

- 전기장은 전기장선이 서로 가까이 밀집한 곳에서는 강하고, 멀리 떨어져 있는 곳에서는 약하다.

- 전기장선은 절대 교차하지 않는다.

- 전기장선은 양(+)전하에서 시작해 음(−)전하에서 끝난다.

- 양(+)전하에서 시작해 음(−)전하에서 끝난 전기장선의 수는 전하의 크기에 비례한다.

- 중첩의 원리는 임의의 점에서 전하의 집단이 만든 전기장은 각 전하에 의해 생긴 전기장 벡터의 합이라는 것을 말해준다.

- 전하가 $\pm Q$이고 넓이가 A인 평행한 두 판 사이의 균일한 전기장의 크기는

$$E = \frac{Q}{\epsilon_0 A} \qquad (16\text{-}6)$$

이다. 전기장의 방향은 평행판과 수직이고 양(+)으로 대전된 판에서 나가는 방향이다.

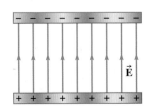

- 전기장 다발

$$\Phi_E = E_\perp A = EA_\perp = EA \cos \theta \qquad (16\text{-}8)$$

- 가우스 법칙

$$\Phi_E = 4\pi kq = q/\epsilon_0 \qquad (16\text{-}9)$$

연습문제

단답형 질문

1[1]. 뉴턴의 중력 법칙과 쿨롱의 법칙의 유사성 때문에 한 친구가 다음과 같은 가설을 제안한다. '아마도 중력 상호 작용이란 것은 아예 없을 것이다. 그 대신에 우리가 중력 이라고 하는 것은 전기적으로 완벽하지는 않지만 거의 중 성인 물체들 사이에 작용하는 전기력일 수도 있다.' 이에 대해 가능한 한 많은 반론을 제시해보아라.

2[3]. 정전기적 평형 상태인 금속 도체에 있는 알짜 전하 는 도체 전체에 골고루 분포되어 있지 않고 외부 표면에 만 분포되어 있는데 그 이유를 설명하여라.

3[5]. 대전되지 않은 금속구가 있다. 대전된 막대를 이 금 속구와 접촉시켰더니 금속구가 양(+)전하로 대전되었다. (a) 금속구의 질량은 막대로 대전시키기 전보다 커지는 가, 작아지는가? 아니면 대전되기 전과 같은가? 설명하여 라. (b) 대전된 막대에 있던 전하는 양(+)전하인가, 음(+) 전하인가?

4[7]. 실험 파트너가 당신에게 유리 막대를 주고 그 막대가 음(−)전하를 띠고 있는지 물어왔다. 실험실에는 검전기가 있다. 막대가 대전되어 있다면 어떻게 그것을 설명하겠는 가? 전하의 부호를 결정할 수 있는가? 처음에 막대가 대 전되어 있었다면 막대의 전하를 결정하는 실험을 한 후에 도 전하는 같겠는가? 설명하여라.

5[9]. 다음은 중성자(n)가 양성자(p^+)와 전자(e^-)로 붕괴되 는 가상적인 과정이다.

$$n \rightarrow p^+ + e^-$$

처음에 전하가 없었으나 전하가 "생겨난" 것처럼 보인다. 이 반응이 전하 보존 법칙에 위배되는가? (29.3절에서, 중 성자가 단지 양성자와 전자의 둘로만 붕괴되지 않음을 볼 수 있다. 곧, 전기적으로 중성인 세 번째 입자가 붕괴 산 물에 포함된다.)

6[11]. 전기장선은 절대 교차하지 않는다. 그 이유를 설명 하여라.

7[13]. 검전기는 도체구와 금속막대 그리고 두 장의 금속 박으로 구성되어 있다. 처음에 대전이 되지 않았던 검전 기가 있다. (a) 양(+)전하로 대전된 막대를 도체구와 접촉 시킨 후에 치운다면, 두 장의 박에는 어떤 일이 발생하는 가? (b) 다음에는 양(+)으로 대전된 또 하나의 막대를 도 체구와 닿지 않도록 가까이 가져갔다. 어떤 일이 일어나 겠는가? (c) 양(+)전하로 대전된 막대를 치우고, 음(−)전 하로 대전된 막대를 금속구 가까이 가져간다면, 어떤 일 이 발생하겠는가?

8[15]. 음(−)전하로 대전된 막대를 접지된 도체 근처로 가 지고 갔다. 그러고 나서 연결된 접지를 제거한 후 그 막대 도 제거했다. 도체의 전하는 양(+)전하인가, 음(−)전하인 가? 아니면 전하가 없는가? 설명하여라.

9[17]. 다발(flux)이라는 말은 라틴 어 "흘러나옴(to flow)" 에서 나왔다. 양($\Phi_E = E_\perp A$)이 어떻게 흐름과 관련되는 가? 그림은 물이 관 속에서 흐르는 유선을 보여준다. 유선 은 실제로 속도 장(velocity field)의 장선(field line)이다. 양 $v_\perp A$의 물리적인 의미는 무엇인가? 때로 물리학자들은 양(+)전하를 전기장 샘이라고 하고, 음(−)전하를 전기장 웅덩이(sink)라고 부른다. 이유가 무엇인가?

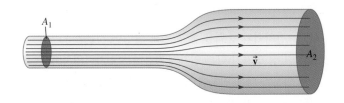

10[19]. Q_1과 Q_2를 둘러싸고 있지만 Q_3와 Q_4는 둘러싸고 있지 않은 닫힌 면을 생각하여라. (a) 점 P의 전기장은 어 느 전하가 기여한 것인가? (b) 그 값을 표면을 통과하는 다발로부터 계산할 수 있는가? Q_1과 Q_2가 만든 전기장만

이용해서 계산한 다발의 값은 총 전기장을 이용해서 얻은 것보다 큰가, 작은가, 아니면 같을 것인가?

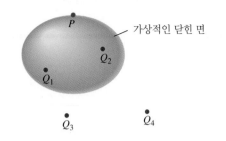

가상적인 닫힌 면

선다형 질문

1[1]. α입자(전하량 +2e, 질량 $4m_p$)가 양성자(전하량 +e, 질량 m_p)와 충돌하고 있다. 전기적 반발력 이외의 힘이 작용하지 않는다고 가정하여라. 다음 중 두 입자의 가속도에 대해 바르게 나타낸 것은 어느 것인가?

(a) $\vec{a}_\alpha = \vec{a}_p$ (b) $\vec{a}_\alpha = 2\vec{a}_p$ (c) $\vec{a}_\alpha = 4\vec{a}_p$

(d) $2\vec{a}_\alpha = \vec{a}_p$ (e) $4\vec{a}_\alpha = \vec{a}_p$ (f) $\vec{a}_\alpha = -\vec{a}_p$

(g) $\vec{a}_\alpha = -2\vec{a}_p$ (h) $\vec{a}_\alpha = -4\vec{a}_p$ (i) $-2\vec{a}_\alpha = \vec{a}_p$

(j) $-4\vec{a}_\alpha = \vec{a}_p$

2[3]. 공간의 한 점에서 전기장은 무엇의 척도인가?

(a) 그 점에 있는 물체의 총 전하량

(b) 그 점에 있는 대전된 물체의 전기력

(c) 그 점에 있는 물체의 전하와 질량의 비

(d) 그 점에 있는 점전하에 작용하는 단위 질량당 전기력

(e) 그 점에 있는 점전하에 작용하는 단위 전하당 전기력

3[5]. 대전된 절연체와 대전되지 않은 금속 물체를 서로 가까이 가져가면?

(a) 서로에게 전기력을 작용하지 않는다.

(b) 전기적으로 서로 반발한다.

(c) 전기적으로 서로 끌어당긴다.

(d) 전하가 양(+)인지 음(−)인지에 따라 인력 또는 척력이 작용한다.

4[7]. 전기력과 중력을 옳게 비교 설명한 것은?

(a) 한 점 입자가 다른 입자에 작용하는 전기력의 방향은 그 입자가 다른 입자에 작용하는 중력의 방향과 항상 같다.

(b) 두 입자가 서로에게 작용하는 전기력과 중력은 입자 사이 거리에 반비례한다.

(c) 한 행성이 다른 행성에 작용하는 전기력은 같은 행성이 다른 행성에 작용하는 중력보다 대체로 강하다.

(d) 위의 설명 모두 옳지 않다.

5[9]. 그림에서, 전기장의 세기가 증가하는 순서로 나타낸 것은?

(a) 2, 3, 4, 1   (b) 2, 1, 3, 4   (c) 1, 4, 3, 2

(d) 4, 3, 1, 2   (e) 2, 4, 1, 3

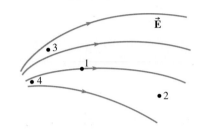

문제

16.1 전하, 16.2 도체와 절연체

1[1]. 물 1.0몰에 있는 양성자의 총 전하를 구하여라.

2[3]. 중성인 풍선을 털가죽에 마찰시켰더니 −0.6 nC의 알짜 전하를 얻었다. (a) 전자만 이동한다고 가정하면, 풍선은 전자를 잃었는가, 얻었는가? (b) 몇 개의 전자가 이동했는가?

3[5]. 양(+)으로 대전된 막대를 서로 접촉해 있는 크기가 같고 대전되지 않은 두 개의 도체 구 가까이 접근시켰다(그림 a). 도체 구를 그림 b처럼 이동시킨 후 대전된 막대를 치우면, (a) 그림 b에서 구 1의 알짜 전하의 부호는? (b) 구 1의 전하와 비교해 구 2의 전하량과 전하의 부호는?

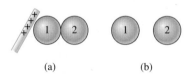

(a)   (b)

4[7]. 금속구 A에 전하 Q가 있다. 다른 두 구 B와 C는 알짜 전하가 없는 것을 제외하고 A와 동일하다. A와 B를 접촉한 후 분리시킨다. 다음에는 B와 C를 접촉시킨 후 분리시킨다. 마지막으로 C와 A를 접촉시킨 후 분리시킨다. 구 C를 B와 접촉시킬 때, 구 C는 접지되어 있었다. 그러나 그 외 다른 시간에는 접지되지 않았다. 최종적으로 각 구에는 어떤 전하가 있는가?

16.3 쿨롱의 법칙

5[9]. 다음 5가지 상황에서, 두 점전하 Q_1과 Q_2는 거리 d 만큼 떨어져 있다. Q_1에 작용하는 전기력의 크기가 가장 큰 것부터 순서대로 나열하여라.

(a) $Q_1 = 1\ \mu C$, $Q_2 = 2\ \mu C$, $d = 1$ m

(b) $Q_1 = 2\ \mu C$, $Q_2 = 1\ \mu C$, $d = 1$ m

(c) $Q_1 = 2\ \mu C$, $Q_2 = 4\ \mu C$, $d = 4$ m

(d) $Q_1 = 2\ \mu C$, $Q_2 = 2\ \mu C$, $d = 2$ m

(e) $Q_1 = 4\ \mu C$, $Q_2 = 2\ \mu C$, $d = 4$ m

6[11]. 두 개의 작은 금속구가 25.0 cm 떨어져 있다. 구에는 같은 양의 음(−)의 전하가 있고 서로 0.036 N의 척력을 작용한다. 각 구의 전하는 얼마인가?

7[13]. 두 개의 5.0 kg 구리 구 사이의 전기적 척력과 중력의 크기를 같게 하려면 각 구에서 몇 개의 전자를 제거해야 하는가?

8[15]. 질량과 전하가 같은 2개의 금속구가 구의 반지름보다 훨씬 더 멀리 떨어져 있다. 전기력과 중력이 같다면, 전하와 질량비 q/m(C/kg)은 얼마인가?

9[17]. 두 점전하가 거리 r만큼 떨어져서 서로 힘 F로 밀어내고 있다. 두 전하 사이의 거리가 처음 거리의 0.25배로 감소했다면, 척력의 크기는 얼마인가?

10[19]. DNA 분자에서 염기쌍 아데닌과 티민은 두 개의 수소 결합에 의해서 결합되어 있다(그림 16.5 참조). 이 수소결합을 직선상에 놓인 4개의 점전하로 모형화하자. 그림의 정보를 이용해 한 염기가 다른 염기에 작용하는 알짜 전기력의 크기를 계산하여라.

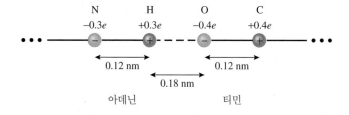

11[21]. 세 점전하가 직각 삼각형의 꼭짓점에 고정되어 있다. 다른 두 전하가 +1.0 μC 전하에 작용하는 전기력은 얼마인가?

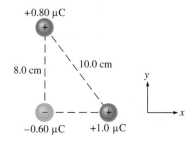

12[23]. 두 개의 서로 다른 작은 금속구에 총 7.50×10^{-6} C

의 전하가 분포되어 있다. 두 개의 구가 6 cm 떨어져서 각각 20.0 N의 척력을 받고 있다. 각 구의 전하는 얼마인가?

13[25]. 보기 16.3의 세 점전하를 이용해서 2개의 다른 전하 (q_2, q_3)가 q_1에 작용하는 힘의 크기를 구하여라. (힌트: q_2가 q_1에 작용하는 힘을 구한 후 그 힘을 x-성분과 y-성분으로 나누어라.)

16.4 전기장

14[27]. 전하가 −0.60 μC인 작은 구가 크기는 1.2×10^6 N/C이고 서쪽을 향하는 균일한 전기장 내에 있다. 전기장에 의해 구에 작용하는 전기력의 크기와 방향을 구하여라.

15[29]. 크기가 33 kN/C인 전기장이 위쪽으로 향하고 있는 곳에서 양성자의 가속도의 크기와 방향을 구하여라.

16[31]. 전하가 −15 μC과 +12 μC이고 8.0 cm만큼 떨어져 있는 두 점전하의 중간 지점에서 전기장의 크기와 방향은 어떻게 되는가?

17[33]. 점 A~E의 전기장이 가장 큰 곳부터 가장 작은 곳까지 순서대로 순위를 매겨라.

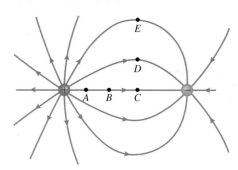

문제 18-20. 양의 점전하 q와 $2q$가 각각 $x = 0$, $x = 3d$에 있다.

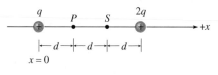

문제 18−20

18[35]. $x = d$(점 P)에서 전기장은 어떻게 되는가?

19[37]. x-축상 외에 $\vec{E} = 0$인 점이 있는가?

20[39]. x-축상에서 $\vec{E} = 0$인 점의 x 좌표를 구하여라.

21[41]. 두 개의 고립된 전하가 다음과 같을 때 전기장선을 스케치하여라. (a) 같은 양(+)의 점전하, (b) 같은 음(−)의

점전하. 장의 방향을 화살표로 나타내어라.

문제 22-23. 그림과 같이, 7.00 μC의 전하를 가진 작은 두 물체를 한 변이 0.300 m인 정사각형의 하단 두 모서리에 배치했다.

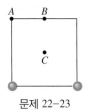

문제 22-23

22[43]. 정사각형의 중심인 점 C에서 전기장을 구하여라.

23[45]. A로 표시한 정사각형 모서리에 전기장이 0이 되도록 하려면 전하량이 같은 세 번째 작은 물체를 어디에 놓아야 하는가?

24[47]. $Q = +1.00$ nC인 두 전하를 한 변이 1.0 m인 사각형의 대각선 모서리 A와 B에 두었다. 점 D에서의 전기장의 크기는 얼마인가?

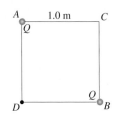

25[49]. $q_1 = +20.0$ nC 및 $q_2 = +10.0$ nC인 두 점전하가 각각 x-축상의 $x = 0$과 $x = 1.00$ μm에 놓여 있다. x-축상에서 전기장이 0인 곳은 어디인가?

16.5 균일한 전기장에서 점전하의 운동

26[51]. 다음의 각 6가지 상황에서, 한 입자(질량 m, 전하 q)가 전기장의 크기가 E인 지점에 있다. 입자에는 다른 힘이 작용하지 않는다. 입자의 가속도의 크기가 가장 큰 것부터 작은 것까지 순서대로 말하여라.

(a) $m = 6$ pg, $q = 5$ nC, $E = 40$ N/C

(b) $m = 3$ pg, $q = -5$ nC, $E = 40$ N/C

(c) $m = 3$ pg, $q = -10$ nC, $E = 80$ N/C

(d) $m = 6$ pg, $q = -1$ nC, $E = 200$ N/C

(e) $m = 1$ pg, $q = 3$ nC, $E = 300$ N/C

(f) $m = 3$ pg, $q = -1$ nC, $E = 100$ N/C

27[53]. 서로 반대로 대전된 두 금속판 사이 공간에 수평으로 전자를 쏘았다. 금속판 사이의 전기장은 500.0 N/C이다. 전기장의 방향은 위로 향한다. (a) 전기장 내에서 전자가 받는 힘은 얼마인가? (b) 금속판을 떠날 때 전자의 수직 편향이 3.00 mm였다면, 전기장으로 인해 증가한 운동에너지는 얼마인가?

28[55]. 질량이 2.30 g이고 전하량이 +10.0 μC인 입자가 금속판의 작은 구멍으로 55.0°의 방향으로 8.50 m/s의 속도로 들어간다. 금속판 위의 균일한 전기장 $\vec{E}$는 크기가 6.50×10^3 N/C이고, 아래쪽으로 향한다. 금속판 위는 실질적으로 진공이므로 공기저항이 없다. (a) 입자가 이동한 수평 거리를 구할 때 중력을 무시할 수 있는가? 있다면 그 이유가 무엇인가? 없다면 그 이유는? (b) 금속판에 부딪히기 전에 양성자는 얼마(Δx)를 이동하겠는가?

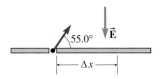

29[57]. 양성자빔을 고에너지로 가속시켜 종양에 충돌하게 해 악성세포를 죽이는 양성자 치료법을 이용하여 일부 암을 치료할 수 있다. 양성자 가속기의 길이는 4.0 m이며, 양성자를 정지 상태에서 1.0×10^7 m/s의 속력으로 가속시켜야 한다고 하자. 상대론적 효과(26장)를 무시하고, 이 양성자를 가속시킬 수 있는 평균 전기장의 크기를 결정하여라.

30[59]. 보기 16.8의 전자가 양극을 통과한 후 8.4×10^6 m/s의 속력으로 운동한다. 그다음 전자는 한 쌍의 평행판 사이를 통과한다[그림 16.34의 (A)]. 평행판의 넓이는 각각 2.50 cm × 2.50 cm이다. 평행판 사이의 거리는 0.50 cm이다. 평행판 사이의 균일한 전기장은 1.0×10^3 N/C이다. 나타낸 대로 평행판은 대전되어 있다. (a) 전자는 어느 방향으로 편향되는가? (b) 평행판을 지난 후 전자는 얼마나 편향되는가?

16.6 정전기적 평형 상태에 있는 도체

31[61]. 총 전하 -6 μC인 구형 도체가 총 전하 $+1$ μC인 도체 구 껍질의 중심에 있다. 도체는 정전기적 평형 상태에 있다. 구 껍질 바깥 표면의 전하를 결정하여라. (힌트: 전기장선 도해를 그려라.)

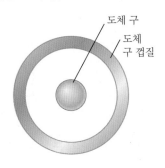

도체 구
도체 구 껍질

32[63]. 정전기적 평형 상태에 있는 한 도체에 공동(cavity)이 있고 공동 안에는 두 점전하 $q_1 = +5\ \mu C$과 $q_2 = -12\ \mu C$이 있다. 도체 자체에는 $-4\ \mu C$의 알짜 전하가 있다.
(a) 도체 안쪽 면에 있는 전하는 얼마인가?
(b) 도체 바깥쪽 면에 있는 전하는 얼마인가?

33[65]. 반지름 R가 같은 두 금속 구형 도체에 크기가 같고 부호가 서로 반대인 전하가 주어진다. 근처에 다른 전하는 없다. 두 구의 중심 거리가 약 $3R$일 때 전기장선을 스케치하여라.

34[67]. 구형 도체가 도체 구 껍질 내에 있다. 도체는 정전기적 평형 상태에 있다. 내부의 구의 반지름은 1.50 cm이고, 구 껍질의 내부 반지름은 2.25 cm, 구 껍질의 외부 반지름은 2.75 cm이다. 내부의 구에 230 nC의 전하가 있고 구 껍질의 알짜 전하가 0이라면 (a) 중심에서 1.75 cm인 점에서 전기장의 크기는 얼마인가? (b) 중심에서 2.50 cm인 점에서 전기장의 크기는 얼마인가? (c) 중심에서 3.00 cm인 점에서 전기장의 크기는 얼마인가? (힌트: 정전기적 평형에서 도체 내부의 전기장이 만족해야 하는 것은 무엇인가?)

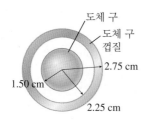

16.7 전기장에 대한 가우스 법칙

35[69]. (a) 크기가 E인 균일한 전기장 내에 있는 모서리 길이가 a인 정육면체의 각 면을 통과하는 전기장 다발을 구하여라. 전기장의 방향은 두 면에 대해 서로 수직이다. (b) 정육면체를 통과하는 총 전기장 다발은 얼마인가?

36[71]. 0.890 μC의 전하를 가진 물체가 정육면체 중심에 있다. 정육면체의 한 면을 통과하는 전기장 다발은 얼마인가?

37[73]. (a) 구 대칭 전하 분포의 바깥에서 전기장은 마치 모든 전하가 한 점전하로 집중된 것과 같다는 것을 가우스 법칙을 이용해 증명하여라. (b) 이제 만일 장을 결정하려는 점의 중심 거리보다 작은 거리에는 전하가 전혀 없다면 구 대칭 전하 분포의 내부에서는 전기장이 0임을 가우스 법칙으로 증명하여라.

38[75]. 중력장에서 균일한 전하 직선 위 1.20 cm에 전자가 떠 있다. 전하 직선의 선전하밀도는 얼마인가? 직선의 끝점에 의한 영향은 무시하여라.

39[77]. 넓이가 A인 평평한 도체 판의 각 면에 전하 q가 있다. (a) 판 내부의 전기장은 얼마인가? (b) 가우스 법칙을 이용해 판 바로 밖의 전기장이 $E = q/(\epsilon_0 A) = \sigma/\epsilon_0$임을 보여라.

40[79]. 반지름이 a인 도선을 반지름이 b인 얇은 금속 원통형 껍질이 둘러싸고 있는 동축케이블이 있다. 도선은 균일한 선전하밀도 $\lambda > 0$를 가지고, 바깥 껍질은 균일한 선전하밀도 $-\lambda$를 가진다. (a) 이 케이블의 전기장선을 그려라. (b) $r \le a,\ a < r < b,\ b \le r$ 영역에서 전기장의 크기를 구하여라.

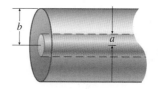

협동문제

41[81]. 뇌우(천둥을 동반하는 비)에서 전하는 궁극적으로 태양이 제공하는 에너지에 의해 일어나는 복잡한 메커니즘을 통해 분리된다. 뇌운에 있는 전하의 한 단순한 모형은 구름 상층부에 축적된 양(+)전하와 하부에 축적된 음(+)전하를 점전하 쌍으로 나타낸다. (a) 지표면 바로 위의 점 P에서 두 전하가 생성한 전기장의 방향과 크기를 구하여라. (b) 지구를 도체로 간주할 때 점 P 근처 지표면에는 어떤 부호의 전하가 축적 되겠는가? (이 축적된 전하가 점 P 근처에서 전기장의 크기를 증가시킨다.)

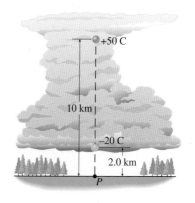

42[83]. 반지름이 5.0 cm인 두 금속구의 알짜 전하가 각각 +1.0 μC과 +0.2 μC이다. (a) 두 구의 중심 거리가 1.00 m일 때 한 구에 작용하는 반발력의 크기는 대략 얼마인가? (b) 두 구의 중심 거리가 12 cm일 때 반발력을 구하기 위해 쿨롱의 법칙을 사용할 수 없는 이유는 무엇인가? (c) $r = 12$ cm일 때 실제 힘은 쿨롱의 법칙을 사용한 결과보다 큰가 아니면 작은가? 설명하여라.

43[85]. (a) 중력 대신에 전기력으로 지구가 지금과 같은 궤도를 유지할 수 있게 하려면 태양과 지구의 알짜 전하가 얼마여야 하는가? 가능한 답변이 많이 있을 수 있으므로 전하의 크기가 질량에 비례하는 경우로 제한해야 한다. (b) 양성자와 전자가 가진 전하의 크기가 똑같지 않다면, 천체는 거의 질량에 비례하는 알짜 전하를 가질 수 있다. 이것으로 지구의 궤도를 설명하는 것이 가능한가?

연구문제

44[87]. 두 양성자(+e)가 서로 2.0×10^{-15} m만큼 떨어져 있다(전형적인 원자핵의 내부에서처럼). 이 양성자 사이의 전기력이 지구 표면 근처에서 질량이 얼마인 물체에 작용하는 중력의 크기와 같은가?

45[89]. 뇌운 내부의 빗방울에는 $-8e$의 전하가 있다. 그 위치에서 크기가 2.0×10^6 N/C 인 전기장(구름에 있는 다른 전하로 인한)이 위로 향한다면 빗방울에 작용하는 전기력은 얼마인가?

46[91]. 점전하 $q_1 = +5.0$ μC이 $x = 0$에 고정되어 있고, 점전하 $q_2 = -3.0$ μC은 $x = -20.0$ cm에 고정되어 있다. 점전하 $q_3 = -8.0$ μC을 어디에 놓아야, q_2, q_3가 점전하 q_1에 작용하는 알짜 전기력이 0(zero)이 되는가?

47[93]. 두 점전하가 x-축 위에 있다. $x = 0$인 지점에 +6.0 nC이, $x = 0.50$ m인 지점에 미지의 전하 q가 있다. 근처에 다른 전하는 없다. $x = 1.0$ m인 지점의 전기장이 0(zero)이라면, 전하 q는 얼마인가?

48[95]. 63.0 nC의 전하가 −47.0 nC인 전하에서 3.40 cm 떨어져 있다. 63.0 nC 전하 바로 위, 1.40 cm의 거리에 있는 점 P에서 전기장의 x-와 y-성분은 얼마인가? 점 P와 두 전하는 직각 삼각형의 꼭짓점에 있다.

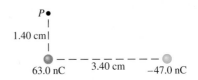

49[97]. 음극선관에서, 처음에 정지한 전자가 관의 처음 길이 5.0 cm에서 균일한 전기장 4.0×10^5 N/C로 가속된다. 그다음 스크린에 부딪치기 전에 45 cm의 거리를 운동하는 동안에 전자는 실질적으로 일정한 속도로 운동한다. (a) 스크린에 부딪칠 때 전자의 속도를 구하여라. (b) 관 전체 길이를 통과하는 데 시간이 얼마나 걸리는가?

50[99]. 질량이 2.35 g인 매우 작은 대전된 블록이, 수평에 대해 17.0°의 각도로 기울어진 마찰이 없는 절연된 평면상에 놓여 있다. 표면을 따라 아래 방향으로 평행하게 향하는 465 N/C의 균일한 전기장 때문에 블록이 평면의 아래쪽으로 미끄러지지 않는다. 블록에 있는 전하의 부호와 크기는 어떻게 되는가?

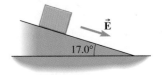

51[101]. 쌍극자가 전하량이 똑같고 부호가 반대이며 서로 거리 d만큼 떨어져 있는 두 점전하($\pm q$)로 구성되어 있다. (a) 쌍극자 축상의 $y > \frac{1}{2}d$인 점 $(0, y)$에서, 전기장에 대한 표현식을 써라. (b) $y \gg d$인 먼 지점에서, 전기장에 대한 간단하고 근사적인 표현식을 써라. 전기장은 y의 몇 거듭제곱에 비례하는가? 이것이 쿨롱의 법칙과 모순이 되는가? (힌트: 이항근사 $(1 \pm x)^n \approx 1 \pm nx(x \ll 1)$를 사용하여라.)

전기퍼텐셜

- 전기퍼텐셜에너지는 전기장 내에 저장될 수 있다. 거리 r 만큼 떨어진 두 점전하의 전기퍼텐셜에너지는

$$U_E = \frac{kq_1q_2}{r} \quad (r = \infty \text{ 에서 } U_E = 0) \quad (17\text{-}1)$$

이다.

- q_1과 q_2의 부호는 전기퍼텐셜에너지가 양(+)인지 음(−)인지를 결정한다. 2개 이상의 전하에 대해서는, 전기퍼텐셜에너지는 각 전하 쌍에 대한 개별 전기퍼텐셜에너지의 스칼라 합이다.

- 한 점에서 전기퍼텐셜 V는 단위 전하당 전기퍼텐셜에너지이다. 곧

$$V = \frac{U_E}{q} \quad (17\text{-}3)$$

이다. 식 (17–3)에서, U_E는 이동 가능한 전하 q와 고정된 전하 집단의 상호작용으로 인한 전기퍼텐셜에너지이고, V는 고정된 전하 집단에 의한 전기퍼텐셜이다. U_E와 V는 모두 이동 가능한 전하 q의 위치의 함수이다.

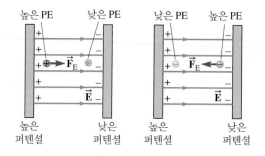

- 전기퍼텐셜은 전기퍼텐셜에너지와 마찬가지로 스칼라양이다. 전기퍼텐셜의 SI 단위는 볼트(1 V = 1 J/C)이다.

- 점전하 q가 전기퍼텐셜 차 ΔV를 통해 이동한다면, 전기퍼텐셜에너지의 변화는 다음과 같다.

$$\Delta U_E = q\,\Delta V \quad (17\text{-}7)$$

- 점전하 Q에서 거리 r인 곳의 전기퍼텐셜은

$$V = \frac{kQ}{r} \quad (r = \infty \text{ 일 때 } V = 0) \quad (17\text{-}8)$$

이다.

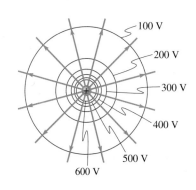

- N개의 점전하에 의한 점 P의 전기퍼텐셜은 각 전하에 의한 전기퍼텐셜의 합이다.

- 등전기퍼텐셜면 위의 모든 점들은 전기퍼텐셜이 같다. 등전기퍼텐셜면은 면 위의 모든 점에서 전기장에 수직이다. 전하가 등전기퍼텐셜면의 한 점에서 다른 점으로 이동할 때 전기퍼텐셜에너지는 변하지 않는다. 만약 인접한 두 면 사이의 전기퍼텐셜 차가 일정하도록 등전기퍼텐셜면을 그렸다면 장이 강할수록 등전기퍼텐셜면들은 더 가까이에 있다.

- 전기장은 항상 전기퍼텐셜이 최대로 감소하는 방향을 가리킨다.

- 크기가 E인 균일한 전기장의 방향으로 거리 d만큼 이동할 때 일어나는 전기퍼텐셜 차는 다음과 같다.

$$\Delta V = -Ed \quad (17\text{-}10)$$

- 전기장의 단위는 다음과 같다.

$$N/C = V/m \quad (17\text{-}11)$$

- 정전기적 평형 상태에 있는 도체 내부의 모든 점의 전기 퍼텐셜은 같아야 한다.

- 축전기는 반대 전하가 있는 두 개의 도체(판)로 구성되어 있다. 축전기는 전하와 전기퍼텐셜에너지를 저장한다. 전기용량은 각 판의 전하량(Q)과 판 사이의 전기퍼텐셜 차(ΔV)의 비율이다. 전기용량은 패럿(F) 단위로 측정한다.

$$Q = C \, \Delta V \qquad \text{(17-14)}$$

$$1 \text{ F} = 1 \text{ C/V}$$

- 평행판 축전기의 전기용량은

$$C = \kappa \frac{A}{4\pi k d} = \kappa \frac{\epsilon_0 A}{d} \qquad \text{(17-16)}$$

이다. 여기서 A는 각 판의 넓이이고, d는 판 사이의 거리이며, ϵ_0는 자유공간의 유전율이다[$\epsilon_0 = 1/(4\pi k) = 8.854 \times 10^{-12} \text{ C}^2/(\text{N} \cdot \text{m}^2)$]. 판 사이가 진공이라면, $\kappa = 1$이고, 그 외에는 $\kappa > 1$는 유전체(절연물질)의 유전상수이다. 유전체가 외부 전기장 안에 있는 경우, 유전율은 유전체 내의 전기장 E와 외부 전기장 E_0의 비이다.

$$\kappa = \frac{E_0}{E} \qquad \text{(17-17)}$$

- 유전상수는 절연 물질이 얼마나 쉽게 분극될 수 있는지를 나타내는 척도이다.

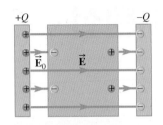

- 유전강도는 유전체의 절연파괴가 일어나 그 물질이 도체가 되는 전기장의 세기를 말한다.

- 축전기에 저장된 에너지는

$$U = \frac{1}{2} Q \, \Delta V = \frac{1}{2} C (\Delta V)^2 = \frac{Q^2}{2C} \qquad \text{(17-18)}$$

이다.

- 전기장과 관련된 단위 부피당 전기퍼텐셜에너지인 에너지 밀도 u는 다음과 같다.

$$u = \frac{1}{2} \kappa \frac{1}{4\pi k} E^2 = \frac{1}{2} \kappa \epsilon_0 E^2 \qquad \text{(17-19)}$$

연습문제

단답형 질문

1[1]. 전하 $-q$인 음(−)으로 대전된 입자가 한자리에 고정된 양(+)전하 $+Q$로부터 멀리 떨어져 있다. $-q$가 $+Q$로 가까이 다가가면, (a) 전기장은 양(+)의 일을 하는가 아니면 음(−)의 일을 하는? (b) $-q$는 퍼텐셜이 증가하는 쪽으로 움직이는가 아니면 감소하는 쪽으로 움직이는가? (c) 전기퍼텐셜에너지는 증가하는가 아니면 감소하는가? (d) 고정된 전하 $+Q$를 $-Q$로 바꾸고 질문(a)~(c)를 반복하여라.

2[3]. 새가 전기퍼텐셜이 −100 kV와 +100 kV 사이에서 변하는 고압선에 앉아 있다. 새는 왜 감전되지 않는가?

3[5]. 점 A와 점 B는 전기퍼텐셜이 같다. 외부의 요인이 전하를 A에서 B까지 옮기는 데 총 한 일은 얼마인가? 당신

의 대답은 외력을 가할 필요가 없음을 의미하는가? 설명하여라.

4[7]. 정전기적 평형 상태에서 도체의 모든 부분이 왜 같은 전기퍼텐셜인가?

5[9]. 공간상의 모든 영역에서 $E = 0$이라면, 그 영역 내 여러 점의 전기퍼텐셜에 대해 어떠한 사실을 알고 있는가?

6[11]. 전기퍼텐셜이 공간 전체 영역의 모든 지점에서 동일하다면, 그 공간 영역의 모든 점에서 전기장이 같은가? 영역 내 $\vec{E}$의 크기에 대해 어떻게 말할 수 있는가? 설명하여라.

7[13]. 축전기 판 사이의 전기퍼텐셜 차에 대해 이야기할 때, 실제로 각 판에서 한 점씩 2개의 점을 지정하고 그들 사이의 전기퍼텐셜 차에 대해 이야기했어야 하는 것이 아

닌가? 또는 어느 점을 선택했는지가 중요하지 않은가? 이유를 설명하여라.

8[15]. 축전기의 전하를 2배로 했다. 전기용량은 어떻게 되는가?

9[17]. 한 점에서 전기퍼텐셜을 안다면, 같은 지점에서 전기장의 크기에 대해 뭐라고 말할 수 있는가(만일 말할 게 있다면)?

10[19]. 지표면(맑은 날 확 트인 들판) 바로 위의 전기장은 대략 아래 방향으로 150 V/m이다. 전기퍼텐셜이 더 높은 곳은 지구인가, 아니면 대기 상층부인가?

11[21]. 대전된 평행판 축전기의 판 사이에 공기가 가득 차 있다. 축전기를 대전시킨 후에 전지에서 분리했다. 판을 더 가까이로 이동했을 때 축전기의 전기용량, 전기퍼텐셜 차, 판에 있는 전하, 전기장, 축전기에 저장된 에너지가 어떻게 달라지는지 정량적으로 설명하여라.

선다형 질문

별도로 명시하지 않는 한, 점전하로부터 무한대의 거리에서 전기퍼텐셜이 0이라고 하자.

1[1]. 다음 중 전기장의 단위로 올바른 것은?
(a) N/kg뿐
(b) N/C뿐
(c) N뿐
(d) N·m/C뿐
(e) V/m뿐
(f) N/C과 V/m

2[3]. 전기퍼텐셜 측정에 사용할 수 있는 단위는?
(a) N/C
(b) J
(c) V·m
(d) V/m
(e) $\frac{\text{N·m}}{\text{C}}$

3[5]. 평행판 축전기가 일정한 전기퍼텐셜 차를 공급하는 전지에 연결되어 있다. 전지가 연결되어 있을 때 평행판은 약간 더 떨어져 있다. 어떤 일이 일어나는지를 가장 잘 설명한 것은?
(a) 전기장은 증가하고 판의 전하가 감소한다.
(b) 전기장은 일정하게 유지되고 판의 전하가 증가한다.
(c) 전기장은 일정하게 유지되고 판의 전하가 증가한다.
(d) 전기장과 판의 전하 모두 감소한다.

4[7]. 반지름이 다른 두 개의 속이 찬 금속구가 서로 멀리 떨어져 있다. 두 구는 가는 금속 도선으로 연결되어 있다. 두 구 중 하나를 대전시켰다. 정전기적 평형 상태에 도달

된 후에 도선을 제거했다. 다음 중 두 구에서 동일한 것은?
(a) 각 구의 전하
(b) 각 구의 중심에서 같은 거리에 있는 구 내부의 전기장
(c) 각 구의 표면 바로 바깥의 전기장
(d) 각 구의 표면에서의 전기퍼텐셜
(e) (b)와 (c)
(f) (b)와 (d)
(g) (a)와 (c)

5[9]. 질량이 m이고 전하를 띤 작은 펠릿이 수평으로 놓인 대전된 두 금속판 사이에서 떠서 정지 상태에 있다. 아래 판은 양전하를 가지고 위 판은 음전하를 가진다. 다음 중 어느 대답이 사실이 아닌가?
(a) 판 사이의 전기장은 수직 상방을 가리킨다.
(b) 펠릿은 음으로 대전되어 있다.
(c) 펠릿에 작용하는 전기력의 크기는 mg와 같다.
(d) 두 판의 전기퍼텐셜이 다르다.

6[11]. 도해에서 어느 두 점의 전기퍼텐셜이 가장 같은가?
(a) A와 D
(b) B와 C
(c) B와 D
(d) A와 C

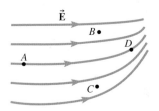

문제

17.1 전기퍼텐셜에너지

1[1]. 5가지의 상황에서, 2개의 점전하 Q_1, Q_2가 거리 d만큼 떨어져 있다. 전기퍼텐셜에너지가 가장 큰 것에서부터 가장 작은 것까지 순서를 정하여라.
(a) $Q_1 = 1\ \mu C$, $Q_2 = 2\ \mu C$, $d = 1$ m
(b) $Q_1 = 2\ \mu C$, $Q_2 = -1\ \mu C$, $d = 1$ m
(c) $Q_1 = 2\ \mu C$, $Q_2 = -4\ \mu C$, $d = 2$ m
(d) $Q_1 = -2\ \mu C$, $Q_2 = -2\ \mu C$, $d = 2$ m
(e) $Q_1 = 4\ \mu C$, $Q_2 = -2\ \mu C$, $d = 4$ m

2[3]. 수소 원자는 그 중앙에 한 개의 양성자가 있고 그로부터 약 0.0529 nm 떨어진 거리에 한 개의 전자가 있다.
(a) 전기퍼텐셜에너지를 J로 나타내어라. (b) 답의 부호가

나타내는 의미가 무엇인가?

3[5]. 헬륨 원자핵에는 약 1 fm 떨어져 있는 2개의 양성자가 있다. 두 양성자를 무한대에서 1 fm까지 가져오려면 외부에서 일을 얼마나 해주어야 하는가?

4[7]. DNA 분자의 두 가닥은 염기쌍 사이의 수소결합으로 유지된다(16.1절). 효소가 두 가닥을 분리하기 위해 분자를 분해할 때, 이 수소결합을 끊어야 한다. 수소결합을 단순한 모형으로 나타내면 직선을 따라 배열된 4개의 점전하의 정전기적 상호작용으로 나타낸다. 그림은 아데닌과 티민 사이의 수소결합에 대한 전하의 배치를 보여준다. 이결합을 끊기 위해 공급해야 하는 에너지를 추산해보아라.

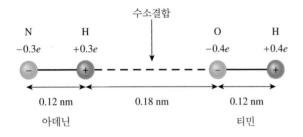

문제 5-6. 두 점전하(+10.0 nC, −10.0 nC)가 8.00 cm 떨어져 있다. 모든 전하가 무한대의 거리에 있을 때 $U = 0$이라 하자.

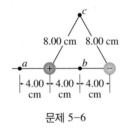

문제 5-6

5[9]. 세 번째 점전하 $q = -4.2$ nC이 점 a에 놓인다면 전기퍼텐셜 에너지는 얼마인가?

6[11]. 세 번째 점전하 $q = -4.2$ nC이 점 c에 놓인다면 전기퍼텐셜 에너지는 얼마인가?

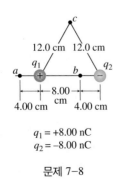

$q_1 = +8.00$ nC
$q_2 = -8.00$ nC

문제 7-8

7[13]. 도해에서, 세 번째 전하 $q_3 = +2.00$ nC이 무한대에서 점 a로 이동하려면 전기장이 얼마나 일을 해야 하는가?

8[15]. 도해에서, 세 번째 전하 $q_3 = +2.00$ nC이 a에서부터 b로 이동하려면 전기장이 얼마나 일을 해야 하는가?

17.2 전기퍼텐셜

다른 언급이 없는 한, 점전하로부터 무한대 떨어진 거리에서 전기퍼텐셜이 0(zero)이라고 하자.

9[17]. 점전하 $q = +3.0$ nC이 전기퍼텐셜 차 $\Delta V = V_f - V_i = +25$ V를 통과해 이동한다. 전기퍼텐셜에너지는 얼마나 변하는가?

10[19]. 각 변이 2.0 cm인 정사각형의 네 모서리에 $+9.0\ \mu C$의 전하가 있다, 정삭각형의 중심에서 전기장과 전기퍼텐셜을 구하여라.

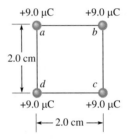

11[21]. 전하 $Q = -50.0$ nC이 점 A에서 0.30 m 떨어져 있고, 점 B에서 0.50 m 떨어져 있다. (a) 점 A에서 전기퍼텐셜은 얼마인가? (b) 점 B에서 전기퍼텐셜은 얼마인가? (c) 만일 Q가 그곳에 고정되어 있고 점전하 q가 A에서 B로 이동한다면, 두 점의 전기퍼텐셜 차는 얼마인가? 이때 전기퍼텐셜은 증가하는가 아니면 감소하는가? (d) 만약 $q = -1.0$ nC이라면 전기퍼텐셜에너지는 얼마나 변하는가? A에서 B로 이동할 때 전기퍼텐셜에너지의 변화는 얼마인가? 퍼텐셜에너지는 증가하는가 아니면 감소하는가? (e) q가 A에서 B로 이동할 때 전하 Q에 의한 전기장은 얼마나 일을 하는가?

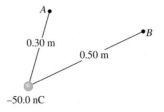

12[23]. 점전하에서 거리 20.0 cm인 곳의 전기퍼텐셜은 +1.0 kV이다(무한대에서 $V = 0$이라고 가정). (a) 점전하

는 양전하인가, 음전하인가? (b) 어느 거리에서 전기퍼텐셜이 2.0 kV인가?

13[25]. 4개의 전하가 x-축을 따라 1.0 m 간격으로 배치되어 있다. (a) 두 개의 전하는 +1.0 μC이고 나머지 두 개는 −1.0 μC인 경우, x = 0에서 전기퍼텐셜을 최소화하도록 전하를 배치해보아라. (b) 3개의 전하는 모두 q = +1.0 μC이고, 오른쪽 끝에 있는 전하가 −1.0 μC이라면, 원점의 전기퍼텐셜은 얼마인가?

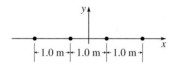

14[27]. 도해와 같이 한 변이 1.0 m인 정사각형의 모서리 A와 C에 각각 +2.0 nC과 −1.0 nC의 전하가 있다. 전하가 없는 사각형의 세 번째 모서리 B에서의 전기퍼텐셜은 얼마인가?

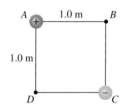

15[29]. (a) 도해와 같이 전하 Q_1 = +2.50 nC과 Q_2 = − 2.50 nC이 있다. 점 a와 점 b의 전기퍼텐셜을 구하여라. (b) 점 전하 q를 무한대에서부터 점 b까지 옮기려면 외부에서 얼마의 일을 해주어야 하는가?

$$a \quad\quad Q_1 \quad\quad b \quad\quad Q_2$$
$$\vdash 5.0\ cm \dashv 5.0\ cm \dashv 5.0\ cm \dashv$$

16[31]. (a) 도해에서, 점 b와 점 c의 전기퍼텐셜은 얼마인가? 무한대에서 V = 0이다. (b) 세 번째 전하 q_3 = +2.00 nC이 점 b에서 점 c로 이동하면, 전기퍼텐셜에너지는 얼마나 변하는가?

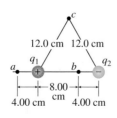

q_1 = +8.00 nC
q_2 = −8.00 nC

17.3 전기장과 전기퍼텐셜의 관계

17[33]. 점 A~E를, 전기퍼텐셜이 가장 높은 곳에서부터 가장 낮은 곳까지 순서대로 나열해보아라.

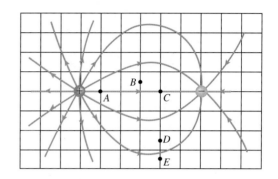

18[35]. 전기장이 있는 영역에서 전자가 점 X에서 점 Y로 이동하는 동안, 전기력이 전자에 $+8.0 \times 10^{-19}$ J의 일을 한다. (a) 점 X와 점 Y 중 어느 점의 전기퍼텐셜이 더 높은가? (b) 점 Y와 점 X의 전기퍼텐셜 차 $V_Y - V_X$는 얼마인가?

19[37]. 음(−)으로 대전된 속이 빈 도체 구(공동) 외부에 몇 개의 전기장선과 등전기퍼텐셜면을 그려보아라. 등전기퍼텐셜면은 어떤 모양인가?

20[39]. 전기가오리(*Torpedo occidentalis*)로 알려진 대형 전기어류는 먹잇감에 전기 충격을 주는 것으로 알려져 있다. 보통의 전기가오리는 1.5 ms 동안 0.20 kV의 전기퍼텐셜 차를 가할 수 있다. 이 펄스는 18 C/s의 비율로 전하를 전달한다. (a) 전기기관이 한 펄스 동안 하는 일의 비율은 얼마인가? (b) 한 펄스 동안 수행한 일의 총량은 얼마인가?

21[41]. 수평한 두 금속판 사이의 균일한 전기장 내에 양(+)으로 대전된 기름방울을 주입한다. 금속판은 반대 부호로 대전되어 있고, 16 cm 떨어져 있다. 기름방울에 작용하는 전기력은 9.6×10^{-16} N이고 금속판의 전기퍼텐셜 차는 480 V이다. 기름방울의 전하를 기본 전하 e 단위로 구하여라. 기름방울에 작용하는 작은 부력은 무시하여라.

17.4 움직이는 전하에 대한 에너지 보존

22[43]. 점 P의 전기퍼텐셜은 500.0 kV이고 점 S는 200.0 kV이다. 두 지점 사이는 빈 공간이다. +2e의 전하가 P에서 S로 이동하면 운동에너지는 얼마나 변하는가?

23[45]. 전자가 어떤 공간을 통과할 때, 속력이 8.50×10^6

m/s에서 2.50×10^6 m/s로 감소했다. 전기력은 전자에 작용하는 유일한 힘이다. (a) 전자는 높은 전기퍼텐셜로 이동했는가 아니면 낮은 전기퍼텐셜로 이동했는가? (b) 전자가 통과한 전기퍼텐셜 차는 얼마인가?

24[47]. 보기 17.7의 전자총에서, 전자가 3.0×10^7 m/s의 속력으로 양극(anode)에 도달하면, 양극과 음극 사이의 전기퍼텐셜 차는 얼마인가?

25[49]. 알파 입자(전하 +2e)가 전기퍼텐셜 차 $\Delta V = -0.50$ kV를 지나간다. 입자의 처음 운동에너지는 1.20×10^{-16} J 이다. 나중 운동에너지는 얼마인가?

26[51]. 그림은 x-축의 위치에 따른 전기퍼텐셜을 나타낸 것이다. 처음에 점 A에 있는 양성자가 양(+)의 x의 방향으로 움직인다. 점 E에 도달하려면 점 A에서 필요한 운동에너지는 얼마인가? (표시된 전기퍼텐셜에 의한 힘 외에 전자에 작용하는 힘은 없다.) 도중에 점 B, C, D를 통과해야 한다.

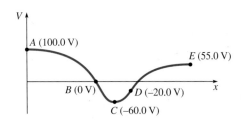

27[53]. 각 6가지 상황에서, 입자(질량 m, 전하 q)가 전기퍼텐셜이 V_i인 점에서 전기퍼텐셜이 V_f인 점까지 움직인다. 입자에는 전기력 외에 다른 힘이 작용하지 않는다. 6가지 상황을 입자의 운동에너지 변화가 가장 큰 것부터 가장 작은 것까지 순서대로 나열하여라. 순위는 감소한(−로 변한) 것보다 증가한(+로 변한) 것을 더 높게 매겨라.

(a) $m = 5 \times 10^{-15}$ g, $q = -5$ nC, $V_i = 100$ V, $V_f = -50$ V
(b) $m = 1 \times 10^{-15}$ g, $q = -5$ nC, $V_i = -50$ V, $V_f = 50$ V
(c) $m = 1 \times 10^{-15}$ g, $q = 25$ nC, $V_i = 50$ V, $V_f = 20$ V
(d) $m = 5 \times 10^{-15}$ g, $q = -1$ nC, $V_i = 400$ V, $V_f = -100$ V
(e) $m = 25 \times 10^{-15}$ g, $q = 1$ nC, $V_i = -100$ V, $V_f = -250$ V
(f) $m = 1 \times 10^{-15}$ g, $q = 5$ nC, $V_i = 100$ V, $V_f = 250$ V

17.5 축전기

28[55]. 2.0 μF의 축전기가 9.0 V 전지에 연결되어 있다. 각 판에 충전된 전하는 얼마인가?

29[57]. 축전기의 전기용량이 10.2 μF이다. 판 사이의 전기퍼텐셜 차를 60.0 V로 하면 각 판의 전하량은 얼마인가?

30[59]. 평행판 축전기를 12 V 전지에 연결해 대전시킨다. 그다음에 전지를 축전기에서 분리하고, 판을 당겨서 판 사이 간격을 넓힌다. (a) 판 사이의 전기장에 어떤 영향을 미치는가? (b) 판 사이의 전기퍼텐셜 차에는 어떤 영향을 주는가?

31[61]. 평행판 축전기를 12 V 전지에 연결한다. 전지가 연결되어 있는 동안, 판을 서로 밀어서 판 사이 간격을 좁힌다. (a) 판 사이의 전기퍼텐셜 차에 어떤 영향을 주는가? (b) 판 사이의 전기장에는 어떤 영향을 주는가? (c) 판의 전하량에는 어떤 영향을 주는가?

32[63]. 한 가변축전기의 평행한 반원형 두 판 사이에 공기가 차 있다. 한 판은 그 자리에 고정되어 있고 다른 판은 회전할 수 있다. 전기장은 판이 겹치는 영역을 제외하고는 어디에서나 0(zero)이다. 판이 서로 겹칠 때, 전기용량이 0.694 pF이다. (a) 가동 판이 회전해 그 절반의 넓이가 고정판과 겹쳐 있을 때 전기용량은 얼마인가? 또 (b) 가동 판이 회전해 넓이의 2/3가 고정판과 교차할 때 전기용량은 얼마인가?

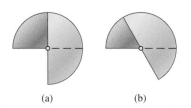

33[65]. 두 개의 금속구의 전하가, 크기가 같고 부호가 반대이며 전하량이 3.2×10^{-14} C이다. 두 구의 전기퍼텐셜 차는 4.0 mV이다. 전기용량은 얼마인가? (힌트: 판은 평행하지 않지만 축전기의 정의는 적용된다.)

34[67]. 축전기의 음(−)과 양(+)으로 대전된 판의 중앙에 구멍이 있다. 전자빔이 이 구멍을 통과해 밖으로 빠져나온다. 축전기 판 사이에 40.0 V의 전기퍼텐셜 차가 있고, 전자가 음(−)으로 대전된 판으로 2.50×10^6 m/s의 속력으로 들어간다. 양(+)으로 대전된 판의 구멍으로 나올 때 전자의 속력은 얼마인가?

17.6 유전체

35[69]. 6.2 cm × 2.2 cm 평행판 축전기의 판 사이의 간격이 2.0 mm이다. (a) 이 축전기에 4.0×10^{-11} C의 전하가 있을 때, 판 사이의 전기장은 얼마인가? (b) 축전기의 전

하가 일정하게 유지되는 동안, 유전상수가 5.5인 유전체를 판 사이에 놓는다. 유전체 내의 전기장은 얼마인가?

36[71]. 천둥 번개가 치는 동안, 앞다리와 뒷다리 사이의 거리가 약 1.8 m인 암소 두 마리가 나무 아래에 서 있다. (a) 번개가 친 직후에 나무에 대한 등전기퍼텐셜면이 도해와 같다면, 암소 A의 앞다리와 뒷다리 사이의 평균 전기장은 얼마인가? (b) 어느 암소가 죽을 가능성이 더 큰가? 설명하여라.

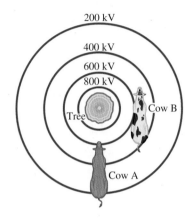

37[73]. 두 개의 금속구가 1.0 cm만큼 떨어져 있다. 전원이 공급되어 둘 사이에 900 V의 일정한 전기퍼텐셜 차가 유지되고 있다. 금속구 사이에서 스파크가 일어날 때까지 금속구들은 서로 가까워진다. 건조한 공기의 유전강도가 3.0×10^6 V/m이면, 이때 구 사이의 거리는 얼마인가?

38[75]. 왁스 먹인 종이 한 장으로 분리된 두 장의 알루미늄 포일로 만들어진 축전기가 있다. 알루미늄 판은 0.30 m × 0.40 m이고, 이보다 약간 더 큰 왁스 먹인 종이의 두께는 0.030 mm이고 유전상수 $\kappa = 2.5$이다. 이 축전기의 전기용량은 얼마인가?

17.7 축전기에 저장된 에너지

39[77]. 어떤 축전기가 8.0×10^{-2} C의 전하를 가질 때 450 J의 에너지를 저장한다. (a) 이 축전기의 전기용량과 (b) 판 사이의 전기퍼텐셜 차를 구하여라.

40[79]. 평행판 축전기의 한쪽 판에는 5.5×10^{-7} C, 다른 판에는 -5.5×10^{-7} C의 전하가 있다. 각 판의 전하량은 일정하게 유지한 채 판 사이의 간격을 50 % 넓힌다. 축전기에 저장된 에너지는 어떻게 되는가?

41[81]. 그림 17.28b는 번개가 치기 전의 뇌운이다. 뇌운의

바닥과 지표면을 대전된 평행판 축전기로 모형화할 수 있다. 지표면과 대략 평행한 구름의 밑바닥은 (−)의 판으로, 구름 바로 아래 지표면은 (+)의 판으로 취급한다. 구름의 밑바닥과 지표면 사이의 간격은 구름 높이에 비해 작다. (a) 지표면으로부터 550 m 위에 있는, 바닥의 크기가 4.5 km × 2.5 km인 뇌운의 전기용량을 구하여라. (b) 전하가 18 C인 경우, 이 축전기에 저장된 에너지를 구하여라.

42[83]. 평행판 축전기가 각 변이 10.0 cm인 두 개의 정사각형 판과 0.75 mm 간격의 공기층으로 구성되어 있다. (a) 판 사이의 전기퍼텐셜 차가 150 V일 때 축전기의 전하는 얼마인가? (b) 축전기에 저장된 에너지는 얼마인가?

43[85]. 축전기는 짧은 시간에 에너지를 공급해야 하는 장치에 다양하게 이용되고 있다. 전기용량이 100.0 μF인 전기 플래시램프의 축전기가 2.0 ms 동안에 10.0 kW 평균 전력을 램프에 공급한다. (a) 처음에 축전기는 얼마의 전기퍼텐셜 차로 대전되어야 하는가? (b) 처음의 전하량은 얼마인가?

44[87]. 평행판 축전기의 전기용량은 1.20 nF이다. 각 판에는 0.80 μC의 전하량이 있다. 일정한 전하를 유지하면서 판의 간격을 두 배로 하려면 외부에서 얼마의 일을 해주어야 하는가?

45[89]. 제세동기가 9.0 kV까지 충전되며 전기용량이 15 μF인 축전기로 구성되어 있다. (a) 축전기가 2.0 ms 이내에 방전되면, 얼마의 전하가 신체 조직을 통과하는가? (b) 조직에 전달된 평균 전력은 얼마인가?

협동문제

46[91]. 질량이 m_e인 전자빔이 서로 반대로 대전된 평행 금속판 사이의 균일한 전기장에 의해 수직 방향으로 편향된다. 판 사이 거리는 d이고, 판 사이 전기퍼텐셜 차는 ΔV이다. (a) 두 판 사이의 전기장의 방향은 어떻게 되는가? (b) 전자들이 판 사이의 영역을 떠날 때 전자의 속도의 y-성분이 v_y이면, 전자가 판 사이의 영역을 통과하는 데 걸리는 시간을 ΔV, v_y, m_e, d, e로 나타내어라. (c) 전자가 판 사이를 이동하는 동안에 전자의 전기퍼텐셜에너지는 증가하는가, 감소하는가 아니면 일정한가? 설명하여라.

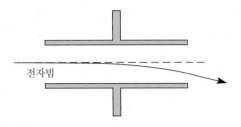

47[93]. 2개의 점전하(+10.0 nC 및 −10.0 nC)가 8.00 cm 떨어져 있다. (a) −4.2 nC의 세 번째 점전하가 점 c에서 점 b로 이동하면 전기퍼텐셜에너지는 얼마나 변하는가? (b) 점전하를 점 b에서 점 a로 이동시키기 위해 외력은 얼마나 많은 일을 해야 하는가?

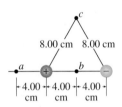

48[95]. 물이 특이한 성질을 보이는 데 수소결합이 큰 역할을 한다(16.1절 참조). 그림과 같이 직선을 따라 배치된 4개의 점전하의 정전기적 상호작용이 수소결합의 한 모형이다. (a) 이 모형을 사용해 하나의 수소결합을 끊기 위해 공급해야 하는 에너지를 추정하여라. (b) 1 kg의 액체 물에서 수소결합을 끊기 위해 공급해야 하는 에너지를 추산해 물의 기화열과 비교하여라. 두 값이 비슷한 것이 우연의 일치인가? 설명하여라.

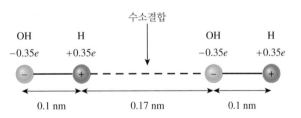

연구문제

49[97]. 전자가 전기퍼텐셜이 −100.0 V인 점에서 전기퍼텐셜이 +100.0 V인 점까지 이동한다면, 전기장이 한 일은 얼마인가?

50[99]. 도해에 표시된 것처럼, 물에서 두 개의 염소 이온(Cl^-)과 칼슘 이온(Ca^+)으로 둘러싸인 나트륨 이온(Na^+)의 전기퍼텐셜을 구하여라. 물에서의 양이온인 나트륨 이온의 유효 전하량은 2.0×10^{-21} C이며, 음이온인 염

소 이온은 -2.0×10^{-21} C이며, 양이온인 칼슘 이온은 4.0×10^{-21} C이다.

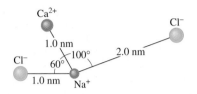

51[101]. 평행한 두 판이 4.0 cm 떨어져 있다. 아래 판은 양(+)으로 대전되었고 위 판은 음(−)으로 대전되어, 판 사이에 5.0×10^4 N/C의 균일한 전기장이 있다. 정지 상태에 있는 전자가 위 판에서 출발해 아래 판에 도달하는 데 걸리는 시간은 얼마인가? (판 사이는 진공이라고 가정하여라.)

52[103]. 세포막의 겉넓이는 1.1×10^{-7} m², 유전상수 $\kappa = 5.2$, 두께는 7.2 nm이다. 이 막을 가로지르는 전기퍼텐셜 차는 70 mV이다. (a) 막의 각 표면의 전하량은 얼마인가? (b) 막의 각 표면에 얼마나 많은 수의 이온이 존재하는가? 이 온들은 단위 전하($|q| = e$)를 띤다고 가정하여라.

53[105]. 세포막의 내부는 외부보다 전기퍼텐셜이 90.0 mV 낮다. 전하가 $+e$인 나트륨 이온(Na^+)이 외부에서 내부로 세포막을 통과해 들어갈 때 전기장이 한 일은 얼마인가?

54[107]. 축색돌기의 막의 외부는 양(+), 내부는 음(−)으로 대전되어 있다. 막의 두께는 4.4 nm이고 유전상수 $\kappa = 5$ 이다. 축색돌기를 넓이 5 μm²의 평행판 축전기로 모형화한다면, 전기용량은 얼마인가?

55[109]. 3.0×10^7 m/s의 속력으로 진행하는 전자빔이 하향의 균일한 전기장(2.0×10^4 N/C)인 오실로스코프의 평행판 속으로 들어간다. 전자의 처음 속도는 장에 수직이다. 판의 길이는 6.0 cm이다. (a) 전자가 판 사이에 있는 동안 전자의 속도 변화의 방향과 크기를 구하여라. (b) 전자가 판 사이에 있는 동안 ±y-방향으로 얼마나 멀리 편향되는가?

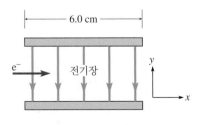

56[110]. 음으로 대전된 질량 5.00×10^{-19} kg의 입자가 속

력 35.0 m/s로 평행판 축전기의 두 판 사이의 영역으로 들어가고 있다. 전하의 처음 속도는 판의 면에 평행하고 양(+)의 x-방향이다. 판은 한 변이 1.00 cm인 정사각형이고 두 판 사이의 전압은 3.00 V이다. 만일 입자가 처음에 두 판으로부터 똑같이 1.00 mm의 거리에 있고 두 판 사이의 영역 1.00 cm를 이동한 후 간신히 양(+)으로 대전된 판을 지나친다면, 입자에는 얼마나 많은 수의 잉여 전자가 있는가? 중력과 끝머리 효과(edge effect)를 무시하여라.

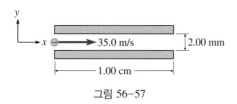

그림 56-57

57[111]. (a) 문제 56에서 중력을 무시한 것이 정당했음을 보여라. (b) 입자가 판에서 나올 때 속도의 성분은 어떻게 되는가?

58[113]. 평행판 축전기 두 판의 전기퍼텐셜 차가 240 V이다. 각 판의 전하량은 0.020 μC이다. 두 평행판은 0.40 mm의 공기층으로 분리되어 있다. (a) 축전기의 전기용량은 얼마인가? (b) 판 한 개의 넓이는 얼마인가? (c) 판 사이의 공기가 이온화되려면 전압은 얼마가 되어야 하는가? 공기의 유전강도는 3.0 kV/mm라고 가정하여라.

59[115]. 영화 〈매트릭스〉에서 인간이 전기를 생산하는 데 사용된다. 뇌에 있는 10^{11}개의 신경세포에 저장된 전기에너지의 총량을 추정하여라. 평균적으로 신경세포의 막은 겉넓이 1×10^{-7} m², 두께 8 nm, 유전상수 5, 전기퍼텐셜 차 70 mV(한 면에서 다른 면까지)라고 가정하여라.

60[117]. 알파 입자(헬륨 핵, 전하 +2e)가 정지 상태에서 출발해, 균일한 전기장 10.0 kV/m의 영향 아래서 1.0 cm의 거리를 이동했다. 알파 입자의 나중 운동에너지는 얼마인가?

61[119]. 평행판 축전기에 일정한 전압을 공급해주는 전지가 연결되어 있다. 전지가 연결된 상태에서 유전상수 $\kappa = 3.0$인 유전체를 판 사이에 꼭 맞게 삽입했다. 유전체가 삽입되기 전에 축전기에 저장된 에너지를 U_0라 하면 유전체가 삽입된 후의 에너지는 얼마인가?

62[121]. 평행판 축전기가 전지에 연결되어 있다. 판 사이의 공간은 공기로 채워져 있다. 판 사이 전기장의 세기는 20.0 V/m이다. 그다음 전지가 연결된 상태에서 유전체($\kappa = 4.0$)를 판 사이에 삽입했다. 유전체의 두께는 판 사이의 거리의 절반이다. 유전체 내부의 전기장을 구하여라.

개념정리

- 전류는 전하의 알짜 흐름률이다.

$$I = \frac{\Delta q}{\Delta t} \tag{18-1}$$

전류의 SI 단위는 A(암페어: 1 A = 1 C/s)이다. A는 SI의 기본 단위 중 하나이다. 규약에 따르면, 전류의 방향은 양전하가 흐르는 방향이다. 전하가 음(−)이면, 전류의 방향은 전하 운동 방향과 반대이다.

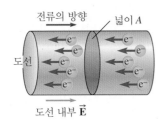

전류의 방향 / 넓이 A / 도선 / 도선 내부 $\vec{E}$

- 전하가 지속적으로 흐르기 위해서는 완성된 회로가 필요하다.
- 금속에서 전류는 전도전자의 유동속력(v_D), 단위 부피당 전자 수(n), 금속 도선의 단면의 넓이(A)에 비례한다.

$$I = \frac{\Delta Q}{\Delta t} = neAv_D \tag{18-3}$$

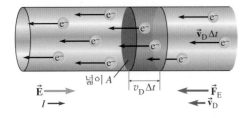

넓이 A / $v_D\,\Delta t$ / $\vec{E}$ / I / $\vec{F}_E$ / $\vec{v}_D$

- 전기저항은 도체 속 전류와 도체를 가로지르는 전기퍼텐셜 차의 비이다. 전기저항은 옴(1 Ω = 1 V/A)으로 측정한다.

$$R = \frac{\Delta V}{I} \tag{18-6}$$

옴성 도체인 경우, R는 ΔV(전기퍼텐셜 차)와 I(전류)에 무관하며, ΔV는 I에 비례한다.

- 도선의 전기저항은 길이에 비례하며, 단면의 넓이에 반비례한다.

$$R = \rho \frac{L}{A} \tag{18-8}$$

- 비저항 ρ는 특정한 온도에 있는 특정한 재료의 고유한 특성이며 Ω·m로 측정한다. 여러 가지 물질에 대해, 비저항은 온도에 선형적으로 변한다.

$$\rho = \rho_0(1 + \alpha \, \Delta T) \tag{18-9}$$

- 전하를 퍼 올리는 장치를 기전력원이라고 한다. 기전력(emf) $\mathscr{E}$는 단위 전하당 한 일이다[$W = \mathscr{E}q$, 식 (18-2)]. 단자전압 V는 전원의 내부저항 r로 인해 기전력과 다르다.

$$V = \mathscr{E} - Ir \tag{18-10}$$

- 키르히호프의 접합점 규칙: 어떤 접합점에서나 $\Sigma I_{유입} - \Sigma I_{유출} = 0$[식 (18–11)]. 키르히호프의 고리 규칙: 한 점에서 시작해 같은 점에서 끝나는 회로 내의 어떤 경로에 대해서나 $\Sigma \Delta V = 0$[식 (18–12)]. 전기퍼텐셜이 증가하면 양(+)이고 전기퍼텐셜이 감소하면 음(−)이다.

- 직렬로 연결된 전기회로 소자에 흐르는 전류는 모두 같다. 병렬로 연결된 전기회로 소자에 걸리는 전기퍼텐셜 차(전압)는 모두 같다.

- 어떤 회로 소자이거나 전력, 곧 전기에너지와 다른 형태의 에너지의 변환 비율은

$$P = I\Delta V \tag{18-19}$$

이다. 전력의 SI 단위는 와트(W)이다. 전기에너지는 저항기에서 소비한다(내부 에너지로 전환).

• 물리량 $\tau(\tau = RC)$를 RC 회로의 시간상수라고 한다. 전류와 전압은 다음과 같다.

$$V_C(t) = \mathscr{E}(1 - e^{-t/\tau}) \quad \text{(충전)} \quad \text{(18-23)}$$

$$V_C(t) = \mathscr{E}e^{-t/\tau} \quad \text{(방전)} \quad \text{(18-26)}$$

$$I(t) = \frac{\mathscr{E}}{R}e^{-t/\tau} \quad \text{(모두)} \quad \text{(18-25)}$$

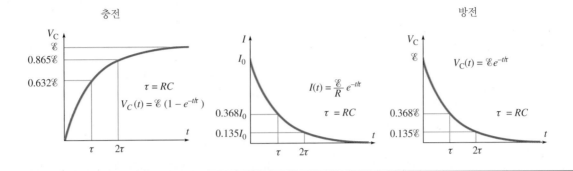

연습문제

단답형 질문

1[1]. 도체 내부의 전기장은 항상 0인가? 그렇지 않은 경우가 있다면 언제 0이 아닌가? 설명하여라.

2[3]. 2개의 분리된 전구와 스위치를 다음과 같이 작동하도록 1개의 전지에 연결한 자동차 전조등의 전기회로도를 그려라. (1) 스위치 1개로 두 전구 모두를 켜고 끈다. (2) 한 전구가 꺼져도 다른 전구에는 계속 불이 들어온다.

3[5]. 제프는 전기회로에 100 Ω 저항이 필요하다. 하지만 저항 상자에 300 Ω 저항기밖에 없다. 어떻게 하면 되겠는가?

4[7]. 이상적인 전류계의 저항과 이상적인 전압계의 저항을 비교하여라. 전압계와 전류계 중 어느 것의 저항이 더 큰가? 그 이유를 말하여라.

5[9]. 전기난로와 의류건조기에는 240 V를 공급하는데, 조명등, 라디오, 시계에는 왜 120 V를 공급하는가?

6[11]. 젖은 손이 말랐을 때 활선(전류가 흐르는 전선)에 닿는 것이 위험한가 아니면 젖어 있을 때 닿는 것이 더 위험한가? 다른 조건은 모두 같다. 설명하여라.

7[13]. 전선에 앉은 새는 피해를 입지 않지만, 당신이 가지치기를 할 때 금속제 가지치기 톱이 같은 도선에 닿으면 감전될 위험이 있다. 그 이유를 설명하여라.

8[15]. 그림과 같이 구리선으로 전지를 시계에 연결한다. 시계에 흐르는 전류는 어느 방향인가(B에서 C, 아니면 C에서 B)? 전지를 통과하는 전류는 어느 방향으로 흐르는가(D에서 A, 아니면 A에서 D)? 전기퍼텐셜이 더 높은 극은 전지의 어느 극인가(A인가, D인가)? 시계에서 전기퍼텐셜이 더 높은 쪽은 어디인가(B인가, C인가)? 전류는 전기퍼텐셜이 높은 곳에서 낮은 곳으로만 흐르는가? 이유를 설명하여라.

9[17]. 단면의 넓이가 A인 도선을 단면의 넓이가 $A/2$인 도선 2개가 병렬 연결된 것으로 생각하자. 도선의 저항이 도선의 단면의 넓이에 반비례하는 이유를 논리적으로 증명하여라.

10[19]. 전지를 병렬로 연결했을 때, 기전력은 같아야 한다. 그러나 직렬로 연결된 전지는 같은 기전력일 필요는 없다. 설명하여라.

11[21]. 그림과 같이 똑같은 백열전구 4개와 같은 전지 2개로 서로 다른 회로 2개를 만들었다. 전구 A와 B는 전지와 직렬로 연결했다. 전구 C와 D는 전지와 병렬로 연결했다.

(a) 전구가 밝은 순서대로 나열하여라. (b) 전구 *A*를 도선으로 바꾸면 전구 *B*의 밝기는 어떻게 되는가? (c) 전구 *D*를 회로에서 제거하면 전구 *C*의 밝기는 어떻게 되는가?

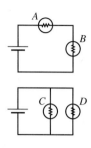

선다형 질문

1[1]. 용액에서 나트륨 이온(Na$^+$)은 오른쪽으로 이동하고 있고, 염소 이온(Cl$^-$)은 왼쪽으로 이동하고 있다. (1) 나트륨 이온과 (2) 염소 이온의 이동으로 인한 전류의 방향은 어디인가?

(a) 둘 다 오른쪽

(b) Na$^+$으로 인한 전류는 왼쪽, Cl$^-$으로 인한 전류는 오른쪽

(c) Na$^+$으로 인한 전류는 오른쪽, Cl$^-$으로 인한 전류는 왼쪽

(d) 둘 다 왼쪽

2[3]. 에너지 단위는 어느 것인가?

(a) A$^2 \cdot \Omega$ (b) V$\cdot$A   (c) $\Omega \cdot$m

(d) $\dfrac{\text{N} \cdot \text{m}}{\text{V}}$ (e) $\dfrac{\text{A}}{\text{C}}$ (f) V$\cdot$C

3[5]. 다음 각각의 그래프는 전압강하(V)와 어느 회로 요소에 흐르는 전류(I)의 관계를 나타낸 것이다. 다음 중 전류가 증가함에 따라 저항이 증가하는 전기회로를 그린 것은 어느 것인가?

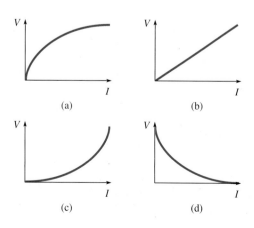

4[7]. 구리와 고무의 전기적 특성이 다른 이유는?

(a) 양전하는 구리에서는 자유롭게 이동하고, 고무에서는 고정되어 있기 때문이다.

(b) 구리 속에서는 많은 전자들이 자유롭게 이동하지만, 고무 속에 있는 거의 모든 전자들은 분자와 결합되어 있기 때문이다.

(c) 양전하는 고무에서는 자유롭게 이동하지만, 구리에서는 고정되어 있기 때문이다.

(d) 고무에서는 많은 전자들이 자유롭게 이동하지만, 구리 속에 있는 거의 모든 전자들은 분자와 결합되어 있기 때문이다.

5[9]. 전지의 기전력과 같은 것은 어느 것인가?

(a) 전지에 저장된 화학에너지이다.

(b) 전류가 흐르지 않을 때의 전지의 단자전압이다.

(c) 전지가 공급할 수 있는 최대 전류이다.

(d) 전지가 퍼 올릴 수 있는 전하량이다.

(f) 전지에 저장된 화학에너지를 전지의 알짜 전하량으로 나눈 값이다.

문제

18.1 전류

1[1]. 충전기가 4.0시간 동안에 3.0 A의 전류를 12 V 축전지로 전달한다. 그 시간에 전지를 통과하는 총 전하량은 얼마인가?

2[3]. (a) 그림과 같은 진공관에서 전류의 방향은 어느 쪽인가? (b) 전자가 매초당 6.0×10^{12}개의 비율로 양극에 충돌한다. 진공관에 흐르는 전류는 얼마인가?

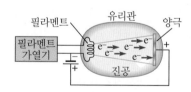

3[5]. 컴퓨터 모니터의 전자빔의 전류는 320 μA이다. 매초당 몇 개의 전자가 화면에 충돌하는가?

4[7]. 염화칼슘 용액에 두 전극을 넣고, 전극 사이에 전기 퍼텐셜 차가 유지되게 한다. 초당 3.8×10^{16}개의 Ca^{2+} 이온과 6.2×10^{16}개의 Cl$^-$ 이온이 전극 사이의 가상 영역을 반대 방향으로 이동한다면, 용액에 흐르는 전류는 얼마인가?

18.2 기전력과 전기회로

5[9]. 1.20 V의 전기퍼텐셜 차를 통과해 675 C의 전하가 이동할 수 있다면, 작은 전지에 저장된 에너지는 얼마인가?

6[11]. 자동차의 시동 모터는 1.20초 동안에 12.0 V 전지에서 220.0 A의 전류가 흐르게 한다. (a) 전지가 퍼 올린 전하량은 얼마인가? (b) 전지가 공급한 전기에너지는 얼마인가?

18.3 금속에서 미시적관 점에서의 전류

7[13]. 6개의 구리선이 크기와 흐르는 전류 세기에 따라 구별된다. 도선의 유동속력이 작아지는 순서로 나열하여라.
   (a) 지름 2 mm, 길이 2 m, 전류 80 mA
   (b) 지름 1 mm, 길이 1 m, 전류 80 mA
   (c) 지름 4 mm, 길이 16 m, 전류 40 mA
   (d) 지름 2 mm, 길이 2 m, 전류 160 mA
   (e) 지름 1 mm, 길이 4 m, 전류 20 mA
   (f) 지름 2 mm, 길이 1 m, 전류 40 mA

8[15]. 반지름이 1.00 mm인 구리 도선에 2.50 A의 전류가 흐르고 있다. 전도전자의 밀도가 8.47×10^{28} m^{-3}이면, 전도전자의 유동속력은 얼마인가?

9[17]. 지름 1.0 mm인 은(Ag) 도선에 150 mA의 전류가 흐르고 있다. 은의 전도전자의 밀도는 5.8×10^{28} m^{-3}이다. 은선을 따라 전도전자가 1.0 cm 이동하는 데 시간이 얼마나(평균) 걸리는가?

10[19]. 지름 0.50 mm인 금(Au) 도선에 5.90×10^{28} 전도전자/m^{3}가 있다. 유동속력이 6.5 μm/s이면, 도선의 전류는 얼마인가?

11[21]. 지름이 2.6 mm인 알루미늄(Al) 도선에 12 A의 전류가 흐르고 있다. 전자가 도선을 따라 평균 12 m 이동하는 데 걸리는 시간은 평균 얼마인가? 알루미늄 원자당 3.5개의 전도전자가 있다고 가정하자. 알루미늄의 질량밀도는 2.7 g/cm^{3}이고, 원자 질량은 27 g/mol이다.

18.4 저항과 비저항

12[23]. 12 Ω 저항기 양단에 16 V 전기퍼텐셜 차가 있다. 저항에 흐르는 전류는 얼마인가?

13[25]. 길이가 같은 구리 도선과 알루미늄 도선이 같은 저항을 갖는다. 알루미늄선의 지름에 대한 구리선의 지름의 비는 얼마인가?

14[27]. 심장 가까이 50 mA 정도의 전류가 흘러도 사람이 죽을 수 있다. 한 전기기술자가 땀으로 손이 젖은 채 일을 하고 있다. 한 손에서 다른 손까지 저항이 1 kΩ이라고 가정하고, 두 도선을 한 손으로 하나씩 만진다. (a) 한쪽 손에서 다른 쪽 손으로 50 mA 전류가 흐른다면, 두 도선 사이의 전기퍼텐셜 차는 얼마인가? (b) 전기가 흐르는 회로에서 작업하는 전기기술자가 한 손을 등 뒤로 둔다. 왜 그러는가?

15[29]. 순수한 물은 매우 적은 이온(약 1.2×10^{14} 이온/cm^3)을 가져서, 37 °C에서 약 1×10^5 $\Omega \cdot$m의 큰 비저항을 나타낸다. 혈장은 용해된 이온으로 인해 37 °C에서 약 0.6 $\Omega \cdot$m의 매우 낮은 비저항을 갖는다. 비저항이 이온의 농도에 따라서만 변한다고 가정하면, 혈장에는 입방 센티미터당 이온이 얼마나 용해되어 있는가?

16[31]. 길이가 46 m인 니크롬 도선이 20 °C에서 10.0 Ω의 저항을 갖는다면, 도선의 지름은 얼마인가?

17[33]. 보통 손전등 전구의 규격은 0.300 A, 2.90 V(작동할 때 전류 및 전압의 값)이다. 실온 20.0 °C에서 전구의 텅스텐 필라멘트의 저항이 1.10 Ω인 경우, 전구가 켜져 있을 때 텅스텐 필라멘트의 온도를 추산하여라.

18[35]. 전류가 흐르지 않을 때의 전지의 단자전압이 12.0 V이다. 전지의 내부저항은 2.0 Ω이다. 1.0 Ω 저항기를 전지의 두 단자에 연결하면, 단자전압은 얼마로 되는가? 1.0 Ω 저항기에 흐르는 전류는 얼마인가?

19[37]. 단면의 넓이가 A인 도선에 전류 I가 흐른다. 도선의 전기장 E가 단위 넓이당 전류(I/A)에 비례한다는 것을 보여주고 비례상수를 찾아내어라. [힌트: 도선의 길이를 L이라고 가정하여라. 도선에 걸린 전기퍼텐셜 차는 도선의 전기장과 어떤 관계가 있는가? (어떤 것이 균일한가?). $V = IR$와, 저항과 비저항의 관계를 이용하여라.]

20[38]. 20 °C에서 구리 도선의 전기저항이 24 Ω이다. 알루미늄 도선은 구리 도선의 길이의 3배, 반지름의 2배이다. 구리의 비저항은 알루미늄의 0.6배이다. 알루미늄과 구리 둘 모두 0.004 °C^{-1}의 비저항의 온도계수를 갖는다. (a) 20 °C에서 알루미늄 도선의 저항은 얼마인가? (b) 그래프는 구리 도선에 대한 V-I도이다. 10 A의 전류로 안정되게 작동할 때 이 도선의 저항은 얼마인가? (c) 10 A에서

작동할 때 구리 도선의 온도는 얼마여야 하는가? 도선의
크기 변화는 무시하여라.

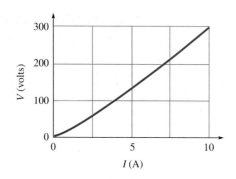

21[39]. 문제 38을 참조하기. 구리 도선이 이상적인 전지와
연결된 상태에서, 도선을 액체 질소에 잠기게 하면 전류
가 크게 증가한다. 도선의 크기가 변하는 것은 무시하고,
도선이 냉각될 때 도선의 전기장, 비저항, 유동속력이 증
가하는지, 감소하는지, 아니면 동일하게 유지되는지 설명
하여라.

18.6 직렬과 병렬 회로

22[41]. 그림과 같이 네 개의 전지가 직렬로 연결되어 있다
고 가정하여라. (a) 네 전지의 등가 기전력은 얼마인가?
그들을 이상적인 기전력원으로 취급하여라. (b) 회로에 흐
르는 전류가 0.40 A이면, 저항 R는 얼마인가?

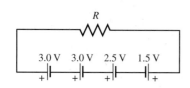

23[43]. (a) 점 A와 점 B 사이에 5개의 축전기를 대신할 수
있는 등가 전기용량을 구하여라. (b) A와 B 단자에 16.0
V의 기전력을 연결하면, 병렬연결한 5개의 축전기를 대
신할 수 있는 단일 등가 축전기에 충전된 전하량은 얼마
인가? (c) 3.0 μF 축전기에 충전된 전하량은 얼마인가?

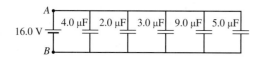

24[45]. (a) $R = 1.0$ Ω이라면, 점 A와 점 B 사이의 등가저항
은 얼마인가? (b) 20 V 기전력을 단자 A와 B 사이에 연
결하면, 2.0 Ω 저항기에 흐르는 전류는 얼마인가?

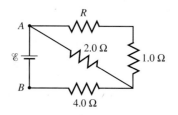

25[47]. (a) $C = 1.0$ μF이면, 점 A와 B 사이의 등가 전기용
량은 얼마인가? (b) 4.0 μF 축전기가 완전히 충전되어 있
을 때, 축전기의 전하량은 얼마인가?

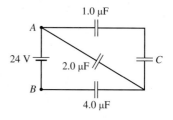

26[49]. 그림과 같은 회로에서 24 V 기전력이 단자 A와 단
자 B에 연결되어 있다. (a) 2.0 Ω 저항기 1개에 흐르는 전
류는 얼마인가? (b) 6.0 Ω 저항기에 흐르는 전류는 얼마
인가? (c) 가장 왼쪽에 있는 4.0 Ω 저항기에 흐르는 전류
는 얼마인가?

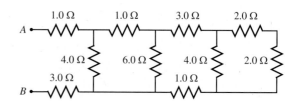

27[51]. (a) 점 A와 점 B 사이의 총 저항은 얼마인가? 각 저
항기의 저항은 모두 R이다. (힌트: 회로를 다시 그려보아
라.) (b) 점 B와 점 C 사이의 총 저항은 얼마인가? (c) 32
V의 기전력이 단자 A와 단자 B에 연결되어 있고, 각 저
항이 $R = 2.0$ Ω이면, 1개의 저항기에 흐르는 전류는 얼마
인가?

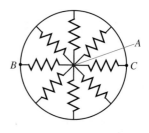

28[53]. (a) 회로도에서 3개의 축전기를 대체하는 한 개의
축전기의 전기용량을 구하여라. (b) 회로도에서 왼쪽에 있

는 12 μF 축전기에 걸리는 전기퍼텐셜 차는 얼마인가?
(c) 회로도에서 가장 오른쪽에 있는 12 μF 축전기의 전하
량은 얼마인가?

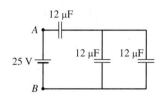

29[55]. (a) 회로도에서 단자 A와 단자 B 사이의 모든 저항
을 대신할 수 있는 등가저항을 구하여라. (b) 기전력을 통
과하는 전류는 얼마인가? (c) 하단의 4.00 Ω 저항기에 흐
르는 전류는 얼마인가?

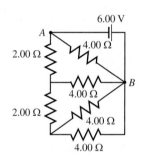

18.7 키르히호프의 규칙을 이용한 회로분석

30[57]. 회로의 각 갈래에 흐르는 전류를 구하여라. 각 갈래
의 전류의 방향을 정하여라.

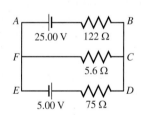

31[59]. 회로에서 미지의 기전력과 전류를 구하여라.

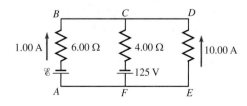

18.8 전기회로에서 전력과 에너지

32[61]. 기전력이 2.00 V이면, 저항기에서 소비되는 전력
은 얼마인가?

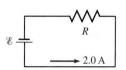

33[63]. 120 V 기전력이 연결되었을 때 60.0 W 전구에 흐
르는 전류는 얼마인가?

34[65]. 샹들리에의 라벨에 120 V, 5.0 A로 표시된 경우, 정
격 전력이 얼마인지 결정할 수 있는가? 그렇다면 그것은
얼마인가?

35[67]. 다음 회로에서 매 10.0초마다 전지가 하는 일은 얼
마인가?

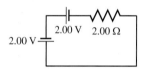

36[69]. 그림과 같은 회로를 생각해보자. (a) 가장 간단한 등
가회로를 그리고, 회로도에 저항 값을 표시하여라. (b) 전
지에서 흘러나오는 전류는 얼마인가? (c) 점 A와 점 B 사
이의 전기퍼텐셜 차는 얼마인가? (d) 점 A와 점 B 사이
의 각 갈래를 통과하는 전류는 얼마인가? (e) 50.0 Ω 저
항기, 70.0 Ω 저항기, 40.0 Ω 저항기에서 소비하는 전력
은 얼마인가?

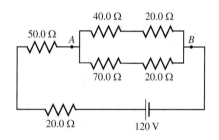

37[71]. 그림에서 4.00 Ω과 5.00 Ω 저항기에서 전기에너지
가 어떤 비율로 내부 에너지로 전환되는가?

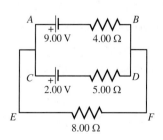

38[73]. 전력회사들은 높은 수요를 따라잡을 수 없을 때
"제한송전(brownout)"을 실시한다. 이렇게 하는 동안 가

정용 회로의 전압은 정상치 120 V 이하로 떨어진다. (a) 전압이 108 V로 떨어지면 "100W" 전구에서 소비되는 전력은 얼마인가? 이 전구를 120 V에 연결했을 때 100.0 W의 전력을 소비한다. 지금은 전구 필라멘트의 저항 변화는 무시하여라. (b) 보다 현실적으로는, 제한송전 중에는 전구 필라멘트가 평상시처럼 뜨겁지 않을 것이다. 이 경우에 전력 소모는 부분 문제 (a)에서 계산한 것보다 더 많은지 아니면 더 적은지 설명하여라.

18.9 전류와 전압의 측정

39[75]. 그림과 같은 회로도에서 (a) 15 Ω의 저항기를 통과하는 전류와 (b) 24 Ω의 저항기를 통과하는 전류를 측정하기 위해 전류계를 연결하는 방법을 알 수 있도록 회로도를 다시 그려보아라.

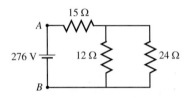

40[77]. (a) 1.40 kΩ 저항기를 통과하는 전류를 측정하기 위해 전류계를 연결하는 방법을 알 수 있도록 회로도를 다시 그려라. (b) 전류계를 이상적인 계기라고 가정할 때, 전류는 얼마인가? (c) 전류계의 저항이 120 Ω이라면 전류계는 얼마를 나타내는가?

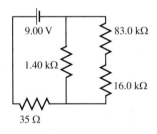

41[79]. 검류계 코일의 저항이 50.0 Ω이다. 이 검류계를 최대 눈금이 10.0 A인 전류계로 만들려고 한다. 전류가 0.250 mA일 때 검류계 바늘이 최대로 편향했다면 갈래저항기의 저항은 얼마여야 하는가?

42[81]. 검류계가 최대로 회전했을 때의 눈금을 최대 눈금이 100.0 V가 되는 전압계의 최대 눈금으로 전환하려고 한다. 내부저항이 75 Ω이고 검류계의 바늘이 최대 눈금으로 회전했을 때 전류가 2.0 mA이면, 얼마의 저항을 검류계와 연결해야 하는가?

43[83]. 최대 눈금으로 회전했을 때 전류 I가 10.0 A인 전류계의 내부저항이 24 Ω이다. 이 전류계를 사용해 최대 전류 12.0 A를 측정할 필요가 있을 때 실험 조교는 전류계를 보호하기 위해 갈래저항기를 사용하라고 조언을 했다. (a) 얼마의 저항을 사용해야 하는가? 그리고 갈래저항기는 전류계와 어떻게 연결(직렬 혹은 병렬)해야 하는가? (b) 전류계의 눈금을 어떻게 읽어야 하는가?

18.10 RC 회로

44[85]. 회로에서 $R = 30.0$ kΩ, $C = 0.10$ μF이다. 축전기를 완전히 충전시킨 다음, a에 연결되었던 스위치를 b로 바꾸어 연결했다. 8.4 ms 후, 저항에 걸리는 전압은 얼마인가?

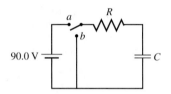

45[87]. RC 회로의 충전은 간헐적으로 자동차의 와이퍼를 제어한다. 기전력은 12.0 V이다. 125 μF 축전기 양단의 전압이 10.0 V에 도달하면 와이퍼가 작동한다. 그러면 축전기는 신속하게 방전되고(훨씬 더 작은 저항기를 통해), 이 과정이 반복된다. 와이퍼가 1.80초마다 한 번 작동한다면 충전 회로에 어떤 저항을 사용하는가?

46[89]. 제세동기에서, 대전된 축전기는 환자의 피부와 전기적으로 접촉하기 위해 패들에 연결되어 있다. 환자의 가슴에 젤을 바르고 패들과 피부를 잘 연결시키면 축전기의 전하가 52.0 Ω의 유효 저항을 통해서 방전된다. (a) 40.0 A의 최대 전류를 생성하기 위해서는 축전기가 얼마의 전압으로 충전되어야 하는가? (b) 1.00 ms 후 전류가 10.0 A이면, 전기용량은 얼마인가? (c) 충격을 가하기 전에 왜 구급 대원이 "클리어(Clear)!"라고 외치는가?

47[91]. 축전기는 순간적으로 폭발적인 전류를 공급할 필요가 있는 장치에 다양하게 응용되고 있다. 전자 플래시램프의 100.0 μF 축전기는 램프에서 20.0 J(빛과 열로)의 에너지를 소모하도록 폭발적인 전류를 공급한다. (a) 충전된 축전기에 처음 전기퍼텐셜 차는 얼마인가? (b) 이 축전기의 처음 전하량은 얼마인가? (c) 2.0 ms 사이에 전류가 원래 값의 5.0 %에 도달했다면 램프의 저항은 대략 얼마인가?

48[93]. 그림의 회로에서, 처음에 축전기는 충전되지 않았다. $t = 0$일 때, 스위치 S는 닫혀 있다. 다음에 주어진 시간에 점 1, 2에서 전류 I_1, I_2, 전압 V_1, V_2를 구하여라($V_3 = 0$이라고 가정하여라). (a) $t = 0$(곧, 스위치가 닫히는 순간), (b) $t = 1.0$ ms, (c) $t = 5.0$ ms.

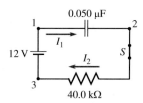

49[95]. 20 μF 축전기가 5 kΩ의 저항기를 통해 방전되었다. 처음에 축전기는 200 μC으로 충전되어 있다. (a) 저항기를 통과하는 전류를 시간의 함수로 그래프를 그려라. 두 축의 눈금과 단위를 표시하여라. (b) 저항기에서 처음에 소모한 전력은 얼마인가? (c) 소모된 총 에너지는 얼마인가?

50[97]. 9.0 V 전지로 축전기를 충전했다. 충전하는 동안에 전류 $I(t)$ 그래프는 그림과 같다. (a) 최종적으로 축전기에 충전된 총 전하량은 대략 얼마인가? (힌트: 짧은 시간 Δt 동안에, 회로에 흐르는 전하량은 $I\Delta t$이다.] (b) 부분 문제 (a)의 답을 이용해 축전기의 전기용량을 구하여라. (c) 회로의 총 저항 R는 얼마인가? (d) 축전기 에너지의 최댓값의 절반에 해당되는 에너지는 몇 초일 때 나타나는가?

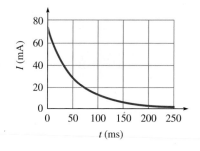

18.11 전기 안전

51[99]. 비를 피하기 위해 은신처를 찾고 있던 어떤 사람이 천둥이 칠 때 나무 아래에서 맨발로 서 있다. 번개가 나무를 때리고, 40 μs 동안에 엄청난 전류가 지면으로 흘렀다. 그동안 이 사람의 두 발 사이의 전기퍼텐셜 차가 20 kV였다. 만약 두 발 사이의 저항이 500 Ω이었다면, (a) 이 사람의 몸을 통과해 흐른 전류는 얼마인가? (b) 번개가 몸에서 소모하는 에너지는 얼마인가?

52[101]. 첼시는 실수로, 최대 전력 5.0 W를 공급할 수 있는 기전력 100.0 V인 전지 세트에 접촉했다. 그녀가 전지와 접촉하는 지점들의 저항이 1.0 kΩ이라면, 그녀를 통해 얼마나 큰 전류가 흐르는가?

협동문제

53[103]. 민디의 욕실에는 전원을 켰을 때 뜨거워지는 니크롬선 코일이 들어 있는 벽걸이 히터가 있다. 코일을 풀었을 때 코일 길이는 3.0 m이다. 이 히터는 일반적인 120 V 배선에 연결되어 있으며, 니크롬선이 뜨거워지면 온도가 약 420 °C로 되며, 2200 W의 전력을 소모한다. 니크롬선은 20 °C에서 비저항이 108×10^{-8} $\Omega \cdot$m이며, 온도계수는 0.00040 °C^{-1}이다. (a) 히터가 켜져 있을 때 히터의 저항은 얼마인가? (b) 니크롬선에 흐르는 전류는 얼마인가? (c) 니크롬선의 단면이 원형인 경우, 선의 지름은 얼마인가? 온도 변화로 인해 도선의 지름과 길이가 조금 변하는 것은 무시하여라. (d) 히터를 처음 켰을 때는 아직 가열되지 않은 상태이므로 20 °C에서 작동한다. 이때 스위치를 처음 켰을 때 흐르는 전류는 얼마인가?

54[105]. (a) 주어진 조건이 동일하고 이상적인 2개의 전지(기전력 = $\mathscr{E}$)와 2개의 동일한 전구(저항 = R은 상수로 가정)로 두 전구가 최대한 밝게 빛나는 회로를 설계하여라. (b) 각 전구에 의해 소모되는 전력은 얼마인가? (c) 두 개의 전구가 밝게 빛나지만, 한 전구가 다른 전구보다 밝게 보이도록 회로를 설계하여라. 어느 전구가 더 밝은지 밝혀라.

55[107]. 50 A의 전류를 보내야 하는 고압 송전선으로 구리와 알루미늄 전선을 고려하고 있다. 각 전선의 저항은 킬로미터당 0.15 Ω이다. (a) 만일 이들 송전선으로 나이아가라 폭포에서 뉴욕까지(약 500 km) 송전한다면, 송전선에서 소모되는 전력은 얼마인가? 각 재료를 선택해 (b) 필요한 송전의 지름과 (c) 미터당 송전선의 질량을 계산하여라. 구리와 알루미늄의 비저항은 표 18.1에 있다. 곧, 구리의 질량밀도는 8920 kg/m^{3}이고, 알루미늄은 2702 kg/m^{3}이다.

연구문제

56[109]. 손전등용 1.5 V 전지가 다 닳기까지 4.0시간 동안 0.30 A의 전류를 유지할 수 있다. 이 과정에서 얼마나 많은 화학에너지가 전기에너지로 변환되는가? (전지의 내부

저항은 0으로 가정하여라).

57[111]. 그림에서 전류계 A_1과 A_2의 저항을 무시하면, (a) A_1에 흐르는 전류와 (b) A_2에 흐르는 전류는 얼마인가?

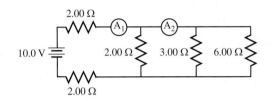

58[113]. 심장병 환자가 사용하는 심장 박동 조절기에 있는, 전기용량이 25 μF인 축전기가 1.0 V로 충전되어 있어서, 매 0.80초마다 심장을 통해 방전된다. 평균 방전 전류는 얼마인가?

59[115]. 1.5마력의 전동기가 120 V에서 작동한다. I^2R 손실을 무시하면 전동기에 흐르는 전류는 얼마인가?

60[117]. 그림과 같이, 기전력 $\mathscr{E}$인 이상적인 똑같은 전지 2개와 저항 R(상수로 가정)인 똑같은 전구 2개가 연결된 회로에서 소비되는 총 전력을 $\mathscr{E}$과 R로 구하여라.

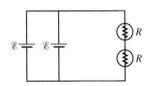

61[119]. 500 W 전열기가 120 V의 전기퍼텐셜 차에서 작동하도록 설계되어 있다. (a) 지역 전력회사가 부하를 줄이기 위해 전압감소를 부과하여 110 V로 전압을 떨어뜨리면 전열기의 열 출력은 몇 %만큼 감소하는가? (이때 저항은 변하지 않는다고 가정하여라.) (b) 온도에 따른 저항의 변화를 고려한다면, 열 출력의 실제 전압강하는 부분 문제 (a)에서 계산된 것보다 큰가 아니면 작은가?

62[121]. 커피메이커를 출력전압(직류라고 가정) 120 V에 연결된 발열체(저항 R)로 모형화할 수 있다. 가열소자는 커피를 내릴 때 순간적으로 소량의 물을 끓인다. 수증기 거품이 형성되면, 거품이 관을 통해 물을 밀어서 운반한다. 이러한 이유 때문에, 커피메이커는 관을 통과하는 물의 5.0 %만 끓인다. 나머지는 100 ℃로 가열되지만 액체 상태를 유지한다. 커피메이커가 10 ℃의 물로 8.0분 내에 1.0 L의 커피를 끓여낼 수 있다면 이 발열체의 저항 R는 얼마인가?

63[123]. 그림과 같이 표시된 회로에서 150 V의 기전력을

저항과 연결하면, R_2에 흐르는 전류는 얼마인가? 각 저항기는 저항 값이 모두 10 Ω이다.

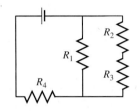

64[125]. 25개의 장식용 조명구가 달린 줄에는 9.0 W로 정격된 전구가 병렬로 연결되어 있다. 이 줄을 120 V 전원 공급 장치에 연결했다. (a) 각 전구의 저항은 얼마인가? (b) 각 전구를 통과하는 전류는 얼마인가? (c) 전원 공급 장치에서 나오는 총 전류는 얼마인가? (d) 전류가 2.0 A 보다 클 경우에 전구와 연결된 줄의 전류를 차단하도록 퓨즈가 연결되어 있다. 퓨즈가 끊어지지 않게 하려면 몇 개를 10.4 W 전구로 교체해야 하는가?

65[127]. 3개의 똑같은 전구가 이상적인 전지와 연결되어 있다. 각 소켓의 두 단자는 전구의 두 단자에 연결된다. 그림에서 전선이 교차하는 것처럼 보이더라도 서로 연결되어 있지는 않다. 온도 변화로 인한 필라멘트의 저항 변화를 무시한다. (a) 어느 회로도가, 설명한 회로를 바르게 표현했는가? 둘 이상의 회로도가 올바르면, 모두 열거하여라. (b) 어느 전구가 가장 밝은가? 어느 전구가 가장 어두운가? 아니면 모두 똑같은가? 이유를 설명하여라. (c) 필라멘트 저항이 각각 24.0 Ω, 기전력이 6.0 V인 경우, 각 전구에 흐르는 전류를 구하여라.

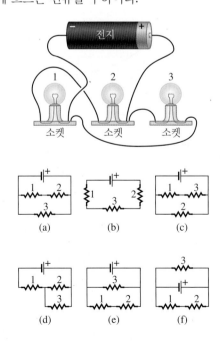

66[129]. 길이가 L인 금 도선의 저항이 R_0이다. 도선을 당겨 길이를 3배 늘였다면, 저항 R는 원래 저항의 몇 배인가?

67[131]. 같은 크기의 금 도선과 알루미늄 도선에 같은 전류가 흐른다. 알루미늄의 전자밀도(전자/cm³)는 금의 전자밀도보다 3배 더 크다. 두 도선에서 전자의 유동속력이 금의 경우 v_{Au}이고, 알루미늄은 v_{Al}이라 할 때, 두 선의 전자 유동속력을 비교하여라.

68[133]. 평행판 축전기가 한 변의 길이 $L = 0.10$ m인 정사각형 도체 판 2개로 구성되어 있다. 거리 $d = 89\ \mu$m만큼 떨어진 판 사이에는 공기가 있다. 이 축전기를 10.0 V 전지에 연결한다. (a) 축전기가 완전히 충전된 후, 상판의 전하량은 얼마인가? (b) 전지를 판에서 분리하면 축전기는 저항기 $R = 0.100$ MΩ을 통해 방전된다. 저항기를 통해 흐르는 전류를 시간 t($t = 0$은 R가 축전기에 연결된 시간에 해당한다.)의 함수로 스케치하여라. (c) 전체 방전 과정에서 R이 소모한 에너지는 얼마인가?

69[135]. 기전력이 1.0 V인 전지를, 그림 (a)에 보인 것처럼 1.0 kΩ저항기와 다이오드(비옴성 장치)에 연결했다. 주어진 전압강하에 대해 다이오드를 통해 흐르는 전류가 그림 (b)에 표시되어 있다. (a) 다이오드를 통과하는 전류는 얼마인가? (b) 전지를 통과하는 전류는 얼마인가? (c) 다이오드와 저항기에서 소모되는 총 전력은 얼마인가? (d) 1.0 kΩ 저항기에서 소비되는 전력이 두 배가 되도록 전지의 기전력이 증가했다고 가정하자. 그러면 다이오드에서 소비되는 전력도 두 배 증가할 것이라고 기대하는가? 그렇지 않으면 2배보다 크거나 2배보다 적게 증가하겠는가? 간단하게 설명하여라.

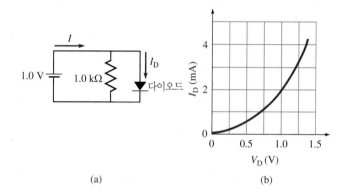

(a) (b)

16~18장 종합 복습문제

복습문제

1. 속이 비어 있는 금속 구체에 6.0 μC의 전하가 있다. 동일한 완전한 구체에는 18.0 μC의 전하가 있다. 두 구체를 서로 접촉한 다음, 분리시켰다. 전하량은 각각 얼마인가?

2. 속이 빈 금속구에 6.0 μC의 전하가 있다. 반지름이 첫 번째 구의 두 배인 두 번째 속이 빈 금속 구에는 18.0 μC의 전하가 있다. 두 구를 서로 접촉시켰다가 분리한다. 각각에는 전하가 얼마나 있는가?

3. 한 변의 길이가 0.150 m인 정삼각형의 모서리에 세 점 전하가 놓여 있다. 2.50 μC의 전하가 받는 총 전기력은 얼마인가?

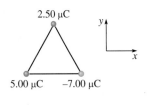

4. 두 점전하가 다음과 같은 좌표에 위치한다. $Q_1 = -4.5$ μC은 $x = 1.00$ cm, $y = 1.00$ cm에, $Q_2 = 6.0$ μC는 $x = 3.00$ cm, $y = 1.00$ cm. (a) $x = 1.00$ cm, $y = 4.00$ cm에 위치한 점 P에서의 전기장을 구하여라. (b) -2.0 μC의 전하를 가진 5.0 g의 작은 입자를 점 P에 놓았을 때, 처음 가속도는 얼마인가?

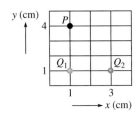

5. 물체 A의 질량은 90.0 g이며 절연된 실에 매달려 있다. +130 nC의 전하량을 가진 물체 B가 A에 가까이에 있고, A는 B에 끌려간다. 평형 상태에서, A는 수직에 대해 각도 $\theta = 7.20°$로 매달려 있고, B의 좌측에서 5.00 cm 위치에 있다. (a) A의 전하량은 얼마인가? (b) 실의 장력은 얼마인가?

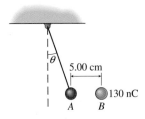

6. 음극선관 내에서 전자가 정지 상태에서 출발해 12.0 kV의 전기퍼텐셜 차를 통해 가속되었다. 전자는 평행판 축전기의 판 사이로 들어가서 +x-방향으로 움직인다. 두 판 사이의 전기퍼텐셜 차는 320 V이다. 판의 길이는 8.50 cm이고 1.10 cm 떨어져 있다. 전자빔이 판 사이의 전기장에 의해 음(−)의 y-방향으로 편향된다. 전자가 축전기를 떠날 때 빔의 y-위치는 얼마나 변하는가?

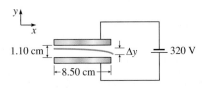

7. 35.0 nC 전하가 원점에 배치되어 있고, 55.0 nC 전하는 원점에서 +x-축상 2.20 cm에 배치되어 있다. (a) 이 두 물체의 중간 지점에서 전기퍼텐셜은 얼마인가? (b) 원점으로부터 +x-축의 3.40 cm 지점의 전기퍼텐셜은 얼마인가? (c) 외부 요원이 45.0 nC 전하를 (b) 지점에서 (a) 지점까지 이동시키는 데 얼마나 많은 일을 해야 하는가?

8. 표시된 회로에서 $R_1 = 15.0$ Ω, $R_2 = R_4 = 40.0$ Ω, $R_3 = 20.0$ Ω, $R_5 = 10.0$ Ω이다. (a) 이 회로의 등가저항은 얼마인가? (b) 저항 R_1을 통해 얼마의 전류가 흐르는가? (c) 이 회로에서 소비되는 총 전력은 얼마인가? (d) R_3 양단의 전기퍼텐셜 차는 얼마인가? (e) R_3에 흐르는 전류는 얼마인가? (f) R_3에서 소비되는 전력은 얼마인가?

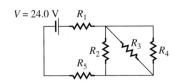

9. 양(+)의 y-방향으로 10.0 m/s의 속도를 갖는 전자가 양(+)의 x-방향으로 200 V/m의 균일한 전기장 영역으로 입사한다. 다른 힘이 작용하지 않는다면, 전기장 영역에 입사한 후 시간 2.40 μs에 전자의 변위의 x-와 y-성분은 얼마인가?

10. 양성자가 리튬 핵을 향해 똑바로 발사된다. 양성자가 핵에서 멀리 있을 때 속도가 5.24×10^5 m/s라면 양성자가 멈추고 돌아서기 직전에 두 입자 사이의 거리는 얼마인가?

11. 전자가 2개의 반대로 대전된 수평한 평행판 사이의 진공 속에 떠 있다. 판 사이의 간격은 3.00 mm이다. (a) 상판과 하판에 있는 전하의 부호는 무엇인가? (b) 판 사이의 전압은 얼마인가?

12. 그림의 회로를 고려하여라. (a) 스위치 S가 오랫동안 닫혀 있은 후에, 12 Ω 저항기를 통해 흐르는 전류는 얼마인가? (b) 축전기 양단의 전압은 얼마인가?

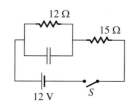

13. 그림의 회로를 고려하여라. 전류 $I_1 = 2.50$ A이다. (a) I_2, (b) I_3, (c) R_3의 값을 구하여라.

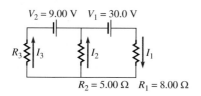

14. 큰 평행판 축전기의 판 사이의 간격은 1.00 cm이고 판의 넓이는 314 cm²이다. 축전기는 20.0 V의 기전력원에 연결되어 있으며 판 사이에 공기가 차 있다. 기전력원이 연결된 채 판의 틈새를 티탄산 스트론튬 판으로 완전히 채웠다. 판의 전하가 증가하는가 아니면 감소하는가? 얼마나 변하는가?

15. 퍼텐셔미터(potentiometer, 전위차계)는 기전력을 측정하는 회로이다. 그림에서 스위치 S_1이 닫혀 있고 S_2가 열려 있을 때 2.00 V의 표준 전지 $\mathcal{E}_s$인 경우 $R_1 = 20.0$ Ω이면 검류계 G에 전류가 흐르지 않는다. 스위치 S_2가 닫히고 S_1이 열린 경우에 $R_2 = 80.0$ Ω이면 검류계 G에 전류가 흐르지 않는다. (a) 알려지지 않은 기전력 $\mathcal{E}_s$는 얼마인가? (b) 퍼텐셔미터가 내부저항이 큰 전원의 경우에도 정확하게 기전력을 측정하는 이유를 설명하여라.

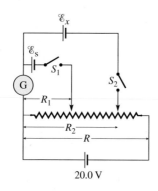

16. 회로에서 $\mathcal{E} = 45.0$ V 및 $R = 100.0$ Ω이다. 회로에 전압이 $V_x = 30.0$ V가 필요하다면 저항 R_X는 얼마여야 하는가?

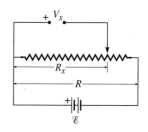

17. 2개의 침수 히터 A와 B가 모두 120 V 전원에 연결되어 있다. 히터 A는 1.0 L 물을 2.0분 동안에 온도를 20.0 °C에서 90.0 °C까지 올릴 수 있으며, 히터 B는 5.0 L 물을 5.0분 동안에 온도를 20.0 °C에서 90.0 °C까지 올릴 수 있다. 히터 B의 저항에 대한 히터 A의 저항의 비는 얼마인가?

18. 2.00 mm의 건조한 공기층으로 분리된, 지름 10.0 cm인 원형 평행판 축전기가 있다. (a) 이 축전기에 충전할 수 있는 최대 전하량은 얼마인가? (b) 네오프렌 유전체 판으로 두 평행판 사이를 완전히 채우면 이 축전기에 충전할 수 있는 최대 전하량은 얼마인가?

19. 길이와 질량이 같은 전선(단면의 지름은 다름)에 대하여, 구리선에 대한 (a) 은 선, (b) 알루미늄 선의 저항의 비(R_{Ag}/R_{Cu}와 R_{Al}/R_{Cu})는 얼마인가? (c) 길이와 질량이 같을 때 전선으로 가장 적합한 도체는 어느 물질인가? 밀도는, 은 10.1×10^3 kg/m³, 구리 8.9×10^3 kg/m³, 알루미늄 2.7×10^3 kg/m³이다.

20. 카메라의 플래시에 사용되는 평행판 축전기가 300 V에 연결될 때 32 J의 에너지를 저장할 수 있어야 한다. (대부분의 전자 플래시는 실제로 1.5~6.0 V 전지를 사용하지만, dc–dc 인버터를 사용해 유효 전압을 증가시킨다.) (a) 이 축전기의 전기용량은 얼마나 되어야 하는가? (b) 이 축전기의 넓이가 9.0 m²이고 판 사이의 거리가 1.1×10^{-6} m라면, 판 사이의 유전체의 유전상수는 얼마인가? (축전기를 원통형으로 돌돌 감으면 작은 부피로 큰 유효 넓이를 달성할 수 있다.) (c) 4.0×10^{-3} s 동안 섬광이 발생해 축전기가 완전히 방전된다고 가정하면, 이 시간 동안 전구의 평균 전력소모는 얼마인가? (d) 축전기의 판 사이의 거리를 절반으로 줄일 수 있다면 같은

전압으로 충전했을 때 축전기가 저장할 수 있는 에너지는 얼마인가?

21. 문제 20의 카메라 플래시를 고려하자. 플래시가 실제로 식 (18–26)에 따라 방전한다면 방전하는 데 무한한 시간이 걸린다. 문제 20은 축전기가 4.0×10^{-3} s에서 방전한다고 가정할 때, 축전기에는 그 시간 후 저장된 전하가 거의 없다는 것을 의미한다. 4.0×10^{-3} s 이후 축전기에 처음 전하의 1.0 %만이 있다고 가정하자. (a) 이 RC 회로의 시간상수는 얼마인가? (b) 이 경우에 플래시 전구의 저항은 얼마인가? (c) 플래시 전구에서 소비되는 최대 전력은 얼마인가?

22. 중수소(^{2}D)는 양성자 하나와 중성자 하나를 포함하는 핵을 가진 수소(H)의 동위원소이다. ^{2}D–^{2}D 융합 반응에서, 두 개의 중수소핵이 결합해 헬륨-3 원자핵과 중성자 한 개씩 생성되며, 이 과정에서 에너지를 방출한다. 두 중수소핵은 양전하를 띤 원자핵($q = +e$)의 전기적 반발력을 극복하고 반응이 일어날 정도로 충분히 접근해야 한다. 중수소핵의 반지름이 약 1 fm이므로 두 핵의 중심은 약 2 fm 이내에 있어야 한다. 이 핵융합 반응이 일어나기 위해 중수소 기체의 원자가 가져야 하는 온도를 추산하기 위해서, 중수소 원자의 평균 운동에너지가 반응에 필요한 활성화 에너지의 5 %가 되는 온도를 구하여라.

23. 많은 가정 난방 시스템에서는 난방기 파이프를 통해 뜨거운 물을 순환시켜 난방한다. 집 안의 한 "구역"의 물의 흐름은 자동온도조절장치에 따라 개폐되는 구역 밸브에 의해 제어된다. 구역 밸브의 개폐는 흔히 그림에 표시된 것처럼 왁스 구동기가 수행한다. 온도조절장치 밸브에 신호를 보내면, 구동기의 가열소자(저항 $R = 200\ \Omega$)에는 24 V의 직류 전압이 공급된다. 왁스가 녹아 팽창하

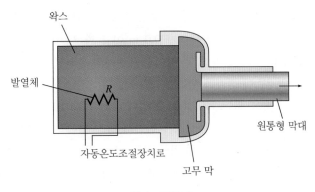

왁스 구동기

면서 원통형 막대(반지름 2.0 mm)를 거리 1.0 cm만큼 밖으로 밀어 구역 스위치를 연다. 구동 장치에는 실온(20 °C)에서 밀도 0.90 g/cm³인 고체 왁스 2.0 mL가 있다. 왁스의 비열은 0.80 J/(g·°C)이고 융해열(latent heat of fusion)은 60 J/g이며 녹는점은 90 °C이다. 왁스가 녹으면 부피가 15 % 증가한다. 밸브가 완전히 열릴 때까지 시간이 얼마나 걸리는가?

문제 24-26. 힌트: 종단속도로 움직이는 물체에 작용하는 알짜힘은 0이다. 구형 물체에 대한 점성저항력은 스토크스의 법칙 식 (9–16)으로 주어진다. 여기서 v는 주변 유체에 대한 물체의 속력이고 부력은 아르키메데스 원리(9.6절)에 의해 주어진다.

24. 이 문제는 전자의 전하를 최초로 측정한 밀리칸의 기름방울 실험의 아이디어를 설명한 것이다. 밀리칸은 공기 중에서 떨어지는 구형의 작은 기름방울의 미세한 분사물을 조사했다. 방울은 분무기에서 분무될 때 전하를 얻는다. 그는 전기장이 없을 때 방울의 종단속력 v_t를 측정한 다음, 축전기의 판(판 간격 d) 사이에서 방울이 움직이지 않게 유지해주는 전기장 E를 측정했다. (a) 전기장이 없을 때, 기름방울에 작용하는 힘은 중력, 부력, 점성저항이다. 사용된 방울은 매우 작아서(반지름이 약 1 μm), 급속하게 종단속도에 도달했다. 기름방울의 반지름 R를, v_t, g, 기름의 밀도 $\rho_{기름}$, 공기의 밀도 $\rho_{공기}$, 공기의 점성 η로 나타내어라. (b) g, E, d, R, g, $\rho_{기름}$, $\rho_{공기}$로 기름방울 하나에 있는 전하 q를 구하여라. (힌트: 여기서는 기름방울이 정지해 있기 때문에 항력은 영이다.)

25. 공기 이온화 장치는 전기력을 이용해 먼지 입자, 꽃가루 및 기타 알레르기를 유발하는 물질을 공기에서 걸러낸다. 한 종류의 이온화 장치(그림 참조)에서 공기가 3.0 m/s의 속력으로 빨려 들어간다. 공기는 입자에 전하를 전달하는 매우 높은 전압으로 대전된 금속의 미세한 철망을 통과한다. 그런 다음 공기는 대전된 입자를 끌어당기고 필터로 거르는 평행한 "집진기" 판 사이를 통과한다. 반지름 6.0 μm, 질량 2.0×10^{-13} kg, 전하량이 1000e인 먼지 입자를 생각하자. 판은 길이가 10 cm이고 서로 1.0 cm만큼 떨어져 있다. (a) 항력을 무시하고 입자가 필터에 포집되도록 하려면 판 사이의 전기퍼텐셜 차는 최소한 얼마여야 하는가? (b) 입자가 필터에 부딪치기 직전에 입자는 공기의 흐름에 대해 어떤 속도로 움직이겠는가? (c) (b)의 속도로 움직일 때 입자에 작용

하는 점성저항력을 계산하여라. (d) 항력을 무시해도 괜찮을까? 항력을 고려하면 퍼텐셜 차이가 (a)에서 구한 답보다 커야 하는가 작아야 하는가?

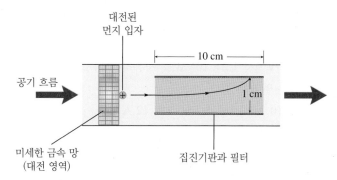

대전된 먼지 입자

공기 흐름

10 cm

1 cm

미세한 금속 망 (대전 영역)

집진기판과 필터

26. 반지름이 1.0 mm인 구형 빗방울이 +2 nC의 전하를 띠고 있다. 부근의 전기장은 아래 방향 2000 N/C이다. 동일하지만 충전되지 않은 방울의 종단속력이 6.5 m/s이다. 항력은 기름방울의 속력과 $F_d = bv^2$의 관계가 있다 (점성저항이라기보다는 난류항력). 충전된 빗방울의 종단속력을 구하여라.

미국 MCAT 기출문제

다음은 MCAT 시험에 출제되었던 문제로 미국의과대학협회 (AAMC)의 허가를 얻어서 게재한 것이다.

1. 주어진 온도에서 직류에 대한 도선의 저항은 다음 중 어느 것에만 따라서 변하는가?
 A. 전선에 인가한 전압
 B. 비저항, 길이 및 전압
 C. 전압, 길이 및 단면의 넓이
 D. 비저항, 길이 및 단면의 넓이

13–15장의 MCAT 기출문제에서, 합성 윤활유 저장탱크에 관한 두 단락을 참조하여라. 이 단락을 바탕으로 다음 두 질문에 답하여라.

2. 한 개의 600 V 전원공급장치로 모든 히터를 최대 출력으로 가동하려면 전류가 얼마나 필요한가?
 A. 7.2 A   B. 24.0 A
 C. 83.0 A   D. 120.0 A

3. 다른 테스트에서는 10개의 히터를 800 V 전원공급장치에서 20 A의 전류를 사용하는 5개의 대형 히터로 교체했다. 새로 교체한 5개의 히터에서 사용하는 총 전력 사용량은 얼마인가?

 A. 16 kW   B. 32 kW
 C. 80 kW   D. 320 kW

단락을 읽고 다음 질문에 답하여라.

 도해는 물을 가열하기 위한 에너지를 공급하기 위해 전류를 사용하는 작은 온수기이다. 가열소자 R_L은 물에 잠겨 있으며 1.0 Ω 부하저항기로 역할한다. DC 전원은 온수기 외부에 장착되어 있으며 2.0 Ω 저항기(R_S) 및 부하저항기와 병렬로 연결되어 있다. 물이 가열되고 있을 때, 전류원은 회로에 0.5 A의 일정한 전류(I)를 공급한다. 온수기의 열용량은 C이고, 물의 양은 1.0×10^{-3} m³이다. 물의 질량은 1.0 kg이다. 전체 시스템은 단열되어 있으며 대략 60 ℃의 일정한 온도를 유지하도록 설계되어 있다. [참고: 물의 비열 $(c_W) = 4.2 \times 10^3$ J/(kg·℃).]

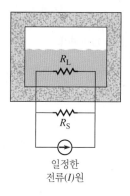

일정한 전류(I)원

4. R_L을 가로지르는 전압강하는 얼마인가?
 A. 0.22 V   B. 0.33 V
 C. 0.75 V   D. 1.50 V

5. 온수기 외부의 장비를 바꾸어 전류 I가 1.2 A로, R_S가 3.0 Ω으로 바뀌면, R_S에서 얼마나 많은 전력이 소비되겠는가?
 A. 0.27 W   B. 0.40 W
 C. 1.08 W   D. 4.32 W

6. 전류가 R_L을 흐르는 동안, 다음 양 중 어느 것이 증가하지 않는가?
 A. 계의 엔트로피   B. 계의 온도
 C. 물의 총 에너지   D. R_L이 소비하는 전력

7. 온수기에 사용되는 전원이 전지인 경우, 다음 중 온수기 시스템 회로를 통해 전류가 흐를 때 발생하는 에너지 전환을 가장 잘 설명하는 것은 어느 것인가?
 A. 화학에너지를 전기에너지로, 열에너지로
 B. 화학에너지를 열에너지로, 전기에너지로

C. 전기에너지를 화학에너지로, 열에너지로

D. 전기에너지를 열에너지로, 화학에너지로

8. R_L의 저항이 시간의 함수로 증가한다면, 다음의 양 중 어느 것이 시간에 따라 증가하겠는가?

A. R_L에서 소비되는 전력

B. R_L을 통해 흐르는 전류

C. R_S를 통한 전류

D. R_S의 저항

9. 다른 전류원에 의해 R_L에서 물로 1.0 W의 비율로 전력이 소모된다면 물의 온도를 1.0 ℃ 높이는 데 시간이 얼마나 걸리겠는가? (주: 가열소자와 단열재를 가열하는 데 사용되는 열은 무시할 만하다고 가정하여라.)

A. 70초   B. 420초

C. 700초   D. 4200초

단락을 읽고 다음 질문에 답하여라.

전력은 일반적으로 공중의 전선을 통해서 소비자에게 전달된다. 전기회사는 열로 인한 전력 손실을 줄이기 위해 전선을 흐르는 전류(I)와 전선의 저항(R)의 크기를 줄이려고 노력한다.

R을 줄이려면 전도성이 높은 재료와 굵은 전선을 사용해야 한다. 전선의 크기는 재료의 가격과 무게에 제한을 받는다. 표에 두 온도에서, 몇 가지 지름의 구리 도선 1000 m의 저항과 질량을 나타내었다.

지름 (m)	25 ℃에서 10^3 m당 저항(Ω)	65 ℃에서 10^3 m당 저항(Ω)	10^3 m당 질량(kg)
6.6×10^{-2}	7.2×10^{-3}	8.2×10^{-3}	2.4×10^4
2.9×10^{-2}	3.5×10^{-2}	4.1×10^{-2}	4.6×10^3
2.1×10^{-2}	7.1×10^{-2}	8.2×10^{-2}	2.3×10^3
9.5×10^{-3}	3.4×10^{-1}	3.8×10^{-1}	4.9×10^2

10. 120 V에서 1.2×10^4 W를 사용하는 가구에 필요한 전류는 얼마인가?

A. 10 A   B. 12 A

C. 100 A   D. 120 A

11. 표에 근거하여, 지름 9.5 mm인 도선 10^5 m 구간의 온도가 25 ℃에서 65 ℃로 변하면 도선의 저항은 대략 얼마나 변하겠는가?

A. 0.04 Ω B. 0.4 Ω

C. 4.0 Ω D. 40 Ω

12. 2 A를 송전하는, 저항이 3 Ω인 송전선에서 열로 손실되는 전력은 얼마인가?

A. 1.5 W   B. 6 W

C. 12 W   D. 18 W

13. 전력 중 5×10^3 W를 열로 소모하는 전력망에서 10^4 W의 전력을 10가구에 공급하려면 얼마의 전력이 필요한가?

A. 1.5×10^4 W   B. 5.25×10^4 W

C. 1.05×10^5 W   D. 1.5×10^5 W

자기력과 자기장

개념정리

- 자기장선은 전기장선처럼 해석된다. 어떤 점에서의 자기장은 자기장선에 접선 방향이다. 자기장의 크기는 자기장선에 수직한 단위 넓이당 자기장선의 수에 비례한다.

- 자기장선은 자기홀극이 없기 때문에 항상 고리이다.

- 자기의 가장 작은 단위는 자기쌍극자이다. 자기장선은 N극에서 나오고 S극에서 다시 들어간다. 자석은 2개 이상의 극을 가질 수 있지만 적어도 하나의 N극과 하나의 S극은 가지고 있어야 한다.

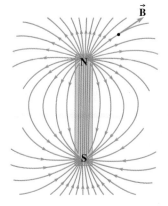

- 두 벡터의 가위 곱은 한 벡터의 크기와 다른 벡터의 수직 성분의 곱이다.

$$|\vec{a} \times \vec{b}| = |\vec{b} \times \vec{a}| = a_\perp b = ab_\perp = ab \sin \theta \qquad (19\text{-}3)$$

- 두 벡터의 가위 곱의 방향은 오른손 제1 규칙으로 선택한 두 벡터에 수직인 방향에 있다.

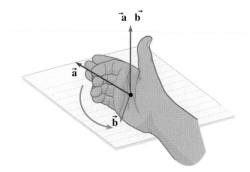

- 대전입자에 작용하는 힘은

$$\vec{F}_B = q\vec{v} \times \vec{B} \qquad (19\text{-}5)$$

이다. 전하가 정지 상태($v = 0$)에 있거나 자기장에 수직인 전하의 속도 성분이 없다면($v_\perp = 0$), 자기력은 0(zero)이다. 항상 자기력은 자기장과 입자의 속도에 수직 방향이다.

$$\text{크기: } F_B = qvB \sin \theta$$

$\vec{v} \times \vec{B}$의 방향을 찾기 위해 오른손 규칙을 사용하고, q가 음수이면 방향은 거꾸로 된다.

- 자기장의 SI 단위는 테슬라(T)이다.

$$1\,\text{T} = 1\,\frac{\text{N}}{\text{A·m}} \qquad (19\text{-}2)$$

- 대전입자가 균일한 자기장에 대해 직각으로 움직인다면, 그 입자의 궤적은 원이다. 속도가 자기장에 수직 성분과 평행 성분을 가지고 운동하면 그 입자 궤적은 나선이다.

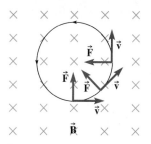

- 전류 I가 흐르는 직선 도선에 작용하는 자기력은

$$\vec{F} = I\vec{L} \times \vec{B} \qquad (19\text{-}12a)$$

이다. 여기서 $\vec{L}$의 크기는 도선의 길이이고, $\vec{L}$의 방향은 도선을 따라 흐르는 전류의 방향이다.

- 평면 전류 고리에 작용하는 자기 돌림힘은

$$\tau = NIAB \sin \theta \qquad (19\text{-}13b)$$

이다. 여기서 θ는 고리의 자기장과 쌍극자모멘트 벡터 사이의 각이다. 쌍극자모멘트의 방향은 오른손 제1 규칙으로 정해지며 고리에 수직인 방향이다(어떤 임의의 변 $\vec{L}$에 전류와 같은 방향으로 돌아가는 다음 변의 $\vec{L}$과 벡터곱을 취하여라).

- 긴 직선 도선에서 거리 r만큼 떨어진 점에서 자기장의 크기는

$$B = \frac{\mu_0 I}{2\pi r} \qquad (19\text{-}14)$$

이다. 자기장선의 방향은 오른손 제2 규칙으로 주어지는 방향으로, 도선 주위에 원이다.

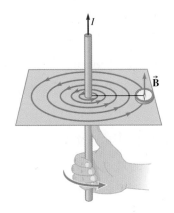

- 자유공간의 투자율은

$$\mu_0 = 4\pi \times 10^{-7} \frac{\text{T·m}}{\text{A}} \qquad (19\text{-}15)$$

이다.

- 길고 조밀하게 감긴 솔레노이드 내부의 자기장은 균일하다.

$$B = \frac{\mu_0 N I}{L} = \mu_0 n I \qquad (19\text{-}17)$$

자기장의 방향은 오른손 제3 규칙으로 주어지는 것과 같이 솔레노이드 축을 따라가는 방향이다.

- 앙페르의 법칙은 경로 내부를 가로지르는 알짜 전류 I에 대해 닫힌 경로 주위를 순환하는 자기장과 관계된다.

$$\sum B_\parallel \Delta l = \mu_0 I \qquad (19\text{-}19)$$

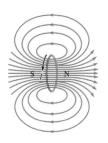

- 강자성체 물질의 자기적 성질은 외부 자기장이 없는 경우에도 자구라고 불리는 영역 내에 자기쌍극자를 정렬시키는 상호작용에 의한 것이다.

연습문제

단답형 질문

1[1]. 전기장은 단위 전하당 전기력으로 정의된다. 자기장을 단위 전하당 자기력으로 정의할 수 없는 이유를 설명하여라.

2[3]. 수평 전자빔이 균일한 자기장에 의해 오른쪽으로 편향되었다고 가정하여라. 자기장의 방향은 어느 쪽인가? 두 가지 이상 가능성이 있는 경우, 자기장의 방향에 대해 무엇을 말할 수 있는가?

3[5]. CRT(음극선관, 16.5절 참조)에서 일정한 전기장은 전자를 고속으로 가속시킨다. 자기장은 전자를 한쪽으로 편향시키는 데 사용된다. 전자의 속력을 높이기 위해 일정한 자기장을 사용할 수 없는 이유는 무엇인가?

4[7]. 속도선택기에서 $\vec{E} + \vec{v} \times \vec{B} = 0$이면, 전기력과 자기력이 상쇄된다. $\vec{v}$가 $\vec{E} \times \vec{B}$와 동일한 방향이 됨을 나타내어라. (힌트: $\vec{v}$가 속도선택기에서 $\vec{E}$와 $\vec{B}$에 수직이기 때문에 $\vec{v}$방향에 대해 두 가지 가능성이 있다. 곧, $\vec{E} \times \vec{B}$의 방향이거나 $-\vec{E} \times \vec{B}$의 방향이다.)

5[9]. 어느 도시의 시장이 시내를 관통하는 전력선에 의해 생성된 자기장에 대해 전기회사의 책임이 없도록 하는 새로운 법안을 제안했다. 제안된 법안에 대한 공개 토론회에서 당신은 어떤 주장을 하겠는가?

6[11]. 일정한 전류가 흐르는 긴 직선 도선의 전류에 의한 자기장을 두 점 P와 Q에서 측정했다. 도선은 어디에 있는가? 전류는 어느 방향으로 흐르고 있는가?

7[13]. 컴퓨터 모니터 가까이에 배치하는 컴퓨터 스피커는 자석을 사용하지 않거나 자석이 근처에 작은 자기장만을 생성하도록 설계하여 자기장에 차폐되어 있다. 자기장을 차폐하는 중요한 이유는 무엇인가? 일반 스피커가(모니터 근처에서 사용하지 않는) 컴퓨터 모니터 옆에 있으면 어떤 일이 일어나는가?

8[15]. 평면에서 직각을 이루는 2개의 도선에 동일한 전류가 흐른다. 평면의 어느 지점에서 자기장이 0이 되는가?

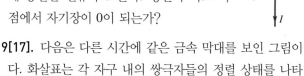

9[17]. 다음은 다른 시간에 같은 금속 막대를 보인 그림이다. 화살표는 각 자구 내의 쌍극자들의 정렬 상태를 나타낸다. (a) 변화를 일으킨 t_1과 t_2 사이에 어떤 일이 일어났는가? (b) 이 금속은 상자성체인가, 반자성체인가 아니면 강자성체인가? 이유를 설명하여라.

시간 t_1 시간 $t_2 > t_1$

10[19]. 그림 19.13a의 거품상자의 궤적을 참고하여라. 입자 2가 입자 1보다 작은 원을 그리며 움직인다고 가정하자. $|q_2| > |q_1|$라고 결론을 내릴 수 있는가? 이유를 설명하여라.

선다형 질문

선다형 질문 1-2. 그림에서, 네 점전하가 막대자석 근처에 표시된 방향으로 이동한다. 자석, 전하 위치, 속도 벡터는 모두 지면에 있다. 자기력의 방향을 다음에서 선택하여라.

(a) ↑   (b) ↓   (c) ←   (d) →

(e) (지면으로 들어가는 방향)

(f) • (지면에서 나오는 방향)

(g) 힘이 0이다.

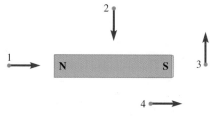

선다형 질문 1-2

1[1]. $q_1 < 0$인 경우, 전하 1에 작용하는 자기력의 방향은 어느 것인가?

2[3]. $q_3 < 0$인 경우, 전하 3에 작용하는 자기력의 방향은 어느 것인가?

3[5]. 속력이 정해져 있을 때 자기장 $\vec{B}$에서 점전하가 받는 자기력은 어느 때 가장 큰가?

(a) 자기장 방향으로 이동할 때

(b) 자기장의 반대 방향으로 이동할 때

(c) 자기장에 수직으로 이동할 때

(d) 전기장에 평행하고 수직인 속도 성분을 가질 때

선다형 질문 4-5. 그림과 같이 도선에 전류가 흐른다. 대전입자 1, 2, 3, 4는 그림에 표시된 방향으로 움직인다. 질문 4-5의 답을 선택하여라.

(a) ↑   (b) ↓   (c) ←   (d) →

(e) (지면으로 들어가는 방향)

(f) ⊙ (지면에서 나오는 방향)

(g) 힘이 0이다.

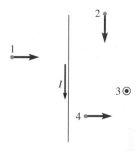

선다형 질문 4-5

4[7]. $q_2 > 0$인 경우, 전하 2가 받는 자기력의 방향은 어디인가?

5[9]. 전하 1과 4가 받는 자기력이 같고 속도가 같으면

(a) 전하의 부호는 같고, $|q_1| > |q_4|$이다.

(b) 전하의 부호는 반대이며, $|q_1| > |q_4|$이다.

(c) 전하의 부호는 같고, $|q_1| < |q_4|$이다.

(d) 전하의 부호는 반대이며, $|q_1| < |q_4|$이다.

(e) $q_1 = q_4$

(f) $q_1 = -q_4$

6[11]. 크기가 다르고 방향이 반대인 전류가 흐르는 평행한 두 도선 사이에 작용하는 자기력은?

(a) 인력이며 크기가 다르다.

(b) 척력이며 크기가 다르다.

(c) 인력이며 크기가 같다.

(d) 척력이며 크기가 같다.

(e) 둘 다 0이다.

(f) 같은 방향이며, 크기가 다르다.

(g) 같은 방향이며, 크기가 같다.

문제

19.1 자기장

1[1]. 도해에서 자기장의 세기가 (a) 가장 작은 곳과 (b) 가장 큰 곳은 어느 점인가? 이유를 설명하여라.

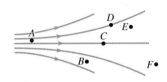

2[3]. 동일한 자석 두 개를 책상 위에 나란하게 놓았다. 그림과 같이 N극이 같은 끝부분에 있는 경우, 자기장선을 그려라.

3[5]. 동일한 자석 두 개를, N극을 마주하게 하고 일직선으로 책상 위에 놓았다. 자기장선을 그려라.

4[7]. 자기쌍극자에 작용하는 자기력이 자기쌍극자가 자기장과 나란히 정렬되도록 돌림힘을 발생한다. 이 문제에서는 전기쌍극자에 작용하는 전기력이 전기쌍극자가 전기장과 나란히 정렬되도록 하는 돌림힘을 발생시키는 것을 보여준다. (a) 도해에서 보여준 쌍극자의 각 방향에 대해 전기력을 그리고 쌍극자의 중심을 통과해 지면에 수직인 축에 대한 돌림힘의 방향(시계 방향 또는 시계 반대 방향)을 결정하여라. (b) 돌림힘(0이 아닌 경우)은 항상 쌍극자가 어느 방향으로 회전하게 하는가?

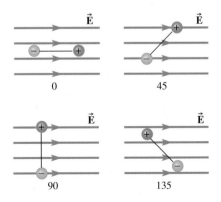

19.2 점전하에 작용하는 자기력

5[9]. 북쪽으로 2.50 T인 수평 자기장에서 6.0×10^6 m/s의 속도로 동쪽으로 움직이는 양성자에 가해지는 자기력을 구하여라.

6[11]. 균일한 자기장이 수직 위쪽으로 향하고, 크기는 0.800 T이다. 운동에너지가 7.2×10^{-18} J인 전자가 이 자기장에서 동쪽 수평 방향으로 이동하고 있다. 전자에 작용하는 자기력은 얼마인가?

문제 7-8. 몇 개의 전자가 $B = 0.40$ T이고 아래쪽으로 향하는 균일한 자기장에서 8.0×10^5 m/s 속도로 움직인다.

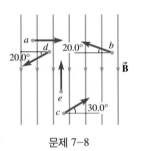

문제 7-8

7[13]. 점 a에서 전자에 작용하는 자기력을 구하여라.

8[15]. 점 c에서 전자에 작용하는 자기력을 구하여라.

9[17]. 자석이 양극 사이에 동쪽으로 향하는 0.30 T의 자기장을 생성한다. 전하가 $q = -8.0 \times 10^{-18}$ C인 먼지 입자가 0.30 cm/s 속도로 자기장 아래로 똑바로 내려가고 있다. 먼지 입자에 작용하는 자기력의 크기는 얼마인가? 그리고 자기력은 어느 방향인가?

10[19]. 음극선관(CRT)에서, 전자가 자기장이 위쪽으로 2.0 mT인 전자석의 양극 사이를 1.8×10^7 m/s로 지나간다. (a) 자기장에서 원형 경로의 반지름은 얼마인가? (b) 전자가 자기장에 있는 시간은 0.41 ns이다. 빔이 자기장을 통과하는 동안 빔의 각도는 어떻게 바뀌는가? (c) 스크린을 바라보는 관찰자가 보았을 때, 어느 방향으로 빔이 편향되는가?

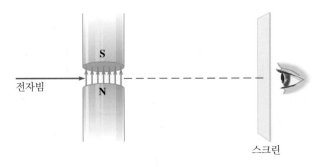

스크린

11[21]. 전자가 1.2 T의 균일한 자기장 내에서 2.0×10^5 m/s 의 속력으로 움직인다. 어느 순간 전자가 서쪽으로 움직이고 위쪽 방향으로 3.2×10^{-14} N의 자기력을 받는다. 자기장은 어느 방향인가? 동, 서, 남, 북, 위, 아래 방향에 대해 각도를 명확하게 제시하여라. (가능한 답이 두 개 이상이면, 모두 답하여라.)

19.3 균일한 자기장에 수직으로 움직이는 대전입자

12[23]. 두 입자가 지면 위로 향하는 균일한 자기장 영역에서 그림과 같이 표시된 궤적을 따라 이동했다. 두 대전입자는 양전하인가, 음전하인가?

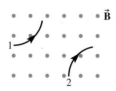

13[25]. 사이클로트론의 자기장에 수직인 평면에서 전자가 8.0×10^5 m/s의 속력으로 움직인다. 전자에 작용하는 자기력은 1.0×10^{-13} N이다. 자기장의 크기는 얼마인가?

14[27]. 양성자 빔 암 치료에 사용하는 사이클로트론의 자기장은 0.360 T이다. 이 반원형 디(dee)의 반지름은 82.0 cm이다. 양성자가 이 사이클로트론에서 다다를 수 있는 최대 속력은 얼마인가?

15[29]. 알파 입자(헬륨 원자핵) 빔은 환자의 몸 안으로 10.0 cm에 위치한 종양을 치료하는 데 사용된다. 종양에 침투하기 위해서는 입자가 0.458c의 속력으로 가속되어야 한다. 여기서 c는 빛의 속력이다(상대성 효과는 무시한다). 알파 입자의 질량은 4.003 u이다. 알파 입자 빔을 가속시키는 데 사용하는 사이클로트론의 반지름은 1.00 m이다. 자기장의 크기는 얼마인가?

문제 16-18. 원자질량단위를 kg 단위로 변환하면 1u = 1.66×10^{-27} kg이다.

16[31]. 자연에 존재하는 탄소의 동위원소는 두 종류가 있다(미량으로 존재하는 ^{14}C 제외). 동위원소는 질량이 다르다. 이유는 핵에서 중성자 수가 서로 다르기 때문이다. 그러나 양성자 수와 화학적 성질은 같다. 자연에 가장 풍부한 동위원소는 원자질량이 12.00 u이다. 자연의 탄소를 질량분석기에 넣으면 사진 건판에 두 개의 선이 나타난다. 이 선들은 반지름 15.0 cm인 원에 더 많은 동위원소가 이

동하는 것을 보인 반면, 반지름 15.6 cm인 원으로 이동한 것은 희귀한 동위원소로 보인다. 희귀한 동위원소의 원자질량은 얼마인가? (이온들은 동일한 전하를 가지며 자기장에 들어가기 전에 동일한 전기퍼텐셜 차에서 가속된다.)

17[33]. 탄소(원자질량 12 u)와 산소(16 u) 및 미지 원소를 함유한 시료를 질량분석기에 넣었다. 이온이 모두 동일한 전하를 가지며 자기장에 들어가기 전에 동일한 전기퍼텐셜 차에서 가속된다. 탄소와 산소 선은 사진 건판에서 2.250 cm 떨어져 있으며, 미지 원소는 탄소 선에서 1.160 cm 떨어진 곳에 선이 만들어졌다. (a) 미지 원소의 질량은 얼마인가? (b) 미지 원소가 어떤 원소인지 밝혀라.

18[35]. 어떤 질량분석기에서 속도가 같은 이온이 균일한 자기장을 통과한다. 동일한 전하를 가진 ^{12}C$^+$와 ^{14}C$^+$ 이온을 구별하는 데 이 분광계를 사용했다. ^{12}C$^+$ 이온은 지름이 25 cm인 원을 따라 움직였다. (a) ^{14}C$^+$ 이온의 궤도 지름은 얼마인가? (b) 두 이온의 진동수 비는 얼마인가?

19.5 $\vec{E}$와 $\vec{B}$가 교차하는 영역에 있는 대전입자

19[37]. 특정 지역에서 전기장과 자기장이 서로 교차하고 있다. 자기장은 수직 아래 방향으로 0.635 T이다. 전기장은 동쪽 방향으로 2.68×10^6 V/m이다. 이곳으로 들어온 전자가 알짜힘을 받지 않고 북쪽 방향으로 계속 직선 운동을 했다. 이 전자의 속도는 얼마인가?

20[39]. 금속 띠를 통해 $I = 40.0$ A의 전류가 흐르고 있다. 전자석의 스위치를 연결했더니 지면으로 들어가는 0.30 T의 균일한 자기장이 생겼다. 금속 띠의 폭이 3.5 cm이고, 자기장은 0.43 T이고, 홀 전압은 7.2 μV로 측정된 경우, 띠 내의 운반자의 유동속도는 얼마인가?

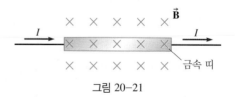

그림 20-21

21[41]. 문제 20의 그림에서, 금속 띠는 자기장을 측정하기 위해 홀 탐침으로 사용한다. (a) 띠가 자기장에 수직이 아닌 경우 어떤 일이 일어나는가? 홀 탐침은 자기장의 세기를 정확하게 읽는가? 이유를 설명하여라. (b) 자기장이 띠의 면과 평행하면 어떤 일이 일어나는가?

22[43]. 양성자가 처음에는 정지 상태에서 출발해 그림과

같이 세 개의 다른 영역을 통과했다. 영역 1에서 양성자는 3330 V의 전압을 가로지르며 가속된다. 영역 2에는 지면 밖으로 나오는 1.20 T의 자기장이 있고, 자기장과 양성자의 이동 속도에 수직인 방향으로 전기장(표시되지 않음)이 있다. 마지막으로, 영역 3에는 전기장이 없지만, 단지 1.20 T인 자기장의 방향이 지면 밖으로 향하고 있다. (a) 양성자가 영역 1을 떠나서 영역 2에 들어갈 때의 속도는 얼마인가? (b) 양성자가 영역 2를 통해 직선 운동하면, 전기장의 크기와 방향은 어떻게 되는가? (c) 영역 3에서 양성자는 경로 1을 따라 이동하는가 아니면 경로 2를 따라 이동하는가? (d) 영역 3에서 원형 경로의 반지름은 얼마인가?

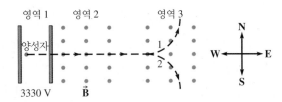

23[45]. 정지 상태의 대전입자가 전기퍼텐셜 차 ΔV에 의해 가속된다. 그런 다음 입자가 속도선택기(장의 크기 E와 B)를 통과한다. 입자의 전하량 대 질량비(q/m)에 대한 식을 ΔV, E, B로 유도하여라.

19.6 전류가 흐르는 도선에 작용하는 자기력

24[47]. 33.0 A의 전류가 흐르는, 길이 25 cm인 직선 도선이 균일한 외부 자기장 속에 있다. 도선에 작용하는 자기력은 4.12 N이다. (a) 자기장의 가능한 최소 세기는 얼마인가? (b) 주어진 정보로 자기장의 가능한 최소 세기만 계산할 수 있는 이유를 설명하여라.

25[49]. 전자기 레일 건(rail gun)은 자기장과 전류를 이용해 포물체를 발사할 수 있다. 그림과 같이 0.500 m 떨어진 두 개의 도체 레일과 이를 연결하는 50.0 g의 도체를 고려하자. 0.750 T의 자기장이 레일과 도체 면에 수직 방향으로 향하고 있다. 2.00 A의 전류가 도체에 흐른다. (a) 막대에 작용하는 힘은 어느 방향인가? (b) 레일과 도체 사

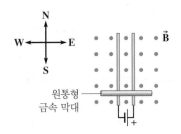

이에 마찰이 없다면 레일이 밑으로 8.00 m 이동한 후 도체는 얼마나 빨리 움직이는가?

26[51]. 20.0 cm × 30.0 cm의 직사각형 도선에 1.0 A의 전류가 시계 방향으로 흐르고 있다. (a) 2.5 T의 자기장이 지면에서 나오는 방향으로 있을 때, 직사각형의 각 변에 작용하는 자기력을 구하여라. (b) 직사각형 도선에 작용하는 알짜 자기력은 얼마인가?

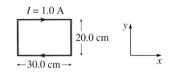

27[53]. 수평 성분은 정북을 향하고 크기가 0.48 mT, 방향은 수평선 아래 72°를 향하는 지구자기장 영역에, 직선 도선이 동서로 정렬되어 있다. 도선에는 전류 I가 서쪽으로 흐른다. 단위 길이당 도선에 작용하는 자기력은 0.020 N/m이다. (a) 도선에 작용하는 자기력의 방향은 어디인가? (b) 도선에 흐르는 전류 I는 얼마인가?

19.7 전류 고리에 작용하는 돌림힘

28[55]. 6개의 전동기 각각에는, 자기장 B 속에 반지름이 r이고 N번 감긴 원통형 코일이 있다. 코일에 흐르는 전류는 I이다. 코일에 작용하는 돌림힘이 가장 큰 모터부터 작은 모터까지 순서대로 나열하여라.

(a) $N = 100$, $r = 2$ cm, $B = 0.4$ T, $I = 0.5$ A
(b) $N = 100$, $r = 4$ cm, $B = 0.2$ T, $I = 0.5$ A
(c) $N = 75$, $r = 2$ cm, $B = 0.4$ T, $I = 0.5$ A
(d) $N = 50$, $r = 2$ cm, $B = 0.8$ T, $I = 0.5$ A
(e) $N = 100$, $r = 3$ cm, $B = 0.4$ T, $I = 0.5$ A
(f) $N = 50$, $r = 2$ cm, $B = 0.8$ T, $I = 1$ A

29[57]. 반지름이 2.0 cm이고 코일이 100회 감긴 전기모터가 자석의 양극 사이에서 회전한다. 자기장 세기는 0.20 T이다. 코일에 흐르는 전류가 50.0 mA일 때 모터에 전달할 수 있는 최대 돌림힘은 얼마인가?

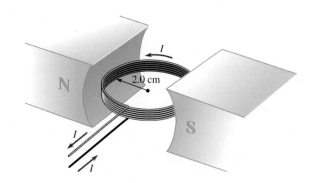

30[59]. 균일한 자기장에서 원형전류 고리 (자기쌍극자)에 작용하는 돌림힘은 $\tau = NIAB \sin\theta$이다. 여기서 θ는 $\vec{B}$와 고리 도선에 수직인 선 사이의 각이다. 두 개의 전하 $\pm q$가 고정 거리 d만큼 떨어져 있는 전기 쌍극자가 균일한 전기장 $\vec{E}$에 있다고 가정하자. (a) 쌍극자에 작용하는 알짜 전기력이 0임을 보여라. (b) θ를 $\vec{E}$와 음전하에서 양전하로 가는 선 사이의 각도라고 하자. 전기 쌍극자에 작용하는 돌림힘은 모든 각도 $-180° \le \theta \le 180°$에 대해 $\tau = qdE \sin\theta$임을 보여라. (따라서, 전기 및 자기쌍극자의 경우, 돌림힘은 쌍극자모멘트와 장의 세기의 곱에다 $\sin\theta$를 곱한 것이다. qd는 전기 쌍극자모멘트이고, NIA는 자기쌍극자모멘트이다.)

31[61]. 불규칙한 모양의 고리에 작용하는 돌림힘이 식 (19-13a)임을 보이기 위해 다음 방법을 사용하여라. 그림 (a)에 있는 불규칙한 전류 고리에는 전류 I가 흐른다. 거기에는 수직인 자기장 B가 있다. 불규칙한 고리의 돌림힘을 구하여라. 그림 (b)에 표시된 작은 고리에서 각각에 작용한 돌림힘의 합을 구하여라. 양방향으로 흐르는 가상 전류의 쌍은 반대 방향으로 동일한 전류가 흐르므로, 이들에 대한 자기력은 크기가 같고 방향이 반대이다. 그러므로 그들은 알짜 돌림힘에 아무런 기여도 하지 못할 것이다. 이제 이러한 논의를 모든 형태의 고리에 일반화하여라. (힌트: 곡선 고리를 작은 직선 도선이 연결된 것으로 생각하여라.)

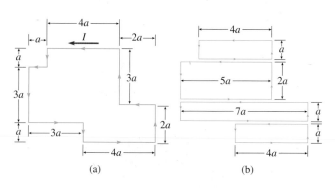

(a)   (b)

19.8 전류가 만드는 자기장

32[63]. 긴 직선 도선에 지면과 수직이며 지면 안으로 들어가는 전류 I가 흐른다고 가정하여라. 방향을 가리키는 화살표로 자기장선 $\vec{B}$를 그려라.

33[65]. 일부 동물은 자기장을 감지할 수 있고 이러한 감각을 방향을 잡는 데 이용한다. 고전압 직류전력선(고압선)에 5.0 kA의 전류가 흐르고 있다고 가정하자. (a) 전력선에 의한 자기장이 지표면의 지구자기장 45 μT에 필적하는 크기를 가지려면, 비둘기는 고압선으로부터 얼마나 떨어져 있어야 하는가? (b) 장거리 비행 중에 비둘기가 고도 700 m에서 비행하고 있다. 전력선으로부터 그 거리만큼 떨어진 곳의 자기장은 얼마인가? 비둘기가 그 자기장을 감지하고 방향을 잡는다면 전력선이 장거리 비행하는 비둘기의 방향을 잡는 능력을 방해할 수 있는가?

34[67]. 그림에서 두 도선에 10 A의 전류가 왼쪽으로 흐르는 경우, 점 P에서 자기장은 얼마인가?

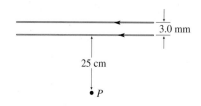

35[69]. 수평면에서 남북으로 놓인, 길고 평행한 두 직선 도선의 중간에 점 P가 있다. 도선 사이의 거리는 1.0 cm이다. 각 도선에는 남쪽으로 1.0 A의 전류가 흐른다. 점 P의 자기장의 크기와 방향을 구하여라.

36[71]. $+x$-방향으로 놓인 긴 직선 도선에 3.2 A의 전류가 흐른다. 도선에서 4.6 cm 떨어져 있는 전자가 $+x$-방향으로 6.8×10^6 m/s의 속도로 이동하고 있다. 전자에 작용하는 힘의 방향과 크기를 구하여라.

그림 36, 52

37[73]. 그림과 같이 지면에서 교차하는 두 개의 긴 직선 도선에, 표시된 방향으로 $I = 6.50$ A의 전류가 흐른다. $d = 3.3$ cm일 때 점 C와 점 D에서의 자기장을 구하여라.

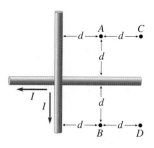

38[75]. 길이가 0.256 m이고, 반지름이 2.0 cm인 솔레노이드에 코일이 244회 감겨 있다. 솔레노이드에 4.5 A의 전

류가 흐르면, 솔레노이드 내부의 자기장의 크기는 얼마인가?

39[77]. 수평 평면 내에 있는 평행한 두 직선 도선에 우측 방향으로 각각 전류 I_1과 I_2가 흐른다. 도선은 각각 길이가 L이고 거리 d만큼 떨어져 있다. (a) 도선 2의 위치에서 도선 1로 인한 자기장의 방향과 크기는 얼마인가? (b) 이 자기장에 의해 도선 2가 받는 자기력의 방향과 크기는 얼마인가? (c) 도선 1의 위치에서 도선 2로 인한 자기장의 방향과 크기는 얼마인가? (d) 이 자기장에 의해 도선 1이 받는 자기력의 방향과 크기는 얼마인가? (e) 동일한 방향으로 평행하게 흐르는 전류는 인력이 작용하는가 아니면 척력이 작용하는가? (f) 전류가 서로 반대 방향으로 평행하게 흐르면 어떻게 되는가?

40[79]. MRI 장비에 쓸 주 솔레노이드를 설계하고 있다고 하자. 솔레노이드의 길이는 1.5 m로 한다. 80 A의 전류가 흐를 때, 솔레노이드 내부의 자기장을 1.5 T로 하려면, 솔레노이드를 몇 회나 감아야 하는가?

문제 41-42. 긴 평행 도선 4개가 각 변이 0.10 m인 정사각형 모서리를 통과하고 있다. 4개의 도선에는 표시된 방향으로 같은 크기의 전류 I = 10.0 A가 흐른다.

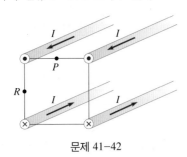

문제 41-42

41[81]. 정사각형 중간 지점의 자기장을 구하여라.

42[83]. 정사각형 왼쪽 변의 중간 지점인 R에서의 자기장을 구하여라.

43[85]. 평행한 긴 직선 도선 두 개가 길이 L = 1.2 m인 줄에 매달려 있다. 각 도선은 단위 길이당 질량이 0.050 kg/m이다. 도선에 각각 50.0 A의 전류가 흐르자 도선이 밀려났다. (a) 도선이 얼마나 떨어져야 평형 상태를 유지하는가? (여기서 거리는 L과 비교해 작다고 가정한다.) (힌트: 각도가 작을 때의 어림셈을 사용하여라.) (b) 도선에 흐르는 전류는 같은 방향인가, 반대 방향인가?

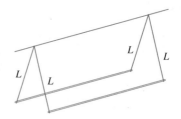

19.9 앙페르의 법칙

44[87]. 안쪽 반지름이 a이고 바깥쪽 반지름 b인, 무한히 긴 두꺼운 원통형 껍질(shell)의 단면을 가로질러, 균일하게 분포된 전류 I가 흐른다. (a) 껍질의 횡단면을 그리고 모든 영역($r \le a$, $a \le r \le b$, $b \le r$)을 고려해 자기력선을 표시하여라. 전류의 방향은 지면에서 나오는 방향으로 흐른다. (b) $r > b$인 도선 외부 영역의 자기장을 그려라.

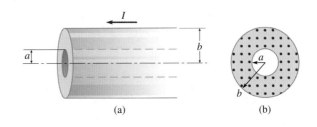

(a)　　　　　(b)

45[89]. 토로이드는 끝이 만날 때까지 원형으로 구부러진 솔레노이드와 같다. 자기장선은 그림과 같이 원형이다. 전류 I가 흐르는 도선이 N번 감긴 토로이드 내부에 생긴 자기장의 세기는 얼마인가? 토로이드 중심으로부터 거리 r에 있는 자기장선을 따라서 앙페르의 법칙을 적용하여라. 단위 길이당 감긴 수가 아닌 총 감긴 수 N의 관점에서 적용하여라. 긴 솔레노이드의 경우처럼 자기장이 일정한가? 이유를 설명하여라.

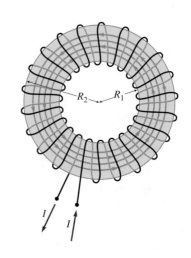

19.10 자성 물질

46[91]. 전자의 고유 자기쌍극자모멘트는 9.3×10^{-24} A·m^{2}이다. 곧, 전자는 $NIA = 9.3 \times 10^{-24}$ A·m^{2}인 작은 전류 고리인 것처럼 행동한다. 1.0 T의 자기장에서 전자의 고유 쌍극자모멘트로 인해 전자에 작용하는 최대 돌림힘은 얼마인가?

47[93]. 간단한 모형에 따르면 수소 원자의 전자는 반지름 53 pm(pico meter)에서 2.2×10^6 m/s의 일정한 속력으로 양성자 주위를 궤도운동하고 있다. 궤도운동을 하는 전자는 궤도 자기쌍극자모멘트를 갖는다. (a) 이 전류 고리에 흐르는 전류 I는 얼마인가? [힌트: 전자가 1회전 궤도운동하는 데 얼마나 걸리는가?] (b) 궤도 쌍극자모멘트 IA는 얼마인가? (c) 궤도 쌍극자모멘트와 전자의 고유 자기쌍극자모멘트(9.3×10^{-24} A·m^2)를 비교해보아라.

협동문제

48[95]. 탄소 연대측정 실험에서 특정 유형의 질량분석기를 사용해 ^{12}C에서 ^{14}C를 분리한다. 먼저 충전된 가속판 사이에 전압 ΔV_1을 걸어 시료의 탄소 이온을 가속시킨다. 그다음, 이온은 수직 방향의 균일한 자기장 $B = 0.200$ T의 영역으로 들어간다. 그 이온은 1.00 cm 간격으로 떨어진 편향판 사이를 통과한다. 이 판들 사이의 전압 ΔV_2를 조정함으로써 두 동위원소(^{12}C 또는 ^{14}C) 중 하나만 질량분석기의 다음 단계로 통과할 수 있다. 입구에서 이온검출기까지의 거리는 0.200 m로 고정되어 있다. ΔV_1과 ΔV_2를 적절하게 조정함으로써, 검출기는 한 종류의 이온만을 계수하므로 상대적인 존재량을 결정할 수 있다. (a) 이온이 양전하인가, 음전하인가? (b) 어느 가속판(동쪽 또는 서쪽)이 양극으로 충전되어 있는가? (c) 어느 편향판(북쪽 또는 남쪽)이 양전하로 충전되어 있는가? (d) ^{12}C$^+$ 이온(질량

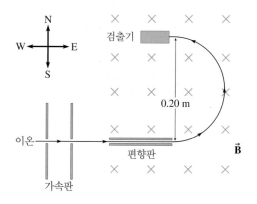

1.993×10^{-26} kg)을 계수하기 위한 ΔV_1과 ΔV_2의 정확한 값을 구하여라. (e) ^{14}C$^+$ 이온(질량 2.325×10^{-26} kg)을 계수하기 위한 ΔV_1과 ΔV_2의 정확한 값을 구하여라.

49[97]. 전자 혈류계는 외과 수술 중에 혈류의 속력(혈액 흐름률)을 측정하는 데 사용된다. Na$^+$ 이온을 포함하는 혈액이 0.40 cm 지름의 동맥을 통해 정남쪽으로 흐르고 있다. 동맥이 0.25 T의 아래 방향 자기장 속에 있고 동맥의 지름을 가로질러 0.35 mV의 홀 전압이 만들어진다. (a) 혈액의 속력(m/s)은 얼마인가? (b) 혈류의 속력(m^3/s)은 얼마인가? (c) 홀 전압을 측정하기 위해 전압계의 두 단자가 동맥의 정반대 방향의 지점에 붙어 있다. 두 단자 중 어떤 것의 전기퍼텐셜이 더 높은가?

연구문제

문제 50-51. 나트륨 이온(Na$^+$)이 지름 1.0 cm인 동맥에서 혈액과 함께 이동한다. 이온은 질량이 22.99 u이고 전하량은 $+e$이다. 동맥의 최대 혈액 속력은 4.25 m/s이다. 환자의 위치에서 지구자기장의 세기는 30 μT이다.

50[99]. 지구자기장으로 인하여 나트륨 이온에 작용하는 최대 자기력은 얼마인가?

51[101]. 자기력은 동맥에서 한쪽으로 잉여분의 양이온이 흐르게 하고 음이온이 반대쪽으로 흐르게 한다. 동맥에서 최대로 가능한 전기퍼텐셜 차는 얼마인가?

52[103]. 긴 직선 도선에 양(+)의 x-방향으로 4.70 A의 전류가 흐른다. 특정한 순간에, 양(+)의 y-방향으로, 1.00×10^7 m/s의 속력으로 이동하는 전자는 도선으로부터 0.120 m에 있다. 이 순간 전자에 작용하는 자기력을 결정하여라. 문제 36의 그림 참조.

53[105]. 단위 길이당 질량이 25.0 g/m인 긴 직선 도선 두 개가 테이블 위에 서로 평행하게 놓여 있다. 도선은 2.5 mm로 떨어져 있고 반대 방향으로 전류가 흐른다. (a) 전선과 테이블 사이의 정지마찰계수가 0.035이면 도선을 움직이게 하는 데 필요한 최소 전류는 얼마인가? (b) 두 도선은 더 가까워지는가 아니면 더 멀어지는가?

54[107]. (a) 양성자가 0.80 T인 자기장에서 등속원운동을 한다. 원운동 진동수는 얼마인가? (b) 전자의 원운동에 대해서도 반복해서 구하여라.

55[109]. 혈액의 속력을 측정하기 위해 전자 혈류계를 사용한다. 안쪽 지름이 3.80 mm인 동맥을 가로질러 0.115 T의 자기장을 가한다. 홀 전압이 88.0 μV로 측정되었다. 동맥에 흐르는 혈액의 평균 속력은 얼마인가?

56[111]. 지면에 수직인 도선 2개의 단면이 그림에서 회색 점으로 표시되어 있다. 도선에는 각각 지면 밖으로 10.0 A의 전류가 흐른다. 점 P에서 자기장은 얼마인가?

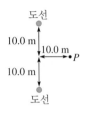

57[113]. 막대자석을 오실로스코프의 전자빔 근처에 설치했다. 빔은 자석의 S극 바로 아래를 통과한다. 스크린에서 빔은 어느 방향으로 이동하는가? (컬러 TV의 CRT에서 이것을 시도하지 말아라. 빨강, 초록, 파랑의 픽셀을 구분하는 스크린 바로 뒤에 금속 덮개가 있다. 이 덮개가 자화되면 화상이 영구히 일그러질 것이다.)

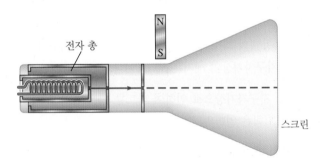

58[115]. 탄젠트 검류계는 19세기에 개발된 기구로, 나침반 바늘의 휨에 따라 전류를 측정하도록 설계되어 있다. 수직면에 감긴 코일이 자석의 N-S 방향으로 정렬되어 있다. 나침반은 코일의 중앙에 있는 수평면에 있다. 전류가 흐르지 않을 때 나침반의 바늘은 코일의 정북을 가리킨다. 코일에 전류가 흐를 때 나침반의 바늘은 각도 θ만큼 회전한다. 코일이 감긴 수 N, 코일 반지름 r, 코일 전류 I, 지구

자기장의 수평 성분 B_H를 사용해, θ에 관한 방정식을 유도하여라. (힌트: 기기의 이름이 문제 해결을 도와주는 단서가 된다.)

59[117]. 전류 $I_1 = 2.0$ mA가 흐르는 직사각형 도선 고리가 전류 $I_2 = 8.0$ A가 흐르는 무한히 긴 도선 옆에 있다. (a) 긴 도선에 의한 자기장으로 인하여 직사각형의 네 변에 작용하는 자기력은 각각 어느 방향인가? (b) 긴 도선에 의한 자기장으로 인하여 직사각형 도선 고리에 생기는 알짜 자기력을 계산하여라. (힌트: 긴 도선은 균일한 자기장을 생성하지 않는다.)

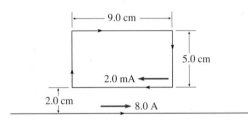

60[119]. 전류천칭(current balance)은 자기력을 측정하는 장치이다. 전류천칭은 평균 반지름이 각각 12.5 cm인 평행한 코일 두 개로 구성되어 있다. 하부 코일이 천칭 위에 있다. 하부 코일은 20회 감겨 있으며 4.0 A의 일정한 전류가 흐른다. 하부 코일 위 0.314 cm 지점에 매달려 있는 상부 코일은 50회 감겨 있으며 전류 값이 변할 수 있다. 곧, 하부 코일의 자기력이 변하면 전류 값도 변한다. 하부 코일에 1.0 N의 힘을 가하려면 상부 코일에는 얼마의 전류가 필요한가? (힌트: 코일 사이의 거리가 코일의 반지름에 비해 작기 때문에 두 개의 코일을 긴 평행 도선으로 설정하여라.)

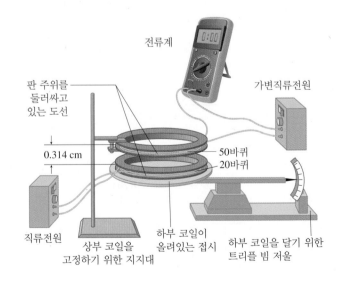

61[121]. 코넬 대학에 있는 초기 사이클로트론은 1930년대부터 1950년대까지 양성자를 가속시키기 위해 사용되었다. 이렇게 가속한 양성자를 다양한 핵에 충돌시켰다. 사이클로트론은 평평한 원통 모양의 영역에 1.3 T의 균일한 자기장을 생성하기 위해 철제 테두리가 있는 대형 전자석을 사용했다. 내부 반지름이 16 cm인 두 개의 속이 빈 구리 반원형 디(dee)에는 진공 챔버가 설치되어 있었다. (a) 디 사이의 교류 전압을 진동시키는 데 필요한 주파수는 얼마인가? (b) 양성자가 디의 바깥쪽에 도달했을 때 양성자의 운동에너지는 얼마인가? (c) 첫 번째 단계(평행판 사이)의 정지 상태인 양성자를 이 에너지까지 가속시키는 데 필요한 등가전압은 얼마인가?(d) 디 사이의 전기퍼텐셜 차가 양성자가 간극을 넘어갈 때마다 10.0 kV의 전기퍼텐셜 차를 갖는다면, 사이클론트론에서 양성자가 만들어야 하는 최소 회전수는 얼마인가?

62[123]. 전자가 균일한 자기장 $\vec{\mathbf{B}}$에서 반지름 R인 원운동을 한다. 자기장이 지면 안으로 들어가는 방향으로 있다. (a) 전자는 시계 방향으로 움직이는가? 아니면 시계 반대 방향으로 움직이는가? (b) 전자가 완전히 한 바퀴 도는 데 걸리는 시간은 얼마인가? 전자에 작용한 자기력에서 출발하여 시간을 나타내는 식을 구하여라. 시간에 대한 표현식에는 R, B 그리고 어떤 기본 상수가 포함될 수 있다.

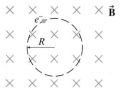

개념정리

- 자기장 속에서 운동하는 도체 막대에는, $\vec{v}$와 $\vec{B}$가 도체에 수직인 경우 다음 식으로 주어지는 운동기전력이 발생한다.

$$\mathscr{E} = vBL \qquad (20\text{-}2a)$$

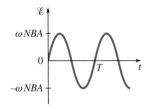

- 균일한 자기장에서 회전하는 하나의 평면 권선 코일로 된 교류발전기의 기전력은 사인 함수 형태이며 진폭은 ωNBA이다.

$$\mathscr{E}(t) = \omega NBA \sin \omega t \qquad (20\text{-}3b)$$

여기서 ω는 코일의 각속도, A는 코일의 넓이, N은 코일의 감긴 수이다.

- 평면을 통과하는 자기선속은

$$\Phi_{\mathrm{B}} = B_{\perp}A = BA_{\perp} = BA \cos \theta \qquad (20\text{-}5)$$

이다. 여기서 θ는 자기장 $\vec{B}$와 법선 사이의 각도이다. 자기선속은 표면을 통과하는 자기력선의 수에 비례한다. 자기선속의 SI 단위는 Wb(웨버)이다($1 \text{ Wb} = 1 \text{ T·m}^2$).

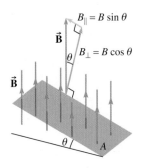

- 패러데이의 법칙은 자기선속이 변하는 이유에 관계없이 자기선속이 변할 때는 언제나 유도 기전력이 발생한다는 것을 말해준다. 곧

$$\mathscr{E} = -N\frac{\Delta\Phi_{\mathrm{B}}}{\Delta t} \qquad (20\text{-}6b)$$

- 렌츠의 법칙: 유도 기전력 또는 유도전류의 방향은 자기력선 변화를 방해하는 방향이다.
- 전동기의 역기전력은 회전 속력이 증가함에 따라 증가한다.
- 이상적인 변압기의 경우

$$\frac{\mathscr{E}_2}{\mathscr{E}_1} = \frac{N_2}{N_1} = \frac{I_1}{I_2} \qquad (20\text{-}9, 10)$$

이다. 비 N_2/N_1을 감은 수 비라고 한다. 이상적인 변압기에서는 에너지 손실이 없으므로 입력된 전력은 출력하는 전력과 같다.

- 고체형 도체에 변화하는 자기선속이 가해질 때는 언제나 유도기전력이 여러 경로를 따라 순환하는 동시에 맴돌이 전류가 흐른다. 맴돌이 전류는 에너지를 낭비한다.
- 변화하는 자기장은 유도 전기장을 발생시킨다. 유도기전력은 유도 전기장의 순환이다.
- 상호 인덕턴스: 한 장치에서 전류가 변하면 다른 장치에 유도기전력이 발생한다.

• 자체 인덕턴스: 한 장치에서 전류가 변하면 동일한 장치에 유도기전력이 발생한다. 인덕턴스 L은 다음과 같이 정의한다.

$$N\Phi = LI \tag{20-11}$$

$$\mathscr{E} = -L\frac{\Delta I}{\Delta t} \tag{20-13}$$

• 인덕터에 저장된 에너지는

$$U = \frac{1}{2}LI^2 \tag{20-16}$$

이다.

• 자기장의 에너지 밀도(단위 부피당 에너지)는

$$u_B = \frac{1}{2\mu_0}B^2 \tag{20-17}$$

이다.

• 인덕터에 흐르는 전류는 항상 연속적으로 변해야 하며, 순간적으로 변해서는 안 된다. LR 회로에서 시간상수는

$$\tau = \frac{L}{R} \tag{20-21}$$

이다. LR 회로에서, $I_0 = 0$이라면 전류는

$$I(t) = I_f(1 - e^{-t/\tau}) \tag{20-20}$$

이다.

$I_f = 0$이라면, $\qquad I(t) = I_0 e^{-t/\tau}$ (20-23)

연습문제

단답형 질문

1[1]. 수직 자기장이 도선 고리의 수평면에 수직으로 있다. 고리가 평면에서 수평축을 중심으로 회전할 때 고리에 유도되는 전류는 고리가 한 회전하는 동안 두 번 방향이 바뀐다. 한 번 회전하는 동안 방향이 두 번 바뀌는 이유를 설명하여라.

2[3]. 인덕터를 통해서 흐르는 전류를 0 mA에서 10 mA까지 증가시키려면 일정량의 에너지를 공급해야 한다. 전류를 10 mA에서 20 mA로 증가시키려면 인덕터에 (같은 양, 더 많은 양, 더 적은 양)의 에너지를 공급해야 한다.

3[5]. 막대의 끝부분에 부착된 금속판이 그림과 같이 지면에서 수직으로 나오는 자기장 안팎으로 흔들릴 수 있도록 위치해 있다. 위치 1에서는 금속판이 자기장 안으로 진동하고 있다. 위치 2에서는 금속판이 자기장 밖으로 흔들린다. (a) 위치 1과 (b) 위치 2에 있을 때 금속판에 유도되는 맴돌이 전류는 시계 방향으로 발생하는지 아니면 시계 반대 방향으로 발생하는지 답하여라. (c) 유도된 맴돌이 전류가 진자 운동을 멈추게 하는 제동력으로 작용할 수 있

는지 설명하여라.

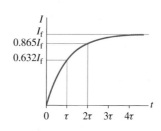

4[7]. 전화 신호나 인터넷 데이터를 전송하는 도선이 꼬여 있다. 꼬여 있으면 근처에 있는, 전류가 변하는 전기 장치의 도선에 노이즈가 감소한다. 선을 꼬아 놓으면 어떻게 노이즈 유입(noise pickup)을 줄일 수 있는가?

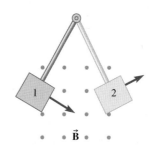

5[9]. 평평한 표면을 통과하는 자기선속과 표면의 넓이를 알고 있다. 표면의 평균 자기장을 계산하는 데 이 정보로 충분한가? 설명하여라.

6[11]. 열역학을 공부할 때 우리는 냉장고를 거꾸로 된 열기관으로 생각했다. (a) 어떻게 하여 발전기가 거꾸로 된

전동기인지 설명하여라. (b) 확성기를 거꾸로 하면 어떤 전자장치인가?

7[13]. (a) 교류에 대해서는 변압기가 작동하지만 직류에 대해서는 작동하지 않는다. 그 이유를 설명하여라. (b) 진폭 170 V인 기전력에 연결하도록 설계된 변압기가 170 V의 직류에 연결했을 때 고장이 나는 이유를 설명하여라.

8[15]. 왜, "반렌츠(anti-Lenz)"의 법칙이 에너지 보존에 위배되는지를 설명할 수 있는 예를 들어보아라. (반렌츠의 법칙은, 유도기전력과 전류의 방향은 항상 그것들을 일으키는 변화를 보강시키는 것을 말한다.)

9[17]. 전기믹서를 이용해 과자 반죽을 섞는다. 반죽이 너무 커서 회전날개가 천천히 돌아가는 경우, 모터에 어떤 일이 발생하는가?

10[19]. 일부 값싼 테이프 레코더에는 별도의 마이크가 없다. 대신, 스피커가 녹음할 때 마이크로 사용된다. 이것이 어떻게 작동하는지 설명하여라.

선다형 질문

1[1]. 다음 과정 중 하나만 제외하고 도체 고리에 전류가 유도된다. 어느 경우에 유도전류가 생기지 않는가?
(a) 고리가 자기장선을 가로지르도록 고리를 회전시킨다.
(b) 고리의 면이 변화하는 자기장에 수직이 되도록 고리를 놓는다.
(c) 고리를 균일한 자기장선에 평행하게 움직인다.
(d) 고리가 균일한 자기장에 수직인 동안에 고리의 넓이를 확장시킨다.

2[3]. 직류발전기에서 무슨 목적으로 집전 고리 정류자를 사용하는가?
(a) 고리가 자기선속을 자르면서 통과하도록 고리를 회전시키기 위해
(b) 주기적으로 전류의 방향이 바뀔 수 있도록 전기자를 거꾸로 연결하기 위해
(c) 전류의 방향이 바뀌지 않도록 전기자를 거꾸로 연결하기 위해
(d) 자기장이 변할 때 코일이 회전하는 것을 방지하기 위해

3[5]. 자전거 속도계에서 바퀴살에 막대자석을 부착시키고 자석이 바퀴의 모든 회전에 대해 자석의 N극을 한 번 지나치도록 코일을 프레임에 부착시킨다. 자석이 코일을 지

나갈 때 코일의 전류 펄스가 유도된다. 컴퓨터는 펄스 사이의 시간을 측정하고 자전거의 속도를 계산한다. 그림은 코일을 지나갈 자석을 보여준다. 그래프 중, 결과로 나타나는 전류 펄스를 보여주는 그래프는 4개 중 어느 것인가? 그림 (a)에서 전류가 시계 반대 방향으로 흐를 때 +이다.

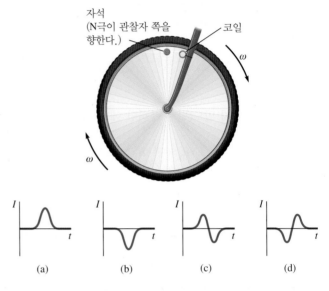

4[7]. 가동 코일 마이크로폰에서, 어느 순간이든 코일의 유도기전력은 주로 다음 중 어느 것에 따라 달라지는가?
(a) 코일의 변위
(b) 코일의 속도
(c) 코일의 가속도

5[9]. 가동 자석 마이크로폰은 코일이 고정되어 있고 자석이 진동판에 부착되어, 공기 중 음파에 반응해 움직이는 것을 제외하고는 가동 코일 마이크로폰(그림 20.15)과 유사하다. 음파에 반응해 자석의 위치가 $x(t) = A \sin \omega t$에 따라 움직인다면, 코일의 유도기전력은 대략 다음 중 어느 것에 비례하는가?
(a) $\sin \omega t$ (b) $\cos \omega t$ (c) $\sin 2\omega t$ (d) $\cos 2\omega t$

문제

20.1 운동기전력, 20.2 발전기

1[1]. 그림 20.2에서 길이 L인 금속 막대가 속력 v로 오른쪽으로 이동한다. (a) 금속 막대에 흐르는 전류를 v, B, L, R로 나타내어라. (b) 전류는 어느 방향으로 흐르는가? (c) 금속 막대에 작용하는 힘의 방향은 어디인가? (d) 금속 막대에 작용하는 자기력의 크기를 v, B, L, R로 나타내어라.

2[3]. 기전력을 일정하게 유지하기 위해서는 그림 20.2에서 금속 막대의 속도를 일정하게 유지해야 한다. 일정한 속도를 유지하기 위해서는 막대에 외부 힘을 가해서 막대를 오른쪽으로 당겨야 한다. (a) 이때 필요한 외부 힘의 크기를 v, B, L, R로 나타내어라? (문제 1 참조) (b) 이 힘이 금속 막대에 해준 일률은 얼마인가? (c) 저항에서 소모된 전력은 얼마인가? (d) 전반적으로, 에너지가 보존되고 있는지 설명하여라.

3[5]. 길이 1.30 m, 질량 15.0 g인 금속 막대가 수직으로 놓인 두 레일 사이에서 마찰 없이 자유롭게 미끄러지며 내려온다. 레일 사이에는 8.00 Ω의 저항이 연결되어 있고, 전체 장치는 0.450 T의 균일한 자기장 속에 있다. 금속 막대와 레일의 저항은 무시한다. (a) 막대의 종단속도는 얼마인가? (b) 종단속도에서, 단위 초(s)당 중력퍼텐셜에너지가 변화한 양과 저항에서 소모되는 전력을 비교해보아라.

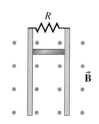

4[7]. 교류발전기의 전기자가, 50번 감긴 반지름이 3.0 cm인 원형 코일이다. 전기자가 350 rpm으로 회전할 때, 코일의 기전력의 진폭은 17.0 V이다. 자기장의 세기는 얼마인가(자기장은 균일하다고 가정하여라)?

5[9]. 반지름이 R인 고체 구리 디스크가 수직 방향의 자기장 B인 곳에서 각속도 ω로 회전한다. 그림에는 시계 방향으로 회전하는 디스크와 지면을 뚫고 들어가는 자기장의 방향이

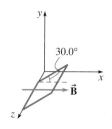

표시되어 있다. (a) 디스크 가장자리에 모이는 전하는 양(+)전하인가, 음(−)전하인가? 설명하여라. (b) 디스크 중심과 가장자리 사이의 전위차는 얼마인가? (힌트: 디스크를 얇은 쐐기 모양의 막대로 생각하여라. 막대의 중심은 정지 상태에 있고 가장자리는 속도 $v = \omega R$로 움직인다. 막대는 수직 방향인 자기장 속을 평균 속도 $\frac{1}{2}\omega R$로 움직인다.)

6[11]. 질량 m인 고체 금속 실린더가 일정한 가속도 a_0로 거리 L만큼 떨어진 평행한 금속 레일 위를 굴러 내려

간다[그림 (a)]. 레일은 수평에 대해 각도 θ로 기울어 있다. 이제 레일은 상단에서 전원과 연결되어 있고 레일 평면에 수직인 자기장 B 안에 있다고 하자[그림 (b)]. (a) 레일 위를 굴러 내려갈 때 실린더에 흐르는 전류는 어느 방향인가? (b) 실린더가 받는 자기력은 어느 방향인가? (c) 일정한 가속도로 회전하는 대신에, 실린더는 종단속도 v_t에 접근한다. 종단속도 v_t를 L, m, R, a_0, θ, B로 나타내어라. 여기서 R는 실린더, 레일과 도선으로 구성된 회로의 총 전기저항이다. 여기서 R는 일정하고, 레일 자체의 저항은 무시한다.

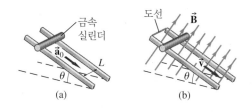

20.3 패러데이의 법칙, 20.4 렌츠의 법칙

7[13]. 그림과 같이 변의 길이가 0.75 m인 정사각형 고리가 수평면(xz-평면)에 대해 yz-평면 쪽으로 30.0°로 기울어 있다. 0.32 T의 일정한 자기장은 +x-축 방향이다. (a) 고리를 통과하는 자기선속은 얼마인가? (b) 각도가 60°로 증가하면 고리를 통과하는 자기선속은 얼마인가? (c) 각도가 증가하는 동안 고리에 흐르는 전류는 어느 방향으로 흐르는가?

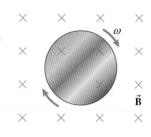

8[15]. 그림과 같이 전류 I가 흐르는 긴 직선 도선이 원형 고리의 면과 같은 평면에 있다. 전류 I가 감소하고 있다. 고리와 도선은 모두 외력에 의해 고정되어 있다. 고리의 저항은 24 Ω이다. (a) 고리의 유도전류는 어느 방향으로 흐르는가? (b) 고리를 고정시키고 있는 외력은 어느 방향인가? (c) 한순간에 유도된 고리의 전류는 84 mA이다. 이 순간 고리를 통과하는 자기선속의 변화율은 몇 Wb/s인가?

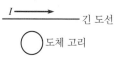

9[17]. 그림과 같이 두 개의 고리 도선이 나란히 있다. 고리 1에 흐르는 전류 I_1은 외부 전원(도시되지 않음)에 의

해 공급되고 있고 오른쪽에서 바라보면 시계 방향으로 흐르고 있다. I_1이 증가하는 동안 고리 2에 자기력이 작용한다면 작용하는 자기력은 어느 방향으로 작용하는가? 이유를 설명하여라.

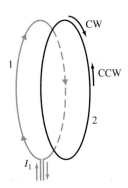

10[19]. 반지름이 3.40 cm인 원형 코일이, 0.880 T의 균일한 자기장에 놓여 있고 코일 면이 자기장에 수직하다. 이 코일이 축을 중심으로 0.222초에 180° 회전한다. (a) 회전하는 동안 코일에 유도되는 평균 기전력은 얼마인가? (b) 구리로 만든 코일의 지름이 0.900 mm인 경우, 코일이 회전하는 동안 코일을 통과한 평균 전류는 얼마인가?

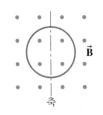

11[21]. 반지름이 5.0 cm인, 50회 감긴 코일을 통과하는 외부 자기장의 중심축 방향 성분을 3.6초 동안에 0에서 1.8 T로 증가시켰다. (a) 코일의 저항이 2.8 Ω이면 코일에 유도되는 전류는 얼마인가? (b) 코일에서 떨어진 관찰자가 중심축상에서 바라다보면 유도전류는 어느 방향을 가리키는가?

12[23]. 악어는 지구의 자기장 때문에 생긴 자기선속 변화를 감지해 머리를 움직일 수 있다고 한다. 악어가 처음에 북쪽을 향해 머리를 두고 있다고 가정하자. 지구의 자기장의 수평 성분은 30 μT이다. 반지름이 12 cm인 악어 머리 안의 뉴런의 수직 방향 원형 고리를 생각하여라. 고리는 처음에 지구 자기장의 수평 성분에 수직 방향이다. 이 악어가 2.7초 간격으로 동쪽을 향할 때까지 머리를 90° 회전시킨다. 이 뉴런 고리 주위에 유도된 평균 기전력은 얼마인가?

13[25]. 운동기전력의 또 다른 예는 한쪽 끝은 부착되어 있으면서 균일한 자기장에 수직인 면에서 회전하는 막대이다. 패러데이의 법칙을 사용해 운동

전력을 분석할 수 있다. (a) 매 회전마다 막대가 쓸고 지나가는 넓이를 고려하고 기전력을 각진동수 ω, 막대 길이 R, 균일한 자기장의 세기 B로 구하여라. (b) 기전력의 크기를 막대 끝의 속도 v로 표현하여라. 그리고 이것을 균일한 자기장에 수직인 방향으로 등속도로 움직이는 막대의 운동기전력의 크기와 비교하여라.

14[27]. 도선으로 만든 두 고리가 동일 평면에서 서로 나란하게 놓여 있다. (a) 스위치 S가 닫혔다면 고리 2에 전류가 흐르겠는가? 그렇다면 어느 방향으로 흐르는가? (b) 고리 2에 흐르는 전류는 잠깐만 흐르는가 아니면 계속해서 흐르는가? (c) 고리 2에 자기력이 작용하는가? 그렇다면 어느 방향으로 작용하는가? (d) 고리 1에 자기력이 작용하는가? 그렇다면 어느 방향으로 작용하는가?

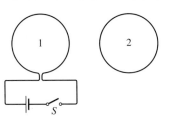

20.5 전동기에서의 역기전력

15[29]. 팀은 뒤뜰에서 직류 모터가 들어 있는 무선 전기 잡초깎이를 사용해 장시간 길게 자란 잡초를 깎고 있다. 잡초깎이를 24.0 V의 직류 전원에 연결하면 18.00 V의 역기전력이 발생한다. 모터의 총 전기저항은 8.00 Ω이다. (a) 모터가 원활하게 작동할 때 모터에 흐르는 전류는 얼마인가? (b) 갑자기 잡초깎이의 끈이 땅에 박힌 기둥에 감겨서 모터의 회전이 멈췄다. 역기전력이 없을 때 모터를 통과하는 전류는 얼마인가? 팀이 어떻게 하면 되는가?

16[31]. 1차 코일에 감은 수가 4000회이고 2차 코일에 감은 수가 200회인 감압 변압기가 있다. 1차 코일의 전압 진폭이 2.2 kV이면 2차 코일의 전압 진폭은 얼마인가?

17[33]. 전압 진폭 170 V인 전선에 연결하면 8.5 V의 전압 진폭으로 낮추어 공급하는 변압기가 초인종에 이용된다. 2차 측에 50회 감겨 있다면, (a) 1차 코일과 2차 코일의 감은 수 비는 얼마인가? (b) 1차 코일에 감긴 수는 얼마인가?

18[35]. 변압기의 1차에 기전력이 5.00 V일 때, 2차에는 기전력이 10.0 V이다. 변압기의 감은 수 비(N_2/N_1)는 얼마

인가?

19[37]. 한 슬롯카 경주 장치에, 벽에서 인입되는 170 V의 입력 전압 진폭을 낮추기 위해 1차에 감은 수 1800회, 2차에 감은 수 300회인 변압기를 사용한다. 2차 코일에 흐르는 전류는 3.2 A이다. 2차 코일에 걸리는 전압과 1차 코일에 흐르는 전류는 얼마인가?

20.7 맴돌이 전류

20[39]. 길이가 2 m인 구리 관이 수직으로 매달려 있다. 관을 통과하게 공깃돌을 떨어뜨리면 통과하는 데 약 0.7초가 걸린다. 동일한 크기와 모양의 자석이 관을 통과하는 데 공깃돌보다 훨씬 오래 걸린다. (a) 위쪽이 S극, 아래쪽이 N극인 자석을 관 속으로 떨어뜨리면 자석 위의 관 주위에 흐르는 전류는 어느 방향인가? (위에서 볼 때 시계 방향인가, 시계 반대 방향인가)? (b) 자석 아래의 관 주위에 흐르는 전류는 어느 방향인가? (c) 자석의 속력을 시간 함수로 정성적인 그래프를 그려보아라. [힌트: 꿀(honey)을 통과해서 떨어지는 공깃돌의 그래프는 어떤 모양이겠는가?]

20.9 상호 인덕턴스와 자체 인덕턴스

21[41]. 감긴 횟수가 각각, N_1, N_2인 두 개의 솔레노이드가 동일한 형태로 감겨 있다. 두 솔레노이드는 모두 길이가 L이고 반지름은 r이다. (a) 솔레노이드 1(N_1회)에 교류전류

$$I_1(t) = I_m \sin \omega t$$

가 흐르는 경우, 솔레노이드 2를 통과하는 총 자기선속을 시간의 함수로 나타내어라. (b) 솔레노이드 2에 유도된 최대 기전력은 얼마인가? [힌트: 식 (20-7) 참조]

22[43]. 길이가 2.8 cm이고 지름이 0.75 cm인 솔레노이드에 코일이 1 cm당 160회 감겨 있다. 솔레노이드에 흐르는 전류가 0.20 A일 때 솔레노이드에 1회 감긴 도선을 통과하는 자기선속은 얼마인가?

23[45]. 길이가 ℓ인 이상적인 솔레노이드가 있다. 솔레노이드를 압축시켰더니 길이가 0.50ℓ로 줄어들었다. 솔레노이드의 인덕턴스는 어떻게 되었겠는가?

24[47]. 이번 문제에서, 긴 솔레노이드의 자체 인덕턴스에 대한 식 (20-14)를 유도해보자. 솔레노이드는 단위 길이당 감긴 수가 n회이고, 길이는 ℓ, 반지름이 r이다. 솔레노이드에 흐르는 전류를 I라고 가정하여라. (a) 솔레노이드

내부의 자기장을 n, ℓ, r, I 및 보편상수를 이용해 나타내어라. (b) 솔레노이드를 통과하는 자기장을 각 코일이 모두 자른다고 가정하여라. 바꿔 말하면, 솔레노이드가 촘촘하게 감겨 있고 충분히 길기 때문에 끝까지 자기장이 균일하다고 하는 것은 훌륭한 근사라고 가정하자. 1회전한 코일을 통과한 자기선속에 관한 식을 유도하여라. (c) 솔레노이드의 모든 코일을 통과한 총 교차자기선속은 얼마인가? (d) 식 (20-11)의 자체 인덕턴스의 정의를 이용해, 솔레노이드의 자체 인덕턴스를 구하여라.

25[49]. 7.0초 동안에 용량이 0.080 H인 솔레노이드의 전류를 20.0 mA에서 160.0 mA로 증가시켰다. 7.0초 동안의 솔레노이드의 평균 기전력을 구하여라.

26[51]. 두 개의 이상적인 인덕터 L_1과 L_2가 회로에 병렬로 연결되어 있을 때 등가 인덕턴스 $L_{등가}$를 유도하여라. (힌트: 두 개의 인덕터를 하나의 등가 인덕터 $L_{등가}$로 대체한다고 상상하여라. 등가 인덕터의 기전력은 두 인덕터의 기전력과 어떤 관계가 있는가? 전류는 어떤 관계가 있는가?)

20.10 LR 회로

27[53]. 회로에서, 10.0 Ω인 저항과 7.0 mH인 인덕터를 병렬로 연결한 다음, 5.0 Ω인 저항과 6.0 V인 직류전지, 스위치를 직렬로 연결했다. (a) 스위치를 닫은 직후에, 5.0 Ω인 저항과 10.0 Ω인 저항에 걸리는 전압은 각각 얼마인가? (b) 스위치를 장시간 닫은 후에 5.0 Ω인 저항과 10.0 Ω인 저항에 걸리는 전압은 각각 얼마인가? (c) 스위치를 장시간 닫은 후에 7.0 mH인 인덕터에 흐르는 전류는 얼마인가?

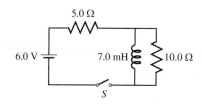

28[55]. 스위치가 닫히기 전에는 다음의 회로에 전류가 흐르지 않는다. 모든 회로 소자는 이상적이라고 생각하여라. (a) 스위치가 닫히는 순간에 전류 I_1과 I_2의 값, 저항에 걸린 전위차, 전지에서 공급되는 전력, 인덕터에 유도된 기전력은 각각 얼마인가? (b) 스위치가 장시간 닫혀 있으면, 전류 I_1과 I_2의 값, 저항에 걸린 전위차, 전지에서 공급되는 전력, 인덕터에 유도된 기전력은 얼마인가?

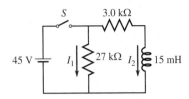

29[57]. 0.67 mH인 인덕터와 130 Ω인 저항이 24 V 전지와 직렬로 연결되어 있다. (a) 전류가 최대 전류 값의 67 %에 도달하는 데 걸리는 시간은 얼마인가? (b) 인덕터에 저장되는 에너지는 최대 얼마인가? (c) 인덕터에 저장된 에너지가 최대 에너지 값의 67 %에 도달하는 데 걸리는 시간은 얼마인가? 이것을 문제 (a)의 답과 비교해 설명하여라.

30[59]. 인덕턴스가 0.15 H이고 저항은 33 Ω인 코일이 있다. 코일을 6.0 V인 이상적인 전지에 연결했다. 코일에 흐르는 전류가 최대 전류 값의 절반에 도달하면, (a) 인덕터에 저장된 자기에너지의 비율은 얼마인가? (b) 에너지가 얼마의 비율로 소모되는가? (c) 전지가 공급하는 총 전력은 얼마인가?

31[61]. 오랫동안 닫혀 있던 회로의 스위치 S를 $t = 0$에서 열었다. (a) $t = 0$에서 인덕터에 저장된 에너지는 얼마인가? (b) $t = 0$에서 인덕터에 저장된 에너지의 순간 변화율은 얼마인가? (c) $t = 0.0$에서 $t = 1.0$초 사이의 인덕터 에너지의 평균 변화율은 얼마인가? (d) 인덕터의 전류가 처음 값의 0.0010배에 도달하는 데 시간이 얼마나 걸리는가?

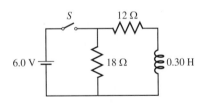

32[63]. 0.30 H인 인덕터와 200.0 Ω인 저항을 9.0 V 전지에 직렬로 연결했다. (a) 회로에 흐르는 최대 전류는 얼마인가? (b) 전지를 연결한 후 전류가 최대 전류 값의 절반에 도달하는 데 얼마나 걸리는가? (c) 전류가 최댓값의 절반인 경우, 인덕터에 저장된 에너지를 구하여라. 그리고 인덕터에 저장되는 에너지의 비율과 저항에서 소모되는 에너지의 비율을 구하여라. (d) 인덕터와 전지의 내부 저항이 무시할 정도로 작지 않고 각각 75 Ω과 20.0 Ω일 경우, 문제 (a)와 (b)를 다시 풀이하여라.

협동문제

33[65]. 막대자석이 처음에는 그림과 같이 코일 내부에 놓여 있었다. 이 자석을 왼쪽으로 당겼다. (a) 자석을 당겼을 때 검류계(galvanometer)를 통해 흐르는 전류는 어느 방향으로 흐르는가? (b) 2개 자석의 N극은 N극끼리, S극은 S극끼리 나란하게 놓는다면 전류는 어떻게 변하겠는가? (c) 2개의 자석을 반대 극끼리 나란하게 놓는다면 전류의 크기는 어떻게 변하는가?

34[67]. 그림 20.6에서, 발전기의 직사각형 코일의 변 3 도선이 축을 중심으로 일정한 각속도 ω로 회전한다. 그림은 변 3 도선을 나타낸 것이다. (a) 변 3 도선의 오른쪽 절반을 먼저 고려하여라. 축으로부터의 거리에 따라 고리(직사각형 코일)의 속도는 다르지만 전체 직사각형의 절반의 방향은 동일하다. 자기력 법칙(오른손 규칙)을 사용해 절반의 직사각형 도선에 있는 전자에 작용하는 힘의 방향을 구하여라. (b) 자기력은 전자를 고리를 따라 축 쪽으로 미는가 아니면 축에서 바깥으로 밀어내는가? (c) 도선의 이 절반 길이에 유도되는 기전력은 얼마인가? (d) 변 3의 왼쪽 부분과 변 1의 도선 양쪽 부분에 대한 답을 일반화하여라. 코일의 이 두 변으로 인한 알짜 기전력은 얼마인가?

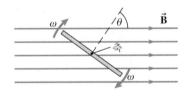

35[69]. 그림 20.6의 교류발전기에서 생성된 기전력은 $\mathscr{E}(t) = \omega BA \sin \omega t$이다. 발전기에 저항 R인 부하저항을 연결하면, 흐르는 전류는

$$I(t) = \frac{\omega BA}{R} \sin \omega t$$

이다. (a) 그림 20.7에 보인 순간에, 변 2와 4 도선에 작용하는 자기력을 구하여라. ($\theta = \omega t$임을 기억하여라.) (b) 왜 변 1과 3 도선에 작용하는 자기력이 회전축에 대해 돌림힘을 일으키지 않는가? (c) 문제 (a)에서 구한 자기력으로부터 그림 20.7에 표시된 순간에, 회전축에 대한 고리의 돌림힘을 계산하여라. (d) 다른 돌림힘이 없을 경우에 자기 돌림힘은 고리의 각속도를 증가시키겠는가 아니면 감소시키겠는가? 설명하여라.

연구문제

36[71]. 원형 금속 고리가 솔레노이드 위에 떠 있다. 솔레노이드에 의한 자기장은 그림과 같다. 솔레노이드에 전류가 증가하고 있다. (a) 고리에 흐르는 전류의 방향은? (b) 고리를 통과하는 자기선속은 솔레노이드의 전류에 비례한다. 솔레노이드의 전류가 12.0 A일 때 고리를 통과하는 자기선속은 0.40 Wb이다. 전류가 240 A/s의 비율로 증가하면 고리에 유도된 기전력은 얼마인가? (c) 고리에 작용하는 알짜 자기력이 존재하는가? 그렇다면 자기력의 방향은 어느 쪽인가? (d) 고리를 액체 질소에 담그면 냉각된다. 전기저항, 유도전류, 자기력은 어떻게 되겠는가? 고리의 크기가 변하는 것은 무시하여라. (충분히 강한 자기장으로 고리를 공중 높이 쏘아 올릴 수 있다.)

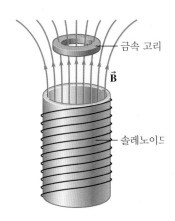

금속 고리

$\vec{B}$

솔레노이드

37[73]. 어떤 토로이드의 단면의 모양이 한 변이 a인 정사각형이다. 이 토로이드에는 코일이 N회 감겨 있고 반지름이 R이다. 토로이드는 가늘어서($a \ll R$) 토로이드 내부 자기장의 크기가 균일하다고 간주할 수 있다. 토로이드의 자체 인덕턴스는 얼마인가?

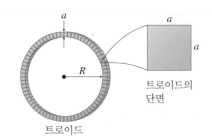

a

a

a

R

트로이드의 단면

트로이드

38[75]. 크기가 0.29 T인 균일한 자기장이 도선으로 된 원형 고리의 평면과 13°의 각을 이루고 있다. 고리의 반지름은 1.85 cm이다. 고리를 통과하는 자기선속은 얼마인가?

39[77]. 자기장의 크기가 0.045 mT인 곳에서 지구 표면 근처의 1.0 m³ 공간에 지구의 자기장으로 인해 에너지가 얼마나 있는가?

40[79]. 음극선관(CRT)에 20.0 kV 진폭전원 공급장치가 필요하다. (a) 170 V 진폭의 가정용 전압을 20.0 kV로 상승시키는 변압기에 코일의 감은 수 비는 얼마인가? (b) 음극선관이 82 W의 전력을 소비할 경우, 1차 코일과 2차 코일에 흐르는 전류를 구하여라. 이상적인 변압기라고 가정하여라.

41[81]. 표준 전류계는 회로에 직렬로 연결해야 한다(18.9절). 유도전류계(검류계)는 회로가 어떻게 연결되었든 상관없이 전류를 측정할 수 있다는 큰 이점이 있다. 철제 고리가 경첩으로 연결되어 있어 전선 주위에다 끼워 넣을 수 있다. 철제 고리 둘레에는 코일이 감겨 있다. 코일에 유도되는 기전력을 사용해 전류계로 전선에 흐르는 전류를 측정한다. (a) 유도전류계는 직류에서나 교류에서나 똑같이 작동하는가? 설명하여라. (b) 전기기구에 연결된 전선에 유도전류계를 연결하면 전기기구에 흐르는 전류를 측정할 수 있는가? 설명하여라.

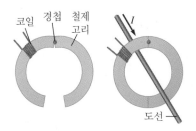

코일   경첩   철제 고리

I

도선

42[83]. 반지름이 10.0 cm이고 50회 감겨 있는 코일이, 코일의 축이 임의의 수평 방향으로 향할 수 있도록 설치되어 있다. 처음에는 축을 지구의 자기장이 최대가 되는 방향으로 맞추었다. 코일의 축이 0.080초 동안에 90.0°로 회전하면 코일에는 평균 기전력이 0.687 mV가 유도된다. (a) 이 위치에서 지구 자기장의 수평 성분의 크기는 얼마인가? (b) 코일을 지구의 다른 장소로 옮기고 측정을 반복하더라도 결과는 동일한가?

43[85]. 인덕턴스가 L인 이상적인 인덕터를 기전력이 $\mathcal{E}(t) = \mathcal{E}_m \sin \omega t$인 교류전원에 연결했다. (a) 인덕터에 흐르는 전류를 시간의 함수로 나타내어라. [힌트: 식 (20-7) 참조.] (b) 최대 기전력과 최대 전류의 비율은 얼마인가? 이 비율을 리액턴스라고 한다. (c) 최대 역기전력과 최대

전류가 동시에 발생하는가? 그렇지 않다면 시간 차는 얼마나 되는가?

44[87]. 어떤 비행기가 남서쪽 30.0 를 향해 180 m/s로 비행한다. 북쪽을 향하는 지자기장 성분은 0.030 mT이고 공중 방향의 성분은 0.038 mT이다. (a) 날개 간격(날개 사이의 거리)이 46 m라면 날개 끝과 끝 사이의 운동기전력은 얼마인가? (b) 어느 쪽 날개 끝이 양전하로 대전되겠는가?

45[89]. 어떤 이상적인 솔레노이드(감긴 수 N_1, 길이 L_1, 반지름 r_1)가 다른 이상적인 솔레노이드(감긴 수 N_2, 길이 $L_2 > L_1$, 반지름 $r_2 > r_1$) 내부에 배치되어 있고, 두 솔레노이드의 축은 일치한다. 바깥쪽 솔레노이드의 전류가 $\Delta I_2 / \Delta t$의 비율로 변하면, 내부 솔레노이드에서 유도되는 기전력의 크기는 얼마인가?

교류

개념정리

- 식

$$v = V \sin(\omega t + \phi)$$

에서 소문자 v는 순간전압을 나타내고 대문자 V는 전압 진폭(봉우리 전압, 최대 전압)을 나타낸다. ϕ는 위상상수라고 한다.

- 사인파의 제곱평균제곱근 rms 값은 진폭의 $1/\sqrt{2}$배이다.

- 리액턴스(X_C, X_L)와 임피던스(Z)는 저항의 개념으로 일반화된 것이며 Ω 단위로 측정한다. 회로소자 또는 소자들의 조합 양단에 걸린 전압 진폭은 소자를 통과하는 전류의 진폭과 소자들의 리액턴스 또는 임피던스의 곱과 같다. 저항기를 제외하고는 전압과 전류 사이에는 위상차가 있다.

	진폭	위상
저항	$V_R = IR$	v_R와 i는 위상이 같다.
축전기	$V_C = IX_C$	i는 v_C에 비해 위상이 90° 앞선다.
	$X_C = 1/(\omega C)$	
인덕터	$V_L = IX_L$	v_L는 i에 비해 위상이 90° 앞선다.
	$X_L = \omega L$	
RLC	$\mathcal{E}_m = IZ$	$\mathcal{E}_m$는 i에 비해 $\phi = \tan^{-1}\dfrac{X_L - X_C}{R}$
직렬회로	$Z = \sqrt{R^2 + (X_L - X_C)^2}$	앞선다/뒤쳐진다.

- 저항에서 소모되는 평균 전력은

$$P_{\text{평균}} = I_{\text{rms}} V_{\text{rms}} = I_{\text{rms}}^2 R = \frac{V_{\text{rms}}^2}{R} \qquad (21\text{-}4)$$

이다. 이상적인 축전기나 이상적인 인덕터에서 소모되는 평균 전력은 0이다.

- RLC 직렬회로에서 소모되는 평균 전력은

$$P_{\text{평균}} = I_{\text{rms}} \mathcal{E}_{\text{rms}} \cos \phi \qquad (21\text{-}17)$$

로 쓸 수 있다. 여기서 ϕ는 $i(t)$와 $\mathcal{E}(t)$ 사이의 위상차이다. 전력인자 $\cos \phi$는 R/Z와 같다.

- 사인파형 전압을 더하려면 각 전압을 위상옮기개라고 부르는 벡터와 같은 형태로 나타낼 수 있다. 위상옮기개의 크기는 전압의 진폭을 나타내고, 위상옮기개의 각은 전압의 위상상수를 나타낸다. 벡터를 합하는 것과 동일한 방식으로 위상옮기개를 합할 수 있다.

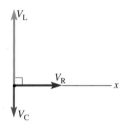

- RLC 직렬회로에서 공명이 일어나는 각진동수는

$$\omega_0 = \frac{1}{\sqrt{LC}} \qquad (21\text{-}18)$$

이다. 공명에서 전류 진폭은 최댓값을 가지며, 용량 리액턴스는 유도 리액턴스와 같고 임피던스는 저항과 같다. 회로에서 저항이 작을수록 공명 곡선(전류 진폭을 진동수의 함수로 나타낸 그래프)은 뾰족하고 예리한 봉우리로 나타난다. 회로는 라디오 또는 TV 방송에서와 같이, 공명 진동수를 조정해 넓은 범위 진동수로 구성된 신호로부터 좁은 범위의 진동수를 선택할 수 있다.

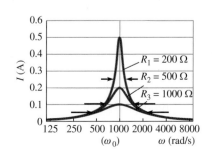

- 이상적인 다이오드는 한 방향으로 전류가 흐를 때 저항이 0이 되어 다이오드에서 전압 강하가 전혀 생기지 않는 반면, 반대 방향에 대해서는 저항이 무한대가 되어 전류는 그 방향으로 흐를 수가 없다. 다이오드를 사용해 교류를 직류로 전환시킬 수 있다.

- 축전기와 인덕터를 사용해 전기 신호에서 원치 않는 고진동수나 저진동수를 선택적으로 제거하는 거르개(filter)를 만들 수 있다.

연습문제

단답형 질문

1[1]. 동일한 회로에서 교류회로의 전류와 축전기의 양단의 전기퍼텐셜 차 사이에 위상차가 있는 이유를 설명하여라.

2[3]. 교류회로의 평균 전류와 rms 전류, 최대 전류의 차이점을 설명하여라.

3[5]. 어떤 전기제품은 직류전원이나 교류전원에서 동등하게 작동할 수 있지만 다른 전기제품은 한 유형의 전원이나 다른 유형의 전원을 필요하며 직류와 교류에서 모두 다 작동할 수는 없다. 각 유형의 전기제품에 대해 몇 가지만 예를 들어 설명하여라.

4[7]. 교류회로의 축전기의 경우, 축전기 양단에 걸린 전압이 최대일 때 전류가 0이어야 하는 이유를 설명하여라.

5[9]. 어떤 전기제품에 120 V, 5 A, 500 W라고 정격되어 있다. 처음 두 개는 rms 값이다. 세 번째는 평균 전력 소비량이다. 전력이 600 W(= 120 V × 5 A)가 아닌 이유는 무엇인가?

6[11]. 12 V(rms) 사인파형 교류전원과 저항체 및 알 수 없는 부품이 직렬로 연결된 회로가 있다. 진동수를 240 Hz에서 160 Hz로 감소시키면 회로의 전류가 20 % 감소한다. 회로에서 두 번째 부품은 무엇인가? 그 이유를 설명하여라.

7[13]. 전선으로 된 코일과 연철심을 사용해 가정용 조명등을 어둡게 할 수 있는가?

8[15]. 전력인자가 1이라는 것이 무엇을 의미하는가? 그러면 전력인자가 0이라는 것은 무엇을 의미하는가?

9[17]. 유럽에서 120 W 전구를 구입했다고 가정하자(rms 전압은 240 V이다). 이 전구를 다시 미국(rms 전압이 120 V인 곳)에 가져와 플러그에 꽂으면 어떻게 되겠는가?

선다형 질문

1[1]. 교류회로에서 그래프 (1, 2)는 무엇을 나타낼 수 있는가?

(a) 축전기의 (1-전압, 2-전류).

(b) 축전기의 (1-전류, 2-전압).

(c) 저항기의 (1-전압, 2-전류).

(d) 저항기의 (1-전류, 2-전압).

(e) 인덕터의 (1-전압, 2-전류).

(f) 인덕터의 (1-전류, 2-전압).

(g) (a) 또는 (e).　　　　(h) (a) 또는 (f).

(i) (b) 또는 (e).　　　　(j) (b) 또는 (f).

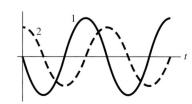

2[3]. 교류회로의 이상적인 인덕터의 경우, 인덕터를 통과하는 전류는?

(a) 유도기전력과 위상이 같다.

(b) 유도기전력보다 위상이 90° 앞선다.

(c) 유도기전력보다 위상이 90° 이하의 각으로 앞선다.

(d) 유도기전력보다 위상이 90° 늦다.

(e) 유도기전력보다 위상이 90° 이하의 각으로 뒤떨어진다.

3[5]. 가변 진동수 진동자의 단자에 축전기를 연결했다. 진동수가 증가하는 동안 전원의 봉우리 전압이 고정된 채로 유지되었다. 어떤 설명이 사실인가?

(a) 축전기를 통과하는 rms 전류가 증가한다.

(b) 축전기를 통과하는 rms 전류가 감소한다.

(c) 전류와 전원전압의 위상 관계가 바뀐다.

(d) 진동수의 변화가 매우 크면 전류가 흐르지 않는다.

4[7]. 저항체와 축전기와 인덕터를 직렬연결해 교류전원에 연결했다. 어떤 설명이 사실인가?

(a) 축전기의 전류가 인덕터의 전류를 180° 앞선다.

(b) 인덕터의 전류가 축전기의 전류를 180° 앞선다.

(c) 축전기의 전류와 저항체의 전류는 위상이 같다.

(d) 축전기 양단의 전압과 저항체 양단의 전압은 위상이 같다.

5[9]. 그림은 회로에 있는 다양한 회로소자에 대한 봉우리 전류를 진동수의 함수로 나타낸 그래프이다. 발전기 기전력의 진폭은 일정하고 진동수와 무관하다. 회로소자가 축전기일 경우, 어느 것이 올바른 그래프인가?

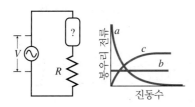

문제

21.1 사인파형의 전류와 전압: 교류회로의 저항체, 21.2 가정용 전기

1[1]. 전구를 120 V(rms), 60 Hz 전원에 연결했다. 전구에 흐르는 전류의 방향은 1초에 몇 번이나 바뀌는가?

2[3]. 1500 W의 전열기가 120 V(rms) 전원에서 작동한다. 전열기를 통과하는 봉우리 전류는 얼마인가?

3[5]. 미국에서 1500 W 헤어드라이어는 교류전압 120 V(rms)에서 작동하도록 설계되어 있다. 유럽에서 헤어드라이어를 교류전압 240 V(rms) 소켓에 꽂으면, 헤어드라이어의 소비전력은 얼마나 되는가? 이런 경우에 헤어드라이어에 어떤 문제가 생길 수 있는가?

4[7]. (a) 4200 W 전기난방기가 120 V(rms)에서 작동할 때 흐르는 전류(rms)는 얼마인가? (b) 전압이 저하되는 동안 전압이 105 V(rms)로 떨어지면 전열기의 전력손실은 얼마인가? 저항은 변하지 않는다고 가정하여라.

5[9]. rms 기전력이 4.0 V인 교류발전기의 순간 사인파 rms 기전력은 어떤 값 사이에서 진동하는가?

6[11]. 완전히 한 번 순환한 사인파를 제곱해 평균한 값이 $\frac{1}{2}$임을 증명하여라. (힌트: 다음 삼각 함수 공식을 사용하여라. $\sin^2 a + \cos^2 a = 1$, $\cos^2 a = \cos^2 a - \sin^2 a$)

21.3 교류회로의 축전기

7[13]. 6.0 μF 축전기의 리액턴스가 1.0 kΩ이면 진동수는 얼마인가?

8[15]. 0.250 μF 축전기를 진동수가 50.0 Hz인 220 V rms 교류전원에 연결했다. (a) 축전기의 리액턴스를 구하여라. (b) 축전기에 흐르는 rms 전류는 얼마인가?

9[17]. $X_C = 1/(\omega C)$에서 용량 리액턴스의 단위가 Ω임을 증명하여라.

10[19]. 축전기(전기용량=C)를 봉우리 전압이 V이고, 각진동수가 ω인 교류전원에 연결했다. (a) 축전기가 충전되지 않은 상태에서 완전히 충전된 상태까지의 시간, 즉 주기의 1/4시간 동안 평균 전류를 C, V, ω로 나타내어라. (힌트: $i_{평균} = \Delta Q/\Delta t$.) (b) rms 전류는 얼마인가? (c) 왜 평균 전류와 rms 전류가 같지 않은지 설명하여라.

11[21]. 축전기와 저항체를 교류전원에 병렬로 연결하였다. 축전기의 리액턴스와 저항체의 저항이 같다. $i_C(t) = I \sin \omega t$라고 가정하고 $i_C(t)$와 $i_R(t)$의 그래프를 같은 축에서 그려라.

21.4 교류회로의 인덕터

12[23]. 20.0 mH 인덕터의 리액턴스가 18.8 Ω이면 진동수는 얼마인가?

13[25]. 반지름이 8.0×10^{-3} m이고 200 회/cm 감긴 솔레노이드를 회로의 인덕터로 사용한다. 솔레노이드를 진동수 22 kHz, 15 V rms의 전원에 연결했더니 rms 전류가 3.5×10^{-2} A로 측정되었다. 솔레노이드의 저항은 무시할 수 있다고 가정하여라. (a) 유도 리액턴스는 얼마인가? (b) 솔레노이드의 길이는 얼마인가?

14[27]. 두 개의 이상적인 인덕터(0.10 H, 0.50 H)가 진폭 5.0 V, 진동수 126 Hz인 교류전원에 직렬로 연결되었다. (a) 각 인덕터의 봉우리 전압은 얼마인가? (b) 회로에 흐르는 봉우리 전류는 얼마인가?

15[29]. 이상적인 축전기와 이상적인 인덕터가 교류회로에 직렬로 연결되어 있다고 가정하여라. (a) $v_C(t)$와 $v_L(t)$ 사이의 위상차는 얼마인가? [힌트: 직렬연결이므로 둘에 같은 전류 $i(t)$가 흐른다.] (b) 축전기와 인덕터 양단에 걸리는 rms 전압이 각각 5.0 V, 1.0 V이면 직렬로 연결된 교류전압계(rms 전압)의 눈금은 얼마인가?

16[31]. 교류회로에 있는 이상적인 인덕터에 대해서 그림 21.5와 유사한 그림을 그려라. 이상적인 인덕터 양단의 전압을 $v_L(t) = V_L \sin \omega t$라고 가정하고 시작하여라. 동일한 축에서 $v_L(t)$와 $i(t)$의 한 주기를 보여주는 그래프를 그려라. 그런 다음, 시간 $t = 0, \frac{1}{8}T, \frac{2}{8}T, \cdots, T$에서 전류가 증가하거나 감소하거나, 변하지(즉시) 않는지에 상관하지 말고 전류의 방향을 나타내고, 인덕터의 유도기전력의 방향(또는 그것이 0임)을 나타내어라.

17[33]. 어떤 인덕터가 50.0 Hz의 진동수에서 저항이 20.0 Ω이고 임피던스가 30.0 Ω이다. 인덕턴스는 얼마인가? (인덕터를 저항체와 직렬로 연결한 이상적인 인덕터로 모형화하여라.)

21.5 *RLC* 직렬회로

18[35]. 저항체와 축전기를 직렬로 조합해 110 V rms, 60.0 Hz인 교류전원에 연결했다. 전기용량이 0.80 μF이고 회로의 rms 전류가 28.4 mA이면 저항은 얼마인가?

19[37]. 0.20 mF인 축전기, 13 mH인 인덕터, 10.0 Ω인 저항체가 진폭 9.0 V, 진동수 60 Hz의 교류전원에 연결되어 *RLC* 직렬회로가 완성되었다. (a) 전압 진폭 V_L, V_C, V_R와 위상각을 각각 계산하여라. (b) 이 회로의 전압에 대한 위상옮기개를 그려보아라.

20[39]. 어떤 컴퓨터에 120 V(rms) 전압이 걸려 2.80 A의 rms 전류가 흐를 때 평균 전력 소비량이 240 W이다. (a) 전력인자는 얼마인가? (b) 전류와 전압의 위상차는 얼마인가?

21[41]. 교류회로에 한 개의 저항체, 축전기, 인덕터가 직렬로 연결되어 있다. 이 회로는 100 W의 전력을 사용하며 진동수 60 Hz, 120 V rms에서 작동할 때 2.0 A의 최대 rms 전류가 흐른다. 용량 리액턴스는 유도 리액턴스의 0.50배이다. (a) 위상각을 구하여라. (b) 저항체, 인덕터, 축전기의 전기용량을 각각 구하여라.

22[43]. 교류회로에는 진동수가 1.59 kHz이고 출력전압이 50.0 V(봉우리)인 교류발전기에 12.5 Ω의 저항체, 5.00 μF의 축전기, 3.60 mH의 인덕터와 직렬로 연결되어 있다. 임피던스, 전력인자를 구하여라. 그리고 이 회로에 대한 전원의 전압과 전류 사이의 위상차를 구하여라.

23[45]. 22.0 mH의 인덕터와 145.0 Ω의 저항체를 직렬로 조합해 봉우리 전압 1.20 kV의 교류발전기의 출력 단자에 연결했다. (a) 진동수 $f = 1250$ Hz에서 인덕터 양단과 저항체 양단에 걸리는 전압 진폭은 얼마인가? (b) 교류전원전압은 전압 진폭을 더한 것과 같은가? 곧, ($V_R + V_L = 1.20$ kV인가?) 설명하여라. (c) 전압의 덧셈을 나타내는 위상옮기개 그림을 그려라.

24[47]. 150 Ω의 저항체와 0.75 H의 인덕터를 직렬로 연결한 교류회로가 있다. 저항체와 인덕터에 걸리는 rms 전압은 동일하다. (a) 진동수는 얼마인가? (b) 각각의 rms 전압은 전원의 rms 전압의 절반인가? 아니라면 교류전원전압의 몇 분의 일인가? (곧, $V_R/\mathscr{E}_m = V_L/\mathscr{E}_m = ?$) (c) 교류전원전압과 전류 사이의 위상각은 얼마인가? 어느 것이 앞서가는가? (d) 이 회로의 임피던스는 얼마인가?

25[49]. (a) 진동수 $f = 250.0$ Hz일 때 10.0 mH 인덕터의 리액턴스는 얼마인가? (b) 250.0 Hz에서 10.0 mH 인덕터를 10.0 Ω 저항체와 직렬로 조합하면 임피던스는 얼마인가? (c) 교류전원의 봉우리 값이 1.00 V일 때 동일한 회로를 통과하는 데 흐르는 최대 전류는 얼마인가? (d) 이 회로에서 전류는 전압보다 몇 도 늦어지는가?

21.6 *RLC* 회로에서의 공명

26[51]. *RLC* 직렬회로가 가변 축전기로 구성되어 있다. 축전기 금속판의 넓이가 2배로 증가하면 회로의 공명 진동수는 어떻게 변하는가?

27[53]. *RLC* 직렬회로에 세 개의 소자가 직렬로 연결되어 있다. 60.0 Ω의 저항체, 40.0 mH의 인덕터, 0.0500 F의 축전기의 세 개의 소자를 10.0 V(rms) 전압인 교류 발진기의 단자에 직렬로 연결시켰다. 회로의 공명 진동수를 구하여라.

28[55]. 다양한 진동수에서 청력을 테스트하기 위해 스피커를 공명 *RLC* 회로에 연결한다. 가변 축전기의 전기용량을 변경해 공명 진동수를 선택한다. (a) 인덕터 $L = 300$ mH

인 *RLC* 회로의 경우, 20 Hz의 공명 진동수(청력이 좋은 사람이 감지할 수 있는 최저 진동수)를 얻기 위해 필요한 전기용량은 얼마인가? (b) 20 kHz의 진동수(가장 높은 가청 진동수)에 필요한 전기용량은 얼마인가?

29[57]. *RLC* 직렬회로가 공명 진동수에서 사인파형 기전력으로 구동된다. (a) 축전기와 인덕터 양단에 걸리는 전압의 위상차는 얼마인가? [힌트: 직렬연결되어 있으므로 일정한 전류 $i(t)$가 흐른다.] (b) 공명이 일어날 때 회로의 rms 전류는 120 mA이다. 회로의 저항은 20 Ω이다. 가해준 rms 기전력은 얼마인가? (c) rms 기전력은 변경시키지 않고 기전력의 진동수만 바꾸면 rms 전류는 어떻게 변하는가?

30[59]. *RLC* 직렬회로에 $L = 0.300$ H이고 $C = 6.00$ μF이다. 전원의 봉우리 전압은 440 V이다. (a) 공명 각진동수는 얼마인가? (b) 전원의 봉우리 전압이 공명 진동수로 설정되면 회로의 봉우리 전류는 0.560 A이다. 회로의 저항은 얼마인가? (c) 공명 진동수에서 저항체, 인덕터, 축전기에 걸리는 봉우리 전압은 얼마인가?

31[61]. 작동 진동수가 98.7 Hz일 때 문제 19를 반복한다. (a) 이 회로의 위상각은 얼마인가? (b) 위상옮기개 그림을 그려라. (c) 이 회로의 공명 진동수는 얼마인가?

21.7 교류를 직류로 변환하기; 거르개

32[63]. 그림의 교차 회로망에서 교차 진동수가 252 Hz인 것을 알았다. 축전기는 $C = 560$ μF이다. 이상적인 인덕터라고 가정하여라. (a) 교차 진동수에서 트위터 가지(branch. 트위터에 8.0 Ω 저항과 직렬로 연결된 축전기)의 임피던스는 얼마인가? (b) 교차 진동수에서 우퍼 가지의 임피던스는 얼마인가? (힌트: 두 가지 지점의 전류 진폭은 같다.) (c) L을 구하여라. (d) 교차 진동수 f_{co}를 L과 C로 나타낸 식을 유도하여라. 교차 회로에서 트위터는 저음용 스피커이고 우퍼는 고음용 스피커이다.

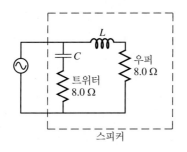

스피커

협동문제

33[65]. 그림에 표시된 회로는, rms 전원전압이 440 V, 저항 $R = 250$ Ω과 인덕턴스 $L = 0.800$ H, 축전기 $C = 2.22$ μF가 직렬로 연결되어 있다. (a) 이 회로의 공명 각진동수 ω_0를 구하여라. (b) 공명일 때 회로에 대한 위상옮기개 그림을 그려보아라. (c) 회로의 여러 점 사이에서 측정한 rms 전압 V_{ab}, V_{bc}, V_{cd}, V_{bd}, V_{ad}를 구하여라. (d) 저항을 $R = 125$ Ω으로 대체했다. 이제는 공명 각진동수가 얼마인가? (e) 새로운 저항기를 가진 회로와 공명하여 작동할 때 이 회로에 흐르는 rms 전류는 얼마인가?

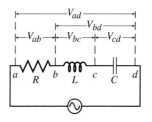

34[67]. 가변 인덕터를 전구와 직렬로 배치해 조광기로 사용할 수 있다. (a) 100 W 전구를 통해 흐르는 전류를 최대 전류의 75 %까지 감소시킬 수 있는 인덕턴스는 얼마인가? rms 전원전압이고 120 V, 진동수는 60 Hz라고 가정하여라. (b) 전류를 감소시키기 위해 가변 인덕터 대신에 가변 저항을 사용할 수 있는가? 인덕터가 조광기에 적절한 선택인 이유를 설명하여라.

35[69]. 당신이 2.5×10^6 W를 생산하는 발전소에서 120 km 떨어진 도시로 전력을 송전하기 위한 변압기를 설계하는 전기기술자로 일하고 있다고 하자. 2개의 송전선을 통해 전력을 송전하는 회로를 완성한다. 각 전선은 반지름 5.0 cm인 구리로 되어 있다. (a) 송전선의 총 저항은 얼마인가? (b) 전원을 1200 V rms로 전송하는 경우, 전선에서 소비되는 평균 전력을 구하여라. (c) 1차 코일이 1000회 감긴 변압기를 사용해 rms 전압을 1200 V의 150배까지 높였다. 2차 코일에 감긴 수는 몇 회인가? (d) 변압기로 승압시킨 후에 송전선의 rms 전류는 얼마인가 (e) 변압기를 사용할 때 송전선에서 소모되는 평균 전력은 얼마인가?

연구문제

36[71]. 어떤 특정 *RLC* 직렬회로의 용량 리액턴스는 12.0 Ω, 유도 리액턴스는 23.0 Ω이고, 25.0 Ω 저항체에 걸린 최대 전압은 8.00 V이다. (a) 회로의 임피던스는 얼마인가? (b) 이 회로에 걸린 최대 전압은 얼마인가?

37[73]. 휴대용 전열기를 60 Hz 교류전원에 연결했다. 순간 전력의 최댓값은 초당 몇 번 생기는가?

38[75]. 길이가 10.0 km인 22 kV 전력선으로 작은 마을에 평균 6.0 MW의 비율로 전기에너지를 공급한다. (a) 지름이 9.2 cm인 한 쌍의 알루미늄 케이블을 사용할 경우, 송전선에서 소비되는 평균 전력은 얼마인가? (b) 왜 구리나 은과 같이 더 좋은 양도체를 사용하지 않고 알루미늄을 사용하는가?

39[77]. 내부저항이 120 Ω이고 인덕턴스가 12.0 H인 코일을 진동수가 60.0 Hz, rms 전압이 110 V인 전원에 연결했다. (a) 코일의 임피던스는 얼마인가? (b) 코일에 흐르는 전류를 계산하여라.

40[79]. 축전기의 정격 전기용량은 0.025 μF이다. 이 축전기를 진동수 60.0 Hz이고, rms 전압이 110 V인 전원에 연결했을 때 흐르는 rms 전류는 얼마인가?

41[81]. 교류발전기가 내부저항이 무시할 정도로 작은 코일에 4.68 A의 봉우리 전류를 공급한다. 교류발전기의 봉우리 전압은 420 V이고 진동수는 60.0 Hz이다. 코일과 38.0 μF의 축전기를 직렬로 배치하면, 전력인자는 1.00이다. (a) 코일의 유도 리액턴스와 (b) 코일의 인덕턴스를 구하여라.

42[83]. (a) 전력인자가 1.00일 때와 (b) 0.80일 때 rms 220 V 전선에 연결된 4.50 kW 전동기에 흐르는 rms 전류는 얼마인가?

43[85]. 전자석으로 사용되는 대형 코일의 저항은 $R = 450$ Ω이고 인덕턴스는 $L = 2.47$ H이다. 코일을 전압 진폭이 2.0 kV이고 진동수가 9.55 Hz인 교류전원에 연결했다. (a) 전력인자는 얼마인가? (b) 회로의 임피던스는 얼마인가? (c) 회로의 봉우리 전류는 얼마인가? (d) 전원에 의해 전자석에 전달되는 평균 전력은 얼마인가?

44[87]. 10.0 Ω의 저항을 갖는 전송선을 통해 발전기에 12 MW의 평균 전력을 공급한다. rms 전원전압 $\mathcal{E}_{rms}$가 (a) 15 kV와 (b) 110 kV인 경우, 송전선에서 소모되는 전력 손실은 얼마인가? 발전기가 공급하는 총 전력의 몇 퍼센트가 송전선에서 각각 손실되는가?

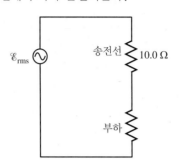

45[89]. 변압기는 종종 kV·A 단위로 정격한다. 도로 옆 4가구에 전력을 공급하기 위해 도로 옆 전신주에 35 kV·A로 정격된 변압기가 있다. (a) 각 가정에 rms 전압 220 V rms, 유입 전류를 60 A rms로 제한하는 퓨즈가 있을 경우, 변압기에서 제공되는 최대 부하(kV·A)를 구하여라. (b) 변압기의 정격은 적절한가? (c) 왜 변압기 정격이 kW가 아닌 kV·A로 주어지는지 설명하여라.

46[91]. 내부저항이 30.0 Ω이고 인덕턴스가 40.0 mH인 인덕터가 교류전원

$$\mathcal{E}(t) = (286 \text{ V}) \sin [(390 \text{ rad}/s)t]$$

에 연결되어 있다. (a) 이 회로에 있는 인덕터의 임피던스는 얼마인가? (b) 인덕터(내부저항 포함하여) 양단에 걸리는 봉우리 전압과 rms 전압은 얼마인가? (c) 회로의 봉우리 전류는 얼마인가? (d) 회로에서 소비되는 평균 전력은 얼마인가? (e) 인덕터를 통과하는 전류를 시간의 함수로 표현하여라.

47[93]. (a) 진동수 $f = 12.0$ Hz와 1.50 kHz에서 5.00 μF 축전기의 리액턴스는 각각 얼마인가? (b) 동일한 두 진동수에서 5.00 μF 축전기와 2.00 kΩ 저항을 직렬로 조합했을 때 임피던스는 얼마인가? (c) 교류전원의 봉우리 전압이 2.00 V일 때 (b)의 회로를 통해 흐르는 최대 전류는 얼마인가? (d) 두 진동수 각각의 경우, 전류가 전압을 몇 도나 앞서는가 아니면 몇 도 늦어지는가?

19~21장 종합 복습문제

복습문제

1. 미터당 8500회 감긴 솔레노이드의 반지름이 65 cm이다. 솔레노이드에 흐르는 전류는 25.0 A이다. 솔레노이드 내부에는 감긴 횟수가 100회, 반지름이 8.00 cm인 원형 고리가 들어 있다. 원형 고리의 전류는 2.20 A이다. 고리에 작용 가능한 최대 자기 돌림힘은 얼마인가? 자기 돌림힘이 최댓값을 가질 경우, 고리는 어디로 향하는가?

2. 변의 길이가 3.2 cm인 정삼각형의 두 모서리에 각각 5.0 A의 전류가 흐 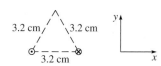 르는 긴 직선 도선 두 개가 그림과 같이 배치되어 있다. 도선 중 하나에는 지면을 뚫고 들어가는 전류가 흐르고, 다른 하나에는 지면에서 밖으로 나오는 방향으로 전류가 흐른다. (a) 삼각형의 세 번째 모서리에서 자기장의 세기는 얼마인가? (b) 양성자가 삼각형의 세 번째 모서리에서 지면을 가로지를 때, 지면 밖으로 1.8×10^7 m/s의 속도로 이동하고 있다. 두 개의 전선으로 인해 그 지점에서 양성자에 작용하는 자기력은 얼마인가?

3. 각각 12.0 A의 전류가 흐르는 두 개의 긴 직선 도선을 길이가 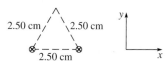 2.50 cm인 정삼각형의 두 모서리에 그림과 같이 배치한다. 두 전선에는 모두 지면을 뚫고 들어가는 방향으로 전류가 흐른다. (a) 삼각형의 세 번째 모서리에서 자기장의 세기는 얼마인가? (b) 다른 도선을 다른 두 도선과 평행하게 세 번째 모서리에 배치한다. 세 번째 도선에서 어느 방향으로 전류가 흘러야 작용한 힘이 +y-방향으로 향하는가? (c) 세 번째 도선이 0.150 g/m의 선밀도를 갖는다면, 도선에 작용하는 자기력이 중력과 크기가 같고 세 번째 도선이 다른 두 도선 위에 놓일 수 있도록 하기 위해서 흐르는 전류의 세기는 얼마인가?

4. 고리 도선을 그림과 같이 전지와 가변 저항기에 연결했다. 두 개의 다른 고리 도선 B와 C를 대형 고리 도선 내부와 외부에 각각 배치했다. 가변 저항기의 저항이 증가하면 고리 B와 C에 유도전류가 발생하는가? 그렇다면 유도전류는 시계 방향으로 순환하는가 아니면 시계 반대 방향으로 순환하는가?

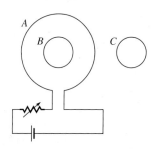

5. 전자와 전하량이 같고 질량(1.9×10^{-28} kg)이 같은 우주선 뮤온이, 7.0×10^7 m/s의 속도로 수직면에서 25°의 각도로 지상을 향해 움직이고 있다. 점 P를 가로지르므로 뮤온은 고압선으로부터 85.0 cm의 수평 거리에 있다. 그 순간, 고압선의 전류는 16.0 A이다. 그림의 점 P에서 뮤온에 작용하는 자기력의 크기와 방향은 어떻게 되는가?

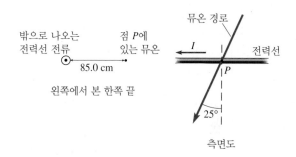

6. 가변 축전기를 교류전원에 연결했다. 회로의 rms 전류는 I_i이다. 축전기의 판이 중첩되는 넓이를 3.0배 증가하는 동안 전원의 진동수가 2.0배 감소했다면 회로에 흐르는 rms 전류는 얼마인가? 회로의 저항은 무시하여라.

7. 각 변이 45 cm인 정사각형 도선 고리가 50회 감겨 있다. 고리는 고리 평면에 수직 방향인 1.4 T 자기장 속에 있다. 도선 고리는 저항이 거의 없지만 그림과 같이 두 개의 저항에 병렬로 연결되어 있다. (a) 도선 고리가 180° 회전할 때 회로를 통해 흐르는 전하량이 얼마인가? (b) 5.0 Ω의 저항기를 통해 흐르는 전하량이 얼마인가?

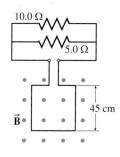

8. 전류가 흐르는 긴 도선 근처에 원형 고리 도선을 배치한다. 그림과 같이 고리가 세 방향으로 움직이는 동안 고리에 어떤 일이 발생하는가? 전류가 흐르는가? 그렇다면 전류의 방향은 시계 방향인가 아니면 시계 반대 방향인가? 고리에 작용하는 자기력은 어느 방향인가?

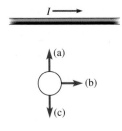

9. 전자기 레일 건은 자기장과 전류를 이용해 포물체를 발사할 수 있다. 두 레일을 따라 미끄러지는 50.0 g의 전도성 포물체와 0.500 m 떨어진 두 개의 전도성 레일을 고려하여라. 0.750 T의 자기장이 레일 면에 수직 상방으로 있다. 2.00 A의 일정한 전류가 포물체를 통과했다. (a) 포물체에 작용하는 힘은 어느 방향인가? (b) 레일과 포물체 사이의 운동마찰계수가 0.350이라면 포물체가 8.00 m 레일을 따라 이동한 후 얼마나 빨리 움직이는가? (c) 포물체가 레일 아래로 미끄러질 때에 전류를 일정하게 유지하기 위해 가해준 기전력을 동일하게 유지해야 하는가, 아니면 증가 또는 감소시켜야 하는가?

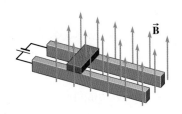

10. 0.650 H 인덕터와 함께 간단한 RLC 직렬회로에 공기로 채워진 평행판 축전기가 있다. 진동수 220 Hz에서 출력되는 전력은 가능한 최대 출력 전력보다 작은 것으로 밝혀졌다. 두 판 사이의 공간을 $\kappa = 5.50$인 유전체로 채우면 회로에서는 최대로 가능한 전력을 소모한다. (a) 공기로 채워진 축전기의 전기용량은 얼마인가? (b) 유전체를 삽입하기 전 이 회로의 공명 진동수는 얼마인가?

11. (a) 공명 상태에 있는 RLC 직렬회로의 저항을 두 배로 하면 소모 전력은 어떻게 변하겠는가? (b) 이제 공명 상태가 아닌 RLC 직렬회로를 고려하여라. 이 회로의 경우, 처음 저항과 임피던스는 $R = X_C = X_L/2$인 관계에 있다. 이 회로의 저항이 두 배로 증가했을 때 출력 전력은 어떻게 변하는지를 결정하여라.

12. RLC 직렬회로의 저항이 10.0 Ω, 인덕턴스는 15.0 mH, 전기용량은 350 μF이다. 구동 진동수를 60 Hz에서 120 Hz로 바꾸었을 때 이 회로의 임피던스는 얼마나 변하는가? 임피던스는 증가하는가 아니면 감소하는가?

13. RLC 직렬회로의 저항이 255 Ω, 인덕턴스는 146 mH, 전기용량은 877 nF이다. (a) 이 회로의 공명 진동수는 얼마인가? (b) 이 회로가 공명 진동수의 0.50배 진동수와 480 V의 최대 전압을 갖는 사인파형 발전기에 연결되면 전류 또는 전압 중에서 어느 것의 위상이 앞서가는가? (c) 이 회로의 위상각은 얼마인가? (d) 이 회로의 rms 전류는 얼마인가? (e) 이 회로에서 소모되는 평균 전력은 얼마인가? (f) 각 회로소자에 걸리는 최대 전압은 얼마인가?

14. 진동수가 변할 수 있는 전원전압에 가변 인덕터를 연결했다. rms 전류는 I_i이다. 인덕턴스가 3.0배 증가하고 진동수가 2.0배 감소하면 회로에 흐르는 rms 전류는 얼마인가? 회로의 저항은 무시할 수 있다.

15. 키런이 전자빔의 자기장을 측정한다. 빔의 세기는 1.30 μs마다 1.40×10^{11}개의 전자가 한 점을 통과하는 것과 같다. 빔 중심에서 2.00 cm 떨어진 거리에서 키런이 측정한 자기장의 세기는 얼마인가?

문제 16-20. $^{238}U^+$ 이온의 질량을 측정하도록 설계된 질량분석계(그림 참조)가 있다. $^{238}U^+$ 이온발생기(도시하지 않음)는 무시할 수 있을 만큼 작은 처음 운동에너지를 가진 이온을 장치 속으로 보낸다. 이온은 평행 가속판 사이를 통과한 다음 속도선택기를 통과해 속도 v로 이동하는 이온만 통과하도록 설계되었다. 속도선택기에서 나오는 이온은 속도선택기의 자기장과 크기 B가 같은 균일한 자기장에서 지름 D인 반원을 따라 이동한다. (필요에 따라 문제와 보편상수에 주어진 양으로 답을 표현하여라.)

16. 가속판들의 넓이가 A이며 서로 거리 d만큼 떨어져 있다. (a) 처음 운동에너지를 무시하고, 이온이 속도 v로 나올 때 판에 있는 전하량은 얼마인가? 어느 판이 양극이고

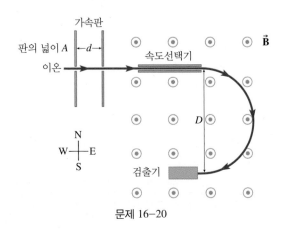

문제 16–20

어느 판이 음극인지를 표시하여라. (b) 판 사이의 전기 장선을 그림으로 그려라.

17. 속도선택기의 균일한 자기장의 방향은 지면에서 밖으로 향하며 크기는 B이다. (a) 속도 v인 이온이 직선으로 통과하도록 허용된 선택기의 전기장의 크기와 방향은 어떻게 되는가? (b) v보다 약간 작은 속도로 입력되는 이온에 대해 속도선택기 내부의 궤적을 그려보아라.

18. 문제 16의 그림을 참고하여 $^{238}U^+$ 이온의 질량을 v, B, D와 보편상수로 나타내어라.

19. 빔 속에 약간의 $^{235}U^+$ 이온이 있다고 가정하자. $^{235}U^+$ 은 $^{238}U^+$ 이온과 같은 전하를 갖고 있지만 질량은 약 $0.98737m$으로 약간 더 작다. (a) $^{238}U^+$ 이온이 속력 v로 나온다고 가정하면, $^{235}U^+$ 이온이 가속판에서 나오는 속력은 얼마인가? (b) 속도선택기 내에서 $^{235}U^+$ 이온의 궤적을 그려보아라. (c) 이제부터는 속도선택기를 제거하자. $^{238}U^+$ 이온은 균일한 자기장에서 지름 D인 원형 경로를 따라 움직인다. $^{235}U^+$ 이온의 원형 경로의 지름은 얼마인가?

20. 빔 속에 약간의 $^{238}U^{2+}$ 이온이 있다고 가정하자. $^{238}U^{2+}$ 은 $^{238}U^+$ 이온과 같은 질량 m을 갖고 있지만 전하는 2배($+2e$)를 가지고 있다. (a) $^{238}U^+$ 이온이 속력 v로 나올 것이라고 가정하면 $^{238}U^{2+}$ 이온이 가속판에서 나오는 속력은 얼마인가? (b) 속도선택기 내에서 $^{238}U^{2+}$ 이온의 궤적을 그려보아라. (c) 이제부터는 속도선택기를 제거하자. $^{238}U^+$ 이온은 균일한 자기장에서 지름 D의 원형 경로를 따라 움직인다. $^{238}U^{2+}$ 이온의 원형 경로의 지름은 얼마인가?

21. 수력발전소가 커다란 댐의 바닥에 건설되어 있다. 물은 100 m의 깊이에서, 저수지 바닥 근처에서 입구로 흘러들어간다. 물은 약 10 m/s(대기압에서)의 속도로 10개의 터빈 발전기를 통과해 댐의 상부보다 120 m 아래의 발전소에서 나간다. 각 발전기를 통과하는 물의 평균 부피흐름률은 100 m³/s이다. 각 발전기는 10 kV의 봉우리 전압을 생성하고 80 %의 에너지 효율로 작동한다. 단일 발전기가 공급할 수 있는 가능한 최대 봉우리 전류를 계산하여라.

22. 패러데이 손전등은 흔들 때 에너지를 생산하는 전자기 유도를 이용한다. 손잡이에 있는 자석은 50,000회 감긴 고리의 앞뒤로 자유롭게 움직인다. 에너지는 0.5 W

LED 전구에 전력을 공급하는 데 사용할 수 있는 1.0 F 축전기에 저장된다. 고리의 넓이가 3.0 cm²이고 자석이 가장 먼 위치에 있을 때 고리의 자기장이 1.0 T라고 가정하자. 정류기를 사용해 교류 유도기전력을 직류로 변환시킨다(따라서 축전기는 자석이 어느 방향으로 움직이든 충전이 된다). 회로의 저항은 500 Ω이다. 5.0분 동안 충분한 에너지를 발생시키기 위해 몇 번이나 흔들어야 하는가(자석을 앞뒤로 움직여야 하는가)?

23. 장난감 자동차 경주 트랙이, 반지름 15 cm의 수직 원형 루프에 연결된 길이 1.0 m인 직선 부분으로 되어 있다. 직선 부분에는 위 방향으로 0.10 T의 균일한 자기장이 있고 무시할 수 있는 저항을 가진 두 개의 길고 작은 금속 조각이 있다. 장난감 자동차는 질량이 40 g이고 경주로에 놓였을 때 조각과 연결해주는, 저항이 100 mΩ, 길이 2.0 cm인 수직 막대가 들어 있다. 장난감 자동차를 출발선에 놓으면 금속 조각에 직류전압이 가해지고 자동차가 경주로 직선 부분에서 가속된다. 이 작업은 레일 건의 작동과 유사하다(복습문제 9 참조). 마찰을 무시하고 장난감 자동차가 트랙에서 벗어나지 않고 루프 연결 부분을 돌아갈 수 있게 하려면 금속 조각에 최소한 얼마의 전압을 걸어주어야 하는가?

미국 MCAT 기출문제

다음은 MCAT 시험에 출제되었던 문제로 미국의과대학협회 (AAMC)의 허가를 얻어서 게재한 것이다.

단락을 읽고 다음 질문에 답하여라.

전자기 레일 건은 화학에너지 대신 전자기에너지를 사용해 포물체를 발사할 수 있는 장치이다. 일반적인 레일 건의 개략도가 여기에 나와 있다.

레일 건의 개략도

레일 건의 작동 원리는 간단하다. 전류는 전류원에서 상단 레일로, 가동식 전도성 진동자를 통해 하단 레일로 흐른 다음 다시 전류원으로 흐른다. 두 개의 레일에 흐르는 전류는 전류 세기에 비례해 자기장을 생성한다. 이 자기장은 가동 진동자를 통해 이동하는 전하에 힘을 작용한다. 힘은 레일을 따라 진동자와 포물체를 밀어낸다.

이 힘은 레일 건을 통과하는 전류의 제곱에 비례한다. 전류가 흐를 경우, 힘과 자기장은 레일 건 전체 길이에 걸쳐 일정하다. 레일 건 외부에 있는 탐지기는 포물체가 통과할 때 신호를 보낸다. 이 정보는 포물체의 출구 속력 v_i와 운동에너지를 결정하는 데 사용할 수 있다. 네 가지 다른 시도를 한 포물체의 질량, 레일의 전류, 출구 속력이 표에 제시되어 있다.

포물체 질량(kg)	레일의 전류(A)	출구 속력(km/s)
0.01	10.0	2.0
0.01	15.0	3.0
0.02	10.0	1.4
0.04	10.0	1.0

1. 레일 사이의 영역에서 레일에 흐르는 전류에 의해 생성된 자기장을 가장 잘 나타낸 것은 다음 그림 중 어느 것인가?

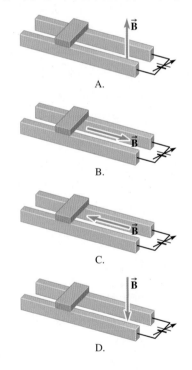

2. 질량이 주어진 경우, 전류가 2배만큼 감소되면, 새로운 출구 속력 v와 같은 것은?
   A. $2v_i$
   B. $\sqrt{2}v_i$
   C. $v_i/\sqrt{2}$
   D. $v_i/2$

3. 레일을 길게 하면 출구 속력이 빨라진다. 그 이유는 무엇인가?
   A. 레일의 저항이 증가하기 때문이다.
   B. 레일 사이의 강한 자기장 때문이다.
   C. 전동자에 작용한 강한 힘 때문이다.

D. 힘이 작용하는 거리를 넘어서 더 먼 곳이기 때문이다.

4. 출구 속력을 낮추지 않고 전력 소비를 감소시키려면 레일 건에 어떤 변화를 주어야 하는가?
   A. 레일의 전류를 감소시킨다.
   B. 레일의 비저항을 작게 한다.
   C. 레일의 단면의 넓이를 줄인다.
   D. 자기장의 세기를 감소시킨다.

5. 질량이 0.10 kg인 포물체가 정지했다가 2.0초 동안에 10.0 m/s의 속도로 가속되려면 발사체의 레일 건에 평균 전력은 얼마나 공급해야 하는가?
   A. 0.5 W   B. 2.5 W
   C. 5.0 W   D. 10.0 W

6. 20.0 A의 전류가 흐르는 레일에 의해 추진되는 질량 0.08 kg의 포물체는 출구 속력이 대략 어느 정도 되겠는가?
   A. 0.7 km/s   B. 1.0 km/s
   C. 1.4 km/s   D. 2.0 km/s

질문 7과 8. 16–18장의 MCAT 기출문제에서, 전력회사가 소비자에게 송전하는 전력에 관한 내용 세 단락을 참조하여라. 이 단락을 바탕으로 다음 두 질문에 답하여라.

7. 일정한 전력을 공급할 때 송전선의 전압을 증가시키면 열손실 전력이 감소하는 이유가 무엇인가?
   A. 전압을 높이면 필요한 전류가 감소하기 때문에
   B. 전압을 높이면 필요한 전류가 증가하기 때문에
   C. 전압을 높이면 필요한 저항이 감소하기 때문에
   D. 전압을 높이면 필요한 저항이 증가하기 때문에

8. 다음 중 전류가 흐르는 도선에 관련된 자기장($\vec{B}$)의 방향을 가장 잘 나타내는 그림은 어느 것인가?

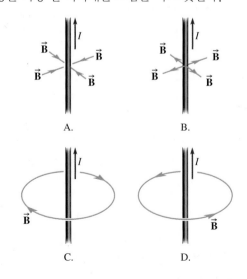

전자기파

개념정리

- 전자기파(EM파)는 진동하는 전기장과 자기장이 파원에서 전파되어 나간다. 전자기파는 항상 전기장과 자기장을 모두 가지고 있다.

- 앙페르-맥스웰 법칙은 맥스웰이 수정한 앙페르의 법칙으로, 변화하는 전기장이 자기장을 생성한다.

- 앙페르-맥스웰 법칙은 가우스 법칙, 자기에 대한 가우스 법칙, 패러데이 법칙과 함께 맥스웰 방정식이라고 부른다. 그들은 전기장과 자기장을 완전하게 묘사한다. 맥스웰의 방정식에 따르면, 전기장선과 자기장선은 물질에 연결되어 있을 필요가 없다. 대신, 그들은 떨어져 나올 수 있고 전자기파는 그들의 원천에서 멀리 이동할 수 있다.

- 쌍극자 안테나로부터의 복사는 안테나 축과 평행인 방향에서 가장 약하고 축에 수직인 방향에서 가장 강하다. 전기쌍극자 안테나 및 자기쌍극자 안테나는 전자기파 송출이나 전자기파 수신기로 사용할 수 있다.

- 전자기 스펙트럼(전자기파의 진동수 및 파장 범위)은 관례적으로 명명된 영역으로 분류된다. 최저 진동수부터 최고 진동수까지, 전파, 마이크로파, 적외선, 가시광선, 자외선, X선, 감마선으로 불린다.

- 모든 진동수의 전자기파가 진공 중에서 진행하는 속력은

$$c = \frac{1}{\sqrt{\epsilon_0 \mu_0}} = 3.00 \times 10^8 \text{ m/s} \qquad (22\text{-}1)$$

로 같다.

- 전자기파는 물질을 통과할 수 있지만 c보다는 작은 속력으로 진행한다. 물질의 굴절률은 다음과 같이 정의된다.

$$n = \frac{c}{v} \qquad (22\text{-}2)$$

여기서 v는 물질을 통과하는 전자기파의 속력이다.

- 전자기파의 속력(따라서 굴절률)은 파동의 진동수에 따라 다르다.

- 전자기파가 한 매질에서 다른 매질로 진행하면 파장이 변한다. 그러나 진동수는 동일하게 유지된다. 두 번째 매질의 파동은 경계에서 진동하는 전하에 의해 생성되므로 두 번째 매질에서의 장은 첫 번째 매질의 장과 동일한 진동수로 진동해야 한다.

- 진공에서 전자기파의 성질: 전기장과 자기장은 동일한 진동수로 진동하고 위상이 같다.

$$|\vec{\mathbf{E}}(x, y, z, t)| = c\,|\vec{\mathbf{B}}(x, y, z, t)| \qquad (22\text{-}5)$$

$\vec{\mathbf{E}}$, $\vec{\mathbf{B}}$, 전파 방향은 서로 수직한 방향이다.
$\vec{\mathbf{E}} \times \vec{\mathbf{B}}$는 항상 전파 방향이다.
전기에너지 밀도는 자기에너지 밀도와 같다.

- 진공 중에서 전자기파의 에너지 밀도(SI 단위: J/m^3)는 다음과 같다.

$$\langle u \rangle = \epsilon_0 \langle E^2 \rangle = \epsilon_0 E_{\text{rms}}^2 = \frac{1}{\mu_0} \langle B^2 \rangle = \frac{1}{\mu_0} B_{\text{rms}}^2 \qquad (22\text{-}8, 9)$$

- 세기(SI 단위: W/m^2)는 다음과 같다.

$$I = \langle u \rangle c \qquad (22\text{-}11)$$

세기는 전기장 및 자기장 진폭의 제곱에 비례한다.

- 넓이 A의 표면에 입사하는 평균 에너지 전달률은

$$\langle P \rangle = IA \cos \theta \qquad \text{(22-12)}$$

이다. 여기서 θ는 수직 입사인 경우 $0°$이고, 수평 입사인 경우 $90°$이다.

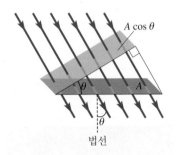

법선

- 전자기파의 편광 방향은 전기장의 방향이다.
- 편광이 안 된 전자기파가 편광자를 통과하면 투과된 파의 세기는 입사파의 세기의 절반이다. 곧

$$I = \tfrac{1}{2}I_0 \qquad \text{(22-13)}$$

- 편광자에 선 편광 된 파가 입사하면 투과 축과 평행한 $\vec{E}$의 성분이 통과한다. θ가 입사파의 편광 방향과 투과축 사이의 각도라면,

$$E = E_0 \cos \theta \qquad \text{(22-14a)}$$

이다.

- 세기는 진폭의 제곱에 비례하므로, 투과한 세기는 다음과 같다.

$$I = I_0 \cos^2 \theta \qquad \text{(22-14b)}$$

- 편광되지 않은 빛은 산란이나 반사에 의해 부분적으로 편광될 수 있다.
- 전자기파의 도플러 효과:

$$f_0 = f_s \sqrt{\frac{1 + v_{상대}/c}{1 - v_{상대}/c}} \qquad \text{(22-15)}$$

여기서 $v_{상대}$는 파원과 관측자가 서로 접근하는 경우에는 양(+)이며, 멀어지는 경우에는 음(−)이 된다. 만일 파원과 관측자의 상대 속력이 c보다 훨씬 작다면

$$f_0 \approx f_s \left(1 + \frac{v_{상대}}{c} \right) \qquad \text{(22-16)}$$

이다.

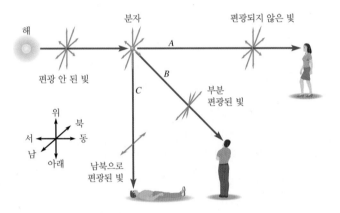

연습문제

단답형 질문

1[1]. 최상의 수신을 위해서는 전기쌍극자 안테나가 전자기(EM)파의 전기장과 정렬되어야 한다. 그 대신에 자기쌍극자 안테나를 사용한다면 그 축은 전자기파의 자기장과 정렬되어야 하는가? 설명하여라.

2[3]. 세기 I_0의 선 편광된 빛이 2개의 편광판을 통과하여 빛난다. 두 번째 편광판은 첫 번째 편광판을 통과하기 전 빛의 편광에 수직인 투과축을 갖는다. 두 번째 편광판을 통과해 전송되는 세기는 0이어야 하는가? 아니면 일부 빛이 통과하는 것이 가능한가? 설명하여라.

3[5]. 맥스웰에 따르면, 왜 자기 성분이 없는 전기파가 불가능한지 그 이유를 설명하여라.

4[7]. 왜 여름의 하루가 겨울보다 더 긴가?

5[9]. 그림은 전자기파를 송신하는 자기쌍극자 안테나를 보여준다. 안테나에서 멀리 떨어진 점 P에서 전자기파의 전기장과 자기장은 어느 방향인가?

단답형 질문 5, 문제 16

6[11]. 하늘에서 빛이 안개 낀 영역을 통과하고 있다. 통과해 나온 파동의 전기장 벡터가 입사파의 1/4이라면 투과 세기와 입사 세기의 비율은 얼마인가?

7[13]. 법에 위배되지 않는 선에서 마약 단속원이 야간에 적외선 카메라로 건물을 감시했다. 이렇게 하는 것이 마리화나를 재배하는 사람을 감시하는 데 어떻게 도움이 되었는가?

8[15]. 여름이 겨울보다 따뜻한 이유는 무엇인가?

선다형 질문

1[1]. 진공 중에서 전자기파 속력은 다음 중 어떤 것에 따라서 변하는가?
(a) 자기장의 진폭이 아니라 전기장의 진폭
(b) 전기장의 진폭이 아니라 자기장의 진폭
(c) 전기장과 자기장의 진폭
(d) 전기장과 자기장 사이의 각도
(e) 진동수와 파장
(f) 위의 어느 것과도 관련이 없다.

2[3]. 전자기파는 다음 중 어떤 것에 의해 발생하는가?
(a) 모든 전하
(b) 가속전하
(c) 일정한 속도로 움직이는 전하
(d) 고정 전하
(e) 고정 막대자석
(f) 가속 여부와 관계없이 움직이는 전하

3[5]. 전자기파의 파장이 사과의 지름 정도라면 이는 어떤 종류의 복사인가?
(a) X선 (b) 자외선
(c) 적외선 (d) 마이크로파
(e) 가시광선 (f) 전파

4[7]. 쌍극자 무선 송신기가 수직으로 막대 모양을 하고 있다. 송신기 정남쪽에 있는 한 지점에서 전파는 어느 방향의 자기장을 가지는가?

(a) 남북 방향
(b) 동서 방향
(c) 수직 방향
(d) 임의의 수평 방향

5[9]. 수직 전기쌍극자 안테나는 전자기파를 어느 방향으로 어떻게 송출하는가?
(a) 모든 방향으로 균일하게 방출한다.
(b) 모든 수평 방향으로 균일하게 방출하지만, 수직 방향으로 더 강하게 방출한다.
(c) 수평 방향으로 가장 강력하고 균일하게 방출한다.
(d) 수평 방향으로는 방출하지 않는다.

문제

22.1 맥스웰 방정식과 전자기파, 22.2 안테나

문제 1-2. 전파를 송신하는 데 사용하는 한 전기쌍극자 안테나가 수직 방향으로 서 있다.

1[1]. 송신기 정남 방향의 한 지점에서, 전자기파의 자기장은 어느 방향인가?

2[3]. 송신기 정북 방향의 한 지점에서 자기쌍극자 안테나를 수신기로 사용하려면 어느 방향으로 향해야 하는가?

3[5]. 전파 송신에 사용되는 전기쌍극자 안테나가 수평면에서 남북 방향으로 향한다. 송신기의 정동 방향의 한 지점에서 자기쌍극자 안테나가 수신기 역할을 하려면 어느 방향으로 향해야 하는가?

4[7]. 한 자기쌍극자 안테나가 전자기파를 탐지하는 데 사용된다. 안테나에는 반지름이 5.0 cm인 코일이 50번 감겨 있다. 전자기파의 진동수는 870 kHz, 전기장의 진폭은 0.50 V/m, 자기장의 진폭은 1.7×10^{-9} T이다. (a) 최상의 결과를 얻으려면 코일의 축이 전자기파의 전기장과 나란하게 정렬되어야 하는가 아니면 자기장과 나란하게 정렬되어야 하는가? 아니면 전자기파의 전파 방향과 나란하게 정렬되어야 하는가? (b) 코일이 올바르게 정렬되었다고 가정하면, 코일에서 유도된 EMF의 진폭은 얼마인가? (이 파동의 파장은 5.0 cm보다 훨씬 크기 때문에 언제나 코일 내에서 자기장이 균일하다고 가정할 수 있다.) (c) 전자기파의 전기장과 나란한 길이 5.0 cm인 전기쌍극자 안테나에 유도된 기전력의 진폭은 얼마인가?

22.3 전자기 스펙트럼, 22.4 진공과 물질 속에서의 EM파의 속력

5[9]. 전자레인지에서 발생하는 마이크로파의 진동수는 얼마인가? 파장은 12 cm이다.

6[11]. 토파즈에서 빛의 속도는 1.85×10^8 m/s이다. 토파즈의 굴절률은 얼마인가?

7[13]. 빛이 당신이 보는 책에서 당신의 눈까지 오는 데 시간이 얼마나 걸리는가? 거리는 50.0 cm라고 가정하여라.

8[15]. 공기 중에서 파장이 692 nm인 빛은 굴절률이 1.52인 창유리를 통과한다. (a) 유리 안에서 빛의 파장은 얼마인가? (b) 유리에서 빛의 진동수는 얼마인가?

9[17]. 가정용 배선과 전력선의 전류는 60.0 Hz의 진동수로 교대로 방향이 바뀐다. (a) 배선에서 방출되는 전자기(EM)파의 파장은 얼마인가? (b) 이 파장을 지구 반지름과 비교해보아라. (c) 이 파동은 전자파 스펙트럼의 어떤 부분에 속하는가?

10[19]. 음향학에서는 2:1의 진동수 비율을 옥타브라고 한다. 청력이 매우 좋은 사람은 20 Hz에서 20 kHz까지의 소리를 들을 수 있다. 이 소리는 약 10옥타브이다($2^{10} = 1024 \approx 1000$ 이므로). (a) 인간은 가시광선의 몇 옥타브나 인지할 수 있는가? (b) 마이크로파 영역은 대략 몇 옥타브나 되는가?

11[21]. 2004년 1월에 NASA의 로버 스피릿호가 화성 착륙에 성공했을 때 화성은 지구에서 170.2×10^6 km만큼 떨어져 있었다. 그로부터 21일 후에 로버 오퍼튜니티가 화성에 착륙했을 때는 화성이 지구에서 198.7×10^6 km만큼 떨어져 있었다. (a) 스피릿이 착륙한 날, 지구에 있던 과학자들에게 전파를 송신하는 데 얼마나 걸렸겠는가? (b) 도착 일에 과학자들이 오퍼튜니티와 통신을 하는 데는 얼마나 걸렸겠는가?

12[23]. 미국에서는 AC 가정용 전류가 60 Hz의 진동수로 진동한다. 전류가 한 번 진동하는 데 걸리는 시간에 전자기파는 도선에서 얼마나 멀리 이동하는가? 이 거리가 60 Hz 전자기파의 파장이다. 이 길이를 보스턴에서 로스앤젤레스까지의 거리(4200 km)와 비교해보아라.

22.5 진공에서 진행하는 전자기파의 특성

13[25]. 공기를 통과하는 마이크로파의 전기장이, 진폭이 0.60 mV/m이고 진동수는 30 GHz이다. 자기장의 진폭과 진동수를 구하여라.

14[27]. 공기를 통과하는 전자기파의 자기장이, 진폭이 2.5×10^{-11} T이고 진동수가 3.0 MHz이다. (a) 전기장의 진폭과 진동수를 구하여라. (b) 파동이 $-y$-방향으로 움직인다. $t = 0$에서 $y = 0$인 곳의 자기장은 $+z$-방향으로 1.5×10^{-11} T이다. $t = 0$에서 $y = 0$인 곳의 전기장의 크기와 방향은 어떻게 되는가?

15[29]. 전자기파의 자기장이 $B_y = B_m \sin(kz + \omega t)$, $B_x = 0$, $B_z = 0$으로 주어진다. (a) 이 파동은 어느 방향으로 움직이는가? (b) 이 파동의 전기장 성분에 대한 표현을 써보아라.

16[31]. 단답형 질문 5의 그림과 같은 자기쌍극자 안테나에 의해 전자기파가 송출된다. 안테나의 전류는 LC 공진 회로에 의해 생성된다. 이 전자기파를 안테나에서 멀리 있는 점 P에서 수신했다. 그림의 좌표계를 사용해 먼 지점 P에서 전자기장의 x-, y-, z-성분을 식으로 나타내어라. (가능성이 둘 이상인 경우, 일관성 있는 한 가지만 답하여라.) 당신의 방정식에서 모든 양은 L, C, E_m(점 P에서의 전기장 진폭) 및 보편상수를 이용해 표현하여라.

22.6 EM파에 의한 에너지 수송

17[33]. 10.0 mW 레이저의 원통형 빔의 지름이 0.85 cm이다. 전기장의 실효 값(rms 값)은 얼마인가?

18[35]. 넓이가 1.0 m^2인 위성의 태양전지판이 태양으로부터 오는 복사에 수직으로 설치되어 매초 1.4 kJ의 에너지를 흡수한다. 위성은 태양으로부터 1.00 AU에 있다. (지구-태양 거리를 1.00 AU로 정의한다.) 태양으로부터 1.55 AU만큼 떨어진 곳에 있는 행성 간 탐사선의 태양전지판에 태양 복사가 수직으로 입사될 때 위와 동일한 에너지를 흡수하는 데 시간이 얼마나 걸리겠는가? 태양전지판의 성능은 위와 같다.

19[37]. 지구에서 1400만 광년 떨어진 별이 있다. 별에서 지구에 도달하는 빛의 세기는 4×10^{-21} W/m^2이다. 이 별의 전자기에너지의 방출률은 얼마인가?

20[39]. 진공 중을 이동하는 전자기파에서 전기에너지 밀도와 자기에너지 밀도가 언제 어디서나 같음을 보여라. 곧, 언제 어디서나 다음이 성립함을 증명하여라.

$$\frac{1}{2}\epsilon_0 E^2 = \frac{1}{2\mu_0}B^2$$

21[41]. 푸에르토리코의 아레시보에 있는 전파 망원경은 지름이 305 m이다. 이것으로 우주에서 오는 10^{-26} W/m^2 정도의 약한 전파를 탐지할 수 있다. (a) 1.0×10^{-26} W/m^{2}의 세기로 망원경에 수직 입사하는 전자기파의 평균 에너지 전달률은 얼마인가? (b) 지구 표면에 입사하는 평균 전력은 얼마인가? (c) 실효(rms) 전기장과 자기장은 얼마인가?

22.7 편광

22[43]. 세기 I_0이며 수평으로 편광된 빛이 2개의 이상적인 편광자를 차례로 통과한다. 제1, 제2 편광자의 투과축은 수평에 대해 각각 θ_1 및 θ_2의 각을 이룬다. 두 번째 편광자를 통해 전달되는 빛의 세기를 가장 큰 것부터 가장 작은 것까지 순위를 매겨라. (a) $\theta_1 = 0°$, $\theta_2 = 30°$, (b) $\theta_1 = 30°$, $\theta_2 = 30°$, (c) $\theta_1 = 0°$, $\theta_2 = 90°$, (d) $\theta_1 = 60°$, $\theta_2 = 0°$, (e) $\theta_1 = 30°$, $\theta_2 = 60°$.

23[45]. x-방향으로 편광된 빛이 두 개의 편광판을 통과해 빛난다. 첫 번째 판의 투과축은 x-축과 각도 θ를 이루며 두 번째 판의 투과축은 y-축에 평행하다. (a) 입사광의 세기가 I_0이면, 두 번째 판을 투과한 빛의 세기는 얼마인가? (b) 투과 세기가 최대인 각도 θ는 얼마인가?

24[47]. 투과축이 그림과 같이 향한 4개의 편광판에 편광되지 않은 빛이 입사한다. 처음 빛의 세기의 몇 퍼센트가 이 편광판 세트를 통과해 전송되는가?

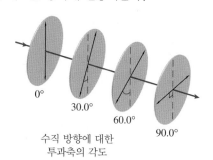

수직 방향에 대한
투과축의 각도

25[49]. 수직으로 편광된 마이크로파가, 평행한 슬릿이 있는 3개의 금속판(a, b, c)을 향해 지면으로 들어가고 있다.

(a) 어떤 판이 마이크로파를 가장 잘 전송하는가? (b) 어느 금속판이 마이크로파를 가장 잘 반사하는가? (c) 최적의 송신기를 통해 전송되는 세기가 I_1이라면, 두 번째로 우수한 송신기를 통해 전송되는 세기는 얼마인가?

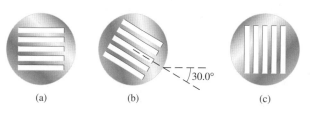

(a)　　　　　(b)　　　　　(c)

26[51]. 수직으로 편광된 세기가 I_0인 빛이 이상적인 편광자에 수직으로 입사한다. 편광자가 수평축에 대해 회전함에 따라, 편광자를 통과해 전달되는 빛의 세기 I는 편광자의 방향(θ)에 따라 변한다. 여기서 $\theta = 0$은 편광자의 방향이 수직임을 의미한다. 편광자를 완전히 한 바퀴 돌릴 때, 곧 ($0 \leq \theta \leq 360°$)에 대해 I를 θ의 함수로 그래프를 그려라.

27[53]. 당신이 일출 직후에 하늘을 똑바로 쳐다보고 있다고 하자. 당신에게 보이는 빛은 편광되어 있겠는가? 편광되어 있다면 어느 방향으로 편광되어 있겠는가?

22.8 전자기파의 도플러 효과

28[55]. 파장이 659.6 nm인 빛이 별에서 방출되었다. 지구에서 측정된 이 빛의 파장은 661.1 nm였다. 이 별은 지구에 대해 얼마나 빨리 움직이고 있는가? 지구에 가까이 오고 있는가, 아니면 멀어져가고 있는가?

29[57]. 경찰차의 레이더 건에서 진동수 $f_1 = 7.50$ GHz인 마이크로파가 방출된다. 이 빔이 경찰차에 대해 48.0 m/s로 경찰 쪽으로 달려오는 과속 차량에서 반사되었다. 과속 단속기로 진동수 f_2인 마이크로파를 검출했다. (a) f_1과 f_2 중 어느 것이 더 큰가? (b) 진동수의 차이 $f_2 - f_1$은 얼마인가?

30[59]. 적색 신호등을 초록색 등으로 보기 위해서는 차를 얼마나 빨리 운전해야 하는가? 적색은 $\lambda = 630$ nm이고 녹색은 $\lambda = 530$ nm이다.

협동문제

31[61]. 경찰차의 레이더 건에서 진동수 $f_1 = 36.0$ GHz인 마이크로파가 방출된다. 이 빔이 경찰차에 대해 43.0 m/s로 달리는 과속 차량에서 반사되었다. 경찰이 측정한 반

사파의 진동수는 f_2이다. (a) f_1과 f_2 중 어느 것이 더 큰가? (b) 진동수의 차이 $f_2 - f_1$을 구하여라. (힌트: 두 가지 도플러 편이가 있다. 먼저 경찰을 발신자로, 과속 운전자를 관측자로 생각하여라. 과속 차량은 자신이 관측한 입사파의 진동수와 같은 진동수의 반사파를 "재전송"한다.)

32[63]. 몇몇 우주 비행사가 화성에 착륙했다고 가정하자. 이 우주 비행사가 지구에 있는 임무 통제 요원에게 질문을 하고 응답을 기다려야 하는 최단 시간은 얼마인가? 화성에서 태양까지의 평균 거리는 2.28×10^{11} m이다.

연구문제

33[65]. 지상의 검출기로 들어오는 태양 복사의 세기는 $1.00 \ kW/m^2$이다. 검출기는 한 변이 5.00 m인 사각형이며 검출기 표면의 법선은 태양 광선에 대해 $30.0°$의 각을 이루고 있다. 검출기로 420 kJ의 에너지를 측정하는 데 시간이 얼마나 걸리는가?

34[67]. 무선 라우터의 안테나는 5.0 GHz의 진동수에서 마이크로파를 방출한다. 크기가 파장의 절반을 초과하지 않는 범위 내에서 안테나의 최대 길이는 얼마인가?

35[69]. 라식 눈 수술에 사용되는 레이저가 초당 55펄스를 생성한다. 파장은 193 nm(공기 중)이며 각 펄스는 10.0 ps 동안 지속된다. 레이저가 방출하는 평균 에너지 전달률은 120.0 mW이고 빔 지름은 0.80 mm이다. (a) 레이저 펄스는 전자기파 스펙트럼의 어느 부분에 해당되는가? (b) 대기 중에서 레이저의 단일 펄스의 길이는 얼마인가? cm로 답하여라. (c) 하나의 펄스에 얼마나 많은 파장이 들어 있는가?

36[71]. 빔 지름이 1.5 mm이고 에너지 전달률이 2.0 mW인 레이저 포인터가 있다. 실수로 이 포인터로 사람의 눈을 가리켰을 때, 광선이 망막의 지름 20.0 μm인 점에 집중되어 망막이 80 ms 동안 노출되었다. (a) 레이저 빔의 세기는 얼마인가? (b) 망막에 입사되는 빛의 세기는 얼마인가? (c) 망막에 입사한 총 에너지는 얼마인가?

37[73]. 세기가 I_0인 편광된 빛이 한 쌍의 편광판에 입사한다. 입사광의 편광 방향과 첫 번째 편광판 및 두 번째 편광판의 투과축 사이의 각도를 각각 θ_1과 θ_2라 하자. 전송된 빛의 세기가 $I = I_0 \cos^2 \theta_1 \cos^2 (\theta_1 - \theta_2)$임을 보여라.

38[75]. 피조 장치의 바퀴(그림 22.11 참조)에서, 관찰자에게 반사된 빛을 전달하는 가장 느린 각속도 세 개를 구하여라. 톱니 모양의 바퀴와 거울 사이의 거리는 8.6 km이고 바퀴에는 5개의 톱니가 있다고 가정하여라.

39[77]. 사인파 모양 전자기파의 전기장 진폭이 $E_m = 32.0$ mV/m이다. 이 전자기파의 세기와 평균 에너지 밀도는 어떻게 되는가? [힌트: 사인파 모양으로 변하는 양의 진폭과 실효 값(rms 진폭) 사이의 관계를 상기해보아라.]

40[79]. 10 W 레이저에서 지름 4.0 mm인 광선을 방출한다. 레이저를 달에 겨냥했더니 빔이 달에 도착할 때 지름이 85 km로 퍼졌다. 대기에서의 흡수를 무시하고, (a) 레이저 바로 밖에서 빛의 세기와 (b) 달 표면에 도달했을 때 빛의 세기를 구하여라.

빛의 반사와 굴절

개념정리

- 파면은 같은 위상을 가진 점들의 집합이다. 광선은 파동의 전파 방향을 가리키며 파면에 수직이다. 호이겐스의 원리는 파동의 전파를 분석하는 데 사용되는 기하학적 설명이다. 파면의 모든 점은 구형의 가지파동의 파원으로 간주할 수 있다. 나중에 가지파동에 접하는 표면이 그때의 파면이다.

- 기하광학은 간섭 및 회절을 무시할 수 있을 때 빛의 전파를 다룬다. 기하광학에 사용되는 주요 도구는 광선 도해이다. 서로 다른 두 매질의 경계에서 빛은 반사되거나 투과될 수 있다. 반사 및 굴절의 법칙은 반사된 광선과 투과된 광선의 진행 방향을 알려준다. 반사와 굴절의 법칙에서, 각도는 광선과 경계면의 법선 사이에서 측정된 것이다.

- 반사의 법칙:
  1. 입사각과 반사각은 같다.
  2. 반사광선은 입사광선과 입사점에서 표면에 세운 법선과 같은 면에 있다.

- 굴절의 법칙:
  1. $n_i \sin \theta_i = n_t \sin \theta_t$ (스넬의 법칙).
  2. 입사광선, 투과광선, 법선은 모두 같은 면, 곧 입사면 내에 있다.
  3. 입사광선과 투과광선은 법선에 대해 서로 **반대편에 있다.**

- 광선이 굴절률이 큰 매질에서 굴절률이 작은 매질로 경계면에 입사할 때, 입사각이 임계각

$$\theta_c = \sin^{-1} \frac{n_t}{n_i} \qquad (23\text{-}5a)$$

을 초과하면 내부 전반사가 일어난다(곧, 투과광선이 없다).

- 광선이 경계면에 입사할 때, 입사각이 브루스터각과 같으면 반사광선은 입사면에 수직으로 완전 편광된다.

$$\theta_B = \tan^{-1} \frac{n_t}{n_i} \qquad (23\text{-}6)$$

- 상 맺음을 할 때 물체 점과 상 점 사이에는 일대 일의 대응 관계가 있다. 허상에서 광선은 상점에서 발산하는 것처럼 보이지만 실제로는 그렇지 않다. 실상에서 광선은 실제로 상점을 통과한다.

- 광선 도해를 사용해 상 찾는 방법:
  1. 물체의 한 점에서 나오는 두(또는 그 이상) 광선을 렌즈나 거울 쪽으로 그린다.
  2. 필요하다면, 반사와 굴절의 법칙을 적용해서 광선이 관찰자에 도달할 때까지 추적한다.
  3. 실상의 경우, 광선은 상점에서 만난다. 허상인 경우는, 광선들이 한 상점에서 만날 때까지 직선 경로를 따라 뒤쪽으로 그린다.

- 거울이나 렌즈에서 가장 추적하기 쉬운 광선을 주광선이라고 한다.

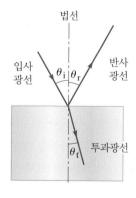

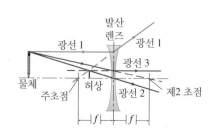

- 평면거울은 거울 앞에 있는 물체와 똑같은 거리에 거울 뒤쪽에 물체의 직립 허상을 형성한다. 물체와 상점은 모두 물체에서 시작해 거울 면에 세운 한 법선상에 있다. 크기가 있는 물체의 경우, 그 상의 크기는 물체의 크기와 같다.

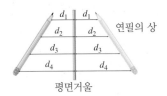

- 가로 배율 m의 크기는 물체 크기에 대한 상 크기의 비이다. m의 부호는 상의 방향을 결정한다. 도립상에 대해서는 $m < 0$이고, 정립상에 대해서는 $m > 0$이다. 렌즈나 거울의 경우,

$$m = \frac{h'}{h} = -\frac{q}{p} \tag{23-9}$$

이다.

- 거울/얇은 렌즈 방정식은 물체거리와 상거리를 초점거리에 관련시킨다.

$$\frac{1}{p} + \frac{1}{q} = \frac{1}{f} \tag{23-10}$$

- 다음 부호 규칙을 이용해 배율 식과 거울/얇은 렌즈 방정식을 모든 종류의 거울 및 렌즈와 두 종류의 상에 적용할 수 있다.

물리량	양(+)일 때	음(−)일 때
물체거리 p	실물체	허물체
상거리 q	실상	허상
초점거리 f	수렴 렌즈나 거울	발산 렌즈나 거울
배율 m	정립상	도립상

연습문제

단답형 질문

1[1]. 거울 반사와 퍼짐 반사의 차이점을 설명하여라. 각각의 예를 몇 가지씩 들어라.

2[3]. 공기 중 물방울이 무지개를 만든다. 무지개가 생기는 물리적 상황을 설명하여라. 무지개를 보려면 태양을 바라보아야 하는가 아니면 등지고 있어야 하는가? 왜 2차 무지개가 1차 무지개보다 희미한가?

3[5]. 액자 속에 있는 포스터가 일반 유리보다 표면이 거친 유리로 덮여 있다. 거친 표면이 어떻게 눈부심을 줄여 주는가?

4[7]. 광선이 공기에서 45°의 입사각으로 수면으로 들어와 물을 지나가고 있다. 빛이 물로 들어감에 따라 변하는 양은 파장, 진동수, 전파 속도, 전파 방향 중 어느 것인가?

5[9]. 오목거울의 초점거리가 f이다. (a) f보다 가까운 거리에서 거울을 들여다보면, 정립상이 보이는가 아니면 도립상이 보이는가? (b) $2f$보다 먼 거리에 서 있으면 상이 정립인가, 도립인가? (c) f와 $2f$ 사이의 거리에 서 있으면 상이 형성되지만 볼 수는 없다. 왜 안 보이는가? 광선 도해를 그리고 물체와 상의 위치를 비교하여라.

6[11]. 왜 많은 자동차의 조수석 측 사이드미러는 평평하거나 오목하지 않고 볼록한 모양인가?

7[13]. 광선이 렌즈를 통해 왼쪽에서 오른쪽으로 진행한다. 허상이 맺히려면 렌즈의 어느 쪽에 있어야 하는가? 어느 쪽에 실상이 있겠는가?

8[15]. 수영장에 있는 물의 수면이 완벽하게 잔잔하다. 물 밑에서 수면 쪽으로 똑바로 보면 무엇이 보이는지 설명하여라. (힌트: 일부 광선을 그려보아라. 수면에서 반사된 광선과 투과된 광선을 모두 고려하여라.)

9[17]. 왜 프로젝터와 카메라가 실상을 맺어야 하는가? 안구의 수정체는 망막에 실상을 맺는가 아니면 허상을 맺는가?

10[19]. 슬라이드 프로젝터는 수렴렌즈를 사용해 스크린에 슬라이드의 실상을 맺는다. 렌즈의 아래쪽 절반을 불투명한 테이프로 막으면 상의 아래쪽 절반이 사라지는가, 위쪽 절반이 사라지는가, 아니면 전체 상이 화면에 계속 나타나는가? 전체 상을 볼 수 있다면 상에 어떠한 달라진

점이 있는가? (힌트: 광선 도해를 스케치하는 것이 도움이 될 수 있다.)

11[21]. 대물렌즈에 모이는 빛의 양을 증가시키기 위해 유침 현미경(oil immersion microscopy)이 사용되고 있다. 이 현미경에서는 대물렌즈와 시료를 덮고 있는 얇은 덮개유리($n = 1.51$) 사이의 공기층을 유리와 같은 굴절률을 가진 기름방울로 교체한다. 두 경우에 대해 스넬의 법칙을 사용해 시료에서 나온 광선 몇 개를 대물렌즈까지 스케치하고 이 기법이 유용한 이유를 설명하여라.

12[23]. 당신이 일출 시 정북을 향하고 있다고 가정해보자. 햇빛이 그림과 같이 상점의 진열창에 반사된다. 반사된 빛은 부분적으로 편광되었는가? 만일 그렇다면 어느 방향으로 편광되겠는가?

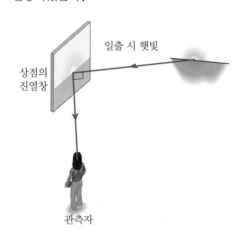

선다형 질문

1[1]. 평면거울에 있는 물체의 상은
(a) 항상 물체보다 작다.
(b) 항상 물체와 동일한 크기이다.
(c) 항상 물체보다 크다.
(d) 물체와 거울 사이의 거리에 따라서 물체보다 크거나 작거나 아니면 같을 수 있다.

2[3]. 어떤 설명이 사실인가? 평면파의 광선은
1. 파면에 평행하다.
2. 파면에 수직이다.
3. 중심점에서 지름 방향 외측으로 향한다.
4. 서로 평행하다.
(a) 1, 2, 3, 4   (b) 1, 4

(c) 2, 3   (d) 2, 4

3[5]. 한 남자가 5 m/s의 속력으로 평면거울을 향해 달려가고, 동시에 롤러 위에 설치된 거울은 2 m/s의 속력으로 그에게 접근한다. 그의 상의 속력(땅에 대한)은 얼마인가?
(a) 14 m/s   (b) 7 m/s   (c) 3 m/s
(d) 9 m/s   (e) 12 m/s

4[7]. 한 얇은 렌즈 앞에 놓여 있는 물체에 의해 형성된 상을 정확하게 설명한 것은?
1. 실상이 항상 확대되어 나타난다.
2. 실상이 항상 거꾸로 나타난다.
3. 허상이 항상 바로 서서 나타난다.
4. 볼록렌즈는 결코 허상을 생성하지 못한다.
(a) 1과 3   (b) 2와 3   (c) 2와 4
(d) 2, 3과 4   (e) 1, 2와 3   (f) 4 만

5[9]. 호수나 도로, 자동차 후드 등의 표면에서 반사되는 빛은
(a) 부분적으로 수평 방향으로 편광된다.
(b) 부분적으로 수직 방향으로 편광된다.
(c) 태양이 곧바로 머리 위에 있는 경우에만 편광된다.
(d) 맑은 날에만 편광 된다.
(e) 마구잡이 편광이 된다.

문제

23.1 파면, 광선, 호이겐스의 원리

1[1]. 반사 벽에 수직으로 입사하며 접근하는 길이 5 cm인 평면파면에 호이겐스의 원리를 적용하여라. 파장은 1 cm이고, 벽에는 넓은 개구부(폭 = 4 cm)가 있다. 들어오는 파면의 중심이 개구부의 중심에 접근한다. 가장자리 효과를 세세히 염려하지 않을 때 반사 벽의 양쪽에서 파면의 일반적인 모양은 어떻게 되는가?

23.2 빛의 반사

2[3]. 평면파가 구의 표면에서 반사된다. 광선 도해를 그리고, 반사파에 대한 파면을 스케치하여라.

3[5]. 서쪽 수평선 위 35°에 있는 태양에서 오는 광선이 잔잔한 연못의 수면을 비추고 있다. (a) 연못에 대한 태양 광

선의 입사각은 얼마인가? (b) 연못 수면에서 반사되는 광선의 반사각은 얼마인가? (c) 반사된 광선은 연못 수면에서 어떤 방향과 어떤 각도로 진행하는가?

4[7]. 두 개의 평면거울이 그림과 같이 70.0°를 이루고 있다. 나중 광선이 수평과 이루는 각도 θ는 얼마인가?

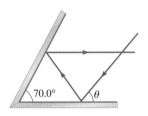

23.3 빛의 굴절: 스넬의 법칙

5[9]. 햇빛이 30.0°의 입사각으로 호수 수면에 내리 쪼이고 있다. 물고기에게는 태양이 법선에 대해 어떤 각도에서 보이겠는가?

6[11]. 소피아의 각막의 굴절률은 1.376이고, 각막 뒤의 수양액의 굴절률은 1.336이다. 빛이 공기에서 각막 표면의 법선에 대해 17.5°의 각도로 각막에 입사한다. 수양액에서 진행하는 빛이 법선과 이루는 각은 얼마인가?

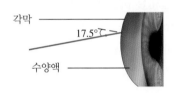

7[13]. 공기 중에서 광선이 굴절률이 1.20, 1.40, 1.32, 1.28인 평평한 투명 물질 4개가 쌓인 층에 입사한다. 4개의 판 중 첫 번째 판에 대한 광선의 입사각이 60.0°인 경우, 4장을 모두 통과한 후에 공기로 들어갈 때 광선은 법선과 어떤 각도를 이루는가?

8[15]. 원통형 광섬유의 심($n = 1.40$)에서 광선이 섬유의 축에 대해 각도 $\theta_1 = 49.0°$로 진행한다. 광선은 피복($n = 1.20$)을 지나 대기로 투과한다. 나가는 광선이 피복의 외부 표면과 이루는 각도 θ_2는 얼마인가?

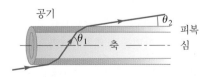

9[17]. 유리 렌즈에는 흠집 방지 플라스틱 코팅을 한다. 유리에서 빛의 속력은 $0.67c$이고 코팅에서 빛의 속력은 $0.80c$이다. 코팅에서 광선이 법선에 대해 12.0°의 각도로 플라스틱과 유리의 경계에 입사한다. 유리로 투과하는 광선은 법선에 대해 어떤 각도를 이루는가?

10[19]. 수평 광선이 그림과 같이 크라운유리 프리즘에 $\beta = 30.0°$로 입사한다. 광선의 편향각 Δ(프리즘에서 나오는 광선이 입사광선과 이루는 각)를 구하여라.

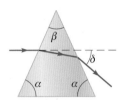

11[21]. 공기 중에서 백색광을 다이아몬드에 비춘다. 한 연마 면에서, 입사각이 26.00°이다. 다이아몬드 내부에서, 적색광(진공에서 $\lambda = 660.0$ nm)은 법선에 대해 10.48° 만큼 굴절된다. 청색광(진공에서 $\lambda = 470.0$ nm)은 10.33° 만큼 굴절된다. (a) 다이아몬드에서 적색 및 청색광의 굴절률은 얼마인가? (b) 다이아몬드에서 청색광의 속력에 대한 적색광의 속력의 비는 얼마인가? (c) 분산이 일어나지 않는다면 다이아몬드는 어떻게 보이겠는가?

23.4 내부전반사

12[23]. 공기로 둘러싸인 사파이어의 임계각을 구하여라.

13[25]. 굴절률이 1.2인 매질에서 나오는 광선이 굴절률이 1.4인 매질에 입사할 때 임계각이 존재하는가? 만일 그렇다면 첫 번째 매질에서 내부전반사가 있게 하는 임계각은 얼마인가?

14[27]. 45° 프리즘의 굴절률은 1.6이다. 빛은 프리즘의 왼쪽에서 수직으로 입사한다. 빛이 프리즘의 후면(예를 들어, 점 P)으로 빠져나오겠는가? 그렇다면 점 P에서의 법선에 대한 굴절각은 얼마인가? 그렇지 않다면 빛은 어떻게 되겠는가?

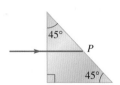

15[29]. 내시경이나 기타 의료 장비에 사용되는 케이블과 같은 광섬유 케이블의 품질을 측정하는 유용한 방법은 개구수(numerical aperture)이다. 개구수가 클수록 광섬유는 더 많은 빛을 전달한다. 굴절률 n인 매질로부터 빛이 광

섬유(심의 굴절률 n_1, 피복의 굴절률 n_2)에 입사하는 경우, 광섬유의 개구수는 $n \sin \theta_{최대}$이다. 여기서 $\theta_{최대}$는 빛이 광섬유를 따라 이동할 때 전반사되는 가장 큰 각도이다. 개구수가 $\sqrt{n_1^2 - n_2^2}$과 같음을 보여라. (힌트: 부록 A.7의 유용한 삼각함수 참조.)

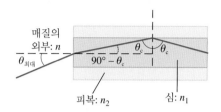

16[31]. 공기 중 광선의 입사각 θ가 플렉시글라스로 만든 얇은 탱크로 들어가고 이황화탄소를 채우면서 점진적으로 조절되고 있다. 빛이 이황화탄소로는 진행하지만 탱크 바닥에 있는 플렉시글라스로는 진행하지 않는 입사각이 있는가? 있다면 각도를 구하여라. 만약 그러한 각도가 없다면 이유를 설명하여라.

17[33]. 피복재의 굴절률이 $n = 1.20$이고 심과 피복재의 경계에서 임계각이 $45.0°$일 때 광섬유 심의 굴절률은 얼마인가?

23.5 반사에 의한 편광

18[35]. 3D 영화를 볼 때 사용하는 어떤 안경은 편광되어 있으며, 한 렌즈는 편광축이 수직이고 다른 렌즈는 수평이다. 겨울 오후에 3D 영화를 보기 위해 서서 기다리면서 안경을 통해 노면을 들여다보는 동안 모리스는 왼쪽 렌즈가 반사로 눈이 부시는 것을 크게 줄여주지만 오른쪽 렌즈는 그렇지 않다는 것을 알았다. 반사광과 수평 방향이 $37°$를 이루고 있을 때 눈부심이 최소화되었다. (a) 어떤 렌즈가 수직 방향으로 투과축을 가지고 있는가? (b) 이 경우에 브루스터각은 얼마인가? (c) 빛을 반사하는 물질의 굴절률은 얼마인가?

19[37]. (a) 얼어붙은 호수의 매끄러운 얼음 표면에서 반사된 햇빛은 입사광이 수평에 대해 어떤 각을 이룰 때 완전히 편광되는가? (b) 반사된 빛은 어느 방향으로 편광되는가? (c) 이 각도로 입사하는 빛이 얼음 속으로 투과하는가? 그렇다면 투과한 빛은 수평에 대해 어떤 각으로 진행하는가?

23.6 반사와 굴절을 통한 상의 형성

20[39]. 다이아몬드의 결함이 표면 바로 위에서 볼 때 표면 아래 2.0 mm에 있는 것처럼 보인다. 결함은 표면 아래 얼마의 깊이에 있는가?

21[41]. 물이 가득 찬 그릇 바닥에 동전 한 닢이 있다. 눈을 수면 높이에 두고 수면을 바라보면, 동전이 수면 바로 밑에서, 그릇의 가장자리로부터 수평으로 3.0 cm의 거리에 간신히 보인다. 만일 동전이 실제로는 수면 아래 8.0 cm에 있다면, 동전과 그릇의 가장자리 사이의 수평 거리는 얼마인가? (힌트: 보이는 광선은 90°에 가까운 굴절각으로 물에서 공기로 진행한다.]

23.7 평면거울

22[43]. 정장 구두를 신고 있을 때 다니엘의 눈은 바닥에서 1.82 m인 곳에 있고, 정수리는 바닥에서 1.96 m인 곳에 있다. 다니엘은 길이 0.98 m인 거울을 가지고 있다. 다니엘이 자기의 전신상을 보려고 한다면 거울의 밑부분이 바닥에서 얼마나 높이 있어야 하는가? 답을 설명하기 위해 광선 도해를 그려라.

23[45]. 어두운 방에 들어가는 구스타프는 주변을 보기 위해 성냥불을 켠다. 그 즉시 그는 자신에게서 약 4 m 떨어진 곳에서 또 다른 성냥불이 켜지는 것 같은 것을 보게 된다. 알고 보니 방의 한쪽 벽에 거울이 매달려 있었다. 구스타프는 거울이 걸린 벽에서 얼마나 멀리 떨어져 있는가?

24[47]. 마우리치오는 인접한 두 개의 벽과 천정이 모두 평면거울로 덮여 있는 직육면체 방 안에 서 있다. 마우리치오는 자신의 상을 몇 개나 볼 수 있는가?

25[49]. 점광원이 평면거울 앞에 있다. (a) 반사된 모든 광선을 거울 뒤로 연장하면 단일 지점에서 교차한다는 것을 보여라. (힌트: 그림 23.27a를 보고 그와 유사한 삼각형을 사용하여라.) (b) 상점이 물체를 통과하고 거울과 직각을 이루는 직선상에 있고, 물체와 상의 거리가 같다는 것을 보여라. (힌트: 그림 23.27a의 여러 광선 중 어느 것이든 한 쌍을 사용하여라.)

23.8 구면거울

26[51]. 높이가 1.80 cm인 물체가 초점거리 5.00 cm인 오목거울 앞 20.0 cm에 놓여 있다. 상의 위치를 구하여라. 설명할 광선 도해를 그려라.

27[53]. 곡률 반지름 25.0 cm인 오목거울 앞에 물체를 놓았다. 물체 크기의 두 배인 실상이 형성되었다. 거울과의 거리는 얼마인가? 설명할 광선 도해를 그려라.

28[55]. 마이크의 자동차 우측 사이드미러에 '물체는 보이는 것보다 더 가까이에 있습니다.'라고 쓰여 있다. 마이크는 이 거울의 초점거리를 결정하기 위해 실험을 하기로 했다. 그는 사이드미러 옆에 평면거울을 잡고 각 거울로부터 163 cm 떨어진 곳에 있는 물체를 보았다. 물체는 평면거울에 너비 3.20 cm로 나타났지만 사이드미러에서는 너비가 1.80 cm에 불과했다. 사이드미러의 초점거리는 얼마인가?

29[57]. 볼록거울에 대한 배율 방정식 $m = h'/h = -q/p$를 유도하여라. 풀이의 일부로서 광선 도해를 그려라. (힌트: 오목거울에 대한 식을 유도할 때와 같이 세 주광선에 포획되지 않은 광선 하나를 그려라.)

30[59]. 주축에 평행한 광선이 오목거울에서 반사될 때, 반사된 광선은 모두 천정점으로부터 거리 $R/2$인 초점을 통과한다는 것을 보여라. 입사각이 작다고 가정하여라. (힌트: 본문의 볼록거울에 대한 유도 과정과 비슷하게 진행하여라.)

23.9 얇은 렌즈

31[61]. (a) 초점거리가 3.50 cm인 수렴렌즈에서 상거리 5.00 cm에 도립상을 맺을 수 있는 물체거리를 구하여라. 광선 도해를 사용해 결과를 검증하여라. (b) 맺힌 상은 실상인가, 허상인가? (c) 배율은 얼마인가?

32[63]. 광선 도해를 그려서, 수렴렌즈의 초점거리의 두 배인 곳에 놓인 물체는 도립된, 실제 크기와 같은 실상을 맺음을 보여라.

33[65]. 광선 도해를 그려서, 물체가 수렴렌즈의 초점거리와 같은 거리에 있을 때 렌즈로부터 나오는 광선이 서로 평행하고, 그에 따라 상이 무한대에 맺힘을 보여라.

34[67]. 높이 3.00 cm인 물체가 초점거리 12.0 cm인 발산렌즈에서 12.0 cm 떨어진 곳에 놓여 있다. 광선 도해를 그려서 상의 높이와 위치를 구하여라.

35[69]. 초점거리가 8.00 cm인 수렴렌즈가 있다. (a) 얇은 렌즈로부터 5.00 cm, 14.0 cm, 16.0 cm, 20.0 cm에 있는 물체의 상거리를 구하여라. 각 경우에 상이 실상인지 허상인지, 정립되었는지 도립되었는지, 크기가 확대되었는지 축소되었는지 설명하여라. (b) 물체의 높이가 4.00 cm라면, 물체거리가 5.00 cm 및 20.0 cm일 때 상의 높이는 얼마인가?

36[71]. 그림의 각 렌즈에 대해 렌즈가 빛을 수렴하는지, 발산하는지 설명하여라.

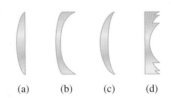

(a) (b) (c) (d)

37[73]. 표준 "35 mm" 슬라이드는 24.0 mm × 36.0 mm 크기이다. 슬라이드 프로젝터가 스크린에 60.0 cm × 90.0 cm의 크기로 슬라이드의 상을 생성한다고 가정한다. 렌즈의 초점거리는 12.0 cm이다. (a) 슬라이드와 스크린 사이의 거리는 얼마인가? (b) 스크린을 프로젝터에서 멀리 떨어뜨리면 렌즈는 슬라이드에 가까이 가져가야 하는가 아니면 멀리 놓아야 하는가?

협동문제

38[75]. 한 치과의사가 환자의 치아 표면에서 1.9 cm 떨어진 곳에 작은 거울을 들고 있다. 거울에 맺힌 상은 직립이며 물체의 5.0배 크기이다. (a) 이 상은 실상인가, 허상인가? (b) 거울의 초점거리는 얼마인가? 거울은 오목한가, 볼록한가? (c) 거울을 치아 가까이로 이동시키면 상이 커지는가, 작아지는가? (d) 물체가 어떤 범위에 있을 때 정립상을 맺는가?

39[77]. 렌즈의 축에 평행한 광선의 수직 변위 d가, 그림 (a)에 나타난 것처럼, 주축에 대한 입사광선의 수직 변위 h의 함수로 측정된다. 데이터는 그림 (b)에 그래프로 나타나 있다. 렌즈에서 스크린까지의 거리 D는 1.0 m이다. 근축광선에 대한 렌즈의 초점거리는 얼마인가?

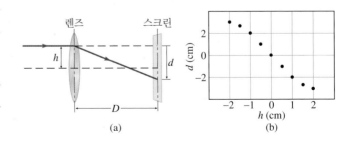

(a) (b)

연구문제

40[79]. 사만다는 화장 거울에서 32.0 cm 거리에 얼굴을 두고 자신의 상이 1.80배 확대되었음을 확인했다. (a) 화장 거울은 어떤 종류의 거울인가? (b) 그녀의 얼굴은, 곡률 반지름이나 초점거리에 대해 어디에 있는가? (c) 거울의 곡률 반지름은 얼마인가?

41[81]. 높이 8.0 cm인 물체가 거울 뒤 4.0 cm에, 높이 3.5 cm의 허상을 만든다. (a) 물체거리를 구하여라. (b) 어떤 거울인지 설명하여라. 다시 말해 평면, 볼록 또는 오목 거울인가? (c) 초점거리와 곡률 반지름은 얼마인가?

42[83]. 유리 프리즘에서 파란색 빛의 굴절률이 빨간색 빛보다 약간 크기 때문에, 파란색 빛이 빨간색 빛보다 더 많이 굴절된다. 발산 유리 렌즈의 초점이 파란색 빛과 빨간색 빛에 대해 같은가? 그렇지 않다면 어떤 빛에 대한 초점이 렌즈에 더 가까운가?

43[85]. 많은 승용차의 조수석 측 사이드미러에는 "물체는 보이는 것보다 더 가까이에 있습니다."라는 글이 적혀 있다. (a) 이 거울이 맺은 상은 실상인가, 허상인가? (b) 상의 크기가 작아지므로, 거울은 오목한가, 볼록한가? 이유는? (c) 실제로는 상이 실물보다 거울에 더 가까이 있어야 함을 보여라. 그런데 어떻게 상이 더 멀리 있는 것처럼 보이는가?

44[87]. 로라는 평면거울에 대해 0.8 m/s의 속력으로 거울을 향해 똑바로 걸어가고 있다. 그녀의 상은 어떤 속도로 거울에 접근하는가?

45[89]. 평면거울이 광선을 반사한다. 거울을 각도 α만큼 회전시키면 광선은 각도 2α만큼 회전함을 보여라.

46[91]. 높이 5.00 cm인 물체가 초점거리 15.0 cm인 수렴 렌즈에서 20.0 cm 떨어진 곳에 있다. 광선 도해를 그려서 상의 높이와 위치를 구하여라.

47[93]. 물체가 렌즈 앞 10.0 cm에 놓여 있다. 렌즈에서 30.0 cm 떨어진 곳에 이 물체의 직립 허상이 형성되었다. 렌즈의 초점거리는 얼마인가? 렌즈는 수렴렌즈인가, 발산렌즈인가?

48[95]. 얇은 렌즈의 초점거리가 −20.0 cm이다. 스크린이 렌즈에서 160 cm 떨어진 곳에 위치해 있다. 그림의 광선이 스크린에 닿는 지점의 y-좌표는 얼마인가? 입사광선은 중심축과 평행하며 축에서 1.0 cm 떨어져 있다.

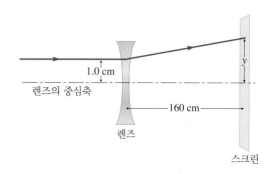

49[97]. 빨강, 노랑, 파랑 빛이 혼합된 광선 다발이 이황화탄소에 약간 잠긴 광원에서 방출되고 있다. 그림과 같이 광선이 이황화탄소와 공기의 경계면에 입사각 37.5°으로 입사한다. 이황화탄소 내에서 광선에 포함되어 있는 파장에 대한 굴절률은 다음과 같다. 빨강빛(656.3 nm), $n = 1.6182$, 노랑빛(589.3 nm), $n = 1.6276$, 파랑빛(486.1 nm), $n = 1.6523$. 이황화탄소 표면 위에 설치된 검출기에는 어떤 빛이 검출되는가?

50[99]. 유리블록($n = 1.7$)이 종류가 알려지지 않은 액체에 잠겨 있다. 블록 내부에서 광선은 내부전반사를 일으킨다. 액체의 굴절률에 관해 어떠한 결론을 내릴 수 있는가?

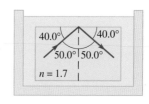

51[101]. 높이 5.0 cm인 물체가 초점거리 −20.0 cm인 렌즈에서 50.0 cm 떨어져 있다. (a) 상의 높이는 얼마나 되는가? (b) 상은 정립상인가, 도립상인가?

52[103]. 광선이, 공기에서 밀도가 높은 플린트 유리를 통과한 다음, 다시 공기 중으로 나온다. 첫 번째 유리 표면에 대한 입사각은 60.0°이다. 유리의 두께는 5.00 mm이

다. 앞면과 뒷면은 평행하다. 유리를 통과한 후 광선은 얼마나 멀리 이동하겠는가?

53[105]. 삼각프리즘을 통과할 때 편향각은 입사광선과 출사광선 사이의 각(각 δ)으로 정의된다. 입사각 i가 출사광선에 대한 굴절각 r'과 같을 때, 편향각이 최소임을 보일 수 있다. 최소 편향각($\delta_{최소} = D$)이 프리즘 각도(A)와 굴절률(n)에 다음과 같이 관련됨을 보여라.

$$n = \frac{\sin \frac{1}{2}(A + D)}{\sin \frac{1}{2} A}$$

(힌트: 이등변 삼각형 프리즘의 경우, 그림과 같이 프리즘 내부의 광선이 바닥과 평행할 때 최소 편향각이 발생한다.)

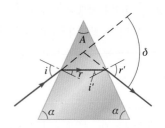

광학기기

- 일렬로 조합된 렌즈에서 하나의 렌즈가 맺은 상이 다음 렌즈에게는 물체가 된다.

- 첫 번째 렌즈가 두 번째 렌즈를 지난 곳에 실상을 생성(광선이 두 번째 렌즈를 지나서 한 지점으로 수렴)하도록 되어 있었다면, 이 실상이 두 번째 렌즈에게는 **허물체**가 된다. 허물체이면 얇은 렌즈 방정식에서, p가 음수가 된다.

- 한 렌즈에 의해 형성된 상이 거리 s에 있는 두 번째 렌즈에게 물체 역할을 할 때, 두 번째 렌즈에 대한 물체거리 p_2는

$$p_2 = s - q_1 \qquad (24\text{-}1)$$

이다. 두 개 이상의 렌즈에 의해 형성된 상의 총 가로 배율은 개별 렌즈에 의한 배율의 곱이다.

$$m_{\text{총}} = m_1 \times m_2 \times \cdots \times m_N \qquad (24\text{-}2)$$

- 일반적인 디지털카메라에는 수렴렌즈가 하나만 있다. 물체에 초점을 맞추기 위해 렌즈와 상감지기 사이의 거리를 조정하여 상감지기에 실상이 맺게 한다.

- 조리개의 크기와 노출 시간은 상감지기(또는 필름)가 빛에 충분히 노출될 수 있도록 선택해야 한다. **피사계의 심도**는, 어느 선명도 이내로, 렌즈가 가장 선명한 상을 맺는 평면으로부터의 거리 범위를 말한다. 더 작은 조리개일수록 피사계 심도는 더 커진다.

- 우리의 눈은, 각막과 수정체가 광선을 굴절시켜서 망막의 광수용체 세포에 실상을 맺는다. 대부분의 경우, 우리는 각막과 수정체가 초점거리를 조절할 수 있는 단일 렌즈처럼 작용한다고 생각할 수 있다. 모양을 조절할 수 있는 수정체가 수정체와 망막 사이의 간격에 의해 결정된 고정된 상거리에 상을 형성하면서 다양한 물체거리를 수용할 수 있게 해준다. 눈이 수용할 수 있는 가장 가까운 물체거리를 근점, 가장 먼 물체거리를 원점이라고 한다. 시력

이 좋은 젊은 사람은 근점이 25 cm 이하이고 원점은 무한대에 있다.

- 렌즈의 굴절력은 초점거리의 역수이다.

$$P = \frac{1}{f} \qquad (24\text{-}3)$$

굴절력은 디옵터($1\ \text{D} = 1\ \text{m}^{-1}$)로 측정한다. 두 개 이상의 얇은 렌즈가 서로 가깝게 배치되어 있으면 총 굴절력은 개별 렌즈의 굴절력의 합과 같으며, 그와 같은 굴절력을 가진 하나의 얇은 렌즈처럼 작동한다.

$$P = P_1 + P_2 + \dots \qquad (24\text{-}4)$$

- 근시인 눈의 원점은 무한대보다 가까이 있다. 원점 이상에 있는 물체에 대해서는 망막 앞에 상이 맺힌다. 교정용 발산렌즈[음(−)의 굴절력을 가짐]는 광선을 바깥쪽으로 꺾어 근시를 보정할 수 있다.

- 원시이면 눈은 너무 큰 근점을 가지고 있다. 곧, 눈의 굴절력이 너무 작다. 물체가 근점보다 가까이 있으면, 눈은 망막을 지나서 상을 맺게 한다. 수렴렌즈로 광선을 안쪽으로 구부려서 원시가 더 빨리 수렴할 수 있도록 하여 원시를 교정할 수 있다.

- 사람은 나이가 들어감에 따라 눈의 수정체의 유연성이 떨어지고 수용할 수 있는 눈의 능력이 저하되는데 이것은 노안이라고 알려진 현상이다.

- **각도배율**은 육안으로 볼 때의 각 크기에 대한 광학기기를 사용할 때 각 크기의 비이다.

$$M = \frac{\theta_{\text{확대}}}{\theta_{\text{육안}}} \qquad (24\text{-}5)$$

- 간단한 돋보기는 피사체 거리가 초점거리보다 작거나 같게 배치된 수렴렌즈이다. 형성된 허상은 확대되고 바로

서 있다. 각도배율(M)은

$$M = \frac{N}{p} \qquad (24\text{-}6)$$

이다. 여기서 근점 N은 일반적으로 25 cm로 택한다. 보기가 용이하도록 상이 무한대에 있게 하려면 물체는 초점에 둔다($p = f$).

- 복합 현미경은 2개의 수렴렌즈로 구성되어 있다. 현미경으로 보려는 작은 물체를 대물렌즈의 초점 바로 바깥쪽에

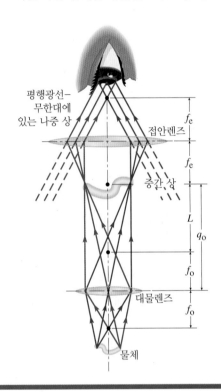

두면 확대된 실상이 맺힌다. 접안렌즈는 대물렌즈로 만든 실상을 보는 간단한 돋보기 역할을 한다. 나중 상이 무한대인 경우, 현미경으로 인한 각도배율은

$$M_{\text{총}} = m_{\text{o}}M_{\text{e}} = -\frac{L}{f_{\text{o}}} \times \frac{N}{f_{\text{e}}} \qquad (24\text{-}8)$$

이다. 여기서 N은 근점(일반적으로 25 cm)이고, L(경통의 길이)은 두 렌즈의 초점 간 거리이다.

- 천체 굴절 망원경은 2개의 수렴렌즈를 사용한다. 현미경과 마찬가지로 대물렌즈는 실상을 형성하고 접안렌즈는 실제 상을 보는 돋보기 기능을 한다. 각도배율은 다음과 같다.

$$M = -\frac{f_{\text{o}}}{f_{\text{e}}} \qquad (24\text{-}10)$$

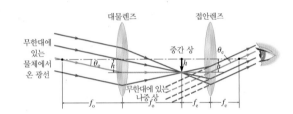

- 반사 망원경에서는 오목거울이 대물렌즈 대신 사용된다.
- 구면수차는 근축광선이 아닌 광선이 근축광선과 다른 지점에 초점을 맺기 때문에 발생한다.
- 색수차는 렌즈의 분산으로 인해 발생한다.

연습문제

단답형 질문

1[1]. 왜 카메라나 슬라이드 프로젝터에 수렴렌즈를 사용해야 하는가? 현미경이나 망원경의 대물렌즈가 수렴렌즈(또는 수렴 거울)여야 하는 이유는 무엇인가? 왜 망원경의 접안렌즈가 수렴하거나 발산해도 되는가?

2[3]. 흰색 마분지가 허물체의 위치에 놓여 있다면 마분지에 무엇이 보이겠는가?

3[5]. 천문 관측소가, 한국의 경우 대부분 산꼭대기에 위치해 있는 이유가 무엇인가?

4[7]. 위성 접시의 수신 안테나가 접시에서 일정 거리 떨어져 있는 이유는 무엇인가?

5[9]. 색수차는 왜 발생하는가? 색수차를 보정하기 위해 어떻게 해야 하는가?

6[11]. 스노클링을 할 때 명확하게 보기 위해 고글을 착용한다. 고글이 없으면 시야가 왜 흐려지는가? 근시인 사람은 그가 공기 중에 있을 때보다(교정렌즈 없이) 물속에(고글이나 교정렌즈 없이) 있을 때 가까운 물체를 보다 선명하게 볼 수 있음을 알았다. 이것이 사실인 이유가 무엇인가?

7[13]. 눈의 구조를 간단히 그리고, 각막, 수정체, 홍채, 망막, 방수, 유리액을 표시해보아라.

8[15]. 그림은 결함이 있는 눈의 개략도이다. 이러한 결함은 무엇이라고 하는가?

9[17]. 천체 망원경에, 렌즈 대신에 거울을 사용하면 어떤 이점이 있는가?

10[19]. 한 사진사가 가방에 교체 가능한 렌즈 3개를 가지고 있다. 이들은 초점거리가 각각 400.0 mm, 50.0 mm, 28.0 mm이다. (a) 광각 촬영(성당 앞 광장에서 대성당), (b) 일상 촬영(놀고 있는 어린이), (c) 망원 사진 촬영(강을 건너는 아프리카 사자)을 하려고 한다. 어떤 렌즈를 사용해야 하는가?

선다형 질문

1[1]. 복합 현미경은 두 개의 렌즈로 만든다. 다음 중 복합 현미경의 작동과 관련해 바르게 진술한 것은 어느 것인가?
(a) 두 렌즈 모두 실상을 맺는다.
(b) 두 렌즈 모두 허상을 맺는다.
(c) 물체에 가장 가까운 렌즈가 허상을 맺는다. 곧, 다른 렌즈는 실상을 맺는다.
(d) 물체에 가장 가까운 렌즈가 실상을 맺는다. 곧, 다른 렌즈는 허상을 맺는다.

2[3]. 시우링의 원점은 25 cm이다. 여기에 있는 어떤 진술이 사실인가?
(a) 그녀는 정상적인 시력을 가질 수 있다.
(b) 그녀는 근시이며 시력 교정을 위해 발산렌즈가 필요하다.
(c) 그녀는 근시이며 시력 교정을 위해 수렴렌즈가 필요하다.
(d) 그녀는 원시이며 시력을 교정하기 위해 발산렌즈가 필요하다.
(e) 그녀는 원시이며 시력을 교정하기 위해 수렴렌즈가 필요하다.

3[5]. 색수차는 무엇이 원인인가?
(a) 빛은 전자기파이며 본질적으로 회절 특성을 가지고 있다.
(b) 파장이 다른 빛은 렌즈-공기 계면에서 굴절각이 다르다.
(c) 반사율은 빛의 파장에 따라 다르다.
(d) 렌즈의 외부 가장자리는 렌즈의 중앙 부분에 의해 형성된 초점과 다른 점에서 초점을 맺는다.
(e) 유리에서 빛의 흡수는 파장에 따라 변한다.

4[7]. 구면수차의 원인은 무엇인가?
(a) 빛은 전자기파이며 고유한 회절 특성을 갖는다.
(b) 파장이 다른 빛은 렌즈-공기 계면에서 굴절각이 다르다.
(c) 렌즈 표면이 완벽하게 매끄럽지 않다.
(d) 렌즈의 외부 가장자리는 렌즈의 중앙 부분에 의해 형성된 초점과 다른 점에서 초점을 맺는다.

5[9]. 카메라의 조리개를 줄이면
(a) 피사계 심도가 줄어들어 더 긴 노출 시간이 필요하다.
(b) 피사계 심도가 줄어들어 더 짧은 노출 시간이 필요하다.
(c) 피사계 심도가 증가하여 더 긴 노출 시간이 필요하다.
(d) 피사계 심도가 증가하여 더 짧은 노출 시간이 필요하다.
(e) 피사계 심도는 바뀌지 않으면서 더 긴 노출 시간이 필요하다.
(f) 피사계 심도는 변하지 않으면서 노출 시간을 더 짧게 단축해야 한다.

문제

24.1 복합 렌즈

1[1]. 초점거리가 5.0 cm인 렌즈 앞 12.0 cm 거리에 물체가 놓여 있다. 초점거리 4.0 cm인 또 다른 렌즈가 첫 번째 렌즈를 지나서 2.0 cm 더 떨어져 있다. (a) 나중 상은 어디에 맺히는가? 실상인가, 허상인가? (b) 전체 배율은 얼마인가?

2[3]. 수렴렌즈 2개가 88.0 cm 떨어져 있다. 초점거리가 25.0 cm인 첫 번째 렌즈의 왼쪽 1.100 m 지점에 물체를 놓았다. 나중 상은 두 번째 렌즈의 오른쪽으로 15.0 cm 떨어져 있다. (a) 두 번째 렌즈의 초점거리는 얼마인가? (b) 총 배율은 얼마인가?

3[5]. 초점거리가 12.0 cm인 수렴렌즈 앞 16.0 cm 거리에 물체가 있다. 수렴렌즈의 오른쪽 20.0 cm 떨어진 곳에는 초점거리가 −10.0 cm인 발산렌즈가 있다. 광선 추적

을 통해 나중 상의 위치를 구하고 렌즈 방정식을 사용해 이를 검증하여라.

4[7]. 렌즈 방정식과 다음 데이터를 사용해 그림 24.1b의 두 렌즈에 의해 형성된 상의 위치와 크기를 구하여라. $f_1 = +4.00$ cm, $f_2 = -2.00$ cm, $s = 8.00$ cm(여기서 s는 렌즈 사이의 거리), $p_1 = +6.00$ cm, $h = 2.00$ mm. (수직과 수평의 축적은 다르다.)

5[9]. 당신이 물체의 오른쪽에서 32.0 cm 위치에 바로 선 상을 투영하고 싶어 한다고 하자. 물체의 오른쪽 6.00 cm에 초점거리가 3.70 cm인 수렴렌즈가 있다. 물체의 오른쪽 24.65 cm에 두 번째 렌즈를 놓으면 적절한 위치에 상을 얻을 수 있다. (a) 두 번째 렌즈의 초점거리는 얼마인가? (b) 이 렌즈는 수렴렌즈인가, 발산렌즈인가? (c) 총 배율은 얼마인가? (d) 물체의 높이가 12.0 cm인 경우, 상 높이는 얼마인가?

6[11]. 초점거리가 200.0 mm인 망원 렌즈를 카메라에 장착해 무한 거리에서 2.0 m 사이에 있는 피사체의 사진을 찍는다. 렌즈에서 필름(상감지기)까지의 최소 거리와 최대 거리는 얼마인가?

7[13]. 에스페란자가 초점거리 50.0 mm인 렌즈가 달린 카메라를 사용해 3.0 m 떨어져 있는 키 1.2 m인 아들 카를로스의 사진을 찍고 있다. (a) 제대로 초점을 맞춘 사진을 얻으려면 렌즈와 카메라 필름(상감지기) 사이의 거리가 얼마여야 하는가? (b) 얻어진 상의 배율은 얼마인가? (c) 상감지기에 나타난 카를로스의 키는 얼마인가?

8[15]. 짐이 초점거리가 50.0 mm인 카메라로 맥그로(McGraw) 타워 사진을 찍으려고 한다. 카메라의 필름(상감지기)은 7.2 mm×5.3 mm이다. 타워의 높이는 52 m이고 짐은 선명한 클로즈업 사진을 원한다. 짐이 가능한 한 큰 타워 전체의 사진을 찍으려면 타워에 얼마나 가까이 있어야 하는가?

9[17]. 프로젝터에서 12.0 m 떨어져 있는 너비 1.50 m인 스크린에, 너비가 36 mm인 슬라이드의 상을 투사할 경우, 스크린 너비를 채우려면 초점거리가 얼마인 렌즈가 필요한가?

10[19]. 초점거리가 3.00 cm인 수렴렌즈를 물체의 오른쪽 4.00 cm인 곳에 놓고, 초점거리가 −5.00 cm인 발산렌즈를 수렴렌즈의 오른쪽 17.0 cm인 곳에 떨어뜨려 놓았다. (a) 상을 비추기 위해 어느 위치에 스크린을 배치해야 하는가? (b) 두 렌즈가 10.0 cm 떨어져 있는 경우 (a)의 물음에 답하여라.

24.3 눈

문제에 설명이 없으면 각막과 수정체 계에서 망막까지의 거리는 2.00 cm이고 정상 근점은 25 cm라고 가정하여라.

11[21]. 수정체 계(각막 + 수정체)에서 망막까지의 거리가 2.00 cm라면, 25.0 cm에서 무한대까지의 물체를 보기 위해 수정체 계의 초점거리가 1.85 cm에서 2.00 cm 사이에서 변해야 함을 보여라.

12[23]. 눈을 간단한 어둠상자(camera obscura)로 다루어서 망막의 사각지대의 크기를 추정할 수 있다. 친구 줄리의 눈을 지름 2.5 cm인 구로 근사할 수 있다고 하자. 그녀의 눈동자에서 40 cm 정도에 있는 지름 3.5 cm인 공을 사각지대 안에 숨길 수 있음을 알았다. 망막에서 그녀의 사각지대의 지름을 추정하여라.

13[25]. 특정 눈의 수정체 계(각막 + 수정체)의 초점거리를 1.85 cm에서 2.00 cm 사이에서 바꿀 수 있다고 가정하자. 수정체 계에서 망막까지의 거리는 단지 1.90 cm이다. (a) 이 눈은 근시인가, 원시인가? 설명하여라. (b) 시력 교정렌즈 없이 이 눈으로 물체를 정확히 볼 수 있는 거리 범위는 어떻게 되는가?

14[27]. 교정하지 않았을 때 콜린 눈의 원점은 2.0 m이다. 콘택트렌즈의 굴절력으로 멀리 있는 물체를 명확하게 구별할 수 있는가?

15[29]. 앤은 타고난 원시이다. 곧, 그녀가 교정렌즈 없이 명확하게 볼 수 있는 가장 가까운 물체까지의 거리는 2.0 m이다. 이때 그녀 눈의 수정체에서 망막까지 거리는 1.8 cm이다. (a) 교정렌즈 없이 2.0 m보다 가까운 것을 보려고 할 때 어떤 일이 일어나는지를 (정성적으로) 보여주기 위한 광선 도해를 그려라. (b) 그녀가 눈에서 20.0 cm만큼 가까운 물체를 명확하게 볼 수 있도록 하는 콘택트렌즈의 초점거리는 얼마여야 하는가?

16[31]. 눈의 수정체 계(각막과 수정체)에서 망막까지의 거리가 18 mm라고 가정하자. (a) 멀리 있는 물체를 볼 때 렌즈의 굴절력은 얼마나 되어야 하는가? (b) 눈에서 20.0 cm 떨어진 물체를 볼 때 렌즈의 굴절력은 얼마나 되어야 하는

가? (c) 어떤 사람의 눈이 원시라고 하자. 이 사람은 1.0 m 보다 가까이 있는 물체를 명확히 볼 수 없다. 20.0 cm에 있는 가까운 물체를 선명하게 볼 수 있도록 처방할 콘택트렌즈의 굴절력을 구하여라.

24.4 각도배율과 간단한 확대경

17[33]. 수렴렌즈 5개를 간단한 확대경으로 사용하고 있다. 각각의 초점거리 f와 렌즈와 물체 p 사이의 거리가 주어져 있다. 각도배율이 가장 큰 것부터 가장 작은 것까지 순서를 매겨라. (a) $f = 15$ cm, $p = 15$ cm, (b) $f = 15$ cm, $p = 10$ cm, (c) $f = 10$ cm, $p = 10$ cm, (d) $f = 20$ cm, $p = 20$ cm, (e) $f = 20$ cm, $p = 15$ cm.

18[35]. (a) 상이 무한대에 있을 때 각도배율이 8.0인 돋보기의 초점거리는 얼마인가? (b) 물체는 렌즈에서 얼마나 멀리 있어야 하는가? 렌즈가 눈에 가까이 있다고 가정한다.

19[37]. 캘럼은 굴절력이 +40.0 D인 확대경으로 3.00 cm 크기의 정사각형 스탬프를 조사하고 있다. 이 확대경은 25.0 cm의 거리에 스탬프 상을 맺는다. 캘럼의 눈이 돋보기에 가깝다고 가정한다. (a) 스탬프와 돋보기 사이의 거리는 얼마인가? (b) 각도배율은 얼마인가? (c) 돋보기에 의해 형성된 상의 크기는 얼마나 되는가?

20[39]. 길이가 5.00 mm인 곤충이 초점거리가 12.0 cm인 수렴렌즈에서 10.0 cm만큼 떨어져 있다. (a) 상의 위치는 어디인가? (b) 상의 크기는 얼마나 되는가? (c) 정립상인가, 도립상인가? (d) 실상인가, 허상인가? (e) 렌즈가 눈에 가까우면 각도배율은 얼마인가?

21[41]. 간단한 확대경은 무한대에 허상을 맺지 않고 눈에 가까운 지점에 허상을 형성할 때, 각도배율이 최대로 된다. 단순화시키기 위해, 확대경을 거의 눈에 대고 있다고 가정하면, 돋보기로부터의 거리가 눈으로부터의 거리와 거의 같다. (a) 초점거리가 f인 확대경인 경우, 렌즈로부터 거리 N만큼 떨어진 근점에 상이 형성되도록 하는 물체거리 p를 구하여라. (b) 눈으로 볼 수 있는 이 상의 각 크기는

$$\theta = \frac{h(N+f)}{Nf}$$

이다. 여기서 h는 물체의 높이이다. (힌트: 그림 24.14를 참조하여라.) (c) 이제 허상이 무한대에 있을 때 각도배율을 구하고 이를 앞서 구한 각도배율과 비교해 보아라.

24.5 복합 현미경

22[43]. 현미경 접안렌즈의 초점거리는 1.25 cm이고 대물렌즈의 초점거리는 1.44 cm이다. (a) 경통의 길이가 18.0 cm이면 현미경의 각도배율은 얼마인가? (b) 이 배율을 두 배로 높이려면 대물렌즈의 초점거리가 얼마여야 하는가?

23[45]. 길이가 1.0 mm인 곤충의 날개를 현미경을 통해 보았더니, 5.0 m 떨어진 곳에 길이 1.0 m인 상이 맺혔다. 각도배율은 얼마인가?

24[47]. 대물렌즈의 초점거리는 15.0 mm이고 관측자의 근점(25.0 cm)에 각도배율 5.00인 나중 상을 맺는 현미경이 있다. 이 현미경의 경통의 길이는 16.0 cm이다. 물체와 대물렌즈 사이의 거리는 얼마나 멀리 떨어져 있어야 하는가?

25[49]. 대물렌즈의 초점거리가 5.00 mm인 현미경이 있다. 이 현미경은 대물렌즈로부터 16.5 cm 거리에 상을 맺는다. 접안렌즈의 초점거리는 2.80 cm이다. (a) 두 렌즈 사이의 거리는 얼마인가? (b) 각도배율은 얼마인가? 근점은 25.0 cm이다. (c) 대물렌즈는 물체와 얼마나 멀리 떨어져 있어야 하는가?

26[51]. 그림은 현미경의 개략도를 나타낸다. (접안렌즈에 의해 형성된 상은 무한대가 아니다.) 그림에 나타낸 물체와 상의 위치가 옳다면 접안렌즈의 초점거리는 점 (A, B, C, D) 중 어느 것이라야 하는가? 광선 도해를 작도하여라.

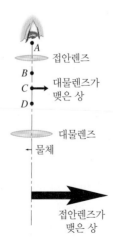

27[53]. 얇은 렌즈 방정식을 사용해, 현미경에서 대물렌즈에 따라 가로 배율이 $m_o = -L/f_o$임을 보여라. (힌트: 물체는 대물렌즈의 초점 가까이에 있다. 초점에 있다고 가정하지는 말아라. p_o를 제거하고 q_o와 f_o의 관점에서 배율

을 구한다. L은 q와 f에 어떻게 관련되어 있는지 생각해
보아라.)

24.6 망원경

28[55]. 망원경 거울의 곡률 반지름이 10.0 m이다. 달의 사
진을 찍는 데 이 망원경을 사용한다. 거울에 의해 생성된
달의 상은 지름이 얼마인가? (필요한 정보는 이 책의 뒤
표지 안쪽을 참조하여라.)

29[57]. 여키스 망원경에서 대물렌즈와 접안렌즈 사이의 거
리는 얼마인가? (보기 24.8 참조).

30[59]. 길이가 45.0 cm인 굴절 망원경의 설명서에 '이 망
원경은 상을 30.0배 확대한다.'라고 쓰여 있다. 이 숫자는
눈에 피로감이 없이 무한 거리에 있는 물체를 볼 수 있는
것을 나타낸 것이라고 가정할 때, 두 렌즈의 초점거리는
각각 얼마인가?

31[61]. 달을 관찰하기 위해 굴절 망원경을 사용한다. 대물
렌즈와 접안렌즈의 초점거리는 각각 +2.40 m와 +16.0
cm이다. (a) 렌즈 사이의 거리는 얼마가 되어야 하는가?
(b) 물체가 생성한 상의 지름은 얼마인가? (c) 각도배율
은 얼마인가?

협동문제

32[63]. (a) 3.5 D 돋보기 한 쌍을 가지고 어떤 섬에 좌초되
었다면, 이것으로 유용한 망원경을 만들 수 있겠는가? 만
일 그렇다면 망원경의 길이는 얼마이고 각도배율은 얼마
인가? (b) 1.3 D인 돋보기 한 쌍을 가지고 있다고 할 때
앞의 질문에 답하여라.

33[65]. 어떤 사람이 40.0 cm 떨어진 곳에 있는 책을 편안
하게 읽으려면 굴절력이 +2.0 D인 독서용 안경이 필요하
다. 안경은 눈에서 2.0 cm 떨어져 있다고 가정한다. (a)
이 사람의 보정하지 않은 원점은 얼마인가? (b) 그가 먼
거리까지 시력을 확보하려면 굴절력이 얼마인 렌즈를 사
용해야 하는가? (c) 보정하지 않은 그의 근점은 1.0 m이
다. 그의 이중 초점 안경에서 두 렌즈의 굴절력이 25 cm
에서 무한대까지 선명한 시야를 제공해야 하는 이유는 무
엇인가?

연구문제

34[67]. 두 개의 수렴렌즈를 50.0 cm 떨어뜨려 조합해 사용
한다. 왼쪽에 위치한 첫 번째 렌즈의 초점거리는 15.0 cm
이고, 오른쪽에 있는 두 번째 렌즈의 초점거리는 12.0 cm
이다. 높이가 3.00 cm인 물체를 첫 번째 렌즈 앞 20.0 cm
의 거리에 두었다. (a) 해당 렌즈를 기준으로 중간 및 나중
상거리를 구하여라. (b) 총 배율은 얼마인가? (c) 나중 상
의 높이는 얼마인가?

35[69]. 렌즈 1은 초점거리가 25.0 cm이고 렌즈 2는 5.0 cm
이다. (a) 각도배율이 5.0인 천체 망원경을 만들려면 렌즈
를 어떻게 사용해야 하는가? (어느 것을 대물렌즈로 쓰고
어느 것을 접안렌즈로 써야 하는지에 대해 설명하여라.)
(b) 그들이 얼마나 멀리 떨어져 있어야 하는가?

36[71]. 슬라이드 프로젝터가 너비 5.08 cm인 슬라이드를
사용해 3.50 m 떨어진 화면에서 2.00 m 너비의 상을 맺
는다. 프로젝터 렌즈의 초점거리는 얼마인가?

37[73]. 초점거리가 3.0 cm와 30.0 cm인 두 개의 렌즈를 이
용해 작은 망원경을 만들려고 한다. (a) 어떤 렌즈를 대물
렌즈로 해야 하는가? (b) 각도배율은 얼마인가? (c) 망원
경의 두 렌즈가 얼마나 멀리 떨어져 있어야 하는가?

38[75]. 한 렌즈의 초점거리는 +30.0 cm이고, 다른 렌즈의
초점거리는 −15.0 cm이다. 이 두 렌즈가 서로 21.0 cm
떨어진 조합을 사용하려고 한다. 길이가 2.0 mm인 물체
는 첫 번째 렌즈 앞 1.8 cm 지점에 놓았다. (a) 해당 렌즈
와 관련된 중간 및 나중 상거리는 얼마인가? (b) 총 배율
은 얼마인가? (c) 나중 상의 높이는 얼마인가?

39[77]. 50.0 mm 렌즈가 있는 카메라는 렌즈와 상감지기
사이의 거리를 조정해 1.5 m에서 무한대의 거리에 있는
물체에 초점을 맞출 수 있다. 멀리 떨어진 산맥에서 1.5 m
지점의 꽃밭으로 초점을 맞추려면 상감지기에 대해 렌즈
를 얼마나 멀리 움직여야 하는가?

40[79]. 해부 현미경은 물체와 대물렌즈 사이의 거리가 멀
도록 설계되어 있다. 해부 현미경의 대물렌즈 초점거리는
5.0 cm, 접안렌즈의 초점거리는 4.0 cm이고, 렌즈 사이의
거리는 32.0 cm라고 가정하자. (a) 물체와 대물렌즈 사이
의 거리는 얼마인가? (b) 각도배율은 얼마인가?

41[81]. 보이스카우트의 어린이 단원이 길이 28 cm인 관의 양단에 +18 D의 수렴렌즈 두 개를 붙여서 간단한 현미경을 만들었다. (a) 현미경의 경통의 길이는 얼마인가? (b) 각도배율은 얼마인가? (c) 물체는 대물렌즈에서 얼마나 멀리 떨어져 있어야 하는가?

42[83]. 굴절 망원경이 초점거리가 2.20 m인 대물렌즈와 초점거리가 1.5 cm인 접안렌즈로 이루어져 있다. 잘못하여 대물렌즈에 눈을 대고 보면 이 망원경으로 관측된 물체의 각 크기는 얼마나 줄어드는가?

43[85]. 물체와 렌즈와 거울이 그림과 같이 배열되어 있다. 두 상의 광선 도해를 그린다. 초점을 점으로 표시하고 각 상을 결정하기 위해 3개의 광선을 그린다. (힌트: 두 번째 상은 매우 작기 때문에 상당히 큰 물체로 시작하여라.)

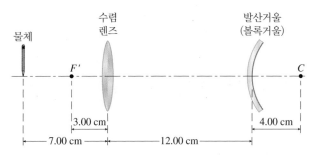

개념정리

- 결맞는 두 파동의 위상이 같을 때 중첩시키면 보강간섭을 일으킨다.

  위상차 $\Delta\phi = 2\pi$의 정배 수   **(25-1)**

  진폭 $A = A_1 + A_2$ **(25-2)**

  세기 $I = I_1 + I_2 + 2\sqrt{I_1 I_2}$ **(25-3)**

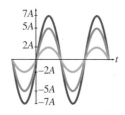

- 결맞는 두 파동이 180° 위상차를 이루면 중첩되어 상쇄간섭을 일으킨다.

  위상차 $\Delta\phi = \pi$의 홀수 배   **(25-4)**

  진폭 $A = |A_1 - A_2|$ **(25-5)**

  세기 $I = I_1 + I_2 - 2\sqrt{I_1 I_2}$ **(25-6)**

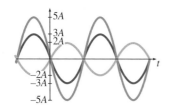

- 파장 λ와 같은 경로 차는 2π(360°)의 위상 이동을 일으킨다. $\frac{1}{2}\lambda$의 경로 차는 π(180°)의 위상 이동을 일으킨다.

- 빛이 느린 매질(더 높은 굴절률)의 경계에서 반사될 때는 반전된다(위상이 180° 변화). 빛이 빠른 매질(낮은 굴절률)에서 반사될 때는 반전되지 않는다(위상이 변하지 않는다).

- 이중 슬릿 간섭 실험에서 극대 및 극소가 발생하는 각도

  극대: $d \sin\theta = m\lambda$ $(m = 0, \pm1, \pm2, \dots)$ **(25-10)**

극소: $d \sin\theta = (m + \frac{1}{2})\lambda$ $(m = 0, \pm1, \pm2, \cdots)$ **(25-11)**

슬릿 사이의 거리는 d이다. m의 절댓값을 차수라고 한다.

- N개의 슬릿이 있는 격자는 좁고($\propto 1/N$) 밝은($\propto N^2$) 극대를 형성한다. 극대는 두 개의 슬릿과 동일한 각도에서 발생한다.

- 단일 슬릿 회절 무늬의 극대는 다음 조건을 만족할 때 일어난다.

$$a \sin\theta = m\lambda \quad (m = \pm1, \pm2, \pm3, \cdots) \quad \textbf{(25-12)}$$

중앙의 넓은 극대에 대부분의 빛 에너지가 집중된다. 다른 극대들은 대략 인접한 극소 사이의 중간 정도이다(정확치는 않다).

- 원형 구멍에 의한 회절 무늬의 첫 번째 극소는 다음과 같이 주어진다.

$$a \sin\theta = 1.22\lambda \quad \textbf{(25-13)}$$

- 레일리 기준에 따르면, 한 회절 무늬의 중심이 다른 회절 무늬의 첫 번째 극소에 있을 경우, 두 광원을 간신히 분해할 수 있다. $\Delta\theta$가 두 광원의 분리 각도이면, 다음과 같은 경우 두 광원을 분해할 수 있다.

$$a \sin\Delta\theta \geq 1.22\lambda_0 \quad \textbf{(25-14)}$$

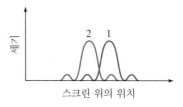

- 결정 속 원자들의 규칙적인 배열은 X선 회절격자로 사용할 수 있다. X선이 원자가 이루는 평면에서 반사되는 것처럼 생각할 수 있다. 인접한 두 평면에서 반사되는 X선 사이의 경로 차가 파장의 정수 배인 경우 보강간섭이 발생한다.

- 홀로그램은 결맞는 빛으로 피사체를 비추어 만든다. 홀로그램은 필름에 입사하는 빛의 세기와 위상을 기록한 것이다. 홀로그램은 물체에서 오는 것처럼 파면을 다시 만든다.

연습문제

단답형 질문

1[1]. 진동수가 많이 다른 두 파동은 왜 결맞을 수 없는지 설명하여라.

2[3]. 천문학에서 사용되는 망원경에는 큰 렌즈나 거울이 있다. 한 가지 중요한 이유는 희미한 천체를 보기 위해서 많은 빛을 받아들이기 위한 것이다. 망원경을 그렇게 크게 만드는 것이 유익한 또 다른 이유를 생각해낼 수 있는가?

3[5]. 모퉁이를 돌아서도 소리는 잘 들리는데 같은 모퉁이를 돌아서 오는 빛을 볼 수 없는 이유는 무엇인가?

4[7]. 동일한 전기 신호로 구동되는 두 안테나가 결맞는 전파를 방출한다. 서로 독립적인 신호로 구동되는 두 안테나가 서로 결맞는 전파를 방출할 수 있는가? 그렇다면 어떻게 가능한가? 그렇지 않다면 왜 안 되는가?

5[9]. 원자의 크기는 약 0.1 nm이다. 광학 현미경으로 원자 상을 만들 수 있는지 설명하여라.

6[11]. 카메라 렌즈의 f-스톱은 렌즈의 초점거리 대 조리개의 지름의 비로 정의된다. 따라서 큰 f-스톱은 조리개의 지름이 작다는 것을 의미한다. 회절만을 고려한다면, 가장 선명한 상을 얻으려면 가장 큰 f-스톱을 사용해야 하는가, 가장 작은 f-스톱을 사용해야 하는가?

7[13]. 슬릿의 너비가 서서히 감소함에 따라 단일 슬릿 회절 무늬에 어떤 현상이 발생하는지 설명하여라.

8[15]. 최상의 광학 현미경으로 명확하게 볼 수 있는 물체의 크기에 대한 하한선에 영향을 주는 요인은 무엇인가?

9[17]. 렌즈($n = 1.51$)를 MgF_2($n = 1.38$)로 반사 방지 코팅을 한다. 처음 두 반사광선 중 180°의 위상 이동을 가진 것은 어느 것인가? 비슷한 렌즈에 $n = 1.62$의 다른 반사 방지 코팅을 했다고 가정하자. 이제 처음 두 반사광 중 어느 것이 180°의 위상 이동을 가지는가?

10[19]. 단결정이 X선의 3차원 회절격자로 작용하지만 가시광선에 대해서는 불가능한 이유는 무엇인가?

선다형 질문

1[1]. 그림이 S_1, S_2에서 발생한 빛에 의한 이중 슬릿 간섭 실험에서의 파면을 나타낸다면, A, B, C 지점 중에서 세기가 0인 곳은 어디인가? 파면은 파동의 마루만 나타낸다 (마루와 골이 아님).

(a) A만   (b) B만   (c) C만   (d) A와 B

(e) B와 C   (f) A와 C   (g) A, B, C

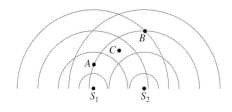

2[3]. 이중 슬릿 실험에서, 두 슬릿을 지난 광선이 스크린의 중심 극대에서 한쪽 편으로 두 번째 극대에 도달한 광선들은 파장이 얼마나 차이가 나는가?

(a) 2λ (b) λ (c) $\lambda/2$ (d) $\lambda/4$

3[5]. 결맞는 빛으로 하는 이중 슬릿 실험에서, 하나의 슬릿만으로 스크린의 중심에 도달하는 빛의 세기는 I_0이고, 다른 슬릿으로부터 중심에 도달하는 빛의 세기는 $9I_0$이다. 두 슬릿이 모두 열리면 스크린 중심 근처의 간섭 극소점에서 빛의 세기는 얼마인가? 슬릿은 매우 좁다.

(a) 0   (b) I_0 (c) $2I_0$

(d) $3I_0$ (e) $4I_0$ (f) $8I_0$

4[7]. 단일 진동수의 결맞는 빛이 슬릿으로부터 거리 D만큼 떨어진 스크린상에 극대 및 극소의 무늬를 생성하기 위해 슬릿 간격 d인 이중 슬릿을 통과한다. 스크린에서 인접한 극소 사이의 간격을 줄이려면 어떻게 해야 하는가?

(a) 입사광의 진동수를 감소시킨다.

(b) 스크린까지의 거리 D를 증가시킨다.

(c) 슬릿 사이의 간격 d를 감소시킨다.

(d) 실험장치 주위 매질의 굴절률을 증가시킨다.

5[9]. 그림은 이중 슬릿 실험에서 얻은 간섭무늬를 보여준다. 어떤 문자가 3차 극대를 나타내는가?

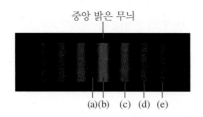

중앙 밝은 무늬

(a)(b) (c) (d) (e)

문제

25.1 보강간섭과 상쇄간섭

1[1]. 60 kHz 무선 송신기가 21 km 떨어진 곳에 있는 수신기로 전자기파를 보낸다. 이 전자기파는 그림과 같이 헬리콥터에서 반사되는 경로로도 수신기로 전해진다. 파동이 반사될 때 180°의 위상 변화가 일어난다고 가정하자. (a) 이 전자기파의 파장은 얼마인가? (b) 이 상황에서 보강간섭, 상쇄간섭 또는 그 사이의 어떤 간섭이 일어나는가?

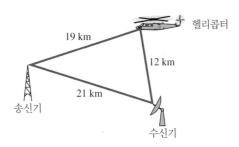

헬리콥터

19 km

12 km

21 km

송신기

수신기

2[3]. 로저는 해상에서 배를 타고 라디오로 야구 경기 중계를 듣고 있다. 그는 가까운 해안 경비대의 수상 비행기가 780 m, 975 m, 1170 m의 고도에서 머리 위로 날고 있을 때 상쇄간섭이 있음을 확인했다. 방송국은 102 km 떨어져 있다. EM파(전자기파)가 수상 비행기에서 반사될 때 180° 위상 변화가 있다고 가정하면 라디오 방송 주파수는 얼마인가?

3[5]. 세기가 I_0이고 오른쪽으로 진행하는 가시광선 EM파

의 전기장을 나타내는 진폭이 2 cm이고 파장이 6 cm인 사인형 파동을 그려라. 그 아래에다 똑같은 파동 하나를 더 그려라. 이번에는 다른 파동과 180° 위상차가 나는 세 번째 파동을 하나 더 그려라. (a) 이 파동들을 합한 파동의 진폭은 얼마인가? (b) 네 파동을 합한 세기는 얼마인가? (c) 첫 번째 위상이 같은 세 파동과 위상이 180° 차이가 나는 경우를 생각해보자. 이들 파동을 합한 진폭은 얼마인가? (d) 파동의 세기는 얼마인가?

4[7]. 앨버트가 작은 탁상용 램프를 켰을 때 책에 비추는 빛의 세기는 I_0이다. 이것으로 충분하지 않을 때, 그는 작은 램프를 끄고 휘도가 높은 램프를 켜서 책에서 빛의 밝기가 $4I_0$로 했다. 두 램프를 동시에 켜면 책에서 빛의 세기는 얼마인가? 하나 이상의 가능성이 있는 경우, 다양한 가능성을 제시하여라.

5[9]. 보기 25.1과 유사한 실험을 수행했다. x의 함수로서 수신기의 전력이 그림에 그려져 있다. (a) 마이크로파의 파장은 대략 얼마인가? (b) 표시된 두 개의 극대에서 검출기로 들어가는 마이크로파의 진폭의 비율은 얼마인가?

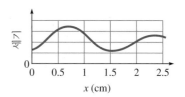

25.2 마이컬슨 간섭계

6[11]. 마이컬슨 간섭계가 스크린에 밝은 무늬가 나타나도록 조정되어 있다. 거울 중 하나를 25.8 μm 이동시키면 92개의 밝은 줄무늬가 스크린에 나타난다. 간섭계에 사용한 빛의 파장은 얼마인가?

7[13]. 백색광을 이용해 마이컬슨 간섭계를 설정했다. 스크린에 밝은 흰색 점이 나타나도록 팔을 조절했다(모든 파장에 대해 보강간섭). 한쪽 팔의 중간에 유리판($n = 1.46$)을 삽입했다. 흰색 점으로 돌아가도록 하려면 다른 팔의 거울을 6.73 cm 이동시켜야 했다. (a) 거울을 가까운 곳으로 움직여야 하는가 아니면 먼 곳으로 이동해야 하는가? 설명하여라. (b) 유리판의 두께는 얼마인가?

25.3 박막

8[15]. 0.40 μm 두께의 기름 박막($n = 1.50$)이 물웅덩이($n = 1.33$) 위에 펼쳐 있다. 수직으로 입사한 가시광선 스

펙트럼의 어느 파장이 반사해 보강간섭을 기대할 수 있는가?

9[17]. 카메라 렌즈($n = 1.50$)가, 두께가 90.0 nm인 불화마그네슘($n = 1.38$) 박막으로 코팅되어 있다. 가시광선 스펙트럼에서 어떤 파장의 빛이 박막을 통과해 가장 강하게 전달되는가?

10[19]. 비누 막은 굴절률 $n = 1.50$이다. 투과광을 막에 비추어 보았다. (a) 막의 두께가 910.0 nm인 지점에서, 반사광에서 어떤 파장이 가장 약한가? (b) 반사광에서 가장 강한 파장은 어느 것인가?

11[21]. 말로는 과학박물관에서 진열장을 안을 내려다보다가 서로 맞닿아 있는 매우 평평한 두 유리판 위에 밝고 어두운 영역이 나란히 생긴 것을 보았다. 공기 중에 놓인 전시품에는 550 nm의 파장을 가진 단색광이 유리판에 입사되고 있었다. 유리의 굴절률은 1.51이다. (a) 어두운 영역 중 하나에 대해 두 유리판 사이의 거리는 최소한 얼마인가? (b) 밝은 영역 중 하나에 대해 두 유리판 사이의 최소 거리는 얼마인가? (c) 어두운 영역에 대해 두 판 사이의 거리가 다음으로 먼 거리는 얼마인가? (힌트: 유리판의 두께에 대해서는 걱정하지 말아라. 판 사이의 공기가 박막이다.)

12[23]. 광학적으로 평평한 유리판 두 개의 한쪽 변이 지름 0.200 mm인 도선에 의해 분리되어 있고 다른 끝은 맞닿아 있다. 곧, 두 판 사이에 공기가 차 있는 부분의 간격이 0 내지 0.200 mm이다. 판의 길이는 15.0 cm이고 파장이 600.0 nm인 빛을 위에서 비추었다. 반사광에서 밝은 무늬가 얼마나 많이 보이겠는가?

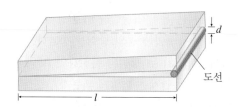

13[25]. 박막으로 수직 입사한 빛에서 반사광과 투과광이 모두 관찰되었다. 그림은 각각에 대해 가장 강한 두 개의 광선을 보여준다. 광선 1과 2가 보강간섭한다면 광선 3과 4는 상쇄간섭해야 하며 광선 1과 2가 상쇄간섭한다면 광선 3과 4는 보강간섭을

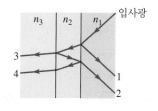

해야 함을 보여라. n_2가 세 굴절률 중에서 가장 크다고 가정하여라.

25.4 영의 이중 슬릿 실험

14[27]. 650 nm의 빛이 두 개의 슬릿에 입사한다. 각도가 4.10°에서 극대가, 4.78°에서 극소가 나타났다. 극대의 차수 m은 얼마인가, 그리고 슬릿 사이의 거리 d는 얼마인가?

15[29]. 이중 슬릿 실험에서, 멀리 있는 스크린에서 중앙 간섭무늬의 근처의 간섭무늬가 등 간격임을 보여라. (힌트: theta 에 작은 각 어림셈을 사용하여라.)

16[31]. 이중 슬릿 간섭 실험에서, 파장이 475 nm이고, 슬릿 간격이 0.120 mm이고, 스크린은 슬릿으로부터 36.8 cm 떨어져 있다. 스크린에서 인접한 극대 사이의 거리는 얼마인가? (힌트: 작은 각 어림셈이 정당하다고 가정하고, 인접한 극대 사이의 간격을 알고 있다는 가정이 유효한지를 확인하여라.)

17[33]. 라몬은 파장이 547 nm인 결맞는 광원을 가지고 있다. 그는 슬릿 간격이 1.50 mm인 이중 슬릿을 통해 90.0 cm 떨어진 스크린으로 빛을 보내고 싶어 한다. 라몬이 5개의 간섭 극대를 표시하려면 스크린의 최소 너비는 얼마여야 하는가?

18[35]. 파장이 589 nm인 빛이 한 쌍의 슬릿에 입사해 멀리 있는 스크린의 중심에 인접한 밝은 무늬 사이의 거리가 0.530 cm인 간섭무늬를 생성했다. 두 번째 광원에서 나온 빛이 동일한 슬릿 쌍에 입사해, 무늬의 중앙에 인접한 밝은 무늬 사이의 간격이 0.640 cm인 간섭무늬를 같은 스크린 위에 생성했다. 두 번째 광원에서 온 빛의 파장은 얼마인가? (힌트: 작은 각 어림셈이 정당한가?)

25.5 회절격자

19[37]. 격자에는 2.54 cm에 걸쳐 균일하게 8000개의 슬릿이 있다. 수은 증기 방전 램프에서 빛이 밝게 빛난다. 녹색광선($\lambda = 546$ nm)의 3차 극대에 대한 예상 각도는 얼마인가?

20[39]. 650 nm의 적색광은 특정 회절격자에서 3차수로 볼 수 있다. 이 회절격자는 1센티미터당 몇 개의 슬릿이 있는가?

21[41]. 정확히 8000개의 슬릿으로 이루어진 격자가 있다. 슬릿 간격은 1.50 μm이다. 파장이 0.600 μm인 빛은 격자

에 수직으로 입사한다. (a) 스크린의 무늬에서 몇 개의 극대가 보이는가? (b) 회절격자에서 3.0 m 떨어진 스크린에 나타나는 무늬를 스케치하여라. 중앙 극대에서 다른 극대까지의 거리를 표시하여라.

22[43]. 분광계는 광원을 분석하는 데 사용한다. 스크린과 격자 사이의 거리는 50.0 cm이고, 격자는 5000.0 슬릿/cm이다. 다음 각도에서 선 스펙트럼이 관측되었다. 12.98°, 19.0°, 26.7°, 40.6°, 42.4°, 63.9°, 77.6°. (a) 이 광원의 스펙트럼 내에는 얼마나 많은 파장이 존재하는가? 각 파장을 구하여라. (b) 2000.0 슬릿/cm의 다른 회절격자를 사용했다면, 중앙 극대의 한쪽 면에서 몇 개의 선 스펙트럼이 스크린에 나타나겠는가? 설명하여라.

23[45]. 너비가 1.600 cm인 격자에는 정확히 12,000개의 슬릿이 있다. 격자는 광원에서 두 개의 거의 동일한 $\lambda_a = 440.000$ nm와 $\lambda_b = 440.936$ nm의 파장을 분해하는 데 사용된다. (a) 격자로 얼마나 많은 차수의 선을 볼 수 있는가? (b) 각 차수의 선들 사이의 각도 간격 $\theta_b - \theta_a$는 얼마인가? (c) 어느 차수에서 두 선을 가장 잘 분해할 수 있는가? 설명하여라.

25.7 단일 슬릿에 의한 회절

24[47]. 파장이 476 nm인 빛을 사용한 단일 슬릿 회절 무늬의 중심의 밝은 무늬는, 슬릿으로부터 1.05 m에 있는 스크린에서 너비가 2.0 cm이다. (a) 슬릿은 얼마나 넓은가? (b) 양쪽에 처음 두 개의 밝은 무늬는 얼마나 넓은가?

25[49]. 파장이 630 nm인 빛이 너비가 0.40 mm인 단일 슬릿에 입사했다. 그림은 슬릿에서 2.0 m 떨어진 곳에 있는 스크린에서 관찰된 무늬를 보여준다. 중심 밝은 무늬의 중심에서 한쪽의 두 번째 극소 거리까지의 거리를 결정하여라.

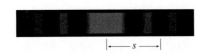

26[51]. 단일 슬릿에 의한 회절 무늬가 스크린상에 보인다. 파란 빛을 사용할 때 중앙 극대의 너비는 2.0 cm이다. (a) 붉은 빛을 대신 사용한다면 중앙 극대는 좁아지겠는가 아니면 넓어지겠는가? (b) 만일 파장이 0.43 μm인 파란 빛과 파장이 0.70 μm인 붉은 빛이 있을 때 붉은 빛을 사용하는 경우 중앙 극대의 너비는 얼마인가?

27[53]. 가느다란 물체의 너비를 측정하는 한 가지 방법은 회절 무늬를 조사하는 것이다. 레이저 광이 길고 가는 물체, 예를 들어 곧게 펴진 머리카락에 비치면, 결과적으로 회절 무늬는 동일한 너비의 슬릿과 동일한 각에서 극소가 나타난다. 머리카락으로 향하는 파장이 632.8 nm인 레이저가 2.0 m 떨어진 스크린에 회절 무늬를 생성한 중앙 극대의 너비가 1.5 cm인 경우, 머리카락의 굵기는 얼마인가?

25.8 광학기기의 회절과 해상도

28[55]. 노란색 레이저 빔(590 nm)이 지름 7.0 mm인 원형 구멍을 통과한다. 스크린에 형성된 중심 회절 극대의 각도 폭은 얼마인가?

29[57]. 바늘구멍 사진기에는 렌즈가 없다. 작은 원형 구멍을 통해 카메라 내부로 빛을 비추면 필름이 빛에 노출된다. 가장 선명한 상의 경우, 먼 지점의 광원의 빛이 가능한 한 필름에 작은 점을 만든다. 필름이 바늘구멍에서 16.0 cm 떨어진 사진기 구멍의 최적 크기는 얼마인가? 최적인 구멍보다 작으면 빛을 더 많이 회절시키기 때문에 더 큰 점을 만든다. 더 큰 구멍 또한 구멍이 그 구멍 자체보다 작을 수 없으므로 더 큰 점을 만든다(기하광학으로 생각하여라). 파장은 560 nm이다.

30[59]. 눈의 눈동자에 적용되는 레일리 기준을 이해하려면 수직 입사를 제외하고는 눈의 수정체 계(각막＋수정체)의 중심을 똑바로 통과하지 못한다는 것을 주목해야 한다. 왜냐하면 수정체 계 양쪽 면의 굴절률이 다르기 때문이다. 간략화한 모형에서 두 점광원으로부터 온 빛이 공기를 통과하고 동공을 통과한다고 가정해보자(지름 a). 빛이 동공의 반대편에서는 유리액(굴절률 n)을 통해 이동한다. 그림은 각 광원의 광선이 동공의 중심을 통과하는 두 개의 광선을 보여준다. (a) 두 광원의 분리각인 $\Delta\theta$와 두 상의 분리각인 β 사이의 관계는 어떻게 되는가? (힌트: 스넬의 법칙을 사용하여라.) (b) 광원 1에서 온 빛에 대한 첫 번째 회절 극소는 각도 ϕ에서 일어난다. 여기서 $a\sin\phi = 1.22\lambda$이다[식 (25-13)]. 여기서 λ는 유리액에서의 파장이다. 레일리 기준에 따르면, 상 2의 중심이 상 1에 대한 첫 번째 회절 극소보다 가까이 있지 않으면 광원을 분해할 수 있다. 곧, $\beta \geq \phi$ 또는 마찬가지로 $\sin\beta \geq \sin\phi$인 경우에 분해하는 것이 가능하다. 이것이 식 (25-14)와 동일하다. 여기서 λ_0는 공기 중에서의 파장이다.

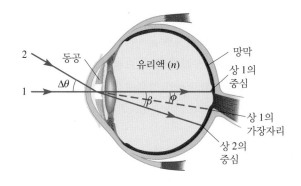

각도에 따라 어떻게 변하는가? 그래프에 출력이 극대 또는 극소가 되는 θ값을 표시하여라.

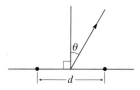

협동문제

31[61]. 감광성 세포(간상세포와 원추세포)는 망막의 중심와에 가장 밀집되어 모여 있으며, 똑바로 앞을 바라볼 때 사용된다. 중심와에서 세포는 약 1 μm 간격으로 모두 원추형으로 되어 있다. 만약 이들이 서로 더 가까이 있다면 우리 시력의 분해능이 훨씬 더 좋아질 수 있는가? 이 질문에 답하기 위해 레일리 기준에 따라 분해할 수 있도록 두 개의 광원이 충분히 멀리 있다고 가정하여라. 동공의 평균 지름은 5 mm, 안구 지름은 25 mm라고 가정하여라. 또한 눈에 있는 유리액의 굴절률도 1이라고 가정하여라. 곧, 동공의 양쪽에 공기가 있는 원형 구멍으로 간주하여라. 회절 극대의 중심이 하나의 개별 원추세포와 인접하지 않은 두 개의 원추세포에 떨어지는 경우, 원추세포 사이의 간격은 얼마인가? (두 광원을 분해하기 위해서는 개입된 어두운 원추세포가 있어야 하며, 두 개의 인접한 원추세포가 자극을 받으면 두뇌는 단일 광원이라고 간주한다.)

32[63]. 조감도에 보인 바와 같이 두 개의 전파 송신탑이 거리 d만큼 떨어져 있다. 각 안테나는 그 자체에서, 수평면에서 모든 방향으로 균등하게 전파를 방출한다. 전파는 동일한 주파수로 같은 위상으로 시작한다. 검출기는 100 km 거리의 탑 주변의 원에서 움직인다. 파동의 주파수는 3.0 MHz이고 안테나 사이의 거리는 $d = 0.30$ km이다. 두 안테나가 함께 수평면에서 방출하는 출력을 검출기로 측정하며 각도에 따라 변한다는 것을 알았다. (a) $\theta = 0$에서 검출된 출력은 최대인가, 최소인가? 설명하여라. (b) $d = \lambda$일 때 각도 θ(−180°에서 +180°까지)에 따라 출력이 어떻게 변하는지를 정성적으로 보여주기 위한 P 대 θ의 그래프를 스케치하여라. 그래프에서 출력이 최대 또는 최소가 되는 theta 값을 표시하여라. (c) $d = \lambda/2$인 경우, 출력은

33[65]. 작은 조리개를 가진 레이저(파장 0.60 μm)를 달에 비추면, 회절이 일어나 빔이 퍼지고 달에 생긴 점은 넓어진다. 조리개를 작게 만들면 달에 생긴 점은 더 커진다. 반면에 달에 넓은 전조등을 비추면 '작은 점'을 만들 수 없다. 달에 있는 점은 적어도 전조등만큼은 넓다. 지구에서 빛을 비춰서 달에 만들 수 있는 가장 작은 점의 반지름은 얼마인가? 원형 구멍을 통과하기 전에 빛은 완전히 평행하다고 가정하여라.

연구문제

34[67]. 회절이 유일한 제한 사항이라면, 육안으로 차량의 전조등을 분해할 수 있는, 곧 두 개의 등을 별개의 광원으로 볼 수 있는 최대 거리는 얼마인가? 어두운 곳에 적응했을 때 동공의 지름은 약 7 mm이다. 전조등 사이의 거리와 파장을 적절히 추정하여라.

35[69]. 파장이 660 nm인 빛이 2개의 슬릿에 입사해 스크린에 그림과 같은 무늬가 나타났다. 점 A는 두 슬릿 사이의 중간 점에 직접 마주하고 있다. 점 A, B, C, D, E에서 스크린에 도달하는 빛에 대해 두 개의 다른 슬릿을 통과하는 빛의 경로 차는 얼마인가?

36[71]. VLA(Very Large Array)는 뉴멕시코 주 소코로 근처에 위치한 30개의 접시형 전파 안테나 시설이다. 각 접시는 1.0 km 간격으로 떨어져 있으며 그림에서처럼 Y자 모양으로 배치되어 있다. 먼 펄사(빠르게 회전하는 중성자별)의 전파 펄스들이 접시 안테나에 의해 감지된다. 원자시계를 이용해 각 펄스의 도착 시간을 기록한다. 펄서가 Y의 오른쪽 가지에 평행한 수평 방향보다 60.0° 위에 위치하면 VLA의 해당 지점에서 인접한 접시에 펄스가 도달하는 시간은 얼마인가?

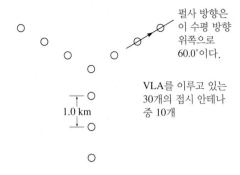

펄사 방향은 이 수평 방향 위쪽으로 60.0°이다.

VLA를 이루고 있는 30개의 접시 안테나 중 10개

1.0 km

37[73]. 파장이 510 nm인 빛을 이중 슬릿에 비추었을 때, 2.4 m 떨어진 스크린상의 간섭무늬는 너비 2.40 cm인 중심 극대의 양쪽에서 세기가 점점 감소하고, 다섯 번째 극대가 예상되었던 곳에 극소가 나타났다. (a) 슬릿의 너비는 얼마인가? (b) 슬릿은 얼마나 멀리 떨어져 있는가?

38[75]. 한 렌즈($n = 1.52$)가 불화 마그네슘 필름($n = 1.38$)으로 코팅되어 있다. (a) 코팅이 $\lambda = 560$ nm(태양 스펙트럼의 피크)인 반사광에 대해 상쇄간섭을 일으키는 경우, 최소 코팅 두께는 얼마인가? (b) 560 nm에 가장 가까운 두 개의 파장 중에서 어떤 반사광이 이 코팅에서 보강간섭을 일으키는가? (c) 모든 가시광선이 반사되는가? 설명하여라.

39[77]. 반사 방지 코팅 대신에 가시광선 반사를 향상시키기 위해 유리 표면을 코팅하고 싶다고 가정해보자. $1 < n_{코팅} < n_{유리}$라고 가정하면, 파장 λ에 대한 반사 세기를 최대화하기 위해 최소 코팅 두께는 얼마나 되어야 하는가?

40[79]. 파장 λ인 평행한 빛이 너비 a인 슬릿에 수직 입사한다. 슬릿을 지나서 1.0 m 떨어진 스크린에서 이 빛을 보았다. 다음의 각 경우에, 스크린의 중심으로부터의 거리 x가 $0 \leq x \leq 10$ cm인 경우에 스크린 위에서 세기를 x의 함수로 스케치해보아라. (a) $\lambda = 10a$. (b) $10\lambda = a$. (c) $30\lambda = a$.

41[81]. 빨간 빛($\lambda = 690$ nm)과 파란 빛($\lambda = 460$ nm)을 동시에 분광계의 회절격자에 비추었다. 격자에는 10,000.0 슬릿/cm이 있다. 격자에서 2.0 m 떨어진 스크린에서 볼 수 있는 무늬를 스케치하여라. 중심 극대로부터 거리를 표시하여라. 어떤 선들이 빨간색이고 어떤 선들이 파란색인지 표시하여라.

42[83]. 이중 슬릿 실험에서, 파장이 546 nm이고, 슬릿 간격이 0.100 mm이고, 슬릿과 스크린 사이의 간격이 20.0 cm인 경우, 스크린 위에 나타난 인접한 극대 사이의 거리는 얼마인가?

43[85]. X선 회절은 종종 결정화된 단백질, 핵산 및 다른 거대 분자의 구조를 연구하는 데 사용된다. (이 기술은 DNA의 구조를 연구하기 위해 로절린드 프랭클린이 사용했다.) (a) 파장이 0.18 nm인 X선을 사용해 특정 단백질의 구조를 조사하고, 흩어져 있는 X선의 세기가 최대인 경우, 입사광선으로부터 1.3 rad 편향된 각도에서 관찰하면, 그 극대를 발생시키는 결정면의 간격은 얼마인가? (b) 이 평면 간격에 의해 생성된 다른 극대가 있는가? 그렇다면 입사광선으로부터의 편향 각은 얼마인가?

22~25장 종합 복습문제

복습문제

1. 4500 km 떨어진 곳에서 방영 중인 TV 야구 경기를 보고 있다고 하자. 한 타자가 배트로 공을 쳤는데 큰 소리를 내며 배트가 부러졌다. 마이크는 타자에서 22 m 떨어져 있고 당신은 TV에서 2.0 m 떨어져 있다. 경기를 하던 날 공기 중에서 소리의 속력은 343 m/s였다. 타자의 배트가 부러지고부터 소리를 듣는 데 필요한 시간은 최소 얼마인가?

2. 진폭이 3 V/m이고 파장이 600 nm인 사인형 파동을 스케치하여라. 이것은 세기 I_0로 오른쪽으로 이동하는 가시적인 전자기(EM)파의 전기장을 나타낸다. 첫 번째 파동 아래에, 파동은 첫 번째 파동과 동일하지만 진폭이 2 V/m이고 180°의 위상차가 있는 파동을 그려라. 두 번째 파동 아래에, 파장은 같지만 진폭이 0.5 V/m인 세 번째 파동을 첫 번째 파동과 위상이 맞도록 스케치하여라. 세 가지 파동은 결맞는 파동이다. 세 파동을 합친 빛의 세기는 얼마인가?

3. 추운 가을 날, 투안은 창밖에서 나뭇잎이 바람에 날리기 시작하는 것을 바라보고 있다. 한 나뭇잎은 주 파장이 580 nm인 밝은 노란색 빛을 반사한다. (a) 이 빛의 진동수는 얼마인가? (b) 이 빛이 굴절률이 1.50인 유리창을 통과할 때 빛의 속력과 파장 및 진동수를 구하여라.

4. 당신이 1500 W 적외선등에서 1.2 m인 곳에 서 있다. (a) 적외선등이 에너지를 반구형으로 균일하게 방사하고 있다고 가정하면, 당신 얼굴에서 빛의 세기는 얼마인가? (b) 당신이 2.0분 동안 적외선등 앞에 서 있다면, 얼마나 많은 에너지가 얼굴로 들어오겠는가? 얼굴의 총넓이는 2.8×10^{-2} m² 라고 가정하여라. (c) rms 전기장과 자기장은 얼마인가?

5. 아니타는 정원에 매어놓은 해먹에 누워 휴대용 라디오로 집에서 98 km 떨어진 WMCB(1408 kHz) 음악 방송을 듣고 있다. 그런데 공항에 착륙하는 비행기가 바로 머리 위로 날아가면서 상쇄간섭을 일으켰다. 아니타는 이 비행기가 그녀의 머리 위로 500 m 이상 떨어져 있을 것으로 추정했다. 전파가 비행기에서 반사될 때 위상이 180° 변한다고 가정하여라. (a) 그녀의 추정이 정확하다면 아니타와 비행기 사이에 가장 가까운 거리는 얼마나 되겠는가? (b) 추정치가 틀린 경우에 대비해 두 개의 다른 비행기의 고도를 찾아내어라.

6. 그림에 표시된 세 개의 편광 필터를 고려하여라. 각 편광자에 표시한 각도는 수직축에 대한 편광자의 투과축 방향을 나타낸다. (a) 편광되지 않은 세기 I_0인 빛이 왼쪽에서 입사되는 경우, 마지막 편광자를 나오는 빛의 세기는 얼마인가? (b) 수직 편광된 세기 I_0인 빛이 왼쪽에서 입사되는 경우, 마지막 편광자를 나오는 빛의 세기는 얼마인가? (c) (a)와 같이 편광이 없는 빛이 입사되었을 때 편광자 하나를 제거해 왼쪽으로부터 빛이 전혀 전달되지 않도록 할 수 있는가? 그렇다면 어떤 편광자를 제거해야 하는가? 부분 문제 (b)에서처럼 수직으로 편광된 입사광에 대해서도 같은 질문에 답하여라. (d) 부분 문제 (a)에서 투과되는 빛의 양을 최대화하기 위해 하나의 편광자를 제거할 수 있다면 어느 것을 제거해야 하는가? 부분 문제 (b)에 대해서도 같은 질문에 답하여라.

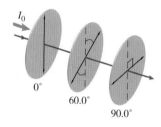

7. 영화관의 영사기에는 초점거리 29.5 cm인 렌즈가 장착되어 있다. 프로젝터에서 38.0 m 떨어진 스크린 위에 너비 70.0 mm인 광폭 필름의 상을 투영한다. (a) 스크린의 상의 너비는 얼마나 되는가? (b) 프로젝터에는 어떤 종류의 렌즈가 사용되는가? (c) 필름과 비교해볼 때 스크린의 상은 정립인가, 도립인가?

8. 초점거리가 5.500 cm인 수렴렌즈가 곡률 반지름이 8.40 cm인 발산렌즈의 왼쪽 8.00 cm 지점에 놓여 있다. 높이가 1.0 cm인 물체가 수렴렌즈의 왼쪽에 9.000 cm 떨어져 있다. (a) 나중 상은 어디에 맺히겠는가? (b) 나중 상의 높이는 얼마나 되는가? (c) 나중 상이 바로 정립인가, 도립인가?

9. 두 개의 서로 다른 램프의 빛이 표면을 비추고 있는데도

책상에 간섭무늬가 보이지 않는 이유는 무엇인가?

10. 파장이 1200 m인 전파가 25.0 km 떨어진 수신자에게 두 개의 경로를 따라간다. 한 경로는 수신기에 직접 연결되어 있고 다른 경로는 송신기와 수신기 정확히 중간 지점을 통과하는 비행기에서 반사된다. 파동이 비행기에서 반사될 때 위상 변화가 없다고 가정한다. 수신기에서 상쇄간섭이 관측되었다면, 반사파가 이동한 최소 거리는 얼마인가? 이 거리에서 비행기의 높이는 얼마나 되겠는가?

11. 굴절률이 1.33인 물웅덩이 위에 굴절률이 1.50인 얇은 기름 막이 덮여 있다. 이 막에 빛이 입사되면, 480 nm의 반사광에서 극대가 관찰되고, 600 nm의 반사광에서는 극소가 관찰되며, 이 둘 사이의 파장에 대해서는 극대나 최소가 없다. 기름 막의 두께는 얼마인가?

12. 카메라 렌즈($n = 1.50$)에 얇은 불화 마그네슘($n = 1.38$)이 얇게 코팅되어 있다. 코팅의 목적은 반사광을 제거해 모든 빛을 투과시키기 위한 것이다. 파장 550 nm의 반사된 가시광선을 상쇄하는 데 필요한 최소 코팅 두께는 얼마인가?

13. 5550 슬릿/cm로 만들어진 회절격자에 0.680 μm의 붉은 빛을 입사시켰다. 빛이 격자를 통해 5.50 m 떨어진 스크린에서 빛났다. (a) 격자상의 인접한 슬릿 사이의 거리는 얼마인가? (b) 중앙 밝은 지점에서 화면의 1차 극대까지의 거리는 얼마인가? (c) 화면의 2차 극대는 중앙의 밝은 지점에서 얼마나 떨어져 있는가? (d) 이 문제에서 $\sin\theta \approx \tan\theta$라고 가정할 수 있는가? 왜 그러한지 아니면 아닌지, 이유를 밝혀라.

14. 특정 격자를 사용할 때 파장이 420 nm인 3차 보라색 빛이 다른 파장의 2차 빛과 동일한 각도로 떨어진다. 그 파장은 얼마인가?

15. (a) 이중 슬릿 간섭에서, 슬릿의 간격이 인접한 간섭 극대 사이의 거리에 어떠한 영향을 미치는가? (b) 슬릿과 스크린 사이의 거리는 슬릿 간격에 어떠한 영향을 미치는가? (c) 가까운 두 극대 사이의 간격을 분석하려고 하는 경우, 이중 슬릿 분광기를 어떻게 설계해야 하는가?

16. 푸에르토리코의 아레시보에 있는 전파 망원경에는 305 m(1000 ft) 지름의 반사면이 있다. 초점에서 적절한 안테나를 사용해 다양한 주파수에서 무선 신호를 수신하고 방출할 수 있다. 499 km 떨어져 있는 달의 두 분화구를 분해하려고 한다면 파장이 얼마인 전파가 사용해야 하는가?

17. 제럴딘은 너비가 20.0 cm인 스크린에 3개의 간섭 극대를 만들기 위해 방출파장이 423 nm인 결맞는 광원과 슬릿 간격이 20.0 μm인 이중 슬릿을 사용했다. 그녀가 세 개의 극대를 스크린의 전체 너비에 걸쳐서 나타내기를 원한다면, 곧 한쪽 끝의 극소에서 다른 쪽의 극소까지 넓히기를 원한다면, 스크린에서 이중 슬릿을 얼마나 멀리 놓아야 하는가?

18. 볼록거울은 물체가 거울 앞 32.0 cm에 놓일 때 거울 뒤 18.4 cm에 상을 맺는다. 이 거울의 초점거리는 얼마인가?

19. 사이먼은 수업 시간에 이중 슬릿 실험을 해서 학생들에게 보여주고 싶어 한다. 그가 사용할 결맞는 광원에서 나온 빛의 파장이 510 nm이며, 슬릿 간격은 $d = 0.032$ mm이다. 그는 실험대 위에서 불과 1.5 m 떨어진 곳에 너비 10 cm인 스크린을 설치해야 한다. 사이먼이 학생에게 보여줄 수 있는 간섭 극대는 몇 개나 되는가?

20. 브루스는 눈꺼풀 밖의 속눈썹을 제거하려고 한다. 그는 면도 거울을 보고 속눈썹의 길이를 0.40 cm로 지정한다. 거울의 초점거리가 18 cm이고 거울에서 11 cm 떨어진 곳에 눈을 위치시키면, 속눈썹의 상의 길이는 얼마인가?

21. 파장이 520 nm인 결맞는 녹색 빛과 파장이 412 nm인 결맞는 보라색 빛이 슬릿 간격이 0.020 mm인 이중 슬릿에 입사한다. 간섭무늬는 72.0 cm 떨어진 스크린에 나타났다. (a) 두 광선의 1차 간섭 극대($m = 1$) 사이의 간격을 구하여라. (b) 두 광선의 2차 극대($m = 2$) 사이의 간격은 얼마인가?

22. 지구에 대해 12.3 km/s의 속도로 날아가는 우주선에서 파장이 850.00 nm(파원에서 측정했을 때)인 EM 펄스를 내보낸다. 이 펄스가 지구에 대해 24.6 km/s의 속력으로 첫 번째 우주선 쪽으로 날아오는 다른 우주선에서 반사된다. 첫 번째 우주선에 의해 측정된 반사펄스의 파장은 얼마인가?

23. 자밀라는 굴절력이 +2.00 D인 독서용 안경을 가지고 있다. (a) 각 렌즈의 초점거리는 얼마인가? (b) 렌즈는 수렴렌즈인가, 발산렌즈인가? (c) 물체가 렌즈 중 하나 앞

40.0 cm에 있다. 상은 어디에 맺히는가? (d) 물체의 크기에 비해 상의 크기는 얼마나 되는가? (e) 상은 정립인가, 도립인가?

24. 물체가 곡률 반지름이 18.0 cm인 오목거울과 초점거리가 12.5 cm인 발산렌즈 사이에 놓여 있다. 물체는 거울에서 15.0 cm, 렌즈에서 20.0 cm 떨어져 있다. 렌즈를 통해 보면 두 개의 상이 보인다. 상 1은 렌즈를 통과하기 전에 거울에서 반사되는 광선에 의해 형성된 것이다. 그리고 상 2는 거울에서 반사되지 않고 렌즈를 통과한 광선에 의해 형성된 상이다. 각 상의 위치를 찾아 그것이 도립되어 있는지 아니면 정립되어 있는지, 실상인지, 허상인지를 밝혀라. (힌트: 두 렌즈의 조합을 다루는 것과 같은 방식으로 거울과 렌즈의 조합을 다루어라.)

미국 MCAT 기출문제

다음은 MCAT 시험에 출제되었던 문제로 미국의과대학협회(AAMC)의 허가를 얻어서 게재한 것이다.

1. 물체가 렌즈 중앙에서 초점거리의 3배의 거리($3f$)에 있는 얇은 볼록렌즈 축에 똑바로 세워져 있다. 도립상이 렌즈를 중심으로 물체와 반대쪽 $\frac{3}{2}f$의 거리에 나타났다. 물체의 높이와 상의 높이의 비는 얼마인가?

A. $\frac{1}{2}$

B. $\frac{2}{3}$

C. $\frac{3}{2}$

D. $\frac{2}{1}$

2. 오목 구면거울의 곡률 반지름은 50 cm이다. 물체와 같은 크기의 도립 실상을 형성하려면 물체를 이 거울의 표면으로부터 어느 정도의 거리에 놓아야 하는가?

A. 25 cm

B. 37.5 cm

C. 50 cm

D. 100 cm

단락을 읽고 다음 질문에 답하여라.

허블 우주 망원경(HST)은 지금까지 궤도에 올려진 가장 큰 망원경이다. 이 망원경의 주 오목거울은 지름이 2.4 m이고 초점거리가 약 13 m이다. 망원경은 광 검출기 외에도 지구 대기를 쉽게 통과하지 못하는 자외선을 감지할 수 있는 장비를 갖추고 있다.

3. HST가 아주 먼 물체에 초점을 맞출 때, 주 거울의 상은

A. 정립 실상이다.

B. 도립 실상이다.

C. 정립 허상이다.

D. 도립 허상이다.

4. 망원경의 배율은 주 거울의 초점거리를 접안렌즈의 초점거리로 나눈 것으로 정의한다. 초점거리가 2.5×10^{-2} m인 접안렌즈를 HST의 주 거울과 함께 사용한다면, 대략 몇 배로 확대된 상을 얻을 수 있는가?

A. 10

B. 96

C. 520

D. 960

5. HST에서 사용되는 것과 같은 거울의 축에서 매우 멀리 떨어져 있는 물체의 상은 거울과 초점에 대해 어느 위치에 있는가?

A. 거울 뒤에

B. 거울과 초점 사이

C. 초점에 매우 가까이

D. 거울에서 초점까지의 거리의 두 배에 매우 가깝다.

6. 다음 중 자외선이 가시광선만큼 쉽게 지구의 대기를 통과하지 못하는 이유를 잘 설명한 것은 어느 것인가?

A. 자외선은 파장이 짧고 대기에 쉽게 흡수된다.

B. 자외선은 진동수가 낮고 대기에 쉽게 흡수된다.

C. 자외선은 에너지가 적고 대기를 통해 멀리 이동할 수 없다.

D. 대기를 통과할 때 자외선은 상쇄간섭을 한다.

26 상대성 이론

개념정리

• 상대성 이론의 두 가정은

(I) 물리 법칙들은 모든 관성틀에서 똑같다.

(II) 진공에서 빛의 속력은 모든 관성틀에서 똑같다.

• 진공에서의 빛의 속력은 모든 관성기준틀에서 다음과 같다.

$$c = 3.00 \times 10^8 \text{ m/s}$$

• 다른 기준틀에 있는 관찰자들은 한 사건에서 다른 사건까지 신호가 빛의 속력으로 이동하기에 시간이 충분하지 않다면 두 사건(동시적인 사건도 포함)의 시간 순서는 일치하지 않는다.

• 로렌츠 인자는 여러 상대론적인 방정식에서 나타난다.

$$\gamma = \frac{1}{\sqrt{1 - v^2/c^2}} \qquad (26\text{-}2)$$

여기서 γ가 시간 팽창이나 길이 수축에 이용될 경우, 식 (26-2)에 있는 v는 두 관성틀 사이의 상대 속력을 나타낸다. 운동량, 운동에너지 또는 입자의 총 에너지를 표현하는데 γ를 사용했을 때 식 (26-2)에서 v는 입자의 속력을 나타낸다.

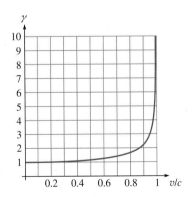

• 시간 팽창 문제에서 시간의 시작과 끝을 표시하는 두 사건을 확인한다. 어떤 "시계"로 이 시간 간격을 잰다. 시계

가 정지해 있는 기준틀을 확인한다. 이 기준틀에서 시계가 고유시간 Δt_0를 측정한다. 모든 다른 관성틀에서는 시간 간격이 길어진다.

$$\Delta t = \gamma \, \Delta t_0 \qquad (26\text{-}3)$$

• 길이 수축 문제에서 서로 다른 두 관성틀에서 한 물체의 길이를 확인한다. 길이는 오로지 물체의 운동 방향으로만 축소된다. 만일 문제의 길이가 실제 물체의 길이가 아니라 거리라면, 긴 막대자를 상상해보라. 이 막대자가 정지해 있는 기준틀을 확인한다. 이 기준틀에서의 길이가 고유길이 L_0이다. 다른 기준틀에서는 길이 L이 줄어든다. 곧,

$$L = \frac{L_0}{\gamma} \qquad (26\text{-}4)$$

정지해 있는 막대자

움직이고 있는 막대자

• 다른 기준틀에서의 속도는 서로 다음과 같은 관계가 있다.

$$v_{\text{PA}} = \frac{v_{\text{PB}} + v_{\text{BA}}}{1 + v_{\text{PB}}v_{\text{BA}}/c^2} \qquad (26\text{-}5)$$

v_{BA}에 있는 첨자는 A의 기준틀에서 측정한 B의 속도를 표시한다. 식 (26-5)는 직선을 따르는 세 속도의 **성분**으로 쓰여있다. 한쪽 방향(임의로 정한 방향)의 속도 성분은 양수이고 반대 방향은 음수이다. 틀 A가 B의 기준틀에서 오른쪽으로 움직이면 틀 B는 A의 기준틀에서 왼쪽으로 움직인다. 곧, $v_{\text{BA}} = -v_{\text{AB}}$.

• 운동량의 상대론적인 표현은 다음과 같다.

$$\vec{\mathbf{p}} = \gamma m \vec{\mathbf{v}} \qquad (26\text{-}6)$$

상대론적인 운동량에서도 여전히 전달된 충격량이 운동량의 변화와 같다는 규칙($\Sigma \vec{F} \Delta t = \Delta \vec{p}$)은 사실이다. 그러나 $\Sigma \vec{F} = m\vec{a}$는 성립하지 않는다. 일정한 알짜힘에 의한 가속도는 입자의 속력이 빛의 속력 c에 가까워질수록 점점 줄어든다. 따라서 물체를 빛의 속력이 되도록 가속시키는 것은 불가능하다.

- 입자의 정지에너지 E_0는 그 입자가 정지한 틀에서 측정한 에너지이다. 정지에너지와 질량은 다음과 같이 관계된다.

$$E_0 = mc^2 \tag{26-7}$$

운동에너지는 다음 식으로 주어진다.

$$K = (\gamma - 1)mc^2 \tag{26-8}$$

총 에너지는 운동에너지와 정지에너지의 합이다.

$$E = \gamma mc^2 = K + E_0 \tag{26-9}$$

- 운동량과 에너지의 유용한 관계식

$$E^2 = E_0^2 + (pc)^2 \tag{26-10}$$

$$(pc)^2 = K^2 + 2KE_0 \tag{26-11}$$

$$\frac{\vec{v}}{c} = \frac{\vec{p}c}{E} \tag{26-12}$$

연습문제

단답형 질문

1[1]. 한 친구가 상대성 이론은 터무니없다고 주장하며 "움직이는 시계는 느려지지 않고 움직이는 물체의 길이가 줄어들지 않는다는 것은 명백하다."라고 말한다. 어떻게 대답하겠는가?

2[3]. 핸드폰을 사용할 때 핸드폰 전지의 질량은 변하는가? 만일 변한다면 증가하는가 아니면 감소하는가?

3[5]. 몸 상태가 좋은 어떤 우주비행사의 심장 박동 수가 지구에서 분당 52번이었다. 이 우주비행사가 지구를 기준으로 $0.87c(\gamma = 2)$의 속력으로 여행하는 우주비행선에 타고 있을 때 자기 자신을 기준으로 심장 박동 수를 쟀다. 심장 박동 수는 52번, 26번, 104번 중 얼마인가? 설명해 보아라.

4[7]. 해리와 샐리는 결혼 피로연이 열리는 방에서 서로 반대편에 있다. 둘은 동시에(방의 기준틀에서) 신랑 신부가 방의 중앙에서 케이크를 자르는 장면을 섬광 촬영했다. 해리로부터 샐리에게로 등속으로 움직이는 관찰자에게는 이 두 섬광의 시간 순서는 어떻게 보이는가?

5[9]. 26.2절에서 다른 우주비행사 셀리아가 우주선 내에서 아베를 기준으로 왼쪽으로 움직인다고 생각해보자(그림 26.4 참조). 셀리아는 두 섬광의 시간적인 순서에 대해 어떻게 결론을 내리겠는가?

6[11]. 잡아당겼던 용수철을 놓으면 용수철의 질량은 같을까 아니면 달라질까? 설명해보아라.

선다형 질문

1[1]. 다음 설명 중 아인슈타인의 특수상대성 이론의 가정에 해당하는 설명을 모두 고른 것은?
(1) 빛의 속력은 모든 관성기준틀에서 같다.
(2) 움직이는 시계는 천천히 간다.
(3) 움직이는 물체는 운동 방향으로 수축한다.
(4) 자연 법칙은 모든 관성기준틀에서 같다.
(5) $E_0 = mc^2$
(a) 1만 (b) 2와 3 (c) 5개 모두
(d) 4만 (e) 1과 4 (f) 4와 5

2[3]. 다음 중 관성틀을 바르게 정의한 진술을 골라보아라.
(a) 관성틀이란 힘이 없는 틀이다.
(b) 관성틀이란 뉴턴의 제2, 제3 법칙은 성립하지만 제1 법칙은 성립하지 않는 틀이다.
(c) 관성틀이란 뉴턴의 역학이 성립하지만 상대론적 역학은 성립하지 않는 틀이다.
(d) 관성틀이란 외부에서 힘이 작용하지 않으면 가속이 일어나지 않는 틀이다.
(e) 관성틀이란 상대론적인 역학은 성립하지만 뉴턴 역학은 성립하지 않는 틀이다.

3[5]. 두 사건 사이의 고유시간 간격을 가장 잘 설명한 진술은?

(a) 두 사건이 같은 장소에서 일어나는 기준틀에서 측정한 시간 간격.

(b) 두 사건이 동시에 일어나는 기준틀에서 측정한 시간 간격.

(c) 두 사건이 서로 가장 먼 거리에서 일어나는 기준틀에서 측정한 시간 간격.

(d) 모든 관성 관찰자가 측정한 시간 간격 중 가장 긴 값.

4[7]. 이륙하기 전, 우주비행사가 우주왕복선의 크기를 강철자로 쟀더니 37.24 m이었다. 우주왕복선이 이륙한 뒤 0.10c로 움직이고 있을 때, 같은 자를 이용해서 다시 길이를 쟀더니 그 값은 다음 중 어느 것으로 주어지는가?

(a) 37.05 m.

(b) 37.24 m.

(c) 37.43 m.

(d) 37.05 m이거나 37.24 m, 우주왕복선의 길이에 평행하게 움직이는지 또는 수직으로 움직이는지에 따라 다르다.

5[9]. 쌍둥이 자매가 우주비행사가 되었다. 한 명이 몇십 년이 걸리는 우주 탐험을 하는 동안 다른 한 명은 지구에 남아 있었다. 두 쌍둥이의 상대적인 나이에 대한 다음 설명 중 옳은 것은?

(a) 두 쌍둥이가 지구에서 다시 만날 때 우주여행을 했던 자매가 지구에 있었던 자매보다 나이가 많다.

(b) 두 쌍둥이가 지구에서 다시 만날 때 지구에 남아 있었던 자매의 나이가 많다.

(c) 여행하던 자매가 지구로 돌아왔을 때 두 자매의 나이는 같다. 왜냐하면 각 자매는 상대방의 기준틀로 보았을 때 상대방에 대해 같은 속력으로 여행했기 때문이다.

(d) 이 문제는 역설이므로 둘의 나이를 비교할 수 없다.

문제

26.1 상대성 이론의 가설

1[1]. 기차역을 향해 $v = 0.60c$의 속력으로 움직이는 기차 안에 있는 기관사가 역에서 1 km 떨어진 지표면에 적혀 있는 표시를 보고 섬광 신호를 보냈다. 역장의 시계로 볼 때 섬광이 기차보다 얼마나 빨리 도착하겠는가?

2[3]. 0.13c로 지구에서 멀어지는 우주선에서 지구로 무선 전송을 한다. (a) 갈릴레이의 상대성에 따르면 이 전파는 지구를 기준으로 했을 때 어떤 속력으로 움직이는가? (b) 아인슈타인의 가정에 따르면 이 전파는 지구를 기준으로 할 때 어떤 속력으로 움직이는가?

26.3 시간 팽창

3[5]. 새 롤렉스시계를 찬 우주비행사가 지구를 기준으로 2×10^8 m/s의 속력으로 여행하고 있다. 휴스턴에 있는 우주비행관제센터에 따르면 이 여행은 12시간 지속될 것이다. 이 롤렉스시계로는 이 여행이 얼마나 걸리겠는가?

4[7]. 가지고 있는 계산기가 소수점 이하 여섯 자리까지 보여준다고 가정하여라. 이 계산기에서 γ의 값이 최초의 소수점 이하 값을 보이기 위해서는 얼마나 빨리(m/s 단위로) 움직여야 하는가? 다시 말해서 $\gamma = 1.000001$일 때 그 물체는 얼마나 빠르게 움직이는가? (힌트: 이항근사법을 이용하여라.)

5[9]. 우주선이 등속으로 지구를 출발해 지구의 정지한 틀에서 측정하면 710광년 떨어진 위치까지 여행한다. 지구를 기준으로 이 우주선의 속력은 0.9999c이다. 지구에서 출발할 때 한 승객의 나이는 20살이었다. (a) 이 우주선이 목적지에 도착했을 때, 우주선의 시계를 기준으로 측정한 이 승객의 나이는 얼마인가? (b) 우주선이 목적지에 도착하자마자 지구로 전파 신호를 보내면 지구 시간으로 몇 년에 이 신호가 도착하겠는가? 이 우주선은 2000년에 지구를 떠났다.

6[11]. 비행기 여행에 8시간이 걸린다. 비행하는 동안 평균 속력은 지구를 기준으로 220 m/s이다. 비행기에 실려 있는 원자시계와 지구에 있는 원자시계가 비행하기 전에 동기화되었다면, 비행 후 두 원자시계 사이의 시간 차이는 얼마인가? (중력과 비행기의 가속도에 의한 일반상대론적인 효과는 무시하여라.)

26.4 길이의 수축

7[13]. 우주선이 0.97c의 속력으로 지구를 향해서 여행하고 있다. 우주선 탑승자들은 자신의 몸을 여행 방향에 평행하게 두고 서 있다. 지구 관찰자에 따르면 이들은 키가 0.5 m이고 너비도 0.5 m이다. 이 우주선에 타고 있는 다른 탑승자가 볼 때 이들의 (a) 키와 (b) 너비는 얼마인가?

8[15]. 우주선 입자가 축구장 상공에서 한쪽 골라인에서 다른 골라인으로 0.50c의 속력으로 직선을 따라 움직이고 있다. (a) 지구 틀에서 골라인 사이의 거리가 91.5 m(100 yd)이면, 입자의 정지한 틀에서는 얼마로 관측되는가? (b) 이 입자가 한쪽 골라인에서 다른 골라인으로 가는 데 걸리는 시간은 지구 관찰자에게는 얼마나 걸리는가? (c) 입자의 정지한 틀에서는 얼마나 걸리는가?

9[17]. 두 우주선이 상대 속도 0.9c로 상대를 향해 접근하고 있다. 한 우주비행사가 자기 우주선의 길이를 재었더니 30.0 m이었다면 다른 우주선에 있는 우주비행사에게는 이 우주선의 길이가 얼마로 관측되는가?

10[19]. 우주선이 지구에 대해 상대적으로 0.40c의 등속도로 움직인다. 우주선의 비행사가 길이가 1.0 m인 막대를 가지고 있다. (a) 이 막대를 우주선이 움직이는 방향에 대해 수직으로 잡고 있다. 지구 관측자가 보았을 때 이 막대의 길이는 얼마인가? (b) 비행사가 이 막대를 우주선의 운동 방향에 평행하도록 돌렸다면 지구 관측자에게 이 막대의 길이는 얼마인가?

11[21]. 미래형 기차가 0.80c의 속력으로 직선 선로 위로 움직이면서 연속되어 있는 통신탑을 지나간다. 탑 사이의 간격은 지상 관측자에게는 3.0 km이다. 기차 위의 승객이 매우 정확한 스톱워치를 이용해 이 탑이 지나가는 시간 간격을 쟀다. (a) 승객이 쟀을 때 탑 하나가 지나가고 다음 탑이 오는 데까지 걸리는 시간 간격은 얼마인가? (b) 지상 관측자가 측정했을 때 기차가 한 탑에서 다음 탑까지 가는 데 걸리는 시간 간격은 얼마인가?

12[23]. 뮤온의 평균 수명은 정지한 틀에서 2.2 μs이다. 실험실을 지나가는 뮤온 빔이 0.994c의 속력으로 움직이고 있다. 이 뮤온이 붕괴하기 전에 실험실 틀에서 평균적으로 얼마나 멀리 움직이는가?

26.5 서로 다른 기준틀에서의 속도

13[25]. 쿠르트는 우주비행선에 있는 진공 체임버에서 빛의 속력을 재고 있는데 이 비행선은 지구에 대해 상대적으로 0.60c의 속력으로 여행하고 있다. 빛은 비행선의 운동 방향과 같은 방향으로 움직인다. 시우링은 지구에서 이 실험을 관측하고 있다. 이 빛이 진공 체임버 안에서 움직이는 속력을 시우링이 관측한 값은 얼마인가?

14[27]. 달 위에 있는 사람이 서로 반대 방향에서 자신에게 접근하는 두 개의 우주선을 관측할 때, 이 두 우주선의 속력은 0.60c와 0.80c이다. 우주선에 타고 있는 승객이 관측하는 두 우주선의 상대 속력은 얼마인가?

15[29]. 실험실 기준틀에 대해 상대적으로 양성자가 $\frac{4}{5}c$의 속력으로 오른쪽으로 움직인다. 반면에, 양성자에 대해 상대적으로 전자가 $\frac{5}{7}c$의 속력으로 왼쪽으로 움직인다. 실험실 기준틀에서 전자의 속력은 얼마인가?

16[31]. 전자 A가 실험실에 대해 상대적으로 $\frac{3}{5}c$의 속력으로 서쪽으로 움직이고 있다. 전자 B 역시 실험실에 대해 상대적으로 $\frac{4}{5}c$의 속력으로 서쪽으로 움직인다. 전자 A가 정지해 있는 기준틀에서 전자 B의 속력은 얼마인가?

26.6 상대론적인 운동량

17[33]. 어떤 전자 하나가 2.4×10^{-22} kg·m/s의 운동량을 가지고 있다. 이 전자의 속력은 얼마인가?

18[35]. 질량이 12.6 kg인 물체가 0.87c의 속력으로 움직인다. (a) 이 물체의 운동량의 크기는 얼마인가? (b) 424.6 N의 일정한 힘이 이 물체의 운동 방향과 반대로 작용하면 이 물체가 정지할 때까지 시간이 얼마나 걸리겠는가?

26.7 질량과 에너지

19[37]. 병원에서 암을 치료하기 위해 사용되는 전자가속기는 운동에너지가 25 MeV인 전자들의 빔을 만들어낸다. (a) 이 가속기에 의해 만들어지는 전자들의 속력은 얼마인가? (b) 전자가속기의 끝이 환자와 15 cm 떨어져 있다면 전자의 기준틀에서는 이 거리를 이동하는 데 얼마의 시간이 걸리는가?

20[39]. PET 스캔은 탄소-11이나 플로린-18과 같이 양전자를 방출하는 동위원소를 사용한다. 이런 동위원소는 병원에 있는 가속기를 이용해 먼저 듀테론(중수소 원자핵)을 가속시켜 고체나 기체 형상의 목표에 방사해 만들어낸다. 듀테론 하나(정지에너지 1875.6 MeV)가 가속되어 2.5 MeV의 운동에너지를 갖는다. 이것의 속력을 m/s 단위로 구하여라.

21[41]. 암 치료를 위한 실험으로 $+6e$의 전하를 가진 고이온화된 탄소 원자(6개의 모든 전자가 제거된) 빔을 이용한다. 이 이온의 질량은 11.172 GeV/c^2이다. 가속기의 길이가 7.50 m이고 이온이 125 MV의 전기퍼텐셜 차를 통해 가속되었다면 (a) 이온의 운동에너지는 얼마인가? (b)

실험실 틀에서 측정된 이온의 속력은 얼마인가? (c) 이온의 기준틀에서 보았을 때 가속기의 길이는 얼마인가?

22[43]. 퍼티 두 덩어리가 서로 반대쪽으로 움직이고 있고, 각각 속력이 30.0 m/s이다. 이 둘이 충돌해 엉켜 붙었다. 충돌 후 합쳐진 덩어리는 정지해 있다. 충돌 전 각 덩어리의 질량이 1.00 kg이었고 환경으로 에너지를 잃지 않았다면 충돌에 의한 계의 질량은 얼마나 변하는가?

23[45]. 백색왜성은 자신이 가지고 있든 모든 핵연료를 쓰고 바깥 부분이 질량을 잃어버린 별로서, 밀도가 매우 높고 뜨거운 내부 핵만 남아 있다. 이 별은 인접한 다른 별에서 질량을 얻어오지 않는 한 식어가게 된다. 백색왜성이 인접한 별과 함께 이중성을 형성한다면 점차 질량을 얻어서 태양 질량의 1.4배까지 커질 수 있다. 백색왜성이 이 한계를 넘어서면 초신성이 되어 폭발하게 된다. 이 폭발에 의해 질량의 80.0 %가 에너지로 변환되는 경우, 임계 질량의 백색왜성인 경우에 방출되는 에너지는 얼마인가?

24[47]. 라돈은 다음과 같이 붕괴한다. $^{222}\text{Rn} \rightarrow {}^{218}\text{Po} + \alpha$. 라돈-222의 질량은 221.97039 u, 폴로늄-218의 질량은 217.96289 u, 알파 입자의 질량은 4.00151 u이다. 이 붕괴 과정에서 나오는 에너지의 양을 구하여라. (1 u = 931.494 MeV/c^2.)

26.8 상대론적 운동에너지

25[49]. 한 실험실 관측자가 전자의 에너지를 측정했더니 1.02×10^{-13} J이 나왔다. 이 전자의 속력은 얼마인가?

26[51]. 질량이 0.12 kg인 물체가 1.80×10^8 m/s로 움직이고 있다. 줄(J) 단위로 이 물체의 운동에너지를 구하여라.

27[53]. 어떤 실험실 관찰자가 전자의 총 에너지가 5.0 mc^2이라는 것을 발견했다. 실험실 관찰자가 보는 이 전자의 운동량은 얼마인가? (mc의 배수로)

28[55]. 한 전자의 총 에너지가 6.5 MeV이다. 총 운동량은 MeV/c 단위로 얼마인가?

29[57]. 상대론의 운동량 단위인 MeV/c와 SI 단위의 운동량 단위 사이의 변환 규칙을 밝혀라.

30[59]. 회절 실험에 사용된 전자빔에서 각 전자는 150 keV의 운동에너지를 가지도록 가속된다. (a) 이 전자들은 상대론적인가? 설명해보아라. (b) 이 전자들은 얼마나 빠르게 운동하는가?

31[61]. 에너지-운동량 관계 $E^2 = E_0^2 + (pc)^2$과 총 에너지의 정의로부터 다음 관계식을 유도하여라. $(pc)^2 = K^2 + 2KE_0$ [식 (26–11)].

32[63]. 다음 각 진술이 $v \ll c$, 곧 v가 비상대론적인 속도를 의미함을 보여라. (a) $\gamma - 1 \ll 1$ [식 (26–14)], (b) $K \ll mc^2$ [식 (26–15)], (c) $p \ll mc$ [식 (26–16)], (d) $K = p^2/(2m)$.

협동문제

33[65]. 보기 26.2를 참조하여라. 백만 개의 뮤온들이 고도 4500 m에서 지면을 향해 0.9950c의 속력으로 내려오고 있다. 지상에 있는 관측자의 기준틀에서, 다음을 구하여라. (a) 뮤온들이 여행한 거리, (b) 뮤온들의 비행시간, (c) 뮤온들 중 절반이 붕괴하는 데 걸리는 시간, (d) 해수면까지 살아남는 뮤온의 수. [힌트: (a)에서 (c)까지의 답은 뮤온의 정지한 틀에서 구한 대응되는 값과는 다르다. (d)에 대한 답은 같을까?]

34[67]. 우주선이 지구에 있는 관측소 위를 지나간다. 이 우주선의 앞부분이 관측소를 지나는 순간, 우주선의 앞부분에 있는 전구가 반짝였다. 우주선의 뒷부분이 관측소를 지날 때 뒷부분에 있는 전구가 반짝였다. 지구에 있는 관측자에 따르면 이 두 사건 사이에 50.0 ns가 지나갔다. 우주비행사의 기준틀에서는 이 우주선의 길이는 12.0 m이다. (a) 지구 관측자에 따르면 이 우주선의 속력은 얼마인가? (b) 우주비행사의 기준틀에서 두 전구의 반짝임 사이에 경과한 시간은 얼마인가?

연구문제

35[69]. 지구에 정지해 있는 우주선의 길이가 35.2 m이다. 다른 행성으로의 여행을 시작하면서 지구 관찰자에게는 30.5 m의 길이로 보인다. 또 지구 관찰자는 우주선의 우주비행사가 22.2분 동안 운동하는 것을 보았다. 그렇다면 우주비행사 자신은 얼마나 운동했다고 말하겠는가?

36[71]. 다음 붕괴 과정을 보자. $\pi^+ \rightarrow \mu^+ + \nu$. 파이온($\pi^+$)의 질량은 139.6 MeV/$c^2$, 뮤온($\mu^+$)의 질량은 105.7 MeV/$c^2$, 중성미자($\nu$)의 질량은 무시할 수 있을 만큼 작다. 파이온이 붕괴 전에 정지해 있었다면 붕괴 산물들의 총 운동에너지는 얼마인가?

37[73]. 한 우주선이 떨어져 있는 두 개의 우주정거장을 여행하는 데 자신의 시계로 3.0일이 걸린다. 한 우주정거장에 있는 계기는 그 여행이 4일 걸렸다고 표시했다. 이 우주선이 그 우주정거장에 대해 움직이는 속력을 구하여라.

38[75]. 정지에너지가 939.6 MeV인 중성자가 아래 방향으로 935 MeV/c의 운동량을 가지고 있다. 총 에너지는 얼마인가?

39[77]. 당신이 우주선을 타고 지구에서 먼 우주로 여행을 하면서 같은 방향으로 여행하고 있는 다른 우주선이 0.50c로 지나가는 것을 보았다. 돌아다보니 0.90c로 지구가 멀어지고 있었다. (a) 만일 지금 막 추월한 우주선의 길이를 당신이 측정했을 때 24 m라면 지구 관찰자가 측정하는 우주선의 길이는 얼마인가? (b) 당신이 타고 있는 우주선에, 당신이 측정했을 때 길이 24 m인 막대가 있다면, 지구에 있는 관찰자가 측정한 그 막대의 길이는 얼마인가? (c) 추월하는 우주선에 있는 승객은 그 막대의 길이를 얼마로 측정하겠는가?

40[79]. 우주선(cosmic ray)의 충돌에 의해 지구 기준틀에서 고도 h인 위치에 뮤온들이 생성되어 0.990c의 일정한 속력으로 연직 하방으로 내려간다. 뮤온의 정지한 틀에서 1.5 μs의 시간 간격 동안 처음에 있던 뮤온의 절반이 붕괴한다. 처음에 있던 뮤온의 1/4이 붕괴하기 전에 지표면에 도달했다면 높이 h는 대략 얼마인가?

41[81]. 극도로 상대론적인 입자란 운동에너지가 자신의 정지에너지보다 매우 큰 입자를 의미한다. 극도로 상대론적인 입자의 경우 $E \approx pc$임을 보여라.

42[83]. 비행 중인 입자 하나가 두 개의 파이온으로 붕괴했는데 각 입자의 정지에너지는 140.0 MeV이다. 이 파이온들은 서로에 대해 직각을 이루며 이동하는데, 각각의 속력은 0.900c이다. 다음을 구하여라. (a) 원래 입자의 운동량의 크기, (b) 운동에너지, (c) MeV/c^2 단위로 환산한 질량.

43[85]. 우주 공간에서 대기권으로 들어오는 우주선(cosmic ray)에 포함된 양성자가 2.0×10^{20} eV의 운동에너지를 가지고 있다. (a) 이 운동에너지를 줄로 환산하면? (b) 이 양성자의 모든 운동에너지가 지표면에서 질량 1.0 kg인 물체를 들어 올리는 데 사용될 수 있다면 이 물체를 얼마나 들어 올릴 수 있는가? (c) 이 양성자의 속력은? 힌트: v가

c에 매우 가까워서 대부분의 계산기가 필요한 계산을 수행하는 데 필요한 유효숫자를 유지하지 못한다. 따라서 다음 이항근사를 이용하여라.

$$\gamma \gg 1 \text{이면,} \quad \sqrt{1 - \frac{1}{\gamma^2}} \approx 1 - \frac{1}{2\gamma^2}$$

44[87]. 빛에 대한 도플러 공식 유도. 전자기파의 발신기와 수신기가 서로에 대해 상대적으로 속도 v로 움직이고 있다. 수신기와 발신기가 서로 멀어지면 v의 값이 양수라고 하자. 발신기가 진동수 f_s(발신기의 기준틀에서)의 전자기파를 방출한다. 발신기의 기준틀에서 이어진 파면 사이의 시간은 $T_s = 1/f_s$이다. (a) 수신기의 기준틀에서 발신기가 만드는 이웃한 두 파면 사이의 시간은 얼마인가? 이 값을 T_r'이라고 부르자. (b) T_r'은 이웃한 두 개의 파면이 수신기에 도달하는 시간을 나타낼 수 없는데 그 이유는 이 파면들이 서로 다른 거리를 이동하기 때문이다. 수신기에 따라서 한 파면이 $t = 0$에 방출되고 다음 파면이 $t = T_0'$에 방출되었다고 해보자. 첫 번째 파면이 방출되었을 때 수신기와 발신기 사이의 거리를 d_r라고 하자. 다음 파면이 방출되었을 때 수신기와 발신기 사이의 거리는 $d_r + vT_r'$이다. 각 파면은 속력 c로 이동한다. 수신기가 관측하는 이 두 파면이 도착하는 데 걸리는 시간 차를 구하여라. (c) 수신기가 검출하는 진동수는 $f_r = 1/T_r$로 주어진다. f_r가 다음 식으로 주어짐을 보여라.

$$f_r = f_s \sqrt{\frac{1 - v/c}{1 + v/c}}$$

45[89]. 우주비행사가 7.860 km/s의 속력으로 이동하는 우주왕복선에서 긴 시간을 보낸다. 지구로 돌아왔을 때 그는 자신의 쌍둥이 형제보다 1.0 s 젊다. 이 우주비행사가 왕복선에 얼마나 오래 있었는가? (힌트: 부록 A.5에 있는 근사를 이용하고 계산기의 반올림 오류를 주의하여라.)

46[91]. 라돈은 다음과 같이 붕괴한다. ^{222}Rn $\rightarrow$ ^{218}Po $+ \alpha$. 라돈-222 핵의 질량은 221.97039 u, 폴로늄-218핵의 질량은 217.96289 u, 알파 입자의 질량은 4.00151 u이다. (1 u = 931.5 MeV/c^2.) 처음에는 라돈 핵이 실험실 틀에 대해 정지해 있었다면 실험실 틀에서 (a) 폴로늄-218 핵과 (b) 알파 입자가 움직이는 속력을 각각 구하여라. 이 속력이 비상대론적이라고 가정하여라. 속력을 계산한 뒤 이 가정이 옳다는 것을 보여라.

초기 양자물리학과 광자

개념정리

- 어떤 물리량이 불연속적으로 허용된 값만 가질 수 있을 때에 그 양은 양자화되어 있다.

- 막스 플랑크는 흑체복사에 대한 실험 결과와 맞는 식을 발견했다. 그는 그 식에서 진동수가 f인 진동자의 에너지는 hf의 정수 배로 양자화되어야만 한다고 가정했다. 플랑크 상수 h는 물리학에서 기본 상수 중 하나로 여기고 있다.

$$h = 6.626 \times 10^{-34} \text{ J·s} \tag{27-3}$$

- 광전효과에서 금속 면에 입사된 전자기 복사선이 금속으로부터 전자를 방출시킨다. 광전효과를 설명하기 위해서 아인슈타인은 전자기 복사선 자체가 양자화되었다고 생각했다. 더 이상 쪼갤 수 없는 최소 단위인 전자기 복사선의 양자를 광자라고 부른다. 진동수가 f인 광자의 에너지는 다음과 같다.

$$E = hf \tag{27-4}$$

한 전자의 최대 운동에너지는 광자의 에너지와 일함수 ϕ의 차이이다. 일함수는 전자와 금속 사이의 결합을 끊어 주기 위해 공급해야 하는 에너지이다.

$$K_{\text{최대}} = hf - \phi \tag{27-7}$$

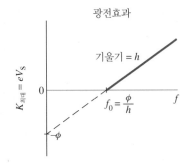

- 1전자볼트는 전자 또는 양성자와 같이 $\pm e$의 전하를 입자가 1 V의 전기퍼텐셜 차를 통해서 가속되었을 때에 얻는 운동에너지와 같다.

$$1 \text{ eV} = 1.60 \times 10^{-19} \text{ J} \tag{27-5}$$

- X선관에서 전자들이 K의 운동에너지를 갖도록 가속된 후 표적을 때린다. 방출된 X선 복사선 중 최대 진동수의 복사선은 전자의 모든 운동에너지를 단일 광자가 갖고 갈 때에 나타난다.

$$hf_{\text{최대}} = K \tag{27-9}$$

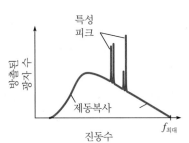

- 콤프턴 산란에서 표적에 의해 산란된 X선은 입사 X선에 비해 더 긴 파장을 갖는다. 파장의 편이는 산란각 θ에 따라서 변한다.

$$\lambda' - \lambda = \frac{h}{m_e c}(1 - \cos\theta) \tag{27-14}$$

콤프턴 산란은 한 광자와 정지해 있는 전자의 충돌로 이해할 수 있다. 입사광자의 운동량과 운동에너지는 산란된 광자와 되튀는 전자의 총 운동량과 운동에너지와 같아야만 한다.

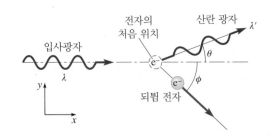

- 각 원자에 의해서 방출되거나 흡수되는 전자기 복사는 불연속인 파장으로 이루어진 **선 스펙트럼**이다. 각 원소는 자기의 불연속적인 양자화된 에너지 준위들에 의해서 정해지는 고유한 스펙트럼을 갖는다. 한 원자가 에너지 준위 사이에서 전이할 때 방출하거나 흡수하는 광자의 에너지는 원자의 에너지 준위들의 차이와 같다.

$$|\Delta E| = hf \qquad (27\text{-}17)$$

- 수소 원자의 에너지 준위는

$$E_n = \frac{E_1}{n^2} \qquad (27\text{-}23)$$

이다. 여기에서 가장 낮은 에너지 준위인 바닥상태의 에너지는

$$E_1 = -13.6 \text{ eV} \qquad (27\text{-}22)$$

이다.

- 수소 원자에 대한 보어 모형에서 전자는 원자핵을 중심으로 원 궤도를 따라 운동하는 것으로 가정되었다. 전자의 궤도는 반지름과 에너지는 양자화된다. 보어의 모형을 이용한 계산이, 맞는 에너지 준위를 주지만[식 (27-22)와 식 (27-23)], 보어의 모형에는 심각한 결함이 있다. 보어의 모형은 수소 원자에 대한 양자역학적인 기술로 대체되었다(28장).

- 형광물질은 자외선을 흡수하고 여러 단계를 거쳐 붕괴한다. 하나 또는 더 많은 붕괴 과정에서 가시광선 영역의 광자가 방출된다.

- 쌍생성에서는 무거운 입자 근처를 지나는 에너지가 충분한 광자가 전자와 양전자 쌍을 만든다. 쌍소멸에서는 전자-양전자 쌍이 소멸되고 두 개의 광자가 만들어진다.

연습문제

단답형 질문

1[1]. 광전효과와, 19세기의 물리학자들을 곤혹스럽게 했던 광전효과의 네 가지 실험 결과에 대해서 설명하여라. 빛에 대한 광자 모형이 각 실험 결과를 어떻게 설명하는가?

2[3]. 어떤 실험에서 가시광선을 표적에 비추고 여러 각도에서 산란된 빛의 파장을 측정한다. 이 실험에서 산란된 광자가 콤프턴 편이를 하는지 볼 수 있겠는가? 설명하여라.

3[5]. 수소 원자의 방출 스펙트럼에서 보이는 날카로운 선들이 어떻게 모든 전자들이 같은 전하를 갖는지에 대해 증명하는가?

4[7]. 연속 X선 스펙트럼이 발생되는 과정을 설명하여라. 연속 X선 스펙트럼에 최대 파장 또는 최소 파장이 있는가? 설명하여라.

5[9]. 수소 원자에 대한 보어의 모형의 가정들을 열거하여라.

6[11]. 콤프턴 산란과 광전효과 모두에서 전자는 입사광자로부터 에너지를 얻는다. 두 과정의 가장 중요한 차이는 무엇인가?

7[13]. 1.02 MeV보다 큰 에너지를 가진 광자에 대해 특별하게 중요한 과정은 어떤 과정인가?

8[15]. 광전효과 실험에서 저지전압은 어떻게 결정되는가? 저지전압이 금속 면에서 나오는 전자에 대해 알려주는 것은 무엇인가?

9[17]. 수소 원자의 흡수 스펙트럼에 있는 모든 선이 방출 스펙트럼에 모두 나타나지만, 방출 스펙트럼에 있는 모든 선이 흡수 스펙트럼에 모두 나타나지 않는 이유를 설명하여라. (힌트: 들뜬상태의 수명은 아주 짧다.)

10[19]. 낮은 세기의 빛에 대한 사람의 눈에 있는 망막의 광반응은 간상세포 안에서 입사 빛에 의해서 들뜨는 감광성의 분자 각각에 관계한다. 감광성 분자는 들뜨면 모양이 바뀌는데, 그 모양의 변화는 뇌로 보내는 신경 펄스를 유발시키는 세포 안에서 다른 변화를 유도한다. 어떻게 해서 빛에 대한 광자 모형이 낮은 세기의 빛일지라도 이러한 변화를 일으킬 수 있는 이유를 파동 모형보다 잘 설명하는가?

11[21]. 어떤 광전효과 실험에서 다른 두 개의 금속(1과 2)

에 전자기 복사선을 비춘다. 금속 1인 빨간 빛과 파란 빛 모두에 대해서 광전자를 방출하고, 금속 2는 파란 빛에 대해서만 광전자를 방출한다. 어떤 금속이 자외선에 대해서 광전자를 방출하는가? 어떤 금속이 적외선에 대해서 광전자를 방출할 수 있을까? 어떤 금속이 더 큰 일함수를 갖는가?

선다형 질문

1[1]. 표적의 원자핵 근처를 지나는 전자가 느려지면서 에너지의 일부를 복사한다. 이 과정을 무엇이라고 부르는가?

(a) 콤프턴 효과　　(b) 광전효과　　(c) 제동복사

(d) 흑체복사　　(e) 유도 방출

2[3]. 파장이 λ, 진동수가 f인 광자가 정지해 있는 전자에 의해서 산란되는 콤프턴 효과에 대한 설명 중 옳은 것은?

(a) 전자는 광자로부터 에너지를 얻으므로 산란된 광자의 파장은 λ보다 짧다.

(b) 전자는 산란된 광자에게 에너지를 주므로 산란된 광자의 진동수는 f보다 높다.

(c) 운동량은 보존되지 않지만 에너지는 보존된다.

(d) 광자는 에너지를 잃으므로 산란된 광자의 진동수가 f보다 낮다.

3[5]. 두 레이저가 1초당 같은 수의 광자를 방출한다. 첫 번째 레이저는 파란 빛을 방출하고 두 번째 레이저는 빨간 빛을 방출한다. 첫 번째 레이저의 복사능은

(a) 두 번째 레이저의 복사능보다 크다.

(b) 두 번째 레이저의 복사능보다 작다.

(c) 두 번째 레이저의 복사능과 같다.

(d) 방출이 일어나는 시간 간격을 모르면 알 수 없다.

4[7]. 분광 실험에서 결과를 분석할 때 실험적으로 결정된 발머 계열 빛의 파장의 역수를 $1/(n_i^2)$의 함수로 그린다. 여기서 n_i는 $n = 2$의 에너지 준위로 전이를 하는 처음 상태의 에너지 준위에 대한 것이다. 함수의 기울기는

(a) 발머 계열 중 가장 짧은 파장과 같다.

(b) $-h$이다. 여기서 h는 플랑크 상수이다.

(c) 발머 계열 중 가장 긴 파장의 역수와 같다.

(d) $-hc$이다. 여기서 h는 플랑크 상수이다.

(e) $-R$과 같다. 여기서 R은 뤼드베리 상수이다.

5[9]. 광전효과 실험에서 단일 파장의 빛이 금속 면에 입사된다. 입사 빛의 세기를 키울 때 다음 중 옳은 것은?

(a) 저지전압이 높아진다.

(b) 저지전압이 낮아진다.

(c) 일함수가 커진다.

(d) 일함수가 작아진다.

(e) 위의 어느 것도 맞지 않다.

문제

27.3 광전효과

1[1]. 200 W의 적외선 레이저가 파장이 2.0×10^{-6} m인 광자를 방출하고 또 다른 200 W의 자외선 레이저가 파장이 7.0×10^{-8} m인 광자를 방출한다.

(a) 적외선 단일 광자와 자외선 단일 광자 중 어느 것이 더 큰 에너지를 갖는가?

(b) 적외선 단일 광자와 자외선 단일 광자 각각의 에너지는 얼마인가?

(c) 두 레이저가 1초당 방출하는 광자의 수는 각각 얼마인가?

2[3]. 3.1 eV의 에너지를 갖는 광자의 (a) 파장과 (b) 진동수를 구하여라.

3[5]. 루비듐 표면의 일함수는 2.16 eV이다. (a) 입사 빛의 파장이 413 nm인 경우에 방출되는 전자들의 운동에너지 중 최대 운동에너지는 얼마인가? (b) 루비듐 표면에 대한 문턱 파장은 얼마인가?

4[7]. 금속에서 전자를 방출시키는 데 필요한 최소 에너지가 2.60 eV이다. 이 금속으로부터 전자를 방출시킬 수 있는 광자의 최대 파장은 얼마인가?

5[9]. 어떤 광전효과 실험에서 같은 금속에 여섯 개의 다른 자외선 광원들을 이용한다. 파장과 세기는 광원마다 다르다. 다음의 여섯 가지 상황을 저지전압이 큰 것부터 작은 순으로 나열하여라. (a) $\lambda = 200$ nm, $I = 200$ W/m², (b) $\lambda = 250$ nm, $I = 250$ W/m², (c) $\lambda = 250$ nm, $I = 200$ W/m², (d) $\lambda = 300$ nm, $I = 100$ W/m², (e) $\lambda = 100$ nm, $I = 20$ W/m², (f) $\lambda = 200$ nm, $I = 40$ W/m².

6[11]. 파장이 220 nm인 자외선 빛이 텅스텐 표면에 비춰지고 전자가 방출된다. 1.1 V의 저지전압이 어떠한 전자도 반대편 극에 도달하지 못하게 한다. 텅스텐의 일함수는 얼마인가?

7[13]. (C) 파장이 580 nm인 단파장 노란 빛 광원과 파장

이 425 nm인 단파장 자외선 광원이 광전효과 실험에 이용된다. 금속 면에 대한 문턱 진동수는 6.20×10^{14} Hz이다. (a) 두 광원 모두가 광전자를 방출시킬 수 있는가? 설명하여라. (b) 금속으로부터 전자를 방출시키는 데 얼마의 에너지가 요구되는가? ($h = 4.136 \times 10^{-15}$ eV·s를 이용하여라.)

8[15]. 640 nm의 파장을 갖는 레이저가 1초 동안에 펄스를 지름이 1.5 mm인 선속의 형태로 방출한다. 펄스의 rms 전기장은 120 V/m이다. 얼마나 많은 광자가 1초 동안 방출되는가? (힌트: 22.6절을 다시 보아라.)

27.4 X선의 발생

9[17]. 파장이 0.250 nm인 X선을 발생시키는 X선관에 걸려야 하는 최소 전기퍼텐셜 차는 얼마인가?

10[19]. 어떤 X선관에서 전기퍼텐셜 차는 40.0 kV이다. 이 관에서 방출되는 연속 X선 스펙트럼에서 최소 파장은 얼마인가?

11[21]. X선관에서 차단 진동수는 전자를 가속시키는 전기퍼텐셜 차에 비례함을 보여라.

27.5 콤프턴 산란

12[23]. 파장이 0.150 nm인 X선 광자가 정지해 있던 전자와 충돌한다. 산란된 광자가 입사광자의 방향에 대해 80.0°의 각도를 이루며 운동한다. (a) 파장에 대한 콤프턴 편이를 구하여라. (b) 산란된 광자의 파장을 구하여라.

13[25]. X선이 표적에 비춰지고 산란된 X선이 검출된다. 입사 X선의 파장 λ와 산란각 θ가 다음와 같이 주어졌을 때에 산란된 X선의 파장이 긴 것부터 작은 순으로 나열하여라. (a) $\lambda = 1.0$ pm, $\theta = 90°$, (b) $\lambda = 1.0$ pm, $\theta = 60°$, (c) $\lambda = 4.0$ pm, $\theta = 120°$, (d) $\lambda = 1.6$ pm, $\theta = 60°$, (e) $\lambda = 1.6$ pm, $\theta = 120°$, (f) $\lambda = 4.0$ pm, $\theta = 2.0°$.

14[27]. 동쪽으로 운동하던 파장이 0.14800 nm인 광자가 정지해 있던 전자에 의해 산란되었다. 산란된 광자의 파장은 0.14900 nm이고 운동 방향은 북동쪽으로 θ의 각도를 이룬다. 산란된 전자의 속도를 구하여라.

15[29]. 광자가 정지해 있는 전자에 입사된다. 산란된 광자는 2.81 pm의 파장을 자지고 입사광자의 운동 방향에 대해 29.5°를 이루며 운동한다. (a) 입사광자의 파장은 얼마인가? (b) 전자의 나중 운동에너지는 얼마인가?

16[31]. 파장이 0.0100 nm인 입사광자가 콤프턴 산란을 한다. 산란된 광자의 파장은 0.0124 nm이다. 광자를 산란시키는 전자의 운동에너지의 변화는 얼마인가?

27.6 분광학과 초기 원자 모형, 27.7 보어의 수소 원자 모형; 원자의 에너지 준위

17[33]. $n = 4$인 정상상태에 있는 수소 원자의 에너지를 구하여라.

18[35]. 바닥상태에 있는 수소 원자가 12.1 eV의 에너지를 갖는 광자를 흡수한다. 수소 원자는 어떤 에너지 준위로 들뜨는가?

19[37]. 처음에 $n = 2$인 상태에 있는 수소 원자를 이온화시키기 위해 필요한 에너지는 얼마인가?

20[39]. 수소 원자가 $n = 6$인 상태에서 $n = 3$인 상태로 전이할 때에 방출되는 복사선의 파장을 구하여라.

21[41]. 한 수소 원자가 $n = 5$인 에너지 준위에 있는 전자가 있다. (a) 전자가 빛을 방출하고 바닥상태로 돌아간다면, 방출될 수 있는 광자는 최소 몇 개인가? (b) 방출될 수 있는 광자의 수는 최대 몇 개인가?

22[43]. 형광 고체가 파장이 320 nm인 자외선 광자를 흡수한다. 고체는 0.500 eV의 에너지를 소모하고 나머지 에너지를 하나의 광자로 방출한다. 방출되는 광자의 파장은 얼마인가?

23[45]. 기본 상수들을 대입해서 보어의 반지름 $a_0 = \hbar^2/(m_e ke^2)$이 5.29×10^{-11} m임을 보여라.

24[47]. 보어의 모형을 따라, 바닥상태에 있는 수소 원자 안에 있는 전자의 속력을 계산하여라.

25[49]. $n = 3$인 상태에 있는 수소 원자에서 전자의 궤도 반지름은 얼마인가?

26[51]. 이중으로 이온화된 리튬(Li^{2+})에 대해서 보어의 반지름을 구하여라.

27[53]. 헬륨의 스펙트럼에서 한 선은 밝은 노랑이며 파장은 587.6 nm이다. 이 선을 만드는 헬륨의 두 에너지 준위들의 에너지 차이는 전자볼트(eV) 단위로 얼마인가?

28[55]. 가시광선 영역에 있는 파장(400 nm에서 700 nm)

을 갖는 광자가 이중으로 이온화된 리튬(Li^{2+})을 n인 상태에서 $(n+1)$인 상태로 전이하게 한다. 이러한 전이가 일어날 수 있는 최소 n은 얼마인가?

27.8 쌍소멸과 쌍생성

29[57]. 전자-양전자 쌍을 생성할 수 있는 광자의 최대 파장은 얼마인가?

30[59]. 광자가 핵 근처를 지나치면서 전자와 양전자를 생성한다. 각 입자의 총 에너지는 8.0 MeV이다. 광자의 파장은 얼마인가?

31[61]. 각 질량이 전자의 질량보다 207배 큰 뮤온과 반뮤온이 정지해 있다가 소멸하면서 같은 에너지를 갖는 두 개의 광자가 만들어졌다. 각 광자의 파장은 얼마인가?

협동문제

32[63]. 1916년에 밀리컨이 얻었던 실험 결과로부터 (a) 플랑크 상수를 계산하여라. (b) 금속의 일함수를 계산하여라. 밀리컨은 아인슈타인의 광전효과 방정식이 틀렸음을 증명하고자 했다. 그러나 그는 증명 대신에 자기의 실험 결과가 아인슈타인의 예측을 뒷받침함을 알았다.

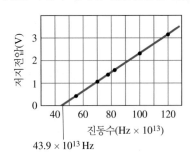

43.9 × 10^{13} Hz

33[65]. 광전효과에서 실험적으로는 관측되지 않지만, 이 문제에서 간단하게 설명된 단계들을 따라 고전물리학적으로 예상되는 시간 지연을 추정하여라. 입사 복사선의 세기는 0.01 W/m^{2}라고 하자. (a) 원자의 넓이가 $(0.1 \text{ nm})^2$이라면 원자에 입사되는 1초당 에너지를 구하여라. (b) 일함수가 2.0 eV라면 하나의 광전자를 떼어내는 데 필요한 에너지가 원자의 넓이에 입사되기까지 고전물리학적으로 얼마나 걸리겠는가? (c) 광자 모형을 이용해서 이러한 시간 지연이 관측되지 않는 이유를 간략하게 설명하여라.

34[67]. (C) 수소 분자 기체가 아니고 수소 원자 기체로 채워 있는 유리관을 생각하자. 원자들은 처음에 바닥상태에

있다고 하자. 적외선의 파장으로부터, 가시광선의 파장, 그리고 자외선의 파장을 갖는 여러 단색 빛들을 기체에 비춘다. 몇몇 파장에서 가시광선이 수소 원자로부터 방출된다. (a) 방출된 빛에 가시광선 영역에 있는 두 개의 파장만이 있다면, 입사 복사선의 파장에 대해 어떠한 결론을 내릴 수 있겠는가? (b) 수소 원자가 가시광선을 방출할 수 있게끔 하는 입사 복사선의 최대 파장은 얼마인가? 그 파장의 입사 복사선에 대해서 원자에 의해 어떠한 파장들이 방출되는가? (c) 어떤 입사 빛의 파장이 수소 이온(H^+)을 만드는가?

연구문제

35[69]. 부엉이는 야간 시력이 좋아서 세기가 5.0×10^{-13} W/m^{2}에 불과한 희미한 빛도 감지할 수 있다. 부엉이의 동공의 지름이 8.5 mm이고 빛의 파장이 510 nm라면, 부엉이가 매초 눈으로 감지할 수 있는 광자의 수는 최소한 몇 개인가?

36[71]. 자외선에 노출시키는 것이 의료기기를 살균하고, 식수를 소독하고, 과일 주스를 저온 살균하는 방법 중 하나이다. 미생물은 대개 자외선이 미생물의 세포핵을 관통하며 DNA 분자에 손상을 일으킬 수 있을 정도로 작다. DNA 분자에 손상을 일으키는 데 4.6 eV의 에너지를 갖는 광자가 필요하다면, 자외선 살균에 사용할 수 있는 최대 파장은 얼마인가?

37[73]. 0.20 MV X선 기계로 만들 수 있는 X선의 최소 파장은 얼마인가?

38[75]. 어떤 레이저 포인터의 출력이 약 1 mW이다. (a) 레이저의 파장이 670 nm라면 레이저에서 방출되는 한 광자의 운동량과 에너지는 얼마인가? (b) 레이저는 1초당 몇 개의 광자를 방출하는가? (c) 방출되는 광자들의 운동량에 의해서 레이저 포인터에 작용하는 평균 힘은 얼마인가?

39[77]. 다음의 자료는 네 개의 다른 파장의 빛을 이용해서 얻은 광전효과의 저지전압이다. (a) 파장의 역수의 함수로 저지전압의 그래프를 그려라. (b) 금속의 일함수와 문턱 진동수를 그래프를 이용해 구하여라. (c) 그래프의 기울기는 얼마인가? 그래프의 기울기를, 기본 상수를 이용했을 때에 예상되는 값과 비교하여라.

색	파장(nm)	저지전압(V)
노랑	578	0.40
초록	546	0.60
파랑	436	1.10
자외선	366	1.60

40[79]. 최소 파장이 45.0 pm인 X선을 만들기 위해서 X선 관에 걸어주어야만 하는 전기퍼텐셜 차는 얼마인가?

41[81]. 라듐-226 방사능원 안의 원자핵들이 186 keV의 에너지를 갖는 광자들을 방출한다. 이 광자들은 금속 표적 안에 있는 전자들에 의해 산란되고, 검출기는 산란된 광자들의 에너지를 산란각 θ의 함수로 측정한다. $\theta = 90.0°$와 180°로 산란되는 감마선 광자의 에너지를 구하여라.

42[83]. (C) 광전효과를 텅스텐 표적을 이용해서 분석한다. 텅스텐의 일함수는 4.5 eV이고 입사광자의 에너지는 4.8 eV이다 (a) 문턱 진동수는 얼마인가? (b) 저지전압은 얼마인가? (c) 고전물리학에서는 어떠한 문턱 진동수도 예상되지 않는 이유를 설명하여라.

43[85]. 텅스텐을 이용해 광전효과 실험을 한다. 텅스텐의 일함수는 4.5 eV이다. (a) 파장이 0.20 μm인 자외선이 텅스텐에 입사되는 경우에 저지전압을 계산하여라. (b) 음극과 양극의 전압이 같도록 저지전압을 끄면 파장이 0.20 μm인 입사 빛은 3.7 μA 의 광전류를 만든다. 입사광선이 앞의 경우와 같은 세기와 400 nm의 파장을 갖는다면 광전류는 어떻게 되는가?

44[87]. 수소 원자의 방출 스펙트럼의 라이먼 계열은 들뜬 상태에서 바닥상태로의 전자 전이에 의해서 만들어진다. 라이먼 계열에서 가장 긴 파장부터 짧은 순으로 세 파장을 계산하여라.

45[89]. 콤프턴 산란 실험 동안에 처음에 정지해 있었던 전자가 입사 X선 광자의 운동 방향으로 되튄다. 되튄 전자가 0.20 keV의 운동에너지를 갖는다면, 입사 X선의 파장은 얼마인가? 산란된 X선의 파장은 얼마인가?

46[91]. 바닥상태에 있는 한 수소 원자가 파장이 97 nm인 자외선 광자를 흡수한다. 그런 다음에 수소 원자는 바닥상태로 되돌아가면서 하나 또는 더 많은 광자를 방출한다. (a) 자외선 광자를 흡수하기 전에 수소 원자가 정지해 있다면, 광자 흡수 후의 수소 원자의 되튐 속력은 얼마인가? (b) 수소 원자가 바닥상태로 돌아갈 때에 여러 가능한 방법이 있다. 얼마나 많은 방법이 가능할까? (c) (b)에서 찾은 각 방법에 대해서 방출되는 각 광자의 파장을 구하고, 그 광자를 가시광선, 자외선, 적외선, X선 등과 같이 분류하여라.

개념정리

- 양자물리학에서 두 가지 설명인 입자와 파동은 보완적이다. 입자의 파장을 드브로이 파장이라고 한다.

$$\lambda = \frac{h}{p} \qquad (28\text{-}1)$$

- 불확정성 원리는 입자의 위치와 운동량을 동시에 얼마나 정확하게 결정할 수 있는지에 대한 한계를 결정한다.

$$\Delta x\, \Delta p_x \geq \frac{1}{2}\hbar \qquad (28\text{-}2)$$

- 계가 시간 간격 Δt동안 양자 상태에 있는 경우, 그 상태의 에너지의 불확정성은 에너지-시간 불확정성 원리에 의해 그 상태의 수명에 관련된다.

$$\Delta E\, \Delta t \geq \frac{1}{2}\hbar \qquad (28\text{-}3)$$

- 구속된 입자는 정상파인 파동함수를 가진다. 구속은 드브로이 파장과 에너지의 양자화로 이어진다.

- 일차원 상자 안의 입자는 줄 위의 정상파와 비슷한 파장을 가진다.

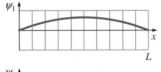
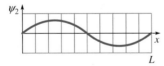
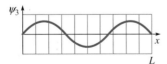

$$\lambda_n = \frac{2L}{n} \quad (n = 1, 2, 3, \ldots) \qquad (28\text{-}4)$$

- 파동함수의 크기의 제곱은 주어진 공간 영역에 입자가 위치할 확률에 비례한다.

- 원자에서 전자의 양자 상태는 4개의 양자수로 나타낼 수 있다.

주 양자수 $n = 1, 2, 3, \ldots$

궤도 각운동량 양자수 $\ell = 0, 1, 2, 3, \ldots, n-1$

자기양자수 $m_\ell = -\ell, -\ell+1, \ldots, -1, 0, 1, \ldots, \ell-1, \ell$

스핀 자기양자수 $m_s = -\frac{1}{2}, +\frac{1}{2}$

- 배타원리에 따르면 원자의 두 전자가 같은 양자 상태에 있을 수 없다.

- 동일한 n값을 가진 전자 상태 집합을 껍질이라고 한다. 버금껍질은 n과 ℓ의 고유한 조합이다. 버금껍질의 분광학 기호 표기법은 n의 숫자 값 다음에 ℓ값을 나타내는 문자를 붙인다.

- 고체 상태에서, 전자 상태는 밀집된 에너지 준위의 띠를 형성한다. 띠 간격은 전자가 없는 에너지 준위의 에너지 영역이다. 도체, 반도체, 절연체는 밴드 구조로 구별된다.

- 전자가 높은 에너지 준위에 있고 낮은 준위가 비어 있으면, 에너지가 ΔE인 입사광자는 광자의 방출을 유도할 수 있다. 원자에서 방출된 광자는 입사된 광자와 동일하다.

- 레이저는 유도 방출을 기반으로 한다. 유도된 방출이 흡수보다 더 자주 일어나기 위해서는 밀도반전이 존재해야 한다(더 높은 에너지 상태는 더 낮은 에너지 상태보다 수가 더 많이 있어야 한다).

- 제한된 영역의 입자 파동함수는 고전물리학에 따르면 입자의 에너지가 충분하지 않아 절대로 갈 수 없는 영역으로 확장된다. 고전적으로 금지된 영역이 유한한 길이이면 꿰뚫기가 발생할 수 있다.

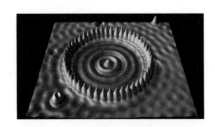

연습문제

단답형 질문

1[1]. 전자 회절 실험은 동일한 시료를 사용한 X선 회절 실험과 동일한 무늬를 제공한다. 전자와 X선의 파장이 같은 것을 어떻게 알 수 있는가? 그들의 에너지가 동일하다면 그들은 같은 무늬로 나타나겠는가?

2[3]. 때로는 절대영도에서 모든 분자는 병진 운동과 진동 및 회전이 중지된다고 한다. 이 주장에 동의하는가? 이유를 설명하여라.

3[5]. 우리는 종종 수소 원자의 상태를, 예를 들어 "$n = 3$ 상태"라고 말한다. 어떤 상황에서 4개의 양자수 중 하나만 지정하면 되는가? 어떤 상황에서 보다 더 구체적으로 밝혀야 하는가?

4[7]. 원자에서 전자 상태의 전자구름 현상을 어떻게 해석해야 하는가?

5[9]. 광학 펌핑 레이저에서 광펌핑을 일으키는 빛은 항상 레이저 빔보다 파장이 짧다. 이유를 설명하여라.

6[11]. Nd:YAG 레이저는 그림과 같이 4-상태를 순환하면서 작동하고, 루비 레이저는 3-상태 순환하며 작동한다 (그림 28.23b와 비교). 어떤 레이저를 사용하면 쉽게 밀도반전을 유지할 수 있는가? 그렇게 답한 이유가 무엇인가? Nd:YAG 레이저가 연속 광선을 생성할 수 있지만, 루비 레이저는 레이저 광선의 짧은 펄스만을 생성할 수 있는 이유를 설명하여라.

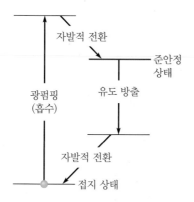

7[13]. 복사기(16.2절 참조)의 작동의 핵심은 감광체로 코팅된 드럼이다. 어두운 곳에서는 좋은 절연체이지만 빛으로 비추면 빛이 자유롭게 흐를 수 있는 반도체이다. 빛이 반도체 물질을 통해 자유롭게 흐를 수 있는 방법은 무엇인가? 좋은 광전도체의 띠 간격은 얼마나 되어야 하는가? 드럼이 뜨거워지면 이미지의 밝고 어두운 부분의 대비가 좋아지는가 아니면 나빠지는가?

8[15]. 물질파의 존재를 어떻게 시연해 보일 수 있는가?

9[17]. 온도 상승에 따라 반도체의 전기저항이 감소하는 이유를 설명하여라.

선다형 질문

1[1]. 다음 진술 중 어느 것이 사실인가?
(a) 수소 원자에서 전자의 주 양자수는 에너지에 영향을 미치지 않는다.
(b) 바닥상태의 전자의 주 양자수는 0이다.
(c) 전자 상태의 궤도 각운동량 양자수는 항상 그 상태의 주 양자수보다 적다.
(d) 전자의 스핀 양자수는 네 가지 다른 값 중 하나를 취할 수 있다.

2[3]. 수소 원자의 전자 에너지 준위에 관한 아래의 설명 중 맞는 것은?
(a) 수소 원자의 전자는 진행파로 가장 잘 표현된다.
(b) 총 에너지가 양(+)인 전자는 속박전자이다.
(c) 안정된 에너지 준위의 전자는 핵 주변을 돌 때 가속되기 때문에 전자기파를 복사한다.
(d) 바닥상태에 있는 전자의 궤도 각운동량은 0이다.
(e) 상태 n의 전자는 상태 $n + 1$ 또는 $n - 1$로의 전이를 할 수 있다.

3[5]. 다음 설명 중 어느 것이 사실인가?
(a) 결정의 원자 간격은 너무 조밀하기 때문에 물질파로 관찰 가능한 회절 효과를 생성할 수 없다.
(b) 대전된 입자들만이 그들과 관련된 물질파를 가진다.
(c) 같은 운동에너지를 가진 전자와 중성자가 단결정에 입사하면 동일한 회절무늬가 얻어진다.
(d) 적절한 에너지의 전자, 중성자 및 X선이 단결정에 입

사하면 모두 유사한 회절무늬를 생성할 수 있다.

(e) 야구공과 같은 거시적인 물체에서는 물체와 관련된 드 브로이 파장이 너무 길기 때문에 파동 현상이 관측되지 않는다.

4[7]. 배타원리는

(a) 원자에서 두 전자가 동일한 양자수 조합을 가질 수 없다는 것을 암시한다.

(b) 원자에서 두 전자가 같은 궤도에 있을 수 없음을 말한다.

(c) 원자핵에서 전자를 제외한다.

(d) 전자 궤도로부터 양성자를 제외한다.

5[9]. 입자가 각 변의 길이가 L인 3차원의 정육면체 안에 갇힌 경우

(a) 입자는 각 운동량의 성분에서 약 $h/(\pi L)$의 불확실성을 갖는다.

(b) 입자는 $2L$보다 작은 파장을 가질 수 없다.

(c) y-방향과 z-방향의 입자의 운동량 성분은 운동량의 x-성분에 유한한 불확실성이 있는 한 정확하게 결정될 수 있다.

(d) 입자의 운동에너지는 상한을 갖지만 하한은 없다.

문제

28.2 물질파

1[1]. 질량이 0.50 kg인 농구공이 10 m/s로 움직일 때 드 브로이 파장은 얼마인가? 농구공이 바스켓 림의 내부를 통과할 때 회절 효과를 볼 수 없는 이유는 무엇인가?

2[3]. 방금 물질파를 공부한 질량 81 kg인 학생이 가로 세로 81 cm, 두께 12 cm인 출입구를 지나갈 때 회절되는 것을 우려하고 있다. (a) 회절이 나타나기 위해서는 학생의 파장이 출입구와 크기가 같아야 한다. 그렇다면 학생이 출입구를 빠져나가면서 회절을 일으키기 위해 얼마나 빨리 출입구를 지나가야 하는가? (b) 이 속력으로 학생이 출입구를 지나가는 데 시간이 얼마나 걸리겠는가?

3[5]. $\frac{3}{5}c$로 운동하는 전자의 드 브로이 파장은 얼마인가?

4[7]. 16 keV X선을 사용한 X선 회절 실험을 X선 대신 전자를 사용해 반복한다. X선과 동일한 회절무늬를 생성하기 위해서는 전자의 운동에너지를 얼마로 해야 하는가? 표적은 동일한 결정을 사용한다.

5[9]. 0.100 keV 광자의 파장과 0.100 keV 전자의 파장의 비율은 얼마인가?

6[11]. 니켈 결정을 X선 회절격자로 사용한다. 그런 다음 동일한 결정을 전자 회절 실험에 사용했다. 두 회절무늬가 동일하고 각 X선 광자의 에너지가 $E = 20.0$ keV인 경우, 각 전자의 운동에너지는 얼마인가?

28.3 전자현미경

7[13]. 일반 현미경을 사용해 세포의 미세 부분을 분해하기 위해서는 당신이 관찰하고 싶어 하는 미세 부분과 같거나 짧은 파장을 사용해야 한다. 당신이 지름이 20 nm인 리보솜을 관찰하고자 한다고 가정해보자. (a) 자외선 현미경을 사용하려면 최소한의 광양자 에너지는 얼마여야 하는가? (실용적으로, 그렇게 짧은 파장의 빛에 효과적인 렌즈는 사용할 수가 없다.) (b) 전자현미경을 사용하는 경우, 전자의 최소 운동에너지는 얼마인가? (c) 전자가 이 에너지에 도달하기 위해 가속 전기퍼텐셜 차는 얼마여야 하는가?

8[15]. 생물 시료의 이미지는 5 nm의 분해능을 가져야 한다. (a) 드브로이 파장이 5.0 nm인 전자 빔의 운동에너지는 얼마인가? (b) 전자가 이 파장을 갖도록 하려면 얼마의 전기퍼텐셜 차를 통해 가속되어야 하는가? (c) 왜 시료의 영상을 얻기 위해 파장이 5 nm인 광학 현미경을 사용하지 않는가?

28.4 불확정성 원리

9[17]. 문제 1에서 농구의 운동량이 $\Delta p/p = 10^{-6}$의 불확정성을 갖는다면, 그 위치의 불확정성은 얼마인가?

10[19]. 야구 경기에서 스피드 건은 144 g인 야구공의 속도를 137.32 ± 0.10 km/h로 측정한다. (a) 야구공의 위치의 최소 불확정성은 얼마인가? (b) 양성자의 속력이 동일한 정밀도로 측정된다면, 양성자의 위치에서 최소 불확정성은 얼마인가?

11[21]. 질량이 10.000 g인 총알의 속력이 300.00 m/s이다. 속도는 0.04 % 내에서 정확하다. (a) 불확정성 원리에 따라 총알 위치의 최소 불확정도를 추정하여라. (b) 전자는 300.00 m/s의 속력을 가지며 0.04 %의 정확도를 갖는다. 전자의 위치에서 최소 불확정성을 예측해보아라. (c) 당신은 이 결과들로부터 어떤 결론을 내릴 수 있는가?

12[23]. 전자 빔이 40.0 nm 너비의 단일 슬릿을 통과한다. 1.0 m 거리의 스크린에 형성된 회절무늬에서 중앙 줄무늬의 너비는 6.2 cm이다. 슬릿을 통과하는 전자의 운동에너지는 얼마인가?

13[25]. 오메가 입자(Ω)는 생성된 후 평균 약 0.1 ns에 붕괴한다. 그것의 정지에너지는 1672 MeV이다. Ω의 정지에너지에서 불확정성을 추정해보아라($\Delta E_0 / E_0$). [힌트: 에너지-시간 불확정성 원리, 식 (28–3)을 이용하여라.]

28.5 갇힌 입자의 파동함수

14[27]. 원자핵 크기(1.0 fm)의 영역에 갇힌 전자의 최소 운동에너지는 얼마인가?

15[29]. 수소 원자의 전자를 보어 지름 $2a_0$와 같은 길이의 1차원 상자 속의 전자로 모형화한다고 가정해보자. 이 "원자"의 바닥상태 에너지는 얼마인가? 이 에너지는 실제 바닥상태 에너지와 어떻게 비교되는가?

16[31]. 입자의 바닥상태의 에너지를 대략적으로 추정하는 데 상자 모형 안에 있는 입자를 사용한다. 핵의 지름(예: 10^{-14} m)과 같은 길이의 1차원 상자에 중성자가 있다고 가정하여라. 갇힌 중성자의 바닥상태 에너지는 얼마인가?

17[33]. 전자가 1차원 상자에 갇혀 있다. 전자가 첫 번째 들뜬상태에서 바닥상태로 전환할 때 1.2 eV의 에너지의 광양자를 방출한다. (a) 전자의 바닥상태 에너지는 몇 eV인가? (b) 전자가 두 번째 들뜬상태에서 시작할 때 방출될 수 있는 모든 광자의 에너지(eV 단위)를 열거하고, 바닥상태로 직접 전이하거나 중간의 들뜬상태를 거쳐서 전이할 때 이들 전이를 모두 나타내는 에너지 준위 그림을 그려라. (c) 박스의 길이는 몇 nm(나노미터)인가?

28.6 수소 원자: 파동함수와 양자수, 28.7 배타원리와 수소 원자 이외의 원자들의 전자배위

18[35]. 양자수가 $n = 3$, $\ell = 1$인 H(수소 원자)는 얼마나 많은 전자 상태를 가지고 있는가? 양자수를 나열해 각 상태를 구별하여라.

19[37]. 원자가 가질 수 있는 n과 ℓ의 같은 값을 가질 수 있는 전자는 최대 얼마나 되는가?

20[39]. 니켈(Ni, 원자 번호 28)의 바닥상태 전자배위를 밝혀라.

21[41]. 브롬 원자의 바닥상태에서 외곽 전자에 대해 각운동량의 최대로 가능한 값은 얼마인가?

22[43]. (a) 바닥상태의 불소($Z = 9$)와 염소($Z = 17$)의 전자배위를 밝혀라. (b) 왜 이 원소들이 주기율표에서 같은 열(족)에 속하는가?

23[45]. (a) $n = 2$, $\ell = 1$인 전자의 각운동량 $\vec{L}$의 크기를 $\hbar$ 단위로 구하여라. (b) L_z에는 어떤 값이 허용되는가? (c) 양(+)의 z-축과 양자화된 L_z의 값을 갖도록 하는 $\vec{L}$이 이루는 각은 얼마인가?

28.8 고체 속에서의 전자들의 에너지 준위

24[47]. 발광 다이오드(LED)는 전지로부터 온 전기에너지에 의해 전자가 전도대로 들뜨는 성질을 가지고 있다. 전자가 원자가 띠로 다시 떨어지면 광자가 방출된다. (a) 이 다이오드의 띠 간격이 2.36 eV라면, LED가 방출하는 빛의 파장은 얼마인가? (b) 방출되는 빛은 무슨 색인가? (c) 다이오드가 포함된 전기회로에 필요한 최소 전지 전압은 얼마인가?

28.9 레이저

25[49]. 헬륨-네온 레이저에서 방출되는 빛의 파장은 얼마인가? (그림 28.24 참조)

26[51]. 루비 레이저에서, 파장 694.3 nm인 레이저 광이 방출된다. 루비 결정의 길이는 6.00 cm이며, 루비 굴절률은 1.75이다. 루비 결정의 빛을 결정의 길이를 따라 존재하는 파동으로 생각하여라. 한 결정에 얼마나 많은 파장이 들어 있는가? (결정의 정상파는 빔의 파장 범위를 줄이는 데 도움이 된다.)

28.10 꿰뚫기

27[53]. 양성자와 중수소핵(전하는 양성자와 같지만 질량은 2.0배)이 두께 10.0 fm, 높이 10.0 MeV인 퍼텐셜 장벽에 입사한다. 각 입자의 운동에너지는 3.0 MeV이다. (a) 어떤 입자가 장벽을 통과할 확률이 더 높은가? (b) 꿰뚫기 확률의 비율을 구하여라.

협동문제

28[55]. 질량이 10 g인 공깃돌이 한 변의 길이가 10 cm인 1차원 상자에 갇혀 2 cm/s의 속도로 움직인다. (a) 공깃돌의 양자수 n은 얼마인가? (b) 왜 우리는 공깃돌 에너지 양자화를 관찰할 수 없는가? (힌트: 상태 n과 $n+1$ 사이의 에너지 차이를 계산하여라. 공깃돌의 속도를 생각하여라.)

29[57]. 자유 중성자(핵에 있지 않고 홀로 존재하는 중성자)는 안정한 입자가 아니다. 그것의 평균 수명은 15분이며, 이 시간이 지나면 양성자와 전자 및 반중성미자로 붕괴된다. 자유 중성자의 질량에 내재하는 불확정성을 추정하기 위해 에너지와 시간 불확정성 원리[식 (28-3)]와 질량과 정지질량에너지 사이의 관계를 이용하여라. 이를 평균 중성자의 질량 1.67×10^{-27} kg과 비교해보아라. (중성자의 질량에 대한 불확실성은 너무 작아 측정할 수 없지만, 수명이 극도로 짧은 불안정한 입자는 측정되는 질량의 변화가 현저하게 나타난다.)

연구문제

30[59]. 질량이 2.0 g인 동전을 깊이 3.0 m인 소원을 비는 우물에 떨어뜨렸다. 우물물에 닿기 직전의 드브로이 파장은 얼마인가?

31[61]. 에너지-시간 불확정성 원리는 가상 입자의 생성을 허용하며, 이 입자는 매우 짧은 시간 Δt 동안 진공 상태에서 나타났다가 다시 사라진다. 이러한 일은 $\Delta E \, \Delta t = \hbar/2$를 만족하는 한 발생할 수 있다. 여기서 ΔE는 입자의 정지에너지이다. (a) 진공으로부터 생성된 전자는 불확정성원리에 따라 얼마나 오랫동안 존재할 수 있는가? (b) 불확정성 원리에 따라 진공으로부터 생성된 질량 7 kg인 투포환은 얼마나 오랫동안 존재할 수 있겠는가?

32[63]. 그림 28.4b에서 X선의 진동수가 1.0×10^{19} Hz였다. 그림 28.4에서 전자는 얼마의 전기퍼텐셜 차를 통과해 가속되어야 하는가?

33[65]. 2.0 eV의 광자로 이중 슬릿 간섭 실험을 수행한다. 같은 슬릿에서 전자로 실험을 했다. 간섭무늬가 광자 실험 결과와 동일하다면(곧, 최댓값 사이의 간격이 동일할 때), 전자의 운동에너지는 얼마인가?

34[67]. 바닥상태인 Te(원자번호 52인 텔루륨)의 전자배위를 밝혀라.

35[69]. 탄환이 300.0 m/s의 속도로 소총의 총신을 떠났다. 총알의 질량은 10.0 g이다. (a) 총알의 드브로이 파장은 얼마인가? (b) λ를 양성자의 지름(약 1 fm)과 비교해보아라. (c) 총알에서 회절과 같은 파동의 특성을 관찰하는 것이 가능한가? 설명하여라.

36[71]. 에너지 준위 사이의 간격을 대략적으로 추정하기 위해 종종 상자 모형 안에서 갇힌 입자를 사용한다. 핵의 지름(약 10^{-14} m)과 같은 길이의 1차원 상자에 갇힌 양성자가 있다고 가정하자. (a) 첫 번째 들뜬상태와 이 양성자의 바닥상태 사이의 에너지 차이는 얼마인가? (b) 들뜬상태의 양성자가 바닥상태로 되돌아갈 때 양성자의 들뜬상태 에너지가 광자로 방출된다면 방출되는 전자기파의 파장과 진동수는 얼마인가? 전자기파 스펙트럼에서 어느 부분에서 있는가? (c) 바닥상태와 아래부터 들뜬상태 3개의 양성자 파동함수 y를 위치의 함수로서 스케치하여라.

37[73]. 데이비슨-거머의 실험(28.2절)에서, 전자가 표적을 타격하기 전에 54.0 V 전기퍼텐셜 차를 통해 가속되었다. (a) 전자의 드브로이 파장을 구하여라. (b) 니켈에 대한 브래그 평면 사이의 간격이 당시에 알려져 있었다. 그들은 X선 회절 연구를 통해 결정했다. 니켈의 최대 면 사이 간격(가장 큰 세기의 회절 극대를 제공함)은 0.091 nm이다. 브래그 공식[식 (25-15)], 전자의 드브로이 파장을 이용해 1차 극대에 대한 브래그 각도를 구하여라. (c) 산란각 130°에서 관찰된 극대와 일치하는가? (힌트: 산란각과 브래그 각도는 동일하지 않다. 두 각도 사이의 관계를 보여주는 스케치를 하여라.)

38[75]. (a) 유한한 상자에서 전자의 $n=5$ 상태에 대한 파동함수의 질적 스케치를 만들어라[$U(x)=0$이고 그 밖의 다른 곳에서는 $U(x)=U_0 > 0$인 유한 퍼텐셜 우물에서 $n=5$인 전자의 파동함수를 정성적으로 그려라]. (b) $L=1.0$ nm이고 $U_0 = 1.0$ keV일 때 존재할 수 있는 속박 상태의 수를 추정하여라.

39[77]. 1차원 상자 안의 전자는 0.010 eV의 바닥상태 에너지를 갖는다. (a) 상자의 길이는 얼마인가? (b) 전자의 가장 낮은 세 에너지 상태에 대한 파동함수를 스케치하여라.

(c) 두 번째 들뜬상태($n = 3$)에 있는 전자의 파장은 얼마인가? (d) 전자가 바닥상태에서 파장 15.5 μm인 광자를 흡수했다. 전자가 연속적으로 방출할 수 있는 광자의 파장을 구하여라.

40[79]. (a) 버금껍질에 있는 전자 상태의 수가 $4\ell + 2$임을 보여라. (**힌트:** 첫째, 각 궤도에는 몇 개의 상태가 있는가? 둘째, 각 버금껍질에는 얼마나 많은 궤도가 있는가?) (b) 각 버금껍질의 상태 수를 합산하면 껍질의 상태 수가 $2n^2$

임을 알 수 있다. (**힌트:** 첫 번째 n에 대해 1에서 $2n - 1$까지 n개의 홀수를 합하면 n^2이다. 이것은 가장 작은 것과 가장 큰 것을 짝짓기 시작하여 모든 짝을 재조합하면 된다.)

$$1 + 3 + 5 + \cdots + (2n - 5) + (2n - 3) + (2n - 1)$$
$$= [1 + (2n - 1)] + [3 + (2n - 3)] + [5 + (2n - 5)] + \cdots$$
$$= 2n + 2n + 2n + \cdots = 2n \times \frac{n}{2} = n^2$$

핵물리학

개념정리

- 특정 핵종은 원자번호 Z(양성자의 수)와 핵자수 A(양성자와 중성자의 총수)로 특징지어진다. 원소의 동위원소는 원자번호는 같지만 중성자 수가 다르다.

- 모든 핵의 질량밀도는 거의 같다. 핵의 반지름은

$$r = r_0 A^{1/3} \qquad (29\text{-}4)$$

이다. 여기서

$$r_0 = 1.2 \times 10^{-15} \text{ m} = 1.2 \text{ fm} \qquad (29\text{-}5)$$

이다.

- 핵의 결합에너지 E_B는 핵을 개별 양성자와 중성자로 분리하기 위해 공급해야 할 에너지이다. 핵이 구속된 계이기 때문에 핵의 총 에너지는 멀리 떨어져서 정지해 있는 Z개 양성자와 N개 중성자의 에너지보다 적다.

$$E_B = (\Delta m)c^2 \qquad (29\text{-}8)$$

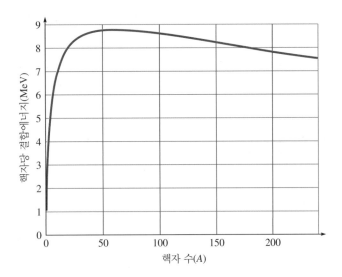

- 핵반응에서는 어떠한 경우이거나 전하와 핵자의 총수는 보존된다.

- 불안정하거나 방사능 핵종은 방사선을 방출하고 붕괴한다.

- 알파 붕괴 $\quad {}^{A}_{Z}P \rightarrow {}^{A-4}_{Z-2}D + {}^{4}_{2}\alpha \qquad (29\text{-}10)$

- β^{-} 붕괴 $\quad {}^{A}_{Z}P \rightarrow {}^{A}_{Z+1}D + {}^{0}_{-1}\text{e} + {}^{0}_{0}\bar{\nu} \qquad (29\text{-}11)$

- β^{+} 붕괴 $\quad {}^{A}_{Z}P \rightarrow {}^{A}_{Z-1}D + {}^{0}_{+1}\text{e} + {}^{0}_{0}\nu \qquad (29\text{-}12)$

- 감마 붕괴 $\quad P^{*} \rightarrow P + \gamma$

- 각 방사성 핵종은 각기 고유한 단위 시간당 붕괴확률을 가진다. N개의 핵을 갖는 선원의 방사능 R는

$$R = \frac{\text{붕괴한 수}}{\text{단위 시간}} = \frac{-\Delta N}{\Delta t} = \lambda N \qquad (29\text{-}18)$$

방사능은 일반적으로 베크렐(1 Bq = 1 붕괴/초) 또는 퀴리(1 Ci = 3.7×10^{10} Bq) 단위로 측정한다.

- 방사성 붕괴에서 붕괴하지 않고 남아 있는 핵의 수는 지수함수로 주어진다.

$$N(t) = N_0 \, e^{-t/\tau} \qquad (29\text{-}19)$$

- 여기서 시상수는 $\tau = 1/\lambda$이다. 반감기는 핵의 절반이 붕괴되는 데 걸리는 시간이다.

$$T_{1/2} = \tau \ln 2 \approx 0.693 \, \tau \qquad (29\text{-}22)$$

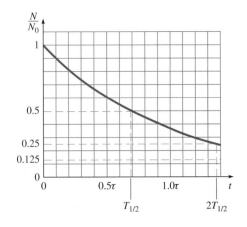

- 흡수선량은 그레이(Gy) 단위로 측정하며, 1 Gy는 조직의 단위 질량당 흡수된 방사선 에너지의 양이다. (1 Gy = 1 J/kg) 또는 방사선 (1 rad = 0.01 Gy)

- 선질계수 QF(quality factor)는 다른 종류의 방사선이 생체에 미치는 생물학적 손상을 나타내는 상대적인 수치이다. 생물학적 등가 조사량은 다음과 같이 정의된다.

    생물학적 등가 조사량 = 흡수된 조사량 × QF   (29-28)

- 큰 핵은 핵분열 과정을 거쳐 더 작고 단단히 결합된 두 개의 핵으로 분열하며 에너지를 방출할 수 있다. 핵분열 반응에서 방출되는 에너지는 엄청난 양이다. 일반적으로는 한 핵의 핵분열에서 약 200 MeV의 에너지가 방출된다.

- 핵융합은 더 큰 핵을 형성하기 위해 두 개의 작은 핵을 결합하는 것이다. 핵융합은 일반적으로 핵분열보다 훨씬 많은 핵자당 에너지를 방출한다.

연습문제

단답형 질문

1[1]. 베크렐과 다른 과학자들은 어떻게 α, β, γ선의 전하 또는 질량을 결정하기 전에 세 가지 다른 종류의 방사선이 있다고 결정할 수 있었는가?

2[3]. 느린 중성자가 같은 운동에너지를 가진 양성자보다 중성자 방사화나 유도 핵분열과 같은 핵반응을 유도할 가능성이 더 큰 이유는 무엇인가?

3[5]. 보기 29.4와 같은 계산에서 원자의 전자 결합에너지를 무시할 수 있는 이유가 무엇인가? 전자의 결합에너지로 인해 질량결손량이 있지 않은가?

4[7]. 고립된 원자(또는 희박한 기체 중의 원자)는 그 원자 고유의 불연속 에너지를 가진 광자를 방출한다. 그러나 고밀도 물질에서는 준연속적인 스펙트럼이 방출된다. 왜 원자핵의 스펙트럼에서는 이와 같은 일이 발생하지 않는가? 고체에서 방출되는 경우에도 감마 방사선은 동일한 특성 에너지를 갖는 이유가 무엇인가?

5[9]. 요오드가 생물학적인 과정을 통해 체내에서 제거되는 유효 반감기는 약 140일이다. 방사성 ^{131}I의 반감기는 8일이다. 약간의 방사성 ^{131}I이 체내에 있다고 가정하자. 새로운 ^{131}I 핵이 체내로 유입되지 않는다고 가정할 때, ^{131}I의 절반 정도가 체내에 남아 있으려면 시간이 얼마나 지나야 하는가? 8일 미만, 8일에서 140일 사이 또는 140일 이상? 그 이유를 설명하여라.

6[11]. 신체 외부에 있는 소량의 알파 방사선원은 상대적으로 무해하지만 섭취하거나 흡입하면 위험할 수 있다. 그 이유를 설명하여라.

7[13]. 핵융합로에서 핵분열 원자로보다 방사성 폐기물이 적게 생성되는 이유가 무엇인가? (힌트: 핵분열 반응의 생성물과 핵융합 반응의 생성물을 비교해보아라.)

선다형 질문

1[1]. 고체인 납의 질량밀도는 고체 알루미늄의 4배 이상이다. 납의 질량밀도가 훨씬 더 큰 주된 이유는 무엇인가?
(a) Pb 원자가 Al 원자보다 작기 때문이다.
(b) Pb 핵이 Al 핵보다 작기 때문이다.
(c) Pb 핵은 Al 핵보다 질량이 크기 때문이다.
(d) Pb 핵은 Al 핵보다 밀도가 크기 때문이다.
(e) Pb 원자가 Al 원자보다 많은 전자를 가지고 있기 때문이다.

2[3]. 안정한 핵은 모두
(a) 핵의 질량이 $Zm_p + (A - Z)m_n$보다 작다.
(b) 핵의 질량이 $Zm_p + (A - Z)m_n$보다 크다.
(c) 핵의 질량은 $Zm_p + (A - Z)m_n$과 같다.
(d) 위의 어느 것도 사실과 다르다.

3[5]. 다음의 가상 핵반응 중에서 핵자수의 보존에 위배되는 것은 어느 것인가?
(a) $^{10}_{5}B + ^{4}_{2}He \rightarrow ^{13}_{7}N + ^{1}_{1}H$
(b) $^{10}_{5}B + ^{1}_{0}n \rightarrow ^{11}_{5}B + \beta^{-} + \bar{\nu}$
(c) $^{23}_{11}Na + ^{1}_{1}H \rightarrow ^{20}_{10}Ne + ^{4}_{2}He$
(d) $^{14}_{7}N + ^{1}_{1}H \rightarrow ^{13}_{6}C + \beta^{+} + \nu$

(e) 위의 것은 모두 위배되지 않는다.

(f) 위의 것은 모두 위배된다.

(g) (c)를 제외하고 모두이다.

(h) (a)와 (d)

4[7]. 안정한 모든 핵에는

(a) 동등한 수의 양성자와 중성자가 있다.

(b) 중성자보다 양성자가 더 많다.

(c) 양성자보다 중성자가 더 많다.

(d) 위의 것은 모두 사실이 아니다.

5[9]. 방사성 핵종의 붕괴상수 λ의 단위로 적절한 것은 어느 것인가?

(a) s   (b) Ci   (c) rad

(d) s^{-1} (e) rem   (f) MeV

문제

29.1 핵 구조

1[1]. 체중이 75 kg인 사람의 몸에서 발견될 수 있는 핵자의 수를 추정하여라.

2[3]. 다음 핵종들을 중성자 수가 큰 것부터 나열하여라.

(a) $^{4}_{2}He$ (b) $^{3}_{2}He$ (c) $^{2}_{1}H$ (d) $^{6}_{3}Li$

(e) $^{7}_{5}B$ (f) $^{4}_{3}Li$

3[5]. 21개의 중성자를 가진 칼륨의 동위원소를 $^{A}_{Z}X$ 형식으로 나타내어라.

4[7]. ^{136}Xe 핵에는 몇 개의 양성자가 있는가?

5[9]. $^{107}_{43}Tc$ 핵의 반지름과 부피를 구하여라.

29.2 결합에너지

6[11]. 중수소핵(^{2}H)의 결합에너지를 구하여라. 중양자(중수소 원자가 아님)의 질량은 2.013 553 u이다.

7[13]. (a) ^{16}O 핵의 결합에너지를 구하여라. (b) 핵자당 평균 결합에너지는 얼마인가? 그림 29.2를 이용해 답을 점검하여라.

8[15]. ^{14}N 핵의 질량결손량은 얼마인가?

9[17]. (a) 바닥상태에 전자가 속박된 ^{1}H 원자의 질량결손량은 얼마인가? (b) ^{1}H 원자의 질량에서 하나의 전자의 질량을 빼서 ^{1}H 핵의 질량을 계산할 때 이 질량결손량을

고려할 필요가 있는가?

10[19]. 질량분석기를 사용해 $^{238}_{92}U^{+}$ 이온의 질량이 238.050 24 u임을 알았다. (a) 이 결과를 이용해 $^{238}_{92}U$ 핵의 질량을 계산하여라. (b) 이제 $^{238}_{92}U$ 핵의 결합에너지를 구하여라.

29.3 방사능

11[21]. $^{40}_{19}K$이 β^{-} 붕괴를 통해 붕괴했을 때 어떠한 딸핵종이 생성되는가?

12[23]. 전자포획에 의해 $^{22}_{11}Na$가 붕괴될 때 반응식을 쓰고 딸핵종을 밝혀라.

13[25]. 라듐-226은 $^{226}_{88}Ra \rightarrow ^{222}_{86}Rn + ^{4}_{2}He$로 붕괴한다. 붕괴 이전에 $^{226}_{88}Ra$ 핵이 정지하고 $^{222}_{86}Rn$ 핵이 바닥상태에 있다면, 알파 입자의 운동에너지는 얼마인가? ($^{222}_{86}Rn$ 핵이 가지는 운동에너지는 중요하지 않다고 가정하여라.)

14[27]. β^{-} 붕괴를 통해 $^{40}_{19}K$이 붕괴될 때 베타 입자의 최대 운동에너지는 얼마인가?

15[29]. ^{19}O가 자발적으로 알파 붕괴가 불가능하다는 것을 보여라.

16[31]. 나트륨의 동위원소 $^{22}_{11}Na$는 β^{+} 붕괴를 한다. 딸핵의 운동에너지와 방출된 중성미자의 총 에너지가 모두 0이라고 가정하고 양전자가 가질 수 있는 최대 운동에너지를 추정하여라. (힌트: 전자 질량을 추적한다는 것을 잊지 말아라.)

29.4 방사성 붕괴 속도와 반감기

17[33]. 특정 방사성 핵종의 반감기가 200.0초이다. 이 방사성 핵종을 포함하는 시료는 처음 방사능이 80,000.0 s^{-1}이다. (a) 600.0초 후의 방사능은 얼마인가? (b) 처음에 몇 개의 핵이 있었는가? (c) 시료의 핵 중 하나가 붕괴할 확률은 얼마인가?

18[35]. 과테말라 토굴에서 발견된 일부 뼈로 방사성 탄소 연대 측정을 하였다. 뼈의 ^{14}C의 방사능은 탄소 1 g당 0.242 Bq로 측정되었다. 뼈는 얼마나 오래된 것인가?

19[37]. 반감기가 19.9분인 방사성 $^{214}_{83}Bi$ 시료의 방사능은 0.058 Ci이다. 1.0시간 후에 그 방사능은 얼마인가?

20[39]. 방사성 라듐-226 1.0 g의 방사능을 Ci 단위로 계산하여라.

21[41]. 이 문제에서, 당신은 생명체에서 채취한 시료의 탄소 1 g당 ^{14}C의 방사능이 0.25 Bq임을 증명할 수 있다. (a) ^{14}C의 붕괴상수는 얼마인가? (b) 1.00 g의 탄소에 ^{14}C 원자가 몇 개나 있는가? 1몰의 탄소 원자는 질량이 12.011 g이고 ^{14}C의 상대적 존재 비는 1.3×10^{-12}이다. (c) (a)와 (b)의 결과를 사용해 생명체 시료의 탄소 1 g당 ^{14}C의 방사능을 구하여라.

22[43]. 갑상선 상태를 진단하고 치료하는 데 사용되는 방사성 동위원소 ^{131}I은 원자로 내부에서 텔루륨(Te)의 중성자 방사화로 생산할 수 있다. 한 병원에서 처음 방사능이 3.7×10^{10} Bq인 ^{131}I을 구입해 2.5일 후에 여러 환자에게 각각 1.1×10^9 Bq을 조사하려고 한다. 몇 명의 환자를 치료할 수 있는가?

23[45]. 같은 수의 ^{15}O와 ^{19}O 핵이 있는 방사성 시료가 있다. 부록 B에 있는 반감기를 이용해 ^{19}O 핵의 수가 ^{15}O 핵의 두 배가 되기까지 걸리는 시간을 구하여라. 이 기간 동안 ^{19}O 핵 중 몇 퍼센트가 붕괴하는가?

29.5 방사선이 생체에 미치는 영향

24[47]. 방사성 붕괴로 생성된 알파 입자는 통상적으로 운동에너지가 약 6 MeV이다. 알파 입자가 물질(예를 들어, 생명체의 조직)을 통과할 때, 그것이 분자와 충돌하면서 분자를 이온화시키는 데 필요한 전자에 결합에너지만큼을 공급하고 운동에너지는 줄어든다. 일반적으로 몸 안에 있는 분자의 이온화 에너지가 약 20 eV라면, 알파 입자는 얼마나 많은 분자를 이온화하고 난 후에 정지하겠는가?

25[49]. 일부 유형의 암은 고에너지 양성자를 사용해 암세포에 충격을 가함으로써 효과적으로 치료할 수 있다. 각각 950 keV의 에너지를 가진 1.16×10^{17}개의 양성자를 3.82 mg의 종양에 입사했다고 가정해보자. 이 양성자의 선질계수가 3.0이라면 생물학적 등가 조사량은 얼마인가?

26[51]. 평범한 사람의 폐에서 발견되는 라돈-222 기체의 양을 Sv 단위로 추정해보아라. 이 방사능은 0.1 rem/yr의 라돈-222가 방출하는 알파 입자에 의한 것이라고 가정하여라. 반감기는 3.8일이다. 계산하려면 방출되는 알파 입자의 에너지를 계산해야 한다.

29.6 유도 핵반응

27[53]. 중성자로 방사화한 시료에서 수은-198 핵이 들뜬 상태에서 바닥상태로 붕괴할 때 방출되는 감마선의 에너지와 같은 감마선이 방출된다. 시료를 중성자로 방사화했을 때 시료에서 일어난 반응이 $n + (?) \rightarrow {}^{198}\text{Hg}^* + e^- + \bar{\nu}$이었다면 방사화 이전의 시료에 존재하는 "핵종 (?)"은 무엇인가?

28[55]. 1935년 퀴리 부부에게 화학 분야의 노벨상의 영광은 방출된 알파 입자를 $^{27}_{13}$Al에 충돌시켜 극도로 불안정한 인의 동위원소 $^{31}_{15}$P를 생성시킨 실험에서 비롯되었다. 충돌반응으로 생성된 $^{31}_{15}$P는 곧바로 다른 동위원소 $^{31}_{15}$P와 다른 생성물로 붕괴했다. $^{31}_{15}$P는 다시 β^+를 방출하고 붕괴가 끝났다. 이 반응식을 쓰고 어떤 핵종이 생성되는지 밝혀라.

29.7 핵분열

29[57]. 식 (29–31)의 핵분열 반응에서 방출된 에너지를 추정해보아라. 그림 29.2에서 핵종들의 핵자당 결합에너지를 조사해보아라.

30[59]. ^{235}U의 핵분열 중 가능한 반응 하나는 $^{235}\text{U} + n \rightarrow {}^{141}\text{Cs} + {}^{93}\text{Rb} + ?n$이다. 여기서 "?n"은 하나 이상의 중성자를 나타낸다. (a) 얼마나 많은 중성자가 생성되는가? (b) 그림 29.2의 그래프로부터, 관련된 세 가지 핵종에 대해 핵자당 결합에너지를 대략적으로 읽어서, 이 핵분열 반응으로 방출된 총 에너지를 추정해보아라. (c) 방출된 에너지를 정확하게 계산해보아라. (d) 이 반응으로 ^{235}U 핵의 정지에너지의 어느 정도가 방출되는가?

29.8 핵융합

31[61]. 양성자-양성자 순환 핵융합에서 방출되는 총 에너지는 얼마인가[식 (29–34)]?

32[63]. 우라늄 동위원소 ^{235}U 1.0 kg이 식 (29–30)의 핵분열 반응을 일으킬 때 방출되는 에너지의 양과 1.0 kg의 수소가 식 (29–32)의 핵융합 반응을 일으킬 때 방출되는 에너지를 비교해보아라.

협동문제

33[65]. 라듐 $^{226}_{88}$Ra이 알파붕괴하면 라돈 기체(Rn)가 생성된다. (a) 이 붕괴로 생성된 Rn에는 중성자와 양성자가 얼마나 있는가? (b) 학생들의 아파트 지하 공기 중에는 1.0×10^7개의 Rn 핵이 있다. Rn 핵 자체는 방사성이 있다. 이들 또한 알파입자를 방출하면서 붕괴한다. Rn의 반

감기는 3.8일이다. 방 안의 Rn 핵이 붕괴하면 매초마다 얼마나 많은 알파입자가 방출되는가?

34[67]. 지금 $t = 0$일 때 방사성 핵종 A와 B가 각각 포함된 두 개의 시료에 포함된 원자핵의 수가 같다고 하자. A의 반감기는 3.0시간이고 B의 반감기는 12.0시간이다. (a) $t = 0$, (b) $t = 12.0$ h, (c) $t = 24.0$ h일 때 붕괴율과 방사능 비율 R_A/R_B를 구하여라.

연구문제

35[69]. 다음의 미확인 핵종 중 어느 것이 서로의 동위원소인가? $^{175}_{71}(?)$, $^{71}_{32}(?)$, $^{175}_{74}(?)$, $^{167}_{71}(?)$, $^{71}_{30}(?)$, $^{180}_{74}(?)$.

36[71]. 탄소 동위원소 ^{15}C는 ^{14}C보다 훨씬 빨리 붕괴된다. (a) 부록 B를 사용해 ^{15}C의 붕괴를 나타내는 핵 반응식을 써라. (b) ^{15}C가 붕괴될 때 얼마나 많은 에너지가 방출되는가?

37[73]. 그림 29.7은 ^{208}Tl의 에너지 준위 그림이다. 그림에 보인 6가지 전환으로 방출되는 광자의 에너지는 얼마인가?

38[75]. $^{106}_{52}$Te는 방사성 원소이다. 이것은 $^{102}_{50}$Sn으로 붕괴된다. $^{102}_{50}$Sn은 방사능이 있고 반감기는 4.6초이다. $t = 0$에, 시료에 4.00몰의 $^{106}_{52}$Te과 1.50몰의 $^{102}_{50}$Sn이 있다. $t = 25$ μs가 지났을 때 시료에는 3.00몰의 $^{106}_{52}$Te와 2.50몰의 $^{102}_{50}$Sn이 있었다. $t = 50$ μs가 되면 $^{102}_{50}$Sn은 얼마나 많이 남아 있겠는가?

39[77]. (a) 지구의 생성기에 존재하던 ^{238}U의 몇 퍼센트가 지금까지 남아 있는가? 지구의 나이는 4.5×10^9년이라고 생각하여라. (b) ^{235}U는 몇 퍼센트였겠는가? 이때 ^{238}U 원자의 수가 오늘날 지구의 ^{235}U 원자의 수보다 100배 이상 더 많았던 이유를 설명할 수 있는가?

40[79]. 러더퍼드와 가이거가 알파 입자의 전하 대 질량비를 결정하고 나서, 그 전하를 결정하기 위해 또 다른 실험을 수행했다. 알파 선원을 형광 스크린과 함께 진공 상자 안에 두었다. 상자에 있는 유리창을 통해 알파 입자가 충돌할 때마다 스크린에 섬광이 나타난다. 그들은 자기장을 사용해 베타 입자를 스크린에서 벗어나게 하여 모든 섬광이 알파 입자를 나타낸다는 것을 확인했다. (a) 자기장에서 베타 입자가 편향되는 것이 같은 속도로 움직이는 알파 입자의 편향보다 훨씬 큰 이유는 무엇인가? (b) 그들은 섬광을 세어서 매초 스크린(R)에 부딪히는 알파 입자의 수를 결정할 수 있었다. 그런 다음 스크린을 검전기에 연결된 금속판으로 교체하고 시간 Δt 동안에 누적된 전하 Q를 측정했다. 알파 입자의 전하량을 R, Q, Δt로 나타내어라.

41[81]. 방사성 요오드 ^{131}I를 일부 의료 진단에 사용한다. (a) 이 시료의 처음 방사능이 64.5 mCi라면, 시료 중 ^{131}I의 질량은 얼마인가? (b) 4.5일 후에 이 방사능은 얼마로 되겠는가?

42[83]. 우주 암석에 $^{147}_{62}$Sm 3.00 g과 $^{143}_{60}$Nd 0.150 g이 포함되어 있다. $^{147}_{62}$Sm은 반감기가 1.06×10^{11}년이고 $^{143}_{60}$Nd으로 붕괴한다. 그 암석에 원래는 $^{143}_{60}$Nd이 포함되어 있지 않았다면 암석의 나이는 얼마인가?

43[85]. 심장박동 조율기의 전원공급장치에는 소량의 방사성 ^{238}Pu가 있다. 이 핵종은 반감기가 87.7년이며 알파 붕괴한다. 심장박동 조율기는 매 10.0년마다 교체해야 한다. (a) ^{238}Pu 선원의 방사능은 10년 안에 몇 퍼센트나 감소하는가? (b) 방출된 알파 입자의 에너지는 5.6 MeV이다. 심장박동 조율기를 작동시키는 데 알파 입자 에너지가 100 %의 효율로 사용된다고 가정하여라. 심장박동 조율기가 1.0 mg의 ^{238}Pu로 시작하는 경우, 처음에 그리고 10.0년 후에 출력은 얼마인가?

44[87]. 러더퍼드가 1919년에 처음으로 관찰한 최초의 핵 반응은 $\alpha + ^{14}_{7}N \rightarrow p + (?)$이었다. (a) 반응 생성물 "(?)"은 무엇인가? (b) 이 반응이 일어나려면 알파 입자가 질소 핵과 접촉해야 한다. 그들이 접촉했을 때 그들의 중심 사이의 거리 d를 계산하여라. (c) 알파 입자와 질소 핵이 처음에 멀리 떨어져 있었다면 두 개를 접촉시키는 데 최소한 얼마의 운동에너지가 필요한가? (d) (c)에서 반응 생성물의 총 운동에너지는 처음 운동에너지보다 큰가 아니면 작은가? 그 이유는 무엇인가? 이 운동에너지의 차이를 계산하여라.

입자물리학

개념정리

- 양성자와 중성자는 기본 입자가 아니다. 그들은 쿼크와 글루온을 포함하고 있다.

- 표준모형에 따르면 기본 입자는 6개의 쿼크(위, 아래, 기묘, 맵시, 바닥, 꼭대기), 6개의 렙톤(전자, 뮤온, 타우와 3종의 중성미자), 쿼크와 렙톤의 반입자, 강하고 약한 전자기 상호작용을 위한 교환입자이다.

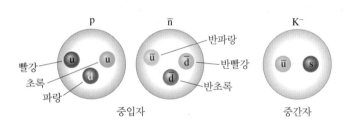

- 격리된 쿼크는 관찰되지 않는다. 쿼크는 항상 강력으로 색이 없는 집합체로 묶여 있다. 색전하는 전자기 상호작용에서 전하와 비슷하지만 강한 상호작용에서 중요한 역할을 한다.

- 1세대의 쿼크와 렙톤(위, 아래, 전자, 전자 중성미자)만이 보통 물질에서 발견된다.

- 빅뱅 직후에는 단 하나의 상호작용만 있었다. 첫 번째 중력이 분리되고, 다음에 강한 상호작용이, 그리고 마침내 약한 상호작용과 전자기적 상호작용이 분리되어 우리가 현재 인식하고 있는 네 가지 근본적인 상호작용을 하게 되었다.

- 고에너지의 새로운 입자가속기는 표준모형뿐만 아니라 경쟁력 있는 후속 이론을 검증하는 데 필요하다.

연습문제

단답형 질문

1[1]. 원자는 어떤 기본 입자로 구성되어 있는가?

2[3]. 태양으로부터 지구에 도달하는 전자 중성미자의 수가 원래 존재했던 것보다 적은 이유는 무엇인가?

3[5]. 렙톤 족에는 어떤 입자가 있는가?

4[7]. 전하의 가장 작은 기본 단위는 e인가? 관측할 수 있는 최소 전하의 단위는 얼마인가? (힌트: 전자의 정수 배가 아닌 중간자 또는 중입자를 생각해보아라.) 이유를 설명하여라.

5[9]. 매초 10^{14}개의 중성미자가 우리 몸을 통과하지만 우리가 그 효과를 인지하지 못하는 이유는 무엇인가?

6[11]. 고정 표적 실험에서는 가속기에서 나온 고에너지 대전입자를 고정 표적에다 충돌시킨다. 이와는 대조적으로, 충돌 빔 실험에서는 두 개의 입자 빔이 고에너지로 가속되어 서로 반대 방향으로 움직이다가 입자 빔이 정면충돌하도록 조정하면 충돌을 일으킨다. 각 실험이 다른 실험보다 유리한 점을 설명하여라. (힌트: 충돌 빔 실험의 장점은 충돌에 관련된 입자의 총 운동에너지뿐만 아니라 새로운 입자를 생성하는 데 사용할 수 있는 에너지의 양을 고려하는 것이다. 충돌에서 운동량은 보존되어야 함을 기억하여라.)

선다형 질문

1[1]. 다음 중 중입자를 구성할 수 있는 것은?

(a) 임의의 홀수 개의 쿼크

(b) 세 가지 다른 색으로 된 세 개의 쿼크

(c) 일치하는 색의 세 개의 쿼크

(d) 색이 없는 쿼크-반쿼크 쌍

2[3]. 쿼크의 맛깔에 포함되는 것은?

(a) 위, 아래   (b) 적색, 녹색   (c) 뮤온, 파이온

(d) 시안, 마젠타   (e) 렙톤, 글루온

3[5]. 다음 중 약한 상호작용을 매개하는 것은?

(a) 렙톤   (b) 광자   (c) 글루온

(d) W^+, W^-, Z^0 (e) 중간자

4[7]. 강한 상호작용을 중재하는 교환입자는?

(a) 중력자   (b) 광자   (c) 글루온

(d) 강입자   (e) 중성미자

5[9]. 다음 중 어느 입자가 강한 상호작용을 하는가?

(a) 쿼크   (b) 중력자   (c) 전자

(d) 렙톤   (e) 중성미자

협동문제

1[1]. 힘이 작용할 수 있는 거리를 결정할 수 있는 두 가지 요인은 힘을 전달하는 교환입자의 질량과 하이젠베르크의 불확정성 원리이다[식 (28-3)]. 교환입자의 에너지의 불확실성은 정지에너지에 의해 주어지며 입자는 거의 빛의 속도로 이동한다고 가정한다. 92 GeV/c^2의 질량을 갖는 Z 입자에 의해 전달되는 약력의 범위는 어떻게 되는가? 이것을 표 30.3에 주어진 약력의 범위와 비교해보아라.

2[3]. 스탠퍼드 선형 가속기에서 전자와 양전자는 매우 높은 에너지로 서로 충돌해 다른 기본 입자를 생성한다. 정지에너지가 0.511 MeV인 전자와 양전자가 충돌해 양성자(잔류 에너지 938 MeV), 전기적으로 중성인 케이온(498 MeV) 및 음전하를 띤 시그마 중입자(1197 MeV)를 생성한다고 가정하자. 반응식은 다음과 같이 쓸 수 있다.

$$e^+ + e^- \rightarrow p^+ + \overline{K}^0 + \overline{\Sigma}^-$$

이 반응을 일으키기 위해서 전자와 양전자는 운동에너지를 최소한 얼마나 가지고 있어야 하는가? 각 입자가 같은 에너지를 가지고 있다고 가정하여라.

연구문제

주: 입자는 그 정지에너지가 운동에너지에 비해 무시할 수 있을 때 극히 상대론적이다. 그러면

$$E = K + E_0 >> E_0 \quad and \quad E = \sqrt{(pc)^2 + E_0^2} \approx pc$$

이다.

3[5]. 반양성자는 어떤 쿼크로 되어 있는가? (힌트: 양성자를 구성하는 세 개의 쿼크를 각각 그 반쿼크로 교체하여라.)

4[7]. 여기에 보인 각 붕괴에 어떤 기본적인 힘이 작용하는가? (힌트: 각 경우에 붕괴 생성물 중 하나가 상호작용 힘을 나타낸다.) (a) $\pi^+ \rightarrow \mu^+ + \nu_\mu$, (b) $\pi^0 \rightarrow \gamma + \gamma$, (c) $n \rightarrow p^+ + e^- + \overline{\nu}_e$.

5[9]. 기본적인 힘이 통합될 것으로 예상되는 에너지는 약 10^{19} GeV이다. 정지에너지가 10^{19} GeV인 입자의 질량을 kg 단위로 구하여라.

6[11]. 운동에너지 7.0 TeV인 전자의 드브로이 파장은 얼마인가?

7[13]. K^0 중간자는 2개의 파이온으로 붕괴될 수 있다. 곧, $K^0 \rightarrow \pi^+ + \pi^-$. 이들 입자의 정지질량에너지는 K^0 = 497.7 MeV, $\pi^+ = \pi^-$ = 139.6 MeV이다. 만일 K^0가 붕괴 전에 정지해 있었다면 붕괴 π^+와 π^-의 운동에너지는 얼마인가?

8[15]. 7.0 TeV 양성자가 둘레가 27 km인 고리 안에서 운동하도록 하기 위해 LHC에서 요구되는 자기장의 세기를 추정하여라. 뉴턴의 제2 법칙을 사용해 입자의 운동량 p, 전하량 q, 반지름 r로 자기장의 세기 B를 표현하는 식을 유도하여라. 고전물리학을 사용해 도출했지만, 표현은 상대론적으로 정확하다. (추정치는 실제 값인 8.33 T 보다 훨씬 작을 것이다. LHC에서 양성자는 일정한 자기장 내에서 이동하지 않으며 자석 사이에서 직선 부분으로 이동한다.)

9[17]. 중성 파이온(질량 0.135 GeV/c^2)은 전자기 상호작용을 통해 두 광자 $\pi^0 \rightarrow \gamma + \gamma$로 붕괴된다. 파이온이 정지해 있었다고 가정할 때, 각 광자의 에너지는 얼마인가?

10[19]. 동등한 운동에너지를 가진 두 개의 양성자가 가속기에서 정면으로 충돌해 다음과 같은 반응을 일으켰다. $p + p \rightarrow p + p + p + \overline{p}$. 입사한 양성자 빔 각각의 최소 운동에너지는 얼마나 되어야 하는가?

문제 11-12. 이 입자들의 쿼크 구성을 밝혀라.

11[21]. 위 쿼크(와/나) 기묘 쿼크(와/나) 반쿼크로 구성되었으며 전하량이 0인 중입자.

12[23]. 위 쿼크(와/나) 기묘 쿼크(와/나) 반쿼크로 구성되었으며 전하량이 $-e$인 중간자.

13[25]. 전하를 띤 파이온은 뮤온이나 전자로 붕괴될 수 있다. π^-의 붕괴 모드로 가능한 두 가지는 $\pi^- \rightarrow \mu^- + \bar{\nu}_\mu$와 $\pi^- \rightarrow e^- + \bar{\nu}_e$이다. π^+가 붕괴하는 두 가지 방식을 적어보아라.

14[27]. 정지해 있는 시그마 중입자는 람다 중입자와 광자로 붕괴한다. 곧, $\Sigma^0 \rightarrow \Lambda^0 + \gamma$. 중입자의 정지에너지는 $\Sigma^0 = 1192$ MeV와 $\Lambda^0 = 1116$ MeV이다. 광자의 파장은 얼마인가? (힌트: 상대론적인 수식을 사용하고 운동량이 에너지와 마찬가지로 보존되는지 확인해보아라.)

26~30장 종합 복습문제

복습문제

1. 우주선의 중요한 고장을 알아차리고 승무원들에게 대피하도록 알려와 우주선이 지구 쪽으로 $0.78c$의 속력으로 이동하고 있다. 승객들이 탄, 길이 12.0 m인 구명선이 우주선에 대해 $0.63c$의 속력으로 방출되어 지구로 날아가고 있다. 지구에 있는 사람이 구명선을 측정했다면 길이는 얼마인가?

2. 전자가 25.00 MV의 전기퍼텐셜 차를 통해 가속된다. (a) 상대론 방정식을 사용하지 않으면 전자의 속력이 얼마로 계산되는가? (b) 이 경우 전자의 실제 속력은 얼마인가?

3. 특수상대성 이론에 따르면, 질량을 가진 물체는 빛의 속력보다 더 빠르게 움직일 수 없다. 유진이가 빛의 속력보다 빠르게 움직이는 방법을 알고 있다고 말한다. 그녀는 달에 레이저 빔을 보낼 수 있는 강력한 레이저 장치를 지구상에서 회전시켜 신호를 보내는 것을 고려해야 한다고 말한다. (a) 레이저 장치가 6.00초를 주기로 회전한다면, 레이저 빔이 달 표면을 얼마나 빠르게 가로질러 가겠는가? (b) 이것이 특수상대성 이론의 결과에 위반되지 않는다고 유진에게 어떻게 설명할 수 있는가?

4. 하비는 3시간 동안 농구를 한 후에 초콜릿 칩 쿠키 1.00 lb가 소멸되었다고 불평을 했다. (a) 하비가 과자 덩어리를 소멸했다면 얼마나 많은 에너지를 생산했겠는가? (b) 이것은 몇 킬로와트시의 전기에너지에 해당하는가?

5. 실험실의 관찰자가 전자의 운동에너지를 1.02×10^{-13} J로 측정했다. 전자의 속력은 얼마인가?

6. 120.0 nm 파장의 광자가 금속에 입사하면 전자는 방출되어 6.00 V의 저지전압으로 정지할 수 있다. (a) 광자의 파장이 240.0 nm일 때 저지전압은 얼마인가? (b) 광자의 파장이 360 nm일 때 어떻게 되는가?

7. (a) 일함수가 1.4 eV인 금속에 파장이 300 nm인 빛이 입사한다. 방출되는 전자의 최대 속력은 얼마인가? (b) 일함수가 1.6 eV인 금속에 파장이 800 nm인 빛이 입사되면 어떤 전자가 방출되는가? (c) 광도를 두 배로 증가시키면 부분 문제 (a)와 (b)에 대한 답이 어떻게 변하는가?

8. 220 W 레이저에서 680 nm 파장의 0.250 ms 펄스레이저를 발사한다. (a) 레이저 빔의 각 광자의 에너지는 얼마인가? (b) 얼마나 많은 광자가 이 펄스에 있는가?

9. 전자가 8.95 kV의 전기퍼텐셜 차를 통해 가속되어 너비가 6.6×10^{-10} m인 단일 슬릿을 통과했다. 슬릿에서 2.50 m 떨어진 스크린의 중앙 극대의 너비는 얼마인가?

10. 6.50×10^6 m/s의 속력으로 이동하는 입자는 드브로이 파장에 의해 주어지는 위치의 불확정성이 있다. 입자의 속력에서 최소 불확정성은 얼마인가?

11. 스트론튬-90($^{90}_{38}$Sr)은 핵분열에서 생성되는 방사성 동위원소이다. 이것의 반감기는 28.8년이며 β^- 붕괴를 하고 이트륨(Y)으로 붕괴된다. (a) $^{90}_{38}$Sr의 붕괴도를 그려라. (b) 2.0 kg의 $^{90}_{38}$Sr 시료의 처음 방사능은 얼마인가? (c) 1000년이 지나면 방사능은 얼마로 되는가?

12. 핵융합 반응 $^2H + ^3H \rightarrow ^4He + n$으로 얼마나 많은 에너지가 방출되는가?

13. 정지 상태의 람다 입자(Λ)는 반응 $\Lambda \rightarrow p + \pi^-$를 통해 양성자와 음이온으로 붕괴한다. 입자의 정지에너지는 Λ: 1116 MeV, p: 938 MeV, π^-: 139.6 MeV이다. 에너지와 운동량의 보존을 사용해서 양성자와 파이온의 운동에너지를 구하여라.

14. (a) 어떤 입자가 s$\bar{u}$쿼크로 구성되어 있다. 이 입자는 중간자인가, 중입자인가? 이 입자의 전하는 어떻게 되는가? (b) 입자가 쿼크 udc로 구성되어 있다. 이 입자는 중간자인가, 중입자인가? 이 입자의 전하는 어떻게 되는가? (c) 문제 (b)의 입자는 $\Lambda + e^+ + \nu_e$로 붕괴할 수 있다. 어떤 기본 힘에 의해 이 붕괴가 일어났는가?

15. 파장이 180 nm인 자외선이 금속에 입사해 전자가 방출되었다. 저지전압으로 전자의 최대 운동에너지를 결정하는 대신에 전자의 속도와 수직인 균일한 자기장에 수직으로 입사시켜 전자의 최대 운동에너지를 결정했다. 어떤 금속의 경우, 최대 운동에너지를 지닌 전자가 7.5×10^{-5} T의 자기장에서 반지름 6.7 cm의 경로를 따라 운동했다. (a) 이 금속의 일함수는 얼마인가? (b) 최대 운동에너지를 가진 전자는 최대 반지름인 경로를 따

라 운동하는가 아니면 최소 반지름인 경로를 따라 운동 하는가?

16. 동위원소 $^{12}_{7}\mathrm{N}$이 방사성 붕괴하여 $^{12}_{6}\mathrm{C}$로 된다. 붕괴 과정에서 방출되는 대전입자는 무엇이고, 그 전하는 어떻게 되는가?

17. 금 시료 $^{198}_{79}\mathrm{Au}$는 $^{198}_{80}\mathrm{Hg}$으로 붕괴하는 방사성 동위원소로 처음 붕괴율이 1.00×10^{10} Bq이다. 반감기는 2.70일이다. (a) 8.10일 후의 붕괴율은 얼마인가? (b) 이 붕괴 과정에서 방출되는 입자나 입자들은 무엇인가?

18. 대전입자가 $0.600c$로 운동할 때 총 에너지가 0.638 MeV이다. 그런 다음이 입자가 선형 가속기에 들어가 속력이 $0.980c$로 증가하면 입자의 총 에너지는 얼마나 되는가?

19. 당신이 우주선을 타고 지구에서 먼 우주로 여행을 하고 있는데 다른 우주선 독수리호가 당신을 앞질러서 같은 방향으로 날아간다고 가정해보자. 당신이 그 우주선의 속력을 측정해보니 $0.50c$였다. 뒤돌아 지구를 보니 지구가 $0.90c$로 멀어지고 있음을 알았다. 지상의 관측자가 독수리호의 속력을 측정한다면, 그들은 속력을 얼마로 측정하겠는가?

20. 수소 원자에서 전자의 양자수가 $n = 8$, $m_\ell = 4$이다. 가능한 전자의 궤도 각운동량 ℓ의 값은 얼마인가?

21. 광자를 이용하는 현미경으로 원자에서 0.01 nm 이내의 거리에 있는 전자를 찾아낸다. 이런 식으로 찾아낸 전자의 운동량의 최소 불확정성의 자릿수는 얼마인가?

22. 속력이 $0.60c$인 전자의 드브로이 파장은 얼마인가?

23. 원자에 네 개의 서로 다른 에너지 준위(전자가 천이할 수 있는 에너지 준위)가 있다면 원자가 방출할 수 있는 파장이 다른 스펙트럼 선은 몇 개인가?

24. 수소 원자의 바닥상태($n = 1$)에 있는 전자의 운동에너지를 K라 하자. 첫 번째 들뜬상태($n = 2$)에서 전자의 운동에너지는 K의 몇 배인가?

25. 두 개의 X선관 A와 B가 있다. 관 A에서 전자가 10 kV의 전기퍼텐셜 차를 통해 가속되고, 관 B에서는 전자가 40 kV를 통해 가속된다. 관 A에서 발생한 X선의 최소 파장과 관 B에서 발생한 최소 파장의 비는 얼마인가?

26. 그림은 나트륨에서 최외각 전자의 에너지 준위에서 가

장 낮은 6개의 준위를 보여준다. 바닥상태에서, 전자는 "$3s$" 준위에 있다. (a) 나트륨의 이온화 에너지는 얼마인가? (b) $3d$에서 $3p$로 전이할 때 방출되는 복사선의 파장은 얼마인가? (c) 589 nm에서 나트륨의 특징적인 황색 빛을 일으키는 전이는 어느 것인가?

에너지(eV)

준위	에너지
	0
$5s$	−1.1
$4p$	−1.4
$3d$	−1.6
$4s$	−1.9
$3p$	−3.0
$3s$	−5.1

27. $^{208}_{81}\mathrm{Tl}^*$ 핵(질량 208.0 u)은 낮은 에너지 상태로 전이하기 위해 452 keV의 광자를 방출한다. 처음에는 핵이 정지 상태에 있었다고 가정하자. 광자가 낮은 에너지 상태로 전이하며 광자를 방출한 후 핵의 운동에너지를 계산하여라. (힌트: 핵은 비상대론적으로 취급할 수 있다고 가정하여라.)

28. 질량이 m인 우주선이 속력 v로 지구에서 멀어지고 있다. 그것의 운동량의 크기는 $2.5\,mv$이다. (a) v를 구하여라. (b) 우주선의 우주비행사는 매초에 한 번 똑딱이는 시계를 가지고 있다. 지구 관측자가 이 시계를 관측한다면 시계는 얼마나 자주 똑딱이는가?

29. 65 kg인 환자가 진단용 흉부 X선 검사를 받았다. 환자 체중의 1/3에 걸쳐 조사된 X선의 생물학적 등가 조사량은 20 mrad이다. 이 X선의 선질계수가 0.90이라면 환자는 얼마나 많은 에너지를 흡수했는가?

30. LHC에서는 총 에너지가 7 TeV가 될 때까지 양성자를 가속시킨다. (a) 이들 양성자의 속력은 얼마인가? (b) LHC 터널은 둘레가 27 km이다. 양성자가 터널을 한 번 도는 데 걸리는 시간을 지상의 관측자가 측정했다면 측정한 시간은 얼마인가? (c) 양성자 위의 기준틀에서는 시간이 얼마나 걸리는가? (d) 지상의 기준틀에서는 이들 양성자의 드브로이 파장이 얼마인가? (e) 질량 1.0 mg인 모기의 운동에너지가 7 TeV라면 모기는 얼마나 빨리 움직이겠는가?

미국 MCAT 기출문제

다음은 MCAT 시험에 출제되었던 문제로 미국의과대학협회
(AAMC)의 허가를 얻어서 게재한 것이다.

단락을 읽고 다음 질문에 답하여라.

다음은 일반적인 방사성 붕괴 유형 세 가지에 대한 설명이다.

알파 붕괴

무거운 어떤 핵이 알파(α) 입자를 방출하면서 자발적으로 붕괴한다. 이 입자는 두 개의 중성자와 두 개의 양성자로 구성되어 있으며 ^{4}He 핵과 구별할 수 없다. 한 예는 ^{238}Pu의 알파 붕괴이다. 곧,

$$^{238}_{94}Pu \rightarrow ^{234}_{92}U + ^4_2\alpha$$

알파 입자의 질량은 $4\ u(6.6 \times 10^{-27}\ kg)$이며, 양전하는 양성자의 두 배이다.

베타 붕괴

베타(β^-) 입자는 강력한 전자이다. 전형적인 β^- 붕괴 중 하나는 ^{36}Cl 붕괴이다.

$$^{36}_{17}Cl \rightarrow ^{36}_{18}Ar + \beta^- + \bar{\nu}$$

여기서 $\bar{\nu}$는 반중성미자이며, β^- 붕괴에서 생성되는 입자이다.

β^- 붕괴에서 방출된 전자의 운동에너지 범위는 넓다. 전자가 운반하는 최대 에너지는 **끝점에너지**(endpoint energy)라고 부르며, 관련된 핵의 상대적인 에너지 상태에 따라 결정된다.

핵에서 β^- 붕괴의 순수 효과는 중성자가 양성자로 대체되는 것이다.

감마 붕괴

감마(γ)선은 질량이 없고 전하가 없는 매우 고에너지의 전자기파이다. 그들은 핵이 높은 에너지 준위에서 낮은 에너지 준위로 전이하는 동안 들뜬 핵에서 방출된다.

[주: $1\ u$(원자질량단위) $= 1.66 \times 10^{-27}\ kg$이며, 양성자와 중성자 및 전자질량은 각각 $1.0073\ u$, $1.0087\ u$, $9.11 \times 10^{-31}\ kg$이다. $1\ u$의 에너지 상당량은 $931\ MeV(10^6\ eV)$이다. $1\ eV = 1.6 \times 10^{-19}\ J$.]

1. 처음에 정지한 라듐 원자가 $4.8\ MeV$의 알파 입자를 방출했다면, 이 입자의 대략적인 속력은 얼마인가?
   A. 1.5×10^6 m/s   B. 2.3×10^6 m/s
   C. 1.5×10^7 m/s   D. 3.0×10^7 m/s

2. 방사능 계열에서 핵은 여러 단계를 거쳐서 붕괴한다. 토륨 계열은 ^{232}Th 핵으로 시작해 다음과 같은 입자를 연속적으로 방출한다. α, 두 개의 β^-, 네 개의 α, β^-, α 그리고 마지막으로 β^-를 방출하고 안정한 핵이 된다. 이 계열의 최종 생성물은 다음 중 어느 것인가?
   A. $^{208}_{82}$Pb   B. $^{208}_{88}$Ra
   C. $^{220}_{82}$Pb   D. $^{220}_{88}$Ra

3. 핵을 구성 요소로 분해하는 데 필요한 에너지를 **결합에너지**라 부른다. 결합에너지는 핵의 구성 요소들의 질량의 합과 핵 자체의 질량의 차이와 동등한 에너지이다. ^{7}Li의 질량이 $7.014\ u$인 것을 감안할 때, 다음 중 이 동위원소의 대략적인 결합에너지는 얼마인가?
   A. 0.038 MeV   B. 0.043 MeV
   C. 35.0 MeV   D. 40.0 MeV

4. α, β^-, γ선이 처음 속도 벡터와 수직으로 형성된 자기장 영역으로 진입했을 때 이들의 운동을 가장 잘 설명한 것은?
   A. 세 개의 광선은 모두 휘지 않는다.
   B. 세 개의 광선은 모두 같은 방향으로 휜다.
   C. γ선은 휘지 않고, α와 β^-선은 같은 방향으로 휜다.
   D. γ선은 휘지 않고, α와 β^-선은 서로 반대 방향으로 휜다.

5. 핵이 $2.5\ MeV$인 γ선을 방출하면 핵의 질량은 얼마나 감소하는가?
   A. 2.8×10^{-28} kg   B. 1.2×10^{-28} kg
   C. 4.5×10^{-30} kg   D. 8.6×10^{-31} kg

6. $^{24}_{11}$Na 시료는 반감기가 15시간이다. 24시간이 지난 후 시료의 방사능(단위 시간당 붕괴)이 $100\ mCi$이었다면 시료의 초기 방사능은 다음 중 어느 것에 가장 근접하는가?
   A. 200 mCi   B. 300 mCi
   C. 600 mCi   D. 1000 mCi

7. $^{20}_{10}$Ne 원자핵을 구성 요소로 분해하는 데 필요한 에너지의 등가질량은 $0.173\ u$이다. 다음 중 어느 것이 원자의 원자 질량인가?
   A. 19.987 u   B. 20.002 u
   C. 20.219 u   D. 20.333 u

8. $^{238}_{92}$U로 시작하는 방사성 계열에는 $^{234}_{92}$U과 중간 생성물이 포함되어 있다. 다음의 붕괴 순서 중 어느 것이 $^{238}_{92}$U에서

$^{234}_{92}$U를 생성하겠는가?

A. $\beta^-, \beta^-, \beta^-, \beta^-$ B. $\alpha, \beta^-, \beta^-, \beta^-$

C. $\alpha, \alpha, \beta^-, \beta^-$ D. α, β^-, β^-

9. 방사성 동위원소의 반감기가 8개월이라면 2년 후에는 동위원소 시료가 얼마나 남겠는가?

A. $\frac{1}{32}$ B. $\frac{1}{16}$

C. $\frac{1}{8}$ D. $\frac{1}{4}$

단락을 읽고 다음 질문에 답하여라.

탈륨–201 스트레스 이미징은 심혈관 질환의 확장 정도와 심각성을 진단 평가할 때 사용하는 비침습적인, 다시 말해 침이나 관을 삽입하지 않고 진단하는 임상 절차이다. 의사는 가장 적절한 치료법을 선택하기 위해 이미징한 결과를 도구로 사용한다. 탈륨-201은 전자를 포획하는 방사성 동위원소이다.

$$^{201}_{81}\text{Tl} + e^- \rightarrow \,^{201}_{80}\text{Hg}^* + \nu$$

[전자포획에서, 궤도 전자($1s$나 $2s$의 전자)가 핵에 포획되고 중성미자가 생성된다.]

생성된 Hg 핵은 종종 감마 붕괴를 한다. $^{201}_{81}$Tl의 반감기는 73시간이며, 에너지 스펙트럼은 약 88 %가 6983 keV 에너지 범위의 X선과 약 12 %의 135 및 167 keV인 에너지를 갖는 γ선으로 구성되어 있다.

일반적인 이미징 절차는 환자에게 높은 수준의 스트레스가 지속될 때까지 런닝머신에서 걷게 한다. 영상 진단에 요구되는 스트레스 수준은 생리학적 파라미터(예: 맥박, 혈압) 및 환자 반응(흉통, 근육 피로)에 따라 다르다. 환자를 진단할 수 있는 스트레스 수준에 도달하게 하는 데 필요한 평균 시간은 일반적으로 20~30분이지만, 벨트의 이동 속력과 경사각을 늘리면 이 시간을 크게 단축할 수 있다. 심장 스트레스를 설정하고 5분이 지난 후, 탈륨으로 표지된 약제를 환자의 혈류에 주입한다. 이 방사성 의약품은 순환계를 통해 심장 내부로 퍼진다. 붕괴하는 방사성 동위원소로부터 방출된 광자는 환자의 가슴 가까이에 위치한 광자검출기에 의해 측정된다.

(주: 플랑크 상수는 4.15×10^{-15} eV·s이고 빛의 속력은 3.0×10^8 m/s이다.)

10. $^{201}_{80}$Hg가 감마붕괴하는 동안, 원자번호 Z와 질량수 A는 어떻게 변하는가?

A. Z는 일정하게 유지되고 A는 증가한다.

B. Z와 A는 모두 일정하다.

C. Z는 증가하고 A는 일정하게 유지된다.

D. Z와 A 모두 감소한다.

11. $^{201}_{81}$Tl 원자의 정확한 구성은 다음 중 어느 것인가?

A. 201개의 양성자, 201개의 중성자, 201개의 전자

B. 120개의 양성자, 81개의 중성자, 120개의 전자

C. 81개의 양성자, 201개의 중성자, 81개의 전자

D. 81개의 양성자, 120개의 중성자, 81개의 전자

12. $^{201}_{81}$Tl 시료의 방사능(단위 시간당 붕괴)은 어떻게 변하는가?

A. 시간이 지남에 따라 기하급수적으로 증가한다.

B. 시간에 따라 선형적으로 감소한다.

C. 시간이 지남에 따라 기하급수적으로 감소한다.

D. 시간이 지나도 일정하다.

13. 다음 중 $^{201}_{81}$Tl에서 방출된 135 keV 감마선의 파장에 대해 올바로 표현한 것은 어느 것인가?

A. $\dfrac{(4.15 \times 10^{\quad})(3.0 \times 10^{\quad})}{1.35 \times 10^5}$ m

B. $\dfrac{(4.15 \times 10^{-15})(3.0 \times 10^8)}{1.35 \times 10^3}$ m

C. $\dfrac{4.15 \times 10^{-15}}{(3.0 \times 10^8)(1.35 \times 10^3)}$ m

D. $(4.15 \times 10^{-15})(3.0 \times 10^8)(1.35 \times 10^5)$ m

연습문제 해답
Answers to Selected Questions and Problems

1장 서론

선다형 질문 해답

1. (b) **3.** (a) **5.** (d) **7.** (b) **9.** (b)

문제 해답

1. 2.5 m **3.** 7.7% **5.** 7.2 **7.** 10^{-8} **9.** 11.8 yr **11.** 36.0%
13. 4.0 **15.** 0.704 **17.** (a) 1.29×10^8 kg (b) 1.3×10^8 m/s
19. (a) 3.63×10^7 g (b) 1.273×10^2 m **21.** 1.7×10^{-10} m^3
23. 459 m/s **25.** (a) 3; 5.74×10^{-3} kg (b) 1; 2 m
(c) 3; 4.50×10^{-3} m (d) 3; 4.50×10^1 kg (e) 4; 1.009×10^5 s
(f) 4; 9.500×10^3 mL **27.** (b), (a), (e), (d), (c) **29.** 2.8×10^{-7} in.
31. (a) 4.863×10^2 m (b) 1.834×10^3 m
33. (a) 180 mi/h (b) 8.0 cm/ms **35.** 0.12 or 12%
37. 4.9 L/min **39.** 1.7×10^{-10} km^3 **41.** (a) 2.7×10^{-3} ft/s
(b) 1.9×10^{-3} mi/h **43.** kg·m^2·s^{-2}
45. $[T]^2 = \dfrac{[L]^3}{\dfrac{[L]^3}{[M][T]^2} \times [M]} = \dfrac{[L]^3}{[M]} \times \dfrac{[M][T]^2}{[L]^3} = [T]^2$ **47.** (a) $[L^3]$

(b) volume **49.** 30–40 cm **51.** 10 kg **53.** 100 m
55.

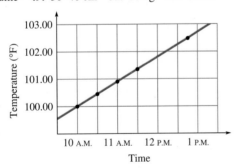

(a) 101.8°F (b) 0.9°F/h (c) No; the patient would die before
the temperature reached 113°F.
57. (a) a (b) $+v_0$ **59.** (a) 1.6 km/h; 3.0 km
(b) speed; starting position **61.** $x = (25 \text{ m/s}^4)t^4 + 3$ m
63. (a)

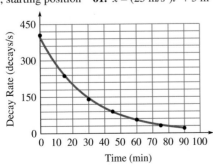

(b)

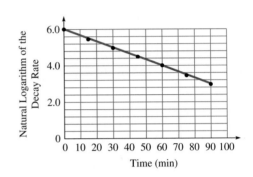

The presentation is useful because the graph is linear.
65. $v = \omega r$

67. (a)

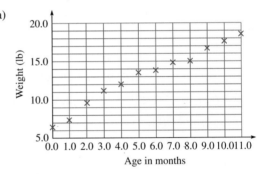

(b) 1.4 lb/mo (c) 0.78 lb/mo (d) 210 lb **69.** 10^5 hairs
71. 10^4 viruses **73.** (a) 33.5 m (b) 4.2 bus lengths **75.** 5 L
77. 434 m/s **79.** 2.24 mi/h = 1 m/s; for a quick, approximate
conversion, multiply by 2. **81.** $\dfrac{\text{kg·m}}{\text{s}^2}$ **83.** \$59 000 000 000
85. (a) 2.4×10^5 km/h (b) 10 min **87.** 2.6 N
89. 10^{11} gal/yr **91.** (a) $\sqrt{\dfrac{hG}{c^5}}$ (b) 1.3×10^{-43} s
93. 0.46 s^{-1}

2장 힘

선다형 질문 해답

1. (b) **3.** (a) **5.** (d) **7.** (c) **9.** (d) **11.** (c) **13.** (a)
15. (a) **17.** (b)

문제 해답

1. the weight of the person **3.** velocity **5.** 778 N

7. (a)

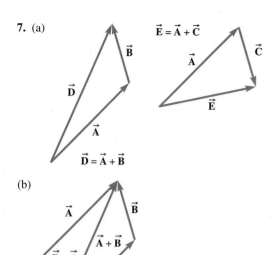

(b)

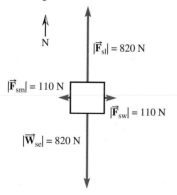

9.

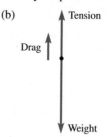

about 1.4 N   **10.** 14 N to the east   **11.** *F, E, D*
13. 70 N at about 5° below the horizontal   **15.** E_y, F_y, D_y
17. 20 N in the positive *x*-direction   **19.** 2 N to the east
21. (a) 31.0 m/s   (b) 58.1° with the +*x*-axis and 31.9° with the −*y*-axis   **23.** 8.7 units   **25.** (a) 5.0 m/s² (b) 37° CCW from the +*y*-axis   **27.** They both double, without changing sign.
29. (a) 9.4 cm at 32° CCW from the +*y*-axis   (b) 130 N at 27° CW from the +*x*-axis   (c) 16.3 m/s at 33° CCW from the −*x*-axis (d) 2.3 m/s² at 1.6° CCW from the +*x*-axis   **31.** C, E, A = B, D; add the vertical and horizontal components of each vector, taking note of whether components have the same or opposite directions.
33. 806 N   **35.** s = sailboat; e = Earth; w = wind; l = lake; m = mooring line

37. The net force magnitude on object B is greater than on object A.
39. 2 kN east   **41.** 1.1 kN forward (along the center line); no, there are other forces acting on the barge, which are not included.
43. 850 N, due west   **45.** One force acting on the fish is an upward force on the fish by the line; its interaction partner is a downward force on the line by the fish. A second force acting on the fish is the downward gravitational force on the fish; its

interaction partner is the upward gravitational force on the Earth by the fish.
47. (a) 543 N   (b) contact force of Margie's feet   (c) 588 N (d) contact force on the Earth due to the scale
49. (a) Gravitational force exerted on the skydiver by the Earth; drag exerted on the skydiver by the air; tension exerted on the skydiver by the parachute

(b)

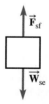

(c) 30 N   (d) Gravitational force exerted on the Earth by the skydiver, 650 N upward; drag exerted on the air by the skydiver, 30 N downward; tension exerted on the parachute by the skydiver, 620 N downward

51.

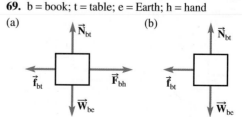

53. (a) 50.0 N upward (total for both feet)   (b) 650.0 N upward (c) s = woman and chair system; e = Earth; f = floor

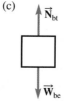

55. (a) 392 N   (b) 88.1 lb   **57.** 1.1×10^{-9} N   **59.** 640 N (a) 240 N   (b) 580 N   (c) 100 N   **61.** 4 km   **63.** (a) The rock will fall toward the Moon's surface.   (b) 1.6 N toward the Moon (c) 2.7 mN toward Earth   (d) 1.6 N toward the Moon   **65.** 3.770
67. The force of the Earth pulling on the book and the force of the table pushing on the book; the book is in equilibrium.
69. b = book; t = table; e = Earth; h = hand

(d) (a) and (b)   (e) 2.0 N opposite the direction of motion (f) The FBD would look just like the diagram for part (c). The book would not slow down because there is no net force on the book.

71. (b), (a), (e), (c), (d) = (f). In each case, draw an FBD for the book and set the component of the net force perpendicular to the table equal to zero. **73.** 150 N; 61 N up the ramp **75.** 150 N; 88 N up the ramp **77.** (a) 0.41 (b) 40 N **79.** 0.4 **81.** (a) Static friction; the apples are not moving relative to the belt. (b) No conclusion about the coefficient of kinetic friction; $\mu_s \geq 0.4$. **85.** (a) 160 N up the slope (b) 0.19 **87.** Scale A reads 120 N; scale B reads 240 N. **89.** 98 N **91.** lower cord 8.3 N; upper cord 12.4 N **93.** 19 N toward the back of the mouth **95.** (a) 34 N (b) 39 N **97.** (a) $\sqrt{2}Mg$ (b) 45° **99.** electromagnetic and gravitational forces **101.** the weak force **103.** (a) The gravitational force exerted on the crate by the Earth; the normal force exerted on the crate by the floor; the contact force exerted on the crate by Phineas; static friction exerted on the crate by the floor (b) The gravitational force exerted on the Earth by the crate; the normal force exerted on the surface by the crate; the contact force exerted on Phineas by the crate; static friction exerted on the surface by the crate

(c) 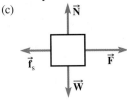 No, only the forces acting on the crate are shown on the FBD. (d) The net force acting on the crate is zero. weight = normal force = 350 N; force exerted by Phineas = static friction = 150 N (e) No; these forces are equal and opposite because the net force on the crate is zero.

105. (a) 15 N (b) 8.8 N

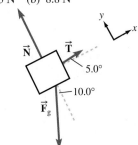

107. (a)
(b) Choose the coordinate system with the x-axis in the direction of the slope and the y-axis in the direction of the normal force. Then the problem can be solved by just summing the forces in the x-direction. (c) 2100 N **109.** 1810 N; 5 times the force with which Yoojin pulls; the oak tree supplies additional force. **111.** 440 N **113.** (a) zero (b) 2.6×10^4 N **115.** 281 N, 39.7° below the horizontal to the right **117.** (a) All 0 (b) A > B > C (c) A = 16.5 N; B = 11.0 N; C = 5.5 N **119.** (a) $\mu_s > 0.48$ (b) 0.60 (c) 0.48 **121.** i = ice; e = Earth; s = stone; o = opponent's stone

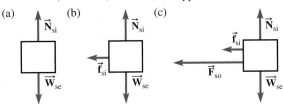

123. (a) c = computer; d = desk; e = Earth

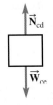

(b) zero (c) 52 N **125.** (a) A = 137 N; B = 39 N (b) A = 147 N; B = 39 N **127.** 0.49% **129.** $mg/(\cos \theta)$ **131.** 90.0% of the Earth-Moon distance **133.** (a) 2.60×10^8 m from Earth (b) away from the equilibrium point

3장 가속도와 뉴턴의 운동 제2 법칙

선다형 질문 해답

1. (e) **3.** (b) **5.** (a) **7.** (d) **9.** (b) **11.** (a) **13.** (a) **15.** (d) **17.** (a) **19.** (a) **21.** (c) **23.** (a) **24.** + **25.** +x **26.** +x **27.** not changing **28.** − **29.** +x **30.** − **31.** 0 **32.** −x **33.** decreasing

문제 해답

1.

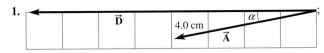

about 7.9 cm **3.** (a) $B_x = 6.9$; $B_y = -1.7$ (b) 6.9 at 15° CW from the −y-axis (c) 10 at 30° CCW from the −x-axis (d) x-comp: −8.7; y-comp: −5.0 **5.** 4.92 mi at 24.0° north of east **7.** (a) 45 km (b) 16 km **9.** 2.0 km at 20° east of south **11.** 4.4 miles at 58° north of east **13.** 14.3 m/s east **15.** 0.408 s **17.** (a) 21 m/s (b) 16 m/s **19.** 53.1 mi/h due west

21. (a) 70 mi/h (b) 59 mi/h at 14° south of west **23.** 160 m

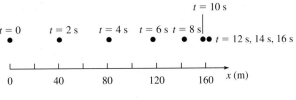

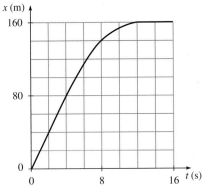

25. (a) 1.5 m/s (b) 1.2 m/s

27.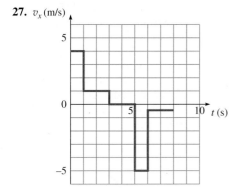

29. He cannot pass the test, because he would have to run the last 100 m in 0 s. **31.** (a) 110 km/h (b) 97 km/h at 35° north of east **33.** 27 m/s west **35.** 2.5 kN vertical **37.** (a) 13 s (b) 46 kg **39.** $a(5.5 \text{ s})$, $a(0.5 \text{ s})$, $a(1.5 \text{ s}) = a(2.5 \text{ s})$, $a(3.5 \text{ s}) = a(4.5 \text{ s})$ **41.** (a) -10 m/s^2 (b) 0

(c)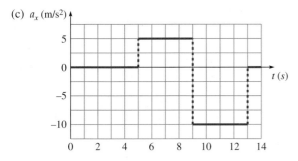

(d) 5.0 m

43. (a) 2.0 m/s^2 (b) 9.0 m/s (c) 9.8 m/s (d) 2.0 m/s (e) 69 m **45.** 4.8 kN **47.** (a) 9.4 m/s at 45° north of east (b) 15 m/s^2 at 45° south of east (c) Changing the direction of the velocity requires an acceleration.

49. (a)

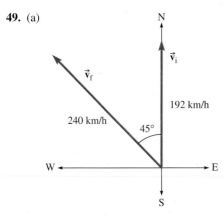

(b) 170 km/h at 7° south of west (c) 57 km/h^2 at 7° south of west **51.** 44.7 m/s at 26.6° south of east **53.** 1550 N away from the racquet

55.

(a) →$\vec{F}_{AB}$ $\vec{F}_{BA}$← (the forces have equal magnitudes)

(b) →$\vec{a}_A$ $\vec{a}_B$← (the acceleration of the less massive star is 4.0 times the acceleration of the more massive star)

57. (c) = (d), (a) = (b) = (e) **59.** (a) no (b) yes (c) 0.55 m/s^2 (d) The force of friction will be less on the Moon; more. **61.** 22.7 kN upward **63.** (a) 3.5 m/s^2 up (b) 15 m/s up **65.** (a) m_1: 2.5 m/s^2 up; m_2: 2.5 m/s^2 down (b) 37 N **67.** 2.1 m/s^2 in the direction of motion **69.** 1.8 m/s^2; yes **71.** 20 N **73.** (a) at $t = 11$ s (b) No; the area under the police car curve is less than the area under the motorcycle curve. (c) 12 m/s and 2 m/s, both in the same direction as the motorcycle's velocity with respect to the highway **75.** 130 km/h north **77.** 39 s **79.** 63 km/h at 40° south of west **81.** $v_x = 50$ km/h east, $v_y = 40$ km/h south **83.** (a) 1.00 m/s (b) 1.12 m/s **85.** (a) 1.80 mi/h (b) 48.0 min (c) 0.800 mi upstream (d) 32.2° upstream

87.

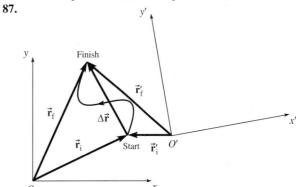

89. 32.0° **91.** (a) $g(\sin \theta_2 - \cos \theta_2 \tan \theta_1)$ (b) 3.8 m/s^2

93. $\dfrac{m_1}{m_1 + m_2}$

95. (a) →— Upstream displacement
←— Downstream displacement

(b) ←— Samantha's total displacement
←— Lifejacket's total displacement

(c) Samantha's total displacement relative to the water is zero.
—→ Upstream displacement
←— Downstream displacement

(d) In the reference frame of the water, she paddles equal distances at the same speed, so it takes the same time each way. **97.** (a) 873 km (b) 9.90° south of east (c) 2.250 h (d) 2.18 h **99.** (a) 16 N (b) The block will accelerate. (c) 1.3 m/s^2 **101.** EF, AB = CD, BC, DE **103.** (a) $(m_1 + m_2)\mu g$ (b) $(m_1 + m_2)g(\mu \cos\theta + \sin\theta)$ **105.** (a) 1.0 mm/s (b) 20 ms (c) 100 m/s **107.** 3.8 m/s **109.** (a) 1.8 m/s^2 down (b) 8.7 m/s **111.** (a) 160 km/h at 20° north of east (b) 150 km/h at 21° north of east (c) 10 km/h west **113.** (a) 15 km/h due west (b) 5.8° west of north **115.** (a) 5.0° from the vertical (b) $a_x = 0.52 \text{ m/s}^2$, $a_y = 0.02 \text{ m/s}^2$ **117.** (a) $1.10mg$ (b) $1.10mg$

4장 등가속도 운동

선다형 질문 해답

1. (c) **3.** (e) **5.** (d) **7.** (a) **9.** (b) **11.** (d) **13.** (e) **15.** (b) **17.** (c) **19.** (a)

문제 해답

1. (a), (d), (b) = (c)

3.

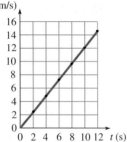

The x-coordinates are determined by choosing $x = 0$ at $t = 0$. At $t = 5.0$ s and $x = 100$ m, the object's speed is 20 m/s. From $t = 5.0$ s to $t = 9.0$ s, the speed of the object increases at a constant rate until it reaches 40 m/s at $x = 220$ m. The acceleration is 5.0 m/s^2 in the $+x$-direction.

5. (a) v_x (m/s)

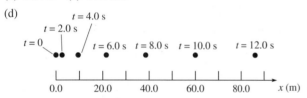

(b) 86.4 m (c) 14.4 m/s

(d)

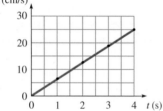

7. 0.365°; v_x (cm/s)

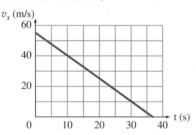

9. 1.5 m/s^2 northeast;

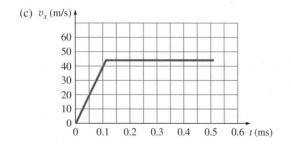

11. (a) 3.9×10^5 m/s^2 (b) 0.51 ms

(c) v_x (m/s)

13. (a) 12 m/s^2 (b) 24 m (c) 3.0 m/s^2; 4.0 **15.** 0.50 m **17.** (a) 23 m/s (b) 0.19 **19.** No, it takes 236 m for the train to stop. **21.** (a) 0.34 m/s^2, where the watermelon moves up and to the left (b) 1.5 cm (c) 6.8 cm/s **23.** 2.27 m/s **25.** 5.0 m/s **27.** (a) 1.6 s (b) 48 m **29.** 30.0 m/s **31.** (a) 290 m/s^2 toward Lois (b) 270 m/s **33.** 1.22 s **35.** (a) 55 m (b) 7.5 s **37.** 46 m **39.** The clay is on the ground after 1.32 s, so the horizontal distance along the ground is 26.3 m. **41.** (a) 5.9 m (b) 17.0 m/s **43.** (a) $v_x = 10.0$ m/s, $v_y = -12$ m/s (b) $\Delta x = 30$ m, $\Delta y = 8$ m **45.** 15.8 m

47. (a)

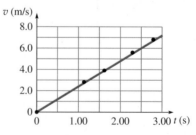

(b) 27.6 m/s at 25.0° above the horizontal (c) 37.5 m (d) 44.4 m above the ground **49.** 37.1 m **51.** (a) 37 m (b) 170 m (c) 32 m/s; −27 m/s **53.** 200 km **55.** (a) $\dfrac{v_i^2}{g}$ (b) 45° **57.** (a), (b) = (c), (d) = (e) **59.** 766 N downward **61.** 0.8 m/s^2 downward **63.** (a) 567 N (b) 629 N **65.** 620 N **67.** (a) 25.0 km (b) 152 s (c) 76.0 km (d) 1220 m/s downward **69.** 3260 ft; 25.5 s **71.** (a) $\Delta t = 7.69$ s, $\mu_s = 1.38$ (b) 9.19 s **73.** (a) 2.02 s (b) 2.02 s (c) 1.5 s **75.** (a) 33.1 h (b) 34.1 h (c) 33.6 h **77.** (a) 0.30 s (b) 0.05 s (c) 0.45 m (d) 10 m/s^2 down (e) 120 m/s^2 up **79.** 46 m **81.** 63° below the horizontal **83.** 48 m **85.** 23 m **87.** (a)

(b) yes; 2.43 m/s^2 in the direction of motion (c) 14.4° (d) Larger, since if friction is significant, the acceleration is less for the same incline. **89.** 3.0 cm/s^2 parallel to the velocity **91.** (a) 2.4 m/s (b) 140 m/s^2 at 55° above the horizontal (c) 0.29 N at 55° above the horizontal. It was okay to ignore the weight of the locust because the contact force due to the ground is about 15 times larger. **93.** (a) 1.3 m (b) 0.2 m (c) 2 m/s (d) 0.6 m/s

5장 원운동

선다형 질문 해답

1. (f) **3.** (b) **5.** (b) **7.** (b) **9.** (b) **11.** (c)

문제 해답

1. 17 m **3.** 0.105 rad/s; 0.52 rad **5.** (a) 160 rad (b) 4700 cm/s (c) 25 Hz **7.** 26 rad/s **9.** 3800 ft **11.** Linear speed at the rim is proportional to radius/period, so arrange these quotients in descending order: (c), (a) = (d), (b), (e). **13.** 3.37 cm/s^2
15. (a) 890 m (b) 490 m
17.
$$v\omega : \frac{[L]}{[T]}\cdot\frac{1}{[T]} = [L]/[T]^2$$
$$\frac{v^2}{r} : \left(\frac{[L]}{[T]}\right)^2\frac{1}{[L]} = \frac{[L]^2}{[T]^2}\cdot\frac{1}{[L]} = [L]/[T]^2$$
$$\omega^2 r : \left(\frac{1}{[T]}\right)^2\cdot[L] = \frac{1}{[T]^2}\cdot[L] = [L]/[T]^2$$

19. (a)

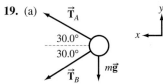

(b) $T_A = 3.64$ N, $T_B = 1.68$ N **21.** (a) $\dfrac{mv^2}{L}$
(b) $T = m\sqrt{g^2 + \left(\dfrac{v^2}{L\cos\theta}\right)^2}$ **23.** (a) $\sqrt{\mu_s g R}$
(b) The static frictional force is not large enough to keep the car in a circular path; the car skids toward the outside of the curve.
25. 7.9 m/s **27.** 59° **29.** (a) 2300 N (b) 19 m/s
31. $\tan^{-1}\dfrac{v^2}{rg}$ **33.** 2.99×10^4 m/s **35.** 130 h
37. $r_{Io} = 420\,000$ km; $r_{Europa} = 670\,000$ km **39.** (a) 3.07 km/s in the $-y$-direction (b) 2.76 km/s at 45° above the $-x$-axis
(c) 0.201 m/s^2 at 45° below the $-x$-axis (d) 0.224 m/s^2 in the $+y$-direction **41.** (a) 13 N (b) The bob has an upward acceleration, so the net F_y must be upward and greater than the weight of the bob. **43.** 23.2 m/s **45.** 4.0 rad/s^2 **47.** (a) 73 rad/s^2
(b) 23 rev **49.** (a) 17.7 m/s (b) 6.28 m/s^2 (c) 6.59 m/s^2 at an angle of 17.7° east of south **51.** (a) 170 rad/s^2 (b) 2.2 m/s^2
53. (a) 1.3×10^6 s (b) 5.0×10^{10} rev **55.** $a_t = 2.54$ m/s^2; $a_r = 2.45$ m/s^2; 11.9 N **57.** $16g$ **59.** 7.0 rad/s
61. (a) 0.034 m/s^2 (b) less (c) 0.34% smaller (d) at the poles
63. (a) 518.5 N (b) 521.5 N (c) 45 m **65.** 0.40ω **67.** 16 h
69. smallest; 4.1 s **71.** 464 m/s **73.** 1.80×10^6 degrees
75. (a) 12.0 Hz clockwise (b) 3.77 m/s **77.** 200 km/s
79. 3.8 N; 2.0 N **81.** 110 μm/s **83.** 8.1 cm **85.** 1.04 rad/s
87. (a) 3.6×10^7 m (b) 55 N **89.** 1.4 rev/s **91.** 42 200 km

1~5장 종합 복습문제 해답

복습문제 해답

1. N/m = kg/s^2 **3.** (a) 220 markers (b) 221 markers
5. (a) 1.74 m/s (b) 0.332 m/s in his original direction of motion
7. 3300 ft or 1000 m **9.** The cart will go off the road toward the south. **11.** (a) 19 m (b) 3.6 m/s **13.** 1.7 m/s

15. (a) 15.1 N (b) 34.3 N **17.** Stefan's plan is superior and thus more likely to work. **19.** 29 km/h at 83° north of west
21. (a) The rocks will have the same speed when they hit the ground. (b) 19.8 m/s **23.** 2.40 s **25.** 2.0 m/s^2 **27.** 480 N
29. (a) 0.785 m/s^2 (b) 1.37 N **31.** (a) 17.6 m (b) 14.1 m/s
33. (a) g (b) $2m_2g$ **35.** (a) 6.00×10^2 N directed along the 8.00×10^2-N vector (b) 0.0414 m/s^2 in the same direction as the force

미국 MCAT 기출문제 해답

1. D **2.** C **3.** D **4.** C **5.** C **6.** D **7.** A

6장 에너지 보존

선다형 질문 해답

1. (c) **3.** (b) **5.** (c) **7.** (c) **9.** (b) **11.** (f)

문제 해답

1. 75 J **3.** No work is done. **5.** 210 kJ **7.** (a) 0 (b) 8.8 J
9. 153 J **11.** 720 kJ **13.** Murphy: 27.2 kJ; Howard: 163 kJ
15. 0.12 N **17.** −550 J **19.** (a) −50 MJ (b) 600 kN opposite the plane's direction of motion **21.** 54.8 kJ **23.** $E, C, B = D, A$
25. $A = B = C = D = E$ **27.** 11 h **29.** (a) 0 (b) −2.9 J
31. (a) 2 (b) 1.88 kJ (c) 1.88 kJ (d) 8.00 m
33. (a) 14.3 m/s (b) Yes, the cart will reach position 4.
35. 8.42 m/s **37.** −52 kJ **39.** (a) $\sqrt{v^2 + 2gh}$ (b) The final speed is independent of the angle. **41.** (a) 6.09 kJ; 0 J
(b) 6.09 kJ; 0 J; −2.34 kJ; 73.0 N opposite the direction of motion; 0.103 **43.** 60.0 km/s **45.** 22.4 km/s **47.** 11.2 km/s
49. 55 km/s **51.** 10,500 m/s **53.** 1.6 J **55.** 5.2 J
57. (a) 4.9 cm (b) 1.4 N/cm (c) 88 mJ **59.** (a) 1.9 N/cm
(b) 0.49 J (c) 2.4 kg **61.** zero **63.** (a) 1.1 kN (b) 4.2 J
65. $4h$ **67.** 8.7 cm **69.** (a) 2.2 m/s (b) 0.21 m (c) 0.50 m
71. 13.0 s **73.** 4.08 min **75.** 150 W **77.** 5.2 W **79.** (a) 510 W
(b) No, the body would have to be 100% efficient.
81. (a) 8.8 kW (b) 6.4 kW **83.** (a) −500 J (b) 3 GW
(c) 300,000 households **85.** No **87.** 27 N **89.** (a) 10 kW
(b) 5.8° **91.** (a) 500 m^3 (b) 600 kg (c) 30 kJ (d) 12 kW
(e) The power output is $\frac{1}{8}$ as large. The power production of wind turbines is inconsistent, since modest changes in wind speed produce large changes in power output. **93.** 6.1 m **95.** 200 ft
97. 0.33 m **99.** (a) 94 W (b) 2.0 MJ (c) 490 kcal
101. (a) 2200 kcal/day (b) more than 0.51 lb
103. (b) 4.9 m/s (c) 1.24 m **105.** (a) 26 cm (b) 34 cm
107. Yes, since the final kinetic energy is positive; 100 J.
109. (a) $k/2$ (b) $2k$ **111.** 20.0 J **113.** $\frac{2}{3}R$ **115.** (a) $k = k_1 + k_2$
(b) 0.16 J **117.** (a) 0.5 J (b) zero (c) Some of the energy is dissipated as heat. **119.** $v \propto \dfrac{1}{L}$

7장 선운동량

선다형 질문 해답

1. (d) **3.** (c) **5.** (b) **7.** (f) **9.** (d) **11.** (d)

문제 해답

1. 0 **5.** 3 kg·m/s north **7.** (b), (a) = (e), (c), (d), (f) **9.** 20 kg·m/s in the −x-direction **11.** 1.0×10^2 kg·m/s downward

13. (d), (b) = (c), (a), (e) **15.** 320 s **17.** 6.0×10^3 N opposite the car's direction of motion **19.** (a) 750 kg·m/s upward
(b) 990 N·s downward (c) 2500 N downward **21.** 0.12 m/s
23. 1.8 m/s **25.** 0.010 m/s **27.** 100 m/s (224 mi/h). Dash will not succeed. **29.** 0.10 m/s **31.** (8.0 cm, 20 cm) **33.** 1.9 cm
35. 4.0 cm in the positive x-direction **37.** (0.900 m, −2.15 m)
39. 98.0 m/s downward **41.** 5.0 m/s west **45.** −0.15 m/s
47. 3.0 m/s east **49.** 350 m/s **51.** 0.066 m/s **53.** The 300-g ball moves at 2.50 m/s in the +x-direction, and the 100-g ball moves at 2.50 m/s in the −x-direction. **55.** 4.8 m/s **57.** 0.49 m
59. 5.0 m/s **61.** 170 m/s **63.** (a) $\Delta p_{1x} = -1.00 m_1 v_i$; $\Delta p_{1y} = 0.751 m_1 v_i$ (b) $\Delta p_{2x} = m_1 v_i$; $\Delta p_{2y} = -0.751 m_1 v_i$; the momentum changes for each mass are equal and opposite.
65. $1.73 v_{1f}$ **67.** 8.7 kg·m/s **69.** 6.0 m/s at 21° south of east
71. 1.7 m/s at 30° below the x-axis **73.** 20 m/s at 18° west of north **75.** 29 m/s **77.** (a) 0.30 m/s to the left (b) The final kinetic energy is greater than the initial kinetic energy. The extra kinetic energy comes from the elastic potential energy stored in the spring. **79.** 0.83 m/s **81.** 37 m/s in the +x-direction
83. (a) 11 kg·m/s (b) 11 kg·m/s (c) 3.8 kN
85. (5.00 cm, 6.67 cm) **87.** 410 N **89.** (a) 0.01 kg·km/h opposite the car's motion (b) 0.01 kg·km/h along the car's velocity
(c) 10^5 flies **91.** 2.8 m/s **93.** (a) 2.5 m (b) 4.0 m **95.** 10^{-18} N
97. $\frac{1}{9}h$ **99.** 10 m/s **101.** (a) $\frac{111}{2}$ (b) 1 (c) $\frac{111}{2}$

8장 돌림힘과 각운동량

선다형 질문 해답

1. (d) **3.** (a) **5.** (e) **7.** (a) **9.** (c)

문제 해답

3. (a) reduced by a factor of 8 (b) reduced by a factor of 32
5. (b), (a) = (c) **7.** 0.0512 J **9.** 0.019 **11.** 570 J **13.** 4.5 N·m
15. 0.30 N·m **17.** (e), (a) = (b) = (d), (c) **19.** (a) 0 (b) 790 N·m
21. (a) 58.5 N·m (b) 39.9 N·m (c) 0 **23.** 5.83 m
25. (0.42s, 0.58s) **27.** (a) 3.14 m (b) 15.7 J (c) 2.50 N·m
(d) 6.28 rad (e) $\tau \Delta\theta$ = (2.50 N·m)(6.28 rad) = 15.7 J = W
29. (a) 53.0 kJ (b) 1.51 MN·m **31.** 200 N **33.** (a) 540 N
(b) 390 N **35.** Left support: 2.2 kN downward; right support: 3.4 kN upward **37.** (a) 730 N (b) 330 N at 19° above the horizontal **39.** $\frac{mg/2 + W}{\tan\theta}$; for $\theta = 0$, $T \to \infty$, and for $\theta = 90°$, $T \to 0$.
41. 1.3 m **43.** 640 N **45.** 7.0 kN **47.** (a) 330 N (b) 670 N
51. 0.0012 N·m **53.** (a) 13 rad/s (b) 16 N·m (c) 15 m to the same height, plus about another meter if released 1 m above the ground **55.** 1.5 N·m **57.** (a) 48 N·m (b) 19 N
59. (a) $a = R\alpha$ (b) $(T_1 - T_2)R$, CCW (c) If $m_1 \neq m_2$, the blocks accelerate, so the pulley has an angular acceleration. Since a non-zero net torque is required for the pulley to accelerate, $T_1 - T_2 \neq 0$, thus $T_1 \neq T_2$.

(d) $a = \dfrac{(m_1 - m_2)g}{\dfrac{M}{2} + m_1 + m_2}$

61. 4.0 m/s² **63.** solid sphere: $K = \frac{7}{10} mv^2$; solid cylinder: $K = \frac{3}{4} mv^2$; hollow cylinder: $K = mv^2$ **65.** (a) 3.0 m/s (b) 8.4 N
(c) 5.6 m/s² down **67.** (a) $\frac{5}{2}r$ (b) $\frac{27}{10}r$ **69.** h will decrease.
The smaller the rotational inertia, the less gravitational energy will go into rotational energy and the more will go into translational energy. Problem 68 had a minimum of $h = 3r$. With a solid sphere, the minimum is $h = 2.7r$, which is a little less than $3r$.
71. 0.0864 kg·m²/s **73.** 1.4×10^7 kg·m²/s **75.** 1.60 s
77. 1.5 rev/s **79.** 70.3 J **81.** 0.125 rad/s **83.** (a) 3.0 (b) 1.6
85. 2.10×10^6 N·m **87.** 3.0 kN; about 5.5 times larger
89. (a) 2.6×10^{29} J (b) The length of the day would increase by 7 minutes. (c) 2.6 million years **91.** (a) 9.6 m/s (b) 3.1 m/s
(c) 21 m/s **93.** 0.44 N·m **95.** $\sqrt{3gL}$ **97.** T_1 = 67 kN; T_2 = 250 kN; $\vec{F}_p$ = 380 kN at 51° with the horizontal **99.** (a) 6.53 m/s²
down (b) 4.2 N **101.** (a) 0.96 m from the RH edge (b) 0.58 m from the LH edge **105.** 110 N **107.** (a) 1.35×10^{-5} kg·m²
(b) 524 N **109.** 0.19 kg·m²/s **111.** (a) 9.4×10^{-4} kg·m²/s
(b) 1.2×10^{-6} kg·m²/s **113.** 230 N **115.** (a) The spool spins and moves down the incline with $a_{CM} = \dfrac{g \sin\theta}{1 + \dfrac{I}{mrR}}$.

(b) $\dfrac{mg \sin\theta}{1 + R/r}$ up the incline (c) $\dfrac{\tan\theta}{1 + R/r}$

117. (a) $\sqrt{2gL}$ (b) $\sqrt{3gL}$ (c) The roustabout should jump.
119. 1.5 kN

6~8장 종합 복습문제 해답

복습문제 해답

1. (a) 0.20 m (b) 250 N/m **3.** $2mg$ **5.** (a) 940 J (b) 0.734
7. 2.3 m **9.** 30 m/s **11.** (a) 0.502 kg·m² (b) 17 N·m
13. 1.53 m/s **15.** 0.73 m **17.** 10.3 J **19.** h_A = 0.57 m;
h_B = 2.3 m **21.** 1.27 m **23.** 2.0 m/s **25.** 2.06 m/s at 41.6° south of east

27. (a) $\dfrac{\omega_i}{1 + \dfrac{mr^2}{MR^2}}$

(b) The total angular momentum does not change, since no external torques act on the system. (c) Yes; the kinetic energy changes.
29. (a) The Vulcan ship will have the greater kinetic energy. The ships will have the same momentum. (b) The ships will have the same kinetic energy. The Romulan ship will have the greater momentum. (c) In part (a), the momenta are the same, 9.5×10^8 kg·m/s, but the kinetic energies differ: Vulcan at 6.9×10^{12} J and Romulan at 3.5×10^{12} J. In part (b), the kinetic energies are the same, 9.5×10^8 J, but the momenta differ: Vulcan at 1.1×10^7 kg·m/s and Romulan at 1.6×10^7 kg·m/s.
31. (a) $U = -550$ J; $K = 450$ J (b) $E = -100$ J; $U = -100$ J; $K = 0$
(c) 200 J (d) The particle has a kinetic energy of 450 J at $t = 0$, and we are told the motion is to the left. The particle will continue moving left, but the kinetic energy will decrease by 450/4.5 J for every cm of travel until it reaches $x = 1$ cm. At this point $K = 0$, and the particle has stopped instantaneously. It will next move to the right with an increasing K until it reaches $x = 5.5$ cm. At this point $K = 450$ J, and this kinetic energy will be maintained as it continues moving right until it reaches $x = 11$ cm. At this point, its kinetic energy will decrease by 450/2.5 J for every cm of travel until

it reaches $x = 13.5$ cm. At this point $K = 0$, and the particle has again stopped instantaneously. It will then turn around again. **33.** (a) 19.4 m/s (b) no **35.** 13 m/s **37.** (a) 59.0° above the horizontal (b) Since the banana will fall at the same rate as the monkey, regardless of the launch speed of the banana, the launch angle is the same for all launch speeds. (c) 9.98 m/s (d) 0.21 m

미국 MCAT 기출문제 해답

1. D **2.** D **3.** B **4.** B **5.** D **6.** C **7.** B **8.** B
9. D **10.** A **11.** B **12.** D **13.** B **14.** C **15.** A
16. D **17.** C

9장 유체

선다형 질문 해답

1. (d) **3.** (b) **5.** (a) **7.** (a) **9.** (d)

문제 해답

1. 49 atm **3.** 22 kPa **5.** The baby applies 2.0 times as much pressure as the adult. **7.** 4.0 kN southward **9.** 1.0 m
11. (a) 30 N (b) 5.8 N·m **13.** 2.0 atm **15.** 2.9 N
17. (c), (d), (e), (b), (a) **19.** 1.0 m **21.** 2.5×10^7 Pa
23. (a) 343 kPa (b) 410 Pa **25.** 390 Pa **27.** 15 cm
29. (a) 21 kPa (b) 3.1 lb/in^2 (c) 0.21 atm (d) 160 torr
31. (c) = (d), (a) = (b), (e) = (f) **33.** 1.5 m **35.** (a) 140 kg/m^3
(b) 18% **37.** 0.74 g/cm^3 **39.** (a) 0.910 (b) 1.28 cm
(c) 0.13 cm **41.** 0.17 cm^3 **43.** 1080 kg/m^3 **45.** (a) 9.8 m/s^2
upward (b) 3.3 m/s^2 upward (c) 68.6 m/s^2 upward
47. 50 m/s **49.** (a) 39.1 cm/s (b) 78.5 cm^3/s (c) 78.5 g/s
51. 1.12×10^5 Pa **53.** 1.9×10^5 N **55.** 310 kPa **57.** 8.6 m
61. (a) 6850 Pa (b) 0.685 N **63.** 12 m/s **65.** 17 atm
67. (a) 50 Pa (b) 1100 Pa (c) approximately 13 kPa
71. 0.4 Pa·s **73.** (a) 1.3×10^{-10} N (b) 2.6×10^{-14} W
75. 3.0 mm/s **77.** 2.9 cm/s **79.** (a) 9×10^{-6} N (b) 5 mg
83. 230 kg **85.** (a) 26 m/s (b) 2.6 m/s **87.** (a) 220%
(b) 0.68 **89.** (a) 0.794 N (b) 0.544 N **91.** For the pine, the scale reading doesn't change. For the steel, the scale reading will increase by 0.538 N. **93.** 12.5 N/m **95.** 23.0 m **97.** 110 m
99. 27 kPa **101.** (a) 2.2 m/s up (b) 21 kPa/s
103. (a) $0.600W$ (b) $0.64W$ **105.** 8.7 kg **107.** (a) 10.0 cm
(b) 0.814 (c) 0.545 **109.** 0.83 g/cm^3

10장 탄성과 진동

선다형 질문 해답

1. (c) **3.** (b) **5.** (a) **7.** (c) **9.** (c) **11.** (f) **13.** (e)
15. (f) **17.** (c) **19.** (j)

문제 해답

1. 0.097 mm **3.** (a) 0.0046 cm (b) -4.6×10^{-5} **5.** 7.69×10^{10} Pa
7. 0.80 mm **9.** (a) 5.1 N (b) 7.7×10^{-2} J **11.** 5.0 mm **13.** tension: 1.5×10^{10} N/m^2; compression: 9.0×10^9 N/m^2 **15.** (a) tendon:

7.3×10^4 Pa·m^3/kg; steel: 6.5×10^4 Pa·m^3/kg; tendon is stronger than steel. (b) bone: 1.0×10^5 Pa·m^3/kg; concrete: 1.5×10^5 Pa·m^3/kg; concrete is stronger than bone. **17.** human: 3 cm^2; horse: 7.1 cm^2 **19.** 630 N **21.** 4.0×10^8 Pa **23.** (a) 1.3 mm; 8.4×10^7 N/m^2 (b) 570 N **25.** 0.45% **27.** The volume of the aluminum sphere would increase by 1.4×10^{-6} cm^3 **29.** 7.5×10^5 N
31. 0.30 N **33.** 7.9 m/s^2 **35.** 3.10 m/s; 8560 m/s^2 **37.** (a) = (c) = (e), (b), (d) **39.** (a) 1.0 µs (b) 6.3×10^6 rad/s **41.** (a) high frequency (b) 1.3×10^{-6} m/s; 1.6×10^{-4} m/s^2 (c) 0.0013 m/s; 160 m/s^2 **43.** (a) 60 N/m (b) $x(t) = (12.0 \text{ cm})\cos[(6.00\pi \text{ s}^{-1})t]$
45. 5.0 rad/s **47.** 2.5 Hz **49.** (a) 1.7×10^{-4} m
(b) 0.13 m/s (c) 510 N **51.** (a) 1.4 kN (b) 0.13 J
53. (a) 0.39 m (b) 2.0 m/s **55.** 0.70 s **57.** 0.250 Hz
59. (a) a vertical straight line of length 24 cm (b) a positive cosine plot of amplitude 12 cm

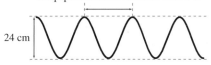

61. (a) $\frac{2}{\pi}\omega A$ (b) ωA (c) $\frac{2}{\pi}$
(d)

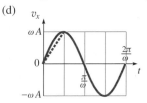

If the acceleration were constant so that the speed varied linearly, the average speed would be 1/2 of the maximum velocity. Since the actual speed is always larger than what it would be for constant acceleration, the average speed must be larger.

63. (a) U (mJ)

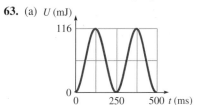

(b) K (mJ)

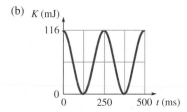

(c) E (mJ)

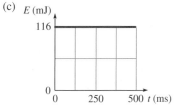

(d) U, K, and E would gradually be reduced to zero.

65. 4.0 s **67.** 1.5 s **69.** (c), (a) = (b), (d) = (e) **71.** 0.25 m
73. (a) less (b) 5.57 m/s^2 **75.** $k = mg/L$; yes, because the effective spring constant is proportional to the mass and therefore so is

the restoring force.   **77.** 11 mJ   **79.** The energy has decreased by a factor of 400.   **81.** $\frac{1}{9}\Delta L$ **83.** (a) $\rho g h$ (b) 7.6 km   (c) no
85. (a) greater than T (b) $\sqrt{6}$ (c) equal to T (d) 1
87. 2.5 s   **89.** 13 s   **91.** 91 Hz
93.

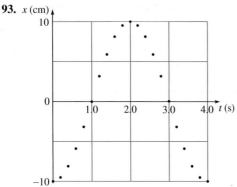

The distance between adjacent dots should be the least at the end-points and greatest at the center, so its speed is lowest at the end-points and fastest at its equilibrium position.
97. $y = (1.6 \text{ cm}) \cos[(25 \text{ rad/s})t]$ **99.** (a) 0.395 m   (b) 1.11 m/s
(c) 0.960 m/s   **101.** 8.0×10^8 Pa; it is just under the elastic limit.
103. 0.63 Hz   **105.** (a) $\sqrt{2gL}$ (b) $\frac{\pi}{2}\sqrt{gL}$; larger

107. (a) $2\pi\sqrt{\dfrac{2L(m_1 + 3m_2)}{3g(m_1 + 2m_2)}}$

(b) For $m_1 \gg m_2$, $T = 2\pi\sqrt{\dfrac{2L}{3g}}$, and for $m_1 \ll m_2$, $T = 2\pi\sqrt{\dfrac{L}{g}}$.

11장 파동

선다형 질문 해답

1. (c)   **3.** (d)   **5.** (a)   **7.** (d)   **9.** (d)

문제 해답

1. 52 W/m^2 **3.** 260 m   **5.** 31 kW   **7.** (e), (b) = (c), (a), (d)
9. (a) 6.0 m   (b) 1.7 s   **11.** 168 m/s   **13.** 16 ms   **15.** 0.375 m
17. (a) 340 Hz   (b) 3.0×10^8 Hz
19. 4.3×10^{14} Hz to 7.5×10^{14} Hz   **21.** 4.8 m
23. (a) 3.5 cm   (b) 6.0 cm
25. (a) 2.9 m/s   (b) 370 m/s^2 (c) 8.7 m/s   (d) The motion of the particles on the string is not the same as the motion of the wave along the string.   **27.** $y(x, t) = (2.50 \text{ cm}) \sin[(8.00 \text{ rad/m}) x - (2.90 \text{ rad/s})t]$ **29.** (b) = (e), (a), (c) = (d)
31. (a) 2.6 cm   (b) 14 m   (c) 20 m/s   (d) 1.4 Hz   (e) 0.70 s
33. $v_m = 0.063$ m/s; $a_m = 0.79$ m/s^2

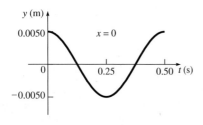

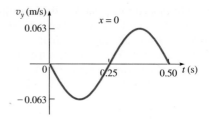

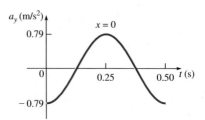

35.

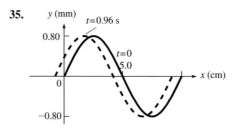

The wave travels in the $-x$-direction as time progresses.

37.

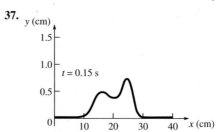

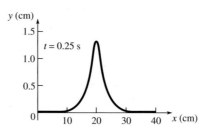

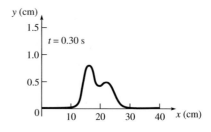

39. The amplitude of the superposition is about 1.7A.

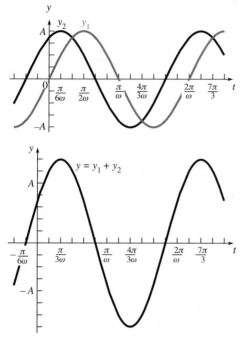

41. 375 nm

43.

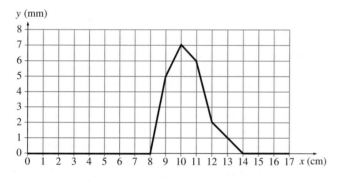

45. 5.3 s   **47.** 2.61 m, 3.26 m, 3.92 m   **49.** (a) 9.0 cm   (b) 3.0 cm
(c) 9.0   **51.** 80 μW/m²   **53.** 106 Hz and 137 Hz   **55.** The fundamental frequency increases by 0.5%.   **57.** 0.016 m
59. The frequency increases by 7%.   **61.** (a) 1350 m/s   (b) 45.6 N
(c) 0.76 m and 450.0 Hz   **63.** 616 Hz   **65.** (a) 260 Hz   (b) 2.8 g
67. 0.050 kg   **69.** 3.64 cm, 7.07 cm, 10.32 cm   **71.** (a) Hooke's
law: $T = k(x - x_0) \approx kx$ for $x \gg x_0$.   (b) 4.00 s   **73.** 12
75. $v_m = 1.9$ cm/s; $a_m = 3.0$ cm/s²

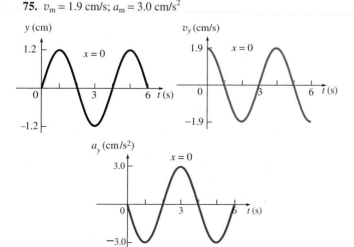

77. 930 Hz   **79.** (a) left   (b) 7.00 cm   (c) 10.0 Hz   (d) 0.333 cm
(e) 3.33 cm/s   (f) oscillates sinusoidally along the y-axis about
$y = 0$ with an amplitude of 7.00 cm   (g) transverse   **83.** $v \propto \sqrt{\lambda g}$

85.

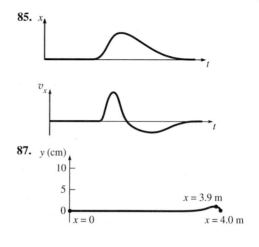

87.

12장 소리

선다형 질문 해답

1. (c)   **3.** (c)   **5.** (c)   **7.** (d)   **9.** (c)

문제 해답

1. 364 m/s   **3.** For 10 Hz, 34 m; for 20 kHz, 1.7 cm   **5.** 6.1 mm
7. (a) 338 m/s   (b) 2.8 km   **9.** 3.5 km/s   **13.** 770 m
15. (a) 28.7 N/m²   (b) 1.58 mN   **17.** 97.0 dB   **19.** (a) 0.0510 Pa
(b) 0.151 μm   **21.** 0.099 W   **23.** 107 dB   **27.** 8.58 mm
29. (a) 32.8 cm   (b) 252.4 Hz   **31.** 396 Hz   **33.** 34°C
35. 3/4   **37.** (a) 438.0 Hz   (b) tighten   **39.** 2 Hz   **41.** 0.2 Hz
43. −69 Hz   **45.** (a) 2.0 kHz   (b) 670 Hz   **47.** 8.4 m/s
51. (a) 670 m   (b) 2.8 s   **53.** 403 m   **55.** 83.6 kHz   **57.** 640 Hz
59. (a) closed at one end   (b) 78.0 Hz   (c) 1.10 m   **61.** (a) 5.05 m
(b) 16.35 Hz   **63.** (a) 6.7×10^{-8} m/s   (b) 1×10^{-19} J   (c) The
ear is about as sensitive as possible.   **65.** 9.8 m   **67.** $f_1 = 3.4$ kHz,
$f_3 = 10$ kHz, and $f_5 = 17$ kHz;   3.4 kHz enhances the sensitivity of
the ear   **69.** 2.3 kHz   **71.** (a) 9.9 m   (b) 1.8 ms   (c) No
73. 0.0955 s   **75.** 15 m   **77.** 29.0 dB

9~12장 종합 복습문제 해답

복습문제 해답

1. (a) Aluminum, since it is less dense, occupies more volume.
(b) Wood, since it displaces more water than the steel.   (c) Lead:
0.87 N; aluminum: 3.6 N; steel: 1.2 N; wood: 9.8 N   **3.** 0.116 m/s
5. 0.88 m/s   **7.** (a) Eq. I; 1.50 cm/s   (b) Eq. II; 2.09 cm
(c) Eq. II; 13.5 cm/s   (d) Eq. II   **9.** (a) 58 N   (b) 49 cm
11. 21.4 cm   **13.** 1500 Hz; 22.9 cm   **15.** about 1 min
17. 346 Hz   **19.** (a) 41.7 cm/s; 118 kPa   (b) 5.98 cm
21. (a) 1.28 m   (b) 141 m/s   (c) 6.71 g/m   (d) 1.59 m/s
(e) 110.0 Hz   (f) 3.12 m   **23.** (a) 5.13×10^{-2} N   (b) 2.69 s
25. (a) 6.17×10^{-4} m   (b) 8.61 J   (c) 0.0536 s

미국 MCAT 기출문제 해답

1. A **2.** A **3.** D **4.** C **5.** C **6.** B **7.** D **8.** B **9.** B
10. A **11.** B **12.** D **13.** C **14.** C

13장 온도와 이상기체

선다형 질문 해답

1. (e) **3.** (c) **5.** (b) **7.** (d) **9.** (c)

문제 해답

1. (a) 29°C (b) 302 K **3.** (a) –40 (b) 575
5. $T_J = (0.750°J/°C) T_C + 85.5°J$ **7.** 2.7 mm **9.** 8.8 mm
11. 113°C **13.** 0.6364 cm **15.** 1.3 m **17.** (a) –0.16 mm³
(b) –0.064 mm³ **19.** 1.67 mL **21.** 75°C **23.** 150°C
25. 24.98 cm **31.** 7.31×10^{-26} kg **33.** 1.7×10^{27}
35. 2.650×10^{25} atoms **37.** 8.9985 mol **39.** 2.5×10^{19} molecules
41. 10^{18} atoms **43.** 400°C **45.** (b) = (d), (a) = (c) = (e) = (f)
47. 1.50 **49.** (a) 2.55 m³ (b) 5.3 h **51.** (a) 1.3 kg/m³
(b) 1.2 kg/m³ **53.** 1.3×10^3 m³ **55.** 4×10^{-17} Pa **57.** 0.38 m³
61. 3.09 cm³ **63.** 1550 K **65.** (a) 1.52×10^5 J/m³
(b) 4.559×10^7 J/m³ **67.** (b), (a) = (c) = (d), (e) = (f) **69.** 370 m/s
71. 3.00 cm/s **73.** He: 1360 m/s; N₂: 515 m/s; H₂: 1920 m/s;
O₂: 482 m/s **75.** 1.6 atm **77.** 14 J **81.** 0.14°C **83.** 1.3×10^{-19} J
85. 1.25×10^6 s **87.** 80 s **89.** 1.3×10^{-5} s **91.** (a) The number
of moles decreases by 25%. (b) –48°C **93.** (a) 52 cm (b) 12 m
95. 4.8×10^7 N/m² **97.** –7.3 μm **99.** –270°C **101.** 4000 breaths
103. average: 78.1; rms: 78.6; 83 **105.** (a) 0.400 mm Hg/°C
(b) 3.21×10^{-3} mol **107.** 4 nm **109.** 1.9×10^{14} molecules
111. 25 m/s **113.** 3.05 mm **115.** 7.4×10^3 N/m

14장 열

선다형 질문 해답

1. (a) **3.** (d) **5.** (b) **7.** (c) **9.** (c) **11.** (d)

문제 해답

1. (a) 34 J (b) Yes; the increase in internal energy increases the
average kinetic energy of the water molecules, so the temperature
is slightly increased. **3.** 4.90 kJ **5.** (a) 250 J
(b) all three **7.** 5.4 J **9.** 2.78×10^{-4} kW·h **11.** 6.40×10^{-4} kJ/K
13. (b), (a) = (c) = (e), (d) = (f) **15.** 100 m/s **17.** 63 kJ/K
19. (a) 0.38 kJ/K (b) 32 kJ/K **21.** 250 kJ **23.** 1.34 kg **25.** 80 s
27. 44°C **29.** (a) 2 MJ (b) 20%, which is significant (c) 30 W
31. B to C, solid to liquid; D to E, liquid to gas **33.** 330 J/g
35. 10.4 g **37.** 3100 kJ **39.** 179 g **41.** 24 g **43.** 371°C, yes
45. 23.2 W **47.** 36 g **49.** 22.8 kJ/kg **51.** 66.6 W/(m·K), tin
53. 0.14 W **55.** 110 W **57.** 0.22°C **59.** (c), (d), (a) = (b) = (e)
61. (a) 5.2°C (b) 15°C (c) The temperature at the interface dif-
fers for the two cases, but the total thermal resistance is the same either
way, so it doesn't matter whether the cork is placed on the inside or the
outside of the wooden wall. **63.** 1.76 μm **65.** (c), (d), (e), (f),
(b), (a) **67.** 4.8×10^{-5} m² **69.** 170 kcal/h **71.** 28 kJ
73. (a) 8.9×10^{-3}°C/s (b) 9.4 min **75.** (a) 39°C (b) 182 W/m²

77. 1090 K **79.** Coffeepot: 4.5 W; teapot: 24 W **81.** (a) true
(c) Rate of heat flow from the body is proportional to surface area.

Animal	(a) BMR/kg	(b) BMR/m²
Mouse	210	1200
Dog	51	1000
Human	32	1000
Pig	18	1000
Horse	11	960

83. (a) 7.00 times higher (b) 35.7°C; the dog is a much better
regulator of temperature and, as a result, has more endurance.
85. 320 s **87.** (a) 180°C (b) 20.9°C **89.** 480 g
91. (a) 9.9 kJ (b) 360 g **93.** 0.0065°C **95.** 0°C
97. 0.010°C **99.** 6.3 kg **101.** 35°C **103.** 330 m/s
105. 0.32 kg **107.** 7.86 g **109.** 4.0 g

15장 열역학

선다형 질문 해답

1. (b) **3.** (d) **5.** (c) **7.** (c) **9.** (e) **11.** (b) **13.** (d)

문제 해답

1. 2.9 J **3.** 100 J of heat flows out of the system. **5.** (a) 10.8 K
(b) 56 kJ **7.** 202.6 J **9.** (a) 98.0 kPa; 1180 K (b) –200 J
(c) 66 J (d) $\Delta U = 0$ because $\Delta T = 0$ in a cycle. **11.** –5.00 kJ;
out of the gas and into the reservoir **13.** (a) –1216 J
(b) $\Delta U = 1216$ J; $Q = 2431$ J **15.** (a) –1934 J (b) $\Delta U = 1216$ J;
$Q = 3149$ J **17.** (a) D, B; cycle moves clockwise. (b) A, C, E;
cycle moves counterclockwise. (c) A, C, E; heat pumps and
refrigerators work the same way. **19.** 0.628 **21.** (a) 3.00 kJ
(b) 2.00 kJ **23.** high temperature: 2.6×10^5 W; low temperature:
1.9×10^5 W **25.** 25 km² **27.** 1770 J **29.** $2.40 **31.** (a) 0.34
(b) 0.640 **33.** 0.0481 **35.** 100 J **37.** 2.11 pW **39.** (a) 0.3436
(b) 275.7 kJ **41.** 4.2% **43.** 0.0174 **45.** 110 kJ
51. (b), (a), (c), (d) **53.** 1.22 J/K **55.** $\Delta S = -60$ J/K; > 60 J/K
57. +41.1 J/K **59.** 237 J/K **61.** +0.026 kJ/K **63.** 9.24×10^{-24} J/K per molecule **65.** The engine will not work. **67.** 15 kJ
69. Coal: 4.3×10^{13} J; nuclear: 6.0×10^{13} J **71.** (a) 0.90 J/K
(b) –2.7 J/K. Since the entropy of the universe decreases, the pro-
cess is impossible. **73.** (a) 304 kJ (b) 2350 K (c) 13.0 mol
75. decreasing the low temperature reservoir **77.** 24°C
79. 0.401 or 40.1% **81.** 250 W **83.** 350 J/K **85.** 87.1 kJ
87. (a)

Stage	W (J)	Q (J)	ΔU (J)
A	692	692 into the gas	0
B	0	2080 out of the gas	–2080
C	–506	506 out of the gas	0
D	0	2080 into the gas	2080
ABCD	186	186 into the gas	0

(b) 0.0670 (c) $e_r = 0.268 = 4.00e$ **89.** (a) 6.2 mJ
(b) 22 mJ (c) 1.2 mK

13∼15장 종합 복습문제 해답

복습문제 해답

1. 108 kJ **3.** 28.4°C **5.** (a) 74 g (b) 11°C **7.** The ice will melt completely; 32°C **9.** (a) 4140 K (b) 1.09×10^{26} W (c) 1.01×10^{-9} W/m² **11.** (a) 8.87 kPa; 1200 K (b) 23 kJ (c) 20.0 kJ (d) 0 **13.** 2.44 kJ/K **15.** 10.9°C **17.** reduced to 75% of the original **19.** 12 kJ **21.** (a) The boiling temperature of the coolant varies with pressure. A higher pressure raises the temperature at which the coolant fluid will boil. (b) If you were to remove the cap on your radiator without first bringing the radiator pressure down to atmospheric pressure, the fluid would suddenly boil, sending out a jet of hot steam that could burn you. **23.** (a) if they have the same mass (b) Since they are at the same temperature, there is no net energy transfer between the two blocks. (c) The blocks need not touch each other in order to be in thermal contact. They can be in thermal contact due to convection and radiation.

25. (a)

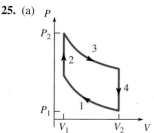

(b)

Process	W (kJ)	ΔU (kJ)	Q (kJ)
Step 1	11.2	0	−11.2
Step 2	0	27.4	27.4
Step 3	−34.1	0	34.1
Step 4	0	−27.4	−27.4
Total	−22.8	0	22.8

(c) 0.371 or 37.1% (d) 0.670 or 67.0% **27.** 132°C
29. (a) 11 200 m/s (b) 1850 m/s (c) 461 m/s

미국 MCAT 기출문제 해답

1. C **2.** B **3.** C **4.** B **5.** A **6.** D **7.** A **8.** C **9.** B **10.** A **11.** A

16장 전기력과 전기장

선다형 질문 해답

1. (j) **3.** (e) **5.** (c) **7.** (d) **9.** (b)

문제 해답

1. 9.6×10^5 C **3.** (a) added (b) 3.7×10^9 **5.** (a) negative charge (b) an equal magnitude of positive charge **7.** $Q/4; 0$
9. (a) = (b), (d), (c) = (e) **11.** -5.0×10^{-7} C **13.** 2.7×10^9
15. 8.617×10^{-11} C/kg **17.** $16F$ **19.** 4×10^{-10} N **21.** 1.2 N at 28° below the negative x-axis **23.** 6.21 μC and 1.29 μC
25. 2.5 mN **27.** 0.72 N to the east **29.** 3.2×10^{12} m/s² up
31. 1.5×10^8 N/C directed toward the -15-μC charge

33. A, B, C, D, E **35.** $\dfrac{k|q|}{2d^2}$ to the right **37.** no
39. $x = 3d(-1 + \sqrt{2}) \approx 1.24d$

41. (a)

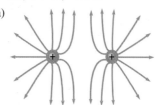

(b)

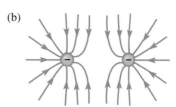

43. 1.98×10^6 N/C up **45.** At a distance of 0.254 m along a line that makes an angle of 75.4° above the negative x-axis **47.** 13 N/C
49. 0.586 m **51.** (e), (c), (b), (a) = (d) = (f)
53. (a) 8.010×10^{-17} N down (b) 2.40×10^{-19} J **55.** (a) The gravitational force is about 1/3 of the electrical force, so the gravitational force can't be ignored. (b) 1.78 m **57.** 1.3×10^5 N/C
59. (a) toward the positive plate (b) 0.78 mm **61.** -5μC
63. (a) 7μC (b) -11μC
65.

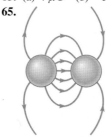

67. (a) 6.8×10^6 N/C (b) 0 (c) 2.3×10^6 N/C
69. (a) $\Phi_{E\parallel} = 0$, $\Phi_{E\perp\text{out}} = Ea^2$, and $\Phi_{E\perp\text{in}} = -Ea^2$. (b) 0
71. 1.68×10^4 N·m²/C **75.** -3.72×10^{-23} C/m **77.** (a) 0
79. (a)

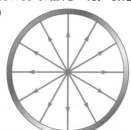

(b) $E(r \le a) = 0$; $E(a < r < b) = \dfrac{2k\lambda}{r}$; $E(r \ge b) = 0$
81. (a) 4.0×10^4 N/C up (b) positive **83.** (a) 2 mN
(b) Coulomb's law is valid for point charges or if the sizes of the charge distributions are much smaller than their separation
(c) smaller **85.** (a) $|Q_S| = 1.712 \times 10^{20}$ C and $|Q_E| = 5.148 \times 10^{14}$ C (b) No, the force would be repulsive. **87.** 5.9 kg **89.** 2.6 pN down **91.** $x = 33$ cm **93.** -1.5 nC **95.** $E_x = 2.89 \times 10^5$ N/C; $E_y = 2.77 \times 10^6$ N/C **97.** (a) 8.4×10^7 m/s (b) 6.6 ns
99. -1.45×10^{-5} C
101. (a) $E = \dfrac{kq}{\left(y - \frac{d}{2}\right)^2} - \dfrac{kq}{\left(y + \frac{d}{2}\right)^2}$; $+y$-direction

(b) $E \approx \dfrac{2kqd}{y^3}$; $1/y^3$; No

17장 전기퍼텐셜

선다형 질문 해답

1. (f) **3.** (e) **5.** (d) **7.** (f) **9.** (b) **11.** (b)

문제 해답

1. (a) = (d), (b) = (e), (c) **3.** (a) -4.36×10^{-18} J (b) The force between the two charges is attractive; the potential energy is lower than if the two were seperated by a larger distance. **5.** 2.3×10^{-13} J
7. 4×10^{-20} J **9.** -17.5 μJ **11.** -11.2 μJ **13.** -2.70 μJ
15. 4.49 μJ **17.** 75 nJ **19.** $\vec{E} = 0; V = 2.3 \times 10^7$ V
21. (a) -1.5 kV (b) -900 V (c) 600 V; increase
(d) -6.0×10^{-7} J; decrease (e) 6.0×10^{-7} J
23. (a) positive (b) 10.0 cm
25. (a)

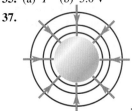

(b) 36 kV **27.** 9.0 V **29.** (a) $V_a = 300$ V; $V_b = 0$ (b) 0
31. (a) $V_b = -899$ V; $V_c = 0$ (b) 1.80 μJ **33.** A, B, E, D, C
35. (a) Y (b) 5.0 V
37.

; spheres
39. (a) 3.6 kW (b) 5.4 J **41.** $2e$ **43.** 9.612×10^{-14} J
45. (a) to a lower potential (b) -188 V **47.** 2.6 kV
49. 2.8×10^{-16} J **51.** 2.56×10^{-17} J **53.** (c), (b), (e), (d), (a) = (f)
55. 18 μC **57.** 612 μC **59.** (a) stays the same (b) increases
61. (a) stays the same (b) increases (c) increases
63. (a) 0.347 pF (b) 0.463 pF **65.** 8.0 pF **67.** 4.51×10^6 m/s
69. (a) 3.3×10^3 V/m (b) 6.0×10^2 V/m **71.** (a) 1.1×10^5 V/m
toward the hind legs (b) Cow A **73.** 0.30 mm **75.** 89 nF
77. (a) 7.1 μF (b) 1.1×10^4 V **79.** The energy increases by
50%. **81.** (a) 0.18 μF (b) 8.9×10^8 J **83.** (a) 18 nC
(b) 1.3 μJ **85.** (a) 630 V (b) 0.063 C **87.** 0.27 mJ
89. (a) 0.14 C (b) 0.30 MW **91.** (a) upward (b) $\dfrac{v_y m d}{e \, \Delta V}$
(c) decreases **93.** (a) 0 (b) -6.3 μJ **95.** (a) 3×10^{-20} J
(b) ≈ 2 MJ/kg. Heat of vaporization is 2.256 MJ/kg; not a coincidence because H bonds in the liquid phase must be broken to form a gas. **97.** 3.204×10^{-17} J **99.** 9.0 mV **101.** 3.0 ns
103. (a) 4.9×10^{-11} C (b) 3.1×10^8 ions **105.** 1.44×10^{-20} J
107. 5×10^{-14} F **109.** (a) 7.0×10^6 m/s upward (b) 7.0 mm
110. 51 **111.** (a) The electric force is 2500 times larger than the gravitational force. (b) $v_x = 35.0$ m/s; $v_y = 7.00$ m/s
113. (a) 83 pF (b) 3.8×10^{-3} m^2 (c) 1.2 kV **115.** 0.1 J
117. 3.2×10^{-17} J **119.** $3.0 U_0$ **121.** 8.0 V/m

18장 전류와 전기회로

선다형 질문 해답

1. (a) **3.** (f) **5.** (c) **7.** (b) **9.** (b)

문제 해답

1. 4.3×10^4 C **3.** (a) from the anode to the filament (b) 0.96 μA
5. 2.0×10^{15} electrons/s **7.** 22.1 mA **9.** 810 J **11.** (a) 264 C
(b) 3.17 kJ **13.** (b), (d), (a) = (e), (f), (c) **15.** 5.86×10^{-5} m/s
17. 8.1 min **19.** 12 mA **21.** 50 h **23.** 1.3 A **25.** 0.794
27. (a) 50 V (b) to avoid becoming part of the circuit
29. 2×10^{19} ions/cm^3 **31.** 2.5 mm **33.** $1750°C$
35. 4.0 V; 4.0 A **37.** $E = \rho \dfrac{I}{A}$, where ρ is the resistivity.
38. (a) $30\,\Omega$ (b) $30\,\Omega$ (c) $80\,°C$
39. The electric field stays the same, the resistivity decreases, and the drift speed increases. **41.** (a) 7.0 V (b) $18\,\Omega$
43. (a) 23.0 μF (b) 368 μC (c) 48 μC **45.** (a) $5.0\,\Omega$ (b) 2.0 A
47. (a) 1.5 μF (b) 37 μC **49.** (a) 0.50 A (b) 1.0 A (c) 2.0 A
51. (a) $R/8$ (b) 0 (c) 16 A **53.** (a) 8.0 μF (b) 17 V
(c) 1.0×10^{-4} C **55.** (a) $2.00\,\Omega$ (b) 3.00 A (c) 0.375 A

57.

Branch	I (A)	Direction
AB	0.20	right to left
FC	0.12	left to right
ED	0.076	left to right

59. 75 V; $8.1\,\Omega$ **61.** 4.0 W **63.** 0.50 A **65.** yes; 600 W
67. 80.0 J
69. (a)

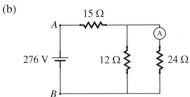

(b) 1.1 A (c) 41 V (d) upper branch: 0.68 A; lower branch: 0.45 A
(e) $P_{50} = 64$ W; $P_{70} = 14$ W; $P_{40} = 18$ W
71. $P_4 = 4.82$ W; $P_5 = 1.36$ W **73.** (a) 81 W (b) less
75. (a)

(b)

77. (a)

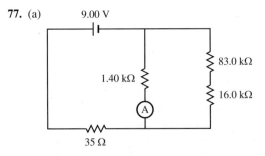

(b) 5.37 mA (c) 5.79 mA

79. 1.25 mΩ **81.** 50 kΩ **83.** (a) 120 Ω; in parallel (b) The meter readings should be multiplied by 1.20 to get the correct current values. **85.** 5.5 V **87.** 8.04 kΩ **89.** (a) 2.08 kV (b) 13.9 μF (c) The paramedic shouts "Clear!" to warn others to keep clear of the patient so that they are not shocked as well. The same current that can restart a heart can also stop a heart.

91. (a) 632 V (b) 63.2 mC (c) 6.7 Ω

93. (a) $I_1 = I_2 = 0.30$ mA; $V_1 = V_2 = 12$ V (b) $I_1 = I_2 = 0.18$ mA; $V_1 = 12$ V; $V_2 = 7.3$ V (c) $I_1 = I_2 = 25$ μA; $V_1 = 12$ V; $V_2 = 0.99$ V

95. (a)

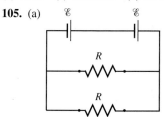

(b) 20 mW (c) 1 mJ **97.** (a) 4.2 mC (b) 470 μF (c) 130 Ω (d) 74 ms **99.** (a) 40 A (b) 32 J **101.** 50 mA **103.** (a) 6.5 Ω (b) 18 A (c) 0.86 mm (d) 21 A

105. (a)

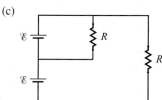

(b) $\dfrac{4\mathscr{E}^2}{R}$

(c)

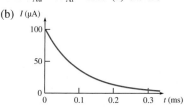

The right bulb is brighter.

107. (a) 1.9×10^5 W (b) copper: 1.2 cm; aluminum: 1.5 cm (c) copper: 1.0 kg/m; aluminum: 0.48 kg/m **109.** 6.5 kJ

111. (a) 2.00 A (b) 1.00 A **113.** 31 μA **115.** 9.3 A

117. $\dfrac{\mathscr{E}^2}{2R}$ **119.** (a) 16% (b) smaller **121.** 14 Ω **123.** 3.0 A

125. (a) 1600 Ω (b) 0.075 A (c) 1.9 A (d) 10

127. (a) a, e, and f (b) bulb 3 is brightest; bulbs 1 and 2 are the same (c) bulb 3: 0.25 A; bulbs 1 and 2: 0.13 A **129.** $9R_0$

131. $v_{Au} = 3v_{Al}$ **133.** (a) 9.9 nC

(b)

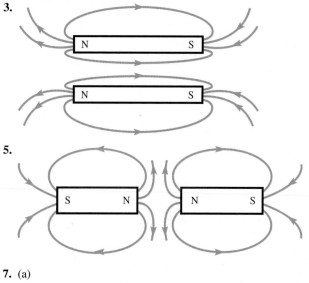

(c) 50 nJ **135.** (a) 2 mA (b) 3 mA (c) 3 mW (d) increase by a factor greater than two

16~18장 종합 복습문제 해답

복습문제 해답

1. 12.0 μC **3.** 6.24 N at 16.1° below the +x-axis **5.** (a) −238 nC (b) 0.889 N **7.** (a) 7.35×10^4 V (b) 5.04×10^4 V (c) 1.04×10^{-3} J **9.** 24 μm; −100 m **11.** (a) upper plate is positive, lower plate is negative (b) 1.67×10^{-13} V **13.** (a) 2.00 A (b) 0.50 A (c) 38 Ω **15.** (a) 8.00 V (b) Since no current passes through the source, its internal resistance is irrelevant. **17.** 2.0 **19.** (a) 1.1 (b) 0.48 (c) aluminum **21.** (a) 8.7×10^{-4} s (b) 1.2 Ω (c) 74 kW **23.** 51 s **25.** (a) 220 V (b) 0.60 m/s (c) 1.2 nN (d) It is not realistic to ignore drag, since $F_E \ll F_D$. The potential difference should be larger.

미국 MCAT 기출문제 해답

1. D **2.** C **3.** C **4.** B **5.** A **6.** D **7.** A **8.** C **9.** D **10.** C **11.** C **12.** C **13.** C

19장 자기력과 자기장

선다형 질문 해답

1. (g) **3.** (e) **5.** (c) **7.** (c) **9.** (b) **11.** (d)

문제 해답

1. (a) F (b) A; highest density of field lines at point A and lowest density at point F

3.

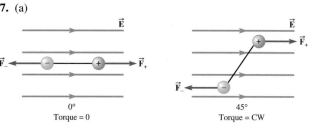

5.

7. (a)

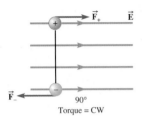

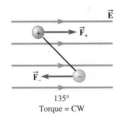

(b) parallel to the electric field lines   **9.** 2.4×10^{-12} N up
11. 5.1×10^{-13} N north   **13.** 5.1×10^{-14} N out of the page
15. 4.4×10^{-14} N out of the page   **17.** 7.2×10^{-21} N north
19. (a) 5.1 cm   (b) 8.3°   (c) to the right   **21.** 56° N of W
and 56° N of E   **23.** particle 1 is negative; particle 2 is positive
25. 0.78 T   **27.** 2.83×10^7 m/s   **29.** 2.85 T   **31.** 13.0 u
33. (a) 14 u   (b) nitrogen   **35.** (a) 29 cm   (b) 1.17
37. 4.22×10^6 m/s   **39.** 0.48 mm/s   **41.** (a) no   (b) $V_H = 0$
43. (a) 7.99×10^5 m/s   (b) 9.58×10^5 V/m to the north   (c) path 2
(d) 6.95 mm   **45.** $\dfrac{E^2}{2B^2 \Delta V}$ **47.** (a) 0.50 T   (b) We do not
know the directions of the current and the field; therefore, we set
$\sin\theta = 1$ and get the minimum field strength.
49. (a) north   (b) 15.5 m/s   **51.** (a) $\vec{F}_{top} = 0.75$ N in the
$-y$-direction; $\vec{F}_{bottom} = 0.75$ N in the $+y$-direction; $\vec{F}_{left} = 0.50$ N in
the $+x$-direction; $\vec{F}_{right} = 0.50$ N in the $-x$-direction   (b) 0
53. (a) 18° below the horizontal with the horizontal component
due south   (b) 42 A   **55.** (e), (b) = (f), (a) = (d), (c)
57. 0.0013 N·m

63.

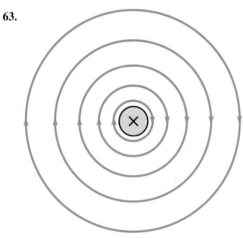

65. (a) 22 m   (b) 1.4 μT, about 3% of Earth's field; probably not
much effect on navigation because the pigeon would only be over
the power lines for a short time.   **67.** 1.6×10^{-5} T out of the page
69. 8.0×10^{-5} T down   **71.** 1.5×10^{-17} N in the $-y$-direction
73. at C, 2.0×10^{-5} T into the page; at D, 5.9×10^{-5} T out of the
page   **75.** 5.4 mT   **77.** (a) $\vec{B}_1 = \dfrac{\mu_0 I_1}{2\pi d} \perp$ to the plane of the wires
(b) $\dfrac{\mu_0 I_1 I_2 L}{2\pi d}$ toward I_1 (c) $\vec{B}_2 = \dfrac{\mu_0 I_2}{2\pi d} \perp$ to the plane of the wires
and opposite to $\vec{B}_1$ (d) $\dfrac{\mu_0 I_1 I_2 L}{2\pi d}$ toward I_2 (e) attract   (f) repel
79. 2.2×10^4 turns   **81.** 80 μT to the right
83. 0.11 mT to the right
85. (a) 4.9 cm   (b) opposite

87. (a)

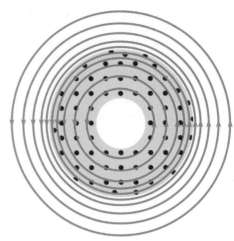

(b) $\dfrac{\mu_0 I}{2\pi r}$ CCW as seen from above   **89.** n depends upon r; $B = \dfrac{\mu_0 NI}{2\pi r}$;
the field is not uniform since $B \propto \dfrac{1}{r}$.   **91.** 9.3×10^{-24} N·m
93. (a) 1.1 mA   (b) 9.3×10^{-24} A·m^2 (c) they are the same
95. (a) positive   (b) west   (c) north   (d) $\Delta V_1 = 1.6$ kV;
$\Delta V_2 = 320$ V   (e) $\Delta V_1 = 1.4$ kV; $\Delta V_2 = 280$ V   **97.** (a) 0.35 m/s
(b) 4.4×10^{-6} m^3/s   (c) the east lead   **99.** 2.0×10^{-23} N
101. 1.3 μV   **103.** 1.25×10^{-17} N in the $+x$-direction
105. (a) 10 A   (b) farther apart   **107.** (a) 1.2×10^7 Hz
(b) 2.2×10^{10} Hz   **109.** 20.1 cm/s   **111.** 2.00×10^{-7} T up
113. into the page   **115.** $\tan^{-1} \dfrac{\mu_0 NI}{2rB_H}$

117. (a)

Side	Current direction	Field direction	Force direction
top	right	out of the page	attracted to long wire
bottom	left	out of the page	repelled by long wire
left	up	out of the page	right
right	down	out of the page	left

(b) 1.0×10^{-8} N away from the long wire   **119.** 5.0 A
121. (a) 20 MHz   (b) 3.3×10^{-13} J   (c) 2.1 MV   (d) 100 rev
123. (a) CW   (b) $\dfrac{2\pi m}{eB}$

20장 전자기 유도

선다형 질문 해답

1. (c)   **3.** (c)   **5.** (d)   **7.** (b)   **9.** (b)

문제 해답

1. (a) $\dfrac{vBL}{R}$ (b) CCW   (c) left   (d) $\dfrac{vB^2L^2}{R}$ **3.** (a) $\dfrac{vB^2L^2}{R}$
(b) $\dfrac{v^2B^2L^2}{R}$ (c) $\dfrac{v^2B^2L^2}{R}$ (d) Energy is conserved since the rate
at which the external force does work is equal to the power dissi-
pated in the resistor.   **5.** (a) 3.44 m/s   (b) The magnitude of the
change in gravitational potential energy per second and the power
dissipated in the resistor are the same, 0.505 W.   **7.** 3.3 T

9. (a) positive (b) $\frac{1}{2}\omega BR^2$ **11.** (a) toward the left end (b) up the incline (c) $\frac{ma_0R}{L^2B^2}$ **13.** (a) 0.090 Wb (b) 0.16 Wb (c) $-z$-direction **15.** (a) CW (b) away from the long straight wire (c) 2.0 Wb/s **17.** to the right (away from loop 1)

19. (a) 28.8 mV (b) 5.13 A **21.** (a) 0.070 A (b) CCW

23. 0.50 μV **25.** (a) $B\omega R^2/2$ (b) The result is half of the value of the motional emf of a rod moving at constant speed v, which is reasonable, since different points on the rotating rod have different speeds ranging from 0 to v. **27.** (a) CW (b) for a brief moment (c) to the right (d) to the left **29.** (a) 0.750 A (b) 3.00 A; Tim should shut the trimmer off because the wires in the motor were not meant to sustain this much current. The wires will burn up if this current flows through them for very long. **31.** 110 V **33.** (a) 1/20 (b) 1000

35. 2.00 **37.** 28 V; 0.53 A **39.** (a) CW (b) CCW

(c)

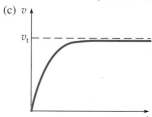

41. (a) $\dfrac{\mu_0N_1N_2\pi r^2 I_{\mathrm m}\sin\omega t}{L}$ (b) $\dfrac{\mu_0N_1N_2\pi r^2\omega I_{\mathrm m}\cos\omega t}{L}$

43. 1.8×10^{-7} Wb **45.** increased to 2.0 times its initial value

49. 1.6 mV **51.** $L_{\mathrm{eq}}=\dfrac{L_1L_2}{L_1+L_2}$ **53.** (a) $V_{5.0}=2.0$ V; $V_{10.0}=4.0$ V

(b) 10.0 Ω: 0; 5.0 Ω: 6.0 V (c) 1.2 A **55.** (a) $I_1=1.7$ mA; $I_2=0$; $V_{3.0}=0$; $V_{27}=45$ V; $P=75$ mW; emf = 45 V (b) $I_1=1.7$ mA; $I_2=15$ mA; $V_{3.0}=V_{27}=45$ V; $P=0.75$ W; emf is 0

57. (a) 5.7×10^{-6} s (b) 1.1×10^{-5} J (c) 8.8×10^{-6} s This is more than in part (a) because the energy stored in the inductor is proportional to the current squared. It takes longer for the *square* of the current to be 67% of the maximum *square* of the current than for the current itself to be 67% of the maximum current.

59. (a) 0.27 W (b) 0.27 W (c) 0.55 W **61.** (a) 38 mJ (b) −7.5 W (c) −38 mW (d) 69 ms **63.** (a) 45 mA (b) 1.0 ms (c) $U=76$ μJ; $I\mathscr{E}_L=0.10$ W; $P=0.10$ W (d) 31 mA; 0.70 ms

65. (a) to the left (b) The current would double. (c) The current is reduced to zero. **67.** (a) into the page (b) no (c) no **(d)** $\vec{\mathbf F}$ is out of the page; no, electrons are pushed perpendicular to the length of the wire; there is no induced emf. The situation for side 1 is identical to that of side 3.

69. (a) $\vec{\mathbf F}_2=\dfrac{\omega B^2AL}{R}\sin\omega t$ down and $\vec{\mathbf F}_4=\dfrac{\omega B^2AL}{R}\sin\omega t$ up

(b) The magnetic forces on sides 1 and 3 are always parallel to the axis of rotation. (c) $\dfrac{2\omega rB^2AL}{R}\sin^2\omega t$ CCW (d) The torque is counterclockwise, and the angular velocity is clockwise, so the magnetic torque would tend to decrease the angular velocity.

71. (a) CW (b) 8.0 V (c) upward (d) R decreases; I increases; the magnetic force increases **73.** $\dfrac{\mu_0N^2a^2}{2\pi R}$ **75.** 7.0×10^{-5} Wb

77. 0.81 mJ **79.** (a) 120 (b) $I_1=0.48$ A; $I_2=4.1$ mA

81. (a) no (b) no **83.** (a) 0.035 mT (b) It is possible but not likely because Earth's magnetic field varies from place to place. **85.** (a) $I(t)=\dfrac{\mathscr{E}_{\mathrm m}}{\omega L}\cos\omega t$ (b) ωL (c) $\dfrac{\pi}{2\omega}$

87. (a) 3.1 V (b) the northernmost wingtip

89. $\dfrac{\mu_0N_1N_2\pi r_1^2}{L_2}\dfrac{\Delta I_2}{\Delta t}$

21장 교류

선다형 질문 해답

1. (i) **3.** (d) **5.** (a) **7.** (c) **9.** (c)

문제 해답

1. 120 times per second **3.** 18 A **5.** 6000 W; the heating element of the hair dryer will burn out because it is not designed for this amount of power. **7.** (a) 35 A (b) 3.2 kW

9. −5.7 V and 5.7 V **13.** 27 Hz **15.** (a) 12.7 kΩ (b) 17 mA

19. (a) $\dfrac{2\omega CV}{\pi}$ (b) $\dfrac{\omega CV}{\sqrt{2}}$ (c) The rms current is the square root of the average of the *square* of the AC current. Squaring tends to emphasize higher values of current, so they contribute more to the resulting average than lower current values.

21.

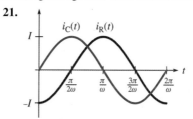

23. 150 Hz **25.** (a) 430 Ω (b) 3.1 cm

27. (a)

L(H)	V(V)
0.10	0.83
0.50	4.2

(b) 11 mA

29. (a) 180° (b) 4.0 V

31.

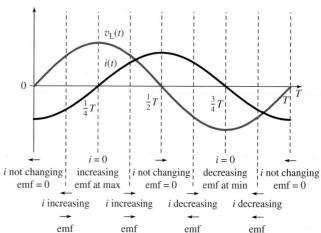

33. 71.2 mH **35.** 2 kΩ **37.** (a) $\phi=-40°$, $V_{\mathrm L}=3.4$ V, $V_{\mathrm C}=9.2$ V, $V_{\mathrm R}=6.9$ V. (b)

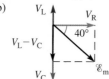

39. (a) 0.71 (b) 44° **41.** (a) 65° (b) $R = 25\ \Omega$; $L = 0.29$ H; $C = 4.9 \times 10^{-5}$ F **43.** $Z = 20.3\ \Omega$, $\cos\phi = 0.617$, $\phi = 51.9°$
45. (a) $V_L = 919$ V, $V_R = 771$V (b) No, because the voltages are not in phase

(c)

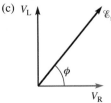

47. (a) 32 Hz (b) $\dfrac{1}{\sqrt{2}}$ (c) $\mathscr{E}$ leads I by $\dfrac{\pi}{4}$ rad $= 45°$ (d) 210 Ω
49. (a) 15.7 Ω (b) 18.6 Ω (c) 53.7 mA (d) 57.5°
51. decreases by a factor of $1/\sqrt{2}$ **53.** $\omega_0 = 22.4$ rad/s, $f_0 = 3.56$ Hz
55. (a) 210 μF (b) 210 pF **57.** (a) 0° (b) 2.4 V (c) I_{rms} decreases.
59. (a) 745 rad/s (b) 790 Ω (c) $V_R = \mathscr{E}_m = 440$ V; $V_C = V_L = 125$ V **61.** (a) 0°

(b) (c) 98.7 Hz

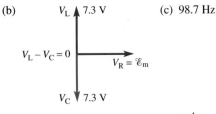

63. (a) 8.1 Ω (b) 8.1 Ω (c) 7×10^{-4} H (d) $f_{co} = \dfrac{1}{2\pi\sqrt{LC}}$
65. (a) 750 rad/s

(b)

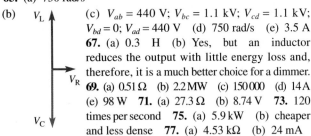

(c) $V_{ab} = 440$ V; $V_{bc} = 1.1$ kV; $V_{cd} = 1.1$ kV; $V_{bd} = 0$; $V_{ad} = 440$ V (d) 750 rad/s (e) 3.5 A
67. (a) 0.3 H (b) Yes, but an inductor reduces the output with little energy loss and, therefore, it is a much better choice for a dimmer. **69.** (a) 0.51 Ω (b) 2.2 MW (c) 150 000 (d) 14 A (e) 98 W **71.** (a) 27.3 Ω (b) 8.74 V **73.** 120 times per second **75.** (a) 5.9 kW (b) cheaper and less dense **77.** (a) 4.53 kΩ (b) 24 mA
79. 1.0 mA **81.** (a) 69.8 Ω (b) 185 mH **83.** (a) 20 A (b) 26 A
85. (a) 0.95 (b) 470 Ω (c) 4.2 A (d) 4.0 kW
87. (a) 6.4 MW (b) 0.12 MW; 15 kV: 53%, 110 kV: 0.99%
89. (a) 53 kV·A (b) No (c) The load factor may be less than 1 since the transformer may have to supply a reactive load. Even though the load draws less power than a purely resistive load, the transformer must supply the same current and has the same heating in its windings and core. **91.** (a) 33.8 Ω (b) $V_L = 286$ V; $V_{rms} = 202$ V (c) 8.46 A (d) 1.07 kW (e) $i(t) = (8.46$ A$)$ $\sin[(390$ rad/s$)t - 0.480$ rad$]$ **93.** (a) $X_1 = 2.65$ kΩ; $X_2 = 21.2\ \Omega$ (b) $Z_1 = 3.32$ kΩ; $Z_2 = 2.00$ kΩ (c) 1.00 mA (d) The current leads the voltage; $\phi_{12.0} = 53.0°$; $\phi_{1.50} = 0.608°$

19~21장 종합 복습문제 해답

복습문제 해답

1. 1.2 N·m; when the plane of the loop is parallel to the axis of the solenoid. **3.** (a) 1.66×10^{-4} T along the +x-axis (b) out of the page (c) 8.84 A **5.** 1.8×10^{-17} N out of the plane of the paper in the side view (or to the right in the end-on view) **7.** (a) 8.5 C (b) 5.7 C **9.** (a) to the right (b) 13.6 m/s (c) The applied

emf has to increase because of the increased resistance in the longer rail lengths in the circuit and because of the increasingly large induced emf as the rod moves faster ($\mathscr{E} = vBL$). **11.** (a) The power is cut in half. (b) The power is 4/5 of its original value.
13. (a) 445 Hz (b) current (c) −67° (d) 0.51 A (e) 67 W (f) $V_R = 180$ V; $V_L = 150$ V; $V_C = 590$ V **15.** 1.73×10^{-7} T
17. (a) vB north (b)

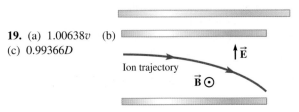

19. (a) $1.00638v$ (b)
(c) $0.99366D$

Ion trajectory

21. 18 kA **23.** 6 V

미국 MCAT 기출문제 해답

1. A **2.** D **3.** D **4.** B **5.** B **6.** C **7.** A **8.** D

22장 전자기파

선다형 질문 해답

1. (f) **3.** (b) **5.** (d) **7.** (b) **9.** (c)

문제 해답

1. east-west **3.** In the vertical plane defined by the vertical electric dipole antenna and the direction of wave propagation **5.** up-down
7. (a) magnetic field (b) 3.6 mV (c) 25 mV **9.** 2.5 GHz
11. 1.62 **13.** 1.67 ns **15.** (a) 455 nm (b) 4.34×10^{14} Hz
17. (a) 5.00×10^6 m (b) The radius of the Earth is 6.4×10^6 m, which is close in value to the wavelength. (c) radio waves
19. (a) about one octave (b) approximately 8 octaves
21. (a) 9.462 min (b) 11.05 min **23.** 5000 km; this means that in one oscillation, 1/60th of a second, the EM wave created from household current has traveled the entire length of the U.S.
25. 2.0×10^{-12} T; 30 GHz **27.** (a) 7.5 mV/m; 3.0 MHz (b) 4.5 mV/m; in the +x-direction **29.** (a) −z-direction (b) $E_x = -cB_m \sin(kz + \omega t)$, $E_y = E_z = 0$ **31.** $E_y = E_m \cos(kx - \omega t)$, $E_x = E_z = 0$ and $B_z = \dfrac{E_m}{c}\cos(kx - \omega t)$, $B_x = B_y = 0$ where $\omega = \dfrac{1}{\sqrt{LC}}$ and $k = \dfrac{1}{c\sqrt{LC}}$ **33.** 260 V/m **35.** 2.4 s **37.** 9×10^{26} W
41. (a) 7.3×10^{-22} W (b) 1.3×10^{-12} W (c) $E_{rms} = 1.9 \times 10^{-12}$ V/m, $B_{rms} = 6.5 \times 10^{-21}$ T **43.** (a) = (b), (e), (d), (c) **45.** (a) $\frac{1}{4}I_0 \sin^2 2\theta$ (b) 45° **47.** 21.1% **49.** (a) a (b) c (c) $0.750\,I_1$
51.

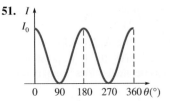

53. yes; north-south **55.** 680 km/s away **57.** (a) f_2 (b) 1.2 kHz
59. 5×10^7 m/s **61.** (a) f_1 (b) -10.3 kHz **63.** 8.7 min
65. 19 s **67.** 3.0 cm
69. (a) UV (b) 0.300 cm (c) 15 500 wavelengths
71. (a) 1.1 kW/m^2 (b) 6.4 MW/m^2 (c) 0.16 mJ
75. 2.2×10^4 rad/s, 4.4×10^4 rad/s, and 6.6×10^4 rad/s
77. $\langle u \rangle = 4.53 \times 10^{-15}$ J/m^3, $I = 1.36 \times 10^{-6}$ W/m^2
79. (a) 8.0×10^5 W/m^2 (b) 1.8×10^{-9} W/m^2

23장 빛의 반사와 굴절

선다형 질문 해답

1. (b) **3.** (d) **5.** (d) **7.** (b) **9.** (d)

문제 해답

1.

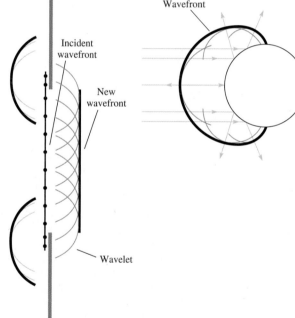

3.

43. 0.91 m;

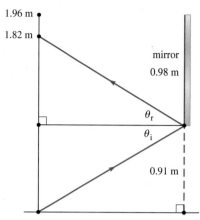

45. 2 m **47.** He sees 7 images total.
51. 6.67 cm in front of the mirror

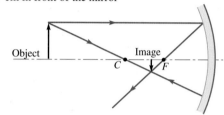

53. 18.8 cm in front of the mirror;

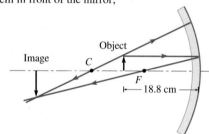

5. (a) 55° (b) 55° (c) 35° above the surface of the pond
to the east **7.** 40.0° **9.** 22.0° **11.** 13.0° **13.** 60.0°
15. 23.3° **17.** 10° **19.** 16.5°
21. (a) red: 2.410, blue: 2.445 (b) 1.014 (c) clear
23. 34.4° **25.** no
27. Since the angle of incidence (45°) is greater than the critical
angle (39°), no light exits the back of the prism. The light is totally
reflected downward and then passes through the bottom surface,
with a small amount reflected back into the prism.
31. no **33.** 1.70 **35.** (a) the left lens (b) 53° (c) 1.3
37. (a) 37.38° (b) perpendicular to the plane of incidence
(c) 52.62° **39.** 4.8 mm **41.** 12.1 cm

55. -210 cm **61.** (a) 11.7 cm;

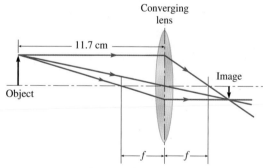

(b) real (c) -0.429
63.

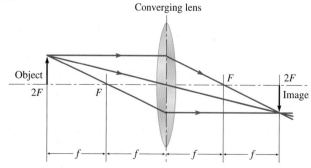

65.

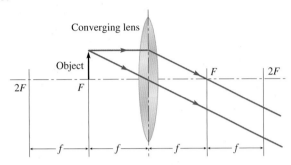

67.

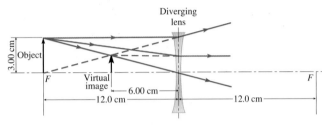

The image is located 6.00 cm from the lens on the same side as the object and has a height of 1.50 cm.

69. (a)

p (cm)	q (cm)	m	Real or virtual	Orientation	Relative size
5.00	−13.3	2.67	virtual	upright	enlarged
14.0	18.7	−1.33	real	inverted	enlarged
16.0	16.0	−1.00	real	inverted	same
20.0	13.3	−0.667	real	inverted	diminished

(b) 10.7 cm; −2.67 cm **71.** (a) converging (b) diverging
(c) converging (d) diverging **73.** (a) 3.24 m (b) closer
75. (a) virtual (b) 2.4 cm; concave (c) smaller (d) $p < f$
77. 50 cm **79.** (a) concave (b) inside the focal length
(c) 144 cm **81.** (a) 9.1 cm (b) convex (c) $f = -7.1$ cm;
$R = 14$ cm **83.** Red light and blue light will have different focal
points. The focal point for blue light will be closer to the lens.
85. (a) virtual (b) convex **87.** 0.8 m/s **91.** image is about
60.0 cm behind the lens and 15.0 cm tall **93.** 15.0 cm; converging
95. $y = 9.0$ cm **97.** red and yellow **99.** $n_{liquid} < 1.3$
101. (a) 1.4 cm (b) upright **103.** 2.79 mm

24장 광학기기

선다형 질문 해답

1. (d) **3.** (b) **5.** (b) **7.** (d) **9.** (c)

문제 해답

1. (a) 2.5 cm past the 4.0-cm lens; real (b) −0.27 **3.** (a) 11.8 cm
(b) 0.0793 **5.** 15.6 cm to the left of the diverging lens
7. $q_1 = 12.0$ cm; $q_2 = -4.0$ cm; $h_1' = -4.00$ mm; $h_2' = 4.0$ mm
9. (a) 4.05 cm (b) converging (c) 1.31 (d) 15.8 cm
11. minimum: 20.00 cm; maximum: 22.2 cm **13.** (a) 50.8 mm
(b) −0.0169 (c) 20.3 mm **15.** 360 m **17.** 280 mm
19. (a) 12.0 cm right of the converging lens (b) 3.3 cm right of

the diverging lens **23.** 2.2 mm **25.** (a) farsighted
(b) 70 cm to infinity **27.** −0.50 D
29. (a)

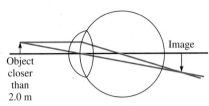

(b) 22.2 cm **31.** (a) 56 D (b) 61 D (c) 4.0 D **33.** (b) = (c),
(a) = (e), (d) **35.** (a) 3.1 cm (b) 3.1 cm **37.** (a) 2.27 cm
(b) 11 (c) 33 cm **39.** (a) 60 cm from the lens on the same side
as the insect (b) 30 mm (c) upright (d) virtual (e) 2.5
41. (a) $\dfrac{Nf}{N+f}$ (c) $M = \dfrac{N}{f} + 1 = M_\infty + 1$ **43.** (a) −250 (b) 0.720 cm
45. 50 **47.** 1.63 cm **49.** (a) 19.3 cm (b) −286 (c) 5.16 mm
51. D

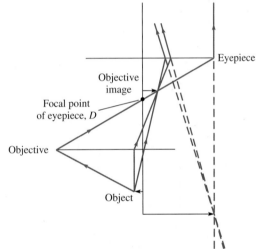

55. 4.52 cm **57.** 19.8 m **59.** objective: 43.5 cm, eyepiece:
1.45 cm **61.** (a) 2.56 m (b) 2.17 cm (c) −15 **63.** (a) The
angular magnification would be −1, so you can't make a useful
telescope. (b) Using a lens from each pair of glasses, the tele-
scope would be 1.05 m long and have an angular magnification of
−2.7. **65.** (a) 1.6 m (b) −0.63 D (c) −0.63 D and 3.3 D
67. (a) $q_1 = 60.0$ cm; $q_2 = 5.45$ cm (b) −1.64 (c) 4.91 cm
69. (a) Lens 1 is the objective and lens 2 is the eyepiece.
(b) 30.0 cm **71.** 8.67 cm **73.** (a) the lens with the 30.0-cm
focal length (b) −10 (c) 33.0 cm **75.** (a) intermediate: 1.9
cm left of the first lens; final: 9.07 cm left of the second lens
(b) 0.42 (c) 0.84 mm **77.** 1.7 mm **79.** (a) 6.1 cm (b) −29
81. (a) 17 cm (b) −14 (c) 7.4 cm **83.** −0.0068
85.

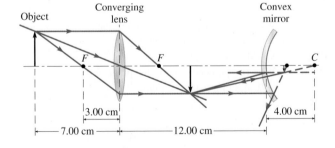

25장 간섭과 회절

선다형 질문 해답

1. (a)   **3.** (a)   **5.** (e)   **7.** (d)   **9.** (e)

문제 해답

1. (a) 5.0 km   (b) Destructive interference occurs, since the path difference is 10 km (2 wavelengths) and there is a $\lambda/2$ phase shift due to reflection.   **3.** 1530 kHz

5.

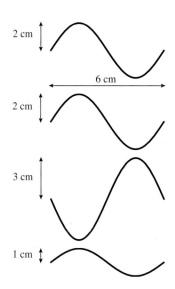

(a) 2 cm   (b) I_0 (c) 6 cm   (d) $9I_0$ **7.** $5I_0$

9. (a) 3.2 cm   (b) 1.1   **11.** 560 nm   **13.** (a) out   (b) 15 cm

15. 480 nm   **17.** 497 nm   **19.** (a) 607 nm, 496 nm, and 420 nm

(b) 683 nm, 546 nm, and 455 nm

21. (a) touching; zero   (b) 140 nm   (c) 280 nm

23. 667   **27.** $m = 3$; $d = 2.7 \times 10^{-5}$ m

31. 1.46 mm   **33.** 1.64 mm

35. 711 nm   **37.** 31.1°   **39.** 5000 slits/cm

41. (a) 5   (b)

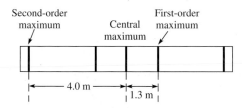

43. (a) 2; 449.2 nm and 651 nm   (b) 18 lines

45. (a) 3   (b) $\theta_{b1} - \theta_{a1} = 0.04°$, $\theta_{b2} - \theta_{a2} = 0.11°$, $\theta_{b3} - \theta_{a3} = 0.91°$

(c) third-order   **47.** (a) 0.050 mm   (b) 1.0 cm   **49.** 6.3 mm

51. (a) wider   (b) 3.3 cm   **53.** 170 μm   **55.** 0.012°

57. 0.47 mm   **59.** (a) $\sin \Delta\theta = n \sin \beta$

61. 1 μm; our vision would not be better if the cones were closer together, since diffraction would blur images enough that the extra cones wouldn't do any good.

63. (a) maximum

(b)

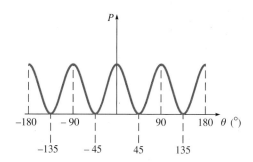

(c)

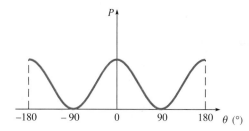

65. 12 m   **67.** 20 km   **69.** 0, 330 nm, 660 nm, 990 nm, and 1.3 μm, respectively   **71.** 1.7 μs   **73.** (a) 0.10 mm   (b) 0.51 mm

75. (a) 100 nm   (b) 280 nm; 140 nm   (c) Yes; although perfectly constructive interference does not occur for any visible wavelength, some visible light is reflected at all visible wavelengths except 560 nm (the only wavelength with perfectly destructive interference).

77. $t = \dfrac{\lambda}{2n_{\text{coating}}}$

79. (a)

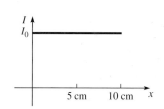

(b)

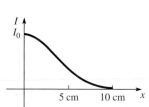

(c)

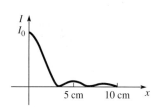

81.

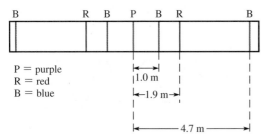

83. 1.09 mm   **85.** (a) 0.15 nm   (b) No

22~25장 종합 복습문제 해답

복습문제 해답

1. 85 ms   **3.** (a) 5.2×10^{14} Hz   (b) 2.00×10^8 m/s; 390 nm; 5.2×10^{14} Hz   **5.** (a) The plane must be at least $3\lambda = 638.8$ m over Juanita's head.   (b) 425.9 m and 851.7 m   **7.** (a) 8.95 m (b) converging lens   (c) inverted   **9.** The lamps are not emitting coherent light.   **11.** 400 nm   **13.** (a) 1.80×10^{-6} m   (b) 2.24 m (c) 6.33 m   (d) No, because the angles are not sufficiently small.   **15.** (a) The distance between adjacent maxima decreases as the slit separation increases.   (b) The distance between adjacent maxima increases linearly as the distance between the slit and the screen increases.   (c) You would want a large distance to the screen or a small slit separation or both.   **17.** 3.15 m   **19.** five **21.** (a) 3.9 mm   (b) 7.8 mm   **23.** (a) 0.500 m   (b) converging (c) 2.00 m from the lens on the object side   (d) 5 times the object height   (e) upright

미국 MCAT 기출문제 해답

1. A   **2.** C   **3.** B   **4.** C   **5.** C   **6.** A

26장 상대성 이론

선다형 질문 해답

1. (e)   **3.** (d)   **5.** (a)   **7.** (b)   **9.** (b)

문제 해답

1. 2.2 μs   **3.** (a) 0.87c (b) c **5.** 8.9 h   **7.** 0.001c **9.** (a) 30 years old   (b) 3420   **11.** 7.7 ns   **13.** (a) 2 m (b) 0.50 m   **15.** (a) 79 m   (b) 610 ns   (c) 530 ns   **17.** 13 m **19.** (a) 1.0 m   (b) 0.92 m   **21.** (a) 7.5 μs   (b) 13 μs **23.** 6.0 km   **25.** 3.00×10^8 m/s   **27.** 0.946c **29.** $\frac{1}{5}c$ **31.** $\frac{5}{13}c$ **33.** 0.66c **35.** (a) 6.7×10^9 kg · m/s (b) 0.50 yr   **37.** (a) 0.99980c (b) 0.010 ns   **39.** 1.546×10^7 m/s **41.** (a) 750 MeV   (b) 0.34908c (c) 7.03 m   **43.** increased by 1.00×10^{-14} kg   **45.** 2.0×10^{47} J   **47.** 5.58 MeV **49.** 0.595c **51.** 2.7×10^{15} J   **53.** 4.9mc **55.** 6.5 MeV/c **57.** 1 MeV/c = 5.344×10^{-22} kg · m/s **59.** (a) The electrons are relativistic.   (b) 0.63c **65.** (a) 4500 m   (b) 15 μs   (c) 15 μs   (d) 500 000

67. (a) 1.87×10^8 m/s = 0.625c (b) 64.0 ns **69.** 19.2 min   **71.** 33.9 MeV   **73.** 0.66c **75.** 1.326 GeV **77.** (a) 7.2 m   (b) 10 m   (c) 21 m   **79.** 6.3 km **83.** (a) 409 MeV/c (b) 147 MeV   (c) 495 MeV/c^2 **85.** (a) 32 J   (b) 3.3 m   (c) $(1 - 1.1 \times 10^{-23})c$ = 0.999 999 999 999 999 999 999 989c **87.** (a) $\dfrac{\gamma}{f_s}$ (b) $\dfrac{\gamma}{f_s}\left(1 + \dfrac{v}{c}\right)$ **89.** 92 yr **91.** (a) 2.98×10^5 m/s   (b) 1.63×10^7 m/s

27장 초기 양자물리학과 광자

선다형 질문 해답

1. (c)   **3.** (d)   **5.** (a)   **7.** (e)   **9.** (e)

문제 해답

1. (a) ultraviolet   (b) infrared: 9.9×10^{-20} J; ultraviolet: 2.8×10^{-18} J   (c) infrared: 2.0×10^{21} photons/s; ultraviolet: 7.0×10^{19} photons/s   **3.** (a) 400 nm   (b) 7.5×10^{14} Hz **5.** (a) 0.84 eV   (b) 574 nm   **7.** 477 nm   **9.** (e), (a) = (f), (b) = (c), (d)   **11.** 4.5 eV   **13.** (a) No; violet light   (b) 2.56 eV **15.** 2.2×10^{14} photons/s   **17.** 4.96 kV   **19.** 31.0 pm **23.** (a) 2.00 pm   (b) 152 pm   **25.** (c), (e), (f), (a), (d), (b) **27.** 4.45×10^6 m/s at 62.6° south of east   **29.** (a) 2.50×10^{-12} m (b) 55.6 keV   **31.** 2.4×10^4 eV   **33.** −0.850 eV   **35.** $n = 3$ **37.** 3.40 eV   **39.** 1.09 μm   **41.** (a) one   (b) four   **43.** 370 nm **47.** 2.19×10^6 m/s   **49.** 0.476 nm   **51.** 17.6 pm **53.** 2.11 eV   **55.** $n = 4$ **57.** 1.21 pm   **59.** 7.75×10^{-14} m **61.** 1.17×10^{-14} m   **63.** (a) 6.66×10^{-34} J · s   (b) 1.82 eV **65.** (a) 1×10^{-22} J/s   (b) 3.2×10^3 s   (c) An electron is ejected immediately when a single photon of sufficient energy strikes it. **67.** (a) $\lambda = 97.3$ nm   (b) 102.6 nm; 102.6 nm, 121.5 nm, and 656.3 nm   (c) $\lambda \leq 91.2$ nm   **69.** 73 photons/s   **71.** 270 nm **73.** 6.2 pm   **75.** (a) 1.9 eV; 9.9×10^{-28} kg · m/s (b) 3×10^{15} photons/s   (c) 3×10^{-12} N **77.** (a)

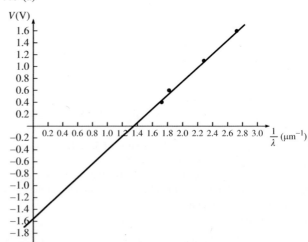

(b) 1.57 eV, 741 nm   (c) 1160 V·nm   **79.** 27.6 kV **81.** $E_{90} = 136$ keV; $E_{180} = 108$ keV   **83.** (a) 1.1×10^{15} Hz   (b) 0.3 V (c) Classical theory predicts that electrons can absorb whatever EM

radiation is available, regardless of the frequency.
85. (a) 1.7 V   (b) 0   **87.** 121.5 nm, 102.6 nm, 97.23 nm
89. scattered: 176 pm, incident: 171 pm
91. (a) 4.1 m/s   (b) 4 ways emitting 6 different photons
(c)

Transition	λ(nm)	Class
$4 \to 3$	1875	IR
$4 \to 2$	486	visible
$4 \to 1$	97	UV
$3 \to 2$	656	visible
$3 \to 1$	103	UV
$2 \to 1$	122	UV

28장 양자물리학

선다형 질문 해답

1. (c)   **3.** (d)   **5.** (d)   **7.** (a)   **9.** (a)

문제 해답

1. 1.3×10^{-34} m; the wavelength is much smaller than the diameter of the hoop—a factor of 10^{-34} smaller!   **3.** (a) 1.0×10^{-35} m/s
(b) 3.8×10^{26} yr   **5.** 3.23 pm   **7.** 250 eV   **9.** 101   **11.** 391 eV
13. (a) 62 eV   (b) 0.0038 eV (c) 0.0038 V   **15.** (a) 0.060 eV
(b) 0.060 V   (c) 5 nm is an x-ray wavelength.   **17.** 1×10^{-29} m
19. (a) 1.3×10^{-32} m   (b) 1.1×10^{-6} m   **21.** (a) 4×10^{-32} m
(b) 0.5 mm   (c) The uncertainty principle can be ignored in the macroscopic world, but not on the atomic scale.   **23.** 0.98 eV
25. 2×10^{-15} **27.** 380 GeV   **29.** 33.57 eV   **31.** 2 MeV
33. (a) 0.40 eV   (b) $E_{31} = 3.2$ eV, $E_{32} = 2.0$ eV, $E_{21} = 1.2$ eV
(c) 0.97 nm
35. 6 states

n	3	3	3	3	3	3
ℓ	1	1	1	1	1	1
m_ℓ	-1	-1	0	0	1	1
m_s	$-\frac{1}{2}$	$+\frac{1}{2}$	$-\frac{1}{2}$	$+\frac{1}{2}$	$-\frac{1}{2}$	$+\frac{1}{2}$

37. $2(2\ell + 1)$ **39.** $1s^2 \, 2s^2 \, 2p^6 \, 3s^2 \, 3p^6 \, 4s^2 \, 3d^8$
41. $2\sqrt{3}\hbar = 3.655 \times 10^{-34}$ kg · m²/s
43. (a) F: $1s^2 \, 2s^2 \, 2p^5$; Cl: $1s^2 \, 2s^2 \, 2p^6 \, 3s^2 \, 3p^5$ (b) p^5 subshell
45. (a) $\sqrt{2}\hbar$ (b) $-\hbar$, 0, and $\hbar$ (c) 45°, 90°, and 135°
47. (a) 525 nm   (b) green   (c) 2.36 V   **49.** 633 nm
51. 151 000 wavelengths   **53.** (a) proton   (b) 120
55. (a) 6×10^{28} (b) The energy difference between
levels is too small to observe.
57. $\Delta m = 6.5 \times 10^{-55}$ kg, $\frac{\Delta m}{m} = 3.9 \times 10^{-28}$ **59.** 4.3×10^{-32} m
61. (a) 6.440×10^{-22} s   (b) 8×10^{-53} s   **63.** 1.7 kV
65. 3.9×10^{-6} eV   **67.** $1s^2 2s^2 2p^6 3s^2 3p^6 4s^2 3d^{10} 4p^6 5s^2 4d^{10} 5p^4$
69. (a) 2.21×10^{-34} m   (b) about 10^{-19} smaller   (c) No, the wavelength is so much smaller than any aperture that diffraction is negligible.

71. (a) 6 MeV   (b) 0.2 pm, 1×10^{21} Hz, gamma ray
(c)   Ground state:
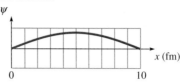
First excited state:
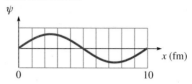
Second excited state:
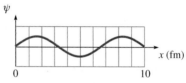
Third excited state:
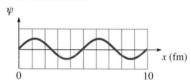

73. (a) 167 pm   (b) 66.5°   (c) yes
75. (a)
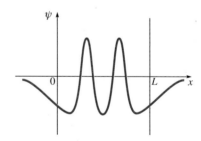
(b) 51   **77.** (a) 6.1 nm
(b)
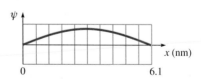
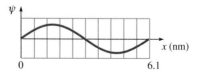
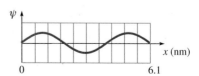
(c) 4.1 nm
(d) $\lambda_{31} = 15.5$ μm; $\lambda_{32} = 25$ μm; $\lambda_{21} = 41$ μm

29장 핵물리학

선다형 질문 해답

1. (b)　**3.** (a)　**5.** (d)　**7.** (f)　**9.** (d)

문제 해답

1. 4.5×10^{28}　**3.** (d), (a) = (e), (b) = (c) = (f)　**5.** $^{40}_{19}K$　**7.** 54
9. 5.7 fm; 7.7×10^{-43} m^3　**11.** 2.225 MeV　**13.** (a) 127.619 MeV
(b) 7.976 19 MeV/nucleon　**15.** 0.112 355 3 u
17. (a) 1.46×10^{-8} u　(b) no　**19.** (a) 238.000 32 u
(b) 1.801 69 GeV　**21.** $^{40}_{20}Ca$　**23.** $^{22}_{11}Na + ^{0}_{-1}e \rightarrow ^{22}_{10}Ne + ^{0}_{0}\nu$; $^{22}_{10}Ne$
25. 4.8707 MeV　**27.** 1.3111 MeV　**31.** 1.820 MeV
33. (a) $10\,000$ s^{-1}　(b) 2.308×10^7　(c) 3.466×10^{-3} s^{-1}
35. 270 yr　**37.** 0.0072 Ci　**39.** 0.99 Ci　**41.** (a) 3.83×10^{-12} s^{-1}
(b) 6.5×10^{10} atoms　(c) 0.25 Bq/g　**43.** 27 patients
45. 34.46 s; 58.87%　**47.** 3×10^5 molecules　**49.** 1.4×10^{10} Sv
51. 10^{-8} Ci　**53.** $^{197}_{79}Au$　**55.** $^{30}_{15}P \rightarrow ^{30}_{14}Si + ^{0}_{+1}e$　**57.** 200 MeV
59. (a) 2　(b) 200 MeV　(c) 179.947 MeV　(d) ≈ 0.000822
61. 26.7313 MeV　**63.** fission releases 7.1×10^{13} J/kg and fusion
releases 34×10^{13} J/kg.　**65.** (a) 136 neutrons; 86 protons
(b) 21 alpha particles per second　**67.** (a) 4.0　(b) 0.50　(c) 0.063
69. $^{175}_{71}(Lu)$ and $^{167}_{71}(Lu)$; $^{175}_{74}(W)$ and $^{180}_{74}(W)$
71. (a) $^{15}_{6}C \rightarrow ^{15}_{7}N + ^{0}_{-1}e + ^{0}_{0}\bar{\nu}$　(b) 9.771 74 MeV　**73.** From left
to right, the energies are: 492 keV, 472 keV, 40 keV, 452 keV,
432 keV, 287 keV　**75.** 3.25 mol　**77.** (a) 0.50　(b) 0.012, yes
79. (a) The mass of a beta particle is much smaller than that of an
alpha particle.　(b) $q_\alpha = \dfrac{Q}{R\Delta t}$　**81.** (a) 5.2×10^{-7} g　(b) 44 mCi
83. 7.67×10^9 yr　**85.** (a) 8%　(b) $P_0 = 0.57$ mW; $P_{10.0} = 0.52$ mW
87. (a) $^{17}_{8}O$　(b) 4.8 fm　(c) 4.2 MeV　(d) less, 1.1917 MeV

30장 입자물리학

선다형 질문 해답

1. (b)　**3.** (a)　**5.** (d)　**7.** (c)　**9.** (a)

문제 해답

1. 1.1×10^{-18} m　**3.** 1.316 GeV　**5.** $u\bar{u}d$
7. (a) weak　(b) electromagnetic　(c) weak
9. 20 ng　**11.** 1.8×10^{-19} m
13. 109.3 MeV　**15.** 5.4 T　**17.** 67.5 MeV　**19.** 938 MeV
21. uss　**23.** $\bar{u}d$　**25.** $\pi^+ \rightarrow \mu^+ + \nu_\mu$ and $\pi^+ \rightarrow e^+ + \nu_e$
27. 1.7×10^{-14} m

26~30장 종합 복습문제 해답

복습문제 해답

1. 3.91 m　**3.** (a) 4.03×10^8 m/s　(b) The disturbance that
moves across the Moon's surface is not an object that has mass,
so there is no violation.　**5.** $0.895c = 2.68 \times 10^8$ m/s
7. (a) 9.8×10^5 m/s　(b) No electrons are ejected.　(c) Doubling
the intensity has no effect on the electron speed, nor does it cause
electrons to be ejected if none were ejected prior to the doubling
of the intensity.　**9.** 9.8 cm　**11.** (a) $^{90}_{38}Sr \rightarrow ^{90}_{39}Y + ^{0}_{-1}e + ^{0}_{0}\bar{\nu}$
(b) 1.0×10^{16} Bq　(c) 3.6×10^5 Bq　**13.** proton: 5.5 MeV; pion:
33 MeV　**15.** (a) 4.7 eV　(b) maximum　**17.** (a) 1.25×10^9 Bq
(b) an electron and an antineutrino　**19.** $0.966c$　**21.** 10^{-4} eV·s/m
23. six　**25.** 4:1　**27.** 0.527 eV　**29.** 4.8×10^{-3} J

미국 MCAT 기출문제 해답

1. C　**2.** A　**3.** D　**4.** D　**5.** C　**6.** B　**7.** A　**8.** D　**9.** C
10. B　**11.** D　**12.** C　**13.** A